Gesamtverzeichnis des deutschsprachigen Schrifttums (GV) 1700 – 1910

Bearbeitet unter der Leitung von
Hilmar Schmuck und Willi Gorzny
Bibliographische und redaktionelle Beratung:
Hans Popst und Rainer Schöller

78

Kod - Kon

K · G · Saur München · New York · London · Paris 1983

CIP-Kurztitelaufnahme der Deutschen Bibliothek

Gesamtverzeichnis des deutschsprachigen Schrifttums :
(GV). – München, New York, London, Paris : Saur.
Bd. 1 – 6 bearb. unter d. Leitung von Peter Geils
u. Willi Gorzny.
ISBN 3-598-30000-X

1700 – 1910 / bearb. unter d. Leitung von Hilmar
Schmuck u. Willi Gorzny. Bibliograph. u. red.
Beratung: Hans Popst u. Rainer Schöller

NE: Schmuck, Hilmar [Bearb.]

78. Kod - Kon. - 1983.

Techn. Realisierung und Druck: Norbert Gärtner, Mainz-Kastel
Binden: Karl Schaumann, Darmstadt
Printed in the Federal Republic of Germany
ISBN 3-598-30000-X (Gesamtwerk)

Kodâma ibn Dja 'far, Kitâb al-Kharâdj, s.: Bibliotheca geographorum arabicorum.

Kodama, Todomu, Arzt a. Hiroshima: Ein Fall von Streptokokkensepsis. München 1908: Kastner & Callwey. (30 S.) 8°
München, Med. Fak., Ref. v. Bollinger, Diss. v. 22. Mai 1908
[Geb. 29. Juli 77 Kumamoto (Japan); Wohnort: Hiroshima (Japan); Staatsangeh.: Japan; Vorbildung: Mittelsch. Nagasaki Reife April 97; Studium: Med. Akad. Nagasaki 9, München 3 S.; Rig. 22. Mai 08.]

Kodatis, Bernh., eine genauere u. schnellere Berechng. des Kreises ohne Radiuswert. Nach neuen Gesichtspunkten aufgebaut. gr. 8. (17 S. m. Fig.) Berlin 900. E. Ebering. n. — 60

Köddermann, G(ustav), prakt. Arzt: (Aus d. med. Klinik zu Jena.) Ueber seltenere motorische Krankheitserscheinungen bei Tabes dorsalis. *Jena 1903: G. Neuenhahn.* (33 S.) 8°
Jena, Med. Diss. v. (30. März) 1903

Ködding, W., aus den Anfängen meiner Arbeit auf Nias. 8. (24 S.) Barmen 882. (Wiemann). — 15

— kein Reisen ist ohn' Ungemach zu Wasser u. zu Land. 8. (30 S.) Ebend. 882. — 15

—— Si Noak, ein Batakk. 16. (16 S.) (Ebendas.) 882 **

Kodeks karny dla związku północno-niemieckiego z dnia 31. maja 1870 r. wraz z prawem zaprowadzającém do kodeksu karnego i t. d. z dnia 31. maja 1870 r. i kompletnym wykazem osnowy. Berlin 870. v. Decker. gr. 8. (IV, 148 S.) n. 10 *ngr.*

Koderisch, Friedrich (Laucha/Thüring.), Observatignes de poena silentii et conscientiae delicti alieni ad §. V. novissimi edicti longe clement. Von Gesetzmäßiger Bestrafung des vorsetzlichen Feuer=Anlegens. Dresdae, 16. XI. 1741 propositi. Präs. Christoph Ludw. Crell. Wittbg. (Bossoegel) 29. VIII. 1742. 22 S. (6.—) 18836

— — Dasselbe. Wittbg. (Woertgen). (6.—) 18837

Koderle, Joh. C., Grundsätze der künstlichen Düngung im Forstkulturwesen. Ein Beitrag zur Holzerziehungskunde. Wien 865. Braumüller. gr. 8. (V, 102 S. mit 13 dem Texte eingedr. Holzschn.) n. 20 *ngr.*

Koderle, Johann Karl Heribert, Die Schiffs-Eisenbahnen über Landengen und Eisenbahn-Tunnel unter Meerengen als ursprüngliche deutsche Erfindungen von — Frankfurt a. M. 1881.

Kodesch, **F., elementa mathesis purae in usum juv. academ. gallic. II Tom., c. tab. 8. Wien 818—20. Geistinger. (Gerold). 4 ℛ︎ Hbg Pr. 2 ℛ︎**

Kodex des Nassauischen Bergrechts, zusammengestellt aus den Gesetzsammlungen des Herzogtums. Wiesbaden, 1858. 168 S.

Kodex dyplomatyczny polski, s. **Codex** diplomaticus Poloniae.

Kodex karny dla państw królestwa pruskiego. Wraz z ustawa względem zaprowadzenia takowego. Z dnia 14 Kwietnia 1851. gr. 16. (190 S.) Berlin 851, Deckersche geheime Ober-Hofbuchdr.

Kodíček, Siegm., Daktyloskopie, s.: Windt, Kamillo.

Kodis, Josephine, (geb. Krzyżanowska), aus Nowo-Aleksandrowsk [von Minsk, Russ. Polen]: Zur Analyse des Apperceptionsbegriffes. Eine historisch kritische Untersuchung. Berl. S. Calvary (1893). 2 Bl., 202 S., 1 Bl. 8°.
Zürich, Phil. Diss. I. S. [v. 15. Nov. 1893].

Kodis, Theodor [aus Schadowe (Kowno, Russland)]: Epithel und Wanderzelle in der Haut des Froschlarvenschwanzes. Zur Physiologie des Epithels. . . (Aus: Arch. f. Anat. u. Physiol. 1889, Phys. Abth., Suppl.) Leipzig, Veit & Comp. 1889. 42 S. 8°
Strassburg, Med. Fak. Inaug.-Diss. v. 1889

Koditek, Joh., Literatur-Nachweis d. wichtigsten Zeitschriften d. Hochbauwesens f. d. J. 1884—1894. Handbuch f. Architekten, Bauingenieure, Baumeister, Studirende d. Baukunst, überhaupt f. alle Benutzer d. bautechn. Zeitschriften in öffentl. Bibliotheken. gr. 8. (VI, 184 S.) Wien 895. (Halm & Goldmann. — Leipzig, F. Fleischer.) n. 4. —

Koditek, J., Repertorium der wichtigsten Zeitschriften des Hochbauwesens. Handbuch für Architekten, Baumeister, Ingenieure, Studirende der Baukunst etc., überhaupt für alle Benutzer der bautechn. Zeitschriften in öffentl. Bibliotheken. gr. 8. (VI, 161 S.) Leipzig 884, Baumgärtner's Buchh. geb. *

Koditek, J., Repertorium der wichtigsten Zeitschriften des Hochbauwesens. Handbuch für Architekten, Baumeister, Ingenieure, Studirende der Baukunst etc., überhaupt für alle Benutzer der bautechn. Zeitschriften in öffentl. Bibliotheken. Neue wohlf. (Titel-)Ausg. gr. 8. (VI, 161 S.) [Leipzig 887, Baumgärtner's Buchh.] Dresden, Kühtmann. geb. *

Koditek, Joh., techn. Zeitschriftenschau der wichtigst. Zeitschriften des Hochbauwesens f. d. J. 1895—1906. III. Serie. Handbuch f. Architekten, Bauingenieure, Baumeister, Studierende der Baukunst, überhaupt f. alle Benutzer der bautechn. Zeitschriften in öffentl. Bibliotheken. (VI, 208 S.) gr. 8. Wien 907. (Halm & Goldmann.) 6. —

Koditek, Jos., das Stabeisen nach Maass und Gewicht. Berechnung von Flach-, Rund-, Quadrat- und Winkeleisen nach Gewicht und Länge in jeder Dimension; nebst Angabe der Dicke und Breite aller im Handel üblichen flachen Stabeisensorten, als: Stegreife, Schliessen und Hufstabeisen etc. Lex.-8. (48 S.) Wien 863, (Gerold's Sohn.) *

Köditz, Fritz: Die Entwickelung des lat. Verbums capere und der dazu gehörigen Wortsippe im Französischen. Kiel 1908: Ehlers. 61 S. 8°
Kiel, Phil. Diss. v. 13. Jan. 1909, Ref. Körting
[Geb. 20. Sept. 85 Duisburg; Wohnort: Düsseldorf; Staatsangeh.: Preußen; Vorbildung: Realgymn. Düsseldorf Reife O. 05; Studium: Berlin 2, München 1, Bonn 1, Kiel 3 S.; Rig. 18. Juli 08] [U 09. 2318

Kobolànyi, Ant., die Kultur und Zubereitung des Flachses. 2. verb. Aufl. gr. 8. (III, 29 S.) Wien 871, Faesy und Frick. * — 80

—— dass. — s. a. Volksbücher, illustrirte landwirthschaftliche.

Kodolányi, Ant., die Kultur u. Zubereitung d. Flachses. Mit 9 Holzschn. 4. Aufl. 8. (62 S.) Wien 885. Faesy. n. 1. —

Kodolányi, Ant., die Cultur u. Zubereitung d. Flachses. 6. Aufl. 12. (62 S. m. 9 Holzschn.) Wien 885. Fromme. n. 1. —

Kodolitsch, die englische Armee in Abyssinien im Feldzuge 1867—1868. Mit 8 (lith.) Taff. (in Fol. u. qu. Fol.) u. 59 (eingedr.) Holzschn. Wien 866. Gerold's Sohn. gr. 8. (III, 252 S.) n. 2 ℛ︎ 20 *ngr.*

Kodolitsch, Major, die englische Armee in Abyssinien im Feldzuge 1867—1868. gr. 8. (III, 252 S. mit 8 lithogr. Taf. in Fol. und qu. Fol. und 59 eingedr. Holzschn.) Wien 869, Gerold's Sohn. * 8 —

Kodrika, T.

'Ὁμιλίαι περὶ πληθύος κόσμων τοῦ κυρίου Φοντενέλλου, μετενεχθεῖσαι εἰς τὴν ἁπλοελληνικὴν διάλεκτον ὑπὸ Τ. Κοδρίκα, 'Ἀθηναίου. Βιέννῃ 794. 8.

Kodrle, K., die Idee der Freiheit in ihrer Verwirklichung durch das Menschenleben. Eine Darstellung des Menschen in seinen Beziehungen zur Welt und zu Gott. gr. 8. (III, 153 S.) Kaaden 875, (Uhl.) *

Kodweis, Friedrich (Wangen bei Stuttgart)
Ueber die Zusammensetzung der Harnsäure.
[In: Poggendorffs Annalen Bd 19, S. 1-25.]
Dr. phil. Giessen 21.8.1830.

Kodweiß, Verzeichnis der im Verwaltungsfach geprüften u. im Korporations- od. Gemeindedienst angestellten württemb. Beamten u. deren einzelnen Berufsstellungen (auch Grundbuchämter) nach dem Stand vom 1. X. 1903. (520 S.) 8. Alpirsbach 904. (Stuttgart, H. Lindemann.) n.n. 2.20

Kodweiss, Friedr., kurzgefasste Beschreib. d. Darstellung d. Runkelrüben-Zuckers in d. Hochfürstl. Oettingen-Wallerstein'schen Fabrik zu Kuchle. gr. 8. (2¼ B.) Prag 834, Haase Söhne.

Kodym, F. S., spolky na vzájemné pomáhání. (Vyňato z Hospodářských Novin 1860.) Prag 860. Kober. gr. 8. (49 S.) n. 5 ngr.

— úvod do tělovědy člověka. Se 60 vyobrazenimi. Ebend. 862. 8. (VII, 172 S.) n. 12 ngr.

— — Se 66 vyobrazenimi. 2. poopravené i přimnožené vydáni. Ebend. 864. 8. (VI, 218 S.) n. 23 ngr.

Kodym, Fil. Stanisl., Naučení o žiwlech, jejich moci a wlastnostech. Díl I. Wydáno pomocí matice české. gr. 12. (343 S. mit eingedr. Holzschn.) Prag 849, (Rziwnatz.)

Kodym, Ottokar, Beiträge zur modernen Ornamentik. 10 Bl. Flachornamente. gr. Fol. Plauen (900). Ch. Stoll. n. 9.—

Kodym's, Phil. St., landwirthschaftliches Lesebuch für Kleingrundbesitzer u. landwirthschaftliche Schulen. Nach dem preisgekrönten böhm. Original übersetzt von F. u. M. Mit vielen Abbildgn. (in eingedr. Holzschn.) Prag 869. Mikuláš & Knapp. gr. 8. (512 S.) n. 1 ⅓ 18 ngr.

Kodym's, Phpp. St., landwirthschaftliches Lesebuch für Kleingrundbesitzer und landwirthschaftliche Schulen. Nach dem preisgekrönten böhm. Originale übers. von F. und M. Mit vielen (eingedr. Holzschn.-)Abbild. [Neuer Abdr.] gr. 8. (512 S.) Prag 875, Mikuláš und Knapp. *

Kodym's, Phpp. St., landwirthschaftliches Lesebuch für Kleingrundbesitzer und landwirthschaftliche Schulen. Nach dem preisgekrönten böhm. Originale übers. von F. und M. 2. verb. Aufl. gr. 8. (VIII, 526 S. mit vielen eingedr. Holzschn.-Abbild.) Prag 880, Mikulaš und Knapp. *

v. Kodzynski, G., Cholera-, Knall- u. andere Bonbons, in bunten Papieren. 32. Berl. 832. J. Schumann. ⅙ ℛ

Koe gaohi kole moe gaohi hiva katolika. I he lea fakatoga. [Gebet- und Evangelienbuch nebst Katechismus in der Sprache der Tonga- oder Freundschafts-Inseln.] 8. (XXVI, 321 S. mit eingedr. Holzschn.) Freiburg i. Br. 880, Herder'sche Verlagsh. *

Koës, G. H. C., Commentatio de discrepantiis quibusdam in Odyssea occurrentibus. Gel. 1808. 88 S. 1.25

[S.] Skizzen aus dem Pfarrhause in Mastland. Ernstes u. Heiteres aus d. Leben e. niederländ. Dorfpfarrers. Von C[ornelis] E[lisa] van Koetsveld. A. d. Holl. übs. v. Pfarrer Dr. O[tto] Kohlschmidt in Monchenholzhausen. (Vorr.: Friedrich Nippold.) *Leipzig: F. Jansa 1896.* (1 Bl., XV, 383 S., 1 Portr.) 1 Bd 8. 96. 5848

Kaune. Quelques pages sur Jean-Jacques Rousseau. 8⁰.

Kof, Karl, Auge u. Seele. Eine Sammlg. Gedichte üb. geschaute u. erlebte Bilder. (IV, 67 S.) 8. Dresden 905. E. Pierson. n. 1.—; geb. n. 2.—

Kof, Karl, aus Lützen: Ueber die Reduktion der Ketonhydrazine und Ketazine des Tetramethyldiaminobenzophenons und Fluorenons. *Heidelberg 1904: J. Hörning.* (48 S.) 8°
Heidelberg, Naturw.-math. Diss. v. 1904

Kofahl, A., Maßliebchen. Bescheidene Blumen, aus Deutschlands Dichtergarten gepflückt zum Schmucke der deutschen Jungfrau. 12. (80 S.) Leipzig 889. Fock. geb. m. Goldschn. n. 1.20

— Schatzkästlein. Eine Sammlg. v. Sprichwörtern, Sinnsprüchen u. Sinngedichten. gr. 16. (96 S.) Ebd. 889. geb. m. Goldschn. n. 1.—

— deutscher Zitatenschatz. Geflügelte Worte, Sentenzen u. Denksprüche, gesammelt. 12. (VII, 281 S.) Ebd. 889. geb. m. Goldschn. n. 2.—

Kofahl, Ad., u. Br. Mathis, Rechenbuch f. Baugewerkschulen. Mit e. Anh.: Buchführung f. das Baugewerbe. (VIII, 261 S.) gr. 8. Halle 907. C. Marhold. Kart. n. 4.—

Kofahl, Adf., Deklamatorium f. Familie u. Gesellschaft. Eine Auswahl der vorzüglichsten ernsten u. heiteren Vortragsdichtgn., nebst e. Anleitg. zum Deklamieren. 12. (VIII, 384 S.) Leipzig 891. G. Fock. Geb. in Halbleinw. n. 1.80; in Leinw. m. Goldschn. n. 2.40

Kofahl, Henry [aus Danhof (Prov. Brandenburg)]: Ueber einige Methoden zur Bestimmung und Trennung von Eisen, Mangan, Nickel und Kobalt. . . . Berlin, Buchdr. v. Gustav Schade (Otto Francke) (1890); 50 S. + 1 Bl. 8⁰
Berlin, Phil. Fak. Inaug.-Diss. v. 7. Aug. 1890

Kofahl, Otto, Hafen v. Hamburg im Bild, s.: Schmidt, Frz.

Kofel, Heinr., Chronik der Buchbinder-Innung zu Leipzig 1544–1894. Zum 350jähr. Jubiläum zusammengestellt. 8. (VIII, 68 S. m. 2 Bildnissen.) Nebst Katalog der Fach-Ausstellung aus Anlass der Jubiläumsfeier des 350jähr. Bestehens der Leipziger Buchbinder-Innung 1544—1894, vereinigt m. dem XV. Verbandstage des Bundes deutscher Buchbinder-Inngn. vom 5.—12. Aug. 1894 im Krystallpalast. Mit Stadtplan, Abbildgn. u. Führer durch die Stadt u. Umgebg, sowie verschiedenen Kunstbeilagen. Hrsg. v. der Buchbinder-Inng. zu Leipzig. gr. 8. (XLVIII u. 112 S.) Leipzig 894. (M. Göhre.) Geb. in Leinw. u. geh. 1.20

v. Köferle, J. G., Anleit. über d. Hornviehseuche. 8. Ulm 796. Stettin. 1 ℛ

Koffeejungfern (sic), die, eine Satyre in drey Gesprächen. (Motto in Prosa, 12 Zeilen, aus: Politisches Guck in die Welt. Th. 3. S. 15.) O. O. u. J. (München 1778). 8⁰. Unbeschn. Beibd.
8 Bll., unpag letzter leer Gespräch 1 Die Kaffeejungfern, wie sie Morgens vom Bethe (!) aufstehen, 2 wie sie beym Bronnen Wasser holen; 3 wie sie auf der Gasse einander treffen.

Koffer, der schwarze, s.: Engelhorn's allgemeine Romanbibliothek.

Koffer, Hans, Erstlinge. Gedichte. 12. (86 S) Klagenfurt: A. Raunecker 1895.

Koffer, Joh., die Gebühren der k. k. österreichischen Armee zu Lande u. zur See. Nach den hierüber erflossenen Vorschriften systematisch zusammengestellt. Wien 854. Gerold. Lex.-8. (XV, 178, 126 S.) n. 2 ₰. 20 ngr.

Koffer, Joh., das Grahambrod [Weizenschrotbrod] u. seine Leistungsfähigkeit in Betreff der Ernährg., Verdaug. u. Ausscheidg. nebst e. Anh. üb. die v. W. Winternitz m. dem Grahambrode in der Praxis erzielten Resultate. 8. (40 S.) Wien 871. Lechner's Verl. n. — 80

Koffer, Joh., wie ich Naturheilkundiger wurde u. einige andere Erlebnisse auf dem Gebiete der Naturheilkunde. (136 S.) gr. 8. Nürnberg (903). (F. Korn.) n. — 75

Koffer, Josef, Die Gewährschaft im Thierhandel auf Grund der Bestimmungen des bürgerlichen Gesetzbuches. Zum Gebrauche für landwirthschaftliche Schulen und Gerichtsthierärzte. 8. (84 S.) Innsbruck: Wagner 1894. —.10

Koeferle, Casp. Franz Xaver, Zurzach. Dissertatio medica inauguralis de febre catharrali epidemice grassante. 1447
Basel: Med. Diss. 1733.

Koffhack, C., Homilie über Psalm XXXIII., am 17. April 1831 gehalten. gr. 8. Köln u. M. Gladbach 831. Gebr. Schmachtenberg u. St. 2 ₰

Köffinger, Joh. Paul

— s. Codex, Kcloezaer.

– s.a. Doussin-Dubreuil, Gefahren d. Selbstbefleckung.

Köffinger, Jh. Paul, Gedichte. 8. Pesth 807. Lehrer. (Leipz., Schmidt). 18 ₰

Koffka, Emil: Die rechtliche Bedeutung der Gebundenheit der Betheiligten an die Einigung nach § 873 Abs. 2. BGB. Berlin 1900.
(in: Festgabe d. Rechtanwaltschaft d. Kammergerichts f. Wilke.)

Koffka, Emil, s.: Festgabe der Rechtsanwaltschaft des Kammergerichts f. Dr. Richard Wilke.

— das bürgerliche Gesetzbuch, s.: Wilke, Rich.

Koffka, Emil, Kommentar zum Gesetz üb. die Enteignung v. Grundeigenthum vom 11. VI. 1874, nebst den dazu erlassenen Bestimmgn. des Ausführungsgesetzes zum Reichsgesetz üb. die Zwangsversteigerg. u. die Zwangsverwaltg. unt. Berücksicht. der einschläg. Vorschriften des Fluchtliniengesetzes. (XI, 272 S.) Lex.-8. Berlin 905. F. Vahlen. n. 6. 80; geb. n.n. 7. 80

Koffka, E., Mündlichkeit u. Unmittelbarkeit im Civilprozeß. [Aus: „Gruchot's Beiträge".] gr. 8. (79 S.) Berlin 887. Vahlen. n. 1. 20

Koffka, Emil, die Reichs-Wuchergesetze vom 24. Mai 1880 u. 19. Juni 1893. Mit Kommentar in Anmerkgn. hrsg. 8. (VII, 134 S.) Berlin 894. F. Vahlen. n. 2. 40; geb. n. 3. —

Koffka, Jul., Album für Liebhaber-Theater, s. Album.

Koffka, Jul., s. Theater-Locomotive. — Theaterzeitung.

Koffka, Kurt: Experimental-Untersuchungen zur Lehre vom Rhythmus. ⟨Kap. 1. 2, Abschn. 1.⟩ Leipzig: Barth 1908. 71 S. 8° ¶(Ersch. vollst. in: Zeitschr. f. Psychol. u. Physiol. d. Sinnesorgane. Erg.Bd 4: 1909.) *)
Berlin, Phil. Diss. v. 12. Okt. 1908, Ref. Stumpf
[Geb. 18. März 86 Berlin; Wohnort: Berlin; Staatsangeh.: Preußen; Vorbildung: Wilhelms-Gymn. Berlin Reife M. 03; Studium: Edinburg 1, Berlin 7 S.; Rig. 23. Juli 08.] [U 09. 214

Koffka, Wilhelm (Hrsg.), s. Almanach für das Kgl. Hoftheater in Stuttgart auf das Jahr 1846.

Koffka, Wilh., Iffland u. Dalberg. Geschichte der class. Theaterzeit Mannheims. Nach den Quellen dargestellt. Leipzig 865. Weber. 8. (XIII, 555 S.) n. 2 ₰ 15 ngr.

Koffler, Gewichtsangaben der deutschen Münzen. (1 Bl. auf Karton.) 34,5×23,5 cm. Münster 905. J. Bredt. — 50

— Wochen- u. Markenzähler f. die Invalidenversicherung, umfassend die J. 1906 bis einschließlich 1910. (15 S.) kl. 8. Ebd. 905. — 75

Koffler, J. A., Handbuch zum Amtsblatt der Königl. Regierung zu Arnsberg, enth.: alle in der Zeit vom J. 1853 bis Ende 1861 erschienenen, „ein bleibendes Interesse habenden" Allerh. Kabinets-Ordres, Ministerial-, Provinzial- und Bezirks-Verordnungen, als 3. Thl. der im J. 1843 von dem Hofrath M. F. Essellen und im J. 1852 von dem Amtmann Weddige hrsg. Handbücher. Ein Hülfsbuch für Verwaltungsbeamte, Geistliche, Gemeinde-Vorsteher, Rechts-Anwalte ꝛc. gr. 8. (XI und 786 S.) Münster 862, (Coppenrath'sche Buchh.) *
Vgl. XII. Bd. 2. Abthl. S. 461: Weddige.

—— Handbuch zum Ministerial-Blatt für die gesammte innere Verwaltung in den königl. preußischen Staaten. Eine systemat. Zusammenstellung aller in den Ministerial-Blättern der inneren Verwaltung in den J. 1840 bis einschl. 1864 enthalt., auf die innere Administration Bezug habenden Rescripte und Verordnungen. 1.—9. Lfg. gr. 8. (1. Bd. VI und 789 S. und 2. Bd. S. 1—64.) Arnsberg 865,66, Ritter. à Lfg. 9 Ngr.

Koffler, J. A., Handbuch zum Ministerial-Blatt für die gesammte innere Verwaltung in den königl. preußischen Staaten. Eine systemat. Zusammenstellung aller in den Ministerial-Blättern der inneren Verwaltung in den J. 1840 bis einschließlich 1864 enthaltenen, auf die innere Administration Bezug hab. Rescripte und Verordnungen. 10.—15. Lfg. gr. 8. (2. Bd. S. 65—888.) Arnsberg 869, Ritter. 8 40

—— die Unterrichts-Angelegenheiten in den königl. preußischen Staaten. Eine systemat. Zusammenstellung aller in den Ministerialblättern der innern Verwaltung in den J. 1840 bis einschl. 1865 enthalt., auf die innere Administration Bezug habenden Rescripte und Verordnungen. (Aus dem Handbuch zum Ministerialblatt für die gesammte innere Verwaltung.) Mit Register. gr. 8. (III und 126 S.) Arnsberg 867, Ritter. -

Kofflери, Jh., († 1780.) e Soc. Jesu historica Cochinchinae descriptio in epit. red. ab Ans. Eckart. Edente C. G. de Murr. 8maj. Nürnb. 804. Monath u. K. 14 ₰

KOFFLER, Josef: Die wirtschaftlich-ethischen Lehren des heiligen Ambrosius. — (1905) VIII, 134 S. 4° (Handschr.) Diss. 844
Diss. Wien, Univ.

Koffmahn, Otto, Rede z. Verteilg. d. Kaiser Wilhelm Erinnerungsmedaille am 11. VII. 1898 im Verein Appell zu Gotha. 8. (8 S.) Gotha 898. E. F. Thienemann. n. — 20

Koffmane, Berthold Gustav, s. Koffmane, Gustav

Koffmane, Gustav

Koffmane, G., Abriss der Kirchengeschichte d. 19. Jahrhunderts, s.: Herzog, J. J., Abriss der gesamten Kirchengeschichte.

Koffmaue, G., s.: Beiträge z. Reformationsgeschichte.

Koffmane, Gustav: Die religiösen Bewegungen in der evangelischen Kirche Schlesiens während des siebzehnten Jahrhunderts. Breslau: Selbstverl. 1880. (67 S.) 8° [F.]
[Im Buchhandel 1880 bei Dülfer in Breslau.]
[Breslau, Ev.-theol. Fak., Hab.-Schr. v. 15. Jan. 1881]

Koffmane, G., Geschichte des Kirchenlateins. 1. Bd. A. u. d. T.: Entstehung und Entwickelung des Kirchenlateins bis auf Augustinus-Hieronymus. 1. Heft. gr. 8. (IV, 92 S.) Breslau 879, Koebner. *

—— Geschichte des Kirchenlateins. 1. Bd. 2. Heft. gr. 8. (S. 93—168.) Breslau 881, Koebner. *

—— die Gnosis nach ihrer Tendenz und Organisation. 12 Thesen. 8. (33 S.) Breslau 881, Köhler. *

Koffmane, G[ustav]: Ist Luther Verfasser einer Schrift, welche das Komma Johanneum behandelt? *Göttingen 1897.*
in: Studien, Theologische, ... B. Weiss zu s. 70. Geburtst. dargebr.
[97. 4105

Koffmane, G., Dr. Martin Luthers kl. Katechismus, s.: Giebe, A.

Koffmane, Gust., Lexikon lateinischer Wortformen. gr. 8. (IV, 207 S.) Göttingen 874, Vandenhoeck und Ruprecht's Verlag. 4 —

—— Luther und die innere Mission. Hrsg. auf Veranlassung des Centralausschusses für die innere Mission der deutschen evang. Kirche. gr. 8. (IV, 78 S.) Berlin 883, Hertz. *

— s.: Studien, theologische.

— die handschriftliche Ueberlieferung v. Werken D. Martin Luthers. Kritische Untersuchgn. in Verbindg. m. Freitag, Reichert u. A. hrsg. 1. Bd. (XXXI, 253 S.) gr. 8. Liegnitz 907. (C. Seyffarth.) n. 6. —

Koffmane, (Bertholdus) Gustavus *(geb. Bernstadt in Schles. 22.7 1852)*: De Mario Victorino philosopho christiano. Vratislaviae 1880. (36 S.) 8° *[Im Buchhandel 1880 bei Koebner in Breslau.]*
Breslau, Ev.-theol. Liz.-Diss. v. 7. Jan. 1880

Koffskhi, Frz Vinzenz

Koffskhius, Vincentius.
* Hermetische Schriften denen wahren Schülern und Nachfolgern unserer geheimen spagierischen Kunst zum Nutz beschrieben und hinterlassen, den 4ten October Ao. D. 1478. Zwey Theile. Nürnberg, 1786. pp. 119, 12mo. Plates.

Koffskhi, Frz. Vinz., hermet. Schriften d. geheimen spagirischen Kunst. 2 Thle. 8. Nürnb. 786. Stein. 8 K

Koffskhius, Vinzenz, s. Koffskhi, Frz Vinzenz

KOFFSKY, Robert (Riga): De tumorum diagnosi. (Titel nach der Urkunde)
21.7.1838 - Urk: F 64
Diss. Ingolst.-Landsh.-Mchn.

v. Kofil, Dom. Gyfr., s. Treuhold's Briefe.

Kofler, Ant., s.: Fleimstalbahn, die deutsche, Neumarkt-Predazzo.

Kofler, Ant., der Tiroler Held Blasius Trogmann. Ein Lebensbild. Hrsg. vom Blasius Trogmann-Denkmalkomitee in Mais. (32 S. m. 3 Taf.) 8. Mais 908. (Innsbruck, Vereinsbuchh. u. Buchdr.) 1. —

Kofler, Ant., Uebersichts-Tabelle aller wesentlichen Symptome der Brustfell- u. Lungen-Krankheiten. Inaugural-Dissertat. gr. 8. (½ B. u. 8 Tab.) Wien 845. (Kaulfuss Wwe., Prandel u. Comp.) *

v. Kofler, Edler Frz., (†...) Samml. v. verschied. ältern u. neuern Resolutionen, Patenten, Gebräuchen u. Nachrr., die in d. Herzogth. Oesterr. befindl. Lehen betreff. 2 Thle. 8. Wien 775.

Kofler, Friedrich

Kofler, Frdr., das Kastell Arnsburg. gr. 4. (35 S. m. 8 Taf.) Heidelberg 902. O. Petters. n. 7. 60
Sonderabdr. a.: „Der obergerm.-raet. Limes d. Roemerreiches".

Kofler, Fr., Kastell Butzbach. [Aus: „Der obergerm.-raet. Limes d. Römerreiches".] gr. 4. (27 S. m. Abb., 3 Taf. u. 1 Karte.) Heidelberg 894. O. Petters. n. 4. —

Kofler, Fr., das Kastell Echzell. (26 S. m. 1 Abbildg. u. 4 Taf.) gr. 4. Heidelberg 903. O. Petters. n. 4. 80
Sonderabdr. aus: „Der obergerm.-raet. Limes d. Roemerreiches".

Kofler Dr. F.: Die Eiszeit während der Diluvialperiode und ihre Ursachen. 31. Wiener-Neustadt R. 79. Progr.

— Kastell Eulbach. [Aus: „Der obergerm.-raet. Limes d. Römerreiches".] gr. 4. (6 S. m. 1 Taf.) Ebd. 896. n. 1. 20

— neue Forschungen zur vorgeschichtlichen Zeit Hessens. Mit 2 Plänen u. 7 Taf. (61 S.) gr. 8. Darmstadt 902. (A. Bergstraesser.) n. 2. 50
Sonderabdr. aus: „Archiv. f. hess. Gesch. u. Altertumskde."

Kofler, Fr., new guide to Homburg and its environs. Chiefly after the German of G. Schudt arranged. 8. (IV und 191 S.) Homburg 863, Fraunholz.

Kofler, Fr., new guide to Homburg vor der Höhe a. its environs. 2. ed., improved a. enlarged. With 2 accurate maps (lith. u. Kpfrst. gr. 4.), some views (Stahlst.) a. a (lith.) plan of the town. 8. (IX, 191 S.) Homburg 876. Fraunholz. n. 2. —

Kofler, Fr., a short Guide to Homburg vor der Höhe and its environs. 8. (52 S. mit 1 Stnt.) Homburg 876, Fraunholz'sche Buchh. *

Kofler, Fr., Streckenkommissar. Kastell Hainhaus bei Vielbrunn. (Mit 1 Taf.) Sonderabdruck aus dem Werke: „Der Obergerm.-raet. Limes des Roemerreiches, im Auftrage der Reichs-Limes-Kommission herausgegeben von dem militärischen und dem archäologischen Dirigenten O. v. Sarwey, Generallieutenant z. D., F. Hettner, Museumsdirector." 4. Heidelberg 1897.

— Kastell Hesselbach. [Aus: „Der obergerm.-raet. Limes d. Römerreiches".] gr. 4. (7 S. m. 2 Abb. u. 1 Taf.) Ebd. 896. n. 1. 40

FRIEDRICH KOFLER, Archäologische Karte des Grossherzogthums Hessen. Zwei Kartenblätter in Farbendruck nebst begleitendem Text. Sonderabdruck aus dem Archiv für hessische Geschichte und Alterthumskunde. Neue Folge, Bd. 1. Darmstadt 1890. L. C. Wittich'sche Hofbuchdruckerei. 8°.

— Kastell Langenhain. [Aus: „Der obergerm.-raet. Limes d. Römerreiches".] gr. 4. (10 S. m. 3 Taf.) Ebd. 897. n. 2. 20

— das Kastell Lützelbach. (10 S. m. Abbildgn. u. 1 Taf.) 4. Heidelberg 904. O. Petters. n. 2. —

Kofler, F. Die Neckar-Mümlinglinie. (Darmstadt 1880.) 8°. (Aus: Westdeutsche Zeitschr.) (Verm. Jähns.)

— das Kastell Ober-Florstadt. (24 S. m. Abbildgn. u. 4 Taf.) gr. 4. Ebd. 903. n. 4.80
2 Sonderabdrucke aus: „Der obergerm.-raet. Limes des Roemerreiches".

Kofler, Frdr., der Pfahlgraben u. die Pfahlgraben-Castelle in der Umgebung von Homburg, s.: Mittheilungen d. Vereins f. Geschichte u. Alterthumskunde in Homburg v. d. Höhe.

Kofler, F. Ringwälle und Belagerungsburgen. Trier (1892). 8°. (Aus: Westdeutsche Zeitschr.) (Verm. Jähns.)

—— the Pfahlgraben-Castellum Saalburg and the fortified Roman Works in its Vicinity. A sketch. With a (lithogr.) map (in gr. 4.) and a (lithogr.) plan of the Saalburg (in qu. Fol.). 8. (IV, 36 S.) Ebendas. 876. *

Kofler, Friedrich: Die Schützengesellschaft zu Homburg vor der Höhe während ihres 500-jährigen Bestehens. Darmstadt, 1881.

Kofler, Friedr., 1000 deutsche Sprüchwörter u. sprüchwörtliche Redensarten m. französischer u. englischer Übersetzg. gr. 8. (III, 52 S.) Darmstadt 900. J. Waitz. n. 1.—; m. engl. u. französ. Titel zu gleich. Preise.

— alte Strassen in Hessen. [Aus: „Westdeutsche Zeitschrift f. Gesch. u. Kunst".] gr. 8. (39 S. m. 1 Karte.) Trier 893. (F. Lintz.) n. 1.20

— alte Strassen in Hessen. (Fortsetzung.) gr. 8. (17 S. m. 1 Karte.) Trier 902. J. Lintz. n. 1.—
Sonderabdr. a.: „Westdeutsche Zeitschr. f. Gesch. u. Kunst".

— Kastell Würzburg. [Aus: „Der obergerman.-raet. Limes d. Römerreiches".] gr. 4. (9 S. m. 3 Taf.) Ebd. 896. n. 2.—

Kofler, Hans, Erstlinge. Gedichte. 12. (88 S.) Villach 895. (Klagenfurt, A. Raunecker.) n.n. 1.20

Kofler Jakob: Die Axiome der Geometrie und die Lehre vom Raume (19). Brixen 90.
Progr.

Kofler, Joh., der Bauer u. der Ochs ist ein Paar, u. der wahrheitsliebende Narr als Fuhrmann, oder mit andern Worten: der Spiegel der Zeit. Vorzüglich dem Bauernstande gewidmet. gr. 8. (IV u. 100 S.) Salzburg 850, Oberer. 9 ngl

Kofler, Johann Die Gleichnisse bei Apollonios Rhodios, namentlich in Bezug auf ihre stoffgliedernde und charakterisierende Bedeutung 8 (58 S).
Progr. Privat-G. am Semin. Vincent. *Brixen* 1890.

Kofler, Josef v. Carnificina politica. Clagenfurti, Khleinmayr, 1703. 272 S.

Kofler, Jos., die Gewährschaft im Thierhandel auf Grund der Bestimmungen d. bürgerlichen Gesetzbuches. Zum Gebrauche f. landwirthschaftl. Schulen u. Gerichts-Thierärzte zusammengestellt. 8. (84 S.) Innsbruck 894. Wagner. n. —80

Kofler, Leo, richtig atmen. Atemgymnastik f. Gesunde, Schwache u. Kranke, nebst besond. Uebgn. f. Lungenkranke. Aus dem Engl. übers. v. Hedw. Andersen. Mit e. Einleitg. v. Eulenburg. (VIII, 87 S. m. Abbildgn.) 8. Leipzig 904. Breitkopf & Härtel. 2.—; geb. in Leinw. 3.—; erm. Pr. n. 1.—; geb. n. 2.—

Kofler, Leo, d. Kunst d. Atmens als Grundlage der Tonerzeugg. f. Sänger, Schauspieler, Redner, Lehrer, Prediger etc., sowie zur Verhütg. u. Bekämpfg. aller durch mangelhafte Atmg. entstand. Krankheiten. Aus d. Engl. übers. v. Clara Schlaffhorst u. Hedw. Andersen. D. Übersetzg. ist v. Verf. nach d. 5. Ausg. s. Werkes revidiert. gr. 8. (X, 91 S. m. 10 Fig.) Leipzig 897. Breitkopf & Härtel. n. 2.—

Kofler, Leo, die Kunst des Atmens als Grundlage der Tonerzeugung f. Sänger, Schauspieler, Redner, Lehrer, Prediger etc., sowie zur Verhütung u. Bekämpfung aller durch mangelhafte Atmung entstand. Krankheiten. Aus d. Engl. übers. v. Clara Schlaffhorst u. Hedw. Andersen. 2. verb. u. 3. Aufl. Die Übersetzg. ist vom Verf. nach der 5. Ausg. seines Werkes revidiert. gr. 8. (à X, 93 S. m. 10 Fig.) Leipzig 900. 901. Breitkopf & Härtel. n. 2.—; geb. in Leinw. n. 3.—

— die Kunst des Atmens als Grundlage der Tonerzeugung f. Sänger, Schauspieler, Redner, Lehrer, Prediger etc., sowie zur Verhütung u. Bekämpfung aller durch mangelhafte Atmung entstandenen Krankheiten. Aus dem Engl. übers. v. Clara Schlaffhorst u. Hedw. Andersen. 4. u. 5. Aufl. Die Uebersetzg. ist vom Verf. nach der 5. Ausg. seines Werkes revidiert. (à X, 93 S. m. 10 Abb.) 8. Leipzig 903. 905. Breitkopf & Härtel. n. 2.—; geb. in Schulbd. n. 2.50; in Leinw. n. 3.—

Kofler, Leo, die Kunst des Atmens als Grundlage der Tonerzeugung f. Sänger, Schauspieler, Redner, Lehrer, Prediger etc., sowie zur Verhütung u. Bekämpfung aller durch mangelhafte Atmung entstandenen Krankheiten. Aus dem Engl. übers. v. Clara Schlaffhorst u. Hedw. Andersen. 6. u. 7. Aufl. Die Übersetzg. ist vom Verf. nach der 5. Ausg. seines Werkes revidiert. (X, 93 S. m. Abbildgn.) 8. Leipzig 909. 10. Breitkopf & Härtel. 2.—; geb. in Schulbd. 2.50; in Leinw. 3.—

Kofler Ludwig Die Myxobakterien der Umgebung von Wien (mit 2 Taf). S 122 I 845 „ 1 70
Separatabdruck

Kofler Martin, Dr [1]) Mitteilungen aus dem Institut für Radiumforschung 33. Die Löslichkeit der Ra-Emanation in Wasser in ihrer Abhängigkeit von der Temperatur (mit 2 Textfiguren). S. 121. IIa 269 . . . . „ —.50
— —[1]) 51 Über die Löslichkeit von Gasen in Flüssigkeiten (mit 2 Textfiguren). S. 122. IIa. 1461 . . . . „ —.60
— —[1]) 52 Löslichkeit der Ra-Emanation in wässerigen Salzlösungen (mit 2 Textfiguren). S 122 IIa. 1473 . . . . „ —.50
Separatabdruck

Kofler Vigil: Die relativen Grössen der reellen ebenen Geometrie. (Mit 2 Tafeln). 20. Meran 91.
Progr.

Köfler, Jos., über d. Behandlung d. sogen. hitzigen Fiebers, den Nutzen u. d. Anwend. d. Purganzen in denselben. gr. 8. (10¾ B.) Linz 840, (Fink.) *

Köfler, Sim., Grundansicht von Staat u. Kirche u. ihrem gegens. Verhältnisse nach Vernunft u. Schrift. 8. Insbr. 821. Wagner. (Münch., J. Lindauer). 10 gr (Fleischmann das.) 12 gr

v. *Koflern*, Jh. Bapt. Karl, († 1803.) Memorabilia Eberhardi II., Juvaviensis quondam Archiepiscopi. Fol. Salzb. 780.

— de nomothesia seu legislatione. P. I. de eadem in genere. 4. Salzb. 773.

Kofmann, Agnes, Der praktische Haus-Conditor zur Selbsterzeugung der feinsten und ausgezeichnetsten Backwerke, Torten, Confecte und Gefrornem. 12. (253 u. XII. S.) 1.—, cart. 1.12
Wien: Wenedikt 1889.

Kofmel, d. militär. Schiessausbildung u. d. freiwill. Schiesswesen in d. Schweiz. Krit. Studie. Preisgekrönt v. d. schweiz. Offiziersgesellschaft. 8. (75 S.) Bern 898. Neukomm & Zimmermann. n. 1.20

Kofmel, E. A., s. K o f m e l , Eugen Oskar

Kofmel, Eugen Oskar

Kofmel, E. O., s.a. *Hiob.*

Kofmel, Eugen Oscar), aus [Deitingen, Kt.] Solothurn: Hiob. Ein oberengadinisches Drama aus dem XVII. Jahrhundert. Mit litterarhistorischer Einleitung und etymologischem Glossar herausgegeben. Solothurn Gassmann S. Dr. [Chur Rich Verl.] 1889. 67. XVI S. 8°.
Zürich, Phil. Diss. I. S. [v. 2. März 1889].

Kofod, Birg., Chabakuki vaticin. comment. crit. atque exeget., s.a. Habakuk

K o f o d , Birg., Chabakuki vaticin. comment. crit. atq. exeget. illustr. 8. maj. Gött. Vandenhök. 792.

Kofoid, Charles Atwood, A self-closing water bucket for plankton investigations, s.: P u b l i c a t i o n s de circonstance du conseil permanent, international pour l'exploration de la mer. Nr. 32.

Kofrányi, Adf., die Gräfenberger Wassercur in populär-wissenschaftlicher Darstellung. 8. (257 S.) Freiwaldau 885. Blažek. n. 3. —

K o f s m a n n , J. W. A., Handbuch der alten Erdbeschreibung. Breslau 786. Bd. 1. (Aegypten). 8. 10 gr.

K o g, Nina, Patkul. Histor. Roman. 2 Thle. 8. (34 B.) Leipzig 835, Kollmann.

KOGA, Eishin (Kumamoto): Appendicitis beim Kinde.- München: Kastner & Callwey 1910. 97 S.
11.9.1911 - Chr 1911/12,25; U 12.3710
Diss. Ingolst.-Landsh.-Mchn.

Kogalniceano, Mich, M o l d a u u. Wallachei. Romän. u. wallach. Sprache u. Literatur, Berlin, 18. Jan. 1887, m. rumän. Übersetzg. hrsg. v. Vasile Kogalniceano. gr. 8. (44 S. m. 1 Bildn.) Bukarest 895. (Czernowitz, H. Pardini.) n.n. 1. —

Kogalnitcean, Michel de, s. K o g a l n i t c h a n

K o g a l n i t c h a n, Mich. de, E s q u i s s e sur l'histoire, les moeurs et la langue des Cigains, connus en France sous le nom de Bohémiens, suivie d'un recueil de sept cents mots cigains. gr. in-8. (3½ B.) Berlin 837, Behr.

K o g a l n i c e a n, Mich. de, Fragments tirés des chroniques moldaves et valaques pour servir a l'histoire de Pierre le grand, Charles XII., Stanislas Leszczynski, Démèter Cantimir et Const. Brancovan. 2 Tom. gr. 8. (26½ B. u. 1 Portr.) Jassi 846. (Leipzig, Michelsen.) *

K o g a l n i t c h a n, Michel de, Histoire de la Dacie, des Valaques transdanubiens et de la Valachie. Nouvelle édition. gr. 8. (XVI und 470 S.) Berlin 854, Behr's Buchh.

— dass. deutsch, übersetzt mit Anmerkk. u. Zusätzen von Fr. Casca. Nebst einem Wörterbuche der Zigeuner-Sprache. gr. 8. Stuttgart 840. Cast. 3/8 ℬ

K o g a l n i t c h a n, Mich. de, H i s t o i r e de la Valachie, de la Moldavie et des Valaques transdanubiens. Tom. I. Histoire de la Dacie, des Valaques transdanubiens et de la Valachie (1241—1792). gr. in-8. (30¾ B.) Berlin 837, Behr. Thlr.

de Kogalnitchan, Michel, Histoire de la Valachie, de la Moldavie et des Valaques transdanubiens. II Tom. gr.in-8. Berlin 837. Behr. 4½ ℬ

—— Skizze e. Geschichte d. Zigeuner, ihrer Sitten u. ihrer Sprache, nebst e. kl. Wörterbuche dies. Sprache. A. d. Franz. übers. u. m. Anmerkn. u. Zusätzen begleit. v. Fr. Casca. 8. (4¾ B.) Stuttgart 840, Cast'sche Buchh.

Kogan, Feiga, aus Poltawa (Russland): Statistische Zusammenstellung der Fälle von Idiotie, Epilepsie und Hydrocephalus im Kinderspital Zürich während der Zeit von 1874 bis 1907 in Bezug auf ihre Aetiologie. ⟨Aus dem Kinderspital Zürich. (Innere Abteilung.)⟩ Zürich 1910. 31 S. 8°. [26. III. 10.]
Zürich. Univ. Med. Diss. 1909/10.

Koganei, Beiträge zur physischen Anthropologie der Aino. I. Untersuchgn. am Skelet. [Aus: „Mittheilgn. d. med. Facultät der kaiserl. japan. Universität zu Tokio".] 4. (249 S. m. 6 Tab. u. 5 Taf.) Tokio 893. (Berlin, R. Friedländer & Sohn.) n.n. 12. —

Koganei, Beiträge z. phys. Anthropologie d. A i n o. II. Untersuchgn. am Lebenden. [Aus: „Mittheilgn. d. med. Facultät d. kaiserl. japan. Universität zu Tokio".] 4. (S. 251—404 m. 3 Tab. u. 7 Taf.) Tokio 894. (Berlin, R. Friedländer & Sohn.) n.n. 12. —

Koganei, Y., u. G. Osawa, das Becken der Aino u. der Japaner. gr. 8. (63 S. m. 10 Tab. u. 10 Taf.) Tokio 900. (Berlin, R. Friedländer & Sohn.) n. 12. —
Sonderabdruck aus: „Mitteilgn. d. med. Facultät d. kaiserl. japan. Universität zu Tokio".

Koganei, Y., Messungen an chinesischen Soldaten. (23 S.) gr. 8. Tokyo 903. (Berlin, R. Friedländer & Sohn.) n. 2. —
Sonderabdruck aus: „Mitteilgn. d. medicin. Facultät d. k. japan. Universität zu Tokyo".

Köge, Das geängstigte, oder eine wahrhaffte . . . Historie von einer entsetzlichen Versuchung des leidigen Satans . . . Leipzig o. J. V: *Brunsmand, Joh.* (Bruun, Bibl. Danica. I, 952.)

Kogel, Franz, Ein neues Recursionsgesetz der bernoullischen Zahlen. Gr.-8. (4 S.) -.05
Prag: F. Řivnáč 1895.

Kogel, Gustav Friedrich (Hrsg.), s. L o r t z i n g , Albert: Zar und Zimmermann.

K o e g e l, praktische Anleitung zum Zucker-Rüben-Anbau mit besond. Rücksicht auf die östl. Provinzen des preuß. Staats, Bemerkungen über Zuckerfabrik und Zucker-Raffinerie. 1—3., unveränd. Aufl. gr. 8. (16 S.) Berlin 851, Gebauer'sche Buchh. Thlr.

K o e g e l, die landwirthschaftlichen Verhältnisse der Rüben-Zucker-Fabrikation und deren Steuerfähigkeit. Lex.-8. (22 S.) Berlin 853, Gebauer'sche Buchh. *

KOEGEL, ADAM S. J.: Trauerrede über den Hingang von Graf Harrach in Aschau, der Todesstätte dieser Familie. Linz 1746: Feichtinger.

Koegel, Benj., die Kulturbedeutung der Mission, s.a. F ü r Gottes Wort u. Luthers Lehr! II, 4.

Koegel, Benjamin: Die K u l t u r b e d e u t u n g der Mission. Von —. Gütersloh: Bertelsmann 1909. VI, 93 S. 8°
(Für Gottes Wort u. Luthers Lehr! Reihe. 2. H. 4.)

Kögel, *Lincoln August* Bernhard [pr. Arzt aus Carlsruhe '(Baden)']: Über den Morbus Basedowii und seine Beziehungen zur Epilepsie ... Berlin, Buchdr. v. G. Schade, *1895;* 30 S., 1 Bl. 8.
Berlin, Med. Fak., Inaug.-Diss. v. 6. Aug. 1895

Kögel, Friedrich: Wie weit ist der Pächter, der gutgläubig vom besitzenden Nichteigentümer ein fruchttragendes Grundstück gepachtet hat, dem Eigentümer desselben zum Fruchtersatz verpflichtet, unter der Voraussetzung, dass der Pächter von der Geltendmachung einer nominatio auctoris absieht, nach gemeinem Recht unter Berücksichtigung der Vorschriften des Bürgerlichen Gesetzbuches? *Soest 1898: Rochol.* (35 S.) 8°
Erlangen, Jur. Diss. v. 11. Febr. 1898

Kögel, Fritz, u. Emily **Kögel**, die Arche Noah. Reime v. F. u. E. K., m. (farb.) Bildern v. H. Eichrodt, O. Fikentscher, A. Haueisen, F. Hein, K. Hofer, H. v. Volkmann u. W. Welte. gr. 4. (32 S.) Leipzig 901. B. G. Teubner. Geb. n. 2. 80

Koegel, Fritz, Lotzes Aesthetik. gr. 8. (VIII, 138 S.) Göttingen 886, Vandenhoeck und Ruprecht's Verlag. *

Koegel, Fritz, Gastgaben. Sprüche e. Wanderers. 12. (VII, 127 S.) Leipzig 893. C. G. Naumann. n. 2. - ; geb. m. Goldschn. n. 3. –

Koegel, Fritz, Gedichte. gr. 8. (VIII, 208 S.) Leipzig 898. G. H. Meyer. n. 3. —; Geb. in Leinw. n. 4. 50

Koegel, Fritz. Die körperlichen Gestalten der Poesie. 1. 2. Halle a. S. 1883: Gebauer-Schwetschke. 46 S. 8°
Halle-Wittenberg, Phil. Diss. v. 22. Mai 1883
Geb. Hasserode-Friedrichsthal (Harz) 2. 8. 1860. V.

Koegel, Fritz, Muffzeitung nebst Festbericht über den Lateinercommers. Halle, den 6. August 1880. gr. 8. (21 S.) Halle 880. Koestler. n. — 25

— d. Mosel Nache im Jahre d. Heils 1898. E. rhein. Echo z. Trarbacher Sängerkrieg. 8. (16 S.) Düsseldorf 898. H. Michels' Verl. n. — 50

— s.: Vox humana.

Kögel, Geo. Ios., de jure civ. et crimin. austr. bellico. fol. Vien, Trattner. 764. Rthlr.

— — id. lib. auct. II Tmi. fol. Poson. 772.

Kögel, Gottfr., Armins Eude. Nationales Drama in 5 Aufzügen. (III, 220 S.) 8. Dresden (906). E. Pierson. n. 2. 50

Kögel, Gfr., Rudolf Kögel. Sein Werden u. Wirken. 2 Bde. gr. 8. Berlin, E. S. Mittler & Sohn. à n. 6. —; geb. in Leinw. à n.n. 7. 50
1. 1829—1854 (Ordination). Mit e. Bildnisse in Lichtdr. (X, 272 S.) 899.
2. 1854—1872. Mit e. Bildniß. (VI, 332 S.) 901.

— Rudolf Kögel. Sein Werden u. Wirken. 1. u. 3. Bd. gr. 8. Berlin, E. S. Mittler & Sohn. n. 13. —; geb. n. 16. —
1. 1829—1854 (Ordination). Mit 1 Bildnisse in Lichtdr. 2. Aufl. (X, 271 S.) n. 6. —; geb. n. n. 7. 50
3. 1872—1896. Mit 1 Bildnis u. 2 Briefbeilagen in Fcsm.-Dr. 1. u. 2. Tauf. (IV, 396 S.) n. 7. —; geb. n. 8. 50

Kögel, Hans, Appr. Arzt: Aus d. pharmakol. Inst. d. Univ. Jena. Über das pharmakologische Verhalten der Methylmorphimethine. Bruxelles: Lamertin 1908. 56 S. 8° ¶(Aus: Archives internat. de Pharmacodynamie. Bd 19.)
Jena, Med. Diss. v. 4. Nov. 1908, Ref. Kionka
[Geb. 21. Mai 83 Magdeburg; Wohnort: Magdeburg; Staatsangeh.: Preußen; Vorbildung: Päd. z. Kloster U. L. F. Magdeburg Reife O. 02; Studium: Berlin K. W. A. 2, Univ. 2, Marburg 2, Göttingen 2, Jena 3 S.; Coll. 19. Mai 08; Approb. 1. Mai 08.] [U 09. 2140

Kögel, J. G.

ספר קהלת עם באור ותרגום חדש — Das Buch Koheleth, neu übers. mit ein. hebrä. Commentar (v. S. H. Auerbach). 8. (6½ B.) Breslau 837, (Schulz u. Comp.) *

—— dass. — übers. u. erläut. v. L. Herzfeld. gr. 8. (13 B.) Braunschweig 838, Leibrock. *

Kögel, Jh. Geo., Anbau u. Bearbeitung d. Flachspflanze bis zum Spinnen. 8. Quedlinb. 812. Ernst. 4 ggr.

Kögel, J. G., die Anlegung, Verbesserung u. Erhaltung der Feldwege, Fußwege u. der Promenaden, wie auch der Commun-Fahrwege. (Neue Ausg.) 8. (7 B. u. 11 Zeichn.) Quedlinburg 812, Ernst'sche Buchh.

— Anweisung, ohne Beihülfe des Feuers einen klaren sehr schn.ll trockenden Lelndlſirniß zu bereiten. Quedlinburg, Ernst. 812.

Kögel, (J. G.,) Anweis., ohne Beihülfe des Feuers, einen klaren, sehr schnell trecknenden Leinöl-Firniß zu bereiten. 2e Aufl. qu. 8. Quedlinb. 823, Ernst.

Kögel, Jh. Geo., Anweis. zum Bierbrauen, nach richtigen Grundsätzen d Chemie. 8. Quedlinb. 802. Ernst. 9 ggr. 2e Aufl. 832. 10 ggr.

— Anweis., alle Arten Essige zu fabriciren. 8. Quedlinb. 807. Ernſ. 8 ggr.

—— Anweisung alle Arten v. Essig u. Weinessig, aus Obst, Honig, Zucker, Getraide, Branntwein u. Bier, zu fabriciren. 2. Aufl. 8. (6 B.) Quedlinburg 832, Ernst.

— gründl. Anweis. zum Branntweinbrennen, sowohl aus Getreide, als auch aus andern dazu geeigneten Pflanzenkörpern rc. Ein Handbuch für jeden Branntweinbrenner. 8. Quedlinb. 810. Ernst. 20 ggr.

— gründl. Anweisung, alle Arten Seife zu sieden. Mit e. Anh. über d. Verfertigung d. Talglichter u. Reinigung d. Rüböls. 3e Aufl. 8. Quedl. 827, Ernst.

—— gründl. Anweisung alle Arten Seife zu sieden, nebst e. Anweis. z. Verfertig. d. Talglichte u. Reinigung d. Rüböls. 4. Aufl. 8. (12¾ B.) Quedlinburg 833, Ernst.

— kurze u. deutl. Anweis. zur Bereitung feiner Liköre, sowohl durch d. Destillation, als durch Aufguß u. aus d. Saft d. Früchte. 8. Quedlinb. 810. Ernst. 4 ggr.

— Anweis. zum Seifensieden. Mit e. Anhang über d. Lichtziehen u. d. Reinigung des Rüböls. 8. Quedlinb. ... 2e A. 803. Ernst. 12 ggr. 3e A. unt. d. Tit.: gründl. Anweis., alle Arten Seife zu sieden. Mit e. Anhang über d. Verfertigung d. Talglichter u. Reinigung d. Rüböls. 8. Ebd. 827. 16 ggr.

— Anweis. zur Verfertigung guter Talglichter u. Reinigung des Rüböls. 8. Quedlinb. 803. Ern[illegible]. 3 ggr.

— s. Belehrung über die Flachspflanze.

— Beschreibung e. einfach zusammengesetzten Thermolampe. 8. Quedlinb. 802. Ernst. 4 gr

— über die d. Gesundheit nachtheiligen bleihaltigen zinnernen u. glassirten irdenen Küchengeschirre ꝛc. 8. Quedlinb. 810. Basse. 6 gr

— ausführl. Handbuch für Branntweinbrenner, oder theoret. u. prakt. Anleit. zur Fabrikation des Branntweins aus Getreide, Kartoffeln, Runkelrüben u. allen andern d. Weingährung fähigen Substanzen, nebst Anweis. zur Veredlung d. Branntweins zu Franzbranntwein, Rum, Arak u. feinen Likören ꝛc. 8. Quedlinb. 832. Ernst. 1 Rthlr 6 gr (NB. Entweder nur ein neuer Titel, oder eine N. Aufl. seiner gründl. Anweisung ꝛc.)

— neuer Kühlapparat z. möglichst schnellen Abkühlung d. Branntweinmaische u. d. Bierwürze. 1 Fol.-Bogen in Brief-Format. Quedlinb. 829. (Ernst). Versiegelt 1 Rthlr

Johann Georg Koegel

Die Kunst aus verschiedenen inländischen Gewächsen vorzüglich aus Weitzenmalz einen Syrup zu bereiten, welcher den Zuckersyrup völlig ersetzt... Ein Hülfsbuch für jeden Hausvater von J[ohann] G[eorg] Kögel. Quedlinburg: Basse 1811. 46 S. 8°

— d. Rübölraffinerie, oder Anweis., d. Rüböl so zu reinigen, daß dasselbe eine wasserhelle u. leichtflüssige Beschaffenheit erhält. 8. Quedlinb. 812. 2e A. 825. Ernst. 8 gr

— d. Tabaksaucenfabrikant. 8. Quedlinb. 812. 3e Aufl. 819. Basse. 6 gr

— Unterricht zum Anbau u. zur mannigfalt. Benutzung d. Kartoffeln für jede Haushaltung. 8. Quedlinb.... 2e A. 820. u. abermals 2e Aufl. mit d. Zusatze: wie solche auf 24 verschiedene Arten zu Speisen zubereitet werden können. 8. Ebd. 830. 8 gr

—— Unterricht z. vortheilhaftesten Anbau u. Benutz. d. Kartoffeln, wie solche auf 24 verschied. Arten zu Speisen zubereitet werden können. 2., verm. Aufl. 8. (5 B.) Quedlinburg 830, Ernst.

— chemischer Unterricht über die in d. Hauswirthschaft vorkommenden Gegenstände d. Natur u. Kunst. 8. Quedlinb. 804. 2e A. 805. N. A. 809 u. 21., mit 6 Kpf. Ernst. 1 Rthlr 4 gr Zusätze dazu für d. Besitzer d. 1sten Ausg. 8. Quedlinb. 805. Ernst. 6 gr

— erster Unterricht für d. Jugend, über Gegenstände aus d. Natur u. Kunst. Mit 6 Kpf. 8. Quedlinb. 809. 2e A. 821. Ernst. 20 gr ill. geb. 1 Rthlr

— gründl. Unterricht über den Kalk u. Gyps. gr. 8. Quedlinb. 805. Ernst. 12 gr

Kögel, J. G., der Wegemacher, od. Anleit. z. Vicinal- u. Kommunal-Wegebau. 8. (7 B. u. 1 Stnt.) Quedlinburg 839, Ernst'sche Buchh.

Kögel, J.G.: Der erfahrne Weinschenker und Liqueurfabrikant. Nebst einem Anhange Quedlinburger Branntwein zu brennen. 2., umgearb. u. verm. Aufl. Quedlinburg: Basse 1814. 84 S. -- [Zit. nach Tenner: Auktionskatalog. 92.1972]

— Zucker-, Syrup-, Arak- u. Essigfabrikation aus Runkelrüben, wie auch Bereitung e. Weizenmalz- u. Biersyrups für d. Haushaltung ꝛc. 8. Quedlinb. 809. N. A. 812. Ernst. 8 gr

Kögel, Josef

Kögel, Jos., jesuitische Erziehungsmoral. Erlebnisse e. ehemal. Jesuitenzöglings. (30 S.) schmal gr. 8. München (904). Th. Heinrich. n. — 40

Koegel, Jos., Geschichte der St. Kajetans-Hofkirche, der Theatiner u. des königl. Hof- u. Kollegiatstiftes in München. gr. 8. (XIV, 351 S. m. 12 Abb. u. 1 Titelbild.) München 899. Freiburg i/B., Herder. n. 5.—; geb. in Leinw. n. 6.80

Koegel, Joseph, Dr., k. Geistl. Rat: **Geschichte der St. Kajetans-Hofkirche, der Theatiner und des Königl. Hofstiftes in München.** *München 1901: F. Straub.* (36 S.) 8°
München, k. Maximilians-G, P 1901*

— die Pflicht. Schauspiel in 1 Akt. (50 S.) 8. Strassburg 904. J. Singer. n. 1.—

Kögel, Jul., Christus der Herr. Erläuterungen zu Philipper 2, 5—11, s.a. Beiträge zur Förderung christlicher Theologie. XII, 2.

Christus der Herr. Erläuterungen zu Philipper 2,5–11 von Lic. Dr. Julius **Kögel**, Prof. Gütersloh: C. Bertelsmann 1908. (70 S.) 8° [J.]
= **Beiträge** z. Förderung christlicher Theologie. Jg. 12, H. 2.

— die Gedankeneinheit des 1. Briefes Petri, s.a. Beiträge zur Förderung christlicher Theologie. VI. 5. 6.

Die Gedankeneinheit des Ersten Briefes Petri. Ein Beitrag z. neutestamentl. Theologie von Lic. Dr. **Julius Kögel**, Privatd., Greifswald. *Gütersloh: C. Bertelsmann 1902.* (198 S.) 8° [J.]
= **Beiträge** z. **Förderung** christl. Theologie. Jg. 6, H. 5/6.

— Das Gleichnis vom verlorenen Sohn, s.a. Zeit- u. Streitfragen, biblische. V, 9.

Kögel, Julius: Das Gleichnis vom verlorenen Sohn Lukas 15, 11–32. Von Lic. Dr. Julius Kögel, Prof. Gr. Lichterfelde-Berlin: Runge 1909. 36 S. 8°
(Biblische Zeit- u. Streitfragen. Ser. 5. H. 9.)

— Jesu Kreuz — Jesu Tat. Vortrag, geh. auf der Stettiner Pastoralkonferenz am 8. X. 1907. (32 S.) 8. Leipzig 908. A. Deichert Nachf. — 60

Kögel, Julius [cand. theol. aus Berlin]: Petrus Lombardus in seiner Stellung zur Philosophie des Mittelalters ... Greifswald, Druck v. J. Abel, 1897; 39 S. 8.
Leipzig, Phil. Fak., Inaug.-Diss. v. [13. Febr.] 1897

— Probleme der Geschichte Jesu u. die moderne Kritik. 4 Vorträge. (98 S.) Lex.-8. Großlichterfelde 906. Tempel-Verlag. n. 1.50

— der Sohn u. die Söhne (Untersuchungen zum Hebräerbrief), s.a. Beiträge zur Förderung christlicher Theologie. VIII. 5. 6.

Kögel, Julius: Der Sohn und die Söhne. Eine exeget. Studie zu Hebräer 2, 5–18 von Lic. Dr. Julius Kögel. Gütersloh: C. Bertelsmann 1904. 141 S. 8°
= Beiträge z. Förderung christl. Theologie. Jg. 8, H. 5. 6.

Kögel, Jul., der Begriff τελειοῦν im Hebräerbrief im Zusammenhang m. dem neutestamentlichen Sprachgebrauch, s.a. Studien, theologische.

Kögel, Julius: Der Begriff τελειουν im Hebräerbrief im Zusammenhang mit d. neutestamentl. Sprachgebrauch. Von –. Leipzig: Deichert 1905. 34 S. 8° [Umschlagt.]

Kögel, Julius, Dr. phil., aus Berlin: **Die Verborgenheit Jesu als des Messias, das Problem des Hebräerbriefes.** *Greifswald 1899: J. Abel.* (68 S.) 8°
Greifswald, Theol. Diss. v. 18. Febr. 1899

— Biblisch-theolog. Wörterbuch der neutestamentl. Gräzität, s.: Cremer, Herm.

Kögel, K. H., der prakt. Mühlenbauer rc., s. Schauplatz der Künste u. H., 99. Bd.

Kögel, K.W.: Aesthetische Bemerkungen über die Andromaque des Racine. 11 S. – Progr. Görlitz 1852.

Kögel: 1. Aesthetische Bemerkungen über die Andromaque des Racine. 11 S. 2. Fortsetzung, mit besonderer Berücksichtigung der Ant. d. Soph. 26 S.–Görlitz, Progr. 1852, 1864

Kögel, K. W. Lehrgang und Ergebnisse beim Unterricht in der französischen Sprache. 14 S. . . .
Görlitz, Progr. 1842

[F.] Weihnachts-Märchen v. Marie **Kögel**. Berlin: M. Warneck: *[1896]*. (48 S.) 1 Bd 8. [97. 3766

Kögel, Marie, Weihnachtsmärchen. 2., verm. Aufl. gr. 8. (48 S. m. farb. Zierleisten.) Berlin 897. M. Warneck. Geb. n. 2.—

Kögel, Mart., suche Jesum u. sein Licht! Predigten. Mit e. Vorwort v. Rud. Kögel. gr. 8. (V, 140 S.) Kassel 894. E. Röttger. n. 1. 80; geb. m. Silberschn. n. 2. 40

Koegel, Otto (geb. Berlinchen 22. 11. 1845): Einiges über die Aetiologie des Miliartuberkels. Berlin (1872). (32 S.) 8°
Berlin, Med. Diss. v. 31. Juli 1872

[F.] Andachten v. Rudolf **Kögel**, weil. Oberhofpred. . . . zu Berlin. (Vorr.: Lina Kögel.) *Bremen: C. Ed. Müller 1897.* (VIII, 170 S., 1 Bl.) 1 Bd 8. [97. 3830

Kögel, R., Ansprache, s.: Gedenkblatt an das 25jährige Jubiläum d. Regierungsantritts Sr. Maj. d. Kaisers u. Königs.

Kögel, Rud., Ansprache rc., s. Zur Erinnerung an den Eröffnungs-Gottesdienst rc.

Kögel, Rud., die Aufgabe der evangelischen Geistlichen an der socialen Frage. Vortrag im evangel. Verein für kirchl. Zwecke zu Berlin, am 25. März 1878 gehalten. 8. (32 S.) Bremen 878, Müller's Verlagsh. *

Kögel, Rud. Der Brief d. Jakobus, in 25 Predigten ausgelegt. 8. (VIII, 340 S.) Brem. 889, Müller. * 4 —; geb. ** 5 20

Kögel, Rud., der Brief des Jakobus, in 25 Predigten ausgelegt. 2. Aufl. 8. (VIII, 340 S.) Halle 901. C. E. Müller. n. 4.—; geb. n.n. 5. 20

—— der erste Brief Petri in 20 Predigten ausgelegt. gr. 8. (XV und 346 S.) Mainz 863, Kunze's Nachf.

Kögel, Rud., der erste Brief Petri in 20 Briefen ausgelegt. 2. Aufl. gr. 8. (XV, 344 S.) Berlin 872, Rauh. * 3 60

— der erste Brief Petri, in 20 Predigten ausgelegt. 3. Aufl. gr. 8. (XVI, 344 S.) Ebd. 890. n. 3. 60; geb. n. 4. 60

Kögel, Rud., der erste Brief Petri in 20 Briefen ausgelegt. 2. Aufl. gr. 8. Berlin 872. Bremen, Müller's Verlagsh. *

—— der Brief Pauli an die Römer in Predigten dargelegt. Ein homilet. Versuch. gr. 8. (XII, 403 S.) Bremen 876, Müller's Verlagsh. * ℳ 6.; geb. mit Goldschn. **

Kögel, Rud., der Brief Pauli an die Römer, in Predigten dargelegt. Ein homilet. Versuch. 2. Aufl. gr. 8. (XII, 389 S.) Bremen 883, Müller's Verlagsh. *

Kögel, Rud., der Brief Pauli an die Römer, in Predigten dargelegt. Ein homilet. Versuch. 3. Aufl. gr. 8. (XVI, 389 S.) Bremen 891. C. Ed. Müller. n. 6.—; geb. n.n. 7. 40

— der Brief Pauli an die Römer, in Predigten ausgelegt. Ein homilet. Versuch. 4. Aufl. (XVI, 389 S.) gr. 8. Ebd. 904. n. 6.—; geb. n. 7.—

Kögel, Rud., s.: Christoterpe, neue.

— deine Rechte sind mein Lied. Geschichten u. Aussprüche z. d. Psalmen, ges. v. K. gr. 8. (XVI, 399 S.) Ebd. 895. n. 4. 80; geb. n.n. 6.—

—— der Dienst der christlichen Barmherzigkeit. Predigt zum Jahresfest der Thüringischen Conferenz für die Innere Mission. Gehalten in der St. Georgskirche zu Eisenach den 4. Octbr. 1876. gr. 8. (15 S.) Gotha 877, F. A. Perthes. *

Kögel, Rud., siehe: *Diethe, A.*

— pro domo. Fünf evangel. Predigten im Reformations-Jubeljahre in Amsterdam, Berlin u. Wittenberg gehalten. Bremen 868. Müller. gr. 8. (V, 83 S.) n. 15 *ngr.*

—— die Erhabenheit der Gedanken und Wege Gottes, wie sie das apostolische Glaubensbekenntniß bezeugt. Predigt über Jesaias 55, 6—11, am Sonntag Septuagesimä, den 28. Januar 1872 gehalten. gr. 8. (16 S.) Ebendas. 872. * — 25

Kögel, Rud., zur Erinnerung an den 18., 24. und 25. Juni 1888. [1. Gebet am Sarge weil. Sr. Maj. des Kaisers und Königs Friedrich III. am 18. Juni 1888 im Jaspissaale des Schlosses Friedrichskron. — 2. Gedächtnispredigt auf den Heimgang weil. Sr. Maj. des Kaisers und Königs Friedrich III. im Dom zu Berlin am 24. Juni 1888. — 3. Festpredigt zur Eröffnung des Reichstages in der Schloßkapelle zu Berlin am 25. Juni 1888.] 8. (28 S.) Bremen 888, Müller's Verlag. * — 50

Kögel, Rud., Eröffnungs-Predigt bei der General-Kirchen-Visitation im Octbr. 1880 in Neu-Ruppin. Hrsg. durch den Vorsitzenden des Verbandes der Kirchenpatrone der Kurmark zur Förderung der Zwecke des Verbandes. gr. 8. (15 S.) Neu-Ruppin 881, (Howe's Buchh.) *

—— Ethisches und Aesthetisches. Vorträge und Betrachtungen. 8. (VII, 172 S.) Ebendas. 888. * ℳ 2.—; geb. ** 3 60

— das Evangelium Johannis, s.a. Evangelien, die vier, in Predigten u. Homilien ausgelegt.

Das Evangelium Johannis in Predigten und Homilien ausgelegt von D. Rudolf **Kögel**, Oberhof- u. Domprediger. Hälfte 1. 2. Bremen & Leipzig: C. E. Müller 1892–97. 2 Bde 8° [F.]
1. 1892. 2. 2. Aufl. 1897.
= **Evangelien**, Die vier, in Predigten u. Homilien ausgelegt. [4.] [06. 150 10

Das Evangelium Johannis in Predigten und Homilien ausgelegt von Rudolf **Kögel**. Hälfte 1. 2. 2. Aufl. *Bremen (Halle) (2: & Leipzig): C. E. Müller 1896–97* (auf d. Umschl.: *1901*). 2 Bde 8° [F.]
= **Evangelien**, Die vier, in Pred. u. Homil. ausgelegt. 4. [06. 8004 3

Kögel, D. Rudolf: Das Evangelium Johannis in Predigten u. Homilien ausgelegt von –. 3. Aufl. Hälte 1. 2. Halle a. S.: C. E. Müller 1907. 2 Bde. 8°
= Evangelien, Die vier, in Predigten u. Homilien ausgelegt. [4.]

Kögel, R., Fest-Predigt zur 40. Jahresfeier der Posener Prov.-Bibelgesellschaft am 16. S. p. Tr., d. 27. Septbr. in Posen gehalten. (Abdr. aus d. 40. Jahresbericht der Prov.-Bibelgesellschaft.) Posen 857. (Berlin, Mittler u. Sohn in Comm.) gr. 8. (15 S.) 2¼ ngr.

—— gebet dem Kaiser, was des Kaisers ist, und Gott, was Gottes ist! Predigt, zur Eröffnung des Reichstages am 20. Novbr. 1884 im Dom gehalten. gr. 8. (7 S.) Berlin 885, (Trowitzsch und Sohn.) * — 40

—— zum Gedächtniß an die verewigte Königin Elisabeth Luise von Preußen, s. Heym.

— kirchliche Gedenkblätter an die Kriegszeit 1870/71. Evangelische Zeugnisse aus dem Dom in Berlin. gr. 8. (VII, 101 S.) Berlin 871. Rauh. n. 1. 40

—— vaterländische und kirchliche Gedenktage. Reden und Ansprachen. 8. (VIII, 175 S.) Ebendas. 887. * 2 40
geb. * 3 60

—— Vaterländische u. kirchliche Gedenktage. Reden u. Ansprachen. 2. erweit. Aufl. 8. (XI, 283 S.) Brem. 892, Müller. * 5 —
geb. ** 6 50

—— Gedichte. 16. (X, 188 S.) Ebd. 891. * 3 40; geb. ** 4 50

— Gedichte, hrsg. v. der Witwe. 2. verm. Aufl. 8. (258 S.) Halle 900. C. E. Müller. n. 4. 50; geb. n. 6. —

— Gedichte, hrsg. v. der Witwe. 3. Aufl. (258 S.) 8. Halle 907. C. E. Müller. n.n. 4. 50;
geb. in Leinw. m. Goldschn. n. 6. —

— Geläut u. Geleit durch's Kirchenjahr. Ein Jahrg. v. Predigten zumeist üb. neutestamentl. Texte. 2 Hälften. gr. 8. Bremen, C. E. Müller. à n. 5. 50
geb. m. Goldschn. à n.n. 7. —
1. Von Advent bis Sonntag Exaudi. (X, 370 S.) 895.
2. Von Pfingsten b. zum 27. Sonntag nach Trinitatis. (VIII, 352 S.) 896.

Koegel, Rud., u. Wilh. Bruckner, Geschichte der althoch- u. altniederdeutschen Litteratur. 2. verb. u. verm. Aufl. gr. 8. (IV, 132 S.) Strassburg 901. K. J. Trübner. n. 3. —
Sonderabdruck aus: „Paul's Grundriss d. german. Philol."

Koegel, Rud., Geschichte d. deutschen Litteratur bis zum Ausgange d. Mittelalters. 1. Bd. Bis zur Mitte d. 11. Jahrh. 2. Tl. D. endreim. Dichtg. u. d. Prosa d. althochdeutschen Zeit. gr. 8. (XIX, 652 S.) Strassburg 897. K. J. Trübner, Verl. n. 16. —

— dasselbe. 1. Bd. Ergänzungsheft. gr. 8. Ebd. 895. n. 1. 80 (I, 1., 2. u. Ergänzungshft.: n. 27. 80)
D. altsächsische Genesis. Ein Beitrag z. Geschichte d. altdeutschen Dichtg. u. Verskunst. (X, 71 S.)

Kögel, Rud., über das Keronische Glossar. Studien zur althochdeutschen Grammatik. gr. 8. (LVIII, 192 S.) Halle 829. Niemeyer. n. 4 —

—— über das Keronische Glossar. Studien zur althochdeutschen Grammatik. gr. 8. (LVIII, 192 S.) Halle 879, Niemeyer. *

—— Harre des Herrn! 4 Predigten vor und während des Krieges im Sommer 1866 zu Berlin gehalten. 8. (IV und 41 S.) Berlin 866, Rauh.

Kögel, Rud., der Herr ist mein Hirte. Predigt am Sonntage Misericordias Domini im Dom zu Berlin gehalten Berlin 868. (Matthies.) 8. (15 S.) n. 2½ ngr.

—— Jerem. 22, 29: O Land, Land, Land, höre des Herrn Wort! Buß- und Bettags-Predigt gehalten im Dom am 20. April 1864. gr. 8. (14 S.) Berlin 864, Rauh. *

—— Jesus Christus, gestern, heut und derselbe in Ewigkeit. Predigt über Hebräer 13, 8 gehalten am 1. Jan. 1877 in der Schloßkapelle zu Berlin. gr. 8. (8 S.) Berlin 877, Weber. **

—— die Kunst in ihrer erziehenden Bedeutung für das Leben des Volkes. Vortrag. gr. 8. (19 S.) Breslau 886, Dülfer's Verlag. * — 20
Aus: Verhandlungen des Breslauer Congresses für innere Mission, besonders abgedruckt.

—— Lasset euch versöhnen mit Gott! Predigten. 1. und 2., unveränd. Aufl. 8. (XII und 299 S.) Berlin 864,65, Rauh. *

—— Lasset euch versöhnen mit Gott! Predigten. 1. Sammlung. 3. unveränd. Aufl. gr. 8. (XII, 299 S.) Berlin 869, Rauh. * 2 80

—— dass. — 2. Sammlung. 1. und 2., unveränd. Aufl. 8. (III und 304 S.) Ebendas. 867. *

—— dass. — 3. Sammlung. 8. (VIII, 272 S.) Ebendas. 874. * 3 60

—— das Lob der Treue. Predigt am 7. Aug. 1870 im Dom zu Berlin gehalten. 8. (15 S.) (Ebendas.) 870. * — 25

—— Lydia, ein Vorbild der Frauen. Predigt über Apostelgeschichte 16, 12—18, am Sonntage Septuagesimä 1867 im Dom zu Berlin gehalten. 8. (15 S.) Berlin 867, (Matthies.) *

— **am Meeresstrand v. Sylt u. Norderney. Gedichte. 8. (16 S.) Bremen 893. C. Ed. Müller. Kart. m. Goldschn. n. 1. —**

—— Nathanael, ein Vorbild für Männer. Betrachtung. 12. (16 S.) Berlin 869, (Beck.) — 10

— nun bleibet Glaube, Hoffnung, Liebe! Zur goldenen Hochzeit Ihrer Majestäten des Kaisers u. Königs Wilhelm u. der Kaiserin u. Königin Augusta. Rede über 1. Kor. 13, 13, in der königl. Schloßkapelle gehalten. gr. 8. (8 S.) Berlin 879. Ehm. — 30;
Kaiser-Ausg. 4. geh. mit Goldschn. n. 2. —

— die Phantasie als religiöses Organ. Vortrag gehalten im evangel. Vereinshause zu Berlin, am 27. Febr. 1865. Bremen 866. Müller. 16. (35 S.) 7½ ngr.

—— Predigt das Evangelium aller Creatur! Predigt über Marcus 16, 15 zur Einweihung der Kirche der Simeonsgemeinde zu Berlin am Sonntag Exaudi, den 9. Mai 1869, gehalten. 8. (14 S.) Berlin 869, (Rauh.) * — 20

—— Predigt im Dom zu Berlin am 8. Octbr. 1882 über Evangel. Joh. 12, 35—50. gr. 8. (8 S.) Berlin 882, Thormann und Goetsch. *

— Predigt beim Eröffnungsgottesdienst des preußischen Landtags über 1. Timoth. 2, 8. am 15. Jan. 1866 im Dom zu Berlin gehalten. Berlin 866. Rauh. gr. 8. (13 S.) n. 2½ ngr.

— Predigt bei der 28. Hauptversammlung d. evangel. Vereins der Gustav-Adolf-Stiftung, s.: Gerok, v.

— Predigt, bei der 48. Hauptversammlg. des Evangel. Vereins der Gustav=Adolf=Stiftung in Danzig geh., s.: Laugmann.

—— Predigt zur 350jähr. Jubelfeier der evangel. Kirche zu Reichenstein, am 9. Juli 1890 geh. Lukas 12, 32. gr. 8. (11 S.) Bresl. 890, Dülfer. * — 25

—— Predigt über Römer 15, 7 am 2. Adventssonntag 1888, dem 25jähr. Gedenktage d. Antritts seiner Wirksamkeit am Dom. gr. 8. (14 S.) Berl. 889, Buchh. d. Berliner Stadtmission. * — 25

—— drei Predigten, bei der 36. Hauptversammlung des Evang. Vereins der Gustav-Adolf-Stiftung in Leipzig und bei der Nachfeier am Gustav-Adolf-Denkmal in Lützen gehalten, s. Rüling.

—— Rede, s. Zum Gedächtniß an Dr. Julius Müller.

—— Rede bei der Tauffeier des Prinzen Friedrich Wilhelm Victor August Ernst von Preußen, s. Zur Erinnerung.

—— von der Selbstverleugnung. Predigt über Matthäi 16, 21—27, gehalten am 28. Septbr. 1862 als am 15. Sonntag nach Trin. im Dom zu Berlin. 8. (16 S.) Berlin 864, Rauh. *

—— die Seligpreisungen der Bergpredigt, in neun Predigten ausgelegt. 3. Aufl. 8. (IX, 136 S.) Bremen 887, Müller's Verlag. *M 1.80.; geb. ** 3 —

Kögel, Rudolf: Die S e l i g p r e i s u n g e n der Bergpredigt in neun Predigten ausgelegt durch D. theol. Rudolf Kögel, Oberhofpred. ... zu Berlin. 4. Aufl.
Bremen: C. E. Müller 1895. IX S., 1 Bl., 136 S. 1 Bd. 8°

—— die Seligpreisungen der Feldpredigt in acht Predigten ausgelegt. 1. und 2. unveränd. Aufl. 8. (VII, 123 S.) Berlin 869, (Rauh.) * 1 60

—— am Sterbebette und Sarge Sr. Maj. des Kaisers Wilhelm. Ansprachen und Reden vom 8. bis zum 22. März 1888. 1.—5. Aufl. 8. (79 S.) Ebendas. 888. * 1 —
geb. mit Goldschn. * 2 —

— suchet, was droben ist! Vier geistl. Lieder zu Aquarellen von Angelika v. Woringen. gr. 4. (4 Blatt in Farben- u. Golddr.) Lahr 890. E. Kaufmann. In Umschlag. 2. —; feine Ausg., Text u. Bild auf je 1 Blatt. 888. In Mappe 5. —

—— Traurede und Kirchgangs-Predigt am 18. und 19. Febr. 1878 in der Schloßkapelle zu Berlin zur kirchlichen Vermählungsfeier J. k. Hoh. der Prinzessin Charlotte von Preußen mit Sr. Hoh. dem Erbprinzen Bernhard von Sachsen-Meiningen; sowie J. k. Hoh. der Prinzessin Elisabeth von Preußen mit Sr. k. Hoh. dem Erbgroßherzog August von Oldenburg. Ansprachen über Röm. 12, 12 und Offenbar. 2, 10. gr. 8. (22 S.) Berlin 878, Chun. *

— wider Ueberhebung u. Bangigkeit! Predigt am 24. Juli 1870 im Dom zu Berlin gehalten. Ebend. 870. 8. (14 S.) n. 2½ ngr.

—— das Vaterunser in elf Predigten ausgelegt. 8. (IX, 161 S.) Ebendas. 873. * 2 —

—— das Vaterunser in elf Predigten ausgelegt. 2. Aufl. 8. (VII, 161 S.) Bremen 881, Müller's Verlagsh. *
geb. **

—— Das Vaterunser, in 11 Predigten ausgelegt. 3. Aufl. 8. (VII, 161 S.) Brem. 889, Müller. * 2 —; geb. ** 3 20

— das Vaterunser, in 11 Predigten ausgelegt. 4. Aufl. 8. (V, 161 S.) Bremen (900). Halle, C. E. Müller. n. 2. —; geb. n.n. 3. 50

Kögel, Rud., zur Vermählung Ihrer kgl. Hoheit der Prinzessin Marie von Preußen mit Seiner kgl. Hoheit dem Prinzen der Niederlande am 24. Aug. 1878 im neuen Palais zu Potsdam. Traurede. 8. (8 S.) Berlin 878, Chun.

—— und Niethammer, das deutsche Volk und der Sonntag. Zwei Vorträge auf dem XVII. Congreß für innere Mission in Dresden, nebst der von dem Congresse gefaßten Resolution. 1. Aufl. (36 S.) 1875; 2. Aufl. 8. (48 S.) [Dresden 877, v. Zahn's Verlag.] Leipzig, Drescher. *

— die Vorbereitung der Predigt. gr. 8. (13 S.) Carlshorst-Berlin (900). H. Friedrich. — 25
Sonderabdruck aus: „Dickmann-Lindemann's Pastoral-Bibl."

—— aus dem Vorhof ins Heiligthum. Ein Jahrgang evangel. Zeugnisse über alttestamentl. Texte. 2 Bde. gr. 8. Bremen, Müller's Verlagsh. *M 10,80; geb.
Inhalt:
Bd. 1. Von Advent bis Sonntag Jubilate [Bußtag]. (VIII, 356 S.) 1875. *M 4.80.; 2. Aufl. (VIII, 355 S.) 878. *M 5,40.; geb. *M 6,80.
2. Vom Sonntage Cantate bis zum 27. Sonntag nach Trinitatis. (VIII, 366 S.) 876. *M 5,40.; geb. *M 6,80.

— aus dem Vorhof ins Heiligthum. Ein Jahrgang evangel. Zeugnisse über alttestamentliche Texte. 2 Bde. 2. Aufl. gr. 8. (VIII, 355 u. VIII, 366 S.) Bremen 880. Müller. n. 10. 80

—— aus dem Vorhof ins Heiligthum. Ein Jahrgang evangel. Zeugnisse über alttestamentl. Texte. 1. Bd.: Von Advent bis Sonntag Jubilate [Bußtag]. 3. Aufl. gr. 8. (VIII, 355 S.) Ebendas. 888. *M 5.40.; geb. ** 6 80

— aus dem Vorhof ins Heiligthum. Ein Jahrgang evangel. Zeugnisse üb. alttestamentl. Texte. 2. Bd. Vom Sonntag Cantate bis zum 27. Sonntag nach Trinitatis. 3. Aufl. gr. 8. (VIII, 366 S.) Bremen 892. C. Ed. Müller. n. 5. 40

— aus dem Vorhof ins Heiligtum. Ein Jahrgang evangel. Zeugnisse üb. alttestamentl. Texte. 1. Bd.: Von Advent bis Sonntag Jubilate (Bußtag). 4. Aufl. gr. 8. (VIII, 355 S.) Halle 902. C. E. Müller. n. 5. 40;
geb. in Leinw. n. 6. 80

— Wach' auf, du Stadt Jerusalem! Zeitpredigten u. Reden. 8. (IX, 206 S.) Ebend. 882. n. 2. 40; geb. m. Goldschn. n.n. 3. 60

—— Wer Luther war. Reformationspredigt am 1. Novbr. 1868 im Dom zu Berlin gehalten. gr. 8. (10 S.) (Ebendas.) 869. * — 20

—— Wer Luther war. Reformationspredigt, gehalten im Dom zu Berlin. 8. (14 S.) Berlin 883, Hauptverein für christl. Erbauungsschriften.
Aus: Lasset euch versöhnen mit Gott, besonders abgedruckt.

—— und W. Hoffmann, Worte der Erinnerung an den Ober-Hofprediger Ober-Consistorialrath Dr. th. Snethlage. gr. 8. (16 S.) Berlin 871, (Schultze.) ** — 25

— Zion, fahre fort im Licht! Kasualreden, gesammelt u. hrsg. v. Wilh. Popcke. (IV, 200 S. m. Bildnis.) 8. Leipzig 904. H. G. Wallmann. n. 2. 50;
geb. in Leinw. n. 3. 50

Kögel, Walther: I. Über die Salzbildung aromatischer Polynitrokörper. II. Über die Reaktionsprodukte von Pyridin und Pikrylchlorid. Erlangen 1909: Jacob. 62 S. 8°
Erlangen, Phil. Diss. v. 27. Okt. 1909, Ref. Fischer
[Geb. 20. Juni 84 Magdeburg; Wohnort: Magdeburg; Staatsangeh.: Preußen; Vorbildung: Domgymn. Magdeburg Reife O. 04; Studium: Karlsruhe Techn. Hochsch. 3, Jena 1, Erlangen 6 S.; Rig. 19. Juli 09.] [U 10. 870

Kogelboom, F.: Die G e s c h i c h t e des alten Amtes Oedt bis 1815 mit Anknüpfungspunkten an die Gegenwart, nach gedr. u. ungedr. Quellen bearb. von F. Kogelboom, Lehrer a. D. Oedt: Selbstverl. 1908. 247 S. 8°

Die Isolirung der Substanz des latenten photographischen Bildes. In allgemein verständl. Darstellg v. Franz **Kogelmann**. M. 1 Holzstiche u. 13 schemat. Fig. *Graz: Im Verl. d. Vfs.; (Buchdr. Withalm & C.) 1894.* (3 Bl., 49 S.) 1 Bd 8. (98. 7100

Kögel's, Rudolf, Heimgang. In piam memoriam. 4. (27 S. m. Bildn.) Berlin 896. M. Warneck. n. — 80

Kogl, Gedichte in oberösterreichischer Volksmundart. 1.—4 Serie. 16. Wels. (Linz, Ebenhöch'sche Buchh.) [1. Serie. (60 S.) 876. * 60 Pf.; 2. Serie. (65 S.) 877. * 50 Pf.; 3. Serie. (76 S.) 878. * 60 Pf.; 4. Serie. (50 S.) 878. * 50 Pf.] *

Kogl, Wahrheit u. Dichtung od. Wiens Belagerung u. Entsatz. Volksschauspiel in 5 Aufzügen. 8. (42 S.) Linz 900. (Regensburg, A. Coppenrath's Verl.) n. — 60

Kögl: Fünf genealogische Tafeln tirolischer Adelsgeschlechter. Ar. 5. 983 . . . . vgr. Separatabdruck

Kögl, G. I., s. K ö g l von Waldinutzi, Georg Josef

Kögl, Joh., Rette deine Seele. Ein kathol. Gebet- und Erbauungsbuch, zum tägl. Gebrauche eingerichtet. Nebst Belehrung und Anleitung zu einem christl. frommen Lebenswandel, um gottgefällig zu leben und selig zu sterben. 32. (XVI, 672 S. mit Illustr. in eingedr. Holzschn. und 1 Stahlst.) Regensburg 874, Manz.

Kögl, Josef Sebastian

Kögl, Jos. S., Burg Hohenbregenz auf dem St. Gebhardsberge bei Bregenz, ihre Geschichte und ihre unvergleichl. Fernsichten, mit besond. Rücksicht auf das rechtseit. Rheinthal. Mit (lithogr.) Abbildungen der Göttin Epona, einem Stammbaume der Grafen v. Montfort zu Bregenz, Pfannberg und Tettnang (in gr. 4.) und einem Anhang über die Orts- und Gebirgshöhen Vorarlbergs. 12. (106 S.) Lindau 855, Stettner. *

Kögl, Roman

— Betracht. von d. Leiden u. Tode Jesu Christi. 8. Augsb. 781. M. Rieger. 3 K

— s. Chrisostomus Spiritus.

Kögl, Roman, Der in den untrüglichen Wahrheiten des Christentums gründlich unterrichtete Katholik wider die Irrtümer der jetzigen Freigeister und Religionsspötter. Augsburg, Rieger, 1782, 8°, 0,50 Mk.

Kögl **v. Waldinutzi, Geo. Jos., († d. 20. Juli 1777.) de jure civili et criminali Austriaco-bellico Prodromus. 8. (Ofen) 759 Typ Soc. 15 K**

— de jure civili et criminali Austriaco-bellico tractatus practicus. Fol. Poson 764. 1 ß 16 K Ed. auctior. II Tmi. ibid. 772. 8 ß

Kögl de Waldinutzy, Georg Joseph: De jure civili et criminali austriaco-bellico tractatus practicus. das ist: Praktische Abhandlung deren in österreichischen Kriegsgerichten vorfallenden bürgerlichen und peinlichen Rechtsentscheidungen. 2 Th. Preßb. 1772—1774. Fol.

Kogler, F., Archiv-Berichte a. Tirol, s.: O t t e n t h a l, E. v.

Kogler, Ferd., Beiträge zur Geschichte der Rezeption u. der Symbolik der legitimatio per subsequens matrimonium. (IV, 78 S.) gr. 8. Weimar 904. H. Böhlau's Nachf. n. 2. —
Sonderabdr. a.: „Ztschr. d. Savigny-Stiftg. f. Rechtsgesch."

Kogler, Ferd.: K a t a l o g der archivalischen Ausstellung im k. k. Statthaltereiarchiv in Innsbruck anläßlich d. 27. deutschen Juristentages. Zsgest. von Privatd. Dr. Ferd. Kogler, Archivkonzipist. Innsbruck: Archiv 1904. 16 S. 8°

— die legitimatio per rescriptum von Justinian bis zum Tode Karls IV. (VIII, 120 S.) gr. 8. Ebd. 904. n. 3. —

Kogler, Ferd., das landesfürstliche Steuerwesen in Tirol bis zum Ausgange des Mittelalters. 1. Thl. Die ordentl. landesfürstl. Steuern. gr. 8. (294 S.) Wien 901. (C. Gerold's Sohn.) n. 6. 30
Sonderabdruck aus: „Archiv f. österreich. Geschichte".

KOGLER, JOHANN BAPTIST: Lobrede auf die Selige Angela, Stifterinn der Gesellschaft der Heiligen Ursula. (Kaschau) 1772: Akadem. 20 S.

KOGLER, JOHANN BAPTIST: Lobrede auf die heilige Elisabeth, welche zu Kaschau den 19. Wintermonats 1772 gehalten wurde. Kaschau 1773. Academ. Buchdruckerey der Gesellschaft Jesu. 16 S. - 200 mm

KOGLER, JOHANN BAPTIST: Lobrede auf den heiligen Franz Xaver. Kaschau 1773. Academ. Buchdruckerey der Gesellschaft Jesu. 14 S. - 200 mm

KOGLER, JOHANN BAPTIST: Lobrede auf den heiligen Vinzenz Ferrerius. Kaschau 1773. Academ. Buchdruckerey der Gesellschaft Jesu. 20 S. - 210 mm

KOGLER, JOHANN BAPTIST: Predigt auf das Fest der Erscheinung des Herrn. Kaschau 1772: Academ. Buchdruckerey. 16 S. - 200 mm

KOGLER, JOHANN BAPTIST: Predigt auf das Fest des heiligen Erzmartyrers Stephans, welche . . . zu Kaschau gehalten wurde. (Kaschau) 1773: Typ. Akad. 14 S.

KOGLER, JOHANN BAPTIST: Predigt auf den zweyten Sonntag im Advent. Kaschau 1773. Academ. Buchdruckerey der Gesellschaft Jesu. 14 S. - 200 mm

Kogler, K., Unfallstatistik, s. Schriften d. oest. Ges.

Kogler, Peter

— Die starke Abänderung der Hauptwörter. 17 ibd. 95.
Progr.

Kogler, Pet., die Dehnungsfrage in unserer Rechtschreibung. Progr. gr. 8. (42 S.) Salzburg 892. (H. Dieter.) n. — 60

Kogler Peter: Director Balthasar V o g l. †. 5. Salzburg Priv. G. 97.
Progr.

Kögler A, Tirol als Gebirgsland. (Slg wissenschaftl. Vorträge 384) Berlin 1882

KÖGLER, ADOLPH. Ueber das Cumol aus Steinkohlentheeröl. Göttingen, 1865.
Schul-/Univ.-Schrift

Kögler, C., über die Fortpflanzungsgeschwindigkeit der Funkenwellen, s. Mach, E.

Kögler, Emil, das Pensionsrecht d. sächsischen Gemeindebeamten, s.: Bibliothek des Verwaltungsbeamten. 2. Bd.

Kögler, Franz, Reg.-Bauführer: Einflußlinien für beliebig gerichtete Lasten. 1906. 64 S., 6 Taf. 8⁰ ¶ Auch bei Dressel in Dresden; auszugsweise u. mit Erg. u. Erweiterungen in: Zentralblatt d. Bauverwaltung. Jg. 27. 32. 1907. 12.
Dresden, Dr.-Ing.-Diss. v. 5. 12. 1906

Koegler, Hans, einzelne Holz- u. Metallschnitte d. 15. Jahrh. aus der Universitätsbibliothek in Basel, s.a. Einblattdrucke des 15. Jahrh.

Koegler, Hans: Einzelne Holz- und Metallschnitte des fünfzehnten Jahrhunderts aus der Universitätsbibliothek in Basel von –. 22 Blätter. Strassburg: Heitz 1909. 19 S. 2⁰ (4⁰)
(Einblattdrucke d. 15. Jahrhunders. [14.])

Kögler, Ign., Beschreibung der jüdischen heil. Bücher in d. Synagoge zu Kaifongfu, s. C. G. v. Murr, Geschichte d. Juden in Sina.

— s. Literae patentes imperat. Sinarum etc.

Koegler, Ign., Notitia S. S. Bibl. Iudeorum in Imper. Sinensi seriem chronol. atq. diatriben de Sinicis S. S. Biblior. Version. add. Eph. Theoph. de Murr, c. tab. aen. 8. maj. Halle, Hendel. 805.

Koegler, Johann (Goeschitz/Schleiz), De discrimine quod arthritidem et rheumatismum intercedit. Diss. med. Jena (Bran) 25. VIII. 1826. 12 Seiten. (4.50) 18856

Kögler, Jos., documentirte Beschreib. von Albendorf, mit Zusätzen verm. v. Fr. A. Pompejus. 8. Glatz 820.

Kögler, Jos. Historische Beschreibung des in der Grafschaft Glatz und zwar im Glätzer Kreise gelegenen Dorfes Ullersdorf aus alten glaubwürdigen Dokumenten zusammengetragen und der hochgeb. Frau Fr Reichsgräfin von Magnis gewidmet von J. K., dermahligen Kaplan in Rengersdorf am 9. August 1798. Herausgegeben von Wilh. Rösner. 20 S. Progr. *Leobschütz* 1881.

Kögler, Jos., historische Beschreibung des in der Grafsch. Glatz und zwar im Grätzer Kreise gelegenen Dorfes Ullersdorf, aus alten glaubwürd. Documenten zusammengetragen. Hrsg. von Wilh. Rösner. gr. 4. (20 S.) Leobschütz 881, (Kothe.)

— histor. Bruchstücke von allen bekannten bischöfl. Kirchenvisitationen in der Grafschaft Glatz, als e. Beitr. zur Kirchengeschichte dieses Ländchens rc. 8. Glatz 802.

Koegler, Jos., Chroniken der Grafschaft Glatz. 1. Bd. 1.—13. Hft. ...—14. Hft.: Dokumenten-Samml. die Grafschaft Glatz betreff. 1. Hft. 4, Glatz 842, Pompejus. à 6¼ ngl

Kögler, Joseph, Kaplan zu Rengersdorf. Historische Nachrichten von allen bekannten feindlichen Anfällen, Blockaden und Belagerungen der Stadt, und Festung Glatz als ein Beitrag zur Kriegsgeschichte der Grafschaft Glatz. 8. Glatz 1807.

Kögler's, Jos., historische Nachrichten von den Herrschaften Pischkowitz u. Coritau in der Grafschaft Glatz. Als Beitrag zur deutschen Landeskunde, nach der Handschrift des Verf. vom Jahre 1795, nebst e. Lebensbilde desselben herausg. von Adrian Jos. Graf Hoverden-Plencken. Breslau 869. Aderholz. gr. 4. (III, 36 S.) n. 15 ngr

Kögler, K., über die Bahn der Oenone (215), s. Gruss, Gust.

KOEGLER, K., Der erste Ball. Neun Radirungen, gest. v. R. Geissler, mit begleitendem Text v. J. Trojan. Berlin, o. J. 4⁰. Prachtbd. (Mk. 18—.) (6 Mk., wie neu, Wilh. Scholz, Brnschw., 1895:)
Eine der anmuthigsten Schöpfungen Trojan's.
— — Dasselbe. Stuttgart 1876. Fol. (3 Mk. Gustav Fock, Lpz., 1909.)

Kögler K.: Wissenschaftliche Bestrebungen des Mittelalters und der Renaissancezeit. 40. Prag R. I. 80. Progr

— über die Fortpflanzungsgeschwindigkeit der Funkenwellen, s.: Mach, E.

—— Tirol als Gebirgsland, s. Sammlung gemeinverständlicher wissenschaftlicher Vorträge.

Kögler, Karl, Arbeiterschutz u. Arbeiterversicherung, s.a. Vorträge, volksthümliche.

Kögler, Dr. Karl, Arbeiterschutz und Arbeiterversicherung. (Volksthüml. Vorträge des Allg. n.-ö. Volksbildungsvereines, Zweig Wien und Umgeb., Nr. 7.) 8⁰. Wien, G. Szelinski in Komm., 1891.

Kögler, Karl, die Arbeiterversicherung in Oesterreich, bezw. in Ungarn, s.: Zacher, die Arbeiter-Versicherung im Auslande.

— die österreichische Arbeiterversicherung u. die Ausländer, s.a. Schriften der österr. Gesellschaft f. Arbeiterschutz. 9. Hft.

Kögler, Karl, Die österreichische Arbeiterversicherung und die Ausländer. Bericht, erstattet der internat. Vereinigung f. gesetzl. Arbeiterschutz. gr. 8⁰. Wien, F. Deuticke, 1906. (Schriften d. österr. Gesellsch. f. Arbeiterschutz, Heft 9.)

Kögler, Karl, u. Gust. Pacher v. Theinburg, Bericht üb. e. einheitliche intern. Unfallstatistik zu Zwecken der Verhütg. v. Unfällen bei der Arbeit, s.a Schriften d. österr. Gesellschaft f. Arbeiterschutz. 2.

Bericht über eine einheitliche intern. Unfallstatistik zu Zwecken der Verhütung von Unfällen bei der Arbeit. Von Reg.R. Karl Kögler, Dir. in Wien, u. von Gustav Pacher v. Theinburg, Kommerzialrat. *Wien: F. Deuticke 1902.* (22 S.) 8⁰
— Schriften d. Österr. Gesellschaft f. Arbeiterschutz. H. 2.

—— Katechismus der Arbeiter-Krankenversicherung in Oesterreich. Ein Nachschlagebüchlein f. Arbeitgeber u. Arbeiter. 8. (III, 117 S.) Wien 889, Manz. * 1 20

—— Katechismus der Arbeiter-Unfall-Versicherung in Oesterreich. Ein Nachschlagebüchlein f. Arbeitgeber u. Arbeiter. 8. (128 S.) Ebd. 889. * 1 20

Kögler, Karl, üb. Lebensversicherung. Eine Skizze. gr. 8. (47 S.) Prag 885. Dominicus. n. — 64

Kögler, Kasp., u. Heinr. Schlitt, die Wandmalereien im Rathskeller zu Wiesbaden. 124 Abbildgn. nach den Orig.-Handzeichngn. m. begleit. Text. 8. (XV, 177 S.) Wiesbaden 892. Gebr. Petmecky. n.n. 2.—

Kögler, Kasp., u. Heinr. Schlitt, d. Wandmalereien im Rathskeller zu Wiesbaden. 124 Abb. nach d. Orig.-Handzeichngn. m. begleit. Text. 2. Aufl. gr. 8. (XIII, 180 S.) Wiesbaden 895. Gebr. Petmecky. n.n. 2.—

Kögler, O., die hl. Elisabeth. Ein Lebensbild. Mit den Bildern Moritz v. Schwinds der deutschen Jugend dargeboten. (32 S.) 8. Leipzig 908. F. Jansa. p — 20

Kögler's, P. Ignaz, Beschreibung der hl. Bücher der Juden in der Synagoge zu Kai-fong-fu, s.: Murr, C. G. v., Versuch e. Geschichte der Juden in China.

(F) **Koglgruber**, Aufsätze zum Vortrage in Vereinen zumal in Jungfrauen-Vereinen. 8°. (46 S.) K —.60
Linz: Kath. Presseverein 1902.

Koglgruber, Kajetan

Koglgruber, Cajetan, d. angehende Astronom od. leichtfaßl. Anleitg. z. Sternkunde. gr. 8. (III, 51 S. m. 1 Taf.) Graz 898. (Styria.) n. — 85

Koglgruber, Kajetan, der angehende Astronom od. leichtfaßl. Anleitg. zur Sternkunde. 2. Aufl. (III, 51 S. m. 1 Taf.) gr. 8. Graz 907. (Styria.) n. 1. 80

Koglgruber, Kaj., Aufsätze zum Vortrage in Vereinen, zumal in Jungfrauen-Vereinen. 8. (46 S.) Linz-Urfahr (902). (Verlag des kathol. Preßvereines.) n. — 50

— oberösterreichische Dialect-Dichtungen. 2. Aufl. (148 S.) 8. Linz a/D. (902). O.-ö. Buchdruckerei- u. Verlagsgesellschaft. n. 2. —; geb. n. 3. —

Koglgruber, Kajetan, Gedichte in oberösterreichischer Volksmundart. 2. Aufl. 8. (VII, 282 S.) Wien 879, Braumüller. *
Die 1. Aufl. erschien im Selbstverlag.

Koglgruber, Kajetan —. Geographie oder Erdbeschreibung, vorzugsweise für Schüler der zweiten Klasse in den Landschulen des Erzherzogthums Oesterreich. Bearbeitet von — —. Dritte Auflage. 8. (48 S.) Linz. Aus der Feichtinger'schen Buchdruckerei. Verlag von Franz Ignaz Coenhöh. 1854.

Koglgruber, Kajetan, das Gespenst wider Willen od. die Wundercuren. Lustspiel in 2 Aufzügen m. durchgehends weibl. Rollen. 8. (32 S.) Salzburg 885. Mittermüller. n. — 40

— das Gespenst wider Willen od.: Die Wundercuren. Lustspiel in 2 Aufzügen m. durchgehends weibl. Rollen. 2. [Titel-]Aufl. 8. (II, 32 S.) Regensburg [885.] (900). A. Coppenrath's Verl. n. — 40

— das Gespenst wider Willen od.: Die Wunderkuren. Lustspiel in 2 Aufzügen m. durchgehends weibl. Rollen. 3. Aufl. (32 S.) 8. Regensburg (904). A. Coppenrath's Verl. n. — 40

—— das Glück der Verfolgten. Dramat. Mädchenspiel in 2 Aufzügen. 8. (27 S.) Linz 885, Haslinger. * — 40

—— die entschuldigte Gouvernante oder die ungleichen Schwestern. Lustspiel in 1 Aufzuge mit durchgehends weibl. Rollen. 8. (20 S.) Salzburg 885, Mittermüller. * — 40

Koglgruber, Kajetan, die hohe Braut kommt. Dramatisches Gelegenheitsspiel in 3 Akten für Oesterreich's weibl. Schuljugend. Aus Anlaß der Vermählungsfeier Sr. k. k. Hoh. des Kronprinzen Erzherzog Rudolf mit ihrer k. Hoh. der Prinzessin Stefanie von Belgien. 8. (29 S.) Salzburg 881, Mittermüller. *

Koglgruber, der angehende Hopfengärtner, oder leicht-faßliche Anleitung zur Pflanzung u. Pflege des Hopfens. Wien 867. C. A. Müller. gr. 8. (19 S.) n. 4 ngr.

—— dramatische Jugendspiele. Mit einem erklärenden Wortverzeichnisse. 8. (VIII, 80 S.) Ebendas. 881.

Koglgruber, Kajetan, der Kukuk als Prophet, od. Aberglaube u. Heilung. Scherzspiel in 3 Aufzügen mit durchgehends weibl. Rollen. 2. Aufl. 8. (22 S.) Salzburg 894. M. Mittermüller. n. — 40

— der Kukuk als Prophet od.: Aberglauben u. Heilung. Scherzspiel in 3 Aufzügen m. durchgehends weibl. Rollen. 3. [Titel-]Aufl. 8. (22 S.) Ebd. [894.] (900). n. — 40

Koglgruber, Kajet., Lehrbüchlein der Obstbaumzucht. gr. 8. (VIII, 79 S.) Linz 868, Ebenhöch'sche Buchh. *

Koglgruber, Kayetan. Piekabukil plo Katolels. 16. (76 S.) Linz 889, Ebenhöch. * — 20; geb. * — 40

—— die Predigt-Auszüge und die Gratulations-Geschenke. Lustspiel in 2 Aufzügen für weibl. Vereine mit durchgehends weibl. Rollen. 8. (22 S.) Ebendas. 885. * — 40

— die Predigt-Auszüge u. die Gratulationsgeschenke. Lustspiel in 2 Aufzügen f. weibl. Vereine m. durchgehends weibl. Rollen. 2. Aufl. 8. (22 S.) Ebd. (901). n. — 40

— Köchin Regina oder die versalzene Suppe. Lustspiel in 3 Akten für weibl. Vereine mit durchgehends weibl. Rollen. 8. (32 S.) Ebendas. 882.

— Köchin Regina od. die versalzene Suppe. Lustspiel in 3 Acten f. weibl. Vereine, m. durchgehends weibl. Rollen. 2. Aufl. 8. (32 S.) Ebd. 893. n. — 40

— Köchin Regina od.: Die versalzene Suppe. Lustspiel in 3 Akten f. weibl. Vereine, m. durchgehends weibl. Rollen. 3. [Titel-]Aufl. 8. (32 S.) Ebd. [893.] (900). n. — 40

— die Schwestern des Missionars. Kleines Drama in 3 Akten für reifere Schulmädchen mit durchgehends weiblichen Rollen. 8. (20 S.) Ebend. 882. — 40

— die Schwestern des Missionärs. Kleines Drama in 3 Akten f. reifere Schulmädchen m. durchgehends weibl. Rollen. 2. [Titel-]Aufl. 8. (20 S.) Ebd. [882.] (900). n. — 40

—— das Vermählungs-Präsent. Dramatisches Festspiel für Oesterreich's männl. Schuljugend. Aus Anlaß der Vermählungsfeier Sr. k. k. Hoh. des Kronprinzen Erzherzog Rudolf mit Ihrer k. Hoh. der Prinzessin Stefanie von Belgien. 8. (16 S.) Ebendas. 881. *

Chronik der Kolberger Schulen seit Gründung der Stadt. Festschrift zu der am 6.–8. Okt. in Kolberg tagenden 30. Pomm. Prov.-Lehrer-Versammlung i. A. des Lehrer-Ver. bearb. von **F. Koglin**. *(Kolberg 1903: C. F. Post.)* (107 S.) 8° [03. 14620 9

Kogutowicz, Carl, s.: **Weltuhr, die.**

Kogutowicz, Emanuel

Palesztina a bibliai események szinhelye. Berecz Antal és Cherven Flóris közreműködésével tervezte és rajzolta **Kogutowicz Manó.** A' vallás-és közoktatásügyi m. kir. minister megbízásából kiadta. Mérték 1:200 000. *Budapest: Hölzel & Társa 1892* [handschriftl.: *1896*]. [Palästina der Schauplatz d. bibl. Ereignisse. Unt. Mitw. v. B. A. u. Ch. F. entw. u. gez. v. K. M. . . .] 1 Ktnbl. gr. 2. (..) [09. 839

Wandkarte der Balkan Halbinsel. Entw. u. gez. von **Em. Kogutowicz.** Maßst. 1 : 800,000. [Nebst] Erläuterungen. *Budapest: Ungar. Geogr. Inst. 1903.* (4 Kartenbl. je 86×72 cm, 2 Bl.) gr. 2° u. 4° [03. 14380

Kohagen, A., Rechenbuch für die Schüler in ein- und zweiklassigen Volksschulen. 4 Hefte. 8. Wismar, Hinstorff'sche Hofbuchh.

Inhalt:

Heft 1. Der Zahlenraum von 1—10. [1. Schulj.] (29 S.) 877. * 20 Pf.
- 2. Der Zahlenraum von 1—50. [2. Schulj.] (47 S.) 877. * 20 Pf.
- 3. Der Zahlenraum von 1 bis über 10000. [3. Schulj.] (52 S.) 878. * 25 Pf.
- 4. Die vier Species im größeren Zahlenraum. Das Rechnen mit mehrfach benannten Zahlen. Einführung in die Rechnung mit Decimalbrüchen. Anfänge der Zeitrechnung und der Flächenrechnung. [4. Schulj.] (72 S.) 879. * 25 Pf.

—— dass. — Antworten zum 2.—4. Heft. 8. (24; 27; 32 S.) Ebendas. 877—80. à Heft * 30 Pf.

Kohagen, A., Rechenbuch für die Schüler in ein- und zweiklassigen Volksschulen. 5. Heft: Die übersichtliche Durchführung der gesammten Bruchrechnung. Anwendung der Brüche, hauptsächlich der Decimalbrüche, auf die gewöhnlichen Fälle der Flächenrechnung und der Körperrechnung. Aufgaben der Multiplications- und Divisions-Regeldetri (fünftes und sechstes Schuljahr.) 8. (72 S.) Wismar 881, Hinstorff'sche Hofbuchh.
1.—4. Heft. Ebendas. 1877—79. * 90 Pf.

—— dass. — Auflösungen zum 5. Heft. 8. (32 S.) Ebendas. 882.
2.—4. Heft. Ebendas. 1877—80. à * 30 Pf. Auflösungen zum 1. Heft sind nicht erschienen.

KÖHALMI, Michael: De relatione mutua fidem inter et traditionem. — (1871) 65 S. 4° (Handschr.) Diss. 306
Diss. Wien. Univ.

Köhalmi-Klimstein, Jos., Johann Simor, Cardinal Fürst-Primas von Ungarn, 50jähriges Wirken in Glaube, Liebe und Wohlthaten. Jubiläums-Andenken. Fol. (16 S. mit Illustr.) Preßburg 886, Stampfel. * — 80

Kohan, Alexander Bernstein-, s. Bernstein- Kohan.

Kohan, J. J., Verbess. u. Erleichterung d. doppelten Buchhaltung. gr. 4. Wien 785. Heubner. 1 fl.

Kohan-Bernstein, Mathias, die widernatürliche Unzucht. Ein Beitrag zur Kritik des deutschen Strafrechts. (75 S.) Lex. 8. Mannheim 909. J. Bensheimer's Verlag. 2. 50

Kohányi, S., neuester Liederkranz. 70 neue Kinderlieder für Schulen, Familienkreise u. Kinderbewahranstalten. Pest 867. Lampel. br. 8. (68 S.) n. 6 ngr.

Kohari, Graf v., Religion u. Sitten d. heutigen Muhametaner. Aus d. ungedr. Reise durch Asien, welche d. in Georgien gestorb. Verf. aus d. J. 1777—80 hinterlassen hat. A. d. Ital. mit Anmerkn v. J. A. Hanke. 12. (3⅓ B.) Bamberg 830. (Brünn, Haller; Wien, Beck.)

—— Sprech- und Denkübungen. Anleitung: wie und was man mit kleinen Kindern sprechen soll. Für Eltern, Kinderbewahrer und Volksschullehrer bearb. (Ungarisch und deutsch.) br. 8. (X und 66 S.) Berlin 864, Gebr. Lauffer. *

Koharić, Janko, das Ende des kroatischen Nationalkönigtums od. wie u. wann gelangten die Arpaden auf den Tron des kroatischen Königreichs. (68 S.) Lex.-8. Agram 904. (G. Trpinac.) n.n. 1. —

KOHARIĆ, Johannes: Dirimentis matrimonium impedimenti, quod dicitur crimen, ambitus, eidem jure canonico et civili Austriaco assertus — expositus et e fontibus demonstratus. — (1872) 61 S. 4° (Handschr.) Diss. 278
Diss. Wien, Univ.

KOHASHI, Shinji (Nara): Schwangerschaft und Myom.- München: Wolf 1910. 41 S.
15.3.1911 - Chr 1910/11,25; U 11.3667
Diss. Ingolst.-Landsh.-Mchn.

Kohbrok, Hugo: Der Lautstand des żym-Gebiets in Dithmarschen. *Darmstadt 1901: G. Otto.* (80 S.) 8°
Kiel, Phil. Diss. v. [2. Nov.] 1901

Kohélet, s.a. Graetz, H.

— s. auch Heinemann, Mose.

Koheleth s.a. J. C. C. Nachtigall.

– s.a. Salomo

— des weisen Königs Seelenkampf, oder philosoph. Betracht. über d. höchste Gut; übersetzt v. Fr. Wilh. K. Umbreit. 8. Gotha 818. Becker. 8 gr.

Koheleth, das Buch, commentirt u. übers. v. Heinr. Horowitz. (Hebr. u. deutsch.) gr. 8. (38 S.) Thorn 867. Berlin, M. Poppelauer. 1. —; erm. Pr. — 60

Koheleth, das Collectivum d. Davidischen Könige in Jerusalem, ein histor. Lehrgedicht über den Umsturz des jüdischen Staats. Uebersetzt u. mit histor. u. philolog. krit. Bemerkk. erläut. v. G. Ph. Ch. Kayser. 8. Erl. 824. Palm. 16 gr.

Koheleth Mosche. קהלת משה Erklärung mehrerer Bibel- und Talmudstellen von Simson von Ostropol, Jonathan Eibenschutz und Jizchak Horwitz. *Lemberg* 1858, bei *M. F. Poremba*. 44 S. 8°.

Koheleths Untersuchung über den Wert des Daseins, s.: Bickell, G.

Kohen, Alexander, aus Berdiansk (Russland): Die Beckenendlagen auf der Zürcher Universitätsfrauenklinik im Zeitraum von 1888 bis 1908. Zürich 1909. 46 S. 8°. [21. 1. 09.]
Zürich. Med. Diss. 1908/09.

Kohen, J.

— Die Composition der Sophokleischen Trägoedie „Oidipus Tyrannos." I. Pr. 1894. 84 S. 1.20
— — II. Pr. 1895. 81 S. 1.20

Kohen, L. J., praes. Go. G. Richter, De morbo hypochondriaco. Gött. 4°. 1739

Kohen, Wilhelm, aus Hildesheim: Quantitative Trennungen mit Wasserstoffsuperoxyd, Persulfat und Hydroxylamin. *Heidelberg 1902: Hörning & Berkenbusch.* (49 S.) 8°
Heidelberg, Naturw.-math. Diss. v. 1902

Kohen-Baranowa, Clara, aus Melitopol (Russland): Ueber die Prothesenbehandlung nach Resektion und Exartikulation des Unterkiefers. ⟨Aus der chirurgischen Universitäts-Klinik zu Zürich. Direktor: Prof. Krönlein.⟩ [Mit sechs Figuren im Text.] Tübingen 1908. 25 S. 8°. Beiträge zur klinischen Chirurgie. Bd. 60. Heft 3. [18. 1. 09.]
Zürich, Med. Diss. 1908/09.

Kohfahl, Rud., s.: Wanderbuch, Hamburger.

Kohfeldt, G*ustav* [cand. phil.]: Zur Ästhetik der Metapher Rostock, *Rudelli & Hille, Leipzig*, 1892; 70 S. 8.
Rostock, Phil. Fak., Inaug.-Diss. v. [18. März] 1892

Kohfeldt, G., plattdeutsche mecklenburg. Hochzeitsgedichte aus dem 17. u. 18. Jahrh. Für die Rostocker Pfingsttagg. des Vereins f. niederdeutsche Sprachforschg. u. des hans. Geschichtsvereins im Auftrage des Vereins f. Rostocks Altertümer hrsg. (122 S.) Lex. 8. Rostock 908. (Stiller.) 3. —

Kohfeldt, Gustav: Katalog der Bibliothek des Vereins der Freunde der Naturgeschichte in Mecklenburg. '(Aufgestellt in d. Rostocker Univ.-Bibl.)'. Hrsg.: Dr. –. Güstrow: Dr. d. Ratsbuchdr. 1896. 2 Bl., 178 S. 1 Bd. 8°

„Kohl, brunen". Zubereitung m. Zutaten. Hrsg. v. Lucullus (dem jüngsten). Nebst Anh.: „Kohllieder" v. L. Johanns. 1.—5. Tauf. (36 S.) kl. 8. Oldenburg 906. C. Bültmann. n. — 50

Kohl, kleine Bier-Bibel, s.: Moos.

Kohl, ..., (Karl Gust. Fr. Schwalbe), Lob des Kartenspielens, ein Kanzelsermon. 8. Frankf. a. M. 797. Dietz. 3 K

Kohl, Tabelle der griechischen Verba anomala, s. a. Tabelle.

Kohl, Tabelle der griechischen Verba anomala nach Halm's Klasseneintheilung. Landshut 858. Thomann. Lex.-8. (32 S.) 6 ngr.

Kohl, A. H. v., der Herzensvirtuose. Roman. Autoris. Übersetzg. v. Mathilde Mann. (276 S.) 8. Minden (907). J. C. C. Bruns. 2.50; geb. 3.50

Kohl, A. H. v., die roten Namen. Erzählungen aus dem russisch-japan. Krieg. Autoris. Uebersetzg. v. Wilh. Thal. (132 S.) 8. Freiburg i/B. (905). F. E. Fehsenfeld. n. 1.20

— Im Palaste der Mikroben. (Übers. aus dem Dän. v. Mathilde Mann.) 3 Bde. (800, 328 u. 400 S.) 8. Leipzig 909. Haupt & Hammon. 10.50; geb. 12.75

Kohl, Alb., Gedichte. (101 S.) kl. 8. Leipzig 906. Verlag f. Literatur, Kunst u. Musik. n. 1.50; geb. n. 2.50

Kohl, Alfredus: Didascaliae Terentianae explicatae. Halis Saxonum (1865). Gebauer-Schwetschke. 65 S. 8°
Halle-Wittenberg, Phil. Diss. v. 13. Nov. 1865
Geb. Harzgerode (Anhalt) 3. 11. 1843. V.
Im Buchhandel Halis (Berlin: Calvary) 1866. 67 S. 8°

Kohl, Alfr. Die wertvollen Drucke der Gymnasialbibliothek. 19 S.
Progr. *Quedlinburg* 1878.

Kohl: Das Sprachbewußtsein unserer Tage. 26 S. – Quedlinburg, Progr. 1869.

Kohl, Alois

Abhandlung über italienischen Wein mit Bezugnahme auf Horatius. — Von Alois Kohl, G. P. — 1884, Straubing, ibid. -- S. 3—46°.
Progr. Straubing, K. Gymn.

Kohl: Ueber die lateinischen und griechischen Fragesätze und deren stilistische Verwendbarkeit. 16 S.– Staubing, Progr. 1866.

Kriminalgerichtswesen der römischen Republik, zum Gebrauche Studirender an Gymnasien. — Von Alois Kohl, G. P. — 1875. Burghausen, ibid. — S. 3—29°.
Progr. Burghausen, K. Gymn.

Kohl, Andr.: Tractationes duae: 1. De pactis dotalibus. 2. De successione conjugum. Quibus annexa tertio loco declaratio constitutionis Marchicae, sub titulo, Erbfälle zwischen Eheleuten, et sub titulo, von Kindergeld und Erbegeld. Lipsiae 1650.

— Ed. 3. Francofurti ad M. 1731.

— tract. duo, 1) de pactis dotalib. 2) de successione conjugum. 4. Frft. Fleischer. 731.

Kohl, Andr.: Tractatus duo, quorum 1. de servitiis feudalibus, von Lehn- oder Ritter-Diensten, 2. de subfeudis, von Affter-Lehnen ... curante Franc. Henn. Schaden. Francofurti et Lipsiae 1722.

Kohl, Andr., de servitutibus feudalibus von Lehn- u. Ritterdiensten, item, v. Afterlehn. 4. Frft. Adami. 722.

Kohl, Anton

— u. Herm. Zschockelt, Aufgaben f. die landwirtschaftl. Buchführung. Für die Hand der Schüler in ländl. Fortbildungsschulen u. landwirtschaftl. Schulen sowie zum Selbstunterricht bearb. (16 S.) 8. Ebd. 909. — 20

— — Aufgaben f. Rechnen u. Geometrie zum Gebrauche in ländl. Fortbildungsschulen. Mit verschied. Fig. u. Tabellen. (64 S.) 8. Ebd. 909. — 50

Kohl, Ant., Bodenzinse. Zeitgem. Wort an d. Bauern v. e. Bauernfreund. 1. u. 2. Aufl. gr. 8. (à 30 S.) Neumarkt i. Ob.-Pf. 898. J. Boegl. — 15

— dasselbe. 3., neu verm. u. verb. Aufl. (20. Tausf.) 8. (84 S.) Ebd. 898. — 15

— — Die landwirtschaftl. Buchführung. Leitfaden f. die Hand der Lehrer in ländl. Fortbildungsschulen u. landwirtschaftl. Schulen sowie zum Selbstunterricht. (51 S.) 8. Ebd. 909. — 60

Kohl, A., kleine Bürgerkunde. Leitfaden zur Gesetzes- u. Verfassungskunde f. Schüler v. Fortbildungsschulen, Fachschulen, Gewerbeschulen u. höh. Lehranstalten. Ausgabe A. Für das Königr. Sachsen. (64 S.) 8. Leipzig 910. A. Hahn. — 60

Kohl, A., das Kartenzeichnen als Hilfsmittel im Unterricht. Ein Beitrag zur Methodik des erdkundl. Unterrichts. (29 S.) gr. 8. Leipzig 904. A. Hahn. n. — 50

— Über die Notwendigkeit u. Möglichkeit e. staatsbürgerl. Erziehg. unserer Jugend auf allen Stufen der Volksbildung. (64 S.) gr. 8. Ebd. 910. 1.20

KOHL, Anton (Straubing): Geburtshilfliche vorbereitende Operationen (1883-1897) in der kgl. Frauenklinik München (Statistik).- München: Müller & Steinicke 1910. 32 S.
27.5.1911 - Chr 1910/11,26; U 11.3668
Diss. Ingolst.-Landsh.-Mchn.

Kohl, Ant., Pilgerfahrt nach Egypten u. Palästina. gr. 8. (XII, 202 S. m. 1 Lichtdr. u. 15 Autotypien.) Ingolstadt 891. Ganghofer. Geb. in Halbleinw. n. 2.—; in Leinw. n. 2.50

— geographisches Skizzenbuch m. vorgedruckten Gradnetzen. Für die Hand der Schüler. Bearb. u. hrsg. (16 S.) gr. 8. Ebd. 904. n. — 20

— Geograph. Skizzenbuch m. vorgedruckten Gradnetzen. Für die Hand der Schüler. 2. Aufl. (12.—22. Taus.) (16 S.) 8. Ebd. 910. — 20

Kohl, Ant. Sonnenwende. Dramatisches Weihnachtsmärchen in 4 Aufz. Für dreistimm. Frauenchor komponiert v. Mich. Haller. Op. 51. Textbuch. 12. (56 S.) Regensb. 891, Coppenrath's Verlag. * — 40

— der schriftliche Verkehr, s.: Germer, B.

Kohl, Anton, Die Wiedereinführung der katholischen Lehre in der königl. Bergstadt Schlaggenwald. Ein Beitrag zur Geschichte des Reformationswerkes Kaiser Ferdinand des Zweiten. gr. 8. (53 S.) Carlsbad, Franiek. 1861. 50 kr.

Kohl, Armin, Scheckgesetz u. Postscheckordng. f. das Deutsche Reich nebst den Scheckgesetzen des Auslands, unter Berücksicht. des am 1. IV. 1909 in Kraft getretenen Wechselstempelgesetzes erläutert. (IV, 170 S.) 8. Halle 909. Buchh. des Waisenhauses. Kart. 2. —

Kohl, Armin, bacc. jur., Referendar in Leipzig: **Das Verbot** der Überpfändung. Chemnitz 1907: H. Wilisch. (51 S.) 8°

Leipzig, Jur. Fak., Diss. v. 23. Nov. 1907

[Geb. 15. Febr. 82 Chemnitz; Wohnort: Leipzig-Connewitz; Staatsangeh.: Sachsen; Vorbildung: Staatsgymn. Chemnitz Reife O. 02; Studium: Leipzig 8 S.; Rig. 14. Jan. 07.]

Kohl, August, aus Mülheim a. Rh.: **Aus d. Kgl. chirurg. Universitätsklinik** Bonn. **Beitrag zur Casuistik** der Zungensarkome. *Bonn 1903: S. Foppen.* (42 S.) 8°

Bonn, Med. Diss. v. 8. Apr. 1903

Kohl, C., rudimentäre Wirbelthieraugen, s.: Bibliotheca zoologica.

Kohl, C. F., Heimathskunde der Grafschaft Hohnstein hannoverschen Antheils. Den Schulen dieses Bezirks dargeboten. Mit einer (lith.) Karte der Grafschaft Hohnstein. 8. (31 S. m. 1 Tab.) Nordhausen 877. Haacke. geb. n. — 40

Kohl, C. K., der wohlbestallte Küchengärtner. 8. Wien 823. Bauer. 10 Kr Schrb. 14 Kr

Kohl, C. K., d. wohlbestellte Küchengärtner. 8. Wien, 1823. Dirnböck. — 15

Kohl, Camilla, s. Kohl, Kamilla

Kohl, Carl, s. Kohl, Karl

Köhl, Christian. Denkschrift, an alle freie Bündner. Der Hochlöbl. Standesversammlung gewidmet. 4. *o. O.* August 1793.

Kohl, Claus, s. Kohl, Klaus

Kohl, Dietr., Die Allmende der Stadt Oldenburg. (Aus: „Jahrb. f. d. Gesch. d. Herzogt. Oldenburg.") gr. 8°. Oldenburg, G. Stallings Verl., 1903.

Kohl, Dietr., die Allmende der Stadt Oldenburg. (76 S. m. 1 Karte.) gr. 8. Oldenburg 903. G. Stalling's Verl. n. — 60

— zur Entstehungsgeschichte der Stadt Oldenburg u. ihrer Verfassung. (48 S.) gr. 8. Ebd. 903. n. — 60

2 Sonderabdr. a.: „Jahrb. f. d. Gesch. d. Herzogt. Oldenburg".

Kohl, Dietr., die Politik Kursachsens während des Interregnums und der Kaiserwahl 1612, s.a. Abhandlungen, Hallische, zur neueren Geschichte, Heft 21.

Kohl, Dietrich [aus Oldenburg]: **Die Politik Kursachsens während des Interregnums und der Kaiserwahl 1612 nach archivalischen Quellen dargestellt .... Halle, Druck v. Ehrhardt Karras, 1887; 1 Bl. + 75 + 1 S. 8°.**

Halle, Phil. Fak., Inaug.-Diss. v. [29. Jul.] 1887.

Kohl, E., Einweihung der Capelle St. Crucis zu Landsberg, s. Einweihung.

Köhl, E. G., Materialien und Ideengänge zu Katechisationen mit Oberclassen in Bürger- und Volksschulen über die Hauptstücke des kleinen lutherischen Katechismus für einen einjährigen Religionscursus. Leipzig 863. Klinthardt. gr. 8. (XI, 155 S.) 15 ngr.

Kohl, Emil, Grundriss d. Naturlehre, s.: Steigl, Jos.

Kohl, Emil. Ueber die Lemniscatentheilung. Lex.-8. (24 S.) Wien 889, (Tempsky). * — 50

Aus: Sitzungsber. d. k. Akad. d. Wissensch., besonders abgedruckt.

— Physik u. Chemie f. Bürgerschulen, s.: Netoliczka, E.

Kohl, Ernst, Referendar: **Geschäftsanteil und Geschäftsguthaben** in der Genossenschaft. **Chemnitz 1908: Wilisch.** IV, 43 S. 8°

Leipzig, Jur. Diss. v. 30. Nov. 1908

[Geb. 18. April 84 Chemnitz; Wohnort: Leipzig-Connewitz; Staatsangeh.: Sachsen; Vorbildung: Gymn. Chemnitz Reife O. 03; Studium: Leipzig 8 S.; Rig. 9. Juli 07.] [U 09. 2571

Kohl, Ernst, das 50jährige Jubiläum der belgischen Eisenbahnen und der damit verbundene internationale Eisenbahn-Congress in Brüssel im Aug. 1885. gr. 8. (69 S. mit 1 Tab.) Leipzig 886, Felix. * 1 20

Aus: Civilingenieur, besonders abgedruckt.

—— eine Reise von Berlin zum Nordkap. gr. 8. (31 S.) Weimar 885, B. F. Voigt. — 75

Kohl, Ernst, über den Ursprung der Quellen. gr. 8. (32 S.) Leipzig 884, Felix.

Aus: Civilingenieur, besonders abgedruckt.

—— grosse Verkehrsbauten und der Panama-Kanal. gr. 8. (46 S. mit 2 Taf.) Leipzig 888, Felix. * 1 20

Aus: Civilingenieur, besonders abgedruckt.

Kohl, Ernst Heinr., illustrirter Bericht über die 2. allgemeine Thüringische Gewerbeausstellung mit Streifblicken auf Thüringens Industrie. Mit 111 Holzschn. (im Text), 1 (lith.) Plane und einem Geschäftsanzeiger. Weimar 862. Böhlau. gr. 4. (VIII, 129 S.) n. 1 ₰ 25 ngr.

Kohl, Ernst Heinr., eine Reise in Schweden u. Norwegen im Aug. 1878. [Aus: „Zeitg. d. Vereins deutscher Eisenbahn-Verwaltungen".] gr. 8. (IV, 41 S.) Berlin 878. Hermann. n. 1. 50

Kohl, Ewald, Referendar: Das Friedhofs- und Begräbnisrecht in Preußen. Ein Beitrag zum jetzigen Stand der Friedhofsfrage. Greifswald 1908: J. Abel. (57 S.) 8° [J.]

Greifswald, Jur. Fak., Ref. Sartorius, Diss. v. 18. April 1908

[Geb. 1. Juli 84 Mülheim a. Rh.; Wohnort: Mülheim; Staatsangeh.: Preußen; Vorbildung: Gymn. Mulheim Reife O. 03; Studium: Bonn 1, Berlin 1, Genf 1, Leipzig 1, Bonn 3, Greifswald 1 S.; Rig. 16. Febr. 07.]

Kohl, F., Special-Karte von Halle u. Umgegend, mit Angabe der Feldmarken u. besond. Berucksichtigung der bereits ausgeführten Separations-Vermessungen. Fol. Lith. u. color. Halle 847, Fernow. 1/2 ₰

Kohl, F. Thom., s. Kohl, Franz Theodor

Kohl, F. W., Ansichten von Bremen. Fol. (11 lith. Bl.) Bremen 848, Kuhlmann & Co. n. 4 ₰

Kohl, Ferd. Vorschläge zur Reform des Schreibunterrichts in höheren Lehranstalten. 19 S. Progr. *Osterode Pr.* 1884.

Kohl, Frz., prakt. Anleitung z. Lithographie. Mit 1 Abbild. 8. Wien 820. (Schaumburg u. Co.) 16 K

Kohl, Frz., zur Monographie d. natürl. Gattg. Sphex Linné. [Aus: „Annalen d. k. k. naturhistor. Hofmuseums".] Lex.-8. (34 S. m. 2 lith. Taf.) Wien 895. A. Hölder. n. 3. 60

Kohl, Franz Ernst (Ratzeb./Meckl.), De juramento judiciali, sine probationibus delato. Diss. jur. Präs. Johann Joachim Schoepffer. Rostock (Weppling) März 1704. 24 S. (6.—) 19083

Kohl, Franz Friedrich

Kohl, Frz. Frdr., üb. Ampulex Jur. (s. l.) u. die damit enger verwandten Hymenopteren-Gattungen. [Aus: „Annalen d. k. k. naturhistor. Hofmuseums".] Lex.-8. (62 S. m. 3 Taf.) Wien 893. A. Hölder. n. 5. —

Kohl, Frz. Friedr., über neue und seltene Antilopen des k. k. naturhistorischen Hofmuseums. Lex.-8. (12 S. mit 4 lithogr. Taf.) Wien 886, Hölder. * 4 —
Aus: Annalen des k. k. naturhistorischen Hofmuseums, besonders abgedruckt.

Kohl, Frz. Frdr., die Tiroler Bauernhochzeit, s.a. Quellen u. Forschungen zur deutschen Volkskunde. III.

Kohl, Franz Friedrich: Die Tiroler Bauerhochzeit. Sitten, Bräuche, Sprüche, Lieder u. Tänze mit Singweisen. Von —. Wien: R. Ludwig 1908. X, 281 S. 8°
= Quellen u. Forschungen z. deutschen Volkskunde. Bd. 3.

— Eremiasphecium Kohl. (ἡ ἐρημία — desertum; τὸ σφηκίον — vespula). Eine neue Gattg. d. Hymenopteren aus d. Familie d. Sphegiden. [Aus: „Annalen d. k. k. naturhistor. Hofmuseums".] Lex.-8. (4 S. m. 1 Abb.) Ebd. 897. n. — 40

Kohl, Frz. Frdr., zoologische Ergebnisse d. Expedition der kaiserl. Akademie der Wissenschaften nach Südarabien u. Sokótra im J. 1898—1899. Hymenopteren. (188 S. m. 11 Taf. u. 11 Bl. Erklärgn.) 4. Wien 906. (A. Hölder.) n. 15. 60
Sonderabdruck aus: „Denkschr. d. k. Akad. d. Wiss."

Kohl, Frz. Friedr., die Gattungen und Arten der Larriden Autorum. gr. 8. (228 S. mit 4 lithogr. Taf.) Wien 884, Hölder. (Leipzig, Brockhaus' Sortiment und Antiq.) *
Aus: Verhandlungen der k. k. zoologisch-botanischen Gesellschaft in Wien, besonders abgedruckt.

Kohl, Frz. Frd., neue Gattungen aus der Hymenopteren-Familie der Sphegiden. Mit 1 Taf. [Aus: „Annalen d. k. k. naturhistor. Hofmuseums".] Lex.-8. (10 S.) Wien 889. Hölder. n. 1. 60

Kohl, Franz Friedr., Die Gattungen d. Pompiliden. gr. 8. (28 S. mit 1 Taf.) Wien, *Alfr. Hölder. 36 kr. 1885.

Kohl, Frz. Frdr., die Gattungen d. Sphegiden. [Aus: „Annalen d. k. k. naturhistor. Hofmuseums".] Lex.-8. (284 S. m. 90 Abb. u. 7 Taf.) Wien 896. A. Hölder. n. 28. 40

— Heimatlieder, s.: Reiter, Jos.

Kohl, Franz Friedr.: Hymenopteren von Herrn Dr. Fr. Stuhlmann in Ostafrika gesammelt. Determinirt u. beschrieben von Franz Friedr. Kohl, Custos-Adjunct in Wien. Mit 1 Taf. Hamburg 1893. Berlin: D. Reimer 1901. 13 S. 4° (8°)
Aus: Jahrbuch d. Hamburg. Wiss. Anstalten. 10, 2.
= Ergebnisse, Zoolog., einer ... in d. Küstengebiete von Ost-Afrika unternomm. Reise. Bd, 2, No. 1.

Kohl, Frz. Frdr., neue Hymenopteren. Lex.-8. (S. 91—102.) Wien 898. A. Hölder. n. — 80
Sonderabdruck aus: „Annalen d. naturhist. Hofmuseums".

— z. Hymenopterenfauna Afrikas. [Aus: „Annalen d. k. k. naturhistor. Hofmuseums".] Lex.-8. (72 S. m. 5 lith. Taf.) Ebd. 894. n. 7. —

— neue Hymenopterenformen. [Aus: „Annalen d. k. k. naturhistor. Hofmuseums".] Lex.-8. (38 S. m. 3 Taf.) Wien 892. A. Hölder n. 4. —

— die Hymenopterengruppe der Sphecinen. I. Monographie der natürl. Gattung Sphex Linné [sens. lat.]. 2 Abthlgn. [Aus: „Annalen d. k. k. naturhistor. Hofmuseums".] Lex.-8. Ebd. 890. n. 17. —
1. (118 S. m. 5 lith. Taf.) n. 10. —. — 2. (S. 119—264.) n. 7. —.

— die Hymenopterengruppe der Sphecinen. II. Monographie der neotropischen Gattg. Podium Fabr., s.: Abhandlungen der k. k. zool.-botan. Gesellschaft in Wien. I. 4.

KOHL, Franz Friedrich

Zur Kenntniss der Hymenopterengattung Eidopompilus Kohl. Von Franz Friedrich Kohl. Mit 1 Tafel. (Annalen des k. k. naturhistorischen Hofmuseums. Separatabdruck aus Bd XV. Heft 2.) Wien. 1900. [In Comm.] Hölder. Lex.-8°. Paginirt: S. 143—148. K —.40

KOHL, Franz Friedrich

Zur Kenntnis neuer gestachelter Hymenopteren. Von Franz Friedrich Kohl. (Mit 1 Tafel.) (Annalen des k. k. naturhistorischen Hofmuseums — Separatabdruck aus Bd. XIV, Heft 3—4.) Wien. 1899. [In Comm.] Hölder. Lex.-8°. Paginirt: 306—316 S. fl. —.80

Kohl, Frz. Frd., zur Kenntniss der Pemphredonen. [Aus: „Annalen d. k. k. naturhistor. Hofmuseums".] Lex.-8. (17 S. m. 2 Abbildgn.) Wien 890. Hölder. n. — 60

— zur Kenntniss der Hymenopteren-Gattung Philanthus Fabr. [sens. lat.] [Aus: „Annalen d. k. k. naturhistor. Hofmuseums".] Lex.-8. (S. 345—370.) Ebd. 891. n. 1. 20

— — Zur Kenntniss der europäischen Polistes-Arten. Mit einer Tafel (Separat-Abdruck aus Band XIII, Heft 1, der Annalen des k. k naturhistorischen Hofmuseums.) Lex.-8. (4 S.) In Comm. Wien: Hölder 1898. — 60

— zur Kenntnis der Sandwespen (Gen. Ammophila Kirby). Lex.-8. (S. 141—164 m. 2 Taf.) Ebd. 901. n. 2. 60
4 Sonderabdrucke aus: „Annalen d. k. k. naturhistor. Hofmuseums".

— Echte Tiroler Lieder, unter Mitwirkg. mehrerer Freunde hrsg. (XLII, 302 S.) 8. Wien 899. (Dr. R. Ludwig.) Geb. in Leinw. 5. 58

— dasselbe. 1. Nachlese. (XX, 68 S.) 8. Ebd. 900. 1.67

Kohl, Dr. Franz Friedrich, Zur Monographie der natürlichen Gattung Sphex Linné. Mit 2 lithographirten Tafeln. (Separat-Abdruck aus Band X. Heft 1. der Annalen des k. k. naturhistorischen Hofmuseums) L. x.-8. (32 S.) In Comm. Wien: Hölder 1895. 1.80

Kohl, Frz. Friedr., **neue Pompiliden in den Sammlungen des k. k. naturhistorischen Hofmuseums. gr. 8. (40 S. mit 2 Taf.) Wien 886, (Hölder. — Leipzig, Brockhaus' Sortiment.)** * 2 —
Aus: Verhandlungen der k. k. zoologisch-botan. Gesellschaft in Wien, besonders abgedruckt.

— Sphegiden u. Pompiliden v. Madagaskar, den Comoren u. Ostafrika. (S. 369—378 m. 17 Fig.) 31×24 cm. Stuttgart 909. E. Schweizerbart. 1.60
Sonderabdr. a.: „Voeltzkow, Reise in Ostafrika".

— dasselbe, s.a. Reise in Ostafrika. II, 4.

— Echte Volksgesänge aus Tirol. 2. Nachlese zur Sammlg. „Echte Tirolerlieder". (44 S.) 8. Ebd. 903. 1.17

Kohl, Frz. Frdr., heitere **Volksgesänge aus Tirol (Tisch- u. Gesellschaftslieder),** s.a. **Quellen u. Forschungen zur deutschen Volkskunde. 1. Bd.**

Heitere Volksgesänge aus Tirol (Tisch- u. Gesellschaftslieder). Mit Singweisen. Im Volke gesammelt u. zsgest. von Franz Friedrich **Kohl.** Wien: R. Ludwig 1908. (164 S.) 8°
= **Quellen** u. Forschungen z. deutschen Volkskunde. Bd 1. 08. 326

- Volkslieder aus Tirol, 3. Nachlese zur Sammlg. „Echte Tirolerlieder", s.: Liederheft d. deutschen Volkslieder-Vereines in Wien.

— 12 echte deutsche Volkslieder f. 4 Männerstimmen, s.: Reiter, Jos.

— Die Volksliederbewegung in Deutschösterreich, s.: Blümml, Emil Karl.

Kohli, Franz Jacob. Versuch einer Geschichte der Landschaft Saanen, von F' Jak' K'.... 8. Bern 1827.

Kohl, Franz Theodor

Kohl, Francisc. Theod., Commentationes criticae in difficiliora scriptorum classicorum Terentii, Nepotis, Virgilii, Phaedri, Ciceronis, Hesiodi, Jul. Caesaris et aliorum loca vel dilucidata, vel explicata, sibique et vero sensui restituta. Hamburgi et Kilonii. 1727. (U. B.).

Kohl, F. Thom., Comment. criticae in difficil. scriptor. classicor. loca. 8. Hamburg. (Korte, Alt.). 727.

Ueber die Heranbildung der studierenden Jugend zum mündlichen Vortrage von Franz X. Kohl, Stdl. — 1850. Ebend. — S. 3—10.
Progr. Landshut

Kohl, Friedr u. **Göbel,** G F W Abhandlung über Heitzungsanlagen, mit vorausgeschickten dahin einschlagenden Grundsätzen u. Mittheilung mehrerer dergleichen Anlagen. (Progr. d. königl. Gewerbeschule zu Plauen. 1839.) Plauen. 8.

Kohl, Fr., u. G. F. W. Göbel, über Heitzungsanlagen, s.a. Programm zu der am 22. u. 23. April 1839 erfolgenden Prüfung der Schüler der k. Gewerbschule zu Plauen.

Kohl, Friedr., Beschreibung der Göltzsch- und Elsterthal-Ueberbrückung im sächsischen Voigtlande, sowie der Britannia-Röhrenbrücke u. der über denselben Meeresarm führenden Kettenbrücke in England u. der schiefen Ebene in Baiern. Vorangehend eine kurze Statistik deutscher u. ausländischer Eisenbahnen. Mit 2 Stahlst. u. 4 Lithogr. Plauen 854. Schroter. 8. (2 Bl., 95 S.) n. 15 ngr.

Kohl, Friedr., Elemente von Maschinen, zunächst als ein Leitfaden f. Gewerbschüler, so wie z. Selbstunterr. f. diejenigen, welche sich mit den Maschinen-Bestandtheilen näher bekannt machen wollen. 1. Abthl. Mit 102 in den Text eingedruckten Holzschn. gr. 4. (14³/₄ B. u. 17 Stnt.) Leipzig 845, Teubner.*

Kohl, Friedr., Elemente von Maschinen, zunächst als ein Leitfaden für Gewerbschüler, so wie zum Selbstunterricht etc. 2. Abthl. gr. 4. (IV und 108 S. mit 14 Stnt. und 55 in den Text eingedr. Holzschn.) Leipzig 851, Teubner. *

Kohl, Friedr., Elemente von Maschinen, zunächst als ein Leitfaden für Gewerbschüler so wie zum Selbstunterricht für diejenigen, welche sich mit den Maschinen-Bestandtheilen näher bekannt machen wollen. 2. (Titel-)Ausg. 2 Abthlgn. (in 1 Bde.) 4. (X und 220 S. mit 31 Stnt. und 157 in den Text gedr. Holzschn.) Leipzig (851)58, Teubner.

Kohl, **Friedr., Geschichte der Jacquard-Maschine und der sich ihr anschliess. Abänderungen und Verbesserungen nebst der Biographie Jacquard's. Eine von dem Verein zur Beförderung des Gewerbfleisses in Preussen gekrönte Preisschrift. Mit dem (lithogr.) Bildnisse Jacquard's. gr. 4. (IV, 197 S. mit 16 lithogr. Taf. in Fol. und 18 eingedr. Abbild. in Holzschn.) Berlin 873, Nicolai's Verlag.** *

— die Schablonenstechmaschine oder sogen. Stüpfelmaschine, in verschied. Constructionen genau verzeichnet und beschrieben; nebst Angabe über deren Gebrauch und über die für den Schablonendruck zu verwendenden Materialien. Ein bequemes Hülfsmittel für Fabrikanten etc. zur schnellen und billigen Uebertragung und Vervielfältigung von Musterzeichnungen. gr. 8. (50 S. mit 3 Stnt. und 1 Bl. schablonirter Muster in gr. 4.) Leipzig 848, Spamer. *

Kohl, Friedr., neue Schule der Mechanik und Maschinenkunde, s. Luckenbacher, F.

Kohl, Frdr., die Spinnerei und Weberei. Gedrängte Geschichte und Technik des Webens und Spinnens. Mit besonderer Berücksichtigung der Baumwollenindustrie. (Abdr. aus dem Buch der Erfindungen, Gewerbe u. Industrien. 4. Aufl.) Mit 63 in den Text gedr. Abbildgn. u. 2 Tonbildern. Leipzig 861. Spamer. gr. 8. (VI, 120 S.) n. 15 ngr.

— technologische Tafeln mit beschreibendem Texte. Die Gewinnung und Bearbeitung des Eisens sowie die Holzbearbeitung betr. Chemnitz 862. Focke. gr. 4. (28 S. u. 15 lith. Taf.) n. 1 rℓ

— über optisch-mechanische und electro-magnetische Telegraphen. (Programm der königl. Gewerb- und Baugewerkenschule in Plauen.) gr. 4. (32 S. und 2 Stnt.) Plauen 850, (Schmidt.) *
Die 2. Aufl. erschien u. d. T.:

— die optisch-mechanische und electro-magnetische Telegraphie. Darstellung zur Selbstbelehrung. 2., erweiterte Aufl. gr. 8. (47 S. und 3 Stnt. in 4.) Leipzig 850, Hinrichs'sche Buchh.

— über Circular-Sägen, s. Programm.

— Friedrich Emil (Rochlitz), **Uebersicht ueber die wichtigsten Krankheiten des Gehoerorganes. Diss. med. Lpz. (Oswald Mutze) 24. XII. 1868. 35 S. mit Biogr. (5.—) 19084**
Oppon.: H. Nitsche, Heckel, Hirsch, Frommhold.

Kohl, Friedrich Georg

Kohl, F. G., s.: Centralblatt, botanisches.

— **Excursions-Flora** f. Mitteldeutschland M. bes. Angabe d. Standorte in Hessen-Nassau, Oberhessen u. d. angrenz. Gebieten, sow. in d. Umgebg. Marburgs. In 2 Bdn. 12. Leipzig 896. Gera, F. v. Zezschwitz. n. 8. —; in 1 Leinw.-Bd. n. 8. 75
1. Kryptogamae. (VIII, 140 S.) n. 2. —
2. Phanerogamae. (XXIII, 463 S.) n. 6. —

— Deutschlands Flora, s.: Reichenbach, H. G. Ludw.

Kohl, F. G., die Hefepilze, ihre Organisation, Physiologie, Biologie u. Systematik sowie ihre Bedeutung als Gärungsorganismen. (VIII, 343 S. m. 59 Abb. u. 8 Taf.) gr. 8. Leipzig 908. Quelle & Meyer. 12.—; geb. in Leinw. 13. —

Kursus wissenschaftlicher Vorlesungen für Lehrer u. Lehrerinnen zu Marburg. Pflanzenphysiologie von Dr. F[riedrich] G[eorg] Kohl, Prof., Marburg. *Marburg: N. G. Elwert 1903.* (84 S.) 8° [03. 9736 4

Kohl, F. G., die **Mechanik** der Reizkrümmungen. gr. 8. (VI, 94 S. m. 19 Fig. u. 6 Taf.) Marburg 894. N. G. Elwert's Verl. n. 4. 50

— zur **Mechanik** d. Spaltöffnungsbewegg. [Botan. Beiblatt zur Leopoldina. 1895.] Imp.-4. (4 S.) Halle 895. (Leipzig, W. Engelmann.) n. — 50

Onagraceae, myriophyllaceae, hippuridaceae, ceratophyllaceae, lythraceae, crassulaceae, saxifragaceae, adoxaceae, grossulariaceae, araliaceae in flora germanica recensitae. Auctore F[riedrich] G[eorg] Kohl. Tab. 143. (In 14 Lfgn.) *Gera: F. de Zezschwitz 1898–99.* (83 S.) 4°
— Reichenbach, Heinr. Gottlieb Ludw.: Icones florae germanicae et helveticae. Vol. 23. [01. 8469

— üb. die **Organisation** u. Physiologie der Cyanophyceenzelle u. die mitotische Teilung ihres Kernes. (III, 240 S. m. 10 lith. Taf.) gr. 8. Jena 903. G. Fischer. n. 20. —

Die officinellen Pflanzen der Pharmacopoea germanica f. Pharmaceuten u. Mediciner besprochen u. durch Originalabb. erl. von Dr F[riedrich] G[eorg] Kohl, Prof., Marburg. Mit 173 Kupfertaf. (In 35 Lfgn.) *Leipzig: J. A. Barth 18(91–)95.* (240 S.) 4° [01. 6807

— **Pflanzenphysiologie.** (Kursus wissenschaftlicher Vorlesungen f. Lehrer u. Lehrerinnen zu Marburg.) (III, 84 S.) gr. 8. Marburg 903. N. G. Elwert's Verl. n. 1. 60

— photographische **Ratschläge.** Prakt. Leitfaden f. Amateure. 8. (73 S. m. Abbildgn.) Wiesbaden 900. O. Nemnich. n. 1. 50; geb. 2. —

Kohl, Friedr. Geo., die Transpiration der Pflanzen und ihre Einwirkung auf die Ausbildung pflanzlicher Gewebe. Physiolog. Studie. gr. 8. (124 S. mit 4 lithogr. Doppeltaf. und 3 Holzschn.) Braunschweig 886, H. Bruhn. * 9 —

Kohl, Friedrich Georg: Systematische Übersicht über die in den botanischen Vorlesungen behandelten Pflanzen. Zum Gebr. f. s. Zuhörer entworfen von Prof. Dr. –. 3. erw. Aufl. Marburg: N. G. Elwert 1904. IV, 126 S. 8°

Kohl, Friedr. Geo. Anatomisch-physiologische Untersuchung der Kalksalze u. Kieselsäure in der Pflanze. Ein Beitrag zur Kenntniss der Mineralstoffe im leb. Pflanzenkörper. gr. 8. (XII, 314 S. m. 8 Taf.) Marb. 889, Elwert. * 18 —

Kohl, Friedrich Georg: Untersuchungen über die von Stilbella flavida hervorgerufene Kaffeekrankheit mit Angaben der aus d. Untersuchungen sich ergebenden Maßregeln gegen diese Pilzepidemie. Von Prof. Dr. Friedrich Georg Kohl, Marburg. Mit 3 Taf. Berlin 1903: E. S. Mittler & Sohn.) S. 61–77. 8°
= Tropenpflanzer, Der. Beihefte. Bd. 4, No. 2.

— **Untersuchungen** üb. das Carotin u. seine physiologische Bedeutung in d. Pflanze. gr. 8. (VIII, 206 S. m. 2 Abb. u. 3 Taf.) Leipzig 902. Gebr. Borntraeger. n. 22. —

— botanische **Wandtafeln.** Taf. 1 u. 2. à 119×85,5 cm. Farbdr. Cassel 898. Gebr. Gotthelft. à n. 5. —; auf Leinw. m. Stäben à n.n. 7. —
1. Serie III. Pilze. Gasteromycetes Geaster.
2. Serie V. Peronosporaceae. Phytophthora infestans de By.

— botanische **Wandtafeln.** Taf. 3—16 je 119×85,5 cm. Farbdr. Mit je 1 Bl. Text. gr. 8. Kassel [Gebr. Gotthelft]. Leipzig, E. Nägele. à n. 5. —; auf Leinw. m. Stäben à n.n. 7. —
3. Serie III. Muscineae. Musci. (Tunaria hygrometrica, Sphagnum acutifolium) — 4. Serie I. Spaltöffnungen. A. (Vinca rosea, Tradescantia zebrina.) — 5. Serie II. Plasmaverbindungen. I. (Nerium Oleander, Strychnos nux vomica, Phaseolus multiflorus) — 6. Serie III. Orchidaceae (1). Orchis militaris L. Orchis purpura. — 7. Serie I. Spaltöffnungen B. (Hakea rapanda, Cypripedium insigne, Cucurbita Pepo, Allium Cepa.) — 8. Serie III. Pilze. Ascomycetes. Helvellaceae Morchella conica u. Mitrula phalloides etc. — 9. Serie III. Orchidaceae (2). Orchis militaris. (Mit Blütendiagrammen.) — 10. Serie III. Dicotyledonae. — Acanthaceae. Acanthus mollis L. — 11. Serie III. Gymnospermae. Coniferae. Taxus baccata L. (1). — 12. Serie III. Pteridophyta. Selaginellaceae. Selaginella selaginoides Link (1). — 13. Serie I. Insektivore Pflanzen. I. Nepenthes. — 14. Dasselbe II. Sarracenia. — 15. Serie III. Gymnospermae. Gnetinae. Welwitschia mirabilis s. Tumboa Bainesii. (A.) — 16. Serie I. Pteridophyta (farnartige Pflanzen). (Polypodiaceae Acrosticheae - Platycerinae). Platycerium grande J. Sm.

— Botanische Wandtafeln. Taf. 17 u. 18. à 121×85,5 cm. Mit je 2 S. Text. gr. 8. Leipzig 907. E. Nägele. à 5.—; auf Leinw. m. Stäben à n 7. —
17. Serie III. Araceae. Arum maculatum L., gefleckter Aronstab.
18. Serie I. Blütenbiologie. Blüte v. Asclepias cornuti.

Kohl, G. und Swoboda: Über einige Doppelsalze des Cyanquecksilbers. S. 9. 252 . . . vgr.
Separatabdruck

Kohl, Hans [königl. sächs. Leutnant a. D.]: Die Reform der „Volksversicherung" eine Aufgabe der Sozialpolitik. Chemnitz 1903. 102 S. 8°.
Freiburg i. Schw. Jur. Diss. 1903/1904.

Kohl, Hans. Die Reform der «Volksversicherung», eine Aufgabe der Sozialpolitik. Diss. Staatsw. Freiburg i. d. Schweiz von H' K', königl. sächs. Leutnant a. D. VI + 102 S. 8. Chemnitz, G. Lamprecht, 1903.

Kohl, Hans, die Reform der Volksversicherung, e. Aufgabe der Sozialpolitik. (VI, 102 S.) gr. 8. Leipzig 904. (Buchh. G. Fock.) n. 3. —

Kohl, Hans, approb. Arzt aus Hamburg: Sichert eine Hämatocelenbildung infolge tubaren Aborts gegen spätere Ruptur der Tube mit innerer Blutung? *Leipzig 1903: B. Georgi.* (41 S.) 8°
Leipzig, Med. Diss. v. (31. Jan.) 1903

Kohl, Hans, die Volksversicherung namentlich der „Victoria" zu Berlin. Eine schwere wirtschaftl. Schädigg. der ärmeren Bevölkerungs-Klassen. Auf statist. Grundlage untersucht u. gemeinverständlich dargestellt. gr. 8. (16 S.) Leipzig (901). G. Müller-Mann. n. — 40

Kohl, Heinr., Kasr Firaun in Petra, s.a. **Veröffentlichung**, 13. wissenschaftl., der deutschen Orient-Gesellschaft.

Kohl, Heinrich, Regierungsbaumeister: **Kasr Firaun in Petra.** Mit 4 Abb. im Text. Leipzig 1908: Pries. 54 S. 8° ¶(Ersch. reicher ill. auch als: Wissensch. Veröffentlichungen d. dtsch. Orientgesellsch.)

Rostock, Phil. Diss. v. 11. Nov. 1908, Ref. Watzinger

[Geb. 4. Mai 77 Kreuznach; Wohnort: Berlin; Staatsangeh.: Preußen; Vorbildung: Gymn. Kreuznach Reife O. 96; Studium: Techn. Hochschulen Berlin 6, München 1, Univ. Freiburg i. B. 1 S.; Rig. 6. Nov. 08.] [U 09. 3756

Kohl, Heinr., Kranken-, Invaliditäts- u. Alters-versicherung. Tabellen zur Berechng. der auf e. Dienstzeit entfall. Beitragswochen. Bearb. f. d. J. 1894. gr. 8. (12 S.) Leipzig u. Baden-Baden 894. C. Wild's Verl. n. — 50

— **Tabellen zur Berechnung der Beitragswochen der Invaliditäts- u. Altersversicherung, nebst Uebersicht üb. die auf die Beitragswochen nach den einzelnen Lohnklassen entfall. Beiträge. Bearb. f. d. J. 1891. gr. 8. (8 S.) Mainz, J. Diemer's Verl.** — 30

Kohl. Horst

— u. Walt. **Opitz,** Annalen d. Deutschen Reichs im Zeitalter Heinrichs V. u. Lothars v. Sachsen, s.: **Richter,** Gust., Annalen d. Deutschen Geschichte im Mittelalter.

Kohl, Horst. **Annalen** d. Deutschen Reichs im Zeitalter d. Ottonen und Salier, s. **Richter,** Gust. Annalen d. Deutschen Geschichte.

Kohl, Horst [Dr., Oberl.]: **Beiträge zur Kritik Rahewins. I. Die** Entlehnungen aus fremden Autoren. Chemnitz, Druck v. J. C. F. Pickenhahn & Sohn, 1890; 24 S. 4°

Chemnitz, k. G, OP 1890 (525)

—— **Beiträge** zur Kritik Rahewins. I.: Die Entlehngn. aus fremden Autoren. gr. 4. (24 S.) Chemn. 890, (Bülz). * 1 —

Kohl, Horst, Berlichingen u. Bismarck, s.a. **Flugschriften des Evangelischen Bundes.** 216.

Berlichingen und Bismarck. Wie ein kath. Priester den ersten deutschen Reichskanzler zum Eideshelfer einer Geschichtslüge zu machen suchte. Von Prof. Dr. Horst **Kohl.** *Leipzig: C. Braun 1903.* (51 S.) 8° [F.]
— **Flugschriften** d. Evangel. **Bundes.** 216. (o). 13680

Kohl, Horst, Fürst Bismarck. Regesten zu e. wissenschaftl. Biographie d. 1. deutschen Reichskanzlers. 1. u. 2. Bd. Lex.-8. Leipzig, Renger. n. 40. —; geb. in Halbfrz. n.n. 45. —
1. 1815—1871. (XIV, 419 S.) 891. n. 18. —; geb. n.n. 20. —
2. 1871—1890. (VII, 503 S.) 892. n. 22. —; geb. n.n. 25. —

— s.: **Bismarck, des Fürsten, politische Reden.**

Kohl, Horst, s.: **Bismarckbriefe.**

— **Bismarck-Gedichte des Kladderadatsch,** m. Erläutergn. hrsg. v. K. Mit vielen Illustr. v. Wilh. Scholz u. Gust. Brandt. 1.—9. Taus. gr. 8. (XX, 380 S.) Berlin 894. A. Hofmann & Co. Kart. n. 3. —; geb. n. 4. —; in Liebhaberbd. n. 10. —

— s.: **Bismarck-Jahrbuch.**

— s.: **Bismarckreden.**

Bismarck-Regesten v. Horst Kohl. Bd. 1. 1815—1871. Leipzig. 1891; Bd. 2. 1871—1890. ebd. 1892. 4° = Fürst Bismarck. Regesten zu einer wissenschaftlichen Biographie des ersten deutschen Reichskanzlers. Bd. 1. 2. ebd. 1891—92.

Kohl, Horst, Fürst Bismarck-Gedenkbuch. Aufzeichnungen über wicht. Begebenheiten aus dem privaten und polit. Leben, Briefe, Reden, diplomat. Aktenstücke des deutschen Reichskanzlers in zeitl. Folge bis 6. Juli 1888 zusammengestellt. Mit 5 Beilagen. 1. und 2. Aufl. 12. (95 S.) Chemnitz 888, Bülz. * — 50

Kohl, Horst, Fürst Bismarck-Gedenkbuch. 2 Thle. in 1 Bd. (2. Aufl. [Neue Ausg.]) gr. 8. Chemnitz 899. M. Bülz. n. 8. 50
1. Gedenktafeln in zeitl. Folge. Ergänzt f. d. Zeit v. 20. III. 1890 bis z. Tode d. Fürsten. M. Beilagen. (XII, 284 u. 96 S. m. Bildn.)
2. Denkwürd. Aeußergn. d. Fürsten Bismarck in zeitl. Folge. (311 S.)

—— dass. — 2. Aufl. Neue bis z. Gegenwart fortgeführte Ausg. 2 Thle. in 1 Bd. gr. 8. (XII, 220; 96; 311 S. m. Portr.) Ebd. 890. * 8 50; geb. * 10 —

Gedächtnisrede auf den Fürsten Bismarck, gehalten von HORST KOHL auf der vom Verein zur Förderung des Deutschthums in den Ostmarken und vom Deutschen Frauenverein für die Ostmarken am 16. November 1898 in Berlin veranstalteten Trauerfeier. Beilage zum Novemberheft 1898 der „Ostmark", Monatsblatt ... Berlin (1898). Druck: Deutscher Verlag (Ges. m. b. H.). (Ohne bes. Titelblatt.) 4°.

—— dreißig Jahre preußisch-deutscher Geschichte 1858—1888 in amtl. Kundgebungen. gr. 8. (XII, 346 S.) Gießen 888, Ricker'sche Verlags-Buchh. *ℳ 4.50.; geb. ** 5 75

Kohl, Horst, zehn Jahre ostgotischer Geschichte vom Tode Theodorich's des Grossen bis zur Erhebung des Witigis [526—536]. gr. 8. (XI, 74 S.) Leipzig 877. Leiner. n. 1. 60

Kohl, H., Geschichte d. Mittelalters, s.: **Dietsch,** Lehrbuch der Geschichte.

— **Grundriss der allgem. Geschichte,** s.: **Richter,** Gust.

Register zu Fürst Bismarcks Gedanken und Erinnerungen v. Horst Kohl. Stuttgart 1900. 8°.

— **denkwürdige Tage aus d. Leben d. Fürsten Bismarck.** E. Zeittafel zur Geschichte d. ersten deutschen Reichskanzlers. Volksausg. 4. (III, 111 S. m. 1 Bildn. u. 2 Taf.) Zittau 898. Leipzig, Pahl's Verl. Geb. in Halbleinw. n. 1. 50; Prachtausg., geb. in Leinw. n. 3. —

— **was fürchten wir von der Wiederkehr der Jesuiten?** (16 S.) gr. 8. Leipzig 904. B. Richter. n. — 40

— **Wegweiser durch Bismarcks Gedanken u. Erinnergn.** gr. 8. (VIII, 227 S. m. 1 Bildnis.) Leipzig 899. [G. J. Göschen.] Stuttgart, J. G. Cotta Nachf. n. 4. —; geb. n. 5. —

Kohl, J.: Beitrag zur Theorie der Biegung krummer Oberflächen. 1880. 8°
Diss. Freiburg, i./B.

Kohl, J. B., Gnadenschätze d. Kirche. Ablaß-Andachts-Buch f. jeden Tag des Jahres. Tägliche Andachten, Novenen, Monats-, Sonntags- u. Freitags-Andachten. Kreuzweg-Andachten. (477 S. m. 1 Taf.) 12×8 cm. Kevelaer (907). J. Thum. Geb. in Leinw. 1.50; m. Goldschn. 1.90; in Kunstldr. m. Goldschn. 2.10; in Ldr. m. Goldschn. 2. 40

— **Der kleine Psalter f. wahre Verehrer Mariä, des hl. Joseph u. des göttl. Kindes.** (VIII, 168 S. m. Titelbild.) 16. Ebd. (908). Geb. in Leinw. — 50

— Vademecum. Taschengebetbüchlein f. kath. Frauen u. Jungfrauen. Nebst e. Begleitwort n. Werdenberg, S. J. (192 S. m. Titelbild.) 11,8×7,3 cm. Ebd. (907). Geb. in Ldr. m. Goldschn. 1. 20

— dasselbe f. kath. Jünglinge u. Männer. Nebst e. Begleitwort n. Werdenberg, S. J. (192 S. m. Titelbild.) 11,8× 7,3 cm. Ebd. (907). Geb. in Ldr. m. Goldschn. 1.20

Kohl, J. C., s. Kohl, Johann Georg

Kohl, J. H., s. Kohl, Johann Georg

Kohl, I. Pet., deliciae epistol. s. epistol. argumenti. 8. Lps. Braun. 731.

Kohl, I. Phil., s. Kohl, Johann Peter

Kohl, Ida, Paris u. die Franzosen. Skizzen. 3 Thle. gr. 8. (60⅛ B.) Dresden u. Leipzig 845, Arnoldische Buchh.

—— u. J. G. Kohl, englische Skizzen. Aus ihren Tagebüchern. 3 Thle. Häusliches. Geselliges. — Ernsthaftes. Heiteres. — Spaziergänge à l'Anglaise. Blumen u. Kränze. Irländisches. Miscellen. gr. 8. (53 B.) Dresden u. Leipzig 845, Arnoldische Buchh. *

KOHL, Johann (Schmalnohe): De dysenteria. (Titel nach der Urkunde) 3.8.1871 - Urk; F 73; Chr 1871/72,19
Diss. Ingolst.-Landsh.-Mchn.

Kohl, Johann Georg

Kohl, J. G., Alpenreisen. 1—3. Thl. gr. 8. Leipzig, Arnoldische Buchh. [1. (XII und 419 S.) * 2 Thlr. 10 Ngr., 2. (X und 466 S.) 849. * 2 Thlr. 20 Ngr., 3. (XIV und 412 S.) 851. * 2 Thlr. 10 Ngr.] *

Kohl, J. G., Beiträge z. Urgeschichte einiger Erfindungen. gr. 8. (7¼ B. u. 10 Stnt. gr. 4.) Königsberg 834, (Unzer.)

—— Bemerkungen über die Verhältnisse der deutschen und dänischen Nationalität und Sprache im Herzogthume Schleswig. Nebst einem Anhange: „Ueber die scandinav. Sympathieen." gr. 8. (XII und 384 S.) Stuttgart 847, Cotta'sche Buchh.

Kohl, Johann Georg s. Berlepsch, Hermann Alexander, und Kohl, Johann Georg.

Kohl, J. G., alte Bilder aus e. alten Stadt. Episoden aus der brem. Kulturgeschichte, s.: Volksbücher, wissenschaftl., f. Schule u. Haus.

Kohl, J[ohann] G[eorg]. Denkmale der Geschichte und Kunst der freien Hansestadt Bremen. Herausgegeben von der Abteilung des Künstler-Vereins für Bremische Geschichte und Alterthümer. Zweite Abteilung. Episoden aus der Cultur- und Kunstgeschichte Bremens. Bremen, J. Ed. Müller 1870.
X + 161 S., 1 Bl.; 18 z. T. farb. Taf. in Lithogr. 4°
Kap. 5: Zur Geschichte der Moden und Trachten in Bremen

Kohl, J. G., die Donau von ihrem Ursprunge bis Pesth. (12 Liefgn.) Triest 854. Literarisch-artist. Abth. d. Oesterr. Lloyd. Imp.-4. (VIII, 314 S., 28 Stahlst. u. 1 Karte in Stahlst.) n. 5 ℛ. 18 ngr.; Velinp. n. 8 ℛ.

Kohl, J. G., Episoden aus der Natur- u. Kunstgeschichte Bremens, s. Denkmäler der Geschichte u. Kunst Bremens.

Kohl, J. G., Erwiderung auf Dr. Fr. Kruses Bemerkungen üb. die Ostsee-Gouvernements. 8. (2⅛ B.) Dresden u. Leipzig 842, Arnoldische Buchh.

Kohl, J. G., kleine Essays. 8. (III, 264 S.) Wien 876, Gerold's Sohn. *

Kohl, J. G., die beiden ältesten General-Karten von Amerika. Ausgeführt in den Jahren 1527 u. 1529 auf Befehl Kaiser Karl's V. Im Besitz der Grossherzogl. Bibliothek zu Weimar. Weimar 860. Geograph. Institut. gr. Fol. (X, 185 S. u. 2 lith. Karten.) n. 10 ℛ 20 ngr.

— Geschichte der Entdeckung Amerika's von Columbus bis Franklin. Bremen 861. Strack. 8. (V, 454 S.) n. 1 ℛ 10 ngr.

Kohl, Johann Georg. Geschichte der Entdeckung Amerikas von Columbus bis Franklin. New ed. Berlin, 1885

Kohl, J. G., Geschichte der Entdeckung Amerika's von Columbus bis Franklin. Neue (Titel-)Ausg. 8. (VII, 454 S.) Leipzig (861)885, Schulze und Comp. * 3 —

Kohl, J. G., Geschichte der Entdeckungsreisen u. Schifffahrten zur Magellan's-Strasse u. zu den ihr benachbarten Ländern u. Meeren. Mit 8 (chromolith.) Karten. gr. 8. (XII, 177 S.) Berlin 877. D. Reimer. n. 3. —

— Geschichte des Golfstromes u. seiner Erforschung von den ältesten Zeiten bis auf den grossen amerikanischen Bürgerkrieg. Eine Monographie zur Geschichte der Oceane u. der geograph. Entdeckungen. Bremen 868. Müller. gr. 8. (XV, 224 S. mit 3 lith. Karten in 8. u. 4.) n. 1 ℛ 10 ngr.

—— aus meinen Hütten. Oder Geständnisse und Träume eines deutschen Schriftstellers. 3 Bde. 8. (XIII und 1341 S.) Leipzig 850, Fr. Fleischer.

(——) Kindergesch. u. Nichtgeschichten, s. Kindergeschichten.

—— Kitschi-Gami oder Erzählungen vom Obern See. Ein Beitrag zur Charakteristik der amerikan. Indianer. 2 Bde. 8. (VIII und 600 S. mit eingedr. Holzschn.) Bremen 859, Schünemann's Verlagsbuchh.

—— über Klangmalerei in der deutschen Sprache, s.a. Sammlung gemeinverständl. wissenschaftl. Vorträge.

Kohl, Joh. Ge., Über Klangmalerei in der deutschen Sprache. Berlin 1873. 8. (Samml. wiss. Vortr. Bd. 8.)

—— die geographische Lage der Hauptstädte Europa's. gr. 8. (XIV, 466 S.) Leipzig 874, Veit und Comp. *

—— Land u. Leute der britischen Inseln. Beiträge z. Charakteristik Englands u. der Engländer. 1. Bd. Eintritt. Nationalitäten. Größe. Nachbarn. gr. 8. (31 B.) Dresden u. Leipzig 844, Arnoldische Buchh. *

—— dass. 2. u. 3. Bd. Classen. Parteien. Secten. — Zeitschriften. Clubs. Sports. Sprache. gr. 8. (68¼ B.) Ebds. 844.*

(——) Deutschen Mundes Laute, s. Laute.

— Livland, Amerika u. das neue Börsenbild in Bremen. Eine Vorlesung gehalten in Bremen am 4. März 1870. gr. 8. (54 S.) Dorpat 870. Schnakenburg. n. — 80

— die natürlichen Lockmittel des Völker-Verkehrs. Bemerkungen über die wichtigsten rohen Naturprodukte, welche die Ausbreitung des Menschengeschlechts über den Erdboden gefördert, zu Länder-Entdeckung, Ansiedlung, Colonien-Stiftung u. Städte-Bau Veranlassung gegeben u. in der Geschichte der Geographie eine hervorrag. Rolle gespielt haben. gr. 8. (XIII, 153 S.) Bremen 878. Müller. n. 2. 40

—— vom Markt und aus der Zelle. Populäre Vorträge und vermischte kleine Schriften. 2 Bde. gr. 8. (VIII und 612 S.) Hannover 868, Rümpler.

—— die Marschen u. Inseln der Herzogthümer Schleswig u. Holstein. Nebst vergleichenden Bemerkungen über die Küstenländer, die zwischen Belgien u. Jütland liegen. 3 Bde. 8. (62⅜ B. m. eingedr. Holzschn.) Leipzig 846, Arnoldische Bh.*

—— Naturansichten aus den Alpen. 2. (Titel-)Aufl. gr. 8. (XVI und 412 S.) Leipzig (851)62, Arnoldische Buchh.

Kohl, J. G., die deutsch-russ. Ostseeprovinzen, od. Natur- u. Völkerleben in Kur-, Liv- u. Esthland. 2 Thle. 8. (58 B., 1 Karte u. 8 Kpfrt.) Dresden u. Leipzig 841, Arnoldische Bh.

—— Petersburg in Bildern u. Skizzen. 2 Thle. gr. 8. (46 B., 1 Grundriß, Fol., u. 2 lith. Ttl.) Dresden u. Leipzig 841, Arnoldische Buchh.

Kohl, J. G., Petersburg in Bildern u. Skizzen. 2., verm. u. verb. Aufl. 3 Thle. M. 1 Grundr. v. Petersburg (in Fol.) gr. 12. (34½ B.) Dresden u. Leipzig 846, Arnoldische Bh. Thlr.*

—— Pilgerfahrt des Landgrafen Wilhelm des Tapferen von Thüringen zum heiligen Lande im J. 1461. gr. 8. (157 S.) Bremen 868, Müller.

— der Raths-Weinkeller zu Bremen. Bremen 866. Kühtmann & Co. 8. (VII, 250 S.) n. 1 ₰; cart. mit 2 Stahlst. n. 1 ₰ 7½ ngr.

Kohl, J[ohann] G[eorg]: Reise in Böhmen. Mit 1 Titelkupfer. — Dresden u. Lpg: Arnoldi 1842. XIV, 349 S. (Kohl: Hundert Tage auf Reisen in den oesterreichischen Staaten. T. 1.)

—— Reise nach Istrien, Dalmatien und Montenegro. 2 Thle. 8. Dresden, Arnoldische Buchh. [1. (XXIV und 468 S.) 2 Thlr. 12 Ngr., 2. (XV und 567 S.) 851. * 2 Thlr. 18 Ngr.] *

—— Reise nach Istrien, Dalmatien und Montenegro. 2 Thle. 2. (Titel-)Ausg. 8. (XXXIX und 1035 S.) Dresden 856, Arnoldische Buchh. *

— Reise in Steiermark und im baierischen Hochlande. 2. (Titel-)Ausg. Leipzig (842.) 853. Arnold. 8. (VIII, 356 S.) 1 ₰.

—— Reisen in Dänemark u. den Herzogthümern Schleswig u. Holstein. 2 Bde. gr. 12. (39⅛ B.) Leipzig 846, Brockhaus. *

—— Reisen in Deutschland. 1. Abthl. A. u. d. T.: Reisen im südöstlichen Deutschland. 2 Bde. gr. 8. (XIV und 895 S.) Leipzig 851(52,) Fr. Fleischer.

—— Reisen in England. 3 Thle. gr. 8. Dresden u. Leipzig 844, Arnoldische Buchh. *

Inhalt:

Thl. 1. Birmingham, Liverpool u. Wales. (16⅞ B.)
" 2. Carlisle, Newcastle, Durham, York, Leeds, Wakefield u. Manchester. (25⅛ B.)
" 3. Oxford, Salisbury, Stonehenge, Eton-College, Windsor-Castle, Winchester, Southampton, Netley-Abbey, New-Forest, Portsmouth u. Insel Wight. (19⅛ B.)

—— Reisen im Innern v. Rußland u. Polen. 3 Thle. 8. Dresden u. Leipzig 841, Arnoldische Buchh.

Thl. 1. Moskau. (30 B., 1 Plan u. Ttlkpfr.) 2 Thlr. 12 Gr.
" 2. Die Ukraine. Kleinrußland. Mit Ttlkpfr., 1 Plane u. 1 Karte.
" 3. Die Bukowina, Galizien, Krakau u. Mähren. Mit Ttlkpfr. u. 1 Karte.
(Thl. 2–3: 58⅛ B.) 5 Thlr.

—— Reisen in Irland. 2 Thle. 8. (55⅝ B.) Dresden u. Leipzig 843, Arnoldische Buchh. *

—— Reisen in Canada, New-York und Pennsylvanien, s. Reisen und Länderbeschreibungen.

—— Reisen in den Niederlanden. 2 Bde. 8. (XXXVII und 687 S.) Leipzig 850, Arnoldische Buchh. *

— Reisen im Nordwesten der Vereinigten Staaten. St. Louis (858.) Witter. gr. 8. (VI, 534 S.) 3 ₰. 20 ngr.

— Reisen im Nordwesten der Vereinigten Staaten. 2. Aufl. St. Louis 859. Witter. gr. 8. (VI, 534 S. m. 11 Stahlst. u. 1 lith. u. color. Karte in Fol.) 3 ₰ 20 ngr.

—— Reisen in Schottland. 2 Thle. gr. 8. (30⅛ B.) Dresden u. Leipzig 844, Arnoldische Buchh. *

—— Reisen in Südrußland. 2 Thle. Neurußland — Odessa — Ausflüge in die Steppen — die Krim — Beßarabien. — Zur Charakteristik d. pontischen Steppen. — Die Karaiten. gr. 8. (38¾ B., 1 Karte u. 2 lith. Ttl.) Dresden u. Leipzig 841, Arnoldische Buchh.

—— Reisen in Südrußland. 3 Thle. 2., verm. u. verb. Aufl. Nebst 1 Karte der Anlande des Pontus. gr. 8. (67⅞ B.) Dresden u. Leipzig 846, 47, Arnoldische Buchh. *

Bd. 1. Neurußland. — Odessa. — Ausflüge in die Steppen.
" 2. Die Krim. — Bessarabien.
" 3. Zur Charakteristik der pont. Steppen. — Bemerkungen über die russ. Leibeigenen u. ihre Herren.

—— der Rhein. 2 Bde. gr. 12. (XXI und 1025 S.) Leipzig 851, Brockhaus. *

—— die Schweiz — Switzerland, s. Berlepsch, H. A.

Kohl, J. G., das Haus Seefahrt zu Bremen. gr. 8. (VIII und 270 S. mit 1 Holzschntaf.) Bremen 862, Strack. cart. *

—— englische Skizzen, s. Kohl, Ida.

—— Skizzen aus Natur- und Völkerleben. 2 Thle. gr. 8. (XIX und 724 S.) Dresden 851, Kuntze.

—— nordwestdeutsche Skizzen. Fahrten zu Wasser und zu Lande in den untern Gegenden der Weser, Elbe und Ems. 2 Thle. 8. (X und 791 S.) Bremen 864, Kühtmann und Comp. *

—— nordwestdeutsche Skizzen. Fahrten zu Wasser und zu Lande in den untern Gegenden der Weser, Elbe und Ems. 2. (Titel-) Aufl. 2 Thle. 8. (VII, 867; III, 424 S.) Bremen (864)73, Kühtmann und Comp. *

—— amerikanische Studien, s. Schumacher, Herm. A.

— Switzerland, s.: Berlepsch, A. H.

—— hundert Tage auf Reisen in den österreich. Staaten. 2 Thle. — A. u. d. Ttln.: Reise in Böhmen. — Reise von Linz nach Wien. 8. (43¾ B. u. 2 Ttlkpfr.) Dresden u. Leipzig 842, Arnoldische Buchh.

—— dass. 3. u. 4. Thl. — A. u. d. Ttln.: Reise in Ungarn. 2 Abtheil. Pesth u. die mittlere Donau. — Das Banat, die Pusten u. der Platensee. 8. (68⅛ B., 2 Ttlkpfr. u. 1 Karte v. Ungarn.) Ebds. 842.

—— dass. 5. Thl. — A. u. d. Ttl.: Reise in Steiermark u. im baierischen Hochlande. 8. (22¾ B. u. Ttlkpfr.) Ebds. 842.

—— der Verkehr u. d. Ansiedelungen d. Menschen in ihrer Abhängigkeit v. d. Gestaltung d. Erdoberfläche. gr. 8. (38⅛ B. u. 24 Stnt.) Dresden u. Leipzig 841, Arnoldische Buchh.

Kohl, J. G., die Völker Europa's, s. a. Volks-Kosmos.

—— die Völker Europa's. Cultur- und Charakterbilder der europ. Völkergruppen. 2. revid. und verm. Aufl. Mit Vignetten (in eingedr. Holzschn.) und Farbendrucktaf. nach Aquarellen von Kretschmer u. A. In 15 Lfgn. hoch 4. (IV, 406 S.) Hamburg 872, B. S. Berendsohn. à Lfg. * 75 Pf.; cart. * geb. *

— deutsche Volksbilder und Naturansichten aus dem Harze. gr. 8. (VI und 438 S.) Hannover 866, Rümpler. *

— zur Vorgeschichte Livlands. 2. unverstümmelte Aufl. gr. 8. (40 S.) Leipzig 872, Bidder. *

— am Wege. Blicke in Gemüth und Welt in Aphorismen. gr. 8. (XI und 304 S.) Bremen 866, Müller.

— am Wege. Blicke in Gemüth und Welt in Aphorismen. Neue Folge. gr. 8. (448 S.) Bremen 873, Müller's Verlag. *

Kohl, J. G., Alte u. neue Zeit. Episoden aus der Culturgeschichte der freien Stadt Bremen. Bremen 1871. 8⁰.

Johann Gottfried Kohl

An die Einwohner von Frankfurt über seine Badeanstalt am Mayn. Von J[ohann] G[ottfried] Kohl. [Frankfurt:] Brönner 1800. 29 S. 8°

Kohl, Johann Peter

— Ecclesia Græca lutheranizans, s. exercitatio de consensu et dissensu orientalis, Græcæ, speciatim Russicæ et occidentalis Lutheranæ ecclesiæ in dogmatibus, ex variis, quæ de religione Græca extant, monumentis eruta Cui adjecta est Diss. Joh. Qvistorpii de christianismo Græcorum hodiernorum, opposita Leoni Allatio. Lubecæ. 1723.

Kohl, I. Phil., Ecclesia graeca lutheranizans. 8. Lübeck, Böckmann. 723.

KOHL, JOH. PT. Introductio in historiam et rem literariam Slavorum, imprimis sacram s. historia critica versionum Slavonicarum maxime insignium, nimirum codicis Sacri et Ephremi Syri duobus libris absoluta. Acc. duo sermones Ephremi Syri, nondum editi, de sacra coena fidei Lutheranæ testes ac vindiciæ. Altonaviæ. 1729. — Samme Bog. (Uden Dedikation).

Kohl, Johann Peter: Als der weyland hochwolgebohrne Herr ... [Klag- u. Ehren-Zeilen auf Friederich Rantzau, Geheimbter Raht, † 8. Febr. 1723.] — Kiel [1723]: Reuther. 2 Bl. 4°

KOHL, JOH. PT. (autor), Exercitium acad. de hodierna sentiendi circa sacra libertate in Germania. Rostochii. 1721. 4. P. [Præs. Andr. Becker].

— Theologiæ gentilis Cimbricæ purioris specimen s. Diss. acad., qua probatur, Cimbros adhuc gentiles doctrinæ immortalitatis animæ et resurrectionis corporum non fuisse expertes. Kiliæ. 1723. 4.

Kohl, Julius Philipp: Ueber die elektrolytische Reduktion von Titansalzen. Deren Anwendung als Ueberträger bei der elektrolytischen Reduktion organischer Körper. 1910. 81 S. 8⁰
München, Dr.-Ing.-Diss. v. 30. 12. 1909

Kohl, Julius Philipp: Ueber die elektrolytische Reduktion von Titansalzen. Diss. München. Plieningen 1910

— K., s. Forschritt-Bibliothek.

Kohl, Kamilla

Kohl, Camilla, s.a. **Wild, C.**

Beppo und seine Freunde in Not und Bedrangnis. Eine Erzahlung f. d. Jugend. Forts. zu Bellinis Kinder u. der Ziegen-Beppo. Von Karoline Waldau [d. i. **Kamilla Kohl**]. Mit 20 Text-Ill. von C. Hockner. *Köln: J. P. Bachem [1901].* (162 S.) 8° [F.] 02. 4247 6

Bellini's Kinder und der Ziegen-Beppo. Eine Gesch. für's kleine Volk. Von Karoline Waldau [d. i. **Kamilla Kohl**]. Mit 8 farb. Einschaltbild. u. 32 Text-Ill. von C. H. Küchler. *Köln: J. P. Bachem [1899]* (208 S.) 8° [F.] 02. 4998

[F.] Schuld und Sühne. Romant. Erzählg v. C. Wild [d. i. **Kamilla Kohl** geb. Koblinger]. '(Aus d. Frauenblatte 'Häusl. Ratgeber'.)' In stenotachygraph. Schrift hrsg. v. A. R. Schröer, Schweidnitz. *(Schweidnitz: Dr. W. Reisse) 1897.* (80 S.) 1 Bd 8. [Text autogr.] 97. 8598

Kohl, Karl

Kohl, Carl [aus Stuttgart]: Das Auge von Petromyzon Planeri und von Myxine glutinosa ... [Erschien vollst. als 13. Heft d. Bibliotheca zool. u. d. T.: Rudimentäre Wirbelthieraugen. 1 Th.] Leipzig-Reudnitz, Druck v. O. Schmidt, 1892; 57 S., 1 Bl. 8.
Leipzig, Phil. Fak., Inaug.-Diss. v. [20. Apr.] 1892

Kohl, Karl, der bayer. Jungliberalismus u. die Einigungs-Frage, s.: Hübsch, Karl.

Endlich bricht das harte Joch. Selbstbiographie des zu Lintorf verstorb. Rechnungsführers Karl Heinrich **Kohl**. *Hannover: Deutscher Bund ev. kirchl. Blau-Kreuz-Verbände [1903].* (24 S.) 8° [Umschlagt. F.]
Aus: Das Blaue Kreuz. [1903.] 04. 2244 7

Kohl, Klaus

Zons am Rhein. Beiträge z. Geschichte d. Stadt Zons. Zusammengest. durch Claus **Kohl**. Mit 21 Ill. Zons: Selbstverl. 1904. 109 S. 8° A 12.9369 5

Kohl, L., prakt. Anleitung z. Lithographie. Mit 1 Abbild. 8. Wien, Kaulfuß. 820. Rthlr.

Kohl, M: Garantiert schließungslichtfreie Bauerröhre mit Luftkühlung und geripptor Antikathode Nr. 220 Alpha. Chemnitz i. S. (1906)

Kohl, Max: Kataloge u. Prospekte betr. physikalische u. elektrotechnische Apparate. Chemnitz
Bd 1. Preisliste Nr 50. (Bd 1). 1909
Bd 2. Preisliste Nr 50. (Bd 2). 1911?
Bd 3. Andere Kataloge u. Prospekte. 1905? ff.

Kohl, Max, A.-G: Mitteilungen [betr. Präzisions- u. elektrotechnische Apparate]. 1906 ff. Chemnitz

Kohl, M: Preisliste über elektromedizinische Apparate. Chemnitz (1907)

Kohl, M: Preisliste über Röntgen-Apparate, Hochfrequenz-Apparate usw. 2. Aufl. Chemnitz 1905

Kohl, M: Preisliste über Röntgen-Apparate und Hochfrequenz-Apparate. Chemnitz 1907

Kohl, M: Preisliste über Schutzkästen und Schutzvorrichtungen gegen die schädliche Einwirkung der Röntgenstrahlen. Chemnitz (1905—1906)

Kohl, O. Blücher in Kreuznach. Kreuznach 1894. 8°. (Antiquarisch-histor. Verein zu Kreuznach. 15.)

Kohl, O. Die römischen Inschriften und Steinskulpturen der Stadt Kreuznach 30 S u Taf. **Progr.** *Kreuznach* 1880.

Antiquarisch Historischer Verein zu Kreuznach¹). — Vorläufige Mittheilung über ein römisches Mosaik bei Kreuznach. Von O KOHL. Hierzu 1 Plan Abdruck aus den Jahrb des Vereins von Altorthumsfr. im Rheinl. Heft XCV. Bonn 1894. Universitäts-Buchdruckerei von Carl Georgi. 4°.

Kohl, Otto

Kohl, O., De Isocratis suasoriarum dispositione. Pr. 1874. 44 S. 4° 1.50

Kohl, Otto, Geschichte der griech. Literat., s.: Kopp, W.

Kohl, Otto [Dr., Prof.]: **Katalog der Lehrer-Bibliothek des Königl. Gymnasiums zu Kreuznach. I. Tl: Die Sprachen. Kreuznach, Buchdr. R. Voigtländer, 1896; 34 S. 8.**
Kreuznach, k. G, OP 1896 (457)

Kohl, Otto [Dr., Prof.]: Katalog der Lehrer-Bibliothek des Königl. Gymnasiums zu Kreuznach. II. Tl. [Forts. d. P-Beil. 1896.] Kreuznach, Buchdr. R. Voigtländer, 1897; 1 Bl., 35—83 S. 8.
Kreuznach, k. G, OP 1897 (465)

Kohl, Otto, griechisches Lese- u. Übungsbuch vor u. neben Xenophons Anabasis. 2., nach den neuen preuß. Lehrplänen gekürzte u. verb. Aufl. 1. u. 2. Tl. gr. 8. Halle, Buchh. d. Waisenhauses. à n. 1. —; geb. in Halbleinw. n.n. 1. 80
1. Bis zu den liquiden Verben einschließlich. (VIII, 112 S.) 893.
2. Die Verba auf μι u. die unregelmäß. Verba, sowie Hauptregeln der Syntax. (VIII, 120 S. m. 1 Fig.) 895.

Kohl, Otto: Griechisches L e s e - und Übungs b u c h vor und neben Xenophons Anabasis. Von Dr. Otto Kohl, Prof. 3. ... verb. Aufl. Tl. 1. 2. Halle a. S.: Waisenhaus 1896–99. 2. Bde. 8°
1. Bis zu d. liquiden Verben einschliessl. 1896. (VIII, 112 S.)
2. Die Verba auf μι u. d. unregelm. Verba, sowie Hauptregeln d. Syntax 1899. (VIII, 144 S.)

Griechisches Lese- und Übungsbuch vor und neben Xenophons Anabasis. Von Dr. Otto **Kohl**, Prof. 4. Aufl. T. 1. 2. *Halle a. S.: Waisenhaus 1898 –1903.* 2 Bde 8° [F.]
1. Bis zu d. liquiden Verben einschließlich. 1898.
2. Die Verba auf μι u. d. unregelm. Verba, sowie Hauptregeln d. Syntax 1903. [04. 5840

Griechisches Lese- und Übungsbuch vor und neben Xenophons Anabasis. Von Dr. Otto **Kohl**, Prof. 5. Aufl. T. 1. *Halle a. S.: Waisenhaus 1901.* 8° [F.] [01. 9516

Griechisches Lese- und Übungsbuch vor und neben Xenophons Anabasis. Von Dr. Otto **Kohl**, Prof. 6. Aufl. T. 1. Halle a. S.: Waisenhaus 1904. 8° [04. 14370

Griechisches Lese- und Übungsbuch vor und neben Xenophons Anabasis. Von Dr. Otto **Kohl**, Prof. 7. Aufl. T. 1. Halle a. S.: Waisenhaus 1906. 8° [F.]

— Griechisches Lese- u. Übungsbuch vor u. neben Xenophons Anabasis. 2. Tl. Die Verba auf μι u. die unregelmäß. Verba, sowie Hauptregeln d. Syntax. 5. verb. Aufl. (VIII, 144 S.) gr. 8. Halle 907. Buchh. d. Waisenhauses. 1.20; geb. 1. 50

Kohl, Otto, s. M ü l l e r , Friedrich: Lyrische Gedichte

Kohl, Otto, Prof. Dr.: **Das Tagebuch von G. H. Schmerz über den Baseler Frieden 1794—95. Nach d. Kreuznacher Handschrift, m. Berücks. d. Berliner Abschrift. T. 1. Kreuznach 1906: R. Voigtländer. (71 S.) 8° [F.]**
Kreuznach, k. G OP 1906 (563)

Kohl's Taschenwörterbuch der botanischen Kunstausdrücke f. Gärtner. 8. (III, 86 S.) Berlin 883. Parey. cart. n. 1. —

Kohl's Taschenwörterbuch der botan. Kunstausdrücke f. Gärtner. 2., verm. Aufl., v. W. Mönkemeyer. 8. (99 S.) Berlin 889. Parey. cart. n. 1. —

Kohl's Taschenwörterbuch der botanischen Kunstausdrücke f. Gärtner. 3., verm. Aufl., bearb. v. W. Mönkemeyer. (102 S.) 8. Berlin 908. P. Parey. Kart. n. 1. —

Kohl, Otto, griechisches Übungsbuch zur Formenlehre vor und neben Xenophons Anabasis. 1. und 2. Tl. gr. 8. Halle 886, Buchhandlung des Waisenhauses. *ℳ 2.70.; geb. in 1 Bd. ** 3 10
Inhalt:
Tl. 1. Regelmäßige Formenlehre bis zu den liquiden Verben einschließlich. (VIII, 160 S.) *ℳ 1.20.; geb. **ℳ 1.45.
" 2. Die Verba auf μι und die unregelmäßigen Verba. (VI, 198 S.) *ℳ 1.50.; geb. **ℳ 1.75.

Kohl, Otto. Griechisches Übungsbuch f. Sekunda neben u. nach Xenophon's Anabasis. gr. 8. (XI, 197 S.) Halle a. S. 890, Buchh. d. Waisenhauses. * 1 75; geb. ** 2 05

— griechisches Übungsbuch für Sekunda neben u. nach Xenophons Anabasis. 2., verb. u. verkürzte Aufl. gr. 8. (XI, 164 S.) Ebd. 900. n. 1.50; geb. in Halbleinw. n.n. 1.80

— Griechisches Übungsbuch f. Sekunda neben u. nach Xenophons Anabasis. 4. Aufl. (XI, 176 S.) 8. Ebd. 908. 1.60; geb. 1. 90

— griechischer Unterricht. [Aus: „Encyklopäd. Handb. d. Pädagogik".] Lex.-8. (64 S.) Langensalza 896. H. Beyer & Söhne. n. 1. 50

Kohl, Otto [Prof. Dr.]: **Ueber die Verwendung römischer Münzen im Unterricht. Kreuznach, Buchdr. R. Voigtländer, 1892; 2 Bl., 69 S. 8.**
Kreuznach, k. G, OP 1892 (440)

Kohl, O.: Über Zweck und Bedeutung der livianischen Reden. 29 S.– Barmen, Progr. 1872.

Kohl's, Paul, illustrierter Briefmarken-Reform-Katalog 1907. (XVI, 830 S.) kl. 8. Chemnitz, P. Kohl. Geb. in Leinw. n. 2. 50

Kohl's, Paul, illustriert. Briefmarken-Reform-Katalog 1908. (XVI, 828 S.) kl. 8. Chemnitz, P. Kohl. Geb. in Leinw. 2. 50

Kohl, Paul, Bad Elster. Seine Heilmittel und Kurerfolge. In gedrängter Darstellung. Leipzig 859. Fries. 8. (84 S. u. 1 Tab. in 4.) n. 10 ngr.

— Paul (Pirna), De entropio, ectropio et trichiasi. Diss. chir. Lpz. (C. W. Vollrath) 13. IV. 1852. 30 S. mit Biogr. (M.: A. Wolf.) (5.—) 19085
Gew.: Gottfried Lebrecht Kohl (Neustädtel; Vater), Otto Kohl (Meerane; Bruder).

Kohl, Paul, Freimarken-Katalog 1902/03. 12. (XXXII, 811 S. m. Abbildgn.) Chemnitz (902.) P. Kohl. Geb. in Leinw. n. 2.—; Ausg. auf extra dünnem Pap. m. eingeschn. Register u. Zähngs.-Schlüssel n. 3. 50

Kohl, Paul. Freimarken-Katalog (mit allen Marken-Abbildungen und Aufdrucktypen) 1903/1904. Hrg. von Paul Kohl. [Illustriert.] (4., verbesserte Aufl.) XXIV + 976 S. 8. Chemnitz, Paul Kohl, (1903). [geb. M. 2.50]
Darin S. 758—764: Schweiz.

Kohl, Paul. Freimarkeu-Katalog (mit allen Marken-Abbildungen und Aufdrucktypen) 1904/1905. Hrg. von P' K'. [Illustriert.] (5. Aufl.) XXIV + 1112 S. 8. Chemnitz, Paul Kohl, (1904). [geb. M. 3.—]
Darin S. 868—869: Schweiz.

— **Freimarken-Katalog.** 1906. 6. Aufl. (6200 Abbildgn., 66000 Preisnotiz.) (XXIV, 1117 S.) kl. 8. Ebd. Geb. in Leinw. 3.50; auf dünnem Pap. m. eingeschn. Register 5.—

Kohl's, Paul, illustrierter Katalog der Freimarken Deutschlands. Enth. sämtl. bis jetzt ausgegebenen Freimarken d. Deutschen Reiches u. der deutschen Staaten, unter Berücksicht. aller Farbenabweichgn., Zähngn., Wasserzeichen, Fehldrucke, Typen etc., u. unter Angabe der Neudrucke etc. Zugleich beste Vorlage zur Anlage e. Permanent-Briefmarken-Albums, Preisverzeichnis, Mankoliste, übersichtl. Verzeichnis der eigenen Sammlg. im Falle beabsichtigten Verkaufes. 12. (VI, 44 S.) Chemnitz 893. (Leipzig, Gust. Schulze.) n. — 60

Kohl, Paul, der Curgast in Bad Elster. Beschreibung der Mineralquellen des salinischen Eisenmoors und der Molkenanstalt dieses Curorts, sowie diätet. Anleitungen zum zweckmäßigen Gebrauche genannter Heilmittel. 16. (VIII und 132 S. mit 1 Stahlst.) Plauen 856, Schröter. *

Kohl, Paul, der Curgast in Bad Elster. Eine Darstellung der Heilmittel dieses Curorts, sowie diätet. Anleitungen zum zweckmäßigen Gebrauche derselben. 2. Aufl. 16. (IV und 131 S.) Plauen 862, Schröter. cart.

— **Permanent-Album** f. Postwertzeichen. Pracht-Ausg. 30 Kartons m. farb. Titelbl. Imp.-4. Ebd. (901).
Geb. in Halbldr. m. Goldschn. n. 20.—; 40 Kartons n. 24.—; 50 Kartons n. 27.50; Papier-Ausg. 60 Blatt n. 22.75; 70 Blatt n. 25.—; 120 Blatt n. 36.—
Vergl.: Permanent-Album f. Postwertzeichen.

— **M. Philipp Friedrich** (Boffzheim/Elsass), Justini Martyris extantiorum doctrinae momentorum. Portionem primam. Präs. Friedrich Jacob Reuchlin. Strassburg (Melchior Pauschinger) 14. VI. 1742. 20 S. (5.50) 19086
Gew.: Franz Carl v. Bock (Blaesheim, Gerstheim). — Tl. II s. Schenck, F. J., Tl. III s. Struve. D.

Kohl, Robert, appr. Arzt a. Mannheim: **Ein Fall von intermittierendem Exophthalmus. Halle a. S. 1906: C. A.** Kaemmerer. (27 S.) 8°
Halle, Med. Fak., Ref. Schmidt-Rimpler, Diss. v. 11. Jan. 1906
[Geb. 12. Juli 70 Mannheim; Wohnort: Leipzig; Staatsangeh.: Baden; Vorbildung: Gymn. Baden-Baden Reife O. 93; Studium: Würzburg 5, Kiel 1, Leipzig 4 S.; Coll. 4. Jan. 06; Approb. 16. Dez. 98.]

Kohl, Rob., „kommt, laßt uns unsern Kindern leben!" 100 Lieder zu den in dem Kindergarten zu Blankenburg bei Rudolstadt ausgeführten Spielen m. dem Ball; zweistimmig in Musik gesetzt. Musikbeilage zu „Fr. Fröbel: der Ball, das erste Spielzeug der Kinder 2c." gr. 16. (4⅝ B.) Blankenburg bei Rudolstadt 844. [Verlagsbuchh. der Kinderbeschäftigungs-Anstalt.]

Kohl, Sim., Sprachlehrgrundsätze aus d. Eigenschaft d. deutschen Sprache u. aus dem Schönheitsgefühle. (Neue Ausg.) 8. (5¾ B.) Leipzig 838, Kupfer. (?)

—— Versuch üb. die Bedeutung u. Form d. deutschen Wurzel- u. Stamm-Wörter. (Neue Ausg.) 8. (2¾ B.) Leipzig 838, Kupfer. (?)

Kohl, Wilhelm: Aus der Universitäts-Augenklinik zu Giessen. Zur Pathologie und Therapie des „ulcus corneae serpens" mit Benutzung des Materials der Giessener Augenklinik. *Giessen 1897: v. Münchow.* (32 S.) 8°
Giessen, Med. Diss. v. 1897

Kohl, Wilh., Kastell Ruffenhofen. [Aus: „Der obergerm.-raet. Limes d. Roemerreiches".] gr. 4. (10 S. m. 4 Abb. u. 2 Taf.) Heidelberg 896. O. Petters. n. 1. 80

Kohl, Wilh., Träumen u. Sehnen. Lieder. (100 S.) 8. Bochum (910). G. L. Kattentidt. 2.—; geb. 2. 60

Kohl, Wilh., das Kastell Weissenburg, s.: **Fabricius, Ernst.**

— **Wilhelm Peter** (Frankfurt a. M.), De successione ab intestato per rescriptum legitimatorum extantibus liberis legitime natis. Diss. jur. Götting. (Barmeier) 21. X. 1800. 24 S. (5.—) 19087

Kohl-Kohlenegg, Ella von

Kohl-Kohlenegg, E. v., Bevi amica u. anderes. (Moderne Skizzen.) (96 S.) 8. Berlin (904). R. Eckstein Nachf. n. 1.—

Kohl von Kohlenegg, Leopold von [wirkl. Name], s.a. Henrion, Poly [Pseud.]

Kohlenegg, L. K. v. [Poly Henrion], gesammelte dramatische Bluetten [mit besond. Auswahl für Liebhabertheater und Dilettantenbühnen]. 2 Bde. 8. Stuttgart 872, Vogler und Beinhauer. [Moser.] (ℳ 6.)
Inhalt:
Bd. 1. Die Liebesdiplomaten. Mylord Cartouche. Meine Memoiren. Ein unschuldiger Diplomat. Castor und Pollux. Für nervöse Frauen. (250 S.)
2. Geheirathet. Kammerwahlen im Carneval. Paragraph Drei. Ihr erster Kuß. In der Bastille. Bridibi. (232 S.)

— das schwache Geschlecht. Ein moral. Roman. 2 Bde. br. 8. (VI, 214 u. VI, 229 S.) Leipzig 873. Schlicke. n. 9.—

Kohlenegg, L. K. v., (Poly Henrion), irdische Heilige. Moderne Mysterien. 2 Bde. Berlin 870. Deutsches Verlags Institut. 8. (X, 205 u. III, 198 S.) n. 3 ℛ

—— irdische Heilige. Moderne Mysterien. 2 Bde. 8. (X, 205; III, 198 S.) Berlin 870, Langmann und Comp. [Leipzig, Stangel.] (*ℳ 9.) *

— kleindeutsche Hofgeschichten. 3 Bde. Leipzig 870. Dürr'sche Buchh. 8. Jeder Bd. 1 ℛ 7½ ngr.
1. Pygmäen. Ein Roman nach der Natur. (V, 302 S.)
2. Moderne Germanen. Ein Miniatur-Roman. (V, 237 S.)
3. Der junge Herr von Schnepf. Ein Spiegelbild aus der Zeit. (V, 252 S.)

—— kleindeutsche Hofgeschichten. 3 Bde. 1. Aufl. 1870, und 2. Aufl. 8. Leipzig 871, Dürr'sche Buchh. à Bd. ℳ 3,75.
Inhalt:
Bd. 1. Pygmäen. Ein Roman nach der Natur. (V, 302 S.)
2. Moderne Germanen. Ein Miniatur-Roman. (V, 237 S.)
3. Der junge Herr v. Schnepf. Ein Spiegelbild aus der Zeit. (V, 252 S.)

Kohlenegg, L. K. v., kleine **Indiscretionen** üb. grosse Leute. Miniatur-Memoiren. gr. 8. (III, 173 S.) München 872. Gradinger. 4. 50

Die Liebesdiplomaten. Lustspiel in 1 Akt von P. Henrion [d. i. Leopold Frh. **Kohl** v. Kohlenegg]. In neuer Bühnen-Einrichtung von Martin Böhm. Berlin: M. Böhm [1908]. (21 S.) 8° [F.] 1o8. 4611

—— der Roman einer Göttin. 18 Lfgn. 8. Stuttgart 872, Stöckhardt. [Homolatsch.] à Lfg. 40 Pf.

— eine verpfuschte Saison. [1870.] 2 Bde. 8. (III, 259; III, 240 S.) Leipzig 871, Schlicke. *

— moderne Sirenen. Roman und Actualität. 3 Bde. 8. (III, 255; III, 242; 201 S.) Ebendas. 871.

Kohl-van Wersch, vier Wochen in Italien. Führer nach Rom, Neapel u. Pompeji. 12. (220 S.) Aachen 888. Schweitzer. 1. 50

Kohl van Wersch, J., 4 Wochen in Italien. Führer nach Rom, Neapel u. Pompeji. 2. [Titel-]Ausg. 12. (220 S.) Aachen [898.] 901. J. Schweitzer. — 60

Köhl's illustr. Kinderbücher. Nr. 1 u. 2. kl. 8. St. Johann-Saarbrücken, Köhl. à — 10
Hauff, Wilh., das kalte Herz. Ein Märchen aus dem Schwarzwalde. Mit zahlr. Illustr. v. G. Reiser. (62 S.) (909.) (Nr. 1.)
Swift, Jonath., Gulliver bei den Zwergen. Mit zahlreichen Illustr. v. G. Reiser. (58 S.) (909.) (Nr. 2.)

Koehl, C., s. K o e h l , Karl

Köhl, Emil, med. pract., emer. Assistenzarzt der pädiatrischen Klinik. z. Z. Assistenzarzt der chirurg. Klinik in Zürich [von Bergün. Kt. Graubünden]: Ueber die Ursachen der Erschwerung des Décanulement nach Tracheotomie im Kindesalter wegen Diphtherie. (Mit 1 Tafel Abbildungen)'. (S. A. aus: v. Langenbeck's Archiv [f. klin. Chirurgie], Bd 35 [S. 75—146, 403—479]). Berl. L. Schumacher Dr. 1887. 2 Bl., 149 S., 1 Taf. 8°.
Zürich, Med. Diss. [v. 3. Juli 1887].

Köhl, Julius: Aus d. psychiatr. u. Nervenklinik zu Kiel. Ein Beitrag zur Pseudoparalysis agitans auf traumatischer Basis. Aschaffenburg 1909: Werbrun. 19 S. 8°
Kiel, Med. Diss. v. 17. Dez. 1909, Ref. Siemerling
[Geb. 12. Aug. 84 Michelbach, Unterfranken; Wohnort: Metz; Staatsangeh.: Bayern; Vorbildung: Gymn. Aschaffenburg Reife Juli 03; Studium: Würzburg 5, Kiel 1, München 1, Kiel 3 S.; Coll. 22. Dez. 08; Approb. 1. Jan. 10.] [U 10. 2447

Koehl, Karl

Koehl, C., die Bandkeramik der steinzeitlichen Gräberfelder u. Wohnplätze in der Umgebung von Worms. (Festschrift zur 34. allgemeinen Versammlung der deutschen anthropolog. Gesellschaft, dargeboten vom Wormser Altertumsverein.) (54 S. m. 12 Taf.) Fol. Worms (903). (H. Kraeuter). n. 6. —

Köhl, Karl, die Bauernfrage. Rede, gehalten am 10. März 1884 in Frankfurt a. M. 8. (16 S.) Würzburg 884, Stuber's Verlagsh.

Köhl, das Kastell Dambach, s.: Popp.

Köhl, Carl, die Franzosen in Franken (Würzburg vor 100 Jahren), s.: Geschichten, altfränkische. I.

[F. u. Ant.] Neue Prähistorische Funde aus Worms und Umgebung. Zsgst. u. beschrieben durch Dr. med. C[arl] Koehl. (*Worms: Buchdr. E. Kranzbühler 1896.*) (61 S., 1 Bl.) 1 Bd 8.
[= Vereinsgabe d. Wormser Alterthumsvereins. No 17.] [96. 8766

Alterthums-Verein und Paulus-Museum zu Worms. 1. Römisches aus Worms v. Köhl. [Mit 2 in den Text gedruckten Abbildungen.] 2. Uebersicht über die Vermehrungen der das Mittelalter und die neuere Zeit umfassenden Abteilungen des Paulus-Museums zu Worms im Jahre 1891 v. Weckerling. (Sonderabdruck aus den Quartalblättern des historischen Vereins für das Grossherzogtum Hessen. Neue Folge. Bd. 1. Nr. 5.) Darmstadt. 1891.) 8°.

Koehl, Oskar *Ludwig* [app. Arzt aus Zweibrücken '(Pfalz)']: Aus d. chirurg. Poliklinik zu Kiel. Über Subluxation des Radiusköpfchens ... Kiel, Druck v. Ch. Donath, 1894; 17 S. 8.
Kiel, Med. Fak., Inaug.-Diss. v. [10. Febr.] 1894

Köhl, Wilhelm [aus St. Johann a/Saar]: Ueber die Oxydation der Itacon-, Citracon- und Mesaconsäure sowie der Phenylitaconund Aticonsäure mit Kaliumpermanganat ... Strassburg i. E., Buchdr. C. Goeller, 1896; 1 Bl., 38 S., 1 Bl. 8.
Strassburg, Math.-naturw. Fak., Inaug.-Diss. v. 1895

Köhl, Wilh., die deutschen Sprachinseln in Südungarn u. Slavonien. (XI, 100 S.) 8. Innsbruck 902. (Wagner.) n. 1. —

Kohla, Mart., kurzgefaßte deutsche Satzlehre, mit zahlreichen Beispielen und Uebungsaufgaben, nebst einem Anhang über die Theorie der deutschen Verskunst, für die oberen Klassen der Volks- und Bürgerschulen bearb. 8. (IV, 96 S.) Wien 872, Gerold's Sohn. *

Kohlas, s. K o h l a s s

Kohlase, Heinr., und Osw. After, über den Schützenwechsel an der Webstuhllade für mehrerlei Eintrag oder Schußmuster. Lex.-8. (15 S. mit 3 lithogr. Beilagen in qu. Fol. und Imp.-Fol.) Chemnitz 862, Focke. *

Kohlaß, Frz., theoretisch-prakt. Rechenkunst zum Gebrauch in Brünn. 8. Brünn 813.

Kohlas, F., theoretisch-prakt. Rechenkunst zum Gebrauch in Brünn. 8. Wien, Kupfer u. W. 814.

Koehlau — Köhlau.

— Carl Coelestin (Wurzen), De anno gratiae et deservito ex legibus ecclesiasticis Saxonicis aestimando. Präs. D. Ferdinand Gotth. Fleck. Lpz. (Breitkopf) 1. VII. 1793. 22 S. (5.50) 18857
Gew.: Ernst Gottfr. Brehme. — Widm. v. Präs.

— Carl Friedrich, De pacto hereditatis renunciativo, quatenus jure Saxonico in fraudem creditorum fieri possit? Diss. jur. Präs. Joh. Gottfried Kraus. Wittbg. (Gaebert) Aug. 1728. 60 S. (6.80) 18858

— Paul (Wiehe. Merseburg), Beiträge zur Behandlung der Rachitis. Diss. med.-chir. Halle (Plötz) 5. VIII. 1872. 30 S. mit Biogr. (5.50) 18861
Oppon.: C. Heyne, F. Haring.

Kohlbacher Hermann: Die Entwicklung des Kartenbildes vom griechischen Archipel mit besonderer Berücksichtigung der Insel Kreta.
II. 1907 PN 2310 Diss. Wien, Univ. 2398

Kohlbauer, A., Geschichte d. alttestamentlichen Bundesvolkes. gr. 8. (XXXI, 667 S.) Regensburg 886. Verlags-Anstalt. n. 7. —

Kohlbaum, Georg Wilhelm August *s.* Wöhler, Friedrich. Friedrich Wöhler. Ein Jugendbildnis.... Leipzig 1900.

Kohlblatt für M a r b u r g - N a r r e n b u r g u. Umgegend. Jg. 1, No. 1. Narrenburg a. d. L. 1899. 2 Bl. 4°
[Kopft.]

Kohlbrenner, wie er war, od. Anmerkungen u. Anekdoten zu dem von Hr. (!) Prof. *Westenrieder* verfassten Leben des Joh. Frz. Seraph Edlen v. Kohlbrenner. O. O. 1783. 8°. Beibd.
111 S. — Richtigstellung der in vorstehender Biogr. angebl. enthaltenen Irrthümer; voll von heftigen Angriffen auf Kohlbrenner, der hier als Heuchler u. herzloser Geizhals dargestellt wird.

Kohlbrenner, wie er war, oder Anmerk. u. Anekdoten zu Westenrieders Leben J. F. S. v. Kohlbrenners. 8. Leipz. 783. (Wienbrack). 6 gr

Kohlbrenner, F., s. Kohlbrenner, Joh. Franz Seraphim

Kohlbrenner, J. Frz., s. Kohlbrenner, Joh. Franz Seraphim

v. Kohlbrenner, Edler Jh. Frz. Seraph., † d. 4. Juni 1783.) Beitrr. zur Landwirthschaft u. Statistik in Baiern. 8. Münch. 783.

— das bürgerl. Handbuch, zum nützl. Gebrauch d. Handlung u. Gewerbschaften in u. außer Landes Baiern, wie auch zum Dienst d. Reisenden. 8. Münch. 769.

— die Kurbaierischen Intelligenzblätter zum Dienst d. Gewerbe u. Hanthierungen. 4. Münch. 766 u. ff.

F. Kohlbrenner (im Auftrag der Patriotischen Gesellschaft der sittl. und landw. Wiss. zu Altötting). Der baierische und pfälzische Landmann in der verbessernden Landwirthschaft. Gelenkte Aufklärung, wendet sich an die „forschenden Landwirthe".

1769 München .

— d. Bayerische u. Pfälz. Landmann in d. verbesserten Landwirthschaft. 1e Samml. gr. 8. Münch. 772. (v. Jenisch u. St. in Augsb.) 6 ℋ

Kohlbrenner, J. Frz. v., der Bayersche und Pfälz. Landmann. 1ste Sammlung. gr. 8. Augsb. Stage. 774.

(—) Materialien z. Geschichte d. Vaterlandes, dessen heutige Geographie, Naturprodukte, Landwirthschaft, Manufakturen, Nahrungsstand, alte Sitten u. Gebräuche in verschiedenen Gegenden Baierns ꝛc. 16 Stck. 4. Münch. 782.

— Materialien für d. Sittenlehre, Literatur, Kenntniß u. Produkte, dann zur Gesch. alter u. neuerer Zeit ꝛc. 2 Bde. gr. 4. Münch. (Augsb.) 774. (v. Jenisch u. Stage). 1 ₰ 20 ℋ

Kohlbrugge, Jakob Hermann Friedrich

Kohlbrugge, J. H. F., die morphologische Abstammung des Menschen, s. a. Studien u. Forschungen z. Menschen- u. Völkerkunde. II.

Die morphologische Abstammung des Menschen. Krit. Studie über d. neueren Hypothesen von Dr. J. H. F. Kohlbrugge. Stuttgart: Strecker & Schröder 1908. (102 S.) 8°
— Studien u. Forschungen z. Menschen- u. Völkerkunde. 2. (08. 280)

Kohlbrugge, I. H. F., der Atavismus. I. Der Atavismus u. d. Descendenzlehre. II. Der Atavismus u. d. Morphologie d. Menschen. gr. 8. (31 S.) Utrecht 897. G. J. C. Scrinerius. n. 1. —

Kohlbrugge, J. H. F., die Gehirnfurchen der Javanen. Eine vergleichend-anatom. Studie. (Verhandelingen der konink. akademie van wetenschappen te Amsterdam. [2. sectie.] Deel XII. Nr. 4.) (196 S. m. 9 Taf.) Lex.-8. Amsterdam 906. J. Müller. n. 7. —

— Die Gehirnfurchen malayischer Völker verglichen m. denen der Australier u. Europäer. Ein Beitrag zur Evolutionslehre. (Verhandelingen der koninkl. akademie van wetenschappen te Amsterdam. [2. sectie.] Deel XV. Nr. 1.) (51 u. CXX S. m. 17 Taf.) Lex. 8. Amsterdam 909. J. Müller. 12. —

Kohlbrügge, Jakob Hermann Friedrich [app. Arzt]: Muskeln und periphere Nerven des Genus Hylobates. . . . (Ersch. vollst. u. d. T.: „Versuch einer Anatomie des Genus Hylobates" in: Zool. Ergebnisse einer Reise in Niederl. Ost-Indien, hrsg. v. Max Weber, Prof. in Amsterdam.) Leiden, E. J. Brill, 1890; 110 S. 8°
Freiburg i. B., Med. Fak., Inaug.-Diss. v. 1890

— Muskeln u. periphere Nerven d. Primaten m. bes. Berücksicht. ihrer Anomalien. E. vergleichend-anatom. u. anthropolog. Untersuchg. [Aus: „Verhandelingen d. kon. Akad. van Wetenschappen te Amsterdam".] gr. 8. (246 S. m. 1 Tab.) Amsterdam 897. J. Müller. n. 4. 80

— Anthropometrische Untersuchungen bei den Dajak, s.: Nieuwenhuis, A. W.

Kohlbrügge, Herm. Friedr., das Amt der Presbyter (Aeltesten, Aufseher: Bischöfe.) Fünf Betrachtungen nach Anleitung von 1 Petri 5, V. 1—4, auch mit Anwendung der übrigen Schriften; insbesondere der Briefe Pauli an Titum u. Timotheum. Elberfeld 856. Hassel. gr. 8. (76 S.) n. 7½ ngr.

Kohlbrügge, Herm. Friedr., das Amt der Presbyter oder: wie der heil. Apostel Petrus als Mitältester die Bischöfe ermahnt. 2. Aufl. gr. 8. (75 S.) Elberfeld 870, (Mosel.) *

Kohlbrügge, Herm. Friedr., Anleitung zur „wahren Prüfung unserer selbst" nach den drei Stücken unseres Abendmahl-Formulars. gr. 8. (27 S.) Elberfeld 855, (Hassel.) *

Kohlbrügge, H. F., Apostelgeschichte Cap. 2—10 in 25 Predigten im J. 1873 geh. gr. 8. (239 S.) Elberfeld 874. (Mosel.) n. 3. —

Kohlbrügge, H. F., Apostelgeschichte Kap. 2—10 in 25 Predigten, im J. 1873 geh. 2. Aufl. gr. 8. (306 S.) Elberfeld 896. (Stuttgart, F. J. Steinkopf.) n. 2. 50

— von der Auferstehung d. Fleisches. Predigt üb. Matth. Cap. 22, V. 23—33. 8. (16 S.) Elberfeld 870. Langewiesche in Comm. n. — 25

—— Blicke in das 1. Capitel des 1. Buches Samuelis. gr. 8. (29 S.) (Ebendas.) 868. *

—— Gottes Bund mit Abram. Predigt über 1. Mose 15, V. 7—17. Gehalten am 11. Octbr. 1846. 1. Aufl. 1852. 2½ Ngr. und 2. Aufl. gr. 8. (22 S.) Elberfeld 855, Hassel. *

—— der verheißene Christus. Sieben Predigten. 1. Aufl. 1853. * 7½ Ngr. und 2. Aufl. gr. 8. (IV und 88 S.) Elberfeld 855, (Hassel.) *

— Du erhörst Gebet, darum kommt alles Fleisch zu Dir. Predigt üb. Psalm 65, Vs. 3. geh. den 11. Jan. 1874. gr. 8. (16 S.) Elberfeld 874. (Mosel.) n.n. — 25

Kohlbrügge, Herm. Frdr., Du sollst den Namen des Herrn deines Gottes nicht mißbrauchen. Predigt üb. 2. Buch Mosis Cap. 20, V. 7 gehalten am 26. Jan. 1851. gr. 8. (16 S. Elberfeld 851, Hassel. n. 1/12 ₰

— Du sollst den Namen des Herrn deines Gottes nicht mißbrauchen. Predigt über 2. Buch Mosis Cap. 20, V. 7 gehalten am 26. Jan. 1851. 3. Aufl. Ebend. 855. gr. 8. (16 S.) n. 1½ ngr.

Kohlbrügge, Herm. Friedr., Erklärung der Stelle 1. Mose Cap. 1 : 27. Aus dem handschriftl. Nachlass. gr. 8. (14 S.) Amsterdam 887. (Leipzig, Gustorff.) * — 20

—— schriftmäßige Erläuterung des alten, allgemeinen, ungezweifelten, christlichen Bekenntnisses: „Ich glaube an den heiligen Geist." 2. Aufl. gr. 8. (34 S.) Elberfeld 855, Hassel. *

Kohlbrügge, H(erm.) F(riedr.), vom himmelblauen Faden. Ihr seid Menschen, Ich euer Gott. Vom heil. Abendmahl. 3 Predigten. gr. 8. (35 S.) Elberfeld 862, (Hassel's Sortiment.) *

Kohlbrügge, Herm. Friedr.: F e s t p r e d i g t e n . Geh. von Herm. Friedr. Kohlbrügge, Dr. theol., weil. Pastor zu Elberfeld. 2. Aufl. Stuttgart: J. F. Steinkopf (in Komm., Elberfeld: Verl. d. nieferl.-reform. Gemeine) 1895. 439 S. 8°

—— erläuternde und befestigende Fragen und Antworten zu dem heidelberger Catechismus. 12. (222 S.) Elberfeld 851. Halle, (Mühlmann.) *

—— drei Gastpredigten über Röm. 7, 14., Psalm 65, 5. und Psalm 45, 14—16. Gehalten im J. 1833. 3. Aufl. gr. 8. (50 S.) Elberfeld 855, Hassel. *

—— zwei Gastpredigten über Römer 7, 14. und Psalm 65, 5. (Neu aufgelegt.) gr. 8. (31 S.) Elberfeld 850, Friderichs. *

—— die zehn Gebote, ein feuriges Gesetz. Predigt über 5. Buch Mosis Cap. 33, V. 2. gehalten am 20. Juni 1851. 3. Aufl. gr. 8. (17 S.) Elberfeld 855, Hassel. *

—— gedenke des Sabbathtages, daß du ihn heiligest. Predigt über Jesaias Cap. 56, V. 2 gehalten am 12. Jan. 1851. gr. 8. (16 S.) Elberfeld 851, Hassel. *

—— Gedenke des Sabbathtages, daß du ihn heiligest. Predigt über Jesaias Cap. 56. V. 2 gehalten am 12. Jan. 1851. 4. Aufl. gr. 8. (16 S.) Elberfeld 855, Hassel. *

Kohlbrügge, Herm. Frdr., das gnadenvolle Geheimnis d. großen Versöhntages, nach 3. Buch Mosis Cap. 16, nebst e. einleit. Erklärg. d. gesamten Opferdienstes unter dem alten Bunde. 2. Aufl. gr. 8. (42 S.) Elberfeld 890. (Buchh. der Evangel. Gesellschaft.) n.n. — 40

Kohlbrügge, Herm. Friedr. Das gnadenvolle Geheimnis d. großen Versöhnungstages, nach 3. Buch Mosis Cap. 16, nebst e. einleit. Erklärg. d. gesamten Opferdienstes unter dem alten Bunde. 2. Aufl. gr. 8. (42 S.) Elberf. 890. (Lpz., Wallmann.) ** — 40

—— Gott sei mir gnädig! Ein Wort des Trostes und der Zucht für Arme und Elende nach Anleitung des 51. Psalms. gr. 8. (68 S.) Elberfeld 855, (Hassel.) *

Kohlbrügge, H. F., der Herr, Philippus und Nathanael. Predigt über Evangelium Johannis, Kap. 1, V. 43—51 gehalten zu St. Theodor in Basel am 2. März 1862. Basel 862. Spittler. gr. 8. (27 S.) n. 2 ngr.

Kohlbrügge, Herm. Friedr., die Herrlichkeit des Eingebornen vom Vater. Predigten. 1. und 2. Heft. gr. 8. (108; 109 S.) Elberfeld 877,78, (Langewiesche's Buchh.) à Heft ** *M* 1. * *

— Jesus am Meer bei Tiberias. Sechs Predigten üb. Evang. Johannis, Cap. 21. gr. 8. (72 S.) Elberfeld 890. (Leipzig, Wallmann.) n.n. — 70

Jesus und die Sünderin. 3 Predigten über Evang. Luk. Cap. 7., Vs 36–50 geh. von Herm. Friedr. **Kohlbrügge**, weil. Pastor. 2. Aufl. Elberfeld: Niederländ.-reform. Gemeinde 1909. 33 S. 8° [11. 1460

Kohlbrügge, Herm. Frdr., im Anfang war das Wort. 7 Predigten über Evang. Joh. Cap. 1, Vs. 1—18, geh. gr. 8. (101 S.) Elberfeld 877. (Langewiesche.) n.n. 1. —

Kohlbrügge, Herm. Friedr.: Die ersten sechs K a p i t e l des zweiten Buches Mosis ausgelegt von Herm. Friedr. Kohlbrügge, weil. Pastor. Stuttgart 1900: J. F. Steinkopf; (Elberfeld: Niederl.-ev. Gemeine.) 117 S. 8°

Kohlbrügge, Herm. Friedr., das siebente Kapitel d. Briefes Pauli an d. Römer in ausführl. Umschreibung. gr. 8. (8¾ B.) Elberfeld 839, (Hassel.)

—— das siebente Kapitel des Briefes Pauli an die Römer in ausführlicher Umschreibung. 3. Aufl. gr. 8. (110 S.) Elberfeld 855, Hassel. * —

Kohlbrügge, Hermann Friedrich: Das siebente K a p i t e l des Briefes Pauli an die Römer in ausführlicher Umschreibung von Hermann Friedrich Kohlbrügge, weil. Pastor in Elberfeld. 4. Aufl. Verl. d. niederländ.-reform. Gemeinde. Stuttgart 1899: J. F. Steinkopf. 136 S. 8°

—— Laß dich nicht gelüsten. Predigt über das zehnte Gebot 2. Buch Mosis, Cap. 20, V. 17. Gehalten am 2. März 1851. 3. Aufl. gr. 8. (19 S.) Elberfeld 855, Hassel. *

Die Lehre des Heils in Fragen und Antworten dargelegt von H[ermann] F[riedrich] **Kohlbrügge**, weil. Pastor zu Elberfeld. Zum 100. Geburtstag d. Heimgegangenen als Ms. gedr. (Vorr.: B[enjamin] Lütge, Pastor.) *Elberfeld: Niederl. reform. Gemeinde 1903.* (VI, 98 S.) 8° [F.] [03-22463

Kohlbrügge, Herm. Friedr.: L i c h t und Recht. Predigten von Herm. Friedr. Kohlbrügge, weil. Pastor zu Elberfeld. H. 1–12. Elberfeld: Verl. d. niederländ. reform. Gemeinde 1887–99. 12 Bde. 8°
1. 1887. 2. 1888. 3. 1889. 4. 1891. 5. 1892.
6. 1893. 7. 1894. 8. 1895. 9. 1896. 10. 1897.
11. 1898. 12. 1899.

—— Licht und Recht. Predigten. 1. und 2. Heft. gr. 8. (100; 99 S.) Elberfeld 888. (Leipzig, Gustorff.) à Heft * *M* 1.—. * 2 —

—— Licht u. Recht. Predigten. 3.—5. Heft. gr. 8. (105; 103; 112 S.) (Ebd.) 889—92. à Heft * 1 —
1. u. 2. Heft. Ebd. 1888. à * 1 —

— lobet den Herrn! Predigten über ausgewählte Psalmen. 1. Hft. gr. 8. (100 S.) Ebend. 879. n.n. 1. —

Kohlbrügge, Herm. Friedr., „Aus tiefer Not". 14 Predigten über den 118. Psalm. gr. 8. (III, 185 S.) Elberfeld 884, (Buchh. der Evangel. Gesellschaft.) **

—— Oster-Predigten in den J. 1847, 1848 und 1849 gehalten. gr. 8. (112 S.) Elberfeld 876, (Mosel.) *

— Passions-Predigten in den J. 1847, 1848 u. 1849 geh. 1.—3. Hft. gr. 8. (IV, 93, 118 u. 190 S.) Ebend. 875. 76. à n. 1. —

—— Passions-Predigten. gr. 8. (295 S.) Elberf. 889. (Lpz., Gustorff.) * 1 50; geb. * 2 —

—— Pfingst-Predigten. gr. 8. (105 S.) Elberfeld 877, (Langewiesche's Buchh.) **

Kohlbrügge, Herm. Friedr., die anvertrauten Pfunde. Der Hirt und seine Schafe. Das hochzeitliche Kleid. Drei Predigten, gehalten im Octbr. 1850. gr. 8. (35 S.) Elberfeld 850, Hassel. Thlr. *

Kohlbrügge, Herm. Friedr., die anvertrauten Pfunde. Der Hirte und seine Schafe. Das hochzeitliche Kleid. Drei Predigten. Gehalten im Octbr. 1850. 3. Aufl. Elberfeld 855. Hassel. gr. 8. (35 S.) n. 5 ngr.

—— Predigt über Gal. 5, 24. gehalten am 8. Aug. 1847. gr. 8. (15 S.) Elberfeld 847, Löwenstein und Comp. *

— Predigt über Gal. 5, V. 24. Gehalten am 8. Aug. 1847. 2. Aufl. 852. — 3. Aufl. Ebend. 855. gr. 8. (15 S.) n. 2 ngr.

— Predigt über Hosea 11, V. 8. u. 9. Gehalten am 28. Octbr. 1849. 2. Aufl. 852. n. 2 ngr — 3. Aufl. Ebend. 855. gr. 8. (12 S.) n. 1⅓ ngr.

—— Predigt über Luc. 9, 28—36. gehalten am 22. Nov. 1846. gr. 8. (21 S.) Elberfeld 847, Löwenstein und Comp. *

— Predigt über Ev. Luc. 9, V. 28—36. Gehalten am 28. Nov. 1846. 2. Aufl. 852. — 3. Aufl. Ebend. 855. gr. 8. (20 S.) n. 2 ngr.

—— Predigt über Ev. Lucas 11, Vers 33—36. Gehalten am 10. Novbr. 1850. gr. 8. (11 S.) Elberfeld 850, Hassel. *

—— Predigt über Ev. Lucas 11, V. 33—36. Gehalten am 10. Novbr. 1850. 3. Aufl. gr. 8. (11 S.) Elberfeld 855, Hassel. *

—— Predigt über Ps. 138, 8. gehalten am 2. Mai 1847. gr. 8. (17 S.) Elberfeld 847, Löwenstein und Comp. *

—— Predigt über Psalm 138, V. 8. Gehalten am 2. Mai 1847. 3. Aufl. gr. 8. (17 S.) Elberfeld 855, Hassel. *

—— acht Predigten über Evangelium Johannis Kap. 3. V. 1—21. nebst einer Schluß-Predigt über Römer 8, V. 32. gr. 8. (117 S.) Elberfeld 849. [Iserlohn,] Bädeker. *

—— acht Predigten über Ev. Johannis Cap. 3, V. 1—21. nebst einer Schlußpredigt über Röm. 8, V. 32. 3. Aufl. gr. 8. (113 S.) Elberfeld 855, Hassel. *

— Predigten über die erste Epistel des Apostels Petrus. Das erste Capitel u. das zweite Capitel. gr. 8. (118 u. 76 S.) Elberfeld 852, Hassel in Comm. (1 : n. 1/3 ℛ 2: 1/4 ℛ) n. 7/12 ℛ

— Predigten über die erste Epistel des Apostels Petrus. 1. Bd.: Die drei ersten Capitel. 2. Aufl. 853. — 3. Aufl. Ebend. 855. gr. 8. (3 Bl., 267 S.) n. 20 ngr.

—— dass. — Das vierte Capitel. 2. Aufl. gr. 8. (86 S.) Ebds. 855. *

—— Predigten über die erste Epistel des Apostels Petrus. 1. Bd.: Die drei ersten Capitel. 3. Aufl. gr. 8. (V und 267 S.) Elberfeld 855, Hassel. *

— neun Predigten geh. September bis November 1871. gr. 8. (III, 114 S.) Elberfeld 872. Langewiesche. 1. 20

– sechs Predigten, gehalten vor der Eröffnung der Kriegsläufte im Jahre 1870. Ebend. 870. 8. (74 S.) 7½ ngr.

—— sechs Predigten über das erste Kapitel des Briefes Pauli an die Ebräer. 2. Aufl. gr. 8. (73 S.) Elberfeld 855, Hassel. *

—— sieben Predigten über den Propheten Jona. Gehalten im Sommer 1848. gr. 8. (III und 100 S.) Elberfeld 849. (Iserlohn, Bädeker.) **

—— sieben Predigten über den Propheten Jona. Gehalten im Sommer 1848. 3. Aufl. gr. 8. (III und 93 S.) Elberfeld 855, Hassel. *

—— sieben Predigten über das 3. Kap. des Propheten Sacharja. Gehalten in den Mon. Novbr. und Dezbr. 1847. gr. 8. (IV und 118 S.) Elberfeld 848, Löwenstein und Comp. *

Kohlbrügge, Herm. Friedr., sieben Predigten über das dritte Kapitel des Propheten Sacharja. Gehalten in den Monaten Novbr. und Decbr. 1847. 3. Aufl. gr. 8. (IV und 110 S.) Elberfeld 855, Hassel. Thlr. *

Kohlbrügge, Herm. Friedr., zwanzig Predigten im J. 1846 gehalten. Auf mehrseitigen Wunsch von einem Freunde hrsg. gr. 8. (XXXVI und 363 S.) Halle 857, Buchhandlung des Waisenhauses.

—— zwei Predigten über die heilige Taufe. 2. Aufl. gr. 8. (24 S.) Elberfeld 855, Hassel. *

Kohlbrügge, Herm. Frdr., der 13. Psalm. Drei Predigten. gr. 8. (42 S.) Elberfeld 878. (Langewiesche.) n.n. — 30

Schriftauslegungen von Dr. H[ermann] F[riedrich] **Kohlbrügge**, weil. Pastor zu Elberfeld. H. 1–6. Elberfeld: niederl.-ref. Gemeine 1904–06. 6 Bde [F.]
1. Auslegungen zu 1. Mose, Kap. 1 bis 11. 1904.
2. Bemerkungen zu d. Geschichten Abrahams, Isaaks u. Jakobs. 1. Mose 12 u. folg. mitgeteilt aus Pred. über Ebr. 11. V. 8–10 u. 13–16, geh. 1854. [1904.]
3. Auslegungen zu 1. Mose, Kap. 17 bis 23. 1904. 4. ... Kap. 24 bis 31. 1905.
5. ... Kap. 32 bis 50. 1905. 6. ... zu 2. Mose, Kap. 1 bis 11. 1906. [06. 10146]

— s.a. „Siehe, das ist Gottes Lamm!"

(——) „Siehe, das ist Gottes Lamm!" und „Der Macht hat über diese Plagen." Zwei Predigten über Ev. Joh., Cap. 1, V. 29. und Offenb. Joh. Cap. 16, V. 9. Gehalten am 14. und 21. Oktbr. 1849. gr. 8. (27 S.) Elberfeld 849. (Iserlohn, Bädeker.) **

— „Siehe, das ist Gottes Lamm!" und „Der Macht hat über diese Plagen". Zwei Predigten üb. Ev. Joh. Cap. 1, V. 29, u. Offenb. Joh. Cap. 16, V. 9. 2. Aufl. 852. n. 5 ngr. — 3. Aufl. Elberfeld. 855. Hassel. gr. 8. (26 S.) n. 3 ngr.

—— die fröhliche Sonntagsfeier. Zwei Predigten über den 92. Psalm. gr. 8. (30 S.) Elberfeld 879, (Buchh. der Evangelischen Gesellschaft.) *

— die fröhliche Sonntagsfeier. 2 Predigten über den 92. Psalm. gr. 8. (30 S.) Elberfeld 880. (Buchh. der Evangel. Gesellschaft.) n. — 35

—— die Sprache Kanaans. Ein Gespräch zwischen zwei Pilgern auf der Reise nach der Ewigkeit. Aus dem Holländ. übers. gr. 8. (97 S.) Elberfeld 886, (Buchh. der Evangel. Gesellschaft.) ** 1 —

—– die Stiftshütte und ihre Geräthe. Predigten. 2 Hefte. gr. 8. (Ebendas.) 881. à Heft ** ℳ 1. **
Inhalt:
Heft 1. Die Stiftshütte und der Vorhof. (97 S.)
2. Die Bundeslade, der Schaubrottisch und der goldene Leuchter. (113 S.)

—— das alte Testament nach seinem wahren Sinne gewürdigt aus den Schriften der Evangelisten und Apostel. 4. Aufl. 1. Thl. A. u. d. T.: Wozu das alte Testament? Anleitung zur richtigen Schätzung der Bücher Mosis und der Propheten. gr. 8. (136 S.) Elberfeld 855, Hassel. *

— der einzige Trost im Leben u. im Sterben. Sechs Predigten über die erste Frage u. Antwort des Heidelberger Katechismus. gr. 8. (77 S.) Ebend. 879. n. — 90

—— Wachet und betet! Ein Wort der Ermahnung an die Gemeine in acht Predigten über 1. Petri Cap. 5, Vs. 5—11. gr. 8. (III, 83 S.) Ebendas. 883. **

—— eine Weckstimme vor, in und nach dem Kriege. Psalm 33 ausgelegt. gr. 8. (34 S.) (Ebendas.) 870.

Kohlbrügge, H. F., auf dem Weg nach dem Himmel. Betrachtung über Marc., Cap. 5, Vers 25—34. Schaffhausen 863. Schalch in Comm. gr. 8. (12 S.) 1½ ngr.

—— auf dem Weg nach dem Himmel. Drei Betrachtungen. 3. Aufl. gr. 8. (59 S.) Zürich 873, Höhr. *

— Weihnachts-Predigten. gr. 8. (66 S.) Elberfeld 876. Langewiesche. n.n. — 80

—— von der wesentlichen Weisheit. 2 Predigten über Sprüche 8, Vers 21—31. gr. 8. (28 S.) Elberfeld 861, Hassel's Sortiment. *

Kohlbrügge, Hermann Friedrich: (Das Wort ward Fleisch.) Betrachtung über das erste Kapitel des Evangeliums nach Matthäus von Hermann Friedrich Kohlbrügge, weil Pastor Getreuer Abdr. d. Orig. von 1844. Mit Beigabe d. Vorr. u. Anm. d. 2. holl. Ausg. von 1860. (Nebst e. Anh.: Die Grundzüge d. Lehre v. d. Person d. Erlösers, nach d. kirchl. Bekenntnissen. Von e. Freundeskreis hrsg. Cleveland, Ohio: Central-Verlaghaus d. Reform. Kirche in d. Ver. St. 1903.) XVI, 168 S. 8°

Kohlbrügge, H. F., wozu das alte Testament? Anleitung z. richtigen Schätzung d. Bücher Mosis u. der Propheten. gr. 8. (10 B.) Elberfeld 846, Löwenstein u. Comp. * 15 Ngr. Blnp.*

— Zacharias u. Elisabeth. 6 Predigten über Evang. Luk. Cap. 1, Vs. 5—25, u. 76—79. gr. 8. (80 S.) Ebend. 877. n.n. — 80

Kohlbrügge, Jakob Hermann Friedrich, s. Kohlbrugge

Kohle

— u. Eisen im Ruhrkohlenbecken, in Preussen, Deutschland u. auf der Erde in den letzten 10 Jahren u. früher. Statistische Mitteilgn. üb. Kohlen- u. Erzgewinng., Koks- u. Roheisen-Erzeugg., Herstellg. v. Stahl, Eisen- u. Stahlwaren, Kohlen- u. Eisen-Ein- u. Ausfuhr, Arbeiterzahl, Löhne u. Preise. Kurse der Kuxe u. Aktien v. Gewerkschaften u. Aktien-Gesellschaften in 1907—1909. Beteiligungsziffern der im rheinisch-westfäl. Kohlen-Syndikat vereinigten Zechen usw. am 1. I. 1904 u. 1. I./1. IV. 1910. (90 S.) 8. Essen 910. G. D. Baedeker. 2.40

Kohle u. Erz. Technischer Centralanzeiger für Berg-, Hütten- u. Maschinenwesen. Organ des Vereins techn. Bergbeamten Oberschlesiens. Red.: Köhler. Oktbr.—Dezbr. 1904. 6 Nrn. (III, 240 Sp. m. Abbildgn.) 4 Kattowitz, G. Siwinna. n. 2. —

— — dasselbe. 2. Jahrg. 1905. 24 Nrn. (IV, 980 Sp. m. Abbildgn.) 4. Ebd. n. 8. —

— — Jahrg. 1906. 24 Nrn. (VI, 824 Sp. m. Abbildgn.) 4. Ebd. n. 10. —

Kohle u. Erz. Techn. Centralanzeiger f. Berg-, Hütten- u. Maschinenwesen. Zeitschrift des Vereins techn. Bergbeamten Oberschlesiens u. des Vereins techn. Bergbeamten Niederschlesiens. Red.: Köhler. Jahrg. 1908—1910. à 52 Nrn. (à ca. 24 Sp. u. 48 S. m. Abb.) 31×23 cm. Kattowitz, Phönix-Verlag. à Jahrg. 12.—

Kohle. – Die fossile Kohle in der Umgebung von Cilli. 24 S. Cilli, P 1861

Kohle, die weisse. Halbmonatsschrift f. Gewinng. u. Verwertung v. Wasserkräften, Wasserwirtschaft, Wasserbau, Kulturtechnik, Kanalisation, Wasserversorgg. u. einschläg. jurist. u. volkswirtschaftl. Fragen. Verkündigungsblatt f. d. Verband bayer. Wasserkraftbesitzer u. den Zentral-Verein f. die Hebg. der deutschen Fluss- u. Kanalschiffahrt. Unter Mitwirkg. hervorrag. Fachgenossen hrsg. v. Jak. Zinsmeister. 1. Jahrg. 1908. 24 Nrn. (à ca. 12 S.) 31,5×23,5 cm. München (Maximilianstr. 28), Verlag, „Die weisse Kohle". 10. —
Nicht im Buchhandel.

Kohle, Max, prakt. Arzt a. Berlin: Über drei Fälle von Pubiotomie. Berlin (1905): G. Schade. (28 S.) 8°
Berlin, Med. Fak., Ref. Olshausen, Diss. v. 20. Dez. 1905
[Geb. 25. Nov. 79 Berlin; Wohnort: Steglitz; Staatsangeh.: Preußen; Vorbildung: Friedrich Wilh.-Gymn. Berlin Reife M. 98; Studium: Berlin 10 S.; Coll. 2. Juli 05; Approb. 11. Nov. 05.]

Köhle, Geschichtliche Heimatkunde f. den Oberamtsbez. Göppingen, s.: Eisele.

Köhle, Geo. Friedr., üb. die Reform der protestant. Kirchenverfassung mit besonderer Beziehung auf Württemberg. gr. 8. (7⅝ B.) Tübingen 843, Osiander'sche Buchh.

Köhle, christkatholisches Religions-Handbüchlein für die Schuljugend bearb. gr. 8. (XIII und 150 S.) Tübingen 848, Laupp'sche Buchh.

Köhle, Heinrich, approb. Arzt aus Hüsten i. Westf.: Zur Nachbehandlung der Staroperationen. *Kiel 1901: P. Peters.* (24 S.) 8°
Kiel, Med. Diss. v. [25. Juni] 1901

Köhle, J. E., Sammlung approbirter Kreuzweg-Andachten, s. Sammlung.

Köhle, J. E., geographisch-historisches Taschen-Büchlein für die Hand der Schüler und zur Selbstbelehrung. 16. (132 S.) Wiesensteig 850, Schmid'sche Buchh.

Köhlein, Jh. Fr., 128 Rechentafeln für Stadt- u. Landschulen u. zum Privatunterrichte. Aufgezogen. qu. 8. Frankf. a. M. 803. 2e A. 815. 3e A. gr. 8. Heidelb. 823. Mohr. 1 ₰ 8 𝔤

Deutsche und englische Kohlen in den schleswig-holsteinischen Hafenplätzen. Kiel. 1884. 8°

Kohlen, August: Das Affektionsinteresse bei Obligationen. *Krefeld 1898: J. B. Klein.* (55 S.) 8°
Erlangen, Jur. Diss. v. 16. Dez. 1897

Köhlen, s.: Preussen. Messtischblätter.

Kohlen-Aufbereitung, Die, auf der Steinkohlengrube Rheinpreußen. (Düsseldorf.) (Um 1880?)

Kohlenbahnen, die böhmischen, u. die Fusionsidee. Mit 1 (lith. u. color.) Eisenbahnkarte v. Westböhmen (in gr. 4.) gr. 8. (35 S.) Leipzig 875. G. Schulze in Comm. n. 1. —

Kohlenberg, A., Leitfaden zum Freihandzeichnen-Unterricht in einklass. Volksschulen, s.: Parisius, L.

— s.: Wandtafeln zu den Zeichenwerken v. Weishaupt u. v. Parisius u. K.

Kohlenbergbau, der westfälische, und die Staats-Eisenbahn-Verwaltung. Nr. 3. Im Januar 1888. gr. 4. (18 S.) Essen 888, Bädeker. * 1 20
Die beiden früheren Nrn. sind nicht in den Handel gekommen.

Kohlenberger, Leonhard, aus Ochsenfurt ⟨Bayern⟩: **Eine seltene Form von Sarcoma tonsillae.** *Würzburg 1894 [vielm. 1901/02]: F. Fromme.* (26 S.) 8°
Würzburg, Med. Diss. v. 1894

Der Kohlenbergmann in seinem Berufe. Dreißig Bilder aus Kohlenbergwerken, aufgenommen von Heinrich Börner. Mit erläuterndem Texte von M. Georgi. Freiberg in Sachsen. Verlag von Craz und Gerlach (Johann Stettner). (Min.-Erl. vom 26. Nov. 1895, Z. 24502.) Ein Exemplar in Papierumschlag M. 16.—, gebunden M. 18.—
1895.

Kohlenbergwerksgesetz für Großbritannien von 1887. Übers. von H. Kaltheuner. Bonn, 1888. 72 S.

Kohlenbrenner, der, Lstsp. 8. Thal Ehrenbreitstein, Gehra. 788.

Kohlenbrenner, Der; Lustspiel. Thal Ehrenbreitstein 1789. V: *Buri, Ernst Carl Ludw. Ysenburg von.* (Ky)

Kohlenbrenner, der; Lstspl. (v. E. K. L. J. v. Buri). 8. Thal Ehrenbreitst. 789. Gehra. 8 K

Kohlenegg, L. K. von, s. K o h l von Kohlenegg, Leopold von

Kohlenegg, Vikt. v., Bille Brandt. Roman. 8. (196 S.) Berlin 900. Grunewald, F. Fontane & Co. n. 2.—; geb. n. 3.—

Kohlenegg, Vikt. v., Dorchen. Die Geschichte e. jungen Dame v. heute. (888 S.) 8. Berlin 908. F. Fontane & Co. 4.—; geb. 5.—

Kohlenegg, Vikt. v., die Ehe im Schatten. Roman. (362 S.) 8. Berlin 906. F. Fontane & Co. n. 4.—; geb. n. 5.—

— Die Ehe im Schatten. Roman. 2. Tausf. (362 S.) 8. Ebd. (909). 4.—; geb. 5.—

— Eifersucht. Roman. 1. u. 2. Aufl. (Je 848 S.) 8. Ebd. 907. 4.—; geb. 5.—

— Paul Utes Frau. Roman. Buchschmuck. v. Frz. Seeck. (407 S.) 8. Ebd. 904. 6.—; geb. 7. 50; erm. Pr. n. 4.—; geb. n. 5.—

Kohlenegg, Vikt. v., die Höpfe. E. Art Familienroman. 2 Tle. in 1 Bd. 8. (180 u. 216 S.) Berlin 898. O. Janke. n. 5.—

— Kühnrod. Ein Lebensbild. Roman. 2 Tle in 1 Bd. 8. (178 u. 187 S.) Berlin 900. O. Janke. n. 6.—

— was Toby v. Krake schrieb u. andere Geschichten. Novellistisches. Buchschmuck v. Frz. Seeck. (V, 250 S.) 8. Ebd. 905. n. 3.—; geb. n. 4.—

Kohlenexport-Konferenz, Bremer, am 29. Januar 1883. Bremen, 1883. 34 S.

Kohlenfracht, schlesische, und Staatsbahn-Politik. gr. 8. (18 S.) Berlin 862, Springer's Verlag. *

Zur Kohlenfrage. Sonderabdruck aus dem September-Heft 1900 der »Zeitschrift des Oberschlesischen Berg- und Hüttenmännischen Vereins« Kattowitz 1900.

[Kohlen-Industrie] Internationale Kohlen- und Kali-Industrie. Organ für die Interessen des Kohlen- und Kali-Bergbaues. Jg 2 u. 3 (1907 u. 1908). Halle a. S., 1907–1908 u. ff.

Kohleninteressent, der. Organ zur Förderg. der Interessen des nordwestböhm. Braunkohlenbeckens, ferner f. Volkswirthschaft, Handel u. Verkehr. Hrsg. u. Red.: A. Damaschka. 10.—12. Bd. 12.—14. Jahrg. 1892—1894. à 24 Nrn. (à ca. 1 Bog.) gr. 4. Teplitz, (A. Becker). à Jahrg. n. 16.—; m. Wagenbeistellungsausweisen n. 24.—

Kohleninteressent, der. Organ z. Förderg. d. Interessen d. nordwestböhm. Braunkohlenbeckens, ferner f. Volkswirthschaft, Handel u. Verkehr. Hrsg. u. Red.: A. Damaschka. 13.—16. Bd. 15.—18. Jahrg. 1895—1898. à 24 Nrn. (à ca. 12 S.) gr. 4. Teplitz (A. Becker). à Jahrg. n. 16.—; m. Wagenbeistellungsausweisen n. 24.—

Kohleninteressent, der. Organ zur Förderg. der Interessen d. nordwestböhm. Braunkohlenbeckens, ferner f. Volkswirthschaft, Handel u. Verkehr. Hrsg. u. Red.: A. Damaschka. 17.—20. Bd. 19.—22. Jahrg. 1899—1902. à 24 Nrn. gr. 4. (à ca. 8 S.) Teplitz-Schönau (A. Becker). à Jahrg. n. 16.—; m. Wagenboistellungsausweisen à Jahrg. n. 24.—

Kohleninteressent, der. Organ zur Förderg. der Interessen des nordwestböhm. Braunkohlenbeckens, ferner f. Volkswirtschaft, Handel u. Verkehr. Hrsg. u. Red.: A. Damaschka u. seit 1905: Ernst Glaubauf. 21. bis 24. Bd. 23.—26. Jahrg. 1903—1906. à 24 Nrn. (144, 207, 219 u. 211 S. m. Abb., Tab. u. Taf.) 4. Teplitz-Schönau, (A. Becker). à Jhrg. n. 16.—; m. Wagenbeistellungsausweisen n. 24.—

Kohleninteressent, der. Organ zur Förderg. der Interessen des nordwestböhm. Braunkohlenbeckens, ferner f. Volkswirtschaft, Handel u. Verkehr. Amtlich m. der Publikation der Wagenbeistellungstabellen betraut f. die Kohlenreviere: Nordwestböhmen, Pilsen, Ostrau-Karwin usw. Hrsg. u. Red.: Ernst Glaubauf. 25.—28. Bd. 27.—30. Jahrg. 1907—1910. à 24 Nrn. (IV, 217; IV, 272; IV, 314 u. IV, 312 S.) 34,5×27 cm. Teplitz-Schönau, (A. Becker). à Jahrg. 16.—; m. Wagenbeistellungsausweisen à Jahrg. 24.—

Kohlenkrisis, die. Eine kurze harmlose Plauderei v. e. Beteiligten. gr. 8. (8 S.) Berlin 891. (Wiesenthal.) n. —50

Kohlenmarkt, Der italienische, und die rheinisch-westfälische Bergwerksindustrie. Hrsg. vom Verein für die bergbaulichen Interessen im Oberbergamtsbezirk Dortmund. Essen, 1882. 7 S.

Der Kohlenmunkpeter oder das kalte Herz. Von Wilhelm Hauff. Reutlingen: Druck und Verlag von Enßlin und Laiblin. (*Reutlinger Volksbücher*, 135)
o. J., 60 S. + 4 S. Anzeigen, 166 × 107, U.-Fig.: *Peter Munk und der Glasmann*, 81 × 77, sign. Schweitzer
IBS d. D. oct K 3503.

Unsere Kohlennot. Leipzig, 1900. 7 S.

Kohlennoth, die, eine Folge des Wagenmangels der Eisenbahnen. Von einigen Kohlengewerken. gr. 8. (12 S.) Prag 871, (Hunger.) [Kosmack und Neugebauer.] *

Kohlen-Revierkarte. Uebersichtskarte des Vorkommens der Production und Circulation des mineralischen Brennstoffes in der österr. Monarchie im J. 1868, von Franz Foetterle. An der k. k. geolog. Reichsanstalt unter Mitwirkung des k. k. Montan-Ingenieurs H. Höfer entworfen. In Farbendruck. Grösstes Q. Folio. Wien. Beck'sche Univ.-Buchh. (Alfred Hölder.) Comm.-Verlag. 1870. 4 fl.

Kohlenrevier-Karte des Kaiserstaates Oesterreich und die auf den österr. Eisenbahnen in Wirksamkeit stehenden Gebührentarife für die Beförderung von mineral. Kohle und Coaks. Herausgegeben von Joh. Pechar, Inspektor bei der k. k. Südbahn-Gesellschaft. Wien, Artaria & Comp. in Comm. (Vergl. a. Böhmen.) 1864. 1 fl. 50 kr.

— — Karte über die Circulation d. böhmischen **Braunkohle** während d. Jahres 1869. Von Joh. Pechar. Q. Folio. Wien, Artaria & Comp. (in Comm.) 1870. à 1 fl.

Kohlenringe. 8. (22 S.) Berlin 891. Wiesenthal. n. — 60

KOHLENTAG ZU DÜSSELDORF. Versammlung am 30. März 1871, in welcher die Gründung eines Vereins zur Hebung des gesammten Verkehrs in Rheinland und Westfalen beschlossen wurde. Druck von Fr. Dietz, Düsseldorf. 4°.

Kohlen-Tarife, Die, und die Südbahn. Laibach 1863. V: *Langer, Frdr.* (WFM)

Kohlentransport, der, auf den unter königl. sächsischer Staatsverwaltung stehenden Eisenbahnen, m. graph. (lith. u. color.) Darstellung des Kohlenverkehrs im J. 1879 zugleich für die im Königr. Sachsen gelegenen fremden Bahnen. [Aus: „Statist. Bericht d. k. sächs. Staatsbahnen".] gr. 4. (41 S.) Dresden 881. (Burdach.) n. 1. 70

Kohlenverkehr auf den unter kgl. sächsischer Staatsverwaltung stehenden Eisenbahnen im J. 1909 (S. 129—156.) Lex. 8. Dresden (910). (H. Burdach.) 1. 80
Sonderabdr. a.: „Statist. Bericht üb. d. Betrieb d. unter kgl. sächs. Staatsverwaltg. steh. Staats- u. Priv.-Eisenb."

Kohlenverkehr, Niederschlesischer, s. Ausnahmetarif

Kohlenverladungsvorrichtungen in See-, Fluß- und Kanalhafenplätzen. Bericht über die Versammlung in Hamburg am 9. Februar 1878, gehalten auf Einladung des Westfälischen Kohlenausfuhr-Vereins. Dusseldorf, 1878. 30 S.

Kohlenvorräte, die, der Vereinigten Staaten, s.a. Sammlung berg- u. hüttenmännischer Abhandlungen.

Die **Kohlenvorräte** der Vereinigten Staaten nach den neuesten Ermittelungen. Hierzu 1 Kt. Kattowitz: Böhm 1909. 17 S. 8°
Aus: Berg- u. Hüttenmännische Rundschau
(Sammlung Berg- u. Hüttenmännischer Abhandlungen H. 46.) (10. 6738

Kohlen-Zeitung, deutsche. Fachblatt f. die Interessen der gesammten Kohlenindustrie, d. Kohlen-, Koks- u. Holzhandels, zugleich offizielles Organ d. deutschen Braunkohlen-Industrie-Vereins. Unter Mitwirkg. v. hervorrag. Fachmännern red. v. Gust. Berger. 10.—12. Jahrg. 1892—1894. à 104 Nrn. (Bog.) gr. 4. Berlin, H. Spamer. à Jahrg. n. 12. —
Die früheren Jahrgänge erschienen bei Rich. Jacob in Berlin.

Kohlen-Zeitung, deutsche. Fachblatt f. d. Interessen d. ges. Kohlenindustrie, d. Kohlen-, Koks- u. Holzhandels, zugl. offiz. Organ d. deutschen Braunkohlen-Industrie-Vereins u. d. Magdeburger Braunkohlen-Bergbau-Vereins. Unt. Mitwirkg. v. hervorrag. Fachmännern hrsg. Red.: Heinr. Schmitt. 13.—16. Jahrg. 1895—1898. à 104 Nrn. (Bog.) gr. 4. Berlin, H. Spamer. à Jahrg. n. 12. —
Kann auch vierteljährlich bezogen werden.

Kohlen-Zeitung, Deutsche. Fachblatt für die Interessen der gesammten Kohlenindustrie. Jahrg. 1896—1900. Berlin. 4.

Kohlen-Zeitung, deutsche. Fachblatt f. die Interessen der gesamten Stein- u. Braunkohlen-Industrie zugleich officielles Organ des deutschen Kohlen-Gross- u. Detailhandels, insbesondere folg. Vereinigg.: Verband der Berliner Kohlen-Grosshändler, Verband Dresdner Holz- u. Kohlenhändler, Verband Leipziger Kohlen-Grosshändler, Verein Hamburg-Altonaer Feuerungshändler u. der gesamten Kohlenverbrauch-Industrie, sowie auch d. Oefen- u. Heizanlagen-Industrie. Unter Mitwirkg. d. hervorragendsten Fachmänner hrsg. Red. i. V.: Carl Schulze. 17.—20. Jahrg. 1899—1902. à 104 Nrn. gr. 4. (à ca. 8 S.) Berlin, H. Spamer. à Jahrg. n. 12. —

Kohlen-Zeitung, deutsche. Fachblatt f. den deutschen Kohlen-Gross- u. -Detailhandel, sowie auch für die Interessen der gesamten Kohlen-Industrie u. Briket-Fabrikation, zugleich offizielles Organ des Centralverbandes der Kohlenhändler Deutschlands u. folg. Vereinigg.: Verband d. Berliner Kohlen-Grosshändler, Verband Dresdner Holz- u. Kohlenhändler, Verband der Leipziger Kohlen-Grosshändler usw. Organ f. die gesamte Kohlenverbrauch-, sowie auch f. die Oefen- u. Heizanlagen-Industrie. Verantwortlich: Otto Polster u. Carl Schulze. 21.—24. Jahrg. 1903—1906. à 52 Nrn. (428, 420, 434 u. 452 S.) gr. 4. Berlin, H. Spamer. à Jahrg. n. 10. —

Kohlen-Zeitung, deutsche. Offizielles Organ der techn. Kommission f. Kohlenlagerei-, Umschlag-, Transport-, Separation- u. Silobetrieb, sowie des Centralverbandes der Kohlenhändler Deutschlands, E. V. usw. Organ f. die gesamte Kohlen verbrauch. u. f. die Oefen- u. Heizanlagen-Industrie. Verantwortlich: Otto Polster. 25.—28. Jahrg. 1907—1910. à 52 Nrn. (584, 569, 589 u. 660 S. m. Abb.) 32,5×24,5 cm. Berlin, H. Spamer. à Jahrg. 10. —

Kohler, s.a. Köhler

Kohler. Der beste Agent. Ein Wort an die Versicherten. Ludwigsburg 1878.

Kohler, Kaufmann, Grundriss e. systematischen Theologie des Judentums auf geschichtlich. Grundlage, s.a. Schriften, hrsg. v. der Gesellschaft zur Förderung der Wissenschaft des Judentums.

Kohler: Grundriss einer systematischen Theologie des Judentums auf geschichtlicher Grundlage von Dr. Kaufmann Kohler. Leipzig: Fock 1910. VIII, 383 S. 8°
(Grundriss d. Gesamtwissenschaft d. Judentums. Bd. 4 [vielm. C.1.])
(Schriften hrsg. von d. Gesellsch. z. Förd. d. Wiss. d. Judentums. [14.])

Kohler's Taschen-Fahrplan f. die pfälzischen u. badischen Eisenbahnen, nebst anschliess. Verkehrslinien unter Berücksicht. der verschiedenen Local-Bahnen etc. 5. Ausg. Winterfahrplan 1894—95. 2. Aufl. 16. (48 S. m. 1 Karte.) Ludwigshafen, (F. Baumgartner). n. — 20

Kohler's Taschen-Fahrplan f. d. pfälz. u. bad. Eisenbahnen, nebst anschliess. Verkehrslinien unt. Berücksicht. d. verschied. Neben-Bahnen etc. 12. Ausg. (Sommerdienst 1898.) 16. (50 S. m. 1 Karte.) Ludwigshafen 898. C. Kohler. n.n. — 20

Kohler's Taschen-Fahrplan f. die pfälzischen u. badischen Eisenbahnen nebst anschliessenden Verkehrslinien, unter Berücksicht. der verschiedenen Neben-Bahnen etc. 18. Ausg. Sommerdienst 1901. gr. 16. (51 S.) Ludwigshafen (F. Baumgartner). n. — 20

Kohler's Taschen-Fahrplan für die pfälzischen u. badischen Eisenbahnen nebst anschliess. Verkehrslinien, unter Berücksicht. der verschied. Neben-Bahnen etc. 23. Ausg. Winterdienst 1903/04. (51 S. m. 1 Karte.) gr. 16. Ludwigshafen, (A. Lauterborn). n. — 20
Forts. s.: Verkehrshandbuch, kl., f. d. Pfalz.

Kohler, A., Edelsteine, gesammelt aus den Worten der hlg. Schrift, der Heiligen Gottes u. frommer Seelen. 2. Aufl. 32. (V, 311 S.) Nördlingen 888. Reischle. geb. n. 1. 50; m. Goldschn. n.n. 1. 70

Kohler, A., s. Handelsgesetze des Erdballs.

— Kornblumen, gesammelt auf der Dichter Aehrenfeld. Blumenlese v. Sinn- u. Denksprüchen auf jeden Tag d. Jahres. 16. (III, 301 S.) Ebd. 886. geb. in Leinw. n. 1. 50; m. Goldschn. n.n. 1. 70

(Kohler, André.) Se(e)aux académiques vaudois. [Illustré.] Extrait des Archives héraldiques suisses. 1903 [Heft 2]. 5 p. gr.-8. [Zurich, Schulthess & Co., 1903.]

Kohler, Anton

Kohler, A., Anleitung zum Freischreiben für Volksschulen. 3 Abthlgn. 8. Tübingen 880—83, Osiander'sche Buchh. *

Inhalt:

Abthl. 1. Diktate von Wörtern und Sätzen. Theilbeschreibungen. 1.—4. Aufl. (23 S.) * 20 Pf.
" 2. Beschreibungen, Erzählungen, Fabeln, Kinderbriefe. 1. und 2. Aufl. (IV, 80 S.) * 75 Pf.
" 3. Aufsatzmaterialien für die Oberklassen, Sonntags- und Fortbildungsschulen. (XV, 361 S.) *M 4.

Kohler, A., Anleitung zum Freischreiben für Volksschulen. 1. Abtl.: Diktate von Wörtern und Sätzen. Teilbeschreibungen. 5. Aufl. 8. (24 S.) Tübingen 885, Osiandersche Buchh. *

Kohler, Ant., Anleitg. u. Stoffe z. Freischreiben (II.) f. d. Mittel- u. Oberklassen d. Volksschulen. 2., durchaus umgearb. u. verm. Aufl. gr. 8. (XII, 446 S.) Ebd. 895. n. 4. 80; kart. m. Ldr.-Rücken n. 5. 60

— Aufsatzbuch f. d. Mittel- u. Oberklassen d. Volksschulen u. d. Unterklassen d. Mittelschulen. 2. Aufl. gr. 8. (XII, 445 S.) Ravensburg 897. Dorn. n. 4. 80

Kohler, Ant., die zunehmende Entsittlichung der Jugend in ihren Erscheinungen und Ursachen und die daraus erwachsende Aufgabe der Schule. Preisgekrönt von der königl. württemberg. kathol. Schulbehörde. gr. 8. (57 S.) Freiburg i. Br. 876, Herder'sche Verlagsh. *

Kohler, Ant., die Gesundheitslehre in der Volks- u. Fortbildungsschule. Leitfaden zur Ertheilung eines populären Gesundheitsunterrichts für die Hand des Lehrers u. zum Selbstunterricht. 8. (54 S.) Freiburg i/Br. 878. Herder. n. — 40

Kohler, über den Unterricht im Schönschreiben. (29 S) Stuttgart 1844

Kohler, Arth., aus d. Fremde. (56 S.) schmal gr. 8. Diessen 903. J. C. Huber. n. 2. —

Kohler, Arthur, aus Wynau und Burgdorf: **Zur Kenntnis der Phenylessigsäure.** (Aus dem organisch-chemischen Laboratorium der Universität Bern. **Bern 1909.** 35 S. 8°. [5. XI. 09.]
Bern. Phil. Diss. 1909/10.

[F.] **Kohler,** Arthur [Kammerger.-Ref.]: Die Resolutivbedingung ... (Soll vollst. ersch.) **Berlin, gedr. bei J. Sittenfeld,** 1897; 2 Bl., 58 S., 1 Bl. 8.
Berlin, Jur. Fak., Inaug.-Diss. v. 7. Aug. 1897

KOHLER, AUGUST. Ueber eine neue Verwandlung des Leucins. Tübingen, 1863.
Schul.-/Univ.-Schrift

Kohler, C., die große Ueberschwemmung, s.a. Sturmglocke.

Die grosse Ueberschwemmung von C. **Kohler**. Stettin: F. Unger 1907. (4 Bl.) 8° [F.]
= **Sturmglocke**. No 1. 07 1691 9

Kohler, Conrad, s. Kohler, Konrad

Kohler, Ernst, Kand. d. Berg- u. Hüttenwesens: **Die Amberger Erzlagerstätten.** *München 1902: C. Wolf & Sohn.* (50 S.) 4° (8°)
¶Aus: Geognost. Jahreshefte, Jg. 15.
München, Phil. Diss. v. 1902

Kohler, Eugène: **Le Baccalauréat en France.** *Berlin 1903: A. Haack.* (26 S.) 4°
Berlin, Collège royal français, P 1903 (57)

Kohler, F., die f. Württemberg ergangenen, d. Vormundschafts-, Nachlaß- u. Notariatswesen betr. Ausführungs-Bestimmungen zum bürgerlichen Gesetzbuch u. zu dessen Nebengesetzen. gr. 8. (VI, 177 S.) Stuttgart 900. W. Kohlhammer. n. 1. 80; geb. n. 2. 40

Kohler, F., Bekanntmachung des k. württemberg. Staatsministeriums vom 30. V. 1902, betr. die Formen des schriftl. Geschäftsverkehrs der Behörden unter einander u. m. dem Publikum, im Auftrag der Verlagsbuchhandlg. zusammengestellt. (49 S.) gr. 8. Stuttgart 902. W. Kohlhammer. n. — 40

— Ehe-Erfordernisse u. der Vollzug der Eheschliessung nach dem B. G. B. zusammengestellt. 2. Aufl. Ansbach 900.

Kohler, F., d. Eherecht d. bürgerl. Gesetzbuchs einschließl. d. ehelichen Güterrechts. gr. 8. (VII, 256 S.) Stuttgart 898. J. B. Metzler's Verl. n. 3. —

Kohler F, Mitteilungen über die zu Ulm 1871 stattgefundene schwäbische Industrie-Ausstellung Ulm 1871

— Prüfungsaufgaben im Teilungswesen f. Justizreferendare u. Notariatskandidaten, m. Genehmigg. d. k. w. Justizministeriums veröffentl. gr. 16. (IV, 96 S.) Stuttgart 898. W. Kohlhammer. In Leinw. kart. n. 1. 30

Kohler, F., Sammlung v. Volksliedern u. volkstümlichen Melodien, zum Schulgebrauche zusammengestellt. 3. Aufl. 12. (IV, 68 S.) Mülhausen i/E. 894. W. Bufleb's Sort. Kart. n.n. — 60

Kohler, zur Urgeschichte der Ehe. Totemismus, Gruppenehe, Mutterrecht. Stuttg. 897.

Kohler, Franz Xaver, approb. Arzt aus Kappelrodeck i. Baden: **Über Geburten nach überstandener Uterus-Ruptur.** *Strassburg i. E. 1900: C. & J. Goeller.* (37 S.) 8°
Strassburg, Med. Diss. v. 1899

Kohler, Frz. X., Gymnasialassist.: **Otto von Lonsdorf, Fürstbischof von Passau ⟨1254—1265⟩. T. 1: Äußere Regierung und historische Persönlichkeit Ottos.** *Burghausen (1902): L. Russy.* (95 S.) 8° [Ant. u. F.]
Burghausen, k. humanist. G, P 1902*

KOHLER, Franz Xaver (Beresheim): De typho.- Landishuti: Thomann (1811). 37 S.
6.4.1811 - Kal 1812
Diss. Ingolst.-Landsh.-Mchn.

Kohler, Friedrich Wilhelm

— ein Beitrag zur Erörterung d. Fr.: wie ist d. durch d. französ. Contribution dem ausgesogenen Würtemberg aufzuhelfen. 8. Stuttg. 796.

Kohler, Fr. Wlh., († d. 9. März 1810.) Gedanken über Einführung d. Industrieschulen. 8. Leipz. 801. Fr. Fleischer. 8 K

Kohler, F. W. s.a. Gedanken eines Würtembergers.

[Kohler, Friedr Wilh , Pfarrer in Birkach] Gedanken eines Wirtembergers über Verbesserung der Armenpflege und Volkserziehung vermittelst der Industrieschulen. Dem Landesvater u den Landesdeputirten gewidmet Stuttgart Metzler 1796.

Kohler, Friedrich Wilhelm, s. P r o v i n z b l ä t t e r. — Schwäbische Provinzblätter

Kohler, Fritz: Statistisches zur Lehre von den Ursachen des acuten Gelenkrheumatismus .... München, Druck v. M. Ernst (vorm. G. Pollner), 1887; 40 S. 8°.
München, Med. Fak., Inaug.-Diss. v. 1887.

Die Quarantäne-Frage in der internationalen Sanitäts-Gesetzgebung. Von Landessanitätsr. Dr. G. Kohler ... in Sarajevo. *Wien: A. Hölder 1898.* (96 S.) 1 Bd 8. [98. 7118

Kohler, Georg, aus Bamberg: **Die künstliche Deformation** des Schädels. *Erlangen 1901: F. Junge.* (107 S.) 8°
Erlangen, Phil. Diss. v. 21. Juni 1898

Kohler, Hans [app. Arzt aus München]: Blutfütterungsversuch.... München, Buch- u. Kunstdr. v. Knorr & Hirth, 1890; 2 Bl., 15 S. 8°
München, Med. Fak., Inaug.-Diss. v. 1890

Kohler, H. (Hrsg.), s. S a m a r i t e r, Der.

Kohler, Hans, s.: Zeitschrift f. Samariter- u. Rettungswesen.

Kohler, (Hofrath) J. C., Handbuch des deutschen Privatfürstenrechts der vormals reichsständigen, jetzt mittelbaren Fürsten u. Grafen. gr. 8. Sulzb. 832. v. Seidel. 1 ₰ 16 ℊ fein Velin-Druckp. 2 ₰ 8 ℊ

Kohler, J. C., die staatsrechtlichen Verhältnisse des mittelbar gewordenen vormals reichsständischen Adels in Deutschland. gr. 8. (20 B.) Sulzbach 844, v. Seidelsche Buchh.

Kohler, J M Landwirthsch. Beschreibung der Gemeinden Hongg, Thalweil, Wangen, etc Zürich 1852.

Kohler, J. M., neueste Fortschritte in der Weinbereitung als Ergänzung zu „der Weinstock u. der Wein." Mit 3 in den Text gedr. Holzschn. gr. 8. (27 S.) Aarau 871. Christen. — 15; (cplt.: n. 1. 95)

Kohler, J M. Die wichtigsten Kernobstarten des Kantons Zürich Zürich 1864.

Kohler, J. M., alphabetisch geordnetes Namens-Verzeichniß der verbreitetsten Pflanzenarten in der Schweiz. gr. 8. (16 S.) Zürich 850, Meyer & Zeller. n. 1/6 ₰

Kohler, J. M., der Weinbau u. die Weinbehandlung. Mit besonderer Berücksicht. der schweizer. Verhältnisse bearb. Mit 41 in den Text gedr. Holzschn. gr. 8. (VIII, 345 S.) Aarau 878. Christen. n. 3. —

Kohler, J. M., der Weinstock u. der Wein. Mit besond. Berücksichtigung des schweizer. Weinbaues. Mit 46 in den Text gedr. Holzschn. Aarau 869. Christen. gr. 8. (X, 298 S.) n. 15 ngr.

Kohler, J. M., zweites Ergänzungsheft zu: „Der Weinstock u. der Wein". gr. 8. (59 S.) Aarau 874. Christen. — 75; (Hauptwerk u. 1. u. 2. Nachtrag: n. 2. 70)

Kohler, J. M.: Ueber Weinveredelung und Weinvermehrung. Ueber den Einfluss der Wärme auf die Vegetation. Neue Rebsorten für den Weinberg. 1874. -- [Zit. nach Simon Bibliotheca vinaria

Kohler, Josef

— Autor- u. industrierechtliche **Abhandlungen** u. Gutachten. 2. Hft. 12. (VII, 221 S.) Ebd. 901. n. 2.—
2 Sonderabdrucke aus: „Gewerblicher Rechtsschutz etc."

Kohler, Jos., gesammelte **Abhandlungen** aus dem gemeinen und französischen Civilrecht, entnommen den Annalen der bad. Gerichte und der Zeitschrift für französ. Civilrecht und mit Zusätzen versehen. 3 Abthlgn. gr. 8. Mannheim 883, Bensheimer's Verlag. [1. Abthl. (IV, S. 1—338.) ₰ ℳ 4.; 2. und 3. Abthl. (S. 339—490.) ₰ ℳ 1.]

Kohler, Jos., industrierechtliche **Abhandlungen** u. Gutachten. 1. Hft. 12. (VI, 236 S.) Berlin 899. C. Heymann's Verl. n. 2.—

Kohler, Jos., s.: **Archiv** f. bürgerl. Recht.

— s.: **Archiv** f. Rechts- u. Wirtschaftsphilosophie.

— s.: **Archiv** f. Strafrecht u. Strafprozess.

— Die Ausläufer der langobardischen Vadia im 15. Jahrh., s.a. **Festgabe** der Berliner juristischen Fakultät f. Otto Gierke zum Doktor-Jubiläum 21. VIII. 1910.

Kohler, Jos.: Die Ausläufer der langobardischen Vadia im 15. Jahrhundert. Breslau 1910.
(in: Festgabe d. Berliner jur. Fak. f. Gierke. Bd 2.)

—— das **Autorrecht**. Eine zivilistische Abhandlung. Zugleich ein Beitrag zur Lehre vom Eigenthum, vom Miteigenthum, vom Rechtsgeschäft und vom Individualrecht. Mit Register versehen. gr. 8. (352 S.) Jena 880, Fischer.
Aus: Jahrbücher für die Dogmatik des heutigen römischen und deutschen Privatrechts, besonders abgedruckt.

Kohler, J., das **Autorrecht**, eine zivilist. Abhandlung. Zugleich ein Beitrag zur Lehre vom Eigenthum, vom Miteigenthum, vom Rechtsgeschäft u. vom Individualrecht. [Aus: „Jhering's Jahrb."] Mit Register versehen. gr. 8. (352 S.) Jena 880. Fischer. n. 6. 50

— s.: **Beiträge**, Berliner juristische.

Kohler, J., gesammelte **Beiträge** zum Civilprocess. gr. 8. (X, 604 S.) Berlin 894. C. Heymanns Verl. n. 12.—

— s. Beiträge z. Geschichte d. bürg. Rechtsganges.

Kohler, Jos., **Beiträge** zur germanischen Privatrechts-Geschichte. 1. Heft: Urkunden aus den antichi archivi Veronesi annessi alla biblioteca communale di Verona. Als Beitrag zur germanischen Privatrechts-Geschichte hrsg. und mit Annotationen und Rechtsausführungen versehen. gr. 8. (IV, 54 S.) Würzburg 883, Stahel'sche Universitäts-Buchh. *

Kohler, Jos., **Beiträge** zur germanischen Privatrechtsgeschichte. 2. und 3. Heft. gr. 8. Würzburg, Stahel'sche Universitäts-Buchh. * 3 80

Inhalt:

Heft 2. Urkunden aus den Antichi archivi der Biblioteca comunale von Verona. II. Folge. Hrsg. und mit Annotationen und Rechtsausführungen versehen. (VIII, 50 S.) 885. *ℳ 2.—.
» 3. Zur Geschichte des Rechts in Alemannien, insbesondere das Recht von Kadolburg. (44 S.) 888. *ℳ 1.80.
1. Heft. Ebendas. 1883. *ℳ 2.—.

— Urkundliche Beiträge zur Geschichte des bürgerlichen Rechtsganges, Fortsetzg., s.a. **Beiträge**.

— urkundliche **Beiträge** zur Geschichte des bürgerlichen Rechtsganges. I. Das Verfahren des Hofgerichts Rottweil. (122 S.) gr. 8. Berlin 904. E. Weber. n. 3 60; geb. n. 4. 50

Kohler, Jos., Vertragsmässige Beschränkung des Gewerbebetriebes. Gesammelte Abhandlungen. 8⁰. Mannheim 1883.

— das Börsenspiel. [Aus: „Wochenschr. f. Aktienrecht u. Bankwesen".] 8. (III, 48 S.) Ebd. 894. n. 1. —

— s.a. Carolina, die, u. ihre Vorgängerinnen.

Kohler, J.: Die Carolina u. ihre Vorgängerinnen. Text, Erl., Geschichte. In Verb. mit anderen Gelehrten hrsg. u. bearb. Halle a. S. 3 Bde

Bd 1. **Kohler**, J. u. **Scheel**, Willy: Die Peinliche Gerichtsordnung Kaiser Karls V. Constitutio Criminalis Carolina. 1900.

„ 2. **Kohler**, J. u. **Scheel**, Willy: Die Bambergische Halsgerichtsordnung unter Heranziehung der revidierten Fassung von 1580 u. der Brandenburg. Halsgerichtsordnung zusammen mit dem sog. Correctorium, einer roman. Glosse u. einer Probe der niederdeutschen Übers. 1902.

„ 3. **Kohler**, J. u. **Scheel**, Willy: Die Bambergische Halsgerichtsordnung in niederdeutscher Uebers. Herm. Barkhusens 1510 zusammen mit e. Auswahl der strafrechtl. Artikel des Lubischen Rechts. 1904

— zur Charakteristik Richard Wagners. 12. (16 S.) Mannheim 893. J. Bensheimer's Verl. n. — 80

—— die Commenda im islamitischen Rechte. Ein Beitrag zur Geschichte des Handelsrechts. gr. 8. (18 S.) Würzburg 885, Stahelsche Universitäts-Buchh. * 1 —

— Dante als Prophet an unsere Zeit, s.a. Christentum, das moderne. I. 4.

Dante als Prophet an unsere Zeit von Josef **Kohler**. Berlin: Hüpeden & Merzyn 1906. (118 S.) 8° [F.]
— **Christentum**, Das moderne. Ser. 1. H. 4. [06. 8390

— s.: Dante's heilige Reise.

— Darstellung des talmudischen Rechtes, s.: Sektion, die rechtswissenschaftliche, des babylonischen Talmud.

Kohler, J., s. Dernburg, H.

— neue Dichtungen. 8. (263 S.) Ebd. 895. n. 3. —; geb. n. 4. —

— das Eigenbild im Recht. (66 S.) gr. 8. Berlin 903. J. Guttentag. n. 2. —

— Einführung in die Rechtswissenschaft. gr. 8. (IV, 208 S.) Leipzig 902. A. Deichert Nachf. n. 3. 60; geb. n. 4. 50

— Einführung in die Rechtswissenschaft. 2., verb. u. verm. Aufl. (V, 227 S.) gr. 8. Leipzig 905. A. Deichert Nachf. n. 4. —; geb. n. 5. —

— Einführung in die Rechtswissenschaft. 3., verb. u. stark verm. Aufl. (V, 312 S.) gr. 8. Leipzig 908. A. Deichert Nachf 6.—; geb. 7. —

— s.: Encyklopädie der Rechtswissenschaft.

— juristischer Exkurs zu Peiser: Babylonische Verträge. [Aus: „Peiser, babylon. Verträge".] gr. 8. (20 S.) Berlin 890. W. Peiser Verl. n. 1. —

(B) — jurist. Excurs. 890. (KBL 25.) Jetzt: Leipzig, J. C. Hinrichs' Verl.

— Eine Faustnatur. Roman. (226 S.) 8. Berlin (907). Concordia. 3.—; geb. 4. —

Kohler J, Festgabe zum 60. Geburtstage s Studien zur Förderung des gewerblichen Rechtsschutzes.

— Feuermythus od. Apotheose des Menschengeistes. Nach Motiven der polynes. Sage. Gedichtet u der Jahresfeier der Entdecg. Amerikas gewidmet. gr. 8. (27 S.) Ebd. 893. n. 1. —

—— Forschungen aus dem Patentrecht. gr. 8. (VI, 126 S.) Mannheim 888, Bensheimer's Verlag. * 3 60

—— pfandrechtliche Forschungen. gr. 8. (V, 369 S.) Jena 882, Fischer. *

Kohler, J., prozeßrechtliche Forschungen. gr. 8. (VIII, 149 S.) Berlin 889. H. W. Müller. n. 4. —

Fragebogen zur Erforschung der Rechtsverhältnisse der sogenannten Naturvölker, namentl. in d. deutschen Kolonialländern. Von J[osef] **Kohler**. *Berlin 1896: E. S. Müller & Sohn.* (14 S.) 8° [F.] [04. 1119 6

– Gedanken üb. die Ziele des heutigen Strafrechts, s.a. Beiträge, kritische, zur Strafrechtsreform. 11. Heft.

Kohler, Josef: Gedanken über die Ziele des heutigen Strafrechts von –. Leipzig: W. Engelmann 1909. VI, 30 S. 8⁰ (Kritische Beiträge z. Strafrechtsreform. H. 11.)

—— Lyrische Gedichte u. Balladen. 8. (362 S.) Mannh. 892, Bensheimer's Verlag. * 5 —; geb. in Hlbfrz. * 6 50

— der Geist des Christentums. (66 S.) 8. Berlin 904. [C. A. Schwetschke & Sohn.] Leipzig, M. Heinsius Nachf. n. 1. 20

— s.: Gerichtsordnung, die peinl., Kaiser Karls V.

— Grundriß des Zivilprozesses m. Einschluß des Konkursrechts. 2., durch die neue Zivilprozeßnovelle ergänzte Ausg. (XVI, 182 S.) gr. 8. Stuttgart 909. F. Enke. 4.—; geb. in Leinw. n 5. —
1. Ausg. (XII, 182 S.) 907. 4.—; geb. 5.—.

— s.: Halsgerichtsordnung, die bambergische.

— s. Hammurabis Gesetz.

— Handbuch des deutschen Patentrechts in rechtsvergleichender Darstellg. gr. 8. (XVIII, 971 S.) Mannheim 900, 901. J. Bensheimer's Verlag. n. 40. —; geb. n. 45. —
Erschien auch in 5 Lfgn. à n. 8. —.

— Handbuch des deutschen Patentrechts. Sach- u. Schlagwortverzeichnis in Buchstabenfolge. Bearb. v. F. Rathenau. (45 S.) gr. 8. Mannheim 904. J. Bensheimer's Verl. 1. —
Hauptwerk Ebd. 900. 901. n. 40. —; geb. n. 45. —.

Kohler, Handb. d. deut. Privatfürstenrechtes. Sulzbach 832. (5. —)

Kohler, Josef (Hrsg.), s. Handelsgesetze, Die, des Erdballs ...

— Handelsverträge zwischen Genua u. Narbonne im 12. u. 13. Jahrh., s.a. Beiträge, Berliner juristische. 3. Hft.

Handelsverträge zwischen Genua und Narbonne im 12. und 13. Jahrhundert von Josef Kohler. *Berlin: R. v. Decker 1903.* (28 S.) 8° [F.]
—Beiträge, Berliner Juristische, z. Zivilrecht, Handelsrecht, Strafrecht. H. 3.
[04. 11828 6

— die Ideale im Recht. [Aus: „Archiv f. bürgerl. Recht".] gr. 8. (III, 105 S.) Berlin 891. C. Heymanns Verl. n. 2.—

Kohler, J: Das Individualrecht als Namenrecht. 1890

Kohler, Josef [Hrsg.], s. Karl V.: Die peinliche Gerichtsordnung.

—— über das Collationsrecht in den französischen Coutumes, s.a. Festgabe für Rudolf v. Gneist.

— über das Collationsrecht in den französischen Coutumes. [Aus: „Festgabe f. Rud. v. Gneist".] Lex.-8. (34 S.) Berlin 888. Springer. n. 1. 20

— Kompensation u. Prozess. [Aus: „Zeitschr. f. deutschen Civilprozess".] gr. 8. (III, 74 S.) Ebd. 894. n. 1. 50

— aus Kultur u. Leben. Gesammelte Essays. (V, 239 S.) 8. Berlin 904. O. Elsner. n. 3. —; geb. n. 4. —

— Kulturrechte d. alten Amerika. I. Das Recht der Azteken. [Aus: „Zeitschr. f. vergleich. Rechtswissenschaft".] gr. 8. (111 S.) Stuttgart 892. F. Enke. n. 4. —

—— Das literarische u. artistische Kunstwerk u. sein Autorschutz. Eine juridisch-ästhet. Studie. gr. 8. (205 S.) Mannh. 892, Bensheimer's Verlag. * 5 —; geb. in Hlbfrz. * 6 50

— Kunstwerkrecht. (Gesetz vom 9. 1. 1907.) (VIII, 191 S.) gr. 8. Stuttgart 908. F. Enke. 5.—; geb. in Leinw. n 6. —

— die Kurtaxe. Betrachtungen üb. die rechtl. Natur. gr. 8. (III, 48 S.) Berlin 902. [J. J. Heine.] J. Guttentag. n. 1. —

Kohler, Jos., aus dem Lande der Kunst. gr. 8. (86 S.) Würzburg 882. Stahel. n. 1. 60

— u Herm. Veit Simon, die Land- u. Berg-Gerechtsame der deutschen Colonial-Gesellschaft f. Südwest-Afrika. Zwei Gutachten, sowie Urkunden-Material. (148 S.) Lex.-8. Berlin 906. D. Reimer. n. 1. —

— vom Lebenspfad. Gesammelte Essays. Mit dem Bildniß des Verf. nach e. Liebhaber-Aufnahme v. Alfr. Enke. gr. 8. (VI, 212 S.) Mannheim 902. J. Bensheimer's Verl. n. 5. —; geb. n. 6. 50

— Lehrbuch d. Konkursrechts, s.a. Handbibliothek, juristische.

Kohler, Lehrb. d. Konkursrechts. Stuttg. 891.

— Lehrbuch d. Patentrechts. (X, 264 S.) gr. 8. Mannheim (908). J. Bensheimer's Verl. Geb. in Leinw. 5. 50

— Lehrbuch des bürgerlichen Rechts. 1. Halbbd. (XII, 496 S.) gr. 8. Berlin 904. C. Heymann. n. 6. —

— dasselbe. II. Bd. Vermögensrecht. 1. Tl. Schuldrecht. (XII, 624 S. u. 1. Bd. XIII–XVI u. S. 497–584.) gr. 8. Ebd. 906. n. 16. —; geb. n. 18. —

Kohler, Jos., Lehrbuch der Rechtsphilosophie. (VI, 219 S.) Lex. 8. Berlin(-Wilmersdorf) 909. Dr. W. Rothschild. 8.—; geb. n 10. —

—— zur Lehre von der Blutrache. gr. 8. (31 S.) Würzburg 885, Stahel'sche Universitäts-Buchh. * 1 40

— Leitfaden des deutschen Konkursrechts f. Studirende. Mit 2 Beigaben: Ueber den Konkurs der offenen Handelsgesellschaft u. üb. die Beschwerde im Konkurs. gr. 8. (VIII, 220 S.) Stuttgart 893. F. Enke. n. 4. —

— Leitfaden des deutschen Konkursrechts. 2., neubearb. u. erweit. Aufl. (XV, 374 S.) gr. 8. Stuttgart 903. F. Enke. n. 7. —; geb. in Leinw. n. 8. —

— der Liebestod. Nach Motiven der mexikan. Ueberlieferg. 12. (112 S.) Mannheim 893. J. Bensheimer's Verl. n. 1. 50; geb. n. 2. 50

— Melusine. Dramat. Dichtg. in 3 Akten. 8. (86 S.) Mannheim 896. J. Bensheimer's Verl. n. — 80

Kohler, Jos., u. Karl Stooss: Münzdelikte. Meineid. Berlin 1906. 8°
(Vergl. Darstellung d. deutschen u. ausländ. Strafrechts, hrsg. von Karl v. Birkmeyer [u. a.] Bes. Tl. Bd. 3.)

— Musterrecht. Geschmacks- u. Gebrauchsmusterrecht. (VIII, 165 S.) gr. 8. Stuttgart 909. F. Enke. 5.—; geb. in Leinw. n 6. —

— über d. Negerrecht, namentl. in Kamerun. [Aus: „Zeitschr. f. vergleich. Rechtswissensch."] gr. 8. (64 S.) Stuttgart 895. F. Enke. n. 2. —

— das germanische Notherbrecht u. seine Geschichte in den Coutumes, s.a. Festgabe f. Heinrich Dernburg.

Kohler, d. german. Noterbrecht u. seine Geschichte in den coutumes. Berlin 1880.

— u. Max Mintz, die Patentgesetze aller Völker. Bearb. u. m. Vorbemerkgn. u. Uebersichten, sowie einem Schlagwortverzeichnis versehen. — The patent laws of all nations. I. Bd. 1.—3. Lfg. (III u. S. 1—357.) Lex.-8. Berlin 905. 906. R. v. Decker. n. 20. 50

— u. Max Mintz, die Patentgesetze aller Völker. Bearb. u. m. Vorbemerkgn. u. Übersichten, sowie e. Schlagwortverzeichnis versehen. — The patent laws of all nations. I. Bd. 4.—7. Lfg. u. II. Bd. 1.—4. Heft. (4.—11. Lfg. des ganzen Werkes.) (S. 359—810 m. 1 Abb. u. II. Bd. S. 1—543.) Lex. 8. Berlin 906—10. R. v. Decker. 61. 50

Kohler, Jos., deutsches Patentrecht, systematisch bearb. unter vergleichender Berücksicht. des französ. Patentrechts. gr. 8. (VI, 739 S. und Anhang CXXIV S.) Mannheim 878, Bensheimer. *

— aus dem Patent- u. Industrierecht. 1—III. [Aus: „F. C. Glaser's Annalen f. Gewerbe- u. Bauwesen".] gr. 8. Berlin, [G. Siemens] H. Bahr's Buchh. n. 6. 60
I. (VI, 126 S.) 889. n. 3. —. — II. (VIII, 64 S.) 891. n. 2. —. — III. (40 S.) 892. n. 1. 60.
I. Früher im Komm.-Verl. v. J. Bensheimer in Mannheim.

— s.: Petrarca, Sonettenschatz.

—— der Prozeß als Rechtsverhältniß. Prolegomena zu einem System des Civilprozesses. gr. 8. (VIII, 152 S.) Mannheim 888, Bensheimer's Verlag. * 3 60

— altindisches Prozessrecht. Mit e. Anh.: Altindischer Eigenthumserwerb. gr. 8. (56 S.) Stuttgart 891. F. Enke. n. 3. —

Kohler, Prüfungsaufgaben im Teilungswesen f. Justizreferendare u. Notariatskandidaten m. Genehmigg. des k. w. Justizministeriums veröffentlicht. Stuttgart 898.

— s.: Quellen zur Geschichte des Strafrechts.

— Das Recht, s.a. Gesellschaft, die. 31. Bd.

Kohler, Josef: Das Recht. Von Josef Kohler. Frankfurt a. M.: Rütten & Loening 1909. 94 S. 8°
(Die Gesellschaft. Bd. 31.)

— das Recht an Briefen. [Aus: „Archiv f. bürgerl. Recht".] gr. 8. (60 S.) Berlin 893. C. Heymanns Verl. n. 1. 20

— Das bürgerliche Recht des Deutschen Reichs u. Preußens, s.: Dernburg, Heinr.

—— das Recht als Kulturerscheinung. Einleitung in die vergleichende Rechtswissenschaft. gr. 8. (29 S.) Ebendas. 885. * 1 40

—— das Recht als das Lebenselement der Völker. Nach einem Vortrag, gehalten am 26. Novbr. 1886 in der Jurist. Gesellschaft in Wien. 8. (25 S.) Würzburg 887, Stahel'sche Universitäts-Buchh. * — 80

—— das Recht des Markenschutzes mit Berücksicht. ausländischer Gesetzgebungen und mit besond. Rücksicht auf die englische, anglo-amerikanische, französische, belgische und italienische Jurisprudenz. 2 Lfgn. gr. 8. Würzburg, Stahel'sche Universitäts-Buchh. [1. Lfg. (XII, S. 1—208.) 884. *M 4,20.; 2. Lfg. (S. 209—580.) 885. *M 5,80.] *

Kohler, Josef: Das Recht d. Markenschutzes m. Berücks. ausländischer Gesetzgebungen. 2. Aufl. 1910, s. Kohler: Warenzeichenrecht.

— u. E. Liesegang, das röm. Recht am Niederrhein, s.a. Beiträge z. Geschichte d. röm. Rechts in Deutschland.

Kohler u. Liesegang, d. röm. Recht am Niederrhein. Gutachten Kolner Rechtsgelehrt. aus d. 14. u. 15. Jahrh. 2 Hefte. Stuttgart 896—898.

—— civilprocessualische Rechtsaufgaben. 8. (III, 34 S.) Jena 881, Fischer. cart. *

— civilprocessualische Rechtsaufgaben (m. Einschluß d. Concursrechts). 2., verm. Aufl. 8. (IV, 72 S.) Jena 892. G. Fischer. n. 1. 40

— civilprozessualische Rechtsaufgaben (m. Einschluß des Konkursrechts). 3. verm. Aufl. 12. (VII, 128 S.) Jena 900. G. Fischer. Geb. n. 2. —

— zivilprozessualische Rechtsaufgaben (m. Einschluß des Konkursrechts). 4. verm. Aufl. (VIII, 168 S.) 8. Jena 906. G. Fischer. Geb. n. 2. 50

— s.: Rechtseinheit, die.

—— Rechtsfälle zum Studium des französischen Civilrechts. 2 Sammlungen. gr. 8. Ebendas. [1. Samml. (VIII, S. 1—56.) 877; 2. Samml. (X, S. 57—114 mit einem alphabet. Realregister zu beiden Sammlungen.) 878.] à *M 1. * cart. à *M 1,20. *

—— moderne Rechtsfragen bei islamitischen Juristen. Ein Beitrag zu ihrer Lösung. gr. 8. (20 S.) Ebendas. 885. * 1 —

— u. F. E. Peiser, aus dem babylonischen Rechtsleben. I. gr. 8. (IV, 36 S.) Leipzig 890. Pfeiffer. n. 2. —

Kohler, J., u. F. E. Peiser, aus dem babylonischen Rechtsleben. II. III. gr. 8. Leipzig, E. Pfeiffer. n. 9. — (I—III.: n. 11. —)
II. (80 S.) 891. n. 5. —. — III. (64 S.) 894. n. 4. —.

— Moderne Rechtsprobleme, s.a. Aus Natur u. Geisteswelt.

Moderne Rechtsprobleme. Von Josef **Kohler**, Prof., Berlin. Leipzig. B. G. Teubner 1907. (105 S.) 8° [F.]
— **Natur**, Aus, u. Geisteswelt. Bdch. 128.

— s.: Rechtsschutz, gewerblicher, u. Urheberrecht.

Kohler, Rechtswissensch., s. Encyklopaedie.

Dantes heilige Reise. Freie Nachdichtung der Divina Commedia von J[osef] Kohler. [1—3.] *Berlin, Köln, Leipzig: A. Ahn 1901—1903.* 3 Bde 8° [F. u. Ant.]
[1.] Inferno. 1902. [2.] Purgatorio. 1901. [3.] Paradiso. 1903.

— Religionsvergehen usw., s.: Kahl, W.

Kohler, J., Sammlung von kantonal-bernischen u. eidgenössischen strafrechtlichen Bestimmungen u. verwandten Materien. Auf Grund der von F. Müller gemachten Zusammenstellg. bearb. u. m. den bis heute gebotenen Abänderggn. versehen. gr. 8. (XI, 644 S.) Bern 886. (Jenni.) geb. n. 8. —

Kohler, J., Sammlung von kantonal-bernischen und eidgenössischen strafrechtlichen Bestimmungen und verwandten Materien. Auf Grund der von F. Müller gemachten Zusammenstellung bearb. und mit den bis heute gebotenen Abänderungen versehen. gr. 8. (XI, 644 S.) Bern 886, (Köhler'sche Buchh.) geb. * 8 —

Kohler, Josef (Hrsg.), s. Schwarzenberg, Johann: Die Bambergische Hals-Gerichtsordnung

—— Shakespeare vor dem Forum der Jurisprudenz. 2 Lfgn. gr. 8. (V, 300 S.) Würzburg 883, Stahel'sche Universitäts-Buchh. * Nachwort (23 S.) *

— aus Petrarcas Sonettenschatz, s.a. Petrarca.

Aus Petrarcas Sonettenschatz. Freie Nachdichtungen von J[osef] **Kohler**. Sammlung [1.] 2. *Berlin: G. Reimer 1902—03.* 2 Bde 8°

—— das chinesische Strafrecht. Ein Beitrag zur Universalgeschichte des Strafrechts. gr. 8. (51 S.) Ebendas. 886. * 2 —

— s.a. Strafrecht, das Florentiner, des XIV. Jahrh.

Kohler, Josef: Das Florentiner Strafrecht des XIV. Jahrhunderts mit e. Anh. über d. Strafprozess d. ital. Statuten hrsg. von Geh. Just. R. Dr. Josef Kohler, Prof., Berlin, u. Dr. G[iustiniano] degli Azzi [Vitelleschi], Florenz. Mannheim & Leipzig: Bensheimer 1909, 248 S. 8°
(Quellen z. Geschichte d. Strafrechts ausserhalb d. Carolinakreises. [2.])

[F.] Das Strafrecht der Italienischen Statuten vom 12.—16. Jahrhundert v. Prof. J[os.] **Kohler** an d. Univ. Berlin. (In 5 Heften.) *Mannheim: J. Bensheimer (1895—)97.* (VIII, 6 S., 1 Bl., 179 S.; 4 Bl., 181—317 S.; 2 Bl., 319—478 S.; 2 Bl., 479—618 S., 1 Bl.; 2 Bl., 621—742 S.) 1 Bd 8.
— **Kohler**, J.: Studien a. d. Strafrecht. [II.] II—VI.

—— Strafrechtsaufgaben zum Gebrauche bei dem akademischen Strafrechtspraktikum. 1. Abth. 8. (III, 42 S.) Berl. 889, H. W. Müller. cart. * 1 20

— Strafrechtsaufgaben zum Gebrauche bei dem akademischen Strafrechtspraktikum. 2. Abth. 12. (III, 48 S.) Berlin 899. H. W. Müller. Kart. n. 1.20

—— Aesthet. Streifereien. Neun Aphorismen. 8. (70 S.) Mannh. 889, Bensheimer's Verlag. * 1 20

— rechtsvergleichende Studien üb. islamitisches Recht, das Recht der Berbern, das chinesische Recht u. das Recht auf Ceylon. gr. 8. (V, 252 S.) Berlin 889. C. Heymann's Verl. n. 6. —

—— Studien aus dem Strafrecht. I. gr. 8. (237 S.) Mannh. 890, Bensheimer's Verlag. * 6 —

— Studien aus dem Strafrecht. II.—VI. gr. 8. Ebd. n. 21. — (I.—VI.: n. 27. —)

II. D. Strafrecht d. italien. Statuten v. 12.—16. Jahrh. Allgem. Thl. 1. Hälfte. (179 S.) 895. n. 5. —
III. Dasselbe. Allgem. Thl. 2. Hälfte. (VII u. S. 181—317.) 895. n. 4. —
IV. Dasselbe. Besond. Thl. 1. Hälfte. (S. 319—478.) 896. n. 4. —
V. VI. Dasselbe. Besond. Thl. Fortsetzg. u. Schluß. (VIII u. S. 479—742.) 897. à n. 4. —

— zwölf Studien zum bürgerlichen Gesetzbuch. 1. Thl. I bis IV. gr. 8. (VII, 379 S.) Berlin 900. C. Heymann's Verl. n. 6. —
Sonderabdruck aus: „Archiv f. bürgerliches Recht".

— Zwölf Studien zum bürgerl. Gesetzbuch. 2. (Schluß-) Tl. V—XII. Mit Registern zu beiden Tln. (III, 152 S.) gr. 8. Berlin, C. Heymann. 4. —
Sonderabdruck aus: „Archiv f. bürgerl. Recht".
1. Tl. Ebd. 900. 6.—.

— Szenen u. Sinnsprüche aus Dantes Heilige Reise. Freie Nachdichtg. der Divina commedia. (142 S.) 8. Köln (908). Bonn, A. Ahn. 1.50; geb. 2. —

— Treue u. Glauben im Verkehr. Ein Beitrag zur Lehre vom strafbaren Betrug. gr. 8. (IV, 55 S.) Berlin 893. C. Heymanns Verl. n. 1. 20

— Ungehorsam u. Vollstreckung im Civilprozeß. Civilprozessuale Beiträge. [Aus: „Archiv f. die civilist. Praxis".] gr. 8. (III. 160 S.) Freiburg i/B. 893. J. C. B. Mohr. n. 3. —

— zur Urgeschichte d. Ehe. Totemismus, Gruppenehe, Mutterrecht. [Aus: „Ztschr. f. vergleich. Rechtswiss."] gr. 8. (IV, 167 S.) Stuttgart 897. F. Enke. n. 6. —

— Urheber-, Patent-, Zeichenrecht, Versicherungsrecht u. Rechtsverfolgung, s.: Dernburg, Heinr., das bürgerliche Recht des Deutschen Reichs u. Preußens. VI. Bd.

— Urheberrecht an Schriftwerken u. Verlagsrecht. (In etwa 3 Lfgn.) 1. u. 2. Lfg. (VIII u. S. 1—352.) gr. 8. Stuttgart 906. F. Enke. n. 8. 80

— Urheberrecht an Schriftwerken u. Verlagsrecht. 3. (Schluss-)Lfg. (XII u. S. 353—515.) gr. 8. Stuttgart 907. F. Enke. 4.40 (Kplt. geb. 14. 40)
Lfg. 1 u. 2. Ebd. 906. 8.80.

Kohler, Jos., über executorische Urkunden. Festgabe zum 50-jährigen Doctor-Jubiläum von Geheimrath Prof. Dr. Julius Wilhelm von Planck an der Universität München. Im Auftrage der rechts- und staatswissenschaftlichen Facultät der Universität Würzburg verfasst. Würzburg 1887, Stahelsche Univ.-Buchh. 8⁰. IV, 60 S.

— s.: Urkunden aus der Zeit der 3. babylon. Dynastie.

— d. Ursprung d. Melusinensage. Eine ethnolog. Untersuchg. gr. 8. (VI, 66 S.) Leipzig 895. E. Pfeiffer. n. 3. —

— Verbrecher-Typen in Shakespeares Dramen. (VII, 108 S.) gr. 8. Berlin (903). O. Elsner. n. 2. 50; geb. n. 3. 30

Das Verfahren des Hofgerichts Rottweil. Von Prof. Josef Kohler. Berlin: E. Weber 1904. (122 S.) 8°

— Beiträge, Urkundl., z. Geschichte d. bürgerl. Rechtsganges. 1. (s7. 1807

Kohler, staatsrechtl. Verhältnisse d. mittelbar geword., vormals reichsständ. Adels in Deutschland. Sulzb. 844.

Kohler, Josef: Warenzeichenrecht von —. Zugleich 2. Aufl. des Rechts d. Markenschutzes mit Berücks. ausländ. Gesetzgebungen (1884).
Mannheim & Leipzig: Bensheimer 1910. XV, 272 S. 8⁰

— Des Morgenlandes grösste Weisheit. Laotse Tao Te King. Wiedergegeben v. K. (93 S.) gr. 8. Berlin (-Wilmersdorf) 908. Dr. W. Rothschild. 4.—; erh. Pr. 8.—; geb. 10. —

— s.: Weltgeschichte.

Kohler, Josef. Aus vier Weltteilen. Reisebilder. [Mit Vignetten.] IV + 186 S. 8. Berlin und Leipzig, Dr. Walther Rothschild, (1908). [M. 4. —]
Darin S. 147—157: Eine Gerichtsverhandlung im Unter-Engadin *u. S. 158—166:* Montreux (erstmalig veröffentlicht in: «Tag» Nr. 55 vom 8. Februar 1904 *u.* «Zeit» Nr. 1590 vom 26. Februar 1907)

— das Wesen der Strafe. Eine Studie. gr. 8. (20 S.) Würzburg 888. Stahel. n. — 80

— s.: Zeitschrift f. vergleich. Rechtswissenschaft.

— s.: Zeitschrift, rheinische, f. Zivil- u. Prozessrecht.

— s.: Zeitschrift f. Völkerrecht u. Bundesstaatsrecht.

Kohler, K., die Bibel und die Todesstrafe. Eine Zeitfrage vom kritisch-historischen Standpunkte aus betrachtet. 8. (47 S.) Leipzig 868, Pardubitz. [Lorber.]

Kohler, K., Deutschland u. die Juden. Der jüdische Cosmopolitismus. Zwei Abhandlungen. [Aus: „Zeitgeist".] gr. 8. (15 S.) Milwaukee, Wis. 881. (New York, Steiger & Co.) — 40

Kohler, K., haben wir nicht Alle Einen Vater? 2 Zeitpredigten. gr. 8. (15 S.) New-York 892. (B. Westermann & Co.) n. — 80

Kohler, K., das hohe Lied übersetzt u. kritisch neu bearb. gr. 8. (27 S.) New-York 878. Westermann & Co. n. 1. —

— der Segen Jakob's mit besond. Berücksichtig. der alten Versionen u. der Midrasch kritisch-historisch untersucht u. erklärt. Ein Beitrag zur Geschichte des hebr. Alterthums wie zur Geschichte der Exegese. Berlin 867. Benzian. gr. 8. (VII, 89 S.) n. 25 ngr.

Kohler, K., d. Segen Jakob's m. bes. Berücksichtg. d. alten Versionen u. der Midrasch. gr. 8. (VII, 89 S.) Berlin 867. M. Poppelauer. n. 2. 50; erm. Pr. 1. —

— Studien zur Geschichte des Verhältnisses von Kirche u. Staat, s. Schwabe, F.

— das Volk u. die Religion der Treue, Predigten zum Pesach- u. Confirmationsfeste, u. „Gott zieht m. uns“, Predigt zum Abschied vom Alten Gotteshause. gr. 8. (24 S.) Ebd. 891. u. 1. —

—— das neue Wissen und der alte Glaube. Vortrag zum ersten Sonntags-Gottesdienst den 18. Jan. 1874 gehalten vor der Sinai-Gemeinde. gr. 8. (16 S.) Chicago 874. (New-York, Westermann und Comp.) *

Kohler, K., das neue Wissen u. der alte Glaube. Vortrag zum 1. Sonntags-Gottesdienst den 18. Jan. 1874 geh. vor der Sinai-Gemeinde. gr. 8. (16 S.) Chicago 875. (New-York, Westermann & Co.) n. — 50

Kohler, Karl, Franz Eichert, e. Sänger der christl. Freiheit. (IV, 47 S.) 8. Ravensburg (904). F. Alber. n. — 80

Kohler, Karl [aus Erlangen]: Ueber Halogenderivate einiger Amidine ... Erlangen, Druck d. Univ.-Buchdr. v. E. Th. Jacob, 1895; 24 S., 1 Bl. 8.
Erlangen, Phil. Fak., Inaug.-Diss. v. 24. Juli 1894 [handschr.: 1895]

Kohler, Konrad

Kohler. Conr., die Landesvermessung des Königreichs Württemberg. In wissenschaftlicher, technischer u. geschichtlicher Beziehung auf Befehl der k. Regierung bearb. u. mit deren Genehmigung herausg. Stuttgart 858. Cotta. Lex.-8. (XII, 428 S. mit Holzschn. im Text, 1 lith. Portrait und 3 lith. Karten in Fol.) n. 4 ℛ. 20 ngr.

Kohler, L., die reformirte u. römisch-kathol. Lehre, in ihren Abweichungen vergleichend zusammengestellt. 12. Bern 828. Jenni. 4 K

Kohler, Lorenz [aus Erlangen]: Ueber m-Oxydiphenylnitrosamin und einige substituirte Benzylamine .... Erlangen, Druck d. Univ.-Buchdr. v. Junge & Sohn, 1887; 28 S. 8°
Erlangen, Phil. Fak., Inaug.-Diss. v. 1887

Kohler. L[udwig]. Kurze historisch-geographische Beschreibung des Judischen Landes zur Zeit Jesu. Zum Gebrauche für den Lehrer in der Volksschule und für jeden Bibelleser, beurb. von L. K'.... 8. Bern.
[1. Aufl.] 1832. — 2. Aufl. 1838.

Kohler, M., s.: An der Wende des Jahrhunderts.

Kohler, M., kurze Anleitung zum Sammeln, Bestimmen usw. der Pflanzen, s.: Lutz, K. G.

— u. Frdr. Wagner, unterrichtliche Behandlung des Lesebuchs I für die württembergischen Volksschulen. 1.—4. Lfg. gr. 8. (1. Bd. XII, 284 S. m. 12 Taf. u. 2. Bd. S. 305—695.) Stuttgart (900—902). A. Lung. n. 9. 20; (1. Bd. kplt. n. 4. 40; geb. n. 4. 90)

— Naturgeschichte, s.a. Martin, F.

Kohler, M., Naturgeschichte in Lebensgemeinschaften. In kürzester Fassg bearb. [Aus: „Realienbuch f. die Volksschulen Württembergs u. Badens“.] gr. 8. (64 S.) Eßlingen 893. A. Lung. n. — 30

Kohler, M., Pracht-Tier-A-B-C-Buch, s.: Specht, Aug.

Kohler, M., s.: Realienbuch f. Volksschulen.

— Realienbuch, s.: Streich, Tr. Fr.

— M., s. Völkerfriede.

An der Wende des Jahrhunderts. Rückblicke a. d. Fortschritte der Naturwissensch. im 19. Jahrh. usw. Hrg. v. M. Kohler. (321 S.) Esslingen (1901)

Kohler, Mich. Mart., das Verbrechen des unlauteren Wettbewerbs, s.a. Abhandlungen, strafrechtliche.

Kohler, Michael Martin, Rechtspraktikant in München. Das Verbrechen des unlauteren Wettbewerbs. *Breslau: Schletter 1900.* (67 S.) 8° ¶ (Von d. Münchener Juristenfakultät 1900 preisgekr. Arbeit) — [Erschien vollst. als: Strafrechtl. Abhandlungen, H. 32.]
München, Jur. Diss. v. 1900

Das Verbrechen des unlauteren Wettbewerbs. Gekr. Preisschrift. Von Dr. jur. Michael Martin **Kohler**. *Breslau: Schletter 1901.* (275 S.) 8°
— **Abhandlungen**, Strafrechtliche. H. 32-34. [01. 162, 2

Kohler, Ottmar [cand. med. aus Neustadt a. H.]: Ein Beitrag zur Glykogen-Bestimmung ... Würzburg. Buchdr. d. „Neuen Bayer. Landeszeitg“, 1895; 15 S. 8.
Würzburg, Med. Fak., Inaug.-Diss. v. 1895

Kohler, R., s. Kohler, K.

Kohler's, Rich., Moment-Rechner. Multiplikation u. Division, Addition u. Subtraktion. D. R. M. Unentbehrlich f. Techniker, Kaufleute, Ingenieure, Kalkulatoren, Kontrolleure, Bankbeamte, Handwerker u. überhaupt f. Jedermann. Unbedingt zuverlässig. (39 S.) 8. Oederan (908). J. L. Schlesinger. 1. —

Kohler's, Rich., Moment-Rechner. Jetzt: Oederan, R. Sack.

Kohler Richard: Die Staatenbildungen der Bantu in Südafrika und dem südlichen Kongogebiet.
H. 1910 PN 2865 Diss. Wien, Univ. 2412

Kohler, Rud., die Bekämpfung der Reblaus s.a. Gesetz-Sammlung, Stahel'sche. Nr. 151.

Kohler, Rudolf Die Bekämpfung der Reblaus. Reichs-Gesetz vom 6. Juli 1904 nebst den Vollzugs- und Ausführungs-Vorschriften. Mit den oberpolizeilichen Vorschriften der Kgl. Regierung, Kammer des Innern, von Unterfranken und Aschaffenburg. Ausz. für Unterfranken. 2., erg. Aufl. Würzburg: Stahel'sche Verl. Anst. [1909]. IV, 111 S. (Stahel'sche Gesetz-Sammlung (Würzburger Volksausg.). Nr 151.) (Stahel'sche Sammlung Deutscher Reichsgesetze und Bayerischer Gesetze.) -- 12°
--- Dass. Ausg. für Bayern. 2., erg. Aufl. Ebd. [1909]. IV, 95 S. (Stahel'sche Gesetz-Sammlung (Würzburger Volksausg.). Nr 152.) (Stahel'sche Sammlung Deutscher Reichsgesetze und Bayerischer Gesetze.) -- 12°

Kohler, Rud., Ehe-Erfordernisse u. der Vollzug der Eheschließung nach dem bürgerlich. Gesetzbuche, dem in Gemäßheit desselben abgeänd. bayer. Gesetze üb. Heimath, Verehelichung u. Aufenthalt vom 16. IV. 1868, u. dem Reichs-Gesetze üb. die Beurkundung des Personenstandes u. die Eheschließung v. 6. II. 1875. Zum Gebrauche f. Gemeindebehörden u. Standesämter zusammengestellt. 2. Aufl. 8. (IV, 69 S.) Ansbach 900. C. Brügel & Sohn. Kart. n. — 80

Kohler, Rudolf, appr. Arzt a. Würzburg: Aus dem Laboratorium des Medizinisch-Poliklinischen Instituts d. Königl. Univ. ⟨Direktor: Geh. Med.-Rat Prof. Dr. Senator⟩. Über den Einfluss der Aussentemperatur auf die Zuckerausscheidung. Berlin (1907): G. Schade. (44 S.) 8°
Berlin, Med. Fak., Ref. v. Leyden, Diss. v. 18. Juli 1907
[Geb. 9. April 82 Würzburg; Wohnort: Berlin; Staatsangeh.: Preußen; Vorbildung: Prinz-Heinrichs-Gymn. Berlin Reife O. 01; Studium: Berlin 4, Heidelberg 2, München 1, Berlin 2 S.; Coll. 11. Juli 07; Approb. 5. Juni 06.]

Kohler, Sylv., Jansenismus u. Cartesianismus. Eine Studie z. Geschichte der Philosophie u. zur Kirchengeschichte. (51 S.) gr. 8. Düsseldorf 905. Schaub. n. 1. 50

Kohler, Wilhelm

Kohler, W., die militärischen Ordnungs-Übungen. Für die österr. Knaben-Volks- u. Bürgerschulen bearb. Mit 98 Textfig. 8. (IX, 150 S.) Wien 887. Graeser. n. 1. 80

Köhler, Die treuen; Operette.
Weimar 1777. V: *Heermann, Glob Ephraim.*
(Ky)

Köhler, die treuen; Operette (v. Glo. Ephr. Heermann). 8. Weimar 777. Hoffmann. 6 gr. dass. 8. Münch. 786. J. Lindauer. 6 gr.

— — dasselbe. v. Schubauer. 8. München, Lindauer. 786. –

Köhler, Der, aus Valencia . . .
Augsb. 1839. V: *Bauberger, Wilh.* (Ky)
(Mitth. A. Rosenbaum.)

Köhler, der, aus Valencia. Eine Erzählung für die reifere Jugend. Von dem Verf. der Beatushöhle. Mit 1 Stahlstich. 8. Augsburg 839. Math. Rieger. (Himmer.) $^3/_8$ ℳ

Köhler, der, aus Valencia. Eine Erzählung f. d. reifere Jugend. Von dem Verf. „der Beatushöhle." 2. Aufl. Mit 1 Stahlst. gr. 12. Augsburg 841, auch 846, Math. Rieger'sche B. $^3/_8$ ℳ

Köhler, der, aus Valencia. Eine Erzählung f. d. reifere Jugend. Von d. Verfasser der Beatushöhle. 2., verb. Aufl. 8. (12 B. u. 1 Stahlst.) Regensburg 846, Manz.

Köhler, der, aus Valencia. Eine Erzählung für die reifere Jugend. Von dem Verf. „der Beatushöhle" (Wilh. Bauberger). 2. Aufl. gr. 12. (IV und 212 S. mit 1 Stahlst.) Augsburg 849, Rieger'sche Buchh.

Köhler, der, aus Valencia. Eine Erzählung für die reifere Jugend. Von dem Verf. der Beatushöhle. 3., verb. Aufl. Mit 2 Stahlst. nach Orig.-Zeichngn. von J. Leudner. Regensburg 864. Manz. 8. (190 S.) $1^1/_4$ ngr.

Köhler, der, aus Valencia. Eine Erzählung für die reifere Jugend. Von dem Verfasser der Beatushöhle (W. Bauberger). 5. Aufl. Mit (1) Stahlst. Regensburg 870. Manz. 8. (190 S.) $1^1/_4$ ngr.

Köhler, der, aus Valencia. Eine Erzählung f. die reifere Jugend. Von dem Verf. der Beatushöhle. Neue, illustr. Originalaufl. Mit e. Stahlstich u. feinen (eingedr.) Holzschnbildern. 8. (236 S.) Regensburg 874. Manz. 1. 65

Köhler, der, aus Valencia. Eine Erzählung für die reifere Jugend. Von dem Verf. der Beatushöhle. 6. und 7. Aufl. 8. (190 S. mit 2 Stahlst.) Regensburg 875,79, Manz.

Köhler, der, aus Valencia. Eine Erzählung für die reifere Jugend. Von dem Verf. der Beatushöhle (W. Bauberger.). 10. verb. Aufl. 8. (190 S. mit 1 Stahlst.) Regensburg 887, Verlags-Anstalt. ℳ 1.15.; cart. 1 35

Koehler, s.a. Kohler. – Koeler.

Köhler, Abschieds-Gruß an s. liebe St. Paulus-Gemeinde am 17. Sonntage nach Trinitatis, den 2. X. 1898. gr. 8. (16 S.) Schwerin 898. F. Bahn. n. — 25

Köhler, Kurze Beschreibung von heissen und trocknen Sommern, feuchten Jahren, Ueberschwemmungen u. s. w. von 1763 bis auf unsere Zeiten. Stuttgart 1834. 8.

Koehler. üb. d. elementare Bestimmung grösster u. kleinster Werthe ... Bielefeld
Schul-/Univ.-Schrift

Koehler's, Bibliothek f. Alle, s. a.: Bibliothek f. Alle.

Koehler's (V.) Bibliothek für Alle. Nr. 1 und 2. 8. Bern 887, Koehler's Buchh. à Nr. * 40 Pf. *

Inhalt:

Nr. 1. Tolstoi, Graf Leo N., das Märchen von Iwan dem Narren. Erzählt. Aus dem Russ. übers. von Eugenie Wieland. (42 S.)
2. Garschin, Wsewolod, die rothe Blume. — Die Rose und die Kröte. Zwei Erzählungen. Aus dem Russ. übers. von Eugenie Wieland. (39 S.)

Koehler's Bibliothek f. Alle. Nr. 4, 26 u. 30—52. gr. 8. Basel, Koehler. n. 3. 90

Inhaltsübersicht in alphabet. Ordnung:

Bruckbräu, F. W., d. Engel v. Nantes. Novelle aus d. Zeit der französ. Revolution. — Ancel, Marie. Episode aus der Schreckenszeit d. französ. Revolution v. 1789. (64 S.) 897. (Nr. 43. 44.) — 30
— d. Wasserthurm bei Lissabon. Eine Gräuelscene d. Tyrannei aus der neuern Geschichte Portugals. (31 S.) 897. (Nr. 46.) — 15
Caspari, K. H., zu Straßburg auf der Schanz. Erzählung. 2. Aufl. (31 S.) 896. (Nr. 26.) n. — 20
Droste-Hülshoff, Annette Freiin v., die Judenbuche. Erzählg. (54 S.) 896. (Nr. 30. 31.) — 30
Eichendorff, Jos. Frhr. v., d. Schloß Dürande. E. Episode aus d. Zeit d. französ. Revolution. (40 S.) 897. (Nr. 47.) n. — 20
Gaudy, Frz. Frhr. v., der Liebeszauber. Humoreske aus d. venetian. Novellen. (27 S.) 896. (Nr. 37.) — 15
Gore, Mrs., des Gesetzes Härte. Criminalgeschichte aus d. J. 1657. nacherz. v. G. (32 S.) 897. (Nr. 42.) — 15
Gotthelf, Jerem., d. Erdbeerimareili. E. Erzählg. (40 S.) 897. (Nr. 49.) n. — 20
— Segen u. Unsegen. Eine Erzählg. (32 S.) 897. (Nr. 52.) — 15
— d. Wege Gottes u. d. Menschen Gedanken. Erzählg. 2. Aufl. (30 S.) 896. (Nr. 4.) — 15
Grandson u. Murten. Eine Episode aus d. Leben Carl's d. Verwegenen, auch Carl d. Kühne genannt. [Aus: „l'Emancipation".] (30 S.) 896. (Nr. 41.) — 15
Hauff, Wilh., die Bettlerin vom Pont des Arts. Novelle. (24 S.) 896. (Nr. 32—34.) — 45
Knowles, Sheridan, Almira u. Alfonso. Eine Entführungsgeschichte aus d. span. Volksleben. (29 S.) 897. (Nr. 45.) — 15
Napoleon I. In e. Auswahl d. denkwürdigsten Urteile, Aussprüche u. Begebenheiten, sowie d. interessantesten Anekdoten aus s. Leben. (62 S.) 896. (Nr. 35. 36.) — 30
Ribaux, Adf., das Glück der Sennhütte. Erzählg. Aus d. Franz. übers. v. Elise Ebersold. (32 S.) 896. (Nr. 40.) — 15
Schubert, G. H. v., Kapitän Demetrio. Jugendgeschichte e. in türk. Gefangenschaft gerathenen Griechen. Eine Erzählg. (32 S.) 897. (Nr. 50.) — 15
Schwab, Gust., Griseldis. Erzählg. aus d. deutschen Volksbüchern v. S. — Züriheiri, der, im Grüt. Aargauische Volkssage. (32 S.) 897. (Nr. 51.) — 15
Trueba, der Giftbecher. Nach d. Span. v. Frhrn. v. Biedenfeld. — Tag, d. letzte, d. Dubary. (D. 8. XII. 1792.) (32 S.) 897. (Nr. 48.) — 15
Wehl, Ferd., die Rache e. Weibes. Dunkle Blätter aus der Geschichte Italiens. Erzählg. (30 S.) 896. (Nr. 38.) — 15
Wurm, E., der Brand v. Moskau im Septbr. 1812. Erzählg. [Aus: „W., des Welteroberers Glück u. Ende".] (39 S.) 896. (Nr. 39.) — 15

Koehler, Desiderien f. die Revision der Agende. Vortrag, geh. auf der Liegnitzer Pastoren-Conferenz 1884. gr. 8. (43 S.) Breslau 884. Köhler. n. — 60

Köhler: Einleit. in d. prakt. europ. Völkerrecht. *Mainz*. 790. gr. 8.

Köhler, staatsbürgerliche Erziehung, s.: Kühlmann, Paul.

Köhler, Bahnhofs-Insp., Fahrplan der Bahnen Magdeburg-Halberstadt-Thale, Berlin-Potsdam-Magdeburg, Cöthen-Halberstadt-Vienenburg, Frose-Ballenstedt, Stassfurt-Güsten, Berlin-Anhalt, Stassfurt-Schönebeck, Magdeburg-Leipzig, Thüringer und Werra-Bahn, Magdeburg-Wittenberge, Berlin-Gardelegen, Berlin-Hamburg, Halle-Cassel, Nordhausen-Erfurt, Nordhausen-Nordheim, Leipzig-Dresden, Leipzig-Hof, Braunschweiger Bahnen, nebst Fahrpreisen, sowie deren Anschlüsse und anschliess. Posten, nebst (lithogr.) Eisenbahnkarte (in 4.). 1868—71. à 2 Nrn. 16. (58 S.) Quedlinburg 871, Huch. à Nr.

Dem König! Fest-Gesang. Text von [Karl Imman.] Kudrass. Musik von **Köhler.** [Breslau] o. J. 1 Bl. 8° [Kopftit.]
Ohne Noten: „O Vaterland, mein Vaterland!" 3.

Fest-Cantate bei der feierlichen Einbringung des Lichts in der ger. und vollk. St. Johannis-Loge Friedrich Wilhelm zur Gerechtigkeit im Or. zu Ratibor den dreiundzwanzigsten April 5835. Text vom Br. [Karl Imman.] Kudrass. Musik vom Br. **Köhler.** Breslau [1835]: Grass, Barth & Co. 2 Bl. 4⁰ [Umschlagtit.]
Ohne Noten: „Lobt den Herrn! die Bundes-Halle . . .“

Fest-Cantate zur Stiftungs-Feier der St. Johannis-Loge Friedrich zum goldnen Zepter im Orient zu Breslau. Text vom Br. Geisheim. Musik vom Br. **Köhler.** [Breslau um 1845:] Grass, Barth & Co. 2 Bl. 8⁰. [Umschlagtit.]
Ohne Noten: „Auf, auf! es ruft des Ostens Klang . . .“

Köhler's (II.) Garnisondienst-Vorschrift zum Gebrauch für die Mannschaften. 1. und 2. Aufl. 12. (12 S.) Straßburg 888, Straßburger Druckerei und Verlagsanstalt, vorm. Schultz und Comp. Verlag. *
Aus: Leitfaden für den theoretischen Unterricht des Infanteristen, besonders abgedruckt.

Köhler. üb. d. syntactischen Gebrauch des Dativs im Gothischen Dresden. 54 p. 1664.
Schul-/Univ.-Schrift

Koehler, General-Bericht üb. d. Sanitäts- u. Medicinal-Wesen im Reg.-Bez. Stralsund 1883—1885. Greifswald 887.

Köhler, das württemb. Gewerbe-Recht von 1805—1870. Tübingen 891.

Köhler, Gleichheit und Freiheit im wahren Gesichtspunkte samt den Folgen und Wirkungen unparth-iisch betrachtet. 8⁰. Mainz 1797.

Köhler, Grenzlinien zwischen Idealkonkurrenz u. Gesetzeskonkurrenz. Strafrechtl. Untersuchg. München 900.

Köhler, d. Herrn Wille geschehe! Abschiedsgruß am Sarge d. am 14. März 1892 heimgegangenen Frl. Elise v. Bülow. gr. 8. (15 S.) Schwerin 892. (F. Bahn.) n. — 40

Koehler, üb. arhythmische Herzbewegungen. (Aus: „Sitzungsber. d. naturforsch. Gesellschaft zu Halle.“) gr. 4. (3 S.) Halle 873. Schmidt. n. — 60

Köhler, ..., (Pfarrer,) Homilien über die sonntägl. Evangelien des kathol. Kirchenjahrs. gr. 8. Nördlingen 845, Beck'sche Buchh. 1⅙ ℛ

Köhler, neun Jahre in der schlesischen Diaspora, s.: Bruderliebe, evangelische.

Köhler, Iphigenia in Aulis; Trspl. 8. Berl. 778. Nicolai. 8 gr.

Koehler : Diss. de destructa partium irritabilitate...,
s. Buechner, Andr. El. (Praes.)

Köhler's illustrierte Jugendbibliothek. 1.—32. Bd. 8. Dresden 888. 889. A. Köhler. geb. à n. — 75
Inhaltsübersicht in alphabet. Ordnung:
Anders, Henriette, gesammelte Märchen v. Rübezahl, dem Geiste des Riesengebirges. Mit 6 Orig.-Bildern v. G. Bartsch. (189 S.) (Bd. 28. 29.)
— die Sturmflut. Eine Erzählg. vom Nordseestrande. Mit 4 Vollbildern v. G. Bartsch. (102 S.) (Bd. 27.)
Bechstein, L., Märchen, f. die Jugend erzählt. Mit 6 Vollbildern in Zinkogr. v. Gust. Bartsch. (204 S.) (Bd. 14. 15.)
Braunschweig, R., Kaiser Joseph II., e. deutscher Fürst. Geschichtliche Erzählg. Mit 6 Vollbildern von Gust. Bartsch. (208 S.) (Bd. 31. 32.)
— Augustus v. Leubelfing, der Edelknabe Gustav Adolf's. Eine Erzählg. aus dem 30jähr. Kriege. Mit 4 Vollbildern von Gust. Bartsch. (161 S.) (Bd. 20.)
Bruneck, C., Schwarz, Weiß, Rot. Deutsche Jugendnovelle. Mit 4 Orig.-Bildern v. M. Büttner. (136 S.) (Bd. 25.)
— deutsche Treue. Jugendnovelle. Mit 4 Vollbildern v. Gust. Bartsch. (128 S.) (Bd. 1.)
Campe, J. H., Robinson der Jüngere. Erzählg. f. die Jugend. Mit 4 Vollbildern v. Gust. Bartsch. (112 S.) (Bd. 16.)
Claudius, Matth., des Vaters Segen. Eine Erzählg. f. die Jugend. Mit 6 Vollbildern v. Gust. Bartsch. (235 S.) (Bd. 4. 5.)
Cooper, der letzte der Mohikaner. Eine Indianer-Geschichte. Mit 4 Vollbildern v. Gust. Bartsch. (109 S.) (Bd. 17.)
Enberg, R. v., das Lied der Mutter. Erzählg. f. die Jugend. Mit 4 Vollbildern v. Gust. Bartsch. (125 S.) (Bd. 7.)
Enberg, R. v., neue Märchen. Mit 4 Vollbildern v. Gust. Bartsch. (91 S.) (Bd. 22.)
Hoffmann-Bühle, Flora, zwei Erzählungen f. die Jugend. I. Der Christmarkt. II. Epiphanias. Mit 4 Vollbildern von Gust. Bartsch. (88 S.) (Bd. 3.)
— der Fiedelfritz. Eine Erzählg. f. die Jugend. Mit 4 Vollbildern v. Gust. Bartsch. (88 S.) (Bd. 2.)
— des Hammerschmieds Bärbel od. aus schlimmer Zeit. Erzählg. aus dem 16. Jahrh. Mit 4 Vollbildern v. Gust. Bartsch. (88 S.) (Bd. 8.)
— der Kommerzienrat u. seine Söhne. Erzählg. aus der Neuzeit. Mit 4 Vollbildern v. Gust. Bartsch. (96 S.) (Bd. 23.)
— der Lügenmüller. Eine Erzählg. aus dem bayr. Hochlande. Mit 4 Vollbildern v. Gust. Bartsch. (85 S.) (Bd. 18.)
— ein Meister v. Gottes Gnaden. [Gottfr. Silbermann, kgl. sächs. Hoforgelbauer.] Historische Erzählg. Mit 4 Vollbildern v. Gust. Bartsch. (91 S.) (Bd. 21.)
— das Vermächtnis der Großmutter. Erzählg. f. die Jugend im Alter von 12—15 Jahren. Mit 4 Vollbildern. (101 S.) (Bd. 19.)
Klietsch, A., in der Köhlerhütte. Erzählg. aus der schles. Heide f. die Jugend. Mit 4 Vollbildern v. Gust. Bartsch. (138 S.) (Bd. 26.)
Piorkowska, Jenny, Gott verläßt die Seinen nicht! Erzählg. f. die Jugend. Mit 4 Vollbildern v. Gust. Bartsch. (80 S.) (Bd. 10.)
Saltmacher, B., die Nachbarskinder od. wahre Freundschaft in Freud u. Leid u. Ein guter Sohn. Mit 4 Vollbildern von Gust. Bartsch. (112 S.) (Bd. 30.)
Schanz, Pauline, Erzählungen. [Beim Vetter Krämer. Verstiegen. Der Heldenturm.] Mit 4 Vollbildern v. Gust. Bartsch. (100 S.) (Bd. 9.)
Schmid, Chrph. v., ausgewählte Erzählungen. I. Der Weihnachtsabend. Das Täubchen. Mit 4 Vollbildern v. Gust. Bartsch. (117 S.) (Bd. 11.)
— dasselbe. II. Die Ostereier. Heinrich v. Eichenfels. Mit 4 Vollbildern v. Gust. Bartsch. (111 S.) (Bd. 12.)
— dasselbe. III. Das Blumenkörbchen. Mit 4 Vollbildern von Gust. Bartsch. (120 S.) (Bd. 13.)
Zschaler, G., Georg Neumann u. seine Gambe oder über die Entstehung d. Kirchenliedes: „Wer nur den lieben Gott läßt walten“. Eine wahre Erzählg. aus dem 17. Jahrhundert. Mit 4 Vollbildern v. Gust. Bartsch. (118 S.) (Bd. 24.)
— der goldene Ring od. Lieutenant Reinhardt. Eine histor. Erzählg. f. Jung u. Alt. Mit 4 Vollbildern v. Gust. Bartsch. (152 S.) (Bd. 6.)

Köhler's (IV.) ill. Jugend- u. Volksbibliothek. 19.—48. Bd. u. [II. Reihe] m. d. Neben-Titel: Volkserzählungen 1.—8. Bd. Mit je 2 bis 6 Vollbildern. 12. Dresd. 889—92, A. Köhler. geb. à Bd. — 75
Anders, Henriette. Die Sturmflut. Eine Erzählg. vom Nordseestrande. (102 S.) Nr. 27.
—— Gesammelte Märchen v. Rübezahl, dem Geiste des Riesengebirges. (189 S.) Nr. 28. 29.
Bahmann, Rhold. [R. Braunschweig]. Mit Gott f. König u. Vaterland! Eine geschichtl. Erzählg. aus den Tagen der Königin Luise bis zu Kaiser Wilhelm II. 1. u. 2. Bd. (116; 104 S.) Nr. 37. 38.
Braunschweig, Rhold. Augustus v. Leubelfing, der Edelknabe Gustav Adolfs. (151 S.) Nr. 20.
—— Kaiser Joseph II., e. deutscher Fürst. (208 S.) Nr. 31. 32.
Bruneck, C. Schwarz, Weiß, Rot. Deutsche Jugendnovelle. (136 S.) Nr. 25.
Carlowitz, A. v. Gottes Wege sind wunderbar. u. 2 andere Erzählungen. (120 S.) Nr. 45.
Enberg, v. Neue Märchen. (91 S.) Nr. 22.
Heyden, A. v. Anton Hart. Erzählung aus vergangener Zeit. (106 S.) [II.] Nr. 7.
Hoffmann-Rühle, Flora. Auf den Höhen d. Gesellschaft, od. Bleibe dir selbst getreu! (140 S.) Nr. 48.
—— Der Kommerzienrat u. seine Söhne. (96 S.) Nr. 23.
—— Ein Meister v. Gottes Gnaden. [Gottfr. Silbermann, kgl. sächs. Hoforgelbauer.] (91 S.) Nr. 21.
—— Die blinden Glöckner v. Moskau. — Der Einnehmer. — Wer andern e. Grube gräbt, fällt selbst hinein. — Ein Stückchen Kriegsgeschichte aus alter Zeit. — König, Maler u. Invalid. (128 S.) [II.] Nr. 5.
—— Der Majoratsherr. 1. Bd. (112 S.) [II.] Nr. 3.
—— Dass. — 2. Bd. — Die Verlobung in der Bavaria. — Ach Gott, verlaß mich nicht! (128 S.) [II.] Nr. 4.
—— Selig sind die Friedfertigen. — Stolz u. Demut. — Der Vogelsteller. — Eine Wassersnot u. deren Folgen. (130 S.) [II.] Nr. 6.
—— Treue e. Weibes. — Die versetzte Uhr. — Diamant u. Pinsel. — Aus dem Leben e. Briefträgers. — Aus Jos. Haydns Jugendleben. (128 S.) [II.] Nr. 2.
Rein, B. Ein armer Musikant. Eine Erzählg. aus dem Norden. (122 S.) Nr. 40.
—— Onkel William. — Der Haldenbauer. Zwei Erzählgn. (197 S.) Nr. 34.
Saitmacher, B. Die Nachbarskinder od. Wahre Freundschaft in Freud u. Leid, u. Ein guter Sohn. (112 S.) Nr. 30.

—— Durch Nacht zum Licht, od. der treue Nero. (91 S.) Nr. 56.
—— Das Vermächtnis der Großmutter. Erzählung f. die Jugend im Alter von 12—15 Jahren. (101 S.) Nr. 19.
Jäger, C. Ein Bergmannssohn od. Wer Liebe säet, wird Liebe ernten. (104 S.) Nr. 39.
—— Die Grundmühle. (112 S.) Nr. 41.
Klietsch, Adf. Die Hagenmühle. (128 S.) Nr. 33.
—— In der Köhlerhütte. Erzählung aus der schles. Heide f. die Jugend. (138 S.) Nr. 26.
—— Auf dem Riedbauerhofe. 2 Bde. (96; 87 S.) Nr. 46. 47.
Leberecht, Tobias. Handwerk hat goldenen Boden. (127 S.) Nr. 35.
Manzer, Rob. Ein Mann der Arbeit. (128 S.) [II.] Nr. 8.
Möbius, Hermine. Fünf Erzählungen. (116 S.) Nr. 42.
Nieritz, Gust. Die arme Gertrud. Aus dem Nachlaß bearb. durch F. Walther. (142 S.) [II.] Nr. 1.
Schlegel, B. Jung-Stillings Lebensgeschichte od. dessen Jugend, Jünglingsjahre, Wanderschaft, Lehrjahre, häusl. Leben u. Alter. 1. u. 2. Bd. (87; 84 S.) Nr. 43. 44.
Zschaler, Gfr. Georg Neumann und seine Gambe oder Über die Entstehung d. Kirchenliedes: „Wer nur den lieben Gott läßt walten". Eine wahre Erzählg. aus dem 17. Jahrhundert. (118 S.) Nr. 24.

Köhler's illustr. Jugend- u. Volksbibliothek. 36.—58. Bd. 8. Dresden, A. Köhler. Geb. in Leinw. od. Bibliothek-Einbd. à — 75

36. Durch Nacht zum Licht, od. der treue Nero. Erzählg. f. Alt u. Jung v. Flora Hoffmann-Kühle. Mit 4 Vollbildern v. G. Bartsch. (91 S.) 891.
37. 38. Mit Gott f. König u. Vaterland! Eine geschichtl. Erzählg. aus den Tagen der Königin Luise bis zu Kaiser Wilhelm II. v. Rhold. Bahmann (R. Braunschweig). 1. u. 2. Bd. Mit je 4 Vollbildern v. G. Bartsch. (116 u. 104 S.) 891.
39. Ein Bergmannssohn od. Wer Liebe säet, wird Liebe ernten. Erzählg. v. C. Jäger. Mit 4 Vollbildern v. Walther. (104 S.) 891.
40. Ein armer Musikant. Eine Erzählg. aus dem Norden v. B. Rein. Mit 4 Vollbildern v. G. Bartsch. (122 S.) 891.
41. Die Grundmühle. Erzählg. v. C. Jäger. Mit 4 Vollbildern v. G. Bartsch. (112 S.) 891.
42. Fünf Erzählgn. f. Jung u. Alt v. Hermine Möbius. Mit 4 Vollbildern v. G. Bartsch. (116 S.) 891.
43. 44. Jung-Stillings Lebensgeschichte od. dessen Jugend, Jünglingsjahre, Wanderschaft, Lehrjahre, häusl. Leben u. Alter. 1. u. 2. Bd. Für die Jugend hrsg. v. B. Schlegel. Mit je 4 Vollbildern v. G. Bartsch. (87 u. 84 S.) 892.
45. Gottes Wege sind wunderbar u. 2 andere Erzählgn. von A. v. Carlowitz. Mit 4 Vollbildern v. G. Bartsch. (120 S.) 892.
46. 47. Auf dem Riedbauerhofe. Erzählg. v. Adf. Klietsch. 2 Bde. Mit je 2 Vollbildern v. G. Bartsch. (96 u. 87 S.) 892.
48. Auf den Höhen der Gesellschaft, od. Bleibe dir selbst getreu! Lebensbild f. Jung u. Alt v. Flora Hoffmann-Kühle. (140 S.) 892.
49. Ich will nicht! Erzählg. v. B. Rein (Veronika Reinhardt). Mit dem Bildnis der Verf. u. 8 Vollbildern v. A. Reinhardt. (152 S.) 893.
50. Zum hl. Kreuz. Bilder aus dem mittelalterl. Schulleben. Dem deutschen Volke geschildert v. W. Emil Stephan. Mit 2 Vollbildern v. G. Bartsch. (118 S.) 893.
51. Das letzte Kleinod. Erzählg. v. Rhold. Bahmann. Mit 4 Vollbildern v. G. Bartsch. (135 S.) 893.
52. Das Marienbild u. Aus der Vorzeit. 2 Erzählgn. von Marie v. Lindeman. Mit 2 Vollbildern v. G. Bartsch. (113 S.) 893.
53. Ein verlorner Sohn. Erzählg. v. C. Jaeger. Mit 2 Vollbildern v. E. Walther. (133 S.) 893.
54. Gefährliche Wege, Durch Liebe überwunden, Die Marienburg, Der Bauer v. Giersdorf von A. v. Carlowitz. Mit 2 Vollbildern v. G. Bartsch. (124 S.) 893.
55. Das Mannlehngut. Das heiße ich brav u. rechtschaffen gehandelt. 2 Erzählgn. v. L. Würdig. Mit 2 Vollbildern v. G. Bartsch. (97 S.) 893.
56. 2 Erzählgn. von Marie v. Lindeman. Mit 2 Vollbildern v. G. Bartsch. (115 S.) 893.
57. Der letzte fahrende Sänger (Carl Maria v. Weber). Erzählg. v. W. Emil Stephan. Mit 2 Vollbildern v. G. Bartsch. (91 S.) 893.
58. Heimatlos u. Der Sohn des Kapitäns. 2 Erzählgn. v. Alb. Gillwald. Mit 2 Vollbildern v. G. Bartsch. (119 S.) 893.

**Köhler's ill. Jugend- u. Volksbibliothek. 59.–70. Bd. 8. Dresden (894). A. Köhler. à n. — 60
Geb. in Leinw- od. Bibliotheksbd. à — 75**

59. 60. Der Schatzkeller im Turm. Denkst du daran. Zwei Erzählgn. f. Kinder v. 10—14 Jahren v. Hugo Friedemann. M. 4 Vollbild. v. G. Bartsch. (226 S.) 894.
61. Gefundene Perlen. Ges. Erzählgn. von E. v. Houwald. Illustr. v. E. H. Walther. (120 S. m. 1 Titelbild.) 895.
62. Giotto Ambrogiotto di Bondone. Erzählg. v. Flora Hoffmann-Kühle. Illustr. v. E. H. Walther. (120 S. m. 1 Titelbild.) 895.
63. Der Mississippi-Pilot. Erzählg. v. Curt Georgi. Illustr. v. E. H. Walther. (112 S. m. 1 Titelbild.) 896.
64. Gustav Adolf. Geschichtl. Darstellg. d. Heldenlebens, nebst e. Anh. „Gustav Adolf in d. deutschen Dichtg." Zur 300jähr. Jubelfeier d. Geburtstages Königs Gustav Adolf v. Schweden, am 9. Dezbr. 1894. Für Jugend u. Volk bearb. v. Emil Rasche. (112 S. m. 4 Bild.) 895.
65. Im fernen Westen. Eine Erzählg. f. d. reif. Jugend v. J. Staacke. M. e. Bilde v. Arldt. (146 S.) 896.
66. 1. Fredy, d. Savoyardenknabe. — 2. Rübezahl u. d. Ostereier. — 3. Was der Christbaum erzählt. — 4. Auf Tod u. Leben. Vier Erzählgn. v. F. Hornig. Illustr. v. E. H. Walther. (104 S.) 896.
67. Aus deutschen Burgen. Erzählgn. Von A. v. Carlowitz. M. e. Bilde v. E. H. Walther. (87 S.) 897.
68. Treu dem Vaterlande. Erzählg. aus den Tiroler Bergen. Von Jäger. Mit e. Vorworte des Verlegers. Illustr. v. Arldt. (128 S.) (897.)
69. Aus vergangenen Zeiten. 3 Erzählgn. Von Charl. Krug (geb. Schnorr v. Carolsfeld). Illustr. v. E. H. Walther. (111 S.) (897.)
70. Licht u. Schatten. 3 Erzählgn. Von Charl. Krug (geb. Schnorr v. Carolsfeld). Illustr. v. E. H. Walther. (96 S.) (897.)

Köhler's illustrierte Jugend- u. Volksbibliothek. Nr. 71—73. 8. Dresden, A. Köhler. Geb. in Leinw. à — 75

71. Der Großmutter Segen. 4 Erzählgn. Von Marie v. Lindeman. Mit e. Titelbild v. R. Trache (140 S.) (902.)
72. Aus meiner Heimat. 3 Erzählgn. aus der Zeit des 30jähr. Krieges. Von A. v. Carlowitz. Mit e. Vollbild v. Ernst Walther. (96 S.) (902.)
73. Meine Wege sind nicht eure Wege. 4 Erzählgn. Von A. v. Carlowitz. Mit e. Titelbild v. R. Trache. (108 S.) (902.)

Köhler's illustrierte Jugend- u. Volksbibliothek. Nr. 7, 12, 19, 30, 34, 39 u. 63. kl. 8. Dresden, A. Köhler. à — 60; geb. à — 75

7. Das Lied der Mutter. Erzählung f. die Jugend. Von A. v. Enberg. Titelbild von R. Trache. 12. u. 13. Tausd. (125 S.) (906.)
12. Ausgewählte Erzählungen. Von Christoph v. Schmid. II. Die Ostereier. Heinrich v. Eichenfels. Mit Titelbild v. E. H. Walther. 7. u. 8. Tausd. (111 S.) 906.
19. Das Vermächtnis der Großmutter. Erzählung f. die Jugend im Alter von 12—15 Jahren. Von Flora Hoffmann-Kühle. Mit Titelbild v. E. H. Walther. 7. u. 8. Tausd. (101 S.) 906.
30. Die Nachbarskinder u. Ein guter Sohn. 2 Erzählgn. Von B. Saltmacher. Mit Titelbild von E. H. Walther. 8. u. 9. Tausd. (107 S.) 906.
34. Onkel William. Der Haidenbauer. 2 Erzählgn. Mit e. Titelbild v. R. Trache. 4. verb. Aufl. (107 S.) 906.
39. Ein Bergmannssohn od.: Wer Liebe sät, wird Liebe ernten. Erzählung. Von C. Jäger. Mit 4 Vollbildern von E. H. Walther. 8. u. 9. Tausd. (101 S.) 906.
63. Der Mississippi-Pilot. Erzählung. Von Kurt Georgi. Mit Titelbild v. E. H. Walther. 4. u. 5. Tausd. (112 S.) 906.

— dasselbe. [II. Reihe.] Volkserzählungen. 1.—18. Bd. 8. Ebd. Geb. in Leinw. od. Bibliothek-Einbd. à — 75

I. Die arme Gertrud. Von Gust. Nieritz. Aus dem Nachlaß bearb. durch F. Walther. Mit 4 Vollbildern v. G. Bartsch. (142 S.) 891.
II. 1. Treue e. Weibes. — 2. Die versetzte Uhr. — 3. Diamant u. Pinsel. — 4. Aus dem Leben e. Briefträgers. — 5. Aus Jos. Haydn's Jugendleben. Von Gust. Nieritz. Aus dem Nachlaß bearb. durch F. Walther. Mit 4 Vollbildern v. G. Bartsch. (128 S.) 891.
III. Der Majoratsherr. Von Gust. Nieritz. Aus dem Nachlaß bearb. durch F. Walther. 1. Bd. Mit 4 Vollbildern v. G. Bartsch. (112 S.) 891.
IV. — dasselbe. 2. Bd. — Die Verlobung in der Bavaria. — Ach Gott, verlaß mich nicht! Von Gust. Nieritz. Aus dem Nachlaß bearb. durch F. Walther. Mit 4 Vollbildern v. G. Bartsch. (128 S.) 891.
V. 1. Die blinden Glöckner v. Moskau. — 2. Der Einnehmer. — 3. Wer andern e. Grube gräbt, fällt selbst hinein. — 4. Ein Stückchen Kriegsgeschichte aus alter Zeit. — 5. König, Maler u. Invalid. Von Gust. Nieritz. Aus dem Nachlaß bearb. durch F. Walther. Mit 4 Vollbildern v. G. Bartsch. (128 S.) 891.
VI. 1. Selig sind die Friedfertigen. — 2. Stolz u. Demut. — 3. Der Vogelsteller. — 4. Eine Wassersnot u. deren Folgen. Von Gust. Nieritz. Aus dem Nachlaß bearb. durch F. Walther. Mit 4 Vollbildern v. G. Bartsch. (130 S.) 891.
VII. Anton Hart. Erzählg. aus vergangener Zeit von A. v. Heyden. Mit 4 Vollbildern v. G. Bartsch. (106 S.) 892.
VIII. Ein Mann der Arbeit. Von Rob. Manzer. Mit 4 Vollbildern v. G. Bartsch. (128 S.) 892.
IX. Vertraue auf Gott u. deinen Kaiser u. drei andre Erzählgn. Von Karl Weise. Hrsg. u. m. e. Biographie des Dichters versehen von Gebr. v. Napolski. Mit dem Bildnisse Karl Weises u. m. 2 Vollbildern v. G. Bartsch. (106 S.) 893.
X. Andreas Hofer od. der Tyroler Freiheitskampf im J. 1809. Für jung u. alt erzählt v. L. Würdig. Mit 2 Vollbildern v. L. H. Walther. (98 S.) 893.
XI. Die Goldmühle. Anna, die Blutegelhändlerin. 2 Erzählgn. v. O. Glaubrecht. Mit 4 Vollbildern v. G. Bartsch. (156 S.) 893.
XII. Ein indischer Kaspar Hauser. Eine Erzählg. aus dem anglo-ind. Volksleben v. Alwin Mehnert. Mit 2 Vollbildern v. G. Bartsch. (108 S.) 893.
XIII. Die Besitzer v. Steineck. Erzählg. v. Adf. Klietsch. Mit 2 Vollbildern v. G. Bartsch. (108 S.) 893.
XIV. Der Spieler. Eine Erzählg. f. das Volk v. C. Jaeger. Mit 2 Vollbildern v. G. Bartsch. (125 S.) 893.
XV. Aus dem Volks- u. Soldatenleben vergangener Zeiten v. Gust. Nieritz. Aus dem Nachlasse bearb. v. A. Ulrich. Mit 2 Vollbildern v. G. Bartsch. (108 S.) 893.

XVI. Der Sieg des Guten. 4 Erzählgn. v. Gust. Nieritz. Aus dem Nachlasse bearb. v. A. Ulrich. Mit 2 Vollbildern v. G. Bartsch. (102 S.) 893.
XVII. Auf rauhen Pfaden. Erzählgn. v. Gust. Nieritz. Aus dem Nachlasse bearb. v. A. Ulrich. Mit 2 Vollbildern v. G. Bartsch. (108 S.) 893.
XVIII. Aus den Bergen u. der Stadt. 2 Erzählgn. v. Gust. Nieritz. Aus dem Nachlasse bearb. v. A. Ulrich. Mit dem Bildnisse v. Gust. Nieritz u. 2 Vollbildern v. G. Bartsch. (114 S.) 893.

— dasselbe. Volkserzählungen. 19.—26. Bd. 12. Ebd. à n. — 60; in Leinw.- od. Bibliotheksbd. à n. — 75
19. 20. Marianne. Erzählg. v. Hermine Möbius. Illustr. v. E. H. Walther. (175 S. m. Titelbild.) 895.
21. Auf heißem Boden. Erzählg. v. A. Mehnert. M. e. Bilde v. E. H. Walther. (121 S.) 895.
22. Um des Geldes willen. Volkserzählg. v. A. v. Carlowitz. Illustr. v. E. H. Walther. (104 S. m. Titelbild.) 895.
23. Philippine Welser, d. schöne Augsburgerin. Erzählg. f. d. Volk v. C. Jaeger. Mit d. Bilde v. Ph. Welser v. E. H. Walther. (107 S.) 895.
24. Aus Stadt u. Land. Vier Erzählgn. v. Pet. Rosegger u. Hermine Möbius. Mit dem Bildnis des deutsch-österreich. Volksdichters. (106 S.) 895.
25. Der Weg zum Herrn. Erzählg. f. d. Volk v. C. Jaeger. M. e. Bilde v. Laworowski. (103 S.) 896.
26. Ein Pfarrhaus. Der Pflegesohn. 2 Erzählgn. f. das Volk. Von M. v. Lindemann. Illustr. v. E. H. Walther. (124 S.) 897.

— dasselbe. Volkserzählungen. Nr. 27—30. 8. Ebd. Geb. in Leinw. à — 75
27. In der Heideschenke. 4 Erzählgn. Von A. Amlacher. Mit e. Titelbild v. R. Trache. (92 S.) (902.)
28. Der Schlickläufer. 4 Erzählgn. Von A. Amlacher. Mit e. Titelbild v. R. Trache. (91 S.) (902.)
29. Schwer errungen. Eine Erzählg. aus dem Leben. Von H. Blum. Mit e. Titelbild v. R. Trache. (120 S.) (902.)
30. „Kismet webt!" Eine Erzählg. aus den Vorbergen des Himalaya. Von Alwin Mehnert. Mit e. Titelbild von D. Trache. (112 S. (902.)

— dasselbe. Volkserzählungen. Nr. 24. 8. Ebd. Geb. in Leinw. — 75
Aus Stadt u. Land. 4 Erzählgn. Von Pet. Rosegger u. Hermine Möbius. Mit dem Bildnis des deutsch-österreich. Volksdichters. 3. Aufl. (105 S.) (903.)

Köhler's deutscher Kaiserkalender 1886. 6. Jahrg. 8. (189 S. m. Illustr. u. 1 Wandkalender.) Minden 885. Köhler. n. — 50

Köhler's (I.) deutscher Kaiserkalender, 1889. 9. Jahrg. 8. (XLII, 188 S. mit Bildern und 1 Wandkalender.) Minden, Köhler. * — 50
Die früheren Jahrge. s. Kaiser-Kalender.

Köhler's (III.) deutscher Kaiserkalender für 1890—1893. 10.—13. Jahrg. Hrsg. v. Wilh. Köhler. gr. 8. (192; XXXVI, 193; 152, 37; XXXII, 123 S. m. Text-Abbildgn., Bildertaf. u. 1 Wandkalender.) Minden i. W., Köhler. à Jahrg. * — 50

Köhler's deutscher Kaiserkalender 1895. 15. Jahrg. gr. 8. (32 u. 117 S. m. Abbildgn. u. 1 Wandkalender.) Minden, W. Köhler. n. — 50

Köhler's deutscher Kaiserkalender 1899. 19. Jahrg. gr. 8. (XXXII, 96 u. 21 S. m. Abb. u. Wandkal.) Minden, W. Köhler. n. — 50

Köhler's deutscher Kaiserkalender 1903. 23. Jahrg. gr. 8. (XXXII, 96 u. 21 S. m. Abbildgn., 3 [1 farb.] Taf. u. Wandkalender.) Minden, W. Köhler. n. — 50

Köhlers deutscher Kaiser-Kalender f. d. J. 1907. 27. Jahrg. (56 u. 152 S. m. Abbildgn. u. Taf.) 8. Minden, W. Köhler. n. — 50

Köhler's deutscher Kaiser-Kalender f. d. J. 1911. 31. Jahrg. (184 S. m. Abbildgn., z. Tl. farb. Taf. u. Wandkalender. 8. Minden, W. Köhler. (Urspr. Pr. — 50)

Köhler (III.), eine Cantate unter Thränen. Predigt, zum Gedächtniß unsres hochsel. Großherzogs Friedrich Franz II. gehalten in der St. Paulskirche zu Schwerin. gr. 8. (22 S.) Schwerin 883, Stiller'sche Hofbuchh. *

Köhler: Zur Kenntnis der Pilze. 15 S. – Olmütz OR., Progr. 1862

Koehler (II.), die Landesmeliorationen des havelländischen Luchs, nebst Herstellung einer Schifffahrtsstraße von Niederneuendorf bis Hohennauen. Im amtl. Auftrage gemeinfaßlich dargestellt. gr. 4. (III, 39 S. mit 1 chromolithogr. Karte.) Berlin 884, Parey. *

Koehler (III.), die Landesmelioration des Spreewaldes. Im amtl. Auftrage gemeinfaßl. dargestellt. gr. 4. (III, 45 S. mit 1 chromolithogr. Karte.) Berlin 885, Parey. *

Köhler's (II.) Leitfaden f. den Dienst-Unterricht d. Infanteristen. Nach den neuesten Vorschriften umgearb. Mit e. Abdr. d. Fahneneides, der Kriegsartikel f. das Heer u. e. Uebersicht der vaterländ. Geschichte. 43.—45. Aufl. 12. (IV, 164 S. m. Abbildgn.) Straßb. i. E. 890,92, Straßburger Druckerei u. Verlagsanstalt. cart. * — 50

Köhler's Leitfaden f. den Dienst-Unterricht des Infanteristen. Nach den neuesten Vorschriften umgearb. Mit e. Abdr. des Fahneneides, der Kriegsartikel f. das Heer u. e. Uebersicht der vaterländ. Geschichte. 49. Aufl. 12. (IV, 167 S. m. Abbildgn.) Straßburg 894. Straßburger Druckerei u. Verlagsanstalt. Kart. n. — 50

Koehler, Leitfaden für den theoretischen Unterricht der Infanteristen. (13. Aufl.) Berlin 859. (Krampe.) 16. (68 S.) nn. 2½ ngr.

Koehler, Leitfaden für den theoretischen Unterricht des Infanteristen. (18. Aufl.) gr. 16. (68 S.) Berlin 859, (Vogel und Comp.) **

Koehler (II.), Leitfaden für den theoretischen Unterricht des Infanteristen. 16.—19. Aufl. 16. (61 S.) Berlin 866—68, C. Heymann's Verlag. *

Koehler, Oberst z. D., Leitfaden für den theoretischen Unterricht des Infanteristen. 20.—25. Aufl. gr. 16. (61 S. mit 1 Stnt. in qu. 4.) Berlin 869—71, C. Heymann's Verlag. *

—— dass. — 26.—29. Aufl. Nach den neuesten allerh. Vorschriften verb. und vervollständigt. 16. (88 S.) Berlin 871—73, Imme's Verlag. **

—— dass. — Nebst einem Anhang: Die Dienstverhältnisse der Mannschaften des Beurlaubtenstandes. 30. Aufl. Nach den neuesten allerh. Vorschriften vervollständigt von Gen.-Maj. F. A. Paris. Mit 1 (lithogr.) Ordenstaf. (in qu. gr. 8.). gr. 16. (110 S.) Ebendas. 875. *

Koehler, Oberst z. D., Leitfaden für den theoretischen Unterricht des Infanteristen. Nebst einem Anhang: Die Dienstverhältnisse der Mannschaften des Beurlaubtenstandes. 31. Aufl. Nach den neuesten Allerh. Vorschriften vervollständigt. gr. 16. (113 S. mit 1 Stnt.) [Berlin 878, Bichteler und Comp.] Straßburg, Schultz und Comp. *

Köhler, Oberst z. D., Leitfaden für den theoretischen Unterricht des Infanteristen. Nach den neuesten Vorschriften vollständig umgearb. und mit zahlreichen (eingedr.) Abbild. versehen. (Ausg. A.) 32.—35. Aufl. (IV, 132 S.) 1882; 36. Aufl. 16. (IV, 157 S.) Straßburg 884, Schultz und Comp. cart. *
Ausg. B. mit Anhang: Vaterländische Geschichte. (IV, 145 S.) *

—— Leitfaden für den theoretischen Unterricht des Infanteristen. Nach den neusten Vorschriften umgearb. Mit einem vollständ. Abdrucke der Kriegsartikel für das Heer und einer Uebersicht der vaterländ. Geschichte. 36.—41. Aufl. 12. (IV, 170 S. und Nachtrag: Garnisondienst-Vorschrift 12 S., und Fig.) Ebendas. 885—88. cart. *
Nachtrag dazu, s. Infanterie-Gewehr, das, M. 71./84 zum Gebrauch für die Mannschaften.

— Liederbuch f. d. deutschen Soldaten. Enth. 250 der beliebtesten patriot., Soldaten- u. Volkslieder. 20. Aufl. 16. (176 S.) Ebd. 895. — 25

Köhler (I.), Liederbuch für deutsche Volksschulen, s. Dreyer, L.

Köhler, die Meliorations-Kolonisten-Höfe in Pommern. gr. 8. (37 S.) Stolp 851, Fritsch. *

Koehler, Präparation zu Xenophons Anabasis, s.: Ranke, Jul. Alb.

— (Rector d. Gymnas.), Zu der den 16.—18. Aug. zu haltenden halbjährigen Prüfung u. Klassifikation der Schüler d. hiesig. Königl. Katholischen Gymnasiums ladet ein. — Programma de probitate conjungenda cum studiis literarum, earumque abusu vitando. Breslau (Kreuzer=Scholz) 1815. 18 S. (5.—) 18861a

Koehler: Der Quofrit, eine neue Mineral-Species. 19 S. 8°.– Berlin Gw., Progr. 1853.

Köhler: Tabellarische Reduction über die Weinpreise nach neu badischem Maaße. Freiburg i. Br.: Wagner [illegible]. 27 S. -- 25*
[illegible]

Köhler, Reich Gottes u. Kirche, s.: Vorträge, wissenschaftliche, über religiöse Fragen.

Köhler, Der sozialdemokrat. Staat. Grundzüge einer mutbmasslichen ersten Form sozialdemokratischer Gesellschafts-Verfassg. Nürnb. 891.

Koehler's schweizerisches Taschenliederbuch, enth. 75 der schönsten u. bekanntesten Lieder f. frohe Kreise. 8. (68 S.) Basel 902. Koehler. n. — 50

-- Taschen-Liederbuch f. Deutschlands Turner. Enth. 260 der beliebtesten Turn-, Volks-, Gesellschafts-, Studenten- u. Soldaten-Lieder. 15. Aufl. 16. (176 u. VIII S.) Ebd. 894. n. — 25

— Taschen-Liederbuch f. das deutsche Volk. Enth.: 200 der beliebtesten patriot. u. Volkslieder. 7. Aufl. 16. (160 S.) Ebd. 889. — 25

— Taschen-Liederbuch f. das deutsche Volk. Enth. 250 der beliebtesten Volks-, Gesellschafts-, Studenten- u. Soldaten-Lieder. 12. Aufl. 16. (176 S.) Ebd. 892. * — 25

— dasselbe f. das deutsche Volk. Enth. 250 der beliebtesten Volks-, Gesellschafts-, Studenten- u. Soldaten-Lieder. 14. Aufl. 16. (176 S.) Ebd. 894. — 25

— Taschen-Liederbuch f. d. deutsche Volk. Enth. 250 d. beliebtesten patriot. Volks-, Gesellschafts-, Studenten- u. Soldaten-Lieder. (40. Aufl. 400. Taus.) 16. (174 S.) Ebd. 896. — 25

— dasselbe. Noten-Ausg. Für e. mittl. Singstimme gesetzt. Hrsg. v. W. Köhler. Bearb. v. Frdr. Blome. 12. (IV, 170 S.) Ebd. 898. Geb. in Leinw. n. 1. 50

— Taschen-Liederbuch f. das deutsche Volk. Enth. 370 d. beliebtesten Vaterlands-, Volks-, Studenten- x. Lieder, nebst e. Eingangslied v. Fel. Dahn. 600. Tausf. gr. 16. (XVI, 223 S.) Ebd. 900. — 25

— Taschen-Liederbuch f. das deutsche Volk. Enth. 400 der beliebtesten Vaterlands-, Volks-, Studenten- etc. Lieder, nebst e. Widmungslied v. Fel. Dahn. 800. Taus. (256 S.) 16. Ebd. 905. — 25; geb. n.n. — 50; m. Biernägeln n.n. — 80

— Taschen-Liederbuch f. das deutsche Volk. Enth. 400 d. beliebtesten Vaterlands-, Volks-, Studenten- rc. Lieder, nebst e. Jubiläumslied v. Fel. Dahn. Jubiläums-Ausg. (256 S.) 16. Ebd. — 25; geb. nn — 50; m. Biernägeln — 80

Köhler's praktische Touristenführer. 150 Ausflüge in die Umgebung Dresdens. Wanderbuch des „Touristenklub Wanderlust" zu Dresden. Enth. 165 Ausflüge. 6., erweit. u. verb. Aufl. Mit photograph. Hinweisen der Dresdner Gesellschaft zur Förderg. der Amateurphotographie u. 5 Karten. Bearb. v. B. Schlegel. (Ausg. 1910.) (XXIV, 321 S.) kl. 8. Dresden 910. A. Köhler. Kart. 2. —

— dasselbe. Böhmerwald u. Bayrischer Wald nebst Oberpfälzer Wald. Mit Eingangsrouten v. Eger, Pilsen (-Prag), Dux(-Dresden), Hof, Regensburg, Linz(-Wien), Budweis(-Wien) u. Passau. Mit Unterstützung der Bundesgruppen des Deutschen Böhmerwald u. der Waldbundvereins-Sektionen bearb. v. B. Schlegel. 3. erweit. u. verb. Aufl. (264 S. m. 6 Karten u. 2 Plänen.) kl. 8. Ebd. 910. Kart 3. —

— dasselbe. Erzgebirge u. böhmisches Mittelgebirge („Böhmens Paradies"). Nordböhmen von Karlsbad bis Leitmeritz. Mit 8 Karten u. 1 Routenkarte. Wanderbuch des Dresdner Erzgebirgs-Zweigvereins „Landsmannschaft Erzgebirger u. Vogtländer". Mit Unterstützung der Erzgebirgs-Zweigvereine bearb. v. B. Schlegel. 3. verm. u. verb. Aufl. (408 S.) kl. 8. Dresden 909/10. A. Köhler. Kart. 2. 50

Köhler's praktische Touristenführer. Lausitzer Gebirge nebst Jeschkengebirge. Oberlausitz u. nördlichstes Böhmen. Mit Unterstützg. der Gebirgsvereine bearb. v. B. Schlegel. 2. verb. Aufl. (2. Nachdruck.) (135 S. m. 2 Karten.) kl. 8. Dresden 910. 11. A. Köhler. Kart. 1. 25

— dasselbe. Riesengebirge u. Isergebirge nebst der grossen Kammwanderg. Tetschen-Schneekoppe als Eingangsroute durch d. Lausitzer- u. Jeschkengebirge. Mit Unterstützg. der Ortsgruppen u. Sektionen der Riesengebirgsvereine u. des Gebirgsvereins f. das Jeschken- u. Isergebirge bearb v. B. Schlegel. Neue Sonderausg., berichtigt bis Frühj. 1910. (317 S. m. 3 Karten.) kl. 8. Ebd. 910. Kart. 1. 80

Köhler, s.: Verbrechen u. Vergehen, gemeingefährl.

Köhler, das Verhältniss der Charakterbildung zu der Individualität des Schülers. Jever.
Schul-/Univ.-Schrift

Köhler (IV.), über die hauptsächlichsten Versuche einer mathematischen Formulirung des psychologischen Gesetzes von Weber, s. Studien, philosophische.

Köhler's nützliche Vogelarten u. ihre Eier. 30.—40. Taus. (Neue [Titel-]Ausg.) gr. 8. (61 S. m. 25 farb. Taf.) Halle [895.] (901). H. Gesenius. Geb. in Leinw. n. 2.—

— schädliche Vogelarten. gr. 8. (44 S. 24 farb. Taf.) Gera-Untermhaus 896. F. E. Köhler. Geb. in Leinw. n. 2. —

Köhler's schädliche Vogelarten. (Neue [Titel-]Ausg.) gr. 8. (44 S. m. 24 farb. Taf.) Halle [896.] (901). H. Gesenius. Geb. in Leinw. n. 2. —

Köhler's schädliche Vogelarten. 3. verb. Aufl. 13.-18. Taus. (II, 44 S. m. 24 farb. Taf.) 8. Halle (903). H. Gesenius. Geb. in Leinw. n. 2. —

Köhler: Über die Wahrhaftigkeit. 19 S.– Brandenburg, Progr. 1866.

Koehler's litterarischer Weihnachts-Katalog 1897. 10. Jahrg. gr. 8. (60 S., 124 Sp. u. 52 S. m. Abb.) Leipzig, K. F. Koehler, Barsort. n.n. — 50

— wie lieblich sind Deine Wohnungen, Herr Zebaoth! Predigt zum 25jähr. Jubiläum der St. Pauls-Kirche zu Schwerin 1894, 29. Juni. Petri Paulstag. gr. 8. (15 S.) Ebd. 894. — 30

Köhler, über die Wirkungen des Chinin. [Aus: „Sitzungsber. der naturf. Ges. zu Halle".] gr. 4. (4 S.) Halle 877. Schmidt. n. — 60

— über die Wirkungen der Mutterkornpräparate. [Aus: „Sitzungsber. d. naturforsch. Gesellsch. zu Halle".] 4. (2 S.) Ebend. 874. n. — 30

—— Wirtschaftsfreund. Mitteilungen über Landwirtschaft, Obst- und Gartenbau, Blumenzucht, Hundesport, Geflügel- und Singvögelzucht, Fischzucht, Bienenzucht und das gesamte Hauswesen. Redakt.: Blancke, G. Meyer, Jean Bungartz. 1. Jahrg. 1887. 52 Nrn. (à Nr. 2—3 Bog.) Fol. Ebendas. * 3 —

—— dass. — Redakt.: Blancke und G. Meyer. 2. Jahrg. 1888. 52 Nrn. (à Nr. 2—3 Bog.) Fol. Ebendas. * 3 —

—— Wirtschaftsfreund. Mitteilungen üb. Landwirtschaft, Obst-, Wein- u. Gartenbau rc. [v. 5. Jahrg. ab] nebst Lesehalle. 3.—6. Jahrg. 1889—1892. à Jahrg. 52 Nrn. (à Nr. 2 Bog. m. Abbildgn.) gr. 4. Ebd. à Jahrg. * 3 —

— Wirtschaftsfreund. Mitteilungen üb. Landwirtschaft, Obst-, Wein- u. Gartenbau rc., nebst Lesehalle. Hrsg. u. red. unter Mitwirkg. bewährter Fachmänner. 5.—8. Jahrg. 1891—1894. à 52 Nrn. (2 Bog. m. Abbildgn.) gr. 4. Ebd. à Jahrg. n. 3. —

— Wirtschaftsfreund. Mitteilgn. üb. Landwirtschaft, Obst-, Wein- u. Gartenbau rc., nebst Lesehalle. Hrsg. u. red. unter Mitwirkg. bewährter Fachmänner. 9.—11. Jahrg. 1895—1897. à 52 Nrn. (à ca. 2 Bog. m. Abb.) gr. 4. Minden. Dresden, A. Riedrich. à Jahrg. n. 3. —

Köhler's Wirtschaftsfreund. Fortsetzg., s.: Haus- u. Wirtschaftsfreund.

Koehler's Zeppelin-Almanach. 2. Jahrg. Illustr. Jahrbuch der Luftschiffahrt. Huldigung der deutschen Dichter an den Grafen Zeppelin. Hrsg. unter Mitarbeit v. Fritz Lienhard, Bertha v. Suttner, Rud. Herzog u. a., nebst e. Orig.-Bericht von Sr. Exz. Graf Ferd. v. Zeppelin. (84 S. m. 60 Abb. auf 15 Taf. u. eingedr. Kartenskizzen.) 8. Gera-Untermhaus (909). Dr. W. Koehler. 1. —; geb. in Leinw. 1. 80
Der 1. Jahrg. erschien u. d. T.:

— Zeppelin-Kalender. 1. Jahrg. 1909. Illustr. Chronik d. Luftschiffahrt, m. Orig.-Beiträgen v. Otto Jul. Bierbaum u. Fritz Lienhard hrsg. v. W. Koehler. (95 S. m. 19 Vollbildern.) 8. Ebd. 1.—; geb., m. Zeppelinmarke 2. —

Köhler, Zusammenstellung derjen. Strassenzüge, f. welche in d. 3. Abthl. d. Vereinszolltarifs f. 18$^{40}/_{42}$. entwed. e. höherer od. e. niedrigerer Durchgangszoll geord. ist, als d. in d. Regel zu entrichtende. Lithogr. gr. Fol. Leipzig 840, Friese. *

Köhler, A., Anleitung zum Studium der deutschen Geschichte. Im Auftrage von Lamprecht hrsg. (20 S.) 8. Leipzig 905. Roth & Schunke. n. — 50

Köhler, A., arithmetische Aufgaben, s.: Lieber, H.

— mathematische Aufgaben f. die Prima der höheren Lehranstalten. II. Tl. (V, 74 S.) 8. Ebd. 904.
Geb. n.n. 1. 70; Auflösungen. (55 S.) 1. —
Tl. 1 u. d. T.: Lieber, H., u. A. Köhler, arithmetische Aufgaben. Ebd. 899. n. 2. 70; geb. n. 3. —.

— Aufgaben üb. die arithmetische u. geometrische Reihe u. Zinseszinsrechnung. (S. 205—232.) gr. 8. Berlin 903. L. Simion Nf. n. — 60
Sonderabdruck aus: „Lieber u. Köhler, arithmet. Aufgaben".

Koehler, A., de corporibus oryzoideis. Gryphisw 27 S
Schul-/Univ.-Schrift 1865.

Köhler, A., s. Corruption.

Köhler, A: Eine mikrophotographische Einrichtung für ultravioletten Licht (λ = 275 $\mu\mu$) und damit angestellte Untersuchungen organischer Gewebe Leipzig (1904)

Köhler, A: Swingles Einstellverfahren für die Mikrophotographie mit ultraviolettem Licht. (Leipzig 1907)

Köhler, A: Ein lichtstarkes Sammellinsensystem für Mikroprojection. Leipzig 1902

Köhler, A: Mikrophotographische Untersuchungen mit ultraviolettem Licht Leipzig 1904

Koehler, A. (II.), Whist-Aufgaben und Whist-Preisräthsel. 16. (16 S. mit 8 Sint. in qu. 4.) Berlin 858, Behrend.

Köhler A. A.: Untersuchungen üb. die Phalangenbänder d. Hausthiere u. das Vorkommen d. Sesambeine an den Zehen d. Fleischfresser. Diss. (Bern). Berl. 1902. 42 S. Fig. (Sertr.). P.

Köhler, A. C. F.

— f. Beschreib. d. e. einfachen Mittels, um e. Boot auf d. Wasser leicht fortzubewegen rc.

— Beschreib. d. neuerfund. Wollmessers. Mit 1 Kpft. gr. 8. (Zwickau 823. Gebr. Schumann). 18 K

Köhler, A. G. F., über die Nutzbarkeit d. Kammwoll-Maschinen-Spinnerei für d. deutschen Wollenzeugmanufacturen rc. gr. 8. Leipz. 827. Baumgärtner. 4 K

Köhler, Vorricht. z. leichten Beweg. eines Bootes a. d. Wasserpartieen in Engl. Gärten. mit Kupf. 4. Lpz. Baumgärtner. 805.

Köhler, A. F., Predigt üb. Sprüche Salomo's XIV. v. 8. gr. 8. Halle, Hemmerde u. Schw. 812.

Köhler, A. H., Asien nach den besten Quellen, besonders engl. u. russ. Originalkarten neu entworfen. Fol. Leipzig 847, Hinrichs. n. $^{1}/_{4}$ ß

— Australien oder Oceanien. Nach den besten Quellen, besonders nach d'Urville, Rienzi, Meinecke etc. neu entworfen. Fol. Ebd. 847. n. $^{1}/_{4}$ ß

Köhler, A. H.: Königreich D ä n e m a r k und die Herzogthümer Schleswig, Holstein und Lauenburg, so wie die Gebiete der freien Städte Hamburg und Lübeck. Nach Originalkarten neu entw. u. gez. v. A. H. Köhler, durchgesehen und ergänzt v. F. Geerz. 1:1000000. Leipzig. 1815. Kupferstich und Farbendruck. 1 Bl. Imp.-Fol., 52,3/44,6 cm (besch.) Auf Leinwand gezogen. Mit 4 Nebenkärtchen: Island, 1:5000000 Bornholm, Far-Öer. 1:2000000 und Grundriss von Kopenhagen. Kjöbenhavn.

— Frankreich nach Originalkarten u. Ortsbestimmungen entworfen. Fol. Ebd. 847. n. $^{1}/_{4}$ ß

— Großbrittannien u. Irland 2c., mit einer statist. Tabelle u. Zeittafel zur Geschichte von England. gr. Fol. Leipzig 841, Hinrichs. 5/12 ℛ

Köhler, A. H., Stereographische Horizontalprojection der westl. u. östl. Halbkugel der Erde. Nach den neuesten Entdeckungen von Roß, Simpson, Deafe, Wilkes, Biscoe, Graham, Kamp, Dumont d'Urville, gestochen von H. Leutemann. gr. Fol. col. Leipzig 843, Hinrichs'sche Buchh. 1/4 ℛ

Köhler, A H, Karte von Nordwest-Deutschland Revid. Ausg. Leipzig, Hinrichs' Verlag, 1863. gr. Fol. Kupferst. u. kolor.

— Nord-Amerika u. West-Indien. Nach den neuesten Bestimmungen u. Reiseberichten entworfen. Fol. Ebd. 847 n. 1/4 ℛ

Köhler, A H, Reisekarte von Deutschland Mit möglichster Berücksichtigung der oro- und hydrographischen Verhältnisse nach den besten Hülfsmitteln neu bearb Gestochen von H Leutemann Leipzig, Hinrichs, 1846 gr. Fol
— -, - - Ebda 1851 gr Fol 1/4 ℛ)

— Schweden, Norwegen u. Finland. Nach Originalkarten, Littrow's Längen- u. Breitenbestimmungen nach den neuesten Reiseberichten entworfen. Fol. Ebd. 847. n. 1/3 ℛ

— Süd-Amerika. Nach den neuesten Quellen entworfen. Fol. Ebd. 847. n. 1/4 ℛ

Versuch einer konsequenten Beantwortung der Frage: Ziemt es einem Prediger, Maurer zu werden? von A. K. Z. K[öhler]. Guben: Tischer; Leipzig: Engelmann in Comm. 1814. 162 S. 8⁰
cf. EzALZ. 4 (1817) Sp. 161—165.
Kl. 586, Tt. 1643. Gegen einen Aufsatz des Predigers Brumleu im „Journal zur Veredlung des Predigerstandes" 1811 Bd 1 gerichtet. Verkennt die gute Sache der Frmrei nicht, hält es aber für unnötig u. unzweckmässig, dass ein gläubiger Christ dem Bunde beitrete.

Köhler, A. N., s. K ö h l e r, Andreas Rudolf

Köhler, A. W Logarithmisch-trigonometrisches Handbuch. Leipzig, 1829.

Köhler, Adf., das steuerpflichtige Einkommen. Anleitung u. Hilfsmittel zur Anfertigg. der Einkommensteuer-Erklärgn. nach den Anfordergn. des hess. Einkommensteuergesetzes nebst kurzem Anh. über das bei Ergreifung e. Rechtsmittels zu beobacht. Verfahren. gr. 8. (IV, 82 u. 10 S.) Gießen 899. E. Roth. n. 1.20

(**Köhler, Adolf**:) Kurorte und Sommerfrischen in Nordmähren u. Schlesien nach d. Stande v. Frühj. 1905. Hrsg. v. d. Sekt. Wien d. Mähr.-schles. Sudetengeb.-Ver. 3. Ausg. (Wien '05). 98 S.

Köhler, Adolf A.

Köhler, A. A glance at Lord Byron as a dramatist. Jever, G., 1877. 11 S. 4. Progr.

Köhler, Alb., Religionsgeschichte u. Religionsunterricht. Eine zeitgemässe Betrachtg. u. e. freies Wort f. die freie Schule. Dem deutschen Lehrerstande als Fest- u. Morgeugabe zur 31. allgem. deutschen Lehrerversammlg. dargebracht. gr. 8. (48 S.) Leipzig 893. Grübel & Sommerlatte. n. — 75

Koehler, Alb., Studien über Ester der Bernsteinsäure und Oxalsäure. Inaugural-Dissertation. 8. (48 S.) Königsberg i. Pr. 885, (Koch's Antiqu.) **

Köhler, Alb. Die Wiederholungswochen vor dem Richterstuhle d. Pädagogik u. Psychologie. Eine krit. Studie. 1. u. 2. Aufl. 8. (23 S.) Lpz. 892, Grübel u. Sommerlatte. * — 40

Köhler, Alban

Köhler, Alban, die normale u. patholog. Anatomie des Hüftgelenks u. Oberschenkels in röntgenograph. Darstellung, s.a. Fortschritte auf dem Gebiete der Röntgenstrahlen. 12. Erg.-Bd.

Die normale und pathologische Anatomie des Hüftgelenks und Oberschenkels in röntgenographischer Darstellung von Dr. Alban Köhler, Arzt in Wiesbaden. Mit 12 Taf. u. 35 Abb. Hamburg: L. Gräfe & Sillem 1905. (151 S.) 4°
= Archiv u. Atlas d. normalen u. pathol Anatomie in typischen Röntgenbildern. [12.]
= Fortschritte auf d. Gebiete d. Röntgenstrahlen. Erg.Bd 12. [05. 2004

Köhler, A., d. Behandlung d. chron. Unterschenkelgeschwürs, s.a. Sammlung klin. Vorträge.

Die Behandlung des chronischen Unterschenkelgeschwürs. Von A[lb.] Köhler, (Berlin). *Leipzig: Breitkopf & Härtel 1898.* (28 S.) 8.
— Sammlung Klinischer Vorträge. N. F. No 231. n. .98. 12315

Köhler, Alban [aus Petsa '(Sachsen-Altenb.)']: Über Hypophysentumoren ... Freiburg i. B., F. Wagner'sche Buchdr., 1897; 42 S. 8.
Freiburg i. B., Med. Fak., Inaug.-Diss. v. 1897

Köhler, Alban, Knochenerkrankungen im Röntgenbilde. hoch 4. (VII, 78 S. m. 17 Fig. u. 20 Taf.) Wiesbaden 901. J. F. Bergmann. Kart. n. 20.—

Köhler, Alban, Lexikon der Grenzen des Normalen u. der Anfänge des Pathologischen im Röntgenbilde. (VII, 177 S. m. 73 Abb.) gr. 8. Hamburg 910. L. Gräfe & Sillem. 5.50; geb. in Leinw. 6.50

— zur Röntgendiagnostik der kindlichen Lungendrüsentuberkulose. Mit 3 Abbildgn. im Text u. 15 Illustr. auf 3 Taf. (III, 42 S.) gr. 8. Hamburg 906. L. Gräfe & Sillem. n. 4.—

Köhler, Albert

Köhler, Alb., Grundriss e. Geschichte der Kriegschirurgie, s.a. Bibliothek v. Coler. 7. Bd.

Grundriss einer Geschichte der Kriegschirurgie. Von Prof. Dr. Alb[ert] Köhler, Oberstabsarzt. Mit 21 Abb. *Berlin: A. Hirschwald 1901.* (137 S.) 8°
— Coler, v., Bibliothek. Bd 7. [01. 11358

— über Hieb- u. Stichwunden im Kriege, s.: Vorträge üb. ärztliche Kriegswissenschaft.

Köhler, A., die erste ärztliche Hülfe bei Unfallverletzten. Beiträge zur Unfallheilkunde. (44 S.) 8. Berlin 909. A. Hirschwald. 1.—

— Kriegschirurgen u. Feldärzte des 17. u. 18. Jahrh., s.a. Veröffentlichungen a. d. Gebiete des Militär-Sanitätswesens. 18. Hft.

Koehler, Albert: K r i e g s c h i r u r g e n und Feldärzte des 17. und 18. Jhs. v. Prof. Dr. Albert Koehler, Oberstabsarzt I. Cl. M. 13 Port., 5 Abb. u. 2 Pl.
Berlin: A. Hirschwald 1899. X, 269 S., 20 Taf. u. Portr. 1 Bd. 8°
= Kriegschirurgen, Die, u. Feldärzte Preussens u. and. deutscher Staaten in Zeit- u. Lebensbildern. Th. I.
= Veröffentlichungen aus d. Gebiete d. Militär-Sanitätswesens. H. 13.

— dasselbe, aus der 1. Hälfte des 19. Jahrh., s.: Bock u. Hasenknopf.

Köhler, A., Kriegschirurgen u. Feldärzte der Neuzeit, s.a. Veröffentlichungen aus dem Gebiete des Militär-Sanitätswesens, 27. Hft.

Köhler, Albert: K r i e g s c h i r u r g e n und Feldärzte der Neuzeit. Von Prof. Dr. Albert Köhler, Oberstabsarzt. Mit 1 Titelbilde, 42 Portr., 7 Abb. u. 3 Taf.
Berlin: A. Hirschwald 1904. VIII, 385 S. 8°
= Kriegschirurgen, Die, u. Feldärzte Preußens. T. 4.
= Veröffentlichungen aus d. Geb. d. Militär-Sanitätswesens. H. 27.

*Köhler, Albert: August Hermann Niemeyers Stellung zu Religion und Religionsunterricht. S. 3—12. 8.
Progr. Zur Gedächtnisfeier für Ph. A. Just Gymn. *Zittau* 1906.

KOEHLER, ALBERT. Studien über Ester der Bernsteinsäure und Oxalsäure. Königsberg i. Pr., 1885.

Koehler, A., historische Untersuchungen üb. das Einheilen u. Wandern v. Gewehrkugeln, s.a. **Veröffentlichungen aus dem Gebiete d. Militär-Sanitätswesens.**

Köhler, A[lbert]: Historische Untersuchungen über das Einheilen und Wandern von Gewehrkugeln. Berlin 1892. 35 S.
(Veröffentlichungen aus d. Gebiete d. Militär-Sanitätswesens. H. 1.)

Köhler, Albert (geb. Zellerfeld im Harz 29. 10. 1850) Ueber Vergiftung mit Salzsäure. Berlin (1873). (31 S.) 8°
Berlin, Med. Diss. v. 2. Aug. 1873

Köhler, Albert Paul, s. K ö h l e r , Paul

Koehler, Albert Rud. (geb. Salze bei Magdeburg 22. 12. 1841): De cordis degeneratione adiposa. Berolini (1866). (31 S.) 8°
Berlin, Med. Diss. v. 30. Juni 1866

Köhler, Albin [aus Zwonitz i. Erzgeb.]: Ueber Nitroderivate des Methyluracils .... Leipzig. *Druck v. Wilhelm Keller in Giessen,* 1886; 28 S. + 1 Bl. 8°.
Leipzig, Phil. Fak. Inaug.-Diss. v. 5. Jun. 1887.

K ö h l e r , A l b i n, über Nitroderivate des Methyluracils. Diss. Leipzig 1886, Gustav Fock. 8°. 28 S.

Köhler, Albrecht

Koehler, Albr., de auctorum belli africani et belli hispaniensis latinitate. gr. 8. (108 S.) Erlangen 877. Deichert. n. 2. —

Köhler, Albrecht [Dr.]: Über die Sprache der Briefe des P. Cornelius Lentulus Spinther (Cicero ep. ad fam. XII, 14 u. 15). Nürnberg, Druck d. F. Walz'schen Offic., 1890; 43 S. 8°
Nürnberg, k. altes G, P 1890.

Köhler, A., üb. die Sprache der Briefe d. P. Cornelius Lentulus Spinther (Cicero ep. ad fam. XII, 14. 15). gr. 8. (43 S.) Nürnberg 890. (Ballhorn.) n.n. 1. —

— de Tyrtaei in ed. Bergkiana fragmento tertio. gr. 8. (8 S.) Ebend. 877. n. — 40

Köhler, Alexander

Bedingung, die, zur Emancipation der Juden. Mit Bezug auf die neuesten Ereignisse. Von E. K. 8. (13 S.) Wien 848, (Jasper, Hügel &) Manz. n. 2 ngl

Köhler, Alexander Wilhelm

Köhler, Ritter Alex. Wlh., († d. 23. Dec. 1832.) Anleitung zu d. Rechten u. d. Verfass. bei dem Bergbaue im Königreiche Sachsen. 8. Fiberg 786. Craz u. G. 18 gr 2e verm. u. zum Theil umgearb. Aufl. Mit 2 Steint. 8. Ebd. 824. 1 rl 18 gr

— bergmännisch. Journal, s. Journal.

— bergm. Kalender, s.a. Kalender.

K ö h l e r , Alexander Wilhelm (Herausgeber): „Bergmännischer Kalender für das Jahr 1790 (1791)", Freyberg und Annaberg 1790 bis 1791. — Vorh.: LB Dresden.

— Leben des Bergraths Gellert, nebst Standrede. 4. Frberg 795. Craz u. G. 4 gr

— s. Taschenbuch, bergmännisches.

Köhler, Alfr., moderne vornehme Dekorationen. I. Serie. Vorbilder moderner Arrangements f. Fenster-, Türen- sowie Bett- u. Erker-Dekorationen in farb. Ausführg 32 Taf. Orig.-Entwürfe. (gr. Fol.) Nebst Text. (4 S.) 4. Düsseldorf (904). F. Wolfrum. In Mappe n. 50. —
Erschien auch in 4 Lfgn. à n. 12.—.

Köhler, Alfred, Rechtsprakt.: Das Eigentum des Staates an den öffentlichen Gewässern in Bayern. Borna-Leipzig 1910: Noske. VIII, 59 S. 8°
Erlangen, Jur. Diss. v. 9. Juli 1910, Ref. Rieker
[Geb. 1. Okt. 83 Gimmeldingen; Wohnort: Frankenthal; Staatsangeh.: Bayern; Vorbildung: Gymn. Neustadt a. H. Reife 02; Studium: München 5, Erlangen 3 S.; Rig. 7. Juni 10.] [U 10. 721

Köhler, Alfred: Über den Einfluß der Bäuche und Bleiche auf die Kapillarität der Baumwolle. Dresden: Kleinhempel 1908. 56 S. 8°
Dresden, Dr.-Ing.-Diss. v. 22. 1. 1908

Köhler, Alfred, a. Petsa: Zur Kenntnis des symmetrischen Dimethylhydrazins. Jena (1906): G. Neuenhahn. (34 S.) 8°
Jena, Phil. Fak., Ref. Knorr, Diss. v. 2. Juli 1906
[Geb. 17. Dez. 81 Petsa, Sachsen-Altenburg; Wohnort: Altenburg; Staatsangeh.: Sachsen-Altenburg; Vorbildung: Realgymn. Altenburg Reife O. 01; Studium: Jena 10 S.; Rig. 7. März 06.]

Koehler, Alfred [pr. Arzt aus Schlesien]: Ueber reine Papillo-Retinitis sympathica m. Berücks. e. Falles aus d. Greifswalder Univ.-Augenklinik ... Greifswald, Druck v. J. Abel, 1897; 22 S. 8.
Greifswald, Med. Fak., Inaug.-Diss. v. 14. Aug. 1897

Köhler, Alfred: Über die hauptsächlichsten Versuche einer mathematischen Formulirung des psychophysischen Gesetzes von Weber .... (Sep.-Abdr. aus Wundt's Philosoph. Studien. Bd. III. 4.) Leipzig, Wilhelm Engelmann, 1886; 1 Bl. + 71 + 1 S. 8°.
Leipzig, Phil. Fak., Inaug.-Diss. v. 11. Aug. 1886.

Köhler, Alwin, aus Nordhausen: Mitteilungen aus dem botanischen Museum der Universität Zürich. XXV. Der systematische W e r t der Pollenbeschaffenheit bei den Gentianaceen. [Mit 3 Tafeln.] Zürich 1905. 73 S. 8°. [9. III. 05.]
Zürich. Phil. Diss. II. S. 1904/1905.

K ö h l e r , Alwin, Plan zur Erbauung einer Turnhalle f. d. Dtsch. T. V. in Dux. Ansicht, Querschnitte und Risse, 2 Bl.

Köhler, Amand, über Stricturen der Harnröhre, insbesondere über den Werth des Linhard'schen Urethrotoms. Diss. München 1886, A. Buchholz. 8°. 27 S.

Köhler, Amand [prakt. Arzt aus Wunschelburg i Schl.]: Ueber Stricturen der Harnröhre, insbesondere über den Werth des Linhard'schen Urethrotoms .... München, Kgl. Hof- & Univ.-Buchdr. v. Dr. C. Wolf & Sohn, 1886; 27 S. 8°.
München, Med. Fak., Inaug.-Diss. v. 1886.

Köhler, Andr., Einleit. z. d. reinen deutsch. Poesie, nach d. Grunds. ber. Poeten. 8. Halle, Krug. 734.

Köhler, Andreas Rudolf

Köhler, Andr. Rud., († d. 1. April 1827.) Sammelte u. ordnete die Materialien zu der: Beschreib. d. Hall. Waisenhauses. Die eigentl. Verfass. u. Herausgeber sind die Prof. Schulze, Knapp u. A. H. Niemeyer.

Köhler, A. N. Beschreibung des Hallischen Waisenhauses und der damit verbundenen Frankeschen Stiftung etc. mit Kupfern und Figuren. 1794

Koehler, Andreas Rudolf]: Beschreibung des Hallischen Waisenhauses und der übrigen damit verbundenen Frankischen Stiftungen nebst der Geschichte ihres ersten Jahrhunderts. *Zum Besten der Vaterlosen. Halle: Waisenhaus-Buchhandlung 1799. XVI, 214, (4) S., ill., Karte.*

Köhler, Anna, über das private Handelsschulwesen in Deutschland, s.a Schriften des kaufmännischen Verbandes f. weibliche Angestellte. Nr. 5a.

Köhler, Anna: Über das private Handelsschulwesen in Deutschland. — Berlin 1906: (Chasté). 48 S. 8° (Schriften d. kaufmänn. Verbandes für weibl. Angestellte. Nr 5 [vielm. 6 a].)

Köhler, Ant., der Denkrechner. Eine theoret.-prakt. Anleitung z. Kopfrechnen. 2., umgearb. u. verm. Aufl. 8. (13 B.) Wien 843, Pichlers sel. Wwe. (Leipzig, Liebeskind.)

Kohler, Ant., Edelsteine, gesammelt aus den Worten der heil. Schrift, der Heiligen Gottes und frommer Seelen. 2. Aufl. 32. (V, 311 S.) Nördlingen 888, Reischle. geb. *
geb. mit Goldschn. **

Köhler, Ant., d. Kopfrechner. Eine theoret. Anleit. zum Kopfrechnen. gr.8. Wien 826. Gollinger. 6 gl (Liebeskind in Lpz.) 8 gl

Kohler, Ant., Kornblumen, gesammelt auf der Dichter Aehrenfeld. Blumenlese von Sinn- und Denksprüchen auf jeden Tag des Jahres. 16. (III, 801 S.) Nördlingen 887, Reischle.
geb. in Leinw. *
geb. mit Goldschn. **

Köhler, Ant. — Meßgesänge und Kirchenlieder zum Gebrauche beim öffentlichen Gottesdienste für die Jugend. Gesammelt von — . Wien. 1855. Druck und Verlag von A. Dorfmeister. (32 S. 8)

Köhler, Anton, a. Limburg a. L.: Untersuchungen über das Ovarium der Hemipteren. Marburg 1907: (Breitkopf & Härtel, Leipzig). (49 S.) 8° ¶ (Aus: Zeitschrift f. wissensch. Zoologie Bd 87 H. 3.)
Marburg, Phil. Fak., Ref. Korschelt, Diss. v. 20. April 1907
[Geb. 23. Mai 79 Frankfurt a. M.; Wohnort: Limburg a. L.; Staatsangeh.: Preußen; Vorbildung: Goethe-Gymn. Frankfurt Reife M. 97; Studium: München 2, Berlin 2, Marburg 6 S.; Rig. 12. Dez. 06.]

Koehler, Arminius: De Myelini quod vocant constitutione chemica disquisitio. Halae (1867): Ploetz. 31 S. 8°
Halle-Wittenberg, Med. Hab.-Schr. v. 22. Mai 1867
Verf. führte seine Forschungen weiter u. d. T.: Chemische Untersuchungen über die faelschlich Hirnfette genannten Substanzen und ihre Zersetzungsprodukte. Halle: Pfeffer 1868. VIII, 85 S., 1 Taf

Köhler, Armin, Curonus. Ueber Thrombose und Transfusion, Eiter- und septische Infection und deren Beziehung zum Fibrinferment Diss Dorpat. 8°. 134 pp 1877.

Köhler, Armin, über Tromboso u. Transfusion, Eiter- u. septische Infection u. deren Beziehung zum Fibrinferment. Experimentelle Untersuchgn. gr. 8. (VI, 184 S.) Dorpat 877. Schnakenburg. n. 2. 40

Köhler, Arno, Staatl. appr. Nahrungsmittelchemiker u. Apotheker, Assist. am Inst. f. Pharmazie u. Nahrungsmittelchemie d. Univ. Jena: Über Petroselinsäure, eine neue isomere Ölsäure. Weimar 1909: Hof-Buchdr. 32 S. 8°
Jena, Phil. Diss. v. 15. April 1909, Ref. Vongerichten
[Geb. 23. Okt. 79 Weimar; Wohnort: Weimar; Staatsangeh.: Sachsen-Weimar; Vorbildung: Realgymn. Weimar Einj.-Freiw. Zeugn. O. 97; Studium: Jena 7 S.; Rig. 12. Febr. 09.] [U 09. 2193

Köhler, Arthur, prakt. Arzt: Aus d. Augusta-Hospital d. Vaterländ. Frauenvereins. (Chefarzt Prof. Dr. Tietze.) Über Hernientuberkulose. *Breslau 1903: Bresl. Genoss.-Buchdr.* (65 S.) 8°
Breslau, Med. Diss. v. 4. Mai 1903

Köhler, Arthur: Der Philosoph Carl Christian Friedrich Krause als Geograph. Leipzig [1904]: Bär & Hermann. (94 S.) 8°
Leipzig, Phil. Fak., Ref. Ratzel u. Heinze, Diss. v. 22. Okt. 1904
[Geb. 29. Apr. 76 Noßwitz b. Rochlitz; Wohnort: Noßwitz; Staatsangeh.: Sachsen; Vorbildung: Seminar Grimma u Rochlitz Reife O. 96; Studium: Leipzig 6 S.; Rig. 30. Dez. 04.]

Köhler, Arth., der Philosoph Carl Christian Friedrich Krause als Geograph. (94 S.) gr. 8. Leipzig 905. Dieterich. n. 2. —

Köhler, Arthur: Verfassung, Soziale Gliederung, Recht und Wirtschaft der Tuareg. *Gotha 1903: F. A. Perthes.* (VIII, 66 S.) 8° ¶ [= Geschichtl. Untersuchungen Bd 2, H. 1].
Leipzig, Phil. Diss. v. 1903

— Verfassung, soziale Gliederung, Recht u. Wirtschaft der Tuareg, s.a. Untersuchungen, geschichtliche. II. 1.

Verfassung, soziale Gliederung, Recht und Wirtschaft der Tuareg. Von Arthur Köhler. *Gotha: F. A. Perthes 1904.* (VIII, 64 S.) 8°
= Untersuchungen, Geschichtliche. Bd 2, H. 1. 04. 340

Köhler, Arth., s.: Wedell, Otto v., u. Clementine v. der Goltz, Briefe e. preußischen Offiziers an seine Braut.

Köhler, Arthur Armin [II. Thierarzt am stadtbremischen Schlachthofe zu Bremen]: Aus dem anatomischen Institut der Kgl. Thierärztl. Hochschule in Dresden. (Prof. Dr. Baum). Untersuchungen über die Phalangenbänder der Hausthiere und das Vorkommen der Sesambeine an den Zehen der Fleischfresser. Mit 7 Abbildungen im Text. (S.-A. aus dem Archiv für wissenschaftliche und praktische Thierheilkunde, Bd. 29. 1903.) Berlin 1902. 42 S. 8°.
Bern, Vet.-med. Diss. 1901. 1902.

Köhler, August [aus Darmstadt]: Beiträge zur Anatomie der Gattung Siphonaria ... Jena, G. Fischer, 1893; 1 Bl., 85 S. 8.
Giessen, Phil. Fak., Inaug.-Diss. v. 1893

Köhler, Aug., üb. Berechtigg. d. Kritik d. alten Testamentes. gr. 8. (68 S.) Leipzig 895. A. Deichert Nachf. n. 1. —

Köhler, Aug. (II.), über Berichtigung der Luther'schen Bibelübersetzung. Ein Wort zur Verständigung an die Gemeinden. gr. 8. (20 S.) Erlangen 886, Deichert'sche Universitäts-Buchh. Nachf. *

Köhler, A. (I.), die Bewegungsspiele des Kindergartens. Lex.-8. (82 S.) Weimar (861)62, Böhlau. *

Köhler, Aug. (I.), die Bewegungsspiele des Kindergartens. Nebst einem Anh. von Ball-, Kugel- und Bauliedern und kurzen Sprüchen. 2., umgearb. und verm. Aufl. gr. 8. (XXXII und 164 S.) Weimar 866, Böhlau. *

Köhler, Aug., die Bewegungsspiele des Kindergartens. Nebst einem Anh. von Ball-, Kugel- u. Bauliedern u. kurzen Sprüchen. 2. Aufl. (XXXII, 164 S.) 866. u. 3., umgearb. u. verm. Aufl. Weimar 870. Böhlau. gr. 8. (XLIII, 168 S.) n. 1 ₰

Köhler, Aug. (I.), die Bewegungsspiele des Kindergartens. Nebst einem Anhang von Ball-, Kugel- und Bauliedern. 3. Aufl. (XLIII, 168 S.) 1870. *ℳ 3.; 4. Aufl. (XXXVIII, 172 S.) 1872. *ℳ 3,50., und 5. Aufl. gr. 8. (XL, 172 S. mit eingedr. Holzschn.) Weimar 875, Böhlau. *

Köhler, Aug., die Bewegungsspiele des Kindergartens. Nebst einem Anhang von Ball-, Kugel- u. Bauliedern. 6. Aufl. gr. 8. (XL, 172 S.) Weimar 878. Böhlau. n. 4. —

Köhler, Aug. (I.), die Bewegungsspiele des Kindergartens. Nebst einem Anhang von Ball-, Kugel- und Bauliedern. 7. Aufl. Hrsg. von Adb. Weber. gr. 8. (XL, 172 S.) Weimar 883, Böhlau. *

Köhler, Aug. (I.), die Bewegungsspiele des Kindergartens. Nebst einem Anhang von Ball-, Kugel- und Bauliedern. 8. Aufl. Hrsg. von Adb. Weber. gr. 8. (XL, 172 S.) Weimar 888, Böhlau. *

—— dass. — 2. Abdr. gr. 8. (LX, 172 S.) Ebendas. 888. *

Köhler, Aug., die Bewegungsspiele d. Kindergartens. Nebst e. Anh. v. Ball-, Kugel- u. Bauliedern. 9. Aufl. Hrsg. v. Adb. Weber. gr. 8. (XL, 176 S.) Weimar 892. H. Böhlau. n. 3. 60

Köhler, Aug., d. Bewegungsspiele des Kindergartens. Nebst e. Anh. v. Ball-, Kugel- u. Bauliedern. 10., verm. Aufl. Hrsg. v. Adb. Weber. gr. 8. (XL, 176 S.) Weimar 895. H. Böhlau's Nachf. n. 3. 60

Köhler, Aug., die Bewegungsspiele des Kindergartens. Nebst e. Anh. v. Ball-, Kugel- u. Bauliedern. 11. verm. Aufl. Hrsg. v. Adb. Weber. gr. 8. (XL, 180 S.) Weimar 899. H. Böhlau's Nachf. n. 3. 60

Köhler, Aug., die Bewegungsspiele des Kindergartens. Nebst e. Anh. v. Ball-, Kugel- u. Bauliedern. 12. verm. Aufl. Hrsg. v. Adb. Weber. (XL, 183 S.) gr. 8. Weimar 903. H. Böhlau's Nachf. n. 3. 60

Köhler, Aug., die Bewegungsspiele des Kindergartens. Nebst e. Anh. v. Ball-, Kugel- u. Bauliedern. 13., der 12. gleichlaut. Aufl. Hrsg. v. Adb. Weber. (XL, 183 S.) gr. 8. Weimar 907. H. Böhlau's Nachf. 3. 60

Köhler, Aug., Bilder aus Coburg u. der Umgegend in Sonetten, u. Gedichte verschied. Inhalts. 2. Ausg. 12. (6¼ B.) Jena 845, Luden. *

—— und Fr. Seidel, Buch der Erzählungen für Mütter, Kindergärtnerinnen und Lehrer. gr. 8. (XXXX, 274 S.) Ebendas. 874. * 4 —

— u. Fr. Seidel, Buch der Erzählungen f. Mütter, Kindergärtnerinnen u. Lehrer. 2. Aufl. gr. 8. (XLVIII, 274 S.) Ebend. 885. n. 4. —

— u. Fr. Seidel, Buch der Erzählungen f. Mütter, Kindergärtnerinnen u. Lehrer. 3., verb. u. verm. Aufl. Hrsg. v. Adb. Weber. gr. 8. (XLVII, 274 S.) Ebd. 897. n. 4. —

— u. Fr. Seidel, Buch der Erzählungen f. Mütter, Kindergärtnerinnen u. Lehrer. 4., verb. u. verm. Aufl. Hrsg. v. Adalb. Weber. (XV, 276 S.) gr. 8. Ebd. 906. n. 4. —

Köhler, Aug. (IV.), practische Darstellung der doppelten Buchhaltung für Spar- und Vorschuss-Vereine, mit den hiezu nöth. Erläuterungen. gr. 8. (100 S.) Eger 887. (Leipzig, Gracklauer.) **

Köhler, Aug. (I.), die Erbsenarbeiten für Kinder, s. Seidel, F.

Köhler, A., Israel's Erwählung. Vortrag, gehalten am 12. Juni 1867 auf der General-Versammlung des rheinisch-westphäl. Vereins für Israel. gr. 8. (23 S.) Cöln 867, (Roemke und Comp.) *

Köhler, Aug., neu eröffnete Erwerbsquellen für industriöse Geschäftsmänner. Oder Nachweisung und Anleitung zum Betriebe einfacher, zeitgemäßer Industriezweige für kleinere Unternehmer, welche mit geringer Anlage einen soliden, vortheilhaften Erwerb, u. für Kauf- u. Handelsleute, welche ein einträgliches Nebengeschäft suchen. Prakt. Anweisungen zur Anfertigung u. Herstellung der mannigfaltigsten ꝛc. Fabrikate u. Handels-Artikel ꝛc. Quedlinburg 853. Basse. 8. (IV, 285 S.) 25 ngr.

— die neue Erziehung. Grundzüge der pädagog. Ideen Fröbels u. deren Anwendg. in Familie, Kindergarten u. Schule. gr. 8. (41 S.) Ebend. 873. n. — 80

—— das Fröbel'sche Faltblatt als Anschauungs- und Darstellungsmittel für die Schüler der beiden ersten Schuljahre bearb. und allen Lehrern und Kindergärtnerinnen zur Begutachtung vorgelegt. Lex.-8. (39 S. mit eingedr. Holzschn. und 8 Holzschnt.) Weimar (861)62, Böhlau. *

Köhler, Aug. (I.), das Fröbel'sche Faltblatt als Anschauungs- und Darstellungsmittel für die Schüler der beiden ersten Schuljahre. 2. verm. und verb. Aufl. Lex.-8. (39 S. mit eingedr. Holzschn. und 3 Stnt.) Weimar 872, Böhlau. * 1 —

—— das Fröbel'sche Flechtblatt. XIII. Gabe. Eine Flechtlehre für Eltern, Lehrer und Kindergärtnerinnen, welche 3—10jähr. Zöglinge und Schüler nützlich beschäftigen wollen. Lex.-8. (V und 65 S. mit eingedr. Holzschn. und 8 Stnt.) Weimar 863, Böhlau. *

Köhler, Aug., Garnison-Karte der preuss. Armee u. der zum norddeutschen Bunde gehörigen Contingente. 2. Aufl. Lith. Berlin 868. Nolte. Imp.-Fol. n.n. 7½ ngr.

Köhler, August, Dr.: Die Grenzlinien zwischen Idealkonkurrenz und Gesetzeskonkurrenz. *München: C. H. Beck 1900.* (185 S.) 8° [J.]
München, Jur. Hab.-Schr. v. 1899
(Nicht für den Austausch)

Köhler, August, über die Grundanschauungen des Buches Koheleth. Rede beim Antritt des Prorectorats der kgl. b. Friedrich-Alexanders-Universität Erlangen am 4. Nov. 1885 gehalten. Erlangen 1885, Th. Blaesing. 4⁰. 16 S.

Ueber die Grundanschauungen des Buches Koheleth. Rede beim Antritt d. Prorectorats der kgl. b. Friedrich-Alexanders-Univ. Erlangen am 4. Nov. 1885 gehalten von D. August Köhler, ord. Professor der Theologie.... Erlangen, Druck v. C. Th. Jacob, 1885. 16 S. 4⁰.

—— über die Grundanschauungen des Buches Koheleth. Rede, beim Antritt des Prorectorats der königl. bayer. Friedrich-Alexanders-Universität Erlangen am 4. Novbr. 1885 gehalten. gr. 4. (16 S.) Erlangen 885, (Meyer.) *

— der Kindergarten in seinem Wesen dargestellt. 28 Fragen für Freunde u. Gegner desselben beantwortet. Weimar 868. Böhlau. gr. 8. (VIII, 148 S.) n. 20 ngr.

— der Kindergarten in seinem Wesen dargestellt. 30 Fragen f. Freunde u. Gegner desselben. 2. verm. u. verb. Aufl. gr. 8. (VIII, 142 S.) Ebend. 874. n. 2. 40

Köhler, Aug. (I.), die niederländische reformirte Kirche. Charakterisirende Mittheilungen über ihren dermal. Zustand. gr. 8. (VII und 120 S.) Erlangen 856, Deichert.

Köhler, Aug. (II.), Lehrbuch der biblischen Geschichte altes Testamentes. 1. Hälfte und 2. Hälfte 1. Lfg. gr. 8. Erlangen, Deichert. [1. Hälfte. (VIII, 498 S.) 875. *ℳ 8.; 2. Hälfte. 1. Lfg. (128 S.) 877. *ℳ 2.] *

Köhler, Aug. (II.), Lehrbuch der biblischen Geschichte Alten Testamentes. 2. Hälfte. 2. und 3. (Schluss-)Lfg. gr. 8. Erlangen, Deichert. [2. Lfg. (S. 129—266.) 881. *ℳ 2.; 3. Lfg. (IV, S. 267—473.) 884. *ℳ 4.] *

Köhler, Aug. (I.). Lehrbuch der biblischen Geschichte Alten Testamentes. 2. Hälfte. 2. Thl. 3 Lfgn. gr. 8. [Erlangen.] Lpz., Deichert Nachf. (1. Lfg. (S. 1—168.) 889. * 3 —; 2. Lfg. (S. 169—312.) 890. * 2 80; 3. Lfg. (V, S. 313—674.) 893. * 7 50.] * 13 80

— die Lehre vom Strafantrag, s.a. Abhandlungen, strafrechtliche.

Köhler, August: Die Lehre vom Strafantrag. Von Rechtspr. Dr. jur. August Köhler in München. Breslau: Schletter 1899. 173 S. 8⁰
= Abhandlungen, Strafrechtliche. H. 18.

[F.] Köhler, August [in München]: Die Lehre von der Vertheidigung nach der Reichsstrafprocessordnung. E. wissenschaftl. Versuch ... Stuttgart, Druck d. Union Deutsche Verlagsges., 1897; 1 Bl., 155 S. 8.
Erlangen, Jur. Fak., Inaug.-Diss. v. 1897

Köhler, Aug., Muster-Alphabete der höheren Calligraphie. Grössere, reich verzierte Buchstaben der Fractur-, Gothischen u. Römischen Schrift. 9 Lfgn. qu. Imp. 4. (50 lith. Taf.) Hamburg 851. 52, Niemeyer. (à n. 9 ngr) cart. n. 3 ₰

Köhler, Aug. (II.), neue Muster-Alphabete für Lithographen, Kalligraphen, Maler etc. 1. und 2. Heft. qu. 4. (à Heft 12 Stnt.) Hamburg 861, Gassmann. à Heft 15 Ngr.

Köhler, Aug. (III.), neue Muster-Alphabete für Lithographen, Kaligraphen, Maler etc. 3.—6. Heft. qu. 4. (à Heft 12 Stnt.) Hamburg 862,63, Gassmann's Verlag. à Heft 15 Ngr.
1. und 2. Heft. Ebendas. 1861. 1 Thlr.

—— neue Muster-Alphabete für Lithographen, Kaligraphen, Maler 2c. 6 Hefte. qu. 4. (à Heft 12 lithogr. Taf.) Hamburg 872, Gaßmann's Verlag. à Lfg. *ℳ 1,50. * 9 —

Inhalt:
Heft 1. Verzierte Cursiv-Schrift.
• 2. Initialen der Mönchs-Schrift.
• 3. Altdeutsche Kirchen-Schrift.
• 4. Deutsche Fraktur-Schrift.
• 5. Römische Schrift.
• 6. Moderne gothische Schrift.

—— 32 (lithogr.) calligraphische Musterblätter aller Schrift-Gattungen mit den verschiedenartigsten Verzierungen im neuesten Geschmack. Für Verehrer der höheren Calligraphie wie insbesondere für Calligraphen, Lithographen, Graveure, Schildermaler. qu. br. 8. Hamburg 850, G. W. Niemeyer.

—— kalligraphische Muster-Blätter aller Schrift-Gattungen mit den verschiedenartigsten Verzierungen, für Verehrer der höheren Kalligraphie, so wie besonders für Kalligraphen, Lithographen, Graveure und Schildermaler. (6., verm. Aufl.) qu. 8. (32 lithogr. Blatt.) Hamburg 861, Gaßmann.

—— kalligraphische Muster-Blätter aller Schrift-Gattungen mit den verschiedenartigsten Verzierungen, für Verehrer der höheren Kalligraphie, sowie besonders für Kalligraphen, Lithographen, Graveure und Schildermaler. 7. Aufl. 1864. 24 Ngr. und 8., verm. Aufl. 4. (32 lithogr. Blatt.) Hamburg 867, Gaßmann's Verlag. In Mappe. *

Köhler, Aug., kalligraphische Muster-Blätter aller Schrift-Gattungen mit den verschiedenartigsten Verzierungen. für Verehrer der höheren Kalligraphie, sowie besonders für Kalligraphen, Lithographen, Graveure u. Schildermaler. 8. u. 9. verm. Aufl. Hamburg 867, 69. Gaßmann's Verlag. 4. (32 lith. Blatt.) In Mappe n. 25 ngr.

—— 32 kalligraphische Musterblätter aller Schrift-Gattungen mit den verschiedenartigsten Verzierungen im neuesten Geschmack, für Kalligraphen, Lithographen, Graveure, Schildermaler, sowie für Verehrer der höheren Kalligraphie. 9.—11., sehr verm. und verb. Aufl. 4. (32 Stnt.) Ebendas. 869—78. * 2 40
Ausg. II. mit farbigem Titel * 2 50

Köhler, Aug., 32 kalligraphische Musterblätter aller Schrift-Gattungen mit den verschiedenartigsten Verziergn. im neuesten Geschmack, für Kalligraphen, Lithographen, Graveure, Schildermaler, so wie für Verehrer der höheren Kalligraphie. 13. Aufl. Lith. qu. 4. Hamburg 878. Gaßmann's Verl. In Mappe. n. 2. 40;
Ausg. II. m. reichverziertem farb. Titel n. 2. 50

Köhler, Aug. (III.), kalligraphische Muster-Blätter aller Schrift-Gattungen mit den verschiedenartigsten Verzierungen für Verehrer der höheren Kalligraphie, so wie besonders für Kalligraphen, Lithographen, Graveure und Schilder-Maler. (14. Aufl.) 8. (32 Bl.) Güstrow 886, Opitz und Comp. In Mappe
Mit reichverziertem farb. Titel

—— die Praxis des Kindergartens. Theoretisch-prakt. Anleitung zum Gebrauche der Fröbel'schen Erziehungs- und Bildungsmittel in Haus, Kindergarten und Schule. 1.—3. Bd. gr. 8. Ebendas. à Bd. *ℳ 4,60. * 13 80

Inhalt:
Bd. 1. Einleitung. Die Sinnes-, Glieder- und Körperübungen. Die Bewegungsspiele. Die Bälle, Kugel, Walze und Würfel. Die getheilten Würfel. 1. Aufl. (X, 242 S. mit 18 lithogr. Taf. Abbild.) 1871. *ℳ 4.; 2. Aufl. (X, 239 S. mit 22 lithogr. Taf. Abbild.) 874.
• 2. Beschäftigungen mit flächen-, linien- und punktartigen Stoffen. Mit form- und gestaltlosen Gegenständen. Musik. Geschichtenerzählen. Lernen von Sprüchen, Verschen und Gebeten. Pflanzen- und Thierpflege als Erziehungsmittel. Mit 39 (lithogr.) Taf. Abbild. 1. Aufl. 1873. *ℳ 4,50., und 2. Aufl. (XII, 199 S.) 875.
• 3. Der Kindergarten als eine für sich bestehende Erziehungsanstalt. Das Kind und seine Erziehung. Die Erziehungsmittel und ihre Anwendung. Von der Einrichtung und Leitung des Kindergartens. Der Kindergarten in Beziehung nach außen. (VIII, 288 S. mit 2 lithogr. Taf. Abbildungen.) 875.

—— die Praxis des Kindergartens. Theoretisch-prakt. Anleitung zum Gebrauche der Fröbel'schen Erziehungs- und Bildungsmittel in Haus, Kindergarten und Schule. 1. Bd.: Einleitung. Die Sinnes-, Glieder- und Körperübungen. Die Bewegungsspiele. Die Bälle, Kugel, Walze und Würfel. Die getheilten Würfel. 3. Aufl. gr. 8. (XII, 239 S. mit 22 lithogr. Taf. Abbild.) Ebendas. 878. *
2. und 3. Bd. Ebendas. 1875,76. à *ℳ 4,60.

— die Praxis d. Kindergartens. Theoretisch-prakt. Anleitg. zum Gebrauche der Fröbelschen Erziehungs- u. Bildungsmittel in Haus, Kindergarten u. Schule. 3. Bd. A. u. d. T.: Die Pädagogik d. Kindergartens. Mit 2 Taf. Abbildgn. 2. verb. Aufl. Hrsg. v. Adb. Weber. (XI, 288 S.) Ebend. 885. n. 4. 60

Köhler, A., die Praxis des Kindergartens. Theoretisch-prakt. Anleitung zum Gebrauche der Fröbel'schen Erziehungs- u. Bildungsmittel in Haus, Kindergarten u. Schule. 2. Bd. Mit 39 Taf. Abbildgn. 3., verb. Aufl. Hrsg. von A. Weber. gr. 8. (XII, 199 S.) Weimar 887. Böhlau. n. 4. 60

— die Praxis d. Kindergartens. Theoretisch-prakt. Anleitg. zum Gebrauche der Fröbelschen Erziehungs- u. Bildungsmittel in Haus, Kindergarten u. Schule. 1. Bd. Mit 22 Taf. Abbildgn. 4. Aufl. Hrsg. v. Adb. Weber. gr. 8. (XII, 239 S.) Ebd. 892. n. 4. 60

— die Praxis des Kindergartens. Theoretisch-prakt. Anleitg. zum Gebrauche der Fröbelschen Erziehungs- u. Bildungsmittel in Haus, Kindergarten u. Schule. 3. Bd. Die Pädagogik des Kindergartens. Mit 2 Taf. Abbildgn. 3. Aufl. Hrsg. v. Adb. Weber. gr. 8. (XII, 288 S.) Ebd. 899. n. 4. 60

— die Praxis des Kindergartens. Theoretisch-prakt. Anleitung zum Gebrauche der Fröbelschen Erziehungs- u. Bildungsmittel in Haus, Kindergarten u. Schule. 1. Bd. Einleitung. — Die Sinnes-, Glieder- u. Körperübgn. — Die Bewegungsspiele. — Die Bälle. — Kugel, Walze u. Würfel. — Die geteilten Würfel. Mit 22 Taf. Abbildgn. 5. Aufl. Hrsg. v. Adalb. Weber. (XII, 239 S.) gr. 8. Ebd. 905. n. 4. 60

— Die Praxis des Kindergartens. Theoretisch-prakt. Anleitg. zum Gebrauche der Fröbelschen Erziehungs- u. Bildungsmittel in Haus, Kindergarten u. Schule. 2. Bd. Beschäftigungen m. flächen- — linien- — u. punktart. Stoffen — m. form- u. gestaltlosen Gegenständen — Musik — Geschichtenerzählen — Lernen v. Sprüchen, Verschen u. Gebeten — Pflanzen- u. Tierpflege als Erziehungsmittel. Mit 39 Taf. Abbildgn. 4. Aufl. Hrsg. v. Adalb. Weber. (XII, 199 S.) gr. 8. Ebd. 907. 4. 60

Ad audiendam orationem de Veteris Testamenti cum Novo necessitudine pro aditu muneris prof. ord. in ordine theol. ev. universitatis Fridericiae Guilelmiae Rhenanae d. XII m. Jan. a. 1867 ... habendam ... invitat Augustus Koehler ... — Inest commentatio de pronunciatione ac vi sacrosancti tetragrammatis יהוה. Erlangae, A. Deichert 1867. 18 S. 4.

Köhler, Aug., die nachexilischen Propheten. 1—3. Abth. Erlangen 860—63. Deichert. gr. 8. n. 2 ℛ 24 ngr
1. Abth.: Die Weissagungen Haggai's. (VIII, 118 S.) n. 16 ngr
2. Abth.: Die Weissagungen Sacharjas 1. Hälfte, Cap. 1—8. (VIII, 250 S.) n. 28 ngr
3. Abth.: Die Weissagungen Sacharjas 2. Hälfte, Cap. 9—14. (312 S.) n. 1 ℛ 10 ngr

— die nachexilischen Propheten. 4. Abthl. Die Weissagungen Malcachi's. Ebend. 865. gr. 8. (X, 180 S.) n. 24 ngr

Köhler, Aug., Reformfragen des Strafrechts. (VI, 84 S.) gr. 8. München 903. C. H. Beck. n. 2. 25

—— griechisches Schreibheft. 1. Aufl. 1873. * 30 Pf., und 2. Aufl. qu. 4. (24 Stnt.) Berlin 874, Königsmann. * — 35

— griechisches Schreibeheft. 2. Aufl. qu. 4. (24 Steintaf.) Berlin 875. Königsmann. n. — 35

—— neue deutsche und lateinische Schulvorschriften. 1. und 2. Heft. qu. 4. (à Heft 6 Stnt.) Berlin 870, Berger. à Heft 50 Pf. 1 —

— das Stäbchenlegen für Kinder, s. Seibel, F.

Die Strafbarkeit bei Rechtsirrtum von Dr. August Köhler, Privatd., München. *München: C. H. Beck 1904.* (IV, 123 S.) 8° [04. 4318

— kalligraphische Studien zur Benutzung für Lithographen, Schreiber, Schreiblehrer, Maler, Graveure, sowie für alle Freunde der höheren Kalligraphie. 2 Hefte. Hamburg 865,66. Gassmann's Verlag. qu. 4. (20 Steintaff., wovon 2 in Buntdr.) Jedes Heft. n. 18 ngr

—— kalligraphische Studien zur Benutzung für Lithographen, Schreiber, Schreiblehrer, Maler, Graveure &c., sowie für alle Freunde der höheren Kalligraphie. 1. und 2. Heft. (à 10 Stnt.) qu. 4. Hamburg 874, Gaßmann's Verlag. à Heft *ℳ 1,80. * 3 60

Köhler, Aug., Studien zum Vorentwurf e. deutschen Strafgesetzbuches. (47 S.) gr. 8. Nürnberg 910. U. E. Sebald. 1. 50

– Der Vergeltungsgedanke u. seine praktische Bedeutung, s.a. Beiträge, kritische, zur Strafrechtsreform. 5. Heft.

Köhler, August: Der Vergeltungsgedanke und seine praktische Bedeutung. Von Dr. August Köhler, Prof., München. Leipzig: W. Engelmann 1909. XI, 288 S. 8°
(Kritische Beiträge z. Strafrechtsreform. H. 5.)

— die immerwährende Versetzung. Ein lebendiges Bilderbuch für Groß u. Klein. Berlin 865. Thiele. 4. (6 color. Steintaff. mit Text.) cart. 1 ℛ 15 ngr

Köhler, August: Physikalische Versuche. *Bingen 1898: A. J. Pennrich.* (3—12 S.) 4° [F.]
Bingen a. Rh., grossh. R u. PG, OP 1898 (674)

Köhler, Aug. Ernst, der Czorneboh mit dem Thronberge, der Schmoritz, dem Mehltheuer und den Dehsaer Bergen und den Schlachten bei Hochkirch und Bautzen. Für Besucher des Czorneboh u. die Freunde der Lausitz bearb. Bautzen (853.) Reichel. 16. (2 Bl., 48 S.) n. 5 ngr

Köhler, B., Formenlehre der lateinischen Sprache zum wörtlichen Auswendiglernen für Sexta und Quinta. Nach der Grammatik von Ellendt-Seyffert zusammengestellt. (72 S.) 1880; 2. Aufl. gr. 8. (76 S.) Schleswig 881, Meves. * geb. *

Köhler, B., Formenlehre der lateinischen Sprache zum wörtlichen Auswendiglernen f. Sexta u. Quinta. Nach der Grammatik v. Ellendt-Seiffert zusammengestellt. 3. Aufl. gr. 8. (76 S.) Schleswig 884. Bergas. n. — 80

Köhler, B., Formenlehre der lateinischen Sprache zum wörtlichen Auswendiglernen f. Sexta u. Quinta. Nach der Grammatik v. Ellendt-Seyffert zusammengestellt. 4., verb. Aufl gr. 8. (72 S.) Schleswig 893. J. Bergas. Kart. n. 1. —

Köhler, B., Die Ursachen der allgemeinen Wirtschaftskrisen, sowie die Mittel u. Wege zur wirtschaftlichen Wohlfahrt (nebst e. Betrachtg. über die Reichsfinanzreform). In volkstüml. Abfassg. (21 S.) gr. 8. Leipzig, Verlag Deutsche Zukunft. 1909. —. 30.

Köhler, B., Was tut not zur materiellen u. geistigen Wohlfahrt aller Völker auf Erden? u.: Wie ist das Wirtschaftselend zu beheben u. e Aufschwung herbeizuführen? Ein Mahn- u. Weckruf zu rechter Zeit. (48 S) gr. 8. Dresden, H. Schultze. 1905. —. 80.

Köhler, B. F., allgemein faßl. Darstellung d. Kettenrechnung f. Schulen. 8. Liegnitz, Siegert. 811.

— allgemein faßl. Darstellung d. Kettenrechnung für Schulen. 8. Berl. 808. Neuer Abdr. Liegn. 811. (Heymann in Glogau). 12 gr N. A. 8. Leipz. 822. (Klinckhardt). 12 gr

Köhler, (B. F.) Darstell. d. Kettenrechnung f. Schulen rc. 8. Leipz. 822. Sühring.

Köhler, B. F., Allgemeinfaßl. Darstellung der Kettenrechnung für Schulen in kleinen Städten u. auf dem Lande. gr. 8. Jetzt Heymann in Berlin. 5/12 Thl.

Köhler, Benj. Fr., († d. 4. Mai 1796.) geistliche, moral. u. scherzhafte Oden u. Lieder. 8. Leipz. 762. (Brockhaus). 6 gr

Köhler, Benj. F., geistl. moral. und scherzhafte Oden und Lieder. 8. Lpz. Gleditsch. 762. Rthlr.

— **Bernhard** (Hohentanne), De fractura colli ossis femoris. Diss. med. Lpz. (A. Edelmann) 3. VII. 1855. 15 S. mit Biogr. (M.: W. Wolff.) (5.—) 18862

Koehler, Bernh. (Erdmannus Guido) (geb. Steinsdorf in Schles. 20. 11 1824) De tuberculosi cerebrali. Berolini (1847). (32 S.) 8°
Berlin, Med. Diss. v. 26. Aug. 1847

Köhler, Bernhard [aus Winsen a. d. Luhe]: Ueber die Veränderungen der Leber infolge des Verschlusses von Pfortaderästen ... Göttingen, Druck d. Dieterichschen Univ.-Buchdr., 1891; 40 S. 8.
Göttingen, Med. Fak., Inaug.-Diss. v. [30. Juli] 1891

Köhler, Bernh., üb. die Veränderungen der Leber infolge d. Verschlusses v. Pfortaderästen. Diss. gr. 8. (40 S.) Göttingen 891. (Vandenhoeck & Ruprecht.) n. — 80

Köhler, Bruno, Antje, s.: Universal-Bibliothek.

Köhler, Bruno, Bedeutg. u. Wert d. wissenschaftl. Medizinheilkunde sow. d. Naturheilkunde od. welche Art Krankenbehandlg. ist die beste? u. welchem Arzte soll d. Kranke s. Vertrauen schenken? gr. 8. (20 S. m. Bildn.) Pirna 896. (C. Diller & Sohn.) n. — 50

Köhler, Bruno, Dies u. Das, s.: Universal-Bibliothek.

Köhler, Bruno, appr. Arzt a. Witten a. d. Ruhr: Aus der hygienischen Abteilung des Institutes für Hygiene und experimentelle Therapie und der Augenklinik zu Marburg. Einwirkung neuerer Desinficientien, besonders des Hydrargyrum oxycyanatum, auf infizierte Instrumente. Mar- a. d. L. (14 S.) 8° ¶ (Aus: Zeitschrift f. Augenheilkunde. Bd 13.)
Marburg, Med. Fak., Ref. Bonhoff, Diss. v. 25. März 1905
[Geb. 15. Mai 80 Witten a. d. Ruhr; Wohnort: Rüttenscheid bei Essen; Staatsangeh.: Preußen; Vorbildung: Gymn. Mülheim a. d. Ruhr Reife O. 99; Studium: Marburg 4, Kiel 1, Marburg 4 S.; Coll. 9. Dez. 04; Approb. 4. Mai 04.]

Köhler, Bruno, Ernährung u. Pflege d. Kinder in den ersten Lebensjahren, wie sie sein sollen. 8. (31 S.) Bitterfeld 894. F. E. Baumann. — 30

— d. Heilbarkeit d. Lungenschwindsucht, d. Tuberkulose u. d. Krebskrankheiten. 8. (24 S.) Ebd. 895. — 30

— Himmel u. Hölle auf Erden. Eine volkstüml. Lebensanschaug. gr. 8. (39 S.) Dresden 893. Druckerei Glöß. n. — 50

— kleines Lehrbuch d. Naturheilkunde u. Hygieine. E. leichtverständl. Anleitg. zur naturgemäß. Vorbeugg. u. Heilg. aller akuten u. chron. Krankheiten. (2., unveränd. Aufl.) 8. (53 S. m. Abb.) Ebd. 895. n. — 50

Köhler, Bruno, Moser-Album. 25 Charaktertypen aus G. v. Moser's Bühnenwerken, mit einem Vorwort von Gust. v. Moser. gr. 8. (VIII, 25 Bl.) Augsburg 882. Reichel. geb. n. 4. —

— Naturmensch u. Kulturmensch od. d. Ernährungs- u. Gesundheitsfrage. Volkstümlich-wissenschaftl. Abhandlg. üb. rationelle Lebens- u. Ernährungsweise. 8. (54 S.) Ebd. 894. n. — 50

Köhler, Bruno, das Schoßkind („Aus Berlin W."), s.: Universal-Bibliothek.

—— Trachtenbilder f. die Bühne, gez. u. beschrieben. 1.—6. Lfg. hoch 4. Berl. 890, Pasch. à Lfg. * 4 —; * 24 —; geb. * 25 —
1. Götz v. Berlichingen. 12 Chromolithogr. m. Text. (15 S. m. eingedr. Abbildgn.)
2. Die Räuber. Ein Schauspiel von Friedr. v. Schiller. 10 Chromolithogr. m. Text. (13 S. m. eingedr. Abbildgn.)
3. König Lear. Trauerspiel in 5 Acten v. Shakespeare. 11 Chromolithogr. m. Text. (12 S. m. eingedr. Abbildgn.)
4. Prinz Friedrich v. Homburg. Ein Schauspiel von Heinr. v. Kleist. 10 Chromolithogr. m. Text. (21 S. m. eingedr. Abbildgn.)
5. Der Generalfeldoberst. Trauerspiel in 4 Acten von Ernst v. Wildenbruch. 11 Chromolithogr. m. Text. (15 S. m. eingedr. Abbildgn.)
6. Die Jüdin v. Toledo. Historisches Trauerspiel in 5 Aufzügen v. Grillparzer. 6 Chromolithogr. m. Text. (11 S. m. eingedr. Abbildgn.)

Köhler, Bruno, allgemeine Trachtenkunde, s.a. Universal-Bibliothek.

Köhler, Bruno. Allgemeine Trachtenkunde. Mit Kostumbildern gezeichnet vom Verfasser .. Leipzig, Philipp Reclam jun. (1900—1902).
7 Teile. 8°.
I Das Altertum (1900): 229 S. m. 18 Taf.
II Das Mittelalter Abt. I (1900) 255 S. m. 28 Taf.
III Das Mittelalter Abt. II (1900) 250 S. m. 16 Taf.
IV Das Mittelalter Abt. III (1901): 212 S. m. 12 Taf.
V Neuere Zeit. Abt. I (1902): 279 S. m. 16 Taf.
VI Neuere Zeit. Abt. II (1902) 280 S. m. 16 Taf.
VII Neuere Zeit. Abt. III (1902): 231 S. m. 6 Taf.

Köhler, Bruno, die Ursachen der allgemeinen Wirtschaftskrisen, sowie die Mittel u. Wege zur wirtschaftlichen Wohlfahrt (nebst e. Betrachtg. üb. die Reichsfinanzreform). In volkstüml. Abfassg. (21 S.) gr. 8. Leipzig 909. Leipziger Verlags- u. Kommissionsbuchh. — 30

Köhler, Bruno, was tut not zur materiellen u. geistigen Wohlfahrt aller Völker auf Erden? u.: Wie ist das Wirtschaftselend zu beheben u. e. Aufschwung herbeizuführen? Ein Mahn- u. Weckruf zu rechter Zeit. (48 S.) gr. 8. Dresden (905). H. Schultze. n. — 80

— Wegweiser zum wahren Glück. Ein Beitrag zur Lösg. der sozialen Frage. gr. 8. (24 S.) Limbach i/S. 892. (M. Stoll.) n. — 40

Köhler, C., s.a. Köhler, K. — Köhler, Karl

Köhler, C., d. Republik Athen. gr. 8. Berlin, Hartmann. (auch Steinacker in Lpz.) 794.

Köhler, C.: Über eine in der ganzen Ebene gültige Darstellung der Integrale gewisser Differentialgleichungen. 1882. 8°
Habil.- Schr. Heidelberg

Köhler, C. (I.), und Gust. Rasch, Forst- und Jagdbuch, s. Rasch, Gust.

Köhler, C.: Zur Integration gew. homog. lin. Differentialgl. m-ter O. 1879. 8°
Diss. Heidelberg

Köhler, C. Die Landesvermessung des Königreichs Württemberg. Stuttgart, 1858.

Koehler, C., Lehrbuch der analyt. Geometrie, s.: Heffter, I.

Koehler, C. (II.), und Ludw. Rohbock. das Königreich Sachsen, s. Sachsen, das Königreich.

Koehler, C. A. Märchenstrauß aus d Weißen Gebirge. Bost, 1891.

Köhler, C. A. Die Schulgesundheitspflege. Ferner: Über Wesen u. Behandlg. d. kindl. Schwachsinns. 2 Vorträge. gr. 8. (40 S.) Ravensburg 892, Dorn. * 1 —

Kohler, C. D., Auszüge a. allen lat. alt. Dichtern, d. gewöhnl. ausgenommen. 1r gr. 8. Halle, Renger. 794

— ausgew. Stucke a. d. dramat. Dichtern der Romer, zum Gebrauch d. ob. Class. deutsch. Gymn. gr. 8. Stendal, Franzen und G. 794.

Köhler, C. H., so geht's den alten Freiern. Komische Oper in 3 A. 8. Eisen. 801. (Bärecke). 12 gr.

Koehler, C. K. C., Anleitung zur Landschafts-Malerei m. Aquarellfarben in anschaulichen Beispielen u. erläuterndem Text. Mit 4 Taf. in Farbendr. u. 1 Umrißblatt. gr. 8. (42 S.) Leipzig 894. E Haberland. n. 2. —

Koehler, C. K. C., Anleitung zur Landschafts-Malerei m. Aquarellfarben in anschaulichen Beispielen u. erläut. Text. Mit 4 Taf. in Farbendr. u. e. Umrißblatt. 2. unveränd. Aufl. (42 S.) 8. Leipzig 905. E. Haberland. n. 2. —

Köhler, C. O., Taschen-Fremdwörterbuch mit Angabe der Sprachangehörigkeit der Worte. 16. (86 S.) Dresden 878. Pierson. n. — 50

Köhler, C. P. C., s.a. Alpen, die Salzburger.

—— die Salzburger Alpen. Nach Aquarellen. Schilderungen von Max Haushofer. 20 Lfgn. qu. 4. (93 S. mit 20 Aquarellen.) 4. Ebendas. 874. à Lfg. ℳ 2. 40 —

— s.a. Harz, der.

Köhler, C. P. C.: Der Harz, s.a. Landschaftsbilder, Malerische.

Koehler, C. P. C., der Harz. Dargestellt in seinen maler. Landschaftspunkten nach Aquarellen, mit Schildergn. von R. Pröhle. Fol. (7 Chromolith. mit 48 S. Text.) Darmstadt 811. Köhler. geb. mit Goldschn. n. 20. —

Köhler, C. P. C., der Königsee, Berchtesgaden und die Ramsau. Nach Aquarellen. Mit Schilderungen von Max Haushofer. qu. Fol. (40 S. mit 6 Oelfarbendr.-Bildern.) Darmstadt 875, Köhler's Verlag. geb. mit Goldschn. * 15 —

—— der Rhein. Aquarelle. Mit Schilderungen und Sagen ausgewählt von Dräxler-Manfred. qu. Fol. (76 S. mit 18 Chromolithogr.) Ebendas. 873. geb. mit Goldschn. * 30 —

—— s.a. Wald, der Thüringer.

– Der Thüringer Wald, s.a. Landschaftsbilder, Malerische.

— der Thüringer Wald. Dargestellt in seinen maler. Landschaftspunkten nach Aquarellen, mit Schildergn. von H. Schwerdt. Fol. (7 Chromolith. mit 48 S. Text.) Ebend. 880. geb. mit Goldschn. n. 20. —

Köhler, C. R., Geschichte der Waisen Versorgungsanstalt zu Pirna und Darstellung der Erziehungs- und Unterrichtsweise in derselben. Eine Denkschrift zur 50jährigen Jubelfeier der Anstalt am 17. Oktbr. 1864. Pirna 864. (Diller & Sohn.) gr. 8. (66 S. u. 1 lith. Taf.) n. 7½ ngr.

Köhler, C. S., Das Tierleben im Sprichwort der Griechen und Römer. (221 S.) Leipzig 81. Fernau. M. 4.50

Köhler, Carl, s.: Köhler, Karl.

Köhler, Carl August, s. Köhler, Karl August

Köhler, Carl Christian Friedrich, s. Köhler, Karl Christian Friedrich

Köhler, Carl Friedrich, s. Köhler, Karl Friedrich

Köhler, Carl Josef, s. Köhler, Karl Josef

Köhler, Carl Ludwig Hermann, s. Köhler, Karl Ludwig Hermann

Köhler, Carl Otto, s. Köhler, Karl Otto

Köhler, Carl Sylvio, s. Köhler, Karl Sylvio

Köhler, Carl Wilhelm, s. Köhler, Karl Wilhelm

[F.] Koehler, Chr. [Revieramtsassistent]: Der Normalvorrath, sein Geldwerth und dessen Bedeutung für die forstliche Statik ... Dresden, Druck v. J. Pässler, *1896*; 2 Bl., 96 S., 1 Bl. 8.
Tübingen, Staatswiss. Fak., Inaug.-Diss. v. 1896

KOEHLER, CHR. GUIL. FERD, Diss. inaug. de contradoto juris Germanici. Kiel. 1837. 4. P.

— Christ. Friedr. (Herzberg/Saxo.), Ex jure ecclesiastico de investitura ministrorum ecclesiae. Von Einweisung der Kirchen=Diener. Präs. Paul Christ. Schroeter. Wittbg. (Christian Gerdes) Mai 1713. 46 S. (4.50) 18869

— Christian (Cottbus/Laus.), De attestatis. Von Kundschafften. Diss. jur. Präs. Peter Schultze. Frankfurt a. O. (Zeitler) April 1688. 56 S., tlws. dtsch. (7.—) 18866
Widm. v.: Präs., M. Martin Busse (Rector d. Cottb. Schule), Christian Busse.

— — Dasselbe. Halle (Hendel) 1736. (6.80) 18867

Köhler, Christian *Ferdinand Wilhelm* [aus Vielbrunn (Hessen)]: Beitrag zur Casuistik der Neubildungen an der Zunge. ... Berlin, Buchdr. v. G. Schade, *1891*; 29 S., 1 Bl. 8°
Berlin, Med. Fak., Inaug.-Diss. v. 29. Apr. 1891

Christian Köhler, Darstellung der Schafwirtschaft wie sie im vormaligen Fürstenthum Würzburg vor dreißig und einigen Jahren war, wie sie dermalen ist und wie sie seyn sollte usw.
Nürnberg: Monath 1818.
Verf. Schafzüchter mit Erfahrungen im Schweinfurter Gau (Estenfeld, Hergolshausen, Eßleben), Ochsenfurter Gau (Messelhausen) und in Hallburg b. Volkach.

— — Ad geometriam generatim adplicatur theoria de ordine quo definitiones systema compositurus formare atque ponere debet. Diss. log.-mathem. Präs. Heinrich Friedrich Eggers. Jena (Ritter) 15. V. 1745. 28 S. (6.—) 18868
Gew. (v. Präs.): Bernhard Leopold Volckmar v. Schomburg. — Widm. (a. d. Präs.) v.: Joachim Georg Darjes.

Köhler, Clemens, s. K ö h l e r , Klemens

Köhler, Conrad, s. K ö h l e r , Konrad

Köhler, Curt, s. K ö h l e r , Kurt

Köhler, Curt Georg Constantin, s. K ö h l e r , Kurt

Köhler, David Ludw., Bekenntnisse u. Erfahrungen in Beziehung auf das Amt eines evangelischen Geistlichen, von ihm selbst aufgezeichnet. Nach seinem Tode herǝg. u. durch eine kurze biograph. Skizze ergänzt u. erläutert von Gust. K ö h l e r. Glogau 868. (Reisner.) gr. 8. (VII, 192 S.) n. 20 ngr.

Köhler, Dav. Ldw., Erbauungsbuch für christl. Dienstboten. 8. Glogau 821. 2e A. 826 neue Güntersche B. 4 ℋ

Köhler, Dav. Ludw., das Evangelium von Jesu Christo, dem Weltheilande, in Predigten. gr. 8. (VIII und 378 S. mit dem lithogr. Bildniß des Verf.) Glogau 854, Flemming's Verlag.

— u. G. J., über d. wissenschaftl. Fortbildung d. Geistlichen durch d. Synoden. 4. Glogau 819. N. Günterſche B. 8 ℋ

Köhler, Dav. Ldw., freimüthige Gedanken über Zweck u. Einrichtung der Synoden in der protestant. Kirche des preuß. Staats. 8. Glogau 817. 2e sehr verm Aufl. 8. Ebd. 817. N. Güntersche B. 10 ℋ

Köhler, Dav. Ludw., G o t t war in Christo! Sieben Predigten z. Erweck. u. Stärkung d. Glaubens, daß in Jesu Christo d. Sohn Gottes z. Heile d. Menschen erschienen sei. 8. (6¼ B.) Glogau 836, Flemming.

— die Hauptsätze der christl. Religion. 2e A. mit e. Anh. d. Katechism. Luthers. 8. Glog. 829. N. Güntersche B. 2 ℋ

—— N i k o d e m u s, od. das Werk d. Wiedergeburt u. Heiligung. Dargest. in fünfzehn Predigten. gr. 8. (10 B.) Glogau 840, Flemming.

— Predigt beim Einzuge der Preuß. Truppen in Glogau d. 17. April 1814. 8. Glog. 814.

Köhler, Dav. Ludw., Predigten für die Adventszeit und die Passionszeit. Als Fortsetzung der Predigten und Reden bei besond. Vorfällen. Mit einem Anhange enth. Bruchstücke aus dem Leben und Wirken Joh. Dav. Tzschirners. 6. Bd. gr. 8. (VII und 310 S.) Glogau 847, Flemming's Verlag.
1–5. Bd. Ebendas. 1825—45. 3 Thlr. 20 Ngr.

Köhler, Dav. Ludw., Predigten z. Beförderung eines christl. Hausstandes, mit Anh. von 3 Predigten zur Befestigung im evangel. Bekenntnisse. gr. 8. (10 B.) Glogau 843, Flemming —

— Predigten u. Reden bei besond. Vorfällen ꝛc. 2 Bde. gr. 8. Glog. 825. N. Güntersche B. 2 ꝛ;

K ö h l e r, Dav. Ludw., Predigten u. Reden bei besond. Vorfällen, bei d. Wahl, Weihe u. Einführnng zum Predigt=Amte, beim Antritte desselb., bei d. Begräbniß christl. Prediger, d. Jubelfeste u. d. Beschlagnahme e. Kirche ꝛc. 1—3. Bdchn. gr. 8. Glogau, [Flemming.] [1. (13½ B.) 825. 20 Gr., 2. (19 B.) 829. 1 Thlr. 4 Gr., 3. (14½ B.) 835. 22 Gr.]

—— P r e d i g t e n u. Reden bei besond. Vorfällen. 4. Bdchn. gr. 8. (18 B.) Glogau 841, Flemming.
1—3. Bdchn. Ebendas. 1825—35. 2 Thlr. 22 Gr.

—— Predigten u. Reden bei besond. Vorfällen. 5. Bd. gr. 8. (12¾ B.) Glogau 845, Flemming.
1—4. Bd. Ebendas. 1825—41. 3 Thlr. 27½ Ngr.

—— zur Verständigung über die Angelegenheit der Stolgebühren in der evangel. Kirche Schlesiens. 8. (52 S.) Glogau 848, Flemming's Verlag.

K ö h l e r, Diet., d. schweren Lehramts bittere Erstlinge, 8. Bremen. 713.

Köhler, E. [Wirkl. Name], s.a. P e r e g r i n a , Kordula [Pseud.]

Köhler, E., die A n w e n d u n g s f o r m e n des Naturheilverfahrens. Unterrichts=Briefe üb. Gesundheitspflege u. Naturheilkunde. Im Auftrage des Bundesvorstandes verf. (III, 212 S. m. Abbildgn.) gr. 8. Berlin (906). (Buchh. u. Verlag „Der Naturarzt".) n. 3.—; geb. n. 4.—

Köhler, E.: Zur E i n f ü h r u n g in die Naturheilmethode. Von E. Köhler, Königsberg i. Pr.
Königsberg i. Pr.: Buchdr. v. G. Remsies 1896. 24 S.
1 Bd. 8°

Köhler, E., das Fieber u. seine Behandlung, s: S c h u h r's Sammlg volkstüml. Vorträge auf dem Gebiete der Gesundheitspflege, der körperlichen Erziehung u. der Unfall=Verhütung.

K ö h l e r, E., und J. Z ä h l e r, Herr und Madame Gerne=Groß, s. Z ä h l e r, J.

K ö h l e r, (E.,) Glaube, Unglaube u. Aberglaube unserer Zeit. Beiträge zur neuesten Religions=, Kirchen= u. Ketzer=Geschichte d. Südens. Mit Vorwort von Tiedge. gr. 8. Dresden 825, Wagner.

Köhler, E.: Mädelspiele. Potsdam 1936. 102 S. m. Abb. (Deutsches Spielhandbuch. Erg. Bd. 3.)

— praktische Naturheilkunde, s.: G e r l i n g, Reinh.

— N e r v e n=, H a l s=, L u n g e n=, V e r d a u u n g s= u. H ä m o r r h o i d a l l e i d e n, die Berufskrankheiten der Kaufleute, Beamten, Handwerker usw. Kurzgefaßte prakt. Aufklärg. üb. Entstehg., Verhütg. u. naturgemäße Behandlg. u. Heilg. dieser Geißeln der Stubenhocker. (41 S.) 8. Berlin (905). W. Bilz. n. 1.—

Köhler (E.), Der Topasfelsen Schneckenstein. (Aus „Unser Vogtland".) Leipzig 1894. 8.

K ö h l e r, E., der Sprachgebrauch des Cornelius Nepos in der Kasussyntax. gr. 8. (VI, 46 S.) Gotha 888, Fr. A. Perthes. *

— der W e g zur Gesundheit f. kranke Frauen u. Mädchen. Kurzgefaßte Aufklärg. üb. Entstehung, Verhütung, sowie prakt. Anleitg. zur naturgemäßen Behandlg. u. Heilg. der Leiden unserer Frauen, als Blutarmut, Bleichsucht, Nervenkrankheiten, Migräne, Kopfschmerz, chron. Verstopfg. u. Unterleibsleiden. (50 S.) 8. Ebd. (905). n. 1. 50

Köhler, E. G. B.: Kurze Beschreibung einer neuen, sehr wohlfeilen, wenig Kraft- und Zeitaufwand erfordernden und dennoch sehr wirksamen Wein- und Obstmost-Presse. Mit einer Kupfertaf. 2., verb. Aufl. Stuttgart: Zuckschwerdt 1823. 15 S. -- 21*

Köhler, E. G. B.: Der ökonomische Rathgeber, oder Sammlung von neuen Erfindungen und nützlichen Nachrichten für den Künstler, Fabrikanten, Professionisten, Bürger, Landmann und Weingärtner, welche die Industrie im Vaterlande mit befördern wollen. H. 1-12. Stuttgart 1805. 764 S. -- 21*
[S. 61-85: Weinbau; S. 612-621: Weinbereitung.]

Köhler, E. J: Über einige physikalische Eigenschaften des Sandes und die Methoden zu deren Bestimmung. Diss. Nürnberg 1906

Köhler's, E. M., Novellenbibliothek. Erzählgn. der hervorragendsten Schriftsteller d. Gegenwart. Nr. 1. 12. Gera 895. E. M. Köhler. n. 1.50; geb. in Leinw. n. 2.25
Der chaldäische Zauberer. E. Abenteuer aus d. Rom d. Kaisers Diokletian. Von Ernst Eckstein. (96 S.)

Köhler, E. O., die praktische Verwertung heimatkundl. Stoffe, s. a. **Magazin, pädagog. 283. Heft.**

Die praktische Verwertung heimatkundlicher Stoffe. Von E. O. **Köhler** in Freienorla. Langensalza: H. Beyer & Söhne 1906. (75 S.) 8°
— **Magazin**, Pädagogisches. H. 283. [07. 3753 3

Köhler, Ed., die Bourbons u. Stuarts; Belgien; die drei Theilungen Polens. — Drei Vorlesn., nebst e. Anh. üb. d. Haus d. Welfen, u. 3 genealog. Tab. (auf 1 Fol.-Bog.) 8. (4½ B. excl. Tab.) Annaberg 831, Hasper. (Leipzig, Leich.) Thlr.

Köhler, Edm., Abschieds-Predigt üb. Eph. 3, V. 14—17. geh. Sonntag, den 28. I. 1906, Dom. IV. p. Epiph., in der Kirche zu Radeberg. (10 S.) 8. Radeberg 906. Th. Pfeil. n. —20

Köhler, Edm., Erntefest-Predigt über Psalm 67, 6—8, geh. am 10. IX. 1899 (Dom. XV. p. Trin.) in der Kirche zu Radeberg. gr. 8. (10 S.) Radeberg (899). Th. Pfeil. n.n. —25

Köhler, Edmund [Thierarzt aus Hornburg '(Bz. Magdeb.)']: Der Klappenapparat in den Exkretionsgefässen der Tänien ... M. 2 lithogr. Taf. u. 2 Textfig. (Aus: Zeitschr. f. wiss. Zool., Bd. LVII Heft 3.) Leipzig, W. Engelmann, 1894; 19 S., 2 Taf. 8.
Rostock, Phil. Fak., Inaug.-Diss. v. [9. Nov.] 1893

— **Eduard** (Altenburg), Descriptionem monstri humani monopodis adjectis nonnullis de monopodia animadversionibus. Diss. med. Jena (Schlotter) 13. VI. 1831. 26 S. u. 2 Tfln. Abb. (5.—) 18870

Köhler, Edwin, aus Reval (Russl.): Über einige neue Derivate des Triphenylphosphins. *Rostock 1900: C. Boldt.* (39 S.) 8°
Rostock, Phil. Diss. v. [22. Juni] 1900

Köhler, Emil, die biblische Geschichte in ihrem Zusammenhange. 1.—3., mit erklär. Bibelsprüchen verseh. Aufl. 8. (XXII und 304 S.) Saalfeld 862—67, Riese. *

Köhler, Emil, die biblische Geschichte in ihrem Zusammenhange. 4. sorgfältig durchgeseh. und verb. Aufl. (XXIII, 319 S.) 1873, und 5. verb., mit 1 (lithogr.) Karte (in 4.) von Palästina verseh. Aufl. gr. 8. (XV, 325 S.) Saalfeld 875, Riese. * 1 —

Köhler, Emil, die biblische Geschichte in ihrem Zusammenhange. 5., verb., m. e. (lith.) Karte (in 4.) v. Palästina verseh. Aufl. gr. 8. (XV, 325 S.) Saalfeld 876. Riese. n. 1. —

Köhler, Emil, die biblische Geschichte in ihrem Zusammenhange. 6. verb. Aufl. Mit 1 Karte von Palästina. 8. (XXIV, 325 S.) Saalfeld 878, Riese. *

Köhler, Emil, die biblische Geschichte in ihrem Zusammenhange. 7. und 8. verb. Aufl. Mit 1 (lithogr.) Karte von Palästina. 8. (XXIV, 326 S.) Saalfeld 880,82, Riese. *

Köhler, E., die biblische Geschichte in ihrem Zusammenhange. 12., durchgeseh. Aufl. Mit e. Karte v. Palästina. 8. (XXIV, 325 S.) Saalfeld 890. Riese. n. 1.—; geb. n. 1.25

Köhler, Emil, die biblische Geschichte in ihrem Zusammenhange. 13. u. 14. (sorgfältig durchgeseh.) Aufl. Mit 1 (farb.) Karte v. Palästina. 8. (XXIV, 325 S.) Saalfeld 892. 894. C. Riese. n. 1.—; geb. n.n. 1.25

Köhler, Emil, a. Alexandrien (Ägypten), Rechtsprakt. am Kgl. Amtsgericht Nürnberg: Die Haus- und Familiengewalt der deutschen Landesherren. Erlangen 1908: E. Th. Jacob. (VII, 100 S.) 8°
Erlangen, Jur. Fak., Ref. Rieker, Diss. v. 28. Febr. 1908
[Geb. 25. Febr. 84 Alexandrien (Ägypten); Wohnort: Nürnberg; Staatsangeh.: Bayern; Vorbildung: Altes Gymn. Nürnberg Reife 03; Studium: München 3, Berlin 2, Erlangen 3 S.; Rig. 21. Dez. 07.]

Köhler, *Otto* Emil [pr. Arzt aus Bornitz b. Zeitz]: Ueber Necrose des Ohrlabyrinths ... Halle a. S., Hofbuchdr. v. C. A. Kaemmerer & C., 1893; 30 S., 3 Bl. 8.
Halle, Med. Fak., Inaug.-Diss. v. 15. Aug. 1893

Köhler, Emil Johannes: Über einige physikalische Eigenschaften des Sandes und der Methoden zu deren Bestimmung. 1906. 85 S., 1 Taf. 8° ¶ Auch bei Linck in Karlsruhe.
Karlsruhe, Dr.-Ing.-Diss. v. 23. 2. 1906

Köhler, Enrico Teofilo, manuale logaritmico-trigonometrico. XV. ed. ster., VII. della versione italiana. gr. 8. (XXXVIII, 388 S.) Leipzig 885. B. Tauchnitz. 3. —

Köhler, D. Enrico Teofilo, manuale logaritmico-trigonometrico, contenente i logaritmi volgari o di Brigg di tutti i numeri fino a 108000 con 7 decimali, i logaritmi di Gauss, i logaritmi delle funzioni trigonometriche di dieci in dieci secundi per i primi ed ultimi nove gradi del quadrante e di minuto in minuto per gli altri gradi le formule geniometriche ed altre tavole matematiche, che spesso o occorrono nei calcoli. 13. ed. ster. della versione italiana. (XXXVIII, 388 S.) Lex. 8. Leipzig 909. B. Tauchnitz. 3. —

Köhler, Gr. Gll. Bened., s. geograph. Zeitvertreib f. Kinder.

Köhler, Erich, Oberarzt b. Feldart.-Reg. Nr. 34: Über die Häufigkeit von Milzbrand(-Karbunkel) im Heere nebst Betrachtungen über die Therapie des Milzbrand-Karbunkels. Rostock 1909: Adler. 30 S. 8°
Rostock, Med. Diss. v. 8. Sept. 1909, Ref. Pfeiffer
[Geb. 6. Mai 81 Königswinter; Wohnort: Metz; Staatsangeh.: Preußen; Vorbildung: Städt. Gymn. Cöln Reife O. 01; Studium: Berlin K. W. A. 9 S.; Coll. 29. Juni 09; Approb. 7. Nov. 07.] [U 10. 3909

Köhler, Ernst, s. a. **Köhler, Joh. Aug. Ernst.**

Die Anwendungsformen des Naturheilverfahrens. Unterrichts-Briefe über Gesundheitspflege u. Naturheilkunde. Im Auftr. d. Bundesvorstandes verf. von E[rnst] **Köhler.** Berlin: Bundesvorstand d. Vereine f. naturgemäße Lebens- u. Heilweise [1906]. (210 S.) 8° [F.] [08. 7751

Köhler, Ernst, aus Mainz: Beiträge zur Kenntniss der Beziehungen zwischen chemischer Constitution und Wirkung der Antipyretika. *Halle a. S. 1898: C. A. Kaemmerer & Co.* (23 S.) 8°
Halle, Med. Diss. v. 17. Dez. 1898

Köhler, Ernst, aus Göttingen: Ein **Fall von doppelseitiger** Jugularvenenthrombose. *Göttingen 1901: L. Hofer.* (32 S.) 8°
Göttingen, Med. Diss. v. [16. Aug.] 1901

Köhler, Ernst, ein Fall v. doppelseitiger Jugularvenenthrombose. Diss. gr. 8. (32 S.) Göttingen 901. (Vandenhoeck & Ruprecht.) n. — 80

Köhler, Ernst, mittelhochdeutsche Laut- und Flexionslehre, nebst einem Abrisse der Metrik, für Oberklassen höherer Schulen. gr. 8. (36 S.) [Kassel 879, Bacmeister.] Dresden, Bleyl und Kaemmerer. *

Köhler, Ernst, mittelhochdeutsche Laut- u. Flexionslehre, nebst einem Abrisse der Metrik, für Oberklassen höherer Schulen. gr. 8. (36 S.) Dresden 880. Bleyl & Kaemmerer. n. — 80

Köhler, Ernst, in Scherz u. Ernst. Kleine Gedichtsammlg. f. Freunde der Stenographie. gr. 8. (39 S.) Neugersdorf 890. Teller & Roßberg. n. — 60

Köhler, Ernst, Schinderhannes, s.: Jugend- u. Volksbibliothek.

Köhler, Ernst, die schönsten Stauden f. die Schnittblumen- u. Gartenkultur, s.: Hesdörffer, Max.

Köhler, Ernst, d. Stenotachygraphie. Krit. Besprechg. gr. 8. (12 S.) Dresden 892. (Leipzig, J. H. Robolsky.) n. — 20

Köhler, Ernst, Wegweiser durch das sächsisch-böhmische Erzgebirge, s.: Berlet, Bruno.

[F.] Das Eherecht des burgerlichen Gesetzbuchs einschliesslich des ehelichen Güterrechts v. F. **Kohler.** *Stuttgart: J. B. Metzler 1898.* (4 Bl., 256 S.) 1 Bd 8. [98. 8563]

Koehler, F., s.: Frei u. gewiss im Glauben.

Köhler, F., Milzbrand (?) Diss. Göttingen 82. Vandenhoeck & Ruprecht.

Köhler, F. Ueber die Naturgeschichte des Kreuzsteins. 11 S. . . . .
Berlin, K., Progr. 1831

— Der Onofrit, eine neue Mineral-Species. Berlin 1853. (9615)

Köhler, F., Predigt am 3ten Reformationsfeste 817. gr. 8. Hannover, Gebr. Hahn. 818.

Köhler, F., Schule und Haus. Ein wohlgemeintes Wort für häusl. Erziehung u. Belehrung. (26 S.) Neisse 1882. Graveur.

Köhler, F. G. Ant., s. Köhler, Friedrich Johann Anton

Köhler, F. Gtl., (Seiler in Pirna), Reise ins Eismeer u. nach den Küsten von Grönland u. Spitzbergen, im Jahre 1801. Nebst einer genauen Beschreibung d. Wallfischfanges. Mit 2 Kpft. 8. Leipz. 820. Kollmann. 12 K

Der Gottsucher. Frei aus d. eigenen Ms. 'Natur u. Mensch' vom Jahre 1904. Von F. H. **Kohler.** Nürnberg: Beißwanger 1910. 16 S. 8° [10. 12717]

Köhler, F. J., Anleitung z. körperl. u. geist. Erzieh. d. Kinder. Eltern u. Erziehern gew. Nach d. neuesten Pädagogen bearb. u. in das Kurze zusammengefaßt. 8. (4 B.) Wiesensteig 837, Schmid'sche Buchh.

Köhler, F. J., die Aufgabe der katholischen Volksschule mit Rücksicht auf die Anforderungen der Gegenwart. 2., verb. und verm. Aufl. gr. 8. (484 S.) Gmünd 852, (Schmid.) **

Köhler, F. J., Elemente der attischen Formenlehre für die Quarta der Gymnasien übersichtlich dargestellt. Mit einer (lith.) Schreibvorlage. Paderborn 868. Schöningh. gr. 8. (86 S.) n. 8 ngr.

Köhler, F. J., Elemente der attischen Formenlehre für die Quarta der Gymnasien übersichtlich dargestellt. Mit 1 (lithogr.) Schreibvorlage. gr. 8. (86 S.) Paderborn 869, Schöningh. * — 80

Köhler, F. J., kurzgefaßte deutsche Sprachlehre mit Aufgaben. Zunächst für Elementarschulen bearb. 1. und 2. Heft. 8. Paderborn, Schöningh. à Heft * 50 Pf. *
Inhalt:
Heft 1. Wortlehre. (IV, 100 S.) 872.
» 2. Satzlehre. (IV, 106 S.) 874.

Koehler (F. J.). Vertheilung der Farben und Geruchsverhaeltnisse in den wichtigen Familien des Pflanzenreiche. Tueb. 1831. 8°.

Köhler, F. W., ein Ehrendiplom, dem Gustav-Adolf-Verein zum 50jähr. Jubiläum seines Bestehens dargeboten. Festpredigt zur Jahresfeier des Leutenberger Zweig-Vereins, am 3. Septbr. 1882 in Eichicht geh. gr. 8. (18 S.) Rudolstadt 882. (Bock.) n. — 25

Köhler, die socialen Wirren u. das Evangelium. Ein Vortrag geh. in der Kreissynode zu Ziegenrück am 21. Aug. 1872. 4. (56 S.) Saalfeld 873. Wiedemann. n. — 80

— die socialen Wirren u. das Evangelium. Vortrag. Mit einem Vorworte von Mühlhaußer. In 4. unveränd. Aufl. den Mitgliedern des XVII. Congresses für innere Mission zu Dresden dargeboten. 4. (56 S.) Saalfeld 877. Wiedemann. n. — 90

Köhler, F. W. Die Spinn-Anstalt zu Birkbach, Stuttgardter Ober-Amts, zum Besten armer Kinder. — 8. *Stuttgardt* 1795

Köhler, F. W., von den christl. Taufzeugen. Zwickau 1783. 8.

Koehler, Fel, üb. d. unter d. Titel „Mein Vermächtnis" in d. unten angegeb. Verlage erschien. Gedichte d. Oberlehrers am Real-Gymnasium in Neisse „Aug. Pohl". Vortrag, geh. am 16. III. 1898 in d. Neisser Philomathie. gr. 8. (29 S.) Neisse 898. J. Graveur. n. — 50

Koehler, Felix De Plinii Secundi minoris locis quibusdam interpretandis et emendandis. 17 S. **Progr.** G. *Neisse* 1882.

Köhler, Fel. Poetik, Aufsatzlehre u. Psychologie. Ein Leitfaden für Schulen. Unter teilweiser Zugrundelegg. der 5. Aufl. v. H. B. Rumpelts „Elementen der Poetik". gr. 8. (IX, 160 S.) Neisse 890, Graveur. geb. * 2 —

Köhler, Felix, Schule u. Haus. Ein wohlgemeintes Wort für häusl. Erziehung u. Belehrung. gr. 8. (26 S.) Neisse 882. Graveur. n. — 50

[Ant. u. F.] **Koehler,** Felix [Prof.]: **Zum deutschen Unterrichte besonders in den mittleren Klassen. Neisse, Druck v.** F. Bär, 1895; 1—20 S. 4.
Neisse, k. kath. G, OP 1895 (199)

Köhler [Ferdinand], und **Kranz** [Paul]: **Beschreibung des neuen Schulgebäudes. Wilhelmshaven 1907: Th. Süss.** (S. 3—12.) 4°
Wilhelmshaven, st. OR i. E. OP 1907 (419)

Köhler, Ferd., der Heupilz [Bacillus subtilis] in seinem Verhalten nach mehrfachen Umzüchtungen in Fleischextractlösungen u. im Kaninchenblut zum thierischen Organismus. Inaugural-Dissertation. gr. 8. (24 S.) Göttingen 881. (Vandenhoeck & Ruprecht.) n. — 80

Köhler, Ferd., der Krieg von 1870. Zur Erinnerung an die Friedensfeier in den württemberg. Schulen. gr. 8. (30 S.) Tübingen 871, Fues'sche Sortimentsb. — 15

Koehler, Fr. Ehstländische Klosterlectüre. Ein Beitrag zur Kenntniss der Pflege d. geist. Lebens in Ehstland im Mittelalter gr. 8. (124 S.) Reval 892, (Kluge). * 2 50

Köhler, Fr., 40 Konfirmations-Scheine m. Zeichnungen v. verschiedenen Meistern. Bibelsprüche ausgewählt v. K. I. Sammlg. 4. Frankfurt a/M. 905. O. Brandner. n. 2.—

Köhler, Fr., s. Paganel, M. C., Geschichte Joseph II.

Köhler, (Fr.,) der Räuberhauptmann. 8. Quedlinburg 826, Basse.

— s. Sonntags-Blatt für Gewerbsleute.

Köhler, Fr. Eugen

(Fr. Eugen) **Köhler's** nützliche **Vogelarten** und ihre Eier. 11.–20. Taus. *Gera-Untermhaus: F. E. Köhler [1895?].* (61 S., 25 Taf.) 8° [Bildert.] [00.8353 0

Köhler's nutzliche Vogelarten und ihre Eier. 30. bis 40. Taus. *Halle a/S.: H. Gesenius [1901].* (61 S.) 8° [03.15677

KÖHLER, Fr. Eugen: Schädliche Vogelarten. - Gera-Untermhaus 1896. 44 S., m. Taf.

Köhler's schädliche Vogelarten. 3., verb. Aufl. *Halle a/S.: H. Gesenius [1901].* (44 S., 24 Taf.) 8° [Umschlagt.] [03.15678

Koehler, Franz: Als Ms. gedr. Die Religiösen D i s k u s s i o n s a b e n d e und die Kirchlich-Theologische Konferenz in Berlin, 1898–1908. Im Auftr. d. Vorstandes d. Relig. Diskussionsabende Franz Koehler, Pfarrer. Berlin 1909: Liebheit & Thiesen. 24 S. 8°

Köhler, Franz, pract. Zahnarzt aus Altenburg (S.-A.): **Die Duftschuppen** der Gattung Lycaena, auf ihre Phylogenie hin untersucht. Mit 3 Taf. u. 6 Abb. im Text. *Jena: G. Fischer 1899.* (S. 105—124.) 8° ¶ Aus: Zool. Jahrbücher, Abth. f. Systematik, Bd 13, H. 2. 1900.)
Freiburg i. B., Phil. Diss. v. 1899

Köhler, F.: Geschichte des Fürstlich Lippischen Wappens. '(Das beigefügte Wappenbild ist v. Frh. A. v. Dachenhausen gezeichnet.)' Detmold, Meyersche Hofbuchdr., 1893; 16 S., 1 Taf. 8.
Detmold, G. Leopoldinum u. RPG, P 1893 (708)

Köhler, F., Geschichte des fürstl. Lippeschen Wappens. gr. 8. (16 S. m. 1 Taf.) Detmold 893. (Hinrichs.) n. — 80

Köhler, Frz., die Königs-Denkmünzen der Bürger-Schützen-Gesellschaft zu Arnsberg. 12. (92 S.) Arnsberg 895. F. W. Becker. n. — 50

Koehler, Frz., christliche Lebensweisheit, dargestellt in den wichtigsten Sprüchen der hl. Schrift. (XX, 314 S.) 8. Berlin (909). E. S. Mittler & Sohn. Geb. 5. —

Köhler, Franz, Referendar in Spandau: Über die Möglichkeit des Mitgliederwechsels bei der Gesellschaft. Berlin (1905): O. & E. Klett. (81 S.) 8°
Heidelberg, Jur Fak., Ref. Schröder, Diss. v. 16. Okt. 1905
[Geb. 9. Okt. 81 Friedrichsberg, Kr. Hiesler-Darmin, Wohnort: Breslau; Staatsangeb.: Preußen; Vorbildung: Matthiasgymn. Breslau Reife O. 01; Studium. Berlin 6 S.; Rig. 18. Juli 05]

Koehler, F., Pfarrer Heinrich Sander, e. Charakterbild aus der evangelischen Kirche am Ende des 17. Jahrh. Auf Grund archival. Quellen dargestellt. gr. 8. (73 S.) Berlin 902. Liebheit & Thiesen. n. 1. —

Koehler, Frz., s.: Schriften, die, des Neuen Testaments.

Köhler, Frz. Adolf, was spricht unsre Verfassung zum Geiste der Zeit? Predigt am Constitutionsfeste 1845 in Neusalza geh. gr. 8. (1 B.) Neusalza 845. Bautzen. (Reichel.) Thlr. *

Koehler, Franc. Ed., Observationes criticae in Julium Florum. Dissertatio inauguralis. gr. 8. (42 S.) Göttingen 866, (Deuerlich'sche Buchh.) *

Köhler, Frz. Heinr., Thesaurus antiquit., s. 8. Bd.: Thesaurus.

—— malerische Wanderungen, s. 8. Bd.: Wanderungen.

Köhler, Franz Jos., Die Pädagogik der göttlichen Providenz, aus dem Geschöpflichen überhaupt und aus der Natur des Menschen insbesondere entwickelt. Gedruckt bei Alb. Scharpf, vormals M. Jls in Schwäb.-Gmünd, Selbstverlag des Verf., 1873, IV, 310 S

Köhler, Friedrich

Köhler, Frdr., die Allitteration bei Ronsard, s.a. Beiträge, Münchener, zur roman. u. engl. Philologie. XX.

Köhler, Friedrich, aus Neustadt a. Aisch: Die **Allitteration bei** Ronsard. *Naumburg a. S. 1900: Lippert & Co.* (33 S.) 8° ¶ [Erschien vollst. 1901 als: Münchener Beiträge zur roman. u. engl. Philologie, H. 20.]
München, Phil. Diss. v. 1900

Köhler, Fr., u. C. **Witter**, deutsches Aussprach-Wörterbuch f. allgem. Gebrauch. Ein Taschen-Wörterbuch der deutschen u. engl. Sprache. Mit Angabe der deutschen Aussprache in engl. Buchstaben. 2 Tle. in 1 Bd. 3. Ster.-Aufl. 12. (XIV, 447 u. 366 S.) Neustadt a. d. H. (884). Leipzig, Dr. Seele & Co. Geb. in Leinw. 2.50

u. R. **Lenzmann**, die therapeutische Beeinflussung der inneren u. äusseren Tuberkulose durch Tuberkulin u. verwandte Mittel. s.a. Klinik, medizinische. 1909. 2. Beiheft.

Köhler, F. und **Lenzmann**, R., Die therapeutische Beeinflussung der inneren und äußeren Tuberkulose durch Tuberkulin und verwandte Mittel. [Beihefte zur medizinischen Klinik. V. Jahrg. Heft 2.] Gr.-8°. K 1.20
Wien: Urban & Schwarzenberg 1909.

Köhler, Friedr. (II.), letzte Begründung d. Schreib- u. Lese-Unterrichts. gr. 8. (11 B.) Hannover 830, Helwing.
Hieraus ist besonders abgedruckt:

Köhler, Friedr. (I.), die Chemie in techn. Bezieh. Leitfaden f. Vorträge in Gewerbschulen. gr. 8. (14½ B.) Berlin 834, Enslin'sche Buchh.

Koehler, Friedr. (I.), die Chemie in techn. Beziehung. Leitfaden f. Vorträge in Gewerbschulen. 2—4., umgearb. u. erweit. Ausg. gr. 8. (30, 29¾ u. 29½ B.) Berlin 837, 40, 42, Enslin'sche Buchh. à Thlr. *

Köhler, Friedr., die Chemie in techn. Beziehung. 4. Ausg. (29½ B.) 842 u. 5., umgearb. u. erweiterte Ausg. gr. 8. (32½ B.) Berlin 846, G. W. F. Müller's Verl. à *

Köhler, Friedr., die Chemie in technischer Beziehung. 6., umgearb. und erweiterte Ausg. gr. 8. (III und 625 S.) Berlin 849, G. W. F. Müller's Verlag. *

Koehler, Frid. (geb. Borck in Westf. 13. 5. 1827): De consuetudine. Berolini (1852). (32 S.) 8°
Berlin, Med. Diss. v. 24. Dez. 1852

Köhler, Friedrich, u. C. Witter

—— —— German pronouncing dictionary. For general use. A pocket-dictionary of the German and English languages with the pronounciation of every German word in English characters. — Ein Taschen-Wörterbuch der deutschen und englischen Sprache. 2 Parts. 16. (XIII und 813 S.) St. Louis, Mo., 867. (Neustadt a. d. H., (Gottschick-Witter's Buchh.) geb.

Köhler, Friedr. (I.), a dictionary of the german and english languages. Vollständigstes englisch-deutsches und deutsch-englisches Handwörterbuch. 2 Thle. Lex.-8. Leipzig, Ph. Reclam jun. [1. Thl. Englisch-deutsch. (VIII und 520 S.) 859., 2. Thl. Deutsch-englisch (594 S.) 861. à Thl. 1 Thlr.]

Koehler, Friedrich, aus Hemmersheim (Grh. Hess.): Ueber die Einwirkung von Kalkhydrat auf l-Arabinose. *Würzburg 1903: F. Staudenraus.* (38 S.) 8°
Freiburg i. B., Phil. Diss. v. 1903

— Fibel. Mit 1 Kpft. gr. 8. Hannov. 830. Helwing. 4 *K*

Köhler, Friedr., Fremdwörterbuch, s. Universal-Bibliothek Nr. 1668—1670.

Koehler's, Frdr., Fremdwörterbuch, neu bearb. v. Paul Seliger, s.: Universal-Bibliothek.

Köhler, Friedr. (II.), der Gasmeister für Jedermann. Anleitung zur Gasbeleuchtung für den Geschäfts- und Hausgebrauch. 8. (XII und 111 S. mit 17 in den Text gedr. Abbild. in Holzschn.) Leipzig 865, Weber. *

Köhler, Friedr. (II.), die Geheimnisse der russischen Juften-Fabrikation, oder gründl. populäre Darstellung eines einfachen, leicht faßl. und bis jetzt ganz unbekannten Verfahrens das russ. Juften (Juchten-) Oehl überall mit unbedeutenden Kosten zu bereiten, und in noch besserer Qualität herzustellen, als die feinste Sorte vom echt russ. Erzeugniß rc. 8. Wien 857, (Dirnböck.)

Köhler, Frdr., Golgatha der Liebe. Gedichte. (125 S.) 8. Leipzig 907. Modernes Verlagsbureau. 1.50

—— Grundriss d. Mineralogie f. Vorträge in höh. Schulanstalten. gr. 8. (9 B., 1 Tab. u. 1½ lith. B. gr. Fol.) Cassel 831, Krieger.

—— Grundriss d. Mineralogie, f. Vorträge, in höh. Lehranstalten. 2., gänzl. umgearb. Ausg. gr. 8. (16½ B.) Cassel 838, Kriegersche Buchh. *

Köhler, Friedr. Handwörterbuch der englischen u. deutschen Sprache. Gänzlich umgearb. u. verm. v. Herm. Lambeck. 30. Aufl. 30 Lfgn. Lex.-8. (X, 634; 629 S.) Lpz. 892, Reclam jun. à Lfg. — 20; 6 —; geb. * 7 20

Köhler, Frdr., Handwörterbuch der engl. u. deutschen Sprache. Gänzlich umgearb. u. verm. v. Herm. Lambeck. 31. Aufl. 2 Tle. gr. 8. (X, 634 u. 629 S.) Leipzig 894. Ph. Reclam jun. 6. —; in 1 Halbfrzbd. 7. 20

Köhler, Frdr., Handwörterbuch der englischen u. deutschen Sprache. Gänzlich umgearb. u. verm. von Herm. Lambeck. 38. Aufl. 2 Tle. in 1 Bd. (X, 634 u. 629 S.) gr. 8. Leipzig 905. Ph. Reclam jun. 6. —; geb. in Halbfrz. 7. 20; englisch-deutscher Tl. allein geb. 4. —

— Handwörterbuch der englischen u. deutschen Sprache. Gänzlich umgearb. u. verm. v. Herm. Lambeck. 40. Aufl. (2 Tle. in 1 Bde.) (X, 634 u. 629 S.) gr. 8. Leipzig 910. Ph. Reclam jun. 6.—; geb. in Halbfrz. 7. 20; 1. Tl. allein, geb. in Halbfrz. 4. —

Köhler, Friedr. (I.), vollständigstes englisch-deutsches und deutsch-englisches Handwörterbuch. — A dictionary of the English and German languages. 2 Thle. 3. Aufl. 1865. und 4. Aufl. Lex.-8. (VIII und 1114 S.) Leipzig 867, Ph. Reclam jun.

—— vollständigstes englisch-deutsches und deutsch-englisches Handwörterbuch. 21.—24. Aufl. 2 Thle. in 1 Bd. gr. 8. (VIII, 520; 595 S.) Leipzig 881—84, Ph. Reclam jun. * geb. in Halbfrzbd. *

Köhler, Friedr., vollständiges englisch-deutsches und deutsch-englisches Handwörterbuch. 25.—28. Aufl. 2 Thle. in 1 Bd. gr. 8. (VIII, 520; 594 S.) Leipzig 885—89, Ph. Reclam jun. * geb. in Halbfrzbd. *

— **Friedrich** (Director), Jahresbericht über die städtische Gewerbschule. — Inh.: 1) Ueber das Ausströmen brennbarer Gase. V. Wilhelm Barentin. 2) Schulnachrichten. V. Director. Bln. (Duncker & Weidling) 18. IV. 1859. 26 S. mit Namen. (4.50) 18871

— — Dasselbe. — Inh.: 1) Der Kampf um die Auctorität auf dem Conzil zu Constanz. V. Fr. Müller. 2) Schulnachrichten. V. Director. Bln. (Gustav Lange) 2. IV. 1860. 38 S. mit Namen. (4.50) 18872

Koehler, Frid. (geb. Hamm 21. 1. 1831): De iridis inflammatione Berolini (1859) (31 S.) 8°
Berlin, Med. Diss. v. 14. Juli 1859

—— die Kirche u. d. Stände d. Königr. Hannover. 8. (3¼ B.) Hannover 832, Hahn.

Köhler, Friedr. (II.), der Kirchenfreund, s. Kirchenfreund.

Köhler, Friedr., Lehrbuch der Chemie. 7., umgearb. Ausg. gr. 8. (VIII und 519 S.) Berlin 854, G. W. F. Müller. *

Köhler, F., Leitfaden für Vorträge der Chemie an Gewerbschulen. 2. Aufl. Berlin 1837. 8°.

—— die Mutterschule. 3 Thle. 8. Berlin 840, Reimer.
Thl. 1. Muttertändeleien. Uebergang durch Spiel zu ernsteren Beschäftigungen u. Anweisung zu beiden. (13 B.) 22 Gr.
„ 2. Stoff zur Entwickelung d. Frömmigkeit, d. Sittlichkeit u. d. Erkenntnißkräfte, } (21 B.) 1 Thlr. 10 Gr.
„ 3. Mährchen, Sagen u. andere Erzählungen. }

— englisch-deutsches u. deutsch-englisches Taschen-Wörterbuch,
— französisch-deutsches u. deutsch-französisches Taschen-Wörterbuch,
— italienisch-deutsches u. deutsch-italienisches Taschen-Wörterbuch,
} s.: Universal-Bibliothek.

Köhler, Friedr. (I.), und C. Witter, neues Taschen-Wörterbuch der englischen und deutschen Sprache. Zum Gebrauch für den Verkehr und für Schulen. Mit Angabe der engl. Aussprache in deutschen Buchstaben. A new pocket-dictionary of the English and German languages. 2 Thle. 16. (IX und 830 S.) St. Louis, Mo. 867. (Neustadt a. d. H., Gottschick-Witter's Buchh.) geb.

— — neues Taschen-Wörterbuch der englischen u. deutschen Sprache. Zum Gebrauch f. den Verkehr u. f. Schulen. Mit Angabe der engl. Aussprache in deutschen Buchstaben. 2 Tle. in 1 Bd. 4. Ster.-Aufl. 12. (IX, 444 u. 386 S.) Ebd. (890.) Geb. in Leinw. 2.50

Köhler, F., Tuberkulin u. Organismus. Eine krit. u. literar. Studie zur Wertung des Alttuberkulins in der Gegenwart nach biolog. Gesichtspunkten u. auf Grund der bisher. Erfahrgn. Dem internat. Tuberkulosekongress zu Paris 1905 gewidmet. (100 S.) gr. 8. Jena 905. G. Fischer. n. 2. 50

Koehler, Friedrich: Untersuchungen über Most- und Weintrauben-Arten Würtembergs. Diss. unter dem Präsidium von Gustav Schübler. Tübingen: Schönhard: 1826. 26 S. Tübingen, Med.Diss. 1826 -- 7.17.21*.24*. F 1

Köhler, F., Wohnungsfrage u. Tuberkulosebekämpfung nebst Statistik aus der rheinisch-westfäl. Arbeiterbevölkerung. (30 S.) gr. 8. Jena 909. G. Fischer. 1. —
Sonderabdruck aus: „Klin. Jahrb."

— Wörterbuch der Americanismen. Eigenheiten der engl. Sprache in Nordamerika. Eine unentbehrl. Zugabe zu jedem engl. Wörterbuche. Nach J. Russell Bartlett's „Dictionary of Americanism." 3. Ausg. Boston 1860 bearb. Ebend. 866. 8. (IV, 183 S.) 22½ ngr.

—— Wünsche, d. Landeskirche zu Nutze allen denen, die helfen können, vorgelegt. 8. (5½ B.) Hannover 832, Hahn.

Maurerisches Aufnahmelied für Bariton und Harmonium „Ich stehe hier und klopfe an", Text und Musik von F[riedr.] A[lbert] Köhler. Op. 51. Berlin: [Simon 1903?] 5 S. 2°
Recens: L. 26 (1903) S. 144 (R. Fischer).

Festgesang zur Weihe des Musiktempels der ▭ A[rchimedes] z[um] e[wigen] Bunde. Text von H[ugo] Greiner. Musik von F[riedr.] A[lbert] Köhler. Gewidmet dem gel. Br. [Gust.] Eichler als dem Stifter des Musiktempels. Gera [1907]: Köhler. 1 Bl. 8° [Kopftit.]
Ohne Noten: „Heil dir Musik! Die unsern Bund . . ."

Köhler, Friedrich Josef Anton

Köhler, F. J. A., Festhomilien nach den Officien des kathol. Kirchenjahres. gr. 8. (VIII und 184 S.) Lindau 856(57,) Stettner.

Köhler, Friedr. Jos. Ant., Festhomilien nach den Officien des katholischen Kirchenjahres. 2. Aufl. gr. 8. (VIII und 184 S.) Lindau (861)62, Stettner.

—— Gleichnißreden über die sonntäglichen Evangelien des katholischen Kirchenjahres. 2 Hälften. gr. 8. (X und 477 S.) Lindau 861, Stettner.

Köhler, F. J. A., Handbuch zu Christenlehren f. d. reifere kathol. Jugend. Unter Zugrundlegung d. apostol. Glaubensbekenntnisses. gr. 8. (20¼ B.) Lindau 840, Stettner.

—— Handbuch zu Christenlehren für die reifere kathol. Jugend. Unter Zugrundelegung des apostol. Glaubensbekenntnisses. Neue (Titel-)Ausg. gr. 8. (X und 310 S.) Lindau 852, Stettner.

Köhler, F. J. Ant., Legendenpredigten über die sonntäglichen Evangelien des katholischen Kirchenjahres. Regensburg 868. Coppenrath. gr. 8. (VIII, 375 S.) 27 ngr.

Köhler, F. J. Ant., christliche Lehren in Bildern aus dem Leben der Heiligen. St. Gallen 867. Sonderegger. gr. 8. (XV, 207 S.) 13 ngr.

Köhler, Friedrich Wilhelm

— Anleitung zur geograph. Kenntniß von Chursachsen. 8. Dresd. 778. 2e A. 787. Hilscher. 3 ℛ

Köhler, Fr. Wlh., († ... 1798.) Betrachtt. üb. d. Amt e. Diaconi. 8. Greiz 776.

Köhler, Friedrich Wilhelm.
Die Chemie in technischer Beziehung. Leitfaden für Vorträge in Gewerbeschulen. Berlin, 1834.
Zweite umgearbeitete und erweiterte Ausgabe. Berlin, 1837.
Dritte Ausgabe. Berlin, 1840. 8vo.
Fünfte Ausgabe. Berlin, 1846.
Siebente völlig umgearbeite Ausgabe. Berlin, 1854. 8vo.

— kl. Geogr. von Chursachsen. 8. Dresden, Hilscher. 787.

— histor. Nachr. von d. warmen Bade zu Wolkenstein. 8. Dresd. 793. N. A. 801. Walther. 6 ℛ

— histor. Nachr. von d. Sächs. Bergstadt Wolkenstein. 8. Schneeberg 781. (Hilscher in Dresd.) 12 ℛ N. A. Mit 1 Kpf. 8. Altenb. 785. (Hennings in Neiße). 16 ℛ

— die Offenbarung d. Größe u. Hoheit Gottes im Reiche der Natur. 8. Greiz 785.

— kurzgefaßte Reformations- u. Kirchengeschichte d. Stadt Katharinenberg im Buchholz. 8. Chemn. 781. (Leipz., Andrä). 3 ℛ

— sonderbar. characterist. Schriften. 4. Nurnberg, Winterschmidt. 788.

— katechet. Unterricht f. Kinder von der Geburt Jesu. 8. Zwickau 772.

— **Fried. Wilh.** (Kassel), De nonnullis diallagi varietatibus. Diss. philos. Marburg 1828. Kassel (Aubel). 32 S. (5.50) 18873

— **Friedrich Wilhelm Cornelius** (Zschopau/Misn.), Observationes practicae. Präs. D. Frid. Gottlieb Zoller. Lpz. (Langenheim's Erb. & Klauberth) 30. IX. 1780. 14 S. (4.50) 18874
Gew.: Johann August Bergner.

Köhler, Fritz, das Agglutinationsphänomen. Klinische u. experimentelle Studien zum diagnost. Wert, zur künstl. Erzeugg. u. zur Theorie. gr. 8. (124 S. m. 2 eingedr. Kurven.) Jena 901. G. Fischer. n. 3. —
Sonderabdruck aus: „Klin. Jahrbuch".

Koehler, Fritz, Referendar aus Königsberg i. Pr., z. Z. beim kgl. Amtsgericht in Carlsruhe ⟨Oberschles.⟩: Die **Anrechnung von Empfängen unter Lebenden auf den Erbteil und auf den Pflichtteil.** *Erlangen 1904: Junge & Sohn.* (IV, 124 S.) 8° [J.]
Erlangen, Jur. Diss. v. 21. Nov. 1903

Fritz Köhler. Physiko-chemische Apparate besonders nach Ostwald. (Haupt-Katalog ⟨D⟩ 1905 von Fritz **Köhler**, Univ.-Mechaniker, Leipzig-R.) (Leipzig 1905: Metzger & Wittig.) (217 S.) 8° [Umschlagt. J.]
[illegible]

Köhler, Fritz [(Dr. med.) aus Elberfeld]: Zur Diagnostik der abdominalen Tumoren ... Freiburg i. B., F. Wagner'sche Buchdr., 1896; VIII, 130 S. 8.
Freiburg i. B., Med. Fak., Inaug.-Diss. v. 1896

Köhler, Fritz, die Gebetsheilung. Eine psychologisch-naturwissenschaftl. Studie. gr. 8. (32 S.) Leipzig 902. H. Seemann Nachf. n. 1.—

Köhler, Fritz, a. Heidelberg: Isatosäureanhydrid und Anthranoylanthranilsäure. Heidelberg 1907: E. Geisendörfer. (44 S.) 8°
Heidelberg, Naturw.-math. Fak., Ref. Curtius, Diss. v. 17. Dez. 1907
[Geb. 5. Juli 81 Heidelberg; Wohnort: Heidelberg; Staatsangeh.: Baden; Vorbildung: Oberrealsch. Heidelberg Reife M. 01; Studium: Heidelberg 8, Freiburg i. B. 4 S.; Rig. 31. Juli 07.]

Köhler, Fritz: Kataloge und andere Drucksachen betr. physiko-elektro-photochemische Apparate usw. 1909 ff. Leipzig

— s.: Veröffentlichungen, Görbersdorfer, aus Dr. Brehmer's Heilanstalt f. Lungenkranke.

Köhler, G., Historische Abhandlung über die Worte des Erlösers im letzten Abendmahl: „Nehmet und esset, das ist mein Leib. Nehmet und trinket, das ist mein Blut." (Matth. 26, 26—28.) Mainz, Kupferberg, 1813, gr. 8°, 1,25 Mk.

Köhler, G., über die Bedeutung des mathematischen Unterrichts auf dem Gymnasium. Meiningen. 4. 13 p.
Schul-/Univ.-Schrift

Köhler, G., 50 Choralmelodien f. Sopran, Alt, Tenor u. Bass Zum Gebrauch f. Kirchenchöre, Gesangvereine u. Schulchöre. Ausgewählt u. hrsg. 8. (56 S.) Biedenkopf 890. Stephani. n. 1.—

(**Köhler**, G., General Major.) Ueber den Einfluss der Feuerwaffen auf die Taktik Historisch kritische Untersuchungen von einem höheren Officier. 8. Berlin 1873.

Köhler, G. (II.), die Entwickelung des Kriegswesens und der Kriegführung in der Ritterzeit von Mitte des 11. Jahrh. bis zu den Hussitenkriegen in 3 Bdn. [3. Bd. in 3 Abthlgn.] gr. 8. Breslau, Koebner. ** 81 —
Inhalt:
Bd. 1. Kriegsgeschichtliches von Mitte des 11. bis Mitte des 13. Jahrh. (XL, 519 S. mit 15 lithogr. Karten und Plänen.) 886. *M 18.—.
„ 2. Kriegsgeschichtliches von Mitte des 13. Jahrh. bis zu den Hussitenkriegen. (XXVII, 800 S. mit 16 lithogr. Karten und Plänen.) 886. **M 24.—.
„ 3. 1. Abthl.: Die Entwickelung der materiellen Streitkräfte in der Ritterzeit. (XLV, 527 S. mit 6 lithogr. Taf.) 887. *M 15.—.
2. Abthl.: Die Entwickelung der personellen Streitkräfte in der Ritterzeit. (XXXII, 367 S.) 889. *M 10.—.
3. Abthl.: Die Entwickelung der Kriegführung in der Ritterzeit. (X, 569 S.) 889. *M 14.—.

Köhler, G., die Entwickelung d. Kriegswesens u. der Kriegführung in der Ritterzeit von Mitte d. 11. Jahrh. bis zu d. Hussitenkriegen in 3 Bdn. 3. Bd. 3 Abthlgn. gr. 8. Breslau, Koebner. n. 39. —
1. Die Entwickelg. der materiellen Streitkräfte in der Ritterzeit. Mit 6 lith. Taf. (XLV, 527 S.) 887. n. 15. —
2. Die Entwickelung der personellen Streitkräfte in der Ritterzeit. (XXXII, 367 S.) 889. n. 10. —
3. Die Entwickelung der Kriegführung in der Ritterzeit. (X, 569 S.) 889. n. 14. —

— dasselbe. Register nebst Berichtiggn. gr. 8. (IV, 171 S.) Ebd. 890. n. 5. — (cplt. m. Register: n. 86. —)

Köhler, G., Entwickelung d. Kriegswesens u. der Kriegführung in der Ritterzeit. Ergänzungsheft, die Schlachten v. Tagliacozzo u. Courtrai betr. gr. 8. (III, 27 S.) Breslau 893. W. Koebner. n. 1. —
(Hauptwerk u. Ergänzungsheft: n. 87 —)

Köhler, G., der Fechthauptmann, s.: Volksbibliothek d. Lahrer Hinkenden Boten.

— Geschichte der Festungen Danzig u. Weichselmünde bis zum J. 1814 in Verbindung m. der Kriegsgeschichte der freien Stadt Danzig. 2 Bde. gr. 8. Ebd. 893. n. 40. —
1. Bis zum J. 1734. (X, 507 S. m. 14 Taf.)
2. Von 1734—1814. Die Belagergn. Danzigs v. 1734, 1807 u. 1813. (V, 533 S. m. 6 zum Tl. farb. Taf.)

Das Haus am Deich oder Heini und Louischen. Erzählung f. d. Jugend von G. **Köhler**. Neu-Ruppin: G. Kühn [um 1904]. (128 S.) 8° [F.]
(Gustav Kühn's Jugendschriften. 754.) [04. 9483]

(**Köhler**.) Die norddeutschen Kriegsschiffe in Ost-Asien während des deutsch-franz. Krieges. Berlin 1872. 8°.

Köhler, G., Leitfaden f. den deutschen Gerichtsvollzieher, zugleich Handbuch für Gläubiger u. Schuldner zur prakt. Handhabg. der reichs- u. landesgesetzl. Vorschriften üb. die Zwangsvollstreckg. in das bewegl. Vermögen. Mit aufgenommener Gebührenordnung f. Gerichtsvollzieher. (208 S.) gr. 8. Dresden 904. Albanus.
Geb. in Leinw. n. 4. 50

Köhler, G., u. O. Kruse, Lesebuch f. die Mittelstufe in Taubstummen-Anstalten. 3 Bdchn. gr. 8. Schleswig, J. Bergas. Kart. n. 2. 80
1. [3. Schulj.] (VIII, 28 S. m. 21 Abbildgn.) 891. n. — 60
2. [4. Schulj.] (VIII, 33 S. m. 12 Bildern.) 892. n. — 80
3. [5. Schulj.] (VIII, 47 S. m. 10 Bildern.) 893. n. — 90

Köhler, G., u. O. Kruse, Lesebuch f. d. Mittelstufe in Taubstummenanst. 1. Bdchn. 3. Schulj. (21 Bilder.) M. Leseübungsstoff f. d. 2. Schulj. 2., veränd. u. verm. Aufl. gr. 8. (VIII, 44 S.) Schleswig 895. J. Bergas. Kart. n. 1. —

— dasselbe. 2. Bdchn. 4. Schulj. 2., veränd. u. verm. Aufl. gr. 8. (VIII, 57 S. m. 12 Bild) Ebd. 896. Kart. n. — 90

Köhler, G., u. O. Kruse, Lesebuch f. die Mittelstufe in Taubstummen-Anstalten. 1. u. 3. Bdchn. gr. 8. Schleswig 900. J. Bergas Verl. Kart. n. 1. 90
1. 3. Schulj. Mit Leseübungsstoff f. das 2. Schulj. 3. veränd. u. verm. Aufl. (VIII, 43 S. m. 21 Bildern.) n. 1.—
3. 5. Schulj. 2., veränd. u. verm. Aufl. (VIII, 63 S. m. 10 Abbildgn.) n. — 90

Köhler, G., u. O. Kruse, Lesebuch für die Mittelstufe in Taubstummen-Anstalten. 3 Bdchn. gr. 8. Schleswig, J. Bergas Verl. Kart. n. 2. 80
I. 3. Schulj. (21 Bilder.) Mit Leseübungsstoff f. das 2. Schulj. 4. verb. Aufl. (VIII, 43 S.) 903. n. 1.—
II. 4. Schulj. (Mit 12 Bildern.) 3. verb. Aufl. (VIII, 57 S.) 903. n. — 90
III. 5. Schulj. (Mit 10 Bildern.) 3. verb. Aufl. (VIII, 63 S.) 903. n. — 90

Köhler, G., u. O. Kruse, Lesebuch f. die Mittelstufe in Taubstummen-Anstalten. 1.—3. Bdchn. 8. Schleswig, J. Bergas Verl. 2. 80
1. 3. Schulj. (21 Bilder.) Mit Leseübungsstoff f. das 2. Schulj. 6. verb. Aufl. (VIII, 43 S.) 908. Kart. 1. —
2. 4. Schulj. 5. verb. Aufl. (VIII, 52 S. m. 12 Abbildgn.) 910. Geb. — 90
3. 5. Schulj. 5. verb. Aufl. (VIII, 61 S. m. 10 Abb. u. 1 Taf.) 910. Geb. — 90

Köhler, G., aus dem Rachen des Todes, s.: Schriften des sächsischen Volksschriften-Verlags.

Koehler, G., s.: Reichsland, das.

Köhler, G., das Ringlein, s.: Schriften d. sächs. Volksschr.-Verlags. IV. Jahrg.

Köhler, G. Die Schlacht auf dem Marchfelde am 26. 8. 1278. (Mit) Nachtr. 1. 2. (Göttingen 1879 —81.) 8°. (Aus: Forschungen z. deutschen Geschichte.) (Verm. Jähns.)

—— zur Schlacht von Tagliacozzo am 23. Aug. 1268. Eine Erwiderung. Vortrag, gehalten am 13. Decbr. 1883 in der histor. Section der schles. Gesellschaft für vaterländ. Cultur. gr. 8. (V, 44 S. mit 2 lithogr. Taf.) Breslau 884, Koebner. *

Köhler, G. (H.), die Schlachten von Nicopoli und Warna. gr. 8. (67 S. mit 2 Stnt.) Breslau 882, Koebner. *

— die Störungen der Gänge, Flötze u. Lager. Mit 55 Holzschn. gr. 8. (V, 32 S.) Ebend. 886. n. 1.—

Köhler, G., Treu u. frei. Erzählungen aus dem Volksleben Niedersachsens. 8. (IV, 159 S.) Hildesheim 899. H. Helmke. n. 2.—; geb. n. 3.—

(Köhler.) Umriß einer pragmatischen Geschichte des Kriegs-Wesens in Braunschweig von der Mitte des 16. Jahrhunderts bis zur gegenwärtigen Zeit. Hrsg. von C. Venturini. Magdeburg 1837. 8°. (Verm. Jähns.)

Köhler, G. Syntactische Untersuchungen über Les quatre livres des Rois. Diss. Erlangen 1888. 83 S.

Köhler, G., syntactische Untersuchungen üb. Les quatre livres des Rois. gr. 8. (83 S.) Leipzig 888. Deichert Nachf. n. 1. 60

Köhler, G. A: Der Ausputz der mechanischen Schuhfabrikation, dessen Maschinen und Methoden. Wermelskirchen 1903. (Beilage zum 1. Jahresbericht der Preussischen Fachschule für die Schuh- und Schäfteindustrie zu Wermelskirchen)

Köhler, G. A: Die gesamten Bodenbearbeitungs-Maschinen in der mechanischen Schuhfabrikation. Wermelskirchen 1910

Köhler, G. A.: Die gesamte Kenntnis vom Herstellen und Untersuchen des Leders. Wermelskirchen 1910.

Köhler G A, Triumph Modellschneideverfahren für die Schuhindustrie und Schäftemacherei. (36 S 43 T und Modelle) 1 Band und 1 Mappe. 4° Gotha 1900

Köhler, G. A: Zubehörstoffe in der mechanischen Schäftefabrikation; ihre Grundstoffe, Herstellungs- und Untersuchungsmethoden, Verwendung und annähernden Preise.
T. 1. Für die Schäftefabrikations-Abteilung. Wermelskirchen 1908

Köhler, G. A: Zubehörstoffe in der mechanischen Schuhbodenfabrikation, ihre Grundstoffe, Herstellungs- und Untersuchungsmethoden, Verwendung und annähernden Preise.
T. 2. Für die Bodenfabrikations-Abteilung. Wermelskirchen 1908

Koehler, G. A(dolphus) Arminius *(geb Görlitz 13 7 1834)*: De allantoini in urina impedita respiratione praesentia. Gorlitii (1857). (24 S.) 4°
Breslau, Med. Diss. v. [26.] Juni 1857

Köhler, G. Chr., s. d'Arnaud, Schriften.

Köhler's, G. D., Einleitung in die griechische Sprache. Götting. 785. 8. 5 gr.

— G. D., Allgemeine Geographie der Alten. Lemgo 803. Th. I. 8. 1 rthl. 20 gr.

Kooler, G. L., Descriptio graminum in Gallia et Germ. t. sponte nascentium q. hom. industria proven. 16. Frft. Varrentrapp. (a. Schalbacher in Wien.) 802.
Schreibp.

Koehler, G. L., Experimenta circa regenerationem ossium. c. tab. aen. 8. maj. Cötting. Dieterich. 786.

— Lettres à M. Ventenat, sur les boutons et ramifications des plantes etc. 4. Mayence, (Tourneisen à Cassel.) 805. •

Köhler, (Superint.) C. S., die Hauptsätze der christl. Religion. Angehängt ist: Dr. M. Luthers Katechismus. 8. Parchwitz 825. (Glogau, N. Güntersche B.) 3 gGr. 2e A. 8. Glogau 829. Ebd. 2 gGr.

Köhler, G. S., die Hauptsätze d. christl. Religion, aus d. heil. Schrift zusammengest. 2. u. 3. Aufl. Angehängt ist: Mart. Luthers Katechismus. (3¼ u. 3½ B.) 8. Glogau 829, 34, Flemming. à

Köhler, G. S., die Hauptsätze der christl. Religion, aus d. heil. Schrift zusammengestellt. 4., verb. Aufl. Angehängt ist: Dr. M. Luthers Katechismus. 8. (3¼ B.) Glogau 842, Flemming.

—— das christl. Kirchen-Jahr, dargest. in Fest-Predigten nach d. gewöhnl. Perikopen. 8. (19 B.) Glogau 832, [Flemming.]

— s. D. L. Köhler. über d. wissenschaftl. Vorbildung.

Koehler, Georg [aus Steinsdorf]: Aus d. Provinzial-Irren-Heilanstalt zu Leubus. Ein kasuistischer Beitrag zur Lehre von dem cirkulären Irresein. . . . Halle a. S., Hofbuchdr. v. C. A. Kaemmerer & Co., 1889; 50 S. + 1 Bl. 8°
Halle, Med. Fak., Inaug.-Diss. v. 28. Dez. 1889

Köhler, Georg *Gottlieb Friedrich* [app. Arzt aus Berlin]: Beitrag zur Kenntnis der Symptomatologie bei Ulcus ventriculi simplex . . . Berlin, Buchdr. v. G. Schade, *1895*; 32 S., 4 Bl. 8.
Berlin, Med. Fak., Inaug.-Diss. v. 21. Dez. 1895

Köhler, Geo., alte Briefe, s. Bloch's, E., Theater-Correspondenz.

Koehler, Georg *(geb. Münsterberg in Schles. 11 10 1853)*: Darmresection bei Carcinom des Dickdarms. Breslau (1881). (34 S.) 8° [J. u. Ant.] *[Im Buchhandel 1881 bei Köhler in Breslau.]*
Breslau, Med. Diss. v. 28. Nov 1881

Köhler, Georg, appr. Arzt a. Posen: Zur Differentialdiagnose zwischen Labyrintheiterung und Kleinhirnabszess. Greifswald 1907: H. Adler. (29 S.) 8°
Greifswald, Med. Fak., Ref. Wittmaack-Friedrich, Diss. v. 28. März 1907
[Geb. 26. Juni 73 Posen; Wohnort: Posen; Staatsangeh.: Preußen; Vorbildung: Gymn. Posen Reife O. 95; Studium: Berlin 2, Breslau 2, Greifswald 11 S.; Coll. 20. Jan. 07; Approb. 25. Jan. 06.]

KÖHLER, GEORG Heilsame Erklärung und Betrachtung des Gebets des Herrn, aus den Werken des Hochw. Hrn. Gregor Köhler zum nützlichen Gebrauch der Christenheit vor der Beicht zu sprechen. Oedenburg 1801 Gedr. bey Jos. Ant. Sieß 16 S. 8°

Köhler, Georg, appr. Arzt a. Gießen, Assistent am physiologischen Institut daselbst: Diese Arbeit ist im physiologischen Institute zu Gießen mit dessen Mitteln ausgeführt worden. Über Hydrurie und Diabetes bei Vögeln in Folge von Piqûre. Gießen 1904: Heppeler u. Meyer. (20 S.) 8°
Gießen, Med. Fak., Ref. Eckhard, Diss. v. 16. Sept. 1904
[Geb. 3. Okt. 69 Worms; Wohnort: Gießen; Staatsangeh.: Hessen; Vorbildung: Ludwig Georgs-Gymn. Darmstadt Reife O. 89; Studium: Gießen 10 S.; Coll. 3. Aug. 04; Approb. 3. Febr. 04.]

Koehler, Georg [aus Fellin in Russland]: Studien über den Menstrualprocess bei Geistesgestörten. Strassburg, Buchdruckerei von H. L. Kayser, 1878. 8. 33 S.

Köhler, Georg, Referendar in Zittau: Die Veräußerung der Namensaktie. Borna-Leipzig 1908: R. Noske. (IV, 44 S.) 8° [J.]
Leipzig, Jur. Fak., Diss. v. 3. Aug. 1908
[Geb. 15. Okt. 84 Chemnitz; Wohnort: Zittau; Staatsangeh.: Sachsen; Vorbildung: Gymn. Zwickau Reife O. 03; Studium: Freiburg i. B. 2, Leipzig 6 S.; Rig. 31. Jan. 08.]

KÖHLER, Georg Eduard: Historisch-Juristische Abhandlung von der Alten Waldmark und Haingeraethe im Rheingaue und derselben älteren und neueren Verfassung als Beytrag zur Mainzer Geschichte und Recht. - Erfurt 1792. 94 S.

Koehler, Georg Wilhelm: Die Rohrbruchventile. Konstruktions - Grundlagen, Untersuchungs-Ergebnisse und Anwendungsregeln. 1906. 81 S. 4⁰ ¶ Auch in: Mitteilungen über Forschungsarbeiten auf d. Gebiete d. Ingenieurwesens. H. 34; Ausz. in: Zeitschrift d. Vereines deutscher Ingenieure. Bd 52. 1908, Halbj. 1.
Karlsruhe, Dr.-Ing.-Diss. v. 11. 3. 1905

Köhler, Georgine, Ahrenstrauss. Gedichte. 8. (VI, 64 S.) Dresden 901. E. Pierson. n. 1. 50; geb. n. 2. 50

Köhler, Gfr., s. Auswahl aus Rydenius.

Köhler, Gregor

Köhler, Greg., historische Abhandlung üb. die Erklärung d. Worte des Erlösers im letzten Abendmahle: Nehmet u. esset, das ist mein Leib ꝛc. gr. 8. Mainz, Kupferberg. 813.

— Anleit. z. Bildung künft. ꝛc. Seelsorger. gr. 8. Mainz, Univ. 789.

— kurze Anleit. z. erbauenden Schriftbetrachten für künftige Seelsorger u. denkende Christen. 8. Frankf. a. M. 805. Andreä. 8 gl

— Kurze Anleitung

— Anleit. z. erbauenden Schriftbetrachten f. künft. Seelsorg. ꝛc. 8. Ebend. 810.

— prakt. Anleit. für Seelsorger sowohl in als außer d. Beichtstuhl, in Betreff d. Ehehindernisse. gr. 8. Frankf. a. M. 799. Andreä. 6 gl

KÖHLER, G., Practische Anleitung für Seelsorger im Beichtstuhle, nebst Abhandlung über die Ehehindernisse. 3. Aufl. Frankf. 1803. 8⁰.
Handelt u. a. vom Verhalten gegen Wollüstige, Ehebrecher, Selbstbeflecker, Klosterfrauen, Verführer etc. (3 Mk. 80 Pfg. Bielefeld 1883.) — Zuerst gedr. 1799. (1 Mk. A. Bielefeld, 1891; jetzt theurer!) — Selten!

— Anleitung für Seelsorger im Beichtstuhl. gr. 8. Frankf. a. M. 803. Andreä. 1 rß 8 gl 2e A. ... 3e A. ... 4e A. 812. 5e v. J. Brand besorgte Aufl. 822. 6e A. 828. Ebd. 1 rß 8 gl

Köhler, Greg., Anleitung f. Seelsorger in d. Beichtstuhle. 6. Aufl. (30 B.) 828. 1 Thlr. 8 Gr., u. 7., neu bearb. u. bedeut. verm. A. (beide) v. Jac. Brand. 2 Thle. (34½ B.) gr. 8. Frankfurt a. M. 833, Andreä.

Köhler's, Gregor, Anleitung für Seelsorger im Beichtstuhle. Nach der 7., von dem Bischofe zu Limburg, Jac. Brand, neu bearb. u. bedeutend verm. Aufl., abermals revid. u. mit neuen Zusätzen bereicherte 8. Aufl. 2 Thle. Münster 858. Coppenrath. gr. 8. (XII, 306; VIII, 252 S.) 1 rß. 15 ngr.

— prakt. Anleit. zum moral. Unterricht d. Jugend. 8. Frankf. a. M. 801. Andreä. 4 gl

• — — dieselbe, zum moral. Unterricht d. Jugend. 8. Ebendas. 810.

— prakt. Anleit. zum moral. Unterr. in d. natürl. u. geoffenbarten Religion. 8. Frankf. 805. Andreä. 8 gl

— prakt. Anleit. zu d. prakt. Unterricht in d. Pastoraltheologie. Aufs Neue bearb. Ausg. v. Jak. Brand. 3e A. gr. 8. Frankf. a. M. 827. Andreä. 1 rß 6 gl

GV78
5

Köhler, Gregor: Anleitung für Seelsorger im Beichtstuhl ..., s. Köhler: Praktische Anleitung für Seelsorger im Beichtstuhl ...

— Anleitung für prakt. Seelsorger am Kranken- u. Sterbebette. gr. 8. Mainz 792. Frankf. a. M. 790. 2e verb. A. 798. 4e A. 804. 5e v. J. Brand bes. Aufl. 810. 6e A. 826. 7e A. 832. Andreä. 16 gl

Köhler's, Greg., Anleitung für Seelsorger am Kranken- u. Sterbebette. 8., ganz neu bearb. Ausg., mit d. Ritual in latein., deutscher u. französ. Sprache v. Marcus Adam Nickel. gr. 8. (20½ B.) Frankfurt a. M. 845, Andreäische Buchh.

Köhler, Gregor: Anleitung für Seelsorger am Kranken- und Sterbebette, s. Köhler: Anleitung für prakt. Seelsorger am Kranken- und Sterbebette.

— Aulcit. z. prakt. Unterricht in d. Pastoraltheologie. 3e Aufl. gr. 8. Frankf. 827, Andreä.

Köhler, Greg., († ...) Anleitung zum prakt. Unterricht künft. Seelsorger. gr. 8. Mainz 789. 2e A. 802. Frankf. a. M., Andreä. 1 rß 12 gl

Köhler, Gregor, Beweis für das Dasein Gottes aus der Natur nach Vernunft u. Offenbarung. Frankfurt, Andreä, 1810, 8°.

— d. Bild Gottes im Menschen, mit Anmerkk. rücksichtlich auf die Scheinphilosophie. 8. Frankf. 813. Andreä. 4 gl

Köhler, Greg., geschicotliche Darstell. d. r. Gallikanischen Klerus im J. 1682 zu Paris abgef., von Bossuet vorzügl. u. dem Turnelius vertheid. Erklärung über d. höchste und unfehlbare Autorität in der Kirche Gottes entlarvt, nebst einem Blick in das im J. 1811 zu Paris gehaltene National-Concilium. gr. 8. Hadamar, N. Gelehr. Buchh. 816.

— ist es erlaubt, dem Königthume Haß zu schwören? 8. Ebend. 798.

Köhler, Greg., Gottes Kraft, Güte u. weiseste Führung in d. Zwecken d. Natur, für Freunde d. Naturgeschichte u. Verehrer Gottes. 8. Frankf. a. M. 814. Andreä. 12 gl

— principia theologiae liturgicae ex selectissimis auctoribus. 8. Mainz 788.

Köhler, Gustav

Köhler, G. (I.), Apparate und Maschinen zur Herstellung von Tiefbohrlöchern, s.a. Handbuch der Ingenieurwissenschaften.

Köhler, G. Apparate und Maschinen zur Herstellung von Tiefbohrlöchern. Leipzig, 1885.

Köhler, Gustav [pr. Arzt aus Borkum]: Zur Ätiologie und Behandlung des beginnenden Plattfusses ... Würzburg, kgl. Universitätsdr. v. H. Stürtz, 1893; 18 S., 4 Taf. 8.
Würzburg, Med. Fak., Inaug.-Diss. v. 1893

Köhler, Gust., Beiträge z. Geschichte d. Lausitz. I. gr. 8. (3½ B. u. 4 Holzschn.-Vign.) Görlitz 840. (Breslau, Graß, Barth u. Comp.) •

Köhler, G. (II.). Bergbaukunde, s.a. Weber's, J. J., illustr. Katechismen, Nr. 129.

Köhler G, Bergbaukunde. (Weber's illustrierte Katechismen 129) Leipzig 1891

Köhler, Gust., der Bund der Sechsstädte der Ober-Lausitz. Jubelschrift. 4. (5¾ B. u. 6 Taf., wov. 4 ill.) Görlitz 846, Heinze u. Comp. *

Köhler, Gust., die Bürgermeisterwahl. Ein Lustspiel in 5 Akten. 8. (74 S.) Straßburg 883, [v. Wilmowski.] Selbstverlag. *

Köhler, Gustav, Prof.: Das Elsass und sein Theater. Beobachtungen und Betrachtungen zur Geschichte und Würdigung des Elsässischen Theaters. Strassburg i. E. 1906: M. Du Mont-Schauberg. (50 S.) 4°
Strassburg Els., R bei St. Johann P 1906 (663)

Koehler, Gust., das Elsass u. sein Theater. Beobachtungen u. Betrachtgn. e. Altdeutschen zur Geschichte u. Würdigg. des „Elsäss. Theaters“. (308 S.) 8. Strassburg 907. Schlesier & Schweikhardt. n. 5.—

Köhler, Gust. (II.), der Fechthauptmann, s. Volksbibliothek des Lahrer Hinkenden Boten.

Die Frage der Logen-Wanderredner und die Aufgaben der Humanisierung des Volkes. Vortrag, gehalten in der Versammlung des Vereins deutscher Freimaurer am 21. Sept. 1907 zu Magdeburg. Von Gust. **Köhler.** Leipzig [1908]: Zechel. 28 S. 8° [Umschlagtit.]
Aus: MitthVdF. (1907—1908) S. 48—75.

Köhler, Gust., König Friedrich Wilhelm IV., der Bekenner auf Preußens Throne. Predigt über Matth. 10, 32 zum Gedächtnisse Sr. Maj. des hochseligen Königs Friedrich Wilhelm IV. am Sonntage Invocavit gehalten. Querfurt 861. Burow. 8. (15 S.) 2½ ngr.

—— zur Geschichte d. Buchdruckerei in Görlitz. Eine Festschr. 4. (3½ B. u. 1 Stnt.) Görlitz 840, (Heyn'sche Bh.) *

—— Geschichte d. Poesie in der Lausitz, s. Pescheck, C. A.

Köhler, Gust. Die social-politischen Grundlagen der Pädagogik Pestalozzis. 56 S. Progr. Rach. Job. *Strassburg* 1879.

Köhler, G., Katechismus d. Bergbaukunde, s.a. Weber's illustr. Katechismen.

Köhler, G., Katechismus der Bergbaukunde. 12. (VIII, 316 S. m. 217 Abbildgn.) Leipzig 890. J. J. Weber. geb. n. 4.—

Köhler, G: Katechismus der Bergbaukunde. Leipzig 1891

Köhler, G., Katechismus der Bergbaukunde. 2. Aufl. Leipzig, 1898. 331 S. mit 224 Abb.
Dasselbe. 3. Aufl. u. d. T.: „Leitfaden der Bergbaukunde.“ Ebd., 1903. 332 S. mit 225 Abb.

—— die Kinder des Hauses. Ein Trauerspiel. gr. 8. (105 S.) Straßburg 882, [Astmann's Sortiment.] Selbstverlag. *

Köhler, Gust., das Kloster des heiligen Petrus auf dem Lauterberge bei Halle und die ältesten Grabstätten des erlauchten sächs. Fürstenhauses, zur Feier der Einweihung der durch Se. Maj. König Friedrich Wilhelm IV von Preussen restaurirten Klosterkirche nebst Grabstätten auf Befehl Sr. Maj. des König Johann von Sachsen hrsg. gr. 4. (108 S. mit 11 Stnt. und lithogr. Titel.) Dresden 857, [Meinhold und Söhne.

— s. Lehnrecht, Görlitzer.

Köhler, G., Lehrbuch der Bergbaukunde. Mit 823 Holzschn. u. 6 lith. Taf. gr. 8. (XXII, 708 S.) Leipzig 884. Engelmann. n. 16.—; Einbd. n.n. 2.—

—— Lehrbuch der Bergbaukunde. 2. verb. Aufl. gr. 8. (XXVI, 788 S. mit 846 Holzschn. und 7 lithogr. Taf.) Leipzig 887, Engelmann. *ℳ 17.—.; geb. **

Köhler, G., Lehrbuch der Bergbaukunde. 3., verb. Aufl. gr. 8. (XXIII, 787 S. m. 773 Textfig. u. 6 lith. Taf.) Leipzig 892. W. Engelmann. n. 17.—; geb. n.n. 19.25

-- Lehrbuch d. Bergbaukunde. 4., verb. Aufl. gr. 8. (XXIV, 791 S. m. 706 Fig. u. 7 lith. Taf.) Leipzig 897. W. Engelmann. n. 17.—; geb. n.n. 19.50

Köhler, G., Lehrbuch der Bergbaukunde. 5., verb. Aufl. gr. 8. (XXIV, 810 S. m. 708 Fig. u. 7 Taf.) Leipzig 900. W. Engelmann. n. 17.—; geb. n. 20.—

Köhler, G., Lehrbuch der Bergbaukunde. 6., verb. Aufl. (XXIV, 858 S. m. 728 Fig. u. 9 lith. Taf.) gr. 8. Leipzig 903. W. Engelmann. n. 18.—; geb. in Halbfrz. n. 20.50

— Leitfaden der Bergbaukunde, s.: Weber's illustr. Katechismen.

Köhler, G., Schulz, W. u. a. Die Maschinen zur Herstellung von Tiefbohrlöchern, die Gesteinsbohrmaschinen, Schräm- und Schlitzmaschinen. Leipzig, 1885.

Rede, gehalten an die zu ihrer diesjährigen Tagung versammelten oberrheinischen Stuhlmeister der Logen des Südwestens am Tage des Abschiedes des Brs [Heinr.] Kraft aus ihrer Mitte am 23. Febr. 1908 von Gust. **Köhler.** [Colmar 1908: Strassb. Druckerei & Verlags-Anstalt.] 9 S. 8° [Kopftit.]
cf. ML. 36 (1907—1908) S. 163—168 (E. Mattes), i. Auszug abgedr. in: H. 19 (1908) No 35; L. 31 (1908) S. 143—144 (P. Fischer), abgedr. in: BrL 26 (1908—1909) S. 6—7.

Köhler, Gustav: Die „Rücken“ in Mansfeld und in Thüringen sowie ihre Beziehungen zur Erzführung des Kupferschieferflötzes. Leipzig: W. Engelmann 1905. 29 S., 13 Taf. 4° ¶ Auch als Buch.
Aachen, Dr.-Ing.-Diss. v. 23. 9. 1905

Köhler, Gust., die „Rücken“ in Mansfeld u. in Thüringen sowie ihre Beziehungen zur Erzführung des Kupferschieferflötzes. Mit 13 Taf., davon 2 Karten, u. 7 Textabbildgn. (29 S.) Lex.-8. Leipzig 905. W. Engelmann. n. 5.—

Köhler, Gust., Synodalpredigt über I. Cor. 15, 58, bei der Eröffnung der zweiten Kreissynode des Querfurter Kirchenkreises in der Stadtkirche zu Querfurt am 30. August 1865 gehalten. Querfurt 865. Burow. gr. 8. (14 S.) 2½ ngr.

Köhler, G., Die Cremer'sche Theorie betreffend die Überschiebungen des westfälischen Steinkohlengebirges. Essen, 1894. 7 S. mit 9 Abb.

Köhler, Gustav [aus Ringelheim] Syntactische Untersuchungen über Les quatre livres des Rois. . . Erlangen, Druck d. Univ.-Buchdr. v. E. Th. Jacob, 1888: 83 S. 8°
Erlangen, Phil. Fak., Inaug.-Diss. v. 1888

Köhler, Gust. (I.), syntactische Untersuchungen über Les quatre livres des Rois. gr. 8. (83 S.) Erlangen 888, Deichert'sche Verlagsh. Nachf. * 1 60

Köhler, G. Verschiebungen von Lagerstätten und Gesteinsschichten. Abdruck Berlin, 1885. 2 Ex.

— W. Schulz, L. Bräuler u. K. Ziekler, Vorrichtgn. u. Maschinen zur Herstellung v. Tiefbohrlöchern. Das Abbohren v. Schächten. Gesteinsbohrmaschinen, Schräm- u. Schlitzmaschinen, Tunnelbohr- u. Treibmaschinen. Die elektr. Minenzündg., s.: Handbuch der Ingenieurwissenschaften, IV.

— Wörterbuch der bei Bergbau u. Aufbereitung angewendeten technischen Ausdrücke. (Französisch-Deutsch, Englisch-Deutsch u. Deutsch-Englisch-Französisch.) 12. (VII, 107 S.) Clausthal 886. Grosse. geb. n. 2. 80

Köhler, Gust., Zappeltrudel, s.: Prümer, Karl.

— s.: Zeitung, berg- u. hüttenmännische.

Koehler, Gust August (geb Bromberg 9. 1. 1798): De diagnosi morborum graviditatem uterinam simulantium Berolini (1822). (30 [vielmehr 38] S.) 4°
Berlin, Med. Diss v 30. Dez 1822

— Gustav Eduard (Conrector), Ad examen publicum et ad actum Hofmannianum in lyceo Annabergensi. — Insunt: I. De artium elegantiorum notitia adolescentibus in gymnasiis nostris impertienda. II. Acta scholastica, adjecto carmine latino. Schneeberg (Julius Mueller) 17./20. III. 1834. 32 S. mit Namen. (5.—) 18877

— siehe: Album von Autographen.

Köhler, Gust. Ed., Aphorismen aus d. Gebiete d. Gymnasiallebens. Ein Beitr. z. Verständigung üb. d. Verhältniß d. Gymnasien zu Leben u. Wissenschaft. gr. 8. (10 B.) Leipzig 837. Hartknoch.

Köhler, Gustav Ed., d. Bourbons u. Stuarts; Belgien u. d. drei Theilungen Polens. Drei Vorlesungen, nebst e. Anhange über d. Haus d. Welfen, u. 3 genealog. Tabellen. 8. Annab. 831. Hasper. (Leich in Leipz.) 6 gr.

Köhler, Gust. Ed., Excurs in und durch's Gymnasium. gr. 8. (IV und 38 S.) Leipzig 851, T. O. Weigel.

— Glaube, Unglaube u. Aberglaube unserer Zeit. Beitrr. zur neuesten Religions-, Kirchen- u. Ketzergeschichte d. Südens Mit Vorwort von Tiedge. gr. 8. Dresd. 825. Wagner. 9 gr.

Köhler, Gust. Ed., das Griechen- und Römervolk im Alterthum 1. Thl.: Griechen. 8. (III und 120 S.) Zwickau 851, Verein zur Verbreitung von Volksschriften. Thlr. *

Köhler, G. E., das Griechen- und Römervolk im Alterthum. 2. Thl.: Römer. 1—4. Abthl. 8. Zwickau, Verlagshandlung des Volksschriften-Vereins. [Abthl. 1. (III und 212 S.) 853. 7½ Ngr., 2. (III und 208 S.) 854. * 10 Ngr., 3. (III und 160 S.) 855. 7½ Ngr., 4. (III und 100 S.) 856. * 4 Ngr.]
1. Thl. Ebendas. 1851. 4 Ngr.

Köhler, H., vom Aberglauben. Zur Belehrung u. Warnung. Tübingen 865. Osiander'sche Buchh. 8. (32 S.) n. 2½ ngr.

Köhler, H., Beiträge zur Kenntniß der Militairverhältnisse Teutschlands. 1. Hft. gr. 8. (3¼ B.) Leipzig 845, Hinrichs'sche Buchh.

—— dass. 2. Hft. Wie dürfte gewissen Wünschen abzuhelfen sein etc. — Parallele zwischen Teutschland, Rußland u. Frankreich. gr. 8. (1¾ B.) Ebds. 845.
Aus: Pölitz, Jahrbücher d. Geschichte u. Politik etc., besond. abgedruckt.

Köhler, H., die sogenannte Ethische Bewegung u. die Sozialdemokratie. gr. 8. (48 S.) Leipzig 898. J. C. Hinrichs' Verl. n. — 60

Köhler, H. Die Feldzüge von 1737 bis 1740 des herzogl. braunschweig Infanterie-Regiments v. Sommerlatte, zuletzt v. Both, als Hülfstruppen im Dienste des Kaisers gegen die Türken. 8. Braunschweig 1845.

Köhler, H., Gedanken über Geist u. Welt 8. (32 S.) Sagan 878. Schönborn in Comm. n. — 50

Köhler, H., s.: Geschichtsmaterialismus u. Religion.

Köhler, H. (I.), Johannes der Täufer. Kritisch-theolog. Studie. gr. 8. (III, 180 S.) Halle 884, Niemeyer. *

Köhler, H. (I.), über das Profil und die Fabrikation der Eisenbahnschienen. gr. 8. (36 S. mit 1 Stnt. in qu. Fol.) Bochum 864, Stumpf. *

Köhler, H. Der Rückzug von Quatrebas auf Waterloo mit besond. Bezugn auf das herzogl. braunschweig. Feldcorps. 8. Braunschweig 1818.

Köhler, H. (I.). Schuld und Erkenntniß. Roman. 8. (505 S.) Lpz. 892. Elischer Nachf. * 5 —

Köhler, H., Spezialkarte der Elb-Mündungen, bestehend aus Blatt III und IV des See-Atlasses der Jade-, Weser- und Elb-Mündungen, herausg. von der kgl. Preuss. Admiralität. M. 1 : 50000. Gest. von J. L. v. Baehr, aufgen. u. entw. von H. Köhler. Berlin 1858. 2 Bll. . . . . (Br. Mus.)

—— Spezialkarte der Jade- und Weser-Mündungen ... Gest. von J. L. v. Baehr, aufgen. u. entw. ... 1858. . . . . (Br. Mus.)

—— Spezialkarte zu den Jade-, Weser- und Elb-Mündungen. ... Aufgen. u. entw. ... 1859. . . . . (Br. Mus.)

Köhler, H., der Steinkohlentheer. Eine Monographie f. Technik u. Wissenschaft. [Aus: „Handwörterbuch d. Chemie".] gr. 8. (42 S.) Breslau 898. E. Trewendt. n. 1. 20

(Köhler, H.) Das Herzogl. Braunschweig. Truppencorps von 1813 und 1814, dessen Errichtung und Marsch nach Brabant, im Jahre 1814. (Braunschweig) 1846. 8°. (Braunschw. Magazin. 34—36.) (Verm. Jähns.)

Köhler, H. (III.), der Typhus unserer Zeit für Aerzte und Nichtärzte. gr. 8. (16 S.) Posen 865, (Rehfeld.) *

Koehler, H., Ueberblick über die Kasus-Syntax im Lateinischen. Pr. 1894. 26 S. 4°.

—— Übersichtskarte der Jade-, Weser- und Elb-Mündungen. ... Aufgen. u. entw. ... 1859. . . . . (Br. Mus.)

— — chem Untersuchgn üb. d. fälschlich Hirnfette genannten Substanzen u. ihre Zersetzungsproducte 1868. 1.44

Köhler, H., von der Welt zum Himmelreich od. die johanneische Darstellung d. Werkes Jesu Christi, synoptisch geprüft u. ergänzt. Kritisch-theolog. Studie. gr. 8. (XXVIII, 335 S.) Halle a/S. 892. M. Niemeyer. n. 5. —

Köhler, H. C. E., s. Köhler, Hermann Karl Ernst

Köhler, H. Chr., Gedächtnißpredigt, s. Leichenfeier ꝛc.

Köhler, H. Chr., Rede, gehalten bei der feierlichen Trauung Sr. königl. Hoheit des Erbgroßherzogs Friedrich von Baden und Ihrer Hoheit der Prinzessin Hilda von Nassau in der Schloßcapelle zu Hohenburg am 20. Septbr. 1885. 4. (8 S.) Wien 885, Frick. * — 40

Köhler, H. G., über d. zweckmäß. Einrichtung d. Gewerbsschulen u. d. polytechn. Institute. Eine v. d. Kgl. Societät d. Wissensch. zu Göttingen gekr. Preisschr. gr. 8. (4¼ B.) Göttingen 830, (Dieterich.)

Köhler, H. G. Logarithmisch trigonometrisches Handbuch 4. A. Leipzig 1855.

Köhler, H. G., Taschenbuch zum praktischen Gebrauch bei den Vorrichtungen des Eisenbahnwesens. Eine Sammlung tabellarischer Uebersichten und Berechnungen enthaltend. Braunschweig. 1839 8. 1⅓ Thlr.

Koehler, H. O., Realismus und Nominalismus in ihrem Einflusse auf die dogmatischen Systeme des Mittelalters. Ein Beitrag zur Dogmengeschichte und zur Geschichte der Philosophie. Aus den Quellen dargestellt. gr. 8. (VII und 198 S.) Gotha 858, F. A. Perthes. *

Köhler, H. O., Schild u. Schwert des Wingolf gegen die pia desideria v. Leiner, u. gegen die christl. Burschenschaft. gr. 8. (21 S.) Göttingen 852, Deuerlich in Comm. ⅛ ₰

—— die wirkliche Stellung der Candidaten in der Kirche. Ein Wort an die Candidaten und Studiosen der Theologie im Gegensatz gegen die Bestrebungen F. Oldenbergs. gr. 8. (22 S.) Göttingen 854, (Deuerlich'sche Buchh.) *

Köhler, H. O., über geistliche Wirksamkeit und Vollmacht. Ein Wort der Verständigung an Geistliche und Laien, besonders an die Landstände in Mecklenburg. gr. 8. (82 S.) Neubrandenburg 863, Brünslow. *

Köhler. Hans [approb. Arzt aus Oberauerheim]: Ueber Circuläre Darmresektion und Darmnaht bei gangränösen Hernien .... Würzburg, Druck v. J. B. Fleischmann (1886); 26 S. 8°.
Würzburg, Med. Fak., Inaug.-Diss. v. 1886.

Koehler, Hans, Assistenzarzt im Schlesw.-Holst. Infanterie-Regiment Nr. 163, a. Königswinter: Aus der chirurgischen Klinik zu Kiel. Zur Kasuistik der seitlichen Kniegelenks-Luxation. Kiel 1904: Schmidt & Klaunig. (27 S.) 8°
Kiel, Med. Fak., Ref. Helferich, Diss. v. 16. Jan. 1905
[Geb. 20. Okt. 78 Königswinter; Wohnort. Königswinter; Staatsangeh.: Preußen; Vorbildung: Friedrich Wilhelmsgymn. Cöln Reife O. 97; Studium: Berlin 8 S.; Coll. 17. Dez. 04; Approb. 17. Juli 03.]

Koehler, Hans, appr. Arzt a. Eberswalde, Unterarzt beim Feld-Art.-Reg. Nr. 5: Säbelhiebverletzungen im Felde. Berlin (1906): G. Schade. (59 S.) 8°
Berlin, Med. Fak., Ref. Hildebrand, Diss. v. 23. März 1906
[Geb. 9. Aug. 79 Eberswalde; Wohnort: Stettin; Staatsangeh.: Preußen; Vorbildung. Gymn. Eberswalde Reife O. 00; Studium: Berlin Kaiser Wilh.-Akad. 10 S.; Coll. 20. März 06; Approb. 14. März 06.]

Köhler, Hans (Hrsg.), s. S a m a r i t e r . – Der Samariter.

Köhler, Hartwig, Kuttenklopfe u. Kuttenstaub. Gedichte. 8. (20 S.) Kattowitz 875. Siwinna n. — 40

†**Köhler, Hartwig [H. Kegel], den Lehrern Ober-Schlesiens. Gedicht. Zum Stiftungsfeste des oberschles. Lehrerbundes am 2. Mai 1879. 16. (16 S.) Leipzig 880, A. Krüger.** *

†Köhler, Hartwig [Hugo Kegel], Leute von damals. Volksstück mit Gesang in sechs Bildern. 8. (112 S.) Altenburg 885, (Schnuphase'sche Hofbuchh.) * 1 —

—— Reformationsbilder. Gedichte. Vorgetragen zu lebenden Bildern bei der Lutherfeier der kirchl. Volkspartei zu Berlin am 12.—15. und am 20. und 21. Novbr. 1883. gr. 8. (16 S.) Altenburg 883, Schnuphase'sche Hofbuchh. *

—— gegen den Strom. Gedichte. 16. (IV, 122 S.) Leipzig 880, A. Krüger. *
geb. mit Goldschn. *

—— dass. — 2. Aufl. 16. (V, 122 S.) Ebendas. 880. *
geb. mit Goldschn. *

—— dass. — 3. und 4. Aufl. 12. (VII, 113 S.) Ebendas. 881. *
geb. mit Goldschn. *

Köhler, Heinrich, s.a. K ö h l e r , Heinrich Karl Ernst

Köhler, Heinr., allein in d. Welt, s.a. Kürschner's Bücherschatz.

Köhler, Heinr. (II.), Allein in der Welt. Roman. 8. (271 S.) Leipzig 882, A. Krüger. *

Köhler, Heinrich: A l l e i n in der Welt. Roman v. –. M. Ill. v. W. Werner. Berlin, Eisenach, Leipzig: H. Hillger 1898. 127 S. 1 Bd. 8°
= Bücherschatz, Kürschners. No. 93.

Köhler, Heinr., Josef Bärenfuß. Eine Märchenerzählg f. die Jugend. 12. (79 S. m. 4 Bildern in Farbendr.) Stuttgart 892. G. Weise. Kart. n. — 50
vgl. Köhler, Hermann

Köhler, Heinr., das Haus Brieger & Söhne, s.: Engelin's Roman- u. Novellenschatz.

Koehler, Heinrich (Präs.), s. B u d d e , Johann Arnold: De justitia qua virtute in collisione legum cumprimis conspicua.

Koehler, Henricus: De verborum accentus cum numerorum rationibus in trochaicis septenariis Plautinis consociatione. Halis Saxonum 1877: Heynemann. (Berlin: Liepmannssohn). 84 S. 8°
Halle-Wittenberg, Phil. Diss. v. 16. Jan. 1877
Geb. Rügenwalde (Pomm.) 3. 3. 1853. V.
Im Buchhandel Halis Saxonum (Berlin: Liepmannssohn) 1877.

Köhler, Heinr., durch e. Drehorgel. — Eine Vernunftheirat. Gebunden, s.: Enßlin's Roman- u. Novellenschatz.

— der neue Ekkehard. Herzenskämpfe, s.: Enßlin's Roman- u. Novellenschatz.

— Alice Engberg, s.: Enßlin's Roman- u. Novellenschatz.

— die Erbin. Roman. 8. (819 S.) Leipzig 895. F. A. Berger. n. 3. 50; geb. n. 4. 75

Köhler, Heinrich s. Familienbibliothek, Schweizer. Nr. 37.

Köhler, H(einrich) s. Familienbibliothek, Schweizer. Nr. 42.

Köhler, Heinrich s. Familienbibliothek, Schweizer. Nr. 55.

Köhler, Heinrich s. Familienbibliothek, Schweizer. Nr. 76.

— Freigesprochen. Kriminal-Erzählung. (112 S.) 8. Mülheim a/R. (905). J. Bagel. n. — 30

—— auf Schloß Friedersheim. Eine Erzählung für die deutsche Frauenwelt. 8. (243 S.) Leipzig 883, Verlags-Magazin. *M 3.; geb. *

— auf Schloß Friedersheim. Eine Erzählung f. die deutsche Frauenwelt. 2. Aufl. 8. (266 S.) Berlin 899. Schöneberg, G. Minuth. n. 3. —; geb. n. 4. —

Köhler, H[einrich] (I.), Gedanken über Geist und Welt. 8. (32 S.) Sagan 878, (Schönborn's Buchh.) *

Köhler, Heinr., Gedankensünde. Autoris. Bearbeitg. nach dem Franz. (254 S.) kl. 8. Berlin (907). [D. Dreyer & Co.] B. Blaurock. 2. —

—— moderne Gegensätze. Roman. 2 Bde. 8. (293; 302 S.) Dresden 884, Steffens. *

Köhler, Heinr., moderne Gegensätze. Roman. 2 Bde. 2. Aufl. 8. (293; 302 S.) [Dresden 885.] Leipzig, Steffens. * 6 —

Köhler, Heinr., Gemälde von Ostindien. Nach den besten Quellen geschildert. gr. 16. (IV und 152 S.) Stuttgart 857, H. Köhler.

—— launige Geschichten. Humoresken. 8. (260 S.) Leipzig 883, Verlags-Magazin. *

Köhler, Heinrich: Die Giftmischerin, s. Roman- u. Erzählungsschatz f. d. deutsche Haus.

— die Gouvernante, s.a. Weichert's Wochen-Bibliothek.

Köhler, Heinrich: Die Gouvernante. Erzählung von –. Mit 3 Vollbildern. Berlin: A. Weichert [1901]. 96 S. 8°
= Wochen-Bibliothek, Weicherts. Bd. 114.

—— der neue Hauslehrer. Am Meer. 2. Aufl. 12. (106 S.) Berlin 883, A. Goldschmidt. *

Köhler, Heinr. (II.), Herz und Pflicht. Novelle. 12. (118 S.) Berlin 880, A. Goldschmidt. *

— Herzenskrisen, s.: Enßlin's Roman- u. Novellenschatz.

— Hypnotisiert. Novelle. (110 S.) 8. Mühlheim-Ruhr (910). J. Bagel. — 30

Köhler, Heinr. In geistiger Irre. Roman. 8. (395 S.) Lpz. 889, Reißner. * 6 —

—— Irren und Finden. Roman. 8. (422 S.) Leipzig 883, A. Krüger.

— **Heinrich,** De jure diversarum reipublicae formarum. Diss. jur. natur. Jena (Jo. Frid. Ritter) 1733. 42 S. (6.—) 18878

— jus naturae et gentium II Vol. 4. ibid. 738.

Koehler, Henr.: Juris naturalis eiusque cumprimis cogentis methodo systematica propositi exercitationes 7. Francofurti ad M. 1738.

Köhler, H., juris natural. ejusq. cumprimis cogentis methodo system. propositi exercitationes VII. 8. Lps. 738.

— — — 4. Ienae. 741.

— juris natur. et juris social. specim. VII. exercit. VII. 8. Frft. Varrentrapp et W. 738.

— jus sociale et gentium. 4. Ienae, Melchior. 735.

KOEHLER, Henr.: Juris socialis et gentium ad jus naturae revocati spec. VII. *Jenae.* 735. 4.

— juris socialis et gentium ad jus naturale revocati specimina VII. 4. ibid. 737.

— amerikanische Justiz, s.: Biorkowska, Jenny, die gestohlenen Familiendiamanten.

— die Kaiserin von China, s.: Enßlin's Roman- u. Novellenschatz.

Catalog der *Kunstsammlung* aus d. Nachlasse des † Hrn. *Heinr. Köhler* (Lithogr. u. Kunsthändler, früher in Würzburg, später Würzb. u. München). Oelgemälde u. Oelstudien, Handzeichnungen u. Aquarelle, Kupferstiche, Radierungen, Holzschnitte, Lithogr. u. Photogr., welche .... 12. Mai ff. 1887 .... durch .... *J. Steuber* in München versteig. werden. 8°. Cart.
10 S. m. 600 Nrn.

(Köhler, Heinrich): Die dt. Colonie in Tamaulipas, Mexico .... — Baltimore: Ludvigh; (Bremen: Heyse in Comm.) 1841. IV, 45 S.

Köhler, Heinr., die Krönung in Moskau. Ein Festgedicht zur Feier des 7. Septbr. 1856. gr. 8. (14 S.) Stuttgart 856, H. Köhler. **

— die Krönung in Moskau. Ein Festgedicht zur Feier des 7. Septbr. 1857. Ebend. gr. 8. (1 Bl., 14 S.) 3 ngr.

—— durch Läuterungen. Novelle. 12. (132 S.) Berlin 881, A. Goldschmidt. *

— aus d. Leben. (3 Erzählungen.) 8. Stuttgart 896. Franckh. n. 3. 50; geb. n.n. 4. 25
Daraus einzeln:
Die Tochter d. Wäscherin. Novelle. (170 S.) n. 1. 60; geb. n.n. 2. —
Bis vors Schwurgericht. Ein Sensations-Prozeß. Kriminal-Erzählg. (112 S.) n. 1. 20; geb. n.n. 1. 60
Die Giftmischerin. Kriminalnovelle. (91 S.) n. — 80; geb. n.n. 1. 20

— Lynchjustiz. Kastor u. Pollux, s.: Webers moderne Bibliothek.

— ein idealer Mann. Roman aus dem Franz. (334 S.) 8. Berlin (906). D. Dreyer & Co. n. 2. —

— Meditationes et Annotation. üb. s. Nat. Ritter- und Völkerrecht. 4. Jena, Ritter. 730.

Ders.: Meditationes u. Annotationes üb. dessen Natur- u. Völkerrecht, wie solche seit vielen Jahren nacheinander v. d. sel. *H.* Prof. in d. Lect. dict. u. gesamm. worden. Zum Druck befördert v. Joh. Mich. HÖRSSELMANN. *Jena.* 738. 4.

Köhler, Bau-R. Heinr., polychrome Meisterwerke der monumentalen Kunst in Italien vom V. bis XVI. Jahrh. Dargestellt durch 12 perspectiv. Ansichten in Farbendr. Mit erläut. Text. 1. und 2. Lfg. gr. Fol. Leipzig, Baumgärtner's Buchh. *
Inhalt:
Lfg. 1. Camera della Segnatura in Roma. San Pietro in Roma. 1. Aufl. (20 S. mit 2 Chromolithogr.) 1874, und 2. Aufl. (IV. 12 S. mit 2 Chromolithogr.) 875. * ℳ 30.
» 2. (10 S. mit 2 Chromolithogr.) 874. * ℳ 36.

Köhler, Heinr. (II.), polychrome Meisterwerke der monumentalen Kunst in Italien. Vom V. bis XVI. Jahrh. Dargestellt durch 12 perspectiv. Ansichten in Farbendr., mit erläut. Text. Durch die Munificenz der preuss. Regierung unterstützt. 3.—5. Lfg. Imp.-Fol. (à 2 Chromolithogr. mit 5 Bl. deutschem, engl., französ. und italien. Text.) Leipzig 877—79, Baumgärtner's Buchh. à Lfg. * ℳ 36. *
Einzelne Blätter (ohne Text) *
Inhalt:
Lfg. 3. San Giovanni di Fonte. Battistero di Ravenna. Capella Palatina in Palermo.
» 4. San Miniato presso Firenze. Le Loggie di Rafaele nel Vaticano.
» 5. La Libreria di Siena. Loggia nel Palazzo Doria in Genova.
1. und 2. Lfg. Ebendas. 1874,75. * ℳ 66.

Köhler, Heinr. (I.), polychrome Meisterwerke der monumentalen Kunst in Italien vom V. bis XVI. Jahrhundert. Dargestellt durch 12 perspectiv. Ansichten in Farbendr., mit erläut. Text. Durch die Munificenz der königl. preuss. Regierung unterstützt. 6. (Schluss-)Lfg.: Il duomo di Orvieto. — La cappella Sistina nel Vaticano, Roma. Imp.-Fol. (2 Chromolithogr. mit 5 Bl. deutschem, engl., französ. und italien. Text.) Leipzig 880, Baumgärtner's Buchh. *
compl. in Prachteinbd. **
1.—5. Lfg. Ebendas. 1874—79. *ℳ 174.

—— Novellen-Mappe. Salon-Novellen. 8. (282 S.) Dresden 884, Steffens. +

Köhler, Heinr. (geb. Essen 9. 4. 1846): Ueber Pneumonia duplex Berlin (1868) (32 S.) 8°
Berlin, Med. Diss. v. 12. Aug. 1868

— M. Heinrich (Sulz. Cornumontanus/Württbg.). **De perficienda re medica maxime per momenta aliqua ad elegantiorem medicinam spectantia. Diss. med. Präs. Wilhelm Gottfried Ploucquet. Tübing. (Sigmund) Okt. 1795. 20 S. (5.—) 18879**

— Regina bella, s.: Enßlin's Roman- u. Novellenschatz.

— In der Ruinenstadt, s.: Enßlin's Roman- u. Novellenschatz.

— verschlungene Schicksale s.a. Kürschner's, Jos., Bücherschatz.

Verschlungene Schicksale. Roman von Heinrich Köhler. Mit Ill. von W. Roegge. *Berlin, Eisenach, Leipzig: H. Hillger [1900].* (125 S.) 8° [F.]
— Bücherschatz, Kürschners. No 224. [01 14069

De Schorsch of Besuch en Näiwied. Originelle Schilderungen aus d. Neuwieder Leben. Von H[einr.] K[öhler]. *Neuwied: Selbstverl. 1901.* (86 S.) 8° [F.] [01. 20568

— bis vors Schwurgericht, s.: Roman- u. Erzählungsschatz f. d. Deutsche Haus.

— u. Max Kümmel, vor dem Schwurgericht. Kriminal-Novellen. (Freigesprochen. Kriminal-Erzählg. v. H. K. — Die gefälschten Banknoten. Kriminal-Erzählg. v. M. K.) 112 u. 112 S.) 8. Mülheim a/R. (906). J. Bagel. — 60

— ein Sensationsprozeß, s.a. Welt, alle.

Köhler, Heinrich: Ein Sensationsprozess. Kriminal-Erzählung von –. Berlin: A. Weichert [1900]. 48 S. 8°
= Welt, Alle. Bd. 39.

Koehler, San.-R. Heinr., der Curort Soden am Taunus und seine Umgebungen. Ein Rathgeber und Führer. Mit einem grösseren Panorama (Holzschntaf. in qu. Fol.) und einem (chromolithogr.) Plane Sodens (in Fol.), 1 (lithogr.) Karte seiner Umgegend, sowie mit 9 kleineren Ansichten (in eingedr. Holzschn.). 2. veränd. Aufl. 8. (XII, 216 S.) Frankfurt a. M. 873, Diesterweg. cart. *

— In schwerer Stunde, s.a. Kürschner's Bücherschatz.

Köhler, Heinrich: In schwerer Stunde. Roman von –. Berlin, Leipzig: Hillger [1909]. 96 S. 8°
(Kürschners Bücherschatz. Nr. 675.)

– Die Tochter der Wäscherin, s. Roman- u. Erzählungsschatz f. d. deutsche Haus.

— der Troubadour, s.a. Welt, alle.

Köhler, Heinrich: Der Troubadour. Novelle von –. Berlin: A. Weichert [1900]. 48 S. 8°
= Welt, Alle. Bd. 23.

— Trugbilder. Nach dem Franz. (255 S.) kl. 8. Berlin (908). [D. Dreyer & Co.] B. Blaurock. 1.—

Koehler, Heinrich Überblick über die Kasus-Syntax im Lateinischen. 4 (26 S.). 1893.
Zur Feier des Gedächtnisses an Senator Ph. Ferd. Ad. Just.
Progr. Kgl. G. *Sorau* 1893 (zu 1894, 87).

[F.] **Koehler,** Heinrich [Dr.]: Überblick über die Kasus-Syntax im Lateinischen. Sorau, Druck v. J. D. Rauert, *1894;* 1 Bl., 26 S. 4.
Sorau, k. G., P. 1894 (87)

— Verkannt, s.: Enßlin's Roman- u. Novellenschatz.

—— Waldelse. Novelle. 12. (102 S.) Berlin 886, A. Goldschmidt. * — 50

— die schöne Wally, s.: Heller, O., Luigia Merelli.

Köhler, Heinr., praktischer Wegweiser bei Anfertigung v. Schuldentilgungsplänen. 113 Nachweisgn. üb. die Verzinsg. u. Abzahlg. v. Annuitätenkapitalien zu den Zinsprozentsätzen v. $3\frac{1}{2}$ % (Abzahlg. zu $\frac{1}{2}$ %, 1, $1\frac{1}{2}$, 2 u. s. f. bis $16\frac{1}{2}$ %), $3\frac{3}{4}$ % (Abzahlg. zu $\frac{1}{2}$, 1, $1\frac{1}{4}$, $1\frac{1}{2}$, 2 u. s. f. bis $16\frac{1}{4}$ %) u. 4 % (Abzahlg. zu $\frac{1}{2}$, 1, $1\frac{1}{2}$ u. s. f. bis 16 %.) Zusammengestellt u. bearb. 2. Aufl. (78 S.) kl. 8. Eilenburg (907). C. W. Offenhauer. 1.50

— Ein Zwischenfall, s.: Enßlin's Roman- u. Novellenschatz.

— Heinrich Adolph (Treptow/Pomm.), **De corporibus alienis in articulis obvits. Diss. med.-chir. Bln. (Brüschck) 10. IV. 1827. 28 S. mit Biogr. (M.: Sauer.) (6.—) 18880**
Oppon.: J. Niethe, M. Geisler, F. Kessler. — Gew.: Carl Koehler (Bruder). — Krankengeschichte d. Sophia Mueller.

Koehler, Henr. Christian (geb. Altenstadt i. d. Wetterau 6. 3. 1796) De epistaxi. Berolini (1817) (24 S.) 8°
Berlin, Med. Diss. v. 18. Okt. 1817

Köhler, Heinr. Chrn., der Herr ist mein Schild. Trost und Ermahnung in Predigten. Wiesbaden 856. Roth. gr. 8. (VIII, 244 S.) n. 1 ℛ.

—— der Weg zum Leben. Predigten. gr. 8. (X und 208 S.) Wiesbaden 855, Roth. *

Koehler. Heinr. Gottl.: Geschichte der älteren Gerichts-Verfassung in der Mark Brandenburg und der höchsten preußischen Gerichtshofe. Ms. Th. 1–3.
3 Bde fol.

Köhler, Heinr. Gottlieb, logarithmisch-trigonometrisches Handbuch, s.a. Handbuch.

Köhler, Heinr. Glieb., logarithmisch-trigonometrisches Handbuch, welches die gemeinen oder Briggischen Logarithmen für alle Zahlen bis 108000 auf 7 Decimalstellen, die Gaussischen Logarithmen, die Logarithmen der trigonometr. Functionen von 10 zu 10 Secunden für die 9 ersten und 9 letzten Grade des Quadranten und von Minute zu Minute für die übrigen Grade desselben, goniometr. Formeln und einige andere mathemat. Tafeln, die oft gebraucht werden, enthält. 5. Aufl. 1857., 6., revid. Ster.-Ausg. 1859. und 7., revid. Ster.-Ausg. Lex.-8. (XXXVI und 888 S.) Leipzig 860, B. Tauchnitz.

Köhler, Heinr. Glieb., logarithmisch-trigonometrisches Handbuch, welches die gemeinen oder Briggischen Logarithmen für alle Zahlen bis 108000 auf 7 Decimalstellen, die Gaussischen Logarithmen etc. enthält. 8.—10. Ster.-Ausg. Lex.-8. (XXXVI und 388 S.) Leipzig 862—67, B. Tauchnitz.

Köhler, Heinr. Gottl., logarithmisch-trigonometrisches Handbuch, welches die gemeinen oder Briggischen Logarithmen für alle Zahlen bis 108000 auf 7 Decimalstellen, die Gaussischen Logarithmen, die Logarithmen der trigonometr. Functionen von zehn zu zehn Sekunden für die neun ersten und neun letzten Grade des Quadranten und von Minute zu Minute für die übrigen Grade desselben, gonimetr. Formeln und einige andere mathemat. Taf., die oft gebraucht werden, enthält. 12. Ster.-Ausg. Lex.-8. (XXXII, 388 S.) Leipzig 873, B. Tauchnitz. (ℳ 2,70.)

Köhler, Heinr. Glieb., logarithmisch-trigonometrisches Handbuch, welches die gemeinen oder Briggischen Logarithmen für alle Zahlen bis 108000 auf 7 Decimalstellen, die Gaussischen Logarithmen, die Logarithmen der trigonometr. Functionen von 10 zu 10 Secunden für die 9 ersten und 9 letzten Grade des Quadranten und von Minute zu Minute für die übrigen Grade desselben, goniometr. Formeln und einige andere mathemat. Tafeln, die oft gebraucht werden, enthält. 13. Ster.-Ausg. gr. 8. (XXXVI, 388 S.) Leipzig 876. B. Tauchnitz.

Köhler, Heinr. Glieb., logarithmisch-trigonometrisches Handbuch, welches die gemeinen oder Briggischen Logarithmen für alle Zahlen bis 108000 auf 7 Decimalstellen, die Gaussischen Logarithmen, die Logarithmen der trigonometr. Functionen von 10 zu 10 Secunden für die 9 ersten und 9 letzten Grade der Quadranten und von Minute zu Minute für die übrigen Grade desselben, goniometr. Formeln und einige andere mathemat. Tafeln, die oft gebraucht werden, enthält. 14. Ster.-Ausg. gr. 8. (XXXVI, 388 S.) Leipzig 880, B. Tauchnitz.

Köhler, Heinr. Glieb., logarithmisch-trigonometrisches Handbuch, welches die gemeinen oder Briggischen Logarithmen für alle Zahlen bis 108000 auf 7 Decimalstellen, die Gaussischen Logarithmen, die Logarithmen der trigonometr. Functionen von 10 zu 10 Secunden für die 9 ersten und 9 letzten Grade des Quadranten und von Minute zu Minute für die übrigen Grade desselben, goniometr. Formeln und einige andere mathemat. Tafeln, die oft gebraucht werden, enthält. 15. Ster.-Ausg. Lex.-8. (XXXVI, 388 S.) Leipzig 88?, B. Tauchnitz. 3 —

Köhler, Heinr. Glieb., logarithmisch-trigonometrisches Handbuch, welches d. gemeinen od. Briggs'schen Logarithmen f. alle Zahlen bis 108 000 auf 7 Decimalstellen, d. Gaussischen Logarithmen, d. Logarithmen d. trigonometr. Functionen von 10 zu 10 Secunden f. d. 9 ersten u. 9 letzten Grade des Quadranten u. v. Minute zu Minute f. d. üb. Grade desselben, goniometr. Formeln u. ein. and. mathemat. Tafeln, die oft gebraucht werden, enth. 16. Ster.-Ausg. gr. 8. (XXXVI, 388 S.) Leipzig 898. B. Tauchnitz. 3. —

Köhler, Hnr. Gtl., s. de La Lande, J., logarithm.-trigonometr. Tafeln.

Köhler, Heinr. Glieb., manuale logaritmico-trigonometrico contenente i logaritmi vulgari o di Brigg di tutti i numeri fino a 108000 con sette decimali, i logaritmi di Gauss etc. e. Eliz. stereot. Prima versione italiana. Ebend. 864. Lex.-8. (XXXVIII, 388 S.) 1 ℛ

—— Manuale logaritmico-trigonometrico contenente i logaritmi volgari o di Brigg di tutti i numeri fino a 108000 con sette decimali i logaritmi di Gauss ecc. 9. ediz. ster. 1. versione ital. 1844, e 2. versione ital. Lex.-8. (XXXVIII und 388 S.) Leipzig 866, B. Tauchnitz.

—— manuale logaritmico-trigonometrico, contenente i logaritmi volgari o di Brigg di tutti i numeri fino a 108000 con sette decimali, i logaritmi di Gauss, i logaritmi delle funzioni trigonometriche di dieci in dieci secondi per i primi ed ultimi nove gradi del quadrante et di minuto in minuto per gli altri gradi, le formule goniometriche ed altre tavole matematiche che spesso occorrono nei calcoli. XV. edit. ster., VIII. della versione italiana. Lex.-8. (XXXVIII, 388 S.) Ebendas. 887. 3 —

Köhler, Heinr. Glieb., manuale logaritmico-trigonometrico, contenente i logaritmi volgari o di Brigg di tutti i numeri fino a 108 000 con sette decimali, i logaritmi di Gauss, i logaritmi delle funzioni trigonometriche di dieci in dieci secondi per i primi ed ultimi nove gradi del quadrante e di minuto in minuto por gli altri gradi, le formule goniometriche ed altre tavole matematiche che spesso occorrono nei calcoli. XVI. ed. ster., IX. della versione italiana. Lex.-8. (XXXVIII, 388 S.) Leipzig 892. B. Tauchnitz. 3. —

— manuale logaritmico-trigonometrico, contenente i logaritmi volgari o di Brigg di tutti i numeri fino a 108000 con sette decimali, i logaritmi di Gauss, i logaritmi delle funzioni trigonometriche di dieci in dieci secondi per i primi ed ultimi nove gradi del quadrante e di minuto in minuto per gli altri gradi, le formule goniometriche ed altre tavole matematiche che spesso occorrono nei calcoli. XVI., ed. ster., X. della versione italiana. Lex.-8. (XXXVIII, 388 S.) Leipzig 895. B. Tauchnitz. 3. —

Köhler, Heinr. Glieb., Manuale logaritmico-trigonometrico, contenente i logaritmi volgario di Brigg di tutti i numeri fino a 108 000 con sette decimali, i logaritmi di Gauss i logaritmi delle funzioni trigonometriche di dieci in dieci secondi per i primi ed ultimi nove gradi del quadrante e di minuto in minuto per gli altri gradi, le formule goniometriche ed altre tavole matematiche che spesso occorrono nei calcoli. XI. ed. ster. della versione italiana. Lex.-8. (XXXVIII, 388 S.) Leipzig 900. B. Tauchnitz. 3. —

—— vier logarithmische und antilogarithmische Tafeln zum Gebrauche für prakt. Mathematiker und Geschäftsleute. Nach dessen Tode hrsg. von seinem Sohne E. C. E. Köhler. gr. Fol. Leipzig 851, B. Tauchnitz. *

— Heinr. Gottlob, De inspectione oculari. Diss. jur. Rector Christoph Ignaz v. Guden. Präs. Ernst Tenzell. Erfurt (Grosch) 3. VII. 1726. 40 Seiten. (6.20) 18881
Gew.: Christoph Heinrich v. Watzdorff (Crosse . . .), Heinrich v. Bünau (Seusselitz . . .)

Köhler, Heinrich Karl Ernst

— s. Abhandl. über zwei Gemmen d. k. k. Samml. zu Wien

— s. Antwort auf die Einwürfe üb. d. Sard.

— Aufschriften d. Stadt Olbia. 8. St. Petersb. 822.

v. Köhler, Hnr. Karl Er., zwei Aufschriften d. Stadt Cöln. 8. St. Petersb. 822.

— Bemerkk. über d. Russ. Kaiserl. Samml. v. geschnitt. Steinen. gr. 4. o. O. 794. ... 8 ℛ

— s. Description d'une Amethiste.

— Description d'un Camée antique, avec fig. gr. 8. Petersb. 820. (Leipz., W. Vogel). 14 ℛ

— s. Description d'une médaille de Spartacus.

— Description d'un monument antique, avec fig. gr. 8. St. Petersb. 820. (Leipz., W. Vogel). 14 Gr.

— Description de deux monuments antiques. Mit 3 Kpf. gr. 8. St. Petersb. 810.

— s. Description d'une Vase de Bronze.

— s. Description d'une Vase de Sardonyx.

— s. Dissertation sur le Monument de la Reine Comosarye.

— Geschichte d. Ehre d. Bildsäulen bei d. Griechen. gr. 4. Münch. 820. (Franz). 1 ₰

— mémoire sur quatre Médailles de Bospore Cimmérien. 4. St. Petersb. 808.

— s. Remarques sur un ouvrage intitulé: Antiquités etc.

— supplément à la suite des médailles des Rois de la Bactriane. Avec 1 estampe. 8. St. Petersb. 823.

— *Τάριχος* ou Recherches sur l'histoire des Pécheries de la Russie méridionale. Avec 1 planche. gr. 4. St. Petersb. 832. Acad. B.

— s. Untersuchung über d. Sard.

Köhler, Heinrich Louis Gustav Richard,
s. Köhler, Louis

Köhler, Henriette

Köhler, H., Dein zu eigen. Hübsche Erzählgn. f. Knaben u. Mädchen von 8 bis 10 Jahren. 8. (72 S. m. farb. Titelbild.) Düsseldorf 894. A. Bagel. Kart. — 60

Köhler, Henriette, Erinnerungen. Erzählungen für Knaben und Mädchen von 8—10 Jahren. 8. (III, 68 S. mit 2 kolor. Bildern.) Düsseldorf 885, A. Bagel. cart. — 50

— 30 Erzählungen für Knaben u. Mädchen von 8 bis 10 Jahren. Mit 6 kolor. Bildern. 16. (IV, 204 S.) Ebend. 880. cart. 1. 20

Köhler, H[enriette], 25 Erzählungen für Knaben und Mädchen von 8 bis 10 Jahren. Mit 6 Farbendruckbildern nach Aquarellen von R. Leinweber. gr. 8. (101 S.) Dresden 875, Meinhold und Söhne. cart. *

—— hübsche Erzählungen für Knaben und Mädchen von 8—10 Jahren. 16. (68 S. mit 2 color. Bildern.) Ebendas. 880. cart.

Köhler, H. (II.), Erzählungen aus dem Kinderleben für Knaben und Mädchen von 8—10 Jahren. 12. (IV, 204 S. mit 6 color. Bildern.) Düsseldorf 881, Bagel's Verlag. cart.

— Feldblumen. Unterhaltende Geschichten f. Knaben u. Mädchen von 8 bis 10 Jahren. 8. (72 S. m. farb. Titelbild.) Ebd. 894. Kart. — 60

—— Freud' und Leid der Kinderzeit. Erzählungen für Knaben und Mädchen von 8—10 Jahren. 8. (III, 68 S. mit 2 kolor. Bildern.) Ebendas. 885. cart. — 50

— Gänseblümchen. Liebliche Erzählgn. f. Knaben u. Mädchen von 8—10 Jahren. 8. (72 S. m. farb. Titelbild.) Ebd. 894. Kart. — 60

—— Gedichte. Mit einem Vorwort von Karl Schrattenthal. 2. Aufl. 8. (XXII, 212 S. mit Lichtdr.-Portr.) Bremen 885, Heinsius Nachf. * 3 50

—— bunte Geschichtchen aus Stadt und Land für artige Kinder. 12. (68 S. mit 2 color. Bildern.) Ebendas. 881. cart.

—— unterhaltende Geschichten für die Jugend. 16. (68 S. mit 2 color. Bildern.) Ebendas. 880. cart.

—— der Kinderwelt zur Freud' und Lehre. Liebliche Erzählungen. 16. (68 S. mit 2 color. Bildern.) Ebendas. 880. cart.

—— der Kinder Lust und Freud in kleinen Erzählungen für artige Kinder. 12. (68 S. mit 2 color. Bildern.) Ebendas. 881. cart.

—— Marienblümchen am Wege gepflückt. Erzählungen für Knaben und Mädchen von 8—10 Jahren. 8. (III, 67 S. mit 2 kolor. Bildern.) Düsseldorf 885, A. Bagel. cart. — 50

—— Stadt und Dorf. Erzählungen für Knaben und Mädchen von 8—10 Jahren. 8. (IV, 203 S. mit 6 kolor. Bildern.) Ebendas. 885. geb. 1 20

—— ein Strauß, für gute Kinder gepflückt. In 11 anmuth. Erzählungen. 12. (68 S. mit 2 color. Bildern.) Ebendas. 881. cart.

Köhler, Herm., die lokale Anaesthesirung durch Saponin. Experimental-pharmakolog. Studien. gr. 8. (V, 106 S. mit 2 lithogr. Taf. in qu. und gr. Fol.) Halle 873, Pfeffer.

Köhler, Herm., 80 Artikel gegen die Sozialdemokratie. (32 S.) 8. Berlin 905. (Christl. Zeitschriftenverein.) — 05

Köhler, Herm. (II.), Joseph Bärenfuß. Eine Märchenerzählung für die Jugend. gr. 8. (64 S.) Leipzig 886, Peterson. cart. * 1 —
vgl. Köhler, Heinrich

Köhler, Herm., Daheim in Gott. Lieder. 8. (XIII, 256 S.) Gotha 891. F. A. Perthes. n. 3. —; geb. n. 4. —

— der evangelische Geistliche u. die Sozialdemokratie. (68 S.) gr. 8. Leipzig 906. J. C. Hinrichs' Verl. n. — 80

Köhler, Herm., Glaubensklänge. Eine Liedergabe für das Christenherz. Evangelischen Glaubensgenossen gewidmet. (XI, 159 S.) 8. Leipzig (904). G. Strübig. n. 2. —; geb. in Leinw. n. n. 2. 80

Köhler, Herm., Grundriss der Materia medica für praktische Aerzte und Studirende. Mit besond. Rücksichtnahme auf die Pharmacopoea germanica bearb. gr. 8. (X, 492 S.) Leipzig 878, Veit und Comp. *

—— Handbuch der physiologischen Therapeutik und Materia medica. 2 Hälften. Lex.-8. Göttingen 875, Vandenhoeck und Ruprecht's Verlag. [1. Hälfte. (S. 1—480.) *M 8.; 2. Hälfte. (VIII, S. 481—1336.) *M 16.] *

Köhler, Herm., Handbuch der physiologischen Therapeutik u. Materia medica. Lex.-8. (VIII, 1336 S.) Göttingen 876. Vandenhoeck & Ruprechts's Verl. n. 24. —

Köhler, Herm., der Herr ist mein Hirte. Lieder. 8. (XII, 212 S.) Gotha 889. F. A. Perthes. n. 2.40

Köhler, Herm., sozialistische Irrlehren v. der Entstehung des Christentums u. ihre Widerlegung. gr. 8. (IV, 272 S.) Leipzig 899. J. C. Hinrichs' Verl. n. 4.40; geb. n.n. 5.40

— Landwirtschaft u. Sozialdemokratie in sittlicher Beleuchtung. Ein Beitrag zur Abwehr sozialdemokrat. Landagitation. 3 Hefte. gr. 8. Ebd. n. 4.—; geb. n. 5.50

1. Die Wandlungen des wissenschaftlichen Sozialismus u. ihre Einwirkung auf die sozialdemokratische Partei. (VI, 145 S.) 903. n. 1.50; geb. n. 2.—
2. Die sozialdemokratische Landagitation u. ihr sittlich anstößiger Charakter. (IV, 112 S.) 903. n. 1.—; geb. n. 1.50
3. Die Unzulässigkeit der Sozialisierg. der Landwirtschaft unter allgemeinen sittl. Gesichtspunkten. (III, 148 S.) 903. n. 1.50; geb. n. 2.—

—— lobe den Herrn, meine Seele! Ein Beitrag zum Blütenstrauß christl. Dichtung. 8. (XII, 195 S.) Gotha 887, F. A. Perthes. *ℳ 2.40.; geb. * 3 40

Köhler's [Herm.], Medizinal-Pflanzen in naturgetreuen Abbildungen mit kurz erklärendem Texte. Atlas zur Pharmacopoea germanica, austriaca, belgica, danica, helvetica, hungarica, rossica, suecica, British pharmacopoeia, Nederlandsche Apotheek, zum Codex medicamentarius, sowie zur Pharmacopoeia of the United States of America. (In 2 Abthlgn.) 1. Abthl.: Die officinellen Pflanzen, von Pabst, unter Mitwirkung von Fritz Elsner. (In ca. 40 Lfgn.) 1.—10. Lfg. gr. 4. (40 Chromolithogr. mit 82 S. Text.) Gera 883,84, Köhler's Buchh. à Lfg. ℳ 1.

Köhler's [Herm.] (I.) Medizinal-Pflanzen in naturgetreuen Abbildungen mit kurz erklärendem Texte. Atlas zur Pharmacopoea germanica, austriaca, belgica, danica, helvetica, hungarica, rossica, suecica, British pharmacopoeia, Nederlandsche Apotheek, zum Codex medicamentarius [Pharmacopée française], sowie zur Pharmacopoeia of the United States of America. [In 2 Abthlgn.] I. Die officinellen Pflanzen, von G. Pabst unter Mitwirkung von Fritz Elsner. 11.—39. Lfg. gr. 4. (à Lfg. 4 Chromolithogr. mit 4—6 Bl. Text.) Gera 885—89, Köhler. à Lfg. *ℳ 1.—. * 29 —

Köhler's, Herm. (I.), Medizinal-Pflanzen in naturgetreuen Abbildgn. m. kurz erklärendem Texte. Atlas zur Pharmacopoea germanica, austriaca, belgica, danica, helvetica, hungarica, rossica, suecica, neerlandica, British pharmacopoeia zum Codex medicamentarius, [Pharmacopée française,] sowie zur Pharmacopoeia of the United States of America. [In 2 Abthlgn.] 1. Abth. Die officinellen Pflanzen. Hrsg. von G. Pabst unter Mitwirkg. von Fritz Elsner. 40.—50. (Schluss-)Lfg. gr. 4. (44 Chromolithogr. m. 34 Bl. Text.) Gera-Untermhaus 889,90, Köhler. 40.—49. Lfg. à * 1 — 50. Lfg. * 4 —; * 14 —

Köhler, Herm., Monographie der Meningitis spinalis nach klinischen Beobachtungen bearb. gr. 8. (VI und 330 S.) Leipzig 861, C. F. Winter'sche Verlagsh. *

—— ärztliches Recept-Taschenbuch. Zugleich eine gedrängte Uebersicht der gesammten Arzneimittellehre für Kliniker und prakt. Aerzte. Auf Grundlage von „Justus Radius' auserlesene Heilformeln" bearb. 8. (VIII, 291 S.) Leipzig 879, Voss. *ℳ 4.; geb. *

Koehler, Herm., ärztliches Rezept-Taschenbuch. Zugleich e. gedrängte Übersicht der gesamten Arzneimittellehre f. Kliniker u. prakt. Ärzte. Nach „Justus Radius' auserlesene Heilformeln" bearb. 2. Aufl., auf Grund der Pharmacopoea germanica, ed. II, bearb. v. Arth. Jaenicke. 8. (XII, 295 S.) Hamburg 884. Voss. n. 4. —; geb. n. 5. —

Köhler, Herm., der moderne Ringkampf. (35 S. m. 29 Abbildgn.) 8. Leipzig (905). G. Schnurpfeil. — 25

Köhler, Herm., die Sozialdemokratie, die lachende Erbin des südafrikanischen Krieges. gr. 8. (30 S.) Leipzig 901. J. C. Hinrichs' Verl. n. — 80

Koehler, Herm., Taschenbuch z. prakt. Gebr. bei d. Verrichtungen d. Eisenbahnwesens. Eine Samml. tabellar. Uebersichten u. Berechnn. enth. br. gr. 8. (14 B.) Braunschweig 839, Westermann. *

Köhler, Heinrich: Trugbilder. Nach d. Franz. von –. Berlin. Dreyer [1908]. 255 S. 8°

Köhler, Herm., chemische Untersuchungen über die, fäcelschlich Hirnfette genannten Substanzen u. ihre Zersetzungsproducte. Mit e. (lith.) Taf. in Farbendr. u. 2 eingedr. Holzschn. Halle 868. Pfeffer. gr. 8. (VIII, 85 S.) n. 24 ngr.

Köhler, Herm.: Über das Vorkommen des Allantoins im Harn bei gestörter Respiration. 1857.

Köhler, Hermann [Referendar bei d. Kgl. Staatsanwaltschaft Erfurt]: Die Verpfändung nach § 744 der Reichscivilprozessordnung ... Erfurt, Ohlenroth'sche Buchdr., 1897; 45 S. 8.

Würzburg, Jur. Fak., Inaug.-Diss. v. 1897

— ueber Werth u. Bedeutung d. sauerstoffhaltigen Terpenthinöls f. die Therapie der acuten Phosphorvergiftung. Nach klin. Beobachtgn. u. physiologisch-chem. Experimenten. gr. 8. (III, 73 S.) Halle 872. Pfeffer. n. 1. 60

—— über die Wirkungen des Chinin. gr. 4. (4 S.) Halle 877, Schmidt's Verlagsb. *

Aus: Sitzungsberichte der naturforschenden Gesellschaft zu Halle, besonders abgedruckt.

— s. R. Weeb, Handbuch d. Eisenbahnkunde.

Köhler, Herm. Jo., Ordinis medicor. in universit. Caesarea Dorpatensi Annales ab universit. exordio ad finem usque anni MDCCCXXVII, auctorit. et consensu gratiosi hujus ordinis editi. 8maj. (10 B. u. 2 B. Tab., gr. Fol.) Dorpati Livon. 830, (Model.) *

Köhler, Herm. Jo., Ordinis medicorum in universitate Caesarea Dorpatensi Annales ab universitatis exordio ad finem usque anni MDCCCXXVII, auctoritate et consensu gratiosi hujus ordinis editi. Mit 2 B. Tabellen. 8maj. Dorpati Livon. 830. (Severin.) n. 7/12 ß

de Köhler, (Herrm. Joh.,) Aristoteles de Mollluscis aphalopodibus. Commentatio, quam auctoritate ordines medicorum etc. 8. Rigae 820, (Deubner.)

Köhler, H. J. de, Aristotelis de Molluscis cephalopodibus, περὶ τῶν μαλακιῶν. Commentatio. Rigae 821. 8. 12 gr.

— Diss. inaug. med. de foeminarum natura, ut frequente quorundam morborum causa. 8. Dorpat 815.

Köhler, Herm. Rob., die Fabrikation des Champagnerweins, u. prakt. Anweisung, auch aus anderen Weinen ein dem Champagner ähnliches Getränk zu bereiten, sowie Champagnerbier u. das moussirende Ingwerbier zu verfertigen. 8. (3¼ B.) Quedlinburg 843, Basse.

Köhler, Hyppolyt, die Chemie u. Technologie der natürl. u. künstl. Asphalte, s.a. Handbuch der chem. Technologie. 64. Lfg.

Die Chemie und Technologie der natürlichen und künstlichen Asphalte. Ein Handbuch d. gesamten Asphalt-Industrie f. Fabrikanten . von Dr. Hippolyt Köhler, dirig. Chemiker, Perth Amboy. Mit 191 Abb *Braunschweig: F. Vieweg & Sohn 1904.* (XV, 433 S.) 8° [5]
= Handbuch d. chemischen Technologie. Bd 1, Gruppe 2, Abt. 2, T. 1, Lfg 3. [illegible]

Köhler, Hippolyt. Ueber Derivate des Phosphenylchlorids und des Monophenylphosphins Tübingen, 1877.

Köhler, H., die Fabrikation des Rußes u. der Schwärze, s.a. Handbuch der chemischen Technologie.

Die Fabrikation des Russes und der Schwärze aus Abfällen und Nebenproducten mit besond. Berücks. d. Entfärbungskohle. Nach d. gegenwärt. Stande dieser Industrie u. unter Benützung d. besten Quellen bearb. von Hippolyt **Köhler.** 2. verm. Aufl. Braunschweig: F. Vieweg & Sohn 1906. (XVI, 214 S.) 8° [F.] [07. 3316 9

Köhler, Hippolyt, die Industrie des Steinkohlentheers, s.: Lunge, Geo.

Köhler, Hippolyt. Carbolsäure u. Carbolsäure-Präparate, ihre Geschichte, Fabrikation, Anwendung u. Untersuchung. gr. 8. (VII, 192 S. m. 28 in den Text gedr. Holzschn.) Berl. 891, Springer. * 4 —

[F.] Die Buchdruckerkunst in Hamburg-Altona. Festschr., hrsg. anlässl. d. siebenzigj. Stiftgsfestes v. d. Inng des Hamburg. Buchdr.-Prinzipal-Ver. (Vf.: Hubert **Koehler**, Sekr. d. Inng ...) *Hamburg: Verl. d. Innung (1896).* (132 S., 1 Bl., 1 Portr.-Taf.) 1 Bd 2.(4.) [96. 5690

Koehler, Hub., Leben u. Wirken d. Brand-Direktors Friedrich Wilhelm Kipping. gr. 8. (28 S.) Hamburg 892. Pontt & v. Döhren. n. — 80

Das Wettersteingebirge. (Zeichnung, Lithographie... der Graph. Kunst-Anst. von Hubert **Köhler**, München.) *(München: H. Köhler [1904].)* (1 Kartenbl. 93×54 cm.) 8° [Kopft.] [kol.]
[Umschlagt.:] Topogr. Kartenbild v. Wettersteingebirge im Maße 1 = 33.330 ... von H. Köhler. [04. 15970

Köhler, Hugo, a. Erfurt: Über die Konstitution des Eucarvons und seiner Reduktionsprodukte. Hildesheim 1905: A. Lax. (104 S.) 8°
Göttingen, Phil. Fak., Ref. Wallach, Diss. v. 27. Mai 1905
[Geb. 23. Juni 81 Erfurt; Wohnort: Erfurt; Staatsangeh.: Preußen; Vorbildung: Realgymn. Erfurt Reife O. 99; Studium: Halle 1, Jena 2, Göttingen 8 S.; Rig. 15. Febr. 05.]

Köhler, Hugo, die österreichischen Luftkurorte im Vergleich zu den Luftkurorten der Riviera in botanischer u. klimatischer Beziehung, m. Erörtergn. üb. Acclimatisation subtrop. Pflanzen. 8. (IV, 108 S. m. 3 Abbildgn.) Altenburg 891. O. Bonde's Verl. n. 1. 50

— die Pflanzenwelt u. das Klima Europas seit der geschichtlichen Zeit. (In 3 Thln.) 1. Thl. gr. 8. (VI, 40 S.) Berlin 892. P. Parey. n. 1. 50

Köhler, Hugo, Hermann Schlegel. Lebensbild eines Naturforschers. Nach dem Holländ. von Gust. Schlegel in Leiden hrsg. und bearb. gr. 8. (IV, 78 S. mit Lichtdr.-Portr.) Altenburg 886, (Bonde's Verlag.) * — 80

— zwei Vorträge üb. die Luftkurorte d. Südens, insbesondere Bozen, Meran, Gries, Arco, Pallanza u. Riviera in sanitärer, klimatischer u. botanischer Beziehung. 8. (IV, 59 S. m. Abbildgn.) Ebd. 890. Geb. in Leinw. n. 2. —

KÖHLER, HUGO CARL ERNST. Ueber das Paraaethoxyphenylurethan und einige Derivate desselben. (Rostock) Dresden, 1884.

Köhler's, H. K. E., gesammelte Schriften. Im Auftrage der kaiserl. Akademie der Wissenschaften hrsg. von Ludolf Stephani. 1—4. Bd. Lex.-8. St. Petersburg. Leipzig, Voss. *"
Auch unter den Titeln:
Bd. 1., 2. Serapis oder Abhandlungen betreff. das griech. und röm. Alterthum. 2 Thle. (VII und 481 S. mit 10 Kpfrt.) 850. ** 6 Thlr. 4 Ngr.
- 3. Abhandlung über die geschnittenen Steine mit den Namen der Künstler. (IX und 376 S.) 851. ** 2 Thlr. 7 Ngr.
- 4. Kleine Abhandlungen zur Gemmen-Kunde. 1. Thl. (VII und 238 S. mit 2 Stat. in 4. und qu. Fol.) 851. ** 1 Thlr. 20 Ngr.

Köhler's, H. K. E., gesammelte Schriften. Im Auftrage der K. Akad. d. W. herausg. von Ludolf Stephani. 5. u. 6. Bd. St. Petersburg 852. (Leipzig, Voss.) Lex.-8. Jeder Bd. nn. 2 *n*ℬ. 23 *ngr.*
5. Bd.: Kleine Abhandlungen zur Gemmen-Kunde. 2. Thl. Mit 7 Kpfr.- u. 1 lith. Taf. (VII, 204 S.)
6. Bd.: Kleine Abhandlungen vermischten Inhalts. Mit 5 Kpfr.- u. 7 lith. Taf. (VIII, 366 S.)

Köhler (H. K. E. von), Untersuchung über den Sard, den Onyx und den Sardonyx der Alten. Göttingen 1801. 8.

Köhler, J.

Köhler, J. Generalber. üb. d. Mediz.- u. Sanit.-Wesen i. Regier.-Bez. Stralsund f. d. J. 1869—78. Greifswald 1881.

Holstein und Lauenburg. Gez. und lithogr. v. **J. Köhler.** 1 : 92000. Hamburg. 1859 ff. Farbendruck. 10 Bl. Fol., ca. 50,5 58,5 cm (beschn.). Davon sind vorhanden die Sectionen: 3. Kiel-Plön; 4. Oldenburg; 6. Itzehoe-Glückstadt; 7. Lübeck-Segeberg; 9. Hamburg-Altona; 10. Lauenburg-Ratzeburg. Aufgez. a. Leinwand.

— deutsches Patentrecht. Systematisch bearbeitet unter vergleichender Berücksichtigung des französischen Patentrechts. Mannheim 1878

Kohler, J: Patent- und Industrierecht. Berlin 1889
Gesetz über die Zulassung zur Patent-Anwaltschaft in England Berlin 1889

Köhler, J., Rückblick auf die Entwicklung des höheren Schulwesens in Emmerich von seinen Anfängen bis zur Gegenwart. 1. Tl. Festschrift zur Erinnerung an die Feier des 50jährigen Bestehens der Emmericher Schule als königl. preuss. Gymnasiums am 26. Juni 1882. Beigegeben ist ein Verzeichniss der Abiturienten des Gymnasiums. gr. 4. (X, 88 S.) Emmerich 882. (Romen.) n. 4. —

Köhler, J. Nachträge und Berichtigungen zu dem ersten Teile des „Rückblicks auf die Entwicklung des höheren Schulwesens in Emmerich von seinen Anfängen bis zur Gegenwart". S. 87—108. Progr. *Emmerich* 1883.

Köhler, J., die Stellung des Arztes zur staatlichen Unfallversicherung. 4 Vorlesungen. (VI, 102 S.) Lex.-8. Berlin 906. A. Hirschwald. n. 2. —

Köhler, J., u. Fr. Heß, Stempel-Commentar zur Schiedsmanns-Ordng. 4. Tausf. gr. 8. (32 S.) Wiesbaden 897. (Neustettin, F. A. Eckstein.) n. 1. —

— d. preuß. Stempelsteuergesetz v. 31. Juli 1895, nebst Ausführungsvorschriften, Erläutergn. u. Tabellen. Im weit. Anh. d. Erbschaftssteuergesetz. gr. 8. (VIII, 280 S.) Wiesbaden 896. R. Bechtold & Co. n. 4. —; geb. in Leinw. n. 5. —

Koehler: Lucii Annaei Senecae tragoedia quae Oedipus inscribitur cum Sophoclis Oedipo Rege comparata. 16 S. –Neuss, Progr. 1865

Koehler, J. [pr. Arzt, aus Bad Soden a/Taunus]: Die Tumoren des Mediastinum anticum und posticum. Ihre Natur, Herkunft, Beziehung zu den Nachbarorganen, sowie ihre klinische Symptomatologie und differentielle Diagnose. ... Freiburg i. B., Univ.-Buchdr. v. Chr. Lehmann, 1888; 43 + 1 S. 8°
Freiburg i. B., Med. Fak., Inaug.-Diss. v. 1888

Köhler, J. A. Tagebuch währ. der Eroberung beider Sicilien 1860. 8. Zürich 1861.

Köhler, J. A. C., Die Uebel der Gegenwart und ihre gründliche Heilung. Zweite Auflage. Elberfeld und Iserlohn, J. Bädeker, 1848. II, 73 S. 8°.

Köhler, J. B., Grundsätze d. engl. Sprache für den Jugendunterricht entworfen. 8. Lübeck 799. Niemann u. N. (Leipz., Baumgärtner). 3 ℳ

Koehler, J. C., General-Bericht über das Medicinal- und Sanitäts-Wesen im Reg.-Bez. Stralsund auf die J. 1869—1878. gr. 8. (IV, 122 S.) Greifswald 881, Bindewald.
—— dass. — Auf die J. 1879 und 1880. gr. 8. (54 S.) Ebendas. 882.

Koehler, J. C., General-Bericht üb. d. Medicinal- u. Sanitätswesen im Reg.-Bez. Stralsund auf d. J. 1869—1878. gr. 8. (IV, 122 S.) Greifswald 881. L. Bamberg. n. 2.—

— Generalbericht über das Sanitäts- und Medicinal-Wesen im Reg.-Bez. Stralsund auf die J. 1881 und 1882. gr. 8. (65; 60 S.) Ebendas. 883,84. à Jahrg.

Koehler, J. C., General-Bericht über das Sanitäts- und Medicinal-Wesen im Reg.-Bez. Stralsund auf die J. 1883—1885. gr. 8. (102 S.) Greifswald 887, Bindewald. 2 50

Kohler, J. C., Handbuch d. deutschen Privatfürstenrechtes d. vormals reichsständ., jetzt mittelbaren, Fürsten u. Grafen: gr. 8. (24 B.) Sulzbach 832, v. Seidel. 1 Thlr. 16 Gr., Bln.-Drckp.

— nützl. Samml. merkw. Dinge im gelobten Lande. 8. Dresden, Gerlach. 750.

Kohler, J. C.: Die staatsrechtlichen Verhältnisse des mittelbar gewordenen vormals reichsständischen Adels in Deutschland. Sulzbach 1844

Köhler, J. C. G., schlesische Giftflora, oder d. schles. Giftpflanzen, zur Verminderung d. menschl. Elends beschrieben u. mit natürl. getrockneten Pflanzen begleitet. 1s u. 2s Hft. Fol. Hirschb. 811, 12. Lachmann. 3 ℛ

Köhler, J. C. G., schlesische Giftflora, od. die schles. Giftpflanzen zur Verminderung des menschl. Elends beschrieben u. mit natürl. abgetrockneten Pflanzen begleitet. 1s u. 2s Heft. Fol. Hirschberg, Lachmann. 819. à 1 Thlr. 12 Gr.

Köhler, J. C. W., Ueb. d. Auf- u. Untergang d. Gestirne b. d. Alten. 2 Tle. m. 1 Abb. Pr. 1823—25. 77 S. 4°. 15.—

Köhler, J. Chr., s. Köhler, Joh. Christian. – Köhler, Johann Friedrich

Köhler, J. Chr. W., s. Gewerbsblatt, allgemeines.

Koehler, J. D. De Carolo Bellicoso, ultimo Burgundiae duce dissertationes II. Altorfiae 1712 13.

Köhler, J. D., de philosophia M. Aurelii Aug. Altorf. 1717. 4.

Köhler, J. D. Dissertatio de Pribizlav sive Henrico, rege Brandenburgico 4. Altorfi 1723.

Köhler, J. D. G. S., neue Beiträge zu neuen Denkwürdigkeiten d. Fürstenthums Lippe, besond. in Absicht auf Religion, Kirchen- u. Literärgeschichte. gr. 4. Lemgo 815. Meyer. 1 ℛ 12 g

Köhler, J. G., die Salze, aus d. electro-chem. Gesichtspunkte betrachtet. gr. 8. (6 B.) Prag 839, Haase Söhne. *

Köhler, J. G., de sede et natura tussis convulsivae. 8. Prag 818. (Leipz., Cnobloch).

Köhler, J. L. A., Versuch einer Beantwort. d. Preisfrage: Warum sind jetzt d. Bruche herniae bey d. Jugend in Dörfern gemeiner als sonst? 8. Celle, Schulze. 797.

Kohler J. M., alphabetisch geordnetes Namens-Verzeichniß der verbreitetsten Pflanzenarten in der Schweiz. gr. 8. (16 S.) Zürich 850, Meyer und Zeller. *

Köhler, J. M., landwirthschaftliche Ortsbeschreibungen aus dem Kanton Zürich. Nach mehreren Preisschriften bearb. br. 8. (IV und 175 S. mit 1 Tab. in qu. Fol.) Zürich 853, (Höhr.) *

Kohler, J. M., der Weinbau und die Weinbehandlung. Mit besond. Berücksicht. der schweizer. Verhältnisse bearb. gr. 8. (VIII, 345 S. mit 41 in den Text gedr. Holzschn.) Aarau 878, Christen. *

Köhler, *Jakob* Die Handschriften und Inkunabeldrucke der Rastatter Gymnasiumsbibliothek. 4 (24 S.) G *Rastatt* 1886 (564) Progr.

Köhler, Jakob. Die Programmabhandlungen der badischen höheren Lehranstalten (Gymnasien, Progymnasien, Realgymnasien, Realschulen, höheren Bürgerschulen und Lehrerseminarien) mit alphabetischem Verzeichnis der Verfasser und Uebersicht der behandelten Gegenstände. Beilage zum Programm des Gymnasiums zu Rastatt 1888. Buchdruckerei von J. G. Vogel in Rastatt. Progr.

Köhler, Jakob Die Programmbeilagen der badischen höheren Lehranstalten (Gymnasien, Progymnasien, Realgymnasien, Realschulen, höheren Bürgerschulen und Lehrerseminarien) mit alphabetischem Verzeichnis der Verfasser und Übersicht der behandelten Gegenstände. 4 (71 S.) Progr. G. *Rastatt* 1888 (579).

— **Jacob Joseph** (Breslau), De varia debilitatis origine. Diss. med. Bln. (Ferdinand Nietack) 14. XII. 1829. 39 S. mit Biogr. (M.: C. Herzog.) (6.—)
Oppon.: J. Preiss, C. Grim, G. Figulus. 18882

Köhler, Ignaz, Referendar in Heiligenstadt: **Die Zwangsvollstreckung in dem Schuldner nicht gehörige bewegliche Sachen und die Rechte des Dritteigentümers.** Nordhausen 1900: E. Strecker. (V, 52 S.) 8°
Göttingen, Jur. Fak., Ref. Detmold, Diss. v. 14. Juni 1906
[Geb. 29. Aug. 80 Hohengandern; Wohnort: Heiligenstadt; Staatsangeh.: Preußen; Vorbildung: Gymn. Heiligenstadt Reife O. 00; Studium: Würzburg 1, Göttingen 6 S.; Rig. 17. Jan. 06.]

— **Jo. Christian** (Dresden), De sumtibus filio a patre ad dignitatem doctoralem consequendam suppeditatis non conferendis. Diss. jur. Präs. Johann Ludwig Uhl. Frankfurt a. O. (Johann Christian Winter) 31. VIII. 1763. 12 S. (4.50) 18888
Gew.: Leopold Nicolaus Frh. v. Ende (Alt-Jessnitz, Trinum). — Widm. v. Präs.

Koehler, Jo. Georg Wilh. (Präs.), s. Calmberg, Georg Friedrich: De Fide scriptorum veterum in rebus Germanorum.

— **Jo. Georg Wilhelm** (Lehrberga/Ansbach), De caussis cur tantus apud veteres deorum numerus reperiatur. Jena (Heller) 1769. 16 S. (5.50) 18894
Gew.: Georg Friedrich Jacob Koehler (Vater).

— — De codice Virgilii adhuc incognito. Disp. philol. Jena (Felix Fickelscherr) 27. III. 1771. 20 S. (5.—) 18895

Köhler, Joh. Aug., Einleitung in die biblisch-kirchl. Religionslehre zur Heranbildung und Fortbildung evangelischer Volksschullehrer abgefaßt. I. Thl. A. u. d. T.: Allgemeine Einleitung in die biblisch-kirchl. Religionslehre 2c. gr. 8. (XIV und 224 S.) Leipzig 848, C. H. Reclam sen.

Köhler, J. A., Erlebtes. I. Biographische Mittheilungen aus der Zeit der Jugendbildung. gr. 8. (VIII, 72 S.) Grimma 878, (Gensel.) *

—— dass. — II. „Mittheilungen aus dem pfarramtlichen Leben und Wirken". Eine Lectüre für angehende evangel. Geistliche, Religionslehrer, Freunde christl. Volksbildung überhaupt. gr. 8. (VI, 138 S.) (Ebendas.) 878. **

—— die göttliche Erziehung des Menschen in Grundzügen dargestellt. Eine Denkschrift zur 3. Säcularfeier der königl. Landesschule zu Grimma abgefaßt. gr. 8. (XII und 118 S.) Grimma 850, Verlags-Comptoir.

Köhler, J. A., Jahresbericht über das königl. Schullehrer-Seminar [Haupt- und Neben-Seminar] zu Grimma auf d. J. Ostern 1871/72. gr. 8. (VII, 138 S.) Grimma 872, (Gensel.) *

Koehler, Johann August: De j u r e ecclesiastico comment. histor. Diss. I, 1, s. H a s e , Karl August

Köhler, J. A., geschichtliche Mittheilungen über das königl. Schullehrerseminar zu Grimma. Pädagogische Fragen und Themata aus der heil. Schrift und Erfahrung geschöpft als Grundlage zu einer pädagog. Volksschulkunde. 4. (40 S.) Grimma 864, (Gensel.) *

Köhler, J. A., das Neben-Seminar zu Grimma, eine Vorbereitungsanstalt auf den Beruf evangel. Volksschullehrer für gereiftere junge Männer aus verschiedenen Ständen. Erste Berichterstattung, abgefaßt u. veröffentlicht ꝛc. Grimma 858. Gensel. gr. 8. (4 Bl., 39 S.) n. 6 ngr.

Köhler, Joh. Aug., Neben-Seminarien zur Vorbereitung auf den Volksschullehrerberuf für gereiftere junge Männer aus allerlei Ständen, welche nicht Kirchschullehrer werden wollen. Ein Problem zur Prüfung und Beurtheilung aufgestellt. gr. 8. (VII und 23 S.) Grimma 854, Gensel.

— Neben-Seminarien zur Vorbereitung auf den Volksschullehrerberuf für gereiftere junge Männer aus allerlei Ständen, welche nicht Kirchschullehrer werden wollen. Ein Problem zur Prüfung und Beurtheilung aufgestellt. Grimma 854. (Leipzig.) Werl. gr. 8. (4 Bl., 23 S.) n. 5 ngr.

—— das Schullehrer-Seminar zu Grimma nebst Ansichten und Bemerkungen über Volksschullehrer-Bildung überhaupt. Zur Gedächtnißfeier der vor 10 Jahren erfolgten Eröffnung der Anstalt abgefaßt und hrsg. gr. 8. (X und 183 S.) Grimma 848, Verlags-Comptoir.

— die Seminar-Grimmenser. Verzeichniß sämmtlicher Zöglinge, welche während des 25jährigen Bestehens der Anstalt, vom 8. Octbr. 1838 bis dahin 1863, in das königl. Schullehrer-Seminar zu Grimma aufgenommen worden sind. Mit Angabe ihrer Abgangszeit u. seitherigen Stellung. Ebend. 864. 4. (32 S.) n. 6 ngr.

Köhler, Joh. August Ernst

Köhler, J. Aug. Ernst, Bilder aus der Oberlausitz, als ein Beitrag zur Vaterlandskunde. 8. (XX und 268 S.) Bautzen 855, (Reichel.) *

Köhler, Joh. Aug. Ernst: Zur G e s c h i c h t e des ehemaligen Arznei-Laborantenwesens im westlichen Erzgebirge v. Dr. –. Schneeberg & Schwarzenberg: C. M. Gärtner 1898. 55 S. 1 Bd. 8°

Köhler, Joh. Aug. Ernst, zur Geschichte des ehemal. Arznei-Laborantenwesens im westlichen Erzgebirge. gr. 8. (55 S.) Schneeberg 898. (B. F. Goedsche.) n. 1.20

Köhler, Joh. Aug. Ernst, die Geschichte der Oberlausitz von den ältesten Zeiten bis zum Jahre 1815, für Schule u. Haus bearb. Eine gekrönte Preisschrift. 1. Aufl. 1865. n. 25 ngr. u. 2. Aufl. Görlitz 867. [Wollmann's Verlag.] gr. 8. (VIII, 283 S.) n. 1 ₰

— — vom J. 1815 bis zur Gegenwart bearb. Ebend. 868. gr. 8. (VI, 173 S.) n. 25 ngr.

Köhler, J. Aug. Ernst: P f l a n z e n und Götter, s.a. B i l d u n g s - B l ä t t e r für unser Volk.

Köhler, Joh. Aug. Ernst, Pflanzen und Götter. Ein Vortrag. Leipzig u. London 1876. 8. J-1: Bildungsblätter f. unser Volk, Ser. 1, H. 5. . . . . (D.)

Köhler, Joh. Aug. Ernst, Traugott v. Gersdorffs Reise durch d. Erzgebirge im J. 1765. Nach d. dabei geführten Tagebuche bearb. [Aus: „Glückauf".] gr. 8. (36 S.) Schneeberg 896. (B. F. Goedsche. — R. Unger.) n. — 40

Köhler, Joh. Aug. Ernst, das Königr. Sachsen und seine Fürsten. Für Schule und Haus bearb. gr. 8. (VI, 306 S. mit 26 Bildnissen sächs. Fürsten.) Leipzig 886, Hirschfeld. * 4 50
geb. * 5 50

Köhler, Joh. Aug. Ernst. Das Königreich Sachsen u. seine Fürsten. Für Schule u. Haus bearb. Mit 26 Bildnissen sächs. Fürsten. 3. Aufl. gr. 8. (VII, 311 S.) Lpz. 890, Hirschfeld. * 3 —; geb. * 4 —

—— Sagenbuch des Erzgebirges. gr. 8. (XXVI, 624 S.) Schneeberg 886, (Goedsche'sche Buchh.) ** 5 —
geb. ** 7 —

—— das Seminar für ältere Schulamtsadspiranten als selbstständige Lehrerbildungs- und Staatsanstalt. Mit einem Anhang: Mittheilung über geograph. Veranschaulichungsmittel von Püschmann. gr. 8. (85 S. mit eingedr. Holzschn.) Ebendas. 873. *

—— Stoffe und Entwürfe zu biblischen Geschichts-, Lieder-, Spruch-, Katechesen- und Katechismusunterredungen. Für einen concentr. Religionsunterricht in den Oberklassen evangel. Volksschulen bearb. und geordnet. 3 Thle. gr. 8. Grimma, Gensel. [1. Thl. (XV und 191 S.) 866. * 16 Ngr., 2. Thl. (XIII und 254 S.) 867. * 20 Ngr., 3. Thl. (IX und 240 S.) 868. * 20 Ngr.] *

—— Stoffe und Entwürfe zu biblischen Geschichts-, Lieder-, Spruch-Katechesen und Katechismusunterredungen. Für einen concentr. Religionsunterricht in den Oberclassen evangel. Volksschulen bearb. und geordnet. 2. durchgeseh. Aufl. 3 Thle. gr. 8. Ebendas. [1. Thl. (XXIII, 196 S.) 1871. *ℳ 1,80.; 2. Thl. (XIII, 257 S.) 1872. *ℳ 2,20.; 3. Thl. (IX, 240 S.) 872. *ℳ 2.] *

— s.: Verzeichnis v. Sommer-Wohnungen im Erzgebirge.

— Volksbrauch, Aberglauben, Sagen u. andre alte Ueberlieferungen im Voigtlande mit Berücksichtigung des Orlagau's u. des Pleißnerlandes. Ein Beitrag zur Kulturgeschichte der Voigtländer. Leipzig 867. Fr. Fleischer. gr. 8. (VII, 652 S.) n. 2 ₰ 20 ngr.

– Deutsche V o l k s s a g e n im Lichte der Geologie, s.a. B i l d u n g s - B l ä t t e r für unser Volk.

-- Deutsche Volkssagen im Lichte der Geologie. Leipzig u. London 1876. 8. (Bildungsblätter für unser Volk.) . . . . (DGG.; D.)

Köhler, Joh. Bernhard

— s. Abulfedae.

— eclogae archaeologicae de Hymenaeo et Talassione, Diis Graecor. ac Rom. nuptialibus. 4. Lübeck 757.

Köhleri, J. B., Prolusio de nova Hesiodi editione adornanda. Kilon. 764. 4.

— de nova editione Hesiodi adornanda Consilium. 4. Kiel 766.

— **Jo. Bernhard,** Emendationes in Dionis Chrysostomi orationes Tarsicas. Götting. (Barmeier) 4. IV. 1770. 20 S. (5.—) 18883

— emendat. in Theocritum, accced. specim. emendat. in script. Arabicos. 8. Lübeck, Niemann et R. 767.

s. Euripides, Iphigenia in Aulis.

Koehler, Joh. Bern.: Justiniani institutiones ex rec. Jac. Cuiacii. Goettingae 1772.

Köhler, J. Bhd.: Interpretatt. et emendatt. jur. Rom. Lib. I. II. Ed. alt. *Lips.*, Breitkopf et Härtel. 792. 8. (18 Gr.)

Köhler, Jh. Bernh., († d. 3. April 1802.) interpret. et emendat. juris Rom. L. I. II. 8maj. Leipz. 793. Breitkopf u. H. 18 gr

— notae et emendat. in Theocritum, acced. specim. emendat. in script. Arabicos. 8. Lübeck 767. Niemann et R. 6 gr

Koehleri, J. B., Not. et emend. in Theocritum. Lub. 768. 8. 7 gr.

— observation. crit. ad ecclesiastae caput ultimum. 4. Königsb. 781. Ed. II. 783. Hartung. (Unzer). 3 gr

— observationes philologicae in loca selecta sacri codicis, 8. maj. Leid. Maire. 764.

Köhler, Jh. Bernh., observationes philologicae in loca selecta sacri codicis. 8maj. Leid. 765. Maire. 12 gr

— s. Plato's Phädon.

Köhler, J. Bern.: Praetermissa adc. st. *Δίδωχεν. Regiomont.* 787. 8.

— — Verisimilium juris civilis specimen I. Göttingen (Jo. Christian Dieterich) 20. XI. 1771. 56 Seiten. (6.—) 18884

Köhler, Joh. Carl, s. K ö h l e r , Joh. Karl

Köhler, Jh. Chr., († d. 30. Mai 1811.) Abhandl. von d. Kirchenstühlen u. deren Rechten in d. chursächs. Ländern. 8. Dresd. 790.

Köhler, J. Ch.: Von Kirchenstühlen u. deren Rechten in Kursachsen. *Dresden*, Gerlach. 790. 8. (6 Gr.)

Köhler, Joh. Chr., Abhandlung v. Kirchenstuhlrechte. Für d. Königr. Sachsen u. d. Kgl. Sächs. Oberlausitz neu bearb. v. E. M. Schilling. 2., gänzl. umgearb. u. verm. Ausg. gr. 8. (7 B.) Leipzig 830, [Krappe.]

— — Neu bearbeitet v. E. M. Schilling. 2e umgearb. u. verm. Ausg. gr. 8. Leipz. 830. Taubert. 12 gr

Köhler, J. C. De origine et progressu necyomantiae sive manium evocationis apud veteres quum Graecos tum Romanos. 23 S. . . . .
Liegnitz, G., Progr. 1829

Köhler, Joh. Christ.

— — (Dresden), Selecta capita ex historia Caroli V. imp. Präs. Joh. Gottlob Boehme. Lpz. (Breitkopf) 11. VI. 1757. 26 S. (5.—) 18887

— **Joh. Christ.** (Hessen-Kassel), De judice in dubia successione lineali et graduali principum. Exercit. acad. Präs. Frid. Ulrich Pestel. Rinteln (Joh. Gottfr. Enax) Okt. 1719. 38 S. (6.—) 18885
Gew.: Joh. Balthas. Klaute, Hieronymus Riesen.

— — De ministris principum. Diss. acad. Präs. Heinr. Ern. Kestner. Rinteln (Johann Gottfried Enax) 23. XI. 1720. 34 S. (6.—) 18886
Gew.: Friedrich Frh. v. Ketler, Joh. Reinh. v. Dalwig, Justus Hermann Vultej. — Widm. v.: Präs., Frid. Ulr. Pestel.

Köhler, Joh. Christoph [Präs.], De matrimonio illustri, s. A u e r b a c h , Johann Melchior [Resp.]

Köhler, Johann Cornelius, s. K ö h l e r , Johann Kornelius

Köhler, Johann David.
Kurze und gründliche Anleitung zu der alten und mittleren Geographie. Nürnberg 1745—65. V (2. Th.): *Kaidel, Joh. Martin.* V (3. Th.): *Will, Georg Andreas.* (Ky)

— kurze u. gründl. Anleit. zu d. alten u. mittlern Geographie, nebst 13 Landkärtchen. Nürnb. 745. 2e A. 745 u. 772. 2r Theil. (v. Jh. Mart. Raidel); nebst 12 Landkarten. 747. 760. 771. 3r Thl. (v. G. A. Will); nebst 12 Landk. 765. 2e A. 778. Alle 3 Thle. Ebd., Homann. 2 rß 6 gr

Köhler, Jh. Dav., eigentlich Köler, († d. 10. März 1755.) Anweis. f. reisende Gelehrte, Bibliotheken, Münzkabinette, Antiquitätenzimmer, Bildersäle rc. 8. Frankf. a. M. 762. (Schäfer). 8 gr

— Anweis. m. Nutzen zu reisen rc. m. Anmerk. versehen v. J. F. A. Kinderling. 2 Thle. 8. Magdeb. Creutz. 810.

— Anweis. zur Reiseklugheit für junge Gelehrte, um Bibliotheken rc. mit Nutzen zu besuchen. Neu bearb. u. mit Anmerkk. versehen v. J. F. A. Kinderling. 2 Thle. 8. Magdeb. 788. Creutz. 2 rß Hbg. Pr. 1 rß

— Armamentarium heroic. Ambrosian. a Ferd. Archid. Austriae juss. et descript. hist. c. fig. 4. maj. ibid. 735.

Köhler, Ioh. Dav., Atlas minor antiqui et medii aevi quo continentur XI Tab. in us. scholar. ed. 4. Nrnb. Schneider et W.

— Bilderlust d. merkw. Weltgesch. all. Zeiten. m. K. gr. Fol. Nürnb. Schneider u. W. 726.

— chronologia historiae univ. ab orbe condito ad nostra usq. tempora. tab. distincta XXVII. fol. Nrnb. Riegel et W. 736.

— commentatio historica ad Privilegium Norimbergense de Castro imperii forestali Brunn. c. charta. 4. Nrnb. Lechner. 728.

— Ehrenrett. Joh. Guttenbergs, d. Erf. d. Buchdruckerk. 4. Leipz. Fritsch. 741.

— Einleit. z. alt. u. mittl. Geogr. 3 Thle. m. Chart. gr. 8. Nürnb. Homann. 745.

— Entw. eines Colleg. üb. d. Zustand von Europa. 4 Gött. Vandenhök. 736.

— Erzähl. d. merkw. Weltgesch. 2 Thle. m. K. 4. Nürnb. Stein. 765.

Köhler, J. D., Germania in seculo V. p. C. n. Nürnberg, Weigels Wittwe, 1730. 4. Kupf. u. kol. . . . . (D.)

— hist. geneal. dominor. et comit. de Wolfstein, c. fig. 4. Lips. Cloditsch. 728.

— Institutio brevis atque accurata geographiae antiqui atq. medii aevi. Cum chart. Norimb. 787. 3 Part. 8.

Köhler, Johann David: „Im Jahr 1729 bis 1750 wöchentlich herausgegebener Historischer Münz-Belustigung I. bis XXII. Teil / Darinnen allerhand merkwürdige und rare Thaler / Ducaten / Schaustücken / Klippen und andere sonderbahre Gold- und Silber-Münzen . . . . Accurat in Kupfer gestochen, beschrieben und aus der Historie umständlich erkläret werden. Nebst Einer Vorrede von Joh. Lucki Sylloge Numismatum . . . .", Nürnberg (bei Christoph Weigels d. ä. seel. Witwe; gedr. bei Lorenz, später: Andr. Bieling) 1729 bis 1750. (Teil XXII, „nebst zuverlässiger Nachricht von des seel. Herrn Prof. Köhlers Leben und Schriften"). — Vollständ. Register . . . . verfertigt von Joh. Gottfr. Bernhold, Band I und II, Nürnberg, gedruckt mit Felsseckerischen Schriften, 1764 f. — Alle vorh.: StB Nürnberg.

— hist. Münzbelustigungen. 22 Thle. m. K. u. 2 Bdn Regist. 4. Nürnb. Schneider u. Weigel. 729—64.

— histor. Münzbelustigungen. 22 Theile. Mit Kpf. 4. Nürnb. 729—55. Schneider u. W. 50 Rthlr. Register, s. J. G. Bernhold.

— Johann David, Historische Nachricht von den Erb=Land=Hof=Aemtern des Hertzogthums Braunschweig und Lüneburg, und dazu gehöriger Lande, sowohl insgesamt als besonders, grösten Theils aus archivischen Urkunden. Göttingen (Johann Friedrich Hager) 1746. 124 S. (10.—) 18890

— Nachr. v. Kreisausschreibamt, besond. in Frank. 4. Jena. 741.

— deutsche Reichshistorie. 4. Nürnb. 736. 2e A. 751. Nach d. Verf. Tode verm. u. bis auf d. neuesten Zeiten fortgesetzte (v. J. G. Bernhold) u. G. A. Will. Mit allen K. K. Handzeichen in Kpf. 4. Nürnb. 767. Riegel u. W. 2 Rthlr. 16 gr.

Köhler, J. D. Kurzgefasste und gründliche Teutsche Reichshistorie . . . Frankfurt u. Leipzig [Nürnberg] 1767. H: *Bernhold, Johann Gottfried* & *Gg Andreas Will.* (Ky) (ML)

Köhler, J. D. Remarques historiques sur les Médailles . . . Berl. 1740. Ü: *Formey, Joh. Hnr. Samuel.* (BrMm)

Köhler, J. D., Rémarques historiques sur les médailles et les monnoies. Berlin 740. 4. 2 rthl.

Köhler, Joh. Dav. (Prof. in Altdorf), bequemer Schul- u. Reisen-Atlas z. Erlernung d. alten, mittlern u. neuen Geographie, ausgefertiget von *Christoph Weigeln*, Kunsthändlern in Nürnberg. (Nürnb., c. 1715—30.) Gedr. bey Lorenz Bieling. Folio. Hldrb.

Tit. roth u. schwarz in Doppelformat, 2 Frontisp., 2 Bll. Inh., dann ca. 100 reich ornamentirte (meist color.), figurenreiche Landkarten, Pläne u. Städte-Prospekte, denen sich noch ca. 40 astron., naturhist., nautische, genealog., herald. u. historische Tafeln anschliessen, fast sämmtl. in Doppelformat (dabei histor. Vollbilder in Kupferstich). Interessantes Werk, cplt.

Köhler's, Johann David, bequemer Schul- und Reisen-Atlas. Nürnberg 1719. Fol.

— sylloge aliquot scriptorum de bene ordinanda et ornanda bibliotheca. 4. Frcft. 728.

— disquisit. de inclito libro poët. Theuerdank. 4. Altenb 714. 717. 757. denuo notis et glossar. instr. B. F. Hummel. 4. Nürnb. 790. 799. (Barth in Leipz.) 6 gr.

— disquisit. de inclyto libro poet., Theuerdank, denuo not. et glossar. instr. R. F. Hummel. 4. Nrnb. Stiebner. 790.

Köhler, J. D., disquisitio de inclito libro poetico Theuerdanck denuo edidit et glossario instruxit B. Fr. Hummel. 4. Nürnberg. 799. Jetzt Barth in Leipzig.

— Unters. d. Belehnung des Herzogth. Holstein. 4. Gött. 752.

— d. Welt in einer Nuß. 4. Nürnb. Monath. (Weigel.)

Koehler, Ioannes Ferdinand[us]: De vi musculorum absque cerebro et medulla spinali: [Praeses:] Fridericus Nasse. Halae (1818): Grunert. 31 S. 8°

Halle-Wittenberg, Med. Diss. v. 16. Dez. 1818

Geb. Berlin [24. 8. 1794]

Verf. erlebte die Diplomerneuerung 1868 als Geheimer Sanitätsrat in Berlin.

Köhler, Johann Friedrich

— Anweis. zum Kopfrechnen in Verbindung mit der dazu erforderl. Methode, zum Gebrauch für Lehrer. Leipz. 797. 2e A. 801. 4e A., nebst 2 Samml. arithmet. Aufgaben u. e. neuen dritten. 8. Ebd. 816. Barth. 1 Rthlr. 15 gr. ohne Aufgaben 15 gr.

— Anw. z. Kopfrechnen 8. Ebend. 803.

Köhler, Jh. Fr. II., arithmet. Aufgaben in Erzähll. eingekleidet, welche vom Lehrer den Rechenschülern vorgelegt werden. 8. Leipz. 800. N. A. 3 Hfte. 816. Barth. (1s Heft 6 gr. 2s Heft 8 gr. 3s Hft. 10 gr.) 1 Rthlr.

Köhler, J. Chr., arithmet. Aufgaben in Erzähl. 8. Lpz. Barth. 803.

— dieselben nach dem rheinischen Maaß- u. Münzfuß, zunächst für d. Schulen in Schwaben umgearb. von G. Flamm. 12. Stuttg. 820. Löflund. 9 gr.

— neue arithmet. Aufgab. rc. 8. Ebend. 805.

Köhler, Jh. Fr. I., († d. 16. März 1820.) Beitrr. z. Ergänz. d. deutschen Literatur u. Kunstgeschichte. 2 Thle. gr. 8. Leipz. 792, 93. Dyck. (A. u. d. T.: Lebensbeschreibb. merkw. deutscher Gelehrten, besond. L. Kranachs rc.) (à 18 gr.) 1 Rthlr. 12 gr.

— — Declamatio in laudem Gregorii Coelii Aubani habita a Philippo Noveniano. Lpz. (Nicolaus Jacob Franz) 1812. 52 S. (6.—) 18893

Gew.: Christian Gottfried Klinkhardt (Dewitz, Sehlis. Leipzig).

— Declamatio in laudem Gregorii Coelii Auboni, habita a Phil. Noverano, subjunctis adnotationibus, denuo edidit. 8maj. Leipz. 812.

— s. Fragmente zur Gesch. d. St. Leipzig.

— s. Gelehrten- u. Künstler-Almanach.

— s. Ph. Melanchthon, epistolae quaed.

— **Johann Friedrich** (Taucha b. Leipzig), Petri Mosellani, literarum Graecarum in Saxonia instauratoris, memoria, ipsius scriptis aliisque monumentis fide dignis renovata. Lpz. 26. IX. 1805. 72 S. (6.—) 18892
Gew.: Gottlob Einert (Taucha. Leipzig).

— s. Chr. Pescheck, gemeine Rechenstunden.

— s. Repertorium d. theolog. Literatur.

— s. J. Siebmacher, Wappenbuch.

— s.a. Untersuchung über d. Leben Dr. Fausts.

(Köhler, J. F.), historisch-kritische Untersuchung über das Leben und die Thaten D. J. Fausts. Leipz. 790. 8.

(*Köhler*, Joh. Frdr., 1756—1820.) Histor.-kritische Untersuchung über das Leben u. die Thaten des als Schwarzkünstler verschrieenen Landfahrers Doctor Johann Fausts, des Cagliostro seiner Zeiten. Leipzig, Dyk, 1791. Gr. 8°. Saub. Hsrsb.
170 S. Mit bibliographischen Anmerkgn.

Köhler, Joh. Friedr., Versuch üb. d. Abfassungsart d. epistol. Schriften im Neuen u. Alten Testamente. gr. 8. (15 B.) Leipzig 880, (Barth.)

Koehler, (R.) Joan. Georg (geb. Altwasser bei Waldenburg in Schles. Okt. 1840) De purgantium vi et effectu eorumque usu. Berolini (1865). (32 S.) 8°
Berlin, Med. Diss. v. 18. März 1865

24. Juni 1904. Landeshut in Schlesien. [Von Joh. Georg Reinhard Köhler.] [Landeshut i. Schl. 1904: P. Schultze.] 39 S. 4° [Umschlagtit.]
Sammlung von frmrischen Gedichten u. Liedern ohne Noten.

Köhler, Joh. Georg Wilhelm

— de codice Virgilii adhuc inedito. 8. Jena 771.

— s. 1) Galen, admonitio. 2) J. A. v. Haas Beobachtt.

— comment. crit. de quodam Bionis loco et nova ejusd editione. 4. Jena 771.

Köhler, Jh. Geo. Wlh., († d. 10. Mai 1812.) der Volksfreund, zur Belehr. u. Aufklär. des Bürgers u. Landmanns. 2 Hfte. 8. Pappenh. 787. Typogr. G. (Wienbrack in Leipz.) 10 gr.

Köhler, Joh. Jak., die altenglischen Fischnamen, s.a. **Forschungen, anglistische. 21. Hft.**

Köhler, Joh. Jak(ob), a. Sandhausen: **Die altenglischen Fischnamen.** Heidelberg 1906: C. Winter. (VIII, 87 S.) 8°
[= Anglistische Forschungen H. 21.] x)
Heidelberg, Phil. Fak., Ref. Hoops, Diss. v. 16. Nov. 1906
[Geb. 26. Febr. 78 Sandhausen; Wohnort: Sandhausen; Staatsangeh.: Baden; Vorbildung: Realgymn. Karlsruhe Reife Juli 01; Studium: Heidelberg 8 S.; Rig. 12. Jan. 06.]

Köhler, Johann Karl

Köhler, J. K. Gedächtnißfeier G. W. Funk's, (C. R. und Rectors des Dom-Gymn. zu M.) 28 S. . . . .
Progr. Magdeburg D. 1834

Köhler, J. K. Hat Poppo v. Osterna mit d. deutschen Ordensrittern in Preußen an d. Schl. bei Wahlstatt 1241 Theil genommen? I. Abth. 6 S.
Liegnitz, G., Progr. 1831

— **M. Johann Karl** (Prorector), Zu der öffentlichen Prüfung der Schüler des Königlichen und städtischen Gymnasiums . . . ladet ein. — Inhalt: 1. Geschichtliche Mittheilungen über das Gymnasium zu Liegnitz. 2. Schulnachrichten. Beides v. Prorector. Liegnitz (E. Doench) 16./17. III. 1837. 47 S. (5.50) 18896

Köhler, J. K. Geschichtl. Mittheilungen üb. d. Gymn. zu L. I. 29 S. II. 21 S.
Progr. Liegnitz G. 1837, 1841

Köhler, J. K. Einige Nachr. üb. d. frommen Stiftungen zum Besten des Gymn. und der studirenden Jugend zu L. 8 S. . . .
Progr. Liegnitz G 1830

Köhler, Joh. K. Einige Notizen über die Sammlungen des Gymnasiums. 5 S.
Liegnitz, G., Progr. 1952

Köhler, J. K. Rede zum Andenken an den verstorbenen Rector Werdermann, am 24. April 1833. 10 S. . . . .
Liegnitz, G., Progr. 1834

Köhler, Joh. Carl Valentin Friedland Trozendorf, ein biographischer Versuch. 21 S.
Liegnitz, G., Progr. 1848

Köhler, J. K. Ueber den Zweck des Relig.-Unterrichts in den oberen Gymn.-Klassen. 5 S. . . . .
Progr. Liegnitz G. 1828

Köhler, Joh. Caspar (Windsheim)
De empyemate.
Giessae 12. Aug. 1789: Braun. 24 S. 4°
z. Erl. d. med. Doktorwürde.

Köhler, Johann Kornelius

— **Johann Cornelius** (Marienberg / Misn.), Dissertationem de clausula codicillari. Präs. Abraham Kaestner. Lpz. (Gabriel Trog) 20. IV. 1735. 5 Bl. (4.—) 18889

Köhler, Jh. Edw., († d. 7. Febr. 1798.), s. *Fenelon*, les avant. de Telemac.

— s. M. Gerbert, Reise.

— s. Siphantie.

— s. Hauptstadt d. Gallier.

— s. Holberg, Kirchenhistorie.

— s. Menschen, die, wie sie sind.

— s. W. Stölzlin, Adlerstein.

Koehler, Johann Paul Rudolph [aus Rothwesten (Hessen)]: **Über das Vorkommen acuter und chronischer Krankheiten während der Dauer der Schwangerschaft. . . .** Würzburg, Becker's Univ.-Buchdr., 1888; 28 S. 8°
Würzburg, Med. Fak., Inaug.-Diss. v. 1888

Köhler, Johann Tobias

Koehler, J. T. Herrn Hofrath Achenwalls in Göttingen Anmerkungen über Nord-Amerika und ü dasige großbritannische Colonien aus mündlichen Nachrichten d Herrn Dr. Franklin. Frankf u Lpz. 1769, Helmstedt. 1777.

Köhler, Joh. Tob.: „Beytrag zu Bestärkung des uralten Münzrechts der Herren Grafen Reuss, womit zu denen auf der Georg Augustus Universität von ihm im Sommer 1755 zu haltenden Historischen Vorlesungen geziemend einladet M. Joh. Tob. Köhler", Göttingen. — Vorh.: StB Nürnberg.

— s. 1) Blainville, Reise durch Holland. 2) Ed. Clarke, Briefe.

Köhler, eigentlich Köler, Jh. Tob., († d. 20. Dec. 1763.) vollständiges Dukatenkabinet, d. i. histor. krit. Beschreib. nicht nur derjenigen Goldstücke, welche unter dem Namen Dukaten bekannt sind, sondern auch aller gangbaren Goldmünzen von verschied. Namen u. Gehalt ꝛc. 2 Thle. 8. Hannov. 760. Helwing. 1 ℛ 8 ℊ Schrbp. 1 ℛ 16 ℊ

— d. Glückseligk. Georgs II. Kön. v. Großbrit. besung. Fol. Ebend. 717.

— s. Kraschenninikow, Beschreib. von Kamtschatka.

— **Johann Tobias,** Nachricht von den Leben und Schrifften Herrn Wiguleus Hunds, zu Sulzenmos, Lenting und Steinach, Fürstlich Bayrischen Geheimen Raths, Hofraths=Präsidentens und Pflegers zu Dachau. Götting. im Frühling 1750. 16 S. (6.—) 18897

Köhler, eigentlich Köler, Jh. Tob., vollständ. Nachr. v. Papst Johann XXI, welcher unter d. Namen Petrus Hispanus als ein gelehrter Arzt bekannt ist. 4. Götting. 760. Bossiegel. 3 ℊ

— s.a. Samml. neuer Reisebeschreibb. aus fremden Sprachen.

--Sammlung neuer Reisebeschreibungen aus fremden Sprachen. Göttingen und Gotha, 1767-69. See no 9390

Köhler, Johann Valentin Heinrich

— Anleit. zum Verband u. zur Kenntniß d. nöthigsten Instrumente in d. Wundarzneikunst ꝛc. Mit Kpf. gr. 8. Leipz. 796. (Gnobloch). 2 ℛ

Köhler, Jh. Val. Hnr., († d. 26. April 1796.) Beschreib. d. physiolog. u. patholog. Präparate, d. sich im Museo Loders zu Jena befinden. 16 Hft. gr. 8. Leipz. 794. (Gnobloch). 20 ℊ

Johann Valentin Heinrich Koehler

Versuch einer neuen Heilart der Trichiasis. Von Joh[ann] Valentin Heinrich Köhler. Leipzig: Böhme 1796. 106 S. 8°

— Versuch e. neuen Heilart d. Trichiasis. Mit 1 Kpf. 8. Leipz. 796. (Gnobloch). 8 ℊ

Köhler, Joh., zur Einführung in die experimentelle Psychologie, s.a. **Bausteine, pädagogische.** 25.

Zur Einführung in die experimentelle Psychologie. 2 Vorträge geh. ... von Dr. Johannes **Köhler**, Hauptlehrer. Berlin: Gerdes & Hödel 1905. (32 S.) 8°
— **Bausteine**, Pädagogische. H. 25. [illegible]

Köhler, Johannes, aus Heimersheim: **Der simultane Farben- und Helligkeitskontrast, mit besonderer Berücksichtigung des sogen. Florkontrastes. Mit 11 Fig. im Text u. 1 Taf.** *Leipzig: W. Engelmann 1903.* (104 S.) 8° ¶ (Aus: Archiv f. d. ges. Psychol., Bd 2, H. 4.)
Leipzig, Phil. Diss. v. [25. Juli] 1903

Köhler, Johs., Paul Gerhardt, sein Leben u. Dichten. Zur 300jähr. Wiederkehr seines Geburtstages f. Volk u. Jugend erzählt. (VII, 38 S. m. 1 Bildnis.) 8. Langensalza 907. H. Beyer & Söhne. n. —40

— das evangelische Kirchenlied in der Volksschule. Präparationen u. Erläutergn. in darstell. Methode. (IV, 182 S.) gr. 8. Ebd. 904. n. 1. 60

— **das biologische Prinzip im Sachunterricht,** s.a. **Magazin, pädagogisches. 273. Hft.**

Das biologische Prinzip im Sachunterricht. Von Johannes **Koehler**, Rektor, Trier. Langensalza: H. Beyer & Söhne 1906. (35 S.) 8°
— **Magazin**, Pädagogisches. H. 273. [illegible]

Koehler, Johs., Schule u. Kolonialinteresse, s.a. Magazin pädagogisches.

Köhler, Johannes: Schule und Kolonialinteresse. Von Johannes Köhler. Rektor in Trier. Langensalza: Beyer 1907. 31 S. 8°
(Pädagogisches Magazin. H. 306.)

— **die Veranschaulichung im Kirchenliedunterricht,** s.a. **Magazin, pädagogisches. 242. Hft.**

Die Veranschaulichung im Kirchenliedunterricht. Von Johannes **Koehler**, Rektor in Bischmisheim. Langensalza: H. Beyer & Söhne 1904. (16 S.) 8°
— **Magazin**, Pädagogisches. H. 242. [illegible]

KÖHLER, JOSEPH.
Anleitung zur Photographie auf Glas. *n. p.*, July 4, 1855.
A lithographic copy of a MS. by a teacher and photographer of Reichenberg. Two parts, 61 and 35 pages.

Kohler, Jsf, Beiträge zur deutschen Privatrechts-Geschichte. H. 1. 2. Würzburg 1883—85. 8.
A. u. d. T.: Urkunden aus den antichi archivi Veronesi annessi alla Biblioteca comunale di Verona .. herausg. u. mit Annotationen .. versehen. Folge [1.] 2. . . . . (1883.)

Köhler, Joseph *Gottfried* **[aus Bonn]: Aus d. medizin. Klinik zu Bonn. Ein Fall von Leukämie mit Phlebitis ... Bonn, Druck v. E. Heydorn,** *1893;* 1 Bl., 39 S. 8.
Bonn, Med. Fak., Inaug.-Diss. v. [6. Dez.] 1893

Kohler, J[osef]: Prozeßrechtliche Forschungen Berlin 1889

Köhler, Josef [Hrsg.], s. Nevkönyv

Kohler, J[osef]: Der Prozeß als Rechtsverhältnis Prolegomena zu e System d. Civilprozesses. Mannheim 1888. 8°

Köhler, Joseph Das Testament des Licentiaten der Rechte und Fürstlich Clevischen Rates Sweder Hopp vom Jahre 1610 Veröffentlicht und erläutert von J K 4 (41 S)
Progr. G *Emmerich* 1887 (408)

Kohler, Josef: Warenzeichenrecht. Zugl. 2. Aufl. d. Rechts d. Markenschutzes mit Berücks ausländ. Gesetzgeb. (1884) Mannheim u. Leipzig 1910 8°

Köhler Jos. A. Religiöse Gedichte. 12. (47 S.) Leitmeritz, C. W. Medau Druck. 1853.

ERINNERUNGEN eines ehemaligen Jesuitenzöglings (*Joseph Eduard Köhler*). Leipzig 1862. 8°. VIII · 466 S. (2 Rthl.) (4 frcs., eleg. Lwdbd., Georg & Co., Basel, 1908; 3 Mk. Adolf Weigel, 1908:)
„Wegen der trefflichen Charakteristik der Ordensdisciplin sehr geschätztes Werk; zur Orientierung sehr geeignet."

— — Dasselbe. Th. 2: Durch Kampf zum Sieg. Dortmund 1865. 8°. (3 Mk. Max Jaeckel, Potsdam, 1910.)

Köhler, Isidor [Dr.]: **Molières und Fénelons Stellung zur Erziehung des weiblichen Geschlechts im Zeitalter Ludwigs XIV. E. kulturhistor.-pädagog. Abhandlg. Plauen i. V., Druckerei Neupert, 1895; 2 Bl., 51 S. 4.**
Plauen i. V., st. R, OP 1895 (589)

Koehler, Julius (geb. Reppen bei Frankfurt a. O. 16. 2. 1860): Über das Berberin. Eine pharmakologische Studie. Berlin (1883). (36 S.) 8°
Berlin, Med. Diss. v. 21. Juni 1883

Köhler, Jul., Friedrich Nietzsche nach seiner Stellung zum Christentum. gr. 8. (31 S.) Hannover 902. C. Meyer. n. — 40

Die Stellung des Arztes zur staatlichen Unfallversicherung. 4 Vorlesungen von San.R. Dr. J[ul.] **Köhler**, Vertrauensarzt in Berlin. Berlin: A. Hirschwald 1906. (VI, 102 S.) 8° [06. 11096

Köhler, K.: F o r s t - und Jagd b u c h , s. R a s c h , G.

Köhler, K. (II.), s.a. Uebungsbuch im Rechnen.

Köhler, K., Übungsbuch im Rechnen. 1. Tl. in 2 Abtlgn., 2–4. Tl. 8. Eisleben, Mähnert. geb. n. 1. 70
I. 1. 7. Aufl. (36 S.) 884. n. — 20. — I. 2. 6. Aufl. (32 S.) 884. n. — 20. — II. 5. Aufl. (48 S.) 883. n. — 30. — III. 4. Aufl. (56 S.) 884. n. — 30. — IV. Übungsbuch im Rechnen f. die Oberklasse der mehrklassigen Volksschule, der Mittelschule u. der höhern Mädchenschule. (112 S.) 886. n. — 70

Köhler, K., Übungsbuch im Rechnen. 3. Tl. 4. Aufl. 8. (56 S.) Eisleben 885, Mähnert. geb. *

Köhler, K., erstes Übungsbuch im Rechnen. 2 Thle. 8. Eisleben 884, Mähnert's Verlag. [1. Thl. 7. Aufl. (36 S.); 2. Thl. 5. Aufl. (52 S.) geb. à * 20 Pf.] geb. *
—— dass. — Auflösungen zum ersten Übungsbuche. 3. Aufl. 8. (21 S.) Ebendas. 884. *

Köhler, K. Erstes Übungsbuch im Rechnen f. die Unterstufe d. mehrklass. Volksschule, der Mittelschule u. der höheren Mädchenschule, neu bearb. 2 Tle. 8. Eisleben 889, Mähnert. [1. Tl. 8. vielf. umgearb. Aufl. (32 S.); 2. Tl. 6. Aufl. (32 S.) à Tl. * — 20.] * — 40

Köhler, K., 3. Übungsbuch im Rechnen, f. d. Mittelst. d. mehrkl. Volksschule, d. Mittelschule u. d. höh. Mädchenschule neu bearb. Gemeine u. Decimalbruchrechng. 5. Aufl. gr. 8. (IV, 56 S.) Eisleben 892. (G. Reichardt.) Geb. n.n. — 35

—— viertes Übungsbuch im Rechnen für die Oberklasse der mehrklassigen Volksschule, der Mittelschule und der höhern Mädchenschule. 8. (112 S.) Ebendas. 886. geb. *
Erstes Übungsbuch in 2 Tln. geb. à * 20 Pf. und Zweites Übungsbuch geb. * 30 Pf. Ebendas. 1883,84. * 70 Pf.

Köhler, K., 2. Übungsbuch im Rechnen f. die Mittelstufe der mehrklassigen Volksschule, der Mittelschule u. der höheren Mädchenschule. 7. Aufl. gr. 8. (IV, 48 S.) Eisleben 893. G. Reichardt. Geb. n.n. — 35

(Köhler, K. A.,) Gesangbuch f. Gymnasien rc., s. Gesangbuch.

Köhler, K. A., Vertheidigung gegen die Beschuldigung d. O. Präs. von Bülow zu Magdeburg. 8. Berlin, Mittler. 819.

— — Wünsche u. Vorschläge der ersten Synode d. 13. Sept. 1817. 8. Liegnitz, Kuhlmey. 818.

Das Buch im deutschen Hause. Katalog e. deutschen Familien-Bibliothek auf d. Welt-Ausstellung in Brüssel 1910. Zsgest. von K. F. **Koehler**, Leipzig. Leipzig [1910]: Fr. Richter. 32 S. 8° [11. 13160

Köhler, K. F., s.a. Buchhandlungshaus.

Koehler KF, Buchhandlungshaus in Leipzig 1789-1889. Ein Rückblick auf sein 100jähriges Bestehen von R Winkler. Leipzig 1889

Alphabetischer Laden-Katalog einer Auswahl der besten Bücher ... (Buchhandlung K.F. Köhler.) [1.] (Leipzig: K.F. Köhler 1904.) 8° [05. 17474

Köhler, Karl

Köhler, Carl (I.), Abschieds-Predigt. gr. 8. (15 S.) Darmstadt 863, Zernin. *
Aus: Sonntagsfeier, besonders abgedruckt.

Köhler, Carl, Anleitung zur Selbstanfertigung v. Naturholzmöbeln f. das Jägerheim. (87 S. m. 82 Abbildgn.) gr. 8. Cöthen (903). P. Schettler's Erben. n. 1. 50

Köhler, Karl, das Apostolikum als Tauf- u. Konfirmationsbekenntnis, s.: Hefte zur „Christlichen Welt".

Köhler, Carl, Arbeiten in Naturholz, entworfen u. gezeichnet v. K. Mit 86 Abbildgn. auf 32 Taf. u. 1 Abbildg. im Text. gr. 8. (VI, 29 S.) Leipzig (899). Seemann & Co. In Mappe n. 2.50

Köhler, Karl, *g. k. k. Militärarzt.* Neueste Aufhellungen über die Pflege, über die Krankheiten der Haare und über die besten Haarwuchsmittel auf vieljährige rationelle Forschungen u. Erfahrungen basirt etc. *Wien* 1858. *C. Greif.* 31 S., 8°.

Koehler, Karl (Flonheim)
Beitrag zur Kenntnis aromatischer Alanine und Oxysäuren. Berlin: (L. Schade) 1882. 52 S.
Diss. phil. Giessen 10.7.1882. vorh. 26. 7. 1a.

Koehler, Carl (I.), neueste Bestimmungen der Post, des Telegraphen und der Eisenbahn mit Post-Portotarif für alle Länder der Erde zum Gebrauch für die ganze Geschäftswelt von Fachmännern nach amtl. Quellen bearb. gr. 4. (21 S.) Darmstadt 870, Köhler's Verlag. — 50
Aus: Köhler's Geschäfts- und Vormerk-Kalender, besonders abgedruckt.

Köhler, C., Briefe aus Amerika s.a. Briefe.

Köhler, Carl, Briefe aus Amerika. Ein lehrreicher Wegweiser für deutsche Auswanderer und unterhaltendes Lesebuch für Gebildete jeden Standes. Nebst einer Uebersicht der amerikanischen Münzen, des Eingangszolls der gewöhnlichsten Einfuhrartikel, der Dampfschiffverbindungen rc. Mit 6 Stahlst. (in 8. u. 4.) nach der Natur aufgenommen. 2. verm. u. verb. Aufl. 854. — 3. (Titel-)Aufl. Darmstadt 856. Lange. 12. (VIII, 288 S.) 24 ngr.

Köhler, Karl (I.), Christenthum und Nationalität, s. Vorträge, wissenschaftliche, über religiöse Fragen.

—— Denkschrift, betr. die dermal. Lage der evangelischen Kirche im Großherzogth. Hessen. gr. 8. (58 S.) Darmstadt 872, Diehl's Sortiment. *
Vgl.: Dieffenbach und Schlosser.

Köhler, Karl, Die Elbe. Dresden 1859. 8.
Progr. Realsch. Neustadt-Dresden. . .

Köhler, Karl, die Entwickelung der Tracht in Deutschland während des Mittelalters u. der Neuzeit, mit besonderer Berücksichtigung der jezeitigen, für die einzelnen Kleidungsstücke üblichen Herstellungsweise. Ein Hand- u. Lehrbuch für Historiker, Künstler, Bühnenleiter u. Garderobiers, sowie für Gewerbtreibende, welche sich mit Anfertigung von Bekleidungsstücken beschäftigen. Mit mehr als 550 autogr. Abbildungen auf 100 Taf., gezeichnet vom Verf. gr. 8. (IV, 225 S.) Nürnberg 877. Heerdegen. 16. —

Köhler, Karl, die politische Erdkunde in sechs Uebersichtstafeln. Ein Lehrbehelf zur Zusammenfassg. u. Wiederholg. des Bürgerschul-Lehrstoffes aus der polit. Erdkunde. (6 Bl. je 58,5×43 cm. m. IV S. Text) gr. 8. Wien 903. A. Pichler's Wwe. & Sohn. n. 1. —

Köhler, Carl (II.), Exportirt! Irrfahrten eines ungerathenen Sohnes. 8. (207 S.) Elberfeld 875, Büttmann. 2 —

Köhler, Karl (Laubach)
Ueber Extrauterinschwangerschaft.
Giessen: M.A.J. Merck 1854. 52 S. (in Δ mit „Thesen")
Diss. med. 30.5.1854. vorh. 26. 7. 11.Δ.

Köhler, Karl [aus Hannover]: Der syntaktische Gebrauch des Infinitivs und Particips im Beówulf.... Münster, E. C. Brunn'sche Buchdr., 1886; 84 S. 8°.
Münster, Phil. Fak., Inaug.-Diss. v. 1886.

Köhler, Karl, Gedanken üb. d. Knabenhandarbeitsunterr. s.a. Bausteine, pädagog. 36. Heft.

Köhler, Carl: Gedanken über den Knabenhandarbeitsunterricht. Von Carl Köhler, Essen-Ruhr. Mit 7 Abb. Berlin: Gerdes & Hödel [1910]. 30 S. 8°
(Pädagogische Bausteine. H. 36.)

Koehler, Carl, Geschäfts- u. Vormerk-Kalender. 1870. Ebend. 870. gr. 4. (23 S.) n. 3½ ngr.

—— die Grundlagen des wahren religiösen Friedens. Protestantische Randglossen zu der Schrift des Herrn Bischof von Mainz: „Die wahren Grundlagen des religiösen Friedens." gr. 8. (32 S.) Friedberg 868, Bindernagel und Schimpff.
Vgl.: Ketteler, W. E. v.

Köhler, Karl, English history in biographies, s.a. Schulbibliothek französischer u. englischer Prosaschriften. II, 44.

English history in biographies, with a synopsis of the hist. of England from the Norman conquest to the time of George I. ⟨1066–1714⟩. Zsgest. u. erkl. von Dr. Karl Köhler, Oberl. zu Hannover. [Nebst] Wörterbuch. Berlin: Weidmann 1905. 2 Bde 8°
— Schulbibliothek franz. u. engl. Prosaschriften aus d. neueren Zeit. Abt. 2, Bdch. 44. [07. 3055]

Köhler, Carl: Ein Hochverratsprozeß gegen Abt Petrus von Fossanova aus dem Jahre 1284. Berlin 1908: Trowitzsch. S. 59—88. 8°
Berlin, k. Wilhelms-G, in Festschr. z. 50j. Jubil., P 1908** [S 08. 246

— s.: Holzarbeiten, leichte, aus Naturholz.

— Carl (Lübben/Nied.-Laus.), De influentia, quae hieme a. 1836/37 Gryphiam tenuit. Diss. med. Greifswald (Frid. Wilh. Kunike) 28. X. 1837. 56 S. mit Biogr. (M.: Ch. Kleberg.) (6:50) 18863
Oppon.: F. Berndt, M. Bolle, A. Hess. — Gew.: F. A. G. Berndt.

Koehler, Carl, über die Integration vermittelst expliciter Funktionen derjenigen homogenen linearen Differentialgleichung m^{ter} Ordnung, deren Integrale nur für unendlich grosse Werthe der Variabelen unstetig werden. Inaugural-Dissertation. gr. 8. (30 S.) Leipzig 879. Teubner in Comm. n. 1. —

—— Kirchenrecht der evangelischen Kirche des Großherzogth. Hessen. gr. 8. (XVIII, 488 S.) Darmstadt 884, Würtz'sche Buchh. *

Köhler, Karl. Kirchenrecht d. evangelischen Kirche des Großherzogth. Hessen. Nachträge u. Register. gr. 8. (S. 489—559.) Darmst. 890, Waitz. * 1 90
Hauptwerk. Ebd. 1884. * 12 —.

Köhler, K. (I.), das allgemeine Concil und der Protestantismus. Betrachtungen aus Anlaß der Schrift des Bischofs von Mainz: „das allgemeine Concil und seine Bedeutung für unsere Zeit." br. 8. (83 S.) Darmstadt 869, Koehler's Verlag. *

Köhler, Karl —. Zur Crinologie. Lehre vom Haare und dem Haarleb n. Nach en neuest.n Forschungen. Von — —. Sechste, neuerdings bedeutend vermehrte Auflage. 8. (32 S.) Wien. Gedruckt bei A. Dorfmeiste.. 1853.

— Lehrbuch des deutschen evangelischen Kirchenrechts, s.a. Sammlung v. Lehrbüchern der praktischen Theologie.

Köhler, Karl: Lehrbuch des deutsch-evangelischen Kirchenrechts. Berlin 1895.
(Sammlung von Lehrbüchern der prakt. Theologie Bd 7)

Köhler, Carl, Lehrbuch zum Studium der Geschichte der Baukunst u. der verschiedenen Baustyle. Nebst einem Verzeichniß der bei den verschied. Baustylen vorkommenden Kunstausdrücke. Stuttgart 866. Hoffmann'sche Verlagsh. gr. 4. (VIII, 138 S. mit mehr als 100 eingedr. Holzschn., gez. vom Verf.) 1 ß 15 ngr.

Köhler, Karl, französ. Lesebuch, s.: Arcambeau, Edme Louis.

Kohler, K., das hohe Lied übersetzt und kritisch neu bearb. gr. 8. (27 S.) New-York 878, Westermann und Comp. *

— Luther u. die Juristen. Zur Frage nach dem gegenseit. Verhältniß d. Rechtes u. der Sittlichkeit. gr. 8. (172 S.) Gotha 873. Besser. n. 3. —

— die Naturholzarbeit als Volkskunst. 1. Heft: Lehrgang f. die Naturholzarbeit. (48 S. m. Abbildgn.) 8. Leipzig 905. Frankenstein & Wagner. n. 1. —

— Die Naturholzarbeit als Volkskunst. 2. Heft: 32 Naturholzarbeiten, die sich an den Lehrgang anschliessen. Mit e. Anh.: Wie richtet man Schülerwerkstätten ein? (70 S. m. Abb.) 8. Leipzig 908. Frankenstein & Wagner. 1.50
Heft I. Ebd. 905. 1. —

Köhler, Karl, Kleine leichte Naturholzarbeiten. Werkstattblätter. Lehrgang f. 8—10jähr. Knaben u. f. Hilfsklassen. (6 Taf. m. 20 Detailbog. u. 12 S. illustr. Text in 8.) 31,5×23 cm. Ravensburg (909). O. Maier. In Mappe 1.50

— Die Naturholzschnitzkunst f. unsere Jungen. Eine Anleitg. zur Anfertigg. v. Naturholzarbeiten f. Jungmänner- u. Arbeitervereine, Rettungshäus. u. Erziehungsanstalten jed. Art, Genesungs- u. Soldatenheime. Mit Vorw. v. H. Stuhrmann. (64 S.) 8. Barmen (909). Westdeutsch. Jünglingsbund. 1. —

—— Predigt, bei dem Lutherfeste zu Worms am 31. Oktbr. 1883 in der Dreifaltigkeitskirche gehalten. gr. 8. (15 S.) Worms 883, Kräuter'sche Buchh. *

—— Predigten aus der Kriegszeit 1870—1871. gr. 8. (V, 82 S.) Friedberg 871, Bindernagel und Schimpff.

Köhler, Karl (Darmstadt)
Der Prophetismus der Hebräer und die Mantik der Griechen in ihrem gegenseitigen Verhältniss.
[In: Allgemeine Kirchenzeitung. Darmstadt 1860 Nr 27 ff.]
Diss. phil. Giessen 18.3.1859. vorh. 21.

Köhler, Carl (I.), der Prophetismus der Hebräer und die Mantik der Griechen in ihrem gegenseitigen Verhältniß dargestellt. gr. 8. (98 S.) Darmstadt 860, Zernin. *
Aus: Allgemeine Kirchenzeitung, besonders abgedruckt.

— Rede, am Gedächtnißtage Phil. Melanchthons, Sonntag den 22. April 1860, im Gymnasialgottesdienste zu Darmstadt gehalten. Darmstadt 860. Würtz. 8. (16 S.) 1½ ngr

Köhler, Carl (II.), praktische Reit- und Fahrschule oder die Kunst, binnen kürzester Zeit ein vollendeter Reiter, Kutscher und Pferdekenner zu werden. Enthaltend eine vollständ. Anleitung zum kunstgerechten Reiten und Fahren, sowie auch die Lehre von der Pferdekenntniß nebst den Regeln für den Pferdeankauf und die Lehre vom Hufbeschlag. Für alle Pferdebesitzer und Pferdeliebhaber. Mit 17 erläuternden Fig. gr. 8. (VI und 226 S. mit 2 Stnt. in qu. 4. und qu. Fol.) Weimar 858, Voigt.

Köhler, Karl (II.), praktische Reit- und Fahrschule oder die Kunst, binnen kürzester Zeit ein guter Reiter, Kutscher und Pferdekenner zu werden. Enthaltend eine vollständ. Anleitung zum kunstgerechten Reiten und Fahren, sowie auch die Lehre von der Pferdekenntnis, nebst den Regeln für den Pferdeankauf und die Lehre vom Hufbeschlag. In 2. verb. Aufl. hrsg. von Karl v. Paffardy. gr. 8. (VIII, 143 S. mit 15 erläut. Fig.) Weimar 884, B. F. Voigt.

Köhler, Karl, praktische Reit- u. Fahrschule od. die Kunst, binnen kürzester Zeit e. guter Reiter, Kutscher u. Pferdekenner zu werden. Enth. e. vollständ. Anleitg. zum kunstgerechten Reiten u. Fahren, sowie auch die Lehre v. der Pferdekenntnis, nebst Regeln f. den Pferdeankauf u. die Lehre vom Hufbeschlag. In 3., verb. Aufl. hrsg. v. F. Flemming. gr. 8. (VIII, 149 S. m. 15 Fig.) Weimar 894. B. F. Voigt. 2. 50

—— Schutzschrift wider die Herren Pfarrer Dieffenbach und Schlosser, betr. die dermal. Lage der evangel. Kirche im Grossherzogth. Hessen. 8. (115 S.) Darmstadt 873, Diehl's Sortiment. *

Köhler, K., die Simultankirchen im Großh. Hessen, ihre Geschichte u. Rechtsverhältnisse. 8. (VI, 226 S.) Darmstadt 889. Waitz. n. 5. —

Köhler, Karl: Special-Karte vom Kyffhäuser-Gebirge (u. Umgebung). Für Touristenzwecke gez. v. –. Massst. 1:25 000. 3. verb. Aufl. Leipzig: B. Franke [1899]. 1 Kartenbl. 40x44 cm. 8° [Umschlagt.]

Köhler, Karl, Stammtafel d. Hauses Habsburg u. Habsburg-Lothringen. 177×80 cm. Wien (908). A. Pichler's Wwe. & Sohn. Mit Stäben 3. —

Köhler, Karl, Referendar in Grünberg i. Schl.: Die rechtliche Stellung des Nacherben. Grünberg i. Schl. 1905: W. Levysohn. (34 S.) 8°
Leipzig, Jur. Fak., Diss. v. 28. März 1905
[Geb. 10. Aug. 81 Grünberg i. Schl.; Wohnort: Breslau; Staatsangeh.: Preußen; Vorbildung: Realgymn. Grünberg Reife O. 99, Erg.-Prüf. Gymn. Guben O. 00; Studium: Berlin 1, Leipzig 3, Halle 2 S.; Rig. 5. Dez. 03.]

—— Studien zur Geschichte des Verhältnisses von Kirche und Staat, s. Schwabe, F.

Köhler, Carl (III.), die Trachten der Völker in Bild und Schnitt. Eine histor. und techn. Darstellung der menschl. Bekleidungsweise von den ältesten Zeiten bis in's 19. Jahrh. und zugleich ein Supplement zu allen vorhandenen Kostümwerken für darstell. Künstler, Maler, Kostümiers und Forscher auf dem Gebiete der Trachtenkunde. Mit zahlreichen planotypisch ausgeführten Illustr. nach Orig.-Zeichnungen des Verf. 3 Bde. 1.—11. Heft. Lex.-8. Dresden, Expedition der europ. Modenzeitung. à Heft ℳ 1,20. 13 20

Inhalt:

Bd. 1. Die Völker des Alterthums. (S. 1—136.) 871.
» 2. Die Völker des Mittelalters. (359 S.) 872.
» 3. Die Völker der Neuzeit. (S. 1—240.) 873.

Köhler, Karl, kgl. Referendar am Amtsgericht zu Rheinbach b. Bonn a. Rh.: Umfang der Schadensersatzpflicht in Geld nach dem Bürgerlichen Gesetzbuch. *München (1901): Knorr & Hirth.* (63 S.) 8°
Rostock, Jur. Diss. v. [15. Jan.] 1902

[Umschlagt.:] **Köhler**, Karl [app. Arzt aus Rostock '(Gross Vielen)']: Über das Verhalten des Typhusbacillus gegenüber verschiedenen chemischen Agentien, insbes. Säuren, Alkalien u. Anilinfarbstoffen ... (Aus: Zeitschr. f. Hyg., XIII.) Rostock, 1893; 54—80 S. 8.
Rostock, Med. Fak., Inaug.-Diss. v. [11. Jan.] 1893

Köhler, C., das Verhältnis Kaiser Friedrichs II. zu den Päpsten seiner Zeit, s.a. Untersuchungen zur deutschen Staats- und Rechtsgeschichte.

Köhler, Carl [aus Berlin]: Das Verhältnis Kaiser Friedrichs II zu den Päpsten seiner Zeit, mit Rücksicht auf die Frage nach der Entstehung des Vernichtungskampfes zwischen Kaisertum und Papsttum .... (Aus: Untersuchungen z. Deutsch. Staats- u. Rechtsgesch. Herausg. v. O. Gierke, H. 24.) Breslau, Wilhelm Koebner, 1888; 2 Bl. + 87 + 1 S. + 1 Bl. 8°
Berlin, Phil. Fak., Inaug.-Diss. v. 22. Jun. 1888

Köhler, Carl, Volkslieder v. d. Mosel u. Saar. Mit ihren Melodien aus dem Volksmunde gesammelt. Mit vergleich. Anmerkgn. u. e. Abhandlg. hrsg. von John Meier. 1. Bd. Texte u. Anmerkgn. 8. (VII, 474 S.) Halle 896. M. Niemeyer. n. 10. —

— Volks-Liederbuch. Eine Sammlg., insbes. f. den Gebrauch in berg- u. hüttenmänn. Schulen ausgew. u. zweistimm. bearb. 12. (123 S.) Leipzig 898. Breitkopf & Härtel. — 75

—— die socialen Wirren und das Evangelium. Ein Vortrag gehalten in der Kreissynode zu Ziegenrück am 21. Aug. 1872. 4. (56 S.) Saalfeld 873, Wiedemann. *

Köhler, Carl, Woahina od. „Gewogen — u. zu leicht befunden". Eine Südsee-Geschichte, nach den Aufzeichngn. eines jungen Missionärs erzählt. 8. (VII, 122 S.) Berlin 880. F. Luckhardt. n. 1. 50

Köhler, K., Wörterbuch, s.: Conrad, H., on English life and customs.

Köhler, Karl August

— Carl August (Bitterfeld), De gastrostomia fistulosa sive de incisione ventriculi ad excitandam fistulam ejus artificialem. Diss. chir. Lpz. (Edelmann) 2. II. 1854. 16 S. mit Biogr. (M.: C. Weinhardt.) (5.—) 18864

Köhler, Karl Aug., poetische Wanderbilder. 1. Bd. Skizzen. (65 S. m. Bildnis.) kl. 8. Stotternheim 904. R. Intrau. n. — 75

Karl Christian Friedrich Koehler

Carolus Christianus Fridericus Koehler: Quaedam de aneurysmatibus scalpelli opera curandis. Berolini 1818: Platen. VI, 34 S. 8°

Berlin, Med. Diss. v. 24. März 1818

2. Ex.: Mz 4° 40 (1)

Köhler, Karl Frz., († ...), s. J. G. B. Schlegel, Tagebuch.

Köhler, Karl Friedrich

Köhler, Carl Friedr., die Familie Calas zu Toulouse. Ein trag. Geschichtsbild aus der Zeit Ludwig XV. von Frankreich. gr. 16. (VIII, 88 S.) Hamburg 870, Agentur des Rauhen Hauses. geb. *

—— Johann Eliot, s. Geschichts- und Missions-Bibliothek.

Köhler, Karl Frdr., der Festkreis der evangelischen Kirche mit Berücksichtigung der katholischen Feste. Besonders für Lehrer u. Geistliche. gr. 8. (96 S.) Berlin 882. Adf. Klein. n. 2. —

—— Johann Huß, der Reformator des 15. Jahrh. Ein Geschichtsbild. 8. (VII, 152 S.) Eisenach 871, Baerecke. [Bacmeister.] *

Köhler, Karl Friedr., Luther's Leben dargestellt in seinen Reisen von der Kindheit bis zum Tode. Für das deutsche Volk bearb. gr. 8. (VIII, 331 S.) [Eisenach 875, Bacmeister.] Dresden, Bleyl und Kaemmerer.

Köhler, Karl Fr., Luther's Leben, dargestellt i. sein. Reisen. gr. 8. (VIII, 331 S.) Eisenach 875. Basel, Kober. n. 2. —; geb. 2.60 u. 3.60

—— Lebensbilder aus der Kirchengeschichte der ersten Jahrhunderte. Besonders für Theologen und Lehrer dargestellt nach authent. Quellen. 8. (224 S.) Ebendas. 883.

— Car. Friedrich (Annaberg), Quaestionum forensium specimen primum. Präs. Josa Ludwig Ernst Püttmann. Lpz. (Langenheim) 7. II. 1777. 12 S. (4.50) 18865

Köhler, K. F., die Réfugiés und ihre Kolonien in Preussen und Kurhessen. Beitrag zur Geschichte. Gotha. *XI. u. 106 p.* 1867.
Schul-/Univ.-Schrift

— die Réfugiés u. ihre Kolonien in Preußen u. Kurhessen. Beitrag zur Geschichte. Gotha 867. F. A. Perthes. 8. (XI, 106 S.) n. 12 ngr.

—— Luther's Reisen und ihre Bedeutung für das Werk der Reformation. Nach Quellen bearb. gr. 8. (VII, 331 S.) Ebendas. 872. *

Köhler, Karl Gottlob

Köhler, Karl Glo., († d. 4. Nov. 1801.) Geographie von Kursachsen u. d. Lausitz ꝛc. 8. Leipz. 780. Kummer. 6 K

— nonnullorum Epist. I. et II. Petri locorum interpretatio. 4. Gera 788.

— s. Petri Apost. Epist. I. 2) K. Wertheim, Reise.

Köhler, Karl Josef

Koehler, Carl Jos., Concordia, e. Liederbuch, enth. Gesellschafts-, Tisch- u. Trink-Lieder, patriot. Lieder, Lieder d. Liebe u. Freundschaft u. a. für eine u. mehre Singstimmen, mit Begleit. d. Claviers componirt. qu. gr. 8. (8¾ B.) Berlin 836, (Trautwein u. Comp.) *

Köhler, Karl Edw., Denksprüche über d. Fuhrmannische Ordnung d. Heils. 8. Neuwied 793.

— s. Gre. Gtt. Fuhrmann. Ordn. d. Heils.

Köhler, Karl Ludwig Hermann

Koehler, Car. Ludov. Herm. (geb. Pasewalk 3. 11. 1843) De carcinomate ventriculi. Berolini 1866. (35 S.) 8°
Berlin, Med. Diss.
nachgeliefert v. dem am 18. Juli 1866 auf Grund gedruckter Thesen promov. Verf.

Köhler, Karl Otto

Köhler, Carl Otto, das metrische Maß u. Gewicht. Eine kurze Geschichte u. Erläuterung desselben. In Bild u. Wort zusammengestellt für Schule u. Haus. Mit einem Meter in natürl. Größe (auf 1 Steintaf. in qu. Fol.). Gera 870. Kanitz' Sort. 8. (16 S. mit eingedr. Holzschn.) n.n. 1⅙ ngr.

—— Tabellen zur Umrechnung der bisher in den beiden Fürstenthümern Reuß üblichen Maße und Gewichte in metrisches Maß und Gewicht. 1. Heft. 8. (III, S. 1—52, mit eingedr. Holzschn. und 1 Stnt. in qu. Fol.) Ebendas. 870. *

—— dass. — 2. Heft. 57 Tab. der in beiden Fürstenth. Reuß speciell gebrauchten Maße und Gewichte nebst Register. 8. (S. 53—112.) Ebendas. 870. *

Köhler, Karl Sylvio

Köhler, Carl Sylvio, Homer. Analekta für Schule und Leben. 8. (VIII, 99 S.) Leipzig 881, Grieben's Verlag. *

— das Tierleben im Sprichwort der Griechen u. Römer. Nach Quellen u. Stellen in Parallele mit dem deutschen Sprichwort. gr. 8. (VIII, 221 S.) Leipzig 881. Fernau in Comm. n. 4. 50

Köhler, Carl Sylvio, die Weisheit der Tragiker. Realconcordanz der Sprüche u. Lehren in den Tragödien d. Aeschylos, Sophokles, Euripides. Griechisch-deutsch hrsg. gr. 8. (X, 200 S.) Halle 883. Hendel. n. 5. —

Köhler, Karl Wilhelm

Köhler, Carl Wilh., Handbuch der kirchl. Gesetzgebung des Großherzogth. Hessen. 1. und 2. Bd. Nach dem Tode des Verf. hrsg. gr. 8. Darmstadt, Diehl. [1. (XXXII und 495 S.) 847. * 1 Thlr. 20 Ngr., 2. (X und 804 S.) 848. * 2 Thlr. 20 Ngr.] *

Köhler, Klemens

Zur Geschichte des Aussatzes in der Provinz Posen. E. medicin.-histor. Studie v. Sanitätsr. Dr. [Clemens] Koehler. *Posen: Buchdr. d. Dziennik Pozn. 1897.* (23 S.) 1 Bd 8. [97. 8308

Koehler, Klemens (geb. Bromberg 9. 7. 1840) Ueber intrauterine Schädel-Impressionen der Neugeborenen. Berlin (1869). (34 S.) 8°
Berlin, Med. Diss. v. 20. März 1869

Köhler, Konrad

Die Erbenhaftung für Nachlassverbindlichkeiten nach neuem deutschen Internationalen Privatrechte. Von Dr. Conrad Köhler, Ger.Ref. *Bonn: C. Georgi 1902.* (VIII, 54 S.) 8°
[Erschien zuerst als Inaug.-Diss. Bonn 1902.] [03. 5490

Köhler, Konrad: Zum Verständnis des Apostels Paulus. Breslau: Priebatsch [1908]. 20 S. 8°
Vortrag aus: Schles. Schulzeitung.

Köhler, Konr. Fr., s. Lesage, die Stärke der Freundschaft.

Köhler, Konrad Fr., s. Scenen aus dem menschlichen Leben

Köhler, Konr. Fr., s. Sendschreiben an Schubart.

Köhler, Kurt

Koehler, Curt *Georg Constantin* [aus Halle a. S.]: Beiträge zur Casuistik der Stenose des ostium pulmonale ... Halle a. S., Hofbuchdr. v. C. A. Kaemmerer & C., 1894; 32 S., 1 Bl. 8.
Halle, Med. Fak., Inaug.-Diss. v. 1. März 1894

Köhler, Curt, Halle a. d. S.: Zur Entstehungsgeschichte der Friedrich List'schen volkswirtschaftlichen Theorien. [Leipzig-Stuttgart 1908.] II + 88 S. 8°. Bildet das zweite Kapitel der Schrift „Problematisches zu Friedrich List.“ [1. III. 07.]
Bern. Phil. Diss. 1907/08.

Köhler, Curt, die Industrie, die politischen Parteien u. die moderne Sozialpolitik. (39 S.) gr. 8. Leipzig 910. C. L. Hirschfeld. 1. —

Köhler, Curt: Der Jungliberalismus, sein Werden u. Wesen. Von Dr. Curt Köhler, Gen. Sekr. Köln: Jungnationallib. Reichsverb. 1908. 31 S. 8°

Koehler, Kurt: Die orientalische Politik Ludwigs XIV., ihr Verhältnis zu dem Türkenkrieg von 1683. Mit einem einleitenden Kapitel über die französisch-türkischen Beziehungen von Franz I. bis zum Tode Mazarins. Leipzig: K. F. Koehler 1907. (VIII, 126 S.) 8°
Leipzig, Phil. Fak., Ref. Brandenburg-Salomon, Diss. v. 10. Febr. 1907
[Geb. 10 Dez. 83 Leipzig; Wohnort: Leipzig; Staatsangeh.: Sachsen; Vorbildung: Nikolai-Gymn. Leipzig Reife O. 03; Studium: Leipzig 2, Berlin 1, Heidelberg 1, Leipzig 2 S.; Rig. 6. Dez. 06.]

Köhler, Curt: Problematisches zu Friedrich List. Mit Anh.: Lists Briefe aus America in deutscher Übers. Von Dr. –. Leipzig: Hirschfeld 1908. X, 259 S. 8°

Koehler, Curtius: De rhetoricis ad C. Herennium. (Berolini: Trenkel 1909.) 38 S. 8°
Berlin, Phil. Diss. v. 15. Febr. 1909, Ref. Norden
[Geb. 29. Marz 85 Königsberg i. N.; Wohnort. Berlin; Staatsangeh.: Preußen; Vorbildung: Gymn. Konigsberg i. N. Reife M. 04; Studium: Greifswald 3, Berlin 6 S.; Rig. 17. Dez. 08.] [U 09. 213

Köhler, Curt: Warum müssen wir uns politisch betätigen? Von Dr. Curt Köhler, Gen. Sekr. Köln: Jungnationallib. Reichsverband 1909. 20 S. 8°

Köhler, Kurt, wie erlangt man die juristische Doktorwürde in der Schweiz? Auf Grund amtl. Unterlagen zusammengestellt u. hrsg. (52 S.) 8. Leipzig 906. Rossberg'sche Verlagsbuchh. n. 1. —

Köhler, L., Die Briefe des Sokrates und der Sokratiker. (Teildr.). Diss. 1928. II, 58 S. 3.—

Köhler, (L.,) Erbauungs-Buch f. christl. Dienstboten, welche d. Sonn- u. Festtage auf eine Gott wohlgefällige Art anzuwenden, d. heil Abendmahl würdig zu genießen u. alle ihre Berufs- u. Christenpflichten z. erfüllen wünschen. 2e A. 8. Glogau 826, Neue Günther'sche Buchh.

Köhler, L., Grundzüge d. Chemie u. Mineralogie, s.: Arendt, R.

Köhler, L., Neue Post- und Reisekarte von Deutschland und einem Theile der angrenzenden Länder nebst genauer Bezeichnung aller bis jetzt eröffneten Eisenbahnen. Cottbus. Heine. 1870. Imp.-Fol. Chromolith.

— Predigten u. Reden bei besonderen Vorfällen, bei d. Wahl, Weihe u. Einführ. z. Predigt-Amte, beim Antritte desselben, bei dem Begräbniß christl. Prediger, dem Jubelfeste u. d. Beschlagnahme einer Kirche ꝛc. gr. 8. Glogau 825, Neue Günther'sche Buchh. Rthlr.

Köhler, L., unsere Schulfeste. s.: Zur Pädagogik d. Gegenw.

Köhler, L., über das Verhältniß der Sonnenlichtstrahlen zu den Erdwärmestrahlen. Mitau 868. Besthorn in Comm. gr. 8. (20 S.) n. 10 *ngr.*

Köhler, L. F., der militärische Schriftenverkehr f. Offiziersaspiranten u. Offiziere d. Beurlaubtenstandes (in 60 Beispielen), nebst e. Einteilg. d. k. b. Armee u. zugehör. Bezirkskommandos. 12. (VIII, 69 S. m. 1 Tab.) München 897. R. Oldenbourg. n. — 80

Köhler, Leo, drei Fälle von tuberculösen Granulationsgeschwülsten des Auges. Inaugural-Dissertation. gr. 8. (24 S.) Stuttgart 884. (Wiesbaden, Bergmann.) **

Koehler, Leop. Eduard (geb. Gnesen 10. 2 1827). De T. Livii Patavini vi ac moribus. Fasc I Berolini (1851) (31 S.) 8°
Berlin, Phil. Diss. v 20. Mai 1851

Köhler, Louis, einige Betrachtungen über Sonst und Jetzt. 8. (15 S.) Leipzig 867, Rhode. *
Aus: Neue allgemeine Zeitschrift für Theater und Musik, besonders abgedruckt.

Köhler, Louis. Johannes Brahms und seine Stellung in der Musikgeschichte. Hannover 1880.

Köhler, Louis (II.), über Di- und Tribrombenzoësäuren. Inaugural-Dissertation. gr. 8. (89 S.) Göttingen 883, (Vandenhoeck und Ruprecht's Verlag.) *

Köhler, Louis, Führer durch den Clavierunterricht. Ein Repertorium der Clavierliteratur etc. Als krit. Wegweiser für Lehrer und Schüler. 1. Aufl. 1859. und 2., verb. und bereicherte Aufl. 8. (III und 126 S.) Leipzig 860, Schuberth und Comp. Thlr. *

—— Führer durch den Clavier-Unterricht. Ein Repertorium der Clavierliteratur etc. als Wegweiser für Lehrer und Schüler. 5. verb. und neu bereicherte Aufl. 8. (XI, 171 S.) Leipzig 874, Schuberth und Comp. *M* 1.; geb.

—— Führer durch den Clavier-Unterricht. Ein Repertorium der Clavierliteratur etc. als Wegweiser für Lehrer und Schüler. 6. verb. und neu bereich. Aufl. gr. 16. (XI, 180 S.) Leipzig 879, Schuberth und Comp. geb.

—— Führer durch den Clavierunterricht. Ein Repertorium der Clavierliteratur etc. als Wegweiser für Lehrer und Schüler. 7. verb. und neu bereich. Aufl. 8. (X, 155 S.) Leipzig 882, Schubert und Comp. geb.

Köhler, Louis, Führer durch den Clavier-Unterricht. Ein Repertorium der Clavierliteratur etc. als Wegweiser für Lehrer und Schüler. 8. verb. und neu bereich. Aufl. 8. (X, 154 S.) Leipzig 886, Schuberth und Comp. geb.

Köhler, Louis, Führer durch den Clavier-Unterricht. Ein Repertorium der Clavierliteratur etc. als Wegweiser f. Lehrer u. Schüler. 9., v. Bernh. Vogel verb. u. neu bereich. Aufl. 12. (X, 165 S.) Leipzig 894. J. Schuberth & Co. Geb. in Leinw. 1. 50
— Edition Schuberth. No 1478.

Köhler, Louis, das Ganze d. kalten Destillation. 1. Aufl. 837. 1/3 Thlr., u. neue Ausg. gr. 12. (à 2 B.) Magdeburg 842, [Baensch.]

—— Gesangs-Führer. Ein Auszug empfehlenswerther Werke aus der gesammten Literatur für Solo- und Chorgesang. Mit eingestreuten Bemerkungen. 8. (VIII und 104 S.) Leipzig 863, Schuberth's Buchh. *

—— leicht faßliche Harmonie- und Generalbasslehre. Ein theoretisch-prakt. Handbuch zum Gebrauch für Musikschulen, Privat- und Selbstunterricht. gr. 8. (VIII und 200 S.) Königsberg 861, Gebr. Bornträger.

—— leicht fassliche Harmonie- und Generalbasslehre. Ein theoretisch-prakt. Handbuch zum Gebrauch für Musikschulen, Privat- und Selbstunterricht. 2. durchgearb. Aufl. gr. 8. (VI, 138 S.) Berlin 871, Gebr. Borntraeger.

— leicht fassliche Harmonie- u. Generalbasslehre. Ein theoretisch-prakt. Handbuch zum Gebrauch für Musikschulen, Privat- u. Selbstunterricht, wie auch besonders zur Verwendung neben dem Studium des Clavierspiels. 3., durchgearb. u. verb. Aufl. gr. 8. (VIII, 128 S.) Berlin 880. Bornträger. n. 2. 70

—— Katechismus der Harmonielehre. [Buchausg. der Gratisbeilage zur Neuen Musikzeitung.] Lex.-8. (IV, 80 S. mit zahlreichen in den Text gedr. Notenbeispielen.) Stuttgart 888, Grüninger. *ℳ 1.—; geb. *

Köhler, Louis. Katechismus d. Harmonielehre. Mit zahlreichen in den Text gedr. Notenbeispielen. 2. Aufl. Lex.-8. (IV, 80 S.) Stuttg. 892, Grüninger. * 1 —; geb. * 1 60

Köhler, Louis, Katechismus d. Harmonielehre. M. zahlr. in d. Text gedr. Notenbeispielen. 2. Aufl. gr. 8. (IV, 80 S.) Stuttgart 896. C. Grüninger. n. 1. —; geb. n. 1. 60

—— der Clavierfingersatz in einer Anleitung zum Selbstfinden systematisch dargelegt. Nothwendiges Suppl. zu jeder Clavierschule. gr. 8. (VI und 162 S.) Leipzig 862, Breitkopf und Härtel.

Köhler, Louis (I.), der Clavier-Pedalzug, seine Natur- und künstlerische Anwendung. Für Clavier-Virtuosen, -Lehrer und -Schüler, als nothwend. Supplement zu jeder Clavierschule theoretisch-praktisch gelehrt. gr. 8. (X, 132 S.) Berlin 882, Behr's Verlag. +

Köhler, Louis, u. Rich. Hofmann, der Klavierunterricht s. a. Weber's illustr. Katechismen. 187.

—— der Klavierunterricht. Studien, Erfahrungen und Rathschläge. 1. Aufl. 1860. und 2., verb. und verm. Aufl. 8. (XII und 300 S.) Leipzig 861, Weber. *

Köhler, Louis, der Clavierunterricht. Studien, Erfahrungen und Rathschläge. 3. verb. und verm. Aufl. 8. (XII, 334 S.) Leipzig 868, Weber. *

Köhler, Louis, der Clavierunterricht. Studien, Erfahrungen und Rathschläge. 4. verb. und neu durchgearb. Aufl. 8. (XII, 323 S.) Leipzig 877, Weber. *

—— der Klavierunterricht. Studien, Erfahrungen und Ratschläge. 5. neu durchgearb. Aufl. 8. (XII, 324 S.) Leipzig 886, J. J. Weber. *ℳ 4.—; geb. **

Köhler, Louis: Der Klavierunterricht. Studien, Erfahrungen u. Ratschläge f. Klavierpädagogen von –. 6., neu durchgearb. Aufl. von Richard Hofmann, [Prof., Komponist in Leipzig]. Leipzig: J. J. Weber 1905. XII, 348 S. 8°
(Webers ill. Katechismen. Bd. 187.)

Köhler, Louis, systematische Lehrmethode für Clavierspiel und Musik. Theoretisch und praktisch dargelegt. 1. Bd. Enthaltend die Mechanik als Grundlage der Technik. gr. 8. (XXIV und 348 S. mit 10 Fig. nach Originalzeichnungen von Waldemar Philippi auf 7 Stnt. in gr. 8. und 4.) Leipzig 856(57,) Breitkopf und Härtel.

—— systematische Lehrmethode für Clavierspiel und Musik. Theoretisch und prakt. dargestellt. 2. Bd. Enthaltend Musiklehre: Tonschriftwesen — Metrik — Harmonik. gr. 8. (XVI und 656 S.) Leipzig 858, Breitkopf und Härtel.

—— systematische Lehrmethode für Clavierspiel und Musik. Theoretisch und praktisch dargelegt. 1. Bd. Enth. die Mechanik als Grundlage der Technik. Mit 10 lithogr. Fig. (auf 7 Taf. in gr. 8. und 4.) nach Orig.-Zeichnungen von Wald. Philippi. 2. durchgearb. Aufl. gr. 8. (XX, 256 S.) Leipzig 872, Breitkopf und Härtel.

— systematische Lehrmethode f. Clavierspiel u. Musik. Theoretisch u. praktisch dargelegt. 2. Bd. Enth. Musiklehre: Tonschriftwesen — Metrik — Harmonik. 2. Aufl. gr. 8. (XVI, 364 S.) Leipzig 883. Breitkopf & Härtel. n. 8. —; geb. n. 9. 50

— systematische Lehrmethode f. Klavierspiel u. Musik. 1. Bd.: Die Mechanik als Grundlage der Technik. Mit 10 lith. Fig. 3. Aufl., rev. v. H. Riemann. gr. 8. (XVI, 258 S.) Leipzig 888. Breitkopf & Härtel. n. 6. —; geb. n. 7. 50

—— die Melodie der Sprache in ihrer Anwendung besonders auf das Lied und die Oper. Mit Berührung verwandter Kunstfragen dargelegt. gr. 8. (100 S.) Leipzig 853, Weber. *

—— die Gebrüder Müller und das Streich-Quartett. 12. (50 S.) Leipzig 858, Matthes.

Köhler, Louis (I.), allgemeine Musiklehre für Lehrende und Lernende. gr. 8. (VIII, 309 S.) Ebendas. 883. * geb. *

Köhler, *Heinrich Louis Gustav Richard* [Dr.]: Technologische Processe für den chemischen Unterricht. Hamburg, gedr. bei Lütcke & Wulff, 1894; 2 Bl., 30 S. 4.
Hamburg, K vor d. Holstenthore, OP 1894 (737)

—— die neue Richtung in der Musik. gr. 8. (72 S.) Leipzig 864, Weber. *

—— Spiritus-Tabelle, od. d. Preis-Berechn. d. Brandweins zum Sprit, nach d. berliner, stettiner, breslauer u. magdeburger Course; ein sehr wichtiger Aufsatz f. Oeconomen, Brandweinbrenner, Spiritus-Fabrikanten u. Mackler. Lith. v. C. Pohlmann. Roy.-Fol. Magdeburg 838, [Baensch.]

— Spiritus-Tabelle, oder die Preis-Berechnung v. Branntweins zum Sprit, nach dem Berliner, Stettiner, Breslauer u. Magdeburger Course. Roy.-Fol. Magdeburg 838. Richter. 1/6 ₰

Köhler, Louis, Theorie der musikalischen Verzierungen f. jede praktische Schule, besonders f. Clavierspieler. gr. 8. (III, 72 S.) Leipzig 887. C. F. Kahnt Nachf. n. 1. 20

—— Toiletten-Geschenk f. feine Leute, od. neueste, faßl. Anweis., wie man sich alle zur Toilette gehör. Gegenstände, als Pomaden, Pasten, Zahnpulver 2c. u. einige d. bewährt. Schönheitsmittel selbst mit leichter Mühe u. geringem Kostenaufwande anfertigen kann. Enth. üb. 80 d. besten Recepte. 1. Aufl. 838. u. neue Ausg. gr. 12. (à 1 B. u. 1 Stnt.) Magdeburg 842, [Baensch.] à

— Toiletten-Geschenk für feine Leute, oder neueste, faßl. Anweisung, wie man sich alle zur Toilette gehörigen Gegenstände, als Pomaden, Pasten, Zahnpulver 2c. und einige der bewährt. Schönheitsmittel selbst mit leichter Mühe u. geringem Kostenaufwande anfertigen kann. Enthaltend über 80 der besten Recepte. gr. 12. Magdeburg 838. Richter. 1/4 ₰

Köhler, Ludw., der neue Ahasver. Ein Gedicht. 8. (7½ B.) Jena 841, Mauke. *

—— der Aufstand in Maina. Histor.-romant. Gemälde aus d. neuesten Zeit. 8. (18¼ B.) Jena 840, Mauke.

Köhler, Ludwig, in Äugst (Zürich): **Beobachtungen am hebräischen und griechischen Text von Jeremia** Kap. 1—9. Leipzig 1908. II + 40 S. 8°. [12. I. 09.]
Zürich Phil Diss 1 8 1908/09.

Köhler, Ludw., die Dithmarsen. Historisches Volksdrama in 5 Aufzügen. (Den Bühnen gegenüber Mscr.) br. 8. (95 S.) Hildburghausen 861, (Kesselring'sche Hofbuchh.) *

Koehler, Ludwig, aus Berlin: Die **Einheiten des Ortes** und der Zeit in den Trauerspielen Voltaires. *Berlin: W. Gronau 1900.* (33 S.) 8° ¶ (Aus: Zeitschrift f. französ. Sprache u. Litt., Bd 23.)
Jena, Phil. Diss. v. (6. Juli) 1900

Köhler, Ludw., Erinnerungsblätter an Bad Ohrdruf in Thüringen. 24. (54 S.) Hildburghausen 855, Kesselring'sche Hofbuchh. *

Köhler, Ludw., ein Fall von excessiv niedriger Körpertemperatur. Inauguraldissertation. 4. (20 S.) Kiel 874, v. Wechmar.

Köhler, Ludw., Fürstenschloß und Bauernhütte. Novelle aus dem Thüringerwalde. 8. (176 S.) Berlin 847, Quien. —

—— Gedichte. (Gott, Natur, Leben u. Liebe. — Romanzen u. Balladen. — Das Sanct-Johannisfest. Ein dramat. Gedicht in 1 Aufz.) 12. (6¾ B.) Meiningen 840, Keyßner'sche Hofbh. *
Vgl. Koeler.

Köhler, Ludw., das Gefangenentransportwesen in Württemberg. Zusammenstellung u. Erläuterg. der auf das Gefangenentransportwesen in Württemberg bezügl. Vorschriften einschließlich der Bestimmgn. üb. das Verfahren bei Ausliefergn. u. Ausweisgn. Mit 1 Eisenbahnkarte v. Württemberg. (XXI, S. 1—322, 322a u. b u. 323—702.) gr. 8. Stuttgart 903. 904. W. Kohlhammer.
n. 7. —; geb. n. 8. —

—— Geschichten aus aller Welt. 3 Bde. 8. (XIII und 812 S.) Leipzig 858, Kollmann.

Köhler, Ludwig [Dr. d. Staatswiss.]: Das württembergische Gewerbe-Recht von 1805 bis 1870. Tübingen, Verl. d. H. Laupp'schen Buchh., 1891; 1 Bl., XIII, 202 S. 8°
Tübingen, Staatswiss. Fak., Inaug.-Diss. v. 1891
(Nicht für den Austausch)

Köhler, Ludw., Johannes Huß u. seine Zeit. Histor.-romant. Zeitgemälde. 3 Bde. 8. (73¾ B.) Leipzig 846, Barth.

— freie Lieder. 16. Jena 846. Luden. geb. 1⅔ ₰

—— freie Lieder. 1. Aufl. (VI und 329 S.) 1847. und 2., verb. Aufl. 16. (X und 326 S.) Jena 849, Luden.

—— Thomas Münzer u. seine Genossen. Histor. Roman. 3 Bde. Die neue Zeit. Ritter u. Bauer. — Thomas Münzer. Der Bundschuh. — Die christliche Republik. Das Blutgericht. gr. 12. (40½ B.) Leipzig 845, Barth.

—— Primavera. Novellen. 2 Bde. 8. (41½ B.) Jena 846, Luden.

—— der Prinz aus dem Morgenlande. Aus der Chronik einer kleinen Stadt. 3 Thle. 8. (435 S.) Berlin 847, Quien.

Köhler, Ludw., Sammlung v. Gesetzen, Verordnungen u. Verfügungen straf- u. polizeirechtlichen Inhalts zum Gebrauch f. württembergische Polizeiorgane. Im Auftrage des k. württ. Ministeriums des Innern hrsg. gr. 8. (XIX, 718 S.) Stuttgart 900. W. Kohlhammer.
n. 6. —; geb. n. 7. 20

— s. Volksbote, der deutsche.

—— Vom Frühling zum Herbst. Roman. 3 Bde. 8. (861 S.) Leipzig 856, Kollmann.

—— akademische Welt. Roman aus d. deutschen Burschenleben. 2 Bde. 8. (29⅝ B. u. Ttlbld.) Leipzig 843. [Antiq. Senf.]
2 Thlr. Hrbgef. Pr.

—— Jürgen Wullenweber. Historischer Roman in 7 Büchern. 3 Bde. 8. (II und 930 S.) Leipzig 856, Kollmann.

Köhler, Ludw. Mor. Rud., 12 Predigten, theilweise mit Beziehung auf die kirchl. Bewegungen der Gegenwart nebst ein. Anh. v. Gelegenheitsreden. gr. 8. (13 B.) Neustadt 846, Wagner.

Köhler, Ludw. Mor. Rud., weß' mein Herz voll ist zu dieser Stunde. Antrittspredigt gehalten am 18. Trinitatissonnt. (7. Oct. 1849.) und den Gemeinden zu Neustadt a. d. O., Burgwitz, Molbitz u. s. w. zum Abschiede; der Gemeinde zu Winkel bei Allstedt zur Begrüßung. 8. (14 S.) Allstedt 849. (Jena, Frommann.)

Köhler, Luther [aus Dortmund]: Die Totalexstirpation des Uterus mittelst Laparotomie '(Freund'sche Operation.)' ... Jena, G. Neuenhahn Univ.-Buchdr., 1892; 34 S. 8.
Jena, Med. Fak., Inaug.-Diss. v [27. Febr.] 1892

Köhler, M., Choralbuch für die Schulen der Prov. Brandenburg. Text nach dem neuen Provinzialgesangbuch hrsg. vom Königl. Konsistorium. 2 Hefte. 8. (à Heft 32 S.) Potsdam 888, J. Rentel's Verlag. à Heft * 10 Pf. *

Köhler, M. Choralbuch für die Schulen der Prov. Brandenburg. Text nach dem neuen Provinzial-Gesangbuche, hrsg. v. Königl. Konsistorium. 2 Hefte. 8. (à Heft 32 S.) Potsd. 889, Rentel.
à Heft * — 10; * — 20

Köhler, M., Choralbuch f. die Schulen der Prov. Brandenburg. Texte u. Melodieen nach dem neuen Provinzial-Gesangbuche u. den dazu erschienenen Choralmelodieen, hrsg. vom kgl. Konsistorium. 2 Hfte. 3. Aufl. 12. (à 32 S.) Potsdam 893. J. Rentel's Verl. à n. — 10

Köhler, M., s. Gesangbuch für Gymnasien ꝛc.

— biblische Geschichte d. alten u. neuen Testaments. Mit e. Anh., enth. Bilder aus der Kirchengeschichte, Bibelkunde ꝛc. hrsg. 8. (IV, 200 S.) Ebd. 889. n. — 40; geb. n. — 50; m. kolor. Karte v. Palästina n. — 45;
geb. n. — 55

— biblische Geschichte d. alten u. neuen Testaments. Mit e. Anh., enth. Bilder aus der Kirchengeschichte, Bibelstunde ꝛc. 2. Aufl. 8. (IV, 200 S.) Ebd. 891. n. — 40; geb. n. — 50; m. kolor. Karte v. Palästina n. — 45;
geb. n. — 55

—— 80 Kirchenlieder nach dem evangelischen Gesangbuche der Prov. Brandenburg, hrsg. vom königl. Konsistorium, nebst 18 Psalmen, Luthers kleinem Katechismus mit Sprüchen ꝛc. 6. Aufl. 8. (73 S.) Ebendas. 888.
geb. *

— 80 Kirchenlieder nach dem evangelischen Gesangbuche der Prov. Brandenburg, hrsg. vom königl. Konsistorium, nebst 18 Psalmen, Luther's kleinem Katechismus mit Sprüchen ꝛc. 12. Aufl. 8. (72 S.) Ebd. 889. — 15;
geb. n. — 25

—— 80 Kirchenlieder nach dem evangelischen Gesangbuche d. Prov. Brandenburg, hrsg. vom königl. Konsistorium, nebst 18 Psalmen, Luthers kleinem Katechismus m. Sprüchen ꝛc. 19. Aufl. 8. (72 S.) Ebd. 891. — 15; geb. * — 25
Auch in Ausgaben für die Prov. Hannover, Sachsen, Schleswig-Holstein zu gleichem Preise.

Köhler, M., 80 Kirchenlieder nach d. evang. Gesangbuche d. Prov. Brandenburg, hrsg. v. kgl. Konsistorium, nebst 18 Psalmen, Luthers kleinem Katechismus m. Sprüchen rc. (44. [Umschlag-] Aufl.) 12. (IV, 72 S.) Berlin 898. J. Rentel. n. — 15; kart. n. — 25

Köhler, M., 80 Kirchenlieder nach dem evangelischen Gesangbuche der Prov. Brandenburg, hrsg. vom königl. Konsistorium, nebst 18 Psalmen, Luthers kleinem Katechismus m. Sprüchen rc. Ausg. f. Brandenburg. 47. Aufl. 12. (IV, 72 S.) Berlin 901. J. Rentel. n.n. — 15; kart. n. — 25

Köhler, M., Perlguckelchen u. Weißmäuschen. E. Märchen aus d. Tierleben, uns. lieben Kleinen erzählt. gr. 8. (87 S. m. Abb. u. 20 Farbdr.) Berlin 898. Schriftenvertriebsanstalt. Geb. in Leinw. n. 3. —

Köhler, M., Perlguckelchen u. Weißmäuschen. Ein Märchen aus dem Tierleben, unsern lieben Kleinen erzählt. Mit Bildern v. Karl Wagner. (87 S. m. 20 Farbdr.) 8. Berlin (908). Schriftenvertriebsanstalt. Geb. 2. —

Köhler, M., ein Wort in der deutsch-kathol. Sache. Ein Conferenzvortrag. 8. (1¾ B.) Jena 846, Luden.

Köhler, M. J. G. F., Unter dem Kreuz. Krankenlieder. Stuttgart 863. Oetinger. 8. (XV, 174 S.) n. 15 ngr.

Köhler, Marie, Apell an unsere deutschen Frauen u. Jungfrauen. Patriotisch-sozialer Vortrag, m. Dichtgn. v. der Einsamen am Meer. gr. 8. (24 S.) Karlsruhe 900. (J. J. Reiff.) n. — 30

Köhler, Max, approb. Arzt aus Halle a. S.: **Beobachtungen über Vorliegen und über Vorfall der Nabelschnur in der Königlichen Universitäts-Frauenklinik und Poliklinik zu Halle a. S. in den Jahren 1890—1901.** *Halle a. S. 1902: C. A. Kaemmerer & Co.* (67 S.) 8°
Halle, Med. Diss. v. 28. Nov. 1902

Köhler, Max, approb. Arzt aus Zaborze i. Schl.: **Aus d. pathol. Institute zu Kiel. Ein Fall von Tiefstand und rechtsseitiger Verlagerung der linken Niere, bei gleichzeitig bestehender Atrophie der rechten Niere.** *Kiel 1900: H. Fiencke.* (14 S.) 8°
Kiel, Med. Diss. v. [12. Dez.] 1900

Köhler, Max, aus Berlin: **Hobbes in seinem Verhältniss zu der mechanischen Naturanschauung.** *Berlin 1902: G. Reimer.* (34 S.) 8° ¶ [Aus: Archiv f. Philosophie, Abt. 1, Bd 15.] — (Die übrigen Abschnitte erscheinen ebenda.)
Berlin, Phil. Diss. v. 26. Apr. 1902

Köhler, Max, Bad Preblau u. seine Mineralquellen im Lavantthale in Kärnten m. besond. Berücksicht. seines Werthes bei Erkrankungen der Harnorgane. 8. (32 S. m. 4 Ansichten.) Preblau 894. (Klagenfurt, A. Raunecker.) n.n. — 60

— Maximilian (Erfurt), De morbis, qui febris intermittentes larvatae antea vocabantur. Diss. med. Halle (Semmler) 5. IV. 1845. 36 S. mit Biogr. (M.: J. Schott.) (6.—) 18898
Oppon.: Arm. Schmiegelow, Arm. Fritzsche. — Gew.: Phil. v. Hagen.

Koehler, Moritz: Über alliterierende Verbindungen in der altfranzösischen Litteratur. . . . Oppeln, Eugen Franck's Buchh. (Georg Maske). 1890; 36 S. + 1 Bl. 8°
Leipzig, Phil. Fak., Inaug.-Diss. v. 2. Jul. 1890

Koehler, Mor., üb. alliterierende Verbindungen in der altfranzösischen Litteratur. Diss. gr. 8. (36 S.) Oppeln 890. Berlin, W. Gronau. n. 1. 20

Köhler, O., Die deutschen Ackerbau-Colonien in Santa Catharina. 8°. Hamburg 1859.

Köhler, O., neue u. neueste deutsche Kaiserlieder. Eine Sammlg. v. Gedichten, zur Feier v. Kaisers Geburtstag u. anderen Gedenktagen f. Schulzwecke veranstaltet. 8. (VI, 162 S.) Halle a/S. 891. R. Mühlmann's Verl. n. 1. 60; geb. n. 2. —

Köhler, O., neue u. neueste deutsche Kaiserlieder. E. Sammlg. v. Gedichten z. Feier v. Kaisers Geburtstag u. and. Gedenktagen, f. Schulzwecke veranst. 2. Aufl. 8. (VI, 162 S.) Halle 895. R. Mühlmann's Verl. n. 1. 60

Köhler, O.: Landwirtschaftliche T i e r h e i l k u n d e, s. W a l t h e r, Ernst

Köhler, O.: (Hrsg.), s. V o l t a i r e: Le siècle de Louis XIV

Köhler, O. D. Jul., der Bau des Sächsisch-Schlesischen Bahnhofes in Dresden. Beschreibung des Bahnhofes nebst 7 (lith.) Taf. Bauzeichnungen (in gr. Fol.) Fol. (35 S.) Berlin 848, Reimarus (jetzt: Ernst & Korn). n. 2½ ₰

Köhler, Oscar [aus Altenburg]: Beiträge zur chemischen Kenntnis der Myrrhe. . . . Berlin, Druck d. Norddeutsch. Buchdr. u. Verlagsanst., 1890; 27 S. + 1 Bl. 8°
Erlangen, Phil. Fak., Inaug.-Diss. v. 1890

Koehler, Oscarus, Weiszenbornensis: **De Hautontimorumeni Terentianae compositione. Lipsiae: Seele & Co. 1908.** (60 S.) 8°
Leipzig, Phil. Fak., Ref. Heinze-Bethe, Diss. v. 20. Mai 1908
[Geb. 26. Febr. 83 Weißenborn b. Freiberg (Sachsen); Wohnort: Weißenborn; Staatsangeh.: Sachsen; Vorbildung: Gymn. Albertinum Freiberg i. Sa. Reife O. 04; Studium: Leipzig 7 S.]

Köhler, Osk., über Erkennung des Alters beim Pferd, s.: Walther, Ernst.

Köhler, Oscar: K l ä n g e durch die Nacht. Venezian. Gondelständchen f. Piano comp. von —. Op. 133. Bielefeld: A. Helmich 1892. 3 S. 4°

Köhler, Oskar Isidor, s. K ö h l e r, Isidor

Köhler, Oswald, der Egoismus und die Civilisation. Eine sozial-philosoph. Erörterung. 1. und 2. Aufl. 8. (IV, 66 S.) Stuttgart 883,84, Dietz.

Köhler, Osw., Knechtschaft u. Freiheit. Zur Aufklärg. üb. unsere Zustände u. die Ziele der Sozialdemokratie. Im Auftrage u. unter Mitwirkg. der sozialdemokrat. Agitationskommission zu Liegnitz hrsg gr. 8. (IV, 55 S.) Dresden 893. R. Schnabel. — 60

— die wahre Natur des Menschen u. der soziale Fortschritt. (In 6 Lfgn.) 1. Lfg. gr. 8. (VIII, 64 S.) Leipzig 894. (E. Grube.) n. — 60

Köhler, Oswald, die wahre Natur d. Menschen u. d. soziale Fortschritt. 2.—12. (Schluß-) Hft. gr. 8. (XV u. S. 65—367.) Berlin-Wilhelmshagen 894. 95. Friedrichshagen b. Berlin, Verlagshaus f. Volkslitteratur, C. Teistler & Co. à — 30

Köhler, Osw. Der sozialdemokratische Staat, Grundzüge einer muthmaßlichen ersten Form sozialdemokratischer Gesellschaftsverfassung. 8. (228 S.) Nürnb. 891, Woerlein u. Comp. 1 20; geb. 1 60
Auch in 6 Heften à — 20

Köhler, Osw., der sozialdemokratische Staat. Grundzüge e. muthmaßl. ersten Form sozialdemokrat. Gesellschafts-Verfassg., nebst einleit. Schilderung des besteh. Systems. Mit 2 graph. Darstellgn. 8. (XIV, 219 S.) Nürnberg 901. Fränkische Verlagsanstalt u. Druckerei. n. 1. —

Köhler, Osw., Weltschöpfung und Weltuntergang, s. a. Bibliothek, internationale.

Köhler, O., Weltschöpfung u. Weltuntergang. Die Entwicklg. v. Himmel u. Erde, auf Grund der Naturwissenschaften populär dargestellt. 2., bericht. u. erweit. Aufl. (In 15 Lfgn.) 1.—13. Lfg. 8. (S. 1—416 m. Abbildgn.) Stuttgart 890. Dietz. à — 20

— Weltschöpfung u. Weltuntergang. Die Entwicklg. v. Himmel u. Erde, auf Grund der Naturwissenschaften populär dargestellt. 2., bericht. u. erweit. Aufl. 14. u. 15. (Schluß-)Lfg. 8. (XVI u. S. 417—464 m. Abbildgn. u. 2 Sternkarten.) Stuttgart 890. Dietz. à — 20 (kplt.: 3. —)

— Weltschöpfung — Weltuntergang. Die Entwicklung v. Himmel u. Erde, auf Grund der Naturwissenschaften populär dargestellt. 3. Neubearbeitg. 8. Aufl. Mit 84 Abbildgn. u. 4 Farbentaf. gr. 8. (VIII, 438 S.) Stuttgart 902. J. H. W. Dietz Nachf. n. 4.25; geb. 5.50; auch in 17 Hftn. à — 25

— die Wunder des Kosmos. Die Physik der Erde u. des Himmels, populär dargestellt. Mit 206 Abb., 7 Taf. u. Karten in Farbendr. gr. 8. (VIII, 528 S.) Ebd. 902. n. 3.50; geb. 4.75; auch in 14 Lfgn. à — 25

Koehler, Otto (I.), Beitrag zur Kenntniss der Para-Xylen-Derivate. Inaugural-Dissertation. gr. 8. (28 S.) Göttingen 885, (Vandenhoeck und Ruprecht.) *

Köhler, Otto, approb. Arzt aus Hamburg: Ueber Entlassungsbefunde der Wöchnerinnen der Marburger Entbindungs-Anstalt 1885—1900. *Marburg 1901: Köster & Schell.* (64 S.) 8°
Marburg, Med. Diss. v. 10. Apr. 1901

Köhler, Otto [aus Northeim '(i. Hannover)']: Zur Kasuistik der Chorea minor mit tötlichem Ausgang ... Göttingen, Druck d. Dieterich'schen Univ.-Buchdr., 1896; 44 S. 8.
Göttingen, Med. Fak., Inaug.-Diss. v. [15. Dez.] 1896

Köhler, O. [Oberl.]: Das Kloster der Marienknechte in Bernburg. Ein Beitrag zur anhaltischen Geschichte. Bernburg, A. Meyer's Buchdr., 1889; 1 Bl., 21 S. 4°
Bernburg, herz. Karls-RG, OP 1889 (640)

Köhler, Otto: Lehre und Erziehung im Freimaurer-Institute. Ein Rückblick auf 125 Jahre. *(Dresden 1899: C. C. Meinhold & Söhne.)* (S. 5—49.) 4° [F.]
Dresden-Striesen, öff. R (Freimaurer-Inst.), Lehr- u. Erz.-Anst. f. Knaben, Festschr. 1899 (1900 No 603)

[F. u. Ant.] Köhler, O. [Prof.]: Die Marienkirche zu Bernburg. Ein Beitr. z. Anhaltischen Geschichte u. Altertumskunde. Bernburg, A. Meyer's Buchdr., 1891; 1 Bl., 23 S. 4°
Bernburg, herz. Karls-RG u. VS d. Carolinums, OP 1891 (671)
5

Köhler, Otto, appr. Arzt aus Clauen, Hannover: Die Operation des Herrn Prof. Dr. Sonnenburg bei angeborener Bauch-Blasenspalte, verglichen mit den übrigen gegen dies Leiden angegebenen Operationsmethoden. *Braunschweig 1898: H. Oeding.* (24 S.) 8°
Würzburg, Med. Diss. v. 1898

OTTO KOEHLER, Eine Reise durch das Siegthal. Vortrag, gehalten in der Sitzung des Casseler Geometer-Vereins am 2. März 1876. Cassel, 1878. Hof- und Waisenhaus-Buchdruckerei. 8°.

Köhler, Otto (II.), Theorie der Gasmotoren. gr. 8. (XIV, 50 S. mit 13 Holzschn.) Leipzig 887, [Baumgärtner's Buchh.] Mendelssohn. *

Köhler, Otto Emil, s. Köhler, Emil

Köhler, (Paul), musikal. Agende f. die Nebengottesdienste in liturgisch bereicherter Form nach Formular II A der Agende f. d. evang. Landeskirche. Unter musikal. Red. v. Alex Kießlich hrsg. (139 S.) Lex. 8. Halle 909. Gr. Salze, E. Strien. Geb. in Leinw. 4. —

Koehler, P., der hl. Aloysius. Cantate f. Soli, Chor u. Orchester (od. Klavierbegleitg.) m. verbind. Text u. leb. Bild. Text v. Laur. Kiesgen, Musik v. P. K. Textbuch. 8. (15 S.) Düsseldorf 896. L. Schwann. n. — 20

Köhler, Paul, Tierarzt: Aus d. hyg. Inst. d. Tierärztl. Hochsch. zu Dresden. Beitrag zur färberischen Unterscheidung des Tuberkelbacillus und einiger anderer säurefester Bacillen mit besonderer Berücksichtigung der Alkalifestigkeit. Dresden 1910: Schumann. 67 S. 8°
Leipzig, Veterinär-Med. Diss. v. 30. April 1910, Ref. Klimmer
[Geb. 24. Juli 85 Borna b. Chemnitz; Wohnort: Borna; Staatsangeh.: Sachsen; Vorbildung: Gymn. Chemnitz Reife O. 05; Studium: Dresden Tierärztl. Hochsch. 8 S.; Coll. 15. Juni 10; Approb. 4. Febr. 09.] [U 10. 3008

Köhler, Paul, a. Wurzen (Sa.): Beiträge zur Kenntnis der Reproduktions- und Regenerationsvorgänge bei Pilzen und der Bedingungen des Absterbens mycelialer Zellen vom Aspergillus niger. Jena: G. Fischer 1907. (53 S.) 8°
Leipzig, Phil. Fak., Ref. Pfeffer-Chun, Diss. v. 10. Mai 1907
[Geb. 20. Aug. 79 Wurzen; Wohnort: Wurzen; Staatsangeh.: Sachsen; Vorbildung: Seminar Rochlitz Wahlfähigkeitsprüfung Dez. 02; Studium: Leipzig 7 S.; Rig. 2. Nov. 06.]

Köhler, P., Bist du getauft? Eine ernste Frage, erörtert am Lichte der heutigen Zeit. Hrsg. vom evangel. Preßvereine in Schlesien. gr. 8. (16 S.) Liegnitz 876. (Breslau, Dülfer's Verlag.) *

Köhler, Paul. Flotte Burschen. Eine jenenser Geschichte. 8. (240 S.) Jena 892, Mauke. 2 —; geb. 2 60

Koehler, Paul, Christus, die Kirche u. Du! Eine Mitgabe fürs Leben an Konfirmierte u. f. alle nach der Wahrheit streb. Christen. 8. (VI, 74 S.) Berlin 900. Hauptverein f. christl. Erbauungsschriften. Geb. n. — 60

Koehler, Paul, Christus, die Kirche u. Du! Eine Mitgabe fürs Leben an Konfirmierte u. f. alle nach der Wahrheit streb. Christen. 2. Aufl. (VI, 75 S.) 8. Berlin (904). Hauptverein f. christl. Erbauungsschriften. Kart. n. — 60

— Christus, die Kirche u. Du! Eine Mitgabe f. Leben an Konfirmierte u. f. alle nach d. Wahrheit streb. Christen. 3. Aufl. (94 S.) 8. Berlin (910). Hauptverein f. christl. Erbauungsschriften. Geb. — 60

Koehler, Paulus, Groebzigensis: De Properti codice Lusatico. *Marpurgi Catt. 1899: F. Soemmering.* (74 S.) 8°
Marburg, Phil. Diss. v. [22. Aug.] 1899

Köhler, P., s.: Ehe, d. christl., nach ihrer religiösen u. sittlichen Seite.

Köhler, Paul, Elim, ein Andachtsbuch für Reisende, vornehmlich aus dem Handwerker- und Arbeiterstande. 32. (VIII und 254 S.) Eisleben 862, Christlicher Verein im nördlichen Deutschland. geb.

Köhler, Paul, Elim, e. Andachtsbuch f. Reisende, vornehmlich aus dem Handwerker- u. Arbeiterstande. 2. Aufl. 16. (VIII, 254 S.) Eisleben 863. Christl. Verein im nördl. Deutschland. Geb. — 75

Koehler, P. Entwurf e. Agende. I. u. II. 8. Halle, Strien. geb. *

I. Evangelisches Rituale. (XIII, 363 S.) 889. geb. * 6 —.
II. Evangelisches Missale. (X, 519 S.) 891. * 8 —; geb. ** 8 75.

— Festpredigt, geh. bei d. 21. Generalversammlung d. Evang. Bundes im Dom zu Braunschweig am 4. X. 1908 üb. I. Petri 3, 18—16. (9 S.) 8. Leipzig (908). Halle, Berl. d. Evangel. Bundes. nn — 05

— s.: Festpredigten, vier, geh. bei d. 21. Generalversammlung des Evang. Bundes in Braunschweig.

Köhler, Paul, a. Großstechau (S.-Altenburg): Alternative Feststellung im Urteile des Strafrichters. [Altenburg: Geibel & Co.] 1906. (55 S.) 8°

Freiburg i. B., rechts- u. staatsw. Fak., Ref. v. Rohland, Diss. v. 1906

[Geb. 9. Nov. 75 Großstechau (S.-Altenburg): Wohnort: Altenburg; Staatsangeh.: Sachsen-Altenburg; Vorbildung: Gymn. Altenburg Reife O. 96; Studium: Jena 4, München 1, Berlin 1, Jena 2 S.; Rig. 26. Febr. 06.]

Köhler, Paul Freifrau Katharina von Gersdorf, die Grofsmutter des Grafen Zinzendorf. 32 S. Progr. Rg. *Zittau* 1883.

Köhler, Paul, die Gnade Gottes, die Bekehrung des Sünders u. die Nachfolge Christi. Drei Predigten. Breslau 869. Dülfer in Comm. gr. 8. (31 S.) n. 4 *ngr.*

— Hier ist Immanuel! Siegesfest-Predigt. Ebend. 866. gr. 8. (10 S.) 1½ *ngr.*

Koehler, P., hüte dich vor dem Betrug der Sünde, s.a. Predigt-Hausschatz, evangelischer.

Koehler, Paul: Hüte dich vor dem Betrug der Sünde! Matth. 27, 15–26. Pred. von Paul Koehler, Ober-Konsistorialr. in Berlin. Halle a. S.: E. Strien 1899. 10 S. 1 Bd. 8°
= Predigt-Hausschatz, Evangelischer. No 9.

—— kurzgefaßte Kirchengeschichte der luther. Pfarrei Schweinitz bei Grünberg, der Kirchen zu Kosel, Schönaich und Lätnitz, der Dorfkirche zu Drehnau und der Grenzkirchen im alten Vorwerk bei Drehnau und zu Lippen. Zur Säkular-Erinnerung für die Anfang 1654 ihrer luther. Kirchen und Pfarrer beraubten Gemeinden Schweinitz, Schloin, Buchelsdorf 2c., welche bis 1742 ihren Gottesdienst im Brandenburgischen halten mußten. Bei Gelegenheit der fünfzigjähr. Jubelfeier der jetzigen luther. Kirche zu Schweinitz verfaßt. 8. (II und 56 S.) Schreiberhau 853. (Grünberg, Weiß.) *

Köhler, Paul, der kirchliche Lebenslauf verstorbener Christen. Eine Anleitung zur erbaul. Abfassung desselben nebst allerlei Material und Vorrath dazu. gr. 8. (VII, 191 S.) Grünberg 868, Weiß.

— Königin Luise v. Preußen, e. Gotteskind in Freud u. Leid. Für das deutsche Volk. gr. 16. (III, 288 S.) Ebd. 886. Geb. 1. 13

Köhler, P., u. Rud. Klopsch, Repertorium d. Kirchengeschichte m. dogmenhistor., patrist. u. literar. Anmerkungen. Für junge Theologen, insbesond. f. solche, die sich zu den Examinibus vorbereiten. gr. 8. (25½ B.) Glogau 845, Flemming.

[J. u. Ant.] **Köhler,** *Albert* Paul [aus Berlin]: **Der zusammengesetzte Satz in den Gedichten Heinrichs von Melk und in des armen Hartmann Rede vom glouben. 1. Tl. Die Temporalsätze** ... Grossröhrsdorf, Buchdr. v. C. Daberkow, *1895;* 34 S., 1 Bl. 8.
Berlin, Phil. Fak., Inaug.-Diss. v. 8. Aug. 1895

— deutsche Theologie oder das Büchlein von dem lieblichen und edlen Leben Christi. Ein Erbauungsbuch der alten Zeit, für die Gegenwart bearb. u. mit Betrachtungen u. Gebeten herausg. Berlin 859. W. Schultze. 16. (248 S.) 10 *ngr.*

Köhler, Paul, Johann David Tschirner, weil. Pastor zu Saabor bei Grünberg in Schlesien. Ein Lebensbild. 12. (IV, 175 S.) Eisleben 881, Christl. Verein. geb.

Tugendkranz um den hl. Aloysius. Festspiel mit Chören u. Soli f. Frauenstimmen u. Klavierbegleitung. Komp. von Paul **Koehler,** Chordirigent in Köln. Text von Laurenz Kiesgen. Textbuch. Düsseldorf: Schwann [1899]. 16 S. 8° [11. 11042

Köhler, Paul, 25 Übungsgruppen f. Musterreigen, s.: Volks-Turnbücher, deutsche. 21. Hft.

Köhler, P., der naturwissenschaftl. Unterricht bei d. Philanthropen, s.a. Magazin, pädagog.

Der naturwissenschaftliche Unterricht bei den Philanthropen. Von Dr. P[aul] **Köhler,** Auerbach i. S. Langensalza: Beyer 1910. 39 S. 8°
(Pädagogisches Magazin. H. 389.) [11. 9326

Köhler, Paul, die Verjudung Deutschlands u. der Weg zur Rettung. Noch einmal ein Wort für und wider „W. Marr: Der Sieg des Judenthums über das Germanenthum". gr. 8. (62 S.) Stettin 880. Brandner. n. 1. —

— Wilhelm I., Deutscher Kaiser u. König v. Preußen. Dem deutschen Volke erzählt. gr. 16. (275 S.) Ebd. 890. Geb. 1. 13

— wir sind Gottes Kinder. Predigten. (VIII, 207 S.) 8. Berlin 906. Trowitzsch & Sohn. n. 2. 50; geb. in Leinw. n. 3. —

— ein Wort über die neuesten Ausgaben des züllichauischen Gesangbuches, allen bekenntnißtreuen Freunden kirchlicher Ordnung gewidmet. Grünberg 855. Weiß. 8. (39 S.) n. 4 *ngr.*

Köhler, Paul Oswald

Köhler, P. Osw., die Entstehung der Kontinente, der Vulkane u. Gebirge. (VI, 58 S. m. 2 Abb.) gr. 8. Leipzig 908. W. Engelmann. 1. 60

Köhler, Paul Th., s. Köhler, Paul

Köhler, Philipp Thomas

— einige Betrachtt. über die Eheverlöbnisse nach Grundsätzen d. allgem. Staatsrechts. 8. Mainz 789.

Köhler, Ph. Thom., († d. 8. Aug. 1799.) einige Betrachtt. über d. peinl. Frage. 8. Mainz 788.

— Einleit. in d. prakt. europ. Völkerrecht. 8. Mainz 790.

— **Philipp Thomas** (Mainz), De emendanda re criminali meditationes quasdam. Diss. jur. Mainz (Jo. Jos. Alef/Haeffner's Erb.) Sept. 1787. 51 S. (6.—) 18899

— Versuch e. Beantwort. e. Frage über d. Meineid. gr. 8. Mainz 789.

Koehler, R., Ophiuroidea, s.: Fauna, die, Südwest-Austral.

ORIENTIERUNGS-KÄRTCHEN DER EISENACHER UMGEBUNG. Herausgegeben vom Thüringer Wald-Verein 1882 (bearb. von R. KOEHLER). 4°.

Köhler, R. Eine Quellenkritik zur Geschichte Alexanders des Grossen in Diodor, Curtius und Justin. (49) 8. Leipzig 1879.

Der Thüringerwald-Verein. Seine Entstehung sowie s. Entwicklung u. Tätigkeit in d. Jahren 1880 bis 1905. Denkschrift zu der am 20. Aug. 1905 in Ilmenau begangenen Jubelfeier. Im Auftr. d. Hauptvorst. verf. von R. **Köhler.** (Eisenach 1905: H. Kahle.) (S. 57–78.) 8° [Tr.]
= **Monatsblätter**, Thüringer. Jg. 13, No 5. 05. 11718

Koehler, R., die Touristen-Vereine der Gegenwart. Ein Blick auf ihre Entwicklung und ihre Thätigkeit. Vortrag, gehalten im Thüringerwald-Verein zu Eisenach. Mit einer statist. Uebersicht über die gegenwärt. bestehenden Touristen-Vereine und ihre Leistungen. gr. 8. (11; 16 S.) Eisenach 884, (Jacobi.) **

Die statistische Uebersicht ersch. u. d. bes. T.: R. KOEHLER, Verzeichnis der gegenwärtig bestehenden Touristenvereine. Nach Zeit der Entstehung, Mitgliederzahl, Kasseverhältnissen, sowie nach Zahl und Namen der Zweigvereine, Schutzhütten, Aussichtstürme, literarischen und sonstigen Leistungen zusammengestellt. Eisenach. 1884. Druck der Buchdruckerei der »Eisenacher Tagespost«.

Köhler, R. Joan Georg, s. Köhler, Johann Georg

Köhler, R. Justin, allgemeines Heilquellen-Lexikon oder alphabet. Verzeichniß der bekanntesten Heilquellen, Bade-, Molken- und Kräuter-Kuranstalten der ganzen Erde. In medizin., physikal.-chem., topograph. und statist. Beziehung nach den besten und neuesten Werken eines Alibert, Graefe, Harleß, Hufeland, Koch, Osann, Paganini, Scherer und And. bearb. 8. (VIII und 190 S. und V S. Tabellen in 4.) Wien 847, Wenedikt.

—— die Vernichtung der Lustseuche ohne Arzt oder radikale und sichere Heilung aller vener. Krankheiten. Ein zuverläss. Rathgeber für beide Geschlechter, um sich vor jeder Ansteckung möglichst zu sichern oder wo sie erfolgt ist, sie unschädlich zu machen rc. Mit einer kurzen geschichtl. Darstellung der Geschlechtsausschweifungen aller Zeiten und Völker und einem Anhange über liebeerregende Mittel rc. Für Aerzte und Laien. gr. 16. (IV und 108 S.) Wien 851, Wenedikt. *

Köhler, Raimund, Ober-Postpraktikant in Leipzig: Die Reichs-Post- und -Telegraphentarife in ihren rechtlichen Formen. Berlin 1907: Reichsdruckerei. (26 S.) 4°
Heidelberg, Phil. Fak., Ref. Gothein, Diss. v. 17. Febr. 1908
[Geb. 13. Dez. 78 Meißen; Wohnort: Leipzig; Staatsangeh.: Sachsen; Vorbildung: Gymn. St. Afra Meißen Reife O. 97; Studium: Berlin 4, Leipzig 5 S.; Rig. 17. Juli 07.]

Köhler, Reinhard, approb. Arzt aus Söllingen (Braunschw.): Über die Behandlung acut und subacut entzündeter Gelenke mit Stauungshyperämie. *Greifswald 1901: J. Abel.* (30 S.) 8°
Greifswald, Med. Diss. v. 14. März 1901

Köhler, Rhold., Aufsätze üb. Märchen u. Volkslieder. Aus seinem handschriftl. Nachlaß hrsg. v. Johs. Bolte u. Erich Schmidt. gr. 8. (VIII, 152 S.) Berlin 894. Weidmann. n. 3. —

Köhler, Reinhold (I.), alte Bergmannslieder, s. a. Bergmannslieder.

Köhler, Reinhld., alte Bergmannslieder. Weimar 858. Böhlau. 16. (XVI, 176 S.) n. 18 ngr.

Köhler, Rhold. (I.), Herders Cid und seine französische Quelle. gr. 8. (79 S.) Leipzig 867, Vogel. *

Koehler, Reinhold, über die Dionysiaka des Nonnus von Panopolis. gr. 8. (VII und 96 S.) Halle 853, Pfeffer. *

Köhler, Reinhld., Handbuch der speciellen Therapie, einschliesslich der Behandlung der Vergiftungen. Für praktische Aerzte und Studirende bearbeitet. Tübingen 855. Laupp. gr. 8. (XVIII, 1253 S.) 6 ℛ.

Köhler, Reinhold (II.), Handbuch der speciellen Therapie, einschliesslich der Behandlung der Vergiftungen. 2 Bde. 2., umgearb. und verm. Aufl. Lex.-8. (XXII und 1485 S.) Tübingen 859, Laupp'sche Buchh. *

Köhler, Rhold. (II.), Handbuch der speciellen Therapie, einschliesslich der Behandlung der Vergiftungen. 3., durchaus umgearb. und verm. Aufl. 2 Bde. gr. 8. (1. Bd. 1. Abthl. S. 1—432, 1. Bd. 2. Abthl. X und S. 433—921, 2. Bd. 1. Abthl. S. 1—384, 2. Bd. 2. Abthl. XII und S. 385—1016.) Tübingen 867, Laupp'sche Buchh. à Abthl. * 2 Thlr. 10 Ngr. *

—— die Krebs- und Scheinkrebs-Krankheiten des Menschen, s. a. Handbibliothek, medicinische.

—— die Krebs- und Scheinkrebs-Krankheiten des Menschen. Nach den bisherigen Leistungen der Wissenschaft auf dem klin. Standpuncte bearb. gr. 8. (XII und 691 S.) Stuttgart 853. [Leipzig, Winter'sche Vrlgsh.]

—— das gesunde und kranke Leben in der Stadt Tübingen. Rede, bei der akadem. Feier des Geburtsfestes Sr. Maj. des Königs am 27. Septbr. 1860 gesprochen. gr. 8. (32 S.) Tübingen 860, Laupp'sche Buchh.

Köhler, Reinhold, der Lungenkrebs. Eine Abhandlung. gr. 8. (64 S.) Stuttgart 849, H. Köhler. *

—— über die Reform der Medicinalgewichte der deutschen Staaten, im Besondern über die Fehler und Nachtheile des neuen preuss. Gewichtssystems als des angenommenen Medicinalgewichtes. gr. 8. (31 S.) Erlangen 858, Enke's Verlagsbuchh. *

Köhler, Rhold., kleine Schriften. 1. Bd. Zur Märchenforschg. Hrsg. v. Johs. Bolte. gr. 8. (XII, 608 S.) Weimar 898. E. Felber. n. 14. —

Köhler, Rhold., kleinere Schriften. 2. u. 3. Bd. Hrsg. v. Johs. Bolte. gr. 8. Berlin 900. E. Felber. à n. 16. —
2. Zur erzählenden Dichtung des Mittelalters. Mit 1 Bildnis Köhlers u. 2 Abbildgn. (XII, 700 S.)
3. Zur neueren Litteraturgeschichte, Volkskunde u. Wortforschung. Mit 3 Abbildgn. (XV, 659 S.)
Bd. 1. Ebd. 898. n. 14. —.

Köhler, Reinhold, zu Heinrich von Kleist's Werken. Die Lesarten der Orig.-Ausgaben u. die Aenderungen Ludw. Tieck's u. Julian Schmidt's zusammengestellt. Weimar 862. Böhlau. 8. (VIII, 108 S.) n. 12 ngr.

Köhler, Richard: Adam und Eva. Posse mit Gesang in 1 Akt von Max Koch. Musik von –.
Leipzig: R. Gleißenberg [1908]. 27 S. 8°
= Apollotheater. No. 8.

Köhler, Rich., das Aluminium, s. Darstellg., Eigenschaften, Verwendbarkeit u. Verwendg. 2., wesentlich verm. Aufl. gr. 8. (71 S.) Altenburg 898. Schnuphase. n. 1. 60

Köhler, Richard: Über die Darstellung und Verwendbarkeit des Aluminiums. Altenburg i. S.-A., Pierer'sche Hofbuchdr., 1893; 22 S. 4.
Altenburg, herz. RG, OP 1893 (682)

Köhler, Rich., üb. die Darstellung u. Verwendbarkeit d. Aluminiums. Progr. 4. (22 S.) Altenburg 893. (Schnuphase.) n. 1. –

Köhler, Ricardus: *De Ciceronis in Bruto fide historica. 80 S. 2°
Halle-Wittenberg, Phil. Diss. v. 28. Juli 1871
Geb. [Alt-Salze (Kr. Kalbe) 23. 11. 1847]

Köhler, [Richard], Prof. Dr.: **Gedächtnisrede** auf Fürst Otto von Bismarck, geh. (am Sedantage 1898). *Bernburg 1899: O. Dornblüth.* (S. 27–32.) 4°
Bernburg, herz. Karls-G, OP 1899 (723)

Köhler, Richard: Unser Goldjunge oder Die Hunnenschlacht. Volksstück mit Gesang in 2. Aufz. von Max Koch. Musik von –. Leipzig: R. Gleißenberg [1908]. 49 S. 8°
= Singspiele. No. 1.

Koehler, Rich. Der römisch-celtiberische Krieg in den Jahren 153—133 v. Chr. nach den Quellen dargestellt. I Teil. 25 S. G. *Dessau* 1880.
Progr.

Köhler, Rich., Luther und die deutsche Nation, s. Vorträge, öffentliche, zur Feier des 400jähr. Geburtstages Dr. Martin Luthers.

Köhler, Richard [Arzt aus Cassel]: **Über Perforations-Peritonitis** in der Schwangerschaft. . . . Strassburg, Univ.-Buchdr. v. J. H. Ed. Heitz (Heitz & Mündel), 1880; 31 S. 8°
Strassburg, Med. Fak., Inaug.-Diss. v. 1880

Köhler, Richard, aus Altenburg: Über die plastischen und anatomischen **Veränderungen** bei Keimwurzeln und Luftwurzeln, hervorgerufen durch partielle, mechanische Hemmungen. (Mit 1 Figurentaf., *Leipzig 1902: Grimme & Trömel.* (47 S.) 8°
Leipzig, Phil. Diss. v. [29. Okt.] 1902

Köhler, Robert [aus Pirna (Königreich Sachsen)]: Untersuchungen über die α-Phenyl-p-Methylcinchoninsäure sowie α-Methyl-p-Methylcinchoninsäure und deren Derivate. Basel 1898. 36 S. mit 13 Fig. im Text. 8°.
Basel. Phil. Diss. 1898/99.

Köhler, Rolandus: **Analecta Hellanicea.** *Lipsiae 1898: I. B. Hirschfeld.* (245—284 S.) 8° ¶ (Aus: Leipziger Studien zur classischen Philologie, Bd 18.)
Leipzig, Phil. Diss. v. [5. Aug.] 1898

Koehler, Roland: Hellanicea. *Leipzig 1897.*
in: Beiträge, Philologisch-histor., C. Wachsmuth z. 60. Geburtstage überreicht. [97. 3344

Köhler, Rud., das Christenthum innerhalb der Armee nach seiner Bedeutung für das Volksleben, s. Zeitfragen des christlichen Volkslebens.

Köhler, Rudolph [aus Eiserfeld]: Zwei Fälle von Cysticercus cellulosae im IV. Ventrikel . . . Erlangen, Druck d. Univ.-Buchdr. v. E. Th. Jacob, 1893; 26 S., 1 Bl. 8.
Erlangen, Med. Fak., Inaug.-Diss. v. 1893

Köhler, Rud., Gedächtnissrede auf Adolf v. Bardeleben. Geh. am 24. Octbr. 1895 in d. Gesellschaft d. Charité-Aerzte. gr. 8. (23 S.) Berlin 895. O. Enslin n. — 60

— die modernen Kriegswaffen. Ihre Entwicklg. u. ihr gegenwärt. Stand, ihre Wirkg. auf das tote u. leb. Ziel. E. Lehrbuch d. allgem. Kriegschirurgie. I. Tl. gr. 8. (XII, 207 S. m. 4 Fig.) Ebd. 897. n. 7. —

Köhler, Rud., die modernen Kriegswaffen. Ihre Entwicklg. u. ihr gegenwärt. Stand, ihre Wirkg. auf das tote u. leb. Ziel. Ein Lehrbuch der allgemeinen Kriegschirurgie. II. Tl. Enth. die Wirkg. der kleinkalibr. Gewehre auf den leb. Menschen. gr. 8. (XX u. S. 209—948 m. 52 Fig.) Berlin 900. O. Enslin. n. 13. —
I. Thl. Ebd. 897. n. 7. —.

Köhler, [Rudolf], Bürgermeister, Realschuldir. (Friedrich) Schnell u. Stadtbautechniker (Otto) Schmidt: Das neue Realschulgebäude und seine Entstehung. Plettenberg 1910: Maercker. S. 1—18. 4°
Plettenberg, R i. E. P 1910 (525) [S 10. 227

Köhler, Rud., wunde Stellen. Ein Beitrag zur Diagnose etl. Krankheitserscheingn. innerhalb der evangel. Kirche Preußens. gr. 8. (VI, 66 S.) Berlin 874. Berggold. n. 1. 20

Köhler, Rud., die Volksthümlichkeit der evangelischen Kirche. Ein Mahnruf, die „angenehme Zeit" nicht ungenutzt vorübergehen zu lassen. gr. 8. (V, 100 S.) Leipzig 885, [Lehmann.] Richter. *

Köhler, [Rudolf], Direktor: Wie wir unsere Schularbeit in Angriff zu nehmen gedenken. Jtzehoe 1905: G. J. Pfingsten. (S. 3—13.) 4°
Itzehoe, st. HM P 1905

Köhler, Sebald [aus Meiningen]: Ueber Sprachverbesserung nach Gaumenspaltenoperationen. . . . Berlin, Buchdr. v. Gustav Schade (Otto Francke) (1890); 31 + 1 S. 8°
Berlin, Med. Fak., Inaug.-Diss. v. 13. Mai 1890

Köhler, Theodor, a. Berlin: Die altenglischen Namen in Baedas Historia Ecclesiastica und auf den altnordhumbrischen Münzen. T. 1, Einl.: Über Baedas Historia Ecclesiastica u. d. Inschriften auf d. altengl. Münzen. — T. 2, Kap. 1: Die altnordhumbr. Ortsnamen. (Berlin: Mayer & Müller 1908.) (44 S.) 8° ¶ (Erscheint vollst. als „Palaestra" 80.)
Berlin, Phil. Fak., Ref. Brandl, Diss. v. 18. Juli 1908
[Geb. 2. Jan. 83 Berlin; Wohnort: Berlin; Staatsangeh.: Preußen; Vorbildung: Lessing-Gymn. Berlin Reife O. 02; Studium: Berlin 10 S.; Rig. 19. Dez. 07.]

Köhler, T. Nouvelles observations sur le latin dans l'enseignement du français. Meissen, Fürstenschule, 1882. 25 S. 4. Progr.

Köhler, Thomas Rheinpfälzer Edelwein. Neustadt a. d. Haardt Pfälzische Verl. Anst. 1909. 6 S -- 107*

Köhler, Thomas. Die Rheinpfalzweine als Aschenbrödel oder die Rheinpfalz als Weinland der Vergangenheit und Gegenwart. Neustadt a. d. Haardt 1906. 20 S. -- 107*

— **Tobias Ludw.** (Altengottern/Thür.), Fontes obligationum principaliores. Diss. jur. Präs. Heinrich Ernst Seebach. Wittbg. (Christian Gerdes) 26. IX. 1705. 32 S. (6.—) 18900

Köhler, Ulrich

Köhler, U, Beiträge z. Gesch der Pentekontaetie. S.-A. 16 S.

Köhler, Ulr., der thukydideische Bericht über die oligarchische Umwälzung in Athen im J. 411. gr. 8. (15 S.) Berlin 900. (G. Reimer.) n. — 50

Koehler, Ulr., s.: Corpus inscriptionum atticarum.

Koehler, Ulr., die Eroberung Asiens durch Alexander d. Grossen u. d. korinth. Bund. [Aus: „Sitzungsber. d. k. preuss. Akad. d. Wiss."] gr. 8. (15 S.) Berlin 898. (G. Reimer.) n. — 50

— Gedächtnissrede auf Ernst Curtius. [Aus: „Abhandlgn. d. k. preuss. Akad. d. Wiss."] gr. 4. (14 S.) Ebd. 897. n. — 80

Köhler, U., Herakleides d. Klazomenier. S.-A. 1892. 11 S. —.60

Köhler, Ulr., zwei Inschriften aus der Zeit Antiochos' IV. Epiphanes. gr. 8. (9 S. m. 1 Taf.) Berlin 900. (G. Reimer.) n. — 50

Koehler, Ulr., inscriptiones atticae aetatis, quae est inter Euclidis annum et Augusti tempora, s.: Corpus inscriptionum atticarum.

— über die Correspondenz zwischen dem asiatischen Herrscher Antigonos u. der Stadtgemeinde der Skepsier aus d. J. 311 v. Chr. gr. 8. (12 S.) Ebd. 901. n. — 50
2 Sonderabdrucke aus: „Sitzungsber. d. preuss. Akad. d. Wiss."

— ein Nachtrag zum Lebenslauf des Epikureers Philonides. gr. 8. (3 S.) Ebd. 900. n. —50

Köhler, U., Ueber die πολιτεία Λακεδαιμονίων. S. A. 1896. 17 S.

— über Probleme d. griech. Vorzeit. [Aus: „Sitzungsber. d. Akad. d. Wiss. zu Berlin".] gr. 8. (17 S.) Ebd. 897. n. 1. —

Koehler, Ulr., qua ratione T. Livii annalibus usi sint historici latini atque graeci describitur et quid inde in Livii textu quem dicunt constituendo repeti possit exponitur et exemplis illustratur. Commentatio philologica. gr. 4. (IX und 99 S.) Göttingen 861, (Dieterich'sche Buchh.) *

— das asiatische Reich des Antigonos. gr. 8. (20 S.) Ebd. (898). n. 1. —
3 Sonderabdrucke aus: „Sitzungsber. d. preuss. Akad. d. Wiss."

Köhler, Ulr., Urkunden u. Untersuchungen zur Geschichte des delisch-attischen Bundes. Mit 10 Taff. (in gr. Fol.) enthltd. die Grundtexte. [Aus d. Abhand. d. k. Akad. d. Wiss.] Berlin 870. Dümmler's Verlag in Comm. 4. (211 S.) n. 4 ℛ 20 ngr.

Köhler, U., Die Zeit der Rede des Hypereides gegen Philippides. S.-A. 1891. 7 S. —.75

Köhler, U., Die Zeiten der Herrschaft d. Peisistratos in der Πολιτεία Ἀθηναίων. S. A. 1892 7 S. 40 —.75

Köhler, Vict., Beitrag z. Entwurf e. Regulativs üb. Polizei-Strafverfahren. 8. (4⅛ B. u. 1 Tab.) Sonneberg 841. (Coburg, Riemann'sche Buchh.) *

(——) die Judenfrage im Herzogth. Meiningen od. Widerlegung eines bezügl. Zeitungsartikels. (Zur Geschichte der meiningischen Landtagsverhandlung v. J. 1844.) gr. 8. (1¼ B.) Gera 845. (Coburg, Riemann'sche Buchh.) *

Köhler, W., aufgeführte Aufsätze, s.: Rothenpieler, W.

Köhler, W., die Eisenerzvorräte des Deutschen Reiches, s.: Archiv f. Lagerstättenforschung. 1. Heft. (Einecke, G.)

Köhler, W., Feldblumen. Eine Frühlingsgabe f. Gönner u. Freunde. 12. (5 B.) Emmerich 832. (Wesel, Bagel.)
Vgl. Köler.

—, W. Johannes der Täufer Nach den synoptischen Evangelien und nach Josephus 16 S Progr. G Weimar 1882.

Köhler, W Das neue chemische Laboratorium der Königl. Prov.-Gewerbeschule z. Bielefeld. (Progr d. Königl Prov.-Gewerbeschule 1869-70.) 8.

Köhler, W., Lehr- und Arbeitsplan für die ungeteilte und geteilte einfache Volksschule. Mit spezieller Verteilung der Pensa auf die verschiedenen Stufen und Schulwochen. 2 Abtlgn. gr. 8. Leipzig, Wunderlich. *
Inhalt:
Abtl. 1. [Religion und Deutsch.] (100 S.) 887. *ℳ 1.20.
» 2. [Die Fächer außer Religion und Deutsch.] (164 S. mit 2 Plänen.) 888. * 80 Pf.

Köhler, W., Johann Friedrich Naumann. Sein Leben u. sein Werk. Biographische Skizze. gr. 8. (15 S.) Gera-Untermhaus (899). F. E. Köhler. Unentgeltlich.

Köhler, W., s.: Taschenbuch d. Berliner Beamten-Vereinigung.

Köhler, W. Die städtischen Verwaltungs-Deputationen. 8. (12 S.) Bielef. 890, Helmich. — 30

—— die mechanische Wärmetheorie in ihrer Anwendung auf Wasserdampf. gr. 8. (18 S. mit 1 Stnt.) Bielefeld 865. (Berlin, Calvary und Comp.) *

Köhler, W., die mechanische Wärmetheorie in ihrer Anwendung auf permanente Gase. Bielefeld 866. (Berlin, Calvary & Co.) gr. 8. (26 S.) n. 8 ngr.

(Köhler, W. C.,) zur Lösung der Ministerkrisis für Oldenburg, s. Zur Lösung 2c.

Köhler, W. F., Gedanken über Einführ. d. Industrl.schul. gr. 8. Leipzig, W. Fleischer. 801.

Köhler, W. R., Chemie, s.: Crüger, Joh., Grundzüge d. Physik.

Köhler, Waldemar, Referendar am Fürstl. Amtsgericht zu Schleiz: Die sogenannte stillschweigende Willenserklärung nach dem Rechte des Bürgerlichen Gesetzbuchs. *Jena 1903: G. Neuenhahn.* (80 S.) 8° [J.]
Jena, Jur. Diss. v. (13. März) 1903

Köhler, Walth., die Anfänge d. Pietismus in Giessen, s.: Giessen, d. Universität, v. 1607—1907.

Köhler, W.: Beiträge zu den Anfängen protestantischer Kirchengeschichtsschreibung. Luther und die Kirchengeschichte nach seinen Schriften, zunächst bis 1521' von Lic. Dr. W. Köhler in Tübingen. 1,1. Erlangen' F. Junge 1900. 8°

Köhler, Walt., s.: Beiträge zur hessischen Kirchengeschichte.

— Bibliographia Brentiana. Bibliographisches Verzeichnis der gedruckten u. ungedruckten Schriften u. Briefe des Reformators Johannes Brenz. Nebst e. Verzeichnis der Literatur üb. Brenz, kurzen Erläutergn. u. ungedruckten Akten. Beiträge zur Reformationsgeschichte. Mit Unterstützg. der württemberg. Kommission f. Landesgeschichte hrsg. (XII, 427 S.) gr. 8. Berlin 904. [C. A. Schwetschke & Sohn.] Leipzig, M. Heinsius Nachf. n. 25.—

— s.: Bibliographie der theolog. Literatur.

Köhler, [Walther], Lic. Dr., Privatd., Giessen: (Bibliographie der Werke des württembergischen Reformators Johannes Brenz. [Entwurf.] Berlin: C. A. Schwetschke & Sohn 1902. 61 S. 8°

— s.: Dokumente zum Ablassstreit.

— die Entstehung des Problems Staat u. Kirche, s.a. Sammlung gemeinverständlicher Vorträge u. Schriften aus dem Gebiet der Theologie u. Religionsgeschichte. 35. Hft.

Die Entstehung des Problemes Staat und Kirche. Eine dogmenhist. Studie z. Verständnis d. modernen Theologie. Von Lic. Dr. W[alther] Köhler, Privatd., Giessen. Tübingen & Leipzig: J. C. B. Mohr 1903. (37 S.) 8°
= Sammlung gemeinverständl. Vorträge u. Schriften aus d. Geb. d. Theol. u. Religionsgeschichte. 35. [cd. p]

— Alfred Hegler, †Dr. u. Professor der Theologie in Tübingen. Ein Lebensbild, den Freunden u. Schülern dargeboten. (III, LVII S. m. 1 Bildnis.) gr. 8. Berlin 906. Leipzig, M. Heinsius Nachf. n. — 80
Sonderabdruck aus: „A. Hegler, Beitr. z. Gesch. d. Mystik u. d. Reformationszeit".

Alfred Hegler, † Dr. u. Prof. d. Theol. in Tübingen. Ein Lebensbild ... dargeboten von Lic. Dr. Walther Köhler, Prof. in Gießen. Berlin: C. A. Schwetschke & Sohn 1906. (LVII S.) 8°

— s.: Jahresbericht, theologischer.

— Idee u. Persönlichkeit in d. Kirchengeschichte, s.a. Sammlung gemeinverständl. Vortr. u. Schriften aus d. Gebiet d. Theologie u. Religionswissenschaft. 61. Heft.

Köhler, Walther: I d e e und Persönlichkeit in der Kirchengeschichte. Von D. Dr. Walther Köhler, Prof. Tübingen: Mohr 1910. VII, 103 S. 8°
(Sammlung gemeinverständl. Vorträge u. Schriften aus d. Gebiet d. Theologie u. Religionsgeschichte. 61.)

— **Katholizismus u. Reformation**, s.a. **V o r t r ä g e der theologischen Konferenz zu Giessen. 23.**

Katholizismus und Reformation. Krit. Referat über d. wiss. Leistungen d. neueren kath. Theologie auf d. Geb. d. Reformationsgesch. von Lic. Dr. Walther **Köhler**, Prof., Gießen. Gießen: A. Töpelmann 1905. (88 S.) 8° [F.]
— **Vorträge** d. theol. Konferenz zu Gießen. Folge 23. (05. 9040

— **Katholizismus u. moderner Staat**, s.a. **S a m m l u n g gemeinverständl. Vorträge u. Schriften aus d. Gebiet der Theologie u. Religionsgeschichte. 53. Heft.**

Köhler, Walther: K a t h o l i z i s m u s und moderner Staat. Von D. Dr. Walther Köhler, Prof., Gießen. Tübingen: J. C. B. Mohr 1908. VIII, 43 S. 8°
= Sammlung gemeinverständl. Vorträge u. Schriften aus d. Geb. d. Theol. u. Religionsgeschichte. 53.

— **L u t h e r u. die Kirchengeschichte, nach seinen Schriften, zunächst bis 1521. (Beiträge zu den Anfängen protestantischer Kirchengeschichtsschreibung.) I. (untersuch.) Tl. 1. Abtlg.: Die Ablassinstruktion die Bullen, Symbole, Concilien u. die Mystiker. gr. 8. (V, 370 S.) Erlangen 900. F. Junge. n. 4. 50**

— **s.: L u t h e r, Mart., 95 Thesen.**

Köhler, Walther *Erich* [Predigtamtskand.]: **Die Quellen zu Luthers Schrift „An den christlichen Adel deutscher Nation."** E. Beitr. z. Verständnis dieser Schrift Luthers ... **Halle a. S.,** Druck d. Buchdr. d. Waisenhauses, 1895; 2 Bl., 334 S., 1 Bl. 8.
Heidelberg, Phil. Fak., Inaug.-Diss. v. [4. Nov.] 1895/96

— **Reformation u. Ketzerprozess,** s.a. **S a m m l u n g gemeinverst. Vorträge u. Schriften a. d. Gebiet der Theologie. 22.**

Reformation und Ketzerprozess. Von Lic. Dr. W[alther] **Köhler**, Privatd., Giessen. Tübingen & Leipzig: J. C. B. Mohr 1901. (48 S.) 8°
— **Sammlung** gemeinverständl. Vorträge u. Schriften aus d. Geb. d. Theol. u. Religionsgeschichte. 22. 06. 9390

– (Hrsg.), s. S a t t l e r, Michael: Brüderliche Vereinigung.

Köhler, Walther E.: Luthers S c h r i f t an den christlichen Adel deutscher Nation im Spiegel der Kultur- und Zeitgeschichte. E. Beitr. z. Verständnis dieser Schrift Luthers v. Dr. phil. Walther E. Köhler, Predigtamtskand. Halle a. S.: M. Niemeyer 1895. (Lag ursprünglich als Inauguraldiss. der philos. Fak. zu Heidelberg vor.)
VI S., 1 Bl., 335 S. 1 Bd. 8°

— s.. **V e r e i n i g u n g, brüderliche, etzlicher Kinder Gottes, 7 Artikel betr.**

— **ein W o r t zu Denifle's Luther. (VIII, 49 S.) gr. 8. Tübingen 904. J. C. B. Mohr. n. 1. 25**

Köhler, Wilh., das Angorakaninchen, s.: P o p p e's, F., Bibliothek f. Kaninchenzüchter. 7. Bd.

K ö h l e r, Wilh., Anleitung zur Erziehung und Pflege der Obstbäume. Lex.-8. (III und 107 S. mit mehreren in den Text gedr. Abbild. in Holzschn.) Wien 858, Braumüller's Sortiment. *

Köhler, Wilhelm, *Institutsgärtner u. praktischer Lehrer des Obst- und Weinbaues an der k. k. höheren landw. Lehranst. zu Ung.-Altenburg.* Anleitung zum Weinbau. *Wien* 1858. *Wilh. Braumüller,* k. k. Hofbuchhändler. *Ung.-Altenburg* 1858. Schnellpressendruck von *Alexander Czeh.* 82 S., 8°. Mit mehreren in den Text eingedr Abbildungen.
1 fl. 30 kr.

K ö h l e r, Wilh. (II.), **Bemerkungen üb. die Polizei-Verwaltung der Stadt Oldenburg.** 1. Aufl. (2¼ B.) 9½ Ngr. u. 2., verm. Aufl. 8. (4½ B.) Oldenburg 843, Sonnenberg'sche Buchh.

K ö h l e r, Wilh. Fürst **B i s m a r c k.** Sein Leben u. sein Wirken, dem deutschen Volke in Wort u. Bild erzählt. 3. u. 4. verb. u. bis auf d. Gegenw. fortgef. Aufl. 8. (126 S.) Minden i. W. 890, Köhler. — 60

K ö h l e r, W., B l u m e n im Haar, s. K ü h l i n g's, A., Album für Soloscenen.

K ö h l e r, W., Paula E r b s w u r s t, s. K ü h l i n g's, A., Album für Liebhaber-Bühnen.

Köhler, Wilhelm, approb. Arzt aus Posen: **Aus d. chirurg. Klinik zu Kiel. Über einen Fall von Schulterverrenkung mit gleichzeitigem Torsionsbruche des Oberarmes.** *Kiel 1901: L. Handorff.* (16 S.) 8°
Kiel, Med. Diss. v. [4. Jan.] 1902

K ö h l e r, Wilh., der alte F r i t z. Ein Lebensbild für Jung und Alt. Zur Erinnerung an den 100jähr. Todestag des großen Preußenkönigs verf. gr. 8. (64 S. mit mehreren Abbild.) Breslau 886, F. Hirt. cart. *

Köhler, Wilh., der alte Fritz. Ein Lebensbild f. jung u. alt. 2., verb. Aufl. gr. 8. (64 S. m. 8 Abbildgn.) Breslau (900). F. Hirt. Kart. n. — 50

Koehler, Wilh., G e s a n g - u. C h o r a l b u c h f. Hamburger Schulen, zum Gebrauch beim Religions- u. Gesangunterricht, bei Andachten u. Schulfesten, unter Mitwirkg. Hamburger Schulmänner hrsg. 8. (VI, 175 S.) Hamburg 894. H. Seippel. n. 1. —

Köhler, Wlh., zur Geschichte des Dessau'schen Hof-Theaters von seinem Entstehen bis zur Gegenwart, u. der Hof-Kapelle, so weit sie mit Ersterem in Verbindung stand. 16. Dessau 846. (Fritsche.) (Leipzig, Hunger.) ½ ₰ Velinp. ½ ₰

— **der dramatische H a u s k n e c h t, s. K ü h l i n g's, A., Album für Soloscenen.**

Köhler, W., Heiraths-Candidaten, s.: B l o c h's, E., Dilettanten-Bühne.

Köhler, Wilh., s.: Im Luftschiff.

Koehler, Wilh., die k a t h o l i s c h e n K i r c h e n d. Morgenlandes. Beiträge z. Verfassungsrecht d. sogen. „uniert-oriental." Kirchen. gr. 8. (VIII, 160 S.) Darmstadt 896. J. Waitz. n. 6. —

Köhler, Kirchenrecht d. evangel. Kirche d. Grossherzogth. Hessen. m. Nachträgen. Darmstadt 890.

[F.] **Koehler,** Wilhelm [Gerichtsaccessist in Giessen]: **Hessische Kirchenverfassung im Zeitalter der Reformation ... (Soll fortges. werden.) Giessen, C. v. Münchow, Grossh. Hof- u. Univ.-Dr.,** 1894; VII, 97 S. 8.
Giessen, Jur. Fak., Inaug.-Diss. v. 1894

Köhler, Wilh., Leitfaden zum Gemüsebau. 8. (XI, 91 S.) Wien 869, Braumüller. *

Köhler, W., Liedergarten. I. u. II. 8. Hamburg, Seippel. n. 2. 10; geb. n. 2. 75
I. Sammlung älterer u. neuerer Lieder f. Vor- u. Unterklassen höherer Schulen. (VIII, 152 S.) 888. n. 1. 20; geb. n.n. 1. 50
II. Sammlung älterer u. neuerer Lieder f. Mittel- u. Oberklassen höherer Schulen. (VIII, 167 S.) 890. n. — 90; geb. n. 1. 25

— Liedergarten. Sammlung älterer u. neuerer Lieder f. Vor- u. Unterklassen höherer Schulen. 2 Tle. 8. Ebd. 894. à n. — 90; geb. à n. 1. 30
1. 3. Aufl. (VIII, 152 S.) — 2. 2. Aufl. (VIII, 167 S.)

Koehler, Wilh., Liedergarten. I. Tl. Sammlung älterer u. neuerer Lieder f. Vor- u. Unterklassen höh. Schulen. 4., verm. Aufl. 8. (VIII, 168 S.) Hamburg 900. C. Boysen. Geb. n. 1. 30

Koehler, Wilh., Liedergarten. I. Tl. Sammlung älterer u. neuerer Lieder f. Vor- u. Unterklassen höherer Schulen. 5. Aufl. (VIII, 168 S.) 8. Hamburg 907. C. Boysen. Kart. 1.30

—— Luftschlösser, s. Kühling's, A., Album für Liebhaber-Bühnen.

Köhler, Wilh., Martin Luther. Historisch-religiöses Schauspiel in 6 Thln. 1. und 2. Abdr. gr. 8. (IV, 184 S.) Breslau 883, Köhler. *

Köhler, Wilh. De dorismi cum metris apud Aeschylum et Sophoclem necessitudine. 15 S. Progr. Fr. Wi. G. Posen 1877.

—— die militärischen Ordnungs-Übungen. Für die österreich. Knaben-Volks- und Bürgerschulen bearb. 8. (IX, 150 S. mit 98 Textfig.) Wien 887, Graeser. *

Koehler, Wilhelm, a. Tilsit: Personifikationen abstrakter Begriffe auf römischen Münzen. Vorläufiger T. Königsberg i. P. 1910: Hartung. 72 S. 8°
Königsberg, Phil. Diss. v. 14. Febr. 1910, Ref. Roßbach
[Geb. 14. April 86 Ragnit; Wohnort: Königsberg i. P.; Staatsangeh.: Preußen; Vorbildung: Gymn. Tilsit Reife O. 05; Studium: Leipzig 4, Königsberg 6 S.; Rig. 20. Nov. 09.] [U 10. 2612

Köhler, Wilh. (II.), patriotische Phantasien z. Förderung d. Mäßigkeits-Reform. gr. 8. (2¾ B.) Oldenburg 843. (Sonnenberg'sche Buchh.) Thlr.

—— Praktisch und Romantisch, s. Kühling's, A., Theater-Specialität.

Köhler, Wilhelm, approb. Arzt aus Saalfeld: Ueber Pseudobulbärparalyse. *Leipzig 1903: B. Georgi.* (35 S.) 8°
Leipzig, Med. Diss. v. (10. Febr.) 1903

Köhler, Wilh., s.: Quellen z. Geschichte der kaiserl. Haussammlungen u. der Kunstbestrebungen d. allerdurchlaucht. Erzhauses.

—— in bunter Reihe. Pädagogische Abhandlungen aus Schule und Leben für Lehrer und Jedermann. 8. (IV, 121 S.) Breslau 885, Priebatsch. *ℳ 1.—; geb. *

Köhler, Wilh., in bunter Reihe. Vermischte Abhandlgn. aus Schule u. Leben f. Lehrer u. Jedermann. (IV, 148 S.) 8. Breslau 904. Priebatsch. Geb. in Leinw. n. 1. 50

—— 's Roserl vom Bergsee, s. Kühling's, A., Theater-Specialität.

Köhler Wilhelm: Michelangelos Schlacht-Karton. D: Jahrb. d. Zentralkomm. I, 1907.
1907 PN 2251 Diss. Wien, Univ. 1896

— zwanzig Semester, s.: Theater-Mappe.

—— Sneewittchen u. die 7 Zwerge, s. Carnevals-Possen.

—— Theaterdiener Strubel, s. Kühling's, A., Album für Solo-Scenen.

Köhler, Wilh. [aus Hannover]: Zur Transformation der unbestimmten ternären quadratischen Formen.... Münster, Druck d. Coppenrathschen Buchdr., 1887; 31 S. 8°.
Münster, Phil. Fak., Inaug.-Diss. v. [30. Apr.] 1887.

Köhler, Wilhelm, zur Transformation der unbestimmten ternären quadratischen Formen. Diss. Münster 1887, H. Mitsdörffer. 8°. 31 S.

Commentatio de rhetorices in scholis latinis et gymnasiis tradendae utilitate. Scrips. Conr. Guil. Koehler, G. P. — 1831. Wirceburgi, typ. Franc. Bauer. — S. 3—16.
Progr. Münnerstadt.

Köhler, Wilhelm, prakt. Arzt und Arzt am kath. Krankenh. in Erfurt: Über Veronal am Krankenbett. *Halle a. S. 1904: C. A. Kaemmerer & Co.* (45 S.) 8°
Halle, Med. Diss. v. 6. Aug. 1904

Köhler, Wilhelm: Die angebliche sittliche Verwilderung der Jugend unserer Zeit u. die behauptete Mitschuld der Schule, s. Meyer, Jürgen Bona

Köhler, die angebliche sittliche Verwilderung der Jugend unserer Zeit u. die behauptete Mitschuld der Schule, s.: Schriften d. liberalen Schulvereins in Rheinland u. Westfalen.

— im Wartesalon 2. Klasse, s.: Theater-Mappe.

—— Wie denken Sie über die Türkei? s. Kühling's, A., Theater-Specialität.

Köhler, Wilh. (geb. Offenbach a. M. 14. 10. 1847): Zur Wundheilung. (Entwurf einer Fiebertheorie.) Berlin (1872). (46 S.) 8°
Berlin, Med. Diss. v. 22. Aug. 1872

Köhler, W., zur Wundheilung. (Entwurf einer Fiebertheorie.) gr. 8. (46 S.) Berlin 872, (Oliven.) *

Köhler, Wilhelm Friedrich

Köhler, Wilh. Friedr., Andeutungen über die von Deutschlands Fürsten und Völkern Frankreich gegenüber zu beobachtende Politik. (Mit einem Anhange, enth. einige Versuche von Kriegsliedern.) gr. 12. (35 S.) Oldenburg 848, (Schmidt.) Thlr.

Offene Ansprache an seine Mitbürger in Stadt und Land (hoffentlich das letzte öffentliche Wort für Oldenburg) vom Obergerichts-Anwalt W. F. Köhler. Bremen. 1852. 8°.

—— über die Erbfolge in Dänemark und in Schleswig, Holstein und Lauenburg. Mit besond. Rücksicht auf die Anrechte des Hauses Oldenburg. 2., mit einem Vorwort verm. Aufl. 8. (16 S.) Oldenburg 848, (Schmidt.) *

Köhler, Wilh. Friedr., Was dem Deutschen Vaterlande zur Erstarkung im Innern und nach Außen zunächst Noth thut? (Unterthänigste Denkschrift vom 9. März 1848 an Seine Königliche Hoheit den Großherzog von Oldenburg, nebst einer Nachfuge vom 16. März 1848.) Erstes Heft. I. Einleitung: Kurze Andeutungen über künftiges Verfassungswesen im Großherzogthum Oldenburg. II. Vorläufige Angabe verschiedener Wege zur Herstellung einer neu geordneten kräftigen deutschen Bundes-Verfassung. Oldenburg, Ferd. Schmidt, 1848. 16 S. 8°.

— was unserem Staatshaushalte Noth thut? I. (Heft.) Allgemeine Vorbemerkungen. — Die beabsichtigte Aenderung des Kassen-Kourses. gr. 8. (32 S.) Oldenburg 848, (Schmidt.)

Köhler, Wilhelm Konrad

Ueber das Wesen des griechischen Conditionalsatzes. Von Köhler, W. — 1826. Würzburg, Jos. Dorbath. — S. 3—15.
Progr. Münnerstadt.

Köhler, Woldemar

Koehler, W., das Buch im Strom des Verkehrs. Eine nationalökonom. Studie üb. das literar. Wertproblem als Grundlage f. die Neuordng. des modernen Buchverkehrs. Epilog zu den kontradiktor. Verhandlgn. üb. den Börsenverein der deutschen Buchhändler im Reichsamt des Innern u. im deutschen Reichstagsgebäude am 13., 14. u. 15. IV. 1904. (XII, 135 S. m. 2 eingedr. Plänen u. 1 Abbildg.) gr. 8. Heidelberg 905. C. Winter, Verl. n. 4. —

Koehler, W[oldemar]. Das deutsche Buchgewerbe im Dienste der Wissenschaft. Denkschrift zur Kritik und Abwehr der Bestrebungen des Akademischen Schutzvereins, aus nationalökonomischem Standpunkt verfasst. [Mit Vignetten.] (Heft 1: Grundlegung. Ein Blick auf die Wirtschaftsgeschichte des deutschen Buchgewerbes.) XVI + 48 S. gr.-8. Heidelberg, Karl Winter, [1903]. [M. 1. —]

Köhler, Woldemar [aus Gera-(Reuss j. L.) Untermhaus]: Zur Entwicklungsgeschichte der buchgewerblichen Betriebsformen seit Erfindung der Buchdruckerkunst. o. O. u. J. XI—183 S. 8°. 5 Tabellen.
Basel. Phil. Diss. 1896/97.

Köhler, W., zur Entwickelungsgeschichte d. Buchgewerbes v. Erfindg. d. Buchdruckerkunst bis zur Gegenwart. Nationalökonomisch-statist. dargest. gr. 8. (XI, 183 S. m. 3 Tab. u. 2 graph. Taf.) Gera-Untermhaus 896. F. E. Köhler. n. 6. —

— Geschichte des literarischen Lebens vom Altertum bis auf die Gegenwart, in den Grundzügen dargestellt. 1. Tl. Grundlegung. 1. Halbbd. (XVI, 108 S. m. 8 Taf.) gr. 8. Gera-Untermhaus 906. W. Koehler. n. 2. 50

Koehler, W., Geschichte des literar. Lebens vom Altertum bis auf die Gegenwart, in den Grundzügen dargestellt. 2. Halbbd. (2. Tl.) Das christl. Zeitalter u. d. Auferstehg. d. Wissenschaften. (S. 109—220.) gr. 8. Gera-Untermhaus (907). W. Koehler. 2.50; geb. 3. —

— Theorie d. Literaturwerts in d. wichtigst. Grundzügen, nebst Tabelle der literar. Rentabilität, f. die prakt. Unterweisg. aller Literaturfreunde aus nationalökonom. Standpunkt verf. (VII, 38 S. m. 1 Fig.) gr. 8. Ebd. (908). 1. 50

Köhler, Wolfg. Ludw., christl. Lebensspiegel in 6 Sinnbild. entw. 8. Nürnb. Monath. 736.

Köhler-Godinow, W. E. F., Bianca. Ein Spiel, frei nach Hauff in 2 Akten. (48 S.) 8. Leipzig-Gohlis 910. B. Volger. 1. —

— Scharfrichter. Drama in 4 Akten. (99 S.) 8. Strassburg 909. J. Singer. 2. —; geb. 3. —

Köhler-Haussen, Transvaal, s. Wormser.

Köhler-Haußen, F. E[rnst]: Empor. Dichtungen von —. Dresden, Leipzig & Wien: Pierson 1890. IV, 62 S. 8°

Köhler-Haußen, F. E., empor. Dichtgn. 12. (IV, 62 S.) Dresden 896. E. Pierson. n. 1. —; geb. in Damast m. Goldschn. n. 2. —

⑧ **Köhler-Haußen, F. E.**, empor. 896. (KBL 31.) — Galgenstricks Lieder. 905. (KBL 33.) Jetzt: Berlin, Verlag Berlin-Wien.

— kleine Geschichten. 12. (V, 119 S.) Leipzig-Reudnitz 897. A. Hoffmann. n. 1. —

Köhler-Haußen, F. E., Galgenstricks Lieder. Illustriert v. Hanns Schlicht. 2. Aufl. (V, 41 S.) 8. Dresden 905. E. Pierson. n. 1. 50; geb. n. 2. 50

— Tanze mein Seelchen. (103 S. m. Vignetten.) gr. 8. Dresden (907). F. E. Boden. 2. —; geb. 3. —

— Triumpf der Liebe. (VII, 31 S.) 8. Ebd. 904. n. 1. —; geb. n. 2. —

⑧ **Köhler-Haussen, F. E.**, Triumpf d. Liebe. 904. (KBL 33.) Jetzt: Berlin. Verl. Berlin-Wien.

— Universitas litterarum. Ein Festspiel. 8. (96 S.) Leipzig 897. W. Fiedler. n. 1. —

Köhler-Trachenberg. Die Stellung der evang.-lutherischen Kirche im gegenwärtigen Kampfe m. Rom. Vortrag. gr. 8. (27 S.) Berl. 890, Wiegandt u. Grieben. * — 40

Koehler-Wümbach, Wilh., Sammlung v. Chorgesängen an Lehrerbildungsanstalten, s.: Götze, Gust.

Köhler-Flunen, die, im Gebirgswalde, s. Lese-Kabinet, leipziger.

Köhlermädchen, das, aus dem Dornbacher-Walde, od.: Die unterird. Gewölbe in Klosterneuburg. Volkssage aus d. Zeiten Markgraf Leopold d. Heiligen. 8. (12 B. u. Ttlkpfr.) Wien 836, Haas'sche Buchh.

Kohlermann, Georg Carl (Darmstadt)
Thesen aus der gesammten Heilkunde, welche den 21. Sept. zur Erlangung der Doctorwürde in der Medicin, Chirurgie und Geburtshülfe öffentlich vertheidigen wird: Georg Carl Kohlermann aus Darmstadt.
Giessen: Schröder 1812. 8 S.
Dr. med., chir. & obst. 21.9.1812. vorh. 26.

Kohlermann, Joh. Jacob (Giessen), Aliqua juris Germanici de servorum conditione. Diss. acad. Präs. D. Heinrich Christian Senckenberg. Giessen (E. H. Lammers) 1742. 16 S. (5.50) 19090
Gew.: D. Johann Jacob Zwirlein.

Köhler-Ordnung für die Gräflich Wernigerödischen Forsten. - Wernigerode 1835. 30 S.

Köhlerpflegling, Der, oder der Ritter von der Rose. Leipzig 1795. V: *Seidel, Carl August Glieb.* (Ky) (StAt) (MGT)

Köhlerpflegling, der, oder der Ritter von der Rose, ein altes Volksmährchen, 8. Leipzig, 795. Reinicke. 20 sgl.

Köhler's, Schulrath Johann August, Lebensbild, s. Wippermann, A.

Koehlers ..., s. Koehler: ...

Kohlert, Alfr., die Drieschfelder von Pettau und deren Bewirthschaftung ohne Düngerzufuhr. Ein Beispiel, sterile, wüst liegende Ländereien ausschließlich durch pflanzliche Stoffproduction in Cultur zu bringen. 8. (23 S.) Wien 883, Perles. *

Kohlert, Alfr., die Landes-Pferdezucht in Oldenburg. (Redactionelle Beilage des kärntn. Gemeindeblattes 1893.) gr. 8. (8 S.) Klagenfurt 893. (F. v. Kleinmayr.) n. — 24

Kohlert, Em., vom neuen Weingesetze. Kurzer Wegweiser. (15 S.) 8. Bozen 909. „Tyrolia". — 40

Kohles, die Obstplantagen in d. Haubergen d. Siegerlandes. Hrsg. im Auftr. d. Kultur- u. Gewerbevereins d. Kreises Siegen. 8. (31 S. m. 2 Taf.) Siegen 897. H. Montanus. n. — 50

Kohlfürst, Ludw., die Ausübung des Telegrafendienstes bei Eisenbahnen. Entwurf einer Normal-Instruction. gr. 8. (VII, 100 S.) Prag 878. Dominicus. n. 2. 40

Kohlfürst, L., d. Benützg. e. u. derselben elektr. Leitg. f. verschied. Betriebe unt. bes. Berücksicht. d. bei d. Eisenbahnen vorkomm. einschläg. Schwachstrom-Anordngn., s. a. Sammlung elektrotechn. Vorträge.

Kohlfurst, die Benützung einer und derselben elektrischen Leitung für verschiedene Betriebe. (Sammlung elektrotechnischer Vorträge I, 7. 8) Stuttgart 1898

Kritische Betrachtungen über die von den fahrenden Eisenbahnzügen unmittelbar thätig zu machenden Stromschalter. Von Obering. L[udwig] Kohlfürst, Kaplitz. Mit 48 Abb. *Stuttgart: F. Enke 1903.* (S. 325–412.) 8°
= Sammlung Elektrotechnischer Vorträge. Bd 4, H. 9/10.

— d. elektrische Betrieb d. Eisenbahnen an Stelle d. Dampflocomotiven-Betriebes. [Aus: „Techn. Blätter".] gr. 8. (34 S. m. Abb.) Prag 895. (Wien, Lehmann & Wentzel.) n. 1. 20

— F. Křižik's elektrisches Blocksignal. [Aus: „Techn. Blätter".] gr. 8. (31 S. m. eingedr. Illustr.) Ebend. 878. n. 1. —

— über electrische Distanzsignale für Eisenbahnen unter besonderer Berücksichtigung der in Oesterreich angewendeten Systeme. gr. 8. (44 S.) Ebend. 878. n. 1. 60

Kohlfürst, L., die elektrischen Einrichtungen der Eisenbahnen u. das Signalwesen, s. a. Bibliothek, elektrotechnische.

Kohlfürst, L., die elektrischen Einrichtungen der Eisenbahnen und das Signalwesen. 8. (VIII, 327 S. mit 130 eingedr. Holzschn.-Abbild.) Wien 883, Hartleben's Verlag. geb. *

Kohlfürst, L. Die Fortentwicklung der elektrischen Eisenbahn-Einrichtungen. 8. (VIII, 296 S. m. 106 Abbildgn.) Wien 891, Hartleben. * 5 —; geb. * 6 —

Neues auf dem Gebiete der elektrisch selbsttätigen Zugdeckung. Von L[udwig] Kohlfürst, Kaplitz. Mit 60 Abb. Stuttgart: F. Enke 1906. (S. 377–492.) 8°
= Sammlung Elektrotechn. Vorträge. Bd 9, H. 11/12. [06. 13630

— die elektrischen Telegraphen u. Signalmittel, sowie die Sicherungs-, Kontroll- u. Beleuchtungs-Einrichtungen f. Eisenbahnen auf der Frankfurter internationalen elektrotechn. Ausstellg. 1891. gr. 8. (VI, 268 S. u. 226 Abbildgn.) Stuttgart 893. J. G. Cotta Nachf. n. 5. —

— u. E. Zetzsche, die elektrischen Telegraphen für besondere Zwecke, s. a. Zetzsche, E., Handbuch der elektrischen Telegraphie.

Die elektrischen Telegraphen für besondere Zwecke. Bearb. von L[udwig] Kohlfürst u. Prof. Dr. K[arl] E[duard] Zetzsche. 1. [Mehr nicht erschienen.] Mit 668 Holzschn. u. 10 statist. Tab. Berlin: J. Springer 1881. (XIV, 864 S.) 8°
= Handbuch d. elektr. Telegraphie. Bd 4, 1. [08. 9837

—— die electrische Telegraphie, nebst einem Anhang electr. Eisenbahnsignale. gr. 8. (44 S. mit 36 eingedr. Holzschn.) Prag 878, [Verlag der Bohemia.] Haase. *
Aus: Karmarsch und Heeren's technisches Wörterbuch, besonders abgedruckt.

— die elektrische Telegraphie beim Eisenbahnbetriebe, s.: Zetzsche, K. E., Handbuch der elektrischen Telegraphie.

—— über die derzeitigen Verhältnisse des Telegraphen-Wesens bei den österreichischen Eisenbahnen. gr. 8. (8 S.) Prag 876, (Kosmack und Neugebauer.) *
Aus: Technische Blätter, besonders abgedruckt.

Kohlfürst, L., die bisherigen Versuche m. elektr. Zugtelegraphen, s. a. Sammlung elektrotechn. Vorträge. I. 12.

— Die bisherigen Versuche mit elektrischen Zugstelegraphen. (54 S) (Sammlung elektrotechnischer Vorträge I, 12) Stuttgart 1899

Kohlfürst, Ludwig: Über elektrisch betriebene, zur Verschärfung des Haltesignals dienende Vorrichtungen. Mit 33 Abb. Stuttgart: F. Enke 1905. (S. 271–324.) 8°
= Sammlung Elektrotechn. Vorträge. Bd. 7, H.8.

— die elektrischen Wasserstands-Anzeiger. Für Wasserbau- u. Maschinen-Techniker, Wasserleitungs-Ingenieure, Fabrikdirektoren, Industrielle etc. Mit 54 in den Text gedr. Holzschn. gr. 8. (VI, 71 S.) Berlin 881. Springer. n. 2. —

—— s. Zetzsche, K. E., Handbuch der elektrischen Telegraphie.

Die selbsttätige Zugdeckung auf Straßen-, Leicht- und Vollbahnen von Ludwig Kohlfürst. Mit 220 Abb. *Stuttgart: F. Enke 1903.* (XII, 372 S.) 8°

G. Schreibers Neueste elektrische Zugsicherungseinrichtung. Von L[udwig] Kohlfürst, Kaplitz. Mit 12 Abb. *Stuttgart: F. Enke 1904.* (S. 63–94.) 8°
= Sammlung Elektrotechnischer Vorträge. Bd 6, H. 2. [04. 8826

Kohlgruber, Jos., Hermeneutica biblica generalis. Innsbruck, Wagner, 1850, 8°, XVII, 404 S., 2,12 fl.
(Mainzer) Katholik 1852, Bd. I, S. 178—191.

Kohlgrüber, Wilhelm [aus Olpe (Rheinland)]: Ueber Hypertrophie der weiblichen Brustdrüse. . . . Würzburg, Druck d. Ferdinand Röhrl'schen Buchdr., 1889; 34 S. 8°
Würzburg, Med. Fak., Inaug.-Diss. v. 1889

Kohlhaas, v., s.: Archiv f. die civilistische Praxis.

Kohlhaas, v., s. Zum Entwurf e. deutschen bürgerlichen Gesetzbuches.

Kohlhaas, Fr., s. Erläuterung d. §. 34. des neuen Entschädigungsplans.

Kohlhaas, Jakob, a. Cassel: Untersuchungen über das 2-oxybenzo-5-diphenyldihydrofuranon. Marburg 1905: Köster & Schell. (51 S.) 8°
Marburg, Phil. Fak., Ref. Zincke, Diss. v. 31. Aug. 1905
[Geb. 12. Nov. 80 Cassel; Wohnort: Cassel; Staatsangeh.: Preußen; Vorbildung: Oberrealsch. Cassel Reife O. 00; Studium: Marburg 2, München 2, Marburg 7 S.; Rig. 21. Juni 05.]

Kohlhaas, Johann Jakob: Anleitung zur Bildung ächter Wundärzte. gbd., Abb.

Regensburg: Keyser und typ.Zeitler
Bd 1: Reine Mathematik. 1784
Bd 2: Angewandte Mathematik. 1784
Bd 3: Theoretische Philosophie. 1786
Bd 4: Praktische Philosophie. 1789

Kohlhaas, Jh. Jak., († d. 19. Jul. 1811.) Anleit. zur Bildung ächter Wundärzte. 6 Theile. 8. Regensb. 784—94. N. A. 8. Nürnb. 793—98. Schneider u. W. 6 fl 12 kr Hbg. Pr. 3 fl 9 kr (1r u. 2r Thl. A. u. d. T.: reine u. angewandte Mathematik 784, 85. 2e A. mit 21 Kpft. 2 Thle. 794. 1 fl 4 kr 3r u. 4r Thl. A. u. d. T.: theoret.-prakt. Philosophie. 2 Theile 791. 2e A. 798. 21 kr 5r u. 6r Thl. A. u. d. T.: Handbuch d. Naturgesch. u. Naturgesch. für Aerzte u. Wundärzte ꝛc. 2 Thle. Mit 72 Kpft. 794. 1 fl 8 kr

— Einleit. in d. Naturgeschichte überhaupt u. Kräuterkunde besonders, nach Linne's Ordn. Mit 16 Kpft. 8. Nürnb. 793. Schneider u. W. 20 kr Wohlf. Ausg. Mit 21 Kpf. 803. 10 kr Anhang mit 22 Kpf. A. u. d. T.: botanische Terminologie für Anfänger. 12 kr, ohne Kpf. 4 kr

— Einl. in d. Naturgesch. überhaupt u. Kräuterkunde besonders, nach Linnes Ordn. n. Anh. m. K. 8. Nürnberg, Schneid.r. 804.

— Giftpflanzen auf Stein gedruckt, nebst Beschreibb. 16 Hft. Mit 10 schwarz. Kpf. 4. Regensb. u. Stadtamhof 805. (Central-Compt. in Leipz.) 16 kr ill. 1 fl

— medic. prakt. Jahrgänge. 1r Jahrg. 1774. 8. Regensb. 804. Montag u. W. 12 kr

Kohlhaas, Johann Jakob (Hrsg.):

s.: Knigge, Thomas: Medicinische Fragmente. Aus der Verlassenschaft herausgegeben. Regensburg: 1788

— Fragmente a. Kniggés Verlassensch. s. Fragmente.

Kohlhaas, Johann Jakob: Lebensgeschichte des Herrn Dr.Knigge. 24 S., gbd.

s.: Knigge, Thomas: Medicinische Fragmente. Aus der Verlassenschaft hrsg.von J.J. Kohlhaas. Regensburg: 1788

— Lesebibliothek für d. Liebhaber der Apotheken- u. Wundarzneikunst. 1r u. 2r Jahrg. 8. Regensb. 788, 89.

Kohlhaas, Johann Jakob: Angewandte Mathematik. 264 S., gbd., Abb.

Regensburg: Keyser 1784
(Kohlhaas, J.J.: Anleitung zur Bildung ächter Wundärzte. Bd 2)

Kohlhaas, Johann Jakob: Reine Mathematik. 192 S., gbd.

Regensburg: Keyser 1784
(Kohlhaas, J.J.: Anleitung zur Bildung ächter Wundärzte. Bd 1)

Kohlhaas, Jh. Jak., Nachricht, den eigenen Verlag meiner Schriften betreffend. 8. Regensb. 785.

— Nachr. von d. Medicinalanstalten in Regensburg. 8. Regensb. 787. Montag u. W. 10 kr

— Naturgeschichte, s. oben Anleit. z. Bildung ꝛc.

Kohlhaas, Johann Jakob: Praktische Philosophie. 314 S., gbd.

Regensburg: mit Zeitlerischen Schriften 1789
(Kohlhaas, J.J.: Anleitung zur Bildung ächter Wundärzte. Bd 4)

Kohlhaas, Johann Jakob: Theoretische Philosophie. 280 S., gbd.

Regensburg: mit Zeitlerischen Schriften 1786
(Kohlhaas, J.J.: Anleitung zur Bildung ächter Wundärzte. Bd 3)

Kohlhaas, Johann Jakob, s. W i e d e b u r g , J. E B: Mathematik.

Kohlhaas, M [app. Arzt]. Eine neue Indikation zur Fussresektion nach Wladimirow-Mikulicz. . . . (Aus: Beitr. z. klin. Chir. VIII. Bd. I. H.) Tübingen, H. Laupp'sche Buchh., 1891; 2 Bl., 14 S. 8°
Tübingen, Med. Fak., Inaug.-Diss. v. 1891

Kohlhaas, Mich., Briefe aus d. Provinz. (211 S.) 8. Bad Tölz 909. Selbstverlag. b 2. 50

[J.] **Kohlhaas,** Wilhelm [Justizref. 1. Kl. in Stuttgart]: Der Rückfall nach deutschem Reichsstrafrecht in seinen Beziehungen zu der Lehre von der Änderung der Strafgesetzgebung ... Stuttgart, Druck v. W. Kohlhammer, 1896; VI, 68 S., 1 Bl. 8.
Tübingen, Jur. Fak., Inaug.-Diss. v. 1896

Kohlhage, Theodor, appr. Arzt a. Neuenrade: Über foetalen Riesenwuchs. Halle a. S. 1906: C. A. Kaemmerer. (26 S.) 8°
Halle, Med. Fak., Ref. Veit, Diss. v. 14. Juli 1906
[Geb. 3. März 81 Neuenrade i. Westf.; Wohnort: Dortmund; Staatsangeh.: Preußen; Vorbildung: Gymn. Dortmund Reife O. 00; Studium: Marburg 1, Halle 3, Würzburg 1, Halle 1, Freiburg i. B. 1, Halle 3 S.; Coll. 9. Juli 06; Approb. 1. Juni 06.]

Kohlhagen, Heinr. Th. v., die Bedeutung d. Heraldik. (30 S.) 8. Bamberg (907). Handels-Druckerei u. Verlagsh. — 60
Erweit. Sonderabdr. aus: „Heraldisch-genealog. Blätter".

Kohlhagen, H. Th. v., s.: B l ä t t e r, heraldisch-genealogische, f. adelige u. bürgerliche Geschlechter.

— Das D o m k a p i t e l d. alten Bist. Bamberg u. seine Canoniker. Zugleich. e. Beitr. z. Geschichte d. fränk. Adels, d. deutsch. Domstifte im Allgem. u. der Handhabg. d. canon. Rechts. Bearb. nach e. Handschr. des G. Frhrn. v. Horn unter Benützg. v. Urkunden u. Akten d. kgl. Kreis-Archivs Bamberg. (58 S.) 8. Ebd. (907). 1.—

— die Heraldik am Aeusseren Bamberger Bauten. (56 S. m. 7 Taf. u. 1 Plan.) gr. 8. Bamberg 906. Handels-Druckerei u. Verlagsh. n. 1.—

Der deutsche Raubritter. Ein Beitrag z. Geschichte d. deutschen Adels. Zweikampf u. Fehme. Zwei Rechtsverfahren d. Mittelalters. Heinrich Th. v. **Kohlhagen**. Coburg: Roßteutscher [1910]. 29 S. 8°
(10. 7351 8

Kohlhammer, Erich, Ubungsbeispiele u. Anleitg. zur qualitativen chem. Analyse. Zum Gebr. am chem. Institut d. kgl. thierärztl. Hochschule in Berlin. 8. (63 S.) Berlin 897. (Verlag Deutscher Radfahrsport.) n. 1. —

KOHLHAMMER, E.
Uebungsspiele und Anleitung zur qualitativen chemischen Analyse, zum Gebrauche am chemischen Institut der thierärztlichen Hochschule in Berlin. Berlin, 1898. 8vo.

Kohlhammer's, W., Geschäfts- u. Haus-Buch f. jeden Gewerbetreibenden u. Handwerksmeister. Praktisch eingerichtet zur tägl. Buchführung. (V, 159 S.) Lex.-8. Stuttgart (905). W. Kohlhammer. Geb. in Leinw. n. 4. —

Kohlhammer's, W., Gesetzes-Kalender. Enth. alle seit 1. I. 1901 erlassenen Reichs u. Landesgesetze, k. Verordngn., Verfüggn., Erlasse u. Bekanntmachgn. der k. Ministerien des Innern u. der Justiz soweit dadurch Bestimmgn. v. dauerndem Werte getroffen werden. Bearb. v. G. Ströhmfeld u. L. Waas. 3. Jahrg. (112 S.) 8. Stuttgart, W. Kohlhammer. 1905. —. 80.

— Gesetzes-Kalender auf d. J. 1906. Enth. alle seit 1. I. 1901 erlassenen Reichs- u. Landesgesetze, k. Verordngn., Verfüggn., Erlasse u. Bekanntmachgn. der k. Ministerien des Innern u. der Justiz, soweit dadurch Bestimmgn. v. dauerndem Werte getroffen werden. Praktische Hilfsmittel f. sämtl. Staats- u. Gemeindebehörden, Rechtsanwälte, Notare u. s. w. Bearb. v. Gust. Ströhmfeld u. Louis Waas. 4. Jahrg. (141 S.) 8. Ebd. — 80

Kohlhammer's W., Gesetzes-Kalender auf d J. 1907. Enth. alle seit 1. I. 1901 erlassenen Reichs- u. Landesgesetze, k. Verordngn., Verfüggn., Erlasse u. Bekanntmachgn der k. Ministerien des Innern u. der Justiz, soweit dadurch Bestimmungn. v. dauerndem Werte getroffen werden. Bearb v. G. Ströhmfeld u L. Waas. 5. Jahrg. (171 S) 8 Stuttgart, W. Kohlhammer. 1. -- 1907.

Kohlhammer's, W., Gesetzes-Kalender auf d. J. 1908. Enth. e. Register üb. alle seit 1. I. 1901 erlass. Reichs- u. Landesgesetze, k. Verordngn., Verfüggn., Erlasse u. Bekanntmachgn. d. k. Ministerien d. Innern u. d. Justiz, soweit dadurch Bestimmgn. v. dauerndem Werte getroffen werden. Prakt. Hilfsmittel f. sämtl. Staats- u. Gemeindebehörden, Rechtsanwälte, Notare u. s w. Bearb. v. Gust. Ströhmfeld u. Louis Waas. 6. Jahrg. (195 S.) 8. Stuttgart, W. Kohlhammer. 1. —
Erscheint nicht mehr.

Kohlhammer, Walter W. bacc. iur., a. Stuttgart: Der Kommissionär im Buchhandel. Stuttgart 1904: W. Kohlhammer. (VII. 71 S.) 8° [F.]
Leipzig, Jur. Fak., Diss. v. 8. Nov. 1904
[Geb. 18. Jan. 79 Stuttgart; Wohnort: Stuttgart; Staatsangeh.: Württemberg; Vorbildung: Eberh.-Ludw.-Gymn. Stuttgart Reife Juli 98; Studium: Neuchâtel 1, Tübingen 4, Leipzig 3 S.; Rig. 22. Jan. 04.]

Kohlhans, Rob., das württembergische Schul-Wochenblatt. Auch e. „stille Betrachtg." am Abend d. scheid. Jahres. Allen freigesinnten Lehrern Schwabens gewidmet. gr. 8. (71 S.) Zürich 890. (C. Schmidt.) n. 1. —
Fortsetzung u. d. Titel:

— die ägyptische Finsternis moderner Pädagogik. II. Contra Antikohlhans. gr. 8. (80 S.) Stuttgart 891. M. Breunwald. n. — 30

KOHLHARDS, Christ., Gerichte GOttes über die Hurer und Ehebrecher. Berlin. 8°. (1 gr.)
Cat. univ. d. Buchh. d. Waisenh. in Züllichau (174*), ohne Jahresangabe.

Kohlhardt, die Aufgaben der Armenpflege bei der Bekämpfung der Tuberkulose, s.: Samter.

Kohlhardt, Bruno (Blankenheim b. Eisleben), De morbillis. Diss. med. Halle (Ploetz) 25. VI. 1864. 31 S. mit Biogr. (M.: F. Ebeling). (5.50) 19091
Oppon.: Arm. Parreidt, R. Langenberg. — Gew.: Carl Reinecke.

Kohlhardt, Heinrich: Seltene Verletzungen der Fusswurzel. *Hamburg: L. Gräfe & Sillem (1898).* (17 S.) 4° ¶(Aus: Fortschritte auf dem Gebiete der Röntgenstrahlen, Bd 1 H. 5 u. 6.)
Halle, Med. Diss. v. 8. Juni 1898

Kohlhardt, Karl Gustav: De therapia pneumoniae. Berolini 1859. 32 S. 8°
Berlin, Med. Diss. v. 4. Aug. 1859

Zwölf Busstagspredigten eines Landgeistlichen. (Verf.: Robert Kohlhardt.) *Göttingen: F. Wunder 1900.* (IV, 86 S.) 8° [F.]

Kohlhardt, Rob., s. a. Busstagspredigten, 12, e. Landgeistlichen.

Kohlhas, H., prakt. Chorfreund. Mustersamml. relig. Gesänge d. besten Meister ält. u. neuerer Zeit, f. kirchl. Chöre u. Singvereine überh., so wie f. Pianoforte-Spieler in Gott geweihten Stunden d. Einsamkeit u. im Zirkel frommer Familien. In gedrängter Partitur. 1. Hft. 100 vierstimm. Choräle mit sorgfält. Textwahl etc. gr. 4. (6 B.) Ilmenau 831, [Weimar,] Voigt.

—— einzelne Stimmen hierzu (Sopran, Alt, Tenor u. Bass). Breit 16. (25 B.) Ebds. 832.

Kohlhas, H., allgemeine Volksschulordnung für das neue, einige Deutschland, zunächst für das Elementarschulwesen in Stadt- und Dorfgemeinden. gr. 8. (31 S.) Weimar 849, Voigt.

Kohlhase, Ferdinand, approb. Arzt u. Zahnarzt aus Bückeburg: Aus d. chirurg. Klinik zu Rostock. Beitrag zur operativen Behandlung der habituellen Schultergelenksluxation. *Rostock 1904: Adlers Erben.* (22 S.) 8°
Rostock, Med. Diss. v [6. Juni] 1904

Die methodische Gestaltung des erdkundlichen Unterrichts mit besond. Berücks. d. Kultur- bezw. Wirtschaftsgeogr. Von Fr[iedrich] **Kohlhase,** Rektor, Magdeburg. Langensalza: H. Beyer & Söhne 1905. (48 S.) 8°
— **Magazin,** Pädagogisches. H. 266.

Die methodische Gestaltung des grammatischen Unterrichts mit Rücks. auf s. psychol. u. logischen Grundlagen. Von Friedrich **Kohlhase,** Rektor. Langensalza: Beyer 1909. 70 S. 8°
(Pädagogisches Magazin. H. 387.)

Kohlhauer, Eugen

— der Marineoffizier, s.: Buch, das, der Berufe. I

Kohlhauer, E., d. griech. u. römischen Schiffe, s.: Cybulski, Stepn.

Kohlhauer, Eug., um die Erde m. S. M. S. „Leipzig" zur Flaggenhissg. in Angra-Pequena, s.: Méville, H. de.

— **Hans Unverzagt,** der Schiffsjunge. Mit 96 Abbildgn. im Text u. 9 Taf. u. Kartenbeilagen. gr. 8. (VI, 300 S.) Hannover 901. Gebr. Jänecke. Geb. in Leinw. n. 5.—

— **Weltgeschichte des Krieges,** s.: Frobenius, Leo.

Kohlhaus, Wilhelm: Beiträge zur Kenntnis der Farbstoffe der Kongoreihe. 1907. 64 S. 8°
München, Dr.-Ing.-Diss. v. 31. 12. 1906

Kohlheim, F., das Denkmal Friedrichs des Großen in Berlin. Beschrieben und mit Gedichten aus älterer und neuerer Zeit versehen. 8. (24 S.) Berlin 851, Brandis.

Kohlheim sen., F., Enthüllungen der verdammungswürdigen Lehr- und Grund-Sätze der Jesuiten, deren abscheuliche Handlungen auf der ganzen Erde und kurze Geschichte des Jesuiten-Ordens. Aus älteren u. neueren Schriften, besonders aus denen der Jesuiten, entnommen, u. mit Gegensätzen heidnischer Philosophen, der Kirchenväter u. besonders aus der heiligen Schrift versehen. Berlin 861. J. Abelsdorff. gr. 8. (256 S.) n. 1 ℳ

Kohlheim, Ferd., Preußens Gedenkbuch. Ein Siegerkranz in Liedern, den Helden unter der Regierung des Kurfürsten Friedrich Wilhelms des Großen, des Königs Friedrichs [II.] des Großen u. des Königs Friedrich Wilhelms [III.] des Gerechten, besonders denen in den Freiheitskriegen 1813, 1814 u. 1815 gewidmet. Zu den 50. Gedenktagen der Jahre 1813, 1814, 1815 herausg. Mit 1 (lith.) Abbildg. des Standbildes Friedrichs des Großen in Berlin. Berlin 863. (Th. Grieben.) 8. (VIII, 172 S.) n. 12½ ngr.

Kohlheim, F., Preußen-Buch, s. Preußen-Buch.

Kohlheim, Ferd., Preußen-Buch, enthltd.: Gesänge, Lieder und Gedichte für ächte Preußen, — die ja immer ächte Deutschen sind, — besonders für das stehende Heer, die Landwehr, die Veteranen aus den J. 18¹³/₁₅ u. für die Mitglieder des Treu-Bundes mit Gott für König u. Vaterland ɪc. Gesammelt u. herausg. ɪc. 1. 2. Sammlung. 5. Aufl. — 3. Sammlung. 3. Aufl. Mit 1 (lith.) Abbildg. des Standbildes Friedrichs d. Gr. in Berlin. Berlin 855, 56. Th. Grieben in Comm. 8. (VIII, 120; VIII, 120; VIII, 120 S.) Jede Sammlung n. 7½ ngr.

Kohlheim, (J. F.,) prakt. Rechnenbuch. Mit Berücksichtigung auf die in den K. Preuß. Staaten eingeführten Silbergroschen. 1r Thl. 8. Berl. 826, (Oehmigke.)

Kohlheim, J. F., prakt. Rechnenbuch. Mit Berücksichtigung d. Silbergr. Zum Schul- u. Selbstunterr. 1. Thl. 2. Ausg. u. 2. Thl. 8. (21 B.) Berlin 828, Oehmigke.
Die Auflösungen hierzu, 8 Gr.

— Resultate der Aufgaben d. prakt. Rechenbuchs. 1r u. 2r Thl. 8. Berl. 830. L. Oehmigke. à 4 g̃l 8 ℋ

Kohlheim, J. F., prakt. Rechnenbuch d. Numeration, vier Spezies unbenannter u. mehrfachbenannter Zahlen, einfachen Zeitrechn., Brüche, einfachen Regel-de-tri ohne Brüche u. mit Brüchen u. Zinsrechn.; mit Regeln, Erklärungen u. beinahe 3000 Aufgaben versehen. Zum Schul- u. Selbstunterr. bearbeitet. I. Thl. 3., verb. u. verm. Aufl. 8. (13½ B.) Berlin 841, Hayn. Thlr.

Kohlheim, J. F., prakt. Rechnenbuch der Numeration, vier Spezies unbenannter und mehrfachbenannter Zahlen, einfachen Zeitrechnung, Brüche, einfachen Regel-de-tri ohne Brüche u. mit Brüchen u. Zinsrechnung; mit Regeln, Erklärungen u. beinahe 3000 Aufgaben versehen. Zum Schul- u. Selbstunterricht bearb. 1. Thl. 3. verb. u. verm. Aufl. 8. Berlin 842, Hayn. ⅓ ℳ

—— Resultate d. Aufgaben. 8. (3½ B.) Ebds. 841.
2. Thl. (m. Resultn.) Ebendas. 1828, 29. 14 Gr.

Kohlheim, J. F., prakt. Rechnenbuch ɪc. Resultate der Aufgaben hierin. 8. Berlin 842, Hayn. ¼ ℳ

— prakt. Rechenbuch der umgekehrten Regel-de-tri, rücksichtl. der Silbergroschen. Zum Schul- u. Selbstunterricht. 2. Thl. 8. Ebend. 841. ¼ ℳ

— Resultate dazu. 2. Thl. 8. Ebend. 841. ⅙ ℳ

Kohlhepp, Arth., hoch hinaus! Schauspiel in 4 Aufzügen. gr. 8. (86 S.) Wien (III, Strohgasse 5) 899. Militär-Rechnungs-Official Kohlhepp. 1.65

(F) Freie Liebe. Ein Schauspiel in vier Acten. Von Arthur Kohlhepp. Wien. 1901. Perles. Gr.-8°. 109 S. K 3.—

(F) Fräulein Lieutenant. Eine historische Begebenheit aus Oesterreichs Ruhmestagen in der Zeit von 1794—1801. Dramatisch bearbeitet in drei Aufzügen von Arthur Kohlhepp. Wien. 1900. Perles. Gr.-8°. 75 S. K 2.—

(F) Tröll & Comp. Schauspiel in vier Acten, der vierte Act in zwei Abtheilungen von Arthur Kohlhepp. Wien. 1900. Perles. Lex.-8°. 136 S. fl. 1.80

(F) Unschuldig. Schauspiel in vier Aufzügen von Arthur Kohlhepp. Wien. 1900. Perles. Gr.-8°. 102 S. fl. 1.50

Kohlhepp, August, appr. Tierarzt a. Bretten (Baden): Aus der chirurgischen Veterinärklinik in Gießen. Ueber Wirkung und Anwendung der Massage bei Tieren. Gießen 1906: O. Kindt. (43 S.) 8°
Gießen, Veterinär-Med. Koll., Ref. Pfeiffer, Diss. v. 10. Jan. 1907
[Geb. 27. Apr. 81 Weinheim (Baden); Wohnort: Bretten (Baden); Staatsangeh.: Baden; Vorbildung: Gymn. Karlsruhe Reife M. 99; Studium: Tierärztl. Hochsch. Stuttgart 6, Gießen 2 S.; Rig. 31. Juli 06.]

Kohlhepp, C.: Tierärztl. Unterricht ..., s. Kohlhepp, P.

Kohlhepp, Emil, der ökonomisch-administrative Dienst-Betrieb der k. k. österreichischen Heeres-Unterabtheilungen. Compendium aller hierauf bezügl., bis zur neuesten Zeit ergänzten und bericht. Vorschriften, Instructionen ɪc. Mit vorwieg. Bedachtnahme auf die detachirten Unter-Abtheilungen zum Schul- und Selbstunterrichte, besonders für Einjährig-Freiwillige, Rechnungs-Ober- und Unter-Offiziere eingerichtet. 6 Lfgn. gr. 8. (XXII, 702 S. mit 2 Tab. in gr. 8. und qu. gr. 4.) Teschen 875, Prochaska. à Lfg. * ℳ 1. * 6 —

Kohlhepp, Emil, der ökonomisch-administrative Dienst-Betrieb der k. k. österreichischen Heeres-Unterabtheilungen. Compendium aller hierauf bezügl., bis zur neuesten Zeit ergänzten u. berichtigten Vorschriften, Instructionen ɪc. Mit vorwieg. Bedachtnahme auf die detachirten Unter-Abtheilgn. zum Schul- u. Selbstunterrichte, besonders f. Einjährig-Freiwillige, Rechnungs-Ober- u. Unter-Offiziere eingerichtet. (In 6 Lfgn.) gr. 8. (XXII, 702 S.) Teschen 876. Prochaska. à n. 6. —

Kohlhepp, Emil, der ökonomisch-administrative Dienst-Betrieb der k. k. österreichischen Heeres-Unterabtheilungen. 1.—3. Ergänzungs-Heft. gr. 8. Teschen, Prochaska. [1. Heft. (15, 54 S.) 876. * 80 Pf.; 2. und 3. Heft. (219; 172 S.) 876. à * ℳ 1,60.]
Das Hauptwerk. Ebendas. 1875. * ℳ 6.

—— der ökonomisch-administrative Dienst-Betrieb der Unterabtheilungen des k. k. Heeres. Compendium aller hierauf bezügl., bis zur neuesten Zeit ergänzten und berichtigten Dienstvorschriften und Dienstinstructionen. Hrsg. mit Beibehalt des amtl. Textes und mit Quellenangabe. 2. Aufl. gr. 8. (806 S.) Ebendas. 878. * ℳ 8.; geb. *

Kohlhepp, Emil, der ökonomisch-administrative Dienstbetrieb der Unterabtheilungen des k. k. Heeres im Mobilitäts-Verhältnisse. Kompendium der hierauf bezüglichen allgemeinen u. speziellen Vorschriften, Instruktionen ꝛc. Mit Beibehaltung des amtl. Textes u. mit Quellen-Angabe hrsg. 8. (VIII, 179 S.) Teschen 877. Prochaska. n. 3. —

—— Gesetz- und Normalien-Sammlung für das k. k. Heer. Vom J. 1818 bis 1877. Mit Sach-Register. Hrsg. mit Bewilligung des hohen k. k. Reichs-Kriegs-Ministeriums. 3 Thle. Lex.-8. Ebendas. [1. Thl. 1818—1849 nebst vielen Normalien aus der Vorzeit, zurückreichend bis in das vorige Jahrh. (231 S.) 880. * ℳ 4,80.; geb. * ℳ 6,80.; 2. Thl. 1850—1868. 14 Lfgn. (775 S.) 877,78. * ℳ 16,80.; geb. * ℳ 19,30.; 3. Thl. 1869—1877. 41 Lfgn. (2247 S.) 878—80. * ℳ 49,20.; geb. * ℳ 54,20.] *
geb. in 4 Bdn. *

— dasselbe. 3. Thl. 1869 bis 1877. 10—41. (Schluß-)Lfg. Lex.-8. (S. 505—2447.) Ebend. 878—80. à n. 1. 20

Kohlhepp, Emil, Gesetz- und Normalien-Sammlung für das k. k. Heer. Vom J. 1818 bis zur Neuzeit. Mit Sach-Register. Hrsg. mit Bewilligung des hohen k. k. Reichs-Kriegs-Ministeriums. Neue Folge [4. Thl.]. 1878 bis zur Neuzeit. 42 Lfgn. Lex.-8. (2288 S.) Teschen 881—84, Prochaska. à Lfg. * ℳ 1,20. *

Kohlhepp, Emil, Gesetz- u. Normalien-Sammlung f. das k. k. Heer. Vom J. 1818 bis zur Neuzeit. Mit Sach-Register. Hrsg. m. Bewilligg. d. hohen k. k. Reichs-Kriegs-Ministeriums. Neue Folge. [4. Thl.] 1878 bis zur Neuzeit. 19—42. (Schluß-)Lfg. Lex.-8. (S. 985—2258.) Teschen 883. 84. Prochaska. à n. 1. 20
(4. Thl. cplt: n. 50. 40)

—— neuer theoretisch-praktischer Leitfaden zur Verfassung der Truppen-Spitals-Rechnungen. Mit einem vollständig durchgeführten, der Praxis entnommenen Geschäftsgange. Unter Berücksicht. der neuen metr. Maße und Gewichte. Hrsg. mit Bewilligung des k. k. Reichs-Kriegsministeriums. gr. 8. (VIII, 151 S.) Ebendas. 875. * 3 —

—— vollständiges Sach-Register aller in den J. 1850 bis incl. 1870 im k. k. Armee-Verordnungsblatte publicirten Normal-Verordnungen. hoch 4. (IV, 397 S.) Ebendas. 871. * 7 —
cart. * 7 80

—— erster Nachtrag zum Sach-Register aller im Verordnungsblatte für das k. k. Heer publicirten Normal-Verordnungen. hoch 4. (IV, 136 S.) Ebendas. 872. * ℳ 4.; cart. * 4 80
—— dass. — 2. Nachtrag dazu. hoch 4. (III, 29 S.) Ebendas. 875. ** ℳ 6,80.; cart. ** 7 60

Kohlhepp, Fr., Atlas über die Stellungen d. Pferdes unter Berücksicht. der Hufformen. Für Hufbeschlagschulen u. landwirthschaftl. Lehranstalten. 2. Aufl. gr. Fol. (30 color. Steintaf.) Karlsruhe 888. A. Bielefeld's Hofbuchh. In Mappe. n. 25. —

Kohlhepp, Karl

— Der Totenschädel. Ein Gedichtbuch. (80 S.) 8. Leipzig-Gohlis 909. B. Volger. 1. 50

— Die Unerlösten. Novellen. (86 S.) 8. Leipzig (909). G. Müller-Mann. 1. —

Wenn das Blut erwacht ... Moderne Erzählungen von Karl **Kohlhepp**. Berlin: H. L. Schroeter 1907. (171 S.) 8° [F.] [07. 13069]

Kohlhepp, P., u. C. **Kohlhepp**, thierärztlicher Unterricht f. Landwirthe über Bau, Gesundheitspflege, Geburtshilfe, Gewährleistung u. erste Behandlung der häufigsten Krankheiten unserer landwirthschaftlichen Hausthiere. Zugleich ein Leitfaden für landwirthschaftliche Schulen. Mit 10 in den Text gedr. Holzschn. gr. 8. (IV, 140 S.) Stuttgart 879. Ulmer. n. 1. 80

—— dass. — s. Bibliothek landwirthschaftlicher Lehrbücher.

Kohlhepp, P., u. C. **Kohlhepp**, tierärztlicher Unterricht f. Landwirte üb. Bau, Gesundheitspflege, Gewährleistung u. erste Behandlung der häufigsten Krankheiten unserer landwirtschaftlichen Haustiere. 3. Aufl. Mit 20 Holzschn. gr. 8. (VI, 150 S.) Stuttgart 887. Ulmer. n. 1. 80; geb. n. 2. —

Kohlhepp, P. u. C. **Kohlhepp**. Tierärztlicher Unterricht für Landwirte über Bau, Gesundheitspflege, Geburtshilfe, Gewährleistung u. 1. Behandlg. d. häufigsten Krankheiten unserer landwirtschaftl. Haustiere. Zugleich e. Leitfaden f. landwirtschaftl. Schulen. 4. verm. Aufl. gr. 8. (VI, 140 S. m. 21 Holzschn.) Stuttg. 889, Ulmer.
* 1 80; geb. ** 2 —

Kohlhepp, P., u. C. **Kohlhepp**, tierärztlicher Unterricht f. Landwirte üb. Bau, Gesundheitspflege, Geburtshilfe, Gewährleistung u. erste Behandlung der häufigsten Krankheiten unserer landwirtschaftlichen Haustiere. Zugleich e. Leitfaden f. landwirtschaftl. Schulen. 5., wesentl. verm. Aufl. gr. 8. (VI, 151 S. m. 48 Holzschn.) Stuttgart 893. E. Ulmer. Kart. n. 1. 85

Kohlhepp, P., u. C. **Kohlhepp**, tierärztlicher Unterricht f. Landwirte üb. Bau, Gesundheitspflege, Geburtshilfe, Gewährleistg. u. erste Behandlg. d. häufigsten Krankheiten uns. landwirtschaftl. Haustiere. Zugl. e. Leitfaden f. landwirtschaftl. Schulen. 7., wesentl. verm. Aufl. gr. 8. (VI, 160 S. m. 53 Holzschn.) Stuttgart 898. E. Ulmer. Kart. n. 1. 75

Kohlhepp, P., u. C. **Kohlhepp**, tierärztlicher Unterricht f. Landwirte üb. Bau des Tierkörpers, Gesundheitspflege, Geburtshilfe, Gewährleistung nach dem B. G.-B. u. erste Behandlung der häufigsten Krankheiten unserer landwirtsch. Haustiere. Zugleich e. Leitfaden f. landwirtschaftl. Schulen. 8., wesentlich verm. Aufl. gr. 8. (VI, 179 S. m. 64 Holzschn.) Stuttgart 900. E. Ulmer. Kart. n. 1. 75

Kohlhepp, P., u. C. **Kohlhepp**, tierärztlicher Unterricht f. Landwirte über Bau des Tierkörpers, Gesundheitspflege, Geburtshilfe, Gewährleistung nach dem B. G.-B. u. erste Behandlung der häufigsten Krankheiten unserer landwirtschaftlichen Haustiere. Zugleich e. Leitfaden f. landwirtschaftl. Schulen. Bearb. v. C. Kohlhepp. 10. verm. Aufl. (VI, 187 S. m. 69 Abbildgn.) 8. Stuttgart 905. E. Ulmer. Kart. n. 1. 75

Kohlhepp, P. u. C. **Kohlhepp**, tierärztl. Unterricht f. Landwirte üb. Bau des Tierkörpers, Gesundheitspflege, Geburtshilfe, Gewährleistung nach d. B. G.-B. u. erste Behandlung d. häufigsten Krankheiten unserer landwirtsch. Haustiere. Zugleich e. Leitfaden f. landwirtschaftl. Schulen. Bearb. v. C. Kohlhepp. 12. verb. u. verm. Aufl. (VII, 215 S. m. 104 Abb.) 8. Stuttgart 910. E. Ulmer. Geb. 1. 80

Kohlhepp, Quirin, die Berufsbildung der Volksschullehrer, s.: Zeitfragen, pädagogische. II. 8.

Die Einheit der Apokalypse. Gegen d. neuesten Hypothesen d. Bibelkritik verteidigt von Dr. Matthias Kohlhofer, Pfarrer. *Freiburg i. B.: Herder 1902.* (VIII, 143 S.) 8°
— Studien. Biblische. Bd 7, H. 4. [02. 7443]

Kohlhofer, Mathias, die Natur des thierischen Lebens u. Lebensprincips. Ein apologet. Wort gegen den modernen Anthropomorphismus. 8. (X, 405 S.) Kempten 894. J. Kösel. n. 4. —

Die geologischen Verhältnisse des Kreises Neustettin und der angrenzenden Kreise Hinterpommerns. Von Lehrer Carl Friedrich **Kohlhoff.** Köslin [1907]: C. G. Hendess. (28 S.) 8° [F.] [07. 8346 9

Kohlhoff, Wilh. Denkmal der Liebe u. Verehrung ihrem verewigten Lehrer Herrn David Gilly gewidmet von den studirenden Mitgliedern der Königl. Bauakademie zu Berlin. (Berlin 1809.) 4.

Kohlhund, Karl, Psalmengebetbuch. Eine kurze, prakt. Erklärg. ausgewählter Psalmen, vertheilt auf die wichtigsten Andachten d. Christen: Morgen-, Abend-, Meß- ꝛc. Gebete, nebst e. Kreuzwegandacht u. mehreren Unterrichten. 16. (XVI, 376 S. m. 1 Stahlst.) Kempten 875. Kösel. n. 1. 50

Kohli, Leitfaden f. städtische Beamtenanwärter, m. besond. Berücksicht. der städtischen Verwaltung Frankfurt a. M. Im Auftrage des Magistrats hrsg. 8. (70 S.) Frankfurt a/M. 900. Gebr. Knauer. n. 1.50

Kohli, Ernst Friedrich

Kohli, Anleitung zur Abschätzung stehender Kiefern nach Massentafeln und nach dem Augenmaße. gr. 8. (III und 236 S. mit 41 in den Text gedr. Holzschn. und 1 Tab. in qu. gr. 4.) Berlin 861, Springer's Verlag. Thlr. *

Kohli, J. C. L., Dankpredigt wegen der glückl. Wiedereroberung von Mainz. Ueber Psalm 118. V. 15. 8. Stendal 793. Franzen u. Gr. 2 gl.

— die Ungleichheit d. Menschen, das beste Band der Gesellschaft u. ein ächtes Mittel ihrer dauerhaften Glückseligkeit. Eine Predigt über Spr. Salom. 22, 2. 8. Stendal 794. Franzen u. Gr. 2 gl.

Kohli, Ludwig

Kohli, (L.,) Handbuch e. historisch-statistisch-geograph. Beschreibung des Herzogth. Oldenburg, sammt d. Erbherrschaft Jever u. d. beiden Fürstenth. Lübeck u. Birkenfeld. 1r u. 2r Thl., 1e u. 2e Abthlg. gr. 8. Bremen 824—26, Kaiser. I. u. II. 1. à 1 Rthl. 12 gr. 2e Abth. 16 gr.

Handbuch einer historisch-statistisch-geographischen Beschreibung des Herzogthums Oldenburg sammt der Erbherrschaft Jever, und der beiden Fürstenthümer Lübeck und Birkenfeld. v. Ludwig **Kohli.** 8°.

Th. 2, Abth. 2 enthaltend die historisch-statistisch-geographische Beschreibung der Fürstenthümer Lübeck und Birkenfeld. Bremen. 1826.

Kohli, Ludw., Handbuch ein. historisch-statistisch-geograph. Beschreibung des Herzogth. Oldenburg sammt der Erbherrschaft Jever u. der beiden Fürstenthümer Lübeck u. Birkenfeld. 2 Thle. 2., wohlf. Ausg. gr. 8. (65 B.) Oldenburg 844, Schulzesche Buchh. *

KOHLI, Otto: Zur Geschichte der natürlichen Verjüngung der Buche im Hochwalde. - Frankfurt a. M. 1873. 20 S., 11 Fig. - Diss. Univ. Rostock 1873. - (Allg. Forst- u. Jagdztg. Supplementbd. 8, 1874, H. 1)

Kohli, Paul

Kohli, P., das Gesetz betreffend das Verfahren in Auseinandersetzungsangelegenheiten vom 18. Febr. 1880, mit sämmtlichen darin in Bezug genommenen Bestimmungen der deutschen Civilprozeßordnung, des Gerichtsverfassungsgesetzes, der allgemeinen Gerichtsordnung für die preuß. Staaten, und der für das Verfahren in Auseinandersetzungsangelegenheiten gegebenen besonderen Vorschriften. Handausg. für den prakt. Gebrauch. 8. (III, 115 S.) Berlin 883, Vahlen. *

KOHLI, Paul: Die Preussischen Jagd-Gesetze vom Allgemeinen Landrechte an bis auf die neuere Gesetzgebung. Zum praktischen Gebrauch für Juristen, Jäger, Forst- und Jagdbeamte mit Kommentar in Anmerkungen. - Berlin 1882. VI, 98 S. - 2. verm. u. verb. Aufl. ebd. 1891. XII, 209 S. - 3. Aufl. ebd. 1900. 224 S. - 4. Aufl. u. d. T.: Die preußische Jagdordnung vom 15. 7. 1907 nebst der Ausführungsanweisung und die sonstigen jagdgesetzlichen Bestimmungen für Preußen. Zum praktischen Gebrauch erläutert v. Hermann Görcke. ebd. 1908. VIII, 219 S.- Nachtrag z. 4. Aufl. u. d. T.: Das Reichsvogelschutzgesetz vom 30. 5. 1908 mit erläuternden Anmerkungen v. Hermann Görcke. ebd. 1909. 12 S. - 5. Aufl. ebd. 1920. VIII, 245 S. hrsg. v. Hermann Görcke

Kohli, P., die preußischen Jagdgesetze vom Allgemeinen Landrechte an bis auf die neuere Gesetzgebung. Zum prakt. Gebrauch für Juristen, Jäger, Forst- u. Jagdbeamte m. Kommentar in Anmerkungen. 8. (VI, 98 S.) Berlin 882. H. W. Müller. cart. n. 1. 60

Kohli, P. Die preuß. Jagdgesetze vom allgemeinen Landrechte an bis auf die neueste Gesetzgebung. Zum prakt. Gebrauch f. Juristen, Jäger, Forst- u. Jagdbeamte m. Kommentar in Anmerkgn. hrsg. 2. verm. u. verb. Aufl. 8. (XII, 209 S.) Berl. 891, H. W. Müller. cart. * 2 40

Kohli, P., die preuß. Jagdgesetze. Zum prakt. Gebrauch f. Juristen, Jäger, Forst- u. Jagdbeamte m. Kommentar u. Anmerkgn. hrsg. 3., verm. u. verb. Aufl. 8. (VIII, 224 S.) Berlin 900. H. W. Müller. Kart. n. 2. 40

Kohli, P., die preuß. Jagdgesetze, 4. Aufl., s.: Görcke, die preußische Jagdordnung.

—— Sammlung der preußischen Forst- und Jagd-Gesetze vom J. 1806 bis auf die neueste Zeit, mit Erläuterungen hrsg. 8. (XII, 338 S.) Berlin 884, Springer. cart. *

Koehlich, Richard, Handbuch des gesamten Radfahrwesens, m. Abb. u. Anh.: „Die Motor-Zwei- und Dreiräder", Leipzig u. Wien, 125 S., 16°.

Koehlich, R.: Handbuch des gesamten Radfahrwesens. Ein kurzgefaßtes Kompendium f. d. prakt. Gebrauch. Leipzig & Wien 1901. 125 S. m. Abb. (Meyers Volksbücher. 1271—72.)

Koehlich, Rich., Handbuch des gesamten Radfahrwesens, s. a. Meyer's Volksbücher.

Koehlich, Rich., aus einsamen Stunden. Dichtungen. 8. (VIII, 128 S.) Großenhain 892. Baumert & Ronge. n. 1. 50; geb. n. 2. 50

Das Wein-Turnier (Ein Zech-Brevier). Von C. **Kohlis**-Kyffhausen. Bilderschmuck von Carl Zander. Berlin: H. Walther [1907]. (399 S.) 8° [F. u. Ant.] [07. 17691

Köhlisch, Hellmuth, appr. Arzt a. Posen, Unterarzt im 4. Oberschles. Inf.-Reg. Nr. 63: Über die Therapie der Rückenmarkstumoren. Berlin (1905): G. Schade. (30 S.) 8°
Berlin, Med. Fak., Ref. Ziehen, Diss. v. 16. März 1905
[Geb. 8. Dez. 80 Posen; Heimatsort: Berlin; Staatsangeh.: Preußen; Vorbildung: Stadt. Gymn. Kattowitz Reife O. 99; Studium: Berlin, K. Wilh.-Akad. 9 S.; Coll. 13. u. 14. März 05; Approb. 11. März 05.]

KOHLKÖPFE. Lektüre für Aristokraten und ihre Freunde. Köthen, Aue, 1801. 8°. Selten!

Kohlmann, Richard Löwenherz und Leopold der Tugendhafte, s. Volksbücher aus alter und neuer Zeit.

Kohlmann, der Emdor Silberschatz, s.: Starcke, E.

Kohlmann, Albin: Geschichte und Technik der graphischen Künste. Berlin 1902: Reichsdr. 19 S. 4° [Umschlagt.]

Kohlmann, Benno, die Apothekengesetze im Königr. Sachsen einschließlich der reichsgesetzlichen Bestimmungen. Nebst einem Repertorium. 8. (VI, 421 S.) Leipzig 885, Roßberg'sche Buchh. * M 6.40.; geb. **

Kohlmann, Benno, die Errichtung pharmaceutischer Untersuchungsbüreaus u. das Gesetz gegen die Verfälschung der Nahrungsmittel, Genussmittel u. Gebrauchsgegenstände vom 14. Mai 1879. 8. (20 S.) Leipzig 880. Abel. n. — 50

Kohlmann, Benno, u. A. v. **Lösecke,** Compendium sämmtlicher Medicamente sowie der technisch wichtigsten Gifte, Chemikalien, Droguen u. Mineralien nach ihrer Abstammg., Zusammensetzg., Darstellg. u. Verwendg. Zum Gebrauche f. Aerzte, Apotheker, Droguisten etc. nebst e. Tabelle der wichtigsten Gifte u. ihrer Gegenmittel. 8. (494 S. m. 1 Tabelle in qu. 4.) Leipzig 875. Abel. n. 7. —

— u. F. **Frerichs,** Rechentafeln zur quantitativen chemischen Analyse. gr. 8. (VII, 212 S.) Leipzig 882. Barth. n. 3. —

Kohlmann, Benno, vergleichende Uebersicht der Pharmacopoea Germaniae (ed. 1867) und der Pharmacopoea Saxoniae (ed. 1837). Nebst einer Reihe Tabellen über Löslichkeitsverhältnisse, Maximaldosen, Reductionen der verschied. Gewichtssysteme und einem Inhalts-Verzeichniß mit Rücksicht auf die gebräuchlichsten Synonyme. gr. 8. (IV und 57 S. mit 7 S. Tab.) Leipzig 867, Kürsten.

Kohlmann, Benno, vergleichende Uebersicht der Pharmacopoea Germaniae (ed. 1867) u. der Pharmacopoea Saxoniae (ed. 1837). Nebst einer Reihe Tabellen über Löslichkeitsverhältnisse, Maximaldosen, Reductionen der verschied. Gewichtssysteme u. einem Inhalts-Verzeichniß mit Rücksicht auf die gebräuchlichsten Synonyme. 1. u. 2. (Titel-) Aufl. Leipzig 867. Prieber. gr. 8. (IV, 57 S. mit 7 S. Tabb.) 15 ngr.

Kohlmann, Benno, vergleichende Uebersicht der Pharmacopoea Germaniae [ed. 1867] und der Pharmacopoea Saxoniae [ed. 1837]. Nebst einer Reihe (8) Tab. über Löslichkeitsverhältnisse, Maximaldosen, Reductionen der verschied. Gewichtssysteme und einem Inhalts-Verzeichniß mit Rücksicht auf die gebräuchlichsten Synonyme. 2. (Titel-)Aufl. gr. 8. (IV, 57 S.) Leipzig (867)69, Priber. * 1 50

Kohlmann, Bruno, das königl. sächsische Gesetz üb. die Gerichtskosten vom 21. VI. 1900. Mit Anmerkgn., Gebührentafeln u. ausführl. Sachregister versehen. Hierzu: Gesetz üb. den Urkundenstempel, nebst Ausführungsverordng. u. Zusammenstellung der am häufigsten vorkomm. Postgebühren. 8. (136 S.) Dresden 900. Albanus. Kart. n. 1. 60

Kohlmann, B., das königl. sächsische Kosten-Gesetz vom 6. Novbr. 1890, nebst Ausführungs-Verordnung vom 18. Novbr. 1890, u. das Gesetz, betr. die Kosten der Zwangsversteigerg. u. der Zwangsverwaltung unbewegl. Sachen, vom 18. Aug. 1884. Mit Anmerkgn. u. ausführl. Sachregistern, sowie Gebührentafeln versehen. (88 S.) Dresden 890. Albanus'sche Verlagsbuchh. cart. n. 1. 20

Kohlmann, Bruno. Das königl. sächsische Kosten-Gesetz v. 6. Novbr. 1890 nebst Ausführungs-Verordnung v. 18. Novbr. 1890 u. das Gesetz betr. die Kosten d. Zwangsversteigerung u. d. Zwangsverwaltung unbewegl. Sachen, vom 18. Aug. 1884. Mit Anmerkgn. u. ausführl. Sachregistern, sowie Gebührentafel versehen. 8. (88 S.) Dresd. 891, Albanus. cart. * 1 20

Kohlmann, Eberhard Heinrich August (Blankenburg), Observationes clinicas quarum ope florum zinci vires in morbis asthmaticis examinantur. Diss. med. Präs. D. Andreas Nunn. Erfurt (Jo. Christ. Goerling) 7. I. 1791. 19 Seiten. (5.—) 19092
Gew.: Jo. Georg David v. Ellisen.

Kohlmann, Eduard(us) August(us): De mutationibus corneae morbosis. Halae (1838): Karl Grunert. 49 S. 8°
Halle-Wittenberg, Med. Diss. v. 11. Jan. 1838
Geb. [Gross-]Wanzleben bei Magdeburg 1810 [vielmehr: 6. 8. 1809]. V.
Verf. wurde wegen Schwerhörigkeit ohne Disputation promoviert.
Nach dem KB lauteten seine Vornamen: Wilhelm Georg Eduard.

Kohlmann, Ern. Henr (geb. Stromberg im Rheinl. 3. 1843): De transfusionis sanguinis indicatione. Berolini (1867) (32 S.) 8°
Berlin, Med. Diss. v. 27 Juli 1867

Kohlmann, die medicinal- u. sanitätspolizeilichen Verordnungen f. d. Ärzte im Reg.-Bez. Coblenz, zusammengest. u. erläut. gr. 8. (V, 53 S.) Coblenz 898. W. Groos. n. 1. 80

Kohlmann, Friedrich: Erzbischof Ludolf von Magdeburg, sein Leben und seine politische Thätigkeit. Halle a. S. 1885: Plötz. 66 S. 8°
Halle-Wittenberg, Phil. Diss. v. 22. Mai 1885
Geb. Halle a. d. S. 6. 4. 1860. V.

Kohlmann, Georg, aus Vegesack: Die italienischen Lehnworte in der neufranzösischen Schriftsprache (seit dem 16. Jahrhundert). *Vegesack 1901: J. F. Rohr.* (86 S.) 8°
Kiel, Phil. Diss. v. [13. Juli] 1901

Kohlmann, Hans, a. Vegesack a. Weser: Beiträge zur Kenntnis des brasilianischen Berylls. Kiel 1907 (Stuttgart: C. Grüninger). (S. 135—181.) 8° ¶(Aus: Neues Jahrbuch f. Mineralogie usw. Beil.-Bd 25.)
Kiel, Phil. Fak., Ref. Brauns, Diss. v. 2. Okt. 1907
[Geb. 6. Okt. 84 Vegesack; Wohnort: Vegesack; Staatsangeh.: Bremen; Vorbildung: Realgymn. Vegesack Reife O. 03; Studium: Tübingen 4, Zürich 2, Kiel 3 S.; Rig. 15. Dez. 06.]

Kohlmann, Hans, Kommunale Bodenpolitik mit besonderer Berücksichtigung der städtischen Wohnungsordnungen und ihrer Wirkungen. 8°. Berlin, Grassmann, 1909. (Schriften des Zentralverbandes d. städt. Haus- u. Grundbesitzer-Verbandes Deutschlands, N. F. Bd. 14, Heft 4.)

Kohlmann, Hans: Die Reichszuwachssteuer. Vorträge von Hans Kohlmann u. Hermann Ber, nebst anschliessender Erörterung. Anh.: Vortrag vom Gen. Sekr. Dr. Fritz Pabst. Spandau 1910: Grassmann, Stettin. 80 S. 8°
Aus: Verhandlungen d. Zentralverbandtages Braunschweig 1910, (Schriften d. Zentralverbandes d. Haus- u. Grundbesitzer-Vereine Deutschlands N. F, Bd. 15, H. 5.)

Kohlmann, J. C., *quiesc. Censor u. Revis. der hebräisch. Bücher in Pest.* Ansichten über den juridisch-religiösen Beschneidungs-Akt erörtert vom Standpunkte der mosaischen Glaubenslehre. Ein Beitrag zur Tagesfrage. *Ofen* 1858. *K. k. Univ.-Buchdr.* 26 S., 8°. 30 kr.

Kohlmann, J. F., (Gutsbesitzer), die schles. Dreifelderwirthschaft, verglichen mit d. vierfeldrichen u. sogenannten Wechselwirthschaft. 8. Bresl. 815. Verf. (Meyer). 8 K

Kohlmann, J. H. L.

Kohlmann: Der erste chemische Unterricht auf der Realschule zu Halle. 18 S.– Halle R., Progr. 1852.

Kohlmann, Joh. Melchior, Beiträge zur bremischen Kirchengeschichte. 1. Hft. A. u. d. T.: Urkundliche Mittheilungen üb. die ehemal. bremischen Collegiatstifter S. Ansgarii u. S. S. Willehadi u. Stephani, sammt den damit verbunden gewesenen Gemeinden St. Ansgarii u. St. Stephani. Mit besond. Bezug auf die Schrift: „Zur Erinnerung an das 600jährige Jubiläum der Ansgariikirche im J. 1843. Von Paniel. gr. 8. (13½ B.) Bremen 844, Heyse. —

—— dass. 2. Hft. Denkwürdigkeiten aus d. Geschichte d. Pfarre Seehausen im brem. Stadtgebiete, nach den Acten dargestellt, als Spiegel der Vorzeit u. Fingerzeig f. die Zukunft, nebst einleit. histor. Nachrichten üb. die früh. brem. Kirchen-Visitatoren. gr. 8. (11 B.) Ebds. 846. *

Kohlmann, Joh. Melch., Beiträge zur bremischen Kirchengeschichte. 3. Heft. A. u. d. T.: Kriegesmuth und Siegesfreude der protestant. Stadt Bremen im J. 1547. Oder: Andenken an die Belagerung Bremens (Febr. 20. — April 1. und April 19. — Mai 22. 1547.) und die Schlacht bei Drackenburg (den 23. Mai 1547.) Nach archival. Urkunden ꝛc. gr. 8. (IX und 98 S.) Bremen 847, Heyse. —
1. und 2. Heft. Ebendas. 1844—46. 1 Thlr. 12½ Ngr.

Kohlmann, Joh. Melch., Beiträge zur bremischen Kirchengeschichte. 4. Heft. A. u. d. T.: Welche Bekenntnißschriften haben in der bremischen später reformirten Kirche Geltung gehabt? Eine kirchenhistor. Untersuchung. gr. 8. (VIII und 55 S.) Bremen 852, [Heyse's Verlag.] Thlr. *
1—3. Heft. Ebendas. 1844—47. 1 Thlr. 25 Ngr.

Kohlmann, Karl, neue Elementar-Zeichenschule. 1. Heft. Die gerade Linie. 24 Vorlagen. Langensalza (858.) Hentschel. 4. (12 lith. Bl.) 6 ngr

Kohlmann, Karl, neue Elementar-Zeichenschule. 2. Heft: Die krumme Linie. 24 Vorlagen. qu. 4. (12 Stnt.) Langensalza 862, Verlags-Comptoir.
1. Heft. Ebendas. 1858. 6 Ngr. Fortsetzung, s. Haberkorn, F. L.

Kohlmann, Karl, u. Herm. Gramm, Festschrift zum hundertjährigen Jubiläum des königl. Schullehrer-Seminars zu Soest am 8. X. 1906. (125 S. m. 4 Vollbildern.) 8. Soest 906. Ritter. n. 1. 40; geb. in Leinw. n. 2. 20

Die hundertjährige Jubelfeier des Königlichen Schullehrer-Seminars zu Soest am 3. Okt. 1906, beschrieben vom Seminardir. Karl **Kohlmann**. Soest 1906: Rochol. 59 S. 8° [06. 1332

—— Zierschriften in Sprüchen und Alphabeten, s. Vorlegeblätter, kalligraphische.

Kohlmann, Curt, aus Leipzig: Über Triarylbutadiëndikarbonsäure-Anhydride. *Roßwein i. S. 1904: A. Haubold.* (55 S.) 8°
Leipzig, Phil. Diss. v. 1904

Kohlmann, L[udovicus]: *[De linea quadam duplicis curvaturae, quae ex serie exponentiali sub conditione peculiari prodit.] 28 S., 1 Taf. 4° (2°)
Halle-Wittenberg, Phil. Diss. v. 14. Aug. 1848
Geb. [Quedlinburg 6. 7. 1814]

Kohlmann, Ludw., die Theorien unserer Doppel-Buchhaltung u. ihre Anwendung in d. Praxis. (IV, 299 S. m. 1 Tab.) gr. 8. Linz 907. [Zentraldruckerei vorm. E. Mareis.] Braunschweig, W. Scholz. 5.—; erm. Pr. 2.50
Sonderabdr. aus: „Ztschr. f. Buchhaltg."

Kohlmann, Paul: Beiträge zur Kenntnis der γ-Diphenylitaconsäure. *Leipzig-R. 1898: O. Schmidt.* (52 S.) 8°
Leipzig, Phil. Diss. v. [1. März] 1898

Kohlmann, Philipp Lactantii in Statii Thebaidos libr. III 1—323 commentarii ... siehe: Lactantius Placidus S. 125.

Kohlmann, Phil. Nachtrag zu dem Bericht über die im Besitz der Bibliothek sich befindenden Mss. im Programm vom Jahre 1874. S. 11. S. 22—23. Progr. Fr. Wi. G. *Posen* 1877.

Kohlmann, Philippus (geb. 1842 in Horn bei Bremen): Quaestiones Messeniacae ... Bonnae, form. C. Georgi (1866). 2 Bl., 72 S. 8.
¶ In Komm. bei Cohen & Sohn in Bonn.
Bonn, Phil. Fak., Diss. v. 30 Juni 1866

Kohlmann, P. De scholiis theocriteis. 13 S. Progr. *Neustettin* 1881.

Kohlmann, Ph., neue Scholien zur Thebais des Statius. [Aus einer Pariser Handschrift.] 4. (14 S.) Posen 873. (Berlin, Calvary und Comp.) * 1 —

Kohlmann, Philipp (Hrsg.), s. Statius, P. Pap.: Achilleidos lib. I. v. 1–396.

Adam von Bremen. Ein Beitrag z. mittelalterl. Textkritik u. Kosmographie von Philipp Wilhelm **Kohlmann**, Dr. phil. Leipzig: Quelle & Meyer 1908. (VIII, 135 S.) 8°
[Ein T. erschien als Inaug.-Diss. Leipzig 1908.]
= Abhandlungen, Leipziger historische. H. 10. [08. 15016

Kohlmann, Philipp Wilhelm, a. Wasserhorst (Landgebiet der freien Hansestadt Bremen): Untersuchungen zur Hamburgischen Kirchengeschichte Adams von Bremen. Leipzig: Quelle & Meyer 1908. (38 S.) 8° ¶ (Erscheint vollst. u. d. T.: „Adam von Bremen. Ein Beitrag zur mittelalterlichen Textkritik und Kosmographie" in: „Leipziger hist. Abhandlungen" H. 10.)
Leipzig, Phil. Fak., Ref. Seeliger-Partsch, Diss. v. 25. Juli 1908
[Geb. 24. Juli 74 Wasserhorst (Bremen); Wohnort: Leipzig; Staatsangeh.: Bremen; Vorbildung: Nikolai-Gymn. Leipzig Reife O. 97; Studium: Tübingen 1, Leipzig 13 S.]

Kohlmann, Reinhard Die Brutvögel der Umgebung Vegesacks. 38 S. Progr. *Vegesack* 1877.

Kohlmann, Rudolf Über die Annahme eines Perfectum intensivum im Griechischen. 4 (14 S.). Progr. G. *Salzwedel* 1886 (230)

Kohlmann, Rudolf Ueber die Bedeutung des „Injunktivs" im Altindischen. 4 (S. 3—7).
In: Festschrift z. Feier des 350jähr. Bestehens des G. *Quedlinburg* 1890
Nicht im Tauschverkehr.
Progr.

Kohlmann, R(udolph) a. Wasserhorst bei Bremen: Beiträge zur Kenntnis der Strömungen der westlichen Ostsee. Kiel 1905: Schmidt & Klaunig. (49 S.) 4°
Kiel, Phil Fak., Ref. Krümmel, Diss. v. 25. Febr. 1905
[Geb. 28. Okt. 77 Wasserhorst b. Bremen; Wohnort: Kiel; Staatsangeh.: Bremen; Vorbildung: Realgymn. Vegesack Reife O. 99; Studium: Marburg 1, Charlottenburg T.H. 1, Tübingen 1, Rostock 2, Kiel 6 S.; Rig. 26. Nov. 04.]

Kohlmann, R., G. Wilh. Gossrau, geb. 1810, gest. 1888. S.-A. 1888. 12 S. —.60

[Umschlagt.:] [F.] **Kohlmann**, Rudolf [Prof. Dr.]: Lebensbilder des Direktors Prof. Franz Richter und des Prof. Wilhelm Gossrau. E. Ansprache an d. Schüler. ([Darin:] Übersicht über die Schriften des ... Prof. Franz Wilhelm Richter. — Übersicht ... des Professors Gottfried Wilhelm Gossrau.) Quedlinburg, Druck v. C. Voges, 1897; 1—6 S. 4.
Quedlinburg, k. G, OP 1897 (254)

Kohlmann, R., Ueber die Modi des griechischen u. des lat. Verbums in ihren Verhältnis zu einander. Gel. 1883. 50 S. 1.25

Kohlmann, Rudolf Quedlinburgensia. 4 (S. 8—15).
In: Festschrift z. Feier des 350jähr. Bestehens des G. *Quedlinburg* 1890.
Nicht im Tauschverkehr.
Progr.

Kohlmann, Rudolfus: De verbi Graeci temporibus. Halis Saxonum (1873): Karras. 43 S. 8°
Halle-Wittenberg, Phil. Diss. v. 15. Aug. 1873
Geb. Quedlinburg 27. 12. 1850. V.
Im Buchhandel Halle: Lippert 1873. 42 S. Auch in: Dissertationes philologicae Halenses. Vol. 1. Halis 1873. S. 227—271.

Kohlmann, R. Über das Verhältnis der Tempora des lateinischen Verbums zu denen des griechischen. 54 S. Progr. G. *Eisleben* 1881.

Kohlmann, W., Festschrift zur Einweihung des Neubaues der Kaiserlichen Bergschule zu Diedenhofen. (Diedenhofen, 1908.) 13 S. mit 11 Abb.

Kohlmann, Wilhelm

Kohlmann, W., praktische Beispiele aus der Körper- und Raummessung ausgeführt nach Metermaaß. Ein Handbuch für Bauleute, Tischler, Böttcher &c. 16. (70 S. mit eingedr. Holzschn.) Eilenburg 872, Offenhauer. geb. — 90

Kohlmann, W., praktische Beispiele aus der Körper- u. Raummessung, ausgeführt nach Metermaß. Ein Handbuch f. Bauleute, Tischler, Böttcher &c., sowie für Fortbildungsschulen. 2. Aufl. Mit 18 (eingedr. Holzschn.-) Abbildungen. 16. (84 S.) Eilenburg 878. Offenhauer. geb. — 90

Kohlmann, W., prakt. Beispiele aus d. Körper- u. Raummessg., ausgef. nach Metermaß. E. Handbuch f. Bauleute, Tischler, Böttcher, Forstverwalter, Steuerbeamte, Landwirthe, Bierbrauer, Branntweinbrenner &c, sow. f. Fortbildungsschulen. 4. Aufl. 16. (80 S. m. 16 Abb.) Eilenburg (894). C. W. Offenhauer. Kart. — 90

Kohlmann, W., Berechnung des Liter-Inhaltes v. Gefäßen wie sie, der Form nach, in Brauereien, Brennereien u. anderen Gewerben meistenteils in Gebrauch sind. Nebst Tabellen zur leichten Feststellg. des Liter-Inhaltes v. zylindrisch geformten Gefäßen. 2. Aufl. 16. (232 S.) Eilenburg (902). C. W. Offenhauer. Geb. n. 1.20

Kohlmann, Wilhelm: Die Epithelialcarcinome der Ohrmuschel. Ein Beitrag zur pathologischen Anatomie und Statistik. . . . Würzburg, Druck d. Bonitas-Bauer'schen Buchdr., 1890; 37 S. u. 1 Taf. 8°
Würzburg, Med. Fak., Inaug.-Diss. v. 1890

Kohlmann, W., Hand- und Taschenbibliothek für Rechner oder Rechenhelfer. Nr. 1—4. 16. Eilenburg, Offenhauer. geb.

Inhalt:

Nr. 1. Rechenhelfer bei Ein- und Verkauf. (VII und 359 S.) 865. Einzeln geb. * 16 Ngr.

" 2. Kubiktabellen über runde Hölzer nebst einigen Maaß- und Gewichts-Tabellen über geschlagene Hölzer. Zum Gebrauch für Förster, Holz-Ein- und Verkäufer, Holzarbeiter, Holzfuhrleute &c. vorzugsweise in denjenigen Staaten, in welchen das in 12 Zoll eingetheilte Fußmaaß im Gebrauch ist. 2. Aufl. 1862. 10 Ngr. und 3.—5. Aufl. (IV und 63 S.) 865—67. 9 Ngr.

" 3. Kubiktabellen über geschnittene und beschlagene Hölzer. Zum Gebrauche für Baumeister, Schneidemüller, Holzhändler, Holzarbeiter &c. vorzugsweise in denjenigen Staaten, in welchen das in 12 Zoll eingetheilte Fußmaaß im Gebrauch ist. (VIII und 206 S.) 865. 18 Ngr.

" 4. Der Spiritusberechner. Tabellen zur Benutzung beim Spiritushandel à 8000% Tralles ermittelt nach Temperatur-Graden, Zollgewicht und preuß. Quarten. (X und 113 S.) 866. 12 Ngr. Ausg. mit Preisberechnung. (VIII und 208 S.) 22½ Ngr.

Kohlmann, W., Kubiktabellen über geschnittene und beschlagene Hölzer. Zum Gebrauche für Baumeister, Schneidemüller, Holzhändler &c., vorzugsweise in denjenigen Staaten, in welchen das in 12 Zoll eingetheilte Fußmaaß in Gebrauch ist. Nebst Preisberechnung nach österreich. Münzfuß. 4. Aufl. 16. (IV, 157 S.) Eilenburg 871, Offenhauer. geb. 2 40

— dasselbe. Ausg. f. Bayern. 2. Aufl. 16. (VIII, 142 S.) Ebend. 871. geb. 2. 25

— dasselbe. [Ausg. f. Preußen.] 6. Aufl. 16. (168 S.) Ebend. 874. geb. 1. 50

— dasselbe. [Ausg. f. Sachsen.] 6. Aufl. 16. (144 S.) Ebend. 874. geb. 1. 50

— dasselbe. 12. Aufl. Ausg. f. Oesterreich. 16. (IV, 144; 24 u. 104 S.) Ebd. 898. Geb. 2. 40

— dasselbe. Nr. 2. Geschnittene u. beschlagene Hölzer. Ausg. f. Preußen. 25. Aufl. 16. (IV, 144, 24 u. 32 S.) Ebd. 898. Geb 1. 50
Ausg. f. Oesterreich-Polen u. Rußland zu gleichem Preise. — Ausg. f. Ungarn 2. 40.

— dasselbe. Nr. 2. Geschnittene u. beschlagene Hölzer. 13. Aufl. Ausg. f. Oesterreich. 16. (IV, 144, 24 u. 104 S.) Ebd. (899). Geb. 2. 40

— dasselbe. 13. Aufl. Ausg. f. Schleswig-Holstein, ferner f. Mecklenburg, Hamburg, Bremen u. Lübeck. 16. (IV, 144, 24 u. 32 S.) Ebd. (901). Geb. 1. 50

—— dass. — berechnet nach Meter-Maaß. 1.—3. Aufl. 16. (XIII, 234 S.) Ebendas. 871—74. geb.
—— dass. — 3. Aufl. Ausg. für das Königr. Sachsen, ferner für Altenburg, Meiningen, Schwarzburg, Braunschweig, Frankfurt und Hessen-Homburg. 16. (XIII, 268 S.) Ebendas. 874. geb.
—— dass. — 3. Aufl. Ausg. für Preußen, Anhalt und Dänemark. 16. (268 S.) Ebendas. 874. geb.
—— dass. — 4. Aufl. Ausg. für Preußen. 16. (XXVI, 506 S.) Ebendas. 874. geb.

— dasselbe. Ausg. f. Oesterreich. 16. Aufl. 16. (XIV, 208, 24 u. IV, 32 S.) Ebd. 898. Geb. 2. 25
Ausg. f. Böhmen, Oesterreich-Polen u. Ungarn zu gleichem Preise.

Kohlmann, W., Kubiktabellen. Nr. 2. Geschnittene u. beschlagene Hölzer. Ausg. f. Preußen, Anhalt u. Dänemark. 14. Aufl. 16. (XIV, 208, 24 u. IV, 32 S.) Eilenburg 898. C. W. Offenhauer. Geb. 2. 25

— dasselbe. Nr. 2. Geschnittene u. beschlagene Hölzer. 6. Aufl. (Allgem. Ausg.) 16. (XIV, 208 u. IV, 32 S.) Ebd. 898. Geb. 1. 80
Ausg. f. Frankreich 2 25.

Kohlmann, Wilhelm: Kubiktabellen über geschnittene und beschlagene Hölzer berechnet nach Metermass. 16. Aufl. Ausg. f. Oesterr. (Ausg. C. No. 3.) Eilenburg: C. W. Offenhauer [1899]. (Getr.Pag.) 8°

— dasselbe. Nr. 2. Geschnittene u. beschlagene Hölzer. 6. Aufl. Ausg. f. Bayern. 16. (XIV, 208, 24 u. IV, 32 S.) Ebd. (901). Geb. 2. 25

— dasselbe. 18. Aufl. Ausg. f. Oesterreich. 16. (XIV, 208, 28 u. 32 S.) Ebd. (901). Geb. 2. 25

— dasselbe. Ausg. A. Nr. 2. Geschnittene u. beschlagene Hölzer, berechnet nach Metermaß. 17. Aufl. Ausg. f. Österreich. (XIV, 208, 24, IV u. 32 S.) 13×8 cm. Ebd. (908). Geb. 2. 25

— dasselbe üb. geschnittene u. beschlagene Hölzer nach Fuß- u. Metermaß. Ausg. f. Oesterreich m. poln. Texte. 16. (IV, 140; XIII, 208; 28 u. 32 S.) Ebd. 894. Geb. in Halbleinw. 3. —

— dasselbe. Nr. 2. Geschnittene u. beschlag. Hölzer. Ausg. f. Oesterreich. 16. (IV, 144; XIV, 208, 24, 104 u. IV, 32 S.) Ebd. 898. Geb. 3. —
Ausg. f. Oesterreich-Polen u. Ungarn zu gleichem Preise.

— dasselbe. Ausg. f. Preußen, Anhalt u. Dänemark. 16. (IV, 144; XIV, 208, 24, 32 u. IV, 32 S.) Ebd. 898. Geb. 3. —

KOHLMANN, Wilhelm: Kubiktabellen über runde Hölzer. Nebst einigen Maaß- und Gewichtstabellen über geschlagene Hölzer. Zum Gebrauche für Förster, Holz-Ein-und Verkäufer, Holzarbeiter ... - Eilenburg 1860. - 2. Aufl. ebd. 1862. 31 S. - 3. Aufl. ebd. 1865. 64 S. u. 206 S. - 48. Aufl. u. d. T.: Kohlmanns Kubiktabellen über runde Hölzer, berechnet nach Metermaß. - Wentorf b. Hamburg 1962. 188 S.

Kohlmann, W., Kubiktabellen über runde Hölzer, nebst einigen Maaß- und Gewichts-Tabellen über geschlagene Hölzer. Zum Gebrauche für Förster, Holz-Ein- und Verkäufer, Holzarbeiter rc. 860. — 2. Aufl. Eilenburg 862. Offenhauer. 16. (31 S.) 10 ngr

— Kubiktabellen üb. runde Hölzer, berechnet nach Fußmaaß. Ausg. f. Oesterreich. 9. Aufl. 16. (IV, 116 S.) Ebend. 871, geb. 1. 50

— dasselbe. Ausg. f. Preußen. 13. Aufl. 16. (120 S.) Ebend. 874. geb. — 90

— dasselbe. [Ausg. f. Sachsen.] 13. Aufl. 16. (120 S.) Ebend. 874. geb. — 90

— dasselbe. Ausg. B. Fußmaß-Ausgaben. Nr. 1. Runde Hölzer. Ausg. f. Oesterreich. 18. Aufl. 16. (IV, 48, 96, 24 u. 104 S.) Ebd. 898. Geb. 1.50
Ausg. f. Ungarn zu gleichem Preise.

— dasselbe. Ausg. B. Fußmaß-Ausgaben. Nr. 1. Runde Hölzer. 27. Aufl. Ausg. f. Preußen, Anhalt u. Dänemark. 16. (IV, 48, 96, 24 u. 32 S.) Ebd. (899). Geb. — 90

Kohlmann, Wilhelm: Kubiktabellen über runde Hölzer berechnet nach Fussmass. 27. Aufl. Ausg. f. Preussem, Anhalt u. Dänemark. (Ausg. B. No. 1.) Eilenburg: C. W. Offenhauer [1899]. (Getr. Pag.) 8⁰

Kubiktabellen uber runde Holzer berechnet nach Fussmass. Von W. Kohlmann. 18. Aufl Ausg f. Schleswig-Holstein, ferner f Mecklenburg, Hamburg, Bremen u Lubeck (Ausg B No 1.) *Eilenburg: C. W. Offenhauer [1901].* (Getr. Pag.) 8° [F.]

— dasselbe. Ausg. B. Nr. 1. Runde Hölzer nach Fußmaß. 19. Aufl. Ausg. f. Oesterreich. (IV, 104 S.) 16. Ebd. (905). Geb. 1. 60

— dasselbe. 29. Aufl. Ausg. f. Preußen, Anhalt u. Dänemark. (IV, 48, 96, 24 u. 32 S.) 16. Ebd. (905). Kart. — 90

— dasselbe. Ausg. B. Nr. 1. Runde Hölzer nach Fußmaß. 30. Aufl. Ausg. f. Preußen, Anhalt u. Dänemark. (IV, 48, 96, 24 u. 32 S.) 16. Ebd. (907). Geb. — 90

— Kubiktabellen über runde Hölzer berechnet nach Meter-Maaß. Ebend. 869. 16. (VIII, 102 S.) geb. 15 ngr

— — Nebst Preisberechner nach preuß. Münzfuß. Ebend. 869. 16. (VIII, 55 S.) geb. 22½ ngr

— dasselbe. Ausg. f. Baden u. Nassau. 2. Aufl. 16. (VIII, 142 S.) Ebend. 871. geb. 2. 25

— dasselbe. Ausg. f. Bayern. 16. (XV, 320 S.) Ebend. 871. geb. 3. 75

— dasselbe. Ausg. f. das Großherzogth. Hessen. 2. Aufl. 16. (VIII, 142 S.) Ebend. 871. geb. 2. 25

—— dass. — Ausg. für Preußen, zugleich für Anhalt und Dänemark. 2.—5. Aufl. 16. (252 S.) Ebendas. 871—74. geb.
Erschien auch für die Provinzen Hannover, Hessen, Schleswig-Holstein, für Baden und Nassau, Bayern, Großherzogth. Hessen, Großherzogth. Oldenburg, Königr. Sachsen und Würtemberg zu gleichem Preise.

— dasselbe. Ausg. f. Würtemberg. 2. Aufl. 16. (VIII, 142 S.) Ebend. 871. geb. 2. 25

— dasselbe, berechnet nach Meter-Maaß. 5. Aufl. 16. (180 S.) Ebend. 874. geb. 1. 50

— dasselbe. Ausg. f. das Königr. Sachsen. 3. Aufl. 16. (252 S.) Ebend. 874. geb. 2. 25

— Kubiktabellen. Ausg. A. Metermaß-Ausgaben. Nr. 1. Runde Hölzer. 16. Aufl. (Allgem. Ausg.) 16. (VIII, 96, 48, 32 u. IV, 32 S.) Ebd. 898. Geb. 1. 50
Ausg. f. Frankreich u. Italien je 2. 25.

— dasselbe. Ausg. f. Oesterreich. 17. Aufl. 16. (VIII, 96, 48, 96, 32, 24 u. IV, 32 S.) Ebd. 898. Geb. 2. 25
Ausg. f. Böhmen, Oesterreich-Polen u. Ungarn zu gleichem Preise.

Kohlmann, Wilhelm: Kubiktabellen über runde Hölzer berechnet nach Metermass. 18. Aufl. Ausg. f. Oesterr. (Ausg. C. Nr. 1.) Eilenburg: C. W. Offenhauer [1898]. (Getr. Pag.) 8⁰

— dasselbe. Ausg. f. Preußen, Anhalt u. Dänemark. 19. Aufl. 16. (VIII, 96, 48, 96, 32, 24 u. IV, 32 S.) Ebd. 898. Geb. 2. 25

— dasselbe. Ausg. f. Preußen, Anhalt u. Dänemark. 26. Aufl. 16. (IV, 48, 96, 24 u. 32 S.) Ebd. 898. Geb. — 90
Ausg. f. Oesterreich-Polen u. Rußland zu gleichem Preise.

— Kubiktabellen. Ausg. A. Metermaß-Ausgaben. Nr. 1. Runde Hölzer. 17. Aufl. (Allgemeine Ausg.) 16. (VIII, 96, 48, 32 u. IV, 32 S.) Ebd. (901). Geb. 1. 50

— dasselbe. 19. Aufl. Ausg. f. Österreich. 16. (VIII, 96, 48, 96, 32, 24, 4 u. 32 S.) Ebd. (901). Geb. 2. 25

Kubiktabellen uber runde Hölzer berechnet nach Metermaß. Von W. Kohlmann. 6. Aufl. Ausg. (A. Nr. 1) f d. Prov. Hessen. Eilenburg: C. W. Offenhauer [1904]. (Getr. Pag.) 8° [F.]

Kohlmann, W., Kubiktabellen. Ausg. A. Metermaß-Ausgabe. Nr. 1. Kubiktabellen üb. runde Hölzer. 18. Aufl. (VIII, 96, 48, 32 u. IV, 32 S.) 16. Eilenburg (905.) W. Offenhauer. Geb. 1. 50

Kohlmann, W., Kubiktabellen. Ausg. A. Metermaß-Ausgabe. Nr. 1. Kubiktabellen üb. runde Hölzer. 19. u. 20. Aufl. (VIII, 96, 48, 32 u. IV, 32 S.) 16. Eilenburg (907). C. W. Offenhauer. Geb. 1. 50

— dasselbe. 21. Aufl. Ausg. f. Österreich. (VIII, 96, 48, 96, 32, 24 u. IV, 32 S.) 13×8,5 cm. Ebd. (907). Geb. 2. 25

— dasselbe. 22. Aufl. Ausg. f. Preußen, Anhalt u. Dänemark. (VIII, 96, 48, 96, 32, 24 u. IV, 32 S.) 16. Ebd. (907). Geb. 2. 25

Kohlmann, W., Kubiktabellen üb. runde Hölzer nach Fuß- u. Metermaß. Ausg. f. Oesterreich m. poln. Texte. 16. (IV, 96; VIII, 96; 48, 28 u. 32 S.) Eilenburg 894. C. W. Offenhauer. Geb. in Halbleinw. 3. —

— dasselbe. Ausg. C. Fuß- u. Metermaß-Ausgaben. Nr. 1. Runde Hölzer. Ausg. f. Preußen, Anhalt u. Dänemark. 21. Aufl. 16. (IV, 48, 96; VIII, 96, 48, 32, 24, 32 u. IV, 32 S.) Ebd. 898. Geb. 3. —
Ausg. f. Oesterreich-Polen u. Ungarn zu gleichem Preise.

— dasselbe. 17. Aufl. Ausg. f. Oesterreich. 16. (IV, 48, 96; VIII, 96, 48, 32, 24, 104 u. IV, 32 S.) Ebd. 898. Geb. 3. —

— dasselbe. Ausg. f. Oesterreich. (VIII, 96, 48, 96, 32, 24 u. IV, 32 S.) 16. Ebd. (905). Geb. 2. 25

— Kubiktabellen üb. runde, geschnittene u. beschlagene Hölzer berechnet nach Fußmaaß. 5. Aufl. Ausg. f. Oesterreich. (VIII, 220 S.) Ebend. 871. geb. 3. —

— dasselbe. 9. Aufl. [Ausg. f. Preußen.] 16. (IV, 264 S.) Ebend. 874. geb. 2. 40

— dasselbe. 9. Aufl. [Ausg. f. Sachsen.] 16. (IV, 264 S.) Ebend. 874. geb. 2. 40

Kohlmann, Wilhelm: Kubiktabellen über runde geschnittene und beschlagene Hölzer berechnet nach Fussmass. 16. Aufl. Ausg. f. Oesterr. (Ausg. B. No. 3.) Eilenburg: C. W. Offenhauer [1898]. IV, 96 S. 8°

Kohlmann, W., Kubiktabellen. Ausg. B. Nr. 3. Runde, geschnittene u. beschlagene Hölzer berechnet nach Fußmaß. 17. Aufl. Ausg. f. Preußen, Anhalt u. Dänemark. (IV, 48, 96; IV, 144, 24 u. 32 S.) 16. Eilenburg (907). C. W. Offenhauer. Geb. 2. 40

— dasselbe. 14. Aufl. Ausg. f. Schleswig-Holstein, ferner f. Mecklenburg, Hamburg, Bremen u. Lübeck. (IV, 96; IV, 144, 24 u. 32 S.) 16. Ebd. (907). Geb. 2. 40

KOHLMANN, W : Kubiktabellen über runde, geschnittene und beschlagene Hölzer berechnet nach Metermaass. - Eilenburg 1871. VIII, 142, 178 S.

— dasselbe. Ausg. f. Baden u. Nassau. 16. (XV, 320 S.) Ebend. 871. geb. 3. 75

— dasselbe. Ausg. f. Bayern. 16. (XV, 320 S.) Ebend. 871. geb. 3. 75

— dasselbe. Ausg. f. die preuß. Prov. Hannover. 16. (XIX, 364 S.) Ebend. 871. geb. 3. 75

— dasselbe. Ausg. f. das Großherzogth. Hessen. 16. (XV 320 S.) Ebend. 871. geb. 3. 75

— dasselbe. Ausg. f. die preuß. Prov. Hessen. 16. (XIX. 364 S.) Ebend. 871. geb. 3. 75

— dasselbe. Ausg. f. Oldenburg. 16. (XIX, 364 S.) Ebend 871. geb. 3. 75

— dasselbe. Ausg. f. Preußen. 16. (XIX, 364 S.) Ebend. 871. geb. 3. 75

— dasselbe. Ausg. f. die preuß. Prov. Schleswig-Holstein. 16. (XIX, 364 S.) Ebend. 871. geb. 3. 75

— dasselbe. Ausg. f. Würtemberg. 16. (XV, 320 S.) Ebend. 871. geb. 3. 75

—— dass. — Ausg. für Preußen. 1.—3. Aufl. 16. (VIII, 412 S.) Ebendas. 871—74. geb.
Erschien auch für die Provinzen Hannover, Hessen, Schleswig-Holstein, für Baden und Nassau, Bayern, Großherzogth. Hessen, Oldenburg, Königr. Sachsen und Würtemberg zu gleichem Preise.

Kohlmann, W., Kubiktabellen üb. runde, geschnittene u. beschlagene Hölzer. Berechnet nach Meter-Maaß. 5. Aufl. 16. (XXI, 388 S.) Eilenburg 874. Offenhauer. geb. 3. —

— dasselbe. 3. Aufl. Ausg. f. Sachsen. 16. (VIII, 412 S.) Ebend. 874. geb. 3. 75

— dasselbe. Nr. 3. Runde, geschnittene u. beschlagene Hölzer. 9. Aufl. (Allgem. Ausg.) 16. (VIII, 96, 48; XIV, 208, 32 u. IV, 32 S.) Ebd. 898. Geb. 3. —
Ausg. f. Böhmen, Frankreich, Italien, Oesterreich-Polen u. Ungarn à 3. 75.

— dasselbe. Ausg. f. Bayern. 6. Aufl. 16. (VIII, 96, 48, 94; XIV, 208, 32, 24 u. IV, 32 S) Ebd. 898. Geb. 3. 75

— dasselbe. 16. Aufl. Ausg. f. Oesterreich. 16. (IV, 48, 96; IV, 144, 32, 24 u. 104 S.) Ebd. 898. Geb. 3. —

— dasselbe. 17. Aufl. Ausg. f. Oesterreich. 16. (IV, 48, 96; VIII, 96, 48; IV, 144; XIV, 208, 32, 24, 104 u. IV, 32 S.) Ebd. 898. Geb. 6. —

— dasselbe. Ausg. f. Preußen, Anhalt u. Dänemark. 13. Aufl. 16. (VIII, 96, 48, 96; XIV, 208, 32, 24 u. IV, 32 S.) Ebd. 898. Geb. 3. 75

— dasselbe. Nr. 3. Runde, geschnitt. u. beschlag. Hölzer. Ausg. f. Preußen, Anhalt u. Dänemark. 16. Aufl. 16. (IV, 48, 96; IV, 144, 24 u. 32 S.) Ebd. 898. Geb. 2. 40
Ausg. f. Oesterreich-Polen u. Rußland zu gleichem Preise. — Ausg. f. Ungarn 3. —.

— dasselbe. Nr. 3. Runde, geschnitt. u. beschlag. Hölzer. Ausg. f. Preußen, Anhalt u. Dänemark. 16. (IV, 48, 96; VIII, 96, 48; IV, 144; XIV, 208, 32, 24, 32 u. IV, 32 S.) Ebd. 898. Geb. 6. —
Ausg. f. Oesterreich-Polen u. Ungarn zu gleichem Preise.

— dasselbe. Nr. 3. Runde, geschnittene u. beschlagene Hölzer. 10. Aufl. 16. (VIII, 96, 48, XIV, 208, 36 u. 32 S.) Ebd. (899). Geb. 3. —

— dasselbe. 12. Aufl. Ausg. f. Oesterreich. 16. (VII, 96, 48, 96, XIV, 208, 32, 28 u. 32 S.) Ebd. (900). Geb. 3. 75

— dasselbe. 14. Ausg. Ausg. f. Preußen, Anhalt u. Dänemark. 16. (VIII, 96, 48, 96, XIV, 208, 32, 28 u. 32 S.) Ebd. (900). Geb. 3. 75

— dasselbe. 18. Aufl. Ausg. f. Schleswig-Holstein, ferner f. Mecklenburg, Hamburg, Bremen u. Lübeck. 16. (IV, 96 u. 32 S.) Ebd. (901). Geb. — 90

— dasselbe. Nr. 3. Runde, geschnittene u. beschlagene Hölzer. 13. Aufl. Ausg. f. Schleswig-Holstein, ferner f. Mecklenburg, Hamburg, Bremen u. Lübeck. 16. (IV, 96; IV, 144, 24 u. 32 S.) Ebd. (901). Geb. 2. 40

— dasselbe. Nr. 3. Runde, geschnittene u. beschlagene Hölzer. 13. Aufl. Ausg. f. Oesterreich. (VII, 96, 48, 96, XIV, 208, 32, 24 u. IV, 32 S.) 16. Ebd. (905). Geb. 3. 75

— dasselbe. Ausg. A. Nr. 3. Runde, geschnittene u. beschlagene Hölzer, berechnet nach Metermaß. 15. Aufl. Ausg. f. Preußen, Anhalt u. Dänemark. (VIII, 96, 48, 96; XIV, 208, 32, 24 u. IV, 32 S.) 13×8,5 cm. Ebd. (907). Geb. 3. 75

— dasselbe üb. runde u. geschnittene Hölzer nach Fuß- u. Metermaß. Ausg. f. Oesterreich m. poln. Texte. 16. (IV, 48; 96; VIII, 96; 48; IV, 140; XIII, 208; 28 u. 32 S.) Ebd. 894. Geb. in Halbleinw. 6. —

Kohlmann, W., Lohn-Tabellen zum praktischen Gebrauch für Lohn-Auszahler jeder Art, z. B. Bahnmeister, Bauunternehmer, Rechnungsbeamte ꝛc. Nebst Multiplikationstabelle. 16. (IV, 96; IV, 38 S.) Eilenburg 883, Offenhauer. geb.

— Lohn-Tabellen z. prakt. Gebrauch f. Lohn-Auszahler jeder Art, z. B. Bahnmeister, Bauunternehmer, Rechnungsbeamte, Fabrikanten, Handwerker, Oekonomen, Werkmeister ꝛc. Nebst Multiplikationstabelle. (5. Aufl.) 16. (IV, 96 u. IV, 38 S.) Ebd. 898. — 90

— Lohn-Tabellen zum prakt. Gebrauch f. Lohn-Auszahler jeder Art, z. B.: Bahnmeister, Bauunternehmer, Rechnungsbeamte, Fabrikanten, Handwerker, Oekonomen, Werkmeister ꝛc. Nebst Multiplikationstabelle. 8. Aufl. 16. (IV, 96 u. IV, 38 S.) Ebd. (902). Kart. — 90

— Lohn-Tabellen zum praktischen Gebrauch f. Lohn-Auszahler jeder Art, z. B.: Bahnmeister, Bauunternehmer, Rechnungsbeamte, Fabrikanten, Handwerker, Oekonomen, Werkmeister ꝛc. Nebst Multiplikationstabelle. 9. Aufl. (IV, 96 u. IV, 38 S.) 16. Eilenburg (905). W. Offenhauer. Geb. — 90

— Lohn-Tabellen zum praktischen Gebrauch f. Lohn-Auszahler jeder Art, z. B.: Bahnmeister, Bauunternehmer, Rechnungsbeamte, Fabrikanten, Handwerker, Ökonomen, Werkmeister ꝛc. Nebst Multiplikationstabelle. 10. Aufl. (IV, 96 u. IV, 38 S.) 16. Ebd. (907). Geb. — 90

— Maaß- u. Gewichts-Tabellen zur Erleichterung der Anwendung der neuen metr. Maaße u. Gewichte. Eine übersichtliche Zusammenstellung der Verhältnißzahlen in Dezimalbruchform bezüglich der Maaße u. Gewichte der meisten europäischen Länder zu den metr. Maaßen u. Gewichten; nebst sorgfältig ausgerechneten Tabellen über diverse Maaßbeträge von allen in diesen Ländern im gewöhnl. Verkehre meist gebräuchlichen alten u. neuen Maaßen. Eilenburg 870. Offenhauer. 32. (XIV, 212 S.) 1 a⁄

—— Maaß- und Gewichtstabellen zur Erleichterung der Anwendung der neuen metrischen Maaße und Gewichte. Eine übersichtl. Zusammenstellung der Verhältnißzahlen in Dezimalbruchform, bezüglich der Maaße und Gewichte der meisten europ. Länder zu den metr. Maaßen und Gewichten; nebst sorgfältig ausgerechneten Tabellen über diverse Maßbeträge von allen in diesen Ländern im gewöhnl. Verkehr meist gebräuchl. alten und neuen Maaßen. Neue Ausg. 16. (XXIV, 312 S.) Ebendas. 874. geb. 3 —

— große Multiplikations-Tabelle im Zahlenraum von 2×2 bis 1000×1000. Zugleich Universal-Preisberechner für alle Länder, deren Rechnungsmünze in 100 Einheiten getheilt ist. 1. Abth. 2×2 bis 100×1000. schmal gr. 8. (VI, 225 S.) Ebend. 877. geb. 2. 25

— Große Multiplikations-Tabelle im Zahlenraume von 2×2 bis 1000×1000. Zugleich Universal-Preisberechner f. alle Länder, deren Rechnungsmünze in 100 Einheiten geteiltist. I. Abtlg. 2×2 bis 100×1000. 2. Aufl. (225 S.) 27,5×10 cm. Ebd. (907). Geb. in Leinw. 2. 25

— große Multiplikations-Tabelle im Zahlenraume v. 2×2 bis 1000×1000. Zugl. Universal-Preisberechner f. alle Länder, deren Rechnungsmünze in 100 Einheiten getheilt ist. II Abth. 101×101 b. 200×1000. schmal Fol. (S. 223—443.) Ebd. 880. Geb. 2. 25

Grosse Multiplikations-Tabelle im Zahlenraume von 2×2 bis 1000×1000. Zugl. Universal-Preisberechner f. alle Länder, deren Rechnungsmünze in 100 Einheiten getheilt ist. Berechnet von W. Kohlmann. Abth. 1. 2. *Eilenburg: C. W. Offenhauer 1877(-1900).* 2 Bde 4°(8°)
1. 2×2 bis 100×1000. 1877
2. 101×101 bis 200×1000. 2 Aufl. 1900. [01. 8471

— große Multiplikations-Tabelle im Zahlenraume von 2×2 bis 1000×1000. Zugleich Universal-Preisberechner f. alle Länder, deren Rechnungsmünze in 100 Einheiten getheilt ist. II. Abth. 101×101 bis 200×1000. 3. Aufl. schmal Lex.-8. (S. 225—443.) Ebd. (902). Geb. in Leinw. 2. 25

— kleine Multiplikations-Tabelle im Zahlenraume v. 2×2 bis 100×100. 16. (IV, 38 S.) Ebd. (885). Kart. — 60

— großer Rechenhelfer beim Ein- u. Verkauf. Nebst Multiplikations- u. Zinsberechnungs-Tabellen. 16. (VI, 500; IV, 38 u. IV, 48 S.) Ebd. (885). Kart. 3. —

—— Rechenhelfer beim Ein- und Verkauf. Nebst Multiplikations- und Zinsberechnungs-Tabellen. 16. (VI, 160; IV, 38, 31 S.) Ebendas. 883. geb.

— kleiner Rechenhelfer beim Ein- u. Verkauf. Nebst Multiplikations- u. Zinsberechnungs-Tabellen. 4. Aufl. gr. 16. (VI, 160, IV, 32 u. 31 S.) Eilenburg 898. C. W. Offenhauer. Geb. in Leinw. 1. 20

Kohlmann, W., kleiner Rechenhelfer beim Ein- u. Verkauf. Nebst Multiplikations- u. Zinsberechnungs-Tabellen. 6. Aufl. (VIII, 160, IV, 38 u. 31 S.) 16. Eilenburg (903). W. Offenhauer. Geb. 1. 20

Kohlmann, W., der Spiritusberechner. Tabellen zur Benutzg. b. Spiritusverkehr. 4. Aufl. 16. (VIII, 368 S.) Ebd. (885). Geb. 3. —

— Spiritustabellen nach Litermaaß. 16. (61 S.) Ebend. 871. geb. — 90

—— Spiritustabellen nach Litermaaß. 1. und 2. Aufl. 1871,73. 90 Pf., und 3. Aufl. 16. (232 S.) Ebendas. 875. geb. 2 25

Tabele kubiczne do rznię̨tego i ciosanego drzewa obliczone podlug stopniowéj miary przez W. Kohlmann'a. *Eilenburg: C. W. Offenhauer [1894].* [Kubiktabellen üb. geschnittene u. beschlagene Holzer, berechnet nach Fussmass . . .] (2 Bl., 140 S.) 1 Bd 8. [98. 10140

Tabele kubiczne do rznię̨tego i ciosanego drzewa obliczone podlug stopniowéj i metrycznej miary przez W. Kohlmann'a. *Eilenburg: C. W. Offenhauer [1894].* [Kubiktabellen üb. geschnittene u. beschlagene Hölzer, berechnet nach Fuss- u. Metermass . . .] (2 Bl., 140 S.) 1 Bd 8. [98. 10142

Tabele kubiczne do drzewa okraglego obliczone podlug stopniowéj i metrycznej miary przez W. Kohlmann'a. *Eilenburg: C. W. Offenhauer [1894].* [Kubiktabellen üb. runde Hölzer berechnet nach Fuss- u. Metermass . . .] (IV, 96 S.) 1 Bd 8. [98. 10136

Tabele kubiczne do drzewa okraglego, rznię̨tego i ciosanego obliczone podlug stopniowéj i metrycznej miary przez W. Kohlmann'a. *Eilenburg: C. W. Offenhauer [1894].* [Kubiktabellen üb. runde, geschnittene u. beschlagene Hölzer, berechnet nach Fuss- u. Metermass . . .] (2 Bl., 48, 96 S.) 1 Bd 8. [98. 10138

Tablice kubiczne na drzewo cięte i ciosane wyrachowane podług miary metrycznej przez W. Kohlmann'a. Dla użytku w Austrji. *Edenburg: C. W. Offenhauer [1894].* [Kubiktabellen über geschnittene u. beschlagene Hölzer berechnet nach Metermass ... F. d. Gebrauch in Oesterreich .] (XIII S., 1 Bl., 208, 24 S., 2 Bl., 32 S.) 1 Bd 8. [96. 10141

Tablice kubiczne na drzewo krągłe obrachowane podług miary metrycznej przez W. Kohlmann. o. wyd. dla Austrji. *Edenburg: C. W. Offenhauer [1891].* [Kubiktabellen üb. runde Hölzer, berechnet nach Metermass... F. Oesterreich.] (VIII, 96, 48, 24 S., 2 Bl., 32 S.) 1 Bd 8. [94.10137

— tavole cubiche di legni rotondi calcolate a misura metrica. 2. ed. 16. (VI, 96 u. 48 S.) Ebd. 893. Geb. 1.50

— dasselbe di legni rotondi tagliate e sgrossati. 2. ed. 16. (96, 48 u. XIII, 208 S.) Ebd. 893. Geb. 3.—

— dasselbe di legni segati e tagliati. Edizione per l'Austria. 16. (XIII, 208 S.) Ebd. 893. Geb. 1.80

Kohlmann, Guilelmus: De vel imperativo quatenus ab aut particula differat. *Marpurgi Catt. 1898: Friedrich.* (98 S.) 8°
Marburg, Phil. Diss. v. [25. Mai] 1898

— Zinsberechner zu 3½, 3¼, 3⅜, 3⅝, 4, 4¼, 4½, 5, 5½ u. 6 Procent auf 1 bis 29 Tage u. 1 bis 12 Monate v. Capital 1 bis 10000. 16. (IV, 48; 48, 48, 48, 48, 48, 48, 48, 48 u. 48 S.) Ebd. (886). Kart. 3.75

Zinsberechner zu 3 Procent auf 1 bis 29 Tage und 1 bis 12 Monate vom Capital 1 bis 10000. Von W. Kohlmann. *Edenburg: C. W. Offenhauer [1900].* (48 S.) 8° [F.] [... 5343 3

— Zinsberechner zu 3, 3½, 3¼, 3⅜, 3⅝, 4, 4¼, 4½, 5, 5½ u. 6 Procent auf 1 bis 29 Tage u. 1 bis 12 Monate vom Capital 1 bis 10,000. 2. Aufl. 16. (IV, 48, 48, 48, 48, 48, 48, 48, 48, 48, 48 u. 48 S.) Ebd. (900). Kart. 3.75

— Zinstabellen f. Capitalien in Mark, Gulden, Francs 2c., berechnet auf 12, 9, 6, 3, 2, 1 Monat u. 25, 20, 15, 10, 5, 1 Tag zu ¼, ⅓, ½, ⅔, ¾, 1, 2, 3, 3¼, 3½, 3⅝, 4, 4½, 5, 5½, 6, 6½, 7, 7½, 8, 8½, 9 u. 9½ Procent Zinsfuß. 16. (IV, 48 S.) Ebend. 883. —60

— Zinstabellen f. Kapitalien in Mark, Gulden, Francs 2c., berechnet auf 12, 9, 6, 3, 2, 1 Monat u. 25, 20, 15, 10, 5, 1 Tag zu ¼, ⅓, ½, ⅔, ¾, 1, 2, 3, 3¼, 3½, 3⅝, 4, 4½, 5, 5½, 6, 6½, 7, 7½, 8, 8½, 9, 9½ Prozent Zinsfuß. 3. Aufl. (IV, 48 S.) 16. Ebd. (905). —60

Kohlmayer. Eine Pastoralkonferenz das neue Gesangbuch betreffend. Ketzerthurm 1781. [Leipzig 1782.] V: *Grosse, Gottfried.* (Wr) (Ky) (MGT) (BrMm)

Kohlmeyer; eine Pastoralconferenz über d. neue Gesangbuch (v. Gf. Große). 8. Leipz. 782.

Kohlmetz, Emil, des Schädlichkeit des Mißbrauchs geistiger Getränke, s.: Dicke, Ew.

Ansichtspostkarten oder Der falsche Waldemar. Lustspiel in 1 Akt von Hermann Kohlmetz. *Berlin: Kohling & Güttner [1901]* (28 S.) 8° [F.]
= Album f. Liebhaber-Bühnen. No 353 [01. 1138

Kohlmetz, Herm., er bemüht sich selbst od. Alles ums Trinkgeld, s.: Heidelmann's, A., Theaterbibliothek.

Er wird kuriert! Silvester-Schwank in 1 Akt von Hermann Kohlmetz. Mühlhausen i. Th.: G. Danner [1907]. (16 S.) 8° [F.]
— Aufführungen f. Weihnachten u. Neujahr. No 27. [08. 3718 3

— die rote Nase, s.: Album f. Liebhaber-Bühnen.

— Der Negerfürst. Fahrten u. Abenteuer e. armen Schiffsjungen. Eine Geschichte aus dem Leben. (112 S. m. 3 farb. Vollbildern.) 8. Reutlingen (909). R. Bardtenschlager. Geb. 1.—

— Klärchens Schwärmerei, s.: Heidelmann's, A., Theaterbibliothek.

— Ein Schwiegervater auf Abzahlg., s.: Album f. Liebhaber-Bühnen.

— sie betrügt ihren Mann, s.: Album f. Liebhaber-Bühnen.

Der Soldatenkönig und die langen Kerle. Lebensbilder u. launige Geschichten aus Preußens Werdegang. Für d. Volk u. d. reifere Jugend bearb. von Hermann Kohlmetz. Elberfeld: S. Lucas [1907]. (222 S.) 4°(8°) [F.] [08. 2085

Kohlmetz, Herm., — Die Verlobungsfalle, } s.: Album f. Liebhaber-Bühnen.

Kohlmetz, Herm., wenn Frauen sprechen, s. a. Bloch's, Ludw., Sammlung v. Zwie- u. Dreigesprächen. 36. Hft.

Wenn Frauen sprechen. Eine heitere Plauderei f. 1 Herrn u. 1 Dame von Hermann Kohlmetz. Berlin: E. Bloch [1905]. (8 S.) 8° [F.]
= Sammlung, Ludwig Blochs, von Zwie- u. Dreigesprächen. H. 36. [06. 9504

Kohlmetzwerke, Kohlmetz-Binder. Stein-Eisen-Balken für wagerechte und gewölbte Massiv-Steindecken. Berlin (1905)

Kohlmeyer, s.a. Kohlmayer.

Kohlmeyer, Ernst, I. Assistenzarzt am Augusta-Hosp.: Aus d. Kgl. Universitäts-Poliklinik f. Ohren-, Nasen- u. Halskranke zu Breslau (Prof. Dr. Kümmel). Beitrag zur Histologie der Ohrpolypen. *Breslau 1902: Th. Schatzky.* (30 S.) 8°
Breslau, Med. Diss. v. 19. März 1902

Kohlmeyer, Ernst J[ustus]: Über die Calciumferrite, ihre Konstitution und ihr Auftreten in hüttenmännischen Prozessen. Halle: Knapp 1909. 41 S., 1 Taf. 4° ¶ Ausz. in: Berichte d. Deutschen Chem. Gesellschaft. Jg. 42; S. 1—31 mit unerhebl. Änderungen in: Metallurgie. Jg. 7. 1910.
Berlin, Dr.-Ing.-Diss. v. 16. 7. 1909

Kohlmeyer, Otto

Kohlmeyer, O., Erwiderung auf Hrn. Professor Knokes Beleuchtung der Broschüre „Erziehender Unterricht u. didaktischer Formalismus", gegeben v. Verf. der letzteren, O. K. gr. 8. (22 S.) Gotha 901. E. F. Thienemann. n. —40

Kohlmeyer, O., allgemeine Pflanzenkunde nebst Anleitung zur Ausführung der notwendigsten u. einfachsten prakt. Arbeiten. Handbuch f. Schüler v. Lehrerbildungs- u. höheren Unterrichtsanstalten sowie f. Lehrer zur Vorbereitg. auf den Unterricht u. f. Prüfungen. (267 S. m. 274 Abbildgn.) gr. 8. Leipzig 906. Dürr'sche Buchh. n. 3.—; geb. n. 3.50

Kohlmeyer, O., das biologische Prinzip im naturgeschichtl. Unterrichte, s.: Zur Pädagogik der Gegenwart. 3. Hft.

— allgemeine Tierkunde nebst Anleitung zur Ausführg. der notwendigsten u. einfachsten praktischen Arbeiten. Handbuch für Schüler von Lehrerbildungs- u. höheren Unterrichtsanstalten sowie f. Lehrer zur Vorbereitg. auf den Unterricht u. f. Prüfgn. (178 S. m. 250 Abbildgn.) Lex.-8. Ebd. 905. n. 2. 10; geb. n. 2. 40

Kohlmeyer, O., Tierkunde f. deutsche Lehrerbildungsanst., s.: Fickert, C.

Kohlmeyer, Otto, u. R. Waeber, Tier- u. Menschenkunde, s.: Hirt's, Ferd., neues Realienbuch. Nr. 10.

— erziehender Unterricht u. didaktischer Formalismus, s. a. Beiträge zur Lehrerbildung. 19. Hft.

Kohlmeyer, Sem.-Lehrer O., Erziehender Unterricht u. didaktischer Formalismus. Zwei Schlagwörter in der Beurteilung des Unterrichtsbetriebes der modernen Volksschule. (88 S.) Gotha 1900. E. F. Thienemann.

Köhlmoos, Heinrich [aus San Francisco Assist. an d. akad. Augenklinik in Giessen]: Aus d. Univ.-Augenklinik in Giessen. Ueber das Chalazion ... Giessen, C. v. Münchow, Univ.-Dr., 1893; 46 S. 8.
Giessen, Med. Fak., Inaug.-Diss. v. 1893

Kohlmorgen, O., Instrumente u. Apparate zum praktischen Gebrauch des Ingenieurs. (19 S. m. Fig.) Lex.-8. Berlin 905. Verlag „Der Wasser- u. Wegebau". n. 1. 20
Sonderabdruck aus: „Wasser- u. Wegebau".

— Statik u. Diagramme zum Dimensionieren der Decken u. Stützen im Massivbau, s.: Verein „Massivbau-Verband" in Berlin.

Kohlmünzer, Ernst s. Familienbibliothek, Schweizer. No. 26.

Kohlmünzer, Ernest, Blumen-Bouquet. Ein Cyklus von Novellen und Erzählungen. 8. (VI und 216 S.) Wien 859,61, (Dirnböck.)

Kohlmünzer, Ernst, auf Kreuz- und Querzügen. Novellen und Erzählungen. 8. (179 S.) Wien 873, Klemm. * 2 —

Kohlmünzer, Ernst, Onkel Paul, s.: Weber's moderne Bibliothek.

— der neue Revierförster. Humoresken. 8. (III, 195 S.) Dresden 901. E. Pierson. n. 2. —; geb. n. 3. —

—— bunte Steine. Gedichte. 8. (112 S.) Ebendas. 873. * 2 —

— die Verfolgten u. andere ungarische Erzählungen aus der Vergangenheit. 8. (V, 159 S.) Ebd. 901. n. 2. —; geb. n. 3. —

— der Stuhlrichter. Ungarischer Volksroman aus der Periode vor dem J. 1867. 8. (226 S.) Ebd. 900. n. 2. 50; geb. n. 3. 50

Kohlndorfer's Taschen-Fahrplan Landshut. Sommer 1910. (142 S.) 7,7×5,8 cm. Landshut, O. Dallmer. — 15

Köhlner, Joh. Album der Pesther bürgerlichen Scheiben-Schützen-Gesellschaft für das Jahr 1852. (A' Pesti polgári czél-lövész-egylet névkönyve...) (Deutscher und Ungarischer Text.) kl. 8. (42 S.) Pesten, Müller Emil 1853.

Köhlner, Joseph —. Album der Pesther bürgerlichen Scheiben-Schützen-Gesellschaft für das Jahr 1853 .... herausgegeben von — —. Deutsch und Ungarisch. 8. (46 S.) Pesth. Emil Müller'sche Buchdruckerei. 1854.

Köhlner, Joseph —. Album der Pesther bürgerlichen Scheiben-Schützen-Gesellschaft für das Jahr 1854. Laut Beschluß der allgemeinen Schützen-Versammlung herausgegeben von — —. A Pesti polgári Czél-lövész egylet névkönyve 1854-dik évre. Pesth. 1855. Druck von Emil Müller. (46 S. 8.)

Kohlrausch, Friedrich, Nekrolog. Hannover 1867. V: *Schmalfuss, C.* (Russell V, 732)

Kohlrausch, Friedrich. Nekrolog. Hannover 867. Helwing'sche Hofbuchh. gr. 8. (19 S.) n. 4 ngr.

(Kohlrausch): Prüfungsbestimmungen für Thermometer. (Berlin) 1898

Kohlrausch, Dr., Ueber die Regenverhältnisse der letzten Jahre. (1861).

Kohlrausch, Ueber die unpersönlichen Verba. Pr. 1848. 32 S. 4°.

Kohlrausch, Chrn., der Diskus. Anleitung zur Einführung des Diskuswerfens auf unseren Turn- und Spielplätzen für alle Turner, besonders für Turnlehrer und Schüler höherer Unterrichtsanstalten. gr. 8. (VII, 75 S. mit 56 eingedr. Holzschn.) Leipzig 882, Strauch. *

Kohlrausch, Chrn., das Mädchenturnen in seiner Entwickelung u. Einführung. Ein Wort an alle Mütter u. Leiter v. Mädchenschulen. gr. 8. (26 S.) Leipzig 883. Strauch. n. — 50

Kohlrausch, Christian, Carl Quaritsch, Magdeburg 1886, 12 S., 8°.

Kohlrausch, Christian, Das Turnen in Magdeburg, E. histor. Abriß d. Entwickelung d. Leibesübungen in Magdeburg, Magdeburg 1892, 49 S., 8°.

Kohlrausch, Chrn. Das Turnen als Volkserziehungsmittel. Ein kurzes Mahnwort an alle deutschen Männer u. Frauen, insbes. an d. Eltern, Lehrer u. Turner. 8. (62 S.) Magdeb. 889, Rathke. * — 80

Kohlrausch, Chr.: Die dritte Turnstunde. Berlin 1895. 12 S. Sonderdr. aus: Monatsschr. f. d. Turnwesen. 1895. H. 2 u. 3.

—— der Turnunterricht auf den höheren Lehranstalten. Seine Mängel und deren Abhülfe. 12. (54 S.) Grünberg 884, Weiss Nachf. *
Vgl. Kohlrausch, Ernst.

Kohlrausch, Christian Geo., deutsches Turnen. Vorträge u. Lehrpläne. 1. Bd. (XI, 532 S. m. Abbildgn.) gr. 8. Magdeburg 908. Friese & Fuhrmann. 12. —; geb. in Leinw. n 13.50; auch in 10 Lfgn. à 1. 20

Kohlrausch, Eduard, Referendar: Zur prozessualen Behandlung der Idealkonkurrenz. *Greifswald 1899: J. Abel.* (71 S.) 8°
Greifswald, Jur. Diss. v. 1899

Kohlrausch, Eduard, die Beschimpfung v. Religionsgesellschaften. Ein Beitrag zur Strafrechtsreform. (IV, 104 S.) gr. 8. Tübingen 908. J. C. B. Mohr. 2. 40

Kohlrausch, Eduard, Irrtum u. Schuldbegriff im Strafrecht. 1. Tl. (VIII, 188 S.) gr. 8. Berlin 903. J. Guttentag. n. 4.50

Kohlrausch, Eduard, Dr.: Die Lehre vom Rechtsirrtum in Theorie und Praxis des heutigen Strafrechts. *(Berlin & Potsdam [1902]: A. W. Hayn's Erben.)* (171 S.) 8° Heidelberg, Jur. Hab.-Schr. v. 1902

Kohlrausch E, die Lehre vom Rechtsirrtum in Theorie und Praxis des heutigen Strafrechts. (171 S) Potsdam 1903

— Religionsvergehen usw., s.: Kahl, W.

— Die Schuld. (Vorsatz, Fahrlässigkeit, Rechtsirrtum, Erfolgschaftshaft.) (46 S.) gr. 8. Berlin 910. J. Guttentag. 1.—
Sonderabdruck aus: „Die Reform d. Reichsstrafgesetzb."

— Sollen u. Können als Grundlagen der strafrechtl. Zurechnung. (34 S.) gr. 8. Berlin 910. F. Vahlen. 1.—
Sonderabdruck aus: „Festgabe f. Dr. Karl Güterbock".

— s.: Verbrechen u. Vergehen wider die Sittlichkeit usw.

— s.: Zeitschrift f. die gesamte Strafrechtswissenschaft.

Kohlrausch, [Edu.], Zweikampf Berlin 1906. 8°.
(Vergl. Darstellung d. deutschen u. ausländ. Strafrechts, hrsg. von Karl v. Birkmeyer [u. a.] Bes. Tl. Bd. 3.)

Kohlrausch, Ernst

Kohlrausch, E., & A. Martens: Bericht über Spiel-Kurse für Lehrerinnen und Lehrer 1893 zu Magdeburg. Magdeburg 1893. 15 S.

Kohlrausch und Mertens, Bericht über Spiel-Kurse für Lehrerinnen und Lehrer, abgehalten 26.—28. 6. 1893 u. 28. 8.—2. 9. 1893 zu Magdeburg, Magdeburg, 15 S., 8°.

Kohlrausch, E., u. Wortmann, Nordwestdeutscher Turnlehrer-Verein, Ber. üb. d. 10. Versammlg. a. 24.—25. 9. 1887 in Osnabrück u. üb. d. 14. Versammlg. a. 30. 9. u. 1. 10. 1893 in Lüneburg, 7 S., 4°.

Kohlrausch, E., Bewegungsspiele, s. a. Sammlung Göschen.

Kohlrausch, E.: Bewegungsspiele. Leipzig 1899. 159 S. m. Abb. (Sammlung Göschen. 96.)

Bewegungsspiele. Von Dr. E[rnst] **Kohlrausch**, Prof. Mit 15 Abb. 2. verb. Aufl. Leipzig: Göschen 1908. 150 S. 8° (Sammlung Göschen. 96.)

Kohlrausch, E.: Mechanik des Turnens, eine physikalische Skizze. Stettin 1880. 21 S.

Kohlrausch, Ernst Mitteilungen über das neue Schulhaus und die Turnhalle des kön. Kaiser-Wilhelms-Gymn. 11 S u. 3 Taf. Progr. Wi G. *Hannover* 1882

Kohlrausch, E., Physik des Turnens, m. Abb., Hof 1886, 68 S., 8°.

Kohlrausch, E., Physik des Turnens. 8. (VII, 68 S. mit 88 Fig.) Hof 887, Lion. cart. *

Kohlrausch, E., Prellball, Hohlball, Hohlballschlagen, Hannover, 1 Bl., 8°.

— Ratgeber zur Einführung der Volks- u. Jugendspiele, s.: Schriften, kleine, des Zentralausschusses zur Förderung der Volks- u. Jugendspiele in Deutschland.

Kohlrausch, Ernst: Ein obligatorischer Spielnachmittag an den dt. Schulen, s. Raydt, H.

Kohlrausch, E., & A. Marten: Turnspiele nebst Anleitung zu Wettkämpfen u. Turnfahrten für Lehrer, Vorturner. Hannover 1883. 104 S. m. Abb.

— — 3. Aufl. 1884. 108 S.
— — 4. Aufl. 1892. 122 S.
— — 5. Aufl. 1895. 149 S.
— — 6. Aufl. 1898. 155 S.
— — 7. Aufl. 1905. 169 S.
— — 11. Aufl. 1919. 207 S.
— — 12. Aufl. 1924. 303 S.

Kohlrausch, E., u. Marten, A., Turnspiele nebst Anleitung zu Wettkämpfen und Turnfahrten, m. Abb., 1., 2. verm. u. verb., 4.—8., 10., 11. u. 12. (v. J. Sparbier) Aufl., Hannover 1883, 1883, 1891, 1895, 1898, 1905, 1908, 1912, 1919, 1924, 16°. 10 Bde.

—— und Marten, Turnspiele, nebst Anleitung zu Wettkämpfen und Turnfahrten, für Lehrer, Vorturner und Schüler höherer Lehranstalten. 1. und 2. verb. und verm. Aufl. 16. (VIII, 104 S. mit 10 eingedr. Fig. in Holzschn.) Hannover 883, Meyer. * 50 Pf.; cart. * geb. *

Kohlrausch, E., u. A. Marten, Turnspiele nebst Anleitung zu Wettkämpfen u. Turnfahrten f. Lehrer, Vorturner u. Schüler höherer Lehranstalten. Mit 12 in den Text gedr. Fig. 3. Aufl. 16. (VIII, 108 S.) Hannover 884. Meyer. cart. n. — 60

Kohlrausch, E. u. A. Marten. Turnspiele, nebst Anleitg. zu Wettkämpfen u. Turnfahrten für Lehrer, Vorturner u. Schüler höherer Lehranstalten. 4. verm. u. verb. Aufl. 32. (VIII, 122 S. m. 12 Fig.) Hannov. 891, Meyer. cart. * — 60; geb. * — 80

Kohlrausch, E., u. A. Marten, Turnspiele nebst Anleitung zu Wettkämpfen u. Turnfahrten f. Lehrer, Vorturner u. Schüler höherer Lehranstalten. 5., verm. u. verb. Aufl. 16. (VIII, 149 S. m. 17 Fig.) Hannover 895. C. Meyer. Kart. n. — 75; geb. in Leinw. n. 1. —

Kohlrausch, E., u. A. Marten, Turnspiele nebst Anleitg. zu Wettkämpfen u. Turnfahrten f. Lehrer, Vorturner u. Schüler höh. Lehranst. 6., verm. u. verb. Aufl. gr. 16. (VIII, 155 S. m. 19 Fig.) Hannover 898. C. Meyer. Kart. n. — 75; geb. n. 1. —

Kohlrausch, E., u. A. Marten, Turnspiele nebst Anleitg. zu Wettkämpfen u. Turnfahrten für Lehrer, Vorturner u. Schüler höh. Lehranstalten. 7. verm. u. verb. Aufl. (VIII, 169 S. m. 19 Fig.) 16. Hannover 905. C. Meyer. Kart. n. — 75; geb. n. 1. —

— u. A. Marten, Turnspiele nebst Anleitung zu Wettkämpfen u. Turnfahrten f. Lehrer, Vorturner u. Schüler höh. Lehranstalten. 8., verm. u. verb. Aufl. (VIII, 194 S. m. 19 Fig.) 16. Hannover 909. C. Meyer. Geb. in Leinw. 1. —

— der Turnunterricht auf den höheren Lehranstalten. Seine Mängel u. deren Abhülfe. 12. (54 S.) Grünberg 884. Weiss Nachf. n. — 60
Vgl. Kohlrausch, Chrn.

Kohlrausch, F. L., Einführung in die Differential- u. Integralrechnung nebst Differentialgleichungen. Mit 100 Textfig. u. 200 Aufgaben. (VII, 191 S.) 8. Berlin 907. J. Springer. 6.—; geb. in Leinw. n 6.80

Kohlrausch, Fr. E. W. (Hannover), De diaeresi in medio trimetro iambico apud Sophoclem. Diss. philos. Götting. (Heinrich Carl Seemann) 1838. 36 S. (5.50) 19094

Gesammelte Abhandlungen von Friedrich **Kohlrausch.** Hrsg. von Wilhelm Hallwachs [u. a.] Mit Taf. u. Fig. Bd 1. 2. Leipzig: J. A. Barth 1910–11. 8°

1. Elastizität, Wärme, Optik, absolute elektrische Messungen ... Mit 1 Bildn. 1910. 2. Elektrolyte. Mit e. Lebensbild d. Verf. von A(dolf) Heydweiller. 1911. [11. 12160

Kohlrausch, Frdr., gesammelte Abhandlungen. Hrsg. v. Wilh. Hallwachs, Adf. Heydweiller, Karl Strecker u. Otto Wiener. 1. Bd. Elastizität, Wärme, Optik, absolute elektr. Messgn. u. Verschiedenes. Mit 1 Bildnis des Verf., 1 Taf. u. 117 Fig. im Text. (XXXV, 1108 S.) gr. 8. Leipzig 910. J. A. Barth. 25.—; geb. in Halbfrz. 27.—

Kohlrausch, Friedrich: Chronologischer Abriss der Weltgeschichte für den Jugend-Unterricht. 3. Aufl. Elberfeld. 1818. 4°

Kohlrausch, Fr., chronologischer Abriß der Weltgeschichte für den Jugend-Unterricht. 4te Aufl. gr. 4. Elberfeld, Büschler. 820. ord. Pap. -
weis Pap. -

— chronolog. Abriß d. Weltgeschichte f. d. Jugendunterricht. 6e verb. u. mit e. synchronist. Tabelle d. europ. Staatengeschichte verm. 6e Aufl. gr. 4. Elberf. 826, Büschler.

Kohlrausch, Friedr., chronolog. Abriß d. Weltgeschichte, zunächst f. d. Jugend-Unterr. 7. Aufl. (7 B.) 828. 8 Gr., 8—10., verb. u. mit e. synchronist. Tab. d. alten, so wie d. neu. Staaten-Geschichte verseh. A. (à 9 B.) gr. 4. Elberfeld 830—34, Büschler. à

Kohlrausch, Friedr., chronolog. Abriß d. Weltgeschichte, zunächst f. d. Jugend-Unterr. 11. u. 12., verb. u. verm. Aufl., mit e. synchronist. Tab. d. alten, so wie d. neuern Staatengeschichte. gr. 4. (à 9¼ B.) Leipzig 837, 41, [Friedlein u. Hirsch.] à *
Atlas hierzu, vgl. Möller, Arn. Wilh.

Kohlrausch, Friedr., chronolog. Abriß der Weltgeschichte. M. 2 synchronist. Tabellen der alten Geschichte u. der neuern Staatengeschichte. Zunächst f. d. Jugend-Unterricht, sowie zur Benutzung neben d. Geschichtswerken v. Becker, Pölitz, Rotteck, Schlosser, Volger u. A. 13., verb. u. verm. Aufl. gr. 4. (9 B.) Leipzig 846, Friedlein u. Hirsch.

Kohlrausch, Frdr., chronologischer Abriß der Weltgeschichte, mit zwei synchronist. Tabellen der alten Geschichte u. der neueren Staatengeschichte. Zunächst f. den Jugend-Unterricht. 14. verb. u. verm. Aufl. gr. 4. (II u. 74 S.) Leipzig 850, Friedlein & Hirsch. 5/12 ℛ

Kohlrausch, Friedr., chronologischer Abriß der Weltgeschichte, mit zwei synchronist. Tabellen der alten Geschichte und der neuern Staatengeschichte. Zunächst für den Jugend-Unterricht. 14., verb. und verm. Aufl. gr. 4. (II und 74 S.) Leipzig 851(52,) Friedlein und Hirsch.

Kohlrausch, Frdr., chronologischer Abriß der Weltgeschichte, mit zwei synchronistischen Tabellen der alten Geschichte u. der neuern Staatengeschichte. Zunächst für den Jugend-Unterricht. 15., verb. u. verm. Aufl. Leipzig 861. Friedlein. (A. Hoffmann.) gr. 4. (78 S.) n. 15 ngr.

Kohlrausch, Friedr., chronologischer Abriß der Weltgeschichte, mit 2 synchronist. Tabellen der alten Geschichte und der neuern Staatengeschichte. Zunächst für den Jugend-Unterricht. 15., verb. und verm. Aufl. gr. 4. (78 S.) Leipzig 861, [Schrag's Verlag.] *

—Anleitung für Volksschullehrer zum richtigen Gebrauch der Geschichte u. Lehren der heil. Schrift. Mit e. Vorrede von A. H. Niemeyer. gr. 8. Halle 811. 2e Aufl. 813. 3e Aufl. 820. Waisenhaus: B. 16 K

Kohlrausch, Fr., Anleitung zum richtigen Gebrauch seiner Bearbeitung d. Geschichten u. Lehren d. heil. Schrift A. u. N. Testaments. Mit e. Vorrede von A. H. Niemeyer. 2te Aufl. gr. 8. Halle, Waisenhausbuchh. 813.

— Anleitung für Volksschullehrer zum richtigen Gebrauch der Geschichte und Lehren der heil. Schrift. Mit einer Vorrede von Niemeyer. 3te Aufl. gr. 8. Halle, Waisenhaus. 820.

—— Anleitung f. Volksschullehrer z. richtigen Gebr. meiner Bearbeit. d. Geschichten u. Lehren d. heil. Schrift alt. u. neu. Testam. f. Schulen u. f. d. Privatunterr. Mit e. Vorr. v. Aug. Herm. Niemeyer. 4., verb. Aufl. gr. 8. (13¾ B.) Halle 837, Buchh. d. Waisenhauses.

Kohlrausch, Friedr. (I.), die gegenwärtigen Anschauungen über die Elektrolyse von Lösungen. Vortrag, gehalten in der Sitzung des elektrotechn. Vereins am 29. März 1887. 8. (31 S. mit 4 eingedr. Fig.) Berlin 887, Springer. *
Aus: Elektrotechnische Zeitschrift, besonders abgedruckt.

— Bemerkungen über die Stufenfolge des Geschichtsunterrichts in den höhern Schulen. (Aus dem vorherigen abgedruckt.) gr. 8. Ebend. 818.

Kohlrausch, Friedrich: Beobachtungen an Becquerelstrahlen und Wasser. Braunschweig 1903

Kohlrausch, F: Die Beweglichkeiten elektrischer Jonen in verdünnten wässerigen Lösungen bis zu 1/10 normaler Concentration bei 18°. Leipzig 1898

Kohlrausch, Friedrich. Bildnisse der Deutschen Könige und Kaiser von Karl dem Großen bis Maximilian I. nach Siegeln, Münzen, Grabmälern, Denkmälern und Original-Bildnissen gezeichnet von Heinrich Schneider ... nebst charakteristischen Lebensbeschreibungen derselben von Friedrich Kohlrausch. Neue Ausgabe. Gera, C. B. Griesbach 1877.
Tit., 680 S., 29 Taf. in Holzschn. 8°.
Titel-Auflage des 1864 im Verlag von F. A. Perthes in Gotha erschienenen Werkes.

Kohlrausch, Fr., Bildnisse der deutschen Könige u. Kaiser von Karl dem Großen bis Kaiser Wilhelm II. 55 Porträts, nach Siegeln an Urkunden, nach Münzen, Grabmälern, Denkmälern u. Orig.-Bildnissen gez. von H. Schneider u. A., nebst biograph. Umrissen f. die reifere Jugend u. das Haus, neu bearb. v. E. D. Mund v. Pochhammer. 3. Aufl. Lex.-8. (IX, 518 S.) Gotha 889. F. A. Perthes. geb. n. 10.—

-- s. Bildnisse der deutschen Könige u. Kaiser.

— kurze Darstell. d. deutschen Geschichte f. Volksschulen. 8 Elberfeld 822, Büschler.

—— kurze Darstellung d. deutschen Geschichte. 2. u. 3., verb. u. verm. Aufl. (à 13½ B.) gr. 8. Elberfeld 829, 34, Büschler. à
Ist ein Auszug aus dess. „die Deutsche Geschichte" rc.

—— kurze Darstellung d. deutschen Geschichte. 4., verb. u. verm. Aufl. gr. 8. (14 B.) Elberfeld 837, Büschler'sche Vrlsbh.

—— kurze Darstellung der deutschen Geschichte. 5., verb. u. verm. Aufl. gr. 8. (14 B.) Elberfeld 843, Büschler'sche Vrlagsbuchh.

Kohlrausch, Frdr., kurze Darstellung der deutschen Geschichte. 6. verb. u. verm. Aufl. gr. 8. (248 S.) Elberfeld 851, Friderichs. n. ½ ℛ

Kohlrausch, Friedr., kurze Darstellung der deutschen Geschichte. 7., verb. und verm. Aufl. gr. 8. (245 S.) Gütersloh 855, Bertelsmann. *

—— kurze Darstellung der deutschen Geschichte. 8., verm. und verb. Aufl. gr. 8. (264 S.) Gütersloh 860, Bertelsmann. *

— kurze Darstellung der deutschen Geschichte. 8. Aufl. 860. — 9. verm. u. verb. Aufl. Gütersloh 864. Bertelsmann. gr. 8. (262 S.) n. 18 ngr.

Kohlrausch, Friedr., kurze Darstellung der deutschen Geschichte. 9. Aufl. 1864. und 10., verm. und verb. Aufl. gr. 8. (296 S.) Gütersloh 867, Bertelsmann. *

—— kurze Darstellung der deutschen Geschichte. 11. bericht. und verm. Aufl. gr. 8. (303 S.) Gütersloh 872, Bertelsmann's Verlag. *

Kohlrausch, Friedr. (II.), kurze Darstellung der deutschen Geschichte. 12. Aufl. gr. 8. (303 S.) Gütersloh 886, Bertelsmann. *ℳ 2.—.; geb. *

—— Kurze Darstellung d. deutschen Geschichte. 14. Aufl. [Bis zum Tode Kaiser Wilhelms I. fortgeführt.] gr. 8. (303 S.) Gütersloh 891, Bertelsmann. * 2 —; geb. * 2 40

Kohlrausch, Frdr., kurze Darstellung der deutschen Geschichte. 15. Aufl. Auf Grund der neuen Bestimmgn. vollständig umgearb. v. Frdr. Neubauer. gr. 8. (IV, 310 S.) Gütersloh 894. C. Bertelsmann. n. 2. —; geb. n. 2. 40

— u. Karl **Schädel**, Mittelhochdeutsches Elementarbuch, siehe: Schädel, Karl.

Kohlrausch, Frdr., die Energie od. Arbeit u. die Anwendungen des elektrischen Stromes. gr. 8. (V, 77 S.) Leipzig 900. Duncker & Humblot. n. 2. 40

—— Erinnerungen aus meinem Leben. gr. 8. (X und 472 S. mit dem lithogr. Portr. des Verf.) Hannover 863, Hahn'sche Hofbuchh. *

— Erscheinungen bei der Electrolyse des Platinchlorids. [Sonder-Abdr aus den Annalen der Physik und Chemie. Neue Folge. Band 63. 1897.] Leipzig.

Kohlrausch, (Fr.,) die deutschen Freiheitskriege von 1813, 14 u. 15. 5e verb. Aufl. 8. Elberf. 824, Büschler.

Kohlrausch, Friedr., die Deutschen Freiheits-Kriege v. 1813, 1814 u. 1815. Der Deutschen Geschichte 3. Abthl. Zugleich f. d. jährl. Schulfeier d. Feste d. 18. Oct., 31. März u. 18. Juni bestimmt. 6. u. 7., verm. u. verb. Aufl. (à 7 B.) gr. 8. Elberfeld 831, Büschler. à Thlr.

— die deutschen Freiheitskriege von 1813, 1814 u. 1815. Für Schule u. Haus bearb. 9. verm. u. verb. Aufl. Mit einem Kärtchen der Umgegend v. Leipzig. gr. 8. (IV u. 92 S.) Leipzig 849, Friedlein & Hirsch. 1/4 Thlr.

—— die deutschen Freiheitskriege von 1813, 1814 und 1815. Für Schule und Haus bearb. 9., verm. und verb. Aufl. gr. 8. (IV und 92 S. mit einem Kärtchen der Umgegend von Leipzig.) Leipzig 850, Friedlein und Hirsch.

—— die deutschen Freiheitskriege von 1813, 1814 und 1815. Für Schule und Haus bearb. Der 9., verm. und verb. Aufl. 2. (Titel-)Ausg. gr. 8. (IV und 92 S. mit 1 Kärtchen der Umgegend von Leipzig.) Leipzig (850)63. [Hannover, Hahn'sche Hofbuchh.] *

Kohlrausch, Friedr., die deutschen Freiheitskriege von 1813, 1814 und 1815. 10. verm. und verb. Aufl. gr. 8. (89 S.) Hannover 875, Hahn'sche Buchh. *

—— Die deutschen Freiheitskriege von 1813, 1814 u. 1815. Für Schule u. Haus bearb. 11. Aufl. gr. 8. (IV, 95 S. m. 1 Kärtchen.) Hannov. 890, Hahn. cart. * 1 20

Die deutschen Freiheitskriege 1813, 1814 und 1815. Von F[riedrich] Kohlrausch. Mit 3 Abb. *Essen-Ruhr: Fredebeul & Koenen 1902* (138 S.) 8° [Tg.]
= Unterhaltungsbibliothek f. Jung u. Alt. Bd 9 (Gv. 13959)

Kohlrausch, Fr., die deutsche Geschichte für Schulen. 1e Abtheil. gr. 8. Elberf. 816. 2e A. 818. 3e A. 819. 8e A. 828. Büschler. 16 gGr. 2e Abtheil. gr. 8. Ebd. 817. 2e A. 819. 7e A. 827. 20 gGr. 9e Aufl. d. 1e u. 2e Abtheil. gr. 8. Ebd. 829. 1 Thlr. 12 gGr. Velinp. 2 Thlr. 3e Abtheil. A. u. d. T.: die deutschen Freiheitskriege von 1813, 14 u. 15. gr. 8. Ebd. 819. 6 gGr. 4e Aufl. 822. 5e A. 824. 6e A. 831. 6 gGr.

Kohlrausch, Fr., die deutsche Geschichte für Schulen. 1ste Abtheil. 4te Aufl. gr. 8. Elberfeld, Büschler. 821. Rthlr. -

— die deutsche Geschichte f. Schulen bearb. 1e Abtheil. 7e Aufl. gr. 8. Elberf. 826, Büschler.

— dess. 2e Abth. 7e Aufl. 8. Elberf. 826, Büschler.

—— die Deutsche Geschichte. Für Schulen bearb. In 2 Abthln. 9. u. 10., verm. u. verb. Aufl. (à 41½ B.) gr. 8. Elberfeld 833, Büschler. à
3. Abthl., s. dess. „die Deutschen Freiheits-Kriege."

Kohlrausch, Fr., die deutsche Geschichte. Für Schulen bearbeitet. In 2 Abthll. 10e verb. u. verm. Aufl. gr. 8. Elberfeld 833. Büschler. 1½ Thlr. — 11e verb. Aufl. gr. 8. Leipzig 837. Crayen. 1½ Thlr. — 3e Abthl., die deutschen Freiheitskriege v. 1813—1815 enthaltend. 7e verm. u. verb. Aufl. gr. 8. Ebd. 835. jetzt Ebd. ¼ Thlr.

—— die deutsche Geschichte. Für Schulen bearb. 2 Abthln. 11., verb. u. verm. Aufl. gr. 8. (44 B.) Leipzig 838, [Friedlein u. Hirsch.]

—— dass. — 3. Abthl., die deutschen Freiheitskriege v. 1813, 1814 u. 1815 enth. 8., verm. u. verb. Aufl. gr. 8. (7 B.) Ebds. 841.

—— die deutsche Geschichte f. Schule u. Haus. 12., verb. u. verm. Aufl. 3 Abthl. 7 Hfte. gr. 8. (54 B.) Leipzig 843, Friedlein u. Hirsch. à 7½ Ngr.

Kohlrausch, Fr., die deutsche Geschichte f. Schule u. Haus. 12. verb. u. stark verm. Aufl. 3 Abthl. (In 7 Hftn.) gr. 8. Leipzig 843, 44, Friedlein und Hirsch. (à ¼ Thlr.) 1¾ Thlr. — 3. Abtheil. A. u. d. T.: Die deutschen Freiheitskriege von 1813 u. 1814. ¼ Thlr.

— die deutsche Geschichte. Für Schule u. Haus bearb. 2 Abtheilgn. 13. verb. u. verm. Aufl. gr. 8. 1. Von den ältesten Zeiten bis zum Ende d. Mittelalters. (XII u. 320 S.) 2. Von Karl V. bis auf die neuesten Zeiten. (VIII u. 396 S.) Ebd. 851. 1¾ Thlr.

—— die deutsche Geschichte. Für Schule und Haus. 2 Abthlgn. 14., umgearb. oder verb. Aufl. gr. 8. (416 S.) Leipzig 868, [Schrag's Verlag.]

— die deutsche Geschichte. Für Schule u. Haus. 15. Aufl. Hannover 866. Hahn'sche Hofbuchh. gr. 8. (XVIII, 768 S.) n. 2 Thlr.

—— deutsche Geschichte. 16. Aufl. Bearb. von Wilh. Kentzler. 2 Thle. in 1 Bd. gr. 8. (VIII, 341; IV, 450 S.) Hannover 874, Hahn'sche Buchh. *

— die Geschichten u. Lehren der heil. Schrift A. u. N. Testaments zum Gebrauch der Schulen u. des Privatunterrichts. Mit 1 Vorrede v. A. H. Niemeyer. 2 Abtheill. gr. 8. Halle 811. 14e u. 15e unveränd. Aufl. 832. Waisenhaus-B. 16 gGr.

— die Geschichten u. Lehren d. heil. Schrift A. u. N. Testamentes, zum Gebrauch d. Schulen u. des Privatunterrichts. Mit e. Vorrede v. A. H. Niemeyer. 3te Aufl. in 2 Abthl. gr. 8. Halle, Waisenhausbuchh. 816.

— die Geschichten und Lehren der heil. Schrift A. u. N. Testaments zum Gebrauch der Schulen u. des Privatunterrichts. Mit einer Vorrede von Niemeyer, 2 Abthgen. 6te Aufl. gr. 8. Ebend. 820. •

— d. Geschichten u. Lehren d. heil. Schrift A. u. N. Testaments. Mit Vorrede v. A. H. Niemeyer. 2 Abtheilungen. 10e Aufl. gr. 8. Halle 825, Waisenh. Buchh.

—— die Geschichten u. Lehren d. heil. Schrift alten u. neuen Testaments, z. Gebr. d. Schulen u. d. Privatunterr. bearb. Mit e. Vorr. v. Aug. Herm. Niemeyer. 2 Abthln. 13—16., unveränd. Aufl. (à 29½ B.) gr. 8. Halle 829—34, Buchh. d. Waisenhauses. à

— die Geschichten und Lehren der heil. Schrift alten und neuen Testaments rc. 2 Thle. 16e Aufl. gr. 8. Halle 834, Waisenhaus-Buchh. 2/3 ₰ — 17e Aufl. 838. 2/3 ₰

—— die Geschichten u. Lehren d. heil. Schrift alt. u. neu. Testam., z. Gebr. d. Schulen u. d. Privatunterr. bearb. Mit e. Vorr. v. Aug. Herm. Niemeyer. 19. Aufl. 8. (24¼ B.) Halle 840, Buchh. d. Waisenhauses. *

—— die Geschichten und Lehren der heil. Schrift alten und neuen Testaments, zum Gebrauch der Schulen und des Privatunterrichts bearb. Mit einer Vorrede von Aug. Herm. Niemeyer. 21. Aufl. 8. (378 S.) Halle 851, Buchhandlung des Waisenhauses. *

—— die Geschichten und Lehren der heil. Schrift alten und neuen Testaments zum Gebrauch der Schulen und des Privatunterrichts bearb. Mit einer Vorrede von Aug. Herm. Niemeyer. 25. Aufl. 8. (VIII und 384 S.) Halle 867, Buchh. des Waisenhauses. *

Kohlrausch, Friedr., die Geschichten und Lehren der heiligen Schrift alten und neuen Testaments zum Gebrauch der Schulen und des Privatunterrichts. Mit einer Vorrede von Aug. Herm. Niemeyer. 26.—28. Aufl. 8. (VIII, 384 S.) Halle 870,74,78, Buchh. des Waisenhauses. *

— die Geschichten u. Lehren der heiligen Schrift alten u. neuen Testaments zum Gebrauch der Schulen u. d. Privatunterrichts. Mit e. Vorrede v. Aug. Herm. Niemeyer. 28. Aufl. 8. (VIII, 384 S.) Halle 877. Buchh. d. Waisenh. n. 1. —

Kohlrausch, Frdr., die Geschichten u. Lehren der heiligen Schrift alten u. neuen Testaments, zum Gebrauch der Schulen u. des Privatunterrichts bearb. Mit einer Vorrede v. Aug. Herm. Niemeyer. 29. Aufl. 8. (VIII, 384 S.) Halle 880. Buchh. des Waisenh. n. 1. —

—— die Geschichten und Lehren der heiligen Schrift Alten und Neuen Testaments, zum Gebrauch der Schulen und des Privatunterrichts bearb. Mit einer Vorrede von Aug. Herm. Niemeyer. 30. Aufl. 8. (VIII, 382 S.) Halle 885, Buchh. des Waisenhauses. *

Kohlrausch, F., Holborn, L. und Diesselhorst, H., Neue Grundlagen für die Werthe der Leitvermögen von Elektrolyten. [Sonder-Abdr. aus den Annalen der Physik und Chemie. Neue Folge, Bd. 64.] Leipzig 1898.

— Handbuch f. Lehrer höher. Stände u. Schulen zu den Geschichten u. Lehren d. heil. Schrift A. u. N. Testam. f. Schulen u. f. den Privatunterricht. gr. 8. Ebend. 811.

— Handbuch für Lehrer höherer Stände u. Schulen zu den Geschichten der heil. Schrift. 2te Aufl. gr. 8. Halle, Waisenhausbuchh. 318.

Kohlrausch, Friedrich: Über die durch die Zeit oder durch das Licht bewirkte Hydrolyse einiger Chlorverbindungen von Gold, Platin, Zinn. Leipzig 1900: W. Engelmann. 279 S. 8°
Aus: Zeitschrift f. physikal. Chemie. 33, 3.

Das Jahr 1813. Für Schule u. Haus erzählt von Friedrich Kohlrausch. *Münster i. W.: Aschendorff 1899.* (127 S.) 8° [F.]
— Volks- u. Jugendschriften, Ausgewählte. Bdch. 60. [oo. 4938

Die Jahre 1814 und 1815. Für Schule u. Haus erzählt von Friedrich Kohlrausch. *Münster i. W.: Aschendorff 1899.* (95 S.) 8° [F.]
— Volks- u. Jugendschriften, Ausgewählte. Bdch. 65. [oo. 4939

Kohlrausch, F., Transportable Instrumente zur Messung der erdmagnetischen Intensitats-Variationen. — Tangenten-Bussole für absolute Messungen, Spiegel-Galvanometer, Elektro-Dynamometer und metallfreies Magnetometer. (Separat-Abdruck aus den Annalen der Physik und Chemie Neue Folge. Bd XV) Leipzig 1882.

Kohlrausch, Friedr., Ueber Concentrations-Verschiebungen durch Electrolyse im Innern von Lösungen und Lösungsgemischen [Sonder-Abdruck aus den Annalen der Physik und Chemie. Neue Folge. Band 62. 1897] Leipzig.

— Ueber die Correctionen einer Winkelmessung mit Spiegel und Scala. (Separ.-Abdr. aus den Ann. der Physik und Chemie. Neue Folge. Bd. XXXI) Leipzig 1887.

— u. E. Grüneisen, über die durch sehr kleine elastische Verschiebungen entwickelten Kräfte. gr. 8. (6 S.) Ebd. 901. n. — 50

Kleiner Leitfaden der praktischen Physik. Von Friedrich Kohlrausch. Mit Fig. Leipzig: B. G. Teubner 1900. (XIX, 260 S.) 8° [06. 1113] 4

— Kleiner Leitfaden der prakt. Physik. 2. verm. Aufl. 6.—10. Taus. (XVIII, 268 S. m. Fig.) 8. Ebd. 907. Geb. in Leinw. 4. —

Kohlrausch, F., Leitfaden der praktischen Physik zunächst für das physikalische Prakticum in Göttingen. gr. 8. (XXXI, 123 S.) Leipzig 870, Teubner. * 3 —

Kohlrausch, F., Leitfaden der praktischen Physik mit einem Anhang das elektr. und magnet. absolute Maass-System. 2. Aufl. gr. 8. (XI, 219 S.) Leipzig 872, Teubner. *

Kohlrausch, F., Leitfaden der praktischen Physik. Mit einem Anhang: Das elektrische u. magnetische absolute Maass-System. 3., verm. Aufl. gr. 8. (XII, 248 S.) Leipzig 877. Teubner. n. 5. —

Kohlrausch, F., Leitfaden der praktischen Physik, mit einem Anhang: Das elektr. und magnet. absolute Maass-System. Mit in den Text gedr. Fig. 4. verm. Aufl. (XV, 314 S.) 1880; 5. verm. Aufl. gr. 8. (XV, 360 S.) Leipzig 884, Teubner. *

—— Leitfaden der praktischen Physik mit einem Anhang: Das absolute Mass-System. 6. verm. Aufl. gr. 8. (XXI, 364 S. mit in den Text gedr. Fig.) Leipzig 887, Teubner. * geb. **

Kohlrausch, F. Leitfaden der praktischen Physik. Mit e. Anh.: Das absolute Mass-System. 7. verm. Aufl. gr. 8. (XXIV, 432 S. m. Fig.) Lpz. 892, Teubner. geb. in Leinw. * 7 60

Kohlrausch, F., Leitfaden der prakt. Physik m. e. Anh.: Das absolute Mass-System. 8., verm. Aufl. gr. 8. (XXIV, 492 S. m. Fig.) Leipzig 896. B. G. Teubner. Geb. in Leinw. n. 7. —

Lehrbuch der praktischen Physik. Von Dr. F[riedrich] Kohlrausch, Präs. d. phys.-techn. Reichsanst. 9. umgearb. Aufl. d. Leitfadens d. prakt. Physik. *Leipzig & Berlin: B. G. Teubner 1901.* (XXVII, 610 S.) 8° [03. 6390

Kohlrausch, Frdr., Lehrbuch der prakt. Physik. 10. verm. Aufl. des Leitfadens der prakt. Physik. (XXVIII, 656 S. m. Fig.) gr. 8. Leipzig 905. B. G. Teubner. Geb. in Leinw. n. 9. —

— Lehrbuch der prakt. Physik. 11., stark verm. Aufl. d. Leitfadens der prakt. Physik. 28.—34. Taus. (XXXII, 736 S. m. 400 Fig.) 8. Leipzig 910. B. G. Teubner. Geb. in Leinw. 11. —

—— über den absoluten elektrischen Leitungswiderstand des Quecksilbers. gr. 4. (111 S. mit 3 Taf.) München 888, (Franz' Verlag.) **
Aus: Abhandlungen der k. bayer. Akademie der Wissenschaften, besonders abgedruckt.

— über das elektrische Leitvermögen v. Lösungn. der Alkali-Jodate u. e. Formel zur Berechnung von Leitvermögen. gr. 8. (7 S.) Berlin 900. (G. Reimer). n. — 50

— u. M. E. Maltby, das elektrische Leitvermögen wässriger Lösungen v. Alkali-Chloriden u. Nitraten. gr. 8. (7 S.) Ebd. 899. n. — 50

Das Leitvermögen der Elektrolyte insbes. der Lösungen, Methoden, Resultate u. chem. Anwendgn. Von Dr. F[riedr.] Kohlrausch, Präsident d. Physik.-Techn. Reichsanst., u. Dr. L[udwig] Holborn, Mitgl. d. Phys.-Techn. Reichsanst. M. in d. Text gedr. Fig. u. 1 Taf. *Leipzig: B. G. Teubner 1898.* (XVI, 211 S., 1 Taf.) 1 Bd 8. (98. 9809

Kohlrausch, F., und F. Henning: Über das Leitvermögen der Lösungen von Radiumbromid. Braunschweig 1904

— u. E. Grüneisen, das Leitvermögen wässriger Lösungen v. Elektrolyten m. zweiwertigen Ionen. (8 S.) Lex.-8. Berlin 904. (G. Reimer.) n. — 50

Kohlrausch, Friedrich, und F. Henning: Das Leitvermögen wässeriger Lösungen von Radiumbromid. Leipzig 1906

— u. F. Dolezalek, die Löslichkeit des Bromsilbers u. Jodsilbers im Wasser. gr. 8. (6 S.) Berlin 901. (G. Reimer). n. — 50

Kohlrausch, F: Die Löslichkeit einiger schwerlöslicher Salze in Wasser bei 18°. Leipzig 1904

Kohlrausch, F: Über gesättigte wässrige Lösungen schwerlöslicher Salze. Leipzig T. 1. Die elektrischen Leitvermögen. 1903

Kohlrausch, F: Ueber einige durch die Zeit oder durch Belichtung hydrolysirte Lösungen von Chloriden. Leipzig (1900)

— u. F. Mylius, über wässrige Lösgn. des Magnesiumoxalats. (5 S.) Lex.-8. Ebd. 904. n. — 50
Sonderabdruck a.: „Sitzungsber. d. preuss. Akad. d. Wiss."

Kohlrausch, F., Die Messung der erdmagnetischen Horizontal-Intensität mittelst bifilarer Anfhängung eines Magnets. (Nachrichten von der Kön. Gesellsch. der Wissensch. und der Georg Augusts-Universität zu Göttingen, 1882, No. 5.) Göttingen.

—— a) Ueber elektrolytische Metallverästelungen. b) Einige Versuche mit fester und flüssiger Kohlensäure. gr. 8. (2 S.) Würzburg 886, Stahel'sche Universitäts-Buchh.

Kohlrausch, F. (I.), über die elastische Nachwirkung bei der Torsion. Inaugural-Dissertation. gr. 8. (42 S.) Göttingen 863, (Rente.) *

— zwei Predigten bei seiner Amts-Veränderung in Glauchau und Dresden gehalten. Dresden 855. Schönfeld. gr. 8. (34 S.) n. 5 ngr.

— Rede bei der Einführung des Herrn Dr. phil. E. H. D. E. Closter in das Pfarramt zu Hohenstein am 2. Sonnt. des Adv. 1854 gehalten. Glauchau, Moritz in Comm. gr. 8. (15 S.) nn. 2½ ngr.

— Statistik der Löslichkeit e. Gruppe v. Salzen im Wasser bei mittl. Temperatur. [Aus: „Sitzungsber. d. Akad. d. Wiss. zu Berlin."] gr. 8. (5 S.) Berlin 897. (G. Reimer.) n. — 50

— über e. einfachen absoluten Strommesser f. schwache elektrische Ströme. gr. 8. (6 S.) Würzburg 885. Stahel. — 40

Die bisherige Tätigkeit der Physikalisch-Technischen Reichsanstalt. Aus der dem Reichstage am 19. Februar 1904 überreichten Denkschrift. Mit e. Verzeichnis d. Veröffentlichungen aus d. Jahren 1901–1903. (Verf.: [Friedrich] Kohlrausch.) *Braunschweig: F. Vieweg & Sohn 1904.* (26 S.) 8° (04. 11607

— über den Temperatureinfluss auf das elektrische Leitvermögen v. Lösungen, insbesondere auf die Beweglichkeit der einzelnen Ionen im Wasser. gr. 8. (8 S.) Ebd. 901. n. — 50

Sonderabdr. aus: Sitzungsber. d. preuß. Akad. d. Wiss.

— über die Temperaturcoefficienten d. Ionen im Wasser, insbesondere üb. e. die einwerth. Elemente umfass. Gesetz. gr. 8. (9 S.) Ebd. 902. n. — 50

Sonderabdr. aus: Sitzungsber. d. preuß. Akad. d. Wiss.

— über den stationären Temperaturzustand e. vom elektrischen Strome erwärmten Leiters. gr. 8. (8 S.) Ebd. 899. n. — 50
Sonderabdruck aus: „Sitzungsber. d. preuss. Akad. d. Wiss."

Kohlrausch, Friedrich: Über den stationaeren Temperaturzustand eines elektrisch geheizten Leiters. Leipzig: J. A. Barth 1900. 158 S. 8°
Aus: Annalen d. Physik. Folge 4. Bd. 1.

— u. H. v. Steinwehr, weitere Untersuchungen üb. das Leitvermögen v. Elektrolyten aus einwerthigen Ionen in wässriger Lösung. gr. 8. (7 S.) Ebd. 902. n. — 50
Sonderabdruck a.: „Sitzungsber. d. preuss. Akad. d. Wiss."

Kohlrausch, F., Ein Variations-Barometer. (Separat-Abdruck aus den Annalen der Physik und Chemie, Bd. CL., St. 3.) Leipzig [o. J.]

— s. Vorschriften zu Schreib-Uebungen.

—— das Wärmeleitungsvermögen harten und weichen Stahles. gr. 8. (5 S.) Ebendas. 888. *
aus: Sitzungsberichte der Würzburger physikalisch-medicinischen Gesellschaft, besonders abgedruckt.

Kohlrausch, Friedrich: Über Wasser in einigen Beziehungen zur Luft. Leipzig 1902

— Gustav Wiedemann. Nachruf, gesprochen am 30. VI. 1899 in der Sitzg. der deutschen physikal. Gesellschaft. gr. 8. (15 S.) Leipzig 899. J. A. Barth n. — 60
Sonderabdruck aus: „Verhandlgn. d. deutschen physikal. Gesellsch."

Kohlrausch, Friedrich: Über die Wirkung der Becquerelstrahlen auf Wasser. Leipzig 1906.

— Deutschlands Zukunft, in 6 Reden. 8. Elberf. 814. (Schönian). 20 K

Kohlrausch, Friedr. Ernst Wolf Kurze Geschichte der Realschule des Johanneums von 1865 bis 1884. S. 24—31. Progr. *Lüneburg* 1885.

Kohlrausch, Fritz, aus Hannover: Untersuchungen über innere Wärmeleitung und elektrisches Leitvermögen von Flüssigkeiten. *Rostock 1904: C. Boldt.* (41 S.) 8°
Rostock, Phil. Diss. v. [30. Juli] 1904

Kohlrausch, Dr. Hnr., öffentl. Vertheidigung, s. K. C. Schmid, Beitr. zur Criminalrechtswissenschaft.

Kohlrausch, K. W. Fritz, luftelektrische Messgn. auf hoher See u. in subtropischem Klima, s. a. Beiträge zur Kenntnis der atmosphärischen Elektrizität. XXX.

Kohlrausch, K. W. F., Beiträge zur Kenntnis der atmosphärischen Elektrizität. XXX. Luftelektrische Messungen auf hoher See und in subtropischem Klima. [Aus: Sitzungsber. d. k. Akad. d. Wiss., math.-naturw. Klasse.] Gr.-8°. (ill. 45 S.) † K 1.50
Wien: Hölder 1909.

Kohlrausch, K. W. Fritz, über Radiuminduktion in der atmosphärischen Luft u. e. Methode zur absoluten Messung derselben, s. a. Beiträge zur Kenntnis der atmosphärischen Elektrizität. XXVII.

Kohlrauch, K. W. F., Beiträge zur Kenntnis der atmosphärischen Elektrizität. XXVII. Über Radiuminduktion in der atmosphärischen Luft und eine Methode zur absoluten Messung derselben. [Aus: Sitzungsber. d. k. Akad. d. Wiss., mathem.-naturw. Klasse.] Gr.-8°. (6 S.) † K —.30
Wien: Hölder 1907.

— — 43. Über Radiuminduktionen in der Atmosphäre (mit 4 Textfiguren). S 119. IIa. 1577 . . . . , 1. -
Separatabdruck

Kohlrausch, K. W. Fritz, über Schwankungen der radioaktiven Umwandlung. (10 S.) gr. 8. Wien 906. (A. Hölder.) n. — 45
Sonderabdruck aus: „Sitzungsber. d. k. Akad. d. Wiss."

Kohlrausch, Karl. I. Einwirkung von Methylphenylhydrazin auf Dialdehyde und Diketone. II. Darstellung des Cumylhydrazins und seiner Derivate. Würzburg, 1889.

Kohlrausch, O., Zur Anatomie und Physiologie der Beckenorgane nebst naturgetreuer Abbildung der Längsdurchschnitte des männl. und weibl. Beckens. Fol. (VIII und 68 S. mit 3 Kpfrt. in qu. Fol.) Leipzig 854. Hirzel. *

Kohlrausch, O., Physiologie u. Chemie in ihrer gegenseitigen Stellung beleuchtet durch eine Kritik von Liebigs Thierchemie. gr. 8. (7¾ B.) Göttingen 844, Dieterich'sche Buchh. *

Kohlrausch, Otto (Red.), s. Organ des Vereins (Central-Vereins) f. Rübenzucker-Industrie ...

Kohlrausch, Otto, über die Zusammensetzung einiger essbarer Pilze mit besond. Berücksichtigung ihres Nahrungswerthes. Inaugural-Dissertation. gr. 8. (35 S.) Göttingen 867, Rente. *

Kohlrausch, Otto, Über die Zusammensetzung einiger essbarer Pilze mit besonderer Berücksichtigung ihres Nahrungswerthes. Dissert. Göttingen 1868. 8.

Kohlrausch, R., die Schwindsuchtsgefahr u. ihre Verhütung. Ein Mahnruf an unsere Mitbürger. Im Auftrage u. nach den Beschlüssen d. Vereins f. öffentl. Gesundheitspflege verf. gr. 8. (8 S.) Hannover 891. Schmorl & v. Seefeld Nachf. n. — 20

Kohlrausch, Rob., eine Affenkomödie, s.: Lutz' Kriminal- u. Detektiv-Romane.

Kohlrausch, Rob., das Bild des Herrn Bertram, s.: Lutz's romantische Bibliothek.

Kohlrausch, Rob., Bilder aus Niedersachsen. 8. (163 S.) Hannover 884, Klindworth. geb. *

— Deutsche Denkstätten in Italien. Mit Bildern v. Alfr. H. Pellegrini. 1. u. 2. Aufl. (IX, 325 S.) 8. Stuttgart 909. R. Lutz. 6.—; geb. in Leinw. 7. —

Klassische Dramen und ihre Stätten. Von Robert Kohlrausch. Ill. von Peter Schnorr. *Stuttgart: R. Lutz 1903.* (306 S.) 8° [F.]

Kohlrausch, Rob., klassische Dramen u. ihre Stätten. Illustriert v. Pet. Schnorr. 2. [Titel-]Aufl. (306 S.) gr. 8. Stuttgart [903] 904. R. Lutz. n. 5. —; geb. n. 6. —

— In der Dunkelkammer, s.: Lutz' Kriminal- u. Detektiv-Romane.

Kohlrausch, Rob, in die Freiheit. 2 Novellen. 8. (340 S.) Stuttgart 898. R. Lutz. n. 4. —; geb. m. Goldschn. n. 5.—

— der Fremde. Roman. 1. u. 2. Aufl. 8. (304 S.) Ebd. 896. n. 3. —; geb. in Leinw. n. 4. —

— das Haus d. Schatten. Roman. 8. (343 S.) Ebd. 897. n. 3. — ; geb. m. Goldschn. n. 4. —

— Im Haus der Witwe, s.: Lutz' Kriminal- u. Detektiv-Romane.

Kohlrausch, Rob., im Haus der Witwe. (Neue Ausg. v.: „Das Haus d. Schatten"), s.: Sammlung ausgewählter Kriminal- u. Detektiv-Romane..

Kohlrausch, Rob., schwimmendes Land. Roman. 8. (312 S.) Stuttgart 899. R. Lutz. n. 3. —; geb. in Leinw. n. 4. —

— Lenbach-Schürzen, s. a. Schulze's Zehnpfennigbücher.

Kohlrausch, Robert: Lenbach-Schürzen. Erzählung. In vereinf. deutscher Stenogr. (System Stolze-Schrey). Berlin: F. Schulze [1899]. 16 S. 8° [Text lith.]
= Zehnpfennigbücher, Schulzes. No. 9.

— Saft, s.: Lutz' Kriminal- u. Detektiv-Romane.

— wie Maler Vincenz Romanisch lernte u. and. Novellen. 8. (VII, 248 S.) Ebd. 896. n. 2.50; geb. n. 3.50

Kohlrausch, Robert August

Kohlrausch. Der evangelische Geistliche u. d. evangel. Volksschullehrer. gr. 8. (16 S.) Magdeb. 890, Rathke. — 50
Aus: Kirchl. Monatsschrift, besonders abgedruckt.

Der Konfirmanden-Unterricht. E. theoret.-prakt. Handb. f. Geistl. u. Religionslehrer v. R[obert] A[ugust] Kohlrausch, '(Pastor in Grossmonra)'. *Magdeburg: A. Rathke 1898.* (220 S.) 1 Bd 8.

Kohlrausch, R. A., Vademecum homileticum. 2000 Predigt-Dispositionen üb. sämtl. altkirchl., Thomasian. u. and. Perikopenreihen, aus d. besten Predigten d. Neuzeit ges., nebst Beobachtgn. üb. d. moderne Predigt. M. e. Text u. Autorenverzeichnis, wie e. Perikopentabelle. gr. 8. (VIII, 269 S.) Leipzig 895. A. Deichert Nachf. n. 3. 60

Kohlrausch, R. A., Vademecum homileticum. 2000 Predigt-Dispositionen üb. sämtl. altkirchl., Thomasian. u. andere Perikopenreihen, aus den besten Predigten der Neuzeit gesammelt, nebst Beobachtgn. üb. die moderne Predigt. Mit e. Text- u. Autorenverzeichnis, wie e. Perikopentabelle. 2. verm. Aufl. gr. 8. (XII, 291 S.) Leipzig 899. A. Deichert Nachf. n. 3. 60; geb. n. 4. 35

Kohlrausch, K.A., Vademecum homileticum. 2000 Predigt-Dispositionen üb. sämtl. altkirchl., Thomasian. u. andere Perikopenreihen aus den besten Predigten der Neuzeit gesammelt, nebst Beobachtgn. üb. die moderne Predigt. 3.verm. Aufl. (XII, 297 S.) gr. 8. Leipzig 909. A. Deichert Nachf. 4.—; geb. n 4. 80

— dasselbe. Neue Folge. Dispositionen üb. alttestamentl. Texte, aus d. besten Predigten d. Neuzeit ges., nebst e. Abhandlg.: Ueb. d. homilet. Verwertg. d. alten Testamentes. M. e. Autorenverzeichnis u. e. Perikopentabelle. gr. 8. (VII, 162 S.) Ebd. 897. n. 2. 50; geb. n.n. 3. 20 (1 u. 2: n. 6 10; geb. n n. 7. 50)

— Über Volkserziehung im Geist der Humanität. Ein Beitrag zur Gesundg. des sozialen Lebens. (V, 122 S.) gr. 8. Ebd. (909). 1. 80

Kohlrausch, Rud., Abhandlungen über absolute elektrische Strom- u. Widerstandsmessung, s.: Weber, Wilh.

—— über Treviranus Ansichten vom deutl. Sehen in die Nähe u. Ferne, namentl. in Bezieh. auf dess. Abhandl. üb. d. blättrige Textur d. Crystallinse als Grund dies. Vermögens. gr. 4. (3¼ B. u. 1 Stnt., kl. Fol.) Rinteln 830. (Göttingen, Vandenhoeck u. Ruprecht.)

Kohlrausch, R., Grundzüge aus d. Anfängen d. Arithmetik, z. Gebr. in Untermittelklassen e. Gymnasiums. gr. 8. (4 B.) Göttingen 839, Vandenhoeck u. Ruprecht.

— und W. Weber, elektrodynamische Maassbestimmungen insbesondere Zurückführung der Stromintensitäts-Messungen auf mechanisches Maass. Aus d. Abhdlgn. d. kgl. Sächs. Gesellsch. d. W. Leipzig 856. Hirzel. 4. (73 S.) n. 16 ngr.

Kohlrausch, R., u. W. Weber, elektrodynamische Maassbestimmungen, insbes. Zurückführung der Strom-Intensitäts-Messgn. auf mechanisches Maass. [Aus: „Abhandlgn. der math.-phys. Classe d. k. sächs. Ges. d. Wiss."] 2. Abdr. Lex.-8. (74 S. m. 3 Fig.) Leipzig 889. Hirzel. n. 1. 60

Kohlrausch, R., practische Regeln zur genaueren Bestimmung des specifischen Gewichtes. gr. 8. (88 S.) Marburg 856, Elwert'sche Universitäts-Buchh.
Aus: Schriften der Gesellschaft zur Beförderung der gesammten Naturwissenschaften in Marburg, besonders abgedruckt.

Kohlrausch, R., Das Sinus-Elektrometer. (Poggend. Annal., Bd. LXXXVIII.)

— Theorie des elektrischen Rückstandes in der Leidner-Flasche. (Aus Poggendorff's Annal., Bd XCI.) 1854.

— **Rudolph,** De avium saccorum aëriorum utilitate. Diss. philos. Götting. (Friedr. Ernst Huth) 1832. 31 S. (5.—) 19095
Gew.: August Goldfuss.

Kohlrausch, Wilh., Anlagen zur Versorgung der Gebäude m. Licht u. Luft, Wärme u. Wasser, s.: Handbuch d. Architektur. III. 4. (Fischer. Ferd.)

Kohlrausch, Wilh., künstliche Beleuchtung der Räume, s.: Handbuch der Architektur.

Kohlrausch, W., das Gesetz betr. die elektrischen Maasseinheiten u. seine technische u. wirthschaftliche Bedeutung. gr. 8. (III, 94 S.) Berlin 899. J. Springer. — München, R. Oldenbourg. (Auslieferung durch J. Springer.) n. 2. —

— Oberleitung od. Akkumulatorenbetrieb d. Strassenbahn im Innern der Stadt Hannover? gr. 8. (30 S.) Hannover 901. Helwing. n. — 50

Kohlreif, Gottfried (vgl. Kohlreiff, Gf.)

— d. Abendmorgentag, d. Zeit d. tödl. Krankh. Hiskiä, oder Erkl. d. 38ten Capit Jesaiä. 8. Lübeck, Böckmann. 748.

— chronologia Liphratkalon adhuc immota acc. via nova ad indagandas eclypses. 8. Lub. Donatius. 732.

— chronologia sacra a mundo condito usq. ad ipsius interitum. 8. Hamb. Bohn. 724.

Kohlreif, Gf., defensio restitutae antiquitatis temporum religiosa et evangel. 8. Hamb. Bohn. 728.

— Erklär. d. 22ten Capit. Jesaiä. 8. Ratzeb. Böckmann. 741.

— Erklär. d. 45ten Cap. Jesaiä. 8. Ebend. 745.

— d. Himmelsschaubühne d. Babylonier rc. od. Erkl. d. 47ten Cap. Jes. 8. Ebend. 744.

— Land d. Lebendigen rc. od. Erklär. d. 65ten Cap. Jesaiä. 8. Ebend. 740.

Kohlreif, Gf., d. Stadt Gottes a. d. neuen Erde, od. Erkl. d. 66ten Cap. Jesaiä. 8. Lübeck, Böckmann. 747. Rthl.

— Stärkung, des Volks Gottes rc. od. Erkl. d. 41ten Cap. Jesaiä. 8. Ratzeb. Böckmann. 743.

— Uebereorung, viel a. d. Bibel rc. z. hören, od. Erklär. d. 28ten Cap. Jesaiä. 8. Ratzeb. Donatius. 740.

Abhandlung von der Beschaffenheit und dem Einfluß der Luft, sowohl der freyen athmosphärischen als auch der eingeschlossenen Stubenluft auf Leben und Gesundheit der Menschen. Von Gottfried Albert Kohlreif. Weißenfels & Leipzig: Severin 1794. XIV, 318 S. 8°

— Abhandl. v d. Beschaffenheit u. dem Einflusse d. Luft auf Leben u. Gesundheit der Menschen. gr. 8. Weißenf. ... 2e Aufl. 800. (Baumgärtner in Leipz.) 18 gr. Schrbp. 1 ß

— v. Beschaffenh. u. den Einfluß d. Luft a. Leben u. Gesundheit d. Menschen. gr. 8. Weißenf. (Baumgärtner, Leipz.) 801.
Schreibp.

— animadversiones criticae in Dissertationem de caloris et frigoris modificationibus etc. 4. St. Petersb. 783.

Kohlreif, Gf. Alb., († d. 8. Mai 1832.) sollte d. Elektricität wirkl. die Wärme verursachen? 8. Weimar 787. Hoffmann. 2 gr.

— von der wahren Todesart der Ertrunkenen rc. 4. Lübeck 778.

Kohlreiff, s.a. Kohlreif.

Kohlreiff, Gottfr.: Unsäglich grosse Trübsale, deren Anfang den Rechtgläubigen nahe bevorstehet. ca 1749.
Kl. 268. S. 55—56 macht den Frmrn den Vorwurf des Atheismus. Diese Stelle abgedr. in: Ehrhardt, S. J.: Kurzgef. Gesch. d. Frmr-Ordens. 1754 S. 98—100.

Kohlreiff, Johann Gottlob

— Nachmittägliche Betrachtungen. (Titelbl. mglr. i K. B.).

KOHLREIFF, JOH. GOTTLOB, Eine Predigt über das Evang. am 4. Sonnt. n. Trin. Altona. 1796. P.

Koehlreuter, Theophil Friedrich (Karlsruhe), Expositionem nosologicam typhi. Diss. med. Präs. Wilhelm Gottfried Ploucquet. Tübing. (Reis & Schmid) Juli 1800. 32 S. mit Widm. v. Präs. (5.50) 18900a

Kohlrusch, C., schweizerisches Sagenbuch. Nach mündl. Ueberlieferungen, Chroniken und andern gedruckten und handschriftl. Quellen hrsg. und mit erläut. Anmerkungen begleitet. (2 Bde. in 12 Lfgn.) 1. Bd. 1. Lfg. Lex.-8. (VIII und S. 1—80.) Leipzig 854, R. Hoffmann. *

Kohlrusch, Georg Friedrich

Kohlrusch, G. Fr.: Commentatio chirurgica sistens exstirpationem steatomatis in pelvis cavitate radicantis. Cum III. tabb. aeneis. 4 maj. Leipz. 1824. Cnobloch. 12°

Kohlrusch, Georg Friedrich (Elbingerode), Exstirpationem steatomatis in pelvis cavitate radicantis. Comment. chir. Lpz. (C. Cnobloch/Neubert) Juni 1826. 26 S. u. 3 Tfln. Abb. (J. F. Schröter ad nat. del et sc.) (5.50) 19096
Krankengesch. d. Johanna Christiana Knabe.

Kohlruss, Jos., kratká rukojeť moudrého včelaření. S 15 rytinami vedřevě. Prag 861. Bellmann. gr. 8. (VIII, 92 S.) n. 10 ngr.

KOHLS: Die Ortsplantagen in den Haubergen des Siegerlandes. - Siegen o. J. 31 S., 2 Taf.

Kohls, Johanna, die Aufgabe der Kirche. gr. 8. (64 S. mit 1 Taf.) Chemnitz 883, Schmeitzner. **

Kohls, Karl, appr. Arzt a. Graudenz: Ueber intracelluläre Lagerung der Tuberkelbazillen im Sputum. Leipzig 1908: E. Lehmann. (38 S.) 8°
Leipzig, Med. Fak., Ref. Curschmann, Diss. v. 28. Juli 1908
[Geb. 26. Okt. 75 Graudenz; Wohnort: Beelitz (Mark); Staatsangeh.: Preußen; Vorbildung: Kgl. Gymn. Graudenz Reife O. 95; Studium: Berlin 5, Halle 1, Königsberg 3 S.; Coll. 4. Aug. 08; Approb. 3. März 00.]

Kohlsaat, Talitha Hartmann. Herzensklänge. Gedichte ... mit Illustrationen. Chicago, 1906

Kohlsaat, T. Herzensklänge, Gedichte. Cincinnati, 1906.
UC

Kohlschein, (Karl): Die Einweihung des neuen Schulgebäudes. Gelsenkirchen 1910: Münstermann. S. 1—8. 4°
Gelsenkirchen, RG P 1910 (500) [S 10. 229

Kohlschein. Formation du pluriel des substantifs dans la langue française ancienne et moderne. Schalke, Rg., 1886. 22 S. 4. Progr.

KOHLSCHEIN, Wilhelm (Gelsenkirchen): Ueber Nerven- und Rückenmarksdehnung bei centralen Leiden mit Berücksichtigung der Dehnungserfolge auf der chirurgischen Klinik in München.- München: Ernst 1884. 25 S.
6.8.1884 - Urk (Titel: De nervorum et medullae extensione in morbis cerebri et medullae adhibenda.); Chr 1884/85,19
Diss.Ingolst.-Landsh.-Mchn.

Kohlschmidt, A., sächsisches Erzgebirge. Schwarzenberg u. Umgebg. Führer f. das reis. Publikum. Mit Karte u. Eisenbahn-Fahrplänen, sowie vielen Abbildgn. 12. (112 u. 15 S.) Schwarzenberg 893. C. M. Gärtner. Kart. n. 1. —

Kohlschmidt, A., Schwarzenberg m. s. nächsten u. weit. Umgebung. Illustr. Führer f. Einheim. u. Fremde. 2., verb. u. erweit. Aufl. 16. (140 S. m. 33 Ansichten u. e. farb. Karte.) Schwarzenberg i/S. 898. C. M. Gärtner. n n. 1. 25

Kohlschmidt, A., Schwarzenberg m. seiner nächsten u. weiteren Umgebg. Sächsisches Erzgebirge. Illustr. Führer f. Einheimische u. Fremde. Mit Touristenkarte u. 33 Ansichten. 2. verb. u. erweit. Aufl. 12. (140 S.) Schwarzenberg (898). (M. Helmert). n. 1. 25

Kohlschmidt, Emil: Zur Methodik des Unterrichts der allgemeinen Erdkunde in den drei oberen Klassen der Realschulen. *Gotha 1899: F. A. Perthes.* (S. 3—25.) 4° [F.]
Gotha, st. R, OP 1899 (749)

Ad constituendam ecclesiae catholicae notionem quid Cyprianus, ad emendandam atque instaurandam quid valuerit Lutherus, brevi comparatione exponitur. Oratio, quam in memoriam Confessionis Augustanae ex lege beneficii Lynckeriani d. xxx. m. mai a. 1891 in aede Paulina habuit Ernestus **Kohlschmidt**, theol. stud. Jenae, *typ. B. Engau*, 1891; 27 S. 8.

Kohlschmidt, Carl [aus Buttelstedt]: Die deutsche und überseeische Wolle im Konkurrenzkampfe erörtert nach praktischen und theoretischen Gesichtspunkten.... Halle a. S., *Druck v. Gebr. Unger in Berlin*, 1889; 2 Bl. + 81 S. + 1 Bl. u. 1 Taf. 8°
Halle, Phil. Fak., Inaug.-Diss. v. [11. Dez.] 1889

Kohlschmidt, Carl, die deutsche u. überseeische Wolle im Konkurrenzkampf. Erörtert nach prakt. u. theoret. Gesichtspunkten. [Aus: „Landw. Jahrbb."] gr. 8. (81 S. m. 1 Taf.) Berlin 889. P. Parey. n. 1. 50
Vergriffen.

Kohlschmidt, O [Übers.]
s. Koetsveld, Cornelis Elisa: Skizzen aus dem Pfarrhause in Mastland. 1896.

Kohlschmidt, Oscarus [stud. theol.]: Wenceslaus Lincus quid vixerit quidque valuerit ad XVI. saeculi ecclesiae instaurationem. Oratio, quam in memoriam Augustae [sic?] confessionis ex lege beneficii Lynckeriani d. XXX. m. Mai a. 1887 in aede Paulina academica Ienensi habuit .... Jenae, typ. G. Neuenhahnii, 1887; 32 S. 8°.

Kohlschmidt, Osc., Magdeburger Mischehen. Referat üb. das Proponendum des königl. Consistoriums: „Ist innerhalb der Diöcese e. Wachsthum der Mischehen bemerkbar?", geh. am 8. XII. 1898 m. Thesen. gr. 8. (27 S.) Magdeburg 899. Creutz. n. — 40

Der evangelische Pfarrer in moderner Dichtung. Skizzen u. Kritiken z. neuesten Litteraturgesch. von Lic. Osc. **Kohlschmidt**, Pred. in Magdeburg. *Berlin: C. A. Schwetschke & Sohn 1901.* (152 S.) 8° [F.] (os. 1645

Kohlschmidt, Osk., protestant. Taschenbuch, s.: Hermens.

Neue und alte Wege nach Rom. Ein Vortrag von Lic. Oscar **Kohlschmidt**, Prediger in Magdeburg. *Leipzig: C. Braun 1900* (15 S.) 8° [Umschlagt. F.]
— **Flugschriften** d. Evangel. Bundes. 172. ⟨Reihe 15, 4.⟩

Kohlschmidt, Otto [Pfarrer in Mönchenholzhausen]: Kants Stellung zur Teleologie und Physicotheologie ... Neustadt, Hzgth. Coburg, Buch- u. Accidenz-Druckerei v. E. Patzschke, 1894; VII, 90 S. 8.
Jena, Phil. Fak., Inaug.-Diss. v. 1894

Kohlschmidt, [Wilhelm]: [Ansprache bei der Gedächtnisfeier am Todestage Kaiser Wilhelm's I., dem 9. März 1899.] *Cassel 1899: C. Richartz.* (S. 21—22.) 4° [F.]
Cassel, st. HM m. Lehrerinnen-Sm, P 1899**

Kohlschneidemaschine, die, od. Abbild. u. Beschreib. e. neuen, höchst einfachen Maschine zum Schneiden d. Weißkohls. Mit 1 Kpf. 8. Tilsit 820. Glöckner. 4 gGr

Kohlschütter, Arnold: Die Bildfehler fünfter Ordnung optischer Systeme abgeleitet auf Grund des Eikonalbegriffes nebst Anwendung auf ein astrophotographisches Objektiv. Göttingen 1908: W. F. Kaestner. (84 S.) 4°
Göttingen, Phil. Fak., Ref. Schwarzschild, Diss. v. 25. April 1908
[Geb. 6. Juli 83 Halle a. S.; Wohnort: Halle a. S.; Staatsangeh.: Preußen; Vorbildung: Stadtgymn. Halle a. S. Reife O. 01; Studium: Halle 2, Heidelberg 1, Berlin 1, Straßburg 2, Halle 1. Göttingen 4 S.; Rig. 24. Juli 07.]

Kohlschütter, Ernst [aus Halle a. d. S.]: **Bestimmung der Bahn des Cometen 1892 III '(Holmes)' ... Kiel, Druck v. C. Schaidt, 1896; 2 Bl., 63 S., 1 Bl., 1 Taf. 4.**
Kiel, Phil. Fak., Inaug.-Diss. v. [29. Febr.] 1896

Ergebnisse der Ostafrikanischen Pendel-Expedition der Königl. Gesellschaft der Wissenschaften zu Göttingen in den Jahren 1899 und 1900, ausgeführt von Hans Glauning, Hauptm. d. Schutztruppen, u. Ernst Kohlschütter, Dr. phil. Bearb. von Dr. Ernst **Kohlschütter.** Bd 1. Berlin: Weidmann 1907. 4°(8°)
= **Abhandlungen** d. Königl. Gesellschaft d. Wiss. zu Göttingen. Math.-phys. Kl. N. F. Bd 5, No 1. [07. 14861

— s: **Forschungsreise S. M. S. „Planet".**

Kohlschütter, Ernst. Die Heissluft-Behandlung der Lungentuberkulose, s. Weigert, Louis.

Ernst Otto Heinrich **Kohlschütter,** Afr. 1850–1856, Dr. med., Arzt, außerord. Prof. an d. Univ. in Halle, † 7. Sept. 1905. (Verf.: Dr. ph. Ernst **Kohlschütter,** Wilmersdorf.) Dresden: Verein ehem. Fürstenschüler 1905. (13 S.) 8° [Umschlagt. F.]
Aus: Afranisches Ecce. 1905. [06. 7490 B

Kohlschütter, Ernestus: De corporis pondere per typhum abdominalem mitato meditationes. Halis (1866): Orphanotropheum. 39 S., 1 Taf. 8°
Halle-Wittenberg. Med. Hab.-Schr. v. 23. Febr. 1866

Kohlschütter, E., Messkarte zur Auflösung sphärischer Dreiecke nach Chauvenet, neu hrsg. (1 Bl. auf Pappe m. drehbarer Zelluloid-Scheibe.) Lex.-8. Berlin 905. D. Reimer. n. 3.—

Kohlschütter, Ernestus [Halensis]: **Theses ... Kiliae Hols., offic. C. Schaidt, 1896; 2 Bl. 4.**
Kiel. Phil. Fak., Thes. v. 29. Febr. 1896

Kohlschütter, E., die Ursachen des Todes. Ein Vortrag. 8. (35 S.) Halle 879. Niemeyer. — 60

Kohlschütter, Ernst, Veränderung des allgemeinen Körpergewichts durch Krankheiten, s. Sammlung klinischer Vorträge.

Nautische Vermessungen. Von Dr. E[rnst] **Kohlschütter,** Privatd. Berlin: Mittler 1910. 38 S. 8° [Umschlagt.]
(Meereskunde. Jg. 4, H. 11.) [11. 2738

Kohlschütter, Ernst Volkmar, „Betet den Herrn an im heiligen Schmuck!" und: „Danket dem Herrn, daß er sein Volk gesegnet hat mit Frieden!" Beichtrede und Predigt bei dem zum Gedächtnisse des am 25. Septbr. 1555 geschlossenen Religionsfriedens begangenen evangel. Jubel- und Dank-Feste am 22. und 23. Septbr. 1855 zu Dresden gehalten. gr. 8. (24 S.) Dresden 855, Türk. *

Kohlschütter, Ernst Volkmar, es ist Christenberuf, in den Fußstapfen des leidenden Christus zu wandeln. Predigt vor dem Schlusse des Landtags am Sonntage Oculi, den 28. März 1886, in der evangel. Hofkirche zu Dresden gehalten. gr. 8. (16 S.) Dresden 886, v. Zahn und Jaensch.

Kohlschütter, Ernst Volkmar, -s.: Friedensfest, das, im Gotteshause.

Kohlschütter, Ernst Volkmar, „Gehet hin u. suchet das Verirrte!" Predigt üb. die evangel. Perikope Matth. 18, 10—14 am Sonnt. Miser. Dom. 1852 zu Glauchau gehalten. gr. 8. (12 S.) Glauchau 852, Cramer. n. 1/12 Thlr

— „Gehet hin und suchet das Verirrte!" Predigt über die evangel. Perikope Matth. 18, 10—14 am S. Miser. Dom. 1852 in Glauchau gehalten. Glauchau 853. Cramer. gr. 8. (12 S.) n. 2½ ngr.

— s. **Girardet, Fr., Predigten.**

Kohlschütter, Ernst Volkmar, die Grundbedingung erfolgreichen Wirkens für das Gemeinwohl. Predigt, vor der Eröffnung des Landtags am 5. Novbr. 1879 in der evangel. Hofkirche zu Dresden gehalten. gr. 8. (14 S.) Dresden 879, v. Zahn's Verlag. *

— Der Herr ist mit uns. Predigt über den 46. Psalm, bei dem dritten Gottesdienste der 11. Haupt-Versammlung des ev. Gustav-Adolf-Vereins am 8. Sept. 1853 zu Coburg gehalten. Leipzig, Vogel in Comm. gr. 8. (16 S.) n. 2 ngr.

Kohlschütter, Ernst Volkmar, Ich bin der Herr, dein Arzt. Predigt, vor dem Schlusse des Landtages am 27. März 1884 in der evangel. Hofkirche zu Dresden gehalten. gr. 8. (15 S.) Dresden 884, v. Zahn und Jaensch.

— in der Kraft der Fürbitte unsers großen Hohenpriesters sollen wir seine Freude vollkommen in uns haben. Predigt vor der Conferenz der deutschen evangel. Kirchenregiergn. in der Wartburgkapelle am 18. Aug. 1875 geh. gr. 8. (12 S.) Dresden 875. v. Zahn's Verl. in Comm. n. — 30

— in der Treue gegen unsere Kirche werden wir uns als des Vaterlandes rechte Freunde bewähren. Predigt, vor der Eröffnung des Landtags am 14. Novbr. 1883 in der evangel. Hofkirche zu Dresden gehalten. gr. 8. (15 S.) Ebendas. 883.

— das evangelische Kirchenlied im Lichte der Auferstehung des Herrn. Predigt über Ev. Matth. 28, 1—10 am ersten Ostertage aus Anlaß der Einführung des neuen Landesgesangbuchs bei dem evangel. Hofgottesdienste zu Dresden. gr. 8. (14 S.) Gotha 883, Schloeßmann.

Kohlschütter, Ernst Volkmar, Leichenrede, am Sarge e. hochverdienten sächsischen Staatsmannes geh. gr. 8. (7 S.) Gotha 885. Schloeßmann. n. — 20

Kohlschütter, Ernst Volkmar, ernste Mahnungen an alle Glieder unserer Kirche, welche den kirchl. Fragen der Zeit eine lebendige Theilnahme schenken. Predigt. gr. 8. (1 B.) Glauchau 815. (Cramer.) *

Kohlschütter, E. V., nur in der Lebensgemeinschaft m. Christus wird unser irdisches Berufswirken e. wahrhaft fruchtbringendes sein. Predigt, vor der Eröffng. d. Landtags am 11. Novbr. 1887, in der evangel. Hofkirche zu Dresden geh. gr. 8. (15 S.) Dresden 887. v. Zahn & Jaensch. — 25

Kohlschütter, Ernst Volkmar, Predigt, am Bußtage vor dem Schlusse des Kirchenjahres über Jes. 5, 1—6 gehalten. gr. 8. (11 S.) Gotha 885, Schloeßmann. * — 40
aus: Pastoralbibliothek, besonders abgedruckt.

Kohlschütter, Ernst Volkmar, Predigt vor Eröffnung der auf den 18. Juni 1874 einberufenen außerordentlichen Landessynode für die evangelisch-luther. Kirche im Königr. Sachsen. gr. 8. (16 S.) Dresden 874, v. Zahn's Verlag. *

— Predigt vor Eröffnung der auf den 2. Octbr. 1876 einberufenen zweiten ordentlichen Landessynode für die evangelisch-lutherische Kirche im Königr. Sachsen gehalten. gr. 8. (15 S.) Ebendas. 876.

Kohlschütter, Ernst Volkm., Predigt bei der 21. Hauptversammlung des evangelischen Vereins der Gustav-Adolf-Stiftung, s. Müllensiefen, J.

Kohlschütter, Ernst Volkmar, Predigt bei der 7 Jahresversammlung des leipziger Hauptvereins der evangel. Gustav-Adolph-Stiftung am 28. Aug. 1851 zu Glauchau gehalten. gr. 8. (18 S.) Glauchau 851, Cramer. *

— Predigt üb. Matthäus 6, 33. geh. zur Eröffng. der Kirchen- u. Pastoralconferenz zu Meißen am 15. Juni 1875. gr. 8. (16 S.) Ebend. 875. n. — 40

— Predigt, geh. am 31. Oktbr. 1886, als am Reformationsfeste und 19. Sonntage nach Trinitatis. [Aus: „Pastoralbibliothek".] gr. 8. (15 S.) Gotha 887. Schloeßmann. n. — 40

—— v. Müller und Kreusler, drei Predigten, gehalten beim 17. Congreß für innere Mission zu Dresden vom 5. bis 7. Octbr. 1875. gr. 8. (46 S.) Ebendas. 875. *

—— zwei Predigten bei seiner Amtsveränderung in Glauchau und Dresden gehalten. gr. 8. (34 S.) Dresden 855, Schönfeld's Buchh. *

—— Rede bei der Einführung des Herrn Dr. phil. Eduard Hermann Diedrich Carl Closter in das Pfarramt zu Hohenstein am 2. Sonnt. des Advents 1854 gehalten. gr. 8. (15 S.) Glauchau 855, (Moris.) **

—— Reden zur Ordination und zur Einführung des eigenen Sohnes. gr. 8. (15 S.) Ebendas. 884.
aus: Pastoralbibliothek, besonders abgedruckt.

— u. L. Seidel, zwei Reden über die Arbeit der inneren Mission im Dienste der Kirche. Einführungsrede, geh. in der Diakonissenanstalt, u. Antrittspredigt, geh. in der evang. Hofkirche zu Dresden am 23. Jan. 1879. gr. 8. (20 S.) Dresden 879. Leipzig, Buchhandlung des Vereinshauses in Comm. n. — 30

— die rechte Synodalarbeit. Predigt, zur Eröffng. der auf den 13. Mai 1886 einberufenen 4. ordentl. Landessynode f. die evangelisch-luther. Kirche im Königr Sachsen. gr. 8. (16 S.) Dresden 886. v. Zahn & Jaensch. n. — 25

—— Wann werden wir Ruhe haben mitten in der Unruhe der Zeit. Predigt, vor dem Schlusse des Landtags am 10. März 1880 in der evangel. Hofkirche zu Dresden gehalten. gr. 8. (15 S.) Dresden 880, v. Zahn und Jaensch.

—— was haben wir an der Offenbarung der göttlichen Friedensgedanken über den Völkern? Predigt, vor der Eröffnung des Landtags am 12. Novbr. 1885 in der evangel. Hofkirche zu Dresden gehalten. gr. 8. (15 S.) Dresden 885, v. Zahn und Jaensch. — 25

—— die Weihe der Abschiedsstunde und der Amtsübernahme. Zwei Predigten bei seiner Amtsveränderung in der Kreuzkirche und in der evangel. Hofkirche zu Dresden gehalten. gr. 8. (43 S.) Ebendas. 873. *

Kohlschütter, Ernst Volkm., Wer ist ein ächter Protestant? Predigt am Reformationsfeste den 31. Octr. 1863 in der Kreuzkirche zu Dresden gehalten. Dresden, Schönfeld in Comm. gr. 8. (15 S.) n. 3 ngr.

— wie die Saat so die Ernte. Predigt vor dem Schlusse d. Landtags am 1. Juli 1876 in der evangel. Hofkirche zu Dresden geh. gr. 8. (16 S.) Dresden 876. v. Zahn's Verl. n. — 50

Kohlschütter, Ernst Volkmar, womit soll ich vor den Herrn treten? Predigt vor dem Schlusse des Landtags am 24. Juli 1878 in der evangel. Hofkirche zu Dresden geh. gr. 8. (18 S.) Dresden 878. v. Zahn's Verl. n. — 30

Kohlschütter, Ernst Volkmar, Gottes Zeugniß an unser Volk. Predigt, am 4. Septbr. 1881 als dem 50. Jahrestage der Aufrichtung der Staatsverfassung des Königreichs Sachsen vor der feierlichen Landtagseröffnung in der evangel. Hofkirche zu Dresden geh. gr. 8. (20 S.) Dresden 881. v. Zahn's Verl. n. — 30

Zur Erinnerung an Friedrich Wilhelm Spielberg. [Vf.: Helene Kohlschütter, geb. Spielberg.] *Halle a. S.: Dr. v. E. Karras 1898.* (1 Bl., 125 S., 5 Taf.) 1 Bd 8. 100 60 3

Kohlschütter, Johs., Abschiedspredigt in der Frauenkirche zu Meißen am Sonntag Invocavit, 27. II. 1898 geh. gr. 8. (16 S.) Meißen 898. L. Mosche. n.n. — 25

Kohlschütter, Johs., wozu der wiederkehrende Erinnerungstag an seine großen Siege unser deutsches Volk erwecken soll. Predigt über Psalm 119, 7. 8. in der Klosterkirche zu Grimma bei der Siegesfeier am 2. Septbr. 1873 gehalten. gr. 8. (18 S.) Grimma 873, Gensel.

Kohlschütter, Johannes Volkmar,
s. Kohlschütter, Volkmar

Kohlschütter, Karl Christian

— — De auditores. De pandectis juris civilis privati, quo in Saxonia utimur, commentatio. Wittbg. (Charisius) 1795. 24 S. (5.—) 19101

— — De effectu principii juris naturalis in jure civili. Diss. jur. Wittbg. (A. C. Charisius) 9. VI. 1791. 20 S. (5.—) 19100

Kohlschuetter, Carl Christian, De fide Homeri historica Disp. histor.-philol. Tl. II. Präs. Carl Gottfried Jehnichen. Wittbg. (Jo. Christoph Tzschidrich's Wwe.) 14. VII. 1786. (S. 17—34. (4.50) 19097
Tl. I s. Jehnichen, C. G.

(—) hat der König von Sachsen diesem Lande jemals entsaget? Geschrieben von e. Sachsen zu Anfange des Novbr. 1814. 4. o. O. 814.

Kohlschütter, Karl Christian [Praes.], s. Junghans, Johann Samuel: De causis contemti jurisjurandi.

— — (Dresden), De jure standi in comitiis provincialibus. Präs. Johann Christian Francke. Wittbg. (Carl Christ. Dürr.) 1. X. 1787. 28 S. (6.—) 19098
Gew.: Friedrich Ernst Mylius. — Widm. v. Präs.

— — De jurejurando credulitatis secundum praecepta philosophorum de probabili judicium. — Quod e societate eorum qui praeside Gottlob Ernst Schulz privatim scibendo ac disserendo se exercent sub memoriam societatis anniversariam ipsis calend. Julii 1788 proponit commilitonibus ex academia abeuntibus M. Gustav Wilhelm Bauer (Zeuden), M. Friedrich August Kraus (Dahme), Georg Michael Roscher (Oberpfalz) felicem studiorum finem gratul. seque ipsum e societate discedentem reliquorum memoriae commendat. Wittbg. (Carl Christian Dürr). 16 S. mit Namen. (5.—) 19099

Kohlschütter, Ritter Karl Chr., jus civile privatum, quo in Saxonia electorali utimur, in formam artis redactam. P. I. 8. Leipz. 800.

— Propädeutik, Encyklopädie u. Methodologie d. positiv. Rechtswissenschaft. gr. 8. Leipz. 797. Grieshammer. (Fischer u. Fuchs). 4 ℛ

— Vorlesungen üb. den Begriff d. Rechtswissenschaft. 8. Leipz. 798. (Fischer u. Fuchs). 12 ℛ

Kohlschütter, K. Ch.: Vorles. üb. d. Begriff d. Rechtswiss. *Lpz.*, Grieshammer. 798. 8. (6 Gr.)

— s. Widerlegung, e. d. gröbsten Unwahrheiten rc.

Kohlschütter, Otto (Hrsg.):

s.: Kreysig, Friedrich Ludwig: Die Krankheiten des Herzens im Allgemeinen und auf ihrer ersten Entwickelungsstufe neu bearbeitet. (Opus posthumum). Berlin: 1845

— Otto (Dresden), Quaedam de funiculo umbilicali frequenti mortis nascentium causa. Comment. physiol.-obstetr. Lpz. (Staritz) 28. VI. 1833. 106 S. (7.—) 19102
Gew.: Friedrich Ludwig Kreysig, Franz Carl Naegele, Ernst Heinrich Weber.

Kohlschuetter, Otto, quaedam de funiculo umbilicali frequenti mortis nascentium causa. Commentat. physiolog.-obstetricia. Lex.-8. (7 B.) Lipsiae 833, (Franke.)

Kohlschütter, Otto, Venedig unter dem Herzog Peter II. Orseolo 991 bis 1009. Göttingen 868. Vandenhoeck & Rupprecht's Verl. in Comm. gr. 8. (95 S.) n. 12 ngr.

Kohlschütter, Pauline, Frauenglück. Bilder aus d. weibl. Leben. 4. (10 photolith. Blatt.) Berlin (893). F. Grandt. In Leinw.-Mappe 10. —

Kohlschütter, Rud., s. Mittheilungen aus d. magnetischen Schlafleben d. Auguste K.

Kohlschütter, Volkmar

[J.] Ernst Florens Friedrich Chladni. Von V. **Kohlschütter** in München. *Hamburg: Verlagsanst. u. Dr. A.-G. 1897.* (45 S.) 8.
= Sammlung gemeinverständl. wiss. Vorträge. N. F. Ser. 11. H. 261
(97 1<6)

KOHLSCHÜTTER, VOLKMAR. Unorganische Hydroxylaminverbindungen. München, 1899.

Kohlschütter, (Johannes) Volkmar, aus Forchheim i. S.: **Zur Konstitution anorganischer Verbindungen.** *München 1902: M. Ernst.* (98 S.) 8°
München, Phil. Hab.-Schr. v. 1902

Kohlsdorfer Max : Friedrich Schlegels Abhandlung „Über das Studium der griech. Poesie". (48). Bąkowice 96.
Progr.

– Uber Goethes „Leiden des jungen Werther". (28). ibd. 97.
Progr.

Kohlstock, Albert, Tierarzt: **Aus d. chir. Klinik d. Tierärztl. Hochsch. zu Dresden. Über den Einfluss der konstanten Berieselung mit heissem Wasser auf die Wundheilung. Ein Beitr. z. Thermotherapie in d. Tierheilkunde.** Mit 1 Abb. Dresden 1909: Klemich. 47 S. 8°
Leipzig, Veterinär-Med. Diss. v. 11. Juli 1909, Ref. Röder
[Geb. 6. Juli 85 Schöppenstedt; Wohnort: Schöppenstedt; Staatsangeh.: Braunschweig; Vorbildung: Neues Gymn. Braunschweig Reife M. 04; Studium: Tierärztl. Hochschulen München 2, Berlin 5 S.; Coll. 26. Juli 09; Approb. 26. Febr. 09.] [U 09. 2807

Kohlstock, Julius (Marchicus [= Mark]), De provocatione apud Germanos ab antiquissimis temporibus usque ad saeculum undecimum. Diss. jur. Bln. (Ferdinand Nietack) 9. IV. 1831. 90 Seiten. (6.80) 19103
Oppon.: Jul. Wollheim, Jul. Elwanger, Frid. Aug. Jungk. — Gew.: Eduard Gans.

Kohlstock, Karl, Aufgaben-Streifen für den Rechenunterricht in Volks-, Bürger- und Privatschulen. Nebst einer Anleitung zur prakt. Verwendung derselben für die Elementar-, Mittel- und Oberklasse, sowie 1 Wandtaf. zur Veranschaulichung der Hunderter und Tausend, der metr. Flächenmaße und der Bruchtheile (27 Bl. auf Carton, schm.-Fol.; Anleitung 26 S. in 8; Wandtafel 4 Bl. in gr. Fol.) Gotha 886, (Windaus.) ** 5 —
—— dass. — 2. verb. und verm. Aufl. Ausg. A. (für deutsche Schulen); Ausg. B. (für österreichische Schulen). gr. 8. (32 S. und 11 Taf. [in gr. Fol.] nebst Holzstab zum Aufhängen derselben.) Gotha 889, Behrend. à Ausg. * 5 —

Kohlstock, Karl, Entdeckungsreisen in der Heimat. Unterrichtliche Vorbereitungen zu 24 Schüler-Ausflügen, in 24 Einzelheften bearb. 1.—3., 15., 16., 18., 20., 22. u. 23. Hft. 12. Gotha [C. Glaeser.] R. Schmidt. n.n. 2. 40
1. Gotha als Festung v. Außen betrachtet. (24 S.) 899. n.n. — 25
2. Gotha als Festung v. Innen betrachtet. (40 S.) 899. n.n. — 25
3. Katerinne m. ihren Nebenflüssen u. Mühlgräben. (21 S.) 899. n.n. — 25
15. Südseite beider Seeberge — Günthersleben. (48 S.) 899. n.n. — 30
16. Tour Drei Gleichen-Arnstadt. (55 S.) 899. n.n. — 30
18. Tour Kandelaber-Ohrdruf. (35 S.) (899). n.n. — 30
20. Tour Eisenach. (38 S.) (900). n.n. — 26
22. Wanderung nach der Fahnerschen Höhe u. dem Unstrutthale, Tagereise von 25 km. (26 S.) (899). n.n. — 25
23. Tour Bufleben-Saline. (32 S.) (900). n.n. — 25
Die übrigen Hefte sind noch nicht erschienen.

Kohlstock, Karl, kurze Geschichte des Herzogt. Gotha u. seiner Fürsten. Hrsg. f. Schule u. Haus gelegentlich des Regierungsantritts Sr. königl. Hoh. Herzog Carl Eduard, 19. VII. 1905. (56 S. m. Abbildgn.) gr. 8. Gotha 905. C. Glaeser. n. — 60

— **Handbuch** zur Erlerng. der italienischen doppelten Buchführung. Zum Gebrauch f Schüler von Handels- u. Fortbildungsschulen, sowie zum Selbstunterricht, nebst Verzeichnis von Geschäftsvorfällen als Übungsaufgaben zur selbständ. Verbuchung u. eine Darstellung der verschiedenen Arten von Wechseln. 2., verm. u. verb. Aufl. gr. 8. (112 S.) Berlin (901). S. Mode. 1. 60

Kohlstock, Karl, Heimatkunde des Herzogt. Gotha, s.: Wettig.

— Kleine Heimat- u. Landeskunde des Herzogt. Gotha m. 14 Abbildgn. Für die Hand der Schüler bearb. (56 S.) 8. Gotha 910. Leipzig, R. Wöpke. — 40

Kohlstock, Karl, kleine Heimat- u. Landeskunde d. Herzogt. Gotha. Jetzt: Gotha, E. F. Thienemann.

Kohlstock, Karl, Leitfaden z. italien. dopp. Buchführg., s. u. **Herlitz**, Th. O.

Leitfaden zur italienischen Doppelten Buchführung v. Th O. Herlitz. Z. Gebr. f. Schüler v. Handels- u. Fortbildgsschulen u. z. Selbstunterr. Nebst Verz. v. Geschäftsvorfällen als Übgsaufgaben zu selbständ. Verbuchg u. Darstellg d. verschied. Arten v. Wechseln. Bearb. v. Karl **Kohlstock.** *Berlin: S. Mode 1896.* (86 S.) 1 Bd 8. [98 4187

— s.: Reise-Handbüchlein, der wandernden Schuljugend gewidmet.

Kohlstock, Karl: Eine Schülerreise. Langensalza: H. Beyer & Söhne 1899. XIII, 36 S. 8°
= Magazin, Pädagogisches. H. 131.

Kohlstock, Paul (Mart. Julius): Beitrag zur Casuistik des Typhus abdominalis bei Kindern. Berlin 1882. 30 S. 8°
Berlin, Med. Diss. v. 14. Nov. 1882

Kohlstock, Paul, ärztlicher Ratgeber f Ostafrika u. tropische Malariagegenden. 12. (VIII, 344 S.) Berlin 891. H. Peters. Geb. in Leinw. n. 6. —

Dr. Paul **Kohlstock's** Ratgeber für die Tropen. 2. Aufl. neubearb. von Oberstabsarzt Dr. [Leopold] Mankiewitz. Göttingen & Leipzig: H. Peter 1905. (380 S.) 8°

Kohlstock's, Paul, Ratgeber f. die Tropen. Handbuch f. Auswanderer, Ansiedler, Reisende, Kaufleute u. Missionare üb. Ausrüstg., Aufenthalt u. Behandlg. v. Krankheiten u. Unglücksfällen in heissen Ländern. 3. Aufl. Vermehrt u. neu bearb. v. Mankiewitz. (VIII, 466 S. m. 2 Taf.) kl. 8. Stettin 910. H. Peters Verl.
Geb. in Leinw. 8. —

Kohlstock, Rud., Katechismus f. die Sanitäts-Kolonne der freiwill. Feuerwehr in Neisse. Entworfen v. ihr. Führer K. 12. (26 S.) Neisse 898. J. Graveur's Verl. n. — 25

Kohlunt, Wolfgang: Ueber die Addition von Kohlenwasserstoffresten an Doppelbindungen. Heidelberg 1908: K. Rössler. 42 S. 8°
Heidelberg, Naturw.-math. Diss. v. 19. Aug. 1908, Ref. Curtius
[Geb. 8. Okt. 82 Konstanz, Wohnort: Heidelberg; Staatsangeh.: Baden; Vorbildung: Gymn. Mannheim Reife Juni 06; Studium: Heidelberg 12, Karlsruhe Techn. Hochsch. 1 S.; Rig. 28. Febr. 08.] [U 09. 2050

Kohlweck, Wenzel Vide: Konkordia.

Kohlwein, J. H., (J. Oehlinger,) Constantinopel u. die Türken, ein topograph.- u. ethnograph. Gemälde, nebst e. ausführl. Geschichte dieser großen Kaiserstadt rc. Mit 1 Ansicht. gr. 8. Wien 822. Tendler. 12 K (Wigand in Kaschau). 10 K

Kohlwein, J. H., Konstantinopel und die Türken. Ein topographisch u. ethnographisches Gemälde. Nebst einer ausführl. Geschichte dieser Kaiserstadt, der Gründung durch Konstantin d. Großen, bis auf die Eroberung durch die Osmanen. Mit e. Ansicht. 2e Aufl. 12. Kaschau 822. Pesth, Heckenast. 1/4 ß

Kohlwey, Heinr., Arten- u. Rassenbildung. Eine Einführg. in d. Gebiet d. Tierzucht. M. e. Vorwort v. G. H. Th. Eimer. gr. 8. (VII, 72 S. m. 5 Fig.) Leipzig 897. W. Engelmann. n. 1. 60

Kohlwey, Heinrich Über Bau und Leben von Halodactylus diaphanus ⟨Farre⟩. Ein Beitrag zur Kenntniss der Bryozoen. Halle 1882: Wulfert in Schönebeck. 35 S. 8°
Halle-Wittenberg, Phil. Diss. v. 4. März 1882.
Geb. Emden (Ostfriesland) 11. 4. 1850. V.
Im Buchhandel Schönebeck: Senff 1882. 33 S.
Erweit. u. verb. Bearb. von des Verf.: Ueber Halodactylus diaphanus ⟨Farre⟩. S. 3—8. 2 Taf. 4° Schönebeck, Realschule II. O., Progr. 1879.

Kohlweyer, Karl (Hrsg.), s. Missionspredigten.

— Die weiße Taube. — Der Bruder vom Hofe. 2 Erzählgn. aus dem 13. Jahrh. (147 S.) 8. Herborn 909. Buchh. des nass. Colportagevereins. — 80;
geb. in Leinw. od. Bibliotheksbd. 1. 20

— Wendelin, s.: Volksbücher, neue.

Grillparzers Tragödie 'Die Ahnfrau' in ihrer gegenwärtigen u. früheren Gestalt. Von Dr. Josef **Kohm**, Prof. *Wien: C. Konegen 1903.* (VIII, 436 S.) 8° [F.] [03. 1095

Kohm, Josef: Neue Antiphon-Studien 8 (20 S.)
II Theil (Umschlagtitel: Schluss) 8 (17 S).
Progr. K k Staatsg im III Bezirke *Wien* 1899 1900

Kohm, Jos., e. Beitrag zur Frage üb. die Echtheit der Tetralogien d. Redners Antiphon. gr. 8. (30 S.) Prag 885. (Wien, Pichler's Wwe. & Sohn.) n. — 60

Kohm Dr. J.: Ein Beitrag zur Frage über die Echtheit der Tetralogien des Redners A. 28, 40. Arnau 85, 86. **Progr.**

Kohm, Jos., die βούλευσις im attischen Processe. — Die Frage nach Entstehg. u. Tendenz der Taciteischen „Germania". Von Ign. Weinberger. 1. Thl. Progr. gr. 8. (30 S.) Olmütz 890. (E. Hölzel.) n. 1. —
s.: **Weinberger, Ign.**

Kohm, Jos., Schillers Braut v. Messina u. ihr Verhältnis zu Sophokles' Oidipus Tyrannos. gr. 8. (202 S.) Gotha 901. F. A. Perthes. n. 2. 40

Kohm, Josef Die Composition der Sophokleischen Tragödie „Oidipus Tyrannos". I. Theil. 8 (34 S.). II. Theil. 8 (32 S.). **Progr.** K. k. Staatsg. im III. Bezirke *Wien* 1894. 1895.

— Herr Universitätsprofessor Dr. August Sauer in Prag als Kritiker. (Eine offene Antwort auf dessen Artikel in der Wochenschrift „Zeit" vom 10. X. 1903, Nr. 471.) (23 S.) gr. 8. Wien 904. (C. Konegen.) n. — 25

—— Kritisch-exegetische Studien zu Antiphon, s. Studien, Wiener, 8. Jahrg.

Kohm, J.: Die Tetralogien des Antiphon. 35 S. – Arnau, Progr. 1888.

Grillparzers Goldenes Vlies und sein handschriftlicher Nachlaß. Von Dr. Josef **Kohm**. Wien: K. Gerolds Sohn in Komm. 1906. (XXIV, 135 S.) 8° [07. 3433 11

—— s. Weinberger, Ign.

Kohm, J., Zeus u. sein Verhältnis zu den Moirai nach Sophocles. Pr. 1881. 80 S. 1.50

Köhm, Jos., altlateinische Forschungen. (XV, 221 S.) gr. 8. Leipzig 905. O. R. Reisland. n. 6. —

Köhm, Jos., Präparation zu Terenz' Adelphoe u. Phormio, s.: Krafft u. Ranke's Präparationen f. die Schullektüre.

Koehm, *Petrus Fridericus* Iosephus [Castellensis]: Quaestiones Plautinae Terentianaeque ... Gissae, typ. offic. aul. et acad. C. de Muenchow, 1897; 56 S., 1 Bl. 8.
Giessen, Phil. Fak., Inaug.-Diss. v. 1897

Koehm, Ios., Quaestiones Plautinae Terentianaeque. gr. 8. (56 S.) Giessen 897. J. Ricker. n. 1. 20

Köhm P., die jugendlichen Arbeiter in Deutschland. II. Kriminalität und sittliches Verhalten. (20 S) (Schriften d. Gesellschaft f. soziale Reform 35) Jena 1910

Kohmann, Karl, analecta Cismariensia. gr. 8. (167 S.) Kiel 875. (Universitätsbuchh.) n. 1. 60

— die Braunschweiger Reimchronik auf ihre Quellen geprüft. gr. 4. (79 S.) Kiel 876. Haeseler. n. 3. —

Köhmann, C., fünfzigjährige Erfahrungen bei den Soldaten. 8. Hamb. 818. Herold jun.

Köhmstedt, Carl, Feierabend-Klänge. Lyrisch-epische Gedichte. (VIII, 76 S. m. Bildnis.) 8. Dresden 908. E. Pierson.
n. 1. 50; geb. n. 2. 50

Kohn, s.a. C o h n .

Kohn, Hermann, Bürgerschütze (erklärt, daß Mad. Rötter am 18. nicht die Soldaten in ihr Haus gerufen habe.) Druck von E Litfaß. 1 Bl. Fol

Flugblatt. Berlin, 20. März 1848.

Kohn, verstärkte Laschen, Stemmlaschen u. Sonstiges vom Eisenbahn-Oberbau. Mit 6 Abbildgn. im Text. gr. 8. (10 S.) Berlin 899. W. Ernst & Sohn. n. —50

S.-A. aus: Centralblatt der Bauverwaltung.

K o h n , die Lehre vom griechischen Aoristus bei Georg Curtius und dessen Nachfolgern. [I.] gr. 8. (15 S.) Tübingen 888, Fues' Verlag. * — 60

Aus: Korrespondenzblatt für die württembergischen Gelehrten- und Realschulen, besonders abgedruckt.

Kohn, hebräische Wandfibel für den ersten Unterricht in der hebräischen Sprache. Kreuznach 869. Voigtländer. qu. Fol. (7 Steintaff. mit 2 S. Text in gr. 8.) In Couvert. n. 20 ngr.

— der Zungendrehpunkt an d. Weichen der preuss. Staatseisenbahnen. gr. 8. (10 S.) Ebd. 899. n. —50

Sonderabdruck aus: „Centralblatt der Bauverwaltung".

Kohn, A., Gründung eines Seminars f. d. Israeliten in Oesterreich. Ein Wort zur Zeit. gr. 8. (28 S.) Wien 850, Jasper, Hügel & Manz. n. 4 ngr

Kohn, A., der Curort Königswart, dessen Stahlquellen und übrige Heilpotenzen geschildert in topograph., physikalisch-chem., medicinisch-therapeut. Beziehung. 8. (178 S. mit 1 lithogr. Karte.) Wien 873, Braumüller. *

Kohn, A., das Stahlbad Königswart, s.: Woerl's Reisehandbücher.

Kohn, A., die Notablenversammlung der Israeliten Böhmens in Prag, s. Notablenversammlung.

Kohn, Abraham —. Biblische Geschichte für israelitische Jugend, mit entsprechenden Bibelversen vor jeder Erzählung von — —. Erster Theil. Zweite Auflage. 8. (80 S.) Lemberg. Gedruckt bei M. F. Poremba. 1854.

Kohn's, Abrah., nachgelassene Schriften, mit einer Biographie desselben verfaßt von Jak. Kohn. Hrsg. von Jos. Kobak. 1. Heft. 1. und 2. Lfg. gr. 8. (S. 1—145.) Lemberg 856. 57. (Leipzig, Hunger.) **

Ist nicht fortgesetzt worden.

Kohn, Abraham — „Such den Frieden und verfolge ihn!" Aufmunterungsrede, gehalten am 11. Mai 1856 bei abgehaltenem öffentlichen Gebete für die Dauer des zu Paris geschlossenen Weltfriedens, im Tempel zu Praschno-Augezd, von — —. Prag, 1856. Gedr. bei M. J. Landau. (8 S. 8.)

Kohn, Albert. Was ist uns der Monarch und was sollen wir Ihm sein? Dankeswort für die glückliche Rettung Sr. k. k. Apostolischen Majestät Franz Joseph I., gesprochen am 26. Februar 1853 in der Synagoge zu Raudnitz. 3. Aufl. 8. (halb. Bogen), Prag, M. J. Landau, 1853.

— Die Wohnungsenquête der Ortskrankenkasse für Kaufleute 1904. 8⁰. Berlin, Selbstverlag, 1905.

Kohn, A., Unsere erste Wohnungs-Enquête. Im Auftrage des Vorstandes der Ortskrankenkasse für den Gewerbebetrieb der Kaufleute, Handelsleute u. Apotheker. Berlin, Verl. d. Ortskrank.-Kasse f. d. Gewerbebetrieb d. Kaufleute, Handelsleute u. Apotheker. 1902.

Unsre Wohnungs-Enquête im Jahre 1902. Im Auftrage d. Vorstandes d. Ortskrankenkasse f. d. Gewerbebetrieb d. Kaufleute, Handelsleute u. Apotheker bearb. von Albert Kohn. *Berlin: Ortskrankenkasse f. d. Gewerbebetr. d. Kaufl. 1903.* (35 S.) 8° [03. 7159

Kohn, Albert, Unsere Wohnungsenquête im J. 1907. 4⁰. Berlin, Verlag d. Ortskrankenkasse für den Gewerbebetrieb der Kaufleute, Handelsleute und Apotheker, 1908.

— Unsere Wohnungsenquête im J. 1909. Im Auftrage des Vorstandes d. Ortskrankenkasse f. d. Gewerbebetrieb d. Kaufleute, Handelsleute und Apotheker. Lex.-8⁰. Berlin, Selbstverlag, 1910.

Kohn, Albin, u. C. Mehlis, Materialien zur Vorgeschichte des Menschen im östlichen Europa. Nach poln. u. russ. Quellen bearb. u. hrsg. 1. u. 2. Bd. Mit 194 (eingedr.) Holzschn., 15 lith. u. 4 Farbendr.-Taf. Lex.-8. (XVI, 375 u. VIII, 352 S.) Jena 879. Costenoble. n. 31. —

Kohn, Albin, u. Rich. Andree, Sibirien u. das Amurgebiet. Geschichte u. Reisen, Landschaften u. Völker zwischen Ural u. Beringstraße. In 2 gänzlich umgearb. Aufl. neu hrsg. 2 Bde. gr. 8. Leipzig 876. Spamer. n. 9. —; in 1 Bd. geb. n. 11. —

1. Sibirien. Von Albin Kohn. Mit 70 Text-Abbildgn. (in Holzschn.) u. 8 Tonbildern. (VIII, 350 S.) n. 5. —
2. Das Amurgebiet. Von Rich. Andree. Mit 70 Text-Abbildgn. (in Holzschn.), e. Titelbilde (in Holzschn.) u. e. ethnograph. (chromolith.) Karte (in qu. Fol.) (VI, 264 S.) n. 4. —

Kohn, Alfons: Versuche über magnetisch weiche und harte Körper. Leipzig 1896. 28 S. 8°.

Basel. Phil. Diss. 1896/97.

Der Essäerbund als die Freimaurer des Altertums von A[ron] Kohn. Pressburg 1897. 18 S. 8⁰ [Umschlagtit.]
Abgedr. in: Z. 27 (1897) S. 69—73.
cf. L. 21 (1898) S. 48.
Darstellung des Wesens u. der Lehre des Essäerbundes, um zu zeigen, dass dieser mit dem Wesen des Frmrbundes durchaus verwandt sei. 3.

Kohn, A., d. Essäerbund als d. Freimaurer d. Alterthums. gr. 8. (18 S.) Pressburg 897. (Wien, J. Eisenstein & Co.) n. 40

Kohn, Benno [nachher Kerry]: Untersuchungen über das Causalproblem auf dem Boden einer Kritik der einschlägigen Lehren J. St. Mills. Wien, Druck und Verlag von Carl Gerold's Sohn, 1881. 8. IV, 127 S.

Kohn, Bernhardus Jacobus: De Chorea St. Viti. [Praeses:] Curtius Sprengel. Halae (1823): Ruff. 43 S. 8°

Halle-Wittenberg, Med. Diss. v. 19. Juli 1823

Geb. (Strelitz, Mecklenb. [1.1] 1800). [V. in Sprengel's Progr.]

Kohn, Boleslaw: Aus d. Kgl. chirurg. Universitätsklinik zu Breslau. ⟨Direktor weiland Prof. v. Mikulicz-Radecki.⟩ Über Tetanus facialis im Anschluß an einen unter Serumtherapie geheilten Fall. Breslau 1905: Bresl. Genoss.-Buchdr. (32 S.) 8°
Breslau, Med. Fak., Ref. Kausch, Diss. v. 29. Juli 1905
[Geb. 1. Juni 81 Nosielsk, Gouv. Warschau; Heimatsort: Czenstochau; Staatsangeb.: Rußland; Vorbildung: Gymn. Czenstochau Reife M. 00; Studium: Breslau 9 S.; Rig. 22. Juli 05.]

Kohn, C., Kork- und Korbflechterei-Waaren, — die Nähmaschinen, Strick- und Stickmaschinen, } s. Ausstellungs-Bericht, officieller.

Kohn, Carl, s. Kohn, Karl.

Kohn, Charles A. [aus Nottingham]: Einige Abkömmlinge des Kairins .... Würzburg, Druck d. Stahel'schen Buchdr., 1888; 39 S. 8°.
Erlangen. Phil. Fak., Inaug.-Diss. v. 1888.

Kohn, Charles A., einige Abkömmlinge des Kairins. Diss. Erlangen 1888, Th. Blaesing. 8°. 39 S.

Kohn, Christianus Guilelmus ⟨geb. am 3 Mai 1829 in Siegen Westf.⟩: De verbo Germanico tuon et verbo Gothico iddja ... Bonnae, form. J. F. Carthausii 1854. VIII, 80 S., 1 Tab. 8.
Bonn, Phil. Fak., Diss. v. 11 März 1854

Kohn, D., gründl. Anweisung f. Kurz-, Weit- u. Schwachsichtige z. zweckmäß. Gebr. d. Brillen, nebst e. Kritik aller bis jetzt bekannten Brillengattungen, u. e. Empfehlung neu erfund. Brillen f. Schielende. 2. Aufl. mit Vorw. v. E. H. W. Münchmeyer. 8. (3 B.) Lüneburg 828, Herold u. Wahlstab.

Kohn, Dav., der Getreideterminhandel. Wesen. Nationalökonomische Bedeutg. Einfluß auf das Getreidegeschäft. Preisgekrönt v. der königl. ungar. Akademie der Wissenschaften. gr. 8. (V, 189 S.) Leipzig 891. Duncker & Humblot. n. 3. 60

Kohn, Eman., die Syphilis während der Periode ihrer Initial- u. Frühformen u. deren Behandlg. Auf Grund v. Fournier's „Leçons sur la syphilis" dargestellt. gr. 8. (XII, 296 S.) Wien 875. Seidel & Sohn. n. 5. —

Kohn, Eman., wie sollen wir desinficiren? Rathschläge f. das nicht-ärztl. Publikum bezüglich d. Schutzes der Gesunden gegenüber ansteck. Krankheiten. gr. 8. (26 S.) Stuttgart 885. Enke. n. — 80

Kohn Emerich: Die südlichen Handelsbeziehungen der österreichischen Alpenländer in der älteren Bronzezeit
II. 1904 PN 1814 **Diss.** Wien, Univ.

Kohn, Emerich, Urgeschichte des Menschen, s. a. Hillger's, Herm., illustr. Volksbücher.

Urgeschichte des Menschen von Dr. Emerich **Kohn**. Mit 46 Ill. Berlin, Leipzig: H. Hillger [1907]. (86 S.) 8° [F.]
— **Volksbücher**, Hillgers illustrierte. Bd 69. [07. 16180

Kohn Emil: Einige Derivate der Galaktonsäure. S. 104. IIb. 326 . . . . vgr.
Separatabdruck

Kohn, Franz: Photo-elektromotorische Untersuchungen über Mischungen von Ammonoxalat mit Merkurichlorid und Ferrichlorid. 1908. 67 S. 8°
München, Dr.-Ing.-Diss. v. 1. 7. 1908

Kohn Friedrich: Die einfachen Fälle der Krystallberechnung. 85 und 8 Figuren. Lundenburg 00.
Progr.

Kohn, Frid. (geb. Siegen 13. 11. 1833): De fracturis complicatis diaphysium extremitatum ossium sanandis. Berolini (1856). (29 S.) 8°
Berlin, Med. Diss. v. 9. Aug. 1856

Kohn Friedrich: Das neue Gebäude des Kaiserin-Elisabeth-Obergymnasiums in Lundenburg. 12. mit Plänen und Bildern. Lundenburg 04.
Progr.

— Die Krystalle des Paraxylenylbromids

$$C_6H_4 \begin{cases} CH\,Br_2 \\ CH\,Br_2 \end{cases}$$

10 m. 3 Tafeln. ibd. 98.
Progr.

Kohn Friedrich: Die Krystallformen von $C_2H_8N_4PS_2O_2$. Ein Einwirkungsproduct von Phosphorpentasulphid auf Harnstoff. 6 u. 2 Tafeln. Dornbirn R. 97.
Progr.

Kohn, Fritz, Referendar: **Der untaugliche Versuch und das Wahnverbrechen hinsichtlich ihrer begrifflichen Scheidung und ihrer Strafbarkeit.** *Breslau: Schletter 1904.* (56 S.) 8°
Würzburg, Jur. Diss. v. 1904

Der untaugliche **Versuch** und das Wahnverbrechen hinsichtlich ihrer begrifflichen Scheidung und ihrer Strafbarkeit. Von Fritz **Kohn**, Ref. *Breslau: Schletter 1904.* (56 S.) 8°
= **Abhandlungen**, Strafrechtliche. H. 53.

Kohn, G.: Beiträge zur Theorie der Convergenz unendlicher Reihen. Diss. Rostock 1881. 8°

Kohn, Gustav

— Über zwei besondere Arten von Raumkollineationen und die Figur zweier Tetraeder. S. 120. IIa. 111 . . . . — 80
Separatabdruck

— Bemerkung über symmetrische Korrespondenzen ungeraden Grades. S. 106. IIa. 688 vgr.
Separatabdruck

— Über die Berührungskegelschnitte und Doppeltangenten der allgemeinen Kurve vierter Ordnung. 1. Mitteilung. S. 97. IIa. 325 . . . . vgr.
— — 2. Mitteilung. S. 97. IIa. 1291 . . . . vgr.
Separatabdruck

Kohn, Gust., üb. e. Eigenschaft der Invarianten v. Covarianten. [Aus: „Sitzungsber. d. k. Akad. d. Wiss."] Lex.-8. (13 S.) Wien 893. (F. Tempsky.) n. — 30

Kohn, Gust., über einige Eigenschaften der allgemein. Fläche 3. Ordng. (21 S.) gr. 8. Wien 908. A. Hölder. — 70
Sonderabdr. a.: „Sitzungsber. d. k. Akad. d. Wiss."

— üb. einige projective Eigenschaften der Poncelet'schen Polygone. [Aus: „Sitzungsber. d. k. Akad. d. Wiss."] Lex.-8. (14 S.) Ebd. 891. n. — 30

— Über eine neue Erzeugungsart der Flächen dritter Ordnung. S. 99. IIa. 683 . . vgr.
Separatabdruck

— üb. Flächen 3. Ordnung m. Knotenpunkten. [Aus: „Sitzungsber. d. k. Akad. d. Wiss."] Lex.-8. (7 S.) Ebd. 888. n. — 20

Kohn Gustav: Über das räumliche vollständige Fünfseit (mit 3 Holzschnitten). S. 80. II. 7 „ — .16
Separatabdruck

— üb. symmetrische Functionen der Wurzeln e. algebraischen Gleichung. [Aus: „Sitzungsber. d. k. Akad. d. Wiss."] Lex.-8. (16 S.) Ebd. 893. n. — 30

—— parlamentarisches Jahrbuch, Session 1888–1889. 8. (VIII, 204 S.) Ebendas. 888. * 3 20

— parlamentarisches Jahrbuch, Session 1888/89, 1889/90, 1890/91. 8. (à ca. VIII, 204 S.) Ebd. à Jahrg. n. 8. 20

Kohn, Gust., s. a. Jahrbuch, parlamentarisches.

Kohn, Gust., die homogenen Coordinaten als Wurfcoordinaten. [Aus: „Sitzungsber. d. k. Akad. d. Wiss."] gr. 8. (4 S.) Wien 895. (C. Gerold's Sohn.) n.n. — 10

Kohn, G., über die zu e. allgemeinen Curve 4. Ordnung adjungirten Curven 9. Classe. [Aus: „Sitzungsber. d. k. Akad. d. Wiss."] Lex.-8. (11 S.) Wien 887. (Tempsky.) n.n. — 25

Über die Oktaëderlage und die Ikosaëderlage von zwei cubischen Raumcurven von Gustav Kohn. Aus den Sitzungsberichten der kaiserl. Akademie der Wissenschaften in Wien. Mathem.-naturw. Classe; Bd. CVIII. Abth. II. a. Februar. 1899. Wien. 1899. In Comm. Gerold's Sohn. Gr.-8°. 11 S. fl. —.10

— üb. räumliche Poncelot'sche Polygone. [Aus: „Sitzungsber. d. k. Akad. d. Wiss."] gr. 8. (7 S.) Ebd. 897. n. — 20

Kohn, Gust., über algebraische Raumcurven. [Aus: „Sitzungsber. d. k. Akad. d. Wiss."] Lex.-8. (16 S.) Wien 880. (Gerold's Sohn.) n.n. — 30

Kohn, Gust., über kubische Raumkurven. (14 S.) gr. 8. Wien 903. (A. Hölder.) n. — 30

Kohn Gustav: Über kubische Raumkurven. S 112. IIa. 319 . . . . K —.30
Separatabdruck

— üb. d. cubischen Raumcurven, welche d. Tangentenfläche e. vorgelegten cub. Raumcurve in 4, 5 od. 6 Punkten berühren. [Aus: „Sitzungsber. d. k. Akad. d. Wiss."] gr. 8. (5 S.) Ebd. 896. n. — 20

— **üb. die Resultante e. Covariante u. e. Grundform.** [Aus: „Sitzungsber. d. k. Akad. d. Wiss."] Lex.-8. (5 S.) Ebd. 891. n. — 20

Kohn, Gust., üb. die Satellitcurven u. Satellitflächen. Lex.-8. (29 S.) Wien 884. (Gerold's Sohn.) n.n. — 50

— Über die Satellitkurven und Satellitflächen. S. 89. II. 144 . . . . —.50
Separatabdruck

—— über einen Satz von Stephanos. Lex.-8. (5 S.) (Ebendas.) 884. *

— Über einen Satz von Stephanos. S. 90. II. 255 . . . . —.16
Separatabdruck

— üb. Tetraëder in schief perspectiver Lage. [Aus: „Sitzungsber. d. k. Akad. d. Wiss."] gr. 8. (9 S.) Ebd. 898. n. — 30

—— Zur Theorie der associirten Formen. Lex.-8. (29 S.) (Ebd.) 891. * — 60
aus: Sitzungsber. d. k. Akademie der Wiss., besonders abgedruckt.

— zur Theorie der rationalen Curven 4. Ordnung. [Aus: „Sitzungsber. d. k. Akad. d. Wiss."] Lex.-8. (20 S.) Ebd. 887. n. — 40

—— zur Theorie der harmonischen Mittelpunkte. Lex.-8. (8 S.) (Ebendas.) 883. *
aus: Sitzungsberichte der k. Akademie der Wissenschaften, besonders abgedruckt.

—— über das Vierseit und sein associirtes Viereck, das Fünfflach und sein associirtes Fünfeck. Lex.-8. (39 S.) (Ebendas.) 886. * — 60
aus: Sitzungsberichte der k. Akademie der Wissenschaften, besonders abgedruckt.

Kohn, Gust. (II.), von Goluchowski bis Taaffe. Tausend Redefragmente, sammt einem Anhang geflügelter parlamentar. Worte. Aus den Protokollen des Reichsraths gesichtet und nach Kategorien geordnet. gr. 8. (XV, 454, 25 S.) Wien 888, Perles. * 5 —

— über den Wurf von 6 Punkten der Ebene. (29 S.) gr. 8. Ebd. 905. n. — 60
Sonderabdruck aus: „Sitzungsber. d. k. Akad. d. Wiss."

Kohn, H., Rega-Joh. Führer zum Religions-Unterricht der israelit. Jugend für Präparanden und Gymnasial-Schüler. br. 8. (XI und 121 S.) Pest 856, (Lauffer und Stolp.) *

Über die chronischen Pneumonien. Von Hans Kohn. Berlin. *Berlin: Fischer 1903.* (34 S.) 8°
— Klinik, Berliner. H. 185. [03. 1403]

Kohn, Hans N. [aus Wassertrüdingen]: Ueber den Einfluss des Chloralamids auf die Kohlensäure-Ausscheidung des Tierkörpers. (Nach Versuchen am Kaninchen.) . . . Erlangen, Druck v. A. Vollrath's k. b. Hofbuchdr., *1890;* 51 S. 8°
Erlangen, Med. Fak., Inaug.-Diss. v. 1890

Kohn, Harry *Eugene* [aus Philadelphia]: Zur Theorie der Aufmerksamkeit ... Halle a. S., Druck v. E. Karras, 1894; 1 Bl., 48 S., 1 Bl. 8.
Halle, Phil. Fak., Inaug.-Diss. v. [16. Nov.] 1894

Zur Theorie der Aufmerksamkeit v. Dr. phil. Harry E. Kohn. *Halle a. S.: M. Niemeyer 1895.* (2 Bl., 48 S.) 1 Bd 8.
— Abhandlungen z. Philosophie u. ihrer Geschichte. H. 5.

Kohn, Heinr. Ubungsbuch d. Handelscorrespondenz in stenograph. Schrift. [System Gabelsberger.] Nebst Anh.: Stenograph. Vocabularium. gr. 8. (47 S.) Wien 889, Bermann u. Altmann. * 1 40

Kohn, H., Uebungsbuch der Handelskorrespondenz in stenograph. Schrift (System Gabelsberger). gr. 8. (47 S.) Wien 889. A. Pichler's Wwe. & Sohn. n. 1. 40

Kohn, Hermann — Die einfache und doppelte Buchführung. Nach einer leicht faßlichen Methode für Jeden, der sich die Merkantil-Wissenschaft aneignen will. Nebst einer ausführlichen Beschreibung der Wechselbriefe sammt ihren Rechten und Verbindlichkeiten, insofern dem angehenden Kaufmanne solches zu wissen nöthig ist, und einem Anhange, betreffend: Oesterreichische Staatspapiere und National-Bankaktien. Auch erscheint nachträglich eine genaue Erläuterung der k. k. österreichischen Escompte-Gesellschaft und des neu statuirten Kredit Mobilier. Für Lehrer und Lernende von — —. Pesth, 1856. Buchdruckerei von Gustav Emich. (193 S. 8.)

Kohn, Herm., die doppelte Buchhaltung zur Selbsterlernung für jene, welche sich die Vorkenntnisse der Einfachen schon angeeignet haben. gr. 8. (80 S. mit 2 Tab. in gr. Fol.) Pest 857, (Lauffer und Stolp.)

Kohn, Hermann. Kurz gefaßte Geschichte der israelitischen Nation bis auf die heutige Zeit. Für die reifere Jugend auch in ungarischer und italienischer Sprache verfaßt von —. 8. (44. S.) Pesth. Emil Müller. 1853.

Kohn, Heymann: De hydrophobia. Berolini 1852. 27 S. 8°
Berlin, Med. Diss. v. 31. Jan. 1852

Kohn, Hugo, aus Nürnberg: **Beitrag zum Abbau von Zuckern durch Oxydation. (Über Methyltetrose und l-Threose.)** *Berlin (1902): G. Schade.* (30 S.) 8°
Berlin, Phil. Diss. v. 6. Aug. 1902

[J. u. Ant.] Für Gott, König und Vaterland! Ansprache beim Jugendgottesdienst z. Feier d. 'Tempelweihe' '(Chanukkah)' geh. d. 30. Nov. 1896 v. Rabbiner Dr. J. **Kohn** ... *Tilsit: E. Suttkus 1896.* 2 Bl. 8. [98. 7561

Kohn, J, Predigten in zwanglosen Hften. 1.—3. Hft. gr. 8. (44, 42 u. 42 S.) Leipzig 886—88. (Berlin, M. Poppelauer. à n.n. 1.—

Kohn, J., Predigten in zwanglosen Heften. 4. Hft. gr. 8. (44 S.) Frankfurt a/M. 889. Kauffmann. n. 1.—
1.—3. Hft. sind nicht im Handel.

— dasselbe. 5. Hft. gr. 8. (42 S.) Ebd. 895. n. 1.—

— dasselbe. 6. Hft. patriot. Reden. gr. 8. (50 S.) Ebd. 896. n. 1.—

— dasselbe. 7.—10. Hft. gr. 8. Ebd. 897. à n. 1.—
(1—10: n.n. 10.—)
7. (Pessach u. Schabuoth.) (31 S.)
8. (Rosch Haschanah.) (32 S.)
9. (Jom Kippur.) (40 S.)
10. (Sukkoth.) (42 S.)

Kohn, J., Predigten in zwanglosen Hftn. XI. Hft. Die ausgezeichneten Sabbathe. gr. 8. (45 S.) Frankfurt a/M. 899. J. Kauffmann. n. 1.—

[J. u. Ant.] Sozialismus u. Antisemitismus im Lichte des Judentums. Predigt geh. am 31. März 1894 v. Dr. I. **Kohn**, Rabbiner in Inowrazlaw ... *Tilsit: Verl. d. 'Jeschurun' 1894.* (7 S.) 1 Bd 8. [98. 7560

Kohn, J., der Trost Oesterreichs. Gedächtnisrede auf Kaiser Maximilian I. gehalten am Sabbath des Trostes 5627 (17. Aug. 1867). Prag 867. (Schalek.) gr. 8. (17 S.) n. 6 *ngr.*

Kohn, J. H. —. Der Bibelschatz. Ein treffliches Familienbuch zur Erbauung und Selbstbelehrung für jeden Stand; besonders zweckmäßig, unterhaltend und überaus lehrreich für Frauen und Mädchen. Es enthält: Die fünf Bücher Moses in einem blühenden und sanftfließenden Style ganz neu bearbeitet, ferner die gewähltesten Sprüche, Erzählungen und Gedichte aus dem blumenreichen Gefilde der hebräischen Poesie und aus dem Midrasch und Talmud. Von —. Als Anhang 13 Tabellen zur genauen Bestimmung des Sterbetages (Jahrzeit) und zur schnellen Angabe aller isr. Fest-, Fast- und Neumondstage auf 150 Jahre berechnet. Pest. 1855. Buchdruckerei von Gustav Emich. (XII, 368 S. 1 Bl. 8.)

Kohn, J. H. אוצר התורה. Der Bibelschatz. Ein Familienbuch vorzüglich für Frauen und für die reifere Jugend beiderlei Geschlechtes. Enthaltend: die fünf Bücher Moses nach den Wochenabschnitten mit Erklärung der vorzüglichsten Schriftausleger, nebst unterhaltenden Erzählungen aus dem Talmud. Als Anhang: Dreizehn Tabellen für alle Neumonds-, Fest- und Fasttage auf ein halbes Jahrhundert vorhinein berechnet. Dritte, vermehrte und verbesserte Auflage. *Prag* 1858. Buchdruckerei von *M. J. Landau.* XV, 509 S., 8°.

Kohn, J. H., ... *Bibel- u. Talmudschatz.* Die Propheten. Ein Familienbuch .... Enth.: Eine neue Bearbeitung der Geschichte Israel's zur Beleuchtung der Haftorah, nebst unterhaltenden Legenden, Lehren u. Betrachtungen aus dem Midrasch u. Talmud. Als *Anhang*: Ein Kalender .... auf ein viertel Jahrhundert vorhinein berechnet. 2 Bde. Pest, Druck von Gyurian u. Gebr. Deutsch. 1868—69. 8°. Orig.-Srsbde. mit Goldpr., etw. gebr.
I 4 Bll., 311 S., 1 S. Err II 2 Bll., S. 313—626, 1 Bl.

Kohn, J. H., Bibel- und Talmudschatz. Ein Familienbuch für jeden Stand, besonders für Frauen und für die Jugend beiderlei Geschlechts. Enth.: Die 5 Bücher Mosis nach den Wochenabschnitten mit Erklärung der vorzüglichsten Schriftausleger; nebst unterhalt. und lehrreichen Erzählungen aus dem Midrasch und Talmud. Als Anhang: 13 Kalender-Tabellen für alle Neumonds-, Fest- und Fasttage der Israeliten, auf 30 Jahre vorhinein berechnet. 7. bedeutend verb. Aufl. 2 Thle. gr. 8. (XII, 307; 406 S.) Budapest 883. (Wien, Lippe.) * 8 —

Kohn, J. H., Bibel- u. Talmudschatz. Ein Buch f. d. jüd. Familie. 8. Aufl., neu bearb. v. S. Bamberger. (XV, 447 S.) gr. 8. Hamburg 903. G. Kramer. n. 4. 25; geb. in Leinw. n.n. 5. —; m. Goldpressg. u. Futteral n.n. 5. 50

Kohn, J. H., Bibel- u. Talmudschatz. Ein Buch f. die jüd. Familie. 9. Aufl., neu bearb. v. S. Bamberger. (512 S.) gr. 8. Hamburg 910. George Kramer. 4.25; geb. in Leinw. 5. —

Kohn, Jak., Assimilation, Antisemitismus u. Nationaljudenthum. 12. (32 S.) Wien 894. Leipzig, Literar. Anstalt A. Schulze. n. — 30

Der Grundstein der Welt. Rede, geh. 1907 anläßlich d. Grundsteinlegung z. neuen Tempel von Dr. J[akob] **Kohn**, Rabbiner in Hohensalza. Hohensalza [1907]: E. Lehmann. (7 S.) 8° [J.] [07. 6911

Kohn, Ign., österreichisches Eisenbahn-Jahrbuch. 1. Jahrg. gr. 8. (XI, 368 S. mit 2 Tab. in Fol. und Imp.-Fol.) Wien 868, Tendler und Comp. [Lehmann und Wentzel.] *

—— Eisenbahn-Jahrbuch der oesterreichisch-ungarischen Monarchie. 2. Jahrg. gr. 8. (XXVI, 850 S. mit 1 Tab. in Imp.-Fol. und 1 Eisenbahnkarte in Holzschn.) Wien 869, Lehmann und Wentzel. *

—— dass. — 3. und 4. Jahrg. Mit 1 (lithogr. und color.) vollständ. Eisenbahnkarte (in gr. Fol.). gr. 8. (XI, 444; XVI, 496 S., mit je 2 Tab. in Fol.) Ebendas. 870. à Jahrg. *

Kohn, Ignaz, Eisenbahn-Jahrbuch der österreich.-ungarischen Monarchie. 4. Jahrg. gr. 8. (XVI, 496 S. m. 2 Tab. in Fol. u. gr. Fol.) Wien 871. Lehmann & Wentzel. n. 5. —

—— dass. — 5. Jahrg. gr. 8. (XVI, 482 S. mit 2 Tab. in qu. und gr. Fol.) Ebendas. 872. *

—— dass. — 6. Jahrg. gr. 8. (XVI, 494 S. mit 2 Tab. in qu. und gr. Fol.) Ebendas. 873. *

—— dass. — 7. und 8. Jahrg. gr. 8. (XVI, 899; XVI, 608 S. mit 1 Tab. in Imp.-Fol.) Ebendas. 874,75. à Jahrg. *

Kohn, Ign., Eisenbahn-Jahrbuch der österreichisch-ungarischen Monarchie. 9. Jahrg. gr. 8. (XVIII, 631 S. mit 1 Tab. in Imp.-Fol.) Wien 876, Lehmann und Wentzel. *
— dass. — 10. Jahrg. gr. 8. (XXIV, 679 S. mit 1 Tab.) Ebendas. 877. *
— dass. — 11. Jahrg. gr. 8. (XXIV, 646 S. mit 3 Tab. in qu. Fol.) Ebendas. 878. *
— dass. — Neue Folge. 1. Jahrg. [Der ganzen Reihe 12. Jahrg.] gr. 8. (XX, 699 S. mit 3 Tab.) Ebendas. 879. *

Kohn, Ign., Eisenbahn-Jahrbuch der oesterreichisch-ungarischen Monarchie. Neue Folge. 2. Jahrg. [Der ganzen Reihe 13. Jahrg.] gr. 8. (XXIV, 695 S. mit 3 Tab. in Fol.) Wien 880, Lehmann und Wentzel.
—— dass. — 3. Jahrg. [Der ganzen Reihe 14. Jahrg.] gr. 8. (XXIV, 715 S. mit 2 Tab.) Ebendas. 881.
—— dass. — 4. Jahrg. [Der ganzen Reihe 15. Jahrg.] gr. 8. (X, 748 S. mit 2 Tab.) Wien 882, Spielhagen und Schurich.
—— dass. — 5. Jahrg. [Der ganzen Reihe 16. Jahrg.] gr. 8. (X, 808 S.) Ebendas. 883.
Fortsetzung s. Konta.

Kohn, Johann Baptist

Kohn, J. B., der Gerichtsvollzieher in d. Rheinprovinz, e. alphabet.-geordn. Zusammenstell. der auf d. Amt desselb. bezügl. Gesetze u. Verfügn., mit e. gleichzeit. Anleit. z. pract. Dienste. 8. (34½ B. u. 2 B. Tab.) Trier 840, Troschel.

Kohn, Jh. Bapt., s. Sammlung von Gesetzen rc. über das Verfahren bei den rhein. Gerichten. — Sammlung von Gesetzen rc. über die Vormundschaften rc.

Lili, die germanische Fürstentochter. Hist. Erzählung aus d. Zeit Constantins d. Gr. von Karl Johann v. der Mosel [d. i. Joh Karl Kohn]. Trier: Paulinus-Dr. 1891. (148 S.) 8° [ℛ]
= Novellenkranz, Dasbach's. Bdch. 27.

Kohn, Jos., das Buch der Gesundheit. Darstellung der Krankheiten und deren Behandlung für Nichtärzte. gr. 8. (IV und 276 S.) Budweis 861. (Leipzig, Voigt und Günther.) *

Kohn, Jos., das Buch der Gesundheit. Darstellung der Krankheiten und deren Behandlung für Nichtärzte. 2. (Titel-)Ausg. gr. 8. (VI und 276 S.) Budweis (861)63, F. Zdarssa's Bchh. [Stropek.] *

Kohn, Josephus [Duesseldorpiensis]: Ephemerides rerum ab Alexandro Magno in partibus Orientis gestarum ... Bonnae, typ. Petri Hauptmann, 1890; 49 + 1 S. + 1 Bl. 8°
Bonn, Phil. Fak., Inaug.-Diss. v. 8. März 1890

Kohn, Joseph, Dr.: Katalog der Lehrer-Bibliothek. T. 1. *Emmerich 1903: J. L. Romen.* (44 S.) 8° ¶(Vgl. P-Beil. 1903 No 549.)
Emmerich, k. G, OP 1903 (504)

Kohn, Joseph [aus Jerusalem]: Ueber Cerebrale Kinderlähmungen ... Berlin, C. Vogts Buchdr., *1895;* 36 S., 2 Bl. 8.
Berlin, Med. Fak., Inaug.-Diss. v. 15. Aug. 1895

Kohn, Josef — Meged Jerachim. Eine Sammelschrift für Freunde der hebräischen Literatur. 1tes Heft. Herausgegeben von — —. Lemberg, 1855. Buchdr. von C. Winiarz. (VI. 58 S. 8.)

Kohn, Jos., Phantasieen u. Träume der Seele. Gedichte. (61 S.) gr. 8. Frankfurt a/M. 909. C. F. Schulz. 1.80; geb. 2.50

—— die Syphilis, ihr Wesen und ihre Heilung. Eine populäre Darstellung zur Belehrung für Nichtärzte. gr. 8. (72 S.) Neuhaus 860, Landfrass und Sohn.

Kohn, Isaak, die Muthwillensstrafe der österr. Prozeßgesetze. Eine Anregg. zu deren Aufhebg. (11 S.) gr. 8. Wien 904. M. Breitenstein. n. —85
Sonderabdruck aus: „Gerichtshalle".

Kohn, Isr. Levi, Beitrag zur Geschichte jüdischer Tartuffe. Eingaben an das ehemal. k. k. Cultusministerium in Wien über die religiösen Zustände der Juden in Oesterreich. gr. 8. (47 S.) Leipzig 864. (Wien, Herzfeld und Bauer.) *

Kohn, Israel Wilhelm

— — Cartouche's Enkel; s.: Lese-Cabinet, neuestes belletristisches.

Kohn, Isr. Wilh., Leitfaden bei dem Unterrichte in den mosaischen Glaubens- und Pflichtenlehren für Israels Söhne und Töchter. gr. 8. (74 S.) Hotzenplotz 864. (Wien, Sallmayer und Comp.)

—— der Rathgeber in der Schnell-Kopfrechnenkunst, nebst einer kurzen Anleitung von praktischen Multiplikations- und Divisions-Vortheilen, vorzüglich aber eine praktische Anleitung, die verschiedenen Interessen aus allen wie immer vorkommenden Kapitalien und Zeiten, und so auch umgekehrt, nämlich aus den verschiedenen Interessen und Zeiten sogleich das verlangte Kapital schnell im Kopfe zu berechnen. Nach der neuen Münzordnung bearb. 3. Aufl. 8. (76 S.) Wien 864, (Sallmayer und Comp.) *

Kohn, Julius: Beiträge zur Casuistik der extragenitalen Sclerosen ... Strassburg, Buchdr. C. Goeller 1891. 60 S. 1 Bl. 8°
Strassburg, Med. Fak., Inaug.-Diss. v. 1891

— Julius (Schwerin/Posen), De necrosi ossium nonnulla. Diss. med.-chir. Bln. (Nietack) 14. X. 1833. 32 S. mit Biogr. (M.: Reiche.) (6.—) 19105
Oppon.: A. Boeckh, L. Boehm, W. Kaeseler.

Kohn, Carl, Ueber Kirchthurm-Glocken. s.: Vorträge, populäre.

Kohn, Karl (Hrsg.), s. Metall-Industrie-Zeitung, Deutsche.

Kohn, Carl (Red.), s. Mittheilungen des Vereins der Aerzte in Nieder-Oesterreich.

Kohn, Karl, aus Saarlouis: Über die Operation verjauchter Myome des Uterus. *Straßburg i. E.: J. Singer 1903.* (46 S.) 8°
Straßburg, Med. Diss. v. 1903

Kohn Karl: Die französischen Quellen von Johann Friedrich Löwens Lustspielen.
H. 1910 PN 2876 Diss. Wien, Univ.

Kohn, K. Untersuch. über Zersetzungsprodukte orthonitriter Benzoldiazimide. In-8°. 36 S. Basel. These. 1895.

Kohn, Carl *Heinrich Martin* [app. Arzt aus Crien, Vor-Pomm.]: Aus d. städt. Krankenhause zu Kiel. Ueber Urethralstricturen nach Cholera ... Kiel, Druck v. P. Peters, 1895; 16 S. 8.
Kiel, Med. Fak., Inaug.-Diss. v. [9. Juli] 1895

Kohn, Leopold: Über die Einwirkung des alkoholischen Kalis auf den Isovaleraldehyd.
Separatabdruck aus: Sitzungsber. d. k. Akad. d. Wiss. in Wien, Bd. 105. IIb. S. 77.

— Einwirkung von Zyankalium auf aliphatische Aldehyde. Vorläufige Mitteilung. S. 107. IIb. 572 . . . . . vgr.
— — 2. vorläufige Mitteilung. S. 108. IIb. 612 . . . . . vgr.
Separatabdruck

— und Kulisch Viktor: Zur Kenntnis des Strophantins. 1. Mitteilung. S. 107. IIb. 437 . . . . . vgr.
Separatabdruck

— Über Kondensationsprodukte des Isovaleraldehyds. 2. Mitteilung. S. 106. IIb. 292 vgr.
Separatabdruck

— Die Molekulargröße der Aldole. 1. Mitteilung. S. 108. IIb. 741 . . . . . vgr.
Separatabdruck

Kohn, Leopold. Ueber das Monoresorcinphtaleïn und einige seiner Derivate. Basel, 1891.

Kohn Ludwig: Die Fabel von der Stadt- und Feldmaus in der deutschen Literatur.
1903 PN 1635 Diss. Wien, Univ.

Kohn, Ludov., s.: Maimuni, Mosis, commentarius in Mischnam ad tractatum Sabbath.

Kohn, Lud., shopkeeper and customer. 1000 phrases in English and how they should be expressed in German. A. u. d. T.: Verkäufer u. Käufer. 1000 deutsche Redensarten u. wie sie englisch gebraucht werden sollten. 8. (126 S.) Stuttgart 894. J. B. Metzler's Verl. Kart. n. 1. 25

Kohn, L., what may I eat and drink? A compendium of foods and beverages. A book of reference for physicians when prescribing a dietary for patients. A table guide for invalids. A vade mecum for the managers of hotels and boarding houses in the arrangement of the menu. A friend in need for travellers unfamiliar with continental cuisines. — Was darf ich essen u. trinken? E. Zusammenstellg. v. Speisen u. Getränken, a) in England, Amerika etc., m. deutschen Übersetzgn. u. Erklärgn.; b) in deutschen Ländern Europas, m. engl. Übersetzgn. u. Erklärgn. E. Nachschlagebuch für Ärzte zur Bestimmg. d. diätet. Kost f. Kranke. Ein Führer f. Leidende. E. Taschenbuch f. Hotel- u. Restaurations-Besitzer, Pensionen u. Curhäuser. E. Rathgeber f. Reisende, welche m. d. Einrichtgn. der englisch-amerikan. Küche nicht vertraut sind. 8. (XV, 216 S.) Karlsbad 898. Stark. — Wien, M. Perles. n. 2. 40

Kohn, M. S., Ja, so sind die Herren von der Börse. Börsen-Fotogramme. 12. (84 S.) Wien 880, (Ed. Schmid.)

Kohn, M. S., ja, so sind sie die Herren von der Börse. Börsen-Fotogramme. 12. (84 S.) Wien 880. Steckler in Comm. n. 1. 60

Kohn, Max, also sprach Herakleitos, s.: Heraklit.

Kohn, Max., übersichtliche Darstellung der Medizinalpflanzen rücksichtlich der Charaktere ihrer natürl. Familien. 2., verb. und verm. Aufl. 16. (64 S.) Wien 855, Seidel. *

Kohn, Max, aus Nürnberg, Rechtspr. am Stadtmagistrate Nürnberg: Das Erbbaurecht nach dem B.G.B. Borna-Leipzig 1905: R. Noske. (VIII, 114 S.) 8°
Erlangen, Jur. Fak., Diss. v. 1. Dez. 1904
[Geb. Nürnberg; Wohnort: Nürnberg; Staatsangeh.: Bayern; Rig. 1. Dez. 04.]

Das Erbbaurecht nach dem B.G.B. Ein rechtsgeschichtl. Beitrag von Dr. iur. Max **Kohn**. Berlin: Struppe & Winckler 1905. (VIII, 114 S.) 8°
[Erschien auch als Inaug.-Diss. Erlangen 1904.] [07. 3317

Kohn, Max., systematischer Grundriß der französischen Syntax f. höhere Lehranstalten. Mit Rücksicht auf Abgangs-, Militär-, Mittelschullehrer- u. Lehrerinnenprüfungen. 8. (70 S.) Hamburg 877. O. Meißner. cart. n. 1. —

Kohn, M., die wesentlichsten therapeut. Indicationen der Uterus-Myome im Anschluss an e. in die Scheide geborenes submucoeses Uterusmyom, beobachtet in der gynäkolog. Klinik zu Jena. Inaug.-Diss. gr. 8. (27 S. m. 1 Taf.) Jena 887. (Pohle.) — 75

Kohn, Max., Kabinettstücke. Modernes französ. Skizzenbuch (Lemaître, Coppée, Maupassant u. A.). Verdolmetschgn. v. K. 8. (160 S.) Hamburg 896. G. Fritzsche. n. 1. 50

Kohn, Max (II.), die Meisterwerke der deutschen Literatur in mustergültigen Inhaltsangaben. Eine Sammlung erlesener Darstellungen. Lex.-8. (VI, 331 S.) Hamburg 886, [J. F. Richter.] Verlagsanstalt und Druckerei, A.-G. * 3 —
cart. * M 4.—.; geb. * 5 —

Kohn, Max, s.: Novellenbuch, modernes französisches.

Kohn, Max (I.). Rechte und Pflichten der Verlobten u. Ehegatten. Allgemeinverständliche Darstellg. d. gesammten Eherechts unter besond. Berücksicht. d. preuß. Rechts u. d. Entwurfs e. bürgerl. Gesetzbuchs für das Deutsche Reich. gr. 8. (VIII, 276 S.) Berl. 890, Steinitz Verlag. * 3 50

Kohn, Max, de usu adjectivorum et participiorum pro substantivis, item substantivorum verbalium apud Thucydidem. gr. 8. (33 S.) Berlin 891. Mayer & Müller. n. 1. —

Kohn, Moritz

— Über einige aus dem Diacetonalkohol gewinnbare Aminolaktone. S. 117. IIb. 253 vgr.
Separatabdruck

— Über einige aus dem Mesityloxyd und aus dem Benzylidenaceton gewinnbare Aminopyrrolidonderivate. S. 117. IIb. 263 . . . . . vgr.
Separatabdruck

— und Schmidt August: Über die Aminotrimethylessigsäure. S. 116. IIb. 959 . . vgr.
Separatabdruck

Kohn, Mor., zur Aetiologie des Erythema multiforme. 8. (16 S.) Prag 871, Calve'sche Universitäts-Buchh. *

—— Behandlung der Bubonen durch Punatron. 8. (17 S. mit 1 Taf.) Ebendas. 871.

— Beitrag zur Kenntnis des Diacetonamins. S. 116. IIb. 953 . . . . . vgr.
Separatabdruck

— Beitrag zur Kenntnis des Oxy-β-Isohexylamins. S. 114. IIb. 483 . . . . . vgr.
Separatabdruck

— Eine eigenartige Bildungsweise des Nitrobenzols aus dem *m*-Dinitrobenzol. S. 118. IIb. 175 . . . . . vgr.
Separatabdruck

— Die Darstellung von Aminoalkoholen aus ungesättigten Methylketonen. 1. Mitteilung. S. 116. IIb. 321 . . . . . vgr.
Separatabdruck

— und Giaconi Jakob: Die Darstellung von Aminoalkoholen aus ungesättigten Methylketonen. 2. Mitteilung. S. 116. IIb. 329 . . . . . vgr.
Separatabdruck

— Darstellung des Mesityloxyds aus dem Diacetonalkohol. S. 122. IIb. 163 . . . vgr.
Separatabdruck

— Über Derivate des Diacetonalkamins. 1. Mitteilung. S. 112. IIb. 934 . . . . . . vgr.
— — 2. Mitteilung. S. 113. IIb. 45 . . . . . . vgr.
— — 3. Mitteilung. S. 113. IIb. 85 . . . . . . vgr.
— — 4. Mitteilung. S. 114. IIb. 61 . . . . . . vgr.
Separatabdruck

— und Morgenstern Otto: Über Derivate des Diacetonalkamins. 6. Mitteilung. S. 116. IIb. 377 . . . . . .
— — — 8. Mitteilung. S. 116. IIb. 427 . . . . . .

— und Schlegl Karl: Über Derivate des Diacetonalkamins. 7. Mitteilung. S. 116. IIb. 957 . . . . . . vgr.
Separatabdruck

— Über Derivate des Diacetonalkamins. 9. Mitteilung. S. 116. IIb. 45 . . . . . . vgr.
Separatabdruck

— Eine rote Doppelverbindung des Kupferjodürs mit dem Chinolinjodmethylat. S. 121. IIb. 553 . . . . . . vgr.
Separatabdruck

Kohn, Moritz u. Friedr. Blum

— — Die Einwirkung des Tribromphenols sowie des *p*-Bromphenols auf Toluol in Gegenwart von Aluminiumchlorid. S. 121. IIb. 557 . . . . . . vgr.
Separatabdruck

Kohn, Mor., Elemente der Elektrotechnik. Nach Vorträgen, geh. im montanist. Vereine in Pilsen. gr. 8. (V, 108 S. m. 121 Abb.) Wien 902. F. Deuticke. n. 2.50

Kohn, M(oritz). Die Heilquelle und Kuranstalt Emilienbad bei Grenzach, zehn Minuten von Basel, nach eigener Anschauung und Erfahrung. [Umschlag illustriert.] 8. Basel (1887).

— Entstehung von *o*-Nitrotoluol aus dem 1. 2. 4-Dinitrotoluol. S. 119. IIb. 557 . . vgr.
Separatabdruck

—— über den innerlichen Gebrauch der Carbolsäure. 8. (18 S.) Ebendas. 872.
aus: Archiv für Dermatologie, besonders abgedruckt.

— Eine neue Gruppe substituierter Dioxindole. S. 119. IIb. 559 . . . . . . vgr.
Separatabdruck

—— Hautkrankheiten, s. Handbuch der speciellen Pathologie und Therapie.

— und Blum Friedrich: Zur Kenntnis der aus dem Mesityloxyd gewinnbaren Aminopyrrolidonderivate und der aus dem Diacetonalkohol gewinnbaren Aminolaktone. S. 118. IIb. 529 . . . . . .

— Zur Kenntnis des Diacetonalkohols und des Mesityloxyds. S. 112. IIb. 606 . . vgr.
Separatabdruck

— Zur Kenntnis des Laktons der 2. 4-Dimethylpentan-2. 4-diol-1-Säure und des Laktons der 2-Methylamino-2. 4-Dimethylpentan-4-ol-1-Säure. S. 118. IIb. 179 . vgr.
Separatabdruck

Kohn Moritz, Dr.: Über die Kondensation des Isobutyraldehyds mit Propionaldehyd. S. 109. IIb. 947 . . . . . . vgr.
Separatabdruck

Kohn, Mor., über lichen scrophulosorum [Hebra]. [Aus d. Sitzungsber. d. k. Akad. d. Wiss.] Wien 869. (Gerold's Sohn.) Lex.-8. (16 S. mit 1 Steintaf. in qu. 4.) n. 5 *ngr*

Kohn, M. Medizinischer Neid. Auszug aus gerichtlichen Akten eines Strafprozesses in Basel vom Jahre 1885. In-8°, 75 S. Wien, Sallmayer'sche Buchhandlung (Julius Schellbach). 1887. 1 10

— und Wenzel F.: Nitrosoverbindungen der zyklischen Acetonbasen (mit 2 Textfiguren). S. 115. IIb. 783 . . . . . . vgr.
Separatabdruck

— und Lindauer G.: Über das Oxym des Diacetonalkohols und über ein Oxyhexylamin. S. 111. IIb. 558 . . . . . . vgr.
Separatabdruck

— Über das Oxim des Diacetonamins und das 2. 4-Diamino-2-Methylpentan. S. 110. IIb. 1021 . . . . . . vgr.
Separatabdruck

-- die **Syphilis** der Schleimhaut der Mund-, Rachen-, Nasen- u. Kehlkopfhöhle. Erlangen 866. Enke's Verl. gr. 8. (165 S.) n. 28 *ngr*

Kohn, Moritz: U m s e t z u n g e n von Laktonen.
Separatabdruck aus: Sitzungsber. d. k. Akad. d. Wiss. in Wien, Bd. 122, IIb, S. 971.

Kohn Moritz, Dr., und Müller N. L.: Das Verhalten des Tribromphenols zu Benzol bei Gegenwart von Aluminiumchlorid. S. 118. IIb. 185 . . . . . . vgr.
Separatabdruck

— und Grauer Fritz: Das Verhalten des Trinitroanisols zu tertiären Basen. S. 122. IIb. 981 . . . . . . vgr.
Separatabdruck

Kohn, Moritz u. Otto Morgenstern: Über das 2- M e t h y l a m i n o - 4 - A m i n o - 2 - M e t h y l p e n t a n.
Separatabdr. aus: Sitzungsber. d. k. Akad. d. Wiss. in Wien. Bd. 117. IIb. S. 265.

KOHN, Nathan
(F) Es ist die höchste Zeit. Der Erinnerung unserer edlen verewigten Kaiserin Elisabeth gewidmet und ehrfurchtsvollst zugeeignet Ihrer k. u. k. Hoheit der durchlauchtigsten Frau Erzherzogin Marie Valerie vom Verfasser. Wien. 1899. Szelinski. 8°. 20 S. fl. —.25

Kohn, Nathan, f. i. Es ist die höchste Zeit.

Kohn, Nathan, die römische Heerstrasse von Virunum nach Ovilava [Aus: „Sitzungsber. d. k. Akad. d. Wiss.“] Lex.-8. (58 S.) Wien 875. Gerold's Sohn in Comm. n. — 80

Kohn, N.: Notiz über eine seltene Justinianus-Goldmünze in der Sammlung des Gymnasiums. 2 S. gr8°.– Graz II. OG., Progr. 1872.

Kohn, Oskar: Studie über das Rothe'sche Aetherverfahren. – 1903. 34 S.
Diss. Wien, TH

Kohn, Otto, aus Trautenau '(Böhmen)': Ueber Azo- und Disazoverbindungen der Kresole. — Nitrosoorthokresol. Zür. o. Dr. 1885. 77 S., 1 Bl. 8°.
Zürich, Phil. Diss. [v. 20. Febr. 1885].

Kohn. P. Jacob, cand. phil.: Der Positivismus von Ernst Laas. I. Teil: Erkenntnistheorie. II. Teil: Ethik. Bern 1907. IV + 86 S. 8°. [24. VII. 05.]
Bern. Phil. Diss. 1906/1907.

Der Positivismus von Ernst Laas. T. 1: Erkenntnistheorie. T. 2: Ethik. Von Dr. P. Jacob **Kohn.** Bern 1907: Scheitlin, Spring & Cie. (86 S.) 8°
— **Studien,** Berner, z. Philosophie u. ihrer Geschichte. Bd 57. [07. 116]8

Kohn, Phpp., Umrechnungs-Tabellen zur Benützung der kgl. ungarischen Kornhalle und der p. t. Handelswelt. Genaue Ersichtlichkeit der Umwandlung nach dem neuen Masse und Gewichte aller Getreidesorten und deren Preisvariationen. gr. 16. (56 S.) Budapest 876, (Kilian's Universitäts-Buchh.)
**

Kohn, Richard, a. Nürnberg, Rechtsanwalt in München: Die Gesellschaftsschulden nach B.G.B. und Handelsrecht. Eine kurze Zusammen- und Gegenüberstellung. Borna-Leipzig 1907: R. Noske. (VII, 66 S.) 8° [J.]
Erlangen, Jur. Fak., Ref. Binder, Diss. v. 3. Okt. 1907
[Geb. 11. Febr. 81 Nürnberg; Wohnort: München; Staatsangeh.: Bayern; Vorbildung: Altes Gymn. Nürnberg Reife M. 99; Studium: Würzburg 2, Berlin 1, München 5 S.; Rig. 5. Juli 07.]

Kohn, Rudolf: Ueber einen Anthracenrückstand. 1910. 44 S. 8°
München, Dr.-Ing.-Diss. v. 6. 8. 1910

Kohn, Rud., physiolog. Electricität. Versuch e. Erklärg. physiolog. Vorgänge auf Grund d. heut. electrochem. Lehren. gr. 8. (23 S.) Leipzig 897. Verl. d. „Reichs-Medicinal-Anzeiger" B. Konegen. n. — 60

Das Ende der Goldwährung? Von Rudolf Keller [d. i. Rudolf Kohn]. Prag: Calvé 1908. 30 S. 8°
Aus: Prager Tagblatt

Kohn, Rud., Studien u. Versuche üb. physiologische Elektrochemie. gr. 8. (40 S.) Halle 899. W. Knapp. n. 2.—

Reibungselektrische Untersuchungen an pflanzlichen Geschlechtsorganen. Von Rudolf Keller [d. i. Rudolf Kohn] (Prag). Prag: Neugebauer in Komm. 1902. 42 S. 8° [10. 4079

Vorläufige Mittheilung Versuche über eine Elektrochemische Mikroskopie u. ihre Anwendung auf Pflanzenphysiologie von Rudolf Kohn (Schlackenwerth, Böhmen). *Prag: Selbstverl. 1901* (35 S.) 8° [02 3116

Kohn, S., Fürstengunst. Erzählg. 8. (394 S.) Berlin 894. E. Apolant. n. 4. —

— des Stadtschreibers Gast. Gerettete Ehre. 2 Erzählgn. 8. (228 S.) Leipzig 886. Unflad. n. 3. —

Kohn, S., neue Ghettobilder. Erzählungen. 2. Aufl. 8. (250 S.) Leipzig 886. [Unflad.] * 3 —

Kohn, S., Prager Ghettobilder, s. Universal-Bibliothek Nr. 1825 und 1826.

Kohn, S. Der alte Grenadier; die fidelen Alten, s. Kollektion Cronbach.

Kohn, S., die silberne Hochzeit. Roman. 8. (326 S.) Leipzig 882. Reißner. 1. —

Kohn, S., Kinder-Schutz u. -Pflege im frühen Lebensalter. Aerztliche Rathschläge für Eltern u. Pflegeeltern, nebst Anleitg zur „Verhütg." v. Vergiftgn. u. ansteck. Krankheiten, gleichwie Anweisg. zur „Ersten Hilfe" bei plötzl. Erkrankgn. u. Unglücksfällen. gr. 8. (32 S.) Wien 893. M. Merlin. n. — 20

— der Lebensretter u. andere Erzählgn. 8. (120 S.) Berlin 893. Bibliogr. Bureau. n. 2. —

— Judith Löhrach. Roman. 8. (207 S.) Straßburg 897. J. Singer. n. 3. —; geb. n. 3. 80

— David Speier. Histor. Roman aus d. Zeit d. 30jähr. Krieges. 2 Bde. 8. (244 u. 192 S.) Frankfurt a/M. 896. A. J. Hofmann. n.n. 3. 50

— die Starken. Historische Erzählung. 8. (IV, 245 S.) Breslau 878. Schottländer. n. 4. 50

— Salomon, Eine Blumenlese aus dem Talmud, oder Sprüche der Rabbinen. Gesammelt, metrisch übersetzt und interpretirt. 1. Theil. gr. 8. (81 S.) Groß-Kanizsa, Fischel in Comm. 1870. 1 fl. 20 kr.

Kohn, S., alte u. neue Erzählungen aus d. böhm. Ghetto. 8. (III, 297 S.) Zürich 896. C. Schmidt. n. 3. —; geb. n.n. 3. 80

Kohn, S., Gabriel. Roman. 2. umgearb. Aufl. 2 Bde. 8. (VIII, 182; 168 S.) Jena 875, Costenoble.

— Gabriel. Roman. 3., m. der 2. gleichlaut. Aufl. 8. (VIII, 286 S.) Zürich 897. Prag, J. B. Brandeis. n. 3. —; geb. in Leinw. nn. 4. —; erm. Pr. n. 2. —; geb. n. 3. —

Kohn, S., biblische Geschichte u. Religionslehre f. die israelitische Jugend, s.: Mautner, J.

Kohn, Salom., biblische Geschichte für die israelitische Schuljugend. (In deutscher und ungar. Sprache.) gr. 8. (175 S.) Pest 864, Lampel. *

— Ein deutscher Handelsherr. Roman in 2 Abteilungen. In-8°. 510 S. Zürich, Caesar Schmidt. 1896. Brosch. 7 50; gebd. 8 75

Kohn, Salom., Lehrbuch der mosaischen Religion. Für die israelitische Schuljugend bearb. Pest 861. Lampel. 8. (IV, 128 S.) n. 10 ngr.

Kohn, Salom., Lehrbuch der mosaischen Religion. Für die israelit. Schuljugend bearb. 2., verb. Aufl. Pest 867. Lampel. 8. (IV, 112 S.) n. 10 ngr.

Kohn, Sal., das erste Buch Moses, s. Buch.

Kohn, Sal., erster Unterricht in der Naturgeschichte, enth. das Wissenswürdigste aus den drei Reichen der Natur f. gehobene Volks- u. Bürgerschulen, sowie zur Selbstbelehrg. gr. 8. (173 S. m. eingedr. Holzschn.) Budapest 870. Rosenberg. 1. 80

Kohn, Sam., die Geschichte der Beschneidung bei den Juden von d. ältesten Zeiten bis auf die Gegenwart. (In hebr. Sprache.) gr. 8. (VII, 230 S.) Krakau 903. (Frankfurt a/M., J. Kauffmann.) n. 4. —

Kohn, Sam,, 100 magyar és német dal gyermekek számára családi körökben, elemi tanodákban és kisdedóvó intézetekben. — 100 deutsche und ungarische Lieder für Kinder in Familienkreisen, Elementarschulen und Kinder-Bewahr-Anstalten. In Musik gesetzt. Mit einem einleitenden Vorworte von Frz. Rey. gr. 8. (VI und 79 S.) Pesth 852, H. Geibel. *
Hieraus wurde besonders abgedruckt:

—— Kinder-Lieder für Familienkreise, Elementarschulen und Kinder-Bewahr-Anstalten. Mit einem einleitenden Vorworte von Frz. Rey. gr. 8. (IV und 40 S.) Pesth 852, Geibel. *

Kohn, Samuel, *dipl. Zögling der ungar. Nazion, Konserv. etc.* Neuer Liederkranz. Hundert neue ungarische und deutsche Lieder für 5—10jähr. Kinder in Volksschulen, Kinder-Bewahranstalten und Familienkreisen. In Musik gesetzt. *Pest* 1858, Verl. von *Lauffer* und *Stolp*. Buchdr. von *Gustav Emich*. 40 S. u. 3 Bll. ungar. Lieder. 44 S. u. 2 Bll. deutsche Lieder. 8°
(Auch unter ungar. Titel: Uj Dalkoszoru. — Száz uj magyar és német dal 5—10éves gyermekek számára népiskolákban, óvodákban és családi korokban.)

Kohn, Sam., neuer Liederkranz für 5—10jähr. Kinder in Volksschulen, Kinder-Bewahranstalten und Familienkreisen. In Musik gesetzt. Lex.-8. (VII und 45 S.) Pest 858, Lauffer und Stolp. *

Kohn, Sam., Mardochai ben Hillel. Sein Leben u. seine Schriften sowie die von ihm angeführten Autoritäten. Nebst 6 bisher unedirten hebr. Beilagen unter Benutzung handschriftl. Quellen hrsg. gr. 8. (XXXII, 159 S.) Breslau 878. Koebner. n. 3. —

Kohn, Samuel *(geb. Baja in Ung. 23. 9. 1841)*: De Pentateucho Samaritano ejusque cum versionibus antiquis nexu. Lipsiae 1865. (68 S.) 8° *[Buchausg. 1865 bei Schletter in Breslau.]*
Breslau, Phil. Diss. v. 7. Apr. 1865

—— de pentateucho **Samaritano** ejusque cum versionibus antiquis nexu. Dissertatio inauguralis. gr. 8. (V und 71 S.) Leipzig 865. (Breslau, Schletter'sche Buchh.) *

Kohn, Sam., de pentateucho Samaritano ejusque cum versionibus antiquis nexu. Dissertatio inauguralis. Leipzig 865. (Breslau, Schletter'sche Buchh.) gr. 8. (VI, 114 S.) n. 20 *ngr.*

Kohn, Sam., die Sabbatharier in Siebenbürgen. Ihre Geschichte, Literatur u. Dogmatik. Mit besond. Berücksicht. des Lebens u. der Schriften des Reichskanzlers Simon Péchi. Ein Beitrag zur Religions- u. Culturgeschichte der jüngsten 3 Jahrhunderte. gr. 8. (VIII, 296 S.) Budapest 894. Singer & Wolfner n. 7. —

Kohn, S., zur Sprache, Literatur u. Dogmatik der Samaritaner, s.: **Abhandlungen** f. die Kunde d. Morgenlandes.

—— samaritanische **Studien**. Beiträge zur samaritan. Pentateuch-Uebersetzung und Lexicographie. gr. 8. (VI und 114 S.) Breslau 868, Schletter'sche Buchh. *

Kohn Siegfried: Über die Einwirkung verdünnter Schwefelsäure auf Propionpinakon. S. 113. 11 b. 1869 . . . . vgr.
Separatabdruck

Kohn. Siegfried. aus Auckland, New Zealand: Über zwei **Fälle** von Sarcom der Chorioidea. [Mit 1 Tafel] Zürich 1906. 27 S. 8°. [15. VIII. 06.]
Zürich. Med. Diss. 1906/1907.

Kohn, Siegfried. Über zwei Fälle von Sarcom der Chorioidea. Diss. Med. Univ. Zürich. [Mit 1 Tafel.] 27 S. 8. Zürich, Gebr. Leemann & Co., 1906.

Kohn, Siegfried *(geb. Loslau in Oberschles. 22. 12. 1853)*: Der primäre Krebs der Gallenblase. Breslau (1879). (60 S.) 8°
[Im Buchhandel 1879 bei Koebner in Breslau.]
Breslau, Med. Diss. v. 18. Apr. 1879

Kohn, Siegfried, [von Neisse, Preussen]: Ueber einige Spaltungsproducte der Eiweisskoerper: Bluteiweiss, Caseïn und Horn. Neisse F. Huch Dr. 1876. 1 Bl., 43 S. 8°.
Zürich, Phil. Diss. [v. 14. März 1876].

Kohn, Sigmund, approb. Arzt aus Inowrazlaw: Zur Kasuistik der mit Darmverletzung komplizierten Beckenfrakturen. *Freiburg i. B.: Speyer & Kaerner 1903.* (24 S.) 8°
Freburg i. B., Med. Diss. v. 1903

Kohn, Siegmund: W a n n und wie braucht man eine Luft-, Trink- und Badekur im Kurort und zu Hause? Berlin: H. Steinitz 1902. 63 S. 8°

Kohn, Siegm., was muß die Frau v. der **Hygiene** auch v. der Hygiene bei der Erziehung wissen? gr. 8. (64 S.) Berlin (902). H. Steinitz. n. 1. —

Kohn, Stefan: Aus d. Königl. Universitäts-Frauenklinik zu Breslau. Direktor: Geh. Medizinalrat Prof. Dr. Küstner. Die Geburten bei engem Becken in den Jahren 1903/04 bis 1907/08. Breslau 1908: Breslauer Genossenschafts-Buchdruckerei. (101 S.) 8°
Breslau, Med. Fak., Ref. Küstner, Diss. v. 27. Juni 1908
[Geb. 10. Jan. 84 Nasielsk (Gouv. Warschau); Wohnort: Czenstochau (Gouv. Piotrkow); Staatsangeh.: Rußland; Vorbildung: Gymn. Czenstochau Reife O. 03; Studium: Warschau 4, Breslau 6 S.; Rig. 17. Juni 08.]

Kohn, W., Kritik d. Ehre, Sittlichk. u. d. Rechts in Jacobs Gelegenheitsschrift. 8. Zürich, Geßner. 806.

Ausstellungs-Fest-Fanfaren-Marsch. Comp. zur Eröffnung d. Industrie-Gewerbe- u. Kunstausstellung in Düsseldorf 1902 von W[ilhelm] Kohn, Musikdir. im Niederrhein. Füs.Reg. 39. *Düsseldorf: Schmitz & Olbertz [1902].* (3 S.) 4° [3.] 102. 363

Kohn, Wilh., Serbien in geo-ethnografisch-administrativ-volkswirtschaftlich- u. commercieller Hinsicht, dessen Industrie-Zoll-Finanz-Verkehrs-Justiz- u. Heerwesen. M. e. detaillierten Beschreibg. sämmtl. gröss. Handelsplätze, nebst Adressen bedeut. Import-Export- wie auch sonst. Handelsfirmen (nach Branchen geordn.) u. Personen aller wicht. Stände. gr. 8. (VI, V, 320 S.) Semlin 894. (Budapest, L. Horovitz.) n. 5. —

Kohn-Bistritz, Majer. O. H. Schorr's talmudische Exegesen, s. **Schorr**, O. H.

Kohn-Bistritz, M., O. H. Schorr's talmudische Exegesen (dargestellt in dessen Jahresberichten „Hachaluz"), auf ihren wissenschaftlichen Gehalt kritisch untersucht u. beleuchtet. (In hebr. Sprache.) gr. 8. (XXXII, 240 S.) Pressburg 888. (Wien, Lippe.) n. 6. —

Kohn-Harzfeld, Sigm., Liebe und Leben. Lyrische Kleinigkeiten. gr. 16. (46 S.) Frankfurt a. M. 875, Diesterweg. *

Kohn-Schlackenwerth, Rud., Österreich am Ende des 19. Jahrh. 1. Folge. gr. 8. (47 S.) Leipzig (899). C. Minde. n. 1. —

Koehn, Albertus: Quaestiones metricae et grammaticae de hymnis Homericis. Halis (1865): Heynemann. 52 S. 8°
Halle-Wittenberg, Phil. Diss. v. 13. März 1865
Geb. Stettin 2. 10. 1841. V.
Vom Verf. ersch. später: Observationes de Homerico in Pana hymno. (Guben) 1876: Fechner. 18 S. 4° Gymn.-Progr.

Köhn, A. Die Schülerbibliotheken. S. 17—20. **Progr.** *Guben* 1882.

Köhn, C. W., Mittheilungen, siehe: **Beesel**, M.

Köhn. Eduard [aus Weikersheim a. T.]: Beiträge zur Kenntniss der Wässer des fränkischen Jura. . . . Heilbronn, Buchdr. v. Brok & Veith, 1889: 32 S. 8°
Erlangen, Phil. Fak., Inaug.-Diss. v. 1889

Köhn, Ella, die Liebe vor u. in der Ehe. Goldenes Buch f. Jünglinge, Jungfrauen, Verlobte u. Neuvermählte. Wesen der Liebe, Umgang m. Damen, Eifersucht, wie die Frau sein soll, die man heiraten will, Einfluß der Liebe auf das Eheverhältnis, sowie d. Weg zur Erlangg. ehel. Glückseligkeit. (82 S.) 8. Leipzig (908). M. Spohr. 1. —

Köhn, Ernst (Klein-Berndten), **Ueber einen Fall von spontaner Zerreissung der Aorta. Diss. med.-chir. Halle (C. A. Kaemmerer & Co.) 20. VII. 1887. 39 S. mit Biogr. (5.—) 18901**
Referent: Weber. — Oppon.: Otto v. Holst, Paul Heinemann. — Imprim.: Ackermann.

Köhn, Ernst, über einen Fall von spontaner Zerreissung der Aorta. Diss. Halle 1887, Lippertsche Buchh. 8°. 36 S.

Köhn, G., s. Strafrechtspraxis, die deutsche.

KÖHN, Gustav (Stettin): Ueber einige Fälle von Empyem und deren Behandlung.- München: Grassl 1882. 25 S.
7.11.1882 - Urk (Titel: De empyematibus aliquot singularibus.); Chr 1882/83,17
Diss.Ingolst.-Landsh.-Mchn.

Köhn, Karl, die Gedichte des Wilden Mannes, s.: Schriften zur germanischen Philologie.

Köhn, Karl: Untersuchungen über die mundartlichen verhältnisse in den gedichten des sogenannten ‚wilden mannes' und Wernhers vom Niederrhein.
Berlin: Buchdr. v. C. Rehm 1890. 46 S. 1 Bl. 8°
Strassburg, Phil. Fak., Inaug.-Diss. v. 1890

Koehn, Maximilianus [Saxaborussus [sic!]]: De pugna ad Zamam commissa... Halis Saxonum, typ. Kaemmererianis, 1888; 31 + 1 S. 8°
Halle, Phil. Fak., Inaug.-Diss. v. [25. Jul.] 1888

Koehn, Maximilianus, de pugna ad Zamam commissa. Diss. Halle 1888, Lippertsche Buchh. 8°. 31 S.

Koehn, P., Seminaroberl.: Zur Geschichte des Lehrerseminars in Hannover. *Hannover & Leipzig: Hahn 1901.* (S. v xxx.) 8° [F.]
Hannover, k. Lehrer-Sm, Festschr. 1901 **

Köhn, Reinhold, Justizref 1. Kl., z. Z. Hilfsrichter beim K. Amtsgericht Geislingen: Die **Grenzfälschung** im Strafgesetzbuch für das deutsche Reich vom 15. Mai 1871. *Geislingen (1904): L. Junginger.* (49 S.) 8° [F.]
Tübingen, Jur. Diss. v. 1904

Koehn, Thdr., wasserwirtschaftl. **Aufgaben** Deutschlands auf dem Gebiete d. Ausbaues v. Wasserkräften. Vortrag, geh. am 20. III. 1908 auf der Mitgliederversammlg. des Zentralverbandes f. Wasserbau u. Wasserwirtschaft. (22 S. m. Abbild.) Lex. 8. Berlin (908). Dr. Sasse. 1. 50
Sonderabdr. aus: „Zentralbl. f. Wasserbau u. Wasserwirtschaft".

Koehn, Th(eodor). Ausbau von Wasserkräften. Bearb. und hrg. von Th. K'.... Mit 467 Textfiguren, Sachregister und 84 zum Teil lithographierten Tafeln. (2 Lieferungen.) [2 Bände.] gr.-8. Leipzig, Wilhelm Engelmann, (1907—)1908. (*cpl.* M. 58.—, geb. 2 Bände 66.—)
Liefg. 1: Bogen 1—34. Mit Abbildung 1—124 im Text und Tafel 1—44. IV + 544 S. [M. 28.—.] — (2. ⟨Schluss-⟩Liefg.: Bogen 35—77. Mit Abb' 125—467 im Text und Tafel 45—84 nebst Inhaltsverzeichnis für Text und Tafeln, sowie Sachregister.) IV + XXIV S. + S. 545—1232 + XVIII S. 1908. [M. 30.—]
[Band 1: Text. Mit 467 Abb', wovon 1 Tafel.] XXIV + 1232 S. 1908. — [Band 2:] Atlas von 84 Tafeln mit Inhalts-Verzeichnis. XVIII S. + 84 T'. 1908.
Handbuch der Ingenieurwissenschaften in fünf Bänden (*Umschläge: Teilen*). Teil 3: Der Wasserbau. Hrg. von J F Bubendey, G Franzius, ... und Ed[uard] Sonne. Band 13.

Koehn, Thdr., Ausbau v. Wasserkräften, s.a. Handbuch der Ingenieurwissenschaften. III, 13.

Der elektrische Betrieb mittels Dreiphasen-Drehstrom auf den italienischen Vollbahnlinien im Valtellina von Theodor Köhn, Stadtbaurat a. D. Mit 98 Abb. (Nürnberg 1903: E. Nister.) (55 S.) 4° [05,4093]

Köhn, Thdr., der elektr. Betrieb mittels Dreiphasen-Drehstrom a. d. italien. Vollbahnlinien im Valtellina. Juli 1903. (55 S. m. 98 Abbildgn. u. 2 Karten.) hoch 4. Nürnberg (903). (Berlin, J. Springer.) n.n. 3.—

Köhn, Thdr., üb. die Einverleibung der Vororte in Berlin. Vortrag, geh. am 7. Decbr. 1891. Mit e. Karte u. e. Anh., enth.: Das Gesetz vom 19. Decbr. 1890, betr. die Bildg. v. Gross-Wien u. das neue Gemeindestatut v. Wien. gr. 8. (52 S.) Berlin 892. W. Ernst & Sohn. n. 1. 60

Köhn, Th., die Entwässerung der Vororte Charlottenburg, Schöneberg, Wilmersdorf, Friedenau, Steglitz, Schmargendorf durch Schwemmcanalisation und der Berliner Süd-West-Canal. Vortrag, gehalten im Verein der Westvorstadt am 11. April 1888. gr. 8. (38 S. mit 1 lithogr. Karte.) Berlin 888, Simion. * 1 20

— Der **Entwurf** e. preuss. Wassergesetzes v. 1906. Gutachten, erstattet im Auftrage u. auf Grund der Beschlüsse d. Zentralverbds. f. Wasserbau u. Wasserwirtschaft, Berlin SW. 11. (110 u. 7 S.) gr. 8. Berlin (908). (Dr. Sasse.) 2. —
Sonderabdr. aus: „Zentralbl. f. Wasserbau- u. Wasserwirtschaft".

Köhn, Th., s.: **Wasserbau, der.**

— Wie ist die **Schaffung** v. Gross-Berlin durchführbar? Vortrag, geh. im Architekten-Verein zu Berlin am 18. XII. 1906. (32 S.) gr. 8. Berlin 907. C. Heymann. — 60
Sonderabdr. aus: „Wochenschr. d. Arch.-Ver. zu Berlin".

Köhn, W., Leitfaden zum Religions-Unterricht f. die evang. Schule u. Kirche Württembergs. 1. Hft. Das Alte Testament. 8., fast unveränd. Aufl. 12. (44 S.) Stuttgart 893. A. Bonz & Co. n. — 20

Köhn, W., Religions-Lehrbuch für die evangelische Schule und Kirche Württembergs. 3 Hefte. 8. Eßlingen 880, (Weismann.) *
Inhalt:
Heft 1. Das Alte Testament. 2. verb. Aufl. (35 S.) * 30 Pf.; geb. und durchsch. * 80 Pf.
2. Das Neue Testament. (30 S.) 879. * 25 Pf.; geb. und durchsch. * 65 Pf.
» 3. Das Konfirmandenbüchlein und der Katechismus. (40 S.) 880. * 40 Pf.

Köhn v. Jaski, Wilh., die Schlacht von Groß-Beeren am 23. Aug. 1813. Zur 50jähr. Jubelfeier. 8. (56 S. mit 1 lithogr. Schlacht-Plane.) Berlin 863, F. Schulze's Buchh. *

—— das Treffen bei Hagelberg am 27. Aug. 1813. Zur 50jähr. Jubelfeier. 8. (17 S. mit 1 Stnt.) Berlin 863, F. Schulze's Buchh. *
Vorstehende beide Schriften zusammen * 7½ Ngr.

Kohnardi, M., Nante u. Siebecke als Mißvergnügte üb. Kunst u. Landtag. 8. (24 S.) Berlin 847, Cohn & Co. 3 ngr

Köhncke, Harro

— u. **J. J. Scheel**, Geschichte des Vereins Hamburger Volksschullehrer (1873—1894). Im Auftrage hrsg. gr. 8. (105 S.) Hamburg 894. G. Fritzsche. n. 1. —

Köhncke, M. D. H., Dr. M. Luther's kleiner Catechismus mit Bibelsprüchen und Gesangversen zum Auswendiglernen in Elementar- und Mittel-Classen. 3., verm. und verb. Aufl. 16. (79 S.) Altona 863, [Haendcke und Lehmkuhl.] *

Köhncke, M. D. Harro, Dr. M. Luther's kleiner Katechismus mit Bibelsprüchen und Gesangversen zur Belehrung, Ueberzeugung und Erbauung der evangel. Schuljugend. 4. neu bearb. Aufl. 8. (60 S.) Leipzig 874, Mentzel. cart. *

Köhncke, Harro, kleine Kirchengeschichte. Bearb. für die Hand der Schüler unsrer evangel. Landschule. Altona 868. Lehmkuhl & Co. 8. (IV, 55 S.) n. 4 ngr.

Köhncke, M. D. Harro, kleine Kirchengeschichte. Bearb. f. die Hand der Schüler unserer evangel. Volksschule. 2. neu bearb. Aufl. br. 8. (47 S.) Leipzig 873. Mentzel. n. — 50

Köhncke, Harro, kleine Kirchengeschichte. Bearb. für die Hand der Schüler unserer evangel. Volksschule. 3. neu bearb. Aufl. 8. (48 S.) Leipzig 885, A. Krüger. cart. ** — 50

Köhncke, Harro, modernes Leben. Skizzen aus d. Gegenwart. 1. Tl. gr. 16. (IV, 75 S.) Hamburg 891. C. Kloß. n. — 50

Köhncke, Harro, zwei unmoderne Menschen ... (117 S.) 8. Cassel 907. Buchdruck. „Gutenberg". 1.20; geb. 1.75

Köhncke, Harro (Red.), s. Reform, Pädagogische.

Köhncke, Harro, Schreiblesefibel. Erstes Lesebuch für die kleine Schuljugend. gr. 8. (72 S. mit eingedr. Holzschn.) Leipzig 875, [Mentzel.] A. Krüger. cart. *

Köhncke, Harro, Hamburgs Schulwesen. Eine Sammlg. v. Gesetzen u. Verordngn. gr. 8. (VI, 184 S.) Hamburg 900. C. Boysen. n. 3. 50; kart. n. 4. —; geb. in Leinw. n. 4. 50

—— deutsche Sprache. Bearb. für die Hand der Schüler einer 7klass. Volksschule. 8. (IV, 128 S.) Ebendas. 873. *

— Tier u. Mensch. Plaudereien aus dem zoologischen Garten. I. Hft. 1. u. 2. Aufl. 12. (VI, 66 S.) Ebd. 892. 893. n. — 50

Köhncke, Otto: Wibert von Ravenna (Papst Clemens III.) Leipzig, bei Veit & Comp. 1888. VIII, 35 S. 8°
Berlin, Phil. Fak., Inaug.-Diss. v. 11.Okt. 1888

Köhncke, Otto, Wibert von Ravenna [Papst Clemens III.]. Ein Beitrag zur Papstgeschichte. gr. 8. (VIII, 134 S.) Leipzig 888, Veit und Comp. * 3 60

Kohne, Gust., Konrad Barko. Ein Drama in 4 Akten. (75 S.) 8. Berlin-Friedenau (909). Bureau Fischer. 2. —

— Um das Gewissen. Volkstragödie in 5 Akten. (45 S.) 8. Ebd. (909). 2. —

— Bürgermeister Markstein. Ein Volksstück in 4 Akten. (141 S.) 8. Hamburg 907. Berlin, Gutenberg-Verlag Dr. E. Schultze. 2.—; geb. 3. —

— Die Vorsteher v. Holtebauk. Eine Komödie in 4 Akten. 2. Aufl. (80 S.) 8. Berlin-Friedenau (909). Bureau Fischer. 2. —

Köhne, Les familles célèbres de la Russie. I. Avec 2 planches. Berlin 1866. 8.

Koehne Über eine Marmorbasis aus der Zeit des Bosporischen Königs Pairisades I
s 11 . . . . vzr
Separatabdruck

Köhne, ..., Vorschrift, od. Handleitung zum Schönschreiben. qu. Fol. Berl. 793. Naul. 8 K.

Köhne, Adolf

—— s. Dämmerstunden.

Köhne, A., Erzählungen, s. Kracht's, U., Jugend-Bibliothek.

Köhne, Adf., patriotische Erzählungen für Deutschlands Volk und Jugend. 1. Bdchn.: Die Rosen von Gorze. — Die Waisenknaben. Zwei geschichtl. Erzählungen aus der Zeit des französisch-deutschen Krieges 1870—1871. 8. (121 S. mit 1 Titelkupfer.) Leipzig 872, Wöller. cart. *

Köhne, A., der Jaco, ein Held mit Federn, s. Meinhold's Volks- und Jugend-Bibliothek.

—— die Oel-Farm. Eine Erzählung für die reifere Jugend. 8. (144 S. mit 1 Titelkupfer.) Ebendas. 872. cart. *

—— dass. — } s. Wöller's Jugend- und Volks-
—— die Rose von Gorze, } bibliothek.

— die Sage vom Isensee. Eine Erzählg. f. die Jugend. Mit 2 Originalzeichngn. v. L. Hutschenreuter, in Holz geschn. v. Emil Singer. 8. (189 S.) Leipzig 874. Wöller. n. 2. 50

—— der Schlachtenstromer. Eine geschichtl. Erzählung aus der Zeit des französisch-deutschen Krieges 1870—71. Mit 4 (chromolithogr.) Bildern von R. Leinweber. gr. 16. (III, 154 S.) Glogau 872, Flemming. geb.

—— alte Schulden. Eine geschichtl. Erzählung für die Jugend aus dem französisch-deutschen Kriege 1870—1871. 8. (IV, 146 S. mit 1 Titelkupfer in Stahlst.) Leipzig 872, Wöller. cart. *

—— dass. — } s. Wöller's Jugend- und Volks-
—— die Waisenknaben, } bibliothek.

Nothiges Handbuch fur Kalenderbesitzer oder Vollstandige Erklarung des Kalenders, nebst der Geschichte der Eintheilung der Zeit... Von August Christ[ian] Köhne. Gotha: Ettinger 1798. 278 S. 8°

Köhne, Bernhard von

v. Köhne, B., Beiträge zur Geschichte u. Archäologie v. Cherronesos in Taurien. gr. 8. (VIII u. 245 S. m. 7 Kpfrtaf. u. 1 lith. Karte.) St. Petersburg 848. (Berlin, Mittler & Sohn.) n.n. 2⅔ ₰

Berlin. Moskau, St. Petersburg. 1649 bis 1763. Ein Beitrag zur Geschichte der freundschaftlichen Beziehungen zwischen Brandenburg-Preussen und Russland v. Freiherrn B. von Köhne. Berlin. 1882. 8°. = Schriften des Vereins f. d. Geschichte Berlins. H. 20.

Köhne, Frhr. B. v., über den Doppeladler. hoch 4. (30 S. mit 1 Kpfrt.) Berlin 871, Weber. *
Aus: Berliner Blätter für Münz- etc. Kunde, besonders abgedruckt.

— siehe: Mémoires de la société imp. d'archéologie de St.-Pétersbourg.

Köhne, Bernh., das Münzwesen d. Stadt Berlin. Ein histor. Versuch. Aus Fidicins histor.-diplomat. Beiträgen z. Gesch. d. Stadt Berlin besond. abgedruckt u. mit e. Vorw. d. k. General-Münz Wardeins rc. Loos versehen. gr. 8. (5¼ B. u. 2 Münz-Taf., Kpfrst.) Berlin 837, Hayn.

Frhr. B. v. Köhne, Das Münzwesen der Stadt Berlin. 1837. (Zuerst in Fidicin's Geschichte der Stadt Berlin, Thl. 3, S. 429—503, abgedruckt.) Vgl. auch Küster's Altes und Neues. Berlin, 4. Abth. S. 134—141.

Köhne, ... von: „Das Münzwesen der Mark Brandenburg unter Churfürst Friedrich II.", Berlin 1841.

Koehne, B. de, notice sur les sceaux et les armoiries de la Russie. 1. Partie. Avec 2 planches (lith.). Berlin 861. F. Schneider. gr. 4. (45 S.) n. 1 ₰

Koehne, Bernard. (geb. Berlin 4. 7. 1817). De nummis Friderici II., electoris Brandenburgici. Berolini (1840). (39 S.) 8°
Berlin, Phil. Diss. v. 3. Nov. 1840

Koehne, B., s. Zeitschrift f. Münz-, Siegel- u. Wappenkunde.

Köhne, Carl, s. Köhne, Karl.

Köhne, Emil: Bemerkungen über die Gattung Cuphea. 1872.

Köhne, E. Berichtigung der von Barcianu gemachten Angaben über Blüthenentwicklung bei den Cupheen. 1875.

Köhne, E., Bilder-Atlas des Pflanzenreichs, s.: Willkomm, Mor.

Koehne, Em., über Blüthenentwicklung bei den Compositen. Botanische Inaugural-Dissertation. Nebst 3 (lith.) Taff. Abbildgn. Berlin 869. Th. Enslin. 8. (71 S.) n. 20 ngr.

Koehne, Emil, deutsche Dendrologie. Kurze Beschreibg. der in Deutschland im Freien aushalt. Nadel- u. Laubholzgewächse zur schnellen u. sicheren Bestimmg. der Gattgn., der Arten u. einiger wichtigeren Abarten u. Formen. Mit etwa 1000 Einzelfig. in 100 Abbildgn. nach Orig.-Zeichngn. d. Verf. gr. 8. (XVI, 602 S.) Stuttgart 893. F. Enke. n. 14. —

Koehne, Emil: Die Gattungen der Pomaceen. Berlin, R. Gaertners Verlagsbuchh., 1890; 33 S., 2 Taf. 4°
Berlin, Falk-RG, OP 1890

Koehne, E., s.: Just's botanischer Jahresbericht.

— Lythraceae, s.: Engler, A., u. K. Prantl, die natürlichen Pflanzenfamilien.

Lythraceae mit 851 Einzelbild. in 59 Fig. von E[mil] **Koehne.** *Leipzig: W. Engelmann 1903.* (326 S.) 4°(8°)
— Pflanzenreich, Das. H. 17. ⟨IV, 216.⟩ [03. 12,03]

— Pflanzenkunde für den Unterricht an höh. Lehranstalten. Im Einklange m. den preuss. Lehrplänen v. 1901 bearb. Mit 178 Abbildgn. im Text u. 1 pflanzengeograph. Karte. gr. 8. (VI, 288 S.) Bielefeld 901. Velhagen & Klasing. n. 2. 40

Köhne, E., die Pflanzenwelt, s. Hansen, A.

Koehne, E., Repetitions-Tafeln für den zoologischen Unterricht an höheren Lehranstalten. 2 Hefte. 1. Heft 1. und 2. Aufl. und 2. Heft. gr. 8. (à 5 Stnt. mit 8 S. Text.) Berlin 878,79, H. W. Müller. à Heft * 80 Pf. *

Koehne, E., Repetitions-Tafeln für den zoologischen Unterricht an höheren Lehranstalten. 2 Hefte. gr. 8. Berlin 882, H. W. Müller. à Heft * 80 Pf. *
Inhalt:
Heft 1. Wirbeltiere. 3. Aufl. (8 S. mit 5 Stnt.)
» 2. Wirbellose Tiere. 2. Aufl. (8 S. mit 5 Stnt.)

—— Repetitions-Tafeln für den zoologischen Unterricht an höheren Lehranstalten. 2 Hefte und Beilage zum 2. Heft. gr. 8. Berlin 887, H. W. Müller. * 1 80
Inhalt:
Heft 1. Wirbeltiere. 4. Aufl. (5 Taf. mit 12 S. Text.) * 80 Pf.
» 2. Wirbellose Tiere. 3. Aufl. (5 Taf. mit 11 S. Text.) * 80 Pf.
Beilage zum 2. Heft. 2. Aufl. (1 Taf. mit 7 S. Text.) * 20 Pf.

— Repetitions-Tafeln f. den zoologischen Unterricht an höheren Lehranstalten. 1. u. 2. Hft. 4. u. qu. Fol. Nebst Text. gr. 8. Berlin 893. H. W. Müller. n. 1. 80; einzelne Taf. n. — 20
1. Wirbeltiere. 5. Aufl. (5 Taf. m. 16 S. Text.) n. — 80
2. Wirbellose Tiere. 4. Aufl. (6 Taf. m. 24 S. Text.) n. 1. —

— Repetitions-Tafeln f. d. zool. Unterricht an höh. Lehranst. 2 Hfte. 4. Berlin 898. H. W. Müller. n. 1. 80; einz. Taf. n. — 20
1. Wirbeltiere. 6. Aufl. (24 S. m. 5 Taf.) n. — 80
2. Wirbellose Tiere. 5. Aufl. (24 S. m. 6 Taf.) n. 1. —

— Repetitions-Tafeln f. den zoolog. Unterricht an höh. Lehranstalten. 2 Hefte. gr. 8. Berlin 909. H. W. Müller. 1.80; einz. Bl. — 20
I. Wirbeltiere. 8. Aufl. (23 S. u. 5 Bl.) — 80
II. Wirbellose Tiere. 7. Aufl. (24 S. u. 6 Bl.) 1. —

Koehne, Ernst, das 1. Jahrzehnt des deutschen Schauspielhauses in Hamburg. Statist. Rückblick auf die künstler. Tätigkeit u. die Personalverhältnisse während des Zeitraumes v. 15. IX. 1900—31. V. 1910. Mit e. Begleitwort v. Carl Hagemann. (142 S.) Lex. 8. Hamburg (910). P. Conström. 1. 50

Köhne, Fr., u. C. L. A. Pretzel, die Simultanschule in Nassau, Hessen u. Baden. Bericht üb. e. i. Auftrage der Diesterweg-Stiftg. i. Sommer 1905 unternommene Studienreise. (IV, 76 S.) gr. 8. Berlin 906. L. Oehmigke's Verl. n. 2. —

Koehne, *Friedrich* [aus Hannover]: Ueber das Verhalten einiger Säureimide im thierischen Organismus ... Rostock, Univ.-Buchdr. v. Adler's Erben, 1894; 39 S. 8.
Rostock, Phil. Fak., Inaug.-Diss. v. [16. Juni] 1894

Köhne, *Georg* [cand. med. aus Göttingen]: Ueber Hasenscharten-Kieferspalte m. Berücks. d. Cyclopie ... Göttingen, Druck d. Dieterich'schen Univ.-Buchdr., 1895; 36 S. 8.
Göttingen, Med. Fak., Inaug.-Diss. v. [3. Aug.] 1895

Köhne, Gerhard, approb. Arzt aus Gütersloh: **Aus d. Tübinger** Universitäts-Augenklinik. Die **Myopie-Operationen** in der Tübinger Augenklinik. *Tübingen: F. Pietzcker 1900.* (29 S.) 8°
Tübingen, Med. Diss. v. 1900

Köhne, H. W., Handbuch der allgemeinen Pathologie für Thierärzte. gr. 8. (X, 395 S.) Berlin 871, Hirschwald. *

Köhne, H. W., von dem Provocations-Verfahren und der Beweis-Aufnahme zum ewigen Gedächtnisse bei Prozessen um Hausthiere. gr. 8. (20 S.) Berlin 864, A. Hirschwald. *

Elternfreude und Elternpflicht. Ein Wort z. häusl. Erziehung. Von Heinrich **Köhne**, Pfarrer. Gütersloh: C. Bertelsmann 1905. (60 S.) 8° [J.] [05. 838]

Koehne, Hugo, a. Essen: Aus der Kgl. chirurg. Universitäts-Klinik zu Kiel. Über zwei Fälle von ausgedehnter Schädelplastik. Kiel 1906: H. Fiencke. (16 S.) 8°
Kiel, Med. Fak., Ref. Helferich, Diss. v. 17. Mai 1906
[Geb. 16. Jan. 81 Frohnhausen; Wohnort: Essen; Staatsangeh.: Preußen; Vorbildung: Gymn. Münstereifel Reife O. 01; Studium: Freiburg i. B. 2, Kiel 2, München 1, Berlin 1, Kiel 4 S.; Coll. 2. April 06; Approb. 21. März 06.]

Koehne, Carl, die Arbeitsordnung v. Standpunkte der vergleichenden Rechtswissenschaft. Vortrag, geh. in der internationalen Vereinigg. f. vergleich. Rechtswissenschaft u. Volkswirthschaftslehre zu Berlin am 17. XI. 1900. gr. 8. (IV, 47 S.) Stuttgart 901. F. Enke. n. 1. 60
Sonderabdruck aus: „Zeitschrift f. vergleich. Rechtswiss".

— die Arbeitsordnungen i. deutschen Gewerberecht. gr. 8. (VIII, 272 S.) Berlin 901. F. Siemenroth. n. 5. 50

Koehne, Carl, die Bedeutung der in Preussen durch das Kommunalabgabengesetz u. sonst gesetzlich zustehenden Einkünfte f. den Städtebau, s.a. Vorträge, städtebauliche. III, 4.

Koehne, Karl: Die Bedeutung der in Preussen durch das Kommunalabgaben-Gesetz und sonst gesetzlich zustehenden Einkünfte für den Städtbau.
Berlin: Ernst 1910. 62 S. 4° (8°)
(Städtebauliche Vorträge. Bd. 3, H. 4.)

Koehne, C., die Geschlechtsverbindungen der Unfreien im fränkischen Recht, s.a. Untersuchungen zur deutschen Staats- und Rechtsgeschichte.

Koehne, Karl, Die Geschlechtsverbindungen der Unfreien im fränkischen Recht. Breslau 1888. 8.
A. u. d. T.: Unters. z. deut. Staats- u. Rechtsgesch. II. 22. . . . . (D)

Köhne, Karl, das Gesetz üb. Kleinbahnen u. Privatanschlussbahnen in Preussen vom 28. Juli 1892, unter Bezugnahme auf die zu demselben erlassene Ausführungsanweisg. erläutert. gr. 8. (V, 62 S.) Berlin 893. J. Springer. n. 1. 40

Koehne, Carl. Grundriss des Eisenbahnrechts, mit besonderer Berücksichtigung Deutschlands, Oesterreichs und der Schweiz. Ein kurzgefasstes Lehrbuch für Juristen, Eisenbahnbeamte und Studierende. [Mit Vignette.] VIII + 114 S. 8. Berlin, Otto Liebmann, 1906. [M. 2. —, geb. 2. 40]

Die Grundsätze des Erbbaurechts und dessen Anwendung beim Bau von Städten und Ortschaften. Von Dr. Carl **Koehne**, Privatd. Berlin: W. Ernst & Sohn 1908. (42 S.) 4°(8°)
= Vorträge, Städtebauliche. Vortragszyklus 1, Bd 1, H. 1. (08. 16600

Koehne, Carl, das Hansgrafenamt. Ein Beitrag zur Geschichte der Kaufmannsgenossenschaften u. Behördenorganisation. gr. 8 (XVI, 318 S.) Berlin 893. R. Gaertner. n. 7. —

– Kraftfahrzeug u. Rechtsentwicklung. Vortrag, geh. in der Abteilg. f. Sozialwissenschaft d. Wildenschaft (freien Studentenschaft) der kgl. techn. Hochschule Berlin am 13. V. 1908. (47 S.) gr. 8. Berlin 908. F. Vahlen. 1. 20

Das Recht der Muhlen bis zum Ende der Karolingerzeit. Ein Beitrag z. Geschichte d. Deutschen Gewerberechts. Von Dr. jur. et phil Carl **Koehne**, Privatd. zu Berlin. *Breslau: M. & H. Marcus 1904.* (VIII, 48 S.) 8°
— Untersuchungen z. Deutschen Staats- u. Rechtsgeschichte. H. 71. (04. 8060

— Das superficiarische Rechtsinstitut, s.a. Studien, rechts- u. staatswissenschaftl. 37. Heft.

Das superficiarische Rechtsinstitut. Von Prof. Carl **Koehne**. Berlin: Ebering 1909. VIII, 87 S. 8°
(Rechts- u. staatswissenschaftliche Studien H 37) (10. 13424 G

— Stadtrechte v. Bruchsal, Rothenberg, Philippsburg (Udenheim), Obergrombach u. Steinbach, s.: Stadtrechte, oberrheinische.

— Stadtrechte v. Grünsfeld, Neidenau, Osterburken, s.: Stadtrechte. oberrheinische. I. 8.

— Stadtrechte v. Ladenburg, Wiesloch, Zuzenhausen, Bretten, Gochsheim, Heidelsheim, Zeutern, Boxberg, Eppingen, s.: Stadtrechte, oberrheinische. I. 6.

Köhne, Karl, s.: Stadtrechte, oberrheinische.

Koehne, Carl, die Wormser Stadtrechtsreformation v. J. 1499. Ein Beitrag zur Geschichte d. deutschen Stadtrechte u. d. Reception d. röm. Rechtes in Deutschland. I. Tl. gr. 8. (VIII, 67 S.) Berlin 897. Speyer & Peters. n. 1. 60

— Der rechts- u. staatswissenschaftl. Unterricht auf d. technischen Hochschulen, s.a. Schriften des Verbandes deutscher Diplom-Ingenieure. V.

Der rechts- u. staatswissenschaftliche Unterricht auf den technischen Hochschulen. Von Prof. Dr. Carl **Koehne**, Privatd Berlin: Krayn 1910. 68 S. 8°
(Schriften d. Verbandes Deutscher Dipl.-Ing 5.) (10. 15333

Koehne, Carl [aus Danzig]: Der Ursprung der Stadtverfassung in Worms, Speier und Mainz. . . . (Aus: Untersuchungen z. Deutsch. Staats- u. Rechtsgesch. hrsg. v. O. Gierke, Hf. 31). Breslau, Wilhelm Koebner, 1889; 2 Bl. + 32 S. + 1 Bl. 8°
Berlin, Phil. Fak., Inaug.-Diss. v. 27. Jul. 1889

Koehne, Carl. Der Ursprung d. Stadtverfassung in Worms, Speier u. Mainz, s.a. Untersuchungen z. deutschen Staats- u. Rechtsgesch.

Köhne, L., und H. L. Bernstorf, Fibel, s. Bernstorf, H. L.

Koehne, Max

Koehne, M., d. preuß. Gesetz v. 11. Mai 1842 üb. d. Zulässigkeit d. Rechtsweges in Beziehg. auf polizeil. Verfüggn., s.: Taschen-Gesetzsammlung.

Koehne, Max, Grundzüge des Verwaltungs-Polizeirechts. Allgem. Tl. Zum Gebrauche f. d. Justiz u. Verwaltg. dargestellt. (160 S.) gr. 8. Berlin 906. Puttkammer & Mühlbrecht. n. 4. —

[F.] Polizei und Publikum. E. Darstellg d. beiderseitigen Rechte u. Pflichten an d. Hand d. grundlegenden Bestimmgn f. die Ausübg d. örtlichen allgem. Verwaltgspolizei in Preussen. Von M. **Koehne**, Bürgermeister. *Berlin: J. J. Heine 1897.* (VIII, 136 S.) 1 Bd 8. (98. 2684

Köhne, M[oritz], aus Bründel (Anhalt): Zur Lehre von der successiven Entstehung der Rechtsgeschäfte und der durch Rechtsgeschäft begründeten Rechtsverhältnisse. *Borna-Leipzig 1903: R. Noske.* (69 S.) 8° [F.]
Leipzig, Jur. Diss. v. 1903

Köhne, Otto, Wilh. Pütz u. **Herm. Redeker**, die Regelung der Lehrerlaufbahn, s.: Abhandlungen, pädagogische.

Köhne, Paul: Die Bestrafung des Bettelns u. der Vagabondage. Berlin (1889).

Köhne, Paul: Der Charakter und die systematische Stellung des Arbeiterversicherungsrechts. [Stuttgart 1890.] [Kopftit.]
(S.-A. a.: Zeitschrift fur Handelsrecht. Bd 37.)

Entwurf zu einem Reichsgesetz, betr. die Ahndung und Verfolgung strafbarer Handlungen, welche von jugendlichen Personen begangen werden, nebst Begründung. Von Dr. Paul **Köhne**, Amtsger.R. Berlin: J. Guttentag 1908. (II, 32 S.) 8°
— Beiträge z. Reform d. Strafprozesses. Bd 1, H. 1. (08. 4409

Köhne, Paul: Der Gemeinde-Waisenrat in Berlin. Seine Aufgaben u. ihre Erfüllung. 4 Vorträge. Berlin 1904.

Köhne, Paul, Krankenversicherungsgesetz v. $\frac{\text{15. Juni 1883}}{\text{10. Apr. 1892}}$, nebst den die Krankenversicherung betr. Bestimmungen d. Gesetzes vom 5. Mai 1886. 2., völlig umgearb. Aufl. gr. 8. (XIV, 260 S.) Stuttgart 892. F. Enke. n. 5. —

-- Kriminalität u. sittl. Verhalten der Jugendlichen, s.: Schriften der Gesellschaft f. soziale Reform. IV, 2.

Kriminalität und sittliches Verhalten der Jugendlichen. Von Amtsger.R. Dr. Paul Köhne. Jena: Fischer 1910. 20 S. 8°
(Die jugendl. Arbeiter in Deutschland. 2.)
(Schriften d. Gesellschaft f. Soziale Reform. H. 35.) [11. 480

Köhne, Paul, die Nachlaßbehandlung, s.: Maercker.

Köhne, Paul, das Reichsgesetz, betr. die Krankenversicherung der Arbeiter vom 15. Juni 1883, nebst dem Gesetze vom 28. Jan. 1885 und den die Krankenversicherung betr. Bestimmungen des Gesetzes vom 28. Mai 1885 unter Berücksicht. der preuß., bayer., sächs. und württemberg. Ausführungs-Vorschriften hrsg. und erläutert. gr. 8. (XVI, 256 S.) Stuttgart 886, Enke. * 5 —

Köhne, Paul, d. deutsche Strafprozeß u. s. Reform. Kritik u. Vorschläge. gr. 8. (65 S.) Berlin 895. J. Guttentag. n. 1.20

— d. deutsche Vormundschaftsrecht &c., s.: Schultzenstein, Max.

Köhne, B., Zwangs-(Fürsorge-)Erziehung u. Armenpflege, s.: Schiller, A.

Koehne, Waldemar, Gerichts-Ref.: **Vertretung** im **Empfang von empfangsbedürftigen Willenserklärungen, insbesondere auch** bei **Mehrheit von Vertretern, nach Bürgerlichem Gesetzbuch.** *Berlin 1902: W. Pilz.* (IX, 109 S.) 8°
Rostock, Jur. Diss. v. [5. Juni] 1902

Koehne (Werner), Über die neueren Aufschlüsse im Peissenberger Kohlenrevier. M. 1 Kt. München 1910. S. 304—312.
Aus: Geognost. Jahresh. 1909, Jg. 22.

Koehne, Werner, geologische Geschichte der Fränkischen Alb. Mit e. geolog. Übersichtskarte u. 28 Abb. im Text. (42 S.) gr. 8. München (907). Piloty & Loehle. 2. —

Koehne, Werner, aus Berlin: **Sigillarienstämme, Unterscheidungsmerkmale, Arten, Geologische Verbreitung.** Berlin 1904: A. W. Schade. (72 S.) 8°
Erlangen, Phil. Fak., Ref. Lenk und Solereder, Diss. v. 10. Mai 1904
[Geb. 30. Dez. 81 Berlin: Staatsangeb.: Preußen: Vorbildung: Falk-Gymn. Berlin Reife O. 01: Studium: Berlin 4, Freiburg i. B. 1, Göttingen 1 S.; Rig. 10. Mai 04.]

Sigillarienstämme, Unterscheidungsmerkmale, Arten, geologische Verbreitung, besond. mit Rücksicht auf d. preuß. Steinkohlenreviere. Von Dr. Werner **Koehne.** Hrsg. von d. Kgl. Preuß. Geol. Landesanst. u. Bergakad. Berlin: Geol. Landesanst. 1904. (117 S.) 4°(8°)
— **Abhandlungen** d. K. Preuß. geol. Landesanstalt. N. F. H. 43. [05. 9774

— Verzeichnis der geologischen Literatur üb. d. Fränkische Alb u. der f. deren Versteinerungskunde u. Geologie wichtigsten Literatur aus anderen Gebieten. I. Tl.: Alphabet. Verzeichnis bis 1905. (29 S.) 8. Nürnberg 906. (C. Koch). n. — 80
Sonderabdr. a.: „Abhandlgn. d. naturh. Gesellsch., Nürnberg."

Koehne (W.). Vorstudien zu einer neueren Untersuchung der „Albüberdeckung" im Frankenjura. Erlangen (1905.) S. 321—342.
Aus: Sitz.-Ber. d. physik.-medizin. Soz. in Erlangen. Bd 37. 1905.

Koehne, Wilhelm [aus Netphen, Kreis Siegen, Assistenzarzt an d. med. Klinik zu Marburg]: Ein Fall von gleichzeitiger Intra- und Extrauterinschwangerschaft. . . . Marburg, Druck v. Georg Schirling, 1887; 33 + 1 S. + 1 Bl. 8°
Marburg, Med. Fak., Inaug. Diss. v. [29. Aug.] 1887

Koehne, Wilhelm, ein Fall von gleichzeitiger Intra- und Extrauterinschwangerschaft. Diss. Marburg 1887, N. G. Elwertsche Univ.-Buchh. 8°. 33 S.

Köhne, Wilh., Frankfurt a. M.—Würzburg—Ansbach—München üb. Ingolstadt od. Augsburg, s.: Hendschel's Luginsland.

Köhne, Wilh., über die Wirkung der Thuja occidentalis. Inaugural-Dissertation. gr. 8. (38 S.) Göttingen 883, (Vandenhoeck und Ruprecht's Verlag.) *

Köhne, William

Köhne, W., die Gedankenleser, s. Bloch's, E., Theater-Gartenlaube.

Köhnemann, über Diphtheritis, deren Geschichte, Verlauf, Behandlung und Vorbauung. Mit Benutzung der Schrift des Dr. Ernst Hart, und deren holländ. Uebersetzung von Dr. S. G. Vorstmann so wie der in Ostfriesland gemachten Erfahrungen. gr. 8. (V und 53 S.) Hannover 862, Schmorl und v. Seefeld. *

Köhnemann, R. H. W., Regeln üb. d. Behandlung d. Percussions-Gewehrs. gr. 12. (2½ B. u. 2 Abbild.) Oldenburg 841, Schulzesche Buchh.

Koehnemann, R. H. W. Regeln über die Behandlung des Perkussions-Gewehrs. Mit Taf. Oldenburg 1841. 48 S.

Kohnen, L., Waschbüchlein f. Junggesellen. (40 Bl. od. Waschlisten.) qu. 16. Aachen 835. Kohnen. ¼ ß

Kohnen, Wilh. Vikt., a. Bonn: **Der Lyngsberg** bei **Mehlem.** Bonn 1907: A. Broch. (43 S.) 8°
Bonn, Phil. Fak., Ref. Laspeyres, Diss. v. 6. Aug. 1907
[Geb. 6. Juni 78 Aachen; Wohnort: Bonn; Staatsangeb.: Preußen; Vorbildung: Kaiser-Karls-Gymn. Aachen Reife O. 00; Studium: Bonn 2, Freiburg i. B. 2, Bonn 10 S.; Rig. 19. Juni 07.]

Köhnen, s.a. K ö n e n .

— **Franz** (Bremen), De eo quod juris in Romano Germanico Imperio circa impositionem collectarum. Diss. jur. publ. Basel (Friedrich Lüdij) 14. V. 1715. 34 S. (6.50) 18905
Widm. v.: J. Jac. Battierius, Claudius Passavant.

Köhnen, Joannes Julius (geb. 1826 in Elberfeld): De lupo . . .
Bonnae, typ. C. Krüger 1852. 1 Bl., 26 S., 2 Bl. 8.
Bonn, Med. Fak., Diss. v. 31 Aug. [nach d. Akt. v. 1 Sept.] 1852

Koehnen, Carl Johann Wilhelm (Bremen), De forma testamenti externa a coeco observanda. Diss. jur. Götting. (Fried. Andr. Rosenbusch) 18. X. 1781. 94 S. (6.50) 18904

— **Werner von** (Bremer Adel), De praediis nobilitatis Bremensis equestribus eorumque juribus et privilegiis. Präs. Georg Heinrich Ayrer. Götting. (Jo. Chr. Lud. Schulz) 30. X. 1745. 72 S. (7.—) 18906
Gew.: Gerlach Adolph v. Münchhausen (Strausfurth), Philipp Adolph v. Münchhausen (Steinfurth).

Köhnen, Wilhelm

Köhnen Zur Geschichte des Gymnasiums in Duisburg im 16ten und 17ten Jahrhundert. 27 S. . .
Duisburg, Progr. 1850

Köhnen: Fortsetzung der Geschichte des Gymnasiums zu Duisburg. 28 S. – Duisburg, Progr. 1851.

Köhnen, Wilh., zur Geschichte des Duisburger Gymnasiums im 16. u. 17. Jahrhundert. 2 Abschnitte. gr. 4. 1. Abschnitt, von 1559—1637. [Abdr. aus dem Herbstprogramm v. 1850.] (27 S.) — 2. Abschnitt, von 1607—1700. [Abdr. aus dem Herbstprogramm von 1851.] (28 S.) Duisburg 850. 51, Schmachtenberg. (à 1/4 ₰) 1/2 ₰

Köhnen, W.: Rede zur dreihundertjährigen Jubelfeier des Königlichen Gymnasiums zu Duisburg am 18. October 1859 in der Salvatorkirche gehalten. – Duisburg, Progr. 1859.

Köhnen, Wilh., Rede zur 300jähr. Jubelfeier des königl. Gymnasiums zu Duisburg am 18. Octbr. 1859 in der St. Salvatorkirche gehalten. gr. 8. (17 S.) Duisburg 859, Ewich. *

Köhnen Was darf man von dem Unterricht in der Chemie auf Schulen für das prakt. Leben erwarten? 9 S. . . . . .
Progr. Duisburg 1837

Kohner, Adolph [aus Budapest]: **Ueber Bestimmung des Cadmiums und über Trennung des Cadmiums vom Kupfer** . . . . Berlin, Buchdr. v. Gustav Schade (Otto Francke) (1886); 63 + 1 S. 8°.
Berlin, Phil. Fak., Inaug. Diss. v. 28. Jul. 1886.

Kohner, Adolph, über Bestimmung des Cadmiums und über Trennung des Cadmiums vom Kupfer. Diss. Berlin 1886, Mayer & Müller. 8°. 63 S.

Kohner Emil: Über die synthetische Darstellung des Iretols und einiger verwandter Phentetrolderivate. S. 108. II b. 642 . . . . vgr.
Separatabdruck

Kohnert, Georg, aus Kempen in Posen: **Ein Beitrag zur Casuistik der gummösen Erkrankungen des Kehlkopfes.** *Greifswald 1889: J. Abel.* (36 S.) 8°
Greifswald, Med. Diss. v. 28. März 1889

Köhnhorn, Konr. Geographie Alt-Griechenlands. 42 S. . .
Culm, Progr. 1843

Köhnhorn, K., Geographie Alt-Griechenlands zum Gebrauche auf Gymnasien. gr. 8. (4 3/4 B.) Berlin 844. (A. Duncker.)*

Köhnhorn, Konr. Geschichte Athens. Von der Gründung des athenischen Staates bis zur Vertreibung der Pisistratiden. — 1550 (?) — 540 v. Chr. 19 S. . . . .
Neisse, Progr. 1847

Köhnhorn, K., Geschichte der Griechen zum Gebrauch in den obern u. mittlern Classen d. Gymnasien u. Realschulen. gr. 8. (VI u. 309 S.) Neisse 848, Müller. 21 ngr — (2. Ausg.) gr. 8. (VI u. 310 S.) Neisse 851, Graveur in Comm. n. 2/3 ₰

Köhnhorn, Conr. Καλοκἀγαθία ex locis Xenophontis adumbrata. 13 S.
Neisse, Progr. 1850

Köhnhorn, Conr., Kirche und Staat als die gesetzgebenden Factoren der Gymnasien. Zum Jahresberichte des Königl. katholischen Gymnasiums zu Neisse. Neisse 863. Graveur in Comm. 4. (12 S.) n. 4 ngr

Köhnhorn: Rede über Kirche und Staat, als die gesetzgebenden Faktoren der Gymnasien, gehalten am 4.Nov.1857. 12 S.– Neisse, Progr. 1863.

Kohnke, Rich., Musterbuch f. Eisenkonstruktionen, s.: Scharowsky, C.

[F.] **Köhnke,** Ludwig: Ein Beitrag zur Reptilien- und Amphibienfauna der Umgebung Salzwedels. Salzwedel, A. Menzels Buchdr., *1893*; 12 S. 4.
Salzwedel, k. G, OP 1893 (251)

Köhnke, Markus Christian

Köhnke, M. Chr., Elementar- u. Lesebuch für kl. Kinder, nebst e. Lesemethode. Mit 12 Kpf. gr. 8. Leipz. 805. Voß. 1 ₰ 8 gr

Köhnke, M. C., Erfahrungen u. Ansichten das Schul- u. Erziehungswesen betreffend. 8. (Hamburg, Perthes u. Besser in Comm.) 821.

KÖHNKE, M[ARCUS] C[HR.]. Erinnerungen aus meinem Leben nebst Bemerkungen über mancherlei Gegenstände. Ottensen bei Altona. 1839.

— Erzähll. zum Nutzen u. Vergnügen für junge Kinder. Mit e. Anh. v. Fabeln u. Liedern. 8. Berl. 803. (Duncker u. H.) 20 gr
Hbg. Pr. 12 gr

Köhnke, M. C., Lebensbilder, in Erzähln., Gesprächen u. Reisen, z. belehr. u. angenehmen Unterhalt. Eine Weihnachtsgabe f. Deutschlands wißbegier. Jugend. gr. 12. (10 B. u. 3 ill. Kpfrt.) Altona 838, [Dessau,] Aue.

— nützl. u. angenehmes Lesebuch f. die mittl. u. wißbegier. Jugend. 8. Braunschw. 802. Culemann. (Plüchart). 1 ₰ 8 gr 2e verbess. Ausg. 8. Leipz. 807. Solbrig; (Fr. Fleischer). 1 ₰

— — dasselbe. 8. Leipzig, Sommer. 802.

—— über Staats-Schulbehörden, Schullehrerseminarien u. bess. Besoldung d. Volkslehrer, nebst 5 Anh., bezweck.: eine durchgreif. Verbesserung d. sämmtl. Volksbildungs- u. Schulangelegenheiten. gr. 8. (13 B.) Hamburg 835, [Perthes-Besser u. Mauke.]

Köhnke, M. C., Unterhaltungen aus d. Gebiete d. Kinderwelt. Eine Weihnachtsgabe f. kl. wißbegier. Leser u. Leserinnen. M. 4 ill. Kpfrn. gr. 12. (9 B.) Altona (834), Aue.

— lehrreiche u. interessante Unterhaltungen f. kleine Kinder. Mit 16 ill. Kpf. 2e Aufl. 8. Berl. 811. Fr. Pauli. 18 gr N. Aufl., mit 16 ill. Kpf. qu. 16. Magdeb. 830. Rubach. 16 gr

— lehrreiche und nutzliche Unterhaltungen f. kleine Kinder. m. K. Berlin, Pauli.

— Unterhaltungsbuch f. Kinder von 9—12 Jahren, mit 1 K. 8. Leipz. Benj. Fleischer. 811.

— Unterhaltungsbuch f. Kinder von 9—12 Jahren. Mit 1 Kpf. 8. Leipz. 811. Fr. Fleischer. 12 gl.

Die Erschöpfung des Culturbodens durch die Ausfuhr aus der Wirtschaft und der Ersatz durch Mergel, käufliche Beifutterstoffe, käufliche Ersatzdungstoffe u. s. w. . . . Vorträge . . . v. O[tto] Köhnke. Nebst einer Tabelle . . . Cappeln. 1867. 8°

Köhnke, Otto, die Fehler der Milch und der Butter. Mit Benutzung der zerstreuten Abhandlungen des Verf. in dem Schleswig-Holstein. landwirthschaftl. Wochenblatt, Oesterreich. landwirthschaftl. Wochenblatt, Schleswiger Nachrichten, landwirthschaftl. Beilage. gr. 8. (28 S.) Kappeln 883, (Kock.) *

Köhnke, Otto, die Fehler der Milch und der Butter und die Darstellung der „hochfeinen" Tafel-, andererseits Dauer-Butter. Aus der Praxis und für die Praxis bearb. 4. wesentlich verm. Aufl. gr. 8. (III, 68 S.) Osterwieck 886, Zickfeldt. * 1 —
2. und 3. Aufl. erschienen im Selbstverlage des Verfassers.

Gesammtregister über die in den Schriften der Akademie von 1700–1899 erschienenen wissenschaftlichen Abhandlungen und Festreden. Bearb. von Dr. Otto Köhnke, Bibliothekar d. Akad. *Berlin 1900: Reichsdr.* (XIV, 588 S.) 4°(8°)
= Harnack, Adolf: Geschichte d. K. Preuss. Akad. d. Wiss. Bd 3. [00. 3359

Die Knochenkrankheit oder die Knochenbrüchigkeit des Rindes, ihre Kennzeichen, Ursachen, sichere Heilung und Vorbauung v. Otto Köhnke. Cappeln. 1860. 8°

Köhnke, Otto, höchst werthvolle Mittheilungen aus der photographischen Praxis über Sensitiv-Collodium, Silberbäder, Eisenbäder etc. gr. 16. (36 S.) Braunschweig 863, Neuhoff und Comp. Verklebt.

Köhnke, Otto. Der Rathgeber in der Behandlung der Fehler d. Milch u. Butter. Mit Vorwort v. J. Brümmer. 1. u. 2. Aufl. gr. 8. (VII, 86 S.) Bautzen 889,90, Rühl. geb. * 2 40

Köhnke, O., landwirthschaftliche Thierlehre und Thierheilkunde, s. Anacker, H.

Köhnke, *Wilhelm* [app. Arzt aus Salzwedel]: Über Chinosol, Kresochin, Nosophen und Antinosin als Desinfektionsmittel . . . Salzwedel, Buchdr. v. A. Menzel, 1897; 34 S. 8.
Göttingen, Med. Fak., Inaug.-Diss. v. [8. März] 1897

Köhnle, Joh: Die Wage. Bielefeld 1910

Köhnlein, Benjamin. Ueber den Austausch von Chlor, Brom und Jod zwischen anorganischen Halogenverbindungen, und über eine neue Darstellungsweise von Grenzkohlenwasserstoffen. (Tübingen) Karlsruhe, 1883.

Köhnlein, G. L. W., Erzählungen aus der Geschichte der Ausbreitung des Reiches Gottes in der älteren Zeit. Ein Buch für Jung u. Alt. 2. Aufl. 8. (IV u. 137 S.) Frankfurt a. M. 851, Heyder & Zimmer. ¼ ng

Köhnlein, G. L. W., biblische Geschichten für das erste Jugendalter nebst einem Anhange von Gebeten. Mit e. Vorwort von Seminar-Dir. Jahn. Frankfurt a. M. 855. Heyder u. Zimmer. 8. (XIII, 102 S., 1 Bl., 81 S. u. 2 Holzschn.) n. 10 ngr.

Köhnlein, G. L. W., biblische Geschichten für das erste Jugendalter nebst einem Anhang von Gebeten. 2. Aufl. 8. (XII, 192 S.) Frankfurt a. M. 873, Heyder und Zimmer. *

Köhnlein's, G. L. W., biblische Geschichten für Kinder von 4—9 Jahren, zum Gebrauch von Müttern u. Erziehern. Neue 3. Ausg., m. Begleitwort v. Dalton u. m. Bildern von J. Schnorr v. Carolsfeld. 8. (XVI, 218 S.) Karlsruhe 900. Ev. Schriftenverein. Geb. in Leinw. n. 1. 80

—— erstes Lesebüchlein für Schule und Haus. 8. (VIII und 64 S.) Erlangen 851. [Frankfurt a. M.,] Heyder und Zimmer. *

—— (zweites) Lesebüchlein für Schule und Haus. 8. (VI und 262 S. mit eingedr. Holzschn. und Melodien.) Erlangen 851. [Frankfurt a. M.,] Heyder und Zimmer. *

Köhnlein, G. L. W., das Weihnachtsfest im Schulhause zu Druckheim. Eine wahre Geschichte für Kinder u. Kinderfreunde. Leipzig 869. Verlag des christl. Ver. im nördl. Deutschl. 32. (51 S.) 1½ ngr.

KÖHNLEIN, Georg (Satteldorf): Ein Fall von Naevus linearis verrucosus.- München: Ernst 1902. 44 S.
4.7.1902 - Chr 1902/03,22; Jv 1901/02,274
Diss.Ingolst.-Landsh.-Mchn.

Köhnlein, J., Ludwig Richter, der Maler des deutschen Hauses, s. Hausbibliothek.

Kohn-Lexikon. (26 Bl. m. Abbildgn.) 8. Wien 904. Administration des „Kikeriki". 1 —

Kohnstamm, Dinah, Ellen's Traum. Erzählt u. gezeichnet. (17 S. m. 8 farb. Vollbild.) 20×29 cm. Leipzig (907). Maas & van Suchtelen. Geb. 1. 50

Kohnstamm, Ludwig [app. Arzt aus München]: Ein Fall von Aneurysmen der Brustaorta . . . München, Druck d. Akad. Buchdr. v. F. Straub, 1894; 32 S. 8.
München, Med. Fak., Inaug.-Diss. v. 1895

Kunst als Ausdruckstätigkeit. Biolog. Voraussetzungen d. Ästhetik von Dr. Oskar Kohnstamm, Nervenarzt. Münster: E. Reinhardt 1907. (93 S.) 8° [08. 7733

Kohnstamm, Oscar *Felix* [aus Pfungstadt]: Die Muskelprocesse im Lichte des vergleichend isotonisch-isometrischen Verfahrens . . . Leipzig, Veit & C., 1893; 33 S., 1 Bl. 8.
Berlin, Med. Fak., Inaug.-Diss. v. 7. März 1893

Kohnstamm, Osk., d. Nervenschwäche, ihre Ursachen u. ihre Verhütg., s. a. Eckstein's medizin. Hausbibliothek.

Die Nervenschwäche, ihre Ursachen und ihre Verhütung. Von Dr. Oskar Kohnstamm, Arzt in Königstein. 1.–5. Taus. *Berlin: R. Eckstein Nachf. [1898].* (61 S.) 8°
— Hausbibliothek, Eckstein's Medizinische. Bd 3. [00. 11633

Kohnstamm, Philipp, aus San Francisco, Californ.: Amylolytische, glycosidspaltende, proteolytische und Cellulose lösende Fermente in holzbewohnenden Pilzen. *Cassel 1901: Gebr. Gotthelft.* (36 S.) 8° ¶(Aus: Botan. Centralblatt 1901, Beihefte Bd 10, H. 2.)
Erlangen, Phil. Diss. v. 20. Juni 1900

Kohnstamm, Ph., Lehrbuch der Thermodynamik, s.: Waals, J. D. v. d.

Kohnstein, Bernh., Blatt 79. Aus dem Tagebuche e. Krüppels. Arbeiter-Drama in 4 Aufzügen. (59 S.) 8. Iglau 909. Bernh. Kohnstein, Selbstverlag. — 80

— Durch Kaiser's Huld, s.: Hofer-Sternischa, Frz.

Kohntzen, Fab. Jac. (Resp.): De phrenitide,
s. B e r g e n , C. A. de (Praes.)

Kohonoff, R. A., Lehrbuch f. den Selbstunterricht im Zuschneiden v. Damengarderobe. Gestützt auf langjähr. Erfahrgn. nach neuer, sehr leichtfassl. Methode. (99 S. m. Abb.) gr. 8. Wien (907). (Central-Antiquariat u. Buchh.) Kart. 5. —

KOHONT, Philippus: De authentia s. Evangelii secundum Joannem, speciali respectu ad recentissimas ejusdem impugnationes. — (1879) 215 S. 4° (Handschr.)
Diss. Wien, Univ.

Kohout, J. J., wie sollen wir fremde Sprachen erlernen? gr. 8. (23 S.) Berlin (902.) (Fussinger). n. — 60

Kohout, Joh., u. Joh. Pilar, Grubenkatastrophe u. Gewältigungsarbeiten in d. Steinkohlenbergbaue zu Karwin. [Aus: „Oesterr. Zeitschr. f. Berg- u. Hüttenwesen".] gr. 8. (91 S. m. 4 Taf.) Wien 895. (Mähr. Ostrau, J. Kittl.) n. 4. —

Kohout, Ottok., u. Paul v. Pekáry, Heeresorganisation u. Pflichten, d. f. d. Soldaten aus d. Wehrgesetze hervorgingen. Behelf f. d. Unterricht in Unteroffiziers- u. Mannschaftsschulen. 8. (63 S.) Gr.-Kanizsa 898. (Ph. Fischel.) n. — 50

Kohout, Phpp. Das Leiden Jesu Christi u. die Sünde. In 7 Fastenpredigten dargest. gr. 8. (147 S.) Linz 890, Haslinger. * 1 80

Köhr, Jul. [† Job Rhöl], „ut'n Busch", humoristische Vorträge in mecklenburgisch-vorpommerscher Mundart und poet. Form. 8. (80 S.) Schönebeck 886, (Senff.) * 1 —

Köhr, Jul., die Kartätsch-Patrone für die Percussions-Jagdflinte. Specielle Anweisung zu ihrer zweckmäßigen u. sehr wohlfeilen Herstellung durch die Hand des Jägers, zur Vermittelung eines äußerst schnellen u. bequemen „Ladens" wie auch wirksameren „Schusses." Mit 12, das Verfahren erläuternden Zeichnungen (auf 1 lith. Taf. in Fol.). Schönebeck 861. Berger. 8. (15 S.) n. 6 ngr.

Köhr, Jul., die Kartätsch-Patrone für die Percussions-Jagdflinte. Specielle Anweisung zur Herstellung dieses nach eigener Erfindung construirten Munitionsstückes durch die Hand des Jägers 2c. 2. Aufl. Schönebeck 865. Berger. 8. (15 S. mit 12 das Verfahren erläut. Zeichnungen auf 1 Steintaf. in Fol.) 7½ ngr.

Kohren [Schlagwort]

Kohren, s.: Geologische Karten, Specialkarte. (Sachs.)

Köhrer, Erich, s. a.: Momus, Komus.

Warenhaus Berlin. Ein Roman aus der Weltstadt. (144 S.) gr. 8. Berlin 909. Verlag Dr. Wedekind & Co. 2.—; geb. 3. —

— Die Veste Coburg. (51 S. m. 24 eingeklebten Abb. auf 12 Taf.) 20,5×25,5 cm. Berlin (910). (O. Bab.) Geb. 10.—; Fürstenausg. b 30. —

Ludwig Max Goldberger von Erich **Köhrer**. Charlottenburg: Virgil-Verl. [1908]. (31 S.) 8°
= **Persönlichkeiten.** Illustr. Essays. H. 19. [08. 11313

Grabbe von Erich **Köhrer**. Leipzig: Verl. f. Lit., Kunst u. Musik 1908. (40 S.) 8° [F.]
— **Beiträge** z. Literaturgeschichte. H. 39. [08. 3793

— Ein Sieger. Berliner Sittenroman. (240 S.) 8. Berlin (908). Verlag Continent. 3.—; geb. 4. —

Köhres, Hans: Ueber Derivate des m-Brom-o-Amidobenzamids und m-Brom-o-Amidobenzhydrazids. 1909. 27 S. 8°
Darmstadt, Dr.-Ing.-Diss. v. 17. 8. 1909

Kohrherr, W(ilhelm): Das Königliche Friedrich-Wilhelms-Gymnasium zu Greifenberg i. P. von 1852—1902. Festschrift z. zur 50jähr. Jubelfeier am 15. Oktober 1902. *Greifenberg i. P. (1902): C. Lemcke.* (64 S.) 8° [F.]
Greifenberg i. P., k. Friedrich-Wilhelms-G, OP 1903 (159)

Kohring, Paul, Referendar: Die rechtliche Natur der Reederei unter Berücksichtigung der besonderen Bestimmungen der mecklenburgischen Ausführungsverordnung zum Handelsgesetzbuche. Würzburg 1909: Becker. x, 65 S. 8°
Würzburg, Jur. Diss. v. 22. März 1909, Ref. Mayer
[Geb. 11. Febr. 83 Waren; Wohnort: Waren; Staatsangeh.: Mecklenburg-Schwerin; Vorbildung: Gymn. Waren Reife M. 03; Studium: Heidelberg 1, Rostock 4, Leipzig 3 S.; Rig. 20. Jan. 09.] [U 09. 4060

Köhring, Weisen zu Kritzingers Saronsblumen für Haus- und Kirchenandachten. qu. 8. (30 S.) Nordhausen 871, (Haacke.) *

Köhring, Heinrich Karl Friedrich Wilhelm:
De r a c h i t i d e . Berolini 1865. 32 S. 8°
Berlin, Med. Diss. v. 11. März 1865

Köhring, Carl Fried. von (Warschau), De delirio tremente. Diss. med. Bln. (Hayn) 22. II. 1826. 48 S. mit Biogr. (6.30) **18908**
Oppon.: I. Keyl, A. Eltze, B. Brach. — Gew.: Theod. Friedr. Baltz, Friedrich Milling.

Kohrs, W., kurzgefaßtes Lehrbuch d. einfach. Buchhaltg. u. der Wechselkunde, zum Gebrauche in Meisterkursen, in techn. u. gewerbl. Lehranstalten, sowie zum Selbstunterrichte. (VIII, 123 S.) 8. Bremen 906. G. Winter. Kart. n. 2. —

Kohrs, W., kurzgefaßtes Lehrbuch der einfachen Buchhaltg. u. der Wechselkunde zum Gebrauche in Meisterkursen, in technischen u. gewerbl. Lehranstalten, sowie zum Selbstunterrichte. 2. Aufl. (VII, 123 S.) 8. Bremen, G. Winter, Verl. Kart. 2. —

Kohrs, Walther, Referendar in Flensburg: Der Begriff „rechtlicher Grund" bei der Lehre von der ungerechtfertigten Bereicherung. Borna-Leipzig 1905: R. Noske. (VIII, 47 S.) 8°
Rostock, Jur. Fak., Ref. Bernhöft, Diss. v. 30. Nov. 1905
[Geb 31. Dez. 80 Stade; Wohnort: Flensburg; Staatsangeh.: Preußen; Vorbildung: Gymn. Hannover Reife M. 00; Studium: München 2, Berlin 2, Halle 2 S.; Rig. 12. April 05.]

Kohrsch, Richard: Der L o t s e im Sturm vor Pillau,
s. S t e e n k e , Joh. Frdr.

Kohrt, C., Eins ist noth! Ein Wegweiser zu Christo in Aphorismen und Versen nebst Fragen und Antworten. 12. (XI und 184 S.) Magdeburg 861, Heinrichshofen'sche Buchh.

Kohrt, Gottfried, approb. Arzt aus Ferdinandshof (Pomm.): **Ueber die Geburt beim engen Becken nach dem Material der Tübinger Universitäts-Frauenklinik.** *Tübingen: F. Pietzcker 1902.* (36 S.) 8°
Tübingen, Med. Diss. v. 1902

Kohrt, Gustav *Wilhelm* [aus Stargard in Pomm.]: **Ein Fall von Osteoma scapulae sinistrae ... Greifswald, Druck v. J. Abel, 1896; 24 S., 2 Taf. 8.**
Greifswald, Med. Fak., Inaug.-Diss. v. 22. Dez. 1896

Köhrung der Zuchtstiere im Herzogt. Kärnten. Gesetz vom 26. X. 1902, L. G. in V. Bl. Nr. 20. Redaktionelle Beilage des Kärntner. Gemeindeblattes v. Mitte Juli 1903. (10 S.) gr. 8. Klagenfurt 903. (J. Heyn). n. — 20

Köhrung, Die, der Zuchtstiere im Herzogtume Kärnten. Gesetz vom 3. Oktober 1908. Klgft., Gutenberghaus, 1909. 19 S.

Kohlstall, F., Geschichte d. kathol. Pfarrgemeinde zu Spandau. E. Beitrag z. 50jähr. Jubelfeier d. Pfarrkirche St. Maria am 13. XI. 1898. 12. (112 S.) Berlin 898. (Germania.) n. — 50

Koht, Halvdan, s.: Ibsen, Henrik, Briefe.

Koht, Halvdan, die Stellung Norwegens u. Schwedens im deutsch-dänischen Konflikt, zumal während der J. 1863 u. 1864. Auf Grundlage neuer Aktenstücke dargestellt. (Videnskabs-selskabets skrifter. II. Hist.-filosof. klasse. 1907. No. 7.) Udgivet for H. A. Benneches fond. (X, 348 S.) Lex. 8. Kristiania 908. (J. Dybwad.) 12. —

Kohte, Jul., die ehemalige Kirche der Dominicaner in Coblenz. [Aus: „Centralbl. d. Bauverwaltg."] gr. 8. (12 S. m. 3 Abbildgn.) Berlin 890. Ernst & Korn. n. — 50

— die Kirche San Lorenzo in Mailand. Mit 7 Kpfr.-Taf. u. 24 Holzschn. Bericht der auf Grund der Louis Boissonet-Stiftg. ausgeführten Studienreise VIII. [Aus: „Zeitschr. f. Bauwesen".] gr. Fol. (26 S.) Ebd. 890. cart. n. 20. —

Kohte, Jul., Magnesia am Maeander, s.: Humann, Carl.

Kohte, Jul., Uebersicht d. Kunstgeschichte der Prov. Posen, s.: Verzeichnis d. Kunstdenkmäler der Prov. Posen. I.

Verzeichnis der Kunstdenkmäler der Provinz Posen. Bearb. von J Kohte. 4 Bde Berlin 1896-98

Kohte, Jul., s.a. Verzeichnis d. Kunstdenkmäler d. Prov. Posen.

Kohts, Adolf, approb. Arzt aus Straßburg i. E.: **Ileus während der Schwangerschaft.** *Straßburg 1903: C. Müh & Co.* (70 S.) 8°
Straßburg, Med. Diss. v. 1903

Kohts, Alfr., Conradin. Historisches Trauerspiel in 5 Aufzügen. 8. (153 S.) Riga 875. Brutzer & Co. Verl. n. 2. —

Kohts, O., die Krankheiten des Nervensystems, } s. Handbuch der Kinderkrankheiten.
— die Krankheiten der Verdauungsorgane, } s. Handbuch der Kinderkrankheiten.

Kohts, Robert, appr. Arzt a. Hannover: **Aus d. med. Poliklinik zu Marburg. Zur Frage der Wirkung der Röntgenstrahlen auf den Morbus Basedowii. Marburg (1908): Köster & Schell. (27 S., 7 Tab.) 8°**
Marburg, Med. Fak., Ref. de la Camp-Mannkopf, Diss. v. 7. Jan. 1908
[Geb. 26. Okt. 81 Hannover; Wohnort: Marburg; Staatsangeh.: Preußen; Vorbildung: Lyceum II Hannover Reife O. 00; Studium: Marburg 3, Jena 4, Marburg 6 S.; Coll. 22. April 07; Approb. 7. Jan. 08.]

Kohts, Rob., Karl Waldemar Meyer und Alb. Schuster, deutsches Lesebuch für höhere Lehranstalten. 4 Tle. gr. 8. Hannover, Helwing'sche Verlagsh. *
Inhalt:
Tl. 1. Sexta. 2. umgearb. Aufl. (XII, 252 S.) 881; 3. durchges. Aufl. (XII, 230 S.) 883. * M 1,50.
- 2. Quinta. (XII, 248 S.) 880; 2. umgearb. Aufl. (X, 254 S.) 882; 3. durchges. Aufl. (X, 246 S.) 883. * M 1,50.
3. Quarta. (XII, 252 S.) 880; 2. umgearb. und 3. durchges. Aufl. (XII, 262 S.) 882,84. * M 1,75.
- 4. Tertia. (XVI, 392 S.) 880. * M 3.; 2. umgearb. Aufl. (XIV, 330 S.) 882. * M 2.

Kohts, Rob., Karl Wald. Meyer und Alb. Schuster, deutsches Lesebuch für höhere Lehranstalten. 2. und 4. Tl. gr. 8. Hannover, Helwing's Verlag. * 3 50
Inhalt:
Tl. 2. [Quinta.] 4. durchgeseh. Aufl. (VIII, 238 S.) 887. * M 1.50.
- 4. [Tertia.] 4. durchgeseh. Aufl. (XVI, 333 S.) 888. * M 2.—.
1. und 3. Tl. Ebendas. 1883,84. * M 3.25.

Kohts, Rob., Karl Wald. Meyer u. A. Schuster. Deutsches Lesebuch für höhere Lehranstalten. 4 Tle. gr. 8. Hannov., Helwing. geb. * 8 45
1. Sexta. 6. Aufl. (242 S.) 892. geb. * 1 90. — 2. Quinta. 5. Aufl. (VIII, 238 S.) 890. geb. * 1 90. — 3. Quarta. 5. Aufl. (262 S.) 891. geb. * 2 15. — 4. Tertia. 5. Aufl. (XVI, 339 S.) 891. geb. * 2 50.

Kohts, Rob., Karl Wald. **Meyer** u. Alb. **Schuster**, deutsches Lesebuch f. höhere Lehranstalten. 1.—3. Tl. gr. 8. Hannover, Helwing's Verl. n. 4. 75
1. (Sexta.) 6., z. Tl. umgearb. Aufl. (XIV, 242 S.) 892. n. 1. 50
2. (Quinta.) 6., z. Tl. umgearb. Aufl. (X, 238 S.) 893. n. 1. 50
3. (Quarta.) 6., z. Tl. umgearb. Aufl. (XII, 262 S.) 893. n. 1. 75

— — — dasselbe. 4. u. 5 Tl. 6. Aufl., nach den neuen Lehrplänen bearb. von A. Schuster, W. Fiehn u. H. Schaefer. gr. 8. Ebd. 894. n. 3. 50
4. Unter-Tertia. (X, 265 S.) n. 1. 90
5. Ober-Tertia. (X, 239 S.) n. 1. 60

Kohts, Rob., Karl Wald. **Meyer** u. Alb. **Schuster**, Deutsches Lesebuch. 1.—5. Tl. Neue Aufl., nach d. neuen Lehrplänen bearb. v. A. Schuster, W. Fiehn u. H. Schäfer. gr. 8. Hannover, Helwing. n. 7. 95
1. (Sexta.) 8. Aufl. (XIV, 242 S.) 898. n. 1. 50
2. (Quinta.) 7. Aufl. (X, 238 S.) 895. n. 1. 50
3. (Quarta.) 7. Aufl. (XII, 262 S.) 895. n. 1. 75
4. (Unter-Tertia.) 7. Aufl. (XII, 265 S.) 897. n. 1. 60
5. (Ober-Tertia.) 7. Aufl. (X, 239 S.) 898. n. 1. 60

Kohts, Rob., Karl Wald. **Meyer** u. Alb. **Schuster**, deutsches Lesebuch. 2. u. 3. Tl., nach d. neuen Lehrplänen bearb. v. A. Schuster, W. Fiehn u. H. Schaefer. gr. 8. Hannover, Helwing. Geb. in Leinw. n. 4. 20
2. (Quinta.) 8. Aufl. (X, 238 S.) 900. n. 1. 90
3. (Quarta.) 9. Aufl. (VIII, 256 S.) 903. n. 2. 30

Kohts, Rob., Karl Wald. **Meyer** u. Alb. **Schuster**, Deutsch. Lesebuch f. höhere Lehranstalten. 1., 2., 4. u. 5. Tl., nach den neuen Lehrplänen bearb. v. W. Fiehn, H. Schaefer u. A. Schuster. gr. 8. Hannover, Helwing. Geb. in Leinw. n. 9. 20
1. (Sexta.) 9. Aufl. (X, 230 S.) 903. n. 2. —
2. (Quinta) 9. Aufl. (VIII, 240 S.) 903. n. 2. 10
4. (Unter-Tertia.) 8. Aufl. (VIII, 240 S.) 904. n. 2. 40
5. (Ober-Tertia u. Unter-Sekunda.) 8. Aufl. (VIII, 320 S.) 905. n. 2. 70

Kohts, Rob., Karl Wald. **Meyer** u. Alb. **Schuster**, deutsches Lesebuch f. höh. Lehranstalten. 1.—4. Tl. 8. Hannover, Helwing. Geb. nn 8. 80
1. (Sexta.) 10. Aufl., nach den neuen Lehrplänen bearb. v. W. Fiehn, H. Schaefer u. A. Schuster. (X, 230 S.) 907. Geb. 2. —
2. (Quinta.) 10. durchgeseh. Aufl., nach den neuen Lehrplänen bearb. v. W. Fiehn, H. Schaefer u. A. Schuster. (VIII, 240 S.) 910. Geb. nn 2. 10
3. (Quarta.) 11. unveränd. Aufl., nach den neuen Lehrplänen bearb. v. W. Fiehn, H. Schaefer u. A. Schuster. (VIII, 256 S.) 910. Geb. 2. 30
4. (Unter-Tertia.) 9. Aufl., nach den neuen Lehrplänen bearb. v. W. Fiehn, H. Schaefer u. A. Schuster. (VIII, 240 S.) 908. Geb. 2. 40

—— —— —— deutsches Lesebuch für Vorschulen höherer Lehranstalten. 2 Tle. gr. 8. (XII, 164; VIII, 148 S.) Ebendas. 882. à Tl. * M 1. *

——— ——— ——— deutsches Lesebuch für Vorschulen höherer Lehranstalten. 1. Tl. [Für die 3. und 2. Vorklasse.] 3. durchgeseh. Aufl. gr. 8. (XIV, 201 S.) Ebendas. 888. * 1 —
2. Tl. Ebendas. 1883. * M 1.—.

——— ——— ——— Deutsches Lesebuch f. Vorschulen höherer Lehranstalten. 2. Tl. [Für die 1. Vorklasse.] 4. durchges. Aufl. gr. 8. (VIII, 138 S.) Ebd. 892. * 1 —; geb. * 1 40
1 Tl. Ebd. 1888. * 1 —; geb. * 1 40.

— — — dasselbe f. Vorschulen höh. Lehranst. 2 Tle. 5. Aufl., besorgt v. A. Schuster, W. Fiehn u. H. Schaefer. gr. 8. Ebd 896. à n. 1. —
1. (F. d. 3. u. 2. Vorklasse.) (XIV, 201 S.)
2. (F. d. 1. Vorklasse.) (VIII, 138 S.)

Deutsches Lesebuch für Vorschulen hoherer Lehranstalten, hrsg. von Robert Kohts, Karl Waldemar Meyer u. Albert Schuster. 6. Aufl., besorgt von A. Schuster, W. Fiehn u. H. Schaefer. T. 1. *Hannover: Helwing 1900.* 8° [00. 10274 7

— — — dasselbe für Vorschulen höh. Lehranstalten. 1. u. 2. Tl. besorgt v. W. Fiehn, H. Schaefer u. A. Schuster. gr. 8. Ebd. Geb. in Leinw. à n.n. 1. 30
1. (Für die 3. u. 2. Vorklasse.) 7. Aufl. (XIV, 201 S.) 903.
2 (Für die 1. Vorklasse.) 6. Aufl. (VIII, 138 S.) 901.

Deutsches Lesebuch für Vorschulen höherer Lehranstalten, hrsg. von Dr. Robert **Kohts**, Dir., Dr. Karl Waldemar Meyer, Dir., u. Dr. Albert Schuster, Dir., zu Hannover. 8. Aufl. besorgt von Prof. W[ilh.] Fiehn, Prof. H[einr.] Schaefer u. Dr. A. Schuster. T. 1. 2. Hannover: Helwing 1905, 2 Bde 8° [F.]
T. 1. ⟨Für d. 3. u. 2. Vorklasse⟩. T. 2. ⟨Für d. 1. Vorklasse⟩. [06. 3945 7

— — — dasselbe, f. Vorschulen höherer Lehranstalten. 1. Tl. (Für die 3. u. 2. Vorklasse.) 9. Aufl., besorgt v. W. Fiehn, H. Schaefer u. A. Schuster. (XIV, 201 S.) 8. Ebd. 910. Geb. in Leinw. nn 1. 30

Kohts, R., de reditibus templorum graecorum. Dissertatio inauguralis. Göttingen 869. Vandenhoeck & Ruprechts Verl. gr. 8. (55 S.) 10 ngr.

Kohtz, Hermann [pr. Arzt]: Ein Fall von multiplen Fibromen der Haut ... Königsberg i. Pr., Druck v. M. Liedtke, 1893; 2 Bl., 28 S., 2 Bl. 8.
Königsberg, Med. Fak., Inaug.-Diss. v. 10. März 1893

Kohtz, Herm., e. Fall v. multiplen Fibromen der Haut. Diss. gr. 8. (28 S.) Königsberg i/Pr. 893. (W. Koch.) n. 1. —

Kohtz, J., s.: **Bayersdorfer, A.,** zur Kenntnis des Schachproblems.

Das Indische Problem. Eine Schach-Studie von J. **Kohtz** u. C[arl] Kockelkorn. Mit zahlr. Beispielen, darunter 62 Kompositionen d. Verfasser. *Potsdam: A. Stein 1903.* (VIII, 176 S.) 8° [04. 13168 11

Kohtz, J., und C. Kockelkorn, 101 ausgewählte Schachaufgaben. 8. (IV, 156 S. mit eingedr. Holzschn.) Braunschweig 875, Haering und Comp. *

Kohtz, M., Liebigbilder-Catalog, s.: **Dreser, F.**

Kohtz, Otto, evangelische Begräbniß-Agende. Materialien zu würdiger Feier des evangel. Begräbnisses. Breslau 870. Morgenstern. 4. (IV, 65 S.) n. 20 ngr.

Kohtz, Otto, Gedanken üb. Architektur. (4 Bl. illustr. Text u. Bl. 5—68 m. z. Tl. farb. Abbildgn.) gr. 8. Berlin (909). O. Baumgärtel. Geb. in Leinw. 6. —

Gedanken ueber Architektur. Von Otto **Kohtz**. Berlin: Baumgärtel [1910]. 67 S. 8° [10. 11911

Kohues, Ant., die hl. Priesterweihe nach dem Texte d. römischen Pontifikale m. nebenstehender deutscher Übersetzung u. e. kurzen Vorbemerkung üb. die der Priesterweihe vorhergehenden niederen u. höheren Weihen, f. den Volksgebrauch hrsg. 12. (32 S.) Osnabrück 892. F. Schöningh. n.n. —15

Kohues, Ant., die hl. Priesterweihe n. d. Texte des römisch. Pontifikale m. nebenstehender deutscher Uebersetzung u. e. kurzen Vorbemerkung üb. die der Priesterweihe vorhergehenden nied. u. höh. Weihen, f. d. Volksgebrauch hrsg. 4. Aufl. (32 S.) 16. Osnabrück 905. F. Schöningh. n. —15

Kohut, Adph., Amor im Bade, s. Eckstein's humoristische Bibliothek.

Kohut, Adph., Aphrodite u. Athene. Psychologische, litteratur- u. kulturgeschichtl. Plaudereien u. Federzeichngn. 8. (V, 296 S.) Leipzig 902. Gautzsch, M. Schreck. n. 4. —; geb. in Leinw. n. 5. —

Kohut, Adolph: A e r z t e als Philosophen. Berlin: Berl. Verlagsanst. [1910]. 62 S. 8°

Kohut, Adph., Aerzte als Staatsmänner, Diplomaten u. Politiker. (VIII, 120 S.) gr. 8. Berlin 907. Berlinische Verlagsanstalt. 2.—; geb. in Leinw. 3. —

— Auber, s. a. Musiker-Biographien.

Kohut, Adolph. Auber. (Musiker-Biographien, 17. Band.) Leipzig (1895).

Kohut, A., Autor u. Verleger, s. Beiträge zur Geschichte des Buch- u. Zeitungswesens, 2. Bd.

Kohut, Adph., Fürst Bismarck u. die Frauen. 8. (155 S.) Berlin 894. F. Stahn. n. 2. —; geb. 3. —

Kohut, Adph. Fürst Bismarck als Humorist. Lustige Geschichten aus dem Leben u. Schaffen d. Reichskanzlers. 8. (III, 160 S.) [Düsseld. 889, F. Bagel.] Bonn, Strauß. 2 50

— Fürst Bismarck u. die Literatur. Eine polit.-literar. Studie. 8. (155 S.) Leipzig 889. Reißner. n. 2. —

Kohut, Adolph: B i s m a r c k als Mensch. Berlin: F. v. Schimmelpfennig 1899. 170 S. 8°

— Bismarck als Mensch. 3. Aufl. gr. 8. (170 S.) Berlin 899. F. v. Schimmelpfennig. n. 1. 50; geb. 2 50

— Otto v. Bismarck in seinen Beziehungen zu Württemberg u. zu württembergischen Staatsmännern. (IV, 171 S.) gr. 8. Blaubeuren 909. H. Baur. 2. —

Kohut, Adph., allerlei neue Bismarckiana. gr. 8. (VII, 211 S.) Leipzig (901). B. Elischer Nachf. n. 3. —; geb. in Leinw. n. 4. —

Kohut, Adolph. Das Buch berühmter Duelle. Berlin, A. H. Fried 1888. 263 S. 8.

—— Das Buch berühmter Duelle. 2. Aufl. (Neue Titel-Ausg.) 8. (VII, 263 S.) Berl. 891, [Fried u. Comp.] Wiener. * 2 —

Kohut, Adolf, Dr. Das Buch von der Schwiegermutter. Eine kulturhistorisch-humoristische Untersuchung. In-8°, 62 S. Zürich, Verlagsmagazin (J. Schabelitz). 1888. 1 —

— falsche Diamanten, s.: Hevesi, L.

Kohut, Adph., unsere drei Dichterheroen und das Pfaffenthum. Ein Trifolium klass. Zeugen gegen Ultramontanismus, Jesuitismus und Muckerthum. gr. 8. (VIII, 104 S.) Leipzig 872, A. Herrmann. 1 50

— s.: Dieffenbach, F., der französ. Einfluß in Deutschland ꝛc.

—— am Dünenstrand der Ostsee. Skizzen und Erinnerungen aus den Ostseebädern. Neue (Titel-)Ausg. 2 Tle. in 1 Bde. [Die Seebäder Pommerns. — Rügen und seine Seebäder.] 8. (106, 118 S.) Berlin (887)888, Laverrenz. *

—— dass. — s. Wanderungen, europäische.

— Dur- u. Moll-Accorde. Musikalische Streifzüge, Portraitskizzen u. Genrebilder. (3 Thle. in 1 Bde.) Mit zahlreichen Künstler-Portraits. gr. 8. (VIII, 256 S.) Berlin 894. R. Boll. 2. 75; geb. in Leinw. n. 3. 50

Kohut, Adph., die Erlebnisse und Huldigungen des Herrn Cultusministers Dr. Falk während seines Aufenthaltes am Rhein. gr. 8. (149 S.) Düsseldorf 875, Mewes.

Kohut, Adolph. Ernstes und Heiteres von Berühmten Aerzten, Apothekern und Naturforschern. 188 S. 8. Berlin, Berlinische Verlagsanstalt, [1903]. [M. 3. —]

— das Ewig-Weibliche bei Wilhelm Busch. (IV, 163 S.) 8. Leipzig 904. B. Elischer Nachf. n. 2. —

— d. Ewig-Weibliche in d. Welt-, Kultur- u. Literaturgeschichte. gr. 8. (VI, 231 S.) Leipzig 898. F. E. Neupert's Nachf. n. 3. —; geb. n. 4. —

— d. Ewig-Weibliche i. d. Welt-, Kultur- u. Litteraturgeschichte. gr. 8. (VI, 231 S.) Leipzig 898. Gotha, R. Schmidt. n. 3. —; geb. n. 4. —; erm. Pr. n. 1.50; geb. n. 2. —

—— leuchtende Fackeln. Beiträge zur Kultur-, Theater- und Kunstgeschichte der letzten Jahrhunderte. Essays und Skizzen. 8. (VIII, 256 S.) Minden 887, Bruns. *

Kohut, Adph., heitere Fahrten. Humoresken. 8. (103 S.) Minden 886. Bruns. n. 1. 50

— Ludwig Feuerbach, sein Leben u. seine Werke. Nach den besten, zuverlässigsten u. zum Tl. neuen Quellen geschildert. Mit eingedr. Briefen v. Ludwig Feuerbach u. Anselm Ritter v. Feuerbach. 10 Orig.-Illustr., sowie e. ungedr. fksm. Album-Ausspruch Ludwig Feuerbachs wurden dem Buche beigegeben. (XV, 437 S.) 8. Leipzig 909. F. Eckardt. 6.—; geb. 7.50

— Finanzgrößen u. große Finanzen. (V, 128 S.) 8. Berlin (909). Finanzverlag A. Neumann. 1. 80

— Die Freier, s.: Szenen, kurze.

— d. alte Prager jüdische Friedhof, s.: Universal-Bibliothek, jüdische.

—— Friedrich der Große und die Frauen. Ein Gedenkblatt zum 100jähr. Todestage Friedrichs des Großen am 17. Aug. 1886. 8. (VII, 155 S. mit 7 Bildnissen.) Ebendas. 886. *

Friedrich der Große als Humorist. Von Dr. Adolph **Kohut**. Leipzig: O. Gracklauer 1908. (291 S.) 8° [F.] [07. 1769]

Kohut, Dr. Adolf, Friedrich der Grosse und Baron von Pöllnitz. Ein Aufsatz in der Beilage zur Berliner Zeitung „Aus alter und neuer Zeit". 1886 (19. u. 25. Juni).

—— moderne Geistesheroen. Biographisch-krit. Charakterbilder und Portr.-Skizzen aus der Gegenwart. gr. 8. (VIII, 219 S.) Berlin 886, Issleib. *

— die Gesangsköniginnen in den letzten drei Jahrhunderten. Mit ungedr. Briefen u. Gedichten v. D. Fr. E. Auber, Berth. Auerbach, Frdr. v. Bodenstedt u. v. a. 2 Bde. (VIII, 236 S. m. 18 Taf. u. 258 S. m. 41 Taf.) gr. 8. Berlin (905. 906). H. Kuhz. n. 8. —; geb. n. 10. —
Erschien auch in 8 Lfgn. à n. 1. —.

— Geschichte d. deutschen Juden. E. Hausbuch f. die jüd. Familie. Illustr. v. Th. Kutschmann. (In 10 Lfgn.) 1. u. 2. Lfg. gr. 8. (S. 1—164 m. 13 [4 farb.] Taf.) Berlin 898. Deutscher Verlag. à 2. —
Erscheint auch in 20 Halblfgn. à n. 1. —.

— Geschichte der deutschen Juden. Ein Hausbuch f. die jüd. Familie. Illustriert v. Th. Kutschmann. 3.—10. Lfg. gr. 8. (S. 165—808, 22 u. XVIII S. m. 47 [6 farb.] Taf.) Berlin 899. Deutscher Verlag. à 2. —; auch in Halblfgn. à 1. —; (kplt. geb. 25. —; erm. Pr. 15. —)

(B) — Geschichte der deutschen Juden. 899. Jetzt: Berlin-Schöneberg, R. Jacobsthal. Ladenpr. aufgehoben.

— lustige Geschichten aus dem Tokayerland, s.: Eckstein's Reisebibliothek.

— lustige Geschichten aus dem Tokayerland. Aus dem Ungar. übers. u. frei bearb. 8. (VII, 223 S.) Berlin 885. Eckstein Nachf. n. 2. —

—— merkwürdige Geschichten, s. Mehring's Unterhaltungsbibliothek.

— Mollige u. drollige Geschichten. Ernste u. heitere Novellen u. Skizzen. I. u. II. Tl. (III, 89 u. III, 107 S.) 8. Neustadt a/H. (908. 09). D. Meininger. à 1. —

— berühmte u. berüchtigte Giftmischerinnen. Eine culturgeschichtlich-psycholog. Studie. Mit e. Vorwort v. Fritz Friedmann. 8. (X, 184 S.) Berlin 893. Bibliograph. Bureau. n. 2. 50

—— ragende Gipfel. Beiträge zur Litteraturgeschichte der letzten 2 Jahrhunderte. Essays und Skizzen. 8. (VIII, 332 S.) Minden 887, Bruns. *

—— Heinrich Heine und die Frauen. Mit einem Gedicht an die Kaiserin und Königin Elisabeth von Oesterreich von Fr. v. Hohenhausen. 8. (XIII, 352 S. mit 6 Portr.) Berlin 888, Fried und Comp. [*M 4.—] *

— Karl Helmerding. Ein Lebens- u. Künstlerbild. Mit ungedr. Briefen u. Gedichten v. Ant. Ascher, Osc. Begas, Fürst v. Bismarck ꝛc. 8. (110 S.) Berlin 892. C. Georgi. n. 1. —

—— Johann Gottfried v. Herder und die Humanitätsbestrebungen der Neuzeit. Eine literar-histor. Studie. 1. Thl. gr. 8. (IV, 95 S.) Berlin 870, Gerschel. * 1 50

Kohut, Adph., aus dem Herzensarchiv verliebter Berühmtheiten. (270 S.) 8. Berlin 910. Verlag Neues Leben. W. Borngräber. 3.—; geb. 4. —

—— das Dresdner Hoftheater in der Gegenwart. Mit Orig.-Beiträgen von den Mitgliedern des Dresdner Hoftheaters. 8. (VIII, 520 S. mit 142 Portr. auf 4 Lichtdr.-Taf.) Dresden 888, Pierson's Verlag. *ℳ 7.—.; geb. *
geb. in Prachtbd. mit Goldschn. *

— das Dresdner Hoftheater, neue Folge, s.: Roeder, Ernst.

Die Hohenzollern und die Freimaurerei. Von Adolph **Kohut.** Mit 16 Abb. Berlin: Wunder 1909. VI, 263 S. 8⁰

Auszug in: BBurlnt. 7 (1909) S. 175–179; ArSt. 6 (1909) S. 47–51.
Recens: Unterhaltungsbeil. z. Tägl. Rundschau. 1909 S. 436.
cf. DrL. 39 (1908—1909) S. 257 (G. v. Gersdorff); HL. 42 (1908—1909) S. 191 (K. Wahlstedt); Bh. 52 (1909) S. 88 (R. Mahlau), abgedr. in: H. 20 (1909) Nr 12; BstF. 18 (1909) S. 127–128 (A. Feld); Brh. 6 (1909) S. 99 (W. Kunis); Bbl. 23 (1909) S. 151 bis 152 (G. Diercks); FZ. 63 (1909) S. 56 (R. Bachmann), 96 (L. Fenger), abgedr. in: HL. 42 (1908—1909) S. 191—192 u. Z. 39 (1908-1909) S. 292; H. 20 (1909) Nr 9 (L. Fenger); L. 32 (1909) S. 143—144 (P. Fischer); SL. 29 (1909) S. 7 (H. Speck); ⁰Lokal-Anzeiger. (Berlin) 1909 Nr 243 (H. v. Kupffer); ⁰Strassburger Post. 1909 Nr 224; R. 36 (1909) S. 81 (R. Möckel).
Üb. Friedrich den Grossen, Friedrich Wilhelm II., Friedrich Wilhelm III., Wilhelm I., Friedrich III., Friedrich Leopold v. Preussen als Frmr.

—— Alexander v. Humboldt und das Judenthum. Ein Beitrag zur Culturgeschichte des 19. Jahrh. gr. 8. (XV, 194 S.) Leipzig 871, Pardubitz. [Lorber.] * 4 50

— die namhaftesten deutschen Humoristen in der Gegenwart. Eine litterar-geschichtl. Studie. 8. (43 S.) Zürich 894. Verlags-Magazin. n. — 60

— Josef Joachim. Ein Lebens- u. Künstlerbild. Festschrift zu seinem 60. Geburtstage am 28. Juni 1891. 8. (IV, 96 S. m. Bildnis.) Berlin 891. A. Glas. n. 1. 20

— Kaiser Joseph II., s.: Reuter's Bibliothek f. Gabelsberger-Stenographen.

—— Kaiser Joseph II. Sein Wirken als Mensch. 8. (119 S. m. Bild.) Dresd. 890, Hönsch u. Tiesler. * 1 60; geb. * 2 40

- Berühmte Kaufleute. Erlebnisse u. Entwicklungsgänge d. namhaftesten u. verdienstvollsten Kaufleute aller Zeiten u. Völker. Zur Nacheiferg. f. strebsame junge Kaufleute hrsg. (78 S.) 8. Hamburg (909). Panstian Gebrüder. 1. 20

Theod. Körner: Sein Leben und seine Dichtungen. Säcularschrift auf Grund der besten und zuverlässigsten Quellen. Mit zahlreichen ungedruckten Gedichten und Briefen von und an Theod. Körner. Christian Gottfr., Minna und Emma Körner und einer ungedruckten hs. Abhandlung Chr[istian] G[ottfr.] Körners „Ideen über Freimaurerei“ von A[dolf] **Kohut.** Berlin: Slottko 1891. X, 319 S. 8⁰
[Goethe-Jahrbuch. 12 (1891) S. 317—318.]

— Theodor Körner. Sein Leben u. seine Dichtgn. Für die Jugend u. das Volk. 2. (Titel-)Aufl. Mit dem Portr., e. Namens- u. Gedichts-Facsm. Thdr. Körners. gr. 8. (X, 319 S.) Berlin 893. C. Georgi. n. 4. —; geb. in Leinw. n. 5. —

— jüdische Culturskizzen, s.: Universal-Bibliothek, jüdische.

—— Ferdinand Lassalle. Sein Leben u. Wirken. Mit ungedr. Briefen u. Berichten F. L.'s, Geo. Klapka's, J. Phpp. Becker's u. der Gräfin Sophie Hatzfeldt. gr. 8. (IX, 210 S.) Lpz. 889, O. Wigand. * 3 50

Kohut, A., Ferdinand Lassalle. 2. Aufl. (27 S.) gr. 8. Berlin '01, Schildberger. —. 50.
(Bedeutende Männer aus Vergangenheit u. Gegenwart. Bd. VI.)

Kohut, Ad., Ferdinand Lassalle. Sein Leben und Wirken. 2. Aufl. 8⁰. Berlin, Schildberger, 1902. (Bedeutende Männer, Nr. 6.)

Ferdinand Lassalle. Von Dr. Adolph **Kohut.** *Berlin: H. Schildberger [1902].* (27 S.) 8° [F.]
= Männer, Bedeutende, aus Vergangenheit u. Gegenwart. 6. [02. 7436

Nicolaus Lenau. Von Dr. Adolph **Kohut.** *Berlin: H. Schildberger [1901].* (29 S.) 8° [F.]
= Männer, Bedeutende, aus Vergangenheit u. Gegenwart. 10. [02. 7440

— ein Liebesarchiv u. manches Andere. Heitere u. ernste Geschichten. Übers. u. frei bearb. aus dem Ungar. gr. 8. (178 S.) Leipzig 890. Geo. Meyer's Verl. n. 2. —

Justus von Liebig. Sein Leben u. Wirken. Auf Grund der besten u. zuverlässigsten Quellen geschildert von Dr. Adolph **Kohut.** Mit ungedr. Briefen Liebigs, 2 Briefen Liebigs in Faks. u. 34 Orig.-Ill. *Gießen: E. Roth 1904.* (VII, 394 S.) 8° [F.] [03. 19997

— Justus v. Liebig, sein Leben u. Wirken. Auf Grund d. besten u. zuverlässigsten Quellen geschildert. Mit ungedr. Briefen Liebigs, 2 Briefen Liebigs in Fksm. u. 84 Orig.-Illustr. 2. Ster.-[Titel-]Aufl. (VIII, II, 394 S.) 8. Gießen [904] 906. E. Roth. n. 5. —; geb. in Leinw. n. 6. —; Prachtausg., geb. in Halbfrz. n. 10. —

— Justus v. Liebig, sein Leben u. Wirken. Auf Grund der besten u. zuverlässigsten Quellen geschildert. Mit ungedr. Briefen Liebigs, 2 Briefen Liebigs in Fksm. u. 34 Orig.-Illustr. Billige Volks-[Titel-]Aufl. (VI, V—VIII, 394 S.) 8. Gießen [904] (908). E. Roth. 2.—; geb. 3. —

Konigin Luise von Preussen und ihre Zeit. Von Dr. Adolph **Kohut**. Berlin: Buntrock 1910. VII, 325 S. 8° [10. 18305

— berühmte israelitische Männer u. Frauen in der Kulturgeschichte der Menschheit. Lebens- u. Charakterbilder aus Vergangenheit u. Gegenwart. Ein Handbuch f. Haus u. Familie. Mit zahlr. Portr. u. sonst. Illustr. 2 Bde. gr. 8. (IV, 432 S. u. VI, 432 S.) Leipzig (900. 901). A. H. Payne. à n. 7. 20; geb. in Leinw. m. Goldschn. à n. 10. —
Erschien auch in 18 Hftn. à — 80.

Der Meister von Bayreuth Neues u. Intimes aus d. Leben u. Schaffen Richard Wagners von Dr. Adolph **Kohut**. Berlin: R. Schröder 1905. (208 S.) 8° [F.] [06. 4364

—— Moses Mendelssohn und seine Familie. Festschrift zum hundertjähr. Todestage Moses Mendelssohns. 2. wohlf. Ausg. gr. 8. (149 S. mit 1 Portr. in Lichtdr.) [Dresden 887, Pierson's Verlag.] Leipzig, Fock. [*ℳ 2.—.] *

—— Meyerbeer, s. Universal-Bibliothek Nr. 2734.

— Johannes Miksch, der grösste deutsche Singemeister, u. sein Gesangsystem. Mit bisher ungedr. Briefen J. M.'s, ungedr. Tagebuchblättern G. W. Teschner's u. e. ungedr. Aufsatz von J. M.: „Vom Atmen". Lex.-8. (44 S.) Leipzig-Reudnitz 890. Rühle. n. 1. 20

— Moltke als Denker. Goldene Worte aus sämmtlichen Werken, Reden und Briefen des Generalfeldmarschalls Grafen v. Moltke. Mit e. Portr. von A. v. Werner. Volks-Ausg. 8. (125 S.) Berlin 890. Gerstmann. n. 1. —; auf Velin-Pap. n. 2. —; geb. n. 3. —; Salon-Ausg. 4. geb. m. Goldschn. n. 10. —

Moltke und die Frauen von Adolph **Kohut**. *Berlin: W. Simon 1900.* (173 S.) 8° [F.] [00. 335

— Mosaikbilder u. Arabesken. Literarische Spaziergänge, Plaudereien u. Skizzen aus Vergangenheit und Gegenwart. gr. 8. (IV, 276 S.) Dresden 889. Oehlmann's Verl. n. 4. —; geb. n. 5. —

—— Naturgeschichte des Berliners, mit besond. Bezugnahme auf diejenige der anderen Residenzler: Dresdner — Münchner — Wiener. 8. (VIII, 80 S.) Berlin 888, Lazarus. *

— ungar. Novellenbuch, s.: Sammlung moderner Belletristik in- u. ausländ. Autoren.

—— tragische Primadonnen-Ehen. Cultur- und kunstgeschichtl. Skizzen. 2. Aufl. 8. (VII, 119 S.) Leipzig 887, Reißner. *

—— aus dem Reiche der Karpathen. Ungarische Landschafts-, Sitten-, Litteratur- und Kulturbilder. 8. (VII, 287 S.) Stuttgart 887, Göschen'sche Verlagsh. *

—— Rossini, s. Universal-Bibliothek Nr. 2927.

— Ruhmesblätter des Hauses Wettin. Ein geschichtl. Rückblick auf die 800jähr. Vergangenheit aller Lande der Rautenkrone u. ihrer Fürstengeschlechter. [1089—1889.] Jubiläumsschrift. 8. (63 S. m. 1 Lichtdr.-Taf.) Dresden-Striesen 889. Heinze. n. — 60

—— die deutsche Sappho [Anna Luise Karschin]. Ihr Leben und Dichten. Ein Litteratur- und Culturbild aus dem Zeitalter Friedrichs des Großen. 1. und 2. Aufl. 8. (VII, 180 S.) Dresden 887,88, Pierson's Verlag. *

Kohut, Adf., e. Schachspiel Moltke's u. and. Geschichten, s.: Eckstein's 50-Pfennig-Bibliothek.

— ein Schachspiel Moltkes u. andere Geschichten, s.: Eckstein's humoristische Bibliothek.

Ein Schachspiel Moltke's und andere Geschichten von Adolph **Kohut** *Berlin: R. Eckstein Nachf. [1893].* (125 S.) 8° [F.]
= 50 Pfennig-Bibliothek, Eckstein's. No 33

Friedrich Schiller in seinen Beziehungen zur Musik und zu Musikern. Von Dr. Adolph **Kohut**. Stuttgart: C. Etzold 1905. (122 S.) 8° [F.]

— Friedrich Schiller in seinen Beziehungen zur Musik u. zu Musikern. (122 S. m. 1 Bildnis.) gr. 8. Stuttgart 905. [Nationaler Verlag] Berlin, J. Singer & Co. n. 2. 25; geb. n. 3. —

Friedrich Schiller und die Frauen. Von Dr. Adolf **Kohut**. *Oldenburg & Leipzig: Schulze 1905.* (VII, 311 S.) 8° [F.]

— Friedrich Schiller als Humorist. (VII, 157 S.) 8. Gr.-Lichterfelde 905. Berlin, E. Sißelt. n. 2. —; geb. n. 3. —

— die größten u. berühmtesten deutschen Soubretten des 19. Jahrh. Mit ungedr. Briefen v. Josephine Gallmeyer, Marie Geistinger, Ottilie Genée u. A. 8. (III, 203 S.) Düsseldorf 890. F. Bagel. 3. —

—— Sport u. Liebe, s. Porzsolt, Koloman v.

David Friedrich Strauß als Denker und Erzieher. Von Dr. Adolph **Kohut**. Mit 7 Grav. Leipzig: A. Kröner 1908. (240 S.) 8° [F.] [08. 2086

— gegen den Strom. Gesellschaftliche Kreuzzüge. gr. 8. (VIII, 78 S.) Dresden 887. Pierson. n. 1.—

—— aus meiner rheinischen Studienmappe. Charakterbilder, Literaturporträts und Skizzen aus der Gegenwart. 8. (VI, 277 S.) Düsseldorf 877, [Breidenbach und Baumann.] Baumann und Comp. *

—— Ferdinand Lassalle's Testament u. Erben. Mit ungedr. Briefen der Gräfin Sophie Hatzfeldt, Wilh. Rüstow, Aurel Holthoff u. A. Ein Erinnerungsblatt zum 25jähr. Todestage Lassalles am 31. Aug. 1889. 8. (VII, 85 S.) Großenh. 889, Baumert u. Ronge. * 1 —

KOHUT, Adolf. Die Überweiber aller Zeiten. Mit Zeichnungen von Gottfried Sieben. Budapest, G. Grimm, 1902. 8°. Druck von F. Buschmann, Budapest.
Verb. d. Ldg. I Berlin 38 J. 895/11 z. T.

—— Ludwig Uhland. Lichtstrahlen aus seinen Werken, nebst einer biograph. Charakteristik. Ein Gedenkblatt zum 100jähr. Geburtstage Ludwig Uhlands am 26. April 1887. 12. (IX, 98 S. mit dem Portr. des Dichters.) Ebendas. 887. *

—— Was lehrt die Bibel über den Gehorsam gegen Staat und Obrigkeit? gr. 8. (19 S.) [Düsseldorf 875, Buddeus.] Stuttgart, Ebner und Seubert.

— Weber-Gedenkbuch. Erinnerungsblätter zum 100jähr. Geburtstage Carl Maria v. Webers am 18. Dezbr. 1886. Mit Portr. Webers. 8. (VII, 163 S.) Reudnitz-Leipzig 887. Osw. Schmidt. n. 2. —

Kohut, A., Das Weib, wie es ist. Gr.-8°. (95 S.) K 2.—
Budapest: Grimm 1903.

Kohut, Adph., Friedrich Wieck. Ein Lebens- und Künstlerbild. Mit zahlreichen ungedr. Briefen. 8. (VII, 346 S. mit 1 Stahlst. und 2 Musikbeilagen.) Dresden 888, Pierson's Verlag. * geb. *

— goldene Worte d. deutschen Kaisers Friedrich. 8. (VIII, 52 S.) Dresden 888. Pierson. n. — 75

—— Goldene Worte der Wettiner. Zum ersten Male gesammelt u. systemat. geordnet. 8. (VIII, 50 S.) Dresd. 889, Hackarath. * — 60

—— goldene Worte des deutschen Kaisers Wilhelm I. Festgabe zum 90. Geburtstage des Kaisers und Königs am 22. März 1887. Ein Gedenkbuch für das deutsche Volk. Zum ersten Male systemat. geordnet. 8. (VIII, 64 S. mit dem Portr. des Kaisers nach neuer Aufnahme.) Leipzig 887, Osw. Schmidt. *

—— dass. — Ein Gedenkbuch für das deutsche Volk. Zum ersten Male systemat. geordnet. 15. bis 20. Tausend. 8. (VIII, 64 S. mit dem Portr. des Kaisers nach einer der letzten Aufnahmen.) Leipzig 888, Ziegenhirt.

— die goldenen Worte der Bibel. Ein Lebensbuch f. Jedermann. Zum ersten Male systematisch geordnet. gr. 8. (XIV, 491 S.) Leipzig 873. A. Herrmann's Verl. n. 6. —; geb m. Goldschn. n. 8. —

— aus dem Zauberlande Polyhymnias. Musikalische Geschichten u. Plaudereien. gr. 8. (VIII, 327 S.) Berlin 892. Bibliograph. Bureau. n. 6. —; geb. n. 8.

Kohut, Alexander

Kohut, A., über die jüdische Angelologie u. Daemonologie, s. Abhandlungen für die Kunde des Morgenlandes.

Kohut Alexander. Dr.: Aruch completum sive Lexicon vocabula et res, quae in libris Targumicis, Talmudicis et Midraschicis continentur, explicans auctore Nathane filio Jechielis saeculi XI doctore celeberrimo, Praeside scholarum Talmudicarum Romae; cum appendice ad discendum utili per Benjaminum Mussafiam, medicum, philosophum, philologum et physicum ad contextum Aruchinum accuncta. Viennae, 1878—1892. Selbstverlag. 8 Bände mit Supplement

Kohut, A., s. a. Aruch completum.

Kohut, Alex., s. a. Nathan filius Jechielis Aruch completum.

Kohut, Alex., kritische Beleuchtung der persischen Pentateuch-Uebersetzg. v. Jacob ben Joseph Tavus unter stet. Rücksichtnahme auf die ältesten Bibelversionen. Ein Beitrag zur Geschichte der Bibel-Exegese. gr. 4. (XVIII, 370 S.) Leipzig 871. C. F. Winter. n. 11. —

— etwas üb. die Moral u. die Abfassungszeit d. Buches Tobias. [Aus „Jüd. Zeitschrift f. Wissenschaft u. Leben."] gr. 8. (III, 25 S.) Breslau 872. Skutsch. — 75

— Die Hoschanot des Gaon —. Das erste Mal ediert und auf Grund dreier Yemen-MSS. kritisch beleuchtet von Alexander Kohut. — SA. aus „Monatsschrift für Geschichte und Wissenschaft des Judenthums. 37. Jahrgang." Breslau 1893.

Kohut, Frz., praktischer Lehrgang zur schnellen u. leichten Erlernung der deutschen Sprache u. zur Vervollkommnung in der böhmischen. 2. Aufl. 8. (VIII, 151 S.) Prag 872. Tempsky. n. — 80

Kohut, Geo. Alex., s.: Studies, semitic.

Kohutek, Frz., s. Petzer, Geo., hippologische Studien.

Koja, Friedrich: Schiller als Erzieher seines Volkes. (Gedächtnisrede zu des Dichters 150. Geburtstage am 10. November 1909.) S. 3–9. 8. Progr. K. k. deutsches Staats-Gymn. *Kremsier* 1910.

KOJÁNITZ, IGN(ATIUS) ALOYS: Rede von dem unbegreiflichen Geheimniss der allerhöchsten dreyeinigen Gottheit, gehalten am hohen Titularfest des Ordens der allerheiligsten Dreyfaltigkeit von Erlösung gefangener Christen, da eine hochlöbl. englische Erzbruderschaft dieses Ordens ihre jährliche Würdenswahl bestättiget, vor einer zahlreichen Gegenwart in der Ordenskirche zu Preßburg den 11. Brachmonat 1775. Preßburg 1775. Gedruckt bey Johann Michael Landerer. 20, 2 S. - kl. 4

Kojen der Berliner Gewerbeausstellung 1879. (22 T) fol In Mappe. Berlin 1880

David Koigen. Ideen zur Philosophie der Kultur. Der Kulturakt. München & Leipzig: Müller 1910. XVIII, 593 S. 8° [11. 1600

Die Kulturanschauung des Sozialismus. Ein Beitrag z. Wirklichkeits-Idealismus. Von David Koigen. Mit e. Vorw. von Eduard Bernstein. *Berlin: F. Dümmler 1903.* (XIV, 134 S.) 8° [F.]

Koigen, David. Zur Vorgeschichte des modernen philosophischen Socialismus in Deutschland. Zur Geschichte der Philosophie und Socialphilosophie des Junghegelianismus. Diss. Phil. Bern. XIV + 319 S. 8. Bern, C. Sturzenegger, 1901.

Koigen, David. Zur Vorgeschichte des modernen philosophischen Socialismus in Deutschland. Zur Geschichte der Philosophie und Socialphilosophie des Junghegelianismus. XIV + 319 S. 8. Bern, C. Sturzenegger, 1901. (fr. 3. —)

Berner Studien zur Philosophie und ihrer Geschichte. Hrg. von Dr. Ludwig Stein.... Bd. 26.

Κοικιλίδης, Κλέοπας Μ., Κατάλογος συνοπτικὸς τῶν ἐν τῇ βιβλιοθήκῃ τοῦ ἱεροῦ κοινοῦ τοῦ π. τάφου ἀποκειμένων συριακῶν χειρογράφων. gr. 8. (24 S.) Berlin 898. A. Duncker. n. 1. 50

Ⓑ *Κοικιλίδης, Κλέοπας Μ., Κατάλογος συνοπτικός.* 898. Jetzt: Charlottenburg, A. Glaue.

Koinzer, Car. (Herm.) (geb. Gr. Kölzig in d. Lausitz 25. 11. 1831): De variis cataractae formis et operandi methodis. Berolini (1857). (32 S.) 8°
Berlin, Med. Diss. v. 8. Aug. 1857

Koiransky, Eugénie, aus Wilno: Aus dem anatomischen Institute in Bern: Ueber eigentümliche Formationen in den Leberzellen der Amphibien. Mit 6 Abbildungen im Text. Jena 1904. 24 S. 8°. S.-A. a. d. Anatom. Anzeiger. Bd. 25. [6. VII. 04.]
Bern. Med. Diss. 1904/1905.

Koiransky, Z., neues Handbuch der russischen Konversationssprache. 12. (X, 817 S.) Leipzig 890. B. Tauchnitz. geb. 2. 25

Koiransky, Z., neues deutsch-russisches und russisch-deutsches Taschenwörterbuch. 2 Tle. 12. Leipzig, B. Tauchnitz. compl. in 1 Bd. geb. in Leinw. ℳ 4.—; in Halbmaroquin

Inhalt:
I. Deutsch-russischer Teil. (XI, 308 S.) 887. ℳ 1.20.
II. Russisch-deutscher Teil. (XVI, 439 S.) 888. ℳ 1.80.

Koiransky, Z., neues deutsch-russisches u. russisch-deutsches Taschenwörterbuch. 2. Ster.-Ausg. 12. (XI, 308 u. XVI, 439 S.) Leipzig 893. B. Tauchnitz. 3. —; geb. in Leinw. 4. —; in Halbmarokko 5. 50

Koiransky, Z., neues deutsch-russisches u. russisch-deutsches Taschenwörterbuch. 3. Ster.-Ausg. 12. (XI, 308 u. XVI, 439 S.) Leipzig (900). B. Tauchnitz. n. 3. —; in Leinw.-Bd. 4. —; in Halbmarokko 5. 50

Koiransky, Z., neues deutsch-russisches u. russisch-deutsches Taschenwörterbuch. 4. Ster.-Ausg. (XI, 308 u. XVI, 439 S.) kl. 8. Leipzig 905. B. Tauchnitz. 3. —; in 1 Leinw.-Bd. 4. —; in Halbmarokko 5. 50

Koiransky, J., neues deutsch-russisches u. russisch-deutsches Taschenwörterbuch. 2 Tle. 5. Ster.-Ausg. kl. 8. Leipzig 907. B. Tauchnitz. 3—; geb. in Leinw. 4.20; in 1 Leinw.-Bd. 4.—; in Halbmarokko 5. 50

1. Deutsch-russischer Tl. (XI, 308 S.) 1.20; geb. 1. 80
2. Russisch-deutscher Tl. (XVI, 439 S.) 1.80; geb. 2. 40

— russisch-deutsches Wörterbuch f. Armee u. Marine. Sammlung militär- u. marine-techn. Ausdrücke m. Erläutergn. Unter Mitwirkg. mehrerer Offiziere bearb. 3 Lfgn. 8. (V, 427 S.) Berlin 892. E. S. Mittler & Sohn. n. 7. 50; geb. n.n. 8. 25

—— Russisch-deutsches militärisches Wörterbuch. Sammlg. militär-techn. Ausdrücke mit Erläuterungen. 3 Lfgn. 8. (V, 427 S.) Berl. 892, Mittler u. Sohn. * 7 50; geb. ** 8 25

Heimatkunde des Kreises Jauer i. Schles. Beilage z. Flemmingschen Schulkarte d. Kreises Jauer. Hrsg. von Otto Koischwitz, Lehrer. Glogau: C. Flemming [1905]. (31 S.) 8° [J.] [illegible]

Koischwitz, Otto, Jauer. Ein Wegweiser durch die Heimat. 12. (141 S. m. 3 Taf.) Jauer (902). O. Hellmann. n. 1.—

— Jauer. Ein Wegweiser durch die Heimat u. ihre Geschichte. 2. Aufl. (VIII, 151 S. m. Abbildgn.) kl. 8. Jauer (905). O. Hellmann. n. 1.—

Lesebuch für die Heimathkunde von Otto Koischwitz. *Jauer: O. Hellmann [1903].* (31 S.) 8° [J.] [illegible]

Koiss, Géza, zur Frage der Regelung der Arbeitszeit in Eisenhütten, Walzwerken u. Glashütten, s. a. Schriften der ungarischen Vereinigung f. gesetzlichen Arbeiterschutz. 5. Heft.

Koiss, Géza, Zur Frage der Regelung der Arbeitszeit in Eisenhütten, Walzwerken und Glashütten. 8°. Jena, G. Fischer, 1910. (Schriften d. ungar. Vereines f. Arbeiterschutz, 5.)

Koitsch, Chr. Jakob

Koitsch, C. J., Christus cerva aurorae ex Aegypto vocatus. Elbing. 1726. 4.

Koitsch, Ch. Jac., Einleit. in d. heil. Schr., durch Reime. 8. Züllichau. (Frommann in Jena.) 730.

Kotzsch, Friedr., Saitenklänge, od. Dichtungen meiner Musestunden. gr. 12. (8⅙ B.) Dresden u. Leipzig 835, (Arnoldische Buchh.) *

Koitzsch, H(ermann) Georg, aus Dresden: Über die Einwirkung von aromatischen Aldehyden auf Methylchinoline. *Halle a. S. 1903: R. P. Nietschmann.* (39 S.) 8°
Halle, Phil. Diss. v. 1903

Kok, A. G., Quaestiones Plutarcheae. Diss. 1888. 74 S. 1.20

Kok, Bernhard Richard, aus Gildehaus (Hann.): Ueber Jodoso-, Jodo- und Jodiniumverbindungen des 4-Nitro-2-Jodtoluols. *Freiburg i. B. 1901: K. Henn.* (45 S.) 8°
Freiburg i. B., Phil. Diss. v. 1901

Kok, *Franz Anton* Ferdinand [pr. Arzt in Borkum]: Ein Fall von Osteomalacie. Operation nach Porro ... Marburg, Univ.-Buchdr. '(R. Friedrich)', 1891; 24 S., 1 Bl. 8.
Marburg, Med. Fak., Inaug.-Diss. v. [4. Sept.] 1891

Kok, ärztliche Ratschläge u. Winke betr. die Seereise, den Aufenthalt auf der Insel (Borkum) u. den Gebrauch d. Seebades. [Aus: „Die Nordsee-Insel Borkum".] gr. 8. (23 S.) Emden 892. W. Haynel. n. — 50

Aerztliche Ratschläge und Winke, betreffend die Seereise, den Aufenthalt auf der Insel und den Gebrauch des Seebades von Dr. med. [Franz Anton Ferdinand] Kok. 4. verb. Aufl. *Emden & Borkum: W. Haynel 1900.* (30 S.) 8° [illegible]

Kok, ärztliche Ratschläge u. Winke betr. die Seereise, den Aufenthalt auf der Insel (Borkum) u. den Gebrauch des Seebades. 6. verb. Aufl. (30 S.) 8. Emden 907. W. Haynel. — 50

De Kok, Hendrik, aus Tiel (Holland): Ueber Diffusion von Gasen und Dämpfen durch Gelatinegallerte. [Mit vier Figuren im Text.] Basel 1909. 40 S. 8°. [15. VII. 09.]
Basel. Phil. Diss. 1909/10.

Kok, Johannes, approb. Arzt aus Hohegaste (Ostfriesl.): Ueber Perityphlitis-Operationen in der chirurgischen Klinik in Kiel im S. S. 1899. *Kiel 1900: P. Peters.* (21 S.) 8°
Kiel, Med. Diss. v. [8. März] 1900

Kokarden, die,. Trsp. v. Iffland. 8. Lpz. Göschen. 791.

Koke, Joan. Franc. (geb. [Lippspringe] 15. 6. 1837) De contractura et ankylosi sanandis. Berolini (1861). (32 S.) 8°
Berlin, Med. Diss. v. 29. Juli 1861

Kokemüller, Aug., zwei Bogen Gedichte. gr. 16. (48 S.) London 860, Williams und Norgate. Thlr.

—— ein Hundeleben. Märchen-Epos in sechs Gesängen, aus dem Deutschen. gr. 16. (82 S.) London 860, Williams und Norgate.

Kokemüller, A. Die Mänse und das Mausenm in Dresden. Eine actenmäßige Darstellung in Reime gebracht. Dresden 1844. 14 S. 8.

Kokemüller, A., twelve months in England, sketches from nature for the school-room and drawing-room collected and accentuated. Jena 869. Fr. Frommann. br. 8. (VIII, 74 S.) n. 10 ngr.

—— Romeo und Julie. Lustspiel mit Gesang in 2 Aufzügen. Musik von M. C. Eberwein. (Den Bühnen gegenüber Mscr.) 8. (176 S.) Hannover 858, C. Rümpler.

——, Aug., Als Solcher. Lustspiel in 2 Aufzügen. (Den Bühnen gegenüber Mscr.) 8. (54 S.) Jena 863, Fr. Frommann. *

— stories and sketches for the use of schools selected. 2 parts. 2. edit. Ebend. 853. 8. (2 Bl., 107; 2 Bl., 111 S.) Jeder Theil n. 10 ngr.

Kokemüller, A., stories and sketches. Progressive readings in english prose for the use of schools. 2 parts. 3. ed. gr. 8. (III, 96 u. III, 116 S.) Jena 872. E. Frommann. à n. 1. 50

---- the story of Reineke the fox for beginners, being a supplement to stories and sketches for the use of schools. 8. (36 S.) Hannover 853, Rümpler. *

Koken, Edm., Landschafts-Album. Photographien nach Orig.-Compositionen. 4 Liefgn. Hannover 865. Rümpler. 4. Jede Lief. (6 Blatt). n. 2 Thlr. 12 ngr.

Koken, Ernst, s.: **Abhandlungen**, geolog. u. paläontolog.

Koken, E. (Hrsg.), s. Abhandlungen, Palaeontologische.

Beiträge zur Kenntniß der Gastropoden des süddeutschen Muschelkalkes von E[rnst] **Koken**. Straßburg: Straßb. Dr. & Verlagsanst. 1898. (49 S.) 4°. 8°)
= **Abhandlungen** z. geol. Spezialkarte von Elsaß-Lothr. N. F. H. 2. [63.8509

Koken, E. (Hrsg.), s. Centralblatt f. Mineralogie, Geologie u. Palaentologie.

Koken, Ernst, die Dinosaurier, Crocodiliden und Sauropterygier der norddeutschen Wealden, s. Abhandlungen, palaeontologische.

— d. **Eiszeit**. Antritts-Rede, bei Uebernahme der ordentl. Professur d. Geologie u. Mineralogie an der Hochschule zu Tübingen am 21. Novbr. 1895 im Festsaal d. Universitätsgebäudes geh. gr. 8. (41 S.) Tübingen 896. F. Pietzcker. n. 1. —

— **Eleutherocerus**, ein neuer Glyptodont aus Uruguay. Mit 2 Taf. [Aus: „Abhandlungen d. k. preuss. Akad. d. Wiss. zu Berlin".] gr. 4. (28 S.) Berlin 888. (G. Reimer.) n. 2. —

Koken, Ernst: Die **Fischotolithen** der norddeutschen Oligocän-Ablagerungen nebst Bemerkungen über Fischotolithen im Allgemeinen. Berlin 1884. 68 S. 8°
Berlin, Phil. Diss. v. 5. Dez. 1884

— **Führer** durch die Sammlungen des geologisch-mineralogischen Instituts in Tübingen. Mit 6 Taf., 3 Planskizzen u. 23 Abbildgn. (110 S.) gr. 8. Stuttgart 905. E. Schweizerbart. n. 1. —

... Die Gastropoden der Trias um Hallstatt. Von E[rnst] **Koken**. (M. 23 lithogr. Taf. u. 31 Zinkotypien im Text.) *Wien: K. k. geol. Reichsanst. 1897.* (1 Bl., 112 S., 23 Taf. m. je 1 Erl.-Bl.) 4.
= **Abhandlungen** d. k. k. geol. Reichsanstalt. Bd 17. H. 4. [98.1809

Koken, Ernst v., Geologie, Schule u. allgemeine Bildung. Rede, geh. am Geburtsfest Sr. Maj. des Königs Wilhelm II. v. Württemberg am 25. II. 1908 im Festsaal der Aula der Universität Tübingen. (39 S.) Lex. 8. Tübingen 908. (G. Schnürlen.) 1. —

Die Deutsche geologische Gesellschaft in den Jahren 1848–1898 mit e. Lebensabriss von Ernst Beyrich. Von E[rnst] **Koken**. Mit 1 Bildn. *Berlin: J. F. Starcke 1901.* (69 S.) 8° [02.7408 7

UeberHybodus. Von Ernst **Koken**. Mit 4 Taf. u. 5 Abb. Jena: G. Fischer 1907. (18 S.) 4°
= **Abhandlungen**, Geologische u. palaeontolog. N. F. Bd 5, H. 4. [07.13690

— s.: Jahrbuch, neues, f. Mineralogie, Geologie u. Palaeontologie.

— d. **Leitfossilien**. E. Handbuch f. d. Unterricht u. f. d. Bestimmen v. Versteinergn. M. ca. 900 Abb. im Text. gr. 8. (III, 848 S.) Leipzig 896. Chr. Herm. Tauchnitz. n. 14. —

— s.: **Palaeontographica.**

— **Palaeontologie u. Descendenzlehre.** Vortrag, geh. in der allgemeinen Sitzg. der naturwissenschaftlichen Hauptgruppe d. Versammlg. deutscher Naturforscher u. Aerzte in Hamburg am 26. IX. 1901. gr. 8. (33 S. m. 6 Fig.) Jena 902. G. Fischer. n. 1. —

Die Reptilien des norddeutschen Wealden. Nachtrag. Von E[rnst] **Koken**. M. 4 Taf. u. 1 Textfig. *Jena: G. Fischer 1896.* (10 S., 4 Taf. m. 4 Erl.-Bl.) 4
= **Abhandlungen**, Palaeontologische. N. F. Bd III. H. 2.

—— über fossile **Säugethiere** aus China, s. Abhandlungen, palaeontologische.

Geologische Spezialkarte der Umgegend von Kochendorf. Bearb. von Prof. Dr. E[rnst] **Koken**. Hrsg. von d. K. Statist. Landesanst. Inh.: 1. Karte. (Massst. 1 : 10,000.) 2. Begleitworte. 3. Profiltafel. 4. Tekton. Kartenskizze. *Stuttgart: H. Lindemann in Komm. 1900.* (79 S., 3 Karten.) 4° [Deckelt.] [01.0797

Koken, Ernst, die Vorwelt u. ihre Entwickelungsgeschichte. Mit 117 Abbildgn. im Text u. 2 Uebersichtskarten. gr. 8. (VII, 664 S.) Leipzig 893. Chr. Herm. Tauchnitz, früher T. O. Weigel Nachf. n. 14. —; geb. in Halbfrz. n.n. 16. —

— s.: Zentralblatt f. Mineralogie, Geologie u. Paläontologie.

Koken, Gust., Pompeji u. s. Ausgrabungen, s.: Petersen, H.

Koken, Herm., die rechtlichen Grundideen des deutschen Colonats, aus der Natur des Instituts entwickelt. gr. 8. (3½ B.) Holzminden 844. (Braunschweig, Leibrock.) *

Koken, J. Edlf., s. Landesordnungen, Hildesheimische.

Koken, Joh. Chrstph., Abriß d. latein. Satzlehre. Mit Hinweis. auf d. Sprachlehren v. Billroth, Ramshorn u. Zumpt. 8. (11 B.) Holzminden 837, [Erdmann u. Müller.]

—— **Anleitung** zu ein. richt. Ansicht d. Maturitätsprüfung u. z. Erwerbung ein. ehrenvollen Zeugnisses f. Gymnasiasten. gr. 8. (3 B.) Holzminden 839, Erdmann u. Müller.

Koken, Joh. Chrstph., deutsche **Aufgaben** z. Uebersetzen in d. Latein., f. d. obern Gymnasialklassen. (3 Abthln.) 8. (12¾ B.) Holzminden 837, [Erdmann u. Müller.] Thlr.

— s. Curtius Rufus de rebus.

Koken, Joh. Chrstph., die Grössenlehre. Handbuch f. Gymnasien u. den auf dies. vorbereit. Unterr. 1. u. 2. Thl. gr. 8. Braunschweig, Vieweg.
Thl. 1. Die Zahlenlehre, in 2 Abthlgn., nebst e. Exempelbuche. (23¾ B. u. 1 B. Tab.) 829. 1 Thlr. 4 Gr.
„ 2. Die Raumlehre, in 3 Abthlgn., nebst e. Samml. v. Aufgaben zur Uebung. (18 B. u. 8 Kpfrt.) 830. 1 Thlr. 4 Gr.

Koken, Jh. Cph., die Grössenlehre. Handbuch für Gymnasien u. den auf denselben vorbereitenden Unterricht. 1r Thl. die Zahlenlehre in 2 Abtheill. nebst Exempelbuche. 1 Rthlr 4 Gr 2r Thl. Die Raumlehre in 3 Abtheill., nebst e. Samml. von Aufgaben zur Uebung. Mit 8 Kpft. 1 Rthlr 4 Gr gr. 8. Braunschw. 829—31. Schulbuchh. 2 Rthlr 8 Gr

—— die **Hauptregeln** d. französ. Wortfügung, verglichen mit denen d. Deutschen. Nebst Uebungsaufgaben in beiden Sprachen. 8. (20¼ B.) Holzminden 838, Erdmann u. Müller.

Koken, J. C., De Cic. de senect. 18 „honeste acta superior aetas fructus capit auctoritatis extremos". Pr. 1828. 11 S. 4°. 1,20

—— **Lehrbuch** d. Physik f. Gymnasien. 1. Abthl. Die wägbaren Potenzen. 8. (7½ B.) Holzminden 839, Erdmann. u. Müller.

—— **Lehrbuch** d. latein. **Sprache**. 1. Stufe. 8. (6½ B. u. 3 Tab., Fol.) Holzminden 837, [Erdmann u. Müller.]

—— **Lehren** d. guten u. verständ. Verhaltens f. Gymnasiasten, zunächst f. die d. Herzgl. Kloster- u. Stadt-Schule in Holzminden. 8. (7 B.) Holzminden 828. (Potsdam, Vogler.)

—— **Lehren** des guten u. verständigen Verhaltens f. Gymnasiasten, zunächst f. die d. Herzogl. Kloster- u. Stadt-Schule in Holzminden. 2. Aufl. 8. (7 B.) Holzminden 836, [Erdmann u. Müller.]

— comment. de reditu Messiae ad judicium gentium d. 4. Jun. 1800 praemio ab ill. theol. ord. ornata. 4 maj. Götting. 800. Dieterich. 8 gr.

— latein. Sprachlehre. 8. Braunschw. 804. Schulbuchh. 10 gr.

— **Joh. Chr.** (Professor u. Director), Ueber Vorbereitung der Knaben zur Gelehrtenschule, vorzüglich durch häuslichen Unterricht. Schulschrift, wodurch der am 1. April vorzunehmenden Entlassung einig. z. Academie abgeh. Schüler beizuwohnen, . . . d. Gönner d. Herzogl. Kloster = u. Stadtschule eingeladen werden. Holzminden (Heinrich Ludwig Bohn) 1830. 24 S. mit Namen. (4.50) 19107

Koken, Jh. Karl, († d. 15. März 1773.) wahre Abbildung e. bußfertigen Sünders. 8. Hildesh. 753. 2e A. 755. 3e A. 759. 4e A. 176. . (W. Nauck in Leipz.) 10 gr.

Koken, Johann Karl, s. B i b l i a . Hildesheim.

— d. Erkenntniß d. Wahrheit zur Gottseligkeit, in kurzen Auszügen aus den im J. 1747 gehalt. Meß=, Buß= u. Fasten=Predigten. 8. (Brem.) 757. Förster. 16 gr.

— d. Erkennt. d. Wahrh. z. Gottseligk. od. D i s p o s i t. von Predigten a. J. 1757. 8. Brem. Förster. 757.

— Ermunterungen an d. Gemeine zu St. Martin zur Ausübung e. wahren Christenthums. 8. Hildesh. 753.

Koken, Jo. Carl (Hildesh.), Examen argumentorum quibus deum esse, evinci solet. Präs. Jo. Matthia Gesner. Götting. (A. Vandenhoeck) 16. I. 1741. 44 S. (6.30) 19106

– s. H i s t o r i e d. Leidens u. Sterbens Jesu.

Koken, J. C., Gott geheiligte Jubelfreude bei dem feierl. Gedächtnisse des vor 200 Jahren 1555 geschlossenen Religionsfriedens. 8. Hannov. Hellwing. 756.

Koken, Jh. C., Kern d. Sittenlehre Jesu u. seiner Apostel in Grundrissen d. Sonn= u. Festtags=Episteln. 6 Jahrgg. 8. Bremen 760—72. Müller. 6 Rthlr.

— Kern d. S i t t e n l e h r e Jesu u. s. Apostel in Grundr. über Sonn= und Festtags=Episteln. 6 Thle. 8. Bremen, Müller. 767—72.

— Confession, od. Kenntniß d. Glaubens etlich. Fürsten u. Städte; überantwort. Sr. kais. Maj. zu Augsburg 1530; mit Anmerkk. 8. Hildesh. 762.

— d. Offenbarung Gottes im Wetter, nach d. am dritten Pfingstfeiertage 1756 gefallenen schreckl. Hagel, über Joh. 3. 8. Hildesh. 756.

— Predigt vom Kreuz Jesu. 8. Braunschw. 763. Schröder. 3 gr.

— d. Rath Gottes von d. Seligkeit d. Menschen, in kurzen Auszügen aus d. 1758 gehaltenen Meß=, Buß= u. Passionspredigten. 8. Hildesh. 759. (Waisenhaus B. in Halle). 16 gr.

— Rede von den weisen Absichten Gottes: Warum er Reiche u. Arme gemacht? über Sprüchwörter 22, 2. bei Einweihung des neu errichteten Waisenhauses. 8. Hildesh. 750.

– s. S c h m o l k e , B.: Morgen- u. Abendandachten.

– s. S i r a c h , Jesus: Das Buch.

SITTLICHKEIT, D i e , d e r M a s q u e r a d e n u n d d e s C a r n e v a l s . . . . (von *Joh. Carl Koken*). Hildesheim 1768.

— — Dasselbe. 2. Aufl. 1769.
Anon.-Lex. IV. p. 89 (nach Rotermund [Gelehrtes Hannover. Bremen 1823.] u. Meusel).

Die Stimme Gottes im Erdbeben, über Ps.104,32. bei Ankündigung der ausserordentlichen Betstunden. Nebst e.Anh. Von den naturlichen Ursachen des Erdbebens, und einer Beschreibung der, dadurch am meisten gelidtenen Oerter, vornämlich der Hauptstadt in Portugall, Lissbon. Betrachtet von Johann Carl Koken. Hildesheim 1756: Harz. 168 S. 8°

— die Stimme Gottes im Erdbeben. 8. Hildesh. 756. 2e A. 8. Hannov. 765. Förster in Bremen. 5 gr.

— die Tiefen der Weisheit Gottes. 8. Braunschw. 763. Schröder. 3 gr.

— die Treue Gottes bei der Bekehrung grober Sünder an dem Beispiele einer d. 9. Febr. 1753 hingerichteten Kindermörderin. 8. Hildesh. 753. 3 Auflagen.

— Vortrefflichkeit der christl. Lehre von der Versorgung Gottes im Leben u. Tode d. Menschen. 4. Hildesh., 762. (Schröder in Braunschw.) 10 gr.

— Vortrefflichk. d. christl. R e l i g i o n a. d. Lehre v. d. Vorsorg. Gottes im Leben und Tode. 4. (Hildesh. Schröder in Braunschw.) 762.

— Vortrefflichkeit d. christl. Religion aus d. Lehre von der Unsterblichkeit der Seele. 4. Hildesh. 762. (Schröder in Braunsch.) 12 gr. 4. Leipz. 762. Schwickert. 8 gr.

— einziger Weg zur wahren Glückseligkeit. gr. 8. Bremen 772. Förster. 3 gr.

— Zeugnisse der Wahrheit bei d. traurigen Vorfalle eines schreckl. Schwestermordes. 8. Hildesh. 755.

Koken, Karl Ludolph, Beiträge zur Niederländischen Geschichte, in Versuchen historischer Monographien der Häuser Winzenburg, Peine u. Dassel u. ihrer auf die Hildesheim. Kirche übergegang. Besitzungen. 1r Bd. A. u. d. T.: Die Winzenburg u. deren Vorbesitzer. gr. 8. Hildesh. 833. Gerstenberg. n. $1^{1}/_{3}$ Rthlr.

Koken, Karl Ludo., u. H. A. Lüntzel, Mittheilungen geschichtl. u. gemeinn. Inhalts, s. M i t t h e i l u n g e n.

Koken, Wilh. [aus Hannover]: Guittone's von Arezzo Dichtung u. s. Verhältnis zu Guinicelli von Bologna . . . . Hannover, Druck v. W. Riemschneider (1885); 2 + 97 + 1 S. 8°.
Leipzig, Phil. Fak., Inaug.-Diss. v. 24. Sept. 1885.

Koken, W., Guittone's v. Arezzo Dichtung u. sein Verhältniss zu Guinicelli v. Bologna. Ein Beitrag zur Geschichte der ältesten italien. Litteratur. gr. 8. (97 S.) Leipzig 886. Fock. n. 2. —

Koken, W., französische Sprechübungen an Realanstalten. Anleitung zu deren nach Stufen geordnetem, planmäß. Betriebe. Nach den neuen Lehrplänen zusammengestellt. gr. 8. (55 S.) Leipzig 899. B. G. Teubner. n. 1. 80
Erweit. Sonderabdr. a. d.: „Zeitschr. f. lateinlose höh. Schulen".

Kokenge, Ferdinand, a. Lohne i. Oldbg.: Aus d. gynäkol. Klinik d. Univ. Gießen. Weitere Erfolge des suprasymphysären Fascienquerschnittes nach Pfannenstiel. Greifswald 1907: H. Adler. (31 S.) 8°
Gießen, Med. Fak., Ref. Pfannenstiel, Diss. v. 19. Juni 1908
[Geb. 24. Sept. 79 Lohne; Wohnort: Gießen; Staatsangeh.: Oldenburg; Vorbildung: Gymn. Vechta Reife O. 02; Studium: Kiel 1, Würzburg 1, Erlangen 1, Kiel 3, Berlin 1, Gießen 3 S.; Coll. 15. Mai 07; Approb. 31. Mai 08.]

Kökenyesdi's v. Vetes, Actenstücke zur Geschichte Rákóczy's, s. Fontes rerum Austriacarum.

Koker, N. H. J., De Lucio Vale disquisitio historica. Diss. 1873. 60 S. 1.20

Koker, Robert Das Königlich Sächsische (XII) Armeekorps im Dienste des Vaterlandes 1870 und 71 I Teil. 4 (40 S.)
Progr. Rsch. mit Prg. *Leisnig* 1886 (524)

Koeker, s.a. Koecker.

Köker, K., Bemerkk. über Staatslotterien, zur Belehrung für Spieler. 8. Embden. 818. (Hannov., Hahn). 1 ß

Koeker, Leonhard (Minden), De jodinae usu medico. Diss. med. Erlangen (Kunstmann) 18. VII. 1823. 39 S. mit Literatur. (5.—) 18909

Kokers, Jo., De chorea St. Viti, vom St. Veits-Tanz. Duisb. 4°. 1730

Kökert, Karl, Flächen-Tafeln zur Cubatur-Berechnung bei Eisenbahn-Projecten. hoch 4. (32 S. mit 1 Stnt. in qu Fol.) Wien 872, Lehmann und Wentzel. * 2 —

—— Reductions-Tabellen der gebräuchlichsten oesterreichischen Hohlmaasse und Gewichte auf metrische Maasse und Gewichte. 16. (46 S.) Ebendas. 873. * — 80

Kökert, Karl, Reductions-Tabellen der gebräuchlichsten österreichischen Längen-, Flächen- u. Cubik-Maasse auf Metermaass. Wien 870. Lehmann & Wentzel. 32. (32 S.) 7½ ngr.;
Ausg. in Imp.-Fol. 7½ ngr.

—— Reductions-Tabellen der gebräuchlichsten oesterreichischen Maasse und Gewichte auf metrische Maasse und Gewichte. 16. (94 S.) Ebendas. 873. * 1 20

Koles, Schlagworte d. Humors. Ein Beitrag zur Kulturgeschichte unserer Zeit, zugleich e. Anweisg., im gesell. Verkehr immer das rechte Wort zu finden. 8. (VIII, 182 S.) Leipzig 891. Dresden, C. Reißner. Kart. n. 2. —

Kokette

Die Kokette. Ein Roman. Von der Verfasserin der Erna, Felicitas u.s.w. 1826
s.a. Ahlefeld, Charlotte von [Verf.]

Kokette, die, ein Roman v. d. Verfasserin d. Erna, Felicitas x. (Charlotte v. Ahlefeld, geb. v. Seebach.) gr. 12. Bresl. 826, Max u. C.

Kokette, Die gebesserte; Lustspiel. A. d. Franz. Hamburg 1772. Ü: *Wittenberg, Albrecht.* (Ky)

Kokette, d. tugendhaft. od. Gesch. d. Gräfin Caroline Busso. 8. 198. Baumgärtner. 803.

Koketterie u. Liebe. Originalschsp. in 3 A. von P. Spach. 8. Carlsruhe, Macklot. (a. Gebhardt u. K. in Frkft.) 792.

Koketterie und Liebe, in drey Aufzügen. Bern u. Zürich 1802. V: *Zschokke, Joh. Heinrich Dan.* (?). V: *Kleist, Heinrich Bernd Wilh.* (?) (Eug. Wolff, Zwei Jugendlustspiele. Oldenb. 1898.) V: *Wieland, Ludwig* (?). (Wukadinovic, Kleist-Studien. Stuttg. 1904.)

Kokides, Demetrius K.

Kokides, D. K., Dr., De variationibus declinationum stellarum ϑ ursae majoris et β draconis. (Dissertatio inauguralis.) Berolini 1862.

— Disquisitio de variationibus declinationum stellarum ϑ ursae majoris et β draconis et determinatio numeri constantis nutationis ope observationum illarum stellarum annis 1836—1861 in observatorio regio berolinensi institutorum addita derivatione latitudinis speculae. Berlin 1862.

Κοκκινου, Εμμ., Δοκίμιον ἀκαδημαϊκῆς διατριβῆς περὶ τῆς ρωμαϊκῆς δωδεκαδέλτου. — K. s. t.: Specimen dissertat. inaug. de lege XII tabularum. (In griech. Sprache.) 8maj. (2 B.) Heidelbergae 836, J. Ch. B. Mohr.

Kokorudz, Eliasz

Kokorudza, E., Ablativus, Locativus u. Instrumentalis bei Homer in formeller u. syntakt. Beziehung. I. Pr. 1891. 26 S. 1.20
— — II. 1892. 87 S. (In polnischer Sprache.) 2.—

Kokorudz Eliasz: Die Jagellonen-Universität, ihre Gründung, Entwicklung und Bedeutung (ruth. Text). 19. Lemberg Ak. G. 00.
Progr.

Kokosky, Samuel: Die Erwerbsfähigkeit der Frauen und ihr Einfluß auf die sociale Stellung derselben. Vortrag, gehalten im Handwerker-Verein zu Königsberg am 5. Okt. 1868, nebst einem Nachtr. Hrsg. vom hiesigen Handwerker-Verein. — Königsberg: Braun u. Weber 1868. 23 S. 8°

Kokosky, Samuel, die Erwerbsfähigkeit der Frauen u. ihr Einfluß auf die sociale Stellung derselben. Vortrag, gehalten zu Königsberg am 5. Oktobr. 1868, nebst e. Nachtrage von demselben. Königsberg 869. Braun & Weber. gr. 8. (23 S.) n. 3 ngr.

Kokosky, S., Herr General-Superint. Dr. th. Karl Bernhard Moll u. die sociale Frage. gr. 8. (12 S.) Königsberg 872. Braun & Weber. n. — 30

Kokosky, S., Raketen und Leuchtkugeln geschleudert in die Nacht des Socialistengesetzes. 8°. Berlin, Fr. Wilke, 1891.

Kolott, Frz., Beicht- u. Kommunion-Unterricht f. die Oberklasse der Schulen, f. Christenlehre u. Predigt. sowie zur Selbstbelehrung. (XVII, 434 S.) 8. Freiburg i/B. 904. Herder. n. 3. 40; geb. in Leinw. n. 4. —

Kokott, Paul: Über die konforme Abbildung der Polygone auf die positive Halbebene. Breslau, Druck v. R. Nischkowsky, 1889; 1 Bl., XI S. 4°
Breslau, k. kath. St. Matthias-G, OP 1889 (168)

Kokott, P[aul]: Sehnenviereck und elliptische Funktionen. Neisse 1910: Bär. 9 S. 4°
Neiße, k. kath. G P 1910 (283) [S 10. 230

Kokott, Paul: Zur Theorie der Ponceletschen Polygone. *Sagan 1903: K. Koeppel.* (S. 3—20.) 4°
Sagan, k. kath. G, P 1903 (241)

Kokotte, die große. Ein Wiener Roman. (140 S.) 8. Berlin 909. Herm. Walther. 2.—

Kokottentum, das, in den Kurorten. Von Vanitas. 12. (24 S.) Zürich 899. Verlags-Magazin. n. — 60

Kokowzoff, P., nouveaux fragments Syropalestiniens de la bibliothèque impériale publique de St. Pétersbourg. Avec 4 planches en phototypie. Fol. (VII, 39 S.) Petersburg 906. (Leipzig, K. W. Hiersemann.) n.n. 80. —

Кокреля сына, Аѳан., Католицизмъ и протестантизмъ разсматр иваемые въ ихъ происхожденіи и развитіи. Съ ѳранцузскаго перевелъ J. J. T. (Coquerel, Katholicismus und Protestantismus.) 8. (60 S.) Leipzig 866, Wagner. *

Kokscharow, Nikolai von: B e i t r ä g e zur Kenntniss der Krystallisation des Kinochlors u. üb. das Krystallsystem u. die Winkel des Kotschubeits,
s. M e m o i r e s de l'academie imperiale des sciences de St.-Petersbourg.

——— Beiträge zur Kenntniss der Krystalle des Klinochlors. (Mém. de l'ac. Ser. VII, T. 36.) St. Petersburg 1888. 4.

Kokscharow, N. v., Beschreibung des Alexandrits, s. a. Mémoires de l'académie imp. des sciences de St.-Pétersbourg. 7. Série, Tome V. Nr. 2.

——— Beschreibung des Alexandrits. (Mém. de l'ac.) St. Petersbourg 1862. 4.

—— Beschreibung einiger Topas-Krystalle, s. Mémoires de l'académie imp. des sciences de St.-Pétersbourg. 7. Série, Tome VIII. Nr. 12.

– Die etwas näheren B e s t i m m u n g e n der Waluewit-Krystalle v. der Grube Nikolaje-Maximilianowski, s. a. M e m o i r e s de l'academie imperiale des sciences de St.-Petersbourg.

——— Die etwas näheren Bestimmungen der Waluewit-Krystalle von der Grube Nikolaje-Maximilianowsk. (Mém. de l'ac. Ser. VII, T. 34.) St. Petersburg 1886. 4.

Kokscharow, N. v., üb. den russischen Calcit, s.: Memoires de l'academie imperiale des sciences de St. Pétersbourg.

– Über den russischen E p i d o t und Orthit, s. a. M e m o i r e s de l'academie imp. des sciences de St.-Petersbourg.

——— Ueber den russischen Epidot und Orthit. (Mém. de l'ac.) St. Petersbourg 1860. 4.

– Über den russischen E u k l a s , s. a. M e m o i r e s de l'academie imp. des sciences de St.-Petersbourg.

Kokscharow (N. v.), Ueber den russischen Euklas. (Mém. de l'ac.) St. Petersbourg 1859. 4.

[**Kokscharow**, Nikolai von:] Über den K o t s c h u b e i t , eine neue Klinochlorart: Notiz über die Krystallform des Hydrargillits aus den Schischimsker Bergen. (Aus dem Bull. d. Acad. imp. d. Scienc.) Petersburg. 1862. 8°

Kokscharow, N. v. Ueber Krystalle des Chlorits von Achmatowsk im Ural. (Aus den Verhandl. der mineralogischen Gesellschaft zu St. Petersburg.) St. Petersburg. 1851. 8.

—— Ueber die Krystallform der Nitrophensäure und der Isonitrophensäure, so wie auch einiger Salze dieser Säuren (Aus d. Bullet. de l'Acad. de St. Petersbourg.) St. Petersburg. 1858. 8.

Kokscharow, N. v., üb. d. Krystallsystem u. die Winkel d. Glimmers, s. a. Mémoires de l'académie impériale des sciences de St.-Pétersbourg.

——— Ueber das Krystallsystem und den Winkel des Glimmers. (Mém. de l'ac.) St. Petersbourg 1877. 4.

—— über den Lepolith, s. a. Mémoires de l'académie imp. des sciences de St.-Pétersbourg. 7. Série, Tome VII. Nr. 9.

Kokscharow (N. v.), Ueber den Lepidolith. (Mém. de l'ac.) St. Petersbourg 1864. 4.

— über Linaritkrystalle, s. Mémoires de l'académie imp. des sciences de St.-Pétersbourg.

Kokscharow (N. von), Materialien zur Mineralogie Russlands. Band 1—11. Mit Atlas von Tafel 1—82. Petersburg 1853—73. Text 8. Atlas 4.

Kokscharow, Nicolai v. Materialien zur Mineralogie Russlands. XI. Bd. gr. 8. (XI, 138 S. nebst Register zu Bd. I—XI.) St. Petersb. 892. (Lps., Voss' Sort.) ** 9 50
I.—XI. Bd. Hbd. 1853—91. ** 240 —.

Kokscharow, Nikolai v., Materialien zur Mineralogie Russlands. XI. Bd. gr. 8. (XI, 138 S.) St. Petersburg 893. (Leipzig, Voss' Sort.) n.n. 9. 50
(I—XI.: n.n. 249. 50)

Kokscharow, N. v., s. Mémoires de l'Acad. imp. des Sciences de St.-Pétersbourg.

– Über den russischen M o n a z i t , s. a. M e m o i r e s de l'academie imp. des sciences de St.-Petersbourg.

——— Ueber den russischen Monazit und Aeschynit. (Mém. de l'ac.) St. Petersbourg 1861. 4. —

—— Monographie des russischen Pyroxens, s. Mémoires de l'académie imp. des sciences de St.-Pétersbourg. 7. Série, Tome VIII. Nr. 14.

—— Notiz über den Chiolith, s. Mémoires de l'académie imp. des sciences de St.-Pétersbourg. 7. Série, Tome VIII. Nr. 8.

—- Mineralogische Notizen. (Aus d. Bullet de l'Acad. de St. Petersbourg.) Petersburg. 1861. 8.

— über den Olivin aus dem Pallas-Eisen, s. Mémoires de l'académie imp. des sciences de St.-Pétersbourg.

—— über den russischen Orthoklas, s. Mémoires de l'académie imp. des sciences de St.-Pétersbourg. 7. Série, Tome XI. Nr. 1.

—— über den russischen Phenakit. Imp.-4. (21 S. mit 5 Stnt.) St. Petersburg 857. Leipzig, Voss. **
Aus: Mémoires de l'académie impériale des sciences de St.-Pétersbourg, besonders abgedruckt.

– Über das russische R o t h b l e i e r z , s. M e m o i r e s de l'Academie imperiale des sciences de St.-Petersbourg.

– Über das T i t a n e i s e n vom Ural, s. M e m o i r e s de l'Academie imperiale des sciences de St.-Petersbourg.

— über die russischen Topase. Mit 10 lith. Taf. (Aus d. Mémoires de l'Acad, Imp. des Sciences.) St. Petersburg 858. (Leipzig, Voss.) gr. 4. (1 Bl., 39 S.) nn. 1 ℛ. 10 ngr.

– Anhang zu der Abhandlung „Ueber die russischen T o p a s e", s.a. M e m o i r e s de l'academie imp. des sciences de St.-Petersbourg.

——— Anhang 1 und 2 zur Abhandlung über die russischen Topase. (Mém. de l'ac.) Petersburg 1860. 4.

— Vorlesungen über Mineralogie. Aus dem Russ. übers. mit einigen Veränderungen u. Zusätzen. 1. Bd. St.-Petersburg 865. (Leipzig, Hartmann.) gr. 4. (X, 345 S. mit 571 in den Text gedr. Holzschn.) n. 4 ℛ

– Über W a l u e w i t, s. M e m o i r e s de l'Academie imperiale des sciences de St.-Petersbourg.

– Über W e i s s b l e i e r z - K r y s t a l l e, s. M e m o i r e s de l'Academie imperiale de sciences de St.-Petersbourg.

—— über den russischen Zirkon, s.a.Mémoires de l'académie imp. des sciences de St.-Pétersbourg.

——— Ueber den russischen Zirkon. (Mém. de l'ac.) St. Petersbourg 1859. 4.

Koksöfen, mit Gewinnung der Nebenerzeugnisse ... [Breslau 1892.] V: *Lürmann, F. W.* (Kat. d. Druckschr. üb. Breslau. Breslau 1903, S. 412)

Kokubo, Keisaku, Kais. japan. Stabsarzt, aus Takashino-Japan. Aus d. med. Universitätsklinik zu Göttingen. (Director: Geh. Med.-Rat Prof. Dr. W. Ebstein.) Zur Symptomatologie der Neubildungen des Gehirns. *Göttingen 1903: W. F. Kaestner.* (41 S.) 8°
Göttingen, Med. Diss. v. [11. Apr.] 1903

Kokubo, Keisaku, zur Symptomatologie der Neubildungen des Gehirns. Diss. (41 S. m. 7 Tab.) gr. 8. Göttingen 903. (Vandenhoeck & Ruprecht.) n. 4. —

קול זמרה ובו קבוצת שירים שונים מאת יעקב אייענבוים — Kol Simra (Stimme d. Gesangs. — Gedichte in hebrä. Sprache.) 8. (8¼ B.) Leipzig 836, Kummer.

Ḳōl terū'at jōḇel. Šīr tōdā ... Altona ([5]581 i Kronogr. (ɔ: 1821).) [Program til Festgudstjenesten i Anledning af den portugisiske Menigheds Synagoge i Altona's 50aarige Bestaaen, med Sange.]. (Hebr.). P.

Köl, J. E., neue Sittenschule in anmuth. Bildern, d. d. ganze Text Jesus Sirachs betr. 8. Augsb. Merz. 735.

Köl, Michael Anton (Mich. Adam?)

Köl, Mich. Ant. (Hrsg.), s. A n z e i g e n, Würzburger gelehrte.

Köl, Mich. Ant. (Hrsg.), s. A n z e i g e n, Würzburger wöchentl., von gelehrten u. and. gemeinnütz. Gegenständen.

Köl, Michael Anton, s. B l a n k, J. B.: Musivgemälde.

Köl, [A. M.]: Briefe über die jetzigen Angelegenheiten der teutschen Rheinlande. Bd 1. [einz.] Nürnberg 1818.

— Briefe über die Angelegenheiten der deutschen Rheinlande. 1s u. 2s Hft. gr. 8. Nürnb. 818. Riegel u. W. 1 ℛ 12 gr

Köl, Michael Anton, s. C i c e r o : Tusculanar.

Köl, Mich. Ant., Handbuch z. Stud. d. deutsch. Spr. und Lit. 1s Stck. 8. Würzb. Griesbach. 786.

Köl, Mich. Ant., Handbuch zum Studium d. deutschen Sprache u. Literatur. 1r Bd. 1r Thl. 8. Würzb. 791. Köl. 1 ℛ

— deutsche Sprachlehre nebst e. Wörterbuche ꝛc. gr. 8. Würzb. 791. Stahel. 13 gr

Köl, Uebersicht d. Blankischen, jetzt d. Universit. z. Würzburg gehörig. Natural. und mosaisch. Kunstkab. ꝛc. 8. Bamberg, Göbhardt. 810.
Dass. s.a.: Blank, J.B.

— kl. Wörterbuch für d. Aussprache, Orthographie ꝛc. (Als 2r Thl. der Sprachlehre.) gr. 8. Würzb. 790. Stahel. 16 gr

Kola, der letzte Zwanziger, s. Theater-Repertoir, Wiener.

Kola, N. J., Einer von der Feuerwehr, s. Theater, neues Wiener.

Kola, Rich., die Gusti. Wiener Roman. Umschlag v. Eduard Dussek. (132 S.) 8. Wien 906. P. Knepler. n. 2. —

Koláčeck, Frz., Beiträge zur electromagnet. Lichttheorie. D. Theorie d. Kerr'schen Reflexionphaenomens. [Aus: „Sitzungsber. d. k. böhm. Gesellsch. d. Wiss."] gr. 8. (31 S. m. 1 Abb.) Prag 895. (F. Řivnáč.) n. — 60

— üb. Berechng. d. Inductionscoefficienten langer Spulen. [Aus: „Sitzungsber. d. k. böhm. Gesellsch. d. Wiss."] gr. 8. (35 S.) Ebd. 896. n. — 72

Koláček, Frz., üb. den axialen Character der Magnetkraftlinien; e Schluss aus der Existenz d. Hall'schen Phaenomens. [Aus: „Sitzungsber. d. k. böhm. Gesellschaft d. Wiss."] gr. 8. (4 S. m. 3 Fig.) Prag 894. (F. Řivnáč.) n. — 12

Koláček, Frz., über die analytische Darstellung d. Huygens'schen Princips. [Aus: „Sitzungsber. d. k. böhm. Gesellsch. d. Wiss."] gr. 8. (12 S.) Prag 894. (F. Řivnáč.) n. — 40

Kolaček, Frz., über eine Methode zur Bestimmung des elektrischen Leitungsvermögens von Flüssigkeiten. Lex.-8. (12 S. mit 1 Holzschn.) Wien 884, (Gerold's Sohn.) **

— Über eine Methode zur Bestimmung des elektrischen Leitungsvermögens von Flüssigkeiten (mit 1 Holzschnitt). S 89. II 873 . . . . —.24
Separatabdruck

Koláček F.: Quarzprismen parallel zur Axe gespalten und das Glimmerblatt λ/4 (b.) 15. Brünn 75. Progr.

—— über Schwingungen fester Körper in Flüssigkeiten. Lex.-8. (32 S.) (Ebendas.) 883. **
aus: Sitzungsberichte der k. Akademie der Wissenschaften, besonders abgedruckt.

Theorie der Fortpflanzung des Lichtes in anisotropen Medien in induktiver Darstellg. Von Franz **Koláček** (in Prag). *Prag: Kgl. bohm. Ges. d. Wiss. 1897.* (107 S.) 8.
= **Věstnik** Král. Č. Společnosti Náuk. Třida math.-přirodovědecká. 1897. [No] 56. '98. 4600

Koláček, Franz, Theorie der Fortpflanzung des Lichtes in anisotropen Medien in induttiver Darstellung Gr.-8. (107 S.) —.90
Prag: Řivnáč in Komm. 1897.

— die ponderomotorischen **Wirkungen** e. variablen Magnetfeldes auf geschlossene Stromleiter u. ihre Verwertung f. die Bestimmung v. Selbstinductionscoefficienten. [Aus: „Sitzungsber. d. k. böhm. Gesellschaft d. Wiss."] gr. 8. (6 S.) Ebd. 894. n. — 20

Kolaczek, Erwin, Lehrbuch der Botanik. Ein Führer in das Pflanzenreich, vorzugsweise für Landwirthe u. Forstmänner, so wie für Freunde der Naturkunde. Mit 363 in den Text eingedr. Holzschn. Wien 856. Braumüller. gr. 8. (XV, 470 S.) n. 3 *ℛ*. 6 *ngr.*

Kolaczek, Erwin (Red.), s. Mitteilungen des ungar. Forstvereines.

Kolaczek, Hans, Arzt: Aus d. Bresl. Universitäts-Frauenklinik. Über die Uterusruptur. Ergebnisse d. Forschung d. letzten sieben Jahre. *Breslau 1903: R. Nischkowsky.* (95 S.) 8°
Breslau, Med. Diss. v. [24. Febr.] 1903

Kolaczek, Johannes: Ueber das Angio-Sarcom Breslau (Leipzig) 1877. (110 S, 2 Taf.) 8° *(Aus: Deutsche Zeitschr f Chirurgie Bd 9. [1877]) [Dem zuerst in Leipzig 1877 erschien. Sonderdrucke ist f d. Habilit ein Präsentationstitel nebst Thesen beigegeben; die Tafeln fehlen in d meisten Tauschexemplaren]*
Breslau, Med Fak., Hab.-Schr v 1 Aug 1877

Kolaczek, J[ohannes] *(geb Gleiwitz 13 12 1842)*: Ein Beitrag zur Schwangerschaft in einem verkümmerten Nebenhorne der Gebärmutter. Breslau (1873). (28 S.) 8°
Breslau, Med. Diss. v. 18. Apr. 1873

Kolaczek, Johs., Grundriss der Chirurgie. 2 Thle. gr. 8. [Berlin 884, Th. Fischer.] Leipzig, G. Thieme. *
Inhalt:
Thl. 1. Allgemeiner Theil. (I—X, S. 1—282 mit 104 Abbild.) *ℳ 15.
„ 2. Specieller Theil. (XI—XIX, S. 283—853 mit 99 Abbild.) *ℳ 5.

Kolaczek, Rob., die Krankheits- und Sterblichkeitsverhältnisse in Sr. Maj. Kriegsmarine während des Quinquenniums 1863—1867. Im Auftrage der Marine-Section des Reichs-Kriegsministeriums statistisch zusammengestellt. hoch 4. (III, 63 S. mit 5 Tab. in qu. Fol.) Wien 870, (Braumüller.) * 2 —

—— statistischer Sanitäts-Bericht Sr. Maj. Kriegs-Marine für das J. 1870. hoch 4. (93 S.) (Ebendas.) 872. * 2 —

Kołaczkowski, A., Graefenberg i Freiwaldau czyli Krótki Rys krytyczny kuracyi wodnéj, podlug zasad używanych w tych zadladach. 8. (15 B.) Wrocławiu 840, Schletter.

Kolanowski, Maximil. (geb. Posen 1815): De Mathia Casimiro Sarbievio Poloniae Horatio. Berolini (1842) (61 S.) 8°
Berlin, Phil. Diss. v 11 März 1842

Kolanowski, Wladislaus von

Kolanowski: De natura atque indole fabulae Euripideae, quae Alcestis inscribitur. 16 S. – Ostrowo, Progr. 1868.

Kolanowski, Wladislaus de *(geb Posen 13 9 1832)*: Quaestiones criticae in Euripideam Alcestidem. Posnaniae 1858. (54 S.) 8° *[Es gibt Exemplare mit d Datum „die mens Augusti a 1857" u d Druckjahr 1857, denen das Druckfehlerverzeichnis fehlt]*
Breslau, Phil. Diss. v 6. Mai 1858

Kolář, H., zur Pathologie u. Therapie des Pappatacifiebers, s.: Archiv f. Schiffs- u. Tropenhygiene. Beihefte. (Franz, K.)

Kolar, Heinrich: Erstes Lesebuch f. Stadtschulen, s. Rieger, Karl.

Kolar, Heinrich: Wiener Lesebuch für das erste Schuljahr, s. Rieger, Karl.

Kolar Heinrich, Rechenstoffe zur Übung im praktisch angewandten Rechnen. Für Taubstummenschulen und einfache Schulverhältnisse. I Teil. Unterstufe. Wien 1904. K. k. Schulbücherverlag Preis, in Halbleinwand gebunden 40 h.

Kolar Heinrich, Rechenstoffe zur Übung im praktisch angewandten Rechnen. Für Taubstummenschulen und einfache Schulverhältnisse. II. Teil: Mittelstufe. Wien 1906. Schulbücherverlag. In Halbleinwand geb. K —.75.

(F) **Kolar, H.,** Das erste Schuljahr in Wochenbildern. Ein Beitrag zur Neugestaltung des ersten Unterrichtes; zugleich Anleitung zum Gebrauche des „Wiener Lesebuches für das erste Schuljahr". Gr.-8°. (XXXII, 360 S.) K 2.85
Wien: Schulbücherverlg. 1909.

Kolár, J. J., pekla zplozenci, s. Besedy, slovanské.

Kolář, Josef, Mluvnice pro vyšší třídy škol hluchoněmých. Wien 1904 K. k. Schulbücherverlag. Preis, in Halbleinen gebunden 2 K 10 h.

Kolar, Savka, a. Zagreb ⟨Kroatien⟩: Aus der Frauenklinik der Kgl. Charité zu Berlin. Über Verblutung des Foetus bei Insertio velamentosa. Zagreb 1908: A. Scholz. (30 S.) 8°
Berlin, Med. Fak., Ref. Bumm, Diss. v. 7. Aug. 1908
[Geb. 13. Aug. 83 Sarajewo; Wohnort: Sarajewo; Staatsangeh.: Österreich; Vorbildung: Realgymn. Agram Reife M. 02; Studium: Zürich 5, Berlin 2, Kiel 1, Berlin 2 S.; Rig. 23. März 08.]

Kolařik, Wilhelm: Das Weib in anatomisch-physiologischer Hinsicht, und in Bezug auf den Mann betrachtet. 60 S., gbd.

Wien: typ. Ludwig 1836

Kolarzik, A. Der Styl in den Schriftwerken. Leitmeritz, O. G., 1854. 6 S. 4. Progr.

Kólassa, A. u. Mialovich, K. K. k. Steinsalzgrube und Salzsudhütte in Kaczyka. Ein Gedenkblatt. Czernowitz 1880.

Kolatschek, der neue Entwurf eines Volksschulgesetzes, s. Entwurf.

Kolatschek, A. W., Brutapparat u. künstliche Glucke im Bauernhofe, gemeinverständl. Anleitg. zur künstl. Erbrütg. u. Aufzucht des Haushuhnes, m. 18 Abbildgn. u. 1 Titelbild. (32 S.) gr. 8. Graz 908. (M. Pock.) 1. -

Kolatschek, Adf., das Wiener Pädagogium in den J. 1868—1881. gr. 8. (VIII, 216 S.) Leipzig 886, Reichardt Verlag. *

Kolatschek, Adolf: Die Stellung der Frauen in Amerika. Ein Vortrag. — Wien: Schönewerk 1864. V, 167 S. 8°

Kolatschek, A., Die Stellung der Frauen in Amerika. (167 S.) Troppau 1864. Kolck.

Kolatschek, Jul. Die evangelische Christuskirche zu Rudolfsthal [Maglaj am Verbas] in Bosnien. Denkschrift, zur bleib. Erinnerg. an die Grundsteinlegg. u. Weihe dieser Kirche hrsg. gr. 8. (40 S. m. 1 Bild.) Agram 889. (Klagenf., Heyn.) * — 50

Kolatschek, Jul., die Einweihung der evangelischen Christuskirche in Agram am 30. März 1884. Denkschrift, zum bleibenden Gedächtnis der Festfeier hrsg. gr. 8. (56 S.) Agram 884. (Leipzig, Buchh. des Vereinshauses.) *

—— Der Einzug d. lautern Evangeliums in Bosnien, s. Für die Feste u. Freunde d. Gustav-Adolf-Vereins.

Kolatschek, Jul., die Evangelisazion in Bosnien. Reiseberichte. 8. (VI, 102 S.) Agram 887, Suppan. **

Kolatschek, Dr. Julius, Evangelisches Herz, zage nicht! Reformationspredigt für das Jahr 1866 über Jes. 3, 17—21. 8. (14 S.) Wien, Tendler & Comp. (Carl Fromme.) 1866. 10 kr.

Kolatschek, Jul.(Alb.), der Gang der Liebe des Erlösers in den Tod ein Gang des Lebens. Gastpredigt gesprochen am Palmsonntag den 13. April 1862 in der Gumpendorfer evangelischen Kirche in Wien. Wien, Tendler & Co. gr. 8. (15 S.) n. 2 ngr.

Kolatschek, Jul., der Gang der Liebe des Erlösers in den Tod ein Gang des Lebens. Gastpredigt gesprochen am Palmsonntag den 13. April 1862 in der Gumpendorfer evangel. Kirche in Wien. gr. 8. (15 S.) Wien 862, (Fromme.) *

Kolatschek, Julius (Albert): Geschichte der evangelischen Gemeinde in Biala in Galizien. Als Beitrag zur Geschichte des östreich. Protestantismus überhaupt nach den Quellen mit Hinzufügung der wichtigsten Urkunden Teschen 1860: Prochaska 250 S

Kolatschek, Jul. (Alb.), Geschichte der evangelischen Gemeinde zu Biala in Galizien. Als Beitrag zur Geschichte des österreich. Protestantismus überhaupt nach den Quellen mit Hinzufügung der wichtigsten Urkunden dargestellt. gr. 8. (XIX und 250 S.) Teschen 860. (Bielitz, Zamarski.) *

Kolatschek, Jul., die Grundsteinlegung der evangelischen Kirche in Neunkirchen am 15. Juni 1862. Zur Erinnerung an die denkwürdige Feier hersg. Wien 862. (Fromme.) gr. 8. (16 S.) n. 3 ngr.

Kolatschek, J[ulius]: Die evangel. Kirche Oesterreichs in den dt.-slavischen Ländern — Wien: Selbstverl. der Gustav Adolf-Stiftung 1869 VI, 247 S.

Kolatschek, Jul., 25 Confirmations-Scheine m. Randzeichnungen. 6. unveränd. Aufl. gr. 4. Klagenfurt (901). J. Heyn. n. 3. —

— eine Missionsreise nach Bosnien. gr. 8. (25 S.) Agram 885. Suppan. n. — 80

—— eine Missionsreise nach Sarajevo in Bosnien. gr. 8. (32 S.) Ebendas. 886. **
Vorstehende zwei „Missionsreisen" sind vergriffen, jedoch in dem ersten Werke: Die Evangelisazion in Bosnien, mit enthalten.

Kolatschek, Jul., zwei Pfingst-Predigten. Wien 867. Helf. gr. 8. (27 S.) n. 4 ngr.

Kolatschek, Jul., die Steine reden! Festpredigt über Luk. 19, 37—40, gesprochen bei Gelegenheit der am 30. März 1884 vollzogenen Einweihung der evangel. Kirche in Agram. gr. 8. (15 S.) Agram 884. (Leipzig, Buchh. des Vereinshauses.) *

Kolatschek, Julius: Die evangel. Volksschule Oesterreichs in tabellarischer Darst — Wien: Selbstverl. der Gustav Adolf-Stiftung 1872. VI, 165 S.

Kolatschek, Jul., Wem gehören wir an? Festrede zur Feier des Reformazionsfestes über Joh. 6, 66—69. Eine protestant. Antwort auf die vatikan. Lehrmeinung, daß jeder Getaufte dem Papste angehöre. gr. 8. (14 S.) Graz 875, Verlag Leykam-Josefsthal. *

Kolatschek, Walter (Julius)

Kolatschek, W., u. O. Juzi, ausgewählte Abschnitte der kaufmännischen Arithmetik. 1. Heft. Englisches Geld u. Gewicht. (23 S.) 8. Zürich 909. (A. Bürdeke.) — 35

Kolatschek, Walter, J., aus Winterthur: Die schweizerische Volksbank 1869—1908. Basel 1909. IV + 114 S. 8°. [10. IX. 09.]
Zürich Univ. Staatswiss. Diss. 1909/10.

Kolatschek, W[alter] J[ulius]. Die Schweizerische Volksbank (in Bern), 1869—1908. [Mit 1 Tafel. Sep.-Abdr. aus: Schweizer. Zeitschrift für Kaufmännisches Bildungswesen.... Jahrg. 3, 1909, No. 8/9.] IV + 114 S. 8. ([Basel, G. Krebs] 1909.)

Kolatschen, Böhmische, e. Samml. böhm. Charakterzüge u. belust. Anekdoten, hrsg. v. Franta Wokrauliczek, ehemal. Zuckerbäckerei-Künstler. gr. 12. (5½ B. u. ill. Titkpfr.) Leipzig 833, O. Wigand.

Kolb, Antritts-Predigt, geh. in der Schloßkirche zu Stuttgart am 2. Advent 1903. (8 S.) gr. 8. Stuttgart 903. Holland & Josenhans. n. — 20

Kolb, Anweisung zum heilsamen Wassergebrauche, s. Oertel, E. F. C.

(**Kolb.**) Erinnerungen aus der Geschichte des k. k. 28. Inft.-Reg. (In deutscher und böhmischer Sprache.) 8. (Prag 1866.)

Kolb (Übers.u.Comm.):

s.: Ferguson, Robert: Das Kindbettfieber. (Essays on the most important diseases of women. Part 1: Puerperal fever. Dt.) Stuttgart: 1840

VERZEICHNIS der Bücher, Schriften u Urkunden des historischen Vereins für das Württ. Franken. Nachtrag (herausgegeben von KOLB). Hall 1894. (Ohne bes. Titelbl.) 8°.

Kolb, anatomische Wandtafeln, s.: Baur, Alfr.

Kolb, A., u. F. Baumann, Blitzrechentafel nebst den Tabellen: Kreis-Inhalte u. -Umfänge, Quadrate-, Kuben, Quadrat- u. Kubik-Wurzeln. (VI, 22 u. 2 S.) Lex.-8. Trier 903. F. Lintz. n. 1. 60

Kolb, A. G(ustav): Die Kraichgauer Ritterschaft unter der Regierung des Kurfürsten Philipp von der Pfalz. Stuttgart 1909: Kohlhammer. VIII, 155 S. 8° ¶ (Teil e. später erschein. Gesch. d. Kr. Rittersch.)
Freiburg i. B., Phil. Diss. v. 1909, Ref. v. Below
[Geb. 20. Febr. 71 Brigach; Wohnort: Freiburg i. B.; Staatsangeh.: Baden; Vorbildung: Gymn. Freiburg Reife Juli 91; Studium: Freiburg i. B. 8, Heidelberg 1, Freiburg i. B. 2 S.; Rig. 30. Juli 09.] [U 10. 1063

Kolb, Adelbert, Dr.: Ueber Dimethyldiphenylpyrazin und einige Derivate des Phenylacetons. 1896. 45 S. 8° ¶ Aus: J. Liebig's Annalen d. Chemie. Bd 291.
Darmstadt Te. H., Hab.-Schr. v. 16. 3. 1896

Kolb, Adelbert [app. Apotheker aus Gross-Umstadt]: Ueber die Konstitution der Nitroderivate des m-Kresols. . . . Tübingen, L. Fr. Fues'sche Buchdr. (W. Armbruster & O. Riecker), 1889; 50 S. + 1 Bl. 8°
Tübingen, Naturw. Fak., Inaug.-Diss. v. 1889

Kolb, Adf., numidische Löwen. Ein Drama in 3 Akten. (72 S.) 8. Berlin-Friedenau (910). Bureau Fischer. 1.50

Kolb, Adph., stuttgarter musikalische und unmusikalische Originale. (In 5 Lfgn.) 1. Lfg. 16. (52 S. mit eingedr. Holzschn.) Stuttgart 861, (Schaber.) *

Kolb, Adph., der Osterhas. Fabeln u. Erzählungen für Kinder. München 870. Braun & Schneider. gr. 4. (36 S. mit eingedr. Holzschn.) cart. 21 *ngr.*

HEINRICH von Z**, eine Erziehungsgeschichte eines jungen Adelichen (von *Albr. Kolb*). Kempten, Typographie, 1788. 8°. Rar!
Anon.-Lex. II. p. 274 (nach Kayser, Meusel u. Adelung).

Kolb, Albr., s. Heinrich v. Z.

Kolb, Alexis, bunt üb. Eck. Heitere Geschichten. (III, 170 S.) kl. 8. Weipert 910. Deutschböhmische Verlagsanstalt Sonnenwirbel. 1. —

Kolb, Alexis s. **Familienbibliothek**, Schweizer. Nr. 56.

Als Arbeiter in Amerika. Unter deutsch-amerikan. Großstadt-Proletariern von Alfred Kolb, Reg.-R. *Berlin: K. Siegismund 1904.* (II, 142 S.) 8° [5.]

Kolb, Alfr., als Arbeiter in Amerika. Unter deutsch-amerikan. Großstadt-Proletariern. 4. durchgeseh. Aufl. (IV, 141 S.) gr. 8. Berlin 905. K. Siegismund. n. 3. —; geb. in Leinw. n. 4. —
2. u. 3. Aufl. (à II, 141 S.) 904.

Kolb, Alfr., als Arbeiter in Amerika. Unter deutsch-amerikan. Großstadt-Proletariern. 5. durchgeseh. Aufl. (146 S.) gr. 8. Berlin 909. K. Siegismund. 3. —; geb. in Leinw. 4. —

Kolb, Alois, Sonne u. Erde, s.: Teuerdank. 26.

Kolb, Alois, vom Weibe, s.: Teuerdank. 21.

Kolb, Annette, kurze Aufsätze. gr. 8. (80 S.) München 899. U. Putze. n. 1. 50

Kolb, Annette, s.: Catarina v. Siena, der hl., Briefe.

— sieben Studien. (L'âme aux deux patries.) (127 S.) 8. München 906. H. Jaffe. n. 3. —; geb. n. 4. —

KOLB, Anton (Großkötz): De polypis hominum.- Augustae Vindelicorum: Wirth (1827). VIII,34 S.,1 Bl., Taf.
22.11.1827 - Urk; F 39
Diss. Ingolst.-Landsh.-Mchn.

Kolb, C., Grundriss der Anatomie,
—— Grundriss der Arzneimittellehre,
—— Grundriss der Geburtshilfe,
—— die Lehre von den venerischen Krankheiten,
} s. Repetitorien und Examinatorien, medicinische.

Kolb, C., Grundriss der pathologischen Anatomie,
—— Grundriss der vergleichenden Anatomie,
} s. Repetitorien und Examinatorien, medicinische.

Kolb, C., Grundriss der topographischen Anatomie,
—— Grundriss der Physiologie des Menschen,
} **s. Repetitorien und Examinatorien, medicinische.**

— Grundriss der pathologischen Anatomie. Mit 24 Abbildgn. in Holzschn. (im Text.) Ebend. 855. 16. (XVI, 396 S.) n. 1 *ℛ*. 18 *ngr.*
Medicin. Repetitorien u. Examinatorien. 2. Bd.

KOLB, C., Grundriss der vergleichenden Anatomie, nebst systematischer Uebersicht des Thierreichs und einer einleitenden Entwicklungsgeschichte. Mit 127 Abbildgn. in Stahlst. auf 10 Taf. Stuttgart 854. Krabbe. 16. (VIII, 334 S.) n. 1 *ℛ*. 18 *ngr.*
Medicin. Repetitorien u. Examinatorien. 1. Bd.

— Grundriss der Arzneimittellehre. Ebend. 857. 16. (VIII, 363 S.) n. 1 *ℛ*. 18 *ngr.*
Medicin. Repetitorien u. Examinatorien. 3. Bd.

Kolb, C. F. A., Anschauungsunterricht zur Weckung der ersten Zahlenbegriffe in Uebungen für die ersten Schuljahre. Für Schule u. Haus bearb. Stuttgart 860. Metzler. 8. (64 S. m. Holzschn.) n. 6 *ngr.*; cart. n. 7 *ngr.*

— großer Atlas der Naturgeschichte. Ein Anschauungs-Unterricht für Schule u. Haus. (1. Abth.) Das Thierreich. 1—12. Liefg. Stuttgart 860—64. Krais & Hoffmann. Fol. (Text: S. 1—116 m. Holzschn.) Jede Liefg. mit 5 lith. u. color. Taf. 1 *ℛ*

—— Beschäftigungen für die Jugend. Aufgaben und deren vollständ. Lösung für Familien und Schulen. 2 Thle. (in 1 Bde.) gr. 8. (VII und 268 S.) Stuttgart 859, Gebr. Scheitlin.

Kolb, C. F. A., Haustheater für die Jugend zur Aufführung im Familienkreise und im Figurentheater. Mit 4 (lithogr. und) color. Scenen. 2. Aufl. der Schauspiele. gr. 16. (IV, 171 S.) Stuttgart 877, Schmidt und Spring. cart. *

Kolb, C. F. A., biblischer Kindergarten. Sprüche und Liederverse für Schule und Haus. 8. (XII und 124 S. mit eingedr. Holzschn.) Stuttgart 851, Ebner und Seubert. *

—— biblischer Kindergarten. Sprüche und Liederverse für Schule und Haus. 2., durchgeseh. Aufl. 8. (XII und 124 S. mit eingedr. Holzschn.) Stuttgart 860, Metzler'sche Buchh. Verlags-Conto. * 7 Ngr.; cart. *

Kolb, C. F. A., biblischer Kindergarten. Sprüche und Liederverse für Schule und Haus. 3. verb. Aufl. 8. (XII, 160 S. mit Vignetten in Holzschn.) Stuttgart 873, Metzler's Verlag. cart. * 1 —

Kolb, C. F. A., Lesebuch in Handschriften, für den Schulgebrauch hrsg. 8. (IV und 101 lithogr. S. mit 14 lithogr. Vign.) Stuttgart 854(55,) Metzler'sche Buchh. *

—— Lesebuch in Handschriften für den Schulgebrauch hrsg. 2. unveränd. Aufl. 1870, und 3. Aufl. 8. (V, 104 autograph. S. mit 14 Vignetten.) Ebendas. 872. cart. * 1 —

—— Lesebuch in Handschriften. Für den Schulgebrauch hrsg. 4. und 5. Aufl. 8. (IV, 104 autogr. S. mit 14 eingedr. Vignetten.) Stuttgart 873,77, Metzler'sche Buchh. *

Kolb, C. F. A., Lesebuch in Handschriften. Für den Schulgebrauch hrsg. 6. Aufl. 8. (V, 104 lithogr. S. mit 14 eingedr. Vignetten.) Stuttgart 882, Metzler'sche Buchh. *

Kolb, C. F. A., Lesebuch in Handschriften. Für den Schulgebrauch hrsg. 7. Aufl. 8. (V, 104 S. mit 14 Vignetten.) Stuttgart 888, Metzler'sche Buchh., Verlag. cart. *

Kolb, C. F. A., Lesebuch in Handschriften. Für den Schulgebrauch hrsg. 8. Aufl. 8. (V, 104 S. m. 14 Vignetten.) Stuttgart 895. J. B. Metzler's Verl. Kart. n. 1. 10

Kolb's Lesebuch in Handschriften f. den Schulgebrauch. 9., m. Lesestücken in latein. Schrift verm. Aufl. gr. 8. (VIII, 112 S. m. Abbildgn.) Stuttgart 900. J. B. Metzler.
Geb. n. 1. 10

Kolb's Lesebuch in Handschriften f. den Schulgebrauch. 10. Aufl. (V, 104 S.) 8. Stuttgart 908. J. B. Metzler. Kart. 1. 10

Kolb, C. (F. A.), Naturgeschichte des Thierreichs. Ein Anschauungsunterricht für Schule und Haus. Fol. (80 ill. Stnt. und 198 S. Text mit 144 eingedr. Holzschn.) Stuttgart 868, Hoffmann'sche Verlagsh. 16 Thlr.; geb.
Erschien u. d. T.: Großer Atlas der Naturgeschichte. (1. Abthl.) Das Thierreich. In 16 Lfgn. à 1 Thlr., oder in 32 Lfgn. à 15 Ngr.

—— Naturgeschichte des Thierreichs. Ein Anschauungs-Unterricht für Schule und Haus. In 80 color. (lithogr.) Taf. und 154 (eingedr.) Holzschn. 2. Aufl. 4 Thle. Fol. [Stuttgart 880, Hoffmann'sche Verlagsh.] Gera, Griesbach's Verlag. geb. *

Inhalt:

Thl. 1. Naturgeschichte der Säugethiere. (VI, S. 1—56 mit 123 color. Abbild. auf 18 Doppelfol.-Taf. und 63 Holzschn.) *M 9.

" 2. Naturgeschichte der Vögel. (VI, S. 57—108 mit 248 color. Abbild. auf 20 Doppelfol.-Taf., 1 Taf. Eier und Nester und 25 Holzschn.) *M 10,50.

" 3. Naturgeschichte der Amphibien und Fische. (VI, S. 109—132 mit 81 color. Abbild. auf 7 Doppelfol.-Taf. und 25 Holzschn.) *M 3,50.

" 4. Naturgeschichte der Insekten, Spinnenthiere, Krustenthiere, Würmer, Weichthiere, Strahlthiere, Polypen, Aufgußthierchen. (IX, S. 133—188 mit 447 color. Abbild. auf 34 Doppelfol.-Taf. und 43 Holzschn.) *M 17.

— Schauspiele für die Jugend und ihre Freunde zur Aufführung im Figurentheater und Familienkreise. Mit 6 (lith. u.) color. Scenen. Stuttgart 854. Schmidt u. Spring. 8. (V, 120 S.) 22½ ngr.

—— s. Specht, Friedr., unsere Thierwelt.

Kolb, C. F. A., wilde Thiere aller Zonen. Ihre Gewohnheiten und Lebensweise, ihr Nutzen und Schaden in 60 nach der Natur gezeichneten und gemalten Taf. zum Anschauungs-Unterricht für Schulen und zur Belehrung und Unterhaltung für die Jugend. Mit Text. 5 Lfgn. Fol. (52 S. mit 60 ill. Stnt.) Esslingen a. N. 864,65, Schreiber. à Lfg. 14 Ngr.

—— Thierleben in Wald und Feld. Lithogr. von Thdr. Rothbart. qu. gr. 8. (16 S. mit 8 ill. Stnt.) Stuttgart 854, Gebr. Scheitlin.

— Was wollen wir spielen? Die schönsten Jugendspiele u. Spielreime für Knaben u. Mädchen. Stuttgart 867. Schmidt & Spring. 8. (IV, 220 S. mit eingedr. Holzschn.) cart. 1 ngr

Kolb, Cajetan Maria Fidelis von

— kurzer Begriff d. kathol. Lehre, mit e. faßl. u. prakt. Unterr. v. d 2 heil. Sakramenten d. Buße u. d. Altars. 8.... N. A. Dilling 803.

v. Kolb, Cajet. Maria Fid., d. Geist des Gebets zur Heiligung d. Gottesdienstes. Ein kathol. Gebetbuch. Mit Kpf. 8. Augsb. 804. Kranzfelder. 9 K weiß Pap. 11 K

Kolb, Cajet., d. Geist d. Gebetes z. Heilig. d. Gottesdienstes 2c. m. K. 8. Augsb. Kranzfelder. 806.
Weiß Pap.

— Predigt von der öftern christl. frommen Communion. 8. Augsb. 788. Doll. 2 K

— evangel. Predigten auf alle Sonntage d. ganzen Jahres. 2 Bde. 8. Augsb. 795.

— zehn Predigten zum Lobe des heil. Joseph; nebst drei besondern Reden. 8. Augsb. 792. 2e Aufl. 805. Doll. (Landsh., Krüll). 6 K

— Zeugnisse aus allen Jahrhunderten d. Kirche für das göttl. Gebot d. öftern christl. Communion. (3e Aufl.) 8. Augsb. 806. Doll. 9 K (1e Aufl. ohne de Namen d. Verf. unt. d. T.: Abhandlung über d. göttl. Gebot d. öftern christl. frommen Communion. 8. Augsb. 789. 2e A. 790.)

Kolb, Caj. Maria Fid. v., Zeugnisse aus allen Jahrhunderten d. Kirche f. d. göttl. Geboth d. öftern, christl.-frommen Kommunion. Nebst e. Vorschlage, d. heil. Abendmahl recht feyerl., wie ehemals bey d. ersten Christen auszutheilen. 4. Aufl. 8. (15½ B. u. Titkpfr.) Augsburg 833. (Regensburg, Manz.)

v. Kolb, Cajet. Maria Fid., Zeugnisse aus allen Jahrhunderten der Kirche für das göttliche Gebeth der öftern, christlich-frommen Kommunion. Nebst e. Vorschlage, das heilige Abendmahl recht feierlich wie ehemals bei den ersten Christen auszutheilen. 4e Aufl. Mit Titelkpfr. 8. Augsb. 833. (Landsh., Krüll.) 1/2 ₰

Kolb, Cajetan Maria Fidelis v., Zeugnisse aus allen Jahrhunderten der Kirche für das göttl. Gebot der öftern, christl.-frommen Kommunion. Nebst einem Anhange. 5., verm. und verb. Aufl. gr. 12. (XII und 226 S.) Augsburg 848, Doll. (Regensburg 848, Manz.)

Kolb, Cajetan Maria Fidelis v., Zeugnisse aus allen Jahrhunderten der Kirche für das göttliche Gebot der öftern, christlich-frommen Kommunion. Nebst einem Anhange. 6. (Titel-)Aufl. gr. 12. (XII und 226 S.) Augsburg 855, Doll.

Kolb, Carl, s. Kolb, Karl.

Kolb, Chr., die Anfänge des Pietismus u. Separatismus in Württemberg. gr. 8. (III, 218 S.) Stuttgart 902. W. Kohlhammer. n. 2. —
Sonderabdruck aus: „Württ. Vierteljahrshefte f. Landesgesch."

Kolb, Chr. [Prof.]: Zur Geschichte des alten Haller Gymnasiums. Schw. Hall, Buchdr. v. E. Schwend (1889); S. 1—52, 1 Bl. 4°
Schw. Hall, k. G, P 1889 (556)

Kolb, Chr., die städtischen Lateinschulen am Ende des Mittelalters. Ein Vortrag. 1. und 2. Aufl. 8. (23 S.) Schwäb.-Hall 887,88, Schober. *

Kolb, Christian, s.: Geschichtsquellen der Stadt Hall.

Kolb, Chrn., Geschichtsquellen der Stadt Hall, s.: Geschichtsquellen, württembergische.

Die Aufklärung in der Württembergischen Kirche von D. Christoph v.] Kolb. Stuttgart: W. Kohlhammer 1908. (231 S.) 8° [ʒ] 108. 15449

Kolb, Chrph., s.: Im Lichte d. Herrn.

Kolb, Christoph [Rechtspraktikant aus Thiersheim]: Kann einem Aktiengesellschaft a) einem anerkannten Verein b) einer offenen Handelsgesellschaft c) einer eingetragenen Genossenschaft als Mitglied angehören? ... Nürnberg, kgl. Bayer. Hofbuchdr. G. P. J. Bieling-Dietz, 1896; 32 S. 8.
Erlangen, Jur. Fak., Inaug.-Diss. v. 1896

Kolb, Conrad, s. Kolb, Konrad.

KOLB, Cyprian: Der heil. Bernhard, Abt von Clairvaux, als Censor seiner Zeit dargestellt nach seinem Werke „De consideratione lb. 5 ad Eugenium III" und unter Berücksichtigung seiner anderen Schriften. — (1906) 156 S. 8° (Handschr.) Diss. 953
Diss. Wien, Univ.

Kolb, Elsa, d. Nachtviole. E. Sonnwendsang. 8. (100 S.) Leipzig 896. F. Fleischer Verl.
Geb. in Leinw. m. Goldschn. n. 3. —

Kolb, Engelbert: Freyschießen, angeordnet von der Kgl. Baier. Residenz-Stadt München auf der Schießstätte der Kgl. Baier. Haupt-Schützen-Gesellschaft, als die 25jähr. Regierung ... Maximilian Joseph I. ... gefeyert wurde (17.—25. Februar 1824). München, 1824.

— Freischießen, angeordnet v. d. k. Baier. Residenzstadt München, bei d. 25jähr. Regierungsfeier Maximilian Joseph I. gr. 4. München 824. (Landsh., Krüll). 10 K

Kolb, Erdm., († d. 28. Jan. 1827.) Antrittspredigt bei seinem Anzuge in Suhl. 8. Schleusing. 801.

— Erzählung d. nähern Umstände, unter denen die Gemeinde zum heil. Kreuz in Suhl gebildet worden ist. 8. Suhl 806.

— Leitfaden zum Unterr. für Confirmanden. 8. Suhl 821.

— s. Versuch über d. Studium d. Theologie.

— bescheidene Zweifel u. Bedenklichkeiten gegen manche neuere Aufklärungen in der Theologie rc. 8. Leipz. 797. Fr. Fleischer. 8 K

Kolb, Erh., praktischer Führer durch die fränkische Schweiz, s.: Ende, Frdr.

Kolb, F. W., u. J. Kull, Rechnungs- u. Reductions-Tabellen z. Gebr. bei d. Erhebung d. Ein-, Aus- u. Durchgangs-Abgaben nach d. Vereins-Zoll-Tarif v. 31. Okt. 1833. gr. 4. (2½ B.) Mainz 834, Kunze.

KOLB, Ferdinand (Augsburg): De resectione ossium.- Augustae Vindelicorum: Wirth 1837. 20 S.
11.4.1835 - Urk; F 62
Diss. Ingolst.-Landsh.-Mchn.

Kolb, Fr., Lehr- u. Lesebuch für ländliche Fortbildungsschulen, s.: Deißmann, K.

Kolb, Fr., Rom. Wegweiser f. Deutsche. 2. Aufl. Mit 1 Plane der Stadt u. deren Strassenbahnen in farb. Angabe. (222 S.) kl. 8. Rom 905. Loescher & Co. n. 1. 65

Kolb, Frz., die Offenbarung, betrachtet vom Standpunkt der Weltanschauung und des Gottesbegriffs der Kabbala. gr. 8. (XIII, 445 S.) Leipzig 888, Fock. * 6 —

Kolb, Franz Wilhelm (Dauernheim)
N.N. hat eine gedruckte Thesensammlung eingereicht, die bis 1945 i.d. UB Giessen vorhanden war (A 56456/9c).
Dr. med. Giessen 18.2.1835.

Kolb, Frdr, Stenograph. Lehr- u. Übungsbuch der deutschen Handelskorrespondenz. Auszug aus Gloeckners Lehrbuch d. deutschen Handelskorrespondenz. Als Hilfsbuch zum Unterrichte in d. Gabelsbergerschen Stenographie an Realgymnasien, Real- u. Handelsschulen, in kaufmänn. u. stenograph. Vereinen, sow. z. Privat- u. Selbstunterr. gr. 8. (VIII, 143 S.) Leipzig 898. G. A. Glöckner. n. 2. —; geb. n. 2. 40

Kolb, Frdr., stenograph. Uebungsbuch der deutschen Handelskorrespondenz. Auszug aus Gloeckners Lehrbuch der deutschen Handelskorrespondenz. Als Hilfsbuch zum Unterrichte in der Gabelsberg. Stenographie an Realgymnasien, Real- u. Handelsschulen, in kaufmänn. u. stenograph. Vereinen, sowie zum Privat- u. Selbstunterrichte. 2. vollständig umgearb. Aufl. Hrsg. v. Karl Langbein. (IV, 107 S.) gr. 8. Leipzig 904. G. A. Gloeckner. n. 1. 60; geb. n.n. 1. 80

Kolb, Frdr., stenographischer Lehrgang für die Jugend. Gabelsberger's Stenographie (Wortbildg. u. Wortkürzg.) zum Selbststudium, sowie Privat- u. Kursunterricht, für die deutsche Jugend leichtfaßlich in 59 Lektionen bearb. gr. 8. (III, 55 S.) Nürnberg 902. F. Korn. Kart. n. 1. —

Kolb, Georg

Kolb, Geo., kaufmännische Aufsätze u. Briefe. Gesammelt u. in Gabelsberger'sche Stenographie, Verkehrs- u. Redeschrift, übertr. 2. Aufl. (24 S.) 8. Nürnberg 909. F. Korn. — 60

Kolb, Geo., Ausflugsbuch der Umgebung v. Nürnberg u. Fürth f. Radfahrer. Mit besond. Berücksicht. d. Altdorfer, Hersbrucker u. fränk. Schweiz. Mit 2 Karten. 12. (VIII, 166 S.) Nürnberg (899). F. Korn. n. 1. 20

Kolb, Geo., S. J., Engel-Büchlein, s.: Mariani, Ant. Frz.

Kolb, Geo., S. J., Josefi-Büchlein, s.: Mariani, A. F.

— Lehrgang der Gabelsbergerschen Stenographie. Nach den Beschlüssen des 7. deutschen Stenographentages zu Berlin 1902 f. den Schul-, Vereins- u. Selbstunterricht bearb. 2 Tle. 8. Ebd. n. 2. 30
1. Die Verkehrsschrift. Mit e. Anh. f. Handels- u. Realschulen, kaufmänn. Kurse u. Vereine. 3. neubearb. u. 4. Aufl. (à XII, 79 S.) 905. 906. n. 1. 20
2. Die Redeschrift. (Satzkürzung.) Mit e. Anh. f. Handels- u. Realschulen, kaufmänn. Kurse u. Vereine. 2. neubearb. Aufl. (IV, 55 S.) 905. n. 1. 10

— Mitteilungen üb. das Wirken der P. P. Jesuiten u. der marianischen Kongregationen in Linz während des 17. u. 18. Jahrh. Aus alten Berichten gesammelt. Mit dem Überblick der Xenia od. Jahresandenken der Kongregationen in Linz, vom J. 1678—1783. Zum bleib. Andenken an den grossen deutschen Sodalen-Tag in Linz (7. u. 8. IX. 1907). (232 S. m. Abbildgn. u. 1 Taf.) 8. Linz 908. Pressverein. 1. 50

Kolb, Geo., S.J., marianisches Niederösterreich, s.: Maurer, K.

Kolb, Georg [aus Ammerndorf]: Ueber Nitrosobasen des m-Oxydiphenylamins ... Ratibor, Druck v. F. Schmeer & Söhne, 1891; 28 S. 8.
Erlangen, Phil. Fak., Inaug.-Diss. v. 1891

Kolb, G., marianisches Oberösterreich. Denkwürdigkeiten der Marienverehrung im Lande ob der Ens. Mit dem xylogr. Titelbilde der Statue d. Unbefleckten im Mariendome zu Linz u. m. 25 zinkogr. Textbildern. 12. (XI, 328 S.) Linz 889. Haslinger. n. 2. —

Kolb, Geo., d. Standesbeamte. Prakt. Anleitg. z. Vollzuge d. Reichsgesetzes am 6. Febr. 1875 über d. Beurkundg. d. Personenstandes u. d. Eheschliessg. u. d. bayer. Verehelichungsgesetzes v. 16. Apr. 1868. Für Standesbeamte u. Bürgermeister d. Landgemeinden d. rechtsrhein. Bayern. M. 129 Beispielen. gr. 8. (XII, 201 S.) München 896. J. Schweitzer Verl. Kart. n. 2. 20

Kolb, G., Touren-Buch d. Alpengebietes f. Radfahrer, Enth. d. Touren d. Alpenländer: Schweiz, Lichtenstein, Vorarlberg, Tirol, Kärnten, Salzburg, Steiermark, Krain u. Küstenland, Nord-Italien, Ober- u. Niederösterreich u. Südbayern.) In Profilmanier bearb. u. zusammengest. Hrsg. v. Hauptkonsulat München d. deutschen Tourenklub (Allgem. Radf.-Union) a. V. 12. (XXXVII, 199 S. m. 4 farb. Karten.) München 898. (J. Lindauer.) Kart. n. 3. —

— Touren-Buch d. Alpengebietes f. Radfahrer. Enth. die Touren der Alpenländer: Schweiz, Lichtenstein, Vorarlberg, Tirol, Kärnten, Salzburg, Steiermark, Krain, u. Küstenland, Norditalien, Ober- u. Niederösterreich u. Südbayern. In Profilmanier bearb. u. zusammengestellt. (II. Tl.: Touren östlich der Brennerstrasse.) Mit 1 Uebersichts- u. 4 grossen Tourenkarten je zum I. u. II. Tl. Hrsg. v. deutschen Touring-Club München (E.V.) 12. (XXXV, 291 S.) München 900. (J. Lindauer.) n. 3. —

Kolb, Georg. Touren-Buch des Alpen-Gebietes für Rad- und Automobil-Fahrer. Enthält die Touren der Alpenländer: Schweiz, Lichtenstein, Vorarlberg, Tirol, Kärnten, Salzburg, Steiermark, Krain und Küstenland, Norditalien, Ober- und Nieder-Österreich und Südbayern. Bearb. und zusammengestellt von G' K'.... 2. neu bearbeitete Aufl. Mit einer Uebersichts- und vier grossen Tourenkarten je zum 1. und 2. Teil. Hrg. vom Deutschen Touring-Club, München, e. V. (Teil 1: Alpengebiet westlich der Brennerstrasse.) XVI + 344 S. 8. (Nürnberg, [Buchdr.] Fr. Schwemmer; [München, Literarisch-artist. Anstalt, 1907].) [cart. M. 3. —]

Kolb, Geo., Touren-Buch des Alpen-Gebietes f. Rad- u. Automobil-Fahrer. Enth. die Touren der Alpenländer: Schweiz, Lichtenstein, Vorarlberg, Tirol, Kärnten, Salzburg, Steiermark, Krain u. Küstenland, Norditalien, Ober- u. Niederösterreich u. Südbayern, sowie Bosnien u. Herzegowina. II. neu bearb. Aufl. Mit grossen Tourenkarten. Hrsg. vom Deutschen Touring-Club, e. V., München. (XVI, 303 S.) kl. 8. München (909). (Literar.-artist. Anstalt.) Kart. 3. —

Kolb, Geo., Wegweiser in die marianische Literatur, zunächst für Maivorträge und Vereinsansprachen. Eine Sammlung vorzugsweise der 4 letzten Jahrzehnten, nebst Winken zu deren Benützung und Ergänzung. gr. 8. (VIII, 224 S.) Freiburg i. Br. 888, Herder'sche Verlagsh. * 2 —

— Wegweiser in die marianische Literatur, zunächst für Maivorträge u. Vereinsansprachen. Eine Sammlg. vorzugsweise deutscher Werke von 1850 bis Anfang 1900, nebst Winken zu deren Benützg. u. Ergänzg. Neue, durch e. bis Anfang 1900 reich. Nachtrag ergänzte Ausg. gr. 8. (VII, 224 u. VIII, 120 S.) Freiburg i/B. 900. Herder. n. 3. 60; Suppl., reichend bis Anfang 1900, allein (VIII, 120 S.) n. 1. 50

Kolb, Georg Friedrich (wirkl. Name), s.a. Broch, F. K. (Pseud.)

Kolb, G. Fr., Abriß der Erd-, Völker- u. Staatenkunde, oder Lehrb. der Erdbeschreibung. 8. Speyer 829. Kolb. 9 gr

Kolb, Geo. Friedr., Abriß d. Erd-, Völker- u. Staatenkunde. Oder Lehrbuch d. Erdbeschreibung. 1. Aufl. (18 B.) 829. 9 Gr., 2., mit d. nöth. Ergänzungen verm. A. (18½ B.) 8. Speyer 834, [Neidhard.]

Kolb, Georg Fr., Abriß der Erd-, Völker- u. Staatenkunde. Oder Lehrbuch der Erdbeschreibung. 2e, mit den nöthigen Ergänzungen verm. Ausg. gr. 8. Speyer 834. Kolb, jetzt Lang'sche Buchh. ⅓ ß

Kolb, G. Fr., Abriß der Culturgeschichte der Menschheit. Auf Grundlage seines größeren Werkes bearbeitet. gr. 8. (V, 97 S.) Leipzig 880. Felix. n. 1. 20

Kolb, G. Fr., Beiträge zur Statistik der Industrie und des Handels der Schweiz. gr. 8. (46 S.) Zürich 859, Meyer und Zeller's Verlag. *
Aus: Monatsschrift des wissenschaftlichen Vereins in Zürich, besonders abgedruckt.

— Darstellung der franz. Gesetzgebung von 1787—1815. Geschichte der franz. Revolution u. Napoleons, nach der Gesetzgebung durch die Gesetzgebung der verschied. Zeiträume beurtheilt. 2 Bde. gr. 8. Speyer 834, 36. Kolb. (Neidhard.) 2⅓ ß

— Darstellung d. französ. Gesetzgebung v. 1787—1815. Gesch. d. französ. Revolution u. Napoleons, nach d. Gesetzgebung u. durch d. Gesetzgeb. d verschied. Zeiträume beurtheilt. 1. Bd. gr. 8. (25¾ B.) Speyer 834, [Neidhard.]

Kolb, Geo. Friedr., Darstellung d. französ. Gesetzgebung v. 1787—1815. Gesch. d. franz. Revolution u. Napoleons, nach d. Gesetzgeb. u. durch d. Gesetzgebung d. verschied. Zeiträume beurtheilt. 2. (letzt.) Bd. gr. 8. (15¾ B.) Speier 836, (Neidhard's Buchh.) *
1. Bd. Ebendas. 1834. * 1 Thlr. 12 Gr.

— Kaiser Friedrich, d. Hohenstaufe. .. Speier ... Kolb

— Friedrich II. und Napoleon, vergleichend dargestellt. 12. Speyer 829, jetzt Lang'sche Buchh. ⅙ ß

Kolb, G. F., Geschichte der Menschheit u. der Kultur. Supplement zu allen Werken über Weltgeschichte. 2 Abtheil. Das Alterthum. — Das Mittelalter und die Neuzeit. 8. Pforzheim 843, Dennig, Finck u. Comp. (Stuttg., Scheible, R. u. S.) 1¾ ß

Kolb, G. F., Geschichte der Menschheit u. der Kultur. Supplement zu allen Werken üb. Weltgeschichte. 2 Abthl. Das Alterthum. — Das Mittelalter u. die Neuzeit. 8. (48 B.) Pforzheim 843. [Stuttgart, Scheible, Rieger u. Sattler.]

Kolb, Georg Friedrich, s. Goldsmith, O.: Der Vicar von Wakefield.

— Grundriss der Statistik der Völkerzustands- und Staatenkunde. Ein Handbüchlein für Jedermann. Leipzig 862. Förstner. (Felix.) gr. 8. (78 S.) n. 10 ngr.

— Grundriss der Statistik der Völkerzustands- u. Staatenkunde. Ein Handbüchlein für Jedermann. 2. u. 3., umgearb. Aufl. Ebend. 865—68. gr. 8. (II, 78 S.) n. 10 ngr.

— Grundriss der Statistik der Völkerzustands- und Staatenkunde auf Grundlage der neuesten staatl. Gestaltungen. Ein Handbüchlein für Jedermann. 4., völlig umgearb. Aufl. gr. 8. (88 S.) Ebendas. 871. * 1 —

Kolb, G. Fr., Handbuch der vergleichenden Statistik — der Völkerzustands- und Staatenkunde. — Für den allgem. prakt. Gebrauch. gr. 8. (XII und 388 S.) Zürich 856(57,) Meyer und Zeller's Verlag. *

— Handbuch der vergleichenden Statistik, der Völkerzustands- und Staatenkunde. Für den allgemeinen prakt. Gebrauch. 2., umgearb. Aufl. gr. 8. (XVI und 432 S.) Leipzig 860, Förstner'sche Buchh. *

— Handbuch der vergleichenden Statistik der Völkerzustands- und Staatenkunde. Für den allgemeinen praktischen Gebrauch. 2. Aufl. 860. (XVI, 432 S.) — 3. umgearb. Aufl. Ebend. 862. gr. 8. (XVI, 479 S.) n. 2 ß 10 ngr.

—— Handbuch der vergleichenden Statistik — der Völkerzustands- und Staatenkunde. — Für den allgemeinen prakt. Gebrauch. 3. Aufl. 1862. * 2 Thlr. 10 Ngr., 4. Aufl. 1865. * 2 Thlr. 27½ Ngr. und 5., umgearb. Aufl. gr. 8. (XX und 616 S.) Leipzig 868, Felix. *

—— Handbuch der vergleichenden Statistik der Völkerzustands- und Staatenkunde. Für den allgemeinen prakt. Gebrauch. 6., auf Grundlage der neuesten staatl. Gestaltungen umgearb. Aufl. gr. 8. (XXIV, 720 S.) Ebendas. 871. * 11 —
—— dass. — 7., auf Grundlage der neuesten staatl. Gestaltungen bearb. Aufl. gr. 8. (XXIV, 886 S.) Ebendas. 875. * 20 —

Kolb, G. Fr., Handbuch der vergleichenden Statistik — der Völkerzustands- und Staatenkunde. — Für den allgemeinen prakt. Gebrauch. 8., auf Grundlage der neuesten staatl. Gestaltungen bearb. Aufl. gr. 8. (VIII, 535 S.) Leipzig 879, Felix. *

—— statistisches Handbüchlein der Völkerzustands- und Staatenkunde. Zum allgemeinen Gebrauche, sowie auch zum Gebrauche an Handelslehr- und höhern Bildungsanstalten. Supplement zu allen Lehrbüchern der Erdbeschreibung. 5., völlig umgearb. Aufl. gr. 8. (118 S.) Ebendas. 875. * 2 —

Kolb, Georg Friedr.,
— Die Handwerker nach den Forderungen der Gegenwart. 1878.

[Kolb, Georg Friedrich.] Kaspar Hauser. Kurze Schilderung seines Erscheinens und seines Todes (1833); Zusammenstellung und Prüfung des bis jetzt vorliegenden Materials über seine Abstammung; Mittheilung seither noch nicht veröffentlichter Thatsachen, und kritische Würdigung der Angaben von (Anselm) Feuerbach, (Daniel Friedrich) Eschricht und der neuesten von (G[eorg] Fr[iedrich]) Daumer. Von F. K. Broch. 8. Zürich 1859.

—— Kaspar Hauser. Aeltere und neue Beiträge zur Aufhellung der Geschichte des Unglücklichen. gr. 8. (181 S.) Regensburg 883, Coppenrath. *

— Rheinische Horen. .. Speier ... Kolb. 1 rß 4 gℛ

—— zur Impffrage. Unzulänglichkeit der bisher. Ermittelungen und Verlangen nach Aufhebung des Impfzwanges. gr. 8. (78 S.) Ebendas. 877. *

—— die Impfzwangsfrage im letzten deutschen Reichstag und in dessen Petitionscommission. 8. (12 S.) Stuttgart 878, A. Müller. *

—— ist die Klage über zunehmende Verarmung u. Nahrungslosigkeit gegründet; welche Ursachen hat das Uebel, u. welche Mittel z. Abhülfe bieten sich dar? Versuch e. Beantwort. dies. Fragen. 2. Ausg. gr. 8. (6¾ B.) Speyer 837, Neidhard's Bh.

[Kolb, Georg Friedrich.] Italien und die jetzige politische Lage des übrigen Europas (* *Umschlag:* I' in seiner neuzeitlichen nationalen Entwickelung und jetzigen politischen Lage). Einleitung zur Geschichte Italiens vom Beginne der ersten französischen Revolution bis zur neuesten Zeit. Von F. K. Broch. 8. Zürich 1859.

Kolb, G. Friedr., Culturgeschichte der Menschheit, mit besond. Berücksicht. von Regierungsform, Politik, Religion, Freiheits- und Wohlstandsentwickelung der Völker. Eine allgemeine Weltgeschichte nach den Bedürfnissen der Jetztzeit. 2 Bde. in 13 Lfgn. gr. 8. (XVI, 456; XVIII, 558 S.) Leipzig 868—70, Felix. à Lfg. * ℳ 1. * 13 —
—— dass. — 2. umgearb. Aufl. 2 Bde. in 16 Lfgn. gr. 8. (XXXII, 515; XX, 704 S.) Ebendas. 873. à Lfg. * ℳ 1. * 16 —

Kolb, G. Fr., Culturgeschichte d. Menschheit. 2 Bde. (in 1). Leipzig 1869—70. Gr. 8°. Hlwdh.
1: XVI—455 S. 2: XVII—55? S. — Die zweite Aufl. erschien 1872—73.

Kolb, G. Fr., Culturgeschichte der Menschheit, mit besond. Berücksicht. von Regierungsform, Politik, Religion, Freiheits- und Wohlstandsentwickelung der Völker. Eine allgemeine Weltgeschichte nach den Bedürfnissen der Jetztzeit. 3. völlig umgearb. Aufl. 16 Lfgn. oder 2 Bde. gr. 8. (XXIII, 587; XVIII, 688 S.) Leipzig 884,85, Felix. à Lfg. * ℳ 1. *

— das Leben Friedrichs d. Einzigen. 5 Bdchn. 12. Speier 828. Kolb. 1 rß (56 Bdchn. A. u. d. T.: Friedrich II. u. Napoleon. 829. 5 gℛ)

—— das Leben Friedrich d. Einzigen. (4 Bdchn.) 12. ... Speyer 828, [Neidhard.]

— das Leben Friedrich des Einzigen. N. Ausg. 3 Bdchn. Mit Friedrich's Bildniß in Stahlstich. 12. Speyer 840. Lang. (Lang u. Korn.) ¾ rß

—— das Leben Napoleons. Unter krit. Benützung d. vorzügl. franz., deutschen u. engl. Werke üb. dens., in Kürze — volksthüml. u. möglichst wahrheitstreu — geschildert. 16. (11 B. u. N's. Portr., Stahlst.) Speyer 840, Lang'sche Buchh.

—— das Leben Napoleons. Unter kritischer Benützung der vorzüglichsten französ., deutschen u. engl. Werke über denselben, in Kürze — volksthüml. u. möglichst wahrheitstreu — geschildert. 2., verm. Ausg. gr. 16. (11⅝ B. u. Napoleons Bildn. in Stahlst.) Speyer 843, Lang.

— Lebensgeschichte der Glieder d. Familie Bonaparte. 12. Speyer 829, jetzt Lang'sche Buchh. 1/12 rß

— Lebensgeschichte Napoleons. Nach d. vorzügl. gedruckten Werken. 6 Bdchen. 16. Speyer 826, (Leipz. Fr. Fleischer.)

Kolb, G. Fr., Lebensgeschichte Napoleons. Nach d. vorzügl. gedruckten Werken. 8 Bdchn. 16. Speier 826. Kolb. 1 rß 12 gℛ

— Lebensgeschichte Napoleon's. 7 Bdchn. 12. Speyer 826, 27, jetzt Lang'sche Buchh. 1¼ rß

—— Lebensgeschichte Napoleons. 8 Bdchn. 12. ... Speyer 827, [Neidhard.]

— Lebensgesch. der merkwürd. Zeitgenossen. 7 Bdchn. Speier ... Kolb. 1 rß 6 gℛ

Kolb, Geo. Friedr., Lebensgeschichte d. merkwürdigsten Zeitgenossen. 7 Bdchn. — A. u. d. T.: Lebensgesch. d. merkwürd. Personen uns. Zeit. 2 Thle. 12. (36½ B.) Speyer 827—30, [Neidhard.] Thlr.

— Lebensgeschichte der merkwürdigsten Zeitgenossen. 16—7 Bdchn. 12. Speyer 827—31, jetzt Lang'sche Buchh. (à ⅙ rß) 1⅙ rß

—— die Nachtheile des stehenden Heerwesens und die Nothwendigkeit der Ausbildung eines Volkswehrsystems. Vortrag. gr. 8. (36 S.) Leipzig 862, [Felix.] *

—— statist.-topograph. Schilderung v. Rheinbayern. 2 Thle. 8. ... Speyer 831, 33, [Neidhard.]

—— dass. — Supplementhft. 8. (10½ B.) Ebds. 835.

Kolb, (G. Fr.,) kleine Schriften, polit. u. geschichtl. Inhalts. 8. Speyer 826, (Lpz., Fr. Fleischer.)

— kleine Schriften, polit. u. geschichtl. Inhalts. 8. Speier 826. Kolb. 1 ℔

— kleine Schriften, politischen u. geschichtlichen Inhalts. 8. Speyer 826, jetzt Lang'sche Buchh. u. der Preis 7/12 ℔

[Kolb, Georg Friedrich.] Die Schweiz in ihren bürgerlichen und politischen Zuständen, ihren finanziellen, militärischen, Gewerbs- und Handels-Verhältnissen.... 2., völlig umgearbeitete und vermehrte Aufl. der Schrift: „Schweizerische Zustände." 8. Zürich 1858.

Ausg. A. (Ergänzungsband zu allen Reisehandbüchern über die Schweiz. — Schweizerische Reise-Bibliothek. [Bändchen] 1.)

Ausg. B. [Sep.-Ausg.]

(Kolb, G[eorg] F[riedrich].) Die Schweiz in ihren bürgerlichen und politischen Zuständen.... 2., völlig umgearbeitete und vermehrte Aufl. der Schrift: „Schweizerische Zustände." (3. Ausg.) 8. Zürich 1858.

(Ergänzungsband zu allen Reisehandbüchern über die Schweiz.)

—— die wichtigsten älteren Staatsprocesse in England. Beiträge zur Kenntniß des Rechtswesens, der Geschichte und Socialverhältnisse in jenem Lande; zugleich Lebens- und Charakterbilder hervorragender Staatsmänner. Mit Parallelen aus der neuern Justizgeschichte des europäischen Festlandes. Zur Belehrung und Unterhaltung. 2 Bde. 8. (XXVI und 448 S.) Leipzig 861, Förstner'sche Buchh. Thlr. *

— der heutige Stand der Impffrage in kurzen Umrissen. gr. 8. (38 S.) Leipzig 879. Felix. — 60

—— Statistik der Neuzeit. Auf Grundlage der neuesten Volkszählungen, Arealberechnungen, Budgetaufstellungen, Staatsschulden- und Armeestärkeberechnungen etc., zugleich Suppl. zum Handbuch der vergleichenden Statistik — der Völkerzustands- und Staatenkunde —, 8. Aufl. 1879. Für den allgemeinen prakt. Gebrauch bearb. 4 Lfgn. gr. 8. (XII, 432 S.) Leipzig 883, Felix. à Lfg. *ℳ 2,80. *

— allgemeine Uebersicht von Asien, Afrika, Amerika u. Australien. Nach den besten Hülfsmitteln entworfen. 1 Tab. in gr. Fol. Speier 822. Kolb. 2 ℊ

— allgemeine Uebersicht von Asien, Afrika, Amerika u. Australien. Nach den besten Hülfsmitteln entworfen. 1 Tabelle in gr. Fol. Speyer 822, (Mannheim, Löffler.)

— allgemeine Uebersicht sämmtl. Staaten Europas. 1 Tab. in gr. Fol. Speier. 1e u. 2e Aufl. 825. Kolb. 4 ℊ

— Uebersicht sämmtl. Staaten Europa's. 2e Aufl. 1 Tabelle in gr. Fol. Speyer 825, (Mannheim, Löffler.)

— s. Universal-Instruction.

Kolb, G. Frdr., die Verwerflichkeit der Grundlage des französischen [nun auch in Deutschland eingeführten] Strafrechtsverfahrens, u. die Nothwendigkeit einer wahren Sicherung der persönl. Freiheit. [Aus der Speyerer Zeitung abgedr.] 8. (25 S.) Speyer 851, Lang. 3 ℔

[Kolb, Georg Friedrich.] Schweizerische Zustände.... 8. Basel und Zürich 1856.

Kolb, George

Kolb, Geo., d. Ansiedelung deutscher Landwirte in Süd-Ost-Afrika bes. d. Uhehe-Hochlande. gr. 8. (53 S.) Giessen 898. E. Roth. n. 1. 80

Kolb, George [app. Arzt aus Bayreuth]: Beiträge zu einer Geographischen Pathologie Britisch Ost-Afrikas ... M. e. Taf. Giessen, grossh. Hof- u. Univ.-Dr. C. v. Münchow, 1897; 50 S., 1 Taf. 8.

Giessen, Med. Fak., Inaug.-Diss. v. 1897

— Beiträge zu e. geograph. Pathologie Britisch-Ost-Afrikas. M. 1 Taf. gr. 8. (50 S.) Giessen 897. (Leipzig, Buchh. G. Fock.) n. 1. —

Kolb, George. Beiträge zur Physiologie maximaler Muskelarbeit besonders d. modernen Sports. gr. 8. (VIII, 105 S. m. eingedr. Holzschn. u. 1 Taf.) Berl. 888, Braun u. Comp. * 3 —

Kolb, George, Schutz der nationalen Arbeit. gr. 8. (16 S.) Bayreuth 883, (Gießel.) *

KOLB, Gustav (Ansbach): Multiple Hirnnervenlähmung. (Titel nach der Urkunde) 21.7.1897 - Urk; Chr 1897/98,17
Diss. Ingolst.-Landsh.-Mchn.

Kolb, G., s.: Sammel-Atlas f. den Bau v. Irrenanstalten.

Kolb, Gust. & Karl Gmelich, von der Pflanze zum Ornament. (I. Serie.) 30 farb. Taf. gr. Fol. (IV S.) Mit Text. 4. (34 S. m. Abbildgn. u. 7 Taf.) Göppingen (902). Illig & Müller. In Leinw.-Mappe n. 12. —

Kolb, Gust., u. Karl Gmelich, von der Pflanze zum Ornament. II. u. III. (Schluss-) Serie. (20 farb. Taf.) gr. Fol. Göppingen (902). (Berlin, Neufeld & Henius.) In Leinw.-Mappe à 12. —

Ser. I jetzt Ebd. 902. In Mappe 12. —.

— Vorschläge f. die Ausgestaltung der Irrenfürsorge u. f. die Organisation der Irrenanstalten. Unter besond. Berücksicht. der bayer. Verhältnisse. Nach e. Vortrag im Vereine bayer. Psychiater, Pfingsten 1908. (45 S.) 8. Halle 908. C. Marhold. 1. 20

Kolb, H., Aufnahmen mittelalterl. Wand- u. Deckenmalereien, s.: Borrmann, Rich.

— u. Th. Seubert, der Decorateur. Mustersammlung f. Tapezierer. Ausstattung v. Innenräumen. (In 10 Lfgn.) 1—6. Lfg. Fol. (à 5 Chromolith.) Stuttgart 885. 86. Wittwer's Verl. à n. 10. —

— u. Th. Seubert, der Decorateur. Mustersammlung f. Tapezierer. Ausstattung v. Innenräumen. 7.—10. [Schluss-]Lfg. Fol. (à 5 Chromolith. m. 1 Bl. Text.) Stuttgart 887. 888. Wittwer. à n. 10. — (cplt. in Mappe: n. 100. —)

—— Glasmalereien des Mittelalters und der Renaissance. Orig.-Aufnahmen. (In 10 Heften.) 1. Heft. Fol. (6 Chromolithogr. und 6 Bl. Text.) Stuttgart 884, Wittwer. *

Kolb, H., Glasmalereien des Mittelalters und der Renaissance. Orig.-Aufnahmen. 2.—9. Heft. Fol. (à Heft 5—6 Chromolithogr. mit 4—6 Bl. Text.) Stuttgart 885—87, Wittwer's Verlag. à Heft *ℳ 10.—. * 80 —

1. Heft. Ebendas. 1884. *ℳ 10.—.

Kolb, H. Glasmalereien d. Mittelalters u. der Renaissance. Orig.-Aufnahmen. 10. (Schluß-)Heft. Fol. (6 Chromolithogr. m. Text.) Stuttg. 889, Wittwer. * 10 —

1.—9. Heft. Ebd. 1884—87. à * 10 —; compl. in Mappe * 100 —.

Kolb, H., Kolorier-Schule f. Mädchen-, Frauenarbeits- u. gewerbl. Fortbildungsschulen, s. a. Herdtle's, Ed., Schule d. Musterzeichnens.

Kolb H, Kolorierschule für Mädchen- und Frauenarbeitsschulen sowie gewerbliche Fortbildungsschulen. 3. Auflage. (12 T mit Text) 4° Stuttgart

— Kolorier-Schule f. Mädchen-, Frauenarbeits- u. gewerbl. Fortbildungsschulen. Im Auftr. d. kgl. württ. Kommission f. gewerbl. Fortbildungsschulen hrsg. 4. Aufl. Fol. (12 farb. Taf.) M. Texthft. gr. 8. (20 S. m. 1 Fig.) Stuttgart 891. W. Effenberger. In Mappe n. 9. —

— s.: Ornamentenschatz, der.

—— und E. Högg, Vorbilder für das Ornamentenzeichnen. Eine Sammlung kunstgewerbl. Vorlagen für den Unterricht im Freihand- und Fachzeichnen an Real- und gewerbl. Fortbildungs-Schulen. 30 farb. (lithogr.) Taf. Fol. Stuttgart 883, Löwe. In Mappe *

Kolb, H., u. E. Högg, Vorbilder f. das Ornamentenzeichnen. Eine Sammlg. kunstgewerbl. Vorlagen f. den Unterricht im Freihand- u. Fachzeichnen an Real- u. gewerbl. Fortbildungs-Schulen. 2. Aufl. Fol. (30 farb. Taf. m. Textblatt.) Stuttgart 889. Loewe. In Mappe. n. 15.—

Kolb, H., u. E. Högg, Vorbilder f. das Ornamentenzeichnen. Eine Sammlg. kunstgewerbl. Vorlagen f. den Unterricht im Freihand- u. Fachzeichnen an Real- u. gewerbl. Fortbildungs-Schulen. 3. Aufl. gr. Fol. (30 farb. Taf.) Stuttgart 892. F. Loewe. In Mappe n.n. 15. —

—— 25 Wandtafeln für das elementare Freihandzeichnen an Volks-, Bürger- und gewerblichen Fortbildungsschulen, sowie Realschulen, Gymnasien und höheren Töchterschulen. Mit Gutheissen der königl. württemberg. Commission für die gewerbl. Fortbildungsschulen bearb. Lithogr. Imp.-Fol. Mit Textheft. gr. 8. (12 S. mit 24 Holzschn.) Stuttgart 885, Loewe. In Mappe * 12 —
Auf 25 Pappdeckel gezogen mit Metallösen * 20 —
Die 25 Taf. roh in Papphülse * 10 —

— 25 Wandtafeln f. d. elementare Freihandzeichnen an Volks-, Bürger- u. gewerbl. Fortbildungsschulen, sow. Realschulen, Gymnasien u. höh. Töchterschulen. Mit Gutheissen d. kgl. württemberg. Kommission für d. gewerbl. Fortbildungsschulen bearb. 5. Aufl. gr. Fol. M. e. illustr. Textheft. gr. 8. (12 S. m. 4 Taf. u. 1 Probe-Taf.) Stuttgart 895. W. Effenberger.
In Mappe n. 12. —; d. Taf. in Papphülse n. 10. —; auf Pappe m. Oese n.n.n. 22. —; Textheft allein n. — 40

Kolb, die Zeichenunterrichtsreform u. die Volksschule. Vortrag, geh. auf der Bezirksschulversammlg. am 7. XI. 1906. (14 S.) Lex. 8. Stuttgart (907). (Verlag Kunst u. Jugend.) nn — 25

Kolb, Heinz [aus Frankfurt a./M. (Preussen)]: Chemische Untersuchung der Eier von Rana temporaria und ihrer Entwicklung. Zürich 1901. 35 S. 1 Taf. 8°.
Basel. Phil. Diss. 1900/1901.

v. Kolb, Hermann [appr. Arzt aus Kempten]: Beiträge zur Magenresection .... Kempten, Buchdr. d. Jos. Kösel'schen Buchh., 1887; 30 S. + 1 Bl. 8°.
Erlangen, Med. Fak., Inaug.-Diss. v. 1887.

Kolb, Herm. Dietr., († d. 16. März 1822.), s. Veilchenstrauß.

Kolb, Hugo, die Löwentödter. Jul. Gérard. — R. Gordon Cumming. — Joh. Chassaing. Jagdabenteuer u. Schilderungen ihrer Streifzüge in verschied. Regionen Afrika's. Leipzig 865. Wilfferodt. gr. 16. (VIII, 194 S. mit 1 Holzschntaf.) 15 ngr

Kolb, J., die Brennerbahn, s. Grieben's Reisebibliothek.

Kolb, J.: Zur pfälzischen Eisenbahnfrage. Zürich 1856.

Kolb, J., Gebet-, Unterrichts- u. Erbauungsbuch, nebst Betrachtungen rc. Mit 1 Kpf. 8. Eichstädt 824. Beyer. (Barth in Leipz.) 12 gGr

Kolb, J.: Vortrag über den Gesetzesentwurf „Die Vervollständigung und weitere Ausdehnung der bayr. Staatseisenbahnen betreffend". München 1863. 4°

Kolb, Dr. J. A., Biogr. (m. Portr. im Steinabdrucke) des Churfurstl. baier. Staats-Kanzlers etc A. W. Freyherrn v. Kreitmayer auf Ofenstetten u. Hatzkofen. München (o. N. d. V. u. D.), 1825. 12°. 31 S. Cart, wie neu.

Kolb, J. Dan., De lethargo. Bas. 4°. 1703

Kolb, (J. N.,) Bromatologie, oder Uebersicht d. bekanntesten Nahrungsmittel d. Bewohner d. verschiedenen Welttheile. Naturhistorisch u. mit Hinweisung auf ihren diätet. u. pharmakodynam. Werth entworfen in 3 Theilen. 1r Theil. gr 8. Hadamar 826, Neue Gelehrten Buchh.

Kolb, J. N., Bromatologie, od. Uebersicht d. bekanntesten Nahrungsmittel d. Bewohner d. verschied. Welttheile. Naturhistor. u. mit Hinweis. auf ihren diätet. u. pharmacodynam. Werth entworfen in 3 Thln. 2. Thl., welcher d. eigentl. nahrhaften Vegetabilien enthält. gr. 8. (33½ B.) Hadamar 829. [Weilburg, Lanz.]
1. Thl. Ebendas. 1826. 1 Thlr. 12 Gr.

Kolb, J. N. Die Heilquellen und das Klima von Soden. Mit einer Ansicht von Soden und seinen Umgebungen. Frankfurt a M 1855 123 S 8°
Vgl. Kolb, R.

Kolb, Imman. Gottl., 171 kurze Grabreden. Nebst einer zweiten Nachlese kurzgefaßter Gedanken. Von seinen Freunden herausg. Stuttgart 861. (J. F. Steinkopf.) 8. (V, 645 S.) n. 16 ngr

v. Kolb, Jh. Adm. Rich. u. Adm. Fr. Eschernborf, über d. Quellen des dermalen unter dem Landvolk eingerissenen Verderbnisses; in 6 Missionspredigten. 8. Würzb. 800.

Kolb, Johann Baptist von

Kolb, J. B. von, historisch-statistisch-topograph. Lexikon von d. Großherzogthum Baden. Enthaltend in alphabet. Ordnung eine vollständ. Beschreibung aller Städte, Flecken, Dörfer, Schlösser, Klöster, Stifter rc. 2 Bde. gr. 8. Carlsruhe, Braun. 813 u. 14. Rthlr.

Kolb, J. B., histor.-statist.-topographisches Lexicon von d. Großherzogthum Baden. 3r Thl. O—Z. gr. 8. Karlsruhe, Braun. 816.
(Alle 3 Theile 9 Thlr. 16 Gr.)

Cor laetificans Castrum Doloris Christo Redemtoris. Oder: Hertz-erquikkende Trauer-Buhne, Dem Erlöser Menschlichen Geschlechts Christo Jesu Zu ewigem Preiß ... *in 26. erbaulichen Passions-Sinn-Bildern vorgestellet, in Kupffer gestochen* und verlegt Von Johann Christoph Kolb, Kupfferstechern in Augsburg. Augsburg, A. Maschenbauer, 1708. Fol. 34 Bl. Etwas verstaubter alter Umschlag.
Praz p. 388. Berliner Kat. d. Ornamentstichslg. Nr. 4573.

[KOLB, Johann Ernst]
Erzählungen von den Sitten und Schiksalen der Negersklaven.
Eine rührende Lektür für Menschen guter Art.
Bern: Haller. 1789. XXIV, 288 S. 8°.
Stadt- und Universitätsbibliothek Bern
Sabin 38226 u. Palmer: mit Verfasser.

Kolb, Jh. Er., s. Erzähll. v. d. Sitten d. Negersclaven.

KOL.B, Joseph (Dettenhausen): Ueber einen Fall von primärem Leber-Carcinom.- München: Ernst 1895. 51 S.
14.3.1895 - Chr 1894/95,22; Jv 1894/95,204
Diss. Ingolst.-Landsh.-Mchn.

KOL.B, Joseph (München): De fungo durae matris.- Monachii: Wolf 1836. 14 S.,1 Bl.
23.8.1834 - Urk; F 61
Diss. Ingolst.-Landsh.-Mchn.

KOL.B, Joseph (München): De medicina Hippocratica.- Monachii: Jaquet 1833. 39 S.
29.7.1833 - Urk; F 61
Diss. Ingolst.-Landsh.-Mchn.

Kolb, Jos. v., die Münzen, Medaillen und Jetone des Erzherzogth. Oesterreich ob der Enns. gr. 8. (168 S. mit 2 Stnt.) Linz 882, (Fink.) *

Kolb, Jos., praktische Winke und Ratschläge zur Gründung und Leitung Raiffeisen'scher Darlehenskassenvereine, nebst Belehrung über die damit verbundenen Einrichtungen der landwirthschaftl. Zentraldarlehenskasse und Anwaltschaft und deren Statuten, dargestellt in einem Zwiegespräch. 12. (230 S.) Würzburg 881, (Bucher.) *

Kolb, Jos., praktische Winke u. Ratschläge zur Gründung u. Leitung Raiffeisen'scher Darlehenskassenvereine, dargestellt in e. Zwiegespräch. Neu bearb. v. C. W. Kaiser. 8. (VII, 271 S.) Würzburg 894. F. X. Bucher. n. 2.—

Kolb, Julius von —. III Gesänge: Nr. 1. Der Hirtin Nachtlied. — Nr. 2. An meine Laute. — Nr. 3. Klage, für Mezzosopran mit Begleitung des Violoncello und Pianoforte componirt . . von —, 16. Werk. Nr. 11905. Fol. (26 u. 3 S.) Wien, Carl Haslinger qm. Tobias. Leipzig, B. Hermann. 1857.

Kolb K.: Bericht über die . . . . Anbauversuche mit schwedischen und anderen Getreidesorten. 7. Neutitschein L.-A. 84.
— Unsere diesjährige landw. Excursion. 16. ibd. 89. Progr.

Kolb, K., Stammbaum d. württemberg. Fürstenhauses, s.: Giesel, J.

Kolb, Karl, s. Boz sämmtl. Werke.

Kolb, Karl [Übers.]
s. Bulwer, E.G.: Werke. 1834-53.

Kolb, Karl [Übers.]
s. Cooper, J.F.: Amerikanische Romane. 1843-51.

Kolb, Karl [Übers.]
s. Defoe, Daniel: Gesammelte Romane. 1842.

Kolb, Karl [Übers.]
s. Dickens, Ch.: Master Humphrey's Wanduhr. 1842.

Das Ebenbild Gottes. Instruction zum Bundesritual, bearb. im Auftrage des Bundesraths der Ehrw. Grossloge zur Sonne in Bayreuth von Carl **Kolb.** Ms. f. Brr. Bayreuth: Mühl 1884. V, 131 S. 8⁰
Recens: BrL. 2 (1883—1884) S. 56; FZ. 38 (1884) S. 300—304 (J. Ph. Glökler); BZC. 13 (1884) S. 310—319 (A. Schmidt); ML. 12 (1883—1884) S. 218; Bh. 27 (1884) S. 37—38 (L. Hoffmann).
cf. BrL. 2 (1883—1884) S. 95—96; ML. 14 (1885—1886) S. 144—148 (O. Henckel); Bh. 27 (1884) S. 108—109.
Tt. 1645. Will die Übereinstimmung begründen zwischen der Lehre Christi u. dem Geiste der Frmrei.
[N. Ausg. u. d. Tit.:]

Das Ebenbild Gottes. Ein Wort zur Aufklärung über das Wesen der Freimaurerei von Carl Kolb. Als Ms. f. Brr. Bayreuth: Mühl 1884. V, 131 S. 8⁰
Tt. 1645.

Kolb, Karl, der Einfluss von Boden u. Haus auf die Häufigkeit des Krebses nach Detail-Untersuchungen in Bayern. Mit 9 Kartenskizzen. (III, 146 S.) gr. 8. München 904. J. F. Lehmann's Verl. n. 4.—

Loge Eleusis zur Verschwiegenheit [in Bayreuth], Sonntag, 25. Juni 1871 von Carl **Kolb.** Als Ms. f. Brr. Bayreuth 1871: Burger. 16 S. 8⁰ [Umschlagtit.]
Verneint die Frage. 21.

Kolb, Carl, Freihandel und Schutzzoll. Vortrag, gehalten in dem polytechn. Verein zu Bayreuth am Mittwoch, den 20. Febr. 1878. (32 S.) * 25 Pf.; 2. verm. Aufl. gr. 8. (44 S.) Bayreuth 878, Gießel. *

Kolb, Karl, Priester der Diöz. Strassburg: Menschliche Freiheit und göttliches Vorherwissen nach Augustin. Freiburg i. B.: Herder 1908. XII, 129 S. 8° ¶(Ersch. auch als Buch ebd.)
Freiburg i. B., Theol. Diss. v. 1909, Ref. Braig
(Nicht für den Austausch)
[Geb. 18. Mai 76 Markolsheim; Wohnort: Felleringen; Staatsangeh.: Elsaß-Lothringen; Vorbildung: Bischöfl. Gymn. Straßburg i. E.; Studium: Bischöfl. Sem. Straßburg, Freiburg i. S., Freiburg i. B.; Rig. 25. Febr. 07.] [U 09. 887

Gott, Tugend und Unsterblichkeit. Vortrag gehalten in der Loge Eleusis zur Verschwiegenheit im Or. von Bayreuth am Johannisfest Sonntag den 2. Juli 1893 von Carl **Kolb.** Bayreuth [1893]: Ellwanger. 15 S. 8⁰ [Umschlagtit.]
Abgedr. in: BZC. 23 (1894) S. 38—49. 429.

Hat die Tugend einen positiven Werth auch ohne Unsterblichkeit? Vortrag des Br. Carl **Kolb** am Stiftungsfest der Grossloge zur Sonne [in Bayreuth], Sonntag, 23. Jan. 1870. Als Ms. f. Brr. Bayreuth 1871: Burger. 18 S. 8⁰ [Umschlagtit.]
Abgedr. in: Protokoll üb. d. 130. Stiftungsfest d. Grloge z. Sonne, Bayreuth. 1871 S. 48—63. 21.

Hat sich die Tendenz der Freimaurerei überlebt? Vortrag des Br Carl **Kolb,** am Stiftungsfest der Grossloge zur Sonne [in Bayreuth], Sonntag 2. April 1871. Als Ms. f. Brr. Bayreuth 1871: Burger. 12 S. 8⁰ [Umschlagtit.]
Abgedr. in: Protokoll üb. d. 130. Stiftungsfest d. Grossloge z. Sonne, Bayreuth. 1871 S. 38—47. 155.

Die drei beweglichen Kleinodien oder Wahrheit und Recht. Vortrag, gehalten zum 148. Stiftungsfeste der Grossloge „Zur Sonne“ in Bayreuth von C[arl] K[olb] am 20. Jan. 1889. Ms. f. Brr. Bayreuth 1889: Mühl. 9 S. 8°
Thema: Was ist Wahrheit u. Recht?

Kolb, Carl v., Mahnruf an Oesterreichs Staatsmänner. Beitrag zur österreich. Hierarchie und Willkürherrschaft, aus dem Tagebuche entnommen und durch Actenstücke unterstützt. gr. 8. (IV und 85 S.) Rendsburg 860. (Altona, Mentzel.) *

Kolb, Karl [Übers.]
s. Marryat, F.: Der fliegende Holländer, 1857

Kolb, Karl [Übers.]
s. Marryat, F.: Die Kinder des Neuwalds. 1852.

Kolb, Karl [Übers.]
s. Marryat, Frederick: Olla potrida. 1844.

Kolb, Karl [Übers.]
s. Marryat, Frederick: Die Sendung, oder Scenen in Afrika. 1845.

Kolb, Karl [Übers.]
s. Marryat, Frederick: Valerie. 1850.

Kolb, Karl. von Speyer [Bayern]: Pathologisch-anatomische Mittheilungen über Typhus. Zür. Orell Füssli Cie Dr. 1862. 39 S. 8°.
Zürich, Med. Diss. v. 22. Nov. 1862.

KOLB, Carl (Straubing): De morbillis.- Straubingae: Lorn 1835. 16 S.
8.4.1834 – Urk; P 61:
Diss. Ingolst.-Landsh.-Mchn.

Kolb, Karl (Darmstadt)
Die Nervennaht.
Giessen: W. Keller 1879. 36 S.
Diss. med. 29.7.1879. vorh. 26. 7.

Das Positive der Königlichen Kunst. Vortrag, gehalten zum 147. Stiftungsfest der Grossloge zur Sonne in Bayreuth von C[arl] K[olb] am 22. Jan. 1888. Ms. f. Brr. Bayreuth 1888: Mühl. 10 S. 8° [Umschlagtit.]
Abgedr. in: SL. 8 (1888) S. 151–155. 65.

Die neuen Rituale der BBr [Aug.] Ficke, [Alex.] Puschkin, [Joh. Kaspar] Bluntschli, [Albert] Redlich und [Jos. Gabr.] Findel im Auftrag des Bundesraths der Hochw. Gr.-Loge gen. „Zur Sonne“, begutachtet von Carl Kolb. Bayreuth 1871: Burger. 55 S. 8° [Umschlagtit.]
Aus: PtkBayr. 71 (1871) S. 8–21.
cf. Bh. 15 (1872) S. 11–14 (J. G. Findel), 42–44 (A. Ficke), 57–58 (G. Schirges). 140.

Kolb, Carl, die Silberentwerthung u. die Valutadifferenz, beleuchtet. gr. 8. (28 S.) Bayreuth 892. (C. Giessel.) n. — 30

Kolb, Karl [Übers.]
s. Smith, J.F.: Ebbe und Flut. 1860.

Stufen des Tempels: Die sieben Stufen des Tempels. Vorgetragen am Stiftungsfest der Grossloge zur Sonne im Or. Bayreuth am 28. Febr. 1875 von Carl Kolb. [Bayreuth 1875.] 6 S. 8° [Kopftit.]
Üb. die Stufen zur Humanität. 21.

Kolb, Karl: Das retroperitoneale Teratom. Heidelberg 1909: Dörr. 24 S. 8°
Heidelberg, Med. Diss. v. 14. März 1910, Ref. Ernst
[Geb. 31. März 84 Darmstadt; Wohnort: Heidelberg; Staatsangeh.: Hessen; Vorbildung: Ludwig-Georgs-Gymn. Darmstadt Reife M. 03; Studium: Freiburg i. B. 6, München 1, Heidelberg 3 S.; Coll. 6. Mai 09; Approb. 9. März 10.] [U 10. 2070

Trauerloge zum Andenken an Seine Majestät den Deutschen Kaiser und König von Preussen den erlauchten Protektor der deutschen Logen Br. Wilhelm am 5. April 1888 in der Loge Eleusis zur Verschwiegenheit im Or. Bayreuth. Gedächtnissrede vorgetragen von Carl Kolb. Bayreuth [1888]: Burger. 28 S. 8° 23.

KOLB, CARL: Trauer Rede, welche zum Andenken des weiland ... Fünfkirchner Bischofs ... Joseph Király bey abgehaltener kirchlichen Trauer-Feuerlichkeit in der Dom Kirche zu Fünfkirchen am 27-ten August 1825 vorgetragen hat. Fünfkirchen 1825. Gedr. bei Stephan Knesewits. 25, 1 S. - kl. 4°

— die Unhaltbarkeit der Goldwährung. Denkschrift üb. e. brenn. Frage der Gegenwart. 8. (20 S.) Ebd. 894. n. — 20

Kolb, Carl, die Währungsfrage. Vortrag, gehalten in dem polytechn. Verein zu Bayreuth am Mittwoch, den 24. März 1886. 8. (58 S.) Bayreuth 886, (Giessel.) *

Kolb, Karl [Übers.]
s. Warren, Samuel: Samuel Warrens gesammelte Werke. Bd 6. 1848.

Weshalb nannte Jesus sichMenschensohn? Vortrag gehalten in der Loge Eleusis zur Verschwiegenheit im Or. von Bayreuth am Johannisfest Sonntag den 24. Juni 1894 von Carl Kolb. Bayreuth 1894: Ellwanger. 12 S. 8° [Umschlagtit.] 21.

Die Wiedergeburt, das innere wahrhaftige Leben, oder Wie wird der Mensch selig? In Uebereinstimmung mit den Aussprüchen der heiligen Schrift und den Gesetzen des Denkens beantwortet von einem Freimaurer [d. i. Karl Kolb]. Nürnberg: Stein 1857. 103 S. 8⁰

[Dasselbe.] Lorch (Württemberg): Rohm 1905. 138 S. 8⁰
cf. Süddeutsche Blätter f. Kúnst, Lit. u. Wissenschaft. 1857 S. 226—227; V. 2 (1907 bis 1908) S. 46—50 (W. H. Denier v. d. Gon).
Tt. 2716. Enth. die 3 Teile: Theorie des Lebens, Mittel zum innern Leben, Belege der Bibel. Ohne Bezug auf Frmrei.
1857 in 21; 1905 193.

KOLB, CONRAD Rede bey Gelegenheit einer neuen Messe Vorgetragen von Conrad Kolb, Pfarrer in Bonyhád Pesth 1801 Gedr bey Mathias Trattner 20 S - 180 mm

Kolb, Ludwig, a. Ilshofen: Zur Symptomatologie der Parietallappen-Erkrankungen. Würzburg 1907: Memminger. (26 S.) 8°
Würzburg, Med. Fak., Ref. Rieger, Diss. v. 28. Okt. 1907
[Geb. 8. Mai 63 Ilshofen; Wohnort: Würzburg; Staatsangeh.: Württemberg; Vorbildung: Gymn. Ulm Reife Herbst 85; Studium: Tübingen 3, Würzburg 5, Straßburg 2 S.; Coll. 17. Juli 07; Approb. 10. Juni 03.]

Kolb, M., Frauenrache, s.: Reiselectüre.

Kolb, M., s. Geist des heil. Franz von Sales.

Kolb, Max, die europäischen u. überseeischen Alpenpflanzen. Zugleich e. eingeh. Anleitg. zur Pflege der Alpinen in den Gärten. Unter Mitwirkung v. Joh. Obrist u. Joh. Kellerer. 8 Lfgn. gr. 8. (VI, 373 S. m. Fig.) Stuttgart 889. 890. Ulmer. à n. 1. — (cplt.: n. 8. —; geb. n. 9. —)

Kolb, Max, der königliche botanische Garten in München. Lex.-8. (VII und 58 S. mit 4 Stnt. in gr. 4. und qu. Fol.) München 867, Manz. *

Kolb, Max [Güttingen (Thurgau)]: Das eheliche Güterrecht des Kantons Thurgau dargestellt nach dem Landrecht, den Stadtrechten und dem kantonalen Rechte. Bern 1900. 99 S. 8⁰.
Bern. Jur. Diss. 1900/1901.

Kolb, Max [Assistenzarzt im k. b. 1. Feld-Artill.-Reg. „Prinz Regent Luitpold" aus München]: Ueber die Ichthyolbehandlung der Erysipele .... München, k. Hof- u. Univ.-Buchdr. Dr. C. Wolf & Sohn, 1888; 52 S. 8°
Würzburg, Med. Fak, Inaug.-Diss. v. 1888

Kolb, Max (Hrsg.), s. Monatshefte, Illustrierte, f. d. Gesamtinteressen des Gartenbaues.

Kolb, Max., s.: Neubert's Garten-Magazin.

— Pflanzen- u. Blumenschmuck v. Altar u. Kirche. E. prakt. Anleitg. Unt. Mitwirkg. v. M. Hingerl hrsg. gr. 8. (VII, 299 S. m. 1 Farbenlichtdr.) Kempten 895. J. Kösel. 2. 70; geb. in Leinw. n. 3. 50

(Kolb, Max, k. Garten-Inspektor), die städtischen Promenaden u. Pflanzungen der k. Haupt- u. Residenzstadt München 1882. München, G. Franz'sche Hofbuchdr. Kl. 8⁰. Cart.*) 43 S. Mit eigenhänd. Dedic. d. Vf. auf d. Umschl.

Kolb, Max, der Schulgarten, dessen Nutzen und Einrichtung. gr. 8. (36 S. mit 2 in den Text gedr. Plänen.) Stuttgart 880, Ulmer. *

Kolb, Max, der neue Stadtpark in Kempten. 8. (32 S. m. 3 Lichtdr.-Taf. u. 1 Plan.) Kempten 894. (J. Kösel.) n. — 80

Kolb, Max, Theorie des Gartenbaues, s. Bibliothek für wissenschaftliche Gartencultur.

Kolb M.: Theorie d. Gartenbaues. Stuttg. 1877. 388 S. Fig.
(= Bibliothek f. wissenschaftliche Gartencultur. 1. Bd.).

—— das Wichtigste aus der Theorie des Gartenbaues, s. Grundlehren des Gartenbaues.

Kolb, Mich., († ...) Predigten über d. 12 Artikel d. apostol. Glaubens. 4. Augsb. 752. Wolf. 8 K

von Kolb, Oskar [aus Buchloe]: Ueber eine abnorme Wurzelanschwellung bei Cupressus sempervirens ... München, Buchdr. v. M. Ernst, 1896; 53 S., 1 Bl., 1 Taf. 8.
Erlangen, Phil. Fak, Inaug.-Diss. v. 4. März 1896

Kolb, Otto, Medizinalpraktikant a. München: Aus d. Kgl. chirurg. Universitätsklinik zu München (Geh. Rat Prof. Dr. v. Angerer) u. d. Prosektur d. Krankenhauses r. I. zu München (Prosektor Privat-Doz. Dr. Oberndorfer). Zur Pathologie der Gallenwege: Ein Fall von hochgradiger kystenartiger Erweiterung des Ductus hepaticus und des Ductus choledochus. München 1906: C. Wolf & Sohn. (35 S.) 8°
München, Med. Fak., Ref. v. Angerer, Diss. v. 18. Jan. 1908
[Geb. 21. Mai 82 München; Wohnort: München; Staatsangeh.: Bayern; Vorbildung: Luitpold-Gymn. München Reife Juli 01; Studium: München 10 S.; Coll. 18. Jan. 08; Approb. 3. Dez. 07.]

Kolb, Otto, von Güttingen, Thurgau: Zur Lehre von der spontanen Gangraen. Zür. J. Herzog Dr. 1870. 2 Bl., 149 S., 1 Bl., 1 Bl. Thesen 8⁰.
Zurich, Med. Diss. [v. 5. März 1870].

Kolb, P., kleiner Führer nach Frankreich und Spanien, s. Woerl's Reisehandbücher.

Kolb, (R.,) die Heilquellen und das Klima von Soden. Mit 1 Ansicht von Soden u. seinen Umgebungen (Stahlst. in 4.). Frankfurt a. M. 855. Auffarth. 8. (3 Bl., 123 S.) n. 22½ ngr.
Vgl. Kolb, J. N.

Kolb, R., über die Quellen der Sittenverderbniß, s. Andr. Friedrich.

Kolb, Richard

Kolb, R., Adolph, Großherzog v. Luxemburg, Herzog v. Nassau. Gedenkschrift z. Feier d. 80. Geburtsfestes am 24. VII. 1897. gr. 8. (VIII, 182 S. m. Bildn.) Wiesbaden 897. (H. Roemer.) n. 1. 60

Unter Nassaus Fahnen. Geschichte d. Herzogl. Nassauischen Offiziercorps 1803–66. Von R(ichard) Kolb, Major a. D. *Wiesbaden: R. Bechtold & Co.* (XI, 415 S.) 4⁰(8⁰) [04. 707]

Kolb, R., unter Nassaus Fahnen. Geschichte d. herzogl. nass. Officiercorps 1803—66. (XI, 418 S. m. 1 farb. Taf.) gr. 8. Wiesbaden (903). (H. Roemer.) n. 4. —

Kolb, R., Major a. D. Unter Nassaus Fahnen. Geschichte der herzoglich nassauischen Officierscorps 1803–1866.
8. Wiesbaden (1904).

Kolb, R., Herzog Wilhelm v. Nassau. Gedenkschrift zum 100jähr. Jahrestage seiner Geburt. gr. 8. (48 S. m. Bildnis.) Wiesbaden 892. (R. Bechtold & Co.) n. 1.–

Kolb, Rudolf: Die Kieselspongien des schwäbischen Weissen Jura. Stuttgart: Schweizerbart 1910. S. 141—256. 4° ¶(Aus: Palaeontographica. Bd 57.)
Tübingen, Naturwiss. Diss. v. 21. Juli 1908, Ref. v. Koken
[Geb. 27. Nov. 83 Freudenstadt; Wohnort: Tübingen; Staatsangeh.: Württemberg; Vorbildung: Realsch. Stuttgart Reife M. 04; Studium: Stuttgart Techn. Hochsch. 4, Tübingen 4 S.; Coll. 21. Juli 08.] [U 10. 4244

KOLB, STEPHAN S. J: Die gegen Gott, dem König und dem Königreich bis in den Tod beständige und dreifach gecrönte Treu: Ihro Hochgräfl. Excellenz Reichs-Grafen, Hrn. Josephi Esterházy von Galantha, als bey einem prächtigen Trauer-Gerüste dessen dreytägige Leich-Gesingnuß begangen wurde. (Preßburg 1748). Gedr. b. Franz Ant. Royer. 17 S. - 2°

Kolb, Valentin. Das Munchner Burger Militär in allen Waffengattungen und Uniformen von den Jahren 1790 bis gegenwärtige Zeit in colorirten Blättern nach Angabe des Herausgebers Valentin Kolb. Lithographirt. München, zu haben bey dem Herausgeber 1834
Tit. 30 Taf. in kol. Lithogr. 4°

Kolb, Vict., Bernhard v. Clairvaux 1091—1891. Predigt zum 800jähr. Gedächtniß-Feste der Geburt d. heil. Kirchenlehrers, geh. in der Kirche d. Cistercienser-stiftes Heiligenkreuz am 23. Aug. 1891. gr. 8. (23 S.) Wien 891. Mayer & Co. n. —40

Kolb, Vict., S. J., die Glaubensspaltung u. ihre Folgen in der Gegenwart. Vorträge f. die gebildete Männerwelt. (VIII, 178 S.) 8. Münster (903). Alphonsus-Buchh. n. 1.50

— dasselbe. 2. verm. Aufl. 4.—7. Taus. (VIII, 219 S.) 8. Ebd. 903. n. 1.70

— Conferenzen in der St. Peterskirche zu Wien, geh. im Advente 1890. Ein Beitrag zum Verständniß der socialen Frage. gr. 8. (XIV, 106 S.) Ebd. 891. n. 1.80

— Conferenzen üb. die sociale Frage. 2., verm. Aufl. Mit dem Rundschreiben Leo XIII. üb. die Arbeiterfrage. [3.—5. Taus.] gr. 8. (XLIV, 114 S.) Ebd. 891. n. 1.80

— Leben d. hl. Ignatius v. Loyola, s.: Genelli, Chrph.

Kolb, Vict., S. J., das Leben Mariae, s.: Schumacher, Ph.

— die Schlachthäuser v. Chicago — e. Bild der österreich. Judenpresse. Rede, geh. bei der Gründg. der Ortsgruppe des Pius-Vereines „Innere Stadt". (16 S.) 8. Wien 906. G. Eichinger. n. —10

Kolb, Vict., S. J., wo ist die wahre Kirche?, — was ist der römische Papst?, } s.: Sammlung zeitgemäßer Broschüren. Nr. 4 u. 5.

Kolb, W., Chemisch-technische Analyse des Chlors und Chlorkalks. Braunschweig, 1908. 10 S. mit 1 Abb.

Kolb, W., Chemisch-technische Analyse des Schwefelnatriums, Antichlors, der Tonerde und des Tonerdesulfats. Braunschweig, 1908. 8 S.

Kolb, W., Chemisch-technische Analyse der Soda. Braunschweig, 1908. 26 S. mit 1 Abb.

Kolb, Wilhelm [aus Alsfeld]: Ueber die Einwirkung von Natriummalonsäureäthylester auf Cyanurchlorid ... Leipzig, J. A. Barth, 1894; 12 S., 1 Bl. 8.
Giessen, Phil. Fak., Inaug.-Diss. v. 1894

Kolbach, J. B., Esch an der Alzette, s.: Würth-Paquet.

Kolbani (Kolbany), Paul

— Abhandl. über die herrschenden Gifte in d. Küche. 8. Wien 793. Al. Doll. 6 gr.

— Bemerkk. über den ansteckenden Typhus, d. im J. 1809—10. in Preßburg herrschte. Ueber die Wirkungen des kalten u. warmen Wassers, als e. Heilmittel im Fieber u. in andern Krankheiten rc. 8. Preßb. 811.

Kolbani, auch Kolbany, Paul, († d. 16. April 1816.) Beobachtt. über den Nutzen des lauen u. kalten Wassers im Scharlachfieber. 2 Stcke. gr. 8. Preßb. 808. Belnay. 18 gr.

Kolbani, Paul: Giftgeschichte des Thier-, Pflanzen- und Mineralreichs, nebst den Gegengiften und der medizinischen Anwendung der Gifte. 412 S., gbd.

Wien: Doll 1798

Kolbani, Paul: Gifthistorie des Thier-, Pflanzen- und Mineralreichs, nebst den Gegengiften und der medicinischen Anwendung der Gifte. 2.verm.u.verbess.Aufl. 489 S., gbd.

Wien: Doll 1807

— Giftgeschichte d. Thier-, Pflanzen- u. Mineralreichs, nebst d. Gegengiften rc. gr. 8. Wien 798. Al. Doll. 3 ß N. A. 807. (Liebeskind in Leipz.) Hbg. Pr. 1 ß

Kolbani, Paul: Ungarische Giftpflanzen, zur Verhütung tragischer Vorfälle in den Haushaltungen, nach ihren botanischen Kennzeichen, nebst den Heilungsmitteln. 132 S., gbd., Abb.

Preßburg: Landerer 1791

— Ungarische Giftpflanzen, zur Verhütung tragisch. Vorfälle in den Haushaltungen rc. Mit 8 ill. Kpf. gr. 8. Preßb. 791. Mahler. 1 ß

Kolbáni, Paul: Fernere Nachrichten von der glücklichen Anwendung des kalten und warmen Wassers im Scharlachfieber. 66 S., gbd.

Pressburg: Belnay 1808

Kolbani, Paul: Versuche und Beobachtungen über die Wirksamkeit der thierischen Gelatina zur Heilung intermittirender Fieber. 64 S., gbd.

Pressburg: typ. Belnay 1805

Kolbay, Math., Theoria statisticae tamquam scientiae. 12 maj. (5½ B.) Cassoviae 830, [Lipsiae,] G. Wigand.

Kolbe, Dr., der christl. Hausfreund, oder: Der Erwecker und Beförderer eines gesunden, ungeheuchelten, christl. Lebens im Geiste des Evangeliums. Ein häusliches, christl. Erbauungsbuch für Jedermann. Mit 10 Stahlst. (In 10 Hftn.) 1. Heft. gr. 8. (Mit 1 Stahlstich.) Berlin 844, Moeser u. Kühn. ¼ ß —

Kolbe, der christl. Hausfreund od.: Der Erwecker u. Beförderer e. gesunden, ungeheuchelten, christl. Lebens im Geiste des Evangeliums. Ein häusl.-christl. Erbauungsbuch f. Jedermann. gr. 8. (31 B. u. 7 Stahlst.) Berlin 846, Moeser u. Kühn.

Kolbe: Ueber den evangelischen Religionsunterricht auf Gymnasien. 18 S.–Königsberg i.d.N., Progr. 1865.

Kolbe, A, Die Behandlung des Wortschatzes im fremdsprachlichen Unterricht. 1890 25 S. 4⁰.

Kolbe, A Topographische Karte vom Herzogthum Braunschweig und Fürstenthum Oels nebst den angrenzenden Ländern 1 200 000. Braunschweig 1830. 1 Bl c I Fl

Kolbe, Alexander Beiträge zur Würdigung der deutschen Bibel und des kleinen Katechismus Dr. Martin Luthers. 4 (16 S).
Progr. Kgl Bugenhagen-G. *Treptow a. R.* 1891 (144).

Kolbe, Alex., Beiträge zur Würdigung der deutschen Bibel u. d. kleinen Katechismus Mart. Luthers. gr. 4. (16 S.) Treptow a/R. 891. (Leipzig, G. Fock.) n. — 60

Kolbe, Alex Bemerkungen über die tragische Schuld in Sophokles' Antigone 10 S. **Progr.** *Treptow a. R* 1883

Kolbe, Alex., Gewissensfreiheit und Lehrfreiheit. Ein Wort zur Verständigung in den Wirren der Gegenwart sonderlich zur Beleuchtung des Protestanten-Vereins für ehrl. Gemüther. 8. (32 S.) Stettin 871, Brandner. * — 50

—— Lebensbilder v. Schulmännern der Neuzeit als Spiegel f. die Gegenwart. 1. Heft: Robert Heinrich Hiecke. gr. 8. (36 S.) Bresl. 891, F. Hirt. * 1 —

—— deutsche Literatur und Wissenschaft nach ihrem Verhältnisse zum Christenthum. [Erweiterter Abdr. aus „Der Beweis des Glaubens."] gr. 8. (16 S.) Gütersloh 869, Bertelsmann's Verlag. — 33

Kolbe, Al.: Q u a fere via atque ratione Novi Testamenti interpretatio instituenda videatur, loco quodam ex Pauli epistulis desumpto (1. Tim. 3, 14–16) demonstratur. 19 S. – Stettin, Mar. G., Progr. 1872.

Kolbe, Alex., de suffixi θεν usu Homerico commentatio. gr. 8. (56 S.) Greifswald 863, Scharff.

Kolbe, Alexander Was haben wir an Bugenhagen? Rede bei der vierhundertjährigen Gedächtnisfeier der Geburt des Doktor Pommer, veröffentlicht als Zeugnis des Lebens im Bugenhagianum (Umschlagtitel· Was ... Bugenhagen? Festrede am 24 Juni 1885.) 4 (12 S)
Progr. Bugenhagensch. G *Treptow a. d R.* 1886 (133)

Kolbe, Alfred, Gerichtsassessor: Die zivilrechtliche Bedeutung des Boykotts. Greifswald 1910: Abel. 54 S. 8°
Greifswald, Jur. Diss. v. 27. Mai 1910, Ref. Pescatore
[Geb. 18. Jan. 79 Boock, Kr. Randow; Wohnort: Rittergut Boddin b. Kl.-Lunow; Staatsangeh.: Preußen; Vorbildung: Gymn. Rastenburg Reife O. 98; Studium. Königsberg 2, Gottingen 2, Greifswald 7 S.; Rig. 11. Mai 10.]
[U 10. 1526

Kolbe, Alfred v.: Die Gleichnisse aus dem Tierreich bei den römischen Epikern. Beigefügt ist e. Verzeichnis d. wissensch. Beigaben zu d. Jahresberichten d. Gymn. zu Marienwerder. Marienwerder 1909: Kanter. 16 S. 8°
Marienwerder, k. ev. G P 1909 (42) [S 09. 259

Kolbe, Amand, d. Nothhelfer. Ländl. Schwank m. Gesang u. Tanz in 4 Akten. Musik v Jos. Krägel. gr. 8. (87 S) München (898). Rubinverlag. n. 1. —

Kolbe, Arth., f.: **Handbuch** der Kirchen-Statistik f. das Königr. Sachsen. — **Handbuch** der Schul-Statistik f. das Königr. Sachsen.

Kolbe, (Bonaventura) Bernhard (geb. Reinerz in Schles. 14 7 1812)
De Kantio philosopho Berolini (1841) (28 S) 8°
Berlin, Phil Diss v 17 März 1841

Kolbe, Bernh., der Bischof Synesius von Cyrene, oder Forschungen auf dem Gebiete der Erdkunde und Geschichte der libyschen Pentapolis, der Kirchengeschichte und der Geschichte der Philosophie; nach den Quellen, namentlich nach den wenig gewürdigten Schriften des Synesius von Cyrene. 1. Thl.: Forschungen auf dem Gebiete der Erdkunde und Geschichte der libyschen Pentapolis. 1. Lfg. gr. 8. (32 S.) Berlin 850, Stargardt. *.

—— der Bischof Synesius von Cyrene als Physiker und Astronom beurtheilt, nebst der ersten deutschen Uebersetzung der Rede des Synesius de dono Astrolabii, oder über das Lob der Astronomie, mit verbessertem griech. Text hrsg. gr. 8. (29 S.) Berlin 850, Stargardt. *.

Anleitung zu 30 der wichtigsten Schul-Versuche mit dem Differential- und Doppel-Thermoskop von Bruno **Kolbe** nebst e. Beilage: Preisliste d. Hilfsapparate u. Utensilien. Überreicht von Max Kohl in Chemnitz. *(Chemnitz) 1903: (H. Wilisch).* (44 S.) 8°

Kolbe B.: Anleitung zu 30 d. wichtigsten Schul-Versuche m. dem Differential- u. Doppel-Thermoskop u. m. dem sechsfachen Manometer ... Berl. 1904. 44 S. Fig. P.

Kolbe, Bruno, geometrische Darstellung der Farbenblindheit. gr. 8. (V, 104 S. mit 3 lithogr. Fig.-Taf.) St. Petersburg 881, Kranz. *

Kolbe, Bruno, Einführung in die Elektricitätslehre. Vorträge. I. Statische Elektricität. gr. 8. (VIII, 152 S. m. 75 Holzschn.) Berlin 893. J. Springer. — München, R. Oldenbourg. n. 2. 40; geb. in Leinw. n. 3. 20

Kolbe, Bruno, Einführg. in d. Elektricitätslehre. Vorträge. II. gr. 8. Berlin 895. J. Springer. — München, R. Oldenbourg. n. 3. —; geb. n. 3. 80
(I. u. II.: n. 5. 40; geb. n. 7. —)
Dynamische Elektricität. (VIII, 187 S. m. 75 Holzschn.)

Kolbe, Bruno, Einführung in die Elektrizitätslehre. I. u. II. gr. 8. Berlin, J. Springer. n. 5. 40; geb. in Leinw. n. 7. —
I. Statische Elektrizität. 2. verb. Aufl. (VIII, 164 S. m. 76 Fig.) 904. n. 2. 40; geb. n. 3. 20
II. Dynamische Elektrizität. 2., verb. u. verm. Aufl. (XIII, 218 S. m. 84 Fig.) 905. n. 3. —; geb. n. 3. 80

Kolbe, C. F. L., Handbuch zum sittlich-religiösen Jugendunterrichte über d. Hannov. Landeskatechismus. gr. 8. Götting. 822. Vandenhöck u. R. 2 ℔ 8 K

— Leitfaden zum Confirmanden-Unterrichte üb. den Hannov. Landeskatechismus. Gött. 822, Vandenhöck u. R.

Kolbe, C. H., das A B C des Obstbaues. Eine leichtfaßl. Anleitg. zur prakt. u. erfolgreichen Ausführg. aller im Obstbau vorkomm. Arbeiten. Behandlg. der Hochstämme u. Formbäume. Nebst e. Anh.: Die Obstverwertg. Mit 15 vom Verf. gezeichneten Abbildgn. (64 S.) 8. Roßleben (905). W. Sauer. — 75

Kolbe, Carl, s. K o l b e , Karl.

Kolbe, E., Amor im Luftschiff. Patriotischer Schwank in 1 Aufzuge. (12 S.) 8. Berlin (910). M. Böhm. 1. 50

Kolbe, E., P. Bruns, aus dem Orden des heil. Dominikus. Lebensbild eines Seelsorgers und Missionars. Unter theilweiser Benutzung seines Tagebuches und anderer Quellen hrsg. 12. (66 S.) Steyl 881, Missionsdruckerei. *

Kolbe, E., den Christenvölkern wird die Wahrheit erhalten bleiben. (40 S.) 8. Leipzig-Schleußig 910. (Leipzig, S. Schnurpfeil.) — 75

[F.] Geschichte der Bäcker-Innung zu Berlin. Nach aktenmässigen Quellen bearb. v. E. Kolbe. Gelegentlich des 625j. Inngs-Jubiläums v. Inngs-Vorstande hrsg. *Berlin: Selbstv. d. Innung 1897.* (2 Bl., 151 S.) 1 Bd 8. [97. 3831

Im alten Glauben, s.: Haus u. Herd.

— Allerlei Inschriften, s.: Vortragsstoffe f. Volks- u. Familienabende.

— Dem Kaiser Heil! 4 leb. Bilder zu Kaisers Geburtstag. (6 S.) 8. Berlin (910). M. Böhm. 1. —

— Kalenderwesen u. Zeitrechnung, s.: Vortragsstoffe f. Volks- u. Familienabende.

Kolbe, E.: Der Maximal-Arbeitstag für das Bäckereigewerbe, seine Geschichte, sein Zweck und seine Folgen. Hrsg. v. geschäftsführ. Vorstande d. Centr.-Verbandes 'Germania'. Berlin: Selbstr. d. 'Germania'-Verbandes 1896. 116 S. 1 Bd. 8°

Optik und Photographie. Von E. Kolbe. C. P. Goerz, A.-G., Optische Anstalt, Berlin-Friedenau. — (Berlin: Eckstein [1904].) 12 S. 2° [Kopft.] (Dt. Industrie, dt. Kultur. 2, 7.)

Kolbe, E., s.: Reuter's, Fritz, Werke in Bildern.

— s.: Reuter-Album.

Im Schatten des Niederwaldes, s.: Haus u. Herd.

Kolbe, E., P. Johannes Tetzel, Mönch aus dem Predigerorden. Ein Lebensbild. 12. (98 S. m. Holzschn.) Steyl 882. Missionsdruckerei. n. — 60

Kolbe, Elisab., weiße Lilien. Stille Weisen. (XII, 116 S.) gr. 8. Leipzig 905. H. G. Wallmann. n. 1. 60; geb. in Leinw. n. 2. 25

Kolbe, Elisab., Marienfäden. Sprüche. (110 S.) 8. Lengerich 908. Bischof & Klein. Geb. in Leinw. 1. 80

Kolbe, Ernst

Kolbe, E., Betrachtungen über den Gebäudeminderwert bei Bergschäden. Essen-Ruhr, [ca. 1907]. 19 S.

Kolbe, E., die wichtigsten Decken u. Wände der Gegenwart. Armierte Decken, Betondecken, Hohlkörperdecken, Formziegeldecken, Bautafeln aus Cement u. Gips, traglose feuersichere Wände u. a. m. Berücksicht. ihrer nutzbaren Eigenschaften f. Verwendg. auf wandelbarem od. durch den Bergbau unterminiertem Gelände. (324 S. m. 612 Abbildgn.) Lex.-8. Oberhausen, Rhld. 905. Rich. Kühne Nachf. (Nur direkt.) Geb. n. 7.50

Kolbe, E., Deformationen an Ringöfen durch Bergbau-Betrieb. Essen-Ruhr, [ca. 1907]. 16 S. mit 1 Taf.

Kolbe, E., Nachteilige Erschütterung der Tagesbauten durch Wegtun von Schüssen bei Bergbaubetrieb u. a. Essen-Ruhr, [1907]. 12 S.

Kolbe, E., Gebäuderisse unabhängig vom Bergbau. Essen-Ruhr, [ca. 1907]. 15 S.

Kolbe, Ernst, Regelung der Streitigkeiten zwischen Grubenbesitzer u. Tagesflächeneigentümer bei vorhandenen Bergschäden. (IV, 78 S. m. 1 eingedr. Kartenskizze.) gr. 8. Essen 906. G. D. Baedeker. n. 2. 40

Translocation der Deckgebirge durch Kohlenabbau, die damit verbundenen Grundwasserstörungen, Gebäude- u. Grundstücksbeschädigungen, Minderwert u. Abgeltung d. Schadens. Mit 1 Titelbild u. 116 erl. Fig. von E[rnst] Kolbe, Essen, Ruhr. Oberhausen, Rheinl.: R. Kühne Nachf. 1903. (184 S.) 4°(8°) [04. 2179

— Translocation der Deckgebirge durch Kohlenabbau, die damit verbundenen Grundwasserstörungen, Gebäude- u Grundstücksbeschädigungen, Minderwert u. Abgeltung des Schadens. Mit 1 Titelbild u. 116 erläut. Fig. (187 S.) gr. 4. Oberhausen (Rhld.) 903. Essen, G. D. Baedeker. n. 7. 50

Kolbe, Ernst, aus Parschnitz in Böhmen: Ueber chemische Zusammensetzung und Verbrennungswärmen der Entgasungsprodukte der hauptsächlichsten Steinkohlentypen. Zürich 1908. 71 S. und zwei Tabellen. 8°. [30. V. 08.]
Zürich, Phil. Diss. II. S. 1907/08.

Kolbe, Ernst. Ueber chemische Zusammensetzung und Verbrennungswärmen der Entgasungsprodukte der hauptsächlichsten Steinkohlentypen. Diss. Phil. [II.] Univ. Zürich. [Mit 1 Figur und 2 graphischen Tafeln.] 71 S. 8. Zürich, J. F. Kobold-Lüdi, 1908.

Kolbe, F., Sehnen-Tafel, enth. die zur Bestimmung aller Winkel von 0° bis 180° von Minute zu Minute erforderlichen Sehnen f. den Halbmesser = 100. 4. (2¾ B.) Halberstadt 844. (Frantz.) *

Kolbe, Felix Die Einrichtung unserer der altklassischen Lektüre dienenden Schulausgaben. S. 24—42. Progr. *Stade* 1883.

Kolbe, Fr. A.: Theologischer Commentar über das erste Capitel des Briefes an die Epheser. 41 S. – Stettin, Mar. G., Progr. 1869.

Kolbe, Franc., Quaestiones scripturisticae in destinatos Dominicarum per annum evangelicos textus continuatae. Breslau, 1720, 8°.

Kolbe, Friedr., Erzbischof Adalbert I. von Mainz und Heinrich V. gr. 8. (149 S.) Heidelberg 872, C. Winter's Universitäts-Buchh. 3 —

Kolbe, G., Geschichte der königl. Porcellanmanufactur zu Berlin nebst einer einleit. Übersicht der geschichtl. Entwickelung der ceramischen Kunst. In Veranlassung des 100jähr. Bestehens der königl. Manufactur zusammengestellt. gr. 8. (VIII und 300 S.) Berlin 863, v. Decker'sche geheime Ober-Hofbuchdruckerei.

Kolbe, Georg Heinr.: Über Resection des Ellenbogengelenks. Berlin 1869. 32 S. 8°
Berlin, Med. Diss. v. 16. Aug. 1869

Kolbe, Gerhard: Ein Beitrag zur Ätiologie des Herpes Zoster. *Greifswald 1898: C. Sell.* (21 S.) 8°
Greifswald, Med. Diss. v. 14. März 1898

Kolbe, Gerh., Examen juris canon. juxta. V libros decretalium. 8. Vien. 728.

Kolbe, Gregor

— compend. totius orbis. 4. Augsb. 735.

Kolbe, Gregor., series romanor. imperatorum, pontific. et archiepisc. c. reflex. hist. 4. Augsb. Veith. 725. 27.

Kolbe, Gustav [pr. Arzt aus Lüdenscheid i. W.]: Zur Geschichte und Pathologie des Mal perforant du pied ... Würzburg, Becker's Univ.-Buchdr., 1892; 53 S. 8.
Würzburg, Med. Fak., Inaug.-Diss. v. 1892

Kolbe, Heinr., Adressbuch f. Ansichtspostkarten-Sammler. (Umschlag: Welt-Adressbuch.) 8. (101 S.) Trautenau 898. (Leipzig, W. Opetz.) n. 1. 20

Kolbe, Heinrich, aus Berlepsch a. d. Werra: Metrische Untersuchungen über die Gedichte der 'Uncertain Authors' in 'Tottel's Miscellany'. *Marburg 1902: R. Friedrich.* (90 S.) 8°
Marburg, Phil. Diss. v. [14. Juli] 1902

Kolbe, [Heinr. Chr.], Festrede, gehalten bei der Einweihung des Kriegerdenkmals auf dem alten Kirchhofe zu Langwarden. 8. (15 S.) Oldenburg 875, Schulze'sche Hofbuchh.

— **Heinrich Gottlieb** (Olbernhau), De tussi convulsiva. Diss. med. Präs. D. Burcard Wilhelm Seiler. Wittbg. (Friedrich Immanuel Seibt) 17. IV. 1810. 30 S. (6.—) 19113

Kolbe, Herm., Abweisung nicht begründeter Urtheile von Halbchemikern über die antiseptischen Eigenschaften der Salicylsäure. — Ueber die antiseptischen Wirkungen der Salicylsäure und Benzoësäure in Bierwürze und Harn von E. v. Meyer und H. Kolbe. gr. 8. (43 S.) Leipzig 875, Barth.
Aus: Journal für praktische Chemie, besonders abgedruckt.

Kolbe, Herm., kritische Beleuchtung der Bekanntmachung zur Gewerbe-Ordnung für den norddeutschen Bund vom 21. Juni 1869 betr. die Prüfung der Apotheker vom 25. Septbr. 1869. gr. 8. (23 S.) Braunschweig 872, Vieweg und Sohn. * — 50

Kolbe, Herm., Beleuchtung von Virchow's Schrift: „Nach dem Kriege." gr. 8. (17 S.) Leipzig 872, Barth. *

Kolbe, Hermann: Antiseptische Eigenschaften der Kohlensäure. 1882.

Kolbe, Herm., zur Entwickelungsgeschichte der theoretischen Chemie. gr. 8. (IV, 117 S.) Leipzig 881, Barth. *
Aus: Journal für praktische Chemie, besonders abgedruckt.

Kolbe, Herm., s.: Journal f. prakt. Chemie.

Kolbe H.: Ist anhaltender Genuss kleiner Mengen Salicylsäure der Gesundheit nachtheilig? (Leipz. 1878). 3 S. (Særtr.). P.

—— über die chemische Constitution der organischen Kohlenwasserstoffe. Vortrag nebst Eröffnungsrede gehalten bei Einweihung des neuen chem. Laboratoriums der Universität Leipzig am 16. Novbr. 1868. gr. 8. (40 S.) Braunschweig 869, Vieweg und Sohn. *

DER WETTERAUER GESELLSCHAFT FÜR NATURKUNDE zur Feier ihres fünfzigjährigen Bestehens am 11. August 1858 im Namen der Gesellschaft zur Beförderung der gesammten Naturwissenschaften zu Marburg. (Enthält: HERMANN KOLBE, Ueber die chemische Constitution organischer Verbindungen.) Marburg. s. a. N. G. Elwert'sche Universitäts-Buchdruckerei. 4°.

Kolbe, Herm., Kritik der Rectoratsrede von Aug. Kekulé: „über die wissenschaftlichen Ziele und Leistungen der Chemie." Abhandlung. gr. 8. (20 S.) Leipzig 878, Barth. *
Aus: Journal für praktische Chemie, besonders abgedruckt.

—— das chemische Laboratorium der Universität Leipzig und die seit 1866 darin ausgeführten chem. Untersuchungen. gr. 8. (XLVIII, 667 S. mit in den Text eingedr. Holzst. und 2 Stnt.) Braunschweig 872, Vieweg und Sohn. *

KOLBE, HERMANN.
Chemische (Das) Laboratorium der Universität Leipzig und die seit 1866 darin ausgeführten chemischen Untersuchungen. Braunschweig, 1872. pp. xlviii–664, 8vo. 2 plates.
Accompanied by: Photographische Ansichten vom Laboratorium der Universität Leipzig. Braunschweig, 1872. Three folio sheets in cover.

— das chemische Laboratorium der Universität Marburg u. die seit 1859 darin ausgeführten chemischen Untersuchungen nebst Ansichten u. Erfahrungen über die Methode des chem. Unterrichts. Braunschweig 865. Vieweg & Sohn. gr. 8. (IX, 524 S. mit 2 Steintaff. in qu. 4.) n. 2 ₰ 10 ngr.

—— das neue chemische Laboratorium der Universität Leipzig. hoch 4. (32 S. mit 1 Situationsplan in Lithogr. und 7 eingedr. Holzschn.) Leipzig 868, Brockhaus. *

—— erprobte Laboratoriums-Einrichtungen. gr. 8. (14 S. mit 1 Stndrtaf.) Leipzig 871, Barth.
Aus: Journal für praktische Chemie, besonders abgedruckt.

Kolbe, Hrm., ausführliches Lehrbuch der organischen Chemie. Mit in den Text eingedr. Holzschn. (In 2 Bdn.) 1—7. Liefg. A. u. d. T.: Graham-Otto's ausführliches Lehrbuch der Chemie. 3. umgearb. Aufl. 3. u. 4. Bd. Braunschweig 854—57. Vieweg. gr. 8. (1. Bd.: VII, S. 1—672.) Jede Liefg. n. 15 ngr.
Vgl.: Otto, ausführl. Lehrb. der Chemie.

Kolbe, Herm., ausführliches Lehrbuch der organischen Chemie. Mit in den Text gedr. Holzschn. 1. Bd. 8—11. Liefg. — 2. Bd. 1—10. Liefg. (In der Reihe die 8—21. Liefg.) A. u. d. T.: Graham-Otto's ausführliches Lehrbuch der Chemie. 3. umgearb. Aufl. 3—5. Bd. Braunschweig 859—64. Vieweg & Sohn. 8. (1. Bd.: IX—XV, S. 673—1056; 2. Bd.: X, 972 S.) Jede Liefg. n. 15 ngr.

— ausführliches Lehrbuch der organischen Chemie. [A. u. d. T.: Graham-Otto's ausführliches Lehrbuch der Chemie. 3—5. Bd.] 3. Bd. 1. Abth. Bearb. von E. v. Meyer u. A. Weddige. Mit in den Text eingedr. Holzst. 1. u. 2. Lfg. gr. 8. (160 S.) Braunschweig 876. Vieweg & Sohn. n. 3. — (I—III, I, 2 u. III, II.: n. 45. —)

— ausführliches Lehrbuch der organischen Chemie. [A. u. d. T.: Graham-Otto's ausführliches Lehrbuch der Chemie. 3—5. Bd.] 3. Bd. 1. Abth. Bearb. von E. v. Meyer u. A. Weddige. Mit in den Text eingedr. Holzst. 3—10. Lfg. gr. 8. (S. 161—779.) Braunschweig 877. Vieweg & Sohn. n. 13. 50 (cplt.: n. 58. 50)

Kolbe, Herm., ausführliches Lehrbuch der organischen Chemie. Mit in den Text gedr. Holzschn. (A. u. d. T.: Graham-Otto's ausführliches Lehrbuch der Chemie. 3., umgearb. Aufl. 3—5. Bd.) 3. Bd. 2. Abthl. bearb. von H. v. Fehling. 7 Liefgn. Braunschweig 868, 69. Vieweg & Sohn. gr. 8. (XVIII, 528 S.) n. 3 ₰ 15 ngr.
Die 1. Abthl. des 3. Bandes erscheint später.

—— ausführliches Lehrbuch der organischen Chemie. 1. Bd. A. u. d. T.: Graham-Otto's ausführl. Lehrbuch der Chemie. 3. Bd. Bearb. von E. v. Meyer und A. Weddige. Mit in den Text eingedr. Holzschn. 10 Lfgn. gr. 8. Ebendas. [1. und 2. Lfg. (S. 1—160.) 876. *M 3.; 3. und 4. Lfg. (S. 161—320.) 877. *M 3.; 5. und 6. Lfg. (S. 321—480.) 877. *M 3.; 7.—10. Lfg. (XVII, S. 481—779.) und Gesammtreg. zu den 3 Bdn. (86 S.) 878. *M 7,50.] *
2. und 3. Bd. Ebendas. *M 42. — Vgl.: Graham-Otto.

— ausführliches Lehr- und Handbuch der organischen Chemie. [Zugleich als 3., 4. und 5. Bd. zu Graham-Otto's ausführl. Lehrbuch der Chemie.] 2. umgearb. und verm. Aufl. von Ernst v. Meyer. (In 3 Bdn.) 1. und 2. Bd. gr. 8. Ebendas. [1. Bd. (XVI, 912 S.) 880. *M 17.; 2. Bd. 1. Abthl. (S. 1—384.) 881. *M 7,20.; 2. Abthl. (S. 385—762.) 882. *M 7,20.; 3. Abthl. (XVIII, S. 763—1228.) 884. *M 9,60.] *

— kurzes Lehrbuch der anorganischen Chemie. Mit in den Text eingedr. Holzschn. und einer farb. Spectraltaf. 2 Hälften. 8. Braunschweig, Vieweg und Sohn. [1. Hälfte. (S. 1—256.) 877. *M 3.; 2. Hälfte 1. Lfg. (S. 257—448.) 877. *M 2.; 2. Lfg. (XXIV, S. 449—679.) 878. *M 3.] *

— kurzes Lehrbuch der organischen Chemie. Mit in den Text eingedr. Holzschn. (In 3 Heften.) 1. Heft. 8. (272 S.) Ebendas. 879. *

— kurzes Lehrbuch der organischen Chemie. Mit in den Text eingedr. Holzst. 2. und 3. (Schluss-)Heft. 8. Braunschweig, Vieweg und Sohn. [2. Heft. (S. 273—512.) 881. *M 3.; 3. Heft. (XVI, S. 513—864.) 883. *M 4.] *
1. Heft. Ebendas. 1879. *M 3.

Kolbe, Herm., kurzes Lehrbuch der Chemie. 1. Thl. Anorganische Chemie. 2. verb. Aufl. Mit Holzst. 8. (XXVII, 681 S. m. 1 chromolith. Spectraltaf.) Braunschweig 884. Vieweg & Sohn. n. 8. —

Kolbe, Herm., Leitfaden f. die qualitative chemische Analyse, s.: Städeler.

— Moden der modernen Chemie. [Aus „Journal f. prakt. Chemie."] gr. 8. (31 S.) Leipzig 871. Barth. n. — 50

Kolbe, H., s. Mulder, G. J., Versuch e. allgem. physiolog. Chemie.

Kolbe, Hermann (geb. Oberhannsdorf bei Glatz 14.2.1849): Die Resultate der bei Thieren behufs Erzeugung von Tuberkeln angestellten Experimente in ihrem Verhältniss zur Lehre von der Tuberkulose des Menschen. Breslau 1872. (37 S.) 8°
Breslau, Med. Diss. v. 26. März 1872

Chemischer Rückblick auf die Jahre 1872 und 1873. Leipzig, 1873–74.

— und C. Neubauer, die Salicylsäure in ihren verschiedenen Wirkungen. Drei Abhandlungen. gr. 8. (26 S.) Leipzig 875, Barth. *
Aus: Journal für praktische Chemie, besonders abgedruckt.

— s. Städeler, H., Leitfaden für die qualit.-chem. Analyse.

— die chemische Synthese. Ein chemischer Traum. [Aus: „Journ. f. prakt. Chemie".] gr. 8. (26 S.) Leipzig 878. Barth. n. — 60

— Versuche über die gährungshemmende Wirkung der Salicylsäure und anderer aromatischer Säuren, s. Meyer, E. v.

— Was ist: Künstliches Mineralwasser? Kritische Beleuchtung eines Obergutachtens der königl. preuss. wissenschaftl. Deputation für das Medicinalwesen zu Berlin. gr. 8. (24 S.) Leipzig 877, Barth. *

— chemische Winke f. praktische Verwendungen der Salicylsäure. [Aus: „Journ. f. prakt. Chemie."] gr. 8. (15 S.) Leipzig 876. Barth. n. — 40
cf.: Neubauer, O.

— über die Wirkung der Salicylsäure als Arzneimittel, s. Fontheim, K.

Kolbe, H., üb. d. natürl. Zusammenhang d. organ. m. d. unorgan. Verbindgn., s. a. Ostwald's, W., Klassiker d. exakten Wissenschaften. Nr. 92.

Ueber den natürlichen Zusammenhang der organischen mit den unorganischen Verbindungen, die wissenschaftl. Grundlage zu e. naturgemässen Classification der organischen chemischen Körper v. H[ermann] Kolbe (1859.) Hrsg. v. Ernst v. Meyer. Leipzig: W. Engelmann 1897. (42 S.) 1 Bd 8.
= Klassiker, Ostwald's, d. exakten Wissenschaften. No 92. (97.6)

— über den Zustand der Chemie in Frankreich. [Aus dem Journal für prakt. Chemie.] Leipzig 870. Barth. gr. 8. (14 S.) gratis

Kolbe, Herm. Jul., Beiträge zur Zoogeographie Westafrikas, nebst einem Bericht über die während der Loango-Expedition von Hrn. Dr. Falkenstein bei Chinchoxo gesammelten Coleoptera. gr. 4. (212 S. mit 3 Taf.) Halle 887. (Leipzig, Engelmann.) *M 15.—.; mit color. Taf. * 18 —
Aus: Nova Acta der kaiserl. Leopoldinisch-Carolinischen deutschen Akademie der Naturforscher, besonders abgedruckt.

Kolbe, H. J., s.: Bericht üb. etc. Entomologie.

— Einführung in die Kenntnis der Insekten. (In 6—8 Lfgn.) 1.—4. Lfg. 8. (VIII, S. 1—224 m. Holzschn.) Berlin 889. 890. Dümmler's Verl. à n. 1.—

Kolbe, H. J., Einführung in die Kenntnis der Insekten. Mit 324 Holzschn. 5.—14. (Schluss-)Lfg. 8. (XII u. S. 225—709 m. Holzschn.) Berlin 891—893. F. Dümmler's Verl. à n. 1.—

Gartenfeinde und Gartenfreunde. Die für d. Gartenbau schädl. u. nützl. Lebewesen. Von Prof. H[erm.] Kolbe zu Berlin. Mit 76 Abb. Berlin: K. Siegismund (1901). (318 S.) 8° [J.]
= Gartenbau-Bibliothek. Bd 34–36. (01.)

— Käfer u. Netzflügler, s.: Deutsch-Ost-Afrika.

Kolbe, H., Coleopteren, s. a. Ergebnisse der Hamburger Magalhaenischen Sammelreise. 8. Lfg.

Coleopteren. Die Käfer Deutsch-Ost-Afrikas. Von H[erm.] Kolbe, Custos am Kgl. Museum f. Naturkunde in Berlin. M. 4 Taf., gez. v. Nic. Prillwitz. Berlin: D. Reimer 1897. (1 Bl., 367 S., 4 Taf.) 1 Bd 4.(8) (98.)

— Koleopteren der Aldabra-Inseln. gr. 4. (S. 567—586.) Frankfurt a/M. 902. (M. Diesterweg.) n. 1.—
Sonderabdruck aus: „Abhandlgn. d. Senckenberg. naturforsch. Gesellschaft".

Kolbe, Hermann Julius: Über die von Herrn Dr. F. Stuhlmann in Deutsch-Ostafrika und Mosambik während der Jahre 1888 bis 1890 gesammelten Coleopteren. Mit 1 Taf. Hamburg 1897: (Berlin: D. Reimer 1901). 29 S. 4° (8°) Aus: Mitth. aus d. Naturhist. Mus. 14.
= Ergebnisse, Zoolog., einer ... in d. Küstengebiete von Ost-Afrika unternomm. Reise. Bd. 2, No. 13.

— Neuropteren. D. Netzflügler Deutsch-Ost-Afrikas. M. 1 Taf., gezeichn. v. Nic. Prillwitz. [Aus: „Deutsch-Ost-Afrika".] Lex.-8. (42 S.) Berlin 897. D. Reimer. n. 4.—

Kolbe, Hermann Julius (Bearb.), s. Rostock, M.: Neuroptera germanica.

Kolbe, H. J. (Red.), s. Zeitschrift, Berliner Entomologische.

Ignaz Heger (von J. Kolbe). S.-A. 1881. 12 S. —.50

Kolbe, J. C. K., s. Ed. Turner, die neuesten Erfindungen rc.

Kolbe, Johannes [aus Friedheim, Prov. Posen]: Ueber einen Fall von Angina pectoris .... Halle a. S., Hof-Buchdr. v. C. A. Kaemmerer & Co., 1886; 36 S. 8°.
Halle, Med. Fak., Inaug.-Diss. v. 4. Aug. 1886.

Kolbe, Johannes, über einen Fall von Angina pectoris. Diss. Halle 1886, Lippertsche Buchh. 8°. 36 S.

Kolbe, Johs., die biblische Geschichte in Lebensbildern. Ausgef. Katechesen f. d. Oberstufe. 2 Tle. gr. 8. Leipzig, H. G. Wallmann. à n. 2. 60; Geb. à n. 3. —
1. D. alte Testament. (XVI, 218 S.) 895.
2. D. neue Testament. (VIII, 252 S.) 896.

Kolbe, Johs., die biblische Geschichte in Lebensbildern. Ausgeführte Katechesen f. die Oberstufe. 2 Tle. 3. Aufl. 8. Leipzig, H. G. Wallmann. à 2.60; geb. à 3.
1. Das alte Testament. (XVI, 221 S.) 904.
2. Das neue Testament. (VIII, 251 S.) 907.

— Die biblischen Geschichten f. evangelische Schulen. 2., nach der rev. Bibel verb., Aufl. (158 S. m. 1 farb. Karte.) 8. Ebd. 905. Geb. — 75

Kolbe, Johs., das Gute behaltet! (1. Thess. 5,25.) Merkbuch f. Konfirmanden im Anschluß an: „Der einheitl. Religionsunterricht in Kirche u. Schule. Ein Vorschlag zur Gestaltg. des Konfirmandenunterrichts". 8. (16 S.) Leipzig 901. H. G. Wallmann. n.n. — 15

— Das Gute behaltet! 1. Thess. 5, 25. Merkbuch f. Konfirmanden. 4. verb. Aufl. (44 S.) 8. Ebd. 908. — 30

Kolbe, J., Hand- u. Spruchbuch zum kleinen Katechismus M. Luthers. Im Anschluß an die v. demselben Verf. erschienenen Katechesen zum Gebrauch der Schüler hrsg. gr. 8. (III, 76 S.) Breslau 892. C. Dülfer. n. — 50; Ausg. f. Schüler. 8. Geb. n. — 50

— Hand- u. Spruchbuch zum kleinen Katechismus Dr. Mart. Luthers. Im Anschluß an die v. dem Verfasser bearb. Katechesen z. Gebr. d. Schüler hrsg. M. liturg. u. Lieder-Anhang. 3. Aufl. 8. (III, 89 S.) Breslau 898. C. Dülfer. n. — 35; kart. n. — 40; geb. in Halbleinw. n. — 50

— Hand- u. Spruchbuch zum kleinen Katechismus Dr. Martin Luthers. Im Anschluß an die von dem Verf. bearb. Katechesen zum Gebrauch der Schüler hrsg. Mit liturg. u. Lieder-Anh. 5. verb. Aufl. 8. (III, 89 S.) Breslau 901. C. Dülfer. n. — 35; kart. n. — 40; geb. in Halbleinw. n. — 50

— dasselbe. Ausg. C. Mit Spruchanfängen, ohne Liederanh. 9., in neuer Rechtschreibg. gedr. Aufl. (IV, 80 S.) 12. Ebd. 903. n. — 25; geb. n. — 40

Hand- und Spruchbuch zum kleinen Katechismus Dr. Martin Luthers. Im Anschluß an die von d. Verf. bearbeiteten Katechesen z. Gebr. d. Schüler hrsg. von Johannes **Kolbe**, Pastor. Ausg. A. Mit ausgedruckten Sprüchen u. mit Liederanh. 10. in neuer Rechtschreibung gedr. Aufl. Breslau: C. Dülfer 1904. (91 S.) 8° [F.] 07. 16588 2

Hand- und Spruchbuch zum Kleinen Katechismus Dr. Martin Luthers. Im Anschl. an die von d. Verf. bearb. Katechesen z. Gebr. d. Schüler hrsg. von Johannes **Kolbe**, Pastor in Freystadt i. Schl. Ausg. D f. Brandenburg. Mit den amtlich vorgeschriebenen Sprüchen, Psalmen u. Liedern. 12., in neuer Rechtschreibung gedr. Aufl. Breslau: C. Dülfer 1904. (IV, 91 S.) 8° [F.] 05. 5503 2

— dasselbe. Ausg. B. Mit ausgedr. Sprüchen, ohne Liederanh. 13., in neuer Rechtschreibg. gedr. Aufl. (IV, 80 S.) 8. Ebd. 906. n. — 30; kart. n. — 40

— dasselbe. Ausg. D f. Brandenburg. Mit den amtlich vorgeschriebenen Sprüchen, Psalmen u. Liedern. 14., in neuer Rechtschreibg. gedr. Aufl. (IV, 91 S.) 8. Ebd. 906. n. — 35; geb. n. — 50

— Hand- u. Spruchbuch zum kleinen Katechismus Dr. Martin Luthers. Im Anschluß an die v. dem Verf. bearb. Katechesen zum Gebrauch der Schüler hrsg. Ausg. A. Mit ausgedr. Sprüchen u. m. Liederanh. 15. (Ster.-) Aufl. (III, 91 S.) 8. Breslau 909. C. Dülfer. — 35; kart. — 50

Kolbe, Johs., Hand- u. Spruchbuch zum kleinen Katechismus Dr. Martin Luthers. Im Anschluß an die v. dem Verf. bearb. Katechesen zum Gebrauch der Schüler hrsg. Ausg. D f. Brandenburg. Mit den amtlich vorgeschriebenen Sprüchen, Psalmen u. Liedern. 16. (Ster.-)Aufl. (IV, 91 S.) 8. Breslau 909. C. Dülfer Geb. — 50

— der kleine Katechismus M. Luthers in ausgeführten Katechesen, f. den Lehrer in der Oberklasse der Volksschule u. im Konfirmandenunterricht nach den neueren Grundsätzen der Methodik bearb. u. hrsg. gr. 8. (XVI, 291 S.) Ebd. 892. n. 3. 50; m. dem Spruchbuch in 1 Bd. geb. n. 4. 60

Der Kleine Katechismus Dr. M[artin] Luthers in ausgeführten Katechesen f. d. Lehrer in d. Oberklasse d. Volksschule u. im Konfirmanden-Unterr. nach d. neueren Grundsätzen d. Methodik bearb. u. hrsg. von Johannes **Kolbe**, Pastor in Freystadt. 2. verm. u. verb. Aufl. *Breslau: C. Dülfer 1894.* (XVI, 303 S.) 8° [F.]

— der kleine Katechismus Dr. M. Luthers in ausgef. Katechesen, f. d. Lehrer in d. Oberklasse d. Volksschule u. im Konfirmanden-Unterr. nach d. neuern Grundsätzen d. Methodik bearb. 3., verb. Aufl. gr. 8. (XVI, 300 S.) Ebd. 898. n. 3. 50; geb. in Halbldr. n.n. 4. 10

— der kleine Katechismus Dr. M. Luthers in ausgeführten Katechesen, f. den Lehrer in der Oberklasse der Volksschule u. im Konfirmandenunterricht nach d. neuern Grundsätzen der Methodik bearb. 4. verb. Aufl. gr. 8. (XVI, 301 S.) Ebd. 901. n. 3. 50; geb. in Leinw. n.n. 4. 10

— der kleine Katechismus Dr. M. Luthers in ausgeführten Katechesen, f. den Lehrer in der Oberklasse der Volksschule u. im Konfirmandenunterricht nach den neueren Grundsätzen der Methodik bearb. 5. verb. Aufl. Gedruckt in der neuen Rechtschreibg. (XVI, 301 S.) gr. 8. Breslau 903. C. Dülfer. n. 3. 50; geb. in Leinw. n. 4. 20

Der kleine Katechismus Dr. M. Luthers in ausgeführten Katechesen f. d. Lehrer in d. Oberklasse d. Volksschule ... nach d. neueren Grundsätzen d. Methodik bearb. von Johannes **Kolbe**. 6. verb. Aufl. Breslau: C. Dülfer 1907. (XVI, 301 S.) 8° [F.] 08. 6403 2

— deutsche Lesestücke f. alle Stufen katechetisch behandelt. gr. 8. (VIII, 117 S.) Leipzig 899. H. G. Wallmann. n. 1. 30; geb. n. 1. 60

— Religionsbuch f. evangelische Schulen. 3., nach der Bibel verb., Aufl. (211 S. m. 2 farb. Karten.) 8. Leipzig 909. H. G. Wallmann. Geb. — 80

— der einheitliche Religionsunterricht in Kirche u. Schule. Ein Vorschlag zur Gestaltg. des Konfirmandenunterrichts im Anschluß an die Katechismuskatechesen des Verf. gr. 8. (VIII, 142 S.) Ebd. 900. n. 2. —; geb. n.n. 2.35

Kolbe, Johann Heinrich: Anweisung dem Weinstocke den höchsten Nutzen abzugewinnen. Nebst Angabe einer neuen Art Spaliere und Schutzwände, wodurch das junge Holz des Weins sowohl als seine Trauben sicher zur Reife kommen, einen bessern, süßern Most liefern, und der Nutzen des Weinbaues im Allgemeinen sehr erhöht wird. Erfurt: Verf.; Keyser in Komm. 1826. VIII, 44 S., 1 Falttaf. -- Stiftsbibliothek Klosterneuburg*
--- Dass. Neue, verm. u. verb. Aufl. Ebd. 1828. XIV, 106 S., mit 11 Abb. -- 98*
--- Dass. 5., bedeutend verm. u. verb. Aufl. Sangerhausen: Dittmar 1837. XVI, 127 S., 11 Abb. -- 21*
--- Dass. 5., bedeutend verm. u. verb. Aufl. Quedlinburg & Leipzig: Ernst 1841. XVI, 127 S. -- Frei 100*

Kolbe, J. H., Anweisung, dem Weinstocke d. höchsten Nutzen abzugewinnen. Nebst Angabe e. neuen Art Spaliere u. Schutzwände. Neue, verm. u. verb. Aufl. M. 11 Abbild. 8. (7½ B.) Erfurt 828, [Winkler.]

— Anweisung, dem Weinstocke d. höchsten Nutzen abzugewinnen. Nebst Angabe einer neuen Art Spaliere und Schutzwände, wodurch das junge Holz des Weins sowohl als seine Trauben zur Reife kommen rc. 5e verm. Aufl. 8. Sangerhausen 837. Dittmar, jetzt Rohland. 5/6 ℛ

Kolbe, Joh. Heinr., Anweisung, dem Weinstocke d. höchsten Nutzen abzugewinnen. Nebst Angabe e. neuen Art Spaliere u. Schutzwände, wodurch d. junge Holz d. Weins sowohl, als seine Trauben sicher z. Reife kommen, ein. bessern, süßern Most liefern u. der Nutzen d. Weinbaues im Allgem. sehr erhöht wird. 5., bedeut. verm. u. verb. Aufl. 8. (9 B. u. 11 Abbild.) Quedlinburg 841, Ernst'sche Buchh.

—— der thüring. Dorfgärtner. Ein Hilfsb. f. Freunde d. Land- u. Gartenbaues, besond. f. Landleute. Nach dess. Tode hrsg. v. Ludw. Heinr. Kolbe. 8. (14½ B. u. 1 Stnt.) Erfurt 836. (Leipzig, Herbig.)

—— der unterweis. Dorfgärtner. Ein Hilfsb. f. Freunde d. Land- u. Gartenbaues besond. f. Landleute. Nach dess. Tode hrsg. v. Ludw. Heinr. Kolbe. 8. (14½ B. u. 1 Stnt.) Eisleben 837. [Berlin, Hermes.]
Ist nur eine neue, etwas veränd. Titelausg. d. vorhergehenden Werkes.

Kolbe, Johannes, s. Kolbe, Johann.

Kolbe, Jos., Beweis eines Satzes über das Vorkommen complexer Wurzeln in einer algebraischen Gleichung. Lex.-8. (3 S.) Wien 873, (Gerold's Sohn.)
Aus: Sitzungsberichte der k. Akademie der Wissenschaften, besonders abgedruckt.

Kolbe, Jos., Frühlingskinder. Gedichte u. Prosa. gr. 16. (57 S.) Straßburg 895. Basel, G. L. Kattentidt. n. 1.20

Radfahrer-Tourenbuch für Siebenbürgen und die angrenzenden Länder. Reisehandbuch für Radfahrer, Touristen etc. von Josef Kolbe. 2., vollständig umgearbeitete und erweiterte Auflage. Mit 1 Karte von Siebenbürgen, 3 Vollbildern und Textillustrationen. Hermannstadt. 1902. Krafft. 8°. 298, XXXII S. Geb. K 4.—

Kolbe, Jos., s.: Zeitschrift f. d. Realschulwesen.

Kolbe, K., Charte v. Teutschland, Preussen. d. Schweiz; Nord- u. Mittel-Italien. Redig. v. F. W. Streit. (Kpfrst. u. ill. Gr. Adler-Format.) — Nebst Repertorium etc. Ein alphabet. Verzeichn. d. Namen aller Städte, Flecken, merkwürd. Dörfer, Gewässer, Höhen etc., zum schnellen Auffinden auf dieser Charte eingerichtet. Nebst e. Anh., enthalt. einige statist. Angaben. 8. (6 B.) Berlin 833, Herbig.

— Gegend um Cassel, Hannover, Magdeburg. 10 Meilen im Umkreise. Jedes Blatt mit einer histor. Notiz von C. W. A. v. Eck u. 1 ill. Vign. Imp.-4. Berlin 840. Heymann. à n. ½ ℛ

Kolbe, K., System des Henzeschen Alphabets. Aufgestellt u. m. kurzer Anweisg. u. Erteilg. e. erfolgreichen Unterrichts im Taktschreiben versehen. gr. 8. (60 S. m. 3 Schrifttaf.) Leipzig-Neustadt 889. A. Henze. Geb. n. — 60

Kolbe, K., Umgegend um Dresden — Neu-Strelitz. — Stralsund. — Weimar. 10 Meilen im Umkreise. Jede mit einer kurzen Geschichte am Rande. (Neue Ausg.) Imp.-4. Berlin 841, Heymann. Kupferstich u. illum. à n. ½ ℛ

Kolbe, K. Fr. C., s. Justinus, philipp. Geschichte.

Kolbe, Carl [aus Leipzig]: Ueber die Bromadditionsproducte der Crotonsäuren und der Methacrylsäure. Leipzig, Druck von Metzger & Wittig, 1882. 8. 32 S.

Kolbe, Car. (Augustus Leop.) (geb. Berlin 26. 10. 1839): De ictero. Berolini (1862). (31 S.) 8°
Berlin, Med. Diss. v. 11. Aug. 1862

Kolbe, Carl [pr. Arzt aus Cöln a. Rh.]: Zur Kenntnis der embolischen Gehirnerweichung. . . . Marburg, Georg Schirling, Buchdr., 1889; 48 S. + 2 Bl. u. 1 Taf. 8°
Marburg, Med. Fak., Inaug.-Diss. v. [17. Nov.] 1889

Kolbe, Karl: Querfurt. Stadt u. Schloss mit s. nächsten Umgebung. Einige geogr.-hist. Nachrichten. Querfurt: Schneider 1907. 28 S. 8°

Kolbe, Karl, Histor. Uebersicht der Erwerbungen und Vergrösserungen des Staates unter dem Hause Hohenzollern. Berlin u. Göttingen 1835. Royal-Fol.

Kolbe, Karl Chr. Wlh., vermischte Abhandlungen besond., bergmänn. physikal. Inhalts. 1s, 2s Stck. 8. Quedlinb. 794—98. Ernst. (1r 8 ℊ 2r 14 ℊ) 22 ℊ Daraus apart abgedr.: üb. die Häselersche Zeugfabrik zu Clausthal rc.) 796. 4 ℊ

— Anleitung zur prosaischen Beredsamkeit, zum Gebrauch für Schulen u. zum Selbstunterrichte. 8. Leipz. 824. Leich. 4 ℊ

Kolbe, Carl Chr. Wilh., Berg-Reihen. Liederschatz für Berg- und Hüttenleute zu Ernst und Scherz und allerlei bergmänn. Festen gesammelt. 2., verm. Aufl. 16. (X und 120 S.) Halle 861, Hendel.

Kolbe, Karl Chr. Wilh., neues Berg-Reien-Buch, s. a. Berg-Reien-Buch.

— neues Berg- u. Reien-Buch, oder Samml. neuer bergmänn. Lieder. 8. Halberst. 802. Groß. 12 ℊ 2e verm. Aufl. Nebst Verzeichn. u. Erklärung d. vorkomm. bergmänn. Ausdrücke, u. doppeltem Register. 2 Hfte. 8. Leipz. 830 u. 31. Klein. 1 ℛ Schrbp. 1 ℛ 8 ℊ

— Berg-Reimbuch, od. Samml. neuer Bergmänn. Lieder. 8. Halberst. Groß. 802.

— vermischte Gedichte. 8. Halberst. 793. Groß. 9 ℊ

Kolbe, Karl Wilhelm

Kolbe, C. W., († d. 8. April 1853), Auswahl landschaftlicher Radirungen. 1. u. 2. Hft. qu. gr. Fol. (à 8 Bl.) Berlin 848, D. Reimer. à n. 2⅔ ℛ Chines. Pap. à n. 4 ℛ — 3. Hft. Imp. Fol. (8 Bl.) Ebd. 850. n. 5⅓ ℛ (1—3: n. 10⅔ ℛ)

Kolbe, Karl W., Beleuchtung einiger öffentl. ausgesprochenen Urtheile über u. gegen Sprachreinheit. gr. 8. Dessau 818. Ackermann. 18 ℊ

— abgerissene Bemerkk. üb. Sprache. Ein Nachtrag zu d. Schrift: über Wortmengerei. gr. 8. Leipz. 813. Gr. Fleischer. 20 ℊ

Kolbe, C. W., radirte Blätter, bestehend in Sammll. von Landschaften. 1e bis 5e Samml. Berl., Reimer. 18 ℛ 6 Landschaften. kl. qu. Fol. 2 ℛ 2 Viehstücke. 16 gℊ 2 neue Sammll. 15 Bl. Imp. qu. Fol. 20 ℛ 3e—6e neue Samml. 28 ℛ Die ganzen Sammll. (132 Bl.) compl. nur 75 ℛ

— s. Exposé de l'état actuel de l'établiss. d'éducation fondé.

— Mein Lebenslauf u. mein Wirken im Fache der Sprache u. der Kunst. Nebst Berichtigungen u. Zusätzen zu der letzten Ausgabe meiner Schrift über Wortmengerei 1823. gr. 8. Berl. 823. Reimer. 9 gℊ

— noch ein Wort über Sprachreinheit gegen Herrn K. Reinhardt. 8. Berl. 815. (Reimer). 12 gℊ

Kolbe, C. W. (†...), nachgelassene landschaftl. Radirungen. I. bis VI. Roy.-Fol. Berlin 835. Reimer. 3½ ℛ

Kolbe's neue Sammlung radirt. Landschaften. 3te u. 4te Lief. Berlin, Reimer. 820.

— s. C. H. Wolke, Livre p. appr. à lire. — C. A. Wolke, premieres connaissances. — C. Wolke, méthode.

— über Wortmengerei. Anh. zu d. Schr.: über den Wortreichthum ꝛc. gr. 8. Leipz. 809. 2e verb. Aufl. 812. Reclam. 2 ℛ 12 gℊ 3e Aufl. nebst e. Nachworte an P. Passow u. F. Horn. gr. 8. Berl. 823. Reimer. 1 ℛ 6 gℊ

Kolbe, K., üb. d. Wortreichthum d. deutschen und franz. Sprache, und beyder Anlage zur Poesie. 2 Thle. m. Anhang. gr. 8. Leipz. Reclam. 806—9.
Anhang hierzu apart

— über den Wörterreichthum der deutschen u. französischen Sprache, u. beider Anlagen zur Poesie; nebst andern Bemerkk., Sprache u. Litteratur betreffend. 2 Bde. (ohne d. Verf. Namen.) gr. 8. Leipz. 806—8. Reclam. 5 ℛ 18 gℊ Verbesser. u. Zusätze dazu. gr. 8. Ebd. 807. 16 gℊ 2e gänzlich umgearb. Aufl. in 3 Bden. gr. 8. Berl. 818—20. Reimer. 9 ℛ

— — über den Wortreichthum der deutschen u. franz. Sprache ꝛc. 2te Aufl. 3 Bde. gr. 8. Berlin, Reimer. 818—20. (1r Bd. 3 Thlr. 12 Gr. 2r Bd. 3 Thlr. 3r Bd. 2 Thlr. 12 Gr.)

Kolbe, Konr., Anleitung zum Betrieb der ersten Anschauungs-, Sprech- u. Schreibleseübungen in Schulen zweisprachiger Gegenden. 3. Aufl. (VIII, 110 S.) 8. Breslau 910. H. Handel. Geb. 1. 50

— Handbuch f. den Geschichtsunterricht in Lehrerbildungsanstalten, s.: Atzler, Alois.

Kolbe, Konr., u. A. Atzler, Handbuch f. d. Geschichtsunterricht in Lehrerbildungsanst. 2., umgearb. Aufl. v. Kolbes übersichtl. Lehr- u. Lerntext z. Unterricht in d. Geschichte f. Lehrerseminare u. Mittelschulen. gr. 8. (XI, 411 S.) Habelschwerdt 896. Franke. n. 3. 75; geb. n. 4. 50

— u. Alois Atzler, Handbuch f. den Geschichtsunterricht in Lehrerbildungsanstalten. 3., umgearb. Aufl. 2 Tle. gr. 8. Habelschwerdt 902. Franke. n. 6. —; geb. n. n. 6. 60
1. Geschichte des Altertums f. Präparanden-Anstalten u. Lehrerseminare. Nach dem Lehrplane vom 1. VII. 1901 bearb. v. K. Mit Abbildgn. zur Kunstgeschichte. (III, 108 S.)
2. Deutsche u. brandenb.-preuß. Geschichte f. Lehrerseminare. Nach dem Lehrplane v. 1. VII. 1901 bearb. v. A. Mit Abbildgn. z. Kunstgeschichte u. Schlachtenplänen. (XII, 480 S.)

— u. A. Atzler, Handbuch f. den Geschichtsunterricht in Lehrerbildungsanstalten. 4., umgearb. Aufl. 1. Tl. gr. 8. Habelschwerdt, Franke. 1. 20
Geschichte des Altertums f. Präparanden-Anstalten u. Lehrerseminare. Nach dem Lehrplane vom 1. VII. 1901 bearb. v. K. Mit Abbildgn. zur Kunstgeschichte. (III, 108 S.) 904.
Tl. 2, s.: Atzler, Alois.

Kolbe, K., übersichtlicher Lehr- und Lerntext zum Unterricht in der Geschichte für Lehrerseminare und Mittelschulen. gr. 8. (X, 396 S.) Habelschwerdt 888, Franke. * 3 50

Übungsaufgaben zur deutschen Sprachlehre für Volksschulen. Bearb. von Konrad **Kolbe**, Kreisschulinsp. 1. 2. Breslau: H. Handel 1904–05. 2 Bde 8° [Umschlagt. F.]
1. Mittelstufe. 1905. 2. Oberstufe. 1904. [07. 1636 2

Kolbe, Konr.. Uebungsaufgaben zur deutschen Sprachlehre f. Volksschulen. I. u. II. 8. Breslau 905. 906. H. Handel. à n. — 25
I. Mittelstufe. — II. Oberstufe. 2. Aufl. (à 48 S.)

— Übungsaufgaben zur deutschen Sprachlehre f. Volksschulen, I. u. II. 8. Breslau, H. Handel à — 25
I. Mittelstufe. 3. Aufl. (47 S.) 909.
II. Oberstufe. 3. Aufl. (48 S.) 909.

Übungsaufgaben zur deutschen Sprachlehre in Volksschulen. Ausg. f. einfache Schulverhältnisse. Mit besond. Berücks. d. Schulen in zweisprachigen Gegenden bearb. von Konrad **Kolbe**, Kreisschulinsp. Breslau: H. Handel 1906. (55 S.) 8° [Umschlagt. F.] [07. 9893 2

Kolbe, Konr., Unterrichtsstoff der vaterländischen Geschichte in Volksschulen. I. II. gr. 8. Breslau 892. H. Handel. Kart. n. — 70
I. Mittelstufe. (34 S.) 892. n. — 20. — II. Oberstufe. 2. Aufl. (IV, 102 S.) 893. n. — 50.

Kolbe, Konr., Unterrichtsstoff d. vaterländ. Geschichte in Volksschulen. 2 Hfte. gr. 8. Breslau, H. Handel. n. — 70
I. Mittelstufe. 3. Aufl. (II, 34 S.) 898. n. — 20
II. Oberstufe. 5. Aufl. (IV, 102 S.) 897. Kart. n. — 50

Unterrichtsstoff der vaterländischen Geschichte in Volksschulen. 1. 2. Bearb. von Konrad **Kolbe**, Kreisschulinsp. *Breslau: H. Handel 1899.* 2 Bde 8° [F.]
1. Mittelstufe. 10. Aufl. 1899. 2. Oberstufe. 4. Aufl. 1896. [00. 6937 2

Kolbe, Konr., Unterrichtsstoff der vaterländischen Geschichte f. Volksschulen. Ausg. f. mehrklass. Schulen. I u. II. 8. Breslau 901. H. Handel. n. — 70
I. Mittelstufe. 12. Aufl. (36 S.) n. — 20
II. Oberstufe, 8, Aufl. (IV, 101 S.) n. — 50

Unterrichtsstoff der vaterländischen Geschichte in Volksschulen. Bearb. von Konrad **Kolbe**, kgl. Kreisschulinsp. Ausg. f. mehrklass. Schulen. 1. 2. *Breslau: H. Handel 1901–02.* 2 Bde 8° [F.]
1. Mittelstufe. 12. Aufl. 1901. 2. Oberstufe. 9. Aufl. 1902. [04. 1864 2

Unterrichtsstoff der vaterländischen Geschichte in Volksschulen. Bearb. von Konrad **Kolbe**, Kreisschulinsp. Ausg. f. mehrklass. Schulen. 1. 2. Breslau: H. Handel 1904. 2 Bde 8° [F.]
1. Mittelstufe. 16. Aufl. 2. Oberstufe. 12. Aufl. [05. 10445 2

Unterrichtsstoff der vaterländischen Geschichte in Volksschulen. Bearb. von Konrad **Kolbe**, Kgl. Kreisschulinsp. Ausg. f. mehrklass. Schulen. 17. Aufl. 1. Breslau: H. Handel 1905. 8° [F.]

— dasselbe. Ausg. f. mehrklass. Schulen. I. u. II. Nach der neuen Rechtschreibg. gr. 8. Ebd. 906. n. — 70
I. Mittelstufe. 18. Aufl. (36 S. m. Abbildgn.) n. — 20
II. Oberstufe. 13. Aufl. (IV, 108 u. 8 S.) Kart. n. — 50

— Unterrichtsstoff der vaterländischen Geschichte in Volksschulen. Ausg. f. mehrklass. Schulen. I. u. II. 8. Ebd. 909. — 70
I. Mittelstufe. 20. Aufl. (38 S. m. Abbildgn.) — 20
II. Oberstufe. Mit e. Bilderanh. 16. Aufl. (IV, 104 u. 8 S.) Kart. — 50

— dasselbe. Ausg. f. die Oberstufe 1- u. 2klass., sowie utraquist. Schulen. gr. 8. (40 S.) Ebd. 894. n. — 25

Kolbe, Konr., Unterrichtsstoff der vaterländischen Geschichte f. Volksschulen. Ausg. f. die Mittel- u. Oberstufe einfacher Schulen. 4. Aufl. gr. 8. (48 S. m. 13 Abbildgn.) Breslau 900. H. Handel. n. — 25

Unterrichtsstoff der vaterländischen Geschichte in Volksschulen. Bearb. von Konrad **Kolbe**, Kreisschulinsp. Ausg. f. d. Mittel- u. Oberstufe einfacher Schulen. 7. Aufl. Mit 13 Abb. Breslau: H. Handel 1904. (63 S.) 8° [Umschlagt. F.] [05. 11444 2

— Unterrichtsstoff der vaterländischen Geschichte in Volksschulen. Ausg. f. die Mittel- u. Oberstufe einfacher Schulen. 8. Aufl. (64 S. m. 13 Abbildgn.) 8. Ebd. 906. n. — 30

— dasselbe. Ausg. f. die Mittel- u. Oberstufe einfacher Schulen. 9. Aufl. (64 S. m. 13 Abb.) 8. Ebd. 909. — 30

— die Verdienste des Bischofs Wolfgang v. Regensburg um das Bildungswesen Süddeutschlands. Beitrag zur Geschichte der Pädagogik des 10. u. 11. Jahrh. Quellenmässig dargestellt. gr. 8. (52 S.) Ebd. 894. n. 1. —

Vorstufe des Geschichtsunterrichts in Volksschulen. ⟨3. Schuljahr.⟩ Von Konrad **Kolbe**, Kreisschulinsp. *Breslau: H. Handel 1899.* (16 S.) 8° [Umschlagt. F.] [00. 7005 2

— Vorstufe des Geschichtsunterrichts in Volksschulen. (3. Schulj.) 2. Aufl. 8. (16 S. m. 4 Bildnissen.) Ebd. 900. n. — 10

Vorstufe des Geschichtsunterrichts in Volksschulen. ⟨3. Schuljahr.⟩ Von Konrad **Kolbe**, Kreisschulinsp. 7. Aufl. Nach d. neuen Rechtschreibung. Breslau: H. Handel 1904. (16 S.) 8° [Umschlagt. F.]

— Vorstufe des Geschichtsunterrichts in Volksschulen. (3. Schulj.) 8. Aufl. Nach der neuen Rechtschreibg. (16 S. m. Abbildgn.) 8. Ebd. 906. n.n. — 10

— Vorstufe des Geschichtsunterrichts in Volksschulen. (3. Schulj.) 11. Aufl. (16 S. m. Abb.) 8. Ebd. 909. nn — 10

Kolbe, Leop., keine Liebe ohne Qualen, eine Geschichte (ohne K). 12. Pesth 816. Müller.

Kolbe, Ludwig (Hrsg.), s. Sozial-Technik.

Kolbe, Edw. Hnr., s. Joh. Hnr. Kolbe, der Thüringer Dorfgärtner.

Kolbe, Max, kurze Anmerkungen u. Beispiele zu den Anschauungs- u. Sprechübungen auf der Unterstufe utraquistischer Schulen. gr. 8. (24 S.) Breslau 901. H. Handel. n. — 30

Kurze Anmerkungen und Beispiele zu den Anschauungs- u. Sprechübungen auf der Unterstufe utraquistischer Schulen von Dr. Max **Kolbe**, Sem.Dir. 2., mit e. Vorw. versehene Aufl. Breslau: H. Handel 1904. (24 S.) 8° [Umschlagt. F.] [05. 9849 2

Kolbe, Max, kurze Anmerkungen u. Beispiele zu den Anschauungs- u. Sprechübungen auf der Unterstufe utraquistischer Schulen. 3. Aufl. (24 S.) 8. Breslau 906. H. Handel. n. — 30

Kolbe, Max, kurze Anmerkungen u. Beispiele zu den Anschauungs- u. Sprechübungen auf der Unterstufe utraquistischer Schulen. 4. Aufl. (24 S.) 8. Ebd. 911. — 40

Kurze Anmerkungen und Beispiele zum Anschauungsunterricht auf der Unterstufe der Seminar-Übungsschule mit polnischen Kindern. (Verf.: Dr. **Kolbe**.) Als Ms. gedruckt. *Breslau: H. Handel (1899).* (12 S.) 8° [Umschlagt. F.] [00. 6956 2

Kolbe, Max: Der Einfluß der Naturwissenschaft auf die Kulturentwickelung, insbesondere auf die höheren Schulen. *Bromberg 1901: (A. Dittmann).* (38 S.) 4° [F.]
Bromberg, k. RG, Festschr. 1901 (1902 No 191)

Kolbe, Max [kgl. Realgymnasiall. aus Tarnowitz]: Schild, Helm und Panzer zur Zeit Lazamons und ihre Schilderung in dessen Brut, verglichen mit der im Roman de Brut von Wace. I. ... Trebnitz i. Schl., Buchdr. Maretzke & Märtin, *1891;* 49 S. 8.
Breslau, Phil. Fak., Inaug.-Diss. v. 21. Dez. 1891

Kolbe, Mor., an der Grenze, s.: Viktoria-Bibliothek.

Kolbe, Mor. Auf gleichem Wege. Erzählg. 8. (221 S.) Weim. 891, Jüngst u. Comp. * 1 50

Kolbe, O., Karte des Kreises Torgau. Regierungsbezirk Merseburg. Fol. Gera 873, (Strebel.) *

Kolbe, Osc., kurzgefasste Generalbasslehre. gr. 8. (IV und 116 S.) Leipzig 862, Breitkopf und Härtel.

Kolbe, Osc., kurzgefasste Generalbasslehre. 2. verm. und verb. Aufl. gr. 8. (122 S.) Leipzig 872, Breitkopf und Haertel.

—— kurzgefasste Harmonielehre. [Im Anschluss an des Verf. „kurzgefasste Generalbasslehre".] gr. 8. (V, 101 S.) Ebendas. 873.

Kolbe, P., Vergleichungstabellen der im Königr. Westphalen coursirenden Münzen. 3e Aufl. gr. 8. Cassel 813. Luckhardt. 4 gr

Fürst Blücher. Eine kurze Lebensbeschreibung von Paul **Kolbe**, Oberst a. D. (Mit 1 Bild.) Leipzig: F. Engelmann 1907. (75 S.) 8° [F.]
= **Charakterbilder,** Militärische. II. 1. [07. 8264

— **Paul** (Kassel), De primo foro subfeudorum imperialium, in Reichsaffter=Lehen, parium curiae exemplo in Hassiae comitatu Rittbergensi. Diss. inaug. Präs. D. Johann Peter Ludewig. Halle (Christoph Andreas Zeitler) 4. V. 1715. 98 S., 48 (dtsch.) Spalt. mit genealog. Tfl. (10.—) 19114

Geländedarstellung und Kartenlesen. Wie findet sich d. Tourist im Gelände zurecht? Durch Beispiele erl. von Paul **Kolbe**, Oberst a. D. Mit 8 Abb. u. 1 Karte. Leipzig: F. Engelmann 1907. (51 S.) 8° [F.] [08. 18318

Kolbe, Paul, appr. Arzt a. Sangerhausen: Über Gelenkmäuse. Halle a. S. 1907: C. A. Kaemmerer & Co. (23 S.) 8°
Halle, Med. Fak., Ref. v. Bramann, Diss. v. 21. März 1907
[Geb. 7. Juni 80 Sangerhausen; Wohnort: Halle a. S.; Staatsangeh.: Preußen; Vorbildung: Gymn. Sangerhausen Reife O. 01; Studium: München 1, Leipzig 5, Halle 3 S.; Coll. 15. März 07; Approb. 1. Sept. 06.]

— Das französische Generalstabswerk üb. den Krieg 1870/71, s.: Schmid, E. v.

Unsere Helden in Südwestafrika. Von Paul **Kolbe**, Oberst a. D. 1. Leipzig: F. Engelmann 1907. 8° [F.]
= **Charakterbilder**, Militärische. H. 2. [07. 9895

Unsere Helden in Südwestafrika. Mit 2 Übersichtskarten, 56 Abbildgn. v. Mitkämpfern, 22 Abbildgn. vom Kriegsschauplatz u. 2 Gedenkblättern. (VII u. S. 3—398.) gr. 8. Leipzig 907. F. Engelmann. 6.—; geb. in Leinw. n 7.50

Kolbe, P., der russisch-japanische Krieg in den J. 1904 u. 1905, s.: Vortragsstoffe f. Volks- u. Familienabende. 15. Hft.

u. C. v. **Bredow**, Kriegshelden, 3 Lebensbilder großer Männer aus schwerer Zeit. Mit 12 Abbildgn. u. Skizzen. Inh.: Seydlitz. 1721—1772. — Nettelbeck. 1738—1824. — Blücher. 1742—1819. (91, 101 u. 75 S.) gr. 8. Ebd. (910). Geb. in Leinw. 3.—

— Joachim Nettelbeck, s. u. Charakterbilder, militärische.

Kolbe, Paul. Joachim Nettelbeck. E. kurze Lebensbeschreib. Leipzig 1907. 8°.

— Schill u. Lützow. Zwei wackere Männer aus schwerer Zeit. (III, 271 S. m. 5 Taf.) gr. 8. Leipzig 908. F. Engelmann. 3.—; geb. 4.—

— Wie findet sich der Tourist im Gelände zurecht? Durch Beispiele erläutert. 2. Aufl. (53 S. m. 8 Abbildgn. u. 1 Karte.) 8. Ebd. 910. —80

Kolbe, Pet., Reise an d. Cap. de bonne Espér. oder Beschr. d. Vorgebirges d. gut. Hoffn. u. d. Hottentoten. m. K. Fol. Nürnb. Monath. 719.

— — dies. m. K. 4. Ebend. 745.

Kolbe, Phil., prakt. Anweisung z. Seifensieden f. Haushaltungen. Nach d. neuesten Grundsätzen u. Erfahrn. Nebst Belehrn. üb. d. Verfertig. aller Arten v. Toilette-Seifen. 3., verb. Aufl. 8. (3 B.) Quedlinburg 833. Basse.

Kolbe, Th., Münz-, Maß- und Gewichts-Ordnung des deutschen Reiches. Für den prakt. Gebrauch zusammengestellt, erläutert, sowie mit einer Anleitung zur Decimalrechnung versehen. 2. Aufl. 8. (12 S.) Berlin 874, Stuhr'sche Buchh. *

Kolbe, Theobald

Kolbe, Th., s.: Aufsatzschule zum Selbstunterricht.

— neue deutsche Rechtschreibung zum Selbstunterricht f. jedermann, nach den f. das gesamte Deutsche Reich amtlich gültigen Regeln, nebst Wörterverzeichnis. 1.—5. Aufl. gr. 8. (à 72 S.) Berlin 902. 903. Liebel. n. —60

Kolbe, Th., neue deutsche Rechtschreibung zum Selbstunterricht f. jedermann, nach den f. das gesamte Deutsche Reich amtlich gültigen Regeln, nebst Wörterverzeichnis. 5.—8. Aufl. (Je 72 S.) gr. 8. Berlin 903. Liebel. n. —60

Kolbe, Th., Unterrichtsbriefe zur Erlernung des gesamten Rechnens, s.: Schwarze, B.

— Unterrichtsbriefe zur Selbsterlernung der deutschen Sprache, s.: Fritz, J.

Kolbe, Theodor

Kolbe, Th., der lederne Adjutant, } s. Album für Liebhaber-Bühnen.
— der kluge August, }

— der treulose Bräutigam, s. Kühling's, A., Theater-Specialität.

— freiwillige Feuerwehr, s.: Kühling's, A., Album f. Liebhaber-Bühnen.

Kolbe, Th., eine Frau aus der Stadt, s.: Kühling's, A., Album für Liebhaber-Bühnen.

— 25 oder das Jubiläum, s. Album für Liebhaber-Bühnen 244.

'25' oder Das Jubiläum. Schwank in 1 Akt von **Theodor Kolbe**. *Mühlhausen i. Th.: G. Danner [1900].* (24 S.) 8° [F.]
— **Vereinstheater**. 90. [00. 8398

— sein Herzblättchen, s. Kühling's, A., Volks-Schaubühne.

Kolbe, Theodor: Kuckuck! Kuckuck!
s. Kühling's, A.: Album für Liebhaber-Bühnen.

— lang', lang' ist's her, s. Dilettanten-Mappe.

Kolbe, Theodor: Paradebummler.
Schwank in 1 Akt. Berlin: Kühling & Güttner [1896] 21 S. 8°
= Album f. Liebhaber-Bühnen. No. 315.

— Paradepferdchen, s.: Kühling's, A., Album für Liebhaber-Bühnen.

— der Quartals-Erste, s. Kühling's, A., Theater-Specialität.

— Schmachtläppchen, s. Kühling's, A.: Album für Liebhaber-Bühnen.

— ein Silberhochzeits-Morgen, s. Bloch's, E., Dilettanten-Bühne.

— am Silber-Hochzeitsmorgen, s. Dilettanten-Mappe.

— Waffenstillstand, s.: Kühling's, A., Album f. Liebhaber-Bühnen.

— der Weihnachtsmann, s. Kühling's, A., Volks-Schaubühne.

Kolbe, Victor, Referendar: Das erzwungene **Rechtsgeschäft** nach gemeinem Recht und bürgerlichem Gesetzbuch. *Greifswald 1902: J. Abel.* (46 S.) 8° [F.]
Greifswald, Jur. Diss. v. [14. Juni] 1902

Kolbe, Viktor Heinrich Johannes, Assistenzarzt am Knappschafts-Lazaret zu Waldenburg: Ueber **Cysten** im Oberkiefer. *Erlangen 1901: E. Th. Jacob.* (35 S.) 8°
Erlangen, Med. Diss. v. 22. Juni 1901

Kolbe, W., d. Mikroorganismen, s.: **Flügge, C.**

Kolbe, Waldemar, Assistenzarzt d. Prov.-Irrenanstalt Conradstein, W.-Pr.: Aus d. Kgl. chirurg. Klinik zu Breslau. Über traumatische subcutane Schädelfrakturen im Kindesalter. *Breslau 1903: Schles. Volkszeitung.* (62 S.) 8°
Breslau, Med. Diss. v. [16. Nov.] 1903

Kolbe, Walter: Die attischen Archonten von 293/2–31/0 v. Chr. Berlin: Weidmann 1908. 159 S. 4°
(Abhandlungen d. Kgl. Gesellschaft d. Wiss. zu Göttingen. Phil.-hist. Kl. N. F. Bd. 10, No. 4.)

Kolbe, Walt., Bericht üb. e. Reise in Messenien. (11 S.) Lex.-8. Berlin 905. (G. Reimer.) n. — 50
Sonderabdr. aus: „Sitzungsber. d. preuss. Akad. d. Wiss."

Kolbe, Gualterus, Pomeranus: De Atheniensium re navali quaestiones selectae. *(Tubingae 1899: H. Laupp jr.)* (50 S.) 8° ¶ (Erscheint vollst. im Philologus, Bd 58, 4.)
Berlin, Phil. Diss. v. 12. Aug. 1899

Kolbe, Wilh. (I.), heidnische Alterthümer in Oberhessen. I. Marburgs Rosengarten und die Frühlingsfeier. II. Der lange Stein und das Wuotansbild an der Kirche zu Langenstein. Zwei Vorträge, gehalten in den Versammlungen des hess. Geschichtsvereins zu Marburg. gr. 8. (50 S. mit 1 Stnt.) Marburg 881, Elwert'sche Verlagsh. *

Kolbe, Wilhelm, Referendar: Die unmöglichen Bedingungen. Nach römischem und gemeinem Rechte sowie dem Rechte des Bürgerlichen Gesetzbuchs für das Deutsche Reich. Liegnitz 1906: C. Seyffarth. (VII, 38 S.) 8° [F.]
Greifswald, Jur. Fak., Ref. Pescatore, Diss. v. 10. Mai 1906
[Geb. 7. Jan. 82 Liegnitz; Wohnort: Beuthen O.-S.; Staatsangeh.: Preußen; Vorbildung: Ritterakad. Liegnitz Reife O. 01; Studium: Berlin 4, Greifswald 2 S.; Rig. 25. Okt. 05.]

Kolbe, Wilh., der Christenberg im Burgwalde. Ein Vortrag, gehalten in der Versammlung des hess. Geschichtsvereins zu Marburg am 28. März 1879. gr. 8. (31 S.) Marburg 879, Elwert'sche Universitäts-Buchh. *

Kolbe, Wilh., d. Christenberg im Burgwalde nach Sage u. Geschichte. 2., umgearb. Aufl. 8. (64 S. m. 2 Lichtdr.) Marburg 895. N. G. Elwert's Verl. n. — 75

Kolbe, Wilh., die Einführung der Reformation in Marburg. Ein geschichtl. Bild aus Hessens Vergangenheit. gr. 8. (70 S.) Marburg 871, Elwert's Verlag. *

Kolbe, W., das Ende des am 14. Octbr. 1864 auf dem Rabensteine bei Marburg durch das Schwert enthaupteten Ludwig Hilberg aus Ockershausen. 1—4. Aufl. Marburg 865. Elwert'sche Universitäts-Buchh. gr. 8. (22 S.) 2 ngr.

Kolbe, W., die Erbauung der St. Elisabethkirche in Marburg. Zur Erinnerg. an die 6. Säcularfeier ihrer Einweihg. am 1. Mai 1883. gr. 8. (41 S.) Marburg 883. Elwert's Verl. n. — 50

Aus den Fremdenbüchern des Hansteins. Inhalt: 1. Gesch. d. Burg Hanstein. 2. Ein Besuch auf d. Hanstein. 3. Aus d. ältesten Fremdenbüchern von 1798–1848 Zsgest. u. hrsg. von Wilhelm Kolbe. *Wolkramshausen: Selbstverl.; (Göttingen: R. Peppmüller) [1902].* (32, XXII S.) 8°

—— die Gerechtsame der evangelisch-lutherischen St. Elisabethgemeinde an ihrer Kirche, urkundlich und nach den Acten gegen deren Bestreiter dargelegt. gr. 8. (20 S.) Ebendas. 881. *

Kolbe, Wilh., Zur Geschichte der Freimaurerei in Kassel 1766—1824. Berlin, Pasch (Leipzig. Findel) 1883. 8. 72 S.
Separatabdruck aus dem 3. Jahrg. der „Bausteine".

Kolbe, Wilh., s.: Heimatland.

—— die Hunburg in der Ginselau an der Ohm. Ein Vortrag, gehalten in der Versammlung des hess. Geschichtsvereins zu Marburg am 8. Febr. 1882. gr. 8. (30 S.) Ebendas. 882. *

—— die Kirche der heiligen Elisabeth zu Marburg nebst ihren Kunst- und Geschichtsdenkmälern. gr. 8. (VIII, 68 S.) Ebendas. 873.

—— die Kirche der heiligen Elisabeth zu Marburg, nebst ihren Kunst- und Geschichtsdenkmälern. 2. verm. und illustr. Aufl. gr. 8. (VIII, 114 S. mit eingedr. Holzschn. und 1 Lichtdr.) Ebendas. 882. *

—— s. Leben und Wirken, Tod und Begräbnis etc.

Kolbe, Wilh., Marburg u. der siebenjährige Krieg. Ein Vortrag, gehalten in der Versammlung des hessischen Geschichtsvereins zu Marburg am 28. Jan. 1880. gr. 8. (58 S.) Marburg 880. Elwert's Verl. n. — 80

—— Marburg im Mittelalter. Ein Vortrag, gehalten in der General-Versammlung des Gesammtvereins der deutschen Geschichts- und Alterthumsvereine auf dem Rathause zu Marburg am 16. Septbr. 1878. Mit einer (phototyp.) Ansicht von Marburg nach einem Dilich'schen Stich von 1605. gr. 8. (37 S.) Ebendas. 879.
Ohne Ansicht

— das gute Recht der evangelisch-lutherischen Kirche Oberhessens dargelegt. Ebend. 869. gr. 8. (24 S.) n.n. 5 ngr.

— u. Ernst Ludw. Thdr. **Henke,** Reden am Grabe August Frdr. Chrn. Vilmar's. Gehalten am 1. Aug. 1868. 2. Aufl. mit e. Nachruf. Ebend. 868. gr. 8. (15 S.) n. 2 ngr.

—— und Ernst Ludw. Thdr. Henke, Reden am Grabe Aug. Friedr. Chrn. Vilmar's, Ritter des kurfürstl. Wilhelmsordens, ord. Prof. der Theol., Dr. phil. und Consistorialrats, geb. zu Solz am 21. Novbr. 1800, gest. zu Marburg am 30. Juli 1868, gehalten am 1. Aug. 1868. 3. Aufl. Mit einem Nachruf. gr. 8. (15 S.) Marburg 887, Elwert's Verlag. * — 20

Kolbe, W., die Sehenswürdigkeiten Marburgs u. seiner Umgebungen in geschichtlicher, kunst- u. kulturhistor. Beziehung. Mit 26 (autotyp. u. Holzschn.-)Illustr. gr. 8. (VII, 145 S.) Ebend. 884. n. 2. 50; cart. n. 3. —; geb. n. 3. 50; m. Goldschn. n. 3. 80

Kolbe, Wilh., hessische Volks-Sitten und Gebräuche im Lichte der heidnischen Vorzeit. gr. 8. (III, 124 S.) Marburg 886, Elwert's Verlag. * 1 20
—— dass. — 2. sehr verm. Aufl. gr. 8. (191 S.) Ebendas. 888. * 1 80

Kolbe von Wartenberg, J. Kaspar

Kolbe von Wartenberg, J. C., Väterliche Instruction an seine Kinder. Nebst Genealogie der Kolbe von Wartenberg. Cöllen an der Spree 1696. — Berlin 1704. 4. — Berlin 1718. 4.

Kolbe, J. Casp. v. Wartenberg, väterl. Instruction f. s. Kinder. 4. Berlin, Rüdiger. 718.

Kolbeck, Frdr., Metallurgie, s.: Ost, H., Lehrbuch d. techn. Chemie.

Kolbeck, Frdr., Metallurgie, s.: Ost, H., Lehrbuch der chemischen Technologie.

Kolbeck, Frdr., Probierkunst m. dem Lötrohre, s.: Plattner, Carl Frdr.

— Synopsis mineralogica, s.: Weisbach, Albin.

— Tabellen zur Bestimmung der Mineralien mittels äusserer Kennzeichen. s.: Weisbach, Albin.

Kolbeck, (Joh. Paul,) gründl. u. umfaßl. Abhandl. üb. Leinbau u. Flachsveredelung, vorzüglich f. Baiern. Herausg. v. Fr. Campe. Mit 1 Steint. 8. Regensb. 824, (Nürnb., Campe.)

Kolbeck, Jh. Paul, gründl. u. umfaſſ. Abhandl. über Leinbau u. Flachsveredlung nach den neuesten theoret. u. prakt. Grundsätzen d. ration. Landwirthschaft, herausg. v. Fr. Campe. Mit 1 Steindr. 8. Regensb. 822. (Nürnb., Campe). 16 gr

Kolbeck, (Joh. Paul,) gründl. u. umfaſſ. Abhandl. üb. Leinbau u. Flachsveredlung nach den neuesten theoret. u. prakt.

Grundsätzen d. ration. Landwirthschaft. 8. (Regensb. 823, (Nürnb., Campe.) Rthlr.

Kolbeck, J.P., Über Anbau und Behandlung des Tabaks. Ingolstadt 1821

— gründl. u. umfaßl. Abhandl. über Tabaksanbau u. Behandl. desselben. 8. Ingolst. 822. (Nürnb., Campe.) 8 gr

— gründl. u. umfaßl. Abhandl. über Taubenzucht; ein Geschenk für alle Taubenliebhaber. 8. Regensb. 821. Daisenberger. 4 gr

Kolbeck, Johann Paul: Abhandlung über die Traubenzucht. Ein Geschenk für alle Traubenliebhaber. Regensburg: Daisenberger 1821. IV, 48 S. -- 12°

Kolbeck, Joh. Paul, üb. d. Nothwendigkeit d. Kern- od. Samenschulen z. glücklichen Aufblühen d. Obstbaumzucht, mit d. kurzen Unterricht, wie sie angelegt werden. Mit 1 Steintaf. 4. Regensburg, 1824. (Nürnberg, Campe.) — 10

Kolbeck, Jh. Paul, Sittlichkeits-, Anstands- u. Gesundheitsregeln für die Schuljugend, nebst e. Anhange religiöser Lieder und Kernsprüche. Nachgelaſſ. Schriftwerk, herausgeg. von Wlfg. Kolbeck. 12. Straubing 843. (Schorner.) 1/12 ß

Kolbeck, Joh. Paul, Sittlichkeits-, Anstands- u. Gesundheits-Regeln f. d. Schuljugend, nebst ein. Anhange religiöser Lieder u. Kernsprüche. Nachgelaſſ. Schriftwerk, hrsg. v. Wolfg. Kolbeck. 12. (2 B.) Straubingen 845. (Schorner.)

Kolbeck, Johann Paul: Ein Wort zu seiner Zeit. Eine Erntedankfest-Rede im Altmühltal gehalten. Ingolstadt 1822.

Kolbeck, Wlfg., s. Kolbeck, Jh. Paul.

Kolbein, P., Giftgesch. d. Thierpflanzen rc. gr. 8. Wien, (Liesbeskind, Leipz.) 798.

Kölbel, Alfred, a. Zschopau: Eigennamen als Gattungsnamen. Lexikographisch-semasiologische Studien zum französischen Wortschatz. Leipzig: O. Schmidt 1907. (141 S.) 8°

Leipzig, Phil. Fak., Ref. Birch-Hirschfeld u. Wülker, Diss. v. 12. Febr. 1907

[Geb. 21. Aug. 84 Zschopau; Wohnort: Zschopau; Staatsangeh.: Sachsen; Vorbildung: Städt. Realgymn. Freiberg Reife O. 03; Studium: Leipzig 7 S.; Rig. 29. Nov. 06.]

Kölbel, Charles, u. Dettmar Schmidt, Choralbuch zum Gebrauch in Kirche, Schule u. Haus, im Anschluss an das Gesangbuch f. die evangelisch-luth. Kirche hrsg. (VIII, 152 S.) qu. 8. Elberfeld 902. Luther. Bücherverein. n.n. 5.—

Koelbel, Karl. Beiträge zur Kenntnis der Crustaceen der Canarischen Inseln. Lex.-8. (12 S. m. 1 Taf.) Wien 892, Hölder. * 1 60
Aus: Annalen d. naturhistor. Hofmuseums, besonders abgedruckt.

Koelbel, Carl, Carcinologisches. Lex.-8. (12 S. mit 3 lithogr. Taf.) Wien 885, (Tempsky.) * — 80
Aus: Sitzungsberichte der k. Akademie der Wissenschaften, besonders abgedruckt.

Koelbel, Carl, über einige neue Cymothoiden. Lex.-8. (16 S. mit 2 lithogr. Taf.) Wien 878, (Gerold's Sohn.) * —
Aus: Sitzungsberichte der k. Akademie der Wissenschaften, besonders abgedruckt.

—— Ein neuer ostasiatischer Flusskrebs. Lex.-8. (7 S. m. 1 Taf.) Wien 892, (Tempsky). * — 50
Aus: Sitzungsber. d. k. Akad. d. Wissensch., besonders abgedruckt.

Kölbel, B., Blüthen u. Früchte, gesamm. in d. Gärten d. Auslandes. 8. (10½ B.) Weißenfels 835, Sueß.

—— Charakter-Bilder, s. Charakter-Bilder.

— Charakter-Bilder. 15 Novell. gr. 8. Leipz. 838. Schreck. 2/3 ß

Kölbel, B., s. Plauderer, der.

Kölbel, B., siehe: Theater-Chronik.

Koelbele, Johann Balthasar (Frankfurt a. M.), Quaestionem an et quatenus matrimonium ad morganaticam pacto tale licitum sit? in genere. Diss. jur. Präs. D. Daniel Nettelbladt. Halle (Johann Christian Hendel) 20. I. 1748. 44 Seiten. (6.20) 18911
Widm. v.: Präs., D. Johann Hartwich Reuter. G. Stolle, L. M. Beeg.

— — Dasselbe. Halle (Hendel). 33 S. (6.—) 18912
Widm. v. Präs., Reuter.

Kölbele, Jh. Balth., († im Juli 1778.) Beweis der Allgemeinheit d. zureichenden Grundes, nebst e. Auflösung d. Einwürfe des Hofr. Darjes. 8. Frankf. 750. Garbe. 6 gr Zusätze zu d. Allgemeinheit rc. 8. Frankf. a. M. 751. Hermann. 3 gr

Kölbele, Jh. Balth., s. Damien u. Philippine.

— Pflichten d. christlichen Dichters in d. Dramatischen u. Beurtheilung d. Jungfer Meyerin, Phil. Damien u. des Marmontelischen Belisar. 8. Frankf. a. M. 769. Andreä. 5 gr

— zwei Sendschreiben an Moses Mendelsohn über d. Lavaterisch. u. Kölbeleischen Angelegenheiten. 8. Frankf. a. M. Andreä. 9 gr

— zwey Sendschreiben an Mos. Mendelsohn üb. d. Lavater. u. Kölbeleisch. Angelegenh. 8. Ebend. 770.

— flüchtige Vergleichung zwischen d. Weltweisheit u. Meßkunde rc. 8. Frankf. a. M. 766. Andreä. 3 gr

— kl. Versuch über die Wunder, nach Houtteville, Bonnet u. Hoffmanns Leitfaden rc. 8. Frankf. a. M. 772. Andreä. 14 gr

— die Zulässigkeit d. Eide, nach den Grundsätzen des neuen Bundes u. nach Anleit. des griech. Textes betrachtet. gr. 8. Frankf. a. M. 767. Andreä. 16 χ

Kolben, Alfr., Brandstifter Blitz u. andere Skizzen. (III, 126 S.) 8. Dresden 904. E. Pierson. n. 2. —; geb. n. 3. —

Kolben, Emil, der Einfluss des Siliciums auf die elektr. u. magnetischen Eigenschaften des Eisens. (16 S. m. Fig.) Lex. 8. Prag 909. A. Haase. — 60
Sonderabdruck aus: „Rundschau f. Technik u. Wirtsch."

Wahrheit und Klarheit über die Haager Friedenskonferenz von Dr. Max Kolben. Hofadvokat in Wien. *Berlin: Puttkammer & Mühlbrecht 1900.* (96 S.) 8°

Kolbenheyer, Erwin Guido

Kolbenheyer, E. G., Amor Dei. Ein Spinoza-Roman. (VII, 496 S.) 8. München 908. G. Müller. 6.—; geb. 7. 50

Kolbenheyer, Erwin Guido, Giordano Bruno. Die Tragödie der Renaissance. (VII, 210 S.) 8. Wien 903. C. W. Stern. n. 2. 50

— Meister Joachim Pausewang. Roman. (403 S.) 8. Ebd. 910. 5.—; geb. n 6. 50

Kolbenheyer Erwin: Die sensorielle Theorie der optischen Raumempfindungen.
M. 1904 PN 1707 Diss. Wien, Univ.

Die sensorielle Theorie der optischen Raumempfindung von Dr. E. G. Kolbenheyer. Leipzig: Barth 1905. IV, 81 S. 8°

[8.] Die Vogelperspektive. E. prakt. Methode z. Konstruiren perspektiv. Bilder. Von G. Kolbenheyer ..., Prof. ... zu Budapest. '[Nach e. 1892 erschienenen ungarischen Schrift d. Vfs.]' *Berlin: E. Wasmuth 1895.* (2 Bl., 34 S.) 1 Bd 4.

Kolbenheyer, Karl

Kolbenheyer K.: Beitrag zur Kenntnis der Klimatologie der Hohen Tatra. 17. Bielitz 83. Progr.

Kolbenheyer, Karl Beobachtungen der meteorologischen Station in Bielitz. S. 3—7, 17—23, 17—19. 8. G. *Bielitz* 1878. 1881. 1882. Progr.

Kolbenheyer, Karl, Führer durch die Beskiden im Gebiete der Section Bielitz-Biala des Beskiden-Vereines. Im Auftrage des Sections-Ausschusses verf. Mit der Touren-Karte des Beskiden-Vereines. gr. 16. (56 S.) Bielitz 899. (W. Fröhlich.) Kart. n. 1. —

Führer durch die Beskiden im Gebiete der Section Bielitz—Biala des Beskiden-Vereines. 2. Auflage. Im Auftrage des Sections-Ausschusses verfasst von Karl Kolbenheyer. Mit 8 Abbildungen und 2 Touren-Karten. Bielitz. 1901. Fröhlich. 8°. 64 S. Cart. K 1.60

Kolbenheyer, Karl, Führer durch die Beskiden im Gebiete der Sektion Bielitz-Biala des Beskiden-Vereines. 2. Aufl. Im Auftrage des Sektions-Ausschusses verf. Mit 2 Karten, (8 Taf.) u. Nachtrag bis 1908. (69 u. 14 S.) kl. 8. Bielitz 908. W. Fröhlich. Kart. 1. 50

Gang der Wärme in Bielitz nach zehnjährigen Beobachtungen (1. Dezbr. 1873 bis 30. Novbr. 1883). 28 S. 8. G. *Bielitz* 1884. Progr.

Kolbenheyer, K.: De Horatii satirarum ratione et natura. 8 S. 8°. - Bielitz G., Progr. 1873.

Kolbenheyer, Karl Die Sage vom Zorne der Artemis gegen Agamemnon, besonders bei den griech. Tragikern. 13 S. 8. G. *Bielitz* 1878. Progr.

Kolbenheyer, Karl, die Hohe Tatra. Unter Mitwirkung mehrerer einheim. Kenner und Freunde der Tatra. 8. (VIII, 123 S. mit 1 chromolithogr. Karte in qu. 4.) Teschen 876, Prochaska. geb. *

—— dass. — 2. bericht. und verm. Aufl. Mit 1 (chromolithogr.) Karte der hohen Tatra mit den nächsten Voralpen. Im Auftrage des ungar. Karpathen-Vereins nach der Orig.-Aufnahme des k. k. Generalstabes gezeichnet und mit den besten Höhenmessungen versehen. gr. 16. (VIII, 149 S.) Ebendas. 878. geb. *

Kolbenheyer, Karl, die Hohe Tatra. Unter Mitwirkung einheim. Kenner und Freunde der Tatra. 3. und 4. Aufl. Mit der (chromolithogr.) Tatra-Karte des ungar. Karpathen-Vereins und 1 (chromolithogr.) Umgebungs-Karte von Schmecks. 12. (XII, 160 S.) Teschen 880,81, Prochaska. geb. *

—— dass. — Im Auftrage des ungar. Karpathen-Vereines verfasste 5. Aufl. Mit 12 Illustr. (Holzschntaf.), 1 (lithogr.) Panorama und 3 (lithogr. und chromolithogr.) Karten. 12. (XII, 176 S.) Ebendas. 882. geb. *

—— dass. — 6. Aufl. Mit 12 Illustr. (Holzschntaf.), 2 (lithogr.) Panoramen und 4 (lithogr. und chromolithogr.) Karten. 8. (VIII, 191 S.) Ebendas. 884. geb.

Kolbenheyer, Karl, die Hohe Tatra. Im Auftrage des ungar. Karpathenvereines verf. 7. Aufl. 12. (VIII, 196 S. mit 12 Illustr., 2 Panoramen und 4 Karten.) Teschen 888, Prochaska. geb. * 4 —

Kolbenheyer, Karl. Die hohe Tatra. Im Auftrage d. ungar. Karpathen-Vereines verf. 8. Aufl. Mit 12 Illustr., 2 Panoramen u. 4 Karten. 12. (IV, 228 S.) Teschen 891, Prochaska. geb. * 4 —

Kolbenheyer, Karl, die Hohe Tatra. Im Auftrage des ungar. Karpathen-Vereines verf. 9. Aufl. 12. (III, 208 S. m. 2 Panoramen u. 4 Karten.) Teschen 894. K. Prochaska. Geb. in Leinw. n. 4. —

Kolbenheyer, Karl, die Hohe Tatra. 10. Aufl. 12. (V, 214 S. m. 1 Karte.) Teschen 898. K. Prochaska. Geb. in Leinw. n. 1. 80

Kolbenheyer, Karl: Die Temperaturverhältnisse von Bielitz. 8 (S. 3—21, 1 Tab.). Progr. K. k. Staatsg. *Bielitz* 1900.

Kolbenheyer, Karl Die Bélaer Tropfsteinhöhle. 8 (S. 3—17, 1 Taf.). Progr. Staats-Oberg. *Bielitz* 1886.

— Untersuchungen üb. die Veränderlichkeit der Tagestemperatur. [Aus: „Sitzungsber. d. k. Akad. d. Wiss."] Lex.-8. (28 S.) Wien 892. (F. Tempsky.) n. — 50

Kolbenheyer, Karl Die klimatischen Verhältnisse von Bielitz nach zwanzigjährigen meteorologischen Beobachtungen. 8 (20 S.). Progr. K. k. Staats-Oberg. *Bielitz* 1894.

Kolbenheyer, Karl, Vorarbeiten zu einer Flora von Teschen und Bielitz. [Pflanzengeographische Skizze und Pflanzenenumeration.] (Abdr. aus den Schriften der k. k. zoolog.-botan. Gesellsch. in Wien.) Wien 862. (Teschen, Prochaska.) gr. 8. (36 S.) n. 7 ngr

Kolbenheyer, Mor., unter den Linden. Ein Lied von Christian Gottlob Lebrecht Großmann in acht Gesängen. 8. (79 S.) Pest 872, Heckenast's Verlag.

Kolbenheyer, Moriz — Predigt bei der Todtenfeier für die am 30. März 1855 in Gott verstorbene Durchlauchtigste Frau Maria Dorothea, k. k. Erzherzogin von Oesterreich, verwitwete Palatina von Ungarn, geborne königl. Prinzessin von Würtemberg, gehalten zu Oedenburg, am 5. August 1855. Von — —. Pesth, 1855. Gedruckt bei Landerer und H.ckenast. (14 S. 8.) (Protest.)

Kolbenheyer, Mor., zwei Predigten, am 5. und 12. Octbr. 1856, in der deutsch-luther. Kirche in der Savoy zu London gehalten. gr. 8. (VIII und 21 S.) Leipzig 856, Hinrichs'sche Buchh. **

Kolbenheyer, Mor., und Gust. Steinacker, Weihestunden im Tempel des Herrn; Predigten für Freunde einer geläuterten Religionsbild. gr. 8. Pesth 839. (Leipz., Einhorn.) n $1^1/_2$ ß

Kolbenheyer, Mor., u. Gust. **Steinacker,** Weihestunden im Tempel des Herrn. Predigten f. Freunde einer geläuterten Religionsbildung. 2. Bd, A. u. d. T.: In Allem das Eine, was Noth thut. Sonntags-, Fest- u. Gelegenheits-Predigten von Gust. Steinacker. gr. 8. (XII u. 310 S.) Triest 848, Favarger in Comm. n. 1 ß; fein Papier n. $1^2/_3$ ß (1. 2.: n. $2^1/_2$ ß) — (1. Bd. Pesth. Leipzig, Steinacker.)

Kolbenheyer, Mor., und Gust. Steinacker, Weihestunden im Tempel des Herrn. Predigten für Freunde einer geläuterten Religionsbildung. 2. Bd. A. u. d. T.: In Allem das Eine, was Noth thut. Sonntags-, Fest- und Gelegenheits-Predigten von Gust. Steinacker. gr. 8. (XII und 310 S.) Triest 848, (Münster.) *
1. Bd. Pesth 839. 1 Thlr. 15 Ngr.

Kolbenschlag, Friedrich. Ein Gedenkblatt, hrsg. vom „Gral". gr. 8. (23 S. m. Bildnis.) Salzburg 899. H. Kerber. n. 1.—

KOLBENSCHLAGS, Melchior, Schulmeisters in Rappelsdorf, Jesuitische Reise. Grösstentheils aus seinem Reisejournale gezogen. Frankfurt und Leipzig (Wien) 1787. 8°. 143 S. Selten! (2 Mk. Friedr. Klüber, München, 1905.)

Kolbenschlag, Melch., jesuit. Reise. 8. Frankf. u. Leipz. (Stahel in Würzburg. a. Schaumburg in Wien.) 788.

Kolberg [Sachliches Ordnungswort]

Kolberg. Nachweis über Kur- u. Ortsverhältnisse. Hrsg. von d. Städt. Bade-Direktion. (Berlin 1906: O. v. Holten.) (71 S.) 8° [07. 1497 B

Kolberg 1807. Nettelbeck-Gneisenau-Denkmal. *(Kolberg: C. F. Post 1903).* (4 Bl.) 4° [F.]
Aus: Kolberger Zeitung f. Pommern 1903.

Kolberg [Schlagwort]

Kolberg, s.: **Deutschland. Uebersichtskarte. — Europa. Uebersichtskarte.**

Kolberg, s.: **Europa. Liebenow.**

Kolberg, s.: Geologische Karten. Karte (Preussen).

— s. a.: Radfahrerkarten, Strassenprofilkarte.

Kolberg-Berlin, s.: Automobilkarten. Automobil-Tourenkarte.

Kolberg-Köslin, Kreis, s.: **Köslin, Reg.-Bez.**

Kolberg-Posen, s.: **Automobilkarten. Automobil-Tourenkarte.**

Kolberg. Karte der Umgegend v. Kolberg. Hrsg. v. der kartograph. Abtheilg. der königl. preuss. Landesaufnahme 1892. 1 : 50,000. Farbendr. 39,5×48 cm. Berlin 892. (R. Eisenschmidt.) n.n. 2.—

Kolberg. Schoel, Plan v. Kolberg m. nächster Umgebung zusammengestellt u. gezeichnet im J. 1892. 40,5×55,5 cm. Lith. Kolberg 895. C. F. Post. n.—50

Kolberg = **Köslin,** s.: Köslin, Reg.-Bez.

Kolberg, [Verfasser]

Kolberg: Anhang zum Programme von 1853 enthält: Aufgabe. Von einem Vierecke, in welches sich ein Kreis beschreiben läßt, sind gegeben der Radius des inneren Berührungskreises (ρ) und die Radien dreier äußeren Berührungskreise (A,B,C). Man soll die Seiten, die Winkel und den Inhalt des Vierecks bestimmen. 10 S. – Progr. Braunsberg 1856.

Kolberg: De figuris quadrangulis, circum quas vel in quas circulus perscribi potest. 26 S. – Progr. Braunsberg 1853.

Kolberg, die Seegattsweichsel. Erörterung über die der königlichen Staatsregierung gegenwärtig vorliegenden Projekte der Regulirung der Weichselmündungen u. den bezüglichen bei der königlichen Regierung zu Danzig entworfenen Haupt-Erläuterungsbericht. gr. 8. (19 S.) Braunsberg 878. Huye. n.—40

Kolberg, A.

—— Ja u. Nein des Herrn Prof. Michelis. Danzig, Bönig, 1872. 8°, 50 Pf.
Weist auf die Widersprüche des Prof. M. hin. Litt. Handw. 1882, S. 236.

— **Wulfstans Seekurs** f. die Fahrten v. Schleswig nach Truso an der warmischen Küste v. Preußen im 9. Jahrh. [Aus: „Ermländ. Zeitschr."] gr. 8. (30 S.) Braunsberg 876. Huye. n. 1.—

Kolberg, A., Die Sekte der Protestkatholiken gegenüber der kath. Kirche Leipzig, Peter in Komm., 1872, gr. 8°, 71 S., 75 Pf.
Gegenschrift: Paul Wollmann, Der kirchl. Konflikt am Gymn. zu Braunsberg. Abwehr gegen die Schrift des Dr. A. Kolberg: Die Sekte 2c. Königsberg 1872.

Kolberg, Augustin

Kolberg, A., Agenda communis. Die älteste Agende in der Diözese Ermland u. im Deutschordensstaate Preußen nach den ersten Druckausgaben von 1512 u. 1520. (126 S.) 8. Braunsberg 903. (R. Rudlowski.) n. 2.—

[F.] Bilder aus dem Leben des hl. Adalbert, Bischof v. Prag, Apostel v. Preussen, nach d. vier ältesten Quellen dargest. v. Dr. A. **Kolberg,** Domherr ... *Braunsberg: Ermländ. Zeitgs- ... Dr. 1837.* (1 Bl., 66 S.) 1 Bd 8. [97. 4981

— **des hl. Bruno v. Querfurt Schrift üb. das Leben u. Leiden des hl. Adalbert. Nach der Prager Universitätshandschrift XIII D 20. 1. Tl. (118 S. m. 2 Karten.) Lex.-8. Ebd. 904. n. 1. 50**
Sonderabdruck aus: „Ermländ. Ztschr. f. Geschichte".

— s. a. **Bruno v. Querfurt, des hl., Schrift üb. das Leben u. Leiden des hl. Adalbert.**

Kolberg, A., die v. Papst Silvester II. herausgegebene Passio S. Adalberti od. Die Lesungen d. Benediktiner-Breviers auf das Fest des hl. Adalbert im 11. Jahrh. aus der Handschrift Nr. 145 v. Monte Cassino, verglichen m. der Handschrift Nr. 1 zu Admont. (92 S.) Lex. 8. Braunsberg 907. (H. Grimme.) 1.—

Die Zantirburg, die Zantirkathedrale und das Zantirwerder bei Marienburg im 13. Jahrhundert. Von Dr. A[ugustin] **Kolberg**. Braunsberg 1906: Ermländ. Zeit.- u. Verlagsdr. (72 S.) 8° [F.]
Aus: Zeitschr. f. d. Gesch. u. Altertumsk. Ermlands. Bd 16, H. 1. [06. 1906 10

Fides: **Bericht über die Entstehung und Entwicklung der Andreas-Loge „Fides" in Danzig zur Feier ihres 26. Andreasfestes u. 25jährigen Bestehens am 5. März 1905. Erstattet von (Friedrich) Kolberg. Danzig 1905: Burau. 31 S. 8°. [Kopftit.] [Umschlagtit.:] ⊠ „Fides" in Danzig-Langfuhr 1904—1905.** 358a.

Kolberg, Hermann

Kolberg, H., die Buße in Passionsbildern. 7 Fasten-Predigten. 2. Aufl. 8. (75 S.) Dülmen 893. A. Laumann. — 75

Die Busse in Passionsbildern. 7 Fasten-Predigten. Von H[ermann] **Kolberg**, Propst zu Frauenburg. 3. Aufl. Dülmen i.W.: A. Laumann 1905. (75 S.) 8° [F.]

— Festtags- u. Gelegenheitspredigten. 8. (IV, 893 S.) Ebd. 893. n. 8. —

Kolberg, H. Glaube u. Liebe im heiligen Altarsacrament. Zehn Predigten üb. die heil. Eucharistie. 16. (VII, 136 S.) Dülmen i. W. 891, Laumann. — 60

Kolberg, H., Glaube u. Liebe im heil. Altarssacrament. 12 Predigten üb. die hl. Eucharistie. 2. verb. u. verm. Aufl. 8. (110 S.) Dülmen 901. A. Laumann n. — 75

Kolberg, Hermann: Jesus, den Einen zur Auferstehung, den Andern zum Falle. 7 Fastenpredigten. Braunsberg: Grimme 1909. 30 S. 8°

[F.] Jesus, dir leb ich! Sechzehn Predigten üb. d. Leben in Christo. Hrsg. v. H[erm.] Kolberg, Pfarrer in Frauenburg ... *Paderborn: F. Schöningh 1898.* (IV, 180 S.) 1 Bd 8.

— katechet. Predigten, sinngemäß vertheilt auf alle Sonntage u. Feste d. Kirchenjahres. I. Jahrg. 8. (XXXI, 715 S.) Dülmen 895. A. Laumann. 4. 50; geb. in Halbfrz. n. 5. 50

— katechetische Predigten, sinngemäß vertheilt auf alle Sonntage u. Feste des Kirchenjahres. II. Jahrg. 8. (XIV, 809 S.) Ebd. 899. n. 5.—; geb. in Halbfrz. n. 6.—

— katechetische Predigten, sinngemäß vertheilt auf alle Sonntage u. Feste des Kirchenjahres. III. Jahrg. (III, 576 S.) 8. Ebd. 903. n. 4.—; geb. n. 5.—

—— Sonntagspredigten. 8. (III, 543 S.) Ebd. 892. * 4 —

— Urteil üb. den Jesuitenorden, s.: Aktenstücke, kirchliche.

Vorträge für katholische Vereine. Von H[ermann] **Kolberg**, Pfarrer. Paderborn: F. Schöningh 1904. (183 S.) 8° [F.]

Vorträge für katholische Vereine. Von H[erm.] **Kolberg**, Pfarrer. 2. Aufl. Paderborn: Schöningh 1910. 183 S. 8°

— die Werke der Genugtuung im Hinblick auf die Genugtuungen Christi. 7 Fastenpredigten. (72 S.) 8. Dülmen 904. A. Laumann. n. 1. —

Beiträge zur Geschichte des Kardinals und Bischofs von Ermland Andreas Bathory. Von Dr. Joseph **Kolberg**, Prof. Braunsberg: (Grimme in Komm.) 1910. 171, VI S. 8°

Kolberg, Jos., nach Ecuador. Reisebilder. hoch 4. (XVII, 327 S. mit vielen eingedr. Holzschn.-Illustr. und 3 Tonbildern.) Freiburg i. Br. 876, Herder'sche Verlagsh. * geb. *

Kolberg, Jos., nach Ecuador. Reisebilder. 2. verm. Aufl. Mit 1 Titelbild (in Lichtdr.), 140 (eingedr.) Holzschn. und 1 (lithogr.) Karte von Ecuador. gr. 4. (XVI, 292 S.) Freiburg i. Br. 881, Herder'sche Verlagsh. geb.

Kolberg, Jos. (I.), nach Ecuador. Reisebilder. 3. umgearb. und mit der Theorie der Tiefenkräfte verm. Aufl. gr. 8. (XVIII, 550 S. mit 122 Holzschn., 15 Tonbildern und 1 Karte von Ecuador.) Freiburg i. Br. 885, Herder'sche Verlagsh. * 8 — geb. * 10 —

Kolberg, Jos., nach Ecuador. Reisebilder. (Illustr. Bibliothek d. Länder- u. Völkerkunde.) 4., ergänzte Aufl. M. einem Titelbild in Farbendr., 150 Illustr. im Text u. 2 Karten. gr. 8. (XVI, 535 S.) Freiburg i/B. 897. Herder. n. 9. —; geb. in Leinw. n. 11. —

— d. Einführg. d. Reformation im Ordenslande Preußen. [Aus: „Der Katholik".] gr. 8. (IV, 66 S.) Mainz 897. F. Kirchheim. n. 1. —

Kolberg, Jos., Ermland im Kriege des J. 1520. (IV, 294 S.) gr. 8. Braunsberg 905. (R. Rudlowski.) n. 4. —

Zur ältesten Geschichte der Pfarrkirche von Rössel. Von Joseph **Kolberg**, Prof. Braunsberg 1907: Erml. Zeitungs- u. Verl.-Dr. 24 S. 8°

Aus der Geschichte des Braunsberger Artushofes. Von Dr. Joseph **Kolberg**, Prof. Braunsberg 1908. Ermländ. Zeitungs- u. Verlagsdr. 23 S. 8°
Aus: Ermländ. Zeitung 1908.

Ermländische Goldschmiede. Von Joseph **Kolberg**, Prof. Braunsberg 1907. Ermländ. Zeitungs- u. Verl.-Dr. (212, XII S.) 8° [F.]

— Ermländische Goldschmiede. (213 u. XII S. m. 1 Taf.) Lex. 8. Braunsberg 907. (Bender's Buchh.) 3. 60

Kolberg, J(oseph): „Heinrich Oswald." n. (Niedenzu, Franz,) Bibliothekar: Verzeichnis der von Oswald der Lycealbibliothek vermachten Bücher. Brunsbergae 1904: Heyne. (31 S.) 4°
Braunsberg, Ind. lect. WS 1904/05

Kolberg, Jos., Verfassung, Kultus u. Disciplin der christlichen Kirche nach den Schriften Tertullians. Braunsberg, Huye, 1886, gr. 8°. 226 S., 3 Mk.
Recensi. Litt. Handw. 1886, S. 357—9 (Probst). Theol. Quartalschr. 1887, S. 674—9 (Funk). Innsbr. Zeitschr. f. k. Theol. 1887, S. 714—22 (Pfülf). Stimmen a. M.-Laach Bd. 32, S. 556—9 (Bringmann).

Kolberg, O. Mathematisch-physikalische Aufgaben. 25 S.
Rössel, Progr. 1842

Kolberg, O. De antiqua pronominum latin. forma. 15 S.
Rössel, Progr. 1838

Kolberg, O. Tetragonometrische Gleichungen. 12 S. Forts. 12 S.
Rössel, Progr. 1846, 1850

Kolberg, Raissa. Ueber Indication u. Prognose der Zangenoperationen. Diss. gr. 8. (17 S.) Genf 891. (Bern, Körber.) * — 40

Kolberg, Wilh. v., Karte der Eisenbahn von Warschau und Krakau nach Myslowitz (Wien) und deren Umgebungen auf 8—9 Meilen. 2 (lithogr.) Bl. in gr. 4. und qu. Imp.-Fol. (8 S. deutscher, französ. und polnischer Text in qu. 4.) Leipzig 857, (Hinrichs'sche Sortimentsbuchh.) **

Kolberg's Bedeutung f. Schill. Zur Jahrhundertfeier. (10 S. m. 1 Bildnis.) gr. 8. Wien 906. C. W. Stern. — 50
Sonderabdruck aus: „Die militär. Welt".

Kölbing, Eugen. gr. 8. (54 S. m. Bildnis.) Leipzig (900). O. R. Reisland. n. 1. 20
Sonderabdruck aus: „Engl. Studien".

Alexander Levin Koelbing

De telae cellulosae Indurations in recens natis obvia. Jenae (1830:) Schlotter. 28 S. 8°

Jena, Med. Diss. v. 7. Mai 1830

Koelbing, Arthur: Zur Charakteristik John Skelton's. Stuttgart 1904: Strecker & Schroeder. X, 166 S. 8°
Freiburg i. B., Phil. Diss. v. 1904

Kölbing, Arth., Generalregister, s.: Studien, englische.

— mittelenglisches Lesebuch, s.: Kluge, Frdr.

Kölbing, Eug. Arthour and Merlin, s. Bibliothek, altenglische.

Kölbing, Eug., Beiträge zur vergleichenden Geschichte der romantischen Poesie und Prosa des Mittelalters, unter besond. Berücksicht. der engl. und nord. Litteratur. gr. 8. (VII, 256 S.) Breslau 876, Koebner. *

Kölbing, Eug., s.: Flóres saga ok Blankiflúr.

Kölbing, Eug., s.: Forschungen z. englischen sprache u. litteratur.

Kölbing, Eugen: Ueber die nordischen gestaltungen der Partonopeus-sage Breslau 1873 (21 S.) 8° [Im Buchhandel 1873 bei Trübner in Straßburg]
Breslau, Phil. Fak Hab.-Schr v 15 Juli 1873

—— s. Ipomedon.

— s.: Ivens saga.

Kölbing, E., Collationen, s.: Studien, englische. 15. Bd.

Kölbing, E. Die nordische Parzivalsage und ihre Quelle. Diss. Leipzig 1869. 53 S.

—— Kleine Publicationen aus der Auchinleck-Hs., s. Studien, englische, 9. Bd. 1. u. 3. Heft.

—— s. Riddarasögur.

— s.: Studien, englische.

Kölbing, Eug., Untersuchungen über den ausfall des relativ-pronomens in den germanischen sprachen. Ein beitrag zur syntax des zusammengesetzten satzes. gr. 8. (55 S.) Strassburg 872, Seitz und Miller. *

—— die nordische und die englische Version der Tristan-Sage. 1. Thl. A. u. d. T.: Tristrams Saga ok Isondar. Mit einer literarhist. Einleitung, deutscher Uebersetzung und Anmerkungen zum erstenmal hrsg. gr. 8. (CXLVIII, 224 S.) Heilbronn 878, Gebr. Henninger. *

Kölbing, Eug., die nordische und die englische Version der Tristan-Sage. 2. (Schluss-)Thl.: Sir Tristrem. Mit Einleitung, Anmerkungen und Glossar. Nebst einer Beilage: Deutsche Übersetzung des engl. Textes. gr. 8. (XCIII, 292 S.) Heilbronn 883, Gebr. Henninger. *
1 Thl. Ebendas. 1878. • ℳ 12.

Kölbing, F. W., Flora d. Oberlausitz, od. Nachweis. d. daselbst wild wachsenden phanerogamen Pflanzen, mit Einschluß d. Farrnkräuter, nach d. natürl. Familien geordnet. 12. (6⅓ B.) Görlitz 828. [Kittlitz,] Zobel.

—— Jakob's Traum und Jakob's Kampf mit Gott. 2 Predigten gehalten am 1. und 2. Sonnt. nach Epiph. 1848 (zu Kleinwelke.) gr. 8. (28 S.) Bautzen 848, Helfer. *

Kölbing, F. W., Gerechtigkeit erhöhet ein Volk, aber die Sünde ist der Leute Verderben. Predigt am 1. Bußtage 1848. gr. 8. (16 S.) Bautzen 848, Helfer. 3 ngr.

—— der Graf v. Zinzendorf. Dargestellt aus seinen Gedichten. Eine Skizze. 8. (IV und 79 S.) Gnadau 850. (Leipzig, Kummer.) **

Kölbing, Friedrich Ludwig

(Kölbing, Fr. L.,) die Missionen in Grönland u. Labrador, s. Missionen, die, rc.

Kölbing, Fr. Ldw., Nachricht von dem Anfange der bischöflichen Ordination in der erneuerten evangel. Brüderkirche. Zum Gedächtniß der ersten Bischofsweihe, am 13. März 1735. gr. 8. Gnadau 835. Burkhard. (Leipzig, Kummer.) 5 gr.

Koelbing, Jo. Friedrich Wilhelm (Oppel. / Laus.), Specim. contin. caput juris controvers. quatenus juramentum sit probandi medium. Präs. D. Christian Heinr. Breuning. Lpz. (Langenheim) 24. X. 1764. 8 S. (4.—) 18913

Kölbing, L., s. Gedenktage d. alten Brüderkirche rc. u. Gedenktage d. erneuerten Brüderkirche.

Kölbing, Paul, die bleibende Bedeutung der urchristlichen Eschatologie. Vortrag, geh. auf der 16. Versammlung der sächs. kirchl. Konferenz in Chemnitz. (32 S.) gr. 8. Göttingen 907. Vandenhoeck & Ruprecht. — 75

Kölbing, P., s.: Bericht des theolog. Seminariums der Brüdergemeine in Gnadenfeld.

Kölbing, Paul, die geistige Einwirkung der Person Jesu auf Paulus. Eine histor. Untersuchg. (VIII, 114 S.) gr. 8. Göttingen 906. Vandenhoeck & Ruprecht. n. 2. 80

Kölbing, P., die Entstehung der Brüdergemeine. Ein Vortrag. Mit 2 Bildern. 56 Stn. kl. 8. Basel, C. Detloff. 1877. —. 30

Die Feier des 150jährigen Bestehens des theologischen Seminariums der Brüdergemeine in Gnadenfeld am 24. Mai 1904. Festschrift hrsg. von D. P[aul] Kölbing, Dir. Leipzig: F. Jansa 1904. (96 S.) 8° [05. 1145 3

Kölbing, P., s.: Jahres-Bericht d. theolog. Seminariums d. Brüdergemeine in Gnadenfeld.

Die heilige Schrift als oberste Norm der christlichen Glaubenserkenntnis. E. dogmat. Untersuchg v. P. Kölbing. *Gnadau: In Komm. b. d. Unitätsbuchh. (1896).* (2 Bl., 5, 65 S.) 1 Bd 8.
= Jahres-Bericht d. theolog. Seminariums d. Brüdergemeinde in Gnadenfeld. 1895/96. [97. 1193

— die theologische Wissenschaft in der Brüdergemeine. Ein geschichtl. Rückblick. Vortrag, geh. bei der 150jähr. Jubelfeier des theolog. Seminariums der Brüdergemeine in Gnadenfeld am 24. V. 1904. (18 S.) gr. 8. Ebd. 904. n. — 40
Sonderabdruck aus: „Festbericht d. theolog. Seminars".

Kölbing, Rud., Hauptinhalt der christlichen Heilswahrheit zur Befestigung u. Vertiefung in Luthers Katechismus, auf Grund v. amtl. Spruchverzeichnissen kurz dargestellt. 2. umgearb. u. verm. Aufl. des „Wegweisers durch den kleinen Katechismus". gr. 8. (IV, 60 S.) Breslau 901. Görlitz, R. Dülfer. n.n. — 65

Kölbing, R. Leopold, Graf Sedlnitzky, e. zur evangel. Kirche übergetretener Fürstbischof v. Breslau, s. Für die Feste u. Freunde des Gustav-Adolf-Vereins.

Biblisches Spruchbuch von 184 Schriftstellen, für d. Vorbereitung auf d. ev. Religionsunterr. Kurz bearb. von Rudolf Kölbing. *Breslau: R. Dülfer 1900.* (108 S.) 8° [F.] [vo. 4811

— dasselbe v. 260 Schriftstellen zur christl. Glaubens- u. Sittenlehre, f. die Vorbereitg. auf den evangel. Religionsunterricht nach Luthers kleinem Katechismus bearb. 2. bedeutend verm. u. verb. Aufl. gr. 8. (IV, 188 S.) Ebd. 901. n. 2.50; geb. in Halbleinw. n. 3.—; in Leinw. n. 3.50

Kölbing, R., wir wollen dienen. Festpredigt üb. Markus 10, 42—45, bei der 1. Hauptversammlg. d. schles. Pfarrvereins am 21. Septbr. 1892 in der Kirche zu St. Maria Magdalena in Breslau geh. 8. (15 S.) Leipzig 892. Fr. Richter. n. — 25

Kölbing, Wilhelm Ludwig

Kölbing, Wilh. L., die Brüdergemeine. Ein Vortrag (auf Wunsch geh. f. die Teilnehmer an der Missionswoche 1909 in Herrnhut). (15 S.) 8. Herrnhut 910. Missionsbuchh. nn — 15

Kölbing, Wilh. Ludw., die Geschichte der Verfassung der evangel. Brüderunität in Deutschland, s.: Berichte des theolog. Seminariums der Brüdergemeine in Gnadenfeld.

Kolbitz [Schlagwort]

Kolbitz, s.: Preussen, Messtischblätter.

Kolbius, Pet. De natura Cometarum. Halae 1701. 4.

KÖLBL, Franz: Heliotropische Studien über Holzgewächse. - Wien 1908. 112 Bl. (Hdschr.) - Diss. - (Sitzungsber. Akad. Wiss. Wien Bd. 118, Abt. 1, 1909)

Kölbl, Frz., Versuche üb. den Heliotropismus v. Holzgewächsen. (42 S.) gr. 8. Wien 909. A. Hölder. 1.15
Sonderabdruck aus: „Sitzungsber. d. k. Akad. d. Wiss."

Kölbl, Frdr., die harnsaure Diathese, s.: Klinik, Wiener. 24. Jahrg.

KÖLBL, Jakob (Neumarkt): Ursachen, Erkenntnis und Behandlung des Gebärmutterkrebses.- München: Deschler 1848. 16 S.
8.8.1848 - Urk (Titel: De causis, diagnosi et curatione cancris.); F 67
Diss. Ingolst.-Landsh.-Mchn.

Kölble, St., die wichtigsten Materialen im Bäckergewerbe. Hrsg. vom Verband bad. Gewerbeschulmänner. (21 S. m. 8 Taf.) gr. 8. Bühl 906. (Konkordia.) — 50

Kölble, Vict., die Esther des Neuen Bundes, Maria die Königin der Heiligen. Betrachtungen f. die Maiandacht. Mit Meß-, Beicht- u. Kommuniongebeten, Litaneien u. Marienliedern. Hrsg. v. W. Sickinger. 12. (XXVIII, 249 S.) Freiburg i/B. 901. Herder. 1.60; geb. in Leinw. n. 2.—

Kölble, Vict., Maria, die Blume v. Nazareth. Vorträge, bezw. Betrachtgn. zur Maiandacht f. Priester u. Laien. Mit Meß-, Beicht- u. Kommuniongebeten, Litaneien u. Marienliedern. 2., verb. Aufl., hrsg. v. W. Sickinger. 12. (XXVI, 225 S. m. Titelbild.) Ebd. 902. n. 1.20; geb. in Leinw. n. 1.80

Kolborer, Cajetani, Part. IV. s. Offertoria festiva. fol. Augsb. Wolf. 710.

Kolborn, Karl Jos. Hier., († d. 20. Mai 1816.), s. 1) Noten, deutsche. 2) Prokurazionen, über. 3) Cph. a. *Stadion.*

Martinus Kolborn. Theses ex logica et metaphysica, quas praeside Martino Kolborn aa. ll. et philosophiae magistro, eiusdemque in principali Athenaeo Marchio-Badensi professore publ. et ordin. publice propugnabunt: I. Ignatius Jacobus Dürfeldt, Badensis, II. Georgius Haffner, Knittelsheimensis, III. Adrianus Rassenfoss, Herxheim., IV. Valentinus Götz, Bruchsaliensis.
Badenae ... die ... Augusti anno MDCCLXV. Horis ante et post meridiem consuetis. 4°. 8 S. Rastatt, P 1765

Kolbow, Frdr., Bürgerl. Gesetzbuch in volksthüml. Vorträgen. 8. (XII, 290 S.) Schwerin (900). L. Davids. n. 2.—; geb. in Leinw. n. 2.60

Kolck, Herm. Jos., Grundzüge der deutschen Poetik. Zum Gebrauche an höheren Lehranstalten, wie zum Selbstunterrichte. gr. 8. (68 S.) Münster i/W. 892. Aschendorff. n. — 75

Kölcsey, 36 ungarische Lieder und Gedichte, s. Lieder.

Kolczawa, C., Progymnasmata in triplici genere Chriarum. 12. Leod. (Krüll, Ingolst.) 713.

Kolda Edmund: Über die Einwirkung von Äthylendiamin auf Isobutyr-, Isovaler-, Azetaldehyd und Glyoxal. S. 107. Hb. 07 . . . . vgr.
Separatabdruck

Kolbe, A., zwei Kaiser-Gedächtnis-Predigten. gr. 8. (13 S.) Görlitz 888, Sattig. * — 40

Kolbe, A., die Krankenkommunion. Agendarisches Hilfsbuch für angehende Geistliche. 8. (79 S.) Gütersloh 879, Bertelsmann.

—— Passions-Predigten für Lesegottesdienste und zur häuslichen Erbauung. gr. 8. (VIII, 172 S.) Gütersloh 887, Bertelsmann. *ℳ 2.40.; geb. * 3 —

Kolbe, Aug., Frisch gewagt ist halb gewonnen. Erzählung für die Jugend. 8. (100 S. mit 4 Holzschntaf.) Breslau 877, Trewendt. cart.

Kolde, Felix: Das Staatsideal des Mittelalters. I. Seine Grundlegung durch Augustin. 33 S. 4.
Progr. Erste Realschule (Höh. Bürgerschule) *Berlin* 1902 (123).

Kolde, Fel., das Staatsideal des Mittelalters. 1. Tl. Seine Grundlegg. durch Augustin. Progr. 4. (33 S.) Berlin 902. [R. Gaertner.] Weidmann. n. 1.—

Kolde, Felix: Über die Wildfänge und das Wildfangsrecht der Pfalzgrafen bei Rhein bis zum laudum Heilbronnense (1667). *Berlin 1898: W. Pormetter.* (53 S.) 8°
Rostock, Phil. Diss. v. [21. Dez.] 1897

Kolde, Carl, liturgischer Passions-Gottesdienst. Breslau 854. Graß, Barth u. Co. gr. 8. (2 Bl., 92 S.) n. 4 ngr.

Kolde, Carl Ad. Jul., Dr. Joh. Heß, d. schlesische Reformator. gr. 8. (8½ B. u. H's. Bildn.) Breslau 846, Trewendt. Thlr. —

Kolde, Karl Adolf

Kolde, C. Ad., Gebetswort mit Gotteswort auf alle Tage des Jahres. Jungen Christen dargeboten. gr. 16. (VIII, 403 S.) Hamburg 876, Agentur des Rauhen Hauses. *
geb. Pappbd. *ℳ 1,30.; mit Goldschn. *

Kolde, Karl Adf., Gebetswort mit Gotteswort auf alle Tage des Jahres. Jungen Christen dargeboten. 2. Aufl. 12. (IV, 404 S.) Hamburg 880. Agentur des Rauhen Hauses. n. 1. —; geb. m. Goldschn. n. 2. 20

Kolde, C. Ad., Gebetswort mit Gotteswort auf alle Tage d. Jahres. Jungen Christen dargeboten. 5. Aufl. 12. (IV, 404 S.) Hamburg 888. Agentur d. Rauhen Hauses. n. 1. —; geb. n. 1. 20; m. Goldschn. n. 2. 20

Kolde, C. Ad., Gebetswort m. Gotteswort auf alle Tage d. Jahres. Jungen Christen dargeboten. 8. Aufl. 12. (IV, 404 S.) Hamburg 895. Agentur d. Rauhen Hauses. Geb. in Leinw. n. 1. 20; feine Ausg. in Leinw. m. Goldschn. n. 2. 20

Kolde, C. Ad., Gebetswort m. Gotteswort auf alle Tage des Jahres. Jungen Christen dargeboten. 11. Aufl. (IV, 404 S.) kl. 8. Hamburg 910. Agentur des Rauhen Hauses. Geb. in Leinw. 1.20; m. Goldschn. 2.20

—— Jesuiten-Geschichten aus Schlesien, s. Hausschatz, christlicher.

Kolde, K. A., Katechismus f die Schulen des Fürstent. Schwarzburg-Rudolstadt, s.: Luther, Mart.

Kolde, Karl Adph., die achtzig Kirchenlieder der Schul-Regulative, s. Kirchenlieder.

Kolde, K. A., die achtzig Kirchenlieder der Schul-Regulative mit Wochensprüchen u. liturgischem Anhang. Schul-Ausgabe. 3—7. Aufl. Breslau 859—64. Trewendt. 8. (56 S.) n. 1 ngr.

Kolde, K. A., die 80 Kirchenlieder u. die 18 Psalmen der Schul-Regulative mit Wochensprüchen, der kleine Katechismus Luthers u. die Liturgie für den Haupt- u. Kinder-Gottesdienst hersg. 8. u. 9. Aufl. Breslau 865—67. Trewendt. 8. (56 S.) n. 1 ngr.

Kolde, Karl Adf., die 80 Kirchenlieder und die 18 Psalmen der Schul-Regulative mit Wochensprüchen, der kleine Katechismus Luthers und die Liturgie für den Haupt- und Kinder-Gottesdienst. 12.—16. (3.—7. [Ster.-]Aufl.) 8. (56 S.) Breslau 871—75, Trewendt. **

—— die 80 Kirchenlieder und die 18 Psalmen der Schul-Regulative, mit Wochensprüchen, der kleine Katechismus Luthers und die Liturgie für den Haupt- und Kinder-Gottesdienst. 17.—22. [8.—13. Ster.-]Aufl. 8. (56 S.) Breslau 875—79, Trewendt. **

—— die 80 Kirchenlieder und die 18 Psalmen der Schul-Regulative mit Wochensprüchen, der kleine Katechismus Luthers und die Liturgie für den Haupt- und Kinder-Gottesdienst. 23.—25. [14.—16. Ster.-]Aufl. 8. (56 S.) Breslau 881, Trewendt.

—— 80 Kirchenlieder und 18 Psalmen mit Wochensprüchen, der kleine Katechismus Luthers und die Liturgie für den Haupt- und Kinder-Gottesdienst. 26.—29. [17.—20. Ster.-]Aufl. 8. (56 S.) Ebendas. 882,83.

Kolde, K. Ad., 80 Kirchenlieder und 18 Psalmen mit Wochensprüchen, der kleine Katechismus Luthers und die Liturgie für den Haupt- und Kinder-Gottesdienst. 30.—38. Aufl. 8. (56 S.) Breslau 885—88, Trewendt. * — 10

Kolde, K. Ad., 80 Kirchenlieder u. 18 Psalmen m. Wochensprüchen, der kleine Katechismus Luthers u. die Liturgie f. den Haupt- u. Kinder-Gottesdienst. 35. [26.-Ster.-] Aufl. 8. (56 S.) Breslau 886. Trewendt. n. — 10

Kolde, K. A., 30 Kirchenlieder u. 18 Psalmen m. Wochensprüchen, der kleine Katechismus Luther's u. die Liturgie f. den Haupt- u. Kindergottesdienst. 435. Tausend. 40. Aufl. 8. (56 S.) Breslau 890. Trewendt. n. — 10

Kolde, K. A., 80 Kirchenlieder u. 18 Psalmen m. Wochensprüchen, der kleine Katechismus Luthers u. die Liturgie f. den Haupt- u. Kinder-Gottesdienst. 42. Aufl. 8. (56 S.) Breslau 892. E. Trewendt. n. — 10

— 80 Kirchenlieder u. 18 Psalmen m. Wochensprüchen, der kleine Katechismus Luthers u. die Liturgie f. den Haupt- u. Kindergottesdienst. 516.—535. Taus. 45. Aufl. 8. (56 S.) Breslau 898. E. Trewendt. n. — 10

— 80 Kirchenlieder u. 18 Psalmen m. Wochensprüchen, der kleine Katechismus Luthers u. die Liturgie f. den Haupt- u. Kindergottesdienst. 536.—545. Taus. 46. Aufl. 8. (56 S.) Ebd. 901. n. — 10

Achtzig Kirchenlieder und achtzehn Psalmen mit Wochensprüchen, der kleine Katechismus Luthers und die Liturgie für den Haupt- und Kinder-Gottesdienst hrsg. von K[arl] A[dolf] Julius **Kolde**. 47. Aufl. Berlin: E. Trewendt 1905. (65 S.) 8° [F.] [05. 1904

— Luther's kleiner Katechismus in Fragen und Antworten einfach zergliedert und mit Zeugnissen aus Gottes Wort und der Kirche versehen. 857. — 2. Aufl. Breslau 858. E. Trewendt. gr. 8. (2 Bl., 121 S.) n. 4 ngr.

— Luther's kleiner Katechismus, in Fragen und Antworten einfach zergliedert und mit Zeugnissen aus Gottes Wort und der Kirche versehen. 3. Aufl. Ebend. 860. 8. (IV, 124 S.) n. 4 ngr.

Kolde, C. A., Luther's kleiner Katechismus, in Fragen und Antworten einfach zergliedert und mit Zeugnissen aus Gottes Wort und der Kirche versehen. 1—3. Aufl. 8. (IV und 124 S.) Breslau 857—61, E. Trewendt. * 4 Ngr.; geb. *

— Luther's kleiner Katechismus, in Fragen u. Antworten einfach zergliedert u. m. Zeugnissen aus Gottes Wort u. der Kirche versehen. 5. verb. Aufl. 8. (IV, 124 S.) Ebend. 871. n. — 40

—— Luther's kleiner Katechismus, in Fragen und Antworten einfach zergliedert und mit Zeugnissen aus Gottes Wort und der Kirche versehen. 6. Aufl. 8. (125 S.) Ebendas. 877. * geb. *

—— Luthers kleiner Katechismus, in Fragen und Antworten einfach zergliedert und mit Zeugnissen aus Gottes Wort in der Kirche versehen. 7. Aufl. 8. (130 S.) Ebendas. 886. * — 40 geb. * — 55

Luthers kleiner Katechismus in Fragen und Antworten einfach zergliedert u. mit Zeugnissen aus Gottes Wort u. d. Kirche versehen von K[arl] Ad[olf] **Kolde**, Pastor †. 8. Aufl. *Breslau: E. Trewendt 1899.* (133 S.) 8° [F.]

— s. a. Luther's kleiner Katechismus.

—— erstes Religionsbuch für Kinder evangel. Christen. gr. 8. (7 B.) Breslau 846, Trewendt. *

— erstes Religionsbuch für Kinder evangelischer Christen. 2. Aufl. 853. (VIII, 103 S.) — 3. Aufl. Ebend. 855. 8. (VIII, 112 S.) n 5 ngr.

—— erstes Religionsbuch für Kinder evangelischer Christen. 2. Aufl. (VIII und 183 S.) 1853. und 3. Aufl. 8. (VIII und 112 S.) Breslau 856, [Trewendt.] *

— erstes Religionsbuch für Kinder evangelischer Christen. 4. Aufl. 858. — 5. Aufl. Ebend. 861. 8. (VIII, 102 S.) n. 3 ngr.

—— erstes Religionsbuch für Kinder evangelischer Christen. 7. Aufl. 1869, und 8. Aufl. 8. (VIII, 102 S.) Ebendas. 871. (* 30 Pf.) * geb. *

— erstes Religionsbuch für Kinder evangelischer Christen. 9. Aufl. 8. (VIII, 102 S.) Ebend. 879. n. — 35; geb. n. — 45

—— erstes Religionsbuch für Kinder evangelischer Christen. 10. Aufl. 8. (VIII, 102 S.) Ebendas. 886. * — 40 geb. * — 55

Erstes Religionsbuch für Kinder evangelischer Christen. Von † Karl Adolf Kolde, Pastor. 11. Aufl. *Breslau: E. Trewendt 1901.* (VIII, 104 S.) 8° [F.]

—— Züge aus dem Leben evangelischer Christen Schlesiens, s. Hausschatz, christlicher.

Kolde, Theodor

Kolde, Th., Andreas Althamer, der Humanist u. Reformator in Brandenburg-Ansbach. [Aus: „Beitr. z. bayer. Kirchengeschichte".] Mit e. Neudr. seines Katechismus v. 1528 u. archival. Beilagen. gr. 8. (VI, 138 S.) Erlangen 895. F. Junge. n. 2. —

Kolde, Thdr., Analecta Lutherana. Briefe u. Actenstücke zur Geschichte Luthers. Zugleich e. Supplement zu den bisher. Sammlgn. seines Briefwechsels. gr. 8. (XVI, 479 S.) Gotha 883. F. A. Perthes. n. 10. —

Kolde, Thdr., die Anfänge e. kathol. Gemeinde in Erlangen. (III, 52 S.) gr. 8. Erlangen 906. F. Junge. n. 1. —

Kolde, Th., die deutsche Augustiner-Congregation und Johann v. Staupitz. Ein Beitrag zur Ordens- und Reformationsgeschichte nach meistens ungedruckten Quellen. gr. 8. (XIV, 466 S.) Gotha 879. F. A. Perthes. *

Kolde, Thdr., s.: Beiträge zur bayer. Kirchengeschichte.

Kolde, Thdr., Beiträge zur Reformationsgeschichte, s. Studien, kirchengeschichtliche.

Kolde, Th., Beiträge zur Reformationsgeschichte. [Aus: „Kirchengeschichtl. Studien".] gr. 8. (70 S.) Leipzig 890. Hinrichs' Verl. n. 1. 20

Kolde, Theodor: Der Kanzler Brück und seine Bedeutung für die Entwicklung der Reformation. Halle 1874: (Perthes in Gotha). 66 S. 8°
Halle-Wittenberg, Phil. Diss. v. 20. März 1874
Geb. Friedland (Oberschlesien) 6. 5. 1850. V.

— die kirchlichen Bruderschaften u. d. religiöse Leben im mod. Katholizismus. Eine zeitgeschichtl. Studie. 8. (48 S.) Erlangen 895. F. Junge. n. — 60

— s.: Bücher, die symbolischen, der evangelisch-lutherischen Kirche.

P. Denifle, Unterarchivar des Papstes, seine Beschimpfung Luthers und der evangelischen Kirche. Von D. Th[eodor] Kolde, Prof. in Erlangen. *Leipzig: A. Deichert 1904.* (VI, 79 S.) 8° [F.]
Erschien zuerst in: Neue kirchl. Zeitschrift. 1904, Febr. u. März. [04. 5170

Historische Einleitung in die Symbolischen Bücher der evangelisch-lutherischen Kirche von D. Th[eodor] Kolde, Prof. Gütersloh: C. Bertelsmann 1907. (IV, LXXXIII S.) 8° [F.]
Aus: Müller, Joh. Tob.: Die symbol. Bücher d. ev.-luth. Kirche, deutsch u. lat. 10. Aufl. [07. 11038 3

— Die Universität Erlangen unter dem Hause Wittelsbach 1810—1910. Festschrift zur Jahrhundertfeier der Verbindg. der Friderico-Alexandrina m. der Krone Bayern, im Auftrage des akadem. Senats verf. (VII, 587 S. m. Titelbild u. 2 farb. Plänen.) gr. 8. Leipzig 910. A. Deichert Nachf. 10. —

Kolde, Thdr., Friedrich der Weisse und die Anfänge der Reformation. Eine kirchenhistor. Skizze mit archival. Beilagen. gr. 8. (III, 75 S.) Erlangen 881, Deichert.

Über Grenzen des historischen Erkennens und der Objectivität des Geschichtsschreibers. Rede beim Antritt des Prorectorats der K. Bayerischen Friedrich-Alexanders-Universität Erlangen am 4. Nov. 1890 gehalten von Dr. theol. et phil. Theodor Kolde, o. Prof. d. hist. Theol. Erlangen, k. B. Hof.- u. Univ.-Buchdr. v. F. Junge, 1890; 22 S. 4°

Kolde, Th., über Grenzen d. historischen Erkennens u. der Objectivität d. Geschichtsschreibers. Rede, beim Antritt d. Prorectorats der königl. bayer. Friedrich-Alexanders-Universität Erlangen am 4. Novbr. 1890 geh. gr. 4. (22 S.) Erlangen 890. (Bläsing.) n. — 80

Kolde, Thdr., üb. Grenzen d. historischen Erkennens u. der Objectivität d. Geschichtsschreibers. Eine Rede. 2. Abdr. 8. (37 S.) Leipzig 891. A. Deichert Nachf. n. — 60

—— die Heilsarmee [„The Salvation Army"] nach eigener Anschauung und nach ihren Schriften. gr. 8. (IV, 128 S.) Erlangen 885, Deichert'sche Verlagsb. Nachf. * 2 —

— die Heilsarmee (the salvation army), ihre Geschichte u. ihr Wesen. 2., sehr verm. Aufl. gr. 8. (IV, 204 S.) Leipzig 899. A. Deichert Nachf. n. 3. 25

Edward Irving. Ein biogr. Essay von D. Th[eodor] Kolde, Prof. in Erlangen. *Leipzig: A. Deichert 1901.* (IV, 81 S.) 8° [F.] [00. 10776

Der Katholizismus und das zwanzigste Jahrhundert. Krit. Betrachtungen von Theodor Kolde. 2. Abdr. *Leipzig: A. Deichert 1903.* (59 S.) 8° [F.] [03. 9333

— die Augsburgische Konfession, latein. u. deutsch, kurz erläut. M. 5 Beilagen. 1. D. Marburger Artikel. — 2. D. Schwabacher Artikel. — 3. D. Torgauer Artikel. — 4. Die Confutatio pontificia. — 5. Die Augustana v. 1540 (Variata). gr. 8. (VII, 224 S.) Gotha 896. F. A. Perthes. n. 4. 50

[F.] Das religiöse Leben in Erfurt beim Ausgange des Mittelalters. E. Beitr. z. Vorgesch. d. Reformation v. D. Th[eodor] Kolde. *Halle: Ver. f. Reformationsgesch. (M. Niemeyer) 1898.* (2 Bl., 68 S.) 8.
= Schriften d. Vereins f. Reformationsgeschichte. No 63. [98. 9810 Bb

— Martin Luther. Eine Biographie. 1—3. Lfg. Mit (Lichtdr.) Portr. gr. 8. (1. Bd. VII u. S. 1—396.) Gotha 884. F. A. Perthes. n. 6. —

—— Martin Luther. Eine Biographie. 2. Bd. 1. Hälfte. gr. 8. (237 S.) Gotha 889, F. A. Perthes. * 4 —
1. Bd. Ebd. 1884. * 6 —.

— Martin Luther. Eine Biographie. 2. Bd. 2. Hälfte. gr. 8. (II u. S. 237—624.) Gotha 893. F. A. Perthes. n. 6. — (kplt.: n. 16. —)

—— Martin Luther, der Reformator der Kirche. Akadem. Festrede, im Auftrag der hochwürd. theolog. Fakultät zu Erlangen am 10. Novbr. 1883 gehalten. gr. 4. (22 S.) Erlangen 883, (Metzer.) * 1 —

—— Luther und der Reichstag zu Worms, s. Schriften des Vereins für Reformationsgeschichte.

— Luther u. der Reichstag zu Worms. 1521. gr. 8. (31 S.) Ebend. 883. n. 1. 20
Bildet Nr. 1. der Schriften d. Vereins f. Reformationsgeschichte.

Luther in Worms. Vortrag geh. zu Würzburg 1903 von Dr. Theodor Kolde, Prof., Erlangen. *München: J. F. Lehmann 1903.* (24 S.) 8° [F.]
= Luther-Vorträge, Würzburger. 2.

— s.: Melanchthon, Phpp., loci communes.

—— der Methodismus und seine Bekämpfung. Ein Vortrag, auf der bayr. Pastoralconferenz zu Erlangen am 23. Juni 1886 gehalten. gr. 8. (42 S.) Erlangen 886, Deichert'sche Verlagsb. Nachf. * — 60

— die älteste Redaktion der Augsburger Konfession m. Melanchthons Einleitung, zum erstenmal hrsg. u. geschichtlich gewürdigt. (IV, 115 S.) 8. Gütersloh 906. C. Bertelsmann. n. 2. —; geb. n. 2. 80

Das bayerische Religionsedikt vom 10. Jan. 1803 und die Anfänge der protestantischen Landeskirche in Bayern. Ein Gedenkbl. von Dr. Theodor Kolde, Prof. in Erlangen. *Erlangen: F. Junge 1903.* (44 S.) 8° [F] [03. 987

— das bayerische Religionsedikt vom 10. I. 1803 u. die Anfänge der protest. Landeskirche in Bayern. Ein Gedenkblatt. 2. Aufl. (44 S.) gr. 8. Erlangen 903. F. Junge. n. — 90

—— Luthers Selbstmord. Eine Geschichtslüge P. Majunkes, beleuchtet. 1. u. 2. Aufl. (42 S.); 3. Aufl. gr. 8. (IV, 45 S.) Lpz. 890, Deichert Nachf. * — 60

—— Noch einmal Luther's Selbstmord. Erwiderg. auf Majunke's neueste Schrift. gr. 8. (28 S.). Ebd. 890. * — 50

— der Staatsgedanke der Reformation u. die römische Kirche. Vortrag, geh. auf der Generalversammlg. des evangel. Bundes in Ulm am 30. IX. 1903. (38 S.) gr. 8. Leipzig 903. C. Braun. n. — 50

— D. Adolf v. Stählin. Ein Gedenkblatt. [Aus: „Beiträge zur bayer. Kirchengeschichte".] gr. 8. (18 S.) Erlangen 897. F. Junge. n. — 60

—— Luther's Stellung zu Concil und Kirche bis zum Wormser Reichstag, 1521. Historisch entwickelt. gr. 8. (VIII, 118 S.) Gütersloh 876, Bertelsmann. *

— D. Joh. Teuschlein u. der erste Reformationsversuch in Rothenburg o. d. T. gr. 8. (46 S.) Leipzig 901. A. Deichert Nachf. n. 1. 20
Sonderabdruck aus: „Festschrift d. Univ. Erlangen f. Prinzregent Luitpold".

— Walther von der Vogelweide in seiner Stellung zu Kaisertum u. Hierarchie. Ein Vortrag. 8. (35 S.) Gütersloh 877. Bertelsmann. n. — 40

Kolde, Wolfgang: Aus d. Universitätsfrauenklinik zu Erlangen. Experimenteller Beitrag zur Frage der aszendierenden weiblichen Genitaltuberkulose. Erlangen 1909: Junge. 23 S. 8°
Erlangen, Med. Diss. v. 29. Jan. 1910, Ref. Jung
[Geb. 3. Dez. 84 Erlangen; Wohnort: Erlangen; Staatsangeh.: Bayern; Vorbildung: Gymn. Erlangen Reife 03; Studium: Erlangen 6, München 2, Erlangen 2 S.; Coll. 30. Dez. 08; Approb. 3. Dez. 08.] [U 10. 808

Kölderer, Jh. Geo., (†...) s. 1) Aletophilus, Anmerkk. 2) Walth. Ehrhart, ökonomische Pflanzenhistorie.

Kolderup-Rosenvinge, Johan Laurids Andreas

Kolderup-Rosenwinge, J. L. A., Grundriß d. dänischen Rechtsgeschichte. Aus d. Dän. übers. u. mit Anmerkk. begl. v. C. G. Homeyer. gr. 8. Berl. 825. Dümmler. 1 ₰ 8 ₰

Kolderup-Rosenvinge, J. L. A., Samling of gamle danske Love udgivne med Inledninger og Anmærkninger og tildeels med Oversættelse. 1. Deels 1. Afdeling. A. u. d. T.: Lex Scaniae antiqua latine reddita per Andream Sunonis. gr. 4. (XLVIII u. 144 S.) Kopenhagen 846, Deichmann. n. 1⅚ ₰

Kolderup-Rosenvinge, J. L. A., Sendschreiben an d. Hrn. F. C. Schlosser, Geh. Rath u. Prof. in Heidelberg. gr. 8. (2⅛ B.) Kopenhagen 843, Gyldendal'sche Buchh. *

— **Udvalg af gamle Danske Domme afsagte paa Kongens Retterting og paa Landsting. Med oplysende Anmærkninger. 1 — 3. Samling. (Fra Midten af det 15 Aarh. til 1580.) gr. 4. (1816 S.) Kopenhagen 1842. 43. 45. (Gyldendal.) n. 6 ₰**

Dissertatio de usu juramenti in litibus probandis et decidendis juxta leges Daniae antiquas. Quam publico examini subjicit Janus Lauritius Andreas **Kolderup-Rosenvinge.** 8°.
Sectio 1. pro licentia summos in utroque jure honores rite obtinendi. Respondente Paulo Egede Sporon. Havniae. 1815.
Sectio 2. De juramento partium cum consacramentalibus. pro summis in utroque jure honoribus rite obtinendis. Respondente John Finsen. ib. 1817.

Kolderup-Rosenvinge, **de usu juramenti in litibus probandis et decidendis juxta leges Daniae antiquas disquisitio.** Sectio Ia. 8. (Hafniae, Gyldendal in Comm.) 818. -

— legum regis **Canuti magni, quas Anglis olim dedit,** vers. antiquam latinam ex codice Colbertino, variantibus lect. atque observationibus additis c. textu anglosaxonica edidit. 4. Copenhag. 827, Gyldendal.

Koldewey, Arnold: Über die physiologische Wirkung des Kupfers. Berlin, C. Vogts Buchdr., 1896. 30 S. 1 Bl. 8°
Berlin, Med. Fak., Inaug.-Diss. v. 19. Mai 1896

Koldewey, Carl, s. Koldewey, Karl.

Koldewey, F., Lac spirituale. Institutio puerorum christianorum Vergeriana. Braunschweig 864. Bruhn. 8. (32 S.) 6 ngr.

Koldewey, F., Versus qui apud Sophoclem leguntur Antig. 905—914 utrum pro genuinis habendi sint nec ne. Diss. 1873. 22 S. 4°. 1.—

Koldewey, Friedr., Album des herzogl. Gymnasiums [herzogl. Grosse Schule] zu Wolfenbüttel 1801—1877. gr. 8. (VI, 154 S.) Wolfenbüttel 877, Stichtenoth. *

Koldewey, Frdr., Album des herzogl. Gymnasiums zu Wolfenbüttel, Ergänzg. u. Fortsetzg., s.: Wahnschaffe, U., u. P. Zimmermann, Album.

Koldewey, Friedr., das Alter der Stolgebühren in der evangelisch-lutherischen Kirche des Herzogth. Braunschweig. Eine kirchenhistor. Studie zur Aufklärung und Beruhigung. gr. 8. (12 S.) Braunschweig 871, Häring und Comp. *

Koldewey, F., Beiträge zur Kirchen- u. Schulgeschichte d. Herzogt. Braunschweig, s.: Aufsätze u. Vorträge aus verschiedenen Wissensgebieten.

Koldewey, Fridericvs [Brvnsvicensis]: Carmina Brvnsvigae, typ. J. H. Meyer, 1890; 23 S. 4°
Braunschweig, herz. RG, OP 1890 (675)

—— Carmina. gr. 4. (23 S.) Braunschw. 890, (Grüneberg). * 1 35

Koldewey, (Karl) Friedrich (Ernst) (Hrsg.), s.a. Caselius, Johannes: Gedichte.

Koldewey, Friedrich, (Oberschulrat Direktor Prof. Dr.): Paränetische Gedichte des Humanisten Johannes Caselius. In Auswahl und mit Anmerkungen herausgegeben. Braunschweig 1905: Joh. Heinr. Meyer. (VII, 56 S.) 8°
Braunschweig, herz. G Martino-Katharineum OP 1905 (829)

Koldewey, Friedrich: Jugendgedichte des Humanisten Johannes Caselius. In Auswahl u. mit einer Einl. hrsg. *Braunschweig 1902: J. H. Meyer.* (XLVI, 48 S.) 8° ¶ (Zwischent.: ... Ioannis Caselii carmina sacra puerilia selecta. A. D. 1549 et 1550.)
Braunschweig, herz. G Martino-Katharineum, OP 1901 No 753 (1902 No 769)

— **eine deutsche Predigt des Humanisten Johannes Caselius, s.: Archiv f. Reformationsgeschichte. Nr. 4.**

Koldewey, *Ernst August* Friedrich *Theodor* [aus Königslutter]: Der Exorcismus im Herzogtum Braunschweig seit den Tagen der Reformation ... Wolfenbüttel, Druck v. O. Wollermann, 1893; 50 S., 1 Bl. 8.
Jena, Phil. Fak., Inaug.-Diss. v. 1893

Koldewey, Frdr., der Exorcismus im Herzogt. Braunschweig seit den Tagen der Reformation. Eine kirchenhistor. Studie. gr. 8. (50 S.) Wolfenbüttel 893. J. Zwissler. n. 2. —

Koldewey, Friedr., Festrede, bei der Bismarck-Feier der Stadt Braunschweig am 1. April 1885 gehalten. Lex.-8. (14 S.) Braunschweig 885, Schulbuchhandlung. ** — 30

—— **Geschichte des Gymnasiums zu Wolfenbüttel. 1. Abthl. 4. (63 S.) Wolfenbüttel 874, (Stichtenoth.)** *

Koldewey, Fr. Geschichte des herzogl. Gymnasiums zu Wolfenbüttel. Abt. II: Das bisherige Schulhaus. Aktenmäfsig zusammengestellt. 35 S. [I: 1874.] **Progr.** * *Wolfenbüttel* 1879.

Koldewey, Frdr., Geschichte der klassischen Philologie auf d. Universität Helmstedt. Mit d. Bildnisse d. Prof. Johs. Caselius. gr. 8. (XI, 226 S.) Braunschweig 895. F. Vieweg & Sohn. n. 6. —

Koldewey, Fr. Geschichte des Realgymnasiums zu Braunschweig. Erste Abteilung. Nach gedruckten und ungedruckten Quellen zusammengestellt. 30 S. **Progr.** Rg. *Braunschweig* 1885.

—— Geschichte d. Schulwesens im Herzogt. Braunschweig von den ältesten Zeiten bis zum Regierungsantritt d. Herzogs Wilhelm i. J. 1831. Im Überblick dargestellt. gr. 8. (VIII, 248 S.) Wolfenb. 891, Zwißler. * 3 —

Koldewey, Frdr., Geschichte der ersten großen Witwen- u. Waisen-Sozietät, s.: Caspari.

[F. u. Ant.] **Koldewey,** Friedrich [Prof. D. Dr. Dir.]: Ad gymnasium Hozmindense[!]. Die 7. m. Aug. a. 1894. [Gedicht.] Braunschweig, Druck v. J. H. Meyer, 1895; S. 13. 4.
Braunschweig, herz. G Martino-Katharineum, OP 1895 (714)

Koldewey, Friedr., Heinz v. Wolfenbüttel, s. Schriften des Vereins für Reformationsgeschichte.

— **hoch lebe die Jugend, die Hoffnung der deutschen Flotte! Ansprache, am 23. II. 1901 bei dem Feste des Flottenvereins zu Braunschweig geh. 8. (12 S.) Braunschweig 901. J. H. Meyer. n. — 20**

—— Die Jesuiten u. das Herzogt. Braunschweig. Ein Vortrag. Ausg. ohne Anmerkgn. gr. 8. (IV, 37 S.) Braunschw. 889, Schwetschke u. Sohn. * — 60; Ausg. m. Anmerkgn. (VI, 52 S.) * 1 —
Vgl.: Reichmann, Matth.

— Kaiser u. Kanzler. 6 patriot. Reden. 8. (64 S.) Braunschweig 898. J. H. Meyer. n. 1. —

—— Lebens- und Characterbilder, s. Aufsätze und Vorträge aus verschiedenen Wissensgebieten.

—— Lebens- und Characterbilder. 8. (207 S.) Wolfenbüttel 881, Zwißler. ℳ 2,50.; geb.

Koldewey, s.: Lieder, Braunschweiger.

Koldewey, Fr. Das braunschweigische Schuldirektorium und die Holzmindener Schulordnung vom Jahre 1787. Ein Beitrag zum Philanthropinismus. 22 S. **Progr.** *Holzminden* 1884.

—— die Schulgesetzgebung des Herzogs August des Jüngern von Braunschweig-Wolfenbüttel. Eine schulgeschichtl. Abhandlung, der Georgia Augusta zu ihrem 150jähr. Jubelfeste dargebracht. gr. 8. (43 S.) Braunschweig 887, J. H. Meyer. * 1 —

—— braunschweigische Schulordnungen, s. Monumenta Germaniae pädagogica.

Friedrich Koldewey: Braunschweigische Schulordnungen von den ältesten Zeiten bis zum Jahre 1828. Bd 1. Schulordnungen der Stadt Braunschweig. Berlin 1886. (Monumenta Germaniae Paedagogica. Bd 1, 1.)

—— **kurzgefasste französische Synonymik für Schüler. gr. 8. (IV, 74 S.) Wolfenbüttel 877. Zwissler.** *

—— französische Synonymik für Schulen. 2. umgearb. und verm. Aufl. der kurzgefassten französ. Synonymik für Schüler. gr. 8. (IV, 184 S.) Ebendas. 881.

—— französische Synonymik für Schulen. 3. Aufl. gr. 8. (VI, 219 S.) Wolfenbüttel 888, Zwissler. * 2 —

— **französische Synonymik. 4. Aufl. (IV, 220 S.) gr. 8. Wolfenbüttel 902. J. Zwissler. n. 2. —**

Die Titulatur des hoheren Lehrerstandes im Herzogtume Braunschweig In ihrer gesch. Entwickelung dargest. von Prof. D. Dr. Friedrich **Koldewey,** Gymn.Dir. 2. Ausg. d. im Braunschw. Magazin erschienenen Abh. *Braunschweig: J. H. Meyer 1899.* (VI, 137 S.) 8° [F.] (01. 4973)

—— Mein Urteil über die Braunschweigische Kirchengeschichte d. Hrn. Superint. Joh. Beste zu Schöppenstedt. gr. 8. (48 S.) Braunschw. 890, Schwetschke u. Sohn. * — 60

Koldewey, Friedrich Die Verfassung der Realschule im Hochfürstl Waisenhause zu Braunschweig 1754 4 (30 S.) **Progr.** Rg *Braunschweig* 1886 (631)

[F.] **Koldewey,** Friedrich [Dir. Prof. D. Dr.]: Verzeichnis der Direktoren und Lehrer des Gymnasiums Martino-Katharineum zu Braunschweig seit dem Jahre 1828. Biographisch u. bibliographisch zsgest. Braunschweig, Druck v. J. H. Meyer, 1894; IV, 56 S. 4.
Braunschweig, herz. G Martino-Katharineum, OP 1894 (690)

— **Verzeichnis der Direktoren u. Lehrer des Gymnasiums Martino-Katharineum zu Braunschweig seit dem J. 1828. Biographisch u. bibliographisch zusammengestellt. 4. (IV, 56 S.) Braunschweig 894. B. Goeritz' Verl. n. 1. 20**

Koldewey, Friedrich Ernst

Johannes Monheim und die Kölner. Der erste Streit zwischen Jesuitismus u. Protestantismus. Eine kirchenhist. Studie von Lic. Dr. Friedrich Ernst **Koldewey** zu Bad Harzburg. Wolfenbüttel: J. Zwißler 1898. (33 S.) 8° (05. 6935)

Koldewey, Frdr. Ernst, Justus Georg Schottelius. Ein Beitrag zur Geschichte der Germanistik. gr. 8. (80 S. m. 1 Bildnis.) Wolfenbüttel 899. J. Zwißler. n. 1.60
Sonderabdruck aus: „Zeitschrift f. d. deutschen Unterricht".

Koldewey, Friedrich Ernst (Hrsg.), s. S c h o t t e l i u s , Justus Gg.: Friedens Sieg.

Koldewey, F(riedrich E.) Dir. Lic. theol. Dr.: [1. Überblick über die Vorgeschichte des Progymnasiums. 2. Die Mitglieder des Lehrerkollegiums.] *Bad Harzburg 1901: Angerstein.* (S. 11 u. 12—14.) 4° ¶(Eine Geschichte d. Entwickelung d. Schulwesens von Bad Harzburg soll folgen.)
Bad Harzburg, PG, OP 1901

Koldewey, Hans, Referendar in Dresden: Die Haftung des Frachtführers. Borna-Leipzig 1907: R. Noske. (VIII, 56 S.) 8° [F.]
Leipzig, Jur. Fak., Diss. v. 16. Juli 1907
[Geb. 2. Juli 80 Dresden; Wohnort: Dresden; Staatsangeh.: Sachsen; Vorbildung: Gymn. Dresden-N. Reife M. 99; Studium: Leipzig 7 S.; Rig. 20. Juli 03.]

Koldewey, Carl, Eis-Verhaltnisse im Grönländischen Meere und Ansichten über weitere Forderung arktischer Entdeckungen. (Aus: Beilage zur Hansa, No. 10, 1871.)

Koldewey, K., **die erste deutsche Nordpolar-Expedition im J. 1868, s.a. Mittheilungen aus J. Perthes' geograph. Institut.**

Koldewey, K.: Die Erste Deutsche Nordpolar-Expedition im Jahre 1868. Mit einem Vorwort von August Petermann. Mit zwei Originalkarten und einer Chromolithographie. Gotha 1871. X. 56 S. 1 Tf.
= Ergänzungsheft zu Petermann's Geographischen Mittheilungen. No. 28. 8°.

Koldewey, Carl, s.: Reform-Kalender, Hamburger.

Koldewey, C., Ueber die Veränderungen des Magnetismus in eisernen Schiffen nach Deviations-Beobachtungen auf deutschen Kauffahrtei-Schiffen. (Aus dem Archiv der D. Seewarte 1880, No. 2.) Hamburg 1880.

Koldewey, Paul, aus Hamburg: **Wackenroder und sein Einfluß auf Tieck.** *Altona [1904]: Hammerich & Lesser.* (212 S.) 8° [F.]
Göttingen, Phil. Diss. v. [13. Febr.] 1904

Koldewey, Paul, Wackenroder u. sein Einfluß auf Tieck. Ein Beitrag zur Quellengeschichte der Romantik. (III, 212 S.) gr. 8. Leipzig 904. (Dieterich.) n. 5.—

Koldewey, Rob. Die antiken **Bauresté der Insel Lesbos. Im Auftrage d. kaiserl. deutschen archäolog. Instituts untersucht u. aufgenommen. Mit 29 (z. Thl. farb.) Taf. u. Textabbildgn., 2 (farb.) Karten v. Heinr. Kiepert u. Beiträgen v. H. G. Lolling. gr. Fol. (V, 90 S.) Berl. 890, (G. Reimer). cart. * — 80**

Koldewey, Robert: E x p e d i t i o n of the Archaeological Institute of America, s. C l a r k e , Joseph T.

Die hettitische Inschrift gefunden in der Königsburg von Babylon am 22. Aug. 1899 u. veröff. von Dr. Robert Koldewey. (Vorr.: Friedrich Delitzsch.) Mit 1 Abb. u. 3 Taf. *Leipzig: J. C. Hinrichs 1900.* (8 S., 3 Taf.) 4°
= Veröffentlichungen, Wissenschaftliche, d. deutschen Orient-Gesellschaft. H. 1.

—— Itinerare auf der Insel Lesbos, s. Kiepert, Heinr.

—— Neandria, s. Programm, 51., zum Winckelmannsfeste.

— die Pflastersteine v. Aiburschabu in Babylon, s.a. Veröffentlichungen, wissenschaftl., der deutschen Orient-Gesellschaft. 2. Hft.

Koldewey, Robert: Die P f l a s t e r s t e i n e von Aiburschabu in Babylon. Mit 1 Karte u. 4 Doppeltaf. Leipzig: J. C. Hinrichs 1901. 10 S. 2° (4°)

— u. Otto Puchstein, die griechischen Tempel in Unteritalien u. Sicilien. 2 Bde. gr. Fol. (VII, 233 S. m. Abbildgn. u. 29 Taf. m. II S. Text.) Berlin 899. A. Asher & Co. Kart. u. in Mappe n. 150. —

Kolding [Schlagwort]

Kolding — Umgegend von —, Veile, Fredericia u. Christiansfeld. Von F. Geerz. 80,000. Comm. bei Perthes etc. Hamburg 1851. 4 Bl.

Koldiz, Henriette, die Feinwäscherin od. vollständ. Anweis., Blonden, Flor, Spitzen, Kanten, seidene Zeuge rc. zu reinigen u. zu appretiren; die dazu taugl. Seifen selbst zu verfert.; alle Flecke aus Wäsche u. farb. Zeugen zu machen rc. 8. (2 B.) Quedlinburg 834, Basse.

Köle, F. L. X., über die in verschied. europ. Ländern genommenen Maßregeln, um d. Sträuben d. Leute geg. d. Impfung d. Schutzplattern zu überwinden. gr. 8. Utrecht 827. (Fr. Fleischer in Leipz.) 14 gr

Koleda. Kalendář na rok obyčejný 1851—1852. Ročník 1. 2. Lex. 8. (1: XLVI u. 259 S. mit eingedr. Holzschn. u. 4 Lithogr. 2: XXX u. 304 S. mit 1 Lith.) Brünn, Buschak & Irrgang in Comm. (à n. 2/3 ℛ) n. 1 1/3 ℛ

Koleda. Kalendář na rok 1853—56. Ročník III—VI. Nákladem Matice Moravské. (Mit lith. Taf. u. Holzschn.) Brünn, Nitsch u. Grosse in Comm. Lex.-8. Jeder Jahrg. nn. 12 ngr

Koleda, S l o v e n s k a. Slovenskemu ljudstvu v poduk in razveselovanje. Vredil A. Janežič. V Celovcu, Leon. (1857—58). 2 Jgg.

Koleda slovenska, za leto 1858, slovenskemu ljudstvu v poduk in razveselovanje. (Slovenischer Kalender auf 1858 für Belehrung und Unterhaltung des Volks.) Vredil Ant. Janežič. gr. 8. (XXXI und 268 S. mit 1 Stahlst.) Klagenfurt 858, Leon.

—— dass. — Für 1859. gr. 8. (XXVIII und 170 S. mit 1 Stahlst.) (Ebendas.) 859. *

Koledar, domač, slovenski za prestopno leto 1860. (Slovenischer Hauskalender für das Schaltjahr 1860.) Spisal P. Hitzinger. (Peti pomnoženi tečaj.) 8. (112 S. mit 1 Stahlst. in 4. und 1 Tab. in qu. Fol.) Laibach 860, Giontini. *

Koledar družbe sv. Mohorja. V Celovcu, Leon, St. Hermagoras-Druck., 1858—. Oktav u. Quart.

Koledarček družbe svetega Mohara za navadno leto 1865. Klagenfurt, (Leon.) 8. (LXIV, 75 S.) n. 10 ngr

Koledar družbe sv. Mohorja za navadno leto 1893. Gr.-8. (160 und 96 S.) —.60
Klagenfurt: v.Kleinmayr 1892.

Koledar, S l o v e n s k i u č i t e l j s k i. V Celovcu. St. Hermagoras-Druck., 1877. 48 S.

Kolekto de la internacia scienca revuo. I. u. II. Lex. 8. Kötzschenbroda-Dresden, H. F. A. Thalwitzer. 2.50
Blaĵko, S., la kometo de Halley. El rusa lingvo esperantigis inĝ. W. Ŝmurlo. (21 S.) 910. (I.) 1. —
Brzozowski, St., la principoj de psihologio. (Populare klarigataj.) El pola lingvo tradukis M. P. Kaŭs kun la permeso de l'autoro. (40 S.) 910. (II.) 1.50

Kolemine, Frau v., s. Wothe, A.

Kolenati, Friedrich A.

— zwei für Oesterreich neue Arten von Fledermäusen. Mit 1 typo-lith. Taf. (in 4.) (Aus d. Sitzungsberichten d. k. Akad. d. W.) Ebend. 858. gr. 8. (12 S.) u. 5 ngr.

Kolenati, Friedr. A., Beiträge zur Chiropterologie. Mit 91 Holzschn. (im Text.) (Abdr. aus d. Sitzungsberichten d. k. Akad. d. W.) Wien 858. (Brünn, Nitsch u. Grosse.) gr. 8. (40 S. u. 1 Tab. in 4.) nn. 16 ngr.

Kolenati, F. A., Beiträge zur Kenntniss der Arachniden. Mit 4 (lith.) Taf. (in 4.) (Aus den Sitzungsber. der k. Akad. der Wissensch.) Wien 858. Gerold in Comm. gr. 8. (23 S.) n. 10 ngr.

— Beiträge zur Kenntnis der Arachniden (mit 4 Taf.). S. 33. 60 . . . . 1.—
— — 1. Fortsetzung (mit 8 Taf.). S. 35. 155 . . . . 2.—
— — 2. Fortsetzung (mit 3 Taf.). S. 40. 578 . . . . vgr.
Separatabdruck

— — (Fortsetzung.) Mit 8 (lith.) Taf. (in 4.) (Aus den Sitzungsber. der k. Akad. der Wissensch.) Ebend. 859. gr. 8. (38 S.) n. 20 ngr.

—— Beiträge zur Naturgeschichte der europäischen Chiropteren. Lex.-8. (50 S. mit 6 Stnt., wovon 2 ill.) Dresden 857, Kuntze.
Aus: Allgemeine deutsche naturhistor. Zeitung, besonders abgedruckt.

Kolenati, Friedr. A., Elemente der Krystallographie. gr. 8. (220 S. mit 11 Stnt.) Brünn 855, Winiker.

— eine neue österreichische Fledermaus. (Aus d. Sitzungsberichten d. k. Akad. d. W.) Wien 858. Gerold in Comm. gr. 8. (9 S. m. Holzschn. im Text.) n. 2 ngr.

—— die Gaumenfalten und Nebenwurzeln der Chiroptern. Lex.-8. (19 S. mit eingedr. Holzschn.) Wien 858, (Gerold's Sohn.) **
aus: Sitzungsberichte der k. Akademie der Wissenschaften, Jahrg. 1858 und 1859, besonders abgedruckt.

Kolenati, Friedr. A., Genera et species Trichopterorum. Pars I. Heteropalpoida. Ex actis regiae bohemicae societatis scientiar. 4maj. (VIII und 108 S. mit 3 Kpfrt.) Pragae 848, libr. Kronberger. *

Kolenati, Dr. F. A. — Lehrbuch der Zoologie und Botanik für Unterrealschulen. I. Heft. Zoologie 8. (S. 1—128.) Ungeheftet. Brünn. Druck und Verlag von Karl Winiker. 1855.)

Kolenati, Frid. A., meletemata entomologica fasc. I. Et. s. tit.: Insecta Caucasi cum distributione geographica. gr. 8. (6 B. u. 2 col. Taf.) Petropoli 845. (Leipzig, Voss.) **

—— id. Fasc. II. Et. s. t.: Hemiptera Caucasi. Tesseratomidae monographice dispositae. gr. 8. (8¾ B. u. 9 Taf. Abbild., wov. 5 ill.) Ibid. 845. **

—— id. Fasc. III. Et. s. t.: Brachelyta Caucasi cum distributione geograph., adnexis Pselaphinis, Scydmaenis, Notoxidibus et Xylophagis. Lex.-8. (3⅛ B. u. 3 ill. Taf.) Ibid. 846. **

—— id. Fasc. IV. Et. s. t.: Hemiptera Caucasi. Pentatomidae monographice dispositae. Lex.-8. (5 B. u. 2 ill. Taf.) Ibid. 846. **

— ead. Fasc. III., IV. Et. s. tit.: Brachelytra Caucasi cum distributione geograph. adnexis Pselaphinis etc. Mit 5 Taf. 8maj. ibid. 847. baar 3 ₰

—— id. Fasc. V. Et. s. t.: Insecta Caucasi. Coleoptera, Dermaptera, Lepidoptera, Neuroptera, Mutillidae, Aphaniptera, Anoplura. Lex.-8. (11¼ B. u. 3 ill. Taf.) Ibid. 846. **

Kolenati, Friedr. A., Meletemata entomologica Hemipterorum Heteropterorum Caucasi. Harpagocorisiae, monographice dispositae. Fasc. VI. gr. 8. (84 S. mit chromolithogr. Taf.) Moskau 857. Brünn, [Nitsch.] Thlr. * *

— meletemata entomologica. Fasc. VII. Homoptera stridulantia Caucasi etc. adnexis nonnullis Arachnididus. Acced. tabulae II. (lith. u. in Farbendr.) Ebend. 857. (Ebend.) 8. (1 Bl., 46 S.) nn. 1 ₰.

Kolenati, Fried. A. — Die Mineralien Mährens und österreichisch Schlesiens, deren Fundorte und ökonomisch-technische Verwendung. Ein Hilfsbuch für Mineralogen, Oekonomen, Hütten- und Gewerbsmänner, so wie für die vaterländischen polytechnischen-, Gymnasial-, Real-, Gewerbs-, Land- und forstwirthschaftlichen Lehranstalten von — —. 8. (VII, 124 S.) Prag. Druck der k. k. Hofbuchdruckerei von Gottlieb Haase Söhne. 1854. Brünn. Verlag von Buschak und Irrgang.

— die Parasiten der Chiroptern. Nebst 4 Taf. lith. Zeichnungen. Dresden 857. Kuntze. 4. (51 S.) n. 1 ₰. 10 ngr.

— Zwei neue ostindische Philopteriden (mit 1 Taf.). S. 29. 247 . . . . vgr.
Separatabdruck

— zwei neue österreichische Poduriden. (Aus d. Sitzungsberichten d. k. Akad. d. W.) Wien 858. (Gerold.) gr. 8. (11 S. u. 2 lith. Taf.) n. 6 ngr.

— Reiseerinnerungen. 2 Thle. Dresden 858. Kuntze. gr. 8. n. 2 ₰. 15 ngr.
1. Thl.: Die Bereisung Hocharmeniens u. Elisabethopols, der Schekinschen Provinz u. des Kasbek im Central-Kaukasus. Mit 10 Holzschn. (im Text.) (2 Bl., 289 S.) n. 1 ₰. 20 ngr.
2. Thl.: Die Bereisung Circassiens. Mit 16 Holzschn. (im Text.) (4 Bl., 119 S.) n. 25 ngr.

Kolenati, F. A., Prof. Reiseerinnerungen. 1. Th. Die Bereisung Hocharmeniens und Elisabethopols, der Schekinschen Provinz und des Kasbek im Central-Kaukasus. Mit 10 Holzschn. 2. Th. Die Bereisung Circassiens. Mit 16 Holzschnitten. (2 Bde.) 8. Dresden 1858—1859.

Kolenati, Friedrich A.: Versuch einer systematischen Anordnung der in Grusien einheimischen Reben nebst einem oekonomisch-technischen Anhange. Aus: Bulletin de la Soc. Imp. des naturalistes de Moscou. Année 1846, T.19, P. 1.

Kolenati, Friedr. A., Zoologie für Lehrende und Lernende, faßlich nach dem gegenwärt. Standpunkte der Wissenschaft bearb. gr. 8. (268 S.) Brünn 855, Winiker. *

Kolendić Peter: Marin Držićs und Mavro Vetranovićs Gedichte.
H. 1908 PN 2495 Diss. Wien, Univ.

KOLENEC, Franz: Über einige leukokrate Gang-Gesteine vom Monzoni und Predazzo. — 1908. S. 161—212, 1 Taf. Diss. Graz, Univ.

Kolenew, Alexandre, de Samara (Russie): Recherches sur l'influence des groupes méthylés sur les propriétés tinctoriales de quelques colorants basiques de la série de la rosaniline. Fribourg 1908. 92 + 1 S. und drei Tafeln. 8°.
Freiburg i. Schw. Math.-naturw. Diss. 1907/08.

[S.] Feier des 25 jähr. Gedenktages der Schlacht von Pouprу beim Leib-Kürassier-Regiment Grosser Kurfürst (Schles.) No. 1. Ansprache, beim Feldgottesdienst am 2. Dez. 1895 geh. v. [Ad.] Kolepke, Kgl. Divisionspf. in Breslau. *Breslau: C. Runde* (aufgest.: *Hirt*) *1895.* (8 S.) 1 Bd 8.

Köler, s. Köhler.

Koeler, David [Praes.], s. Lotz, Stephan: De livia Augusta.

Koeler, Friedr., Sammlung spanischer Sprüchwörter, s. Sammlung.

Köler, Fridericus Christianus: De iis, quae de Amazonum Asiaticarum sive Scythicarum historia, omnibus fabulis segregatis dubiisque solutis, sint statuenda.
Halle-Wittenberg, Phil. Diss. v. 16. Jan. 1819
Geb. [Detmold 31.3.1788]
Ms. fehlt.

Köler, Friedrich Konrad

— Predigt am 3n Reformationsfeste 1817. gr. 8. Hannov. 818. Hahn. 3 gr

Köler, Fr., (F. Konr. Theoph.), zu meiner Gemeinde gesprochen am 2n Adventsonntage d. Jahres 1813. 8. Hannov. 814. Hahn. 4 gr

Köler, F., Predigten. 8. Hannov. Hahn. 801.

Koeler, Friedr. Conr., Predigten. Aus d. schriftl. Nachlasse d. Verewigten hrsg. v. Arnold Hölty. gr. 8. (18 B.) Lüneburg 841, Herold u. Wahlstab. Thlr.

Koeler, Friedr. Ludw. Andr., dem Andenken an e. hochverdienten Mann, d. weil. Abt Ludewig zu Loccum, auch Vicedirektor d. Kgl. Consistorii zu Hannover, D. Hoppenstedt, gewidmet. (Ein Gedicht.) gr. 4. (1 B.) Hannover 830, Hahn.

— Diss. inaug. de odore per cutem in statu sano et morboso. 4. Götting. 794.

— christl. Trost- u. Stärkungsbüchlein, s. F. L. Polstorf.

—— der Untergang d. Engl. Transport-Schiffes The Salisbury in d. Nordsee am 11. Nov. 1807. Ein Gemälde aus d. Feldzügen d. Kgl.-Deutschen Legion. (Gedicht.) gr. 8. (3¼ B.) Hannover 834. (Hahn.)

— Versuch e. Beantwortung d. Preisfr.: warum sind jetzt die Brüche bei der Jugend in den Dörfern viel gemeiner als sonst, u. wodurch können sie verhütet werden? 8. Celle 797. Schulze. 6 gr

—— bewährte Vorschrift wider d. Furcht vor d. Cholera. (Gedicht.) 4. (1 B.) Celle 831, (Schulze.)

Köler, Georg David

— die Republik Athen; etwas zur Parallele d. alten u. neuen Staatskunst; skizzirt. gr. 8. Berl. 794. (Leipz., Steinacker). 8 gr engl. Drckp. 10 gr

Köler, Georg David, s. Auszüge aus allen latein. Dichtern.

— Einleitung in die griech. Sprache. 8. Götting. 785. Dieterich. 5 gr

Köler, Geo. Dav., († d. 19. März 1818.) allgemeine Geographie d. Alten. 1r Thl. gr. 8. Lemgo 803. Meyer. 1 Thlr 20 gr

— Ideen zu e. allgem. literär. Redaction d. noch vorhand. u. bekannten schriftl. u. archäolog. Denkmäler d. Alterthums, e. Schulschrift. 8. Lemgo 798.

Koeler, Georg David (Göttingen), De antiquae Graecae poeseos indole nunc quidem universe pars I. Götting. (Jo. Chr. Dieterich) 28. VI. 1783. 46 S. (6.—) 18914

Koeleri, G. D., Litterae criticae in Varronem de ling. lat. ad Heyne. Duisb. 790. 8. 5 gr.

— criticae in Varonem de lingua latina ad virum celeberr. Chr. G. Heyne. 8. Essen 790. Bädeker. 2 gr

— über d. Polizei u. äußere Einrichtung der Gymnasien rc. gr. 8. Duisb. 789. Bädeker. 4 gr

— de vera linguam latinam docendi ratione. 8. Lemgo 784.

— Sammlung auserlesener Poesien, s. Sammlung.

Kölers, G. D., Sammlung ausgewählter Poësieen aus den alten Dichtern für Gymnas. u. Akademieen. (Enth. Catull's Epithalam. Pelei et Thetidos). Lemgo 788. Thl. I. 8. 20 gr.

— s. Senecae natural. quaest. libri VII.

— s. Simonidis: Carmen.

— s. Stücke aus d. Dichtern d. Römer.

Kooler, G. D., Ausgewählte Stücke aus den dramatischen Dichtern der Römer, dem Plautus, Terenz, Seneca u. a. nebst einer Abhandlung über das Theaterwesen der Alten. Stend. 794. 8. 1 rthl. 12 gr. (Hier finden sich die Captivi ganz.)

— Tabellen zu Erlernung d. latein. Sprache, f. Anfänger. Fol. Götting. 782. Dieterich. 2 gr

— s. Tressan, v.: Fabellehre.

— M. G. D. (Rector), Vergleichung der alten und neuen Redekunst und von dem Nutzen öffentlicher Redeübungen. — Bey Einladung zu der öffentlichen Prüfung aller Klassen des Gymnasiums zu Detmold auf d. 3. u. 4. Oct. u. zu der den 5. anzustellenden Redeübung. Lemgo (Meyer) 1785. 22 S. mit Namen. (4.50) 18915

— Vergleichung d. alten u. neuen Redekunst, von dem Nutzen d. öffentlichen Redeübungen. gr. 8. Lemgo 786. Meyer. 1 gr

Köler, Georg Ludwig

— Descriptio graminum in Gallia et Germania tam sponte nascentium quam hum. industria proven. gr. 16. Frankf. a. M. 802. (Boselli). 1 Thlr 8 gr Schrbp. 1 Thlr 14 gr

Georg Ludwig Koeler

Experimenta circa regenerationem ossium. Auctore Georg[ius] Ludov[icus] Koeler. Goettingae 1786: Dieterich. 105 S. 8°

Koeler, Geo. Ldw., experimenta circa regenerationem ossium. Cum III tabb. aen. 8maj. Götting. 786. Dieterich. 6 ℛ

— lettres à M. Venténat, sur les boutons et ramifications des plantes etc. Avec 1 tab. 4. Mainz 806. (Tourneisen à Cassel). 8 ℛ

Koeler, Herm., einige Beobachtungen über die Temperatur der See-Oberfläche im nord-atlant. Meere. gr. 8. (VI und 81 S.) Göttingen 849, Dieterichsche Buchh. *

Koeler, Herm., einige Notizen über Bonny an der Küste von Guinea, seine Sprache und seine Bewohner. Mit einem Glossarium. gr. 8. (IV und 182 S.) Göttingen 848, (Dieterichsche Buchh.) Thlr. *

Köler, Jo. Dav., s. a. Köhler.

Koeler, Joh. **Dav.** Dissertatio de actis et fatis Gebbardi Truchsessii, archiepiscopi et electoris Coloniensis. 4. Altorfii 1745.

Koeler, Jo. Dav. Dissertatio de Ardoino, marchione Eporediae, electo post imperatorem Ottonem III. et ab Henrico II. profligato rege Italiae. 4. Altorf 1730.

Koeler, Joh. David [Praes.], s. B a l b a c h v. Gastel, Johann Friedrich: Fata ducatus Alemanniae et Sueviae ex antiquis historiae Germanicae monumentis breviter exposita.

Koeler, Johann David [Praes.], s. B a u m a n n, Johann Friedrich: Voluntarium imperii consortium inter Fridericum Austriacum et Ludovicum Bavarum Augg. ex pacto de anno 1325 adstructum.

Descriptio orbis antiqui in XLIV. Tabulis exhibita a Jo. Davide Koelero. Hist. et Polit. P. P. Altdorfino studio atque opera Homannorium Heredum Norimbergae et Christophori Weigelii Norimberga 1724. 44 Bl.

Koeler, Johann David [Praes.], s. D i e t e r i c h, Elia Gottlieb: De actis et fatis Gebhardi Truchsessii archiepiscopi et electoris Coloniensis infausti mariti.

Koeler, Johann David [Praes.], s. D r u m e l, Johann Heinrich: Imperatores Romanos Germanicos ante imperatorem Carolum M.

Köler, J. D., Praes., W. C. W. de Feilitzsch, Def., Dissertatio de ducibus Meraniae ex comitibus de Andechs ortis. Cum 2 figuris aeneis et tab. geneal. Altorfi 1729. 4. — 1734. 8.

Köler, J. D., Hochverdiente Ehrenrettung J. von Guttenbergs, eingebohrnen Bürgers in Mainz aus dem alten Rheinländischen Adelsgeschlechte derer von Sorgenloch, genannt Gensfleisch. Mit Kpfr. Leipzig 1741. 4.

Koeler, Johann David [Praes.], s. E n d t e r, Johann Martin: De Ardoino marchione Eporediae electo post imp. Ottonem III. et ab Henrico I. Aug. profligato rege Italiae.

Koeler, Joh. Dav. Commentatio historica de Entio, s. Henrico, Friderici II., imperatoris notho, rege Sardiniae, S. J. R. per Italiam vicario et admiralio. 4. Gottingae 1757.

Koeler, Johann David [Praes.], s. E s s e n, August Franz: De ducis et principis electoris Saxoniae S. R. I. archimareschalli singularibus et eximiis functionibus in solenni panegyri electionis et et coronationis Caesareae.

Koeler, Johann David [Praes.], s. F a b e r, Abraham Gottfried: Familia Augusta Lucemburgensis ex monumentis fide dignis demonstrata in disputatione circulari.

Koeler, Johann David [Praes.], s. F a b r i c i u s, Samuel: De Carolo Bellicoso ultimo Burgundiae duce.

— — De fide et autoritate monachi Weingartensis in generis Welfici Augustissimi vetustate et dignitate. Prolusio academ. Götting. (Abraham Vandenhoeck) 23. X. 1735. 32 S. (4.—) 18920

Koeler, Johann David [Praes.], s. F i n c k l e r, Georg Ernst: Sacra et illustris sodalitas B. Mariae virginis in monte ad Vetus Brandenburgum.

Koeler, Joh. Dav. Dissertatio de Friderico V., comite Palatino, Rheni et electore regnum Bohemiae affectante. 4. Altorfi 1716.

Koeler, Johann David [Praes.], s. F r o b e n i u s, Georg Ludwig Wilhelm: De Pribezlao sive Henrico rege Brandenburgico.

Köler, J. D., Praes., Wölker, G. F., Resp., Genealogiae familiae Staufensis. Cum tabula geneal. Altorfi 1721. 4. — Altorfi 1727. 4. — Altorfi 1733. 4.

Koeler, Joh. Dav. Genealogia familiae augustae Stauffensis. 4. Altorfi 1741.

Koeler, Johann David [Praes.], s. G o e t s c h, Justin: De prima pace religiosa Norimbergensi.

Koeler, Johann David [Praes.], s. G r ü n e n b e r g, Otto Friedrich: Ex historia ecclesiastica de Nicolao Drabicio neopropheta in Hungaria delirante et turbulento.

Koeler, Johann David [Praes.], s. H i r s c h, Karl Christian: Veterum recentiorumque Germanorum scholas solitas et solidas pro exercitio academico in disput. circulari.

— — Praelectionem quinquagesimam historiae pragmaticae regni imperiique Romano-Teutonici . . . Praemissa historia coarctata archicancellariatus S. R. I. per Italiam post interregnum magnum Germaniae continuati usque ad imp. Carolum V. atque ex authenticis documentis hactenus ineditis comprobata. Götting. (Hager) 1753. 16 S. (4.—) 18921

Köler, J. D., Historia geneal. dominorum et comitum de Wolfstein, lib. bar. in Sulzburgo super. et Pyrbaum. 2 prts. Cum multis figuris aeneis et tabulis geneal. Francofurti 1726. 4. — Francofurti 1728. 4. Auch abgedruckt in: Fränkische Acta erudita et curiosa. 3. Sammlg. Nürnberg 1726. S. 152—159.

Koeler, Johann David [Praes.], s. H u m b r a c h t, Reinhart Friedrich: Fridericus V. comes Palatinus Rheni et elector affectans regnum Bohemiae.

Koeler, Johann David [Praes.], s. K o b e r , Augustin: Specimen archaeologiae Romanae.

Koeler, Johann David [Praes.], s. K r a u s , Lorenz Jakob: Stemmatographia Augusta Saxonica, ex idoneis monumentis collecta.

Koeler, Joh. Dav. Dissertatio historico-critica de imperiali sacra lancea non inter reliqvias imperii sed clinodia referenda cvm problemate de novo S. R. I. officio archi-lanciferatv, qvam svb moderamine ... Iohannis Davidis Koeleri ... D. Decembr. A. CIↃIↃCCXXXI [1731] pvblice solenniterqve ventilabit avctor Wolfgangvs Albertvs Spies ... Altorfii, Literis Magni Danielis Meyeri.
36 S.: 2 Taf. in Kupferst. 8°.

Koeler, Johann David [Praes.], s. P e l l e r von Schoppershof, Jo. Christoph: Specimen II controversiarum in histor. Germanica occurentium de origine Baioariorum a Boiis.

Koeler, Johann David [Praes.], s. P r e e n , Joachim Dietrich von: De origine et incrementis jurium et privilegiorum nobilitatis Mecklenburgicae.

Koeler, Joh. Dav. Dissertatio de rege Marcomannorum Marbodo, Tiberii artibus circumvento. 4. Altorfi 1711. – 4. Suobaci 1742.

— Jo. David, Prolusio de Scaldis sive poetis gentium Arctoarum vetustissimis. Altdorf 1724. Neudruck: 1735. 16 S. (5.—) 18919

Koeler, Johann David [Praes.], s. S c h e u m a e d e r , Ambrosius: Modus examinandi definitionem.

Koeler, Johann David [Praes.], s. S c h e u m a e d e r , Ambrosius: Philosophia Marci Aur. Antonini Aug. in theoria et praxi.

Koeler, Johann David [Praes.], s. S c h e u r l von Defersdorf, Jo. Karl: De donatione Mathildina pontifici R. facta.

Koeler, Joh. Dav., Specimen I. controversiarum in historia Germanica occurentium de origine Germanorum ab Ascenazo. Resp. J. Peyero de Flaach. Altdorfi 1719. 4. (D.)

Koeler, Johann David [Praes.], s. S p o e r l , Johann Konrad. Eximius in medio aevo philosophus Gerbertus ... postea Romanus pontifex Sylvester II. iniuriis tam veterum quam recentiorum scriptorum dissertatione inaugurali philosophica ... liberatur.

Koeler, Johann David [Praes.], s. S t o y , Friedrich Paul: Commentatio de bibliotheca Caroli M. imperatoris Aug. gloriosissimi ad Eginharti de vita eiusdem cap. XXXIII.

Koeler, Johann David [Praes.], s. S t r o b e l , Johann Adam: An Manethonis pastores invasores Aegypti fuerint Israelitae.

Koeler, Johann David [Praes.], s. T e x t o r , Johann Wolfgang: Familia Theodosii magni cum probationibus.

Koeler, Joh. Dav. Disquisitio de libro inclyto poetico Theuerdanck. 4. Altorfi 1714. — 4. ib. 1719.

Koeler, Johann David [Praes.], s. T i t z , Heinrich Gottlieb: De inclyto libro poetico Theuerdanck.

Koeler, Johann David [Praes.], s. W o e l k e r , Georg Friedrich: Genealogia familiae augustae Stauffensis, ex diplomatibus et optimis scriptoribus asserta et correcta.

Koeler, Johann David [Praes.], s. W u l f e r , Georg Friedrich: Dissertatio altera de Carolo bellicoso ultimo Burgundiae duce.

Köler, Johann Michael Ludwig: Erasmi l i b e l l u s de civilitate morum. Dresden 1781. 8°

Köler, Jh. Mich. Ldw., († d. 14. Jan. 1811.) Sittenbüchlein, der Jugend gewidmet. 8. Dresd. 783.

Köler, Jh. Tob., s. Kohler.

— M. Johann Tob., Entius sive Henricus Friderici II. imperatoris nothus rex Sardiniae, S. R. I. per Italiam vicarius et admiralius. Comment. histor. Götting. (Pockwitz & Barmeier) 1757. 136 Seiten. (8.—) 18922

Jo. Tob. K o e l e r vollständige Nachricht von Pabst Johann XXI, welcher unter dem Namen Petrus Hispanus als ein Arzt u. Weltweiser berühmt ist. Gotting. 1760. 4.

Koeler, Johann Tobias [Praes.], s. S c h r a d e r , August Ludwig: Observationes historico-criticas de triscamerario imperatoris.

J. Tob. K o e l e r diss. epistolica: primus inter Germanos artis salutaris peritia celebris Wintarus, Caroli M. Francorum regis medicus, illustratus. Gotting. 1757. 4.

Köler, Julius Friedrich: D e n k s c h r i f t ..., s. K a l k m a n n , Louis Friedrich

Köler, Karl, s. Jubilar-Album der Univers. Erlangen.

Koeler, Karl, die Terrainlehre unter taktischem u. strategischem Gesichtspunkte. Berlin 865. Mittler & Sohn. gr. 8. (XV, 208 S.) 1 ag 7½ ngr.

Kolerische, der; s. Cumberland.

— der,. Lstsp. in 5 Aufz. n. d. Engl. 8. Wien, Wallishäußer.

Kolerische, der,. Lstsp. gr. 8. Mannh. Schwan. 785.

K o l e r t, R. Zur Geschichte des Bieres. Halle 1896. 32 S. 8°. Mk. 1. –.

Kolesch, Karl [aus Neustadt a/Orla]: Über Eocidaris Keyserlingi Gein .... Jena, Gustav Fischer, 1887; 2 Bl. + 27 S. u. 1 Taf. 8°.
Jena, Phil. Fak., Inaug.-Diss. v. 1887.

K o l e s c h , K a r l , über Escidaris Keyserlingi Gein. Diss. Jena 1887, G. Neuenhahn. 8°. 27 S. mit einer Taf.

Kolesch (Carl), Ueber *Eocidaris Keyserlingi Gein.* (Sonder-Abdr. Jena'ische Zeitschrift f. Naturw., Bd. 20.) Jena 1887. 8.

Kolesch, Karl, über die Grenze zwischen unterem u. mittlerem Buntsandstein in Ost-Thüringen. (S. 589—603 m. 1 Taf.) Lex. 8. Berlin (N. 4, Invalidenstr. 44) 908. Vertriebsstelle der kgl. geolog. Landesanstalt. nn — 50
Sonderabdr. a.: „Jahrb. d. kgl. preuss. geol. Landesanst."

Kolesch, Karl: Die Leuchtenburgstörung und ihre südöstliche Fortsetzung. Jena (1910): Neuenhahn. S. 1—12. 4°
Jena, G Carolo-Alexandrinum OP 1910 (920) [S 10. 231

Koeleseri, Sam., Auraria Romano-Dalcca. 8maj. Posoni ... Edit. II. edid. Jh. Seiverti. 8maj. ibid. 780.

Kolessa Alexander: Bohdan Zaleskis Poesien im Verhältnis zu den ukrainischen Volksliedern. Diss.Wien, Univ.
D: Selbstverlag, 1894.
1894 PN 837

Kölesy, Vinc., Versuch ein. Instruktion f. Herrschafts-Beamte. gr. 8. (20 B.) Tirnau 840, Wachter.

Koletta, Alexis, das schöne Mädchen von Samos oder die Schreckensnächte in den Gefängnissen der sieben Thürme zu Constantinopel. Historischer Roman aus den Zeiten des griech. Befreiungskrieges. 2 Bde. gr. 8. (810 S.) Berlin 864, Nelte, Böltje und Comp.

Kolozvár, s.: Klausenburg.

Kolfhaus, Otto, Lobbericensis: Plutarchi de communibus notitiis librum genuinum esse demonstratur. Marpurgi Cattorum 1907: H. Bauer. (60 S.) 8°
Marburg, Phil. Fak., Ref. Kalbfleisch, Diss. v. 25. Nov. 1907
[Geb. 23. Jan. 84 Lobberich (Rheinland); Wohnort: Lobberich; Staatsangeh.: Preußen; Vorbildung: Progymn. u. Gymn. Crefeld Reife O. 02; Studium: Marburg 3, Königsberg 1, Tübingen 1, Marburg 4 S.; Rig. 31. Juli 07.]

Kolfhaus, Wilhelm

—— Calvins Bedeutung f. unsere Zeit. Vortrag, geh. in Barmen am Reformationsfest den 6. XI. 1898. gr. 8. (22 S.) Elberfeld 898. Verlag d. Reform. Schriftenverein. — 15

Kolfhaus, W., s.: Calvinstudien.

Kolfhaus, Wilhelm: Eintritts-Predigt des Pastors Wilhelm Kolfhaus vor der reform. Gemeinde in Elberfeld, geh. am 26. Jan. 1902.
Elberfeld: Reform. Schriftenver. 1902. 12 S. 8°

— Wiedergeburt u. Bekehrung. Konferenz-Vortrag. gr. 8. (16 S.) Neukirchen 901. Buchh. des Erziehungsvereins. n. — 20

Kölgen, Frz., praktisches Hülfsbuch für angehende Techniker, Bau- u. Forstbeamte; Poliere, Gewerbsleute rc. Eine Sammlung der meisten u. im prakt. Leben am häufigsten vorkommenden Berechnungen im techn. Fache; überhaupt für Jedermann leicht verständlich verfaßt. Pesth 853. Heckenast. 16. (IV, 220 S.) 18 ngr

Kölgen, Frz., praktisches Hülfsbuch für angehende Techniker, Bau- und Forstbeamte, Poliere, Gewerbsleute u. s. w. Eine Sammlung der im praktischen Leben am häufigsten vorkommenden Berechnungen im technischen Fache; überhaupt für Jedermann leicht verständlich verfaßt. 2. mit einem Anhang verm. Aufl.: Anweisung zur Bereitung der Mörtel, Cemente, Kitte, Beitzen u. Anstriche. Pest 859. Heckenast. 16. (IV, 224 S. m. Holzschn.) n. 20 ngr

Kölges, Benedikt

Kölges, B., Anleitung z. Concentration d. Weine u. d. Weintraubenmostes durch e. einfache, naturgemäße u. rein mechan. Behandlung. qu. gr. 8. Mainz 839, (Kupferberg.) Versiegelt. *

Kölges, Benedikt: Bibliothek der gesammten Weinbau-, Weinbereitungs- und Weinerziehungskunde, erläutert durch die bewährtesten Grundsätze der vegetabilisch-organischen Chemie. Ein önologisches Real-Wörterbuch, bearbeitet für Weinbauer, Weinerzieher, Weinhändler etc. und als Leitfaden für Alle, welche sich sowohl dem praktischen als auch dem naturwissenschaftlichen Studium der gesammten Weinbaukunde zu widmen streben. Frankfurt a. M.: Sauerländer 1848. 766 S. -- 17.43*. Frei 100*. Gei 1. Rüd. *

Kölges, B[enedikt]: Vollständiges Handbuch der deutschen Weincultur und Weinausbildung vom Samen der Weinbeere an bis zur Essigsäurebildung des Weines. Bd 1.2. Frankfurt a. M.: Andreä 1837. -- 12.14.21.36.43.121*. Frei 100*
1. Der Weinbau. XXIV, 632 S., 2 Taf. 2. Die Mostbereitung. XVI, 304 S.

— vollständ. Handb. d. deutschen Weincultur u. Weinausbildung v. Samen d. Weinbeere an bis z. Essigsäurebildung d. Weins. Geordnet z. Selbstunterrichte f. angehende Rebpflanzer, wie auch f. prakt. Weinbauer, Weinbauforscher u. Weinerzieher. gr. 8. 1. Bd. D. Weinbau. (Mit 1 Steintaf.) 2. Bd. D. Mostbereitung. Mit 1 Abb. Frankfurt, 1837. (Speyer, Lang.) (3⅓. —) 1. 20

Kölges, B.: „Ist der Wucher ein Produkt der Handelsfreiheit? Und welche Maassregeln sind wohl die wirksamsten, um den noch fortbestehenden Fruchtwucher gänzlich zu lähmen? Aus strafrechtlichen Grundsätzen erläutert", Mainz 1817. — Vorh.: Com. Bibl. Hamburg.

Kölges, B., Ist der Wucher ein Product der Handelsfreiheit und welche Massregeln sind wohl die wirksamsten, um den Fruchtwucher zu lähmen? gr. 8°. Frankfurt a. M., Guilhaumann, 1818.

—— deutsche landwirthschaftl. Nationalschrift f. Weinbau, Weinbereitung u. Weinerziehung. 1. Jahrg. 1839. 24 Nrn. (½ Bog.) gr. 8. (Mainz, Kupferberg.) *

Kölges, B[enedikt]: Oenochemie, oder Lehre von der Weinbereitung und Weinerziehung nach rationellen Grundsätzen; zunächst für Weingutsbesitzer, Weinguts-verwalter, Weinerzieher, Weinhändler und Weinspeculanten, so wie auch für Weinküfer, Weinkellermeister, Kelleraufseher, Kellergehülfen, Weincomptoiristen, Weinreisende und überhaupt für alle Zöglinge in der Weinbaukunde. Nebst: 1 Abb. u. 2 Tab. Berlin: Amelang 1841. XII, 227 S. -- 12.21.36.121*. Frei 100. GGW*

—— Oenologie, od. d. Lehre v. prakt. Weinbau; nach d. neuesten Ansichten u. Erfahrungen d. vorzügl. Oenologen Deutschlands. Bearb. z. Selbstunterr. f. Weinpflanzer, sowohl in Gärten als auch in Ebenen, auf Hügeln u. in Gebirgen. Eine vollständ. Bildungsschule f. Weinbergsarbeiter u. f. die erwachsene, der Weinkultur sich widmende Jugend. gr. 8. (20½ B., 2 schw. u. 2 col. Kpfrt.) Berlin 841, Amelang.

Kölges, C.: Auszug eines Plans zur Organisation einer Weinbauschule. 1841. 32 S. -- [Zit. nach Bibliotheca oenologica, Nachtr. 4]

Kölges, C.: Der jetzige Stand der Weinbaukunde. 1841. 20 S. -- [Zit. nach Bibliotheca oenologica, Nachtr. 4.]

Kölges, C.: Wann ist die relative Zeit der Traubenlese, wann ist die Quantität des vollkommen reifen Produktes der durch Edelfäule erhöhten Qualität in ökonomischer Beziehung vorzuziehen? 1841. 24 S. [Zit. nach Bibliotheca oenologica, Nachtr. 4]

Kolhanig, Rud., Geschichte d. Orte d. südl. Steinfeldes u. d. Neuen Welt sow. d. angrenz. Berglandes. I. Fischau am Steinfelde. gr. 8. (39 S. m. 1 Taf.) Wr. Neustadt 898. A. Folk. n. 1. —

Kolhardt, Paul (Stolp / Pom.), De charta signata, vulgò Stempel=Papier. Exercit. jur. publ.-priv. Präs. Friedrich Jacob Barthold. Frankfurt a. O. (Christoph Zeitler) 3. V. 1690. 94 S. (8.—) 19115
Gew.: Paul v. Fuchs (Malchau). — Widm. v.: Präs. (dtsch.), Joh. Joach. Roeber, Heinrich Bartsch (Preussen), Christoph Heilsberger (Königsberg / Pr.; dtsch.), Jochim Friedrich v. Schmeling (Pomm. Adel; dtsch.).

— — Dasselbe. Lpz. (Andreas Martin Schede) 1718. 93 S. ohne Widm. (8.—) 19116

— — Dasselbe. Wittenbg. u. Leipzig (Ephraim Gottlob Eichsfeld) 1743. 94 S. (7.50) 19117

Kolhsmission, die deutsche. 1. und 2. Aufl. 8. (16 S.) Berlin 873, Buchh. des Missions- und Frauen-Kranken-Vereins. *

Koliades, C., Ulysse-Homère, ou du véritable auteur de l'Iliade et de l'Odyssee. gr. in. Fol. mit 25 Steint. u. Karten. Paris 829. (Leipz., Weigel). Velinp. 9 ℛ 8 gℊ

Kolibri, der, eine Unterhaltungsschrift. Herausg. v. K. Müchler u. Schinck. 2 Bde. 8. Berl. 817. Rücker. 2 ℛ

Kolibri-Kalender für die J. 1864—68. 1.—5. Jahrg. 128. à Jahrg. 32 S.) Prag, Silber und Schenk. à Jahrg

Kolibri-Kalender für die J. 1869—1875. 6.—12. Jahrg. 128. (32 S.) Prag, Silber und Schenk. à Jahrg. * In Metallbd. *

— für 1876. 128. (28.S.) Prag, Otto. *
Fortsetzung, s. Perl-Kalender.

Kolibri-Kalender für die J. 1876—1880. 13.—17. Jahrg. 128. (à Jahrg. ca. 32—35 S.) Prag, Silber und Schenk. à Jahrg.

Kolibri-Kalender f. d. J. 1877. 14. Jahrg. 128. (32 S.) 873. Buchh. d. Goßner'schen Mission. n. — 10
Prag, Silber & Schenk. n. — 40; geb. in Calico n. — 72; in Metalldecken n. — 72

Koelichen, Andreas (Liegnitz/Schles.), De abscessu et furunculo. Diss. med. Präs. Georg Ernst Stahl. Halle (Chr. Henckel) April 1701. 24. S. (6.—) 18923

Koelichen, H. v., Einige Gedanken über das Dismembriren der Bauergüter und über Vermehrung des Proletariats auf dem Lande. gr. 8°. Breslau (Gosohorsky) 1856. (19 S.)

Kölichen, J. C. v., Beschr. d. ganz. Erdkreises. 2 Thle. 8. Breslau, Seibel. 736.

Koelichen, Karl, aus Warschau: Die chemische **Dynamik** der Acetonkondensation. Mit 3 Fig. im Text. *Leipzig: W. Engelmann 1900.* (53 S.) 8° ¶ (Aus: Zeitschrift f. physikal. Chemie, Bd 33, H 2)
Leipzig, Phil Diss. v [8 Apr] 1900

W. S. Kolin 1757. Prag I. d. St. R. 95.
Progr.

Kolin, Georg (Hrsg.), s. Z e i t s c h r i f t der Gesellschaft f. Erdkunde zu Berlin.

[Kolin, Carl Caspar] Versuch der zugerischen Jugend die Thaten ihrer allgemeinen und besondern Vorväter aus dem alten und mitlern Zeitalter... bekannt zu machen. Ihr zum Neujahrsgeschenk gewiedmet 1785 und 1786. Stück 1 und 2. 8. Zug [1786].

Kolinovics, v. Kollinovics.

Kolinsky, Karl, das Wesen der asiatischen Cholera. Theoretisch u. praktisch erläutert. gr. 8. (48 S.) Stanislau 849. (Leipzig, Hermann) ⅔ ℛ

Kolisch (H.). Das Wichtigste aus dem Ergebnis der Bibelrevision. Zur prakt. Verwertg. besonders im Schul- u. Konfirmanden-Unterricht. 8. (49 S.) Merseb. 892, Stollberg. * — 70

Kolisch, Alexander: De Sophoclis anno et natali et fatali Halis Saxonum 1878: o. Dr. 28 S. 8°
Halle-Wittenberg, Phil. Diss. v. [29. März] 1878
Geb [Polkwitz (Kr. Glogau)] 3. 11. 1851. V.

Kolisch, Alex Die Kudrundichtung nach Wilmann's Kritik. 22 S. **Progr.** St. Rg. *Stettin* 1879.

Kolisch, Alex., der Prometheus d. Aeschylus nur zu verstehen aus der Eigenthümlichkeit seiner Entstehungsweise. gr. 8. (VII, 79 S.) Berlin 876. (Mayer & Müller.) 1. 50

Kolisch Friedrich: Lessings Hamburgische Dramaturgie und Sonnenfels' Briefe über die Wienerische Schaubühne.
H. 1910 PN 2864 **Diss.** Wien, Univ.

Kolisch, Ludw., portugies. Lesebuch. 1. Tl. (144 S.) gr. 8. Wien 909. Österreich. Handelsmuseum. 1. 50

Portugiesisches Lesebuch hrsg von Ludwig **Kolisch** T. 1. Wien: Export-Akad d k k. Handelsmuseums 1909. 8°
(Publikationen d Export-Akademie d k k österr Handelsmuseums) (09. 12304 7

Kolisch, Otto

Kolisch, O., das Einkommensteuergesetz vom 24. Juni 1891 f. die preußische Monarchie. Zum prakt. Gebrauch f. alle Steuerpflichtigen, f. die Gemeinde- u. Gutsvorstände, sowie f. alle m. der Veranlagg. u. Erhebg. der Steuer betrauten Behörden. 8. (XVI, 146 S.) Glogau 891. C. Flemming. Geb. in Leinw. 1. 50

Kolisch, Erläuterungen zu d. neuen preuss. Stempelsteuergesetz. Fol. (5 S.) Berlin 897. J. Springer. n. n. — 30
Sonderabdruck aus: „Pharmaceut. Zeitung".

Kolisch, preuß. Gerichtskostengesetz u. die Gebührenordng. f. Notare v. 25. Juni 1895. Textausg. m. Anmerkgn. gr. 8. (XI, 418 S.) Hannover 895. Helwing. n. 6. —

— d. Gewerbeordnung f. d. Deutsche Reich m. d. Ausführungsbestimmgn. 1. Bd.: §§ 1 bis 104 n. gr. 8. (VIII, 702 S.) Ebd. 898. n. 20. —; geb. n. 22. —

— die Gewerbeordnung f. das Deutsche Reich m. den Ausführungsbestimmungen. 2. Bd.: §§ 105 bis Schluß. gr. 8. (IV, 773 S.) Hannover 900. Helwing. n. 10. —; geb. n. 12. —; (kplt. n. 30. —; geb. n. 34. —)

— das Gewerbesteuergesetz vom 24. Juni 1891 f. die preußische Monarchie. Zum prakt. Gebrauche f. alle Gewerbetreibenden, f. die Gemeinde- u. Gutsvorstände, sowie f. alle m. der Veranlagg. u. Erhebg. dieser Steuer betrauten Behörden. 8. (XVI, 110 S.) Ebd. 891. Geb. in Leinw. n. 1. 25

— die Kolonialgesetzgebung d. Deutschen Reichs m. d. Gesetze üb. d. Konsulargerichtsbarkeit. gr. 8. (XXIV, 820 S.) Ebd. 896. n. 15. —

— die Kreisordnungen f. den Preußischen Staat, s.: Guttentag's Sammlung preußischer Gesetze.

— die Strafprozeßordnung f. d. Deutsche Reich, m. d. Gerichtsverfassungsgesetze, d. Einführungsgesetzen u. d. Gesetze, betr. d. Entschädigg. d. im Wiederaufnahmeverfahren freigesproch. Personen. gr. 8. (VIII, 872 S.) Ebd. 898. n. 12. —

Die diätetische Behandlung der Albuminurie. Referat, erstattet am 4. wissensch. Kongreß d. Balneologen Österreichs zu Abbazia 1904 von Doz. Dr. Rudolf **Kolisch**. Berlin, Wien: Urban & Schwarzenberg 1904. (S. 349–360.) 8°
= **Klinik**, Wiener. 1904. H. 12, [1.] [c5. 8339

Kolisch, R., Lehrbuch der diätetischen Therapie chron. Krankheiten f. Ärzte u. Studierende. 2 Thle. gr. 8. Wien, F. Deuticke. n. 13, 60
I. Allgemeiner Thl. (VI, 114 S.) 899. n. 3. 60
II. Specieller Thl. (VI, 383 S.) 900. n. 10. —

Kolisch, Rud., üb. Wesen u. Behandlg. d. uratischen Diathese. Aus d. II. medicin. Klinik (Prof. Neusser) in Wien. gr. 8. (72 S.) Stuttgart 895. F. Enke. n. 2. 40

Kolisch, Sigm., Anfangsgründe der Freiheit. Ein Büchlein für das Volk. gr. 8. (27 S.) Brünn 848, [Hauptmann.] *

Kolisch, Sigm., Anfangsgründe der Freiheit. Ein Büchlein f. das Volk. gr. 8. (27 S.) Brünn 848, Wimmer. n. 3½ ngl

Kolisch, Sigm., die Christin, s.: Theater, neues Wiener.

Kolisch, Sigm., die Christin. Trauerspiel in 4 Aufzügen. gr. 8. (119 S.) Wien 875. Rosner. n. 2. 40

—— Ludwig Kossuth und Clemens Metternich. (Roman.) 3 Bde. 8. (XV und 846 S.) Leipzig 850, Keil.

Kolisch, Sigm., Marie Antoinette. Mirabeau. Robespierre. 8. (XXIII, 102 S.) Wien 880, Rosner. *

— kleine Romane aus Wien. 2 Thle. gr. 12. Leipzig 848, Woldmar. (Brünn, Wimmer.) 2½ ℛ

—— Todtenfeier in Oesterreich. (Gedichte.) gr. 12. (30 S.) Brünn 848, [Hauptmann.] *

Kolisch, Sigm., Todtenfeier in Oesterreich. (Gedichte.) gr. 12. (30 S.) Brünn 848, Wimmer. n. 7 ngl

Kolisch, Sigm., auf dem Vulkan. Pariser Schilderungen. Stuttgart 868. Rieger'sche Buchh. 8. (IV, 324 S.) 1 ℛ 10 ngr.

Kolisch, W(alter), appr. Arzt: Brückenabscess als Ursache der Hemiplegia alternans. Rostock 1905: Adler. (42 S.) 8°
Rostock, Med. Fak., Ref. Martius, Diss. v. 25. Aug. 1905
[Geb. 5. Dez. 80 Stettin; Wohnort: Stettin; Staatsangeh.: Preußen; Vorbildung: Stadtgymn. Stettin Reife O. 99; Studium: Freiburg i. B. 1, Marburg 4, Rostock 5 S.; Coll. 2. Aug. 04; Approb. 26. Juli 04.]

Die Erkrankungen der weiblichen Harnröhre und Blase. M. bes. Berücks. d. Endoskopie u. Cystoskopie dargest. v. Dr. Gustav **Kolischer**. *Leipzig & Wien: F. Deuticke 1898.* (4 Bl., 160 S.) 1 Bd 8. [98. 10736

Kolischer, H., Rodbertus Ansichten über den landwirtschaftlichen Hypothekar-Credit. 8°. Wien 1876.

Kolischer Karl: Die Vertretung der idg. Labiovelare im Keltischen.
1907 PN 2312 Diss. Wien, Univ

Kolisko, Alexander: Die pathologischen Beckenformen.
s. Breus, Carl

Kolisko, A., Beiträge zur Kenntniss d. Osteomyelitis, s.: Albert, E.

Kolisko, Alex., üb. die Beziehung der Arteria chorioidea anterior zum hinteren Schenkel der inneren Kapsel d. Gehirnes, s.: Sammlung medicinischer Schriften.

— **Lehrbuch der gerichtl. Medicin, s.: Hofmann, E. R. v.**

— u. E. **Redlich**, Schemata zum Einzeichnen v. Gehirnbefunden. 8. (50 Taf. m. 10 S. Text u. 9 Abb.) Wien 895. F. Deuticke. n. 2. 50

Koelitz, Edmund: I. Ueber Halogenbestimmungen. II. Versuche zu einer neuen quantitativen Phosphorsäurebestimmung. III. Kondensationsversuche mit Kohlenoxysulfid und Darstellung von Dimethoxydiphenyl. *Heidelberg 1898: J. Hörning.* (42 S.) 8°
Heidelberg, Naturw.-math. Diss. v. [7. Juli] 1898

Koelitz, Karl, s.. Katalog der deutschen Fächerausstellung.

-- Hans Suess v. Kulmbach u. seine Werke, s.a. Beiträge zur Kunstgeschichte.

Koelitz. Karl. (aus Karlsruhe): Hans Suess v. Kulmbach und seine Werke Ein Beitrag zur Geschichte der Schule Dürers. [Erschien gleichzeitig in: Beiträge zur Kunstgeschichte, als: N. F. Heft 12]. Leipz. Ramm u. Seemann Dr. [E. A. Seemann Verl.] 1891. IV. 80 S., 2 Bl. 8°.
Zürich. Phil. Diss. [v. 21. Juni 1890].

KOLIWANOW, ANDREI PEREDUMIN, Beobachtungen über den Geist des Menschen und dessen Verhältniss zur Welt. Ein philosophischer Versuch. Altona. 1790. (M. 1 Tabel).

Koliwanow, A. P., Beobacht. üb. d. Geist des Mensch. u. dess. Verhältn. z. Welt. 8. Altona, Herold. 791.

Kolk, s.a. Van.

Kolk, s.a. Schroeder van der Kolk.

Kolk, F., Altes u. Neues v. der Börse. gr. 8. (39 S.) Zittau 893. Pahl. n. — 60

— das Geheimnis der Börsen-Kurse u. die Volks-Ausraubung durch die internationale Börsen-Zunft. 1. u. 2. Aufl. gr. 8. (68 S. m. 3 graph. Taf.) Leipzig 893. H. Beyer. n. 1. —

Das Geheimnis der Börsen-Kurse und die Volks-Ausraubung durch die internationale Börsen-Zunft. Von Dr. F. **Kolk**. 3. Aufl. Leipzig: Beyer 1893. 63 S. 8° [11. 16534

— Mißstände an der Börse. Zeitgemäße Untersuchgn. 1. u. 2. Aufl. gr. 8. (24 S.) Leipzig 894. B. Franke. n. — 50

— Schlachtenbilder v. der Börse. Mit 2 graph. Darstellgn. gr. 8. (54 S.) Berlin 894. SW., Junkerstr. 5/6, Geschäftsstelle der „Antisemit. Vereinigg. f. Nord-Deutschland". n. 1. —

Kolk, J. L. C. Schraeder van der, Diss. physiologico-medica inaug. Historia sanguinis coagulantis, cum experimentis ad eam illustrandam institutis. 8maj. Gröning. 821. (Leipz., Barth). 15 gr

Kolk, J.L.C. Schraeder van der, Observationes anatomico-pathologici et practici argumenti. Fasc. I. Cum 3 tabb. lith. 8maj. Amsterd. 826. Sülpke. (Leipz., Barth). 1 ℛ 18 gr

Koelkenbeck, Ludger W., das goldene Familienbuch. Eine Sammlg. v. 10,000 erprobten Rezepten u. bewährten Hausmitteln f. die meisten Krankheiten u. Unglücksfälle, e. treuer Rathgeber f. die Haushaltg., f. Garten-, Obst- u. Weinbau, Viehzucht rc., sowie zur Unterhaltg. u. Belehrg. f. alle Klassen u. Stände. gr. 8. (XIII, 395 S.) Buffalo, N. Y. 875. (Philadelphia, Schäfer & Koradi.) geb. n. 8. —

Kolker, Max. (1.) Synthese des 2 — oxy — 4' — Isopropyl-Flavons; (2.) Eine zweite Synthese des Chrysins. Diss. Phil. Bern. [Mit 4 Tabellen.] X + 55 S. 8. Breslau, R. Nischkowsky, 1906.

Koelker, Arthur H(einrich), a. Toledo, Ohio (U.S.A.): Die Leucyl-leucine und ihre Anhydride. (Berlin 1908: A. W. Schade.) (39 S.) 8°
Berlin, Phil. Fak., Ref. Fischer, Diss. v. 29. Febr. 1908
[Geb. 17 März 83 Toledo (Ohio); Wohnort: Toledo; Staatsangeh.: Vereinigte Staaten; Vorbildung: „Toledo High School" Toledo Reife Juni 02; Studium: Berlin 10 S.; Rig. 16. Jan. 08.]

Koelker, Wilhelm F(riedrich), a. Toledo, Ohio: Über Leucylisoserin. (Berlin 1905: G. Schade.) (28 S.) 8°
Berlin, Phil. Fak., Ref. Fischer, Nernst, Diss. v. 8. Juli 1905
[Geb. 8. Nov. 80 Toledo, Ohio, Vereinigte Staaten von Amerika; Heimatsort: Toledo; Staatsangeh.: Vereinigte Staaten; Vorbildung: Gymn. Barmen Reife O. 01; Studium: Charlottenburg T.H. 4, Berlin 4 S.; Rig. 3. Juli 05.]

Kolkmann, Herr, und seine Wirklichen Geheim-Räthe als Gelehrte, seine frommen Leute, geschildert von einem Unbetheiligten. Paderborn 1868. V: *Hülskamp, Franz.* (Rass)

—— und seine wirklichen geheimen Räthe als gelehrte, seine fromme Leute geschildert von einem Unbetheiligten. gr. 8. (32 S.) Paderborn 868, Schöningh. *

Kolkmann, Herr, als Censor seines Bischofs gewürdigt. Von dem Unbeteiligten. Paderborn 1868. V: *Hülskamp, Franz.* (Rass)

Kolkmann, Herr, als Censor seines Bischofs gewürdigt von dem Unbetheiligten. Paderborn 868. Schöningh. gr. 8. (20 S.) 2 ngr.

—— s. Condolenzbriefe.

Kolkmann, Adolf [Referendar]: Über die Actiones in rem scriptae. . . . Duisburg, gedr. bei F. H. Nieten, 1889; 36 S. 8°
Göttingen, Jur. Fak., Inaug.-Diss. v. 9. Febr. 1880

Kolkmann, Adf. Ueber die actiones in rem scriptae. Diss. gr. 8. (36 S.) Duisb. 889. (Gött., Vandenhoeck u. Ruprecht.) * — 80

Kolkmann, Felix, Rechtsanw.: Das Aussonderungsrecht der Ehefrau im Konkurse des Ehemannes. Bonn 1909: Foppen. V, 39 S. 8°
Rostock, Jur. Diss. v. 28. Dez. 1909, Ref. Wachenfeld
[Geb. 16. Juni 79 Mülheim a. Ruhr; Wohnort: Mülheim; Staatsangeh.: Preußen; Vorbildung: Gymn. Mülheim Reife O. 97; Studium: Bonn 4, Berlin 1, Bonn 1 S.; Rig. 29. Okt. 09.] [U 10. 3856

Kolkmann, D. H. [aus Linden a. Ruhr]: Ueber das Narbencarcinom. . . . Bonn, Buchdr. J. Bach Wwe., 1891; 21 S., 1 Bl. 8°
Bonn, Med. Fak., Inaug.-Diss. v. 24.] Jun. 1891

Kolkmann, Jos., das christliche Begräbniß. Ein Beitrag zur Reform des Begräbnißwesens. Den Vertretern des deutschen Volkes gewidmet. gr. 8. (86 S.) Königsberg 874, Beyer.

Kolkmann, J., die Charakterlosigkeit in Deutschland. I. gr. 8. (48 S.) Löbau Wpr. 878. Skrzeczek. n. 1. —

Kolkmann, Jos., die Diöcesen-Synode vom 8., 9. u. 10. Octbr. 1867. Zur Beleuchtung des Kirchenregiments in der Diöcese Paderborn unter dem Bischof Dr. Conr. Martin. Münster 867. Brunn's Verlag. gr. 8. (155 S.) 18 ngr.

—— eine Fastenpredigt für die katholischen Landleute Westfalens. 8. (28 S.) Münster 874, Brunn's Verlag. *

— das Recht der deutschen Schenke u. die Schanknovelle. gr. 8. (44 S.) Ebend. 878. n. — 75

Planenberg, Nic. [d. i. **Kolkmann**, Jos.]: Der Preußische Richter von seiner Schattenseite gezeichnet. Loebau Wpr. 1877.

— die königlich preussische Staatsanwaltschaft u. die freie Rede. gr. 8. (VI, 37 S.) n. — 75

— die gesellschaftliche Stellung der Juden. 1. u. 2. Aufl. gr. 8. (V, 34 S.) Löbau 876. Skrzeczek.

Kolkmann, Jos., Weg mit dem preußischen Schulzwange! gr. 8. (40 S.) Löbau i. W. 881, Skrzeczek. *

Kolkwitz, *Karl Paul* Max [aus Berlin]: Das Satzgefüge in Barber's Bruce und Henry's Wallace. E. Beitr. z. Kenntn. d. altschott. Syntax ... Halle a/S., *C. Vogt's Buchdr., Berlin,* 1893; 56 S. 8.
Halle, Phil. Fak., Inaug.-Diss. v. [11. Nov.] 1893

Kolkwitz, R., s.: Lehrbuch f. Spirituosenfabrikanten.

Kolkwitz, *Gustav Julius* Richard [aus Berlin]: Untersuchungen über Plasmolyse, Elasticität, Dehnung und Wachstum an lebendem Markgewebe ... Berlin, C. Vogts Buchdr., *1895;* 43 S., 2 Bl. 8.
Berlin, Phil. Fak., Inaug.-Diss. v. 10. Juni 1895

Koll, Festbericht, den Teilnehmern an der Feier zum 25 jährigen Bestehen der Kgl. Landw. Zentralschule Weihenstephan gewidmet. Freising 1879

Koll: Geschichte d. Klosters Nonnenwerth. Linz a. Rhein. Göttingen 1863.
Schul-/Univ.-Schrift

Koll, Alexander [aus Barmen]: Zur Kenntnis einiger Chlorcrotonsäuren. . . . Jena, Druck v. Julius Hossfeld, 1888; 32 S. + 1 Bl. 8°
Jena, Phil. Fak., Inaug.-Diss. v. 1888

Koll, Eduard [aus Bendorf '(Rheinprov.)']: Aus d. pharmakol. Institut d. Univ. Würzburg. Experimentelle Beiträge zur Kenntniss der akuten Quecksilbervergiftung ... Würzburg, P. Scheiner's Buchdr., 1897; 32 S. 8.
Würzburg, Med. Fak., Inaug.-Diss. v. 1897

Koll, Eduard [Dr. med. aus Bendorf a. Rh.]: Die subcutane Fetternährung vom physiologischen Standpunkte ... Würzburg, Druck d. kgl. Universitätsdr. v. H. Stürtz, 1897; 45 S. 8.
Würzburg, Med. Fak., Hab.-Schr. v. 1897

Zur Lehre vom Patellarsehnen-Reflexe. Von Dr. Eduard **Koll**, Privatdoz. (zu Würzburg). *Würzburg: Stahel 1898.* (14 S.) 8.
— **Verhandlungen** d. physik.-medic. Gesellschaft zu Würzburg. N. F. Bd 31. No 11. (98. 1831

Koll, Geo., Hülfstabellen zu Interessenberechnungen, mittelst welcher die Zinsen bloß durch eine Multiplication bis auf den letzten Pfennig berechnet werden können. qu. gr. 4. Gratz 846, Ludewig. n. 1/2 ₰

Koll, Georg, Hülfs-Tabellen zu Interessenberechnungen 2c. (Mit d. Umschlags-Ttl.: Schnellster Interessen-Schlüssel.) qu. gr. 4. Gratz 846, Ludewig. *

Brücken aus Holz. Von Gottfried **Koll.** Mit 176 Abb. Hannover: M. Jänecke 1908. (153 S.) 8°
— **Bibliothek** d. gesamten Technik. Bd 78. (08. 11073 7

Brücken aus Stein. Von Gottfried **Koll.** Mit 153 Abb. Hannover: M. Jänecke 1908. (136 S.) 8°
— **Bibliothek** d. gesamten Technik. Bd 97. (08. 11084 7

Koll, Clemens, aus Bendorf a. Rh.: Ein Fall von primärem melanotischem Carcinom der Vulva mit Metastasen. *Berlin (1899): G. Schade.* (30 S.) 8°
Berlin, Med. Diss. v. 2. Mai 1899

Koll, Malachias

Koll, M., Baden u. d. Stift Heiligenkreuz, s. Darstellung, topogr., d. Pfarren 2c.

(Koll, Malach.,) Chronicon breve Monasteriorum ord. Cisterc. ad Sanctam Crucem in Austria et ad St. Gotthardum in Ungaria. Adjecta serie omnium nobilium benefactorum ibidem sepultorum; una cum catalogo religiosorum omnium, qui ab anno 1534 et ultra, usque nunc, ibidem vixerunt, et adhuc vivunt. 8 maj. (7½ B. u. Titvign.) Viennae 834, Beck.

— s. a. Chronicon breve Monasteriorum etc.

KOLL, MALACHIAS: Zur Feier der fünfzigjährigen Priesterwürde des Hoch- und Wohlehrwürdigsten Herrn P. Engelbert Schwan, emer. Prior der Cist.-Stifte Heiligenkreuz und St. Gotthardt, emer. Prior und der Zeit Administrator der Stiftsherrschaft Trumau. Im Stifte Heiligenkreuz am 15. November 1828. Im Namen aller Stiftskapitularen demselben ehrfurchtsvoll gewidmet von P. Malachias Koll, der Zeit Stiftskämmerer. Ein Cantate in Musik gesetzt von Franz Xav. Fischer, Waisenverwalter. Wien (1828). Gedr. im Steyrerhof Nr. 727.

KOLL, MALACHIAS: Das Stift Heiligenkreuz in Oesterreich V. U. W. W. mit den dazu gehörigen Pfarreyen und Besitzungen sammt dem vereinigten Stifte St. Gotthardt in Ungarn. Topographisch geschichtlich dargestellt von Malachias Koll. Wien 1834: In Commission in der Fr. Beck'schen Buchhandlung. Buchdruck. Haykul. 320, 5 S. - 190 mm

KOLL, MALACHIAS: Die doppelte Säcularfeier der vereinigten Cistercienser-Stifte Heiligenkreuz und St. Gotthard. In: Neue theol. Z. Jg. 7, Bd. 2. S. 271-274.

Koll, Otto, s.: **Festschrift** etc. d. landwirthschaftl. Akademie Poppelsdorf.

Koll, Otto, **Formeln** der niederen u. höheren Mathematik, s.: **Veltmann,** W.

Koll, Otto. Karte der Umgegend von Bonn mit dem Siebengebirge. 1 : 50 000. Bonn 1888. 1 Bl. c. l.
Desgl. Ausgabe von 1897. 1 Bl. c. l. NC.

[Umschlagt.:] Karte der Umgegend von Bonn mit dem Siebengebirge und der Ahr. Massst. 1 : 50000. Auf Grund d. neuen Messtischblätter neu bearb. v. Otto **Koll**, Prof. d. Geod. ... 5. Aufl. *Bonn: E. Strauss 1898.* (1 Kt.) 1 Bd 4.(8.) (98. 11380 Bo

Koll, Otto, geodätische Rechnungen mittels der Rechenmaschine. (IV, 81 S. m. Fig.) gr. 8. Halle 903. E. Strien. Geb. in Leinw. n. 5. —

(B) **Koll,** Otto, geodätische Rechnungen. 903. Jetzt: Stuttgart, K. Wittwer.

— die **Theorie** der Beobachtungsfehler u. die Methode der kleinsten Quadrate m. ihrer Anwendung auf die Geodäsie u. die Wassermessungen. Lex.-8. (VIII, 323 u. 31 S. m. Fig.) Berlin 893. J. Springer. n. 10. —; geb. n. 11. 20

Die Theorie der Beobachtungsfehler und die Methode der kleinsten Quadrate mit ihrer Anwendung auf die Geodäsie u. d. Wassermessungen. Von Otto **Koll**, Prof. Mit in d. Text gedr. Fig. 2. Aufl. *Berlin: J. Springer. 1901.* (XII, 323, 31 S.) 4°(8°) (01. 8006

Koll, Peter

— das Entmündigungsrecht unter Berücksichtigung der f. Preußen geltenden Vorschriften, s. a. Guttentag's Sammlung deutscher Reichsgesetze.

Das Entmündigungsrecht unter Berücksichtigung der für Preussen geltenden Vorschriften nebst der Preuss. Justiz-Ministerial-Verfügung vom 28. Nov. 1894. Text der civil- u. prozessrechtl. Bestimm. m. Erl. u. Inhaltsverz. von Dr. P[eter] **Koll**, Landger.R. *Berlin: J. Guttentag 1900.* (135 S.) 8° [F.]
— **Sammlung**, Guttentagsche, Deutscher Reichsgesetze. No 45. (00. 753

Koll, P., die Zivilprozeßordnung f. das Deutsche Reich, s.: Struckmann, J., u. R. Koch.

Koll, R., Proprium der Diözese Trier. Die Messen der in der Diözese Trier eigens gefeierten Heiligenfeste. Zur Ergänzg. d. Meßbuches v. Anselm Schott bearb. (63 S.) kl. 8. Trier 910. J. B. Grach. — 50

Koll, Theodor (geb. am 24 Jan. 1854 in Bonn): Das Ulcus corneae rodens ... Bonn, Druck v. J. F. Carthaus (1878). 33 S., 1 Bl. 8.
Bonn, Med. Fak., Diss. v. 23 März 1878

Kölla, G. A., Schweizer-Liederbuch. Sammlung der schönsten Volks-, Berg- u. Vaterlandslieder der deutschen, französ. u. romanischen Schweiz m. französ. od. deutscher Übersetzg., f. Männerchor bearb. gr. 8. (IV, 114 S.) Zürich 892. Gebr. Hug. n. 1. 20

Kölla-Kind, W. Praktische Ratschläge für Küche u. Haus. Den Frauen und Töchtern unseres Volkes gewidmet von einer Hausfrau. Zweite vermehrte und verbesserte Auflage. In-8⁰. 192 S. Glarus, J. Vogel. 1892. 1 50

Kölla-Kind, W., s. a. Rathschläge, praktische, f. Haus u. Küche.

Kollár, Jan, 1793—1852. Sborník statí o životě, působení a literární činnosti pěvce „Slávy dcery“. Na oslavu jeho stoletých narozenin redakcí Františka Pastrnka vydali Český akademický spolek ve Vídni a slovenský akademický spolok „Tatran“ vo Viedni. Tiskem J. Otty v Praze. (Das Leben und Wirken und die literarische Thätigkeit des Dichters der „Slávy dcera“ Johann Kollár. Zur hundertjährigen Geburtsfeier.) Lex.-8. (285 S) Wien: Česky akademický spolek 1893.

Kollar, Adam Franz

— historiae jurisque publici regni Hungariae amoenitates. II Voll. 8maj. Poson. 783. (Wien, Schaumburg u. C.) 16 *gr.*

KOLLAR A KERESZTEN, Adm. Franc.: Historiae jurisque publici Hungariae amoenitates. II Tom. *Posoniae*, (784.) 793. (Schaumburg u. Comp. in *Wien*) 8maj. (16 Gr.)

Kollar, Adam Frz., hist. jurisq. publ. regni Hungariae amoenitates. II Vol. 8. maj. Vien. Kaulfuss. 793. Rthlr.

— analecta monumentorum omn. aevi Vindobonens. II Tomi. fol. maj. ibid. 761.

— analecta monumentor. omnis aevi Vindobonens. II T. Cum fig. Fol. maj. Wien 761 u. 62. Trattner. 12 *rß*

— Anfangsgründe d. Latein. Sprache. 8. Wien 775.

Kollar, Adam Franz. De Petri Lambecii Commentariorum . . . Libros VIII. Supplementorum Liber primus. Vindobonae 1790. H: *Denis, Joh. Nep. Cosmas Michael.* (Jes)

— ad Petri Lambecii Commentariorum de Aug. Bibliotheca Caes. Vindob. Lib. VIII. Supplementorum Liber I. Posthumus. fol. Vien. Tendler.

— ad Petri Lambecii Commentariorum etc., s. *Lambeccius*

Kollar, Adam Franz (Neusohl/Ungarn). Ad viros, a sacra et profana eruditione claros, de commentariis in manu exaratos codices Aug. Bibl. Vindobonensis, propediem praelum subituris, epistola. Wien (Johann Thomas Trattner) 1760. 14 S. (5.—) 19118

Kollar (v. Kereszten) Adm. Frz., (†d. 10. Juli 1783.) historiae diplom. juris patronatus apostolicor. Hungar. regum Libr. III. Cum fig. 8. Wien 762. Trattner. 1 *rß* 12 *gr.*

Kollar, Adam Frz., historiae diplom. juris patronatus apostolicor. Hungar. regum, libri III. c. fig. Vien. Trattner. 772.

(—) de originibus et usu perpetuo potestatis legislatoriae circa sacra apostolicorum regum Hungariae, libellus singularis. 8maj. Wien 764.

— s. 1) Olahi, Hung. S. de origin. gent. 2) Saadeddini, annales. 3) C. U. Velius de bello pannonico.

Kollar, Anton J.: Die Obstkultur im Adlergebirge und im östlichen Böhmen überhaupt, mit Vorschlägen z. Hebung derselben. Braunau: Selbstverl. (von E. Langer) 1909. 45 S. 8°
(Langer: Aus d. Adlergebirge. Bd. 4,[1.])

Kollar, Ant. J., die Obstkultur im Adlergebirge u. im östl. Böhmen überhaupt, s. Langer, Eduard, aus dem Adlergebirge.

Kollar, Hanns, s.: Bühnenleiter, der.

Kollar, Jan

— s. K. Cleynmann, Predigten.

Kollár, Jan, spisy. Sešit 1—17. Prag 861—63. Kober. 8. Jedes Heft n. 8 *ngr.*

Inhalt: Díl I.: Slávy dcera. 3. vydání. (426 S.) — II.: Výklad ku slávy dceře. (480 S.) — III.: Cestopis prvý. (VII, 441 S.) — IV.: Cestopis druhý. (290 S. m. Portr. in Stahlst. u. 1 lith. Facsim.)

Kollár, Ján, Staroitalia Slavjanská aneb objevy a důkazy živlů slavských v Zeměpisu, v Dějinách a v Bájesloví, zvláště v řeči a v literatuře nejdávnějších vlaských a sousedních kmenů, z kterých zřejmo, že mezi prvotními osadníky a obyvateli této krajiny i slavjané nad jiné četnější byli. Wien 853. (Braumüller.) gr. 4. (XXVII, 884 S. u. 24 lith. Taf. in gr. Fol.) nn. 10 *rß*.

Kollár, Jan, Staroitalia slavjanská aneb objevy a důkazy živlů slavských v zeměpisu, v dějinách a v bájesloví, zvláště v řeči a v literatuře nejdávnějších vlaských a sousedních kmenů, z kterých zřejmo, že mezi prvotními osadníky a obyvateli této krajiny i slavjané nad jiné četnější byli. gr. 4. (XXVII und 884 S. mit Atlas von 34 Stnt., wovon 1 ill.) Wien 853, (Gerold's Sohn.) **

Kollar, Joh., des Ruhmes Tochter. Lyrisch-episches Gedicht in 5 Ges. 3., verb. u. stark verm. Aufl. Mit e. Commentar vers., enthalt.: Zusätze, Erläutern. 4 Abbild., 1 Kärtchen, u. Anh. kl. Gedichte verschied. Inhalts. (In Slavon. Sprache.) 2 Bde. gr. 8. (1. Bd. 20¾ B. ohne Pag., weiss Drckp., 2. Bd. 33¼ B. ord. Drckp.) Pest 832. (Wien, Wenedikt.)

Kollara, Jana, s. Volkslieder der Nowaken.

Kollár, Joh., über die literarische Wechselseitigkeit zwischen den verschied. Stämmen u. Mundarten der slawischen Nation. 2., verb. Aufl. gr. 8. (6½ B.) Leipzig 844, Otto Wigand. *

Kollar, Isidorus (*geb. Kranowitz bei Ratibor [2. 10.] 1806*): De praecipuis morbis post cataractae operationem secundariis. Vratislaviae (1836). (33 S.) 8°

Breslau, Med. Diss. v. 5. Nov. 1836

Kollar, Vinzenz

Kollar, V., s. Abhandlungen aus d. Annalen des Wiener Museums.

— Über einen bisher noch nicht beobachteten Feind des Weinstockes: die *Apate bispinosa* Oliv. (*Sinoxylon muricatum* Pftschm.). S. 4. 90 . . . .
Separatabdruck

— Über das ungewöhnliche Auftreten gewisser Insektenlarven im lebenden tierischen und menschlichen Körper. S. 1. 140 . . . . vgr.
Separatabdruck

— Beitrag zur Entwicklungsgeschichte eines neuen blattlausartigen Insektes (*Acanthochermes quercus*) (mit 1 Taf.). S. 1. 191 . . . . vgr.
Separatabdruck

— Beitrag zum Haushalte der sehr lästigen Viehbremsen (*Tabanidae*). S. 13. 58 . vgr.
Separatabdruck

— **Beiträge zur Insecten-Fauna v. Neu-Granada u. Venezuela, siehe Denkschriften d. kais. Akad. d. Wiss. Mathemat.-naturwissenschaftl. Cl., I. Bd.**

— Beiträge zur Kenntnis des Haushaltes und der geographischen Verbreitung einiger in ökonomischer und technischer Hinsicht wichtigen Insekten. 1. Der Fichtenborkenkäfer. 2. Die Wanderheuschrecke. 3. Die Knopperwespe. S. 3. 87 . . . vgr.
Separatabdruck

Kollar, V. Bericht über die Abhandlung des Dr. Schneider betreffend ein Insect, welches die Kartoffelkrankheit verursacht. 1852.

Kollar, Vinc., **Bericht über die Abhandlung des Dr. Schneider, betreffend ein Insect, welches die Kartoffelkrankheit verursacht. (Aus d. Sitzungsberichten d. k. Akad. d. W.) Wien (853.) (Gerold.) gr. 8. (8 S.) n. 2 ngr.**

Kollar, Vinc, Bericht über die Abhandlung des Dr. Schneider, betr. ein Insect, welches die Kartoffelkrankheit verursacht. Lex.-8. (8 S.) Wien 854, (Gerold's Sohn.) *
Aus: Sitzungsberichte der k. Akademie der Wissenschaften J. 1852, besonders abgedruckt.

— Bericht über ein von Herrn Christ. Brittinger, Apotheker in Steyer, an die Kaiserl. Akademie gesandtes Insekt. S. 5. 15 . . . . . vgr.
Separatabdruck

— Bericht der von der Kaiserl. Akademie bestimmten Kommission wegen Beratung der Ausarbeitung einer Fauna des österreichischen Kaiserstaates. S. 4. 86 . . . . —.10
Separatabdruck

Kollar Vinzenz: Über den Bericht des Dr. Medovics, die Entstehung und Vertilgung der Gollubatzer Mücken betreffend (mit 3 Taf.). S. 1. 92 . . . . . vgr.
Separatabdruck

— Bericht über die von Herrn Dr. Lautner in Kairo eingesandten wirbellosen Tiere. S. 7. 90 . . . . . vgr.
Separatabdruck

— Bericht über das Vorkommen einer Kakerlakenart im Traunkreise in Oberösterreich. S. 5. 16 . . . . . vgr.
Separatabdruck

— Zweiter Bericht über die zoologischen Sammlungen des mit der k. k. Fregatte „Novara" reisenden Naturforschers Johann Zelebor. S. 31. 28 . . . . . vgr.
Separatabdruck

— **über Beschädigung des Roggens in den Scheuern durch die Raupe eines Nachtfalters, Noctua (Apamea) basilinea W. V. (Quecken-Eule.) (Aus d. Schriften d. zoolog.-botan. Vereins in Wien.) Wien 855. (Braumüller.) gr. 8. (9 S. u. 1 Kpfrtaf.) n. 2 ngr.**

— u. Ludw. **Redtenbacher,** über den Character der Insekten-Fauna von Südpersien, siehe Denkschriften der k. Akademie der Wissenschaften, Mathematisch-naturwissenschaftl. Classe, I. Bd.

Kollar, Vinc., die vier Hauptfeinde d. Obstgärten. Nebst d. verläßlichsten Mitteln zu ihrer Vertilgung. Lex.-8. (2 B.) Wien 839, Beck's Univ.-Buchh.

— Über ein dem Roggen schädliches Insekt. S. 6. 150 . . . . . vgr.
Separatabdruck

Kollar, Vinc., **Brasiliens vorzüglich lästige Insecten, s. Pohl, Jo. Eman.**

— Über ein forstschädliches Insekt „*Lasioptera Cerris*" (Zerreichen-Saummücke). (Auszug.) S. 3. 4 . . . . . vgr.
Separatabdruck

— Mitteilung aus einem Schreiben des mit der k. k. Fregatte „Novara" reisenden Zoologen Joh. Zelebor (enthaltend kurzen Auszug über seine Sammlungen, aus seinem Tagebuche vom Beginn der Reise bis Point de Galle). S. 30. 171 . . . vgr.
Separatabdruck

Kollar, (V.,) **Monographia Chlamydum.** Ausgabe mit 2 schwarzen Kupf. gr. Fol. Wien 824, Heubner. 2 Rthlr. Mit 2 color. Kpf.

Kollar, V., bildliche Naturgeschichte der drei Reiche, s. Naturgeschichte.

—— Naturgeschichte d. schädl. Insecten, s. Verhandlungen d. Landwirthschafts-Gesellschaft in Wien, neue Folge, 5. Bd.

KOLLAR, Vinzenz: **Naturgeschichte der schädlichen Insecten in Beziehung auf Landwirthschaft und Forstcultur. - Wien 1837. 421 S.**

—**Naturgeschichte der schädlichen Insekten in Beziehung auf Landwirthschaft u. Forstkultur. gr. 8. Wien 837. Beck. 2 1/3 Rthlr.**

Nachtrag zur Naturgeschichte der Zerreichen-Blattwespe, *Tenthredo (Emphytus) Cerris*. S. 6. 86 . . . . . vgr.
Separatabdruck

— **Naturgeschichte der Zerr-Eichen-Saummücke (Lasioptera Cerris), siehe: Denkschriften der k. Akad. d. Wiss. Mathemat.-naturwissenschaftl. Classe, I. Bd.**

— Über den Eichenkernkäfer *Platypus Cylindrus* Herbst, ein das Eichenholz zerstörendes Insekt. S. 2. 3 . . . . . vgr.
Separatabdruck

Kollar, V. Ueber eine Sendung naturhistorischer Gegenstände aus Egypten. 1852.

— Über Ida Pfeiffers Sendungen von Naturalien aus Mauritius und Madagaskar. S. 31. 30 . . . . . vgr.
Separatabdruck

— Über den *Sitophilus Oryzae* Schonherr (*Curculio Oryzae* Linn.), ein dem Mais sehr schädliches Insekt. S. 1. 482 . . . . . vgr.
Separatabdruck

—**systemat. Verzeichniß d. Schmetterlinge im Erzherzogth. Oesterreich, s. Beiträge zur Landeskunde Oesterreichs 2r Bd.**

Kollar Vinzenz: Über Weinbeschädigung durch einen kleinen Nachtfalter, *Tortrix Roserana* Frohl., in den Weingarten von Brunn nachst Modling. S. 5. 80 . . .

Kollar, Vinc., die Cerr-Eichen-Blattwespe, Tenthredo [Emphytus] Cerris, ein forstschädl. Insect. Mit 1 (lithochrom.) Taf. [Aus den Denkschriften der k. Akad. der Wiss.] Fol. (3 S.) Wien 852. (Braumüller.) n. 1/3 Rthlr. (siehe auch: Denkschriften d. k. Akad. d. Wissensch. Mathem.-naturwiss. Cl., III. Bd.)

Kollarits, Michael August. aus Nagy-Becskerek. Ungarn: Zur Kenntniss der Ketone. Zür. Orell Füssli Cie Dr. 1873. 54 S., 1 Bl. 8°.
Zürich. Phil. Diss. [v. 25. Juli 1873].

Kollath, *Gustav Adolph* Johannes [Referendar b. Landger. in Bromberg]: Die Geltung der römisch-rechtlichen Grundsätze über die res extra commercium im heutigen Recht ... Breslau, Schletter'sche Buchh., 1894; 3 Bl., 63 S. 8.
Breslau, Jur. Fak., Inaug.-Diss. v. 1894

Gesetzeskunde. Leitfaden f. d. Unterr. an landw. Schulen. Von Dr. jur. [Johannes] **Kollath,** Bürgermeister. Berlin: P. Parey 1905. (59 S.) 8° [J.]
— **Unterrichtsbücher,** Landwirtschaftliche. [55.] 06. 8784

Kollath, Gesetzeskunde. Leitfaden f. den Unterricht an landwirtschaftl. Schulen. 2., verm. u. verb. Aufl., hrsg. v. Karl Petri. (Landwirtschaftliche Unterrichtsbücher.) (112 S.) 8. Berlin 909. P. Parey. Geb. in Leinw. nn 1.30

Kollatur-Streit, Der Homburger, in aktenmässigen Darstellungen. Weinfelden 1846. V: *Labhardt, G.* (AarK)

Kollatz [Schlagwort]

Kollatz, s.: **Geologische Karten. Karte (Preussen).**

[F.] Die deutschen Alpen. E. Wanderg durch Vorarlberg, Tirol, Salzburg u. d. oberbayr. Gebirge v. Karl Kollbach, Vf. v. 'Europ. Wanderg' ... M. 54 Vollbild. *Köln a. Rh.: P. Neubner [1895].* (VIII, 284 S., 1 Bildert., 53 Taf.) 1 Bd 8.
= Kollbach, K.: Wanderungen durch d. deutschen Gebirge. [Tl 1.]

Kollbach, Karl, aus der Alpenwelt, s. Jugend- u. Volksbibliothek, naturwissenschaftl., 34. Bdchn.

Kollbach, Carl. Aus der Alpenwelt. Von K' K'. Mit 12 Illustrationen. 160 S. 8. Regensburg, Verlagsanstalt vorm. G. J. Manz, München-R', 1906. (M. 1. 20, geb. 1. 70)
Naturwissenschaftliche Jugend- und Volksbibliothek. Bändchen 31....

Kollbach, Karl. Bilder vom Rhein. Eine Wanderung v. Basel bis zur holländ. Grenze. Mit 21 Vollbildern u. üb. 150 Text-Illustr. 1. u. 2. Aufl. gr. 8. (VI, 400 S.) Köln 892, Neubner. geb. in Leinw. m. Goldschn. * 13 50

Kollbach, Karl, Bilder vom Rhein. Eine Wanderg. von Basel bis zur holländ. Grenze. Mit 21 Vollbildern u. üb. 150 Text-Illustr. 1. u. 2., verm. Aufl. (1.—4. Taus.) gr. 8. (VIII, 415 S.) Köln 892. 894. P. Neubner. Geb. in Leinw. m. Goldschn. n. 13. 50

Die Eifel. Eine Auswahl hervorrag. Landschafts- u. Stimmungsbilder aus d. Eifel, nach künstler. Orig.-Aufnahmen, mit e. Geleitwort von Karl Kollbach. Hrsg. im Auftr. d. Kölner Eifelvereins. Köln a. Rh.: Hoursch & Bechstedt [1908]. (29 Bl.) quer-8°

Kollbach, Karl, s. Eifel, die.

— Deutscher Fleiß. Wanderungen durch die Fabriken, Werkstätten u. Handelshäuser Westdeutschlands. (288 S.) 8. Köln 908. J. P. Bachem. 3.—; geb. 3. 80

— Gedichte. (75 S.) kl. 8. Köln (908). Hoursch & Bechstedt. 1.—; geb. 2. —

— Hinaus in die Ferne!, s.: Hefte, bunte.

Kollbach, Karl, Methodik der gesamten Naturwissenschaft für höhere Lehranstalten und Volksschulen mit Grundzügen zur Reform dieses Unterrichtes. gr. 8. (316 S.) Leipzig 888, Fues's Verlag. * 4 —

— Naturwissenschaft u. Schule, zugleich 2. erweit. u. verb. Aufl. der Methodik der gesamten Naturwissenschaft f. höhere Lehranstalten u. Volksschulen m. Grundzügen zur Reform dieses Unterrichts. gr. 8. (VII, 398 S.) Ebd. 894. n. 4. 80; geb. n.n. 5. 80

Kollbach, Karl, Remagen u. seine Umgebg., zugleich e. Führer durchs Ahrthal, zum Laacher See u. durchs Siebengebirge. 8. (VII, 61 S. m. 6 Vollbildern, 1 Plan u. 3 Karten.) Bonn (902). C. Georgi. — 50

— Remagen u. seine Umgebung, zugleich e. Führer durchs Ahrtal, zum Laacher See u. durchs Siebengebirge. 2. verb. u. verm. Aufl. (XII, 77 S. m. 11 Vollbildern u. 3 [1 farb.] Karten.) 8. Bonn (908). C. Georgi. — 50

Kollbach, Carl. Der Rhein als Handels- und Verkehrsstrasse. Von K' K'. II S, + S. 349—373 = 25 S. 8. Hamm i. W., Breer & Thiemann, 1905. M. —.50
Frankfurter Zeitgemässe Broschüren. Gegründet von Paul Haffner, Johannes Janssen und E Th Thissen. Neue Folge hrg. von Dr. Joh[ann] Mich[ael] Raich. Band 24. Heft 11, 15. August 1905.

Kollbach, Karl: Von der Elbe zur Donau. Eine Wanderung durch das Erzgebirge, das Fichtelgebirge, den Böhmerwald u. den Fränkischen Jura. Mit 38 Vollbild. Köln a. Rh.: P. Neubner 1899. VIII, 293 S. 8°
= Kollbach: Wanderungen durch d. deutschen Gebirge. Bd. 3.

[F.] Von der Tatra bis zur Sachsischen Schweiz v. Karl Kollbach ... *Köln a. Rh.: P. Neubner (1897).* (VIII S., 1 Bl., 304 S., 48 Taf.) 1 Bd 8.
= Kollbach, K.: Wanderungen durch d. deutschen Gebirge. Bd 2.

— rheinisches Wanderbuch. 8. (IV, 351 S.) Bonn 892. E. Strauß Verl. n. 5. —; geb. in Leinw. n. 6. —

Kollbach, Karl, rheinisches Wanderbuch. Bilder aus dem Natur- u. Volksleben d. Rheinlande, insbesond. d. Rheinprovinz. 2., umgeänd. u. vervollst. Aufl. m. 10 Abb. u. 1 Karte d. Rheinprovinz. 8. (XII, 536 S.) Bonn 897. E. Strauß. Geb. in Leinw. n. 4. 80; in Halbfrz. n. 6. —

—— Europäische Wanderungen. 8. (VIII, 491 S.) Halle a. S. 889, Buchh. d. Waisenhauses. 4 80

— Wanderungen durch d. deutschen Gebirge: Die deutschen Alpen. E. Wanderg. durch Vorarlberg, Tirol, Salzburg u. d. oberbayer. Gebirge. M. 54 Vollbild. (in Lichtdr.). gr. 8. (VIII, 284 S.) Ebd. 895. Geb. in Leinw. n. 9. —
Erschien auch in 10 Lfgn. à n. — 75.

— dasselbe. II. Bd. Von d. Tatra bis z. Sächs. Schweiz. gr. 8. (VIII, 305 S. m. 48 Vollbild.) Ebd. 897. n. 7. 50; geb. n. 9. —
Erschien auch in 10 Lfgn. à n. — 75.

— Wanderungen durch die deutschen Gebirge. 3. Bd. Von der Elbe zur Donau. Eine Wanderg. durch das Erzgebirge, das Fichtelgebirge, den Böhmerwald u. den fränk. Jura. Mit 38 Vollbildern (in Lichtdr.). gr. 8. (VIII, 295 S.) Köln (899). P. Neubner. n. 6.—; geb. n. 7. 50
1. u. 2. Bd. 895. 897. Erm. Pr. à n. 6.—; geb. à n. 7. 50

Kollberg, J. B. v., die Weissagungen Hermanns v. Lehnin über die Geschicke Preußens und Deutschlands. Geschichtliche Nachweisung der Erfüllung obiger Weissagung in einer gedrängten Uebersicht der preuß. Geschichte. 1. Aufl. 1860. 4 Ngr. und 2., umgearb. Aufl. 8. (29 S.) Tuttlingen 861, Kling.

Kollberg, Johannes, Dir.: Beiträge zur Lehre vom Bedeutungswandel der Wörter im Englischen. T. 1. Die Qualitätsverschlechterung einiger Wörter. Königsberg i. Pr. 1904: Hartung. (25 S.) 4°
Königsberg i. Pr., Vorst. R OP 1904 (23)

Kollberg, *Johannes* [Rektor]: *Bericht über seine Einführung als Rektor der Anstalt.* Königsberg i. Pr., Ostpreuss. Zeitgs- u. Verl.-Dr., 1896; 17—18 S. 4.
Königsberg i. Pr., st. II. Mittel-S, OP 1896**

Kollberg, Martin: Hobbes' Staatslehre. Halle a/S. 1883: Niethe in Berlin 112 S. 8°
Halle-Wittenberg Phil. Diss. v. 29. [vielmehr 30.] Okt. 1883
Geb. Berlin [6. 5.] 1857. V.
Das beabsichtigte Ersch. des fehlenden Abschnitts über das Verhältnis von Kirche und Staat ist nicht erfolgt

Kollbrunner, Albert [von Frauenfeld und Zürich]: Die rechtliche Stellung des Arztes. Zürich 1903. 149 S. 8°. [27. X. 03.]
Zürich. Jur. Diss. 1903/1904.

Kollbrunner, A[lbert]. Die rechtliche Stellung des Arztes. VIII + 149 S. 8. Zürich, Druck Aschmann & Scheller (*Aufdruck: Albert Müller's Verlag*), 1903. [fr. 2. 50]
Ausg. B. — Ausg. A: Diss. Staatsw. Univ. Zürich

Kollbrunner, Emil: Der Beobachter. Allgemeine Anleitung zu Beobachtungen über Land und Leute für Touristen, Exkursionisten und Forschungsreisende. Nach dem „Manuel du voyageur" von D. Kaltbrunner unter Mitwirkung des Verfassers bearbeitet. Mit 270 Figuren und 26 Bildertafeln. Zürich 1882. XIX, 904 S. 8°.

— Zweite, revidirte und vermehrte Auflage. Mit 270 Figuren, 26 Bildertafeln und einem systemat. Fragenverzeichniss über Beobachtungen auf Reisen. Zürich 1888. XIX, 904, 23 S. 8°.

Kollbrunner, E., der Beobachter, s.a. Kaltbrunner, D.

Kollbrunner, Emil: Die thurgauische Fischfauna. Frauenfeld 1879.

Kollbrunner, E[mil]. Zur Morphologie der Thalbildungen und Flusssysteme. [Mit 2 Tafeln.] (Progr.) 4. (Frauenfeld 1877.)

Kollbrunner, Emil [Zahnarzt aus Frauenfeld '(Schweiz)']: **Ueber totale Verwachsungen des weichen Gaumens mit der hintern Pharynxwand ... Strassburg i. E., Buchdr. C. Gœller, 1896; 62 S., 1 Taf. 8.**
Strassburg, Med. Fak., Inaug.-Diss. v. 1895

Kollbrunner, Otto, med. pract., von Frauenfeld und Zürich: Aus der medizinischen Klinik in Zürich. Direktor: Prof. Dr. H. Eichhorst. Über periphorische Facialis-Lähmungen. Zürich 1905. 84 S. 8°. [31. X. 05.]
Zürich. Med. Diss. 1905/1906.

Kollbrunner, Otto. Über peripherische Facialis-Lähmungen. Diss. Med. Univ. Zürich. [Mit Figuren.] *Kopftitel:* Aus der medicinischen Klinik in Zürich. Direktor: Prof. Dr. H[ermann] Eichhorst. 84 S. 8. Zürich, W. Steffen, 1905.

Kollbrunner, Ulr., Bilderbuch, s.: Staub, J.

Kollbrunner, Ulr., Jugendland, s.: Moser, Heinr.

Kollbrunner. Ulrich. siehe: *Wanderer.*

Kolle, (Prof.,) neueste Zeichnenschule, z. Gebr. f. Stadt- u. Landschulen 16 Heft. 4. Berlin 827, Müller.

Kolle, neueste Zeichen-Schule z. Gebr. f. Stadt- u. Land-Schulen, wie auch z. Selbstunterr. anwendbar. II Hfte., enth. 24 Bl. Fig.-Zeichnn. qu. 4. Berlin 840, Winckelmann u. Söhne. à

Kolle, Johann

— De macula, qua stilum imitari auctorum classicorum decet ratione. Ploenæ. 1742. 4. P. (Skoleprogr.).

— De ratione docendæ ac discendæ logices scholastica. Ploenæ. 1740. 4. P. (Skoleprogr.).

KOLLE, JOAN., De ratione institutionis scholasticæ brevis commentatio. Ploenæ. 1739. 4. P. (Skoleprogr.).

Kolle, Johann Ludwig Chr.,
s.a. Kölle, Johann Ludwig Chr.

Kolle, I. L. C., specilegium observation. de aconitho c. icon. 8. maj. Erl. Palm. 787.

— Flora des Fürstenth. Bayreuth, v. L. C. Colleth. 8. Bayreuth, Lübeck. 798.

Kolle, R., die Anwendung u. der Betrieb von Stellwerken zur Sicherung v. Weichen u. Signalen. gr. 8. (XII, 202 S. m. 133 Holzschn. im Text.) Berlin 888. Ernst & Korn. n. 10. —

— über Weichenverschlüsse. Vortrag. Mit Abbildungen. [Aus: „Glaser's Annalen f. Gewerbe- u. Bauwesen".] gr. 8. (26 S.) Berlin 888. (Dierig & Siemens.) n. 2. —

Kolle, (Wilh.), s.: Arbeiten aus dem Institut zur Erforschung der Infektionskrankheiten in Bern.

Kolle, W[ilhelm], und Hetsch, H. Die experimentelle Bakteriologie und die Infektionskrankheiten, mit besonderer Berücksichtigung der Immunitätslehre. Ein Lehrbuch für Studierende, Ärzte und Medizinalbeamte von Dr. W. K', (Berlin, [gewählt zum]) o. ö. Professor der Hygiene ... an der Universität Bern, und Dr. H. H', ... Metz. Mit 3 Tafeln und 125 grösstenteils mehrfarbigen Abbildungen. XII + 589 S. gr.-8. Berlin *und* Wien, Urban & Schwarzenberg, 1906. [M. 20. —]

Kolle, W[ilhelm], und Hetsch, H[ermann]. Die experimentelle Bakteriologie und die Infektionskrankheiten, mit besonderer Berücksichtigung der Immunitätslehre. Ein Lehrbuch für Studierende, Ärzte und Medizinalbeamte von Dr. W. K', o. ö. Professor ... in Bern, und Dr. H. H', Stabsarzt ... in Metz. 2., erweiterte Aufl. Mit 81 mehrfarbigen Tafeln und 66 Abbildungen im Text. XVI + 740 S. 8. Berlin *und* Wien, Urban & Schwarzenberg, 1908. [M. 25. —, geb. 28. —]
1. Aufl. 1906. (Prof. W. K' war damals in Berlin.)

Kolle, W., s.: Berichte üb. die Wertbestimmung des Pariser Pestserums.

Kolle, W., s.: Handbuch der pathog. Mikroorganismen.

Kolle, Wilhelm [aus Uslar '(Prov. Hannover)']: Ueber Harncylinder bei Amyloidniere ... Leipzig, Buchdr. v. M. Hoffmann, 1892; 21 S. 8.
Würzburg, Med. Fak., Inaug.-Diss. v. 1892

— s.a. Lehrbuch der klinischen Untersuchungsmethoden.

Lehrbuch der klinischen Untersuchungsmethoden und ihrer Anwendung auf die specielle ärztliche Diagnostik. Unter Mitarb. von ... hrsg. von A[lbert] Eulenburg, Wilhelm Kolle [u. a.]. Mit zahlr. Abb. Bd 1. 2. Berlin & Wien: Urban & Schwarzenberg 1903–05. 2 Bde 8°

Kolle, W., Die Mikroorganismen, s.: Flügge.

— Studien üb. das Pestgift, s.: Festschrift zum 60. Geburtstage v. Robert Koch.

— milchhygienische Untersuchungen. (Aus dem Institut f. Infektionskrankheiten zu Berlin.) (82 S.) gr. 8. Jena 904. G. Fischer. n. 1. 20
Sonderabdruck aus: „Klin. Jahrb."

— u. Katscher, vergleichende Untersuchungen üb. verschiedene Verfahren der Typhusschutzimpfung, s.: Ueber Typhus-Schutzimpfungen.

— u. E. Meinicke, Untersuchungen an den in El Tor isolierten Vibrionenkulturen. (12 S.) gr. 8. Jena 905. G. Fischer. n. — 60
Sonderabdruck aus: „Klin. Jahrb."

— s.: Volksseuchen.

Kolle, W[ilhelm]. Über Wohnungsdesinfektion, im besonderen über Formaldehyd-Verfahren und Versuche mit Autan. Vortrag, gehalten am 5. Februar 1907 im medizinisch-pharmazeutischen Bezirksverein zu Bern. [Mit Figuren.] 42 S. 8. Bern, A. Francke, 1907. [fr. 1. 50]

Kölle, Gebrüder, d. Ulmer Gemüsegärtner. Eine genaue Anweis., alle Gemüse, Salate, Gewürz- u. Küchenkräuter z. ziehen; nebst Anh. üb. Samenzucht. gr. 16. Stuttgart, 1856. Hoffmann. — 22½

Kölle, Gebr., der ulmer Gemüsegärtner. Eine genaue Anweisung, alle Gemüse, Salate, Gewürz- und Küchenkräuter zu ziehen; nebst Anhang über Samenzucht. gr. 16. (XVI und 260 S.) Stuttgart 856, Hoffmann'sche Vrlgsh.

[F.] Die Vermögenssteuer der Reichsstadt Ulm vom Jahre 1709, ihr Ursprung u. ihre Weiterentwicklg bis z. Ende d. Reichsstadt im Jahre 1802. Von Dr. Adolf **Kölle**, prov. Finanzamtmann in Backnang. *Stuttgart: W. Kohlhammer 1898.* (1 Bl., IV, 136 S.) 1 Bd 8. [98. 6197

Koelle, Aug., die Branntweinbrennerei mittelst Wasserdämpfen, begründet durch Anwend. e. eigenthüml. Apparats u. Verfahrens. Zugleich als Revision d. ganzen Gewerbs, nebst Ideen zu e. künstl. Vermehr. d. Alkohols im Gährungsprozesse, so wie zu e. unmittelbaren Erzeugung dess. aus seinen Factoren ohne alle Gährung. M. 6 Kpfrt. (gr. 4.) gr. 8. (34 B.) Berlin 830, Amelang. Thlr. Vgl. Gall, Ludw.

Kölle, August: Die Branntweinbrennerei mittelst Wasserdämpfen, begründet durch Anwendung eines eigenthümlichen Apparats und Verfahrens von August Kölle, geprüft und beleuchtet von Ludwig Gall. ... Trier: Gall 1830. 52 S., 1 Taf. -- 100*.121*

Koelle, (Aug.,) System der Technik. gr. 8. Berlin 822, Amelang.

Koelle, Aug., Johann Jakob Wagner, s. Adam, Phil. Ludw.

— üb. d. Wesen u. die Erscheinung d. Galvanismus. Oder Theorien d. Galvanismus u. d. geistigen Gährung, mit Andeutungen üb. d. materiellen Zusammenhang d. Naturreiche. gr. 8. Stuttg. 825, v. Cotta.

·Paragraphen, Hundert, über Schwaben überhaupt und Württemberg insbesondere (von *Christoph Friedr. Karl Kölle*). O. O. 1836.
Anon.-Lex. III. p. 255 (nach Heyd).

Kölle, Friedr., einige Anliegen Deutschlands. Besprochen. 1. u. 2. Thl. gr. 8. (38 B.) Stuttgart 844, Hallbergersche Vrlgsh. à 1

Kölle, Friedrich (Hrsg.), s. ... Bericht. Schweizerische Anstalt für Epileptische in Zürich.

Kölle, Friedr., Betrachtungen üb. Diplomatie. 8. (21¼ B.) Stuttgart u. Tübingen 838, Cotta'sche Buchh.

— s. B. Gracian, die Männerschule.

— s. a. Paris im Jahre 1838.

PARIS im Jahre 1836 (von *Friedr. v. Kölle*). Mit 1 grossen Plan von Paris. Stuttgart und Augsburg, Cotta, 1836. 8°. VI u. 305 S. (2 Rthl.) (4 Mk. L. Rosenthal, 1910.)
Anon.-Lex. III. p. 256 (nach Kayser u. Engelmann).

— s. Rom im Jahre 1834.

Kölle, F., s.: Verhandlungen der II. schweiz. Konferenz f. das Idiotenwesen.

Kölle, Friedr., Italiens Zukunft. Beiträge zur Berechnung der Erfolge der gegenwärtigen Bewegung. gr. 8. (VIII und 327 S.) Stuttgart 848, Cotta'sche Buchh.

Kölle, Frdr. Ludw., Formenlehre der französischen Sprache, gegründet auf methodische Entwicklung der Regeln über die Aussprache, als Einleitung in die Conversation, das Lesen u. das Schreiben dieser Sprache. Für den Schulgebrauch bearb. Stuttgart 859. Metzler. gr. 8. (VIII, 304 S.) n. 18 ngr

— englisches Sprachbuch. Naturgemäße Anleitung zur vollständ. Erlernung des Englischen. Das Lesen und Verstehen. In 3 Abthlgn. 1. Orthoëpie mit Vorschule. 2. Etymologie. 3. Leseschule. Neue (Titel-)Ausg. gr. 8. (XVIII und 346 S.) Stuttgart (850), [Cammerer.]

— englisches Sprachbuch. Naturgemäße Anleitung zur vollständigen Erlernung des Englischen. Das Lesen u. Verstehen. In 3 Abthlgn. 1. Orthoëpie mit Vorschule. 2. Etymologie. 3. Leseschule. Neue Ausg. Stuttgart 860. Beck. (Cammerer.) gr. 8. (XVIII, 346 S.) 18 ngr

Georg Friedrich Ephraim Karl Koelle

De Diagnosi ulcerum. Erlangae 1814: Kunstmann. VI 38 S. 8°
Erlangen, Med. Diss. v. 1814

Kölle, Gotthold [aus Ebersbach (Württemberg)]: **Beiträge zur Kenntnis des Cers.** Zürich 1898. 2 Bl. 50 S. 8°.
Zürich, Phil. Diss. II. S. 1898/99.

Kölle, Gust., Opern-Typen. Naive Darstellungen von Scenen aus den beliebtesten Opern. 6 Hefte. qu. gr. 4. (à Heft 9 Chromolithogr.) Berlin 882,83, Kölle.
geb. mit Goldschn. à Heft *M 5. *

Koelle, D. Heinrich, De fundamentis usurarum praestationis. Comment. jurid.-philos. Erlang. (Kunstmann) 1796. 34 S. (5.—) 18924

Kölle, Heinrich Christ. Ernst

— Grundl. d. gem. deutsch. u. preuß. Criminalrechts. 8. Erlang. Palm. 797.

Kölle, Hnr. Chr. Er., über die Collisionen der Beweise. 8. Leipz. 794. Fr. Fleischer. 6 gr

— Lehrbuch der Geschichte der in Deutschland geltenden Rechte. 1r Thl. gr. 8. Erl. 797. (Heyder). 12 gr

— **Heinr. Christ. Ernst** (Baruthinus), Praedes periculi maritimi apud Romanos. Dissertatio ad illustrandum locum Ciceronis (ad divers. 2. ep. 17.) Präs. D. Ernst Ferdin. Klein. Halle (Franck) 29. XII. 1794. 66 S. (6.—) 18925
Gew.: Johann Theophil Wagner, D. Georg Michael Koelle (Vater). — Widm. v. Präs.

— praedes periculi maritimi ap. Romanos. 8. maj. Halae, Kümmel. 795.

Kölle, Hermann, approb. Arzt aus Giessen: **Aus d. Universitäts-Augenklinik zu Giessen. Ein Fall von Lidgangrän nach Scharlach mit Conjunctivitis diphtheritica. Mit 2 Abb.** *Giessen 1902: v. Münchow.* (22 S.) 8°
Giessen, Med. Diss. v. 1902

— **Johann Adam Christoph,** De spectando in conventionibus initio pauca quaedam capita. Präs. Gottfried Daniel Hoffmann. Tübing. (Erhard) 4. III. 1765. 30 S. m. Widm. v. Präs. (6 —) 18926

— — De odio revisionis cameralis sublato ad capitulat. noviss. art. XVII. §. 2. pr. Disp. jur. Präs. Gottfried Daniel Hoffmann. Tübing. (Fues) Aug. 1767. 42 S. (6.20) 18927

Kölle, Johann Ludwig Chr.,
s.a. Kolle, Johann Ludwig Chr.

Kölle, Jh Ldw. Chr., († d. 30. Juli 1797.) specilegium observation. de aconito. 8maj. Erl. 787. auch mit Jahrsz. 788. Palm. 5 K

— s. Flora d. Fürstenth. Bayreuth.

Kölle, K. Der Sprechunterricht bei geistig zurückgebliebenen Kindern. Ein Leitfaden für Lehrer an Hülfsklassen für Schwachbegabte, an Idioten-Anstalten und für die Familie. Kl. in-8°. 44 S. Zürich, Alb. Müller's Verlag. 1896 1 —

Koelle, Ludmilla, s. Zehnpfennig-Bibliothek Nr. 1 u. 2.

Kölle, Marie, das Waldecker Schlößchen od. Die Sage v. der Jungfrau vom Schacht. Dichtung. Mit Textillustr. Titelbild v. Eug. Olpp. (46 S. m. 4 Taf.) kl. 8. Calw (906). P. Olpp. Kart. n. 1. 25

Kölle, Martin, aus Stuttgart: **Beiträge zur Kenntnis des Hämatins und seiner Spaltungsprodukte.** *Tübingen: F. Pietzcker 1898.* (32 S.) 8°
Tübingen, Naturw. Diss. v. 1898

Der Odd-Fellow-Orden. Kurze Darstellung von Ph. Kölle. Leipzig: Grimm 1886. 35 S. 8°.

Kölle, Rud., über Bimethyl- und Biäthylprotokatechusäure, s. Mittheilungen aus dem chem. Laboratorium der Universität Innsbruck.

—— über Sulfoparaoxybenzoësäure. Lex.-8. (6 S.) Wien 872, (Gerold's Sohn.)
Aus: Sitzungsberichte der k. Akademie der Wissenschaften, besonders abgedruckt.

Kölle, Thdr., s.: Bericht der Geh. Hofrat Dr. Flamm-schen Privat-Heilanstalt f. psychisch Kranke in Schloss Pfullingen.

Kölle, Theodor. Gerichtlich-psychiatrische Gutachten aus der Klinik des Herrn Prof. Dr. Forel in Zürich für Ärzte u. Juristen. Mit e. Vorwort v. Prof. Dr. *A. Forel*. Gr. in-8°. X, 322 S. Stuttgart, F. Enke. 1896 10 70

Kölle, Theodor [Volontärarzt d. k. w. Staatsirrenanst. Zwiefalten]: Ueber die Variabilität der Wahnvorstellungen und Sinnestäuschungen ... (Aus: Zeitschr. f. Psychiatrie etc., Bd. Berlin, *Druck v. G. Reimer*, 1892; 45 S., 1 Bl. 8.
München, Med. Fak., Inaug.-Diss. v. 1892

Koelle und Comp., Wilh., Rosen-Garten-Kalender mit dem Wissenswerthesten über Rosen-Kultur. 8. (32 S. mit eingedr. Holzschn.) Augsburg 883, Schmid'sche Verlagsh.
—— dass. — 2. verm. Aufl. 8. (48 S. mit eingedr. Holzschn.) Ebendas. 884.

Koelle und Comp., Wilh., Rosen-Garten-Kalender mit dem Wissenswerthesten über Rosen-Kultur. 8. verm. Aufl. 8. (48 S. mit eingedr. Holzschn.) Augsburg 885, Schmid's Verlag.

Kölle, William, Medizinal-Prakt. und **Assistent an der hydrotherapeutischen Anstalt der Universität Berlin: Aus** der hydrotherapeutischen Anstalt der **Universität Berlin.** Leiter: Geh. Med.-Rat Prof. Dr. L. **Brieger**) und der Experimentell-biologischen Abteilung des Pathologischen Institutes der Universität Berlin (Vorsteher: **Privatdozent** Dr. A. Bickel). Experimentelle **Untersuchungen** an Tieren zur Kenntnis der Wirkungen des Abyssinins. Leipzig 1906: B. Georgi. (31 S.) 8°
Leipzig, Med. Fak., Ref. Boehm, Diss. v. 27. Juli 1906
[Geb. 16. Juli 80 Kedabeg, Rußland; Wohnort: Berlin-Grunewald; Staatsangeh.: Preußen; Vorbildung: Kais. Augusta-Gymn. Charlottenburg Reife O. 00; Studium: Berlin 1, Tübingen 2, Heidelberg 1, Kiel 6 S.; Coll. 7 Aug. 06; Approb. 8. Aug. 05.]

Düsseldorfer Ausstellung. Gruppe 21. Soziale Wohlfahrtspflege im Bergischen Lande. Private Wohlfahrtspflege für Fabrikarbeiter, Beamte und ihre Familien im organ. Zusammenhang mit d. Sozialen Reform d. Reiches nebst typischen Beispielen u. Formularen aus d. Praxis. Hrsg. v. Bergischen Ver. f. Gemeinwohl. Bearb. von **Georg Kolleck** u. Dr. **Franz Ziegler**. *Berlin: Bruer & Co. 1903.* (XIX, 285, 184 S.) 8° [illegible]

Kollecker, Erich, appr. Arzt a. Tilsit: Aus der chirurgischen Universitäts-Klinik zu Kiel. Ein Fall von Gallensteinileus. Berlin 1905: A. W. Schade. (15 S.) 8°
Kiel, Med. Fak., Ref. Helferich, Diss. v. 7. Juli 1905
[Geb. 30. Jan. 76 Tilsit; Wohnort: Tilsit; Staatsangeh.: Preußen; Vorbildung: Gymn. Tilsit Reife M. 97; Studium: Konigsberg 5, Berlin 5, Kiel 3 S.; Coll. 6. Juni 05; Approb. 11. März 04.]

Kolleffel, Joh. Lamb., Geographica Sueviae Universae Descriptio. Impensis J. A. Pfeffel. Nunc apud Homannianos Heredes. Augustae Vindelicorum [1755?] 6 Bll.
(Br. Mus.)

Kolleg besuchen u. schwänzen. Ein Wort zu den Auslassgn. des derzeit. Rektors der Berliner Universität, Hrn. Geh. Regierungsrates Professor Weinhold bei Gelegenheit seiner Antrittsrede v. Commilito. gr. 8. (16 S.) Frankfurt a/M. 894. Gebr. Knauer. n. — 30

Kollegg, E., die Fettleibigkeit, ihre Entstehung, Verhütung u. naturgemässe Behandlung. Gemeinverständlich dargestellt. (47 S.) gr. 8. Leipzig (904). E. Demme. n. 1. —

— Gicht, Rheumatismus u. Hüftweh (Ischias). Ursachen, Verhütg. u. naturgemässe Behandlg. Gemeinverständlich dargestellt. (46 S.) gr. 8. Ebd. 903. n. — 75

— die Halskrankheiten: Husten, Schnupfen, Heiserkeit, Kehlkopf- u. Luftröhren-Entzündung, Grippe u. Influenza. Verhütung u. naturgemässe Heilg. Gemeinverständlich dargestellt. (48 S.) gr. 8. Ebd. 903. n. — 75

— im Licht ist Kraft u. Leben od.: Das elektr. Lichtbad u. seine Heilwirkgn. Erfahrungen e. Arztes bezügl. der Wirkgn. des elektr. Lichtes bei der Krankenbehandlung. (20 S.) 8. Ebd. (904). n. — 25

Das Kollegium der sechzehn Frauen und der Dionysosdienst in Elis. 24 S. Progr. G. Weimar 1883

Kollegium, das, der Fürsten- u. Landesschule Grimma von 1849—1900. Zur Feier des 350jähr. Bestehens der Anstalt. gr. 8. (V, 106 S. m. 1 Tab.) Grimma 900. (G. Gensel's Verl.) n. 2. —

Kollegium, das, Immaculatae Virginis zu Kalksburg von 1856—1906. Festschrift zur Jubelfeier seines 50jähr. Bestandes. Von einem „Alten" gewidmet den „Jungen" u. „Alten". (IV, 69 S. m. Abbildgn. u. Taf.) 4. Wien 906. (H. Kirsch.) n. 10. —

Kollegorsky, Woldemar [aus Nicolajew (Russland)]: Über Abkömmlinge des Benzylidenmethylamins. Basel 1899. 32 S. 8°.
Basel. Phil. Diss. 1898/99.

KOLLEKTANEEN-BLATT FÜR DIE GESCHICHTE BAYERNS insbesondere für die Geschichte der Stadt Neuburg a. d. D. und des ehemaligen Herzogtums Neuburg, bearbeitet von Mitgliedern des historischen Vereins zu Neuburg.
Jahrg. 48.*) 1884. Mit 5 Münztafeln, 5 lithographischen Beilagen und 1 Tafel in Lichtdruck. Neuburg a. D. Griessmayersche Buchdruckerei. 8°.

KOLLEKTANEEN-BLATT FÜR DIE GESCHICHTE BAYERNS insbesondere des ehemaligen Herzogtums Neuburg herausgegeben von dem historischen Verein Neuburg a. D.
Jahrg. 49.*) 1885. Mit 1 Tafel in Lichtdruck und 5 lithographischen Beilagen. ib. —

INHALTSVERZEICHNIS zu den bis jetzt erschienenen 50 Jahrgängen des Neuburger Kollektaneenblattes. Neuburg a. D. 1886. Griessmayersche Buchdruckerei. 8°.

KOLLEKTANEEN-BLATT FÜR DIE GESCHICHTE BAYERNS, insbesondere des ehemaligen Herzogtums Neuburg,
herausgegeben von dem historischen Verein Neuburg a. D.
Jahrg. 50. 1886. Mit 2 Lichtdruck-Tafeln. Neuburg a. D. Griessmayer'sche Buchdruckerei. 8°. —. 51. 1887. Mit 2 Lichtdruck-Tafeln und 1 Plan nebst Situationszeichnung. ib. —. 52. 1888. Mit 1 Lichtdruck-Tafel und 1 Situations-Plan Neuburgs vom Jahre 1703. ib. —. 53. 1889. Mit 2 Tafeln. ib. —. 54. 1890. Mit 1 Karte. ib. —. 55. 1891. ib. —. 56. 1892. ib. —. 57[1]). 1893. Mit 1 Lichtdrucktafel. ib. —. 58. 1894. Mit 2 Abbildungen. ib. —. 59[2]). 1895. Mit 1 Abbildung. ib. —. 60[3]). 1896. Mit 1 Abbildung. ib. —. 61[4])[5]). 1897. Mit 2 Abbildungen und 2 Plänen. ib. —. 62[6]). 1898. Mit 3 Abbildungen. ib. —. 63[7]). 1899. Mit 1 Abbildung. ib. —. 64. 1900. ib. —. 65. 1901. ib. —. 66. u. 67. 1902/3. ib. —. 68[8]). 1904. ib. —. 69[9]). 1905. Mit zwei Abbildungen. ib. —. 70. 1906. ib. —. 71. und 72. 1907/08. Mit vier Beilagen. ib. —.

A. m. d. Umschlagtitel: NEUBURGER KOLLEKTANEEN-BLATT. Jahrg. 50—59. 1886—1895.

[1]) In Jahrg. 57. 1893: Alphabetisches Register zur Geschichte des ehem. Pfleg- und Kastenamtes Nassenfels nebst Beiträgen zur Geschichte des Hochstifts Eichstätt überhaupt (Teil I—IX) von OTTO RIEDER. Separatabdruck aus dem Neuburger Kollektaneen-Blatte. Neuburg a. D. 1894. —

[2]) In Jahrg. 59. 1895: Zusammenstellung der Bücher, Handschriften, Karten, Pläne, Bilder etc. des historischen Vereins Neuburg a. D. incl. der Grasseggerschen Sammlung. ib. (1895.) —

[3]) In Jahrg. 60. 1896: Nachtrag zur Zusammenstellung der Bücher, Handschriften, Karten, Pläne, Bilder etc. des historischen Vereins Neuburg a. D.

[4]) In Jahrg. 61. 1897: II. Nachtrag zur Zusammenstellung der Bucher, Handschriften, Karten, Pläne, Bilder etc. des historischen Vereins Neuburg a. D.

[5]) In Jahrg. 61. 1897: Katalog der Münz-Sammlung des historischen Vereins Neuburg a. D. (Mit 3 Blatt Karten.) ib. (1897.) Griessmayersche Buchdruckerei.

[6]) In Jahrg. 62. 1898: Die Häuser Neuburgs im achtzehnten Jahrhundert. Von Kreisarchivsekretär J. BREITENBACH. Neuburg a. D. (1898). —

[7]) In Jahrg. 63. 1899: III. Nachtrag zur Zusammenstellung der Bücher, Handschriften, Karten, Pläne, Bilder etc. des historischen Vereins Neuburg a. D.

[8]) In Jahrg. 68. 1904 mit besonderem Titelblatt: Neuburg und seine Fürsten. Ein historischer Versuch als Beitrag zur Geschichte des Fürstenthums Pfalz-Neuburg. Von F. A. FÖRCH. Unveränderter Abdruck aus dem Neuburger Kollektaneenblatt. 25. Jahrgang (1859). Neuburg a. D. Griessmayersche Buchdruckerei.

[9]) In Jahrg. 69. 1905 mit besonderem Titelblatt: K. Provinzial-Bibliothek Neuburg a. D. Katalog der neueren 1800 1904 erschienenen Werke. ib. — 8°.

KOLLEKTANEEN-BLATT FÜR DIE GESCHICHTE BAYERNS, insbesondere des ehemaligen Herzogtums Neuburg,
herausgegeben von dem historischen (später: Historischen) Verein Neuburg a. D.
Jahrg. 73. 1909. ib. —. (Darin mit bes. Titelbl.: Ergänzungen zur Geschichte des Bauernkrieges im Ries. Nach Akten des fürstlichen Archivs in Oettingen dargestellt von RICHARD MILLER. (I. Teil.))
74. 1910. ib. — (Darin mit bes. Titelbl.: Ergänzungen zur Geschichte des Bauernkrieges im Ries. Nach Akten des fürstlichen Archivs in Oettingen dargestellt von RICHARD MILLER. II. Teil. Die Abrechnung.)
75. u. 76. 1911/12. (Mit Tafeln.) ib. — Darin bes. Titelbl.: Die Familie von Reisach. Geschichtlicher Ueberblick mit Stammbaum. Hauptsächlich nach archivalischen, bisher unbenutzten Quellen bearbeitet von OTTO RICHTER. (Mit 1 Stammtafel.) ib. 1913. —

Kollektion, s. a. Collection.

— **Cronbach.** Skizzen u. Erzählgn. aus dem jüd. Kultur- u. Familienleben. 1.—5. Bd. 8. Berlin, S. Cronbach. à n. 1. 50
1. Aus dem Notizbuch d. Onkel Jonas. Humoresken aus dem jüd. Leben v. Siegm. Cronbach (S. Nolly). 11. Aufl. (VII, 160 S.) 893.
2. Der alte Grenadier. Die fidelen Alten. Zwei Erzählgn. v. S. Kohn. (V, 162 S.) 893.
3. Der Mitgiftdoktor. Ein Bild aus der Gegenwart v. C. Berg. 2. Taus. (192 S.) 892.
4. Der Herr Hofprediger hat gesagt . . . u. Anderes. Moderne Zeitbilder v. C. Berg. 2. Taus. (103 S.) 892.
5. Der Rabbi v. Liegnitz. Historische Erzählg. aus der Hussitenzeit v. A. Sammter. gr. 8. (156 S.) 891.

— **Esperanto.** 1. Bd. kl. 8. Leipzig 906. C. W. B. Naumburg. n. — 40
Vollständiges Lehrbuch der Weltsprache Esperanto m. zahlr. Uebungen. Nebst e. Anh., enth. die Auflösgn. der beigefügten Uebgn. Von Fritz Stephan. (40 S.)

— **Esperanto.** 1. Bd. kl. 8. Leipzig, R. Sattler. — 25
Was aus deutschen Wörtern im Esperanto geworden ist. Von Fel. Maier-Crossen. (20 S.) (909.)

— **Esperanto.** 2.—8. Bd. kl. 8. Leipzig, C. W. B. Naumburg. 6. 10
Körner, Thdr., Toni. Dramo en 3 aktoj. El la germano lingvo tradukita en la mondlingvon Esperanto de Fritz Stephan. (39 S.) 909. (7. Bd.) 1. —
Stephan, Fritz, Anekdotlibro (Anekdotenbuch). (42 S.) 910. (8. Bd.) 1. —
— Konversationsbuch der Weltsprache „Esperanto". (Übungsbuch des „Esperanto", Tl. II.) (65 S.) 908. (5. Bd.) — 80
— Privata kaj komerca korespondado en „Esperanto" kun klarigoj. (Übungsbuch des „Esperanto", Tl. III.) (63 S.) 908. (6. Bd.) 1. —
— Taschenwörterbuch der Weltsprache „Esperanto". I. Tl. Esperanto-Deutsch. (54 S.) 907. (2. Bd.) — 75
— Dasselbe. II. Tl. Deutsch-Esperanto. (70 S.) 907. (3. Bd.) — 75
— Übungsbuch der Weltsprache „Esperanto". I. Tl. (47 S.) 908. (4. Bd.) — 80

[Sidney] **Flowers Kollektion.** (Th. 1–4.) *Berlin: van Tuyl Daniels [1904].* 4 Bde 8° [Zusammenfass. Umschlagt.]
1 = Turnbull, Viktor: Lehrgang d. Persönl. Magnetismus …
2 = Jackson, Hiram: Ausführl. Anleitung z. Hypnotismus …
3 = Unterrichts-Kursus, Ein, über d. Heilmagnetismus …
4 = Atkinson, Will. Walker: Gedankenkraft im Geschäfts- u. Alltagsleben. [04. 13246

Flowers Kollektion. (Th. 1–4.) *Berlin: van Tuyl Daniels [1904].* 4 Bde 8° [Zusammenfass. Deckelt.]
1 = Turnbull, Viktor: Lehrgang d. persönl. Magnetismus. Selbstbeherrschung u. Charakterbildung.
2 = Jackson, Hiram: Ausführl. Anleitung z. Hypnotismus …
3 = Unterrichts-Kursus, Ein, über d. Heilmagnetismus …
4 = Atkinson, William Walker: Gedankenkraft im Geschäfts- u. Alltagsleben. [04. 8479

[Sidney] **Flowers Kollektion.** (Th. 1–4.) Berlin: van Tuyl Daniels [1905]. 4 Bde 8° [Zusammenfass. Umschlagt.]
1 = Turnbull, Victor: Lehrgang d. Persönl. Magnetismus … 6. Aufl.
2 = Jackson, Hiram: Ausführl. Anleitung z. Hypnotismus … 6. Aufl.
3 = Atkinson, Will. Walker: Gedächtnis-Ausbildung … übers. von J. H. Wallfisch. 2. Aufl.
4 = Atkinson, Will. Walker: Gedankenkraft im Geschäfts- u. Alltagsleben. 6. Aufl. [06. 3640 11

— **Iris.** 1. Bd. 8. Berlin, Iris-Verlag. n. 3.—; geb. n. 5.—
Histörchen. Ausgewählte Novellen. Von Guy de Maupassant. Übertr. v. Ludw. Wechsler. Umschlag u. Zierleisten v. A. Loges. (235 S.) (902.)

— **Manassewitsch.** Russische Klassiker m. durchweg accentuiertem Text zum Gebrauche in Schulen, sowie zum Selbststudium. Nr. 35—38. 8. Berlin 886. Leipzig, R. Gerhard. à n. — 50
Eine Unglückliche. Novelle v. J. S. Turgenjeff. (132 S.)

— dasselbe. Russische Klassiker m. durchweg accentuiertem Text zum Gebrauche beim Unterricht mit u. ohne Lehrer. 1.—5. u. 9.—11. Hft. 8. Ebd. 894. à n. — 50
1—5. Die Kapitainstochter. Roman v. A. S. Puschkin. 2., durchgeseh. u. verb. Aufl. 1.—5. Hft. (S. 1—160.)
9—11. Der Held unserer Zeit. Novelle v. M. Lermontoff. 2., durchgeseh. u. verb. Aufl. 4.—6. Hft. (S. 97—192.)
Die 1. Aufl. erschien u. d. T.: Collection Manassewitsch. — Die 2. Aufl. v. Hft. 6—8 erscheint später.

— **Manassewitsch.** Russische Klassiker m. durchweg accentuierten Text z. Gebr. beim Unterricht m. u. ohne Lehrer. 13.—16. Hft. 8. Leipzig, R. Gerhard. à n. — 50
13. 14. Assja. Novelle von Iwan Turgenjeff. 2. Aufl. (72 S.) 897.
15. 16. Der Dämon. Von M. Lermontoff. 2., durchges. u. verb. Aufl. (51 S.) 895.

— **Manassewitsch.** Russische Klassiker mit durchweg accentuiertem Text zum Gebrauche beim Unterricht mit u. ohne Lehrer. 17.—20. Heft. 8. Leipzig, R. Gerhard. à n. — 50
17—20. Der Revisor. Lustspiel. Von N. W. Gogol. 2. verb. Aufl. (131 S.) (903).

— Manassewitsch. Russische Klassiker m. durchweg akzentuiertem Text zum Gebrauche beim Unterricht mit u. ohne Lehrer. 1.—5., 21. u. 31.—34. Heft. 8. Leipzig, R. Gerhard. à Heft — 50
Gogol, N. W., Memoiren eines Wahnsinnigen. 2., v. Abicht durchgef. u. verb. Aufl. (32 S.) (907.) (Heft 31.)
Puschkin, A. S., Eugen Onjägin. 2. Aufl. (S. 1—32.) (910.) (Heft 21.)
— Die Tochter des Hauptmanns. Roman. 3., v. Abicht durchgesch. u. verb. Aufl. 1.—5. Heft. (160 S.) (907—10.) (Heft 1—5.)
Turgenjev, J. S., Klara Militsch (Macht der Liebe). Novelle. 2., von v. Marnitz verb. Aufl. (S. 33—91.) (910.) (Heft 32—34.)

— von 16 Normal-Jacketts. Schnitte in Naturgröße. Imp.-Fol. (4 Taf.) Nebst Text. gr. 4. (8 S.) Dresden 899. Expedition der europ. Modenzeitg. n. 1. 75

Kollektion Stern. Nr. 1 u. 2. 8. Zürich 896. Leipzig, Verl. v. Stern's „Literar. Bulletin". à n. 1. 60
1. Die es that. Von Grant Allen. Nach d. 17. Aufl. d. Originals besorgte, autor. Übersetzg. v. Sophie Wiget. (179 S.)
2. Feindschaften. Lebensbilder aus d. österr. Voralpen. Von Karl Bienenstein. (VII, 102 S.)

Brüssel 1910. **Kollektiv-Ausstellung** der deutschen Präzisions-Mechanik und Optik. Veranstaltet von d. Deutschen Ges. f. Mechanik u. Optik. Leipzig [1910]: Hönnicke. XIII, 142 S. 8° [11. 16333

Kollektiv-Ausstellung des Vereins für die bergbaul. Interessen im Oberbergamtsbez. Dortmund auf der Industrie- u. Gewerbe-Ausstellung f. Rheinland, Westfalen u. benachbarte Bezirke, verbunden m. e. deutsch-nationalen Kunstausstellg., in Düsseldorf 1902. (Katalog.) 8. (VII, 6, 191 S. m. 2 Plänen u. 17 Taf.) Berlin (902). J. Springer. n. 1.—

[Umschlagt.:] **Collectiv-Ausstellung** Berliner Wäsche-Fabrikanten. Berliner Gewerbe-Ausstellung 1896. Gruppe II, Abt. D. *(Berlin: [Dr. v.] D. Löwenstein 1896.)* (8 S.) 1 Bd 8. [97. 7146

Kollektiv-Ausstellungen des Vereins für die Interessenten der rheinischen Braunkohlenindustrie Köln. (61 S 2 T) Düsseldorf 1902

Kollektiv-Unfall-Versicherungsvertrag zwischen der Technischen Hochschule zu Dresden und der Allgemeinen Renten-Kapital- und Lebensversicherungsbank 'Teutonia' in Leipzig. [Fing. T.] *Dresden (1900): B. G. Teubner.* (18 S.) 8° [03. 7160 8

Kgl. Sächs. Technische Hochschule. **Kollektiv-Unfall-Versicherung** der Kgl. Sächsischen Technischen Hochschule bei der Versicherungsaktiengesellschaft Teutonia in Leipzig vom 28. 9. 1910.

Köllen, Pet., Kölner Liederheft für obere Klassen in Mädchenschulen. 8. Aufl. 8. (III, 108 S.) Düsseldorf 886, Schwann. *

Köllen, Pet., Liedersammlung für obere Klassen in Mädchenschulen. 1. Aufl. (99 S.) 874, und 2. Aufl. 8. (IV, 100 S.) Cöln und Neuß 875, Schwann's Verlag. *

v. Kollenau, Marie, oder die deutsche Hausmutter. Trspl. in 5 A. 8. Wien 792. Wallishausser. 8 𝒦

KOLLENBERG, Agnes v., eine dramatisirte Sage aus den Ritterzeiten. Mit 1 Kupfer. Breslau, Korn, 1794. 12°. Rar!

Kollenberger, Johann Heinrich (Heilbrunnensis), Dissertatio de inhabitatione dei gratiosa, ex II. Cor. VI. XVI. Präs. Joh. Georg Dorsche. Strassburg (Johann Philipp Mülb) März 1684. 32 S. (6.80) 19120

— — Dasselbe. 1713. 36 S. (6.50) 19121

Köllenberger, Berthold: Sprachgeschichtliche Fragen im französischen Unterricht an lateinlosen Schulen. Heidelberg 1910: Rößler. 34 S. 4°
Heidelberg, OR P 1910 (855)** [S 10. 228

Köllenberger, M., Sendschreiben d. bayerischen Landgerichts-Assessoren an die Machthaber u. Landstände Bayerns. 8. Regensburg 822. (Augsburg, Kollmann.) 1/2 ℛ

Köllenberger, M., Sendschreiben d. baier. Landgerichts-Assessoren an die Machthaber u. Landstände Baierns. 8. o. O. (Regensb.) 822. Pustet. 12 𝒦

Kollenbrunner, E., s.: Vierteljahrsschrift, schweizerische, f. Zahnheilkunde.

Kollenetz, Ambr., († d. 29. Aug. 1818.) Betrachtt. über d. sieben Worte d. sterbenden Heilands, s. o unten: Predigten über d. Leiden u. Sterben ꝛc.

Kollenetz, Ambr., Betrachtungen üb. d. sieben Worte d. sterbend. Heilands, in Predigt. gr. 8. Breslau, Korn d. ält. 789.

— Fastenpredigten, in 3 Jahrgg. 8. Bresl. 784. N. A. 797.

— kurze Feldpredigten, zur Ausbild. treuer Kriegsmänner. gr. 8. Bresl. 788. J. F. Korn. 20 𝒦

Wahre Grösse der Beherrscher. Bey der Geburtsfeyer unsers Königs. In einer Rede, auf dem Hörsaale der Bresslauer Universität vorgetragen von Prof. Kollenetz, Mitgliede des Königl. Schulen-Instituts. Breslau 1784. fol.

— Katechismuspredigten für alle Sonn- u. Festtagstage d. Jahres, an die Landleute. 3 Bde. gr. 8. Bresl. 793. J. F. Korn. 2 ℛ

— d. Leiden Jesu nach d. 7 Hauptgegenständen, s. o. unten: Predigten üb. das Leiden u. Sterben ꝛc.

— neues vollständ. Lexikon für Prediger, worin moral. Grundwahrheiten u. katechet. Religionsgründe erläutert werden ꝛc. 3 Thle. gr. 8. Bresl. 789. J. F. Korn. 4 ℛ

— Oden u. Lieder. gr. 8. Bresl. 784. J. F. Korn. 6 𝒦

KOLLENETZ, AMBROSIUS: Der Prediger in jedem Nothfalle u. a. Sonn- und Festtagen des ganzen Jahres. Tyrnau o. J. o. Dr.

— d. Prediger in jedem Nothfalle, üb. Sonn- u. Festtags-Evangelien. 4 Thle. gr. 8. Bresl. ... 2e Aufl., 1r Thl. 787. J. F. Korn. 1 ℛ 12 𝒦

— neues vollst. Predigerlexicon. 3 Thle. gr. 8. Ebend. 789.

— Predigten üb. alle Festtage, die gegenwärtig allgemein in d. kathol. Kirche gefeiert werden u. über alle Apostelfeste. 4 Thle. od. Jahrgg. gr. 8. Bresl. 785—95. J. F. Korn. 3 ℛ 8 𝒦

Kollenetz, Ambr., Predigten üb. das Leiden u. Sterben unsers Herrn Jesu Christi. 3 Thle. gr. 8. Bresl. 782—84. 2e Aufl. 792—97. J. F. Korn. 1 ℛ 4 𝒦 (1r Thl. 12 𝒦 2r Thl., oder: Betrachtt. über die 7 Worte des sterbenden Heilandes, in 7 Predigten. N. Aufl. 792. 8 𝒦 3r Thl., od.: Das Leiden Jesu nach d. 7 Hauptgegenständen. N. Aufl. 797. 8 𝒦)

— neue **Predigten** a. alle Sonnt. d. J. 2 Thle. gr. 8. Ebd. 793.

— neue Predigten zur pflichtmäß. Unterweisung einer jeden christl. Gemeinde auf alle Sonntage d. Jahres. 2 Thle. gr. 8. Bresl. 793. J. F. Korn. 1 ℛ 16 K

— Predigten in jed. Nothfalle üb. alle Sonn- u. Festt. des ganz. J. 4 Thle. gr. 8. Ebend. 787.

— Predigten üb. alle Sonntage d. Jahres. 2 Thle. gr. 8. Bresl. 787. J. F. Korn. 1 ℛ 12 K

— Rede am Jahrgedächtniß der Thronbesteigung Friedrich Wilhelm's II. gr. 8. Bresl. 793. J. F. Korn. 4 K

— Rede am Jahrgedächtniß der Thronbesteigung Friedrich Wilhelms II. gr. 8. Ebend. 794.

— Rede üb. die Pflichten eines rechtschaff. Unterthanen gegen seinen König. gr. 8. Bresl. 793. J. F. Korn. 2 K

— Samml. poet. Aufsätze, s. Sammlung.

— Trauerrede auf Friedrich II. gr. 8. Bresl. (J. F. Korn). 2 K

— kurze Trauungs- und Leichenreden. gr. 8. Ebendas. 792.

— 12 kurze Trauungs- u. Leichenreden. 1r Thl. gr. 8. Bresl. 792. J. F. Korn. 8 K

KOLLENITZ, ANDREAS: Der in dem Acker verborgene Schatz, dass ist die wunder und gnadenreiche Thaler-Bildnuß Mariä unweit Preßburg in dem Kloster Mariä Thal Ordens des H. Pauli ersten Einsiedlers, dero Ursprung, Begräbniß und Wiederfindung. Aus dem Lateinischen ins Teutsche übersetzt von Anselmus Klämpfe Ord. S. Pauli. Wr. Neustadt: Hübschlische Erben. 1714, 119 S. - 120 mm

Kollenscher, Max, Aufgaben jüdischer Gemeindepolitik. (12 S.) gr. 8. Posen 905. Philipp. n. — 30

Kollenscher, Max: Das Beneficium inventarii nach Justinianischem und heutigem gemeinen Recht. *Würzburg 1898: Becker.* (99 S.) 8°
Würzburg, Jur. Diss. v. 1898

Kollenscher, M., Heimarbeit, s. Fortschritt, soz.

Kollenscher, Max, Heimarbeit. 8°. Leipzig, F. Dietrich, 1906. (Sozialer Fortschritt, Heft 29.)

Kollenscher, Max, Rechtsfähigkeit der Berufsvereine, s. a. Fortschritt, sozialer.

Kollenscher M, Rechtsfähigk. d. Berufsver. (16 S) (Soz. Fortschr. 94) Leipzig 1907

— Rechtsverhältnisse der Juden in Preußen, s. a. Guttentag's Sammlung preußischer Gesetze.

Rechtsverhältnisse der Juden in Preußen. Text-Ausg. mit Einl., Anm. u. Sachreg. von Dr. Max **Kollenscher**, Rechtsanwalt. Berlin: Guttentag 1910. VIII, 199 S. 8°
(Guttentag'sche Sammlung Preussischer Gesetze. Nr 45.)

— Die Reform des Zivilprozesses, s. a. Kultur u. Fortschritt.

Kollenscher M, die Reform des Zivilprozesses. (32 S) (Kultur und Fortschritt 129/130) Gautzsch 1907

Zionismus und Staatsbürgertum. Von Rechtsanw. Dr. Max **Kollenscher.** Hrsg. von d. Zionist. Ortsgruppe Posen. *Berlin: Jüdische Rundschau [1904].* (8 S.) 8° [Umschlagt.]

— Zionismus u. Staatsbürgertum. Hrsg. v. der zionist. Ortsgruppe Posen. (8 S.) 8. Berlin (904). (Posen, Philipp.) n. — 20

Koller, A. (II.), Bericht über Unterrichtswesen, s. Wettstein, II.

Koller, A. (I.), die Leiche im Seewalde, s. Eisenbahn-Unterhaltungen.

Koller, A. Ueber die Organisation der Gymnasien in den sprachlichen Grenzgebieten. (Aus dem 18. Gymnasiallehrerheft.) Gr. in-8°, 14 S. Aarau, H. R. Sauerländer. 1876

— (Red.), s. Schularchiv, Schweizerisches.

Koller, A. (Sekundarlehrer). Die Schulbaufrage in Zürich. Bericht der städt. Schulbaukommission. 8°. Zürich, Druck von Schiller & Cie. 1878

Koller, A. (Sek.-Lehrer in Zürich). Ueber zürcherische Schulbauten. Siehe: „Jahresbericht der schweiz. perm. Schulausstellung f. d. Jahr 1879".

Koller, Adolf

Koller, A., die unbegründeten Angriffe gegen die öffentlichen Feuerversicherungs-Anstalten. Berlin 869. (Mittler & Sohn.) gr. 8. (86 S.) n. 8 ngr.

Koller, A., Dr. jur. Archiv des norddeutschen Bundes. 5. Bd. Gesetze, Parlaments-Verhandlungen, diplomatische Actenstücke, Berichte, Telegramme etc. betreffend den deutsch-französischen Krieg von 1870/71. Im Vereine mit mehreren Fachmännern herausgegeben. 8. Berlin 1874.

— die Demokratisirung des Wahlrechts in England u. ihr Einfluss auf die parlamentarische Regierung. [Theilweise Sep.-Abdr. aus dem Archiv des norddeut. Bundes u. Zollvereins.] Berlin 869. Kortkampf. gr. 8. (71 S.) n. 12 ngr.

Koller, Adolphe s. Fragnière, Etienne, et Koller, Adolphe.

— die Gewerbe-Ordnung für den norddeutschen Bund vom 21. Juni 1869. Aus den Materialien ausführlich erläutert. gr. 8. (XX, 256 S.) Berlin 869, Kortkampf. geb. *

Koller, Adf., die Gewerbe-Ordnung für den norddeutschen Bund vom 21. Juni 1869. Aus amtl. Materialien ausführl. erläut. Mit sämmtl. vom Bundeskanzleramt und den Einzelstaaten erlassenen Ausführungs-Verordnungen, Instructionen und Erläuterungen und einem ausführl. Sachregister. 2. Aufl. gr. 8. (XX, 578 S.) Berlin 870, Kortkampf. 6 —

Koller, A., allgemeines deutsches Handelsgesetzbuch nebst Wechsel-Ordnung, Aktien-Gesetz, Seemanns- u. Strandungs-Ordng., sowie den Einführungs-Gesetzen. Für den prakt. Gebrauch zusammengestellt. 2. vervollständ. Ausg. gr. 8. (LIV, 230 S.) Berlin 875. Kortkampf. n. 4. 20

— die Verfassung des deutschen Reiches. Historisch, juridisch und pragmatisch erläutert. 1. Heft. Lex.-8. (208 S.) Ebendas. 875. *
Nicht weiter erschienen.

Koller, Albert, kleine Militär-Geografie von Europa. Für den Schulgebrauch bearb. gr. 8. (IV und 252 S.) Wien 855, Gerold's Sohn.

Koller, Alex., das Militär-Strafgesetz üb. Verbrechen u. Vergehen, s. a. Taschenausgabe (Manz'sche), der österr. Gesetze 24. Bd.

(F) Das Militär-Strafgesetz über Verbrechen und Vergehen vom 15. Jänner 1855 sammt den einschlägigen und ergänzenden Gesetzen und Verordnungen. 2., vollständig umgearbeitete Auflage. Redigirt von Dr. Alexander Koller. Wien. 1901. Manz. 8°. XVII, 712 S. K 6.—

Koller, Alex. Frhr. v., die Organisation des öffentl. Sanitätsdienstes in Oesterreich, s. Kusý v. Dúbrav, E.

Koller, Anna, neuestes vollständiges Kochbuch. Eine Anleitung, die Speisen eben so schmackhaft und zierlich, als schnell und sparsam zu bereiten. Blos aus den Ergebnissen eigener, vieljähr. Erfahrungen zusammengestellt. 8. (IV und 426 S.) München 851, Kaiser.

Koller, Arch., der neue prakt. Baubeamte, oder ausführliche u. zweckmäßige Anleit., jeden Bau sowohl im Großen als im Kleinen sicher zu führen u. zu leiten. 2 Bde. Mit 35 Kpf. gr. 4. Wien 815. Geistinger. 12 ₰ (Gerold das.) Hbg. Pr. 8 ₰ (Vgl. auch Baubeamte, der.)

Koller. Der praktische Bau-Beamte. Mit Plänen. (3 Bde. Text und 1 Bd. Atlas.) 4 Wien 1797.

— — Zweite neue verbesserte Auflage. Mit Plänen. (3 Bde. Text und 1 Bd. mit Kupfertaf.) 4. Wien 1800.

Koller, Arnold [von Herisau. 1. Assistenzarzt der kantonalen Irrenheilanstalt Burghölzli, Zürich]: Ein Fall von Situs viscerum inversus totalis und seine Bedeutung. Berlin 1899. 36 S. 8°. (Sep.-Abdr. aus Virchow's Archiv für pathologische Anatomie und Physiologie und für klinische Medicin. 156. Bd.)
Basel. Med. Diss. 1898/99.

Koller, Arnold. Statistique démographique et pathologique de l'Asile de Cery ⟨Vaud⟩ de 1881 à 1900. [Avec des figures et 4 planches.] Extrait du «Journal de statistique suisse» [39e année, fasc. 1]. II + 34 p. 4. Berne, Stæmpfli & Cie, 1903.
Statistique du canton de Vaud. 5e Livr

Koller, B.: Über die Einwirkung von Geburt an gereichter, steigender Alkoholgaben auf den Organismus junger Hunde. D. 8°. Basel. 1891.

Koller, Benedikt Josef Maria

Koller: Der Almanach, s. a. Der Almanach 1810.

Koller, (Bdkt.) Jos. (Maria), der Almanach. Lstspl. in 3 A. 8. Leipz. 810. Hinrichs. 8 gr

– s. Aphorismen f. Schauspieler.

– s. Barga, P. A.: Quo ordine script. histor.

Koller, (Bdkt.) Jos. (Maria), dramat. Beiträge. (Enth.: das Debüt; 2) die wechselseitige Ueberraschung; 3) der Spuk; 4) Liebe ist die beste Lehrmeisterin; 5) der Zauberstein; 6) der Almanach.) 8. Leipz. 810. Hinrichs. 1 ₰

— das Debüt. Posse in 1 A. 8. Leipz. 810. Hinrichs. 6 gr

– s. Erzeugnisse aus d. Gebiete d. Wahren u. Schönen.

KOLLER, Benedikt Joseph (1769—98), Gedichte. Mit allegor. Titel-Vign. (unsign.). Wien 1793. bey Joh. Geo. Edlen v. Mößle, auf dem Graben Nro. 1174. 8°.
XXVI (incl. 1 Bl. Zuschr. an den Frhrn. van Swieten, Exc., u. 4 Bll. Pränum.-Verz.), 196 S., 2 Bll. Inh. u. Druckf. — Manches etwas derb u. frei; stellenw. famose Einfälle.

Koller, Benedkt. Jos. Maria, († d. 16. März 1798.) Gedichte. 8. Wien 793. Pazowsky. 16 gr

v. Koller, Benedkt. Jos., († d. 4. Sept. 1817.) Entwurf zur Geschichte u. Litt. der Aesthetik, von Baumgarten bis jetzt. 8. Regensb. 799. Montag u. W. 8 gr

ERNST und Scherz des Verfassers vom travestirten Herkules *(Benedict Josef Maria Koller)*. 1787. 8°. Selten!

– s. Herkules.

– s. Kammerhusar.

— u. Fr. Karl Sannens, Kinderschauspiele. 8. Wien 793. Pazowsky. 20 gr

— Conrad, Herzog v. Zähringen. Vaterländ. Schspl. in 5 A. 8. Regensb., Montag u. W. 14 gr

— Konvenienz u. Pflicht. Dramat. Gemälde. 8. Regensb. 766. Montag u. W. 8 gr

— Liebe ist die beste Lehrmeisterin. Lstspl. nach d. Französ. in 1 A. 8. Leipz. 810. Hinrichs. 5 gr

— der Okulist. Lstspl. in 5 A. 8. Regensb. 800. Montag u. W. 10 gr

—— s. Spuk, der.

—— s. Obrist Steinau.

— die wechselseitige Ueberraschung. Lstspl. in 2 A. 8. Leipz. 810. Hinrichs. 10 gr

— Verbrechen aus Liebe. Dramat. Gemälde in 3 A. 8. Basel 793. Schweighäusser. 6 gr

— der Zauberstein. Posse in 1 Akt. (4e Fortsetz. der „beiden Billets." 8. Leipz. 810. Hinrichs. 5 gr

Koller, C., Psalmen Davids allgemeinen religiösen Inhalts. Metrisch übersetzt. Mit Parallelstellen aus dem neuen Testamente. Zürich 858. Orell, Füßli u. Co. 8. (VIII, 87 S.) 12 ngr.

Koller, Carl, s. Koller, Karl

Koller, C., u. J. M. Lotter, Lesebuch f. Baugewerkschulen. Zugleich e. Hilfsbuch f. den Bauhandwerker. Mit 2 Anhängen: I. Schriftliche Arbeiten d. Gewerbetreibenden. Von C. Koller u. J. M. Lotter. II. Buchführung u. Wechselkunde f. Baugewerkschulen. Von E. Meyer. gr. 8. (XI, 344; 108 u. 53 S.) Nürnberg 890. Korn. n.n. 2.50: geb. n.n. 3.—

Koller, C., u. J. M. Lotter, Lese- u. Hilfsbuch f. Baugewerk-Schulen. Zugleich e. Handbuch f. den Bauhandwerker. Unter Mitwirkg. v. Eman. Meyer. 2. Aufl. gr. 8. (X, XVI, 512 S.) Nürnberg 894. J. Korn. Geb. in Leinw. n.n. 3.—

Koller, C., u. J. M. Lotter, Lese- u. Hilfsbuch f. Baugewerk-Schulen. Zugl. e. Handbuch f. d. Bauhandwerker. Unt. Mitwirkg. v. Eman. Meyer. 3. Aufl. gr. 8. (XXII, 512 S.) Nürnberg 897. J. Korn. Geb. in Leinw. n.n. 3.—

Koller, E., u. J. M. Lotter, Lese- u. Hilfsbuch f. Baugewerk-Schulen. Zugleich e. Handbuch f. den Bauhandwerker. Unter Mitwirkung von Eman. Meyer. 5. Aufl. (XXII, 514 S.) 8. Nürnberg 906. F. Korn. Geb. in Leinw. n. 3. 50

Koller (E.). Die Weltmeisterschaft im Schlittschuhlaufen. 1901. Stuttgart. (Bibliothek d. Unterhalt u d. Wissens, 7 Bd.) 8º. M. —.75

Koller, Ed., Klänge aus Bosnien. 8. (V, 121 S.) Dresden 901. E. Pierson. n. 2.—; geb. n. 3.—

Koller, Eduard, kroatische Lieder. Uebersetzungen. (IX, 210 S.) 8. Dresden (906). E. Pierson. n. 2. 50; geb. n. 3. 50

Koller, Eugen (geb. Hechingen 23. 3. 1829) De hepatis cirrhosi. Berolini (1854). (28 S.) 8º
Berlin, Med. Diss. v 25 Febr 1854

Koller (F.). Naturgeschichte. Ed. 3. Wuerzburg, 1878. 16º.

Koller, F.
Die Surrogate; ein Handbuch der Herstellung der künstlichen Ersatzstoffe für den praktischen Gebrauch von Industriellen und Technikern. Frankfurt a. M., 1893. 8vo. Ill.

Koller, Franciscus. Monacho-Bavariensis: De lactis e scroto secretione anomala. Tur typ. Schulthess. (1833). 3 Bl.. 19 S., 1 Bl. 8º.
Zürich. Med. Diss. v. 23. Oct. 1833.

KOLLER, Franz (Greding): Ueber die Striktur des inneren Muttermundes während des Geburtsaktes.- München: Wolf 1880. 40 S.
26.7.1880 - Urk (Titel: De strictura orificii uteri inter partum.); Chr 1880/81,14
Diss.Ingolst.-Landsh.-Mchn.

Koller, G., W. Schmidlin und G. Stoll Die Gotthardbahn in kommerzieller Beziehung. Zürich 1864 Auch franz

Koller, G. W. Schmidlin und G. Stoll Die Gotthardbahn und ihre Konkurrenten. Zürich 1865.

Koller G. W. Schmidlin und G. Stoll Die Gotthardbahn und der Lukmanier Zürich 1865.

Koller, G., Gutachten üb. die Projekte e. Rheinthalbahn v. Basel üb. Koblenz nach Winterthur u. Wetzikon in technischer u. finanzieller Beziehung. gr. 4. (110 S.) Basel 870. (Schweighauser.) n. 1. 50

Koller, G. W. Schmidlin und G. Stoll Zur Simplon-Literatur Zürich 1865.

Koller Gustav Über einige Derivate des Paraphenylbenzophenons S 100 IIb 470 vgr
Separatabdruck

Koller, Gustav: Über Substitutionsproducte diacidylirter Diamine der Benzolreihe mit verschiedenen Säureresten. 1902. 45 S.
Diss. Wien, TH

Koller, Hartmann Friedrich, Dr. med. 1870—1900 . . . [Zürich 1901.] V: *Vetter, Theod.* (Zuwachsverz. d. Bibliotheken in Zürich 1898 ff.)

Koller, Hartmann, med. pract. aus Zürich: Aus dem Privatlaboratorium des Privatdocenten Dr. Hanau in Zürich. Ist das Periost bindegewebig vorgebildeter Knochen im Stande Knorpel zu bilden? Experimentelle Untersuchung über den Einfluss durch einen äusseren Eingriff gesetzter Bedingungen auf die Entstehung eines bestimmten an der betreffenden Stelle neuen Gewebes auf Basis latent vorhandener Anlage. Mit einer Tafel. (S. A. aus: Archiv f. Entwickelungsmechanik. Bd III [S. 623—656]). Leipz. W. Engelmann 1896. 37 S.. Tafel XXVII. 1 Bl. 8º.
Zürich, Med. Diss. [v. 10. Sept. 1896].

Koller, Hermann, med. pract. von Winterthur (Kt. Zürich): Beitrag zur pathologischen Anatomie der Paralysis agitans (S. A. aus: Virchow's Archiv f. pathol. Anatomie u. Physiologie, Bd 125 [S. 287—339]). Berl (G. Reimer) 1891. 2 Bl., 52 S. 8º.
Zürich, Med. Diss. [v. 8. Aug. 1891].

Koller, Hermann, von Winterthur [Kt. Zürich]: Zur Pathologie der Augenmuskellähmungen. Zür. F. Walder u. S. Dr. 1860. 52 S., 2 Bl. 8º.
Zürich, Med. Diss. v. 12. März 1860.

Koller, H., Vorschläge zur Bekleidungsreform der schweizer. Infanterie, s. a. Militärzeitung, allgemeine schweiz. Beilage 2.

Koller, H[ermann]. Vorschläge zur Bekleidungsreform der schweizerischen Infanterie. Vortrag von Sanitätshauptmann Dr. H. K', gehalten in der Offiziersgesellschaft des Kantons Zürich den 15. Februar 1903 und in ... Frauenfeld den 1. März 1903. [Illustriert.] II + 25 S. 8. Basel, Benno Schwabe, 1903. [fr. —. 80]
Beilage zur Allgemeinen Schweizerischen Militärzeitung 1903. ... Heft 2.

Koller, Hugo

Koller, H., über den Durchgang v. Elektricität durch sehr schlechte Leiter. [Mit 6 Textfig.] [Aus: „Sitzungsberichte d. k. Akad. d. Wiss."] Lex.-8. (66 S.) Wien 889. (Tempsky.) n. 1. 20

— über den elektrischen Widerstand von Isolatoren bei höherer Temperatur. [Aus: „Sitzungsber. d. k. Akad. d. Wiss."] Lex.-8. (15 S. m. 1 Fig. u. 1 Taf.) Ebd. 889. n. — 80

Koller, J., Abhandl. über die Priesterehe. 8. Straßb. 793. (Levrault). 8 gr

Koller, J., Neueste Anekdoten, Humoristika, Solo- und Duoszenen. Heft 1—3 à K —.40
Wien: Szelinsky 1910.

Koller, J. (Hrsg.), s. Aphorismen für Schauspieler.

Koller, J.: Beitrag zur Erblichkeitsstatistik der Geisteskranken im Kanton Zürich. Diss. Berlin. 1895.

Koller, J. Beitrag zur Erblichkeitsstatistik d. Geisteskranken im Kanton Zürich. Vergleichung desselben mit der erblichen Belastung gesunder Menschen durch Geistesstörungen etc. In-8º. 31 S. mit Tabellen. Zürich. These. 1895

Koller, J., dramatische Beyträge. (enth.: 1) d. Debüt; 2) d. wechselseitige Ueberraschung; 3) d. Spuk; 4) Liebe ist die beste Lehrmeisterin; 5) d. Zauberstein; 6) d. Almanach.) 8. Leipzig, Hinrichs. 810.

Koller, J., Entw. z. Gesch. u. Liter. d. Aesthet. v. Baumgarten bis jetzt. 8. Regensb. Montag u. W. 799.

Koller, Jac., die Anomalien der Refraction u. Accomodation in ihren Beziehungen zur Freisprechung vom Militärdienst. Bern 867. (Jent & Reinert.) gr. 8. (79 S.) n. 10 ngr.

KOLLER, JAKOB. Pilgerreise nach Heilsburg. Reisebilder aus dem Gebiete des inneren Lebens, nach einer spanischen Urkunde in neuer Form umgearbeitet von Jakob Koller aus dem Serviten-Orden. Zweite Aufl. der allegorischen Erzählung. Herausgeber: Verein zur Verbreitung guter und wohlfeiler Bücher. Pesth 1851: Druck v. Eisenfeld u. Emich. 87 S. - 155 mm

KOLLER, JAKOB: Predigt bei Gelegenheit der Danksagung wegen des wieder erhaltenen Friedens vorgetragen in der Wallfahrts-Kapelle zu Maria-Einsiedel durch J. Jakob Koller, Priester aus dem Servitenorden am 2. Sept. 1849 (Pesth 1849) Druck Karl Trattner u. Károlyi. 13 S. - 200 mm

KOLLER, JAKOB: Worte der Rührung . . . gesprochen den 2. December 1849 am Sarge des Wilhelm Meyer. Pesth 1849: Trattner-Károlyi. 2 f. - gr. 8°

Koller, Jenny, med. pract. in [und von] Zürich: Beitrag zur Erblichkeitsstatistik der Geisteskranken im Canton Zürich. Vergleichung derselben mit der erblichen Belastung gesunder Menschen durch Geistesstörungen u. dgl. [S. A. aus: Archiv für Psychiatrie, Bd 27, S. 268—294]. Berl. L. Schumacher Dr. 1895. 31 S. 8°.
Zürich, Med. Diss. [v. 21. März 1895].

Koller, Ign., Abschieds-Predigt, gehalten in Titling 1846 am 1. Sonnt nach Epiphanie. 8. Passau 846, Pustet. 3 n$\mathcal{X}$

KOLLER, JOHANN: Rede von der Dreypersönlichen Gottes Einigkeit, auf das hohe Titularfest des Ordens der Allerheiligsten Dreyfaltigkeit von Erlösung gefangener Christen, da eine hochlöbliche englische Ertzbruderschaft dieses Ordens ihre Würdenswahlen bestätigte, in bemeldter Klosterkirche zu Pressburg in Hungarn abgeredet. Preßburg 1768. Gedr. bey Johann Michael Landerer. 14, 2 S. - 4°

Koller, Joh., Wallenstein. Eine Skizze seines Lebens u. Wirkens. gr. 8. (69 S.) Wien 892. C. Graeser. n. 1. —

Koller, Joh. Worin äufserte sich am deutlichsten das Wesen des Husitismus, und wie verhielten sich die Deutschstädte Mährens zu demselben (bis 1438)? 34, 34 SS. 8.
Progr. D. G. *Olmütz* 1883. 1884.

Koller, Joh. Bapt. Caj., Grundzüge der Botanik zum Gebrauche an techn. Lehranstalten für den ersten wissenschaftl. Unterricht, sowie zum Selbststudium. gr. 8. (VI und 258 S.) Augsburg 854, Jaquet's Vrlgsh.

Koller, Joh. Bapt. Caj., der Tabak in naturwissenschaftlicher, landwirthschaftlicher und technischer Beziehung. Ein unentbehrl. Handbuch für Landwirthe, Fabrikanten und alle Jene, welche den Tabak näher kennen lernen wollen. Mit vielen erläuternden Anmerkungen versehen und unter Beihilfe der neuesten und besten Quellen bearb. 12. (134 S.) Augsburg 858, Jaquet's Verlagsbuchh.

—— die Waldungen und deren Einfluß auf den menschl. Zustand. Zum allgem. Volkswohle der Oeffentlichkeit übergeben. gr. 8. (24 S.) München 855, (Fleischmann.) *

KOLLER, Johann Michael (Lam): Tentamen de rheumatismo.- Bonnohli: Giesser 1852. 23 S.
24.8.1852 - Urk; F 60
Diss. Ingolst.-Landsh.-Mchn.

Koller, Joseph, med. pract. aus Grossdietwil (Luzern): Beitrag zur Kenntnis des Anilinismus: Ein seltener Fall von Anilinintoxicationspsychose. Basel 1907. 39 S. 8°.
Basel. Med. Diss. 1906/1907.

Koller, Josef. Beitrag zur Kenntnis des Anilinismus: Ein seltener Fall von Anilinintoxicationspsychose. Diss. Med. Basel. 39 S. 8. Basel, Basler Berichthaus, 1907.

KOLLER, Joseph (Laufen): De laryngitide exsudativa et diphtheria. (Titel nach der Urkunde)
27.7.1866 - Urk; F 71
Diss. Ingolst.-Landsh.-Mchn.

Koller, Jos., auf der Polizei, s. Weinhauser, K.

Koller, Josef [aus Röttenbach]: Ueber Verwendbarkeit von Leinwand-Charpie als Verband-Material ... München, Buchdr. Kastner & Lossen, 1896; 36 S. 8.
München, Med. Fak., Inaug.-Diss. v. 1896

Koller, Jos. Ferd. Mar., Advent- u. Passionspredigten. 4. Augsb. Wolf. 767.

— sittl. Advents-Sermonen v. d. 4 letzten Dingen der Menschen. 4. Salzb. Mayr. 767.

Koller, Jos. Fd. Maria, († ...) Adventuale oder Advent- u. Passionspredigten. 4. Augsb. 766. Wolf. 1 $\mathcal{f}$ 4 $\mathcal{X}$

— Dominicale, oder Sonntagspredigten. 4. Augsb. 767. (Mayr in Salzb.) 1 $\mathcal{f}$ 2 $\mathcal{X}$

— Feyertagspredigten. 4. Ebend. 771.

— Festivale, oder Feiertagspredigten fürs ganze Jahr. 4. Augsb. 764. N. Aufl. 771. Mayr in Salzb. 21 $\mathcal{X}$

— der getreue u. sichere Geleitsmann auf d. Wege d. Ewigkeit. 12. Salzb. 763. N. Aufl. 770. 3e Aufl. 774. Mayr. 6 $\mathcal{X}$

— sicherer Geleitsmann d. Sterbenden. 8. Ebend. 774.

— Leben des sel. Paulus Aretius. 8. Salzb. 771. Mayr. 2 $\mathcal{X}$

— Lob-, Ruhms- u. Sittenpredigten. 2 Thle. 4. Münch. 760, 66.

— Panegyres, oder Ehrenreden von verschied. Heiligen. 2 Thle. 4. München 758.

— Quadragesimale historicum, od. auserles. Fastengeschichten. 2 Thle. 4. Augsb. 760 — 64. (Mayr in Salzb.) 2 $\mathcal{f}$

— 1s 2s Quadragesimale histor. 4. ibid. 764. 68. (1stes 1 Thlr. 4 gr. 2tes 20 gr.)

— Sonntagspredigten. 4. Ebend. 767.

Koller, Julie, s. Köller, Julie

Koller, Karl

Koller, Carl, Beiträge zur Kenntniss des Hühnerkeims im Beginne der Bebrütung. [Aus dem Institute für allgemeine u. experimentelle Pathologie in Wien.] [Mit 1 lith. Taf. u. 5 (eingedr.) Holzschn.] [Aus: „Sitzungsber. d. k. Akad. d. Wiss."] Lex.-8. (14 S.) Wien 879. (Gerold's Sohn.) n. — 60

[Koller, Carl.] Geschichte der Evangelischen Kirchgemeinde Wyl ⟨Kanton St. Gallen⟩. Vorgeschichte. Gründung und Entwicklung während der ersten 10 Jahre des Bestehens ⟨bis Juli 1900⟩. Hrg. von der evangelischen Kirchenvorsteherschaft. [Mit 4 Tafeln.] 8. Wyl 1900.

Koller, Karl: Der Religionskrieg in Ungarn, s. Keller, Karl

Koller, Carl [aus Bonn]: Die Unterbindung der Schilddrüsenarterien behufs Verkleinerung von Kröpfen und zur Heilung der Basedow'schen Krankheit.... Siegburg, Buchdr. v. W. Reckinger, 1891; 35 S. 8°
Bonn, Med. Fak., Inaug.-Diss. v. [1. Aug.] 1891

Koller, Koloman, die Weltsprache — e. Utopie? Eine Kritik des Weltsprachproblems. (28 S.) 8. Sarajevo (908). (D. A. Kajon.) — 40

Koller, L. Bar. Frz., Allocutio ad praesidem et reliqua Regii in Regnis Dalmatiae, Croatiae et Slavoniae consilii commembra. 4 maj. Wien 767. Trattner. 2 $\mathcal{X}$

Koller, Leopold Thomas (Oravicza/Ungarn), Tractatus de peste. Diss. med. Lpz. (Breitkopf-Haertel) 22. VII. 1833. 29 S. (5.—) 19122

Koller, Ludw., über einige allgemeine, auf Knotenverbindungen bezügliche Gesetze. Lex.-8. (16 S. mit 1 lithogr. Taf.) Wien 884, (Gerold's Sohn.) **
Aus: Sitzungsberichte der k. Akademie der Wissenschaften, besonders abgedruckt.

Koller, M., Krönungsfeyer Sr. Maj. Ferdinands, kais. Kronprinzen v. Oesterreich rc. als König v. Ungarn. Sonettenkranz. 8. (1 B.) Wien 830, Adolph. (Leipzig, Gnobloch.)

Koller, M., wie sagst du? Hilfsbuch zur Sprachaneigng. auf „unmittelbarer Anschauungsgrundlage". (Speisen u. Getränke.) (61 S.) schmal gr. 8. München 902. (M. Kellerer.) n. 1. 50

Koller, M., wie sagst du? Sprachbuch für Taubstumme. (Die Schule.) gr.8. (74 S.) München 902. (J. Lindauer.) Kart. n. 1. 60

Koller, Marian, s. Beiträge zur Landeskunde f. Oesterreich ob d. Enns.

Koller, Marian, uber die Berechnung periodischer Naturerscheinungen, s.a. Denkschriften der k. Akademie d. Wissenschaften. Mathemat.-naturwiss. Classe, I. Bd.

— Uer die Berechnung periodischer Naturerscheinungen. D I. I. 54 . . . . vgr.
Separatabdruck

Koller Marian, Pater: Uber die Berechnung periodischer Naturerscheinungen. (Auszug.) S. I. 147 . . . . vgr.
Separatabdruck

— Bericht über Bohms Abhandlung: „Beobachtungen von Sonnenflecken und Bestimmung der Rotationselemente der Sonne". S. 5. 120 . . . . vgr.
Separatabdruck

— Bericht über ein nahezu vollendetes handschriftliches Werk des verstorbenen Akademikers Dr. K Kreil „Uber die Klimatologie von Bohmen". S. 47. II. 147 vgr.
Separatabdruck

Koller Marian, Ueber den Gang der Wärme in Oesterreich ob der Enns. (Eine in der 6. Gener.-Vers. der Mitgl. des Francisco-Carolinum gelesene Abhandl.) Linz 1841.

— Uber Sigismund Fellockers akademische (Stern-) Karte. S. 4. 35 . . . . vgr.
Separatabdruck

Koller, Oswald. Klopstockstudien. 1. Klopstock als musikalischer Ästhetiker. 2. Klopstocks Beziehungen zu zeitgenössischen Musikern. (Sonderabdruck aus dem Jahresberichte der Landes-Ober-Realschule in Kremsier, 1889.)

Koller, Osw. Klopstockstudien. [1. Kl. als musikal. Aesthetiker. 2. Kl.'s Beziehgn. zu zeitgenöss. Musikern.] gr. 8. (55 S.) Kremsier 889. (Gusek). * 1 —

Koller Osw., deutsches Lesebuch für Gewerbeschulen, s.: Haymerle, Frz. Ritter v.

Koller O.: Über den Namen Morawa. 19. Kremsier R. 78.
Progr.

Koller, Oswald, Licentiat der Rechte: Die Obstruktion. Eine Studie aus dem vergleichenden Parlamentsrechte. Zürich-Selnau, Gebr. Leemann & Cie., 1910. 204 S. 8°.
Freiburg i. Schw. Jur. Diss. 1910/11.

Koller, Osw., die Obstruktion. Eine Studie aus dem vergleich. Parlamentsrechte. (204 S.) gr. 8. Zürich-Selnau 910. (Leipzig, Buchh. G. Fock.) 5. —

Koller O.: Über die Vergleiche in der älteren Edda. 27. Kremsier R. 80.
Progr.

Koller Otto, s.: Bismarck-Literatur.

Koller, Otto, s.: Scholia antiqua in Q. Horatium Flaccum.

Koller, Peter, Bedenken gegen die Anträge der Regierung zur Errichtung eines Verwaltungsgerichtshofes und die Einführung der Rechtsprechung in die österreichische Verwaltung. Lex.-8. (48 S.) Wien 874, Manz. * — 80

Koller, Ph[ilipp]. Arezzo. Teil 1: Tasten-Schema; Teil 2: Tonarten und Intervalle. Dargestellt in synoptischen Tabellen. [8 S. quer-8. +] 2 Tabellen quer-fol., *je zus.-gefaltet mit illustriertem Titel* quer-8. Zürich, Orell Füssli, (1906). [in Lwd.-Enveloppe fr. 5. —]
Die 2 Tabellen enth. graphische Darstellungen, mit deutschen und französ. Erklärungen, in mehrfarbiger Lithogr.

Koller, Ph[ilipp]. Arezzo. 1ère Partie: Schéma des Touches; 2ème Partie: Gammes et Intervalles. Exposés en tableaux synoptiques. [8 p. 8-obl. +] 2 tableaux fol.-obl., *pliés, chacun avec titre illustré*, 8-obl. Zürich, Orell Füssli, (1906). [sous enveloppe en toile fr. 5. —]
Les 2 tableaux cont. des graphiques, avec explications en français et en allemand, lithographiés en couleurs.

Fest-Gruss. Hymne zur Feier der Tempelweihe der St. Johannes ▭ „Philantropique" Or.·. Mamornitza. 58 18/VIII 89. [Gedicht von Ludw. Baron v. Poyssl. Musik von Phil. Koller.] Czernowitz: „Humanitas" zur „Bruderkette" [1889]. 9 S. 4° [Lithogr.] [Umschlagtit.]
Für Gesang u. Harmonium. Mit Noten. „Sei uns gegrüsst, du traute Stätte, . . ."
[Dasselbe u. d. Tit.:]
Festgruss zur Feier der Tempelweihe der ▭ „Philantropique", Or.·. Mamornitza am 18. Aug. 5889. Gedichtet von Ludw. Baron v. Poyssl. In Musik gesetzt von Phil. Koller. In br.·.licher Ergebenheit gewidmet dem [Br.] Max Goldenberg. Czernowitz [1889]: Czopp. 2 Bl. 8° [Umschlagtit.]

Koller, Phpp., d. Gebahrg. u. d. Krankheitsstatistik d. Czernowitzer Bezirkskrankoncasse, s.a. Mitteilungen d. statist. Landesamtes d. Herzogth. Bukowina.

Die Gebahrung und die Krankheitsstatistik der Czernowitzer Bezirkskrankencasse vom 1. August 1889 bis 31. Dezember 1893. Von Philipp Koller. Czernowitz: H. Pardini in Comm. 1898. (XLVII, 253 S.) 4°.
— Mittheilungen d. Statist. Landesamtes d. Hzgth. Bukowina. H. 6.

Koller, Polykarp, die Belagerung von Brünn durch d. Schweden im Jahre 1645. Das denkwürdigste Jahr aus Brünns Vorzeit. Ein histor. Versuch. gr. 8. (9½ B.) Brünn 845. (Traßler u. Sohn.)

Koller, Rafael: Der Schulgarten der k. k. Theresianischen Akademie und die Gartenarbeiten der Zöglinge. 8 (S. 17—25).
Progr. G. der k. k. Theresian. Akademie *Wien* 1898.

Koller, Raphael: Über die Zunahme der pflanzlichen Parasiten an Kulturpflanzen. 8 (50 S.).
Progr. G. der k. k. Theresianischen Akademie *Wien* 1897.

Koller, Rudolf

Koller-Album. Photographien nach Originalgemälden v. R. Koller. 12 Blatt. 50 à 35 Ctmtr. Zürich, H. Appenzeller. à Fr. 6. Zusammen in Mappe *1877* 70. —

Koller, (Rudolf). K'-Album. (Mono-Gravüre[n] von Brunner & Co., Zürich.) [2 Hefte *je* 11 Bl.] quer-8. (1905.) [*je* fr. 3. 50]

Koller, Theodor Dr. „Zoologische Aphorismen". pg. 3—54. 8°. Wailandt'sche Dr. A.-Ges.
Aschaffenburg, Progr. 1879/80

Koller, Thdr., künstliche Baumaterialien, ihre Herstellung u. Verwendung. gr. 8. (VI, 81 S.) Frankfurt a/M. 894. H. Bechhold. n. 2. —

Koller, Theodor Dr. „Max Beilhack †". (Nekrolog.) pg. 37 38. 8°. Wailandt'sche Dr. A.-G.
Aschaffenburg, Progr. 1885/86

Koller, Thdr., Elementarlehrbuch der Chemie. Nach den neueren Ansichten der Wissenschaft für den Unterricht an Gewerb-, Real- u. Präparanden-Schulen bearb. Regensburg 870. Manz. gr. 8. (VIII, 384 S.) 1 *Thlr* 7½ *ngr.*

Koller, Theodor (Hrsg.), s. Erfindungen, Neueste, und Erfahrungen . . .

Koller Th. Ersatzstoffe von gewerblichen und technischen Fabrikaten und Gebrauchsgegenständen. (81 S) Frankfurt a. M. 1894

— Ersatzstoffe v. gewerblichen u. technischen Fabrikaten u. Gebrauchsgegenständen. Anweisung zur Herstellg. u. Verwendg. derselben. gr. 8. (IV, 81 S. m. Fig.) Ebd. 894. n.n. 2. —

Koller, T: Die Ersatzstoffe der chemischen Industrie, sowie der Essig- und Stärkefabrikation, der Weingeist- und Liqueurfabrikation, der Brauerei, der Nahrungs- und Genußmittel. Frankfurt a. M. 1894

— die Ersatzstoffe der chemischen Industrie, sowie der Essig- u. Stärkefabrikation, der Weingeist- u. Liqueurfabrikation, der Brauerei, der Nahrungs- u. Genussmittel. gr. 8. (IV, 123 S. m. Fig.) Ebd. 894. n. 2. 50

—— 50 Fabeln für die Jugend mit naturgeschichtlichen Schilderungen. 2. Aufl. gr. 8. (103 S. mit 50 eingedr. Holzschn. nach Originalzeichnungen des Frhrn. v. Branca ausgeführt von R. Brend'amour und Comp.) Würzburg 874, Stahel'sche Buchh. geb. * 4 —

Koller, Theod. Dr. „Heinrich Faber †". (Nekrolog.) pg. 33/34. 8°. Wailandt.
Aschaffenburg, Progr. 1877/78

— Handbuch der Spezialitäten-Industrie. Anweisungen zur Darstellung v. Spezialitäten in kleineren gewerbl. u. in größeren fabrikmäß. Betrieben f. Techniker, Gewerbetreibende u. Fabrikanten. (III, 384 S. m. 8 Abbildgn.) 8. Wien 905. A. Hartleben. n. 6. —; geb. n. 6. 80

Koller Th. Handbuch der Spezialitäten-Industrie. (384 S) (Bibliothek Chemisch-technische 287) Wien 1905

Koller, Thdr., Handbuch der rationellen Verwerthung, Wiedergewinnung und Verarbeitung von Abfallstoffen jeder Art. 8. (XVI, 308 S. mit 22 eingedr. Holzschn.-Abbild.) Wien 880, Hartleben's Verlag.

Handbuch der rationellen Verwerthung, Wiedergewinnung und Verarbeitung von Abfallstoffen jeder Art. Zweite, vollständig umgearbeitete und vermehrte Auflage. Wien, 1890. 8vo. Ill.

KOLLER, Theodor
(F) Handbuch der rationellen Verwerthung, Wiedergewinnung und Verarbeitung von Abfallstoffen jeder Art. Von Dr. Theodor Koller. Mit 22 Abbildungen. 2. vollständig umgearbeitete und verbesserte Auflage. [Chemisch-technische Bibliothek. Bd. 61.] Wien. Pest. Leipzig. 1900. Hartleben. 8°. VIII, 320 S.
fl. 2.20, geb. fl. 2.65

Koller, Thdr., praktische Herstellung von Lösungen. Ein Handbuch zum raschen und sicheren Auffinden der Lösungsmittel aller technisch und industriell wicht. Körper, sowie zur Herstellung von Lösungen solcher Stoffe für Techniker und Industrielle. 8. (XXXII, 318 S. mit 16 Abbild.) Wien 888, Hartleben. * geb. *

Koller, Theod. Dr. „Fünfzig Jahre. Entwicklung, Organisation und Verhältnisse der Königlichen Realschule zu Aschaffenburg innerhalb ihres fünfzigjährigen Bestandes". pg. 3—27. 8°. Nebst einer Frequenztafel. Wailandt'sche Dr. A.-G.
Aschaffenburg, Progr. 1882/83

Imprägnirungstechnik (Die). Handbuch der Darstellung aller fäulnisswiderstehende, wasserdichten und feuersicheren Stoffe. Wien, 1895. 8vo. Ill.

— d. Imprägnirungs-Technik. Handb. d. Darstellg. aller fäulnißwidersteh., wasserdichten u. feuersich. Stoffe. Für Techniker, Fabrikanten u. Industrielle. 8. (XVI, 442 S. m. 45 Abb.) Wien 896. A. Hartleben. n. 6. —; geb. n. 6. 80

Koller Th. die Imprägnierungstechnik. (442 S) (Bibl. Chem.-techn. 219) Wien 1896

Koller Th. die Kalteindustrie. (408 S) (Bibliothek. Chem.-techn. 226) Wien 1897

— d. Kälte-Industrie. Handbuch d. prakt. Verwerthg. d. Kälte in d. Technik u. Industrie. 8. (VIII, 408 S.) Ebd. 897. n. 6. —; geb. n. 6. 80

Koller, Thdr., die Konservierung der Nahrungsmittel u. d. Konservierung in der Gärungstechnik, s. Sammlung chem. u. chem.-techn. Vorträge. V. 11. 12.

Koller, Th. Die Konservier. d. Nahrungsmittel u. die Konservier. i. d. Gärungstechnik. Stuttgart 1900.

— die Lehren der modernen Chemie, s. Lehren.

KOLLER.
Lehren (Die) der modernen Chemie. Populäre Darstellung zum Gebrauche für Anfänger in Studium der Chemie. Würzburg, 1870. 8vo.

Koller, Theodor Dr. „Unsere Nahrung". Chemisch-physiologische Studie. pg. 3—17. 4°. A. Wailandt'sche Dr.
Aschaffenburg, Progr. 1866/67

—— Naturgeschichte, s. Stahel's Prüfungs-Bibliothek.

Koller, Thdr., Naturgeschichte. Kurzgefaßter Ueberblick über die drei Naturreiche in Fragen und Antworten dargestellt. 3. unveränd. Aufl. 16. (101 S.) Würzburg 878, Stahel'sche Buchh. * *M* 1,20.; cart. *

Koller, Thdr. Chemische Präparatenkunde. Handbuch der Darstellg. u. Gewinng. der am häufigsten vorkomm. chem. Körper f. Techniker, Gewerbetreibende u. Industrielle. 8. (VI, 368 S. m. 20 Abbildgn.) Wien 890, Hartleben. * 4 —; geb. * 4 80

Koller Th, Chemische Präparatenkunde. (Bibliothek, Chemisch-technische 178) Wien 1890

—— Die Surrogate, ihre Darstellg. im Kleinen u. deren fabrikmäss. Erzeugg. Ein Handbuch der Herstellg. der künstl. Ersatzstoffe f. den prakt. Gebrauch v. Industriellen u. Technikern. gr. 8. (VIII, 266 S. m. 10 Abbildgn.) Frankf. a. M. 892, Bechhold. * 6 —; geb. * 7 —

— die Surrogate Ihre Darstellungen im Kleinen u. deren fabrikmäss. Erzeugg. Ein Handbuch zur Herstellg. der künstl. Ersatzstoffe f. den prakt. Gebrauch v. Industriellen u. Technikern. gr. 8. (VII, 265 S. m. 10 Abbildgn.) Ebd. 893. n. 6. —

KOLLER, Theodor
(F) Die Technik der Kosmetik. Handbuch der Fabrikation, Verwertung und Prüfung aller kosmetischen Stoffe und der kosmetischen Specialitäten. [Chemisch-technische Bibliothek, Bd. 252.] Von Dr. Theodor Koller. Wien. Pest. Leipzig. 1901. Hartleben. 8°. VIII, 280 S. K 5.50

— die Technik der Verbandstoff-Fabrikation. Ein Handbuch der Herstellg. u. Fabrikation der Verbandstoffe, sowie der Antiseptica u. Desinfectionsmittel auf neuester wissenschaftl. Grundlage f. Aerzte, Apotheker, Techniker, Industrielle u. Fabrikanten. 8. (VII, 387 S. m. 17 Abbildgn.) Wien 893. A. Hartleben. n. 6. —; geb. n. 6. 80

KOLLER, Theodor: Die Torf-Industrie. Handbuch der Gewinnung, Verarbeitung und Verwerthung des Torfes im kleinen und grossen Betriebe, sowie Darstellung verschiedener Producte aus Torf. - Wien, Pest, Leipzig 1898. VI, 179 S., 28 Abb. - (Chem.-techn. Bibliothek Bd. 233)

— über den Unterricht in der Chemie an Fortbildungsschulen, s. Fortbildungsschule, die unterfränkische.

Koller Th, die Vervielfältigungs- und Kopierverfahren nebst den dazu gehörigen Apparaten und Utensilien. (Bibliothek, Chemisch-technische 195) Wien 1892

— die Vervielfältigungs- u. Copirverfahren, nebst den dazugehör. Apparaten u. Utensilien. Nach prakt. Erfahrgn. u. Ergebnissen dargestellt. 8. (VII, 224 S. m. 23 Abbildgn.) Ebd. 892. n. 3. —; geb. n. 3. 80

— das Wasserstoffsuperoxyd in seiner technischen, industriellen u. ökonomischen Bedeutung, s. a. Sammlung gemeinverständlicher wissenschaftlicher Vorträge.

Koller Th, das Wasserstoffsuperoxyd. (Sammlung gemeinverständlicher wissenschaftlicher Vorträge Neue Folge 162) Hamburg 1892

Koller, Traugott. Heinrich Grunholzer (1819–1873). Lebensbild eines Republikaners im Rahmen der Zeitgeschichte. 2 Bände. ([Mit Porträt-Tafel und] Anhang: Auserwählte Gedichte von H' G'.) 8. Zürich.
[1. Ausg.] (4 Lieferungen.) (1875–)1876.
(2. billige Volksausgabe in 2 Bänden.) 1878.

Koller, T., Heinrich Grunholzer, Lebensbild eines Republikaners im Rahmen der Zeitgeschichte. gr. 8. Mit einer Photographie. Zürich, Schiller & Comp. 1876 15. —

Koller, Traug., Heinrich Grunholzer. Lebensbild eines Republikaners im Rahmen der Zeitgeschichte. 2 Bde. (2. bill. Volks-Ausg.) 8. (VI, 1000 u. Anh. 112 S.) Zürich 878. Orell, Füssli & Co. Verl. cart. n. 7. 50

Koller, Wilh., (bayerisches) Ausführungsgesetz zum Reichs-Gerichtsverfassungsgesetze vom 23. Febr. 1879. Textausg. m. Einleitg., Anmerkgn. u. Sachregister. gr. 16. (IV, 77 S.) München 894. C. H. Beck. Kart. n. — 80

— (bayerisches) Ausführungsgesetz zur Reichs-Strafprozeßordnung vom 1. Febr. 1877. Mit Einleitg., Anmerkgn. u. Sachregister. gr. 16. (VII, 111 S.) Ebd. 894. Kart. n. 1. 20

Koller, Wilh., das Gerichtskostengesetz für das Deutsche Reich am 18. Juni 1878 und 29. Juni 1881 und die Gebührenordnung für Gerichtsvollzieher vom 24. Juni 1878 und 29. Juni 1881. Mit erläut. Anmerkungen, prakt. Beispielen, Berechnungs-Tabellen und alphabet. Gebühren-Tarifen. 8. (143 S.) Würzburg 882, Stahel'sche Universitäts-Buchh. *

— Gerichtsverfassungsgesetz für das deutsche Reich. Mit Einleitung, Anmerkungen u. Sachregister. 16. (114 S.) Nördlingen 877. Beck. cart. n. 1. —

Koller, Wilh., Gerichtsverfassungsgesetz für das deutsche Reich vom 27. Jan. 1877. Mit Einleitung, Anmerkungen und Sachregister. 2. durchaus umgearb. Aufl. 16. (IV, 148 S.) [Nördlingen 886.] München, Beck'sche Verlagsh. cart. *

Koller, W., das Reichs-Preßgesetz vom 7. Mai 1874. Unter Berücksicht. der auf das Preßwesen bezügl. Bestimmgn. sonst. Reichsgesetze u. der Landesgesetze, sowie m. Benützung der Ergebnisse der Rechtsprechung u. der Literatur erläutert. gr. 16. (VIII, 264 S.) Nördlingen 888. München, Beck. cart. n. 3. —

— die Strafprozeßordnung für das Deutsche Reich vom 1. Febr. 1877, s.: Bomhard, E. v.

— alphabetischer Tarif der Gerichtskosten u. Gerichtsvollzieher-Gebühren, nebst Berechnungs-Tabellen, auf Grund des Reichsgerichtskostengesetzes vom 18. Juni 1878 u. der Gebührenordnung für Gerichtsvollzieher vom 24. Juni 1878. 16. (94 S.) Nördlingen 879. Beck. cart. n. 1. 20

Koller de Nagy-Manya, Emmericus Franc. Jus fisci et populi, quod primus sub glorios. auspiciis Seren. ac Patent. Dom. Dom. Mariae Theresiae, Hung. Boh. etc. Reginae etc. in antiquiss. et celeberr. Universitate Viennensi. Dissertatione publ. Majestati regiae consecrat. 4°. Viennae Austriae 1741.

Köller, ..., Diss. inaug. med. sistens epicrisin super historiam vomicae pridem in bronchia ruptae etc. Frburg 778. Wagner. 3 gr

v. Köller. Urkundenbuch. H. 1. Von 1280 bis 1600. [Mehr nicht ersch.] Strassburg i. E.: Strassburger Neueste Nachrichten 1890. 448 S. 8°
1ng. 15170

Koeller, v., der Viehhandel, nach dem bürgerl. Gesetzbuch zusammengestellt. 12. (8 S.) Wiesbaden 900. H. Staadt. n.n. — 10

Köller, A. v., Elemente der Goniometrie u. ebenen Trigonometrie. 8. (3½ B. u. 1 Stnt.) Trier 845, Troschel.

Köller, A. v., Lehrbuch d. Buchstaben-Rechnung u. Algebra. 2 Abthln. gr. 12. Trier, Troschel. [1. (8⅔ B.) 841. ½ Thlr., 2. (10 B. u. 3 Tab.) 842. ⅔ Thlr.]

Köller, A. v., Leitfaden der Geometrie für Handwerkerschulen. gr. 8. (VI und 101 S. mit 4 Stnt. in qu. gr. 4.) Stralsund 852, Löffler'sche Buchh. *

Köller, A. v., Rechenbuch für Handwerker-Schulen. Stralsund 854. Löffler. (Hingst.) 8. (VI, 93 S.) 7½ ngr.

Köller, Bernhard, Gerichtsreferendar: Die Bedeutung des guten Glaubens auf dem Gebiete des Liegenschaftsrechts. Borna-Leipzig 1908: Noske. VI, 44 S. 8°
Rostock, Jur. Diss. v. 25. Okt. 1908, Ref. Bernhöft
[Geb. 19. April 82 Oestereiden; Wohnort: Oestereiden; Staatsangeh.: Preußen; Vorbildung: Gymn. Brilon Reife O. 01; Studium: Freiburg i. B., Leipzig, Munster; Rig. 6. Juni 08.] [U 09. 3069

Köller, Ed., Klatschereien. Drei Geschichten: Kurze Zeit Minister. Drangsale und Mühen. Gemeine Menschen. 8. (V, 338 S.) Jena 869, Costenoble. 4 50

Köller, E., der Prinzenraub, s. Geschichtenbibliothek.

Köller, Ed., der sächsische Prinzenraub. 2. verb. rc. Aufl. 1. u. 2. Abdr. Leipzig 855. H. Fritzsche. 8. (56 S. u. 2 lith. Taf.) 5 ngr

— Vollprecht. Trauerspiel in 5 Akten. (Den Bühnen gegenüber Mscr.) br. 8. (124 S.) Berlin 855, Huber's Verlag.

Köller, Ed., Wie es sich treibt. Drama in 5 Akten. 16. (148 S.) Berlin 865, Schweigger'sche Hofbuchh. *

— Winckelmann, s. Volks- und Jugendbibliothek, belehrende u. unterhaltende.

Köller, F., Geschichte des vormaligen Nassau-Saarbrückschen Landes und seiner Regenten. 1. Theil. Geschichte der Grafen und Fürsten von Saarbrück. Saarbrücken 1841. 8.

Köller, Felix [approb. Arzt]: Ueber Lombroso's Impressionen an Verbrecherschädeln (Mit 8 Figuren.) . . . München, Druck d. Tafeln v. Joh. Roth sel. Wwe., d. Textes v. M. Ernst, 1887; 30 S. u. 4 Taf. 8°
München, Med. Fak., Inaug.-Diss. v. 1887

Köller, Felix, über Lombroso's Impressionen an Verbrecherschädeln. Diss. München 1887, A. Buchholz. 8°. 30 S. mit 4 Taf.

Köller, Friedrich Ludwig von

Köller, F. L. v., Abhandlung üb. e. untrügl. Feuerlöschungs-Mittel, od. Anleit. z. Anfertig. e. wohlf. u. überall leicht herzustell. Masse, die bei d. heftigsten Feuersbrunst unt. d. schwierigsten Verhältnissen ihre Wirkung durchaus nicht verfehlt, in d. stärksten Winterkälte nicht gefriert, auch nie verdirbt etc. gr. 8. (3 B.) Düsseldorf 831. (Bonn, Habicht.)

— Papst Pius VII., eine kurze biograph. Skizze zu dessen Bildniß, d. heil. Vater im Gefängniß allegorisch darstellend. 4. Wesel 824. Klönne. Mit Bildniß 1 ₰ 8 gr

Köller, Friedrich Ludwig von. Uniformszeichnung der Königl. Dänischen Armee entworfen von Friedrich Ludwig von Köller. Kiel 1801, gedruckt bey C. F Mohr.
Tit., 2 Bl., 9 S.; 28 Taf. in Kupferst. 8°

v. Köller, F. L., Uniformzeichnung d. königl. Dänischen Armee. Mit Kpf. 8. Schlesw. 805. Röhß, Christiani u. K. 6 ₰

Köller, Friedrich Ludwig von. Uniformzeichnung der vorzüglichsten Europäischen Truppen. Gesammlet und herausgegeben von Friedrich Ludwig von Koller. [Erstes Heft.] Kiel, gedruckt bei C. F. Mohr 1802.
Tit., 3 Bl.; 10 Taf. in kol. Kupferst. 8°.
Wohl nicht mehr erschienen.

— Uniformzeichnung d. vorzügl. europ. Truppen. Mit Kpf. 8. Schlesw. 805. Röhß, Christiani u. K. 6 ₰

Köller, G. E. M. v., statistische Darstellung des Camminer Kreises. Geschrieben im Winter 1865—1866. Cammin 867. Behrendt. gr. 8. (III, 231 S. mit 3 Tabb. in Fol.) 1 ₰ 15 ngr

Köller, Joseph v Nordamerikanische Schilderungen (1855-65) Hilpolstein, 1880

Koeller, Jul., Ewald u. Lina. Ein Gedicht. 16. (6 B.) Brieg 810, (Schwartz.)

Koeller, Jul., ein Wort üb. die Büreaukratie in Preußen, zunächst an die Beamten selbst. gr. 8. (14 S.) Leipzig 848, Jurany. 1½ ngr

Köller, Julie, Hausbuch. Ein Koch- u. Wirthschaftsbuch für deutsche Hausfrauen. 2., umgearb., mit vielen Illustr. u. einer Nahrungsmittellehre verm. Aufl. Mit specieller Berücksichtigung der Verfälschungen der Nahrungsmittel. gr. 8. (XXVIII, 430 S.) Schleswig 878. Meves. 3. 30; geb. n. 4. —

Hausbuch. Ein Koch- und Wirthschaftsbuch für deutsche Hausfrauen. 2. Aufl. bearb. v. Julie Köller. Schleswig. 1879. 8°

Köller, Julie, Hausbuch. Ein Koch- und Wirthschaftsbuch für deutsche Hausfrauen. 3. mit einer Nahrungsmittellehre verm. Aufl. Mit specieller Berücksicht. der Verfälschungen der Nahrungsmittel bearb. gr. 8. (XXVIII, 430 S. mit vielen Illustr.) Graz 887, Cieslar. *ℳ 2.—.; geb. *

Allgemeines schleswig-holsteinisches Kochbuch hrgg. v. Julie Köller. Schleswig. o. J. 8°

Köller, Julie, allgemeines schleswig-holsteinisches Kochbuch. Eine Anleitung zur prakt. Führung des Haushalts. Mit besond. Berücksicht. der bürgerl. Küche. (In 8 Lfgn.) 1. Lfg. 8. (48 S.) Schleswig 873, Meves. * — 30

— allgemeines schleswig-holsteinisches Kochbuch. Eine Anleitung zur prakt. Führung des Haushalts. Mit besond. Berücksicht. der bürgerl. Küche. 7 Lfgn. 8. (356 S.) Ebendas. 873. geb. *

Koeller, L. v., Anleitung zur zweiten Prüfung der höheren Verwaltungs-Beamten. 1. Thl. gr. 8. (VI, 226 S.) Hannover 893. (Berlin, H. Bahr's Sort.) n. 12. —

v. Koeller, Anleitung zur zweiten Prüfung der höheren Verwaltungs-Beamten. 1. Thl. Hannover. Berlin 894.

Kollerffy, Mich. v., Ortslexicon der Länder der ungarischen Krone. m. Rücksicht auf die verschiedenen Zweige der Verwaltg. Mit Benützg. der neuesten amtl. Daten. Lex.-8. (IV, 1152 Sp.) Budapest 875. (Leipzig, Haessel.) n. 12. –

Kollerffy, Mich. v., Ortslexicon der Länder der ungarischen Krone mit Rücksicht auf die verschiedenen Zweige der Verwaltung. Mit Benützung der neuesten amtlichen Daten red. Nebst einem Verzeichniss derjenigen Ortschaften, welche bis 31. Juli 1877 auf Grundlage der bezügl. Gesetze u. Verordnungen Veränderungen erlitten haben, von Emerich Findura. gr. 8. (IV, LXXVIII, 1150 S. u. Sp.) Budapest 878. Leipzig, Haessel. n 8. —

Kollert, C. L., Wasserheilkunde f. d. Volk, d. i. Anleit., ohne vieles Arzneigebräu aus d. latein. Küche, gesund zu bleiben, u. mit klarem Wasser mannichfalt. körperl. Leiden u. verjährte Uebel gründl. zu heilen. gr. 12. (5⅓ B. u. 1 Abbild.) Grimma 837, Verlags-Comptoir.

Kollert, Ernst, u. Gust. Wolff, applikatorisch-taktische Aufgaben auf kriegsgeschichtl. Grundlage, nebst Lösungen. Für Subaltern-Offiziere u. Berufs-Offiziers-Aspiranten (Cadetten) verf. Mit 3 Karten u. zahlr. Skizzen. (VII, 52 S.) gr. 8. Wien 903. W. Braumüller. n. 3. 60

[F.] Kollert, *Julius August* [Dr.]: Die elektrotechnischen Abtheilungen und das elektrotechnische Laboratorium an den Technischen Staatslehranstalten in Chemnitz. Chemnitz, Druck v. J. C. F. Pickenhahn & Sohn, *1894*; 3—16 S., 5 Taf. 4.
Chemnitz, techn. Staatslehr-A, OP 1894⁺⁺

Kollert, Jul., Gleichstrommessungen. Photometrie, s.: Handbuch der Elektrotechnik. II.

Kollert, J., Katechismus der Physik, s. Webers, J. J., illustrirte Katechismen.

Kollert, J., Katechismus der Physik. 4., neu bearb. Aufl. Mit 231 in den Text gedr. Abbildgn. 8. (XVI, 419 S.) Leipzig 889. J. J. Weber. geb. n. 4.—

Kollert, Jul., Katechismus d. Physik. 5., verb. u. verm. Aufl. 12. (XV, 485 S. m. 273 Abb.) Leipzig 895. J. J. Weber. Geb. in Leinw. n. 4. 50

— die Messtechnik, s.: Heinke, C.

Kollert, Jul. Physik, s. Weber's, J. J., illustr. Katechism. Nr. 57.

Kollert, J., die galvanischen u. thermoelektrischen Stromquellen, s.a.Handbuch d. Elektrotechnik. III. 1.

Die galvanischen und thermoelektrischen Stromquellen bearb. von Dr. J[ul.] Kollert, Prof. in Chemnitz. Mit 35 Abb. *Leipzig: S. Hirzel 1900.* (56 S.) 4°(8°)
= Handbuch d. Elektrotechnik. Bd 3, Abt. 1. [ov. 10328

Kollert, Jul., Untersuchungen über den Zeitsinn, s. Studien, philosophische.

Kollesberg, Thdr., s.: Dantscher v. Kollesberg, Thdr. Ritter.

Kolley, Joannes Georgius *(geb. Zottwitz bei Ohlau 1793)*: De recidivis. Vratislaviae (1816). (18 S.) 4°
Breslau, Med. Diss. v. 16 Dez. 1816

Kollhoff, *Wilhelm* [Dr.]: *Festrede am 90. Geburtstage des Generalfeldmarschalls Grafen Moltke, Ehrenbürgers der Stadt.* Hamburg, gedr. bei Lütcke & Wulff, 1891; S. 9—11; 4°
Hamburg, HB vor d. Holstenthore, OP 1891 (721)

Kollhoff, W., Grundriß der Geschichte Hamburgs. Auf Veranlassung der Oberschulbehörde verf. 8. (VI, 72 S.) Hamburg 888, Herold'sche Buchh., Verlag. cart. **
Velin-Ausg. geb. *

— dasselbe. 2. Aufl. 8. (VIII, 77 S.) Ebd. 889. cart. n. — 70

Kollhoff, W., Grundriß der Geschichte Hamburgs. Auf Veranlassg. der Oberschulbehörde verf. 3. Aufl. 8. (80 S.) Hamburg 894. Herold's Verl. Kart. n.n. — 70

Kollhoff, W., Grundriß der Geschichte Hamburgs. Auf Veranlassg. der Oberschulbehörde verf. 5. Aufl. 8. (80 S.) Hamburg 902. Herold. Kart. n. — 80

Kollhoff, W., Grundriß der Geschichte Hamburgs. Auf Veranlassg. der Oberschulbehörde verf. 7. Aufl. (80 S.) kl. 8. Hamburg 909. Herold. Kart. — 90

Kollibay, Georg [z. Z. Volontärarzt d. Kgl. Frauenklinik]: Ein Fall von Mastdarmscheidenfistel durch Zwanck'sches Pessar und Prognose der Mastdarmscheidenfisteln ... München, Druck v. V. Höfling, 1893; 22 S., 1 Bl. 8.
München, Med. Fak., Inaug.-Diss. v. 1893

Kollibay, Paul, die Vögel der preuss. Prov. Schlesien. (370 S. m. 1 Bildnistaf.) gr. 8. Breslau 906. W. G. Korn. 6. —

Köllicker, Albert von, s. Kölliker, Albert von

Kollig, J. L.: Ueber die Harmonika. Berlin 1787

[F.] Kolligs, Hans [Dr.]: Des Cartesius Ansicht über den Ursprung unserer Vorstellungen m. bes. Berücks. d. eingeborenen Vorstellgn. Siegburg, Druck v. Gebr. Daemisch, *1892*; 3—19 S. 4.
Siegburg, k. G, P 1892 (458)

Kolligs, Hans, Lehrbuch der Geschichte, s.: Stein, Heinr. Konr.

Kolligs, Hans ‹geb. am 24 Apr. 1863 in Andernach›: Wilhelm von Oranien und die Anfänge des Aufstandes der Niederlande. Cap. I ... Bonn, Univ.-Buchdr. v. C. Georgi 1884. 31 S., 1 Bl. 8. ¶ Erschien vollständig 1885 bei Cohen & Sohn in Bonn.
Bonn, Phil. Fak., Diss. v. 12 Aug. 1884

Kolligs, Hans, Wilhelm v. Oranien u. die Anfänge d. Aufstandes der Niederlande. gr. 8. (79 S.) Bonn 885. Cohen & Sohn. n. 2. —

Kolligs, Nicolaus (Mainz), De debito tertii in compensationem deducendo. Diss. jur. Mainz (Andreas Crass) Nov. 1791. 44 S. (6.—) 19123

Kolligs, R., die wichtigsten civilrechtlichen Entscheidungen des Reichsgerichts aus dem Gebiete des gemeinen Rechts. Systematisch zusammengestellt. 8. (VIII, 152 S.) Berlin 893. Siemenroth & Worms. Geb. n. 3. —

— Sammlung der in der Prov. Hannover gültigen Landesgesetze u. Verordnungen aus der Zeit von 1697 bis 1894. Zum Gebrauche f. Justiz- u. Verwaltungsbeamte. 8. (IV, 418 S.) Ebd. 894. n. 5. —; geb. n. 6. —

Kölliker, Albert von

Kölliker, A. v., Herr Paul Albrecht zum letzten Male. 8. (8 S.) Würzburg 885, Stabel'sche Universitäts-Buchh. *

Kölliker, A. Zur feineren Anatomie der Insekten 1857

Kölliker, A(lbert), mikroskopische Anatomie oder Gewebelehre des Menschen. (In 2 Bdn.) 2. Bd.: Specielle Gewebelehre. 1. Hälfte: Von der Haut, den Muskeln, Knochen und Nerven. Mit 168 eingedr. Holzschn., ausgeführt von J. G. Flegel. Lex.-8. (XI und 555 S. mit 4 ill. Stnt.) Leipzig 850, W. Engelmann. *

—— dass. — 2. Bd.: Specielle Gewebelehre. 2. Hälfte. 1. Abthl.: Von den Verdauungs- und Respirationsorganen. Mit 127 eingedr. Holzschn., ausgeführt von J. G. Flegel. Lex.-8. (VI und 346 S.) Ebds. 851(52.) *
Der erste Band erscheint später.

Kölliker, A(lbert), mikroskopische Anatomie oder Gewebelehre des Menschen. 2. Bd.: Specielle Gewebelehre. 2. Hälfte. 2. Abthl.: Von den Harn- und Geschlechtsorganen, vom Gefässsystem und den höhern Sinnesorganen. Lex.-8. (XII und S. 347—784, mit 140 eingedr. Holzschn., ausgeführt von J. G. Flegel.) Leipzig 854, Engelmann. Thlr. *

2. Bd. 1. und 2. Hälfte.1. Abthl. Ebendas. 1850—51. * 6 Thlr. 10 Ngr.

Kölliker, Alb., die Aufgaben der anatomischen Institute. Eine Rede, gehalten bei der Eröffnung der neuen Anatomie in Würzburg am 3. Novbr. 1883. gr. 8. (21 S.) Würzburg 884, Stahel'sche Universitäts-Buchh. *

Koelliker, Alb. v., üb. den feineren Bau d. Bulbus olfactorius. [Aus: „Sitzungsber. d. Würzb. phys.-med. Gesellsch."] gr. 8. (5 S.) Würzburg 892. Stahel. n. — 50

— der feinere Bau u. die Functionen des sympathischen Nervensystems. [Aus: „Sitzungsber. d. physikal.-med. Gesellsch. zu Würzb."] gr. 8. (10 S.) Ebd. 894. n. — 60

Kölliker, A. v., über den feineren Bau des Knochengewebes. Vorläufige Mittheilg. [Aus: „Sitzungsber. d. Würzb. phys.-med. Gesellsch."] gr. 8. (6 S.) Würzburg 886. Stahel. n. — 40

— üb. den feineren Bau d. Rückenmarks. [Vorläufige Mittheilg.] [Aus: „Sitzungsber. d. Würzb. phys.-med. Gesellsch."] gr. 8. (12 S.) Ebd. 890. n. 1. —

— üb. den feineren Bau d. Rückenmarks menschlicher Embryonen. [Aus: Sitzungsber. d. Würzb. phys.-med. Gesellsch."] gr. 8. (2 S.) Ebd. 890. n. — 30

Kölliker, A. Über den Bau und die systematische Stellung der Gattung Umbellularia. 1874

Kölliker, [Rudolf] Albert, aus Zürich: Beiträge zur Kenntniss der Geschlechtsverhältnisse und der Samenflüssigkeit wirbelloser Thiere, nebst einem Versuch über das Wesen und die Bedeutung der sogenannten Samenthiere. Mit drei Kupfertafeln. Berl. W. Logier in Commiss. 1841. 88 S., 3 Taf. 4°.
[Zürich, Phil. Diss. v. 9. Juni 1841].

Kölliker, A. Einige Bemerkungen über die Wirkungen des Upas Antiar. 1857.

Koelliker, Alb. v., neue Beobachtungen zur Anatomie des Chiasma opticum. Mit 16 Orig.-Abbildgn. gr. 4. (18 S.) Würzburg 899. A. Stuber's Verl. n. 1.60
Sonderabdruck aus: „Festschr. d. phys.-med. Ges. Würzburg".

Kölliker A.: Weitere Beobachtungen üb. das Vorkommen u. die Verbreitung typischer Resorptionsflächen an den Knochen. Würzb. 1872. 16 S. (Særtr.). P.

Kölliker, Alb., weitere Beobachtungen über die Wirbel der Selachier, insbesondere über die Wirbel der Lamnoidei, nebst allgemeinen Bemerkungen über die Bildung der Wirbel der Plagiostomen. Mit 5 (lith.) Taf. Frankfurt a. M. 863. Brönner. gr. 4. (51 S.) n. 1 Thlr. 15 Ngr.

Kölliker, A., weitere Beobachtungen über die Wirbel der Selachier, insbesond. über die Wirbel der Lamnoidei, nebst allgemeinen Bemerkungen über die Bildung der Wirbel der Plagiostomen. gr. 4. (51 S. mit 5 Stnt.) Frankfurt a. M. 863, [Winter.] *

Kurzer Bericht über den anatomischen Kongress zu Pavia 1900. Von A[lbert] **Koelliker**. Mit 6 Fig. im Text. *Würzburg: A. Stuber 1900.* (29 S.) 8°
= **Verhandlungen** d. physikal.-medic. Gesellschaft zu Würzburg. N. F. Bd 34, No 1. [ov. 7689

—— **Berichte von der zootom. Anstalt zu Würzburg, s. Berichte.**

Kölliker, A., anatomisch-systematische Beschreibung der Alcyonarien. 1. Abth.: Die Pennatuliden. 1. Hälfte. Mit 10 (lith.) Taff. [Aus den Abhandlgn. der Senckenb. naturf. Gesellschaft.] Frankfurt a. M. 870. Winter. Imp.-4. (152 S.) n. 3 Thlr. 15 Ngr.

Kölliker, Alb., über das Ende der Wirbelsäule der Ganoiden und einiger Teleostier. Imp.-4. (27 S. mit 4 Stnt.) Leipzig 860, Engelmann. *

Kölliker, A(lbert), über die letzten Endigungen des Nervus cochleae und die Function der Schnecke. gr. 4. (13 S.) Würzburg 854, Stahel'sche Buchh. *

Die Energiden von v. Sachs im Lichte der Gewebelehre der Thiere. Von Prof. Dr. Albert v. **Kölliker**. *Würzburg: Stahel 1897.* (21 S.) 8.
— **Verhandlungen** d. physikal.-medic. Gesellschaft zu Würzburg. N. F. Bd 31. No 5. [97 4619

— über die Entstehung des Pigmentes in den Oberhautgebilden. 8. (4 S.) Ebd. 887. n. — 20

—— zur Entwicklung des Auges und Geruchsorganes menschlicher Embryonen. gr. 8. (31 S. mit 4 lithogr. Taf.) Ebendas. 883. *
Vorstehende zwei Schriften sind aus: Verhandlungen der physikalisch-medicinischen Gesellschaft zu Würzburg, besonders abgedruckt.

—— Ueber die erste Entwicklung der Nervi olfactorii. gr. 8. (6 S.) Würzb. 890, Stahel. * — 40

— **über die erste Entwicklung der Nervi olfactorii.** [Aus: „Sitzungsber. d. Würzb. phys.-med. Gesellsch."] gr. 8. (6 S.) Ebd. 890. n. — 40

—— die Entwicklung der Keimblätter des Kaninchens, s. Festschrift zur dritten Saecularfeier der Alma Julia Maximiliana.

Kölliker, Albert, Entwickelungsgeschichte der Cephalopoden. gr. 4. (23½ B. u. 6 Stnt.) Zürich 844, Meyer u. Zeller. *

—— **Entwicklungsgeschichte des Menschen und der höheren Thiere. Akademische Vorträge. Mit Fig. in (eingedr.) Holzschn. In 2 Hälften. Lex.-8. Leipzig, Engelmann. [1. Hälfte. (VI und 208 S.) 861. * 1 Thlr. 20 Ngr., 2. (IV und S. 209—468.) 861. * 2 Thlr.]** *

— Entwicklungsgeschichte d. Menschen u. der höheren Thiere. 2. ganz umgearb. Aufl. 1. Hälfte. Mit 242 (eingedr.) Fig. in Holzschn. gr. 8. (XVI, 399 S.) Leipzig 876. Engelmann. n 12. —

Kölliker, Alb., Entwicklungsgeschichte der Menschen u. der höheren Thiere. 2., ganz umgearb. Aufl. Mit 606 (eingedr.) Fig. in Holzschn. u. einem Sachregister. 2. Hälfte. gr. 8. (XXXIV u. S. 401—1033.) Leipzig 879. Engelmann. n. 18. — (cplt.: n. 30. —; geb. n. 32. —)

— zur Erinnerung an Heinr. Müller, ein in der feierlichen Sitzung der phys.-medicin. Gesellschaft vom 19. November 1864 gehalt. Vortrag. Würzburg 865. Stahel'sche Buchh. gr. 8. (12 S.) n. 2 Ngr.

— **Erinnerungen a. meinem Leben. Mit 7 Vollbildern, 10 Textfig. u. dem Portr. des Verf. in Heliogr. Lex.-8. (X, 399 S.) Leipzig 899. W. Engelmann. n. 9. —; geb. n. 10.60**

—— s. Festschrift.

Koelliker, Alb. v. Festschrift. Herrn Geheimrat Albert v. Koelliker zur Feier seines 50jähr. medicinischen Doktorjubiläums gewidmet v. dem anatomischen Institut der Universität Würzburg. Fol. (V, 166 S. m. 2 Fig., 11 Taf. u. 11 Bl. Erklärgn.) Leipzig 892. W. Engelmann. n. 36. —

—— Festschriften, s. Bonnet, R.

Kölliker, A. Zur Geschichte der medicinischen Facultät an der Universität Würzburg. 1871. 4.

—— Grundriss der Entwickelungsgeschichte des Menschen und der höheren Thiere. Für Studirende und Aerzte. gr. 8. (XVI, 418 S. mit 300 eingedr. Holzschn. und 1 Farbentaf.) Leipzig 880, Engelmann. *M 10.; geb. **

—— dass. — 2. umgearb. Aufl. gr. 8. (VIII, 454 S. mit 299 Holzschn. und 1 Farbentaf.) Ebendas. 884. *
geb. **

Grundriss der Entwicklungsgeschichte der Menschen u. d. höh. Tiere. (II.) M. 299 H. u. 1 Farb.-Taf. (VIII., 454 S.) Ebd. 89. M. 10.–

— Grundriss d. Entwickelungsgeschichte, Neubearbeitg., s.: Schultze, Osc

—— Handbuch der Gewebelehre des Menschen. Für Aerzte und Studirende. 1. Aufl. (X und 637 S.) 1852. und 2. Aufl. Lex.-8. (XX und 675 S. mit 334 eingedr. Holzschn.) Leipsig 855, Engelmann. *

Kölliker, Alb., Handbuch der Gewebelehre des Menschen. Für Aerzte und Studirende. 3. Aufl. Lex.-8.° (XXIV und 686 S. mit 355 eingedr. Holzschn.) Leipzig 859, Engelmann. Thlr. *

Kölliker, Alb., Handbuch der Gewebelehre des Menschen. Für Aerzte u. Studirende. Mit 335 Holzschn. 3. Aufl. 861. (XXIV, 686 S.) n. 3 ᵃᵖ 25 ngr. — Mit 370 Holzschn. (im Text.) 4. umgearb. Aufl. Ebend. 862. Lex.-8. (XXII, 730 S.) n. 4 ᵃᵖ

— Handbuch der Gewebelehre des Menschen. Für Aerzte u. Studirende. 5., umgearb. Aufl. Leipzig 867. Engelmann. gr. 8. (XXIV, 749 S. mit 524 eingedr. Holzschn.) n. 4 ᵃᵖ

—— Handbuch der Gewebelehre d. Menschen. 6. umgearb. Aufl. 1. Bd. gr. 8. (VIII, 409 S.) Lpz. 889, W. Engelmann.
* 9 —; geb. ** 11 —

Die allgemeine Gewebelehre u. die Systeme der Haut, Knochen u. Muskeln. Mit 329 zum Thl. farb. Fig. in Holzschn. u. Zinkogr.

— Handbuch der Gewebelehre des Menschen. 6., umgearb. Aufl. 2. Bd. 1. Hälfte: Elemente des Nervensystems, Rückenmark des Menschen u. der Thiere, verlängertes Mark, Ursprünge der Hirnnerven, Brücke, Hirnstiele u. kleines Gehirn. Mit 218 z. Thl. farb. Fig. in Holzschn. u. Zinkogr. gr. 8. (III, 372 S.) Leipzig 893. W. Engelmann. n. 10. —
(I u. II, 1.: n. 19. —)

— Handbuch d. Gewebelehre d. Menschen. 6., umgearb. Aufl. 2. Bd. Nervensystem d. Menschen u. d. Thiere. 2. Hälfte. gr. 8. (VIII u. S. 373—874 m. 298 z. Thl. farb. Fig. in Holzschn. u. Zinkogr.) Leipzig 896. W. Engelmann. n. 14. — (2. Bd. kplt. n. 24. — ; geb. n. n. 26. 50; 1. u. 2. kplt.: n. 33. —; geb. n. n. 37. 50)

— Handbuch der Gewerbelehre des Menschen. 6. umgearb. Aufl. III. Bd. von Vict. v. Ebner. 1. u. 2. Hälfte. gr. 8. Ebd. n. 32. —; geb. in Halbfrz. n. 35. —

1. Verdauungs- u. Geschmacksorgane, Milz, Respirationsorgane, Schilddrüse, Beischilddrüse, Thymus, Carotiden-Knötchen, Harnorgane, Nebennieren. Bog. 1—26. Mit den z. Thl. farb. Fig. 846—1134 in Holzschn. u. Zinkogr. (VI, 402 S.) 899. n. 14. —
2. Geschlechtsorgane, Gefässsystem, Blut u. Lymphe, höhere Sinnesorgane, Namen- u. Sachregister f. Bd. I—III. Bog. 26—61. Mit den z. Thl. farb. Fig. 1135—1479 in Holzschn. u. Zinkogr. (VIII u. S. 401—1020.) 902. n 18. —

I. u. II. Bd. Ebd. 889. 896. n. 33. —; geb. n. 37.50.

—s. His, Wilh. —

—— Icones histiologicae oder Atlas der vergleichenden Gewebelehre. 1. Abthl.: Der feinere Bau der Protozoen. Fol. (IV und S. 1—82 mit 9 Taf. in Kpfrst. und 15 eingedr. Holzschn.) Leipzig 864, Engelmann. *

— Icones histiologicae oder Atlas der vergleichenden Gewebelehre. 2. Abth.: Der feinere Bau der höheren Thiere. 1. Heft: Die Bindesubstanz der Coelenteraten. Ebend. 865. Fol. (III u. S. 83—182 mit 10 Taff. in Kpfrst., wovon 6 color., u 13 eingedr. Holzschn.) n. 4 ᵃᵖ

Kölliker A.: Das Karyoplasma u. die Vererbung, eine Kritik d. Weismann'schen Theorie v. d. Kontinuität d. Keimplasma. (188*). 11 S. (Sætr.). P.

—— zur Kenntniss des Baues der Lunge des Menschen. gr. 8. (24 S. mit 4 lithogr. Taf.) Würzburg 881, Stahel'sche Universitäts-Buchh. *
Aus: Verhandlungen der physikalisch-medicinischen Gesellschaft zu Würzburg, besonders abgedruckt.

Kölliker A.: Knochenresorption u. interstitielles Knochenwachsthum. [Würzb. 1873]. 18 S. (Sætr.). P.

— über die Pacinischen Körperchen an den Nerven des Menschen, s. Henle, J.

—— über die Lage der weiblichen inneren Geschlechtsorgane. gr. 8. (36 S. mit 3 lithogr. Taf.) Bonn 882, Cohen und Sohn. *
Aus: Beiträge zur Anatomie und Embryologie, als Festgabe J. Henle dargebracht von seinen Schülern, besonders abgedruckt.

Kölliker, A. Über die Leuchtorgane von Lampyris. 1857.

Die Medulla oblongata und die Vierhugelgegend von Ornithorhynchus und Echidna von A(lbert v.) Koelliker. Mit 27 Abb. *Leipzig: W. Engelmann 1901.* (XI, 100 S.) 4° [os. 3615

—— s. Merkel, Fr.

— s. Michel, Jul., über Sehnerven-Degeneration.

—— embryologische Mittheilungen. gr. 4. (15 S. mit 2 lithogr. Taf.) Halle 879, Niemeyer. *
Aus: Festschrift der naturforschenden Gesellschaft in Halle, besonders abgedruckt.

—— Morphologie und Entwickelungsgeschichte des Pennatulidenstammes nebst allgemeinen Betrachtungen zur Descendenzlehre. gr. 8. (III, 87 S. mit 3 Tab. in gr. und qu. Fol.) Ebendas. 872. * 2 40
aus: Abhandlungen der Senckenberg. naturforschenden Gesellschaft, besonders abgedruckt.

— Nachwort zu der Entgegnung des Hrn. Albrecht auf meinen Artikel: „Herr Albrecht zum letzten Male". [Aus: „Sitzungsber. d. Würzb. phys.-med. Gesellsch."] gr. 8. (1 S.) Würzburg 886. Stahel. — 15

—— Observationes de prima insectorum genesi, adjecta articulatorum evolutionis cum vertebratorum comparatione. Dissertatio inaug. 4 maj. (4½ B. u. 3 Stnt.) Turici 842, Meyer u. Zeller. *

—— über die Jacobson'schen Organe des Menschen, s. Festschrift zu dem 40jährigen Professoren-Jubiläum des Hrn. Frz. v. Rinecker.

—— eine neue Pennatulide aus Australien. 8. (3 S.) Ebendas. 885. *
aus: Sitzungsberichte der physikalisch-medicinischen Gesellschaft zu Würzburg, besonders abgedruckt.

—— die Pennatulide Umbellula und zwei neue Typen der Alcyonarien. Festschrift zur Feier des 25jähr. Bestehens der physikalisch-medicin. Gesellschaft in Würzburg. gr. 4. (24 S. mit 2 photogr. Taf.) Würzburg 875, Stahel'sche Buchh. *

—— die normale Resorption des Knochengewebes und ihre Bedeutung für die Entstehung der typischen Knochenformen. hoch 4. (VI, 86 S. mit 8 chromolithogr. Taf. und 2 eingedr. Holzschn.) Leipzig 878, F. C. W. Vogel. * 19 —

—— über die Darwin'sche Schöpfungstheorie. Ein am 13. Febr. 1864 in der phys. medicin. Gesellschaft von Würzburg gehalt. Vortrag. gr. 8. (15 S.) Leipzig 864, Engelmann.

—— die Schwimmpolypen oder Siphonophoren von Messina beschrieben. Fol. (VII und 96 S. mit 12 lithochrom. Taf.) Leipzig 853, Engelmann. *

Kölliker, A[lbert]: Die Selbständigkeit u. Abhängigkeit des sympathischen Nervensystems, durch anatomische Beobachtungen bewiesen. Ein academisches Programm. Zür. Meyer u. Zeller 1844. 40 S. 4. [Zürich, Med. Fac.,] Antrittsprogramm [v. 21. Dec. 1844].

—— der jetzige Stand der morphologischen Disciplinen mit Bezug auf allgemeine Fragen. Rede, gehalten bei der Eröffnung der ersten Versammlung der Anatom. Gesellschaft in Leipzig am 14. April 1887. Lex.-8. (25 S.) Jena 887, Fischer. *

Kölliker, A. Über verschiedene Typen in der mikroskopischen Structur des Skelettes der Knochenfische. Würzburg 1859.

—— Untersuchungen über die letzten Endigungen der Nerven. 1. Abhandlung. Ueber die Endigungen der Nerven in den Muskeln des Frosches. gr. 8. (18 S. mit 4 Kpfrtaf. in gr. 8. und gr. 4.) Leipzig 862, Engelmann. *
Aus: Zeitschrift für wissenschaftliche Zoologie, besonders abgedruckt.

—— über Galgi's Untersuchungen, den feineren Bau des centralen Nervensystems betr. 8. (7 S.) Ebendas. 887.

Kölliker, A. Untersuchungen zur vergleichenden Gewebelehre. 1856.

Kölliker, A[lbert]: Neue Untersuchungen über die Entwicklung des Bindegewebes. Würzburg 1861. 32 S

Kölliker, A. Physiologische Untersuchungen üb. d. Wirkung einig. Gifte. Berlin 1856.

— üb. den Ursprung d. Oculomotorius beim Menschen. [Aus: „Sitzungsber. d. Würzb. phys.-med. Gesellsch."] gr. 8. (2 S.) Würzburg 892. Stahel. n. — 50

—— Verzeichniss d. phanerogam. Gewächse d. Cantons Zürich. gr. 12. (7⅓ B.) Zürich 839, Orell, Füssli u. Comp.

Kölliker, Alb. v., s.: Zeitschrift f. wissenschaftliche Zoologie.

— über das Zirbel- oder Scheitelauge. (Mit Demonstration.) [Aus: „Sitzungsberichte der physik.-medic. Gesellschaft zu Würzburg.] 8. (2 S.) Würzburg 887. Stahel. — 15

KOELLIKER, ALFRED. Ueber die Einwirkung von Triphenylbrommethan auf Natriumacetessigester. (Freiburg im Breisgau) Würzburg, 1883.

Kölliker, Alfred, med. pract. aus Zürich: Ueber markhaltige Nervenfasern der Netzhaut. Zür. Zürcher u. Furrer 1885. 32 S. 8°. Zürich, Med. Diss. [v. 15. Dec. 1884].

Koelliker, Oscar. Die erste Umseglung der Erde durch Fernando de Magallanes und Juan Sebastian del Cano 1519—1522. Dargestellt nach den Quellen von O' K' (Thalwil-Zürich). Mit 32 [*d. i.* 35 Tabellen,] Tafeln und Karten [sowie 1 Porträt-Vignette]. X + 298 S. gr.-8. München und Leipzig, R. Piper & Co, 1908. [M. 5.—, geb. 7.—]

Kölliker, Theodor Hans

— s. Bergmann, M. 4. Bericht üb. die chirurgische Klinik.

Kölliker, Th. H., 2. Bericht über meine chirurgische Poliklinik vom 20. Aug. 1883 bis 20. Aug. 1885. gr. 8. (33 S.) Leipzig 886, F. C. W. Vogel. *

Kölliker, Th., 3. Bericht über meine chirurgische Klinik vom 20. Aug. 1885 bis 20. Aug. 1887. gr. 8. (32 S.) Leipzig 888. F. C. W. Vogel. n. — 80
4. Bericht, s.: Bergmann, M.

Kölliker, Thdr., üb. die Fortschritte der operativen Chirurgie d. Rückenmarks u. der peripherischen Nerven. Antritts-Vorlesg. gr. 8. (24 S.) Stuttgart 892. F. Enke. n. — 80

Kölliker, Th., die Gypsdrahtschiene. gr. 8. (12 S. m. 12 Fig.) Leipzig 900. F. C. W. Vogel. n. — 60

—— über die Hernia processus vaginalis encystica, s. a. Festschrift, A. v. Kölliker gewidmet.

— üb. die Hernia processus vaginalis encystica. [Aus: „Festschrift f. A. v. Kölliker".] gr. 4. (6 S.) Leipzig 887. Engelmann. n. — 60

Kölliker, Th., über das Os intermaxillare des Menschen u. die Anatomie der Hasenscharte u. des Wolfsrachens. [Aus: „Nova Acta d. ksl. Leop.-Carol. deutschen Akad. d. Naturf."] gr. 4. (71 S. m. 7 z. Thl. farb. Steintaf.) Halle 882. Leipzig, Engelmann in Comm. n. 12. —

— die Verletzungen u. chirurgischen Erkrankungen der peripherischen Nerven, s. a. Chirurgie. deutsche.

Kölliker, Th[eodor Hans]: Die Verletzungen und chirurgischen Erkrankungen der peripherischen Nerven. Stuttgart 1890. XXXII, 120 S.
(Deutsche Chirurgie. Lfg 24 b.)

Wilhelm Kölling, Doktor der heiligen Schrift, Pastor und Superintendent in Pless. Ein Gedenkblatt in treuer Liebe gewidmet von e. alten Konfirmanden. *Pless: A. Kummer 1903.* (32 S.) 8° [ℑ.]

Koelling, Benjamin, approb. Arzt aus Proschlitz: **Ein Fall von** aputrider Nekrose des Lungengewebes. *Erlangen 1903: Junge & Sohn.* (24 S.) 8°
Erlangen, Med. Diss. v. 21. Nov. 1903

Kölling, Elisab., Puppenschneiderei, s.: **Jugendbücher**, **Brandus'sche.**

Kölling, G., kurzer und faßlicher Leitfaden für den Unterricht in der deutschen Sprache. gr. 8. (VI und 54 S.) Zerbst 851, Kummer'sche Buchh.

Kölling, Heinr., das priesterliche Beten des scheidenden Herrn für die zurückbleibenden Knechte. Predigt über Evang. St. Joh., Kap. 17, V. 11 zur Eröffnung des Diöcesan-Convents am 12. Septbr. 1860 in der evangel. Pfarrkirche zu Creuzburg gehalten. Breslau, Dülfer. gr. 8. (28 S.) n. 3½ ngr.

Koelling, Heinr., der erste Brief Pauli an Timotheus, auf's Neue untersucht u. ausgelegt. 1. Thl. Die allgemeinen Fragen. gr. 8. (XX, 338 S.) Berlin 882. Hugo Rother. n. 6. —

Koelling, Heinr., der 1. Brief Pauli an Timotheus, auf's Neue untersucht und ausgelegt. 2. (Schluss-)Thl.: Die Auslegung. gr. 8. (XXVIII. 430 S.) Berlin 887, H. Rother. *
1. Thl. Ebendas. 1882. * M 6.—.

Koelling, Heinr., die doppelte Erkenntniß, welche das Gelingen der Arbeit am Reiche Gottes bedingt. Predigt üb. Ev. Joh. 8, 30, zur Eröffng. der schles. Provinzialsynode am 6. Novbr. 1890 zu St. Elisabet in Breslau geh. 12. (14 S.) Breslau 891. (C. Dülfer.) n. — 20

Kölling, Heinr., praktisches Hülfs- u. Uebungsbüchlein für den ersten Unterricht in der deutschen Sprache in den utraquistischen Schulen. Oppeln 869. Reisewitz. 8. (VIII, 43 S.) geb. n.n. 3½ ngr.

— Lazarus, unser Freund, schläft. Predigt über Ev. St. Johannis, Cap. XI, v. 11. bei der feierl. Beerdigung des Königl. Superint. u. Pastors Herrn Imman. Kern am 16. Mai 1865 in der evangel. Pfarrkirche zu Creuzburg gehalten. Creuzburg 865. (Thielmann.) 8. (13 S.) n. 3 ngr.

Koelling, Heinr., Versuch einer schriftgemässen Darstellung des Verhältnisses zwischen dem Herrn Jesu und seiner Mutter. Eine exegetisch-christolog. Studie. gr. 8. (155 S.) Gotha 875, F. A. Perthes. *

—— die theologische Wissenschaft und die Kirche in ihrem Verhältniß zu einander. Vortrag, am 4. Juni 1879 vor der schles. Pastoral-Conferenz zu Liegnitz gehalten. gr. 8. (IV, 48 S.) Ebendas. 879. *

— die theologische Wissenschaft u. die Kirche in ihrem Verhältniss zu einander. Vortrag, am 4. Juni 1879 vor der schles. Pastoral-Conferenz zu Liegnitz geh. gr. 8. (47 S.) Gotha 880. F. A. Perthes. n. 1. —

Geschichte der Stadt Pitschen nach d. Quellen bearb. u. im Auftr. d. Magistr. hrsg. von Hermann **Koelling**, Pastor. Breslau 1892: Graß, Barth & Co. (545 S.) 8° [F. u. Ant.] [07. 6197 2

Kölling, Herm., s.: **Goethe**, **Joh. Wolfg. v.**, **Worte der Weisheit.**

— s.: **Schiller**, **Frdr. v.**, **Worte der Weisheit.**

Koelling, J. J. G. C. H., Presbyterologie, das ist ausführliche Geschichte der Pastoren u. Prediger des Kirchenkreises Creuzburg. — Presbyterologia dioeceseos Cruciburgensis. Breslau 867. (Dülfer.) gr. 8. (X, 173 S.) n. 1 ℛ

Kölling, Johann Gottlieb

— Gegensätze, veranlaßt durch die Zusätze des Fr. H. Stephani zu der Schullehrer-Bibel v. Dr. Dinter. gr. 8. Zerbst, 825, Kummer.

Kölling, (Joh. Gottl.,) Leben, von ihm selbst geschrieben. 2e vielfach verm. Aufl. gr. 8. Zerbst 825, Kummer.

— kurze Liedertexte f. 68 **Choralmelodien z. Erbauung beim** Schulunterrichte rc. 8. **Zerbst 827, Kummer.**

Kölling, Joh. Gttl., kurze Liedertexte f. 100 Choralmelodieen, z. Erbauung beim Schulunterr., zugleich auch z. Einübung e. genüg. Anzahl v. Kirchenmelodieen. Mit Zugabe eigener Schulfestlieder vers. 3., stark verm. u. verb. Ausg. 8. (3 B.) Zerbst 831, Kummer.

Kölling, Joh. Gottl., Liederverse für 103 Choralmelodien zur Erbauung beim Schulunterrichte, gesammelt u. m. ein. Zugabe eigener Schulfestlieder versehen. 4., vervollständigte Ausg. 8. (4½ B.) Zerbst 842, Kummer'sche Buchh.

— Regeln u. Beispiele z. Förderung d. **Richtigschreibens f. d.** Volksjugend. Fol. Zerbst 827, **Kummer.**

Kölling, Max

Koelling, M., Elsnig, Hauptquartier Friedrichs des Großen vom 3. zum 4. XI. 1760. (III, 23 S. m. 1 Abb. u. Titelbild.) gr. 8. Torgau 910. F. Jacob. — 40

Kölling, Otto, siehe: **Anleitung**, praktische, zur **Trockenlegung** der Felder.

Koelling, Wilh., die Echtheit v. 1. Joh. 5, 7. Vortrag, geh. am 12. Oktbr. 1892 zu Liegnitz auf der General-Konferenz des schles. luther. Vereins. gr. 8. (48 S.) Breslau 893. C. Dülfer. n. — 80

Kölling, Wilh., Geschichte der arianischen Häresie bis zur Entscheidung von Nikäa 325. Nebst einem Anh.: Die Kirchenpolitik Constantin des Großen und Friedrich Wilhelm IV., eine histor. Parallele. 1. Bd. gr. 8. (XVI, 268 S.) Gütersloh 874, Bertelsmann's Verlag. * 4 —

Kölling, **Wilh., Geschichte der Arianischen Häresie von Nikäa bis Constantinopel, von 325—881. 2. (Schluß-)Bd. gr. 8. (XI, 516 S.) Gütersloh 883, Bertelsmann.** *
1. Bd. Ebendas. 1874. * M 4.

Koelling, W., „Ja Herr, aber doch!" Predigten aus der Festhälfte d. Kirchenjahres. gr. 8. (VII, 232 S.) Breslau 889. Korn's Verl. n. 2. 50

Vierzig Jahre im Weinberge Christi. Lose Blätter als Beitrag z. prakt. Theologie von D. Wilhelm Koelling, Superint. in Pless. *Berlin: Berl. Stadtmiss. 1901.* (V, 310 S.) 8° [F.] [04. 6191

Koelling, Wilh., 40 Jahre im Weinberge Christi. Lose Blätter als Beitrag zur prakt. Theologie. gr. 8. (VIII, V, 310 S.) Berlin 901. Vaterländ. Verlags- u. Kunstanstalt. n. 3. —; geb. n. 4. —

Kölling, Wilh., Charwoche 1876. Predigten, gehalten in der evangel. Pfarrkirche zu Pleß von Palmarum bis Ostern 1876. 8. (61 S.) Pleß 876, Krummer. *

—— **Die Lehre v. der Theopneustie. gr. 8. (XVI, 470 S.) Ebd. 891.**
*** 7 50; geb. * 9 —**

— Pneumatologie od. die Lehre v. der Person d. hl. Geistes. gr. 8. (XXIV, 368 S.) Gütersloh 894. C. Bertelsmann. n. 6. —

—— Prolegomena zur Lehre v. der Theopneustie. gr. 8. (III, 89 S.) Bresl. 890, Dülfer. * — 70

Kölling, Wilh., die Satisfactio vicaria, d. i. d. Lehre v. d. stellvertret. Genugthuung d. Herrn Jesu. I. Bd. D. Vorfragen. gr. 8. (XV, 286 S.) Gütersloh 897. C. Bertelsmann. n. 4. 50; geb. n. 5. 40

— die Satisfactio vicaria, d. i. die Lehre von der stellvertretenden Genugthuung des Herrn Jesu. II. Bd. Der Aufbau. gr. 8. (XVI, 428 S.) Gütersloh 899. C. Bertelsmann. n. 6. —; geb. n. 7. —
I. Bd. Ebd. 897. n. 4.50; geb. n. 5.40.

— Silvesterpredigt über Ebräer XIII, 8, geh. am 31. Decbr. 1878 in der evangel. Pfarrkirche zu Pleß. 8. (12 S.) Pleß 879. Krummer. n. — 20

Dogmatisch-symbolische Studien über die Trinität und die Sacramente. Weferlinger Vorlesungen 1898 von D. Wilhelm Kölling. *Berlin: Wiegandt & Grieben 1899.* (89 S.) 8° [F.]

Kölling, W., wer die Braut hat, der ist der Bräutigam. Predigt zur Eröffnung der 3. ordentl. Schles. Provinzialsynode, geh. am 2. Novbr. 1881 in der Haupt- u. Pfarrkirche zu St. Elisabeth in Breslau. 8. (18 S.) Breslau 881. Dülfer. n. — 20

Kollinovics, Gabr., nova Periodus, Hungariae anno primo Cynaeco Cratiae Austr. inchoata (ed. M. G. Kovachich). 8 maj. Ofen 790. Typograph. 1 ℛ 8 gℛ

Kollinovics, Gabr., nov. Ungar. Periodus, ed. M. Kovachich. 8. maj. Budae (Eggenberger, Pest) 790. Rthlr.

Kollitzsch, Ant., Rechen-Unterricht in der Volksschule, s.: Mošnik, Fra. Ritter v.

KOLLITSCH, Anton
(F) Der Zahlenraum von 1—100. Ein neuer Lehrgang nebst Ausführung der wichtigsten methodischen Einheiten desselben. Von Anton Kollitsch. Klagenfurt. 1900. Kleinmayr. Gr.-8°. II, 45 S. K —.80

Kollius

— s. a. Coll.

Kollius, Johann (Bremen), Praecognoscenda ontologiae. Präs. Georg Heinr. Ribov. Helmstedt (Paul Dietrich Schnorr) Aug. 1731. 14 S. (5.50) 19124

Kolliz, C. W., der vollständige Obstwein-Fabrikant. 8. (13 B.) Nordhausen 815, Fürst.

Kolliz, C. W., der vollständ. Obstwein-Fabrikant, oder 24 vorzügl. Sorten Weine aus Obstarten u. Beerenfrüchten zu bereiten, die den edelsten Weinsorten völlig gleichkommen. Großentheils nach eigenen Erfahrungen. 2. (Titel-)Aufl. 8. (IV u. 204 S.) Quedlinburg (845) 849, Ernst. ⅓ ℛ

Kollm, Formulare zur Geschäfts- u. Buchführung des prakt. Arztes, s.: Steinbach, A.

Kollm, Georg: Geographische Gesellschaften, Zeitschriften, Kongresse und Ausstellungen. ([S.-A.] Geographisches Jahrbuch. Bd. 19. 1896. S. 403—430.) Gotha 1897. 28 S. 8°.

Kollm, Georg: Geographische Gesellschaften, Zeitschriften und Kongresse. ([S.-A.] Geographisches Jahrbuch. Bd. 24. 1901. S. 397—424.) Gotha 1902. 28 S. 8°.

Kollm, Georg: Die Quell- und Grundwasser-Verhältnisse von Metz und Umgebung mit besonderer Berücksichtigung der Trinkwasserversorgung. ([S.-A.] Fünfter Jahresbericht des Vereins für Erdkunde zu Metz pro 1883.) Metz 1883. 21 S., 1 Tf. 8°.

Kollm, Geo., s.: Verhandlungen d. Gesellschaft f. Erdkunde.

— s.: Verhandlungen d. deutschen Geographentages.

— s.: Zeitschrift d. Gesellschaft f. Erdkunde.

Kollm, Hugo (*geb. Ostrowo in Pos. 16. 5. 1841*): De morbis medullae spinalis et meningium spinalium eorumque diagnosi differentiali. Vratislaviae (1864). (28 S.) 8°
Breslau, Med. Diss. v. 6. [vielmehr 8.] Aug. 1864

Kollmann, Maximilian. gr. 8. Grätz 819. Klenreich. ⅓ ℛ

Kollmann

— s. a. Collmann.

Kollmann, Dr., Darstellung der ungünstigen Verhältnisse der prakt. Aerzte in Bayern, mit Hinweisung auf die Mittel, des zu beseitigenden Mißstandes und des aus ihrer Anwendung zu erzielenden Nutzens für's Volk und Aerzte. gr. 8. Augsburg 839. (Kollmann.) ⅛ ℛ (NB. Der Verfasser hat sich nicht genannt.)

KOLLMANN: Zur Installationsfeyer Sr. Excell. des ... Herrn Joh. Ladislaw Pyrker de Felsö-Ör, Patriarchen Erzbischof von Erlau. Erlau 1827. Gedr. in der Erzbischöfl. Buchdr. 8 S. - 4°

Kollmann, Pastor, s. die Rettung Griechenlands.

Kollmann, A., die Chemie der Küche, s.: Franke, E.

Kollmann, A. F. B., u. C. F. Müller, über Logier's Musik-unterrichts-System. Mit Vorw. v. A. P. Schmidt. 8. (3½ B. u. 1 Musikbeil.) München 829, Falter u. Sohn.

Kollmann, Albert

Kollmann, A., Düsseldorfer Bau-Polizeiverordnung nebst Orts-Statut rc. Hrsg. u. m. Sachregister versehen. 12. (67 S.) Düsseldorf 892. Schrobsdorff. Kart. n. 1 —

Kollmann, A., gesetzliche Bestimmungen für den Gast- u. Schankwirthschaftsbetrieb u. für den Kleinhandel m. Branntwein u. Spirituosen, nebst den hierzu ergang. Ministerial-Erlassen, Regierungs-Polizei-Verordngn., sowie den wichtigst. Entscheidgn. der höchst. Gerichtshöfe. 2. Aufl. gr. 8. (76 S.) Düsseldorf 899. (Schrobsdorff). n. 1. —

Kollmann, A., die gesetzlichen Bestimmungen üb. die Presse. (47 S.) gr. 8. Düsseldorf (908). E. Lintz. 1. —

— Gesinde-Polizei f. die Rheinprovinz. Umfassend: Die Gesinde-Ordng. vom 19. Aug. 1844, nebst den hierzu erlassenen Allerhöchsten Verordngn. u. Gesetzen, den Entscheidgn. der Gerichts- u. Verwaltungs-Behörden, sowie der z. Zt. besteh. Polizei-Verordngn. der königl. Regiergn. zu Aachen, Coblenz, Düsseldorf, Köln u. Trier u. s. w. u. s. w. 8. (66 S.) Ebd. 891. Kart. n. 1. 25

— vom 1. I. (1900) ab geltendes Gesinde-Recht. Die Gesinde-Ordng. f. die Rheinprovinz m. Erläutergn. u. d. maßgeb. Bestimmgn. d. „bürgerl. Gesetzbuches". 8. (43 S.) Ebd. 900. — 50

—— Preußens Jagd-Gesetze, nebst den zugehörigen einschlägigen Gesetzen und Verordnungen. Zusammengestellt und mit den bezügl. Commentaren versehen. 8. (VII, 141 S.) Ebendas. 888. cart. *

Kollmann, A., Düsseldorfer Miethrecht. Für den prakt. Gebrauch zusammengestellt und hrsg. 8. (29 S.) Düsseldorf 886, F. Bagel. *

—— Düsseldorfer Miethrecht. Für den prakt. Gebrauch zusammengestellt u. hrsg. 4. durch gerichtl. Entscheidgn. ergänzte u. wesentlich veränd. Aufl. 16. (30 S.) Düsseld. 889, [F. Bagel] Mischel. * — 50

— die Polizei-Verordnungen der Stadt Düsseldorf. schmal gr. 8. (144 S.) Düsseldorf 902. E. Lintz. n. 1.—

Kollmann, A., was ist f. Vermiether u. Miether vom 1. I. 1900 ab zu wissen nothwendig? Prakt. Ratgeber f. Vermiether u. Miether, nach dem neuen bürgerl. Gesetzbuche. 8. (66 S.) Düsseldorf 900. Schrobsdorff. — 60

Kollmann, A., Zusammenstellung der sämmtlichen für die Oberbürgermeisterei Düsseldorf gültigen Lokal-Polizei-Verordnungen, nebst Anhang, enthaltend: Gesetze über die Polizei-Verwaltung, das Paßwesen, Pfandleihgewerbe und Verkehr mit Nahrungsmitteln, Arzneimitteln und das Verkaufen von Petroleum, sowie Gesindeordnung für die Rheinprovinz, und Etwas über Miethrecht und den hies. Ortsgebrauch beim Wohnungsmiethen. 8. (III, 320 S.) Düsseldorf 882, F. Bagel. cart. *
1. Nachtrag. (45 S.) 884. *

—— Zusammenstellung der sämmtlichen für die Oberbürgermeisterei Düsseldorf gültigen Lokal-Polizei-Verordnungen. Gesammelt und hrsg. 2. Nachtrag. 8. (S. 51—113.) Ebendas. 886. *
Hauptwerk in 2. Aufl. und 1. Nachtrag. Ebendas. 1883,84. * ℳ 1.80.

Kollmann, A., Zusammenstellung der sämmtlichen für den Reg.-Bez. Düsseldorf erlassenen, noch in Kraft befindlichen Polizei-Verordnungen. 8. (III, 348 S.) Düsseldorf 882. F. Bagel. cart. 2. 25

—— dass. — 2. verm. und verb. Aufl. 8. (III, 388 S.) Ebendas. 883.

—— Zusammenstellung der sämmtlichen für den Reg.-Bez. Düsseldorf erlassenen, noch in Kraft befindlichen Polizei-Verordnungen. Gesammelt und hrsg. 3. verm. Aufl., mit 2 Nachträgen. 8. (III, 457 S.) Ebendas. 886. cart. *
2. Nachtrag allein (S. 389—457) *

—— Zusammenstellung der f. den Reg.-Bez. Düsseldorf erlassenen u. noch in Kraft befindlichen Polizei-Verordnungen. 3. Nachtrag. 12. (S. 361—505.) Ebd. 889. cart. * 1 20
Hauptwerk u. 1. u. 2. Nachtrag. Ebd. 1883—86. * 3 30.

Kollmann, Ant., Anhaltspunkte zur Benützung bei Bier-Untersuchungen für Landgerichts-Beamte, Gerichts-Aerzte, prakt. Aerzte u. Apotheker. Neu-Ulm. (Augsburg, Schmid's Verlhdlg.) 8. (12 S.) n. 4 ngr.

Kollmann, Art., s.: Folia urologica.

Kollmann, Arth., die chronische Gonorrhoe der männl. Harnröhre, s.: Oberländer, F. M.

— s.: Jahresbericht üb. die Leistungen u. Fortschritte auf d. Gebiete der Erkrankungen des Urogenitalapparates.

— die Prophylaxe bei Krankheiten der Harnwege, s.: Notthafft, Albr. Frhr. v.

Kollmann, Art., deutsche Puppenspiele. Gesammelt u. m. erläut. Abhandlgn. u. Anmerkgn. hrsg. 1. Hft. gr. 8. (111 S.) Leipzig 891. F. W. Grunow. n. 1. 60

Kollmann, Arth., der Tastapparat der Hand der menschlichen Rassen und der Affen in seiner Entwickelung und Gliederung. gr. 8. (V, 77 S. mit 48 Fig. auf 2 lithogr. Doppeltaf.) Hamburg 883, Voss. *

Kollmann, Carl Ferdinand, s. Kollmann, Karl Ferdinand

Kollmann, Charles Ed., Arthur Schreiner. Roman e. Deutschen in Amerika. 3 Bde. 8. (371, 354 u. 357 S.) Braunschweig (902). R. Sattler. n. 10.—; geb. in Leinw. n. 15.—

— dasselbe. Suppl. Enth. 24 Karten u. Pläne zu dem amerikan. Secessionskriege 1861—1865. 8. (V S. Text.) Ebd. (902). n. 2.—

Kollmann, Ernst: Über die Gautier'sche Verbindung P_5H_3O. 1903. 47 S. 8°
Berlin, Dr.-Ing.-Diss. v. 22. 5. 1903

Kollmann, F. J., die Wasserwerke von Augsburg. Beschreibung aller hydrotechn. Anstalten d. Stadt, d. Lech- u. Wertach-ablasses, der Kanäle, Brunnen rc. mit den wichtigsten baupolizeil. Bestimmungen. Mit histor. Notizen versehen u. red v. Ferd. Aug. Oldenburg. Nebst einer (lith.) Ansicht d Lech-Ablasses u. hydrograph. Karte von Augsburg u. seinen Umgebungen (in qu. Fol.) gr. 8. (152 S.) Augsburg 850 Rieger. n. 1⅙ ℳ

Kollmann, Fr., Ventilation der Steinkohlengruben. 8. (44 S.) Castrop 886, Heinemann. *

Kollmann, Franz Seraphin

— gewerbliche doppelte Buchhaltung (anwendbar f. jedes Gewerbe). gr. 8. (IV, 57 S.) Wien 902. A. Pichler's Wwe & Sohn. n. 1.—

Kollmann, Frz. Seraf. Gewerbliche Buchführung f. Kleinbetrieb m. Erfolgsnachweis, Schlüssel zur Calculation u. Calculationsbeispielen [anwendbar f. jedes Gewerbe]. 12. (30 S.) Wien 891. (Lpz., Literar. Anstalt Aug. Schulze.) geb. * 1 —

Kollmann, Frz. Seraph., gewerbliche Buchführung für Mittelbetrieb m. Erfolgs-Nachweis, Schlüssel zur Calculation u. Calculations-Beispielen (anwendbar f. jedes Gewerbe). 2. [Titel-]Aufl. 8. (III, 35 S.) Wien (897.) 898. C. Graeser & Co. n. — 50

Kollmann, Frz. Seraph., gewerbliche Buchführung f. Mittelbetrieb m. Erfolgsnachweis, Schlüssel z. Calculation u. Calculations-Beispielen (anwendbar f. jedes Gewerbe). 8. (III, 35 S.) Wien 897. C. Graeser. n. — 72

Kollmann, Frz. Seraf, vereinfachte Buchhaltung für Kleingewerbtreibende. qu. gr. 8. (31 S.) Wien 874, Gerold's Sohn. 1 —

Kollmann, Frz. Seraf. Handbuch f. die administrative Bauthätigkeit, enth.: e. neue Baubuchführg., die Darstellg. d. Verkehres m. den Bauherren u. Lieferanten, Eingaben an die Bau- u. Steuerbehörde, das Baugesetz f. Wien, das Wissenswertheste üb. „Wechsel" u. s. w. gr. 8. (VII, 153 S.) Wien 890, Bertó u. Comp. cart. * 2 80

Kollmann, Frz. Seraph, Lehrbuch d. gewerblichen Buchführung f. Fortbildungsschulen. (116 S.) gr. 8. Wien 903. A. Pichler's Wwe. & Sohn. Kart. n. 1.—

Kollmann, F. S., Übungsheft zum Lehrbuche der gewerblichen Buchführung für Fortbildungsschulen. 4°. (32 S.) K —.40 Wien: Pichler 1903.

— Uebungsheft zum Lehrbuch der gewerblichen Buchführung f. Fortbildungsschulen. 2. Aufl. Unveränd. Abdr. der 1. Aufl. (32 S.) 4. Ebd. 905. n. — 40

Kollmann, Frz. Seraph., Übungsheft zum Lehrbuch der gewerblichen Buchführung f. Fortbildungsschulen. 3. Aufl. Unveränd. Abdr. der 1. Aufl. (32 S.) 31×23,5 cm. Wien 909. A. Pichler's Wwe. & Sohn. — 40

Kollmann, Fritz [cand. med. aus Planegg]: Privat-Irrenpflege in Bayern im 19. Jahrhundert ... München, Buchdr. Kastner & Lossen, 1896; 1 Bl., IV, 47 S., 1 Kt. 8.
München, Med. Fak., Inaug.-Diss. v. 1896

Kollmann, Horst, die Bedeutung der metaphysischen Kausaltheorie f. die Strafrechtswissenschaft, s.a. Abhandlungen, strafrechtliche.

Kollmann, Horst: Die Bedeutung des metaphysischen Kausalprinzips für die Strafrechtswissenschaft. Breslau: Schletter 1908. (75 S.) 8°
Marburg, Jur. Fak., Ref. Traeger, Diss. v. 9. März 1908
[Geb. 5. Mai 84 Oldenburg; Wohnort: Oldenburg; Staatsangeh.: Oldenburg; Vorbildung: Gymn. Oldenburg Reife O. 03; Studium: Lausanne 2, Berlin 6 S.; Rig. 1. Aug. 07.]

Die Bedeutung der methaphysischen [!] Kausaltheorie für die Strafrechtswissenschaft. Von Horst Kollmann, Dr. jur. Breslau: Schletter 1908. (75 S.) 8°
— Abhandlungen, Strafrechtliche. H. 84. [08. 8000 4

— Die Lehre v. der Erpressung nach deutschem Recht, s.a. Abhandlungen des kriminalistischen Seminars an der Universität Berlin. VI. 3.

Die Lehre von der Erpressung nach deutschem Recht. Von Dr. Horst Kollmann. Berlin: Guttentag 1910. 214 S. 8°
(Abhandlungen d. kriminalist. Seminars an d. Univ. Berlin. N. F. Bd 6, H. 3.) [10. 13483

— Die Stellung des Handlungsbegriffes im Strafrechtssystem, s.a. Abhandlungen, strafrechtliche.

Die Stellung des Handlungsbegriffes im Strafrechtssystem. Von Dr. jur. Horst Kollmann. Breslau: Schletter 1908. (227 S.) 8°
— Abhandlungen, Strafrechtliche. H. 91. [08. 13430 4

Kollmann, J., u. Leop. Rütimeyer, Bericht üb. die ethnographische Sammlung der Universität Basel, s.: Mitteilungen aus der ethnographischen Sammlung der Universität Basel.

Kollmann, J., elementares Leben, s.a. Sammlung gemeinverständlicher wissenschaftlicher Vorträge.

Kollmann J, elementares Leben. (Slg wiss. Vortr. 423) Berlin 1883

Kollmann, J: Der Puddelofen und der Puddelprozeß. Diss. Göttingen. Hagen 1878

Kollmann, J. Die Schulhygiene u. ihre neueste Forderung. gr. 8. (24 S.) Freib. i. Br. 890, Fehsenfeld. * — 50

Kollmann, J., über Verbindungen zwischen Coelom u. Nephridium, s.: Festschrift, zur Feier d. 300jährigen Bestehens der Julius-Maximilians-Universität zu Würzburg gewidmet von der Universität Basel.

Kollmann, Ignatz (Hrsg.), s. Aufmerksame, Der.

Kollmann, Ign., Dante. Ein dramat. Gedicht in 5 Aufz. 8. (9¼ B.) Grätz 833, Ferstl.

—— dramat. Darstellungen aus d. Geschichte v. Oesterreich u. Steiermark. 1. Darstell. — A. u. d. T.: Carl v. Oesterreich, od.: Der Wundertag im Erzgebirge. Ein vaterländ. Schausp. in 4 Act. gr. 8. (5¼ B.) Grätz 833, Ferstl.

AN die Hagestolzen. Epithalam nach aufgegebenen Endreimen und vorgeschriebenem Silbenmasse, freundschaftlich dargebracht dem Herrn Doctor Franz Nobile am Tage seiner Vermählung (von *Ignatius Kollmann*). O. O. 1807.
Anon.-Lex. I. p. 49 (nach Goedeke, 2. A.).

— die heilige Philomena, Jungfrau und Märtyrinn. Geschichte der Auffindung ihres heiligen Leibes im Jahre 1802 zu Rom, dessen Uebertragung von Rom nach Mugnano. Mit beigefügter neuntägiger Andacht, Lied u. Litanei zur heil. Philomena. Mit 1 Titelkpfr. 12. Grätz 837. Kienreich. 5 gr

Kollmann, Ign., Triest u. seine Umgebungen rc. qu. 12. Triest u. Wien ... Geistinger. 1 ₰ 12 gr

Kollmann, Julius

Kollmann, J., plastische Anatomie des menschlichen Körpers. Ein Handbuch für Künstler und Kunstfreunde. gr. 8. (VIII, 564 S. mit zahlr. Abbild. im Text.) Leipzig 886, Veit und Comp. *

Kollmann, Jul., Plastische Anatomie des menschlichen Körpers f. Künstler u. Freunde der Kunst. Mit mehr. Hundert zum Tl. farb. Abbildgn. im Text u. 15 Vollbildern. 2., verm. u. umgearb. Aufl. gr. 8. (XVI, 576 S.) Leipzig 901. Veit & Co. n. 18.—; geb. in Halbfrz. n. 21.—

Kollmann, Jul., plastische Anatomie des menschl. Körpers f. Künstler u. Freunde der Kunst. Mit mehreren 100 zum Tl. mehrfarb. Abb. im Text u. 19 Vollbildern. 3. verm. u. umgearb. Aufl. (XVI, 624 S.) Lex. 8. Leipzig 910. Veit & Co. Kart. 24.—
geb. in Halbfrz. 27.—

—— und Theod. v. Hessling, Atlas der allgemeinen thierischen Gewebelehre, s. Hessling, Theod. v.

Kollmann, J. (Prof. d. Anatomie in Basel). Die Aufgaben des anatom. Unterrichtes. Rede gehalten beim Antritt des Lehramtes zu Basel am 10. Mai 1878. 8°, 30 S. Basel, Georg. 1 —
1878

Kollmann, J., siehe: *Denkschriften, neue.*

Kollmann, Jul., das Eisenhüttenwesen auf der Düsseldorfer Gewerbe-Ausstellung 1880 [Gruppe III]. gr. 8. (87 S. mit 1 Taf.) Düsseldorf 880, (de Haen'sche Buchh.) *
Aus: Annalen für Gewerbe und Bauwesen, besonders abgedruckt.

Kollmann, Das Eisenhüttenwesen auf der Düsseldorfer Gewerbeausstellung 1880. (Gruppe III.) Düsseldorf, 1888. 87 S.

Kollmann, Jul., die Entwicklung der Adergeflechte. Ein Beitrag zur Entwicklungsgeschichte des Gehirnes. Mit 1 (photogr.) Taf. Abbildgn. Leipzig 861. Engelmann. gr. 8. (VIII, 40 S.) 15 ngr.

Kollmann, J., die statistischen Erhebungen über die Farbe der Augen, der Haare und der Haut in den Schulen der Schweiz. gr. 4. (42 S. mit 2 chromolithogr. Karten.) Basel 881, (Georg.) **
Aus: Neue Denkschriften der allgemeinen schweizerischen Gesellschaft für die gesammten Naturwissenschaften, besonders abgedruckt.

Kollmann, die statistischen Erhebungen über die Farbe der Augen, der Haare u. der Haut in den Schulen der Schweiz. [Aus: „Denkschr. der schweiz. Gesellsch. f. die ges. Naturwiss."] gr. 4. (42 S. m. 2 chromolith. Karten.) Basel 882. Georg in Comm. n.n. 3. 20

Kollmann, [Julius]. Die statistischen Erhebungen über die Farbe der Augen, der Haare und der Haut in den Schulen der Schweiz. [Mit 2 Karten.] (N. Denkschr. Schweizer. Ges. für Naturwiss. Band 28.) 4. (Zürich 1883.)

— über die Festigkeit des erhitzten Eisens. Durch Honorar ausgezeichnete Bewerbung um die 3. Preisaufgabe des Vereins zur Beförderung des Gewerbfleisses für 1878. gr. 4. (40 S. m. 3 Steintaf.) Berlin 880. Simion. cart. n. 3. —

Kollmann, J[ulius]. Craniologische Gräberfunde in der Schweiz. SA. 8. Basel 1883.

Kollmann, Jul., der Großstadt-Verkehr, s. a. Zeitfragen, moderne.

Der Großstadt-Verkehr. Modernes Verkehrswesen d. Großstädte. Dargestellt an d. Reichshauptstadt Berlin. Von Dr. Julius **Kollmann**, Ing. Mit 2 Taf. u. 2 Textfig. Berlin: Pan-Verl. [1905]. (44 S.) 8° [F.]
= **Zeitfragen**, Moderne. No 3. [05. 13715

Kollmann, Julius. Handatlas der Entwicklungsgeschichte des Menschen von Dr. J' K', o. ö. Professor ... [in] Basel. 2 Teile.... Mit ... zum Teil mehrfarbigen Abbildungen und einem kurzgefassten erläuternden Texte. 4. Jena, Gustav Fischer, 1907. [*je* M. 13.—, geb. 15.—]

Teil 1: Progenie, Blastogenie, Adnexa embryonis, Forma externa embryonum, Embryologia ossium, Emb' musculorum. Mit 340 ... Abb' [auf 103 Tafeln].... VIII [+ 218] S.

Teil 2: Embryologia intestinorum, Emb' cordis et vasorum, Emb' cerebri et nervorum, Organa sensuum, Nomina auctorum, Index rerum, Index auctorum. Mit 429 ... Abb' [auf 111 Tafeln].... VIII [+ 226] + *Register* 68 S.

Kollmann, J., s.: Ingenieur, der.

Kollmann, [Julius]. Die Schweizer Jugend nach der Farbe der Augen, der Haare und der Haut. [SA.] 4. [München 1880.]

Kollmann, Julius, Dr. phil., aus Hagen i. W.: Einige Kapitel aus der Haftpflicht der Betriebsunternehmer der Eisenbahnen. *Heidelberg 1903: Moriell.* (52 S.) 8°
Heidelberg, Jur. Diss. v. 1903

Lehrbuch der Entwicklungsgeschichte des Menschen. Von Dr. J[ulius] Kollmann, o. ö. Prof. ... in Basel. M. 386 Abb. im Text. *Jena: G. Fischer 1898.* (XII, 658 S.) 1 Bd 8. [98. 1349

Kollmann, Jul., Makrobiotik u. Alkohol. [Aus: „Deutsche Revue".] 8. (16 S.) Bremerhaven 891. Ch. G. Tienken. n. — 25

Kollmann, J., Mechanik des menschlichen Körpers, s. a. Naturkräfte, die.

Kollmann, J., Mechanik des menschlichen Körpers, m. Abb., München 1874, 288 S., 8°.

Der Mensch. Von Dr. med. u. phil. Jul. **Kollmann**, Prof. ... in Basel. M. 4 Taf. u. 4 Fig. im Text. *(Basel: Commiss. v. H. Georg;) Zürich: Dr. v. Zürcher & Furrer (1896).* (79—152 S., 1 Bl., 4 Taf.) 4.
= **Denkschriften**, Neue, d. allg. schweiz. **Gesellschaft** f. d. gesammten Naturwissenschaften. Bd 35. (Abth. 3.) [97. 6116

Kollmann, J. Der Mensch. (Prähistor. Funde am Schweizersbild.) Mit 4 Taf. u. 4 Textabb. In-4°. 75 S. Zürich (Basel u. Genf, Georg & Co.). 4 —
*** Sonder-Abdruck aus den Denkschriften der Allg. schweiz. naturforsch. Gesellschaft. Band 35.

Kollmann, Jul[ius]. Der Mensch vom Schweizersbild. Mit 4 Tafeln und 6 Figuren im Text. (Separat-Abzug aus den Denkschriften der Schweiz. Naturforschenden Gesellschaft, Band 35: J[acob] Nüesch, das Schweizersbild.... 2. verbesserte und vermehrte Aufl.) S. 205—282. 4. Zürich, Zürcher & Furrer (Basel, Genève und Lyon, Komm. Georg & Co., 1901).

— (Hrsg.), s. Monatshefte, Technische.

Kollmann, J[ulius]. Noch einmal Herr [Ludwig] von Török. Entgegnung s. Messikommer, Jacob. Grabhügel und Einzel-Gräber im zürcherischen Oberland.... (München 1892.)

Kollmann, Julius s. Nüesch, Jacob. Das Schweizersbild. Zürich 1897.

Kollmann, J[ulius], und Büchly, W[erner]. Die Persistenz der Rassen und die Reconstruction der Physiognomie prähistorischer Schädel. Mit Tafeln VII bis IX und 5 Figuren im Text. [SA.] 4. [Braunschweig 1898.]

Kollmann, J[ulius]. Die Pygmäen und ihre systematische Stellung innerhalb des Menschengeschlechts. Mit 4 Figuren im Text. Separat-Abdruck aus den Verhandlungen der Naturforschenden Gesellschaft in Basel Bd. 16. II S. + S. 85—117. 8. Basel, Emil Birkhäuser, 1902.

Kollmann, J[ulius]. Die Rassenanatomie der Hand und die Persistenz der Rassenmerkmale. Von Professor J. K' ⟨Basel⟩. ⟨Mit einer Tafel und zehn Abbildungen im Text.⟩ ([Sep.-Abdr. aus:] Archiv für Anthropologie. Bd. 28. [1. u. 2. Vierteljahrsheft.]) S. 91—141. 4. (Braunschweig, Vieweg, [1902].)

— der deutsche Stahlwerksverband, s. a. Zeitfragen, moderne.

Der Deutsche Stahlwerksverband. Eine wirtschaftl. Studie auf Grund eigener Wahrnehmungen. Von Dr. Julius **Kollmann**, Ingen. Berlin: Pan-Verl. [1905]. (50 S.) 8° [F.]
= **Zeitfragen**, Moderne. No 7. [05. 13319

KOLLMANN, Julius (Holzheim): Ueber den Verlauf der Lungenmagennerven in der Bauchhöhle.- Leipzig: Engelmann 1860. 1 Bl., 36 S., Taf.- S.-Abdr. aus: Zeitschrift für wissenschaftl. Zoologie. 10. 31.7.1858 - Urk (Titel: De nervi pneumogastrici in abdominis cavo distributione.); F 69
Diss. Ingolst.-Landsh.-Mchn.

Kollman, K., s.: Effekten-Handbuch.

Kollmann, Karl, Rechtsprakt. a. Rosenheim: Die Rechtsverhältnisse des ⟨niederen⟩ Adels in Bayern. Rosenheim 1907: F. Späth. (VI, 46 S.) 8° [F.]
Erlangen, Jur. Fak., Ref. Rieker, Diss. v. 4. Okt. 1907
[Geb. 8. Sept. 80 Rosenheim; Wohnort: München; Staatsangeh.: Bayern; Vorbildung: Gymn. Rosenheim Reife Juli 00; Studium: München 9, Kiel 1, Erlangen 3 S.; Rig. 30. Nov. 06.]

Kollmann, Karl Ferdinand

Kollmann, Carl Ferd., die Cholera ihre Erscheinungen, ihre Verhütung und ihre Heilung. Für gebildete Laien. 8. (29 S.) Leipzig 854, C. H. Mayer.

Kollmann, Carl Ferd., über Hautkrankheiten u. deren Behandlung. Ein Wort an Laien zur Warnung u. Belehrung. Leipzig 853. C. H. Mayer. 8. (34 S.) 5 ngr

Kollmann, Carl Ferdinand (Leipzig), De sectione caesarea. Diss. med.-obstet. Lpz. (J. B. Hirschfeld) 16. VI. 1848. 32 S. mit Biogr. (M.: W. H. Winter.) (5.50) 19125
Gew.: Christian Ernst Kollmann (Vater).

Kollmann, Ludwig

—— Gedichte humoristischen und ernsten Inhalts. 4. Bd. 8. (IV, 92 S.) Ebendas. 879. *

—— Gedichte komischen Inhalts aus dem Leben, nebst mehreren Gelegenheits- und anderen Gedichten. Der Gedicht-Sammlung 3. Bd. 8. (VIII, 240 S.) Ebendas. 877. *

Kollmann, Ludw., Gedichte religiösen Inhalts nach den kirchlichen Zeiten. 8. (VII, 196 S.) Augsburg 876, Rieger'sche Buchh. *

—— Gedichte religiösen Inhalts aus der heil. Geschichte des alten Testamentes. 2. Bd. 8. (VI, 104 S.) Ebendas. 877. *

Kollmann, Ludw., Gedicht-Sammlung. 2—4. Bd. 8. Augsburg 877—79. Rieger. n. 4. — (1—4.: n. 6. —)
2. Gedichte religiösen Inhalts aus der heiligen Geschichte des alten Testamentes. (VI, 104 S.) n. 1. —
3. Gedichte komischen Inhalts aus dem Leben, nebst mehreren Gelegenheits- u. anderen Gedichten. (VIII, 240 S.) n. 2. —
4. Gedichte humoristischen u. ernsten Inhalts. (IV, 92 S.) n. 1. —

Kollmann, Osc. Die Behandlung d. Knochenfrasses [Caries] auf nicht operativem Wege, nebst kurzer Darstellg. der Lehre v. der Periostitis, Ostitis u. Osteomyelitis. 1. Aufl. (VI, 59 S.) 889; 2. verb. Aufl. gr. 8. (XII, 67 S.) Neuwied 890, Heuser's Verlag. * 2 —

Kollmann, Otto, Medizinalprakt.: Larvierte Puerperalsepsis. München 1908: Wolf. 24 S. 8°
München, Med. Diss. v. 23. Okt. 1909, Ref. v. Bollinger
[Geb. 4. April 79 Aschaffenburg; Wohnort: München; Staatsangeh.: Bayern; Vorbildung: Gymn. Neuburg Reife Juli 99; Studium: München 7, Wien 1, München 2 S.; Coll. 23. Okt. 09; Approb. 14. Aug. 09.] [U 10. 3530

Anleitung zur Ausbildung der Kompagnie im Gefecht nebst Winken für das gefechtsmäßige Schiessen nach d. Exerzier-Regl. 1906 u. d. Schiess-Vorschrift 1905 von [Paul] Kollmann, Hauptm. Berlin: Voss 1907. (72 S.) 8° [F.] [07. 4984

Kollmann, Paul, Die Anwendung des bevorzugten Erbrechtes am Grundeigenthum im Herzogthum Oldenburg zu Anfang d. J. 1880. 8°. Oldenburg 1883.

Kollmann, Paul, auf deutschem Boden in Afrika. Ernste u. heitere Erlebnisse. 8. (383 S. m. Abbildgn.) Berlin (900). A. Schall. n. 4. —; geb. n. 5. —

Auf deutschem Boden in Afrika. Ernste u. heitere Erlebnisse von Paul Kollmann, Hauptm. Berlin: A. Schall [1901]. (378 S.) 8° [F.]
— Verein d. Bücherfreunde. Jg 10, [2.] [01. 7503

Die Ausbildung der Rekruten im Gefecht. Von [Paul] Kollmann, Hauptm. Berlin: Voss 1907. (76 S.) 8° [F.] [07. 5456

Kollmann, Paul, statist. Beschreibung d. Gemeinden d. Herzogth. Oldenburg. Im Auftr. d. grossherzogl. oldenburg. Staatsministeriums bearb. u. hrsg. Lex.-8. (VIII, 719 S. m. 1 farb. Karte.) Oldenburg 897. Bültmann & Gerriets.) Geb. in Leinw. n. 13. 50

Kollmann, Paul, statistische Beschreibg. d. Gemeinden des Fürstenth. Lübeck. Im Auftr. des grossherzogl. oldenburg. Staatsministeriums bearb. u. hersg. Mit 1 (farb.) Karte. Lex.-8. (VIII, 367 S.) Oldenburg 901. A. Littmann. Kart. n. 5. —

Kollmann, Paul,
— Das bevorzugte Erbrecht am Grundeigenthum im Herzogtum Oldenburg. 8°. Oldenburg 1875.

Kollmann, der Gruppenführer. Anleitung u. Winke f. die Ausbildg. der Unteroffiziere im Gefecht. Unter Berücksicht. d. Exerz.-Regl. u. d. Schießvorschrift 1905. (58 S. m. Fig.) kl. 8. Berlin 906. Vossische Buchh. n. — 80

— dasselbe. Anleitung u. Winke f. die Ausbildg. im Gefecht. Unter Berücksicht. des Exerz.-Regl. u. der Schießvorschrift 1905. 2. Aufl. (64 S. m. Fig.) kl. 8. Ebd. 906. n. — 80

Der Gruppenführer. Anleitung u. Winke f. d. Ausbildung d. Unteroffiziere im Gefecht, von [Paul] Kollmann, Hauptm. Unter Berücks. d. Exerz.-Regl. 1906 u. d. Schießvorschrift 1905. 3. Aufl. Berlin: Voss 1906. (IX, 60 S.) 8° [F.] [07. 4984

Kollmann P, die Heuerleute im Oldenburgischen Münsterlande. (53 S) Jena 1898

— d. Kaufpreise d. Grundeigentums im Grossherzogt. Oldenburg v. 1866 bis 1893. Bearb. im grossherzogl. oldenburg. statist. Bureau. [Aus: „Allgem. Statist. Archiv".] gr. 8. (98 S.) Tübingen 895. H. Laupp. n. 1. 50

Der Nordwesten unserer Ostafrikanischen Kolonie. E. Beschreibg v. Land u. Leuten am Victoria-Nyanza nebst Aufzeichngn einiger daselbst gesproch. Dialekte. M. 372 Abb. ... nebst 1 Kt. Von Paul Kollmann, ... früh. Premierlt. d. K. Schutztruppe f. Deutsch-Ost-Afrika. Berlin: A. Schall (1898). (VIII, 191 S., 1 Kt.) 1 Bd 8. [98. 1045

Kollmann, Paul, das Herzogth. Oldenburg in seiner wirthschaftlichen Entwickelung während der letzten 25 Jahre. Auf statist. Grundlage dargestellt, und im Auftrage des grossherzogl. oldenburg. Staatsministeriums hrsg. gr. 8. (VIII, 406 S.) Oldenburg 878, Bültmann und Gerriets. * geb. **

Kollmann, Paul, das Herzogth. Oldenburg in seiner wirthschaftl. Entwickelung während der letzten 40 Jahre. Auf statist. Grundlage dargestellt u. in Auftrage des grossherzogl. oldenburg. Staatsministeriums hrsg Lex.-8. (VIII, 608 S. m. 12 graph. Taf.) Oldenburg 893. G. Stalling's Sort. n. 10. —

Kollmann, Paul, üb. den Ursprung der faserstoffgebenden Substanzen d. Blutes. Diss. gr. 8. (81 S.) Jurjew (Dorpat) 891. (E. J. Karow.) n. 1. 50

— Die landwirtschaftl. Verschuldung im Grossherz. Oldenburg. (35 S) Jena 1897

Kollmann, Paul, die Vertheilung des Bodens und Viehstandes im Herzogth. Oldenburg. Graphisch dargestellt mit beigefügten Erklärungen. Bearb. im Auftrage des Grossherzogl. Oldenburg. Staatsministeriums. Fol. (16 S. mit 12 Chromolithogr.) Oldenburg 874, Schulze'sche Buchh. * 2 50

— die Viehhaltung im Grossherzogth. Oldenburg nach den Ergebnissen der Zählung vom 1. Dezbr. 1892, s.: Nachrichten, statistische, üb. das Grossherzogth. Oldenburg.

— der gegenwärtige Weltverkehr. Vortrag, geh. in der Gehe-Stiftg. am 5. XI. 1898. gr. 8. (51 S.) Dresden 899. v. Zahn & Jaensch. n. 1.—

—— die Wirksamkeit der allgemeinen Armenanstalt der Stadt Hamburg von 1788—1870. Uebersichtlich dargestellt. gr. 4. (40 S.) Hamburg 871, O. Meissner. 1 50
Aus: Statistik des hamburg. Staats, besonders abgedruckt.

Kollmann, Rich., u. Wilh. Frerking, Sammlung wirkungsvoller Tafelreden u. Trinksprüche. Ein Handbuch f. den Gebrauch bei öffentl. u. Vereinsfestlichkeiten, sowie im Freundeskreise. 12. (196 S.) Hannover 893. R. Kollmann. 1. 50; geb. n. 2. —

Kollmann, Theodor [Assistenzarzt a. d. K. Poliklinik f. Nervenkranke]: Geschwulstbildung und Eiterung im Verlaufe subcutaner Fracturen. ... Breslau, Druck d. Bresl. Gen.-Buchdr., E. G., 1889: 42 S. + 1 Bl. u. 1 Taf. 8°
Breslau, Med. Fak., Inaug.-Diss. v. 17. Jul. 1889

Kollmann, Therese, Anleitung zur Konservierung der Pflanzen, s.a. Wie baue ich mir selbst.

Kollmann, Therese, Anleitung zur Konservirung der Pflanzen nach der von Karl Schelivsky erfundenen Imprägnirungsmethode. 8. (53 S.) Leipzig 875, [Mentzel.] A. Krüger. *

Kollmann, Wilhelm, aus Koblenz: Nash's 'Unfortunate Traveller' und Head's 'English Rogue', die beiden Hauptvertreter des englischen Schelmenromans. *Halle a. S. 1899: E. Karras.* (60 S.) 8°
Leipzig, Phil. Diss. v. [3. Juli] 1899

Köllmann, August [aus Broich]: Die englischen a-Laute. Eine kurze Übersicht ihrer Entwicklung. . . . Marburg, Univ.-Buchdr. (C. L. Pfeil), 1889; 61 S. 8°
Marburg, Phil. Fak., Inaug.-Diss. v. [5. Febr.] 1889

Köllmann, A., die englischen a-Laute. Eine kurze Übersicht ihrer Entwicklg. Inaug.-Diss. gr. 8. (64 S.) Marburg 889. (Leipzig, Fock.) n. 1.—

Köllmann, [August], Dr.: Von Bäumen und Baumgeistern im germanischen Volksglauben. Ein Kapitel für d. deutschen Unterricht in Obersekunda. *Remscheid 1902: H. Krumm.* (S. 83—91.) 8°
Remscheid, RG m. R ⟨Reform-S⟩, Festschr. 1902 (541)

Köllmann, Aug., Hugo v. Hofmannsthal, s.a. Beiträge zur Literaturgeschichte.

Hugo von Hofmannsthal von Dr. August **Köllmann.** Leipzig: Verl. f. Lit., Kunst u. Musik 1907. (40 S.) 8° [F.]
= **Beiträge** z. Literaturgeschichte. H. 47. [08. 3803

[F.] **Köllmann,** August [Dr.]: Wieland und Shakespeare m. bes. Berücks. d. Übersetzg d. Sommernachtstraumes. Remscheid, Druck v. H. Krumm, *1896;* 3—17 S. 4.
Remscheid, RPG m. R, OP 1896 (493)

Kollmanner, Karl Hnr., s.a. über die gegenwärtige Lage von Europa.

Kollmanner, (Carl, Heinr.,) über die gegenwärtige Lage v. Europa. gr. 8. Frkt. u. Lpz. 822, (Stuttg., Hoffmann.)

Kollmar und Klaire, eine vaterländische Geschichte (von Auguste von Wallenrodt) 2 Theile, mit Kupf. 8. Leipzig, 793/95. Voß. 2 Rthl.

Kollmar, Emil [aus Karlsruhe]: Ein Beitrag zur Behandlung von Kieferbrüchen . . . . Jena, Druck v. B. Engau, 1886; 39 S. u. 1 Taf. 8°
Jena, Med. Fak., Inaug.-Diss. v. [12. Okt.] 1886.

Kollmar, Emil, ein Beitrag zur Behandlung von Kieferbrüchen. Diss. Jena 1886, G. Neuenhahn. 8°. 39 S. mit einer Taf.

Kollmar, Eugen [app. Arzt aus Göppingen]: Zur Differentialdiagnose zwischen Magengeschwür und Magenkrebs. . . . Tübingen, Druck v. H. Laupp jr., 1890; 25 S. 8°
Tübingen, Med. Fak., Inaug.-Diss. v. 1890

Kollmar, Eug., zur Differentialdiagnose zwischen Magengeschwür u. Magenkrebs. Diss. gr. 8. (25 S.) Tübingen 890. (Moser.) n.n. — 70

Köllmayr, Anton „Ueber das Vorkommen und die allgemeinsten Eigenschaften des Wassers". pg. 3—8. 4°. Jos. Thomann'sche Off.
Landshut, Progr. 1845/46

Köllmayr, Anton „Wie soll der Unterricht der Technologie in den Landwirthschafts- und Gewerbschulen gegeben werden?" pg. 18—20. 4°. J. N. Attenkofer.
Landshut, Progr 1839/40

Köllmer, Eph. Karl, s. Entrichtung d. Handlohne.

Kollmeyer, Fritz, appr. Tierarzt: Über die biologische Differenzierung von Milch und Milcheiweißkörpern. München 1910: Oldenbourg. 29 S. 8°
Gießen, Veterinär-Med. Diss. v. 22. Juli 1910, Ref. Kossel
[Geb. 11. Mai 85 Erpen-Timmern; Wohnort: Osnabrück; Staatsangeh.: Preußen; Vorbildung: Realgymn. Quakenbrück Reife O. 05; Studium: Tierärztl. Hochschulen Hannover 5, Stuttgart 1, Hannover 3 S.; Rig. 4. Febr. 10.] [U 10. 1219

Kollmorgen, Julie, s.: Lesebuch, deutsches, f. höh. Mädchenschulen.

Köllner, das neu aufgekommene Christusbild, ein Zeichen unserer Zeit. Predigt über Ev. Matthäus 11, V. 2—10 gehalten am 3. Adventssonntage 1864. Barmen 865. Langewiesche's Verlag. gr. 8. (31 S.) 4 ngr.

Köllner. . Was geschieht für Kurgäste auf Sonnenberg-Seelisberg und welche Behandlungsmethoden können denselben zu Theil werden? Eine kurze Antwort von Dr. [med.] K'.... 8. [Eisenach] *o. J.* [1880/98].

— **u. Junghans,** Weihrede u. Predigt, gehalten bei der Einweihung der Interims-Kirche zum heiligen Kreuz. Nebst Predigten von R. Kögel, R. Köllner, J. Müllensiefen u. A. Tholuck. Berlin 868. Rauch. 8. (63 S.) n. 10 ngr.

Köllner, Adph., Geschichte der Herrschaft Kirchheim-Boland und Stauf. Nach J. M. Kremer's u. J. Andreä's Manuscripten, zuverlässigen Urkunden u. andern Hülfsmitteln bearbeitet. Herausg. von dem Vereine für Nassauische Alterthumskunde u. Geschichtsforschung. Mit 1 (lith.) Karte (in 4.) u. 11 lith. Bl. Wiesbaden 854. (Roth.) gr. 8. (2 Bl., 443 S.) n. 2 ℛ. 5 ngr.

Köllner, Adph., Geschichte der Städte Saarbrücken und St. Johann. Nach Urkunden und authent. Berichten bearb. 2 Bde. gr. 8. (1. Bd. V und 545 S. mit 1 ill. Stal. in qu. Fol.) Saarbrücken 865, Siebert. *

Köllner, Aug., Studien von Thieren, nach dem Leben gezeichnet und radirt. (10 Blätter.) gr. 4. Stuttgart 838. Ebner'sche Kunsthandl. In Umschlag 5/6 ℛ.

Köllner, Augustin, der Landshuter Erbfolgekrieg nach dem Tode Georgs des Reichen. (Abdr aus dem 2. u. 3. Hft. der Verhandlungen d. histor. Vereins f. Niederbayern.) gr. 8. (144 S. Landshut 847, Thomann. 3/8 ℛ.

Köllner, Carl, s. Köllner, Karl

Köllner, E., 12 Chorlieder f. Sopran, Alt, Tenor u. Baß. Zum Gebrauche in höheren Lehranstalten u. Gesangvereinen. Op. 64. 8. (40 S.) Delitzsch 883. Pabst. n. — 60

Köllner, E., Chorliederbuch. Eine Sammlung von Chören für Sopran, Alt, Tenor und Bass zum Gebrauch in Gymnasien, Realschulen, Kirchenchören und Gesangvereinen. 4. (92 S.) Hildburghausen 886, Gadow und Sohn. *

Köllner, E., 8 kirchliche Gesänge [Gedichte von Müller v. der Werra] zum Gebrauche für Kirchengesangvereine, Gymnasien u. Realschulen. Für Sopran, Alt, Tenor u. Bass componirt. Op. 60. 8. (19 S.) Delitzsch 882. Pabst. n. — 50

Vier maurerische Lieder. Gedichte von [Friedr. Edu.] Müller v. der Werra. Für vierstimmigen Männerchor comp. von E. Köllner. Op. 55. Guben 1881: Weiss. 7 S. 8° [Autogr.] [Umschlagtit.]
Abgedr. in: Müller v. der Werra, F. E.: Das Buch der Lieder. 1866 S. 413—415, 417. Tafellied. In der Trauerloge. Johannislied, Aufnahmelied.

Köllner, Ed., s.a. Köllner, Wilhelm Heinrich Doroth. Eduard

Koellner, Ed., de Clientela. Dissert. inaug. 4maj. (4¼ B.) Gottingae 831, (Vandenhoeck u. Ruprecht.)

Köllner, Ed., das Jahr 1848. Zur Versöhnung v. Freiheit u. Autorität. Nebst Folgerungen f. Preußens Verfassungs- u. Regierungsform. gr. 8. (VI u. 142 S.) Gießen 852, Ricker. n. 18 ngl

F. v. Kölln, Materialien für die preuß. staatswirthschaftliche Gesetzgebung. Leipzig, 1811—12. 3 Hefte.

Köllner, Friedrich

Köllner, F., General-Karte von dem Gebiete des Deutschen Zoll-Vereins, mit Rücksicht auf den Waaren-Verkehr unter Begleitschein-Controle, insbesondere den Transithandel, und die Anwendung des Transitzolltarifs ausgearbeitet. Neu revid. Ausg. Köln, Eisen, 1846. Roy.-Fol. Lith. u. kolor. (1 Sg.) . . . . (Br. Mus.)

Köllner, Friedr., Gereimtes u. Ungereimtes. Auswahl aus d Papieren d. Irenäus. gr. 8. (4 B. u. Titlbild.) Köln 838, (Welter.)*

Köllner, Fr., Gereimtes und Ungereimtes. Auswahl aus den Papieren des Irenäus. (Mit allegor. Titelbild.) gr. 8. Köln 838. (Renard u. Dübyen.) baar 1/2 ß

Köllner, Friedr., Geschichte d. vormal. nassau-saarbrück'schen Landes u. seiner Regenten. 3 Thle. — 1. Thl. Geschichte d. Grafen u. Fürsten v. Sarbrück. gr. 8. (6¾ B. u. 1 Zeichn.) Saarbrücken 841, Arnold. Thlr.

Köllner, Fr., Geschichte des vormal. nassau-saarbrück'schen Landes rc. 2—5. Lfg. (Schluß d. 1. Thls.) Lex.-8. (25⅝ B. u. 7 Stnt.) Saarbrücken 842, Arnold'sche Buchh. à L. 10 Ngr. Velinp. à -
1. Lfg. Ebendas. 1841. 10 Ngr., Velinp. 12½ Ngr.

Köllner, Frdr., u. Adf. Köllner, Geschichte d. ehem. Grafsch. Saarbrücken, neue Bearbeitg., s.: Ruppersberg, Alb.

Köllner, Frdr., u. Adf. Köllner, Geschichten der ehemal. Grafsch. Saarbrücken, neue Bearbeitg., s.: Ruppersberg, Alb.

Köllner, Friedr., Tabellen der Durchfuhrzoll-Sätze, welche vom 1. Octbr. 1851 ab beim Transit durch das Zollvereins-Gebiet zur Anwendung kommen. 1. Aufl. 1851. und 2., in Folge der Verträge mit den Niederlanden und Belgien bericht. und vervollständ. Ausg. gr. 8. (25 S.) Köln 852, Eisen.

Köllner, Friedr. Otto, die Grundzüge der Obligatio negotiorum gestorum. Eine zivilist. Abhandlung. gr. 8. (XII und 120 S.) Göttingen 856, Vandenhoeck und Ruprechts Vrlgsh. *

—— die Vorschriften des gerichtlichen Verfahrens in Steuer- und Zollcontraventionssachen nach den Gesetzen und Instructionen namentlich zum Gebrauche für Steuer- und Zollbeamte zusammengestellt und mit Anmerkungen versehen. gr. 8. (VIII und 192 S.) Hannover 854, Helwingsche Hofbuchh. *

Koellner, H. [aus Verden]: Ein Fall von Pylorusstenose in Folge von Salzsäurevergiftung. Heilung durch Gastroenterostomie. . . . Göttingen, Druck d. Univ.-Buchdr. v. W. F. Kästner, 1890: 24 S. 8°
Göttingen, Med. Fak., Inaug.-Diss. v. [30. Jul.] 1890

Koellner, H., e. Fall v. Pylorusstenose in Folge v. Salzsäurevergiftung. Heilung durch Gastroenterostomie. Diss. gr. 8. (24 S.) Göttingen 890. (Vandenhoeck & Ruprecht.) n. — 60

Köllner, Heinrich August

— Anfangsgründe in der Reitkunst. 8. Greiz 789. Henning. 5 gl

Köllner H. A.: Anweisung z. Kutschfuhrwesen f. Herrschaften u. Diener. Greiz 1790. 96 S.

Köllner, Hnr. Aug., Anweis. zum Kutschfuhrwesen. 8. Greiz 790. Henning. 6 gl

Köllner, H. A., Über die Farbe und Eigenschaften deutscher Pferde. Graiz 1791. 8.

— Lehrbuch üb. d. Reitkunst. m. K. 8. Ebend. 790.

— theoret. : prakt. Lehrbuch über die Reitkunst. Mit 8 Kpf. 8. Greiz 790. Henning. 1 ß

— Versuch üb. die Farbe u. Eigenschaften deutscher u. einiger ausländ. Pferde. 8. Greiz 791. Henning. 9 gl

Köllner H. A.: Versuch üb. die Farben u. Eigenschaften deutscher u. einiger ausländischer Pferde. Greiz 1791. 156 S.

Köllner, Hermann

Koellner, Die Rechtsprechung in grundbuchrechtlichen Fragen unter neuem Rechte. Zusammenstellung der wesentlichsten das Grundbuchrecht betr. Beschlüsse des Reichsgerichts, Kammergerichts u. der Oberlandesgerichte m. Anmerkgn. Für die Praxis. 1. Jahrg. (XII, 91 S.) gr. 8. Berlin '03, Puttkammer & Mühlbrecht. 2. —

Koellner, die Rechtsprechung in grundbuchrechtlichen Fragen unter neuem Rechte. Zusammenstellung der wesentlichsten das Grundbuchrecht betr. Beschlüsse des Reichsgerichts, Kammergerichts u. der Oberlandesgerichte m. Anmerkgn. Für die Praxis. 2. Jahrg. (XI, 75 S.) gr. 8. Berlin 904. Puttkammer & Mühlbrecht. n. 2. —

Der Uebergang des preussischen Praktikers in das deutsche Grundbuchrecht. Zusammenstellung der f. d. Arbeiten d. Grundbuchämter wichtigsten Vorschriften. 2. verm. u. verb. Aufl. von [Hermann] Koellner. Amtsger.R., Berlin. *Berlin: Puttkammer & Mühlbrecht 1900.* (VI, 191 S.) 8° [F.] (o. 12423)

Der Uebergang des preussischen Praktikers in das deutsche Grundbuchrecht. Zusammenstellung der f. d. Arbeiten d. Grundbuchämter wichtigsten Vorschriften. 3. verm., bericht. u. verb. Aufl. von [Herm.] Koellner, Amtsger.R., Berlin. *Berlin: Puttkammer & Mühlbrecht 1901.* (IX, 232 S.) 8° [F.] (00. 11172)

Koellner, Johann u. (Respond.) Andreas Haeuffel (Bösing/Preßburg/Ungarn), Dissert. histor.-philos. in qua D. Aurelii Augustini libri tres de libero arbitrio tractantur. Pars I. Jena (Fiedler) 8. IV. 1796. 40 S. (5.—) 18928
Gew.: Georg Gottlieb Weber, Jo. Ge. Christoph Koellner (Mellborn . .; Vater).

Köllner, Jh., s. 1) Jh. Chr. Ramdohr, Magazin: Bienenbehandlungen. 2) Mayow's Schriften.

Köllner, Johannes, approb. Arzt aus Guben N.-L.: Aus d. Kgl. Universitätsklinik f. Augenkranke zu Berlin. (Direktor: Geh. Med.-Rat Prof. Dr. v. Michel.) Zwei Fälle von Myasthenia gravis pseudoparalytica. *Berlin (1904): G. Schade.* (29 S.) 8°
Berlin, Med. Diss. v. 8. Aug. 1904

Köllner, Karl, die geologische Entwickelungsgeschichte der Säugethiere. gr. 8. (VIII, 98 S. m. eingedr. Holzschn.) Wien 882. Hölder. n. 2. 72

Koellner, Carl: Kann bei Delikten, welche nur auf Antrag verfolgt werden, der Beschuldigte die Bestrafung durch Berufung auf einen mit dem Antragsteller abgeschlossenen Privatvergleich abwenden? ... Verden, H. Söhl's Buchdr., 1889; 18 S. 8°
Göttingen, Jur. Fak., Inaug. Diss. v. 10. Mai 1889

Koellner, Carl. Kann bei Delikten, welche nur auf Antrag verfolgt werden, der Beschuldigte die Bestrafung durch Berufung auf e. m. dem Antragsteller abgeschlossenen Privatvergleich abwenden? Diss. gr. 8. (18 S.) Verden 889. (Gött., Vandenhoeck u. Ruprecht.) * — 80

Köllner, Carl, Prometheus, der Verdammte. Ein dramat. Gedicht. 16. (III und 87 S.) Verden 856, Steinhöfel'sche Buchh. * —

Köllner, Karl, geologische Skizze v Niederösterreich. (43 S. m. 27 Abb. u. 1 Taf.) 8. Wien 909. F. Deuticke. 1. 20

Köllner, L., s. Fr. Jacob's Rückblick.

Koellner, Maur. (geb. Krzepice in Polen 1813): De placentae inflammatione. Berolini (1841). (29 S.) 8°
Berlin, Med. Diss. v. 9. Juli 1841

Koellner, Rudolf [aus Hannover]: Heinrich Tolle ein Göttinger dramatiker des 17. jahrhunderts ... Hannover, Druck d. Schlüterschen Buchdr., 1894; 78 S., 1 Bl. 8.
Göttingen, Phil. Fak., Inaug.-Diss. v. [12. Juni] 1895

Köllner, W., s. Charl. Elis. Nebelin, d. große Versöhnungstag.

Köllner, Wilhelm (k. Handelslehrer) „Anleitung zu den Wechsel-Reductionen". pg. 3—19. 4°. Tobias Dannheimer'sche Schr.
Kempten, Progr. 1858/59

Köllner, Wilhelm „Die Handels-Schulen, in Rücksicht auf ihren Zweck und ihr Verhältniss zur Handelswelt betrachtet". pg. 3—7. 4°. Dietenberger & Dr. Brenal.
Passau, Progr. 1853/54

Köllner, Wlh., die Rückkehr zum Glauben, dargestellt in e. merkwürd. Führung eines protestant. Geistlichen in Deutschland. — Oder Selbstbiographie d. Verf. Mit e. Vorr. vom Verfass. der Schrift: „Die Verbindung d. Sichtbaren mit d. Unsichtbaren." 2e fortgesetzte Aufl. Mit d. Bildniß d. Verf. 8. Basel 829. Spittler. 16 gr

Köllner, Wilh., Selbstbiographie, s. Rückkehr.

Köllner, Wilhelm Heinrich Doroth. Eduard

Köllner, W. H. Dor. Ed., die wahre Bedeutung d. Studiums d. christl. Theologie m. Rücksicht auf die theol. Verirrungen unserer Zeit. Eine akadem. Rede geh. am 15. Novbr. 1845. gr. 8. (1 B.) Göttingen, Dieterichsche Buchh. *

— über den Geist, die Lehre und das Leben des Apostels Paulus. Eine öffentl. akadem. Vorlesung. (Aus Röhr's Magazin für Prediger abgedruckt.) gr. 8. Darmstadt 834. Diehl. 1/6 Thlr

Köllner, Ed., über d. Geist, d. Lehre u. d. Leben d. Apost. Paulus. Eine öffentl. akadem. Vorles. gr. 8. (3 B.) Darmstadt 835, Diehl.
Aus: Magazin f. Prediger v. Röhr, besond. abgedruckt.

—— (?) Commentar zu d. Briefe d. Apostels Paulus an d. Römer. (Mit besond. Rücksicht auf Tholuck u. Rückert.) gr. 8. (31 1/4 B.) Darmstadt 834, Diehl.

— — **Memoria Davidis Julii Pottii ordinis theologorum in hac academia nuper senioris. Götting. (Dieterich) 22. XII. 1838. 26 S. mit Bio-Bibliographie P.'s. (6.—) 18930**

Köllner, Ed., Ordnung und Uebersicht der Materien der christlichen Kirchengeschichte. Mit einem Vorworte über die Behandlung der Kirchengeschichte, im Besond. auf den Universitäten. Zum Gebrauche bei akadem. Vorlesungen, zunächst für seine Zuhörer. gr. 8. (306 S.) Gießen 864, Roth. *

Köllner, Ed., die gute Sache der lutherischen Symbole gegen ihre Ankläger. gr. 8. (VI und 178 S.) Göttingen 847, Dieterichsche Buchh. *

—— Symbolik aller christl. Confessionen. 1. Thl. — A. u. d. T.: Symbolik d. luther. Kirche. gr. 8. (40 1/4 B.) Hamburg 837, [Fr. u. Andr. Perthes.] *

— Symbolik aller christl. Confessionen. 2. Thl. A. u. d. T.: Symbolik der heiligen apostolischen kathol. römischen Kirche. gr. 8. Hamburg 844, Fr. Perthes. n. 3 Thlr (1. 2.: n. 6 1/3 Thlr)

— **Wilhelm Heinr. Doroth. Eduard,** De symbolo apostolico. Quaestionum symbolicarum specimen I. Götting. (Dieterich) 24. XII. 1836. 32 S. (5.—) 18929

—— synoptische Tabellen über die drei ersten Evangelien. Zum Gebrauch bei akadem. Vorlesungen. gr. 8. (IV und 12 S.) Giessen 849, Heinemann. *

Köllner, W. H. Dor. Ed., die Wichtigkeit des Gleichnisses des Herrn v. großen Abendmahle für uns. Predigt über Evang. Lucä XIV, 16—24, geh. in d. Universitätskirche z. Göttingen am 18. Febr. 1844. gr. 8. Göttingen 844, Dieterich'sche Buchh. n 1/12 Thlr

Köllner-Werdenau, J. A.

— romant.-dramat. Bühnengemälde. 16 Bdchen. 12. Wien 825. Bauer u. R. 12 gr

Köllner-Werdenau, J. A., die Leichenbraut. Romant.-histor. Tragödie. 12. Prag 826. Enders. 16 gr

Den Köllnischen Bürgern zur Meße. 1788. o. O. (1788).

Kolloden, A. M.: Der D u s l e u. das Babeli, s. K a s k e l, Karl von.

Kolloden, A. M., Mödling unter den Babenbergern. Historische Skizze zur Tausendjahrfeier der Stadt Mödling. (31 S. m. 8 Abbildgn.) kl. 8. Wien 904. (Mödling, J. Thomas.) n. — 18

— Papst Pius X. Ein Lebensbild. (15 S. m. 1 Bildnis.) 8. Wien 903. Kratz, Helf & Co. n. — 20
8 Sonderabdr. aus: „Illustr. Sonntags-Zeitg. f. kath. Frauen".

— nach der Redoute, s.: Miniatur-Bibliothek, deutsch-österreichische. 1. Bd.

Kollsden, M., Helene. Den Tod erkämpft. Zwei Erzählgn. 8. (VII, 205 S.) Dresden 891. E. Pierson. n. 3. —

Kolloff, Ed., Beschreibung d. kgl. Museen u. Privat-Galerien zu Paris. Zum Gebr. f. Künstler u. Kunstfreunde. 8. (33½ B.) Pforzheim 841. [Stuttgart, Scheible, Rieger u. Sattler.]

Kolloff, E., Paris. Reisehandbuch. gr. 16. (X u. 608 S.) Paris 849, Franck. n. 1 ₰ 6 ngl.

Koloff, E., Paris. Reise-Handbuch. 2., vollständig umgearb. Aufl. 16. (VIII und 594 S. mit 1 lithogr. Plane von Paris in gr. Fol.) Braunschweig 855, Westermann. *

—— Schilderungen aus Paris. 2 Thle. 8. (48¾ B.) Hamburg 839, Hoffmann u. Campe.

Kolloff, E. Schloss und Schule von Fontainebleau. Ein Beitrag zur Geschichte der Renaissance in Frankreich. Leipzig 1845. 8°.

KOLLOFRATH, Otto (Freiburg): Kurze Analyse der in der K. Universitäts-Kinderklinik in München während der letzten 6 Jahre beobachteten croupösen Pneumonien. (Titel nach der Urkunde) 26.7.1894 - Urk; Chr 1894/95,20
Diss. Ingolst.-Landsh.-Mchn.

Kolloid-Chemie, die, auf der 79. Versammlung deutscher Naturforscher u. Ärzte, s.a. Zeitschrift f. Chemie u. Industrie der Kolloide. Suppl.-Heft.

Die **Kolloid-Chemie** auf der 79. Versammlung Deutscher Naturforscher und Ärzte in Dresden vom 15. bis 21. Sept. 1907. Dresden: Steinkopff & Springer 1907. (XXXII S.) 4° [Umschlagt.]
— Zeitschrift f. Chemie u. Industrie d. Kolloide. Jg. 2, Suppl. H. [1.] [08. 6180]

Kolloid-Zeitschrift, s.a. Zeitschrift f. Chemie u. Industrie der Kolloide.

Kolloid-Zeitschrift ... (früher »Zeitschrift f. Chemie u. Industrie d. Kolloidchemie«) ... herausg. v. [1] R. Ditmer, [2ff] W. Ostwald. Bd. 1—19. Dresd. u. Leipz. 1906—16. 4°.

Kollonitsch, Cardinal Leopold Graf, Primas von Ungarn, sein Leben und Wirken, s. Maurer, J.

Kollonitz, Gräfin Paula, eine Reise nach Mexiko im J. 1864. 1. u. 2., revid. Aufl. Wien 867. Gerold's Sohn. gr. 8. (XI, 247 S.) n. 1 ₰ 10 ngl.

Kollontay, Hugo: „Die physisch-moralische Ordnung, oder die Wissenschaften von den Rechten und Pflichten der Menschen, gefolgert aus den ewigen, unabänderlichen und nothwendigen Gesetzen der Natur", 1810.

Kollosser, Fr. Wilh., die Syphilis, ihre Erkennung, Verhütung und Heilung. Nach eigenen Beobachtungen für den Nichtarzt bearb. 8. (48 S.) Magdeburg 858, (Quednow.)

Kollosser, W., der Bandwurm, sein Wesen, seine Gefährlichkeit und seine Vernichtung. Ein Mahn- und Trostwort für alle Bandwurm-Leidende. 8. (29 S.) Dresden 880, (Weiske.) *

Kollosser, Walter: Ueber Gesichtslagen und deren manuelle Umwandlung in Hinterhauptslagen mit Veröffentlichung einiger Fälle aus der Halleschen geburtshülflichen Poliklinik. Halle 1880: Karras. 58 S. 8°
Halle-Wittenberg, Med. Diss. v. 7. Aug. 1880
Geb. Magdeburg 5. 1. 1854. V.

Kollrack, Hermann

Kollrack, Namen u. Namensänderungen in Preussen. Nach den vorhandenen gesetzl. Bestimmgn. zusammengest. u. erläutert. Berlin 899.

Kollrack, Herm., die Namen- u. Namensänderungen in Preußen. Zum Gebrauch f. Behörden, Anwälte u. Jedermann, nach den üb. Namen, Namenrecht, Namensändergn. u. Namensberichtiggn. vorhandenen gesetzl. Bestimmgn. zusammengestellt u. erläutert. 8. (VI, 157 S.) Berlin 900. Schoenfeld & Co. Geb. in Leinw. n. 2. —

Kollrack, Herm., „Pensionäre". „Beamte u. Offiziere a. D." Wegweiser u. Ratgeber für Civil-, Militär- u. Privat-Beamte aller Behörden u. Institute, versorgungs- u. nichtversorgungsberecht. Offiziere (Reserve-Offiziere u. A.), zu anreg. u. nutzbring. Tätigkeit u. Beschäftigung im außerdienstlichen bezw. Pensions-Verhältnis, nebst Versorgungs-Nachweis für die Familienmitglieder. (VIII, 118 S.) 8. Drossen 904. O. Teuffel. n. 1. 50

[J.] Die Registratur. Von Hermann **Kollrack,** Kgl. Polizeisekr. am Berl. Polizei-Präsid. *Berlin: J. J. Heine 1896.* (3 Bl., 56 S.) 1 Bd 8. [96 591]

Die Registratur. Von Hermann **Kollrack,** Polizeisekr. 2. Aufl. Berlin: J. Guttentag 1907. (84 S.) 8° [J.] [07. 15903]

Kollrepp, Alexander [aus Dresden]: Ueber einige Derivate der beiden gechlorten Para-Nitrophenole .... Halle, *Druck v. Wilhelm Keller i. Giessen,* 1886; 4 + 36 S. 8°.
Halle, Phil. Fak., Inaug.-Diss. v. [31. Mai] 1886.

Kollrepp, Alexander, über einige Derivate der beiden gechlorten Para-Nitrophenole. Diss. Halle 1886, Lippertsche Buchh. 8°. 36 S.

Koellreutter, G. A., Dekan u. Stadtpfarrer in Freiburg i/B. Erinnerungsblätter f. seine Gemeinde. gr. 8. (31 S. m. 1 Portr. in Lichtdr.) Freiburg i/B. 892. J. C. B. Mohr. n. — 80

Koellreutter, G. A., Reformation u. soziale Revolution. Ein Vortrag. 8. (40 S.) Berlin 880. C. Heymann's Verl. n. — 60

—— Union und Confession in der altprotestantischen Kirche. Ein Vortrag. 8. (48 S.) Freiburg i. Br. 882, Kiepert und v. Bolschwing. *

Koellreutter, G. A., Union u. Confession in der altprotestantischen Kirche. Ein Vortrag. 8. (48 S.) Elberfeld 883. Faßbender. n. 1. —

Koellreuter, G. A., Wessenberg und der liberale Katholicismus seiner Zeit, s. Vorträge, wissenschaftliche, über religiöse Fragen.

—— der moderne Zeitgeist in seiner Abwendung von Christenthum und Religion. Ein Vortrag. gr. 8. (34 S.) Berlin 878, C. Heymann's Verlag. *

Koellreutter, Maria, aus St. Gallen: Das Privatleben in England nach den Dichtungen von Chaucer, Gower und Langland. Halle a. S. 1908. 4 + 146 S. 8°. [27. VII. 08.]
Zürich. Phil. Diss. I. S. 1907/08.

Koellreutter, Maria. Das Privatleben in England nach den Dichtungen von Chaucer, Gower und Langland. Diss. Phil. I. Univ. Zürich. IV + 146 S. 8. Halle a. S., Ehrhardt Karras, 1908.

Koellreutter, Otto, Richter u. Master, s.a. Forschungen, zivilprozessrechtliche. 1. Heft.

Koellreutter, Otto: Richter und Master. Ein Beitrag zur Würdigung des englischen Zivilprozesses T. 1. Berlin u. Leipzig: W. Rothschild 1908. (54 S.) 8° ¶ (Erscheint vollst. als: Forschungen z. Zivilprozeßrecht, hrsg. v. R. Schmidt, H. 1.)
Freiburg i. B., Rechts- u. staatsw. Fak., Ref. Schmidt, Diss v. 1908
[Geb. 26. Nov. 83 Freiburg i. B.; Wohnort: Müllheim (Baden); Staatsangeh.: Baden; Vorbildung: Gymn. Freiburg i. B. Reife M. 01; Studium: Rom, Grenoble, Freiburg i. B., Berlin, zus. 8 S.; Rig. 1. Juli 07.]

Richter und Master. Ein Beitrag z. Würdigung d. engl. Zivilprozesses. Von Dr. Otto **Koellreuter**. Berlin & Leipzig: W. Rothschild 1908. (96 S.) 8°
[Ein T. erschien als Inaug.-Diss. Freiburg im Br. 1908.]
= **Forschungen**, Zivilprozeßrechtl. H. 1. (08. 1553)

Koellreutter, Wilhelm, approb. Arzt aus Freiburg i. B.: Ueber Enteroptose. *Heidelberg 1904: K. Rößler.* (47 S.) 8°
Heidelberg, Med. Diss. v. 1904

Kollros, A., spielendes Zeichnen. 3 Hefte. (Je 16 farb. Taf.) qu. gr. 8. Ravensburg (905). O. Maier. à — 75

Kollros, Louis, Professor am Gymnasium La Chaux-de-Fonds: Un algorithme pour l'approximation simultanée de deux grandeurs. Genève 1905. 48 S. 8°. [22. VII. 05.]
Zürich. Phil. Diss. II. S. 1904/1905.

Kollros, Louis: Un algorithme pour l'approximation simultanée de deux grandeurs. 47 S., 1 S. ung. 8.
Gymn. et l'Ecole sup. des jeunes filles *La Chaux-de-Fonds* 1905.
Progr.

Kolls, [Anton], Dr.: Zur Chronologie der Leibnizischen Abhandlung „De vera methodo philosophiae et theologiae". Ein Beitrag zur Entwicklung der Leibnizischen Philosophie. Schönberg i. M. 1906: Lehmann & Bernhard. (11 S.) 4° [F.]
Schönberg Meckl., großh. R P 1906 (832)

Kolls, Anton [aus Lubeck]: Zur Lanvalsage. Eine Quellenuntersuchung .... Berlin, August Hettler, 1886; 2 Bl. + 67 + 1 S. + 2 Bl. 8°.
Kiel, Phil. Fak., Inaug.-Diss. v. 17. Dez. 1886.

Kolls, Ant., zur Lanvalsage. Eine Quellenuntersuchung. gr. 8. (67 S.) [Berlin 886, Hettler.] Leipzig, Fock. *

Kolls, Johann Friedrich

Kolls, Andeutungen üb. d. Verhältniß, worin Staat, Kirche u. Volksschule zu einander stehen. 8. (2 B.) Hamburg 836, (Hoffmann u. Campe.)

— Andeutungen über das Verhältnisz, worin Staat, Kirche und Volksschule zu einander stehen. Hamburg, Kiel. (Plön). 1836. P.

— Denkmal, dem Geh. Conferenz-Rath v. Ahlefeld. gr. 8. Kiel 836, Bünsow.

— Die Emancipation der Volksschule. Eine den ständischen Versammlungen der Herzogthümer Schleswig und Holstein geweihte Beherzigungsschrift. Hamburg. Kiel. 1835. — Anhang. (4 S.).

— die Emancipation d. Volksschulen. 8. Kiel 835, Bünsow.

— Festworte, gesprochen am 2. Sept. 1835. 8. Kiel, Bünsow.

KOLLS, J[OH.] F[RIEDR.], Worte zur Feier des 300jährigen Jubelfestes der Reformation, gesprochen in der Schule zu Ellerbeck am 1. Nov. 1817. Kiel. 1818.

Köllsch, C., ein geistlich und ein weltlich deutsches Lied für den Feldzug 1870. gr. 8. (4 S.) Holzminden 870, (Müller.) — 10

Köllsch, Carl, die Baumaterialienkunde für ausführende Bautechniker und für Studirende der Bauwissenschaft bearb. gr. 8. (XVI und 230 S.) Braunschweig 861, Schwetschke und Sohn

(Kolltoff.) — Кольцовъ, Стихотворенія. Съ статьею о его жизни и сочиненіяхъ, писанною В. Бѣлинскимъ. Leipzig 863. Gerhard. 16. (223 S.) 20 ngr.

Kolluthos, Raub der Hellene, von Ferd. Torney. 8. (XII und 128 S.) Mitau 860, Reyher's Verlag.

Kollweg, Mar., Entwurf d. christl. Lehre im Zusammenhange, f. Kinder u. Erwachsene. 8. Wien 803. Gerold. 4 gr.

— — dasselbe. 8. Wien, Gerold. 804.

— Predigt, gehalt. am zweiundzwanzigsten Sonntage nach Pfingsten. 4. Wien 803. Wallishauser. 6 gr.

— philosoph. Prüfungen einiger Sätze Dr. Bahrdts. 16 Buch. 8. Wien 789.

Kolm Richard: Über neue Halogenverbindungen des Cholesterins. 1. Mitteilung. S. 121. IIb. 157 . . . . vgr.
Separatabdruck

Kölm, Mich., Kraumsel u. Reimsel. Lütt putzig Geschichte ut Paumre, Pose u. Westpreuße, i Reimselform. 16. (176 S.) Elberfeld 882. (Born.) 1. 50

Kölm, Mich., ut mine Schaulmeestetid. Plattdeutscher, humorist. Roman. 1. Bd. 1. und 2. Lfg. 12. (S. 1—96.) Elberfeld 885, M. Kölm's Selbstverlag. à Lfg. *
Nicht weiter erschienen.

Koelman, Ludwig [pr. Arzt]: Zur Kenntnis der paroxysmalen Hämoglobinurie durch Gehen. '(Aus d. Kgl. Medicin. Univ.-Klinik zu Breslau.)' ... Breslau, Druck d. Bresl. Gen.-Buchdr., 1890; 26 S., 3 Bl. 8.
Breslau, Med. Fak., Inaug.-Diss. v. 26. Febr. 1896

Koelmann, Ludw., zur Kenntnis d. paroxysmalen Hämoglobinurie durch Gehen. Diss. gr. 8. (27 S.) Breslau 896. (Schletter.) n. — 60

Kolmar [Sachliches OW]

Kolmar u. Klaire, vaterländ. Gesch. v. Auguste von Wallenrodt, mit K. 2 Thle. 8. Leipz. Voß. 793—95. (à 1 Rthlr.) Rthlr.

Kolmar [Schlagwort]

Kolmar, s. a. Colmar.

Kolmar, Kreis. Hilscher, A., Wandkarte d. Kreises Kolmar in Posen, f. Schul- u. Privatgebrauch entworfen. Nach den neuesten Quellen rev. u. berichtigt v. dem königl. Kataster-Amt zu Kolmar. 1 : 50,000. 6 Blatt. Chromolith. gr. Fol. Ostrowo 888. Priebatsch. n. 9. —; auf Leinw. m. Stäben n. 12. —

Kolmar, Stadt. Karte der Umgegend v. Kolmar. 1 : 25,000. Königl. preuss. Landesaufnahme 1884, hrsg. 1887. 4 Blatt. Chromolith. gr. Fol. Berlin 887. Eisenschmidt. à n.n. 1. 50

Kolmar [Verfasser]

Moritzchens Tagebuch. Mitgeteilt von Edgar **Kolmar**. Berlin: L. Lamm 1908. (139 S.) 8° [F.] [08. 3047

Kölmel, Friedrich [Dr., Prof.]: Ableitung der verschiedenen Formen der Kurven dritter Ordnung durch Projektion und Klassifikation derselben. 1. Ettenheim, Druck v. F. X. Leibold, 1894; 12 S., 4 Taf. 4.
Ettenheim, grossh. RPG, P 1894 (614 [vielm. 618])

Kölmel, Friedrich, (Prof. Dr.): Ableitung der verschiedenen Formen der ebenen Kurven dritter Ordnung durch Projektion und Klassifikation derselben. 3. ⟨Die Kurven vom Geschlechte eins ohne Oval.⟩ Baden-Baden 1904: E. Kölblin. (14 S.) 4° ¶ [Forts. d. P-Beil. d. RPG Ettenheim 1894.]
Baden, OR m. RG P 1904 (721)

Kölmel, F., Bewegungen u. Umlegungen der Ebene bei projektiver Massbestimmung. Untersuchungen zur nichteuklid. Geometrie. gr. 8. (VII, 99 S. m. 1 Taf.) Lahr 900. Gross & Schauenburg. n. 2. 50

Kölmel, Friedrich: Die Grassmannsche Erzeugungsweise von ebenen Kurven dritter Ordnung .... Lahr, Druck v. Moritz Schauenburg, 1886; 38 S. u. 2 Taf. 8°.
Tübingen, Naturw. Fak., Inaug.-Diss. v. 1886.

Kölmel, Friedrich, die Grassmannsche Erzeugungsweise von ebenen Kurven dritter Ordnung. Diss. Tübingen 1886, Fues' Sort. 8°. 38 S. mit 2 Taf.

Kolmer, Georg [cand. med. aus München]: Ein Fall von Schlauch-Sarkom der Nase ... München, k. Hof- u. Univ.-Buchdr. v. Dr. C. Wolf & Sohn, 1895 ([Umschlagt.:] 1896); 38 S. 8.
München, Med. Fak., Inaug.-Diss. v. 1896

Das Herrenhaus des österreichischen Reichsrats. Nach d. Bestande Ende d. J. 1906. Von Dr. Gustav **Kolmer**. Wien & Leipzig: C. Fromme 1907. (XXIII, 381 S.) 8° [07. 3794

Kolmer, Gust., das neue Parlament, s. a. Jahrbuch, parlamentar.

Kolmer, Dr. Gustav, Das neue Parlament. Session 1897/98. (Parlamentarisches Jahrbuch. V. Jahrgang.) 8. (327 S.) 2.80
eleg. geb. 3.40
Wien: Perles 1897.

Kolmer, Gust., Parlament u. Verfassung in Oesterreich. 1. Bd. 1848—1869. gr. 8. (XII, 403 S.) Wien 902. C. Fromme. n. 6. —

Kolmer, Gust., Parlament u. Verfassung in Oesterreich. 2.—4. Bd. gr. 8. Wien, C. Fromme. n. 27. 80
2. 1869—1879. (XI, 562 S.) 903. n. 9. —
3. 1879—1885. (XII, 515 S.) 905. n. 10. 80
4. 1885—1891. (XV, 474 S.) 907. n. 8. —

— Parlament u. Verfassung in Österreich. 5. u. 6. Bd. gr. 8. Ebd. 17. —
5. 1891—1895. (XVI, 552 S.) 909. 9. —
6. 1895—1898. (XVIII, 427 S.) 910. 8. —
Bd. 1—4. Ebd. 903—07. 33. 80

Kolmer, W., s.: Ergebnisse, physiologische, der im J. 1906 durchgeführten Monte Rosa-Expedition.

Kolmer Walter: Studien am Labyrinth von Insektivoren (mit 4 Taf.) S. 122. III. 29 . . 1 60
Separatabdruck

Kolmerad, d. Schloß, s. Romane, kleine, u. Erzählung. v. Genlis Gs.

Kolmodin, M., de vera notione sacramenti. Gryph. 1768. 4.

Köln [Sachliches OW]

Köln. Plan der Stadt nebst einem Führer für Fremde, } s. Brockhaus' Reise-Atlas.
Köln-Aachen-Emmerich. Führer für Reisende auf den Eisenbahnen zwischen Köln, Aachen und Emmerich, } s. Brockhaus' Reise-Atlas.

Köln. Dom. — Collection des pierres antiques dont la châsse des Ss. trois Rois Mages est enrichie dans l' Église Metropolitaine à Cologne. 4.

KÖLN. Festschrift für die Mitglieder und Teilnehmer der 61. Versammlung deutscher Naturforscher und Aerzte. Herausgegeben im Auftrage der Geschäftsführung von LENT. Mit vielen Plänen und Abbildungen. Köln 1888. Druck von M. Du Mont-Schauberg. gr. 8°.

Köln 1906. Das Tonhaus und das Krematorium in Hagen von P Behrens. (27 T) fol Berlin (1907)

— Kunstausst. d. Verb. d. Kunstfreunde in d. Ländern am Rhein zu Köln 1906. (26 T) fol Berlin (1907)

Köln u. seine Bauten. Festschrift zur VIII. Wanderversammlg des Verbandes deutscher Architekten- u. Ingenieur-Vereine in Köln vom 12. bis 16. Aug. 1888. Hrsg. vom Architekten- u. Ingenieur-Verein f. Niederrhein u. Westfalen. Lex.-8. (XVII, 806 S. m. Illustr.) Köln 888. Selbstverlag d. Vereins (Schellen). n. 25. —

Köln in hygieinischer Beziehung. Festschr. f. d. Teilnehmer an d. XXIII. Versammlung des Deutschen Ver. f. öffentl. Gesundheitspflege z. Feier d. XXVjähr. Bestehens d. Vereins. Im Auftr. d. Verwaltg u. Vertretg d. Stadt Köln u. d. Niederrhein. Vereins f. öffentl. Gesundheitspflege hrsg. v. G. Sanitäts-Rat Dr Eduard Lent ... M. vielen Pl. u. Abb. *Köln: Dr. v. M. Dumont Schauberg 1898.* (VII, 545 S., 9 Pl., 4 Tab.) 1 Bd 4. [98. 9586

Köln im Bilde. 35 Ansichten aus d. rhein. Metropole nach künstlerischen Orig.-Aufn. (Vorr.: G[eorg] Hölscher.) *Köln: Hoursch & Bechstedt [1903].* (11 Bl.) quer-8° [F.] [04. 6438

Köln im Bilde. 30 Ansichten aus d. rhein. Metropole nach künstlerischen Orig.-Aufnahmen. 2. Aufl. Köln: Hoursch & Bechstedt [1906]. (15 Bl.) quer-8° [F.] [07. 10280

Köln im Bilde. 21 Ansichten aus Köln nach künstlerischen Orig.-Aufnahmen. (Köln): Hoursch & Bechstedt [1908]. (11 Bl.) quer-8° [08. 13936

Köln im Bilde. Malerische Ansichten aus d. rhein. Metropole nach künstler. Orig.-Aufnahmen. Köln a. Rh.: Hoursch & Bechstedt [1908]. (15 Bl.) quer-8° [08. 15937

Koeln in Bildern nach neuen Originalaufnahmen. *Köln: P. Neubner [1896].* (2 Bl., 10 Taf.) 1 Bd quer-8. [96. 3574

Köln u. Bonn mit ihren Umgebungen, f. Fremde u. Einheimische. Aus d. besten, u. vorzügl. aus noch unbenutzt. Quellen bearb. (v. G. Jacob.) M. 1 ill. Grundriss v. Köln. 16. (21½ B.) Köln 828, Bachem.

„Köln" e. innere Gefahr f. den Katholizismus. Von e. Geistlichen. 11.—20. Tauf. (167 S.) gr. 8. Berlin 910. Herm. Walther. 2. —
Aus dem Buchhandel zurückgezogen.

Köln — Grundriss von — und Deutz. Lith. u. verlegt von F. A. Mottu in Colln 1827. o. M. 1 Bl. mit 26 Perspect. Ansichten.

— u. s. Kirchen, nebst e. Führer durch d. Stadt f. d. Besucher d. 41. Generalversammlung d. Katholiken Deutschlands. 8. (142 S. m. Abb. u. 1 farb. Plan.) Köln 894. H. Theissing. n. 1. —

— u. seine Merkwürdigkeiten, f. die Alterthumsforscher u. Kunstliebenden. Mit Abbildd. 12. Köln 818. Matthieux. 8 K

Köln im Portemonnaie. Enthaltend die neuesten Fahrpläne für Eisenbahn, Dampfschiffe etc. und sonst. für Einheimische und Fremde wicht. Notizen. Mit Kalender. Winter 1887/88. 128. (64 S.) Köln 887, Simons und Comp.

Köln u. seine Sehenswürdigkeiten. Ein Führer für Fremde. Mit (lith.) Plan (in qu. Fol.) u. Abbildgn. (in eingedr. Holzschn.) Köln 870. (J. & W. Boisserée.) 8. (XVI, 92 S.) cart. n. 20 ngr.; Ausg. mit 12 Steintaff. in Tondr. n. 1 ₰ 15 ngr.

Köln, die allezeit getreue Tochter der römischen Kirche, in historischer Beleuchtg. v. Gregorius Illuminator. Neudr. Als Anh.: Auszüge aus Geo. Forster's „Ansichten vom Niederrhein, von Brabant ꝛc." aus d. J. 1790. gr. 8. (45 S.) Köln 900. (C. Roemke & Co) n. — 20

Köln und Umgebung. M. neuem Pl. von Köln. 4. Aufl. *Berlin: A. Goldschmidt 1897.* (VIII, 32 S., 1 Pl.) 1 Bd 8.
— Reisebücher, Griebens. Bd 30. [97. 4326

Köln und Umgebung. Mit neuem Plan. *Berlin: A. Goldschmidt 1900.* (32 S.) 8°
Aus Der Rhein. 22 Aufl.
— Reisebücher, Griebens. Bd 30. [00. 16810

Köln und Umgebung Mit neuem Plan *Berlin. A. Goldschmidt 1902* (33 S.) 8° [F u Ant]
Aus Der Rhein 23 Aufl
— Reisebücher, Griebens Bd 30 [02 12507

Köln und Umgebung. 25. Aufl. Mit neuem Pl. von Köln. Berlin: A. Goldschmidt 1906–07. (33 S.) 8°
Aus Der Rhein. 25. Aufl.
— Reiseführer, Griebens. Bd 30. [07. 8500

Köln und Umgebung. Mit neuem Pl. von Köln. Berlin: A. Goldschmidt 1908 09. (34 S.) 8°
Aus 'Der Rhein' Führer, bearb. von Albert Drossong 26. Aufl
— Reiseführer, Griebens. Bd 30. [08. 13374

— nebst Umgebung, seine Geschichte, Baudenkmäler, Sehenswürdigkeiten, Hôtels und Vergnügungslokale. Mit specieller Berücksicht. der Ausstellgn. Ein prakt. Führer für jeden Fremden. 12. (66 S. m. 1 Plan.) Köln 889. Kölner Verlags-Anstalt u. Druckerei, A.-G. cart. n. — 50

Köln u. Umgebungen, s.: Grieben's Reisebibliothek.

— u. seine Umgebungen in Stahlstichen nach Zeichnungen von L. Lange. (12 Bl.) Lex.-8. Köln 844, Dumont-Schauberg. n. $1\frac{1}{2}$ ₰ in gr. 4. n. $2\frac{1}{2}$ ₰ — Vergl. Cöln.

Köln in der Westentasche und Eisenbahn-Kursbuch für Mittel- und West-Deutschland. Sommer 1877. 128. (X, 216 S. mit lithogr. Eisenbahnkarte in 8.) Kassel 877, Grobel. *

Köln, wie es ist — u. trinkt, seine Sitten, Gebräuche, Vergnügungen, Kirchmessen, Andachten, Krippchen, Fastelabend, Mundart, Witze, Klüngel, Gewohnheiten ꝛc., v. Verf. des Gabbacks-Almanach u. der Bürgermeisterwahl. 1. Hftchn. 12. (1½ B. u. 1 ill. Abbild.) Köln 844, Kohnen.

Köln [Schlagwort]

— s.a. Ahrweiler. — Heimatskärtchen. 1.

— s. a.: Deutschland. Karte. (Abt. Preussen.)

— s. a.: Deutschland. Uebersichtskarte.

— s. a.: Europa. Übersichtskarte.

— s.a. Handkarten.

— s.a. Pharus-Städte-Atlas.

Köln, Reg.-Bez., s.a. Radfahrerkarten.

— s.a. Radfahrerkarten. Franke. Mittelbach. Strassenprofilkarte.

— s. a.: Rheinprovinz, Liebenow, W.

— s.a. Westentaschen-Sammlung.

Köln-Aachen, s.a. Automobilkarten. Automobil-Tourenkarte.

Köln-Amsterdam, s. Automobilkarten. Mittelbach

Köln-Frankfurt a. M., s. Automobilkarten. Automobil-Tourenkarte. Mittelbach. Pharus-Auto-Strecke.

Köln-Hannover, s. Automobilkarten. Mittelbach. Pharus-Auto-Strecke.

Köln-Lüttich, s.: Automobilkarten. Pharus-Auto-Strecke.

Köln-Norddeich, s.: Automobilkarten. Mittelbach.

Köln-Ostende, s.: Automobilkarten. Mittelbach.

Köln-Trier, s.: Automobilkarten. Automobil-Tourenkarte.

Köln, Stadt. Algermissen, J. L., topographische Special-Karte der Umgegend v. Köln. 1 : 50,000. Lith. qu. gr. Fol. Köln 888. Warnitz & Co. n. 1. —; auf Leinw. n. 2. —; m. Stäben u. lackirt n. 3. 50

— — dasselbe. 1 : 25,000. Ausg. mit Niveaulinien. 2 Blatt. Chromolith. Imp.-Fol. Ebd. 885. 7. 50; auf Leinw. n. 9. 50

— — dasselbe. 2. u. 3. Aufl. Ebd. 886. 888. n. 5. —; auf Leinw. m. Etui n. 8. —

Köln. Algermissen, J. L., topographische Special-Karte der Umgegend v. Köln. 1 : 50,000. 9. Aufl. 65,5×81 cm. Köln 893. K. Warnitz & Co. n. 3. —

Köln, Stadt. Algermissen, Joh. Ludw. Karte der Umgegend v. Köln. 1 : 50,000. 11. Aufl. 51,5 × 69 cm. Farbdr. Köln 897. K. Warnitz & Co. n. 1. —

Köln, Stadt. Algermissen, Joh. Ludw., Handkarte v. Stadt- u. Land-Kreis Cöln. Neue Aufl. (1903). 24,5 ×18,5 cm. Farbdr. Leipzig, G. Lang. n. — 10

Köln. Beckmann-Plan. Neuester Plan v. Köln a. Rh. in mehrfarb. Ausführg. m. Strassenverzeichnis (11 S.) u. 1 Tab. der Sehenswürdigkeiten. 1 : 10,000. (Neudr.) 47×56 cm. 8. Stuttgart (910). W. Seifert. — 50

Köln, Reg.-Bez. **Broichmann, J.,** Wandkarte vom Reg.-Bez. Köln. 1 : 81,000. 6 Blatt. Farbendr. u. color. gr. Fol. Köln 890. Tonger. 7. —; auf Leinw. m. Stäben n.n. 13. —

— **Kowallek,** Plan d. Stadtwaldes v. Köln. 1 : 3333⅓. 41 × 51 cm. Photolith. u. Farbendr. Köln 896. P. Neubner. n. — 50

Köln, Reg.-Bez. **Liebenow's, W.,** Specialkarte der Reg.-Bezz. Köln, Düsseldorf u. Aachen. 1 : 300,000. 68,5×46,5 cm. Farbdr. Frankfurt a/M. (901). L. Ravenstein. In Decke n. 2. —; auf Leinw. n. 3. —

Köln, Reg.-Bez. **Liebenow's, W.,** Specialkarte der Reg.-Bezz. Köln, Düsseldorf u. Aachen. 1 : 300,000. (Volksausg.) 68,5×46,5 cm. Farbdr. Frankfurt a/M. (904). L. Ravenstein. n. 1. —

— **Moment-Orientierungs-Plan** der Stadt Köln a. Rh. (Augenblickliche Auffindung aller Strassen, Plätze, öffentl. Gebäude, Sehenswürdigkeiten etc.) 38×44,5 cm. Farbdr. Nebst Text. (8 S.) 8. Köln (908). Hoursch & Bechstedt. — 50

— **Orientierungs-Plan,** neuester, der Stadt Köln. 45×63,5 cm. Farbdr. Mit Strassenverzeichnis. (6 S.) 8. Köln (903). Kölner Verlagsanstalt u. Druckerei. — 40

Köln, Stadt. **Oschmann, Reinh.,** Special-Karte der Umgebung v. Köln. 1 : 75,000. 69,5×81 cm. Farbdr. Köln (900). M. Du Mont-Schauberg. n. 1. —

— **Oschmann,** Reinh., Spezial-Karte des Stadt- u. Landkreises sowie der weiteren Umgebung v. Köln a. Rhein. 1 : 80,000. 2. Aufl. 69,5×81 cm. Farbdr. Köln (904). M. Du Mont-Schauberg. n. 1. 20

— **Oschmann,** Rhold., Spezialkarte d. Stadt- u. Landkreises sowie der weiteren Umgebung v. Köln a. Rh. 4. (verb.) Aufl. (rev. u. ergänzt v. Hans Perscheid). 1 : 80,000. 67×77,5 cm. Farbdr. Köln (910). M. Du Mont-Schauberg. 1. 20

— **Pharus-Plan.** Cöln. 1 : 8000. 66,5×87 cm. Farbdr. Grosse Ausg. Mit illustr. Führer Cöln u. seine Umgebg. (Neue Ausg.) (XXX, 23 S. m. 1 Entfernungstaf.) 8. Berlin, Pharus-Verlag. n. 1. —

— — dasselbe. Kleine Ausg. 1 : 10,100. 87×49 cm. Nebst: Führer durch Cöln m. Hinweis auf den Pharus-Plan Cöln. (20 S.) 8. Ebd. n. — 75

— **Pharus-Plan** v. Cöln. 65×87 cm. Farbdr. Nebst: Führer durch Cöln. schmal 8. (20 S.) Berlin (902). Pharus-Verlag. n. 1. —

— **Plan** von Köln u. Deutz. 1 : 8800. Chromolithogr. Mit Verzeichniss sämmtl. Strassen, Plätze, öffentl. Gebäude und Sehenswürdigkeiten. Fol. Köln 888. Rommerskirchen's Buchhandlg. n. 1. —

— **Plan** v. Köln u. Deutz 1896, nebst Wegekarte des Stadtgebietes Köln (auf der Rückseite). Nach amtl. Material. 45 × 60 u. 43 × 51 cm. Photolith. u. Farbendr. Ebd. 896. n. — 50

— — von Köln u. Umgebung. Chromolith. Imp.-Fol. Mit Strassenverzeichniss. gr. 8. (8 S.) Köln 887. Warnitz & Co. n. 1. —

— **Plan** von Köln u. Vororten. 1 : 12,000. 44×58 cm. Farbdr. Nebst Strassenverzeichnis. (12 S.) 8. Köln (903). J. G. Schmitz. n. — 25

— — neuester, v. Köln. 23,5×35,5 cm. Farbdr. Mit kurzem Führer u. vollständ. Strassenverzeichnis. (11 S.) kl. 8. Köln (905). Hoursch & Bechstedt. n. — 30

— — neuester, v. Köln u. Deutz. 1 : 8800. 43,5 × 59 cm. Farbendr. Mit Strassenverzeichnis. 8. (8 S.) Köln 895. Rommerskirchen. n. 1. —

Kölner, C. Ph., annotat. in Suetonium Iac. Perizonii. 8. Bresl. 725.

Kölner, J. C., Beschr. d. Stadt Wolau in Schles. 8. 728.

Kölner, Joh[ann] Heinrich. Statistisch-topographische Darstellung des Kantons Basel. [Mit 1 Tafel.] 8. Basel 1823.

Kölner, J. Hnr., s. a. Lehrbuch d. Geographie.

Kölner, Joh[ann] Heinrich. Lehrbuch der Geographie (von Cand. [Johannes] Frey). Umgearbeitet und verbessert durch Joh. H' K'... 8. Basel 1802.

Kölner, J. H., Lehrbuch d. Geographie. 8. Basel, Schweighäuser. 803.

[Kölner. Johann Rudolf.] Die Schlacht bei Pratteln im Kanton Basel-Landschaft, am 3. August 1833. [Gedicht.] Aufgesetzt und hrg. von Till Eulenspiegel. 8. *o. O.* 1834.

[Kölner. Johann Rudolf.] Der Aristokraten Todtentanz (*Theil 2:* Todtenkranz). [2 Theile.] 8.

[Theil 1.] (Reutlingen 1832.) — [Theil 2.] (Petersburg. gedruckt in der kaiserl. Hofbuchdruckerei, neben dem Knutenpalast.) *o. J.* [1832/33].

(Kölner. Johann Rudolf.) Wie der radikale ... Kölner von der liberalen Regierung in Lostallo drei April-Tage hindurch eingesperrt, und gegen Kaution freigelassen werden thäte, weil er einer Weisheit drei Wahrheiten schrieb. Nach seinem Tode niedergeschrieben von seinem Doppelgänger und im Druck hrg. von seinen verstorbenen Freunden. 8. Gedruckt in Arkadien, 19., 20., 21. April 1834.

Kölner, Julius: Beitrag zur Kenntniss der Blutveränderungen bei Typhus abdominalis. *Leipzig 1897: G. Kurtze.* (56 S.) 8°
Leipzig, Med. Diss. v. 6. Nov. 1897

Kölner, Otto, Tiroler Markierung od. wie markiert man am zweckmäßigsten? (87 S. m. 7 farb. Taf.) 8. Innsbruck 903. Wagner. n. 1. —

Kölner, Otto, der Verschönerungsverein. Wesen u. Zweck der Verschönerungs- u. ähnl. gemeinnütz. Vereine. (VIII, 159 S.) 8. München 907. G. Lammers. 2. —

— Wanderbuch v. Nordtirol. Die beliebtesten Ausflüge, welche v. Innsbruck sowie d. Städten u. Sommerfrischen Nordtirols aus unternommen werden können. Enth. 60 Partien in der Dauer e. halben bis e. ganzen Tages. Mit Hilfe mehrerer Mitarbeiter zusammengestellt. (78 S.) kl. 8. Innsbruck 908. Wagner. 1. —

Kolnig, Gust., europäische Steuerwehen. Problemschrift. (80 S.) 8. Wien 909. C. Konegen. 1. 35

Kölns Carnaval, wie er war, ist und sein wird. Weihegabe für die Kölner und alle Freunde von Volksfesten. Vom Magister loci. (Mit Titelbild u. Vignetten.) gr. 12. Köln 840. Renard. 1 ₰

Kölns Carnaval, wie er war, ist u. sein wird. Weihegabe f. d. kölner u. alle Freunde v. Volksfesten. Vom Magister loci. gr. 12. (13/4 B., Ttlbild. u. Vign.) Köln 840, [Welter's Verl.]

—— Legenden, Sagen, Geschichten, nebst Volksliedern, Schwänken, Anekdoten, Sprichwörtern ꝛc. Unter Mitwirk. Mehrerer hrsg. v. Ernst Weyden. (4 Lfgn.) gr. 12. (14 1/3 B. u. Ttlbild.) Köln 839, 40. (Leipzig, Polet.) à * 5 Gr. *

Kölns Legenden, Sagen, Geschichten, nebst Volksliedern, Schwänken, Anekdoten, Sprichwörtern ꝛc. Unter Mitwirkung Mehrerer herausgeg. von Er. Weyden. 4. u. 5. Liefg. gr. 12. Köln 840, 41. (Leipzig, Polet.) à n. 6 1/2 ₰

Köln's 2. Theater. Eine Anregg. zur prakt. Lösg. der Theater-Frage v. e. Freunde der Stadt. gr. 8. (7 S.) Köln 889. J. G. Schmitz. n. — 20

Köln's Vorzeit, Geschichte ꝛc., s. Weyden.

Koloff, Eduard, s. K o l l o f f , Eduard

Kolokol (I) — La cloche
④ Kolokol (II) ⑤ 25. 5. 1865—1. 7. 1867 ⑥ in-4° ⑦ bi-mensuel ⑧ Genève: Imprimerie russe ⑩ Alexandre Herzen, Genève ⑪ Alexandre Herzen ⑫ révolutionnaire ⑬ BGSZ: 53: Kluge: Russische revolutionäre Presse; Schweizer Graphischer Zentralanzeiger 1943. Nr. 6 ⑭ Ge: P ⑮ Journal russe fondé à Londres en 1857. Entre () le titre français «La cloche». Sous le titre on lit «VIVOS VOCO!»

Kolombatović, G., Beiträge zur Kenntniss der Fische der Adria, s. Steindachner, F.

DEUTSCHES KOLONIAL-ADRESSBUCH.
Herausgegeben von dem Komitee zur Einführung der Erzeugnisse aus deutschen Kolonien, Berlin. Beilage zum Deutschen Kolonialblatt 1897.
Jahrg. 1.) 1897. Berlin. Gedruckt in der Königlichen Hofbuchdruckerei von E. S. Mittler & Sohn. 4°.

KOLONIAL-HANDELS-ADRESSBUCH.
Herausgegeben von dem Kolonial-Wirtschaftlichen Komitee. Berlin.
(Jahrg. 2.) 1898. Mit 5 Karten in Buntdruck. ib. —.
(3.) 1899. Mit 6 Karten in Buntdruck. ib. —
(4.) 1900. Mit der Karte der Kolonien in Buntdruck. ib. —.
(5.) 1901. Mit der Karte der Kolonien in Buntdruck. ib. —. 8°.
(6.) 1902. „Beilage zum Deutschen Kolonialblatt", Jahrg. XIII, No. 4. Mit der Karte der Kolonien in Buntdruck. ib. —
(7.) 1903. Mit der Karte der Kolonien in Buntdruck. ib. —
(8.) 1904. Mit der Karte der Kolonien in Buntdruck. ib. —
(9.) 1905. Mit der Karte der Kolonien in Buntdruck. ib. —
(10.) 1906. Mit der Karte der Kolonien in Buntdruck. ib. —
Herausgegeben vom Kolonial-Wirtschaftlichen Komitee, Wirtschaftlicher Ausschuss der Deutschen Kolonial-Gesellschaft. Berlin.
(Jahrg. 11.) 1907. Mit der Karte der Kolonien in Buntdruck. 2. Auflage. ib. —
(12.) 1908. Mit der Karte der Kolonien in Buntdruck. ib. —
(13.) 1909. Mit Karten der Kolonien in Buntdruck sowie Eisenbahn- und Baumwollkarten von Togo, Kamerun und Deutsch-Ostafrika. ib. —
(14.) 1910. Mit Karten der Kolonien in Buntdruck sowie Eisenbahn- und Bergbaukarten von Deutsch-Südwest- und Deutsch-Ostafrika. ib. —
(15.) 1911. Mit Karten der Kolonien in Buntdruck. ib. —

DEUTSCHER KOLONIALATLAS MIT JAHRBUCH.
Herausgegeben von der Deutschen Kolonialgesellschaft.
Inhalt: Text. 1. Weltkarte . . . ib. 1905. —
Dasselbe. ib. 1906. —

DEUTSCHER KOLONIALATLAS MIT (ILLUSTRIERTEM) JAHRBUCH.
Herausgegeben auf Veranlassung der Deutschen Kolonialgesellschaft. Bearbeitet von P. SPRIGADE und M. MOISEL.
Inhalt: Jahrbuch und Bemerkungen von HUBERT HENOCH. 1. Weltkarte. 2. Afrika. 3. Togo. 4. Kamerun. 5. Deutsch-Südwestafrika. 6. Deutsch-Ostafrika. 7. Deutsche Besitzungen im Stillen Ozean. 8. Kiautschou und Umgegend. ib. 1907. —
Dasselbe. Ausgabe 1908. ib. 1908.
Dasselbe. Ausgabe 1909. ib. 1909. —
Dasselbe. Ausgabe 1910. ib. 1910. —
Ausgabe 1911. Inhalt: Illustriertes Jahrbuch (Übersichten und Rückblicke) von HUBERT HENOCH. (Mit 22 Abbildungen.) 1. Weltkarte. 2. Afrika. 3. Togo. 4. Kamerun. 5. Deutsch-Südwestafrika. 6. Deutsch-Ostafrika. 7. Deutsche Besitzungen im Stillen Ozean. 8. Kiautschou und Umgebung. ib. 1911. —
Ausgabe 1912. Inhalt: Illustriertes Jahrbuch (Übersichten und Rückblicke) von HUBERT HENOCH. Mit 23 Abbildungen. 1. Weltkarte. 2. Afrika. 3. Togo. 4. Kamerun. 5. Deutsch-Südwestafrika. 6. Deutsch-Ostafrika. 7. Deutsche Besitzungen im Stillen Ozean. 8. Kiautschou u. Umgeb. ib. 1912. —
Auf Veranlassung der Deutschen Kolonialgesellschaft herausgegeben. Bearbeitet von P. SPRIGADE u. M. MOISEL.
Ausgabe 1913. Jahrg. 17. Illustriertes Jahrbuch (Übersichten und Rückblicke) von HUBERT HENOCH. Mit 16 Abbildungen. 1. Weltkarte. 2. Afrika. 3. Togo. 4. Kamerun. 5. Deutsch-Südwestafrika. 6. Deutsch-Ostafrika. 7. Südsee-Besitzungen. 8. Kiautschou u. Umgeb. ib. 1913. —
Ausgabe 1914. Jahrg. 18. Illustriertes Jahrbuch (Übersichten und Rückblicke) von HUBERT HENOCH. Mit 14 Abbildungen. 1. Weltkarte. 2. Afrika. 3. Mittel-Afrika. 4. Togo. 5. Kamerun. 6. Deutsch-Südwestafrika. 7. Deutsch-Ostafrika. 8. Südsee-Besitzungen. 9. Kiautschou u. Umgeb. ib. 1914. —

Kolonialatlas, Großer deutscher. Bearb. von Paul Sprigade und Max Moisel. Hrsg. vom Reichs-Kolonialamt. Lfg 1. 1909 ff. Berlin

KLEINER DEUTSCHER KOLONIALATLAS.
Herausgegeben von der Deutschen Kolonialgesellschaft.
Inhalt: Text. 1. Weltkarte. 2. Afrika und Europa. 3. Togo und Hinterland. 4. Kamerun. 5. Deutsch-Südwestafrika. 6. Deutsch-Ostafrika. 7. Deutsche Besitzungen im Stillen Ocean . . . Berlin 1886. Dietrich Reimer (Ernst Vohsen). 4°. —
Dasselbe. Durchgesehene u. vermehrte Ausgabe. ib. 1898. —
Inhalt: Text. 1. Weltkarte. 2. Afrika (und Europa). 3. Togo und Hinterland. 4. Kamerun. 5. Deutsch-Südwestafrika. 6. Deutsch-Ostafrika. 7. Deutsche Besitzungen im Stillen Ocean. 8. Ost-China (mit dem deutschen Pachtgebiete Kiau-Tschou); (von der 3. Ausg. an: Kiau-tschou) . . . ib. 1898. —
Dasselbe. 3. durchgesehene und vermehrte Ausgabe.
Inhalt: Text. 1. Weltkarte. 2. Afrika . . . ib. 1899. —
Dasselbe. 4. durchgesehene und vermehrte Ausgabe.
Inhalt: Text. 1. Weltkarte . . . . ib. 1900. —
Dasselbe. 4. (recte 5.) durchgesehene und vermehrte Ausgabe.
Inhalt: Text. 1. Weltkarte . . . . ib. 1901. —

KLEINER DEUTSCHER KOLONIALATLAS.
Herausgegeben von der Deutschen Kolonialgesellschaft.
Inhalt: Vorbemerkungen. 1. Weltkarte. 2. Afrika und Europa. 3. Togo und Hinterland. 4. Kamerun. 5. Deutsch-Südwestafrika. 6. Deutsch-Ostafrika. 7. Deutsche Besitzungen im Stillen Ocean. 8. Ost-China, mit dem deutschen Pachtgebiete Kiau-tschou . . . Werbe-Ausgabe. ib. 1902. —
Dasselbe. 5. durchgesehene und vermehrte Ausgabe. ib. 1903. —
Dasselbe. (6. Auflage.) ib. 1904. —

DEUTSCHE KOLONIAL - BAUMWOLLE. Berichte über die Entwicklung der Baumwollkultur. (Bericht I—X.) 1900—1908 von KARL SUPF. Mit 2 Karten, 11 Diagrammen und 21 Abbildungen. (Berlin. E. S. Mittler & Sohn.) 8°.

Kolonialbeamtengesetz vom 8. Juni 1910. Textausg. m. kurzen Erl. Zusammenstellung d. Erg. Vorschriften u. Sachreg. Von Dr. Kurt Romberg, Ger.Ass. Mannheim & Leipzig: Bensheimer [1910]. XIV, 391 S. 8°
(Sammlung Deutscher Gesetze.) [11. 14192

Kolonialbestrebungen, deutsche. Angra Pequena und Südwestafrika, beleuchtet von F. Fabri. Das Congo-Gebiet, geschildert von Frhrn. A. v. Danckelman. gr. 8. (38 S.) Elberfeld 884, Friderichs. *

Kolonial-Bibliothek, hrsg. v. J. J. Kettler. 1. Heft: Die Frage der Siebenbürger Sachsen. Von Rud. Bergner. Mit e. Sprachenkarte v. Siebenbürgen v. J. J. Kettler. gr. 8. (43 S.) Weimar 890, Geograph. Institut. ** 1 20

(Wilh.) Süsserotts Kolonialbibliothek. Bd 1. *Berlin: W. Süsserott 1901.* 8° [F.] [... 116

Kolonial-Bilderbuch, deutsches. Bilder v. Rud. Hellgrewe. Zeichnungen v. G. Hertling. Reime v. A. Wünsche. gr. 4. (21 z. Tl. farb. Bl.) Dresden (901). (A. Köhler.) Kart. n. 4. 50

Kolonialblatt, deutsches. Amtsblatt f. die Schutzgebiete d. Deutschen Reichs. Hrsg. im auswärt. Amt. 1. Jahrg. April 1890—März 1891. 24 Nrn. (Bog.) Lex.-8. Berl. 890, Mittler u. Sohn. * 8 —

—— dass. — Hrsg. in der Kolonial-Abtheilg. d. auswärt. Amts. 2. u. 3. Jahrg. 1891 u. 1892. à Jahrg. 24 Nrn. (à Nr. 1—1½ Bog.) Lex.-8. Nebst Mittheilungen v. Forschungsreisenden u. Gelehrten aus den deutschen Schutzgebieten. Hrsg. von Frhr. v. Danckelman. 4. u. 5. Bd. à 4 Hefte. gr. 8. (à Heft 30—60 S. m. Karten u. Abbildgn.) Ebd. à Jahrg. * 12 —

Vgl.: Mittheilungen v. Forschungsreisenden u. Gelehrten.

Kolonialblatt, deutsches. Amtsblatt f. die Schutzgebiete d. Deutschen Reichs. Hrsg. in der Kolonial-Abtheilg. d. auswärt. Amts. 2.—5. Jahrg. 1891—1894. à 24 Nrn. (à ca. 2 Bog.) Lex.-8. Nebst Mittheilungen v. Forschungsreisenden u. Gelehrten aus den deutschen Schutzgebieten. Hrsg. v. Frhr. v. Danckelman. 4.- 7. Bd. à 4 Hfte. gr. 8. (à Hft. ca. 60 S. m. Karten u. Abbildgn.) Berlin, E. S. Mittler & Sohn. à Jahrg. n. 12.—; Mittheilungen allein f. den Bd. n. 9. —

— dasselbe, Beilage zum Jahrg. 1894, s.: Denkschriften betr. I. d. ostafrikan. Schutzgebiet ꝛc.

— dasselbe. Inhalts-Verzeichniß zum 1.—5. Jahrg. (1890 bis 1894). gr. 8. (93 S.) Berlin 896. E. S. Mittler & Sohn. n. 1. —

Kolonialblatt, deutsches. Amtsblatt f. d. Schutzgebiete d. Deutschen Reichs. Hrsg. in d. Kolonial-Abtheilg. d. auswärt. Amts. 6. Jahrg. 1895. 24 Nrn. (à ca. 2 Bog.) Lex.-8. Nebst Mittheilgn. v. Forschungsreisenden u. Gelehrten aus d. deutschen Schutzgebieten. Hrsg. v. Frhr. v. Danckelmann. 8. Bd. 4 Hfte. gr. 8. Berlin, E. S. Mittler & Sohn. n. 12. —; Mittheilgn. allein n. 9. —

— dasselbe, Beilage f. 1895, s.: Denkschriften betr. 1. d. Entwickelg. d. Schutzgebietes Togo u. 2. d. Verwendg. d. Afrikafonds.

— dasselbe. 7.—9. Jahrg. 1896—1898. à 24 Nrn. (à ca. 2 Bog.) Lex.-8. Nebst Mittheilgn. v. Forschungsreisenden u. Gelehrten aus d. deutschen Schutzgebieten. Hrsg. v. Frhr. v. Danckelmann. 9.—11. Bd. à 4 Hfte. gr. 8. Ebd. à Jahrg. n. 12. —; Mittheilgn. allein f. d. Bd. n. 9. —

— dasselbe. 7. Jahrg. 1896, Beilage, s.: Warburg, O., die aus d. deutschen Kolonien export. Produkte ꝛc.

Kolonialblatt, deutsches. Amtsblatt f. die Schutzgebiete des Deutschen Reichs. Hrsg. in d. Kolonial-Abtheilg. des auswärt. Amts. 10. Jahrg. 1899. 24 Nrn. Lex.-8. (874 S. nebst Kolonial-Handels-Adreßbuch 1899: 89 S. m. 6 farb. Karten u. Jahresbericht üb. die Entwickelg. der deutschen Schutzgebiete im J. 1897/98.) hoch 4. (218 S.) Nebst Mittheilungen v. Forschungsreisenden u. Gelehrten aus den deutschen Schutzgebieten. Hrsg. von Frhr. v. Danckelman. Berlin, E. S. Mittler & Sohn. n. 12. —; Mitteilungen allein n. 9. —

— dasselbe. 11. Jahrg. 1900. 24 Nrn. Lex.-8. (966 S. nebst Kolonial-Handels-Adreßbuch 1900: 118 S. m. 1 farb. Karte.) Nebst Mittheilungen v. Forschungsreisenden u. Gelehrten aus den deutschen Schutzgebieten. Hrsg. von Frhr. v. Danckelman. Ebd. n. 12. —; Mitteilungen allein n. 9. —

— dasselbe. 12. Jahrg. 1901. 24 Nrn. Lex.-8. (936 S. m. 1 Karte, nebst: Wissenschaftliche Kautschuk-Expedition. [R. Schlechter.] [VII, 326 S. m. 14 Abbildgn. u. 13 Taf.]) Nebst Mittheilungen von Forschungsreisenden u. Gelehrten aus den deutschen Schutzgebieten. Hrsg. v. Frhr. v. Danckelman. gr. 8. Ebd. n. 12. —; Mitteilungen allein n. 9. —

— dasselbe. 13. Jahrg. 1902. 24 Nrn. Lex.-8. (626 S.) Nebst Mitteilungen v. Forschungsreisenden u. Gelehrten aus d. deutsch. Schutzgebieten. Hrsg. von Frhr. v. Danckelman. gr. 8. Ebd. n. 12. —; Mitteilgn. allein n. 9. —

Kolonialblatt, deutsches. Amtsblatt f. die Schutzgebiete in Afrika u. in der Südsee. Hrsg. in der Kolonial-Abteilg. des Auswärt. Amts. 14.—17. Jahrg. 1903—1906. à 24 Nrn. (52, 698; 60, 788; 64, 756 u. 65, 820 S.) Lex.-8. Nebst Mitteilungen v. Forschungsreisenden u. Gelehrten aus den deutschen Schutzgebieten. Hrsg. von Frhr. v. Danckelman. gr. 8. Berlin, E. S. Mittler & Sohn. à Jhrg. n. 12. — Mitteilungen allein à Bd. n. 9. —

Deutsches Kolonialblatt. Amtsblatt für die Schutzgebiete in Afrika und in der Südsee. Herausgegeben im Reichs-Kolonialamt. Berlin.
XVII. Jahrgang (1906) ff.
Hierzu: Wissenschaftliche Beihefte zum deutschen Kolonialblatte.
19. Band (1906) ff.
Jahresbericht über die Entwickelung der Deutschen Schutzgebiete in Afrika und der Südsee im Jahre 1904/05 ff.
Kolonial-Handels-Adreßbuch. Herausgegeben vom Kolonial-Wirtschaftlichen Komitee. 1907 (11. Jahrgang) ff.

Kolonialblatt, deutsches. Amtsblatt f. die Schutzgebiete in Afrika u. in der Südsee. Hrsg. im Reichs-Kolonialamt. Red.: Osk. Biesenthal. 18.—21. Jahrg. 1907—1910. à 24 Nrn. (à ca. 36 S.) Lex. 8. Nebst: Mitteilungen aus den deutschen Schutzgebieten. Mit Benutzg. amtl. Quellen hrsg. v. Frhr. v. Danckelman. 33×24,5 cm. Berlin, E. S. Mittler & Sohn. à Jahrg. 12. — Mitteilungen allein à Bd. 9. —

Die letzten **Kolonialdebatten** im aufgelösten Reichstag. Nov. u. Dez. 1906. Berlin: E. S. Mittler & Sohn 1907. (295 S.) 4° [F.] [... 11488

Die Deutsche **Kolonialgesellschaft**. Zum Handgebr. f. d. Vorstandsmitglieder d. Abteilungen. Bearb. von d. Geschäftsstelle. *Berlin 1900: (J. Sittenfeld).* (44 S.) 8° [F.] [... 3334 7

Kolonialgesellschaft, die deutsche, 1882—1907. Im Auftrage des Ausschusses der deutschen Kolonialgesellschaft dargestellt. (Von Erich Prager.) (VII, 232 S.) Lex. 8. Berlin 908. D. Reimer. 2. —

Kolonial-Gesetzgebung, die deutsche. Teil I: Bis 1892. Herausgegeben von Riebow. II-IV: 1893-99. Herausgegeben von A Zimmermann. Berlin 1893-1900

[F.] Die deutsche **Kolonial-Gesetzgebung**. Sammlg der auf d. deutschen Schutzgebiete bezügl. Gesetze, Verordngn, Erlasse u. internat. Vereinbargn, m. Anm. u. Sachreg. Auf Grund amtl. Quellen u. z. dienstl. Gebr. hrsg. v. Riebow, Gerichts-Ass. (Th. 2: v. Dr. Alfred Zimmermann). Th. [1]. 2. *Berlin: E. S. Mittler & Sohn 1893—98.* 2 Bde 8.
[1.] 1893. (XIII, 700 S.) 2. 1893 bis 1897. 1898. (XVII, 377 S.) [98. 3434

Die deutsche Kolonial-Gesetzgebung. Sammlung der auf die deutschen Schutzgebiete bezüglichen Gesetze, Verordnungen, Erlasse und internationalen Vereinbarungen. Auf Grund amtlicher Quellen herausgegeben.

VI. Teil.	1901—1902.		X. Band.	Jahrgang 1906.	
VII.	»	1903.	XI.	»	» 1907.
VIII. Band.	Jahrgang 1904.		XII.	»	» 1908.
IX.	»	» 1905.	XIII.	»	» 1909.

Kolonial-Gesetzgebung, die deutsche. Sammlung der auf die deutschen Schutzgebiete bezügl. Gesetze, Verordngn., Erlasse u. internationalen Vereinbargn. m. Anmerkgn., Sachregister. 6.—9. Bd. Auf Grund amtl. Quellen hrsg. gr. 8. Berlin, E. S. Mittler & Sohn. n. 40. 50; geb. in Halbldr. n.n. 47.—
6. 1901 bis 1902 nebst Nachträgen zu den bisher erschienenen Bänden. (XXI, 673 S.) 903. n. 15.—; geb. n n. 17.—
7. 1903. (XII, 330 S.) 904. n. 8. 50; geb. n.n. 10.—
8. Jahrg. 1904. (XV, 334 S) 905. n. 8. 50; geb. n.n. 10.—
9. Jahrg. 1905. (XIV, 324 S.) 906. n. 8. 50; geb. n.n. 10.—
Bd. 1—5 u. d. T: Zimmermann, Alfr., d. dtsche. Kolonialgesetzgebg. Ebd. 898—901. 38. 30; geb. 46. 30.

Kolonial-Gesetzgebung, die deutsche. Sammlung der auf die deutschen Schutzgebiete bezügl. Gesetze, Verordngn., Erlasse u. internationalen Vereinbargn. m. Anmerkgn. u. Sachregister. 10.—12. Bd. Jahrg. 1906—1908. Auf Grund amtl. Quellen hrsg. v. Köbner u. Gerstmeyer. gr. 8. Berlin, E. S. Mittler & Sohn. 38.50; geb. n 44. —
10. (XV, 380 S.) 907. 10.—; geb. n 11. 50
11. (XIX, 536 S.) 908. 13.50; geb. n 15. 50
12. (XXIII, 601 S.) 909. 15.—; geb. n 17. —
Bd. 1—9. Ebd. 898—906. 78. 80; geb. 93. 30

Kolonial-Gesetzgebung, die deutsche. Sammlung der auf die deutschen Schutzgebiete bezügl. Gesetze, Verordngn., Erlasse u. internationalen Vereinbargn. m. Anmerkgn. u. Sachregister. 10. Bd. Jahrg. 1906. Auf Grund amtl. Quellen hrsg. v. Köbner u. Gerstmeyer. (XV, 380 S.) gr. 8. Berlin '07, E. S. Mittler & Sohn. 10. —; geb. 11. 50.

Kolonial-Gesetzgebung, die deutsche. Sammlung der auf die deutschen Schutzgebiete bezügl. Gesetze, Verordngn., Erlasse u. internationalen Vereinbargn. m. Anmerkgn. u. Sachregister. 11. Bd. Jahrg. 1907. Auf Grund amtl. Quellen hrsg. v. Köbner u. Gerstmeyer. (XIX, 536 S.) gr. 8. Berlin, E. S. Mittler & Sohn. 13. 50; geb. 15. 50.

Kolonial-Gesetzgebung, die deutsche. Sammlung der auf die deutschen Schutzgebiete bezügl. Gesetze, Verordngn., Erlasse u. internationalen Vereinbargn. m. Anmerkgn. u. Sachregister. 12. Bd. Jahrg. 1908. Auf Grund amtl. Quellen hrsg. v. Köbner u. Gerstmeyer. (XXIII, 601 S.) gr. 8. Berlin, E. S. Mittler & Sohn. 15. —; geb. 17. —

[F.] Die **Kolonialgesetzgebung** des Deutschen Reichs mit dem Gesetze über die Konsulargerichtsbarkeit. Von [Otto] Kolisch, Amtsgerichtsr. ... [Wird fortgesetzt!] *Hannover: Helwing 1896.* 8. [56. 6287

Deutsches **Kolonial-Handbuch**. Nach amtl Quellen bearb. 9 Ausg. 1909 Berlin H. Paetel 1909 VII, 438, IX—L S. 8° [09 6242

Kolonial-Handbuch, deutsches. Nach amtl. Quellen bearb. 10. Ausg. 1910. (VIII, 258 S. m. Vollbildern.) gr. 8. Berlin-Wilmersdorf, H. Paetel. 5. —

Von der Heydt's **Kolonial-Handbuch**. Jahrbuch der deutschen Kolonial- u. Übersee-Unternehmungen. Hrsg von Franz Mensch u. Julius Hellmann. Jg. 1. Berlin & Leipzig: Verl. f. Börsen- u. Finanzlit. 1907. 8° [10. 5600

Kolonial-Handels-Adressbuch 1898. Hrsg. v. d. kolonial-wirtschaftl. Komitee. 4. (77 S. m. 5 farb. Karten.) Ebd. 898. n. 1. 50

Kolonial-Handels-Adressbuch 1900. (144 S) Berlin 1900

Kolonial-Handels-Adressbuch 1901-03. 05-07. Berlin 1901-07
Berlin 1902

Kolonial-Handels-Adressbuch 1902. (6. Jahrg.) Hrsg. v. dem kolonialwirtschaftl. Komitee. Mit der Karte der Kolonien in Buntdr. Lex.-8. (147 S. m. eingedr. Plänen.) Ebd. n. 1. 50

Kolonial-Handels-Adressbuch 1906. (10. Jahrg.) Hrsg. v. dem kolonial-wirtschaftl. Komitee. Mit der Karte der Kolonien in Buntdr. (222 S. m. eingedr. Plänen.) Lex.-8. Ebd. n. 1. 50

Kolonial-Handels-Adressbuch. 1908-11. Berlin 1908-11

Kolonial-Handels-Adressbuch 1910. (14. Jahrg.) Mit Karten der Kolonien im Buntdr. sowie Eisenbahn- u. Bergbaukarten v. Deutsch-Südwest- u. Deutsch-Ostafrika. Hrsg. vom kolonial-wirtschaftl. Komitee, wirtschaftl. Ausschuss der deutschen Kolonialgesellschaft. (371 S. m. Abbildgn.) Lex. 8. Berlin (E. S. Mittler & Sohn). 2. 50

Kolonialinstitut, hamburgisches, u. allgem. **Vorlesungswesen.** Verzeichnis der Vorlesgn. im Winterhalbj. 1908/1909. (48 S. m. 1 Tab.) 22×12 cm. Hamburg 908. (C. Boysen.) — 40

Kolonialkalender, Deutscher, f. d. Jahr 1889—94. Herausg. von Gust. Meinecke Jhg. 1—6. Mit 3 Lichtdrucken. Berlin. 16. . . . . (D., RPA)

Kolonial-Kalender, deutscher, für das J. 1889. Hrsg. von Gust. Meinecke. 1. Jahrg. 12. (126 S. mit 2 Portr.) Berlin, Verlag für Sprach- und Handelswissenschaft. geb. **

Kolonial-Kalender, deutscher, f. d. J. 1890. Hrsg. v. G. Meinecke. 2. Jahrg. gr. 16. (210 S. m. 2 Bildern.) Berlin, Verlag f. Sprach- u. Handelswissenschaft. geb. n. 2. —

Kolonial-Kalender, deutscher, f. d. J. 1890—1893. Nach amtl. Quellen bearb. u. hrsg. v. Gust. Meinecke. 2.—5. Jahrg. gr. 16. (210; 214; 215; 133 S. m. Bildern u. Kart.) Lpz., (Klinkhardt). geb. in Leinw. à Jahrg. * 2 —
Der 2. Jahrg. erschien in Berlin, Verlag f. Sprach- u. Handelswissenschaft; d. 3. u. 4. Jahrg. bei Trautvetter in Berlin. Jahrg. 2—4 sind in Fraktur gedruckt.

Deutscher **Kolonial-Kalender** und statistisches Jahrbuch VII.; XI. Jahrgang, 1895, 99. (Gustav Meinecke.) Berlin 1895.

Deutscher **Kolonial-Kalender** für das Jahr 1890, 1896, 1897, 1898, 1899, 1900. Jahrg 2. 8. 9 10. 11. 12 Nach amtlichen Quellen bearbeitet und herausgegeben von Gustav Meinecke Berlin 1890 1896—1900 6 Bde. 8° [D 1376

Kolonial-Kalender, deutscher, f. d. J. 1898. Nach amtl. Quellen bearb. u. hrsg. v. Gust. Meinecke. 10. Jahrg. gr. 8. (VIII, 194 S. m. 1 Bildn.) Berlin, Deutscher Kolonial-Verlag. Geb. 1. 50

— deutscher, u. statist. **Handbuch** f. d. J. 1899. Nach amtl. Quellen bearb. u. hrsg. v. Gust. Meinecke. 11. Jahrg. gr. 8. (VIII, 245 S. m. 7 eingedr. Karten, 1 Bildn. u. 1 Tab.) Ebd. Geb. in Leinw. 1. 50

Deutscher **Kolonial-Kalender** für 1900. Berlin 1899. 16°.

Kolonial-Kalender, deutscher, u. statistisches Handbuch f. d. J. 1903. Nach amtl. Quellen bearb. u. hrsg. v. Gust. Meinecke. 15. Jahrg. gr. 16. (242 S. m. 2 Bildnissen u. 1 farb. Taf.) Berlin, Deutscher Kolonial-Verlag. Geb. in Leinw. 1.50

Kolonial-Kalender, deutscher, u. statistisches Handbuch f. d. J. 1907. Nach amtl. Quellen neu bearb. 19. Jahrg. (320 S.) kl. 8. Berlin. Charlottenburg, Deutscher Kolonial-Verlag. Geb. in Leinw. n. 1. 80

Kolonial-Kalender, Deutscher, und statistisches Handbuch. Jg 21 f. d. J. 1909. Berlin (1909). 8°.

Kolonial-Kalender, deutscher, u. statistisches Handbuch f. d. J. 1910. Nach amtl. Quellen neu bearb. 22. Jahrg. (XXIII, 368 S. m. 1 Tab.) kl. 8. Berlin, Deutscher Kolonial-Verlag. Geb. in Leinw. 1. 80

Illustrierter deutscher **Kolonial-Kalender** . red von Major v Strantz Jg 1. Minden i W.: Kohler (1909) 4° [illegible] 8

Kolonial-Kalender, illustrierter deutscher, f. 1911. Mit Beiträgen v. Leutwein, ehem. Gouverneur, Hellgrewe, Offizieren der Schutztruppe etc. red. von v. Strantz. 3. Jahrg. Mit 1 (farb.) Karte v. Deutsch-Südwestafrika, 1 Dreifarben-Kunstblatt, 3 Illustrationsbeilagen u. zahlr. Abbildgn. im Text. (210 S.) gr. 8. Minden, W. Köhler. (Urspr. Pr. — 75; geb. 1.—)

(Wilhelm) Susserott's illustrierter **Kolonial-Kalender**. Hrsg. von Hubert Henoch [1.] 1909. Berlin: Susserott (1909). 8° [09.12853]

Kolonialkarten [Schlagwort]

— s. a.: Afrika.

— s. a.: Afrika, Gaebler.

— s.a Hand- u. Reisekarten 87.

Kolonialkarten. Atlas, kleiner, der deutschen Kolonien. qu. 4. (5 farb. Kartens.) Mit Text auf dem Umschlag. Leipzig 900. G. Lang. Gebrochen in 8. — 25

Kolonialkarten. Bamberg, Frz., Wandkarte der deutschen Kolonien. Nach amtl. Material bearb. 1 : 3,000,000. 6 Blatt. 2 Blatt à 48×81,5 cm, 2 Blatt à 60×81,5 cm u. 2 Blatt à 55×81,5 cm. Farbdr. Berlin (906). C. Chun. n. 13. —; auf Leinw. m. Stäben n. 20. —

— Besitzstands-Karte v. Deutsch-Süd-West-Afrika. Zur Darstellg. der Land- u. Minenrechte. (Stand am 1. IV. 1901.) 1 : 2,000,000. 68,5×75,5 cm. Farbdr. Berlin 901. D. Reimer. n. 2. —

— — dasselbe. Stand am 1. I. 1902. Aufgest. im Bureau der Landesvermessg. Görgens. 1 : 1,000,000. 2 Blatt 74,5×109,5 cm. Farbdr. Ebd. (902). n. 6. —

— Besitzungen, die deutschen, im Stillen Ozean. Mit Angabe der Besitzverhältnisse sämtl. europäischer Staaten u. unter Berücksicht. des deutsch-engl. Abkommens vom 14. XI. 1899 betr. Samoa u. Togo. Hrsg. v. der deutsch. Kolonialgesellsch. 1 : 12,000,000. 61×55,5 cm. Farbdr. Mit Text auf dem Umschlag. Ebd. 899. n. 1. —

Kolonialkarten. Böhler, H., Karte v. Ost-Usambara, Deutsch-Ost-Afrika, 1897—1899. Trigonometrisch u. topographisch aufgenommen, berechnet u. gezeichnet. Benutzt wurden einige trigonometr. Arbeiten von Lammert u. die tachymetr. Aufnahmen v. Röpke. 1 : 50,000. 79,5×75 cm. Photolith. u. Farbdr. Berlin (900). D. Reimer. n. 3. —

— Cicalek, Th., u. J. G. Rothaug, Kolonial- u. Weltverkehrs-Karte. Massstab am Aequator 1 : 25,000,000. 6 Blatt. à 75×65,5 cm. Farbdr. Wien (905). G. Freytag & Berndt. n. 17. —; auf Leinw. m. Stäben od. in Mappe n. 21. —

Kolonialkarten. Deutschland-Uebersee. Weltkarte zur Uebersicht der deutschen Geschwaderstationen u. d. deutschen Kolonialbesitzes. 39×54 cm. Nebst Karte v. Ost-China m. der Kiau-Tshau-Bucht. 1 : 12,000,000. 30×21 cm (auf d. Rückseite). Farbdr. Berlin 897. D. Reimer. n. 1. —

Kolonialkarten. Einzel-Wandkarte d. deutschen Schutzgebiete. I. Berlin (909). D. Reimer. 6.—; auf Leinw. in Mappe od. m. Stäben 9. —
I. Sprigade, P., Togo. 1 : 500,000. 123×57 cm. Farbdr.

— Farm-Uebersichtskarte v. Teilen der Bezirke Windhuk u. Karibib. Bearb. u. gezeichnet im Bureau der kaiserl. Landesvermessg. in Windhuk durch Karsunke. 1 : 200,000. 66,5×83,5 cm. Farbdr. Berlin (906). D. Reimer. n. 5. —

— Gaebler, Ed., Schul-Wandkarte d. deutschen Kolonien. Unt. Mitwirkg. v. Carl Hessler bearb. 2. Aufl. 4 Blatt à 78,5×69 cm. Farbendr. Leipzig 896. G. Lang. n. 10. —; auf Leinw. in Mappe od. m. Stäben n. 15. —

— Gaebler, Ed., Schul-Wandkarte der deutschen Kolonieen. Unter Mitwirkg. v. Carl Hessler gezeichnet. 4. Aufl. 6 Blatt à 82,5×59 cm. Farbdr. Leipzig 901. G. Lang. n. 12. —; auf Leinw. m. Stäben n. 18. —

— Hartmann's, Geo., Karte des nördlichen Teiles v. Deutsch-Südwest-Afrika von der Küste bis zum 19.° östl. Länge v. Greenwich u. vom 17. bis 21.° südl. Breite. Im Auftrage der South West Africa Co. Lim., London, gezeichnet v. M. Groll. Bearb. auf Grund der Orig.-Aufnahmen Geo. Hartmann's unter Hinzufügg. des durch die Kolonialabteilg. des auswärt. Amtes zur Verfügg. gestellten unveröffentl. Materiales des kaiserl. Gouvernements von Deutsch-Südwest-Afrika sowie einiger and. Routenaufnahmen. 1 : 300,000. 6 Blatt à 77×90 cm. Farbdr. Mit Begleitworten. (4 S.) gr. 8. Hamburg 904. (L. Friederichsen & Co.) In Mappe n. 30. —; einzelne Blatt n. 6. —

— Herkt, Otto, Karte v. Deutsch-Südwestafrika, nach amtl. u. anderen verlässl. Quellen bearb. 1 : 3,000,000. Mit 4 Nebenkarten. 1. Uebersicht der Schiffsverbindgn 2. Beziehungen zum Kaplande. 3. Lageplan v. Swakopmund. 4. Prov. Brandenburg zum Vergleich der Grössenverhältnisse. 1. u. 2. Aufl. 50,5×58 cm. Farbdr. Glogau (904). Berlin, C. Flemming. n. 1. —

Kolonialkarten. Hessler, Carl, u. Ed. Gaebler, Schul-Wandkarte der deutschen Kolonien. 6. Aufl. 6 Blatt à 82×58,5 cm. Farbdr. Leipzig (906). G. Lang. n. 12. —; auf Leinw. m. Stäben n. 18. —

— Hessler, Carl, u. Ed. Gaebler, Schul-Wandkarte der dtschn. Kolonien. 9. Aufl. 6 Blatt à 82×58,5 cm. Farbdr. Leipzig (910). G. Lang. 13.—; auf Leinw. m. Stäben 18. —

– Karte ...

— — der deutschen Besitzungen im Stillen Ocean u. Kiautschou. Mittlerer Massstab. 1 : 3,000,000. 9 Blatt à 90×99 cm. Farbdr. Ebd. (903). n. 30. —; auf Leinw. m. Stäben n. 55. —

— Karte v. Kamerun in 20 Blatt u. 4 Ansatzstücken, bearb. unter Leitung v. Max Moisel. Im Auftrage u. m. Unterstützg. des Reichs- u. Kolonialamts hrsg. 1 : 300,000. Farbdr. Blatt G4 u. H4. Mit Text. Lex. 8. Berlin, D. Reimer. 4. —
G 4. Baturi. Konstruiert u. gezeichnet v. C. Jurisch u. G. Fincke. Abgeschlossen am 15. IX. 1910. 57×65 cm. (9 S.) 2. —
H 4. Molundu. Konstruiert u. gezeichnet v. C. Jurisch. Abgeschlossen am 1. XI. 1910. 71,5×87,5 cm. (13 S.) 2. —

— Karte des südl. Teiles v. Kamerun. Provisorische Ausg. Bearb. u. gezeichnet v. C. Jurisch u. H. Wehlmann unter Leitg. v. M. Moisel auf Grundlage der im Verlauf der Süd-Kamerun-Grenzexpedition in den J. 1901—1903 v. Engelhardt, Foerster u. Schulz angestellten astronom. Längen- u. Breitenbestimmgn. u. m. Benutzg. der bisher unveröffentl. Aufnahmen u. des gesamten veröffentl. älteren topograph. Materials. 1 : 500,000. 3 Blatt à 75×51 cm. Farbdr. Berlin (906). (D. Reimer.) n. 20. —

— Karte von Togo. F. 2. Lome. Bearb. v. P. Sprigade. Abgeschlossen 1. X. 1902. Gezeichnet von F. Heine. 1 : 200,000. 58×64,5 cm. Farbdr. Berlin (902). D. Reimer. n. 2.—

— Karte von Togo C 2. D 1 u. 2 u. E 1. Bearb. v. P. Sprigade. Abgeschlossen 1. XII. 1906. 1 : 200,000. Farbdr. Ebd. (905. 906). à n. 2.—
C 2. Sokodé. 58×63 cm. — D 1. Kéte-Krátschi. 58×53 cm. — D 2. Atakpáme. 58×63 cm. — E 1. Misahöhe. 57×43,5 cm.

— — von Togo. 1:200,000. Blatt A1, A2, B1, B2 u. C1. (Schluss.) Farbdr. Ebd. 10.— (Kplt. 20.—)
A 1. Sansäne-Mangu. Bearb. v. P. Sprigade. Abgeschlossen 1. VII. 1907. Gezeichnet v. E. Lober. 67×65,5 cm. (908). 2.—
A 2. Tambérma. Bearb. v. P. Sprigade. Abgeschlossen 15. XI. 1906. Gezeichnet v. B. Meyer u. E. Lober. 60,5×38,5 cm. (907.) 2.—
B 1. Jéndi. Bearb. v. P. Sprigade. Abgeschlossen 1. X. 1907. Gezeichnet v. G. Thomas. 58×68 cm (908.) 2.—
2. Bássari. Bearb. v. P. Sprigade. Abgeschlossen 1. V. 1907. Gezeichnet v. F. Heine u. H. Stegemann. 58×59 cm. (908.) 2.—
C 1. Bismarckburg. Bearb. v. P. Sprigade. Abgeschlossen 1. XII. 1906. Gezeichnet v. G. Thomas u. H. Stegemann. 58×71 cm. (907.) 2.—

— Kettler's, J. I., Spezial-Karte von Deutsch-Ost-Afrika. 1 : 3,000,000. Hrsg. u ausgeführt v. Geograph. Institut zu Weimar. 3., verb. Ausg. 12 Blatt à ca. 26—34 cm. Farbendr. Weimar (892). Geograph. Institut. n. 9.—
Erschien auch in 6 Lfgn. à n. 1.—.

— Kiepert, Rich., Handkarte d. deutschen Kolonien. 1 : 16,000,000. 44 × 58 cm. Farbendr. u. kolor. Berlin 895. D. Reimer. n. —60

Kolonialkarten. Kiepert, Rich., Karte von Deutsch-Ostafrika in 29 Blatt u. 8—10 Ansatzstücken. 1 : 300,000. Konstruirt u. gezeichnet unter Leitung v. K. im Auftrage u. m. Unterstützg. der Kolonial-Abtheilg. des auswärt. Amts. Ansatzstück B 1. Usige. 57,5×38,5 cm. Farbdr. Mit Begleitwort. Lex.-8. (4 S.) Ebd. 895. Subskr.-Pr. n. 1.35; Einzelpr. n. 1.50

— — Karte von Deutsch-Ostafrika in 29 Blatt u. 8—10 Ansatzstücken. 1 : 300,000. Konstruirt u. gezeichnet unter Leitg. v. K. im Auftrage u. m. Unterstützg. der Kolonial-Abtheilg. d. auswärt. Amts. Bl. A 1, 2, 3; B 2, 3, 4; C 3, 4, 5; D 3, 4, 5, 6; E 4. Farbdr. Mit Begleitworten. Lex.-8. Berlin, D. Reimer. Subskr.-Pr. à n. 1.80; Einzelpr. à n. 2.—
A 1. Kivu-See. 57,5 × 75 cm. (7 S., auch zu A 2. Karágwe.) 896. — A 2. Karágwe. 60,5 × 70,5 cm. 895. — A 3. Victoria Nyansa. 60,5 × 75,5 cm. (4 S.) 896. — B 2. Urúndi. 57,5 × 75 cm. (4 S.) 896. — B 3. Mwánsa. 57,5 × 75 cm. (9 S.) 895. — B 4. Eyássi. 57,5 × 75 cm. (2 S.) 895. — C 3. Tabóra. 57,5 × 75,5 cm. (8 S.) 895. — C 4. Túru. 57,5 × 75 cm. (6 S.) 895. — C 5. Massai-Steppe. 57,5 × 75,5 cm. (5 S.) 897. — D 3. Kalula. 57,5 × 75 cm. (5 S.) 898. — D 4. Kilimatinde (Muhalala). 57,5 × 75,5 cm. (11 S.) 897. — D 5. Mpápwa. 57,5 × 75,5 cm. (12 S.) 896. — D 6. Dar-es-Salâm. 57,5 × 75,5 cm. (10 S.) 896. — E 4. Iringa. 57,5 × 75 cm. (8 S.) 898.

— Kiepert, Rich., Karte von Deutsch-Ostafrika. 1 : 2,000,000. 93×72 cm. Farbdr. Ebd. 899. n. 4.—; auf Leinw. n. 6.—

— — dasselbe in 29 Blatt u. 8—10 Ansatzstücken. 1 : 300,000. Begonnen unter Leitg. v. K., fortgesetzt unter Leitung v. Paul Sprigade u. Max Moisel. Im Auftrage u. m. Unterstützung der Kolonial-Abtheilg. des auswärt. Amts. Bl. E. 6, F. 6, G. 6 u. Ansatzstück G. 7. Farbdr. Mit Begleitworten. Lex.-8. Ebd. Subskr.-Pr. n. 6.75; Einzelpr. n. 7.50
Bl. E. 6. Mohöro. 58×75,5 cm. (12 S. Text.) 900. n. 1.80; bezw. n. 2.—. — Bl. F. 6. Kilwa. 57,5×74 cm. (7 S. Text.) (902.) n. 1.80; bezw. n. 2.—. — Bl. G. 6. Massassi. 57,5×74 cm. (6 S. Text.) (902.) n. 1.80; bezw. n. 2.—. — Ansatzstück G. 7. Mikindani. 33,5×28 cm. (3 S. Text.) (902.) n. 1.35; bezw. n. 1.50.

— Kiepert, Rich., Karte v. Deutsch-Ostafrika in 29 Blatt u. 6 Ansatzstücken. 1 : 300,000. Begonnen unter Leitg. v. K., fortgesetzt unter Leitg. v. Paul Sprigade u. Max Moisel. Im Auftrage u. m. Unterstützg. der Kolonial-Abteilg. des auswärt. Amts. Bl. D 1 Ansatzstück, D 2, E 3, 5, F 4, 5, G 4, 5 u. H 4, 5. Farbdr. Mit Begleitworten. Lex.-8. Ebd. Subskr.-Pr. n. 13.95; Einzelpr. n. 15.50
D 1. Ansatzstück, Kunguß-Bucht. 57,5×39 cm. (906.) Subskr.-Pr. n. 1.35; Einzelpr. n. 1.50
D 2. Karéma. 57,5×75,5 cm. (906.) Subskr.-Pr. n. 1.80; Einzelpr. n. 2.—;
Begleitworte zu D 1 u. D 2. (5 S.) unentgeltlich.
E 3. Rukwa-See. 57,5×75 cm. (4 S.) (905.) Subskr.-Pr. n. 1.80; Einzelpr. n. 2.—
E 5. Kissáki. 57,5×75,5 cm. (10 S.) (903.) Subskr.-Pr. n. 1.80; Einzelpr. n. 2.—
F 4. Gáwiro. 57,5×54,5 cm. (11 S.) (905.) Subskr.-Pr. n. 1.80; Einzelpr. n. 2.—
F 5. Mahenge-Station. 57,5×75,5 cm. (4 S.) (903.) Subskr.-Pr. n. 1.80; Einzelpr. n. 2.—
G 4 u. H 4. Ssongéa. 61,5×75 cm. (5 S.) (904.) Subskr.-Pr. n. 1.80; Einzelpr. n. 2.—
G 5 u. H 5. Mittlerer Rowuma. 68,5×74,5 cm. (4 S.) (904.) Subskr.-Pr. n. 1.80; Einzelpr. n. 2.—

Kolonialkarten. Kiepert, Rich., Karte v. Deutsch-Ostafrika in 29 Blatt u. 6 Ansatzstücken. 1 : 300,000. Begonnen unt. Leitg. v. K., fortgesetzt unter Leitg. v. Paul Sprigade u. Max Moisel. Im Auftrage u. m. Unterstützg. des Reichs-Kolonialamts hrsg. Bl. A 4, 5; C1, 2; E2; F 2, 3 G 5, 7 u. H 5. Farbdr. Mit Begleitworten. Lex. 8. Berlin, D. Reimer. Einzelpr. 16.50
A 4. Ikoma. 60×75,5 cm. 910. Subskr.-Pr. 1.80; Einzelpr. 2.—
5. Magad. 26×38,5 cm. (10 S.) 910. Einzelpr. 1.50
C 1. Udjidji. 58×76 cm. (908). Subskr.-Pr. 1.80; Einzelpr. 2.—
2. Rutschugi-Posten. 58×78 cm. (8 S.) (907.) Subskr.-Pr. 1.80; Einzelpr. 2.—
E 2. Bismarckburg. 57,5×65 cm. (5 S.) (907.) Subskr.-Pr. 1.80; Einzelpr. 2.—
F 2. Kalambo-Mündung. 39×38,5 cm. (907.) 1.50
3. Neu-Langenburg. 57,5×75 cm. (14 S.) (907.) Subskr.-Pr. 1.80; Einzelpr. 2.—
G 5 u. H 5. Mittlerer Rowuma. Gez. v. O. Freier u. H. Stegemann. 68,5×74 cm. (2 S.) (910.) 2.—
7. Mikindani. Gez. v. H. Wehlmann u. E. Löber. 33,5×28 cm. (910.) 1.50

— — u. Max Moisel, Reiseweg des Lieutenants Graf v. Götzen von Pangani in Deutsch-Ostafrika zum Kongo 1893—1894. Nach d. Aufnahmen d. Reisenden construirt u. gezeichn. 1 : 250,000. 2 Blatt. 38,5 × 71 u. 51 × 68,5 cm. Farbendr. Ebd. 896. n. 10.—

— — — Usaramo, Ukami u. die Uluguru-Berge, nach den Annahmen u. Ortsbestimmgn. v. F. Stuhlmann (1888, 1892 u. 1894) u. Schlobach (1894—1896) u. unter Benutzung noch unveröffentl. Routen v. Emin Pascha (1890), Herrmann (1892 u. 1894), Fromm (1893), Böhmer (1893 u. 1895), Ramsay (1894), v. Grawert (1895) u. Krüger, sowie d. gesammten ält. veröffentl. Quellen construirt u. gezeichnet. 1 : 150,000. 3 Blatt à 89,5 × 57,5 cm. Farbdr. Ebd. 896. n. 18.—

— — Wandkarte v. Deutsch-Ostafrika. Hrsg. v. der deutschen Kolonialgesellschaft. 1 : 100,000. 6 Blatt à 62 × 71 cm. Farbdr. u. kolor. Ebd. 897. n. 8.—; auf Leinw. in Mappe n. 16.—; m. Stäben n. 18.—

— — Wandkarte d. deutschen Kolonien. 1 : 8,000,000. 2 Blatt à 87×59 cm. Farbendr. u. kolor. Ebd. 895. n. 5. —; auf Leinw. in Mappe n. 9.—; m. Stäben n. 11.—

— — Wandkarte der deutschen Kolonien. Hrsg. v. der deutsch. Kolonialgesellschaft. 1 : 8,000,000. 127× 118,5 cm. Farbdr. Ebd. (898). Auf Leinw. m. Stäben n. 8.—

— Kolonialatlas, deutscher, m. Jahrbuch. Hrsg. v. der deutschen Kolonialgesellschaft. Ausg. 1906. (8 farb. Karten m. 24 S. Text.) 30,5×15,5 cm. Ebd. n. — 60; geb. in Leinw. n. 1. —

— Kolonialatlas, deutscher, m. illustr. Jahrbuch. Hrsg. auf Veranlassg. der deutschen Kolonialgesellschaft. Bearb. v. P. Sprigade u. M. Moisel. (Ausg. 1909.) (8 farb. Karten m. 86 S. Text.) 30,5×15 cm. Ebd. — 80; geb. in Leinw. 1. 20

— Kolonial-Atlas, kleiner deutscher. Hrsg. v. der deutschen Kolonialgesellschaft. gr. 4. (7 farb. Karten.) Mit Text. schmal Lex.-8. (4 S.) Ebd. 896. n. — 50; einzelne Karten n. — 10

— Kolonialatlas, kleiner deutscher. Hrsg. v. der deutschen Kolonialgesellschaft. (Neue Ausg.) hoch 4. (8 farb. Karten m. 6 S. Text in schmal Fol.) Ebd. 901. In schmal Fol. geh. n. — 60; geb. n. 1. —

— Krauss, P., Spezialkarte v. Deutsch-Ostafrika, m Nebenkarten v. Usambara u. Kilimandjaro. Nach den neuesten Forschgn. bearb. Gezeichnet v. J. Wäber u. P. Krauss März 1896. 1 : 2,000,000. 71 × 68 cm. Farbendr. Berlin 896. Leipzig, C. Meyer's graph. Institut. n. 3. —

— Langhans, Paul, Karte der deutsch. Verwaltungsbezirke der Karolinen, Palau u. Marianen. Bearb. unter Benutzg. bisher noch unveröffentlichter Quellen. 57,5×79 cm. Farbdr. Mit statist. Begleitworten (auf dem Umschlag). Fol. Gotha 899. J. Perthes. n. 1. —

— Langhans, Paul, deutscher Kolonial-Atlas. 30 Karten m. 300 Nebenkarten. 8.—15. Lfg. qu. gr. Fol. (16 farb. Karten m. VI u. 14 S. Text.) Gotha 895—897. J. Perthes. à n. 1. 60; einzelne Karten n. 1.— (kplt. n. 24. —; geb. in Halbldr. n.n. 28. —)

— — deutscher Kolonial-Atlas f. d. amtlichen Gebrauch in den Schutzgebieten. 2. Aufl. Nr. 4. Farbendr. Ebd. 895. n. 3. —
Aequatorial-Ostafrika. 1 : 3,000,000. Neue bericht. Ausgabe. 56,5×76,5 cm.

— Langhans, Paul, deutsche Kolonial-Wandkarten. Nr. 1 u. 2. Farbdr. Gotha, J. Perthes. à 12.—; auf Leinw. in Mappe à 18.—; m. Stäben à 21.—; u. lackiert à 24. —
1. Schutzgebiete in Afrika. 1 : 2,000,000. 159×215 cm. (908.)
2. Südsee-Schutzgebiete. 149×202 cm. (908.)

— — das Schutzgebiet der Neu-Guinea-Kompanie in 6 (farb.) Blättern m. 69 Nebenkarten. 1 : 2,000,000. à 33,5 × 41,5 cm. [Aus: „L., deutscher Kolonialatlas".] Mit Begleitworten üb. die wirtschaftl. Grundzüge d. Schutzgebietes u. Kartenquellen. Fol. (4 S.) Ebd. 897. n. 6. —; auf Leinw. in Mappe od. in Taschenformat n. 8. 40; m. Stäben n. 10. 80; Begleitworte allein n. — 60

— — ostafrikanisches Schutzgebiet in 4 (farb.) Blättern m. 23 Nebenkarten. 1 : 2,000,000. à 33,5 × 41,5 cm. [Aus: „L., deutscher Kolonialatlas".] M. Begleitworten üb. die wirtschaftl. Grundzüge des Schutzgebietes u. Kartenquellen. Fol. (2 S.) Ebd. 897. n. 4. —; auf Leinw. in Mappe od. in Taschenformat n. 5. 60; m. Stäben n. 7. 20; Begleitworte allein n. — 60

— — südwestafrikanisches Schutzgebiet (nebst Verbreitung des Deutschtums in Süd-Afrika) in 4 (farb.) Blättern m. 19 Nebenk. 1 : 2,000,000. à 33,5 × 41,5 cm. [Aus: „L., deutscher Kolonialatlas".] M. Begleitworten üb. die wirtschaftl. Grundzüge des Schutzgebietes u. Kartenquellen. Fol. (4 S.) Gotha 897. J. Perthes. n. 4. —; auf Leinw. in Mappe od. in Taschenformat n. 5. 60; m. Stäben n. 7. 20; Begleitworte allein n. — 60

Kolonialkarten. Langhans, Paul, Schutzgebiete Kamerun u. Togo in 4 (farb.) Blättern m. 16 Nebenkarten. 1 : 2,000,000. à 33,5 × 41,5 cm. [Aus: „L., deutscher Kolonialatlas".] Mit Begleitworten über die wirtschaftl. Grundzüge der Schutzgebiete u. Kartenquellen. Fol. (4 S.) Ebd. 897. n. 4.—; auf Leinw. in Mappe od. in Taschenformat n. 5. 60; m. Stäben n. 7. 20; Begleitworte allein n. — 60

— — Spezialkarte der Samoa-Inseln, nebst Übersicht der Verändergn. der Besitzverhältnisse in der Südsee nach dem neuen deutsch-engl. Abkommen. Mit statist. Begleitworten (auf dem Umschlag). Bearb. m. Benutzg. bisher noch unveröffentlichter Quellen. 59×80 cm. Farbdr. Ebd. 900. n. 1. —

— Moisel, Max, Karte v. Deutsch-Ostafrika m. Angabe der nutzbaren Bodenschätze u. m. e. Karton zur Uebersicht der Beziehungen Deutsch-Ostafrikas zu den übrigen deutsch-afrikan. Kolonien. 1 : 2,000,000. 2. vollständig bericht. Aufl. 93,5×72 cm. Farbdr. Ebd. (905). n. 6. —; auf Leinw. n. 8. —; m. Stäben n. 9. —

— Moisel, Max, Karte v. Deutsch-Ostafrika, m. Angabe der nutzbaren Bodenschätze u. m. e. Karton zur Übersicht der Beziehungen Deutsch-Ostafrikas zu den übrigen deutsch-afrikanischen Kolonien. 1 : 200,000. Vollständig bericht. Aufl. 39,5×30,5 cm. Farbdr. Berlin 908. D. Reimer. 6. —; auf Leinw. n 8.—; m. Stäben n 9. —

— Moisel, Max, Wandkarte v. Kamerun. 1 : 1,000,000. 4 Blatt à 65,5×53 cm. Farbdr. Berlin (901). D. Reimer. n. 6. —; auf Leinw. in Mappe od. m. Stäben n. 12. —

— — Wandkarte des Konzessionsgebietes der Gesellschaft Nordwest-Kamerun. Ausgeführt im Auftrage der Gesellschaft Nordwest-Kamerun zu Berlin. 1 : 500,000. 4 Blatt à 68,5×57,5 cm. Farbdr. Ebd. 900. n. 12. —; auf Leinw. m. Stäben n. 18. —

— Passarge, S., Reiseroute der Expedition d. deutschen Kameruncomitö's in den J. 1893—94. Construirt u. gezeichnet von M. Limpricht. 1 : 350,000. 2 Blatt. 74 × 57,5 u. 47 × 74 cm. Farbendr. Berlin 896. D. Reimer. n. 10. —

— Spezialkarte von Deutsch-Ost-Afrika, Fortsetzg., s.: Kolonialkarten, Kettler, J. I.

— Sprigade, Paul u. Moisel, Max:

— — — Karte v. Deutsch-Südwestafrika. 1 : 2,000,000. 67,5×55 cm. Farbdr. Nebst: Namen-Verzeichnis. (14 S.) gr. 8. Ebd. 910. 5.—; auf Leinw. 6.50; m. Stäben 7. —

— Sprigade, P., Karte des südl. Teiles v. Togo. Auf Grundlage der Aufnahmen von E. Baumann u. H. Gruner u. unt. Benutzg. unveröffentl. Materials von Büttner, v. Doering, v. François, Goldberg, Herold, Kling, Klose, Küster, Leuschner, Wöckel, Wolf u. Graf Zech, sowie alles älteren Materials konstruiert u. gezeichnet. 1 : 200,000. 101,5 × 80,5 cm. Farbendr. u. kolor. [Aus: „Mitteilungen a. d. deutschen Schutzgebieten".] Leipzig 896. (Berlin, E. S. Mittler & Sohn.) n. 3. 50; auf Leinw. n.n. 6. —

— Sprigade, Paul, u. Max Moisel, grosser deutscher Kolonialatlas. Hrsg. von der Kolonial-Abtheilg. des auswärt. Amts. 1. Lfg. Kamerun. 1 : 1,000,000. 6 Blatt à 44,5×53 cm. Farbdr. Mit 1 Bl. Text in gr. 4. Ebd. 901. n. 6. —

— Sprigade, Paul, u. Max Moisel, grosser deutscher Kolonialatlas. Hrsg. v. der Kolonial-Abtheilg. des auswärt. Amts. 2.—5. Lfg. Ebd. n. 13. —

2. Die deutschen Besitzgn. im Stillen Ocean u. Kiautschou. 3 Blatt à 52,5×45,5 cm. Farbdr. Nebst Text. (5 S.) 55,5 ×33 cm. 902. n. 3. —
3. Deutsch-Ostafrika. Die deutschen Besitzgn. im Stillen Ocean u. Kiautschou. 3 Blatt à 44×49,5 cm. Farbdr. 903. n. 3. —
4. Deutsch-Ostafrika. Die deutschen Besitzgn. im Stillen Ocean u. Kiautschou. 3 Blatt à 44×49,5 cm. Farbdr. 904. n. 3. —
5. Nr. 1. Erdkarte zur Uebersicht des deutschen Kolonialbesitzes. — Togo. Nr. 2 b. Südliches Blatt. 1 : 500,000. — Deutsch-Ostafrika. Nr. 16. Usumbura. 1 : 1,000,000. — Nr. 17. Udjidji. 1 : 1,000,000. à 46×50 cm. Farbdr. 906. n. 4. —

— Sprigade, Paul, u. Max Moisel, grosser deutscher Kolonialatlas. Hrsg. vom Reichs-Kolonialamt. 6. Lfg. Togo. Nr. 2a. Nördliches Blatt. 1 : 500,000. 58×50,5 cm. Farbdr. Namen-Verzeichnis f. d. Karte v. Togo. (4 S.) 55,5×35 cm. Ebd. 907. 1.—; einz. Blatt 1. —

— — — dasselbe. 1. Ergänzungs-Lfg. Nr. 25—29. (5 farb. Karten.) 48×58,5 cm. Ebd. 909. à Nr. 1. —

25. Übersichtskarte der deutschen Besitzungen im Stillen Ocean u. v. Kiautschou. 1 : 15,000,000.
26. Deutsch-Neuguinea. (Kaiser-Wilhelmsland u. Bismarcks-Archipel.) 1 : 2,000,000. (Westliches Blatt.)
27. Dasselbe. (Östliches Blatt.)
28. Marianen u. Marshall-Inseln. — 29. Karolinen.

— — — dasselbe. 2. Ergänzungs-Lfg. Kamerun. Nr. 4 u. 6. Ebd. 909. à Nr. 1. —

4. Tschad. Neu bearb. 1 : 100,000. 45×49 cm. Farbdr.
6. Ngaumdere. Neu bearb. 44,5×49 cm. Farbdr.

— — — Wandkarte der deutschen Kolonien. Hrsg. auf Veranlassung der Deutschen Kolonialgesellschaft. 2 Blatt. à 116,5×84,5 cm. Farbdr. Ebd. (907). Auf Leinw. m. Stäben 8. —

— — — Wirtschafts-Atlas unserer Kolonien zu Grotewold, unser Kolonialwesen u. seine wirtschaftliche Bedeutung. Hrsg. vom kolonial-wirtschaftl. Komitee, wirtschaftl. Ausschuss d. deutschen Kolonial-Gesellschaft. (6 farb. Kartenbl.) 40,5×30,5 cm. Stuttgart (907). E. H. Moritz. Gebrochen in 33,5×23,5 cm. Kart. 2. —

— Vortragswandkarte v. Deutsch-Ost-Afrika. 1 : 500,000. 9 Blatt à ca. 87×92 cm. Farbdr. Ebd. (902). n. 24. —; auf Leinw. m. Stäben n. 42. —

— — von Deutsch-Südwest-Afrika. 1 : 500,000. 9 Blatt à ca. 97×83 cm. Farbdr. Ebd. (902). n. 24. —; auf Leinw. m. Stäben n. 42. —

— — v. Kamerun. 1 : 500,000. 5 Blatt à ca. 91×74 cm. Farbdr. Ebd. (902). n. 24. —; auf Leinw. m. Stäben n. 42. —

— — von Togo. 1 : 200,000. 6 Blatt à ca. 104×84 cm. Farbdr. Ebd. (902). n. 18. —; auf Leinw. m. Stäben n. 30. —

— Wandkarte von Kaiser-Wilhelms-Land u. d. Bismarck-Archipel. Hrsg. von der deutschen Kolonialgesellschaft. 1 : 1,000,000. 129,5 × 144,5 cm. 6 Blatt. Farbendr. u. kolor. Berlin 893. C. Heymann's Verl. n.n. 6. —; auf Leinw. m. Stäben n.n. 11. —

Kolonialkarten. Wirtschafts-Atlas d. deutschen Kolonien. Hrsg. von dem kolonialwirtschaftl. Komitee E. V., wirtschaftl. Ausschuss der deutschen Kolonialgesellschaft, Berlin. 2. verb. Aufl. (10 farb. Kartens. m. 19 S. Text.) 44,5×35 cm. Berlin (907). (D. Reimer.) Geb. 5. —

Kolonial Korrespondenz. Jahrgang 1, 1909? ?
Weekly, of agricultural and economic interest. Large quarto, each 6 8 pages, mimeographed. Title in Spanish Correspondencia Colonizadora. Deutsche Ausgabe. Published by Dr. Robert Ernels.
Buenos Aires

DIE DEUTSCHE KOLONIALLIT(T)ERATUR . .
Herausgegeben von der Deutschen Kolonialgesellschaft,
bearbeitet von MAXIMILIAN BROSE.
von 1884—1895. Mit einem Anhang: Verzeichniss von Werken, die sich auf fremdländische Kolonien beziehen und in der Bibliothek der Deutschen Kolonialgesellschaft vorhanden sind. Berlin 1897. Druck von Otto Elsner. 8°.
zusammengestellt von MAXIMILIAN BROSE.
im Jahre 1896. Sonderabdruck aus dem Kolonialen Jahrbuch, herausgegeben von G. Meinecke. ib (1897). —
im Jahre 1897 . ib. (1898) —
Herausgegeben von der Deutschen Kolonialgesellschaft.
im Jahre 1898 . . . Sonder-Heft der Beiträge zur Kolonialpolitik und Kolonialwirtschaft. ib. 1900. Wilhelm Süsserott.
im Jahre 1899 . . . ib. 1900. —
im Jahre 1900 . . ib. 1901. —
im Jahre 1901 . . . ib. 1903. —
im Jahre 1902 . . . ib. 1904. —
im Jahre 1903 . . . Sonderheft der Zeitschrift für Kolonialpolitik, Kolonialrecht und Kolonialwirtschaft. ib. (o. J.) —
im Jahre 1904 . . . ib. (o. J.) —
im Jahre 1905 . . . ib (o. J.) —
im Jahre 1906 . . . ib. (o J.) —
im Jahre 1907. (Im Nachtrag: Koloniallitteratur fremder Völker.) — Zusammengestellt von HUBERT HENOCH. (Vorher zusammengestellt von M. BROSE.) Sonderheft der Zeitschrift für Kolonialpolitik, Kolonialrecht und Kolonialwirtschaft. ib. (o. J.) —
im Jahre 1908. (Im Nachtrag: Kolonialliteratur fremder Völker.) Zusammengestellt von HUBERT HENOCH . . . ib. (o. J.) —
im Jahre 1909 . . . ib. 1910. Deutsche Kolonial-Gesellschaft.
im Jahre 1910. (Im Nachtrag: Kolonialliteratur fremder Völker.) Zusammen gestellt von HUBERT HENOCH. ib. 1911. —
im Jahre 1911. (Im Nachtrag: Kolonialliteratur fremder Völker.) Zusammengestellt von HUBERT HENOCH. ib. 1911. —

Kolonialliteratur, die deutsche, in d. J. 1907 u. 1908. (Im Nachtrag: Kolonialliteratur fremder Völker.) Zusammengestellt v. Hub. Henoch. (Vorher zusammengestellt v. M. Brose.) Sonderheft der Zeitschrift f. Kolonialpolitik, Kolonialrecht u. Kolonialwirtschaft. Hrsg. v. der deutschen Kolonial-Gesellschaft. (92 u. 104 S.) gr. 8. Berlin (909. 10). W. Süsserott. à 2. —
Vergl.: Brose, Max.

Kolonial-Kochbuch s.: Süsserott's Kolonialbibliothek.

Kolonialpolitik, die deutsche. 5 Hefte. gr. 8. Leipzig 885, Renger'sche Buchh. * 8 50

Inhalt:

Heft 1. Deutschland in Afrika und in der Südsee. Aktenstücke der deutschen Kolonialpolitik. (114 S. mit 1 orientir. lithogr. Karte.) *M 2.—.

„ 2. I. Deutsche Landreklamationen auf Fidji. — II. Aktenstücke über Kamerun. — III. Deutsche Interessen in der Südsee [Fortsetzung]. Aktenstücke der deutschen Kolonialpolitik. (143 S. mit 1 orientir. eingedr. Karte.) *M 2.—.

„ 3. Die Congo-Konferenz. [I. Die afrikan. Gesellschaft. — II. Die afrikan. Konferenz. — III. General-Akte. — IV. Anhang.] (III, 106 S. mit 2 Karten.) *M 2.—.

„ 4. Die Rechtsverhältnisse der Deutschen in Afrika und in der Südsee. (69 S.) *M 1.—.

„ 5. Die Karolinen-Inseln. Denkschrift über die deutschen Schutzgebiete. Die Rechtspflege der deutschen Schutzgebiete. Handelsvertrag mit Sansibar. Protokoll betr. die deutschen und französ. Besitzungen an der Westküste von Afrika und in der Südsee. Nachträge zu Heft 3 und 4. Alphabet. Register zu Heft 1—5. (64 S.) *M 1.50.

Fortsetzung, s. Jahrbuch der deutschen Kolonialpolitik, 2. Bd.

Die deutsche **Kolonialpolitik.** Aktenstücke der deutschen Kolonialpolitik. Mit 4 Karten und Register. Heft 1—5. Leipzig 1885—1886. 1 Bd. [Getr. Pag.] 8°.

Kolonialpolitik, die deutsche, in Theorie u. Praxis von Teutonicus. gr. 8. (32 S.) Berlin 900 Gose & Tetzlaff. n. — 60

Kolonialpolitik, nicht Kolonialskandale und Nebenregierung! Ein Rückblick auf d. letzten Reichstagsverhandlungen. Berlin: Buchh. d. Nationallib. Partei 1907. (69 S.) 8° [F.]
— [**Schriften**, Nationalliberale. No 1.] [08. 5196

Die **Kolonialpolitik** seit der Reichstagsauflösung von 1900. Hrsg. v. Centralbureau d. Nationalliberalen Partei. Berlin: Buchh. d Nationallib. Partei 1909. 74 S. 8° [10. 5014

— die, u. der **Zusammenbruch.** Von Parvus. (V, 155 S.) 8. Leipzig 907. Leipziger Buchdruckerei. 1.—; erm. Pr. — 50

Kolonialpost, deutsche. 1. Jahrg. Aug. 1906—Juli 1907. 12 Nrn. (à ca. 8 S. m. Abbildgn.) Lex.-8. Linsenhofen (Württ.), Pfr. Ernst Wetzel. n n. 1. 80

Kolonialpost, deutsche. Red.: E. Wetzel. 2.—5. Jahrg. 1907—1910. à 12 Nrn. (à ca. 8 S. m. Abb.) Lex. 8. Linsenhofen (Württ.). Berlin, W. Süsserott. à Jahrg. 1. 80

Kolonialreform, deutsche, s. Staatsstreich od. Reformen!

Deutsche **Kolonial-Reform.** Verf. von e. Ausland-Deutschen. (2. Aufl.) Zürich: Zürcher & Furrer 1905. (VI S., S. 623–1598, 16 S.) 8° [F.]
— **Staatsstreich** oder Reformen! T. 2, Buch 2. 05. 1581; 10

Deutsche Kolonial-Reform. Verf. von e. Ausland-Deutschen. [Verf.: **Fritz Walz.**] (2. Aufl.) Zürich: Zürcher & Furrer 1905. (VI S., S. 623–1598.) 8° [F.]
— [**Walz**]: Staatsstreich oder Reformen! T. 2, Buch 2. [08. 4438

Kolonialreich, das deutsche. Eine Länderkunde der deutschen Schutzgebiete. Unter Mitarbeit v. Siegfr. Passarge, Leonh. Schultze, Wilh. Sievers u. Geo. Wegener hrsg. v. Hans Meyer. 2 Bde. Lex. 8. Leipzig, Bibliograph. Institut. Geb. in Leinw. à 15. —

1. Ostafrika u. Kamerun. Mit 6 Taf. in Farbendr., 33 Doppeltaf. m. 138 Bildern in Kpferätzg., 20 farb. Kartenbeilagen u. 31 Textkarten, Profilen u. Diagr. (XII, 650; II, II, IV, II u. II S.) 909.
2. Togo, Südwestafrika. Schutzgebiete in der Südsee u. Kiautschougebiet. Mit 6 Taf. in Farbendr., 33 Doppeltaf. m. 139 Bildern in Kupferätzg., 34 farb. Kartenbeilagen u. 71 Textkarten, Profilen u. Diagr. (XIV, 575 S.) 910.

Kolonialsprachen, deutsche. 1. u. 2. Bd. 8. Berlin, D. Reimer. Geb. in Leinw. à 4. —
Meinhof, Carl, die Sprache der Herero in Deutsch-Südwestafrika. (VIII, 114 S.) 909. (Bd. 1.)
— Die Sprache der Suaheli in Deutsch-Ostafrika. (VIII, 109 S.) 910. (Bd. 2.)

Kolonialwarenhandel einst und jetzt. Franz Kathreiner's Nachf., G. m. b. H., Kolonialwaren- u. Landesprodukte en gros, Kaffee- u. Tee-Import, Kaffee-Röstereien, München u. Hamburg. — Berlin: Eckstein [1908]. 16 S. 2° [Kopft.] (Dt. Industrie, dt. Kultur. 6, 16.) 1. 38 A.

Kolonialwaaren-Händler, der. Wochenschrift für den Kolonialwaaren-, Delikatessen-, Droguen- und Farbenhandel rc. 3.—5. Jahrg. 1885—1887. à Jahrg. 52 Nrn. (à Nr. 1/2 Bog.) gr. 4. Hamburg, Jensen und Comp. à Jahrg. 3 —
Nicht weiter erschienen.

Kolonialwaaren-Kleinhandel und **Konsumvereine.** Untersuchungen unter Mitw. d. Handelskammern Brandenburg, Magdeburg, Nordhausen, Hildesheim u. Hildburghausen hrsg. von d. Handelskammer f. d. Herz. Braunschweig. *Leipzig: B. G. Teubner 1901.* (120, 7 S.) 8°
— [**Veröffentlichungen** d. Deutschen Verbandes f. d. kaufmänn. Unterrichtswesen. Bd 17.] [01. 13047

Kolonialwaren-Woche, die, vereinigt m. „Der deutsche Delikatessenmarkt“. Offizielles Organ des Vereins deutscher Kaufleute der Delikatessenbranche E. V. (Sitz Berlin). Red.: A. Lamm. 5. Jahrg. 1909. 52 Nrn. (à ca. 24 S.) 30,5×22,5 cm. Berlin, Bennigson & Ehrlich. 8. —

Kolonialwaaren-Zeitung. Wochenschrift für den Kolonial-, Material- u. Delikatessenwaarenhandel. Red.: H. Krätzer. Jhg. 2—3. 1884—85. — Wochenschrift für den Kolonial- und Material-Handel. Jhg. 4. 1886. — Red.: R. F. Poppe. Jhg. 5. 1887. — Mit dem Beiblatt: »Der Drogen- u. Farbwaarenhändler«. Offizielles Organ der Verbände der Kolonial- und Materialwaarenhändler in Rheinland-Westphalen, Thüringen, Provinz Sachsen ... Red.: C. W. Zimmermann und R. F. Poppe. Jhg. 6—12. 1888—94. Leipzig. Fol. . . . . 0.U.K.

Kolonialwaaren-Zeitung. Wochenschrift für den Kolonial-, Material- und Delikatessenwaaren-Handel. Redact.: Herm. Krätzer. 2. Jahrg. 1884. 52 Nrn. (à Nr. 1—1 1/4 Bog.) gr. 4. Leipzig, Joachim und Jüstel. *
1. Jahrg. erschien u. d. T.: Wochenschrift für den Drogen-, Kolonialwaaren- und Farbenhandel.

Kolonialwaaren-Zeitung. Wochenschrift für den Kolonial-, Material- und Delikatessenwaaren-Handel. 3. Jahrg. 1885. 52 Nrn. (à Nr. 1—1 1/4 Bog.) gr. 4. Leipzig, Joachim und Jüstel. * 10 —

—— Wochenschrift für den Kolonial- und Material-Handel. 4. Jahrg. 1886. 52 Nrn. (à Nr. 1—1 1/4 Bog.) gr. 4. Ebendas. * 10 —

—— Redact.: Rich. F. Poppe. 5. Jahrg. 1887. 52 Nrn. (à Nr. 2—3 Bog.) Fol. Ebendas. * 6 —

—— mit dem Beiblatt: „Der Drogen- und Farbwaarenhändler“. Redact.: C. W. Zimmermann und Rich. F. Poppe. 6. Jahrg. 1888. 52 Nrn. (à Nr. ca. 4 Bog.) Fol. Leipzig, Jüstel und Göttel. * 8 —
Vierteljährlich * 2 50

Kolonialwaaren-Zeitung m. dem Beiblatt: „Der Drogen- u. Farbwarenhändler“. Redact.: C. W. Zimmermann u. Rich. F. Poppe. 7. Jahrg. 1889. 52 Nrn. (à Nr. 2—3 Bog.) Fol. Lpz., Jüstel u. Göttel. * 8 —; vierteljährlich * 2 25
—— dass. — Kaufmänn. Fachblatt f. die Interessen d. ges. Detailhandels. Offiz. Organ d. Zentral-Verbandes deutscher Kaufleute, E. G., der Verbände der Kolonial- u. Materialwaaren-Händler der Prov. Sachsen rc. Redact.: C. W. Zimmermann u. Rich. F. Poppe. 8.—10. Jahrg. 1890—1892. à Jahrg. 104 Nrn. (à Nr. 3 Bog.) Fol. Ebd. à Jahrg. * 9 —

Kolonialwaaren-Zeitung. Mit dem Beiblatt: „Der Drogen- u. Farbwaaren-Händler“. Kaufmännisches Fachblatt f. die Interessen d. gesammten Detailhandels. Offizielles Organ d. Zentral-Vorstandes deutscher Kaufleute (E. G.) rc. Fach- u. Handelsblatt f. den Kolonial-, Material-, Delikatessen-, Drogen- u. Farbwaarenhandel, sowie verwandte Branchen. Red.: C. W. Zimmermann u. Rich. F. Poppe. 9.—12. Jahrg. 1891—1894. à 104 Nrn. (3 Bog.) Fol. Leipzig, Jüstel & Göttel. à Jahrg. n. 9. —

Kolonialwaaren-Zeitung m. d. Beiblatt: „D. Drogen- u. Farbwaaren-Händler". Kaufmänn. Fachblatt f. d. Interessen d. ges. Detailhandel. Offiz. Organ d. Verbandes deutscher Kaufleute 2c. Fach- u. Handelsblatt f. Kolonial-, Material-, Delikatessen-, Drogen- u. Farbwaarenhandel, sow. verw. Branchen. Red.: C. W. Zimmermann u. Rich. F. Poppe. 13.—15. Jahrg. 1895—1897. à 104 Nrn. (à ca. 3 Bog.) Fol. Leipzig, Jüstel & Göttel. à Jahrg. n. 9. —

— dasselbe. Offiz. Organ d. Zentral-Verbandes deutscher Kaufleute 2c. Red.: C. W. Zimmermann u. Rich. Kiepsch. 16. Jahrg. 1898. 104 Nrn. (à ca. 3 Bog.) Fol. Ebd. n. 9. —

Kann auch vierteljährlich bezogen werden.

Kolonialwaaren-Zeitung m. dem Beiblatt: „Der Drogen- u. Farbwaaren-Händler". Kaufmännisches Fachblatt f. die Interessen des gesammten Detailhandels. Offizielles Organ des Zentral-Verbandes deutscher Kaufleute 2c. Fach- u. Handelsblatt f. den Kolonial-, Material-, Delikatessen-, Drogen- u. Farbwaarenhandel, sowie verwandte Branchen. Red.: C. W. Zimmermann u. F. A. Schulze. 17.—20. Jahrg. 1899—1902. à 104 Nrn. gr. Fol. (à ca. 14 S. m. Abbildgn.) Leipzig, Jüstel & Göttel. à Jahrg. n 9. —

Kolonialwaren-Zeitung m. dem Beiblatt: „Der Drogen- u. Farbwaren-Händler". Kaufmännisches Fachblatt f. d. Interessen des gesamten Detailhandels. Offizielles Organ des Zentral-Verbandes deutscher Kaufleute u. Gewerbetreibender usw. Fach- u. Handelsblatt f. den Kolonial-, Material-, Delikatessen-, Drogen- u. Farbwarenhandel, sowie verwandte Branchen. Red.: C. W. Zimmermann u. F. A. Schulze. 21.—24. Jahrg. 1903—1906. à 104 Nrn. (1460, 1526, 1676 u. 1668 S. m. Abbildgn.) gr. Fol. Leipzig, Jüstel & Göttel. à Jhrg. n. 9. —

Kolonialwaren-Zeitung m. dem Beiblatt: „Der Drogen- u. Farbwaren-Händler". Kaufmännisches Fachblatt f. die Interessen des gesamten Detailhandels. Organ f. offizielle Mitteilgn. des deutschen Zentralverbandes f. Handel u. Gewerbe usw. Fach- u. Handelsblatt f. den Kolonial-, Material-, Delikatessen-, Drogen- u. Farbwarenhandel, sowie verwandte Branchen. Red.: Emil Hayeß u. F. A. Schulze. 25.—28. Jahrg. 1907—1910. à 104 Nrn. (à ca. 16 S.) 44×29 cm. Leipzig, Jüstel & Göttel. à Jahrg. 9. —

* **Kolonialwaren- u. Delikatessen-Zeitung.** Organ der Colonialwaren- u. Delikatessen-Händler. Fachblatt der Nahrungs- u. Genußmittel-, Wein-, Spirituosen- u. Drogen-Branche, der Gemüse-, Obst-, Südfrüchte-, Conserven-, Parfümerie-, Seifen- u. Tabak-Industrie. Mit der Beilage: Wein-, Spirituosen- u. Drogen-Zeitung. Red.: Leo Korach. 12. u. 13. Jahrg. 1907 u. 1908. à 52 Nrn. (à ca. 8 S.) 44×29,5 cm. Berlin, Zeitungs-Verlag der Einkäufer. à Jahrg. 5. 20

* Der Titel lautet in Wirklichkeit: Colonialwaren- u. Delikatessen-Zeitung.

Kolonialwerte, deutsche. Zeitschrift f. Finanz-, Industrie- u. Handelssachen in den deutschen Kolonien. Red.: Paul Rost. 2. u. 3. Jahrg. 1909 u. 1910. à 24 Nrn. (120 u. 140 S.) 43,5×29,5 cm. Berlin. (Sulza, E. Rost.) à Jahrg. 4. —

Kolonialwirtschaft, unsere, in ihrer Bedeutung f. Industrie. Handel u. Landwirtschaft. Nach Zusammenstellgn. des kaiserl. statist. Amtes hrsg. vom kolonialwirtschaftl. Komitee. 1909 u. 1910. gr. 8. Berlin (E. S. Mittler & Sohn). 2. —

1909. (88 S.) —50. — 1910. (132 S.) 1.50.

UNSERE KOLONIALWIRTSCHAFT IN IHRER BEDEUTUNG FÜR INDUSTRIE UND ARBEITERSCHAFT.

Nach Zusammenstellungen des Kaiserlichen Statistischen Amtes herausgegeben vom Kolonial-Wirtschaftlichen Komitee 1909. Berlin (1909). Verlag: Kolonial-Wirtschaftliches Komitee. Wirtschaftlicher Ausschuß der Deutschen Kolonialgesellschaft. 8°.

Nach Zusammenstellungen des Kaiserlichen Statistischen Amtes herausgegeben vom Kolonial-Wirtschaftlichen Komitee 1910. ib. (1910.) —

Unsere **Kolonialwirtschaft** in ihrer Bedeutung für Industrie und Arbeiterschaft. Berlin: Tropenpflanzer 1909. S. 45–128. 8°

(Der Tropenpflanzer. Beihefte. Bd 10, Nr 1) [illegible]

Dt. **Kolonialzeitung.** Organ des Dt. Kolonialvereins. (N. F. Jg 5ff. . . . . der Dt. Kolonialges.) Bd 1—4, N. F. Jg 1—39. — Bln.: Dt. Kolonialges. (1884—1887: Frkf. a. M.: Dt. Kolonialverein) 1884—1922. 4°

Forts. s.: Mitteilungen der Dt. Kolonialges.

DEUTSCHE KOLONIALZEITUNG. Organ des Deutschen Kolonialvereins.
Redakteur: RICHARD LESSER.
Bd. 1. Frankfurt a. M. 1884. Eigentum und Verlag des Deutschen Kolonialvereins. 8°.
Bd. 2. Berlin. 1885. Eigentum und Verlag des Deutschen Kolonialvereins.

DEUTSCHE KOLONIALZEITUNG. Organ des Deutschen Kolonialvereins.
Redakteur: RICHARD LESSER.
Bd. 3. Berlin. 1886. Eigentum und Verlag des Deutschen Kolonialvereins. 8°.
Redakteur: GUSTAV MEINECKE.
Bd. 4. ib. 1887. —

DEUTSCHE KOLONIALZEITUNG. Organ des Deutschen Kolonialvereins in Frankfurt a. M. ... Redakteur: RICHARD LESSER.
Jahrg. 1. Heft 1—4. 1884. Frankfurt a. M. Deutscher Kolonialverein. 8°.

Kolonialzeitung, deutsche. Organ des deutschen Kolonialvereins in Frankfurt a. M. Redact.: Rich. Lesser. 2. Jahrg. 1885. 24 Hefte. gr. 8. (à Heft ca. 28 S. mit Illustr.) Frankfurt a. M., Verlag des deutschen Kolonialvereins. * 6 —
—— dass. — Organ des deutschen Kolonialvereins in Berlin. Redact.: Rich. Lesser. 3. Jahrg. 1886. 24 Hefte. gr. 8. (à Heft 32 S. mit Illustr.) Berlin, Expedition. * 8 —
—— dass. — Redact.: Gust. Meinecke. 4. Jahrg. 1887. 24 Nrn. 8. (VI, 762 S.) Berlin, (C. Heymanns Verlag.) * 8 —

DEUTSCHE KOLONIALZEITUNG. Organ der Deutschen Kolonialgesellschaft.
Redakteur: GUSTAV MEINECKE.
(Jahrg. 4—14.) Neue Folge. Jahrg. 1—10. ib. 1888—1897. Verlag der Deutschen Kolonialgesellschaft. 4°.
Jahrg. 15. Neue Folge. Jahrg. 11. ib. 1898. —
Schriftleiter: A. SEIDEL.
Jahrg. 16—23. ib. 1899—1906. —
Verantwortlicher Schriftleiter: HUBERT HENOCH.
Jahrg. 24—26. 1907—1909. —
Verantwortlicher Schriftleiter: HUBERT HENOCH in Berlin.
Jahrg. 27—31. ib. 1910—1914. Eigentum und Verlag der Deutschen Kolonialgesellschaft.

—— dass. — Organ der Deutschen Kolonialgesellschaft. Redact.: Gust. Meinecke. Neue Folge. 1. Jahrg. 1888. 52 Nrn. (Bog.) gr. 4. (Ebendas.) * 8 —

Kolonialzeitung, deutsche. Organ der Deutschen Kolonialgesellschaft. Redact.: Gust. Meinecke. Neue Folge. 2.—5. Jahrg. 1889—1892. 2. u. 3. Jahrg. à 52 Nrn. (Bog.); 4. u. 5. Jahrg. à 12 Nrn. (à Nr. 1½—2 Bog. m. Abbildgn.) gr. 4. Berl., (C. Heymann). à Jahrg. * 8 —

Kolonialzeitung, deutsche. Organ der Deutschen Kolonialgesellschaft. Red.: Gust. Meinecke. Neue Folge. 4.—7. Jahrg. 1891—1894. à 12 Nrn. (à ca. 1½ Bog. m. Abbildgn.) gr. 4. Berlin, (C. Heymanns Verl.) à Jahrg. n. 8. —

Kolonialzeitung, deutsche. Organ d. Deutschen Kolonialgesellschaft. Red.: Gust. Meinecke. Neue Folge. 8.—11. Jahrg. 1895—1898. à 12 Nrn. (Bog.) gr. 4. Berlin (C. Heymann's Verl.) à Jahrg. n. 8.—; einz. Nrn. n. —20

Kolonialzeitung, deutsche. Organ der deutschen Kolonialgesellschaft. Schriftleiter: A. Seidel. 16.—19. Jahrg. Der neuen Folge 12.—15. Jahrg. 1899—1902. à 52 Nrn. gr. 4. (à ca. 8 S.) Berlin (R. Mosse). à Jahrg. n. 8.—

Kolonialzeitung, deutsche. Organ der deutschen Kolonialgesellschaft. Schriftleiter: Hub Henoch. 20.—23. Jahrg. 1903—1906. à 52 Nrn. (1906: 512 S.) 4. Berlin, (R. Mosse). à Jhrg. n. 8.—
Jahrg. 1903 ist v. A. Seidel; 1904 v. W. Mertens red.

Kolonialzeitung, deutsche. Organ der deutschen Kolonialgesellschaft. Schriftleiter: Hub. Henoch. 24.—27. Jahrg. 1907—1910. à 52 Nrn. (à ca. 16 S. m. Abbildgn.) 32×24 cm. Berlin, R. Mosse. à Jahrg. 8.—

Kolonie, s. a. **Colonie**.

Kolonie, die,. Schausp. v. J. F. E. Albrecht. 8. Prag, Neureutter. (Sommer in Lpz.) 792. —

Kolonie Jahrgang 1, 1890 1941?
Semi-weekly, later tri-weekly (in 1937 1939, or longer). Editorials, local, Brazilian and world news. Has weekly supplement Neue Heimat Circulation 3500 Edited by Joseph F. Riedl
Published by Lamberts & Riedl
Santa Cruz

Kolonie Blumenau, die deutsche, s.: **Blumenau**.

Kolonie, die, an der Donau rc. 8. Altona, Hammerich. 799.

Kolonie und Heimat (Jg 1 4: in Wort und Bild). Organ des Frauenbundes der Dt. Kolonialges. Jg 1—12, Nr 40. - Bln.: Kolonie und Heimat (1907 -1910 11 Verl. kolonialpolitischer Zeitschriften) 1907/08—1918/19 4°
Forts. s.: Ausland und Heimat.

Kolonie u. Heimat in Wort u. Bild. Unabhängige koloniale Zeitschrift. Organ des Frauenbundes der deutschen Kolonialgesellschaft. Hrsg.: Eduard Buchmann. Schriftleitung: Rud. Wagner. 1.—3. Jahrg. Oktbr. 1907—Septbr. 1910. à 26 Nrn. (à 416 u. 104 S.) 34×26 cm. Berlin, Verlag kolonialpolit. Zeitschriften. à Jahrg. 2.60; geb. 4.—
Der 1. Jahrg. ist vergriffen.

— — dasselbe. 4. Jahrg. Oktbr. 1910—Septbr. 1911. 52 Nrn. (à ca. 16 S.) 34×26 cm. Ebd. 5.20

Berlin, Die Kolonie der Tagesdebatte und koloniale Vereinigungen. Berlin 1884.

Kolonie-Anzeiger, deutscher. Beilage zu 21 deutschen Ztgn. in Nord- u. Südamerika, Mexiko, Südafrika u. Australien. Red.: W. Dunker. Jahrg. 1884. 12 Nrn. (B.) Fol. Stettin, Herrcke & Lebeling. n. 2.—

Kolonie-Anzeiger, deutscher. Beilage zu 21 deutschen Zeitungen in Nord- und Südamerika, Mexiko, Südafrika und Australien. Redact.: W. Dunker. Jahrg. 1885. 12 Nrn. (Bog.) Fol. Stettin, Herrcke und Lebeling. * 1 —
Nicht weiter erschienen.

Kolonie Kalender 1864 Joinville
Almanac Published by O Doerfel

Kolonie-Kalender 1901
Annual almanac Editor A Hergendorf (editor of Die Kolonie) Publisher Verlag der Kolonie
Santa Cruz

Kolonien [Sachliches OW]

Kolonien, die, in Argentinien (La Plata). Von einem dortigen Ansiedler. gr. 8. (24 S.) Rudolstadt 862. (Leipzig, Wagner.)
Aus: Allgemeine Auswanderungs-Zeitung, besonders abgedruckt.

Die deutschen **Kolonien**. Monatsschrift f. d. sittl. u. sociale Hebung d. Eingeborenen in d. Schutzgebieten. Hrsg. von Gustav Müller, Pastor, Groppendorf. Jg. 1. Gütersloh: C. Bertelsmann (1902). 8° [F.] 07. 10260

Kolonien, die deutschen. Monatsschrift f. die sittl. u. sociale Hebg. der Eingeborenen in den Schutzgebieten. Hrsg. v. Gust. Müller. 2. Jahrg. 1903. 12. Hefte. (à ca. 16 S. m. Abbildgn.) gr. 8. Gütersloh, C. Bertelsmann. n. 3.—

— dasselbe. Hrsg. v. Gust. Müller u. E. Th. Förster. 3. Jahrg. 1904. 12 Hefte. (à ca. 24 S.) gr. 8. Groß-Lichterfelde. Neu-Temmen, E. Th. Förster. n. 4.50

— dasselbe. (Aus fernen Landen.) Monatsschrift d. deutschvolkl. Kolonialvereins. Hrsg. u. Schriftleitung: Wilh. Föllmer, m. Missionsrundschau v. Gust. Müller. 4. u. 5. Jahrg. 1905 u. 1906. à 12 Nrn. (à ca. 32 S.) gr. 8. Berlin, W. Süsserott. à Jhrg. n. 6.—

— die deutschen. Monatsschrift des deutschnationalen Kolonialvereins. Hrsg. u. Schriftleitg.: Wilh. Föllmer, m. Missionsrundschau v. Wilh. Warnecke. 6.—9. Jahrg. 1907—1910. à 12 Nrn. (à ca. 32 S.) gr. 8. Berlin, W. Süsserott. à Jahrg. 6.—

Kolonien, die deutschen. 1. Dove K, Togo und Kamerun. (104 S 16 T 1 K) 1909. — 2 Sudseegebiet und Kiaotschou. (87 S 16 T 1 K) 1911. — 3. Ostafrika (91, 16 S 1 K) 1912. — 4 Sudwestafrika. (96, 16 S 1 K) 1913. (Sammlung Göschen 441. 520. 567. 637) 16° Leipzig 1909-13

Kolonien, die deutschen. Hrsg. v. Kurd Schwabe unter Mitwirkg. v. Fr. Behme, Bethe, Dominik u. a. Herstellung des Werkes unter künstler. Leitg. v. Bernh. Esch. Farbenphotograph. Aufnahmen v. Rob. Lohmeyer, Bruno Marquardt u. Eduard Kiewning. 2 Bde. Berlin (910). Verlagsanstalt f. Farben-Photographie. Geb. à Bd. 100.—; auch in 10 Lfgn. à 20.—
1. Togo, Kamerun, Deutsch-Südwestafrika. Mit 126 Farbenphotogr. nach der Natur u. zwar 20 Tafelbildern u. 106 Bildern im Text. (X, 160 S.) 44×34,5 cm.
2. Deutsch-Ostafrika, Kaiser-Wilhelmsland u. die Inselwelt im Stillen Ozean, Samoa, Kiautschou. Mit 125 Farbenphotogr. nach der Natur u. zwar 20 Tafelbildern u. 105 Bildern im Text. (VII, 164 S.) 44×34,5 cm.

Die deutschen Kolonien der Provinz Rio Grande do Sul. Hrsg. v. d. Zentral-Verein für Handelsgeographie u. Förderung deutscher Interessen im Auslande. Berlin 1881: Selbstverlag. In Kommission bei Robert Friese, Leipzig. 47 S.

Kolonien, die deutschen, der Prov. Rio Grande do Sul [Süd-Brasilien]. Unter Mitwirkung der Zweigvereine für Handelsgeographie etc. in Süd-Brasilien hrsg. von dem Centralverein für Handelsgeographie und Förderung deutscher Interessen im Auslande zu Berlin. gr. 4. (47 S.) Berlin 881, Walther und Apolant. *

Kolonien, die deutschen, in Wort u. Bild. Hrsg. v. Jos. Kürschner. (S. 441—533.) gr. 4. Berlin (904). [H. Hillger.] Leipzig, Bibliogr. Anstalt. A. Schumann. Geb. in Halbleinw. 3.—
Sonderabdruck aus: „Kürschner, deutsches Vaterland".

u. **Kolonialpolitik**, s. a. Staatsbürger-Bibliothek. 6. Heft.

Kolonien und Kolonialpolitik. M. Gladbach. Volksvereins-Verlag 1909. 56 S. 8°
(Staatsbürger-Bibliothek H 6) 09 1109

Die landwirtschaftl. **Kolonien** in Brasilien. -- São Paulo: Dt Zeitung (1909). 48 S mit Abb. 4°
Aus: Dt. Zeitung.

Kolonien, unsere, u. der Dienst in d. Kolonien, s.: **Miniatur-Bibliothek**.

Kolonien [Schlagwort]

— s. a. Afrika. — Erdkarten. Mayer, E., u. J. Luksch. — Hand- u. Reisekarten. 87.

Kolonien. Atlas der deutschen Kolonien u. Schutzgebiete. 16. (7 color. Karten.) Leipzig 889. K. F. Pfau. n. — 20

Kolonien. Baumann, Osc., Karte des nordöstlichen Deutsch-Ostafrika, f. die Deutsch-Ostafrikan. Gesellschaft aufgenommen, construiert u. gezeichnet. 1:300,000. Mit 4 Nebenkarten. 94,5×81 cm. Farbendr. Berlin 893. D. Reimer. Auf Leinw.-Falz. n. 8. —

— Gaebler's, Ed., deutsche Kolonialkarte: Afrika (1 : 16,000,000) u. die deutschen Schutzgebiete in der Südsee. Farbendr. gr. Fol. Leipzig 890. Lang. n. 1. 50

— Gaebler's, Ed., deutsche Kolonialkarte: Afrika (1 : 16,000,000) u. die deutschen Schutzgebiete in der Südsee. 2. Aufl. Mit Berücksicht. der neuen Abgrenzg. Farbendr. 56,4×60,5 cm. Leipzig 891. G. Lang. n. 1. —

— Handkarte der deutschen Schutzgebiete in Ostafrika. 1 : 3,000,000. Fol. Weimar 889. Geograph. Institut. n. 2. —

— Kettler's, J. I., Generalkarte v. Deutsch-Ostafrika u. den Nachbarländern. 1 : 3,000,000. 2. Aufl. der Spezial-Wandkarte v. Deutsch-Ostafrika. (In 6 Lfgn.) 1.—3. Lfg. Farbendr. qu. Fol. (à 2 Bl.) Weimar 890. Geographisches Institut. à n. 1. 50

— — Handkarte der deutschen Schutzgebiete in Ostafrika. 1 : 1,000,000. Chromolith. Imp.-Fol. Ebd. 889. n. 2. —

— — Handkarte v. Deutsch-Ostafrika. 1 : 3,000,000. Farbendr. gr. Fol. Ebd. 890. n. n. 1. —

— Kettler's, J. I, Schul-Wandkarte v. Deutsch-Ostafrika. Gez. v. J. I. Kettler, C. Quensel, P. Hornbogen. 1 : 2,000,000. 2 Blatt. Farbendr. u. kolor. 66,5 × 44,5 cm. Weimar 891. Geograph. Institut. n. 3. — ; auf Leinw. in Mappe n. 7. — ; m. Stäben n. 8. —

— — Schul-Wandkarte der deutschen Schutzgebiete in der Südsee. 1 : 2,000,000. 9 Blatt. Farbendr. qu. Fol Ebd. 890. n. 11. — ; auf Leinw. m. Stäben n. 19. —

— — Schul-Wandkarte der deutschen Schutzgebiete in der Südsee. 1 : 2,000,000. 9 Blatt. Farbendr. 40,5×38 cm. Ebd. 891. n. 11. — ; auf Leinw. m. Stäben 19. —

— — Spezial-Wandk. v. Deutsch-Ostafrika. 1 : 3,000,000. 6 Bl. Chromolith. gr. Fol. Ebd. 889. n. 9. —

— — Uebersichtskarte v. Deutsch-Afrika. Farbendr. gr. qu. Fol. Ebd. 890. n. — 50

— — u. C. Riemer, Übersichtskarte der deutschen Kolonieen. 1 : 8,000,000. 4., neu bearb. Aufl. Chromolith. qu. Fol. Ebd. 888. n. — 50

— Kiepert, Rich., neue Erdkarte zur Uebersicht d. Kolonial-Besitzes, der konsularischen u. diplomatischen Vertretungen u. Postdampferlinien d. Deutschen Reiches. [Aus: „K., deutscher Kolonial-Atlas".] 57,5×77 cm. Farbendr. u. kolor. Mit Namen-Verzeichnis. gr. 8. (4 S.) u. Bemerkgn. dazu. Fol. (1 S.) Berlin 893. D. Reimer. n. 3. — ; auf Leinw. n. 4. 50

— — neue Karte der deutschen Besitzungen im Stillen Ocean, nach den neuesten Forschungen bearb. 1 : 3,000,000. [Aus: „K., deutscher Kolonial-Atlas".] 57,5×77 cm. Farbendr. u. kolor. Mit Namen-Verzeichnis gr. 8. (6 S.) u.: Die Quellen u. die Konstruktion der Karte „Aequatorial-Westafrika". Fol. (7 S.) Ebd. 893. n. 3. — ; auf Leinw. n. 4. 50

— — deutscher Kolonial-Atlas f. den amtlichen Gebrauch in den Schutzgebieten. Nach den neuesten Quellen, m. Verwendg. v. kartograph. u. sonst., bisher noch nicht veröffentlichtem Material der Kolonial-Abteilg. d. Auswärt. Amts u. der Neu-Guinea-Compagnie bearb. Begleitender Text v. Jos. Partsch. Mit Quellen- u. Konstruktions-Notizen, sowie m. e. vollständ. Namen-Verzeichnis zu jeder Karte. Fol. (5 farb. Karten m. Leinw.-Falz in Imp.-Fol. m. 80 S. Text.) Ebd. 893. Geb. in Halbldr. n. 18. —

— Kiepert, R., neue Spezialkarte der deutschen u. britischen Schutzgebiete u. Interessensphären in Aequatorial-Ost-Afrika nach den Vereinbarungen vom Juni 1890. 1 : 3,000,000. Oestliches Blatt, 1. u. 2. Aufl., u. westliches Blatt. Farbendr. gr. Fol. Berlin 890. D. Reimer. à n. 2. —

— Kolonialkarten, deutsche. Nr. 1—8. 1 : 8,000,000. Chromolith. Fol. Weimar 885—888. Geograph. Institut. à n. — 80

1. Angra-Pequena u. Süd-Afrika. Gezeichnet v. H. Müller u. C. Riemer.
2. Guinea u. Kongo-Küsten.
3. Kolonial-Weltkarte zur Uebersicht d. Kolonialbesitzgn. Europas, der noch unabhäng. aussereurop. Gebiete, der Verteilung deutscher Konsulate, sowie der deutschen Dampferlinien mit Reichs-Subvention.
4. Neu-Guinea u. Nachbar-Inseln. Neu-Britannien, Neu-Irland, Neu-Hannover, Salomons-Inseln, Neue Hebriden, Neu-Caledonien.
5. Sulu-Land u. Südost-Afrika.
6. Inner-Afrika u. der Kongo-Staat.
7. Uebersichtskarte des mittleren Ost-Afrika u. der deutschen Erwerbungen.
8. Emin Pascha's Gebiet u. die Länder am obern Nil. 1 : 3.000,000.

— — dasselbe. Nr. 9. Schauplatz der Wissmann'schen Expedition. Red. v. J. I. Kettler. 1 : 1,000,000. Chromolith. qu. Fol. Ebd. 889. n. — 80

— — dasselbe. Nr. 10. Karte der Peters'schen Expedition. Red. v. J. I. Kettler. 1 : 3,000,000. Farbendr. qu. Fol. Ebd. 890. n. — 80

— Langhans, Paul, deutscher Kolonial-Atlas. 30 Karten m. vielen Hundert Nebenkarten. 1.—7. Lfg. qu. gr. Fol. (à 2 farb. Karten.) Gotha 891—894. J. Perthes. à n. 1.60; einzelne Karten n. 1. —

— — das Schutzgebiet der Neu-Guinea-Kompanie in 6 Blättern m. 69 Nebenkarten. 1 : 2,000,000. à 34×42,5 cm. Farbendr. Mit Begleitworten üb. die wirthschaftl. Grundzüge des Schutzgebietes u. Kartenquellen. [Aus: „L., Kolonial-Atlas".] Fol. (4 S.) Ebd. 893. n. 6. —

— Moises, Frz., Karte v. Deutsch-Ost-Afrika. 1 : 6,000,000. Nach dem besten u. neuesten Material bearb. 2. Aufl. Chromolith. Fol. München 889. Moises. — 60

— Müller, H., u. C. Riemer, Spezial-Wand-Karte v. Deutsch-Ost-Afrika. 1 : 3,000,000. 12 Blatt. Chromolithogr. Imp.-4. Weimar 887. Geograph. Institut. 9. —; auf Leinw. in Mappe n. 14. —; mit Stäben n. 15. —

— Schinz, Hans, Karte v. Deutsch-Südwest-Afrika. Entworfen nach den Karten v. Th. Hahn, Juta u. eigenen Forschungsresultaten. 1:2,534,000. Farbendr. 54×54 cm. Oldenburg 891. Schulzesche Hofbuchh. n. 2. —

— Skizze der Kolonie Kamerun zur Übersicht der Abkommen zwischen dem Deutschen Reiche, Grossbritannien u. Frankreich, sowie der deutschen Expeditionen in das Hinterland. 1 : 4,500,000. 35×26 cm. Lith. Berlin 894. D. Reimer. — 50

Kolonien. Special-Karte v. Deutsch-Ost-Afrika. 1:3,000,000. 3. Aufl. 12 Blatt. Farbendr. 28×33,5 cm. Weimar 891. Geograph. Institut. n. 9. —

— Wandkarte v. Deutsch-Ost-Afrika. Hrsg. v. der deutschen Kolonialgesellschaft. 1 : 1,000,000. 6 Blatt. Lith. u. kolor. qu. gr. Fol. Berlin 892. (C. Heymanns Verl.) 10. —

Kolonie Zeitung: Jahrgang 1, no. 1, Jan. 3, 1863–1941?
Probenummer: Dec. 20, 1862. Weekly; semi weekly. Printed in Joinville and edited there. Supplement: „Die Lesehalle." First: Colonie-Zeitung und Anzeiger für Dona Francisca und Blumenau.
Joinville

Kolonie-Zeitung. Hrsgbr.: C. W. Böhm. 13. Jahrg. 1875. 52 Nrn. (Bog.) Fol. Joinville in Brasilien. (Leipzig, Förster.) *

Neue Kolonie Zeitung: Jahrgang 1, Jan ? 1886–? Joinville
Weekly. Founded to expose situation in administration of Colony

Kolonisation, deutsche, in Ostafrika. Aus Briefen u. Tagebüchern d. am 24. Septbr. 1888 zu Kilwa umgekommenen Beamten der Deutsch-Ostafrikan. Gesellschaft, Heinr. Hessel. Mit Portr., Karten v. Deutsch-Ostafrika u. dem Kilimandscharo-Gebiet, 1 Grundriß u. 2 Ansichten. Veröffentl. v. Karl Hessel. gr. 8. (VI, 82 S.) Bonn 889, Weber. * 1 20

(Verhandlungen des K. Landes-Ökonomie-Kollegiums. 1909.)
Die innere Kolonisation mit besonderer Berücksichtigung der Besiedlung der Moore und der Arbeiteransiedlung auf den Königlichen Domänen. Sonderabdruck. Berlin. 1909. 4° [Umschlagt.]

Die Innere Kolonisation in den Provinzen Brandenburg und Pommern. Frankfurt a. O. 1906: Trowitzsch & Sohn. (57 S.) 8° [Ʒ.] 108. 1709 9

Zur inneren Kolonisation in Deutschland. Erfahrungen und Vorschläge herausg. im Auftrage des Ver. f. Social-Politik. Mit 1 lith. Plan. Leipzig 1886. 8.
A. u. d. T.: Schr. d. Ver. f. Soc.-Pol. 32. . . . . (LBK.; D.; BRG.; HC.)

Kolonisation (Zur inneren) in Mecklenburg-Schwerin. Landwirtschaftl. Spar- u. Darlehenskassen und Arbeiteransiedelung in Schleswig-Holstein. 8⁰. Rostock, J. Boldt, 1908.

Innere Kolonisation in Neuvorpommern und Mecklenburg. Rostock: Boldt 1908. S. 377–458. 8°
(Landarbeit u. Kleinbesitz. H. 6.) [09. 2047]

Kolonisations-Gebiete im Süden d. Argentin. Republik. 2 Thle. 8. Buenos Aires (Calle Maipú 322) 898. Exped. d. „Argentin. Wochenblattes". à 2. 50; in 1 Bd. 4. —

1. Die grosse Neuquen-Bahn als Erschliesserin d. Südens d. Argentin. Republik. Nach d. neuesten Daten u. eig. Anschaug. bearb. v. M. Alemann. (Umschlag: D. grosse Neuquen-Bahn u. der Rio Negro.) (IV, 91 S. m. 1 farb. Karte.)
2. Ein Ausflug nach d. Chubut-Territorium. Allerlei über Land u. Leute im Chubut v. Th. Alemann. (80 S. m. 1 farb. Karte.)

Kolonisationsplan für Ungarn, Slavonien, Galizien und Bukowina. Wien: Gerold 1852

Kolonist: Der Kolonist (Be—SG)
① Organ zum Schutze, Beistand und Belehrung schweizerischer Auswanderer ③ Neue Allgemeine Schweizerische Auswanderungszeitung ⑤ 1. 7. 1851—1854 ⑥ 4° ⑦ Wochenblatt ⑧ Bern: B. F. Haller (bis 31. 12. 1853); Lichtensteig: J. M. Wälle (?) (1854) ⑪ G. E. Großniklaus, Lehrer, Schoßhalde, Bern ⑫ politisch neutral ⑭ Be: L.

Der Canadische Kolonist: Jan. 1864–July 1906
Weekly. Reform. Circulation: 1879: more than 1,000; 1882: 1,315; 1892: 1,420. Merged with Berliner Journal. Started at Perth.
Stratford, Ont.

Der russische Kolonist oder Ch. G. Züges Leben in Rußland. Nebst einer Schilderung der Sitten der Russen, vornehmlich i. d. asiatischen Provinz. Hrsg. v. G. H. Heinze. 2 Bde. Zeitz. 1802. Eine 2. Aufl. erschien 1814 unter dem Titel: „Christian Gottlob Züges Leben in Rußland". (Material zur Beurteilung der ersten Kolonistenzüge und Anhaltspunkte zur Herstellung eines vollständigen Bildes der ersten Einrichtungen der Einwanderer in Saratow und den Kolonien)

Kolonist, der russische, oder Chr. G. Züges Leben in Rußland, nebst e. Schilderung d. Sitten u. Gebräuche der Russen, vornehmlich in den asiatischen Provinzen (v. Züge selbst, u. herausg. von G. H. Heinse). 2 Bde. 8. Zeitz 802 u. 3. Webel. 1 ℛ 12 ⁄⁄

Kolonist und Volksblatt: New Hamburg, Ont.
Weekly. Published by Rittinger & Motz.

[Ʒ.] Blitz und Blitzschutzvorrichtungen. Zsgest. v. Jos. Kolonits, Fabriken-Insp. . . . *Köln a. Rh.: H. J. Block 1894.* (83 S., 1 Bl., 1 Taf.) 1 Bds.

Kolonits, Jos., Blitz u. Blitzschutzvorrichtgn. 8. (83 S. m. 1 Taf.) Köln 894. (Essen, G. D. Baedeker.) n. 1. 50

Kolonnenführer, der deutsche. Zentralblatt f. die Interessen der deutschen freiwill. Sanitätskolonnen vom Roten Kreuz. Als offizielles Fachorgan anerkannt durch die II. Führer- u. Aerzteversammlg. deutscher freiwill. Sanitätskolonnen in Coburg. Unter Mitwirkg. v. Bernett, Fischer, Flessa etc. hrsg. u. red. v. Karl Halder. 5. Jahrg. 1901. 24 Nrn. gr. 4. (212 S.) München, Seitz & Schauer. n. 2.40

— dasselbe. Unter Mitwirkg. v. Fischer, Flessa, Gerling jun. etc. hrsg. u. red. von Karl Halder u. H. Cramer. 6. Jahrg. 1902. 24 Nrn. gr. 4. (à ca. 12 S. m. Abbildgn.) München, Seitz & Schauer. n. 2. 40

Kolonnenführer, der deutsche. Zentralblatt für die Interessen der deutschen freiwill. Sanitätskolonnen vom Roten Kreuz. Als offizielles Fachorgan anerkannt durch die II. Führer- u. Aerzteversammlung deutscher freiwill. Sanitätskolonnen in Coburg. Hrsg. u. red. von Herm. Frhr. v. Stromer. u. Herm. Cramer. 7.—10. Jahrg. 1903—1906. à 24 Nrn. (à ca. 8 S.) 4. München, Seitz & Schauer. à Jhrg. n. 2.40

Kolonnenführer, der deutsche. Zentralblatt f. die Interessen der deutschen freiwill. Sanitätskolonnen vom Roten Kreuz. Offizielles Fachorgan. Hrsg. u. red. von Herm. Frhr. v. Stromer u. Herm. Cramer. 12.—14. Jahrg. 1908—1910. à 24 Nrn. (IV, 260; IV, 246 u. IV, 256 S. m. Abb.) 32 × 23 cm. Heidelberg, J. Hörning. à Jahrg. 2. 40

(F) **Kolonus,** So sind sie. Roman aus dem katholischen Klerus. Gr.-8°. (252 S.) K 3.60
Wien: M. Braunschweig 1909.

Kolorier-Album. 3 Sorten. qu. 4. (à 4 schwarze u. 4 farb Taf.) Leipzig 889. Fr. Pfau. cart. à — 30

Kolorier-Bilderbuch. 2 Sorten. (à 6 schwarze u. 4 farb. S.) 8. Wesel (904). W. Düms. à — 20

Kolorierbuch. 8 Sorten. gr. 4. (à 4 farb. u. 4 schwarze Bl.) Stuttgart (902). G. Weise. à — 60

Kolorier-Büchlein. 5 Sorten. qu. 8. (8 zum Thl. color. Steintaf.) Wesel 880. Düms. à n. — 10

Kolorier-Uebungen. 4 Sorten. qu. 12. (à 5 schwarze u. 5 farb. Taf.) Leipzig 889. Fr. Pfau. à — 15

— neue. 16. (4 z. Th. farb. Taf.) Stuttgart 889. G. Weise. n. — 10

Kolorier-Übungen, neue. 8. (12 farb. u. 12 schwarze S.) Stuttgart 898. G. Weise. — 40

Kolorist, der kleine. Kleine Bilderwelt. 12. (6 farb. u. 6 schwarze Taf.) Ebd. 895. — 15

[Ant u. Russ.] A. Kolosoff, Plehwe's und Sergius' Tod. A **Kolosov** Smert' Pleve i velikago knjazja Sergėja Aleksandroviča. Berlin: Stuhr 1905. (32 S.) 8° [05. 15480

Koloß, d. in seiner Grundlage erschütterte, d. Mönchsthums. 8. Ingolst. 784. (Grattenauer in Nürnb.) 10 gr

KOLOSS des Mönchthumes, Der in seiner Grundlage erschütterte; oder vernünftiges **Bedenken** über die Entstehung, Wesenheit u. grundlose Einrichtungen der Ordens- auch Weltgeistlichen im Celibat (sic!) ..... Ingolstadt (Nürnberg, Grattenauer) 1784. 8⁰. Selten!
201 S. u. 5 S. Inh. der „zwölf Bedenken", u. a. „über das Gelübd der freywilligen Keuschheit", S. 161—179. Weller, fing Druckorte.

Kolosser, Wilh., die Syphilis, ihre Erkennung, Verhütung u. Heilung. Nach eigenen Beobachtungen für den Nichtarzt bearb. Neue Ausg. 8. (48 S.) Magdeburg 879. Graefe in Comm. n. 1. —

[Russ.] A. Kolossov. Ego Veličestvo! *Berlin: I. Rede 1902.* (99 S.) 8°
[Auf d. Umschl.] Kolossoff, Serenissimus! [04. 6186

Kolossowski, M., Finanzpolitik, siehe Golowin.

Kolossowski, Paul, Korea u. die ostasiatische Frage gr. 8. (35 S.) Berlin 894. F. Gottheiner. n. 1. —

Kolosvári, Alex., s.: Corpus juris hungarici.

Kolosvary geborne Schatz, Barbara —. Aeußerungen der Gefühle in Hinsicht des traurigen Ereignisses, welches sich mit Sr. Apostol. Majestat Franz Joseph I., Kaiser von Oesterreich, den 18. Februar 1853 zugetragen hat. Zum Andenken gedichtet und verfaßt von — — 8. (16 S.) Skalitz. Gedruckt bei Franz Xaver Skarnitzl's Söhnen. 1854.

KOLOSWÁRY, STEPHAN VON Trauer-Rede, / welche / bey Gelegenheit, / als / die löbliche / Agramer Gespannschaft / und der / Stadtmagistrat / bey einem eigens in der Pfarrkirche zu St Markus den / 16ten Jenner 1781 errichteten Trauergerüste / der geheiligten Seelenruhe / Marien Theresiens / das letzte Opfer darbrachte / Gehalten / von / Stephan von Koloswáry, / der hierländigen Kathedralkirche Domherrn, Doktor und öffentlichen Lehrer der Gottes / gelehrtheit, / wie auch allhiesiger Akademie der theologischen Fakultät Pro dekans. Agram 1781 Bey Johann Thomas Edlen von Trattnern, kaiserl königl Hofbuchdr u. Buchhändl 32 S - 230 mm

Kolowrat, Philipp Graf von. Lied auf die Ankunft des Grossherzogl. Paares. Wien 1770. H: *Denis, Joh. Nep. Cosmas Michael.* (Jes)

Feldmarschallt. Graf Leopold **Kolowrat-Krakowsky.** Meine Erinnerungen aus den Jahren 1848 und 1849. Hrsg. von s. Sohne Leopold Graf Kolowrat-Krakowsky. Th. 1. 2. Wien: Gerold & Co. 1905. 2 Bde 8° [F.]
1 Das Jahr 1848 in Ungarn bis zu meiner Ankunft in Wien im Okt 1848.
2 Ende d Jahres 1848 u d Jahr 1849 in Italien Von d Octobertagen in Wien bis z Einmarsche in Florenz, u Schluß [05. 6633

Kolp, A., der Rechenunterricht auf der Unter- u. Mittelstufe m. besond. Rücksicht auf d. einclassige Volksschule. gr. 8. (IV, 128 S.) Lienz 901. (Bozen, A. Auer & Co.) n. 1. —

Dank der Schwestern. Vorgetragen von Br. **Kölper** gelegentlich der Feier des Johannisfestes in der „Munificentia" zu Karlsbad, am 22. Juni 1884. Karlsbad: Feller 1884. 2 Bl. 8⁰ [Umschlagtit.]
Gedicht: „Euch Maurern, die Ihr heimlich waltet, . . ." 283.

Kolpin [Schlagwort]

Kolpin, s.: Wanderkarten.

Kölpin, **A. G. A., de Placenta praevia in partu. gr. 8. Stettin 791. (Nicolai in Berl.) 8 gr**

Kölpin, Alex. H., († d. 4. März 1814.) Leben u. Charakter d. Justizraths Dr. Alex. Kölpin. 8. Kopenh. 810.

Kölpin, Alex. Bernh., Abhandl. vom innern Bau der weibl. Brüste. m. K. 4. Berl. Lange. 767.

Kölpin, Alex. Bhrd., († 1780.) Abhandl. von d. innern Bau der weibl. Brüste. Mit Kpf. 4. Berl. 767. (Reimer). 6 gr Dass. latein.: Schediasma anatomicum de structura mammarum sexus sequioris nuperrimis etc., c. fig. Ed. II. 764, 65. ibid 8 gr

— s. W. Bailey, kurze Säge.

Alexander Bernhard Koelpin

Praktische Bemerkungen über den Gebrauch der sibirischen Schneerose in Gichtkrankheiten. Von Alexander Bernhard Kölpin. Mit 1 Kupfer. Berlin & Stettin: Nicolai 1779. 115 S. 8°
(= Koelpin: Med[izinisch-praktische] Bemerk[ungen]. H.1.)

Kölpin, Alex. I., († d. 20. Jan. 1801.) medicin.-chirurg. Betrachtt. v. Kopfwunden 2c.; aus d. Latein. 8. Leipz. 779. (W. Vogel). 6 gr

Alexand. Bernh. Kölpin progr. de cultura historiae naturalis in Pomerania. Stettin 1773. f.

— florae gryphicae supplem. 8. Berl. 768. (Cnobloch in Leipz.) 6 gr

— florae gryphicae supplem. 8. ibid. 769.

— — florae Gryphicae Supplementum herbationibus accommodatum. 8. Gryph. 769. Jetzt Cnobloch in Leipz.

— Or. de historia naturali. 8. Gryph. 766. (Cnobloch in Leipz.) 2 gr

— de historia naturali. 8. Gryph. Röhse. 766.

— — oratio auspicialis de historiae naturalis et speciatim botanices praestantia ac dignitate. 4. *ibid. 766. Jetzt Ebend.

Kölpin, Al., De capitis laesionibus meletemata med.-chir. cum adjectis observationibus. 102 pp. Havn. 8°. Deutsch. Lpz. 1797. 12°. *Richter*, Chir. Bibl. IV, 405.

1777

— de capitis laesionibus meletem. medico-chirurg. etc. 8. maj. Hafn. Proft. 777.

— de capitis laesionibus meletem. medico-chirurg. etc 8 maj. Kopenh. 777. (Bonnier; a. Brummer). 6 gr

— s. Lößling, Reise.

— opuscula chirurgica. T. I. 8 maj. Kopenh. 799. (Brummer). 16 gr N. Aufl. c. tabb. aen. 8 maj. ibid. 820. Bonnier. 1 Thlr 4 gr

— Opuscula chirurg. Tom. I. 8. maj. Hafn. Proft. 799.

— — Opuscula chirurgica. Editio nova. Cum Tabula aenea. 8maj. Havniae, Bonnier. 820.

Alexander Bernhard Koelpin

Alexandri Bernhard Kölpin Schediasma anatomicum de Structura mammarum sexus sequioris superrisis observationibus et experimentis superstructa. Recusum et auctum. Berolini: Lange 1765. 30 S. 8°
[Erschien zuerst als Med. Diss. Greifswald 1764.]

Kölpin, Alex. Bhrd., comm. botan. phys. de stylo ejusque differentiis extern. 4. Berl. 765. Lange. 5 gr

Kölpin, Alexander Bernhard: Unterricht für den Landmann über die unter dem Rindvieh grassierende Lungenkrankheit. Stettin 1800. 24 S.

— Unterr. f. d. Landm. üb. die unter dem Rindvieh grassirende Lungenkrankheit. 8. Brandenb. (Hessenland in Magdeburg) 801.

Kölpin A. B.: Unterricht f. den Landmann üb. die unter dem Rindvieh grassirende Lungenkrankheit. 2. Aufl. Stettin 1801. 24 S. P.

Kölpin, E. H. C., s. 1) Burns, Grundsätze. 2) Cholera, die epidemische in Stettin.

Kölpin, E. H. C., Skizze d. Seuchen-Lehre. gr. 8. (3¼ B.) Stettin 838, (Nicolai'sche Buchh.)

Kölpin, E. H. C., Skizze der Seuchen-Lehre. gr. 8. Stettin 838. Nicolai'sche Buchh., jetzt Becker u. Altendorff. n. ⅓ Thlr

Kölpin, Otto *Ernst Albert* [aus Barth]: Ein Fall von Fibroma molluscum multiplex mit Elephantiasis im Bereich des rechten Armes ... Greifswald, Buchdr. C. Sell, 1897; 28 S., 1 Bl. 8.
Greifswald, Med. Fak., Inaug.-Diss. v. 20. Juli 1897

Kölpin, O., die psychischen Störungen nach Kopftraumen, s. a. Sammlung klinischer Vorträge. Nr. 418.

Die psychischen Störungen nach Kopftraumen. Von O[tto] Kölpin, Bonn. Leipzig: Breitkopf & Härtel 1906. (18 S.) 8°
= Sammlung klinischer Vorträge. N. F. No 418.

Kolping, Adolph, Ansprachen, s. Haneberg, Festrede.

Kolping, Adolf, s. Bibliothek, Kleine.

Kolping, Adf., Clara. Peter, der Schmied, s.: Bibliothek, kleine.

—— Erzählungen. gr. 16. (455 S. mit 1 Holzschnt.) Soest 861, Nasse'sche Verlagsbuchh. * 1 Thlr.; geb. * *

Kolping, Adph., Erzählungen. 2 Bde. Soest 862, 63. Nasse. 16. (455; 443 S. u. 2 Holzschntaf.) 1.: n. 1 Thlr; 2.: n. 24 ngr.

Kolping, Adph., Erzählungen. 3 Bde. gr. 16. Soest, Nasse's Verlag. [1. Bd. 2. Aufl. (455 S. mit 1 Holzschntaf.) 867. * 1 Thlr., 2. Bd. (443 S. mit 1 Holzschntaf.) 863. * 24 Ngr., 3. Bd. (384 S.) 868. * 24 Ngr.] *

Kolping, Adph., Erzählungen. 3 Bde. Soest, Nasse's Verlag. gr. 16. [1. Bd. 2. Aufl. (455 S. mit 1 Holzschntaf.) 867. n. 1 Thlr, 2. Bd. 2. Aufl. (443 S. mit 1 Holzschntaf.) 869. n. 24 ngr, 3. Bd. (384 S.) 868. n. 24 ngr. n. 2 Thlr 18 ngr.

Kolping, Adph., Erzählungen. 3 Bde. gr. 16. Soest [Münster], Nasse's Verlag. *M 7,80.; geb. * 10 40
Inhalt:
Bd. 1. 3. Aufl. (455 S. mit 1 Holzschntaf.) 870. *M 3.; geb. *M 4.
„ 2. 2. Aufl. (443 S. mit 1 Holzschntaf.) 869. *M 2,40.; geb. *M 3,20.
„ 3. Bilder aus Rom. 2. Aufl. (384 S.) 870. *M 2,40.; geb. *M 3 20.

Kolping, Adph., Erzählungen. 1. und 2. Bd. gr. 16. Münster, Nasse'sche Verlagsh. [1. Bd. 4. Aufl. (455 S.) 879. *M 3.; 2. Bd. 3. Aufl. (439 S.) 878. *M 2,40.] *
3. (Schluß-)Bd. Ebendas. 1870. *M 2,40.

Kolping, Adph., Erzählungen. 3. und 4. Bd. 12. [Münster, Nasse'sche Verlagsh.] Paderborn und Münster, Schöningh. [3. Bd. 3. verm. Aufl. (521 S.) 881. *M 3.; 4. Bd. (378 S.) 883. *M 2,50.]
1. und 2. Bd. Ebendas. 1878,79. *M 5,40.

Kolping, Adf., Erzählungen. 1. und 2. Bd. 12. Münster, F. Schöningh. [1. Bd. 5. Aufl. (455 S.) 1886. *M 3.—; 2. Bd. 4. Aufl. (431 S.) 1887. *M 2.40.] * 5 40
3. und 4. Bd. Ebendas. 1881,83. *M 5.50.

Kolping, Adf. Erzählungen. 3. Bd. 4. Aufl. 12. (522 S.) Paderb. 889, F. Schöningh. * 3 —

Kolping, Adf., Erzählungen. 5. Bd. 12. (349 S.) Paderborn 894. F. Schöningh. n. 2. 40 (1—5.: n. 13. 30)

— Erzählungen. Billige Volksausg. 1. Bd. 8. (341 S. m. Bildn.) Osnabrück 896. B. Wehberg. n. 1. —; geb. n. 1. 50

Kolping, Adf., Erzählungen. 2. Bd. Billige Volksausg. 8. (336 S.) Osnabrück 896. B. Wehberg. n. 1.—; geb. in Leinw. n. 1.50

[F.] Erzählungen v. Adolf **Kolping**. No 1—(5). *Hamm i. W.: Breer & Thiemann [1897]*. 8.
= **Bibliothek**, Kleine. No 3. 6. 7. [97. 4276

[F.] Erzählungen v. Adolf **Kolping**. D. Kuhhof u. seine Schicksale. E. Lehrstück aus d. Erziehg. *Hamm i. W.: Breer & Thiemann [1897]*. (86 S.) 1 Bd 8.
= **Bibliothek**, Kleine. No 9. [98. 2138

— Erzählungen. 1., 2. u. 4. Bd. 12. Paderborn, F. Schöningh. n. 4. 15
1. 6. Aufl. (455 S. m. Titelbild.) 898. n. 1. 60
2. 5. Aufl. (431 S. m. Titelbild.) 898. n. 1. 25
4. 2. Aufl. (263 S.) 896. n.n. 1. 30

[F.] Erzählungen v. Adolf **Kolping**. Der Geldteufel. E. Besuch beim Onkel. *Hamm i. W.: Breer & Thiemann [1898]*. (97 S.) 1 Bd 8.
= **Bibliothek**, Kleine. No 37. [99. 4873

[F.] Erzählungen v. Adolf **Kolping**. Ludwig. Gebet u. es wird euch gegeben werden. *Hamm i. W.: Breer & Thiemann [1898]*. (80 S.) 1 Bd 8.
= **Bibliothek**, Kleine. No 39. [0. 4875

Erzählungen von Adolf **Kolping**. Wie sich einer zu Grunde richtet. Ein Spielchen. *Hamm i. W.: Breer & Thiemann [1900]*. (95 S.) 8° [F.]
= **Bibliothek**, Kleine. No 49. [00. 11336

[F.] Erzählungen v. Adolf **Kolping**. Kindersinn u. Gottessegen. Nachbars Lenchen. Belohnte Wohlthätigkeit. *Hamm i. W.: Breer & Thiemann [1898]* (96 S.) 1 Bd 8.
= **Bibliothek**, Kleine. No 42. [00. 4877

— Erzählungen. 3. Bd. 5. Aufl. 12. (522 S.) Paderborn (902). F. Schöningh. n. 1.60

— der Doktor Fliederstrauch. Aufsätze üb. Familienleben u. Erziehg. Mit e. Vorwort v. S. G. Schäffer. 2 Bde. 12. (VII, 287 u. 368 S.) Ebend. 883. à n. 2. —

— Geschichten aus dem Volk, s.: Reuter's Bibliothek f. Gabelsberger-Stenographen.

Kolping, Adph., der Gesellen-Verein. Zur Beherzigung für Alle, die es mit dem wahren Volkswohl gut meinen. gr. 8. (40 S.) Cöln 849, Schwann'sche Vrlgsh. *

— Heimat u. Fremde, s.: Reuter's Bibliothek f. Gabelsberger-Stenographen.

— s. Kalender für das katholische Volk.

Kolping, Adph., Kalendergeschichten aus dem J. 1854. 8. (151 S. mit 6 in Holz geschn. Bildern und schönen Sprüchen.) Köln 854, Du Mont-Schauberg'sche Buchh. *

Kolping's, Adph., des Gesellenvaters, Lebensbild, s.: Schäffer, S. G.

— Lebensbilder. Ernste u. heitere Erzählungen. (Ausg. aus Jahrgängen des „Kalenders für das kathol. Volk.") Mit zahlreichen Illustr. Köln 860. Du Mont-Schauberg. 8. (610 S., 18 Stahlst. u. 6 Holzschntaf.) n. 18 ngr.

Kolping, Adf., das Lindenkreuz, s.: Volksschriften, Münchener.

—— ein katholisches Volksbuch für die Großen und für die Kleinen. Sammlung von Erzählungen und Aufsätzen. 1. und 2. Bdchn. 8. Soest, Nasse'sche Buchh. [1. (V und 180 S. mit 1 Holzschn.) 853., 2. (222 S.) 855. à Bdchn. * 10 Ngr.] *

— ausgew. Volkserzählungen. Neue, wohlf. Ausg. 7 Bde. 8. (IV, 211 S. m. Bildn.; III, 204; III, 194; III, 205; III, 219; III, 202 u. III, 205 S.) Regensburg 895. 96. Nationale Verlagsanstalt. à n. 1. —; geb. à n.n. 1. 30

— Walter, der kleine Porzellanhändler, s.: Reuter's Bibliothek f. Gabelsberger-Stenographen.

—— Wanderbüchlein für Mitglieder des kathol. Gesellen-Vereins. Vollständig ergänzte und revid. neue Aufl. 8. Ebendas. 874. * — 40

— wie sich einer zu Grunde richtet. Ein Spielchen, s.: Bibliothek, kleine.

— goldene Worte aus d. Schriften K.'s. Gesammelt u. eingeleitet v. Jos. Lautenbacher. 8. (XV, 44 S.) Paderborn 896. F. Schöningh. n. — 50

Kolping-Banner. Chicago, IL
Roman Catholic monthly. Organ of the Kolping Society of America.

Kolpings-Kalender, neuer, f. das katholische Volk u. den katholischen Gesellen-Verein auf d. J. 1895. Hrsg. im Auftrage des hochwürd. Hrn. Generalpräses Schäffer. 8. (128 S. m. Abbildgn.) Köln, H. Theissing. n. — 50

Kolping's-Kalender, neuer, auf d. J. 1898. 4. Jahrg. Im Auftr. d. hochw. Hrn. S. Schaeffer v. Kurtz. 8. (133 S. m. Abb.) Köln, H. Theissing. n. — 50

Kolpingssohn, der rechte, s.: Dilettanten-Theater.

Kolportage, katholische, s.a. Tages-Fragen, soziale.

Katholische **Kolportage**. Nebst e. Verzeichnis geeigneter Schriften. *M. Gladbach: Volksver. f. d. kath. Deutschl. 1902*. (36 S.) 8° [F.]
= **Tages-Fragen**, Sociale. H. 29. [03. 6333 5

Katholische **Kolportage**. Nebst e. Verzeichnis geeigneter Schriften. 2., vollst. umgearb. Aufl. (Vorr.: Josef Wessel.) M.Gladbach: Zentralstelle d. Volksver. f. d. kath. Deutschland 1907. (79 S.) 8° [F.]
= **Tages-Fragen**, Soziale. II. 29. [07. 11059

Kolportage-Kalender, deutscher, f. 1906. Im Auftrage des Central-Vereins bearb. v. Frdr. Müller. (184 S.) kl. 8. Berlin, Geschäftsstelle des Central-Vereins deutscher Colportage-Buchhändler. Geb. n.n.n. — 60

* **Kolportage-Kalender,** deutscher, f. 1910. Im Auftrage des Central-Vereins bearb. v. Frdr. Müller. (178 S.) kl. 8. Berlin, Geschäftsstelle des Central-Vereins deutscher Buch- u. Zeitschriftenhändler. Geb. nnn — 60

* Der Titel lautet in Wirklichkeit: Colportage-Kalender.

***Kölreuter*, Gli. Fr., († d... Sept. 1801.) s. G. Chr. *Reich*, de febre.**

KÖLREUTER, Josef Gottl.: Vollständige, auf vieljährige Erfahrung gegründete Anleitung sowohl zur Seidenzucht, als auch zum Pflanzen und Beschneiden der Maulbeerbäume. - Karlsruhe 1776. 68 S.

Kölreuter, Jos. Gli., († d. 11. Nov. 1806.) histor.-physikal. Beschreibung der wahren männl. Zeugungstheile u. der eigentlichen Befruchtungsart bei der Schwalbenwurz u. den damit verwandten Pflanzengeschlechtern. gr. 4. Münch. 771. (G. Franz). 2 K

— Descriptio Lerneae forsan adhuc incognitae gadi callar. branchii inhaerentis, c. 1. icon. gr. 4. München 771. (G Franz). 2 K

— das entdeckte Geheimniß der Cryptogamie; e. Preisschrift. 8. Karlsr. 777. Macklot. 8 K Hbg. Pr. 2 K

KOELREUTER, Joseph Gottlieb: Das entdeckte Geheimniß der Cryptogamie, eine der churpfälzischen Akademie der Wissenschaften zugedacht gewesene Preisschrift. - Carlsruhe 1777. 155 S.

Kölreuter, Jos. Gtl., Geheimnisse der Cryptogamie. 8. Carlsruhe, Macklot. 778.

Kölreuter, Jos. Gottl., Historie d. Versuche, welche v. d. Jahre 1691 an bis auf d. Jahr 1752 üb. d. Geschlecht d. Pflanzen angestellt worden sind. gr. 4. München, 1771. (Franz.) — 5

Kölreuter's, Jos. Glieb., vorläufige Nachricht v. einigen das Geschlecht der Pflanzen betreffenden Versuchen u. Beobachtungen, s. a. Ostwald's Klassiker der exakten Wissenschaften.

— vorläufige Nachricht v. einigen d. Geschlecht d. Pflanzen betreff. Versuchen u. Beobachtungen, (nebst 1—3. Fortsetzung). 8. Leipzig, 1761—66. (Brockhaus.) — 20

D Joseph Gottlieb Kolreuter's Vorläufige Nachricht von einigen das Geschlecht der Pflanzen betreffenden Versuchen und Beobachtungen, nebst Fortsetzungen 1, 2 u. 3 (1761 1766) Hrsg. v. W[ilhelm] Pfeffer Leipzig. W Engelmann 1893 (266 S.) 8°
- Klassiker, Ostwald's, d exakten Wissenschaften No 41

— Nachr. v. einigen d. Pflanzen betr. Versuchen. 4 Thle. 8. Lpz. Gleditsch. 761—66.

— Nachr. v. einigen das Geschlecht d. Pflanzen betreff. Versuchen, nebst 1r — 3r Fortsez. 8. Leipz. 761 — 66. (Brockhaus). 16 K

— Nachricht von einer schwarzbraunen Wanze, die sich die Roths Tannenzapfen zu ihrem Winterlager erwählt, u. gegen diese Jahreszeit den Kreuzvögeln (Loxia) zur tägl. Speise dient. gr. 4. München 771. (Franz). 2 K

Kölreuter, W. L. D.

Kölreuter, W. L., Charaktoristik der Mineralquellen in phys. und medicin. Hinsicht überhaupt und in besonderem Bezuge auf Badens warme Heilquellen und seine neuen Heilanstalten. Mit 2 Abbild. in Stein. Leipzig 1818. 12.

— Karakteristik der Mineralquellen in physischer u. medicinischer Hinsicht überhaupt, u. in besonderem Bezuge auf Badens (im Großh. Baden) warme Heilquellen u. seine neuen Heilanstalten. Mit Kpf. 12. Pforzh. 819 (Fr. Fleischer in Leipz.) 20 K

—— Systematischer Grundriss und Classification der Mineralquellen, nach phys., chem. und medicin. Hauptcharakteren. Foliotafeln in Steindr. 1819.

— systemat. Grundriß u. Classifikationen der Mineralquellen, nach physischen, chemischen u. medicin. Hauptcharakteren. 1 Tabelle. Fol. Pforzheim 820. (Fr. Fleischer in Leipz.) 8 K

Kölreuter, W. L., die Mineralquellen im Großherzogth. Baden, deren Heilkräfte u. Heilanstalten, in e. Samml. medicin.-theoret. u. prakt. Abhandlungen rc. 1r — 3r Jahrg. Mit Kpf. und Steindr. gr. 8. Karlsr. 820 — 22. Marr. 2 fl 12 K

Koelreutter, G. A., Reformation und soziale Revolution 8°. Berlin 1880.

Kols, die, in Tschutia-Nagpur, s. a. Missions-Traktate, kleine.

Kols, die, im Tschota-Nagpur. 1.—3. Aufl. 16. (24 S.) Basel 864.68,78, Missionsbuchh. *

Kölsch, A. R., die Bedrückung der Evangelischen in der Pfalz unter der Herrschaft katholischer Kurfürsten in den J. 1685—1803, s. Für die Feste und Freunde des Gustav-Adolf-Vereins.

Durch Heide und Moor. Von Dr. Adolf Koelsch. Mit 4 Taf. u. zahlr. Abb. Stuttgart: Kosmos (1910). 104 S. 8°

Koelsch, Adi., das Leben der Pflanze, s.: Francé, R. H.

Mit Vögeln u. Fischen auf Reisen, s.: Jugend- u. Volksbibliothek. deutsche.

Biologische Spaziergänge durch die Kleintier u. Pflanzenwelt, s.: Jugend u. Volksbibliothek, deutsche.

— Von Pflanzen zwischen Dorf u. Trift. Ein Buch f. Schönheitssucher. Mit 2 Taf. u. zahlr. Abbildgn. nach Orig.-Zeichngn. u. Naturaufnahmen v. H. Dopfer, Max Felmy, B. Haldy u. a. 3.—5. Aufl. (96 S.) 8. Stuttgart (910). Franckh. 1.—; geb. 1.80

Koelsch, Adolf: Von Pflanzen zwischen Dorf und Trift. 19. Aufl. Stuttgart 1910

[F.] Kölsch, Eugen: Der kirchengeschichtliche Unterricht im Gymnasium ... Büdingen, A. Heller'sche Hofbuchdr., 1892; 3—29 S. 4.
Büdingen, grossh. G, OP 1892 (623)

Koelsch, Franz Xaver, approb. Arzt aus Eichstätt: Klinische Beiträge zur Lehre von der Aktinomykose des Menschen. *Erlangen 1900: E. Th. Jacob.* (51 S.) 8°
Erlangen, Med. Diss. v. 23. Juni 1900

Koelsch, Hermann: Beiträge zur Kenntnis des Indiums. Zweibrücken 1909: Reiselt. 46 S. 8°
Münster, Phil. Diss. v. 1. Okt. 1909, Ref. Salkowski
[Geb. 8. Jan. 81 Zweibrücken; Wohnort: Münster i. W.; Staatsangeh.: Preußen; Vorbildung: Gymn. Zweibrücken Reife Juli 01; Studium: München 1, Kiel 1, Berlin 3, Münster 8 S.; Rig. 31. Juli 09.] [U 10. 3785

Kölsch, Karl: Untersuchungen über die Zerfließungserscheinungen der ciliaten Infusorien (nebst Bemerkungen über Protoplasmastructur, Protoplasmabewegungen und Vitalfärbungen). *Jena: G. Fischer 1902.* (145 S.) 8° ¶(Aus: Zool. Jahrbücher, Abth. f. Anat. u. Ontog. d. Thiere, Bd 16, H. 2.)
Heidelberg, Naturw.-math. Diss. v. 1902

KÖLSCH, Robert (Rodalben): Die Gesundheitsverhältnisse der Garnison Eichstätt.- München: Däntler 1876. 22 S.
15.7.1876 - Urk (Titel: De statu valetudinis militum Eichstadii castra obtinentium.); Chr 1876/77,9
Diss. Ingolst.-Landsh.-Mchn.

Kolschmid, J., Drei kleine Abhandlungen. 1. Zur Verteidigung des alten Dualismus von Körper und Geist. 2. Über die unbefleckte Empfängnis Mariä. 3. Über das Verhältnis der göttlichen Allwissenheit zur menschlichen Freithätigkeit. Landshut, Krüll, 1855, gr. 8°, 113 S., 1,20 Mk.
Recens. Kathol. Littblätter zur Sion 1856, S. 111.

Kolschmid, J., die Selbstbeschränkung Gottes hinsichtlich seiner Allwissenheit gegenüber der menschlichen Freithätigkeit vertheidiget gegen die Angriffe des Hrn. Lic. Schwane. gr. 8. (VIII und 92 S.) Landshut 857, Krüll'sche Universitäts-Buchh.

Koelschtzky, Franz [pract. Arzt in Niederaula]: Ein Beitrag zur Lehre von den Aneurysmen der Aorta thoracica .... Marburg, Univ.-Buchdr. (R. Friedrich), 1886; 20 S. 8°.
Marburg, Med. Fak., Inaug.-Diss. v. 11. Mai 1886.

Koelschtzky, Franz, ein Beitrag zur Lehre von den Aneurysmen der Aorta thoracica. Diss. Marburg 1886, N. G. Elwertsche Univ.-Buchh. 8°. 20 S.

Kolsen, Adf., s.: G u i r a u t v. B o r n e l h, des Trobadors, beide Kreuzlieder.

Kolsen. Adf., s.: G i r a u t d e B o r n e l h, sämtl. Lieder.

Kolsen, Adf., Guiraut v. Bornelh, der Meister der Trobadors, s. a. B e i t r ä g e, Berliner, zur germanischen u. romanischen Philologie.

Kolsen, Adolf *Ernst Robert* [aus Schwerin a/W.]: Guiraut vom Bornelh, der Meister der Trobadors. Tl 1 ... [Erschien vollst. als No 1 von: Berliner Beitr. z. german. u. roman. Philol., Roman. Abt.] Berlin, C. Vogts Buchdr., *1894*; 63 S., 2 Bl. 8.
Berlin, Phil. Fak., Inaug.-Diss. v. 2. Mai 1894

Kolsen, Herm., das Publikum u. der Rechtsanwalt. 8. (VIII, 81 S.) Berlin 893. P. Moedebeck. n. 1. —

Kolsen, H., s. Rechtsanwalts-Zeitung, deutsche.

Kolshorn, d. französ. Train im Frieden u. im Kriege. Mit 16 Text-Illustr. u. 4 Taf. als Anlage. Auf Veranlassg. d. königl. Train-Inspektion. (83 S.) 8. Berlin 908. Vossische Buchh. 3. —

Kolshorn, Dan., deutsches C o r p u s juris typicum, durch ideas und casus pract. 8. Frkf. Strauß. 728.

— — De declaratione sententiae dubiae. Diss. jur. Präs. Johann Joach. Schoepffer. Rostock (Joh. Weppling) Nov. 1705. 36 S. (6.50) 19128

Kolshorn, Daniel (Crosn./Schles.), De jure poenitendi ad heredes transeunte. Diss. jur. Präs. Johann Joach. Schoepffer. Rostock (Joh. Weppling) 4. VI. 1705. 24 S. (6.—) 19127

— P r o b i e r s t e i n d. Wortes Gottes in der wahren Religion, in einem Gespräche zwisch. einem schlauen Jesuiten u. einem evang. Doctori juris. 4. Frkf. Strauß. 747.

— Schrift- u. Vernunfterklärung wider die zwey Fragen: Ob ein Gott sey? und ob die Bibel Gottes Wort sey? 4. Frkf. Braun. 743.

— Schrift- u. Vernunfterklärung über d. tiefe Geheimniß der Schrift des Wortes Gottes von der E r l ö s u n g. 4. Ebend. 745.

— illustr. synopsis S c h o e p f e r i a n a. 8. Frcof. 716.

Kolshorn, Erich, aus Posen: Zur Kenntnis der Aminoketone. *Berlin 1904: A. W. Schade.* (43 S.) 8°
Berlin, Phil. Diss. v. 9. Jan. 1904

Kolski, Wolff: Der Bau des Leberläppchens unter dem Einfluss des nervus splanchnicus. Berlin 1908: G. Reimer. 13 S. 8° (Aus: Virchows Archiv f. pathol. Anat. u. Physiol. Bd 193.)
Heidelberg, Med. Diss. v. 1908, Ref. Ernst
[Geb. 24 Dez. 81 Lodz; Wohnort: Lodz; Staatsangeh: Rußland; Vorbildung: Gymn. Lodz Reife Juni 02; Studium: Warschau 4, Breslau 2, Berlin 2, Breslau 1, Heidelberg 1 S.; Rig. 11 Febr. 08.] [U 09. 1062

Kolsky, Albert *Viktor* [app. Arzt]: '(Aus d. Univ.-Kinderklinik zu Breslau.)' Über den Einfluss der Ernährung auf die Ammoniakausscheidung im Harn bei Säuglingen ... Breslau, Druck d. Bresl. Gen.-Buchdr., 1897; 33 S. 8.
Leipzig, Med. Fak., Inaug.-Diss. v. 16. Apr. 1897

Kolszewski, Konrad, Referendar: Der Begriff des wesentlichen Irrtums bei Rechtsgeschäften nach der gemeinrechtlichen Lehre und nach dem Bürgerlichen Gesetzbuch. Rostock 1904: C. Hinstorff. (118 S.) 8°
Rostock, Jur. Fak., Ref. Bernhöft, Diss. v. 30. Aug. 1904
[Geb. 9. Juni 81 Gleiwitz O/S.; Wohnort: Reinerz i/Schlesien; Staatsangeh.: Preußen; Vorbildung: Gymn. Wongrowitz Reife O. 00; Studium: München 1, Berlin 2, Breslau 3 S.; Rig. 25. Jan. 04.]

K o l s t e r, Vorlagen zum Ornamenten-Zeichnen. In Umrissen und schattirt. 5 Hefte. Fol. (à Heft 6 Stnt.) Karlsruhe 878, Veith. à Heft *M* 1,50.

Kolster, Heinr., die Schule des photographischen Händlers. Handbuch f. Händler photograph. Bedarfsartikel. (VIII u. S. 3—339.) gr. 8. Dresden 905. Steinkopff & Springer. Geb. in Leinw. n. 6. —

Kolster, Heinr., der photogr. Unterricht. Eine Sammlg. v. Unterrichts-Vortr. f. photograph. Händler. (184 S.) gr. 8. Dresden 907. Th. Steinkopff. Geb. in Leinw. 4. —

Kolster, Heinrich Wilhelm, s. K o l s t e r, Wilhelm Heinrich

Über das Rückenmark einiger Teleostier v. Dr Rud. **Kolster,** Doc. ... M. 10 Taf. *Berlin: A. Hirschwald 1898.* (3 Bl., 88 S., 10 Taf.) 1 Bd 4.
— **Kolster,** R.: Studien üb. d. centrale Nervensystem. Th. 1. [98. 9587

Kolster, Rud., Studien üb. d. centrale N e r v e n s y s t e m. I. Über das Rückenmark ein. Teleostier. gr. 4. (V, 88 S. m. 10 Taf.) Berlin 898. A. Hirschwald. n. 10. —

Studien über das centrale Nervensystem. Von Dr Rud. **Kolster,** Doc. (Aus d. path. Inst. zu Helsingfors.) 1. *(Helsingforsiae: Soc. litt. fennica 1899.)* 4°
— **Acta** Societatis scientiarum Fennicae. T. 24, No 4. [99. 9147

Kolster, Wilhelm Heinrich: A k t e n s t ü c k e zur Geschichte der Schule von Meldorf v. Wilhelm Heinrich Kolster. Meldorf 1875. 4°

Kolster, W. H. Alexander der Große, s. a. S a m m l u n g gemeinverständlicher wissenschaftlicher Vorträge.

Kolster WH, Alexander der Grosse. (Sammlung gemeinverständlicher wissenschaftlicher Vorträge NF 99) Hamburg 1890

K o l s t e r, W. H., Alexander d. Gr. 1890. 89 S.

Bruchstücke aus der Geschichte des Klosters zu Meldorf v. Wilhelm Heinrich **Kolster.** Meldorf. 1859. 4°. Gymn.-Progr.

Kolster, Wilhelm Heinrich: Über die B u r g e n und Döffte des alten Ditmarschens v. Wilhelm Heinrich Kolster. Meldorf 1852. 4°. Gymn.-Progr.

Kolster, Wilhelm Heinrich: Von den D ö f f t e n und Hammen des alten Ditmarschens v. Wilhelm Heinrich Kolster. Meldorf 1853. 4°. Gymn.-Progr.

Kolster, Heinrich Wilhelm: E i n l a d u n g zur Vorfeier des Geburtstages des Kaisers und Königs, verbunden mit der Entlassung der Abiturienten ... durch Heinrich Wilhelm Kolster. 1875. ebd. 1875. 4°

Kolster, Wilhelm Heinrich: Die E i n w e i h u n g des neuen Schulgebäudes am Schillerfeste, den 10. November 1859. (Von Wilhelm Heinrich Kolster.) Meldorf 1860. 4°

K o l s t e r, W. H., Vergil's Eklogen in ihrer strophischen Gliederung nachgewiesen, mit Kommentar. gr. 8. (XIII, 226 S.) Leipzig 882, Teubner.

Ueber die Episteln des Horaz, welche ersichtlich Antwortschreiben sind (v. Wilhelm Heinrich **Kolster**) Meldorf. 1867. 4°. Gymn.-Progr.

Erklärung der 9. Epode des Horaz v. Wilhelm Heinrich **Kolster**. Meldorf. 1861. 4°. Gymn.-Progr

Kolster, Wilh. Heinr., Erklärung der neunten Epode des Horaz. gr. 4. (25 S.) Meldorf 861. (Hamburg, Perthes-Besser und Mauke.) **

Kolster, W. H., Geschichte Dithmarschens. Nach F. C. Dahlmann's Vorlesungen im Winter 1826 hrsg., am Schluß ergänzt und mit Excursen begleitet. gr. 8. (XVI, 307 S.) Leipzig 873, Mauke. * 6 —

Carminum Antigones ad supplicium abducendae interpretatio. (Von) Wilhelm Heinrich **Kolster**. Itzehoe. 1859. 4°. Meldorf. Gymn.-Progr.

— Die Composition des Oedipus auf Kolonos. Pr. 1865. 19 S. 4°

Kolster, Wilh. Heinr., die Composition des Oedipus auf Kolonos. 4. (19 S.) Meldorf 865. (Berlin, Calvary und Comp.) *

—— das sogenannte innere Object nach seinem Begriff und Arten, wie sie sich bei den Tragikern besonders bei Sophokles darstellen. gr. 4. (16 S.) Itzehoe 858. (Hamburg, Perthes-Besser und Mauke.) *

Über das innere Object im Sprachgebrauch des Sophokles von Wilhelm Heinrich **Kolster**. Itzehoe. 1858. 4°. Meldorf. Gymn.-Progr.

— Diss., qua orationem qvartam in Catilinam non esse a Cicerone abjudicandam demonstratur. Itzehoæ. 1839. 4. P. (Skoleprogr. fra Meldorf).

Kolster, Guil. H., de Parabasi, veteris comoediae atticae parte antiquissima. 8maj. (4 B.) Altonae 829, [Auc.]

Ueber die Partikeln μὴ οὐ (v. Wilhelm Heinrich **Kolster**). Meldorf 1866. 4°. Gymn.-Progr.

—— über die Partikeln μὴ οὐ. 4. (18 S.) Meldorf 866. (Berlin, Calvary und Comp.) *

Kolster, W. H., Ueber den Philoctet des Sophocles. Pr. 1844. 16 S. 4°. 1.50

Kolster, über den Philoktet des Sophokles. Nebst ein. Jahresbericht der Gelehrtenschule zu Meldorf 1844. Ostern. Itzehoe. (Altona, Schlüter.)

— Ueber das Praeteritum Indicativi mit ἄν. Pr. 1864. 19 S. 4°.

Ueber das Praeteritum Indicativi mit ἄν. (Von Wilhelm Heinrich **Kolster.**) Meldorf. 1864. 4°. Gymn.-Progr.

Kolster, Wilhelm Heinrich: P r o g r a m m des Gymnasiums zu Meldorf, mit welchem zu der ... Feier des Geburtstages Sr. Maj. d. Kaisers, sowie zu den öffentlichen Prüfungen einladet Wilhelm Heinrich Kolster. 1873 u. 1874. Meldorf. 1873 u. 74.

— De adornata Oedipodis Colonei scena. Pr. 1846. 11 S. 4°.

— Sophocleane interdum ad sui temporis res gestas nos ableget quaeritur. Pr. 1855. 17 S. 4°. 1.—

Sophocleane interdum ad sui temporis res gestas nos ableget, quaeritur. (Scripsit) Wilhelm Heinrich **Kolster**. Itzehoe 1855 4°. Meldorfer Gymn.-Progr.

—— Sophokleische Studien. Eine Zahl von Aufsätzen. br. 8. (XV und 300 S.) Hamburg 859, Perthes-Besser und Mauke. *

Kolster, W. H., Uebungsstücke über die ersten Grundbegriffe der Grammatik, zum Gebrauche der untersten Classe eines Gymnasiums. gr. 8. (59 S.) Meldorf 852. (Altona, Schlüter.) *

— Uebungsstücke über die ersten Grundbegriffe der Grammatik, zum Gebrauche der untersten Classe eines Gymnasiums. 2. verm. u. verb. Aufl. Hamburg 858. Perthes-Besser u. Mauke. gr. 8. (2 Bl., 95 S.) n. 8 ngr.

Kolster, W.H.: De Medeae versibus sedecim primis. 7 S. – Meldorf, Progr. 1870.

—— de Medeae versibus sedecim primis. 4. (9 S.) Meldorf 870. (Berlin, Calvary und Comp.) * 1 20

Zu der . . . öffentlichen Prüfung (später: Zu den öffentlichen Prüfungen) aller Klassen (der Meldorfer Gelehrtenschule) ladet ein das Lehrercollegium. 1850 Meldorf. 1850
—— ladet ein Wilhelm Heinrich **Kolster**. 1852. 53 u 60. Meldorf. 1852, 53 u. 60.
—— 1868. Kiel. 1868.

Kolt D, Schwäbisch Gmünd. Musterbuch von Silberwaren. Heft 1 u 2 qufol Gmünd

Koltan, J[acob]. Für die akademische Freiheit! Sonderabdruck des Nachwortes aus den Naturphilosophischen Strömungen: E[rnst] Haeckels monistische Weltansicht. 20 S. 8. Zürich, E. Speidel, 1905. M. —. 30 (fr. —. 30 in der Schweiz)

Koltan, J., Ideale u. Probleme d. Weltanschauung. A. Naturphilosoph. Studienreihe. 1. Folge. E. Haeckels monist. Weltansicht. 2. [Titel-]Ausg. v.: Naturphilos. Strömgn. der Gegenwart. 1. Folge. (VIII, 88 S.) gr. 8. Basel [905] 909. (Berlin, Verl. d. deutschen Monistenbundes.) — 75

Koltan, J., Ideale u. Probleme d. Weltanschauung. A Naturphilosoph. Studienreihe. 2. Folge. J. Reinkes dualist. Weltansicht (Neovitalismus). (VIII, 166 S.) gr. 8. Frankfurt a/M. 908. Neuer Frankfurter Verlag. 2. 50

Koltan, J[acob]. Naturphilosophische Strömungen der Gegenwart in kritischen Darstellungen. Folge 1: E[rnst] Haeckels monistische Weltansicht. IV + 88 S. 8. Zürich, E. Speidel, 1905. (M. 1. 50)

J. Reinkes dualistische Weltansicht (Neovitalismus). Von J. **Koltan.** Frankfurt a. M.: Neuer Frankfurter Verl. [Berlin: Deutscher Monistenbund] 1908. VIII, 106 S. 8°
(Koltan: Ideale u. Probleme d. Weltanschauung A. Naturphilos. Studienreihe. Folge 2) [10. 10153

E. Haeckels monistische Weltansicht. Von J. **Koltan.** 2. Ausg. Basel: Selbstverl. [Berlin: Deutscher Monistenbund] 1909. VI, 88 S. 8°
(Koltan: Ideale u Probleme d. Weltanschauung. A. Naturphilos. Studienreihe. Folge 1.) [10. 10152

Kolter: B e i t r a g zur Lehre v. Parallelism. Rheydt,- Schul-/Univ.-Schrift von 1863

Kolter, P. C., Leitfaden für den ersten Unterricht in der Zoologie. Für Real- u. höhere Bürgerschulen bearb. 2 Thle. M.-Gladbach 865. Spaarmann. 8. Jeder Theil 7½ ngr.
1. Thl. Propädeutischer Theil. (VII, 103 S.)
2. Thl. Systematischer Theil. (VII, 114 S.)

Kolter, Petrvs Carolvs ⟨geb. am 9 Dez. 1835 in Zülpich⟩: De nexv, qvi est inter magnetismvm specificvm et conditionem chemicam qvarvndam cvpri & ferri compositionvm ... Bonnae, form. H. B. Koenig 1860. 4 Bl., 40 S. 8.
Bonn, Phil. Fak., Diss. v. 9 Juni 1860

Koltermann, M., bienenwirtsch. Buchführung, s.: Bibliothek d. Pratt. Imkers". 2.

Die Selbsteinrichtung einer Bienenwirtschaft oder genaue Anweisungen z. Selbstherstellung e. Bienenschauers, d. Bienenwohnungen ⟨Kästen⟩ u. d. unentbehrlichsten Wirtschaftsinventars, nach eigenen Erfahrungen dargest. u. durch Ill. erl. von M. **Koltermann,** Förster. Neudamm: J. Neumann 1907. (VII, 92 S.) 8° [F.] [07. 7395

Koltermann, S[tanislaus]: Goethe und Napoleon. Eine kritische Studie. Schneidemühl 1905: Gust. Eichstädt. (S. 3—70.) 4°
Schneidemühl, k. G nebst R i. E. OP 1905 (200)

Koltermann, S[tanislaus]: Goethe und Napoleon. Eine kritische Studie. S. 3—70. 4.
Progr. Kgl. Gymn. nebst Realschule (i. E.) *Schneidemühl* 1905 (200).
Teil I. Charakter und Grundlagen des Goetheschen Napoleonskultus und die Schrift von Andreas Fischer.

Kolthoff, Ernst Wilhelm

Kolthoff, E. G., Apocalypsis Joanni Apostolo vindicata 8. Kopenhagen 834. Reitzel. ¾ ₰

Kolthoff, Ernst Wilh., Vita Jesu Christi, a Paulo apostolo adumbrata. Commentatio. 8. (55 S.) Hafniae 852. (Lipsiae, T. O. Weigel.) *

Koltitz, August Gottlob Fr.

— Abhandl., sind die Gelehrten privilegirte Müßiggänger? 4. Zeitz 758.

Koltitz, Aug. Glo. Fr., († d. 8. Juni 1799.) Versuche in der Beredtsamkeit u. Wohlredenheit. 8. Chemnitz 750. Stößel. 6 K

— das Wachsthum gelehrter Sprachbemühungen in Ländern und Staaten fördert zugleich dieser ihre Blüthe; erwiesen. gr. 8. Wittenb. 779.

Kołtoński, Alexander, a. Grabow in Russ.-Polen: Über den Einfluß der elektrischen Ströme auf die Kohlensäureassimilation der Wasserpflanzen. Mit 4 graph. Darst. u. 4 Zeichn. im Text. Dresden 1907: C. Heinrich. (75 S.) 8°
Greifswald, Phil. Fak., Ref. Schütt, Diss. v. 11. Jan. 1908
[Geb. 10. Juni (21. Mai) 82 Grabow; Wohnort: Kalisch; Staatsangeh.: Rußland; Vorbildung: Oberrealsch. Kalisch Reife 00; Studium: Berlin Techn. Hochsch. 9, Univ. 2, Jena 2, Greifswald 1 S.; Rig. 16. Juli 07.]

Der Donau-Theiss-Kanal zwischen Budapest, Szegedin und Csongrád von Ladislaus **Koltor,** Ing. in Budapest. *Budapest 1899: V. Hornyánszky.* (12 S.) 8°
= Deutsch-Oesterr.-Ung. Verband f. Binnenschiffahrt. **Verbands-Schriften.** No 59. [01. 8582

Koeltsch, Henr (Car Frid) (geb Breslau 7 11 1812) De febri scarlatina Berolini (1853) (39 S.) 8°
Berlin, Med Diss. v 8 Okt. 1853

Koltscharsch, Friedrich, aus Wiener Neustadt: **Beiträge zur Kenntnis des Formylphenylessigesters.** *Würzburg 1901: C. J. Becker.* (56 S.) 8°
Würzburg, Phil. Diss. v. 1901

Költschen [Schlagwort]

Költschen, s.: Geologische Karten. Karte (Preussen).

Koltz, J. P., Manuel des fondations de bourses d'étude instituées en faveur des Luxembourgeois. gr. 8. (XVIII und 551 S.) Luxemburg 858, (Bück.) *

Koltz, Jean-Pierre: Neue theoretisch-praktische französische Sprachlehre für deutsche Schulen. Erste Abtheilung. Theorie. 1. Original-Ausgabe. Arlon 1838. IV,141,1 S. 8°

— Dass. Zweite Abtheilung. Praktik. 1. Original-Ausgabe. Arlon 1838. 143,1 S. 8°

Koltz, Jean-Pierre, u. Henri-Joseph Sivering: Table alphabétique des villes, bourgs, villages, hameaux, châteaux, fermes, moulins et maisons isolées du Grand-Duché de Luxembourg. Avec indication de leur population, du nombre de leurs feux et des divisions auxquelles ils appartiennent sous le rapport de l'administration, de la milice, de la justice, de l'enregistrement, des contributions directes, des postes, des forêts et du culte, publiée avec l'autorisation du Conseil de Gouvernement. – Alphabetische Tabelle der Städte, Flecken, Dörfer, Weiler, Schlösser, Höfe, Mühlen und isolirten Häuser des Grossherzogthums Luxemburg, mit Angabe ihrer Bevölkerung, der Anzahl ihrer Feuerherde, und der Abtheilungen zu welchen sie hinsichtlich der Verwaltung, der Miliz, der Justiz, des Enregistrements, der directen Steuern, der Posten, der Waldungen und des Cultus gehören, mit Ermächtigung des K.-G. Regierungs-Collegiums zum Druck befördert.
Luxemburg: J. Lamort o. J. VII, 93 S. 4°

— Dass. Ebd. 1847. VII, 93 S. 4°

Koltz, Jean Pierre Joseph: Album des poissons des cours d'eaux du Grand-Duché de Luxembourg à l'usage des préposés à la police de la pêche. – Abbildungen der Fische der Wasserläufe des Grossherzogthums Luxemburg zum Gebrauche der Fischerei-Polizei-Beamten. Luxemburg: Jos. Beffort [1892]. 26 S. 4°

Koltz, J. P. J., Catalogue des plantes vasculaires de la flore du Grand-Duché de Luxembourg. gr. 8. (66 S.) Luxemburg 874, (Schamburger.) 1 20

—— Dendrologie luxembourgeoise. **Catalogue des arbres, arbrisseaux et arbustes spontanés, subspontanés ou introduits dans les cultures du Grand-Duché de Luxembourg.** gr. 8. (217 S.) Ebendas. 874. * 4 —
Aus: Publications de la section des sciences naturelles de l'Institut R. G.-D., besonders abgedruckt.

Koltz, J. P. J., Guide du botaniste dans ses recherches des plantes rares ou peu répandues du Grand-Duché de Luxembourg. gr. 8. (47 S.) Luxemburg 877, (Schamburger.) *
Aus: Recueil des mémoires et des travaux de la société botanique du Grand-Duché de Luxembourg, besonders abgedruckt.

Koltz, J.-P.-J., prodrome de la flore du grand-duché de Luxembourg. 2. partie. 1. vol. Plantes vasculaires. Muscinées. gr. 8. (VII, 373 S.) Luxemburg 883. Schamburger. n. 8. —

Koltz, J.-P.-J., Prodrome de la flore du Grand-Duché de Luxembourg. 2. partie. 2. vol. Lichenées. gr. 8. (261 S.) Luxemburg 897. L. Schamburger. n. 7. — (1 u. 2.: n. 15. —)

Koltz, Jean Pierre Joseph: Taschenbuch oder Tabellen zur richtigen Bestimmung des Cubik-Inhaltes der runden, viereckigen und andern Hölzer nach aller ihrer Verschiedenheit und Anwendung nebst Tabellen zur Verwandlung der spanischen Korden in Metermas und einem Anhange zur Berechnung des Gewichtes des Rindviehes mit dem Messbande. Zunächst für Holzhändler, Landwirthe, Waldbesitzer, Holzarbeiter, Förster ... – Tarifs de poche ou Tables pour calculer les bois en grume, les bois carrés, de fente ..., suivies de tables de conversion des cordes d'Espagne en stère métrique, et d'un appendice pour la determination du poids des animaux de la boucherie (bœufs, vaches) à l'aide du cordon métrique. A l'usage des marchands de bois, cultivateurs, propriétaires de bois, charpentiers, charrons, menuisiers, forestiers ...
Luxemburg: V. Bück 1861. 71,1 S. 8⁰

– Dass. Deuxième édition. Luxemburg: Louis Schamburger 1879. 87,1 S. 8⁰

– Dass. Troisième édition. Ebd. 1888. 87,1 S. 8⁰

Koeltz, Bruno, Referendar aus Berlin: **Wie haftet der vertragsmässige Uebernehmer eines Vermögens den Gläubigern des Veräusserers?** *Berlin 1901: C. Koepsel.* (76 S.) 8°
Erlangen, Jur. Diss. v. 11. Apr. 1901

Koltze, Carl, s. K o l t z e , Karl

Koltze, Gottlieb, approp. [!] Arzt aus Ratzeburg: **Aus d. chirurg. Abth. d. Central-Diakonissen-Hauses Bethanien zu Berlin. Über die vollständige Exstirpation der Zunge und des Mundbodens.** *Leipzig 1900: J. B. Hirschfeld.* (28 S.) 8°
Kiel, Med. Diss. v. [5. Aug.] 1900

Koltze, Karl

Koltze, Carl [aus Göttingen]: Wird im schiedsrichterlichen Verfahren nach dem 10. Buche der Civilprozessordnung der erhobene Anspruch im Sinne der §§ 235 und 239 Civilprozessordnung rechtshängig? . . . Göttingen, Druck v. L. Hofer, 1890; 1 Bl., IV, 23 S. 8°
Göttingen, Jur. Fak., Inaug.-Diss. v. [24. Dez.] 1890

Koltze, Carl, wird im schiedsrichterlichen Verfahren nach dem 10. Buche der Civilprozessordnung der erhobene Anspruch im Sinne der §§ 235 u. 239 Civilprozessordnung rechtshängig? Diss. gr. 8. (IV, 23 S.) Göttingen 890. (Vandenhoeck & Ruprecht.) n. — 60

Koltze, W., Verzeichniss der in der Umgegend von Hamburg gefundenen Käfer. gr. 8. (194 S.) Hamburg 901. (L. Friedrichsen & Co.) n. 5.50
Sonderabdruck aus: „Verhandlgn. d. Ver. f. naturwiss. Unterhaltg. in Hamburg."

Кольцовъ, Стихотворенія. Съ статьею о его жизни и сочиненіяхъ, писанною В. Бѣлинскимъ. (Koltzow, Gedichte.) 16. (223 S.) Leipzig 863, Gerhard.

Költzow, A., s. Ansichten üb. d. Schädtlerschen Vorschlag.

Költzsch, A., Aufgaben zum Kopfrechnen, s.: Hentschel, E.

Költzsch, A. Aufgaben z. Kranken-, Unfall-, Alters- u. Invaliditäts-Versicherung, f. d. Rechenunterricht in d. Volksschule entworfen. Ausg. f. d. Hand d. Schülers. 8. (16 S.) Lpz. 892, Merseburger. * — 10
—— dass. — Ausg. f. d. Hand d. Lehrers. (Mit Ergebnissen u. Berechnungen.) gr. 8. (24 S.) Ebd. 892. * — 20

— Aufgaben zur Kranken-, Unfall-, Alters- u. Invaliditäts-Versicherung, f. den Rechenunterricht in der Volksschule entworfen. 3. Aufl. Ausg. f. die Hand d. Schülers 8. (16 S.) Leipzig 894. C. Merseburger. n. — 10

— Aufgaben z. Kranken-, Unfall-, Alters- u. Invaliditäts-Versicherg. f. d. Rechenunterr. in d. Volksschule. 6. Aufl. Ausg. f. d. Hand des Schülers. 8. (16 S.) Leipzig 898. C. Merseburger. n. — 10

Költzsch, A., Aufgaben z. Kranken-, Unfall-, Alters- u. Invaliditäts-Versicherg. f. d. Rechenunterr. in d. Volksschule. Ausg. f. d. Hand d. Lehrers. (Mit Ergebnissen u. Berechngn.) 3. Aufl. gr. 8. (24 S.) Ebd. 898. n. — 20

— dasselbe. Ausg. f. die Hand des Lehrers. (Mit Ergebnissen u. Berechngn.) 7. Aufl., ergänzt nach den Gesetzen v. 1899, 1900 u. 1903. (22 S.) 8. Ebd. 906. n. — 20

— dasselbe. Ausg. f. die Hand des Lehrers. (Mit Ergebnissen u. Berechngn.) 6. Aufl., ergänzt nach dem Gesetze vom 13. VII. 1899. gr. 8. (22 S.) Ebd. 901. n. — 20

Költzsch, A., Aufgaben zur Kranken-, Unfall-, Alters- u. Invaliden-Versicherung f. den Rechenunterricht in der Volksschule. 10. Aufl., ergänzt nach den Gesetzen von 1899 u. 1900. Ausg. f. die Hand des Schülers. 8. (16 S.) Leipzig 902. C. Merseburger. n. — 10

— Aufgaben zur Kranken-, Unfall-, Alters- u. Invaliditäts-Versicherung f. den Rechenunterricht in der Volksschule. 12. Aufl., ergänzt nach den Gesetzen v. 1899, 1900 u. 1903. Ausg. f. die Hand des Schülers. (16 S.) 8. Leipzig 906. C. Merseburger. n. — 10

Költzsch, A., Aufgaben zur Kranken-, Unfall-, Alters- u. Invaliditäts-Versicherung f. den Rechenunterricht in der Volksschule. 13. Aufl., ergänzt nach d. Gesetzen v. 1899, 1900 u. 1903. Ausg. f. die Hand d. Schülers. (15 S.) kl. 8. Leipzig 909. C. Merseburger. — 10

— dasselbe. Ausg. f. die Hand d. Lehrers. (Mit Ergebn. u. Berechngn.) 8. Aufl., ergänzt nach d. Gesetzen v. 1899, 1900 u. 1903. (22 S.) 8. Ebd. 909. — 20

Költzsch, A., Aufgaben zum Zifferrechnen, s.: Hentschel, E.

— Grundzüge der Raumlehre. Ein Lern- u. Übungsbuch, zum Gebrauche in Volksschulen, Präparanden-Anstalten u. Fortbildungsschulen bearb. 1. u. 2. Hft. 8. Leipzig, Merseburger. à n. — 60; geb. n. — 70
1. Mit 84 in d. Text gedr. Fig. u. mehr als 400 verschiedenen Übungsaufgaben. (VI, 69 S.) 888.
2. Mit 60 in d. Text gedr. Fig. u. mehr als 250 verschiedenen Übungsaufgaben. (VI, 58 S.) 889.

— Grundzüge der Raumlehre. Ein Lern- u. Übungsbuch, z. Gebrauche in Volksschulen, Fortbildungsschulen, Präparanden-Anst. u. Mittelschulen. 1. Hft. M. 84 Textfig. u. mehr als 400 verschied. Übungsaufgaben. 2. Aufl. 8. (VI, 69 S.) Ebd. 896. n. — 60; kart. n. — 70

— Grundzüge der Raumlehre. Ein Lern- u. Uebungsbuch zum Gebrauche in Volksschulen, Fortbildungsschulen, Präparanden-Anstalten u. Mittelschulen. 1. u. 2. Hft. 8. Leipzig, C. Merseburger. à n. — 60; geb. n. — 80
1. Mit 84 Textfig. u. etwa 500 Übungsaufgaben. 3. verb. Aufl. (78 S.) 903.
2. Mit 80 Textfig. u. mehr als 300 verschiedenen Übungsaufgaben. 2. Aufl. (VI, 74 S.) 901

— Grundzüge d. Raumlehre. Ein Lern- u. Übungsbuch zum Gebrauche in Volks-, Fortbildungs- u. Mittelschulen. 1. Heft. Mit 84 Textfig. u. etwa 500 Übungsaufgaben. 4. Aufl. (78 S.) kl. 8. Leipzig 908. C. Merseburger. — 60; geb. — 80

— Handbuch des Rechnens f. Präparanden. Nach Erlaß des Lehrplanes f. Präparanden-Anstalten v. 1. VII. 1901 verf. gr. 8. (IV, 218 S.) Ebd. 902. n. 2. —

— Handbuch des Rechnens f. Präparanden. Nach Erlaß des Lehrplanes f. Präparandenanstalten vom 1. VII. 1901 verf. 2. Aufl. (IV, 218 S.) gr. 8. Leipzig 903. C. Merseburger. n. 2. —; geb. n. 2. 50

— Handbuch des Rechnens f. Präparanden. Nach Erlaß d. Lehrplanes f. Präparanden-Anstalten v. 1. VII. 1901 verf. 3. Aufl. (IV, 204 S.) gr. 8. Ebd. 907. 2. —; geb. n 2. 50

— Lehrbuch des Rechenunterrichts, s.: Hentschel, E.

—— s. Lehrbuch des Rechenunterrichts in Volksschulen.

— die Methodik des Raumlehre-Unterrichtes in der Volksschule. (88 S.) gr. 8. Ebd. 904. n. — 80

— Raumlehre f. Präparanden. Nach dem „Lehrplan f. die Präparandenanstalten“ des königl. preuß. Ministers der geistl., Unterrichts- u. Medizinal-Angelegenheiten (Erlaß vom 1. VII. 1901) bearb. Mit 154 Textfig. u. etwa 800 Uebungsaufgaben. (128 S.) gr. 8. Ebd. 904. Kart. n. 1. 20

— Raumlehre f. Präparanden. Nach dem „Lehrplan f. d. Präparandenanstalten“ d. königl. preuß. Ministers d. geistl., Unterrichts- u. Medizinal-Angelegenheiten (Erlaß v. 1. VII. 1901) bearb. Mit 154 Textfig. u. etwa 800 Übungsaufgaben. 2. Aufl. (128 S.) 8. Leipzig 910. C. Merseburger. Kart. 1. 20

— 100 Rechenaufgaben, s.: Hentschel, Ernst.

— Rechenbuch f. Mädchenschulen. Ausg. A f. höhere u. mittlere Schulen. Ausg. B f. Volksschulen. Für Kopf- u. Tafelrechnen bearb. Ausg. A, 1. u. 2. Heft. Ebd. — 40
1. Der Zahlenraum v. 1 bis 10 u. 1 bis 20. (40 S.) 908. — 20
2. Der Zahlenraum v. 1 bis 100. (40 S.) 909. — 20

— Rechenbuch f. Präparanden in 3 Heften. Nach Erlaß des Lehrplanes f. Präparanden-Anstalten vom 1. VII. 1901 verf. gr. 8. Ebd. 904. à n. — 80
1. Für die 3. Präparandenklasse. (112 S.)
2. Für die 2. Präparandenklasse. (83 S.)
3. Für die 1. Präparandenklasse. (80 S.)

— Rechenbuch f. Präparanden in 3 Heften. Nach Erlaß d. Lehrplanes f. Präparanden-Anstalten v. 1. VI. 1901 verf. I. Heft: Für d. 3. Präparandenklasse. 2. Aufl. (112 S.) 8. Ebd. 911. — 80; geb. — 95

— Rechenbuch f. Volks- u. Mittelschulen in 8 Hftn. Für Kopf- u. Tafelrechnen bearb. 8 Hfte. gr. 8. Leipzig 898. C. Merseburger. n. 2. 02
1. D. Zahlenraum v. 1 bis 10 u. 1 bis 20. 2. Aufl. (32 S.) n. — 16
2. D. Zahlenraum v. 1 bis 100. 3. Aufl. (32 S.) n. — 16
3. Zahlenraum v. 1 bis 1000. 3. Aufl. (40 S.) n. — 20
4. D. unbegrenzte Zahlenraum. 3. Aufl. (40 S.) n. — 20
5. D. mehrf. benannten Zahlen. 3. Aufl. (48 S.) n. — 20
6. D. Rechnen m. gemeinen u. Dezimalbrüchen. 3. Aufl. (64 S.) n. — 30
7. D. bürgerliche Rechnen: Aufgaben aus den Wissensfächern; Wurzelausziehen. 3. Aufl. (64 S.) n. — 30
8. D. Buchstabenrechng. u. Algebra f. d. Mittelschule. (64 S.) n. — 50

— dasselbe. Ergebnisse u. method. Bemerkgn. dazu. 3.—8. Hft. gr. 8. Ebd. à n. — 40
3. 4. (52 S.) 897. — 5. 6. 7. (32, 44 u. 40 S.) 897. 8. (48 S.) 898.

— Rechenbuch f. Volks- u. Mittelschulen in 8 Hftn. Für Kopf- u. Tafelrechnen bearb. I.—VII. Hft. u. Hft. VIIIa u. b. gr. 8. Leipzig, C. Merseburger. n. 2. 56
I. Der Zahlenraum von 1 bis 10 u. 1 bis 20. 8. Aufl. (32 S.) 903. n. — 16
II. Der Zahlenraum von 1 bis 100. 9. Aufl. (32 S.) 903. n. — 16
III. Der Zahlenraum von 1 bis 1000. 9. Aufl. (40 S.) 903. n. — 20
IV. Der unbegrenzte Zahlenraum. 9. Aufl. (40 S.) 903. n. — 20
V. Die mehrfach benannten Zahlen. 9. Aufl. (48 S.) 902. n. — 24
VI. Das Rechnen m. gemeinen u. Dezimalbrüchen. 8. Aufl. (64 S.) 902. n. — 30
VII. Das bürgerliche Rechnen; Aufgaben aus den Wissensfächern; Wurzelausziehen. 8. Aufl. (64 S.) 902. n. — 30
VIII a. Bürgerliches Rechnen u. Aufgaben aus anderen Gebieten des prakt. Lebens. 2. Aufl. (64 S.) 902. n. — 50
b. Die Buchstabenrechnung u. Algebra f. die Mittelschule. Wiederholgn. u. Ergänzgn. 3. Aufl. (64 S.) 902. n. — 50

— dasselbe. Hft. VIIIa. Ergebnisse u. method. Bemerkgn. gr. 8. (36 S.) Ebd. n. — 40

— dasselbe. Ergebnisse u. method. Bemerkgn. 4. Heft. gr. 8. Ebd. 903. n. — 40
Der unbegrenzte Zahlenraum in reinen u. mehrfach benannten Zahlen. Weitere Vorbereitg. der Bruchrechng. (40 S.)

— dasselbe. Ausg. f. die Gemeindeschulen in Stettin. 2. bis 7. Heft. 8. Ebd. 905. n. 1. 60; kart. n. 2. 32
2. (6. Klasse.) Der Zahlenraum von 1—100. (24 S.) n. — 16; kart. n. — 28.
3. (5. Klasse.) Der Zahlenraum von 1—1000. (48 S.) n. — 24; kart. n. — 36
4. (4. Klasse.) Der unbegrenzte Zahlenraum; mehrsortige Zahlen. (60 S.) n. — 30; kart. n. — 42
5. (3. Klasse.) Mehrfach benannte Zahlen; Beginn der Bruchrechng. (64 S.) n. — 30; kart. n. — 42
6. (2. Klasse.) Die Bruchrechnungen. (64 S.) n. — 30; kart. — 42
7. (1. Klasse). Das bürgerliche Rechnen; Aufgaben aus den Wissensfächern; Wurzelausziehen. (64 S.) — 30; kart. — 42

— Rechenbuch f. Volks- u. Mittelschulen. Ausg. A in 8 Heften, Ausg. B in 6 Heften. Für Kopf- u. Tafelrechnen bearb. Ausg. A u. B 1.—3. Heft. 8. Ebd. n. — 52
1. Der Zahlenraum von 1—10 u. 1—20. 11. Aufl. (32 S.) 906. n. — 16
2. Der Zahlenraum von 1—100. 12. Aufl. (32 S.) 906. n. — 16
3. Der Zahlenraum von 1—1000. 12. Aufl. (40 S.) 906. n. — 20

— dasselbe. Ausg. A. 4. u. 5. Heft. 8. Ebd. n. — 44
4. Der unbegrenzte Zahlenraum. 12. Aufl. (40 S.) 906. n. — 20
5. Die mehrfach benannten Zahlen. 12. Aufl. (48 S.) 906. n. — 24

Költzsch, A., Rechenbuch für Volks- u. Mittelschulen. Ausg. A 6. u. 7., Ausg. B 5. u. 6. Heft. 8. Leipzig, C. Merseburger. à n. — 30; Einbde. à n. — 12
6. (5.) Das Rechnen m. gemeinen u. Dezimalbrüchen. 12. Aufl. (64 S.) 906. n. — 30
7. (6.) Das bürgerliche Rechnen; Aufgaben aus den Wissensfächern; Wurzelausziehen. 11. Aufl. (64 S.) 906. n. — 30

— dasselbe. (Ausg. A) Heft 8a u. b. 8. Ebd. à n. — 50; Einbde. à n. — 12
8a. Bürgerliches Rechnen u. Aufgaben aus anderen Gebieten des praktischen Lebens. 5. Aufl. (64 S.) 906. n. — 50
8b. Die Buchstabenrechnung u. Algebra f. die Mittelschule. Wiederholungen u. Ergänzgn. 5. Aufl. (64 S.) 906. n. — 50

— dasselbe. Ausg. B. 4. Heft. 8. Ebd. n. — 24
Der unbegrenzte Zahlenraum in reinen u. mehrfach benannten Zahlen. 5. Aufl. (48 S.)

— Rechenbuch f. Volks- u. Mittelschulen. Ausg A in 8 Heften, Ausg. B in 6 Heften. Für Kopf- u. Tafelrechnen bearb. Ausg. A u. B. 1.—3. Heft. 8. Ebd. — 65
1. Der Zahlenraum v. 1—10 u. 1—20. 15. Aufl. (40 S.) 910. — 20
2. Der Zahlenraum v. 1—100. 17. Aufl. (40 S.) 911. — 20
3. Der Zahlenraum v. 1—1000. 16. Aufl. (48 S. m. Abb.) 910. — 25

— dasselbe. Ausg. A. 4. u. 5. Heft. 8. Ebd. — 50
4. Der unbegrenzte Zahlenraum. 16. Aufl. (48 S. m. Abb.) 910. — 25
5. Die mehrfach benannten Zahlen. 16. Aufl. (48 S.) 910. — 25

— dasselbe. Ausg. A 6. u. 7., Ausg. B 5. u. 6. Heft. 8. Ebd. — 60; geb. n — 84
6. (5.) Das Rechnen m. gemeinen u. Dezimalbrüchen. 16. Aufl. (68 S.) 910. — 30; geb. n — 42
7. (6.) Das bürgerl. Rechnen; Aufgaben aus den Wissensfächern; Wurzelausziehen. 15. Aufl. (68 S.) 910. — 30; geb. n — 42

— dasselbe. (Ausg. A.) Heft 8a u. b. 8. Ebd. 1. —; geb. n 1. 24
8a. Bürgerl. Rechnen u. Aufgaben aus anderen Gebieten d. prakt. Lebens. 8. Aufl. (64 S.) 910. — 50; geb. n — 62
8b. Die Buchstabenrechnung u. Algebra f. d. Mittelschule. Wiederholungen u. Ergänzgn. 8. Aufl. (64 S.) 910. — 50; geb. n — 62

— dasselbe. Ergebnisse u. method. Bemerkungen. Ausg. A. Heft 5 u. 7. = Ausg. B. Heft 6. 8. Ebd. — 80
A. Heft 5. Neue Aufl. (32 S.) 909. — 40
A. Heft 7 = B. Heft 6. 3. Aufl. (40 S.) 909. — 40

— dasselbe. Ausg. B in 6 Heften. IV. Heft. Der unbegrenzte Zahlenraum in reinen u. mehrfach benannten Zahlen. 9. Aufl. (48 S.) 8. Ebd. 910. — 25

— dasselbe. Ergebnisse u. method. Bemerkgn. 3.—6. Heft. Neu-Aufl. (32, 32, 44 u. 44 S.) 8. Ebd. 909. — 40

— dasselbe. Ausg. f. d. Gemeindeschulen in Stettin. Für Kopf- u. Tafelrechnen bearb. 2.—7. Heft. 8. Ebd. 1. 64
2. (6. Klasse.) Der Zahlenraum v. 1. bis 100. 4. Aufl. (32 S.) 911. — 20; geb. n 32. —
3. (5. Klasse.) Der Zahlenraum v. 1 bis 1000. 3. Aufl. (48 S.) 909. — 24; geb. n — 36
4. (4. Klasse.) Der unbegrenzte Zahlenraum; mehrsortige Zahlen. 4. durchges. Aufl. nach dem Ministerial-Erlaß v. 31. I. 1908. (68 S. m. Abb.) 910. — 30; geb. — 42
5. (3. Klasse.) Mehrf. benannte Zahlen; Beginn d. Bruchrechnung. 4. durchges. Aufl. nach d. Ministerial-Erlaß v. 31. I. 1908. (64 S. m. Abb.) 910. — 30; geb. — 42
6. (2. Klasse.) Die Bruchrechnungen. 3. durchgeseh. Aufl. nach d. Ministerial-Erlaß v. 31. I. 1908. (64 S.) 910. — 30; geb. n — 42
7. (1. Klasse.) Das bürgerl. Rechnen; Aufgaben aus den Wissensfächern; Wurzelausziehen. 3. durchgeseh. Aufl. nach dem Ministerial-Erlaß v. 31. I. 1908. (64 S.) 910. — 30; geb. n 42

—— Rechenfibel, s. Hentschel, E.

Költzsch, A., Rechnen, s. a. Vorbereitungen und Entwürfe aus dem gesamten Unterrichtsgebiete der deutschen Volksschule.

[K.] Rechnen v. A. Költzsch, Seminarl. zu Weissenfels. 2. verb. Aufl. *Breslau: F. Hirt 1897.* (94 S.) 1 Bd 8.
— Vorbereitungen u. Entwürfe aus d. ges. Unterrichtsgebiete d. deutschen Volksschule. H. 2. [98. 5564

Költzsch, A., die wichtigsten Veränderungen in der Praxis des Volksschulrechnens während der letzten zehn Jahre. Vortrag, zur Konferenz der Volksschullehrer am Seminar zu Weißenfels am 17. Aug. 1882 gehalten. gr. 8. (26 S.) Weißenfels 882, Lehmstedt's Buchh. *

— d. Verteilg. d. Rechenstoffes in d. einklass. Volksschule, s.: Sammlung pädagog. Vorträge.

Die Verteilung des Rechenstoffes in der einklassigen Volksschule. Vortrag ... v. A. Költzsch, Seminarl. zu Weissenfels. *Bonn, Berlin, Leipzig: F. Soennecken [1897].* (14 S.) 8.
— Sammlung pädagogischer Vorträge. Bd X. H. 8. [97. 7801

— das deutsche Volksschulrechnen nach seiner geschichtlichen Entwickelung von der frühesten Vorzeit bis zur Gegenwart in Einzel- u. Gruppenbildern. (Jubiläumsschrift zur Feier des 100jähr. Bestehens des königl. Schullehrer-Seminars in Weißenfels am 5. Mai 1894.) gr. 8. (VII, 56 S. m. 6 Fig.) Leipzig 894. E. Merseburger. — 75

— das deutsche Volksschulrechnen. Eine Methodik des Rechenunterrichts nach Theorie, Geschichte u. Praxis. 3. Tl. des „Lehrbuches f. den Rechenunterricht" v. E. Hentschel u. A. Költzsch. 2. erweit. Aufl. (96 S. m. Fig.) gr. 8. Leipzig 904. E. Merseburger. n. — 80

— Das deutsche Volksschulrechnen. Eine Methodik des Rechenunterrichts nach Theorie, Geschichte u. Praxis. Einleitung z. Lehrb. d. Rechenunterrichts v. E. Hentschel u. A. Költzsch. 4. Aufl. (104 S. m. Fig.) gr. 8. Leipzig 910. E. Merseburger. — 80

—— das dreistufige Zifferrechnen für einfache Schulverhältnisse. Zur Ergänzung der E. Hentschel'schen Rechenbücher hrsg. 3 Hefte. 8. Leipzig 883, Merseburger. *
Inhalt:
Heft 1. Unterstufe. (32 S.) * 16 Pf.
„ 2. Mittelstufe. (48 S.) * 20 Pf.
„ 3. Oberstufe. (48 S.) * 20 Pf.

—— das dreistufige Zifferrechnen für einfache Schulverhältnisse. Zur Ergänzung der E. Hentschel'schen Rechenbücher hrsg. 3 Hefte. 8. Leipzig 885—88, Merseburger. * — 56
Inhalt:
Heft 1. Unterstufe. 3.—6. Aufl. (33 S.) * 16 Pf.
„ 2. Mittelstufe. 3.—6. Aufl. (48 S.) * 20 Pf.
„ 3. Oberstufe. 2.—5. Aufl. (48 S.) * 20 Pf.

— das dreistufige Zifferrechnen f. einfache Schulverhältnisse. Zur Ergänzg. der E. Hentschel'schen Rechenbücher hrsg. 3 Hfte. 8. Leipzig 890. Merseburger. n. — 56
1. Für die Unterstufe. 9. u. 10. Aufl. (33 S.) n. — 16
2. Für die Mittelstufe. 9. u. 10. Aufl. (48 S.) n. — 20
3. Für die Oberstufe. 7. Aufl. (48 S.) n. — 20

— dasselbe. Antwortheft m. Bemerkgn. u. Hinweisgn. f. die unterrichtl. Behandlg. 1. u. 2., durchgeseh. Aufl. 8. (100 S.) Ebd. 890. n. — 80

—— Das dreistuf. Zifferrechnen f. einfache Schulverhältnisse. Zur Ergänzg. d. E. Hentschel'schen Rechenbücher hrsg. 3 Hefte. 8. Ebd. 893. * — 56
1. Heft. Unterstufe. 16. Aufl. (33 S.) * — 16; 2. Heft. Mittelstufe. (48 S.) * — 20; 3. Heft. Oberstufe. 11. Aufl. (48 S.) * — 20.

— das dreistufige Zifferrechnen f. einfache Schulverhältnisse. Zur Ergänzg. der E. Hentschel'schen Rechenbücher hrsg. 3 Hfte. 8. Ebd. 894. n. — 56; Einbde. à n. — 10
1. Unterstufe. 19. Aufl. (33 S.) n. — 16. — 2. Mittelstufe. 19. Aufl. (48 S.) n. — 20. — 3. Oberstufe. 13. Aufl. (50 S.) n. — 20.

— dasselbe. Antworthft. m. Bemerkgn u. Hinweisgn. f. die unterrichtl. Behandlg. 3., durchgeseh. Aufl. 8. (102 S.) Ebd. 895. n. — 80

— das dreistuf. Zifferrechnen f. einfache Schulverhältnisse. Ausg. C d. E. Hentschel'schen Rechenbücher. 3 Hfte. 8. Leipzig 898. E. Merseburger. n. — 56; Einbde. à n. — 10
1. Unterstufe. 29. (Ster.-) Aufl. (33 S.) n. — 16
2. Mittelstufe. 29. (Ster.-) Aufl. (48 S.) n. — 20
3. Oberstufe. 19. (Ster.-) Aufl. (50 S.) n. — 20

— das dreistufige Zifferrechnen f. einfache Schulverhältnisse. Ausg. C der E. Hentschel'schen Rechenbücher. 3 Hfte. 8. Leipzig 902. E. Merseburger. n. — 56
1. Unterstufe. 39. Ster.-Aufl. (33 S.) n. — 16
2. Mittelstufe. 39. Ster.-Aufl. (48 S.) n. — 20
3. Oberstufe. 25. Ster.-Aufl. (52 S.) n. — 20

— das dreistufige Zifferrechnen f. einfache Schulverhältnisse. Ausg. C der E. Hentschel'schen Rechenbücher. 3 Hefte. 8. Ebd. 906. n. — 56; Einbde. à n. — 12
1. Unterstufe. 49. u. 50. Aufl. (à 33 S.) n. — 16
2. Mittelstufe. 49. u. 50. Aufl. (à 48 S.) n. — 20
3. Oberstufe. 32. Aufl. (52 S.) n. — 20

— Das dreistufige Zifferrechnen f. einfache Schulverhältnisse. Ausg. C der E. Hentschel'schen Rechenbücher. 3 Hefte. 8. Ebd. 910. — 65; Einbde. à n — 12
1. Für d. Unterstufe. 60. u. 61. Aufl. (40 S.) — 20
2. Für d. Mittelstufe. 59. u. 60. Aufl. (48 S.) — 20
3. Für d. Oberstufe. 38. Aufl. (56 S.) — 25

— dasselbe. Antwortheft m. Bemerkgn. u. Hinweisgn. f. d. unterrichtl. Behandlg. (Ausg. C der E. Hentschel'schen Rechenbüch.) 6. durchgeseh. Aufl. (104 S.) 8. Ebd. 909. — 80

Költzsch, Franz Heinrich

Költzsch, Frz., zum Abschied! Zwei Abschiedspredigten, in der Kreuzkirche am 26. X. u. 2. XI. 1902 geh. gr. 8. (26 S.) Dresden 902. F. Sturm & Co. n. — 25

Költzsch, Frz., Alltag im Kirchenjahr. Predigten an den schlichteren Sonn- u. Feiertagen. (191 S.) 8. Dresden (903). F. Sturm & Co. n. 2. —; geb. in Leinw. n. 2. 50

Költzsch, Frz, blühe deutsches Vaterland. Zum Gedächtnis d. Kriegs- u. Siegeszeit 1870. 3 Reden. gr. 8. (16 S.) Dresden 895. F. Sturm & Co. n. — 20

— u. Neubert, dennoch — Gott f. uns! 3 Predigten, d. letzte Predigt in d. Kreuzkirche zu Dresden u. 2 Trauerpredigten nach ihrem Brand am 16. II. 1897. 1.—4. Taus. gr. 8. (31 S. m. 2 Bild.) Ebd. 897. n. — 30

Költzsch, Franz [Domdiakonus in Freiberg]: Melanchthons philosophische Ethik. . . . Freiberg, Gerlach'sche Buchdr., 1889; 2 Bl. + 185 + 1 S. 8°
Leipzig, Phil. Fak., Inaug.-Diss. v. 18. Nov. 1889

Költzsch, F., Melanchthon's philosophische Ethik. Inaug.-Diss. gr. 8. (IV, 185 S.) Freiberg 889. Craz & Gerlach. n. 2. —

— Festpredigt bei d. VIII. Generalversammlg. d. Evang. Bundes. s. Flugschriften d. Evang. Bundes.

Költzsch, (Frz.), Festpredigt, geh. bei d. 21. Generalversammlg. d. Evangel. Bundes in d. Martinikirche zu Braunschweig am 4. X. 1908. (14 S.) 8. Leipzig 908. Halle, Verlag des Evangel. Bundes. nn — 10

— s. Festpredigten, vier, geh. bei der 21. Generalversammlung des Evangel. Bundes in Braunschweig.

— Gäste im Kirchenjahr. Festpredigten bei besonderen Anlässen. (111 S.) 8. Ebd. (904). Geb. in Leinw. n. 1. 50

— unser Glaube — e. Welt gegen d. Welt! Festpredigt z. 1. Jahresfest d. Stadtvereins f. Inn. Mission in Pirna in d. Stadtkirche, am Sonntag Sexagesimae, 13. II. 1898 geh. gr. 8. (15 S.) Ebd. 898. n. — 20

Költzsch, Frz. Gustav-Adolf-Verein, laß dir die Bußglocken läuten! Festpredigt zur 48. Jahresfeier d. Dresdner Haupt-Vereins der evangelischen Gustav-Adolf-Stiftung, am 13. Juli 1892 in Radeberg. gr. 8. (16 S.) Dresd. 892. Exped. d. sächs. Gustav-Adolf-Boten. * — 20

— Konfirmation, Ostern, Pfingsten. 3 Predigten, geh. in der Kreuz-Interims-Kirche zu Dresden. gr. 8. (32 S.) Ebd. 899. n. — 30

Költzsch, Frz., König u. Volk! 2 Gedächtnispredigten f. König Albert, geh. am 22. u. 29. VI. 1902 in der Kreuzkirche zu Dresden. gr. 8. (24 S. m. 1 Bildnis.) Dresden 902. F. Sturm & Co. n. — 25

— Marksteine im Kirchenjahr. Predigten f. die großen Tage d. Jahres. 8. (176 S.) Ebd. (902). Geb. in Leinw. n. 2. 50

— mein Glaube ist's: Alle werden satt. Predigt, Sonntag, d. 1. Aug. 1897 in d. Frauenkirche zu Dresden geh. gr. 8. (15 S.) Dresden 897. F. Sturm & Co. n. — 25

— Niemals getrennt! Predigt am 21. IX. 1902 (17. n. Trin.) in der Kreuzkirche zu Dresden geh. gr. 8. (15 S.) Ebd. 902. n. — 20

— der Philipperbrief, wie er zum ersten Mal verlesen u. gehört ward. (126 S.) 8. Ebd. (906). Geb. n. 2. —

— der Reformator der Zukunft, e. Großer aus alter Zeit, der Vater der Lausitzer Prediger-Gesellschaft. Als Beitrag zur Biographie Speners (aus den Quellen des Haupt-Staats-Archivs in Dresden). Fest-Vortrag, zur Jubel-Feier des 175jähr. Bestehens der Lausitzer Prediger-Gesellschaft zu Leipzig geh. im Vereinshause zu Leipzig am 15. Juni 1892. gr. 8. (40 S.) Ebd. 893. n. — 50

— Zu Sankt Sophien! Abschiedspredigt, im Mittagsgottesdienst der Sophienkirche am 31. X. 1902 geh. gr. 8. (15 S.) Ebd. 902. n. — 20

Költzsch, Frz., schließt Freundschaft m. dem Evangelischen Bund: er ist e. Paulus. Festpredigt, zur Jahresfeier d. Dresdner Zweigvereins d. Evangel. Bundes am Sonntag Sexagesimä 1893 in der Annenkirche zu Dresden geh. gr. 8. (16 S.) Dresden 893. Exped. d. sächs. Gustav-Adolfs-Boten, F. Sturm & Co. n. — 20

Stein und Arndt – u. d. nationale Aufgabe d. heutigen Protestantismus. Vortrag geh. bei d. 20. Generalversammlung d. Ev. Bundes zu Worms 1907 von Oberpfarrer Dr. [Franz Heinrich] **Költzsch**. (Leipzig: C. Braun in Komm. [1907].) (17 S.) 8° [Kopft. F.] [07. 17086 3

— Weihnachten u. Silvester 1898. 2 Predigten, geh. in der Kreuz-Interims-Kirche zu Dresden. gr. 8. (27 S.) Ebd. 899. n. — 30

— Zeit u. Herz! Reden z. Konfirmation u. Kommunion, an den Sonntagen Judica u. Palmarum 1896 in der Kreuzkirche zu Dresden geh. gr. 8. (16 S.) Ebd. 896. n. — 20

Kolumban u. Gall, die heiligen Glaubensboten, u. ihre Stellung in der Urschichte St. Gallens nach den ältesten Quellen u. den neuesten Fabeln. Zur Widerlegung der „Wyler Chronik u. des Nachtrages von L. G. J. Sailer." (Von C. J. Greith.) St. Gallen 865. Sonderegger. gr. 8. (58 S.) n. 4 *ngr*

Kolumbus, Christoph, s. Columbus. — Hering, W.

Das Kolumbus-Ei oder die Quintessenz der Kneipp-Kur. Eine Naturgesundheits- und Naturheillehre für die heutige Welt. 1.–24. Tsd. 1893. Süddeutsche Verlagsbuchhandlung (Ochs), Stuttgart.

[F.] **Kolumbus-Eier.** E. Sammlg unterhalt. u. belehr. physikal. Spielereien. Hrsg. v. d. Redaktion d. 'Guten Kameraden' '(Illustr. Knabenzeitg)'. M. 140 in d. Textgedr. Ill. *Stuttgart, Berlin, Leipzig: Union [1896].* (VIII, 248 S.) 1 Bd 8. [97. 1981

Kolumbus-Eier. Eine Sammlung unterhalt. u. belehr. physikal. Spielereien. Hrsg. v. d. Red. des „Guten Kameraden" (Illustr. Knabenzeitg.). 2. Aufl. gr. 8. (VIII, 248 S. m. 138 Abb.) Stuttgart 897. Union. Geb. in Leinw. n. 4. —

Kolumbus-Eier. Eine Sammlg. unterhalt. u. belehrend. physikal. Spielereien. Hrsg. v. der Red. des „Guten Kameraden" (Illustr. Knabenzeitg.) 3. Aufl. gr. 8. (VIII, 248 S. m. 138 Abbildgn.) Stuttgart 899. Union. Geb. in Leinw. n. 4. —

— dasselbe. 2. Bd. gr. 8. (VIII, 248 S. m. 149 Abbildgn.) Ebd. (899). Geb. in Leinw. n. 4. —

Koluthus, s. a. Coluthus.

Koluthus, Raptus Helenae. gr. et lat. ed. J. Bekker. 8maj. Berolini, Reimer. 816.

Koluthos, Helena's Raub, übers. v. F. F. H. Passow. gr. 8. (2 B.) Güstrow 829. (Berlin, Logier.)

Kolvenbach, Caspar Ludwig (Liedberg), De justa et rationabili, satis certa et efficace torturae praxi Carolina in foris Germaniae quamvis christianae. Diss. philos.-jurid. Präs. Gottfried Moll. Bonn (typ. elect.-acad.) 16. IX. 1780. 48 S. (6.50) 19130
Gew.: Caspar Anton Freih. v. Belderbusch (Diebenbeck, Gemert . . . . .)

Kolvenbach, Wilhelm [Assist. am Chem.-pharmazeut. Univ.-Laborat.]: . . . Über Abkömmlinge der Diphenylenglycolsäure und Tetraphenylenbernsteinsäure . . . Königsberg i. Pr., Hartungsche Buchdr., *1897;* 2 Bl., 44 S., 1 Bl. 8.
Königsberg, Phil. Fak., Inaug.-Diss. v. 16. Juli 1897

Kolver, (Ph.,) d. Fleckenreiniger u. s. w., s. Fleckenreiniger.

— gründl. Unterricht in allen Arten d. Seifenbereitung. 8. Quedlinb. 876. Basse. 12 K

Kolwe, Hermann: Der lateinische Unterricht in der Quarta des Realgymnasiums. (Darin m. Sondert.: Regeln aus d. latein. Syntax.) *Charlottenburg, A. Gertz, 1893;* 21, 10 S. 8.
Charlottenburg, st. RG, OP 1893 (101)

Kölwel, Gottfr., im Frührot. Gedichte. (79 S.) 8. Leipzig 910. Modernes Verlagsbureau. 2. —

Kolwes, Aug., Pflanzung u. Pflege d. hochstämmigen Obstbaumes. Kurze Anleitg. zu e. rationellen Obstkultur f. Freunde d. Obstbaues. Mit 16 Illustr. gr. 8. (III, 44 S.) Schwelm 883. (Boswinkel.) n. — 60

Kolwes, Aug., kleiner praktischer Wegweiser f. den Obstfreund. 8. (48 S. m. 68 Abbildgn.) Schwelm 894. (M. Scherz.) n. — 60

Kolwey, E[mil] A[lbert], Referendar: Die rechtliche Stellung des Empfängers im Frachtgeschäft. Bremen 1910: Schünemann. VIII, 52 S. 8°
Leipzig, Jur. Diss. v. 22. Aug. 1910
[Geb. 6. Aug. 86 Bremen; Wohnort: Bremen; Staatsangeh.: Bremen; Vorbildung: Neues Gymn. Bremen Reife M. 06; Studium: Cambridge 1, Freiburg i. B. 2, Leipzig 4 S.; Rig. 21. Febr. 10.] [U 11. 2875

Kolwitz. Ueber öffentliche Strafen und zweckmäfsige Mittel, arbeitsscheue Menschen zur Arbeitsamkeit zu bringen. *Berlin.* 1810

Kolz, die Polarität der Anziehungskraft. Eine neue, kurz gedrängte u. leicht faßl. Theorie, welche mit Verwerfung der Centrifugalkraft die Bildung u. den Kreislauf der Himmelskörper nachweist. Nebst einem Anh. über den Sitz u. das Wesen der positiven u. negativen Naturkräfte. Trier 866. (Lintz' Verlag.) gr. 8. (24 S. mit eingedr. Holzschn. u. 2 Steintaff.) n. 10 ngr

Kolz, Karl

Kolz, K., Anhaltspunkte zum Entwerfen und Veranschlagen von Hochbauten, s. **Taschenbibliothek**, deutsche bautechnische.

—— neuere Familien-Häuser. Eine Sammlung von ausgeführten Familienhäusern aus verschiedenen Theilen Deutschlands, Österreichs und anderen Ländern, als Leitfaden zum prakt. Gebrauche bearb. für Baubeflissene, Architekten, Studierende des Baufaches und solche, die überhaupt Familienhäuser jeder Kategorie bauen wollen oder bauen lassen. 12 Hefte. gr. 4. (50 Stnt. mit 47 S. Text.) Leipzig 883, Scholtze. à Heft
compl. in Mappe

Kolz, Karl, mustergültige Thüren und Fenster älterer und neuerer Zeit. Eine Sammlung von hervorragenden Bautischler-Arbeiten in prakt. Beispielen, einfacher und reicher Ausführung der verschiedenen Stilperioden. Zum Gebrauch für Bautischler, Architekten und Werkmeister, Maurer- und Zimmermeister, Zeichenschulen etc. unter Mitwirkung namhafter Architekten hrsg. 5 Hefte. Fol. (à Heft 10 Stnt. mit 1 Detailbog. und 1 Bl. Text.) Leipzig 885—88, Scholtze.
Subscr.-Pr. à Heft * 5 —
compl. in Mappe * 25 —

Kölzer, Joseph: Über die tägliche Drehung der Windfahne. Spezialuntersuchung auf Grund der Aufzeichnungen des Anemographen am Aachener Meteorologischen Observatorium. Karlsruhe 1909: Braun. 28 S. 4° ¶ (Aus: Deutsches Meteorol. Jahrbuch. f. Aachen. 1908.)
Bonn, Phil. Diss. v. 30. Juni 1909, Ref. Kayser
[Geb. 28. Febr. 83 Duisburg; Wohnort: Duisburg; Staatsangeh.: Preußen; Vorbildung: Gymn. Duisburg Reife O. 04; Studium: Straßburg 4, Bonn 4 S.; Rig. 3. Febr. 09.] [U 09. 405

Koelzer, Wilhelm: Aus dem hygienischen Institut zu Greifswald, Director: Geh. Med.-Rat. Prof. Dr. Löffler. Über die Erysipelbehandlung mit Meta-Kresol-Anytol, erläutert an Tierversuchen, mikroskopischen Untersuchungen und einigen Fällen bei erkrankten Menschen. *Greifswald 1898: J. Abel.* (27 S. mit Taf.) 8°
Greifswald, Med. Diss. v. 23. Juli 1898

Koelzer, Wilh., „Menschen". Drama in 3 Aufzügen. (70 S.) 8. Straßburg 903. J. H. E. Heitz. n. 2. —

Kolzoff, N. K., d. primäre Skelet d. Bauchflossen d. Teleostier. [Aus: „Bulletin de la soc. impér. des naturalistes de Moscou".] gr. 8. (8 S. m. 12 Fig.) Moskau 896. (Berlin, R. Friedländer & Sohn.) n.n. 1. —

Kolzow, A., Gedichte, s. Universal-Bibliothek Nr. 1961.

Kolzow, A., Gedichte. Deutsch v. Mor. Michelsson. gr. 8. (VIII, 188 S.) St. Petersburg 890. (Leipzig, F. A. Brockhaus.) n. 2. —

Kölzow, Fr., u. M. **Lexow**, Geschichte des Reiches Gottes, e. erweit. Anh. zu den bibl. Geschichten. (152 S.) 8. Schwerin 908. L. Davids. — 70

Kölzow, F. u. M. Lexow. Biblische Geschichte, f. die Hand d. Schüler bearb. Ausg. A (ohne Anh.). gr. 8. (XVI, 224 S.) Schwerin 892, Davids. geb. * 1 10
—— —— dass. — Ausg. B (m. Anh.). gr. 8. (XVI, 224 u. Anh. 63 S.) Ebd. 892. geb. * 1 40; Anh. allein ** — 50

Kölzow, F., u. M. **Lexow**, biblische Geschichten, f. die Hand der Schüler bearb. Ausg. A (ohne Anh.). 2., verb. Aufl. gr. 8. (XVI, 215 S.) Schwerin 894. L. Davids. Geb. in Halbldr. n. — 90

— — dasselbe. Ausg. B (m. Anh.). 2., verb. Aufl. gr. 8. (XVI, 215 u. 63 S.) Ebd. 894. Geb. in Halbldr. n. 1. 20; Anh., Bilder aus der Kirchengeschichte, allein (63 S.) n.n. — 50

Kölzow, F., u. M. **Lexow**, biblische Geschichten, f. die Hand der Schüler bearb. Ausg. A (ohne Anh.). 4., unveränd. Aufl. gr. 8. (XVI, 215 S.) Schwerin 901. L. Davids. Geb. in Halbldr. n. 1. —; Ausg. B (m. Anh.). 4., unveränd. Aufl. (XVI, 215 u. 63 S.) Geb. in Halbldr. n. 1. 30

— Biblische Geschichten, f. die Hand der Schüler bearb. Ausg. A (ohne Anh.). 6. Aufl. (XVI, 96, 64 u. IV S. m. Abb. u. 1 eingedr. farb. Karte.) 8. Ebd. 908. Geb. 1. —; m. Anh. (XVI, 96, 64, 152 u. IV S. m. Abb. u. 1 eingedr. farb. Karte.) 1. 30

— -- dasselbe. Ausg. B (ohne Anh.). 6. Aufl. (XVI, 120, 72 u. IV S. m. Abb. u. 1 eingedr. farb. Karte.) 8. Ebd. 908. Geb. 1.20; m. Anh. (XVI, 120, 72, 152 u. IV S. m. Abb. u. 1 eingedr. farb. Karte.) 1.50

Kölzow, J. Hülfstabellen zur Berechnung der Knickfestigkeit eiserner Bautheile, deren Querschnitte aus Normalprofilen, Blechen u. Flacheisen bestehen. Hannover u. Leipzig 1898. 8.

Kölzow, J., Hülfstabellen zur Berechng. d. Knickfestigkeit eiserner Bautheile, deren Querschnitte aus Normalprofilen, Blechen u. Flacheisen bestehen. Berechng. der Trägheitsmomente der meisten deutschen Normalprofile in Bezug auf d. Hauptachsen symmetr. Stab-Querschnitte, sow. d. Trägheitsmomente rechteck. Querschnittsflächen von der Breite b = 1 mm u. der Höhe h = 1 mm bis h = 1600 mm in Bezug auf die erste Hauptachse. Berechnet u. f. d. prakt. Gebrauch zusammengest. 4. (XIX, 125 S. m. Fig.) Hannover 898. Hahn. Geb. in Leinw. n. 6.—

Komanos, Anton D. [aus Volos, in Thessalien]. Ueber die Verdauung des Inulins und Seine Verwendung bei Diabetes Mellitus. Strassburg, Druck von H. L. Kayser, 1875. 8. 42 S.

Komarches, Otto, Frau Saga. Eine ländl. Tragödie in 4 Akten u. 5 Aufzügen. (68 S.) kl. 8. Hildburghausen (910). F. W. Gadow & Sohn. 1.—

Komareck, Johann Nepomuk

Komárek: Ueber die ältesten Bewohner Böhmens. 11 S. –Brüx, Progr. 1852

Komárek: Die Zeitrechnung. 9 S.–Brüx, Progr. 1859

Komareck, F. X., technische Calculation. (Tischlerei- u. Drechslerei-Kleinbetrieb mittelst Hilfsmaschinen), s.: Leitfaden der Calculation f. holzverarbeitende Gewerbe.

Komarek, F. X: Unexplodirbare Circulations-Wasserröhren-Dampfkessel. Wien 1893 (Beil. z. Zeitschr. d. österr. Ing.- u. Architekten-Vereins. 1893 Nr 33)

Komarek, Jh. Nep., (Buchhändler,) Andacht- u. Gebetbüchlein f. die kathol. Jugend. Leipz. 790. Kohler. 4 gr

Komarek, Jh. Nep., kl. Beitrag z. deutschen Bühne. 8. Pilsen 792.

— Faust von Mainz. Ein Gemälde aus d. 15. Jahrh. 8. Leipz. 794. Köhler. 6 gr

— Ida, oder das Vehmgericht. Histor. Schspl. 8. Leipz. 792. Köhler. 8 gr

— Kleinigkeiten wichtigen Inhalts. 2 Sammll. 8. Pilsen 788, 89.

— Krock. Trspl. 8. Pilsen 793. Leipz., Köhler. 8 gr

— Maria von Montalban, od. Lanasse's. 2r Thl. Trspl. 8. Lpz. 792. Köhler. 8 gr

— s. Przemissl; e. Nationalschspl.

— Schauspiele. 1r Bd. (Enth.: Faust v. Mainz. — Ida oder, d. Vehmgericht. — Krock. — Maria Montalban. — Graf von Thurn. — Albrecht Waldstein.) 8. Leipz. 793. Köhler. 22 gr

— Graf v. Thurn. Histor. Schspl. 8. Leipz. 793. Köhler. 8 gr

— s. Versöhnung, die.

— Albrecht Waldstein, Herzog von Friedland. Trspl. 8. Leipz. 792. Köhler. 6 gr

KOMARNICKI, Josephus de: In quantum affinitas jure canonico et jure civili Austriaco constituat impedimentum matrimonii. — (1883) 105 S. 4° (Handschr.) Diss. 359
Diss. Wien, Univ.

Komaromy, Joh. Petrus De vino Hungarico Soproniensi, ... Basileae Lüdius 1715. 40 S Rauraci, Med. Diss. v. 8.6.1715 -- 15°.21
Boehmer Koramony, Io Pet.

KOMAROWSKY, ABRAM. Ueber Benzoresorcin. Bern, 1894

Komarowsky, A. Über Benzoresorcin. In-8°. 27 S. Bern. These.

Komarowsky-Mamutow, Sophie, üb. Komplikation der Darm- u Netzhernien m. Schwangerschaft, Geburt u. Wochenbett. Diss. gr. 8 (24 S. m. 3 Tab.) Bern 894. (H. Körber.) n. — 60

Komarzewski (v.), Beschreibung eines zum Behuf des Bergbau's erfundenen unterirdischen Winkelmessers, nebst Anleitung zu dessen Gebrauch. Paris 1803. Fol.

Komatar Franz: Die ersten Dienstjahre Hans Katzianers. 8. Laibach R. 00. Progr.

Komatar, Fr., s.: Mitteilungen des Musealvereins f. Krain.

Komatar, Fr Die Teilnahme des Hans Katzianers an den Kämpfen gegen Zápolya im Jahre 1527. (Aus:) „Jahresbericht der k. k. Staats-Oberrealschule in Laibach." Schuljahr 1901 02 8 Laibach 1902.

Komberger, der Wechsel und das Wechselgeschäft unter besond. Berücksicht. der allgemeinen deutschen Wechselordnung. Zum Gebrauche beim Unterricht an der hiesigen Handelsschule und zum Selbststudium. gr. 8. (128 S.) Freiburg im Br. 858, (Wangler.) **

Komberec Johanna: Tiecks „Rotkäppchen".
II. 1903 PN 1592 Diss. Wien, Univ.

Kombiell, C., der Oberverein. Ein Vorschlag zum Ausbau der gemeinnütz. Vereine. 8. (32 S.) Berlin 891. (P. Wiesenthal.) n. — 50

Kombol Michael: Zur Čakavština des kroatischen Küstenlandes.
II. 1906 PN 2140 Diss. Wien, Univ.

Kombst, Gust., authentische Actenstücke aus den Archiven des deutschen Bundes, zur Aufklärung üb. die hochverrätherischen Umtriebe der deutschen Fürsten. 8. (6⅜ B.) Strasburg 835, Schmidt u. Grucker. **

Authentische Aktenstücke aus den Archiven des Deutschen Bundes. Hrsg. v. Gustaf **Kombst.** 2. Aufl. Leipzig. 1838. 8°.

(—) der deutsche Bundestag gegen Ende des Jahres 1832. Eine polit. Skizze. 8. (13⅛ B.) Strasburg 836, Schmidt u. Grucker. **

Kombst, Gust., Erinnerungen aus meinem Leben. 8. (370 S.) Leipzig 848, Herbig. 2 ₰

Kombst, Gustaf: Über Mädchenschulen. Ein Versuch, den Mädchenunterricht wissenschaftlich zu begründen. — Stettin: Hessenland 1832. 47 S. 8°

Kombst, Gust., der allgemeine Stand. gr.8. Zürich 834. Orell, Füßli u. Comp. 5 gl

Komedja polska. Sempre speranza! Leipzig 864. Librairie étrangère? 8. (93 S.) n. 1 ngl

Komel Edl. v. Sočebran, Andreas. Auszug aus der Terrainlehre. Slovenisch u. deutsch. Klgft., St. Hermagoras-Druck., (1884). 23 + 23 S. (recte 47 S.).

Komel Edl. v. Sočebran, Andreas. Eid und Kriegs-Artikel. Klgft., St. Hermagoras-Druck., 1889. 20 + 20 S.

Komel Edl. v. Sočebran, Andreas. Garnisons- u. Wachdienst. Slovenisch-deutsch zur Belehrung der k. k. Soldaten. In Fragen u. Antworten. Klgft., St. Hermagoras-Druck., 1879. 50 + 50 S. (= recte 101 S.).

Komel Edl. v. Sočebran, Andreas. Kurzgefaßte praktische Grammatik der slovenischen Sprache für Deutsche. Klgft., St. Hermagoras-Druck., 1876. 196 S. — 2. verb. u. verm. Aufl. 1887. 252 S.

Komel Edl. v. Sočebran, Andreas. Heeres-Organisation. Slovenisch u. deutsch. Klgft., St. Hermagoras-Druck., 1890. 74 S.

***Komel,** Andrej. Kratek poduk o zemljišču c. k. slovenskim vojakom v poduk. V Celovcu, St. Hermagoras-Druck., (1874). 14 S. (Später: Komel Edl. v. Sočebran.)

Komel, Andrej. Nova puška. Das neue Gewehr. Klgft., St. Hermagoras-Druck., (1874). 56 S. (Sloven. u. deutsch. — Später: Komel Edl. v. Sočebran.)

Komel, Andrej. Bojna služba. 2. natis. V Celovcu, St. Hermagoras-Druck., 1873. 192 S. (Später: Komel Edl. v. Sočebran.)

***Komel,** Andrej. Poljna služba. Celovec, St. Hermagoras-Druck., 1872. Duodez. 162 S. (Später: Komel Edl. v. Sočebran.)

Komel Edl. v. Sočebran, Andreas. Das Werndl-Gewehr. Slovenisch-deutsch. (Klgft., St. Hermagoras-Druck., 1883.) 29 + 29 (recte 59) S.

Komenský [Comenius], Jan Amos, der Pädagoge u. Bischof, s.: Loesche, G.

Komensky, Jan Amos, s.a. Comenius, Jan Amos

Komenius [Komenský] Joh. Amos, s. Comenius, Joh. Amos. — Sammlung gemeinverständlicher wissenschaftl. Vorträge: Zechlin.

Komensky, J. A., Didaktika, siehe: **Bibliotéka, nowočeská,** Cislo III.

Komensky, J. A., Didaktika, s. **Bibliothéka, staročeská.**

Komenski, J. A., Informatorium školy mateřské, to jest pořádná a zřetedlná zpráva, kterak rodičové pobožní i sami i skrze chůvy, pěstouny a jiné pomocniky své; nejdražší svůj klénot, dítky své milé, v prvním jejich a počátečním věku rozumně a počestně k slávě Bohu, sobě ku potěšení, dítkám pak svým na spasení vésti a cvičili mají. Prag 858. (Řziwnatz.) 8. (IV, 92 S.) n. 8 ngr

Die Mittelschulen Ungarns (Gymnasien und Realschulen) Geschichte — Verwaltung — Organisation — Statistik. Im Auftr. d. königl. ungar. Ministers f. Unterr. f. d. Millenniums-Ausstellung verf. von Franz **Komóny**, kgl. Realschuldir. *Pressburg: C. Stampfel 1896.* (80 S.) 8°

Komerell, Dr., Aufgabensammlung aus der darst. Geometrie. (Progr. d. Tübinger Gymn.) Tübingen 1869. 4°.

Komers, Anton E.

Komers, A. E., Abriß der National-Oekonomie. Beitrag zur Verbreitung der wichtigsten national-ökonom. Kenntnisse im Kreise der Landwirthe u. Industriellen. 1. Aufl. 1867. u. 2. Aufl. Prag 868. (Calve'sche Universitäts-Buchh.) gr. 8. (XIII, 165 S.) n. 20 ngr

Komers, A. E. Ritter v., die Bedeutung der Pflanzenernährungslehre f. Sicherung u. Steigerung der Ernten. [Nach den bisher. Ergebnissen der wissenschaftl. Forschg. u. der Erfahrg.] [Aus: „Komers' Jahrbuch f. österr. Landwirthe 1875."] gr.8. (56 S.) Prag 875. Calve. — 75

Komers, Ant. E., Beitrag zur Lösung der Frage üb. die Errichtung eines landwirthschaftl. Instituts in Böhmen. (1. Hft.) gr. 8. (VI u. 103 S.) Prag 848, Calve. 5/8 ngl

Komers, Anton E. — Betrachtungen über die landwirthschaftliche Unterrichtsfrage, und die landwirthschaftliche Lehranstalt in Tetschen = Liebwerd mit Skizzen aus der Güter = Verwaltung in Böhmen. Von — —. Prag, 1856. Druck der k. k. Hofbuchdruckerei von Gottlieb Haase Söhne in Prag. J. G. Calve'sche Verlagsbuchhandlung. (VIII. 170 S. 8. Mit einer lithogr. Abbild. der landwirthschaftlichen Lehranstalt in Tetschen = Liebwerd, und einem Kulturplan von Liebwerd.)

Komers, Ant. E., Betrachtungen über die landwirthschaftliche Unterrichtsfrage; und die landwirthschaftliche Lehranstalt in Tetschen-Liebwerd mit Skizzen aus der Güter-Verwaltung in Böhmen. Prag 856. Tempsky. gr. 8. (VIII, 172 S., 1 Tab. in 4. u. 2 lith. Taf. in gr. 8. u. 4.) n. 1 ngl.

— die landwirthschaftliche **Betriebs-Organisation.** Prag 870. Calve. gr. 8. (XII, 484 S.) n. 2 ngl

— die landwirthschaftl. **Betriebs-Organisation.** 2. verb. Aufl. gr. 8. (XV, 446 S.) Ebend. 876. n. 6. —

Komers, A. E., die Bodenkraft-Erschöpfung. Beitrag zur Beantwortung der Frage: „Beruht die moderne Landwirthschaft nach Wissenschaft u. Erfahrung in der That auf Beraubung des Bodens?" (Abdr. auch dem Jahrbuche für österr. Landwirthe.) Prag 864. Calve. gr. 8. (121 S. u. 1 Tab. in Fol.) n. 20 ngr

—— Landwirthschaftlicher Geschäftskalender für das Jahr 1862. Beilage zu dem Jahrbuch für österreichische Landwirthe. 12. (XVI. 106 Notizblätter u. 88 S.) Leinwdbd. 1861

— — Landwirthschaftlicher Geschäfts-Kalender für das Jahr 1869. Beilage zu dem Jahrbuche für österreichische Landwirthe. Redacteur: Carl Tschertner. kl. 8. (152 S. u. Notizblätter.) Ebds. In Leinwand gebunden 1 fl. 40 kr., in Leder gebunden 1 fl. 80 kr. 1868

— — Landwirthschaftlicher Geschäfts-Kalender für das Jahr 1870. Beilage zu dem Jahrbuche für österreichische Landwirthe. Redacteur Carl Tschertner. kl. 8. (170 S. u. Notizblätter.) Ebds. In Lwdbd., 1 fl. 40 kr., in Lederbd. 1 fl. 80 kr 1869

10.) — — landwirthschaftlicher Geschäfts-Kalender für das Jahr 1871. Beilage zu dem „Jahrbuche für österreichische Landwirthe. Redacteur: Carl Tschertner. kl. 8. (204 S. u. Notizbl.) Ebds. Lwbd 1870

— Jahrbuch für österreichische Landwirthe, s. Jahrbuch.

Komers, A. E., Jahrbuch für österreichische Landwirthe 1862. Begründet und unter Mitwirkung hervorragender Fachmänner herausgegeben. Redigirt von A. Schmalfuß. 2. Jahrgang. Mit Beilage. Landwirthschaftlicher Geschäftskalender. gr. 8. (VIII. 357 S., ...) André. 1861 2 fl. 20 kr.

Komers, A. E., Jahrbuch für österreichische Landwirthe 1867. Begründet und unter Mitwirkung hervorragender Fachmänner herausgegeben. 7. Jahrg. Mit Beilage: Landwirthschaftlicher Geschäftskalender. (152 S. u. 103 Notizbl. in Leinwd. geb.) 8. (XX, 400, 61 u. 14 S.) Prag, Calve'sche U.-B. 1866 2 fl. 40 kr.

(7.) Komers, A. E., Jahrbuch für österreichische Landwirthe. 1868. Begründet und unter Mitwirkung hervorragender Fachmänner herausgegeben. 8. Jahrg. Mit Beilage: Landwirthschaftlicher Geschäftskalender. Redacteur: Carl Tschertner. [illegible] 8. (147 S. u. Notizbl.) 8. VIII, 531 u. L S., In Leinwdbd. 2 fl. 40 kr. In Leder geb. 1867 2 fl. 85 kr.

Landwirthschaftlicher Geschäftskalender 1868. separat in Lwdbd. 1 fl. 40 kr. In Lederbd. 1 fl. 80 kr.

(8.) — — Jahrbuch für österreichische Landwirthe 1869. 9. Jahrgang. Mit Beilage: Landwirthschaftlicher Geschäfts-Kalender. Redacteur: Carl Tschertner. kl. 8. (152 S. u. Notizblätter.) 8. VIII, 532 u. LXXII S.) Ebds. In Leinwand geb. 3 fl., in Leder 3 fl. 40 kr.
1868

— — Jahrbuch für österreichische Landwirthe 1870. 10. Jahrgang. Mit Beilage: Landwirthschaftlicher Geschäfts-Kalender. In Leinwd. geb. gr. 8. (VIII 464, 96 u. LXIV. S.) Ebds. 1869 3 fl.
— — Dasselbe. Ebds. In Leder geb. 3 fl. 40 kr.

(10.) Komers, A. E., Jahrbuch für österreichische Landwirthe 1871. 11. Jahrgang. Mit Beilage: Landwirthschaftlicher Geschäfts-Kalender. gr. 8. (518 u. LXIV S.) Prag, Calve'sche U.-B. (C. Beyer.) 3 fl. In Leder geb. u. durchschossen 1870 3 fl. 40 kr.

Komers, A. E., landwirthschaftlicher Kalender für das J. 1861. Jahrbuch für österreich. Landwirthe, redig. von Schmalfuß. 12. (112 S. nebst Beilage.) Prag 860, (André.) geb. Thlr.

Komers, A. E. Ritter von. Oesterr. landw. Kalender 1882. 8. 22. Jahrg. Redig. v. Dr. Felix Zeller. I. Theil. Landw. Verhältnisskunde. (182 S.) II. Theil. Notizbuch. I—IV. Quartal. In Lederbrieftasche geb. 1 fl. 50 kr.
Prag: Calve 1881;

—— Lage und Hilfskräfte der Landwirthschaft in der österreichisch-ungarischen Monarchie. gr. 8. (96 S.) Ebendas. 876. *
Vorstehende zwei Schriften sind aus: Jahrbuch für österreich. Landwirthe, besonders abgedruckt.

Komers, Ant. E. — Landwirthschaftliche Notizen für den Besuch von Tetschen und Peruc. Von — —. Prag, 1856. Druck der k. k. Hofbuchdruckerei von Gottlieb Haase Söhne in Prag. (17 S. 8. Mit einer Tabelle.)

— der heutige Standpunkt der Boden-Erschöpfungsfrage u. die Mittel für Erzielung quantitativ u. qualitativ höchster Zuckerrüben- u. Kartoffelerträge. Vortrag gehalten im landwirthschaftl. Club für Böhmen am 13. Febr. 1868 u. Discussion darüber. Ebend. 868. gr. 8. (46 S.) n. 7½ ngr.

—— über landwirthschaftliche Unterrichtsanstalten in Böhmen. 2. Heft. A. u. d. T.: Ueber Einführung der Ackerbauschulen in Böhmen. Lex.-8. (VIII und 88 S.) Prag 851, Calve'sche Vrlgsh. *
Das 1. Heft erschien u. d. T.: Komers, Beitrag zur Lösung der Frage über die Errichtung eines landwirthschaftl. Instituts in Böhmen. Ebendas. 1848.

Komers, August Ein Beitrag zur Pflege der lateinischen Sprache in Mähren bis zum Jahre 1620. 8 (S. 3—20). Progr. K. k. G. Znaim 1891.

Komers, E. Geschichte des vierten Cuirassier-Regiments, Carl Freiherr von Mengen. Nach Originalquellen. 8. Pressburg 1843.

Komers, Karl — Die Landes-Konkurrenz für die Reichsstraßen in Siebenbürgen. Von — —. Hermannstadt, 1856. Druck und Verlag von Theodor Steinhaußen. (53 S. 8. Mit einem Formular.)

Komers v. Lindenbach, C. Frhr., s.: Feldzüge d. Prinzen Eugen v. Savoyen.

Komers v. Lindenbach, C. Frhr., spanischer Successionskrieg, s. Mayerhofer v. Grünbühl, E. Frhr. v.

Komers-Lindenbach, Hugo Freiherr v., k. k. Rittm. 1. Cl. im Regimente etc. Geschichte des k. k. Uhlanen-Regiments Alexander II., Kaiser von Russland Nr. 11 (vorm. 7. Chevauxlegers-Regiment) von seiner Errichtung 1814 bis Ende 1877. Nach Feldacten und sonstigen Original-Quellen des k. k. Kriegs-Archives verfasst. gr. 8. Wien 1878.

Komers-Lindenbach, H. Frh. v. Geschichte des k. k. Ulan.-Reg. Alexander II., Kaiser von Rußland Nr. 11 (vorm. 7. Chev.-Reg.) 1814—1877. Wien 1878. 353 S. 4°

Komet, Der, mein letztes Gedicht. Halle 1769. V: *Lange, Samuel Gotthold.* (JL)

Komet, d., e. Posse v. A. W. Iffland. gr. 8. Leipz. Göschen. 799.

Komet, der, oder Nicolaus Marggraf. Eine komische Geschichte, von Jean Paul. 2 Bdchen. 8. Berlin, Reimer; 820.

Komet, der, e. Unterhaltungsblatt f. d. gebild. Lesewelt. Hrsg. v. C. Herloßsohn. 1—6. Jahrg. 1830—35. Mit Titlvign. Nebst Beil. f. Lit., Kunst, Mode, Residenzleben u. journalist. Controle. Mit Ttlvign. Auch mit d. Beiblättern: Zeitung f. Reisen u. Reisende. (J. 1—4. à 312 Nrn., J. 5., 6. à 364 Nrn. [1/2 B.]) gr. 4. Altenburg. (Leipzig, Leo.) à J. Thlr.
Jahrg. 1834 hat noch d. besond. Beilage: Der Dampfwagen. Ein Gratis-Magaz. z. Unterhalt. rc. — J. 1835 hat statt dieser die Beil.: Der Luftballon. Ein Blatt f. Herz rc.

Komet, der, ein Unterhaltungsbl. f. d. gebild. Lesewelt. Hrsg. v. C. Herloßsohn. 7. u. 8. Jahrg. 1836 u. 37. Mit Titelvign. Nebst Beil. f. Literatur, Kunst, Mode, Residenzleben u. journalist. Controle. Mit Titelvign. (Mit verschied. Beiblättern.) à 364 Nrn. (1/2 Bog.) gr. 4. Altenburg. (Leipzig, Leo.) à J. *

—— ders. — Hrsg. v. dems. 9—12. Jahrg. 1838—41. Nebst: Beil. f. Literatur, Kunst, Mode, Residenzleben u. journalist. Controle. — Und: Leipzig-Berlin-Dresdner Dampfwagen. à 364 Nrn. (1/2 Bog.) Jed. J. m. 1 Kpfr. u. Ttlvign. gr. 4. Leipzig, Ph. Reclam jun. à J. *

—— der, (m. d. veränd. Zusatz:) Unterhaltungsblatt f. gebildete Stände. 13. Jahrg. 1842. Hrsg. C. Herloßsohn. Redact. R. Hirsch. M. der Beil.; Telescop. Redact.: Hirsch. 364 Nrn. (1/2 Bog.) Mit Ttlvgn. gr. 4. Leipzig, Bösenberg. (?) *
1. Jahrg. Aug.—Dec. hrbgs. Pr. 2 Thlr. 12 Gr. 1830., 2—6. J. 1831—35. à 5 Thlr. Altenburg. (Leipzig, Leo.)

Komet, der, Unterhaltungsblatt f. gebild. Stände. 14. Jahrg. 1843. Hrsgbr.: C. Herlossohn. Redact.: R. Hirsch. Mit der Beilage: Teleskop. 364 Nrn. (1/2 B.) gr. 4. Leipzig, Bösenberg? *

—— dass. 15—18. Jahrg. 1844—47. Redact.: C. Herlossohn. Mit den Beilagen: Teleskop, Literatur- u. Anzeige-Blatt. à 364 Nrn. (1/2 B.) gr. 4. Leipzig, Melzer. à J. *
Das Literaturblatt u. Teleskop einzeln à * 1 Thlr.

Komet, der. Unterhaltungsblatt für gebildete Stände. Redakt.. C. Herloßsohn. 19. Jahrg., 1848. 262 Nrn. (1/2 Bog.) Mit: Telescop. 52 Nrn. (1/2 Bog.) und: Literatur- und Anzeigeblatt. 52 Nrn. (1/2 Bog.) gr. 4. Leipzig, Melzer. *

Komet, der. Schönwissenschaftliche Monatsschrift für Leser aller Stände, enth. die ausgewähltesten deutschen Original-Romane und Novellen, so wie die vorzüglichsten Erzeugnisse der Literatur aller Länder und Völker. 1. Bd. 12 Lfgn. (à 3 Bog.) gr. Lex.-8. Berlin 855, Hoevel. *
Mit ill. Kunstblättern *

Komet, der. Organ zur Wahrung der Interessen der Besitzer von Sehenswürdigkeiten und Schaustellungen jeder Art. Hrsg. unter Mitwirkung intelligenter Fachgenossen von Wilh. Naumann. Mit Illustrirtes Unterhaltungsblatt. 1. und 2. Jahrg. 1883 und 1884. à Jahrg. 36 Nrn. (à Nr. 1½ Bog.) 4. Pirmasens, Expedition. à Jahrg. '

Komet, der. Organ zur Wahrg. der Interessen der Besitzer v. Sehenswürdigkeiten u. Schaustellgn. jeder Art. Hrsg. unter Mitwirkg. intelligenter Fachgenossen. Red.: Gust. Leis. 23. Jahrg. 1905. 52 Nrn. (à ca. 36 S.) 4. Pirmasens, Administration des Komet. n. 10. —

„Komet". 10 Pfg.-Romane. 1.—6. Bd. (125, 94, 102, 110, 127 u. 127 S.) 16. Düsseldorf (909). Rheinische Verl.-Anstalt. à — 10

— der, von 1835. Sein Erscheinen in faßlicher Darstellung für den Bürger u. Landmann beschrieben, nebst Belehrungen über Kometen im Allgemeinen, von Dr. Demophilos. 8. Breslau... (Berlin, Hense.) 1/12 ℛ

Komet, der, von 1857 oder die alte Prophezeihung vom Untergang der Welt, welcher am 13. Juni 1857 ganz gewiß erfolgen wird, hervorgeholt aus einem alten Klosterarchive und an's Licht gebracht a. 1557 von Pater Josephus. Zum andern Mal abgedr. in diesem Jahre. Berlin 857. Verlags-Magazin. 8. (15 S.) n. 2 ngr.

Komet, der, von 1864. Eine unverhoffte Erscheinung am Himmel der Humoristik, faßlich dargestellt von M. U. Safir in Bukarest. Mit vielen Illustrationen. kl. 8. (XII. 124 S.) Wien, Reskini in Comm. 60 kr.
1864

— — und die Astronomen. 8. Landshut, Weber. 820.

— d. europäische, mit Schweif u. Schwanz. 8. Berl. 788. ... 4 K

Der | grosse Komet | oder | wird derselbe und wie am 15. November 1881 | den Untergang der Erde | bewirken? | (Fig.: *Komet*, in ovalem Rahmen, 53 × 69) | Nichtabergläubisch und leichtverständlich dargestellt | von | M. Bitzius, Reutlingen. | Druck und Verlag von Rob. Bardtenschlager. (= *Nro.* 285).
o. J. (1881), 16 S., 158 × 107.
LBS d. D. oct K 3506.

—— der zu erwart. große, nebst Darstell. seiner Eigenschaften u. mögl. Wirkungen auf uns. Erde, desgl. auch Betrachtn. üb. d. Einfluß d. Mondes auf d. Verändern. uns. Atmosphäre, u. noch überdies e. Verzeichniß d. sichtbaren Sonnenfinsternisse u. bewegl. Festtage v. d. J. 1833 bis 1900. Mit verschied. Zeichn. (auf 1 lith. Blatt, qu. Fol.). gr. 4. (5 B.) Meißen 832, (Klinkicht u. Sohn.)

—— der Halley'sche, f. d. Bürger u. Landmann dargest. 8. (1 B.) Leisnig 836. (Leipzig, C. H. Reclam.) *

——, der, d. J. 1834; od. welche merkwürd. Begebenheiten wird uns dies. göttl. Zeichen verkünd.; wann u. auf welche Weise wird d. Antichrist in d. Welt herrschen u. wann wird alles Elend aufhören u. Ruhe u. Frieden seyn unt. d. Lebendigen, also: daß d. Wolf d. unschuld. Lamm nicht mehr Kraft hat zu verfolgen, noch Christum u. seine Gemeinde? 7. Aufl. gr. 8. (1 B.) Hanau 833, König.

— d. neue, oder d. flammende Vorläufer einer wichtigen Schrift, welche mit d. Titel: Karl Schreibe d. Jüngere rc. 8. Leipz. 808. Mittler. 8 K

—— der neue, u. das leuchtende Schwert, welches in den Monaten März u. Septbr. Abends u. Morgens am Himmel zu sehen ist, od.: Das Ende kommt noch nicht? Ein Beitrag zur Abhilfe des Aber-, Wahn- u. Irrglaubens. 8. (1¼ B.) Zittau 843. (Birr.) *

— der, von 1759, wiederkehrend im J. 1835, wahrscheinl. das von den heil. drei Königen beobacht. Gestirn, s. Wunderstern.

Komet, der, von 1759, wiederkehrend im J. 1835, wahrscheinlich das von den heil. drey Königen beob. Gestirn. 12. Zeiz, Webel. 819.

Komet, der, von 1759 wiederkehrend im J. 1835, wahrscheinl. das von d. Heiligen drei Königen beobacht. Gestirn. Mit angehängter Uebersicht d. Wissenswürdigsten üb. d. Lauf u. d. Natur d. Kometen. 2. Aufl. gr. 12. (2 B.) Zeitz 834, Webel.

Kometen, die, Antwort auf die Frage: Ob unsere Erde durch dieselben in Gefahr kommen könne? Zur Belehrung für die Unkundigen und zur Beruhigung für die Aengstlichen allgemein faßlich und verständlich dargestellt von einem Sachkundigen. 8. (17 S.) Basel 857, (Bahnmaier's Verlagsh.) *

Kometen, die, d. vierten Jahrzehends v. 19. Jahrh., 1830—1840; insbesond. jene v. 1832, 1833, 1835, 1836 u. 1859, nebst vorausgeh. Ansichten üb. d. Bau d. Kometen, ihre Gestalt u. Beschaffenheit rc. Zur Beruhigung Jener, welche die Zerstörung uns. Wohnortes durch d. Zusammenstoßung e. Kometen mit dems. befürchten. M. 2 Stnt. 8. (7 B.) Grätz 830, Ferstl.

Kometen, über die Natur der, nach d. neuesten Beobachtt. dieser Weltkörper in Beziehung auf den Enkischen Kometen. 8. Wien 829. Gerold. 4 K

Kometen, 123 periodische, sammt Voraussage ihrer Erscheinungen im Perihelium auf 50 Jahre. Neu bearb. u. hrsg. v. Fr. B. K. (75 S.) gr. 8. Bozen 903. Buchh. „Tyrolia". n. 1. 50

— üb. den schrecklichen u. furchtbaren. (Von J. Croyable.) 8. Berl. 789. (Sander). 2 K

— üb. die, was sie sind, wodurch sie entstehen, ihren Lauf u. ihre Handlungen. 8. Berl. 811. (Wolf). 4 K

Kometen, üb. die, was sie sind, wodurch sie entstehen, ihren Lauf u. ihre Handlungen. 8. Berl. Braunes. 812.

Kometen, des, neuester Weltgang. Reise-Memoiren, hrsg. v. Seni-Tasso, dess. Kammerdiener. 1. u. 2. Station. 8. Stuttgart 835, Köhler. à
Station 1. Auf dem Stier. (2 B.)
" 2. Auf dem Polarstern. (2 B.)

Kometenbriefe von Lucifer. 16. (218 S.) Jena 888, Costenoble. * ℳ 2.—.; geb. * 3 —

Kometenbriefe v. Lucifer. 2. (Titel-)Aufl. 16. (218 S.) Jena 893. H. Costenoble. n. 1. —; geb. n.n. 2. —

Kometenstrahlen. Eine Samml. v. Erzähln. ernster u. humorist. Aufsätze. Hrsg. v. C. Herloßsohn. 1. Bd. 8. (19 B.) Leipzig 833, Literar. Museum.

Kometer, Frz. M., s.: Pernet, Hedwig Luise, ausgewählte Fabeln u. Erzählungen.

Komet-Kalender f. d. J. 1906. Ein Hilfs- u. Nachschlagebuch f. den Stand der reis. Schausteller u. Berufsgenossen. Hrsg.: Gust. Leis. (VIII, 510 S.) kl. 8. Pirmasens Administration des Komet. Geb. in Leinw. n. 2. —

Kometstern, Der neue, mit seinem Schweif, oder Johannes Ronge und seine Briefträger. Freiburg i. Br. 1846. V: *Stolz, Alban.* (Kat. Herder 1801—95.)

Kometstern, der neue, m. seinem Schweif od. Johannes Ronge u. seine Briefträger, abgezeichnet v. Verf. des Kalenders f. Zeit u. Ewigkeit. 6. Aufl. gr. 8. (1 B.) Freiburg 845, Herder'sche Vrlgsbuchh.

Komick, L. de

— — Monographie du genre Productus. (Aus Mém. de la Soc. R. des Sciences de Liège.) Text in 8. mit einem Atlas in 4. Lüttich. 1847.

Komik, die, der zarischen Bureaukratie. (In russ. Sprache.) (29 S.) gr. 8. Berlin (903). H. Steinitz. n. 1.—

Komiker, der. Eine Sammlg. d. wirksamsten Couplets u. Vorträge. 8. (48 S.) Berlin 896. A. Weichert. —25

Komiker, der, in der Brusttasche. Das Neueste u. Drastischste aus dem Gebiete der Komik. 1. Heft. Komische Vorträge von H. Glühmann. Berlin (854.) Janke. 16. (2 Bl., 116 S.) n. 5 ngr

Der | Komiker | und | Couplet-Sänger. | Eine | Sammlung heiterer Vorträge | zur | gesellschaftlicher (sic) Unterhaltung. | Druck und Verlag von Rob. Bardtenschlager, Reutlingen. | (= *Serie A*, 625).
o. J., 48 S., 173 × 107, kol. U.-Fig.: *Bunt gekleidetes Sängertrio*, 157 × 103.
LBS d. D. oct K 3507.

— **u. Coupletsänger, der.** Eine Sammlung der besten u. beliebtesten urkom. Vorträge u. Couplets, hrsg. v. Hilarius Jocosus. 2 Thle. in 1 Bd. 16. (à 96 S.) Reutlingen 881. Enßlin & Laiblin. cart. —60

Komiker, der, in fröhlichem Familienkreise. Auserlesene Sammlung der scherzhaftesten Stücke, Poesie u. Prosa, in berliner jüdischem, böhm., plattdeutschem ꝛc. Dialekte, f. d. freien Vortrag, mit Angabe bequemer Darstellungsweise. 1. Hft. 1. u. 2. Aufl. gr. 12. (3⅝ B. u. 2½ B. m. 1 Kpfr.) Potsdam 846, Janke. à

Komiker, der fertige, oder: die Kunst, sich durch humorist. Vorträge überall beliebt zu machen und in jeder Gesellschaft Heiterkeit und Lachlust zu erregen. Sammlung der besten Vorträge in Poesie und Prosa. 4 Hefte. 2. Aufl. 16. (368 S.) Oels 867,68, (Grüneberger und Comp.) à Heft 3 Ngr.

Komiker, der fertige, oder die Kunst, sich durch humorist. Vorträge überall beliebt zu machen und in jeder Gesellschaft Heiterkeit und Lachlust zu erregen. Sammlung der besten Vorträge in Poesie und Prosa. 2. Aufl. 4 Hefte. 16. (368 S.) Oels 873, (Grüneberger und Comp.) à Heft 30 Pf. 1 20

Komiker, die griechischen, s. Bothe, F. H.

Komiker, die griechischen. Eine Beurtheilung der neuesten Ausgabe ihrer Fragmente von F. H. Bothe. gr. 8. Leipzig 844. Hinrichs'sche Buchh. ⅔ ₰

KOMIKER, Der, im Jahrmarktszelte, oder: Schelmenstreiche. Mügeln, o. J. 8°. (40 Pfg. G. Priewe, 1895.)

— der, im Jahrmarktszelte oder Schelmstreiche. Humoristische, interessante und piquante Couplets und Vorträge. 16. (71 S.) Mügeln 872. (Leipzig, Senf.) —50

Komiker, der, im Jahrmarktszelte oder Schelmstreiche. Humoristische, interessante und piquante Couplets und Vorträge. 16. (71 S.) Mügeln 877. (Leipzig, G. Senf.)

— der kleine. Auswahl der vorzüglichsten, neuern, heiteren Dichtungen zum Vortrag in öffentl. u. Privatcirkeln. 1. Hft. 12. (47 S.) Thorn 847, Lambeck. ⅙ ₰

Komiker, Der konfuse. Komischer Vortrag für einen Herrn mit Beiziehung einer soufflirenden Person. Wien [1890]. V: *Bartl, Hans.* (EB)

Komiker, der, im geselligen Kreise. Das non plus ultra von launigen Gedichten und komischen Vorträgen für gemüthl. Unterhaltung. 16. (105 S.) Berlin 859, Rehmann.

— der, im geselligen Kreise. Das non plus ultra von launigen Gedichten und kom. Vorträgen für gemüthl. Unterhaltung. 3. Aufl. 1862. und 4. Aufl. 16. (105 S.) Berlin 865, Reymann.

Komiker, der, u. lustige Liedermeister. Eine Sammlg. kom. Gedichte u. laun. Vorträge. 16. (48 S.) Styrum 891. A. Spaarmann. —20

— **der, aus dem Orpheum,** s. a. Deklamator u. Komiker.

Komiker, der, aus dem Orpheum. Auserwählte Sammlg. humorist. Vorträge, Soloscenen u. Couplets. Mit Noten f. 1 u. mehrere Singstimmen. 6. Bd. 12. (176 S. m. Illustr.) Chemn. 889, Hager. 1 —
Frühere Bde. erschienen u. d. T.: Deklamator u. Komiker.

Komiker, der, im Privat- u. Familienkreise. Mit Orig.-Beiträgen v. J. F. Nüthling. IV. Hft. 12. (69 S.) u. 1. Folge 1—4. Hft. od. 5—8. Hft. 12. (à 72 S.) Potsdam 847, (Berlin) Janke. à ¼ ₰ (1—8 : 2 ₰)

— **der, im Privat-Zirkel.** Eine Sammlung der heitersten Lieder, Couplets u. s. w. mit leichter Guitarrebegleitung zum Vortrage geeignet in Privatgesellschaften und bei geselligen Abendunterhaltungen. 4 Lfgn. qu. gr. 4. (96 S.) Würsburg 864, Stahel'sche Buchh. à Lfg. 10 Ngr.

— der, in der Tasche. 100 neue u. piquante Theater-Anecdoten. 1. u. 2. Hft. 32. (7⅛ B.) Leipzig 844, Expedition der Signale. [Barth. Senff.] à *

— **der, in der Tasche.** 100 neue u. piquante Theater-Anecdoten. 1., 2. Hft. 32. Leipz. 844, 45, Exped. d. Signale. à n. ⅙ ₰

Kominami, K., biologisch-physiologische Untersuchgn. üb. Schimmelpilze. (33 S. m. 3 Taf. u. 3 Bl. Erklärgn.) Lex. 8. Tokyo 909. (Berlin, R. Friedländer & Sohn.) un 3. —
Sonderabdr. a.: „Journal of the college of science, imperial university of Tokyo".

KOMINEK, Josephus: De pentateuchi authentia cum praecipuo respectu ad recentiores ejusdem oppugnatores. — (1884) 152 S. 4° (Handschr.)
Diss. Wien, Univ. Diss. 361

Kominik, J., Uebernahms- und Depositirungs-Vorschriften, s. Handbuch für die k. k. Artillerie.

Komisch, heiter — u. so weiter! Eine reiche Auswahl der besten humorist. Vorträge für fröhliche Kreise. 1. u. 2. Aufl. Dresden 870. Friese. 16. (IV, 216 S.) n. 10 ngr

Komisch, heiter und so weiter! Eine reiche Auswahl der besten humorist. Vorträge f. fröhl. Kreise. 3. verm. Aufl. gr. 16. (217 S.) Wien 874. Friese. n. 1. 50

Komisch, heiter und so weiter! Eine reiche Auswahl der besten humorist. Vorträge für fröhl. Kreise. 4. verm. Aufl. 12. (V, 217 S.) Leipzig 886, Friese. * 1 —
geb. 1 50

Komisch, heiter u. so weiter! Eine reiche Auswahl der besten humorist. Vorträge f. fröhl. Kreise. 5., wiederum verm. Aufl. 12. (VII, 232 S.) Leipzig 894. R. Friese, Sep.-Cto. n. 1. —

Komisch, heiter u. so weiter! Eine reiche Auswahl der besten humor. Vorträge f. fröhl. Kreise. 6. [Titel-]Aufl. 12. (VII, 232 S.) Gotha [894.] (901). R. Schmidt. n. 1. —

Ⓑ Komisch, heiter u. so weiter. 901. Jetzt: Weißensee, E. Bartels.

Komissopulos, Johannes G. [aus Constantinopol]: Ein klinischer Beitrag zu Buhl's zwölf Briefe über Genuine Desquamativ-Pneumonie .... Halle a. S., Hofbuchdr. v. C. A. Kaemmerer & Co., 1888; 24 S. + 2 Bl. 8°
Halle, Med. Fak., Inaug.-Diss. v. 21. Mai 1888

Komitats- und Bezirks-Eintheilung des Verwaltungsgebietes Kaschau. Kaschau. 1855. Gedr. be. C. Werfer. (80 S. 4.)

Komitats- und Bezirks-Eintheilung. Verwaltungsgebiet Preßburg. (Ohne Angabe des Jahres und des Druckortes) (62 S. 4.) 1857

Komitatskarten von Ungarn. *Herausgeg. v. k. k. Militär geogr. Institut zu Wien im J. 1856. 38 Bl., verschiedene Höhe und Breite. Masstab 1 Wr. Zoll = 4,000 Wr. Klftr. Verhältn. 1:288,000.* Diese Karten wurden, um einem dringenden Bedürfnisse so schnell als möglich abzuhelfen, aus der in der Herausgabe begriffenen Generalkarte entnommen. Auf Stein gravirt. Mit besonderer Rücksicht auf administrative Zwecke bearbeitet.

Komitial-Nebenstunden, (v. Jh. F. Fd. Ganz). 8. Regensb. 790.

Komitée, kolonialwirtschaftliches. Bericht über deutschkoloniale Baumwoll-Unternehmungen II 1902/03 Berlin 1903

KOLONIAL-WIRTSCHAFTLICHES KOMITEE. (Ohne bes. Titelbl.)
1899. Bericht über die Sitzung am Mittwoch, den 1 November 1899 zu Berlin (Berlin Königliche Hofbuchdruckerei von E. S. Mittler & Sohn.) 8°.
1900. 1. Sitzung. Bericht über die Sitzung am Mittwoch, den 10. Januar 1900 zu Berlin. (ib. —.)
2. Sitzung. Bericht über die Sitzung am Dienstag, den 15. Mai 1900 zu Berlin (ib. —.)
4. Sitzung. Bericht über die Sitzung des Geschäftsführenden Ausschusses vom 7. Dezember 1900. (ib. —.)
1901. 1. Sitzung. Bericht über die Sitzung des Geschäftsführenden Ausschusses vom 23. März 1901. (ib. —.)
2. Sitzung. Bericht über die Sitzung des Geschäftsführenden Ausschusses vom 12. September 1901. (ib. —.)
4. Sitzung. Bericht über die Sitzung des Geschäftsführenden-Ausschusses vom 7. November 1901. (ib. —)
5. Sitzung. Bericht über die Sitzung des Geschäftsführenden-Ausschusses vom 22. November 1901. (ib. —.)
1902. 1. Sitzung. Bericht über die Sitzung des Geschäftsführenden Ausschusses vom 27. Februar 1902. (ib. —.)
2. Sitzung. Bericht über die Sitzung des Geschäftsführenden Ausschusses vom 2. Juni 1902. (ib. —.)

KOLONIAL-WIRTSCHAFTLICHES KOMITEE E. V., wirtschaftlicher Ausschuss der Deutschen Kolonialgesellschaft Berlin.
3. Sitzung. Bericht über die Sitzung des Arbeitsausschusses am 29. September 1902. (ib. —.)
4. Sitzung. Verhandlungen des Arbeitsausschusses vom 30. Oktober 1902 (ib —)

Komiyama, Gonroku, prakt. Arzt u. Assistenzarzt am Hospital d. Vereines zum Roten Kreuz in Tokyo: Ueber den Einfluss heisser Bäder auf den Blutdruck. *München 1898: Kastner & Lossen.* (11 S.) 8°
München, Med. Diss. v. 1898

KÖML, Fritz (Drachselsried): Der Lamerwinkel, ein Gebiet des Bayerischen Waldes, in seinen wirtschaftlichen und sozialen Verhältnissen.- (Titel nach der Urkunde)
16.11.1910 - Urk; Chr 1910/11,21
Diss.Ingolst.-Landsh.-Mchn

Kömle, Ant., Bauernknödel. Gedichte in oberösterreich. Mundart. kl. 8. (54 S.) Graz 888, Leykam. * 1 —

Kömle, Ant., Bauernknödl. Gedichte in oberösterreich. Mundart. 2. Aufl. 12. (56 S.) Wien 898. C. Daberkow. n. — 50

Kömle, A. Der Wiener Komiker. Eine Sammlg. humorist. Vortragsstücke f. Salon, Bühne u. Haus. Mit e. Notenbeilage. 8. (VIII, 168; Musikbeilage 16 S.) Wien 890, Daberkow. * 2 —; cart. * 2 50

Komljanec Josef: Phonologie des Dialektes von Zlöganje mit vergleichender Heranziehung anderer slovenischer Dialekte und besonderer Berücksichtigung der Betonung.
II. 1898 PN 1155 Diss.Wien, Univ.

KOMLÓSSY, FRANZ VON: Das Leben unserer lieben Heiligen Elisabeth. Vortrag gehalten am 22. Dezember 1906 im grossen Rathaussaal. Pozsony (Preßburg) 1906· Carl Angermayer 50, 1 S. - 8°

Komlóssy, Frz. v., das Rechtsverhältnis Bosniens u. d. Herzegowina zu Ungarn. Mit besond. Rücksicht auf das Mittelalter. Aus dem Ung. übers. v. E. K. (III, 138 S.) gr. 8. Budapest 909. (Wien, Manz.) 1. 70

Komm Deutscher, beschaue Dich einmal im hellen und getreuen Spiegel des Amerikaners! Vergleichende Würdigung des Anglo-Amerikaners mit dem Deutschen. 8. (84 S.) Neustadt a. d. Aisch 856. (Nürnberg, Korn.) *

Komm! o heiliger Geist. Ein Gebetbuch für katholische Christen. Von einem Priester aus dem Orden des heil. Franziskus. 2te Auflage. Gratz, 1857. Druck und Papier von A. Leykams Erben in Gratz. Verlag des Josef Sirolla. (252 S. 8.)

Komm! O heiliger Geist. Ein Gebetbuch für kathol. Christen. Von einem Priester aus dem Orden des heil. Franziskus. 2. Aufl. 18. (252 S. mit 1 Stahlst. und in Stahl gest. Titel.) Gratz 857. (Wien, Mayer und Comp.) *

— o heiliger Geist. Ein Gebetbuch für katholische Christen. Von einem Priester aus dem Orden des hl. Franziskus. 2. Aufl. Gratz 857. (Wien, Wendelin.) 36. (252 S., 1 Stahlst. u. Titel in Stahlst.) n. 7½ ngr.

Komm, Hl. Geist! Novene zur Vorbereitung auf das hochheil. Pfingstfest und die Feier der gnadenreichen Pfingstwoche nebst verschiedenen Gebeten zu Ehren des Heil. Geistes. Pfingstbüchlein. kl. 16. (44 S.) Steyl 888, Missionsdruckerei. * — 15

Komm hl. Geist! Pfingstbüchlein zur Vorbereitg. auf das hochheil. Pfingstfest u. zur Feier der gnadenreichen Pfingstwoche. Nebst verschiedenen Gebeten zu Ehren d. hl. Geistes. Hrsg. v. e. kathol. Priester zu Ehren d. hl. Geistes. 16. (48 S. m. e. Bild.) Steyl 890. Missionsdruckerei. n. — 15

Komm heiliger Geist! Handbüchlein für die Pfingstbetzeit . . . Berlin 1896. V: *Eleonore, Fürstin Reuss.* (Ky)

Komm, heiliger Geist! Handbüchl. f. d. Pfingstbetzeit. Zusammengest. v. El. (Fürstin Reuß). 16. (III, 103 S.) Berlin 896. Martin Warneck. Geb. in Leinw. n. 1. —; in Ldr. n. 1. 50

[F.] Komm, Heiliger Geist! Handbüchlein f. d. Pfingstbetzeit. Zsgest. v. El. *Berlin: Wiegandt & Grieben 1896.* (3 Bl., 103 S.) 1 Bd 8.

Komm heim! Kalender auf d. J. 1903. 4. (80 S. m. Abbildgn. u. 1 Farbdr.) Freiburg i/B., O. Fleig. n. — 30

Komm heim! Illustr. Familien-Kalender auf d. J. 1905. (64 S.) Lex.-8. Freiburg i/B., O. Fleig. — 25

— dasselbe. Ein Sonntagsblatt f. Evangelisation u. Gemeinschaftspflege. 5. u. 6. Jahrg. 1905 u. 1906. à 52 Nrn. (à 4 S.) gr. 4. Ebd. à Jhrg. n.n. — 80

Komm, Herr Jesu! 1. Das Kommen des Herrn Jesu zur Entrückg. der Seinigen. (1. Thess. 4, 16.17). 2. Die Ankunft d. Menschensohnes in Kraft u. Herrlichkeit (Offb. 19, 11—21; 1, 7). (Aus dem Franz. v. M. L.) 3. Anh.: Darstellung des göttl. Erlösungsplanes in den verschied Zeitaltern. Entworf. u. gezeichnet v. J. Warns. (23 S. m. 1 Taf.) 8. Gotha 908. (Missionsbuchh. P. Ott.) n — 20

[F.] Komm herüber und hilf uns! oder: Die Arbeit d. Neuen-Dettelsauer Mission in Deutsch Neu-Guinea. Mitteilgn u. Schildergn. No 1. H. 4. *Barmen: Verl. d. Missionshauses 1898.* 8.

Komm mir noch einer mit heirathen. Lstsp. von Pleißner. 8. Neuwied. Ochra. 792.

— mit! Hrsg.: Burckhardt. Red.: Frau Burckhardt. 13. Jahrg. 52 Nrn. (208 S. m. Abbildg.) Lex. 8. Berlin, (Buchh. d. ostdeutsch. Jünglingsbds.). 1. —; geb. 1. 60

Komm mit! Ein Spaziergang an Vaters Hand durch Wiese, Wald u. Feld beschrieben für kleine Knaben u. Mädchen von 5 bis 8 Jahren vom Verf. der „Dämmerstündchen." Langensalza 865. Verlags-Comptoir. 16. (63 S. mit 4 Chromolithogr.) cart. 9 ngr.

Komm mit ins Rosenthal. 2 Hefte. 8. Pilsen 791. Köhler in Leipz. 12 K

Komm mit mir! Unterhaltungsblättchen für die liebe Jugend. Unter Mitwirkung mehrerer Kinderfreunde hrsg. von Karl Nerich. „Mit zahlreichen Illustr." von Osk. Pletsch, Eug. Klimsch, Fed. Flinzer rc. 1. Jahrg. 1884. 24 Nrn. (Bog.) 8. Luxemburg, (Schamburger.)

— Mütterchen u. erzähle uns schöne Geschichten u. Märchen! Eine Sammlg. sorgfältig ausgewählter Erzählgn., Parabeln, Legenden u. Märchen f. die Jugend. Mit 5 saubern Bildern in Farbendr. 8. (VII, 192 S.) Mülheim a. d. R. 871. Bagel geb. 1. 50

—— Mütterchen und erzähle uns schöne Geschichten und Märchen! Eine Sammlung sorgfältig ausgewählter Erzählungen, Parabeln, Legenden und Märchen für die Jugend. 1871, und Neue Ausg. 8. (VII, 192 S. mit 5 saubern Bildern in Farbendr.) Mülheim a. d. R. 875, Bagel. cart. 1 50

Komm und sieh! Monatl. Anzeiger d. Casseler Kreisverbindung Ev. Männer- u. Jünglingsvereine. (Red.: Pfarrer E[rnst] Wittekindt, Cassel) Jg. 1. (Cassel 1906 Röttger.) 4°

Komm! Wen dürstet, der komme! Offb. 22, 17. (Geistliche Rüstg. f. den letzten Kampf. Einfältige Betrachtg. d. Offb. Johannis.) (Von H. Kleine.) (IV, 235 S.) 8. Löhne 910. E. Heitmann. 1. 50

— zu Jesu! Aus dem Engl. Hamburg 855. Oncken. 16. (1 Bl., 70 S.) 3 ngr.

—— zu Jesu. Eine Einladung, daß ein jeder Sünder zu Jesu kommen soll, und wie er Gnade und Vergeltung finden kann. Aus dem Engl. übers. 12. (96 S.) Milford Squar, Pa. 857. (Philadelphia, Schäfer und Koradi.) geb. *

Komm' zu Jesu! Katholisches Gebetbüchlein für die Jugend. 32. (192 S. mit 1 Stnt. und 1 lithogr. Titelbl.) Einsiedeln 873, Wyß, Eberle und Comp. geb. ** — 20

Komm zu Jesu! Eine Einladung z. wahren Glück u. Frieden. Verantwortl. f. d. Red.: Prediger [Hans] Peters. Jg. 1–6, No 25. [Mehr nicht erschienen.] Stettin: Peters & Herzog 1901–06. 6 Bde 4° [F.]

— zu Jesu! Eine Einladg. zum wahren Glück u. Frieden. Red.: Peters. 1. u. 2. Jahrg. 1901 u. 1902. à 52 Nrn. gr. 4. (à 4 S. m. Abbildgn.) Stettin (Christl. Buch- u. Kunsthandlg.). à Jahrg. n. — 52
Vergl.: Sonntagsblatt f. Stettin u. Umgegend.

— zu Jesu! Eine Einladg. zum wahren Glück u. Frieden. Red.: Peters. 3. u. 4. Jahrg. 1903 u. 1904. à 52 Nrn. (à 4 S. m. 1 Abbildg.) gr. 4. Stettin, Christl. Buch- u. Kunsthandlung. à Jhrg. n. — 52

— dasselbe. Kalender auf d. J. 1903. 4. (80 S. m. Abbildgn. u. 1 Farbdr.) Ebd. — 30

— dasselbe. Kalender auf d. J. 1905. (64 u. 8 S. m. Abbildgn. u. 1 Taf.) gr. 8. Ebd. — 30

Komm zu Jesu-Kalender. Jg. [1.] Auf d. Jahr 1903. *Stettin: H. Peters (1903).* 8°(4°) [F. u. Ant.]

—— zu Jesus! 14. Aufl. 1865. * 2 Ngr. und 15. Aufl. (Ster.-Ausg.) 8. (56 S.) Barmen 866. Berlin, Beck. **

—— zu Jesus! 20. Aufl. Hrsg. von der Wupperthaler Traktat-Gesellschaft. 8. (56 S.) Barmen 874, Wiemann. * — 20
geb. mit Goldschn. * — 60
—— dass. — 21. Aufl. 8. (56 S.) Ebendas. 875. — 30

—— zu Jesum Christum. (In russischer Sprache.) 8. (118 S.) Weimar 870. (Leipzig, Kasprowicz.) * 1 50

Kömm, Janes Nep., Bukve od porodne pomozhi sa porodne pomozhnize na kmetih. (Geburtshülfe in wendischer Sprache.) gr. 8. (24 B. u. 1 Tab.) Grádzi 840, Ferstlsche Buchh.

Komma, Adam Erörterung der künstlerischen Form des platonischen Dialoges Phaedon und Prüfung der Giltigkeit der ebendaselbst entwickelten Beweise für die Unsterblichkeit der Seele. 26 S. 8. Progr. G. *Budweis* 1880

Komma, Franz: Ueber den Nachweis der Paratyphusbakterien in Wurstwaren und seine Verwertbarkeit für die Nahrungsmittelkontrolle. Jena 1910. 14 S.

Wien, Vet.-med. Diss. v. 1910.
Aus: Centralblatt für Bakteriologie. Originale. Bd 55.

Kommandirrolle, vollständige, f. Feldwebel. 12. (101 S.) Wesel 892. C. Kühler. Kart. n.n. — 50

Kommandirrolle, vollst., f. Feldwebel. 5. Aufl. 12. (102 S.) Wesel 899. C. Kühler. n.n. — 50

Kommandirrolle, vollständige, f. Feldwebel. Jahrg. 190.. 8. verb. Aufl. 8. (100 S.) Wesel (902). C. Kühler. Kart. n.n. — 50

Kommandierrolle, vollständige, f. Feldwebel. Jahrg. 190..
11. verb. Aufl. (106 S.) kl. 8. Wesel 907. C. Kühler.
Kart. n.n. — 50

Kommandierrolle, vollständige, f. Feldwebel. Jahrg. 19..
14. verb. Aufl. (108 S.) kl. 8. Wesel 911. C. Kühler.
Kart. nn — 50

Kommando, Aviso und Signale aus dem Abrichtungs-Reglement für die k. k. Fußtruppen. 16. (IV und 50 S.) Wien 862, Seidel und Sohn. *

Kommando, die, der Exerzierreglemente. Zürich 868. Orell, Füßli & Co. 32. (46 S.) cart. n.n. 5 ngr.

Kommando, die, für das Kompagnie-, Divisions- und Bataillons-Exerciren, mit einer Einleitung über die bei der „Bildung der Kommando" in Berücksichtigung kommenden Grundsätze. 16. (38 S.) Wien 861, Seidel und Sohn.

Das **Kommando** des Kronprinzen von Württemberg in den Feldzügen von 1814 u. 1815 gegen Frankreich, nach amtl. Quellen hrsg. von den Offiz. des Kgl. württ. General-Quartiermeister-Stabs. Mit Krt. Stuttgart 1841. 198 S.
(Neuausgabe von „Beitrag zu der Geschichte der Feldzüge von 1814 u. 1815 in Frankreich rc.")

Elektrische **Kommandoapparate** nach dem Drehfeldfernzeiger-System. *Berlin: Allg. Elektr.-Ges. [1901].* (11 S.) 4° [Kopft.] 03. 1983 11

Kommandobuch

— kleines, f. die Feldartillerie. Enth. sämtl. Kommandos aus dem Exerzier-Reglement, der Turnvorschrift u. der Instruktion zum Reitunterricht. (61 S.) 16. Berlin 908. Vossische Buchh. — 40

— kleines, f. die Kavallerie. Sämtliche Kommandos (Zeichen u. Signale) aus dem Exerzier-Reglement, der Vorschrift f. die Waffenübgn., aus dem Garnison-Wachtdienst u. der Turnvorschrift sowie Benenng. der Übgn. beim Turnen u. Höhe der Geräte. (63 S.) 16. Ebd. 910. — 50

Kommandobuch, neuestes, f. Contre u. Quadrille à la cour. (35 S.) 16. Berlin (908). H. Steinitz. — 40

Kommando-Buch für jüngere Offiziere u. Unteroffiziere v. einem alten Kompagnie-Chef. 12. (VII, 86 S.) Berlin 882. Mittler & Sohn. n. — 50

Kommandobüchlein, zur Quadrille à la cour u. z. Contre-Tanz. 64. (16 S.) Erfurt 895. F. Bartholomäus. — 15

Kommandos zum Contre. Quadrille à la cour. Variété parisienne. 128. (15 S.) Charlottenburg 898. A. Michow. — 10

Kommandotabelle zum Betriebe des Turnens und des Bajonettfechtens bei der Infanterie, aufgest. nach d. neuesten Vorschrift. z. praktischen Gebrauch u. z. Anhalt f. d. Unteroffiziere, 1. u. 4. Aufl., Glogau 1877—1879, 16°. 2 Bde.

Kommando-Tabelle aus dem Exerzir-Reglement f. die Infanterie m. Ausführungserläuterungen, speziell Einzelausbildung. Zum Gebrauch f. Unteroffiziere (Aspiranten x.) u. Exerzirlehrer bei Ausbildg. der Mannschaften, m. Anh.: Verhalten der Unteroffiziere beim Exerziren. Von W. H. 2., f. das Gewehr 88 umgearb. Aufl. 16. (52 S. m. 1 Taf.) Köln 890. Warnitz & Co. n. — 40

Kommando-Tabelle aus dem Exerzir-Reglement für die Kavallerie der königl. preußischen Armee. 8. (95 S.) Berlin 855, Deckersche geheime Ober-Hofbuchdr.

Kommando-Tabelle für die Kavallerie. Auf Grund des Exerzir-Reglements vom 5. Juli 1876. 8. (178 S.) Potsdam 878, Döring. *

Kommando-Tabelle f. die Kavallerie. Sämmtliche Kommandos (Zeichen u. Signale) aus dem Exerzier-Reglement, der Reitinstruktion, aus dem Garnison-Wachdienst u. der Turnvorschrift sowie Benenng. aller Uebgn. beim Turnen. Nebst: Deckblätter Oktbr. 1902. (52 S. u. 6 Bl.) 16. Berlin 902. Vossische Buchh. n. — 30

Kommando-Tabellen f. die Feldartillerie. 1. u. 2. Aufl. gr. 16. (à 44 S.) Berlin 901. 903. Vossische Buchh. n. — 25

Kommando-Tabellen f. die Feldartillerie. 2. Aufl. Die Kommando-Tabellen enth. alle vorkomm. Kommandos aus dem Exerzier-Reglement, der Turnvorschrift u. der Reit-Instruktion, sowie diejenigen f. den Garnison-Wachdienst. Ferner ist die vorschriftsmäß. Bezeichng. sämmtl. Uebgn. aus der Turnvorschrift aufgenommen. (44 S.) 16. Ebd. 903. n. — 25

Kommando- u. Uebungstafeln für Frei-, Turn- u. Fechtübungen im Auszuge aus den „Vorschriften über das Turnen u. Bajonettfechten der Infanterie". Zum Handgebrauch für Unteroffiziere u. Hilfslehrer zusammengestellt von einem Kompagniechef. 8. (46 S.) Berlin 876. Mittler & Sohn. — 30

Kommando- und Uebungstafeln für Frei-, Turn- und Fechtübungen im Auszuge aus den „Vorschriften über das Turnen und Bajonettfechten der Infanterie". Zum Handgebrauch für Unteroffiziere und Hilfslehrer zusammengestellt von einem Kompagniechef. 8. (46 S.) Berlin 879, Mittler und Sohn.

Kommando-Worte zum Abrichtungs-Reglement für die k. k. Artillerie. 4. (54 S.) Brünn 860, Buschak und Irrgang.

Kommandoworte des Abrichtungs-Reglements für die k. k. Artillerie, nebst Auszügen dieser Vorschrift als Gedächtnißunterstützung. 16. (136 S.) Wien 866, Dirnböck's Buchh. *

— aus dem Abrichtungs-Reglement für die k. k. Fußtruppen mit den nothwendigsten Erläuterungen. Von einem k. k. Hauptmann. 16. (64 S.) Wien 862, Leo.

Kommando-Worte aus den Abrichtungs-Reglements für die k. k. Infanterie. Wien 1851. 8°.

Kommando-Worte aus dem Abrichtungs-Regl. f. d. k. k. Kavallerie. 1851. Wien 1851. 48 S.

Kommandoworte aus dem Abrichtungs-Reglement für die k. k. Kavallerie. Mit den nothwendigsten Erläuterungen. Prag, 1857. Karl Vetterlischer Druck. (76 S. 12.)

Kommando-Worte aus dem Abrichtungs-Reglement für die k. k. Linien- und Grenz-Infanterie. 1851. 8. (34 S.) Wien. Druck und Verlag von Leopold Sommer. 1854.

— — aus dem neuen Abrichtungs-Regl. f. d. k. k. Linien- u. Grenz-Inf. vom J. 1851. Von einem österr. Offiz. 3. Aufl. Znaim 1851. 48 S.

Kommando-Worte u. kurzer Auszug aus dem Exerzir-Reglement f. die k. k. Kavallerie. 1851. 16. (80 S.) Wien 851. (Leipzig, Hübner.) 6 ngr.

— Aviso u. Signale aus dem Abrichtungs-Reglement für die k. k. Fußtruppen. Wien 868. literar.-artist. Anstalt. 16. (95 S.) 5 ngr.

— Aviso u. Signale aus dem Exercir-Reglement für die k. k. Fußtruppen. Ebend. 868. 16. (64 S.) n. 4 ngr.

Kommandoworte, Aviso und Signale aus dem Abrichtungs-Reglement für die k. k. Fußtruppen. 12. (. S.) Wien, liter.-art. Anstalt von L. Dittmarsch. 1868 20 kr.

Kommando-Worte, Aviso und Signale aus dem Abrichtungs-Reglement für die k. k. Kavallerie. kl. 8. (82 S.) Wien, lit.-art. Anstalt (L. Dittmarsch.) 1870 35 kr.

Kommandoworte und Bemerkungen für den Rekruten-, Zugs-, Escadrons-, Divisions- u. Regiments-Unterricht nach den neuesten Vorschriften für den Unterricht der k. bayerischen Cavalerie, der Linie u. der Landwehr. Augsburg 861. Schmid. 32. (260 S.) n. 5 ngr.

—— und Bemerkungen für den Rekruten-, Zugs-, Kompagnie- und Bataillons-Unterricht nebst Anhang. Nach den neuesten Exerziervorschriften und deren letzten Abänderungen der königl. bayer. Linie und Landwehr rc. 1—3. Aufl. 32. (190 S.) Augsburg 860. 61, Schmid'sche Verlagsbuchh. *

—— für den Dienst auf k. k. Kriegsschiffen. [Normal-Verordnung vom 6. Juli 1877 $\frac{\text{P. K.}}{\text{M. S.}}$ Nr. 944.] 8. (68 S.) Wien. (Ebendas.) 877. **

Kommandoworte des Exerzier-Reglement für die k. k. Artillerie 1871. 16. (III, 228 S.) Wien 871, Seidel und Sohn. *

— aus dem Exercir-Reglement für die k. k. Fußtruppen mit den nothwendigsten Erläuterungen. Von einem k. k. Hauptmann. Ebend. 862. 16. (68 S.) 6 ngr.

Kommando-Worte aus dem Exercir-Reglement der k. k. Kavallerie. Mit den nothwendigsten Erläuterungen. *Prag* 1857. *C. Vetterl'sche* Buchdr. *(Ant. Renn.)* 48 S. 12°.

— — aus dem Exercir-Reglement für die k. k. Kavallerie. Ebend. 864. 16. (46 S.) 4 ngr.

— — aus dem Exercir-Reglement für die k. k. Kavallerie. Mit den nothwendigsten Erläuterungen. kl. 8. (58 S.) Ebds. 1840 30 kr.

Kommando-Worte aus dem Exerzier-Reglement für die k. k. Linien- und Grenz-Infanterie. 1851. 8. (52 S.) Wien. Druck und Verlag von Leopold Sommer. 1854.

Kommando-Worte für S. M. Kriegs-Marine. [Marine-Normal-Verordnung vom 15. Jänner 1876 $\frac{\text{P.K.}}{\text{M.S.}}$ Nr. 1649 ex 75.] 8. (43 S.) Wien 876. (Pola, Schmidt.) n. — 40

—— —— für den Rekruten-, Zugs-, Escadrons-, Divisions- und Regiments-Unterricht nach den neuesten Vorschriften für den Unterricht der königl. bayer. Cavalerie, der Linie und der Landwehr. 32. (260 S.) Augsburg 861, Schmid'sche Verlagsbuchh. *

— für den Rekruten-, Zugs-, Kompagnie- und Bataillons-Unterricht nebst Anhang [Signale u. Kommandoworte für die geöffnete Gefechtsordnung, sowie Kommandoworte für das Bajonnetfechten.] Nach den neuesten Exerziervorschriften der k. bayerischen Infanterie. 1—3. Aufl. Ebend. 860, 61. 32. (190 S.) n. 4 ngr.

Kommandoworte für Schiffe. *Berlin: Reichs-Marine-Amt 1902.* (38 S.) 8° [ꝟ.] [02. 939]

Kommandoworte f. Schiffe u. Boote. 12. (38 S.) Berl. 889, Mittler u. Sohn. * — 50

—— und Signale aus dem Abrichtungs-Reglement für die k. k. Kavallerie. 16. (95 S.) Wien 864, Leo.

—— —— aus dem Exercir-Reglement für die k. k. Kavallerie. 16. (46 S.) Wien 864, Leo.

Kommando-Wörter für d. Artillerie. Deutsch u. Neugriechisch. o. O. 1832.

Kommen u. Gehen. Ein Familien-Gedenkbuch, nach dem verwandten Werke v. H. Strathesk v. A. Steen. 8. (V, 224 S. m. Ornamenten.) Bremen 890. Heinsius Nachf. geb. m. Goldschn. n. 6. —

Kommen, Das, des Messias, des Königs, und Seines 1000jährigen Reiches auf Erden nach den Weissagungen im Buche Daniel und in der Offenbarung. Riga 1899—1900. V: *Beuningen, Paul W. Uno van* (Berl)

Kommen, das, des Messias, des Königs, u. seines 1000-jährigen Reiches auf Erden, nach den Weissagungen im Buche Daniel u. in der Offenbarung. Von Paul W. U. van B. gr. 8. (218 u. 19 S. m. 1 Tab.) Riga 900. (Jonck & Poliewsky.) n. 3. —

Kommen Sie im 30sten Jahrhundert wieder. [Berlin 1795.] V: *Nachtigal, Johann Carl Christian.* (MGT)

Die **Kommenden.** 1. Veröffentlichung aus den Darbietungen der 'Kommenden' an d. Donnerstag-Abenden im Nollendorf-Casino. Red. von A(lfred) N. Gotendorf, H[einrich] Lux [u. a.] *Berlin: Selbstverl. d. 'Kommenden'; Verl. 'Renaissance' in Komm. 1901.* 8° [03. 8344 II

Kommentar, s. a.: Commentar.

— anonymer, zu Platons Theaetet, unter Mitwirkg. v. J. L. Heiberg bearb. v. H. Diels u. W. Schubart, s. a. Klassikertexte, Berliner. II.

Anonymer **Kommentar** zu Platons Theaetet ⟨Papyrus 9782⟩. Nebst 3 Bruchstücken philosoph. Inhalts ⟨Pap. N. 8; P. 9766. 9569⟩. Unter Mitw. von J[ohann] L[udwig] Heiberg bearb. von H[ermann] Diels u. W[ilhelm] Schubart. Mit 2 Lichtdrucktaf. Berlin: Weidmann 1905. (XXXVII, 62 S.) 4°(8°)
= Klassikertexte, Berliner. H. 2. [05. 11905

Kommentar zu den statutarischen Bestimmungen bei dem Kur- und Neumärkischen Ritterschaftlichen Kredit-Institute. Veranstaltet von der Kur- und Neumärkischen Haupt-Ritterschafts-Direktion. Berlin 1880. fol.

— [Neue Ausg.] 1900. fol.

— zum Börsengesetz. Auf Veranlassg. des Centralverbandes des deutschen Bank- u. Bankiergewerbes (E. V.) bearb. v. H. Rehm, H. Trumpler, Heinr. Dove, Ernst Neukamp, R. Schmidt-Ernsthausen, James Breit, m. e. Vorwort v. J. Rießer. (VIII, 464 S.) Lex. 8. Berlin 909. J. Guttentag. 12.—; geb. in Leinw. 13. —

Kommentar zum Bundesgesetz betr. Schuldbetreibung und Konkurs, unter Berücksichtigung der Praxis der Bundesbehörden und der Entscheidungen kantonaler Gerichte und Aufsichtsbehörden für den prakt. Gebrauch bearbeitet von *Dr. C. Jaeger.* 4 Teile. Abteilg. I. Zürich, Verlag Art. Institut Orell Füssli. 1900 pro Abteilung 3 —

— ferner, s. Commentar.

34. (F) **Kommentar** zur Exekutionsordnung. Gr.-8°. erscheint in Lieferungen. 1. Liefr. K 1.50
Wien: Manz 1902.

Kommentar z. allg. Gerichts-Deposital- u. Hypotheken-Ord. ung rc. gr 8. Br. sl. W. G. Korn. 805.

— zum bürgerlichen Gesetzbuch vom 18. VIII. 1896 nebst dem Einführungsgesetze, bearb. v. Ed. Hölder, Frdr. Schollmeyer, Otto Fischer, Ernst Heymann, Arth. Schmidt, Herm. Habicht, Alfr. Schultze. I. Bd. II. Bd. 1. u. 2. Lfg. u. IV. Bd. 1. Lfg. gr. 8. München, C. H. Beck. n. 23. 90

I. Kommentar zum allgemeinen Theil des bürgerlichen Gesetzbuchs. Nebst Einleitung. Von Ed. Hölder. (X, 480 S.) 900. n. 9. —; geb. n.n. 11. —
II. 1. 2. Recht der Schuldverhältnisse. Von Frdr. Schollmeyer. 1. Hälfte. Allgem. Theil des Rechts der Schuldverhältnisse (§§ 241—432). (VIII, 449 S.) 899. 900. n. 8. 50; geb. in Halbfrz. n.n. 10. 50
IV. Familienrecht. Von Arth. B. Schmidt u. Herm. Habicht. 1. Lfg. (S. 1—344.) 900. n. 6. 40

— zum bürgerlichen Gesetzbuch vom 18. VIII. 1896 nebst dem Einführungsgesetze, bearb. v. Eduard Hölder, Frdr. Schollmeyer, Ernst Heymann, Arth. B. Schmidt, J. Wilh. Hedemann, Aug. Fuchs, Alfr. Schultze u. Paul Wilutzky. IV. Bd. 2. u. 3. Lfg. Lex.-8. München 904. 907. C. H. Beck. n. 8. 10
(I, II, 1 u. IV, 1—3: 33. —)

Familienrecht. Von Arth. B. Schmidt, J. Wilh. Hedemann, Aug. Fuchs. 1. Abschn. Die bürgerl. Ehe. Erläutert v. Schmidt. 2. u. 3. Lfg. (XI u. S. 345—893.) n. 8. 10
(IV, I: 15. 50; geb. in Halbfrz. n. 17. 50)

— zum bürgerlichen Gesetzbuch v. 18. VIII. 1896 nebst d. Einführungsgesetze, bearb. v. Ed. Hölder, Frdr. Schollmeyer, Leo Rosenberg u. a. IV. Bd. 3. Abschnitt. Lex. 8. München, C. H. Beck. 12.—; geb. in Halbfrz. 14. —

Familienrecht. Von Arth. B. Schmidt, J. Wilh. Hedemann u. Aug. Fuchs. 3. Abschnitt. Vormundschaftsrecht. Erläutert v. Aug. Fuchs. (X. 509 S.) 909.

Kommentar z. bürgerl. Gesetzbuch, hrsg. v J. v. Staudinger. 8. u. 9. Lfg. München, J. Schweitzer Verl. 1900 6. —

— z. bürgerl. Gesetzbuch, hrsg. von J. v. Staudinger. 10. u. 11. Lfg. München, J. Schweitzer Verl. 1900 5. 40.

Kommentar z bürgerl. Gesetzbuch, hrsg. von J. v. Staudinger. 12. Lfg. München, J. Schweitzer Verl. 1900 5. —

Kommentar z. bürgerl. Gesetzbuch, hrsg. von J. v. Staudinger. 13. Lfg. München, J. Schweitzer Verl. 1901 3. —

Kommentar z. bürgerl. Gesetzbuch, hrsg. v. J. v. Staudinger. 14. Lfg. Münch., J. Schweitzer Verl. 1901 3. —

Kommentar z. bürgerl. Gesetzbuch, hrsg. von J. v. Staudinger. 15. u. 16. Lfg. Münch., J. Schweitzer Verl. 1901 7. 20.

Kommentar z. bürgerl. Gesetzbuch, hrsg. von J. v. Staudinger. 17. Lfg. Münch., J. Schweitzer Verl. 1901 3. —

Kommentar z. bürgerl. Gesetzbuch, hrsg. von J. v. Staudinger. 18. u. 19. Lfg. Münch., Schweitzer Verl. 1902 Je 3. —

J[ulius] v. Staudinger's **Kommentar** zum Bürgerlichen Gesetzbuch und dem Einführungsgesetze hrsg. von Theodor Loewenfeld, Erwin Riezler... 2. vollst. neubearb. Aufl. Bd 3. *München: J. Schweitzer 1903.* 8°]F.]
[03. 8943 6

J[ulius] v. Staudinger's **Kommentar** zum Bürgerlichen Gesetzbuch und dem Einführungsgesetze hrsg. von Dr. Theodor Loewenfeld, Dr. Erwin Riezler... 2. vollst. neubearb. Aufl. Bd 1. *München: J. Schweitzer 1901.* 8° [F.]
[04 3404

J[ulius] v. Staudinger's **Kommentar** zum Bürgerlichen Gesetzbuch und dem Einführungsgesetze hrsg. von Dr. Theodor Loewenfeld, Dr. Erwin Riezler... 2. vollst. neubearb. Aufl. Bd 1–7. München: J. Schweitzer 1904–06. 8 Bde. 8° [F.]
1. Allgem. Theil. Erl. von Dr Th. Loewenfeld u. Dr. E. Riezler. 1904.
2 — Recht d. Schuldverhältnisse. 1906.
a. Allgem. Th. Erl. von Dr. Ludwig Kuhlenbeck.
b. Besond. Th. Erl. von Karl Kober u. Dr. Theodor Engelmann.
3 — Kober, K.: Sachenrecht. 1903. 4 — Engelmann, Th.: Familienrecht. 1905.
5 — Herzfelder, Felix: Erbrecht. 1906.
6 — Wagner, Joseph, K. Kober u L. Kuhlenbeck: Einführungsgesetz. 1906.
7. Alphab. Gesamtreg. Bearb. von Fritz Keidel. 1906. [06. 20413

Julius v. Staudinger's **Kommentar** zum Bürgerlichen Gesetzbuch und dem Einführungsgesetze hrsg. von Dr. Theodor Loewenfeld, Dr. Erwin Riezler [u. a.]. 3./4. neubearb. Aufl. Bd 1, Lfg 1. München: J. Schweitzer 1907. 8° [F.]
[07. 8547

Julius v. Staudinger's **Kommentar** zum Bürgerlichen Gesetzbuch und dem Einführungsgesetze hrsg. von Dr. Theodor Loewenfeld, Dr. Erwin Riezler [u. a.] 3./4. neubearb. Aufl. Bd 1–7. München: Schweitzer 1907–09. 8°
1. Allgemeiner T. Erl. von Loewenfeld u. Riezler. 1907.
2. Recht d. Schuldverhältnisse. (T. 1. 2.)
(1.) Erl. von Dr. Ludwig Kuhlenbeck u. Karl Kober. 19(07–)08
(2.) Erl. von Kober u. Dr. Th[eodor] Engelmann. 1908
3. Sachenrecht. Erl. von Kober. 1907.
4. [1. 2.] Familienrecht. Erl. v. Engelmann. (T. 1. 2.) 19(07–)09.
5. Erbrecht. Erl. von Dr. Felix Herzfelder. 19(08–)09.
6. Einführungsgesetz. Erl. von Kuhlenbeck. 1909.
7. (Alphab. Gesamt-Register. [Bearb. von Fritz] Keidel.) 1909. [09. 14495

J[ulius] v. Staudingers **Kommentar** zum Burgerlichen Gesetzbuch und dem Einführungsgesetze hrsg. von Dr. Theodor Loewenfeld, München, Dr. Erwin Riezler [u. a.]... 5./6. Aufl. Bd 1, Lfg 1. München & Berlin: Schweitzer 1909. 8°
[09. 10236

— zum bürgerlichen Gesetzbuch u. s. Nebengesetzen. I. Kommentar zum bürgerl. Gesetzbuche. Hrsg. v. J. Biermann, G. Frommhold, C. Gareis, E. Hubrich, A. Niedner, P. Oertmann. gr. 8. Berlin 898. C. Heymann's Verl. n. 7. —

Das Sachenrecht d. bürgerl. Gesetzbuches. Erläut. von Johs. Biermann. (XII, 324 S.)

— dasselbe. II. Kommentar z. d. Nebengesetzen. Hrsg. v. G. Bossert, A. Engelmann, A. Förster, K. Lehmann, C. Predari, B. Ring, R. Schultze-Görlitz, Th. Wolff. gr. 8. Ebd. n. 8. —

Das Reichsgesetz üb. d. Zwangsversteigerg. u. Zwangsverwaltg. nebst d. Einführungsgesetze v. 24. III. 1897. Erläut. v. Th. Wolff. (XVI, 356 S.) 899.

Kommentar zum B. G. B. u. seinen Nebengesetzen 899—900.
C. Heymann's Verl.
I. Kommentar zum bürgerlichen Gesetzbuche.
Gareis, allgemeiner Theil. 900.
Oertmann, Schuldverhältnisse. 2 Theile. 899.
Biermann, Sachenrecht. 899.
v. Blume u. **Hubrich**, Familienrecht.
Frommhold, Erbrecht. 2 Thle. 900.
Niedner. Einführungsgesetz. 899.
II. Kommentar zu den Nebengesetzen.
Lehmann u. **Ring**, Handelsgesetzbuch. 2 Thle. 900.
Engelmann u. **Förster**, Civilprozessordnung.
v. Sarwey u. **Bossert**, Konkursordnung I. 4. Aufl.
Predari, Grundbuchordnung I. 900.
Schulze-Görlitz u. **Oberneck**, Angelegenheiten der freiwilligen Gerichtsbarkeit. 2 Thle. 900.
Wolff, Zwangsversteigerungsgesetz. I. Das Reichsgesetz. 898.
— II. Preussisches Ausführungsgesetz.
III. Kommentar zum Preussischen Ausführungsgesetz.
Crusen u. **Müller**, Ausführungsgesetz für Preussen. I. 900.

Kommentar z. B.G.B. nebst Einführungsgesetz. In Gemeinsch. m. **Löwenfeld, Mayring, Kober, Engelmann, Herzfelder, Wagner**, hrsg. von **Staudinger**. München, Schweitzer. Lfg. 1—12.

Die bis 1900 erschienenen Lieferungen enthalten:
Bd. I. Allgemeiner Theil erläut. von **Löwenfeld**.
,, II. Schuldverhältnisse erläut. von **Mayring**.
,, III. Sachenrecht erläut. von **Kober**.
,, IV. Familienrecht erläut. von **Engelmann** und **Staudinger**.
,, V. Erbrecht erläut. von **Herzfelder**.
,, VI. Einführungsgesetz von **Wagner**.

Der Preis dieser 12 Lieferungen beträgt Mk. 37.—; zu den vollständigen Bänden III u. IV können Einbanddecken in Halbfranz zum Preise von à Mk. 1.50 bezogen werden. Band IV wird mit dem Gesammregister zusammengebunden.

Der Umfang des ganzen Werkes wird etwa 150—170 Bogen, der Gesammtpreis etwa Mk. 55.— betragen.

Einzelne Bände oder Theile werden nicht abgegeben.

— zum bürgerlichen Gesetzbuche u. seinen Nebengesetzen. (I.) Kommentar zum bürgerl. Gesetzbuche. Hrsg. v. J. Biermann, W. v. Blume, G. Frommhold, K. Gareis, E. Hubrich, A. Niedner, O. Opet, P. Oertmann. Lex.-8. Berlin, C. Heymann. n. 53.—
Biermann, Johs., das Sachenrecht des bürgerl. Gesetzbuchs. Erläutert v. B. 2. neubearb. Aufl. (XII, 527 S.) 903. n. 11.—; geb. n. 12.—
Frommhold, G., das Erbrecht. 2 Thle. (XV, 356 S.) 899. 900. n. 7.—; geb. n. 8.—
Gareis, Karl, der allgemeine Theil des bürgerl. Gesetzbuchs. Erläutert v. G. (XLVI, 291 S.) 900. n. 7.—; geb. in Leinw. n. 8.—
Niedner, A., das Einführungsgesetz v. 18. VIII. 1896. Erläutert v. N. 2. unter Berücksicht. der Ausführungsgesetze sämmtl. Bundesstaaten umgearb. u. verm. Aufl. (XXXII, 500 S.) 901. n. 10.—; geb. n. 11.—
1. Aufl. (XII, 358 S.) 899. n. 8.—; geb. n. 9.—.
Opet, O., u. W. v. Blume, das Familienrecht. 1. Thl. (1. Abschn., §§ 1297 bis 1429) bearb. v. O. Opet. (216 S.) 902. n. 4.—
Oertmann, Paul, das Recht der Schuldverhältnisse. 2 Thle. gr. 8. (XII, 608 S.) Ebd. 900. n. 14.—; geb. n. 15.—

Kommentar zum bürgerlichen Gesetzbuche u. seinen Nebengesetzen. (II.) Kommentar zu d. Nebengesetzen. Hrsg. v. G. Bossert, A. Engelmann, A. Förster, K. Lehmann, H. Oberneck, C. Predari, B. Ring, R. Schultze-Görlitz, Th. Wolff. gr. 8. Berlin, C. Heymann. n. 85. 60
Förster, A., die Civilprozeßordnung f. das Deutsche Reich. I. Bd. 1. Thl. 2. Aufl., nach dem Stande der v. 1. I. 1900 an gelt. Gesetzgebg. bearb. v. A. Förster u. A. Engelmann. (344 S.) 902. n. 8.—
Lehmann, K., u. B. Ring, das Handelsgesetzbuch. 1. Thl., bearb. v. K. Lehmann. (II, 370 S.) 899. n. 7.—
— — Dasselbe. 2. Thl. (§§ 178 bis 275), bearb. v. B. Ring. (S. 373—548.) 900. n. 4.—
— — Dasselbe. I. Bd. 3. Lfg. (XXIV u. S. 549—716.) 902. n. 4.-

— — Dasselbe. II. Bd., bearb. v. L. (VIII, 444 S.) 901. n. 10.—; geb. n. 12. 50; (kplt. n. 25.—; geb. n. 30.—)
Predari, C., die Grundbuchordnung. 2 Thle. (II, 288 S.) 900. 902. n. 5. 60
Sarwey, v., die Konkursordnung f. das Deutsche Reich. 4. Aufl., nach dem Stande der vom 1. I. 1900 an gelt. Gesetzgebung bearb. v. G. Boßert. 2 Thle. (II, XIX, 582 S.) 900. 901. n. 16.—; geb. n. 18. 50
Schultze-Görlitz, R., das Reichsgesetz üb. die Angelegenheiten der freiw. Gerichtsbarkeit v. 17.|20. V. 1898. Erläutert v. Sch. (Ausg. f. das Reich.) (XXIV, 418 S.) 900. n. 10.—; geb. n. 12. 50
— u. H. Oberneck, die Angelegenheiten der freiwilligen Gerichtsbarkeit. 2. Thl.: Das preuß. Gesetz. (XXV, 443 S.) 900. n. 9.—
Wolff, Th., das preuß. Ausführungsgesetz zum Reichsgesetz üb. die Zwangsversteigerung u. Zwangsverwaltung v. 23. IX. 1899. Erläutert v. W. 2. Thl. des Kommentars z. Zwangsversteigerungsgesetz. (VII, 90 S.) 900. n. 2.—; (1 u. 2 n. 10.—)
— das Reichsgesetz üb. die Zwangsversteigerung u. Zwangsverwaltg. nebst d. Einführungsgesetze v. 24. III. 1897. Erläutert v. W. 2. verb. Aufl. (XX, 427 S.) 901. n. 10.—; geb. n. 12. 50

— dasselbe. (III.) gr. 8. Ebd. n. 20.—
Crusen, G., u. G. Müller, das preußische Ausführungsgesetz zum bürgerl. Gesetzbuche v. 20. IX. 1899. In Verbindg. m. F. Hobrecht erläutert. 2 Thle. (XXXVI, 1034 S.) 900. 901. n. 20.—; geb. n. 23.—

Kommentar zum Bürgerlichen Gesetzbuche (und seinen Nebengesetzen) hrsg. von J. *Biermann* [u. a.] 2. Aufl. Tl 1—3. 5—8, 1. 10—12. Berlin 1902—1914. 8° *[Mit Sondertit.]*

[Dasselbe.] 3. Aufl. Tl 2. 3. 8. 1. 12. Berlin 1909—1914. 8°

— zum bürgerlichen Gesetzbuche u. seinen Nebengesetzen. (I.) Kommentar zum bürgerl. Gesetzbuche. Hrsg. v. J. Biermann, W. v. Blume, G. Frommhold, K. Gareis, A. Niedner, O. Opet, P. Oertmann. gr. 8. Berlin, C. Heymann. n. 40.—
Opet, O., u. W. v. Blume, das Familienrecht. 2. Thl. (bürgerl. Ehe [Schluß], § 1430—1588), bearb. v. O. Opet. (S. 217—430.) 904. n. 4.—
— — dasselbe. 1. u. 2. Abschn. Bürgerliche Ehe. Verwandtschaft. 3. Tl. (Verwandtschaftsrecht) bearb. von W. v. Blume. (VIII u. S. 433—743.) 906. n. 8.—
— — dasselbe. 4. Tl. (Vormundschaft) bearb. von W. v. Blume. (VIII, 189 S.) 904. n. 4.—
Oertmann, Paul, das Recht der Schuldverhältnisse. 2., völlig umgearb. Aufl. (XI, 1041 S.) 906. n. 24.—; geb. n. 27.—

— dasselbe. (II.) Kommentar zu den Nebengesetzen. Hrsg. v. G. Boßert, A. Engelmann, A. Förster, R. Kann, K. Lehmann, H. Oberneck, C. Predari, B. Ring, R. Schultze-Görlitz, Th. Wolff. Lex.-8. Ebd. n. 14. 40
Förster, A., die Zivilprozeßordnung f. das Deutsche Reich. I. Bd. 2. Tl. 2. Aufl., bearb. v. A. Förster u. A. Engelmann. (S. 345—504.) 904. n. 8.—
Predari, C., die Grundbuchordnung vom 24. III. 1897. Erläutert v. P. 3.—5. Tl. (XII u. S. 289—850.) 904. 906. 907. n. 11. 40 (Kplt. n. 17.—; geb. n. 20.—)

— zum bürgerlichen Gesetzbuch u. seinen Nebengesetzen. (I.) Kommentar zum bürgerl. Gesetzbuche. Hrsg. v. J. Biermann, W. v. Blume, G. Frommhold, K. Gareis, A. Niedner, O. Opet, P. Oertmann. Lex. 8. Berlin, C. Heymann.
Oertmann, Paul, bürgerliches Gesetzbuch. I. Buch. Allgem. Tl. 2. vollständ. umgearb. Aufl. des Kommentars v. Karl Gareis. 2 Hälften. (XXIII, 728 S.) 908. 20.—; geb. 22.—
dasselbe. 2. Buch. Recht der Schuldverhältnisse. 3. u. 4. umgearb. Aufl. (IX, 1239 S.) 910. 25.—; geb. 28.—

— dasselbe. (II.) Kommentar zu den Nebengesetzen. Hrsg. v. G. Boßert, A. Engelmann, A. Förster, R. Kann, K. Lehmann, H. Oberneck, C. Predari, B. Ring, R. Schultze-Görlitz, Th. Wolff. Lex. 8. Ebd.
Förster, A., die Zivilprozeßordnung f. das Deutsche Reich. I. Bd. 2. Aufl., bearb. v. A. Engelmann u. R. Kann. 3. Tl. (XI u. S. 505—716.) 908. 5.— (I. Bd. kplt. 16.—)
— dasselbe. 3. Aufl. In vollständ. Neubearbeitg. v. R. Kann. I. Bd. 1. Lfg. (S. 1—96.) 910. 2.—
Wolff, Th., das Reichsgesetz üb. die Zwangsversteigerung u. Zwangsverwaltung nebst dem Einführungsgesetz u. dem preuß. Ausführungsgesetz. Erläutert v. W. 3. verb. Aufl. (XXIV, 668 S.) 909. 15.—; geb. 18.—

Kommentar z. bürgerlichen Gesetzbuche f. d. deutsche Reich nebst Einführungsgesetz. In Gemeinschaft mit Thdr. Löwenfeld, Phpp. Mayring, Karl Kober, Thdr. Engelmann, Fel. Herzfelder, Jos. Wagner hrsg. v. Jul. v. Staudinger. 1.—4. Lfg. gr. 8. München 898. J. Schweitzer Verl. à n. 3.—
1. IV. Bd. Familienrecht. Von Th. Engelmann. (§ 1297—1362.) — Ehel. Güterrecht. Von J. v. Staudinger. (§ 1363—1417.) (160 S.)
2. III. Bd. Sachenrecht. Von Karl Kober. (§ 854—1036.) (S. 1—160.)
3. 4. III. Bd. Sachenrecht. Von Karl Kober. (III u. S. 161—342.) IV. Bd. Eheliches Güterrecht. Von J. v. Staudinger. S. 161—288.)

— zum bürgerlichen Gesetzbuch f. das deutsche Reich nebst Einführungsgesetz. In Gemeinschaft m. Thdr. Löwenfeld, Erw. Riezler, Phpp. Mayring, Karl Kober, Thdr. Engelmann, Fel. Herzfelder, Jos. Wagner hrsg. von Jul. v. Staudinger. 5.—20. Lfg. gr. 8. München, J. Schweitzer Verlag. n. 50. 70
5. (IV. Bd. Familienrecht.) Eheliches Güterrecht. Von Jul. v. Staudinger. (Schluß.) Ehescheidung, Verwandtschaft. (S. 289—448.) 899. n. 3.—
6. 7. Schluß des Familienrechts, erläutert von Th. Engelmann. (III u. S. 449—709.) 899. n. 5. 60
8. Allgemeiner Thl. Von Th. Loewenfeld. — Erbrecht. Von Fel. Herzfelder. (1. Bd. S. 1—80 u. 5. Bd. S. 1—80.) 899. n. 3.—

9. Einführungsgesetz. Von J. Wagner. Anh. zu Bd. III (Sachenrecht u. Bd. IV (Familienrecht). (6. Bd. S. 1—160 u. Anh. 4 u. 4 Bl.) 899. n. 3. —
10. (II. Bd. (§§ 241—328) (Recht der Schuldverhältnisse), erläutert v. Ph. Mayring. V. Bd. §§ 1955—1979 (Erbrecht), erläutert v. F. Herzfelder. (S. 1—160.) 900. n. 3. —
11. (VI. Bd. Art. 1x1—128) (Schluß des Einführungsgesetzes), erläutert v. J. Wagner. (III u. S. 161—272.) 900. n. 2. 40
12. (II. Bd. §§ 329—432) Allgemeine Bestimmungen üb. Schuldverhältnisse), erläutert von Ph. Mayring. — II. Bd. §§ 433—477 (Kauf), erläutert von J. v. Staudinger. (S. 81—224.) — V. Bd. §§ 1980—2048 (Erbrecht), erläutert v. F. Herzfelder. (S. 161—27x.) 900. n. 5. —
13. (I. Bd. §§ 478—534) (Kauf, Tausch, Schenkung), erläutert von J. v. Staudinger. — §§ 535—592 (Miethe, Pacht), erläutert von Karl Kober. (S. 225—384.) 900. n. 3. —
14. (I. Bd. S. 81—176 u. V. Bd. S. 273—336.) 901. n. 3. —
15. (II. Bd. S. 385—544.) 901. n. 3. —
16. (II. Bd. IV u. S. 545—760.) 901. n. 4. 20
17. (I. Bd. S. 177—272 u. V. Bd. S. 337—400.) 901. n. 3. —
18. (I. Bd. S. 273—336 u. V. Bd. S. 401—496.) 901. n. 3. —
19. (I. Bd. S. 337—384 u. V. Bd. S. 497—608.) 902. n. 3. —
20. (I. Bd. S. 385—448 u. V. Bd. III u. S. 609—715.) 902. n. 3. 50

— zum bürgerlichen Gesetzbuche f. das Deutsche Reich, nebst Einführungsgesetz. In Gemeinschaft m. Thdr. Löwenfeld, Erwin Riezler, Philipp Mayring, Karl Kober, Thdr. Engelmann, Fel. Herzfelder, Jos. Wagner hrsg. von Jul. v. Staudinger. 21. (Schluß-)Lfg. (1. Bd. XXVII u. S. 449—527 u. Register, bearb. v. Fritz Keidel, 160 S.) gr. 8. München 903. J. Schweitzer Verl. n. 6. — (Vollständig: n. 68. 70; in 6 Bde. geb. n. 83. 70)
Die 2. Aufl. s.: Staudinger's, J. v., Kommentar.

— historisch-kritischer, z. alten u. neuen Ausgaben des allgem. Landrechts. gr. 8. Ebend. 804.

Kommentar, kritisch exegetischer, üb. das Neue Testament, s. Meyer, Heinr. Aug. Wilh.

Kommentar, kritisch-exegetischer, über das Neue Testament, von H. A. W. Meyer, s. Testament, das Neue.

Kommentar, kritisch-exegetischer, über das Neue Testament von Heinr. Aug. Wilh. Meyer. 1. Abthl. 2. Hälfte. 3. 5. 8. 10—14. und 16. Abthl. gr. 8. Göttingen, Vandenhoeck und Ruprecht's Verlagsh.

Inhalt:

Abthl. 1. 2. Hälfte. Kritisch-exegetisches Handbuch über die Evangelien des Markus und Lukas. 4., verb. und verm. Aufl. (VIII und 590 S.) 860. 2 Thlr.
» 3. Kritisch-exegetisches Handbuch über die Apostelgeschichte, von Heinr. Aug. Wilh. Meyer. 3., verb. und verm. Aufl. (VIII und 520 S. mit 1 Tab. in qu. gr. Fol.) 861. 1 Thlr. 27 Ngr.
» 5. Kritisch-exegetisches Handbuch über den 1. Brief an die Korinther von Heinr. Aug. Wilh. Meyer. 4., verb. und verm. Aufl. (VIII und 419 S.) 861. 1 Thlr. 15 Ngr.
» 8. Kritisch-exegetisches Handbuch über den Brief an die Epheser von Heinr. Aug. Wilh. Meyer. 3., verm. und verb. Aufl. (287 S.) 859. 1 Thlr.
» 10. Kritisch-exegetisches Handbuch über die Briefe an die Thessalonicher von Glieb. Lünemann. 2. Aufl. (VI und 237 S.) 859. 22½ Ngr.
» 11. Kritisch-exegetisches Handbuch über die Briefe an Timotheus und Titus von Joh. Ed. Huther. 2. Aufl. (VIII und 306 S.) 859. 1 Thlr.
» 12. Kritisch-exegetisches Handbuch über den 1. Brief des Petrus, den Brief des Judas und den 2. Brief des Petrus von Joh. Ed. Huther. 2., verb. und verm. Aufl. (VIII und 332 S.) 859. 1 Thlr. 6 Ngr.
» 13. Kritisch-exegetisches Handbuch über den Hebräerbrief von Glieb. Lünemann. 2., verb. und verm. Aufl. (V und 436 S.) 861. 1 Thlr. 15 Thlr.
» 14. Kritisch-exegetisches Handbuch über die 3 Briefe des Johannes von Joh. Ed. Huther. 2., verb. und verm. Aufl. (VIII und 284 S.) 861. 1 Thlr.
» 16. Kritisch-exegetisches Handbuch über die Offenbarung Johannis von Friedr. Düsterdieck. (X und 578 S.) 859. 2 Thlr.

Vgl.: Testament, das Neue, und im 12. Bd. 2. Abthl. S. 378.

— kritisch-exegetischer, üb. das Neue Testament, begründet von Heinr. Aug. Wilh. Meyer. 1. Abth. 1. Hlfte., 3., 5., 7.—9., 12., 13., 15. u. 16. Abth. gr. 8. Göttingen, Vandenhoeck & Ruprecht. n. 57. 80

1. 1. D Matthäus-Evangelium. Von d. 7. Aufl. an bearb. v. Bernh. Weiss. 9. Aufl. (VII, 510 S.) 898. n. 7. —; geb. n. 8. 50
3. Die Apostelgeschichte. Von d. 5. Aufl. an neu bearb. v. Hans Hinr. Wendt. 8. Aufl. (IV, 4x7 S.) 899. n. 6. —; geb. n. 7. 50
5. D. erste Brief an d. Korinther. 8. Aufl. neu bearb. v. C. F. Geo. Heinrici. (X, 350 S.) 896. n. 7. —; geb. n. 8. 50
7. D. Brief a. d. Galater. 8. Aufl. Unveränd. Abdr. der 7. Aufl. Neu bearb. v. Frdr. Sieffert. (X, 368 S.) 895. n. 5. —; geb. n. 6. 50
8. 9. D. Gefangenschaftsbriefe, neu bearb. von Erich Haupt. 7. bezw. 6. Aufl. (VI, 104; 212, 259 u. 196 S.) 897. n. 10. —; geb. n. 11. 50

Daraus einzeln:
Einleitung. (VI, 104 S.) n. 1. 80
Die Briefe an d. Kolosser u. an Philemon. (212 S.) n. 3. —
Der Epheserbrief. (259 S.) n. 3. 60
Der Philipperbrief. (196 S.) n. 2. 60

12. Die Briefe Petri und Judae. Von d. 5. Aufl. an bearb. v. Ernst Kühl. 6., verm. u. verb. Aufl. (463 S.) 897. n. 6. —; geb. n. 7. 50
13. D. Brief an d. Hebräer. Von d. 5. Aufl. an bearb. von Bernh. Weiss. 6., verb. Aufl. (372 S.) 897. n. 5. 40; geb. n. 6. 90
15. D. Brief des Jacobus, von d. 4. Aufl. an bearb. v. Willib. Beyschlag. 6., verb. Aufl. (IV, 238 S.) 897. n. 3. 40; m. d. 14. Abth. in 1 Bd. geb. n.n. 8. 30
16. D. Offenbarung Johannis. 5. Aufl. Neu bearb. v. Wilh. Bousset. (VI, 5x8 S.) 896. n. 8. —; geb. n. 9. 50

— kritisch-exegetischer, üb. das Neue Testament, begründet von Heinr. Aug. Wilh. Meyer. 1. Abth. 2. Hälfte. II., IV., VI.—IX, XI. u. XIV. Abth. gr. 8. Göttingen, Vandenhoeck & Ruprecht. n. 53. 20; Einbde. in Halbldr. à n. 1. 50

I. 2. Die Evangelien des Markus u. Lukas. Von Bernh. Weiss. 9. Aufl. Von der 6. Aufl. neu bearb. v. W. (IV, 694 S.) 901. n. 8. —
II. Das Johannes-Evangelium. Von der 6. Aufl. an neu bearb. v. Bernh. Weiss. 9. neubearb. Aufl. (IV, 548 S.) 902. n. 8. —
IV. Der Brief an die Römer. Von der 6. Aufl. an neu bearb. v. Bernh. Weiss. 9. Aufl. (IV, 614 S.) 899. n. 8. —
VI. Der zweite Brief an die Korinther. 8. Aufl., neu bearb. v. C. F. Geo. Heinrici. Mit e. Anh.: Zum Hellenismus des Paulus. (VIII, 463 S.) 900. n. 6. 20
VII. Der Brief an die Galater. Von der 6. Aufl. an neu bearb. v. Frdr. Sieffert. 9. Aufl. (X, 366 S.) 899. n. 5. —
VIII, IX. Die Gefangenschaftsbriefe. 8. bezw. 7. Aufl. Von der 7. bezw. 6. Aufl. an neu bearb. v. Erich Haupt. (VI, 198; 247 u. 180 S.) 902. n. 9. —

Hieraus einzeln:
Einleitung. (VI, 404 S.) n. 1. 60;
Brief an die Epheser. (247 S.) n. 3. 60;
Briefe an die Kolosser u. an Philemon. (198 S.) n. 3. —;
Brief an die Philipper. (180 S.) n. 2. 80

XI. Die Briefe Pauli an Timotheus u. Titus. Von Bernh. Weiss. Von der 5. Aufl. an neu bearb. 7. verb. Aufl. (379 S.) 902. n. 5. 80
XIV. Die drei Briefe des Apostel Johannes. Von der 5. Aufl. an neu bearb. v. Bernh. Weiss. 6. Aufl. (III, 195 S.) 900. n. 3. 20

— kritisch-exegetischer, üb. das Neue Testament, begründet v. Heinr. Aug. Wilh. Meyer. XVI. Abtlg. gr. 8. Göttingen 906. Vandenhoeck & Ruprecht. n. 8. —; geb. in Halbldr. n. 9. 60
Die Offenbarung Johannis. Von der 5. Aufl. an bearb. v. Wilh. Bousset. 6. Aufl. (IV, 468 S.)

— kritisch-exegetischer, üb. das Neue Testament, begründet v. Heinr. Aug. Wilh. Meyer. I. Abtlg. 1. Hälfte V. u. X. Abtlg. gr. 8. Göttingen, Vandenhoeck & Ruprecht. 22.40; geb. 27. 10

I. 1. Das Matthäus-Evangelium. Von der 7. Aufl. an bearb. v. Bernh. Weiss. 10. Aufl. Völlig unveränd. Abdruck der 9. Aufl. (VII, 510 S.) 910. 7. —; geb. 8. 50
V. Der 1. Korintherbrief, völlig neu bearb. Von Joh. Weiß. 9. Aufl. (XLVIII, 388 S.) 910. 9. —; geb. in Halbldr. 10. 60
X. 7. Aufl. Die Tessalonicher-Briefe. Völlig neu bearb. v. Ernst v. Dobschütz. (X, 320 S.) 909. 6.40; geb. in Halbldr. 8. —

Kommentar, kurzgefaßter, zu den heiligen Schriften Alten und Neuen Testamentes, sowie zu den Apokryphen. Unter Mitwirkung von Burger, Klostermann, Kübel rc. hrsg. von Herm. Strack und Otto Zöckler. A. Altes Testament. 3. Abtl. 2 Hälften, und 4.—6. Abtl. gr. 8. [Nördlingen.] München, Beck'sche Verlagsh. * 27 50

Inhalt:

Abtl. 3. Die Bücher Samuelis und der Könige, ausgelegt von Aug. Klostermann. 2 Hälften. (XL, 504 S.) 887. à Hälfte *M 5.—, *M 10.—.
» 4. Die Propheten Jesaja und Jeremia, ausgelegt von C. v. Orelli. (XI, 406 S.) 887. *M 5.50.
» 5. Das Buch Ezechiel und die zwölf kleinen Propheten, ausgelegt von C. v. Orelli. (VII, 416 S.) 888. *M 6.50. [4. und 5. Abtl. geb. in 1 Bd. *M 14.—.]
» 6. Die Psalmen und die Sprüche Salomos, ausgelegt von Fr. W. Schultz und Herm. Strack. (VIII, 392 S.) 888. *M 5.50.; geb. *M 7.20.

—— dass. — B. Neues Testament. 4 Abtlgn. gr. 8. Ebendas. * 23 —

Inhalt:

Abtl. 1. Die Evangelien nach Matthäus, Markus und Lukas, ausgelegt von C. F. Nösgen. (XIV, 423 S.) 886. *ℳ 5.50.
 " 2. Das Evangelium nach Johannes und die Apostelgeschichte, erläut. von Ernst Chr. Luthardt und Otto Zöckler. (VIII, 284 S.) 886. *ℳ 4.50. [1. und 2. Abtl. zusammen geb. *ℳ 12.—.]
 " 3. Die Briefe Pauli an die Thessalonicher, Galater, Korinther und Römer, ausgelegt von O. Zöckler, G. Schnedermann, Chr. E. Luthardt. (XIV, 439 S.) 887. *ℳ 6.—.
 " 4. Die Gefangenschaftsbriefe des Apostels Paulus, ausgelegt von Geo. Schnedermann. Die Pastoralbriefe des Apostels Paulus und der Hebräerbrief, ausgelegt von Rob. Kübel. Der Brief des Jakobus, die zwei Briefe Petri und der Brief Judä, ausgelegt von Karl Burger. Die drei Briefe Johannis, ausgelegt von E. Chr. Luthardt. Die Offenbarung Johannis, ausgelegt von Rob. Kübel. (XII, 509 S.) 888. *ℳ 7.—.

Kommentar, kurzgefaßter, zu den heiligen Schriften Alten u. Neuen Testamentes, sowie zu den Apokryphen. Unter Mitwirkg. v. Burger, Klostermann, Kübel ꝛc. hrsg. v. H. Strack u. O. Zöckler. A. Altes Testament. 3. Abteilg. 2 Hälften u. 5.—9. Abtlg. gr. 8. [Nördlingen.] München, Beck. n. 40. —

3. Die Bücher Samuelis u. der Könige, ausgelegt v. Aug. Klostermann. 1. u. 2. Hälfte. (XL, 503 S.) 887. n. 10. —
5. Das Buch Ezechiel u. die zwölf kleinen Propheten, ausgelegt von C. v. Orelli. (VII, 416 S.) 888. n. 6. 50 (4. u. 5. Abtlg. in 1 Bd. geb. n. 14. —)
6. Die Psalmen u. die Sprüche Salomo's, ausgelegt v. Fr. W. Schultz u. Herm. Strack. (VIII, 392 S.) 888. n. 5. 50; geb. n. 7. 20
7. Die poetischen Hagiographen [Buch Hiob, Prediger Salomo, Hoheslied u. Klagelieder], ausgelegt v. Wilh. Volck u. Sam. Oettli. (IX, 224 S.) 889. n. 4. 50
8. Die geschichtlichen Hagiographen [Chronika, Esra, Nehemia, Ruth, Esther] u. das Buch Daniel, ausgelegt v. Sam. Oettli u. J. Meinhold. (VII, 339 S.) 889. n. 5. 50 (7. u. 8. Abtlg. in 1 Bd. geb. n. 12. —)
9. Die Apokryphen d. A. T.'s, nebst e. Anh. üb. die Pseudepigraphenlitteratur, ausgelegt v. O. Zöckler. (XI, 495 S.) 890 n. 8. —

— dasselbe. B. Neues Testament. 3. u. 4. Abtlg. gr. 8. Ebd. 887. 888. n. 18. — (Neues Test. cplt.: n. 28. —; in 2 Bde. geb. n. 27. —)

3. Die Briefe Pauli an die Thessalonicher, Galater, Korinther u. Römer, ausgelegt v. O. Zöckler, G. Schnedermann, Chr. E. Luthardt. (XIV, 439 S.) n. 6. —
4. Die Gefangenschaftsbriefe d. Apostels Paulus, ausgelegt v. G. Schnedermann. (XI, 86 S.) Die Pastoralbriefe d. Apostels Paulus u. d. Hebräerbrief, ausgelegt v. R. Kübel. (S. 87—205.) Der Brief d. Jakobus, die zwei Briefe Petri u. der Brief Judä, ausgelegt v. K. Burger. (S. 207—283.) Die drei Briefe Johannis, ausgelegt v. E. Chr. Luthardt. (S. 284—347.) Die Offenbarung Johannis, ausgelegt v. R. Kübel. (S. 349—508.) n. 7. —

—— kurzgefaßter, zu den heiligen Schriften Alten u. Neuen Testamentes, sowie zu den Apokryphen. Unter Mitwirkg. v. Burger, Klostermann, Kübel ꝛc. hrsg. v. Herm. Strack u. Otto Zöckler. A. Altes Testament. 1. Abthl. 1. Lfg.; 4., 7.—9. Abthl. gr. 8. Münch., C. H. Beck. * 26 25

1. Abthl. [In 3 Lfgn.] Genesis, Exodus, Levitikus u. Numeri, ausgelegt v. Herm. L. Strack. 1. Lfg. (S. 1—144.) 892. * 2 75.
4. Abthl. Die Propheten Jesaja u. Jeremia, ausgelegt von C. v. Orelli. 2. Aufl. (X, 420 S.) 891. * 5 50.
7. Abthl. Die poetischen Hagiographen [Buch Hiob, Prediger Salomo, Hoheslied u. Klagelieder], ausgelegt v. Wilh. Volck u. Sam. Oettli. (IX, 224 S.) 889. * 4 50.
8. Abthl. Die geschichtlichen Hagiographen [Chronika, Esra, Nehemia, Ruth, Esther] u. das Buch Daniel, ausgelegt v. Sam. Oettli u. J. Meinhold. (VII, 339 S.) 889. * 5 50. [7. u. 8. in 1 Bd. geb. ** 12 —.]
9. Abthl. Die Apokryphen d. Alten Testaments, nebst e. Anh. üb. die Pseudepigraphenlitteratur. Ausgelegt v. Otto Zöckler. (XI, 495 S.) 891. * 8 —; geb. ** 10 —.

3., 5. u. 6. Abthl. Ebd. 1887,88. * 22 —.

Kommentar, kurzgefaßter, zu den heiligen Schriften Alten u. Neuen Testamentes, sowie zu den Apokryphen. Unter Mitwirkg. v. Burger, Klostermann, Kübel ꝛc. hrsg. v. Herm. Strack u. Otto Zöckler. A. Altes Testament. 1. Abtlg. 3 Lfgn., 2. u. 4. Abtlg. gr. 8. München, C. H. Beck. n. 20. —

1, I. Genesis, Exodus, Levitikus u. Numeri, ausgelegt v. Herm. L. Strack. 1. Lfg. (S. 1—144.) 892. n. 2. 75
1, II. — dasselbe. 2. Lfg. (S. 145—304.) 893. n. 2. 25
1, III. — dasselbe. 3. Lfg. (XX u. S. 305—476.) 894. n. 3. 50
2. Das Deuteronomium u. die Bücher Josua u. Richter m. 1 (farb.) Karte Palästinas. Ausgelegt v. Sam. Oettli. (X, 302 S.) 893. n. 6. — (1. u. 2. Abtlg. in 1 Halbfrzbd. n.n. 16. 50)
4. Die Propheten Jesaja u. Jeremia, ausgelegt von C. v. Orelli. 2. Aufl. (X, 42 S.) 891. n. 5. 50

— dasselbe. B. Neues Testament. 2. u. 3. Abtlg. gr. 8. Ebd. 894. n. 18. —; 2. u. 3. Abtlg. in 1 Halbfrzbd. geb. n.n. 15. —

2. Das Evangelium nach Johannes u. die Apostelgeschichte, ausgelegt v. Ernst Ch. Luthardt u. Otto Zöckler. 2., neubearb. Aufl. (XIII, 321 S.) n. 5. —
3. Die Briefe an die Thessalonicher, Galater, Korinther u. Römer. Ausgelegt v. Otto Zöckler, Geo. Schnedermann u. Ernst Chr. Luthardt. 2., großenteils neubearb. Aufl. (XIV, 542 S.) n. 8. —

— kurzgef., zu d. hl. Schriften Alten u. Neuen Testamentes, sow. zu d. Apokryphen. Unt. Mitwirkg. von Burger, Keßler, Klostermann ꝛc. hrsg. v. Herm. Strack u. Otto Zöckler. A. Altes Testament. 5. Abtlg. 2 Hälften. gr. 8. München 896. C. H. Beck. à n. 3. 50

1. D. Buch Ezechiel, ausgelegt v. C. v. Orelli. 2., verb. Aufl. (VI, 200 S.)
2. D. zwölf kleinen Propheten, ausgelegt von C. v. Orelli. 2., verb. Aufl. (VI, 224 S.)

Kommentar, kurzgef., zu d. hl. Schriften Alten u. Neuen Testamentes, sow. zu d. Apokryphen. Unt. Mitwirkg. v. Burger, Keßler, Klostermann ꝛc. hrsg. v. Herm. Strack u. Otto Zöckler. B. neues Testament. 1., 4. u. 5. Abtlg. gr. 8. Ebd. n. 16. 50

1. D. Evangelien nach Matthäus, Markus u. Lukas ausgelegt v. C. F. Nösgen. 2., neubearb. Aufl. (XIV, 447 S.) 897. n. 6. —; geb. n.n. 7. 50
4. Die Briefe des Paulus an die Epheser, an d. Kolosser, an Philemon, an die Philipper, ferner die Briefe d. Jakobus, Petrus, Judas u. Johannes. Ausgelegt v. Wohlenberg, Karl Burger u. Ernst Chr. Luthardt. 2., völlig neubearb. Aufl. (XI, 280 S.) 895. n. 5. —
5. Pastoralbriefe, Hebräerbrief u. Offenbarung Johannis, ausgelegt v. Rob. Kübel. 2. Aufl., neubearb. v. Ed. Riggenbach u. Otto Zöckler. (XII, 333 S.) 898. n. 5. 50

— kurzgefaßter, zu den hl. Schriften Alten u. Neuen Testamentes, sowie zu den Apokryphen. Unter Mitwirkung v. Burger, Keßler, Klostermann ꝛc. hrsg. von Herm. Strack u. Otto Zöckler. A. Altes Testament. 6. Abtlg. gr. 8. München, C. H. Beck. n. 6. —; geb. in Halbfrz. n.n. 7. 50

Die Psalmen, f. die 2. Aufl. übers. u. ausgelegt. Von Hans Keßler. — Die Sprüche Salomos, übers. u. ausgelegt. Von Herm. L. Strack. 2., teilweise neubearb. Aufl. (XX, 302 u. VIII, 104 S.) 899.

— kurzgefaßter, zu den hl. Schriften Alten u. Neuen Testamentes, sowie zu den Apokryphen. Unter Mitwirkg. von v. Burger, Keßler, Klostermann u. a. hrsg. v. Herm. Strack u. Otto Zöckler. A. Altes Testament. I. Abtlg., 1. Heft u. IV. Abtlg. 1. u. 2. Hälfte. Lex.-8. München, C. H. Beck. à n. 3. 50; geb. in Leinw. à n. 4. 50

I. Die Bücher Genesis, Exodus, Leviticus u. Numeri. 1. Heft: Strack, Herm. L., die Genesis, übers. u. ausgelegt. 2., neubearb. Aufl. (XII, 180 S.) 905.
IV. 1. Der Prophet Jesaja, ausgelegt. Von C. v. Orelli. 3., neu durchgearb. Aufl. (VIII, 227 S.) 904.
 2. Der Prophet Jeremia, übers. u. ausgelegt. Von C. v. Orelli. 3., neu durchgearb. Aufl. (VIII, 215 S.) 905.

Kommentar, kurzgefaßter, zu den hl. Schriften Alten u. Neuen Testamentes, sowie zu den Apokryphen. Unter Mitwirkg. von v. Burger, Keßler, Klostermann u. a. hrsg. v. Herm. Strack u. Otto Zöckler. A. Altes Testament. V. Abtlg., 2. Hälfte. Lex. 8. München, C. H. Beck. 3.50; geb. in Leinw. 4. 50

Die zwölf kleinen Propheten, ausgelegt. Von Conr. v. Orelli. 3. neubearb. Aufl. Mit e. Anh.: Zur Metrik der hebr. Prophetenschriften. (VIII, 243 S.) 908.

Kommentar, kurzgefasster wissenschaftlicher, zu den hl. Schriften des Neuen Testamentes. Auf Veranlassg. der Leo-Gesellschaft unter besond. Mitwirkung v. F. S. Gutjahr, V. Weber u. Aug. Bludau hrsg. v. Bernh. Schäfer u. Erasmus Nagl. III. Bd. 1. Hälfte. gr. 8. Wien, Mayer & Co. n. 7. —

Die Apostelgeschichte. Uebersetzt u. erklärt. Von Johs. Evangelist Belser. (X, 339 S.) 905.
Weitere Bände sind noch nicht erschienen.

Kommentar z. Lesebuch f. d. kathol. Volksschulen Württembergs. Prakt. Anleitg. zur allseit. unterrichtl. Behandlg. der eth. u. realist. Lesestücke des Volksschullesebuchs. Hrsg. v. Joh. Schneiderhan. 4 Bde. gr. 8. Stuttgart, Ruth. n. 21.60; geb. in Leinw. n. 23.60
I. Ethischer Tl. Lesestücke im 1. Tle. des Lesebuchs. Für Schulamtszöglinge, Lehrer u. Lehrerinnen bearb. v. Paul Frick, Joh. Schneiderhan, Karl Dorner, F. Ruf, Jos. Stärk. Mit Anh.: Die schriftl. Arbeiten aus dem gewöhnl. Geschäftsleben. (VII, 682 S.) 899. n. 5. 20; geb. n. 5. 70
II. Realistischer Tl. A. Behandlung der Geographie u. Heimatkunde in der Volksschule. Für Schulamtszöglinge, Lehrer u. Lehrerinnen bearb. v. Paul Frick, Joh. Schneiderhan, Karl Dorner, F. Ruf, Jos. Stärk. (VIII, 587 S.) 900. n. 5. 20; geb. in Leinw. n. 5. 70
III. Realistischer Tl. B. Behandlung der Naturlehre u. Naturgeschichte in der Volksschule. Für Schulamtszöglinge, Lehrer u. Lehrerinnen methodisch bearb. von Paul Frick, Joh Schneiderhan, Karl Dorner, F. Ruf, Jos. Stärk. (VIII, 793 S.) 900. 901. n. 6. 60; geb. in Leinw. n. 7. 20
IV. Realistischer Tl. C. Behandlung der Geschichte in der Volksschule. Mit besond. Berücksicht. Württembergs. Für Schulamtszöglinge, Lehrer u. Lehrerinnen methodisch bearb. von Paul Frick, Joh. Schneiderhan, Karl Dorner, F. Ruf, Jos. Stärk. (VIII, 491 S.) 901. n. 4. 50; geb. in Leinw. n. 5. —

Kommentar und vollständige Materialien zur Konkurs-Ordnung vom 8. Mai 1855 und zu dem Gesetze betr. die Befugniß der Gläubiger zur Anfechtung der Rechtshandlungen zahlungsunfähiger Schuldner außerhalb des Konkurses vom 9. Mai 1855. Lex.-8. (589 S.) Berlin 855, Deckersche geheime Ober-Hofbuchdr.

— zum deutschen Minimal-Druckpreise-Tarif. gr. 4. (98 Bl. Formulare.) Nebst: Preisliste. gr. 4. (4 S.) — Berechnung des Werk- u. Zeitungssatzes. Unter Zugrundelegg. des Minimal-Druckpreise-Tarifes sowie des deutschen Buchdruckerei-Tarifes. Erläutert durch zahlreiche Beispiele des Kommentars zum Minimal-Druckpreise-Tarif. 8. (23 S.) Leipzig (901). J. Mäser. In Leinw.-Kasten n. 20. —

Kommentar zu den Nebengesetzen. Hrsg. v. G[ustav] Bossert, Landgerichtsr. in Stuttgart, A[rthur] Engelmann, Oberlandesgerichtsr. in Breslau ... [Bd 6] *Berlin: C. Heymann 1899.* 8° [F.]
— Kommentar z. Bürgerl. Gesetzbuche u. s. Nebengesetzen. [Abth.] 2. [Bd 6.] 99 6905

Ein **oesterreichischer** Kommentar zu der russ. Darstellung des ungar. Revolutionskrieges. (Von v. Ramming.) Zugleich ein Suppl. zu dem Werke: Der Feldzug in Ungarn u. Siebenbürgen. Pest 1851. 43 S.

Kommentar von Reichsgerichtsräten des Bürgerlichen Gesetzbuchs. Mit besonderer Berücksichtigung der Rechtsprechung des Reichsgerichts erläutert von G. Hoffmann u. a. 2 Bde. Nürnberg. 1910. 2018 S.

Kommentar zu dem Reichsgesetz über die Angelegenheiten der freiwilligen Gerichtsbarkeit nebst dazu gehörigen Formularien unter Einarbeitung der Landesvorschriften von Elsaß-Lothringen, Bayern, Württemberg u. Baden hrsg. von Notar Dr. [Rudolf] Carlebach, unter Mitw. von ... Lfg 1. Stuttgart: Heß 1910. 8° 10. 14750

Commentar zum Reichsgesetz über die privaten Versicherungsunternehmungen. *Berlin: A. F. Elsner's Erben 1902.* (XII, 302, XIX S.) 8°
— Assecuranz-Almanach, Repertorischer. Bd 35. 02. 374

Kommentar zum deutschen Reichsgesetz über den Versicherungs-Vertrag v. Steph. Gerhard, Otto Hagen, Hugo v. Knebel-Doeberitz, Herm. Broecker, Alfr. Manes. (XXXV, 818 S.) Lex. 8. Berlin 908. E. S. Mittler & Sohn. 20.—; geb. 22. —

KOMMENTAR. Sonnenklarer – des sonnenklaren Buchstaben d. Gesetzes. Strohmeyer, Pesth 1788.

Kommentar zum Neuen Testament. Unter Mitw. von ... hrsg. von D. Theodor Zahn, Prof. in Erlangen. Bd 1. *Leipzig: A. Deichert 1903.* 8° 03. 8345

— zum Neuen Testament, unter Mitwirkg. v. Ph. Bachmann, P. Ewald, J. Haussleiter u. a. hrsg. v. Thdr. Zahn. 1. 7. 9. 10. 12. u. 13. Bd. gr. 8. Leipzig, A. Deichert Nachf. n. 49.—; geb. in Halbfrz. n.n. 58. —
1. Das Evangelium des Matthäus, ausgelegt v. Thdr. Zahn. 2. Aufl. (X, 716 S.) 905. n. 14. 50; geb. n.n. 16. — 1. Aufl. (VIII, 714 S.) 903. n. 14. 50.
7. Der erste Brief des Paulus an die Korinther, ausgelegt von Philipp Bachmann. (VI, 482 S.) 905. n. 9. —; geb. n.n. 10. 50
9. Der Brief des Paulus an die Galater, ausgelegt v. Thdr. Zahn. (299 S.) 905. n. 5. 70; geb. n.n. 7. 20
10. Die Briefe des Paulus an die Epheser, Kolosser u. Philemon, ausgelegt von Paul Ewald. (444 S.) 905. n. 8. 50; geb. n.n. 10. —
12. Der erste u. zweite Thessalonicherbrief, ausgelegt von G. Wohlenberg. (214 S.) 903. n. 4. 50; geb. n.n. 6. —
13. Die Pastoralbriefe (der 1. Timotheus-, der Titus- u. der 2. Timotheusbrief), ausgelegt. Mit e. Anh.: Unechte Paulusbriefe. Von G. Wohlenberg. (VI, 355 S.) 906. n. 6. 80; geb. n.n. 8. 30
Bei Bestellungen auf das gesamte Werk tritt e. Preisermässigung von 10% ein, ausschl. des Einbandes.

— zum **Neuen Testament**, unter Mitwirkung. v. Ph. Bachmann, P. Ewald, E. Riggenbach u. a. hrsg. v. Thdr. Zahn. 1., 2., 4. u. 6.—12. Bd. gr. 8. Leipzig, A. Deichert Nachf. 89. 90
Bachmann, Philipp, der 1. Brief des Paulus an die Korinther, ausgelegt. 2. Aufl. (VI, 480 S.) 910. (Bd. 7.) 9.—; geb. n 10. 50
Bachmann, Philipp, Der zweite Brief des Paulus an die Korinther, ausgelegt. 1. u. 2. Aufl. (VIII, 425 S.) 909. (Bd. 8.) 8.20; geb. n 9. 70
Ewald, Paul, der Brief des Paulus an die Philipper, ausgelegt. 1. u. 2. Aufl. (221 S.) 908. (Bd. 11.) 4.50; geb. in Halbfrz. n 6. —
— Die Briefe des Paulus an die Epheser, Kolosser u. Philemon, ausgelegt. 2. verb. Aufl. (443 S.) 910. (Bd. 10.) 8.50; geb. n 10. —
Wohlenberg, Gust., das Evangelium des Markus, ausgelegt. 1. u. 2. Aufl. (X, 402 S.) 910. (Bd. 2.) 8.—; geb. n 9. 50
— Der erste u. zweite Tessalonicherbrief, ausgelegt. 2. durchgeseh., verm. Aufl. (VI, 223 S.) 909. (Bd. 12.) 4.50; geb. in Halbfrz. n 6. —
Zahn, Thdr., der Brief des Apostels Paulus an die Römer, ausgelegt. 1. u. 2. Aufl. (V, 622 S.) 910. (Bd. 6.) 12.50; geb. n 14. —
— Der Brief des Paulus an die Galater, ausgelegt. 2. Aufl. (299 S.) 907. (Bd. 9.) 5. 70
— Das Evangelium d. Johannes, ausgelegt. 1. u. 2. Aufl. (VI, 720 S.) 908. (Bd. 4.) 14.50; geb. in Halbfrz. n 16. —
— dasselbe des Matthäus, ausgelegt. 3. Aufl. (X, 724 S.) 910. (Bd. 1.) 14.50; geb. n 16. —
Bei Bestellgn. auf das gesamte Werk tritt e. Preisermässigung v. 10% ein, ausschl. des Einbandes.

Kommentar der Vorschriften über den Ansatz u. die Erhebung der Gerichtskosten für Nachlaßregulirungs-Geschäfte u. in Vormundschaftssachen. Nebst Tab., Beispielen u. 2 Anh. Berlin 865. Nauck & Co. gr. 8. (118 S.) n. 15 *ngr.*

Kommentar zur Schweizerischen Zivilgesetzgebung hrsg. von Dr. A[ugust] Egger, Dr. Arnold Escher, Dr. Alex. Reichel, D. H. Waechter u. Dr. C. Wieland. 1. Zürich: Schulthess & Co. 1908. 8° 08. 13390 4

— zum schweizerischen **Zivilgesetzbuch**, hrsg. v. A. Egger, Arnold Escher, H. Oser, Alex. Reichel u. C. Wieland. I. Bd. III. Bd. 1. Lfg. u. IV. Bd. Lex. 8. Zürich, Schultheß & Co. 26. 40
Escher, Arnold, das Erbrecht. 1. Lfg. (S. 1—112 u. II S.) 909. (Bd. III Lfg. 1.) 3. —
Reichel, Alex., Einleitung. — Egger, Aug., das Personenrecht. (VII, 280 u. XXXII S.) 910. (Bd. I.) 8.40; geb. in Leinw. 9.60; auch in 3 Lfgn.
Wieland, C., das Sachenrecht des schweizerischen Zivilgesetzbuchs, erläutert. (XV, 610 S.) 909. (Bd. IV.) 15.—; geb. in Leinw. 16.80; auch in 5 Lfgn. à 3. —

— zum schweizerischen Zivilgesetzbuch, unter Mitwirkg. v. H. Becker, E. Hafter, H. Haller u. a. hrsg. von Max Gmür. I. Bd. u. IV. Bd., 1. Abtlg. gr. 8. Bern, Stämpfli & Co. 14. —
I. Einleitung v. M. Gmür. — Personenrecht v. Hafter, u. Register. (331 S.) 909. 10. 7.—; geb. n 8. 25
IV. Sachenrecht. Von Hans Leemann. 1. Abtlg. Art. 641—729. Erläutert. (V, 383 S.) 911. 7. —

Kommentare zu den strafrechtlichen Nebengesetzen. Berlin.
Es erschienen davon bis 1900:
Bd I Strafrechtl. Nebengesetze des deut. Reichs, v. **Stenglein**, 2. Aufl. 895.
Supplement hierzu. 898.
„ II. Preussische Strafgesetze v. **Groschuff — Eichhorn — Delius.** 894.
Supplement hierzu. 896.
„ III. Strafgesetze Elsass-Lothringens v. **Coermann**, 897.

Kommentare zu den strafrechtlichen Nebengesetzen. III. Bd. Lex.-8. Berlin 897. O. Liebmann. Geb. in Leinw. n. 7.—
Die Strafgesetze Elsaß-Lothringens. Erläutert v. W. Coermann. (XII, 812 S.) n. 7.—

Kommentarien Arzneikunde neueren

Commentarien der neuern Arzneykunde, hrsg. von Christian Gottlob Hopf. Bd 1 - 6, gbd.

Tübingen: Heerbrand 1793 - 1800

Kommentarien medizinische Gesellschaft

Medicinische Commentarien von einer Gesellschaft der Aerzte zu Edinburgh. 1.Dec.: Bd 1, 10. 2.Dec.: Bd 2-3. Altenburg: 1774-1792

s.: Commentaries, Medical and philosophical, by a Society of Physicians in Edinburgh. Dt.

Kommer, G. D., der Schneekopf, die höchste Bergkuppe auf dem Thüringer Walde, ein Gedicht in 4 Gesängen, nebst 1 illum. Ansichtskarte u. 1 Gedichte, die Freuden des Winters. gr. 8. Gotha, Ettinger. (in Comm.) 815.

Kommer, G. Dn., der Schneekopf, die höchste Bergkuppe auf d. Thüringer Walde; ein Gedicht in 4 Gesängen, nebst 1 ill. Ansichtskarte u. 1 Gedichte, die Freuden d. Winters. gr. 8. Gotha 816. (Ettinger). 1 ₰

Kommer, Jak., die Juden e. Nation. gr. 8. (19 S.) Czernowitz 894. (H. Pardini.) n.n. — 40

Kommer, Carolus Ludovicus: Dissertatio ... sistens pathologiam corporis vitrei in oculo humano. Halae (1822): Schimmelpfennig. 37 S. 8°
Halle-Wittenberg, Med. Diss. v. 13. Nov. 1822
Geb Suhl [11. 5.] 1796. V.

Kommerell, das Bad Liebenzell, s. Salzmann, E.

Ärztliches über das Trinken. Gemeinverständl. Erörterung d. Alkoholfrage v. ärztl. Standpunkt. Im Auftr. d. Deutschen Ver. gegen d. Missbrauch geist. Getränke dargest. v. Dr. med. Eugen Kommerell, Oberamtsarzt in Münsingen (Württemb.). 1. 10. Taus. *Hildesheim: Mässigkeitsverl. d. Ver. 1899.* (42 S.) 8° [F.] [99. 9916 B

Kommerell, Eug., Ärztliches üb. das Trinken. Gemeinverständliche Erörterg. der Alkoholfrage vom ärztl. Standpunkt. Im Auftrage des deutschen Vereins gegen den Mißbrauch geist. Getränke dargestellt. 2. verm. Aufl., 11.—15. Taus. (52 S.) gr. 8. Berlin 909. Mäßigkeits-Verlag. — 30

Kommerell, E., eine Puerperalfieberepidemie in der Tübinger geburtshilflichen Klinik, s. Mitteilungen aus der geburtshilflich-gynäkologischen Klinik zu Tübingen.

Kommerell, Ferdinand

Kommerell, F., Aufgaben aus der descriptiven Geometrie. Zusammengestellt von H. Böklen. gr. 8. (VI, 32 S.) Tübingen 886, Fues. * 1 —

Kommerell, Ferd., Aufgabensammlung aus der darstellenden Geometrie. Tübingen 869. (Fues.) gr. 4. (25 S. m. 1 Steintaf.) n. 12 ngr

Kommerell's, Ferd., Lehrbuch der ebenen Geometrie. Neu bearb. und erweitert von K. Fink. 3. Aufl. [1. der Neubearbeitung.] gr. 8. (VIII, 240 S. mit 104 in den Text eingedr. Holzschn. und 10 Tab.) Tübingen 882, Laupp'sche Buchh. *
2. Thl., s. Fink, K.

Kommerell, Ferd., Lehrbuch der Stereometrie. gr. 8. (VII und 117 S. mit 8 Stnt.) Tübingen 865, Laupp'sche Buchh. *

—— Lehrbuch der Stereometrie. 2. Aufl. gr. 8. (IX, 117 S. mit 3 lithogr. Figurentaf.) Tübingen 873, Laupp'sche Buchh. *

Kommerell, Lehrbuch der Stereometrie. 3. Auflage. Tübingen 1877

Kommerell's, Ferd., Lehrbuch der Stereometrie. 3. umgearb. Aufl. Hrsg. von Guido Hauck. (XI, 175 S. mit 3 lithogr. Fig.-Taf.) 1877. * ℳ 2.; 4. umgearb. Aufl. gr. 8. (XV, 215 S. mit 56 in den Text gedr. Holzschn.) Tübingen 878, Laupp'sche Buchh. *

—— Lehrbuch der Stereometrie. Neu bearb. und erweitert von Guido Hauck. 5. Aufl. [4. der Neubearbeitung]. gr. 8. (XVI, 223 S. mit 64 in den Text eingedr. Holzschn.) Ebendas. 882. *

—— Lehrbuch der Stereometrie, 6. Aufl., s. Hauck, Guido.

Kommerell, F., Schulbuch der ebenen Geometrie. Mit 9 (lith.) Figurentaf. Tübingen 856. Buchhdlg. Zu-Guttenberg. gr. 8. (VIII, 128 S.) n. 20 ngr

—— Schulbuch der ebenen Geometrie. 2. Aufl. gr. 8. (VIII, 152 S. mit 5 lithogr. Figurentaf. in qu. 4.) Ebendas. 871. *

— Tabelle zum Ausstecken von Kreisbogen nebst Gebrauchs-Anweisung. Für Ingenieure, Geometer, Architekten, Forstmänner, Gärtner u. s. w. Mit 1 (lith.) Figurentaf. Tübingen 854. L. F. Fues. gr. 8. (XII, 22 S.) n. 15 ngr

Kommerell, K[arl], Prof. Dr.: Riemannsche Flächen im ebenen Raum von vier Dimensionen. Leipzig: B. G. Teubner 1905. (49 S.) 8°
Heilbronn, k. KarlsG. 1905 (707)

Kommerell, Karl [aus Tübingen]: Die Krümmung der zweidimensionalen Gebilde im ebenen Raum von vier Dimensionen ... Tübingen, Druck v. H. Laupp jr, 1897; 53 S. 8.
Tübingen, Naturw. Fak., Inaug.-Diss. v. 1897

Kommerell, Viktor [aus Tübingen]: Beiträge zur Gauss'schen Flächentheorie . . . Tübingen, Druck v. H. Laupp jr., 1890; 2 Bl., 46 S., 1 Taf. 8°
Tübingen, Naturw. Fak., Inaug.-Diss. v. 1890

Kommerell, Vikt., Beiträge zur Gauss'schen Flächentheorie. Diss. gr. 8. (III, 46 S. m. 1 lith. Taf.) Tübingen 890. (Fues.) n. — 80

Kommerell, V[iktor], Prof. Dr.: Einleitung in die Theorie der Transformationsgruppen. *Tübingen 1902: H. Laupp jr.* (41 S.) 4°
Reutlingen, k. RA, P 1902 (670)

Kommerell, V., analytische Geometrie der Ebene u. des Raumes, s.: Vorlesungen üb. Geschichte der Mathematik.

— die Grundformen der allgemeinen Flächentheorie, s.: Stahl, Herm.

— Raumgeometrie (Stereometrie u. darstellende Geometrie). Mit Benützg. v. Kommerell-Haucks Lehrbuch der Stereometrie f. den Schulgebrauch bearb. (VIII, 196 S. m. 115 Fig.) gr. 8. Tübingen 910. H. Laupp. 2.—; geb. 2.60

-- u. K. **Kommerell**, allgemeine Theorie der Raumkurven u. Flächen, s.a. Sammlung Schubert. XXIX u. XLIV.

Allgemeine Theorie der Raumkurven und Flächen von Prof. Dr. V(ictor) **Kommerell** u. Prof. Dr. K(arl) Kommerell. Mit Fig. Bd 1. 2. Leipzig: Göschen 1903. 8°
(Sammlung Schubert. 29. 44.) (u. 1419 11

Allgemeine Theorie der Raumkurven und Flächen von Rektor Dr. V(ictor) **Kommerell** u. Prof. Dr. K(arl) Kommerell. Mit Fig. 2. Aufl. Bd 1. 2. Leipzig: Göschen 1909-11. 8°
(Sammlung Schubert. 29. 44.) (u. 1419 11

Kommers zur 75jährigen Jubelfeier der Königlichen Technischen Hochschule zu Hannover am 25. Mai 1906 im Festzelte ⟨Welfengarten⟩. [Liederheft.] 24 S. 4°

Kommers veranstaltet von der Stadt Kiel anläßlich der erstmaligen Immatrikulation eines tausendsten Studenten in Kiel. Kiel, den 26. Mai 1900. 4 Bl. 8°.

[Programm u. Liedertexte zum] **Kommers** des IX. deutschen Kongresses für Volks- u. Jugendspiele in der Turnhalle des Kieler Turnvereins. (Kiel. 1908.) 8°, geb. in Fol. [Kopft.]

Kommersbuch, s. a.: **Commersbuch.**

--Kommersbuch . . . 1889. Cinci, 1889.

Kommersbuch. Studentenliederbuch. Lieder fahr. Schüler. (2 Thle. in 1 Bde.) gr. 16. (VIII, 112; 112 S.) Lpz. 892, Reclam jun. geb. * — 60

— **deutsches.** Ein Liederborn f. Studenten. 6., umgearb. Aufl. 12. (VI, 494 S. m. farb. Titel.) Freiburg i/B. 892. Herder. n. 2. 50; geb. in Gummistoff m. Ldr.-Rücken n.n. 3. 75

Kommersbuch, deutsches. Mit e. Titelbild. 7. Aufl. Historisch-krit. Bearbeitg., besorgt v. Karl Reisert. 12. (XI, 562 S.) Freiburg i/B. 896. Herder. n. 2. 70; geb. n.n. 4. — u. n.n. 5. 70

Kommersbuch, deutsches. Mit e. Titelbild. 8. Aufl. Historisch-krit. Bearbeitg., besorgt von Karl Reisert. 12. (XVI, 634 S.) Freiburg i/B. (899). Herder. Geb. in Halbldr. m. Biernägeln n. 4. 50; in Celluloid n. 6. 30

Deutsches **Kommersbuch.** Mit 1 Titelbild. 9. Aufl. Hist.-krit. Bearb., besorgt von Dr. Karl Reisert. Freiburg im Br.: Herder 1904. (XVI, 718 S.) 8° [F.] (07. 4331

Kommersbuch, deutsches. 10. Aufl. Historisch-krit. Bearbeitg., besorgt v. Karl Reisert. (XVI, 730 S. m. Titelbild.) kl. 8. Freiburg i/B. 908. Herder. Geb. in Halbfrz. m. Biernägeln 4. 80

— deutsches. Eine Sammlg. der beliebtesten Trink-, Kommers- & Studentenlieder, nebst e. Sammlg. der besten Vaterlands-, Volks-, Liebes- u. Gesellschafts-Lieder. (544 S.) 16. Reutlingen (907). R. Bardtenschlager. Geb. 1. 25

— der Tübinger Hochschule. 9. verm. u. verb. Aufl. (600 S.) 8. Tübingen 903. J. J. Heckenhauer. Geb. in Schweinsldr. m. Nägeln n. 3. 50

— kaufmännisches. Liederbuch f. Kaufleute u. kaufmänn. Vereine. 8. (VIII, 152 S.) Frankfurt a/M. 893. Mahlau & Waldschmidt. In Leinw. kart. n.n. — 90

— kleines. 1. u. 2. Tl., s. Universal-Bibliothek Nr. 2610, 2870.

Kleines | Kommersbuch. Eine Sammlung der beliebtesten | Trink-, Kommers- und Studentenlieder | nebst einer Sammlung der besten | Vaterlands-, Volks-, Liebes- und | Gesellschafts-Lieder. | Reutlingen. | Druck und Verlag von Rob. Bardtenschlager.
o. J., 112 S., 16°.
Priv.-Bes.

— kleines. Eine Sammlung der beliebtesten Trink-, Kommers- u. Studentenlieder, nebst e. Sammlung der besten Vaterlands-, Volks-, Liebes- u. Gesellschafts-Lieder. (111 S.) 16. Reutlingen (906). R. Bardtenschlager. — 25

Kommersbuch, kleines, für gesellige Abende. 12. (16 S.) Osnabrück 887, [Beith.] Pillmeyer. *

— dasselbe. 2., verb. Aufl. 12. (24 S.) Osnabrück 889. Pillmeyer. n. — 25

— f. **Deutschlands Lehrer.** Zum Besten deutscher Lehrerheime hrsg. v. W. A. Rolff u. L. Schulze. 12. (XIII, 284 S.) Langensalza 896. H. Beyer & Söhne. Geb. n. 1. 60; m. Biernägeln n. 2. —

— neues, f. studentische u. sangeslustige Kreise. Nebst e. Anh. v. Rundgesängen, Anstichliedern, Spottversen, sowie e. kurzen Kneipkomment. (200 S.) 16. Reutlingen (906). Enßlin & Laiblin. — 40; geb. — 60

— Nürnberger. (IV, 80 S.) kl. 8. Nürnberg (908). C. Koch. n — 25

(Moritz) Schauenburgs Allgemeines Deutsches **Kommersbuch.** Ursprünglich hrsg. unter musikal. Red. von Friedrich Silcher u. Friedrich Erk. 75. Aufl. (Vorr.: Prof. Dr. Ed[uard] Heyck.) Lahr: M. Schauenburg 1906. (X, 752 S.) 8° [F.] (c6. 6333

[F.] **Kommers-Buch** für Studierende Deutscher Technischer Hochschulen. Hrsg. v. akad. Ver. 'Hütte'. [Nebst] Notenheft. *Berlin: C. Paez 1897. 98.* 1 Bd 8. 1 Bd 4.
Kommers-Buch. 9. Aufl. 1897. (XXVIII S., 2 Bl., 487 S.)
Notenheft. 2. Aufl. 1898. (1 Bl., 383 S.) (98. 1110

— f. Studierende deutscher technischer Hochschulen. Hrsg. vom akadem. Verein Hütte. 10. Aufl. 12. (XXXVII, 491 S.) Berlin 900. C. Paez. Geb. in Leinw. m. Biernägeln n. 3. —

Kommersbuch f. deutsche Techniker. Hrsg. vom Verein „Vulkan“ in Strelitz. 3. verm. Aufl. (5. bis 9. Taus.) 12. (VI, 226 S.) Neustrelitz 899. G. Barnewitz. Geb. m. Biernägeln n. 1. 20

— f. deutsche Techniker. Hrsg. vom Verein „Vulkan“ in Strelitz. 4. verm. Aufl. (9.—13. Taus.) (VI, 256 S.) 12. Neustrelitz (903). G. Barnewitz. Geb. n. 1. 20

Kommersbüchlein zum 14. Gauturnfest des Westlich-Sächsischen Grenzturngaues in Zwickau 1. S., 31. 8.—2. 9. 1907, 16 S., 8°.

Kommersch, Der, zu Lauchstädt, oder das schöne Abentheuer. Ein prosaisches (zahmes) Gedicht in sieben Gesängen. Lauchstädt (Halle, Hendel) 1790. 8°. Selten!
Auch Leipzig (?) 1790. 8°. (1 Mk. Kühl, Berlin, c. 1882; jetzt viel theurer!) — Weller, fing. Druckorte.

Kommers-Lieder, 80 alte u. neue. 3. Aufl. (47 S.) kl. 8. Essen (909). Fredebeul & Koenen. — 20

23 beliebte **Kommers-Lieder** nach bekannten Melodien. Zsgest. f. festl. Gelegenh. *Essen-Ruhr: Fredebeul & Koenen 1900.* (16 S.) 8° [F.] (01. 5676 B

— 60 der beliebtesten. Durchgesehen v. K. Reisert. 12. Aufl. 8. (24 S.) Köln (901). J. P. Bachem. n.n. — 15

— 50 der beliebtesten. Durchgesehen v. K. Reisert. 21. Aufl. (24 S.) 8. Köln (908). J. P. Bachem. — 15

60 alte und neue **Kommers-Lieder**. Essen-Ruhr: Fredebeul & Koenen [1906]. (37 S.) 8° [F.]

— f. Gabelsbergersche Stenographen. Eine Sammlg. sangl. Stenographenlieder u. allgem. Lieder. (IV, 64 S.) kl. 8. Wolfenbüttel 907. Heckner. nn — 30

Kommers-Liederbuch deutscher Gastwirts-Gehilfen. Hrsg. vom Fecht-Verein Berliner Kellnerschaft. 16. (272 S.) Berlin 888. (Leipzig, P. M. Blüher.) Kart. n. — 75

—— dass. — 2. Aufl., s. Günther, Frz. u. C. Kyffhausen.

Kommert, Theodor, Referendar: Der Anspruch auf Ergänzung des Pflichtteils gegen den Erben und den Beschenkten nach dem bürgerlichen Gesetzbuche. Mülhausen (Els.) 1910: Nawratil. VI, 39 S. 8°
Heidelberg, Jur. Diss. v. 22. März 1910, Ref. Heinsheimer
[Geb. 24. März 86 Mülhausen; Wohnort: Mülhausen; Staatsangeh.: Elsaß-Lothringen u. Preußen; Vorbildung: Gymn. Mülhausen Reife 95; Studium: Lausanne 2, München 3, Berlin 4, Straßburg 1 S.; Rig. 2. Aug. 09.] [U 10. 1912

Kommerzialnachrichten über die neue Salzhandlung in Bayern. 8°. Frankfurt u. Leipzig 1800.

KOMMERZIALSCHEMA. Wienerisches - oder Burger-Allmanach, worinnen nicht nur die . . . in Wien befindlichen Handelsherren, Fabrikanten, Künstler . . . sondern auch eine Beschreibung der Stadt u. Vorstädte . . . ein zuverläßiger Postcours . . . sich befinden . . . Gerold, Wien. Jg. 1789. 1 vol. 2 Bl., 318 S. + 5 Bl.

KOMMERZIALSCHEMA. Wienerisches - oder Geschäftsalmanach. Wien 1793.

Kommet . . . , s.a. Kommt . . .

„Kommet alle zu mir, die ihr mühselig u. beladen seyd; ich will euch erquicken." Ein Andachtsbüchlein z. Gebr. beim Empfang d. heil. Sakramente d. Beicht u. Kommunion. Für d. reif. Jugend hrsg. v. e. kathol. Geistlichen. gr. 12. (4 B.) München 832, Giel.

„**Kommet** alle zu mir, die ihr mühselig u. beladen seyd; ich will euch erquicken." Ein Andachtsbüchlein z. Gebrauche beim Empfang der heil. Sakramente, der Beichte u. Kommunion. Für die reifere Jugend herausgeg. von e. kathol. Geistlichen. gr. 12. München 832. Giel. (Barth in Leipz.) 4 gr.

Kommet Alle zu Mir, die ihr mühselig und beladen seid, Ich will euch erquicken! Kurze Vorbereitungen und Danksagungen beim Empfange der heil. Communion. 32. (59 S.) Saarlouis 856, Stein.

Kommet Alle zu mir, die ihr mühselig und beladen seid, ich will euch erquicken. Ein Communionbüchlein für fromme Christen. Von einem katholischen Geistlichen. 4., sehr verm. u. verb. Aufl. Regensburg 859. Manz. 8. (134 S.) n. 4 ngr.

Kommet alle zu mir! Erzählungen f. unsere Kommunionkinder. Hrsg. vom Verein kathol. deutscher Lehrerinnen. (255 S. m. 1 Farbdr.) kl. 8. Limburg (909). Limburger Vereins-Druckerei. Geb. in Leinw. 1. —

Kommet her und sehet mit vernünftigen Augen, wie Joseph und die Heiligen bey den Catholischen geehret, und ihre Ehre verstanden werde. O. O. 17??. V: *Scheffler, Johann.* (Jöch)

Kommet her zu mir Alle! Ziehkästchen für christl. Jünglinge u. Jungfrauen gesammelt von A. S. Elberfeld (856.) Schmachtenberg. 32. (196 Bl.) 12 ngr.

Kommet her zu mir alle. — 100 Traktate f. Erwachsene von M. v. O. (10×10 Nrn. à 4 S.) 8. Schwerin, F. Bahn. (906). In Umschlag n. 1. —

— herein! Unzerreißbares Bilderbuch. qu. 4. (14 farb. Taf. auf Pappe.) Stuttgart 890. Loewe. cart. 2. 70

— dasselbe. Leinw.-Bilderbuch. qu. 4. (16 farb. Taf.) Ebd. 890. cart. 3. —

Kommet, lasset uns anbeten das allerheiligste Altarssakrament! Ein Andachtsbuch enthaltend Morgen- und Abendgebete, eine Meß-, Beicht- und Communionandacht nebst Ablaßgebeten, sowie verschiedene Gebete, Litaneien und kirchliche Lieder, zum Privatgebrauch bei der Anbetung des allerhl. Altarssakraments . . . Paderborn o. J. II: *Bade, Johann.* (Russell IX, 130)

Kommet lasset uns anbeten das allerheiligste Altarssakrament! Ein Andachtsbuch enthaltend Morgen- und Abendgebete ꝛc. zum Privatgebrauche bei der Anbetung des allerheil. Altarssakraments. Theilweise gesammelt aus den bewährtesten kathol. Erbauungsbüchern, bearb. und hrsg. von einem Priester der Diöcese Paderborn. 8. (228 S.) Paderborn 861, Junfermann'sche Buchh. Thlr.

Kommet zu Jesus! Kath. Gebetbüchlein f. d. liebe Jugend. *Einsiedeln, Köln: Benziger & Co. [um 1902].* (91 S.) 8° [F.]

Kommet zu Mir! Vorbereitungsbüchlein f. die Woche vor Empfang des hl. Abendmahles, v. S. F. 12. (46 S.) Leipzig 900. Dresden, Fr. Richter. n. — 60

Kommet zum Abendmahl. Eine Einladung an gnadenhungrige lutherische Christenleute, falsche Abendmahlsscheu zu überwinden und zum Heil ihrer Seelen getrost heranzutreten zum Tische des Herrn . . . Norden 1890. V: *Schmertmann, F.* (Russell XVI, III, 1, 1157)

Kommet zum Abendmahl. Eine Einladg. an gnadenhungrige luther. Christenleute, falsche Abendmahlsscheu zu überwinden u. zum Heil ihrer Seelen getrost heranzutreten zum Tische d. HErrn v. e. luther. Geistlichen. 12. (30 S.) Norden 890, Soltau. — 15

—— zur Mutter! Ein Marien-Monat in Betrachtungen, Gebeten und Beispielen zur Verehrung der göttl. Mutter auf alle Tage des Maimonats. Zunächst für die Jugend. Nach dem Französ. (der Julie Gouraud) frei bearb. von L. Jung. Sammt einer Beigabe allgemeiner Andachten. 24. (359 S. mit 6 Stnt. und lithogr. Titel.) Einsiedeln 857, Gebr. Benziger. *

Kommilitone: Der Kommilitone v. Chawer.

Kommissaruk, Beilia: Ueber den Unterschied zwischen Rundzellensarkom und infektiösen Granulomen. Berlin 1909: Ebering. 28 S. 8°
Berlin, Med. Diss. v. 23. Juli 1909, Ref. Bier
[Geb. 16. Juli 83 Wilky; Wohnort: Kowno; Staatsangeh.: Rußland; Vorbildung: Gymn. Wilna Reife M. 04; Studium: Berlin 2, Zürich 3, Berlin 5 S.; Rig. 15. Juli 09.] [U 09. 65

Internationale Kommission zur Vereinheitlichung der Militär-Sanitätsstatistik. Berlin, im September 1907. (Dopp.) 2 Bde.

Litterarische Kommission der Loge (Archimedes zu den 3 Reissbretern in Altenburg) am 31. Okt. 1907. 1 Bl. 4°. Bericht über die Tätigkeit der Bibliothekskommission.

Commission. Die topographische K' des Kantons Luzern an den h. Regierungsrath. (Luzern, den 26. November 1861.) *s.* Memorial der luzernerischen Sektion der schweizerischen naturforschenden Gesellschaft... (1861).

Kommissionalantrag betr. Wiedererwägung der §§ 10 und 100 des Unterrichtsgesetzes. 9 Stn. 8.
Zürich 1872.

Commissionalbericht. Allgemeiner K' und zweites Minderheitsgutachten über die Angelegenheit der aargauischen Klöster, vom 25. August 1841. Gedruckt auf Veranstaltung des Berichterstatters. 8. Bern und St. Gallen 1841.

Kommissionalbericht an den Kantonsrath betr. die Beschwerde der Zivilgemeinde Feldi über einen ihre Kirchangehörigkeit normirenden regierungsräthl. Beschluss. 16 Stn. 8.
Zürich 1872.

Kommissionalbericht betr. die Kirchangehörigkeit der Kirchgemeinde Feldi. 6 Stn. 8.
Zürich 1873.

Kommissionalbericht an die Regierung des Staates Zürich über die Kommunisten in der Schweiz. Nach den bei Weitling vorgefundenen Papieren. (Von Bluntschli u. Hottinger.) 130 pp. 8°. Zürich 1843.

Commissionalbericht. K' an die hohe Tagsatzung, über die Angelegenheit der aargauischen Klöster. (Bern, den 27. März 1841. — Proposition de la seconde minorité. ‹Mr. Henri Druey.› Berne, le 27 Mars 1841.) [SA.] fol. *o. O.*

Kommissionalberichte an die außerordentliche Tagsatzung vom März 1841 über die aargauischen Angelegenheiten. Lex.-8. St. Gallen 841, Scheitlin u. Zollikofer. 1/4 ℛ

Kommissionair u. Makler, der. Ein Handbuch der auf Kommissionaire, Makler, Agenten, Konzipienten, Auktionatoren, demnächst aber auch auf alle sonstigen Verhältnisse dieser Personen als Bürger, Haus- u. Grundbesitzer, Gewerbetreibende rc. sich beziehenden Gesetze und Verordnungen. ... Jetzt Heymann in Berlin. 1 ℛ

Kommissionäre, unsere Herren Leipziger, v. Seriosus. gr. 8. (12 S.) Leipzig 898. Hygieia-Verlag. n. — 70

Kommissionsbericht des Abgeordnetenhauses über den Gesetz-Entwurf betr. die Verpflichtung zum Kriegsdienste nebst der Rede von Roons und des Berichterstatters Gneist. Berlin (1864). 95 S. 8.

Kommissionsbericht betreffend die von dem deutschen Handelstage gestellten Anträge wegen Herstellung eines einheitlichen Münzsystems in Deutschland. 4° Wien 1862

Kommissionsbericht über die Beratung des Entwurfs eines allgemeinen Berggesetzes für die Preußischen Staaten. Berlin, 1862. 15 S. [Kh 14

Kommissionsbericht, die Erhöhung der Eisenbahntarife betr. Dresden 1874

Kommissions-Bericht ü. d. Schwarzw. Ind.-Ausst. z Villingen 1858. Karlsruhe 1858

Kommissionsbericht für Revision der Versicherungsbedingungen der Bremischen Seevers.-Ges. Bremen 1874.

Kommissionsbericht, die Verhältnisse in der Handweberei betreffend. 1880.

Darmstadt, am 3. Okt. 1890. **Kommissions-Bericht,** betr. die Wahl eines Bauplatzes für Neubauten der Grossherzoglichen Technischen Hochschule zu Darmstadt. Hierzu Anl. A: Lageplan-Skizzen. 4 Bl., 1 Taf. 4° *Da HofB*

Kommissionsbericht, betreffend die Zulassung ausländischer Versicherungsgesellschaften in Oesterreich. Sitzung am 30. März 1857. Wien, 1857. Gedr. bei Leop. Sommer. (12 S. 4.)

Kommissionsberichte der (badischen) Kammern, s. Landtag, badischer.

[**Kommissionsprotokolle** betr. die Berathung des Gesetzes über die Unterhaltung der öffentlichen Volksschulen] Berlin 1905—1906. 4°.

Kommissionssitzung der Handels- und Gewerbekammer Zittau über die Reform der direkten Steuern in Sachsen. Bautzen 1878

Komissopulos, Johannes G., ein klinischer Beitrag zu Buhl's zwölf Briefe über Genuine Desquamativ-Pneumonie. Diss. Halle 1888, Lippertsche Buchh. 8°. 24 S.

Kommrell, Ernst: Aus d. med. Poliklinik zu Tübingen. ‹Vorst.: Müller›. Über die Kreislaufwirkung von Sauerstoffbädern beim normalen Menschen. Berlin 1910: Simion. 34 S. 8° ¶(Aus: Zeitschrift f. Balneol., Klimatol. u. Kurort-Hygiene. Jg. 3, Nr 1. 2.)
Tübingen, Med. Diss. v. 18. Juli 1910, Ref. v. Romberg
[Geb. 11. Jan. 85 Liebenzell; Wohnort: Waiblingen; Staatsangeh.: Württemberg; Vorbildung: Ev.-Theol. Sem. Maulbronn Reife Sommer 03; Studium: Tübingen 6, Kiel 1, München 1, Tübingen 2 S.; Coll. 18. Dez. 09; Approb. 10. Juli 10.] [U 10. 4159

Kömmst du mir so, komm ich dir so, oder die Schule der Vormünder. Lstspl. 8. Berl. 781. Sander. 6 ℊ

— du mir so, komm ich dir so. Lstspl. in 5 Akt. Nach d. Engl. d. Sheridan. 8. Leipz. 784. Schwickert. 8 ℊ

Kommt ..., s.a. Kommet ...

Kommt herein! Ein unzerreißbares Bilderbuch m. 10 (farb.) Bildern (auf Pappe) f. die ganz Kleinen. (Bill. Ausg.) qu. 4. Stuttgart 894. F. Loewe. Geb. 1.50

Kommt! laßt uns unsern Kindern leben! s. Fröbel, Friedr.

Kommt raus der Zibl, s. Gedichte u. Scherze in jüdischer Mundart.

Kommt, seht u. hört! gr. 4. (8 Bl. m. farb. Abbildgn.) Reutlingen (901). Enßlin & Laiblin. — 75; auf Pappe (8 S.) geb. 1. 20

Kommt u. seht, wie's im Reich der Thiere geht. 8. (12 farb. Taf. m. Text.) Leipzig 889. Fr. Pfau. cart. à n. — 25

Kommt zum Turnen, Samml. v. Aufrufen u. Werbeblättern, 1885—1914, 2°.

Kommt zum Turnen und Sport! (Werbebl.), D. Vorst. d. Sport-Abt. d. Berliner Turnerschaft, 2 S., 4°.

— **zur Mutter!** Ein Marien-Monat in Betrachtungen, Gebeten u. Beispielen zur Verehrung der göttlichen Mutter auf alle Tage des Maimonats. Zunächst für die Jugend. Nach dem Französ. der Julie Gouraud frei bearb. von Abbé L. Jung. Sammt einer Beigabe allgem. Andachten. Einsiedeln 857. Benziger. 24. (359 S., 6 Lithogr. u. lith. Titel.) 9½ ngr.

[F.] Die **Kommunal-Abgaben in Charlottenburg.** Text-Ausg. d. Steuer-Ordngn nebst sonstigen einschläg. Bestimmgn, erl. u. m. Anm. vers. v. Dr. [S.] Friedlaender, Rechtsanw. in Charlottenburg. *Berlin: H. Schildberger 1895.* (3 Bl., 184 S., 2 Bl.) 1 Bd 8. [95. 6..

Kommunalabgaben-Gesetz, s. a.: **Communalabgaben-Gesetz.**

Kommunalabgaben-Gesetz. Erlautert v. L. Herrfurth und F. Nöll. 2. Aufl. Berlin 1888. 8°

— **Vom 14 Juli 1893.** 8. (28 S.) Königsberg 893. Hartung. n. — 25

— **dasselbe, nebst e. Anh., enth.: Die Grundzüge des Gesetzes.** gr. 8. (80 S.) Berlin 893. C. Heymanns Verl. n. — 80

— **dasselbe, nebst Ausführungsanweisg. u. Uebergangsbestimmgn. vom 10. Mai 1894 u. Musterverordngn.** Amtliche Ausg. gr. 8. (162 S.) Berlin 894. C. Heymanns Verl. Geb. n. 1. 60

Kommunalabgaben-Gesetz, das, vom 14. Juli 1893, nebst Ausführungsanweisg. u. Uebergangsbestimmgn. v. 10. Mai 1894 u. Mustersteuerordngn. gr. 8. (168 S.) Köln 894. P. Neubner. n. — 80

— **dasselbe.** gr. 8. (110 S.) Leipzig 894. C. E. M. Pfeffer. n. 1. 10

Kommunalabgabengesetz, das, vom 14. Juli 1893, nebst Ausführungsanweisung u. Uebergangsbestimmgn. vom 10. Mai 1894 u. Mustersteuerordnungen. Amtl. Ausg. 2. Abdr. gr. 8. (162 S.) Berlin 895. C. Heymann's Verl. n. — 80; kart. n. 1. —; geb. n. 1. 60

Kommunalabgabengesetz, das, vom 14. Juli 1893, nebst Ausfuhrungsanweisg. u. Uebergangsbestimmgn. vom 10. Mai 1894. Amtl. Ausg. 2. Abdr. Berlin 895.

Textausgaben u. Erläuterungen von:

Adickes. 2. Auflage. Berlin, Guttentag.	1 25	**Nöll.** Berlin 898.
— Kommentar. Berlin 894.	6 —	**Oertel.** Liegnitz 894.
Bornhak. Berlin 893	2 —	**Reimann.** Riesenburg 894.
Grotefend. Düsseldorf 899.	1 80	**Schaff.** Königsberg 895.
Höinghaus. Berlin 893.	1 —	**Schwarz.** Aachen 894.
Luks. Berlin 894.	1 60	**Sonntag.** Berlin 894.
Maraun. Berlin 893	1 50	**Strutz.** 3 Aufl. Berlin 895.

[F.] Das **Kommunalabgabengesetz** v. 14. Juli 1893 nebst Ausführgsanweisg v. 10. Mai 1894. Erläut. v. F. Nöll, Geh. Ober-Regiergsr. … im Minist. d. Innern. 2., verm. Aufl. *Berlin: C. Heymanns 1896.* (XII, 402 S.) 1 Bd 8. [96. 8235

[F.] **Kommunalabgabengesetz.** V. 14. Juli 1893 u. Gesetz wegen Aufhebg direkter Staatssteuern. V. 14. Juli 1893. Text-Ausg. m. Anm. u. Sachreg. v. F[ranz] Adickes, Oberbürgermstr in Frankfurt a. M. … 2. erweit. Aufl. *Berlin: J. Guttentag 1897.* (178 S.) 1 Bd 8.
= **Sammlung,** Guttentag'sche, Preussischer Gesetze. No 14. [97. 7514

Das **Kommunalabgabengesetz** vom 14. Juli 1893 nebst Ausführungsanweisung v. 10. Mai 1894. Erl. v. F. Nöll, Wirkl. Geh. Oberreg.R. 3., verm. Aufl. *Berlin: C. Heymann 1899.* (XII, 483 S.) 8° [F.] [99. 6..

Das **Kommunalabgaben-Gesetz** und das Gesetz wegen Aufhebung direkter Staatssteuern vom 14. Juli 1893 nebst d. ergänz. Gesetzen, Verordn. u. Ausführungsanweisungen f. d. prakt. Gebr. zsgest. u. erl. von G[eorg] A[ugust] Grotefend, Geh. Reg. R. *Düsseldorf: L. Schwann 1899.* (230 S.) 8° [F.]
= **Hand-Ausgaben,** Schwann'sche, deutscher u. preuss. Gesetze. No 9. [99. 13870

Das **Kommunalabgabengesetz** v. 14. Juli 1893 u. d. Gesetz wegen Aufhebung direkter Staatssteuern v. 14. Juli 1893, f. Verwaltungsstellen u. Steuerpflichtige erl. u. mit Beispielen f. d. prakt. Gebrauch hrsg. von Adolf Schaff, Stadtrath, Königsberg i. Pr. 2., neubearb. u. verm. Aufl. *Hannover: Helwing 1901.* (176, 187 S.) 8° [F.] [01. 10370 10

Kommunalabgabengesetz. Vom 14. Juli 1893 u. Gesetz wegen Aufhebung direkter Staatssteuern. Vom 14. Juli 1893. Text-Ausg. mit Anm. u. Sachreg. von Dr. F[ranz] Adickes, Oberbürgerm. in Frankf. a. M. 3. erw. Aufl. *Berlin: J. Guttentag 1902.* (200 S.) 8° [F.]
= **Sammlung,** Guttentag'sche, Preussischer Gesetze. No 14. [02. 66..

Das **Kommunalabgabengesetz** vom 14. Juli 1893 nebst Ausführungsanweisung vom 10. Mai 1894. Erl. von F[erdin.] Nöll, Wirkl. Geh. Ober-Reg.R. 4. Aufl. *Berlin: C. Heymann 1902.* (XII, 557 S.) 8° [F.] [02. 74..

Das **Kommunalabgabengesetz** vom 14. Juli 1893 nebst Ausführungsanweisung v. 10. Mai 1894. Erl. von F. Nöll, Wirkl. Geh. Ober-Reg.R. Nach d. Tode d. Verf. bearb. von Dr. F[riedrich] Freund, Geh. Ober-Reg.R. 5. Aufl. Berlin: C. Heymann 1905 (XII, 558 S.) 8° [F.] [05. ..3

Kommunalabgabengesetz vom 14. Juli 1893 und Gesetz wegen Aufhebung direkter Staatssteuern vom 14. Juli 1893. Text-Ausg. mit Anm. u. Sachreg. von Dr. F[ranz] Adickes, Oberbürgerm. 4. erw. Aufl. Berlin: Guttentag 1906. 204 S. 8°
(Guttentag'sche Sammlung Preuß. Gesetze. Nr 14.) [11. 6418 11

Das **Kommunalabgabengesetz** vom 14. Juli 1893 nebst Ausführungsanweisung v. 10. Mai 1894 u. Mustersteuerordnungen. Erl. von F[erd.] Nöll. Nach d. Tode d. Verf. bearb. von F[riedrich] Freund. 6. völlig veränd. Aufl. Berlin: C. Heymann 1907. (XII, 646 S.) 8° [F.] [07. 7396 9

Das **Kommunalabgabengesetz** vom 14. Juli 1893 nebst Ausführungsanweisung v. 10. Mai 1894 u. Mustersteuerordnungen. Erl. von Dr. [Georg] Strutz, Geh. Oberfinanz-R. 4. völlig umgearb. Aufl. Berlin: Heymann 1908. XV, 704 S. 8°
(Taschen-Gesetzsammlung 10) [09. 3416

Das **Kommunalabgabengesetz** vom 14. Juli 1893 nebst Ausführungsanweisung v. 10. Mai 1894 u. Mustersteuerordnungen. Erl. von F. Nöll, Wirkl. Geh. Ober-Reg.R. Nach d. Tode d. Verf. bearb. von Dr. F[riedrich] Freund, Geh. Ober-Reg.R. 7., veränd. u. verm. Aufl. Berlin: Heymann 1910. XV, 731 S. 8° [10. ..2

Kommunal-Anzeiger. Vakanzen-Zeitg. für Gemeinde-Beamte in ganz Deutschland. Centralblatt für Stellen-Gesuche u. Stellen-Angebote. 11. Jahrg. 1882. 52 Nrn. (B.) Fol. Berlin, Schwartz. n. 9. —

Kommunal-Anzeiger. Vakanzenzeitung f. Gemeindebeamte in ganz Deutschland. Und: Nachweis v. Stellen, die v. Kreis-, Bezirks-, Provinzial- u. Staatsbehörden ausgeschrieben sind. Central-Blatt f. Stellen-Gesuche u. Stellen-Angebote. 12. Jahrg. 1883. 52 Nrn. (B.) Fol. Berlin 883. Deutsches Vacanzen-Bureau [S. Schwartz'sche Buchh.] n. 10. —; halbjährlich n. 5. 50; vierteljährlich n. 3. —; monatlich n. 2. —
cfr.: Staats- u. Gemeinde-Vakanzen-Zeitung.

Kommunal-Anzeiger und deutsches Beamten-Familien-Blatt. 14. Jahrg. 1885. 52 Nrn. (à Nr. ½ Bog.) gr. 4. Berlin, Schwartz. **

Kommunalarchiv, preußisches, f. Stadt- u. Landgemeinden, Prov.-, Kreis- u. Amtsverbände. Zeitschrift f. Rechtsprechg. u. Verwaltg. auf dem Kommunal- u. Polizeigebiete. Sammlung der ergeh. Gesetze u. Ausführungsbestimmgn., der gerichtl. u. verwaltungsgerichtl. Entscheidgn., sowie der Erlasse der Zentralbehörden. Unter Mitwirkg. von v. Strauß u. Torney, v. Brockhusen, Dierschke u. a. hrsg. von Kurt v. Rohrscheidt. 1. u. 2. Bd. à 4 Hefte. (1. Bd. XIII, 786 S.) gr. 8. Berlin 910. F. Vahlen. à Bd. 14.—; geb. 16.—

Kommunalbeamtengesetz v. 30. 7. 99.
Textausgaben u. mit Erläuterungen von:

Freytag. Berlin 899.	2 50	**Ledermann.** Berlin 899.	
Kautz u. **Appelius.** Berl. 900.	4 20	**Lorenz.** Berlin 899.	
Kremski. Leipzig 900.		**Lövenich.** Hamm 900.	

Die **Kommunal-Behörden** und Beamten Kiel's zu Anfang des Rechnungsjahres . . . Kiel. 8°
1894/95. 1896/97. 1898/99. 1899. 1900. 1901. 1902.
Fortges. u. d. T.: Personalhandbuch der Stadt Kiel.

Das **Kommunalblatt** für Ehrenbeamte. Jg. 1, Nr 1. Berlin-Charlottenburg: Vita 1910. 4° [11. 15798

Kommunalfinanzblatt. Die Gemeindekasse. Die Stadtkasse. Die Sparkasse. Zentralorgan f. das gesamte kommunale Finanzwesen. Hrsg. unter Mitwirkg. v. Finanz- u. Kassenbeamten, Kommunalpolitikern u. Juristen. Red.: Arth. Heiland. 1. Jahrg. April 1908—März 1909. 24 Nrn. (à ca. 16 S.) 8. Duisburg-Meiderich, A. Heiland & Co. nn 6.—

Kommunalfinanzen, die. Fachblatt f. die gesamten geldwirtschaftl. Interessen der Gemeinden, Städte u. weiteren Kommunalverbände, Kämmereien, Rentämter, Gemeinde- u. Stadtkassen, Steuerkassen, Einziehungsämter u. Sparkassen im Deutschen Reiche. Allgemeiner Anzeiger f. das Gemeinde- u. Städtewesen. Schriftleitung: Seidel. 1. Jahrg. 1910. 24 Nrn. (Nr. 1—12 288 Sp.) Lex. 8. Duisburg-Meiderich. Berlin, Verlag der Grenzboten. 10.—

Kommunal-Kalender, Wiener, und städtisches Jahrbuch für 1863. 1. Jahrg. Mit dem (lith.) Portr. des Bürgermeisters Dr. Andr. Zelinka u. den (lith.) Plänen des neuen Opernhauses, des Stadtparkes u. der neuen Häusergruppen. Wien, F. Manz. gr. 8. (IX, 344 S.) n. 24 ngr.

— — für 1864. 2. Jahrg. Mit dem Portr. des ersten Bürgermeisters Stellvertreters Dr. Caj. Felder (in Stahlst.) u. 2 Plänen der Stadterweiterung (in Holzschn.). Ebend. gr. 8. (VIII, 308 S.) n. 24 ngr.

— — für 1865. 3. Jahrg. Mit der Ansicht des neuen Kursals im Stadtparke (in Holzschn.). Ebend. gr. 8. (VI, 224 S.) n. 20 ngr.; geb. n. 24 ngr.

Kommunal-Kalender, Wiener, u. städtisches Jahrbuch für 1866—68. 4—6. Jahrg. Wien, Manz' Verlag. gr. 8. [4. (IV, 190 S. mit der Abbild. u. dem Plane der neuen Centralmarkthalle, in Holzschn.), 5. (IV, 223 S. mit der Abbild. des Wiener Gemeindehauses u. 2 Plänen des Stock-im-Eisen-Platzes, in Holzschn.), 6. (221 S. mit der Ansicht u. einem Grundriß des neuen Armen-Versorgungshauses der Commune Wien, in Holzschn.)] Jeder Jahrg. n. 20 ngr.; geb. n. 24 ngr.

Kommunal-Kalender, Wiener, städtisches Jahrbuch für 1869—1872. 7.—10. Jahrg. gr. 8. (à 224 S. mit je 1 Ansicht in Holzschn.) Wien, Manz. à Jahrg. *
cart. *

Kommunal-Kalender, Wiener, und städtisches Jahrbuch. 1876—1880. 14.—18. Jahrg. Neue Folge. 4.—8. Jahrg. 8. (XXVIII, 372; XVI, 338; XVI, 342; XVI, 332; XXVIII, 372 S.) Wien, Manz'sche Hofbuchh. cart. à Jahrg. *

Kommunal-Kalender, Wiener, u. städtisches Jahrbuch 1904. 42. Jahrg. (VI, 782 S.) 8. Wien, M. Perles. 1904 Kart. 3.—

Kommunal-Kalender, Wiener, u. städtisches Jahrbuch 1905. 43. Jahrg. (VI, 786 S.) 8. Wien (II, Zirkusgasse) P. Gerin. Kart. n. 3. 60

Kommunal-Kalender, Wiener, u. städt. Jahrbuch 1905. 43. Jahrg. (VI, 786 S.) 8. Wien, Perles. Kart. 3. 60.

Kommunal-Kalender u. städtisches Jahrbuch, Wiener, f. 1910. 48. amtlich red. Jahrg. (VIII, VI, 762 S. m. 3 Bildnistaf.) 8. Wien, Gerlach & Wiedling. Kart. 4. 50

Communal-Landtags-Verfassung im Königl. Preuß. Markgrafftum Oberlausitz. ⟨Mit Anm. u. Erl.⟩ Görlitz: Görlitzer Nachrichten u. Anzeiger 1904. (25 S.) 8° [Umschlagt. F.] [08. 7734 2

Kommunalloven for Provinsen Slesvig-Holsten [**Landgemeindeordnung** für die Provinz Schleswig-Holstein]. Af 4. Juli 1892. Dansk Tekstudg., med oplysende Anmaerkn. og Formularer. Besørget ved Tandlæge J[onathan] Smith, Haderslev. Haderslev: Eget Forl. 1907. (120 S.) 8° [F.] [08. 3974

Kommunal-Monatsschrift, allgem. preuß., für die öffentl. Besprechung u. Vertretung der städtischen u. ländl. Kommunal- wie der provinzialständ. Verfassungs- u. Verwaltungs-Angelegenheiten u. Interessen. 1. Jahrg. 1844. April—Dezbr. 9 Hfte. gr. 8. Posen, Gebr. Scherk. *
Einzelne Hefte à * 10 Ngr.

Das **Kommunalprogramm** der sozialdemokratischen Partei des Niederrheins. Mit Erl. Hrsg. v. niederrhein. Agitations-Komitee. (Elberfeld: Agitations-Komitee 1907.) 16 S. 8° [09. 16477

Kommunal-Verwaltung, die. Zeitschrift für Selbstverwaltung und Verwaltungs-Rechtspflege mit besond. Rücksichtnahme der westl. Provinzen. Unter Mitwirkung von Verwaltungs- und Kommunalbeamten hrsg. und redig. von J. Schmitz. 1. Jahrg. 1887. Nr. 1—9. (à Nr. 1—1½ Bog.) Lex.-8. Neuwied, Heuser's Verlag. *
Nicht weiter erschienen.

Kommunalsteuerfrage, die. (Schrift. d. Ver. f. Sozialpolitik 12) Leipzig 1877 –

Zur **Kommunalsteuerreform.** ⟨Aus d. Verhandlungen d. 11. ordentl. Landesverbandstages 1908 in Berlin.⟩ Spandau: R. Graßmann in Stettin 1908. (43 S.) 8° [F.]
= **Mitteilungen** d. Preuß. Landesverbandes d. Haus- u. Grundbesitzer-Vereine. H 41. [08. 13539

Kommune, die. 1871—1901. Red.: Th. Glocke. gr. 4. (8 S. m. Abbildgn.) Berlin (901). Buchh. Vorwärts. —05

Kommune, die Pariser. (Fragen, soziale 8) Bremen 1879

Kommune, die Pariser, vor der Deputirtenkammer in Versailles. Generaldebatte über die Amnestieanträge und Rede Raspail's [Vater] vom 16.—18. Mai 1876. Nach dem amtl. Bericht ins Deutsche übertragen von Frz. Rohleder. 8. (53 S.) Braunschweig 876, Bracke jun. *

Kommunikant, der würdige, od. Wer empfähet solch Sakrament würdiglich? Hrsg. v. dem Deutsch-amerikan. evangel.-luther. Traktat-Verein. (Abdr. f. Deutschland.) 12. (16 S.) Zwickau 887. (Schriften-Verein.) n. — 10

Kommunikant, der würdige, oder Wer empfähet solch Sakrament würdiglich? 2. Aufl. (16 S.) kl. 8. Zwickau 904. Schriften-Verein. n. — 10

Kommunion, s. **Communion.**

Kommunion, die erste, Erzählung, s. **Bibliothek** guter kathol. Bücher.

Kommunion, die erste, e. Oster-Geschenk f. Kinder kathol. Religion. Nebst e. Zugabe v. geistl. Liedern. 3., verb. Aufl. 8. (3 B.) Ulm 837, Ebner'sche Buchh.

Kommunion, die erste. Eine Erzählung von der Verfasserin d. „Geraldine." Aus d. Engl. 8. Regensb. 843, Manz. 1/3 ℛ

Kommunion, die erste. Eine Erzählung v. der Verf. der „Geraldine". Aus dem Engl. 2. Aufl. 8. (186 S.) Regensburg 879. Manz. 1 —

Kommunion, die erste heilige. Gebete u. Gesänge zur Feier derselben. gr. 16. (24 S.) Osnabrück 889. Pillmeyer. — 15

Kommunion d. Kinder, die erste, e. christl. Weihefest. Aus J. A. Fischer's „Palmblätter" abgedruckt. gr. 8. (1 B.) Augsburg 830, Wolff. (Kollmann.) 2 Gr., Schrbp.

Kommunion, die häufige. Aufruf an das kathol. Volk. (11 S.) 16. Paderborn (909). Bonifaciusdruckerei. — 06

Kommunion, die öftere hl., in ihren Wirkungen u. Folgen. Zur Belehrg. u. Erbaug. des kathol. Volkes. Hrsg. v. e. Schuldner des Herzens Jesu. (16 S.) 16. Innsbruck 905. F. Rauch. — 08

— die öftere u. tägliche. Von A-z. (15 S.) 10,3×7,4 cm. Luzern (909). Räber & Co. n — 05

Kommunionbuch, evangelisches, für Neukonfirmierte und ältere Kommunikanten von M. v. S. Bevorwortet von C. Lange. 12. (64 S.) Leipzig 885, Hucke. geb. mit Goldschn. *

Kommunionbüchlein für Alle, die den Herrn Jesum lieb haben. Von einem Pfarrer des Bisthums Regensburg. 12. (144 S.) Regensburg 857, Pustet. *

Kommunionbüchlein, neues. Gebet- u. Betrachtungsbuch für Erst- u. Neu-Kommunikanten. 32. (440 S. m. 1 Stahlst.) Einsiedeln 896. Verlagsanstalt Benziger & Co. Geb. in Ldr. m. Goldschn. n. 1. 45

Kommunion-Büchlein für alle Gott liebende Seelen. Es enthält die Gebete für die Kommunion-Tage, als: Morgen-, Abend- und Meßgebete, vier verschied. Kommunionandachten ꝛc. 12. (71 S. und 1 Stnt.) Dülmen 849. (Coesfeld, Wittneven, Sohn.) **

Kommunionbüchlein für alle Gott liebende Seelen. Enth. Gebete am Vorabende und für die Kommunion-Tage, als: Morgen-, Abend- und Meßgebete, verschiedene Kommunionandachten, nebst Nachmittags-Andachten. Min.-Ausg. 22. Aufl. 16. (188 S. mit 1 Stahlst.) Dülmen 876, Laumann'sche Buchh. *

Communion-Büchlein für alle Gott liebenden Seelen. Enth.: Gebete am Vorabende u. f. d. Communiontage ... 42. Aufl. *Dülmen: A. Laumann 1901.* (204 S.) 8° [F.]

Kommunion-Büchlein für alle Gott liebenden Seelen. Enth.: Gebete am Vorabend u. f. d. Kommuniontage ... 44. Aufl. 1. Grobdr.-Ausg. Dülmen: A. Laumann 1903. (472 S.) 8° [F.]

Kommunion-Büchlein für alle Gott liebende Seelen. Enth.: Gebete am Vorabende u. f. d. Kommuniontage ... 45. Aufl. 1. Grobdr.-Ausg. Dülmen: A. Laumann 1905. (271 S.) 8° [F.]

Kommunion-Büchlein für alle Gott liebende Seelen. Enth.: Gebete am Vorabende u. f. d. Kommuniontage ... 46. Aufl. 1. Grobdr.-Ausg. Dülmen: A. Laumann 1905. (271 S.) 8° [F.]

Kommunion-Büchlein f. alle Gott liebende Seelen. Enth.: Gebete am Vorabende u. f. die Kommuniontage, als Morgen-, Abend- u. Meßgebete, verschiedene Kommunion-Andachten nebst Nachmittags-Andachten. 47. Aufl. (272 S. m. Titelbild.) 16. Dülmen 907. A. Laumann. Geb. in Leinw. — 75

Kommunionbüchlein f. junge Tischgenossen, s. a. Eglinger, S.

Kommunion-Büchlein für junge Tischgenossen unseres Herrn Jesu Christi. Hirschberg 866. (Nesener.) 8. (84 S.) geb. n. 5 ngr

Kommuniondekret, das neue, „Quam singulari" der S. Congr. Sacram. vom 8. VIII. 1910 üb. das Alter der Erstkommunikanten in deutscher Übersetzung. (14 S.) 8. Regensburg 910. F. Pustet. n — 20

Kommunionkind, das gute. Zeitschrift f. Erstkommunikanten. Red.: J. Schmitt. 1. Jahrg. Dezbr. 1895—Mai 1896. 12 Nrn. (à ca. 8 S.) gr. 8. München, N. Abt. n. — 50
Die spätern Jahrgänge sind nicht im Handel.

Kommunionkinder, der, Glück im treuen Anschluß an den lieben Heiland im hl. Sakramente u. in Befolgung seiner Lehren. Zusammengestellt aus den Beiträgen mehrerer, m. e. Vorwort v. H. J. Kamp. (VIII, 240 S. m. Vollbildern.) 8. Dülmen (909). A. Laumann. Geb. in Leinw. 2.—; feine Ausg., m. Goldschn. 3. —

Der **Kommunismus** in seiner praktischen Anwendung auf das soziale Leben. Nebst einem Anhang: Die Kommunisten in der Schweiz, ein Beitrag zur genauern Kenntniß der jetzigen Parteiverhältnisse im Kanton Zürich. Aus dem Vorläufer besonders abgedruckt. Schaffhausen, Brodtmann. 40 S. 8.

Kommunismus, der, in seiner prakt. Anwendung auf das soziale Leben. Nebst e. Anh.: Die Kommunisten in d. Schweiz, ein Beitrag zur genauern Kenntniß der jetzigen Parteiverhältnisse im Kanton Zürich. 8. (2½ B.) Schaffhausen 843, Brodtmann'sche Buchh.
Aus: Der Vorläufer. Jahrg. 1843 besond. abgedruckt.

Kommunismus, der, in seiner prakt. Anwendung auf das soziale Leben. Nebst e. Anh.: Die Kommunisten in d. Schweiz, ein Beitrag z. genauern Kenntniß d. jetz. Parteiverhältn. im Kanton Zürich. A. d. Vorläufer No. 59. 60. 67—72. Jahrg. 1843 abgedruckt. 8. Schaffhausen 843, Brodtmann. 1/3 ℛ

Kommunismus (Ueber den) in der Schweiz. Eine Beleuchtung des Kommissionalberichtes des Herrn Dr. Bluntschli über die Kommunisten in der Schweiz (angeblich) nach den bei Weitling vorgefundenen Papieren. 8°. Bern, Jenni Sohn, 1843.

Kommunismus oder Wahlreform. Unkenruf eines alten Abgeordneten. gr. 8. (III, 76 S.) Leipzig 882. Roßberg. n. 1. —

Der Kommunist: 1850?–? Nauvoo, IL
Organ of Ikarische Gemeinschaft.

Der Kommunist: 1852–? Cleveland, OH

Der Kommunist: 1852—1853
Communistic weekly. Edited & published by Leopold Stiger.
Cleveland, OH

Kommunisten, die, in der Schweiz nach den bei Weitling vorgefundenen Papieren. Wörtl. Abdruck des Kommissionalberichtes an die h. Regierung d. Standes Zürich. gr. 8. (8½ B.) Zürich 843, Orell, Füßli u. Comp. Thlr. -

Die **Kommunisten** der Schweiz nach den bei Weitling vorgefundenen Papieren. Wörtlicher Abdruck des Kommissionsberichtes an die Regierung des Staates Zürich. Zürich 1843. 130 S. 8.

„Die Kommunisten in der Schweiz, nach den bei Weitling vorgefundenen Papieren. Wörtlicher Abdruck des Kommissionalberichts an die Regierung des Standes Zürich (Berichterstatter Bluntschli)", Zürich 1843. — Vorh.: Com. Bibl. Hamburg.

Kommunistenfresser (Die schweizerischen) von P. (Deutsches Bürgerbuch für 1846.)

Komnenen u. Normannen. Beiträge zur Erforschung ihrer Geschichte in verdeutschten u. erläut. Urkunden des 12. u. 13. Jahrh. Aus dem Griech. von G. L. F. Tafel. 2. Ausg. Stuttgart 870. Fischhaber. gr. 8. (XXV, 252 S.) 1 *ℛ* 18 *ngr.*

Komnenos, Telemachos

— Über die Alkylvertretbarkeit in den Säureestern. S. 119. IIb. 119 . . . . vgr.
Separatabdruck

Komnenos, Telemachos (geb. am 15 Febr. 1862 in Skyros Griechenl.): Ueber die Einwirkung der Fettaldehyde auf Malonsäure und Aethylmalonat ... Bonn, Buchdr. v. P. Neusser 1882. 62 S., 1 Bl. 8.
¶ In kürzerer Bearb. unter dems. Titel in d. Annalen d. Chemie CCXVIII 1883 S. 145 ff.
Bonn, Phil. Fak., Diss. v. 18 Nov. 1882

— Über die Einwirkung von Natriumalkoholat auf Azetessigester. S. 119. IIb. 400 . . . . vgr.
Separatabdruck

— Über die beim Alkylersatz im Äthylmalonat entstehenden Nebenprodukte. S. 119. IIb. 300 . . . . vgr.
Separatabdruck

— Über einen neuen synthetischen Übergang von der Fettreihe in die aromatische. Vorläufige Mitteilung. S. 119. IIb. 51 . . . . vgr.
Separatabdruck

Komnenos Telemachos, Dr.: Über die Vertretbarkeit der in den Säureestern befindlichen Alkyle. S. 119. IIb. 27 . . . . vgr.
Separatabdruck

Komnick, F., d. Sandsteinziegel-Industrie u. d. neuesten auf diesem Gebiete gesammelten Erfahrungen, nebst Beschreibung der zur Fabrikation von Sandsteinziegeln erforderl. Maschinen u. Apparate m. Abbildgn. Kurz zusammengestellt u. erläutert. (3. Aufl.) (40 S.) gr. 8. Elbing 902. (Leipzig, Th. Thomas.) n. 1. —

Komödiantenthum, das, in der Gesellschaft. gr. 8. (IV. 214 S.) Wien 878. Lechner's Verl. n. 4. —

Komödie, s.a. Comödie.

Komödie, die kölnische, von Tante Alhieri, od. getreue Beschreibung der Höllenfahrt des Hanswurst u. des Höllenzuges auf d. köln. Karneval im Jahr 1842. gr. 8. (2 B.) Köln 842, Ritsefeld?

Komödie, die ungöttliche, aus d. Poln. v. K. Bartornicki. 8. (11 B.) Leipzig 841, Weber.

Komödien, alte, auf neuen Brettern. 8. (XVI und 207 S.) Basel 858, Schweighauser'sche Verlagsbuchh.

Komödien, kleine, für Marionetten-Theater. 1. Bdchn. Ritter Hugo. Zauberspiel in 2 Aufz. 32. Breslau 841. (Verlags-Comtoir.) n. 2 *ngr*

Römische **Komödien.** Deutsch von C[arl] Bardt. Plautus: Der Schatz. Plautus: Die Zwillinge. Terentius: Das Mädchen von Andros. Terentius: Die Brüder. *Berlin: Weidmann 1903.* (XXXII, 240 S.) 8°
[illegible]

Komödien, römische. Deutsch v. C. Bardt. I. u. II. Bd. 8. Berlin, Weidmann. Geb. in Leinw. 11. —
I. 2. verm. Aufl. (XXXII, 320 S.) 909. Geb. 6. —
II. Plautus: Die Gefangenen, der Bramarbas, der Schiffbruch. Terentius: Der Selbstquäler. (XV, 270 S.) 907. Geb. 5. —

Komoll, Emil [aus Berlin]: Zur Kenntnis der Azolverbindungen ... Halle a. S., *Druck v. G. Bernstein in Berlin,* 1892; VI S., 1 Bl., 113 S. 8.
Halle, Phil. Fak., Inaug.-Diss. v. [6. Sept.] 1892

Komora, Kichora. Trauerspiel. Meissen 1836. V: *Robe, Carl.* (EE)

Komoraus, Jos., über die Verletzungen in gerichtlich-medizinischer Beziehung. 2. mit einer Casuistik verm. Aufl. gr. 8. (VI u. 62 S.) Wien 851, Braumüller. n. ½ *ℛ*

Komoraus, Josef —. Visa reperta zum praktischen Gebrauche für Aerzte und Wundärzte. Von — —. 8. (IV, 84 S.) Wien. Gedruckt bei Josef Stöckholzer v. Hirschfeld. Wilh. Braumüller 1855.

Komoraus, Jos., Visa reperta zum praktischen Gebrauche für Aerzte u. Wundärzte. 2. verb. u. verm. Aufl. Wien 869. Braumüller. gr. 8. (VIII, 134 S.) n. 16 *ngr.*

Komorn [Schlagwort]

Komorn, s.: Europa, Liebenow.

Komorn, s.: Radfahrorkarton, Strassenprofilkarte.

Komorowicz, Maurice v., Feuergewalten. Gemeinverständliche Schilderg. vulkan. Phänomene. (95 S. m. Abbildgn.) 8. Charlottenburg 909. Schillerbuchh. 1.—; geb. 1.60

Quer durch Island. Reiseschilderungen von Maurice v. **Komorowicz.** Mit Bild. nach Orig.Gemälden von Cécile v. Komorowicz u. Kurt Albrecht sowie eig. Aufnahmen. Charlottenburg: Schiller-Buchh. [1908]. 139 S. 8° A 12 9136

Quer durch Island. Reiseschilderungen von Maurice v. **Komorowicz.** Mit Bildern. Charlottenburg: Schiller-Buchh [1909]. 136 S. 8° [illegible]

Komorowski, Erich, Sicard, Bischof von Cremona. Eine Studie zur Historiographie des XIII. Jahrh. Inaugural-Dissertation. gr. 8. (81 S.) Königsberg 881, (Beyer's Verlag.) *

Mozart's Kunst der Instrumentation von Dr. Egon v. **Komorzynski.** Stuttgart: C. Grüninger [1906]. (48 S.) 8° [illegible]

Emanuel Schikaneder. Ein Beitrag z. Gesch. d. deutschen Theaters. Von Egon v. **Komorzynski.** *Berlin: B. Behr 1901.* (X, 196 S.) 8° [F.] [illegible]

Komorzynski Egon: Versuch einer Biographie Emanuel Schikaneders.
1900 PN 1284 Diss. Wien, Univ.

Die nationalökonomische Lehre vom Credit von Dr. Johann v. **Komorzynski,** Univ.Prof. in Wien. *Innsbruck: Wagner 1903.* (XXXIX, 523 S.) 8° [illegible]

Komorzynski, Joh. v., die nationalökonomische Lehre vom Credit. 2. Aufl. (XXXIX, 523 S.) gr. 8. Innsbruck 909. Wagner. 8.80

Komorzynski, Joh. v. Der Werth in der isolirten Wirthschaft. gr. 8. (VII, 105 S.) Wien 889, Manz. • 3 —

Komorzynski, Joh. v., das Wesen u. die beiden Hauptrichtungen des Socialismus. Vortrag, geh. am 16. Febr. 1893. [Aus: „Monatsblätter des wissenschaftl. Club".] Lex.-8. (13 S.) Wien 893. Manz. n. — 50

— Das Wesen und die beiden Hauptrichtungen des Socialismus. (Monatsblätter des Wissenschaftl. Club in Wien, Jhrg. 14, Nr. 12, 15. Sept. 1893.) Lex.-8⁰. Wien, Manz'sche Hof-Verl.-Buchh., 1893.

Komorzynski, Karl Beobachtungen über die Fauna in der deutschen Dichtung. 8 (20 S.). Progr. K. k. Staats-G. *Troppau* 1894.

Komorzynski, Otto v., der Befähigungsnachweis f. Handelsgewerbe. (86 S.) gr. 8. Wien 909. Manz. 1. 30
Sonderabdruck aus: „Jurist. Blätter".

Komorzynski, Otto v., f.a.Gewerbe-Ordnung, die.

— Die Gewerbe-Ordnung, f. a Taschenausgabe, Manzsche, der österreichischen Gesetze.

Komorzynski, Otto v., Die Gewerbe-Ordnung samt den sie erg. u. erl Gesetzen, Verordnungen u. Erlassen . . . m. e. alphabet. u. chronolog. Reg. 9. vollst. umgearb u erw. Aufl. Tl. 1. 2. Wien 1908. 8⁰.
1 D. Gewerbeordn.
2 D neben d. Gewerbeordn. bestehenden Gesetze u. Verordn.
(Manzsche Taschenausg d. osterreich. Gesetze. Bd 1, Abt 1)

— Handel. Grundriß des österreich. Rechtes betr. den Handel. (61 S.) Lex.-8. Wien 906. A. Hölder. n. 1. 70
Sonderabdruck aus: „Oesterr. Staatswörterbuch".

Komorzynski, Stef. v., Repetitorium der deutschen Sprache, f.: Lünemann, Erich.

Komos, f.: Schnitzel u. Spähne aus der medizinischen Praxis.

Komos u. Satyr. Taschenb. f. 1830. Allen Freunden d. heit. Laune gewid. 12. (12 B.) Quedlinburg, Basse.

Komos und Satyr. Taschenbuch f. . . . . Allen Freunden d. heiteren Laune gewidmet.
1830. VIII, 278 S. u. 1 Bl.
Quedlinburg u. Leipzig.

Komotau [Sachliches OW]

Komotau, Umgebungskarte von. Im Massst. 1 : 75.000. Qu.-Folio. Wien, k. k. milit.-geogr. Institut. General-Dep. R. Lechner's H.- u. U.-B. Gef. in gr. 8. 80 kr. S. 323

Komotau [Schlagwort]

— s. a.: Bergbau, Uebersichtskarte.

Komotau. Karte d. politischen u. Schulbez. Komotau. Mit Bewilligg. des k. k. Bez.-Schulrathes hrsg. v. A. Stumpf. Ausgeführt im k. u. k. militär-geograph. Institute in Wien. 1 : 25,000. 4 Blatt à 67,5 × 60 cm. Farbendr. Komotau 895. A. Stumpf. n. 8. —; auf Leinw. n. 12. 50

Komotau. Übersichtsplan d. kgl. Stadt Komotau. 44×57 cm. Farbdr. (Mit Text auf der Rückseite.) Komotau (909). W. Benker. nn — 70

Komow, N., Die Gewitter im europäischen Russland und im Kaukasus im Jahre 1889. (41 S.) Petersburg 1898. gr. 4°.

Komp, Georg Ignatius
Komp, G. J., Chr. Fl. Kött, Bischof von Fulda, f. Deutschlands Episcopat in Lebensbildern.

Hirtenbrief des Hochwürdigsten Herrn Bischofs Georgius Ignatius [Komp], bei der herannahenden Fastenzeit des Jahres 1895. *(Fulda 1895:) Fuldaer Actiendr.* (9 S.) 4° [F.] [00. 9209

Hirtenbrief des Hochwürdigsten Herrn Bischofs Georgius Ignatius [Komp] bei der herannahenden Fastenzeit des Jahres 1890. *(Fulda 1896:) Fuldaer Actiendr.* (11 S.) 4° [F.] [00. 9210

[F.] **Hirtenbrief** des Hochwürdigsten Herrn Bischofs von Fulda Georgius Ignatius [Komp] bei der herannahenden Fastenzeit des Jahres 1898. *Fulda: Dr. d. Fuldaer Actiendr. (1898).* (15 S.) 1 Bd 8. [98. 4769

Komp, Fürstabt Johann Bernh. Schenk zu Schweinsberg, der zweite Restaurator des Katholicismus im Hochstifte Fulda [1623—1632]. Nach meist unedirten Quellen hrsg. gr. 8. (V, 134 S.) Fulda 878. Maier. n. 2. —

— die zweite Schule Fulda's und das päpstliche Seminar. Aus Quellen geschöpft. gr. 8. (160 S.) Ebendas. 877. *

Kompagnie, die, als Kampfeinheit des Bataillons unter besond. Berücksicht. des Feuergefechts. Ein prakt. Anhalt für angehende Kompagnieführer des Berufs- und Beurlaubtenstandes. Von K. gr. 8. (III, 30 S.) Berlin 881, Liebelsche Buchh. *

Kompagnie, die, sucht e. Schneider, f.: Theater-Album, militär.

Kompagnie, die, in der Tasche. 4 Anlagehefte. 16. (96; 104; 88; 72 lithogr. Taf.) Potsdam 879, Döring. geb., in Etui *

Die 2. Kompagnie der 5. Jäger-Abtheilung bei den kriegerischen Ereignissen im Grossherzogthum Posen im Frühjahr 1848. (. .) 8. Mit 1 Plan. Berlin 1855.

Kompagnie-, Divisions- und Bataillons-Exercieren, das, nach der „Instruktion" u. den „Berichtigungen des „Exercir-Reglements" der k. k. Infanterie u. Jäger in Form eines „Auszuges" bearb. Wien 861. Seidel & Sohn. 16. (81 S.) 7½ ngr.

Kompagniemunitionswagen, der. Ausrüstung u. Beladg. nach Dienstbuch E—17. Zusammengestellt v. A. B. Farbige Wandtafel. 92×70 cm. Wien (908). G. Freytag & Berndt. 1. 60

Kompagnie-Notizen. Dienst-Notizbuch f. Fußartillerie. 2. Aufl. 16. (126 u. 31 S.) Wesel 903. C. Kühler. Geb. in Segeltuch u. geh. n.n. 1. 75

Kompagnie-Notizen. Dienst-Notizbuch f. Fußartillerie. 3. verb. Aufl. (123 S.) 16. Wesel 906. C. Kühler. Geb. in Segeltuch n.n. 1. 75

— Dienst-Notizbuch f. Kompagniechefs des Trains. (227 S.) 16. Ebd. 908. Geb. in Segeltuch 2. —

— f. Jäger. Ausgabe 1907. Innerer Dienst. — Notizen. Schießübersicht. — Kammer-Bestände. (126 S., Notizblätter, 121 u. 7 S.) 16. Ebd. Geb. in Segeltuch. n. 2. 50

— (für Infanterie). Ausg. 1907. Innerer Dienst. — Notizen. — Schießübersicht. — Kammer-Bestände. (134 S., Notizblätter, 95 u. 7 S.) 16. Ebd. Geb. in Segeltuch n. 2. 50

Kompagnie-Notizen (für Infanterie). Allgemeines. — Unteroffiziere u. Kapitulanten-Merkbuch. (158 S., Notizkalender, 62, 62 u. 30 S.) 16. Wesel 911. C. Kühler. Geb. in Mappe. 2. 50

Kompagnie-Schule. Kurzer und leichtfaßl. Auszug aus den Waffenübungen der Infanterie (der Linie, Landwehr und Freicorps.) Nebst einem Anhange über die Behandlung ꝛc. der Muskete und des Stutzens. 1. Aufl. (80 S.) 1848. und 4., nach den neuesten Vorschriften veränd. und verm. Aufl. 12. (107 S.) Regensburg 850, Manz.

Die Kompagnie-Schule. übs. v. Schempp. Hannover 1888.

Kompan, K. J., vollständige Berechnung d. in dem allerhöchsten Patente v. 20. Hornung 1811 festgesetzten Skala, üb. den Cours d. Bankozettel ꝛc. in 12 Tabellen. Grätz, Tusch. 812.

Kompaneiskaja — v. Kowalenskaja, Catharina Iwanowna v., Beiträge zur vergleichenden mikroskopischen Anatomie der Hirnrinde d. Menschen u. einiger Säugethiere. Inaug.-Diss. [Aus: „Mittheilgn. d. Berner naturforsch. Gesellsch."] gr. 8. (34 S. m. 1 Chromolith.) Bern 886. (Huber & Co.) n. — 40

Kompaneiskaja — v. Kowalenskaja, Catharina Iwanowna v Beiträge zur vergleichenden mikroskopischen Anatomie der Hirnrinde d. Menschen u. einiger Säugethiere. Diss. gr. 8. (34 S. m. 1 Chromolithogr.) Bern 886, (Körber). * — 40
Aus: Mittheilgn. d. Berner naturforsch. Gesellsch., besonders abgedruckt.

Kompanini, Juliano, oder frappante Szenen aus dem Mönchsthum . . . Breslau u. Leipzig 1803. V: *Lehnert, Gottlieb Benj.* (MGT) (Ky) (GGr) S. a. Nr. 11680.

Kompaß. s. a.: Compaß.

Kompaß, der. Eine Wochenschrift zur Belehrung und Unterhaltung. Hrsg. von C. Volckhausen und L. Walesrode. 1. Jahrg. 1857. 1—8. Quartal. 48 Nrn. (Bog.) gr. 4. Hamburg, Würger. *
Ist nicht fortgesetzt worden.

Kompass, Der. Organ der Knappschafts-Berufsgenossenschaft für das Deutsche Reich. Jahrgang 1 (1886)—15 (1900). Berlin. 4.

Compass. Financielles Jahrbuch für Oesterreich-Ungarn. Gegründet v. Gust. Leonhardt. 1892. Herausgegeben v. S. Heller 25. Jahrg. 8. (XVIII. 1052 S.) In Comm. Geb. * 7.50
Wien: Hölder 1892.

Kompass. Finanzielles Jahrbuch für Österreich-Ungarn. 1904. 37. Jahrg. 2 Bde. Gr.-8°. (XX, 1192 S., XXXII, 1196 S.) geb. K 22.—
Wien: Hölder 1902.

Kompass. Finanzielles Jahrbuch für Österreich-Ungarn, 1906. 39. Jahrg. Bd. 1 und 2. Gr.-8°. (CXXIV, 1182; XLIV, 1344 S.)
Wien: Hölder 1905.

Kompass. Finanzielles Jahrbuch für Österreich-Ungarn. 39. Jahrg. III. Bd. Die Industriefirmen Österreichs. Gr.-8°. (CLXXVIII, 1378, VI S.) † geb. K 14.—
Wien: Hölder 1906.

Kompass, Finanzielles Jahrbuch für Österreich-Ungarn. 1908. 41. Jahrg. III. Bd. Gr.-8°. (CCLV, 2592 S.) geb. K 18.—
Wien: Hölder 1908.

***Kompass, finanzielles Jahrbuch f. Oesterreich-Ungarn.** Gegründet v. Gust. Leonhardt. 1910. Hrsg. v. Rud. Hanel. 43. Jahrg. 3 Bde. (XXIV, 1597; LXII, 1410 u. CCCXX, 2617 S.) 8. Wien 909. 10. Compassverlag. Geb. in Leinw. 36. 80
* Titel lautet in Wirklichkeit: Compass.

Kompass. Verkehrs- u. Taschen-Fahrplanbuch, Fahrpläne der Klein-, Strassen- u. Staats-Eisenbahnen u. s. w. Für die rhein.-westf. Industrie-Gebiete. Mit 2 Verkehrskarten, 1 topogr. Karte f. das Bergische Land, 5 Ansichten u. e. prakt. u. vollständ. Führer zu allen hervorragenden Punkten u. Sehenswürdigkeiten des Bergischen Landes. Bedeutend verm. u. verb. Ausg. Sommer-Ausg. 1902. gr. 16. (120, 100 u. 104 S.) Barmen, Hyll & Klein. n. — 50

Kompass. Praktisches Verkehrs- u. Taschenfahrplanbuch, enth.: Fahrpläne der Staats-, Klein- u. Strassenbahnen f. die rhein.-westf. Industriegebiete sowie der Dampfschifffahrten; 2 Verkehrskarten; Führer durch das Berg. Land m. topogr. Karte; einer ausführl. Beschreibg. v. 42 Städten aus der Gegend des Rheins, der Ruhr, Wupper, Lenne, Lippe, Emscher, Volme, Sieg usw. m. Tourenangaben f. viele lohn. Ausflüge in deren Umgebg., sowie zum Kaiser-Wilhelm-Denkmal auf Hohensyburg, Dechen-, Recken- u. Bielsteinhöhle, Felsenmeer, Asten-Berg i. Sauerland, Schiffshebewerk am Dortmund-Emskanal, Schloss Benrath, Siebengebirge, Ahrtal, Laacher See, Hohe Acht i. d. Eifel u. v. m. 5. verm. Ausg. Sommer 1903. (100, 96 u. 126 S. 12. Barmen, Hyll & Klein. — 50

Der Kompass: Jahrgang 1, 1902–1941?
Tri weekly. News Circulation: 8000. Editor: Emil Heinz (Heims?); Hans Doetzer and Emil Heinz (Heims?).
Curitiba

— der. Volkstümliche Blätter für zeitgemäße Belehrg. u. Unterhaltg. Mit Bilderschmuck. Hrsg.: Eduard Eggert. 1.—3. Jahrg. (B). Oktbr. 1904—Septbr. 1907. à 24 Nrn. (1. u. 2. Jhrg. VI, 480 u. VI, 484 S.) Lex.-8. Stuttgart, W. Kohlhammer. à Jhrg. n. 5. —

— der. Volkstümliche Blätter f. zeitgemäße Belehrg. u. Unterhaltg. Mit Bilderschmuck. Red.: Ed. Eggert u. seit 1910: E. Görlach. 4.—7. Jahrg. Oktbr. 1907—Septbr. 1911. à 24 Nrn. (4.—6. Jahrg. VI, 486; VI, 482 u. VI, 482 S.) Lex.8. Stuttgart, W. Kohlhammer. à Jahrg. 5. —

Kompaß: Der Kompaß
① 2. Untertitel: Zeitschrift des Detailverbandes des Kantons Luzern (Rabattsparverein und Geschäftswehr) - Organ des Mittelstandes zum Schutze berechtigter Interessen; heute: Luzerner Haushaltungsblatt (1955) ② Kompaß (seit 15. 1. 1906) ③ [Die] Geschäftswehr (1904/05: in der Bibliographie nicht aufgeführt) ⑤ 15. 7. 1905 (cont.) ⑥ 2° ⑦ Monatsblatt (bis September 1928), jede 2. Woche (seit Oktober 1928) ⑧ Luzern: Heinrich Keller und Rechtsnachfolger; heute: Keller & Co. AG ⑩ Detaillistenverband des Kantons Luzern ⑪ Fürsprech Georg Beck, Frau Hedwig Herzog, seit dem 5. Jg. Detaillistenverband und für diesen Dr. Joh. Schwendimann (bis Juli 1953). Dr. Rudolf Zihlmann (seit 30. 7. 1953) ⑫ Interessen des Mittelstandes ⑬ Kompaß 1929, Nr. 24, 1945, Nr. 13, 1955, Nr. 13 ⑭ Lu: Z (unvollständig) ⑮ Auch Aufsätze zum Weltgeschehen, während vielen Jahren von Dr. Franz Heinemann, Luzern, verfaßt.

'Kompass'. Eisenbahn-Karte von Mittel-Europa. (Maßst. 1:2,000,000. Glogau: C. Flemming [1906].) (1 Kartenbl. 79×62 cm.) 8° [lith.] [kol.]
jo6. 13006

Kompaß für den jungen Arbeiter, auch für Lehrlinge, Gesellen und brave Bauernburschen sehr empfehlenswerth. Hrsg. von einer Commission des Verbandes „Arbeiterwohl". 16. (93 S.) Köln 884, Bachem. cart. *

— f. den jungen Arbeiter, auch f. Lehrlinge, Gesellen u. brave Bauernburschen sehr empfehlenswerth. Hrsg. v. e. Commission d. Verbandes „Arbeiterwohl". 26.—35. Tausend. 16. (93 S.) Köln 891. J. P. Bachem. Kart. n. — 40

— für den jungen Arbeiter, auch f. Lehrlinge, Gesellen u. brave Bauernburschen sehr empfehlenswerth. Hrsg. v. e. Commission des Verbandes „Arbeiterwohl". (93 S.) 16. Köln (904). J. P. Bachem. Kart. n. — 40

—— für den verheiratheten Arbeiter, auch für den Handwerker und Bauersmann sehr empfehlenswerth. Hrsg. von einer Commission des Verbandes „Arbeiterwohl". 16. (93 S.) Ebendas. 884. cart. *

— für den verheiratheten Arbeiter, auch f. den Handwerker u. Bauersmann sehr empfehlenswerth. Hrsg. v. e. Commission d. Verbandes „Arbeiterwohl". 26.—35. Tausend. 16. (93 S.) Ebd. 891. Kart. n. —40

Kompaß, Berliner. Wegweiser für Alle, welche Berlin u. das Leben u. Treiben seiner Bewohner gründlich kennen lernen wollen. Mit besond. Berücksichtigung aller Lokale, wo was los ist! Berlin 865. Conrad. 16. (VIII, 120 S. mit lithogr. Plan in Fol.) n. 7½ ngr.

Kompass, der, an Bord. Ein Handbuch f. Führer v. eisernen Schiffen. Hrsg. v. der Direction der deutschen Seewarte. Lex.-8. (X, 172 u. Anh. XXIII S. m. eingedr. Holzschn. u. 7 Taf.) Hamburg 889. Friederichsen & Co. geb. n. 9.—

Kais. Marine. Deutsche Seewarte. Der **Kompass** an Bord. Handbuch f. Schiffsführer u. Schiffsoffiziere. Hrsg. von d. Deutschen Seewarte. 2., umgearb. u. verm. Aufl. Hamburg: L. Friederichsen & Co. 1906. (VIII, 171 S.) 4°(8°) [07. 8389

Der kleine Kompass. 1905. Finanzielles Jahrbuch für Österreich-Ungarn. Gr.-8°. (XVI, 1174 S.) † K 10.—
Wien: Hölder 1904.

Der kleine Kompass. 1906. Finanzielles Jahrbuch für Österreich-Ungarn. Gr.-8°. (XVI, 1120 S.) † geb. K 10.—
Wien: Hölder 1905.

Der kleine Kompass. 1908. Finanzielles Jahrbuch für Österreich-Ungarn. Gr.-8°. (XVI, 1276 S.) geb. K 10.—
Wien: Hölder 1907.

*— der kleine, 1910. Separatabdr. aus dem Compass. Finanzielles Jahrbuch f. Österreich-Ungarn. Hrsg. v. Rud. Hanel. (XXI, 1597 S.) 8. Wien 909. Compassverlag. Geb. in Leinw. 10. 50
* Titel lautet in Wirklichkeit: Compass.

Kompaß für die Söhne Kolpings. Hrsg. vom Verband „Arbeiterwohl". 16. (93 S.) Köln 885, Bachem. cart. *

Mein Kompass. Lesebuch f. Deutschlands Töchter z. Gebr. in Fortbildungs- u. Sonntagsschulen. Hrsg. im Auftr. d. kath. deutschen Lehrerinnen-Ver. von Dr. Paul **Funke**, Stiftspräses, G[ertrud] Becker, A[nna] Becker, M[aria] Rüberg, Lehrerinnen. Dortmund: Gebr. Lensing 1905. (XV, 623 S.) 8° [F.] [07. 11190 6

— mein. Lesebuch f. Deutschlands Töchter zum Gebrauch in Fortbildungs-, Haushaltungs- u. Sonntagsschulen, sowie in stillen Stunden. Hrsg. im Auftrage des Vereins kathol. deutscher Lehrerinnen v. Paul Funke, G. Becker, A. Becker, M. Rüberg. 2. u. 3. Aufl. (XVI, 632 S.) 8. Dortmund 908. Geb. Lensing. Geb. in Leinw. 3. 80

Compass. K' für die Reformationsgeschichte Graubündens. Innsbruck 1910 s. [Thaler, P. Albuin].

Kompaß für Siebenbürgen. Vaterländischer Kalender für das Gemeinjahr 1857. Herausgegeben durch die Verleger. 4ter Jahrg. Kronstadt. Druck und Verlag von Römer und Kamner. (30 S. 8.)

— f. das arbeitende Volk. Organ der kathol. Arbeiter-Vereine der Prov. Westfalen. Red.: Herm. Dreier. 1. Jahrg. Juli—Dezbr. 1899. 26 Nrn. Imp.-4. (à 8 S.) Hamm, Breer & Thiemann. n. 1.—

— dasselbe. 2. Jahrg. 1900. 52 Nrn. Imp.-4. (à 8 S.) Ebd. n. 2.—

— dasselbe. 3. Jahrg. Jan.—Juni 1901. 26 Nrn. hoch 4. (à 8 S.) Ebd. n. 1.—
Erscheint nicht mehr.

Kompaß, Jak., Beyträge zur Erläuterung der Berggerichtsordnung. gr. 8. (5¼ B.) Wien 812, Braumüller u. Seidel. *

Kompe, Karl, die Behandlung des Nasenblutens innerhalb der Grenzen der allgemeinärztlichen Praxis. gr. 8. (9 S.) Halle 901. C. Marhold. n. —80
Sonderabdruck aus: „Sammlg. zwangl. Abhandlgn. a. d. Geb. d. Nasen-, Ohren-, Mund- u. Hals-Krankh."

KOMPE, Carl (Kassel): Zur Kenntniss des Darmkrebses.- München: Finsterlin 1883. 48 S.
28.7.1882 - Urk (Titel: De canceribus intestinorum.); Chr 1882/83,17
Diss.Ingolst.-Landsh.-Mchn.

Kompe, W., der Entwurf eines allgemeinen deutschen Handels-Gesetzbuches in seinem Verhältnisse zum deutschen Post- u. Eisenbahntransportrechte. Regensburg 859. Pustet. gr. 8. (44 S.) 6 ngr.

Kompe, W., zur Kritik des preußischen Gesetzentwurfs über die Handelsgerichte. [Aus: Zeitschrift für das gesammte Handelsrecht.] Erlangen 865. Enke's Verlag. gr. 8. (48 S.) n. 8 ngr.

Kömpel, Eduard [aus Frankfurt a. M.]: Aus der Klinik für Hautkrankheiten und Syphilis. Ueber Lichen ruber.... Bonn, Univ.-Buchdr. v. Carl Georgi, 1887; 63 + 1 S. + 1 Bl. 8°.
Bonn, Med. Fak., Inaug.-Diss. v. 28. Mai 1887.

Kömpel, Eduard, aus der Klinik für Hautkrankheiten und Syphilis. Ueber Lichen ruber. Diss. Bonn 1887, Emil Strauss. 8°. 63 S.

Koempel, Franz [aus Amorbach i. O.]: Haemoglobinurie infolge von Infectionskrankheiten ... Würzburg, Köhl & Hecker'sche Buchdr., 1894; 25 S. 8.
Würzburg, Med. Fak., Inaug.-Diss. v. 1894

Kompendien, des österreichischen Rechtes. 8. Berlin, C. Heymann.
Finger, Aug., das Strafrecht. Systematisch bearb. II. Bd. 2. umgearb. Aufl. (XVI, 652 S.) 910. Geb. in Leinw. 12. —
Vargha, Jul., das Strafprozessrecht. Systematisch dargestellt. 2. verm. Aufl. (XII, 468 S.) 907. Geb. in Lw. 10. —
* Titel lautet in Wirklichkeit: Compendien.

Kompendien-Katalog I. 1906. Bibliotheca theologica-philosophica-catholica. Verzeichnis gangbarer Werke aus dem Gebiete der kathol. Theologie, Philosophie, Pädagogik u. Soziologie nebst Anh.: Verzeichnis kathol. Zeitschriften. 2. Ausg. (72 S.) kl. 8. Münster, H. Schöningh. —15

Kompendium Artilleriae, oder neu- und wohlgegründete Chur-Bay.-Büchsen-Meisterey-Schule. München 1750(?) 27 S.

Kompendium üb. Militärrecht. Hrsg. vom königl. preuß. Kriegsministerium. 8. (X, 492 S.) Berlin 900. E. S. Mittler & Sohn. n. 2. 70; kart. n. 3. —; geb. in Leinw. n. 3. 40

Kompendium üb. Militärrecht. Hrsg. vom königl. preuß. Kriegsministerium. Neuabdr. unter Berücksicht. der bisher veröffentlichten Deckblätter usw. (D. V. E. Nr. 362.) (X, 492 S.) 8. Berlin 910. E. S. Mittler & Sohn. 3.25; geb. in Halbleinw. 3.60; in Leinw. 4. —

— dasselbe, Abschn. VI. Allerhöchste Verordnung üb. die Ehrengerichte der Offiziere im preußischen Heere vom 2. V. 1874 u. Ergänzungsordre. Neuabdr. 1910. (Ehr. V.) u. (Erg. O.). (Zu D. V. E. Nr. 362.) (S. 267—320, 320a—z, 320aa—zz, 320aa—as.) 8. Ebd. 910. — 70; geb. n - 90

Kompendium für Rübenzucker-Fabrikanten. 1. und 2. Bdchn. gr. 8. Magdeburg 886, Neumann. *
Inhalt:
Bdchn. 1. Grimmer, Otto, die Scheidung und Saturation. Techn. Mittheilungen aus dem Gebiete der Rübenzucker-Fabrikation. (III, 28 S.) *ℳ 1.—.
» 2. Die Melasse und ihre Verwendung. Von einem Praktiker. (84 S.) *ℳ 1.80.

Kompendium f. Rüben-Zucker-Fabrikanten. 2. Bdchn. 8. Magdeburg, J. Neumann. n. 1. 80
Die Melasse u. ihre Verwendung. Technische Mittheilgn. aus dem Gebiete der Zuckerfabrikation v. e. Praktiker. (IV, 83 S.) 887.

Kompendium zum Unterricht der mit Führung der Bataillons-Patronenwagen beauftragten Infanterie-Unteroffiziere u. Gefreiten. Berlin 1845. 42 S.

— für Zuckerfabrikanten. 3. Bdchn. 8. Ebd. 894. n. 2. — (1—3.: n. 4. 80)
Das Brennmaterial in den Zuckerfabriken. Praktische Winke f. e. sparsamen Kohlenverbrauch v. Th. Cambier. Genehmigte deutsche Ausg. v. P. Drawe. (116 S.)

Kompert, Leopold

— Gottes Annehmerin, s.a. Volksbücher, Wiesbadener. Nr. 45.

Gottes Annehmerin. Novelle von Leopold Kompert. 1. Aufl. Wiesbaden: Volksbildungsverein 1904 53 S. 8°
(Wiesbadener Volksbücher Nr 45.) A 12.9067

— dasselbe, s.a. Reuter's Bibliothek f. Gabelsberger-Stenographen.

Kompert, Leop., Christian u. Lea, s.: Volksbücher, Wiesbad.

Kompert, Leopold
Franzi und Heini. Geschichte zweier Kinder in Wien. Berlin 1881.
In: Roman-Zeitung, Deutsche. Bd 1.

—— Franzi und Heini. Geschichte zweier Wiener Kinder. 2 Bde. 8. (225; 256 S.) Berlin 881, Janke. *

Kompert, Leop., Franzi u. Heini. Geschichte zweier Wiener Kinder. (285 S.) kl. 8. Leipzig (909). Hesse & Becker Verl. — 80; geb. in Leinw. 1. 20

Kompert, Leop., Geschichten einer Gasse. Novellen. 2 Bde. 8. (XII und 639 S.) Berlin 865, Gerschel's Verlagsh.

— Geschichten e. Gasse. 7 Erzählgn. (426 S.) kl. 8. Ebd. (909). 1.20; geb. in Leinw. 1. 80

— Neue Geschichten aus dem Ghetto, s.a. Hesse's, Max, Volksbücherei.

—— neue Geschichten aus dem Ghetto, s.a. Salon-Bibliothek.

— neue Geschichten aus dem Ghetto. 2 Bde. Prag 860. Kober & Markgraf. 8. (VIII, 567 S.) n. 2 ℛ︎ 10 ngr.

— verstreute Geschichten. Novellen. 8. (296 S.) Ebend. 883. n. 4. 50

— Verstreute Geschichten. 9 Erzählgn. (276 S.) kl. 8. Leipzig (909). Hesse & Becker Verl. — 80; geb. in Lw. 1. 20

— Aus dem Ghetto, s.a. Hesse's, Max, Volksbücherei.

Kompert, Leop., aus dem Ghetto. Geschichten. 8. (XII u. 370 S.) Leipzig 848, Grunow. — 2. Aufl. 8. (XVI u. 370 S.) Leipzig 850, Herbig. 1⅓ ℛ︎

Kompert, Leop., aus dem Ghetto. Geschichten. 1. Aufl. (XI und 370 S.) 1848. und 2. Aufl. 8. (XV und 370 S.) Leipzig 851, Herbig.

— Ghetto-Geschichten. Novellen. 2 Abthlgn. (Titel-Ausg.) Hamburg (860) 866. J. F. Richter. 8. (294 S.) n. 1 ℛ︎ 10 ngr.

— Böhmische Juden, s.a. Hesse's, Max, Volksbücherei.

— Böhmische Juden. Geschichten. 8. (VI u. 422 S.) Wien 851, (Jasper, Hügel &) Manz. 1 ℛ︎ 21 ngr.

—— böhmische Juden. Novellen. 2 Abthlgn. (Neue Titel-Ausg.) 8. (422 S.) Hamburg (851)65, J. F. Richter. à Abthl. * 20 Ngr. *

—— böhmische Juden-Geschichten. Neue wohlf. Ausg. 8. (424 S.) Prag 860, Kober.

Kompert, Leop., der Min, s.: Verein f. Verbreitg. guter Schriften. Zürich.

Kompert, Leop., Am Pflug. Eine Geschichte. 2 Bde. Berlin 855. Besser's Verlhdlg. 8. (4 Bl., 280; 3 Bl., 328 S.) 2 ℛ︎. 22½ ngr.

— Am Pflug. Eine Geschichte. (372 S.) kl. 8. Leipzig (909). Hesse & Becker Verl. 1.—; geb. in Leinw. 1. 50

— die Prinzessin, s.a. Verein f. Verbreitg. guter Schriften, Basel. Nr. 49.

— die Prinzessin. — Jul. Arnsteiner's Beschau. Novellen. (Titel-Ausg.) Ebend. (860) 866. 8. (272 S.) n. 20 ngr.

Kompert, Leopold. Die Prinzessin. 92 [+ 4] S. 8. Basel, Emil Birkhäuser, April 1901. fr. —. 20
Verein für Verbreitung guter Schriften. Basel, No. 49.

Kompert, Leop., zwischen Ruinen. Roman. 3 Bde. 8. (260; 239; 218 S.) Berlin 875, Janke. (* ℳ 12.) *

— Zwischen Ruinen. Roman. 2 Tle. in 1 Bde. (224 u. 244 S.) kl. 8. Ebd. (909). 1.20; geb. in Leinw. 1. 80

— — s.a. Salon-Bibliothek.

Kompert's, Leop., gesammelte Schriften. 60 Lfgn. oder 8 Bde. 8. Berlin, Gerschel. à Lfg. * 50 Pf.; compl. * Einzelpr. à Bd. *

Inhalt:

Bd. 1. Aus dem Ghetto. (298 S.) 882.
- 2. Böhmische Juden. (281 S.) 882.
- 3. Am Pflug. (394 S.) 882.
- 4. Neue Geschichten aus dem Ghetto. (382 S.) 882.
- 5. Geschichten einer Gasse. (460 S.) 882.
- 6. Zwischen Ruinen. (504 S.) 883.
- 7. Zerstreute Geschichten. (296 S.) 883.
- 8. Franzi und Heini. (308 S.) 883.

Leopold **Komperts** sämtliche Werke in 10 Bden. Mit 6 Bildn., 2 Abb. u. 1 Stammbuchbl., sowie e. biogr. Einl. von Dr. Stefan Hock. Bd 1–10. Leipzig: M. Hesse 1906. 10 Bde 8° [F.]

1. Einl. Aus d. Ghetto. 2. Böhmische Juden. 3. Am Pflug.
4. Neue Geschichten aus d. Ghetto. 5. Geschichten einer Gasse
6. 7. Zwischen Ruinen. T. 1. 2. 8. Franzi u. Heini.
9. Verstreute Geschichten. 10. Kleine Schriften.

(Max Hesses Neue Leipziger Klassiker-Ausgaben.) 16. 1347*

Kompert, Paul, a. Wien: Kritische Betrachtungen über die Bodenreform. Wien: Manz 1907. (63 S.) 8° ¶ (Erscheint vollst. im gleichen Verlage.)

Jena, Phil. Fak., Ref. Pierstorff, Diss. v. 17. Sept. 1907

[Geb. 16. Sept. 81 Wien; Wohnort: Jena; Staatsangeh.: Österreich; Vorbildung: Gymn. Wien, Handelsakad. Graz bis 00; Studium: Graz 4, Cöln 1, Greifswald 4, Jena 3 S.; Coll. 25. Febr. 05.]

Kritische Betrachtungen über die Bodenreform. Von Dr. Paul **Kompert**. Wien; Manz 1907. (148 S.) 8° 07. 13496

Kompert, Paul, drei Küsse. 8. (XII, 78 S.) Dresden 902. E. Pierson. n. 2. —; geb. n. 3. —

Die Kompetenz der Nationalversammlung in Frankfurt a. M. Von Dr. R. . . . Frankfurt a. M., Fr. B. Auffahrt, 1848. 16 S. 8°.

Kompf, Edmundus Laurentius *(geb Czechy in Pos. 5. 8. 1835)*: De violentis femoris luxationibus Vratislaviae (1860). (44 S., 1 Taf.) 8°

Breslau, Med. Diss. v. 19. Dez. 1860

Kompfe, Damian, naturgeschichtliche Aufsätze über Freunde u. Feinde der Landwirthschaft unter den freilebenden Thieren. Für Fortbildungsschulen, Lehrer u. Landwirthe zusammengestellt u. bearb. (In ca. 12 Hftn. od. 3 Bdn.) 1. u. 2. Thl. gr. 8. Leipzig 877. 78. Lesimple. n. 8. 20

1. Die Vögel. (III, 192 S.) n. 2. —
2. Säugethiere, Amphibien u. Würmer. (II, 74 S.) n. 1. 20

Kompfe, Damian, naturgeschichtliche Aufsätze über Freunde und Feinde der Landwirthschaft unter den freilebenden Thieren. 3 Bde. gr. 8. Leipzig und Mainz, Lesimple's Verlagsh. * geb. *

Inhalt:

Bd. 1. Die Vögel. (IV, 192 S. mit 2 lithogr. und color. Taf.) 878. * M. 2.
- 2. Säugethiere, Amphibien und Würmer. Für Fortbildungsschulen, Lehrer und Landwirthe zusammengestellt und bearb. (II, 74 S.) 878. * M. 1,20.
- 3. Die Insekten. Für Fortbildungsschulen, Lehrer und Landwirthe neu zusammengestellt und bearb. (III, 156 S. mit 2 color. Stnt.) 879. * M. 1,60.

—— 100 biblische Geschichten aus dem alten und neuen Bunde. Für die unteren Klassen der Elementarschulen zusammengestellt und bearb. 4. verb. Aufl. 8. (VIII, 88 S.) Dillenburg 877, Seel. *

Die 1.—3. Aufl. erschienen 1866—73 im Selbstverlag.

— 100 biblische Geschichten aus dem alten u. neuen Bunde. Für die unteren Klassen der Elementarschulen zusammengestellt u. bearb. 5., verb. Aufl. 8. (VIII, 91 S.) Dillenburg 882. Seel. n. — 45; geb. n.n. — 60

Kompfe, Damian, 100 biblische Geschichten aus dem alten und neuen Bunde. Für die unteren Klassen der Elementar-Schulen zusammengestellt und bearb. 6. Aufl. 8. (VIII, 91 S. mit Titelbild.) Dillenburg 886, Seel. * 45 Pf.; geb. **

— die Insekten. Naturgeschichtliche Aufsätze über Freunde u. Feinde der Landwirthschaft unter den freileb. Thieren. Für Fortbildungsschulen, Lehrer u. Landwirthe neu zusammengestellt u. bearb. gr. 8. (III, 156 S. m. 2 color. Steintaf.) Leipzig 879. Lesimple. n. 1. 60

Kompfe, Damian, die Land- und Hauswirthschaft in der Volks- und Fortbildungsschule. Kleine Abhandlungen zum Vorlesen und Abschreiben, hauptsächlich aber als Stoffe zu schriftl. Aufsätzen gesammelt. gr. 8. (VIII und 174 S.) Langensalza 864, Schulbuchh. von Greßler.

Kompfe D, d. Vögel. Ein Büchlein f d. Hand d. Schülers u d. Landmann. Leipzig 1880

Kompff, H. W., der Religions-Unterricht auf d. Schulen, in seinen Grundzügen dargest. f. Aeltern u. Lehrer. 8. (4 B.) Stuttgart 832, Steinkopf.

KOMPILATIONSWERK. Chronologisches systematisches – uber das Steuer- und Peraquationswesen Tyrols. Im Jahre 1793. Wagner, Innsbruck o. J. (1793). 1 vol 232 S.

Die Rechtsquellen der Gliedstaaten und Territorien der Vereinigten Staaten von Amerika m. vornehml. Berücks. d. bürgerl. Rechts. Von Emily **Kompin**, . . . Doc. . . . an d. Univ. d. Stadt New-York . . . *Zürich: O. Füssli 1892.* (78 S., 1 Bl.) 1 Bd 8. 1-9. 4467

Die Komplet [**Completorium**]. Nach d. offiz. Choralbüchern Roms f. d. Chorgesang eingerichtet u. mit deutscher Übers. versehen von Joseph Mohr. 3., unveränd. Aufl. Regensburg: F. Pustet 1900. (29 S.) 8° [F.] 07. 3330

Komplimentirbuch, s. a. **Complimentirbuch.**

Komplimentirbuch, neues, od. Anweisung rc., s. a. Complimentirbuch.

Komplimentirbuch, neues, oder Anweis. in Gesellschaften u. in gewöhnl. Verhältnissen d. Lebens höflich zu reden. 3e Aufl. 8. Quedl. 828, Ernst.

Komplimentirbuch, neues, od. Anweis. in Gesellschaften u. d. gewöhnl. Verhältnissen d. Lebens höflich u. angemessen zu reden u. sich anständ. zu betragen rc. Nebst e. Anh., welcher d. nöthigsten Anstands- u. Bildungs-Regeln enthält. 4—8., rechtmäß. Aufl. 8. (4. 8½ B., 5. 9½ B., 6—8. à 10 B.) Quedlinburg 828—34, Ernst. à

Komplimentirbuch, oder Anweisung, in Gesellschaften u. den gewöhnlichen Verhältnissen des Lebens höflich u. angemessen zu reden und sich anständig zu betragen rc. Nebst e. Anhange. 8e rechtmäß. Aufl. 8. Quedlinburg 834. Ernst. 5/12 ß — 9e verm. Aufl. 8. Ebd. 836. 5/12 ß — 10e Aufl. 8. Ebd. 838. 5/12 ß — 11e Ausg. 8. Ebd. 839. 5/12 ß — 13e Ausg., herausg. von Fr. Meyer. 8. Ebd. 840. 5/12 ß

— neues, oder Anweisung höflich und angemessen zu reden rc. 13. Aufl. 8. Quedlinburg 841, Ernst. 5/12 ß

Komplimentirbuch, das neueste rc. 2., verb. Aufl. 8. (5 B.) Berlin 843. (Grobe.) *

Vgl. Complimentirbuch.

. Neuestes | Komplimentirbuch | oder der gute Ton | in allen Lagen des Lebens. | Unentbehrlicher Ratgeber | bei Gesellschaften, festlichen Veranlassungen und allen | Gelegenheiten, wo feiner Anstand und gute Sitten | gefordert werden | Nebst | Glückwünschen und Antworten zu Neujahrs-, Geburts- | und Namenstagen, Geburten, Kindtaufen, Gevatterschaften, | zur Beförderung, Verlobung, Genesung; Heiratsanträgen | mit zustimmenden und abschlägigen Antworten; Hochzeits- | Gedichten; Anreden und Komplimenten bei Besuchen, in | Gesellschaften und auf Bällen; Dienstanerbieten, Be-|grußungen, Beileidsbezeugungen, Einladungen; Verab- | schiedungen, schriftlichen und öffentlichen Geburts-, Ver- | lobungs-, Vermahlungs- u. Todesanzeigen, Danksagungen, | Einladungen, den gebräuchlichsten Titulaturen etc. Junglingen und Jungfrauen gewidmet von | O. Berger. | Neue Stereotyp-Ausgabe. Reutlingen. | Druck und Verlag von Enßlin und Laiblin (= *Neue Volksbücher*, 63).
o J., 64 S., 16,5 × 10,8, U.-Fig.: *Dame und Herr in Rokokokostumen. Motto: Mit dem Hute in der Hand* . . ., 82 / 76.
LBS d. D. od K 3509

Komplott (Ein) gegen die deutsche Arbeiterklasse. Aktenstudien über eine Koalition deutscher Metall-Unternehmer-Verbände mit Kgl. preuss. Behorden. 8⁰. London, E. Bernstein, 1891.

Komplover, f. Complover.

Komponisten, deutsche. 24 Portr. auf 1 Holzschntaf. Imp.-Fol. Leipzig 883, G. Wigand. **
In Etui *

Komposition. – Die Komposition des allgemeinen W e l t r a u m e s und seine negative Entwicklung, s. B r a a k , J.

Kompositionen, figürl. u. allegor., f. Plafond-, Wand-Decoration, Zwickelfelder, Glasmalerei, Fächer, Mosaiken u. sonst. decorative Zwecke. Skizzen u. ausgef. Entwürfe v. E. J. Schaller, E. Ewald, Max Koch, J. Jürs, P. Schobelt, u. and. neueren Meistern. 4. [Titel-] Aufl. gr. Fol. (30 Lichtdr.-Taf.) Berlin (891). 896. B. Hessling. In Mappe n. 36. —

Georg Vierling's im Druck erschienene **Compositionen**. 1847 1897. [Hrsg.: Erich Prieger u. Wilh. Seelmann.] *Norden 1897: D. Soltau.* (11 S.) 8° [F.]

Ueber β.β-Dimethylglutarsäure von Gust. **Komppa**. *(Helsingfors 1900: Off. typogr. soc. litt. fenn.)* (9 S.) 4°
= Acta Societatis scientiarum Fennicae. T. 26, No 7.

Ueber Oxytrimethylbernsteinsäure und ihre Abkömmlinge. Von Gust **Komppa**. Mittheilung 1. *(Helsingfors: Soc. litt. fennica 1899.)* 4°
= Acta Societatis scientiarum Fennicae. T. 24, No 9.

KOMPPA, GUSTAV. Ueber kernsubstituirte Styrole. (Helsingfors) Kuopio, 1893.

Kompressor u. **Pressluft**. Zeitschrift f. die Pressluft-Erzeugg. u. -Verwendg. Begründet als: „Mitteilungen f. die Pressluft-Industrie". Schriftleitung: Erich Lesser u. Frz. Greger. 6. Jahrg. Juli 1908—Juni 1909. 6 Nrn. (à ca. 12 S. m. Abbildgn.) Lex. 8. Weimar, C. Steinert. 4. —

— dasselbe. 7. Jahrg. 1910. 6 Nrn. (à ca. 10 S. m. Abbildgn.) Lex. 8. Ebd. 4. —
Vergl.: Mitteilungen f. die Pressluft-Industrie.

Kompromiss (Ein) des Agrarstaates mit dem Industriestaat. gr. 8⁰. Berlin 1894.

Zum Kompromiß in der Militär-Frage. Berlin 1862. 48 S.

Komptendorf [Schlagwort]

Komptendorf, s.: Preussen. Messtischblätter.

Komptoirkalender für das Jahr 1858. (1 Bl. Fol.)

Komptoir- u. Kabinets-Kalender für Geschäftsleute aller Stände für 1876. Fol. Bern, Fiala. geb. 1876 1. 50

Komptoirkalender, Salzburger — für das Jahr 1858. Dr. und Verlag der Duyle'schen Hofbuchdr. (1 Bog. Fol.)

Kömstedt, Heinrich (Hrsg.), s. M a r t i n von Cochem: Meßbuch.

Kömstädt, H., Meßbüchlein, s.: Cochem, Mart. v.

Komteßchen, (das süße). Die Scheinheilige. 2 Romane v. Dolorosa. (Humoristisch-satirische Bibliothek.) (128 S.) kl. 8. Berlin 911. Weber-Haus. 1.—; geb. 1.50 u. 2. —

Komus, ein Taschenbuch f. Freunde der Laune, d. Witzes u. d. Satyre. m. K. 12. Leipzig. 801. Rthlr.

Komus, ein Taschenbuch f. Freunde d. Laune, des Witzes u. der Satyre. Herausgeg. von F. Y. Z. Mit Kpf. 12. Berl. 801. (Flittner). 12 gr

* **Komus, ein Taschenbuch** f. Freunde d. Laune, des Witzes u. d. Satyre, mit K. 12. Berl. Societäts-Buchhandl. 801.

KOMUS, ein Taschenbuch für Freunde des Witzes und der Laune (hrsg.) von F a l k d e m J ü n g e r n. Berlin, Wilh. Oehmigke d. Jüng. (c. 1804). (12 Ggr.)
Anz. d. Verlegers. — Sehr selten!

Komus oder der Freund des Scherzes und der Laune. Berlin 1806. H: *Müchler, Carl Frdr.* & *Aug. Frdr. Ernst Langbein.* (Ky) (MGT)

— oder d. Freund des Scherzes u. der Laune, ein Unterhaltungsblatt, (von K. F. Müchler u. A. F. E. Langbein). gr. 4. Berl. 806. Littfas. 2 ℛ 16 ℊ

— oder d. Freund d. Scherzes u. der Laune, ein Unterhaltungsblatt. gr. 4. Berl. Littfas (Bruder, Lpz. in Comm.)

— f. das J. 1815, von Theod. Hell, Fr. Kind, Langbein, Fr. Laun, Gust. Schilling, St. Schütze u. And. Mit Kpf. 16. Leipz. 814. 2e Aufl. 815. Hartknoch. 1 ℛ 16 ℊ Mit goldn. Schnitt 1 ℛ 20 ℊ in Maroquin 2 ℛ 16 ℊ Dass. wohlf. Ausg. Ebd. 20 ℊ Mit ill. Kpf. 1 ℛ 4 ℊ Mit goldn. Schnitt 1 ℛ 8 ℊ in Maroquin 1 ℛ 16 ℊ 2e u. 3e Gabe. Ein Taschenbuch mit Beiträgen von L. v. Germar, Fr. Kind, Fr. Kuhn, A. F. E. Langbein, Fr. Laun, Gustav Schilling, St. Schütze, K. Streckfuß u. A., herausgeg. von Theod. Hell. Mit Kpf. Taschenformat. Dresden 817 u. 19. Hartknoch. à 1 ℛ 12 ℊ, 3 ℛ Mit goldn. Schnitt à 1 ℛ 16 ℊ 3 ℛ 8 ℊ (Hbg. Pr. aller 3 Jahrgg.: 2 ℛ)

Komus. Etui-Repertoir f. deutsche Bühnen u. Privat-Theater. Samml. kleiner (Orig.-) Lustspiele, hrsg. v. K. v. Mainau. 1. u. 2. Bdchn. 32. Breslau 839, Kern. à Thlr.
A. u. d. Ttln.:
Bdchn. 1. Der Kuß. In 1 Akt, v. Carlo. (48 Seit.)
" 2. Bruder Fritz. In 1 Akt, v. Carlo. (68 Seit.)

Komus. Etui-Repertoir für deutsche Bühnen und Privat-Theater. Sammlung kleiner Lustspiele herausgeg. von K. v. Mainau. 3. Bdchen.: Hydropathie auf der Eisenbahn. Dramat. Scherz in 1 Akt von E. Millus. 32. Breslau 845, Kern. (à) 1/6 ₰

Komus. Schwarze u. bunte Bilder aus der Coulissenwelt. Almanach f. d. Theater f. 1845. Hrsg. v. Theod. Charles. 8. (7¼ B.) Königsberg 845. (Universitäts-Buchh.) *–

— auf d. Bühne, s. a. Pädodes.

Komus auf d. Bühne, f. heitere Gesellschaftskreise u. Marionetten. Von Theophil Pädodes gr. 12. Merseburg 824 Sonntag.

Komus, Launig, Kurzweil, d. Anekdoten-Jäger, s. a. Florestin.

Komus Launig Kurzweil, d. humorist. Anekdoten-, Raritäten- u. Kuriositätenjäger. Ein Almanach v. Florestin. 8. (26 B. u. Ttlkpfr.) Halberstadt 834. [Potsdam, Vogler.]

Komus und Momus. Eine Wochenschrift. Wetzlar 1791. H: *Pilger, Martin Heinrich Friedrich von.* (MGT) (HS)

KOMUS und Momus. Eine Wochenschrift (hrsg. von Martin Heinr. Friedr. v. Pilger). Wetzlar 1791.
Anon.-Lex. II. p 369 (nach Meusel u. Scriba). — Sehr rar!

Kompert, L., gesammelte Schriften. Neue, unveränd. Ausg. 8 Bde. 8. Leipzig 887. K. F. Koehler. n. 16. –; geb. in Leinw. n. 25. –; in Liebhaber-Halbfrz. n. 30. –; einzelne Bde. à n. 2. 50; geb. in Leinw. à n. 3. 50
1. Aus dem Ghetto. Geschichten. 3. Aufl. (299 S.)
2. Böhmische Juden. Geschichten. 2. Aufl. (281 S.)
3. Am Pflug. Eine Geschichte. 2. Aufl. (394 S.)
4. Neue Geschichten aus dem Ghetto. 2. Aufl. (382 S.)
5. Geschichten e. Gasse. Novellen. 2. Aufl. (460 S.)
6. Zwischen Ruinen. Roman. 2. Aufl. (504 S.)
7. Verstreute Geschichten. Novellen. (296 S.)
8. Franzi u. Heini. Geschichte zweier Wiener Kinder. 2. Aufl. (308 S.)

Komus og Momus, von Rahbeck u. Höst. 3 Thle. Kopenh. 808. (Wienbrack in Leipz.) 3 ₰

Raketen. Humor u. Satire. Von **Komus** Momus. (Bonn: F. Hauptmann in Komm. 1908.) (IV, 163 S.) 8° [08. 17307

Komzák, Karl. Kärntner Liederkranz für Klavier. Klgft., Leon, (ca. 1890). Folio. 15 S.

Komzák, Karl. Kärntner Liederkranz für Zither arrangirt von A. J. Paschinger. Klgft., Leon, 1892. Folio. 11 S.

Kon-..., s.a. Con-...

Konak, der. Eine Episode aus dem Kaukasus, s. Novellen-Sammlung.

Konanz, Karl, Professor: Die Agrarverhältnisse in Bosnien und der Herzegowina. T. 1. 2. Tauberbischofsheim 1905, 06: Aktienges. „Frankonia". (46, 49 S.) 8° [F.]
Tauberbischofsheim, großh. G P 1905, 06 (740, 770)

Konanz, Karl: Die Eingeborenenfrage in Mittelafrika. Karlsruhe 1904: J. Lang. (30 S.) 4°
Tauberbischofsheim, großh. G P 1904 (719)

Kornarski, Frz., u. Adf. Inlender, vollständ. Handwörterbuch d. deutschen u. poln. Sprache. Unt. Mitwirkg. v. Alb. Zipper. 12. Hft. gr. 8. (1. Thl. S. 1—192 u. 2. Thl. S. 1—192.) Wien 897. 898. M. Perles. à Hft. n. — 60

Konarski, Frz., u. Adf. Inlender, vollständiges Handwörterbuch der deutschen u. polnischen Sprache. Unter Mitwirkg. von Alb. Zipper. 13.—34 Hft. gr. 8. (1. Thl. S. 193—544 u. 2. Thl. S. 193—544.) Wien 899—902. M. Perles. à n. — 60

Konarski, Frz., Adf. Inlender, Fel. Goldscheider, u. Alb. Zipper, vollständiges Handwörterbuch der deutschen u. polnischen Sprache in 4 Bdn. 35.—71. Heft. I. Abtlg.: Polnisch-deutscher Tl. (1. Bd. VII u. S. 545—675 u. 2. Bd. S. 1—416) u. II. Abtlg.: Deutsch-poln. Tl. (1. Bd. VII u. S. 545—800 u. 2. Bd. S. 1—352.) gr. 8. Wien (903—906). M. Perles. à n. — 60

Konarski, Frz., Adf. Inlender, Fel. Goldscheider u. Alb. Zipper, vollständiges Handwörterbuch der deutschen u. polnischen Sprache in 4 Bdn. 72.—100. (Schluß-)Heft. (I. Abtlg.: Polnisch-deutscher Tl. 2. Bd. VII u. S. 417—709 u. II. Abtlg.: Deutsch-poln. Tl. 2. Bd. VII u. S. 353—970.) gr. 8. Wien (907. 08). M. Perles. à — 60
(Kplt à Bd. 15.—; geb. in Leinw. n 16.—; in Halbfrz. n 17. —)

Konarski, Minna v., aus der engen u. weiten Welt. Gedichte. (146 S.) 8. Leipzig 909. Modernes Verlagsbureau. 2.—; geb. 3. —

Aus der engen und weiten Welt Gedichte von Minna v. **Konarski.** Berlin-Leipzig: C. Wigand 1909 146 S. 8° [09. 14339

Konau, Lorenz. Ein Schauspiel . . . in Einer Handlung. Altona 1776. V: *Hensler, Pet. Wilh.* (GGr) (Ky)

Konau, Lorenz. Schspl. nach Werthers Leiden veranlaßt, (von Pt. W. Hensler). 8. Alt. 776. Iversen. 3 ₰

Konau, B., Rechenbuch f. Stadt- u. Landschulen, s.: Dittmer's.

Concessionsgesuch. Konzessionsgesuch für die Verlängerung der Birsigtalbahn von Flühen nach Rodersdorf. [Karte] Massstab 1 : 100000. [Hrg. vom] Eidg. topogr. Bureau. Ueberdruck 1902. 175/265 mm. 1 Bl. 4. Bern, H. Kümmerly & Frey.

Koncewicz. Alexander (geb. Warschau 18. 1. 1824): De quibusdam corporis humani laesionibus, quae profluvio liquoris cerebrospinalis locum dederunt. Berolini (1851). (54 S.) 8°
Berlin, Med. Diss. v. 27. Aug 1851

Koncewicz, J., Elementarbuch der russischen Sprache, nach einer Stufenfolge für die Einübung der Aussprache u. der Elementargrammatik bearb. gr. 8. (IV, 275 S.) Reval 881. Kluge. cart. n. 2. 40

Konchilien, Die, im Kabinette des Herrn Erbprinzen von Schwarzburg-Rudolstadt. Rudolstadt 1786.

Končinský: In honorem Augustissimorum imperii Austr. heredum Rudolphi et Stephaniae Pragam habitatum concedentium. Königgrätz 81.
Progr.

Končnik, Peter *Ansprache beim Übertritt des Professor Johann Krušič in den Ruhestand* 8 (S. 78—80).
Progr K. k. Staats-G *Cilli* 1894.

Končnik, Pet., s. Q Gesetze u. Verordnungen, die neuen, auf dem Gebiete der Volksschule f. Steiermark.

Koncnik, Peter, Die neuen Gesetze und Verordnungen auf dem Gebiete der Volksschule für Steiermark N. F. H. 1—4. Graz 1906. 1907. 8°.

Končnik, Peter: Die neuen Gesetze und Verordnungen auf dem Gebiete der Volksschule für Steiermark N F. H. 7 ff Graz 1909 ff. 8°

Koncnik, Peter: Dr Franz Janežic. Nekrolog 8 (S. 43—44)
Progr. K k Staats-G Cilli 1900

Programm des k. k. Staats-Gymnasiums in Cilli. Herausgegeben am Schlusse d. Schuljahres 1889—90 von Peter Končnik. 8. (59 S.) —.30
Cilli: Rasch 1890.

Koncnik, P.: Altslovenische Sprachenfragen. 31 S. 8°.– Pettau, Progr. 1870.

Koncza, Mathias, de Szoszolki (Lithuanie): Contribution géographique et topographique à l'étude des cirques des montagnes (Alpes fribourgeoises et Tatra). [Mit 15 Abbildungen im Text.] Fribourg (Suisse) 1909. 51 S. und sechs Tafeln. 8°.
Freiburg i. Schw. Math.-naturw. Diss. 1909 10.

Kończyński, Boleslaus [prakt. Arzt aus Posen]: Beitrag zur lokalen Therapie der Leberkrankheiten .... Greifswald, Druck v. Julius Abel, 1886; 26 S. 8°.
Greifswald, Med. Fak., Inaug.-Diss. v. 3. März 1886.

Kończyński, Boleslaus, Beitrag zur lokalen Therapie der Leberkrankheiten. Diss. Greifswald 1886, Jul. Bindewald. 8°. 26 S.

Kondakow N, Geschichte und Denkmäler des byzantinischen Emails. Sammlung Swenigorodskoi. (412 S 35 T) 4° Frankfurt a. M. 1892

Kondakow, N., s. Swenigorodskoi, A. W.: Byzantinische Zellen-Emails-Sammlung.

Koudelka, A. Frh. v. Unsere Kriegs-Marine. Mit Abb. u. 1 Krt. Wien 1899. 506 S.

Kondić, Kosta, aus Novi (Bosnien): Die Tierzucht-Verhältnisse und veterinär-sanitären Zustände in Bosnien und der Herzegowina. Bern 1908. IV + 115 S. 8°. [30. VII. 08.]
Bern Vet.-med. Diss. 1908/09.

Konditionen und Prämien zur laufenden Police. Hamburg 1893.

Konditorei, die, in jedem Haushalt. 75 billige erprobte Rezepte zur Selbstherstellg. v. Torten, Kuchen u. Teegebäck. (62 S.) 16. Chemnitz 908. P. Zimmermann. — 20

Deutsches **Konditoren-Jahrbuch.** Zsgest. von Hofkonditor F. W. Eikmeier in Lemgo. [1.] Für d. J. 1908. Nordhausen: H. Killinger 1907. 8° [07. 18113 3

Konditoren-Jahrbuch, deutsches, 1910. Hrsg. v. F. W. Eitmeier. (180 S.) kl. 8. Detmold, Gust. Heynke. (Nur direkt.) Geb. 1. —

Neue **Konditoren-Zeitung** selbständiger Konditoren Berlins und der Provinz Brandenburg. Jg. 1, No 1. Berlin: (A. Loewenthal) 1908. 4° [F.] [08. 6404

Konditorlieder. Zusammengestellt v. Verlag der Konditor-Zeitung, Trier (N. Besselich). 2. Aufl. (96 S.) 16. Trier (908). N. Besselich. — 25

Konditor-Zeitung, s. a.: Conditor-Zeitung.

Konditor-Zeitung. Blätter für die Conditorei und Kunstbäckerei, die Chokolade-, Tragant-, Marzipan-, Lebkuchen-, Cakes-, Biskuit- und Zuckerwaaren-Fabrikation, die Herstellung von Conserven und den Handel mit Delikatessen. (Deutsch-internationales Geschäftsorgan für die Conditorei ... und den Delikatessen-Handel in Deutschland und Luxemburg, Oesterreich und der Schweiz. Jhg. [16].) 1888. Trier Fol.

Konditor-Zeitung. Blätter f. die Konditorei u. Kunstbäckerei, die Chocolade-. Travant-. Marzivan-. Lebkuchen. Cakes-. Biskuit- u. Zuckerwaren-Fabrikation, die Herstellung v. Conserven u. den Handel m. Delikatessen. Red.: Mathias Heinz. 33. u. 34. Jahrg. 1905 u. 1906. à 52 Nrn. (1764 u. 2034 S.) 4. Trier, N. Besselich. (Nur direkt.) à Jhrg. n. 9. —; halbjährlich 4. 75; vierteljährlich 2. 50

Konditor-Zeitung. Blätter f. Konditorei u. Kunstbäckerei, die Schokolade-, Tragant-, Marzipan-, Lebkuchen-, Cakes-, Biskuit- u. Zuckerwaren-Fabrikation. Chef-Red.: Mathias Heinz. Fach-Red.: Alb. Junker. 35.—38. Jahrg. 1907—1910. à 104 Nrn. (2688, 2742, 2726 u. 2726 S. m. Abb.) 32×24 cm. Ebd. à Jahrg. 10. —

—— Allgemeine Deutsche. Organ d. bayer. Conditoren-Vereines ... Red.: P. Reber. Jhg. 6—10. 1890—94. München. gr. 4.

Konditor-Zeitung, illustrirte, u. Offerten-Blatt. Central-Organ f. die gesammten Interessen der Konditorei, Feinbäckerei, Biscuit-, Chokoladen- u. Zuckerwaaren-Fabrikation, sowie der verwandten Geschäftszweige. Hrsg. u. redig. v. Carl Scheible. 1. Jahrg. April 1891–März 1892 u. 2. Jahrg. 1892. à Jahrg. 24 Nrn. (Bog.) gr. 4. [Frankf. a. M., Wilcke.] Nürnb., C. Dendtel. à Jahrg. * 8 —

— **dasselbe.** Red.: C. Dendtel. 4. Jahrg. 1894. 24 Nrn. (Bog.) gr. 4. Nürnberg, C. Koch. n. 8. —

Konditor-Zeitung, illustr., u. Offerten-Blatt. Central-Organ f. d. ges. Interessen d. Konditorei, Feinbäckerei, Biscuit-, Chokoladen- u. Zuckerwaaren-Fabrikation, sow. d. verw. Geschäftszweige. Red.: C. Dentel. 5. Jahrg. 1895. 24 Nrn. (à ca. 12 S.) gr. 4. Nürnberg, A. Gutmann. 1. —

Konditz, Rich. Eschenbach v., neue Aufgaben im neuen Reich. Ein Wort an alle Freunde des Vaterlandes. gr. 8. (16 S.) Potsdam 874, Rentel. *

Kondo, Kenro: Ein Hautkrebs mit generalisierten Knochenmetastasen im Kindesalter. Greifswald 1909: Adler. 35 S. 8°
Greifswald, Med. Diss. v. 7. April 1909, Ref. Grawitz
[Geb. 13. Mai 79 Aichi; Wohnort: Aichi; Staatsangeh.: Japan; Vorbildung: Mittelschule 'Ikubuukuwan' Tokio Reife März 00; Studium: Osaka Med.-Hochsch. 8, Greifswald 1 S.; Rig. 17. März 09.] [U 09. 1494

Der Kondor Jahrgang 1, 1908 ?
Annual yearbook and almanac Sub-title Deutsch Argentinisches Jahrbuch und Kalender
Published by Wilhelm Cappus.
Buenos Aires

Kondor: Die auf elementarem Wege entwickelte Theorie der Maxima und Minima. 29 S.–Pest OR., Progr. 1858

Kondos, Christos Ath. [app. Arzt aus Serres (Macedonien)]: Beitrag zur Kenntniss der Ophthalmia migratoria auf Grund von sieben eigenen Beobachtungen. . . . Strassburg, Univ.-Buchdr. v. J. H. Ed. Heitz (Heitz & Mündel), 1889; 47 S. 8°
Strassburg, Med. Fak., Inaug.-Diss. v. 1889

Kondracki, Eugen, Beiträge zur Kenntniss der Aloë und Werthbestimmung ihrer wichtigeren Handelssorten. Diss. Dorpat. 8°. 84 pp.

Kondracki, Eugenius, aus Warschau: Ueber die Durchschneidung des nervus trigeminus" bei Kaninchen. Zür. Zürcher u. Furrer Dr. 1872. 40 S., 1 Bl. Thesen. 8°.
Zürich, Med. Diss. [v. 30. Nov. 1872].

Kondratiew, Sergius, Index ad oratorem Lycurgum. gr. 8. (V, 29 S.) Mosquae 897. (Leipzig, Buchh. G. Fock.) n. 3.50

Kondratowicz, Ludw., Margier. Urodzony Jan Deboróg i szkolne czasy. Córa Piastów. Poemata. Nowe wydanie. Posen 870. Jagielski. 8. (III, 272 S.) n. 1 ℳ 10 ngr.

— poemata rozmaite. 2 tomy. Nowe wydanie. Ebend. 870. 8. (245 u. 237 S.) n. 2 ℳ 20 ngr.

Kondring, Heinrich: Beiträge zur Frage des Querulantenwahns. Würzburg 1908: Staudenraus. 43 S. 8°
Freiburg i. B., Med. Diss. v. 1909, Ref. Hoche
[Geb. 1. Febr. 82 Steele; Wohnort: Freiburg i. B.; Staatsangeh.: Preußen; Vorbildung: Gymn. Essen Reife O. 02; Studium: München 2, Würzburg 3. Berlin 1, Leipzig 1, Freiburg i. B. 3 S.; Coll. 14. Juni 07.] [U 09. 948

Kondring, Johannes, cand. med. aus Steele a. d. Ruhr: Über Osteotomia subtrochanterica obliqua bei Luxatio coxae congenita. *Würzburg 1899: Verlagsdruckerei.* (40 S.) 8°
Würzburg, Med Diss. v. 1899

Kondura, Andreas (Nezin/Tschernigow/Kl.-Russland), De narcoticorum remediorum virtute. Specim. med. Halle (Bathe) 1. IV. 1798. 38 S. (6.—) 19131
Gew.: A. I. Kondura (Vater).

Kondukteur, s. a.: Conducteur.

— Neuer Fahrplan f. Eisenbahnen, Post- u. Dampfschiffe. Winterdienst. Giltig vom 1. Oktbr. 1892. 12. (45 S.) Kirchheimbolanden 892. C. Thieme. — 20

Fellers Kondukteur. Sommer 1904. XI. Quer-8°. K —.20
Karlsbad: Feller 1904.

Fellers Kondukteur. Winterausgabe 1904/05. 16°. K —.20
Ebd.

Grosse's Olmützer Kondukteur. 16°. (24 S.) K —.20
Olmutz: Grosse 1903.

Grosse's Olmützer Kondukteur. 10. Aufl. 16°. K —.20
Ebd. 1904.

Grosse's Olmützer Kondukteur. 11. Ausgabe. 16°. (32 S.) K —.20
Ebd. 1905.

Grosse's Olmützer Kondukteur. 12. Ausgabe. Oktober 1905. 16°. (32 S.) K —.20
Ebd. 1905.

Grosse's Olmützer Kondukteur. 13. Ausg. 1. Mai 1906. 16°. K —.20
Ebd. 1906.

Grosse's Olmützer Kondukteur. 14. Ausgabe. 1906. 16°. K —.20
Ebd. 1906.

Grosse's Olmützer Kondukteur. 8° K —.20
Ebd. 1907.

Grosse's Olmützer Kondukteur. 15. Ausgabe. 1. Mai 1907. 8°. (32 S.) K —.20
Ebd. 1907.

Grosse's Olmützer Kondukteur. 18. Ausgabe. Oktober 1908 K —.20
Ebd. 1908.

Grosse's Olmützer Kondukteur. 21. Ausgabe mit der Fiakertaxe. Gültig vom 1. Mai 1910 K —.20
Ebd. 1910.

Grosse's Olmützer Kondukteur. 22. Ausgabe. 1. Oktober 1910. K —.20
Ebd. 1910.

Kondziella, Franz: Volkstümliche Sitten und Bräuche im mittelhochdeutschen Volksepos. Breslau: Marcus 1910. 35 S. 8° ¶(Ersch. vollst. als: Wort u. Brauch. Bd 8.)
Breslau, Phil. Diss. v. 6. April 1910, Ref. Siebs
[Geb. 28. Jan. 78 Malino; Wohnort: Breslau; Staatsangeh.: Preußen; Vorbildung: Gymn. Strehlen Reife O. 02; Studium: Breslau 9 S.; Rig. 22. Dez. 09.] [U 10. 617

KONDZIELLA, F., Volkstümliche Sitten und Bräuche im mittelhochdeutschen Volksepos. Breslau 1910. 8°. (1 Mk. B. Seligsberg, Bayreuth, 1911.)

Kone, Ryten, Gertrauds letzter Liebestraum in Marienbad. 8. (98 S.) Dresden 900. E. Pierson. n. 1.—; geb. n. 2.—

Köne

— s. auch Köhne.

Koone, Joh. Rottger, Abhandlung über Form und Bedeutung der Pflanzennamen in der deutschen Sprache. Münster 1840. 4.
Progr. d. Gymnas.

Köne, J. R., der altsächsische Beichtspiegel zur Zeit des heil. Liudgerus und seiner nächsten Nachfolger mit Uebersetzung und Wörterbuch. (Zugabe: Verzeichniß der Bischöfe von Münster.) Lex.-8. (XXI und 169 S.) Münster 860, Regensberg. *

— s. Cornelius Nepos.

Köne, J. R., deutsche Erzählungen u. Beschreibungen z. mündl. u. schriftl. Uebersetzen ins Lateinische f. die mittleren Klassen d. Gymnasien u. zu Extemporalien in den obern Klassen. 8. (6 B.) München 844, Theissingsche Buchh.

Köne, J. R. Ueber Form und Bedeutung der Pflanzennamen in der deutschen Sprache. 44 S. . . . .
Münster, Progr. 1840

— die Gefahren u. Abwehren der Ruthardtschen Methode für den Unterricht in der latein. Sprache. gr. 8. Münster 844, Regensberg. 1/3 ℳ

Köne, J. R., Lateinische Schulgrammatik für die unteren Klassen. A. u. d. T.: Latein. Sprachlehre etc. gr. 8. Münster 834, Theissing. 3/4 ℳ

Köne, J. R., Latein. Schul-Grammatik f. d. unteren Klassen. gr. 8. (20½ B.) Münster 834, Theissing.

Köne, J. R., über d. Sprache d. röm. Epiker. Nebst e. Nachschr. üb. d. Metrik d. röm. Epiker. Von W. H. Grauert. gr. 8. (20¼ B.) Münster 840, Theissingsche Buchh.

Köne, Johann Rotger (Münster)
Lateinische Sprachlehre zum Gebrauche der unteren und mittleren Schulen in Gymnasien.
Münster 1833.
[Zur Promotion eingereicht.]
Dr. phil. Giessen 30.11.1833.

— Lateinisches Vocabularium nach Grammatik, Etymologie u. Synonymik geordnet, für die untern und mittlern Klassen der Gymnasien und deren Vorbereitungs-Schulen. 1. Thl. Declinationen u. Conjugationen. gr. 8. Münster 841, Hast u. Riese. 1/3 ℳ

—— latein. Vocabularium nach Grammatik, Etymologie u. Synonymik geord., f. d. unt. u. mittl. Klassen d. Gymnasien u. deren Vorbereitungs-Schulen. 1. Thl. Declinationen u. Conjugationen. gr. 8. (6 B.) Münster 841, [Theissingsche Buchh.]

—— über d. Wortstellung in d. latein. Sprache. gr. 8. (8 B.) Münster 831, Theissing.

Koneberg, Hermann. Ein kurzes Bild seines Lebens u. Wirkens. 8. (16 S. m. Bildnis.) Augsburg 891. Literar. Institut v. Dr. M. Huttler. n.n. — 10

Koneberg, Herm., O. S. B., der heilige Aloisius, der Patron der Jugend, s.: Kinder-Bibliothek, kathol. 30. Bdchn.

Koneberg, Herm., Aloysius-Büchlein. Betrachtungen für die sechs Sonntage und eine neuntägige Andacht. 1. und 2. Aufl. 16. (IV, 48 S.) Augsburg 880,82, Kranzfelder'sche Buchh.

Koneberg, Herm., Aloisius-Büchlein. Betrachtungen für die sechs Sonntage und eine neuntäg. Andacht. 3. Aufl. gr. 16. (47 S.) Augsburg 886, Kranzfelder.

Koneberg, H., Aloisius-Büchlein. Betrachtungen f. die sechs Aloisius-Sonntage nebst e. neuntäg. Andacht. 4., verb. Aufl. 16. (49 S.) Augsburg 890. Kranzfelder. — 30

— Aloisius-Büchlein. Betrachtungen f. die 6 Aloisius-Sonntage, nebst e. neuntäg. Andacht. 5., verb. Aufl. 16. (VIII, 47 S.) Augsburg 891. Kranzfelder. — 30

Koneberg, Herm., O. S. B., Aloisius-Büchlein. Betrachtungen f. die sechs Aloisius-Sonntage nebst e. neuntäg. Andacht. 7. verb. Aufl. (VIII, 47 S.) 16. Augsburg 907. Kranzfelder. — 30

— Armenseelen-Glöcklein, zunächst f. die Jugend. 32. (32 S.) Warendorf 890. J. Schnell. — 10

—— vom Baume des heil. Benedikt [Altes und Neues]. Lehrreiche Erzählungen für die Kinderwelt. 8. (VIII, 152 S. mit Illustr.) Augsburg 887, Rieger'sche Buchh. *

— vom Baume des hl. Benedikt (Altes u. Neues). Lehrreiche Erzählgn., f. die Kinderwelt gepflückt. (VIII, 152 S. m. 2 Taf.) 8. Augsburg 904. M. Rieger. Geb. in Leinw. n. 1. 50

—— der heilige Benedikt und sein Orden. Eine Jubiläumsgabe für das Volk. 1.—3. Aufl. 8. (42 S.) Kempten 880, Kösel'sche Buchh. *

— ein Besuch im Vatikan. 16. (49 S.) Würzburg 877. Woerl. cart. — 60

Koneberg, Herm., Darf ein Katholik die liberale Presse unterstützen? Würzburg, Woerl, 1876. 12°.

— dévotion au Saint Enfant-Jésus de Prague. Traduit de la 4. éd. allemande. 16. (VI, 144 S.) Augsburg 892. Literar. Institut v. Dr. M. Huttler. n. — 60

—— Die 9 Dienstage zu Ehren d. hl. Antonius v. Padua. 24. (126 S. m. 1 Farbendr.) Ebd. 892. geb. ** — 50

— Ecce agnus Dei, zunächst e. Vorläufer f. den Unterricht der Erstkommunikanten. 32. (30 S.) Warendorf 890. J. Schnell. — 10

—— Ecce agnus Dei. Zunächst ein Vorläufer f. d. Unterricht der Erstkommunikanten. 24. (32 S.) Warendorf 891, Schnell. — 10

— die päpstliche Encyclica üb. die Arbeiterfrage. Erläutert zunächst f. die Mitglieder kathol. Vereine u. ihrer Vorstände. 8. (48 S.) Augsburg 891. Literar. Institut v. Dr. M. Huttler. n. — 30

—— eine Ferienreise. 8. (72 S.) Kempten 881, Kösel'sche Buchh. *

— Firmglöcklein f. Firmlinge u. Gefirmte. 1.—10. Tausend. 16. (38 S.) Augsburg 890. Literar. Institut v. Dr. M. Huttler. f. 100 Stück n. 4. —

—— die heilige Firmung. Ein katechet. Unterricht in neun Lehrstunden. 4. Aufl. 8. (IV, 48 S.) Augsburg 888, Literar. Institut von Dr. M. Huttler. *

—— der heil. Franziskus von Assisi, s.: Kinder-Bibliothek, katholische.

—— St. Franziskus von Assisi. Eine Gabe für das kathol. Volk zur 700jähr. Geburts-Feier geboten. 16. (38 S.) Augsburg 882, Kranzfelder'sche Buchh.

Koneberg, Herm., Friedensworte e. Feldkaplans an seine Kriegskameraden. Dargestellt in 12 Veteranen-Predigten. gr. 8. (118 S.) Augsburg 873. Schmid's Verl. 1. 40

—— Germana, die stille Dulderin, s.: Kinder-Bibliothek, katholische.

—— Germana, die stille Dulderin. Den Kindern erzählt. 16. (77 S.) Kempten 879, Kösel'sche Buchh. *

— Gott hat immer Recht. Ein Weihnachtsbüchlein f. brave Knaben u. Mädchen. Zwei ergreif. Erzählgn. 8. (V, 136 S. m. 1 Titelbild.) Augsburg 892. M. Rieger. Kart. n. 1. 50

—— Hab acht! Jubiläumsausg. für die Jungfrauen. Nach Aegidius Jais frei bearb. 1. und 2. Aufl. 16. (81 S.) Augsburg 886, Literar. Institut von Dr. M. Huttler.

—— dass. — Ein Mahnwort für die Jungfrauen. Nach Aegidius Jais frei bearb. 3. Aufl. 16. (81 S.) Ebendas. 888.

Koneberg, Herm., hab acht! Ein Mahnruf an die Jungfrauen. 10. Aufl. 46.—50. Taus. 16. (32 S.) Augsburg 895. Literar. Institut v. Dr. M. Huttler. n.n. — 15

—— Hansjörgle und Pfannenflaches oder: Vom Dorf in die Stadt. Zwei Erzählungen für die Jugend. 8. (146 S. mit 2 lithogr. Illustr.) Augsburg 873, Kranzfelder'sche Buchh. * geb. *

Koneberg, P. Hermann, O. S. B., Pfr. Zehn neue Heilige der Kirche Gottes. St. Johannes Berchmans, S. J., St. Petrus Claver, S. J., St. Alphons Rodriguez, S. J. und die sieben hl. Stifter des Servitenordens. Festgabe für das kathol. Volk. In-16°, 128 S., mit 4 Einschaltbildern. Einsiedeln, Benziger & Cie. 1888 In Carton 1 25

Koneberg, Herm., „Herr, den du lieb hast, der ist krank!" Ein Trostbüchlein f. Kranke. 12. (XII, 178 S. m. Abbildgn.) Regensburg 891. Nationale Verlags-Anstalt. 1. 20; geb. in Leinw. n. 1. 60

Koneberg, Herm., O. S. B., „Herr, den du lieb hast, der ist krank!" Ein Trostbüchlein f. Kranke. 2. Aufl. 12. (XII, 178 S. m. Abbildgn. u. 1 Titelbild.) Regensburg 899. Verlagsanstalt, vorm. G. J. Manz. n. 1. —; geb. in Leinw. n. 1. 40

— „Herr, den du lieb hast, der ist krank!" Ein Trostbüchlein f. Kranke. 3. Aufl. (XII, 178 S. m. Abbildgn. u. 1 Titelbild.) kl. 8. Regensburg 905. Verlagsanstalt vorm. G. J. Manz. n. 1. —; geb. in Leinw. n. 1. 40

— Herr rette mich! Ein römisch-kathol. Gebetbuch. 32. (432 S.) Augsburg 878, Kranzfelder'sche Buchh.

— Das göttliche Herz Jesu. Eine Schule f. brave Kinder von 9—14 Jahren. 16. (39 S.) Augsb. 890, Literar. Institut v. Huttler. f. 100 Stück * 4 —

— Hilarion, der berühmte Einsiedler, s.: Kinder-Bibliothek, katholische.

Koneberg, Herm., Himmelwärts fürs Kinderherz. Kinderlegende für die lieben ganz Kleinen, die auch Größere mit Nutzen lesen können. 16. (VIII, 376 S. mit 1 Titelbild und 374 Holzschn.-Bildern.) Regensburg 888, Verlags-Anstalt.

— Himmelwärts fürs Kinderherz. Kinderlegende, f. die lieben ganz Kleinen, die auch größere m. Nutzen lesen können, hrsg. Mit e. Titelbild u. 374 Holzschn. 2. u. 3. Aufl. 16. (VIII, 376 S.) Regensb. 889, Verlagsanstalt. 2 10; geb. 2 70

— Himmelwärts fürs Kinderherz. Kinderlegende f. d. lieben ganz Kleinen. 6. Aufl. Mit 1 Titelbild u. 374 Holzschn.-Bild. 12. (VIII, 376 S.) Regensburg 898. Nationale Verlagsanstalt. Geb. in Leinw. n. 1. 80

— himmelwärts fürs Kinderherz. Kinderlegende f. die lieben ganz Kleinen. 8. Aufl. Mit 1 (farb.) Titelbild u. 374 Holzschn.-Bildern. (VIII, 376 S.) kl. 8. Ebd. (905). n. — 90; geb. in Leinw. n. 1. 80

— der kleine Hirt, s.a. Kinder-Bibliothek, katholische.

— der kleine Hirt. Ein nützl. Büchlein für Hirtenkinder. 16. (80 S. mit 2 Holzschntaf.) Kempten 875, Kösel'sche Buchh. cart. * 25 Pf.; geb. **

— Das Prager Jesukindlein u. seine Verehrung. 1.—4. Aufl. 16. (VIII, 128 S. m. 1 Farbendr.) Augsb. 889—92, Literar. Institut v. Huttler. * — 40; geb. ** — 50; in Callico * — 80
Französische Ausgabe s. oben.

— das Prager Jesukindlein u. s. Verehrg. 60., verb. Aufl. (54.—85. Taus.) durch Jos. Mayer, C. SS. R. 16. (XVI, 136 S. m. Abb. u. 1 Farbdr.) Augsburg 896. Literar. Institut v. Dr. M. Huttler. Geb. n.n. — 50

— die Internationale od. e. Welt voll Trümmer u. e. Meer voll Blut. Für das kathol. Volk. gr. 3. (43 S.) Augsburg 872. Kranzfelder. — 60

— Jubiläums-Büchlein. Anleitung und Gebete zur Gewinnung des von unserm heil. Vater Papst Leo XIII. für das J. 1881 bewilligten außerordentlichen Jubiläums-Ablasses. 1.—8. Aufl. 12. (40 S.) Kempten 881, Kösel'sche Buchh.

Jubiläums-Büchlein. | Anleitung und Gebete | zur Gewinnung | des von | Unserm hl. Vater Papst Leo XIII. | für | das Jahr 1886 | bewilligten | ausserordentlichen Jubiläums-Ablasses, | von | P. Hermann Koneberg, O. S. B., | Pfarrer in Ottobeuren. | Mit oberhirtlicher Druckbewilligung. | Preis 15 Pfg. *(diese Zeile nur auf dem U.)* | *(Vignette)* | Kempten, 1886. | Verlag der Jos. Kösel'schen Buchhandlung.
Kol.: Buchdruckerei der Jos. Kösel'schen Buchhandlung in Kempten.
40 S., 150 × 105.
Diöz.-B. Rottenburg.

— Jubiläums-Büchlein. Anleitung und Gebete zur Gewinnung des von unserm heil. Vater Papst Leo XIII. für das J. 1886 bewilligten außerordentl. Jubiläums-Ablasses. 1.—15. Aufl. 12. (40 S.) Kempten 886, Kösel'sche Buchh.

— u. B. Lüthen, Jubiläums-Büchlein für den von Sr. Heil. Papst Leo XIII. verliehenen Jubel-Ablaß [2. März bis 1. Juni 1879]. 16. (48 S.) Donauwörth 879. Buchh. des kathol. Erziehungsvereins. — 15

— s. Jugend-Bibliothek, kathol.

— der heilige Kilian, Apostel d. Frankenlandes, s.: Kinder-Bibliothek, katholische.

Koneberg, Herm., das Kind im Verkehr mit Gott. Ein Andachtsbüchlein für die kathol. Kinderwelt. Augsburg 869. Kranzfelder. 32. (VIII, 223 S. mit 1 Stahlst.) 5 ngr.

— das Kind im Verkehr mit Gott. Ein Andachtsbüchlein für die kathol. Kinderwelt. 1. Aufl. (VIII, 223 S. mit 1 Stahlst.) 1869. 50 Pf., und 2. verm. Aufl. 16. (VI, 231 S. mit 1 Stahlst.) Ebendas. 875.

— das Kind im Verkehr m. Gott. E. Andachtsbüchl. f. d. kathol. Kinderwelt. 3., durch F. X. Wetzel neu bearb. u. verm. Aufl. 16. (VI, 229 S. m. 1 Farbdr.) Augsburg 897. Kranzfelder. n. — 60; geb. in Halbleinw. n. — 75; in Leinw. n. — 80; m. Goldpressg. n. — 90

— das Kind im Verkehr m. Gott. Ein Andachtsbüchlein f. die kathol. Kinderwelt. 4., durch F. X. Wetzel neu bearb. u. verm. Aufl. (VI, 240 S. m. 1 Farbdr.) 16. Augsburg 904. Kranzfelder. Geb. in Leinw. n. — 60; m. Goldschn. n. — 80

— Das Kind im Verkehr m. Gott. Ein Andachtsbüchlein f. die kathol. Kinderwelt. 5., durch F. X. Wetzel neu bearb. u. verm. Aufl. (VI, 240 S. m. Titelbild.) 16. Augsburg 909. Kranzfelder. Geb. in Leinw. — 60; m. Goldschn. — 80

— s.a. Kinder-Bibliothek, katholische.

— katholische Kinder-Bibliothek. 2—7. Bdchen. 16. Ebend. 877—81. à n. — 25; cart. à n. — 45; geb. à n. — 75
2. Lourdes. 2. Aufl. (50 S.)
3. Vitus, der Liebling Gottes. (61 S.)
4. Germana, die stille Dulderin. (77 S.)
5. Hilarion, der berühmte Einsiedler. (77 S.)
6. Benedikt Labre, der glückliche Bettler. (102 S.)
7. St. Antonius von Padua, der große Wohlthäter. (64 S.)
Das 1. Bdchn. bildet: Koneberg, Herm., der kleine Hirt. 875.

— die Kirche. Erwägungen f. Jung u. Alt. 16. (52 S.) Saulgau 891. H. Kitz. n. — 20

Koneberg, Herm., Die Kirche. Erwägungen für jung u. alt. Ravensburg. Kitz. 1897, 12°, 52 S., 20 Pf.

— aus Kirche u. Sakristei. Ein liturg. Bilderbuch m. 82 Illustr. f. Klein u. Groß. Lex.=8. (15 S. m. 16 Taf. Abbildgn.) Augsburg 891. Literar. Institut v. Dr. M. Huttler. n. 1. —

— das Kirchenjahr in Bildern. Lex.=8. (28 S. m. z. Tl. farb. Bildern.) Augsburg 892. Literar. Institut v. Dr. M. Huttler. Kart. n. 1. 80

— Kompaß f. die Jugend u. das Volk. Charakterstücke edler Menschen, dargestellt in Erzählgn. 2. Aufl. 8. (VIII, 199 S. m. Bildnis.) Regensburg, Verlagsanstalt vorm. G. J. Manz. n. 1. 20

Koneberg, H. Der deutsch-französische Krieg 1870—1871. (64) 8. Augsburg 1874. 0.70.

—— der deutsch-französische Krieg in den J. 1870—71. Kurz geschildert. Lex.=8. (64 S. mit 45 eingedr. Illustr. in Holzschn.) Augsburg 875, Schmid's Verlag. *

— geistlicher Krippenbau f. fromme Kinder. 16. (36 S.) Augsburg 890. Literar. Institut von Dr. M. Huttler. f. 100 Stück n. 5. —

—— Benedikt Labre, s. Kinder-Bibliothek, katholische.

— der arme Lazarus u. der reiche Prasser. Vier sociale Predigten. gr. 8. (41 S.) Augsburg 872 Kranzfelder. — 60

—— Leben und Wirken des sel. Clemens Maria Hoffbauer, Priester der Congregation des allerheiligsten Erlösers, des sel. Grignon de Montfort, des sel. Bruders Aegidius von St. Joseph und der sel. Schwester Josepha Maria von St. Agnes. Festgabe für das kathol. Volk. 16. (142 S. mit 4 Illustr.) Einsiedeln 888, Benziger und Comp. cart.

— Lebensbilder für Christen in biblischen Darstellungen. 6 Hefte. 8. Ebend. 879. à n. — 25
(cplt. geb. in Halbleinw.: n. 1. 80)
1. Abraham u. Tobias, Muster für christl. Hausväter. (34 S.)
2. Abigail u. Ruth, ein Spiegel für christl. Ehefrauen. (24 S.)
3. Jacob u. Benjamin, Muster für unsere Söhne im Lande. (30 S.)
4. Rebekka u. die Tochter Jephte's, zwei musterhafte Töchter (32 S.)
5. Joseph u. Eliezer, zwei fromme Knechte. (32 S.)
6. Abra u. Naaman's Mägdlein, zwei Muster für christl. Mägde. (32 S.)

— ein verlorenes Lebensglück, s. a. Jugend-Bibliothek, katholische.

— ein verlorenes Lebensglück. Der Jugend erzählt. Mit e. (lith.) Titelbild. 8. (VII, 166 S.) Kempten 875. Kösel. 1. 20; geb. n. 2. —

— Lioba. Eine deutsche Heilige. (48 S.) Kempten 1897. G. Kösel.

— Lourdes, s. a. Kinder-Bibliothek, katholische. 2. Bdchn.

—— Lourdes. Den Kindern erzählt. 1. Aufl. (50 S.); 2. Aufl. 16. (52 S.) Ebendas. 877. * 25 Pf.; geb. **

Koneberg, H., Maiblüten für die Jugend. 1.—10. Tausend. 16. (39 S.) Augsburg 890. Literar. Institut v. Dr. M. Huttler. f. 100 Stück n. 4. —

— Maria-Einsiedeln, s.: Kinder-Bibliothek, katholische.

— der heilige Erzengel Michael. 16 (84 S. m. 1 Titelbild.) Augsburg 891. Literar. Institut v. Dr. M. Huttler. Geb. n. — 40

— der heilige Otto, Bischof v. Bamberg, Apostel der Pommern, s.: Kinder-Bibliothek, katholische.

— ein Pilgerbüchlein nach Lourdes. 16. (74 S.) Augsburg 891. Kranzfelder. Kart. n. — 30

— dasselbe. Nebst Wallfahrts-Gebete f. die Theilnehmer des 1. bayerischen Pilger-Zuges nach Lourdes im J. 1891. Hrsg. v. Leop. Mayer. 16. (74 u. 48 S.) Ebd. 891. Kart. n. — 35

—— St. Antonius von Padua, s. Kinder-Bibliothek, katholische.

—— St. Josephs-Büchlein. 16. (128 S. m. 1 Farbendr.) Donauwörth 890, Auer. geb. * — 50

— St. Josephs-Büchlein. 3. Aufl. (128 S. m. 1 Farbdruck.) 16. Donauwörth (909). L. Auer. Geb. in Leinw. — 50

—— Der rechte Schächer, Dismas genannt. Ein Trostbüchlein für Jung u. Alt. 16. (XVI, 125 S.) Regensb. 889, Verlags-Anstalt. — 75

— Schatzkästlein der christlichen Seele. 32. (VIII, 374 S. in altdeutscher Ausstattg. m. Dürer'schen Bildern.) Augsburg 890. Literar. Institut von Dr. M. Huttler. geb. n. 3. —

—— Schonet mir die Kinder! Ein freies Wort an Eltern und Dienstherrschaften auf dem Lande, auch von Städtern mit Nutzen zu lesen. 8. (26 S.) Augsburg 883, Kranzfelder'sche Buchh.

—— drei Schulmessen für Kinder. 1.—3. Aufl. 32. (32 S.) Augsburg 871—77, Kranzfelder'sche Buchh.

— drei Schulmessen f. Kinder. 9. Aufl. 32. (32 S.) Augsburg 898. Kranzfelder. — 10

— drei Schulmessen f. Kinder. 11. Aufl. (32 S.) 16. Augsburg 904. Kranzfelder. n. — 10

— 3 Schulmessen f. Kinder. 13. Aufl. (32 S.) 7,6-12,5 cm. Ebd. 909. — 10

— dein Schutzengel, s.: Schutzengelbrief.

— e. Schutzengelbüchlein. 1. u. 2. Aufl. 16. (104 S. m. 2 Bildern.) Donauwörth 889. Auer. geb. n. — 30

— ein Schutzengelbüchlein. 7. Aufl. (104 S. m. Titelbild.) 16. Donauwörth (905). L. Auer. Geb. n. — 30

— Ein Schutzengelbüchlein. 8. Aufl. (104 S. m. 1 Abbildg. u. Titelbild.) 16. Donauwörth (910). L. Auer. Geb. in Leinw. — 30

— starke Seelen, s.: Kinder-Bibliothek, katholische.

—— Sei stark! Jubiläumsausgabe für unsere Jünglinge. Nach Aegidius Jais frei bearb. 1. und 2. 16. (31 S.) Augsburg 886, Literar. Institut von Dr. M. Huttler.

—— dass. — Ein Mahnwort für unsere Jünglinge. Nach Aegidius Jais frei bearb. 3. Aufl. 16. (31 S.) Ebendas. 888.

(U.-Titel:) Unser Tanz. | (Von P. H. Koneberg.) | *(Text)* (= *Schutzengelbrief*, 54).
Kol.: Druck und Verlag der Buchhandlung L. Auer in Donauwörth. | Agentur in New York bei Joseph Schäfer, | 60 Barcley Street, 60.
o. J. (um 1890), 16 S., 118 × 82.
Diöz.-B. Rottenburg.

—— Der allerbeste Tröster. Ein Büchlein vom heil. Geiste f. unsere trostbedürft. Zeit. 16. (VI, 200 S. m. 1 Farbendr.) Augsb. 889, Literar. Institut v. Huttler. geb. ** — 50; in Calico * — 80

—— Vitus, der Liebling Gottes, s. a. Kinder-Bibliothek, katholische.

—— Vitus, der Liebling Gottes. Den Kindern erzählt. 16. (61 S.) Kempten 879, Kösel'sche Buchh. *

— Waisenglück. Aus dem Leben niedergeschrieben. 16. (40 S.) Augsburg 874. Kranzfelder — 30

Koneberg, Herm., Was ein Wort vermag. Für Jung und Alt erzählt. 16. (III, 86 S.) Augsburg 884, Kranzfelder'sche Buchh. *

—— Weihnachten im Felde. 8. (64 S. m. Bild.) Augsb. 892, Rieger. * — 80

— Weihnachten im Felde. Aus dem Nachlaß. 8. (IV, 62 S. m. 1 Bild.) Augsburg 893. M. Rieger. Geb. n. — 80

Koneberg, Herm., wie Ferdinand Maler wurde. Eine Erzählung für die Jugend. Mit 1 Titelbild von Ferd. Wagner. gr. 8. (34 S. mit 1 Stnt.) Augsburg 874, Schmid's Verlag.

Koneberg, Herm., O. S. B., das Wiedersehen im Felde, s. a. Jugend-Bibliothek, katholische. I.

Koneberg, Herm., das Wiedersehen im Felde. Eine Erzählg. f. die Jugend. Mit e. (lith.) Titelbild. 8. (126 S.) Kempten 876. Kösel. 1. —

—— Aus alter und neuer Zeit. Zwei Erzählungen für Jung und Alt. 8. (71 S.) Ebendas. 876. *

—— ein nützliches Zwiegespräch für brave Kinder. 16. (III, 15 S.) Ebendas. 884. *

Koneberg, J. Geo., Lasset die Kleinen zu mir kommen; denn ihrer ist das Himmelreich. Ein Geschenk für die Kleinen im Lande. 3., verb. Aufl. Augsburg 867. Kranzfelder'sche Buchh. 16. (32 S.) 1 ngr.

Koneczny, J. N., theoretisch-pract. Anleitung zur schnellen u. gründl. Erlernung der cechisch-slavischen Sprache nach einer neuen, leicht faßlichen Methode. (Mit der neuen Orthographie.) Lex.-8. Wien 842, Rohrmann, Hof-Buchh. 1 ß — 2. verb. u. verm. Aufl. 846. 1 ß — 2. Thl. enth. cechisch-slavische Chrestomathie. Ebend. 846. 1 ß

— s. Grundzüge der neuen Orthographie der cechischen Sprache.

Konečný, J. N., Handbuch der böhmischen und deutschen Conversations-Sprache, oder prakt. Anleitung über die verschiedenartigsten Verhältnisse des Gesellschafts- und Geschäftslebens in den beiden Sprachen sich richtig und geläufig auszudrücken. Nebst einer kurzgefaßten böhm. Sprachlehre. 1. Aufl. (IV und 178 S.) 1847. und 2., verm. und durchaus verb. Aufl. A. u. d. T.: Rukovět české a německé konversační mluvy. 2. Vydání. 8. (VI und 190 S.) Wien 852, Haas. *

Konečny, J. N., Handbuch d. böhm. u. deutschen Conversationssprache, nebst e. theor. Anleitg. z. schnellen Erlernung d. böhm. Sprache. A. u. d. T.: Kneni Knižka obsahujic české a německé rozmluwy etc. 8. (IV u. 178 S.) Wien 847, Haas. n. 2/3 ß — od. prakt. Anleitung üb. die verschiedenartigsten Verhältnisse des Gesellschafts- u. Geschäftslebens in den beiden Sprachen sich richtig u. geläufig auszudrücken. Nebst einer kurzgefaßten böhm. Sprachlehre. 2. bedeutend verm. u. durchaus verb. Aufl. A. u. d. T.: Rukovět české a německé konversační mluvy. 2. Vydání. 8. (VI u. 190 S.) Ebd. 852. n. 2/3 ß

Konečný, J. N., theoreticko-praktické nawedeni k rychlému a dukladnému naučeni-se jazyku českoslowanskému. Druhy dil. A. u. d. T.: Theoret.-praktische Anleitung zur schnellen u. gründl. Erlernung d. cechisch-slawischen Sprache nach einer neuen, leichtfaßl. Methode. (Mit der neuen Orthographie.) 1. Thl. 1. Aufl. (18½ B.) 842 u. 2., verb. u. verm. Aufl. gr. 8. (18¾ B.) Wien 846, Rohrmann. à

—— dass. 2. Thl. enth.: cechisch-slawische Chrestomatie. gr. 8. (16 B.) Ebds. 846.

—— theoret.-prakt. nawedení k'rychlému a důkladnému naučeníse jazyku českoslowanskému. II. Díl. — Theoret.-prakt. Anleitung zur schnellen und gründl. Erlernung der čechisch-slaw. Sprache nach einer neuen, leicht faßl. Methode. (Mit der neuen Orthographie.) 1. Thl. 3., verb. und verm. Aufl. gr. 8. (XVI und 292 S.) Wien 849, [Hölzl.]

—— Orthographie der cechischen Sprache, s. Grundzüge.

— der kleine Pole. Theoret.-prakt. Anleitung zur schnellen u. gründl. Erlernung d. polnischen Sprache nach Mrongorius, Bandtke u. Mrozinski, mit Berücksicht. des gegenwärt. Zustandes d. poln. Sprache u. deren Literatur. gr. 16. Wien 841, Volke. 2/3 ß

— vollständ. Taschen-Wörterbuch der cechoslavischen (böhmischen) u. deutschen Sprache. (Mit der neuen Orthographie.) Nach den besten Quellen bearb. 2 Thle. Cechoslavisch-deutsch u. deutsch-cechoslavisch. 16. Wien 845, Wenedikt. n. 2½ ß

—— vollständiges Taschen-Wörterbuch der čechoslawischen und deutschen Sprache. Nach den besten Quellen bearb. 2 Thle. 2., verm. und verb. Aufl. — Auplny kapesní slowník čechoslowanského a německého jazyka. Podlé nejlepších pramenů sepsal. 2. znamenitě rozmnožené a weskrz oprawenéwydání. gr. 16. (1. Thl. VIII und 568 S.) Wien 850, Wenedikt. *

— vollständiges Taschen-Wörterbuch der čechoslawischen u. deutschen Sprache. Nach den besten Quellen bearb. 2 Thle. 2. bedeutend verm. u. durchaus verb. Aufl. — Auplny kapesní slowník čechoslowanského a německého jazyka. Podlé nejlepších pramenů sepsal. 2. znamenitě rozmnožené a weskrz oprawenéwydání gr. 16. (1. Thl. VIII u. 568 S. 2. Thl. . . . S.) Wien 851, Wenedikt. n. 2 ß 24 ngr

Konečný, J. N., vollständiges Taschen-Wörterbuch der böhmischen und deutschen Sprache. Nach den besten Quellen bearb. 2 Thle. 3., verm. und verb. Aufl. A. u. d. T.: Auplný kapesní slowník čechoslowanského a německého jazyka. Podlé nejlepších pramenu sepsal. 3., rozmnožené a oprawené wydání. gr. 16. (Böhmisch-deutscher Thl. VIII und 568 S.) Wien 854(55,) Wenedikt.

Konečný, J. N., vollständiges Taschen-Wörterbuch der böhmischen und deutschen Sprache. Nach den besten Quellen bearb. 2 Thle. 3., bedeutend verm. rc. Aufl. A. u. d. T.: Auplný Kapesní slowník čechoslowanského a německého jazyka etc. Wien 855. Wenedikt. 16. (4 Bl., 568; X, 506 S.) 2 ß.

Konečny, J. N., Vollständiges Taschen-Wörterbuch der böhmischen und deutschen Sprache. 2 Bde. 12. (568, IX u. 506 S.) Wien, Wenedikt. 1868 2 fl. 40 kr.

Konečný, J. N., vollständiges Taschen-Wörterbuch der böhmischen und deutschen Sprache. Nach den besten Quellen bearb. 2 Thle. 8. Aufl. 3. Abdr. 16. (IX, 506; IV, 568 S.) Wien 874, Benedikt.

Konečný, J. N., vollständiges Taschen-Wörterbuch der böhmischen u. deutschen Sprache. Nach den besten Quellen bearb. 2 Thle. Der 8. verm. u. verb. Aufl. 4. Abdr. 12. (VIII, 568 u. X, 502 S.) Wien 881. Bermann & Altmann. n. 6. —

KONEČNY, Johann: Der Lehrgehalt des Buches der Sprüche. — (1909) IV, 148 Bl. 4° (Handschr.)
Diss. Wien, Univ.

Koneczny, V. Th.: Anleit. zur Anwend. der Vorschriften üb. d. Strafverfahren bey Gefälls-Uebertrett. f. d. ausübenden Gefällsämter. I. Abth. *Prag*. 837. gr. 8. (22 Gr.)

Koneff, Helene: Beiträge zur Kenntnis der Nervenzellen in den peripheren Ganglien. Bern 1886. 34 S.
Bern, Med. Diss. v. 1886.

Konegen, B. (Red.), s. Reichs-Medicinal-Anzeiger.

Konek A. Beiträge zur Geschichte der Preise ungarischer Landesprodukte im 19. Jahrhundert. Budapest 1873

KONEK, BENEDIKT: Der katholische Priester, ein Engel Gottes spendend Licht, Trost und Gnade. Worte brüderlichen Liebe als Freundschaftsblüthen in den Kranz der Erinnerung gewunden Sr. Hochwürden dem Herrn Ferdinand Knauz, Priester der Graner Erzdioecese und Studienpraefect im erzbischöfl. Knaben-Konvikt zu Tirnau, als Er am dritten Sonntag im Advente, den 17. Dec. 1854. im Dome zu Presburg den festlichen Ehrentag seiner Primitz feierte, von Benedikt Konek, Domkaplan. Presburg 1854. Druck v. Alois Schreiber. 15 S. gr. 8°

Konek de Norwall, Fritz

Konek Fr. Edler von Norwall: Über Hydrierungsversuche mit Cinchonin. S. 104. Hb. 297 . . . . vgr.
Separatabdruck

Konek de Norwall, Fritz [aus Raab in Ungarn]: Ueber Links- und Rechts-Ecgoninamid und einige Abkömmlinge des Anhydroecgonindibromid's ... München, Buchdr. V. Höfling, 1892; 68 S. 8.
München, Phil. Fak., Inaug.-Diss. v. 1893

Koenemann, Geschichte d. Infanterie-Regiments v. Wittich [3. hessischen] Nr. 83. Im Auftrage d. Regiments f. den Gebrauch d. Unteroffiziere u. Mannschaften bearb. Mit 1 Bildniß Sr. Maj. d. Kaisers u. Königs, Sr. Durchl. d. regier. Fürsten zu Waldeck u. Pyrmont, d. Generals v. Wittich, 1 Uebersichtskarte u. 6 Gefechtsskizzen. gr. 8. (III, 149 S.) Berlin 891. E. S. Mittler & Sohn. Kart. n. 1. 25

Vaterländische Geschichte unter bes. Berücks. d. Geschichte Preußens u. Badens von **Koenemann**, Hauptm. im Inf.-Reg. No 112. *Wesel: C. Kühler 1904.* (15 S.) 8° [03. 15679

Könemann, Dietrich

Koenemann, D., Erzählungen für die Jugend, s. Bibliothek für die Jugend.

Koenemann, Dietr., s.: Gedichte v. Gaulke 2c.

Koenemann, Dietr., Gedicht-Sammlung zum deklamatorischen Vortrag in Schule u. Haus. 8. (158 S.) Berlin 874. Oehmigke's Verl. n. 1. 60

Koenemann, Dietr., Gedicht-Sammlung zum declamatorischen Vortrag in Schule u. Haus. Hrsg. auf Veranlassung des Berliner Vorschullehrer-Vereins. 2. Aufl. gr. 8. (II, 258 S.) Berlin 879. Oehmigke's Verl. n. 1. —

Koenemann, Dietr., Gedicht-Sammlung zum declamatorischen Vortrag in Schule und Haus. Hrsg. auf Veranlassung des Berliner Vorschullehrer-Vereins. 3. Aufl. 8. (II, 258 S.) Berlin 887, Oehmigke's Verlag. *

Koenemann, Dietr., der Köhler und die Prinzen, s. a. Schmidt's, Ferd., deutsche Jugendbibliothek.

Der Köhler und die Prinzen. (Von Dietrich **Koenemann**.) Der schönste Weihnachtsbaum. (Von A. Breter.) Für Jung u. Alt hrsg. von Ferdinand Schmidt. Mit 4 Abb. 11. Aufl. *Berlin: Neufeld & Henius [1902].* (158 S.) 8° [J.]
— [**Jugendbibliothek**, Deutsche. Bd 11.] [04. 6318

Koenemann-Neuhaus, Thusnelda, Gedichte. 8. (72 S.) Barmen (900). D. B. Wiemann. 1. 25

Konen: Über die Anziehung, welche ein materieller Punkt von Seiten einer begrenzten geraden Linie erleidet, deren Dichtigkeit von dem einem zum andern Ende gleichförmig zunimmt. 15 S. – Köln Fr. W., Progr. 1865.

Konen, Franz, Referendar in Köln a. Rh.: Das Stimmrecht des Aktionärs ⟨§ 252 des Handelsgesetzbuchs vom 10. Mai 1897⟩. Köln a. Rh. 1908: Ph. Amsel. (VII, 49 S.) 8°
Leipzig, Jur. Fak., Diss. v. 29. Juni 1908
[Geb. 31. Jan. 82 Cöln; Wohnort: Cöln; Staatsangeh.: Preußen; Vorbildung: Friedrich-Wilhelms-Gymn. Cöln Reife O. 02; Studium: München 1, Freiburg i. B. 3, Bonn 2 S.; Rig. 29. Juli 05.]

Konen, Heinr., Atlas der Emissionsspektren der meisten Elemente, s.: Hagenbach, Aug.

Geschichte der Gleichung $t^2 - Du^2 = 1$. Von Dr. H[einrich] **Konen**. Mit 2 Fig. *Leipzig: S. Hirzel 1901.* (132 S.) 8° [01. 12469

Konen, Heinrich: Über die Spektren des Jod. *Köln 1897: Ph. Amsel.* (72 S. mit Taf.) 8°
Bonn, Phil. Diss. v. 15. Okt. 1897

Thomas Becket, Primas von England. Ein Trauerspiel in 5 Aufz. von Raoul **Konen**. Paderborn: Junfermann 1905. (136 S.) 8° [J.] [06. 3645

Tilly. Hist. Drama in 5 Aufz. u. 1 Vorspiel von Raoul **Konen**. Paderborn: F. Schöningh [1904]. (95 S.) 8° [J.]
= Dilettanten-Theater. II. 68. [05. 1028

— Tilly, s. a. Dilettanten-Theater. 68.

Konen, Wilhelm: Die Heidenpredigt in der Germanenbekehrung. Düsseldorf 1909: (Ohligschläger). 59 S. 8°
¶ (Ersch. vollst. u. d. T.: Über d. Methoden d. Germanenbekehrung.)
Bonn, Phil. Diss. v. 20. Jan. 1910, Ref. v. Bezold
[Geb. 11. Juli 85 Düsseldorf; Wohnort: Düsseldorf; Staatsangeh.: Preußen; Vorbildung: Kgl. Gymn. Düsseldorf Reife O. 05; Studium: Freiburg i. B. 1, München 2, Bonn 6 S.; Rig. 21. Juli 09.] [U 10. 398

— s. a. **Koehnen.**

Könen, ..., der Gottesdienst in der christkathol. Gemeinde zu Meurs d. 5. Oct. 1845, s. Hockelmann, R.

Könen

Könen, Adolf von

Koenen (A. v.), Ueber das Alter und die Gliederung der Tertiärbildungen zwischen Guntershausen und Marburg. Marburg 1879. 4.

Koenen, A. v., die Ammonitiden des norddeutschen Neocom, s.a. Abhandlungen der königl. preuss. geolog. Landesanstalt.

Die Ammonitiden des Norddeutschen Neocom (Valanginien, Hauterivien, Barrêmien u. Aptien). Von Prof. Dr. A[dolf] v. Koenen, Geh. Bergrath. Mit 55 Taf. [= Atlas] u. 2 Abb. im Text. Hrsg. von d. Kgl. Preuss. Geol. Landesanst. u. Bergakad. *Berlin: Geol. Landesanst. u. Bergakad. 1902.* 1 Bd 8°, 1 Bd 4°
— Abhandlungen d. K. Preuss. geol. Landesanstalt. N. F. H. 24. [02. 970

v. Koenen, A. Ueber neuere Aufschlüsse im Diluvium bei Göttingen. Göttingen. 1888.

von Koenen, Adolf: Ueber die Auswahl der Punkte bei Göttingen, an welchen bei Probe-Pendelmessungen Differenzen in der Intensität der Schwere zu erwarten waren. und: W. Schur: Ueber die Ergebnisse der ersten Pendelmessungen. ([S.-A.] Nachrichten der Königl. Gesellschaft der Wissenschaften zu Göttingen. Math.-phys. Klasse. 1895. Heft 2.) Göttingen 1895. 7 S. 8°.

Koenen, A. v., Beitrag zur Kenntniss der Crinoïden d. Muschelkalks. [Aus: „Abhandlgn. d. k. Gesellsch. d. Wiss. zu Göttingen".] gr. 4. (44 S. m. 1 Taf. in Lichtdr.) Göttingen 887. Dieterich's Verl. n. 2. —

Koenen, A. v., Beitrag zur Kenntniss der Placodermen des norddeutschen Oberdevon's. gr. 4. (41 S. mit 4 Stnt. und 4 Bl. Erklärungen.) Göttingen 883, Dieterich'sche Verlagsh. *
Aus: Abhandlungen der k. Gesellschaft der Wissenschaften zu Göttingen, besonders abgedruckt.

Koenen, A. v., über vorglaziale Bildungen im Gebiete der Sackberge u. des Hils nebst Ith u. Selter. Briefliche Mitteilg. üb. die wissenschaftl. Ergebnisse der Aufnahmen 1907. (S. 98—101.) Lex. 8. Berlin (N. 4, Invalidenstr. 44) 908. Vertriebsstelle der kgl. geol. Landesanstalt. nn — 30
Sonderabdr. aus: „Jahrb. d. kgl. preuss. geol. Landesanst."

Könen (A. v.). Ueber Conorbis und Cryptoconus. Zwischenformen zwischen den Mollusken-Gattungen Conus u. Pleurotoma. Habilitationsschrift. Marburg 1867. 4.

— über e. paleocäne Fauna v. Kopenhagen. [Aus: „Abhandlgn. d. k. Gesellsch. d. Wissensch. zu Göttingen".] gr. 4. (128 S. m. 5 Lichtdr.-Taf. u. 5 Bl. Erklärgn.) Ebend. 885. n. 6. —

Koenen, A. v., die Fauna der unteroligocänen Tertiärschichten von Helmstädt bei Braunschweig. [Aus: Zeitschrift der deutschen geologischen Gesellschaft.] Berlin 865. (Friedländer & Sohn.) gr. 8. (76 S. mit 2 Kpfertaff.) n. 24 ngr.

Koenen, A. v., üb. die unter-oligocäne Fauna der Mergel v. Burgas. (Geologische Mittheilgn. aus den Balkanländern v. Frz. Toula. Nr. 1.) [Aus: „Sitzungsber. d. k. Akad. d. Wiss."] Lex.-8. (11 S.) Wien 893. (F. Tempsky.) n. — 30

Koenen (A. v.). Ueber einige Fischreste des norddeutschen und böhmischen Devons. (Sep.-Abdr. Abhandl. d. Kgl. Ges. d. Wiss. zu Göttingen, Band 40.) Göttingen 1895. 4. Mit 5 Tafeln.

Koenen, A. v., üb. einige Fischreste d. norddeutschen u. böhm. Devons. [Aus: „Abhandlgn. d. kgl. Gesellsch. d. Wiss. zu Göttingen".] gr. 4. (37 S. m. 5 Taf.) Göttingen 896. Leipzig, Dieterich's Verl. n. 6. —

— über Fossilien d. unt. Kreide am Ufer d. Mungo in Kamerun, s.a. Abhandlungen d. kgl. Gesellschaft d. Wissenschaften zu Göttingen.

Ueber Fossilien der Unteren Kreide am Ufer des Mungo in Kamerun. Von A[dolf] v. Koenen. M. 4 Taf. *Berlin: Weidmann 1897.* (48 S., 4 Taf. m. je 1 Erl.-Bl.) 1 Bd 4.
— Abhandlungen d. Kgl. Gesellschaft d. Wissenschaften zu Göttingen. Math.-phys. Kl. N. F. Bd 1 No 1. [97. 5813

Ueber Fossilien der Unteren Kreide am Ufer des Mungo in Kamerun [nebst] Nachtrag. Von A[dolf] v. Koenen. M. 7 Taf. *Berlin: Weidmann 1897. 98.* (65 S., 7 Taf. m. je 1 Erl.-Bl.) 1 Bd 8.
— Abhandlungen d. Kgl. Gesellschaft d. Wissenschaften zu Göttingen. Math.-phys. Kl. N. F. Bd 1. No 1. [98. 3560

— de stratis Helmstaedtiensibus oligocaenis inferioribus. Dissertatio inauguralis geologica. Berlin 865. (Calvary & Co.) gr. 8. (32 S.) n. 10 ngr.

v. Koenen, A. Zur Kenntniss der Placodermen des norddeutschen Oberdevons. Göttingen, 1883.

— über die untere Kreide Helgolands u. ihre Ammonitiden, s.a. Abhandlungen der königl. Gesellschaft der Wissenschaften zu Göttingen. Math.-physik. Klasse. N. F. III, 2.

Ueber die Untere Kreide Helgolands und ihre Ammonitiden. Von A[dolf] v. Koenen. Hierzu 4 Taf. Berlin: Weidmann 1904. (63 S.) 4°
— Abhandlungen d. Königl. Gesellschaft d. Wiss. zu Göttingen. Math.-phys. Kl. N. F. Bd 3, No 2. [05 693

Könen (A. v.), Ueber einige neue Mineral-Vorkommnisse und über Lias bei Wabern. (Sitz.-Ber. d. Ges. f. Naturw. zu Marburg. 1874.) 8.

Koenen, A. v., das Miocaen Nord-Deutschlands, s.a. Schriften der Gesellschaft zur Beförderg. der ges. Naturwissenschaften zu Marburg.

Könen (A. v.), Das Miocän Norddeutschlands und seine Mollusken-Fauna. Theil 1: Einleitung und Palaeontologische Beschreibung der Syphonostomen Gastropoden. (Aus: Schriften d. Gesellsch. z. Beförderg. d. ges. Naturwissensch. zu Marburg, Band 10.) Cassel 1872. 8. Mit 3 Tafeln. — Theil 2: Die Gastropoda holostomata und tectibranchiata, Cephalopoda und Pteropoda des norddeutschen Miocän. (Sep.-Abdr. aus dem N. Jahrb. f. Min., Beil., Band 2.) Stuttgart 1882. 8. Mit 3 Tafeln.

— das marine Mittel-Oligocän Norddeutschlands (Système Rupélien, Dumont, Étage Tongrien, K. Mayer) und seine Mollusken-Fauna. 1. und 2. Thl. gr. 4. Cassel 867,68, Fischer. [1. Thl. (S. 1—75 mit 2 Stnt. und 2 Blatt Erklärungen.) * 5 Thlr. 20 Ngr., 2. Thl. (S. 76—149 mit 5 Stnt. und 5 Blatt Erklärungen.) * 8 Thlr. 15 Ngr.] *
Aus: Palaeontographica, besonders abgedruckt.

Könen, A. Ueber die Oligocän-Tertiärschichten der Magdeburger Gegend. (Aus d. Zeitschr. d. deutsch. geol. Gesellsch.) Berlin. 1863. 8.

Die Polyptychites-Arten des unteren Valanginien. Von A[dolf] v. Koenen. [Nebst] Atlas. Berlin: Kgl. Preuß. Geol. Landesanst. 1909. 1 Bd 4°(8°), 1 Bd 4°
(Abhandlungen d. Kgl. Preuß. Geol. Landesanstalt. N. F. H. 59.) [10. 12373

Koenen (A. v.), Ueber die Störungen, welche den Gebirgsbau im nordwestlichen und westlichen Deutschland bedingen. (Nachr. v. d. Königl. Gesellsch. der Wissensch. u. d. Georg Augusts-Universität zu Göttingen. No. 6. 24. April 1886.) 8.

de Koenen, Adolph. (geb. Potsdam 22. 3. 1837): De stratis Helmstaedtiensibus oligocaenis inferioribus. Berolini (1865). (32 S.) 8°
Berlin, Phil. Diss. v. 12. Juli 1865

— das norddeutsche Unter-Oligocän u. seine Mollusken-Fauna, s.a. Abhandlungen zur geologischen Specialkarte v. Preussen u. den Thüringischen Staaten.

—— Das Norddeutsche Unter-Oligocän und seine Mollusken-Fauna. I—IV. Mit Tafeln. Berlin 1889—92. 8.
Ist: Abhh. z. geol. Spec.-Karte d. Kgrs Preussen. Bd. X.

Koenen (A. v.), Ueber das Verhalten der Flussthäler zur Erosion und zur Ablagerung von Diluvial- und Alluvialbildungen. (Aus: Nachr. d. Kgl. Ges. d. Wissensch. zu Göttingen, Mathem.-physikal. Kl., 1895.) 8.

Könen, Epaminondas (Köln), De cauterio actuali. Diss. med. Bln. (Brüschck) 5. IV. 1826. 25 S. mit Biogr. (M.: E. Deutgen.) (6.—) 18932
Oppon.: Jos. Herbrand, Ant. Heyne, Heinr. Wolff.

Könen, F., deutsche Vorschriften für Schulen. 1r u. 2r Cursus. (Jeder mit lithogr. Titel.) (33 lithogr. Bl. u. 1 Bl. Vorwort.) gr. 4. Solingen 840. Pfeiffer. à Cursus 7/12 ₰

Koenen, F., deutsche Vorschriften für Schulen. 1. Cursus. 2. Aufl. und 2. Cursus. 4. Aufl. gr. 4. (33 lithogr. Bl.) Solingen 852, Pfeiffer. à Cursus 15 Ngr.

—— dass. — 3. Cursus. gr. 4. (14 lithogr. Bl. mit lithogr. Titel.) Ebds. 856.

Koenen, F., englische Vorschriften f. Schulen. (1. Curs.) gr. 4. (10 lith. Blätt.) Solingen 842, Pfeiffer.

Koenen, F., englische Vorschriften für Schulen. 1. Cursus. 2. Aufl. gr. 4. (14 lithogr. Bl.) Solingen 852, Pfeiffer. Thlr.

Koenen, Friedr., Chöre und Soli, s. Ludwigs, F., die Bitte der Königin.

Koenen, Frdr., des Siegers Einzug, s.: Grötelen, Heinr.

Koenen, Friedr., sieben Gesänge zum Weihnachtsspiel von Groeteken für Männerstimmen mit Clavierbegleitung. 2. Aufl. gr. 4. (9 S.) Aachen 888, Jacobi und Comp. *

Könen, F., Gesänge für die verschiedenen Zeiten des Kirchenjahres. Nach altherkömmlichen Weisen in mehrstimmiger Bearbeitung zum Gebrauch für Männerchöre hrsg. 8. (50 S.) Bonn 857, [Cohen und Sohn.] *

Könen, Fr., Gesänge über die verschiedenen Zeiten des Kirchenjahres. Nach alten und neuen Weisen zum Gebrauche für Männerchöre hrsg. 2., verb. und verm. Aufl. gr. 8. (64 S.) Bonn 866, Cohen und Sohn.

Könen, F., Gesänge f. die verschiedenen Zeiten d. Kirchenjahres. Nach alten u. neuen Weisen zum Gebrauche f. Männerchöre hrsg. 3. verb. u. verm. Aufl. gr. 8. (68 S.) Bonn 876. Cohen & Sohn. — 75

Koenen, F., das Heiligtum v. Antiochien, s. a. Ludwigs, Ferd.

Das Heiligtum von Antiochien. Schauspiel von Ferd. Ludwigs. Mit Männerchören, Soli u. Klavierbegleitung komp. von F[riedrich] Koenen, Domkapellm. ... [Textbuch]. 5. Aufl. Düsseldorf: Schwann [nach 1902]. 108 S. 8° [11. 10722

— Kirchengesänge für vierstimmigen gemischten Chor componirt u. hersg. Aachen 867. Jacobi & Co. gr. 4. (III, 31 S.) n. 10 ngr.

— Kirchengesänge für 2, 3 und 4 gleiche Stimmen mit und ohne Orgelbegleitung. Lex.-8. (72 S.) Einsiedeln 878, Gebr. Benziger.

—— Kyriale sive cantus Gregorianus ad ordinarium missale in usum archidioecesis Coloniensis cum harmoniis organo accommodatis. Imp.-4. (VI und 53 S.) Cöln 866, Du Mont-Schauberg'sche Buchh. *

—— Missa defunctorum secundum ritum Coloniensem et romanum in usum archidioecesis Coloniensis cum harmoniis organo accomodatis edita. Imp.-4. (19 S.) Cöln 866, Boisserée. *-

— Missa in honorem St. Gertrudis für vierstimmigen Männerchor. Partitur. Lex.-8. (19 S.) Ebendas. 879. * 4 Stimmen (à 6 S.) à **

— missa in honorem St. Gertrudis für vierstimmigen Männerchor. Partitur. gr. 8. (19 S.) Düsseldorf 880. Schwann. n. 1. 50; 4 Stimmen (à 6 S.) à n.n. — 25

— Missa in honorem St. Joannis Chrysostomi, für gemischten Chor mit Orgelbegleitung. Partitur. Lex.-8. (27 S.) Düsseldorf 879, Schwann. * 4 Stimmen (à 6 S.) à **

Koenen, Friedr., Missa „octavi toni". Vierstimmige Messe für Sopran, Alt, Tenor und Bass. Partitur und Stimmen. gr. 4. (22 S.) Münster 872, Theissing'sche Buchh. * Stimmen *

—— Missa de requiem pro cantu et altu unisonis et duobus vocibus paribus [tenore et basso] aut una sola. Partitur. gr. 4. (19 S.) Regensburg 873, Pustet. * Stimmen *

—— Orgel-Begleitung zu den Melodien des Gesang- und Gebetbuches für die Erzdiöcese Köln. 2 Thle. qu. 4. Köln, Bachem. [1. Thl. (IV, S. 1—72.) 880. *ℳ 4.; 2. Thl. (S. 73—162.) 881. *ℳ 2.] *

— Orgelbegleitung zur Missa defunctorum nach cölnischem und römischem Ritus. Edit. II. Imp.-4. (19 S.) Köln 878, Boisserée. *

— Missa Panis angelicus für gemischten Chor, zwei- u. dreistimmig mit Orgelbegleitung. Partitur. gr. 8. (24 S.) Ebend. 879. n. 1. 50; 4 Stimmen (7, 7, 6 u. 6 S.) à n.n. — 25

Koenen. Gerhard [pract. Arzt aus Horrem bei Coln]: Zur geographischen Verbreitung der Rachitis .... Munchen, Kgl. Hof- u. Univ.-Buchdr. v. Dr. C. Wolf & Sohn, 1886: 34 S. 8°.
München, Med. Fak., Inaug.-Diss. v. 1886.

Koenen, Gerhard, zur geographischen Verbreitung der Rachitis. Diss. München 1886, A. Buchholz. 8°. 34 S.

Koenen, H. J., der christliche Heldenbote. Ein Gedicht. Aus dem Holländ. übers. von Alb. Knapp. 16. (111 S.) Stuttgart 859, J. F. Steinkopf.

—— Lieder zum Gebrauche beim katholischen Gottesdienst. Größtentheils aus alten katholischen Gesangbüchern gesammelt und für gemischten Chor bearb. gr. 8. (XVI und 88 S.) Freiburg im Br. 859, Herder'sche Verlagsh.

Koenen, Heinr., hundert Melodieen zu Bone's Cantate. Paderborn 868. Schöningh. 16. (66 S.) n. 4 ngr.

— Joh., Commentatio ad legem V. codicis de ingenuis manumissis verum ejus sensum usumque quem in foris nostris nacta est expendens. Duisburg (Hermann Oven). Essen (Straub) 1747. 150 Seiten. (8.—) 18933
Gew.: Abraham v. Koenen.

Koenen, Konst., Gefässkunde der vorrömischen, römischen u. fränkischen Zeit in den Rheinlanden. gr. 8. (IV, 154 S. m. 590 Abbildgn. auf 21 Taf.) Bonn 895. P. Hanstein's Verl. ℳ. 6. —; geb. n.n. 7. —

Koenen, Ludwig Ernst von

Koenen, v. Einige Bemerkgn b. Gelegenht seiner Einführung als Professor im Colleg. med.-chirurg. Berlin 1804.

— s. e. Bemerkk. üb. Kuhpocken ec.

v. Könen, Dr L. E., Leben u. Turnen, Turnen u. Leben. Ein Versuch durch höhere Veranlassung. 12. Berl. 817. Reimer. 4 𝒦

Könen, v., Leben und Turnen, Turnen und Leben, Berlin 1817, 49 S., 8°.

Ludwig Ernst Koenen

De praecipuis dentium Morbis. Francofurti ad Viadrum (1793:) Apitz. 56 S. 8°

Frankfurt a.d.Oder, Med. Diss. v. 22. Mai 1793

Könen, Matthias

Koenen, M., Grundzüge f. die statische Berechnung d. Beton- u. Betoneisenbauten. gr. 8. (21 S. m. 11 Abb.) Berlin 902. W. Ernst & Sohn. n. 1. —
Sonderabdruck aus: „Centralbl. d. Bauverwaltung".

Grundzuge für die statische Berechnung der Beton- und Eisenbetonbauten von M. **Koenen**, Berlin. 2. durchges. Aufl. Berlin: W. Ernst & Sohn 1905. (22 S.) 8° [05. 2679

Grundzuge für die statische Berechnung der Beton- u. Eisenbetonbauten von M[atthias] **Koenen**, Berlin. 3., durchges. u. erw. Aufl. Berlin: W. Ernst & Sohn 1906. (24 S.) 4° [08. 783

Koenen, M., Tabellen der Spannweiten f. Träger u. Balken bei allen vorkommenden Theilungen u. Belastungen. Zur Ersparg. d. Rechnens u. Vergleichg. der Kosten hrsg. Lex.-8. (68 S.) Leipzig 888. Gebhardt. geb. n. 3. —

Koenen, M., Tabellen d. Spannweiten f. Träger u. Balken bei allen vorkomm. Teilgn. u. Belastgn. Normalprofile f. Walzeisen, gusseiserne Hohlsäulen. Zur Ersparg. d. Rechnens u. Vergleichg. d. Kosten hrsg. 2., erweit. Aufl. Lex.-8. (78 S.) Leipzig 898. J. M. Gebhardt. Geb. in Leinw. n. 3. —

Koenen, M., Tabellen der Spannweiten f. Träger u. Balken bei allen vorkommenden Teilungen u. Belastungen. Normalprofile f. Walzeisen, gusseiserne Hohlsäulen. Zur Ersparg. des Rechnens u. Vergleichg. der Kosten. 3. erweit. Aufl. (80 S.) Lex. 8. Leipzig 910. J. M. Gebhardt. Geb. in Leinw. 4. —

— **Peter** (Grietha/Rhein), De typho in genere. Diss. med. Bln. (Brüschck) 22. IX. 1831. 32 S. mit Biogr. (M.: J. Trip.) (6.—) 18934
Oppon.: Ed. Arntz, Gust. Gützloe, Loud. v. Wal. — Gew.: Johann Koenen (Bruder).

Konenberg, Jh. Geo. Frz. Xav., († 1778.) Antwort auf Geistlachers Bestätigung der rechtl. Untersuchung, ob ein kathol. Ordensmann, wenn er zur protestant. Kirche getreten, wiederum erbschaftsfähig sei? 8. Augsb. 774. (Rieger). 4 𝒦

— jurist. Betracht. üb. d. Abfall eines Ordensgeistlichen; e. Nachtrag. gr. 8. Augsb. 773. (Rieger). 12 𝒦

— meditationes de desertore catholico ordinis religiosi ad aliquam religionem transeunte, bona et jura quaecunque, quibus vovendo renunciavit, nec vi pacis Westphal. nec alio quocunque titulo, aut obtentu recuperante. 8. Augsb. 773. ... Nachtrag hierzu. 8. Ebd. 773.

Konenfels, Reichsritter v. Alphabet. Verzeichnis der am häufigsten vorkommend Seeausdrücke. M 1 Flaggenkarte Wien 1878. 4.

Koner

— s. a. **Coner.**

Koner, Bernhard Benedict (Strelitz/Mecklenburg), Nonnulla de febri intermittente larvata, adjecta morbi historia. Diss. med. Bln. (Nietack) 15. X. 1835. 32 S. mit Biogr. (M.: G. Sanders.) (6.—) 19132
Oppon.: A. Mueller, L. Holstein, V. Schlochauer. — Gew.: F. D. Barez, C. H. Schultz.

Koner, Max. Unser Kaiser Skizzen, Studien und Bilder Berlin, Verlag der Vereinigung der Kunstfreunde für Amtliche Publicationen an der Kgl. Nationalgalerie (1892) 10 Taf. gr 2°

Koner, Wilhelm

Koner, W., der Antheil der Deutschen an der Entdeckung und Erforschung Afrika's, s.a. Beiträge zur Entdeckungsgeschichte Afrika's.

Konor, Wilhelm: Der Antheil der Deutschen an der Entdeckung und Erforschung Afrika's. ([S.-A.] Zeitschrift der Gesellschaft für Erdkunde zu Berlin. Bd 8. 1873) Berlin 1874 50 S 8°
in: Beiträge zur Entdeckungsgeschichte Afrika's Heft 2

Koner, W., Heinrich Barth. Vortrag gehalten in der Sitzung der geograph. Gesellschaft zu Berlin am 19. Jan. 1866. gr. 8. (31 S.) Berlin 866, D. Reimer. *
Aus: Zeitschrift der Gesellschaft für Erdkunde zu Berlin, besonders abgedruckt.

—— über die neuesten Entdeckungen in Afrika, s.a. Sammlung gemeinverständl. wissenschaftl. Vorträge.

Koner, Wilhelm: Ueber die neuesten Entdeckungen in Afrika Zwei Vorträge. (Sammlung gemeinverständlicher wissenschaftlicher Vorträge. Ser. 3. Heft 69 u. 70) Berlin 1869. 70 S. 8°.

Koner, W., zur Erinnerung an das 50jährige Bestehen der Gesellschaft für Erdkunde zu Berlin. Mit einem Portr. Carl Ritter's (in Stahlst.). [Aus: „Ztschr. d. Ges. f. Erdkde."] gr. 8. (84 S.) Berlin 878. D. Reimer. n. 1. 20

Koner, Wilhelm: Die deutsche Expedition zur Erforschung des äquatorialen Afrika's [Mit einem Nachtrag] (Geographisches Jahrbuch Jahrg 5 S 322—345 496—500) Gotha 1874. 29 S 8°.

Koner, Wilh., und Ernst Guhl, das Leben der Griechen und Römer, s. Guhl, Ernst, und Wilh. Koner.

Koner, Gul (Dav.) (geb. Berlin 1818) Commentationis de rebus Tegeatarum capita priora Berolini (1843) (38 S.) 8°
Berlin, Phil Diss. v 19. Jan 1843

Koner, W., De rebus Tegeatarum capita II. Diss. 1843. 26 S.

Koner, W., Repertorium über die vom J. 1800 bis zum J. 1850 in akadem. Abhandlungen, Gesellschaftsschriften und wissenschaftl. Journalen auf dem Gebiete der Geschichte und ihrer Hülfswissenschaften erschienenen Aufsätze. 1. Bd.: Geschichte. 1. Heft: Einleitung. Chronologie. Allgemeine Zeitgeschichte. Geschichte Deutschlands und Ungarns. gr. 8. (XXXII und 262 S.) Berlin 852, Nicolaische Buchh. *

—— dass. — 1. Bd. 2. Heft: Geschichte der Staaten Europa's mit Ausnahme Deutschlands. Geschichte Asiens, Afrika's, Amerika's, Australiens. Geschichtlich-ethnograph. Miscellen. gr. 8. (XXII und S. 263—513.) Ebds. 852. *

—— dass. — 2. Bd.: Hülfswissenschaften der Geschichte. 1. Heft: Genealogie, Heraldik und Sphragistik. Biographie. Diplomatik. gr. 8. (172 S.) Ebds. 853. *

—— dass. — 2. Bd. 2. Heft: Geographie, Reisen, Ethnographie und Statistik. gr. 8. (S. 173—480.) Ebds. 854. *

—— dass. — 2. Bd. 3. (letztes) Heft: Numismatik, Inschriftenkunde, Mythologie. Register. gr. 8. (S. 481—882.) Ebds. 855. *

Koner, Wilhelm: Der Suluh-Archipel. (Zeitschrift der Gesellschaft für Erdkunde. Bd. 2. 1867. S. 105—142.) Berlin 1867. 33 S., 1 Krt. 8°. [C 7515

—— Uebersicht der von Anfang des J. 1852 bis gegen Ende des J. 1853 auf dem Gebiete der Geographie erschienenen Werke, Aufsätze, Karten und Pläne. gr. 8. (71 S.) Berlin 854, D. Reimer. *
Aus dem Anhange zur „Zeitschrift für allgem. Erdkunde", Bd. 1., besonders abgedruckt.

— Uebersicht der vom Octbr. 1853 bis Novbr. 1854 auf dem Gebiete der Geographie erschienenen Werke, Aufsätze, Karten u. Pläne. (Abdr. aus d. Zeitschr. f. allgem. Erdkunde.) Berlin 855. D. Reimer. gr. 8. (LIV S.) n. 10 ngr.

– (Hrsg.), s. Zeitschrift der Gesellschaft für Erdkunde.

Konert, Mathias: Nutzen und Pflege, Krankheiten und Feinde des Obstbaumes. Zwei Conferenzvorträge. Luxemburg: P. Breithof 1888. 32 S. 8°

Konert, M., Nutzen u. Pflege, Krankheiten u. Feinde des Obstbaumes. 2 Konferenzvorträge. 8. (32 S.) Luxemburg 888. Erpeldinq. n. — 20

Konotzky, Th. Anweisung zum Schutz gegen die Trunkenheit und seine Erfolge. Post Säckingen. 10. Aufl. 60 S. 8°.

Konewka, Paul, Album. 6 Silhouetten. 3. Aufl. gr. 4. (6 Photolithogr.) Berlin 867, Stilke und van Muyden. In Mappe.

Konewka, Paul, Album. 6 Silhouetten. 4.—7. Aufl. gr. 4. (6 Holzschntaf.) Berlin 872—75, Gebr. Paetel.

Konewka, Paul, Album. 6 Silhouetten (Holzschntaf.). 8. Aufl. gr. 4. Berlin 877. Paetel. n. 3. —

—— das schwarze Bilderbuch. 4. (12 S. mit eingedr. Holzschn.) München 874, Beck. cart. *

– 18 Blätter zu Shakespeare nach Silhouetten. gr. 8. Ebd. (910). In Umschlag 1. 80

—— Blätter zu Goethe's Faust. gr. 4. (12 Stnt.) Berlin 866, Amsler und Ruthardt. In Couvert. *

– 15 Blätter zu deutschen Liedern u. Gedichten nach Silhouetten. gr. 8. Ebd. (910). In Umschlag 1. 50

—— lose Blätter. 5 Silhouetten. 2. Aufl. gr. 4. (5 Holzschntaf. in gr. 4. und gr. Fol. mit 2 Bl. Text.) Berlin 875, Bette. cart. *

Konewka, Paul, Sechs Blätter zu Shakespeare's Sommernachtstraum. Silhouetten, in Holz geschnitten von Wilh. Hecht. gr. 4. (6 Holzschntaf. mit eingedr. Texte.) [München 880.] Leipzig, Unflad. *

—— zerstreute Blätter, gesammelt und unter Mitwirkung von Ferd. Freiligrath, Herm. Kurz, Heinr. Leuthold etc. hrsg. und mit einer Biographie des Verstorbenen versehen von Fritz Keppler. 1. und 2. Lfg. Lex.-8. (22 S. mit 7 Holzschntaf.) München 873, Beck. à Lfg. *

12 Blätter zu Goethe's Faust nach Silhouetten von Paul Konewka. Neue Ausg. Stuttgart: K. A. E. Müller [1906]. (12 Bl.) 4° [S.] [o4. 746 9

Konewka, Paul, 12 Blätter zu Goethe's Faust nach Silhouetten. Neue Ausg., 2. Aufl. m. der Sonderbeilage „Osterspaziergang". gr. 8 u. 25×65,5 cm gebrochen in 25×16,5 cm. Stuttgart (910). K. A. E. Müller. In Umschlag 1. 50

—— Falstaff und seine Gesellen. Text von Herm. Kurz. Lex.-8. (XII, 160 S. mit eingedr. Silhouetten.) Strassburg [Lahr] 872, Schauenburg. geb. *

— Falstaff und seine Gesellen. Silhouetten mit begleitendem Text. gr. 4. (22 Bl.) Lahr 879, Schauenburg. In Leinw.-Mappe *

— Falstaff u. seine Gesellen. Schattenbilder. Neu hrsg. vom Kunstwart. (21 Bl. m. V S. Text.) Lex.-8. München (905). G. D. W. Callwey. n. 2. —

— Kinder u. Tiere. Schattenbilder. Mit neuen Versen v. F. A., neu hrsg. vom Kunstwart. 1.—6. Taus. (20 Bl. m. 4 S. Text.) kl. 8. München 907. 09. G. D. W. Callwey. Geb. 1. —

Konewka-Mappe. 12 Blätter m. Silhouetten v. Paul Konewka u. Text v. Johs. Trojan. (VI S. m. Abbildgn.) 33,5×26 cm. Stuttgart (908). K. A. E. Müller. In Umschlag 2. 50

—— schwarze Kunst. Zwölf Silhouetten. Mit einem Titelblatt von Heinr. Braun. Holzschn. und Fototyp. gr. 4. München 879, Unflad. *

— schwarze Kunst. 12 Silhouetten. Mit einem Titelblatt von Heinr. Braun. Holzschn. u. Fototyp. gr. 4. München 881. Unflad. n. 6. –

– ländlich sittlich. 12 lust. Bilder Mit hübschen Reimen v. Paul Kühtling. qu. 4. (12 Holzschntaf.) Stuttgart 872. G. Weise. geb. 1. 20

– Osterspaziergang. Hildebrand u. Hadubrand. 2 Silhouettenfriese. 25×65,5 u. 25×108 cm, gebrochen in 25×16,5 cm. Stuttgart (910). K. A. E. Müller. In Umschlag 1. 50

—— der schwarze Peter. Ein Bilderbuch für artige Kinder. Mit Reimen von J. Trojan. Holzschn. von A. Closs in Silhouetten. 1. Aufl. 1869, und 2. Aufl. gr. 4. (20 S.) Stuttgart 870, Thienemann. geb. (M 3,75.)

– Schattenbilder. Mit Reimen v. J. Trojan. hoch 4. (20 Bl. m. eingedr. Holzschn.) Stuttgart 871. Thienemann. 3. 75

Konewka, Paul, Schattenbilder. Mit neuen Versen v. F. A., neu hrsg. vom Kunstwart. 1.—6. Taus. (20 Bl. m. 4 S. Text.) kl. 8. München 907. 09. G. D. W. Callwey. Geb. 1. —

Schattenbilder von Paul Konewka mit Kinderreimen von Ludwig Nüdling. M.Gladbach: Volksvereins-Verl. 1909. 45 S. 8° (Wort u. Bild. Nr 1.) [11. 253

— dasselbe m. Kinderreimen v. Ludw. Nüdling, s. a. Wort u. Bild. Nr. 1.

—— Silhouetten-Bilderbuch. 12 heitere Bilder aus dem Leben. Mit hübschen Reimen von Frz. Sträßle. qu. 4. (12 Holzschntaf.) Stuttgart 872, G. Weise. geb.

— Silhouetten-Bilderbuch. Zeichnungen v. K. (16 Bl.) 8. Stuttgart (909). G. Weise. Kart. 1. 20

— Sommernachtstraum. Schattenbilder. Neu hrsg. vom Kunstwart. (24 Bl. m. V S. Text.) Lex.-8. Ebd. (905). n. 2. —

Ein Sommernachtstraum. Schattenbilder von Paul **Konewka**. Neu hrsg. v. Kunstwart. (Vorr.: [Richard] A[venarius].) München: G. D. W. Callwey [1906]. (24 Bl.) 4° [08. 787 9

— allerlei Thiergeschichten. Silhouetten. Text von J. Trojan. gr. 8. (17 S. mit eingedr. Holzschn.) Straßburg [Lahr] 872, Schauenburg. geb.

Konewka, (Guarnerus) Theobald (geb Berlin 11 8 1818) De cordis hypertrophia Berolini (1846) (29 S.) 8°
Berlin, Med Diss v 3 Febr 1846

Konewka-Eggebert, Alb., Gedichte. [Nebst seiner biograph. Skizze.] gr. 16. (XVIII, 70 S.) Frankfurt a/M. 878. Diesterweg. n. 1. 80

Konewka-Mappe, s. K o n e w k a , Paul

Konferenz

— die XI. allgemeine evangelisch-lutherische, zu Rostock vom 24. bis 29. IX. 1904. Hrsg. auf Beschluss der Engeren Konferenz. (IV, 186 S.) gr. 8. Schwerin 906. F. Bahn. n. 2. —

— die XII. allgemeine evangelisch-lutherische, vom 14. bis 17. IX. 1908 zu Hannover. Hrsg. auf Beschluß der engeren Konferenz. (III, 231 S.) gr. 8. Leipzig 909. Dörffling & Franke. 1. 50

allgemeine evangelisch-lutherische, u. Lutherischer Bund, s: Bewegungen, kirchliche, der Gegenwart.

DIE ALLGEMEINE KONFERENZ DER DEUTSCHEN SITTLICHKEITSVEREINE VERHANDLUNGEN
der Jahreskonferenzen in Colmar i Els , Essen a. R , Breslau, Hamburg 1894—1897.
Bearbeitet von A HENNING. ib 1898 —

Die Allgemeine **Konferenz** der Deutschen Sittlichkeitsvereine. Verhandlungen d. Jahreskonferenzen ... Bearb. von A[dolf] Henning, Gen.-Sekr. d. Vereine. [6.] 1894. Berlin: Selbstverl. d. Deutschen Sittlichkeitsvereine 1898. 8° [F.]
Auf s. u. d. T Verhandlungen d. Allgem. Konferenz d. Deutschen Sittlichkeits-Vereine. [06. 844

DIE ... ALLGEMEINE KONFERENZ DER DEUTSCHEN SITTLICHKEITS-VEREINE
Von A HENNING-Berlin
X ... in Stuttgart vom 4. bis 6. Oktober 1898 ib 1899 —
XI ... in Dortmund am 9. und 10. Oktober 1899. ib 1900. —
XII ... in Stettin vom 30. September bis 2. Oktober 1900 ib 1901. —
XIII ... in Leipzig vom 27 bis 29 Oktober 1901 ib. 1902. —
Herausgegeben vom geschäftsführenden Ausschuss der Allgemeinen Konferenz der deutschen Sittlichkeitsvereine.
XIV ... in Heidelberg und Mannheim vom 5. bis 7 Oktober 1902. ib. 1903. —
XV ... in Nürnberg vom 28 bis 30 September 1903. ib 1904. —
Von P Lic BOHN, Generalsekretär der Vereine.
XVI ... in Koln vom 2 bis 4. Oktober 1904. ib 1904 —
XVII ... in Magdeburg vom 1.—3. Oktober 1905 ib. 1905. —
XVIII ... in Hannover vom 14 bis 16 Oktober 1906 ib 1906 —
XIX ... in Frankfurt a M am 11 und 12 Oktober 1908. ib. 1908 —
XX ... in Posen am 13 und 14. November 1910 ib 1910. —

Die XIV. Allgemeine **Konferenz** der deutschen Sittlichkeitsvereine in Heidelberg und Mannheim vom 5. bis 7. Okt. 1902. Hrsg. vom geschaftsf. Ausschuss d. Allg. Konferenz d. deutschen Sittlichkeitsvereine. *Berlin: Deutsche Sittlichkeitsvereine 1903.* (30 S.) 8° [F.] [03. 4075

— die XIV.—XVIII. allgemeine, der deutschen Sittlichkeitsvereine. gr. 8. Berlin. (Leipzig, H. G. Wallmann.) n. 2. 20
XIV. In Heidelberg u. Mannheim vom 5. bis 7. X. 1902. Hrsg. vom geschäftsführ. Ausschuß der allgemeinen Konferenz der deutschen Sittlichkeitsvereine. (30 S.) 903. n. — 30
XV. In Nürnberg vom 28. bis 30. IX. 1903. Hrsg. vom geschäftsführ. Ausschuß der allgemeinen Konferenz der deutschen Sittlichkeitsvereine. (31 S.) 904. n. — 30
XVI. In Köln vom 2. bis 4. X. 1904. Von Bohn. (72 S.) 904. n. — 60
XVII. In Magdeburg vom 1. bis 3. X. 1905. Von Bohn. (43 S.) 905. n. — 50
XVIII. In Hannover vom 14. bis 16. X. 1906. Von Bohn. (51 S.) 906. n. — 50

— die XIX. allgemeine, der deutschen Sittlichkeitsvereine in Frankfurt a. M. am 11. u. 12. X. 1908. Von Bohn. (27 S.) 8. Berlin 908. (Leipzig, H. G. Wallmann.) — 20

Konferenz (3.) der österr. Arbeitsvermittlungsanstalten, Wien, 2. Oct. 1909. 8°. Troppau, Otto Gottmann, 1910.

(F) III. **Konferenz** der österreichischen Arbeitsvermittlungsanstalten. (Wien 1. bis 2 Oktober 1909.) Gr.-8°. (108 S.) † K 2.40

Conferenz. Badener Konferenz. 43. u. 44. Versammlung ... 1901 u. 1902. ... Mit einem Bericht über den Verlauf der Konferenz, einem Verzeichnis ihrer Besucher und einem Bericht ... in Baden. 39 u. 46 S. 8. Basel, Kober, 1901 u. 1902.
43. Versammlung 7. und 8. Mai 1901. Ueber wahre und falsche Prophetie von Professor Eduard Riggenbach. Mit — — Bericht über das Evangelisationswerk in Baden. [Mit illustriertem Umschlag.]
44. Versammlung 29. und 30. April 1902. Ueber die christliche Vollkommenheit von Gottfried Kuhn, Pfarrer in Maur.... Mit — — Bericht des Vereins für die evangelische Kapelle in Baden.

Conferenz. Badener Konferenz. 45. Versammlung 12. und 13. Mai 1903. Das persönliche Verhältnis der Gläubigen zu Christo von Karl Wetli, Dekan in Oberrieden. Mit einem Bericht über den Verlauf der Konferenz, einem Verzeichnis ihrer Besucher und einem Bericht des Vereins für die evangelische Kapelle in Baden. 62 S. 8. Basel, Kober, 1903.

Konferenz der Bischöfe der anglikanischen Kirchengemeinschaft, geh. im Lambeth-Palaste zu London im Juli 1888. Rundschreiben der Bischöfe mit den Beschlüssen u. Berichten. Ins Deutsche übertr. von F. v. Schmidt. gr. 8. (III, 75 S.) Augsburg 889. Preyß. n. 1. —

Konferenz der Direktoren Ost- u. Westpreußens zu Elbing, Dienstag, d. 26. V. bis Sonnabend d. 30. V. 1896. (Gedicht.) 8. (35 S.) Danzig 901. A. W. Kafemann. n. 1. —

— die erste Eisenacher, Pfingsten 1902, 26.—28. V. Bericht der Verhandlgn., nach d. stenograph. Protokollen hrsg. im Auftrage des Ausschusses der Konferenz von Johs. Lepsius. gr. 8. (163 S.) Berlin (902). (Verlag d. deutschen Orient-Mission.) n. 2. —

Konferenz, die 1. Eisenacher, Fortsetzg., s.: Verhandlungen.

Konferenz, die VI., VII. u. VIII. Eisenacher. Hrsg. vom Vorstand des Eisenacher Bundes. gr. 8. Bethel bei Bielefeld, (Verlagshandlg. der Anstalt Bethel). nn 5. 50
VI. 27., 28., 29. V. 1907 in Potsdam. (138 S.) 907. nn 2. —
VII. 9., 10., 11., 12. VI. 1908 in Eisenach. (192 S.) 908. 2. 50
VIII. Vom 1.—3. VI. 1909 in Kassel. (79 S.) 909. 1. —
Vergl.: Verhandlungen der IV. u. V. Eisenacher Konferenz.

Freie kirchliche **Konferenz** in Heide am 16. Oktober 1906. (Lunden. 1906.) 8°

Conferenz. Internationale K' für Arbeiterschutz in Bern. ⟨8. bis 17. Mai 1905.⟩ (Protokoll Nr. 1–5.) II + 127 S. 4. [Bern, Stämpfli & Cie.]

Internationale **Konferenz** der Hôtel-, Restaurant- u. Café-Angestellten. 1. Berlin: Verband deutscher Gastwirtsgehilfen 1908. 8° [08. 12600

Internationale **Konferenz** der Maurer- und Bauhülfsarbeiter-Organisationen zu Stuttgart im Jahre 1907. Hamburg: Bömelburg (1907). 80 S. 8° [10. 6248

INTERNATIONALE WIRTSCHAFTLICHE KONFERENZ. Verhandlungen am 18. und 19. Mai 1905 im Preussischen Abgeordnetenhause zu Berlin Herausgegeben im Auftrage des internationalen provisorischen Komitees Berlin. Druck von Liebheit & Thiesen. 8°.

Konferenz, die Leipziger, am 31. Aug. und 1. Septbr. 1853. Mit vollständigem Abdruck der Vorträge von K. F. A. Kahnis über die Unionsdoktrin u. von A. F. O. Münchmeyer über unsere Stellung zur römischen Frage. Leipzig 853. Dörffling u. Franke. gr. 8. (1 Bl., VIII, 78 S.) n. 8 ngr.

Konferenz des schweizerischen Logenvereins gehalten zu Aarau den 24. und 25. Mai 1873. Lausanne 1873: Forster-Goodmann & Co. 20 S. 8°. [Umschlagtit.]

Die Konferenz des intern. Luftschiffer-Verbandes u. d. damit verb. intern. **Wettfliegen** zu Zürich. Octob. 1909. 2. Aufl. (91 S. m. 25 Abb. u. 1 K). Zürich. 1909. M. 1.—

Conferenz. K' der Sekundarlehrer des Kantons Zürich. 1.–3. Diskussionsvorlage. 8. Töss, Buchdr. T': Walter & Gremminger, 1906—1907.

1. Diskussionsvorlage. II + VIII + 23 S. 1906. – 2. Disk'. II + IV + 14 S. 1907. – 3. Disk'. II + IV + 352 S. 1907. [fr. 3. –]

Conferenz. K' der höhern Truppenführer, der Abteilungschefs des schweizerischen Militärdepartements und der Oberinstruktoren zur Beratung der Revision der Militärorganisation. Langnau, 14.-24. Mai 1905. 164 S. 4. [Bern, Stämpfli & Cie., 1905.]

Konferenz der Vorstände der Deutschen Landvereine vom Rothen Kreuz abgeh. in Stuttgart am 6., 7. u. 8. Okt 1898. *Berlin. Dr. d. Norddeutschen Buchdr. (1898).* (2 Bl, XIV, 204 Sp.) 1 Bd 4. [00. 1944

Konferenz d. Vorstände d. deutsch. Landesvereine v. roten Kreuz, abgehalt. in Stuttgart a. 6., 7 u. 8. 10. 1898, a. 27. 3. 1900. Berlin. (Je 1 Bd.) 2 Bde.

Konferenz der Vorstände der Provinzial-Vereine des Preussischen Landes-Vereins vom Rothen Kreuz. Abgehalten in Berlin am 27. März 1900. *Berlin (1900): Norddeutsche Buchdr.* (XIV, 67 S.) 4° [F.] [00. 6901

Konferenz, die 2. westfälische, zur Pflege brüderl. Gemeinschaft u. Anregg. kirchl. Arbeit zu Hamm am 11. XI. 1896. gr. 8. Bethel bei Bielefeld 897. Buchh. der Anstalt Bethel. n. — 20

Einleitung. Von Michaelis. — Rechtfertigg. u. Vollkommenheit nach Phil. 3. Von Culemann. — Besprechung. — Die Bedeutg. d. Gemeinschaftsstunden f. d. kirchl. Gemeinde. Von Budde. — Besprechung. (16 S.)

— dasselbe. 3. Konferenz zu Hagen am 21. IV. 1897. gr. 8. Ebd. 897. — 20

1. Wodurch gewinnen wir Anteil an d. Frucht d. Auferstehung Jesu Christi? Von Michaelis. 2. Die Zukunft d. Herrn u. d. Gemeinschaft d. Seinigen unter einander. Von Grote. (13 S.)

— dasselbe. 4. Konferenz zu Soest am 6. X. 1897. gr. 8. (11 S.) Ebd. 898. — 15

Konferenzblätter. Eine Zeitschrift f. die Volksschullehrer des Kantons Luzern. Hrsg. von Fr. Dula. 1—3. Jahrg. 1850—1852. à 4 Hfte. gr. 8. (à ca. 80 S.) Luzern, J. & A. Stocker. à Jahrg. n. 1 ₰

Konferenzblätter. Eine Zeitschrift für die Volksschullehrer des Kantons Luzern. Herausg. von Frz. Dula. 4. u. 5. Jahrg. 1853 u. 1854. à 3 Hefte (à ca. 8 Bgn.) Luzern, Stocker. (Bertschinger.) gr. 8. Jeder Jahrg. n. 1 ₰.

Konferenzblätter, hrsg. v. Schreck, Memmleb u. Lehrmann. 3. u. 4. Bd. Jahrg. 1894. 16 Hfte. (à ca. 4 Bog.) gr. 8. Tangerhütte. (Bielefeld, A. Helmich.) n.n. 6. —; einzelne Hfte. n.n. — 80

Konferenzblätter, hrsg. v. Schreck, Memmleb u. Lehrmann. 5.—8. Bd. Jahrg. 1895 u. 1896. à 12 Hfte. (à ca. 4 Bog.) gr. 8. Tangerhütte. Quedlinburg, C. Voges. à Bd. n.n. 3. —; einz. Hfte. n.n. — 80

— dasselbe. 9. u. 10. Bd. April 1897 — März 1898. 12 Hfte. (à ca. 4 Bog.) gr. 8. Ebd. à Bd. n.n. 3. —; einz. Hfte. n.n. — 60

Konferenzen u. Studienzirkel, soziale, s. a. Tages-Fragen, soziale. 4. Heft.

Soziale **Konferenzen** und Studienzirkel. 3. Aufl. M.Gladbach: Volksver. f. d. kath. Deutschland 1907. (56 S.) 8° [F.]
— Tagesfragen, Soziale. H. 4. [07. 5457

Konferenzfrage, die, auf der Anklagebank, s.: Flugschriften, schulpolitische.

Conferenzprotocoll. Konferenzprotokoll betreffend die Revision des Bundesvertrages vom 7. August 1815. ([Vom] 10./19. August 1840.) [SA.] fol. [Zürich 1840.]

Konfession, s. a.: Confession.

Konfession, die Augsburgsche, s. a. Confession.

Konfession, die Augsburg., im Auszuge, nebst e. Geschichte d. Reichstages zu Augsburg. Zur Feier d. 3. Säcularfeier d. Uebergabe d. Augsburg. Glaubensbekenntnisses, am 25. Juny 1830. 3., verb. Aufl. 8. (1 B.) Wesel 830, Becker.
Vgl Confession.

Konfession, die augsburgsche, nach den deutschen Ausgaben v. J. 1531 u. v. J. 1540. Hrsg. v. J. Wentzel. Lex.-8. (4⅜ B.) Breslau 843, Max u. Comp.
Vgl. Confession.

Konfession, die Augsburgische. Kurz erläutert. 16. (72 S.) Hermannsburg 864. (Leipzig, Naumann.)
Aus: Hermannsburger Missionsblatt, besonders abgedruckt.

Konfession, die augsburgische. Kurz erläutert. 4. Aufl. gr. 16. (72 S.) Hermannsburg 874, Missionshausdruckerei. *
Aus: Hermannsburger Missionsblatt, besonders abgedruckt.

Konfession, die Augsburgische, m. Einleitung u. Schriftstellen versehen. gr. 8. (58 S.) Erlangen 884. Deichert. n. — 50

Die Augsburgische Konfession [Confessio Augustana] Hrsg. u. erklärt von Dr. Friedrich Hoffmann, Oberl. zu Königsberg i. Pr. *Berlin: Reuther & Reichard 1899* (64 S.) 8° [S.]
— **Hilfsmittel** z. evangel. Religionsunterricht. H. 17. [00. 8875

*** Konfession, die augsburgische, dem deutschen Volke im Auszuge dargeboten u. m. Bibelstellen belegt. (Von R. Nesselmann.) 2. Aufl. (III, 32 S.) 8. Eisleben 901. Christl. Verein im nördl. Deutschland. Kart. — 20**
* Der Titel lautet in Wirklichkeit: Confession.

Die Augsburgische Konfession (Confessio Augustana). Hrsg. u. erkl. von Dr. Friedrich Hoffmann, Dir. zu Insterburg. 2. verb. Aufl. Berlin: Reuther & Reichard 1904. (68 S) 8° [F.]
= Hülfsmittel f. d. evang. Religionsunterricht. H. 17.

– die augsburgische, od. Bekenntnis des Glaubens der evangelischen Kirche, vorgetragen u. übergeben auf dem Reichstag zu Augsburg, den 25. VI. 1530. 9. Aufl. (64 S.) 8. Stuttgart 908. Buchh. der ev. Gesellschaft. — 20

Die Augsburgische Konfession (Confessio Augustana) zum Gebr. an hoh. Unterrichtsanst., f. Studierende u. Kandidaten d. Theol erkl. von Prof. Rudolf Thiele. Halle a. d. S.: Waisenhaus 1909. VIII, 162 S. 8°

Die Augsburgische Konfession [Confessio Augustana]. Hrsg. u. erkl. von Dr. Friedrich Hoffmann, Dir. d. Kgl. Gymn. u. Realgymn. zu Insterburg. 3. verb. Aufl. Berlin: Reuther & Reichard 1910. 82 S. 8°
(Hülfsmittel z. evang. Religionsunterricht H 17.)

– jüdische, u. die Judenfrage, s. a. Bibliographie der schweizerischen Landeskunde. V, 10.

Confession. Jüdische K' und die Judenfrage. Hrg. vom Bureau der Zentralkommission für schweizerische Landeskunde. Redigiert vom Bureau der Z'-K'. VIII + 105 S. 8. Bern, K. J. Wyss, 1907. [fr. 2. —] Bibl.
Ausg. A mit deutschen Titeln. — Bibliographie der Schweizerischen Landeskunde.... Faszikel V 10 e δ.

Confession. Die unveränderte Augsburgische Konfession deutsch und lateinisch nach den besten Handschriften aus dem Besitze der Unterzeichner. Text-Ausgabe von Paul Tschackert, ...Professor... in Göttingen. 54 S. 8. Leipzig, A. Deichert Nachf., 1901. [M. 1. —]

—— die ungeänderte wahre Augsburgische. Für die Genossen der evangel. Kirche mit Erläuterung und Schriftgründen versehen zum Gebrauche in Schule und Haus. Nebst einer Einleitung und kurzen Geschichte ihrer Entstehung. 3. Aufl. Zum 400jähr. Geburtstage Luther's. 8. (III, 104 S.) Heidelberg 883, C. Winter's Universitäts-Buchh.

— die ungeänderte wahre augsburgische. Für die Genossen der evangel. Kirche m. Erläuterg. u. Schriftgründen versehen zum Gebrauche in Schule u. Haus. Nebst e. Einleitg. u. kurzen Geschichte ihrer Entstehg. 4. Aufl. 8. (III, 104 S.) Heidelberg 892. C. Winter. n. — 80

Konfession, die ungeänderte wahre Augsburgische. Für d. Genossen d. evang. Kirche m. Erläuterg. u. Schriftgründen vers. z. Gebrauche in Schule u. Haus. Nebst e. Einleitg. u. kurzen Geschichte ihrer Entstehg. 5. Aufl. 8. (III, 104 S.) Heidelberg 896. C. Winter. n. — 80

Konfession, die umgeänderte wahre augsburgische. Für die Genossen der evangel. Kirche m. Erläuterg. u. Schriftgründen versehen zum Gebrauche in Schule u. Haus. Nebst e. Einleitg. u. kurzen Geschichte ihrer Entstehung. 6. Aufl. 8. (III, 104 S.) Heidelberg 899. C. Winter. n. — 80; geb. n. 1.—

-- die unveränderte wahre augsburgische. Für die Genossen der evangel. Kirche m. Erläuterg. u. Schriftgründen versehen zum Gebrauche in Schule u. Haus. Nebst e. Einleitg. u. kurzen Geschichte ihrer Entstehg. 7. Aufl. (96 S.) 8. Heidelberg 909. Carl Winter Verl. Kart. — 80

Konfession, Die zweite helvetische. Übersetzt u. hg. v. Ch. Alph. Witz. Klgft., Heyn, 1881. 154 S. (Verf.: Heinrich Bullinger, 1504—1575.)

Konfessionskarte [Schlagwort]

Konfessionskarte v. Deutschland, s.: Deutsches Reich. Andresen.

Konfessionskarten. Lehmann, E., Confessions-Karte v. Ostpreussen. 84×26,5 cm. Farbdr. Königsberg (899). Gräfe & Unzer, Buchh. n. — 40

Konfessya czyli wyznanie wiary kościoła ewangelicko-augsburgskiego. 8. Warszawie 852. (Friedlein.) n. ⅓ ₰

Konfirmanden, den, auf den Berufsweg. Prakt. u. seelsorgerl. Ratschläge v. Tertius. 12. (48 S. m. Titelbild.) Leipzig 902. G. Strübig. n. — 50

Konfirmandenblatt aus dem Leipziger Missionshause. (Ausg. 1906.) (4 S. m. Abbildgn.) Lex.-8. Leipzig, Verlag der ev.-luth. Mission. 20 Stück n. — 50

Konfirmandenblatt aus dem Leipziger Missionshause. Hrsg. v. der evangelisch-luther. Mission zu Leipzig. Ausg. 1910. (4 S. m. Abbildgn.) Lex. 8. Leipzig, Verlag der ev.-luther. Mission. — 02

Konfirmandenbüchlein, Hamburger. 8. (48 S.) Hamburg 884, Gräfe. *

Konfirmandenbüchlein, Hamburger. 2. Aufl. 8. (48 S.) Hamburg 886, Gräfe. *

Konfirmandenbüchlein, Hamburger. 6. Aufl. 8. (48 S.) Hamburg 893. L. Gräfe & Sillem. n. — 20

Konfirmandenbüchlein f. d. Jugend evangelischer Gemeinden. 10. Aufl. 8. (82 S.) Mannheim 851, Götz. n. ⅙ ₰

Konfirmandenbüchlein für die Jugend evangelischer Gemeinden. (Von Phil. Karbach.) 11. Aufl. 852. -- 15. Aufl. Mannheim 857. Götz. 8. (1 Bl., 82 S.) n. 5 ngr.

Konfirmandenbüchlein für die Jugend evangelischer Gemeinden. 11. Aufl. 1853. und 15. Aufl. 8. (82 S.) Mannheim 856(57,) Götz. *

Konfirmandenbüchlein für die Jugend evangelischer Gemeinden. (Von Phil. Karbach.) 19. Aufl. Mannheim 863. Notter. 12. (82 S.) n. 5 ngr.

Konfirmandenbüchlein für die Jugend evangelischer Gemeinden. 24. Aufl. 8. (12 S.) Mannheim 873, Notter. *

Konfirmandenbüchlein f. die Jugend evangelischer Gemeinden. 24. Aufl. 8. (12 S.) Mannheim. 874. Notter. n. — 50

Konfirmandenbüchlein für die Jugend evangelischer Gemeinden. 25. Aufl. (82 S.) 1876; 26. Aufl. 8. (80 S.) Frankfurt a. M. 879, Rommel. * 50 Pf.; geb. *

Konfirmandenbüchlein für die Jugend evangelischer Gemeinden. 27. Aufl. 8. (80 S.) Frankfurt a/M. 880. Rommel. n. — 50; geb. n. — 60

—— dass. — 28. nach der neuen Rechtschreibung verb. Aufl. und 29.—31. unveränd. Aufl. 8. (80 S.) Ebendas. 881—84. * geb. *

—— für die Jugend evangelischer Gemeinden. 32.—35. Aufl. 8. (80 S.) Frankfurt a. M. 885—88, Rommel. * geb. *

—— dass. — 36. Aufl. 8. (80 S.) Altenburg 888, Pierer. * geb. **

Konfirmandenbüchlein f. die Jugend evangelischer Gemeinden. 37. u. 38. verb. Aufl. 8. (80 S.) Altenb. 890,91, A. H. Pierer. * — 40 geb. ** — 50

— f. die Jugend evangelischer Gemeinden. 40. Aufl. 8. (80 S.) Altenburg 804. H. A. Pierer. n. — 40; geb. n.n. — 50

Konfirmandenbüchlein f. d. Jugend evang. Gemeinden. 43. Aufl. 8. (80 S.) Altenburg 898. H. A. Pierer. n. — 40; Einbd. n.n.n. — 10

Konfirmandenbüchlein f. die Jugend evangel. Gemeinden. 47. Aufl. 8. (86 S.) Altenburg 901. H. A. Pierer. n. — 40; Einbd. n.n.n. — 10

Konfirmandenbüchlein f. die Jugend evangelischer Gemeinden. 49.–51. Aufl. (à 86 S.) 8. Altenburg 903—905. H. A. Pierer. n. — 40; geb. n. — 55

Konfirmandenbüchlein f. die Jugend evangelischer Gemeinden. 54. Aufl. (86 S.) 8. Altenburg 909. H. A. Pierer. —40; geb. — 55

Konfirmanden-Katechismus, wie er aus e. mehrjähr. Unterricht herausgewachsen. Von e. evangel.-protest. Pfarrer A. B. (Joh. Hubbes). 2. Aufl. gr. 8. (60 S.) Kronstadt 891. (H. Zeidner.) n.n. 1. —

Konfirmandenscheine, 50, m. 50 verschied. Denksprüchen, hrsg. vom Verein für christl. Kunst in der evangel. Kirche Bayerns. Sammlg. 1. 2. Aufl. 8. Nürnb. 889, [Ballhorn] Banckwitz. * 1 50
—— dass. — Sammlg. 2, s. Konfirmationsscheine, 50.

Konfirmanden- (Meissner-) Stiftung der Loge Balduin zur Linde in Leipzig. [Leipzig ca 1896?] 1 Bl. 8° [Kopftit.] Enth. Zweck u. Bedingungen der Stiftung. 1896 gegründet.

Konfirmanden-Unterricht, der, in Anlehnung an die fünf Hauptstücke d. Lutherschen Katechismus. Eine Handreichg. v. e. prakt. Geistlichen. 8. (28 S.) Braunschweig 891. Appelhans & Pfenningstorff. n. — 50

Konfirmations-Andenken, s. a.: Confirmations-Andenken.

— Unveränd. Abdr. der 7. Aufl. 12. (78 S.) Kaiserslautern 893. Ev. Verein f. die Pfalz. n. — 15

Konfirmationsbüchlein oder evangel. Unterricht, wie die Konfirmation d. i. die Taufbundserneuerung mit der christl. Jugend vor dem Genuß des heil. Abendmahls in den gesamten evangel. Kirchen des Königr. Württemberg soll gehalten werden. Nebst einem Anhang von Gebeten. Neue Ausg. 8. (82 S.) Reutlingen 884, Fleischhauer und Spohn. geb. *

Konfirmationsbüchlein od. evangel. Unterricht, wie die Konfirmation d. i. die Taufbundserneuerg. m. der christl. Jugend vor dem Genuß d. heil. Abendmahls in den gesamten evangel. Kirchen d. Königr. Württemberg soll gehalten werden. Nebst e. Anh. v. Gebeten. Ausg. v. 1884. (Neudr. 1891.) 8. (32 S.) Reutlingen 891. Fleischhauer & Spohn. — 10; geb. n. — 30

Konfirmationsbüchlein od. evangel. Unterricht, wie die Konfirmation, d. i. die Taufbundserneuerg., m. der christl. Jugend vor dem Genuß des hl. Abendmahls in den gesamten evangel. Kirchen des Königr. Württemberg soll gehalten werden. Nebst e. Anh. von Gebeten. Ausg. v. 1884. Neudr. 8. (32 S.) Stuttgart 901. Buchh. der ev. Gesellschaft. n. — 10; geb. — 30; m. Kinderlehre in 1 Bd. (172 u. 32 S.) n. — 35; geb. n. — 60

Konfirmationsbüchlein od. evangel. Unterricht, wie die Konfirmation, d. i. die Taufbundserneuerg., m. der christl. Jugend vor dem Genuß des hl. Abendmahls in den gesamten evangel. Kirchen des Königr. Württemberg soll gehalten werden. Nebst e. Anh. v. Gebeten. Ausg. v. 1884. (Neudr.) (32 S.) 8. Stuttgart 903. Buchh. der ev. Gesellschaft. — 12; geb. — 30; mit Kinderlehre in 1 Bd. (172 u. 32 S.) n. — 40; geb. n. — 60

Konfirmations-Denksprüche, 100. qu. 16. Stuttgart 895. Buchh. d. Evang. Gesellschaft. Mit Goldschn. n.n. 1. 10; in 2 Sammlgn. à n. — 60

Konfirmationsscheine, s. a.: Confirmationsscheine.

Konfirmationsscheine. [Zweites Sortiment von 100 verschiedenen Nummern. Spruch und Liedvers mit einem Holzschnitt in Einfassung.] gr. 4. Gütersloh, Bertelsmann. 30 Stück ** ℳ 1.—; 100 Stück **

— 4 Serien. 21. Aufl. Fol. (à 25 Bl.) Kaiserslautern 893. Buchh. d. evang. Vereins f. d. Pfalz. à 1. 50

Konfirmationsscheine. (Mit u. ohne Spruch.) qu. gr. 4. (25 farb. Bl.) Gütersloh (902). C. Bertelsmann. n. 2. —; einzelne Bl. n. — 10

Konfirmationsscheine. 1. u. 2. Serie. (à 25 Bl.) 40,5×29,5 cm. Berlin (907). Rehtwisch & Langewort. à Ser. 2. 50

— Ausg. A. (Sächsischer Vordr.) 29×32 cm. Leipzig (910). P. Eger. 20 Scheine m. Sprüchen u. ohne Sprüche 1. 50

— dasselbe. Ausg. B. (Preußischer Vordr.) 29×32 cm. Ebd. 20 Scheine m. Sprüchen u. ohne Sprüche 1. 50

— Gedenkblatt Nr. 12. 4 Muster. 34,5×26 cm. Hamburg (910). Agentur des Rauhen Hauses. 25 Bl. 3. 75

— m. Bildern nach Orig.-Zeichngn. v. Carl Andreä. Ausg. D u. E. m. Hauptbild: Guter Hirte; Ausg. F u. G m. Hauptbild: Kinderfreund; Ausg. D u. F ohne, Ausg. E u. G m. Sprüchen.) 200 Bl. in Farbdr. qu. Lex.-8. Bethel bei Bielefeld 906. Verlagsbuchh. der Anstalt Bethel. à n. — 20

—— in 50 Blättern mit Randverzierungen, Bibelsprüchen und Liederversen. 2. Aufl. der neuen Folge. gr. 4. Sondershausen 883, Eupel.

— mit eingedr. Denksprüchen. A. 1.—3. Serie. gr. Fol. (à 40 farb. Bl.) Berlin 899. Vaterländ. Verlags- u. Kunstanstalt. à n. 10. —

— dasselbe. B. 1.—3. Serie. Fol. (à 40 farb. Bl.) Ebd. 899. à n. 7. 50

— dasselbe. C. 1.—3. Serie. qu. gr. 4. (à 40 Bl.) Ebd. 899. à n. 3. —

— 25. Gedenkblätter m. e. Ermahnungs- u. Erinnerungswort. qu. gr. 4. Breslau 895. M. Woywod. n. 50

— 25 (jeder Schein m. besond. Bibelspruch), unter Mitwirkg. evangel. Geistlichen hrsg. 1.—4. Sammlg. 2. Aufl. gr. 4. (à 25 Bl.) Breslau (899. 900). C. Dülfer's Verl. à n. 1. 20; (1—4 zusammenbezogen n. 4. —)

— 25 (jeder Schein m. besond. Bibelspruch), unter Mitwirkg. evangel. Geistlichen hrsg. Allgemeine Ausg. A. 4 Sammlgn. 3. Aufl. (à 25 Bl.) 4. Breslau 905. 906. C. Dülfer. n. 4. —; einzelne Sammlgn. n. 1. 20

— dasselbe. Evangelisch-luther. Ausg. B. 4 Sammlgn. (à 25 Bl.) 4. Ebd. (905). n. 4. —; einzelne Sammlgn. n. 1. 20

— 25, m. 25 verschiedenen Sprüchen u. m. künstlerischer Verzierung, hrsg. unter Mitwirkg. v. evangel. Geistlichen. Ausg. A: Ohne Tauftag. Ausg. B: Mit Tauftag. à 2 Serien. (à 25 Bl.) Fol. Breslau (904). M. Woywod. à n. 2. —

— 50, m. Zeichnung v. Fr. Wanderer. Hrsg. u. m. 50 verschied. Denksprüchen versehen vom Verein f. christl. Kunst in der evangel. Kirche Bayerns. 2. Sammlg. gr. 16. Nürnberg 891. Ballhorn. n. 1. 50 (1. 2.: n. 3. —)
Sammlg. I s. Konfirmandenscheine.

— 50, m. 18 verschied. Bibelsprüchen u. entsprech. Liederversen. Erinnerungsblätter an d. Tag d. Konfirmation. Fol. Leipzig 896. Siegismund & Volkening. In Umschlag n. 1. 60

— 50, mit ausgewählten Gedenksprüchen alten und neuen Testaments. 4. (Titel-)Aufl. qu. kl. 4. Leipzig 883, Reichardt Verlag.

— 50 neue. Mit Randzeichngn., auf Holz übertr. v. Jul. Steglich, in Holzschn. ausgeführt v. H. Finke in Dresden. Mit Bibelsprüchen u. Liederversen in rotem Druck. Ausg. A (m. Abendmahlstext); Ausg. B (ohne Abendmahlstext). 1. u. 2. Folge. 5., verb. Aufl. qu. gr. 4. Wernigerode 894. P. Jüttner. à n. 3. —

— 100. 23. Aufl. 1.—4. Serie. hoch 4. (à 25 Bl.) Kaiserslautern (897). Buchh. d. ev. Ver. f. d. Pfalz. à Serie 1. 50

— 40, mit Zeichnungen v. C. G. Pfannschmidt. Bibelsprüche u. Liederverse ausgewählt von L. Schneider. Ausg. A m. Bezeichng. „Evang.-luther." Kirche. qu. hoch 4. Dresden 891. Brandner. n. 1. 75; Ausg. B ohne konfessionelle Bezeichng. n. 1. 75

10 neue evangelische, m. e. Bilde v. Heinr. Hofmann u. Bibelsprüchen. 37,5×29 cm. Berlin 910. Schriftenvertriebsanstalt. n 2. 40

Konfirmations-Scheine, 20, mit Bibelsprüchen und Liederversen. Mit Zeichnungen von C. Andreae und Andern. Pracht-Ausg. 2 Hefte. gr. 4. (à Heft 20 Bl. in Buntdr.) Bielefeld 883, Velhagen und Klasing. à Heft * ℳ 2. *

Konfirmations-Scheine, 20, m. Bibelsprüchen u. Liederversen. Mit Zeichngn. von C. Andreae u. A. Pracht-Ausg. 4 Hefte. (Buntdr.) qu. Fol. Bielef. 889,90, Velhagen u. Klasing. à Heft * 2 —
1. u. 2. Heft. 3. Aufl.; 4. Heft ohne Sprüche.
— desgl. — 40, m. Zeichngn. v. C. G. Pfannschmidt. Bibelsprüche u. Liederverse ausgewählt v. L. Schneider. Ausg. A. m. Bezeichng. „Evang.-luth." Kirche. qu. hoch 4. Dresd. 891, Brandner. * 1 75
Ausg. B. ohne konfessionelle Bezeichng. * 1 75
— desgl. — 50, m. Zeichng. v. Fr. Wanderer. Hrsg. u. m. 50 verschied. Denksprüchen versehen vom Verein f. christl. Kunst in der evangel. Kirche Bayerns. 2. Sammlg. gr. 16. Nürnb. 891, [Ballhorn] Banckwitz. * 1 50
Sammlung I., s. Konfirmandenscheine.

Konfirmations-Scheine, 20, m. Bibelsprüchen u. Liederversen. M. Zeichngn. v. C. Andreae u. a. Pracht-Ausg 2. u. 4. Hft. qu. gr. 4. Bielefeld 895. Velhagen & Klasing. à n. 2. —
2. 4. Aufl. — 4. 2. Aufl.

— 20, m. Bibelsprüchen u. Liederversen. Mit Zeichngn. von C. Andreae u. A. Pracht-Ausg. 1. Hft. 5. Aufl. u. 3. Hft. 3. Aufl. qu. Fol. (à 20 Bl.) Bielefeld (901). Velhagen & Klasing. à n. 2. —

Konfirmations-Scheine, 20, m. Bibelsprüchen u. Liederversen. Mit Zeichngn. v. C. Andreae u. a. Pracht-Ausg. II. u. IV. Heft. qu. Fol. Bielefeld (903). Velhagen & Klasing. à n. 2. —
II. 6. Aufl. (20 Bl.) — IV. (20 Scheine m. leerem Raum zum Einschreiben selbstgewählter Sprüche.) 3. Aufl.

Konfirmations-Zeugnisse, 40, mit Randzeichnungen von Osc. Pletsch. Hrsg. und mit Bibelsprüchen und Liederversen versehen von v. der Trenck. 1. Sammlung. qu. gr. 4. Leipzig 884, A. Dürr. *

Konfirmations-Zeugnisse, 40, mit Randzeichnungen von Osc. Pletsch. Hrsg. und mit Bibelsprüchen und Liederversen versehen von v. der Trenck. 1. und 2. Sammlung. Ausg. A. qu. gr. 4. Leipzig 886, A. Dürr. à Sammlung *
Ausg. B. à Sammlung *

Konfirmations-Zeugnisse, 40, m. Randzeichnungen v. Osc. Pletsch. Hrsg. u. m. Bibelsprüchen u. Liederversen versehen von v der Trenck. 1. u. 2. Sammlg. Ausg. A. qu. gr. 4. Leipzig 893. A. Dürr. à n. 1. 50
1. 3. Aufl. — 2. 2. Aufl.

— dasselbe. 1. u. 2. Sammlg. Ausg. B. 2. Aufl. qu. gr. 4. Ebd. 893. à n. 1. 50

Konfirmations-Zeugnisse, 40, m. Randzeichnungen v. Osc. Pletsch. Hrsg. u. m. Bibelsprüchen u. Liederversen versehen von v. der Trenck. 1. Sammlg. Ausg. B. 4. Aufl. qu. gr. 4. Leipzig 899. A. Dürr. n. 1. 50

Konfirmations-Zeugnisse, 40, m. Randzeichngn. v. Osk. Pletsch. Hrsg. u. m. Bibelsprüchen u. Liederversen versehen von v. der Trenck. 1. Sammlg. Ausg. B. 5. Aufl. qu. gr. 8. Leipzig (906). A. Dürr. n. 1. 50

— dasselbe. 2. Sammlg. Ausg. A. 3. Aufl. qu. gr 8. Ebd. (906). n 1. 50

Konflikt, s. Conflikt.

(Konflikt der Buchdruckergehilfen und ihrer Arbeitgeber) Veranlaßt durch ein Schreiben des Herrn Präsidenten von Strampff —. Die General-Versammlung der Buchdruckerei-Besitzer Berlins Deckersche Geheime Ober-Hofbuchdruckerei 1 Bl. Fol.
Flugblatt. Berlin, 30. Juli 1848.

Konflikt, der, d. waadtländischen Geistlichkeit m. ihren Staatsbehörden, u. ihre Verhandlungen v. 11. u. 12. Novbr. 1845, welche den massenhaften Rücktritt vom Amte zur Folge hatten. 8. (6 B.) Aarau 846, Christen. *

Conflict. Der Konflikt zwischen der Israelitischen Gemeinde in Basel und dem Komite des Israelitischen Asyls Hegenheim. Eine aktenmässige Darstellung durch das Asyl-Komite. Basel, im September 1905. 45 S. 8. Basel, Kreis, 1905.
S. 8-27: Gutachten in Sachen Israelitisches Asyl Hegenheim und Israelitische Gemeinde Basel, erstattet von Prof. C[arl] Chr[istoph] Burckhardt.

Konflikt, der spanisch-deutsche, um die Karolinen und die Revolution in Spanien. Von *** in Madrid. 12. (92 S.) Hagen 885, Risel und Comp. * — 75

Der Konflikt im Allgemeinen Turnverein zu Leipzig, E. Beitr. z. Geschichte d. dtsch. Turnwes., Leipzig 1867, 31 S., 8°.

Konföderationsakte, m. Anmerk. v. Winkop. gr. 8. Heidelberg, Mohr u. Z.
Schreibp.

Die **Konföderations-Akte** der rheinischen Bundesstaaten vom 12. Juli 1806. Leipzig 1893.
(In: Deutsche Staatsgrundgesetze in diplomatisch genauem Abdr. hrsg. von Binding. H. 3.)

Die **Konföderations-Akte** der rheinischen Bundesstaaten vom 12. Juli 1806. Die deutsche Bundes-Akte v. 8. Juni 1815. Die Wiener Schluß-Akte v. 15. Mai 1820. 2. unveränd. Abdr. *Leipzig: W. Engelmann 1898.* (58 S.) 8° [F.]
— **Staatsgrundgesetze**, Deutsche, in dipl. genauem Abdr. H. 3.
[03. 14033] 6

Konfuzius, s.a. Kungfutse.

Konfuz, Aphorismen, Sentenzen, Lehren d. Weisheit ec. ein Nachtrag zum Zend Avesta, edirt v. E. Schulz. 8. Leipz. Hilscher. 794.

— **Einladung**, s. **Einladung**.

Den danske **Konge-Familie** omgiven af deres Aner af den Oldenborgske Stamme. — Kiel: Bindemann o. J. [um 1845]. 55 × 72 cm Blattgröße. [Kupferdr.]

POETEN, Eines vortrefflichen (d. i. *Michael Kongehl*, seit 1673 „Prutenio" im Pegnitzorden, geb. 1646 zu Kreuzburg in Preussen, Bürgermeisten im Kneiphof zu Königsberg, † das. 1. Nov. 1710), Geist- und Weltliche Gedichte, Nebst den Sonn- und Fest-Tags-Gedancken. Leipzig, Bey Johann Kunckeln, Buchhändlern in Stettin. 1715. 8°. (In Göttingen: P. 3233.)
Ent.: Belustigungen I. u. 2. Theil; Innocentie; Phönizia; 13 Bogen Geistliche Oden.

Michael Kongehls beygenahmt Prutenio Sieg-Prangender Lorbeer-Häyn, Darinn das Ehren- und Preisz-Gedächtnisz Vieler, theils Lorbeer-Bekröhnten, theils anderwerts Lorbeer- und Lobwürdigen Häubter, (Die Unwürdigen lauffen mit unter.) Durch allerhand Ehren- Lehr- und Lust-Gedichte, Nach den Buchstaben A.B.C. verunsterblichet wird. Nebst einer Fort-Pflanzung des Immergrünen Cypressen-Häyns und Lust-Quartiers. Königsberg, Gedrukt bey den Reusnerischen Erben, 1700.

KONGEHL, M. Der unfchuldig-befchuldigten Innocentien Unfchuld; Eine Nachdenkliche Genuefifche Gefchicht in einem Mifch-Spiel (Tragico-Comoedia). Auf die Schau-Bühne geführet. Königsberg o. J. 8°. 80 S.
Goedeke III 225. 71. 2. Enthält auch 3 Nachfpiele.

Kongo [Schlagwort]

Kongo, s.: Kolonialkarten, Kiepert, R., u. M. Moisel.

Kongo-Fahrten. Von Z****. (Gedichte.) gr. 8. (700 S.) Dresden 890. Pierson's Verl. n. 10.—; geb. n. 12.—

Kongo-Küsten. — **Kongo-Staat**, s.: Kolonien.

Kongregationen, marianische, u. Jesuitenorden, s.a. Aktenstücke, kirchliche. Nr. 16,

Marianische **Kongregationen** und Jesuitenorden. Leipzig: Braun 1904. 23 S. 8°
(Kirchliche Aktenstücke. Nr 16.)
[11. 1168] 3

Die Marianischen **Kongregationen** und der Ministerial-Erlaß vom 23. Januar 1904. Verf. u. aktenmäßig zsgest. von e. Priester d. Diöz. Breslau. *Breslau: Schles. Volkszeitung 1904.* (146 S.) 8° [F.]
[04. 11801] 6

Kongregationsbüchlein f. die marianischen Jungfrauenkongregationen der Erzdiözese Freiburg. (V, 110 S.) 16. Freiburg i/B. (910). Herder. — 35; geb. in Kunstldr. — 60

— für die marianischen Männer- u. Jünglingskongregationen der Erzdiözese Freiburg. (III, 110 S.) 16. Ebd. (910). — 35; geb. in Kunstldr. — 60

Kongress, s. a.: Congress.

Kongress (2.) der russischen socialdemokratischen Arbeiterpartei. Ausführlicher Text der Protokolle, hrsg. vom Zentralkomitee. 8°. Genf 1903.

Congress. K' zur Bekämpfung der unsittlichen Literatur. Köln im Jahre 1904. Berichte erstattet von den ausserdeutschen und deutschen Berichterstattern. Bearb. von Pastor Lic. [Friedrich] Bohn, Generalsekretär der deutschen Sittlichkeitsvereine. II + 76 S. 4. Berlin, Verlag der Deutschen Sit:l' A. Dartsch; Für den Buchh. durch II. G. Wallmann, Leipzig, 1905.

Neunter deutscher **Kongress** für Volks- und Jugendspiele in der Stadt Kiel vom 19.—21. Juni 1908. [Programm und Pläne.] Kiel. 1908. 8° [Umschlagt.]

Neunter deutscher **Kongreß** für Volks- und Jugendspiele in Kiel vom 19.—21. Juni 1908. [Bericht über den Kongreß.] (Kiel. 1908.) 4°, geb. in Fol. [Kopft.]

Der 9. deutsche **Kongreß** für Volks- und Jugendspiele in Kiel vom 19.—21. Juni 1908. Hrgg. v. Hermann Raydt. Leipzig. Berlin. 1909. 8°

Kongress, Der 9. deutsche, für Volks- und Jugendspiele. Hrsg. von H. *Raydt.* Leipzig u. Berlin 1909. 8°.
9: in Kiel vom 19.—21. Juni 1908, 1909.

— **der IX. u. X. deutsche**, f. Volks- u. Jugendspiele. Hrsg. vom Geschäftsführer des Zentral-Ausschusses z. Förderg. der Volks- u. Jugendspiele in Deutschland H. Raydt. gr. 8. Leipzig, B. G. Teubner. 2. 50
IX. in Kiel vom 19. bis 21. VI. 1908. (94 S. m. Abb.) 909. 1. —
X. in Gleiwitz vom 2. bis 5. VII. 1909. (158 S. m. Abb.) 910. 1. 50

Kongress, dtsch., f. erziehl. Knab.-Handarb. 5-15 Ber. Bremen, Görlitz, Leipzig 1885-1900

Deutscher Verein für den Schutz des gewerblichen Eigentums. — DÜSSELDORFER KONGRESS. 3. bis 8. September 1907. Vorschläge zur Reform des Patentrechts und des Warenzeichenrechts.
Teil I. Denkschrift der Patentkommission und der Warenzeichenkommission. (Berlin, Julius Sittenfeld.) 4°.
Teil II. Berichte zur Denkschrift der Patentkommission und der Warenzeichenkommission. (ib. —.)

— zur Förderung des Zeichenunterrichts, s.: Congrès international de l'enseignement du dessin.

Kongress, I., u. Generalversammlung des Vereins deutscher Konserven- u. Präservenfabrikanten, s.: **Veröffentlichungen des Vereins deutscher Konserven- u. Präservenfabrikanten.**

Turin, Italienische Meteorol. Gesellschaft, 4. Kongress vom 12.—15. Sept. 1898. Turin 1899. 8°.

Kongress, Altkatholiken, der zweite internationale, in Luzern, 13. bis 15. Sept. 1892. Stenogr. Bericht. Offizielle Ausg. In-8°. 318 S. Luzern, Geschw. Doleschal. 1893 1 50

Der internationale Kongress für Frauenwerke und Frauenbestrebungen in Berlin, 19.-26. Sept. 1896. Eine Samml. der auf d. Kongress gehaltenen Vorträge u. Ansprachen. Hrsg. v. d. Red.-Komm.: Rosalie Schönfliess, Lina Morgenstern, Minna Cauer, Jeannette Schwerin, Marie Raschke. — Berlin: Walther 1897. 412 S. 8⁰

Kongress, X. internationaler, gegen den Alkoholismus, s.: Congrès.

Kongress, internationaler, f. Arbeiterschutz in Zürich vom 23.—28. VIII. 1897. D. Cirkulare d. Organisationskomitees, Referate u. Anträge u. vorläuf. Verzeichniss d. Kongresstheilnehmer. gr. 8. (160 S.) Zürich 897. (Buchh. d. schweiz. Grütlivereins.) n. 1.20

— dasselbe. Amtlicher Bericht d. Organisationskomitees. gr. 8. (VIII, 280 S.) Ebd. 898. n. 2. —

Kongreß, 2. internat., und Ausstellung für Carbid- und Acetylen-Industrie, Budapest Mai 1899. Bericht und Vorträge. (Ungarisch, französichs, deutsch) Budapest 1899

Kongress, internationaler, f. Bergbau, Hüttenwesen, angewandte Mechanik u. praktische Geologie. Mitglieder-Liste u. Allgemeines. (153 S.) Lex. 8. Düsseldorf 910. Berlin, J. Springer. 10. —

Kongress, internationaler, f. Bergbau, Hüttenwesen, angewandte Mechanik u. praktische Geologie. Düsseldorf 1910, 19.—23. VI. 5 Bde. Lex. 8. Düsseldorf 910. Berlin, J. Springer. 50.—; einz. Bde. 20.—; 2 Bde. 30.—; 3 Bde. 40.—
Berichte der Abteilung f. Bergbau. (313 S. m. Abbildgn. u. 1 Taf.)
— dasselbe f. praktische Geologie. (235 S. m. Abbildgn. u. 2 (1 farb.) Taf. u. 2 farb. Karten.)
— dasselbe f. praktisches Hüttenwesen. (317 S. m. Abb. u. 5 Taf.)
— dasselbe f. theoretisches Hüttenwesen. (244 S. m. Abbildgn. u. Taf.)
— dasselbe f. angewandte Mechanik. (246 S. m. Abb. u. 2 Taf.)

Erster internationaler **Kongress** des britischen, continentalen und allgemeinen Bundes für die Abschaffung der Prostitution als gesetzlicher oder geduldeter Einrichtung in Genf v. 24. zum 29. Sept. 1877. — (Leipzig 1876: Weber.) 8 S. 8⁰

INTERNATIONALER CONGRESS FÜR ANGEWANDTE CHEMIE. S.a. Bericht über den —.

Kongress, Internationaler, für angewandte Chemie Berlin 1903. Bericht von O N Witt und G Pulvermacher. 4 Bände Berlin 1904

Der internationale **Kongress** für angewandte Chemie in London und die Deutschen in Böhmen. (Trebnitz: Deutscher Volksrat f. Böhmen 1909.) 3 Bl. 4⁰ 10. 818 8

— 20. internationaler eucharistischer, in Cöln vom 4. bis 8. VIII. 1909. Sonderabdr. des amtlichen deutschen Berichtes. Hrsg. im Auftrage des Lokal-Komitees. (XII, 480 S. m. Vollbildern.) gr. 8. Cöln 910. J. P. Bachem. 3.50; geb. n 4.50

Internationaler Kongreß für Feuerwehrdienst und Feuerverhütung in Brüssel und Spa 1910. Sammlung der Vorträge. Gent 1910.

Internationaler Geographischer Kongress Bern 1891. Katalog der geographischen Ausstellung Bern 1—18. August 1891 (Catalogue de l'exposition de géographie Berne, 1—18 août 1891.) I Internationale schulgeographische Ausstellung II Alpine Ausstellung III Historisch-kartographische Ausstellung der Schweiz Bern (1891). XVI, 96; 68; VIII, 66 S 3 Tf 8⁰

[Kongreß.] Der 16.—18. Internationale Kongreß der Grubenarbeiter [.Bericht über die stattgehabten Verhandlungen]. Hrsg. vom Internationalen Verband der Grubenarbeiter. Manchester, 1905—1907.
16. Lüttich, 7.—11. August 1905. 42 S.
17. London, 3.—8. Juni 1906. 78 S.
18. Salzburg, 16.—20. September 1907. 78 S.

— 14. internationaler, f. Hygiene u. Demographie 1907. Besuch in Hamburg. 7 Hefte. (29, 88, 28, 42, 41, 66 u. 40 S. m. Abbildgn., 8 Taf. u. 1 Karte.) gr. 8. Hamburg 907. Leipzig, L. Voss. In Leinw.-Mappe 12. —

— III. internationaler, f. Irrenpflege Wien, Oktbr. 1908. Offizieller Bericht. Mit 1 Taf., 4 Abb. u. zahlr. Tab. im Texte. Hrsg. vom Generalsekretär Pilcz. (III, 639 u. V S.) gr. 8. Wien (909). Halle, C. Marhold. 18. —

XI. Internationaler medizinischer Kongress. — Wissenschaftl. Ausstellung des Deutschen Reichs — Verzeichniss der vom kaiserl. Deutschen Gesundheitsamte unter Mitwirkung des Deutschen Reichskomités vorgeführten Ausstellungsgegenstände. Berlin 1894. 8.

Kongress, der 3. internationale, betreffend Patent-, Marken- und Musterschutz und seine Folgen. 4⁰ Paris 1889

.. Internationaler **Kongreß** für Schulhygiene. 1. Nürnberg, 4. bis 9. April 1904. 1er Congrès internat. d'hygiène scolaire Nuremberg du 4 au 9 avril 1904. 1st Internat. Congress on School Hygiene Nuremberg 4.—9. April 1904 (Nürnberg 1904: G. P. J. Bieling-Dietz.) 8⁰ 23. 10670

— 7. internationaler tierärztlicher, Baden-Baden, 7.—12. VIII. 1899. 2 Bde. Hrsg. von der Geschäftsleitg. (In deutscher, engl. u. französ. Sprache.) gr. 8. (XCVI, 1200 u. XXIV, 560 S.) Baden-Baden 899. 900. (C. Wild). n. 27. —

7. internationaler tierärztlicher *Kongress*, Baden-Baden, 7.—12. August 1899. 2 Bd. Baden-Baden 1899—1900.
(1. Organisation, Mitgliederliste u. Berichte. — 2. Verhandlungen, Beschlüsse u. Festlichkeiten).

[Kongress.] Internation. Ständiger Verband d. Strassen-Kongresse. 2. Kongress, Brüssel 1910 (1. 2.) Paris 1910. 8⁰

*IV. Internationaler Kongreß für Versicherungswissenschaft in New-York 1903. New-York 1904.

Kongress, 6 internationaler, für Versicherungs-Wissenschaft. Gutachten, Denkschriften u Verhandlungen 1909. I, 1. 2. II. III. Wien 1909

— 2., f. protestantischen Kirchenbau 5.—7. IX. 1906 in Dresden. (152 S.) Lex.-8. Dresden 906. G. Kühtmann. n. 2. —

— 1., f. den Kirchenbau des Protestantismus. Abgeh. in der Neuen Kirche zu Berlin am 24. u. 25. Mai 1894. Hrsg. v. der Vereinigg. Berliner Architekten. gr. 8. (60 S.) Berlin 894. (K. J. Müller, Verl.) n.n. 1. —

Vereinigung Berliner Architekten. Erster **Kongress** für den Kirchenbau des Protestantismus. Abgehalten in d. Neuen Kirche zu Berlin am 24. u. 25. Mai 1894. *Berlin [1899] W. Greve [K. J. Müller in Komm.]* (60 S.) 8⁰ [Umschlagt.] 100. 8815

Deutscher Verein für den Schutz des gewerblichen Eigentums. — LEIPZIGER KONGRESS, 15. bis 20. Juni 1908. Vorschläge betreffend die Gerichtsbarkeit in Sachen des gewerblichen Rechtsschutzes und die Reform des Patentrechts und des Warenzeichenrechts. Denkschrift der Patentkommission und der Warenzeichenkommission. (Berlin. Julius Sittenfeld, Hofbuchdrucker.) 4°.

Kongress (Der Londoner). Zur Beleuchtung der Vorgänge auf demselben. Sep.-Abdr. aus dem Socialist. 8°. Berlin 1896.

— III., der internationalen Musikgesellschaft, s.: Haydn-Zentenarfeier.

Deutscher Verein zum Schutz des gewerblichen Eigentums. — KONGRESS FÜR GEWERBLICHEN RECHTSSCHUTZ.

Frankfurt a. M., 14. und 15. Mai 1900. Berichte. (Berlin. Gedruckt bei Julius Sittenfeld.) (Ohne bes. Titelblatt.) 4°.

Frankfurt a. M., 14. bis 16. Mai 1900. Verhandlungsberichte. (ib. —.)

KONGRESS FÜR GEWERBLICHEN RECHTSSCHUTZ.

Köln, 13., 14., und 15. Mai 1901. Berichte, ausgearbeitet im Auftrage des Deutschen Vereins für den Schutz des gewerblichen Eigenthums. (Berlin. Gedruckt bei Julius Sittenfeld.) 4°.

Köln, 13., 14., 15. Mai 1901. Verhandlungsberichte. (ib. —.)

Hamburg, 5., 6. und 7. Mai 1902. Berichte, ausgearbeitet im Auftrage des Deutschen Vereins für den Schutz des gewerblichen Eigentums. (ib. —.)

Hamburg, 5., 6. und 7. Mai 1902. Verhandlungsberichte. (ib. —.)

KONGRESS FÜR GEWERBLICHEN RECHTSSCHUTZ. Düsseldorf, 2.—8. September 1907. Verhandlungsberichte. (Berlin 1908. Gedruckt bei Julius Sittenfeld.) 4°.

Kongress, der 5., d. deutschen Schachbundes. Frankfurt a/M. 1887. Hrsg. von C. v. Bardeleben, H. v. Gottschall u. J. Mieses. 8. (IV, 288 S. m. eingedr. Diagrammen.) Leipzig 889. Veit & Co n. 5. —

—— der 6., d. deutschen Schachbundes. Breslau 1889. Hrsg. v. H. v. Gottschall, J. Metger u. H. Seger. Mit dem (Lichtdr.-)Bildnis v. Siegbert Tarrasch. 8. (IV, 287 S. m. eingedr. Diagrammen.) Ebd. 890. * 5 —

4. Kongress, s. XVIII. Bd. 2. Abthl. S. 161: Minckwitz. J.

— der 7., des deutschen Schachbundes. Dresden 1892. Hrsg. v. P. Schellenberg, J. Metger, P. Lipke u. J. Mieses. 8. (VI, 272 S. m. Diagrammen.) Leipzig 894. Veit & Co. n. 5. —

— dasselbe. 8. Kongress. Kiel 1893. Hrsg. v. J. Metger. 8. (62 S.) Ebd. 894. n. 1. 50

— der 12., des deutschen Schachbundes. München 1900. Im Auftrage des Bundesvorstandes hrsg. von Gebhardt, Carl Schlechter u. Geo. Marco. 8. (XII, 180 S.) Leipzig 901. Veit & Co. n. 5. —
Berichte üb. den 9.—11. Kongress sind nicht erschienen.

— der 13., des deutschen Schachbundes e. V. Hannover 1902. Im Auftrage des Bundesvorstandes u. unter Mitwirkg. v. Gebhardt, J. Metger, J. Berger u. C. Schultz hrsg. (XLVIII, 204 S. m. Diagr.) gr. 8. Leipzig 902. Veit & Co. n. 6. —

— dasselbe, 14. Coburg 1904. Im Auftrage des Bundesvorstandes hrsg. v. Paul Schellenberg, Carl Schlechter u. Geo. Marco. (VIII, 144 S. m. Diagr.) 8. Ebd. 905. n. 3. 50

— der 15., des deutschen Schachbundes zu Nürnberg 1906. Mit e. Studie üb. das Endspiel v. Turm u. Bauer gegen Turm. Hrsg. v. Tarrasch u. J. Schenzel. (VII, 278 S. m. Diagr.) 8. Nürnberg 906. Leipzig, Veit & Co. nn 7. 50

Deutscher Verein für den Schutz des gewerblichen Eigentums. — STETTINER KONGRESS, 17.—20. Mai 1909.

I. Vorschläge zur Reform des Patentrechtes. Das Erfinderrecht und die Rechtsverhältnisse an den aus Anlaß eines Vertragsverhältnisses gemachten Erfindungen (Angestelltenerfindung).

II. Vorschläge zur Reform der Z.P.O. und der Str.P.O. Denkschrift der Patentkommission. ib. 1909. Carl Heymanns Verlag. 4°.

Kongress, III., des deutschen Verbandes f. das kaufmännische Unterrichtswesen, s.: Veröffentlichungen des deutschen Verbandes f. das kaufmänn. Unterrichtswesen. 12. Bd.

— IV. u. V., des deutschen Verbandes f. das kaufmänn. Unterrichtswesen, s.: Veröffentlichungen des deutschen Verbandes f. das kaufmänn. Unterrichtswesen. 23. u. 35. Bd.

— der V., des international. Verbandes f. die Materialprüfungen der Technik. Abgeh. in Kopenhagen v. 7.—11. IX. 1909. Rückblick auf den Kongress. I. Abteilg.: Die dem Kongress vorgelegten Berichte. II. Abteilg.: Die Kongressverhandlgn. Hrsg. vom internat. Verbande f. die Materialprüfgn. der Tecknik. Generalsekretariat: Wien II., Nordbahnstr. 50. (XIII, IV, 21, 7, 11, 10, 4, 13, 10, 2, 12, 24, 6, 4, 5, 2, 6, 2, 10, 7, 7, 2, 3. 29, 5, 14, 7, 9 S., 4 Bl., 22, 18, 4, 15, 9, 2, 7. 6, 5, 4, 4, 8, 5, 2, 8, 4, 4, 9, 3, 1, 11, 28, 10, 7, 7, 5, 12, 10. 1, 10, 14, 16, 1, 11, 2, 3, 10, 6, 4, 3, 11, 3, 3, 6, 2, 4, 8, 1, 3, 3, 11, 22, 17, 6, 7, 4, 1, 9, 2, 4, 8, V, 2, 224 u. 4 S.) 8. Berlin 910. (J. Springer.) 15. —

Kongreß, der, der Vereine f. Reform d. Bestattungswesens u. fakultative Feuerbestattung zu Gotha am 27. Septbr. 1886. gr. 8. (IV, 80 S.) Darmstadt 886. Bergstraeßer. n. — 80

Kongreß, 2., [der] Jnternationale[n] Vereinigung für gewerblichen Rechtsschutz. London 1898. Berlin 1898

Kongress, der Wiener. Kulturgeschichte, die bildenden Künste und das Kunstgewerbe, Theater, Musik in der Zeit von 1800-1825 unter Redaktion von E Leisching. (307 S 46 T) 4° Wien 1898

Kongress-Akten, Nordamerikanische, von 1841—1847. (In 4 Schuber.) 8. 1841—1847.

Internationaler Verband Forstlicher Forschungs- (Versuchs-)anstalten, IUFRO. Kongreßberichte. - 1893 ff.

Kongressblatt des XIV. internationalen Kongresses f. Hygiene u. Demographie, Berlin, 23.—29. IX. 1907. Hrsg. vom Organisations-Komitee des Kongresses. Red. v. Pochhammer. 7 Nrn. (40, 52, 44, 44, 36, 36 u. 24 S.) Lex. 8. Berlin 907. A. Hirschwald. à Nr. nn — 50

Kongresse, zum deutschen, 1814. gr. 8. Aarau, Sauerländer. 814.

Kongresslerei (Die). Beleuchtet von der Londoner Arbeiterzeitung 1896. 8°. Officin der „Londoner Arbeiter-Zeitung“, 67 Star Street, Paddington, London W., 1896.

Kongress-Tageblatt. Internationaler Kongress für Historische Wissenschaften. Berlin, 6.–12. Aug. 1908. Hrsg. v. Organisations-Komitee d. Kongresses. Red.: Dr. Paul Dinse. Nr. 1–7. (Berlin) 1908: (Hermann). 344 S. 4° A 12. 2910

Kongreve, Will., sämmtl. Werke; aus d. Engl. übersetzt von F. Chr. Ph. Steinheil. 10 Bdchn. 8. ... 790.

Konhard

— **Jo. Friedrich** (Leipzig), De eo quod fit in honorem matrimonii. Disp. jur. Präs. D. Sigismund Gottlieb Hilliger. Lpz. 5. V. 1713. 36 S. (6.30) 19135

— — Dasselbe. Von dem was zu Ehren des Ehestands geschiehet. Lpz. (Immanuel Titius) 5. V. 1713. (6.30) 19136

— — **De exceptionibus litis finitae.** Diss. jur. Erfurt (Johann Heinrich Grosch) 26. VII. 1718. 34 Seiten. (6.50) **19137**

— **Jo. Wilhelm** (Leipzig), Actiones occasione ludi competentes vel non. Disp. jur. Präs. Sigism. Gottlieb Hilliger. Lpz. 27. X. 1712. 32 S. (6.20) 19140

Konhard, Johann Benjamin

Konhard, J. Benj., De eo, in quo bruta animalia hominibus antecellunt. Lps. 4°.

1718

Konhard, Johann Benjamin (Leipzig), De potestate legum civilium in jus naturae. Exercit. acad. Präs. M. Carl Gottfried Winckler (Leipzig). Lpz. (Joh. Andr. Zschau) 30. XII. 1713. 32 S. (6.50) 19133
Gew. (v. Präs.): Joh. Heinrich Konhard (Vater d. Verf.)

* **KONHARDI,** Jo. Benjamini, tractatio historico-theologica de scenis in republica Christiana non tolerandis, oder: Ob Comödianten in der Christenheit zu dulden sind? Francofurti et Lipsiae 1743. 4°. (In Berlin: Xa 6156.) Rar!

Konhard, Johann Benjamin [Praes.], s. Stipper, Jo. Daniel: Meditationes philosophicae de eo, in quo bruta animalia hominibus antecellunt.

— — De termino fatali defensionibus reorum concedendo. Diss. jur. Präs. Sigismund Gottlieb Hilliger. (Lpz. (Immanuel Titius) 15. II. 1718. 31 S. (6.50) 19134
Gew.: Christian Ludwig Stigliz.

— **Johann Heinrich** (Leipzig), De juribus reficientis aedificium commune invito socio. Präs. Gottfried Ludwig Mencken. Lpz. (Immanuel Titius) 13. VI. 1710. 30 S. (6.50) **19138**

— — **De praerogativa matris ac aviae in suscipienda tutela prae ascendentibus et collateralibus.** Diss. jur. Präs. Caspar Heinrich Horn. Wittbg. (Gerdes) 29. VI. 1711. 36 S. (6.20) **19139**
Gew.: Abrah. Christoph Plaz (Mockau).

Konhäuser, Frz., die Krankheiten des Hundes und deren Behandlung. gr. 8. (VIII, 156 S.) Wien 874, Braumüller. *

Konhäuser, Frz., d. Krankheiten d. Hundes u. deren Behandlg. Für Thierärzte, Hundezüchter, Jäger u. Hundeliebhaber bearb. 2., gänzlich umgearb. u. verm. Aufl. gr. 8. (VIII, 182 S.) Wien 896. W. Braumüller. n. 2.50

Zur Geschichte d. russ. Gefängniswesens im neunzehnten Jh. Doktor Friedrich Haass. Lebensskizze e. dtsch. Philanthropen in Russland. Von A. F. **Koni,** Kais. Russ. Senator. A. d. Russ. übs. auf Veranl. d. Grafen Gregor Stroganoff. *Leipzig: Duncker & Humblot 1899.* (IX, 207 S., 1 Portr.) 1 Bd 8. [98. 11325

Konia [Schlagwort]

Konia, s.: Asien. Kiepert, Kleinasien.

Koniasch (Koniaß), Ant., Gespräch über die strittigen Glaubensartikel, bes. in Böhmen. Prag 1782, 8°.

Koniec świata się przybliza! Świętego Malachiasza proroctwa o dwunaścich ostatnich papiezach i o poprzednikach ich aż do Celestyna II., oraz ze wskazowką na nadchodzący koniec swiata. De kupy zebrano i podług najlepszych żrzódeł wypracowano od Arnolda Rennew. Z niemieckiego na polski język przełożono. 8. (48 S.) Ober-Glogau 849, Handel.

Koniecki, Ernst: Die Wettiner im Kampfe mit Adolf I. von Mainz 1373–1381, vornehmlich im Erfurter Kriege 1375 ... Zittau, Druck v. Haase & Boes, 1894; 2 Bl., 32 S. 8.
Leipzig, Phil. Fak., Inaug.-Diss. v. [22. Febr.] 1894

Koniecki, Herm. Ave Caesar! Der Wille der Könige u. das Notgesetz der Völker. — Ein Wort vom jüd. Reich deutscher Nation. gr. 8. (15 S.) Berl. 892, Dewald. * — 20

Koniecki, Herm., die antisemitische „Canaille" vor Gericht. Vier neue Dokumente, den kaiserl. Räten empfohlen. 1. Zehntaus. gr. 8. (32 S.) Berlin 893. G. A. Dewald. — 50

Koniecki, Herm., Damascus. Eine Dichtung. 8. (60 S.) Berlin 890. Schneider & Co. n. 1.20; geb. n. 2.50

Neueste Enthüllungen! Die Verschwörung Ahlwardt!! Judenflinten und Antisemiten!!! Von Hermann **Koniecki.** Leipzig: Minde [1892]. 30 S. 8° [Umschlagt.] [11. 16332

Koniecki, Herm. Feuerfunken. Vier antisemit. Gedichte. gr. 8. (4 S.) Berl. 891, Dewald. — 10

—— Fredegod od. Godofred ohne Cothurn, auch ein zeitgemäßes Märchen. 8. (84 S.) Halle 889, Starke. * 1 50; geb. * 2 50

— der Gipfel jüdischer Frechheit, s.: Ahlwardt, Herm.

—— Quousque tandem od. das Neujahrsgastmahl. Antisemitisches Schauspiel in 1 Akt. gr. 8. (16 S.) Berl. 892, Dewald. * — 20

—— Modernes Trio, s. Arent, Wilh.

—— Volksverräter!! Die „oberen" Zehntausend u. das Löwe'sche Attentat! Antisemitische Antwort auf die „Ahlwardtflinten". 11. Taus. gr. 8. (32 S.) Lpz. 892, Minde. * — 50

—— Wuotan. Die Götterdämmerg. unserer Zeit. 8. (V, 112 S.) Berl. 892, Dewald. 1 20
Auch u. d. T.: Wuotan, antisemitische Feuerzeichen. — Daraus apart:

—— Antisemitische Wüstenpredigt. Ein verlorener Weckruf an das deutsche Weib. gr. 8. (2 S.) Ebd. 891. — 10
Vgl.: Ahlwardt, Herm

Koniecki, *Karl* Die neuesten Anwendungen der Elektricität. 4 (23 S., 1 Taf.). Progr. Andreas-Rg. *Berlin* 1886 (95).

Koniecki, die neuesten Anwendungen der Elektricität. gr. 8. (23 S. mit 1 Taf.) Berlin 886, Gaertner's Verlag. * 1 —

Koniecki, O., Geschichte der Reformation in Polen. gr. 8. (VIII, 165 S.) Breslau 872, Dülfer's Verlag. *

Geschichte der Reformation in Polen. Von O. **Koniecki.** 2. verm. u. verb. Aufl. *Posen: W. Decker & Co. 1901.* (276 S.) 8° [F.] [01. 6531

Geschichte der Reformation in Polen. Von O. **Koniecki.** 3. verm. u. verb. Aufl. Lissa i. P.: F. Ebbecke 1904. (276 S.) 8° [F.] [05. 13907

Koniecki, O., Trübsal u. Trost. Schildberg 870. (Breslau, Dülfer.) gr. 8. (89 S.) 7½ ngr.

Konieczny, Sigismund, approb. Arzt aus Kostschin: **Nephrotomie.** Ein Beitrag zur Casuistik d. chirurg. Behandlung d. Nierensteine. *Leipzig 1901: Hartmann & Wolf.* (81 S.) 8°
Leipzig, Med. Diss. v. (12. Febr.) 1901

Konieczny, Sigism., Nephrotomie. Ein Beitrag zur Casuistik der chirurg. Behandlg. der Nierensteine. gr. 8. (80 S.) Leipzig 901. Th. Leibing. n. 2.—

* Konjekturen üb. die Schriften des alten Bundes. 1r Bd. 1s, 2s u. 3s Stck. gr. 8. Hadam. N. Gel. Buchh. 794—802. (à 7 gr.)

Konietzny, Alexander (*geb Kobelwitz in Oberschles. 21 7 1843*): Ueber den Werth der Pirogoff'schen Amputation und der Chopart'schen Exarticulation. Breslau 1869 (32 S.) 8°

Breslau, Med. Diss. v 8 Nov 1869

Konjetzny, Georg Ernst, Volontärarzt am städtischen Krankenhaus ⟨Dr. Hufschmid⟩ in Gleiwitz, O./Schl.: Glykosurie nach Frakturen. Aus der Königl. Chirurg. Universitäts-Klinik in Breslau ⟨Geheimrat Prof. Dr. v. Mikulicz-Radecki † — Geheimrat Prof. Dr. Garrè⟩. Leipzig-Reudnitz 1906: A. Hoffmann. (48 S.) 8°

Breslau, Med. Fak., Ref. Garrè, Diss. v. 10. März 1906

[Geb. 26. Apr. 80 Gleiwitz; Wohnort: Gleiwitz; Staatsangeh.: Preußen; Vorbildung: Gymn. Gleiwitz Reife O. 01; Studium: Breslau 9 S.; Coll. 9. Febr. 06; Approb. 10. Febr. 06.]

Konietzny, Kurt, Arzt a. Groß-Strehlitz in Oberschlesien: Aus der Königlichen Universitäts-Frauenklinik zu Breslau. Direktor: Geh. Medizinalrat Prof. Dr. Küstner. Über die Operation der Inversio uteri nach Methode Küstner. Breslau 1907: Breslauer Genossenschafts-Buchdruckerei. (31 S.) 8°

Breslau, Med. Fak., Ref. Küstner, Diss. v. 25. Febr. 1907

[Geb. 6. Juli 75 Groß-Strehlitz; Wohnort: Groß-Strehlitz; Staatsangeh.: Preußen; Vorbildung: Gymn. Groß-Strehlitz Reife O. 95; Studium: Breslau 1 S. Jura, 10 S. Med.; Coll. 7. Febr. 07; Approb. 19. Jan. 03.]

Konietzny, Rudolf: Aus d. pathol. Inst. d. Univ. Breslau. Über Fremdkörper in den Luftwegen. Breslau 1909: Breslauer Genossensch.-Buchdr. 60 S. 8°

Breslau, Med. Diss. v. 29. Juli 1909, Ref. Ponfick

[Geb. 21. Dez. 82 Thiergarten b. Ohlau; Wohnort: Thiergarten; Staatsangeh.: Preußen; Vorbildung: Gymn. Ohlau Reife O. 03; Studium: Freiburg i. B. 1, Kiel 1, Breslau 8 S.; Coll. 22 Dez. 08; Approb. 24. Juli 09.] [U 09. 558

Konjetzny, Guilelmus, Silesius: De idiotismis syntacticis in titulis latinis urbanis ⟨C. I. L. vol. VI⟩ conspicuis pars prior. Lipsiae 1907: B. G. Teubner. (30 S.) 8° ¶(Erscheint vollst. in Wölfflins Archiv Bd 15.)

Breslau, Phil. Fak., Ref. Skutsch, Diss. v. 18. Mai 1907

[Geb. 22. März 82 Gleiwitz; Wohnort: Gleiwitz; Staatsangeh.: Preußen; Vorbildung: Gymn. Gleiwitz Reife O. 02; Studium: Breslau 10 S; Rig. 13. Febr. 07.]

König, d., und das Abenteuer. Lstsp. von Wetzel. 8. Angsb. Stage. 785.

Der König vor seiner Abreise von Cassel. Eine Nachbildung des Schillerschen Liedes: Hör' ich das Pförtchen nicht gehen? O. O. 1813. 8°. 4 Bll.

König, der absolute, od. das Muster d. Legitimität. Novelle. 16. (6½ B.) Leipzig 831, Literar. Museum.

König Adolf. Ein Trauerspiel von H. L. Celle 862. Schulze. 16. (206 S.) 22½ ngr; geb. n. 1 ₰

König von Anderbeck. Ein Buch für das deutsche Volk. 2., bis zu Königs Tode fortgeführte Aufl. von „Wanderung durch Vaterhaus, Schule, Kriegslager und Akademie zur Kirche". gr. 8. (237 S.) Magdeburg 847, Baensch. *

König, an den, v. Bayern. Vorstell. e. protest. Geistlichen über zwey d. protest. Geistlichk. ꝛc. 8. Lpz. Steinacker. 810. *

— an den, der Britten, über die Gottheit Christi, v. C. E. Trapp. 8. Berlin, Spathen (Vieweg in Brschw.) 786.

König Christiern d. Zweite. Histor. Roman v. Agathe S***. (Suhr.) 3 Thle. 8. (35½ B.) Leipzig 834, Rein.

König, der, von Dänemark und sein Recht. br. gr. 8. (8 S.) Berlin 848, Quien.

—— und Dichter. Stimmen der Zeit. Ein Kinkel-Album. gr. 16. (227 S.) Stuttgart 851, Sonnewald'sche Buchh.

König, Der, in der Einbildung. Knittelversposse in drei Acten. Hamb. 1807. V: *Schink, Johann Friedrich.* (GGr) (MGT) (Ky) (Schr) (BrMm) (EE)

König, der, in der Einbildung. Knittelversposse in 3 A. (von J. F. Schink, mit Kpf. 8. Hamb. 807. Schmidt. 1 ₰ 6 ℊ

—— der einsame. Ein Lebens- und Charakterbild. Nach authent. Quellen von K. v. R. 4. neu bearb. Aufl. 8. (94 S.) Berlin 886, Knorr. *ℳ 2.—.; geb. 3 —

König, der einsame, und seine Leute. Nach den Papieren eines jüngst Verschollenen hrsg. von K. v. R. 3 Tle. gr. 8. Oranienburg 884, Knorr. à Tl. *ℳ 1,20. *

Inhalt:

Tl. 1. Jeder Zoll ein König. (64 S.)
" 2. Der Roman des Königs. (64 S.)
" 3. Ein zweiter Tasso. (74 S. mit 1 Lichtdr.-Portr.)

Der einsame König u. seine Leute. Nach den Papieren eines jungst Verschollenen hrsg. v. *K. v. R.* 3 Thle. (in 1 Bde.). M. Portr. d. Königs (Medaillon-Photogr., auf d. Frontisp. aufgeklebt). Oranienburg, E. J. Knorr, o. J. (1883). Eleg. Hsrsb. *) Die 3 Orig.-Umschläge sind mit eingebunden.

I Jeder Zoll ein König 64 S. II Der Roman d. Königs. 64 S III Ein zweiter Tasso 74 S — Mit Gedichten.

— d. Franzosen, an den, üb. den moral. u. polit. Zustand Europa's im Jahre 1832; aus d. Französ. kl. 8. Nürnb. 833 (832). Campe. 12 ℊ

König und Freiheit . . . Berlin 1836. V: *Gentzel, Adam Gfr.* (Koner)

König und Freiheit. Ein Sendschr. wider die falschen Propheten uns. Zeit. 8. (13¼ B.) Berlin 830, Plahn'sche Buchh.

—— und Freiheit. Ein Sendschreiben wider die falschen Propheten unserer Zeit. 2., wohlf. Ausg. 8. (211 S.) Berlin 850, Nitze.

Koenig, Friedr. (II.), s. Goebel, Thdr.

König Friedrich Wilhelm III. Sein Leben u. Wirken. Eine Schrift für das preuß. Volk. 8. (4¼ B.) Quedlinburg 844, Basse.

König, Georg Ludwig. Einige Worte der Erinnerung an den Verewigten von einem seiner Schüler. gr. 8. (8 S.) Oldenburg 849, Schmidt.

König, d. graue, e. novantiker Roman, v. A. F. E. Langbein. 8. Berlin, Frölich. (Dunker u. H.) 803.

König und Erretter, Grosser, . . . Bresl. 1745. V: *Thomas, Johann George.* (Kat. d. Druckschr. üb. Breslau. Breslau 1903. S. 16.)

König, H., und seine Lügen. Ein Gegenstück zu: N. Gretsch u. d. russ. Literatur in Deutschland. (Von N. Gretsch.) gr. 12. (2⅝ B.) Hamburg 840, Perthes-Besser u. Mauke.

Der König hat den Prinzen von Preußen zurückberufen! Druck von E. Krause. 1 Bl Fol.
Flugblatt. Berlin, 12. Mai 1848.

König, der, hat's gesagt. Komische Oper in drei Acten von Edm. Gondinet. Deutsch von Ad. Schirmer. Musik von Leo Delibes. Für das k. k. Hofoperntheater in Wien eingerichtet. (Textbuch.) 8. (24 S.) Wien, Künast. ** — 50

König Heinrich III. v. Frankreich, oder die Mädchen-Räuber in Wien. Volkserzählung nach weil. Frdr. Eberhardt, übersetzt v. B. Dom. 16. (62 S.) Urfahr-Linz 878. Kraußlich. — 20

König Friedrich Wilhelm III., der hochsel., e. biograph. Denkmal. gr. 16. (3½ B. u. Portr.) Berlin 840, Heymann.

König Jérôme u. seine Familie im Exil. Briefe u. Aufzeichnungen. Hrsg. von Ernestine v. L. Leipzig 870. Brockhaus. 8. (IV, 332 S.) n. 1 ₰ 20 ngr.

König, der jungfräuliche, s.a. Saison-Romane.

König, Der jungfräuliche. Eine Hofgeschichte der Gegenwart. A. d. Franz. . . . 3. Aufl. Rom 1881. V: *Mendès, Catulle.* (Weigel Leipzig, Kryptadia Nr. 2. S. 18.)

König, der jungfräuliche. Eine Hofgeschichte der Gegenwart. Aus dem Französ. übers. durch Rolo Helen. 1.—4. Aufl. 12. (425 S.) Rom 881, (Müller.) *

—— Karl XI. u. seine Günstlinge, s. Ausland, das belletrist.

— der klägliche, eine Tragi-Comödie in Knittelversen. 8. Jerusalem 792. (Troschel in Danzig). 3 K

KÖNIG, Der klägliche. Eine Geschichte aus sehr alten Zeiten, jedoch mit falschen Namen. In Knittelverse gebracht u. als dramatische Posse behandelt. Europa. Im glücklichen Jahre der Welt, da es überall keine klägliche Fürsten gab. (Danzig, Troschel, 1792.) 8°. (6 Mk. Friedr. Klüber, c. 1898; jetzt theurer!)
— — Dasselbe. 2. Aufl. Ebd., o. J. 8°. (Expl. in Görlitz, Bibl. d. Oberlaus. Ges. d. Wiss.)

— — Dasselbe mit d. Titel: Der klägliche König. Eine Geschichte aus sehr alten Zeiten, jedoch mit falschen Namen. In Knittelverse gebracht und als dramatische Posse behandelt. 2. Aufl. Europa im glucklichen Jahre der Welt, da es überall keine kläglichen Fursten gab (c. 1793). 8°. 48 S. (15 Mk. E. Frensdorff, 1908; 8 Mk. Oskar Rauthe, 1907.)
Beide Drucke sehr rar! Vollständiger Abdruck des zweiten bei Schurig, A., Das galante Preussen. Berlin 1910. Imp.-8°. S. 79—126.

Der constitutionelle König in Sanssouci Druck von J. F. Starcke. 1 Bl. 4.
Flugblatt. Berlin, 27. Juni 1848.

— Ludwig des Heiligen sechster Kreuzzug, s.: Gnaden, die, des Christenthums.

—— Laurin, s. Laurin, König.

—— Ludwig II. von Bayern Leben und Ende. Eine kurze geschichtl. Skizze und Beschreibung der kgl. Schlösser. 8. (II, 44 S. mit Abbild. und 1 Portr. des Königs.) München 886, Fritsch. * — 50

KÖNIG, Ein, und doch ein unglücklicher Liebhaber. Ein Roman für Damen, und wenn man will, eine wahre Geschichte. Mit Titelkpfr. Leipzig (Wien), Joh. Geo. Mössle, 1785. 8°. (In Darmstadt.) Selten! 220 SS. (6 Mk., etw. wurmstichig, Taussig, Prag, c. 1905.)

Könige, Seiner Maj. dem, . . . von den Frei-Maurer-Logen in Breslau. 1841. V: *Kudrasz, C. J.* (Kat. d. Druckschr. üb. Breslau. Breslau 1903. S. 35.)

Könige, Seiner Majestät dem, . . . dargebracht von der Stadt Breslau. Breslau 1841. V: *Weichert, Nathanael August.* (Kat. d. Druckschr. üb. Breslau. Breslau 1903. S. 35.)

König, Seiner Majestät dem, . . . Breslau 1861. V: *Gottschall, Rudolph von.* (Kat. d. Druckschr. üb. Breslau. Breslau 1903. S. 65.)

Der mildthätige schwarze König, | welcher einem Vater nebst seinen zwei Kindern auf eine | wunderbare Weise das Leben rettet.
Kol.: Straßburg, gedruckt bei Ph. Alb. Dannbach.
o. J. (1852), 1 Bl. zweiseitig bedruckt, 280 × 210.
BNP 4° Z. 77.

— Roberts Mildthätigkeit, s.: Gnaden, die, des Christenthums, 5. Bd.

Der König muß nach Berlin!! — Vereins-Buchdruckerei. 1 Bl. Fol.
Flugblatt. Berlin, 27. Juni 1848.

König, der, und der Narr, Lustspiel in 2 Aufz. nach dem Franz. von J. F. Castelli. 8. Augsburg, v. Jenisch u. Stage. 821.

—— Orendel von Trier od. der graue Rock. Gedicht d. 12. Jahrh., übersetzt v. Ph. Laven. Mit e. Vorw. 8. (9⅝ B.) Trier 845, Lintz'sche Buchh.

— der, und der Pachter. Singspl. 8. Frankf. 766. Garbe. 3 K

— dass.; nach d. Französ. (v. J. H. Faber). 8. Frankf. 774. Andreä. 6 K

König, Der, und der Pächter; ein Singspiel a. d. Franz. Frankf. a. M. u. Leipzig 1774. Ü: *Faber, Johann Heinrich.* (ML) (Ky) »nach dem Französischen« (GGr)

König, der große, Patacake. 1.—5. Taus. (284 S.) 8. 8. Wien 904. Wiener Verlag. 8.—
Im Deutschen Reiche verboten.

König, Der, in Preussen. A. d. Franz. [Erfurt] 1774. Ü: *Springer, Joh. Christoph Erich von.* (ML) (stri)

König in Preussen, Karl Friedrich II., ganz Original. Zittau 1786. V: *Hortzschansky, Joh.* II: *Neumann, Jacob Frdr.* (MGT)

Preußens König und die öffentliche Meinung. Von einem Preußen. Abdruck aus der Minerva für 1848, Juliheft, und dem Volksblatte für Stadt und Land nr. 33 u. 36. 19 S. 8°.

— d., auf Reisen, od. Betrachtung über Völkerglück. 8. Lpz. Kummer. 786.

König, der, von Sachsen, s. Friedrich August.

Anonym: „Sachsens König und sein Volk. Ein Wort zu seiner Zeit. Deutschland, im II. Jahre nach der Errettungsschlacht", (1815).

König, Der schwache. Scenen aus der Geschichte König Heinrichs IV. von Kastilien. Gotha 1786—88. V: *Schmieder, Heinrich Gottlieb.* (schr) (Ky)

— der schwache; Scenen aus d. Geschichte Heinrichs IV. v. Castilien, (v. Hnr. Gli. Schmieder). 3 Thle. 8. Gotha 786—88. Ettinger. 2 ₰ 4 gr

—— Skat, der. Ein lust. Epos in 5 Gesängen. Allen Skatfreunden und Skatspielern gewidmet vom Eichelwenzel. 12. (81 S.) Chemnitz 884, Hager.

Der König von Thule mitt en langen Zopp. Eene romantische Ritter-Ballade auss es 11 Jahrhundert Nach von Goethe. (Es war mal een König in Thule,) Mit Bild. Druck von E. Lauter u. Co. 1 Bl. Fol
Flugblatt. Berlin, 1848/49.

— der, träumt. Romantisches Drama in 1 Akt. Aus dem Dänischen von Heinr. Zeise. [Den Bühnen gegenüber als Manuskr. gedr.] gr. 8. (40 S.) Altona 852, Wendeborn n. 12 gr.

König und Vaterland. Für. Historische Begebenheit vom 1. auf den 2. April 1893 in der serbisch königlichen Residenzstadt. Nach authentischen Quellen verfasst von einem alten Journalisten. (In serbischer Sprache.) 8. Belgrad 1893.

[F.] Der König der Verliesse. Ritterschausp. in 3 Akten. A. d. Franz. ins Deutsche übertr. v. K. Tschamber, Priester. *Paderborn: J. Esser 1895.* (60 S.) 1 Bd 8.
— Sammlung, J. Esser's, leicht aufführb. Theaterstücke. H. 38. [96.1044

König und Volk oder der erste April Von einem Unterthanen des preußischen Tyrannen Berlin, Hildebrandt und Schlagdrauf (1847). 16 S 8

König Wilhelm der Erste v. Württemberg. Epos in acht Gesängen nebst zwei württemberg. Volksliedern. gr. Lex.-8. (6½ B.) Stuttgart 841, Hallbergersche Vrlsh. *

König Wilhelm saß ganz heiter. Soldatenlied mit Illustr. von Förster. 4. Hamburg 871, Grädener. (*M* 1.)

König, der, wider Willen. Lustspiel in 2 Acten. Frei nach dem Franz. v. B. A. Hermann. gr. 8. Hamb. 839. Berendsohn. ⅓ ₰

— der, von Würtemberg u. Würtembergs Landstände. Ideen e. deutschen Staatsbürgers. 8. Nürnb. 815. (Riegel u. W.) 8 gr

Der König und Ziethen. Gesungen zu Halberstadt den 24. Jenner 1785, am Geburtstage des Königs, nach der Mel. Krieg ist mein Lied u. s. w.

König und Zwerg. Nationelles Licht- u. Nachtstück aus Irland. Hrsg. v. Friedr. Adami. gr. 12. (11¼ B.) Suhl 835, Müller.

Die Gedichte des Königs vom Odenwalde. Zum erstenmal vollst. hrsg. u. mit e. Einl. versehen von Edward Schröder, Prof., Marburg. *Darmstadt: Hist. Verein f. d. Grossh. Hessen 1900.* (92 S.) 8°
Aus Archiv f. Hess. Gesch. N. F. Bd 3, H. 1 [01. 333 4

(König,) Anleit. zur Behandlung des Weinstocks nach Recht, s. Anleitung rc.

König Anleitung zur Behandlung des Weinstocks nach Recht. Ein Beitrag zur Verbreitung des Weinbaus auf dem Lande. Zunächst für Oberschlesien entworfen. [Verf. König.] Ratibor Juhr in Comm. 1833. 36 S. -- 1*
Simon Bibliotheca vinaria Zur Behandlung des Weinstocks (nach Recht).
--- Dass. 2. Aufl. Ebd. 1834. 36 S. -- 21*
--- Dass. 3., mit einem Nachtr. verm. Aufl. Breslau 1840. -- [Zit. nach dem Realkatalog der DSB]

(König I.,) Anleitung zur Behandl. d. Weinstocks, nach Recht. Ein Beitr. z. Verbreit. d. Weinbaus auf d. Lande. 3., durch e. Nachtr. zu d. Abschnitte üb. d. Pfropfen d. Weinstöcke verm. Aufl. 8. (2½ B. u. 1 Bl. Abbild.) Breslau 840, [Hirt's Verl.]

König, der Antisemitismus u. seine Gegner. Vortrag, geh. am 31. Jan. 1892. Hrsg. nach stenograph. Niederschrift v. Max Müller. gr. 8. (27 S.) Weidenau 892. (Nossen, P. Westphal.) n. — 20

König, Dr. ..., s. Apologet, der.

— De Apologia Socr., num genuinum sit Platonis opus. Pr. 1822. 20 S. 4°.

König, ..., der Arzt wie er ist u. wie er seyn sollte. 8. Zürich 808. Ziegler u. S. 4 gr

Koenig: Beschreibung einer Mumie. 18 S.–Ratibor, Progr. 1863

Koenig, landwirtschaftliche Buchführung f. kleine u. mittlere Bauerngüter m. Erläuterungen u. Buchungs-Beispielen. gr. 4. (62 Blatt.) Dortmund 891. F. W. Ruhfus. Geb. n. 3. 60;
Formulare daraus allein (42 Blatt). Kart. n. 1. 20

König, De Cicerone in Verrinis artis operum aestimatore et iudice. Pr. 1868. 14 S. 4°. Jever.

König, die geschichtliche Entwickelung der Krankenpflege u. die Förderung derselben im vaterländischen Frauenverein I, Altona. Vortrag am 15. I. 1904 im vaterländ. Frauenverein I Altona. (15 S.) 8. Altona (904). J. Harder Sort. n. — 40

König, Explanatio loci in dialogo Platonico, qui inscribitur Meno, denuo tentata. Pr. 1848. 10 S. 4°. 1.—

(König, v., Hauptm.) Die neue Formation und Dislocation der k. preussischen Armee in tabellarischer Uebersicht nach amtlichen Quellen von v. K., Hauptm. December 1866 4. Berlin 1866.

— — Die neue Formation und Dislocation der k. preussischen Armee in tabellarischer Uebersicht nebst der Uniformirung sämmtlicher Truppen, Eintheilung der Regimenter der verschiedenen Waffen, Angabe der Militär-Behörden und Bildungs-Anstalten. Nach amtlichen Quellen bearbeitet von v. K., Hauptm. 4. verbess. Ausgabe pro 1867. 4. Berlin 1867.

Koenig: Formulare z. landwirtschaftlichen Buchführung f. kleinere u. mittlere Bauern-Güter. Dortmund. U. A. (85) S. m. Skemaer. 4°.

Koenig, (II.), die Geschäftsverwaltung der Staatsanwaltschaft in Preußen. Systematische Darstellung des Inhalts der auf den Geschäftskreis der Staatsanwaltschaft bezügl. Kabinetsordres, Reglements und Rescripte. 8. (VIII, 310 S.) Berlin 882, Guttentag. *M 4,50.; geb. *

Geschlecht derer von Uechtritz (von König). 1715. fol.

Koenig, Haftpflicht d. Verkäufers v. Inhaberpapieren. Berlin 892.

König, aus zwei Jahrhunderten. Geschichte der Studentenschaft u. d. student. Korporationswesens auf der Universität Halle. Nach urkundl. Quellen bearb. gr. 8. (IX, 259 S. m. Titelbild.) Halle 894. Buchh. des Waisenhauses. n. 4. —; geb. in Leinw. n.n. 5. 20

König's Kalender für Zimmer- und Dekorationsmaler, Anstreicher, Lackirer etc. auf das Schaltj. 1880. (1. Jahrg.) Hrsg. von Aug. König. 12. (165 S.) Berlin. (Stuttgart, Spemann.) geb. **

König, die evangelische Kirche u. die moderne Tagespresse. Vortrag, geh. gelegentlich der 6. ordentl. preuß. Generalsynode 1909. (15 S.) 8. Witten (910). Verlag des ev. Preßbüros. nn — 15

[F.] König's Kochbuch für die bürgerliche Küche m. . . . Anh. . . . *Berlin: A. Wertheim [1897].* (XL, 279 S.) 1 Bd 8. [98. 351

Koenig, van: Das Luxemburger Land, seine Bildung und Vergrösserung, sein Glanz und seine Zerstückelung. – 1. Abtheilung. Diekirch: Jos. Ant. Schrœll 1850. 97 S. 8° [Mehr nicht erschienen.]

König, Ohruntersuchungen in der Dorfschule, s. a. Sammlung zwangloser Abhandlungen aus dem Gebiete der Nasen-, Ohren-, Mund- u. Halskrankheiten. VII, 3.

Ohruntersuchungen in der Dorfschule. Ein Beitrag z. Schularztfrage. Von Dr. König, Kreisarzt in Konitz. *Halle a. S.: C. Marhold 1903.* (24 S.) 8°
= Sammlung zwangloser Abhandlungen aus d. Geb. d. Nasen-, Ohren-, Mund- u. Halskrankh. Bd. 7, H. 3. [03. 5079 3

Koenig (I.). Die militärischen Pflichten u. Rechte der Offiziere d. Beurlaubtenstandes. Ein Ratbgeber nach den neuesten Dienstvorschriften. gr. 8. (V, 70 S.) Berl. 889, Mittler u. Sohn. * 1 —

König, Predigt, geh. am 12. Jan. 1896. Allen Gemeindegliedern als e. Ausdruck d. Friedens angesichts d. kirchl. Wirren dargeboten. gr. 8. (8 S.) Witten 896. (B. Koetzold & Co.) n. — 20

[F.] Predigt von Superintendent König, geh. am 12. Jan. 1896 . . . *([Witten: B. Koetzold & C.]; Kreutler'sche Dr. 1896.)* (8 S.) 1 Bd 8. [97. 431

König (III.), Preisschrift üb. d. Schaafpockenimpfung, s. Müller, Friedrich

König, Stadtpfarrer Dr.: Rede b. d. Enthüllung d. Rothe-Büste. *Heidelberg 1899.*
in: Hundertjahrfeier, Richard Rothes. [99. 4948

König von Mühlhausen, Pfarrer, Rede bei der Primiz-Feier des Hochwürd. Herrn Jos. Steinhauser von Wolfegg, gehalten d. 20. Sept. 1840. Gedruckt auf vielseit. Verlangen. gr. 8. Ravensburg 841, Gradmann u. Knapp. 1/8 ₰

König, Rede am Sarge des Past. Weinhold am 29. Jan. 1871. 8. (14 S.) Reichenbach 874, (Kuh'sche Buchh.) **

König, Statistik des Regierungs-Bezirks Münster. Nach amtl. Quellen zusammengestellt. Münster 865. Coppenrath'sche Buchh. Lex.-8. (III, 185 S.) n. 1 ₰

König u. Tempel, die Stellung der Biene unter d. Tieren nach ihrer mechan. Ausrüstung, s.: Zeitfragen, Beiblatt zur Leipziger Bienen-Zeitg. 1. Hft.

König (II.), Bad Sternberg bei Smečno. Die Heilmittel des Curortes, die Krankheiten, bei denen dieselben angezeigt erscheinen, und einige Verhaltungsmassregeln während der Cur. 8. (36 S.) Prag 886, Calve'sche Hof- und Universitäts-Buchh. * — 70

— die Verjudung der Justiz. Ein Vortrag, geh. am 22. Novbr. 1891. Hrsg. nach stenograph. Niederschrift v. Max Müller. gr. 8. (20 S.) Ebd. 891. n. — 15

König, (III.), Verzeichniss der auf der Insel Borkum gesammelten Lepidopteren, s. Abhandlungen, hrsg. vom naturwissenschaftl. Verein zu Bremen.

König und Runge, Vorlesungen über elektromagnetische Theorien.

König, welche Aussichten hat heute der junge Arzt? Eine Schilderg. der gegenwärt. Lage des prakt. Militär- u. Kreisarztes, des Spezialisten u. Dozenten. gr. 8. (52 S.) Halle 901. C. Marhold. n. 1. —

— landwirthschaftliche Winke betr. Bodenbearbeitung, Fruchtfolgen, Düngung u. Vieh-Pflege u. Ernährung. gr. 8. (22 S.) Gifhorn 894. (H. Schulze.) n. — 25

König A.: Ueber das Absorptionsvermögen humoser Medien. Berl. 1882. 56 S. (Særtr.). 4°.

König, A.: Vollständige Anleitung zur Schnellessigfabrikation. Quedlinburg und Leipzig. 1847.

König, A., die Ballade in der Musik, s. a. Magazin, musikalisches.

Die Ballade in der Musik. Von A. König. *Langensalza: H. Beyer & Söhne 1904.* (47 S.) 8°
= Magazin, Musikalisches. H. 9. [04. 19332

König. A. von Haller, s. Haller.

Koenig, A., die neueren Hilfsmittel zur Diagnose u. Therapie d. Blasenkrankheiten, s.: Bibliothek, medicin., f. prakt. Ärzte.

König, A., die allgemeinen Holzbestandsvorraths-Tabellen, s.: Borggreve, B.

König, A., das Inserat in der Vossischen Zeitung, s.: Eckstein's 50 Pfennig-Bibliothek.

König, A. [K. Preuß. Forstassessor]: Über den Lichtungszuwachs insbesondere der Buche. Langensalza, Druck v. Hm. Beyer & Söhne, 1886; 23 S. 4°.
Tübingen, Staatsw. Fak., Inaug.-Diss. v. 1886.
(Nur in beschränkter Zahl für den Austausch.)

– Dass., s.a. König, A. E.

König, A., über den Lichtungszuwachs insbesondere der Buche. Diss. Tübingen 1886, Fues' Sort. 4°. 23 S.

König, A., Liederbuch. Geistliche u. weltliche Volkslieder f. Schule u. Haus. 2 Hefte. 8. Ansbach (906). C. Brügel & Sohn. — 50
1. (III, 46 S.) — 20. — 2. (III, 88 S.) — 30.

Der Deutsche Männerchor von A. König. [Köln & Trier: H. vom Ende 1903–04.] (40 S.) 4° [Kopft.]
— [Wegweiser durch d. Chorgesanglitteratur. Jg. 4 u. 5. Beilage.] [07. 1494

— der deutsche Männerchor, s. a. Universal-Bibliothek für Musiklitteratur. Nr. 26. 27.

Der Deutsche Männerchor von A. **König**. Koln a. Rh.: H. vom Ende [1904]. (128 S.) 8°
— **Universal-Bibliothek** f. Musiklitteratur. No 26. 27. [05. 9558

König, A. Baron v. Das Militair-Examen, oder nothwendiges Hülfsbuch für Unteroffiziere und Soldaten der preuß. Infanterie. Magdeburg 1836. 8°.

Koenig, A., Reisen u. Forschgn. in **Algerien.** M. 24 nach photograph. Aufnahmen gefert. Schwarzdr.-Bild., 14 m. d. Hand color. Taf., 2 Farbendr.-Taf. u. 1 Karte. gr. 8. (168 u. 426 S.) Leipzig 896. (Berlin, R. Friedländer & Sohn.) n.n. 25. —

König, A., s. *Suppellex* librorum etc.

Koenig, A., das Transscriptions-Register. Studien über das Wesen des Transscriptions-Registers als Beitrag zur Reform des Hypotheken-Rechts. Cleve 862. Char. gr. 8. (IV, 73 S.) n. 12½ ngr.

KÖNIG, A. E.: Über den Lichtungszuwachs insbesondere der Buche. - Langensalza 1886. 23 S. - Diss. Univ. Tübingen 1886

– Dass., s.a. K ö n i g , A.

König, A. K. J., s. K ö n i g , A. Rud. Jak.

König, A. Rud. Jak., Ansichten über den Unterrichts-Plan u. die innere Einrichtung der neugestalteten höhern Bürgerschule zu Nürnberg. 8. Nürnb. 830. Schrag. 1⅟₄ ₰

König, A. Rud. Jak., Ansichten üb. d. Unterrichts-Plan u. d. innere Einrichtung d. neugestalt. höh. Bürgerschule zu Nürnberg. 8. (1 B.) Nürnberg 831, Schrag.

König, A. R. J., Aufgabensammlung für den Unterricht in der Arithmetik in Volks-, Gewerbs- und Handelsschulen. 1. Bdchn. 8. (108 S. und 34 S. Beantwortungen.) Nürnberg 848, Korn.

König, A. R. J., Aufgabensammlung für den Unterricht in der Arithmetik in Volks-, Gewerbs- u. Handelsschulen. 2. Bdchn. Nürnberg 854. Korn. 8. (3 Bl., 98, 21 S.) 9 ngr.

König, (A. K. J.,) über d. Entstehung u. Einricht. höherer Bürgerschulen im Allgemeinen, u. üb. die höhere Bürgerschule zu Nürnberg insbes. 8. Nürnb. 826, Monath u. K.

— über d. Entstehung u. Einrichtung höherer Bürgerschulen im Allgemeinen, u. über die höhere Bürgerschule zu Nürnberg insbesondere. 8. Nürnb. 826. Schrag. 6 ₰

König, A. R. J., pädagogische Erfahrungen u. Ansichten. Versuch einer Beantwortung der Suringar'schen Preisfrage, auf Veranlassung des Erscheinens der Curtman'schen Preisschrift erweitert u. als Beitrag zur Förderung des Unterrichts in den Volks- u. Realschulen hrsg. gr. 8. (2½ B.) Nürnberg 844. [Geiger.] *

— Lehrbuch der Arithmetik f. höhere Bürgerschulen u. zum Selbstunterrichte. 2 Thle. 8. Nürnb. 827, 28. Schrag. (1r Thl. 12 ₰ 2r Thl. 15 g(.) 1 ₰ 3 g(

—— über d. Wichtigkeit d. Studiums d. Naturwissenschaften in Lehranstalten f. allgem. Geistesbild., nebst Bestimmung e. genet. Lehrmethode ders. gr. 8. (4 B.) Nürnberg 828, Schrag.

Arithmetik und Algebra. Bearb. von Oberl. A[dolf] **Koenig**. 1. 2. Kattowitz & Leipzig: C. Siwinna [1907]. 2 Bde 8°
— **Schülerbibliothek**, Goldene. Bd 10. 11. [07. 16903 B

– Dass., s.a. S c h ü l e r b i b l i o t h e k , Goldene.

König, Adf., Karl Küffner u. Karl Nüzel, gute Geister. 4stimmige gemischte Chöre f. Gymnasien, Realschulen, Lehrerbildungsanstalten. Bearb. u. hrsg. 2. Aufl. (VIII, 222 S.) 8. Nürnberg 911. Heerdegen-Barbeck. Geb. 2. —

Planimetrische (3: Lösung planimetrischer) Konstruktionsaufgaben ... Bearb. von Oberl. A[dolf] **Koenig**. 1–3. Kattowitz & Leipzig: C. Siwinna [1906–07]. 3 Bde 8°
1. [1906.] 2. [1907.] 3. [1906.]
— **Schülerbibliothek**, Goldene. Bd 12–14. [07. 16906 B

– Dass., s.a. S c h ü l e r b i b l i o t h e k , Goldene.

Koenig, Adolf: Lehrplan für den biologischen Unterricht in der Oberklasse. Kattowitz 1909: Perls. 50 S. 8°
Kattowitz, st. OR P 1909 (318) [S 09. 257

Koenig, Adolf: Über die Oxydation des Stickstoffes im gekühlten Hochspannungsbogen bei Minderdruck. 1907. 76 S. 8°
¶ Auch bei Knapp in Halle; in kürzerer Fassung in: Zeitschrift f. Elektrochemie. Jg. 13.
Karlsruhe, Dr.-Ing.-Diss. v. 31. 10. 1907

Koenig, Adf., über die Oxydation des Stickstoffes im gekühlten Hochspannungsbogen bei Minderdruck. (III, 76 S. m. 8 Abb.) gr. 8. Halle 908. W. Knapp. 3. —

Koenig, A., Planimetrie, s.a. Schülerbibliothek, goldene.

Planimetrie. Für Schuler aller höh. Schulen ... Unter Beigabe von 150 übersichtl. Fig. bearb. von Oberl. A[dolf] **König**. Kattowitz: C. Siwinna [1907]. (123 S.) 8°
— **Schülerbibliothek**, Goldene. Bd 41. 42. [08 3870

— Rechnen, s.a. Schülerbibliothek, goldene.

Rechnen. Für Sextaner ... Obertertianer. Für Schüler aller höh. Anst. bearb. von Oberl. A[dolf] **Koenig**. Kattowitz & Leipzig: C. Siwinna [1907]. (93 S.) 8°
— **Schülerbibliothek**, Goldene. Bd 24. [08. 3269

Bürgerliche Rechnungsarten. Für Schüler d. Quinta ... u. Untersekunda ... bearb. von Oberl. A[dolf] **Koenig**. Kattowitz & Leipzig: C. Siwinna [1907]. (80 S.) 8°
— **Schülerbibliothek**, Goldene. Bd 9. [07. 16904 B

– Dass., s.a. S c h ü l e r b i b l i o t h e k , Goldene.

Trigonometrie ... bearb. von Oberl. A[dolf] **Koenig**. 1. 2. Kattowitz & Leipzig: C. Siwinna [1906]. 2 Bde 8°
— **Schülerbibliothek**, Goldene. Bd 16. 17. [07. 16908 B

– Dass., s.a. S c h ü l e r b i b l i o t h e k , Goldene.

König, Adf., einige Untersuchungen über die Wirkungsart des Extractum scillae, Scillitin und Theverisin. Inaugural-Dissertation. gr. 8. (28 S.) Göttingen 875, (Vandenhoeck und Ruprecht's Verlag.) *

— Planimetrische Verwandlungs- u. Teilungsaufgaben, s.a. Schülerbibliothek, goldene.

Planimetrische Verwandlungs- und Teilungsaufgaben. Für Tertianer ... u. Abiturienten ... bearb. von Oberl. A[dolf] **Koenig**. Kattowitz & Leipzig: C. Siwinna [1907]. (85 S.) 8°
— **Schülerbibliothek**, Goldene. Bd 15. [07. 16907 B

König, Adolf, Referendar: Wem kann nach deutschem burgerlichen Recht eine Auflage durch Verfügung von Todeswegen gemacht werden? Verden: J. König [1906.] (V, 147 S.) 8°
Rostock, Jur. Fak., Ref. Matthiaß, Diss. v. 14. Juni 1906
[Geb 9. Okt 76 Hitzacker, Kr. Dannenberg; Wohnort. Rotenburg, Hannover; Staatsangeh: Preußen; Vorbildung: Domgymn. Verden Reife O. 95; Studium: Erlangen 1, Göttingen 1, Berlin 4 S.; Rig. 15. Jan. 02.]

Koenig, Albert

König's Auskunftsbuch, enth. Städteverzeichniss der sechs östl. Provinzen Preussens, der sächs., thüring. und mecklenburgischen Länder mit Angabe der Einwohnerzahl u. Wochenmarkttage. Kalender für 1876. Guben 1877. 16.

—— —— für die Jahre 1878—94, enthaltend Städteverzeichniss des deutschen Reichs mit Angabe der Einwohnerzahl, der Wochenmarkttage u. der Jahrmärkte, der Amts-, Land- u Oberlandesgerichte. Genealogie europ. Regenten ... Guben. 16.

König's Auskunftsbuch, enth. Städteverzeichniss der sechs östl. Provinzen Preussens, der sächs., thüring. und mecklenburgischen Länder mit Angabe der Einwohnerzahl und Wochenmarkttage. Auszüge aus der Post-, Telegraphen-, Maass- und Gewichtsordnung, dem Eisenbahn-Betriebs-Reglement, dem Bank- und Wechselstempelsteuer-Gesetz etc. Kalender für 1878. 16. (58 S.) Guben 877, König.
— dass. — für die J. 1878—1880, enth. Städteverzeichniss des Deutschen Reichs mit Angabe der Einwohnerzahl, der Wochenmarktstage und der Jahrmärkte, der Amts-, Land- und Oberlandesgerichte. Auszüge aus der Post-, Telegraphen-, Maass- und Gewichtsordnung, dem Eisenbahnbetriebsreglement, dem Bank- und Wechselstempelsteuergesetz, Strassenverzeichniss von Berlin mit Angabe der Postbezirke etc. etc. Kalender für 1878—1880. 16. (112; 164; L, 116 S.) Ebendas. à Jahrg.

Koenig's (I.), Auskunftsbuch für die J. 1881—1885, enthaltend Städteverzeichniss des Deutschen Reichs mit Angabe der Einwohnerzahl, der Wochenmarktstage und der Jahrmärkte, der Amts-, Land- und Oberlandesgerichte. Auszüge aus der Post-, Telegraphen-, Maass- und Gewichtsordnung, dem Eisenbahnbetriebsreglement, dem Bank- und Wechselstempelsteuergesetz, Strassenverzeichniss von Berlin mit Angabe der Postbezirke etc. Kalender für 1881—1885. 16. (L, 115; L, 120; L, 120; L, 120; L, 120 S.) Guben, Koenig. à Jahrg.

Koenig's (I.), Auskunftsbuch für die J. 1886—1889, enth. Städteverzeichniss des deutschen Reichs mit Angabe der Einwohnerzahl, der Wochenmarkstage und der Jahrmärkte, der Amts-, Land- und Oberlandesgerichte. Genealogie europäischer Regenten, Auszüge aus der Post-, Telegraphen-, Maass- und Gewichtsordnung, dem Bank- und Wechselstempelsteuergesetz, Reichsstempel-Tarif, Strassenverzeichniss von Berlin mit Angabe der Postbezirke, Kalender für 1886—1889 etc. 16. (à Jahrg. L, 120—130 S.) Guben, Koenig. à Jahrg. — 50

Koenig's Auskunftsbuch f. d. J. 1890, enth. Städteverzeichniss d. Deutschen Reichs m. Angabe der Einwohnerzahl, der Wochenmarktstage u. der Jahrmärkte, der Amts-, Land- u. Oberlandesgerichte, der Rechtsanwälte, statist. Notizen f. d. Deutsche Reich, Genealogie europ. Regenten, Auszüge aus der Post-, Telegraphen-, Maass- u. Gewichtsordnung, dem Bank- u. Wechselstempelsteuergesetz, Reichsstempel-Tarif, Strassenverzeichniss v. Berlin, Kalender f. 1890 etc. 16. (L, 175 S.) Guben, Koenig. — 50

Koenig's (III.) Auskunftsbuch f. d. J. 1893, enth. Städteverzeichniss d. Deutschen Reichs m. Angabe der Einwohnerzahl, der Wochenmarktstage u. der Jahrmärkte, der Amts-, Land- u. Oberlandesgerichte etc. 16. (L, 178 S.) Guben 892, Koenig. * — 50
Erscheint alljährlich.

Koenig's Auskunftsbuch f. d. J. 1895, enth. Städteverzeichniss des Deutschen Reichs m. Angabe der Einwohnerzahl, der Wochenmarktstage u. der Jahrmärkte, der Amts-, Land- u. Oberlandesgerichte, der Rechtsanwälte, statist. Notizen, Auszüge aus der Post-, Telegraphen-, Mass- u. Gewichtsordng., dem Bank- u. Wechselstempelsteuergesetz, Reichsstempel-Tarif, Strassenverzeichniss v. Berlin, Kalender 1895 etc. 16. (LII, 176 S. m. 1 Karte.) Guben, A. Koenig. — 50; geb. n. — 80

Koenig's Auskunftsbuch 1899, enth. Städteverzeichniss d. Deutschen Reichs m. Angabe d. Einwohnerzahl, d. Wochenmarktstage u. d. Jahrmärkte, d. Amts-, Land- u. Oberlandesgerichte, d. Rechtsanwälte. Statist. Notizen. Verkehrsbestimmgn. f. Post, Telegraph, Reichsbank etc. Strassenverzeichniss v. Berlin. Kalender f. 1899. 16. (56, 198 S.) Guben, A. Koenig. — 50; geb. n. — 80

Koenig's Auskunftsbuch 1903, enth. Städteverzeichniss des Deutschen Reichs m. Angabe der Einwohnerzahl, der Wochenmarktstage u. der Jahrmärkte, der Amts-, Land- u. Oberlandesgerichte, der Rechtsanwälte. Statistische Notizen. Verkehrsbestimmungen f. Post, Telegraph, Reichsbank etc. Strassenverzeichniss v. Berlin. Kalender f. 1903. 16. (56 u. 215 S.) Guben, A. Koenig. — 50; geb. n. — 80

Koenig's Auskunftsbuch 1907, enth. Städteverzeichnis des Deutschen Reichs m. Angabe d. Einwohnerzahl, der Wochenmarktstage u. der Jahrmärkte, der Amts-, Land- u. Oberlandesgerichte, der Rechtsanwälte. Statistische Notizen. Verkehrsbestimmungen f. Post, Telegraph, Reichsbank etc. Strassenverzeichnis v. Berlin. Kalender f. 1907. (56 u. 226 S.) 16. Guben, A. Koenig. — 50; geb. n. — 80

Koenig's Auskunftsbuch 1911, enth. Städteverzeichnis des Deutschen Reichs m. Angabe der Einwohnerzahl nach der Volkszählg. 1905, der Wochenmarktstage u. der Jahrmärkte, der Amts-, Land- u. Oberlandesgerichte, der Rechtsanwälte. Statistische Notizen. Verkehrsbestimmungen f. Post, Telegraph, Reichsbank etc. Strassenverzeichnis v. Berlin. Kalender f. 1911. (56 u. 234 S.) 16. Guben, A. Koenig. — 50; geb. — 80

König, Albert [aus Plettenberg]: Beiträge zur Theorie der Fresnelschen Beugungsspektra ... Jena, Buchdr. v. B. Vopelius, 1895; 45 S., 1 Bl. 4.
Jena, Phil. Fak., Inaug.-Diss. v. [27. Mai] 1894

Koenig's Fahrplanbuch f. den Eisenbahn-Direktionsbez. Erfurt u. die Bahnen Mitteldeutschlands. 18. Jahrg. 1894. Sommer-Ausg. Nach amtl. Material bearb. 12. (104 S. m. 1 Karte.) Erfurt, G. A. Koenig. n. — 30

Koenig's Fahrplanbuch f. d. Eisenbahn-Direktionsbezirke Erfurt u. Halle u. d. Bahnen Mitteldeutschlands. 19. Jahrg. 1895. 2 Hfte. Nach amtl. Material bearb. 12. (à ca. 104 S. m. 1 Karte.) Erfurt, G. A. Koenig. n. — 30

— Fahrplanbuch für Süd-Deutschland. Octbr. 1879. [Winterfahrpläne.] Fahrpläne der Eisenbahnen von Bayern, Württemberg, Baden, Hessen, Elsass-Lothringen, sowie Anschlüsse nach der Schweiz und Oesterreich. 16. (XIII, 123 S. mit 1 lithogr. Eisenbahnkarte.) Guben, König.
Nicht weiter erschienen.

—— Fahrplanbuch für Süd-Deutschland. Sommerdienst 1880. Fahrpläne der Eisenbahnen von Bayern, Württemberg, Baden, Hessen, Elsass-Lothringen, sowie Anschlüsse nach der Schweiz und Oesterreich. 16, (XIII, 123 S. mit 1 lithogr. Eisenbahnkarte.) Ebendas.
Nicht weiter erschienen.

— Berliner Fahrpläne. Stadt- u. Ringbahn. Vorortverkehr. Elektr. Bahnen. Winter 1898/99. M. e. Eisenbahnkarte. 16. (I, 39 S.) Ebd. — 10

— Berliner Fahrpläne. Stadt- u. Ringbahn. Vorortverkehr. Dampfer. Sommer 1900. Mit e. Eisenbahnkarte. 16. (IV, 48 S.) Ebd. — 10
Erscheint nicht mehr.

Koenig, (Karl) Albert (geb. Berlin 15. 9. 1860): Ein Fall von Actinomycosis hominis. Berlin (1884). (30 S.) 8°
Berlin, Med. Diss. v. 13. Okt. 1884

Koenig's Coursbuch. Mai 1873. 25 Pf., und Juni 1874. 16. (24 S. mit 1 lithogr. Eisenbahnkarte von Deutschland in gr. 8.) Guben 873,74, König.

König's Coursbuch 1875—93. Fahrpläne der Eisenbahnen von Mittel- u. Norddeutschland. Jhg. 1875—92. Guben. 16.

— Coursbuch. 1875—1879. Jährlich 2 Hefte mit 1 (lithogr.) Eisenbahnkarte von Deutschland. 16. (à Heft ca. 65—90 S.) Ebendas. à Heft

—— Coursbuch. Fahrpläne der Eisenbahnen von Mittel- und Nord-Deutschland. Mit je 1 (lithogr.) Eisenbahnkarte. 1880—1882. à Jahrg. 2 Hefte. 16. (à Heft ca. XI, 101 S.) Ebendas. à Heft

—— dass. — 1883 und 1884. à Jahrg. 2 Hefte. 16. (à Nr. ca. XIII, 140 S. mit lithogr. Eisenbahnkarte, nebst Hotelbuch. Mit einem Anhang: Fahrpläne der Reiserouten nach Süddeutschland, sowie Verzeichniss der in Norddeutschland zur Ausgabe gelangenden Rund-Reisebillets, 34 S.) Ebendas. à Heft

—— Coursbuch. Fahrpläne der Eisenbahnen von Mittel- und Norddeutschland. Jahrg. 1885—1888. à Jahrg. 5 Hefte. 16. (à Heft ca. XV, 180 S. mit je 1 Eisenbahnkarte.) Ebendas. à Heft — 40

— Kursbuch. Fahrpläne der Eisenbahnen v. Mittel- u. Norddeutschland. Juni—Juli 1890. 16. (103 u. 66 S. m. Eisenbahnkarte.) Ebd. 890. — 50

—— Kursbuch. Fahrpläne der Eisenbahnen v. Mittel- u. Norddeutschland. 1892. 6 Hefte. 16. (à Heft ca. 200 S. m. Eisenbahnkarte.) Ebd. à Heft — 50
Erscheint alljährlich in 6 Heften.

Koenig's Kursbuch, Fahrpläne der Eisenbahnen v. Mittel- u. Norddeutschland. Decbr.- Jan. 1894/95. Mit Beiheft; Berliner Verkehr. 16. (XXVI, 246 u. 32 S. m. 1 Eisenbahnkarte.) Guben, A. Koenig. — 50

— Kursbuch. Fahrpläne d. Eisenbahnen v. Mittel- u. Norddeutschland. M. e. Eisenbahnkarte. Juli - Septbr. 1898. Sommer-Fahrplan. 16. (XXX, 306 S.) Ebd. — 50

— dasselbe. Octbr.—Novbr. 1898. Winterfahrplan. 16. (352 S.) Ebd. — 50
Erscheint jährlich 5 mal.

— Kursbuch. Fahrpläne der Eisenbahnen v. Mittel- u. Norddeutschland. Mit 1 Eisenbahnkarte. Octbr.—Novbr. 1902 bezw. Decbr. 1902—Jan. 1903. Winter-Fahrpläne. 16. (à 416 S.) Ebd. à — 50

Koenig's Kursbuch. Fahrpläne der Eisenbahnen v. Mittel- u. Norddeutschland. Mit 1 Eisenbahnkarte. Jahrg. 1906. 5 Nrn. (à ca. 464 S.) 16. Guben, A. Koenig. à — 50

— Kursbuch. Fahrpläne der Eisenbahnen v. Mittel- u. Norddeutschland. Mit 1 Eisenbahnkarte. Jahrg. 1910. (Febr.—April. 544 S.) 16. Ebd. — 50

— dasselbe, sowie der Hauptlinien bezw. des durchgeh. Verkehrs in Westdeutschland, nebst Anschlüssen nach Süddeutschland u. dem Ausland. Mit 1 Eisenbahnkarte u. Spezialkarten. Jahrg. 1910. 5 Nrn. (Mai—Juni. 592 S.) 16. Guben, A. Koenig. — 60

— kleines Städte-Lexikon des Deutschen Reichs. [Nach der Volkszählung vom 1. Decbr. 1880.] 16. (548.) Ebend. 881. n. — 50

— kleines Städte-Lexikon d. Deutschen Reichs. Verzeichniss der Städte d. Deutschen Reichs m. Angabe der Lage nach Kreisen [Bezirksämtern, Amtshauptmannschaften, Oberamtsbezirken etc], Regierungsbezirken [Oberamtsbezirken, Kreishauptmannschaften], Provinzen u. der Einwohnerzahl nach der Volkszählung vom 1. Decbr. 1885. Die bevölkertsten Städte d. Deutschen Reichs nach ihrer Grösse geordnet. 2. Aufl. (59 S.) Ebend. 886. n. — 50

—— Kleines Städte-Lexikon d. Deutschen Reichs. Verzeichniss der Städte d. Deutschen Reichs m. Ang. d. Lage nach Kreisen etc. 3. Aufl. 16. (63 S.) Ebd. 891. * — 50

— Städte-Lexikon d. Deutschen Reichs. Verzeichnis d. Städte d. Deutschen Reichs m. Angabe d. Lage nach Kreisen (Bezirksämtern, Amtshauptmannschaften, Oberamtsbezirken etc.), Regierungsbezirken (Oberamtsbezirken, Kreishauptmannschaften), Provinzen u. d. Einwohnerzahl nach d. Volkszählg. v. 2. Decbr. 1895. D. Städte d. Deutschen Reichs üb. 10,000 Einwohner, nach ihrer Grösse geordnet. 4. Aufl. 16. (67 S.) Ebd. 896. n. — 50

— Städte-Lexikon d. Deutschen Reichs. Verzeichniss der Städte des Deutschen Reichs, sowie ländl. Ortschaften v. üb. 3000 Einwohnern m. Angabe der Einwohnerzahl nach der Volkszählg. v. 1. XII. 1900. Zusammenstellung der Städte des Deutschen Reichs üb. 10,000 Einwohner nach ihrer Grösse geordnet. (5. Aufl.) 16. (78 S.) Ebd. 901. n. — 50

— Städte-Lexikon des Deutschen Reichs. Verzeichnis der Städte des Deutschen Reichs, sowie ländliche Ortschaften v. üb. 3000 Einwohnern m. Angabe der Einwohnerzahl nach der Volkszählg. vom 1. XII. 1905. Zusammenstellung der Städte u. ländl. Orte des Deutschen Reichs üb. 10000 Einwohner nach ihrer Grösse geordnet. (6. Aufl.) (79 S.) 16. Ebd. 906. — 50

—— Taschen-Fremdwörterbuch, enthaltend die gebräuchlichsten Fremdwörter, sowie Verzeichniß und Erklärung der hauptsächlichsten Namen aus der Mythologie. 16. (135 S.) Ebendas. 883.

— Taschen-Fremdwörterbuch, enth. die gebräuchlichsten Fremdwörter, sowie Verzeichniß u. Erklärg. der hauptsächlichsten Namen aus der Mythologie. 2., verm. Aufl. 16. (112 u. 89 S.) Ebd. 892. n. — 50

— Taschen-Kalender f. 1887. 16. (116 S) Ebend. geb. n. 1. —; große Ausg. m. Notizbuch n. 1. 25

— Taschen-Kalender f. 1889. (Große Ausg.) (118 S. m. Notizbuch.) Ebd. 888. geb. n. 1. 25; kleine Ausg. ohne Notizbuch n. 1. —

—— —— Verzeichniss der Städte des Deutschen Reichs mit Angabe der Lage nach Kreisen [Bezirksämtern, Amtshauptmannschaften, ...] Regierungsbezirken Oberamtsbezirken, Kreishauptmannschaften, Provinzen und der Einwohnerzahl nach der Volkszählung vom 1. Dec. 1885. Die bevölkertsten Städte des Deut. Reichs nach ihrer Grösse geordnet. 2. Aufl. Guben 1886. 16.

——, —— [wie oben] nach der Volkszählung vom 1. Dec. 1890. ... 3. Aufl. Guben 1891. 16.

König, Albin, aus Frankenberg i. S.: **Die sächsische Baumwollen-Industrie am Ende des 18. Jahrhunderts und während** der Kontinentalsperre. *Leipzig 1899: B. G. Teubner.* (34 S.) 8° ¶ (Erschien vollst. in: Leipziger Studien auf d. Gebiete d. Geschichte. Bd 5, 3.)
Leipzig, Phil. Diss. v. [26. Jan.] 1899

König, Albin, die sächs. Baumwollenindustrie am Ende des vor. Jahrhunderts u. während der Kontinentalsperre, s. a. Studien, Leipz., a. d. Gebiet d. Geschichte.

Die Sächsische Baumwollenindustrie am Ende des vorigen Jahrhunderts und während der Kontinentalsperre. Von Dr. phil. Albin König. *Leipzig B. G. Teubner 1899* (X, 370 S.) 8°
= Studien, Leipziger, aus d. Geb. d. Geschichte Bd 5, H. 3 [99 10257]

König, Albin, Die Bürstenmacherei in Leipzig und im sächsischen Erzgebirge. Schriften des Vereins f. Socialpolitik, Bd. 67. gr. 8⁰. Leipzig 1897.

König, Alexander
Pseud.: Paul Felix von der Our; Viator

Koenig, Alexandre: Kurzer Abriss der neuesten Kirchengeschichte. 1789–1890. (Als Manuscript gedruckt.)
Paderborn [1890]. 33 S. 8⁰

Koenig, Alexandre: Andachtsübungen zu Ehren des hl. Franziskus Xaverius. München 1893. 366 S. 24⁰

Koenig, Alexandre: Andachtsübungen für die Mitglieder der Bruderschaft vom hl. Erzengel Michael. Von einem katholischen Priester. Mit oberhirtlicher Approbation.Mit einem Stahlstich. Kempten 1892. IV,84 S. 16⁰

Koenig, Alexandre: Beiträge zur Geschichte der Stadt Vianden.
Erstes Heft. Köln 1890. 15 S.
Zweites Heft. Köln 1890. 16 S.
Drittes Heft. Gülpen 1891. 80 S.
Viertes Heft. Luxemburg: St. Paul. Ges. 1894. 80 S.

König, Alex., Beiträge zur Geschichte d. Stadt Vianden. 3 Hfte. 8. Köln-Lindenthal (Gleuelerstr. 42), Selbstverl. 2. 30
1. 2. A. Viandener im In- u. Auslande. B. Zur Geschichte d. Klosters u. d. Kirche d. Trinitarier zu Vianden. 1. u. 2. Hft. (S. 1–32.) Köln 890. à — 40
3. A. B. Dasselbe. C. Zur Lokalgeschichte d. Stadt Vianden. D. Das Muttergottesbildchen zu Vianden. (S. 33–112.) Gülpen 891. 1. 50

König, Alex., Bilder aus der Luxemburger Geschichte. 1. u. 2. Tl. (Umschlag: Geschichte des Luxemburger Landes im 18. Jahrh. 1. u. 2. Tl.) (42 u. 48 S.) gr. 8. Luxemburg 903. (P. Ernster.) à n. — 60

Koenig, Alexandre: Zur Geschichte des Klosters und der Kirche der Trinitarier zu Vianden.
Luxemburg: St. Paul.-Druck 1890. 32 S. 8⁰

Koenig, Alexandre: Geistliche Haushaltungslehre.
Luxemburg: St. Paul.-Ges. 1891. 23 S. 8⁰

Koenig, Alexandre: Geistliche Haushaltungslehre. II.
Das Zimmer. Luxemburg: St. Paul.-Ges. 1892. 30 S. 8⁰

König, Alex., geistliche Haushaltungslehre. 17 Konferenzen f. kathol. Frauen u. Jungfrauen. 2., bedeutend verm. Aufl. 8. (IV, 101 S.) Paderborn 893. F. Schöningh. n. 1. 20; geb. n. 1. 50

König, Alex., geistliche Haushaltungslehre. 17 **Konferenzen** f. kathol. Frauen u. Jungfrauen. 3. verb. Aufl. (IV, 135 S.) kl. 8. Paderborn 909. F. Schöningh. 1. 30

König, Alex., s.: Märchen, die schönster., aus 1001 Nacht.

König, Alex., s. Nacht, 1001.

Koenig, Alexandre: Sankt Nikolaus. Prämienbüchlein für Jung und Alt. Mit kirchlicher Approbation.
Grevenmacher: J. Esslen 1887. 5, 32 S. 16⁰

— die Reliquien Marias. Geschichte d. Aufbewahrg. u. Verehrg. d. Gottesmutter-Reliquien auf Erden. 12. (97 S.) Regensburg 897. Nationale Verlagsanstalt. n. — 80; geb. n. 1. 40

Koenig, Alexandre: San Rocco. Breve compendio della vita del Santo, aggiuntavi una novena con altre preghiere in suo onore. Con una prefazione del Rmo Canonico Giuseppe Castelli, delegato apostolico nel Ticino. Approvato del Rmo Vescovo di Padova. Einsiedeln 1887. 40 S. 12⁰

Koenig, Alexandre: Rochus-Büchlein. Lebensgeschichte des heiligen Rochus, Schutzpatron gegen Pest, Cholera und ansteckende Krankheiten, nebst einer neuntägigen Andacht und einigen Gebeten zu Ehren dieses Heiligen, von einem Priester der Diöcese. Mit bischöflicher Genehmigung.
Luxemburg: St. Paul.-Druck 1884. 32 S. 8⁰

König, Alex., Sankt Barbara-Büchlein. Lebensgeschichte, Andachts-Uebungen und Lieder zu Ehren der heil. Jungfrau und Martyrin Barbara, Schutzpatronin in der Sterbestunde. 16. (89 S.) Luxemburg 888, Erpelding. * — 30

Koenig, Alexandre: Sankt Barbara-Büchlein. Lebensgeschichte, Andachts-Übungen und Lieder zu Ehren der heiligen Jungfrau und Martyrin Barbara, Schutzpatronin in der Sterbestunde. Mit kirchlicher Approbation.
Luxemburg: St. Paul.-Ges. 1888. 88, 1 S. 8⁰

— Sankt-Barbara-Büchlein. Lebensgeschichte, Andachts-Uebgn. u. Lieder zu Ehren der hl. Jungfrau u. Martyrin Barbara, Schutzpatronin in der Sterbestunde. 2. (Titel-)Aufl. 16. (89 S.) Aachen 895. J. Schweitzer. — 30

Koenig, Alex., St. Donatus-Büchlein. Vollst. Andachtsbuch zur Verehrg. d. hl. Märtyrers Donatus, Schutzpatron gegen Blitz u. Ungewitter. 16. (160 S. m. 1 Farbdr.) Münster 898. Alphonsus-Buchh. Geb. in Leinw. n. — 50

Koenig, Alexandre: Sankt Katharina-Büchlein. Vollständiges Andachtsbuch für alle fromme Verehrer der heiligen Jungfrau und Martyrin Katharina. Von einem katholischen Priester. Mit Genehmigung der geistlichen Behörde.
Paderborn 1886. 120 S. 8⁰

Koenig, Alexandre: St. Nicolaus-Buch. Ein Lehr- und Betbuch zu Ehren des hl. Bischofs Nicolaus für die katholische Jugend. Mit Approbation des hochwst. Bischofs von Chur.
Einsiedeln [1893]. 384 S. 16⁰

Koenig, Alexandre: St. Rochus-Büchlein. Lebensgeschichte des heiligen Rochus, Schutzpatron gegen Pest, Cholera und ansteckende Krankheiten, nebst einer neuntägigen Andacht und einigen Gebeten zu Ehren dieses Heiligen. Einsiedeln, New-York, Cincinnati und St. Louis 1886. 40 S. 8⁰

—— St. Rochus-Büchlein. Lebensgeschichte des heil. Rochus, Schutzpatrons gegen Pest, Cholera und andere ansteckende Krankheiten, nebst einer neuntäg. Andacht und einigen Gebeten zu Ehren dieses Heiligen. gr. 16. (40 S. mit 2 Illustr.) Einsiedeln 886, Benziger und Comp. cart. — 35

Koenig, Alexandre: Sankt Willibrordus-Buch. Vollständiges Wallfahrtsbuch für alle frommen Verehrer des hl. Willibrord, Apostels der Friesen und Gründer der Abtei Echternach. Trier 1886. 200 S. 16⁰

Koenig, Alexandre: Vie de St. Roch. Vie du Saint invoqué avec succès contre la peste, le choléra et autres épidémies, suivie d'une neuvaine et de quelques prières en son honneur. Traduction française par le chanoine Schneuwly a Fribourg. Avec une préface de Mgr. Bourquard, prélat romain, docteur en théologie. Approuvé par leurs Grandeurs Nos Seigneurs les évêques de Lausanne et de Genève et de Luxembourg. Einsiedeln 1887. 40 S. 16⁰

König, Alexander. Die wirthschaftliche Zukunft Dalmatiens. Vortrag gehalten im niederösterreichischen Gewerbeverein am 2 März 1900 3. Auflage nebst Nachtrag 8. Wien 1900.

König, Alexandre, s. K ö n i g , Alexander

König, Alfr., s.: Führer f. Sondershausen.

König, Alfr., Jesus, was er uns heute ist, s.: Pfade, neue, zum alten Gott. 5. Bd.

König, Alfr., d. Kyffhäuser u. s. Umgebung Hainlaite u. Südharz. Führer u. Andenken m. 50 Ansichten u. neuester Wegekarte. 12. (32 S.) Sondershausen 896. F. A. Eupel. Geb. in Leinw. n. 1. —

Reformatio Bernensis quomodo usque ad pugnam ad Cappel commissam processerit, labentem post cladem Capito quem admodum fulserit, breviter exponitur. — Oratio, quam in memoriam Confessionis Augustanae ex lege beneficii Lynckeriani d. XXX. m. mai a. 1892 in aede Paulina habuit Alfredus **Koenig**, theol. stud. Jenae, *typ. B. Engau*, 1892; 23 S. 8. (Nicht für den Austausch)

König, Alfred, aus Schlesien: **Synthese von Indazolonen und Triazinen.** *Berlin (1899): E. Ebering.* (55 S.) 8⁰ Berlin, Phil. Diss. v. 11. März 1899

König, Aloys Albrecht von: „Entwurf eines Grundrisses der Forstwissenschaft in ihrem ganzen Umfang, erläutert durch eine systematische Reihenfolge der wichtigsten Examinationsfragen aus jedem einzelnen Zweige dieser Wissenschaft", Heidelberg 1830, 1831 (Oswald).

Fraubasen-Gespräch zwischen der Frau Bas Kutzlererin und der Frau Bas Ziwelmännin während und nach der Blokade von Straßburg. I. Während der Blokade. II. Nach der Blokade. 1814. (Vf.: *Amandus König.*) Zu finden bei Johann Heinrich Heintz, Schlauchgasse, Nr. 3. O. J. Kl. 4⁰. 7 S.
Bergmann: 's erst Bloggade-Gespräch. — Goedeke VII, 532, 20.

FRAUBASEN-GESPRÄCH, Neues, zwischen der Frau Bas Kutzlererin und der Frau Bas Zwiwelmännin .... (von *Amandus König*). O. O. 1814. Rar!
Anon.-Lex. II. p. 118 (nach Goedeke).

Jungferbasen-Gespräch zwischen den ehrsamen und tugendbegabten Jungfrauen Anna Maria Spitznäsel und Katherine Barbara Krumhälsel. 1814. (Vf.: *Amandus König.*) Zu finden bei Wittwe Bader, Münsterplatz 15 in Straßburg. Kl. 4⁰. 4 S.
Goedeke VII, 532, 21: Radlof 2, 109—111; Bergmann: 's Jumpfer-Base-Gespräch. Alexandriner; eingemischtes Französisch. — Anon.-Lex. II. p. 346 (nach Goedeke).

König, Andr., Entwürfe zu ländlichen Wohngebäuden, s. a. Schauplatz, neuer, der Künste und Handwerke.

König, Andr., Entwürfe zu ländlichen Wohngebäuden oder Häusern für den Bauer, Arbeiter u. Handwerker auf dem Lande, mit den dazu erforderlichen Stallungen, sowie unter Berücksichtigung anderer, auf dem Lande vorkomm. Gebäude, als Backhäuser, Darren, Brauhäuser rc. Nebst der ausführl. Angabe des zu deren Erbauung nothwend. Aufwandes an Materialien u. Arbeitslöhnen. 1. Heft. Weimar 866. B. F. Voigt. gr. 4. (IV, 48 S. mit 12 Steintaf. u. 2 Tabb. in 4. u. qu. Fol.) 1 ℛ

König, Andr., Entwürfe zu ländlichen Wohngebäuden od. Häuser f. den Bauer, Arbeiter u. Handwerker, sowie Pfarr-, Schul- u. Gasthäusern, m. den dazu erforderl. Stallgn. Nebst der ausführl. Angabe d. zu deren Erbaug. nöt. Aufwandes an Materialien u. Arbeitslöhnen. 2. Aufl. vollständig neu bearb., verb. u. verm. v. Paul Gründling. Mit e. Atlas, enth. 12 (lith.) Foliotaf. gr. 8. (X, 207 S.) Weimar 884. B. F. Voigt. 7. 50

König, A., Entwürfe zu ländlichen Wohngebäuden oder Häusern f. den Bauer, Arbeiter u. Handwerker, sowie Pfarr-, Schul- u. Gasthäusern, m. den dazu erforderlichen Stallungen. Nebst der ausführl. Angabe des zu deren Erbauung nöt. Aufwandes an Materialien u. Arbeitslöhnen. 3. Aufl., vollständig neu bearb., verb. u. verm. v. Paul Gründling. Mit e. Atlas, enth. 12 Foliotaf. gr. 8. (XII, 213 S.) Weimar 890. B. F. Voigt. 7. 50

König, Andr., Entwürfe zu ländlichen Wohngebäuden od. Häusern f. d. Bauer, Arbeiter u. Handwerker, sow. Pfarr-, Schul- u. Gasthäusern, m. d. dazu erforderl. Stallgn. Nebst d. ausführl. Angabe des zu deren Erbaug. nöt. Aufwandes an Materialien u. Arbeitslöhnen. 4. Aufl., neu bearb., verb. u. verm. v. Paul Gründling. M. e. Atlas, enth. 14 Foliotaf. gr. 8. (X, 225 S.) Weimar 896. Leipzig, B. F. Voigt. 7 50

—— Ideen zu neuen Schaufenstern, Waarenauslagen und Ladenvorbauen mit den dazu nöth. Einzelnheiten und erläut. Texte. gr. 4. (8 S. mit 24 lithogr. Taf., entworfen und beschrieben.) Weimar 866, Voigt.

König, Andr., ländliche Wohngebäude, enth. Häuser f. den Landmann, Arbeiter u. Handwerker, sowie Pfarr-, Schul- u. Gasthäuser, m. den dazu erforderl. Stallungen. Nebst ausführl. Angabe des zu ihrer Erbaug. nöt. Aufwandes an Materialien u. Arbeitslöhnen. 5. vollst. neubearb. Aufl. v. Paul Gründling. Mit e. Atlas, enth. 16 Foliotaf. (VIII, 227 S.) gr. 8. Leipzig 904. B. F. Voigt. 7. 50

König, Anton

— Zoologische Ergebnisse 4 Die Lergestiden des östlichen Mittelmeeres, gesammelt 1890, 1891, 1892, 1893 (mit 5 Taf.).
Siehe I Abt. Berichte der Kommission für Erforschung des östlichen Mittelmeeres. 4. Reihe.
Separatabdruck

König Anton. *Hemispeiropsis comatulae*, eine neue Gattung der Urceolariden (mit 1 Textfigur). S 103 f. 55 . . . . —.30
Separatabdruck

König, Ant., Hemispeiropsis comatulae, e. neue Gattung der Urceolariden. [Aus: „Sitzungsber. d. k. Akad. d. Wiss."] Lex.-8. (6 S. m. 1 Fig.) Wien 894. (F. Tempsky.) n. — 30

König, Ant., württembergische katholische Lehrer als Dichter u. Schriftsteller, s.: Schulmann, der schwäbische. 1. Heft.

König, Ant. de Cronenburg, Mars super arma jacens a German. Turcisque exercitus. 4. Vien. Krauss. 751.

König, Ant., **Mimosen.** Lieder. 12. (30 S.) Leipzig 895. R. Claußner. n. 1. —

* **ANNALEN** der Juden in den Preußischen Staaten, besonders in der Mark Brandenburg (von *Anton Balthasar König*). Berlin 1790.
Sehr selten und gesucht! Besonders auch auf Berlin bezüglich. — Anon.-Lex. I. p. 74 (nach Meusel).

– s. Beiträge zur Kriegsgeschichte des Kurfürsten Friedrich Wilhelm ...

– s. Denkwürdigkeiten, Alte und neue, der preuß. Armee.

– s. Leben und Thaten Jak. Paul Frhrn. v. Gundling.

König, Ant. Balth., Lebensbeschreibung des K. Preuss. General-feldmarschalls Kurt Christoph Grafen von Schwerin. Berlin u. Frankfurt a. O. 1790. 8

– Dass., s.a. Lebensbeschreibung ...

– s.a. Lexikon, Biograph., aller Helden ...

König, A B. Biographisches Lexikon aller Helden und Militärpersonen, welche sich in preuss. Diensten berühmt gemacht haben. Nebst tabellar. Übersicht des Avancements sämmtlicher preussischen Feldmarschälle, Generaele und anderer Officiere von 1537–1790. 4 Bde. 8 Berlin 1788—91. 14,00.

– s.a. Nachrichten, Authentische, von dem Leben und den Thaten des Generals von Derfflinger.

(König, Art. Balth.) Authentische Nachrichten von dem Leben und den Thaten des Generals von Derfflinger. 8. Stendal 1786.

– s. Nachr. v. dem Leben Gaetano's de Ruggiero.

– s.a. Versuch einer historischen Schilderung ...

* **VERSUCH** einer historischen Schilderung der Hauptveränderungen der Religion, Sitten, Gewohnheiten, Künste, Wissenschaften etc. der Residenzstadt Berlin seit den ältesten Zeiten bis zum Jahre 1786 (von *Anton Balthasar König*). 5 Theile. Berlin 1792—1799 Gr. 8°. (Cplt. in der Bibl. des Vereins f. d. Geschichte Berlins.) (60 Mk., E. Frensdorff, c. 1902.)
Hauptwerk! „Wegen der verschiedenen Abhandlungen über die Sittenzustände u. die kulturhistor. Entwickelung Berlins für jeden Geschichtsfreund unentbehrlich. Das vollständige Werk ist fast unauffindbar!"

Koenig, Anton Phil Georg (geb Cöln a. Rh 21 5. 1841) De vitus cordis nativis cyanosin efficientibus. Berolini (1864) (32 S.) 8°
Berlin, Med Diss. v. 3 Aug 1864

König, Arnold: Zur Theorie und Geschichte der fünfgliedrigen Kohlenstoffringe sowie ein Beitrag zur Kenntnis der Hydrindenderivate. . . . Leipzig, Druck v. Bär & Hermann, 1889; 80 S. + 1 Bl. 8°
Leipzig, Phil. Fak., Inaug.-Diss. v. 7. Okt. 1889

König, Arnold. Zur Theorie u. Geschichte der fünfgliedrigen Kohlenstoffringe, enth. e. Berechng. d. relativen Abstandes v. Kohlenstoffatomen bei doppelter u. einfacher Bindung, sowie e. Beitrag zur Kenntnis der Hydrindenderivate. gr. 8. (80 S. m. Fig.) Lpz. 889, Lorentz. * 2 —

Gesammelte Abhandlungen zur Physiologischen Optik von Arthur König, weil. Prof., Berlin. Mit e. Vorw. von Th[eodor] W[ilhelm] Engelmann. Mit d. Bildn. d. Verf. u. 40 Abb. nebst 2 Taf. *Leipzig: J. A. Barth 1903.* (VIII, 443 S.) 8° [c3. 5080

König, Arth., d. Abhängigkeit der Farben- u. Helligkeitsgleichungen v. d. absoluten Intensität. [Aus: „Sitzungsber d. k. preuss. Akad. d. Wiss."] gr. 8. (12 S.) Berlin 897. (G. Reimer.) n. — 50

— die Abhängigkeit d. Sehschärfe v. d. Beleuchtungsintensität. [Aus: „Sitzungsber. d. Akad. d. Wiss. zu Berlin".] gr. 8. (17 S. m. 1 Kurve im Text.) Ebd. 897. n. 1. —

Koenig, Arthur, approb. Arzt aus Weimar: **Aus d. Augenklinik** zu Jena. **Beitrag zur Kenntnis der Augenveränderungen** nach Schädelbasisfraktur. *Jena 1903: A. Kämpfe.* (29 S.) 8°
Jena, Med. Diss. v. (20. Juni) 1903

König, Arth., s.: Beiträge zur Psychologie u. Physiologie der Sinnesorgane.

König, Arth (Peter) (geb Krefeld 13 9. 1856). Über die Beziehungen zwischen der Galvanischen Polarisation und der Oberflächenspannung des Quecksilbers. Leipzig (1882). (42 S.) 8°
Berlin, Phil. Diss. v 19. Mai 1882

König, Arthur, Die Bibel und die Sklaverei. Neisse, 1874, Programm der Realschule.

König, Arth., ein Blatt aus der Geschichte des schlesischen Schulwesens. (41 S.) 12. Breslau (903). F. Goerlich. n. — 60
Sonderabdruck aus: „Kath. Schulztg. f. Norddeutschland".

— über „Blaublindheit". [Aus: „Sitzungsber. d. k. preuss. Akad. d. Wiss."] gr. 8. (14 S. m. 2 Taf.) Ebd. 897. n. — 50

König, Arth., die Echtheit der Apostelgeschichte des heiligen Lucas. Ein Wort an deren Gegner. Breslau 867. Aderholz' Buchh. gr. 8. (VIII, 240 S.) n. 1 ₰ 7⅓ ngr.

Die Entwickelung der staatlichen Forstwirtschaft in Westpreußen und ihre Beziehungen zur Landeskultur. Von Oberforstmeister Dr. A[rthur] **König**. Mit 1 Kt. Nach e. Vortrage ... Danzig 1906: (Kafemann). 37 S. 8° [11. 11737 10

König, Arth., Geistesleben u. Unterrichtswesen zur Zeit Karls des Großen. — Aus dem Grenzgebiet zwischen Theologie u. Naturwissenschaft. Zwei akadem. Reden. 12. (46 S.) Breslau (902). F. Goerlich. — 30; erh. Pr. — 60

— **u. Conr. Dieterici, die Grundempfindungen in normalen u. anomalen Farbensystemen u. ihre Intensitätsverteilung im Spektrum.** [Aus: „Zeitschr. f. Psychologie u. Physiologie der Sinnesorgane".] gr. 8. (107 S. m. 8 Fig.) Ebd. 892. n. 3. —

König, Arth., Handbuch für den katholischen Religionsunterricht in den mittleren Klassen der Gymnasien u. Realschulen. gr. 8. (XVI, 315 S.) Freiburg i/Br. 881. Herder. n. 2. 40

— dasselbe. 2. Aufl. gr. 8. (XVI, 330 S.) Ebend. 882. n. 2. 50

König, Arth., Handbuch f. den katholischen Religionsunterricht in den mittleren Klassen der Gymnasien u. Realschulen. 3. Aufl. [5—7. Tausend.] (Mit der f. Oesterreich vorgeschriebenen Druckeinrichtg.) gr. 8. (XVI, 328 S.) Freiburg i/Br. 884. Herder. n. 2. 50

König, Arth., Handbuch für den katholischen Religionsunterricht in den mittleren Klassen der Gymnasien und Realschulen. 4. Aufl. 8. (XVI, 312 S.) Freiburg i. Br. 886, Herder'sche Verlagsh. *ℳ 2.50.; geb. ** 3 —

König, Arth. (I.). Handbuch f. den katholischen Religionsunterricht in d. mittl. Klassen d. Gymnasien u. Realsch. 5. Aufl. [11.—13. Taus.] 8. (XV, 307 S.) Freib. i. Br. 890, Herder. * 2 50; geb. ** 2 90
—— dass. — 5. Aufl. [11.—13. Tausend.] (Ausg. f. Österreich.) 8. (XV, 307 S.) Ebd. 890. * 2 50; [** fl. 1 50]

König, Arth., Handbuch f. den katholischen Religionsunterricht in den mittleren Klassen der Gymnasien u. Realschulen. 7. Aufl. (17.—19. Taus.) gr. 8. (XV, 299 S.) Freiburg i/B. 894. Herder. n. 2. 40; geb. in Halbldr. n.n. 2. 80

König, Arth., Handbuch f. d. kathol. Religionsunterricht in d. mittl. Klassen d. Gymnasien u. Realschulen. 8. Aufl. (20. bis 22. Taus.) gr. 8. (XV, 299 S.) Freiburg i/B. 896. Herder. n. 2. 40; Einbd. in Halbldr. n.n.n. — 40

— Handbuch f. den kathol. Religionsunterricht in den mittleren Klassen d. Gymnasien u. Realschulen. 11. Aufl. (27.—29. Taus.) gr. 8. (XVI, 277 S.) Freiburg i/B. 902. Herder. n. 2.40; Einbd. in Halbldr. n.n.n. — 40

— Handbuch f. den katholischen Religionsunterricht in den mittleren Klassen der Gymnasien u. Realschulen. 13. u. 14. Aufl. (XI, 263 S.) 8. Freiburg i/B. 906. Herder. n. 2. 40; geb. n. 3. —

König, Arth., Handbuch f. den katholischen Religionsunterricht in den mittleren Klassen der Gymnasien u. Realschulen. 16. u. 17., verb. Aufl. (XII, 206 S.) 8. Freiburg i/B. 910. Herder. 2.—; geb. in Leinw. 2. 50

— **über den Helligkeitswert der Spektralfarben bei verschiedener absoluter Intensität. Nach gemeinsam m. R. Ritter ausgeführten Versuchen. [Aus: „Beiträge zur Psychologie u. Physiologie der Sinnesorgane".] gr. 8. (84 S. m. 4 Taf.) Hamburg 891. L. Voss. n. 4. —**

Aus dem Kampfe um den Gottesglauben. Vortrag von Univ.Prof. Dr. A[rtur] **König**, Dompropst in Breslau. Breslau: F. Goerlich [1905]. (23 S.) 8° [F.] 106. 2

König, Arth., Lehrbuch für den katholischen Religionsunterricht in den oberen Klassen der Gymnasien und Realschulen. 4 Curse. gr. 8. Freiburg i. Br., Herder'sche Verlagsh. *

Inhalt:

Cursus 1. Allgemeine Glaubenslehre oder die Lehre von der göttlichen Offenbarung. (XI, 136 S. mit 1 lithogr. Karte.) 879. *ℳ 1,80.
" 2. Die Geschichte der christlichen Kirche. (XI, 128 S.) 879. *ℳ 1,80.
" 3. Die besondere Glaubenslehre. (XI, 143 S.) 879. *ℳ 1,80.
" 4. Die Sittenlehre. (IX, 74 S.) 880. *ℳ 1.

— Lehrbuch für den katholischen Religionsunterricht in den oberen Klassen der Gymnasien u. Realschulen. 1—4. Kurs. Ebend. 880—82. n. 6.—
1. Allgemeine Glaubenslehre oder die Lehre von der christlichen Offenbarung. (VIII, 123 S. m. 1 lith. Karte.) 2., verb. Aufl. n. 1. 40
2. Die Geschichte der christlichen Kirche. (VIII, 129 S.) 2., verb. Aufl. n. 1. 80
3. Die besondere Glaubenslehre. 2. Aufl. (XI, 143 S.) n. 1. 80
4. Die Sittenlehre. (IX, 74 S.) n. 1. —

—— Lehrbuch für den katholischen Religionsunterricht in den oberen Klassen der Gymnasien und Realschulen. 4 Kurse. gr. 8. Ebendas. *

Inhalt:

Kursus 1. Allgemeine Glaubenslehre oder die Lehre von der christlichen Offenbarung. 2. Aufl. (VIII, 123 S. mit 1 lithogr. Karte.) 881; 3. Aufl. (XII, 120 S. mit 1 lithogr. Karte.) 884. *ℳ 1,40.
" 2. Die Geschichte der christlichen Kirche. 2. Aufl. (VIII, 129 S.) 881. *ℳ 1,80.
" 3. Die besondere Glaubenslehre. (XI, 130 S.) 882. *ℳ 1,80.
" 4. Die Sittenlehre. (VIII, 79 S.) 883. *ℳ 1.

— Lehrbuch f. den katholischen Religionsunterricht in den oberen Klassen der Gymnasien u. Realschulen. 4 Kurse. gr. 8. Ebend. n. 6. —
1. Allgemeine Glaubenslehre od. die Lehre v. der göttl. Offenbarung. Mit e. Karte: Die Reisen d. Apostels Paulus. 3. Aufl. (XII, 120 S.) 884. n. 1. 40
2. Die Geschichte der christl. Kirche. 4. Aufl. (X, 132 S.) 885. n. 1. 80
3. Die besondere Glaubenslehre. 3. Aufl. (XI, 128 S.) 885. n. 1. 80
4. Die Sittenlehre. 3. Aufl. (VIII, 79 S.) 886. n. 1. —

König, Arth., Lehrbuch für den katholischen Religionsunterricht in den oberen Klassen der Gymnasien und Realschulen. 4 Kurse gr. 8. Freiburg i. Br., Herder'sche Verlagsh. [*ℳ 6.—.] * 5 70

Inhalt:

Kurs. 1. Allgemeine Glaubenslehre oder die Lehre von der göttl. Offenbarung. 4. Aufl. (XII, 124 S. mit 1 Karte: Die Reisen des Apostels Paulus.) 888. *ℳ 1.40.
" 2. Die Geschichte der christlichen Kirche. 4. Aufl. (X, 132 S.) 885. *ℳ 1.80.; 5. Aufl. (X, 140 S.) 889. *ℳ 1.50.
" 3. Die besondere Glaubenslehre. 3. Aufl. (XI, 128 S.) 885. *ℳ 1.80.
" 4. Die Sittenlehre. 3. Aufl. (VIII, 79 S.) 886. *ℳ 1.

—— Lehrbuch f. den katholischen Religionsunterricht in den oberen Klassen der Gymnasien u. Realschulen. 2.—4. Kursus. gr. 8. Ebd. * 4 10; geb. * 5 —
2. Die Geschichte d. christl. Kirche. 6. Aufl. (VIII, 130 S.) 892. * 1 50; geb. * 1 80. — 3. Die besond. Glaubenslehre. 4. Aufl. (XII, 130 S.) 891. * 1 60; geb. ** 1 90. — 4. Die Sittenlehre. 4. Aufl. (VIII, 84 S.) 889. * 1 —; geb. * 1 30.
Vom 2. u. 3. Kursus Ausgabe f. Österreich zu gleichen Preisen. — 1. Kursus. Ebd. 1888. * 1 40.

— Lehrbuch f. den katholischen Religionsunterricht in den oberen Klassen der Gymnasien u. Realschulen. 1.—4. Kurs. gr. 8. Ebd. n. 5. 20; geb. n.n. 6. 50
1. Allgemeine Glaubenslehre od. die Lehre v. der göttl. Offenbarung. Mit 1 Karte: Die Reisen d. Apostels Paulus. 5. Aufl. (11.—13. Taus.) (XI, 108 S.) 893. n. 1. 30; geb. n.n. 1. 60
2. Die Geschichte der christl. Kirche. 6. Aufl. (13.—15. Taus.) (VII, 130 S.) 892. n. 1. 50; geb. n.n. 1. 90
3. Die besondere Glaubenslehre. 5. Aufl. (XII, 114 S.) 894. n. 1. 40; geb. n.n. 1. 70
4. Die Sittenlehre. 5. Aufl. (VIII, 74 S.) 894. n. 1. —; geb. n.n. 1. 30

— Lehrbuch f. d. kathol. Religionsunterricht in d. oberen Klassen d. Gymnasien u. Realschulen. 1.—4. Kurs. gr. 8. Ebd. n. 5. 20; Einbde. in Halbleinw. à n.n.n. — 30
1. Allgem Glaubenslehre od. d. Lehre v. d. göttl. Offenbarg. M. e. Karte: D. Reisen d. Apostels Paulus. 6. Aufl. (14. bis 16. Taus.) (XI, 1·8 S.) 896. n. 1. 30
2. D. Geschichte d. christl. Kirche. 7. Aufl. (VII, 130 S.) 896. n. 1. 50
3. D. besond. Glaubenslehre. 6. Aufl. (X, 114 S.) 898. n. 1. 40
4. Die Sittenlehre. 6. Aufl. (VIII, 74 S.) 897. n. 1. —

König, Dr. Arthur, Lehrbuch für den katholischen Religionsunterricht in den oberen Klassen der Gymnasien und Realschulen.

I. Kursus: Allgemeine Glaubenslehre oder die Lehre von der göttlichen Offenbarung. 7. Auflage. Freiburg i. B. 1900. Herder'sche Verlagsbuchhandlung. Preis, geheftet 1 K 56 h, gebunden 1 K 92 h.

II. Kursus: Die Geschichte der göttlichen Kirche. 7. Auflage. Freiburg i. B. 1896. Herder'sche Verlagsbuchhandlung. Preis, geheftet 1 K 80 h, gebunden 2 K 16 h.

III. Kursus: Die besondere Glaubenslehre. 7. Auflage. Freiburg i. B. 1901. Herder'sche Verlagsbuchhandlung. Preis, geheftet 1 K 68 h, gebunden 2 K 4 h.

IV. Kursus: Die Sittenlehre. 7. Auflage. Freiburg i. B. 1900. Herder'sche Verlagsbuchhandlung. Preis, geheftet 1 K 20 h, gebunden 1 K 56 h.

König, Dr. Artur, Lehrbuch für den katholischen Religionsunterricht in den oberen Klassen der Gymnasien und Realschulen.

I. Kursus: Allgemeine Glaubenslehre oder die Lehre von der göttlichen Offenbarung. 8. Auflage. Freiburg i. B 1902. Herder'sche Verlagsbuchhandlung. Preis, geheftet 1 K 56 h, gebunden 1 K 92 h.

II. Kursus: Die Geschichte der christlichen Kirche. 9. Auflage. Freiburg i. B. 1900. Preis, geheftet 1 K 80 h, gebunden 2 K 16 h.

IV. Kursus: Die Sittenlehre. 8. Auflage. Freiburg i. B. 1902. Preis, geheftet 1 K 20 h, gebunden 1 K 56 h.

— Lehrbuch f. den kathol. Religionsunterricht in den oberen Klassen der Gymnasien u. Realschulen. 1.—4. Kurs. gr. 8. Ebd. n. 5. 20; Einbde. in Halbleinw. à n.n.n. — 30
1. Allgemeine Glaubenslehre od. die Lehre von der göttlichen Offenbarung. Mit e. Karte: Die Reisen des Apostels Paulus. 8. Aufl. (19.—21. Tausd.) (XI, 108 S.) 902. n. 1. 30
2. Die Geschichte der christlichen Kirche. 10. Aufl. (VII, 116 S.) 902. n. 1. 60
3. Die besond. Glaubenslehre. 8. Aufl. (VIII, 114 S.) 902. n. 1.40
4. Die Sittenlehre. 8. Aufl. (VIII, 74 S.) 902. n. 1.—

König, Dr. Artur, Lehrbuch für den katholischen Religionsunterricht in den oberen Klassen der Gymnasien und Realschulen.

I. Kursus. Allgemeine Glaubenslehre oder die Lehre von der göttlichen Offenbarung. Mit einer Karte. Freiburg im Breisgau 1904. Herder'scher Verlag. Preis, geheftet 1 K 68 h, gebunden 2 K 16 h.

III. Kursus. Die besondere Glaubenslehre. Freiburg im Breisgau 1904. Herder'scher Verlag. Preis, geheftet 1 K 68 h, gebunden 2 K 16 h.

IV. Kursus. Die Sittenlehre. Freiburg im Breisgau 1903. Herder'scher Verlag. Preis, geheftet 1 K 20 h, gebunden 1 K 68 h.

— Lehrbuch f. den katholischen Religionsunterricht in den oberen Klassen der Gymnasien u. Realschulen. 4 Kurse. gr. 8. Freiburg i/B. Herder. n. 5. 30; Einbde. à n. — 40
1. Allgemeine Glaubenslehre oder die Lehre von der göttlichen Offenbarung. Mit e. Karte: Die Reisen des Apostels Paulus. 11. u. 12. Aufl. (VII, 108 S.) 906. n. 1.40
2. Die Geschichte der christlichen Kirche. 11. Aufl. (VII, 116 S.) 904. n. 1.60
3. Die besondere Glaubenslehre. 11. u. 12. Aufl. (VIII, 114 S.) 906. n. 1.40
4. Die Sittenlehre. 11. u. 12. Aufl. (VI, 76 S.) 906. n. 1.—

König, Dr. Artur, Lehrbuch für den katholischen Religionsunterricht in den oberen Klassen der Gymnasien und Realschulen. II. Kursus: Die Geschichte der christlichen Kirche. 12. und 13., unveränderte, sonach gemäß Min.-Erl. vom 19. Juni 1905, Z. 21970, allgemein zulässige Auflage. Freiburg i. B. 1907. Geh. K 1 80, geb. K 2.28.

— Lehrbuch f. den katholischen Religionsunterricht in den oberen Klassen der Gymnasien u. Realschulen. 4 Kurse. gr. 8. Ebd. 5.50; geb. 7. 10
1. Allgemeine Glaubenslehre (Apologetik). Mit 1 Karte: Die Reisen des Apostels Paulus. 14. u. 15. Aufl. (IX, 100 S.) 910 1.40; geb. 1. 80
2. Die Geschichte der christlichen Kirche. 14., verb. Aufl. (VII, 118 S.) 909. 1.50; geb. 1. 90
3. Die besondere Glaubenslehre. 13. Aufl. (IX, 99 S.) 909. 1.40; geb. 1. 90
4. Die Sittenlehre. 13., verb. Aufl. (VIII, 78 S.) 909. 1.20; geb. 1. 70

—— Das neue Officium zum heiligen Rosenkranzfeste. Ein Beitrag zur Geschichte u. Dogmatik d. Breviers. 8. (48 S.) Bresl. 891, Aderholz. * — 60
Aus: Schlesisches Pastoralblatt, besonders abgedruckt.

—— Der katholische Priester vor 1500 Jahren. Priester u. Priesterthum nach der Darstellg. d. hl. Hieronymus. 8. (VIII, 204 S.) Ebd. 890. * 2 40

—— Schöpfung und Gotteserkenntnis. 8. (VII, 381 S.) Ebendas. 885. *ℳ 3.—.; geb. ** 3 60

— Titelverzeichniss sämmtl. Veröffentlichgn. von Hermann v. Helmholtz. [Aus: „Wissenschaftliche Abhandlgn. von H. v. H." 3. Bd.] gr. 8. (34 S.) Leipzig 895. J. A. Barth. n. — 80

König, Arth., s.: Verhandlungen der deutschen physikalischen Gesellschaft.

— s.: **Zeitschrift f. Psychologie u. Physiologie der Sinnesorgane.**

— das Zeugniß der Natur für Gottes Dasein. Freiburg im Br. 870. Herder. 8. (III, 139 S.) 10 ngr.

König, August, approb. Arzt aus Bad Oeynhausen: Aus d. Königl. Frauenklinik zu Marburg. Die Anwendung des Alkohols bei der Prophylaxe der Ophthalmoblennorrhoea neonatorum. *Marburg 1900: J. A. Koch.* (30 S.) 8°
Marburg, Med. Diss. v. 18. Juli 1900

König, August: Arbeitsdiagramme von Flachformmaschinen. Berlin: Dietze 1906. 48 S. 4° ¶ Auch in: Dinglers Polytechn. Journal. Jg. 87. Bd 321.
Darmstadt, Dr.-Ing.-Diss. v. 14. 8. 1906

König, Aug., Erinnerungen an die Königs-Manöver der königl. bayerischen Armee, s.: Seiling, Jak.

König, August, approb. Arzt aus Seeste i. Westf.: Aus d. Kgl. Chirurg. Klinik zu Kiel. Zur Kenntnis der Dauerresultate nach Hauttransplantation. *Kiel 1901 [vielm. 1902]: P. Peters.* (16 S.) 8°
Kiel, Med. Diss. v. [23. Okt.] 1902

Koenig, Aug., s.: Maler-Kalender, deutscher.

König, August Friedrich Wilhelm

König, über Abtreibung der Leibesfrucht v. gerichtsärztl. Standpunkt, s.a. Sammlung zwangl. Abhandlungen a. d. Gebiete der Frauenheilkunde. IV. 5.

Über Abtreibung der Leibesfrucht vom gerichtsärztlichen Standpunkt von [August Friedrich Wilhelm] **König.** *Halle a. S.: C. Marhold 1902.* (34 S.) 8°
= Sammlung zwangloser Abhandlungen aus d. Geb. d. Frauenheilk. u. Geburtshilfe. Bd 4, H. 5

König, Aug. Hnr.

— Jubel- u. Dankpredigt. gr. 8. Lemgo 792. Meyer. 6 ℋ

König, Aug. Hnr., (†...) Verbindung des Gründlichen u. Sinnreichen in der Beredtsamkeit. 8. Lemgo 751. Meyer. 3 ℋ

König, Aug. Wilh., praktische Anleitung nach Schroth-Prießnitz'scher Methode sich selbst zu heilen. Ein zuverlässiger Helfer in Krankheiten. Berlin 864. Remat. 8. (VIII, 87 S.) 15 ngr.

König, Aug. Wilh., das Einimpfen der Kuhpocken ist ein Schauder erregendes Vergehen gegen die gesammte Menschheit und durchaus verwerflich. Die radicale Heilung der Menschenpocken vermag einzig und allein die Naturheilmethode und verdient deswegen allgemeine Anerkennung. 8. (34 S.) Dresden 875, Reinhardt.

—— naturgemäße Heilung chronischen Krankseins nach der modificirten Schroth-Prießnitz'schen Methode. gr. 8. (IV und 115 S.) Berlin 867, Remak. *

König, Aug. Wilh., die Naturheilmethode. Ihre Anwendungsformen und Heilerfolge, nach fast 60jähr. prakt. Erfahrung dargestellt. 2. bedeutend verm. und verb. Aufl. Hrsg. von Carl Griebel. 8. (XVI, 227 S. mit 5 Abbild.) Leipzig 886, Th. Grieben. *ℳ 3.—.; geb. * 3 75

König, Aug. Wilh., die Naturheilmethode als Gegensatz zu der absoluten Schädlichkeit der Arzneipraxis und die einzige und sicherste Schutzwehr gegen das zu frühe Sterben und gegen das chron. Siechthum. 2 Thle. 8. (183; 115 S.) Dresden 874, Reinhardt. 4 —

Koenig, Aug. Wilh., die Praxis in d. verschied. Techniken mod. Wandmalerei. Für Künstler, Architekten, Dekorationsmaler, Baubefl. u. Laien. gr. 8. (III, IV, 84 S. m. 3 Fig.) Berlin 897. O. Elsner. Kart. n. 2.25

—— die zuverlässigen und glanzvollen Resultate der Naturheillehre oder diätet. Heilmethode Joh. Schroth's. Durch eine Menge vollbrachter Kuren praktisch nachgewiesen. 1.—4. Aufl. gr. 8. (VII und 35 S.) Berlin 863, Th. Grieben.

—— die zuverlässigen und glanzvollen Resultate der Naturheillehre oder diätet. Heilmethode Joh. Schroth's. Durch eine Menge vollbrachter Kuren praktisch nachgewiesen. 5. Aufl. 8. (VII, 35 S.) Leobschütz 873, Noelle. — 75

König, B. v., Handbuch d. deutschen Konsularwesens, s.: König, B. W. v.

König, B. v., s.: Handelsgesetze, die, des Erdballs. (Handels- u. Seerecht usw., das, v. Deutschland.)

König, B. W., Handbuch des deutschen Konsularwesens. 1. Aufl. (XII, 648 S.) 1875. * ℳ 10.; 2. Ausg. gr. 8. (XII, 565 S.) Berlin 878, v. Decker's Verlag. * geb. *

König, B. W. v., Handbuch des deutschen Konsularwesens. 3. Ausg. gr. 8. (XII, 546 S.) Berlin 885, v. Decker's Verlag. * 11 —

—— dass. — 4. verb., die Verhältnisse in den deutschen Schutzgebieten umfassende Ausg. gr. 8. (XVI, 553 S.) Ebendas. 888. * ℳ 11.—.; geb. ** 12 —

König, B. W. v., Handbuch d. deutschen Konsularwesens. 5., verb., d. Verhältnisse in d. deutschen Schutzgebieten umfass. Ausg. Hrsg. von B. v. König. gr. 8. (XVIII, 646 S.) Berlin 896. R. v. Decker. Geb. in Leinw. n. 12.—

König, B. W. v., Handbuch des deutschen Konsularwesens. 6. verb. Ausg. Hrsg. von B. v. König. gr. 8. (XIX, 760 S.) Berlin 902. R. v. Decker. Geb. in Leinw. n. 12.50

König, B. W. v., Handbuch des deutschen Konsularwesens. 7., verb. Ausg. Hrsg. von B. v. König. 2 Bde. (XXII, 781, XXXIII u. V, 241 S.) gr. 8. Berlin 909. R. v. Decker. Geb. in Leinw. 18. —

König, B. W., Preußens Consular-Reglement nach seiner heutigen Geltung und in seiner heutigen Anwendung. Mit Benutzung der Akten des Königl. Ministeriums der auswärtigen Angelegenheiten bearb. Mit 3 (in Holz geschn. u. col.) Bl. Flaggen-Abbildgn. Berlin 854. Decker. Lex.-8. (XV, 388 S.) 2 ℛ︀. 7½ ngr.

König, B. W., Preußens Consular-Reglement in seiner heutigen Geltung u. Anwendung. Mit Benutzung der Akten des königl. Ministeriums der auswärt. Angelegenheiten bearb. 2., völlig umgearb. Ausg. Berlin 866. v. Decker. gr. 8. (XVI, 624 S.) n. 2 ℛ︀ 10 ngr.

—— die deutschen Konsuln in ihren Beziehungen zu den Reichsangehörigen, namentlich zu dem Handels- und Schifferstande. gr. 8. (VIII, 168 S.) Bremen 876, Schünemann's Verlag.

König, Bdkt. Frz., Sätze aus d. Privat- u. Staats-Oekonomie. 8. Erfurt 796. Görling. 4 gl.

König, B. F., Wartung d. Holzarten, s.a. Wartung.

KÖNIG, B. Fr.: Wartung und Pflege der vorzüglichsten deutschen Holzarten. Ein Unterricht für den deutschen Landwirth von einem praktischen Forstmann. - Erfurt 1797

König Bertold: Über die Einwirkung von Hydrazinhydrat auf das Aldol aus Isobutyr- und Formaldehyd. S. 111. Hb. ... . vgr.
Separatabdruck

Koenig, Bruno, aus Lodz: Ueber das Catechin. Bern 1908. 32 S. 8°. [30. X. 08.]
Bern. Phil. Diss. 1908/09.

König, Bruno, Geschichte samt Führer v. Jauernig u. Umgebung. Mit 1 Spezialkarte des militärisch-geograph. Institutes in Wien u. 4 Abbildgn. (VIII, 154 S.) kl. 8. Jauernig 904. (Breslau, G. P. Aderholz.) Kart. n.n. 1.20

Koenig, Bruno, kurze Lebensbeschreibungen der Heiligen. Zum Gebrauch in den mittleren u. oberen Klassen kathol. Volksschulen. (Unter besond. Berücksichtigung der Schulen in der Diaspora.) (48 S.) kl. 8. Paderborn 905. Bonifacius-Druckerei. n. — 20

— Merkstoff u. Aufgaben aus der Raumlehre. Für die Oberstufe mehrklass. Schulen. (VI, 51 S. m. Fig.) kl. 8. Langensalza 905. Schulbuchh. n. — 50

König, Bruno Emil, s. a.: Crole, B. E.

— vom Alten im Bart. Ein Lebensbild des Turnvater Jahn. Ein Volksbüchlein, den deutschen Turnern gew. 12. (48 S. m. 10 Abbildgn.) Saalfeld (896). (Leipzig, H. Dege.) n. — 50

König, B. Emil. Ausgeburten d. Menschenwahns im Spiegel der Hexenprozesse u. der Auto da fé's. Historische Schandsäulen d. Aberglaubens. Eine Geschichte d. After- u. Aberglaubens bis auf die Gegenwart. 1.—100. Taus. (In 10—12 Lfgn.) 1. u. 2. Lfgn. 8. (S. 1—96.) Rudolst. 892, Bock. à Lfg. — 30; — 60

König, B. Emil, Ausgeburten des Menschenwahns im Spiegel der Hexenprozesse u. der Auto da fé's. Historische Schandsäulen d. Aberglaubens. Eine Geschichte d. After- u. Aberglaubens bis auf die Gegenwart. Ein Volksbuch. 17 Lfgn. 8. (III, 811 S. m. 7 Bildern.) Rudolstadt 893. A. Bock. à — 30
(kplt.: n. 5. —; geb. in Leinw. n. 6. 50)

– Dass., s.a. König, E. B.

Die Geschichte des Cabinet noir Frankreichs von Bruno Emil König. Leipzig: Th. Weber 1895. (57 S.) 8° [illegible]

— vor 90 Jahren. D. Schreckenstage v. Saalfeld a/S. u. d. Heldentod d. Prinzen Ludwig Ferdinand v. Preußen. (10. Oktbr. 1806.) Nach d. gediegensten, zuverlässigsten u. seltensten histor. Quellen dargest. gr. 8. (45 S. m. 2 eingedr. Skizzen u. 2 Lichtdr.-Taf.) Meiningen 896. Junghanß & Koritzer. n. 1. —

König, Bruno Emil, schwarze Cabinette. Eine Geschichte d. Briefgeheimniß-Entheiliggn., Perlustrationen u. Brieflogen, des postal. Secretdienstes, des „kleinen Cabinets", der „Briefrevisionsbureaus" u. sonst. Briefgeheimnißverletzgn. Neue, vielfach verm. u. verb. Aufl. des Buches „Schwarze Cabinette". gr. 8. (VI, 344 S.) Leipzig 899. Luckhardt's Buchh. f. Verkehrswesen. n. 3. —; geb. n. 4. —

– Dass., s.a. König, Emil

— der Kyffhäuser, s. deutschen Kaisersagen u. deren ruhmreicher Abschluß. E. Gedenkblatt an d. Errichtg. d. Kaiser Wilhelm-Denkmals. Den deutschen Kriegerverbänden gewidmet. 8. (24 S.) Ebd. 896. n. — 50

— u. Egb. **Vollborn**, der sächsischen Armee u. d. Sachsen Theilnahme am deutsch-französischen Kriege d. J. 1870/71. Lorbeerblätter u. Eichenlaub in d. Ruhmeskranz d. Sachsen. E. Volksbuch, nach amtl. u. and. zuverläss. Quellen u. wahren Berichten Betheiligter verf. gr. 8. (VI, 570 S. m. 2 Bildn., 2 Ansichten u. 1 farb. Karte.) Leipzig 896. 97. Th. Weber. Geb. in Leinw. n. 5. —
Erschien auch in 24 Lfgn. à — 30.

— u. Egb. Vollborn, der sächsischen Armee u. der Sachsen Theilnahme am deutsch-französ. Kriege der J. 1870/71. Lorbeerblätter u. Eichenlaub in den Ruhmeskranz der Sachsen. Ein Volksbuch, nach amtl. u. anderen zuverläss. Quellen u. wahren Berichten Betheiligter verf. 2. [Titel-] Ausg. gr. 8. (VI, 570 S. m. 2 Bildnissen.) Dresden [896. 897.] 900. C. Höckner. geb. in Leinw. n. 4. —

König, C., institut. philosophicae. 4. Wien 752. Trattner. 4 gl

Koenig, C: Prospecte über Malzpohrmaschinen usw. Speyer a. Rh. (1897?)

König, C. Die neuen Rechnungsgrundlagen der Gothaer Lebensversicherungsbank. Leipzig 1904.

König, C. Des hinkenden Boten Standrede über die Lebensversicherung. Lahrer hinkender Bote 1883/84.

Koenig, C.: *Τὰ τέλη et οἱ ἐν τέλει* verbis quinam intellegendi sint .... Jenae, typ. Frommanni (H. Pohle), 1886; 2 + 66 S. 8°.
Jena, Phil. Fak., Inaug.-Diss. v. 1886.

König, C. A., de paradisiaca festi pentecostalis existentia ex Gen. 3. Viteb. 1700. 4.

König, C. A., dissertatio inauguralis medica de Aristidis incubatione. 8maj. Jenae, Croecker. 818.

Koenig C. E. v.: Die Serradella, s.a. Kette W. u. Koenig C. E. v.

König, C. E. v., die Serradella, der Klee des Sandes, s. a. Thaer-Bibliothek.

König, C. E. v., die Seradella, der Klee des Sandes. Wittenberg 864. Herrosé. 8. (VI, 41 S.) 6 ngr

König, C. E. v., die Seradella, der Klee des Sandes. 1. Aufl. 1864. und 2. Aufl. 8. (48 S.) Wittenberg 865, Herrosé.

König, C. E. v., die Serradella, der Klee des Sandes. 3. verb. Aufl. 8. (40 S.) **Berlin 873, Wiegandt, Hempel und Parey.** * — 75

König, C. E. v: Die Serradella, der Klee des Sandes. 4. Aufl. Berlin 1877

König, Carl, s. K ö n i g , Karl

Koenig, Ch., la vigne et le phylloxera en Alsace. (15 S.) gr. 8. Rixheim 904. (Colmar, H. Hüffel.) n.n. — 20
Sonderabdruck aus: „Revue d'Alsace".

Koenig, Charles, et Georges Burckel, les plantes indigènes de L'Alsace propre à l'ornementation des parcs et jardins. 1re partie: Plantes herbacées vivaces. gr. 8. (156 S.) Colmar 885, (Barth.) * 2 40
Aus: Bulletin de la Société d'histoire naturelle de Colmar, besonders abgedruckt.

König, Chr. Gli.

— s. 1) Catonis Disticha. 2) Cosmogenia. 3) Gabriel, ..., apostol. Handbuch.

König, Chr. Gli., († d. ... 1782.) Schwanengesang, mit d. Jubelode fo. Dichterlorbers. 12. Leipz. 781. (W. Vogel). 9 gl

— Veritas quadrata, theologica scilicet, physica, mathematica et philologica. 8. Amsterd 765.

König, C. Gl., Weissagung Mosis in den letzten Tagen. 2 Thle. Fol. Frkf. 741. 42.

König, Christian, s.a. K ö n i g , Christoph

König, Chr[istian], K. Revieramts-Assist. in Stuttgart: **Die Altersklassen** und ihre Bedeutung für die Nutzung im **schlagweisen** Hochwaldbetriebe. *Gerstetten 1900: H. Pötzsch.* (Getr. Pag.) 8° [J.]
Tübingen, Staatswiss. Diss. v. 1900

König, Chr., die Altersklassen u. ihre Bedeutung f. die Nutzung im schlagweisen Hochwaldbetriebe. Diss. gr. 8. (V, 85 S. m. 8 Anlagen.) Gerstetten 900. (Stuttgart, H. Lindemann.) n.n. 1.20

FRAUENLOB, Prophetisches, in wochentlichen (!) Blättern .... (verfasst von *Christian Gottlieb König*). Franckf. 1740.
Anon.-Lex. II. p. 118 (nach Baader). Meusel hat „1749".

SEITEN-MUSTERUNG, Poetische (von *Christian Gottlieb König*). O. O. 1742.
Anon.-Lex. IV. p. 67 (nach Meusel). — Sehr rar!

König, Chr. Rud., Grundriss der allgemeinen Warenkunde, s.: Erdmann, Otto Linne.

König, Christoph, s.a. K ö n i g , Christian

KÖNIG, Christoph: Die Altersklassen und ihre Bedeutung für die Nutzung im schlagweisen Hochwaldbetriebe. - Gerstetten 1900. 85 S., 10 Taf., 4 Bl. - Diss. Univ. Tübingen 1900

König, Christoph. Kleines Kirchenlieder-Lexikon, enthaltend den Liederbestand der offiziellen Deutschen evangelischen Gesangbücher, einschliesslich des «Eisenacher Büchleins», des Militär- und des Fischer-Bunsenschen Gesangbuchs. Bearb. von Ch' K'. VIII + 96 S. 8. Stuttgart, D. Gundert, 1907. [M. 2.40]
(*Mit Berücksichtigung* des allgemeinen Schweizer Gesangbuchs.)

König, Chrph., kleiner Liederschatz f. Familie u. Gemeinschaft. Unt. Mitwirkg. v. Freunden gesammelt v. K. u. durchges. v. Frdr. Zehle. 8. (VIII, 648 S.) Stuttgart 897. Buchh. d. Evang. Gesellschaft. Geb. n. 1.60; in Leinw. n. 2. —; in Ldr. n. 3. —

König, Cph. Gtthlf.

— — De caussis infrequentiorum hac nostra aetate scholarum publicarum. Oratio in auspiciis novi muneris habita. Meissen (Klinkicht) 1800. 24 S. (5.—) 18912
Gew.: Carl Albrecht v. Nimptsch (Rossthal, Pesterwit).

— — De nimia imitationis in scriptoribus antiquis indagandae cupiditate. Meissen (Klinkicht) 3. VII. 1815. 23 S. (5.50) 18946

— — De Diis Graecorum atque Romanorum Averruncis. Comment. I. Meissen (Klinkicht) 3. VII. 1817. 16 S. (4.50) 18948

— — De publica educatione disserit, simulque sollemnia dedicationis illustris scholae provincialis Misnensis publica liberalitate instauratae. Meissen (Klinkicht) 17. XI. 1812. 26 S. (5.50) 18943

— — Epistola ad virum M. Detlev Carolum Guilielmum Baumgarten-Crusium, rectoris scholae regiae Afranae munus amplissimum sollemni ritu capessentem. Divae Afrae auctoritate et collegarum nomine scripsit. Meissen (Moritz Christian Klinkicht) 1833. 4 Bl. (3.50) 18955

— **Christoph Gotthelf,** Ad locum epist. Pauli ad Hebraeos C. V. 1—8. Commentatio grammatica quam, viro praenob. atque doct. Philippo Valentino Trubenbachio munus scholae Mitweydensis regundae nuper demantatum gratul. amicorum quorundam nomine. Chemnitz (Carl Friedrich Gebhard) 1790. 32 S. (5.50) 18939

Gratul.: Joh. Friedr. Baldauf (Gablenz), M. Friedr. Chn. Boehle (Chemnitz), Chn. Friedr. Braune (Chemnitz), Joh. Heinr. Gebhardt (Schleiz), M. Carl Theophil Hofmann (Chemnitz), Joh. Chph. Kauferstein (Chemnitz), Carl Ernst Reichel (Mittweida), Chn. Friedr. Stopp (Chemnitz), Chn. Friedr. Trowitzsch (Niederzwoena), Fel. Gotth. u. Ernst Lebrecht (Trubenbach (Dohna), Carl Christoph Wagner (Chemnitz).

König, C. G., Memoriam annivers. dedic. ante hos 275 ann. atque nuper instauratae scholae regiae Afranae a. d. III. Jul. A. 1818. 4maj. Misenae, Gödsche. 818. •

— — Memoriam anniversariam dedicatae ante hos 275 annos atque nuper instauratae scholae regiae Afranae. Meissen (Klinkicht) 3. VII. 1818. 20 S. mit Namen. (3.—) 18950

— — Memoriam anniversariam dedicatae ante hos 279 annos atque nuper instauratae scholae regiae Afranae. Meissen (Klinkicht) 3. VII. 1822. 20 S. mit Namen. (4.—) 18951

— — Memoriam anniversariam dedicatae ante hos 281 annos atque nuper instauratae scholae regiae Afranae. Meissen (Klinkicht) 5. VII. 1824. 23 S. mit Namen. (3.50) 18952

— — Memoriam anniversariam dedicatae ante hos 282 annos atque nuper instauratae scholae regiae Afranae. Meissen (Klinkicht) 4. VII. 1825. 19 S. mit Namen. (4.—) 18953

— — Memoriam anniversariam dedicatae ante hos 283 annos scholae regiae Afranae. Meissen (Klinkicht) 3. VII. 1826. 28 S. mit Namen. (4.50) 18954

— — (Conrector d. Annaberger Lyc.), De montibus urbium antiquissimarum sedibus. Commentatio, quam inter sacra urbis Annaemontanae saecularia solemni ritu celebrata. Annaberg (F. W. L. Hasper) 1796. 43 S. (6.—) 18940

Koenig, Chrstph. Gthe., Opuscula latina. Ed. Frid. Max. Oertel. 8maj. (30 B.) Misenae 834 Klinkicht et fil.

(— —). — Viro **Christoph Gotthelf Koenig** lib. art. mag. dign. et adhuc Annaemontani lycei conrectori merit. cum 21. I. 1800 illustris Afranei collega tertius in acroaterium maius solenni more introduc. suscepti muneris amplitudinem gratul. Afra. — Disseruntur quedam de strenua inertia. Meissen (Klinkicht.) 12 S. (4.50) 18941

— — sacra semisaecularia imperii regis augustissimi et potentiss. Friderici Augusti patriae patris optimi, in schol. reg. Afrana a. d. XV. Sept. 1818. devot. pietate celebr. indicit. fol. maj. ibid. 818. •

König, C. C., de sensu antiquit., sacrr. liter. interpreti maxime necessario. Misen. 1812. 4.

— — De studio imitandorum antiquitatis scriptorum sapienter regundo. Meissen (Klinkicht) 8. VII. 1813. 29 S. (5.50) 18944

— — De antiquioribus Scriptorum Graecorum Versionibus Latinis. Meissen (Klinkicht) 3. VII. 1816. 16 S. (5.—) 18947

— — Viris M. Christ. Theophil Kreysig, M. Benjamin Gotthold Weiske, M. Andreas Carl Balzer, M. August Weichert cum 15. IV. 1814 muneribus gravissimis recens in ipsos collatis in schola regia Misnensi solemni ritu inaug. pie gratul. Afra. Meissen (Klinkicht). 12 S. (4.50) 18945

— — Viro M. Frider. Aug. Bornemanno lycei Nivemontani rectori adhuc merit. sexti professoris munus in schola regia Misenensi solemni ritu capessenti pie gratul. Afra. Meissen (Klinkicht) 8. VI. 1818. 12 S. (4.50) 18949

König, Gph. Ph. Fd., († d. 14. Oct. 1804.) s. Gedichte e. Jünglings.

König's, Dav., Beschreibung der Konstitution d. Herzogt. Zweibrücken, s. a. Mitteilungen d. histor. Ver. d. Mediomatriker f. die Westpfalz I.

David **Königs** Beschreibung der Konstitution des Herzogtums Zweibrücken ⟨1677⟩ mit amtl. Ergänzungen aus d. Jahre 1693 u. Otto Heinrich Webels Bericht an d. kgl. schwedische Regierung über d. Verhältnisse d. Fürstentums Zweibrücken ⟨1704⟩. Hrsg. von Rudolf Buttmann. *Zweibrücken 1900: A. Kranzbühler.* (XX, 96 S.) 8°
— **Mitteilungen** d. Histor. Vereins d. Mediomatriker in Zweibrücken. 1.
(01. 5972 B

König, David [aus Parabuty, Ungarn]: Ueber die Verwendung der drei Voltmeter-Methode zur Bestimmung kleiner Kapazitäten mit Effektverlusten. Zürich 1904. 74 + 1 S. 8°. [28. III. 04.]
Zürich. Phil. Diss. II. S. 1903/1904.

König, David. Ueber die Verwendung der drei Voltmeter-Methode zur Bestimmung kleiner Kapazitäten mit Effektverlusten. Diss. Phil. [II.] Univ. Zürich. [Mit Figuren.] 75 S. 8. Zürich, Müller, Werder & Cie., 1904.

König, Dietr., kritische Erörterungen zu einigen italienischen Quellen für die Geschichte des Römerzuges Kaiser Heinrich's VII. gr. 8. (66 S.) Göttingen 874, Peppmüller. 1 60

König, Dietr., Ptolomaeus von Lucca und die Flores chronicorum des Bernardus Guidonis. Eine Quellenuntersuchung. gr. 8. (72 S.) Würzburg 875, Stuber. *

— Tolomeo von Lucca. Ein biograph. Versuch. gr. 4. (13 S.) Harburg 878, (Danckwerts.) *

König, E., über den Charakter einiger ungeformter Fermente, s. Zulkowsky, K.

König E.: Die Ent- u. Bewässerung d. ländlichen Grundstücke. Eine ... Zusammenstellung aller ... betreffenden Landesgesetze in den königl. preuss. Staaten, nebst e. Anh. ... 2. verb. Aufl. Münster 1855. 52 S. P.

König, E., die Ent- und Bewässerung der ländlichen Grundstücke. Eine kurze u. übersichtliche Zusammenstellung aller die Vorfluth, sowie die Ent- u. Bewässerung der ländlichen Grundstücke betreffenden Landesgesetze in den Königl. Preußischen Staaten, nebst einem Anhange über Benutzung des Wassers zu nicht-landwirthschaftlichen, besonders gewerblichen Anlagen. Ein Rathgeber für Verwaltungs- u. Justiz-Beamte, Landwirthe, Wiesenbauer rc. 3. verb. Aufl. Münster 859. Brunn. gr. 8. (56 S.) n. 7½ ngr

König, E., die Ent- und Bewässerung der ländlichen Grundstücke. Eine kurze und übersichtl. Zusammenstellung aller die Vorflut, sowie die Ent- und Bewässerung der ländl. Grundstücke betr. Landesgesetze in den königl. preuß. Staaten, nebst einem Anhang über Benutzung des Wassers zu nichtlandwirtschaftl., besonders gewerbl. Anlagen. Ein Ratgeber für Verwaltungs- und Justiz-Beamte, Landwirte, Wiesenbauer, Müller, Gerber, Bleicher, Färber und andere Gewerbtreibende, sowie Grundbesitzer überhaupt. 4. verb. und neu bearb. Aufl. gr. 8. (IV, 64 S.) Leipzig 886, Lenz. — 75

König, E., die Farbenphotographie, s.a. Bibliothek, photogr. 19.

Die Farben-Photographie. Eine gemeinverständl. Darstellung d. verschiedenen Verfahren nebst Anleitung zu ihrer Ausführung. Von Dr. E. König. Mit 1 Farbentaf. Berlin: G. Schmidt 1904. (87 S.) 8° = Bibliothek, Photographische. Bd 19. [05. 1637

Die Farben-Photographie. Eine gemeinverständliche Darstellung d. verschiedenen Verfahren nebst Anleitung zu ihrer Ausführung. Von Dr. E. König. 2. verm. u. verb. Aufl. Mit 1 Farbentaf., 1 Tondruck-Taf. u. 2 Fig. Berlin: G. Schmidt 1906. (96 S.) 8° = Bibliothek, Photographische. Bd 19. [06. 6709

König, E. v., Heidelberg u. Umgebung. Malerische Naturaufnahmen. (15 Taf. in Kpfrgrav. m. IV S. Text.) qu. 4. Heidelberg (902). E. v. König. In Mappe 15.—

König, E. v., das luxemburger Land, seine Bildung und Vergrößerung, sein Glanz und seine Zerstückelung. 1. Abthl. gr. 12. (IV und 94 S. mit 1. Stnt.) Diekirch 850. (Luxemburg, Bück.) *

König, E., statistische Nachrichten über den Regierungs-Bezirk Münster für die J. 1858—60. Nach amtl. Quellen bearb. gr. 4. (63 S.) Münster 860, Coppenrath'sche Buchh. Thlr. *

Koenig, E. De nominibus propriis, quae sunt apud Plautum et Terentium. 42 S. Progr. Patschkau 1876.

Koenig, E., d. Nordfuss d. Dagestan, s.: Radde, Gustav

Koenig, E., das Ostufer des Pontus, s.: Radde, Gustav

— Quaestiones plautinae 18 S. Progr. Patschkau 1883.

König, E., gallo-fränkische Reim-Chronik. 8. (14 S.) Münster 871, Fahle. — 20

Koenig, E., la science du vrai, philosophie théorique et pratique, speculative et experimentale. Trad. de l'allemand et développée par ***. gr. 8. (26½ B.) Paris 844. (Leipzig, Barth.) *

König, E., Strassburg u. d. Vogesen, s.: Grieben's Reisebücher.

König, E., die Vogesen u. Strassburg, s.: Grieben's Reisebücher.

KÖNIG, E. B., Ausgeburten des Menschenwahns im Spiegel der Hexenprozesse und der Auto da fés. Historische Schandsäulen des Aberglaubens und Geschichte des Aber- und Afterglaubens bis auf die Gegenwart. Ein Volksbuch, mit zahlreichen Abbildungen (Folter- und Marterwerkzeuge, Hinrichtungen etc. darstellend). 100. Tausend. Rudolstadt 1893. 8°. 811 S. (Br. Mk. 5,40; Lwdbd. 6,50.) (4 Mk. 90 Pfg., wie neu, B. Seligsberg, Bayreuth; 5 Mk. Frdr. Klüber, München, 1898.)

Ausführlichstes, zugleich auf historischen Quellen beruhendes Werk.

Hexenwahn und Teufelsglaube im Alterthum — im Mittelalter. — Ausgeburten des Menschenwahns im Spiegel der eigentlichen Hexenverfolgungen. — Der Menschenwahn im Spiegel der Hexenproben — im Spiegel der Folterkammer. — Hexenhinrichtungen. — Hexenprozesse aus dem 14. und 15. Jahrhundert (327 Seiten). — Allmäliges Verlöschen des Teufels- und Hexenwahns. — Verschiedene Arten des Teufels-, Zauberei- und Spukglaubens. — Ketzerverfolgungen.

— Dass., s.a. König, Bruno Emil

König, E. F. C., Abbildung und Beschreibung der nützlichsten Getreidearten nebst Angabe ihrer Cultur und ihres Nutzens. Mit besond. Rücksicht auf das Versuchsfeld der k. land- und forstwirthschaftl. Akademie zu Hohenheim. Beschrieben und nach der Natur gezeichnet. gr. 4. (30 S. und 15 ill. Stnt.) Stuttgart 847, Schreiber und Schill.

König, E. F. C., Abbildung u. Beschreibung der nützlichsten Getreidearten, nebst Angabe ihrer Cultur u. ihres Nutzens. Mit besond. Rücksicht auf das Versuchsfeld der k. land- u. forstwirthschaftl. Akademie zu Hohenheim. Beschrieben u. nach der Natur gezeichnet. Mit 15 (lith. u. color.) Taff. (in qu. Fol.) 2. (Titel-)Ausg. Eßlingen (847) 868. Schreiber. hoch 4. (III, 27 S.) 18 ngr

König, E. F. C., Abbildung und Beschreibung der nützlichsten Getreidearten nebst Angabe ihrer Cultur und ihres Nutzens. Mit besond. Rücksicht auf das Versuchsfeld der k. land- und forstwirthschaftl. Akademie zu Hohenheim. Beschrieben und nach der Natur gezeichnet. 2. (Titel-)Ausg. hoch 4. (III, 27 S. mit 15 lithogr. und color. Taf. in qu. Fol.) Eßlingen (847)68. [Stuttgart, Ulmer.] 1 80

— Beschreibung u. Abbildung der nützlichsten Geräthe u. Werkzeuge zum Betriebe der Land- u. Forstwirthschaft, aus der Hohenheimer Modellsammlung. 4 Lfgn. gr. 4. (VIII u. 98 S. mit 54 lith. Taf.) Stuttgart 847, Metzler. (à n. ¾ ß) n. 3 ß — 2. verm. Aufl. Mit 58 lith. Taf. gr. 4. (VIII u. 95 S.) Ebd. 850. 3 ß

— dass. Supplement-Hft. zur 1. Aufl. Mit 4 lith. Taf. gr. 4. (10 S.) Ebd. 850. ¼ ß

König, Eberhard: Ariadne, s. Hess, Ludwig.

König, Eberh., Don Ferrante, s.a. Universal-Bibliothek.

Don Ferrante. Schauspiel in 4 Aufz. von Eberhard König. Leipzig: Reclam (1910). 70 S. 8° (Universal-Bibliothek. 5217.) [10. 14,93

König, Eberh., Frühlingsregen. Ein Schelmenspiel in dreien Streichen. (III, 152 S.) 8. Jena 905. H. Costenoble. n. 2.—

— Der Gladiator, s.: Wertung. 12.

König, Eberh., Jung Goethe. Prolog, gedichtet z. Goethefeier in Itzehoe (24. VI. 1899). 8. (7 S.) Itzehoe (899). Th. Brodersen. — 15

— Ums hl. Grab, s.: Volks- u. Jugendbücher, Mainzer. 4. Buch.

— Hafbur u. Signild. Für Soli, Chor u. Orchester komponiert v. Karl Gleitz. Op. 84. (Textbuch.) 12. (16 S.) Stuttgart (900). Leipzig, H. Seemann Nachf. n. — 40

— ein Heldenleben v. Richard Strauss, s.: Rösch, Frdr.

Vaterländischer Schriftenverband (V. S. V.). 'Hurrapatriotismus' und Begeisterung. Eine Festtagsbetrachtung von Eberhard **König**. Berlin: Schriftenverband 1909. 22 S. 8°
(Flugschriften des V. S. V. 2.) [11. 4716

— Meister Josef. Schauspiel in 4 Vorgängen. (107 S.) 8. Berlin 906. E. Fleischel & Co. n. 2. —; geb. n. 3. —

— Klytaimnestra. Tragödie. (54 S.) 8. Jena 903. H. Costenoble. n. 1. —

König, Eberh., Filippo Lippi. Trauersp. in 5 Aufzgn. 8. (180 S.) Berlin 899. S. Fischer, Verl. n. 2. —

— Von Hollas Rocken. Volksmärchen, neu erzählt. Bildschmuck v. Hans Schroedter. Hrsg. v. der freien Lehrervereinigg. f. Kunstpflege. (93 S. m. 4 Farbdr.) 8. Mainz (908). J. Scholz. Geb. in Leinw. 2. —

— s.: Romberg, Amalie v., Sophie Schwerin.

König Saul. Trauerspiel von Eberhard **König**. *Berlin: H. Costenoble 1903.* (166 S.) 8° [F.] [04. 5418

— Stein (1806—1813). Vaterländisches Festspiel. (VIII, 196 S.) 8. Berlin 907. E. Fleischel & Co. 1.50; geb. 2. 50

— Gevatter Tod. Ein Märchen v. der Menschheit. Drama in 5 Aufzügen. 8. (132 S.) Berlin 900. S. Fischer, Verl. n. 2. —

— Wielandt der Schmied. Ein dramat. Heldengedicht. (IX, 286 S.) 8. Berlin (906). E. Fleischel & Co. n. 4. —; geb. n. 5. 50

König, Ed.

— die Bedeutung des Alten Testamentes f. das christl. Glaubensleben, s.: Hefte z. „Alten Glauben". 3.

König, Ed., Beiträge zum positiven Aufbau der Religionsgeschichte Israels. 1.: Die Bildlosigkeit des legitimen Jahwecultus. Lex.-8. (32 S.) Leipzig 886, Dörffling und Franke. * — 60
Aus: Zeitschrift für kirchliche Wissenschaft und kirchliches Leben, besonders abgedruckt.

König, E., Beiträge zum positiven Aufbau der Religionsgeschichte Israels. II. [Aus: „Zeitschr. f. kirchl. Wissensch. u. kirchl. Leben".] Lex.-8. Leipzig 889. Dörffling & Franke. n. — 60 (I. II.: n. 1. 20)
Der Monotheismus der legitimen Religion Israels, nach seiner Einzigartigkeit, Wirklichkeit u. Entstehung gewürdigt. (16 S.)

König, Ed., Einleitung in das Alte Testament m. Einschluss der Apokryphen u. der Pseudepigraphen Alten Testaments, s.: Sammlung theologischer Handbücher.

—— Der Glaubensact d. Christen, nach Begriff u. Form untersucht. gr. 8. (VI, 173 S.) Lpz. 891. Deichert Nachf. * 3 —

—— Die letzte Instanz d. biblischen Glaubens. Eine fundamental-dogmat. Studie. gr. 8. (38 S.) Ebd. 892. * — 60

— alttestamentliche Kritik u. Christenglaube. Ein Wort zum Frieden. gr. 8. (89 S.) Bonn 893. E. Weber. n. 2. —

König, Ed., System d. analyt. Philosophie als Wahrheitslehre. gr. 8. (13¼ B. u. 2. Tab. gr. 4.) Leipzig 833, Barth.

König, Ed., über die Vorzüge religiöser Genossenschaften als Irren-Wart-Personal. Ein Beitrag zu der Frage: „Soll die westfälische Provinzial-Irren-Anstalt confessionell getrennt werden, oder nicht?" Paderborn 854. Schöningh. gr. 8. (1 Bl., 114 S.) n. 12 ngr.

König, E., die Wahrheits-Wissenschaft. 3., umgearb. und verm. Aufl. gr. 8. (436 S.) Leipzig 847, Barth.

Koenig, Edm., die Entwickelung des Causalproblems von Cartesius bis Kant. Studien zur Orientirung über die Aufgaben der Metaphysik und Erkenntnisslehre. gr. 8. (VI, 340 S.) Leipzig 888, O. Wigand. * 5 —

Koenig, Edm. Die Entwickelung d. Causalproblems in der Philosophie seit Kant. Studien zur Orientirg. üb. die Aufgaben der Metaphysik u. Erkenntnisslehre. [II. Thl.] gr. 8. (XII, 488 S.) Lpz. 890, O. Wigand. * 8 —
[I. Thl.] Ebd. 1888. * 5 —.

König, Edm., Kant u. die Naturwissenschaft, s. a. Wissenschaft, die. 22. Heft.

Kant und die Naturwissenschaft von Prof. Dr. Edm. **König** in Sondershausen. Braunschweig: F. Vieweg & Sohn 1907. (VI, 232 S.) 8°
— **Wissenschaft**, Die. H. 22. [07. 14562

[F.] **Koenig**, Edm*und* [Dr.]: Das Problem des Zusammenhangs von Leib und Seele und seine Bearbeitung in der kartesianischen Schule. Sondershausen, Hofbuchdr. v. F. A. Eupel, 1895; 3—22 S. 4.
Sondershausen, fürstl. G, OP 1895 (746)

[F.] **König**, Ed*mund* [Dr.]: Das Problem des Zusammenhangs von Leib und Seele und seine Bearbeitung in der kartesianischen Schule. '(Schluss [d. P-Beil. 1895].)' Sondershausen, Hofbuchdr. v. F. A. Eupel, 1897; 3—14 S. 4.
Sondershausen, fürstl. G, OP 1897 (749)

König, Edm., über den Substanzbegriff bei Locke und Hume, s. a. Studien, philosophische.

— **Edmund** (Westgreußen/Schwarzb.-Sond.; Dresden), Über den Substanzbegriff bei Locke und Hume. Diss. philos. Lpz. (Wilhelm Engelmann) 1881. 76 S. mit Biogr. (6.—) 18961
S.-A. a.: Philos. Studien Bd. I, Heft 2. — Gew.: Dr. Kieser, Dr. Toepfer (Sondershausen).

— W. Wundt als Psycholog u. als Philosoph, s. a. Frommann's Klassiker der Philosophie. XIII.

W. Wundt. Seine Philosophie u. Psychologie. Von Edmund **König**. Mit Bildnis. *Stuttgart: F. Frommann 1901.* (207 S.) 8°
= **Klassiker**, Frommanns, d. Philosophie. 13. [01. 5190

Ahasver 'der ewige Jude' nach seiner ursprüngl. Idee u. s. literar. Verwertung betrachtet von Eduard **König**, Prof., Bonn. Gütersloh: C. Bertelsmann 1907. (74 S.) 8° [07. 4815 3

König, Eduard, moderne Anschauungen über den Ursprung der israelit. Religion, s. a. Magazin, pädagog. 285 Heft.

Moderne Anschauungen über den Ursprung der israelitischen Religion. In Vorträgen ... erörtert von Eduard **König**, Prof., Bonn. Langensalza: H. Beyer & Söhne 1906. (63 S.) 8°
— **Magazin**, Pädagogisches. H. 285. [07. 3735 3

König, Eduard [Arzt von Münchenbuchsee]: **Apparat zur Bestimmung der atmosphärischen Kohlensäure nach Professor Rosenthal, verbessert von Regierungsrat Dr. Ohlmüller. Bern 1901. 42 S. 8°.**
Bern. Med. Diss. 1900/1901.

König, Eduard Apparat zur Bestimmung der atmosphärischen Kohlensäure nach Professor Rosenthal, verbessert von Regierungsrat Dr. Ohlmüller. Diss. Med. Bern. 42 S. 8. Bern, Neukomm & Zimmermann, 1901.

Die Babel-Bibel-Frage und die wissenschaftliche Methode. Zugleich Kritik von Delitzsch's 3. Bibel-Babel-Schrift. Von Eduard **König**, Prof., Bonn. Gr. Lichterfelde-Berlin: E. Runge [1904]. (45 S.) 8°
— **König**: Im Kampf um d. Alte Testament. H. 3. [04. 132

— **Babylonisierungsversuche** betreffs der Patriarchen u. Könige Israels. Sep.-Abdr. aus dem „Beweis des Glaubens", verm. durch e. Wort der Abwehr. (36 S.) gr. 8. Gütersloh 903. C. Bertelsmann. n. — 50

— s.: **Ballard, F.**, die Wunder des Unglaubens.

— das **Berufungsbewußtsein** der alttestamentl. Propheten. Vortrag, geh. in der evangel. Kirche zu Unter-Barmen am 9. VIII. 1900. gr. 8. (28 S.) Barmen 900. Wupperthaler Traktat-Gesellschaft. n. — 40

Bibel und Babel. Eine kulturgeschichtl. Skizze von Eduard **König**. Dr. phil. u. theol., Prof., Bonn. *Berlin: M. Warneck 1902.* (51 S.) 8° [02. 360

Bibel und Babel. Eine kulturgesch Skizze von Eduard König, Prof., Bonn. 3. Aufl. *Berlin: M. Warneck 1902* (51 S.) 8°

Bibel und Babel. Eine kulturgeschichtl. Skizze von Eduard **König**, Prof. 7., abermals erw. Aufl., nebst e. Kritik von Delitzschs neuesten Äusserungen. Berlin: Warneck 1903. 62 S. 8°

— **Bibel u. Babel.** Eine kulturgeschichtl. Skizze. 8., abermals erweit. Aufl. m. Beurteilg. v. Delitzschs 2. Vortrag über Babel u. Bibel. (64 S.) gr. 8. Berlin 903. M. Warneck. n. 1. —

Bibel und Babel. Eine kulturgesch. Skizze von Eduard **König**, Prof., Bonn. 10. erw. Aufl. *Berlin: M. Warneck 1903.* (68 S.) 8°

König, Ed., Gedanke, Laut und Accent als die drei Factoren der Sprachbildung comparativ und physiologisch am Hebräischen dargestellt. gr. 8. (VII, 155 S.) Weimar 874, Böhlau. 3 —

— die babylonische Gefangenschaft der Bibel als beendet erwiesen, s.a. **Christentum u. Zeitgeist.** 5. Hft.

Die babylonische Gefangenschaft der Bibel als beendet erwiesen von Eduard **König**, Dr. phil. u. theol. Stuttgart: M. Kielmann 1905. (81 S.) 8° [F.]
— **Christentum** u. Zeitgeist. Ser. 1. H. 5. [05. 16248 11

— **Geschichte des Reiches Gottes bis auf Jesus Christus.** s.a. **Grundrisse der Theologie.**

Geschichte des Reiches Gottes bis auf Jesus Christus von Eduard **König**, Prof. Braunschweig & Leipzig: H. Wollermann 1908. (VIII, 330 S.) 8°
— **Grundrisse** d. Theologie. Abt. 2, T. 1. [07. 18111

— **der Geschichtsquellenwert des Alten Testaments**, s.a. **Magazin, pädagogisches. 258.**

Der Geschichtsquellenwert des Alten Testaments in Vorträgen vor Lehrern u. Lehrerinnen erörtert von Eduard **König**, Prof., Bonn. Langensalza: H. Beyer & Söhne 1905. (86 S.) 8°
— **Magazin**, Pädagogisches. H. 258. [05. 6006

Glaubwürdigkeitsspuren des Alten Testaments. Von Eduard **König**, Prof., Bonn. *Gr. Lichterfelde-Berlin: E. Runge [1903].* (54 S.) 8°
— **König**: Im Kampf um d. Alte Testament. H. 1. [04. 6904

— **die Gottesfrage u. der Ursprung des Alten Testaments.** (57 S.) 8. Gr.-Lichterfelde-Berlin (903). E. Runge. n. — 80

— **Hebräische Grammatik**, f. den Unterricht m. Übungsstücken u. Wörterverzeichnissen methodisch dargestellt. (VIII, 111 u. 88 S.) 8. Leipzig 908. J. C. Hinrichs' Verl. 3. —; geb. in Leinw. 3. 60

— **Hebräisch u. Semitisch. Prolegomena u. Grundlinien e. Geschichte der semit. Sprachen, nebst e. Exkurs über die vorjosuan. Sprache Israels u. die Pentateuchquelle PC.** gr. 8. (VII, 128 S.) Berlin 901. Reuther & Reichard. n. 4. —

Im Kampf um das Alte Testament. Von Eduard **König**, Prof., Bonn. H. 1. *Gr. Lichterfelde-Berlin: E. Runge [1903].* 8° [04. 6903

— **im Kampf um das Alte Testament.** 1.—4. Hft. gr. 8. Ebd. n. 3. 35

1. Glaubwürdigkeitsspuren des Alten Testaments. (54 S.) (903.) n. — 75
2. Alttestamentliche Kritik u. Offenbarungsglaube. Vorträge, geh. im „Kursus f. christl. Religions-Wissenschaft" zu Dortmund am 7. u. 8. X. 1903. (55 S.) (904.) n. — 90
3. Die Babel-Bibel-Frage u. die wissenschaftliche Methode. Zugleich Kritik v. Delitzsch's IIIter Babel-Bibel-Schrift. (45 S.) (904.) n. — 70
4. „Altorientalische Weltanschauung" u. Altes Testament. Letztes Hauptproblem der Babel-Bibel-Debatte, erörtert. (69 S.) (905). n. 1. —

Alttestamentliche Kritik und Offenbarungsglaube. Vorträge, geh. im 'Kursus f. christl. Relig.-Wissensch.' zu Dortmund 1903 ... von Eduard **König**, Prof., Bonn. *Gr. Lichterfelde-Berlin: E. Runge [1904].* (55 S.) 8°
— **König**: Im Kampf um d. Alte Testament. H. 2. [04. 6905

König, Ed., Babyloniens Kultur u. d. Weltgeschichte. Ein Briefwechsel, veröffentlicht v. K. 8. (42 S.) Gr. Lichterfelde-Berlin (902). E. Runge. n. — 70

Fünf neue arabische Landschaftsnamen im Alten Testament beleuchtet von Eduard **König**. Mit e. Exkurs über d. Paradiesfrage. *Berlin: Reuther & Reichard 1901.* (78 S.) 8°

(König, Eduard.) Eine Lehrerwahl am städtischen Gymnasium Bern. 16 S. 8. Bern, Lierow & Cie., 1904.

— **die Originalität des neulich entdeckt. hebräischen Sirachtextes. Textkritisch, exegetisch u. sprachgeschichtlich untersucht.** gr. 8. (VII, 113 S.) Freiburg i/B. 899. Tübingen, J. C. B. Mohr. n. 2. 50

— Die Poesie des Alten Testaments, s.a **Wissenschaft u. Bildung.** 11. Bdchn.

Die Poesie des Alten Testaments. Von Eduard **König**, Prof., Bonn. Leipzig: Quelle & Meyer 1907. (160 S.) 8° [F.]
— **Wissenschaft** u. Bildung. 11. [07. 10699

— **neueste Prinzipien der alttestamentlichen Kritik geprüft.** gr. 8. (80 S.) Gr. Lichterfelde-Berlin 902. E. Runge. n. 2. —

— **Prophetenideal, Judentum u. Christentum. Das Hauptproblem der spätisraelit. Religionsgeschichte erörtert.** (III, 92 S.) 8. Leipzig 906. J. C. Hinrichs' Verl. n. 1. 40

— Das alttestamentliche **Prophetentum** u. die mod. Geschichtsforschung. (94 S.) 8. Gütersloh 910. C. Bertelsmann. 1.60; geb. 2. 40

— der ältere Prophetismus bis auf die Heldengestalten Elia u. Elisa, s.a. **Zeit- u. Streitfragen**, biblische. 9. Hft.

Der ältere Prophetismus bis auf die Heldengestalten von Elia und Elisa. Von D. Dr. Eduard **König**, Prof., Bonn. Gr. Lichterfelde-Berlin: E. Runge 1905. (46 S.) 8° [F.]
— **Zeit-** u. Strei**tfragen**, Biblische. Ser. 1. H. 9. [05. 693

— die Religion unserer Klassiker od. Die Klassiker unserer Religion? Beantwortet v. K. (Ewigkeits-Fragen.) (75 S.) 8. Stuttgart 906. M. Kielmann. n. 1.20

— die moderne Religionsflucht u. ihre häufigsten Anlässe, s.a. Zeitfragen des christlichen Volkslebens. 219. Hft.

Die moderne Religionsflucht und ihre häufigsten Anlässe beleuchtet von Eduard **König**, Prof., Bonn. *Stuttgart: Ch. Belser 1904.* (45 S.) 8° [F.]
— **Zeitfragen** d. christlichen Volkslebens. Bd 29, H. 3. [04. 7…

— **Stilistik, Rhetorik, Poetik in Bezug auf die biblische Litteratur. Komparativisch dargestellt. gr. 8. (VI, 420 S.) Leipzig 900. Dieterich. n. 12.—; geb. n. 14.—**

König, Ed., neue Studien über Schrift, Aussprache und allgemeine Formenlehre des Aethiopischen, aus den Quellen geschöpft, comparativ und physiologisch erläutert. gr. 8. (XII, 164 S. mit 1 Tab. und 2 zinkotyp. Taf. in 4.) Leipzig 877, Hinrichs'sche Buchh. *

— Talmud u. Neues Testament, s.a. Zeit- u. Streitfragen, bibl III, 8.

Talmud und Neues Testament Von Eduard König. Prof., Bonn. 3 Taus. Gr Lichterfelde-Berlin Runge 1907 50 S 8°
(Biblische Zeit- u Streitfragen Ser 3 H 8) [07 1791

'Altorientalische Weltanschauung' und Altes Testament. Letztes Problem d. Babel-Bibel-Debatte, erörtert von Eduard **König**, Prof., Bonn. Gr. Lichterfelde-Berlin: E. Runge [1904]. (69 S.) 8°
— **König:** Im Kampfe um d. Alte Testament. H. 4. [04. 150

Hebräisches und aramäisches Wörterbuch zum Alten Testament mit Einschaltung u. Analyse aller schwer erkennbaren Formen, Deutung d. Eigennamen sowie d. massoretischen Randbemerkungen u. e. deutsch-hebr. Wortreg. Von Dr. phil. u. theol. Eduard **König**, Prof. (In 3 Lfgen.) Leipzig: Dieterich 1910. X, 665 S. 8° [10. 14557

König, Emanuel

König, Em., güldner Arznevschatz niemals entdeckter Medikamenten. 8. Basel, Turneisen. 723.

Koenig, Eman., Basel, als Bewerber um die freie med. Prof.: Exercitatio medica curiosa, vere curiosa de e o, quod summum est in medicina, una cum regno triplice minerali, vegetabili, animali.
Basel, Med. Diss. 1711

König, Emanuel: Georgica Helvetica curiosa, Das ist: Neu Curioses Eydgenossisch-Schweitzerisches Hauß-Buch: Vorstellend in IV. Bücheren / I. Von dem Reben-Bau / wie ein Wein-Reben wol Anzulegen / leichtlich zu Misten / wol zu Warten / und schädliche Zufälle zu verhüten; Wie auch vom Wein und vielerley Wein-Künsten / Essig / Bier / etc. ... Auß eigener Erfahrung / und den besten Feld-Baus Scribenten / sonderlich aber Hr. Daniel Rhagors Pflantz-Garten / zusam[m]en verfaßt / und zum Druck beförderet. Von E.K. [d.i. Emanuel König]. Basel: König 1705. 1080 S. -- 7°

(König E.): Georgica helvetica curiosa, das ist neu curioses eydgnossisch-schweitzerisches Hauss-Buch ... Basel 1706. 1080 S.

— Eidgenoss. Schweizer. Handbuch v. Wein- u. Gartenbau, Viehzucht u. Hauskalender. 8. Ebend. 705.

König, Emanuel: De jure naturali et moribus hominum. (Resp.: Andreas Weiss). 7 S.–
Basel, Jur.Diss.v. 14.Nov.1727.

— regnum animale. 4. ibid. 707.

Emanuel Koenig
1658-1731

Emanuelis Konig Regnum minerale, generale et speciale... Basileae: König 1703. 428 S. 8°

Emanuel Koenig
1658-1731

Emanuelis König Regnum vegetabile quadripartitum. Basilae: Verf. 1708. 1112 S. 8°

König, Eman., Basel: Dissertatio physico-medica de stimulis villorum corporis humani.
Basel, Med. Diss. 1718

— **Taschenbuch f. angehende u. wirkl. Mütter. 12. Bern, Haller.**

— — **dasselbe. 12. Bern, Societ. 803.**

König, Em., Taschenbuch f. angehende u. wirkliche Mütter. 12. Bern 805. Haller. 15 ½

König, Emil, die Besitznahme Danzigs durch die Preußen am 4. April 1793. Nach einem höchst seltenen Briefwechsel Joh. Dan. Falks. 12. (12 S.) Rathenow 887, Babenzien. * — 20

König, E. Über Bromoxyxanthone. In-8°. 39 S. Bern. These. 1894.

König, Emil. Ueber Empyem und Hydrops der Stirnhöhle. Inaug.-Dissertation. Bern, Stämpfli'sche Buchdruckerei. 1882.

Koenig, Emil, die Entstehung des Lebens auf der Erde. VIII, 334 S. m. Abbildgn. u. 1 Taf.) 8. Berlin 904. F. Wunder. n. 4.—; geb. n. 5.—

König, Emil, Deutschland's Feldpost. Ein Gedenkblatt an den deutsch-französ. Krieg 1870/71. gr. 8. (61 S. mit 1 chromolithogr. Feldpostkarte in qu. Fol.) Gera 871, Ißleib und Rietzschel. 1 50

König Emil: Prof. Leopold Frank. †. 4. Steyr R. 95. *Progr.*

—— Geschichte der Briefgeheimnißverletzungen und der schwarzen Kabinette in Preußen-Deutschland. [Suppl. zu den „Schwarzen Kabinetten".] gr. 8. (177 S.) Bern 878, [Magron.] Haller. (* M. 5.)

—— Major v. der Gröben und die erste deutsche Expedition nach Westafrika vor zweihundert Jahren. Histor. Skizze. 12. (26 S.) Ebendas. 887. — 30

König, Emil, schwarze Kabinette. Mit Anlagen: Geschichte der Thurn und Taxischen Postanstalt und des österreich. Postwesens, und über die gerichtl. Beschlagnahme von Postsendungen in Deutschland. Nebst einem Nachwort mit einer geschicht. Rundschau von Bernh. Becker. gr. 8. (103 S.) Braunschweig 875, Bracke jun. **

– Dass., s.a. König, Bruno, Emil

—— König und Flötenvirtuos. 8. (23 S.) Ebendas. 887. — 30

König, Emil, das Landhaus am Hart, s.: Weber's mod. Bibliothek.

—— Sickingen's Leben und Ende und Untergang der „Herberge zur Gerechtigkeit". Histor. Lebens- und Charakterbild. 12. (53 S.) Ebendas. 887. * — 40

Das Leben, s. Ursprung u. s. Entwicklung auf d. Erde von Dr. E(mil) **König**. 2., gänzl. umgearb. u. erw. Aufl. Mit Zeichn. im Text u. auf 8 Taf. Berlin: F. Wunder 1905. (x, 498 S.) 8° [07. 1453

— Die Lösung des Lebensrätsels. Mit zahlreichen Abbildgn. im Text u. 2 kolor. Taf. 1.—5. Tausd. (IV, 244 S.) 8. Stuttgart 909. M. Kielmann. (Urspr. Pr. 2.—; geb. in Leinw. 3. —)

König, Emil (Hrsg.), s. Post, Norddeutsche.

Koenig, Emil [pr. Arzt aus Louisenthal]: Über ein Psammosarkom der Zirbeldrüse ... München, kgl. Hof- u. Univ.-Buchdr. v. Dr. C. Wolf & Sohn, 1894; 20 S. 8.
München, Med. Fak., Inaug.-Diss. v. 1894

König, Emil, Benjamin Raule u. die Flotte Friedrich Wilhelms, d. großen Kurfürsten v. Brandenburg. Historische Skizze. 8. (32 S.) Rathenow 886. Babenzien. n. — 50

König Emil: Aesthetische Studien über Racines „Iphigénie". 28. Steyr R. 94.
Progr.

— was ist das Leben? Eine neue Erklärg. der Entstehg. u. Entwicklg. des Lebens auf der Erde. (90 S.) gr. 8. Homburg (Pfalz) (903). (P. Ries.) (Nur direkt.) n. 3. —

— dasselbe. Ausg. II. Für Aerzte. (111 S.) gr. 8. Ebd. (903). n. 4. —

— das Wesen der Fortpflanzung. Neue Gesichtspunkte. (53 S. m. Abbildgn.) gr. 8. München (906). Seitz & Schauer. n. 1. 50; geb. n. 2. 50

Ⓑ — Das Wesen der Fortpflanzung. 906. (KBl. 34.) Jetzt: München, Verlag d. ärztl. Rundschau.

— das Wesen des Lebens, s.a. Hillger's illustr. Volksbücher.

Das Wesen des Lebens von Dr. Emil **Koenig**. Mit 26 Ill. Berlin, Leipzig: H. Hillger [1906]. (96 S.) 8° [F.]
= **Volksbücher**, Hillgers illustrierte. Bd 52. [07. 1610

Koenig, Emil, wie ist das Leben entstanden? Ein Beitrag zur Lösg. des Lebensrätsels. 1.—3. Tausd. (VIII, 233 S. m. 28 Abbildgn. u. 2 Taf.) 8. Stuttgart 907. Strecker & Schröder. 1.80; geb. 2.60

Koenig, Emil Ernst Willibald Conrad, s. Koenig, Konrad

v. König, Er. Jh., Gedanken üb. die latein. Sprache. 8. Brünn 776.

— über den Geschmack. 8. Brünn 811.

— auf die Hinrichtung Ludwig's XVI. 8. Brünn 793.

— Lied auf Mährens beglückten Zustand unter Leopold II.; gesungen am Tage d. Namensfeier Sr. k. k. Maj. 8. Brünn 790.

— Ode auf d. Frieden. 8. Brünn 801.

König, Erich: Johannes Cadovius, s. Forschungen. Bd. IV.

König, Erich, s.: Empor!

König, Erich: Das Memoriale linguae Frisicae des Johannes Cadovius Müller. Ein Beitr. z. Geschichte d. friesischen Sprache. Einl. zu T. 1 u. e. Abschn. aus T. 2. Breslau 1909: Nischkowsky. 37 S. 8° ¶ (T. 1 ersch. vollst. als: Forschungen hrsg. v. Verein f. niederdeutsche Sprachforschung. Bd 4. T. 2 später.)
Breslau, Phil. Diss. v. 6. Dez. 1909, Ref. Siebs
[Geb. 4. Jan. 82 Polsnitz, Kr. Waldenburg; Wohnort: Polsnitz; Staatsangeh.: Preußen; Vorbildung: Gymn. Patschkau Reife O. 01; Studium: Breslau 2, München 1, Breslau 14 S.; Rig. 27. Febr. 09.] [U 10. 616

König, Erich: Kardinal Giordano Orsini (✝ 1438). **Ein Lebensbild aus der Zeit der großen Konzilien und des Humanismus.** Teil 1. Freiburg i. B.: Herder 1906. (47 S.) 8° [F.] ¶ [Erschien vollst. 1906 als: Studien u. Darstellungen aus d. Geb. d. Geschichte, Bd 5, H. 1.]
München, Phil. Fak., Ref. Grauert, Diss. v. 15. Juli 1904
[Geb. 23. Mai 81 Liegnitz; Wohnort: Liegnitz; Staatsangeh.: Preußen; Vorbildung: Gymn. Liegnitz Reife O. 00; Studium: München 6, Breslau 2, Berlin 1 S.; Rig. 15. Juli 04.]

König, Erich, Kardinal Giordano Orsini, s.a. Studien u. Darstellungen aus dem Gebiete der Geschichte. V. 1.

Kardinal Giordano Orsini (✝1438). Ein Lebensbild aus d. Zeit d. großen Konzilien u. d. Humanismus. Von Dr. Erich **König**. Freiburg i. Br.: Herder 1906. (XII, 123 S.) 8° [F.]
= **Studien** u. Darstellungen aus d. Geb. d. Geschichte. Bd 5, H. 1. [06. 7691

König, Erich, m. Rucksack u. Eispickel. Bergerinnergn. 12. (VII, 240 S. m. Bildn.) Schw. Hall 896. F. Staib's Verl. n. 3. —

König, Erich, alpiner Sport, s.a. Bibliothek f. Sport u. Spiel.

König, Erich, Alpiner Sport, Abb. v. Otto Bauriedl, Leipzig 1902, 113 S., 8°.

— Wahrheit üb. Monte Carlo. Zeichnungen v. Otto Bauriedl. (VII, 60 S.) 8. Leipzig (905). Grethlein & Co. n. 2. 80

König, Ernst Abriss der französischen Syntax. 14 S. *Meldorf* 1883.
Progr.

König, Ernst, das Arbeiten m. farbenempfindlichen Platten, s.a. Bibliothek, photographische. 25. Bd.

Das Arbeiten mit farbenempfindlichen Platten. Von Dr. Ernst König. Mit 2 Fig. u. 16 Taf. Berlin: Schmidt 1909. 75 S. 8°
(Photographische Bibliothek. Nr 25.) [09. 7217

— Die Autochrom-Photographie u. die verwandten Dreifarbenraster-Verfahren, s.a. Bibliothek, photograph. 23. Bd.

Die Autochrom-Photographie und die verwandten Dreifarbenraster-Verfahren. Von Dr. Ernst König. Berlin: G. Schmidt 1908. (60 S.) 8°
= **Bibliothek**, Photographische. Bd 23. [08. 11348

König, Ernst *Friedrich Peter* [aus Flensburg]: Über β-Alkylderivate des Hydroxylamins. . . . Leipzig-Reudnitz, Druck v. M. Hoffmann, 1891; 64 S., 1 Bl. 8°
Leipzig, Phil. Fak., Inaug.-Diss. v. [30. Jan.] 1891

Koenig, Ernst: Über Dimethylanilinphtaloylsäure und einige Derivate derselben. *Greifswald 1897: C. Sell.* (23 S.) 8°
Greifswald, Phil. Diss. v. 20. Dez. 1897

Koenig, Ern. (geb. Cleve 22. 11. 1828): De intoxicatione morbisque saturninis. Berolini (1853). (29 S.) 8°
Berlin, Med. Diss. v. 25. Aug. 1853

König, Ernst, Photochemie, s.: Vogel, H. W.

Französische Syntax im Abriss. Von [Ernst] König. Meldorf. 1883. 4°. Gymn.-Progr.

König, [Ernst]: Das Testament des Königs David (I. Reg. 2, 1—9). Meldorf (1908): Bundies. S. 3—7. 4°
Meldorf, k. G OP 1908 (364) [S 08. 247

— Ernst Friedrich Andreas (Gebesee/Thüring.), An actione commodati directa conveniatur recte commodatarius, cui res commodata evicta erat. Quaestio juris controversi. Präs. D. Christian Heinr. Breuning. Lpz. (Langenheim) 12. V. 1773. 8 S. (4.—) 18962

König, Erwin, appr. Arzt: Zur Frage der Berechtigung der prophylactischen Sterilisierung tubarschwangerer Frauen. Leipzig 1909: Lehmann. 21 S. 8°
Leipzig, Med. Diss. v. 21. Dez. 1909, Ref. Zweifel
[Geb. 4. Nov. 80 Berlin; Wohnort: Harburg a. E.; Staatsangeh.: Preußen; Vorbildung: Kölln Gymn. Berlin Reife M. 99; Studium: Berlin 10 S.; Coll. 23. Dez. 09; Approb. 14. Juli 05.] [U 10. 3009

Koenig, Erwin. (geb. Wartenburg in Ostpr 24. 9. 1835). De specimine quodam carcinomatis uterini. Berolini (1860). (32 S.) 8°
Berlin, Med. Diss. v. 3. Jan. 1860

Koenig, Eug., über d. Barrière. Roman. 8. (263 S.) Mannheim 898. J. Bensheimer's Verl. n. 4.—; geb. n. 5.—

König, Eugen *Albert* [aus Barmen]: I. Beitrag zur Kenntnis der Linnemann'schen Reaction. II. Beiträge zur Kenntnis der Biazolone ... *Berlin*, Buchdr. v. Funcke & Naeter, *1893*; 65 S., 1 Bl. 8.
Berlin, Phil. Fak., Inaug.-Diss. v. 14. Aug. 1893

König, Eva, s.: Briefwechsel zwischen Lessing u. E. K.

König, Ewald August

— alle Schuld rächt sich. Roman. 8. (338 S.) Berlin 885. Goldschmidt. n. 1. 50; feine Ausg. n. 7. 50

—— dass. — [Volks-Ausg.] 8. (338 S.) Ebendas. 886. *

— Alle Schuld rächt sich. Roman. (2. Aufl.) (338 S.) 8. Berlin (909). A. Goldschmidt. 3.—; geb. in Leinw. 4.—

König, Ew. Aug., auf ehrloser Bahn. Roman. 8. (267 S.) Berlin 888, Janke. * 2 —

König, Ewald Aug., auf der Bahn d. Verbrechens. Roman. 4 Bde. 8. (316, 300, 293 u. 308 S.) Jena 876. Costenoble. 18. —

König, Ewald Aug., die Bataillons-Ordonnanz, s. Erzählungen aus Heimat und Ferne.

König, Ew. Aug., Begnadigt, s. Eisenbahn-Unterhaltungen.

König, Ew. Aug., humoristische Bilder aus dem Kaufmannsleben. Mülheim 864. Bagel. 8. (2 Bl., 195 S.) 15 ngr

— Dondorf u. Söhne, s. a. Goldschmidt's Bibliothek.

—— Dondorf und Söhne. Roman. 8. (228 S.) Berlin 879, Brigl. *

—— Dondorf und Söhne. Roman. 2. Aufl. 8. (228 S.) Berlin 883, A. Goldschmidt. *

Dondorf und Söhne. Roman von Ew[ald] Aug[ust] König. 3. Aufl. *Berlin: A. Goldschmidt 1900.* (228 S.) 8° [F.]
— Bibliothek, Goldschmidts, f. Haus u. Reise. Bd 94. [00. 10160

—— durch Kampf zum Frieden. Preisgekrönter Roman. 4 Bde. 8. (VII, 210; III, 210; III, 224; III, 169 S.) Ebendas. 871. 12 —

— durch Kampf zum Frieden. Preisgekrönter Roman. 2. Aufl. 2 Bde. 8. (IX, 323 u. 304 S.) Jena 889. Costenoble. n. 6. —

—— um Ehre und Leben. Roman. Wohlf. Volksausg. 8. (440 S.) Jena 880, Costenoble. *

— entfesselte Elemente. Roman. 2 Bde. 8. (249 u. 260 S.) Jena 891. H. Costenoble. n. 7. —

— Enterbt. Roman. 2 Thle. in 1 Bde. (Neue [Titel-] Ausg.) 8. (263 S.) Breslau (891). 898. Schles. Buchdruckerei rc. n. 2. —

König, Ew. A., Entlarvt, s. Eisenbahn-Unterhaltungen.

—— die Erbin v. Salbern. Roman. 8. (372 S.) Berlin 888, A. Goldschmidt. *

— der Findling. Roman. 2 Bde. 8. (258 u. 282 S.) Jena 883. Costenoble. n. 9. —

—— der Findling. Roman. 2 Thle. in 1 Bde. 2. wohlf. Aufl. 8. (258; 282 S.) Jena 886, Costenoble. *

—— Haus Friedberg. Roman. 8. (277 S.) Jena 876, Costenoble.

—— Unter den Frommen. Roman. 4 Bde. 8. (VIII, 220; 246; 263; 229 S.) Ebendas. 875.

—— Nikodemus Fugger und Comp. Roman. 2 Bde. 8. (234; 207 S.) Ebendas. 883. *

— Nikodemus Fugger & Comp. Roman. 2 Thle. in in 1 Bde. 2., wohlf. Aufl. 8. (234 u. 207 S.) Jena 888. Costenoble. n. 3. —

—— das Geheimnis des Armenhäuslers, s. Eisenbahn-Unterhaltungen.

—— die Geheimnisse einer großen Stadt. Roman. 3 Bde. 8. (III, 276; III, 270; III, 288 S.) Jena 870, Costenoble. 12 —

— gescheitert. Roman. 3 Bde. 8. (177, 190 u. 187 S.) Berlin 890. Alb. Goldschmidt. n. 6. —

—— vor den Geschwornen, s. Unterhaltungs-Bibliothek für Reise und Haus.

—— unter dem Gewehr! Heitere Geschichten aus dem Soldatenleben. 8. (59 S.) Düsseldorf 865, Spaarmann.

— ohne Gewissen. Roman. 8. (274 S.) Leipzig 896. A. Bleier Nachf. 4. —

—— um Glück und Dasein. Roman. 3 Bde. 8. (263; 238; 209 S.) Berlin 885, Janke. *

— verzehrende Gluthen. Roman. 3 Bde. 8. (202, 188 u. 140 S.) Berlin 889. Janke. n. 10. —

König, Ewald Aug., Dämon Gold, s. Unterhaltungs-Bibliothek.

—— um Gold und Ehre. Roman in 4 Bdn. 8. (210; 215; 271; 238 S.) Ebendas. 874. 18 —

—— Gold und Liebe. Erzählung. 8. (132 S.) Berlin 886, Janke. *

— Gold u. Liebe. Eine Kriminalgeschichte. 2. Aufl. 8. (140 S.) Berlin 899. O. Janke. n. 1.—

König, Ew. Aug., die Hand der Nemesis. Roman. 4 Bde. 8. (276; 300; 288; 303 S.) Jena 879, Costenoble.

König, Ew. A., aus dem Heirathsbüreau auf die Brautschau. Erlebnisse eines Weinreisenden bei den heirathslustigen Töchtern des Landes. Mülheim a. d. R. 867. Bagel. gr. 16. (127 S.) 10 *ngr.*

— l'homme au masque de fer ou la somnambule de Paris. Nouveau récit historique. 4. éd. 3 vols. gr. 8. (1344 S.) Zürich 877. Dancker. n. 11. —

—— Humoresken. 1. Aufl. * 1 Thlr. 10 Ngr. und 2. Aufl. gr. 16. (347 S.) Elberfeld 864, Reinhardt.

—— s.a. Humoresken und Erzählungen.

—— Humoresken und Erzählungen. 1.—4. Sammlung. 8. (80; 80; 80; 78 S.) Mülheim 877, Bagel's Verlagsh. à Sammlung * 50 Pf. *

—— Humoresken aus dem Soldatenleben. 3. bedeutend verm. Aufl. 2 Bde. gr. 16. (224; 321 S.) Ebendas. 873. à Bd. *M.* 2,25. 4 50

— **Karl Teschner, A. v. Winterfeld, u. Max Wundtke,** immer lustig, s.a. Ballenstedt, Thdr., gaudeamus igitur.

Immer lustig! Humoresken von Ewald August **König**, Karl Teschner, A. v. Winterfeld u. Max Wundtke. Mulheim a. d. Ruhr: J. Bagel [1904] (112 S) 8° [F.] [06. 8177

— bei der Infanterie! Heitere Manövergeschichten. 2 Bdchn. 2. Aufl. Düsseldorf 865. Spaarmann. 8. (209 S.) n. 20 *ngr.*

—— die schöne Kartenschlägerin oder: der Wucherer von Straßburg. Eine Erzählung aus der Gegenwart. gr. 8. (911 S.) Berlin 871, Burmester und Stempell. 5 70

—— Kaserne und Wachtstube. Heitere Garnisongeschichten. 8. (76 S.) Düsseldorf 865, Spaarmann.

—— das Kind Bajazzo's. Roman. 4 Bde. 8. (258; 256; 283; 335 S.) Jena 873. Costenoble. 18 —

—— das Kind des Wucherers, s. Unterhaltungs-Bibliothek.

König, Ewald, Aug., die Kompagnons, s.a. Kaufmann's moderne Zehnpfennig-Bibliothek. I. 7.

Die Kompagnons. Roman von Ewald August **König**. *Berlin: Zehnpfennig-Bibliothek 1902.* (136 S.) 8° [F.]
=Zehnpfennig-Bibliothek, Kaufmann's moderne. [Jg. 1,] Bd 7. [04.12663

— ohne Consens. Roman. 8. (256 S.) Berlin 886. Janke. n. 2. —

—— das goldene Kreuz. Roman. 2 Bde. 8. (259; 211 S.) Berlin 883, Janke.

König, Ew. Aug., Criminalgeschichten, s. Eckstein's Reisebibliothek.

— der Herr Kriminalrat. Roman. 2 Bde. 8. (248 u. 242 S.) Jena 892. H. Costenoble. n. 7. —

—— „Auf der Landstraße!" Freuden und Leiden eines Commis-Voyageur. 8. (272 S.) Düsseldorf 865, Spaarmann. -

—— Die rothe Laterne. Roman. 2 Bde. 8. (290; 299 S.) Bresl. 889, [Schottländer.] Schles. Buchdruckerei. * 9 —; geb. * 11 —

Die rote Laterne. Roman von Ewald August **König**. 2. Aufl. Bd 1. 2 [in 1 Bde]. Breslau: Schles. Verl.-Anst. 1905. (258, 270 S.) 8° [F.]
(Collektion Schottlaender) [05. 12918

—— ein verlorenes Leben. Roman. 2 Bde. 8. (311; 352 S.) Jena 882, Costenoble. *

—— ein verlorenes Leben. Roman. 2 Thle. in 1 Bde. 2. wohlf. Aufl. 8. (311; 352 S.) Jena 885, Costenoble. *

—— eine unselige Leidenschaft. Roman. 12. (217 S.) Berlin 887, A. Goldschmidt. *

—— das große Loos. Roman. 3 Bde. 8. (286; 266; 304 S.) Jena 872, Costenoble. 13 50

König, F. A., Lust u. Leid im bunten Rock, s.a. Zeihe, B.

König, Ew. Aug., Lust und Leid im bunten Rock. Humoristische Erzählungen aus dem Soldatenleben. 2 Bdchn. 8. (VI und 204 S.) Mülheim a. d. R. 864, Bagel. à Bdchn. 10 Ngr.

— Lust u. Leid im bunten Rock. Militärische Humoresken. 3. Aufl. 1—4. Bdchn. 12. (94, 93, 88 u. 94 S.) Oberhausen 881. Spaarmann. à n. — 50

—— Lust und Leid im bunten Rock. Militärische Humoresken. 3. Aufl. 4 Bdchn. 12. (94; 93; 88; 94 S.) Oberhausen 884, Spaarmann. à Bdchn. * 50 Pf. *

Das Majorat. Roman von Ewald August **König**. Berlin: Schrey 1908. 454 S. 8°
(Stenographische Roman-Bibliothek. Bd 6.) [11. 14428

— um schnöden Mammon od. das Geheimnis des Bildes. Roman. (96 S.) 8. Neuweißensee (905). E. Bartels. 1. —

—— der Mann mit der eisernen Maske oder: die Nachtwandlerin von Paris. Eine histor. Erzählung. 26 Hefte. gr. 8. (1245 S.) Berlin 871, Burmester und Stempell. à Heft 30 Pf. 7 80

—— das Medaillon. Roman. 8. (204 S.) Berlin 881, A. Goldschmidt.
Billige Ausg.

— Mephisto. Roman. 3 Bde. 8. (252, 233 u. 220 S.) Berlin 887. Janke. n. 10. —

Koenig, Ewald August
Mephisto. Roman. Von Ewald August König. Bd 1-3. Berlin: Janke 1888. 8°

König, Ewald Aug., eine Miethkaserne. Roman. 8. (268 S.) Berlin 886. Janke. n. 2. —

—— eine Million. Roman. 2 Bde. 8. (300; 330 S.) Jena 881, Costenoble.
—— dass. — 2 Thle. in 1 Bde. 2. wohlf. Aufl. 8. (300; 330 S.) Ebendas. 884.

—— Nach uns die Sündfluth. Roman aus der Gegenwart. 3 Bde. 8. (246; 229; 174 S.) Dresd. 890, Pierson. * 7 —

— Novellen, s. Abende, deutsche.

— Perpetuum mobile. Roman. 2 Bde. 8. (461 S.) Leipzig (899). A. Bleier Nachf. 5. —; geb. 6. 50; in 1 Bd. 6. —; erm. Pr. n. 3. —; geb. n. 4.50; in 1 Bd. n. 4. —

Pistole und Feder. Roman von Ewald August König. Berlin: A. Scherl [1908]. (1108 S.) 8° [F.]
(Bibliothek August Scherl. Folge 1, Bd 18–22.) [08. 18078

— Platzpatronen. Lustige Soldatengeschichten im Frieden. Elberfeld 866. Reinhardt. gr. 16. (209 S.) 10 ngr.

—— unter Polizei-Aufsicht. Novelle. 8. (227 S.) Leipzig 874, Dürr'sche Buchh. 4 —

—— das Prinzeßchen. 4 Bde. 8. (288; 273; 295; 285 S.) Jena 872, Costenoble. 15 —

—— der Ehre Rächer. Roman. 8. (268 S.) Berlin 887, Janke. *

— Roderich Reinhardt. Roman. 2 Bde. 8. (295 u. 287 S.) Jena 897. H. Costenoble. n. 7. —

— Schachmatt. Roman. 8. (298 S.) Breslau 885. Schottländer. n. 5. —; geb. n. 6. —

—— Schatten des Lebens. Roman. 2 Bde. 8. (216; 198 S.) Berlin 885, Janke.

—— der goldene Schatz aus dem dreißigjährigen Kriege. Roman. 4 Bde. 8. (277; 280; 310; 321 S.) Ebendas. 881.

—— seines Glückes Schmied. Roman. 3 Bde. 8. (179; 218; 221 S.) Leipzig 888, Reißner. *

—— Schuld und Sühne. Roman. 4 Bde. 8. (255; 267; 262; 246 S.) Ebendas. 880.

—— Schuldig? Roman. 4 Bde. 8. (271; 238; 248; 232 S.) Jena 878, Costenoble.

—— der Sohn des Sträflings. Novelle. 8. (282 S.) Leipzig 874, Dürr'sche Buchh. 4 50

—— Spuren im Sande. Roman. 3 Bde. 8. (227; 246; 248 S.) Jena 886, Costenoble. *

—— des Herzens Stimme. Roman. 3 Bde. 8. (233; 215; 209 S.) Ebendas. 887. *

—— Stolz und Liebe, s. Unterhaltungs-Bibliothek für Reise und Haus.

Koenig, Ewald August
500 000 Thaler oder: Handwerker, Arbeiter und Fabrikant. Lebensbild aus der Gegenwart. Von Ernst Kaiser [d.i. Ewald August König]. Th. 1-3. Oberhausen: Spaarmann 1868. 8°

— Die Teufelsmühle, s.: Sammlung, bunte, interessanter Erzählungen. 11.

— die Tochter d. Franctireurs. Roman. 3 Bde. 8. (246 224 u. 201 S.) Jena 873. Costenoble. 12. —

—— die Tochter des Commerzienraths. Roman. 8. (323 S.) Breslau 886, Schottländer. *ℳ 4.50.; geb. *

König, Ewald August: Die T o c h t e r des Kommerzienrats. Roman von –. 2. Aufl. Breslau: Schles. Verlagsanst. 1906. 434 S. 8°
(Collektion Schottlaender.)

Die Tochter des Kommerzienrats. Roman von Ewald August König. [1.] Berlin: Schles. Verlagsanst. [1908]. 8° [F.]
(Bibliothek August Scherl. Folge 1, Bd 33.) [08. 15287

Die Tochter des Kommerzienrats. Roman von Ewald August König. Berlin: Schles. Verlagsanst. [1908]. 350 S. 8°
(Bibliothek August Scherl. Bd 33. 34.) [10. 1364

— drei Töchter, s. a. Zehnpfennig-Bibliothek, moderne.

Drei Tochter Roman von Ewald August König. Neurode, Hamm i. W., Speyer: W. W. Klambt 1000 (121 S.) 8° [F.]
= Zehnpfennig-Bibliothek, Moderne. Jg. 5, Bd 1. [07. 16992

—— die Uhr der Fürstin. Novelle. 8. (147 S.) Berlin 873, Brigl. 2 50

—— die Uhr der Fürstin. Novelle. 12. (116 S.) Berlin 882, A. Goldschmidt.

—— Va banque! Roman. 2 Bde. 8. (331; 304 S.) Jena 885, Costenoble. *

—— Va banque! Roman. 2 Thle. in 1 Bde. 2. wohlf. Aufl. 8. (331; 304 S.) Jena 889, Costenoble. * 3 —

—— ein moderner Vampyr. Socialer Roman aus der Gegenwart. 3 Bde. 8. (1039 S.) Oberhausen 883, Spaarmann.

— unter schwarzem Verdacht. Roman. 8. (355 S.) Breslau 888. Schlesische Verlags-Anstalt. n. 5. —; geb. n. 6. —

Unter schwarzem Verdacht. Roman von Ewald August König. 2. Aufl. Breslau: Schles. Verlagsanst. 1906. (422 S.) 8° [F.]
(Collektion Schottlaender.) [07. 15473

—— Verlassen! Roman. 3 Bde. 8. (188; 167; 163 S.) Berlin 881, A. Goldschmidt.

— verschollen! Roman. Hamburg 869. Verl. der Roman- u. Novellen-Mappe. 8. (301 S.) n. 15 ngr.

—— der Verschollene. Roman. 2 Bde. 8. (260; 281 S.) Jena 885, Costenoble. *

Koenig, Ewald August

Die Verschwörung der Republikaner, oder: Die Geheimnisse der Belagerung von Paris. Historische Erzahlung aus dem belagerten Paris und den Kämpfen der französischen Republik 1870–71. Von Ernst Kaiser [d.i. Ewald August König]. Bd 1–3.
Düsseldorf: Schönfeld (um 1875). 8°

— Verstoßen, s.: Eisenbahn-Unterhaltungen.

— Baronin v. Waldstett, s. Eisenbahn-Unterhaltungen.

Koenig, Ewald August

Dunkle Wege. Roman. Stuttgart 1877.

In: Chronik, Illustrirte, der Zeit. H. 14–26.

—— dunkle Wege. Roman. 4 Bde. 8. (240; 247; 216; 256 S.) Jena 880, Costenoble.

—— die Wege zum Glück. Roman. 4 Bde. 8. (303; 267; 252; 271 S.) Ebendas. 878.

—— wegen Mangel an Beweis. Roman. 3 Bde. 8. (206; 202; 202 S.) Berlin 886, Janke. *

Koenig, F., s.: Bericht üb. die landwirtschaftliche Kreis-Winterschule „Lüneburg".

König, F., Geneal.-histor. Beschreibung und Stamm- und Ahnentafeln des Geschlechts derer von Nauendorff. fol. War für den 4. Bd. von Königs Adelshistorie bestimmt, der nicht erschien.

— landwirtschaftliche Buchführung f. kleinere u. mittlere Betriebe. (167 S.) Fol. Lüneburg (904). Herold & Wahlstab. n. 3. 50

König, F. [app. Arzt aus Hanau]: Der cystische Echinococcus der Bauchhöhle und seine Eigenthümlichkeiten vor, bei und nach der Operation. . . . Leipzig, Druck v. J. B. Hirschfeld, 1890; 2 Bl. | 55 S. 8°
Göttingen, Med. Fak., Inaug.-Diss. v. 14. Mai 1890

König, F., der cystische Echinococcus der Bauchhöhle u. seine Eigenthümlichkeiten vor, bei u. nach der Operation. Inaug.-Diss. gr. 8. (55 S.) Leipzig 890. (Göttingen, Vandenhoeck & Ruprecht's Verl.) n. 1. 20

König, F., kilometrische Entfernungen der Eisenbahn-Stationen im Bereiche d. Vereins deutscher Eisenbahn-Verwaltungen v. u. nach den Uebergangspunkten, nebst Angabe der Bahnverwaltungs-Adressen, Bahnlinien. Bahnanschlüsse u. alphabet. Stations-Verzeichnisse. Als Fortsetzg. der „Meilenzeiger-Sammlg." nach amtl. Quellen m. besond. Rücksicht auf die Wagenmiethe-Berechng. zusammengestellt. 4. vollständig umgearb. Aufl. Lex.-8. (XI, 334 S.) Strassburg 875. (Schultz & Co.) n.n. 8. —

König, F., das Erbrecht u. Testament nach dem bürgerl. Gesetzbuch od. Was erbe ich? Wie mache ich mein Testament? Enth.: Belehrung üb. alles, was Erbschaft u. Testament betrifft, m. verschied. Formularen, Mustertestamenten etc. 8. (92 S.) Braunschweig 900. F. Euler. n. 1.—

— das Familien- u. Eherecht nach dem bürgerl. Gesetzbuch. Enth.: Belehrung üb. alle im Familien- u. Eheleben vorkomm. Rechtsfragen, wie Rechtsverhältnisse der Ehegatten zu einander, der Kinder zu den Eltern, Gütergemeinschaft, Gütertrenng., Ehescheidg., Verwandtschaft etc. Ferner: Die Vormundschaftsordng., Belehrg. üb. alles, was bei der Vormundschaft zu beachten ist, u. die Militär-Verhältnisse. 8. (96 S.) Ebd. 900. n. 1.—

— Feldmessen u. Nivellieren. Mit 118 in den Text gedr. Holzschn. 2. unveränd. [Titel-]Aufl. (68 S.) gr. 8. Bautzen [901] 907. E. Hübner. Geb. in Leinw. n. 1.—

— das Gesinde-Recht od. die Rechtsverhältnisse zwischen Herrschaft u. Gesinde nach der Gesinde-Ordng. unter Berücksicht. der Abändergn. durch das bürgerl. Gesetzbuch. Mit dem Gesetzestext der Gesindeordng. 8. (48 S.) Ebd. 899. n. —50

— das Gesinde- u. Mietrecht nach dem bürgerlichen Gesetzbuch od. die Rechtsverhältnisse zwischen Herrschaft u. Gesinde, Mieter u. Vermieter. Mit dem Gesetzestext des Gesinde-, Miet- u. Pacht-Rechts, Mietverträgen u. den Bestimmgn. üb. den Mietsstempel. 8. (48 u. 64 S.) Ebd. 900. n. 1.—

—— Handbuch für Eisenbahn-Reisende. Eine Zusammenstellung sämmtl. jetzt eröffneten deutschen und angränzenden Eisenbahnen, nebst Angabe der Meilen-Fahrzeit und Personentaxen von Station zu Station. Nach den neuesten Angaben herausg. Wesel 1848. 32.

— das neue Handels- u. Gewerberecht. Enth.: Das Handelsrecht, Firma, Geschäftsbücher. Handlungsgehilfen u. Lehrlinge etc. Geschäftsteilhaber. Handelskauf. Unlauterer Wettbewerb. Wechsellehre. Konkursverfahren. Patent- u. Musterschutz etc. Das Gewerberecht. Anmeldung des Gewerbes. Gewerbebetrieb im Umherziehen. Gewerbegericht. Rechte u. Pflichten der Arbeiter, Gehilfen, Lehrlinge, Sonntagsruhe, Ladenschluß. Kranken-, Unfall- u. Invaliditätsversicherg. 8. (III, 136 S.) Ebd. 900. n. 1.—

König, F. Karte vom Kriegsschauplatz in Ostindien. fol. Berlin 1857. 0.50.

— Landwirtschaftslehre. Leitfaden in Fragen u. Antworten. 2. unveränd. [Titel-]Aufl. (VI, 181 S.) 8. Bautzen [901] 907. E. Hübner. Geb. in Leinw. n. 1. 20

— Meilenzeiger-Sammlung f. den Bereich d. Vereins deutscher Eisenbahn-Verwaltungen nachweisend die Entferngn. der Stationen jeder Bahn von u. nach deren Uebergangsstationen in alphabet. Reihenfolge der Bahnen u. Stationen nebst Angabe der Adressen der Bahn-Verwaltungsbehörden, der Bahnlinien u. Bahnanschlüsse. Mit Anh.: Alphabetisches Stations-Verzeichniss m. Bezeichng. der Bahn, an welcher jede Station liegt. Nach amtl. Quellen m. besond. Rücksicht auf die Wagenmiethberechngn. zusammengestellt u. hrsg. 3. Aufl. Octbr. 1870. gr. 8. (X, 239 S.) Kassel 870. (Freyschmidt.) n. 4. 50

König, F., s.: Mensch, d. gesunde u. kranke.

— das Miet-Recht nach dem bürgerl. Gesetzbuch. Enth.: Ausführliche Erläuterg. der auf die Wohnungsmiete bezügl. Gesetzesvorschriften. Ferner: Der Gesetzestext des Miet- u. Pacht-Rechts, sowie Miet-Verträge u. die Bestimmgn. üb. d. Mietsstempel. 8. (64 S.) Ebd. (900). n. —50

König, F., die landwirtschaftliche Pflanzenbaulehre. Ein Leitfaden f. den Unterricht an landwirtschaftl. Winter- u. Ackerbauschulen, sowie zum Selbstunterricht. gr. 8. (VI, 142 S.) Stuttgart 891. Ulmer. cart. n. 1. 80

König, F: Preislisten uber Pflüge und Eggen. Gerabronn (Württemberg) (1897?)

— Ratgeber in gesunden u. kranken Tagen. E. Lehrbuch d. menschl. Körperbaues u. e. ärztl. Hausschatz f. alle Krankheitsfälle, unt. Berücksicht. d. erfolgreichsten Naturheilverfahren. Unt. Mitwirkg. hervorrag. Spezialisten hrsg. M. zahlr. Illustr., farb. Bild., sow. 2 zerlegbaren Modellen d. Sinnesorgane u. d. weibl. Körpers in Buntdr. 5. Aufl. gr. 8. (1120 S.) Leipzig 897. E. Wiest Nachf. Geb. in Leinw. 15. –

König, F., Ratgeber in gesunden u. kranken Tagen. Ein Lehrbuch des menschl. Körperbaues u. e. ärztl. Hausschatz f. alle Krankheitsfälle unter Berücksicht. der erfolgreichsten Naturheilverfahren. Unter Mitwirkg. hervorrag. Spezialisten hrsg. 9., neu bearb. u. verb. Aufl. 81.—90. Tausf. Mit 500 Abbildgn. u. 13 Taf. sowie 5 zerlegbaren Modellen neuester Konstruktion nebst ausführl. Erläutergn. 3 Tle. (1156, 243 u. X S.) 8. Leipzig 909. E. Wiest Nachf. Geb. in Leinw. 21. 50

— der kleine Rechtsanwalt für Haus u. Comptoir od. Wie treibe ich meine Außenstände ein? Wie verklage ich jemand? Ausführliche Darstellung des Civil- u. Straf-Rechts. Prakt. Anleitung, um sich in allen Gerichts- u. Klagesachen, soweit zulässig, selbst vertreten zu können. Mit vielen Klagebeispielen u. Muster-Klageformularen, nebst Anh.: Das Gerichtskostenwesen. 6. Aufl. 8. (VII, 120 S.) Ebd. 900. n. 1. —

König, F., Säkularpredigt am 3. Reformationsfeste, geh. im Münster zu Bern. gr. 8. (1¼ B.) Bern 828, Haller. (Leipzig, Schmidt.)

König, F., Sammlung der Meilenzeiger der dem Vereine deutscher Eisenbahn-Verwaltungen angehörigen Bahnen, nachweisend die Entfernungen zwischen den Uebergangsstationen der einzelnen Bahnen und deren übrigen Stationen mit Angabe der Bahn-Anschlüsse und einem alphabet. Stations-Verzeichnisse. Zum vorzugsweisen Gebrauche für die Eisenbahnverwaltungen und zum Handgebrauche für Fabrikanten, Kaufleute, Spediteure etc. Nach amtl. Quellen zusammengestellt. 2. Aufl. gr. 8. (VII, 207 S.) Erfurt 868, (Villaret.) * 4 50

— des deutschen Landwirtes Taschen-Kalender, Buchführung u. Ratgeber f. 1905. (2. Jahrg.) (212 S.) kl. 8. Lüneburg (Herold & Wahlstab). Geb. in Leinw. n. 1. 20

Koenig, des deutschen Landwirtes Taschen-Kalender, Buchführung u. Ratgeber f. 1907. 4. Jahrg. (192 S.) kl. 8. Nebst: Landwirtschaftlicher Anzeigen- u. Anschreibe-Kalender f. 1907. (50 S.) gr. 8. Lüneburg, (Herold & Wahlstab). Geb. in Leinw. u. geh. nn 1. 20
Erscheint nicht mehr.

—— Verzeichniss der Eigenthumsmerkmale der Güterwagen und der Adressen der Wagenverwaltungen der dem Vereine deutscher Eisenbahn-Verwaltungen beigetretenen Bahnen. Zum vorzugsweisen Gebrauche für Stations-, Werkstätte- und Wagen-Abrechnungs-Beamten. Nach amtl. Quellen zusammengestellt. 4. Aufl. Ausg. 1870. gr. 8. (39 S.) Ebendas. 870. * — 80

König, F. J., neueste Andeutungen üb. d. Rückwärtsbiegung d. Rückgrathes, die hohe u. volle Schulter, besond. bei d. Mädchen. Ihre Begründ. in d. Natur, ihre Ursachen, ihre Verhüt. u. Heilung nach d. Grundsätzen d. Gymnastik. 1. u. 2. Aufl. 8. (à 5½ B. u. 1 Stnt.) Stuttgart 837, 38, Hallberger'sche Vrlsh. à

König, F. J., neueste Andeutungen üb. die Seitswärtsbiegung des Rückgrathes, die hohe u. volle Schulter, besonders bei den Mädchen. 3., durchges. Aufl. 8. (5½ B. u. 1 Stnt.) Stuttgart 843, Hallberger'sche Vrlgsh. —

König, F. J., neueste Andeutungen üb. die Seitwärtskrümmung des Rückgrathes, die hohe u. volle Schulter, besonders bei den Mädchen. Ihre Begründung in der Natur, ihre Ursachen, ihre Verhütung u. Heilung. Worte der Warnung u. Belehrung über die zweckmäß. Art der physischen Beaufsichtigung der Jugend zum Behufe der Aneignung regelmäß. Körper-Formen. Mit lithogr. Abbild. 8. Stuttgart 837. 2e Aufl. 838. Hallberger. 3/8 nß

König, F. J., über den Aethyl- und Diaethylbenzol Göttingen. 35 p 1867.
Schul-/Univ.-Schrift

König, der Kreislauf des Blutes u. die Planetenbahnen. Ein physiolog.-mathemat. Versuch. gr. 8. (4⅝ B. u. 1 Stnt.) Weißensee 844, Großmann. -

König, F.N., s. Alpenhirtenfest, Das, bey Unterseen im Bernerschen Oberland.

König, Ferdinand Bilder aus der österreichischen Winzerorganisation. Reisebericht. Brünn Verl. des Centralverbandes der deutschen landw. Genossenschaften 1908. 90 S. (Genossenschaftliche Verlautbarungen des Centralverbandes der deutschen landwirtschaftlichen Genossenschaften Mährens und Schlesiens in Brünn. Bd 2.) -- UB Brünn*

Koenig, Ferd., eine Flucht in die Oeffentlichkeit. Ursachen u. Geschichte e. seit 11½ Jahren besteh. Entmündigung wegen angebl. Verrücktheit bezw. Blödsinnigkeit des Verf. dieser kleinen Broschüre. (145 S.) 8. Braunschweig 905. (E. Appelhans & Co.) n. 3. —

Koenig, Ferdinandus (geb. 1812 in Bielefeld): De retinae ac partis anterioris nervi optici mutationibus evidentibus in amaurosi ... Bonnae, typ. C. Georgii 1838. 2 Bl., 35 S. 8.
Bonn, Med. Fak., Diss. v. 25 Mai 1838

König, Ferd. Die Volkswirtschaftslehre m. besond. Berücksicht. der Sozialpolitik. (In 60 Lfgn.) 1.—4. Lfg. gr. 8. (S. 1—96.) Lpz. 892,93. Wiest. à Lfg. * — 25; * 1 —
Nicht weiter erschienen.

König, Ferd., die Volkswirtschaftslehre m. besond. Berücksichtigung der Socialpolitik, geschichtlich u. wissenschaftlich allgemein faßlich dargestellt. Unter Mitwirkg. namhafter Fachgenossen. 1.—4. Lfg. gr. 8. (96 S.) Leipzig 893. E. Wiest. à n. — 25
Fortsetzung wird nicht erscheinen.

[F.] Wie todtet man Bacillen und wie heilt man Schwindsucht? In welcher Weise verunreinigen sich selbstthatig die Elemente Luft u. Wasser u. wie reinigen sich diese wieder, oder aber wie konnen dieselben wieder gereinigt werden? Der offentl. Meing gewidm v. Ferdinand Koenig. *Halberstadt: Dr. u. Max Arnold Juni 1892* (17 S.) 1 Bd 8

[F.] Wie todtet man Bacillen und wie heilt man Schwindsucht? In welcher Weise verunreinigen sich selbstthätig d. Elemente Luft u. Wasser u. wie reinigen sich diese wieder, oder aber wie konnen dieselben wieder gereinigt werden? Der öffentl. Meing gewidm v. Ferdinand Koenig. *Halberstadt: Dr. v. Max Arnold. Dec. 1892.* (1 Bl., 40 S.) 1 Bd 8

Wie tödtet man Bacillen und wie heilt man Schwindsucht? In welcher Weise verunreinigen sich selbstthätig d. Elemente Luft u. Wasser u. wie reinigen sich diese wieder, oder aber wie können dieselben wieder gereinigt werden? Der öffentl. Meinung gewidmet von Ferdinand Koenig. (6. Aufl.) Halberstadt 1892: M. Arnold. (40 S.) 8° [Umschlagt. F.] 10

— **Ferdinand Soph. Chr.** (Eutin), De Pausaniae fide et auctoritate in historia mythologia artibusque Graecorum tradendis praestita. Comment. philos. Bln. (Johann Friedrich Starck) 13. IV. 1832. 60 S. mit Biogr. (6.50) 18963
Oppon.: Robert Gompf, Hermann Koester, Julius Muetzell. — Gew.: Georg Ludwig Koenig (Vater).

Koenig, F. Soph. Chr., de Pausaniae fide et auctoritate in historia, mythologia artibusque graecor. tradendis praestita. Commentat. 8 maj. (4 B.) Berolini 832, Mylius.

König, Fr. (Ingenieur), Gutachten über die zweckmässigste Art der Wasserabgabe der Neuen Münchener Wasserversorgung an die Privat-Grundstücke. Mit 2 Taf. Hlzschn.-Abbild. (München 1882.) 4°. 19 S. Cart.

König, Fr., Predigt wider die geheimen Gesellschaften über Matth. 10, 32. 33, gehalten vor der evangel. luther. Gemeinde zu Cincinnati, Ohio, am 4. Sonntag nach Trin. 1859. 16. (16 S.) (Philadelphia 860, Schäfer und Koradi.)

Predigt wider die geheimen Gesellschaften, über Matth. 10, 32. 33, gehalten vor der evangelisch-lutherischen Gemeinde zu Cincinnati, Ohio, am 4. Sonntag nach Trinitatis 1859, von Fr. König. St. Louis: Barthel 1868. 15 S. 8°

Legt dar, dass ein wahrer Christ kein Frmr sein könne.

König, Fr., Predigt vom christlichen Hausgottesdienst, über Colosser 3, 16., geh. vor der ev.-luth. Dreifaltigkeits-Gemeinde zu Cincinnati, Ohio, am Sonntag Rogate 1866. 2. Aufl. 8. (16 S.) St. Louis, Mo. 878. (Dresden, H. J. Naumann.) n. — 30

König, Fr. W. Das leibliche Leben des Menschen. 26 S.
Ratibor, Progr. 1844

Koenig, Francis Philip [aus England]: Die Lage der englischen Landwirtschaft unter dem Drucke der internationalen Konkurrenz der Gegenwart u. Mittel u. Wege z. Besserg ders. ... [Erschien vollst. als Heft 2 d. IX. Bds von: Samml. nationalök. u. statist. Abh. d. staatswiss. Sem. zu Halle a. d. S. hrsg. v. J. Conrad.] Halle a. S., *Lippert & C., Naumburg a/S.*. 1896; XIII, 72 S., 1 Bl. 8.
Halle, Phil. Fak., Inaug.-Diss. v. [13. Mai] 1896

Koenig, F. Ph., d. Lage d. engl. Landwirtschaft unt. d. Drucke d. internat. Konkurrenz d. Gegenwart u. Mittel u. Wege zur Besserg. derselben, s. a. Sammlung nationalökonom. u. statist. Abhandlungen.

Die Lage der englischen Landwirtschaft unter dem Drucke der internationalen Konkurrenz der Gegenwart und Mittel und Wege zur Besserung derselben, v. Dr. F[rancis] Ph[ilipp] Koenig. *Jena: G. Fischer 1896.* [S. 190—222 u. 291—329 erschien als Hallische Diss. 1895.] (XI, 445 S.) 8.
= Sammlung nationalökon. u. statist. Abhandlungen d. staatswiss. Seminars zu Halle. Bd 9. H. 2.

König, Frz., s.: Archiv f. klinische Chirurgie.

König, Frz., die leichteste Art, den Kindern das Rechnen auf eine angenehme Weise beizubringen rc. 3 Thle. 8. Prag 815 — 19. Calve. 1 Rthlr 8 gGr (1r Thl. Anfangsgründe d. Rechnenkunst rc. 815. 2e Aufl. 818. 12 gGr 2r Thl. Auch u. d. T.: Die leichteste Art, den Kindern d. Rechnen mit Brüchen beizubringen rc. 8 gGr **3r Thl. Auch u. dem T.: Die höhere Rechenkunst des gemeinen Lebens rc. 8. Ebd. 819. 12 gGr)**

König, Frz., über die Bedeutung der Spalträume des Bindegewebes, } s. Sammlung klinischer Vorträge.

— s.: Bibliotheca medica.

— s.: Centralblatt f. Chirurgie.

— der Chirurg u. sein Schutzbefohlener. Festrede, geh. am Stiftungstage der Kaiser-Wilhelms-Akademie für das militärärztl. Bildungswesen, 2. XII. 1901. gr. 8. (27 S.) Berlin 902. A. Hirschwald. n. — 60

König, Frz., die Gelenkerkrankungen bei Blutern m. besond. Berücksicht. der Diagnose, s.: Sammlung klinischer Vorträge.

König, Franz, Referendar in Magdeburg: Die Gewährleistung wegen physischer Fehler der Haustiere nach dem Bürgerlichen Gesetzbuch für das Deutsche Reich und dem Preußischen Allgemeinen Landrecht. Borna-Leipzig 1905: R. Noske. (IX, 48 S.) 8°
Leipzig, Jur. Fak., Diss. v. 3. Juli 1905
[Geb. 11. Juli 79 Großrodensleben; Wohnort: Magdeburg; Staatsangeh.: Preußen; Vorbildung: Gymn. z. Kloст. U. L. F. Magdeburg Reife M. 98; Studium: Marburg 2, München 2, Berlin 1, Halle 3 S.; Rig. 13. Dez. 02.]

König, Frz., üb. Hospitalbrand, s.: Sammlung klin. Vorträge.

König, Franz, approb. Arzt aus Dichtenhausen: Ueber Jejunostomie. *Leipzig 1901: B. Georgi.* (28 S.) 8°
Leipzig, Med. Diss. v. (19. Dez.) 1900

— s.: Krankheiten, die, der Athmungs- u. Kreislauforgane.

Koenig, Frz., die Krankheiten des unteren Theiles des Pharynx u. Oesophagus, s. a. Chirurgie, deutsche.

Koenig, [Franz]: Die Krankheiten des unteren Theils der Pharynx und Oesophagus. Mit 13 Holzschn. Stuttgart 1880. XI, 126 S.
(Deutsche Chirurgie. Lfg 35.)

König, Frz., Lehrbuch der allgemeinen Chirurgie für Aerzte und Studirende. 2 Abthlgn. gr. 8. Berlin, Hirschwald. [1. Abthl. (X, S. 1—214.) 883. *M 5.—; 2. Abthl. (XI, S. 215—472.) 885. *M 6.—.] *

König, Frz. Lehrbuch der allgemeinen Chirurgie f. Aerzte u. Studirende. 3. [Schluss-] Abthl. gr. 8. (XXIV, S. 473—880.) Berl. 889, Hirschwald. * 10 —
1. u. 2. Abthl. 1883,85. * 11 —.

(Franz) König's Lehrbuch d. Chir. f. Ärzte u. Studierende. Bd 4. Allgemeine Chirurgie. 2. Aufl. vollst. neu bearb. von Dr. Otto Hildebrand, Prof. in Berlin. Mit 361 Abb. Berlin: A. Hirschwald 1905. (IX, 980 S.) 8°
[1. Aufl. u. d. T. König. Lehrbuch d. allgem. Chirurgie 1889.]

— Lehrbuch der Chirurgie f. Ärzte u. Studierende. IV. Bd. Allgemeine Chirurgie. Von Otto Hildebrand. 3. neu bearb. Aufl. Mit 438 Abbildgn. (XII, 996 S.) Lex. 8. Berlin 909. A. Hirschwald. 20 —

— Lehrbuch der speciellen Chirurgie f. Aerzte u. Studirende. 1. Bd. Mit 81 (eingedr.) Holzschn. gr. 8. (XII, 665 S.) Berlin 875. Hirschwald. n. 11. —

— dasselbe. 2. Bd. 1. Abth. Mit 48 (eingedr.) Holzschn. gr. 8. (III, 285 S.) Ebend. 876. n. 8. —

— Lehrbuch der speciellen Chirurgie für Aerzte u. Studirende. 2. Bd. 2. [Schluss-]Abth. Mit 138 (eingedr.) Holzschn. gr. 8. (XXVI u. S. 287—1117.) Berlin 877. Hirschwald. n. 18. — (cplt.: n. 40. —)

— dasselbe. 2. Aufl. 2 Bde. Mit 351 (eingedr.) Holzschn. gr. 8. (XVI, 680 u. XXII, 1176 S.) Ebend. 878. n. 40. —

— dass. — 2. Aufl. 2 Bde. gr. 8. Ebendas. [1. Bd. (XVI, 680 S. mit 87 eingedr. Holzschn.) 878. *M 14.; 2. Bd. (XXII, 1176 S. mit 264 eingedr. Holzschn.) 879. *M 26.] *

— dasselbe. 3. Aufl. 3 Bde. Mit 348 (eingedr.) Holzschn. gr. 8. (XIV, 665, XII, 717 u. XV, 683 S.) Ebend. 881. n. 40. —

—— Lehrbuch der speciellen Chirurgie für Aerzte und Studirende. 3 Bde. gr. 8. Ebendas. [1. Bd. 4. Aufl. (VIII, 705 S. mit 128 Holzschn.) 885. *M 13.—.; 2. Bd. 4. Aufl. (XIII, 762 S. mit 133 Holzschn.) 885. *M 14.—.; 3. Bd. 4. Aufl. (XX, 729 S. mit 71 Holzschn.) 886. *M 13.—.] *

— Lehrbuch der speciellen Chirurgie f. Aerzte und Studirende. 5. Aufl. 3 Bde. Lex.-8. Ebd. 889. n. 42. —
1. Mit 136 Holzschn. (X, 661 S.) n. 13. —. — 2. Mit 135 Holzschn. (XVI, 840 S.) n. 16. —. — 3. Mit 70 Holzschn. (XVI, 674 S.) n. 13. —.

— Lehrbuch der speciellen Chirurgie f. Aerzte u. Studirende. 6. Aufl. 3 Bde. gr. 8. Berlin, A. Hirschwald. n. 48. —
1. (VIII, 690 S. m. 139 Holzschn.) 893. n. 14. —. — 2. (XV, 826 S. m. 121 Holzschn.) 893. n. 16. —. — 3. (XVIII, 846 S. m. 104 Holzschn.) 894. n. 18. —.

— Lehrbuch d. spec. Chirurgie f. Aerzte u. Studirende. 7. Aufl. I. Bd. M. 141 Holzschn. gr. 8. (VIII, 752 S.) Berlin 898. A. Hirschwald. n. 14. —

— Lehrbuch der speciellen Chirurgie für Aerzte u. Studierende. 7. Aufl. II. u. III. Bd. gr. 8. Berlin, A. Hirschwald. n. 30. —; (kplt. n. 44. —)
II. Mit 125 Holzschn. (XV, 904 S.) 899. n. 16. —
III. Mit 131 Holzschn. (XX, 906 S.) 900. n. 14. —

— Lehrbuch der speciellen Chirurgie f. Aerzte u. Studirende. 8. Aufl. 3 Bde. Lex.-8. Berlin, A. Hirschwald. n. 49. —
1. (XII, 803 S. m. 145 Abbildgn.) 904. n. 15. —
2. (XIII, 941 S. m. 126 Abbildgn.) 904. n. 17. —
3. (XVI, 972 S.) 905. n. 17. —
4. Bd. u. d. T.:

— u. Riedel, die entzündlichen Processe am Hals u. die Geschwülste am Hals, s. a. Chirurgie, deutsche.

Koenig [Franz] u. [B. M. K. L.] Riedel: Die entzündlichen Processe am Hals und die Geschwülste am Hals. Stuttgart 1882. XXII, 122 S.
(Deutsche Chirurgie. Lfg 36.)

— Schussverletzungen am Rumpfe, insbes. am Thorax, s.: Vorträge üb. ärztliche Kriegswissenschaft.

— die Schwesternpflege der Kranken. Ein Stück moderner Culturarbeit der Frau. gr. 8. (12 S.) Berlin 902. A. Hirschwald. — 30
Sonderabdruck aus: „Deutsche Rundschau".

König, Frz., Studien über die Desinfection der Pflanzen gegen die Phylloxera u. andere Insekten. Mit 5 in den Text gedr. Holzschn. gr. 8. (40 S.) Stuttgart 882. Ulmer. n. — 50

Die Tuberkulose der menschlichen Gelenke sowie der Brustwand und des Schädels. Nach eigenen Beobachtungen u. wissenschaftl. Untersuchungen von Prof. Dr. Franz König (Berlin). Mit 90 Textfig. Berlin: A. Hirschwald 1906. (XII, 166 S.) 8° [06. 11387

— die Tuberculose der Knochen u. Gelenke u. die Fortschritte in der Behandlung dieser Krankheit, s. a. Sammlung klinischer Vorträge.

—— die Tuberculose der Knochen und Gelenke. Auf Grund eigener Beobachtungen bearb. gr. 8. (VII, 169 S. mit 18 Holzschn.) Berlin 884, Hirschwald.

— die specielle Tuberculose d. Knochen u. Gelenke auf Grund v. Beobachtgn. der Göttinger Klinik. I. gr. 8. Berlin 896. A. Hirschwald. n. 5. —
Das Kniegelenk. Bearb. v. K. D. statist. Theil ist bearb. v. F. Mertens u. W. Koenig. (X, 186 S. m. 42 Holzschn.)

— die specielle Tuberculose der Knochen u. Gelenke auf Grund von Beobachtungen der Göttinger Klinik. II. Das Hüftgelenk. Der statist. Thl. ist bearb. von Hüter u. Waldvogel. gr. 8. (VII, 148 S. m. 42 Holzschn.) Ebd. 902. n. 5. —

KÖNIG, Franz Hermann Joseph von (Aschaffenburg): De structura uteri ejusque excrescentiis polyposis et sarcomatosis.- Landishuti 1820.
18.3.1820 - Pe 380; F 58
Diss. Ingolst.-Landsh.-Mchn.

(König. F[ranz] N[iclaus].) Beschreibung von Thun und dessen Umgegend, nach dem Panorama von Marquard Wocher in Basel. ([Mit 1 Vignette und] Wochers Panorama von Thun.) 8. Basel 1815.

König, F[ranz] N[iklaus]. Collection de Costumes Suisses, tirés du Cabinet de Mr Meyer d'Aarau, par F N König à Unterseen, Canton de Berne chez l'Auteur et à Berne chez J J Bourgdorfer et chez D. B. Rätzer [1801 u. 1804].
Tit. 4 Bl., 48 S.; 24 Taf. in kol. Kupferst. 4°
Widmung dat. 1804. Die Taf. des vorliegenden Bandes entstammen der als „Grosser König" bekannten ersten Publikation von 1801, die eingeklebten Textblätter dem sog. „Mittleren König" der 1804 erschienenen Wiederholung in kleinerem Format. König veröffentlichte eine Auswahl aus dem Volkstrachtenzyklus, den der Aarauer Seidenbandfabrikant Joh. Rudolf Meyer bei dem Maler Jos. Reinhart (Reinhardt) (1749—1824) in Auftrag gegeben hatte. Dargestellt sind die Trachten der einzelnen Kantone, getragen von bestimmten, namentlich genannten Personen. Die Entstehungszeit des Zyklus fällt nach den Daten auf den Bildern in die Jahre 1788—1797. Erhalten blieben 125 Bilder, die sich seit 1804 im Bernischen Historischen Museum befinden. S. Hans Christoph von Tavel Die Schweizer Bildnisse des Malers Joseph Reinhart (Ga 68).
Abb. 61

—. Nouvelle collection de costumes suisses Berne. Chez l'Auteur et chez J. J. Burgdorfer [um 1805—10].
Tit., 25 Bl.; 24 Taf. in kol. Kupferst. 8°
Berücksichtigt laut Vorwort den seit den vorangegangenen Publikationen eingetretenen Kostümwandel

König, [Franz] N[iclaus]. Description de la Ville de Berne, ornée d'un Plan et de quelques Vues intéréssantes. Berne s. Description de la ville de Berne... 1810. Berne. [1re partie.]

[König, Franz Niclaus.] .. das Leben Heinrich Rieters von Winterthur (1751—1818). [Mit 1 Porträt und 1 Tafel.] Njbl. Künstlerges. Zürich 1819. 4. [Zürich.]

König, F[ranz] N[iclaus]. Reise in die Alpen. Begleitet mit naturhistorischen Beyträgen von (B[ernhard] Fr[iedrich]) Kuhn, [Friedrich] Meisner, [Nicolas-Charles] Seringe, [Samuel] Studer und (K[arl] L[udwig]) Tscharner. Mit drey Kupfertafeln. 8. Bern 1814.

König, F[ranz] N[iklaus]. Neue Sammlung von Schweizertrachten, nach Zeichnungen von F. N. Koenig. Zürich 1811, bey Orell, Fussli und Compagnie
201 S.; 30 Taf. in kol. Kupferst. 8°
Tit. u. Text auch franz.

König, Frz. Xav. (Dr. med., prakt. Arzt in der Vorstadt Au u. enemal. Physikatsverweser in Bruck), *die Amper u. das Amperthal bei Bruck, ein neues Heil- u. Gesundheits-Bad*, ein gelegener Ort zur Sommerfrische f. d. benachbarte München. Zum Besten der Armen-Industrie-Schule in d. Vorstadt Au. München 1853. Eigenth. d. Verf. Druck d. J. Deschler'sche Officin in d. Vorstadt Au. 8°. Cart. *)
VI—33 S.

KOENIG, Franz Xaver (Pfaffenhofen): De chlorosi.- Monachii: Poessenbacher 1834. 16 S.
22.3.1834 - Urk; F 61
Diss. Ingolst.-Landsh.-Mchn.

König, Friederike v., moral. Blumenlese, nebst Perlen aus d. Tugendkrone d. Königin Louise v. Preußen. 16. (5 B.) Berlin 839, (J. A. Wohlgemuth.)

—— die eleg. Stickerin im neuesten Modegeschmack. Enth. in 11 Planoblättern: Kragenmuster, Eckblumen in Taschentücher, Kantenstreifen, Einsatzstreifen, Schleierbouquets, Handmanschetten, Seitentaschen u. Arbeitsbeutel in Spitzentüll, Stuartskragen u. Haubenfonds. gr. Fol. Weimar 835, Voigt.

König, Frdr., Anlage u. Ausführung v. Städte-Kanalisationen. Leitfaden u. Handbuch f. Ingenieure, Architekten, Verwaltungs-Beamte u. andere Berufskreise in allen Wasserversorgungsfragen. Mit 126 Abbildgn. im Text u. auf 1 Taf. Lex.-8. (XVI, 303 S.) Leipzig 902. O. Wigand. 9. —

König, Frdr., Anlage u. Ausführung von Wasserleitungen u. Wasserwerken mit besond. Rücksicht auf die Städteversorgung. Mit 84 eingedr. Holzschn. u. 6 lith. Taff. (in qu. 4.) Leipzig 868. O. Wigand. gr. 8. (XII, 206 S.) n. 2 ⅓ $

König, Friedr., Anlage und Ausführung von Wasserleitungen und Wasserwerken mit besond. Rücksicht auf die Städteversorgung. 2. verm. Aufl., im Auftrage des Verf. bearb. von Ludw. Poppe. gr. 8. (XII, 433 S. mit 137 eingedr. Holzschn. und 5 lithogr. Taf.) Leipzig 878, O. Wigand. *

— Anlage u. Ausführg. v. Wasserleitungen u. Wasserwerken zur Wasserversorgung v. Städten, Ortschaften, Anstalten u. Privatgebäuden. Leitfaden u. Handbuch für Ingenieure, Architekten, Verwaltungs-Beamte u. andere Berufskreise in allen Wasserversorgungsfragen. 3. Aufl., nach den neuesten Fortschritten umgearb. u. vervollständigt. Mit 221 Abbildgn. im Text u. auf 16 Taf. gr. 8. (XVI, 520 S.) Ebd. 901. 12. —

König, Frdr., Anlage u. Ausführung von Wasserleitungen u. Wasserwerken zur Wasserversorgung von Städten, Ortschaften, Anstalten u. Privatgebäuden. Leitfaden u. Handbuch f. Ingenieure, Architekten, Verwaltungs-Beamte u. andere Berufskreise in allen Wasserversorgungsfragen. 4. Aufl., nach den neuesten Fortschritten umgearb. u. vervollständigt. Mit 228 Abbildgn. im Text u. auf 17 Taf. (XVI, 564 S.) gr. 8. Leipzig 907. O. Wigand. n. 12. —

(Koenig, Friedrich:) Erinnerung an das Fest der Vollendung der 5000. Schnellpresse. Gewidm. . . . von Koenig & Bauer, (Maschinenfabrik G. m. b. H., Kloster Oberzell). [Mit Abb.] (Würzburg 1895: Stürtz.) 79 S. 8°

König, Frdr., Ernstes u. Heiteres aus dem Zauberreiche der Wünschelrute. Mit besond. Beachtg. der modernen Rutenkünstler. (79 S.) 8. Leipzig 907. O. Wigand. 1. 50

König, Friedr. (I.), Hauswasserleitungen. Die Systeme der Abgabe des Wassers aus den öffentl. Leitungen und der Vertheilung des Wassers mittels Röhrenleitungen in den Grundstücken und Gebäuden. Leitfaden für städt. Beamte, Techniker, Hausbesitzer und Installateure. 8. (III, 72 S. mit 13 Fig. auf 10 Stnt.) Leipzig 882, O. Wigand. *

— s.: Hydrotekt, der.

KOENIG, Friedrich (Oberndorf): Zur Kasuistik der Unterbindung der Arteria subclavia bei Stichverletzungen. (Titel nach der Vikunde)
12.12.1895 - Urk; Chr 1895/96,9
Diss. Ingolst.-Landsh.-Mchn.

König, Friedr., Landeskunde v. Niederösterreich, s.: Rusch, Gust.

— die Pumpen. Eine Darstellung ihrer Theorie, Construktion u. Wirkungsweise. Für Maschinenfabrikanten, Ingenieure, Techniker rc. Mit 106 Illustr. in Holzschn. Jena 869. Costenoble. gr. 8. (XII, 200 S.) n. 1 ℛ 22½ ngr.

— die Pumpen. Eine Darstellg. ihrer Konstruktion u. Wirkungsweise. Für Ingenieure, Techniker, Maschinenfabrikanten, Brunnenbauer u. Landwirte. gr. 8. (XX, 320 S. m. 196 Abbildgn.) Berlin 902. H. Costenoble. n. 10. —

— das hydrotechnische Rechnen mittels Hilfstabellen. Anleitung zur leichten, raschen u. sichern rechner. Bestimmg. der Rohrlichtweiten u. damit verbundenen Leistgn. v. Wasserleitgn. jeder Art, unter Beifügg. v. 9 Hilfstab. m. Gebrauchsanweisgn. u. Erläutergn. zu denselben, unterstützt durch 90 Rechnungsbeispiele. Für Hydrotekten (Ingenieure u. Installateure), Maschineningenieure, Architekten, Feuerwehren, überhaupt f. Techniker jeden Faches zum tägl. Gebrauche (XV, 110 S.) 8. Leipzig 904. O. Wigand. n. 4. —

König, Frdr., der praktische Röhrenmeister. Anweisung zur Fabrikation u. Construction der Röhrenleitgn. u. Röhrenverbindgn. f. Wasser-, Gas- u. Dampfleitgn. Für Maschinenfabrikanten, Ingenieure, Techniker u. Röhrenmeister. Mit 77 (eingedr.) Holzschn. u. 3 lith. Taf. (in 4.) gr. 8. (XVIII, 239 S.) Jena 872. Costenoble. n. 8. —

— Taschenbuch des Hydrotekten f. Wasserversorgung u. Städte-Entwässerung. Für den tägl. prakt. Gebrauch des Ingenieurs, Architekten u. Verwaltungsbeamten. Mit 100 Abbildgn. im Text u. auf 1 Taf. (VII, 306 S.) Ebd. 905. n. 5. —

KÖNIG, Friedrich (München): Ueber Vergiftung.- München: Deschler 1847. 16 S.
20.8.1847 - Urk (Titel: De venenatione.); P 66
Diss. Ingolst.-Landsh.-Mchn.

— die Verteilung des Wassers über, auf u. in der Erde, u. die daraus sich ergebende Entstehung des Grundwassers u. seiner Quellen m. e. Kritik der bisherigen Quellentheorieen. Geschildert f. Tiefbautechniker, techn. Forst-, Montan- u. Landwirtschaftslehranstalten, sowie z. Selbststudium. gr. 8. (VIII, 159 S.) Ebd. 901. n. 4. —

— Der Vertrocknungsprozess d. Erde u. Deutschlands verkehrte Wasserwirtschaft. (IV, 108 S.) gr. 8. Ebd. 908. 3. 50

—— Was ist besser? Aichhahn oder Wassermesser! An der Hand 20jähr. Erfahrung freimüthig beantwortet für Behörden, Haus-Besitzer und Miether. 8. (36 S.) München 883, Pollner.

König, Frdr., was ist besser? Aichhahn oder Wassermesser! An der Hand 20jähr. Erfahrg. freimüthig beantwortet f. Behörden, Haus-Besitzer u. Miether. 8. (36 S) München 883. Viereck. — 60

— Die springenden Wasserstrahlen. Ihre Erzeugg. u. Bildg. f. Springbrunnen, zu Lösch- u. Begiessungszwecken. (44 S. m. Fig.) gr. 8. Ebd. 908. 1. 50

— Die Wasserversorgung in Deutsch-Südwest-Afrika. Ein Beitrag zu ihrer Lösung auf Grund geolog., klimat. u. hydrolog. Studien. 1.—3. Taus. (65 S.) 8. Ebd. 907. 1. 50

König, Frdr., die Wasserversorgung innerhalb der Gebäude u. ihrer Grundstücke. Ein Handbuch für Ingenieure, Architekten, Installateure, Verwaltungsbehörden, Bau- u. Verwaltungsbeamte u. Hausbesitzer. (VIII, 79 S. m. 3 Tab.) 8. Leipzig 905. O. Wigand. n. 1. 50

König, Frdr. Aug., Blütensammlung aus deutschen Gedichten. Ein Haus- u. Schulbuch für Kinder bis zum 10. Jahre, zur Beförderung religiös-sittlicher Bildung. 8. (IV u. 185 S.) Leipzig 851, H. Fritzsche. n. 6 ngr; cart. 8 ngr

König, Friedr. Aug., Blütensammlung aus deutschen Gedichten. Ein Haus- und Schulbuch für Kinder bis zum 10. Jahre zur Beförderung religiös-sittl. Bildung. Wohlfeilere (Titel-)Ausg. 8. (IV und 184 S.) Leipzig (851)63, H. Fritzsche. cart.

Koenig, das Bad Stachelberg im Kanton Glarus. Mit 1 Ansicht des Bades u. einem Gebirgspanorama in Stahlst. (in Fol.) Zürich 861. Schabelitz. 8. (43 S.) n. 24 ngr.

König, Friedrich Eduard

König, Frdr. Ed., de criticae sacrae argumento e linguae legibus repetito. Ratione ducta maximo Geneseos capp. 1—11 eius historiam, naturam, vim examinavit. gr. 8. (62 S.) Leipzig 879. Hinrichs' Verl. n. 2. —

König, Frdr. Ed., falsche Extreme in der neueren Kritik d. Alten Testaments. 4. (19 S.) Leipzig 885. (Hinrichs' Sort.) . n. — 80

— die Hauptprobleme der altisraelitischen Religionsgeschichte, gegenüber den Entwickelungstheoretikern beleuchtet. gr. 8. (IV, 108 S.) Leipzig 884. Hinrichs' Verl. n. 2. 40

— historisch-kritisches Lehrgebäude der hebräischen Sprache, mit steter Beziehung auf Qimchi u. die anderen Auctoritäten ausgearb. 1. Hälfte. Lehre von der Schrift, der Aussprache, dem Pronomen u. dem Verbum. gr. 8. (X, 710 S.) Ebend. 881. n. 16. —

König, Fr. Ed., historisch-krit. Lehrgebäude d. hebräischen Sprache m. comparat. Berücksicht. d. Semitischen überhaupt. II. Hlfte. 2 Thle. gr. 8. Leipzig, J. C. Hinrichs' Verl. n. 34. — (kplt. n. 50. —)
1. Abschluss d. spec. Formenlehre u. generelle Formenlehre. (XIV, 602 S.) 895. n. 16. —
2. A. u. d. T.: Historisch-comparative Syntax d. hebr. Sprache. (IX, 721 S.) 897. n. 18. —

—— der Offenbarungsbegriff des Alten Testamentes. 2 Bde. gr. 8. Ebendas. 882. [1. Bd. (V, 212 S.) *M 5.; 2. Bd. (IV, 410 S.) *M 10.] *

König, Friedrich Josef: Prima mechanicae Elementa, s. Huberti, Franz (Präs.)

König, Fried. Carl, die Ofenfabrikation nach ihrem heut. Stande unter spezieller Berücksicht. der Herstellung der haarrißfreien Elfenbein- u. Majolika-Oefen aus feuerfestem Thon nebst den entsprech. Glasuren. 8. (64 S. m. 2 Taf.) Pirmasens 900. (Berlin, Polytechn. Buchh. A. Seydel). n.n. 8. —

König, Friedrich Wilhelm

König, Fr. Wlh. I., technolog. Beitrag z. Kenntniß d. Salpeterfraßes an den Gemäuern ꝛc. 8. Tübing. 788. v. Cotta. 6 gl

— s. Beitr. z. prakt. Forst- u. Flözhandelswissenschaft.

KÖNIG, Friedrich Wilhelm: Beiträge zur practischen Forst- und Floßhandelswissenschaft. - Ulm 1790. 69 S.

König, Fr. Wlh. II., die französ. Elementar-Schule, oder erste Anleit. zur leichten u. gründl. Erlernung d. französ. Lesens nach der Stephanischen Lautmethode. Mit Vorwort v. Thdr. Heinsius. 8. Berl. 826. Mittler. 8 gl

Koenig, Frid. Guil Petr (Edmund) (geb. Prüm im Rheinl. 28. 11 1829) De nervi trigemini neuralgia. Berolini (1855) (30 S.) 8°
Berlin, Med. Diss. v. 11 Aug 1855

König, Fritz [Arzt aus Bern]: Über Äthylchlorid-Narkose. Bern 1900. 53 S. 8°.
Bern. Med Diss 1899/1900.

'Deine Fritzi'. Schlesisches Weihnachts-Lustspiel in 2 Aufz. von Fritz **König**. Landeshut i. Schl.: Werner [um 1910]. 30 S. 8°
(Schlesische Liebhaber-Bühne. [1.]) [11. 5001

Kölner Puppen-Theater. Hrsg. von Fritz **König**. 3. Aufl. 2. Köln: Kreuter 1908. 8° [09. 17823 B

König, G., (Dr. d. Med.), prakt. Abhandl. über die Krankheiten d. Nieren, durch Krankheitsfälle erläutert. gr. 8. Leipz. 826. Cnobloch. 1 ₰ 12 gl

König, G.: „Allgemeine Abschätzungstafeln, auf Veranlassung der Kaiserl. Russischen Gesellschaft zur Beförderung der Waldwirthschaft veröffentlicht und diesem ruhmwürdigen Vereine verehrt; gedruckt für die Versammlung der deutschen Land- und Forstwirthe", Gotha 1840.

Koenig, G., s.: Anciennetätsliste d. roßärztl. Personals d. deutschen Armee.

Koenig, G., s.: Anciennetätsliste des roßärztlichen Personals des aktiven Dienststandes u. des Beurlaubtenstandes.

König, G., üb. die Aufstellg. v. Bebauungsplänen u. deren rechtliche Wirkung. gr. 8. (34 S.) Halle 901. W. Knapp. n. 1. —

*König, G. Über den Begriff des Unfalls. Rechtsgutachten. Bern 1882.

*Koenig, G. Über die Behandlung der falschen Angaben und der Verschweigungen im Lebensversicherungs-Vertrage. D. Bern 1889.

König, G. (I.), die Beleuchtung mittelst Gas-Sprit und Gas-Aether und die Construction der desfallsigen Lampen, Kronleuchter ꝛc. so wie über alle neuern Arten der Oelbeleuchtung und der Einrichtung der desfallsigen Lampen und Leuchter ꝛc. 8. (38 S. und 1 Stnt. in 4.) Quedlinburg 847, Basse.

— s. a. Dienstalters-Liste des roßärztl. Personals der deutschen Armee.

— — Dienstaltersliste des rossärztlichen Personals der deutschen Armee. S.-A. Berlin 1900. Mittler u. S. M. —.75

König, G., Dislocations-Uebersicht der königl. preußischen Armee, wie selbige jetzt, durch die neu erworbenen Länder um 3 Armee-Corps verstärkt, eingetheilt u. dislocirt ist. Aus amtl. Mittheilungen zusammengestellt. Magdeburg 867. (Baensch.) 8. (28 S.) n. $2\frac{1}{2}$ ngr.

König, G., Handbuch d. preuß. Staats, od. alphabet. Verzeichniß sämmtl. Ortschaften u. einzeln liegender benannter Grundstücke d. ganzen preuß. Monarchie ꝛc. Zum prakt. Gebr. f. jeden Geschäftsmann. Nach d. neuesten amtl. Mittheiln. berichtigt. (Dieses Verzeichniß dient zugleich als Register f. d. Besitzer d. größ., nach d. 25 Regierungsbezirken d. Staats aufgestellten Haupt-Werkes.) gr. 8. ($45\frac{3}{4}$ B.) Magdeburg 838, (Rubach'sche Buchh.) Thlr. *
Das Hauptwerk, 25 Hfte. Berlin, Rubach. 1833—35. Zusamm. genomm. 4 Thlr. 4 Gr., f. eine Provinz à H. 14 Gr., f. ein einzel. H. 18 Gr.

— **das kleine Krankenhaus**. gr. 8. (53 S. m. 25 Abbildgn.) Ebd. 901. n. 2. —
2 Sonderabdr. a.: „Haarmann's Zeitschrift f. Bauhandwerker".

— Krankheiten d. Lippen, d. Maulhöhle u. Zunge, d. Pharynx, d. Speicheldrüsen, d. Schädels u. Gehirns, s: Handbuch d. thierärztl. Chirurgie u. Geburtshilfe.

— Kritischer Nachtrag gegen Herrn Prof. *Emmert*. Bern 1883.

—— Ortschafts- u. Kreis-Verzeichniß des preuß. Staats, s. Ortschafts- u. Kreis-Verzeichniß.

König G, das Patentsystem der Vereinigten Staaten von Nord-Amerika. Berlin 1876

— s. B. Rush, medicin. Untersuchungen.

König, G., prakt. Schriftenzeichnen. Lehrbuch d. Buchstaben- u. Zeileneinteilg. für Kunstgewerbe- u. Fachschulen, Schildermaler, Zeichner, Lithographen, Steinhauer u. verw. Gewerbe. Mit e. Vorwort v. F. Luthmer. gr. 8. (24 S. m. Fig. u. 17 lith. Taf.) Frankfurt a/M. 896. Mahlau & Waldschmidt. n. 2. 70

König, G., prakt. Schriftenzeichnen. Lehrbuch der Buchstaben- u. Zeileneinteilung f. Kunstgewerbe- u. Fachschulen, Schildermaler, Zeichner, Lithographen, Steinhauer u. verwandte Gewerbe. 2. verb. Aufl. Mit e. Vorwort v. F. Luthmer. gr. 8. (24 S. m. Fig. u. 17 lith. Taf) Frankfurt a/M. 900. Mahlau & Waldschmidt n. 2. 70

König, G., alphabet. Verzeichniß sämmtl. Ortschaften u. einzeln liegender benamter Grundstücke d. Preuß. Staat's. Mit spec. Bezeichn. ders., so wie Angabe d. Landwehr-Compagnien, Bataillone u. Regimenter, ferner d. landräthl. Kreise, Pfarrkirchen, Oberlandesgerichte, Landgerichte, Land- u. Stadtgerichte, Friedensgerichte od. sonst. Untergerichtsbehörden, wozu dies. gehören. In 25 Hftn., jedes e. Regierungsbezirk, od. 10 Bdn., jeder e. Provinz, enthaltend. Aus amtl. Quellen zusammengestellt. 4. Magdeburg 833—35, (Rubach.) à Hft. Thlr.

Hft. 1. Erfurt. (5½ B.)
" 2. Magdeburg. (8 B.)
" 3. Merseburg. (9¼ B.)
" 4. Breslau. (12¼ B.)
" 5. Liegnitz. (9¾ B.)
" 6. Oppeln. (9¾ B.)
" 7. Aachen. (7¼ B.)
" 8. Koblenz. (8¼ B.)
" 9. Trier. (5 B.)
" 10. Düsseldorf. (17½ B.)
" 11. Köln. (9¾ B.)
" 12. Gumbinnen. (11¼ B.)
Hft. 13. Potsdam. (8 B.)
" 14. Danzig (6¼ B.)
" 15. Königsberg. (13¾ B.)
" 16. Bromberg. (9¼ B.)
" 17. Posen. (10¼ B.)
" 18. Arnsberg. (9¾ B.)
" 19. Minden (4 B.)
" 20. Münster. (4 B.)
" 21. Frankfurth. (9¾ B.)
" 22. Marienwerder. (9 B.)
" 23. Köslin. (7½ B.)
" 24 Stettin. (6¼ B.)
Hft. 25. Stralsund. (3¾ B.)

– s. **Verzeichniß, neuestes, sämmtl. Kreise d. Preuß. Staates.**

Koenig, G., s.: Veterinär-Kalender.

— s.: Zeitschrift f. Veterinärkunde.

König, G., über Zinkblecharbeiten. Eine geordnete Zusammenstellung der Bauarbeiten aus Zinkblech für Baumeister, Klempnermeister und Bauhandwerker, sowie ein Leitfaden für den baugewerbl. Unterricht. gr. 8. (V, 122 S. mit 130 Holzschn.) Halle 887, Knapp. *
Aus: Haarmann's Zeitschrift für Bauhandwerker, besonders abgedruckt.

König, (Superint.) G. O. Dt., Hoffnung d. Wiedersehens. Eine Predigt. 8. Hannov. 821. Helwing. 5 gr

— s. Mittheilungen d. Predigervereinen.

König, G. O. D., Predigten üb. sämmtl. Evangelien u. Episteln d. Kirchenjahrs, z. Vorlesen in Kirchen u. zu häusl. Erbauung. 2 Thle. gr. 8. (37½ u. 40½ B.) Göttingen 832, Vandenhoeck u. Ruprecht. à 1 Thlr. 8 Gr.

— der Unterschied zwischen einem blinden Glauben u. einem Glauben ohne zu sehen. Eine Preispredigt. gr. 8. Götting. 809. Dieterich. 3 gr

— was soll die Religion bei drohender Landesnoth wirken? gr. 8. Hannov. 815. Hahn. 3 gr

König, G. Osw., s. König, Goswin

König, Georg, s.a. König, Gottlob

König, Georg: Practische Abhandlung über die Krankheiten der Nieren, durch Krankheitsfälle erläutert. 307 S., gbd.

Leipzig: Cnobloch 1826

Koenig, Georg *Ludwig Wilhelm* [Apotheker aus Adorf in Waldeck]: Beiträge zur Kenntniss der Alkaloide aus den Wurzeln von Sanguinaria Canadensis und Chelidonium majus. . . . Marburg, 1890; 2 Bl., 58 S., 1 Bl. 8°
Marburg, Phil. Fak., Inaug.-Diss. v. [22. Dez.] 1890

– Erläuterungen z. preuß. Vormundschaftsordnung, s. Koenig: Die preuß. Vormundschaftsordnung ...

Koenig, Georgius ⟨geb. am 27 Okt. 1801 in Cloppenburg Oldenb.⟩: Dissertatio . . . sistens experimenta quaedam circa sanguinis inflammatorii et sani qualitatem diversam instituta . . . Bonnae, typ. C. F. Thormanni (1824). 1 Bl., IV, 22 S., 2 Bl. 4. ¶ In Komm. bei Weber in Bonn.
Bonn, Med. Fak., Diss. v. 30 Apr. 1824

— Diss. physiologico-pathologica sistens experimenta quaedam circa sanguinis inflammatorii et sani qualitatem diversam instituta. 4 mai. Bonn 824. (Weber). 8 gr

König, Geo., Geschichte e. zu Allenbüttel, Amts Gifhorn, verübten schaudervollen Mordthat, der Todesvorbereitung d. Schuldigen u. ihrer am 30. Jan. 1818 erfolgten Hinrichtung. 8. Celle 818. Schulze. 8 gr

König, Geo. (I.), das **Konkursverfahren** nach der Reichs-Konkursordnung vom 10. Febr. 1877. Zum prakt. Gebrauch unter Benutzung der amtl. Materialien der Gesetzgebung dargestellt. Mit Formularen, unter Anschluß des Textes der Konkursordnung, des Reichs-Einführungsgesetzes, des preuß. und königl. sächs. Ausführungsgesetzes. 1. Aufl. (X, 162 S.) * ℳ 2,80.; 2. verm. Aufl. gr. 8. (X, 186 S.) Hannover 879, Meyer. *

Koenig, Geo. (II.), I. Ueber Nitrobenztoluidine. II. Ueber neue Phenyl-Aether. Inaugural-Dissertation. gr. 8. (27 S.) Göttingen 879, (Vandenhoeck und Ruprecht's Verlag.) *

König, Georg Zwei geometrische Örter. Schüleraufgaben. (Umschlagtitel: Ein Beitrag zu dem mathematischen Unterrichte in der Prima.) 4 (S 3—7). Progr. Rg. *Bützow* 1887 (606).

Koenig, Georg [aus Aachen] Die Oxydationsproducte der Mercaptursäuren. . . . Freiburg i. B., Univ.-Buchdr. v. Chr. Lehmann, 1887; 54 S. + 1 Bl. 8°.
Erlangen, Phil. Fak., Inaug. Diss. v. 1887.

Koenig, Georg, die Oxydationsproducte der Mercaptursäuren. Diss. Erlangen 1887, Th. Blaesing. 8°. 54 S.

König, Georg (Übers.u.Comm.):

s.: Rush, Benjamin: Medizinische Untersuchungen und Beobachtungen über die Seelenkrankheiten. (Medical Inquiries and observations upon the diseases of the mind. Second edition. Dt.) Leipzig: 1825

König, Georg *Maria Anton* [aus Cöln (Rhein)]: Die Steinniere und ihre Behandlung . . . Marburg, Druck v. A. F. Jensen in Kiel, 1897; 45 S., 1 Bl. 8.
Marburg, Med. Fak., Inaug.-Diss. v. 26. März 1897

König, Geo., Tabellen zur Berechnung der nach dem Kosten-Gesetze vom 21. Juli 1875 in Vormundschaftssachen zu erhebenden Gebühren. Als Anh. zu der preuß. Vormundschaftsordng. vom 5. Juli 1875 hrsg. gr. 8. (7 S.) Hannover 876. Meyer. n. — 25

—— die preußische **Vormundschaftsordnung** vom 5. Juli 1875. Zum prakt. Gebrauch für Vormünder, unter besond. Berücksicht. der Regierungsmotive und der Verhandlungen beider Häuser des Landtags erläutert und hrsg. Nebst Anleitung und Formularen zur Inventur und Rechnungslegung, sowie Kostengesetz vom 21. Juli 1875 und Tabellen zur Berechnung der Gebühren. 1. Aufl. (VIII, 91 S.) 1875; 2. Aufl. (VIII, 104 S.) 1876. * ℳ 1,50.; 3. verm. Aufl. gr. 8. (VIII, 115 S.) Ebendas. 879. *

König, Geo., die preußische Vormundschaftsordnung vom 5. Juli 1875. Zum prakt. Gebrauch insbesondere auch für Vormünder, unter Berücksicht. der Regierungsmotive und der Verhandlungen beider Häuser des Landtags, der Literatur und oberstgerichtl. Entscheidungen erläutert und hrsg. Nebst Mustern für Vermögensverzeichniß, Erbauseinandersetzungsplan und Vormundschaftsrechnung, sowie Kostengesetz und Tabellen zur Berechnung der Gebühren, auch Sachregister. 4. umgearb. und vervollständ. Aufl. gr. 8. (VIII, 132 S.) Hannover 881, Meyer.

König's, Geo., Erläutergn. z. preuß. Vormundschaftsordnung u. zu d. sich ihr anschließ. Gesetzen. Für d. prakt. Gebrauch v. Gerichten u. Vormündern neu bearb. v. K. Schneider. Nebst Mustern f. Vermögensverzeichnis, Erbauseinandersetzg. u. Vormundschaftsrechngn., sowie Kosten- u. Stempelvorschriften. 5., sehr verm. Aufl. gr. 8. (VIII, 213 S.) Hannover 896. C. Meyer. n. 3. —; kart. n.n. 3. 30

(König, Geo. Friedr.,) Anklage d. Ministeriums Münster, s. Anklage 2c.

König, Geo. Fr., Armin der Cherusker. Zum Denkmal im Teutoburger Walde. Mit dem Portrait des Verfass. u. 1 Abbild. des Denkmals im Teutoburger Walde. gr. 8. Leipzig 840. O. Wigand. 2 ℛ

König, Geo. Friedr., Armin d. Cherusker. Zum Denkmal im Teutoburger Walde. gr. 8. (22 B., K's. Portr. u. 1 Abbild.) Leipzig 840, Otto Wigand.

— Betrachtt. üb. den Entwurf eines Strafgesetzbuches f. das Königreich Hannover, s. jurist. Zeitung.

—— teutsche Briefe. Geschr. im Zuchthause zu Emden. (2 Hfte.) gr. 8. (24⅝ B.) Emden 837, (Rakebrand.)

König, G. F., Demokratie in Staat u. Kirche, od. die religiös-polit. Orthodoxie der Vergangenheit u. Jetztzeit. 8. (96 S.) Hamburg 848, Hoffmann & Campe. ⅓ ℛ

—— die Geschworenen und das öffentlich mündliche Rechtsverfahren. Mit Hinblick auf den großen Polenproceß in Berlin. 8. (75 S.) Hamburg 848, Hoffmann und Campe.

—— das Königthum u. d. Repräsentation. gr. 8. (9½ B.) Leipzig 828, Rein.

—— die Criminalproceßordnung, mit besond. Rücksicht auf d. neuesten Entwurf ein. Solchen f. d. Königr. Hannover. gr. 8. (7 B.) Leipzig 840, Hinrichssche Buchh.

—— die preußischen Monarchisten. 8. (52 S.) Hamburg 848, Hoffmann und Campe.

—— über d. polit. u. bürgerl. Reformen u. d. Entwurf e. Staatsgrundgesetzes f. Hannover. Geschrieben im Staatsgefängnisse zu Celle. gr. 8. (14½ B.) Braunschweig 832, Vieweg.

—— die Verfassungen der hannöverschen Städte und Flecken. — Die Besitzlosen in Niedersachsen und Westphalen. — Urtheil der Juristenfacultät zu Göttingen. Ein Beitrag zu der geheimen deutschen Justiz. 8. (136 S.) Hamburg 848, Hoffmann und Campe.

König, Geo. Heinr., Sammlung einiger Kirchenlieder f. Casualfälle, auf welche in vielen Landes-Gesangbüchern wenig od. gar keine Rücksicht genommen ist. 8. (3 B.) Quedlinburg 835, Basse.

König, Georg Ludwig

— Anweis. zum Rechnen, f. Bürgerschulen. 8. Oldenb. 800. (Helwing in Hannov.) 12 ℊ

Koenig, Geo. Ludov., Libri III. Ciceronis de finibus bonor. et malor. cap. V. et VI. Progr. 4maj. (4 B.) Utini 828. (Hanovrae, Hahn.)

König, C. L., comment. in Claudiani quae extant etc. vide Claudianus. (Hierbey ist aber der Commentar gleich unter den Text gedruckt.)

— comment. in Persii Fl. Satiras, s. a. Persius.

— commentarius perpetuus in A. Persii Fl. Satiras VI. 8 maj. Götting. 803.

— Georg Ludwig (Rector), De humanitatis cultu nulla ratione impediendo. Eutin (Struve) 1822. 32 S. (5.50) 18961

— de Horatii epistola L. primi sexta. 4. Eutin 825.

— s. Im. Kant, elementa metaphysica etc.

— s. A. Fl. Persius, satyrae sex.

Koenig, G. L., de satira Romana eiusque auctoribus praecipuis. Oldenb. 796. 8. 7 gr.

— de satira Romana. 8. Oldenb. 796. (Helwing in Hannov.) 7 ℊ

KOENIG, GEORG LUD., Supplementa in Euclidem. Utini. 1819. 4. P. (M. 1 Tvl.).

— Supplementa in Euclidem. 4 maj. Hamb. 819. Perthes u. Besser; (a. Fr. Perthes). 14 ℊ

— Oratio de utilitate studii philologici s. antiquitatis. 8. Oldenb. 792.

König, Goswin: Zu Shakspeares Metrik .... (Aus: Quellen u. Forschungen z. Sprach- u. Kulturgesch. d. germ. Völker ... H. 61). Strassburg, Karl J. Trübner, 1888; 2 Bl. + 76 S. 8°
Strassburg, Phil. Fak., Inaug.-Diss. v. [illegible]

König, G. Osw., der Vers in Shaksperes Dramen, s. Quellen und Forschungen zur Sprach- und Culturgeschichte der germanischen Völker.

König, Gotth. Benj., Denkmal der Freunde der Stadt Luckau üb. d. Hubertsburger Frieden. 8. Zittau 764. Schöps. 6 ℊ

KÖNIG, Gottlob: Anleitung zur Holztaxazion, ein Handbuch für jeden Forstmann und Holzhändler. - Gotha 1813. 260 u. 152 S., 152 Taf., 14 Formul., 1 Höhenm. (=2. Tl. v. die Forstorganisation-Lehre)

König, Geo., (Oberförster), Anleit. zur Holztaxation, ein Handbuch f. jeden Forstmann u. Holzhändler. Mit 14 Formularen, 152 Tafeln u. 1 Höhenmesser. gr. 8. Gotha 813. Becker. 2 ℛ 12 ℊ

König, G. (H.), die Forstbenutzung. Ein Nachlaß, bearb. und hrsg. von Carl Grebe. gr. 8. (XV und 356 S.) Eisenach 851, Baerecke.

König, G., die Forstbenutzung. Ein Nachlaß, bearb. u. herausg. von Carl Grebe. 2., wesentlich verm. Aufl. Eisenach 861. Baerecke. gr. 8. (XVI, 431 S.) n. 2 ℛ (?)

KÖNIG, Gottlob: Die Forstbenutzung. - Eisenach 1851. XIV, 356 S. Ein Nachlass, bearb. u. hrsg. v. Carl Grebe. - 2. Aufl. ebd. 1861. - 3. verb. Aufl. Wien 1882. XVI, 389 S.

KÖNIG, G.: Die Forst-Mathematik mit Anweisung zur Forstvermessung, Holzschätzung und Waldwerthberechnung nebst Hülfstafeln für Forstschätzer. - Gotha 1835. X, 436 S., 56 Taf. - (=1. Haupt Abt. u. d. T.: Forst-Mathematik von Die Forstwissenschaft für den Forstdienst bearbeitet) - 2. Aufl. u. d. T.: Die Forst-Mathematik in den Grenzen wirthschaftlicher Anwendung, nebst Hülfstafeln, sowohl für die Forstschätzung, des für den täglichen Forstdienst. - ebd. 1842. - 3. verb. u. verm. Aufl. ebd. 1846. XXVI, 614 S., 136 S. Taf. - 4. Aufl. ebd. 1854. - hrsg. v. Carl Grebe, 5. Aufl. ebd. 1864. XV, 534 S., 162 S. Taf. - (Die Taf. auch gesondert ersch. ebd. 1864. XVIII, 162 S.)

König, G.: „Die Forstmathematik, mit Anweisung zum Forstvermessen, Holzabschätzen etc.", Gotha 1835 (Becker).

König, G., die Forst-Mathematik in den Grenzen wirthschaftlicher Anwendung, nebst Hülfstafeln für die Forstschätzung und den täglichen Forstdienst. 4. Ausg., durchges. u. erweitert von Carl Grebe. Gotha 854. Becker. (Thienemann.) gr. 8. (XXX, 688 S., 1 Bl., 142 S. m. Holzschn. im Text.) n. 3 ℛ. 6 ngr.

König, G. (I.), die Forst-Mathematik in den Grenzen wirthschaftlicher Anwendung nebst Hülfstafeln für die Forstschätzung und den tägl. Forstdienst. 5., wesentlich verm. Aufl. von C. Grebe. gr. 8. (XVI und 535 S. mit eingedr. Holzschn. und Forsttafeln. XX und 163 S.) Gotha 864, Thienemann. *
Die Forsttafeln einzeln *

König, G., Forsttafeln zur Ausmessung, Gehalt- u. Werthschätzung aufbereiteter Hölzer, stehender Bäume u. ganzer Waldbestände. Neue, ganz umgearb. Ausg. gr. 8. (10 B.) Gotha 842, Becker'sche Vrlgs.-Buchh. *
Besond. Abdruck aus dessen Forstwissenschaft.

—— Forsttafeln zur Ausmessung, Gehalts- und Werthschätzung aufbereiteter Hölzer, stehender Bäume und ganzer Waldbestände. Neue Ausg. von Carl Grebe. gr. 8. (XXIV und 142 S.) Gotha 854, [Thienemann.] *

KÖNIG, Gottlob: Forsttafeln zur Ausmessung, Gehalts- und Werthschätzung aufbereiteter Hölzer, stehender Bäume und ganzer Waldbestände. - Gotha 1842. 136 S. - Neue Ausg. ebd 1854. XXIV, 142 S. hrsg. v. Carl Grebe.-5 Aufl. ebd. 1864. XVIII, 162 S. hrsg. v. Carl Grebe

König, Geo., die Forstwissenschaft f. d. Forstdienst bearb. 1. Hauptabthl. — A. u. d. T.: Die Forst-Mathematik mit Anweis. z. Forstvermessung, Holzschätzung u. Waldwerthberechnung, nebst Hülfstafeln f. Forstschätzer. gr. 8. (31¾ B. u. 4 Stnt.) Gotha 835, (Beckersche Buchh.) *

—— die Forstwissenschaft. 1. Hauptabthl. Die Forst-Mathematik in den Grenzen wirthschaftl. Anwendung, nebst Hülfstafeln, sowohl f. d. Forstschätzung, als f. d. täglichen Forstdienst. 2., verm. Ausg. gr. 8. (47¾ B. u. 4 Stnt.) Gotha 842. (Beckersche Vrlgs.-Buchh.) *

KÖNIG, Gottlob: Grundzüge der Buchenanerziehung, rein aus der Natur und Erfahrung gegriffen. - Eisenach 1846. 16 S.

KÖNIG, Gottlob: Zuverlässige und allgemein brauchbare Holztaxationstafeln, angebend den Inhalt und den Preis der runden, zugerichteten und irregulären Holzstücke, der Holzmasse der ganzen Bäume und ihrer Theile, als Schaft-, Scheit- etc. masse... nach Dezimal- und Duodezimalmaass, im Thaler und Guldenkurs. - Gotha 1813. 152 S.

— zuverlässige Holztaxationstafeln, (zum bequemen Gebrauch aus vorigem Werke besonders abgedruckt.) gr. 8. Ebend. 813.

König's, G., Waldpflege, s. a. Grebe, C., der Waldschutz und die Waldpflege.

KÖNIG, Gottlob: Die Waldpflege aus der Natur und Erfahrung neu aufgefaßt. Der Forstbehandlung zweiter Theil. - Gotha 1849. XIV, 313 S. - 2. verm. Aufl. ebd. 1859. 354 S., 21 Holzschn. hrsg. v. Carl Grebe. - Neudr. d. 2. Aufl. ebd. 1863. - 3 wesentl. erw Aufl. u. d. T.: Der Waldschntz und die Waldpflege. ebd. 1875. XX, 484 S., 25 Holzschn. bearb. u. hrsg. v Carl Grebe

— die Waldpflege aus der Natur u. Erfahrung neu aufgefaßt. Der Forstbehandlung 2. Thl. gr. 8. (XIV u. 313 S.) Gotha 849, Becker in Comm. n. 1 ℛ 18 ngr

KÖNIG, Gottlob: Allgemeine Waldschätzungs-Tafeln auf Veranlassung der Kaiserlich-Russischen Gesellschaft zur Beförderung der Waldwirthschaft veröffentlicht. - Gotha 1840. 16 S.

Koenig, Götz Frhr. v., Hackelbernds Brautwerbung u. andere Harznovellen aus der Sagenzeit. Mit Buchschmuck v. Mary Freiin Knigge. (158 S.) 8. Berlin 909. G. Stilke. 2.—; geb. 3.—

— Kriegsbräute. Roman. (250 S.) 8. Ebd. 910. 3.—; geb. 4.—

König, Frhr. v., Winke f. takt. Ausbildung d. Kavallerie-Offiziere. 2 Thle. gr. 8. Berlin 898. R. Eisenschmidt. n. 4. 30
1. Winke f. Stellg. u. Lösg. v. Aufgaben f. Offizier-Patrouillen. M. 7 Kartenskizzen, 1 farb. Signaturen-Taf. u. 5 Anlagen. 2., unveränd. [Titel-] Aufl. (107 S.) (896.) n. 1. 80
2. Winke f. Kavallerie-Uebungsreisen. M. 6 Kartenskizzen, 1 Uebersichtskarte u. 1 Karte d. Umgegend v. Cassel. (94 S.) n. 2. 50

[F.] Winke für Stellung und Lösung von Aufgaben für Offizier-Patrouillen. Von Fr[h]. [Götz] v. König, Oberstlt. ... M. 8 Ktnsk., 1 farb. Sign.-Taf. u. 5 Anl. *Berlin: R. Eisenschmidt 1896.* (107 S., 2 Bl., 1 Taf., 1 Tab.) 1 Bd 8. [56. 7757

König, Gustav

—— the golden A. B. C. Engraved by Jul. Thäter. qu. gr. 8. (26 Kpfrt.) Gotha 856, J. Perthes. *

König, Gust., güldenes A. B. C. Gestochen von Jul. Thäter. qu. gr. 8. (26 Kpfrt.) Gotha 854, J. Perthes. *
chines. Pap. *

König, Gust., güldenes ABC. Gestochen von Jul. Thäter. Gotha 863. J. Perthes. qu. 16. (26 Kpfrtaf.) n. 18 ngr.; chines. Pap. n. 24 ngr.

König, Gust., Güldenes A-B-C. qu. 12. (13 S. m. 24 Taf.) Leipzig (902). F. Jansa. Kart. n. 1. —; geb. n. 1. 75

Koenig, Gust., d. Bedeutung d. Steuervorlagen in u. f. Oesterreich. 2., unveränd. (Titel-) Aufl. gr. 8. (IV, 122 S.) Wien (893) 895. M. Perles. n. 1. 80

König, Gust., acht Bilder aus Luthers Leben, in Farbendr. hrsg. 16. Frankfurt a. M. 883, Morstatt, Schrodt und Comp.

König, Gust., u. Paul Langbein, Bilder u. Geschichten aus dem Leben D. Martin Luthers. Bilder v. K., Begleitworte v. L. Nebst Dichtgn. aus alter u. neuer Zeit. 17.—27. Taus. (62 S.) 8. Reutlingen (909). Enßlin & Laiblin. —20

König, Gust., Bilder aus Luthers Leben. Unsern Kindern erklärt v. Hans Koch. (32 S. m. Abbildgn.) qu. kl. 8. Leipzig 905. F. Jansa. n. —15

—— acht Denkzettel aus Gottes Wort und heiliger Sänger Lied mit Randzeichnungen. In Farbendr. nach in Aquarell ausgeführten Originalen. Fol. (1 Bl. Text.) Leipzig 880, Hinrichs'sche Buchh. geb. *

König, Gust., üb. die Kanalisation kleinerer Städte u. Reinigung der Abwässer. [Aus: „Haarmann's Zeitschr. f. Bauhandwerker".] gr. 4. (40 S. m. 27 Abbildgn.) Halle 894. W. Knapp. n. 4. —

König, Gust., das Leben Davids. 12 Orig.-Handzeichnungen mit erläut. Texte. Nach den Orig. photographirt. Dresden 865. H. Hanfstaengl. gr. Fol. (12 Photogr. u. 12 Bl. Text.) geb. mit Goldschn. n. 15 ℛ; feine Ausg. n. 24 ℛ

— — 3. Ausg. Ebend. 865. qu. 4. (12 Photogr. u. 13 Blatt Text.) cart. mit Goldschn. u. in Futteral n. 6 ℛ

König, Gust., und Heinr. Gelzer, Luther, s. Luther.

König, Gust., u. Jul. Köstlin, Martin Luther. Dem deutschen Volke geschild. in 48 bildl. (radierten) Darstellgn. v. König u. in geschichtl. Ausführg. v. Köstlin. 35. Taus. d. König'schen Bilder. 4. (IX, 108 S.) Berlin 896. Reuther & Reichard. Geb. in Leinw. m. Goldschn. n. 12. 50

König, Gust., s.a. Luther, Dr. M., der deutsche Reformator.

König, Gust., Dr. Martin Luther der deutsche Reformator. In bildlichen Darstellungen. (Neue Titel-Ausg.) Stuttgart (851.) 857. (Gotha.) Besser. 4. (3 Bl., 48 Kpfrtaf. m. 48 Bl. Erklärung.) n. 2 *ℛ* 20 *ngr.*

—— Dr. Martin Luther, der deutsche Reformator. In bildl. Darstellungen. Jubiläumsausg. zur 400jähr. Feier von Luther's Geburtstag. Mit einem Vorwort von Jul. Köstlin. gr. 4. (VI, 96 S. mit 48 Kpfrt.) Karlsruhe 882, Reuther. geb. mit Goldschn. * Ausg. in kl. 4. geb. *

König, Gust., Martin Luther, der deutsche Reformator. In bildl. Darstellgn. Neue durchgeseh. Aufl m. e. Vorwort v. Jul. Köstlin. gr. 4. (VI, 96 S. m. 48 Kpfrtaf.) Berlin 889. Reuther & Reichard. Geb. in Leinw. m. Goldschn. n. 20. —; kleine Ausg. in kl. 4. geb. in Leinw. n. 10. —

— Dr. Martin Luther. Der deutsche Reformator. In bildl. Darstellgn. (103 S. m. Abbildgn. u. Text.) Lex.-8. Ebd. (904). Geb. n. 2. —; fein geb. n. 3. —

— dasselbe. (99 S. m. Abbildgn. u. Text.) 8. Konstanz (905). C. Hirsch. Kart. n. — 40

—— Psalmenbilder. Ps. I. II. VIII. XXII. qu. Imp.-Fol. (4 Blatt in Stahlst. mit 8 S. Text in Lex.-8.) Gotha 859, Besser. * Einzelne Blatt *

—— Psalmenbilder. Neue Folge. Ps. XIX. XXIII. XC. CIII. qu. Imp.-Fol. (4 Blatt in Stahlst. mit 2 S. Text.) Bern 865, Mann.
(1. Folge.) Gotha 1859, Besser. * 3 Thlr. 15 Ngr.

König, Gust., Specialkarte des Kriegsschauplatzes. Der deutsch-französische Krieg. 1.—2. Aufl. Wien, Perles. 1870. gr. Fol. Chromolith.

— Steuer- u. Staats-Politik. Socialfortschrittliche Darleggn. gr. 8. (IV, 156 S.) Ebd. 895. n. 2. —

Koenig, Gustav, Tierarzt in Frauenburg (Ostpr.): Untersuchungen über das Verhalten der roten Blutkörperchen und über den Hämoglobingehalt des Blutes bei der rheumatischen Hämoglobinämie der Pferde im Vergleich zu gesunden Pferden und zu anderen inneren Krankheiten der Pferde. (Aus der medizinischen Klinik der Königl. Tierärztlichen Hochschule zu Berlin. Prof. Fröhner.) Stuttgart 1909. II + 54 S. 8°. S.-A. aus „Monatshefte für praktische Tierheilkunde". 21. Band. [11. XI. 09.]
Zurich. Univ. Vet.-med. Diss. 1909/10.

König, Gust., und Jul. Thaeter, Volksbibel. Bilder und Sprüche aus der heiligen Schrift. 1—10. Liefg. München 863, 64. (Leipzig, Naumann.) 32. Jede Liefg. von 4 Stahlst. n. 2 *ngr.*

— u. Jul. Thaeter, Volksbibel. Bilder u. Sprüche aus der heil. Schrift. Min.-Ausg. 12—27. Liefg. München 865—67. (Kaiser.) 32. Jede Liefg. (4 Stahlst.) n. 2 *ngr.*

König, Gust., und Jul. Thäter, Volksbibel. Bilder und Sprüche aus der heil. Schrift. Min.-Ausg. 28.—40. Lfg. 32. (à Lfg. 4 Stahlst.) München 868,69, Kaiser. à Lfg. * 20 Pf. * 2 60
2 Bde. complet geb. * 11 —

— — — Ausg. auf Velinpap. 1. Thl. Ebend. 867. qu. 8. (60 Stahlst. u. 1 Blatt Text.) cart. n. 2 *ℛ*

— — — 2. Thl. 30 alttestamentl. u. 30 neutestamentl. Bilder (in Stahlst.). Ebend. 868. qu. 8. geb. mit Goldschn. n. 2 *ℛ* 20 *ngr.*

König, Gust., und Jul. Thäter, Volksbibel. Bilder und Sprüche aus der heil. Schrift. Ausg. auf Velinpapier. 3. Thl. 21 alttestamentl. und 19 neutestamentl. Bilder (in Stahlst.). qu. 8. München 868,69, Kaiser. geb. mit Goldschn. *
3 Thle. complet geb. *

— — 3. Thl. 21 alttestamentl. u. 19 neutestamentl. Bilder (in Stahlst.). Ebend. 870. qu. 8. In engl. Einb. mit Goldschn. n. 2 *ℛ*

Koenig, G(ustav) A(dolf) K(arl), Arzt: Beiträge zur Kenntnis der Achylia gastrica nach den in der Rostocker medizinischen Klinik und Poliklinik in den letzten beiden Jahren gemachten Beobachtungen. Kiel 1909: Handorff. 25 S. 8°
Rostock, Med. Diss. v. 17. Juni 1909, Ref. Martius
[Geb. 26. Nov. 81 Zielenzig; Wohnort: Kiel; Staatsangeh.: Preußen; Vorbildung: Gymn. Meseritz Reife O. 01; Studium: Heidelberg 2, Halle 3, Rostock 5 S.; Coll. 2 Apr. 08; Approb. 18. Juli 08.] [U 09. 3718

König, Gustav Georg, s.a. König von Königsthal

König, Gust. Geo., sublimis statuum S. R. G. Imp. advocatia patrimonial. et ecclesiast. ord. Fol. Wezlar. Winkler. 756.

— Gustav Georg (Altdorf), De affectibus eorumque regimine in genere. Diss. philos. Präs. Johann Albert Spis. Altdorf (Meyer) 14. IX. 1737. 24 Seiten. (6.20) 18965
Widm. v.: C. G. Schwarz, Präs., M. Joh. Andr. Mich. Nagel, Paul Jacob Caesar, Bernhard Jacob Degen, Gottlieb Albert Spis.

König, G. G., capitulatio harmonica. 4. Nürnb.... Riegel u. W. 16 *K*

G. G. K. (Gust. Ge. König): Capitulatio harmonica, d. i. der Majj. Josephi u. Caroli VI. errichtete Wahlcapitulationen. *Nürnb.* 741. 4.

— — De foro concursus militis obaerati. Altdorf (Joh. Georg Meyer) März 1741. 44 S. (6.—) 18967
Widm. v.: Georg Friedr. Deinlin.

— diss. de capitulo Fridberg. Fol. Frcof. Raspe. 758.

— — De servitutibus in haereditatis petitionem venientibus occasione L. XVIII. §. ult. et L. XIX. §. III. D. de haered. petit. Observationes juris miscellae caput primum. Präs. Georg Friedrich Deinlin. Altdorf (Joh. Georg Meyer) 23. XI. 1740. 12 S. (4.50) 18966
Widm. v.: Präs., Christ. Frid. Georg Meister.

König, Gyula, s. König, Julius

König, H., vollständige Anleitung zur Schnellessig-Fabrikation. Nach chem. Grundsätzen erläutert. Nebst einem Anhange über Tafel-, Frucht- und andere Essige. 8. (28 S.) Quedlinburg 847, Basse.

König, H. L'Avare de Molière et l'Aululaire de Plaute. Corbach, G., 1871. 14 S. 4 Progr.

**Koenig, H.* Ein Beitrag zur geschichtlichen Entwicklung der Versicherungsbedingungen in der Schweiz. Wien 1909.

—— Grundzüge der Pharmacie. Vorzüglich für junge Aerzte und angehende Mediciner. gr. 8. (56 S.) Quedlinburg 847, Basse.

König, H. Im Kasten, s. Theater-Album, militärisches.

—— Sammlung vorzügl. Anweisungen, wie man wohlriechende Wasser, Esprits, Extraits, Seifen, Räuchermittel und ähnliche Artikel leicht und billig bereiten kann. 8. (36 S.) Quedlinburg 847, Basse.

König, H., Das Dresdner Vogelschiessen. Mit 50 Illustr. Dresden, o. J. 12⁰. Vergriffen! (1 Mk. 50 Pfg. C. Winter, 1895.)

— H. A, De deligendo vitae genere acturus disquisitionem in locum Ciceronis lib. I de offic. c. XXXI sq. Pr. 1886. 4 S. 4⁰. —.60

König, H. L. O., s. König, Heinrich Johann Otto

Koenig, H. Z., Authentisches über die deutsche Erzieherin in England. Eine Entgegnung auf: „das Gouvernantenwesen in England", eine Warnung, von Jul. Einsiedel. 8. (44 S.) London 884. (Leipzig, Hartmann.) *

Koenig, H. Z.: Authentisches über die deutsche Erzieherin in England. Eine Entgegnung auf: „Das Gouvernantenwesen in England", eine Warnung von Julius Einsiedel. — London: Kolckmann 1884. 44 S. 8⁰

Koenig, Hans, Beiträge zum Unfallversicherungsrechte unter Berücksicht. des Bundesgesetzes üb. den Versicherungsvertrag v. 2. IV. 1908. Umfang der versicherten Gefahr. Verteilung der Beweislast. (15 S.) 8. Zürich (909). Art. Institut Orell Füßli. 1.—
Sonderabdruck aus: „Schweiz. Versicherungs.-Ztschr."

— Praktische Einführung in das Bundesgesetz üb. den Versicherungsvertrag unter besond. Berücksicht. der Stellung des Agenten. Ausgearb. im Auftrage des schweiz. Verbandes der Versicherungsvertreter und Versicherungsbeamten. (48 S.) 8. Zürich (910). (A. Funk.) 2.—

(Koenig, Hans.) Zur Erinnerung an Dr. med. Walther Bühlmann (1880—1907), Präsident des Ski-Club Bern 1906/07. [Mit 1 Porträt-Tafel.] 8.
In: Jahres-Bericht des Ski-Club Bern für den Winter 1906/07. Mit einem Nachruf an Dr. W. Bühlmann.... (Bern, R. Suter & Cie, 1907.) S. 3—10.

König, Hans, a. Zörbig: Pamphilus Gengenbach als Verfasser der Totenfresser und der Novella. Halle a. S. 1904: Waisenhaus. (31 S.) 8⁰ ¶(Ersch. vollst. in: Zeitschrift f. deutsche Philologie, Bd 37, H. 1 u. 2.)
Halle, Phil. Fak., Ref. Strauch, Diss. v. 9. Jan. 1905
[Geb 18. Juli 82 Zörbig; Wohnort: Halle; Staatsangeh.: Preußen; Vorbildung: Gymn. Halle Reife O. 01; Studium: Halle 4, Basel 1, Halle 2 S.; Rig. 5 Juli 04.]

Koenig, Hans, Fürsprecher: Die vermögenswerten Rechte aus dem Lebensversicherungsvertrag und ihre Subjekte. [Mit Berücksichtigung des schweizerischen, deutschen und französischen Gesetzentwurfes über den Versicherungsvertrag.] Berlin 1906. 108 S. 8⁰. S.-A. a. d. Zeitschr. f. d. gesamte Versicherungs-Wissenschaft. B. 6, Heft 3.
Bern. Jur. Diss. 1905/1906.

Koenig, Hans. Die vermögenswerten Rechte aus dem Lebensversicherungsvertrag und ihre Subjekte. ⟨Mit Berücksichtigung des schweizerischen, deutschen und französischen Gesetzentwurfes über den Versicherungsvertrag.⟩ Diss. Jur. Bern. (Sonderabdruck aus der «Zeitschrift für die gesamte Versicherungs-Wissenschaft» .... Band 6, Heft 3.) 108 S. 8. Berlin, E. S. Mittler & Sohn, 1906.

König, Hans, u. Jos. **Ondracek,** elektrotechnische Vorlagen. Ein Vorlagenwerk f. den Zeichenunterricht an gewerbl. Fortbildungsschulen u. Fachschulen mittlerer Stufe. 31 Blätter Zeichngn., 1 Farbentaf. u. e. erläut. Beschreibg. m. 13 Textfig. (42 S. gr. 8.) 40×56 cm. Wien (908). A. Pichler's Wwe. & Sohn. In Mappe 25.—

König, Heinrich, s.a. König, Heinrich Josef

Koenig, Heinr., die Aufgabe des Jahrhunderts. Eine Festrede zur Einweihung des Bonifazius-Denkmals in Fulda. 8. (4 B.) Leipzig 842. [Brandstetter.]

König, Heinr. Zur Beamtengehaltsfrage in Sachsen. 8. (48 S.) Dresd. 890, Meinhold u. Söhne. * — 60

König, Heinr. [aus Dortmund]: Zur Charakteristik des β-Anisylhydroxylamins ... Erlangen, k. b. Hof- u. Univ.-Buchdr. v. F. Junge, 1896; 27 S., 1 Bl. 8.
Erlangen, Phil. Fak., Inaug.-Diss. v. 20. Juli 1896

König, Heinr., & Co.: Preisliste über chemische Präparate und Reagentien. 1896. 1899. 1905. 1908 u. 1909 ff. Leipzig-Plagwitz

König, Hch. Aug., üb. d. erste Reformation zu Mühlhausen, eine Predigt daselbst am Reformat. Fest gehalten. 8. Mühlhausen. 810.

—— Was ist die Wahrheit von Jesu? Zeitfrage und Bekenntniß. gr. 8. (VI und 208 S.) Leipzig 867, Brockhaus. *

König, Heinrich Johann Otto (Hrsg.),
s. Brunnquell, Joh. Salomon: Opuscula ...

— s. Carrach, Johann Tobias: Kurze Anweisung zum Prozeß ...

— s. Carrach, Johann Tobias: Rechtl. Urtheile ...

Heinrich Johann Otto Koenig

Henricus Ioannes Otto Koenig: De Experimento pulmonum natantium et submergentium. [Resp.:] Christianus Ludovicus Lieberkühn. Halae (1772:) Curt. 24 S. 8⁰
Halle, Jur. Diss. v. 6. Juni 1772

— Grundriß einer Einleit. in d. Rechtswissenschaft d. deutschen u. e. pragmat. Geschichte u. Statistik d. Gesetze d. Deutschen. gr. 8. Halle 806. Hendel. 4 gr

König, H. J. O.: Grundriss 1) zu einer vollst. Einl. in die Rechtswiss. d Deutschen, 2) zu einer pragmatischen Geschichte u. Statistik d. Gesetze d. Deutschen. *Halle*, Stendal. 806. 8. (4 Gr.)

— Grundriß des Kirchenrechts d. Katholiken u. Protestanten in Deutschland, mit Beziehung auf Wiesens Grundriß des gem. in Deutschland übl. Kirchenrechts. gr. 8. Halle 803. Schwetschke u. S. 16 gr

König, H. J. O.: Grundriss d. Kirchenrechts d. Katholiken u. Protest. in Deutschl. mit Beziehung auf *Wiesen's* Grundriss des gem. in Deutschl. übl. Kirchenrechts. *Halle*, Schwetschke u. Sohn. 807. gr. 8. (16 Gr.)

König, Grundriß des Kirchenrechts der Katholiken und Protestanten in Deutschland &c. gr. 8. Halle, Hemmerde und Schw. 808.

— Grundriß d. deutschen Staats- u. Völkerrechts; mit Beziehung auf Pütter's Institutionen u. Leist's Lehrbuch d. Völkerrechts. gr. 8. Halle 803. Schwetschke u. S. 21 gr

KÖNIG, Heinr. J. Otto: Grundriss d. deutschen Staats- u. Völkerrechts; mit Beziehung auf *Pütter's* Institutionen und *Leist's* Lehrbuch des Völkerrechts. *Halle*, Schwetschke u. Sohn. 807. gr. 8. (21 Gr.)

— Grundriß des deutschen Staats- u. Völkerrechts &c. gr. 8. Ebend. 808.

Koenig, Heinrich Johann Otto [Praes.], s. Hampe, Heinrich Friedrich Ferdinand: Examen communis doctrinae de delictis exceptis.

— Leben u. Schriften J. T. Carrachs. 4. Halle 776.

König, Heinr. Joh. Otto: Lehrbuch der allgemeinen juristischen Litteratur. Th. 1. 2. Halle 1785. 2 Bde
Bd 1. Die Kenntniß d. Rechtsgelehrten u. d. Gesch. d. Rechtsgelehrsamkeit.
„ 2. Die Kenntniß d. jur. Schriften.

— Lehrbuch d. allgem. jurist. Literatur. 2 Thle. gr. 8. Halle 785. Waisenh.-B. 2 Rthl 12 gr

— — De Licinio Rufino jurisconsulto Romano. Prolusio academica lectionibus suis per hoc semestre aestivum instituendis praemissa. Halle (Curtius) 14. IV. 1772. 16 S. (3.50) 18972

Koenig, Heinrich Johann Otto [Praes.], s. Schultze, Karl Ernst Heinrich: De quaestione: utrum usurae veniant in condictionem indebiti?

— **Heinrich Johann Otto** (Marburg), De vicissitudinibus juris Romani circa donationes inter virum et uxorem. Halle (Curtius) 30. XI. 1771. 41 Seiten. (6.—) 18971
Gew.: Joseph Carl Maximilian Freih. v. Fürst u. Kupferberg, Carl Abraham Freih. v. Zedlitz.

Koenig, Heinrich Johann Otto [Praes.], s. Vogt, Egidius Gottlieb: Quamdiu valeat testamentum militare?

König, Heinr. Joh. O.: Besondere Vorbereitung zu der gemeinen in Teutschland üblichen Kriminalrechtsgelehrsamkeit. Zum Gebrauch bei seinen Vorlesungen. Halle 1783.

KÖNIG, H. J. O.: Besondere Vorbereit. z. d. gem. in Deutschl. übl. Rechtsgelahrth. *Halle*. (779.) 783. 8. (2 Gr.)

König, Hnr. Jh. Otto, († d. 11. Febr. 1820.) Vorbereitung zu d. heutigen in Deutschland übl. gem. Criminalrechtsgelehrsamkeit. 8. Halle 780. 2e A. 783. Waisenh.-B. 2 gr

— Vorbereit. zur heutigen in Deutschland übl. Privatrechtsgelehrsamkeit. 8. Halle 779. 2e A. 784. Waisenh.-B. 2 gr

Koenig, Heinrich Josef

Koenig, H(einr.). (Jos.), literar. Bilder aus Rußland. 8. (23 B. u. d. Bildn. v. Derschawin u. Puschkin.) Stuttgart u. Tübingen 837, Cotta'sche Buchh.

Koenig, H(einr.). J(os.), die hohe Braut. Ein Roman. 2 Thle. 8. (49¼ B.) Leipzig 833, Brockhaus.

— die hohe Braut. Ein Roman. 2., verb. Aufl. 3 Thle. 12. (51⅓ B.) Leipzig 844, Brockhaus.

— Otto's Brautfahrt. Schspl. in 5 Aufz. 8. Elberfeld 826. Schönian. 16 gr

—, Otto's Brautfahrt. Schausp. in 5 Aufz. 8. Elberfeld 836, Schönian'sche Buchh.

— die Bußfahrt. Trauersp. in 5 Aufz. 8. (8½ B.) Leipzig 836, Brockhaus.

— der Christbaum d. Lebens. Eine Festgabe f. sinnige Frauen u. Freunde. gr. 12. (17½ B.) Frankfurt a. M. 831, Brönner.

— William's Dichten und Trachten. Ein Roman. 2 Thle. gr. 8. Hanau 839. König. 4 Rthl

—, William's Dichten u. Trachten. Ein Roman. 2 Thle. gr. 8. (41½ B.) Hanau 839. [Leipzig, Brockhaus.]

— Dramatisches. gr. 12. (7 B.) Hanau 829, Edler.
Inh.: Der Bischof-Ritter. — Die Stiftung. — Womit wir scheiden.

— s. Eickemeyer's Denkwürdigkeiten.

— eine Fahrt nach Ostende. 8. (24 B.) Frankfurt a. M. 845, Literar. Anstalt.

— deutsche Familien. Novellen aus dem Leben. 2 Bde. 8. (V und 660 S.) Wiesbaden (861)62, Kreidel's Verlag. *

Koenig, Heinr., deutsche Familien. Novellen aus dem Leben. 2 Bde. Wiesbaden 862. Kreidel. 8. (3 Bl., 660 S.) n. 2 Thlr 20 ngr

— Familien-Abende. Ein Novellenkranz. 1. (Bd.): Täuschungen. Historische Novelle. gr. 16. (361 S.) Frankfurt a. M. 857. [Berlin, Janke.]

Koenig, Heinr., Familien-Abende. Ein Novellenkranz. 1. Bd. A. u. d. T.: Täuschungen. Histor. Novelle. Frankfurt a. M. 857. Meidinger. 16. (2 Bl., 361 S.) 1 Thlr

— seltsame Geschichten. 8. (424 S.) Frankfurt a. M. 856, Meidinger Sohn und Comp.

— seltsame Geschichten. 2. (Titel-)Ausg. 8. (424 S.) Wiesbaden (856)62, Kreidel's Verlag.
Inhalt:
Am Hofe des Landgrafen. — Azor als Amor. — Ein Mädchenloos. — Die letzte Stunde eines Börsenmannes. — Zwei Mecklenburger. — Schalk, der Benedictiner. — Die Bekehrten.

—, N. Gretsch u. d. russ. Literatur in Deutschland. gr. 8. (3¾ B.) Hanau 840, König. *

— Haus und Welt. Eine Lebensgeschichte. 2 Thle. 8. (VIII und 606 S.) Braunschweig 852, Vieweg und Sohn. *

König, Heinr., Hedwig, die Waldenserin, s. a. Erzählungen, klass., der Weltliteratur. 16. Bd.

(F) König, H., Hedwig, die Waldenserin. [Klassische Erzählungen der Weltliteratur. Bd. 16. Sammlung Prochaska.] 8°. (180 S.) Teschen: Karl Prochaska 1905. geb. K 1.—

König, Heinr., ein geprüftes Herz. Nur die Stolgebühr, s.; Hausbücherei. rheinische. 17. Bd.

Koenig, Heinr., auch eine Jugend. 8. (XVI u. 302 S.) Leipzig 852, Brockhaus. n. 1 Thlr 22 ngr

Koenig, H., König Jerome's Carneval. Geschichtlicher Roman. 3 Bde. Leipzig 1855. 8⁰. (5 Rthl.) (7 Mk. 50 Pfg., br, neu, Josef Baer & Co., vor 1885.)
Auch in: Ausgewahlte Romane Wohlfeile Ausgabe. Leipzig 1875. XV.

König, Heinrich, s. Klassiker, moderne.

Die Clubisten in Mainz. Ein Roman von Heinr. König. Bd 1—3. Leipzig: Brockhaus 1847. 8⁰
1. 398 S.; 2. 414 S.; 3. 342 S.

°[Dasselbe.] 2. Aufl. T. 1—3. Ebendas. 1856. XII, 1154 S. 8⁰ (Gesammelte Schriften. Bd 7—9.)

°[Dasselbe.] 3. Aufl. Ebendas. 1875. 8⁰
TB. 312. In diesem Werke werden die Frmr u. Illuminaten bezüchtigt, die Übergabe der Festung Mainz an die Franzosen bewirkt zu haben.

—— aus dem Leben. 2 Thle. 8. (31¾ B.) Stuttgart 810, Cast'sche Buchh.

—— deutsches Leben in deutschen Novellen. I. A. u. d. Ttl.: Regina. Eine Herzensgeschichte. gr. 12. (11 B.) Leipzig 842, Brockhaus.

—— dass. II. A. u. d. T.: Veronika. Eine Zeitgeschichte. 2 Thle. gr. 12. (29¾ B.) Ebds. 844.

—— Leibwacht u. Verfassungswacht, od. üb. d. Bedeutung d. Bürgergarden. gr. 8. (1½ B.) Hanau 831, König.
Aus v. Wenzel-Sternau's „Verfassungsfreund" abgedruckt.

— Marianne oder um Liebe leiden. Roman. 2 Thle. Ebend. 858. 8. (3 Bl., 230; VIII, 293 S.) 2 Thlr. 15 ngr.

—— Marianne oder um Liebe leiden. Roman. 2 Thle. 1. Ausg. Frankfurt a. M. 1858. und 2. (Titel-)Ausg. 8. (VII und 523 S.) Wiesbaden 862, Kreidel's Verlag.

— s. Novellenalbum.

—— ausgewählte Romane. 15 Bde. 8. Ebendas. 875. à Bd. *
Inhalt:
Bd. 1—3. Die Clubisten in Mainz. Historischer Roman. 3 Thle. 3. verb. Aufl. (X, 386; 402; 334 S.) geb. * M 9.
" 4. Regina. Eine Novelle. 3. Aufl. (164 S.)
" 5. 6. Hedwig, die Waldenserin. Historische Novelle. 2 Thle. 3. Aufl. (215; 208 S.)
4.—6. Bd. geb. in 1 Bd. * M 7.
" 7—9. Die hohe Braut. Geschichtlicher Roman. 3 Thle. 4. Aufl. (323; 327; 266 S.) geb. * M 9.
" 10. 11. William Shakespeare. Ein Roman. 2 Thle. 5. Aufl. (IX, 324; 367 S.) geb. * M 6.
" 12. Eine pyrmonter Nachcur. Roman. 2. Aufl. (VII, 356 S.) geb. * M 3.
" 13—15. König Jerôme's Carneval. Geschichtl. Roman. 3 Bde. 2. Aufl. (VI, 419; VI, 396; VI, 412 S.) geb. * M 9.

König, Heinr., ausgewählte Romane. 1—15. Bd. 8. Leipzig 875. 76. Brockhaus. à n. 2. —; geb. à n. 3. —
1—3. Die Clubisten in Mainz. Historischer Roman. 3 Thle. 3. verb. Aufl. (X, 386, 402 u. 334 S.)
4. Regina. Eine Novelle. 3. Aufl. (164 S.)
5. 6. Hedwig, die Waldenserin. Historische Novelle. 2 Thle. 3. Aufl. (215 u. 208 S.)
7—9. Die hohe Braut. Geschichtlicher Roman. 3 Thle. 4. Aufl. (323, 327 u. 266 S.)
10. 11. William Shakspeare. Ein Roman. 2 Thle. 5. Aufl. (IX, 324 u. 367 S.)
12. Eine pyrmonter Nachcur. Roman. 2. Aufl. (VII, 356 S.)
13—15. König Jerôme's Carneval. Geschichtlicher Roman. 3 Bde. 2. Aufl. (VI, 419; VI, 396 u. VI, 412 S.)

—— Rosenkranz e. Katholiken. gr. 12. (12 B.) Frankfurt a. M. 829, Sauerländer.

—— Saga. Ein Taschenbuch der Geschichte, s. Saga.

—— Schillerfeier in Hanau und Fest-Toast. Zum Besten des Schiller-Vereins. 8. (... S.) Frankfurt a. M. 859. [Hamm, Grote'sche Buchh.]

—— gesammelte Schriften. 1—9. Bd. 8. Leipzig, Brockhaus. *
Auch unter den Titeln:
Bd. 1. Regina. Eine Novelle. 2., verb. Aufl. (X und 164 S.) 854. * 1 Thlr.
" 2—4. König Jerôme's Carneval. Geschichtlicher Roman. 3 Thle. [1. (VI und 419 S.) 2. (VI und 396 S.) 3. (VI und 412 S.) 855.] * 5 Thlr.
" 5, 6. Hedwig, die Waldenserin. Eine Novelle. 2 Thle. 2., durchaus veränd. Aufl. des Romans „die Waldenser." (XII und 423 S.) 856. * 2 Thlr. 15 Ngr.
" 7—9. Die Clubisten in Mainz. Ein Roman. 3 Thle. 2. Aufl. (XII und 1154 S.) 856. * 3 Thlr.
Vgl.: Klassiker, moderne.

Koenig, Heinr., gesammelte Schriften. 10—16. Bd. 8. Leipzig, Brockhaus. *
Inhalt:
Bd. 10., 11. Georg Forster's Leben in Haus und Welt. In 2 Thln. 2., sehr verb. Aufl. (XXVI und 633 S.) 858. * 3 Thlr. 15 Ngr.
" 12., 13. William Shakspeare. Ein Roman. In 2 Thln. 3. (Titel-)Aufl (X und 691 S.) (850)59. * 2 Thlr.
" 14. Auch eine Jugend. Erinnerungen und Bekenntnisse. 2., verb Aufl. (VI und 303 S.) 861. * 1 Thlr. 15 Ngr.
" 15., 16. Ein Stillleben. Erinnerungen und Bekenntnisse. 2 Thle. (XV und 748 S.) 861. * 3 Thlr. 20 Ngr.
1—9. Bd. Ebendas. 1854—57. * 11 Thlr. 15 Ngr.

König, Heinr., gesammelte Schriften. 17.—19. Bd. Die hohe Braut. Ein geschichtl. Roman. 3 Thle. 3., wesentlich verb. Aufl. 8. (916 S.) Leipzig 867, Brockhaus. *
1.—16. Bd. Ebendas. 1854—61. * 29 Thlr. 5 Ngr.

König, Heinr., gesammelte Schriften. 20. Bd.: Eine Pyrmonter Nachcur. Roman. 8. (IX, 356 S.) Leipzig 869, Brockhaus. *
1.—19. Bd. Ebendas. 1854—67. * M 75,50.

— William Shakspeare. Ein Roman. 2. neu bearb Aufl. 2 Thle. 8. Leipzig 850, Brockhaus. 3 Thlr

—— William Shakspeare. Ein Roman. 2 Thle. 4. (Titel-)Aufl. 8. (X und 691 S.) Leipzig (850)64, Brockhaus. *

—— Spiel und Liebe. Eine Novelle. gr. 12. (367 S.) Leipzig 849, Brockhaus.

—— Stationen. 8. (368 S.) Frankfurt a. M. 847, Literarische Anstalt. *

—— Täuschungen. Historische Novelle. 2. (Titel-)Ausg. gr. 16. (861 S.) Wiesbaden (857)62, Kreidel's Verlag.

— s. Voltaire, Brutus.

—— von Saalfeld bis Aspern. Historischer Familien-Roman. 3 Thle. 8. (934 S.) Wiesbaden 864, Kreidel's Verlag.

—— die Waldenser. Ein Roman. 2 Thle. 8. (52¼ B.) Leipzig 836, Brockhaus.

—— die Wallfahrt. Eine Novelle. gr. 12. (12½ B.) Frankfurt a. M. 829, Sauerländer.

— Wyatt. Tragödie in 4 A. 8. Reutling. 818. (Hartmann in Leipz.) 10 K

König, Heinrich Konrad

— **Heinrich Conrad** (Osterode), De literis feudi reversalibus. Von Lehns=Reversalien. Diss. jur. feudal. Präs. Johann Bernhard Friesen (Pösen). Jena (Werther) 31. I. 1720. 36 S. (6.20) 18969

— — Schediasma de hominum inter feras educatorum statu naturali solitario. Existentia status indubitatis exemplis probatur, indoles ejusdem explicatur, illustratur, denique usus in jurisprudentia naturali ostenditur. Hannover (Holwein) 1730. 72 S., tlws. dtsch. (8.—) 18970
Gew.: Gerlach Adolph v. Münchhausen (Strausfurt), Franz Johann v. Reden (Stemma). — S. 49: Redwiz, Johann (Lissa), De homine inter ursos anno 1661 in Lithuano-Grodnensibus sylvis reperto, ad dn. Petrum Adamum Opalinsky (Posen) 1674.

König, H. Conr., Schediasma de hominum inter feras educator. statu naturali solitario etc. 4. Braunschw. Schröder. 737.

Koenig, Henr. Conr.: Prolusio de insigni utilitate notionum pii honesti justi atque decori a se invicem discriminandarum. (Jenae 1725.)

König, Heinr. Osc., Genealogie des hochfürstl. Hauses Schwarzburg. Nach den zuverlässigsten urkundlichen Quellen bearb. Rudolstadt 865. (Schwabe.) gr. 4. (III, (15 S.) n. 20 *ngr.*

Dauer des Sonnenscheins in Europa. E. meteorolog. Studie v. Helmuth **König**, Hamburg-Eimsbüttel. M. 1 Kt. u. 1 Taf. . . . *Halle: In Comm. b. W. Engelmann in Leipzig; Buchdr. d. Dr. Güntzschen Stiftg in Dresden 1896.* (89 S., 1 Kt., 1 Tab.) 4.
— Acta, Nova, Academiae Caes. Leopoldino-Carolinae Germ. naturae curiosorum. T. 67. No 3. [97 2237

König, Helmuth, Dauer des Sonnenscheins in Europa. E. meteorolog. Studie. [Aus: „Nova Acta, Abh. der kais. Leop.-Carol. deutschen Akad. d. Naturf."] gr. 4. (89 S. m. 2 Taf.) Halle 896. (Leipzig, W. Engelmann.) n. 6.—

— 10 Jahre Sonnenschein in Mecklenburg. [Aus: „Archiv d. Freunde d. Naturgesch. in Meckl."] gr. 8. (26 S.) Güstrow 896. (Opitz & Co.) n. — 40

König, Herbert, kleine Blüthen, kleine Blätter. 18 Aquarellen. Im Märchen-Rahmen v. Elise Polko. 1—4. Lfg. gr. Fol. (81 S. m. 15 Chromolith.) Leipzig 871. 72. Arnold. à n. 13. 50

König, Herbert, kleine Blüthen, kleine Blätter. In Mährchen-Rahmen von Elise Polko. 4 Lfgn. gr. Fol. (81 S. mit 16 Bildern in Farbendr.) Leipzig 872, Arnoldische Buchh. à Bl. *M 3.; mit Text *M 3,60.; (à Lfg. *M 13,50.) * geb. in Lnwd. *M 60.; in Leder *.

Koenig, Herbert [Ill.]
s. Gerstäcker, F.: Fritz Wildau's Abenteuer ... 1854.

König, Herbert, Dresdner Humoresken. I. A. u. d. T.: Das Dresdner Vogelschießen. Mit 50 Illustr. (Holzschn.) Dresden 861. Kuntze. 16. (VI, 143 S.) n. 10 *ngr.*

König, H[erbert]. Schultze und Müller auf der Leipziger Messe. Humoristische Reisebilder vom Verfasser des Schultze und Müller in Paris, im Harz Illustrirt von H. König Berlin. Verlag von A. Hofmann [1856].
104 S. m. zahlr. Abb. in Holzschn. 8°

König, Herbert, aus unserer Zeit. 20 Photogr. nach Aquarellen. I. gr. 4. Dresden 877, Gutbier. In Leinw.-Mappe * Einzelne Blätter à *

Koenig, Heribert [Ill.]
s. Lewald, F.: Der Seehof. 1860.

König, Herm., die metaphysische Begründung der Ethik in Eduard v. Hartmann's philosoph. System, s.a. Abhandlungen zur Philosophie u. ihrer Geschichte. 14. Heft.

Die metaphysische Begründung der Ethik in Eduard v. Hartmanns philosophischem System. Von Pastor Dr. Hermann **König**. Leipzig: Quelle & Meyer 1910. 51 S. 8°
(Abhandlungen z. Philosophie u. ihrer Geschichte. H. 14) [10. 13804

König, Hermann, Oberarzt im 11. Inf.-Reg. Nr. 139, kommandiert zur Univ. Leipzig, a. Mainz: Zur Kenntnis der Augensymptome bei multipler Sklerose. Leipzig 1908: B. Georgi. (49 S.) 8°
Leipzig, Med. Fak., Ref. Sattler, Diss. v. 24. Juni 1908
[Geb. 20. Aug. 76 Mainz; Wohnort: Leipzig; Staatsangeh.: Sachsen; Vorbildung: Gymn. Mainz Reife M. 95; Studium: Würzburg 12, Gießen 1 S.; Coll. 29. Juni 08; Approb. 16. März 03.]

König, Herm., vollständiges Lehrbuch der Zuschneidekunst für Herrenkleidermacher. Ein Leitfaden zum Selbstunterrichte nach einer leichtfaßl. Methode. gr. 8. (19 S. mit 4 Stnt. und 1 lithogr. Reductions-Schema in Imp.-Fol.) Wien 858, Wallishausser'sche Buchh. *

König, Herm. Casp.: Bibliotheca Agendorum, bestehend aus einem vollständ. Catalogo derer Kirchenverordnungen, Agenden u. and. dergl. Schriften, welche Cph. Jul. Bökelmann gesammelt, mit Anmerkk. z. Druck ausgefertigt. *Zelle* 726. 4.

Koenig, Hertha, Sonnenuhr. Gedichte. (VI, 56 S.) kl. 8. München 910. C. H. Beck. Kart. 1.50

König, Hugo, approb. Arzt aus Gotha: (Aus d. med. Klinik in Jena.) Ueber Kehlkopferkrankungen, insbesondere über einen Fall von schwerer Kehlkopfgangrän bei Typhus abdominalis. *Jena 1900: Frommann.* (32 S.) 8°
Jena, Med. Diss. v. (18. Sept.) 1900

Koenig, Hugo Alex. (geb. Berlin 19. 1. 1842): De vulneribus sclopetariis.
Berolini 1867. (32 S.) 8°
Berlin, Med. Diss.
nachgeliefert v. dem am 15. Juni 1866 auf Grund gedruckter Thesen promov. Verf.

König Dr. J.: Aphrodite und Eros auf Grund der vergleichenden Mythologie dargestellt. 26. Bregenz. 03.
Progr.

— Ueber die Berechnung d. Nährgeldwerthes d. menschlichen Nahrungsmittel u. deren Bedeutung. Berl. 1882. 47 S. (Sætr.). P. (Schriften d. milchw. Vereins No. 14). 523.

König, J., Bestand und Einrichtungen der Untersuchungsämter für Nahrungs- und Genussmittel in Deutschland und ausserdeutschen Staaten. Nebst Vorschlägen zur einheitl. Organisation. gr. 8. (VIII, 163 S.) Berlin 882, Springer. *

—— Chemie der Thierernährung, s. Jahresbericht über die Fortschritte auf dem Gesammtgebiete der Agricultur-Chemie.

— Grundzüge d. eidgenössischen Militärstrafrechts. gr. 8. (38 S.) Ebend. 872. n. — 50

König J.: Hauptsätze über das Potential und Anwendung desselben auf einige elektrostatische Probleme m. 6 Fig. 47. Linz R. 75. Progr.

König, J. (II.), Jahresbericht über die Fortschritte der Chemie der Thiernährung, s. Jahresbericht über die Fortschritte auf dem Gesammtgebiete der Agricultur-Chemie.

—— der Kreislauf des Stickstoffs und seine Bedeutung für die Landwirthschaft. gr. 8. (20 S.) Münster 878, Theissing'sche Buchh. *

König, J., Zu den homer. Metaphern u. Gleichnissen in Bez. auf Inhalt u. Vergleichungspunkt. Pr. 1875. 55 S. 2.50

König, J. (I.), Necrologium Friburgense. 1827—1877. Beitrag zur Personalgeschichte und Statistik der Erzdiöcese. Gesammelt und hrsg. gr. 8. (VIII, 197 S.) Freiburg i. Br. 885, Herder'sche Verlagsh. *
Aus: Diöcesan-Archiv, besonders abgedruckt.

König, J. (I.). Necrologium Friburgense. Fortsetzg.: 1878—1887. Beitrag zur Personalgeschichte u. Statistik der Erzdiöcese. gr. 8. (IV, 44 S.) Freib. i. Br. 889, Herder. * — 80
Aus: Diöcesan-Archiv XX. Bd., besonders abgedruckt. — [I.] Ebd. 1885. * 3 —.

König, J. (II.), Palästina. Geschildert für Schule und Haus. 8. (VII und 140 S. mit 1 lithogr. Karte des heil. Landes in Fol.) Leipzig 855, Brandstetter.

—— über die Principien und die Grenzen der Reinigung von fauligen und fäulnissfähigen Schmutzwassern. gr. 8. (III, 60 S. mit 4 in den Text gedr. Abbild.) Berlin 885, Springer. *

König, J., siehe: *Sterchi*, J.

König, J., ebene Trigonometrie. Zum Gebrauch in Fortbildungs-, Handwerker- u. Abendschulen, sowie zum Selbstunterricht. gr. 8. (IV, 46 S. m. 33 Fig.) Braunschweig 892. O. Salle. n. — 75

—— chemische und technische Untersuchungen der landwirthschaftlichen Versuchsstation Münster in den J. 1871—1877. Ein Bericht. gr. 8. (XV, 231 S. mit 1 lithogr. Fig.-Taf.) Ebendas. 878. *

— s.: Vierteljahresschrift üb. etc. Chemie der Nahrungs- u. Genussmittel.

König, J., d. getreue engl. Wegweiser, oder gründl. Anweis. zur engl. Sprache. Verbess. u. geändert von J. B. Rogler. 8. Leipz. ... N. A. 802. Compt. f. Literat. 16 K

—— die Wichtigkeit der Lebensmittel-Controle, s. Vorträge über Gesundheitspflege und Rettungswesen.

König, J. (II.), wie kann der Landwirt den Stickstoff-Vorrat in seiner Wirtschaft erhalten und vermehren? Preisgekrönte Arbeit. 2. neubearb. Aufl. gr. 8. (VII, 158 S.) Berlin 887, Parey. *

— wie kann der Landwirt den Stickstoff-Vorrat in seiner Wirtschaft erhalten u vermehren? Preisgekrönte Arbeit. 3. Aufl., neu bearb. in Gemeinschaft m. E. Haselhoff. gr. 8. (V, 131 u. 53 S.) Berlin 893. P. Parey. n. 3. 50

— Zusammensetzung u. Verdaulichkeit der Futtermittel, s.: Dietrich, Th.

König, J. B., harmonischer Liederschatz, oder allgem. evangel. Choralbuch, nebst 150 Psalmen Davids, wie solche in d. reformirten Gemeindenpflegen gesungen zu werden. gr. 4. Frankf. 767. Brönner. 1 ₰ 20 K

König, J. Bapt.

König, J. B., s. David's Gesänge.

König, J. Bapt., d. Gesänge Davids u. seiner Geistesverwandten, s. Psalmen.

König, J. Bapt., die Gesänge Davids u. seiner Geistesverwandten. Metrisch a. d. Ursprache übers. Ein Trost- u. Erbauungs-Buch, auch e. Beitr. z. erbaul. Schriftstudium. 5 Bde. gr. 12. (41½ B.) Augsburg 830, 31, Schlosser. à 12 Gr.

König, J. B., Die Gesänge Davids u. seiner Geistesverwandten. Metrisch aus der Ursprache übersetzt. Ein Trost- u. Erbauungsbuch, auch ein Beitrag zum erbaulichen Schriftstudium. Augsburg, Schlosser, 1844. gr. 12°, 5 Bde, 3. Aufl., 3,50 Mk.
Recens. Katholik 1842, Bd. 86, S. 209 f.

(——) allgem. u. neuestes Prediger-Lexicon, s. Prediger-Lexicon.

König JC & Ebhardt, Hannover. Festschrift zum 50jährigen Jubiläum. (61 S) fol Hannover 1895

König, J. C., & Ebhardt: Festschrift zum 50jährigen Jubiläum 1845—1895. Hannover (1895?)

König, J. C., u. Ebhardt's Tages-Notizbuch 1881. schmal Fol. (248 S. m. 1 lith. u. color. Eisenbahnkarte.) Hannover. (Quedlinburg, Huch.) geb. 2. —

König, J. C., und Ebhardt's Tages-Notizbuch 1886—1889. schmal Fol. (à Jahrg. ca. 330 S. mit 1 lithogr. und color. Eisenbahnkarte.) Hannover. (Quedlinburg, Huch.) geb. à Jahrg.

König, J. C. u. Ebhardt's Tages-Notizbuch 1890—1893. schmal Fol. (à Jahrg. ca. 400 S. m. 1 Eisenbahnkarte.) Hannov. (Quedlinb., Huch.) geb. à Jahrg. 2 —

König, J. C., u. Ebhardt's Tages-Notizbuch 1896. schmal Fol. (II, 239 u. 42 S. m. 1 Karte.) Hannover, J. C. König u. Ebhardt. Geb. n. 1. 50

König, J. F. Beweis einiger Sätze aus dem Journal für reine und angewandte Mathematik von Crelle. 5 S.
Königsberg, K., Progr. 1849

König, J. F. Beweis zweier Sätze aus dem Journale für reine und angewandte Mathem. von Crelle (Bd. 16. S. 95.). (Ueber den 2ten Näherungswerth zweier verschiedener Kettenbrüche.) 6 S.
Königsberg, D., Progr. 1841

König, J.F.: Einiges über Kettenbrüche. 21 S. – Progr. Königsberg K.G. 1859.

König, J. F. Gesucht wird die Kraft, mit der ein gerades Parallelepipedum ein anderes ebenfalls gerades Parallelepipedum anzieht, wenn dieses als Fortsetzung des ersteren angesehen werden kann. 16 S.
Königsberg, D., Progr. 1832

König, I. F., reclusus, quo omn. gr. et hebr. vocum in ejusd. theologia positiva acroamat. etc. 8. Wittenb. Zimmermann, 726.

— theologia positiva acroamat.

— — ead. op. et stud. Hahn. 8. Frcof. et L. 732.

König, J. F., theologia positiva acroamat., annot. explicat. ab Hnr. Gf. Haferung, († 175..) 8. Wittenb. 755. Zimmermann. 16 K

König, J. F. Zerlegung der Gleichung $x^2 - fy.\ y^2 = +1$ in Factoren. 23 S.
Königsberg, K. G., Progr. 1849

König, J. H., d. Ganze d. Kopfzeichnens. 1e Liefer.. 18 lithogr.

Vorlegeblätter für Schulen u. zur Selbstübung. gr. 8. Bresl. 829. (Hentze). 12 K

König, J. J. Discussion der Gleichung vom 4. Grade in Bezug auf den Sturmschen Satz. 16 S.
Königsberg, D., Progr. 1841

König, J. M. Übersicht wahrhafter u. merkwürdiger Thatsachen des Bauern Aufruhrs in Deutschland i. J. 1525. 8. Speyer 1830.

König, J. N., kleiner Rechenkatechismus, oder arithmet. Fragen u. Aufgaben zu Vorübungen im Rechnen. Ein Hülfsmittel im Kopfrechnen für Kinder rc. 8. Saalfeld ... 2e A. 8. Ebd. 831. Riese. (Leipz., Reclam). 3 K

König, J. N., kleiner Rechnenkatechismus, od. arithmet. Fragen u. Aufgaben zu Vorübungen im Rechnen. Ein Hülfsmittel im Kopfrechnen f. Kinder; nebst e. Zeit-, Münz-, Gewichts- u. Maaßbestimm. Nützl. in Schulen u. zu Haus. 2., verb. Aufl. 8. (2 B.) Saalfeld 831, Riese.

— **Jacob Albert** (Bern/Schweiz), De somno. Diss. physiol. Götting. (Barmeier) 18. VIII. 1804. 48 Seiten. (6.—) 18973
Gew.: Rodolf Koenig (Vater), Mathias Bodmer.

König, J. A., de somno. 8. Götting. 804. Bruse. 3 K

König, James: Die Oxydation und die Oxyde des Palladiums. 1905. 45 S., 1 Taf. 8⁰ ¶ Ausz. in: Zeitschrift f. anorgan. Chemie. Bd 46.
Karlsruhe, Dr.-Ing.-Diss. v. 11. 12. 1905

Koenig, Jo. Chr. Lud., De catarrho suffocativo. 26 pp. Gott. 4°. 1746

Jo. Geo. König catalogus libror. botanicorum. Basil. 1719 8.

Jo. Geo. König catalogus librorum ad historiam naturalem spectantium. Basil. 1719. 8.

KÖNIG, Johann (Grafenau): Zur Anatomie, Physiologie und Pathologie der Thränenableitungsorgane.- Neu-Ulm: Helb 1867. 16 S.
9.6.1866 - Urk (Titel: De morbis sacci lacrymalis et canaliculi naso lacrymalis.); F 71
Diss. Ingolst.-Landsh.-Mchn.

KÖNIG, JOHANN Anrede, welche Johann König als derselbe zum Pfarrer der freyen kön. Stadt Kaschau gewählet worden, an den Löbl. Magistrat . gehalten hat. Am 1. Dezember 1823. Kaschau 1823 Gedr bei C. Werfer. 2 S. - 4°

König, Joh., Grundriß der Schlosserkunst, s.a. Schauplatz, neuer, der Künste und Handwerke 168. Bd.

König J, Grundriss der Schlosserkunst. Mit Atlas. 1. und 5. Auflage. (Schauplatz der Künste und Handwerke 168) Weimar 1848. 72

König, Johann [aus Wunsiedel]: Condensations-Producte des Isovaleraldehyds ... [o. O.], *1884*; 62 S. 8.
Würzburg, Phil. Fak., Inaug.-Diss. v. 1884

KÖNIG, JOH(ANN), Kaplan zu Kaschau: Predigt auf das Fest der H. Catharina Jungfrau und Märtyrin, als dasselbe von einem löbl. königl. Ober-Inspectoratsamte und der sämtlichen Kupferbergwerkschaft in der königl. Bergstadt Schmölnitz mit dem gewöhnlich jährlichen Opfer gefeyert wurde. Kaschau 1805. Gedr mit Ellingerischen Schriften. 42 S. - 4°

KÖNIG, JOHANN· Rede des .. Johann König ... an die erwählte Bürgergemeinde und den neu-erwählten, Stadt-Richter Carl Fischer .. den 16-ten März 1827, gehalten in der Pfarr- und Cathedralkirche. Kaschau 1827: Ellinger. 8 S. - 4°

KÖNIG, Johann: Sammlung praktischer Erfahrungen aus der Forstwissenschaft. - Prag 1820. 96 S.

König, J.: „Sammlung praktischer Erfahrungen aus der Forstwissenschaft", Prag 1820 (Hartmann).

König, J[ohann]. Schweizergeschichte. Ein Handbuch für die Schüler, bearb. von J K'.... Durchberathen und empfohlen von der bernischen Lehrmittelkommission für die deutschen Primarschulen .... 8. Bern 1870.
Ausg. A.. 123 S — Ausg B.: 124 S

König, J[ohann]. Schweizergeschichte. Ein Handbuch für Schüler, von J. K'.... 2., durch J[ohann] Lammlin ... umgearbeitete und auf die Gegenwart fortgeführte Aufl. 8. Bern 1881.

* Kurzer Unterricht, allerley Arten von Wind- und Waffermühlen auf die vortheilhafteste Weise zu erbauen, nebst einigen Gedanken über die Verbesserung des Räderwerks an den Mühlen, von *Joh. König.* Colmar 4. 24 S. m. 2 Kupfert. 1767.

— **Johann August** (Gerlachsheim / Lausitz), De pignore tacito pupillis a tempore delatae tutelae simpliciter competente. Diss. jur. Präs. Heinrich Brokes. Wittbg. (Ephraim Gottlob Eichsfeld) 9. IX. 1741. 24 S. (6.—) 18975

König, Johann Bernhard Joseph

König, J. Bn. Jos., († d. 7. Juni 1822.), s. deutsche u. latein. Chrestomathie.

– s. Kistemaker, Jh. Hyacinth: Deutsche Sprachlehre.

— deklamator. Lesebuch, s. Ksp. Zumkley, poet. deutsche Chrestomathie.

König, J. Geschichtl. Nachrichten üb. d. Gymn. zu M (seit Stiftung dess. durch Karl d. Gr. bis auf d. Jesuiten, 791—1592.) 167 S. 8.
Progr. Münster 1821

König, Johann Bernhard Joseph (Altenberge)
Geschichtliche Nachrichten über das Gymnasium zu Münster, erster Theil, von Karl dem Großen, bis zur Übernahme des Unterrichts von den Jesuiten, von 791 bis 1592.
Münster: Coppenrath. 1822.
(Programm des Gymnasiums zu Münster.)
Dr. phil. Giessen 5.7.1821.

— geschichtl. Nachrichten über d. Gymnasium zu Münster in Westphalen, seit Stiftung desselben durch Karl d. Großen bis auf d. Jesuiten (791—1592). gr. 8. Münst. 822. Coppenrath. 10 K

– s. Vorübungen, Mathematische ...

– s. Zumkley, Ksp.: Chrestomathia latina.

— **Johann Christian** (Mochavia Misnicus), De venditione necessaria. Diss. jur. Präs. Conr. Wilhelm Strecker. Erfurt (Grosch) 10. X. 1729. 16 Seiten. (5.50) 18980
Gew.: Carl Georg v. Pfluck (Ehrenhain), Johann August Neuber.

König, Johann Christoph

— — (Altdorf), De annihilatione aeternis afflicto cruciatibus haud detestanda. Diss. philos. Präs. Dom. Georg Andreas Will. Altdorf (J. P. Meyer) 26. VI. 1775. 17 S. (5.—) 18982
Widm. v.: Präs., Georg Christoph Schwarz.

König, Jh. Cph., († d. 1. Jan. 1812.) Briefe über Erziehung d. adel. Jugend, s. a. Briefe.

— Briefe üb. Erziehung d. adel. Jugend. 8. Ebend. 784.

— deutsche Chrestomathie zur Bildung d. Geistes u. Herzens. 8. Nürnb. 778. 2e A. 781. 3e A. 783. Felssecker. 5 gr.

König's, J. C., deutsche Chrestomathie — zur Übung im Lateinischen. Neue Ausgabe. Nürnb. 781. 8. 12 gr.

— neue deutsche Chrestomathie zur Bildung d. Geistes u. zur Uebung im Latein, für höhere Klassen. 8. Nürnb. 781. Felssecker. 12 gr.

— Neue Chrestomathie — zur Übung im Lateinischen, für Geübtere. Nürnb. 780. 8.

König, Jh. Chr., s. H. Donelli Commentar.

König, J. Cp.: Formularb. für aussergerichtl. Handll. u. freiwill. Gerichtshandll. (*Altd.*, b. d. Verf. u.) *Nürnb.*, Monath u. Kussler. (Recknagel.) (1—2e A. 797. 98.) 3e A. 817. 8. (1 Thl. 4 Gr.)

— Formularbuch f. außergerichtl. Handlung u. freiwillige Gerichtshandlung etc. 8. Nürnb. 798. 3e A. 817. Monath u. K. 1 Rthl. 4 gr.

— Formularbuch für processual. Handlungen. 3 Abtheill. 8. Nürnb. 801—4. Monath u. K. (1e, 12 gr. 2e u. 3e à 10 gr.) 1 Rthl. 8 gr.

— d. Freund d. Aufklärung u. Menschenglückseligkeit; e. Monatsschrift. 12 Hefte. 8. Nürnb. 785, 86.

— d. Freund d. aufgekl. Vernunft u. wahr. Tugend. 2 Thle. 8. Nrnb. Grattenauer. 786.

— d. Freund d. aufgeklärten Vernunft u. wahren Tugend. 2 Thle. 8. Nürnb. 787. (Lauffer in Leipz.) 10 gr.

— Gespräche zur Uebung in latein. Reden. 8. Nürnb. 784. Felssecker. 8 gr.

— Gespräche über d. Universitäten. 8. Nürnb. 790. Monath u. K. 6 gr.

König, Joh. Chstph.: „Grundriss seiner öffentlichen Vorlesungen über einige der wichtigsten politischen Gegenstände ....", Altdorf 1796 (Akadem. Buchhandlung). — Vorh.: StB Nürnberg.

— Grundriß seiner öffentl. Vorlesungen über wichtige polit. Gegenstände. gr. 8. Nürnb. 796. Monath u. K. 1½ gr.

— prakt. Handbuch d. deutschen Styls. 2 Thle. 8. Nürnb. 792. Monath u. K. 1 Rthl. 20 gr.

— akadem. Lehrbuch f. Jünglinge. 8. Nrnb. Grattenauer. 785.

— — akademisches Lehrbuch für studirende Jünglinge aus allen Fakultäten. 8. Nürnberg. 785. jetzt Eichhorn.

— Philosophie d. schön. Künste. 8. Nrnb. Felsecker. 784.

— s.a. Probe e. Pandektenchrestomathie.

(König, J. Ch.): Probe einer Pandekten-Chrestomathie, — aus den Florentin. Taurell. Pandekten ausgezogen, u. sowohl mit verschiedenen Lesearten, als auch m. krit. Anmerkk. versehen. *Nürnberg*, Monath u. Kussler. 796. 8. (7 Gr.)

— üb. d. Stipendien. 8. Nrnb. Grattenauer. 785.

— über d. Stipendien. 8. Nürnb. 785. (Eichhorn). 3 gr.

KÖNIG, J. C., Ueber das akademische Studium und akademische Leben. Nürnberg 1781. 8°. Selten!
P. E. Richter, Bibl. geogr. Germaniae. Lpz. 1896. S. 789.

König, Just. Chr. Gl., üb. d. akademische Studium und akadem. Leben, f. Jünglinge. 1r Thl. 8. Nrnb. Grattenauer. 781.

König, J. C., über das akadem. Studium und akademische Leben. 1r Thl. 8. Nürnb. 781. jetzt Eichhorn. Rthlr. -

— Versuch e. populären Lehrbuchs d. guten Geschmacks für Mädchen u. Jünglinge. 8. Nürnb. 780. Felssecker. 8 gr.

— **Johann Christoph** (Goslar), De vidua defuncti mariti debita suscipiente, an gaudeat beneficio Scti Vellej. et auth. si qua mulier? Diss. jur. Präs. Ernst Tenzell. Erfurt (Grosch) 7. IV. 1728. 54 S. (6.50) 18981

— Vorlesung über Religion u. Sittenlehre d. Vernunft etc. 8. Nürnb. 785. Felssecker. 20 gr. N. A. unt. d. T.: Religion u. Sittenlehre d. Vernunft. 1r Thl. 8. Ebd. 789. 20 gr.

— **Johann Friedrich** (Osterode/Hannover), De curatione aequivoca. Diss. med. Präs. Georg Ernst Stahl. Halle (Chr. Henckel) Juni 1706. 40 S. (6.50) 18983

KÖNIG, Johann Friedrich: Verschiedene Urtheile über die Schäzung und Taxation ganzer Waldstrecken und einzelner Waldstämme. - Prag 1820

— **Johann Georg,** Subsidia interpretationis doctrinalis pacis religiosae & Westphalicae, ac utriusque synopsis historica una cum subnexis ex universo jure corollariis. Rector D. Johann Veit v. Würzburg. Präs. D. Johann Peter Banniza. Würzburg (Johann Jacob Christoph Kleyer) Dez. 1741. 18 Bl., 28 S., 10 Bl. (7.—) 18984
Genealog. Widm. an: D. Carl Philipp Heinrich u. D. Lothar Gottfried Heinrich Frh. v. Greiffenclau zu Vollraths. — Widm. v.: Präs., Christoph Franz Marsilius Adam Martin u. Carl Adolph Philipp Frh. v. Greiffenclau zu Vollraths.

— — Dasselbe ohne Rector. 47 S., nur mit Widm. v. Präs. (6.—) 18985

Koenig, Joh. Gottfried

— — (Lucenses [= Lützen]), De natura et cognitione passionum dominantium disputationem. Präs. M. Paul Abraham König (Bruder). Lpz. (Müller) 18. XII. 1705. 14 Bl. (6.50) 18988

König, Johann Heinrich s. Burkli[-Meyer]. Adolf. Der Abfall Belgiens von Holland.... Zurich 1888.

Koenig, Johann Heinrich Otto [Praes.], s. Stisser, Christian Friedrich: De donationis natura ac indole secundum jus Romanum.

König, Johann Karl

König, Joh. Carl: Abhandlung derer hohen Reichs-Vicariats-Gerechtsamen und was dieserhalben auf erfolgtes Ableben Ihro Röm. Kayserl. Majest. Carl VI. merckwürdiges vorgefallen. Marburg.
Abh. 1. 2. Aufl. 1743.
„ 2. 1742.

König, Joh. Carl, Belehrungen u. Anleitungen f. Jünglinge, welche sich dem Handel widmen wollen, in Betreff auf die heut zu Tag erforderlichen fast unerläßigen Vorkenntnisse, wenn der Lernende sich in seinem neuen Beruf empfehlen will. 12. (8¼ B. u. ½ lith. B.) München 842. (Franz.) *–

KÖNIG, J. K.: De insigni differentiae directorum comitiorum circular. et circulorum S. R. I. *Halae*, Renger. 750. 4. (2 Gr.)

Koenig, Joh. Carl, Droguerie-, Spezerei- u. Farb-Waaren-Lexikon, od. vollständigste u. genaueste Anleit., d. officin. Benennungen d. Droguerie-Waaren, welche auf d. Preis-Couranten gewöhnl. abbrevirt sind, in d. ganzen Worten richtig deutsch u. latein. verstehen zu können, nebst ausführl. Beschreib. d. Erzeugungs- u. Bezugsorte sämmtl. Droguerie-, Spezerei- u. Farbwaaren, dann wie solche auf d. menschl. u. thier. Körper od. im techn. Fache angewendet, am geeignetsten aufbewahrt, deren Aechtheit am besten erkannt werden können u. wie mögliche Verfälschungen aufzufinden sind. gr. 4. (32 B.) München 839. (Leipzig, Leich'sche Buchh. ?) *

Koenig, Joh. Carl, Droguerie-, Spezerei- u. Farb-Waaren-Lexikon, oder vollständ. u. genauste Anleitung die officinellen Benennungen der Droguerie-Waaren, welche auf den Preis-Couranten gewöhnlich abbrevirt sind, in den ganzen Worten richtig deutsch u. lateinisch verstehen zu können, nebst ausführl. Beschreibg. d. Erzeugungs- u. Bezugsorte sämmtl. Droguerie-, Spezerei- u. Farbewaaren, dann wie solche auf den menschl. u. thier. Körper wirken, im techn. Fache angewendet, am geeignetsten aufbewahrt, an ihren wesentlichen Merkmalen erkannt u. auch mögliche Verfälschungen geprüft werden. 2. verm. u. verb. Aufl. 5 Hfte. Lex. 8. (VI u. 409 S.) München 851, Kaiser. (1—4 Hft. à 12 ngl 5. Hft. ⅓ ₰) 2 ₰ 3 ngl; geb. 2 ₰ 12 ngl

König's, Joh. Carl, Droguerie-, Spezerei- und Farb-Waaren-Lexikon, oder vollständ. und genaue Anleitung, die officinellen Benennungen aller Artikel, welche auf den Preis-Couranten gewöhnlich abbrevirt sind, in den ganzen Worten richtig lateinisch und deutsch verstehen zu können, nebst präciser Angabe des Vorkommens, der Bereitung, Eigenschaften rc. sämmtl. chem. Präparate, Droguerie-, Spezerei- und Farbwaaren. 3., umgearb. und durch die neuesten Erfahrungen bereicherte und verm. Aufl. Bearb. von Frz. Geith. Lex.-8. (VIII und 351 S.) München 855, Kaiser.

König's, Joh. Karl, Droguerie-, Spezerei- und Farb-Waaren-Lexikon, oder vollständige und genaue Anleitung, die offizinellen Benennungen aller Artikel, welche auf den Preis-Couranten gewöhnlich abbrevirt sind, in den ganzen Worten richtig lateinisch u. deutsch verstehen zu können, nebst präciser Angabe des Vorkommens, der Bereitung, Eigenschaften rc. sämmtlicher chemischer Präparate, Droguerie-, Spezerei- u. Farbwaaren. 4. Aufl. 860. (VIII, 388 S.) 1 ₰ 21 ngr. — 5., durch die neuesten Erfahrungen bereicherte u. verm. Aufl. Bearb. von Frz. Geith. München 864. Kaiser. Lex.-8. (VIII, 422 S.) 2 ₰

König's, Joh. Karl, Droguerie-, Spezerei- und Farb-Waaren-Lexikon, oder vollständ. und genaue Anleitung, die offizinellen Benennungen aller Artikel, welche auf den Preis-Couranten gewöhnlich abbrevirt sind, in den ganzen Worten richtig lateinisch und deutsch verstehen zu können, nebst präciser Angabe des Vorkommens, der Bereitung, Eigenschaften rc. sämmtl. chem. Präparate, Droguerie-, Spezerei- und Farbwaaren. 5. Aufl. 1864. und 6., durch die neuesten Erfahrungen bereich. und verm. Aufl. Bearb. von Frz. Geith. Lex.-8. (VIII und 430 S.) München 868, Kaiser. 2 Thlr.; geb.

König's, Joh. Karl, Droguerie-, Spezerei- und Farb-Waaren-Lexikon oder vollständ. und genaue Anleitung die offizinellen Benennungen aller Artikel, welche auf den Preis-Couranten gewöhnlich abbrevirt sind, in den ganzen Worten richtig lateinisch und deutsch verstehen zu können nebst präciser Angabe des Vorkommens, der Bereitung, Eigenschaften rc. sämmtl. chem. Präparate, Droguerie-, Specerei- und Farbwaaren. 7. durch die neuesten Erfahrungen bereicherte und verm. Aufl. Bearb. von Frz. Geith. 6 Lfgn. Lex.-8. (IX, 457 S.) München 871, 72, Kaiser. à Lfg. ℳ 1.

König's, Joh. Karl, Droguerie-, Spezerei- u. Farb-Waaren-Lexikon oder vollständige u. genaue Anleitung, die offizinellen Benennungen aller Artikel, welche auf den Preis-Couranten gewöhnlich abbrevirt sind, in den ganzen Worten richtig lateinisch u. deutsch verstehen zu können, nebst präciser Angabe des Vorkommens, der Bereitung, Eigenschaften, Ermittlung der Reinheit u. Verfälschung, Aufbewahrung, Bezugsorte u. Anwendung sämmtlicher chemischen Präparate, Droguerie-, Spezerei- u. Farbwaaren. 8., durch die neuesten Erfahrungen bereich. u. verm. Aufl. Bearb. von Frz. Geith. Lex.-8. (IX, 500 S.) München 879. Kaiser. n. 6. —; geb. n. 7. 35

König's, Joh. Karl, Drogerie-, Spezerei- und Farb-Waaren-Lexikon, bearb. von Frz. Geith. 9. Aufl. mit latein., deutschen, engl. und französ. Benennungen, neubearb. von Geo. Buchner. gr. 8. (X, 570 S.) München 886, Kaiser. *
geb. *

König's, Joh. Carl, Droguerie-, Spezerei- u. Farb-Waaren-Lexikon m. latein., deutschen, engl. u. franz. Benenngn., hrsg. v. Frz. Geith u. Geo. Buchner. 10., verm. Aufl., bearb. v. E. List. Lex.-8. (XI, 574 S.) München 897. Th. Kaiser. n. 6. —; geb. in. Leinw. n. 7. 30

König's, Joh. Karl, Drogerie-, Spezerei- u. Farb-Waaren-Lexikon m. deutschen, englischen, französischen u. lateinischen Benennungen (früh. Hrsg.: Frz. Geith u. Geo. Buchner). 11. verm. Aufl., bearb. v. E. List. Lex.-8. (XIII, 586 S.) München 902. Th. Kaiser. n. 6.50; geb. in Leinw. n.n. 7.80

— s. Ant. Faber, europ. Staatskanzlei.

Koenig, Johann Karl [Praes.], s. Heidt, Georg Kaspar: Differentias juris Romani et Germanici in concedenda venia aetatis.

— **Joh. Carl** (Nürnberg), De jure accrescendi in legatis. Diss. jur. Altdorf (Wwe. Meyer) 25. VI. 1736. 38 S. (6.50) 18976
Gew.: Hieronymus Wilhelm Ebner v. Eschenbach (Guttenburg, Erlenstegen), Jacob Sigismund Pfinzing v. u. zu Henfenfeld, Adam Rudolph Geuder v. u. zu Heroldsberg, Stein u. Untersdorf), Georg Christoph Volckamer v. Kirchensittenbach.

— — **Programma de subditi jure agendi ex transactione principis contra possessorem rei suae.** Marburg (Philipp Casimir Müller) 1747. 12 S. (3.—) 18979

Koenig, Johann Karl [Praes.], s. Kupfferschmitt, Jo. Heinrich: De juramento appellationis ad § 118. recessus imperii de anno 1654.

— — **Disquisitio de modo et jure intercedendi corporis evangelicorum tam in causis religionis quam politicis.** Marburg (Müller) 1746. 156 S., z. gr. Tl. dtsch. (10.—) 18978

König, Jh. Karl, († d. 24. Dec. 1753.) Nachricht von d. Reichsvikariatsgerechtsame. 3 Stücke. 8. Marb. 742—53. Keßler. (Renger in Halle). 14 ggr

— — Programma de vicaria potestate in partibus regni Arelatensis et Italiae. Marburg (Müller) 1742. 16 S. (4.—) 18977

Koenig, Jo. Car.: Disquisitio de optima ratione componendi litem super exercitio vicariatus in partibus Rheni Sueviae et Franconiei juris diu multumque agitatam. Marburgi Catt. 1742.

— v. d. deutschen Reichstagen überh. 8. Nürnb. Monath u. K. 738.

— v. d. Reichsvikariatsgerechtsam. 3 Stck. 8. Marb. Keßler. (Renger in Halle) 742–750.

Koenig, Johann Karl [Praes.], s. Rommershausen, Johann Jakob: De parentibus inter liberos disponentibus eorumque juribus.

— selecta juris publici novissima, worin d. Merkwürdigste in Staats- u. Reichsangelegenheiten, Kirchen-, Polizei-, Jurisdictional-, Lehen-, Militär-, Commerciens- u. Cameralsachen, befindlich. 1r—29r Thl. 30r—48r Thl. fortgesetzt von Gritsch. 8. Ulm 740—66. 48 Thle. Wohler. (à 8 ggr) 16 Rthlr Register. 8 Thle. 8. Ebd. 746—66. 1 Rthlr 8 ggr Supplement. 3 Thle. 8. Ebd. 769—70. 1 Rthlr 2 ggr

König. Joh. Carl: Selecta juris publici novissima. Worinnen das merckwürdigste was sich an Grosser Herren Höfen . . . zugetragen . . . mitgetheilt. (Th. 5 ff.:) Selecta . . . zum Behuf der Reichs-Historie u. des Staats-Rechts mitgetheilt, (Th. 31 ff.) von G. R. S. [Gritsch]. Th. 1—48. Nebst Suppl. [u.] Reg. 27 Bde

Th. 1. 2. Aufl. Ulm 1746.
„ 2. 2. Aufl. Frankfurt u. Leipzig 1754.
„ 3 ff. Frankfurt a. M. u. Leipzig. (dazwischen: Ulm. Marburg) 1741—66.

Suppl. mitgeth. von C. F. H[empel?]. Th. 1—3. Frankfurt u. Leipzig (Th. 3:) u. Ulm 1769—70.

König, J. K., Josephs u. Carls VI. erricht. Wahlcapitulation. 4. Nrnb. Monath. 738. Rthlr. ·

König, Jh. Ldw., Auszug aus Burton's Werk über die Häresieen, s. Burton, Dr.

König, Joh. Ludw., der evangelische Bund nach seiner Entstehung, seinen Grundsätzen und Zwecken, und seiner Ausbreitung dargestellt. gr. 8. (57 S.) Barmen 848, Sartorius.

—— das apostol. Glaubensbekenntniß, als Grundlage d. christl. Religionsunterrichtes f. Konfirmanden. gr. 8. (11⅛ B.) Frankfurt a. M. 837. [Leipzig, Kersten.]

— das Apostolische Glaubensbekenntniß, als Grundlage des Christl. Religionsunterrichtes für Konfirmanden. gr. 8. Frankfurt 837. Schmerber. ½ Rthlr

König, Joh. Ludw., die Haupt-Liturgieen der alten Kirche in wortgetreuer Uebersetzung nebst Einleitung. gr. 8. (VIII und 286 S.) Neustrelitz 865, Barnewitz.

König, Joh. Ludw., die Lehre von Christi Höllenfahrt nach der heil. Schrift, der ältesten Kirche, den christl. Symbolen, und nach ihrer vielumfassenden Bedeutung dargestellt. 8. (18⅛ B.) Frankfurt a. M. 842, Zimmer. * -

König, Joh. Ludw., die Menschwerdung Gottes als eine in Christus geschehene u. in der christl. Kirche noch geschehende dargestellt. gr. 8. (32 B.) Mainz 844, v. Zabern. Thlr. *

König, Joh. Ludw., der jedesmalige Mitgenuß und das Selbstnehmen des heiligen Abendmahles von Seiten der konsekrirenden Geistlichen nach Schrift u. Geschichte dargestellt. Demmin 859. (Stettin, Graßmann.) 8. (IX, 182 S.) 15 ngr.

König, Joh. Ludw., der Modus im Hauptsatze. Eine Zusammenstell. d. Ausdrucksweisen dafür im Griech., Latein., Französ., Engl., Deutschen u. (als Anh.) im Hebräischen. 8. (7¼ B.) Crefeld 853, Funcke.

König, Jh. Ldw., Samml. d. Reden bei Einweihung eines neuen Schulgebäudes in Ilmenau. 4. Arnst. 760. Beumelburg. 4 ggr

— alttestamentliche Studien. 1s Hft. Authentie des Buches Josua. gr. 8. Meurs 836. Rhein. Schulbuchh. (Funke in Crefeld.) ⅔ Rthlr

—— dass. — 2. Hft. Das Deuteronomium u. d. Prophet Jeremiah, geg. v. Bohlen, nebst and. Beiträgen z. Authentie d. Deuteronomiums. Die Verbalendung ין. gr. 8. (12¾ B.) Berlin 839, Reimer.

König, Jh. Mar., kurze Anweis., dem Priester beim Altare zu dienen. 2e verb. Aufl. 12. Augsb. 821. Doll. (Landsh., Krüll). 3 ggr

König, Jh. Marian, kurze Anweisung den Priester am Altare zu dienen, nach den vorgeschriebenen Ceremonien der heil. röm.-kathol. Kirche. 3e verb. rechtmäß. Aufl. 12. Augsburg 833. (Landshut, Krüll.) ⅛ Rthlr

König, Joh. Marian, kurze Anweisung d. Priester am Altare zu dienen, nach d. vorgeschrieb. Ceremonien d. heil. röm.-kathol. Kirche. 3., verb. rechtmäß. Aufl. 12. (3 B.) Augsburg 833. (Regensburg, Manz.)

— s. 1) 7 Bekenntnisse e. großen Sünders. 2) M. G. Litzel, histor. Beschreibung.

— Samml. histor. u. poet. Unterhaltungsstücke, nebst andern merkwürd. Begebenheiten u. Erzählungen, zum Unterricht u. Vergnügen für jedes Alter u. Geschlecht aus allen Ständen neu bearb. 8. Mainz 829. (Kupferberg). 18 ggr

— Dass., s.a. Koenig, Jh. Mich.

König, Joh. Mich., Beschreibung d. Röm. Denkmäler, welche seit d. J. 1818 bis z. J. 1830 im kgl. bayer. Rheinkreise entdeckt wurden, u. in d. antiquar. Samml. zu Speyer aufbewahrt werden. Ein wicht. Beitr. zu d. ält. Geschichte, welcher VI Abschnitte, u. auf 3 (lith.) Taf. (Fol.) 88 Abbild. d. merkwürd. Denkmäler enthält. Den Alterthumsforschern u. Freunden d. Kunst gewid. 8. (14½ B.) Kaiserslautern 832. (Mannheim, Schwan u. Götz; Speyer, Neidhard.) Thlr.

— Beschreibung der römischen Denkmäler, welche seit dem J. 1818 bis 1830 im baier. Rheinkreise entdeckt wurden, u. in der antiquarischen Sammlung zu Speyer aufbewahrt werden. Mit 3 Steintaf. 8. 832. jetzt Lang'sche Buchh. in Speyer u. der Preis 1 Rthlr

König, Jh. Mich., Feier d. Grundsteinlegung d. Festung Germersheim am 18. Oct. 1834. 8. Speyer 834. Lang'sche B. 1/12 Rthlr

König, Joh. Mich., Feyer d. Grundsteinlegung d. Festung Germersheim am 18. Oct. 1834. Mit and. dahin gehör. Nachrichten. 8. ... Speyer, (Neidhard.)

—— Inventarium d. vormal. Schatzes d. Domkirche zu Speyer. 8. ... Speyer 833, (Neidhard.)

— Inventarium des vormaligen Schatzes der Domkirche in Speyer im J. 1782. 8. Speyer 834. Lang'sche Buchh. 1/6 ℞

König, Joh. Mich., Lebensgeschichte d. Apostel u. Evangelisten uns. Herrn, od. Leben, Marter u. Tod derselben. gr. 8. (21¾ B. u. 17 lith. Abbild.) Speyer 835. (Mannheim, Schwan u. Götz'sche Hofbuchh.)

König, Joh. Mich., Lebensgeschichte der Apostel u. Evangelisten unsres Herrn, od. Leben, Marter u. Tod derselben. Nebst Anhang. 2. Ausg. gr. 8. (21¾ B. u. 15 Stnt.) Mannheim 843. [Götz.] *

König, Joh. Mich. (Lehrer das.), Lebens- u. Regierungs-Geschichten der *im Dom zu Speyer begrabenen 8 deutschen Kaiser* (Konrad II. [Stifter d. Domes, 1030], Heinrich III., der Fromme, Heinrich IV., Heinrich V., Philipp v. Schwaben, Rudolph v. Habsburg, Adolph v. Nassau, Albrecht I. v. Oesterreich); nebst der *Geschichte des Doms* durch 800 Jahre und der *Beschreibung der Kaisergräber* u. s. 2. u. verm. Ausg. in 5 Abschn. u. mit 10 Abbildgn. (Ansicht des Domes u. des neuen Denkmals Adolph's v. Nassau, dann 8 Porträts, lithogr. von *P. Wagner* in Carlsruhe). Gedr. (auf eigene Kosten) in Kaiserslautern bei J. L. Vatter. 1832. 8⁰. Ppb.
VI—278 S., 1 Bl. Err.

—— Sammlung histor. u. poet. Unterhaltungsstücke, nebst and. merkwürd. Begebenheiten u. Erzähln. Zum Unterr. u. Vergnügen f. jedes Alter u. Geschlecht aus allen Ständen neu bearb. 8. (22 B.) Mainz 829, (Kupferberg.)

– Dass., s.a. K o e n i g , Jh., Mar.

König, Jh. Sim.

— Aufheiterungs- u. Beruhigungs-Gedichte. 8. Königsee 805. Commiss.-Büreau. 6 ℊ

König (Schuhmachermeister) Aufheiter- und Beruhigungs-Gedichte. 8. Lpz. Comm. Bür. 805.

König, Jh. Sim., (Schuhmacher), Gedichte, in Beziehung auf Natur u. Religion. 8. Arnst. 804.

König, Johann Ulrich von

August im Lager, Helden-Gedicht. Erster Gesang, benannt: Die Einholung. Sr. Königlichen Majestät in Preussen allerunterthänigst gewiedmet ... Dresden, Gedruckt bey Johann Wilhelm Harpetern. 1731.

— Beschr. aller Solennität. bey der Sicil. Vermählung. Fol. Ebend. 739.

König, Johann Ulrich. Vollständige Beschreibung aller Solennitäten bey dem ... Königlichen Sicilianischen Vermählungs-Feste ... 1738 an dem Königl. Pohln. und Churfürstl. Sächsischen Hofe zu Dressden ... ausgefertigt von Johann Ulrich König. Dresden u. Leipzig, bey Friedrich Hekel, und Georg Conrad Walther o. J.
Tit., 2 Bl., 229 S. 4⁰

König, Johann Ulrich (Hrsg.), s. C a n i t z , Friedr. Rud. Ludw. Frh. von: Gedichte.

CUPIDO, D e r s i c h r ä c h e n d e , In einem Musicalischen Schauspiele auf dem Hamburgischen Theatro aufgeführet im Jahre 1724. (Vf.: *Joh. Ulr. v. König*, geb. 8. Octob. 1688 zu Esslingen, † 14. März 1744 als Kgl. poln. u. chursächs. Geh. Sekretär, Hofpoet u. Ceremonienmeister.) Hamburg, Kasp. Jakhel. 24 Bll. 4⁰.
Abkürzung (mit italienischen Arien) von: D i e e n t d e c k t e V e r s t e l l u n g , Oder: D i e g e h e i m e L i e b e d e r D i a n a. In einem Pastoral auf dem Hamburgischen Schauplatz vorgestellt. Im April 1712. Hamburg, gedr. bey F. C. Greflinger. 30 Bll. 4⁰. — Goedeke III, 346, 5, 3.

Poetische Einfälle, Bey dem von Sr. Königl. Maj. in Pohlen und Churfürstl. Durchlaucht zu Sachsen angestellten Schnepper-Schiessen, den 6. December 1719. meistentheils ohne dazu gehabte Bedenck-Zeit der Hohen Schützen-Gesellschafft öffentlich vorgesagt von Johann Ulrich König. ... Mit allergnädigster herzu besonders verliehene, Königl. Freyheit, bey scharffer Straffe nicht nachzudrucken weszwegen der Verfasser alle ausgehende Exemplarien mit seinem eigenen Pettschafft bezeichnen solle. Die Fortsetzung davon wird von jeder Woche bisz zu Ende der sämmtlichen Kräntzel-Schüssens im Drucke folgen, und ist zu finden in des Verfassers Logis bey Herrn Balbier Kellern in der Schlosz-Gasse, gleich unten in der Balbier-Stube, das Stück zu 4 Groschen. Dresden, mit des Königl. Hoff-Buchdruckers, Joh. Conr. Stöszels Schrifften

— — D r e s s d n i s c h e F a s t - N a c h t s - L u s t b a r k e i t e n . . . . über die . . . . gehaltene Handwercks-Wirthschafft . . . . von *J. U. König*. Dresden 1730. Fol. 11 Bll. (In Göttingen: P. 3587.)

Der Dreszdner Frauen Schlendrian In einem Nachspiel Verfertiget Von Herrn J.U.von König ... (n.p.) 1742.

König, Ulrich von. Gedichte aus seinen ... Manuscripten gesammlet ... Dressden 1745. H: *Rost, Joh. Christoph.* (Wahl, Rost. Leipzig 1902. S. 88.) (Mn)

§ * — — Des Herrn *von Königs* G e d i c h t e aus seinen von ihm selbst verbesserten Manuscripten gesammlet und herausgegeben (von Joh. Chp. R o s t). Mit Titelkpfr. Dressden, 1745. bey G. C. Walthern. Gr. 8⁰. (Auch in Breslau, Kgl. u. Univ.-Bibl.: Lit. Teut. II 8⁰. 818.)
14 Bll., 645 S., 11 S. Reg. Wichtig für die Culturgeschichte D r e s d e n s. Darin auch „Scherz- und Sinngedichte." (9 Mk., gutes Expl. in Prgtbd., F. Waldau, Fürstenwalde, 1907.)

§ * **KÖNIG**, Joh. Ulr. v. (1688—1744), **T h e a t r a l i s c h e , G e i s t l i c h e , V e r m i s c h t e u n d G a l a n t e G e d i c h t e .** Hamburg u. Leipzig, Joh. v. Wiering, 1713. 8⁰. 14 Bll., 406 S. u. Druckf.
Darin auch die im April 1712 in Hamburg aufgeführte O p e r „D i e e n t d e c k t e V e r s t e l l u n g , oder g e h e i m e L i e b e d e r D i a n a".

König, Johann Ulrich von , Theatralische /// geistliche / vermischte // und // galante // Gedichte /// Allen // Kennern und Liebhabern // der edlen Poesie / zur Belusti= //gung / ans Licht gestellt // Von // König. // Hamburg und Leipzig/ // Gedruckt und verlegt durch Johann von Wiering /// im Jahr 1713. - 16 Blatt (nicht paginiert) Titelkupfer, Titelblatt, Widmung, Vorrede und Untertitel zu den Theatralischen Gedichten. - 406 S. -
Das Druckfehlerverzeichnis, das Goedeke 3², Seite 346, 5 nr. 5 erwähnt, fehlt in unserm Exemplar.
Auf dem Einbanddeckel steht in Golddruck:
M. H. FR. ALBANUS.
PAST. TZSCHEPL.
SOCIET. PHILOTEUT.
POETICAE.
D. D. D.
1 7 2 4.
B. S. T. 8⁰.376.

Theatralische, geistliche, vermischte und Galante Gedichte, Allen Kennern und Liebhabern der edlen Poesie, zur Belustigung, ans Licht gestellet Von König. Hamburg und Leipzig. Gedruckt und verlegt durch Johann von Wiering, im Jahr 1716.

— Gedichte a. d. hohe Kön. Sicil. Vermählungsfest. Fol. Ebend. 738.

König, Joh. Ullr. Heldenlob Sr. Königlichen Majestät in Polen und Churfürstlichen Durchlaucht zu Sachsen, Friedrich Augusts. fol. Dresden 1719.

— — Dressdnische Carnevals-Ergötzlichkeiten, bestehend in Poetischen Einfällen über einige Königliche Schiessen, und dergleichen Schertz- und Sinn-Gedichten über die daselbst gehaltene Bauren-Wirthschafft, auf hohen Befehl verfertiget von *Johann Ulrich König*, Sr. Königl. Majest. in Pohlen und Churfürstl. Durchl. zu Sachsen geheimen Secretar und Hof-Poeten. 1728. Leipzig, Bey Johann Friedrich Gleditschens seel. Sohn. Fol. 18 Bll. (Goedeke III. p. 347.) (6 Mk., Seidenband, L. M. Glogau Sohn, Hamburg, 1888; jetzt theurer!)

Näheres in: Hamburgische Auszüge aus neuen Büchern etc. (hrsg. von Hamb. Rathsherrn Wilh. Scheller). Th. 3. Hamburg, Chr. W. Brandt, im Dom, 1728. 8°. S. 211—215 (auf den 3 letzten Seiten eine poet. Fabel, daraus als Probe:)
Zween Adler, die gekrönt mit Ruhm und Preiß,
Der eine schwartz, der andre weiß,
etc. etc. etc.

KÖNIG, Joh. Ulr. (seit 1740 *v. König*, 1688—1744. — Näheres bei Goedeke III, 346—47.), Dressdnische Carnevals-Lust, bestehend in Poetischen Einfällen .... nebst dem Kehraus des Carnevals. Dresden 1721. Fol.
Fehlt bei Goedeke, 2. A., III. p. 347.

- - , Ed. B. H. Brockes Verteutschten Bethlehemitischen Kinder-Mord des Ritters Marino, Cöln und Hamburg (1715), s. Marino, Giambattista

König, Johann Ulrich, Leben des Herrn von Besser siehe Johann von Besser, Schriften, Leipzig (1732).

ORESTES (d. i. *Joh. Ulr. König*), Der Dressdnische Mägde-Schlendrian, in einem Satyrisch-Moralischen (derb-pikanten) Nach-Spiele, auff dem Theatro zu Nirgendshausen (Kupfervignette: eine Küche, worin die Köchin im Zorn Töpfe zerschmeisst) vorgestellet. Durch *Orestes*. O. O. 1729. 8°. (In Dresden: Hist. Sax. G. 700.)
80 S. (incl. Tit. u. 1 Bl. Vorber.). Nicht nur die Liederlichkeit der Dresdener Mägde, sondern auch die Ausschweifungen ihrer Frauen werden hier in drastischer Weise gegeisselt. — Höchst selten!

Schertz- und Sinn-Gedichte über die Prächtige Wirthschafft Der Schaffer, Wintzer, Gärtner und Müller, Bey dem Beschlusz Des Dreszdnischen Carnevals öffentlich vorgelesen von Johann Ulrich König ... Dresden, gedruckt und in Commission zu finden bey Joh. Conr. Stöszeln ... 1725.

- - , Vorrede zu Chr. E. Steinbachs Deutschem Wörter-Buch, Breslau (1734), siehe Christoph Ernst Steinbach.

Die verkehrte Welt, ein Lust-Spiel von einem Aufzuge. verfertiget von Hrn. Johann Ulrich von König. Hof- und Ceremonien-Rathe in Dreszden. gedruckt im Jahr 1749.

König, Jh. Zach., s.a. König, Theodor Zacharias

König, Jh. Zach., († d. 18. Nov. 1812.) kurze Anweis., wie Wiesen u. Felder rc. ohne geometrische Instrumente auf d. leichteste rc. Art nach Schritten vermessen u. zu Tagwerken berechnet werden können. Handbuch zum Selbstunterricht. 8. Culmbach 810. Leipz. 818. Fr. Fleischer. 12 gr.

König, ..., Anweis., wie man ohne Instrumente Felder rc. aufnehmen kann. gr. 8. Culmbach 810. Spindler. 12 gr.

König, J. Z, gemeinnützige Aufsätze. gr. 8. Leipz. Rein. 806.

— gemeinnützige Aufsätze. gr. 8. Culmb. 806. Verfass. 6 gr.

— vermischte Aufsätze über Forst-, Acker-, Wiesen- u. Gartenkultur. gr. 8. Hof 805. (Grau). 18 gr.

— Recensentenfehde, ein Fragment z. d. ohnlängst im Druck erschienenen Aufsätze über Forst-, Acker-, Wiesen- u. Gartenbau. gr. 8. Lpz. Rein. 806.

— Recensentenfehde, ein Fragment zu d. unlängst in Druck erschienenen Aufsätze über Forst-, Acker-, Wiesen- u. Gartenbau. gr. 8. Culmb. 806. Verf. 16 gr.

König, Johannes, approb. Arzt aus Nürnberg: Ein **Beitrag** zur Kenntnis der Phosphornekrose. *Erlangen 1900: F. Junge.* (90 S.) 8°
Erlangen, Med. Diss. v. 5. Juli 1899

König, *Johannes* Johannes Bugenhagen, Luthers Mithelfer an dem Werke der Reformation. Schulrede, gehalten bei der Bugenhagenfeier am 24. Juni 1885. 4 (S. 11—17).
Progr. G. *Dramburg* 1886 (120).

König, *Johannes* Luther als Spracheiniger unseres Volkes. Schulrede, gehalten zur Vorfeier von Königs Geburtstag am 21. März 1885. 4 (S. 3—11). Progr. G. Dramburg 1886 (120).

König, Johannes, Prof.: Mitteilungen aus dem assyrisch-babylonischen Altertum. M. e. Taf. Keilschriften. Dramburg 1905: W. Schade. (S. 3—19.) 4° [F.]
Dramburg, k. G P 1905 (160)

König, Johannes, Prof.: Mitteilungen aus dem assyrisch-babylonischen Altertum. T. 2. Dramburg 1907: W. Schade & Co. (27 S.) 4° [F.] ¶ [Forts. d. P-Beil. 1905.]
Dramburg, k. G OP 1907 (169)

König, Jos., das Alter und die Entstehungsweise des Pentateuchs. Rede, gehalten bei Uebernahme des Prorectorats der Universität Freiburg in der Aula am 28. Mai 1884. 4. (73 S.) Freiburg i. Br. 884, (Mohr.)

Die Anstalten zur technischen Untersuchung von Nahrungs- und Genußmitteln sowie Gebrauchsgegenständen, die im Deutschen Reiche bei d. Durchführung d. Reichsgesetzes v. 14. Mai 1879 u. s. Ergänzungsgesetze von d. Verwaltungsbehörden regelmäßig in Anspruch genommen werden. Statist. Erhebungen im Auftr. d. Freien Vereinigung Deutscher Nahrungsmittelchem. unter Mitw. ... bearb. von Dr. J[osef] **König,** Univ.-Prof., Münster, u. Dr. A[dolf] Juckenack, Prof. in Berlin. Berlin: J. Springer 1907. (XV, 308 S.) 4°(8°) [07. 1468

— u. A. **Splittgerber,** die Bedeutung der Fischerei f. die Fleischversorgung im Deutschen Reich, s. a. Jahrbücher, landwirtschaftliche. 38. Erg.-Bd. 4.

Die Bedeutung der Fischerei für die Fleischversorgung im deutschen Reich. Mitteilung d. landwirtschaftl. Versuchsstation in Münster i. W. Von Dr. J[osef] **König** u. Dr. A. Splittgerber. Berlin: Parey 1909. VIII, 169 S. 4°
Landwirtschaftliche Jahrbücher. Bd 38, Erg.-Bd 4.) [09. 11478 9

Die Bedeutung der chemischen und bakteriologischen Untersuchung für die Beurteilung des Wassers. Nach den auf d. Versammlung d. Freien Vereinigung Deutscher Nahrungsmittelchemiker 1904 geh. Vorträgen von Prof. Dr. J[osef] **König,** Münster, u. Prof. Dr. R[udolf] Emmerich, München. Mit 1 Taf. Berlin: J. Springer 1904. (25 S.) 8°
Aus: Zeitschrift f. Untersuchung d. Nahrungs- u. Genussmittel. Bd 8, H. 1. [07. 1468, 11

— **Beiträge** zur Geschichte der theologischen Facultät in Freiburg am Schlusse d. vorigen u. im Beginne d. jetzigen Jahrhunderts. 4. (142 S.) Ebend. 884. n. 1. 80

König, (Jos.), s.: Bericht des deutschen Landwirtschaftsrats betr. Fütterungsversuche m. Schweinen üb. die Verdaulichkeit verschiedener Futtermittel.

— Chemie der menschlichen Nahrungs- u. Genussmittel. 1. u. 2. Thl. gr. 8. Ebend. 879. 80. geb. n. 19. —
1. Chemische Zusammensetzung der menschlichen Nahrungs- u. Genussmittel. Nach vorhandenen Analysen mit Angabe der Quellen zusammengestellt u. berechnet. (XX, 248 S.) n. 6. —
2. Die menschlichen Nahrungs- u. Genussmittel, ihre Herstellung, Zusammensetzung u. Beschaffenheit, ihre Verfälschungen u. deren Nachweisung. Mit einer Einleitung über die Ernährungslehre. Mit 71 in den Text gedr. Holzschn. (XV, 620 S.) n. 13. —

—— Chemie der menschlichen Nahrungs- und Genussmittel. 2. (Schluss-)Thl.: Die menschlichen Nahrungs- und Genussmittel, ihre Herstellung, Zusammensetzung und Beschaffenheit, ihre Verfälschungen und deren Nachweisung. Mit einer Einleitung über die Ernährungslehre. gr. 8. (XV, 620 S. mit 71 in den Text gedr. Holzschn.) Ebendas. 880. geb. *

1. Bd. Ebendas. 1879. *ℳ 6.

—— dass. — 2. sehr verm. und verb. Aufl. 2 Thle. gr. 8. Ebendas. geb. *

Inhalt:

Thl. 1. Chemische Zusammensetzung der menschlichen Nahrungs- und Genussmittel. Nach vorhandenen Analysen mit Angabe der Quellen zusammengestellt und berechnet. (XXI, 351 S.) 882. geb. *ℳ 9.

König, J., Chemie der menschlichen Nahrungs- u. Genussmittel. 2. Thl. A. u. d. T.: Die menschl. Nahrungs- u. Genussmittel, ihre Herstellg., Zusammensetzg. u. Beschaffenheit, ihre Verfälschgn. u. deren Nachweisg. Mit e. Einleitg. üb. die Ernährungslehre. 2. Aufl. Mit 171 Holzschn. Lex.-8. (XVIII, 820 S.) Berlin 883. Springer. geb. n. 20. —

König, J., Chemie der menschlichen Nahrungs- u. Genussmittel. 1. Thl. A. u. d. T.: Chemische Zusammensetzg. der menschl. Nahrungs- u. Genussmittel. Nach vorhandenen Analysen m. Angabe der Quellen zusammengestellt. Mit e. Einleitg. üb. die Ernährungslehre. 3., verm. Aufl. Mit in den Text gedr. Abbildgn. gr. 8. (XXVIII, 1161 S.) Berlin 889. Springer. geb. n. 25. —

König, J., Chemie der menschlichen Nahrungs- u. Genussmittel. 2. Thl. Die menschl. Nahrungs- u. Genussmittel, ihre Herstellg., Zusammensetzg. u. Beschaffenheit, ihre Verfälschgn. u. deren Nachweis. Mit e. Einleitg. üb. die Ernährungslehre. 3., sehr verm. u. verb. Aufl. Lex.-8. (XVI, 1385 S. m. 358 Holzschn.) Berlin 893. J. Springer. Geb. in Leinw. n. 30. — (kplt.: n. 55. —)

König, J., Chemie der menschlichen Nahrungs- u. Genussmittel. (In 3 Bdn.) 1. u. 2. Bd. gr. 8. Berlin 903. J. Springer. Geb. in Halbldr. n. 68. —
1. Chemische Zusammensetzg. der menschl. Nahrungs- u. Genussmittel. Nach vorhandenen Analysen m. Angabe der Quellen zusammengestellt. 4. verb. Aufl., bearb. von A. Bömer. (XVIII, 1535 S. m. Abb.) 903. Geb. n. 36. —
2. Die menschl. Nahrungs- u. Genussmittel, ihre Herstellg., Zusammensetzg. u. Beschaffenheit, nebst e. Abriss über die Ernährungslehre. 4. verb. Aufl. (XXV, 1557 S. m. Abbildgn.) 904. Geb. n. 32. —

— Chemie der menschlichen Nahrungs- u. Genussmittel. III. Bd. Untersuchung v. Nahrungs-, Genussmitteln u. Gebrauchsgegenständen. 4., vollst. umgearb. Aufl. In Gemeinschaft m. A. Bömer, Fr. Goppelsroeder, J. Hasenbäumer u. a. bearb. 1. Tl. Allgemeine Untersuchungsverfahren. (XIV, 772 S. m. 405 Abb.) gr. 8. Berlin 910. J. Springer. Geb. in Halbldr. 26. —
Bd. I u. II. Ebd. 903. 04. Geb. 68. —

König, Jos., deutsche und lateinische Chrestomathie; zum Gebrauche der grammat. Classen der Gymnasien. 4te verm. Aufl. 2 Thle. gr. 8. Münster, Theissing. 818.

KÖNIG, Joseph: Die Forstpflege. - Prag 1812. 56 S.

— d. Forstpflege, prakt. Bemerkk. 8. Prag 812. Herrl. (Centr.-Compt. in Leipz.) 6 ℳ

König, (J.,) Geist der Kochkunst, übersetzt u. herausgeg. von Rummohr. gr. 8. Stuttg. 823, Cotta.

König, Jos., Geist d. Kochkunst. Ueberarb. u. hrsg. v. C. F. v. Rumohr. 2., verm. u. verb. Aufl. gr. 8. (13¼ B.) Stuttgart 832, Cotta.

— s.: Gesetze u. Verordnungen sowie Gerichtsentscheidungen betr. Nahrungs- u. Genussmittel u. Gebrauchsgegenstände.

König, J., Hülfsbuch zur Erlernung der Anatomie für angehende Hufschmiede. Mit 4 Kpfrt. 8. Wien, Geistinger. (Leipzig, W. Vogel.) 820.

König, Jos., Hülfsbuch zur Erlernung d. Anatomie für angehende Hufschmiede. Mit 4 Kpft. 8. Wien 820. (Gerold). 1 ℳ 4 ℳ Hbg. Pr. 12 ℳ

König Josef: Zur Kenntnis der Methyl-2-Pentansäure-5 und der Löslichkeit ihrer Calcium-, Barium- und Silbersalze (mit 1 Taf.). S. 102 IIb. 759 . . . . vgr.
Separatabdruck

König, Jos., Das alttestamentliche Königtum. Freiburg, 1863.
Recens. von F. Werner, (Wiener) Allgem. Litt.-Ztg., Jahrg. 11, Nro. 14.

— — deklamatorisches Lesebuch, od. leichtere Muster deutscher Poesie u. Prosa zur Uebung für Anfänger im mündlichen Vortrag. gr. 8. Ebend. 818.

Maßnahmen gegen die Verunreinigung der Flüsse. Von Dr. J[osef] König, Prof., Münster. *Berlin: P. Parey 1903.* (36 S.) 8° [03. 14619

König, Joseph: Die Mineralquellen von Borszék in Siebenbürgen und ihre Heilwirkung. 103 S., gbd.

Kronstadt: Gött 1843

JB 2.790

König, Jos., die Mineralquellen von Borszék in Siebenbürgen u. ihre Heilwirkung. gr. 8. (7 B.) Kronstadt 843. (Németh.)*

König, (Jos.,) geschichtl. Nachrichten über das Gymnasium zu Münster in Westphalen, seit Stiftung desselben durch Karl den Großen bis auf die Jesuiten (791—1592). gr. 8. Münster 822, Coppenrath.

Menschlichen (Die) Nahrungs- und Genussmittel, ihre Herstellung, Zusammensetzung und Beschaffenheit, ihre Verfälschungen und deren Nachweisung, mit einer Einleitung über die Ernährungslehre. Zweite Auflage, Berlin, 1883. pp. xviii–820. 4to.
Erste Auflage, 1879.
Second part of: Chemie der menschlichen Nahrungs und Genussmittel. Berlin, 1883.

Die menschlichen Nahrungs- und Genußmittel, ihre Herstellung, Zusammensetzung und Beschaffenheit, nebst e. Abriß über d. Ernährungslehre. Von Dr. J[osef] **König,** Prof., Münster. 4. verb. Aufl. Mit Abb. Berlin: J. Springer 1904. (XXV, 1557 S.) 8°
— **König:** Chemie d. menschl. Nahrungs- u. Genußmittel. Bd 2. [05. 3015

— Nährwerttafel. Gehalt der Nahrungsmittel an ausnutzbaren Nährstoffen, ihr Kalorienwert u. Nährgeldwert, sowie der Nährstoffbedarf des Menschen. Graphisch dargestellt. 10., verb. Aufl. 58×80,5 cm. Farbdr. Nebst Text. (12 S.) gr. 8. Berlin 910. J. Springer. 1 60

— die Pflege der Wiesen. gr. 8. (87 S.) Ebd. 893. n. 1. —

Die Pflege der Wiesen und Weiden. Von Dr. J[osef] **König**, Prof., Münster. 2., neubearb. Aufl. Mit 1 Taf. Berlin: P. Parey 1906. (VI, 183 S.) 8° [F.] [07. 12692

Koenig, Josephus (geb. 1829 in Köln): Quaedam de fibrinae materiae natura ... Bonnae, form. C. Georgii (1851). 2 Bl., 29 S. 8.
Bonn, Med. Fak., Diss. v. 11 Aug. 1851

— Rede über die Geschichte der Pentateuchkritik. Freiburg, Poppen, 1884.

— Samml. prakt. Erfahrr. aus d. Forstwissenschaft. 8. Prag 820. Hartmann. (Eggenberger). ü K

— Steffeck u. H. Heine, d. Schutz gegen Flurbeschädiggn. durch gewerbl. Einwirkgn. mit e. Vorworte von F. v. Sybel-Berlin, s. a. Arbeiten d. deutschen Landwirtschafts-Gesellschaft.

[F.] Der Schutz gegen Flurbeschädigungen durch gewerbliche Einwirkungen. Drei Beitr. z. Beurteilg d. Frage v. Prof. Dr. J[osef] **König**, ... ord. Hon.-Prof. d. Kgl. Akad. Münster i. W., Dr [Hans] Steffeck. Vorst. d. botan. ... Station d. agrikulkur[!]-chem. Versuchs-Station Halle a. S., [&] H. Heine, Assist. des Landw. Prov.-Ver. f. Posen. M. e. Vorw. v. Regiergsr. F. v. Sybel-Berlin, Rittergutsbes. zu Isenburg. *Berlin: Dr. v. Gebr. Unger 1896.* (X, 44 S.) 1 Bd 8.
— Arbeiten d. Deutschen Landwirtschafts-Gesellschaft. H. 14

König, Joseph: Karl Spindler. Ein Beitrag z. Gesch. d. hist. Romans u. d. Unterhaltungslektüre in Deutschland nebst e. Anzahl bisher ungedruckter Briefe Spindlers. Leipzig: Quelle & Meyer 1908. (58 S.) 8° ¶ (Erscheint vollst. als „Breslauer Beiträge zur Literaturgeschichte“, hrsg. v. M. Koch u. G. Sarrazin, Bd 15.)
Breslau, Phil. Fak., Ref. Koch, Diss. v. 25. April 1908
[Geb. 14. Jan. 81 Wiesenthal, Kr. Münsterberg; Wohnort: Wiesenthal; Staatsangeh.: Preußen; Vorbildung: Gymn. Neiße Reife O. 02; Studium: München 1, Berlin 1, Breslau 10 S.; Rig. 11. Jan. 08.]

König, Jos., Karl Spindler, s. a. Beiträge, Breslauer, zur Literaturgeschichte. N. F. 5.

Karl Spindler. Ein Beitrag z. Geschichte d. hist. Romans u. d. Unterhaltungslektüre in Deutschland nebst e. Anzahl bisher ungedruckter Briefe Spindlers von Joseph **König**, Dr. phil. Leipzig: Quelle & Meyer 1908. (158 S.) 8°
— **Beiträge**, Breslauer; z. Literaturgeschichte. H. 15. [08. 8413

König, Jos., die Theologie der Psalmen. Freiburg im Br. 857. Herder. gr. 8. (VII, 528 S.) 1 ₰. 15 ngr.

König, Jos., die Unsterblichkeitsidee im Buche Job. Inauguralrede, gehalten den 15. Febr. 1855. gr. 8. (44 S.) Freiburg im Br. 855, Herder'sche Vrlgsh. Thlr. -

Untersuchung von Nahrungs-, Genussmitteln und Gebrauchsgegenstanden. 4., vollst. umgearb. Aufl. In Gemeinschaft mit ... bearb. v. Dr. J[osef] **König**, Prof., Münster. (T. 1) Berlin: Springer 1910. 8°
(König Chemie d menschl Nahrungs- u Genussmittel Bd 3, T 1) [10. 479

— die Untersuchung landwirtschaftlich u. gewerblich wichtiger Stoffe. Praktisches Handbuch. gr. 8. (XVII, 776 S. m. 202 Abbildgn. u. 1 farb. Taf.) Ebd. 891. Geb. n. 24. —

König, J., d. Untersuchg. landwirtschaftl. u. gewerbl. wichtiger Stoffe. Prakt. Handbuch. 2., neubearb. Aufl. M. 248 Textabb. u. 1 farb. Taf. Lex. 8. (XXII, 824 S.) Berlin 898. P. Parey. Geb. in Leinw. n. 25. —

— die Untersuchung landwirtschaftlich u. gewerbl. wichtiger Stoffe. Prakt. Handbuch. 3., neubearb. Aufl. (XXIII, 1083 S. m. 352 Abbildgn. u. 1 farb. Taf.) Lex.-8. Ebd. 906. Geb. in Leinw. n. 32. —

Veränderungen und Verluste der Futterrüben in der Miete. Mitteilung d. landwirtschaftl. Versuchs-Station Münster i. W. von Dr. J[osef] **König**, Dr. A[loys] Bömer u. Dr. A[lfred] Scholl. Münster i. W. [1905]: Der Westfale. (30 S.) 8° [Umschlagt. F.]
— **Veröffentlichungen** d. Landwirtschaftskammer f. d. Prov. Westfalen. H. 3. [06. 13631 6

— die landwirthschaftl. Versuchs-Station in Münster i. W. in ihrer Entwickelg. währ. der ersten 25 Jahre. E. Denkschrift. Gleichzeit. als IV. Bericht hrsg. v. d. Vorsteher d. Versuchsstation K. gr. 8. (VII, 261 S. m. 2 Taf.) Münster 896. „Der Westfale“ A.-G. n.n. 5. —

— die Verunreinigung der Gewässer, deren schädl. Folgen, nebst Mitteln zur Reinigung der Schmutzwässer. Mit dem Ehrenpreis Sr. Maj. des Königs Albert v. Sachsen gekrönte Arbeit. Mit zahlr. Abbildgn. im Text u. 10 lith. Taf. gr. 8. (XV, 624 S.) Berlin 887. Springer. n. 20. —; geb. n. 21. 50

— die Verunreinigung der Gewässer, deren schädliche Folgen sowie d. Reinigg. v. Trink- u. Schmutzwasser. Mit d. Ehrenpreis Sr. Maj. des Königs Albert v. Sachsen gekrönte Arbeit. 2., vollst. umgearb. u. verm. Aufl. 2 Bde. gr. 8. (XII, 454 S. m. 134 Fig. u. 7 Taf. u. X, 513 S. m. 22 Fig.) Ebd. 899. n. 26. —; geb. in Leinw. n. 28. 40

— medicin. polit. Vorschlag, d. Lustseuche in großen Städten, vorzügl. in Wien, Einhalt zu thun. 8. Wien 787.

— — mathemat. Vorübungen. Verm. Ausg. Mit 4 Kpf. 8. Münster, Coppenrath. 819.

— mathemat. Vorübungen. 3e Aufl. m. 4 Kpf. 8. Münster 823, Coppenrath.

— über d. Zähne d. Thiere u. d. Krankheiten derselben, vorzügl. bei Pferden, Hunden, Schweinen, Hasen ꝛc. Haus- u. Waldthieren, nebst e. vollständ. mit Kupfern versinnl. Erklärung, das Alter dieser Thiere aus den Zähnen zu erkennen ꝛc. 8. Wien 820. (Gerold).

— s.: Zeitschrift f. Untersuchung der Nahrungs- u. Genussmittel.

— Chemische Zusammensetzung der menschlichen Nahrungs- und Genussmittel. Nach vorhandenen Analysen mit Angabe der Quellen zusammengestellt und berechnet. Zweite sehr vermehrte und verbesserte Auflage Berlin, 1882. pp. xxi–351, 4to.
Erste Auflage, 1878–80.
Dritte Auflage, Berlin, 1889, pp. xxviii–1161.
The first part of: Chemie der menschlichen Nahrungs- und Genussmittel. Berlin, 1882.

Chemische Zusammensetzung der menschlichen Nahrungs- und Genußmittel. Nach vorhand. Analysen mit Angabe d. Quellen zsgest. von Dr. J[osef] **König**, Prof., Münster. 4. verb. Aufl. bearb. von Dr. A[loys] Bömer, Privatd., Münster. Mit Abb. *Berlin: J. Springer 1903.* (XVIII, 1535 S.) 8°
— **König**: Chemie d. menschlichen Nahrungs- u. Genußmittel. Bd 1. [03. 16033

— procentische Zusammensetzung und Nährgeldwerth der menschlichen Nahrungsmittel, nebst Kostrationen und Verdaulichkeit einiger Nahrungsmittel. Graphisch dargestellt. Chromolithogr. Tab. 1. und 2. unveränd. Abdr. und 3. durchges. Aufl. Imp.-Fol. Mit Text. gr. 8. (4 S.) Berlin 882,83, Springer. 5

— procentische Zusammensetzung u. Nährgeldwerth der menschlichen Nahrungsmittel, nebst Kostrationen u. Verdaulichkeit einiger Nahrungsmittel. Graphisch dargestellt. 4. verb. Aufl. gr. 8. (4 S. m 1 Taf. in Farbendr.) Berlin 885. Springer n. 1. 20

— procentische Zusammensetzung u. Nährgeldwerth der menschlichen Nahrungsmittel, nebst Kostrationen u. Verdaulichkeit einiger Nahrungsmittel. Graphisch dargestellt. 5., verb. Aufl. gr. 8. (4 S. m. 1 Taf. in Farbendr.) Ebd. 888. n. 1. 20

— procentische Zusammensetzung. u. Nährgeldwerth der menschlichen Nahrungsmittel, nebst Kostration u. Verdaulichkeit einiger Nahrungsmittel. Graphisch dargestellt. 6., verb. Aufl. gr. 8. (4 S. m. 1 farb. Taf.) Berlin 893. J. Springer. n. 1. 20

— procentische Zusammensetzg. u. Nährgeldwerth der menschl. Nahrungsmittel, nebst Kostrationen u. Verdaulichkeit ein. Nahrungsmittel. Graph. dargest. 7., verb. Aufl. Farb. Tabelle. 68×86 cm. Mit Text. gr. 8. (4 S.) Berlin 897. J. Springer. n. 1. 20

König, J., procentische Zusammensetzung u. Nährgeldwerth der menschlichen Nahrungsmittel, nebst Ausnutzungsgrösse derselben u. Kostsätzen. Graphisch dargestellt. 8., neu umgearb. Aufl. Farbige Tabelle. 68×76,5 cm. Mit Text. gr. 8. (8 S.) Berlin 902. J. Springer. n. 1. 20

— prozentuale Zusammensetzung u. Nährgeldwert der menschlichen Nahrungsmittel nebst Ausnutzungsgrösse derselben u. Kostsätzen. Graphisch dargestellt. 9., verb. Aufl. 67,5×87,5 cm. Farbdr. Mit Text. (8 S.) gr. 8. Berlin 906 J. Springer. n. 1. 20

König, Jos. Al., Alt- und Neukreuzer! Eine populäre und leichtfaßl. Darstellung des neuen, österreich. Münzwesens für alle Stände. Mit beigefügten reduzirenden Ueberfichts-Münztabellen, welche die Reduzirung von Altkreuzer auf Neukreuzer und von Neukreuzer auf Altkreuzer vergegenwärtigen. 2., gänzl. umgearb. und stark verm. Aufl. 8. (31 S. mit 1 Tab. in gr. 4.) Wien 858, Wenedikt. *

König, Jos. Alois, populäre leichtfaßl. Darstellung der Astronomie u. ihrer neuesten staunenswerthen Entdeckungen. Belehrung über die Sonne, die Planeten u. ihre Monde, die Fixsterne ꝛc. Nebst einer Anweisung u. (lith) Karte (in 4.), die Sterne leicht u. ohne fremde Hilfe auffinden u. benennen zu können. Mit Benützung der berühmtesten Werke v. Airy, Dick, Herschel ꝛc. Mit vielen Illustr. (in Holzschn.) 8. (350 S.) Wien 852, Wenedikt. 1 ₰

—— Deut und Kreuzer! Eine populäre und leichtfaßl. Darstellung des neuen österreich. Münzwesens für alle Stände. Mit beigefügten reduzirenden Ueberfichts-Münztabellen, welche die Reduzirung von Kreuzer auf Deut und von Deut auf Kreuzer vergegenwärtigen. 8. (16 S. mit 1 Tab. in gr. 4.) Wien 858, Wenedikt. *

König, Jos. Al., der nützlichste Rechnungsfaulenzer oder unfehlbare Rechenmeister für alle Fälle im bürgerl. und kaufmänn. Leben. Eine populäre, leicht begreifl. und gründl. Anweisung das Ganze der Rechenkunst sich schnell eigen zu machen ꝛc. Nebst belustigenden Rechnungs-Aufgaben. Für's prakt. Leben verfaßt und hrsg. gr. 16. (IV und 196 S.) Wien 851, Wenedikt.

König, Jul., Beiträge zur Theorie der elektrischen Nervenreizung. [Aus dem physiolog. Institute d. Prof. Helmholtz in Heidelberg.] Aus d. Situngsber. d. k. k. Akad. d. Wiss.] Lex.-8. (10 S.) Wien 870. Gerold's Sohn in Comm. n. — 20

König, Jul., s.: Berichte, mathematische u. naturwissenschaftliche, aus Ungarn.

Einleitung in die allgemeine Theorie der algebraischen Größen [Az algebrai mennyiségek általános elméletének alapvonalai, deutsch]. Von Julius König [Gyula König]. Aus d. Ungar. übertr. v. Verf. Leipzig: B. G. Teubner 1903. (X, 564 S.) 8° [04. 1907]

Koenig, Julius, aus Strassburg i. E.: Ueber das Mucodilacton und die Mucolactonsäure. *Strassburg i. E. 1901: C. & J. Goeller.* (42 S.) 8°
Strassburg, Math.-naturw. Diss. v. 1901

König J. Zur Theorie der Modulargleichungen der ellipt. Functionen. 1870. 8. Diss. Heidelberg

König, Jul., zur Theorie der Modulargleichungen der elliptischen Functionen. gr. 8. (24 S.) Heidelberg 871, C. Winter's Universitäts-Buchh. *

König, Just. Chr. Gli.

— s. Blumenlese, poet. Nürnberg.

König, Just. Chr. Gli., († d. 20. Sept. 1780.) Gedichte. 8. Nürnb. 789. Monath u. K. 1 ₰ 4 ℛ (Winter das.) 8 ℛ

— — dieselben. 8. Nrnb. Schmidmer. 789.

König, Just. Chr. Gl.: Über das akademische Studium, s. König, Johann Christoph

König, K., Belehrungen u. Aufgaben üb. die Arbeiterversicherungen. Nach den neuesten gesetzl. Bestimmgn. einschließlich der Krankenkassennovelle vom 25. V. 1903 f. Schul- u. Selbstbelehrg. bearb. Ausg. A. Für Lehrer. (31 S.) gr. 8. Horb (903). P. Christian. n.n. — 40

— dasselbe. Ausg. B. Für Schüler. (19 S.) gr. 8. Ebd. (903). n.n. — 10

König, K., observation. meteorol. a. 1783. in compen. red. 4. maj. Mannh. Schwan. 786.

König, K., Raumlehre, s.: Jerger, B.

König, K., deutsche Sprechübungen f. zweisprachige Schulen, s.: Lombard, J.

König, K. Jos., s. Ideen über d. Bildung d. Cameral-Staatsdiener.

König, K. Paul [pr. Arzt aus Esslingen]: Über Uteroplacentargefässe, ihr makroskopisches und mikroskopisches Verhalten ... Würzburg, *Druck v. O. Bechtle in Esslingen,* 1891; 32 S. 8.
Würzburg, Med. Fak., Inaug.-Diss. v. 1891

König, Karl

König, Carl v., geognost. Atlas. 1. Blatt. Europa nach Beaumont, Boué, Buch, Charpentier, Dechen, Greenough, Hausmann, Hisinger, Keilhau, Pusch, Strangways, Weawer. Imper.-Fol. Nebst Erläuterungen. gr. 8. (4 B.) Wien 840, 41, [Heubner's Verl.] *

König, Karl, unser Auferstehungsglaube. Flugschrift des deutschen Protestantenvereins. 8. (26 S.) Heidelberg 900. (Ev. Verlag). — 20

König, Karl, s.: Aus Schule u. Leben.

— Die kulturelle Bedeutung d. Waldschulen. [Aus: „Deut. Frühling".] (21 S.) gr. 8. Leipzig 908. Leipziger Verlags- u. Kommissionsbuchh. — 40

König, Carl (geb. Erwitte in Westf. 26. 7. 1847): Ueber Cholelithiasis. Berlin (1872). (32 S.) 8°
Berlin, Med. Diss. v. 13. Juli 1872

König, Karl: Ueber die Einwirkung von Schwefelsäure auf α-Oxynaphtoësäure und über die α-Oxynaphtoësulfosäuren. . . . Jena, Frommannsche Buchdr., 1890; 2 Bl., 60 S., 1 Bl. 8°
Jena, Phil. Fak., Inaug.-Diss. v. 1890

König, Karl, üb. die Einwirkung v. Schwefelsäure auf α-Oxynaphtoësäure u. üb. die α-Oxynaphtoësulfosäuren. Diss. gr. 8. (60 S.) Jena 890. (Pohle.) n. 1. —

König (K. von), Erläuterungen zu dem geognostischen Atlasse. Heft 1. Europa. Wien 1841. 8. (Europa, Geogn. Karte; angebunden.)

Koenig, Carl [aus Kaiserslautern]: Über einen Fall von komplicierter seitlicher Verlagerung der Gebärmutter ... Würzburg, Druck d. Stahel'schen k. Hof-Buchdr., 1892; 26 S., 1 Bl. 8.
Würzburg, Med. Fak., Inaug.-Diss. v. 1892

König, Karl, s.: Freiheit, protestantische.

KÖNIG, Karl: Der botanische Führer durch die Rheinpfalz oder Übersicht aller bisher in der Rheinpfalz aufgefundenen, sowohl wildwachsenden, als auch verwilderten phanerogamischen Pflanzen, mit Angabe der Prosodie, Etymologie, ihrer Namen, der Standorte und geographischen Verbreitung, nebst einem Blüthenkalender und einigen Regeln über das Einsammeln, Trocknen und Aufbewahren der Pflanzen. - Mannheim 1841. XVI, 243, V S. - 2. Ausg. ebd. 1843

König, Carl, der botan. Führer durch d. Rheinpfalz, od. Uebersicht aller bisher in d. Rheinpfalz aufgefund., sowohl wildwachsenden als auch verwilderten, phanerogam. Pflanzen, mit Angabe d. Prosodie u. Etymologie ihrer Namen, d. Standorte u. geograph. Verbreitung, nebst ein. Blüthenkalender u. einigen Regeln üb. d. Einsammeln, Trocknen u. Aufbewahren d. Pflanzen. Ein Handb. z. Erleichterung im Auffinden u. Bestimmen d. Pflanzen, zunächst z. Gebr. an höh. Lehranstalten, dann f. alle Freunde d. Pflanzenkunde. gr. 12. (11 B.) Mannheim 841, Götz.

König, Carl, Gelegenheits-Klänge. Eine Sammlung neuer Polterabendscherze, Hochzeits- und Geburts-Gedichte, Neujahrswünsche und Stammbuchverse. 2., verm. Aufl. 16. (VI und 151 S.) Berlin 852, Grobe.

— Gott. Warum wir bei ihm bleiben müssen, s.: Pfade, neue, zum alten Gott. 1. Bd.

König, Carl, Baccalaureus juris aus Liebenburg: **Hat der Grundstücksmiether ein dingliches Recht? Nach Reichsrecht.** *Leipzig 1901: [Kämmerer & Co. in Halle a. S.].* (48 S.) 8°
Leipzig, Jur. Diss. v. 1901

Hat der Grundstücksmiether ein dingliches Recht? Nach Reichsrecht. Von Dr. jur. Carl **König**. *Halle a. S.: C. A. Kaemmerer & Co. 1901.* (48 S.) 8° [J.]
[Erschien auch als jur. Diss. von Leipzig 1901.] [03. 16]

König, Karl (II.). Das Hausbuch, s. Volksbibliothek d. Lahrer hinkenden Boten.

— die Hazardspiele. Eine prakt. Anleitung diese Spiele gründlich nach ihren Regeln zu erlernen. 16. (16 S.) Berlin 852, Grobe.

— Von Herbart u. seiner Schule. (27 S.) Lex. 8. Straßburg 909. Straßburger Druckerei u. Verlagsanst. — 75
Sonderabdr. aus: „Elsaß-lothr. Schulbl."

— das l'Hombre- und Tarokspiel. Eine praktische Anleitung diese höchst interessanten Spiele nach ihren Regeln gründlich zu erlernen. 16. (40 S.) Berlin 852, Grobe. *

König, Karl, im Kampf um Gott u. um das eigene Ich. Ernsthafte Plaudereien. gr. 8. (VII, 183 S.) Freiburg i/B. 901. P. Waetzel. Geb. in Leinw. n. 1. 50

(H) — Im Kampf um Gott. 901. (KBL 31.) Jetzt: Berlin, Protestant. Schriftenvertrieb.

König, Carl, die Kartenspiele en deux als: Piquet, Mariage, Sechs und Sechszig, Elfern, Imperial, Ecarté. 16. (16 S.) Berlin 852, Grobe. Thlr.

König, Karl —. Oesterreichisch k. k. ausschließend privilegirte Kesselstein-Masse zur gänzlichen Zerstörung des Kessel- oder Wassersteines in Dampfkesseln und Lokomotiven und zur Verhinderung der weiteren Entstehung desselben. Von — —. 8. (16 S.) Wien Druck von Anton Schweiger. 1854.

König, Karl, zwischen Kopf u. Seele. Zum Problem dieser Tage. (VI, 170 S.) 8. Jena 906. E. Diederichs. n. 2. —; geb. n. 3. —

König, Karl, Leben nach dem Tode. Beweise f. die Fortexistenz der Menschenseele üb. das Grab hinaus. (80 S.) 8. Bremen (908). Buchh. u. Verlag d. Traktathauses. —60; geb. 1. —

— wahre Lebenskraft, s.: Predigt-Bibliothek, mod.

König, Karl, Lehrervereine u. Lehrertage. gr. 8. (VII, 136 S.) Zabern 895. A. Fuchs. n. 1. 50

— **Carl** (Berlin), Der Lupus und seine Behandlung. Diss. med. Halle (Wilhelm Plötz) 15. VII. 1869. 32 S. mit Biogr. (5.50) 18935
Oppon.: Dr. Kunze, K. Bruder.

— der moderne Mensch auf dem Wege zu Gott. (71 S.) 8. Berlin 904. A. Duncker. n. 1. —; geb. in Leinw. n. 2. —

(H) — Der moderne Mensch. 904. (KBB 33.) Jetzt: Berlin, A. Glaue.

— Rechenbuch, s.: Hipp, Frz.

— Rhythmus, Religion, Persönlichkeit. (174 S.) 8. Jena 908. E. Diederichs. 3.—; geb. 4.—

König, C., Thüringer Sagenschatz u. historische Erzählgn. Mit 18 Illustr. v. J. Jungheinrich u. Gehrts. 1. Bd. Friedrichroda, Ruhla, Hörselberg, Waltershausen u. Umgebg. 8. (IV, 166 S.) Gotha 890. Glaeser, Verl, geb. n. 3. 50

König, Karl, thüringer Sagenschatz u. historische Erzählgn. Mit 18 Illustr. v. A. Jungheinrich u. Gehrts. 1. Bd. 4 Hfte. 2. [Titel-]Aufl. gr. 8. Leipzig (890). 899. B. Franke. n. 3. —
1. Friedrichroda u. Umgebung. (IV, 51 S.) n. 1. —
2. Ruhla, Thal u. Umgebung. (IV u. S. 49—106.) n. 1. —
3. Der Hörselberg u. Umgebung. (III u. S. 107—142.) n. — 50
4. Waltershausen u. Umgebung. (III, u. S. 143—166.) n. — 50

— das Schachspiel, in klarer und deutlicher Darstellung seiner sämmtlichen Regeln. Durch viele Abbildungen (in eingedr. Holzschn.), Partien und Aufgaben erläutert, namentlich auch derjenigen Partien, welche auf dem Schach-Turnier zu London" zwischen Anderssen und Staunton gespielt wurden. 16. (48 S.) Berlin 852, Grobe. *

– (Hrsg.), s. Schule, Aus, und Leben.

—– neuester Spiel-Almanach oder prakt. Anleitung die beliebtesten Karten-, Brett- und Kugel-Spiele gründlich zu erlernen. 16. (228 S.) Berlin 852, Grobe. *

— die beiden Sprachen in d. Volksschulen v. Lothringen. Erwiderg. auf die gleichnam. Schrift v. B. Mayaux. gr. 8. (IV, 52 S.) Ebd. 896. n. — 80

—– das Whist- und Bostonspiel. Eine prakt. Anleitung diese Spiele nach ihren Regeln gründlich zu erlernen. 16. (28 S. mit 1 Boston-Tabelle in gr. 8.) Berlin 852, Grobe. *

Car. Adolph. König diss. inaug. de Aristidis incubatione. Jen. 1818. 8. (Loca ex Ar. orationibus, edit. Jebb, quae ad incubationem spectant, cum annotationibus nonnullis.)

König, Karl Adolf, Deutsche Lieder, 1. u. 2. Aufl., Leipzig 1885 u. 1889, 8° u. 16°. 2 Bde.

König, Carl Adf., deutsche Lieder. gr. 8. (19 S.) Leipzig 885. [Rocca.] * — 50

König, Karl Bernh.

— s. Eigenschaften, von den, eines tüchtigen Schulzen.

König, Carl Bernh., über d. Erziehung d. Landvolks z. Sittlichkeit. — A. u. d. T.: Gutachten üb. Mäßigkeitsvereine auf d. Lande. gr. 8. (8 B.) Halberstadt 840, Helm.

– s. Gespräche, Über politische.

König, Karl Bernh., Gustav Adolph, König v. Schweden. Ein Volksbuch. 8. Leipzig 844. (Böhme.) n. 1/12 ℛ𝓅 — 2. Aufl. 8. Magdeburg 844. (Baensch.) n. 1/12 ℛ𝓅

König, Carl Bernh., Gustav Adolph, König von Schweden. Ein Volksbuch. 1. u. 2. Aufl. 8. (à 3 B.) Magdeburg 844, Baensch. Thlr. à *

—– Herr Hengstenberg Anno 1845. 8. (4⅞ B.) Braunschweig 845, Vieweg u. Sohn. *

—– die Pfarrmatrikel nach ihrer Geltung u. Anlage. 8. (10 B.) Halberstadt 835, (Helm.) *

—– der Schade Joseph's an unsern Landgemeinden gesinnungsvoll, aber freimüthig aufgedeckt. 2., verm. u. verb. Aufl. gr. 8. (4¾ B.) Magdeburg 844, Baensch. *

—– der rechte Standpunkt. Ein ruhiges Wort in Sachen der protestant. Freunde zu Köthen gegen die Verunglimpfungen derselben durch die sogenannte evangel. Kirchen-Zeitung u. ihren Anhang. 1—5. Hft. gr. 8. Magdeburg 844, 45, Baensch. [1. (4¾ B.) 2. (2½ B.) 3. (4 B.) 4. (4¾ B.) 5. (3¾ B.) à * 5 Ngr.] *

— dass. 4., 5. Hft. Fortsetzung. Altenb. 845, Helbig. à n. 1/8 ℛ𝓅

—– über das Volksschriftenwesen der Gegenwart, mit besond. Beziehung auf den Verein zu Zwickau u. den Zschokke-Verein zu Magdeburg. Sendschreiben an den Hrn. Prof. Dr. J. Gersdorf. gr. 8. (2½ B.) Braunschweig 844, Vieweg u. Sohn. *

—– die neueste Zeit in d. evangel. Kirche des preuß. Staates. Ein prakt. Versuch. gr. 8. (6½ B.) Braunschweig 843, Vieweg u. Sohn. *

König, Carl Bernhard Zeitbilder in kleinen Rahmen. Vermischte Schriften Altenburg, J Helbig 1846 X 68 S. 8.

— Zeitbilder in kleinen Rahmen. Vermischte Schriften. gr. 8. Altenburg 846, Helbig. (Magdeb., Baensch.) 8 ngl.

König, Karl Dietr. Ebhrd., (gewöhnl. nur Karl), s. 1) Bibliothek d. Reisebeschreibb. 7r Bd. 2) Jos. Weld, Reisen.

König, Carl Ernst, Referendar a. Lauchstädt: Die öffentliche Sammlung von Vermögen für einen vorübergehenden Zweck. Halle a. S. 1907: C. A. Kaemmerer & Co. (XI, 57 S.) 8°

Halle, Jur. Fak., Ref. Rehme, Diss. v. 6. Juli 1907

[Geb. 10. Sept. 84 Rahden i. Westf.; Wohnort: Lauchstädt; Staatsangeh.: Preußen; Vorbildung: Gymn. Minden i. W. Reife O. 03; Studium: Halle 2, Tübingen 1, Halle 3 S.; Rig. 18. März 07.]

König, K[arl] G[ust.], die polnischen Banknotenfälscher in der Schweiz. Kritik der in Yverdon geführten Untersuchung. gr. 8. (157 S.) Bern 875, Fiala's Buchh. *

—– Festrede auf Albrecht v. Haller, gehalten bei der 100jähr. Gedächtnissfeier von Haller's Tod den 12. Dezbr. 1877 im Münster zu Bern. gr. 8. (34 S.) Ebendas. 877. *

König, K. G. Das Gesetz üb. die civilrechtlichen Verhältnisse der Niedergelassenen u. Aufenthalter. gr. 8. (63 S.) Basel 889, [Detloff.] Reich. * 1 20

— Gesetzbuch über das gerichtliche Verfahren in bürgerlichen Rechtssachen für den Kanton Bern. Textausg. m. Ergänzungen. 1. Hauptstück: Verfahren in Civilrechtsstreitigkeiten. gr. 8. (450 S.) Ebend. 880. n. 4. 20

König, K. G. (Prof. Dr.) Die im Kanton Bern geltenden kantonalen und eidgenössischen Gesetze über das gerichtliche Verfahren in bürgerlichen Rechtsstreitigkeiten und das Vollziehungsverfahren in Schuldsachen. Textausgabe mit Ergänzungen. In-8°, 450 S. Bern, K. J. Wyss. 1881.

König, K. G., Grundzüge des eidgenössischen Militärstrafrechts. gr. 8. (38 S.) Bern 872, Fiala. *

König, K. G. (Hrsg.), s. Zeitschrift des Bernischen Juristenvereins.

König, K. G. (Dr.). Civilgesetzbuch für den Kanton Bern, mit Beifügung der Bundes- u. Kantonsverfassung. Textausgabe mit Ergänzungen. III. Theil: Obligationenrecht. In-8°, 453 S. Bern, K. J. Wyss Verlag. 1881.

König, Karl Gust., Civilgesetzbuch für den Kanton Bern. Nach dem gegenwärtigen Stande der Gesetzgebung bearb. und hrsg. 2. Aufl. gr. 8. (VIII, 735 S.) Bern 883, Wyss. *

König, Karl Gust., bernische Civil- u. Civilprozeßgesetze, nach den Entscheidungen des Appellations- u. Cassationshofes u. des Bundesgerichtes erläutert u. hrsg. 1—3. Bd. A. u. d. T.: Civilgesetzbuch für den Kanton Bern. 1—3. Bd. gr. 8. Bern 879—81. Wyß. n. 15. —
1. Personen-Recht. (VIII, 416 S.) n. 5. 60
2. Sachen-Recht. (397 S.) n. 5. 20
3. Bernisches u. schweizer. Obligationenrecht. (V, 453 S.) n. 4. 20

—— bernische Civil- und Civilprozeßgesetze, nach den Entscheidungen des Appellations- und Cassationshofes und des Bundesgerichtes erläut. und hrsg. 1. Bd. und 2. Bd. 1. Abthl. gr. 8. Bern, [Frobeen und Comp.] Wyß. *
Inhalt:
Bd. 1. Personenrecht. 1. Abthl. (258 S.) *M 3,20.; 2. Abthl. (158 S.) 879. *M 2,40.
» 2. Sachenrecht. 1. Abthl. (257 S.) 880. *M 3,20.

—— bernische Civil- und Civilproceßgesetze, nach den Entscheidungen des Appellations- und Cassationshofes und des Bundesgerichtes erläutert und hrsg. 2. Bd. 2. Abthl. und 3. (Schluß-)Bd. 2 Abthlgn. gr. 8. Ebendas. *
Inhalt:
Bd. 2. 2. Abthl.: Sachenrecht. (S. 258—397.) 881. *M 2.
» 3. 1. Abthl.: Dingliches Sachenrecht. (S. 1—160.) 883. *M 2,40. — 2. Abthl.: Erbrecht. (XXIV, S. 161—376.) 884. *M 3,20.
1. Bd. und 2. Bd. 1. Abthl. Ebendas. 1879,80. *M 8,80.

— Bernische Civil- u. Civilprozeßgesetze, nach den Entscheidgn. d. Appellations- u. Cassationshofes u d. Bundesgerichtes erläutert u. hrsg. 3. Bd. Dingliches Sachenrecht. 2. Abth.: Erbrecht. A. u. d. T.: Civilgesetzbuch f. den Kanton Bern. 3. Bd. Erbrecht. gr. 8. (XXIV, 376 S.) Ebend. 883. 84. n. 5. 60 (I—III.: n. 16. 40)

Koenig, Carl Hugo (geb. Camg bei Guben 24 10 1843) De stricturis urethrae virilis Berolini (1868) (32 S.) 8°
Berlin, Med Diss v 1 Mai 1868

König, Karl Konr., Beitrr. zur Kriegskunst für junge nicht in d. Campagne gediente Officiers rc. 8. Götting. 783. Dieterich. 16 K

König, Klemens

König, Clemens [Oberl.]: Die Zahl der im Königreiche Sachsen heimischen und angebauten Blütenpflanzen. (E. Beitr. z. Floristik d. Königr. Sachsen.) Dresden, Druck v. B. G. Teubner, 1892; 38 S., 1 Taf. 4.
Dresden-Neustadt, k. G, OP 1892 (534)

Koenig, Konrad

Koenig, *Emil Ernst Willibald* Conrad: Der Kitab muṯir al-ġarām ila zijāra al-ḳuds wa'š-šam des Sihâbeddin Abû Maḥmûd Aḥmed al-Muḳaddasi ... (Enth. nur e. Theil d. eingereichten Arb.) Kirchhain N.-L., Druck v. M. Schmersow, *1896*; 30 S., 1 Bl. 8.
Leipzig. Phil. Fak., Inaug-Diss. v. [27. Juli] 1896

König, Konrad Friedrich Gottlieb

— — De abigeatu et furto equorum. Diss. ex jure Romano Germanico et Brunsvico-Luneburgico explicata. Präs. Georg Ludwig Boehmer. Götting. (Hager) Okt. 1742. 112 S. (8.—) 18958
Gew.: Gerlach Adolph Frh. v. Münchhausen (Strausfurth). — Widm. v. Präs.

— **Conrad Friedr. Gottlieb** (Wilckenburg/Hannover), De donationibus, quae judicialibus sunt inserendae tabulis et quae a relatione in istas sunt exemtae, cum adjunctis thesibus quibusdam miscellaneis. Diss. acad. Präs. Joh. Wilh. v. Goebel. Helmstedt (Joh. Drimborn) April 1738. 39 S. (6.30) 18956
Gew.: Münchhausen.

— — De investiturae simultaneae eventualis non desiderata renovatione ejusque impuni omissione inprimis quoad successionem illustrissimae Munchhusiorum gentis in castrum et feudum Dornburgense. Comment. jur. feudalis. Präs. Georg Ludwig Boehmer. Götting. (A. Vandenhoeck) 11. XI. 1741. 4 Bl., 194, 150, VI S. (25.—) 18957
Gew.: Gerlach Adolph Frh. v. Münchhausen (Strausfurth). — Tit.-Vign.: Dornburg u. Wappen (G. D. Heumann fec.). — Enth.: Boehmer, Justus Henning; Rechtliches Guthachten die wohlgegründete Succession des Hochadlichen Hauses der Herrn von Münchhausen an das Ritter= und Lehn=Guth Dornburg betreffend.

König, Kurt: Die literarische Ehrenrettung der Frau in Frankreich während der ersten Hälfte des XVI. Jahrhunderts. Dresden 1909: Meinhold. VIII, 110 S. 8°
Leipzig, Phil. Diss. v. 26. Okt. 1909, Ref. Birch-Hirschfeld, Wülker
[Geb. 29. Mai 85 Dresden; Wohnort: Dresden-Leubnitz; Staatsangeh.: Sachsen; Vorbildung: Annensch. Dresden-A. Reife O. 04; Studium: Leipzig 2, München 1, Leipzig 6 S.; Rig. 6. Juli 09.] [U 10. 3173

König, L „Die Construktionen des Ovals in Hinsicht auf Theorie und Praxis". pg. 3—34. 4°. Mit 3 Figurentafeln. Stoffel & Wachter.
Lindau, Progr. 1862/63

König, Leo, S. J., Ave Maria. Gesänge f. alle Festkreise des Kirchenjahres. (XVI, 535 S. m. Titelbild.) 16. Wien, Austria 906. (F. Doll.) Geb. in Leinw. n. 3. —; Partitur. (VIII, 395 S.) Lex.-8. Geb. n. 6. —

König. Leo, S. J., Charakterbilder aus d. Weltgesch., s.: **Schöppner, A.**

— Deutschl. u. d. Habsburger, s.: **Klopp, Onno.**

— Joh. Preiß u. H. Heitger, S. J., kathol. Gesang- u. Gebetbuch f. Mittelschulen. Im Auftr. d. Vereines d. Religionslehrer an d. Mittelschulen Österreichs hrsg. 2., verm. Aufl. (IX, 272 S. m. Titelbild.) 16. Wien 909. H. Kirsch. Geb. in Leinw. 1.20; Partitur (IV, 192 S.) 910. Geb. 4.20

König, L. S. J. Die päpstliche Kammer unter Clemens V. und Johann XXII. Ein Beitrag zur Geschichte des päpstlichen Finanzwesens von Avignon. 8°. Wien, Mayer u. C., 1893.

König, Leo, die päpstliche Kammer unter Clemens V. u. Johann XXII. Ein Beitrag zur Geschichte des päpstl. Finanzwesens v. Avignon. gr. 8. (VI, 87 S.) Wien 894. Mayer & Co. n. 2. 20

König Dr. Leo: Pius VII. und die Säcularisation. 64. Kalksburg 00. Progr.

— Pius VII. Die Säkularisation u. das Reichskonkordat. (XIII, 368 S.) gr. 8. Innsbruck 904. Wagner. n. 6. —

Koenig, Leo, a. Memel: Das Recht am eigenen Bilde. **Berlin** 1908: Thormann & Goetsch. (54 S.) 8°
Erlangen, Jur. Fak., Ref. Allfeld, Diss. v. 31. Jan. 1908
[Geb. 16. Aug. 83 Memel; Wohnort: Berlin; Staatsangeh.: Preußen; Vorbildung: Gymn. Neubrandenburg Reife M. 04; Studium: Berlin 5, Tübingen 1, Erlangen 1 S.; Rig. 21. Dez. 07.]

König, *P. L.*, Salve Regina. Kirchliches Gesangbuch für Marianische Kongregationen. 8°. (174 S.) K 1.20, geb. K 1.60
Linz a. D.: Pressverein Verlagbuchh. 1907.

— Salve regina. Kirchl. Gesangb. f. marian. Kongregat. Verf. u. zusammengest. Mit Partitur. 2. Aufl. (VIII, 174 S.) 16. Linz 910. Pressverein. 1.—; geb. 1.40; Partitur 4.20; geb. 5. —

König Leo: Die Verwaltung der päpstlichen Finanzen unter der Regierung der Päpste Clemens V., Johann XXII. und Benedikt XII.
1892 PN 719 Diss.Wien, Univ. 739

König, Louise, Kochbuch für die deutsche bürgerliche Küche, oder Anweisung, alle Arten Speisen auf leichte Art schmackhaft zu bereiten. Ein Hülfsbuch für Hausfrauen u. Köchinnen. Suhl 853. (Erfurt, Müller.) 8. (V, 135 S.) n. 7½ ngr.

v. König, Louise, 48 elegante u. neue Muster zur französischen Platt-Stickerei. (20 lithogr. Blätt.) qu. gr. 8. Quedlinburg 837. Basse. ⅓ ℛ

—— 86 neue, eleg. Muster z. Bezeichnen d. Wäsche u. Taschentücher. (Neue Ausg.) qu. gr. 8. (24 lith. Bl.) Quedlinburg 840, Basse.

—— Muster-Portefeuille z. Weissticken, f. d. eleg. Damenwelt. 2 Hfte. 4. (24 lith. Bl.) Leipzig 835, Friese. à

—— National-Musterbuch f. Stickerinnen, enth. 148 neue Desseins z. Durchziehen mit Glanzgarn, Gold- u. Silberschnuren etc., welche kunstvoll in ein. Zuge, ohne abzusetzen od. d. Faden zu durchschneiden, fortgeführt werden können. 3 Hfte. qu. Fol. (48 lith. Taf.) Leipzig 835. Friese.

König, Louise v., die elegante Stickerin in Seide, Wolle, Spitzentüll, Gold u. Silber, u. in Tambourirstich. gr. Fol. (23 lith. Blätt.) Leipzig 843, Friese.

—— 81 neue u. eleg. Stickmuster z. Namen-Bezeichnung d. Wäsche u. Taschentücher. qu. 8. (18 lith. Bl.) Quedlinburg 837, Basse.

König, Ludwig, appr. Arzt a. Mainz: Aus dem Pathologischen Institut zu Kiel. Pfortaderthrombose nach Perityflitis. Kiel 1906: Schmidt & Klaunig. (22 S.) 8°
Kiel, Med. Fak., Ref. Heller, Diss. v. 19. Juni 1906
[Geb. 11. Dez 68 Mainz; Wohnort: Mainz; Staatsangeh.: Hessen; Vorbildung: Gymn. Bensheim Reife O. 89, Studium: Würzburg 3, Straßburg 4, Erlangen 1, Kiel 9 S.; Coll. 1. Juni 06; Approb. 15. Sept. 05.]

König, Ludwig, a. Potsdam: Die Politik des Grafen Balduin v. von Hennegau. Ein Beitrag zur Geschichte der deutsch-französischen Beziehungen gegen Ende des 12. Jahrhunderts. T. 1. Brüssel 1905: P. Weissenbruch. (43 S.) 8° ¶ (Ersch. vollst. in: Bulletins d. l. Commission royale d'hist. Bd LXXIV, 1905.)
Jena, Phil. Fak., Ref. Cartellieri, Diss. v. 18. Juni 1905
[Geb. 6. März 79 Potsdam; Wohnort: Potsdam; Staatsangeh.: Preußen; Vorbildung: Gymn. Potsdam Reife M. 98; Studium: Berlin 5, Jena 3 S.; Rig. 24 Juni 05.]

König, Ldw. Fr., s. Beschreibung d. Schweizerlandes.

König, Ludwig Friedrich (Mainz)
Beitrag zur Würdigung der verschiedenen Operationsmethoden der Gelenkchondrome.
Giessen: Brühl 1858. 32 S. u. 2 Bl. Thesen.
Diss. med. 10.11.1858. vorh. 26. 7. 11.

König, Ld. Wilh. „Ueber den Unterricht in den neuern Sprachen an Gewerbschulen". pg. 29—32. 4°. J. Kayser.
Kaiserslautern, Progr. 1850/51

König, M. Handbuch aller in der Schweiz und im Handel vorkommenden Valuten nach dem schweiz. franz. Münzfuss. Glarus 1850.

König, M., die deutsche Post- u. Telegraphen-Gesetzgebung, s.: Fischer, P. D.

König, M., die deutsche Post- u. Telegraphen-Gesetzgebung, s.: Guttentag's Sammlung deutsch. Reichsgesetze. (Fischer, P. D.)

König, M., des Geschäftsmann's Taschenbuch, enth. alle in der Schweiz vorkommenden Geldreduktionen und Interessentabellen nebst einem Anhang vieler nützlicher Notizen. gr. 16. (VIII u. 127 S.) Glarus 847. (St. Gallen, Huber & Co.) n. ⅔ ℛ

König, M., wie hat der praktische Landwirth Düngungsversuche anzustellen, um zuverlässige, im Wirthschaftsbetriebe verwendbare Ergebnisse zu erhalten? [Aus: „Fühling's landw. Zeitung".] gr. 8. (20 S.) Leipzig 889. H. Voigt. n.n. — 50

König, Max (Red.), s. Armen-Seelen-Blatt.

König, Max (Red.), s. Armen-Seelen-Blatt, Das neue.

Koenig, Max [kais. Postinsp.]: Die Haftpflicht des Verkäufers von Inhaberpapieren ... Berlin, Druck v. H. S. Hermann, 1892; 3 Bl., 83 S., 1 Bl. 8.
Berlin, Jur. Fak., Inaug.-Diss. v. 14. Jan. 1892

Koenig, Max, die Haftpflicht d. Verkäufers v. Inhaberpapieren. gr. 8. (IV, 83 S.) Berlin 892. Puttkammer & Mühlbrecht. n. 2. 80

Koenig, Max, die geometrische Theilung des Winkels. Mit 44 Abbildgn. auf 2 lith. Taf. gr. 8. (32 S.) Berlin 894. G. Siemens. n. 2. —

Koenig, Max, die geometrische Theilung d. Winkels. 2. Hft. M. 11 Abb. auf 1 lith. Taf. gr. 8. (S. 33—43.) Berlin 896. G. Siemens. n. — 75 (kplt.: n. 2. 40)

Die Chefs und Offiziere des 2. Schlesischen Infanterie-Regiments, jetzigen Grenadier-Regiments König Friedrich III. (2. Schles.) Nr. 11, 1808–1908. Auf Befehl d. Regts zsgest. von [Maximilian] v. **Koenig**, Oberlt. im Regt. (Breslau 1908: W. G. Korn.) (576 S.) 8° [F.] [08. 17334

Koenig, v., die Chefs u. Offiziere des 2. schles. Infanterie-Regiments, jetzigen Grenadier-Regiments König Friedrich III. (2. schles.) Nr. 11 1808—1908. Auf Befehl des Regiments zusammengestellt. (579 S.) gr. 8. Breslau (908). Selbstverlag des Regiments. unn 6. —

KÖNIG, Mauritius Carolus: Studium martyrii in ecclesia primitiva. — (1848) 38 S. 4° (Handschr.) Diss. 77
Diss. Wien, Univ.

***König*, N., description de la Ville de Berne, ornée d'un plan et des quelques vues intéressantes. Avec 1 Vign. gr. 8. Bern 810. ... (A. u. d. T.: Livre d'Adresses des principales maisons de commerce et manufactures, ainsi que des principaux Artistes, Marchands etc.)**

König, Natalie [wirkl. Name], s.a. Below, Hans von [Pseud.]

Drei Einakter von Hans v. Below [d. i. Natalie König]. Die Herthapriesterin. Lotosblume. Mater dolorosa. *Berlin H. Steinitz 1898.* (104 S.) 8° [F.]

Hans von Below [d. i. Natalie König]. Das Gauklerkind. *Berlin: H. Steinitz 1896.* (86 S.) 1 Bd 8. [96. 186

König, O.

— Spruchbuch zu Dr. M. Luther's kleinem Katechismus. 8. (24 S.) Bunzlau 890. Kreuschmer. n. — 20

König, Oskar

König, O., Geschichte der deutschen Litteratur in zusammenhängender Darstellung für höhere Mädchenschulen und die weibliche Jugend, sowie für jeden, der sich in die geschichtl. Entwickelung der poet. Litteratur der Deutschen einführen will. gr. 8. (VIII, 124 S.) Leipzig 888, Teubner. geb. *

König, O., Geschichte der deutschen Litteratur in zusammenhängender Darstellung f. höhere Mädchenschulen u. die weibliche Jugend, sowie f. jeden, der sich in die geschichtl. Entwickelg. der poet. Litteratur der Deutschen einführen will. 2., verb. Aufl. gr. 8. (VIII, 146 S.) Leipzig 892. B. G. Teubner. Geb. in Leinw. n. 1. 60

König, O., Geschichte der deutschen Litteratur in zusammenhäng. Darstellg. f. höh. Mädchenschulen u. d. weibl. Jugend, sow. f. jeden, d. sich in d. geschichtl. Entwickelg. d. poet. Litteratur d. Deutschen einführen will. 3. Aufl. gr. 8. (VIII, 152 S.) Leipzig, 896. B. G. Teubner. n. 1. 60

König, O., Geschichte der deutschen Litteratur in zusammenhängender Darstellung f. den Schulgebrauch, sowie für jeden, der sich in die geschichtl. Entwickelg. der poetischen Litteratur der Deutschen einführen will. 4. Aufl. gr. 8. (VIII, 152 S.) Leipzig 899. B. G. Teubner. Geb. in Leinw. n. 1. 60

König, O., Geschichte der deutschen Literatur in zusammenhängender Darstellung f. den Schulgebrauch, sowie für jeden, der sich in die geschichtl. Entwickelg. der poet. Literatur der Deutschen einführen will. 5. Aufl. in der neuen Rechtschreibg. (VIII, 152 S.) gr. 8. Leipzig 903. B. G. Teubner. Geb. in Leinw. n. 1. 60

König, O., Geschichte d. deutsch. Literatur in zusammenhäng. Darstellung f. d. Schulgebrauch sowie f. jeden, der sich in d. geschichtl. Entwicklung d. poet. Literatur d. Deutschen einführen will. 6. Aufl., besorgt v. M. Bruns. (VIII, 156 S.) 8. Leipzig 909. B. G. Teubner. Geb. 1.80

König, Oscar *(geb. Modelsdorf bei Goldberg in Schles. 2. 8. 1856)*: Ueber Hydromeningitis. (Iritis serosa.) Breslau (1883). (96 S.) 8° *[Im Buchhandel 1883 bei Köhler in Breslau.]*
Breslau, Med. Diss. v. 11. Juni 1883

König, Osc., über Hydromeningitis [Iritis serosa]. Inaugural-Dissertation. gr. 8. (96 S.) Breslau 883, (Köhler.) *

—— Litterargeschichtliche Mustersammlung. Ein Lesebuch zu des Verf.'s Geschichte der deutschen Litteratur f. höhere Mädchenschulen u. die weibl. Jugend. gr. 8. (X, 548 S.) Ebd. 889. * 3 60

König, Otto

König, *Heinrich Friedrich* Otto [aus Dorfmark in Hannover]: Über die ätiologischen Beziehungen des Myxoma Chorii zu den malignen Erkrankungen des Uterus ... Berlin, Buchdr. v. G. Schade, *1895*; 34 S., 1 Bl. 8.
Berlin, Med. Fak., Inaug.-Diss. v. 16. Juli 1895

König, Otto, figurale Details der Ausschmückung d. Saales XXVIII der kais. Gemälde-Galerie in Wien u. diverse andere plastische Arbeiten. gr. Fol. (25 Lichtdr.-Taf. m. 1 Bl. Text.) Wien 892. A. Schroll & Co. In Mappe. n. 26. —

Koenig, Otto, die Lehre v. der Gnadenwahl. Referat, verlesen auf der Konferenz in Memel, abgeh. v. Abgeordneten der Baptistengemeinden der ostpreuß. Vereinigg., am 27. Juni 1893. gr. 8. (8 S.) Hamburg 893. J. G. Oncken Nachf. — 5

König, Otto, Sammlung humor. Vorträge (40 S. m. Bildn.) kl. 8. Straubing (907). (C. Attenkofer.) 1. —

Sammlung humoristischer Vorträge von Otto König, Vereinshumorist in Straubing. (Straubing [1908]: C. Attenkofer.) (40 S.) 8° [F.] [08. 1516

Koenig, Paul [app. Arzt aus Colmar im Elsass]: Ein Fall von Kleinhirntuberkel im Kindesalter. . . . Strassburg i. E., Buchdr. v. C. Goeller, 1890: 34 S. 8°
Strassburg, Med. Fak., Inaug.-Diss. v. 1890

Koenig, Paul, Assist. an d. landw. Versuchsstat. Rostock: Studien über die stimulierenden und toxischen Wirkungen der verschiedenwertigen Chromverbindungen auf die Pflanzen, insbesondere auf landwirtschaftliche Nutzpflanzen. Merseburg 1910: Stollberg. VI, 144 S. 8°
Rostock, Phil. Diss. v. 18. Dez. 1909, Ref. Heinrich
[Geb. 22. Febr. 81 Ellwangen a. I.; Wohnort: Bonn-Poppelsdorf; Staatsangeh.: Preußen; Vorbildung: Realgymn. Ellwangen bis M. 97, pharm. Staatspr. 06; Studium: Straßburg 1, Stuttgart Techn. Hochsch. 3, Rostock 4 S.; Rig. 12. Dez. 09.] [U 10. 3961

Koenig, Paul Abraham [Praes.], s. Koenig, Johann Gottfried: De natura et cognitione passionum dominantium disputationem.

König, Ph., Das Orakelwesen im Altertum. Krefeld 1871, 4°, Progr. d. höhern Bürgersch.

Koenig, R.: Abhandlung über eine zu errichtende Schule rationeller Körperbewegung für junge Mädchen von 8—16 Jahren. Berlin 1887. 16 S.

König's, R., neuestes Complimentirbuch. Eine Anweisung, wie man sich in Gesellschaften, bei Festlichkeiten, sowie in allen Verhältnissen des Lebens zu betragen hat. 8. (128 S.) Witten 873, Büscher. *

König, R., Versuch e. kurzen Anleitung zum Studium d. Theologie. 8. Bern 830. Jenni. (Frankf., Strena). 1 n.ß.

König, R. Verzeichniss der Wirbelthiere Oberschwabens I: Säugethiere. Stuttgart 1875.

König, R. G. (Prof. Dr.) Ueber den Begriff des Unfalls. Rechtsgutachten. (Schweiz. Unfallversicherungs-Actien-Gesellschaft in Wintorthur.) In-8°. Winterthur, Druck von Westfehling. 1883.

König, René [Arzt in Bern]: Beitrag zum Studium der Hodentuberculose. Leipzig 1898. 21 S. 8°.
Bern. Med. Diss. 1897/98.

König, (Eduard) Rich. (geb. Berlin 10. 6. 1855): Ueber Pachymeningitis haemorrhagica interna. Berlin (1882). (30 S.) 8°
Berlin, Med. Diss. v. 29. Apr. 1882

Koenig, Rich., Paroligoklasit aus dem Ilmsengrunde und paraligoklasit-ähnliche Paramelaphyre aus dem Mosbach- und Ilmsengrunde. Inaugural-Dissertation. gr. 8. (54 S.) Jena 884, (Deistung's Buchh.) *

Koenig, Rob., Abriß der deutschen Litteraturgeschichte. Ein Hilfsbuch für Schule und Haus. gr. 8. (IX, 202 S. mit 67 Abbild. im Texte und 13 Beilagen.) Bielefeld 887, Velhagen und Klasing. *M 2.50.; geb. *

Koenig, Rob., Abriß d. deutschen Litteraturgeschichte. Ein Hilfsbuch f. Schule u. Haus. Mit 10 Beilagen u. 50 Abbildgn. im Texte. 2., verb. Aufl. gr. 8. (IX, 202 S.) Bielefeld 891. Velhagen & Klasing. n. 2.50; geb. n. 3. —

Koenig, Rob., Abriß d. deutschen Litteraturgeschichte. Ein Hilfsbuch f. Schule u. Haus. M. 10 Beilagen u. 55 Abb. im Texte. 3., verb. Aufl. gr. 8. (IX, 205 S.) Bielefeld 895. Velhagen & Klasing. Geb. in Halbldr. n. 3. —

Koenig, Rob., Abriß der deutschen Literaturgeschichte. Ein Hilfsbuch, f. Schule u. Haus bearb. Mit 10 Beilagen u. 55 Abbildgn. im Texte. 4. verb. Aufl. (IX, 208 S.) gr. 8. Bielefeld 904. Velhagen & Klasing. n. 2. 60; geb. n. 3. —

Koenig, Rob., Abriß der deutsch. Literaturgeschichte. Ein Hilfsb. f. Schule u. Haus. Mit 10 Beilagen u. 55 Abb. im Texte. 5. Aufl. (X, 208 S.) gr. 8. Bielefeld 908. Velhagen & Klasing. Geb. 3. —

Koenig, Rob., Blüten aus dem zarten Kindesalter. Gedichtsammlung für kleine Kinder. Oldenburg 859. Stalling. gr. 8. (IV, 96 S.) 7½ ngr.

Koenig, Rob., Blüten aus dem zarten Kindesalter. Gedichtsammlung für kleine Kinder. 2., durchgeseh. u. verb. Aufl. Oldenburg 866. Stalling's Verlag. gr. 8. (IV, 103 S.) n. 5 ngr.

—— Blüten aus dem Leben der Jungfrau und des Weibes. Gedichtsammlung für das reifere weibl. Alter. gr. 8. (VII und 300 S.) Oldenburg 860, Stalling.

—— Blüten aus dem Leben des Mädchens. Gedichtsammlung für junge Mädchen. gr. 8. (IV und 245 S.) Oldenburg 859, Stalling. 18 Ngr.; cart. *

König, Rob., zur Charakteristik der Frauenfrage. 8. (40 S.) Bielefeld 870, Velhagen und Klasing. *
Aus: Daheim, besonders abgedruckt.

König, Rob., Choralbuch zum evangelischen Gesangbuch f. Rheinland u. Westfalen f. Kirche, Schule u. Haus. qu. gr. 4. (111 S.) Wesel 893. Fincke & Mallinckrodt. 4. —; geb. in Leinw. n. 5. 50

—— Cours gradué de langue française, s. Plate, H.

Koenig, Robert [Hrsg.]
s. Daheim. Ein deutsches Familienblatt. 1865-

Koenig, Rob., Annette v. Droste-Hülshoff, s. a. Sammlung von Vorträgen.

— Annette v. Droste-Hülshoff. (48 S.) Heidelberg 1883. C. Winter.

Koenig, Rob., deutsches Frauenleben im deutschen Liede. 8. (VII, 461 S.) Oldenburg 882. Stalling's Verl. 6. —; geb. n. 7. 30; m. Goldschn. n. 7. 50

— deutsches Frauenleben im deutschen Liede. 3.—4. Taus. 8. (VII, 461 S.) Oldenburg 891. G. Stalling's Verl. Geb. in Leinw. m. Goldschn. 5. —

König, Rob., Thomas Guthrie, der Vater der Lumpenschulen. Ein Lebensbild aus der Geschichte der inneren Mission in Schottland. Mit Portrait (Holzschntaf.) 8. (48 S.) Leipzig 874. Buchh. d. Vereinshauses. n. — 50

—— der große Krieg gegen Frankreich im J. 1870—71. Der deutschen Jugend erzählt. 2 Thle. Mit je 8 Bildern (auf Holzschntaf.) von Camphausen, Friedrich, Hünten, Kaiser, Schweitzer und Simmler. gr. 8. (VI, 384; VIII, 320 S., mit 10 Schlachtplänen in eingedr. Holzschn.) Bielefeld 870,71, Velhagen und Klasing. cart. à Bd. *M 4. *

König, Rob., der große Krieg gegen Frankreich im J. 1870—1871. Der deutschen Jugend erzählt. 2. umgearb. Aufl. in 1 Bde. gr. 8. (VIII, 488 S. mit 16 Schlacht- und 2 Belagerungsplänen.) Ebendas. 872. geb. *

—— weibliches Leben. Von der Wiege bis zum Grabe. Im Munde deutscher Dichter alter und neuer Zeit. Eine Blütenlese heimatl. Dichtungen aus den Quellen für das Haus und die Schule gesammelt und stufenmäßig geordnet. gr. 8. (XIV und 667 S.) Oldenburg 860, Stalling.

— weibliches Leben. Von der Wiege bis zum Grabe. Im Munde deutscher Dichter alter u. neuer Zeit. Eine Blütenlese heimatl. Dichtungen aus den Quellen für das Haus u. die Schule gesammelt u. stufenmäßig geordnet. 2., zum Theil umgearb. Ausg. Oldenburg 866. Stalling's Verl. Lex.-8. (XV, 657 S.) 1 Thlr; geb. 1 Thlr 10 ngr.

König, Robert [pr. Arzt aus Halle a/S.]: Die Leistungen des Wachsthumsdrucks in und neben einem Naevus fibrosus cutis. . . . Wurzburg, Köhl & Hecker'sche Buchdr., 1890; 19 S. 8°
Würzburg, Med. Fak., Inaug.-Diss. v. 1890

König, Rob., deutsche Literaturgeschichte. 1. und 2. Aufl. Mit Farbendrucken und erläut. (Holzschn.-)Abbild. im Text. Lex.-8. (VIII, 655 S.) Bielefeld 878,79, Velhagen und Klasing. * geb. *

—— dass. — 3.—7. durchgeseh. und bereich. Aufl. Mit 160 Bildnissen und erläut. Abbild. im Text und 35 zum Theil farb. Beilagen außerhalb des Textes. Lex.-8. (VIII, 655 S.) Ebendas. 879. *M 12.; geb. *

—— deutsche Literaturgeschichte. Mit 202 Bildnissen und erläut. Abbild. im Text und 37 zum Theil farb. Beilagen außerhalb des Textes. 8. durchges. Aufl. gr. 8. (VIII, 671 S.) Bielefeld 880, Velhagen und Klasing. * geb. **

—— dass. — Mit 43 zum Theil. farb. Beilagen und 254 Abbild. im Text. 9.—15. verm. und verb. Aufl. Lex.-8. (VIII, 840 S.) Ebendas. 881—83. *M 14.; geb. *

—— Deutsche Litteraturgeschichte. Mit 46 z. Tl. farb. Beilagen u. 269 Abbildgn. im Text. 20.—22. durchgeseh. u. verm. Aufl. Lex.-8. (VIII, 848 S.) Bielef. 889—91, Velhagen u. Klasing. * 14 — geb. * 18 —; geb. in 2 Bde. * 18 —
16.—19. Aufl. Mit 263 Abbildgn. u. 43 Beilagen. (VIII, 840 S.) Ebd. 1885—87

— deutsche Litteraturgeschichte. 23., umgearb. u. verm. Aufl. 2 Bde. gr. 8. (V, 443 u. III, 510 S. m. 93 z. Tl. farb. Beilagen u. 339 Abbildgn. im Text.) Bielefeld 893. Velhagen & Klasing. n. 15. —; geb. in Halbfrz. n. 20. —

[J.] Deutsche Litteraturgeschichte v. Robert Koenig. Jubiläums-Ausg. 25., durchges. u. verm. Aufl. Bd 1. 2. *Bielefeld & Leipzig: Velhagen & Klasing 1895.* 2 Bde 8.
1. M. 82 z. Teil farbigen Beil. u. 180 Abb. im Text (4 Bl., 446 S., 66 Taf bezw Facs., 18 Erl.-Bl.)
2. M. 44 Beil., 2 Lichtdr. u. 253 Abb im Text. (3 Bl., 546 S., 41 Taf bezw Facs.)
'96. 4413

— deutsche Litteraturgeschichte. 26., durchges. u. verm. Aufl. 2 Bde. M. 126 z. Tl. farb. Beilagen, 2 Lichtdr. u. 443 Abb. im Text. gr. 8. (VIII, 460 u. V, 573 S.) Ebd. 898. n. 15. —; geb. in Halbfrz. n. 20. —

Koenig, Rob., deutsche Literaturgeschichte. 29. Aufl., hrsg. u. bearb. v. Karl Kinzel. 2 Bde. gr. 8. Bielefeld 903. Velhagen & Klasing. n. 15. —; geb. in Halbfrz. n. 20. —
1. Mit 82 zum Tl. farb. Beilagen u. 181 Abbildgn. im Text. (VIII, 443 S.) — 2. Mit 44 Beilagen, 2 Lichtdr. u. 259 Abbildgn. im Text. (V, 569 S.)

Deutsche Literaturgeschichte von Robert Koenig 31. Aufl. hrsg. u bearb. von Prof Dr. Karl Kinzel. Mit Beil., Lichtdr. u Abb Bd 1 2. Bielefeld & Leipzig: Velhagen & Klasing 1906 8° [09. 10] 8, 11

— Deutsche Literaturgeschichte. 32. Aufl., hrsg. u. bearb. v. Karl Kinzel. 2 Bde. Lex. 8. Ebd. 910. Geb. in Halbfrz. 20. —
1. Mit 82 z. Tl. farb. Beilagen u. 181 Abb. im Text. (VIII, 382 S.)
2. Mit 44 Beilagen, 2 Lichtdr. u. 267 Abb. im Text. (V, 476 S.)

— Karl Mez, der Vater der Arbeiter, s. a. Sammlung von Vorträgen.

König R, Karl Mez, der Vater der Arbeiter. Heidelberg 1881

—— der alte Nettelbeck und die Belagerung von Kolberg. Für die deutsche Jugend erzählt. gr. 8. (VIII, 230 S. mit 8 Tonbildern und 1 lithogr. Plan der Belagerung von Kolberg im J. 1807.) Ebendas. 873. *

König, Robert, a. Linz, Oberösterreich: Die Oscillationseigenschaften der Eigenfunktionen der Integralgleichung mit definitem Kern und das Jacobische Kriterium der Variationsrechnung. Göttingen 1907: Dieterich. (48 S.) 8°
Göttingen, Phil. Fak., Ref. Hilbert, Diss. v. 17. Aug. 1907
[Geb. 11. April 85 Linz; Wohnort: Linz; Staatsangeh.: Österreich; Vorbildung: Gymn. Linz Reife Juli 03; Studium: Wien 4, Göttingen 4 S.; Rig. 10. Juli 07.]

König, Rob., principia juris canonici. 4. Salzb. (Weidmann in Lpz.) 725.

— promtuarium latinitatis s. lexicon lat. 4. Nrnb. 719.

—— Meister Schott und seine Familie. Eine Erzählung aus der Belagerung von Straßburg im J. 1870. Der deutschen Jugend gewidmet. gr. 8. (IV, 260 S. mit 8 Tonbildern in Holzschn. und 1 chromolithogr. Plan der Belagerung von Straßburg.) Ebendas. 872. geb. *

—— Meister Schott und seine Familie. Eine Geschichte aus der Belagerung von Straßburg im J. 1870. Mit 8 Tonbildern und 1 (chromolithogr.) Plan der Belagerung von Straßburg (in qu. gr. 4.). 2. durchgeseh. Aufl. gr. 16. (364 S.) Ebendas. 877. geb. *

—— Vocabulaire systématique anglais-français et guide de conversation anglaise; cont. des mots accompagnés de phrases et classés par ordre de matière; des anglicismes; des gallicismes avec leurs équivalents etc. gr. 8. (XI und 314 S.) Oldenburg 862, Schmidt. *

König, Roderich: Über Cinchotintoxin und einige Derivate des Cinchotoxins. 1902. 40 S. 8°
München, Dr.-Ing.-Diss. v. 21. 12. 1901

Ein neuer Propeller. Kritik d. Propulsionslehren u. Schiffsschrauben im allg. von **König** Roman, Schiffscap. *Budapest: Barta Lajos 1901.* (22 S.) 8° [Umschlagt.] [ol. 8885

Koenig, Rudolf, Abhandlung über eine zu errichtende Schule rationeller Körperbewegung für junge Mädchen von 8—10 Jahren, Berlin 1887, 16 S., 8°.

König, Rud., Bestimmung der Bahn d. Kometen 1857 III. [Aus: „Sitzungsber. d. k. Akad. d. Wiss."] Lex.-8. (50 S.) Wien 891. (F. Tempsky.) n. — 90

Koenig, Rudolf, aus Herrnhaag: Statistische Mitteilungen aus 62 kleinbäuerlichen Betrieben über Erzeugung, Verbrauch, Verkauf und Zukauf von Getreide. *Jena: G. Fischer 1901.* (VII, 60 S.) 8°
Giessen, Phil. Diss. v. 1901

König, S., Abrégé de la grammaire allem., sur un plan très-méthodique, avec de nombreux exercices faciles et progressifs, à l'usage des enfans de huit à dix ans. gr. in-12. (7 1/3 B.) Berthoud 840, (Langlois.) *

König, S., Anleitung zu e. häusl. Buchhaltung, mit Formularen zu Einrichtung e. Hausbuchs, Zinsrodels, Handrodels, Cassabuchs, Haushaltungsbuchs u. Inventariums, so wie v. Rechnungen, Scheinen u. a. Aufsätzen. 2., verb., u. mit Rechnungsaufgaben verm. Ausg. 4. (2 B.) Biel 833. (Bern, Jenni, Sohn.)

—— kleine französ. Schulgrammatik, od. Lehr- u. Uebungsb. d. französ. Sprache, mit vielen stufenweisen vom Leichten z. Schwerern fortschreit. Uebungsaufgaben f. Kinder v. 8—10 Jahren. Nach Witz, Mozin u. Ahn bearb. gr. 12. (7 1/2 B.) Burgdorf 840, (Langlois.) *

König, S., kleine französ. Schulgrammatik, mit französischen u. deutschen stufenweise fortschreitenden Uebungsaufgaben, einer Wortbildungslehre u. einer Sammlung von Anekdoten, Fabeln u. Redensarten. Für Schulen u. zum Selbstunterricht umgearb. neue Ausg. gr. 12. (VIII u. 152 S.) Burgdorf 848, Langlois. 12 ngr.

König, Samuel

— Erklär. d. ersten Epistel St. Johannis. 12. Frkf. Wilde. 726.

Etymologicum Helleno-hebraeum sive primitiva graeca ex Hebraeo fonte deducta. Francof. 722. 8. Ib. 741. 8. 10 gr. (Verfasser ist Sam. König.)

König, Sam., neue Klavierschule u. Harmonielehre mit einer Sammlung leichter Uebungsstücke f. 2 u. 4 Hände. Zum Gebrauch für junge Leute, die das Klavierspielen durch Selbstunterricht erlernen wollen. Neue, verm. Ausg. qu. gr. 4. (IV u. 43 S.) Bern 848, Huber & Co. n. 5/6 Thlr.

—— (?) kleine Musiklehre, od. Klavier- u. Generalbassschule, sowohl f. Anfänger im Klavierspielen als f. diejen., welche sich e. gründl. Kenntniss d. Musik durch Selbstunterr. verschaffen wollen. Verbess. u. mit 50 Uebungsstücken verm. Ausg. 4. (5 B.) St. Gallen 833, (Huber u. Comp.)

König, Sam. Bhrd., († d. 4. Juli 1805.) deutsche Chrestomathie zum Uebersetzen aus d. Deutschen ins Italien. 8. Bresl. 799. J. F. Korn. 12 Kr.

– italien. Lesebuch für Anfänger. 8. Bresl. 793. J. F. Korn. 9 Kr.

König, Sigismund Friedrich

(—). — **An** voc. *ΠΝΕΥΜΑ* in N. T. divinam Christi naturam significet disquirunt eademque opera sacra pentecostalia oratione publica a solertis excultique ingenii juvene **Wolfg. Henr. Frid. Koenig** (Neopolitano ad Ericas) celebranda indicunt ill. gymn. Casimir. academ. director et rel. prof. Coburg (Findeisen) 1768. 8 S. (3.50) 18995

— Sigismund Friedrich (Bern/Schweiz), De jure consuetudinario. Diss. jur. Marburg (Philipp Casimir Müller) 28. IV. 1735. 22 S. (6.—) 18994
Gew.: Joh. Rudolph Stettler. — Widm. v.: Johann Ulrich Cramer.

König, Thdr., ein Bild der Zeit. 8. (III und 888 S.) Leipzig 857, O. Wigand.

König, Thdr. (I.). drei Bilder-Predigten für das katholische Volk. gr. 8. (40 S.) Neisse 864, Graveur. *

—— Calvin. Culturhistorischer Roman. 3 Thle. 8. (1055 S.) Leipzig 861, O. Wigand.

König, Thdr., eine Catilinarische Existenz. Roman. 2 Bde. Breslau 865. Trewendt. 8. (558 S.) 2 Thlr. 15 ngr.

—— der moderne Falstaff. 8. (432 S.) Leipzig 854, H. Schultze. *

König, Thdr., Aus der Gegenwart. Roman. 2 Thle. Leipzig 855. H. Schultze. 8. (358; 330 S.) n. 3 Thlr. 10 ngr.

— Anton Gregor. Eine Erzählung. 2 Thle. Leipzig 853. H. Schultze. 8. (254; 258 S.) 2 Thlr. 15 ngr.

König, Th., moderner Jesuitismus. Roman. 2 Thle. 8. (439 S.) Leipzig 852, Herm. Schultze. 2 1/2 ß

König, Thdr., Lebens- und Reisebilder aus Ost und West. 8. (421 S.) Breslau 851(52,) Max und Comp.

—— Luther und seine Zeit. Cultur-historischer Roman in 4 Bdn. 8. Leipzig 859, O. Wigand. à Bd. * 1 Thlr. 20 Ngr. *

Inhalt:

Bd. 1. Jugend und Entfaltung oder Mansfeld, Magdeburg, Eisenach, Erfurt. (400 S.)
" 2. Zweifel und Erleuchtung oder Wittenberg. (384 S.)
" 3. Kampf und Einsamkeit oder Worms und die Wartburg. (448 S.)
" 4. Des Helden Werk und Tod. (468 S.)

—— dass. — (Neue Titel-Ausg.) 8 Thle. 8 (1690 S.) Ebendas. (859)61. à Thl. 15 Ngr.

Koenig, Theodor [aus Hadamar, Assist. am chem. Laborat. d. K. Akad. d. Wiss. zu München]: Untersuchungen über das Titan. . . . München, Buchdr. v. M Ernst, 1888; 50 S. 8°
Erlangen, Phil Fak., Inaug.-Diss. v. 1888

—— Waller und Sohn. Roman. 8. (360 S.) Breslau 867, Trewendt.

— Paul Werner. Ein Daguerreotyp. 2 Thle. Leipzig 858. O. Wigand. 8. (VI, 327; 1 Bl., 294 S.) 2 ß. 10 ngr.

—— Ulrich Zwingli. Culturhistorischer Roman. 3 Thle. 8. (XIV und 1018 S.) Leipzig 862, O. Wigand.

König, Theodor Zacharias, s.a. König, Jh. Zach.

KÖNIG, Th. Zach.: Kurze Anweisung, wie Wiesen und Felder ohne geometrische Instrumente auf die leichteste Art nach Schritten vermessen und zu Tagewerken berechnet werden können. Handbuch zum Selbstunterricht. - Leipzig 1818

KÖNIG, Theodor Zacharias: Vermischte Aufsätze über Forst-, Acker-, Wiesen- und Gartenkultur. - Hof 1805

König, Theophil, Atlas zur biblischen Geschichte, s.: Issleib, W.

König, Theoph., Eisen-Bahn-Karte von Deutschland u. den angrenzenden Ländern. Fol. Lith. u. color. Berlin 851, D. Reimer. n. 1/3 ß

König, Thphl, Geschäfts- und Reise-Karte von Deutschland und den angrenzenden Ländern mit Angabe aller Eisenbahnen, Poststrassen u. Dampfschiffslinien. Berlin, Staude, 1864. Imp.-Fol. Lith. u. kolor.
——, —— Berlin, Berger, 1869—77. Ebda. Fol. Chromolith. . . . . . (Br. Mus. z. T.)

—— Geschäfts- und Reise-Karte von Deutschland und den angrenzenden Ländern mit Angabe aller Eisenbahnen, Poststrassen und Dampfschiffslinien. Ausg. 1875—1877. Lithogr. und color. Imp-Fol. Berlin, Staude. *

König, Th. Geschäfts- und Reise-Karte von Europa mit Angabe aller Eisenbahnen, Dampfschiffslinien und Hauptpoststrassen. Berlin 1875. 1 Bl. c. L.

— historisch-geographischer Hand-Atlas zur ältern, mittlern u. neuern Geschichte. Zu den Geschichtswerken von Schlosser, Becker, Nösselt, Pölitz, Rotteck, Volger u. A. bearb. 2 Abthlgn. Fol. I. Abthlg.: Zur alten Geschichte; 15 (lith. u. color.) Blatt, 11 Karten enth. — II. Abthlg.: Zur mittlern u. neuern Geschichte; 15 (lith. u. color.) Blatt, 16 Karten enth. Wolfenbüttel 850, Holle. — 2. verm. u. verb. Aufl. 2 Abthlgn. qu. Fol. 1. Abthlg.: Zur alten Geschichte; 12 (lith. u. color.) Karten enth. 2. Abthlg.: Zur mittlern u. neuern Geschichte; 16 (lith. u. color.) Karten enth. Ebd. 851. (1: n. 5/12 ß 2: n. 3/4 ß) u. 1 1/6 ß

König, Theoph., historisch-geographischer Hand-Atlas zur alten, mittlern und neuern Geschichte. 3. verm. u. verb. Aufl. 853. — 4. verm. etc. Aufl. 855. — 5. um 2 Karten verm. u. verb. Aufl. 2 Abthlgn. Wolfenbüttel 856. Holle. qu. Fol. (27 lith. u. color. Karten u. 4 S. Text.) n. 1 ß. 5 ngr.
I. Abth.: Alte Geschichte. (10 Bl.) n. 12 1/2 ngr. — II. Abth.: Mittlere u. neuere Geschichte. (17 Bl.) n. 22 1/2 ngr.

König, Theoph., historisch-geographischer Hand-Atlas zur alten, mittlern und neuern Geschichte. 3. Aufl. 1853., 4. Aufl. 1855., und 5., verm. und verb. Aufl. 2 Abthlgn. (Alte Geschichte. — Mittlere und neuere Geschichte.) qu. Fol. (4 S. und 27 lithogr. und ill. Karten.) Wolfenbüttel 856(57,) Holle's Verlag. [Abthl. 1. * 12 1/2 Ngr., 2. * 22 1/2 Ngr.] *

—— Handbuch für Eisenbahn-Reisende. Eine Zusammenstellung sämmtl. jetzt eröffneten deutschen und angränzenden Eisenbahnen, nebst Angabe der Meilen, Fahrzeit und Personentaxen von Station zu Station. Nach den neuesten Angaben hrsg. 32. (IV und 96 S.) Wesel 848, Bagel.

—— Kanal- und Eisenbahnkarte der gesammten Vereinigten Staaten von Nord-Amerika, nach den neuesten und besten Quellen gezeichnet. Lithogr. und ill. Imp-Fol. Nebst einer leitenden Anweisung für deutsche Auswanderer. 8. (48 S.) Berlin 854, Sacco.

König, T., Karte der Kanäle und Eisenbahnen in den vereinigten Staaten von Nord-Amerika. Lithogr. Berlin. 1847. 1/4 Thlr.

König, Theophil, Karte des Kriegsschauplatzes von Paris bis Frankfurt a. M., mit Einschluss der Nordsee. Fol. Berlin 870, Cronbach. color.

König, T. Karte des Kriegsschauplatzes in der Türkey. fol. Berlin 1853. 0.50.

König, Theoph., Karte der Umgegend von Berlin und Potsdam. Fol. Berlin 872, Staude. * 25 Pf.; color. *

König, Theophil, Allgemeine Comptoir-, Post- und Eisenbahn-Karte von Mittel-Europa. Berlin, Schindler, 1859. Imp.-Fol. 4 Bll. Lith. Halb-kolor, od. ganz-kolor. (Br. Mus.)
——, —— 2.—13. Aufl. Ebda. 1862—79. Lith. . . . . (Br. Mus. z. T.)

Koenig, Theophil, allgemeine Comptoir-, Post- und Eisenbahnkarte von Mittel-Europa. 13. revid. Aufl. 4 Bl. Lithogr. gr. Fol. Berlin 879, Schindler. In Carton * color. *

—— geographische Länder-Fibel, s. Stengert.

Koenig, Theoph., Plan von Hamburg, Altona und Umgebungen. 5. Aufl. Fol. Mit Wegweiser. (VI, 27 S. in gr. 16.) Berlin 875, Goldschmidt. *

—— neuester Plan von Berlin. Mit tabellar. Verzeichniss sämmtl. Strassen und Sehenswürdigkeiten. Fol. Ebendas. 872. * 25 Pf.; in Tondr. *

— Post- u. Eisenbahn-Karte v. Deutschland u. den angrenzenden Ländern. Nach officiellen Quellen bearb. etc. 4 lith. u. color. Bl. in Fol. Wolfenbüttel 847, Holle. 1/2 ß; in Etui 7/12 ß; auf Leinw. in Etui 1 1/12 ß

—— Neueste Post- und Eisenbahnkarte von Mittel-Europa. 9. revid. Ausg. Berlin. Schindler, 1870. Imp.-Fol. Lith.
——, —— Ausg. 1872. Ebenda.
——, —— 12. rev. Aufl. 1874. Ebenda.

—— Neueste Post- und Eisenbahnkarte von Mittel-Europa. Ausg. 1872. Berlin, Schindler. Imp.-Fol. Lith.

König, Thphl, Post- und Reise-Karte von Deutschland und den angrenzenden Ländern. Mit besond Rücksicht auf Eisenbahnen. Nach den besten Materialien. M. 1 . 2475 100. (Mit einem Entfernungs-Tableau) Berlin, Zawitz, 1841. Roy.-Fol. Lith u kolor.
—, —— Dieselbe ohne Entfernungs-Tableau, aber mit dem Beikärtchen Übersicht der Post-Verbindungen zwischen Tilsit, Petersburg, Moskau und Warschau M 1 280 000 Berlin, Zawitz, 1841. Imp.-Fol. Lith u kolor.
—, —— Ebenda 1859 Imp.-Fol
—, —— Neu-Ruppin, Oehmigke, 1865. gr. Fol. . . . . (Br Mus.)
—, —— Neue revid. Ausg Ebenda 1869. gr. Fol Chromolith. . . . . . (Br Mus.)

König, Thphl, Reise-Atlas in 14 Routen-Karten und 1 Übersichtskarte. Berlin, Goldschmidt, 1868 8 . . . . (Br. Mus.)

König, Th., **Reise- und Zeitung-Atlas** über alle Theile der Erde. Zum speciellen Gebrauch für Reisende, Comtoirs und namentl. auch für Zeitungsleser. Mit der Bezeichnung sämmtl. Eisenbahnen, sowie einem Orts-Verzeichnisse zur sofort. Auffindung der namhaften Ortschaften, Meere, Seen, Gebirge etc. und einer statist. Tab. über alle Theile der Welt. In 23 Karten. qu. 4. (18 S. Text.) Berlin 871, Cronbach. *

— **Repetitions-Atlas** für die Schule. Als Hülfsmittel zum geograph. Unterricht entworfen. qu. Fol. (18 Steintaf.) Wolfenbüttel 877. Zwissler. n. 1. —

König, Theoph., kleiner Schul-Atlas aller Länder in 20 lithogr. und ill. Karten. 4. Neu-Ruppin 865, Oehmigke. *

König, Theoph., kleiner Schul-Atlas aller Länder in 20 lith. u. color. Karten. 1. Aufl. 865. u. 2. vollständig verb. Aufl. Neu-Ruppin 868. Leipzig, Oehmigke. 4. n. $7\frac{1}{2}$ ngr.

König, Theophil, Schul-Atlas über alle Theile der Erde. qu. gr. 4. (21 ill. Blätt.) Berlin 843, Vossische Buchh. *

König, T., engl. Schulvorschriften. Kleinbuchstaben, Grossbuchstaben u. einzeilige Sätze. qu. gr. Lex.-8. (6 Bl.) Berlin 841, Heymann.

Koenig, Thphl, Telegraphen-, Post- und Eisenbahn-Karte von Deutschland und den angrenzenden Ländern; nach officiellen Quellen bearbeitet, gezeichnet u. gestochen. Wolfenbüttel, Holle, 1852. Imp.-Fol. (1/3 Rf)

— **Weltkarte in Mercators Projection mit Angabe der protestantischen Missions-Anstalten u. der wichtigsten Schifffahrtscourse. Imp. Fol. Lith. u. color. Berlin 851, Nicolai. n. 1 5/6 ₰**

König, Ulrich von, s. König, Jh. Ulrich von

König, V., Geneal.-histor. Beschreibung derer von Commerstadt. 1717. fol.

König, V., Geneal.-histor. Beschreibung der von Kayn. fol.

König, V., Geneal.-histor. Beschreibung derer von Koppy. fol.

König, V., Geneal.-histor. Beschreibung derer von Krosigk, nebst Ahnentafeln. (1715.) fol.

König, V., Geneal. histor. Beschreibung derer von Pflug. 1726. fol.

König, V., Geneal.-histor. Beschreibung nebst deren Stamm- und Ahnentafeln des uhralten adeligen Geschlechts der von Berbissdorf. O. O. u. J. (1715.) fol.

König, V., Geneal.-histor. Beschreibung nebst Stamm- und Ahnentafeln des Geschlechts von Weissenbach. 1730. fol.

König, V., Geneal.-histor. Beschreibung derer von Winckel. (1715.) fol.

König, V., Geneal. Tabellen der 64 Ahnen Thomas Lösers. Chemnitz 1715. fol.

König, Val., geneal. Adelshistorie, oder Geschlechtsbeschreibung d. adel. Geschlechter in Chursachsen rc. 3 Thle. m. K. Fol. Lpz. (Walther. Dresd.) 727—36.

König, Vinc., der kunstvolle runde Tisch im Rathhause zu Amberg. gr. 8. (16 S.) [Amberg 885.] Regensburg, Habbel. *

Koenig's, W., Geschichtstafel für Volksschulen. (Mit Bildnissen.) 211×102cm. Kattowitz (907). Phönix-Verlag. 6.—; auf Leinw. n 10. —

Hauptdaten aus dem Geschichtsunterricht der Volksschule. Von W. **Koenig**. Kattowitz & Leipzig: C. Siwinna [1907]. (16 S.) 8° [F.] 08.6401 2

König, W., evangel. Lehrbüchlein rc. s. Hertzer, C.

König, W., der **Magnetstein vom Frankenstein an der Bergstrasse**, s. **Andreae, A.**

König, W.: Die Sammlungen des Vereins ..., s. Prümers, R.

— — W., Studien üb. d Alkaloide 1880. 1.20

Koenig, W., die spec. Tuberculose d. Knochen u. Gelenke, s.: Koenig, F.

König, W. T., über deutsches Universitätswesen, mit Rücksicht auf Kotzebues literarisches Wochenblatt und gewaltsamen Tod. 8. Leipzig, Brockhaus. 819.
(Aus dem 3ten Stück des Hermes abgedruckt.)

König, Walt., s.: Annalen der Physik, Beiblätter.

König, Walter: Der Nordfranklinsche Archipel nach seiner Geschichte, Natur und Bedeutung. Herford: Quentin 1910. 105 S. 8°
Bonn, Phil. Diss. v. 20. Jan. 1910, Ref. Rein
[Geb. 7. Nov. 81 Herford; Wohnort: Herford; Staatsangeh.: Preußen; Vorbildung: Gymn. Herford Reife O. 00; Studium: Hannover Techn. Hochsch. 2, Bonn 1, Berlin 2, Münster 2, Bonn 11 S.; Rig. 28. Juli 09.] [U 10. 397

König, Walter, Dr.-Ing.: Beiträge zur Chemie der Pyridinfarbstoffe. 1907. 132 S. 8° ¶ Kleines Bruchstück in: Journal f. prakt. Chemie. Bd 191. N. F. Bd 83. 1911.
Dresden Te. H., Hab.-Schr. v. S.-S. 1906

König, Walter [Dr]. Ueber die Bestimmung von Reibungscoefficienten tropfbarer Flussigkeiten mittelst drehender Schwingungen.... Leipzig, Druck v. Metzger & Wittig, 1887, 32 S. u. 1 Taf. 8°.
Leipzig, Phil. Fak., Hab-Schr. v. 25. Jun 1887.

König, Walter, über die Bestimmung von Reibungscoefficienten tropfbarer Flüssigkeiten mittelst drehender Schwingungen. Hab.-Schr. Leipzig 1887, Gustav Fock. 8°. 32 S. mit einer Taf.

— zur Erinnerung an Paul Drude, s.: Richarz, F.

Physika. Verein zu Frankfurt a. M. Goethes optische Studien. Festrede z. Feier von Goethes 150. Geburtstag geh. am 26. Aug. 1899 von Prof. Dr. Walter König. *Frankfurt a. M. 1899: C. Naumann.* (32 S.) 8° [00. 130

– Gewitter am 30. Dez. 1894, s. Ziegler, Julius

König, Walth., Goethe in Berlin. (186 S.) 8. Jena 905. H. Costenoble. n. 2. —; geb. n.n. 3. —

König, Walter: I. Zur Kenntnis der Einwirkung von Nitrilen auf Karbonsäuren. II. Über eine neue, vom Pyridin derivierende Klasse von Farbstoffen. Leipzig: J. A. Barth 1904. 72 S. 8° ¶ Auch in: Journal f. prakt. Chemie. Bd 177. N.F. Bd 69.
Dresden, Dr.-Ing.-Diss. v. 30. 7. 1903

— **das Klima v. Frankfurt am Main**, s.: Ziegler, Jul.

— **Lehrbuch d. Experimentalphysik**, s.: Lommel, Eugen von

— 14 Photographien m. Röntgen-Strahlen, aufgenommen im physikal. Verein zu Frankfurt a/M. gr. 4. (10 Taf. m. 4 S. Text.) Leipzig 896. J. A. Barth. In Mappe n. 8. —

Physik vor hundert Jahren. Abschieds-Vortrag geh. 1900 zu Frankfurt a. M von Prof. Dr. Walter König. Greifswald (1900): Abel. 20 S. 8° [10. 1637

König, Walter (geb. Berlin 20. 11 1859) Ueber die elliptische Polarisation des reflektirt gebeugten Lichtes. Berlin (1882). (82 S) 8°
Berlin, Phil. Diss. v. 4 Aug. 1882

König, Walter, Dr., Die Witterung des Jahres 1894 (Sond.-Abdr. a. d. Jahresber. des Physikal. Vereins zu Frankfurt a/M. 1893/94). Frankfurt a/M. 1895.

König, Wilhelm

—— s. a. † Büri.

König, Wilh. [Büri], Oeppis Anders. gr. 8. (51 S.) Bern 885. (Jenni.) n. 1. —

König, Wilh. [† Büri], Oeppis Anders. gr. 8. (51 S.) Bern 885, (Köhler'sche Buchh.) *

Koenig, Wilh., der Anschauungs-Apparat f. die Anschauungs- u. Sprechübungen auf der Unterstufe zweisprach. Volksschulen. (24 S.) 8. Breslau 904. F. Hirt. n. — 50

König, Wilh., Barzahlung u. Banktrennung. Eine Streitfrage des österr.-ungar. Ausgleiches im Lichte d. Theorie. (16 S.) 8. Wien 907. Manz. — 35

— Die währungspolitische Bedeutung d. administr. Einziehung d. Silberguldens. Vortr., geh. in d. sozial. Sektion d. österr. Leo-Gesellschaft in Wien am 2. IV. 1908. (16 S.) gr. 8. Ebd. 908. — 40

König, Wilhelm [aus Steinhagen i. Westf.]: Beitrag zur therapeutischen Verwendung des Chinosol ... Berlin, Druck v. E. Ebering, *1897;* 31 S., 2 Bl. 8.
Berlin, Med. Fak., Inaug.-Diss. v. 20. Juli 1897

Chronik von Siemianowitz, Laurahütte, Fannygrube und Georgshütte. Mit Einschluß des Wichtigsten aus d. Kulturgeschichte Schlesiens u. insbes. d. Oberschl. Industriebezirks bearb. von Wilhelm Koenig, (Laurahütte). Mit zahlr. Ill. Laurahütte: Selbstverl. 1902. (XV, 496 S.) 8° [F.] [08. 9339

König, Wilhelm, aus Halle a. S.: Über das **Dilacton der Pulegonmalonsäure.** *Halle a. S. 1900: C. A. Kaemmerer & Co.* (31 S.) 8°
Halle, Phil. Diss. v. 1900

Koenig, Wilhelm, a. Kaiserslautern: Über das 1- und 2-Cumaranamin. ⟨Amidohydrocumaron.⟩ Rostock 1905: H. Winterberg. (55 S.) 8°
Rostock, Phil. Fak., Ref. Stoermer, Diss. v. 26. Okt. 1905
[Geb. 15. Jan. 77 Ottweiler; Wohnort: Hannover; Staatsangeh.: Preußen; Vorbildung: Gymn. Kaiserslautern Prima-Reife Juli 94; Studium: Marburg 5, Rostock 5 S.; Rig. 21. Okt. 05.]

König, Wilhelm. Zur festlichen Einweihung der Kirchenfeldbrucke entbietet eine kurze Beschreibung des alten Bern's W' K' v. Bern. [Mit 1 Vignette.] 8. Bern 1883.

König, Wilhelm, aus Wiesbaden: Ueber die **Einwirkung von aromatischen Senfölen auf Phenole und Naphtole.** *Heidelberg 1901: J. Hörning.* (30 S.) 8°
Heidelberg, Naturw.-math. Diss. v. 1901

König, Wilhelm, aus Walkringen: Die Entwicklung des ägyptischen Schulwesens unter englischer Verwaltung. Grüningen 1910. 142 S. 8°. [13. XII. 09.]
Bern. Phil. Diss. 1909/10.

— Er weiss no Öppis der Dr. Büri uf d's eidgenössisch Schützefest vo 1885. Im Selbstverlage von W. K. (Dr. Büri) in Bern. — 50

König's, Wilh., Erläuterungen zu den Klassikern f. d. Schul- u. Hausgebrauch. 1.—18. Bdchn. 12. Leipzig, H. Beyer. à n. — 40
1. Erläutergn. zu Schillers Wilhelm Tell f. d. Schulgebrauch. Von Wilh. König. (64 S.) 894.
2. Erläutergn. zu Schillers Jungfrau v. Orleans. Von M. R. Stecher. Hrsg. v. Wilh. König. (61 S.) 894.
3. Erläutergn. zu Schillers Wallenstein. 1. Tl.: Wallensteins Lager. — Die Piccolomini. Von M. R. Stecher. (78 S.) 897.
4. Erläutergn. zu Schillers Wallenstein. 2. Tl.: Wallensteins Tod. Von M. R. Stecher. (75 S.) 897.
5. Erläutergn. zu Schillers Maria Stuart. Von M. R. Stecher. (88 S.) 897.
6. Erläutergn. zu Schillers Don Carlos. Von M. R. Stecher. (80 S.) 897.
7. Erläutergn. zu Goethes Hermann u. Dorothea. Von Otto Dingelbein. (78 S.) 897.
8. Erläutergn. zu Goethes Götz v. Berlichingen. Von Otto Dingelbein. (72 S.) 897.
9. Erläutergn. zu Lessings Minna v. Barnhelm. Von M. R. Stecher. (77 S.) 897.
10. Erläutergn. zu Lessings Nathan der Weise. Von Walth. Böhme. (55 S.) 897.
11. Erläutergn. zu Uhlands Ernst Herzog v. Schwaben. Von Walth. Böhme. (62 S.) 897.
12. Erläutergn. zu Goethes Egmont. Von Hoffmann. (55 S.) 897.
13. Erläutergn. zu Schillers Braut v. Messina. Von Hoffmann. (55 S.) 898.
14. Erläutergn. zu Goethes Torquato Tasso. Von Rich. Stecher. (60 S.) 898.
15. Erläutergn. zu Goethes Iphigenie auf Tauris. Von Rich. Stecher. (67 S.) 898.
16. Erläutergn. zu Lessings Emilia Galotti. Von Hoffmann. (54 S.) 898.
17. Erläutergn. zu Körners Zriny f. d. Schul- u. Hausgebrauch. Von Walth. Böhme. (48 S.) 898.
18. Erläutergn. zu Schillers Gedichten. Von R. Stecher. 1. Tl. (68 S.) 898.

König's, Wilh., Erläuterungen zu den Klassikern. 19.—63., 68. u. 69. Bdchn. 12. Leipzig, H. Beyer. à n. — 40
Inhaltsübersicht in alphabetischer Ordnung:
Bischoff, Erich, Erläuterungen zu Goethe's „Faust". I. Tl. (91 S.) 899. (Bd. 21.)
— dasselbe. II. Tl. (139 S.) (901.) (Bd. 43. 44.)
— Erläuterungen zu „Gudrun". (68 S.) (902.) (Bd. 54.)
— Erläuterungen zu Lessing's hamburg. Dramaturgie. (168 S.) (902.) (Bd. 62. 63.)
— Erläuterungen zu Lessings „Laokoon". (111 S. m. 2 Abb.) (900.) (Bd. 33. 34.)
— Erläuterungen zu Schiller's „Fiesko" f. Schule u. Haus. (68 S.) (900.) (Bd. 23.)
— Erläuterungen zu Schillers Kabale u. Liebe. (70 S.) (900.) (Bd. 31.)
— Erläuterungen zu Schillers Räubern. (84 S.) (899.) (Bd. 28.)
— Erläuterungen zu Voß' „Luise" u. „Der 70. Geburtstag". (80 S.) (900.) (Bd. 38.)
Böhme, Walth., Erläuterungen zu Herders Cid. (48 S.) (899.) (Bd. 25.)
Büttner, R., Erläuterungen zu Shakespeares Julius Cäsar. (72 S.) (899.) (Bd. 27.)
— Erläuterungen zu Shakespeares „Koriolan". (72 S.) (900.) (Bd. 40.)
— Erläuterungen zu Shakespeares Macbeth. (76 S.) (901.) (Bd. 45.)
Hoffmann, Ferd., Erläuterungen zu Euripides' Iphigenia bei den Tauriern. (75 S.) (901.) (Bd. 42.)

— Erläuterungen zu Homers „Ilias“ im Auszuge. (150 S.) (902.) (Bd. 68. 69.)
— Erläuterungen zu Homers Odyssee im Auszuge. (134 S.) (902.) (Bd. 59. 60.)
— Erläuterungen zu Klopstocks Oden u. Epigrammen in Auswahl. (215 S.) (901.) (Bd. 49—51.)
— Erläuterungen zu Shakespeares Hamlet, Prinz v. Dänemark. (110 S.) (900.) (Bd. 39.)
— Erläuterungen zu Shakespeares Kaufmann v. Venedig. (77 S.) (900.) (Bd. 32.)
— Erläuterungen zu Sophokles' Antigone. (103 S.) (900.) (Bd. 41.)
— Erläuterungen zu Sophokles' König Ödipus. (84 S. m. 1 Abbildg.) (901.) (Bd. 46.)
— Erläuterungen zu Sophokles' Ödipus auf Kolonos. (88 S.) m. 1 Abbildg.) (901.) (Bd. 47.)
Leidbrand, Chr., Erläuterungen zu Shakespeares König Richard II. (68 S.) 900. (Bd. 35.)
— Erläuterungen zu Uhlands Ludwig der Bayer. (60 S.) (900. (Bd. 37.)
— Erläuterungen zu Wielands Oberon f. den Schul- u. Hausgebrauch. (72 S.) (900.) (Bd. 36.)
Pachaly, Paul, Erläuterungen zu Grillparzers „Ahnfrau“. (71 S.) (900.) (Bd. 48.)
— Erläuterungen zu Grillparzers „Medea“. (Goldenes Vließ. Tl. III.) (75 S.) (902.) (Bd. 53.)
— Erläuterungen z. Grillparzers „Sappho“. (80 S.) (902.) (Bd. 52.)
Stecher, Rich., Erläuterungen zu Goethes Clavigo. (54 S.) (901.) (Bd. 56.)
Stecher, Rich., Erläuterungen zu Goethes Gedichten. (90 S.) 899. (Bd. 20.)
— Erläuterungen zu Kleists Hermannsschlacht. (52 S.) (900.) (Bd. 26.)
— Erläuterungen zu Kleists Käthchen v. Heilbronn. (56 S.) (901.) (Bd. 29.)
— Erläuterungen zu Kleist's Lustspiel der zerbrochene Krug. (51 S.) (901.) (Bd. 30.)
— Erläuterungen zu Kleist's Prinz v. Homburg. (72 S.) 899. (Bd. 22.)
— Erläuterungen zu Lessings Miß Sara Sampson. (63 S.) (902.) (Bd. 57.)
— Erläuterungen zu Schillers Gedichten. (2. Tl.) (88 S.) 899. (Bd. 19.)
— Erläuterungen zu Shakespeares König Richard III. (70 S.) (902.) (Bd. 58.)
— Erläuterungen zu Shakespeares Romeo u. Julia. (60 S.) (901.) (Bd. 55.)
— Erläuterungen zu Uhlands Balladen. (78 S.) 899. (Bd. 24.)
Trenkner, Karl, Erläuterungen zu Goethes Reineke Fuchs. (78 S.) (902.) (Bd. 61.)

König's, Wilh., Erläuterungen zu den Klassikern. 64.—67. u. 70.—135. Bdchn. kl. 8. Leipzig, H. Beyer. à n. — 40

Dahn's, Felix, ein Kampf um Rom. Von Paul Sommer. (117 S.) (906.) (131. 132. Bdchn.)
Dichter der Freiheitskriege. (Arndt, Körner, Schenkendorf, Rückert.) Von Rich Stecher. (115 S.) (906) (117. 118. Bdchn.)
Euripides „Medea“. Von Hoffmann. (63 S.) (906.) (133. Bdch.)
Frenssen's, Gust., „Jörn Uhl“. Von Paul Sommer. (124 S.) (905.) (108. 109. Bdchn.)
Freytag's, Gust., „Die Ahnen“. Von Paul Sommer. I. Abtlg. Ingo u. Ingraban. (64 S.) (906.) (125. Bdchn.)
— dasselbe. II. Das Nest der Zaunkönige. (52 S.) (906.) 126. Bdchn.)
— dasselbe. III. Die Brüder vom deutschen Hause. (57 S.) (906.) (127. Bdchn.)
— dasselbe. IV. Markus König. (58 S.) (906.) (128. Bdchn.)
— dasselbe. V. Die Geschwister. (55 S.) (906.) (129. Bdchn.)
— dasselbe. VI. Aus e. klein. Stadt. (48 S.) (906.) (130. Bdchn.)
— die verlorene Handschrift. Von Paul Sommer. (123 S.) (905.) (112. 113. Bdchn.)
— „Die Journalisten“. Von Paul Sommer. (62 S.) (903.) (76. Bdchn.)
— „Soll u. Haben“. Von Paul Sommer. (125 S.) (905.) (110. 111. Bdchn.)
Goethe's Dichtung u. Wahrheit. Von Erich Bischoff. (156 S.) (903.) (72. 73. Bdchn.)
— „Werthers Leiden“. Von Erich Bischoff. (49 S.) (903.) (79. Bdchn.)
Grillparzer's, Franz, „Ein Bruderzwist im Hause Habsburg“. Von Paul Sommer. (76 S.) (903.) (85. Bdchn.)
— „Gastfreund u. Argonauten“ (Goldenes Vließ, Tl. I u. II.) Von Paul Pachaly. (67 S.) (903.) (90. Bdchn.)
— „Libussa“. Von Paul Sommer. (64 S.) (903.) (84. Bdchn.)
— „Des Meeres u. der Liebe Wellen“. (57 S.) (903.) (81. Bdchn.)
— König Ottokars Glück u. Ende. (52 S.) (904.) (98. Bdchn.)
Hauff's, Wilh., „Lichtenstein“. Von Paul Sommer. (112 S.) (905.) (103. 104. Bdchn.)
Hebbel's, Frdr., Agnes Bernauer. Von Rich. Stecher. (46 S.) (906.) (123. Bdchn.)
— „Gyges u. sein Ring“. Von Erich Bischoff. (55 S.) (903.) 86. Bdchn.)
— Herodes u. Mariamne. Von Rich. Stecher. (51 S.) (906.) 122. Bdchn.)
— die Nibelungen. Von Paul Sommer. (123 S.) (903.) 77. 78. Bdchn.)
Heyse's, Paul, Colberg. Von Paul Sommer. (55 S.) (903.) (74. Bdchn.)
Kleist's, Heinr. v., Michael Kohlhaas. Von Paul Sommer. (64 S.) (904.) (87. Bdchn.)
Klopstock's Messias. Von Geo. Funk. (136 S.) (903.) (82. 83. Bdchn.)
Kirner's, Theodor, Leier u. Schwert. Von Paul Sommer. 77 S.) (902.) (70. Bdchn.)
Ludwig's, Otto, „Erbförster“. Von Ferd. Hoffmann. (86 S.) (904.) (99. Bdchn.)
— „Die Makkabäer“. Von Ferd. Hoffmann. (78 S.) (906.) (100. Bdchn.)
Nibelungenlied. Von Erich Bischoff. (106 S.) (903.) (94. 95. Bdchn.)
Platen, Aug., Graf v., ausgewählte Gedichte. Von Geo. Funk. (80 S.) (906.) (105. Bdchn.)

Reuter's, Fritz, „Ut mine Stromtid, Tl. I“. Von Heinrich Klenz. (VIII, 124 S.) (905.) (106. 107. Bdchn.)
— dasselbe. Tl. II u. III. (VIII, 102 S.) (906.) (134. 135. Bdchn.)
Scheffel's, Jos. Viktor v., „Ekkehard“. Von Paul Sommer. (100 S.) (906.) (120. 121. Bdchn.)
— „Der Trompeter v. Säkkingen“. Von Paul Sommer. (68 S.) (906.) (119. Bdchn.)
Schiller's, Frdr. v., „Demetrius“. Hrsg. u. erläut. v. Heinr. Klenz. (101 S.) (903.) (91. 92. Bdchn.)
— Gedichte. Von Rich. Stecher. 3. Tl. (58 S.) (903.) (64. Bdchn.)
— dasselbe. 4. Tl. (66 S.) (903). (93. Bdchn.)
— Geschichte des Abfalls der vereinigten Niederlande v. d. spanischen Regierung. Von Geo. Funk. (124 S.) (904.) (101 102. Bdchn.)
— Geschichte des 30 jährigen Krieges. Von Geo. Funk. (131 S.) (905.) (114. 115. Bdchn.)
Shakespeare's König Heinrich IV. Von Rich. Stecher. (115 S.) (903.) (66. 67. Bdchn.)
— „König Lear“. Von Ulr. Rauscher. (64 S.) (903.) (65. Bdchn.)
— „Othello“. Von Paul Sommer. (62 S.) (903.) (75. Bdchn.)
— Sommernachtstraum für den Schul- u. Hausgebrauch. Von Wasserzieher. (40 S.) (903.) (80. Bdchn.)
Sophokles' Aias. Von Ferd. Hoffmann. (70 S.) (906.) (124. Bdchn.)
— Elektra. Von Erich Bischoff. (72 S.) (904.) (97. Bdchn.)
Sophokles' Philoktet. Von Erich Bischoff. (55 S.) (904.) (96. Bdchn.)
Tegnér's, Esaias, Frithjofs-Sage. Von Paul Sommer. (56 S. (902.) (71. Bdchn.)
Walther v. d. Vogelweide. Von Erich Bischoff. (115 S.) (903.) (88. 89. Bdchn.)
Wildenbruch's, Ernst v., „die Quitzows“. Von P. Sommer. (50 S.) (905.) (116. Bdchn.)

König's, Wilh., Erläuterungen zu den Klassikern. 136. bis 161. Bdchn. kl. 8. Leipzig, H. Beyer. à — 40

Ekkehard's v. St. Gallen, Waltharilied. Von Ferd. Hoffmann. (58 S.) (907.) (140. Bdchn.)
Goethe's Gedichte. Neue Folge. Von Geo. Funk. (91 S.) (909.) (158. Bdchn.)
Grillparzer's, der Traum, ein Leben. Von Rich. Stecher. (46 S.) (907.) (147. Bdchn.)
— „Weh dem, d. lügt!“ Von Rich. Stecher. (139 S.) (907.) (146. Bdchn.)
Grimmelshausen's Simplicius Simplicissimus. Von Ferd. Hoffmann. (185 S.) (908.) (149.—151. Bdchn.)
Halm's, Friedrich, der Fechter v. Ravenna. Von Paul Sommer. (42 S.) (907.) (141. Bdchn.)
— Gedichte. Von Paul Sommer. (54 S.) (907.) (142. Bdchn.)
Hebbel's „Judith“. Von Rich. Stecher. (42 S.) (907.) (143. Bdchn.)
Herder's Legenden. Von Geo. Funk. (71 S.) (908.) (148. Bdchn.)
Immermann's, Karl, Roman „Der Oberhof“. Von Ferd. Hoffmann. (117 S.) (907.) (144. 145. Bdchn.)
Lessing's Abhandlung: Wie die Alten den Tod gebildet. Von Ferd. Hoffmann. (48 S.) (907.) (139. Bdchn.)
Rückert's, Friedrich, Gedichte in Auswahl. Von Geo. Funk. (220 S.) (907.) (136.—138. Bdchn.)
Schulze's, Ernst, „Die bezauberte Rose“. Romant. Gedicht in 3 Gesängen. Von Ferd. Hoffmann. (78 S.) (910.) (161. Bdchn.)
Tacitus' Germania. Von Ferd. Hoffmann. (112 S.) (909.) (156. 157. Bdchn.)
Uhland's Gedichte. Neue Folge. Von Geo. Funk. (120 S.) (910.) (159. 160. Bdchn.)
Wolfram v. Eschenbach's, v., Parzival. I. Tl.: Einleitung. Buch I—VII. Von Ferd. Hoffmann. (163 S.) (909.) (152. 153. Bdchn.)
— dasselbe. II. Tl.: Buch VIII—XVI u. Abhandlgn. (142 S.) (909.) (154. 155. Bdchn.)

König, Wilh., Erläuterungen zu Schillers Wilhelm Tell f. den Schulgebrauch. 12. (64 S.) Leipzig 894. G. Uhl. n. — 40

Koenig, Guilelmus: Etude sur l'authenticite [!] des poésies de Clotilde de Surville. Halis Saxonum (1875): Ploetz. 32 S. 8°
Halle-Wittenberg, Phil. Diss. v. 15. Mai 1875
Geb. Mielitsch (Schles.) 1. 9. 1851. V.
S. 3—4 fehlt in der Paginierung. — Ersch. vollst. im Buchhandel Halle: Schwabe 1875. 173 S. 8°

Koenig, Wilh., Etude sur l'authenticité des poésies de Clotilde de Surville, poète français du 15me siècle. gr. 8. (173 S.) Halle 875, Schwabe. *

König, Wilhelm [app Arzt aus Neukirchen (Fürstentum Lübeck)]: Aus d patholog Institute zu Kiel. Ein Fall von Pankreas-Nekrose nach Blutung und Fettnekrose Kiel, Druck v Carl Böckel, 1889, 20 S + 1 Bl 8°
Kiel, Med. Fak., Inaug.-Diss. v. 28. Febr. 1889

König, W., e. Fall v. Pankreas-Nekrose nach Blutung u. Fettnekrose. Inaug.-Diss. gr. 8. (20 S.) Kiel 889. (Lipsius & Tischer.) n. — 80

Koenig, Wilh., kurzgef. Geschichte Schlesiens. Zur Begründg. d. ersten notwend. Kenntnisse in d. Heimatkunde f. d. Schuljugend bearb. 8. (16 S.) Breslau 897. H. Handel. n. — 12

Koenig, Wilh., üb. Gesichtsfeld-Ermüdung u. deren Beziehung zur concentrischen Gesichtsfeldeinschränkung bei Erkrankungen d. Centralnervensystems. gr. 8. (VI, 152 S. m. Fig.) Leipzig 893. F. C. W. Vogel. n. 4. —

König, Wilhelm, aus Fulda: Zur Kenntniss der Acetylderivate aromatischer Thioharnstoffe. *Fulda 1900: Fuldaer Aktiendr.* (40 S.) 8°
Göttingen, Phil. Diss. v. [10. März] 1901

König, Wilh., zur Kenntniss der Acetylderivate aromatischer Thioharnstoffe. Diss. gr. 8. (41 S.) Fulda 900. (Göttingen, Vandenhoeck & Ruprecht.) n. 1. —

[König, Wilhelm.] Das Laufenbad bei Holligen. Von Dr. Bäri. [Umschlag illustriert.] 8. Bern 1887.

— Lehr- u. Lesebuch f. d. reif. weibl. Jugend, s.: Kutsche, Emil.

— Lesebuch f. die reifere weibliche Jugend, s.: Kutsche, E.

Koenig, Wilh., zur französischen Literaturgeschichte. Studien u. Skizzen. gr. 8. (V, 249 S.) Halle 877. Niemeyer. n. 5. —

König, W. (Bäri, Dr.) Losot öppis. Gr.-8°, 40 S. Bern, Rudolf Jennis Buchhandlg. (Heinr. Koehler). **1886** — 50

König's, Wilh., Mentor. Notiz-Kalender f. Schüler u. Schülerinnen, Seminaristen u. s. w. (VI S., Schreibkalender u. 178 S.) 16. Leipzig (910). H. Beyer. Geb. — 60

Ein eigenartiges Museum für Natur- und Völkerkunde v. Wilhelm **Koenig.** *Stockholm: Haeggstroms Buchdr. 1898.* (SA. aus Universum. XIII. Jahrg. H. 21. Leipzig 1896/7.) (16 S.) 1 Bd 8. 98. 1348 B.

König, Wilhelm. No öppis us der Jugedzyt. 1. u. 2. Aufl. In-8°, 44 S. Bern, E. W. Krebs. 1885.

Bäri, Dr. Öppis ufe Sylvester vom W. König in Bern. In-8°, 52 S. Kommissionsverlag v. Max Fiala's Buchhandlung. **1886** 1 —

König, Wilhelm. Reminiszenzen. ([Auszüge aus:] Deliciae Urbis Bernae [von Johann Rudolf] Gruner.) Bernern und Bernerfreunden gewidmet von Dr. Bäri. [Mit 1 Vignette.] 1883. 8. Biel (1886).

Koenig, Wilh. (geb. Constantinopel 13. 10. 1858): Die Resultate der antiseptischen Behandlung, bei 20 Fällen ausgedehnter Verbrennung, in der Charité während der Jahre 1871-1882. Berlin (1883). (30 S.) 8°
Berlin, Med. Diss. v. 30. Apr. 1883

St. Barbara-Büchlein für katholische Bergleute von Wilhelm Koenig. 2. Aufl. *Laurahütte-Siemianowitz: F. Paulus 1903.* (10 S.) 8° 1 . . , 2

König, Wilhelm. Ueber das bewusste perspektivische Sehen. [Illustriert.] IV + 47 S. 8. Bern, Gustav Grunau, 1906. [fr. 1.50]

König, Wilh., Shakespeare als Dichter, Weltweiser und Christ. Durch Erläuterung von vier seiner Dramen und einer Vergleichung mit Dante dargestellt. gr. 8. (XIV, 301 S.) Leipzig und Berlin 873, Luckhardt'sche Verlagsh.

König, Wilhelm, prakt. Arzt aus Neuwied a. Rh.: **Zur Statistik und Casuistik der Tumoren der männlichen Brustdrüse.** *Würzburg 1902: C. J. Becker.* (36 S.) 8°
Würzburg, Med. Diss. v. 1902

— s.: Stecher, M. R., Erläuterungen zu Schiller's Jungfrau v. Orleans f. den Schulgebrauch.

— Streiflichter zur Theorie d. Banknote. (Nach e. Vortrage, geh. in d. sozialen Sektion d. österr. Leo-Gesellsch. in Wien am 13. V. 1909.) (27 S.) gr. 8. Wien 909. M. Perles. — 80
Sonderabdr. aus: „Österr. Ztschr. f. Verwaltg."

— **Goethes optische Studien. Festrede zur Feier von Goethes 150. Geburtstag, geh. am 26. VIII. 1899 im Hörsal des physikal. Vereins. gr. 8. (32 S.) Frankfurt a/M. (900). (C. Koenitzer's Sort.) n. 1. —**

Koenig, Guil. (geb. Blankenheim im Rheinl. 1. 8. 1812): De tabe dorsuali. Berolini (1837). (20 S.) 8°
Berlin, Med. Diss. v. 12. Dez. 1837

König, Wilhelm [app. Arzt]: Die Tuberkulose des Schultergelenkes. Besprochen auf Grund d. Beobachtgsmaterials d. chirurg. Klinik zu Göttingen ... Leipzig, Druck v. J. B. Hirschfeld, 1892; 1 Bl., 70 S. 8.
Jena, Med. Fak., Inaug.-Diss. v. [24. Mai] 1892

König, *August Friedrich* Wilhelm [aus Löbau '(Westpr.)']: Die in der Hallenser Frauen-Klinik 1887—1896 wegen retroflexio uteri ausgeführten Ventrofixationen der Gebärmutter ... Halle a. S., Plötz'sche Buchdr., 1897; 43 S., 2 Bl. 8.
Halle, Med. Fak., Inaug.-Diss. v. 10. Juli 1897

König, Wilhelm: Ueber das Verhalten einiger Oxychinaldine gegen Kohlensaure und uber die o-Oxychinaldincarbonsäure. . . . Dresden, Druck v. B. G. Teubner, 1889; 31 + 1 S. 8°
Jena, Phil. Fak., Inaug.-Diss. v. 1889

— Warenschuld u. Geldentstehung. Studie z. Kreditreform. (IV, 46 S.) 8. Wien 908. Manz. — 85

Stammbaum und Wappen des Geschlechts der Freiherren von König, von und zu Lochtum und auf dem Blumenberge nebst urkundl. Auszügen u. Bemerkungen. ⟨Als Hs. gedr.⟩ (Verf.: Wilhelm Andreas Christian v. **König.**) Halberstadt 1904. *Wernigerode (1904): B. Angerstein.* (8 S., 5 Taf.) 4° [F.] [illegible]

(Urkundenbücher und Familiengeschichte. Verf.: Wilhelm Andreas Christian v. **König**) *o. O. [1904].* (8 S., 5 Taf.) 4° [F.] [illegible]

König, Willi: Untersuchungen über den trockenen und heissen Sommer des Jahres 1904. (Berlin 1909: A. W. Schade.) 128 S. 4°(8°)
Berlin, Phil. Diss. v. 14. Okt. 1909, Ref. Hellmann
[Geb. 2. Nov. 84 Kloster Vessra; Wohnort: Berlin; Staatsangeh.: Preußen; Vorbildung: Gymn. Schleusingen Reif: O. 03; Studium: Marburg, Leipzig, Berlin zus. 12 S.; Rig. 27. Mai 09.] [U 10. 191

König, Willib. Unsere Soldaten in beweglichen Bildern. Fol. (6 farb. Bilder m. 7 Bl. Text.) Stuttg. 889, Loewe. geb. * 5 —

König, Wolfg. Jac., Jesusbild, oder 105 Passionspredigten, n. d. 4 Evang. Fol. Lpz. 722.

Koenig & Bauer, Maschinenfabrik Kloster Oberzell G. m. b. H., Würzburg. — Berlin: Eckstein [1910]. 20 S. 2° [Kopft.] (Dt. Industrie, dt. Kultur. 8, 8.) 1. 38 A.

von Koenig-Fachsenfeld, Frh. Franz [Geh. Legationssekr. in Stuttgart]: Der Mäklervertrag '(pactum proxeneticum)' im gemeinen Recht ... Stuttgart, Druck d. J. B. Metzlerschen Buchdr., 1896; 126 S. 8.
Tubingen, Jur. Fak., Inaug.-Diss. v. 1896

Koenig

— **v. Koenigsthal, Eberhard Jodocus** (Nürnberg). Observationes nonnullas de praescriptione et praesertim de disceptatione forensi in camera S. R. I. semel coepta praescriptioni non obnoxia. Specim. jurid. Altdorf (Johann Adam Hessel) 15. IV. 1773. 48 S. (6.50) 18996

König v. Königsthal, Gust. Geo.

– s.a. König

König v. Königsthal, Gust. Geo., († d. 8. Jan. 1771.) sublimis statuum S. R. J. advocatia patrimonialis et ecclesiast. ord. Fol. Wetzlar 755. Winkler. 1 ₰ 8 ℊ

— s. a. Corpus juris Germanici.

Koenig de Koenigsthal, Gust. Ge.: Corpus Juris Germanici publici ac privati hactenus ineditum e bibliotheca Senckenbergiana emissum et praefamine ipsius possessoris ornatum. T. 1. 2. Francofurti ad M. 1760. 66. 2 Bde fol.

— s. Gedanken über das jus.

König v. Königsthal, Gust. G. K., Nachlese in der Reichsgeschichte. 2 Samml. 4. Frkf. Eßlinger. 759.

König v. Konigsthal, Gust. Geo., Nachl. in d. Reichsgesch. 2 Samml. 4. Frkf. Masve. 759.

(—) Nachlese v. den Reichsgeschichten, besteh. in e. neuen Samml. v. ungedruckten Reichstags- u. insbesondere v. Reichsstädtischen Collegialhandll. unter d. Regierung Kaiser Friedrich III. 1e u. 2e Samml. von 1452—1474. 4. Frankf. u. Leipz. 759. (Schäfer). 20 ℊ

König zu Kronburg, Jos. Frhr., Grundzüge e. Reform der Düngerwirthschaft zur Vermehrung u. Verbilligung der Nährmittel, zur Beseitigung der Parasiten, sowie zur Entbehrlichmachung e. überseeischen Frucht- u. Fleischimportes nach Europa. Sammt 3 Taf. m. Normalplänen. gr. 8. (XVI, 410 S.) Leipzig 891. Thomas. n. 7. —; geb. n. 8. —

König-Liebthal, Otto, durchbrochene Schranken, s. a. Volksbücherei.

(F) **König-Liebthal**, O., Durchbrochene Schranken. [Volksbücherei. Nr. 183.] 8°. (106 S.) K —.20
Wien: Urban & Schwarzenberg 1907.

König-Liebthal, O., Durchbrochene Schranken. [Volksbücherei. Bd. 53.] 8°. geb. K 1.10
Graz: Verl.-Buchh. „Styria" 1908.

König-Witten, Heinrich Heine, der Schmutzfink im deutschen Dichterwald. gr. 8. (32 S.) Düsseldorf 893. (B. Koerbold & Co. — Leipzig, H. Beyer.) n. —20

Die evangelische Kirche und die moderne Tagespresse. Von D. [Friedrich] König-Witten. Vortrag, geh. gelegentlich d. 6. ordentl. Preuß Generalsynode 1909. Witten a. d. R.: Ev. Preßbüro [1910]. 15 S. 8° [10. 8711

König-Albert-Katalog hrsg. z. Feier d. 70. Geburtstages '(25. Apr. 1898 u. des 25j. Reg.-Jub. '(29. Okt. 1898)' Sr. Maj. d. Kön. Albert v. Sachsen. Verz. aller auf d. Jubelfeier bezügl. literar. Erscheingn ... u. sonstigen Kunst- und Industrie-Artikel. Durch d. Verlagsbuchh. Carl Stange, Frankenberg i. Sa. kann alles ... bezogen werden ... (*Frankenberg i. S.: C. Stange 1898.* (24 S., 1 Kt. Bl.) 1 Bd 8. [98. 4186

König-Albert-Katalog, hrsg. z. Feier d. 70. Geburtstages (23. IV. 1898) u. des 25jähr. Regierungs-Jubiläums (29. X. 1898) Sr. Maj. d. Königs Albert v. Sachsen. Verzeichnis aller auf d. Jubelfeier bezügl. litterar. Erscheingn., Musikalien, Kommerslieder, Prologe, Festspiele, Reden, Büsten u. sonst. Kunst- u. Industrie-Artikel. gr. 16. (24 S. m. Abb.) Frankenberg 898. C. Stange. n.n.n. — 10

Königbauer, Joach., geometrische Aufgaben für Mittelschulen und Lehrerbildungs-Anstalten. 8. (120 S.) Amberg 881, Habbel. *

—— dass. — Resultate und Lösungs-Andeutungen. 8. (56 S. mit eingedr. Fig.) Ebendas. 882. *

Königbauer, Joach., geometrische Aufgaben für Mittelschulen und Lehrerbildungs-Anstalten. 2. verb. und verm. Aufl. 8. (133 S.) [Amberg 886.] Regensburg, Habbel. *

Königbauer, J., geometrische Aufgaben f. Mittelschulen u. Lehrerbildungsanstalten. Resultate u. Lösungs-Andeutgn. 2., verb. Aufl. 8. (56 S. m. Fig.) Amberg 887. Regensburg, Habbel. n. — 60

Königbauer, Joach., geometrische Aufgaben f. Mittelschulen u. Lehrerbildungs-Anstalten. Resultate u. Lösungs-Andeutgn. 3., verb. Aufl. gr. 8. (56 S. m. Fig.) Regensburg 894. J. Habbel. n. — 60

Königbauer, Joach., geometrische Aufgaben f. Mittelschulen u. Lehrerbildungs-Anst. 4., verb. Aufl. gr. 8 (133 S.) Regensburg 897. J. Habbel. n. — 80

Königbauer, Joach., geometrische Aufgaben f. Mittelschulen u. Lehrerbildungs-Anstalten. 5., verb. Aufl. gr. 8. (133 S.) Regensburg 901. J. Habbel. Geb. in Leinw. n. 1. —

Königbauer, Joach., geometrische Aufgaben für Mittelschulen u. Lehrerbildungs-Anstalten. 6. Aufl. (133 S.) 8. Regensburg 905. J. Habbel. Geb. n. 1. —; Resultate u. Lösungs-Andeutgn. 4. Aufl. (56 S. m. Fig. (903.) n. — 60

Königbauer, Joach., geometrische Aufgaben f. Mittelschulen u. Lehrerbildungs-Anstalten. 7. Aufl. (133 S. m Fig.) 8. Regensburg 908. J. Habbel. Geb. 1.

—— Geschichte der Pädagogik und Methodik. Für Seminaristen und Lehrer bearb. gr. 8. (VI, 204 S.) Ebendas. 886. *

Königbauer, Joach. Geschichte der Pädagogik u. Methodik. Für Seminaristen u. Lehrer bearb. 2. verb. Aufl. gr. 8. (216 S.) Regensb. 889, Habbel. * 1 60

— Geschichte d. Pädagogik u. Methodik, f. Seminaristen u. Lehrer bearb. 3., verb. Aufl. gr. 8. (228 S.) Ebd. 897. n. 1. 60

— Geschichte der Pädagogik u. Methodik, f. Seminaristen u. Lehrer bearb. 4., verb. Aufl. (231 S.) gr. 8. [illegible] 03.
Geb. in Leinw. [illegible]

— Geschichte d. Pädagogik u. Methodik, f. Seminaristen u. Lehrer bearb. 5., verb. Aufl. (231 S.) 8. Ebd. 908. Geb. 2.—

—— Grundzüge der Psychologie und Logik. Für Seminaristen, Lehrer und Erzieher bearb. gr. 8. (190 S. mit 18 Holzschn.) Ebendas. 887. *

— Grundzüge der Psychologie u. Logik. Für Seminaristen, Lehrer u. Erzieher bearb. 2., verb. Aufl. gr. 8. (187 S.) Ebd. 893. n. 2. —

Königbauer, Joach., methodisches Handbuch für den Rechenunterricht in Volksschulen. 1. Thl.: Der Zahlenraum von 1 bis 20. gr. 8. (IV, 160 S.) München 879, Expedition des k. Central-Schulbücher-Verlages. **

—— methodisches Handbuch für den Rechenunterricht in Volksschulen. 2. Thl.: Der Zahlenraum von 20—1000 und unbegrenzt. gr. 8. (IV, 228 S.) München 879, Expedition des k. Central-Schulbücher-Verlages. **
1. Thl. Ebendas. 1879. * M 1,60.

Königbauer, Joach., Raumlehre. 1. Stufe: Für Volksschulen. gr. 8. (XI, 127 S. mit 55 eingedr. Holzschn. und 1 Stnt.) München 878, Expedition des k. Central-Schulbücher-Verlages. ** M 2.; geb. **

— Rechen-Aufgaben für Volksschüler. 1.—3. Heft. 8. Ebendas. 879. **
Inhalt:
Heft 1. Der Zahlenraum von 1—10. (31 S.) ** 15 Pf.
„ 2. Der Zahlenraum von 1—20. (40 S.) ** 20 Pf.
„ 3. Der Zahlenraum von 1—100. (40 S.) ** 20 Pf.

Königbauer, Joach., Rechen-Aufgaben für Volksschüler. 4. Heft: Der Zahlenraum von 100—1000 und unbegrenzt. 8. (48 S.) Ebendas. 880. **
1.—3. Heft. Ebendas. 1879. ** 55 Pf.

— zur Reform des Unterrichtsbetriebes in Volksschulen. 8. (53 S.) Bamberg 894. C. C. Buchner, Verl. n. — 80

—— Schemata u. Lehrproben. Nach den 6 psycholog. Stufen unter Mitwirkg. v. Otto Hofmiller u. Ant. Rösch hrsg. 2 Tle. gr. 8. Bamb., Buchner Verlag. [1. Tl. (X, 198 S.) 891; 2. Tl. (VIII, 196 S.) 892.] à Tl. * 3 —; * 6 —

— Schülerbuch der Raumlehre. 1. Stufe: Für Volksschulen. 8. (52 S. m. eingedr. Holzschn.) Ebend. 878. geb. n.n. — 30

Königdörffer, Herm., s. Königsdörffer

Könige, Dem. Das Vaterland. 1849. V: *Grauer.* (Kat. d. Druckschr. üb. Breslau. Breslau 1903. S. 57.)

Könige von Burgund aus dem Hause der Welfen. [Zürich 1901.] V: *Diener*, *Ernst.* (Zuwachsverz. d. Bibliothek. in Zürich 1898 ff.)

Die dänischen **Könige** aus dem oldenburgischen Hause. Hrgg. v. der Union zur Aufmunterung der Kunst in Kopenhagen (von 1836). Kopenhagen. 1843. Lithogr. 1 Bl. Fol.

In der Mitte eine Karte von Dänemark, darum die Porträts der Könige und ringsherum historische und statistische Nachrichten. Das Blatt trägt die „Lauf-Nr. 1443".

Könige, Drei, aus dem Geschlechte Wittelsbach. Max I., Ludwig I., Otto I. Hrsg. von Dr. *J. H Wolf* u. Dr. *W. Lindner.* München, 1836. Im Verlage der Herausgeber. 8°. Cart.*)
Illrsch. Frontisp u 94 S

Friedrich Wilhelm IV., König von Preussen: **Dem Könige** (Friedrich Wilhelm [IV. von Preussen]). o. O. u. J.: Gröning. 1 Bl. 8°. [Kopftit.]
Lied: „Heilig, wie Orgelstrom" ...

Dem **Könige** [Friedrich Wilhelm IV. von Preussen]. Am Vorabende des 15. Octobers 1842. o. O. [1842]. 1 Bl. 8°. [Kopftit.]
Lied: „Wenn Preussens Sohn an benedeiten Tagen" ...

Könige der Gegenwart. Biographien d. im J. 1845 regierenden Souveraine. V. den vorzüglichsten Schriftstellern Frankreichs u. Belgiens. Uebers. v. P. Str. 1. u. 2. Hft. 8. Nordhausen 846, Fürst. à
Hft. 1. Ludwig Philipp, König der Franzosen, von Jul. Janin. (5½ B.)
„ 2. Isabella II. u. Marie Christine, Königinnen von Spanien. Von Emma de Villers. Victoria von Großbritannien. — König Leopold der Belgier. Von André van Hasselt. (7 B.)

Könige der Gegenwart. Biographien im J. 1845 regierender Souveraine. Von den vorzügl. Schriftstellern Frankreichs u. Belgiens. Uebers. v. P. Str. II. Hft. Isabella II. u. Marie Christine. Victoria. Leopold I. 8. (108 S.) Nordhausen 847. (Leipzig, Fr. Hentze.) ⅓ ℛ︁ (1 u. 2; ⅔ ℛ︁)

Könige, die heil. drei, od. d. Sternweisen aus d. Morgenlande. Eine Antike auf histor. Grunde, mit Bemerkn. u. erläut. Anhn. f. gemüthl. Leser bearb. v. e. Alterthumsfreunde. gr. 8. (3½ B.) Helmstädt 833, Fleckeisen.

Könige, die heil. drei. Religiöses Schauspiel in drei Acten. kl. 8. (52 S.) Bonn 886, Hauptmann. *

— die heiligen drei. Religiöses Schauspiel in 3 Acten. 2. Aufl. 12. (52 S.) Bonn 891. P. Hauptmann. n. — 40

Könige, die heil. drei. Tagzeiten, Litanei, Gebete u. Betrachtgn. Zusammengest. v. e. Wallfahrtspriester u. Verehrer der heiligsten göttlichen Vorsehg. 16. (80 S. m. 1 Stahlst.) Graz 897. Styria. n. — 40

Könige, die, Israels und Juda's. 1. und 2. Bd. Von der Verf. von „Licht in den Wohnungen", „Morgenröthe", „Sonnenaufgang" und „Lichtstrahlen". Frei nach dem Engl. von A. Steen. Bevorwortet von L. Tiesmeyer. 8. Barmen 874, Wiemann. à Bd.
Inhalt:
Bd. 1. Die Könige Israels. (VIII, 210 S.)
„ 2. Die Könige Juda's. (VIII, 212 S. mit 1 Holzschntaf.)

Polens Könige und Herrscher. 40—50 heliogr. Porträts nach Zeichnungen von J. Matejko. Mit Text von S. Smolka. Format 31×41 *cm.* In Lieferungen mit je 2 Bildern. Deutsch und polnisch per Lieferung 1.—
Wien: Perles 1890.

Polens Könige u. Herrscher. Porträtgallerie, dargestellt in 40—50 Heliogravuren (Format: 31/41 *cm*). Nach Original-Zeichnungen von Jan Matejko, Director der k. k. Kunstschule in Krakau. Mit historischer Einbegleitung von Dr. Stanislaus Smolka, k. k. Professor der Geschichte an der Krakauer Universität. Lieferung 17 Wien: Perles 1892. à 1.—
Dasselbe, feine Ausgabe (China). Lieferung 17 à 1.80
Dasselbe in poln. Sprache. Lief. 17 1.—
Feine Ausgabe (China). Lief. 17 1.80

Polens Könige u. Herrscher. Porträtgallerie, dargestellt in 40—50 Heliogravuren (Format: 31/41 *cm*) Nach Orginal-Zeichnungen von Jan Matejko, Director der k. k. Kunstschule in Krakau. Mit historischer Einbegleitung von Dr. Stanislaus Smolka, k. k. Professor der Geschichte an der Krakauer Universität. Lieferung 18 Ebd. à 1.—
Dasselbe feine Ausgabe (China) Lieferung 18 à 1.80
Dasselbe in poln. Sprache. Liefg. 18 1.—
Feine Ausgabe (China) Liefg. 18 1.80

Polens Könige und Herrscher. Porträtgallerie, dargestellt in 40–50 Heliogravuren (Format 31/41 *cm*). Nach Original-Zeichnungen von Jan Matejko, Director der k. k. Kunstschule in Krakau. Mit historischer Einbegleitung von Dr. Stanislaus Smolka, k. k. Professor der Geschichte an der Krakauer Universität. Liefrg. 19 Ebd. 1.—
Dasselbe, feine Ausgabe (China) 1.80
Prospecte hiezu gratis.
Dasselbe in polnischer Sprache 1.—
Feine Ausgabe (China-) Ausgabe 1.80

Polens Könige und Herrscher. Porträt-Gallerie, dargestellt in 40—50 Heliogravuren (Format 31/41 *cm*). Nach Original-Zeichnungen von Jan Matejko, Director der k. k. Kunstschule in Krakau. Mit historischer Einbegleitung von Dr. Stanislaus Smolka, k. k. Professor der Geschichte an der Krakauer Universität. Lieferung 20 Ebd. 1.—
Dasselbe, feine Ausgabe (China) 1.80
Prospecte hiezu gratis.
Dasselbe in polnischer Sprache 1.—
Feine Ausgabe (China-) Ausgabe 1.80

Polens Könige und Herrscher. Porträt-Gallerie, dargestellt in 40—50 Heliogravuren (Format 31/41 *cm*). Nach Original-Zeichnungen von Jan Matejko, Director der k. k. Kunstschule in Krakau. Mit historischer Einbegleitung von Dr. Stanislaus Smolka, k. k. Professor der Geschichte an der Krakauer Universität. Lieferung 21 Ebd. 1.—
Dasselbe, feine Ausgabe (China). Lieferung 21 à 1.80
Dasselbe in poln. Sprache. Liefrg. 17 1.—
Feine Ausgabe (China). Lief. 21 1.80

Polens Könige und Herrscher. Porträt-Gallerie, dargestellt in 40—50 Heliogravuren (Format 31/41 *cm*). Nach Original-Zeichnungen von Jan Matejko, Director der k. k. Kunstschule in Krakau. Mit historischer Einbegleitung von Dr. Stanislaus Smolka, k. k. Professor der Geschichte an der Krakauer Universität. Lieferung 22 Ebd. 1.—
Dasselbe, feine Ausgabe (China). 1.80
Prospecte hiezu gratis.
Dasselbe in poln. Sprache. 1.—
Feine Ausgabe (China-). 1.80

Polens Könige und Herrscher. Porträt-Gallerie, dargestellt in 40—50 Heliogravuren (Format 31/41 *cm*). Nach Original-Zeichnungen von Jan Matejko, Director der k k. Kunstschule in Krakau. Mit historischer Einbegleitung von Dr. Stanislaus Smolka, k. k. Professor der Geschichte an der Krakauer Universität. Lieferung 23 (Schluss) 1.— Ebd.
Dasselbe, feine Ausgabe (China). Liefg. 23 (Schluss) 1.80
Prospecte hiezu gratis.
Dasselbe in poln. Sprache. Liefg. 23 (Schluss) 1.—
Feine (China-) Ausgabe Liefg. 23 (Schluss) 1.80

Könige, d. republikanischen, Cäsar, Octavius, Augustus u. Napoleon Bonaparte. Eine histor. Vergleichung. 8. Gotha... Hennings. 18 ℊ

Könige Roms v. Leder; e. Farce, gefund. in Midas langen Ohren, v. Aristius, ein Grobschmid, a. d. Röm. 8. Erfurt, Hennings. 801.

[Vom römischen **Könige**.] o. O. [um 1750].

Könige, Sachsens erhabenem, bei seiner Jubelfeyer ... Leipz. 1818. V: *Clodius, Christian Aug. Hnr.* (GGr)

Könige und Tyrannen, Syrakusanische, aus griechischen Münzen ... O. O. 1750. V: *Agnethler, Michael Gottlieb.* (Trausch

Könige, Dem, am ersten Tage des fünften Jahrhunderts seiner Universität. Leipzig 1809. V: *Erhard, Christian Dan.* (MGT) (GGr)

Könige, unsere bayerischen. Heiteres aus deren Leben. gr. 8. (15 S. m. 4 Bildnissen.) München 898. A. Weinreich. n. — 10

Könige, Die wahnsinnigen, historisches Gemälde. Königsb. 1796. V: *Fischer, Christian August.* (HS) »Königsb. 1797—1800« (Ky)

— d. wahnsinnigen, historisches Gemälde. 1e Abtheil. (A. unt. d. T.: Erich XIV., König v. Schweden). 2e Abthl. (A. u. d. T.: Karl VI. König v. Frankreich). 8. Königsb. 797. Nicolovius. 16 gr Schrbp. 20 gr

— die wahnsinnigen, histor. Gemälde. (v. Chr. Aug. Fischer). 8. Königsb. 797—800. Mit des Verf. Namen unt. d. T.: Biographien unglückl. Könige. 2e Aug. 8. Ebd., (Gebhardt in Grimma). 16 gr

Könige, A. v., das Westland, s. Westland.

KÖNIGE, Aloys Albrecht v.: Entwurf eines Grundrisses der Forstwissenschaft in ihrem ganzen Umfange, erläutert durch eine systematische Reihenfolge der wichtigsten Examinationsfragen in jedem einzelnen Zweige dieser Wissenschaft. - Heidelberg 1830. 70 S.

— Entwurf e. Grundrisses d. Forstwissenschaft in ihrem ganzen Umfange, erläutert durch eine Reihenfolge d. wichtigsten Examinationsfragen in jedem einzelnen Theile dieser Wissenschaft. 1e Abtheil. Lex.:8. Heidelb. 830. Oßwald. 14 gr

Könige, A. Albr. v., Entwurf e. Grundrisses d. Forstwissenschaft in ihrem ganzen Umfange, erläut. durch e. systemat. Reihenfolge d. wichtigsten Examinationsfragen in jed. einzel. Zweige dies. Wissenschaft. 1. Abthl. Lex.-8. (4¼ B.) Heidelberg 831, A. Osswald.

KÖNIGE, Aloys Albrecht v.: Von dem nachhaltigen Ertrage der Waldungen bei verschiedenen Betriebsarten in Hinsicht auf Nationalwohlstand und Steuerung des Holzmangels, wenn bei der Ausmittelung des Geldertrages der Wälder das Holz nur als Brennmaterial in Anschlag gebracht wird. - Heidelberg 1828. 82 S. - Diss.

v. Könige, A. Albr., von dem nachhaltigen Ertrage d. Waldungen bei verschied. Betriebsarten, in Hinsicht auf Nationalwohlstand u. Steuerung des Holzmangels, wenn bei d. Ausmittelung des Geldertrages d. Wälder d. Holz nur als Brennmaterial in Anschlag gebracht wird. Inaug.:Abhandl. gr. 8. Heidelb. 828. Oßwald. (Groos). 16 gr

Könige, Eduard [app. Arzt aus Rastatt]: Zur Geschichte der Anatomie der Hirnnerven ... Freiburg i. B., Buchdr. v. H. Epstein, 1897; 42 S. 8.
Freiburg i. B., Med. Fak., Inaug.-Diss. v. 1897

Koenige, Heinr., Jos. *Stranz* [und] Albert *Pinner*, Die Börsentermingeschäfte, die handelsrechtlichen Lieferungsgeschäfte und die Differenzgeschäfte nach d. Gesetz, betr. Änder. d. Börsengesetzes vom 8. Mai 1908 u. nach d. BGB. (§§ 762, 764). Berlin 1909. 8°.
(*Staub*, Herm., Kommentar z. Handelsgesetzbuch. 8. Aufl.)

Könige, Heinr., Gesetz, üb. d. privaten Versicherungsunternehmungen, s.a. Guttentag's Sammlung deutsch. Reichsgesetze. Nr. 62.

Koenige, H[einrich]: Gesetz über die privaten Versicherungsunternehmungen. Vom 12. Mai 1901. Text-Ausg. mit Anm. u. Sachreg. 2. Aufl. Berlin 1910. 8°
[1. Aufl. 1901.]

— Handelsgesetzbuch v. 10. V. 1897 nebst Abdr. des Gesetzes üb. die Angelegenheiten der freiwilligen Gerichtsbarkeit (Titel 7, Kammern f. Handelssachen). Verglichen m. dem allgem. deutschen Handelsgesetzbuch, dem bürgerl. Gesetzbuch u. der Rechtsprechg. d. Reichsgerichts u. Reichsoberhandelsgerichts. Zum prakt. Gebrauch dargestellt. 8. (410 S.) Berlin 899. J. Guttentag. Geb. in Leinw. n. 4.50

— s.: Handelsgesetze, die, des Erdballs. (Handels- u. Seerecht usw. v. Deutschland.)

Könige, H., Commentar zum Gesetz, betr. die gemeinsamen Rechte der Besitzer v. Schuldverschreibungen, v. 4. XII. 1899. Als Anh.: Zusammenstellung d. Regierungsentwurfs u. der Kommissionsbeschlüsse, sowie d. Hypothekenbankgesetz v. 13. VII. 1899. gr. 8. (VIII, 130 S.) Tübingen 900. J. C. B. Mohr. Geb. in Leinw. n. 3.50

Könige, Heinr. Kommentar zum Handelsgesetzbuch, s.: Staub, H.

— s.: Zeitschrift, Leipziger, f. Handels-, Konkurs- u. Versicherungsrecht.

Koeniger, Alb. Mich., die Beicht nach Cäsarius von Heisterbach, s.a. Veröffentlichungen aus dem kirchenhistor. Seminar München. II. 10.

Die Beicht nach Cäsarius von Heisterbach von Albert Michael **Koeniger.** München: J. J. Lentner 1906. (VIII, 102 S.) 8°
= **Veröffentlichungen** aus d. Kirchenhist. Seminar, München. Reihe 2. No 10. [06. 7994

Koeniger, Albert Michael: Burchard I. von Worms und die deutsche Kirche seiner Zeit ⟨1000—1025⟩. Ein kirchen- und sittengeschichtliches Zeitbild. Erlangen 1905: Junge & Sohn. (48 S.) 8° ¶ (Ersch. vollst. 1905 als: Veröffentlichungen aus d. Kirchenhist. Seminar München, II. Reihe No 6.)
München, Theol. Fak., Ref. Knöpfler, Diss. v. 27. Febr. 1905
[Geb. 23. Febr. 74 Lauingen; Wohnort: Lauingen; Staatsangeh.: Bayern; Vorbildung: Gymn. Dillingen Reife 95; Studium: München phil. 2, theol. 6 S.; Rig. 10. Dez. 04.]
(Nur in beschränkter Anzahl für den Austausch)

— **Burchard I. v. Worms u. die deutsche Kirche seiner Zeit,** s.a. Veröffentlichungen aus dem kirchenhistorischen Seminar München. II. 6.

Burchard I. von Worms und die deutsche Kirche seiner Zeit ⟨1000—1025⟩. Ein kirchen- u. sittengeschichtl. Zeitbild von Albert Michael **Koeniger.** München: J. J. Lentner 1905. (XII, 244 S.) 8°
= **Veröffentlichungen** aus d. kirchenhist. Seminar, München. Reihe 2, No 6. [05. 7355

Küniger, Alb. Mich., s.: Festgabe, Alois Knöpfler z. Vollendung d. 60. Lebensjahres gewidmet.

— Quellen z. Gesch. d. Sendgerichte in Deutschl. Mit Unterstützg. d. Savignystiftg. hrsg. (XVI, 331 S.) gr. 8. München 910. J. J. Lentner. 7.60

Koeniger, Albert Michael, Dr. theol. in München: Die Sendgerichte in Deutschland. Bd 1. München: J. J. Lentner 1907. (XVI, 203 S.) 8° ¶ (= Veröffentlichungen a. d. Kirchenhist. Seminar München Reihe 3 Nr. 2.)
München, Theol. Fak., Hab.-Schr. v. 1907
(Nicht für den Austausch, lag nicht vor.)

— Die Sendgerichte in Deutschland, s.a. Veröffentlichungen aus d. kirchenhistor. Seminar München. III. 2.

— Voraussetzgn. u. Voraussetzungslosigkeiten in Geschichte u. Kirchengeschichte, s.a. Veröffentlichungen aus dem kirchengeschichtl. Seminar München. Nr. 9.

Voraussetzungen und Voraussetzungslosigkeit in Geschichte und Kirchengeschichte. Von Dr. Albert Mich. **Koeniger,** Privatdoz. München: Lentner 1910. 50 S. 8°
(Veröffentlichungen aus d. Kirchenhist. Seminar, München Reihe 3, Nr 9.) [10. 3139

Die Sendgerichte in Deutschland. Von Dr. theol. Albert Michael **Koeniger** in München. Bd 1. München: J. J. Lentner 1907. 8°
= **Veröffentlichungen** aus d. kirchenhist. Seminar, München. Reihe 3. No 2. [07. 10913

Koeniger, Carl, s. Koeniger, Karl

Königer Ernst: Beiträge zur Entwicklung des päpstlichen Gesandtschaftswesens von der Mitte des 11. Jahrhunderts bis zur Zeit der großen Dekretaliensammlung.
1904 PN 1719 Diss. Wien, Univ. 886'.

KÖNIGER, Franz (Pelchenhofen): Beiträge zur Kenntnis der primären malignen Tumoren der Leber und Leberpforte, speziell des Lebercarcinoms. (Titel nach der Urkunde)
20.12.1901 – Urk; Chr 1901/02,24
Diss. Ingolst.-Landsh.-Mchn.

KOENIGER, Franz: Kulturhistorische Züge aus dem Leben der ersten Christen nach dem παιδαγωγός des Klemens von Alexandrien und den Schriften Tertullians. -- 1908. 104 Bl. Diss. Graz, Univ.

Königer, Frz. Xaver, Hauptmomente der bibl. Geschichte in Fragen u. Antworten, m. viel. Denkversen u. lehrreichen Anwendungen. 8. (2¾ B.) Regensburg 843, Manz.

Königer, Friedr., Tabellen zur genauen Berechnung der Wechsel-Stempelsteuer für ganz Deutschland mit kurzen und leicht faßl. Erläuterungen über Steuerpflichtigkeit, Stempelabgabe, Steuerentziehung rc. auf Grund des Wechselstempelsteuergesetzes vom 10. Juni 1869 und der hiermit in Verbindung stehenden neuesten Vollzugsschriften. 8. (15 S.) Ellwangen 871, (Schwäbische Buchh.) *

Königer, Friedr., Zettelberechnungs-Tabellen für Tuchmacher. Enth.: Genaue Angabe der zu jedem zu fertigenden Zettel in die Tuchgeschirre von 40 bis 120 Gang zu einer Länge von je 6 bis 30 Zeichen erforderl. Strange Garn. Nebst Anh.: Belehrungen über Ketten- und Schußberechnung, namentlich in Beziehung auf mehrfarb. Muster. br. 8. (69 S.) Stuttgart 864, Fischhaber.

Koeniger, Hermann: Aus der chirurgischen Klinik der Universität Bonn. Beitrag zur Symptomatologie und Ätiologie des Mal perforant du pied. *Bonn 1898: C. Georgi.* (42 S.) 8°
Bonn, Med. Diss. v. [7. März] 1898

Königer, H., Histolog. Untersuchungen üb. Endokarditis, s. a. Arbeiten aus dem patholog. Institute zu Leipzig. 2. Hft.

Histologische Untersuchungen über Endokarditis. Von Dr. H[ermann] Königer, Erlangen. Mit 2 Taf. *Leipzig, S. Hirzel 1903.* (VI, 162 S.) 4°(8°)
— Arbeiten aus d. pathologischen Institute zu Leipzig. H. 2. [•]. 14970

Königer, Hermann, Dr., Oberarzt an der medizinischen Klinik: Die zytologische Untersuchungsmethode, ihre Entwicklung und ihre klinische Verwertung an den Ergüssen seröser Höhlen. Aus d. med. Klinik zu Erlangen. Jena 1907: G. Fischer. (IV, 112 S.) 8°
Erlangen, Med. Fak., Hab.-Schr. v. 16. Dez. 1907
(Nur in beschränkter Anzahl für den Austausch)

Königer, Herm., die zytolog. Untersuchungsmethode, ihre Entwicklung u. ihre klinische Verwertung an den Ergüssen seröser Höhlen. (Aus der medizin. Klinik zu Erlangen.) (IV, 112 S.) gr. 8. Jena 908. G. Fischer. 3.—

Koeniger's, Joh. Valentin, Biographie u. Gedichte. gr. 12. (10½ B.) Wesel 837, Becker'sche Buchh.

Königer, Jul., der Krieg von 1815 u. die Verträge von Wien u. Paris. Leipzig 865. Hirzel. gr. 8. (VIII, 475 S. mit 1 lith. Karte in gr. Fol.) n. 2 ₰ 10 ngr.

— die Völkerschlacht bei Leipzig nach den Hauptzügen ihres Verlaufs und ihre Bedeutung. Für Deutschlands Schule und Haus dargestellt. gr. 8. (VI und 169 S. mit 1 lithogr. Uebersichtskarte für die Schlacht und 1 lithogr. Plane für die Einnahme der Stadt in Fol.) Leipzig 864, Hirzel.

Koeniger, Karl

Koeniger, Carl [app. Arzt aus Düdelsheim (Hessen)]: Experimentelle Beiträge zur Kenntniss der acuten Quecksilbervergiftung. . . . Würzburg, Anton Boegler'sche Buchdr., 1888; 31 S. 8°
Würzburg, Med. Fak., Inaug.-Diss. v. 1888

Koeniger, K. Gardone-Riviera am Gardasee. Mit e. Ansicht in Heliograv. u. e. Karte. gr. 8. (V, 70 S.) Berl. 890, Springer. * 2 —

Koeniger, K., Gardone-Riviera am Gardasee. 3. Aufl. 8. (III, 84 S.) Berlin 894. J. Springer. n. 1. 20

Koeniger, K., Gardone Riviera am Gardasee als Winterkurort. 4. Aufl. 8. (III, 108 S. m. 1 farb. Karte.) Berlin 901. J. Springer. n. 1. 20

Koeniger, K., Gardone-Riviera am Gardasee als Winterkurort. 5., v. U. Koeniger durchgeseh. Aufl. Mit 1 Wegekarte. (III, 102 S.) 8. Berlin 907. J. Springer. 1. 20

Koeniger, der klimatische Kurort Gardone-Riviera am Gardasee, s. Sonder-Abdrücke der Deutschen Medizinal-Zeitung.

Koeniger, Karl (geb. Darmstadt 14. 8. 1850): Ueber die sogenannten metastatischen Complicationen der Gonorrhoe, insbesondere über einen Fall von Iridochorioiditis gonorrhoica. Berlin (1872). (31 S.) 8°
Berlin, Med. Diss. v. 31. Dez. 1872

— Lippspringe. Kurze Darlegg. meiner Grundsätze u. Erfahrgn. u. e. Führer f. den Kurgast daselbst. 6., veränd. Aufl. 8. (III, 63 S.) Berlin 893. R. Schoetz. n. 1. —

Königer, Leop., die Grundlehren der niederen Meßkunde leicht faßlich dargestellt. gr. 8. (VIII und 80 S. mit eingedr. Holzschn.) Frankfurt a. M. 855, Sauerländer's Verlag.

Königer, M., Cholera u. Typhus in München. Ein Beitrag zur Sanitäts-Statistik der Stadt München. 1. Hft. Die Choleraepidemie von 1873/74. Mit 8 lith. Taf. u. 2 Lichtdr.-Bildern. gr. 8. (V, 63 S.) München 882. Rieger. n. 8. —

Königer, M., Cholera u. Typhus in München. Ein Beitrag zur Sanitäts-Statistik der Stadt München. II. Hft. Die Typhus-Mortalität in München während der J. 1871—80. gr. 8. (81 S. m. 4 Karten.) München 886. Rieger. n. 4. — (I. u. II.: n. 12. —)

Königer, O., allgem. Baukonstruktionslehre, s.: Breymann, G. A.

Königer, O., s.: Breymann, G. A., allgemeine Baukonstruktionslehre.

Koeniger, Udo, appr. Arzt: Ueber Schädeltuberkulose. München 1905: Kastner & Callwey. (24 S.) 8°
München, Med. Fak., Ref. v. Bollinger, Diss. v. 15. Dez. 1905
[Geb. 17. Dez. 82 Manila, Philippinen; Wohnort: Lippspringe, Westf.; Staatsangeh.: Preußen; Vorbildung: Gymn. Barmen Reife O. 00; Studium: München 4, Kiel 1, Halle 1, München 3 S.; Coll. 15. Dez. 05; Approb. 21. Febr. 05.]

Königsfeld, J., Vorschläge zur Verbesserung d. Bildungs- u. Besoldungsverhältnisse des Schullehrers rc. 8. Heidelb. 822. (Groos). 12 K

Königfels, s.a. Königsfels

v. Königsfels, Graf Ed. Ant., s. Grundsäze d. analyt. Philosophie.

Königgrätz [Schlagwort]

Königgrätz, s. a. Europa. Liebenow. — Geschichtskarten. Bothert. — Radfahrerkarten. Lechner.

Königgrätz — Karte des Schlachtfeldes von —, etc. bearb. von Augenzeugen. 50,000. Wien 1866, Gerold.

Könighoff, J. De Scholiastae in Terentium arte critica comment. 24 S. . . . .
Aachen, Progr. 1840

Könighoff, J. Critica et exegetica. 26 S. [Il. A, 514 sq. 545. B, 687. Γ, 113. 115. E, 43 sq. 62 sq. 661 sq. Z, 158. H, 211 sq. 416. Θ, 213. I, 156. 309. 319. 609. 675. K, 355 sq. 391. N, 146. P, 404. 412. Σ, 603. T, 182 sq. Ψ, 334. 338. Odyss. α. 272 sq. λ, 423 sq. π, 340. Plat. Apol. 30 E. Crit. 48 D. Thuc. III, 59. Suid. s. v. 'Ασκληπιάδης. Cic. Tusc. I, 1, 3.] .
Münstereifel, Progr. 1850

Könighoff. Critica et exegetica altera. [Hom. Il. I. 378. K. 418 sqq. Herod. I. 134. Sallust. bell. Iugurth. cap. XVI. cap. XLII. cap. XLVII. Liv. XXIII., 44. III. 139. Tuscul. I., 9, 19. III. 8. Cic. pro Sest. c. III. Cic. offic. I. 11. Tusc. I., 28. Aelian. V. H. I. 31. Herod. I. 28. II. 30. II. 120. IV. 62. Xen. Anab. V. 9. 19. Cic. off. I., 5. I., 24. Cic. Tusc. III., 8. Tacit hist. III., 42.] 32 S.
Trier, Progr. 1854

Koenighoff: Criticon et exegeticon. Zs. 62 S. (Verbesserung u. Erklärung von Stellen aus Aelian. usw.) – Trier, Progr. 1854. 1861.

Koenighoff, J. Dissertatio terentiana critica. 14 S. G. Trier 1877. Progr.

Koenighoff, Jo. De ratione, quam Terentius in fabulis Graecis latino convertendis secutus est, comment. 74 S. 8.
Münstereifel, Progr. 1843

Koenighoff, J., de ratione quam Terentius in fabulis Graecis latine convertendis secutus est commentatio. Pars I. 8maj. (4⅝ B.) Coloniae 843. (Bonn, Habicht.) * .

[F.] Eine Königin. Histor. Roman (von ***) aus d. Zeit Napoleon Bonapartes u. Bernadottes. Dem Schwed. nacherzählt v. Emil [Jacob] Jonas. Autoris. Uebs. (Bd I. II.) *Berlin: W. Peck [1895].* 2 Bde 8. (I. 1 Bl., 307 S., 1 Portr.) (II.) (304 S., 1 Portr.) [96. 33:5

Königin, eine. Histor. Roman aus d. Zeit Napoleon Bonapartes u. Bernadottes. Dem Schwed. nacherz. v. Emil Jonas. Autoris. Uebersetzg. 2 Bde. 8. (307 u. 304 S. m. 2 Bildn.) Berlin 896. W. Peck. n. 6. —; in 1 Bd. geb. n. 7. 50

KÖNIGIN, Die, der Barrikaden, oder durch Mord zum Thron, deutsch (aus d. Französ.?) von A. Lorenz. 2 Bde. Berlin 1873. 8°. (Mk. 6—.) (2 Mk. 50 Pfg. Theod. Ackermann, München, 1883.)

Königin, die, der Feen, ein Roman von D. Reichardt, 1r Theil, mit Kupf. 8. Heilbronn, 795. Dasselbe Buch ohne Kupfer.

Königin Filippa, s.: Filippa.

Königin Friederike von Schweden, s. Friederike.

Königin, die, der Hellseherinnen in Orlach. Eine sehr kleine Erzählung, u. e. große Wahrheit f. d. Gläubigen u. Ungläubigen. Von e. Augenzeugen. 8. (1 B) Hall 833, Haspel.

Königin, die, der schwarzen Inseln. Oper in 2 A. (v. Jh. Schwaldopler). 8. Wien, Wallishausser. 5 Kr

Königin, Die, der schwarzen Inseln; eine Oper in zwey Akten. Wien 1801. V: *Schwaldopler, Johann.* (MGT) (Ky) (Kn) (WBL)

Königin Luise, s. Luise, Königin.

Königin, Ihrer Majestät der, . . . dargebracht von der Stadt Breslau. Breslau 1841. V: *Weichert, Nathanael August.* (Kat. d. Druckschr. üb. Breslau. Breslau 1903. S. 35.)

Königin, Ihrer Majestät der, . . . Breslau 1861. V: *Meyer, Samuel.* (Kat. d. Druckschr. über Breslau. Breslau 1903, S. 65.)

— Mathilde, die, s.: Mathilde, die Königin.

Königin, die, v. Paris. — Wandlungen. Zwei Novellen von B. v. S. S. 8. (244 S.) Dresden 890. Pierson. n. 3.—

— Philippa, s.: Ausland, das romantische, 55—69. Bd. — Bibliothek, Europäische, 325—329 u. 375. Bd.

Königin, d., d. Rosenhayns; od. d. Land d. Liebe. Oper von J. Lecrer. 8. Wien. (Liebeskind, Lpz.) 797. -

Königin, die, von Saba. Oper in vier Acten von S. H. Mosenthal. Musik von Carl Goldmark. (Textbuch.) 8. (32 S.) Wien, Künast. ** — 50

Die | Königin der Savannen | oder | der Schrecken der Komanchen. | Eine Erzählung | aus dem Gebiet der freien Indianer. | Druck und Verlag von R. Bardtenschlager in Reutlingen. (= *No.* 367).
o. J., 64 S., 167 × 108, kol. U.-Fig.: *Mit einem dumpfen Pfeifen stürzte sich die Klapperschlange auf die schlafende Mulattin mit dem Kinde los.*, 117 × 90.
LBS d. D. oct K 3501.

Königin Sieglinde, der, Rhein-Fahrt, s. Sieglinde.

Die Königin des Westens: June? 1849—1850.
Roman Catholic weekly. Merged with CINCINNATI VOLKSFREUND. Edited & published by Hermann Lehmann.
Cincinnati, OH

Königin, Die, der Wissenschaften. Salzburg 1891. V: *Gassner, Joseph.* (Hr)

Königin, die, der Wissenschaften. Von G. P. G. gr. 8. (V, 87 S.) Salzburg 891. M. Mittermüller. n. — 80

v. Königinberg, F. X., s. Träger v. Königinberg.

v. Königinberg, (F. X. T. E.,) Darstell. derjen. Individuen, denen man nach bestehenden allerhöchsten Anordnungen u. Gesetzen entweder gar nicht, oder nur bedingt borgen kann rc. 4. Prag 826. (Central-Cptr. in Lpz.)

Königin-Füsiliere. (Im Auftrage des Füsilier-Regiments Königin ⟨Schleswig Holsteinischen⟩ Nr. 86 bearb v. Offizieren des Regiments. 3. Aufl. Leipzig. 1902) 8°

Königinhofer Handschrift, s. Handschrift.

Königin Luise-Gedenkblatt der Jugend-Rundschau, Wochenschrift zur Pflege der staatsbürgerl. Erziehung der deutschen Jugend. Zum 19. VII. 1910. (12 S. m. Abbildgn.) Lex. 8. Lahr (910). M. Schauenburg. —10

Königinnen drey vom Freyherrn von Wakkerbart, 4. Leipzig, 795. G. Fleischer. 10 sgl.

Königinnen, Vier; Königs Philipp II. Töchter . . . Prag u. Leipz. 1792. V: *Albrecht, Johann Friedrich Ernst.* (MGT) »1792—93« (Ky)

Königinnen, 4., Königs Philipp I. von Spanien Töchter. Gesch. a. d. 16ten Jahrh. v. Verf. d. Laurette Pisang, (J. F. E. Albrecht.) 3 Thle. mit K. Prag. (Leo in Lpz.) 792. 93.

— vier, König Philipp I. von Spanien Töchter, Geschichte aus dem sechszehnten Jahrhundert, vom Verfasser der Lauretta Pisana, (D. Albrecht) Thle. 8. Prag, 792-93. Neurenttter. 1. Rthl. 18 sgl.

Königinnen, Die zwo; a. d. Franz. O. O. 1772. Ü: *Pauersbach, Joseph von.* (MGT)

Königk, Alex., vollständ. Declinations-Tabelle aller russ. Hauptwörter. Roy.-Fol. Riga 838, Götschel.

Königk, H.: Geschichte des Turnens in Breslau. Breslau 1859. 26 S. Breslau, Gymn. zu St. Maria Magdalena P 1859.

Königk: Geschichte d. Turnens in Breslau. 26 S. u. Figurentafel.–Breslau M., Progr. 1859

Koenigk, Herm., Ratgeber f. Schulinspektoren. Die Volksschule, ihr Äußeres, ihre Arbeit u. ihre Beaufsichtgg. gr. 8. (36 S.) Breslau 894. F. Hirt. n. —50

Königk, Herm., allgem. Verfüggn., betr. d. Volksschulwesen im Reg.-Bez. Stettin, m. d. zugehör. gesetzl. Bestimmgn. u. Ministerial-Erlassen, sachl. geordn., m. erläut. Texte u. m. Registern vers. gr. 8. (616 S.) Breslau 895. F. Hirt. Geb. in Halbleinw. n. 6. 50

Königk, Johann Christian

— — Solennia doctoralia Heinrich Christian Hacke (Leipzig). Lpz. (Lang) 26. III. 1733. 8 Bl. mit Biogr. H.'s. (M.: A. C. Heym.) (6.—) 19003

— — Solennia doctoralia Jo. Georg Knoblauch (Nissano/Zittau). Lpz. (Langenheim) 13. IX. 1731. 6 Bl. mit Biogr. Kn.'s. (M.: M. Ridel.) (6.—) 19002

Königk, Jo. Christian [Praes.], s. Krantz, Karl Christian: De praesentatione literarum cambialium. Von Präsentirung der Wechsel-Briefe.

— — Lectionem cursoriam et disputationem inaug. a Johann Friedlieb Vockel (Oschatz). Lpz. (Koenig) 22. III. 1728. 6 Bl. mit Biogr. V.'s. (M.: M. S. Hoepner.) (6.—) 19001

— — De officio mariti erga suam uxorem, von der Pflicht und Schuldigkeit eines Ehe=Mannes gegen seine Ehe=Frau. Disp. jur. Lpz. (Scholvin) 20. IV. 1693. 18 Bl. (6.50) 18998
Gew.: Joh. Friedrich Falckner (Brauswig, Gestewiz).

— — Dasselbe. 16 Bl. ohne Widm. (6.50) 18999

— — Dasselbe. Lpz. (ohne Drucker) 1710. 16 Bl. (6.50) 19000

— — Solennem in jure promotionem doctoralem viri Gustav Heinrich Mylius (Leipzig). Lpz. (Johann Christian Langenheim) 30. XII. 1734. 16 S. mit Biogr. M.'s. (M.: R. Küstner.) (6.—) 19004

Königke, J. C.: Leipziger Wechselordn. mit Anmerkk. begleitet. *Leipz.* 712. 717. 4.

Königken, Johann Christian: „Der Stadt Leipzig Wechsel-Ordnung / Mit nöthigen und nützlichen / Anmerkungen versehen / Wobey auch / Ein Anhang zu befinden / Welcher nicht nur das so genannte Leipzigische Marckt-Rescript . . . . ingleichen / viele andere Königl. Poln. und Churfürstl. Sächs. hierher gehörende / Mandata und Verordnungen / sondern auch unterschiedene Wechsel-Ordnungen von andern Plätzen, deren Verzeichnis zuletzt befindlich accurat darstellet", Leipzig 1712. — Dasselbe (mit erweitertem Titel und vermehrten Anhängen) „zum andern mahle herausgegeben", ebenda 1717. — Beide vorh.: Bücherei der Industrie- und Handelskammer Leipzig und Com. Bibl. Hamburg.

Königk, L., Gerechtigkeit für Polen. Sendschreiben an E. M. Arndt, als Entgegnung auf ein fliegendes Blatt: „Polenlärm und Polenbegeisterung." gr. 8. (36 S.) Leipzig 848, Verlags-Bureau.

König Lear-Methode, Die, in der sozialen Frage. Leipzig 1890. V: *Monteton, Otto Dijon Freih. von.* (Russell XVI, II, 2, 1680)

König-Lear-Methode, die, in der sozialen Frage. Von ***. gr. 8. (19 S.) Leipzig 890. Th. Fritsch. —50

König Ludwig-Album, s. Breling, H., König Ludwig-Album.

Königreich, das, Gottes. Berlin 869. (E. Beck.) gr. 16. (50 S.) n. 5 ngr.

Königreich, Das, Jesu auf Erden . . . über den wahren und falschen Chiliasmus. Basel 1873. V: *Öhninger, Friedrich.* (Cat. d. Stadtbibl. Zürich. Zürich 1864—97.)

Königreich Jesu, das, auf Erden od. e. Hirt u. e. Heerde. Satan gebunden tausend Jahre. Ein Wort üb. den wahren u. falschen Chiliasmus. [Aus „Weissagungs-Freund".] 8. (35 S.) Basel 873. Spittler. — 15

Jesu, das, die Hoffnung der Christen. 8. (16 S.) Basel Spittler.

eich, das lombardisch-venetian., s. a. Atlas für Zeitleser, Nr. 3.

Lombardisch-venetianisches Königreich. *a) Lombardie. Herausgeg. vom k. k. geogr. Inst. zu Mailand im J. 1833. 42 Bl. 16" H. 25" Br. Massstab 1 Wr. Zoll = 1.200 Wr. Klftr. Verhältn. 1:86,400.* Basirt auf die Militär-Aufnahme vom J. 1815—1827, im Masse 1 Wr. Zoll gleich 400 Wr. Klftr., welcher der Kataster zu Grunde lag. Blatt E 1 enthält den Titel; Blatt E 2 die Zeichen-Erklärung; Blatt A 2 das Skelett; Blatt A 3 die politische Eintheilung mit der statistischen Uebersicht und die Tabelle der öffentlichen Anstalten; Blatt A 4 Tabelle der schiffbaren Flüsse, Kanäle und Seen; Blatt A 5 Verzeichniss der vorzüglichsten trigonometrischen Puncte mit ihrem Abstande vom Meridian und Perpendikel von Mailand und Höhen-Angaben über dem Meere.

Lomb.-venetianisches Königreich. *b) Venetianisches. Herausgegeben vom k. k. geogr. Inst. zu Mailand im J. 1833. 42 Blätter. 16" H. 25" Br. Massstab: 1 Wr. Zoll = 1,200 Wr. Klftr. Verhältn.* 1:86,400. Basirt auf die Militär-Aufnahme vom J. 1815—1827 im Masse 1 Wr. Zoll gleich 400 Wr. Klftr., welcher der Kataster zu Grunde lag. Blatt *G* 6 enthält die trigonometrisch bestimmten Puncte und der vorzüglichsten Höhen; Blatt G. 5 Bemerkungen über die Lagunen von Venedig; Blatt H. 2 das Skelett; Blatt H 3 Territorial-Eintheilung und öffentliche Anstalten; Blatt H 4 Tabelle der schiffbaren Flüsse und Kanäle.

Lombard.-venet. Königreich. *Herausgeg. v. geogr. Inst. zu Mail. im J. 1838. 4 Bl., 17" H., 28" Br. Massstab: 1 Wr. Zoll = 4,000 Wr. Klftr. Verhältn. 1:288,000.* Reduzirt aus der Special-Karte dieses Landes. Blatt Nr. 3 enthält die politische Eintheilung.

—— Jesu, das 1000jährige, auf Erden und die lutherische Katechismuslehre sowie die lutherische Kirche. Zwei Gespräche zwischen Hans und Kunz zur Abwehr chiliastisch-unionist. Einflüsse Pfarrer Glöters. gr. 8. (58 S.) Nürnberg 873, Löhe. *

Venetianisches Königreich. *Herausgeg. v. k. k. Militär geogr. Inst. zu Mailand im J. 1838. 1 Bl., 21" H., 24" Br. Massstab: 1 Wr. Zoll = 6,000 Wr. Klftr. Verhältn. 1:432,000.* Aus den vorhandenen Militär-Aufnahmen mit besonderer Rücksicht auf die Strassen zusammengestellt. Auf Kupfer gestochen.

Königreich. Im K' [Hans] Wunderli-v. Muralt in Windisch im Aargau. Erinnerungen eines ehemaligen Textil-Arbeiters. (Separat-Abdruck aus dem «Volksrecht».) II + 32 S. 8. (Zürich, Buchdr. des «Volksrecht», [1907].) [fr. —. 30]

Königreiche, zwei, oder: Wie ein neues Königreich entsteht und wie ein altes zu Grunde geht. Von einem Diplomaten der alten Schule. gr. 8. (36 S.) Aachen 873, Tepe.

Koenig's Auskunftsbuch u. a. Nachschlagewerke, s. Koenig, Albert.

Königs, des, Bild, s.: Theater, kleines.

König's Geburtstag. Eine kleine Festgabe für Sachsens einfache Volksschulen u. ihre Lehrer. Von einem prakt. Schulmanne. gr. 8. (15 S.) Glauchau 877. Burow. n. — 35

— dasselbe. 2., durch einen Anhang verm. Aufl. gr. 8. (36 S.) Ebend. 878. n. — 50

Königs, des, Gedanken und ein Stück Geschichte. 1816—1847. Aus den Papieren eines Mannes der mit ihm alt geworden. (Gedichte.) 16. (20 S.) Stuttgart 849, Neff.

Königs Namensfest, des, von C. A. v. R. 8. Regensburg, Daisenberger. 820.

Koenigs Vorschlag, s.: Verhandlungen der Kommission behufs Erörterung v. Maßregeln zur Hebung u. Befestigung des Silberwerthes.

Königs, Anmerkungen zu der Fest-Predigt des Herrn Dr. der Theologie M. M. Wilden vom 11. April 1869 für denkende Protestanten. Oberhausen 869. Spaarmann. gr. 8. (15 S.) n. 2⅓ ngr.

Königs, wie erhalte, stärke, heile ich meine Nerven? Ein Ratgeber f. alle, die sich gesund und energisch erhalten wollen. 8. (IV, 123 S.) Erfurt (901.) F. Bartholomäus. n. 2 —

Koenigs, A., s.: Wohnungs-Verzeichniß der Offiziere rc. der Garnisonen Metz rc.

Königs, Aloys, die Behandlg. stotternder Kinder in Schule u. Haus, s. a. Sammlung pädagog. Vorträge.

Die Behandlung stotternder Kinder in Schule und Haus v. Aloys **Königs**, Rektor in Köln. *Bonn, Berlin, Leipzig: F. Soennecken [1897].* (20 S.) 8.
= Sammlung pädagogischer Vorträge. Bd x. H. 4. [97. 3374

Königs, E. E., e. verkanntes Frauenherz od. gefahrvolle Liebe. Historisch-romant. Erzählg. 1—18. Lfg. gr. 8. (1. Thl. 190 S. u. 2. Thl. S. 1—672.) Magdeburg 876. Weber. à — 50

Königs, E. E., ein verkanntes Frauenherz oder gefahrvolle Liebe. Historisch-romant. Erzählung. 30 Lfgn. (à 3 Bog.) gr. 8. Magdeburg 877, Weber. à Lfg. 50 Pf.

Königs, Emil. Ueber die nitrobenzoësauren Salze, nebst Bemerkungen über die Binitrobenzoësäure. Tübingen, 1863.

Koenigs, Ernst, aus Köln: Über einige **Amide** von Aminosäuren. *Berlin (1903): G. Schade.* (30 S.) 8°
Berlin, Phil. Diss. v. 24. März 1903

Sammlung Felix **Koenigs**. (Berlin 1901: Büxenstein.) 43 S. 4°(8°)
[10. 6517

Königs, Franz **Über Platos Kunstanschauung.** S. 9—28 u. 20 S. **Progr.** *Saargemünd* 1879. 1881.

Königs, G., zur Ausbildung u. Stellung der Beamten in Preußen. gr. 8. (30 S.) Berlin 875. Puttkammer & Mühlbrecht. n. — 60

Koenigs, G., die Durchführung d. schweizerischen Fabrikgesetzes. gr. 8. (VII, 120 S.) Berlin 891. Springer. n. 1. 20

— das Patentsystem der Vereinigten Staaten v. Nord-Amerika. gr. 8. (112 S.) Ebend. 876. n. 2. 40

Königs, J. J., Friedrich d. Einzige. Ein Heldengedicht. 1. Bdchn 4 Ges. Lex.-8. (4½ B.) Aachen 833, Mayer.

—— der Sommer, anhängl.: der Winter. Zwei Gedichte. Lex.-8. (4⅞ B. u. Titvign.) Aachen 832, Mayer.

Königs, Paul [aus Siegburg an d. Sieg]: Aus d. Laboratorium d. medizin. Klinik zu Bonn. Flatus u. Nachgährungsgase d. Faeces unter verschiedenen Ernährungsbedingungen ... Bonn, Druck v. J. Trapp, *1897;* 44 S. 8.
Bonn, Med. Fak., Inaug.-Diss. v. [7. Aug.] 1897

Koenigs, Wilhelm ⟨geb. am 22 Apr. 1851 in Dülken Kr. Kempen⟩: Ueber die Einwirkung des Phosphorsuperchlorids auf Aethylendisulfosäure ... Bonn, Druck v. C. Georgi 1875. 37 S. 8.
Bonn, Phil. Fak., Diss. v. 18 März 1875

Koenigs, Wilh., Studien über die Alkaloïde. gr. 8. (119 S.) München 880. (Rieger.) n.n. 2. —

Königsacker, Ios., Scriptura duplex etc. fol. Pest, Eggenberger. 789.

Königsbauer, Karl: Aus der Ohrenabteilung der kgl. Universitäts-Poliklinik ⟨Doc. Dr. Haug.⟩ Zur Kasuistik der Otitis media diabetica. *München 1897: Kastner & Lossen.* (37 S.) 8°
München, Med. Diss. v. 1898

Koenigsbeck, Johannes [Brunsbergensis]: De Septem contra Thebas exitu. ... Danzig, A. Mueller, 1891; 46 S., 1 Bl. 8°
Berlin, Phil. Fak., Inaug.-Diss. v. 4. März 1891

Koenigsbeck, Max., de stoicismo Marci Antonini. Dissertatio inauguralis philologica. gr. 8. (40 S.) Königsberg 861, (Akademische Buchh. von Schubert und Seidel.) *

Königsbeck, M.: De stoicismo Marci Antonini. 34 S. – Konitz, Progr. 1872.

Königsberg [Sachliches OW]

Königsberg und die Königsberger. O. O. (1846). 200 S. 8.

Königsberg in der Naturforschung u. Medizin. Den Teilnehmern an der 82. Versammlg. deutscher Naturforscher u. Aerzte gewidmet v. der Königsberger Allgem. Zeitg. (78 S. m. 2 Bildnissen.) 8. Königsberg i. Pr. (910). Königsberger Allgem. Zeitg. u. Verlagsdruckerei. 1. —

Königsberg und Ostpreussen zu Anfang 1813. Ein Tagebuch . . . Berlin 1901. V: *Dönhoff-Friedrichstein, Aug. Frdr. Philipp Reichsgraf.* (Berl)

Pharus-Plan Königsberg i/Pr. Maßst. 1:8,500. Berlin: Pharus-Verl. [1904]. (1 Kartenbl. 76×47 cm.) 8° [gestochen] [kol.]
[Umschlagt:] Pharus-Plan d Kgl Haupt- u. Residenzstadt Königsberg [05. 3416

Königsberg [Schlagwort]

Königsberg in Franken, s. a. Preussen. Messtischblätter.

Königsberg N. M., s. a. Geologische Karten. Preussen. 94.

Königsberg N.-M.—Berlin, s. Automobilkarten. Pharus-Auto-Strecke.

Königsberg i. d. Neumark. Limpricht, Max, Karte des Kreises Königsberg Nm. Nach der neuesten Aufnahme des Generalstabes u. unter Benutzg. noch nicht veröffentlichten Materials gezeichnet. 1 : 75,000. 91,5 ×87 cm. Farbdr. Neudamm (899). J. Neumann. n. 4 50; auf Leinw., gefalzt, n.n. 7. 50; m. Stäben n.n. 8. —

— — Schul-Wandkarte des Kreises Königsberg in der Neumark. Für den Unterricht in der Heimatkunde. 1 : 75,000. 92×87 cm. Farbdr. Ebd. 899. n. 4. 50; auf Leinw. m. Stäbchen n.n. 9. —

Königsberg i. Pr., s. a. Deutschland. Karte (Abtlg. Preussen). — Königsberg, Reg.-Bez. — Preussen. Messtischblätter.

— s. a.: Deutschland. Kürschner-Pelp. — Europa. Liebenow. — Kreiskarten.

— s. a.: Europa. Uebersichtskarte. — Pharus-Städte-Atlas. — Radfahrerkarten. Ravenstein.

Königsberg in Ostpr., s. a. Woerl's Reisehandbücher.

Königsberg i. Pr.—Willenberg, s. Automobilkarten. Automobil-Tourenkarte.

Königsberg, Reg.-Bez. Entfernungskarte. (Umschlag: Entfernungs- u. Reisekarte), amtliche, des Reg.-Bez. Königsberg. Nach amtl. Ermittelungen u. unter Benutzung der Generalstabskarte bearb. im J. 1906 durch die Katasterverwaltg. der kgl. Regierg. zu Königsberg. Hrsg. v. R. Mittelbach 1 : 75,000. Farbdr. Leipzig (907—09). Mittelbach.

Kreise: Braunsberg. 59×74 cm. 2. —. — Fischhausen. 51×93 cm. 2.—. — Friedland. 68×49 cm. 2 —. — Gerdauen. 47×65 cm. 2.—. — Heiligenbeil. 62×58 cm. 2.—. — Heilsberg. 60×78 cm. 2.—. — Königsberg. 62,5×54 cm. 2.—. — Labiau. 53×82,5 cm. 2.—. — Memel. 67×51 cm. 2.—. — Mohrungen. 62,5×81 cm. 2.—. — Preuss. Eylau. 70×54 cm. 2.—. — Preuss. Holland. 60×73,5 cm. 2.—. — Rastenburg. 45,5×60 cm. 2. —. — Wehlau. 55×61 cm. 2.—.

Konigsberg — Grundrifs der Haupt- und Residenzstadt — zusammengetragen im Jahre 1809. Gestochen von Paulus Schmidt in Berlin. S. Preussen topogr. Sp. R. Karte von Ost-Preussen nebst Preuss Lithauen etc. von Freyh. v. Schroetter in den Jahren 1796 bis 1802. Berlin bey Sim. Schropp 1802. 1 : 10,500.

Königsberg (Pr.), Stadt. Karte des Stadt- u. Landkreises Königsberg im Reg.-Bez. Königsberg. Hrsg. v. der kartogr. Abteilg. der königl. preuss. Landesaufnahme 1900. Aufgenommen vom königl. preuss. Generalstab 1860—1862. Einzelne Nachträge bis 1904. 1 : 100,000. 54×46,5 cm. Farbdr. Berlin (R. Eisenschmidt). n.n. 2. —; ermäss. Preis n.n. 1. 50

Königsberg. Karte der Umgegend v. Königsberg. 1 : 50,000. Hrsg. v. der kartograph. Abtheilg. der königl. preuss. Landes-Aufnahme 1890. Lith. u. color. Imp.-Fol. Berlin 890. (Eisenschmidt.) n.n. 2. —

Königsberg (Pr.), Reg.-Bez. Liebenow, W., Specialkarte des Reg.-Bez. Königsberg, f. Reise, Bureau u. Verkehr. [Aus: „L., Karte von Mittel-Europa".] 1:300,000. 81,5×58,5 cm. Farbdr. Frankfurt a. M. (903). L. Ravenstein. In Decke n. 3. —; auf Leinw. in Decke n. 4. 50

— — dasselbe. 1 : 300,000. (Volksausg. Neu bearb. auf Grund offizieller Unterlagen von Hans Ravenstein.) 61,5×56 cm. Farbdr. Ebd. (905). n. 1. 50

Königsberg i/P. Plan d. kgl. Haupt- u. Residenzstadt Königsberg i/P. 1 : 5000. 80 × 115 cm. Lith. Königsberg 898. Akadem. Buchh. v. Schubert & Seidel. 3. —; kolor. 5. —

— — dasselbe, nebst eingedr. Plan des Stadttheaters. 38 × 41 cm. Lith. Mit Strassenverzeichnis. 12. (4 S.) Königsberg 895. Hartung. — 40

Königsberg i. P. Plan der königl. Haupt- u. Residenzstadt Königsberg. 38×41 cm. Lith. Nebst Strassenverzeichnis etc. 8. (4 S.) Königsberg 901. Hartung. — 40

— — der königl. Haupt- u. Residenzstadt Königsberg u. der anliegenden Gemarkungen. Angefertigt im J. 1902 durch das Bureau f. die Entwässerg. u. Neumessg. der Stadt. 1 : 10,000. 48×69 cm. Farbdr. Mit Strassenverzeichnis. (4 S.) 8. Königsberg 903. (W. Koch.) n n. 1. —

— Plan der königl. Haupt- u. Residenzstadt Königsberg. 1904. 38×41 cm. Lith. Mit Strassenverzeichnis. (4 S.) 8. Königsberg, Bon's Buchh. n. — 50

— Plan u. Wegweiser, neuester, v. Königsberg, nebst Tabelle zum Auffinden der Strassen etc. 12., verm. Aufl. Lith. Imp.-Fol. Mit Text. 8. (10 S.) Königsberg 887. Hübner & Matz. — 75

— Spezialkarte, neue, v. Königsberg u. Umgebung. 1 : 125,000. 60 × 71 cm. Farbdr. Königsberg 897. Akadem. Buchh. v. Schubert & Seidel. 1. —; auf Leinw. in Futteral 2. 40

Königsberg [Verfasser]

Königsberg, Alfr., deutsche Kämpfe. Schauspiel in 5 Aufzügen. Berlin 862. J. Springer. 8. (2 Bl., 158 S.) 24 ngr.

—— Manlius. Trauerspiel in 5 Aufzügen. (Den Bühnen gegenüber Mscr.) gr. 8. (VII und 150 S.) Berlin 864, Springer's Verlag.

Königsberg, Alfr., der Secretär des Generals v. Tauenzien, oder Vorurtheile. Lustspiel in 5 Aufzügen. Berlin 866. Springer's Verlag. 8. (III, 123 S.) 15 ngr.

Königsberg, Anna, aus Nicolaioff (Russland): Aus dem physiologischen Institut Zürich. Über die Ausscheidung von Farbstoffen durch die Niere. Zürich 1906. 26 S. 8°. [12. IV. 06.]
Zürich Med. Diss. 1905/1906.

Königsberg, Anna. Über die Ausscheidung von Farbstoffen durch die Niere. Diss. Med. Univ. Zürich. *Kopftitel:* Aus dem physiologischen Institut Zürich. 25 S. 8. Zürich, A. Markwalder, 1906.

Königsberg, S., der Opfergang. Eine lehrreiche Dichtung für alle Freunde der Moral ohne Unterschied der Confession. 8. (VII, 111 S.) Beneschau 883. (Prag, Brandeis.) *

Königsberg, Samuel, Aluf bonim, der erste Lehrmeister der Kinder oder Vereinsfibel als Lese- und Lehrbuch der hebräischen Unterrichts-Gegenstände in 2 Abtheilungen für das 1. u. 2. Schuljahr. Vierte verbesserte und vermehrte Auflage. Herausgegeben von dem israelitischen Lehrervereine in Böhmen. Prag 1893. Verlag von Samuel W. Pascheles. (Min.-Erl. v. 2. Januar 1895, Z. 17262.) Geb. —.20

Königsberg, S., Alluph thephillah. Vollständiges israelit. Gebetbuch mit klarer und faßl. Beleuchtung des Ritus, zum Gebrauche bei häusl. und öffentl. Gottesverehrung, hauptsächlich zum Zwecke der Verwendbarkeit in Schulen als correctes Lehr- und Übungs-Gebetbuch eingerichtet und systematisch geordnet, mit auszugsweise den Inhalt, die Quellen sammt Autoren der einzelnen Gebetstücke bezeichnenden Titeln und zugleich mit biograph. und chronolog. Anmerkungen versehen. Hrsg. vom israelit. Landeslehrervereine in Böhmen. gr. 8. (XI, 432 S.) Prag 886, Brandeis. geb. ** 1 30

Königsberg, S., Alluph thephillah. Hebräisches Lehr- u. Lesebuch. Hrsg. vom israel. Landeslehrer-Vereine in Böhmen. 2., vollständig umgearb. Aufl. 8. (IV, 324 S.) Prag 892. J. B. Brandeis. Geb. in Leinw. n. 1. —

Königsberg, S., Gebetbuch u. zugl. hebräisches Lehr- u. Lesebuch, m. auszugsweise den Inhalt, die Quellen sammt Autoren der einz. Gebetstücke bezeichn. Titeln u. zugl. m. biograph. u. chronolog. Anmerkgn. vers. Hrsg. v. israel. Landeslehrer-Vereine in Böhmen. 3., vollst. umgearb. Aufl. 8. (VIII, 344 S.) Prag 896. J. B. Brandeis. Geb. in Leinw. n. 1. —

Königsberg, S., Gebet und hebräisches Lehr- und Lesebuch mit auszugsweise den Inhalt, die Quellen samt Autoren der einzelnen Gebetstücke bezeichnenden Titeln und zugleich mit biographischen und chronologischen Anmerkungen versehen. Herausgegeben vom israelitischen Landes-Lehrervereine in Böhmen. 4., verbesserte und genau revidierte Auflage. Prag 1900. Jakob B. Brandeis. Preis, in Leinwand gebunden 1 K.

Nimm mich mit! Wer bist Du? Ein Kranz von Liedern! ... Werner v. Königsberg [d. i. Werner v. Berendt] hieß mich wandern ... 1. Aufl. Hirschberg in Schl.: Geisler & Ike [1895]. (XII, 238 S.) 8° [F.] [07. 8717]

Königsberger, Pommer, Schlesier und Deutsche, der gemüthliche. Ein Kalender auf die J. 1873—1875. Zum freundl. und nützl. Gebrauche für Jedermann von C. L. Rautenberg. [L. Born.] 16. (à 80—158 S. mit Illustr. in eingedr. Holzschn.) Mohrungen, Rautenberg. à Jahrg. *

Königsberger, Pommer, Schlesier, und Deutsche, der gemüthliche. Ein Kalender auf die J. 1876—1880. Mit Illustr. (in eingedr. Holzschn.). Zum freundl. und nützl. Gebrauche für Jedermann. gr. 16. (à Jahrg. 120 S.) Mohrungen, Rautenberg. à Jahrg. *

Königsberger, Pommer, Schlesier und Deutsche, der gemüthliche. Ein Kalender auf die J. 1881—1885. Zum freundl. und nützl. Gebrauche für Jedermann. gr. 16. (à Jahrg. 108 S. mit eingedr. Holzschn.-Illustr.) Mohrungen, Rautenberg. à Jahrg.

Königsberger, Pommer, Schlesier und Deutscher, der gemüthliche. Ein Kalender auf die J. 1886—1889. Zum freundl. und nützl. Gebrauche für Jedermann von C. L. Rautenberg. 12. (à Jahrg. 72, 34 S. mit Illustr.) Mohrungen, Rautenberg. à Jahrg. — 80

Königsberger, Pommer, Schlesier u. Deutsche, der gemüthliche. Ein Kalender auf d. J. 1890. Mit Illustr. Zum freundl. u. nützl. Gebrauche f. Jedermann v. C. L. Rautenberg. 12. (72 u. 80 S.) Mohrungen, Rautenberg. — 80

Königsberger, Alfons, Referendar: Die rechtliche Stellung des schuldigen Ehegatten nach der Scheidung. Nach d. Rechte d. Bürgerl. Gesetzbuchs nebst einem hist. Überblicke. *Greifswald 1903: J. Abel.* (69 S.) 8° [F.]
Greifswald, Jur. Diss. v. [6. Apr.] 1903

Königsberger, Artur, Referendar in Stuttgart: Die berufliche Auskunfterteilung [!] und die Stellung der Auskunfts [!]-anstalt gegenüber dem Anfragenden. Stuttgart: J. B. Metzler 1907. (VI, 100 S.) 8°
Tübingen, Jur. Fak., Ref. v. Wendt, Diss. v. 7. Juni 1907
[Geb. 20. Febr. 82 Crailsheim; Wohnort: Stuttgart; Staatsangeh.: Württemberg; Vorbildung: Realgymn. Heilbronn Reife M. 00; Studium: Heidelberg 2, Leipzig 2, Marburg 2, Tubingen 1 S.]

Königsberger, Art., Verfassungsurkunde für das Königr. Württemberg vom 25. IX. 1819 in der Fassung nach dem Gesetz vom 16. VII. 1906, nebst dem Landtagswahlgesetz u. a., m. Anmerkgn. hrsg. 2 Lfgn. (VII, 208 S.) 8. Stuttgart 906. J. B. Metzler.
Geb. in Leinw. n. 2. —

Koenigsberger, Bernhard

Koenigsberger, B., fremdsprachliche Glossen bei jüdischen Commentatoren des Mittelalters, ausführlich bearb. 1. Hft. R. Gerschom ben Jehuda, Meor hagohah, gest. 1040. gr. 8. (62 S.) Pasewalk 896. Pleschen, Rabbiner Dr. Koenigsberger. n. 2. —

Hiobstudien. Exeget. Untersuchgn z. Buche Hiob nebst e. Einl. z. Buche v. Dr. B[ernhard] **Koenigsberger**, Rabb. in Pasewalk. *Breslau: W. Koebner 1896.* (58 S.) 1 Bd 8. [97. 1794

Koenigsberger, B., Hiobstudien. Exeget. Untersuchgn. zum Buche Hiob, nebst e. Einleitg. z. Buche. [Aus: „Monatsschr. f. Gesch. u. Wiss. d. Judenth."] gr. 8. (58 S.) Breslau 896. (M. & H. Marcus.) n. 2. —

R. Ismael ben R. Jose. Leben u. Wirken e. jüd. Weisen aus d. Ende d. 2. Jhs d. g. Z. Nach d. Quellen dargest. von Rabb. Dr. B[ernhard] **Koenigsberger**. Pleschen: 'Jeschurun' 1902. (28 S.) 8° [F. u. Ant.] [07. 4987

Aus Masorah und Talmudkritik. Exeget. Studien von Bernhard **Koenigsberger**. Heft 1. [Mehr nicht erschienen.] *Berlin: Mayer & Müller 1892.* (64 S.) 8° [03. 15335

Koenigsberger, B., die Quellen der Halachah. (I. Der Midrasch. II. Mischnah u. Tosephtha.) Unter Benutzg. handschriftl. Materials bearb. I. Thl. Der Midrasch. gr. 8. (III, 131 S.) Berlin 890. H. Engel. n. 2. 50

— Sifré suta d. i. eig. Sifré Numeri (in 2. Recension), zum 1. Male nach dem handschriftl. Midrasch hagadol, Jalkut-Simeoni u. a. gesammelt u. m. Anmerkgn. versehen, nebst e. ausführl. Einleitg. hrsg. 1. Lfg. gr. 8. (48 S.) Frankfurt a/M. 894. J. Kauffmann. n. 1. —

Koenigsberger, David [aus Lublinitz '(Oberschles.)']: Kasuistische Beiträge zur Gastrostomie bei Oesophaguscarcinom ... Würzburg, Becker's Univ.-Buchdr., 1896; 75 S. 8.
Würzburg, Med. Fak., Inaug.-Diss. v. 1896

Koenigsberger, Eduard, a. Lissa ⟨Prov. Posen⟩, Referendar am Kgl. Amtsgericht zu Posen: Der Schadensersatz durch Naturalherstellung nach bürgerlichem Recht. ⟨Unter Berücksichtigung der sogen. Vorteilsausgleichung.⟩ Borna-Leipzig 1907: R. Noske. (VIII, 64 S.) 8°
Erlangen, Jur. Fak., Ref. Oertmann, Diss. v. 5. Okt. 1907
[Geb. 17. Mai 82 Lissa; Wohnort: Posen; Staatsangeh.: Preußen; Vorbildung: Gymn. Lissa Reife O. 00; Studium: Berlin 2, Leipzig 2, Breslau 3 S.; Rig. 19. Mai 07.]

Koenigsberger, Felix, Medizinalprakt.: Aus d. Univ.-Frauenklinik Munchen. Die Dauer der II. Geburtsperiode und ihre Folgen für Mutter und Kind. München: Steinicke 1909. 29 S. 8°
Munchen, Med. Diss. v. 1. April 1910, Ref. Döderlein
[Geb. 21. Febr 84 Berlin; Wohnort: Berlin; Staatsangeh.: Preußen; Vorbildung: Gymn. Brandenburg Reife O. 03; Studium: Berlin 2, München 5, Berlin 1, Munchen 2 S.; Coll. 1. April 10; Approb. 25. März 10.] [U 10. 3529

[F.] **Königsberger,** Friedrich Paul [Kammergerichtsref.]: Die Kaufmannseigenschaft des Handwerkers ... Berlin, Druck v. M. Driesner, 1894; 36 S. 8.
Göttingen, Jur. Fak., Inaug.-Diss. v. [20. Sept.] 1894

Koenigsberger, Joh.: Über die Absorption des Lichtes in festen Körpern. *Leipzig 1900: B. G. Teubner.* (48 S.) 8°
Freiburg i. B., Phil. Hab.-Schr. v. 1900

Koenigsberger, Johann [aus Heidelberg '(Baden)']: Über die Absorption von ultraroten und ultravioletten Strahlen in doppeltbrechenden Krystallen ... Leipzig, Druck v. B. G. Teubner, 1897; 2 Bl., 32 S., 1 Bl., 3 Taf. 8.
Berlin, Phil. Fak., Inaug.-Diss. v. 11. März 1897

— u. Jos. **Kutschewski,** Beobachtungen an Kanalstrahlen, s.: Sitzungsberichte der Heidelberger Akad. d. Wiss. Mathemat.-naturw. Kl. 1910. XIII.

— — Beobachtungen üb. Lichtemission u. Kanalstrahlen, s.a. Sitzungsberichte der Heidelberger Akademie d. Wiss. Mathem.-naturw. Kl. 1910, IV.

Beobachtungen über Lichtemission und Kanalstrahlen. Von Joh. **Koenigsberger** u. Jos. Kutschewski Heidelberg: Winter 1910. 23 S. 8°
(Sitzungsberichte d. Heidelberger Akad d. Wiss. Math.-naturw Kl Jg. 1910. Abh 4) [10. 7178

Koenigsberger, Joh., Erläuterungen zur geologischen u. mineralogischen Karte des östl. Aaremassivs von Disentis bis zum Spannort. Mit Karte u. Profilen. (63 S.) gr. 8. Freiburg i/B. 910. Speyer & Kaerner. nn 9. —

Koenigsberger (Joh.). Geologische und mineralogische Karte des östlichen Aarmassivs von Disentis bis zum Spannort. 1 : 50 000. Freiburg i. Br. 1894—1909. [Nebst] Erl. m. Prof. 1910.

Koenigsberger, Isidorus Friedericus *(geb Boronow in Oberschles 3 12 1826)*: De communi, singulari et affectionis pretio secundum jus commune Borussicum. Vratislaviae (1856). (37 S.) 8°
Breslau, Jur Diss. v. 24. Mai 1856

Koenigsberger, Leo, über die physikalische Bedeutung des Princips der kleinsten Wirkung, s.: Helmholtz, H. v.

Koenigsberger, Leo, über verborg. Bewegung u. unvollständ. Probleme. [Aus: „Sitzungsber. d. Akad. d. Wiss. zu Berlin".] gr. 8. (21 S.) Berlin 897. (G. Reimer.) n. 1. —

Koenigsberger, Leo, üb. die Beziehungen allgemeiner linearer Differentialgleichungen zu den binomischen. (S. 298—323.) Lex. 8. Berlin 909. G. Reimer. 1. —
Sonderabdr. a.: „Sitzungsber. d. preuss. Akad. d. Wiss."

— Über Beziehungen zwischen den Integralen linearer Differentialgleichungen, s.a. Sitzungsberichte der Heidelberger Akad. d. Wiss. Mathem.-naturw. Kl. 1910. I.

Über Beziehungen zwischen den Integralen linearer Differentialgleichungen. Von Leo **Koenigsberger** in Heidelberg. Heidelberg: Winter 1910. 13 S. 8°
(Sitzungsberichte d. Heidelberger Akademie d. Wiss. Math.-naturw Kl. Jg. 1910, Abh 1) [10. 3701

— Über Helmholtz's Bruchstück e. Entwurfes betit. „Naturforscher-Rede", s.a. Sitzungsberichte der Heidelberger Akad. d. Wiss. Mathemat.-naturw. Kl. 1910, XIV.

Über Helmholtz's Bruchstück eines Entwurfes betitelt 'Naturforscher-Rede'. Von Leo **Koenigsberger**. Heidelberg: Winter 1910. 8 S. 8°
(Sitzungsberichte d. Heidelberger Akad. d. Wiss. Math.-naturw. Kl. Jg. 1910. Abh. 14.) [10. 12644

— über d. Darstellg. d. Kraft in d. analyt. Mechanik. [Aus: „Sitzungsber. d. k. preuss. Akad. d. Wiss."] gr. 8. (16 S.) Ebd. 897. n. — 50

— üb. die erweiterte Laplace'sche Differentialgleichung f. d. allgemeine Potentialfunction. [Aus: „Sitzungsber. d. k. preuss. Akad. d. Wiss."] gr. 8. (14 S.) Berlin 898. (G. Reimer.) n. — 50

— über die aus der Variation der mehrfachen Integrale entspringenden partiellen Differentialgleichungen der allgemeinen Mechanik. (29 S.) Lex.-8. Berlin 905. (G. Reimer.) n. 1. —
Sonderabdruck aus: „Sitzungsber. d. preuss. Akad. d. Wiss."

— über d. Differentialgleichungen der mathematischen Physik. (14 S.) Lex.-8. Berlin 905. (G. Reimer.) n. — 50

— Über eine Eigenschaft unendlicher Funktionalreihen, s. a. Sitzungsberichte der Heidelberger Akad. d. Wissenschaften. Mathem.-naturw. Kl. 1909, II.

Über eine Eigenschaft unendlicher Funktionalreihen. Von Leo Koenigsberger in Heidelberg. Heidelberg: Winter 1909. 21 S. 8°
(Sitzungsberichte d. Heidelberger Akad. d. Wiss. Math.-naturw. Kl. Jg 1909, Abh 2.) [10. 2493

— das Energieprincip für kinetische Potentiale beliebiger Ordnung u. e. beliebigen Anzahl abhängiger u. unabhängiger Variabeln. (39 S.) Lex.-8. Ebd. 904. n. 2. —

— üb. d. Entwickelungsform algebraischer Functionen u. d. Irreductibilität algebraischer Gleichgn. [Aus: „Sitzungsber. d. preuss. Akad. d. Wiss."] gr. 8. (7 S.) Ebd. 898. n. — 50

— üb. d. Erniedrigung d. Anzahl d. unabhäng. Parameter Lagrange'scher Bewegungsgleichungen durch Erhöhg. d. Ordng. d. kinetischen Potentials. [Aus: „Sitzungsber. d. preuss. Akad. d. Wiss."] gr. 8. (6 S.) Ebd. 898. n. — 50

Königsberger, Leo, zur Geschichte der Theorie der elliptischen Transcendenten in den J. 1826—29. gr. 8. (III, 104 S.) Leipzig 879. Teubner. n. 2. 40

Koenigsberger, L. Grundlagen der Mathematik und Mechanik. Leipzig, 1896.

— über die Grundlagen der Mechanik. (15 S.) Lex.-8. Ebd. 906. n. — 50
3 Sonderabdrucke aus: „Sitzungsber. d. preuss. Akad. d. Wiss."

Koenigsberger, Leo, Hermann v. Helmholtz. 1. Bd. gr. 8. (XII, 375 S. m. 3 Bildnissen.) Braunschweig 902. F. Vieweg & Sohn. n. 8.—; geb. in Leinw. n. 10. —; in Halbfrz. n. 12. —

— Hermann v. Helmholtz. 2. u. 3. Bd. gr. 8. Braunschweig 903. F. Vieweg & Sohn. n. 12. —; geb. in Leinw. n. 15. —; in Halbfrz. n. 19. — (Kplt. n. 20. —; geb. n. 25. — u. n. 31. —)
2. (XIV, 383 S. m. 2 Bildnissen.) n. 8. —; geb. n. 10. — u. n. 12. —
3. (X, 142 S. m. 4 Bildnissen u. Brieffksm.) n. 4. —; geb. n. 5. — u. n. 7. —

Carl Gustav Jacob Jacobi. Rede zu der von d. internat. Mathematiker-Kongreß in Heidelberg veranst. Feier d. 100. Wiederkehr s. Geburtstages geh. 1904 von Leo Koenigsberger. Mit 1 Bildn. Jacobis. *Leipzig: B. G. Teubner 1904.* (40 S.) 4°(8°) [04. 19800

— Carl Gustav Jacob Jacobi. Festschrift zur Feier der 100. Wiederkehr seines Geburtstages. Mit 1 Bildnis u. dem Fksm. e. Briefes. (XVIII, 554 S.) gr. 8. Leipzig 904. B. G. Teubner. Geb. in Leinw. n. 16. —

— über die Irreductibilität algebraischer Differentialgleichungen. gr. 8. (25 S.) Berlin 899. (G. Reimer.) n. 1. —

— über die Irreductibilität algebraischer Functionalgleichungen u. linearer Differentialgleichungen. gr. 8. (5 S.) Ebd. 899. n. — 50

Königsberger, Leo. Lehrbuch der Theorie der Differentialgleichungen m. 1 unabhängigen Variabeln. gr. 8. (XV, 485 S.) Lpz. 889, Teubner. * 8 —

Koenigsberger, Leo (geb. Posen 15. 10. 1837) De motu puncti versus duo fixa centra attracti. Berolini (1860). (19 S.) 4°
Berlin, Phil. Diss. v. 22. Mai 1860

— über das erweiterte Newtonsche Potential. gr. 8. (9 S.) Ebd. 900. n. — 50
3 Sonderabdrucke aus: „Sitzungsber. d. preuss. Akad. d. Wiss."

— üb. d. erweit. Laplace-Poisson'sche Potentialgleichung. [Aus: „Sitzungsber. d. k. preuss. Akad. d. Wiss."] gr. 8. (9 S.) Ebd. 898. n. — 50

— üb. d. erweit. Princip d. Erhaltg. d. Flächen u. dessen Anwendung auf kinetische Potentiale erster Ordnung. [Aus: „Sitzungsber. d. k. preuss. Akad. d. Wiss."] gr. 8. (11 S.) Ebd. 898. n. — 50

— die Principien d. Mechanik. Mathematische Untersuchgn. gr. 8. (XII, 228 S.) Leipzig 901. B. G. Teubner. Geb. in Leinw. n. 9. —

Die Prinzipien der Mechanik für eine oder mehrere von den räumlichen Koordinaten und der Zeit abhängige Variable. Von Leo Koenigsberger. 1. Heidelberg: Winter 1910. 8°
(Sitzungsberichte d. Heidelberger Akad. d. Wiss. Math.-naturw. Kl. Jg 1910, Abh. 30.) [11. 968

— die Principien der Mechanik f. mehrere unabhängige Variable. gr. 8. (20 S.) Berlin 901. (G. Reimer.) n. 1. —

Koenigsberger, Leo, Der Green'sche Satz f. erweiterte Potentiale. (13 S.) Lex. 8. Berlin 907. G. Reimer. — 50
Sonderabdr. a.: „Sitzungsber. d. preuß. Akad. d. Wiss."

Königsberger, Leo, die Transformation, die Multiplication u. die Modulargleichungen der elliptischen Functionen. Leipzig 868. Teubner. gr. 8. (VII, 196 S.) n. 1 ℳ 10 ngr.

— über die erweiterte Poisson'sche Unstetigkeitsgleichung. gr. 8. (3 S.) Ebd. 901. n. — 50
2 Sonderabdrucke a.: „Sitzungsber. d. preuss. Akad. d. Wiss."

Königsberger, Leo, allgemeine Untersuchungen aus der Theorie der Differentialgleichungen. gr. 8. (XII, 246 S.) Leipzig 882, Teubner. *

Hermann v. Helmholtz's Untersuchungen über die Grundlagen der Mathematik und Mechanik. Rede z. Geburtsfeste d. höchstsel. Grossh. Karl Friedrich u. z. akadem. Preisvertheilg am 22. Nov. 1895 v. Dr. Leo Koenigsberger, Grossh. Bad. Geh. Rath u. o. ö. Prof. d. Math. d. z. Prorektor ... Heidelberg, Univ.-Buchdr. v. J. Hörning, 1895; 1 Bl., 70 S. 4.

Hermann v. Helmholtz's Untersuchungen über die Grundlagen der Mathematik und Mechanik v. Dr. Leo Koenigsberger, Prof. ... a d. Univ. zu Heidelberg. M. 1 Bildn. H. v. Helmholtz's. *Leipzig: B. G. Teubner 1896.* (3 Bl., 58 S., 1 Portr.) 1 Bd 8. [96. 1916

Königsberger, Leo, Vorlesungen über die Theorie der elliptischen Functionen nebst einer Einleitung in die allgemeine Functionenlehre. 2 Thle. gr. 8. Leipzig 874, Teubner. [1. Thl. (VIII, 432 S. mit 62 Holzschn. im Text.) *ℳ 14.; 2. Thl. (VII, 219 S.) *ℳ 7,60.] *

Königsberger (Leo), Vorlesungen über die Theorie der elliptischen Funktionen. Theil 1. Leipzig 1875. 8.

— Vorlesungen über die Theorie der hyperelliptischen Integrale. gr. 8. (VI, 170 S.) Ebend. 878. n. 4. 80

Koenigsberger, *Paul* [aus Lublinitz '(Schles.)']: Aus d. Ambulatorium f. Nasen-, Rachen- u. Kehlkopfkrankheiten v. Privatdoc. Dr. Seifert in Würzburg. Die Intubation bei Larynxstenosen ... Würzburg, P. Scheiner's Buchdr., 1894; 34 S. 8.
Würzburg. Med. Fak., Inaug.-Diss. v. 1894

**Königsberger, R.* Die Mietszinsversicherung. (S. A.) Wien 1900.

Königsberger, R. R. Die Militärdienst-Versicherung; ihre Entwicklung in Deutschland und Österreich-Ungarn. (S. A.) 1898.

Königsberger, Salomo, Aphorismen, betreff. die polit. und religiösen Interessen der Zeit. 8. (IV und 91 S.) Hamburg 850, Hoffmann und Campe.

Königsberger, Steph., Hannibal rc., s. Hannibal.

Königsberger, Steph., Hannibal, oder Beiträge gegen den neuaufstrebenden Obskurantismus. Eine Zeitschrift f. Freunde der christl. Aufklärung u. der gesunden Vernunft. 6 Hfte. 8 München 831. 32. (Regensburg, Reitmayr.) $1^1/_6$ ℔

—— helft den armen Polen! Helft d. großen Heldenvolke! Ein Ruf d. Menschlichkeit an d. europ. Menschheit. 8. ($3^1/_2$ B.) München 831. (Regensburg, Reitmayr.)

— s. 1) Impfmethode, d. leichteste. 2) Katechismus, n., für Kinder rc.

—— eine Kleinigkeit wider d. Jesuiten. 8. ($4^1/_2$ B.) Ulm 829, Wohler.

— Predigt über d. Einimpfen d. Schutzblattern. Ein Christenlehr- oder Schulgeschenk. 8. Bregenz 807.

— Predigten über Krieg, Empörung u. Fileben. 8. Kempt. 810.

— über d. Schriftlesen unter d. Volke. 8. Kempt. 807.

—— Münchner Suspensions-Dekret. Mit Anmerkungen. gr. 8. (3 B.) Regensburg 832, Reitmayr.

—— (dess.) Suspensions-Geschichte. 8. (2 B.) Regensburg 832, Reitmayr.

— dessen Suspensions-Geschichte (Prozeß). teu. 2 Lfrg. 8. Regensburg 832. Reitmayr. 7 gl.

Königsberger: Suspensions-Process. (1e) 2e Liefer. *Regensb.*, Reitmayr. 832. 8. (4 Gr.)
Die 1e Lief. unt. d. T.: Suspensions-Geschichte. u. s. w.

—— (dess.) Suspensions-Prozeß. gr. 8. ($2^1/_2$ B.) Regensburg 832, Reitmayr.

— über Vertheilung großer Pfarreien in Baiern. 8. Münch. 801.

— s. Volksbibel.

—— die Volkssouveränität u. d. absolute Macht. Ein Wort zur Zeit. 8. (2 B.) Regensburg 831, Reitmayr.

—— wie könnten die Klöster am nützlichsten werden? Beantwortet. 8. (4 B.) Ulm 829, Wohler.

—— auch ein Wort üb. Religions-Vereinigung. 8. (5 B.) Regensburg 832, Reitmayr.

Königsberger Haff [Schlagwort]

Königsberger Haff, s.: Seekarten.

Königsbergs Aussehen und Leben vor 50 Jahren. Eine Skizze von W. G. 12. (54 S. mit 3 Ansichten.) Königsberg 887, Hartung'sche Verlagsdr. * — 50

Königsbrück [Schlagwort]

Königsbrück, s.: Sachsen. Karte.

Königsbrück, s.: Sachsen. Messtischblätter.

Königsbrun, L.: „Kurzgefasste Grundsätze zur Buchhaltung in doppelten Posten", Leipzig 1791.

— Dass., s.a. Königsbrunn

Königsbrun-Schaup, Franz
[auch: Königsbrunn-Schaup]

Königsbrun-Schaup, das heilige Blau. Eine japan. Liebesgeschichte. (Buchschmuck v. Johs. Martini.) 8. (111 S.) Dresden 903. E. Pierson. n. 2. —; geb. n. 3. —

Königsbrun-Schaup, das hl. Blau. Eine japan. Liebes- u. Kriegs-Geschichte. Buchschmuck v. Johs. Martini. Titelzeichnung v Kuno Graf Hardenberg. 2. Aufl. (111 S.) 8. Dresden 904. E. Pierson. n. 1.50; geb. n. 2.50

Ⓑ **Königsbrun-Schaup,** das heil. Blau. 904 (KBL 33), sowie die übrigen Schriften aus E. Pierson's Verl. Jetzt. Berlin, Verlag Berlin-Wien.

Königsbrun-Schaup, d. Bogumilen. Roman aus Neu-Oesterreich. 8. (IX, 402 S.) Dresden 895. E. Pierson. n. 5. —; geb. n. 6.50

— Die Bogumilen. Bosnischer Roman. 2. Aufl. (VIII, 385 S.) 8. München 909. G. Müller. 4.—; geb. 5.50

— Gedichte. 2. Aufl. 8. (137 u. 5 S.) Ebd. 899. n. 2.—; geb. n. 3.—

— der Hochzeitstag, s.: Wolters, Wilh.

— Hundstagszauber. Roman. 8. (250 S.) Ebd. 898. n. 3.—; geb. n.n. 4.50

Königsbrun-Schaup, neue Märchen. 12. (VII, 92 S.) Dresden 892. E. Pierson. n. 2. -; geb. n. 3. —

Königsbrunn-Schaup, Frz., der Mond. Ein Gedicht. 8. (66 S.) Dresden 886, Pierson's Verlag. * 3 —

Königsbrun-Schaup, Tausendlust. Erzählungen. 12. (173 S.) Dresden 890. Pierson. n. 2.—; geb. n. 3.—

— Unsterblichkeit. Dramat. Gedicht in 1 Aufzuge. (VII, 46 S.) 8. Dresden 903. E. Pierson. n. 1.50

Königsbrunn [Schlagwort]

Königsbrunn, s.: Woerl's Reisehandbücher.

Königsbrunn [Verfasser]

Königsbrunn, L., kurzgefaßte Grundsätze zum Buchhalten in doppelten Posten. gr. 4. Leipz. 791. Kummer. 16 kr.

– Dass., s.a. K ö n i g s b r u n

Königschronik, die Kölner, s.a. Geschichtschreiber, die, d. deutschen Vorzeit in deutscher Bearbeitg.

[F.] Die Kölner Königschronik [Annales Colonienses maximi]. Nach d. Ausg. d. Monum. Germ. übs. v. Dr. Karl Platner. 2. Aufl. Neu bearb. u. verm. v. W[ilh.] Wattenbach. *Leipzig: Dyk (1896).* (XV, 416 S.) 1 Bd 8.
— Geschichtschreiber, Die, d. deutschen Vorzeit. 2. Gesammtausg. XIII. Jh. Bd 1. (= Bd 69.)

Königsdorf [Schlagwort]

Königsdorf, s.: Bayern. Positionskarte.

Königsdorf [Verfasser]

Königsdorf, v., Lob- u. Trauerrede a. Leopold d. Großen. 8. Sorau, Hebold. 737.

Königsdorf, Carl [aus Bernburg (Anhalt)]: Ein Fall von Fibroma molluscum multiplex. . . . Würzburg, Becker's Univ.-Buchdr., 1889; 31 + 1 S. 8°
Würzburg, Med. Fak., Inaug.-Diss. v. 1889

Königsdorfer, Chr., s.a. K ö n i g s d o r f e r , Cölestin

– kurzer Entwurf verschied. physikal. Versuche, welche für d. hohen Adel u. Standes-Personen in den physikal.-mathemat. Instrumentensaale zu Salzburg etc. angestellt werden. 8. Salzb. 792.

Königsdorfer, Chr., Geschichte des Klosters zum heil. Kreuz in Donauwörth. 3 Bde in 4 Abtheil., mit 7 Kpf. u. 6 Steindr. u. 1 Tab. gr. 8. Donauwörth 819—29. (Sulzb., v. Seidel). 6 Rthlr.

Königsdorfer, (C.,) Geschichte d. Klosters z. Heil. Kreuz in Donauwörth. 1r u. 2r Bd. Von den Urahnen seiner Stifter an bis z. J. 1648. Mit 7 Kpfrn. gr. 8. Donauwörth 819—25. (Augsb., Veith u. R.)

— 37 Predigten auf d. vorzüglichsten Sonn-, Fest- u. heil. Tage im Jahre. Allen jungen Geistlichen empfohlen. gr. 8. Augsb. 814. (Landsh., Krüll). 1 Rthlr. 12 kr.

— Sätze aus d. Philosophie. 4. Salzb. 792.

— theologiae dogmaticae in compend. redactae. 4. Pappenh. 787.

Königsdorfer, Cölestin, s.a. K ö n i g s d o r f e r , Chr.

Königsdorfer, Cölestin (letzter Abt daselbst), Geschichte d. *Klosters zum Heil. Kreutz* (!) in Donauwörth. 3 Bde. in 4 Thln. (Cplt. in 4 voll.) I—II: Donauwörth 1819—25. Gedr. bey Seb. Sedlmayr. In Commiss. in der Mart. Veith- u. Mich. Rieger'schen Buchhdlg. zu Augsburg. — Bd. III, 1—2: Donauwörth 1829. Gedr. bei Ant. Krieger. In Kommiss. d. J. E. v. Seidel'schen Buchhdlg. in Sulzbach. Gr. 8°. Hlwdbde. m. Rückenvergold.
I: XXIV—422 S., 1 Bl. Err. Mit 6 (unsign.) Kpfrn.' (incl. TKpf.). „Den Mangolden, Grafen v. Dillingen-Wörth, zum dankbaren Andenken gewidmet". II: TKpf. (Thom. Weber del., J. K. Weber sc.). XIV—612 S., 1 S. Err. III, 1: Titel-Steindr., XVIII—618 S., 1 Bl. Err. III, 2 VIII—448 S., 1 Bl Err. Mit 5 (unsign.) Steindr. (incl. Titelabbild. d. Klosters i. J. 1803)

Königsdorfer, Cölest., Geschichte d. Klosters z. Heil. Kreuz in Donauwörth. 3 Bde. 4 Abthln. M. 7 Kpfr. u. 6 Stndr. gr. 8. (156½ B. u. 1 Tab.) Donauwörth 819—29. (Sulzbach, v. Seidel.) Thlr.

Königsdorfer, Cölestine, Geschichte des Klosters zum heil. Kreuz in Donauwörth. 1r Bd. Mit 1 Kpfr. gr. 8. Landshut, Krüll. 820.

De carmine adversus Marcionem, quod in Tertulliani libris traditur, Commodiano abrogando. — Scripsit Dr. Isidorus Koenigsdorfer, G.-A. — 1905, Bayreuth, Emil Mühl. — P. 3—36.
Progr, Bayreuth, K. Gymn.

Königsdorfer, Isidor, a. Baar: De carmine adversus Marcionem quod in Tertulliani libris traditur Commodiano abrogando. Bayreuth 1905: E. Mühl. (36 S.) 8° ¶ [Ersch. gleichzeitig als Programm des human. Gymn. Bayreuth.]
Würzburg, Phil. Fak., Ref. v. Schanz, Diss. v. 24. Juni 1905
[Geb. 9. Apr. 77 Baar; Wohnort: Bayreuth; Staatsangeh.: Bayern; Vorbildung: Gymn. Neuburg Reife Juli 97; Studium: Erlangen 8 S.; Rig. 28. Jan. 05.]

Königsdorfer, Mart., der Ablaß der katholischen Kirche, insbesondere der Jubiläums-Ablaß. Dem gläubigen Volke erklärt. Durchgesehen und neu hrsg. von Carl Egger. 4. Aufl. (51 S.) 1847. 4 Ngr. und 5. Aufl. 12. (84 S.) Augsburg 851, Lampert und Comp. (Leipzig, Hübner.)

Königsdorfer, Ritter Mart., das Bild d. frommen Soldaten u. tapfern Einsiedlers, oder Lebensbeschreib. d. gottsel. Bruders Fleuchaus, Eremiten auf d. Kapelsberge bei Hilbek im Bisth. Eichstädt. 8. Augsb. 817. 2e A. 8. Ebd. 833. (Landsh., Krüll). 6 kr.

Königsdorfer, Mart., das Bild e. frommen Soldaten u. tapfern Einsiedlers, od. Lebens-Geschichte d. gottsel. Bruders Jos. Fleuchaus, Eremiten auf d. Kappelsberge bei Heydeck im Bisthum Eichstädt. Beschrieben v. seinem Beichtvater. 2. Ausg. 8. (4¼ B.) Augsburg 833. (Regensburg, Manz.)

Königsdorfer, Mart., das Bild ein. frommen Soldaten u. tapfern Einsiedlers, od. Lebensgeschichte d. gottsel. Bruders Jos. Fleuchaus, Eremiten auf d. Kappelsberge bei Heydeck, im Bisthum Eichstädt. 3. Aufl. 8. (4 B.) Augsburg 838, [Lampart u. Comp.]

Königsdorfer, Mart., das Bild eines frommen Soldaten u. tapfern Einsiedlers, oder Lebensgeschichte des gottsel. Bruders Joseph Fleuchaus, Eremiten auf dem Kappelsberge bei Heydeck, im Bisthum Eichstädt. 3e Aufl. 8. Augsburg u. Günzburg 838, Veith u. Rieger. 5 kr.

(—) kathol. Christenlehrbüchlein. Ein Auszug aus den kathol. Christenlehren. 12. Augsb. 806.

— s. Christenlehren.

—— kathol. Christenlehren. Nach d. kl. Schulkatechismus bearb. u. seiner Pfarrgemeinde vorgetr. 4., verb. Aufl. 2 Bde. (Mit d. Bildn. d. Verf.) gr. 8. (51 B.) Donauwörth 833. (Regensburg, Manz.)

—— kathol. Christenlehren. Nach d. kleinen Schulkatechismus bearb. u. seiner Pfarrgemeinde vorgetragen. 5., verb. Aufl. 2 Bde. 8. (51 B. u. K's. Bildn.) Donauwörth 838. (Augsburg, Rieger'sche Buchh.)

Königsdorfer, Mart., kathol. Christenlehren. Nach dem kleinen Schulkatechismus bearb. u. seiner Pfarrgemeinde vorgetragen. 6., unveränd. Aufl. 2 Bde. gr. 8. (51 B. u. K's Bildn.) Donauwörth 846, Veith'sche Buchh.

Königsdorfer's, Mart., katholische Christenlehren. Verm. und verb. von Joh. Ev. Zollner. 2 Bde. 4., sehr verm. und verb. Aufl. gr. 8. Regensburg 872, Manz. 6 90

Inhalt:
Bd. 1. 1. und 2. Hauptstück: Von dem Glauben und den Sakramenten. (XXIV, 450 S.)
» 2. 3., 4. und 5. Hauptstück: Von den Geboten, dem Gebete und der christlichen Gerechtigkeit. (VIII, 492 S.)

— kathol. Geheimniß- u. Sittenreden auf alle Sonn- u. Festtage. (1r Jahrg.) 2 Thle. 8. Augsb. u. Donauwörth 812. 2r J. 2 Thle. 8. Ebd. 818. 2e A. 820. 3r Jahrg. 2 Thle. 821, 22. (Landsh., Krüll). 5 ₰ 14 ₰ Festlicher Thl. 3e Aufl. 8. Donauwörth 832. (Landsh., Krüll). 1 ₰ 12 ₰ (Die 1e Aufl. erschien anonym.) Vergl. Geheimniß- u. Sittenreden.

—— kathol. Geheimniß- u. Sittenreden auf alle Sonn- u. Festtage; nebst e. Primiz-, Hochzeit- u. Leichenrede. Festl. Thl. 3. Aufl. 8. (43 B.) Donauwörth 832. (Regensburg, Manz.)

—— kathol. Geheimniß- u. Sittenreden auf alle Sonn- u. Festtage; nebst e. Primiz-, Hochzeit- u. Leichenrede. 1. u. 2. Jahrg. à 2 Bde. 8. Donauwörth. (Augsburg, Rieger'sche Buchh.; Regensberg, Manz.) [1. 4. Aufl. (79¼ B.) 841. 2⅚ Thlr., 2. 3. Aufl. (76 B.) 837. 2⅔ Thlr.]
3. u. 4. Jahrg. à 2 Thle. Ebendas. 1821 u. 31. à J. 2 Thlr. 16 Gr.

— kathol. Geheimniß- Sittenreden auf alle Sonn- u. Festtage. 4 Jahrgg. 8 Bde. gr. 8. 1r Jahrg. 2 Thle. 4e Aufl. 840. 2⅚ ₰ 2r Jahrg. 2 Thle. 3e Aufl. 838. 3r Jahrg. 2 Thle. 821. 4r Jahrg. 2 Thle. 831. (à J. 2⅔ ₰) Donauwörth (Augsburg, M. Rieger.) 10⅚ ₰

Königsdorfer, Mart., kathol. Geheimniß- u. Sittenreden auf alle Sonn- und Festtage; nebst einer Primiz-, Hochzeit- und Leichenrede. (1. Jahrg.) 2 Bde. Sonntägl. u. Festtägl. Theil. 4. Aufl. 8. Donauwörth 841. (Regensburg, Manz.) 2 ₰ 24 ngl

—— kathol. Geheimniß- u. Sittenreden auf alle Sonn- u. Festtage sammt verschied. Gelegenheitsreden. 2. Jahrg. 2 Bde. Sonntägl. Theil. — Festtägl. Theil. 4. Aufl. 8. (76 B.) Donauwörth 844, Veith'sche Buchh. (Regensburg, Manz.)

(——) dass. 3. Jahrg. 2 Bde. Ein Anhang zu den kath. Homilien u. Christenlehren. 3., unveränd. Aufl. gr. 8. (74½ B.) Donauwörth 846, Veith'sche Buchh.

Königsdorfer's, Mart., katholische Geheimniß- und Sittenreden auf alle Sonn- und Festtage nebst einer Primiz-, Hochzeits- und Leichenrede. Aufs Neue durchgesehen, verb. und mit einer Vorrede begleitet von Ludw. Mehler. 1. Jahrg. 2 Thle. gr. 8. Regensburg 866, 67, Manz. à Thl. 1 Thlr. 3 Ngr.

Inhalt:
Thl 1. Predigten auf alle Sonntage des Kirchenjahres. (XVI und 464 S.)
» 2. Predigten auf alle Festtage des Kirchenjahres. (XII und 500 S.)

—— katholische Geheimniß- und Sittenreden auf alle Sonn- und Festtage sammt verschiedenen Gelegenheitsreden. Auf's Neue durchgesehen, verb. und mit einer Vorrede begleitet von Ludw. Mehler. 2. und 3. Jahrg. à 2 Thle. gr. 8. (VIII, 478; VIII, 496; XII, 426; XVI, 502 S.) Regensburg 869, 70, Manz. à Thl. ℳ 3,30.; à Jahrg. 6 60
1. Jahrg. Ebendas. 866, 67. ℳ 6,60.

— katholische Geheimniß- u. Sittenreden auf alle Sonn- u. Festtage sammt verschiedenen Gelegenheitsreden. Auf's Neue durchgesehen, verb. u. m. e. Vorrede begleitet v. Ludw. Mehler. 3. Jahrg. 2 Thle. Predigten auf alle Sonntage u. Festtage d. Kirchenjahres. gr. 8. (XII, 426 u. XVI, 502 S.) Ebend. 871. 72. à 3. 30

—— Noch einmal! Katholische Geheimniß- und Sittenreden auf alle Sonn- und Festtage des Jahres nebst mehreren Gelegenheitsreden. Aufs Neue durchgesehen, verb. und mit einer Vorrede begleitet von Joh. Ev. Zollner. 4. Jahrg. 2 Bde. gr. 8. Ebendas. 874. 6 60

Inhalt:
Bd. 1. Predigten auf alle Sonntage des Kirchenjahres. (XII, 398 S.)
» 2. Predigten auf alle Festtage des Kirchenjahres nebst mehreren Gelegenheitspredigten. (VIII, 403 S.)

— kathol. Glaubenspredigten. Zur Bestärkung d. Schwachgläubigen in den Tagen d. Versuchung wider den Glauben. Sammt d. Zugabe e. Gelegenheitsreden. gr. 8. (Landsh., Krüll). 1 ₰ 12 ₰

—— kathol. Glaubens-Predigten. Zur Bestärk. d. Schwachgläubigen, in d. Tagen d. Versuchungen wider d. Glauben seinen Pfarrkindern vorgetr. Sammt d. Zugabe einiger Gelegenheits-Reden. (2. Ausg.) gr. 8. (39 B.) Augsburg 835, Rieger'sche Buchh.

— katholische Glaubenspredigten. Zur Bestärkung der Schwachgläubigen, in den Tagen der Versuchungen wider den Glauben, Sammt der Zugabe einiger Gelegenheits-Reden. (2e Ausg.) gr. 8. Augsburg 835. M. Riegers Buchh. (Himmer.) 1½ ₰

— kathol. Homilien, oder Erklärungen d. heil. Evangelien auf alle Sonn- u. gebotene Festtage. Als Predigten bearbeitet. 2 Thle. 3e verb. Aufl. gr. 8. (Landsh., Krüll). 1 ₰ 16 ₰ (Vergl. Evangelien).

—— kathol. Homilien, od. Erklärn. d. heil. Evangelien auf alle Sonn- u. gebotene Feiertage. Als Predigten bearb. u. seiner Gemeinde vorgetr. 4. u. 5. Aufl., neuerdings durchges. u. verbess., mit Vorr., Biographie, u. Bibliographie d. Verfassers begl. v. Karl Egger. 8. Augsburg 837, 40, Rieger'sche Buchh. Thlr.
Sonntäglicher Band. (27¼ B.)
Festtäglicher Band. (14¼ B.)

— katholische Homilien, oder Erklärungen der heil. Evangelien auf alle Sonn- u. gebotene Feiertage. Als Predigten bearb., u. seiner Gemeinde vorgetragen. 6. Aufl. durchgeseh. u. verb. v. Karl Egger. 2 Bde. [Sonntäglicher Bd. — Festtäglicher Bd.] gr. 8. (XXIV u. 626 S.) Augsburg 848, Rieger. 1⅔ ₰

Königsdorfer, Mart., katholische Homilien, oder Erklärungen der heil. Evangelien auf alle Sonn- und gebotenen Feiertage. Als Predigten bearb., und seiner Gemeinde vorgetragen. 7. Aufl., neuerdings durchgesehen und verb., mit Vorrede, Biographie und Bibliographie des Verf. begleitet von Carl Egger. 2 Bde. 8. (XXIV und 624 S.) Augsburg 861, Rieger'sche Buchh.

Königsdorfer, Mart., katholische Homilien od. Erklärgn. der hl. Evangelien auf alle Sonn- u. gebotenen Feiertage. In Predigten bearb. Neu hrsg v. Alois Eberhart. gr. 8. (VIII, 408 S.) Brixen 894. Buchh. d. katholisch-polit. Preßvereines. n. 4. —; geb. in Halbldr. n.n. 5. —; m. Rotschn. n.n. 5. 20

Königsdorfer, Mart., das heil. Jubiläum u. and. Ablässe d. kathol. Kirche, d. gläubigen Volke erklärt. 2., unveränd. Ausg. 8. (8 B.) Augsburg 838, [Campart u. Comp.]

— das heil. Jubiläum u. andere Ablässe der kathol. Kirche. 2e unveränd. Ausg. 8. Augsburg u. Günzburg 838. Veith u. Rieger. ¼ ₰

— s.a. Kinderzucht, Die christliche.

— d. christl. Kinderzucht. Sechs Predigten über d. Pflichten d. Eltern gegen ihre Kinder. Nebst e. Rede. 8. Augsb. ... 2e Aufl. 833. (Landsh., Krüll). 8 ₰

—— die christl. Kinderzucht. Sechs Predigten üb. d. Pflichten d. Eltern geg. ihre Kinder, nebst e. Rede, üb. d. phys., od. blos körperl. Erziehung ders. Eine ländl. Hochzeit-Schenkung. Ein Nachtr. zu seinen Geheimniß- u. Sittenreden. 2. Ausg. 8. (6½ B.) Augsburg 833. (Regensburg, Manz.)

—— die christl. Kinderzucht. Sechs Predigten üb. d. Pflichten d. Eltern geg. ihre Kinder, nebst e. Rede üb. d. phys., od. blos körperl. Erzieh. ders. Eine ländl. Hochzeit-Gabe. 3. Aufl. 8. (6½ B.) Augsburg 838, [Lampart u. Comp.]

— die christl. Kinderzucht. Sechs Predigten üb. die Pflichten der Eltern gegen ihre Kinder, nebst e. Rede über die physische, oder blos körperl. Erziehung derselben. 3e Aufl. 8. Augsburg u. Günzburg 838 Veith u. Rieger. ¼ rf

—— die christliche Kinderzucht. 7 Predigten üb. die Pflichten der Eltern gegen ihre Kinder. Eine ländl. Hochzeitgabe. 4. Aufl. Durchgesehen, verb. u. m. e. Vorr. v. Karl Egger. 8. (7 B.) Augsburg 844, Lampart u. Comp.

Königsdörfer, Mart., die christliche Kinderzucht. Sieben Predigten über die Pflichten der Eltern gegen ihre Kinder. Eine ländl. Hochzeitgabe. Ein Nachtrag zu seinen Geheimniß- und Sittenreden. Durchgesehen, verb. und mit einer Vorrede begleitet von Carl Egger. 5. Aufl. gr. 12. (VIII und 96 S.) Augsburg 851, Lampart und Comp. (Leipzig, Hübner.)

Königsdorfer, Mart., die christliche Kinderzucht. Sieben Predigten über die Pflichten der Eltern gegen ihre Kinder. Eine ländliche Hochzeitgabe. Ein Nachtrag zu seinen Geheimniß- und Sittenreden. Durchgesehen, verb. und mit einer Vorrede begleitet von Carl Egger. 6. (Titel-)Aufl. gr. 12. (VIII und 96 S.) Augsburg 855, Lampart und Comp. (Leipzig, Hübner.)

Königsdorfer, Mart., die christliche Kinderzucht. 7 Predigten über die Pflichten der Eltern gegen ihre Kinder. Nach der v. Karl Egger besorgten 5. Aufl. neu hrsg. v. Mart. Leitner. (112 S. m. 1 Abbildg.) 8. Regensburg 903. (A. Coppenrath's Verl.) n. 1.—; geb. in Leinw. n.n. 1.40

Königsdorfer, Mart., homiletische Predigten auf alle Werktage der heil. Fastenzeit, nebst 6 Fastenpredigten, e. Primiz- u. Sekundizpredigt. Verbessert u. neu hrsg. v. Joh. Evang. Zollner. gr. 8. (XVI, 324 S.) Regensburg 873. Manz. 3. —

— das ewige Priesterthum d. kathol. Kirche. Primizrede. 8. Augsb. 827. (Landsh., Krüll). 3 gl

—— Sbjrka křestansko-katolickoch kázanj. Djl 2.: Kázanj na swátky celého roku. Přeložil Karel Sicha. 8. (VI und 159 S.) Olmütz 852, (Neugebauer.)
1. Thl. 1850. ?

— sbjrka křesťansko-katolických kázanj. Djl 2. A. u. d. T.: Kázanj na swátky celého roku. Wynal z Mt. Königsdorfera, a přeložil K. Sicha. Olmütz 852. Neugebauer. 8. (2 Bl., 159, VI S.) 15 ngr

Königsdörfer, Kochbuch, s. Lorenz, Ida A.

Königsdörfer, Ant. Aug., († d. 20. April 1826.), s. 1) K. J. v. Ligne, Tagebuch rc. u. dessen Feldzüge d. Prinzen Ludwig. 2) Lloyd, Auszug aus d. Geschichte des 7jähr. Krieges. 3) Menil-Durant, Bemerkk.

Königsdörfer, Cölestine, s. Königsdorfer

Königsdörfer, George Heinrich (Hrsg.):

s.: Medicinische Commentarien von einer Gesellschaft der Aerzte zu Edinburgh. (Medical and philosophical Commentaries by a Society of Physicians in Edinburgh. Dt.) 1. Dec. Bd 1,10, 2. Dec. Bd 2-3. Altenburg: 1774-1792

JB 6.207

— s. Frz. Home, medicin. Beobacht.

Königsdörfer, Geo. Hnr., († d. 14. Jan. 1788.) Ronneburgische Krankengeschichte. 2 Samml. 8. Altenb. 767, 68. Richter. 6 gl

Königsdörfer, G. H., Ronneburgische Krankengeschichte. 8 Thle. 4. Altenb. Richter. 767. 68.

Königsdörfer, Geo. Hnr., Memorial an Alle, die d. Kinderblattern noch nicht gehabt haben. 8. Berl. 768. Mylius. 1 gl

Königsdörfer, Georg Heinrich (Übers.):

s.: Morgagni, Giovanni Battista: Von dem Sitze und den Ursachen der Krankheiten, welche durch die Anatomie sind erforscht worden. (De sedibus et causis morborum per anatomen indagatis libri quinque. Dt.) Bd 1. Altenburg: 1771

JB 1.151

— Nachr. vom Ronneburger Brunnen. 4. Altenb. 768.

– s. Samml. widernatürl. Fälle aus der Hebammenkunst.

Königsdörfer, Geo. Odo, Tabellen zur Berechnung des cubischen Inhalts von geschnittenen und beschlagenen Hölzern nebst Reductionstabellen des bisher. sächs. und preuss. Längen- und Körpermaasses auf das Metersystem und einer Preisberechnungs-Tabelle. gr. 8. (VIII, 279 S.) Oschatz 873, Oldecop's Erben. *M 3.; geb. * 3 60

Königsdörfer, Joh. Heinr., histor.-topograph.-physikal.-chem.- u. medicinische Beschreibung d. Heilquellen zu Ronneburg u. seiner romant. Umgebungen. M. 1 gr. lith. Ansicht d. Bades (4.) 8. (10 B.) Ronneburg 834, Weber.

Königsdörfer, Martin, s. Königsdorfer

Koenigsdoerfer, Odo (Tautendorf), De gastromalacia infantum. Diss. med. Lpz. (Wilh. Staritz) 20. XII. 1842. 24 S. mit Literatur. (5.—) 19005
Gew.: Carl Gottfried Merz (Schoeneck/Vogtl.).

Koenigsdorff, Constantin Graf von, Leutnant im Garde-Schützen-Bataillon, cand. iur.: Die rechtliche Natur des Anerbenrechts bei preußischen Rentengütern. Berlin 1905: W. Pilz. (76 S.) 8°
Heidelberg, Jur. Fak., Ref. Anschütz, Diss. v. 24. Jan. 1906
[Geb. 21. Mai 80; Wohnort: Berlin; Staatsangeh.: Preußen; Vorbildung: Gymn. Weilburg a. d. L. Reife Juli 00; Studium: Göttingen 2, Berlin 4 S.; Rig. 24. Okt. 05.]

KÖNIGSDORFFER, J. H.
Geöffnete (Das) Laboratorium. Altenburg, 1760.

Königsdörffer und Böhler, das Erkennen der Trichinen-Krankheit, s. Böhler.

Königsdörffer, A. H., evangelische Herzstärkung in Gebet und Lied. Dem kirchlichen Gebets- und Liederschatze entnommen und allen, die gern recht glauben, heilig leben und selig sterben wollen, dargeboten. Leipzig 859. Naumann. 16. (IV, 196 S.) n. 5 ngr.

Königsdörffer, A. H., evangelische Herzstärkung in Gebet u. Lied. Dem kirchl. Gebets- u. Liederschatze entnommen u. allen, die recht glauben, heilig leben u. selig sterben wollen, dargeboten. 2. verb. u. verm. Aufl. Dresden 870. (Naumann.) 16. (VI, 233 S.) cart. n. 7½ ngr; in engl. Einb. n. 12 ngr.

Königsdörffer, A. H., evangelische Herzstärkung im Gebet u. Lied. Dem kirchl. Gebets- u. Liederschatze entnommen u. allen, die gern recht glauben, heilig leben u. selig sterben wollen, dargeboten. 3., verb. u. verm. Aufl. gr. 16. (VIII, 244 S.) Dresden 876. Leipzig, Buchh. d. Vereinsh. in Comm. geb. n. 1. 20

Königsdörffer, A. H., evangelische Herzstärkung in Gebet und Lied. Dem kirchl. Gebets- und Liederschatze entnommen und Allen, die gern recht glauben, heilig leben und selig sterben wollen, dargeboten. 5. verb. und verm. Aufl. Mit Liedern nach dem Wortlaute des sächs. Landesgesangbuchs. gr. 16. (VIII, 247 S.) Dresden 888. (Leipzig, Buchh. des Vereinshauses.) cart. * — 60

Königsdörffer, A. H., evangel. Herzstärkung in Gebet u. Lied. Dem kirchl. Gebets- u. Liederschatze entnommen u. Allen, die gern recht glauben, heilig leben u. selig sterben wollen, dargeboten. 6. Aufl. Mit Liedern nach dem Wortlaute des sächs. Landesgesangbuchs. 12. (VIII, 247 S.) Dresden (900). Niederlage des Vereins zur Verbreitg. christl. Schriften. n. — 60; geb. in Leinw. n. 1. —; m. Goldschn. 1.20

— Verwüstung der Kirchfahrt Langhennersdorf bei Freiberg im 30jährigen Kriege u. ihre Wiederherstellung. Nach Urkunden u. andern Quellen. gr. 8. (VII, 120 S.) Freiberg 879. Gerlach'sche Buchdr. cart. n. 2. —

Königsdörffer, A. Herm., naturgeschichtliches Lottospiel in 300 Abbildungen mit erläut. Texte. Zum Nutzen und Vergnügen der Jugend zusammengestellt. 2. Aufl. gr. 8. (32 S. und 20 Stnt. mit 20 Bl. Text zu den Abbildungen.) Wesel 849, Bagel.

– – 1. Aufl., s. Königsdörffer, Hermann

Koenigsdoerffer, August Friedrich (Dippoldiswalde), De actione de recepto casum fortuitum non persequente ad explicat. L. III. §. I. D. naut. caup. stab. Diss. jur. Präs. Georg Friedrich Kraus. Wittbg. (Ephraim Gottlob Eichsfeld) 21. IX. 1750. 22 S. (5.50) 19006
Gew.: Christian Gottlieb Graf v. Holzendorf (Baerenstein, Rothwermsdorf). — Widm. v. Präs.

— August Hermann (Dresden), De ankylosi maxillarum ex synostosi orta. Diss. med.-chir. Lpz. (Fischer & Kürsten) 18. V. 1855. 30 S. mit Biogr. (M.: Kunze.) (5.50) 19007
Gew.: Johann Carl Wilhelm Walther.

Königsdörffer, Herm., geschichtl. Lottospiel, zum Nutzen u. Vergnügen der lernbegier. Jugend zusammengestellt. In 1 Kasten. qu. ½ gr. 4. Leipzig 837. Andrä. n. 1 ₰

Königdörffer, Herm., geschichtliches Lottospiel, z. Nutzen u. Vergnügen d. lernbegier. Jugend zusammengest. In 1 Kasten in qu. ½ gr. 4. Leipzig 837, [Hunger.] *

—— naturgeschichtliches Lottospiel in 300 Abbildn. mit erläut. Texte. Zum Nutzen u. Vergnügen d. Jugend zusammengest. Lex.-8. (20 Taf. mit Abbild., 20 Taf. Ausruf-Kärtchen u. 2 B. Text.) Crefeld 839, Funcke'sche Buchh. In Etui

– Dass. 2. Aufl., s. Königsdörffer, A. Herm.

—— weltgeschichtliches Lottospiel, z. Nutzen u. Vergnügen d. lernbegier. Jugend zusammengest. 2., verb. Aufl. qu. ¼ gr. 4. (34 Ausruf-Kärtchen u. ¾ B. Text, gr. 8.) Crefeld 840, Funcke'sche Buchh. In Etui

Königsdörffer, Johann Heinrich (Altenburg), Dijudicationem quarundam opinionum de modo et ratione quibus mercurius luem veneream curat. Diss. med. Jena (Mauk) 28. V. 1794. 16 S. (4.80) 19008
Gew.: Carl Friedrich Schulthes.

Königsee [Sachliches OW]

Königsee, der, u. Umgebg. Zusammengestellt aus dem topogr. Atlas v. Bayern. 1:50,000. 55,5×42,5 cm. Farbdr. München 910. Th. Riedel. nn 1. 50

Königsee [Schlagwort]

Königsee, s. Geologische Karten (Preussen).

Königsee, s. Preussen. Messtischblätter.

Königsee, s. Thüringen.

Königsee—München, s.: Automobilkarten. Automobil-Tourenkarte.

Königsegg-Aulendorf, Gräfin v., u. S. Waitz, Rettung aus Trunksucht u. Unsittlichkeit. 2 Reden, geh. auf dem 13. Charitastag zu Ravensburg. (48 S.) kl. 8. Ravensburg (909). Dorn. n — 35

Königseiche, die,. Schsp. v. F. L. Schmidt. 8. Brandenb. Leich. 801.

Königsfeld [Sachliches OW]

Königsfeld, Die Grafen. Ein Familiengemälde . . . Braunschw. 1844. V: *Mursinna, Frdr. Samuel.* (Ky,

Königsfeld, die Grafen. Ein Familiengemälde vom Verf. von „die Wahlleiche“, „die Zwillingsschwestern“, „der Brautkranz“, „das Pfarrhaus“ u. a. m. 2 Bde. 8. Braunschweig 844, Leibrock. 2¼ ₰

Königsfeld [Schlagwort]

Königsfeld-Niedereschach, s.: Geolog. Karten, Spezialkarte (Baden).

Königsfeld [Verfasser]

Königsfeld, G. A., kurze Darstellung des Weltganges der Cholera vom Aug. 1817 bis zum Januar 1837 und der gegen dieselbe durch die Erfahrung am meisten erprobten Schutzmaassregeln. Nebst kurzem Hinblick auf ihre neuesten Wanderungen und Fortschritte. Für Aerzte und Nichtärzte bearb. gr. 8. (54 S.) Aachen 848, ter Meer. *

Königsfeld, G. A., lateinische Hymnen u. Gesänge, s. Hymnen u. Gesänge.

Königsfeld, G. A., Lebens-Quellen u. Gränzen. Eine biolog. Denkschrift. gr. 8. (VII, 87 S.) Düren 881. Hamel in Comm. n. 1. 50

Koenigsfeld, Gust. Adolph (Düren/Rhld.), Momenta quaedam circa haemorrhagias pulmonum. Diss. med. Bln. (Gebr. Unger) 16. IX. 1831. 32 S. mit Biogr. (M.: Peuchen.) (6.—) 19009
Oppon.: H. W. v. Broich, Ignatz Duentzer, K. Schruff.

Königsfeld, Klaus v., Beatrix v. Schwaben. Histor. Roman. 2 Tle. in 1 Bde. (VII, 200 u. 240 S.) 8. Braunschweig (903). Leipzig, R. Sattler. n. 6. —; geb. in Leinw. n. 7. 50; in Liebhaberhalbfrz. n. 8. —

Koenigsfeld, Max [cand. med. aus Kobier in Schles.]: Aus d. syphilit.-dermatolog. Klinik d. Hrn. Prof. Posselt. Das Langsche Verfahren zur Behandlung der Bubonen ... München, J. G. Weiss'sche Buchdr., 1896; 48 S. 8.
München, Med. Fak., Inaug.-Diss. v. 1896

Koenigsfeld, Paul [aus Kobier]: Über Patellaluxationen im Anschl. an e. Fall v. habitueller Luxation d. Patella nach aussen ... Erlangen, Druck v. A. Vollrath's k. b. Hofbuchdr., 1891; 42 S. 8.
Erlangen, Med. Fak., Inaug.-Diss. v. 1891

Königsfelden, Heil- u. Pflege-Anstalt des Kantons Aargau, s.a. Mittheilungen, technische.

Königsfelden, Heil- u. Pflege-Anstalt des Kantons Aargau (Schweiz). (Heft 1 der „Technischen Mittheilungen.") Zürich 1876. 8.

Königsfeldt, J. P. F., Annotationes ad posterior. librum Samuelis et priorem libr. Chronicorum synoptice expositos. 8maj. (10 B. u. 1 Tab.) Hauniae 839, (Reitzel.) *

Königsfeldt, J. P. F., genealogiske Tabeller til Oversygt over Hertugdömmerne Slesvigs og Holsteens Historie og Forhold til Danmark. gr. Fol. (3 Bl.) Kopenhagen 847, Reitzel. n. 19 ngr

Königsfels, s.a. Königfels

Königsfels, Graf Ed. Ant. v., philosophische Essays, nebst e. Auswahl v. Gedichten, aus den Papieren d. Grafen im testamentar. Auftrag seiner Witwe hrsg. gr. 8 (XII, 483 S.) Dresden 883. Tittmann. n. 8. —

Königsflucht, die, oder Hieronymus u. seiner Staatsdiener Ankunft in Frankreich, Gegenstück zum Abschied von Cassel. 8. (Quedlinb. 814. Basse). 10 K

Königsforst, der, u. seine Umgebg., s.a. Wanderbücher des Kölner Eifelvereins. Nr. 1.

Der Königsforst und seine Umgebung. Bearb. vom Wegeausschuss d. Kolner Eifelvereins E. V., gegr. 1888. Hierzu 1 Kt mit e. Skizze. Koln Roemke [1909] 62 S. 8° [Umschlagt.]
(Wanderbucher d. Kölner Eifelvereins. Nr 1)

Königsgesetz, das Dänische, das ist das fortwährend geltende Grundgesetz für das Königreich Dänemark, nach der Dän. officiellen Ausgabe übersetzt u. mit einer histor. Einleitung u. einer Schlußbemerkung versehen v. Theod. Olshausen. gr. 8. Eutin u. Kiel 838. Baurmeister u. Grlem. 1/3 rℓ

Königsgesetz, das dänische, das ist das fortwähr. gelt. Grundgesetz f. d. Königr. Dänemark, nach d. dän. offic. Ausg. übers. u. mit einer historischen Einleitung u. einer Schlußbemerkung versehen v. Theod. Olshausen. gr. 8. (4 B.) Kiel 838. [Hamburg, Schuberth u. Comp.]

Königsgesetz, das dänische, d. i. das fortwährend geltende Grundgesetz für das Königreich Dänemark, nach der dänischen officiellen Ausg. übers. und mit einer histor. Einleitung und einer Schlußbemerkung versehen von Thdr. Olshausen. Neue (Titel-)Ausg. gr. 8. (VII und 54 S.) Hamburg 851, Schuberth und Comp. *

Königshagen [Schlagwort]

Königshagen, s.: Preussen. Messtischblätter.

Königshaus, unser. 1—4. (Heft.) 8. Berlin 859, Hempel. à Heft * 10 Ngr. *

Inhalt:

Heft 1. Skizzen aus der Jugendzeit Friedrich Wilhelm IV. (127 S.)
" 2. Der Prinz von Preußen. Darstellung seines Lebens bis zur Uebernahme der Regentschaft. 1. Heft. (128 S.)
" 3. —— dass. — 2. Heft. (128 S.)
" 4. Prinz Friedrich Wilhelm von Preußen. (128 S.)

Koenigsheim, Handbuch f. die Gendarmerie u. andere untere Polizeibeamte, e. Auszug aus den f. die Gendarmerie im Königr. Sachsen hauptsächlich in Betracht komm. Gesetzen u. Verordngn. enth. Im Auftr. des kgl. Ministeriums des Innern bearb. 8. (IV, 259 S.) Dresden 900. H. Burdach. n. 1. 60; geb. in Leinw. n. 2. 20

Koenigsheim, Handbuch für die Gendarmerie u. andere untere Polizeibeamte, e. Auszug aus den f. die Gendarmerie im Königr. Sachsen hauptsächlich in Betracht komm. Gesetzen u. Verordngn. enth. Im Auftrage des königl. Ministerium des Innern bearb. Nachtrag (zur 1. Aufl.) (Abgeschlossen am 31. XII. 1902). (47 S.) 8. Dresden 903. H. Burdach. n. — 50

Koenigsheim, Handbuch für die Gendarmerie u. andere untere Polizeibeamte, e. Auszug aus den f. die Gendarmerie im Königr. Sachsen hauptsächlich in Betracht komm. Gesetzen u. Verordngn. enth. Im Auftrage des königl. Ministerium des Innern bearb. 2. Aufl. (IV, 322 S.) 8. Dresden 906. H. Burdach. Geb. in Leinw. n. 2. 60

Koenigsheim, Handbuch f. d. Gendarmerie u. andere untere Polizeibeamte. 2. Aufl. Nachtrag. (27 S.) 8. Dresden 906. H. Burdach. — 40
Hauptwerk Ebd. 906. Geb. n 2. 60.

Königsheim, A. W., das königlich sächsische Gewerbegesetz nebst den dazu gehörigen Ausführungs-Gesetzen und Verordnungen vom 15. Octbr. 1861. Nach den Quellen entwickelt u. erläutert u. zum Handgebrauch für die Verwaltungspraxis u. den Gewerbstand herausg. Leipzig 861. Teubner. gr. 8. (XVI, 344 S.) 20 ngr.

Königsheim AW, das Königl. Sächs. Gewerbegesetz nebst den dazu gehörigen Ausführungsgesetzen und Verordnungen vom 15.10.61. Leipzig 1862

Königsheim, Arth. W., die Hundefrage vom Standpunkte der Parteien und der Polizei in Deutschlands größeren Staaten. Ein Reformvorschlag. gr. 8. (76 S.) Dresden 880, Schönfeld's Verlagsh. *

Königshofen [Schlagwort]

Königshofen i/G., s.: Bayern, Karte.

Königshofen. Bauer, A., Wandkarte d. kgl. Bezirksamtes Königshofen i/G. 1 : 50,000. Chromolith. Imp.-Fol. Schweinfurt 887. Stoer. n. 5. —

KOENIGSHOFER, Christian August (Erlangen): De signis vivi et mortu foetus.- Monachii: Giesser 1837. 15 S.
27.5.1837 - Urk; F 63
Diss. Ingolst.-Landsh.-Mchn.

Königshöfer, freie Arztwahl. Ein Rückblick u. e. Ausblick. gr. 8. (30 S.) Stuttgart 902. C. Grüninger. n. — 40

KÖNIGSHÖFER, Freie Arztwahl Ein Rückblick und ein Ausblick. Stuttgart. 1902 Carl Grüninger (Klett & Hartmann) 8°.

Königshöfer, Emanuel, approb Arzt aus Fürth ⟨Bayern⟩: Über den Endothelkrebs der serösen Häute nebst Anführung eines eigenen Falles von Peritoneum mit starker Schleimbildung. *Würzburg 1903: Verlagsdruckerei.* (39 S.) 8°
Würzburg, Med Diss v. 1903

Königshöfer, Oskar

Königshöfer, Osk., das Distinctionsvermögen der peripheren Theile der Netzhaut. gr. 8. (32 S.) Erlangen 876. Besold. n. — 80

— seltene Fälle. II. Ein Fall v. Staroperation u. geheilter Netzhautablösung bei angeborenem Irismangel. gr. 8. (7 S.) Tübingen 901. F. Pietzcker. n.n. — 50
Sonderabdruck aus: „Ophthalmolog. Klinik".

Königshöfer, O., die Farbenblindheit u. ihre Beziehungen zum praktischen Leben, s.: Volksbibliothek, neue.

Königshöfer, Die Geschichte der vergleichenden Augenheilkunde, insbesond. ihre Entwicklung unter dem Einfluss der tierärztlichen Hochschule in Stuttgart. S.-A. a. Z. f. Th. Jena 98. Fischer.

Königshöfer, Osk., üb. d. Geschichte u. d. Ziele d. Hygiene d. Auges. Antritts-Rede, geh. an d. kgl. techn. Hochschule zu Stuttgart am 30. X. 1897. gr. 8. (17 S.) Tübingen 898. F. Pietzcker. n. — 60

Königshöfer, s.: Klinik, die ophthalmologische.

— die retrobulbäre Neuritis u. die Neuritis des Fasciculus maculo-papillaris. (Nach e. im Stuttgarter ärztlichen Verein geh. Vortrag.) gr. 8. (11 S.) München 899. Seitz & Schauer. n. 1. —

(B) — Die retrobulbäre Neuritis. 899. — Die funktionellen Neurosen d. Auges. 902. (KBL 31.) Jetzt: München, Verlag d. ärztl. Rundschau.

Die funktionellen Neurosen des Auges. Von Prof. Dr. [Oskar] Königshöfer. T. 1. [Mehr nicht ersch.] München: Seitz & Schauer 1902. 26 S. 8°
Aus: Deutsche Praxis. Zeitschr f pr. Aerzte 1902, Nr 13–15. [09. 13511

— die Prophylaxe in der Augenheilkunde, s.: Handbuch der Prophylaxe. XII.

KOENIGSHOEFER, Theodor (München): De transplantatione corneae.- Monachii: Hübschmann 1841. 14 S.
19.8.1841 - Urk (Titel: De corneae transplantatione.); F 65
Diss. Ingolst.-Landsh.-Mchn.

Königshütte [Schlagwort]

Königshütte, s.: Bergbau. Spezialkarte. — Kreiskarten.

Königshütte, s.: Oppeln, Reg.-Bez.

Königs-Kalender, bayerischer, für 1886—1889. gr. 4. (à Jahrg. ca. 112 S. mit Illustr. und je 1 Wandkalender.) Augsburg, Gebr. Reichel. à Jahrg. * — 60

Königs-Kalender, bayerischer, für d. J. 1890—1893. 4. (à Jahrg. ca. 100 S. m. Illustr. u. 1 Wandkalender.) Augsb., Gebr. Reichel. à Jahrg. * — 60

Königs-Kalender, bayerischer, f. d. J. 1895. 4. (124 S.) m. Abbildgn., Titelbild, 3 farb. Taf. u. Wandkalender.) Augsburg, Gebr. Reichel. n. — 60

Königs-Kalender, bayerischer, f. d. J. 1899. gr. 4. (128 S. m. Abb., 1 Farbdr. u. farb. Wandkal.) Augsburg, Gebr. Reichel. n. — 60

Königs-Kalender, bayerischer, f. d. J. 1903. 26. Jahrg. gr. 4. (146 S. m. Abbildgn., 1 Taf. u. farb. Wandkalender.) Augsburg, Gebr. Reichel. n. — 60

Königs-Kalender, bayerischer, f. d. J. 1907. 30. Jahrg. Mit e. Wandkalender f. 1907. Mit verschiedenen Kunstbeilagen. (170 S. m. Abbildgn.) Lex.-8. Augsburg, Gebr. Reichel. n. — 60

Königs-Kalender, bayer., f. d. J. 1911. 34. Jahrg. Mit e. Wandkalender f. 1911. Mit verschiedenen Kunstbeilagen. (157 u. 2 S. m. Abbildgn.) Lex. 8. Augsburg, Gebr. Reichel. — 60

—— sächsischer, für die J. 1888 und 1889. gr. 4. (107; 88 S. mit Illustr. und je 1 Wandkalender und Oelfarbendr.-Bild.) Dresden, Engelhaupt und Beyer. à Jahrg. * — 50

—— sächsischer, f. d. J. 1890—1893. Mit je 1 Wandkalender u. 1 (farb.) Kunstblatt. gr. 4. (à Jahrg. ca. 100 S. m. Textbildern u. 1 farb. Beilage.) Dresd., (Beyer). à Jahrg. * — 50

— sächsischer, f. d. J. 1895. Mit e. Wandkalender u. e. (farb.) Kunstblatt: Kaiser Wilhelm II. u. Fürst Bismarck. 4. (88 u. 28 S. m. 1 Farbendr.) Leipzig, R. Streller. n. — 50

— sächsischer, f. d. J. 1899. M. 1 (farb.) Wandkal. u. verschied. Kunstbeilagen. gr. 4. (112 u. 4 S. m. Abb.) Leipzig, R. Streller. — 50

— sächsischer, f. d. J. 1902. 16. Jahrg. Mit 1 (farb.) Wandkalender u. verschiedenen Kunstbeilagen. gr. 4. (126 S. m. Abbildgn.) Leipzig, R. Streller. — 50

— sächsischer, f. d. J. 1905. 19. Jahrg. Mit 1 (farb.) Wandkalender u. verschiedenen Kunstbeilagen. (124 S. m. Abbildgn.) Lex.-8. Leipzig, R. Streller. — 50

— württembergischer, f. d. J. 1899. 4. (114 S. m. Abb., 1 Farbdr. u. 1 Wandkal.) Stuttgart (J. B. Metzler's Sort.). n. — 50

Königskerzen. Eine Sammlung romantischer . . . Erzählungen. Mainz 1819. V: *Rauschnick, Gottfried Peter.* (Ky) (GGr) (MGT) (NN)

Königskerzen, eine Sammlung romant. u. abentheuerl. Erzählungen, vom Verf. d. Gespenstersagen. 2 Thle. gr. 8. Mainz, Kupferberg. 819.

Königskinder. Fünf Märlein von Prinzen u. Prinzessinnen und was ihnen wunderbares begegnet, in Bildern von Bernhard Wenig. *Berlin: Fischer & Franke [1900].* (24 Bl.) 8° [Umschlagt. F.]
— **Jungbrunnen.** [4.] [00. 4495

Königsklee, Irma Bulat-
s. Bulat-Konigsklee. [01. 11756

Königskrone, die. Unserm Landesvater von Gottes Gnaden zu den Jahresfesten Seines Königreichs ein drittes Hosianna aus dem Martinsstifte. 5. Ausg. Erfurt (855.) Körner'sche Buchhdlg. 8. (37 S. mit Holzschn. im Text.) n. 3 ngr.

Königskrone, die. Unserm Landesvater von Gottes Gnaden zu den Jahresfesten seines Königreichs ein drittes Hosianna aus dem Martinsstifte. 5. Ausg. br. 8. (37 S. mit eingedr. Holzschn.) Erfurt 855, (Weingart.) *

Königskrönung, s.a. Krönung.

Königskrönung, Die. A. d. Franz. Haag 1775. V: *Wagner, Heinrich Leopold.* (GGr) (Ky) (Wr)

[Die **Königskrönung** Wilhelm I in Königsberg am 18 Oktober 1861 Leipzig, J J Weber 1861]
21 Taf in Holzst 2°
Aus Leipziger Illustrirte Zeitung Oktober-November 1861

Königsleben, ein. Ehrengedächtnis weil. Sr. Maj. Friedrich Wilhelm IV. 8. (64 S. mit eingedr. Holzschn. und lithogr. Portr.) Neu-Ruppin 862, Oehmigke. *
Aus: Traugott's Kalender, 1862, besonders abgedruckt.

Königslieb, Otto, Telegraphen-Fibel. Leichte u. prakt. Anleitgn. zum Erlernen des Lesens u. Gebens der telegraph. Schrift. qu. hoch 4. (84 S.) Kiel 900. Lipsius & Tischer. n. 2.—

Königsliste der Muskauer (Schles.) Schützengilde seit 1837. Muskauer Anzeiger, 1904, Nr. 51.

Königslöw, A. v., der Entwurf der Gleichstrommaschine, s.: Hobart, H. M.

de **Koenigsloew,** (Joan.) Adolph. (geb. Surinam 1822): De chorea St. Viti Berolini (1845). (29 S.) 8°
Berlin, Med. Diss. v 15 März 1845

Königslöw, C. v., die Arbeiterfrage u. prakt. Winke zu ihrer Lösg. gr. 8. (74 S.) Berlin 895. R. Taendler. n. 1.20

Königslöw, H. v., Erfahrungen mit Schrämmaschinen im Saarrevier. Berlin, 1906. 17 S. mit 9 Abb.

Unzulässigkeit der Schadensteilung gemäß § 254 Absatz 1 B.G.B. in den Fällen des § 1 des Reichshaftpflichtgesetzes. Von Dir. O[tto] v. **Königslöw.** Berlin: L. Oehmigke 1905. (8 S.) 8° [Umschlagt. F.] [06. 1483

Königsmann, Andreas Ludwig

Königsmann, A. L., de antiquitate et usu betulae pentecostalis frondiumque sacrarum in universum. Kilon. 1707. 4°

— De rationali metaphysices tanqvam universalis scientiæ cultu. Kiliæ. 1712. 4. [Resp. Dan. Bock].

— de emblematibus propheticis. Ibid. 1712. 4.

— Ad Taciti Germaniæ XIX. I. de litorarum amatoriarum apud veteres Germanos ignoratione diss. hist. et moralis. Kilonii. 1709. 4. P. [Resp. Benj. Ferber].

— (Invitatio ad) operas suas æstivas litorarias, philosophicas, biblicas. Osnabrugi. 1713. 4. P.

— (Invitatio ad) orationes tres de divino regimine hujus mundi d. 8. Sept. habendas. Osnabr. 1713. 4. P.

— Diss. de meritis nostratium in studium mythicum. Osnabrugi. 1714. 4. P.

KOENIGSMANN, ANDR. LUD., Ad cel. locum Taciti Germ. XIX. I. Diss. historica de origine litorarum apud Germanos. Kilonii. 1707. 4. [Resp. Arn. Geo. Knut].

Koenigsmann, A. L., de parabolis Chr. propheticis. Kil. 1708. 4.

Königsmann, A. L., de persuasione prophetarum per signa. Kil. 1711. 4.

Königsmann, Andr. Ludw., Vertheid. d. wahren Religion. 8. Lüb. Bockmann. 749.

— Denen allhie Studirenden entbietet hiermit einen freundlichen Grusz und ladet sie zu anhörung seiner öffentl. lectionen von der warheit der göttlichen Philosophie gegen die falschheit der lehre Spinozæ und Wittichi dienstlich ein. Kiel. 1710. 4. P.

Koenigsmann, Bernh. Ludw. (Rector), An mundum ex nihilo creatum tradant litterae sacrae. Prolusio critico-exeget. qua explorationem juventutis litterariam in Athenaeo Flenopolitano [= Flensburg] suscip. Schleswig (Serringhus) 1798. 22 S. (5.—) 19010

KOENIGSMANN, BERNH. LUD., De ætate carminis epici, quod sub Orphei nomine circumfertur. Prolusio critica. Slesvici. 1810. 4. (Skoleprogr. fra Flensborg). (U. B.).

Bernh[ard] Ludw[ig] **Königsmanns** Außergerichtliche Beleuchtung der gegen seinen Antithraso von einem nunmehrigen Prediger ... verbreiteten Schmähschrift. — Altona 1790: Eckstorff. 200 S. 8°

Königsmann, B. L., de fontibus commentariorum, qui Lucae nomen praeferunt deque eorum consilio et aetate. Alton. 1798. 4.

Königsmann, Bhrd. Ldw., de Aristotelis geographia prolusiones sex. 4. Schlesw. 803—5. (Christiani). 1 ℛ 8 ℊ

— — De geographia Aristotelis. Sectio altera physicam Stagiritae geographiam complexa. Part. prior, qua explorationem juventutis litterariam in Athenaeo Flenopolitano. Schleswig (Serringhus) 1803. (S. 27—52.) (3.30) 19012

Königsmann, B. L., de Aristotelis geographia prolusiones, Slesvic. 806. 4. 1 rthlr. 8 gr.

Geschichte der Flensburgischen Stadtschule v. Bernhard Ludwig Königsmann. 4° k.

1 Hälfte. Einladungs-Schrift zu der 1800 zu bewerkstelligendes Einweihung des neu erbaueten Versammlungsortes der gedachten Schule. Schleswig. (1800.)

2 Hälfte. 1. Abth. Einladungsschrift zur Prüfung der Zöglinge der gedachten Schule am 14. April 1801. ebd. (1801); 2 Abth. Einladungsschrift zur Prüfung der Zöglinge ebendaselbst am 15. April 1806. ebd (1806); 3. und lezte Abth. Einladungsschrift zur Prüfung der Zöglinge ebendaselbst am 7 April 1807. ebd (1807.)

— Diss. humanitatis studia necessitudine inter se mutuisque officiis conjuncta. 4. Altona 772.

— De libertate evangelica prolusio. Slesvici. 1817. 4. P. (Skoleprogr. fra Flensborg).

— — Narratio Manethoniana de regibus pastoribus iterum Aegypto excidentibus a Flavii Josephi argumentis vindicata. Prolusio historico-critica qua explorationem juventutis litterariam in Athenaeo Flenopolitano peragend. Schleswig (Serringhus) 1799. 17 S. (4.50) 19011

Königsmann, B. L., de patria Jesu Christi. Schlesv. 1807. 4.

Königsmann, Otto Ldw., († d. 6. Jan. 1760.) krit. exeget. Beiträge zum richtigen Wortverständniß einiger Schriftstellen d. N. Test. A. d. Dän. übers. 2 Thle. 8. Hamb. 758, 59. Hertel. 20 ℊ

KÖNIGSMANN, OTTO LUDW., Heilige und gute Gedancken der Auserwählten Gottes nach dem Sinne Jesu Christi bey plötzlichen und unvorsehenen Todes-Fällen; bey der Beerdigung einer christlichen Frauen, welche durch den Umsturtz ihres Hauses d. 12. Dec. 1747 erschlagen worden, in einer Leichen-Predigt vorgetragen. Glückstadt. 1747. 4. P.

— wichtige Gründe zur Freudigkeit für e. von seiner Gemeine Abschied nehmenden Lehrer; ingleichen d. Gestalt e. Lehrers, der am frühen Morgen seiner Amtsführung an seine Arbeit rc. gehet. 8. Hamb. 752.

— Eine Kinder-Mörderin als ein trauriger und lebendiger Beweisz der Worte Jesu: Ein fauler Baum bringt arge Früchte, wurde am 8. Sonntage n. Trin. 1754 seiner Gemeinde vorgestellet. Hamburg. 1754. 4. P.

— *Παροραμιτιον* Versionis s. Codicis vernaculae in libro Psalm. Davidis a primo ad decimum sylloge. 4 Hamb. 750.

Königs-Manöver [Schlagwort]

Königs-Manöver 1891, s.: Militärkarten.

Königsmarck, s.a. Königsmark

Koenigsmarck, Graf Hans v., die Engländer in Indien. Reiseeindrücke. Mit 34 Illustr. u. 1 Karte. 2. Aufl. (XII, 307 S.) 8. Berlin 909. Allgemeiner Verein f. deutsche Literatur. 6.—; geb. 7. 50

Koenigsmarck, Graf Hans v., deutscher Handel u. Wandel im Auslande. Vortrag, geh. in Stuttgart im „Württemberg. Verein f. Handelsgeographie" am 15. II. 1901. gr. 8. (32 S. m. 1 Taf.) Berlin 901. H. Paetel. n. 1.50; geb. n. 2. 50

Japan und die Japaner. Skizzen aus d. fernsten Osten von Graf Hans v. **Königsmarck**, Oberlt. im Husaren-Reg. No 7. Mit 24 Vollbild. 2. Aufl. *Berlin: Allgem. Ver. f. Deutsche Litt. 1900.* (VIII, 313 S.) 8°
— Verein, Allgemeiner, f. Deutsche Litteratur. Abt. 20, (1.) [00. 7690

Königsmark H v. Japan und die Japaner. 4. Aufl. (306 S 29 T) Berlin 1904

Koenigsmarck, Graf Hans v., Japan u. die Japaner, s.a. Sammlung belehr. Unterhaltungsschriften f. die deutsche Jugend. 16. Bd.

Japan und die Japaner. Skizzen aus d. fernen Osten von Graf Hans v. **Koenigsmarck**. Mit 8 Vollbild., 1 Karte u. e. Anh. v. Hrsg.: Der russisch-japan. Krieg. Berlin: H. Paetel 1905. (VIII, 166 S.) 8° [F.]
— **Sammlung** belehrender Unterhaltungsschriften f. d. deutsche Jugend. Bd 16. [07. 11418

Koenigsmarck, Graf H. v., Sportliches u. Nicht-Sportliches aus anderen Erdteilen. Reise-Erlebnisse. 8. (XIII, 560 S.) Berlin 894. Freund & Jeckel. n. 8. —

Koenigsmarck, Graf Hans v., vergangene Tage. M. Portr. Rudolph v. Erckert†. 8. (XV, 216 S.) Berlin 895. Freund & Jeckel. n. 3. —

Königsmark, Graf. Trauerspiel. O. J. V: *Behn-Eschenburg, Hermann.* (Süddeutsches Antiqu. München. Kat. Nr. 19.)

v. Königsmark, Graf; Trspl. in 5 A., (v. Frhrn. Karl v. Reitzenstein). 8. Wien 792. Schaumburg. 18 ℊ

Königsmark, Graf,. Trsp. 8. Wien, Schaumburg. (auch Stabel.) 792.

v. Königsmarck, Aurora, s.: Aurora.

Königsmark, Gräfin Aurora Maria, e. Originalgemälde. 8. Berlin. Unger. 797.

Königsmark, Maria Aurora Gräfin v., s.a. Memoiren-Bibliothek.

Königsmark, Maria Aurora Gräfin von, Pröpstin des Stifts Quedlinburg. [Halle 1802.] V: *Voss, Christian Daniel.* (MGT)

Excerpt aus der Geschichte des Königsmarkschen Geschlechts mit Nachrichten f. viele Adelsfamilien gesamm. von Andream **Königsmark**, Magdeburg. *Berlin: F. Lenz & Co 1894.* (32 S.) 8° [F.] [00. 10830 6

Königsmark, H. v., s. Königsmarck, Hans von

Königsmark, Walter v., ein neuer Don Juan oder die modernen Kavaliere in Berlin u. Hamburg. Ein Sittengemälde aus der Neuzeit. 1—8. Liefg. Berlin 868. Humburg & Co. gr. 8. (1. Bd. S. 1—384 mit eingedr. Holzschn.) Jede Liefg. 4 ngr.

KÖNIGSMARK, Walter v. (ps.), Ein neuer Don Juan, oder: Die modernen Cavaliere in Berlin und Hamburg. Ein Sittengemälde aus der Neuzeit. 5 Bde. Berlin 1869. 8°.
Gmähle's Leihbibl., München. — Weller's Lex. Ps. hat p. 299: o. J. (1868).

Königsperger, F. M., wohlunterweisender Clavierspieler. 4. Augsb. 761. Lotter. 6 K

Königsprobe, Die. [Weimar 1790.] V: *Demme, Herm. Chn Gfr.* (MGT)

Königsrecht, s. Frey, auch Möller.

Königs-Saal, Der. Festgedicht. Pesth 1858. V: *Gärtner, Wilhelm.* (EB)

Königsscheibe, die, oder die Ahnungen, eine Familiengeschichte aus d. deutschen Befreyungskriege, von C. Boude. 8. Leipzig, Lauffer. 819.

Königsschlösser [Schlagwort]

Königsschlösser, s.: Ober-Ammergau.

Königsschlösser, bayer., s.: Alpen, Bernhard, C.

Königsschuss, De herrliche, to Rostock ... Rostock 1793. V: *Babst, Diederich Georg.* (GGr) (ML)

Königssee [Sachliches OW]

Der Königssee mit Umgebung. 1:25,000. Bearb im Topogr. Bur. d k b. Generalstabes nach d. Aufnahmen v. J 1897. (Jub.-Ausg 1900.) *[München] 1900.* (1 Kartenbl. 60×80 cm.) gr 2° [kol] [illegible]

Königssee [Schlagwort]

Königssee. Karte vom Königssee m. Umgebung. Bearb. im topogr. Bureau des k b. Generalstabes nach den Aufnahmen vom J. 1897. (Jubiläums-Ausg. 1900.) 1 : 25,000. 82×61,5 cm. Farbdr. München, Literarisch-artist. Anstalt. n.n. 3. 75; auf Leinw. n. 5. —

Königssohn, d., a. Ithaka. Oper v. Schikaneder. 8. Wien. (Liesfind in Lpz.) 797.

FRANKREICH'S monarchisches Königsspiel ..... Was d. frantzös. Hoff von vielen Jahren her vor regiersüchtige Staats-Mittel, Intriguen und Entreprises gebrauchet etc. Cölln (Peter Marteau) 1702. 4°. (5 Mk. E. Frensdorff, 1909.)

Königstädter, Franz Ludwig: Practische Pferdearzney-Kunst. Tl 1. 2. Eisenach 1802.
1. Von d. innerlichen Krankheiten.
2. Von d. äusserlichen Krankheiten.

Königsstädter F. L.: Practische Pferdarzney-Kunst. 2 Th. (1 Vol.). Eisenach 1802. (266) S.

Königstädter, Frz. Ldw., prakt. Pferdearzneikunst. 2 Thle. 8. Eisenach 803. Wittekind. 18 K

— Dies. 2 Thle. 8. Gotha 804. Ettinger. 18 K

Königstag, der, von Magdeburg. Ausführliche Beschreibung sämmtlicher Festlichkeiten des 22. u. 23. Octbr. 1853 zu Magdeburg. Mit 1 lith. Beilage. 1—3. sehr verm. Aufl. Magdeburg, Quednow in Comm. gr. 8. (16 S.) 1½ ngr.

Königstag, der, von Magdeburg. Ausführliche Beschreibung sämmtl. Festlichkeiten des 22. und 23. Octbr. 1853 zu Magdeburg. 3., verm. Aufl. gr. 8. (16 S. mit 1 lithogr. Beilage.) Magdeburg 853, (Quednow.)

Königstein [Sachliches OW]

Königstein als Mittelpunkt der Sächsischen Schweiz und seine Umgebung in Wort und Bild. Hrsg. v. Ver. z. Förd. d. Fremden-Verkehrs in Königstein u. Umgeb. (Königstein: K. Liebner [1908].) (64 S.) 8° [illegible]

Königstein, Die Chur-Sächsische Vestung. O. O. 1710. V: *Buchhäusser, B. F.* (Kat. d. stat. Bureaus. Dresd. 1890.)

Königstein [Schlagwort]

Königstein, s.: Deutschland. Grundkarte. Karte (Abt. Sachsen). Übersichtskarte. — Sachsen. Karte Messtischblätter.

Königstein a. Taunus, s.: Preussen. Messtischblätter.

Königstein [Verfasser]

Königstein, F. G., († d. 7. Juni 1801.), s. Hülfstafeln f. alle Stände.

Königstein, J. Christ.: „Hülfstabellen für alle Stände, besonders für Kaufleute und Rechnungsführer", Hamburg 1796 (Krieger).

KÖNIGSTEIN, JOH. LUDEW., Freyherr von, Fernere Begründung aufgedeckten Ungrunds des wieder mich von dem dazu verordneten Fiscali Frieder. Joach. v. Croutz und dem Ober-Directore processus, Gabr. Schreibern, betriebenen Processus tam inqvisitorii quam accusatorii, und expractirten Urthels zu Gottorf. U. St. 1714. Fol. P.

Königstein, L., praktische Anleitung zum Gebrauch d. Augenspiegels f. Studirende u. praktische Aerzte. Mit 52 Holzschn. gr. 8. (VI, 121 S.) Wien 889. Urban & Schwarzenberg. n. 3. —; cart. n. 4. —

Königstein, L., die Anomalien der Refraction und Accommodation. Prakt. Anleitung zur Brillenbestimmung. gr. 8. (V, 69 S. mit 14 eingedr. Holzschn.) Wien 883, Braumüller. *

Königstein, L., die Anomalien der Refraction u. Accomodation. Praktische Anleitg. zur Brillenbestimmg. 2., wesentlich verm. u. verb. Aufl. gr. 8. (VII, 162 S. m. 47 Holzschn.) Wien 895. W. Braumüller. n. 2. 40

— üb. Augenmuskellähmung, s.: Klinik, Wiener.

—— Die Behandlung der häufigsten u. wichtigsten Augenkrankheiten. 1.—3. Heft. gr. 8. Wien, Braumüller. à Heft * 1 50; * 4 50
1. Heft. Krankheiten der Lider u. d. Bindehaut. (50 S.) 889; 2. Heft. Krankheiten d. Hornhaut. (56 S.) 890; 3. Heft. Krankheiten d. Sklera, Iris u. d. Ciliarkörpers. (56 S. m. 6 Abbildgn.) 892.
1. u. 2. Heft sind aus: Internat. klin. Rundschau; 3. Heft ist aus: Wiener medicin. Blätter, besonders abgedruckt.

— die Behandlung der häufigsten u. wichtigsten Augenkrankheiten. [Aus: „Wiener medicin. Blätter".] 3. u 4. Hft. gr. 8. Ebd. à n. 1. 50
3. Krankheiten der Sklera, Iris u. d. Ciliarkörpers. (56 S. m. 6 Abbildgn.) 892.
4. Glaucom, Netzhautabhebung. (50 S.) 893.

Königstein, L., Notizen zur Anatomie u. Physiologie d. Orbita, s.: Beiträge zur Augenheilkunde.

— Physiologie u. Pathologie der Pupillarreaction, s.: Klinik, Wiener.

Königstein, Leop., Beobachtungen über die Nerven der Cornea und ihre Gefässe. [Aus dem physiolog. Institute der Wiener Universität.] Lex.-8. (17 S.) Wien 877, (Gerold's Sohn.) *

Königstein, Leop., das Verhältniss der Nerven zu den Hornhautkörperchen. [Aus dem physiolog. Institute der Wiener Universität.] [Aus: „Sitzungsber. d. k. Akad. d. Wiss."] Lex.-8. (6 S.) Wien 875. (Gerold's Sohn.) — 15

Tagebuch des Canonicus WOLFGANG KÖNIGSTEIN am Liebfrauenstifte über die Vorgänge seines Capitels und die Ereignisse der Reichsstadt Frankfurt am Main in den Jahren 1520 bis 1548. Im Namen des Vereins für Geschichte und Alterthumskunde zum erstenmale nach der Originalhandschrift herausgegeben, mit Ergänzung des verlorenen Theils aus den Schurgischen Collectaneen, von GEORG EDUARD STEITZ. Frankfurt am Main. 1876. Selbstverlag des Vereins. 8°.

Königstein, Wolfg., Tagebuch über die Vorgänge seines Capitels und die Ereignisse der Reichsstadt Frankfurt a. M. in den J. 1520 bis 1548. Im Namen des Vereins für Geschichte und Alterthumskunde zum erstenmale nach der Orig.-Hdschr. hrsg., mit Ergänzung des verlorenen Theils aus den Schurgischen Collectaneen von Geo. Ed. Steitz. gr. 8. (XX, 224 S.) Frankfurt a. M. 876, (Völcker's Verlag.) (* ℳ 6.) *

v. Königsthal, Gust. G., s. König v. Königsthal.

Königstochter, eine afrikanische. Roman aus Alt-Kamerun von E. Vers. 4. Aufl. 8. (72 S.) Leipzig 885. [Unstad.] * 1 —

Königstochter, e. preußische. Denkwürdigkeiten der Markgräfin v. Bayreuth, Schwester Friedrichs des Großen, hrsg. v. Johs. Armbruster, s.: Schicksal u. Abenteuer. I.

Königs-Übel, Das gefährliche, der Monarchischen Herrschsucht ... seit Nimrods Zeiten ... bisshero. [Frankf.] 1707. V: *Abel, Caspar.* (EB)

Königswahl, Die römische, nach ihren dermaligen besondern Erfordernissen und Schwierigkeiten ... [Frankf. a. M.] 1787. V: *Pfeiffer, Chph Ludw.* (Ky)

Königswahl, d. römische, nach ihren dermaligen besondern Erfordernissen u. Schwierigkeiten rc., histor. u. staatsrechtl. dargestellt (v. Cph. L. Pfeiffer). 8. o. O. (Frkf. a. M.) 787. (Trattner in Wien). 4 gl

[Ant. u. F.] Mappa geral da Viação Ferrea dos Estados do Rio de Janeiro, S. Paulo e Minas Geraes p. Gustavo **Koenigswald**. Escala 1:1.200,000. 2. ed. [Nebst] Guia. *S. Paulo: Comp. Industrial; Berlin: D. Reimer 1896.* 2 Bde 8.
Mappa (1 Ktnbl ::) Guia das estradas de ferro (24 S.) 98. 10135

Koenigswald, Gustavo Ornithologia Paulista ([S.-A.] Journal für Ornithologie Jahrg. 44 Juli und October 1896. S 332—366 u. 369—398) (Cassel 1896.) 1 Bd. 35, 30 S. 8°.

Koenigswald, Gust., Rio Grande do Sul. M. 50 Illustr. u. e. (farb.) Uebersichtskarte. gr. 8. (VIII, 115 S.) S. Paulo 898. (Berlin, D. Reimer.) n. 4. —

Koenigswald, Gustav: Rio Grande do Sul — Sao Paulo: Verl. des Verf 1898. 115 S. mit 50 Ill. und 1 Kt.

Königswartha [Schlagwort]

Königswartha, s.: Sachsen. Karte.

Königswartha, s.: Sachsen. Messtischblätter.

Königswartha-Wittichenau, s.: Geologische Karten (Sachsen).

Königswerther, Alexander

Königswerther, Alex.: Elektricitäts-Zähler. Vortrag. (Berlin 1909).

Königswerther, A., physikal. Grundlagen der Gleich- u. Wechselstromtechnik, s.: Repetitorien der Elektrotechnik. I.

Königswerther, A., Construktion u. Prüfung der Elektricitätszähler. gr. 8. (XII, 328 u. Formulare IX S. m. 362 Abbildgn.) Hannover 903. Gebr. Jänecke. Geb. in Leinw. n. 9. —

Königswerther, A., elektrotechn. Messkunde, s.: Grundriss der Elektrotechnik. II.

Elektrotechnische Messkunde, zugleich Leitfaden f. d. elektrotechn. Praktikum von Alex[ander] **Königswerther**. Mit 172 Abb. Hannover: Janecke 1908. 167 S. 8°
(Grundriss d. Elektrotechnik. Bd 2) 09. 11028 7

— Der Monteur, s.: Bibliothek der gesamten Technik. (Cremer, Chr.)

Königswort, ein. Von Hector Sylvester †. Hrsg. und eingeleitet von Max Stempel. 8. (VIII, 138 S.) Leipzig 886, Rust. * ℳ 1.50.; geb. 3 —

Königsworte. Eine Sammlung freisinniger Aussprüche von Angehörigen des preussischen Königshauses. Mit Parallelstellen herausgegeben von Felix Adam. Leipzig 1885. 8.

Königs-Worte, gesprochen vom Throne bei der preußischen Huldigungsfeier 1840, nebst einer Beschreibung der Einzugs- und Huldigungs-Festlichkeiten zu Königsberg und Berlin. O. O. 1840. 48 S. 8.

Königsworte in Volksliedern. Unserm Könige von Gottes Gnaden ein Hosianna seiner Landeskinder (von Karl Reinthaler). 7. Ausg. 4. (16 S. mit Melodieen.) Erfurt 848. (Leipzig, Dörffling & Franke.) n. 2 ngl

Königswusterhausen [Schlagwort]

Königs-Wusterhausen, s.: Berlin. Karte. — Preussen. Messtischblätter.

Königs-Wusterhausen, s.: Mark. — Wanderkarten.

Königswusterhausen, s.: Spree.

Königs-Wusterhausen, s.: Wusterhausen.

Königthum, Das, in Belgien. Brüssel 1856. V: *Arendt, Carl.* (Ky)

Königthum, das, in Belgien. (Von Arendt.) Brüssel 856. Muquardt. gr. 8. (2 Bl., 122 S.) n. 20 *ngr.*

Königthum und Freiheit. Ein Wort an die preussischen Provinzialstände. Ilmenau 1832. V: *Benedict, Frdr. Aug.* (Ky)

Königthum u. Freiheit. Ein Wort an d. preuß. Provinzial-Landstände (v. Fr. Aug. Benedict.) gr. 8. (14½ B.) Ilmenau 832, [Weimar,] Voigt.

Königthum, das, der Juden in Frankreich, oder Geschichte der Finanz-Feudalherrschaft. Eine Schilderung der französischen Volkszustände unter der constitutionellen Monarchie Ludwig Philipps, von einem Franzosen selbst gegeben, u. hier theilweise u. mit Zwischenbemerkungen ins Deutsche übertragen. Ein polit. Lesebuch für das Volk. 1. Hft.: Constitutioneller Staatshaushalt. 8. (IV u. 57 S.) Erfurt 848, Villaret in Comm. n. 1/6 *rf*

Königthum, Das, der Juden in Frankreich, oder Geschichte der Finanz-Feudalherrschaft. Eine Schilderung der französischen Volkszustände... Erfurt 1851. V: *Toussenel, Alphonse.* (schles)

Königthum, das, der Juden in Frankreich, oder Geschichte der Finanz-Feudalherrschaft. Eine Schilderung der französ. Volkszustände unter der constitutionellen Monarchie Ludwig Philipps, von einem Franzosen selbst gegeben, und hier theilweise und mit Zwischenbemerkungen ins Deutsche übertragen. Ein polit. Lesebuch für das Volk. 1. Heft: Constitutioneller Staatshaushalt. 8. (IV und 57 S.) Erfurt 851, (Villaret.) *

Königthum, das, in Preußen. gr. 8. (26 S.) Berlin 863, Stilke und van Muyden. *

Königthum, das römische, des Papstes u. die Katholiken. Stenographischer Bericht der am 16. Dezbr. 1867 zu Aachen abgehaltenen Katholiken-Versammlung. Aachen 868. Jacobi & Co. 8. (58 S.) n. 3 *ngr.*

Königthum und Volksthum. Ein Wort über unsere politische Lage im Hinblick auf den Ausfall der jüngsten preußischen Wahlen von J. v. R. Berlin 862. J. Springer. gr. 8. (31 S.) 6 *ngr.*

Koenigtreu, Georg Ludwig Mehmet von (London), Jurisprudentiam publicam circa titulos officii imperatoris Augustissimi. Präs. Gottlieb Samuel Treuer. Götting. (I. C. L. Schultz) Sept. 1737. 84 S., tlws. dtsch. (7.—) 19013

König-Wilhelm-Lied. Zur Sieges- u. Friedens-Feier. 2. Aufl. Elberfeld 866. Langewiesche. gr. 4. (4 S.) 1 *ngr.*

König-Woerth [Schlagwort]

König-Woerth, s.: Geolog. Karten (Hessen).

KÖNIK, Mein Schuss, oder 30 Fragen und Antworten an die Wiener Frauenzimmer. Wien 1782. 8°.
Karajan's Bibl. II. no. 4562. — Sehr rar!

Koenike, F., Araneae, Acarina u. Tardigrada, s.: Süsswasserfauna, die, Deutschlands. 12. (Dahl, Frdr.)

– Über das Hydrachniden-Genus Atax Fabr. Copeland, s. Abhandlungen, hrsg. v. naturwiss. Verein zu Bremen.

Koenike, F., die v. Herrn F. Stuhlmann in Ostafrika gesammelten Hydrachniden des Hamburger naturhistorischen Museums. [Aus: „Jahrb. d. Hamburg. wiss. Anst.“] Lex.-8. (55 S. m. 3 lith. Taf.) Hamburg 893. (L. Gräfe & Sillem.) n. 3.—

Koenike, F., Hydrachniden aus Java. Gesammelt v. K. Kraepelin 1904. (S. 103–137 m. 2 Taf.) Lex.-8. Hamburg 906. (L. Gräfe & Sillem.) n. 1.50
Sonderabdr. a.: „Mittlgn. a. d. naturhist. Museum in Hambg.“

Koenike, F., einige neubenannte Hydrachniden, s. Abhandlungen, hrsg. vom naturwissenschaftlichen Verein zu Bremen.

Koenike, F., d. Hydrachniden Ost-Afrikas. [Aus: „Deutsch-Ostafrika“.] 4. Bd. Lex.-8. (18 S. m. 1 Taf.) Berlin 895. D. Reimer. n. 2.—

— dasselbe, s. a. Deutsch-Ost-Afrika.

Hydrachniden-Fauna von Madagaskar und Nossoi-Bé. Von F. **Koenike** in Bremen. M. 10 Taf. *(Frankfurt a. M.: M. Diesterweg; [Dr. v.] A. Weisbrod 1898.)* (1 Bl., 297—435 S., 10 Taf.) 4.
= Voeltzkow, A.: Wissenschaftl. Ergebnisse d. Reisen in Madagaskar u. Ostafrika. H. II, II
= **Abhandlungen** hrsg. v. d. Senckenbergischen naturforschenden Gesellschaft. Bd 21. H. 2. [No 2.] 98. 12318

Ⓑ — Hydrachniden-Fauna. 898. (KBL 29.) Jetzt: Frankfurt a/M. (Viktoria-Allee 7), Senckenberg. naturforsch. Gesellsch. Erm. Pr. nn 10. —

Könike, Verzeichniss von im Harz gesammelten Arachniden, s. Abhandlungen, hrsg. vom naturwissenschaftlichen Verein zu Bremen.

Konikow, M. Zur Lehre von der Entwickelung des Beckens und seiner geschlechtlichen Differenzirung. In-8°. 26 S. Bern. These. 1894.

Koninc Ermenrikes Dôt, s.: Ermenrikes, Koninc, Dôt.

de Koninck, L., Description des Animaux fossiles qui se trouvent dans le terrain houiller et dans le systéme supérieur du terrain anthraxifère de la Belgique. 2 Vol. (In 14 Liefg.) Mit 69 lith. Taf. gr. 4. Liège 842—44. (Bonn, Marcus.) geb. n. 24½ *rf*

Koninck, L. de, Description des animaux fossiles qui se trouvent dans le terrain houiller et dans le système supérieur du terrain anthraxifere de la Belgique. 13 Livr. gr. in-4. (94 ¼ B. u. 64 Stnt.) Liége 842—45. (Bonn, Marcus.)*

de Koninck, L., Description des animaux fossiles qui se trouvent dans le terrain carbonifère de Belgique. Supplement. (IV S. u. S. 651—716 m. 5 lith. Taf. u. Erklär. ders. 5 Bl.) Liège 851. (Bonn, Marcus.) n. 2½ ₰

— Description des coquilles fossiles de Basele, Boom Schelle etc. (Avec 4 pl.) gr. 4. le même. 838. 1⅓ ₰

— Mémoire sur les crustacés fossiles de Belgique. (20 pl. et 1 pl.) gr. 4. Bruxelles et Bonn 841, Marcus. 12 ngl

— Recherches sur les animaux fossiles. I. Partie: Monographie des genres Productus et Chonetes. gr. 4. (XVIII u. 246 S. m. 20 lith. Taf.) Ebd. 847. n. 8 ₰

Koninck, L. G. de, Recherches sur les animaux fossiles. 2me partie: Monographie des fossiles carbonifères de Bleiberg en Carinthie. gr. 4. (116 S. mit 4 Stnt.) Bonn 873, Marcus. 3 10
1re partie: Monographie des genres Productus et Chonetes. Ebendas. 1847. *ℳ. 24.

—— Nouvelles recherches sur les animaux fossiles du terrain carbonifère de la Belgique, comprenant la classification méthodique et la synonymie de toutes les espèces connues, ainsi que la description et les figures des espèces nouvelles ou mal définies. 1re partie. Mit 15 Stnt. gr. 4. Ebendas. 872. cart. * 20 —

de Koninck, L(ucian) L(ouis) ⟨geb. am 21 Juli 1844 in Lüttich⟩: Ueber die Constitution der aromatischen Säuren von der Formel: $C^9H^{10}O^3$ und über die Sulfohydrozimmtsäure ... Bonn, Druck v. C. Georgi 1870. 2 Bl., 30 S., 1 Bl. 8. ¶ Erschien zugleich selbständig bei Marcus in Bonn.
Bonn, Phil. Fak., Diss. v. 22 Juli 1870

Koninck, L. L. de, über die Constitution der aromatischen Säuren von der Formel $C^9H^{10}O^3$ u. über die Sulfohydrozimmtsäure. [Inaugural-Dissertation.] Bonn 870. A. Marcus. gr. 8. (30 S.) n. 8 ngr.

Koninck, L. L. De, Lehrbuch der qualitativen u. quantitativen chemischen Analyse. Deutsche Ausg., unter Mitwirkg. v. De Koninck bearb. v. C. Meineke. 2 Bde. Lex.-8. Berlin 904. R. Mückenberger. n. 30. —; geb. in Halbfrz. n. 35. —
1. Mit 172 Fig. im Text, 1 Tab. u. 1 (farb.) Spectraltaf. [Titel-Ausg des Lehrbuchs der qualitativen u. quantitat. Mineralanalyse.] (XXXII, 623 S.) [899]
2. Mit 89 Fig. im Text. Nach d. Tode des Bearbeiters der deutschen Ausg. hrsg. v. A. Westphal. (XVI, 735 S.)

Traité de chimie analytique minérale [deutsch]
Lehrbuch der qualitativen und quantitativen Mineralanalyse von Dr. L[ucien] L[ouis] de **Koninck**, Prof., Liége. Deutsche Ausg. unter Mitw. von Prof. de Koninck bearb. von Dr. C[arl] Meineke, Prof., Wiesbaden. Bd 1. *Berlin: R. Mückenberger 1899.* 8° [00. 9447

Koninck, L. L. de, Lehrbuch der qualitativen u. quantitativen Mineralanalyse. Deutsche Ausg. unter Mitwirkg. von de Koninck bearb. v. C. Meineke. 1. Bd. Mit 172 Fig. im Text, 1 Tab. u. 1 Spectraltaf. gr. 8. (XXXVI, 611 S.) Berlin 899. R. Mückenberger. n. 14.—

KONINCK, L. L. DE.
Lehrbuch der qualitativen und quantitativen Mineralanalyse. Deutsche Ausgabe unter Mitwirkung von de Koninck bearbeitet von C. Meineke. Berlin, 1900. 2 vols. 8vo. Ill.

— Lehrbuch der qualitativen u. quantitativen Mineralanalyse. Deutsche Ausg., unter Mitwirkg. v. De Koninck bearb. v. C. Meineke. 2. Bd. Nach dem Tode des Bearbeiters der deutschen Ausg. hrsg. v. A. Westphal. (XXIII, 720 S. m. 89 Fig.) gr. 8. Ebd. 904. n. 16. —
Bd. I Ebd. 899. n. 14. —.

Koninck, L. L. de, qualitative u. quantitative chemische Manipulationen zur Vorbereitg. auf das systemat. Studium d. chem. Analyse. Nach d. 2. Aufl. d. französ. Originals übers. v. Arth. Westphal. 8. (XII, 109 S. m. 22 Fig.) Berlin 897. R. Mückenberger. Geb. in Leinw. n. 2. 60

Koeninck, A(ugust), approb. Arzt: ⟨Aus d. pharmakolog. Institut zu Marburg.⟩ Versuche und Beobachtungen an Fledermäusen. *Marburg 1899: (Metzger & Wittig in Leipzig).* (32 S.) 8° ¶ (Aus: Archiv f. Anatomie u. Physiologie, 1899, Physiol. Abth.)
Marburg, Med. Diss. v. 2. März 1899

Koning, C. J., biologische u. biochemische Studien üb Milch. Mit Genehmigg. des Verf. aus dem Niederländ übers. v. Johs. Kaufmann. 1. Heft. (IV, 131 S.) gr. 8 Leipzig 906. M. Heinsius Nachf. n. 3. —

Koning, C. J., biologische u. biochemische Studien üb. Milch. Mit Genehmigg. des Verf. aus d. Niederländ. übers. v. Johs. Kaufmann. 2. Heft. (IV, 98 S. m. 2 Taf.) gr. 8. Leipzig 908. M. Heinsius Nachf. 2. —
Heft 1. Ebd. 906. 3. —.

Der Tabak. Studien über seine Kultur und Biologie von C. J. **Koning**. *Amsterdam: J. H. & G. van Heteren; Leipzig: W. Engelmann 1900.* (86 S.) 4° [00. 4507

Koning, P. de, s.: Abū Bekr Muḥammed ibn Zakarīyā al-Rāzī, traité sur le calcul dans les reins et dans la vessie.

Köning, Willy, aus Fallingbostel: Ueber die Einwirkung von Selencyankalium auf organische Dichlorselenoverbindungen. *Rostock 1902: C. Hinstorff.* (49 S.) 8°
Rostock, Phil. Diss. v. [28. Febr.] 1902

Konings, A., s. Alphonsi, S., theologia moralis.

Konings, A., Hülfsbüchlein zur Erleichterung der Generalbeichte. Aus dem Engl. übers. von einem Priester aus der Congregation des allerheiligsten Erlösers. 24. (45 S. mit 1 Holzschn.) Dülmen 881, Laumann'sche Verlagsh.

Koninski-Weiss, M[ilka]

Koninski-Weiß, M. (Frau Milka Weiß), das Amtsjubiläum. s.: Bloch's, Eduard, Theater-Korrespondenz.

Koninsky-Weiß, M. (Frau Milka Weiß), der gemordete Damenkaffee od. Mal ganz was anderes, s. a. Fastnachts-Bühne. 92. Hft

Der gemordete Damenkaffee oder: Mal ganz was anderes. Ein tieftrauriges Nachtbild menschl. Verworfenheit mit lebenden u. toten Bildern, f. 2 Leierkasten-Barden u. 9 Personen zu lebenden Bildern von M. Koninski-Weiß. *Berlin: E. Bloch 1903.* (18 S.) 8° [F.]
— Fastnachts-Bühne. H. 92. [03. 12859

— die Denkmalsenthüllung, s.: Thalia. Nr. 109.

— Glänzende Erfolge, s.: Bloch's, Ludw., Damen-Bühne,

— Es spukt, } s. a. Bloch's, Ed., Theater-Korrespondenz.

Es spukt. Lustspiel in 1 Akt von M. Koninski-Weiss [d. i. Milka Weiss]. *Berlin: E. Bloch (1902).* (34 S.) 8° [F.]
= Theater-Korrespondenz, Eduard Blochs. No 326.

Das Buch Esther. In heitere Reimlein gebracht v. M. Koninski-Weiss. *Mainz o. J. [um 1896?]: J. Wirth.* (15 S.) 8° [Umschlagt. F.]

Koninski-Weiß, M. (Frau Milka Weiß), verbotene Früchte, s.a. Thalia.

Verbotene Früchte. Schwank in 1 Akt von M. Koninski-Weiss [d. i. Milka Weiss]. *Mühlhausen i. Th.: G. Danner [1902]* (40 S.) 8° [F.]
= Thalia. 92.

— Pariser Geschichten, s.a. Thalia.

Pariser Geschichten. Lustspiel in 1 Akt von M. Koninski-Weiss. *Mühlhausen i. Th.: G. Danner [1900].* (31 S.) 8° [F.]
= Thalia. 59.

– Heimlich verlobt, s.a. Bloch's Ed.: Theater-Korrespondenz.

Heimlich verlobt. Lustspiel in 1 Akt von M. Koninski-Weiss. *Berlin: E. Bloch (1900).* (33 S.) 8° [F.]
= Theater-Korrespondenz, Eduard Blochs. No 308.

– Herzlich willkommen, s.a. Bloch's, Ed.: Theater-Korrespondenz.

Herzlich willkommen! Schwank in 1 Akt von M. Koninski-Weiss. *Berlin: E. Bloch (1901).* (22 S.) 8° [F.]
= Theater-Korrespondenz, Eduard Blochs. No 311.

— über die Hintertreppe, s.a. Theater, kleines. 354. Hft.

Ueber die Hintertreppe. Komisches Lebensbild in 1 Aufzug von M[ilka] Koninski-Weiß. Paderborn: B. Kleine [1905]. (20 S.) 8° [F.]
= Theater, Kleines. H 354.

— der Hochstapler, s.a. Vereinstheater.

Der Hochstapler. Schwank in 1 Akt von M[ilka] Koninski-Weiss. *Mühlhausen i. Th.: G. Danner [1902].* (35 S.) 8° [F.]
= Vereinstheater. 116.

— im Druck erschienen, s.a. Thalia. Nr. 104.

Im Druck erschienen. Schwank in 1 Akt von M[ilka] Koninski-Weiß. *Mühlhausen i. Th.: G. Danner [1903].* (36 S.) 8° [F.]
= Thalia. 104.

— der Jubelgreis, s.a. Thalia. Nr. 102.

Der Jubelgreis. Lustspiel in 1 Akt von M[ilka] Koninski-Weiß. *Mühlhausen i. Th.: G. Danner [1903]* (40 S.) 8° [F.]
= Thalia. 102.

– Die Krone des Hauses, s.a. Bloch's, Ed.: Theater-Korrespondenz.

Die Krone des Hauses. Lustspiel in 1 Akt. Von M. Koninski-Weiss [d. i. Milka Weiss]. *Berlin: E. Bloch (1902).* (38 S.) 8° [F.]
= Theater-Korrespondenz, Eduard Blochs. No 321.

– Küchenkoller, s.a. Bloch's, Ed.: Theater-Korrespondenz.

Küchenkoller. Schwank in 1 Akt von M. Koninski-Weiss. *Berlin: E. Bloch (1900).* (27 S.) 8° [F.]
= Theater-Korrespondenz, Eduard Blochs. No 310.

— das Lebenselixir, s.a. Theater, kleines. 355. Hft.

Das Lebenselixir. Schwank in 1 Aufzug von M[ilka] Koninski-Weiß. Paderborn: B. Kleine [1905]. (20 S.) 8° [F.]
= Theater, Kleines. H. 355

Koninski-Weiß, M., d. Männer-Emanzipation im J. 2000, s.a. Fastnachts-Bühne.

Die Männer-Emanzipation im Jahre 2000. Humorist. Zukunftsbild mit Gesang unter Benutzung bekannter Melodieen von M. Koninski-Weiss. *Berlin: E. Bloch (1898).* (18 S.) 8° [F.]
= Fastnachts-Bühne. H 85.

— Ein anspruchslos. Mensch, s.: Bloch's, Eduard. Theater Korresp.

– Neueste Nachrichten, s.a. Bloch's, Ed.: Theater-Korrespondenz.

Neueste Nachrichten. Schwank in 1 Aufz. von M. Koninski-Weiss [d. i. Milka Weiss]. *Berlin: E. Bloch (1902).* (32 S.) 8° [F.]
= Theater-Korrespondenz, Eduard Blochs. No 327.

– Lord Neumann in Behandlung, s.a. Bloch's, Ed.: Theater-Korrespondenz.

Lord Neumann in Behandlung. Schwank in 1 Akt von M[ilka] Koninski-Weiss. *Berlin: E. Bloch (1899).* (35 S.) 8° [F.]
= Theater-Korrespondenz, Eduard Blochs. No 305.

— vom hoh'n Olymp, s.: Sammlung v. Soloscenen.

— Die Perfekte, s.: Damenbühne.

[F.] Grosses Reinemachen. Schwank in 1 Akt v. M. Koninski-Weiss. *Berlin: E. Bloch [1897].* (32 S.) 1 Bd 8.
= Theater-Korrespondenz, Eduard Blochs. No 298.

— großes Reinemachen, } s.a. Bloch's, Ed., Theater-Korrespondenz.
— sie spart, }

[F.] Sie spart. Lustspiel in 1 Akt v. M. Kaninski-[Koninski]-Weiss. *Berlin: E. Bloch [1897].* (41 S., 3 Bl.) 1 Bd 8.
= Theater-Korrespondenz, Eduard Blochs. No 295.

— die Stadtverordnetenwahl, s.a. Bloch's, Ed., Theater-Korrespondenz.

Die Stadtverordnetenwahl. Kleinstadtbild in 1 Aufz. von M. Koninski-Weiß [d. i. Milka Weiß]. *Berlin: E. Bloch (1903).* (38 S.) 8° [F.]
= Theater-Korrespondenz, Eduard Blochs. No 338.

— der Studiengenosse, s.a. Bloch's, Ed., Theater-Korrespondenz.

Der Studiengenosse. Schwank in 1 Aufz. von M. Koninski-Weiß. *Berlin: E. Bloch [1903].* (32 S.) 8° [F.]
= Theater-Korrespondenz, Eduard Bloch's. No 333.

— zum wohlthät. Zweck, s.a. Thalia.

Zum wohlthätigen Zweck. Schwank in 1 Akt von M. Koninski-Weiss. *Mühlhausen i. Th.: G. Danner [1899].* (36 S.) 8° [F.]
= Thalia. No 44.

Konif Agathon: Konsonantendissimilation im Slawischen.
1908 PN 2488 Diss. Wien, Univ. 2731

Konischeff, Helene: Ueber Immunität bei Pneumo- und Streptokokken-Infektion mit besonderer Berücksichtigung der bakteriotropen Substanzen. Leipzig 1909: Lehmann. 113 S. 8°
Leipzig, Med. Diss. v. 21. Okt. 1909, Ref. Curschmann
[Geb. 6. Dez. 81 Tiflis; Wohnort: Leipzig; Staatsangeh.: Rußland; Vorbildung: Madchenlehranst. Tiflis Reife 98, Erg. III. Knabengymn. Tiflis 01; Studium: Petersburg Med. Haueninst. 4, Leipzig 7 S.; Rig. 9. Nov. 09.]
[U 10. 3010

Konitschek, Frz., s.: Almanach f. Buchdrucker.

Konitz [Schlagwort]

— s. a.: Forstkarten. — Marienwerder, Reg.-Bez.

Konitz, Kreis. Büchner, Fritz, Wandkarte d. Kreises Konitz. Nach d. Generalstabs-Karten u. amtl. Quellen bearb. u. hrsg. 1 : 50,000. 116×110 cm. Farbdr. Konitz (908). W. Dupont. Auf Lw. m. Stäben nn 18. —

Konitz. Karte des Kreises Konitz im Reg.-Bez. Marienwerder. Hrsg. von der kartogr. Abtheilg. der königl. preuss. Landesaufnahme 1880. Aufgenommen vom königl. preuss. Generalstab 1873—1875. Einzelne Nachträge bis 1905. 1 : 100,000. 58×57 cm. Farbdr. Berlin (R. Eisenschmidt). n.n. 2. —; ermäss. Preis n.n. 1. 50

— Spezialkarte des Kreises Konitz. Rev. von den zuständ. Behörden. 1:100,000. 58×55 cm. Farbdr. Lissa (909). O. Eulitz. — 50; auf Leinw. in Etui 1. —

Konitz, Leo (geb Warschau 16 9 1821) De trichomate Berolini (1843) (29 S) 8°
Berlin, Med Diss. v 2 Sept. 1843

v. Könitz, Chr. Fd., Beitrr. zur Geschichte d. Desorganisation d. Sachsen-Coburg-Saalfeld. Lande. 8. Meining. 804. (Keyser in Erfurt). 12 gr.

Konitzer. Werth und Stellung des Lateinischen in der Realschule. Elberfeld, R., 1872. 21 S. 4. Progr.

Konitzer, A[nton], prakt. Arzt a. Glisnow, Kr. Schlochau in Westpreußen: Ueber Keratoma plantare hereditarium. Leipzig 1907: B. Georgi. (41 S.) 8°
Leipzig, Med. Fak., Ref. Hoffmann, Diss. v. 18. Dez. 1907
[Geb. 17. Jan. 75 Glisnow (Westpr.); Wohnort: Waldenburg (Schlesien); Staatsangeh.: Preußen; Vorbildung: Gymn. Konitz Reife O. 95; Studium: Greifswald 5, Breslau 4 S.; Coll. 23. Dez. 07; Approb. 21. Juni 02.]

Konitzer, Arth., Sie können Karten legen u. deuten unter deutlich wahrnehmbarer Mithilfe e. übersinnl. Kraft der Natur. Genau dargelegt u. erklärt. (Sensat. Entdeckg. — Kein abergläub. Unsinn!) 1. u. 2. Aufl. (26 S. m. Fig.) 8. Leipzig (905. 906). E. Fiedler. — 50

Konitzer, Arth., Sie können Karten legen u. deuten unter deutlich wahrnehmbarer Mithilfe e. übersinnlichen Kraft der Natur. Genau dargelegt u. erklärt. 3. Aufl. (26 S.) 8. Leipzig 909. M. Spohr. — 50

Konitzer, C.: Beiträge zur Kritik des Rhetors Seneca. 16 S. – Breslau, Fr. G., Progr. 1866.

Konitzer, C., Beschreibung der Schaubert'schen Vase „Heracles und die Hydra" im Breslauer Museum. Gel. 1861. 86 S. 1.20

Konitzer, Clemens *(geb Deutsch-Krone 10 4 1839)*: Quaestiones in Senecam patrem criticae Vratislaviae (1864) (38 S.) 8°
Breslau, Phil Diss. v 6 [vielmehr 8] Aug 1864

Konitzer, T., De fabulae Prometheae in arte litterisque usu. Diss. 1885. 85 S.

Koenitzer: Die Ableitung der Gleichungen aus den Aufgaben. 36 S.–Neu-Ruppin, Progr. 1862

Könitzer, *Adolf* [pr. Arzt aus Jena]: '[Aus d. medizin. Klinik zu Jena.]' Über Peritonitis bei Nierenentzündungen ... Jena, Druck v. B. Engau, 1896; 40 S., 1 Bl. 8.
Jena, Med. Fak., Inaug.-Diss. v. [29. Okt.] 1896

Könitzer, G., **Eremitage und Fantaisie bei Bayreuth. Album in 9 in Ton gedr. Lithogr. nach der Natur gez.** qu. Fol. Bayreuth 862, Giessel.

Könitzer, Geo, Zeichen-Schule. 8 Hefte. qu. gr. 8. (à Heft 6 Stnt.) Hof 879, Büching. à Heft 30 Pf.

Könitzer, J. S. Ueber die Auflösung höherer Gleichungen mit Hülfe der arithmetischen Reihen; nebst einer trigonometrischen Lösung des casus irreducibilis. 13 S.
Neu-Ruppin, Progr. 1830

Könitzer, J.S.: Die Lösung der zusammengesetzteren Gleichungen des zweiten Grades mit zwei Unbekannten. Ein algebraischer Excurs für die Schule. 22 S. – Progr. Neu-Ruppin 1857.

Könitzer, J. S. **Vom Unendlichen in der Mathematik, und von der Anwendung desselben zur Begründung der Differenzialrechnung. 27 S.**
Neu-Ruppin, Progr. 1833

Könitzer, J. S. Über Verhältniß, Form und Wesen der Elementarkörper nach Plato's Timaios. 32 S.
Neu Ruppin, Progr. 1846

Könitzer, J. S. **Vorstellungen der Griechen über die Ordnung und Bewegung der Himmelskörper bis auf Aristoteles, mit besonderer Berücksichtigung der Sphäre des Eudoxus und Kallippus nach Aristot. Metaphys. XII. 8. 46 S.**
Neu-Ruppin, Progr. 1839

Könitzer, Traug. Chrstn. Friedr., latein. Lesebuch, in kurzen Sätzen üb. d. Declinationen etc. bis mit d. Hülfszeitworte esse bestehend; od.: Materialien z. Dictiren u. Uebersetzen bei d. Elementar-Unterr. in d. latein. Sprache. 8. (6¼ B.) Leipzig 832, Cnobloch.

Königer, Tr. Chr. Fr., Muth u. Kraft; ein Heldengedicht. 8. Neust. (812.) (Wagner). 18 gr. 2e verm. Aufl. 8. Leipz. 829. Cnobloch. 1 rthlr.

—— Muth u. Kraft. Ein Heldengedicht in 14 Ges. 2., verm. Aufl. 8. (17 B.) Leipzig 829, (Cnobloch.)

—— Predigt beim Trauer- u. Gedächtnißgottesdienste, am 18. Juni 1827, in Ansehung Sr. Kgl. Maj. weil. Friedr. August d. Gerechten, Königs v. Sachsen. gr. 8. (1 B.) Leipzig 828, (Cnobloch.)

Konitzky, Gustav [aus Bremen]: Ein Fall von hochgradiger cystischer Erweiterung des Duct. choledochus .... Marburg, Druck v. Georg Schirling, 1888; 28 S + 1 Bl. u. 1 Taf. 8°
Marburg, Med. Fak., Inaug.-Diss. v. [18. Jun.] 1888

Konitzky, Gustav, ein Fall von hochgradiger cystischer Erweiterung des Duct. choledochus. Diss. Marburg 1888, N. G. Elwertsche Univ.-Buchh. 8°. 28 S. mit einer Taf.

Konjugationsheft, französisches, m. Ableitungsregeln. (55 S.) 8. Ravensburg (910). Dorn. — 30

Konjugationsmuster der englischen regelmäßigen u. unregelmäßigen Verben, s.: Miniatur-Bibliothek.

Konjugationstabelle der latein. unregelmäss. Verben. (46 S.) 8. Leipzig (907). S. Schnurpfeil. — 30

Konjugations-Tabellen, französische. gr. 8. (IV, 61 S.) Heidelberg 896. F. W. Buchheim. n. — 75

Konjugationstafeln, französische, nach Kennformen u. Ableitungen zusammengestellt. kl. 4. (56 S.) Passau 895. R. Abt. n. — 30

Die **Konjunktur.** Monatschrift für Wirtschaftskunde und Wirtschaftspolitik. Hrsg. von Richard Calwer. Jg. 1, H. 1. Berlin: Simon 1909. 4° [illegible]

Konjunktur, die. Monatsschrift f. Wirtschaftskunde u. Wirtschaftspolitik. Hrsg. v. R. Calwer. 1. Jahrg. 2. Viertelj. Jan.—März 1910. 3 Hefte. 2—6. Heft. (S. 41—160.) Berlin, Verlag f. Sprach- u. Handelswissenschaft. 6. —; einzelne Hefte 2. —

— dasselbe. 3. u. 4. Viertelj. April—Septbr. 1910. Halbmonatsschrift. 12 Hefte. (7. Heft. S. 161—254.) Ebd. Vierteljährlich 6. —; einzelne Hefte 1. —

Konjunktur, die. Halbmonatsschrift f. Wirtschaftskunde u. Wirtschaftspolitik. Hrsg. v. Rich. Calwer. 1. u. 2. Jahrg. Oktbr. 1909—Septbr. 1911. 18 u. 24 Hefte. (1. Jahrg. VIII, 468 S.) 31×24 cm. Berlin, Verlag f. Sprach- u. Handelswissenschaft. à Jahrg. 24. —

— die. Unabhängiges Organ f. internat. u. koloniale Märkte. Finanz, Handel, Industrie, Verkehr u. Assekuranz. 2. Jahrg. 1910. 52 Nrn. (à ca. 8 S.) 48×31 cm. London. (Berlin, W. Süsserott.) nn 12. —

Eine Ferienwanderung durch die Eifel. Von Fritz **Könker.** Elberfeld Konker 1910. 83 S. 8° [illegible]

Konklave, das, s. Lunadoro.

Konklavius, M., Die Wucherfrage. 8° Amberg 1878.

Konkoly jr. Nic. Thege, die Methoden u. Mittel der Wolkenhöhenmessungen, s: Publikationen der kön. ung. Reichsanstalt f. Meteorologie u. Erdmagnetismus. 5. Bd.

Konkoly jr., Nic. Thege v., Untersuchungen zur Verbesserung d. Thermometer-Aufstellungen. (Officielle Publicationen der dem kgl. ungar. Ackerbau-Minister unterstch. kgl. ungar. Reichsanstalt f. Meteorologie u. Erdmagnetismus 1909, Bd. VII.) (Ungarisch u. deutsch.) (60 S. m. Abb.) 31×23,5 cm. Budapest 909. (L. Toldi.) 3. —

Konkoly, Nikolaus von: Anleitung zur Anstellung astronomischer Beobachtungen. Braunschweig 1889.

Konkoly, Nic. v., praktische Anleitung zur Anstellung astronomischer Beobachtungen mit besond. Rücksicht auf die Astrophysik. Nebst einer modernen Instrumentenkunde. gr. 8. (XXII, 912 S. mit 345 in den Text eingedr. Holzst.) Braunschweig 883. Vieweg und Sohn. *

Konkoly, Nic. v., practische Anleitung zur Himmelsphotographie, nebst einer kurzgefassten Anleitung zur modernen photographischen Operation und der Spectralphotographie im Cabinet. gr. 8. (XVI, 372 S. mit 218 Textabbild.) Halle 887, Knapp. * 12 —

Konkoly, Nic. v., Beobachtungen, angestellt am astrophysicalischen Observatorium in OGyalla in Ungarn. Mit 6 (lith. u. autogr.) Taf. u. 7 (eingedr.) Holzschn. gr. 4. (III, 205 S.) Halle 879. Schmidt. n. 20. —

— dasselbe. 2. Bd., enth. Beobachtungen vom J. 1879, m. 4 (lith.) Taf. gr. 4. (V, 73 S.) Ebend. 881. n. 9. —

— dasselbe. 3. Bd., enth. Beobachtungen vom J. 1880, m. 7 (lith.) Taf. gr. 4. (III, 91 S.) Ebend. 881. n. 12. —

Konkoly, Nic. v., Beobachtungen etc.
Bd. 4. Beobachtungen vom J. 1881. (III, 96 S. mit 6 Stnt. in gr. 4.) 882. *ℳ 12.
» 5. Beobachtungen vom J. 1882. (III, 96 S. mit 1 Stnt. in gr. 4. und 2 Holzschn.) 883. *ℳ 10.
» 6. Beobachtungen vom J. 1883. (III, 140 S. mit 7 Stnt. in gr. 4. und 8 Holzschn.) 884. *ℳ 18.
1. Bd. Ebendas. 1879. *ℳ 20.

— dasselbe. 6. Bd., enth. Beobachtungen vom J. 1883, m. 8 Holzschn. u. 7 lith. Taf. gr. 4. (III, 140 S.) Ebend. 885. n. 18. —

— dasselbe. 7. Bd., enth. Beobachtgn. vom J. 1884, m. 5 Holzschn. u. 2 lith. Taf. gr. 4. (III, 92 S.) Ebend. 885. n. 10. —

— **Beobachtungen,** angestellt am astrophysikalischen Observatorium in OGyalla [Ungarn]. 8. Bd. 2 Thle. u. 9.—12. Bd. gr. 4. Halle, Schmidt. n. 85. 50
VIII. 1. Beobachtungen vom J. 1885. (III, 68 S.) 887. n. 6. 50
2. Spectroskopische Beobachtung der Sterne zwischen 0° u. — 15° bis zu 7·5ter Grösse. (V, 41 S.) 887. n. 4. —
IX. Beobachtungen vom J. 1886. (III, 106 S.) 888. n. 10. —
X. Beobachtungen vom J. 1887. (XVIII, 86 S. m. 12 Holzschn.) 889. n. 5. —
XI. XII. Beobachtungen der J. 1888 u. 1889. (III, 77 S. m. 6 Holzschn. u. 4 Taf.) 890. n. 10. —

Konkoly, Nic. v., Beobachtungen, angestellt am astrophysikalischen Observatorium in OGyalla (Ungarn). XIII. u. XIV. Bd., enth. Beobachtgn. der J. 1890 u. 1891. gr. 4. (III, 68 S.) Halle a/S. 893. H. W. Schmidt. n. 6. 50

— dasselbe. XV. u. XVI. Bd., enth. Beobachtgn. der J. 1892 u. 1893. gr. 4. (III, 107 S.) Ebd. 894. n. 10. —

Konkoly, N. v.: Astrophys. Beobachtungen. 1883.

Konkoly, N. v.: Spectroscopische Beobachtungen an der Sternwarte von O'-Gyalla in Ungarn. 1892.

— Berichte aus dem astro-physikalischen Observatorium in O'-Gyalla (1892).

Konkoly, N. von.
Handbuch für Spectroscopiker im Cabinet und am Fernrohr. Praktische Winke für Anfänger auf dem Gebiete der Spectralanalyse. Halle, 1889. 8vo.

— **Handbuch f. Spectroscopiker** im Cabinet u. am Fernrohr. Praktische Winke f. Anfänger auf dem Gebiete der Spectralanalyse. gr. 8. (XVII, 568 S. m. 335 Holzschn.) Halle 890. Knapp. n. 18. —

Konkoly, N. v.: Über die Häufigkeit der Sonnenflecken. 1892.

Konkoly Nikolaus von. Das Hydroxylamin als Entwickler photographischer Platten. 8. 97 Ha. 18[illegible] . . . . vgr.
Separatabdruck

Konkoly, N. v.: Die geographische L ä n g e der ungar. meteorolog. Centralanstalt zu Budapest. 1892.

— Das Objektivprisma und die Nachweisbarkeit leuchtender Punkte auf der Mondoberfläche mit Hilfe der Photographie. S. 97 H. 332. . . . vgr Separatabdruck

Konkordanz, biblische, u. Verzeichnis u. Erklärung der bibl. Namen. Ein Hilfsbüchlein f. Bibelleser. 12. (228 S.) Konstanz 900. C. Hirsch. Geb. in Leinw. 1.—

Biblisch-patristische Konkordanz für Prediger und Katecheten. Nach dem berühmten lateinischen Werke des Vincenz Houdry bearbeitet von einem Priester der Diöcese Breslau. Regensburg, Manz. jetzt Verl.-Anst., 1862, gr. 8°, 680 S., 6 Mk.

Vgl. Vinc. Houdry, Bibliotheca concionatoria, Venedig, 1742 ff. Dazu de Backer, a. a. O. III, 360—361.

Konkordanz zum Gesangbuch für die evangelisch-lutherische Landeskirche des Königr. Sachsen. Hrsg. von der niedererzgebirg. Prediger-Konferenz. 2 Hefte. gr. 8. Frankenberg i. S. 884, Roßberg. [1. Heft. (S. 1—156.) *ℳ 2.; 2. Heft. (IV, S. 157—283.) *ℳ 1,50.]

Concordanz. Konk' des früheren statistischen Warenverzeichnisses mit dem neuen Gebrauchstarif. Hrg. vom schweizerischen Zolldepartement = Concordance de l'ancien répertoire statistique des marchandises avec le nouveau tarif d'usage. Publiée par le Département fédéral des douanes. 47 S. 4. [Bern-Bümpliz,] A. B[enteli] & Co., V. [19]07.

Konkordat, das — (Aus der „Oesterreichisch kaiserlichen Zeitung. Jänner 1856. Gedr. bei den Edlen v. Ghelen'schen Erben.) (9 S. 4.)

Concordat. Konk' über Bestimmung und Gewähr der Viehhauptmängel. Vom 1. August 1853. II + 5 S. 8. Bern, Ott & Bolliger, 1905.

Concordat. Konkordat zwischen den Schweizerischen Emissionsbanken auf Grund des Banknotengesetzes vom 8. März 1881. Beschlossen in der Generalversammlung der Emissionsbanken in Bern, den 23. November 1901. 31 S. 8. Basel, Basler Druck- und Verlags-Anstalt, 1902.

Konkordat, das, und die k. k. Germanisirung in Ungarn. Zwei Briefe aus und über Ungarn. Hamburg 860. Hoffmann & Campe. 8. (74 S.) 7½ ngr.

Konkordat, das österreichische — vom 18. August 1855. Linz, 1856. Druck und Verlag von Josef Schmid. (152 S. 8.)

Konkordat, das österreichische, vor dem Richterstuhle im Reichsrathe vom kathol. Standpunkte beleuchtet. gr. 8. (VI und 80 S.) Wien 863, Wallishauser'sche Buchh. *

Konkordat u. Religionsedikt in ihrem Verhältnisse zu Kirche u. Staat. Zeitgemäße Studie v. R*R*. 4. (8 S.) Nürnberg 889. Paradiesdruckerei. — 80

Konkordat zwischen d. heil. Stuhle in Rom u. dem Königreich Baiern, geschlossen am 5ten, u. publicirt im Consistorium zu Rom am 15. Nov. 1817, sammt den darauf bezügl. Bullen. 8. Passau 817. Ambrosi. 4 K

Konkordate. I. Betreffend gemeinschaftliche polizeiliche Massregeln gegen Viehseuchen. II. Ueb. Bestimmung u. Gewähr d. Viehhauptmängel. Bern 1853. 19 S. P.

Konkordia, s. a. Blätter, deutsche, f. Stenographie.

Konkordia. (Organ der Cigarrenmacher-Association.) Hrsg. von Wenzel Kohlweck, zuletzt von Ludwig Stechan. Erschien erst in Berlin, dann in Bremen, schliesslich in Hannover, 1848, 1849 und (nachdem sie eine Zeitlang eingegangen) 1850.

Konkordia. Stenographisches Unterhaltungsblatt. 1.—5. Jahrg. 1875—1879. à Jahrg. 12 Nrn. (à ¼—½ Bog.) 8. Berlin, (Klönne und Müller.) Jahrg. 1875—1878 à * Jahrg. 1879 *

Vgl.: Blätter, deutsche, für Stenographie.

Konkordia. Liedersammlung f. Männerchöre. M. Orig.-Beiträgen v. A. Adam, A. Bell, J. Brambach u. a. hrsg. v. Heinr. Hönig. 12. (VII, 256 S.) Bühl 898. Konkordia. Geb. in Leinw. n. 2.—

Konkordia. Zeitschr. d. Centralstelle f. Arbeiter-Wohlfahrtseinrichtgn. Neue Folge der Wohlfahrts-Korrespondenz. Red.: Erdberg. 13. Jahrg. 1906. 24 Nos. 4. Berlin, C. Heymann. Halbjährlich 6.—

*— Zeitschrift d. Zentralstelle f. Volkswohlfahrt. Hrsg. v. H. Albrecht, R. v. Erdberg, I. Kaup. Verantwortlich: R. v. Erdberg u. I. Kaup. 14.—17. Jahrg. 1907—1910. à 24 Nrn. (1907. 08 u. 1910. X, 444; VIII, 526 u. XIV. 524 S.) 31,5×23,5 cm. Berlin, C. Heymann. à Jahrg. 12.—

*Titel lauten in Wirklichkeit: Concordia.

*— Organ des Gabelsb. Stenogr.-Vereines Concordia in Pozsony. Red. v. Theisz. Autogr. v. R. Bayer. (Ungarisch u. deutsch.) 22.—25. Jahrg. 1907—1910. à 6 Nrn. (à Jahrg. 48 S.) 8. Pressburg, S. Steiner. à Jahrg. nn 2. 50

Konkordia. Fachzeitschrift f. die gesammte Back-Industrie. Alleiniges „offiziell., amtl." Publikationsorgan e. groß. Anzahl v. Bäckerinngn. u. Fachvereinen v. Meistersöhnen Deutschlands u. Oesterreichs. Mit der Beilage: Sonntagsblatt. Unt. Mitwirkg. hervorrag. Fachmänner hrsg. Red.: E. Kolbe. 23.—25. Jahrg. 1908—1910. à 52 Nrn. (IV, 1108; IV, 1196 u. IV, 1220 S. m. Abb.) 33×24 cm. Berlin, A. Parrhysius. à Jahrg. 6.—

Konkordia. Zeitschrift d. Bezirks westfäl.-märk. Stenographen, System Gabelsberger. Jg. 1, Nr 1. Dortmund 1910: Bellmann. 8° [II. 8737

[Konkordia.] Die gewerkschaftliche Braunkohlengrube Konkordia bei Nachterstedt (Kreis Aschersleben). o. O., 1889.

***Konkordia-Bibliothek**, kleine. 1.—8. Bd. kl. 8. Berlin, Concordia. à 1.—; geb. 1. 80

Ernst, Otto, einsam unter Menschen. 2 Erzählgn. 2. Tausend. (111 S.) (907.) (Bd. 4.)

Heijermans, Herm., Schande. Erzählgn. Deutsch v. Else Otten. 2. Tausend. (101 S.) (907.) (Bd. 5.)

Presber, Rud., der Knick im Ohr. Skizzen. 1. Tausend. (117 S.) (907.) (Bd. 1.)

Rosner, Karl, die Mumienhand. Erzählungen. 2. Tausend. (119 S.) (907.) (Bd. 3.)

Schlicht, Frhr. v., Leutnants Liebe. Humoreske. (126 S.) (908.) (Bd. 7.)

Schnitzer, Manuel, die Scheidewand. Erzählungen. 2. Tausend. (111 S.) (907.) (Bd. 6.)

Tamm, Traug., im Föhn. Erzählung. 1. Tausend. (128 S.) (907.) (Bd. 2.)

Zeller, Alfr. Mart., um die Freiheit. Die Geschichte e. Nihilistin. (178 S.) (908.) (Bd. 8.)

* Der Titel lautet in Wirklichkeit: Concordia-Bibliothek.

Konkordia-Jugendschriften. 1.—7. Bd. 8. Bühl, Konkordia. Geb. in Leinw. à n. 1.50

1. Adeline, die christliche Sultanin. Historische Erzählg. f. die christl. Jugend. Von J. J. Hoffmann. (109 S.) 899.
2. Das Raubschloß am Wildsee. — Hirlanda v. Rappenstein. Erzählungen f. die christl. Jugend. Von J. J. Hoffmann. (126 S.) (900.)
3. Hermann der Heilige, Markgraf v. Baden. — Friedrich der Siegreiche, Kurfürst v. der Pfalz. Historische Erzählungen f. die christl. Jugend. Von J. J. Hoffmann. (147 S.) (900.)
4. Der Mord auf der Landeck u. Erzählungen aus dem Bauernkriege. Von J. J. Hoffmann. (187 S.) (900.)
5. Vitalba, der letzte römische Kommandant v. Venan. Historische Erzählg. f. die christl. Jugend. Von J. J. Hoffmann. (196 S.) (901.)
6. Vineta od. Wiedergefunden am Elternherzen. Erzählg. f. die Jugend. Von A. v. Minra. (167 S.) (901.)
7. Glockenblumen. Schlichte Erzählungen f. meine jungen Freunde u. Freundinnen. Von Rich. Siegemund. (VI, 164 S.) (902.)

Konkordia-Jugendschriften. 8.—11. Bd. 8. Bühl, Konkordia. Geb. in Leinw. à n. 1.20

8. Die Wege des Herrn sind wunderbar. Historische Erzählgn f. die christl. Jugend. (König Laurins Rosengarten. Das Gewissen. Durch Nacht zum Licht.) Von Ph. Hartmann (176 S.) (904.)
9. Die Schule des Lebens. In Pflicht u. Treue. Erzählungen. Von Irma v. Troll-Borostyáni. (166 S.) (904.)
10. Die Berghauptener Kohlengräber. Eine Erzählg. f. d. Jugend. Von J. J. Hoffmann. (156 S.) (906.)
11. Der treue Blondell. Historische Erzählg. aus dem 12. Jahrh. Von A. Herdorf. (187 S.) (906.)

Konkordia-Jugendschriften. 12. u. 13. Bd. 8. Bühl, Konkordia. Geb. in Leinw. à 1.20

Anweiler, E. G., Summ-Summ. — Gottes Mühlen mahlen langsam. Erzählungen f. die Jugend. (199 S.) (907.) (Bd. 12.)
Hartmann, Ph., das Försterhaus. Ein Weihnachtsmärchen. — Der Amerikaner. Erzählung aus der Pfalz. Für die Jugend ausgewählt. (168 S.) (908.) (Bd. 13.)

Luzerner Konkordia-Zeitung
Ⓢ Dieser im Jahre 1839 im Kanton Luzern oft verwendete Ausdruck bezieht sich auf die «Schweizerische Bundeszeitung», die von der Konkordia-Gesellschaft finanziert wurde. v. z. B. Der Eidgenosse (Lu) 1839, Nr. 44.

* **Konkordienbuch,** das evangelische, enth. die symbolischen Bücher der evangelisch-luther. Kirche. Mit den sächs. Visitationsartikeln, e. Verzeichnis abweich. Lesarten, histor. Einleitgn. u. Registern. Besorgt v. J. T. Müller. 2. Aufl. (XVI, 473 S.) gr. 8. Gütersloh 908. C. Bertelsmann. 2.40; geb. 3.20
° Der Titel lautet in Wirklichkeit: Concordienbuch.

Konkretal-Status des geschichtlichen u. staatsanwaltschaftlichen Personales des Oberlandesgerichtssprengels Brünn, nebst Verzeichnissen der Advokaten, Notare, Verteidiger in Strafsachen. Nach dem Stande vom 18. III. 1906. (155 S.) gr. 8. Brünn 906. R. M. Rohrer. n. 1.40

Konkurrenz, die, der Kölnischen u. Düsseldorfer Dampfschifffahrts-Gesellschaften. 8. Köln 840. Renard. 1/6 ℔

Konkurrenz, die, der köln. u. düsseldorfer Dampfschifffahrts-Gesellschaften. 8. (1 B. u. Ttlvign.) Köln 840, [Welter.]

Konkurrenz z. Empfangsgebäude f. d. Bahnhof z. Frankfurt. (38 T) fol Berlin 1878

Konkurrenz, die freie, bei der Verfassung von Plänen bei Staatsbauten. gr. 8. (20 S.) Wien 874, Lehmann und Wentzel. — 80

Konkurenz, üb. d., d. Kirchenguts in d. Herzogth. Wirtemberg zu den Kriegslasten ꝛc. 8. Stuttg. Metzler. 797.

Konkurrenzarbeiten für d. Spitzen- u Stickerei-Industrie. (28 T) 4° Plauen (1905)

Konkurrenzen der deutschen Gesellschaft f. christliche Kunst. I u. II. Lex. 8. München, Gesellschaft f. christl. Kunst. 4.—
I. (Mit Text v. S. Staudhamer.) (IV, 36 S. m. Abbildgn.) 907. 1.50
II. (87 S. m. Abbildgn.) (908.) 2.50

Konkurrenz-Entwurf zu einem Neubau für das Landes-Gewerbemuseum in Stuttgart. Motto „Industria". 9 Pläne in Mappe. grfol Originalzeichnung.

Konkurrenz-Entwürfe, ungarische. Her. von J Sterk. I. Jahrg. Budapest 1894

Konkurrenz-Fliegen der ersten Aviatiker der Welt. 26. September—3. Oktober 1909 Flugplatz Berlin-Johannisthal. Offizielles Programm. Berlin, Vereinigte Verlagsanstalten 1909. 48 S. m. zahlr Abb. 8°

Konkurrenz-Nachrichten. Beiblatt zu Neumeister, deutsche Konkurrenzen. 1894-1910. 4° Leipzig 1894-1910

Konkurrenz-Projekte für den Neubau der mittleren Rheinbrücke und die Erstellung einer provisorischen Rheinbrücke in Basel. Bericht des Preisgerichtes. (1902 Januar 5.) 8 S. 4.
[Ratschläge N°] *1318*

Konkurrenz-Projekte zur Petrikirche in Leipzig. (63 T) fol Dresden

Konkurrenz-Projekte, die prämiirten und hervorragendsten, zur Erbauung der St. Petrikirche in Leipzig. gr. Fol. (64 Lichtdrtaf.) Dresden 878, Gilbers'sche Verlagsh. In Mappe *

(F) **Concurs-Ausschreibung** für die Aufnahme in das Erziehungs-Institut für verwaiste Officierssöhne etc. Lex.-8°. (10 S.)
Wien: Hof- u. Staatsdruckerei 1902.

Concurs Ausschreibung für die Aufnahme in die k. u. k Cadettenschulen. Lex-8°. (4 S.) K —.04
Wien: Hof- u. Staatsdruckerei 1902.

Konkurs-Blatt des k. k. Reichs-Kriegs-Ministeriums, s. Concurs-Blatt.

Konkurs-Blatt des k. k. Reichs-Kriegs-Ministeriums über erledigte, für ausgediente Unteroffiziere gesetzlich vorbehaltene Dienstposten. Jahrg. 1880—1884. (Erscheinen unregelmäßig.) gr. 4. Wien, Hof- und Staatsdruckerei. à Jahrg.

Concursblatt des k. u. k. Reichs-Kriegsministeriums über erledigte, für ausgediente Unterofficiere gesetzlich vorbehaltene Dienstposten. Jahrg. 1891. Circa 40 Nummern. Gr.-4. (Nr. 1, 1/2 Bog.) Mit Zusendung * 1.—
Wien: Hof- u. Staatsdruckerei 1891.

Konkursgesetz. (XVII. Ges.-Art. v. J. 1881.) Herausgeg. v. kön. ung. Ministerium des Innern. 8. (101 S.) geh. 36 kr. nur baar.
Budapest: Nagel jun. 1882.

Konkursgesetz. Erlassen durch Kais. Edikt f. d. chines. Reich. Uebers. aus d. 'Chung Hua Pao' v. 27. Mai 1906 von Erwin Jankowski, Dolmetscher-Asp. Tientsin: Tagebl. f. Nord-China 1906. (24 S.) 8° [?]
(Chinesisches Handels-Gesetz.)

Konkurs-Gesetz, das neue vollständige, für das deutsche Reich nach der Justizreform vom 1. Oktbr. 1879 ab. 8. (33 S.) Chemnitz 880, Hager.

Concursgesetz, Ungarisches. (XVII. Gesetzartikel v. J. 1881.) Mit Anmerkungen, Paralellstellen und Erläuterungen. Nach dem Ungarischen des Dr. Benjamin Zsögöd. 2. Ausgabe. gr. 8. (116 S.) geh. 1 fl. Budapest: Rath 1882.

Konkursordnung

— vergl. d. Buchstaben C.

Konkursordnung, s.: Gareis, C., deutsche Reichsgesetze in Einzel-Abdrucken.

Konkurs-Ordnung, s.: Miniatur-Bibliothek.

KONKURSORDNUNG Allg – f Boheim, Mähren . . . Österreich [Wien] 1781

Konkursordnung, allgem., für Oesterreich ob u. unter d. Enns, Böhmen, Mähren, Schlesien ꝛc. gr. 8. Wien 781. Trattner. ⅓ ℛ Schrbp. 1 ℛ

Konkursordnung, Die deutsche, s. Konkursordnung für das Deutsche Reich.

—— die neue. Gemeinfaßliche Darstellung des neuen Verfahrens im Konkurse. 16. (16 S.) Pinneberg 879, Beig's Verlags-Anstalt. *

— die neue, nebst dem Gesetz über die Einführung derselben und dem Gesetz, betr. die Befugniß der Gläubiger zur Anfechtung der Rechtshandlungen zahlungsunfähiger Schuldner außerhalb des Konkurses. Eingeleitet u. mit Erläuterungen u. Anmerkungen unter Benutzung des Kommissionsberichts u. der Motive der Regierungsvorlage versehen von Gust. Rasch. Berlin (855.) Sacco. gr. 8. (1 Bl., VIII, 128 S.) 10 ngr.

Konkursordnung, Die preußische ...

Konkurs-Ordnung vom 8. Mai 1855. — Gesetz betr. die Einführung der Konkurs-Ordnung in den Landestheilen, in welchen das Allgem. Landrecht u. die Allgem. Gerichts-Ordnung Gesetzeskraft haben, vom 8. Mai 1855. — Gesetz, betr. die Befugniß der Gläubiger zur Anfechtung der Rechtshandlungen zahlungsunfähiger Schuldner außerhalb des Konkurses ꝛc. vom 9. Mai 1855. — Verordnung, betr. die im Konkurse u. erbschaftl. Liquidationsprozesse zu erhebenden Gerichtskosten, vom 4. Juni 1855. — Mit vollständ. Sachregister. Berlin 855. Decker. gr. 8. (130 S.) 7½ ngr.

Konkurs-Ordnung, die preußische, vom 8. Mai 1855 nebst dem Einführungsgesetz und dem Gesetz über Anfechtung der Verträge zahlungsunfähiger Schuldner. Ausg. mit großer Schrift und Sach-Register. gr. 8. (133 S.) Berlin 855, Hempel. *

—— dass. — nebst Einführungs-Gesetz, sowie Gesetz, betr. die Befugniß der Gläubiger zur Anfechtung der Rechtshandlungen zahlungsunfähiger Schuldner außerhalb des Konkurses für die Landestheile, in welchen das allgem. Landrecht und die allgem. Gerichts-Ordnung Gesetzeskraft haben. 2. (Titel-)Aufl. gr. 8. (107 S.) Berlin 855, Huber.

—— dass. — nebst Einführungs- und Anfechtungs-Gesetz, so wie Verordnung, betr. die im Konkurse und erbschaftl. Liquidationsprozesse zu erhebenden Kosten. 8. (XII und 136 S.) Berlin 855, Moeser.

—— dass. — nebst den darauf bezüglichen Gesetzen und Verordnungen. Amtliche Ausg. mit Register. gr. 8. (IV und 237 S.) Berlin 855, G. Reimer. *

—— dass. — nebst dem Gesetz über die Einführung derselben und dem Gesetz, betr. die Befugniß der Gläubiger zur Anfechtung der Rechtshandlungen zahlungsunfähiger Schuldner außerhalb des Konkurses. Eingeleitet und mit Erläuterungen und Anmerkungen unter Benutzung des Kommissionsberichts und der Motive der Regierungsvorlage versehen von Gust. Rasch. gr. 8. (VIII und 128 S.) Berlin 855, Sacco.

—— dass. — nebst dem Einführungs-Gesetz vom 8. Mai 1855, dem Gesetz über die Anfechtung der Rechtshandlungen zahlungsunfähiger Schuldner vom 9. Mai 1855 und über die Gerichtskosten vom 4. Juni 1855. Gesetz, betr. einige Abänderungen der Vorschriften über das Civil-Prozeß-Verfahren und die Exekution in Civilsachen vom 20. März 1854 und Gesetz, betr. einige Abänderungen des Civil-Prozeß-Verfahrens vor dem Ober-Tribunal vom 26. März 1855. gr. 16. (144 S.) Breslau 855, Kern.

— für die Preußischen Staaten vom 8. Mai 1855 nebst den darauf bezüglichen Gesetzen u. Verordnungen. Amtl. Ausg. mit Register. 855. (VI, 237 S.) n. 15 ngr. — 2. amtl. Ausg. Berlin 858. G. Reimer. gr. 8. (VI, 264 S.) n. 17½ ngr.

Konkurs-Ordnung für die Preußischen Staaten vom 8. Mai 1855, nebst den auf dieselbe bezüglichen Gesetzen, Verfügungen u. Entscheidungen des Ober-Tribunals. Gesetz, betreffend einige Abänderungen der Vorschriften über das Civil-Prozeß-Verfahren u. die Execution in Civilsachen vom 20. März 1854 u. Gesetz, betreffend einige Abänderungen des Civil-Prozeß-Verfahrens vor dem Ober-Tribunal vom 26. März 1855. 2. verb. Aufl. Breslau 859. Kern. gr. 16. (157 S.) 7½ ngr.

(— —) Nachträge zur Konkurs-Ordnung. Gesetze, Verfügungen, Entscheidungen. Herausg. von C. Hahn. Ebend. 859. gr. 16. (18 S.) 2½ ngr.

—— die, vom 8. Mai 1855 abgeändert und ergänzt durch das Gesetz vom 12. März 1869 nebst dem Gesetze betr. die Befugniß der Gläubiger zur Anfechtung der Rechtshandlungen zahlungsunfähiger Schuldner außerhalb des Konkurses, vom 9. Mai 1855 und dem Gesetze betr. die im Konkurse und erbschaftl. Liquidationsverfahren zu erhebenden Gerichtskosten, vom 15. März 1858 bearb. von einem pract. Juristen. gr. 8. (VI, 90 S.) Berlin 869, Kortkampf. ℳ 1,20.; geb. * 1 50

— für die preußischen Staaten vom 8. Mai 1855, nebst den auf dieselbe bezügl. Gesetzen u. Verfügungen, insbesond. dem Gesetz vom 12. März 1869, die Abänderung einiger Bestimmungen betr. 3. Aufl. Breslau 869. Kern's Verl. gr. 16. (150 S.) 7½ ngr.

Konkurs-Ordnung vom 8. Mai 1855. Mit vollständ. Sachregister. (Neue Ausg.) gr. 8. (204 S.) Berlin 870, v. Decker'sche Geh. Ober-Hofbuchdr. * 1 20

— — nebst dem Anfechtungsgesetz vom 9. Mai 1855 u. dem Gesetze über die Gerichtskosten im Konkurse vom 15. März 1858, den Einführungsgesetzen vom 8. Mai 1855, 31. Mai 1860 u. 3. Febr. 1864, sämmtl. ergänz. u. erläut. Justiz-Ministerial-Rescripten u. Entscheidgn. des k. Ober-Tribunals, sowie der Novelle vom 12. März 1869 u. der Subhastationsordng. vom 15. März 1869 nebst erläut. Ministerial-Rescripten. Berlin 870. C. Heymann. gr. 8. (VIII, 292 S.) 1 ℛ

— f. das Deutsche Reich u. Gesetz, betr. die Anfechtg. v. Rechtshandlgn. e. Schuldners außerhalb des Konkursverfahrens, s.a. Handbibliothek, Leipz. jurist.

Konkursordnung f. das Deutsche Reich u. das Gesetz, betr. die Anfechtung v. Rechtshandlungen e. Schuldners außerh. des Konkursverfahrens, s.a. Meyer's Volksbücher.

Konkursordnung, für das deutsche Reich, s.a. Universal-Bibliothek Nr. 2218.

Konkursordnung f. d. deut. Reich v. 10./2. 77. **Amtl. Textausg. Berlin.**

Mit Erläuterungen von:

Bender. Repetit. Kassel 878.	2	—	**Petersen u. Kleinfeller.** 2. Aufl.
Bendix. Düsseldorf 887.	2	—	Lahr 888—90.
Breitling. Stuttg. 882.	3	—	**Richter.** Berlin 885.
Brosy. Lpzg. 879.	1	—	**Sarwey.** 2. Aufl. Berlin 882.
Delius. Berlin 879.	1	20	**Schultze.** Berlin 880.
Fitting. 2. Aufl. Berlin 881.	5	50	**Siegeth.** Pirna 878.
Graf. Nördlgn. 877.	1	—	**Stieglitz.** Freiburg 887.
Hahn, Materialien. Berl. 881.	16	—	**Sydow.** 4. Aufl. Berlin 890.
Harburger. Nördlgn. 882.	1	—	**v. Völderndorff.** 2. Aufl. 3 Bde.
Hartmann. Berlin 879.	7	50	Erlangen 885. (28. 40)
Hohl. Stgt. 879.	5	—	**Wengler.** Lpzg. 878.
Höninghaus. 4. Aufl. Berl. 877.	3	50	**Wernecke.** Lpzg. 882.
Hullmann. Nördlgn. 878.	7	—	**Willenbücher.** Berlin 885.
König. 2. Aufl. Hannover 879.	3	—	**v. Wilmowsky.** 4. Aufl. Berl. 889.
Krah. 4. Aufl. Neuwied 882.	2	10	— Handausg. Berlin 886.
Meissner. Berlin 881.	10	—	— Rechtsfall. 5. Aufl. Berl. 889.
Melle, Lexikon. Hmbg. 879.	3	—	— Ausführ. Ges. Berlin 880.
Meves. Breslau 881.	4	—	**Zimmermann.** 6. Aufl. Berl. 879.

Konkursordnung vom 10. 2. 77 nach d. Fassung des Gesetzes v. 20. 5. 98.

Textausgaben:

Beck. München 898.	1	—	**Preuss & Jünger.** Leipzig 899.
Bruer. Berlin 898.	1	—	**Rossberg.** Leipzig 899.
Decker. Berlin 898.	—	80	**Schweitzer.** München 898.
Guttentag. Berlin 898.	—	80	**Vahlen.** Berlin 898.
Kern. Breslau 900.	—	60	

Mit Erläuterungen von:

Aufsess. Leipzig 900.	2	50	**Petersen u. Kleinfeller.** 4. Aufl.
Delius. Leipzig 899.	—	75	Lahr. I.
Francke. Düsseldorf 899.	1	—	**Sarwey.** 3. Aufl. Berlin 896.
Gareis. Giessen 899.	—	90	— 4. Aufl. Berlin 900. I.
Gottschalk. Berlin 899.	5	—	**Sydow u. Busch.** 8. Aufl. Ber-
Hahn. Materialien. Berl. 898.	11	—	lin 899.
Harburger. München 899.	2	40	**Willenbücher.** 2. Aufl. Ber-
Mannsfeld. Leipzig 898.	1	80	lin 896.
Meyer. München 899.	6	—	**Wilmowski.** 5. Aufl. Berl. 896.
Pannier. Leipzig 898.	—	60	**Wolff.** Berlin 900.
			— Kommentar. Berlin 900.

Konkursordnung für das Deutsche Reich.

—— dass. — und Einführungsgesetz zur Konkursordnung. Vom 10. Febr. 1877. Mit Parallelstellen und ausführl. Sachregister. gr. 8. (80 S.) Berlin 877, v. Decker's Verlag. cart.

Konkursordnung für das Deutsche Reich. Text-Ausg. mit Register. 16. (75 S.) Berlin 877, Guttentag. *

— **dasselbe. 1. u. 2. Aufl. 8. (64 S.) Berlin 877. C. Heymann's Verl. cart.** n. — 60

—— nebst Einführungs-Gesetz vom 10. Febr. 1877, dem preuß. Ausführungs-Gesetz und dem Reichs-Gesetz, betr. Anfechtung von Rechtshandlungen 2c. Mit ausführl. Sachregister. (68 S.) 1877. * 80 Pf.; 2. Ausg. 8. (VIII, 88 S.) Berlin 882, Kortkampf. cart.

—— dass. — Mit ausführlichem Sachregister. gr. 16. (74 S.) [Brandenburg 877, Müller.] Berlin, Eisenschmidt.

Konkursordnung für das Deutsche Reich. Mit ausführlichem Sachregister. gr. 16. (74 S.) Breslau 877. Kern's Verl. n. — 50

— **dasselbe. Text-Ausg. mit Sachregister. gr. 8. (III, 63 S.) Darmstadt 877. Jonghaus.** n. — 50

— **dasselbe. Text-Ausg. mit Sachregister. gr. 8. (VIII, 64 S.) Hannover 877. Helwing's Verl.** n. — 80

— **dasselbe. Text-Ausg. mit Sach-Register. gr. 8. (III, 59 S.) Lahr 877. Schauenburg.** n. 1. —

— **dasselbe, nebst Einführungsgesetz. Mit Inhaltsangaben über die einzelnen Paragraphen u. einem vollständigen Sachregister, bearb. von einem Justizbeamten. 8. (74 S.) Leipzig 877. Roßberg. cart.** n. — 60

— dasselbe. Mit Inhaltsangaben u. zahlreichen Parallelstellen aus den Reichsgesetzen zu den einzelnen Paragraphen, sowie mit einem vollständigen Sachregister. 8. (IV, 107 S.) Ebend. 879. n. 1. —; geb. n. 1. 50

— **dasselbe. Amtliche Ausg. Mit Sachregister. 2. Abdr. gr. 8. (70 S.) Berlin 878. G. Reimer.** n. — 80

Petersen, Jul.: Konkurs-Ordnung für das Deutsche Reich nebst Einführungs-Gesetz. Für den prakt. Gebrauch erl. Lahr 1878.

— 2. Aufl. **Petersen. Jul. u. Kleinfeller.** Ge.: Konkursordnung für das Deutsche Reich nebst dem Einführungsgesetz u. dem Reichsgesetz vom 21. Juli 1879, betr. die Anfechtung von Rechtshandlungen eines Schuldners außerhalb des Konkursverfahrens. Für den prakt. Gebrauch erl. Frankfurt a. M. u. Lahr 1890.

— **3. Aufl. Lahr 1892.**

— **dasselbe, nebst dem Einführungs-Gesetz vom 10. Febr. 1877. Mit Anmerkungen u. Register. 16. (IV, 110 S.) Berlin 879. Nauck & Co.** n. — 50

—— dass. — nebst dem Einführungs-Gesetz vom 10. Febr. 1877. Amtliche Ausg. Mit Sach-Register. gr. 16. (87 S.) Berlin 879, G. Reimer. *

Konkursordnung für das Deutsche Reich. Mit Inhaltsangaben über die einzelnen Paragraphen und einem vollständ. Sachregister, bearb. von einem Justizbeamten. 2. Aufl. 8. (III, 76 S.) Leipzig 880, Roßberg'sche Buchh. cart.

— Amtl. Entwurf derselben m. Motiven. 3. Aufl. 2 Thle. Berlin 881.

— **nebst Einführungs-Gesetz vom 10. Febr. 1877, dem preuß. Ausführungs-Gesetz u. dem Reichs-Gesetz, betr. Anfechtung von Rechtshandlungen 2c. 2. Ausg. Mit ausführlichem Sachregister. 8. (VIII, 88 S.) Berlin 882. Kortkampf. cart.** n. — 60

—— dass. — Mit Kommentar von J. Meisner. gr. 8. (XLIV, 504 S.) Ebendas. 881. M 10.; geb.

— **dasselbe, mit Einleitung von J. Meisner. 2. Ausg. 8. (XVIII, 88 S.) Ebend. 882. cart. n. n. — 75; geb. n. 1. —**

—— die deutsche, und das Einführungsgesetz zur Konkurs-Ordnung vom 10. Febr. 1877. Neu bearb., mit vielen Anmerkungen und den nötigen Erläuterungen für den prakt. Gebrauch versehene Ausg. 12. (99 S.) Neuwied 882, Heuser's Verlag. cart.

Konkursordnung, deutsche, nebst dem Gesetz, betr. Anfechtung von Rechtshandlungen eines Schuldners außerhalb des Konkursverfahrens. Hrsg. von der Redact. des Reichs-Gesetzbuches. gr. 8. (35 S.) [Berlin 887.] Hamburg, Bruer und Comp. geb. * — 80

Konkursordnung mit Einführungsgesetz. (Gareis Reichsges. 118-20) Giessen 1891

Die **Konkurs-Ordnung** für das Deutsche Reich v. 10. Febr. 1877. Erläut. v. Dr. [Otto] v. Sarwey. 3. Aufl. Bearb. v. Dr. G[ustav] Bossert, Landrichter in Stuttgart. *Berlin: C. Heymanns 1896.* (XX, 968 S.) 1 Bd 8.

[F.] **Konkursordnung** m. Einführgsges., Nebengesetzen u. Ergänzgn. Text-Ausg. m. Anm. u. Sachreg. v. Reinhold Sydow. 7. verm. Aufl. *Berlin: J. Guttentag 1897.* (210 S.) 1 Bd 8.
= Sammlung, Guttentag'sche, Deutscher Reichsgesetze. No 13. [97. 370]

— f. d. Deutsche Reich. Nach d. Bekanntmachg. d. Reichskanzlers v. 20. V. 1898 m. Einführungsgesetzen u. d. Gesetz, betr. d. Anfechtg. v. Rechtshandlgn. e. Schuldners außerhalb d. Konkursverfahrens. Ausgabe m. Anmerkgn. nach d. amtl. Gesetzesmaterialien u. f. d. prakt. Anwendg. im tägl. Geschäftsleben bestimmten Formularen, Anträgen 2c. Für den prakt. Gebrauch nach amtl. Quellen bearb. u. hrsg. v. d. Red. d. Reichsgesetzbuches f. Industrie, Handel u. Gewerbe. gr. 8. (V, 52, Formulare 6 u. Reg. 5 S.) Berlin 898. Bruer & Co. Geb. n. 1.—

— nebst d. zugehör. Einführungsgesetzen u. d. Anfechtungsgesetze unt. synopt. Zusammenstellg. d. bisher. u. d. neuen Fassg. [Aus: „Hahn's Materialien z. Konkursordng."] M. ausführl. Inhaltsverzeichniß u. Sachreg. gr. 8. (VI, 89 S.) Berlin 898. R. v. Decker. n. —80

Konkursordnung mit Einführungsgesetz. In d. Fassung der auf Grund des Gesetzes v. 17. Mai 1808 erfolgten Bekanntmachung v. 20. Mai 1808. Text-Ausg. m. Sachreg. *Berlin: J. Guttentag 1898.* (112 S.) 8° [F.]
(Reichs-Justizgesetze Text-Ausg. ohne Anm.) [90 0.89]

[F.] **Konkursordnung** mit Einführungsgesetz. In d. Fassg der auf Grund des Ges. v. 17. Mai 1898 erfolgten Bekanntmachg v. 20. Mai 1898. Text-Ausg. m. Sachreg. *Berlin: J. Guttentag 1898.* (1 Bl., 112 S.) 1 Bd 8.
(Reichs-Justizgesetze. Text-Ausg. m. Anm.) [98. 10144]

— nebst d. Einführungsgesetze u. d. Gesetze, betr. d. Anfechtg. v. Rechtshandlgn. e. Schuldners außerhalb d. Konkursverfahrens in der Fassung der Bekanntmachung v. 20. V. 1898 unt. Hervorhebg. d. Aendergn. Textausgabe m. Sachreg. u. e. vergleich. Zusammenstellg. d. alten u. neuen Paragraphenzahlen. gr. 16. (XI, 105 S.) Berlin 898. F. Vahlen. Geb. in Leinw. n. 1.—

— vom 20.5.98 mit Einführungsgesetz. (Gareis Reichsgesetze 235-37) Giessen 1898

Konkursordnung für das Deutsche Reich nebst dem Einführungsgesetze u. d. Gesetze, betr. d. Anfechtung von Rechtshandlungen e. Schuldners außerhalb d. Konkursverfahrens. In d. Fassung nach d. Gesetze v. 17. Mai 1898, betr. Aenderungen d. Konkursordnung ... Textausg. mit alphab. Sachreg. u. e. vergl. Zusammenstellung d. Paragraphenfolge d. Konkursordn. v. 10. Febr. 1877 ... *München: C. H. Beck 1898.* (XV, 87 S.) 8° [F.] [1. 4. 98 6]

Konkurs-Ordnung nebst d. Einführungsgesetze u. d. Gesetze, betr. d. Anfechtg. v. Rechtshandlgn. e. Schuldners außerhalb d. Konkursverfahrens in d. Fassg. nach d. Gesetze v. 17. V. 1898, betr. Aendergn. d. Konkursordng., u. d. Einführungsgesetze zu diesem Gesetze, in fortlauf. Nummernfolge d. Paragraphen laut Bekanntmachg. v. 20. V. 1898. Textausg. m. alphabet. Sachreg. u. e. vergleich. Zusammenstellg. d. Paragraphenfolge d. Konkursordng. v. 10. II. 1877 m. d. neuen Nummerirg. gr. 16. (XVI, 87 S.) München 898. C. H. Beck. Geb. in Leinw. 1.—

Konkursordnung für das Deutsche Reich nebst d. zugehörigen Einführungsgesetzen u. Gesetz, betr. d. Anfechtung v. Rechtshandlungen e. Schuldners ausserhalb d. Konkursverfahrens, je in alter u. neuer Fassung. Vergleichende Textausg. m. alph. Sachreg. *München: J. Schweitzer 1898.* (IV, 128 S.) 8° [F.] [99 6663]

Konkursordnung und Anfechtungsgesetz mit Einführungs- und Nebengesetzen. In der Fassung der Gesetze vom 17. Mai 1898. Unter bes. Berücks. d. Entscheid. d. Reichsger. hrsg. m. Anm. von R[einhold] Sydow, Dir. im Reichs-Postamt, [u.] L[ouis] Busch, Kammerger.R. 8. verm. Aufl. *Berlin: J. Guttentag 1899.* (XXX, 367 S.) 8° [F.]
= Sammlung, Guttentagsche, Deutscher Reichsgesetze. No 13. [00. 7511]

— nebst dem Einführungsgesetze u. das Gesetz, betr. die Anfechtg. v. Rechtshandlgn. e. Schuldners außerhalb des Konkursverfahrens in der Fassg. nach dem Gesetze, betr. Abändergn. der Konkursordnung. Textausg. m. Sachregister (u. e. vergleich. Zusammenstellg. der Paragraphenfolge der alten u. neuen Konkursordng.) 12. (XII, 95 S.) Breslau 899. Preuß & Jünger. Geb. in Leinw. n. 1.20

Die Konkurs-Ordnung und das sog. Anfechtungs-Gesetz in d. Fassung vom 20. Mai 1898 mit Nachw. des bisher. Deutschen u. Preuss. Rechts hrsg. von W[ilhelm] Ch. Francke, Oberlandesger.R. a. D. *Düsseldorf: L. Schwann 1899.* (20 S.) 8° [F.]
= Hand-Ausgaben, Schwann'sche, deutscher u. preuss. Gesetze. No 10. [99. 17891]

Die **Konkursordnung** für das deutsche Reich nebst d. zugehörigen Einführungsgesetzen u. d. Reichsgesetz, betr. d. Anfechtung von Rechtshandlungen e. Schuldners außerhalb d. Konkursverfahrens in d. Fassung d. Bekanntmachung v. 20. Mai 1898. Handausg. mit Erl., ausführl. Sachreg. u. e. Anh. von Karl Meyer, Landger.R. in Landshut. München: J. Schweitzer 1899. (VII, 459 S.) 8° [F.] [04. 9180]

Konkursordnung mit Einführungsgesetz, Nebengesetzen und Ergänzungen in der Fassung des Gesetzes vom 17. Mai 1898. Kommentar von Dr. Th[eodor] Wolff, Oberl.Ger.R. in Hamm. *Berlin: J. Guttentag 1900.* (XV, 540 S.) 8° [00. 3351]

Die **Konkursordnung** nebst den Einführungsgesetzen, Nebengesetzen und Ergänzungen. Mit Anm. von Dr. Th[eodor] Wolff, Oberl.Ger.R. in Hamm. *Berlin: C. Heymann 1900.* (VIII, 218 S.) 8° [F.]
= Taschen-Gesetzsammlung. 51. [00. 11713]

Konkursordnung vom 10. Februar 1877 in d. Fassung d. Bekanntmachung d. Reichskanzlers vom 20. Mai 1898. Nebst d. Einführungsgesetzen. Mit ausführl. Sachreg. *Breslau: J.U. Kern 1900.* (87 S.) 8° [F.]
(Deutsche Reichsgesetze.) [01. 637]

Konkursordnung für das Deutsche Reich nebst den Einführungsgesetzen, den konkursrechtl. Bestimmungen d. Genossenschaftsgesetzes und d. Anfechtungsgesetze. Erl. von Dr. Julius Petersen u. Dr. Georg Kleinfeller. 4. Aufl. auf Grund d. Reichsgesetze vom 17. Mai 1898 u. d. Bekanntmachung d. Reichskanzlers vom 20. Mai 1898 bearb. von Kleinfeller. *Lahr: M. Schauenburg 1900.* (XX, 846 S.) 8° [01. 4640]

Konkursordnung für das Deutsche Reich und Reichsgesetz, betr. d. Anfechtung von Rechtshandlungen e. Schuldners außerhalb d. Konkursverfahrens in d. Fassung d. Bekanntmachung d. Reichskanzlers v. 20. Mai 1898. Handausg. mit Erl. von Justizr. Dr. I[saak] Harburger. *München: C. H. Beck 1900.* (VI, 222 S.) 8° [F.] [00 1 2 8]

Die **Konkursordnung** für das Deutsche Reich. Erl. von [Otto] v. Sarwey. 4. Aufl. nach d. Stande der v. 1. Jan. 1900 an geltenden Gesetzgebung bearb. von G[ustav] Bossert. (In 2 Th.) *Berlin: C. Heymann 1900–1901.* (XIX, 582 S.) 8° [F.]
= Kommentar z. Bürgerl. Gesetzbuche u. s. Nebenges. 2, [2.] [00. 666]

Die **Konkursordnung** nebst den zugehörigen Nebengesetzen. Mit Erl. u. Formularen f. Juristen u. Laien von Dr. jur. W. G. Bysen, Gerichtsass. in Berlin. *Berlin-Gr.-Lichterfelde: Schulze & Co. 1901.* (182 S.) 8° [F.]
= Gesetzsammlung, Brandis. No 26. [01. 3516]

Konkursordnung vom 10. Febr. 1877 in d. Fassung d. Bekanntmachung vom 20. Mai 1898 nebst Einf.Gesetz vom 10. Febr. 1877, Einf.Gesetz vom 17. Mai 1898 betr. Aenderung d. Konkursordnung u. Gesetz betr. d. Anfechtung von Rechtshandlungen e. Schuldners ausserhalb d. Konkursverf., vom 21. Juli 1879 in d. Fassung d. Bekanntmachung vom 20. Mai 1898. *Berlin: Deutscher Verl. 1902.* (88 S.) 8° [F.]
= Kroon, S.: Deutsches Bürgerl. u. Gewerberecht. No 42–45. [02. 1374]

Konkursordnung [für das Deutsche Reich] und Anfechtungsgesetz. Unter bes. Berücks. d. Entscheid. d. Reichsgerichtes hrsg. mit Anm. von R[einhold] Sydow, Unterstaatssekr., [u.] L[ouis] Busch, Kammerger.R. 9. verm. Aufl. *Berlin: J. Guttentag 1902.* (XXXII, 399 S.) 8° [F.]
= Sammlung, Guttentag'sche, Deutscher Reichsgesetze. No 13. [02. 3647]

— nebst dem Einführungsgesetze u. dem Gesetze, betr. die Anfechtg. v. Rechtshandlgn. e. Schuldners außerhalb des Konkursverfahrens in der Fassg. der Bekanntmachg. vom 20. V. 1898. Textausg. m. alphabet. Sachregister. 2. Aufl. gr. 16. (XVI, 87 S.) München 902. C. H. Beck. Geb. in Leinw. 1.—

Deutsche Reichs-Konkursordnung [**Konkursordnung** für das Deutsche Reich] f. d. prakt. Verkehr erl. von Max Gottschalk, Dir. d. deutschen Kreditoren-Verbandes. 2. erw. Aufl. *Berlin: S. Cronbach 1903.* (VII, 346 S.) 8° [F.] [04. 1136

Konkursordnung und Anfechtungsgesetz. Unter besond. Berücks. d. Entscheidungen d. Reichsgerichtes hrsg. mit Anm. von R[einhold] Sydow, Unterstaatssekr. Fortgeführt von L[ouis] Busch, Kammerger.R. 10. Aufl. Berlin: J. Guttentag 1906. (XXXII, 495 S.) 8° [F.]
— **Sammlung**, Guttentag'sche, Deutscher Reichsgesetze. No 13. [07. 1999

Deutsche Reichs-Konkursordnung [**Konkursordnung** für das deutsche Reich] erl. von Dr. G[ustav] v. Wilmowski, Geh. Justizrath. Nach d. Tode d. Verf. fortges. von Dr. K[arl] Kurlbaum, Oberlandesger. Präs., A[lfred] Kurlbaum, Rechtsanw., u. W[alter] Kühne, Rechtsanw. 6. umgearb. Aufl. (In 6 Lfgen.) Berlin: F. Vahlen 19(02–)06. (XII, 788 S.) 8° [F.] [06. 3014

Konkursordnung, nebst dem Einführungsgesetze u. dem Gesetze, betr. die Anfechtg. v. Rechtshandlgn. e. Schuldners außerhalb des Konkursverfahrens in der Fassg. der Bekanntmachg. vom 20. V. 1898. Textausg. m. alphabet. Sachregister. 3. Aufl. (XII, 87 S.) kl. 8. München 908. C. H. Beck. Geb. in Leinw. 1. —

Die **Konkursordnung** [fur das Deutsche Reich] nebst Anfechtungsgesetz erl von [H.] Willenbucher 3, vollst. neu bearb. Aufl. von Dr Fritz Gunther, Landrichter Berlin H. W Muller 1909 IV, 408 S. 8° [09. 16347

Konkursordnung für die Preußischen Staaten, s. Konkursordnung, Die preußische.

Konkurs-Programm zur Einreichung von Bauplänen für die eidg. polyt. Schule und die zürch. Hochschule. Zürich 1857.

Das rumänische **Konkursrecht** nach dem Gesetz vom 14. Marz 1902. Deutsche Textausg. mit Erl. z. prakt. Gebr. f. d. internat. Verkehr … von Dr. jur. Karl Schaefer. *Dresden: E. Pierson 1904.* (215 S.) 8° [04. 8684

Könn, Jos., Andachtsübungen f. die sechs Aloysianischen Sonntage. 50. Tauf. Verm. Aufl. (80 S. m. 1 Bildnis.) 11,5×7,5 cm. Einsiedeln 909. Verlagsanstalt Benziger & Co. p — 20

— Aufwärts! Ein Gebetbuch f. junge Leute m. e. besonderen Abschnitt f. Kongregationen. Ausg. f. Jungfrauen. 5. bis 15. Tauf. (431 S. m. 1 Stahlst.) 16. Ebd. (909). Geb. von 1.30 bis 4. 40

— dasselbe. Ausg. f. Jünglinge. (428 S. u. 1 Stahlst.) 16. Ebd. (908). Geb. von 1.30 bis 5. 20

— Auf Höhenpfaden. Aloysiusgedanken f. die moderne Welt. 1. Folge. (80 S.) 8. Ebd. 909. 1. —

— dasselbe. Aszetische Gedanken f. die moderne Welt. 3.—5. Tauf. (309 S.) 8. Ebd. 910. 2.60; geb. in Leinw. 3. 60

Könn, Jos., Sei stark! Ein Weckruf zum Leben. 11. bis 20. Tauf. (86 S.) 12,5×8 cm. Einsiedeln (909). Verlagsanstalt Benziger & Co. — 30; geb. — 50

— Tu es nicht! Ein ernstes Wort in e. wicht. Sache. (107 S.) 12×8 cm. Ebd. 909. — 30

Könne, Jos., neue Lieder f. A.-B.-C.-Schützen. (II, 80 S.) 8. Krotendorf (904). (Brünn, C. Winiker.) n. 1. —

Koenne, L., Rom u. die Bibel od. Irrthümer u. Mißbräuche der kathol. Kirche. gr. 8. (24 S.) Hannover-Linden 894. Manz & Lange. n. — 30

Koennecke, Adolph (Calbe a. S.), De splenitide. Diss. med. Halle (Ploetz) 1865. 32 S. mit Biogr. (M.: D. Albrecht.) (5.—) 19014
Oppon.: Kleist, Kunigk. — Krankengesch. d. Alexander Bolte.

Koennecke, Adolphus: De splenitide Halae (1865): Ploetz. 29 S 8°
Halle-Wittenberg, Med. Diss. v. 30. Nov. [vielmehr 4. Dez.] 1865
Geb. Kalbe a. d. S. 8. 7. 1833 [vielmehr 1838]. V.
Promot.-Datum nach hs. Korr. im Ex. d. UArch.
Zum Andenken an den Verf., † Löbejün 4. 9. 1866 an der Cholera, stiftete dessen Mutter 1870 ein Stipendium für einen Studierenden der Medizin; vgl. Nachrichten üb d Stipendien- u Freitisch-Stiftungen, Halle 1887, S. 52 f.

Könnecke, C., s. Könnecke, Klemens

Cagliostro. Musikkomödie in 3 Aufz. Musik von F. **Koennecke** Text von A. Sexauer. München: A. Schmid Nachf. [1908]. (69 S.) 8° [F.] [08 12913

Koennecke, Friedr. Wilh., Auferstehungsruf zum 18. März. 8°. Hamburg, G. Müller'sche Druckerei, s. a.

Könnecke, G., Mitteilungen über H. W. Kirchhof. Vortrag 1891.

Könnecke, Gustav

Könnecke, Gust., Bilderatlas zur Geschichte der deutschen Nationallitteratur. Eine Ergänzung zu jeder deutschen Litteraturgeschichte. Nach den Quellen bearb. 10 Lfgn. Fol. (XXVI, 316 S. mit 1 Farbendr. und 1675 schwarzen Abbild.) Marburg 885,86, Elwert's Verlag. à Lfg. * M 2.—. * 20 — geb. * 25 —

Könnecke, Gust., Bilderatlas zur Geschichte der deutschen Nationallitteratur. Eine Ergänzg. zu jeder deutschen Litteraturgeschichte. Nach den Quellen bearb. 2., verb. u. verm. Aufl., enth. 2200 Abbildgn. u. 14 blattgroße Beilagen, wovon 2 in Heliograv. u. 5 in Farbendr. 7.—11. Tauf. (In 11 Lfgn.) 1. Halb-Lfg. Fol. (S. 265—288.) Marburg 894. N. G. Elwert's Verl. n. 1. —

Könnecke, Gust, Bilderatlas zur Geschichte d. deutschen Nationallitteratur. Eine Ergänzung zu jeder deutschen Litteraturgeschichte. Nach d. Quellen bearb. 2., verb. u. verm. Aufl., enth. 2200 Abb. u. 14 blattgroße Beilagen, wovon 2 in Heliograv. u. 5 in Farbendr. 7.—11. Tauf. 2. Halb-Lfg. u. 2.—11. (Schluß-) Lfg. Fol. (XXVI u. S. 1—264 u. 289—423.) Marburg 895. N. G. Elwert's Verl. n. 21. — (kplt.: n. 22. —; geb. in Halbfrz. n. 28. —)

Könnecke, Gust., die Bildnisse Philipps des Großmütigen, s.: Drach, Alhard v.

Könnecke, Gustav (Hrsg.), s.a. Buchdruckerbuch, Hessisches.

— hessisches Buchdruckerbuch, enth. Nachweis aller bisher bekannt gewordenen Buchdruckereien des jetz. Reg.-Bez. Cassel u. des Kreises Biedenkopf. Im Auftrage des Marburger Geschichtsvereins bearb. u. hrsg. Mit Abbildg. v. 96 Buchdruckerzeichen. gr. 8. (IV, 366, 174 u. Reg. XXIII S.) Ebd. 894. Kart. n. 12. —; geb. n. 13.50

— zur Feier des 5. Novbr. 1894 des 400. Geburtstages v. Hans Sachs. [Aus: K., Bilderatlas z. Gesch. d. deutschen Nationallitt., 2. Aufl."] Fol. (8 S. m. 27 Abbildgn.) Ebd. 894. — 60

Könnecke, Gustav: Zu Goethes 150. Geburtstage. Goethe. Eine Biogr. in Bildnissen. Sonderdr. aus d. 2. Aufl. von Gustav Könneckes Bildatlas z. Gesch. d. deutschen Nationallitt. 165 Abb., 1 Photograv. nach d. Ölbilde v. J. K. Stieler a. d. J. 1828 u. 1 Beil. Marburg: N. G. Elwert 1899. 36 S. 2⁰ (4⁰)

Könnecke, Gustav: Goethe. Eine Biogr. in Bildnissen. Sonderdr. aus d. 2. Aufl. von Gustav Könneckes Bilderatlas z. Gesch. d. deutschen Nationallitt. 165 Abb., 1 Photograv. nach d. Ölbilde v. J. K. Stieler a. d. J. 1828 u. 1 Beil. 2. Aufl. Marburg: N. G. Elwert 1900. 38 S. 2⁰ (4⁰)

— die Handschriften des Nibelungenliedes u. der Klage. Sonder-Abdr. aus der 2. Aufl. des Bilderatlas zur Geschichte der deutschen Nationallitteratur, verm. durch vollständ. Wiedergabe der Bruchstücke E u. F. (S. 25—48 m. Abbildgn. u. 2 Taf.) Fol. Marburg 901. N. G. Elwert's Verl. n. 4. —

Könnecke, Gust., deutscher Literaturatlas. Mit e. Einführg. v. Christian Muff. 826 Abbildgn. u. 2 Beilagen. 1.—20. Taus. (XII, 156 S.) 35×27,5 cm. Marburg 909. N. G. Elwert's Verl. Geb. 6.—; zusammen m. Vilmar's Literaturgeschichte 10. —

Deutscher Literaturatlas von Gustav Könnecke Mit e Einführung von Christian Muff 826 Abb u 2 Beil 1 bis 20 Taus Marburg: Elwert; Wien: Konegen 1900 XII 156 S 2° [09 4012 4

— Schiller. Eine Biographie in Bildern. Festschrift zur Erinnerg. an die 100. Wiederkehr seines Todestages am 9. V. 1905. Verm. Sonderabdr. aus dem Bilderatlas zur Geschichte der deutschen Nationallitteratur. Mit 208 Abbildgn. u. 1 Titelbilde. 1. u. 2. unveränd. Aufl. (Je IV, 48 S.) gr. 4. Ebd. 905. Kart. n. 2.50

Könnecke, Gustav, s. Ubbelohde, Otto: Aus Alt-Marburg.

Könnecke, Gustavus: *Commentatio de vita atque rebus gestis Reinhardi episcopi Halberstadensis quinti decimi (1107—1123). 240 S. 4° (2°)
Halle-Wittenberg, Phil. Diss. v. 29. Nov. 1870
Geb. [Kroppenstedt (Kr Oschersleben) 27. 10. 1845]

Könnecke, Jh. Chrstl.

— de caussis versionis Alexandrinae ab archetypo dissensus. 4. Magdeb. 771.

— Lieder über den kleinen Katechismus Dr. Mart. Luthers, für Kinder. 8. Magdeb. 784.

Könnecke, Jh. Chrstl., († d. 14. Sept. 1784.) d. Verhalten d. Christen bei d. Andenken an d. Geburt Jesu. 8. Magdeb. 782. Creuz. 6 ℋ

Könnecke, Karl, appr. Arzt: Beitrag zur Pathologie und Genese der Optikuscolobome. Marburg 1910: Koch. 21 S. 8°
Marburg, Med. Diss. v. 19. Juli 1910, Ref. Bach
[Geb. 28 Juli 84 Marburg; Wohnort: Marburg; Staatsangeh.: Preußen; Vorbildung: Gymn. Marburg Reife O 04; Studium: Marburg 2, München 1, Marburg 2, Freiburg i. B. 2, Marburg 4 S.; Coll. 13. Mai 10; Approb. 24 . . 10] [U 10. 3322

Könnecke, Klem. Die Behandlung der hebräischen Namen in der Septuaginta 30 S. Progr. *Stargard Po.* 1885

Könnecke, Clemens: Beiträge zur Erklärung des Neuen Testaments 4 (30 S.) Progr. Kgl u Gröningsch G. *Stargard i. Po.* 1896
I Conjecturen zu Stellen des Neuen Testaments II Die Beziehungen des Hebräerbriefs zu dem Briefe des Clemens Romanus an die Corinther

Könnecke, Clemens [Prof.]: Beiträge zur Erklärung des Neuen Testaments. Stargard, Druck v. O. Straube, 1896; 1—30 S. 4.
Stargard i. P., k. u. Gröningsches G. OP 1896 (145)

Könnecke, C., Emendationen zu Stellen des Neuen Testaments, s.a. Beiträge zur Förderung christlicher Theologie. XII, 1.

Emendationen zu Stellen des Neuen Testaments von Prof. C[lemens] Könnecke. Gutersloh: C. Bertelsmann 1908. (45 S.) 8° [J.]
= Beiträge z. Förderung christl. Theologie Jg. 12, H. 1. [08. 8347

Könnecke, Max, Führer durch Stadt u. Burg Querfurt in Vergangenheit u. Gegenwart. (46 S. m. Abb., 1 Taf., 1 Plan u. 8 Ansichtskarten.) 8. Querfurt (910). R. Jaeckel. 1.20; geb. in Leinw. 2. —

Führer durch Stadt und Burg Querfurt in Vergangenheit u. Gegenwart von Max Könnecke, Pfarrer. Querfurt: Jaeckel (1910). 46 S. 8°
(Zur Heimatkunde d. Kreises Querfurt. H 3) [10. 16311

Könnecke, Max, Geschichte d. Dorfes Grockstedt bei Querfurt. Festschrift zur Wiedereinweihungsfeier der St. Michaeliskirche in Grockstedt. [Aus: „Querfurter Kreisblatt".] gr. 8. (80 S.) Querfurt 892. (W. Schneider.) n. 1. —

— Kirchengeschichte der Prov. Sachsen, s.: Sammlung v. Provinzial-Kirchengeschichten. 6. Heft.

— das alte thüringische Königreich u. sein Untergang 531 n. Chr. Nach den Quellen u. unter besond. Berücksicht. der neuesten einschläg. Litteratur dargestellt. gr. 8. (55 S.) Ebd. 894. n. 1. —

— die Quedlinburger Stiftsgüter in u. um Schmon. [Aus: „Mansfelder Blätter".] gr. 8. (33 S.) Ebd. 893. n. — 50

Könnecke, Max, von der Sachsenburg nach Naumburg. Wandertage an d. Unstrut. M. e. Uebersichtskarte u. e. Anh.: D. Kyffhäusergebirge. 2., gänzlich umgearb. Aufl. 12. (VIII, 247 S.) Querfurt 896. W. Schneider. n. 1.20

Koennecke, Max, zwei Wandertage an der unteren Unstrut. Ein Wegweiser durch das untere Unstrutthal mit besond. Berücksicht. der Geschichte. kl. 8. (72 S. mit 1 Karte.) Querfurt 885, W. Schneider's Buchh. * — 50

Könneke, Hubert [aus Balve in Westfalen]: Über die wichtigsten Placentarerkrankungen. . . Paderborn, Junfermann'sche Buchdr. (Albert Pape), 1888; 39 S. 8°
Würzburg, Med. Fak., Inaug.-Diss. v 1888

Könneke, J. Cb., s. Könnecke, Jh. Chrstl.

Der Herbst Symphon. Dichtung in Form e. Ouverture. Worte u. Musik von Artur Könnemann Op. 4 Dichtung u. Kommentar. Stettin: Priedohl [1900] 15 S. 8° [Umschlagt.] [09. 14015

Die Madonna mit dem Mantel. Ein Tontrauerspiel in 2 Aufz. Dichtung u Musik von Artur Könnemann [Textbuch] Stettin: Priedohl [1900] 48 S. 8° [09. 15000

Könnemann, Arth., rascher zum Ziel. Anleitung zur höheren techn. Ausbildg. der Hand auf mechan. Wege. Von höchster Wichtigkeit speciell f. Clavierspieler, wie auch f. die Spieler der nachsteh. Musikinstrumente: Orgel, Violine, Bratsche, Violoncell, Contrabass, Harfe, Flöte, Oboe, Clarinette u. Fagott; gewissermassen auch f. die Spieler aller Ventil-Blechinstrumente. 1. u. 2. Aufl. 8. (18 S. m. Abbildgn.) Mähr.-Ostrau 892. (J. Kittl.) n. — 40

Rönnemann, L., Johannes der Täufer ein Vorbild für uns im Suchen und in der Demuth, zwei Predigten gehalten am 3. und 4. Sonntage des Advents. gr. 8. (24 S.) Neu-Ruppin 862, Oehmigke. *

Könnemann, L., d. Menschen Sohn od. Auslegg. v. Philipper 2, 5—11. gr. 8. (XII, 100 S.) Breslau 891. C. Dülfer. n. 1.35

Könnemann, L., Wort und Sacramente, die Gnadenmittel der Kirche, zugleich eine Beleuchtung der theolog. Principien des Dr. G. Huschke. gr. 8. (VIII und 222 S.) Neu-Ruppin 861, Oehmigke. *

Könnemann, Wilhelm: Über Psychohygiene in Schule und Haus auf der Grundlage einer Erörterung über das Verhältnis von Geist und Körper, Seele und Leib. *Posen 1902: Merzbach.* (23 S.) 4°
Posen, k. Friedrich-Wilhelms-G, OP 1902 (181)

Könnemann, Wilhelm: Ein schiefwinkliges trigonometrisches System mit einer Einleitung über Die organische Behandlung des mathematischen Lehrstoffs. Posen 1904: Merzbach'sche Buchdr. (25 S.) 4°
Posen, k. Friedrich-Wilhelms-G OP 1904 (195)

Könnemann, was bietet Posen, insbesondere die königl. Akademie, zur Vorbereitung f. die Prüfung der Mittelschullehrer, Rektoren u. Oberlehrerinnen, u. welche Neueinführungen hierfür sind wünschenswert? Vortrag, geh. am 23. III. 1907 auf der Hauptversammlg. des Prov.-Vereins der Lehrer u. Lehrerinnen an Mittelschulen u. höheren Mädchenschulen der Prov. Posen. Von allgem. Bedeutg. f. das Mittelschulwesen. (20 S.) gr. 8. Halle 907. H. Schroedel. — 50

Können Bayrische Beamte und Militärpersonen Mitglieder der Freimaurer-Logen werden? Vortrag gehalten in der Sitzung des Fränkischen Bezirks des Vereins deutscher Freimaurer zu Nürnberg am 9. März 1874 von einem rechtskundigen Br. 2. Aufl. Fürth 1874. V: *Hahn, Heinrich.* (Tt)

—— bei einer neuen allgem. Landtagsversamml. im Königr. Sachsen die Geistlichen e. Anspruch auf besond. Vertretung machen? Untersucht v. e. sächs. Rechtsgelehrten. gr. 8. (2 B.) Leipzig 831, Fr. Fleischer.

Können den Israeliten die Staatsämter gegeben werden? Von einem Freunde Israels. Aus den Papieren eines Verstorbenen. Berlin 861. Nicolai'sche Verlhdlg. gr. 8. (78 S.) n. 10 ngr.

Anonym: „Können die Gutsbesitzer die Aufhebung der Patrimonial-Gerichtsbarkeit wünschen?" Königsberg 1808 (Nicolovius).

Können die Huthgerechtigkeiten die Abschaffung der Brache erschweren . . . [Bair. 1798.] V: *Wipprecht, Gg Frdr.* (Fiker)

— d. Juden ohne Nachtheil für den Staat bei ihrer jetzigen Verfassung bleiben? 8. Berl. 803. Müller. 8 ℊ

Können die Naturalbesoldungen eine Theurung der Frucht- und Brotpreise veranlassen? . . . Stuttg. 1797. V: *Weckherlin, Ferd. August Heinrich.* (Ky) (MGT)

Können die neuesten Vorgänge mit Chur-Braunschweig . . . O. O. 1806. V: *Rhaden* (*Rahden?*), *Freih. v.* (?). (Mitth. Dr. A. Goldmann.)

Können die neuesten Vorgänge mit Chur-Braunschweig einen rechtlichen Besitz begründen? . . . O. O. 1806. V: *Eggelkraut.* (MGT)

Können die Urtheile der Griechen und Römer in Ehrensachen für uns Teutsche Gültigkeit haben? Eine historisch-philosophische Abhandlung. Fürth 1820. V: *Penzenkuffer, Chn Wilh. Frdr.* (Erman & Horn, Bibliogr. d. dtsch. Universitäten. 1. Leipz. u. Berl. 1904.)

— d. Urtheile d. Griechen u. Römer in Ehrensachen für uns Deutsche Gültigkeit haben? Eine histor.-philosoph. Abhandl. 8. Fürth 821. Korn. 8 ℊ

Können d. vormal. Schuldner der früher Kurhess. demnächst v. Frankr. eroberten Kapitalien sich auf erlitt. Zwang berufen, wenn sie d. anerkannt. Eroberer derselb. d. Schuld getilgt haben? Geg. d. Inh. d. §. 47 d. Schrift des Kurhess. Ober-Appellat.-G.-R. B. W. *Pfeiffer*: Das Recht d. Kriegseroberr. in Bezieh. auf Staats-Kapitalien. 1823. v. *J. G. K. Neubrandenb.*, Dümmler. 824. 8. (8 Gr.)

Können Epidemien allein durch die Luft verbreitet werden? — Anfrage u. Aufruf an d. Aerzte, Physiker u. Medizinalbehörden, zur Beruhigung d. Publikums, veranlaßt durch d. wiederausgebrch. Cholera morbus. Decbr. 1830. gr. 12. (20 S.) Danzig 831, Anhuth.

Anonym: „Können ganze Bauerndörfer mit Vortheil gelegt oder in grosse Güter verwandelt werden, und wie muss die Oekonomie der Bauern zum allgemeinen und besonderen Nutzen eingerichtet werden?" Neubrandenburg 1795 (Korb).

Können ganze Bauerndörfer mit Vortheil gelegt, oder in große Güter verwandelt werden? 8. Neubrandenb. 795. (Michaelis in Neustrel.) 4 ℊ

— Gutsbesitzer d. Aufhebung d. Patrimonialgerichtsbarkeit wünschen? 8. Königsb. 809. Nicolovius. 5 ℊ

Können in Basel die nöthigsten Hülfsanstalten zur Förderung medicinischer Studien gegründet werden? Basel 1823. V: *Hanhart, Rud.* (Erman & Horn, Bibliogr. d. dtsch. Universitäten. 2. Leipz. u. Berl. 1904.)

—— katholische Gemeinden nach dem Abgange ihrer Geistlichen sich andere selbst wählen und setzen oder vom Patron setzen lassen? Beantwortet nach Wahrheit und Recht. 8. (48 S.) Paderborn 876, Junfermann'sche Buchh. *

— sich d. Länder glückl. nennen, welche von Joseph II. beherrscht werden? 8. Ulm 786. Wohler. 3 ℊ

Können und sollen wir unsere Schwestern an den maurerischen Arbeiten teilnehmen lassen? [Leipzig o. J.: Hartmann.] 8 S. 8⁰ [Kopftit.]

Können wir etwas von Gott wissen? Ein Beitrag zur Erkenntnislehre. A. d. Schwed. Leipz. 1875. V: *Wikner, Carl Pontus.* Ü: *Trolle, Birger.* (Bygdén, Svenskt anon. och pseud. lex. Upsala 1898ff, I.)

Können wir etwas von Gott wissen? Ein Beitrag zur Erkenntnisslehre. Aus dem Schwedischen. gr. 8. (IV, 49 S.) Leipzig 875, Koschny. *

— wir uns von d. Unsterblichkeit d. Seele überzeugen? 8. Frankf. a. M. 807. Gebhard u. K. 10 K

Könneritz, Carl v. — Aus dem Nachlasse des königl. preußischen General-Lieutenants Carl v. Könneritz. Leipzig 867. Hinrichs' Verlag. gr. 8. (XV, 223 S.) n. 1 ₰ 10 ngr.

v. **Könneritz**, L., Mittheilung mannigfacher Versuche, Edelsteine kunstgemäß zu schleifen, s. Schauplatz, neuer, der Künste u. H., 114. Bd.

Könneritz, M v[on]. John Williams, der Apostel der Südsee. Erzählt von M. v. K'. [Mit 1 Illustration und 1 Tafel.] 88 S. 8. Basel, Basler Missionsbuchh., [1906]. [fr. 1.—]

Könnern [Schlagwort]

Könnern, s.: **Preussen. Messtischblätter.**

Konnerth, Edmund

Konnerth, Edm., Vestibule u. Stiegenhäuser aus Wien vom Anfang des XVIII. Jahrh. bis auf die Gegenwart. Nach Orig.-Aufnahmen hrsg. u. gezeichnet. gr. Fol. (24 lith. Taf. m. 4 S. Text.) Wien 894. A. Schroll & Co. In Mappe. n. 16.—

Konnerth, Hermann, a. Hermannstadt ⟨Siebenb.⟩: Die Gesetzlichkeit der bildenden Kunst. Eine Darlegung der Kunsttheorie Conrad Fiedlers. Mit e. Anh.: Aus d. Nachlaß C. Fiedlers. ⟨Einl. u. II, 1—5.⟩ (Berlin 1908: E. Ebering.) (51 S.) 8° ¶ (Erscheint später vollst.)
Berlin, Phil. Fak., Ref. A. Riehl, Diss. v. 22. Juli 1908
[Geb. 27. Febr. 81 Hermannstadt; Wohnort: Großau b. Hermannstadt; Staatsangeh.: Ungarn; Vorbildung: Gymn. Hermannstadt Reife M. 99; Studium: Marburg 2, Klausenburg 2, Berlin 3, Bonn 1, Klausenburg 1, Berlin 8 S.; Rig. 18. Juni 08.]

Konnerth, Herm., die Kunsttheorie Conrad Fiedlers. Eine Darlegg. der Gesetzlichkeit der bild. Kunst. Mit e. Anh.: Aus dem Nachlass Conr. Fiedlers. (168 S. m. 2 Vollbildern.) 8. München 909. R. Piper & Co. 3.—; geb. 4.—

Konnerth, Mich., der Bienenvater, s. Volks- und Jugendbibliothek, österreichische.

—— der praktische Bienenzüchter. Ein Leitfaden für den Anfänger in der rationellen Bienenzucht. Leichtfaßlich dargestellt. 8. (76 S. mit 33 Abbild. auf 4 lithogr. Taf.) Wien 876, Hartleben's Verlagsh.

Konnerth, Mich., das Kaninchen, seine Aufzucht und Pflege, s. Bibliothek für Naturfreunde.

— der praktische Kaninchenzüchter. Aufzucht u. Pflege d. Kaninchens, Heilg. der Krankheiten, Zubereitg. d. Fleisches, sowie Verwerthg. d. Felles leichtfaßlich dargestellt. Mit 2 (photozinkogr.) Taf. Abbildgn. 8. (54 S.) Wien 875. Faesy & Frick. n. 1.—

—— der praktische Kaninchenzüchter. Aufzucht und Pflege des Kaninchens, Heilung der Krankheiten, Zubereitung des Fleisches, sowie Verwerthung des Felles leichtfaßlich dargestellt. 8. (54 S. mit 2 photozinkogr. Taf.) Wien 876, Faesy und Frick. *

Connexionen, die, eine Novelle von C. A. Seidel, 8. Bayreuth, 793. Lübecks. 18 sgl.

Konnexionen, die, eine Novelle, v. K. A. Seidel. Neue Ausg. 8. Leipz. Hinrichs, 813.

Konniczka, Hans, s. Konwiczka

Konnte Luther mit Recht sagen: Die Ehe sey ein heilig Ding? [Braunschweig 1789.] V: *Nicolai, L. J.* (MGT)

Könnten die Nutzungen der Schäfereien im Hannöverschen höher getrieben werden? Göttingen 1796. V: *Westfeld, Christian Friedrich Gotthard.* (Ky) (BrMm) (ADB)

Könnten d. Nutzungen d. Schäfereien im Hannöverschen höher getrieben werden? 8. Götting. 796. Dieterich. 2 K

Könnye, Prof. Ferdinand, Deutsch-Ungarisches und Ungarisch-Deutsches Taschenwörterbuch für den Schul- und Privat-Gebrauch. 16. (III, 323 S.) Geb. Wien: Deubler 1889. —.90

Könnye, Ferd., deutsch-ungarisches u. ungarisch-deutsches Taschenwörterbuch. Für den Schul- u. Privat-Gebrauch. 2., verm. u. verb. Aufl. 16. (X, 333 u. 328 S.) Wien 894. J. Deubler. Geb. in Leinw. 1. 70

Könnye, Ferd., ungarisch-deutsches u. deutsch-ungarisches Taschenwörterbuch f. den Schul- u. Privat-Gebrauch. 6. verm. u. verb. Aufl. (nach der neuen Rechtschreibg.). (IV, 341 u. 324 S.) 16. Budapest (909). J. Benkö. — Wien, J. Deubler. Geb. in Leinw. 2. 50

Kono, Michiyo: Aus d. Med. Univ.-Klinik zu Göttingen. Beitrag zur Casuistik der Sklerodermie. Göttingen 1910: Hofer. 24 S. 8°
Göttingen, Med. Diss. v. 9. Juli 1910, Ref. Hirsch
[Geb. 9. April 80 Tokio: Wohnort: Göttingen; Staatsangeh.: Japan; Vorbildung: Gymn. Tokio Reife April 99: Studium: Chiba Med. Akad. 8, Göttingen 2 S.: Rig 21. Juni 10.] [U 10. 1380

Konody, Paul G., Raphael, s. a. Meisterbilder in Farben.

Raphael Von Paul G. Konody. Übers. von Alice Fliegel. ill. durch 8 Reprod. Berlin: Harmonie [1909]. 83 S. 8°
(Meisterbilder in Farben)

Konold, Jh., s. Vertheidigung d. Patriotism.

Konopack, Chrstn. Gottlieb, s. K o n o p a k

Konopacki, H., die Verfassung Westpreußens zur Zeit der polnischen Oberhoheit in ihrer histor. Entwickelung dargestellt. gr. 8. (36 S.) Berlin 848, Nicolaische Buchh.

Konopak, Chrstn. Gottlieb

Konopak, (Ch. G.,) Neues Archiv d. Criminalrechts, s. Archiv.

Konopack, Ch Glo.: Ueber d. Begriff u. Zweck e. Encyklop. im Allgemein. u. d. Encyklop. d. Rechtswiss. insbesond. *Halle*, Schimmelpfennig. (800.) 805. 8. (6 Gr.)

Konopack, Chr. Gli., über den Begriff u. Zweck einer Encyklopädie im Allgem. u. d. Rechtswissenschaften insbesondere. 8. Halle 805. 2e A. 806. Schimmelpfennig. 6 gℛ

Konopack, Ch. Gli.: Beytr. z. Lehre v. d. Berechn. d. Falcidischen Quart. 2 Abschn. *Rost.*, Adler. 811. 4.

Konopak, D. Christian Gottlieb, Solemnia inauguralia juris utr. candidatorum Paul Theodor Theophil Pemoeller (Hamburg; M.: A. A. Wulff) 17. X. 1822 et Gustav Asver (Jena; M.: C. L. Schuderoff) 24. X. 1822 publice habenda indicit. — Disseritur de duobus fragmentis ad servitutem oneris ferendi spectantibus. Jena (Mauk) 1822. 14 S. mit Biographien v. P. u. A. (5.—) 19143

Konopack, Ch. Glo.: Ueb. d. allgem. u. besond. 'fen zu e. Verbrechen. *Rost.*, Adler. 812. 4. (7 Gr.)

— Institutionen d. röm. Privatrechts, als Grundlage zu Vorlesungen darüber. gr. 8. Halle 807. 2e verb. u. verm. A. gr. 8. Jena 824. Cröker. 2 ℛ

— Institutionen des römischen Rechts. gr. 8. Ebendas. 807.

Konopack, Ch. Gottlieb (Hrsg.), s. Q u i s t o r p , J. Ch.: Grundsätze des deutschen peinlichen Rechts. 6. Aufl. Bd 2.

Konopásek, Aug., und Vict. Ritter v. Mor, die Finanzgesetzkunde des österreichischen Kaiserstaates [mit Rücksicht auf die staatsrechtlich- und zollgeeinten Länder der ungar. Krone ꝛc.] zum Gebrauche an den österreich. Hochschulen überhaupt, dann für Candidaten der theoret. und prakt. Staatsprüfungen, sowie für Beamte und Privatparteien. 2. nach dem gegenwärtigen Stande der österreich. Finanzgesetzgebung gänzlich umgearb. Aufl. von Justin Bloński. 2 Thle. gr. 8. (XVI, 484; XVI, 423 S.) Wien 880, Manz'sche Hofverlagsb. à Thl. ℳ 6.

Konopásek, Aug., und Vict. v. Mor, Leitfaden zur Finanzgesetzkunde des österreich. Kaiserstaates (auch mit Berücksichtigung der zollgeeinten Reiche Modena, Parma u. Liechtenstein) zum Gebrauche an den österreich. Hochschulen überhaupt, dann für Candidaten der theoret. u. pract. Staatsprüfungen in der finanzgesetzl. Sphäre insbesondere, so wie für Finanzbeamte, größtentheils nach authent. Quellen bearb. 1. u. 2. Bd. Pest 855, 56. Heckenast. gr. 8. (XII, 460; IV, 556 S.) n. 5 ℛ. 10 ngr.

Konopásek, Aug., und Victor v. Mor, Leitfaden zur Finanzgesetzkunde des österreichischen Kaiserstaates (auch mit Berücksicht. der zollgeeinten Reiche Modena, Parma und Liechtenstein) zum Gebrauche an den österreich. Hochschulen überhaupt, dann für Candidaten der theoret. und pract. Staatsprüfungen in der finanzgesetzl. Sphäre insbesondere, so wie für Finanzbeamte, größtentheils nach authent. Quellen bearb. 3 Bde. und Nachtragheft. gr. 8. (1. Bd. XII und 460 S.) Pesth 855, Heckenast's Verlag. *

Konopásek, Aug., *k.k. wirkl. Finanzrath*, und **Victor Ritter v. Mór**, *Dr. d. Rechte u. s. w.* Leitfaden zur Finanzgesetzkunde des österreichischen Kaiserstaates (auch mit Berücksichtigung des gefällsgeeinten Fürstenthums Liechtenstein) zum Gebrauche an den österr. Hochschulen überhaupt, dann für Candidaten der theoretischen und praktischen Staatsprüfungen in der finanzgesetzlichen Sphäre insbesondere, so wie für Finanzbeamte, grösstentheils nach authentischen Quellen bearbeitet. IV.—V. Band. *Pest* 1858. Verlag von *G. Heckenast*. 636, IV, 302 S. 8°.
Preis des ganzen Werkes 15 fl. 75 kr. Ö.-W.

Konopka, Otto: Geschichte der Königlichen Luisenstiftung zu Posen. Posen: Ebbecke 1910. 65 S. 8° ¶ (Ersch. auch als Buch ebd.)
Posen, k. Luisenstiftung P 1910 [225] [S 10. 232

Konopka, Otto, Geschichte der königl. Luisenstiftg. zu Posen. (65 S. m. 7 Taf.) gr. 8. Posen 910. F. Ebbecke. nn — 75

Konopka, Werner, Arzt: Experimentelle Beiträge zur Dampfdesinfektion. *Königsberg i. Pr. 1902: O. Kümmel.* (45 S.) 8°
Königsberg, Med. Diss v. 13. Dez. 1902

Konopnicka, Marya: L e b e n und Leiden, s. D e v a - R o m a n - S a m m l u n g . 43. Bd.

— **Eliza Orzeszko u. Ostoja**, Polnisches. Novellen. Autoris. Uebersetzg. v. Helena Majdańska. (160 S.) 8. Berlin (904). R. Eckstein Nachf. n. 1.—

Ueber die Ausbeute der russischen Polar-Expedition an Blattwespen im arctischen Sibirien. Von Fr. W. **Konow**. Mit 1 Taf. St.-Pétersbourg: Acad. Imp. d. Sciences 1907. (26 S.) 4°
— Rezul'taty, Naučnye, Russkoj Poljarnoj Ékspedicii 1900–1903. E. T. 1, Vyp. 3.
— **Mémoires** de l'Académie Imp. d. sciences de St.-Pétersbourg. Sér. 8. Cl. phys.-math. Vol. 18, No 3. [08. 7786

Konow, Fr. W., über die Ausbeute der russischen Polar-Expedition an Blattwespen im arctischen Sibirien. (III, 26 S. m. 1 farb. Taf. u. 1 Bl. Erklärgn.) 34×25,5 cm. St. Petersburg 907. (Leipzig, Voss' Sort.) 2. —
Sonderabdr. aus: „Mémoires de l'acad. imp. des sciences de St.-Pétersbourg".

Konow, Fr. W., systemat. u. krit. Bearbeitg. d. Blattwespen-Tribus Lydini. I. u. II. [Aus: „Annalen d. k. k. naturhistor. Hofmuseums".] Lex.-8. Wien 897. A. Hölder. n. 2. 80
1. (32 S.) n. 1. 60. — 2. (25 S.) n. 1. 20.

Konow, Fr. W., s.: Zeitschrift f. systematische Hymenopterologie u. Dipterologie.

— systematische Zusammenstellung der bisher bekannt gewordenen Chalastogastra (Hymenopterorum subordo tertius). I. Bd. (Fam. I Lydidae u. II Siricidae.) (XI, 876 S.) gr. 8. Teschendorf bei Stargard 901—905. (Leipzig, M. Weg.) n. 6. —

(B) -- Zusammenstellung d. Chalostogastra. 901—905. (KBL 33.)
Jetzt: Berlin, W. Junk.

Konow, Sten [aus Kristiania]: Über das Sāmavidhana-brahmaṇa ... [Erschien vollst. 1893 bei M. Niemeyer in Halle.] Halle a. S., Druck d. Buchdr. d. Waisenhauses, 1893; 2 Bl., 31 S., 1 Bl. 8.
Halle, Phil. Fak., Inaug.-Diss. v. [29. Mai] 1893

Konow, Sten, das Sāmavidhānabrāhmana, e. altind. Handbuch der Zauberei. Eingeleitet u. übers. v. S. K. gr. 8. (VII, 83 S.) Halle 893. M. Niemeyer. n. 4. –

Konow, Wilhelm, appr. Arzt a. Rostock: Pseudotabes arsenicalis peripherica. Rostock 1907: C. Hinstorff. (33 S.) 8°
Rostock, Med. Fak., Ref. Martius, Diss. v. 10. Juli 1907
[Geb. 7. Sept. 79 Rostock i. M.; Wohnort: Rostock; Staatsangeh.: Mecklenburg; Vorbildung: Gymn. Rostock Reife O. 00; Studium: Tübingen 1, Freiburg i. B. 4, Rostock 5 S.; Coll. 16. Aug. 05; Approb. 26. Okt. 06.]

Konowalow, Dimitri [aus Ekatharinoslaw in Russland]: Ueber die Dampfspannungen der Flüssigkeitsgemische. Mit einer Tafel. Leipzig, Druck von Metzger & Wittig, 1881. 8. 20 S.

Konrad, s.a. Conrad

Konrad (Der arme). Zeitschrift. Berlin, 20. Aug. 1896 sq.

KONRAD, Knapp —, oder der Kreuzfahrer. Ein romantisches Gemälde der Vorwelt. Mit (unsign.) Titelkpf. Frankfurt u. Leipzig (Wien?) 1790. 8°.
240 S. (meist Dialogform). S. 45—50 eine vom Burgfraulein Emma zur Harfe vorgetragene Romanze vom verfuhrten Frln Bertha in 29 vierzeil. Strophen — Dieser Ritterroman fehlt bei Kayser.

Konrad, Knapp von Hohenberg, genannt d. Stählerne. Ein Schspl. in 5A. v. J. W. D(öring). 8. Kass. 798. (Lukhardt). 10 gr

Konrad des Ersten, Leben u. Ermordung, e. Scene aus d. 13n Jahrhund. 8. Frankf. 791. Pech. 18 gr

Konrad v. Strahlenburg, oder das Geistergericht um Mitternacht in d. Ruinen d. Schreckensteins. Eine Ritter- u. Geistergeschichte, bearb. nach e. vorlieg. Plane v. K. H. Spieß 8. Manh. 826, Löffler.

Konrad von Stubenberg. Eine Rittergeschichte aus dem grauen Alterthume. 2 Thle. Mit Titelkpfrn. Leipzig, bei Johann Gottfried Graffé. 1804. 8°. (2 Rthl.)
Vgl. Literar. Blatter V. 1805. Sp. 366.

Konrad der Weise, Herzog der Franken, oder der Sieg der Deutschen auf d. Lechfelde, ein geschichtl. Schauspiel in 5 Aufz. von Ph. Schmid. 8. Augsburg, v. Jenisch u. Stage. 819.

Konrad von Ammenhausen. Neue Mittheilungen a. Konrads v. A. Schachzabelbuch. Zum erstenmal gedruckt nach d. Luzerner (Berner) Handschrift etc. hrsgb. von Dr. F. Vetter. XV, 40 Stn. 4. Aarau, H. R. Sauerländer. 1876.

Konrad II., Römisch - deutscher Kaiser

Die Urkunden **Konrads II.** Mit Nachtragen zu d. Urkunden Heinrichs II. Unter Mitw. von H. Wibel u. A. Hessel hrsg. von H[arry] Bresslau. Hannover & Leipzig: Hahn 1909. XXVI, 554 S. 4°
(Monumenta Germaniae historica Diplomata regum et imperatorum Germaniae. T 4) [10. 1373

Konrad v. Fussensbrunnen, die Kindheit Jesu, s. Stecher, Ch., deutsche Dichtung für die christliche Familie und Schule.

Konrad's v. Haimburg u. seiner Nachahmer, Albert's v. Prag u. Ulrich's v. Wessobrunn, Reimgebete u. Leselieder, s.: Analecta hymnica medii aevi.

Konrad zu Hessen (Pseud.), s.a. Baumgard, Viktor

Konrad zu Hessen, dramatische Versuche. 1. Bd.: Carl v. Anjou. 8. (VI, 120 S.) Kassel 877, Fischer. *
Nicht weiter erschienen.

Konrad v. Megenberg, das Buch der Natur. Die erste Naturgeschichte in deutscher Sprache. Hrsg. von Frz. Pfeiffer. gr. 8. (LXIII und 808 S.) Stuttgart 861, Aue. *

Konrads von Megenberg Traktat De limitibus parochiarum civitatis Ratisbonensis. Ein Beitrag z. Gesch. d. Pfarrinstituts aus d. 14. Jh. Krit. untersucht u. hrsg. von Dr. Philipp Schneider, Lyzealprof. Regensburg, Rom: F. Pustet 1906. (XII, 164 S.) 8° [F. u. Ant.] [06. 9058

Konrad, des Pfaffen, Rolands-Lied, s.: Stecher, Ch., deutsche Dichtung für die christliche Familie u. Schule.

Konrad der Pfaffe. Das Rolandslied, s. Universal-Bibliothek Nr. 2745—2748.

KONRAD von Würzburg (nicht der berühmte Baseler, sondern ein jüngerer Dichter gleichen Namens), Diu halbe bir. Ein Schwank, mit Einleitg. u. Anmerkgn. hrsg. v. G. A. Wolff. Erlangen 1893. (Diss.) 8°. 207 SS.
Sehr selten! — Nur in 250 Exempl. auf Büttenpapier gedruckten 510 Verszeilen. Der Dichter nennt sich Vers 508: *von Wirzeburg ich Kuonrat.*
Goedeke I²: 300.

Konrad von Würzburg, kleinere Dichtungen, s. Sammlung altdeutscher Werke.

Konrad von Würzburg, Engelhard eine erzählung mit anmerkungen von Moriz Haupt. gr. 8. (18¾ B.) Leipzig 844, Weidmann'sche Buchh.

Konrad v. Würzburg, Engelhard. Eine Erzählg. Mit Anmerkgn. v. Mor. Haupt. 2. Aufl., besorgt v. Eug. Joseph. gr. 8. (XVI, 320 S.) Leipzig 890. Hirzel. n. 5. —

—— Die Herzmäre, s. Universal-Bibliothek Nr. 2855.

Konrad von Würzburg, der trojanische Krieg. Nach den Vorarbeiten K. Frommanns und F. Roths zum erstenmal hrsg. durch Adelbert von Keller, s. Bibliothek des litterarischen Vereins in Stuttgart. Bd. 44, 133.

Konrad v. Würzburg, das Leben des hl. Alexius. Von Rich. Henczynski. [Aus: „Acta Germanica".] gr. 8. (114 S.) Berlin 898. Mayer & Müller. n. 3. —

– Der Welt Lohn. – Otto m. dem Barte, s. Universal-Bibliothek Nr. 2855.

-- der Wörlte lôn herausgeg. von Frz. Roth. gr. 8. Frankfurt a. M. 843, Hermann'sche Buchh. n. 1/3 rf

Konrads von Würzburg Partonopier und Meliur. Turnei von Nantheiz. — Sant Nicolaus. Lieder und Sprüche. Aus dem Nachlasse von Frz. Pfeiffer und Frz. Roth. Hrsg. von Karl Bartsch. gr. 8. (XVI, 434 S.) Wien 870, Braumüller. * 11 —

Konrad von Würzburg, gold. Schmiede, v. Wilh. Grimm. gr. 8. (13 1/4 B.) Berlin 840. [Frankfurt a. M., Jos. Baer.] 1 1/2 Thlr., hrbgs. Pr.

Konrads von Würzburg goldene Schmiede v. Wilhelm Grimm. gr. 8. Berlin 840. Klemann: 1 1/2 ℔

Konrads von Würzburg Goldene Schmiede. Ein Lobgesang auf d. allerseligste Jungfrau. In d. neuhochdeutsche Sprache übertr. u. mit e. Einl. versehen von Bernard Arens S. J. Mit 6 Kunstbeil. Köln: J. P. Bachem 1904. (98 S.) 8° [F.] 04. 155

Konrad von Würzburg, der Schwanritter. Eine Erzählung. Hrsg. von Frz. Roth. gr. 8. (51 S.) Frankfurt a. M. 861, (Hermann'sche Buchh.) *

——, Silvester, v. Wilh. Grimm. gr. 8. (12 1/8 B. u. 1 Facsim.) Göttingen 841, Dieterichsche Buchh. *

Konrad, s.: Handbuch des österreich. Automobil-Club.

Konrad, „d. Ring der Nibelungen" v. Rich. Wagner. E. Texterläuterg. 8. (24 S.) Hannover 889. [A. Nagel.] L. Oertel. n.n. — 50

Konrad, A., praktisches Rechenbuch, s.: Krämer.

— dasselbe, s.: Löser u. Krämer.

Konrad, A. M., s.: Blätter, bunte, v. d. Berliner Gewerbe-Ausstellung.

Konrad, Adolf, Rechtspraktikant aus Bergzabern: Die Untreue des Bevollmächtigten. (§ 266 Ziff. 2 R.Str.G.B.) *Rothenburg o. T. 1900: J. P. Peter.* (76 S.) 8° [F.]
Erlangen, Jur. Diss. v. 27. Juli 1899

KONRAD, Aloys: Dissertatio de distinctione inter virtutem naturalem et supernaturalem. — 1903. 95 S. Diss. Graz. Univ.

Konrad, Alois, Lieder eines Einsamen. 12. (48 S.) Innsbruck 902. Wagner. n. 1. —

Konrad, Alois, u. Rud. v. Weis-Ostborn, Sursum corda! (Empor die Herzen!) Gebet- u. Gesangbuch zunächst f. die studier. Jugend. (170 S. m. Titelbild.) 16. Graz 909. Styria. Geb. in Leinw. — 90

Konrad, C. O., Paul Lindau. Eine Charakteristik. 1.—3. Aufl. 8. (III, 46 S.) Leipzig 875,76, Mutze. *

Konrad, Ernst, zon Zeitvertreib. Gedichte in unterfränkischer Mundart. 8. (VI, 102 S.) Würzburg 880. Stuber's Verl. n 1. —

Konrad, Franz Xaver [app. Arzt]: Über Regeneration der Knochendefekte des Schädeldaches nach Trepanation. . . . München, G. Franz'sche h. b. Hofbuchdr. (G. Emil Mayer), 1889; 1 Bl. + 51 + 1 S. u. 1 Taf. 8°
Würzburg, Med. Fak., Inaug.-Diss. v. 1889

Konrad, H., die Bilanzrätsel. Ein Beitrag zu deren Lösg. (VIII, 108 S.) gr. 8. Wehingen (905). Merkur-Verlag R. Rees. n. 2. 50

Konrad, H. A., Sigurd. Sang aus der Piastenzeit. (III, 155 S.) 8. Leipzig-Gohlis 908. B. Volger. 2. —

Konrad, Heinr., das Administrativ-Verfahren vor den österreichischen Finanzbehörden in Sachen der Verwaltung d. Verzehrungssteuern, Zölle, Finanzregalien etc., systematisch dargestellt m. besond. Berücksicht. des Bedürfnisses der Praxis. (VIII, 92 S.) gr. 8. Czernowitz 908. H. Pardini. 2. —

Konrad, Heinr., konstitutionelles Finanzrecht (Finanz-Verfassungsrecht) der im Reichsrate vertretenen Königreiche u. Länder. (VIII, 92 S.) 8. Czernowitz (Herrengasse 13) 906. Czernowitzer Buchdruckerei-Gesellschaft. n.n. 1. 75

— Kurzgefaßter Grundriß des österreich. Finanzrechtes. (VII, 109 S.) gr. 8. Wien 910. Manz. 2. 40

Konrad, Herm.

Konrad, H., Heimatkunde des Kreises Schubin, bearb. nach R. Kleffel, statist. Beschreibg. des Kreises Schubin. gr. 8. (20 S.) Lissa 900. F. Ebbecke. n. — 20; m. farb. Karte n. — 60

Neues Märchenbuch. Volksmärchen aus d. Prov. Posen, dem Plattdeutschen nacherzählt von Hermann **Konrad**. Bilderschmuck von G. Suhr. Lissa i. P.: F. Ebbecke [1904]. (102 S.) 8° [F.]
= [**Jugendschriften,** Ebbecke's, in schlichter Darstellung. Bd 2.] 05. 10499

— neues Märchenbuch. Volksmärchen aus der Prov. Posen, dem Plattdeutschen nacherzählt. Bilderschmuck v. G. Suhr. 2. Aufl. (3. u. 4 Taus) (111 S.) 8. Ebd. 906. Geb. in Leinw. n. 1. 20

(8) Konrad, Herm., neues Märchenbuch. 906. (LVB 33.) Jetzt: Breslau, F. Goerlich.

— dasselbe, s. a. Ebbecke's Jugendschriften. Bd. 2.

— was lernen meine Kinder aus der mathematischen Geographie? gr. 8. (V, 17 S. m. Abbildgn.) Ebd. 901. n. — 40

— wie führe ich meine Kleinen in den heimatkundlichen Unterricht ein? gr. 8. (15 S. m. Fig.) Ebd. (900.) n. — 20

Konrad, Herm., wie führe ich meine Kleinen in den heimatkundlichen Unterricht ein? 2. verb. Aufl. (16 S. m. 2 Fig.) gr. 8. Lissa 905. F. Ebbecke. n. — 30

Konrad, J. A., unsere kirchlichen Feste und Festgebräuche in ihrem Verhältniß zu den Kulten der Alten. 8. (IV, 50 S.) Leipzig 872, Wilfferodt. * — 60

Konrad, Joh. Anton, Wissenschaftliche Forschung über das Dasein Gottes. Ein Versuch aus dem Standpunkte des Christentums. Baden (Schweiz), Höhr u. Langbein, 1849, gr. 8°, VIII, 400 S., 2., umgearb. u. verm. Aufl., 4,50 Mk. (Bd. 1 aus „Christliche Philosophie".)

Konrad, Joann Ant., die Idee Gottes aus dem Standpunkt d. christl. Offenbarungslehre dargestellt. Ein wissenschaftl. Versuch. 8. (5 B.) Baden 845, Höhr u. Langbein.

Konrad, Joh. A., Christliche Philosophie. Ein Versuch. Baden, Zehnder, 1843, 8°, VI, 76 S.
Handelt von Gott u. seinem Wesen, wie es zu denken. Vgl. Mattes, (Tüb.) Theol. Quartalschr. 1845, S. 608—9.

Konrad, Joann Ant., christliche Philosophie. Ein Versuch. 1. Bd. A. u. d. T.: Wissenschaftliche Forschung über das Dasein Gottes. Ein Versuch aus dem Standpunkte des Christenthums. 2., umgearb. und verm. Aufl. gr. 8. (XI und 400 S.) Baden in der Schweiz 849, Höhr und Langbein.

Konrad, Joh. Mich., s.a. B o n e l l i , Gianetta.

Gianetta Bonelli, oder Die Sibariten. Ein romantisches Denkmal aus dem Mittelalter Italiens. [Von Joh. Mich. Konrad.] Bd 1. 2. Mit Kpfrn. Prag: Polt 1799. 8°
cf. °Müller-Fraureuth: Ritter- u. Räuberromane. 1894 S. 77; °Neue allg. deutsche Bibliothek 47 S. 109.
TB. 140. In dieser Geschichte handelt es sich um Sprengung eines Geheimbundes.

K o n r a d , J. M.: „Grundriss eines Systems und einer vollständigen Uebersicht des Civilpolizey-Wesens . . . .", Prag 1817.

— s.a. G r u n d r i ß e. Uebersicht d. Civil-Polizeiwesens, u. setze hinzu: (v. J. M. Konrad).

(K o n r a d , J. Mch.): „Grundriss einer systematischen und vollständigen Uebersicht des Civil-Polizeywesens oder der innern Sittlichkeits-, Sicherheits- und Bequemlichkeits-Polizey, in theoretischer und praktischer Beziehung", Nürnberg 1813 (Campe), Prag 1817 (Calve).

Konrad, Jh. Mich., d. Polizeiverfassung, oder Theorie, Geschichte u. Praxis d. Polizei, in ihrer allgem. Bedeutung, mit vorzügl. Rücksicht auf den österr. Kaiserstaat. Ein Handbuch f. Justizbeamte. 1r Thl. 8. Prag 817. Calve. 16 gr.

K o n r a d , J., Übersicht einer Urgeschichte der Welt und des Menschen, in Bezug auf die ersten Ansiedelungen und Wanderungen des menschlichen Urstammes, und die Entstehung der Staats- und Kriegsverfassungen. Mit vier die Revolutionen der Erde darstellenden Weltkarten. Wien 818. 8. 18 gr.

— Uebersicht einer Urgeschichte d. Welt u. d. Menschen. In Bezug auf d. ersten Ansiedelungen u. Wanderungen d. menschl. Urstamms. Mit 4 Weltkarten. gr. 8. Prag u. Wien 818. Haas. 16 gr.

Konrad, Jos. D., womit, o Herz, hast du gesündigt?, s.: W e b e r ' s moderne Bibliothek.

Konrad, K.L. (Hrsg.), s. A b h a n d l u n g e n , Vier, über wichtige u. gemeinnützige Wahrheiten der Homiletik.

Konrad, Karl, Eninchli. Götter- u. Heldenlieder. (146 S.) 8. Leipzig 906. Modernes Verlagsbureau. 2. —

Eninchli Gotter- u Heldenlieder von Karl Konrad Berlin, Leipzig Wigand 1906 146 S. 8° A 12 6597 11

— Die deutschen Studenten u. das Theater, s.a. B ü c h e r e i , burschenschaftliche. IV, 1.

Konrad, Karl: Die deutsche Studentenschaft und das Theater bis zur Gründung der Burschenschaft. Eine literaturgeschichtl. Abhandlung. Leipzig-Reudnitz 1910: Hoffmann. 33 S. 8° ¶ (Ersch. später vollst. als Buch.)
Breslau, Phil. Diss. v. 3. Aug. 1910, Ref. Koch
[Geb. 26. Nov. 81 Jutroschin; Wohnort: Breslau; Staatsangeh.: Preußen; Vorbildung: Gymn. Krotoschin Reife O. 02; Studium: Breslau 9 S.; Rig. 23. Febr. 10.] [U 10. 618

Konrad, Lor., s. Samml. von Sprüchen aus d. heil. Schrift ꝛc., u. setze hinzu: eingerichtet von Lor. Konrad.

Konrad, M., die Behandlung des Abortus, s.: K l i n i k , Wiener, 1879.

Konrad, Osc., das Bier u. seine Erzeugung. 8. (95 S.) Graupen b. Teplitz (900.) (Nürnberg, M. Edelmann.) n. 2. —

Konrad, Otto, Schlüssel zur schnellen u. genauen Berechng. der Landes-, Straßen-, Gemeinde-, Schul-, Handelskammer- u. sonstigen Umlagen sowie des Repartitions-Zu- u. Abschlages zur allgem. Erwerbssteuer, dann des Nachlasses an den Realsteuern nach dem Prozente v. 1 bis 150. (217 S.) kl. 8. Brünn 908. C. Winiker. Kart. 3. —

K o n r a d , P. Dr. Ambrosius Moibanus. — Paul Speratus v. Ritlen, s. S c h r i f t e n d. Vereins f. Reformationsgeschichte.

Konrad, P., O. S. B., Pfr. in Engelberg, die Wahrheit und Bedeutung des heil. Altarssakramentes. Predigt. 8. Luzern, Gebr. Räber. 1871. —.20

Konrad, Paul, üb. die gewerbliche B e s t e u e r u n g der Gast- u. Schankwirte. Vortrag. gr. 8. (54 S.) Leipzig 892. E. Heitmann. n. 1. —

Bilder aus der Kirchengeschichte, bes. aus d. Reformationsgeschichte f. ev. Schulen von [Paul] **Konrad**, Pastor, Breslau. Im Auftr. d. Stadt-Konsistoriums zu Breslau hrsg. Breslau: W. G. Korn 1897. (45 S.) 8° [Umschlagt. F.] [07. 13438 2

Bilder aus der Kirchengeschichte bes. aus d. Reformationsgesch. f. ev. Schulen von Lic. [P a u l] **Konrad**, Pastor in Breslau, u. Dr. [Woldemar] K r i e b e l, Stadtschulinsp. in Breslau. *Breslau: W. G. Korn 1900.* (51 S.) 8° [F.] [01. 1438

Konrad, Bilder aus der Kirchengeschichte m. besond. Berücksicht. der Reformationsgeschichte. (56 S.) 8. Breslau 906. W. G. Korn. Kart. n. — 30

—— Gesetz-Entwurf, betr. die Bekämpfung d. M i ß b r a u c h s geistiger Getränke m. den Begründungen zu den einzelnen Paragraphen u. e. Abhandlung üb. die Bedeutung desselben f. das Gastwirts-Gewerbe. gr. 8. (63 S.) Ebd. 891. ** — 50

Konrad, Paul, schlesische Kirchengeschichte, s.: S a m m l u n g v. Provinzial-Kirchengeschichten. 5.

— Der schlesische Majestätsbrief Kaiser Rudolf II. vom J. 1609 in seiner Bedeutg. f. das städt. Konsistorium u. die evangelischen Kirchengemeinden Breslaus. Festschrift zur 300jähr. Jubelfeier, im Auftrage des Breslauer Stadtkonsistoriums verf. (115 S. m. 9 eingedr. Bildnissen.) gr. 8. Breslau 909. Ev. Buchh. 1. —

Der schlesische Majestätsbrief Kaiser Rudolfs II. vom Jahre 1609 in seiner Bedeutung für das städtische Konsistorium und d. evang. Kirchengemeinden Breslaus. Festschrift z. 300jähr. Jubelfeier, im Auftr. d. Breslauer Stadtkonsistoriums verf. von Pastor prim. Lic. [Paul] **Konrad**. Mit 9 Portr. Breslau: Kauffmann 1909. 115 S. 8° [11. 3065

Konrad, Paul [aus Festenberg i. Schl. Diak. an St. Elisabet zu Breslau]: Umstehende fünf Thesen wird ... verteidigen ... Breslau, Druck v. J. Hoferdt & C., 1895; 2 Bl. 8.
Breslau, Ev.-theol. Fak., Lic.-Thes. v. 19. Dez. 1895
(Nicht für den Austausch)

—— Vortrag üb. die Gesetzesvorlage, betr. die Bekämpfung d. Mißbrauches geistiger Getränke, geh. in den Gastwirtsvereinen zu Halberstadt, Leipzig u. Plauen i. V. gr. 8. (15 S.) Ebd. 891. * — 20

Konrad, Paul, Vortrag über die Gesetzesvorlage, betr. die Bekämpfung des Missbrauches geistiger Getränke, geh. in den Gastwirtsvereinen zu Halberstadt, Leipzig und Plauen i. V. gr. 8°. Leipzig, E. Heitmann, 1892.

Konrad, R., was muß man von der Schöpfungsgeschichte wissen? Allgemeinverständlich beantwortet. gr. 8. (66 S.) Berlin (900). H. Steinitz. n. 1. —

Konrad, Xaver, appr. Arzt a. Dillingen a. D.: Über Lungenabszesse. München 1904: C. Wolf & Sohn. (26 S.) 8°
München, Med. Fak., Ref. v. Bauer, Diss. v. 24. Okt. 1904
[Geb. 30. Jan. 76 Dillingen a. D.; Wohnort: Dillingen; Staatsangeh.: Bayern; Vorbildung: Gymn. Dillingen Reife Juli 97; Studium: München 14 S.; Coll. 21. Sept. 04; Approb. 30. Juni 04.]

Konradi, Kreuz u. Knute od. Gerettet aus Kosakenhand, s.: Schul- u. Vereinsbühne, christliche.

de Konradi, Oscar, Untersuchungen über den schwarzen Farbstoff der Lunge. Diss. Dorpat. 8°. 30 pp. mit einer lithographirten Tafel. 1869.

Konradin; ein Trspl. in 5 Aufz. gr. 8. Götting. 806. Vandenhöck u. R. 16 gr

Konradin, Trauerspiel in 5 Akten, von Ad. Bergen. N. wohlf. Ausg. 8. Königsb. Unzer. 819.

Konradin, der letzte Hohenstaufe. Drama in 5 Aufzügen. Vom Verf. der „Weizenähre". 8. (143 S.) Graz 872, Moser. * 1 20

Konradin v. Schwaben; ein Trspl. (v. K. Ph. Conz). 8. Frkf. u. Leipz. (Tübing.) 782. Mit neuem Titelbl. 8. Ansbach 783. (Gassert). 6 gr

Konradin von Schwaben

Konradin von Schwaben. Oder Geschichte des unglücklichen Enkels Kaiser Friedrich des Zweiten. Th. 1.2. Frankfurt, Leipzig 1791. 8°

Konradin, E., ist d. heutige Adel berechtigt, sich d. einzig wahre Stütze des Thrones zu nennen? gr. 8. (23 S.) Leipzig 896. W. Friedrich. n. — 50

Konradt, Jos., vollständ. dialog.-synthet. u. prakt.-analyt. Abhandlung d. deutschen Sprachlehre, sammt vielen Anmerkn. üb. d. Methode u. ein. sehr großen Menge v. Beispielen in verschied. Abstufungen bei jed. erlernten Regel, zu mündl. u. schriftl. Uebungen. Ein Hülfsb. zur vorgeschrieb. deutschen Sprachlehre f. Lehrer u. Aeltern, so wie zur Selbstbildung. 2 Thle. 8. ... Wien 834, (Gerold.)

—— Anfangsgründe d. deutschen Rechtschreibung, als Fortsetz. d. „dialog.-synthet. u. prakt. Leitfadens," sammt Anmerkn. u. Beispielen. 8. ... Wien 831, (Gerold.)

—— dialog.-synthet. u. pract.-analyt. Leitfaden, z. Buchstabenkennen, Buchstabieren u. Syllabieren, so wie auch zu d. vorgeschrieb. Buchstabier-Regeln, dann zum Lesen mit Beobachtung d. Unterscheidungszeichen u. d. Tones, sammt vielen Anmerkn. üb. d. Methode, u. e. sehr großen Menge verschiedenart. Abstufungen v. Beyspielen bey jeder erlernten Regel, zur gänzl. Einübung. Für Lehrer od. auch f. Aeltern selbst. gr. 8. (12 B.) Wien 830, (Gerold.)

Konrath, Mathias

Konrath, M., Beiträge zur Erklärung und Textkritik des William v. Schorham. gr. 8. (63 S.) Berlin 878, Weidmann'sche Buchh. *

Konrath Mathias: Beiträge zur Textkritik des William von Schorham. Diss. Wien, Univ.
D: Berlin, 1878.
1877 PN 95 1907

Konrath, Thdr., der mathematische Unterricht an den Bildungsanstalten f. Lehrer u. Lehrerinnen, s. a. Berichte üb. den mathemat. Unterricht in Österreich. 2. Heft.

Der mathematische Unterricht an den Bildungsanstalten für Lehrer u. Lehrerinnen. Von Dr. Theodor **Konrath**, Prof., Wien. - Der mathematische und physikalische Unterricht an d. höh. Handelsschulen Von Prof. Myron Dolinski, Wien. Der mathematische Unterricht an d. höh. Forstlehranstalt Reichstadt. Von Prof. Milos Adamička, Reichstadt. Wien: Hölder in Komm. 1910. 52 S. 8°
(Berichte über d. mathemat. Unterricht in Österreich. H. 2.) A 11 1010 6

Der mathematische Unterricht an den Mädchenlyzeen. Von Dr. Th[eodor] **Konrath**, Prof., Wien. - Die praktische Vorbildung für das höh. Lehramt in Österreich. Von Dr. Jos. Loos, Linz. – Der mathematische Unterricht an d. gewerblichen Lehranstalten. Von Schulrat Wilhelm Rull, Prof., Wien. Wien: Hölder in Komm. 1910. 64 S. 8°
(Berichte über d. mathemat. Unterricht in Österreich. H. 4.) A 11 1010 8

Konrich, Friedrich, appr. Arzt a. Hooksiel, Unterarzt im Feldart.-Reg. v. Scharnhorst (1. Hannov.) Nr. 10: Über cystöse Entartung der Uterusmyome. Berlin (1905): G. Schade. (37 S.) 8°
Berlin, Med. Fak., Ref. Bumm, Diss. v. 18. März 1905
[Geb. 29. Okt. 78 Hooksiel, Oldenburg; Heimatsort: Hooksiel; Staatsangeh.: Oldenburg; Vorbildung: Gymn. Bremerhaven Reife O. 99; Studium: Berlin, K. Wilh.-Akad. 9 S.; Coll. 14. März 05; Approb. 12. März 05.]

Konrich, G. F., s.: Hannoverland.

Konsbrück, Herm., Spiegelbilder. I. Folge der Kritiken 1902—03. (126 S.) gr. 8. München (903). Buchdruckerei u. Verlagsanstalt G. Birk & Co. n. 2. —

Konschegg, Art., theoretische Grundlagen zum prakt.-chemischen Unterricht der Mediziner. Mit Abbildgn. n. Tab. (XI, 153 S.) 8. Wiesbaden 908. J. F. Bergmann. 3. —

— Zur Konstitution der aus dem Para-Tolylhydrazon des Isopropylmethylketons dargestellten Indolinbase. S. 115 IIb 60 . . . . vgr
Separatabdruck

Konschegg Artur. Über eine neue Methylenindolinbase. S. 114 IIb 463 vgr
Separatabdruck

Konschegg, Victor, Führer in Aussee, Grundlsee, Alt-Aussee und Hallstadt. Mit e. medicinisch-klimatolog. Abhandlung v. Dr. med. Josef Schreiber und e. Beschreibung d. Flora von Aussee von Friedr. Tempsky. (Braumüller's Bade-Bibliothek Nr. 31.) 8. (128 S. mit Karte der Umgebungen.) Wien, Wilh. Braumüller 1 fl.

Konschegg, Vict., Führer in Aussee, Grundlsee, Alt-Aussee und Hallstatt. Mit einer medicinisch-klimatolog. Abhandlung von Jos. Schreiber und einer Beschreibung der Flora von Aussee von Friedr. Tempsky. Mit 1 (chromolithogr.) Karte. 8. (V, 128 S.) Wien 883, Braumüller.

Konschegg, V., Führer in Aussee, Grundlsee, Alt-Aussee u. Hallstatt. 2., verm. Aufl. Mit 1 Karte. 8. (VI, 90 S.) Wien 889. Braumüller. n. 1. 60

Konschel. Die Frauenfrage, s.: Zimmer's Handbibliothek der praktischen Theologie.

Konschel, Die Frauenfrage. 8°. Gotha 1890.

Konschel, Die Frauenfrage. (61 S.) Gotha 1890. F. A. Perthes.

Der blaue Montag. Ein Spiel f. Vereine von Paul Konschel. Den ev. Jünglings- u. Arbeitervereinen gewidmet. *Königsberg i. Pr.: Ev. Buchh. d. ostpr. Prov.-Ver. f. innere Mission 1900.* (15 S.) 8° [J.] (im. n.) 10

— Der blaue Montag. Ein Spiel f. Vereine. Den evang. Jünglings- u. Arbeitervereinen gewidmet. 2. durchgeseh. Aufl. (14 S.) 8. Ebd. 907. — 25

— Der Königsberger Religionsprozeß gegen Ebel u. Diestel (Muckerprozeß), s. a. Schriften der Synodalkommission f. ostpreußische Kirchengeschichte.

Der Königsberger Religionsprozeß gegen Ebel und Diestel. (Muckerprozeß.) Erste Darstellung auf Grund d. vollständ. Aktenmaterials von Paul **Konschel**. Königsberg i. Pr.: Beyer in Komm. 1909. 110 S. 8°
(Schriften d. Synodalkommission f. ostpreuß. Kirchengeschichte H. 7.) [10. 103 10

Konschel, Paul, am Scheidewege. Deklamatorium für Jungfrauenvereine. gr. 16. (15 S.) Königsberg 898. Ev. Buchh. d. ostpreuß. Provinzial-Vereins f. innere Mission. — 25

Was aus einem Schäfer werden kann. Ein lustiges Spiel im Anschluß an d. Gedicht v. Fritz Reuter von Paul **Konschel**. Königsberg i. Pr.: Ev. Buchh. d. ostpr. Provinzialverein f. inn. Miss. 1904. (12 S.) 8° [F.] [08. 18329

Wie der König Friedrich Wilhelm I. Häuser baut. Dramat. Aufführung f. Vereine. Von P[aul] Konschel. *Königsberg i. Pr.: Ev. Buchh. d. Ostpreuss. Provinzialver. f. inn. Miss. in Komm. 1893.* (12 S.) 8° [F.] [08. 6191 10

— wie der König Friedrich Wilhelm I. Häuser baut. Dramatische Aufführg. f. Vereine. 8. (12 S.) Ebd. 899. — 25

Wie der König Friedrich Wilhelm I. Häuser baut. Dramat. Aufführung f. Vereine. Von P[aul] **Konschel**. 2. Aufl. Königsberg i. Pr.: Ev. Buchh. d. ostpr. Provinzialver. f. inn. Miss. 1908. (12 S.) 8° [F.] [08. 18330

[F.] Woran man einen pommerschen Bauern erkennt. E. lustiges Spiel frei nach Fritz Reuter v. Paul **Konschel**. *Königsberg i. Pr.: M. Graf 1897.* (12 S.) 1 Bd 8. [98. 3822

Konschel, Paul, woran man e. pommerschen Bauern erkennt. Ein lust. Spiel frei nach Fritz Reuter. 2. durchgeseh. Aufl. 8. (12 S.) Königsberg 899. Ev. Buchh. des ostpr. Prov.-Vereins f. innere Mission. — 25

Konschel, Paul, woran man e. pommerschen Bauern erkennt. Ein lust. Spiel frei nach Fritz Reuter. 3. durchgeseh. Aufl. (12 S.) 8. Königsberg 904. Ev. Buchh. des ostpr. Prov.-Vereins f. innere Mission. n. — 25

Konschel, Paul, woran man e. pommerschen Bauern erkennt. Ein lust. Spiel frei nach Fritz Reuter. 4. durchgeseh. Aufl. (12 S.) 8. Königsberg 908. Ev. Buchh. des ostpr. Prov.-Vereins f. innere Mission. p — 25

Konsekration, die, oder Weihung eines zum Bischofe oder Erzbischofe Erwählten. Uebersetzt aus dem röm. Pontifikale. Von Herenäus Haid. 16. (62 S.) München 856, Lentner'sche Buchh.
Aus dem Werke: „Der Kirche Anfang, Fortgang und Bestand", besonders abgedruckt.

Konsequenzen des preußisch-französischen Handelsvertrages für unser inneres Staatsleben. gr. 8. (30 S.) Berlin 862, Rahn.

Konservatismus, der, u. Osterreichs Zukunft. Von e. Patrioten. gr. 8. (108 S.) Wien 891. C. Fromme. n. 1.80

Konservativ u. Liberal. Von A. H. 12. (41 S.) Karlsruhe 881. Reiff. n. — 40

Konservativ oder liberal? E. notwendige Entscheid.! Hrsg. vom Wahlverein d. Liberalen-Greifswald 1907. 8°. *[Umschlagtit.]*

Konservativ oder liberal? E. notwendige Entscheidung? Berlin-Schöneberg 1909. 8°

Konservative unter sich. Berlin: Buchh. d. Nationallib. Partei 1909. 28 S. 8° [09. 16476

Konservativen, die, im Kampfe gegen die Uebermacht d. Judentums u. f. die Erhaltung d. Mittelstandes. Hrsg. vom konservativen Landesverein im Königr. Sachsen. gr. 8. (32 S.) Leipzig 892. Exped. d. „Vaterlands". — 25

Conservativen. Die Züricher K' und die Jesuitenfrage. ([Von] D -M .) 8. [Zürich 1844.]
Gratiszugabe zu Nr. 49 des Republikaners. 1844.

Konservatorium

— s. auch Kneschke, E.; Vogel, C. B. und C. Kipke; Whistling, K. W.

Das **Konservatorium** Schule d. gesamten Musiktheorie. Methode Rustin. Selbst-Unterrichts-Briefe ... Red. von Prof. C(arl) Ilzig-Berlin. Bearb. von ... Hrsg. v. Rustinschen Lehrinstitut f. briefl. Unterricht. Lfg 1. Potsdam & Leipzig: Bonneß & Hachfeld [1909]. 4°(8°) [11. 11902

Konservatorium, das. Schule der gesamten Musiktheorie. Methode Rustin. Selbst-Unterrichts-Briefe in Verbindg. m. eingeh. Fernunterricht. Hrsg. vom Rustin'schen Lehrinstitut f. briefl. Unterricht. Red. v. C. Ilzig. Bearb. v. Paul Blumenthal, Max Oesten, Osk. Pasch u. a. (230, 222, 256, 257, 384, 99 u. 292 S.) Lex. 8. Potsdam (909. 10). Bonneß & Hachfeld. In 3 Leinw.-Mappen à 18.50; auch in 54 Lfgn. Subskr.-Pr. à — 90; Einzelpr. à 1.25

Konservatorium. Barmer Konservatorium der Musik. Festschrift zur Feier des 25jährigen Bestehens. Barmen 1908.

Dr. Hoch's Conservatorium zu Frankfurt a. M. s. Hanau, Heinrich.

Das Königliche Conservatorium der Musik zu Leipzig. 1843—1893. (Leipzig 1893.)

Das Conservatorium der Musik (Director: Julius Stern) zu Berlin ... Ein Rückblick zum 25jährigen Jubilaeum. Berlin (1875).

Konservatorium, das, der Musik zu Hamburg, seine Entstehung, Entwickelung und Organisation. Mit einer Abhandlung von Hugo Riemann: Die Phrasirung im musikalischen Elementarunterricht. gr. 8. (61 S.) Hamburg 887, Verlagsanstalt, vormals J. F. Richter. * 1 —

Prager Konservatorium-Ausgabe. Kompositionen älterer und neuerer Meister, ausgewählt, mit Fingersatz und Vortagszeichen versehen und nach Schwierigkeitsgraden in 6 Stufen eingereiht von den Professoren des Prager Konservatoriums: F. Doležal, K. Hoffmeister, J. Jiránek, J. Kaan von Albest, H. Trneček und den Herren: Dr. L. Zeleński, Direktor des Konservatoriums in Krakau; M. Soltys, Direktor und W. Kurz, Professor des Konservatoriums in Lemberg; Adalbert Hřímalý, Direktor des Konservatoriums in Czernowitz; J. Pembaur in Innsbruck; A. Doppler in Graz; A. Könnemann in Mähr.-Ostrau; J. F. Hummel in Salzburg etc. etc.

A. Klavier-Abteilung. Hoch-Fol.

— II. Stufe. Nr. 54. Rameau, J. Ph., Le rappel des oiseaux K —.25
— — Nr. 57. Schubert, Fr., Menuett in H-moll K —.25
— — Nr. 63. Tschaikowsky, P., Chant sans paroles K —.40
— III. Stufe. Nr. 3. Bach, Ph. Em., Rondo in H-moll K —.40
— — Nr. 4. Beethoven, L. von, op. 2, Nr. 1. Sonate in F-moll K 1.25
— — Nr. 5. Beethoven, L. von, op. 2, Nr. 2. Sonate in A-dur K 1.50
— — Nr. 6. Beethoven, L. von, op. 10, Nr. 1. Sonate in C-moll K 1.—
— — Nr. 7. Beethoven, L. von, op. 10, Nr. 2. Sonate in F-dur K 1.—
— — Nr. 8. Beethoven, L. von, op. 14, Nr. 1. Sonate in E-dur K 1.—
— — Nr. 9. Beethoven, L. von, op. 14, Nr. 2. Sonate in G-dur K 1.25
— — Nr. 45. Jiránek, Jos., Anschlagsübungen K 1.40
— — Nr. 46. Jiránek, Jos., Tonleitern in Doppelgriffen. Heft I K 1.60

— — Nr. 47. Kessler, J. C., op. 64; Nr. 1. Morceaux pittoresques K —.40
— — Nr. 65. Schumann, R., op. 28, Nr. 2. Romanze. Fis-dur K —.25
— IV. Stufe. Nr. 4. Beethoven, L. von, op. 2, Nr. 3. Sonate in C-dur K 1.75
— — Nr. 5. Beethoven, L. von, op. 7. Sonate in Es-dur K 1.75
— — Nr. 7. Beethoven, L. von, op. 13. Sonate in C-moll (pathétique) K 1.50
— — Nr. 16. Beethoven, L. von, 32 Variationen in C-moll K 1.25
— — Nr. 27. Chopin, Fr., op. 18. Walzer in Es-dur K —.75

Band-Ausgabe, Bd. VII, Vorstufe. Bertini, H., 12 Kleine Stücke K 1.—

—

Konserven, die, v. Früchten u. Pflanzenstoffen erleichtert, sparsamst u. trefflich herzustellen. Zuverlässige Anleitg. in der Einmachkunst nach neuen Methoden von Frau v. Sz. (9. [Umschlag-]Aufl.) gr. 8. (118 S.) Berlin (902). Deutsches Druck- u. Verlagshaus. n. 1. —

Konserven-Zeitung. Jahrg. 1902/03. 2 Bde.

Konsignation, s.a. Consignation

Konsignation der Privathengste, welche in den im Reichsrate vertretenen Königreichen und Ländern während der Beschälperiode 1904 auf Grund der Köhrungsbestimmungen zur Belegung fremder Stuten verwendet werden dürfen. 4°. (18 S.) * K 1.—
Wien: Beck 1904.

Konsignation der Privathengste, welche in den im Reichsrate vertret. Königreichen u. Ländern während der Beschälperiode 1906, auf Grund der Köhrungsbestimmungen zur Belegung fremder Stuten verwendet werden dürfen. (17 S.) 4. Wien 906. (F. Beck.) n. 1. —

Konsignation der Privathengste, welche in den im Reichsrate vertretenen Königreichen u. Ländern während der Beschälperiode 1907 auf Grund der Köhrungsbestimmungen zur Belegung fremd. Stuten verwendet werden dürfen. (17 S.) 31×23,5 cm. Wien 907. (F. Beck.) 1. —
Fortsetzg., s.: Verzeichnis der aufgestellten Staatshengste.

Konsignation der Staatshengste, welche in den im Reichsrate vertretenen Königreichen und Ländern während der Beschälperiode 1904 in den Beschälstationen, in Privatpflege und in Miete sowie in den k. k. Staatsgestüten Radautz und Piber aufgestellt sind. Lex.-8°. (60 S.) Wien: Beck 1904. * K 1.—

Konsignation der Staatshengste, welche in den im Reichsrate vertretenen Königreichen und Ländern während der Beschälperiode 1905 in den Beschälstationen, in Privatpflege und in Miete sowie in den k. k. Staatsgestüten Radautz und Piber aufgestellt sind. Lex.-8°. (61 S.) Wien: Friedrich Beck 1905. K 1.—

— **der Staatshengste,** welche in den im Reichsrate vertretenen Königreichen u. Ländern während der Beschälperiode 1906 in den Beschälstationen, in Privatpflege u. in Miete, sowie in den k. k. Staatsgestüten Radautz u. Piber aufgestellt sind, nebst e. Verzeichnisse aller engl. Vollblut-Staatshengste u. ihrer Standorte, e. Verzeichnisse aller Traberhengste u. ihrer Standorte, e. Ausweise üb. die Zahl u. Verwendg. der während der Beschälperiode 1905 aufgestellt gewes. Staatshengste u. lizenz. Privathengste, e. Ausweise üb. das Resultat der Belegg. im J. 1904 u. weiters 2 Ausweisen üb. den Stand des Pferdezuchtmateriales in den beiden Staatsgestüten Radautz u. Pibor u. e. Ausweise üb. den Stand der Hengstfohlen in den Staatshengstfohlenhöfen nach dem Stande vom 1. I. 1906. (63 S.) 4. Wien 906. F. Beck. n. 1. —

— der Staatshengste, welche in den im Reichsrate vertretenen Königreichen u. Ländern während der Beschälperiode 1907 in den Beschälstationen, in Privatpflege u. in Miete, sowie in den k. k. Staatsgestüten Radautz u. Piber aufgestellt sind, nebst e. Verzeichnisse aller engl. Vollblut-Staatshengste u. ihrer Standorte, e. Verzeichnisse aller Traberhengste u. ihrer Standorte, e. Ausweise üb. die Zahl u. Verwendg. der während der Beschälperiode 1906 aufgestellt gewesenen Staatshengste u. lizenzierten Privathengste, e. Ausweise üb. das Resultat der Belegg. im J. 1905 u. weiters 2 Ausweisen üb. den Stand des Pferdezuchtmateriales in den beiden Staatsgestüten Radautz u. Piber u. e. Ausweise üb. den Stand der Hengstfohlen in den Staatshengstfohlenhöfen nach dem Stande vom 1. 1. 1907. (64 S.) 30,5×24 cm. Ebd. 907. 1. —
Fortsetzg., s.: Verzeichnis der aufgestellten Staatshengste.

Konsistorial-Beschlüsse, kölnische. Presbyterial-Protokolle der heiml. Köln. Gemeinde 1572—1596 hrsg. v. Eduard Simons, s. a. Publikationen der Gesellschaft f. rhein. Geschichts-Kunde.

Kölnische **Konsistorial-Beschlüsse.** Presbyterial-Protokolle d. heimlichen Köln. Gemeinde 1572–1596 hrsg. von D. Eduard Simons, Prof., Berlin. Bonn: P. Hanstein 1905. (XXXII, 510 S.) 8°
— **Publikationen** d. Gesellschaft f. rhein. Geschichtskunde. 26. 1906. 1986 3

Konsistorialblätter, osnabrück., f. Erziehung u. Schulwesen. Hrsg. v. Karl Rosenthal. Erste Folge. 1. Bd. 1. Hft. 8. (5¾ B.) Osnabrück 838, (Rackhorst.) *

§ **KONSISTORIAL-** und Ehestandsgeschichten, Lehrreiche, aus morgen- und abendländischen Quellen älterer und neuerer Zeiten. Leipzig u. Frankfurt, in der Weygandschen Buchhdlg. 1795. 8°.
Tit. u. 302 SS. (incl. 4 SS. Einleit.). Enth. 2 zahme Romane: Geschichte des Königs Buhuri in Siam. — Heinrich Wilibald, e. Geschichte neuerer Zeit (ridendo dicere verum).

Die **Konskription** der Zuchtstuten in Steiermark i. J. 1875. Mit Tab. ꝛc. Graz 1876. 182 S.

Konskriptionsgesetz für d. Großherzogtum Baden vom Mai 1825. Nebst dem Verzeichnisse der Krankheiten u. Gebrechen, welche die Untauglichkeit zum Wehrstand begründen. Karlsruhe 1825. 51 S.

— — Dass. nebst den seither erschienen. einschläg. Gesetzen. Karlsruhe 1860. 156 S.

Konskriptions-Gesetz für das Kgr. Baiern. München. 1812. 54 S. 4°

— — für das Kgr. Baiern. Nebst Vollzugsvorschriften u. Formularien. München 1812. 343 S.
— — Reg. hiezu v. Frh. v. Frank. Passau 1815. 31 S.

Neues Konskriptions-Gesetz d. Königr. Bayern. München 1812. 4.

Konskriptions- u. Rekrutierungs-System. Mit Formul. Wien 1804. 42 S. 2°

Konsky, H. v. Valeska. Roman aus d Leben im westtexanischen Hinterlande. San Fr, 1903.

Konsolidations-Verfahren, das rheinische, nach dem Gesetze vom 24. Mai 1885. Von einem prakt. Beamten. Anhang zu: Das preußische Gemeinheits- und Forstenteilungs-Verfahren ꝛc. 8. (20 S.) [Neuwied 886, Heuser's Verlag.] Berlin, Siemenroth und Worms. * — 40

Konstantin, s. a. Con.

[Russ.] Konstantin Konstantinovič princ russkij. Dramatičeskaja šutka s volšebnymi prevraščenijami v 2 dějstvijach. *Berlin: G. Stejnic (1903).* (27 S.) 8°
[Auf d. Umschl.] Konstantin Konstantinowitsch [Prinz von Rußland Dramat. Scherz.]
(Sobranie lučšich russkich proizvedenij Č 53.)

Konstantin Konstantinowitsch, der russische Prinz. Dramat. Posse m. zauberhaften Verwandlungen in 2 Akten. (In russ. Sprache.) (27 S.) 8. Berlin 903. H. Steinitz. n. 1. —

Konstantin, Großfürst v. Rußland, ausgew. Dichtungen. Mit Genehmigg. des Verf. im Versmaß der Urschrift ins Deutsche übertr. von Herm. v. Zur Mühlen. gr. 8. (91 S.) Berlin 903. E. Hofmann & Co. n. 2. 50; geb. in Leinw. n. 4.—

Konstantin, R., die weiße Fahne. Volksstück in 5 Akten. (63 S.) 8. Wien (907). P. Knepler. 2. —

Κωνσταντινίδες, Παναρετος, ἡ ἀκαδημία ἤτοι πραγματεία περὶ τῆς Ἀθήνησι πλατωνικῆς σχολῆς. gr. 8. (89 S.) Erlangen 874, Deichert. * 2 —

Konstantinidis, Georg: Aus d. Großhzgl. Frauenklinik zu Jena. Über die Ausfallserscheinungen bei Hysterektomie mit Zurücklassung eines oder beider Ovarien. Jena 1909: Vopelius. 43 S. 8°
Jena, Med. Diss. v. 6. Aug. 1909, Ref. Franz
[Geb. 31. Okt. 79 Trapezunt; Wohnort: Trapezunt; Staatsangeh.: Rußland; Vorbildung: Gymn. Trapezunt Reife 97; Studium: Moskau 4, Dorpat 2, Jena 8 S.; Rig. 6. Aug. 09.] [U 10. 2330

Konstantinof, s. Konstantinov

Konstantinopel [Sachliches OW]

Konstantinopel, s. a. Constantinopol.

Konstantinopel und Athen, s. Bibliothek deutscher Original-Romane.

Konstantinopel, die dritte Hauptstadt Russlands? Eine politisch-militär. Studie v. X.... [Beilage: 1 Plan, darstellend das russ. Zukunftsreich.] gr. 8. (64 S.) Hannover 888 Helwing's Verl. n. 1. 60

Konstantinopel u. einige benachbarte Provinzen d. Europ. Osman. Orients nach v. Hammer, Muradja d'Ohsson, Reale, Pertusier, Forbin u. dem Grafen Ed. Raczynski. Für d. Jugend bearb. 2 Bdchn. 16. (16 B. u. 2 Kpfr.) Darmstadt 828, Leske. Thlr.
Aus der „Neuen Jugend-Bibliothek ꝛc." abgedruckt.

Konstantinopel [Schlagwort]

Konstantinopel, s. a. Woerl's Reisehandbücher.

Aleko Konstantinofs [Konstantinov] Baj Ganju hrsg., übers. u. erl. von G(ustav) Weigand Leipzig: Barth 1908. VI, 159 S. 8° [09.7283

Konstantinowa, Alexandra, aus Petersburg: Die Entwickelung des Madonnentypus bei Leonardo da Vinci. Strassburg 1907. IV + 57 S. 8°. Erscheint mit Lichtdrucktafeln als Heft 54 von „Zur Kunstgeschichte des Auslandes." [8. VIII. 07.]
Zürich Phil Diss I S 1906/1907.

Konstantinowa, Alexandra, die Entwickelung des Madonnentypus bei Leonardo da Vinci, s. a Zur Kunstgeschichte des Auslandes.

Die Entwickelung des Madonnentypus bei Leonardo da Vinci von Alexandra **Konstantinowa.** Mit 10 Lichtdrucktaf. Strassburg: J. H. E. Heitz 1907. (55 S.) 4°(8°)
— **Kunstgeschichte,** Zur, d. Auslandes. H. 54. [07. 17696

Konstantiny, Jos., *Faktor in k. k. Pension.* Denkschrift über die Banater-Bergwerke Orawitza, Moldava, Saska, Dognacska, Bogschan, Recsitza u. ihre Filialien mit Rücksicht auf das Gemeindewesen als Beitrag zur Geschichte dieser Bergwerke. *Temesvar* 1857. *M. Hazay u. S. Wilhelm.* VI, 108 S., 1 Bl. 8°.

Konstanz [Sachliches OW]

DAS ALTE KONSTANZ STADT UND DIÖCESE IN SCHRIFT UND STIFT DARGESTELLT. **Blätter für Geschichte, Sage, Kunst und Kunsthandwerk. Organ des Münsterbau-Vereins.**
Redig. v. F. SCHOBER.:
Jahrg. II. 1882. Heft 4 — Jahrg. III. (Mit Tafeln.) s. l. & a. fol.

Konstanz am Bodensee. Seine Wohnungs-, Gesundheits- und Steuer-Verhältnisse sowie seine Bildungs- u. Vergnügungs-Anstalten etc. Hrg. vom Offiziellen Verkehrsbureau des Kur- und Verkehrs-Vereins. [Mit 1 Vignette.] 8. Konstanz [1900].

Constanz. K' am Bodensee. (Nach K'!) [Illustrierter Prospekt.] [12 S.,] *zus.-gefaltet,* 8. [Konstanz, C. Müller, 1903.]

Konstanz und seine Umgebung, s. Wanderbilder, europäische.

Konstanz [Schlagwort]

Konstanz, s.: Deutschland. Kürschner-Pelp. Uebersichtskarte.

Konstanz, s: Europa. Generalkarte.

Konstanz, s.: Europa. Spezialkarte.

Konstanz. Ackermann, E., Karte v. Konstanz u. Umgebung, nebst e. Uebersichtskarte d. Bodensees. 1 : 25,000. Chromolith. qu. Fol. Konstanz 887. (Meck.) n. 1. 50; auf Leinw. n.n. 2. 30

Konstanz. Ackermann, Ernst, Karte v. Konstanz u. Umgebung (1 : 25,000), nebst e. Uebersichtskarte d. Bodensees. 2. Aufl. Farbendr. 45×55 cm. Konstanz 891. E. Ackermann, Verl. n. 1. 50; auf Leinw. n. 2. 30

Konstanz. Karte d. Umgegend v. Konstanz. 1:50,000. 2 Blatt à 38×71 cm. Farbdr. Konstanz 898. E. Ackermann. Auf Leinw.-Pap. in Etui n. 3. —

— Wagner, E., Touristen-Karte v. Konstanz u. der Halbinsel. 1 : 50,000. 45×55 cm. Farbendr. Konstanz 894. W. Meck. 1. 20; auf Leinw. n. 1. 60

Konstanz [Verfasser]

KONSTANZ, Stephanus: De notis verae Christi ecclesiae. — (1846) 42 S. 8° (Handschr.) Diss. 147
Diss. Wien, Univ.

Konstanzisch - Montags - Wochenblat, s. Montags-Wochenblat, Konstanzisch.

Konstas, Lysander G. Chadzi, Iliupersis nach Stesichorus. Inaugural-Dissertation. gr. 8. (72 S.) Leipzig 878. (Berlin, Calvary und Comp.) *

[Russ.] Konstitucija grafa (Michaila Tarielovića) Lorisa-Melikova i ego častnyja pis'ma. Berlin: G. Štejnic (1904). (117 S.) 8°
[Auf d. Umschl.:] Die Konstitution von Graf Loris-Melikow [u. seine Privatbriefe]. La constitution du comte Loris-Melikow.
(Sobranie lučšich russkich proizvedenij. Č. 106.) [06. 619

SELBSTÄNDIGE Konstituierung der Pressburger röm. kath. autonomen Kultusgemeinde. Pressburg 1889 Angermayer. 17 S. - 2°

Konstitution der Königlichen Akademie der bildenden Künste zu München. München 1808. 4°.

Konstitution für die deutsche Arbeiter-Union. 8°. New York 1870.

Die erste dogmatische Konstitution des vatikanischen Konzils und die modernen Irrtümer. Paderborn, Junfermann, 1871, 8°, 86 S., 40 Pf.

Konstituzion der Franzosen. Franz. u. teutsch. Dem franz. Volke von dem Nazionalkonvente am 24. Jun. 1793 vorgelegt. — Strasburg 1793. 56 S.
Nebent.: Acte constitutionel précédé de la Déclaration des droits de l'homme et du citoyen. Présenté au peuple français par la Convention nat. le 24 juin 1793. Paris 1793.
10.
1.8101

— Strasbourg 1793.
5.
1.8102

Konstitution, Geheime, für Äbte zur Erhaltung u. Aufnahme d. Klöster. Hörling, Wien 1786.

Constitution [Konstitution], Haupt- und Allgemeine Gesetze des Deutschen Unterstützungs-Bundes. Regeln u. Geschäfts-Ordnung z. Verwaltung d. Supreme-Distrikts, sowie d. Untergeordneten Distrikte. Pittsburg, Pa. 1904. (55, 47 S.) 8°
[Nebent.:] Constitution, Principal and General Laws of the German Beneficial Union, Rules and Order of Business governing the Supreme District and Subordinate Districts. [07. 1498 8

Konstitution der Symbolischen Grossloge von Ungarn. Budapest 1909: Márkus. 4 Bl. 130 S. 8°.

[Konstitution des] Gross-Orient des Schottischen, Alten u. Angenommenen (33°) Ritus und Souveränen Sanktuarium des Ordens der Alten Freimaurer vom Memphis- u. Misraim-Ritus [in und für das deutsche Reich]. [Meerane o. J.: Otto.] 10 S. 8°. [Kopftit.]
Enthält Konstitution und Auszug aus den Allgemeinen Grundgesetzen.

Konstitution für untergeordnete Logen des I. O. G. T. Zürich 1893.

Konstitution, die, v. Graf Loris-Melikow u. seine Privatbriefe. (In russ. Sprache.) (117 S.) 8. Berlin '04, H. Steinitz. 2. —

— und Nebengesetze für Deutschlands Grossloge I. Flensburg 1899.

Konstitution (Die) und unser Programm. 1. Tl.: Die politische Ordnung. Ausgabe des russisch-jüdischen Arbeiterbundes. 8°. Genf, impr. Israélite, 1905.

Deutsch-ungarischer Unterststs Verein v Hamilton, Ohio. Konstitution ... Hamilton, 1910.

Gegenseitiger Untersts-Verein der Dten Luth Synode v Iowa u and Staaten Konstitution .. Waverly, Iowa, 1902.

Konstitution der Freien Vereinigung Frankens zu Bamberg. [Bamberg um 1910: Handelsdruckerei.] 38 S. 8°.
Eine nur kurze Zeit bestandene logenähnliche organisierte Vereinigung zu gegenseitiger Unterstützung.
Sehr selten.

Konstitutionelle
v. Constitutionelle.

Saïdische Auszüge aus dem 8. Buche der apostolischen Konstitutionen [Constitutiones apostolicae] von Johannes Leipoldt. *Leipzig J. C. Hinrichs 1904.* (61 S.) 8°
— Texte u. Untersuchungen z. Geschichte d. altchristl. Literatur Bd 26, H. 1b.
04 3 2

Konstitutionsakte u Gesetze d. medizin.-chirurg. disputator. Gesellschaft zu Potsdam 1812. (Handschr.)

Konstitutions-Almanach für das Königreich Baiern ꝛc. s. Wirth, J. C.,

Konstitutions-Almanach f. d. Kgr. Baiern auf d. J. 1820—1821. (2 voll.). Hrsg. von *Joh. Chrn. Wirth.* Mit zus. 10 Steindr.-Portr. u. 2 Kpfrn. (von Prof. *Zimmermann*). Augsburg, Hamm'sche Buchdr. 12°. In den ill. Orig.-Cart.-Bdn. *)
1820. 8 Bll., 355 S., 1 Bl. Inh. Mit 6 Portr (König Max Joseph Kronprinz Ludwig, die Abgg. Behr, Häcker, Hornthal, Schäzler) Enth u a. die Verfassungs-Urkunde (v 26 Mai 1818) mit allen Beilagen; Aktenstücke d ersten Stände-Versammlg; ein Verz der Reichsräthe u Deputirten; das organische Edikt f. d. Gemeinden; statist. u. genealog Nachrichten etc etc.
1821 10 Bl., 300 S. Mit 2 Kpfrn. (Eröffnung d 1 Stände-Versammlg, in Doppelformat als Titelkpf; Abbild der Konstitutions-Denkmünzen auf 2 Bll) u 4 Portr (Reichsraths-Präsident Feldmarschall Karl Fürst v Wrede Kammer Präsident Seb. Frhr v Schrenk die Abgg Ant v Hofstetten, Paul Wolfg Merkel). Enth. u. a. sämmtl. Beilagen zum Abschied an die Ständeversammlg., sämmtl. Beschlüsse der Kammern; die deutsche Bundesakte (vom 8 Juni 1815), nebst der Schlussakte der Wiener Konferenzen vom 15 Mai 1820); Biographien verstorb. Landtags-Deputirten; genealog Nachrichten etc. etc.

Neuer Konstituzionsplan für die Heilkunde in Frankreich... (Nouveau plan de constitution pour la médecine en France... Dt.) Übers.von (Matthäus) M(ederer) v(on) W(uthwehr). Prag u.Leipzig: 1791

s.: Plan, Nouveau, de constitution pour la médecine en France...

JB 5.502

Neuer Konstituzionsplan [Konstitutionsplan] für die Heilkunde in Frankreich so der Nazionalversammlung von der königl. Gesellschaft d. Aerzte vorgelegt u. z. Behuf deutscher Aerzte ins Deutsche übers. worden von [Matthaeus] M[ederer] v[on] W[uthwehr]. 2. Aufl. Prag & Leipzig: Widtmann 1794. 288 S. 8°

Konstituzion, s. Konstitution

Konstmann, F., d. Bedeutung d. Volksbildung f. d. Volkssittlichkeit. Vortrag, geh. auf d. allgem. schleswig-holstein. Lehrerversammlg. in Hadersleben am 25. VII. 1901. gr. 8. (23 S.) Flensburg 901. A. Westphalen. n. — 40

Konstorum, J., Taschenbuch des Betriebs-Technikers. 8. (X, 160 S.) Riga 901. (N. Kymmel's Sort.) Geb. in Leinw. n. 3. 40

Konstruktion, die, des beweglichsten Fuhrwerkes nach neuen Ansichten f. Artilleristen, Wagenfabrikanten u. andere Techniker. Von ein. preuß. Artillerie-Offizier. gr. 8. (12¾ B. u. 1 Figurentaf.) Berlin 842, Heymann.

— und Kritik der Hegelschen Logik. Von L****. Siegen u. Wiesbaden 844, Friedrich's Buchh. 9 ngl

[F.] Konstruktion oder Selbstentwicklung und Verfahren der Darstellung des jeweilig positiv lebenden praktischen Rechts ... Tl 1. *München: J. Schweitzer 1898.* 8. [98. 5326

Konstruktion, die, des Taillenschnittes u. Kleiderrockes nach direkten Maßen (einschließlich der Aermel). [Umschlag: Facil.] gr. 4. (32 S. m. Fig.) Dresden (899). Expedition der Europ. Modenzeitg. n. 3. —; geb. n. 3. 50

Konstruktionen der großh. badischen Lafetten, Munitionswagen und Protzen der 12 Pfünder- u. 6 Pfünder-Kanonen u. 7 Pfünder-Haubitzen. Karlsruhe 1846. 19 Bl. Zeichn. 4°

Konstruktionen, neuere, beweglicher Wehre, welche beim Bau der österreich. Wasserstrassen zur Ausführung gelangen. s.a. **Verbandsschriften des deutsch-oesterreich.-ung. Verbandes f. Binnenschiffahrt.**

Neuere **Konstruktionen** beweglicher Wehre, welche beim Bau d. österreich. Wasserstraßen z. Ausführung gelangen. Bericht erstattet 1909. Mit 1 Tab. u. 4 Taf. Groß-Lichterfelde: Troschel 1909. 24 S. 8°
(Deutsch-Oesterr.-Ung. Verband f. Binnenschiffahrt Verbands-Schriften. N. F. Nr 46.) [11. 5311

Konstruktionen, neueste, auf dem Gebiete der Schnellfeuer- u. Maschinen-Geschütze, hrsg. v. e. Artillerie-Offizier. Lex.-8. (21 S. m. Abbildgn.) Rathenow 889. Babenzien. n. 1. 50

Konstruktions-Details der Kriegs-Baukunst. Bd 1. 2. Wien 1878. 1880. 182 Taf. m. Text. 2°

Konstructionslehre, geometrische, s. Hand- u. Taschen-Bibliothek, pädagog., II. Abthl. 6. Bdchn.

Konstruktionsprinzip der Schienenprofil-Aufsätze f. Schrotgewehre u. praktische Winke für deren Beschaffung, von v. K. 8. (12 S. m. 1 Fig.) Inowrazlaw 900. H. Olawski. — 30

Konstruktionszeichnungen von landwirtschaftlichen Maschinen und Geräten, herausgeg. v. Russischen Landw. Museum. (33 T) qu fol Russ. Text 8° St. Petersburg

Konstruktionszeichnungen von landwirtschaftlichen Maschinen und Geräten. Herausgegeben vom Kaiserlichen Landwirtschaftlichen Museum. Text 4° mit Atlas qu fol St. Petersburg

Konstytucja 3 Maja 1791 roku. Z uwagami podawanemi jej twórcom w 1789 roku. Oraz dwoma późniejszemi tejże konstytucji ocenieniami. Leipzig 865. Kasprowicz. gr. 8. (IV, 83 S.) n. 20 ngr

Konsular-Akademie, die k. u. k., von 1754—1904. Festschrift zur Feier des 150jähr. Bestandes der Akademie u. der Eröffng. ihres neuen Gebäudes. Hrsg. im Auftrage des k. u. k. Ministers des kaiserl. u. königl. Hauses u. des Aeussern Agenor Graf Goluchowski v. Goluchowo. (V, 99 S. m. eingedr. Bildnissen u. 11 [6 farb.] Taf.) gr. 4. Wien 904. (R. Lechner's Sort.) n n 10. —

Konsularfaktoren f. die Waareneinfuhr in Brasilien. gr. 4. (S. 111—132.) Berlin 901. E. S. Mittler & Sohn. n. — 75
Sonderabdruck aus: „Deutsches Handels-Archiv".

Konsular-Verträge, deutsche. Abdruck der vom Deutschen Reiche, vom früheren Norddeutschen Bunde, vom früheren deutschen Zoll- und Handels-Verein und von einzelnen deutschen Bundesstaaten mit auswärtigen Staaten über die Befugnisse der Konsuln abgeschlossenen, zur Zeit in Kraft bestehenden Vereinbarungen. Unter Benutzung amtl. Quellen. gr. 4. (187 S.) Berlin 877, v. Decker's Verlag. *

Anonym: „Der Konsulent für Württembergische Kaufleute", Tübingen 1830 (Fues). — Vorh.: Bücherei der Handelskammer Magdeburg.

Konsumtions-Abgabe (Octroi) die, der Stadt Oldenburg. Oldenburg 1865

Konsum-Verein: Schweiz. Konsum-Verein
① Organ des Verbandes schweiz. Konsumvereine (1901—1911). Organ des Verbandes schweiz. Konsumvereine (V.S.K.) (1912—1922). Organ des Verbandes schweiz Konsumvereine (V.S.K.) Basel (1923 cont.) ③ Correspondenzblatt des Verbands schweizerischer Konsumvereine ⑤ 5. 1. 1901 (cont.) ⑥ 4° ⑦ Wochenblatt ⑧ Basel· G. Krebs (1901—1911), Buchdruckerei des Verbandes schweiz. Konsumvereine (V.S.K.) (1912 cont.) ⑨ Schweizerisches Genossenschaftsarchiv (Beilage zum Schweiz. Konsumverein; 1906—1907; 4°; unregelmäßig; nur 3 Nummern; enthält Gesetzestexte und Reglemente, die später vereinzelt als Beilagen erscheinen). Korrespondenz-Blatt der schweizerischen Liga für die Verbilligung der Lebenshaltung (April 1914—Oktober/November 1916; v. auch diesen Titel) ⑩ Verband schweiz. Konsumvereine (V.S.K.) ⑪ Dr. Hans Müller (1901—1907), Ulrich Meyer (1908—26. 6. 1909), Dr. Oskar Schär (3. 7. 1909—1912), Dr. Henry Faucherre (1913—1934), Dr. Walter Ruf (1935—1949), Dr. Hans E. Mühlemann (seit 1950) ⑫ Genossenschaftsbewegung ⑬ BGSZ: 60 (p. 5—6) ⑭ Bs: WA.

Schweizerischer Konsum-Verein. Organ d. Verbands schweizer. Konsumvereine ... Jahrg. 1—16. Basel 1901—16. 4°.
[Jahrg. 8 defekt].

Konsumvereine (Die oberschlesischen gewerkschaftlichen) und die Angriffe auf dieselben. 8°. Berlin 1890.

Konsum- u. Rabattvereine, [Offiziers- u. Beamtenvereine], die, e. ernste Gefahr f. den deutschen Gewerbestand. Sozialpolitische Studie v. Arminius. 2. Aufl. gr. 8. (15 S.) Berlin 892. Th. Thiele. n. — 30

Kont, I., Chrestomathie hongroise. Morceaux choisis des poètes et des prosateurs depuis la fin du XVIIIe siècle jusqu'à nos jours. Avec une introduction des notices et des notes. (Méthode Gaspey-Otto-Sauer.) (XVI, 367 S. m. 1 Karte.) 8. Heidelberg 909. J. Groos. Geb. in Leinw. 3. 60

Ungarische Chrestomathie. Eine Blumenlese aus d. Schriftstellern vom Ende d. 18. Jh. bis auf d. Gegenwart. Mit e. Einl., biograph. Notizen u. Anm. hrsg. von Dr. J. Kont. Heidelberg: Groos 1909. XVI, 365 S. 8°
(Lehrbücher Methode Gaspey-Otto-Sauer.) [10. 10466

— Geschichte der ungarischen Litteratur, s.a. Literaturen, die, des Ostens. III.

Geschichte der ungarischen Litteratur. Von Dr. I. **Kont**, (Prof., Paris). Leipzig: C. F. Amelang 1906. (VIII, 272 S.) 8°
= **Litteraturen**, Die, d. Ostens in Einzeldarstellungen. Bd 3, [1.] [06. 11082

— Petite grammaire hongroise avec des exercices de traduction, de lecture et de conversation. (Méthode Gaspey-Otto-Sauer.) (VII, 202 S.) 8. Heidelberg 908. J. Groos. Geb. in Leinw. 2. —; Corrigé des versions et thèmes. Traduits par B. de la Buissière et Philipp Kálmán. (66 S.) 909. Kart. 1. —

Kont, I., Histoire de la littérature hongroise, s.: Horváth.

Konta, Ignaz

Konta, Eisenbahn-Jahrbuch der österr.-ungar. Monarchie. Jahrg. I bis XXI. Wien 868—91.
Jahrg. 1—11. 1868—1878.
12—15. 1879—1882.
16—20. 1883—1889.
21. 1890—1891.
(Nicht fortgesetzt.)

Konta, Eisenbahn-Jahrbuch der österreichisch-ungarischen Monarchie. Neue Folge. 6. Jahrg. [Der ganzen Reihe 17. Jahrg.] gr. 8. (IX, 808 S. und 2 Tab.) Wien 884, Spielhagen und Schurich.
Frühere Jahrg. s. Kohn, Ign.

Konta, Ign., Eisenbahn-Jahrbuch der österreichisch-ungarischen Monarchie Neue Folge. 7. Jahrg. [Der ganzen Reihe 18. Jahrg.] gr. 8. (X, 882 S.) Wien 886. Spielhagen & Schurich n. 10. —

Konta, L., Eisenbahn-Jahrbuch der österreichisch-ungarischen Monarchie. 18.—20. Jahrg. Neue Folge 8.—10. Jahrg. gr. 8. (à ca. 840 S.) Wien 887—889. Spielhagen & Schurich. à Jahrg. n. 10. —

Konta, Ign., Eisenbahn-Jahrbuch der österreichisch-ungarischen Monarchie. 21. Jahrg. Neue Folge. 10. Jahrg. (1890—1891). 2 Abthlgn. gr. 8. (XIV, 1048 S. m. 2 Tab.) Wien 891. 892. Spielhagen & Schurich. n. 16. —

Das kalte Herz. Freie Bearbeitung des gleichnamigen W. Hauff'schen Märchens u. Musik von Robert **Konta**. Textbuch. Berlin: Bote & Bock (1908). 40 S. 8°

Konte, Gustav [Pseud.], s. Semrau, August

Konten-Regulativ

—— [Lager-Regulative für Lager unter Zollaufsicht.] III. gr. 8. (32 S.) Hamburg 887, Marquard und Schering. * 1 —
Ausg. auf Schreibpap. mit breitem Rande * 1 20

Konten-Regulativ. gr. 4. (26 S.) Berlin 888, C. Heymanns Verlag. * 1 —
Aus: Centralblatt für das Deutsche Reich, besonders abgedruckt.

Konti, A., Katz' u. Maus, s.: Bloch's, Ludw., Kinder-Theater.

Kontinental. Handbuch für Automobilisten. Hrsg. von der Continental-Caoutschouc- und Guttapercha-Compagnie. Jg. 1904 u. 1905. Hannover, 1904—1905.

Kontinente, versunkene, s.: Miniatur-Bibliothek.

Kontinuations- und Nova-Versendungsliste. Verzeichniss sämtlicher, mit Leipzig in Verbindung stehenden Sortiments-, Buch-, Kunst-, Musikalien- und Landkarten-Handlungen, nach alphabet. Reihenfolge der Städtenamen mit Angabe der Einwohnerzahl, der Länder und der Leipziger Kommissionäre. Nebst einer Zusammenstellung der Städte nach Ländergruppen. 16. Ausg. gr. Fol. (111 S.) Leipzig 887, J. J. Weber. * 4 —
geb. und mit Löschpap. durchschossen 5 50

Kontinuations- u. Novaversendungsliste. Verzeichnis sämtl. m. Leipzig in Verbindg. steh. Sortiments-, Buch-, Kunst-, Musikalien- u. Landkarten-Handlgn. nach alphabet. Reihenfolge der Städtenamen m. Angabe der Einwohnerzahl, der Länder u. der Leipziger Kommissionäre. Nebst e. Zusammenstellg. der Städte nach Ländergruppen. 17. Aufl. Neujahr 1889. Fol. (112 S.) Leipzig 889. J. J. Weber. n.n. 4. —; geb. u. m. Löschpap. durchsch. n.n. 5. 50

Kontinuations- u. Novaversendungsliste. Verzeichnis sämtl. m. Leipzig in Verbindg. steh. Sortiments-, Buch-, Kunst-, Musikalien- u. Landkarten-Handlgn. nach alphabet. Reihenfolge der Städtenamen m. Angabe der Einwohnerzahl, der Länder u. der Leipziger Kommissionäre. Nebst e. Zusammenstellg. der Städte nach Ländergruppen. 18. Aufl. Neujahr 1891. Fol. (112 S.) Lpz., J. J. Weber. ** 4 —; geb. u. m. Löschpap. durchsch. ** 5 50

Kontny, Georgius *(geb. Leschnitz bei Oberglogau 17. 4. 1814)*: De petechiis. Vratislaviae (1836). (45 S.) 8°
Breslau, Med. Diss. v. 26. Okt. 1836

Kontny, Guido *(geb. Oberglogau 19. 11. 1839)*: De plica Polonica. Vratislaviae 1865. (24 S.) 8°
Breslau, Med. Diss. v. 2. Juni 1865

Kontny, Hans, Assistenzarzt an d. chirurg. Abt. d. Wenzel Hanckeschen Krankenh. zu Breslau: Aus d. Kgl. chirurg. Klinik zu Breslau. Über die Fracturen des Fersenbeins und ihre Folgezustände. *Breslau 1900: Bresl. Genossenschafts-Buchdr.* (53 S.) 8°
Breslau, Med. Diss. v. 31. Mai 1900

Kontobuch f. Schriftsteller. Hrsg. v. der Red. der „Fedor". (62 S.) qu. kl. 8. Berlin (906). Federverlag. Kart. n. 1. —

Κοντογόνης, *Σπυρίδων [Βυζάντιος]: Διορθωτικὰ εἰς τὰ Ἐθνικὰ Στεφάνου τοῦ Βυζαντίου ἐν οἷς ἀκριβὴς περὶ τοῦ ΣΙΜΙΑΣ λόγος. . . . Ἑλληνικὸν Ὀνομαστικὸν περιλαμβάνον τὸ πρῶτον ἐξ ἐπιγραφῶν γνωριζόμενα ὀνόματα. Ἑκατοντὰς πρώτη. . . .* Erlangen, Druck d. Univ.-Buchdr. v. E. Th. Jacob, 1890; 32 S. 8°
Erlangen, Phil. Fak., Inaug.-Diss. v. 1890

Κοντογύννης, *Σπυρίδων, Διορθώτικα εἰς τὰ Ἔθνικα Στεφανοῦ τοῦ Βυζαντίου ἐν οἷς ἀκριβὴς περὶ τοῦ Σιμίας λόγος. Ἑλληνικὸν ὀνομάστικον περιλαμβάνον τὸ πρῶτον ἐξ ἐπιγραφῶν γνωριζόμενα ὀνόματα Ἑκατοντὰς ά.* gr. 8. (97 S.) Erlangen 890. (Jena, Dobereiner Nachf.) n. 6. —

Kontopulos, Constantinus: De physiologia plantarum secundum Aristotelem et Theophrastum. Berolini (1848). (37 S.) 8°
Berlin, Med. Diss. v. 7. Juni 1848

Fürs **Kontor.** Allgem. Anzeiger f. d. Kontor u. Bureau. Unparteiisches Fachblatt f. d. ges. Kontorwesen (2, 1–3: Unpart. Fachbl. f. d. Buchhaltungs-, Stenographie- u. Schreibmaschinenwesen; 2, 4 ff.: Fachbl. f. d. ges. Kontorwesen; 3, 17 ff.: Industrie- u. Handels-Anzeiger). Red.: Carl Gieseguth. Jg. 1–3; 4, 1. 2. [Mehr nicht erschienen.] Halle a. S.: C. Gieseguth 1899–1902. 4 Bde 4°

Kontor, das. Zeitschrift f. Kaufleute. 1.—3. Jahrg. April 1907—März 1910 à 12 Nrn. (à ca. 50 S. m. Abbildgn.) Lex. 8. Berlin, Verlag Kontor. à Jahrg. 10. —

Kontorfreund, der. Zeitschrift f. Kontor u. Bureau. Schriftleitung: Rhold. Anton. 1.—3. Jahrg. Oktbr. 1900—Septbr. 1903. à 24 Nrn. hoch 4. (à ca. 16 S. m. Abb.) Leipzig, Verlag des „Kontorfreund" A. O. Paul. à Jahrg. n. 4. —

Kontorfreund, der. Zeitschrift f. Kontor u. Bureau. Schriftleitung: O. Seiler. 4.—7. Jahrg. Oktbr. 1903—Septbr. 1907. à 24 Nrn. (à Jhrg. IV, 384 S.) Lex.-8. Leipzig, Seiler & Co. à Jhrg. n. 4. —; geb. n. 5. 50

Kontorfreund, der. Zeitschrift f. Handelspraxis. Schriftltg.: Max Busse. 8.—11. Jahrg. Oktbr. 1907—Septbr. 1911. à 24 Nrn. (à Jahrg. IV, 388 S. m. Abb.) Lex. 8. Leipzig, Seiler & Co. à Jahrg. 4. —

Waldheim's Kontorhandbuch und Geschäftskalender für das Jahr 1905. 30. Jahrg. Schmal-Fol. (252 S.) K 2.—
Wien: v. Waldheim & Eberle 1904.

Waldheims Kontorhandbuch und Geschäftskalender für das Jahr 1906. 40. Jahrg. Schmal-Lex.-8°. (251 S.) Ebd. K 2.—

Waldheim's Kontorhandbuch und Geschäftskalender für das Jahr 1907. Fol. (305 S.) Ebd. K 2.—

Waldheim's Kontorhandbuch und Geschäftskalender für 1908 Ebd. K 2.—

Waldheims Kontorhandbuch und Geschäftskalender für das Jahr 1909. 43. Jahrg. Fol. Ebd. K 2.—

Waldheims Kontorhandbuch und Geschäftskalender für 1910 Ebd. K 2.—

Kontorhaus, das Hamburger. Hrsg. vom Architekten- u. Ingenieur-Verein zu Hamburg. 42 Taf., davon 2 in Farbendr. m. erläut. Text. (12 S. m. Abb.) 38×27 cm. Hamburg 909. Boysen & Maasch. In Lw.-Mappe 25. —

Kontorist, Der allgemeine kleine, oder tabellarisches Verzeichniss ... aller ... Maasse und Gewichte ... Erfurt 1791. V: *Neuenhahn der jüngere, Carl Christian Adolph.* (MGT)

Kontor- u. Cabinets-Kalender f. Geschäftsleute aller Klassen auf d. J. 1910. 59. Jahrg. Nebst e. Anh., enth.: Reduktions-Tabelle der Franken u. Cts. in deutsche Mark u. umgekehrt; Gesandtschaften u. Konsulate der Schweiz u. des Auslandes; Post- u. Telegraphen-Tarif; Münz-Reduktions-Tabelle; Wechselstempel-Tarif; Zinstabelle. (120 S.) 35×14,5 cm. Bern, F. Semminger. Geb. in Leinw. 1.20; u. durchsch. 2.25

Kontorowitsch, N[oah], aus Armiansk (Russland): Morphologische Untersuchungen des embryonalen Blutes. ⟨Haematologische Arbeiten unter Leitung von Dr. Naegeli, Zürich.⟩ Wien 1908. 22 S. 8°. S.-A. aus der Wiener Medizinischen Wochenschrift Nr. 35—37, 1908. [6. X. 08.]
Zürich Med Diss. 1908/09.

Kontorowitsch, N[oah]. Morphologische Untersuchungen des embryonalen Blutes. Diss. Med. Univ. Zürich. (Separatabdruck aus der «Wiener Medizinischen Wochenschrift», Nr. 35 bis 37, 1908.) *Kopftitel:* Haematologische Arbeiten unter Leitung von Privatdozent Dr. [Otto] Naegeli.... 22 S. 8. Wien, Moritz Perles, 1908.

Kontowt, Marie: Morphologische Veränderungen der Zellen, in welchen pathologisch das Fett auftritt. Leipzig o. J. 27 S. 8°.
Zürich. Med. Diss. 1900/1901

Kontowt, Marie. Morphologische Veränderungen der Zellen, in welchen pathologisch das Fett auftritt. Diss. Med. Univ. Zürich. 28 S. 8. (Leipzig, Friedrich Gröber, [1901].)

Konträrsexualismus, der, inbezug auf Ehe u. Frauenfrage. gr. 8. (31 S.) Leipzig 895. M. Spohr. n. — 80

Kontrast

— der; od. die Geheimnißvolle. Lstsp. in 3 Aufz. v. Weidmann. 8. Wien, Wallishäußer.

Kontrast, der; od. d. Früchte d. Erziehung, a. d. Engl. der Mißtreß X. E. Edgeworth, v. Verf. d. Heliodora. 8. Görlitz, Anton. 807.

קונטרס המסורת, **Kontres hamassoreth** angeblich von Ahron ben Ascher. Hrsg. u. mit einer Einleitung u. Anmerkungen versehen v. Leop. Dukes. 16. (VI u. 82 S.) Tübingen 846, Fues. n. 16 ngl

Kontres Ha-Rambom. Die Literatur üb. Maimonides' Gesetzes-Codex „Mischah-Thora". 2. Aufl. (In hebr. Sprache.) gr. 8. (48 S.) Wien 893. Ch. D. Lippe. n. 1.—

Kontribuzion (Die) oder Uebersicht des Kontribuzionsstandes in Beziehung auf das physiokratische System. 8°. Wien 1788.

Kontrole, s. Kontrolle

Kontroll-Apparate f. Ziegeleien u. verwandte Betriebe. (95 S. m. Abbildgn.) 12. Berlin 903. Tonindustrie-Zeitg. n. 1. —

Kontrolbuch üb. die zur Instandsetzung gegebenen Bekleidungs ꝛc. -Stücke der ..... Korporalschaft ..... Kompagnie ..... Regiments Nr. ..... 12. (52 S.) Wesel 896. C. Kühler. Kart. n. — 20

Kontrollbuch f. Zielen u. Schießen der ... Kompagnie ... Korporalschaft. 12. (76 S. m. Fig.) Wesel 897. C. Kühler. Kart. n.n. — 30

[F.] **Kontrollbuch** für Zielen und Schiessen der ... Komp. ... Korporalschaft. *Wesel: C. Kühler (1898).* (76 S. Formul.) 1 Bd 8. [98. 2429

Kontrolle des Fleischverkehrs. Verfügung des Regierungs-Präsidenten. Merseburg, den 8. VII. 1910. (12 S.) 8. Merseburg (910). (F. Stollberg.) — 20

Kontrole f. Schießen, Zielen, Entfernungsschätzen der Korporalschaften. Ausg. f. Fußartillerie. 16. (24 S.) Berlin 889. Liebel. n. — 10

— dasselbe. Ausg. f. Infanterie. 16. (24 S.) Ebd. 889. n. — 10

— dasselbe. Ausg. f. die Beritte der Kavallerie. 16. (24 S.) Ebd. 889. n. — 10

— dasselbe. Ausg. f. die Korporalschaften der Pioniere. 16. (24 S.) Ebd. 889. n. — 10

—— desgl. — der .. ten Korporalschaft. 16. (24 S.) Ebd. 890. * — 10
Aus: Brunn, Taschenb. f. die Schießlehrer, besonders abgedruckt.

[Kopft.:] [F.] '(Ausgabe 1896, auf Grund d. neuen Bedinggn f. d. Schulschiessen v. 24. 10. 1895.)' **Kontrole** für Schiessen, Zielen, Entfernungsschätzen der ten Korporalschaft. *Berlin: Liebel (1896).* (32 S.) 1 Bd 8. [96. 4238

Kontrole f. Schießen, Zielen, Entfernungsschätzen der Korporalschaft. (Ausg. 1896/97, auf Grund der neuen Bedinggn. f. d. Schulschießen v. 18. 9. 1896.) gr. 16. (32 S.) Berlin 896. Liebel. — 15

[Kopft.:] [F.] **Kontrole** für Schiessen, Zielen, Entfernungsschatzen der ten Korporalschaft. '(Ausg. 1896/97, a. Grund d. neuen Bedinggn f. d. Schulschiessen vom 18. 9. 1896.)' *Berlin: Liebel [1897].* (32 S.) 1 Bd 8. [98. 3823

Kontrole f. Schießen, Zielen, Entfernungsschätzen der Korporalschaft. (Ausg. 1902/1903, aus „v. Brunn, Taschenbuch f. den Schießlehrer", 6. Aufl.) gr. 16. (32 S.) Berlin, Liebel. n.n. — 15

Die staatliche **Kontrollierung** der Prostitution. Notwendigkeit u. Möglichkeit ihrer Beseitigung v. medizin., jurist., ethisch-relig. Standpunkte aus begründet. Denkschrift, als Ms. hrsg. vom Dresdner Verein z. Hebung d. Sittlichkeit. — Dresden 1896: Philipp. 43 S. 8°

Kontrol-Vorschriften der Landes-Versicherungsanstalt Hannover. *Hannover 1902: F. Culemann.* (7 S.) 8° [F.] [03. 6530 7

Kontrollvorschriften der Landes-Versicherungsanstalt Westfalen. O. O. (1907). 8°
Aus. Amtsblatt d. Kgl. Regierung Münster Beil.

Kontumazen und Strapazen eines Pilgers nach Rom. Lindau 865. Stettner. 8. (2 Bl., 195 S.) 12 ngr.

Konturen aus Schwaben, s. Buohler, Joh. Baptist

Kontze, Fr., das Bestechungsunwesen in Handel u. Verkehr. Mit Berücksicht. der deutschen u. der neuen ausländ. Gesetzgebg. (67 S.) gr. 8. München 907. M. Rieger. 1. —

Konvalina, L.: Kopf und Herz. 24 S. 8°.– Wien ak. G., Progr. 1869.

Konvalina, L.: Die Prophetie in Platons Phädrus und Isokrates Rede gegen die Sophisten. 28 S. 8° – Marburg, Progr. 1866.

Konvalina, Leop., Lehrbuch der formalen Logik. gr. 8. (VIII, 155 S.) Wien 876, Hölder. *

Konvalina, Leopold Anton Schlenkrich Nekrolog 8 (4 S.)
Progr. Staatsg im III Bezirk *Wien* 1890

Konvenienz, s. a. Convenienz.

Konvenienz u. Pflicht. Dramat. Gemälde v. Koller. 8. Regensburg, Montag. 796.

Konvent

— vergl. auch d. Buchstaben C.

Konvent, das raisonnirende, eine gemeinnützige ökonomisch-moral.-polit. Schrift für den Bürger u. Landmann, in unterhalt. Gesprächen. 3 Bde. 8. (Erfurt 786—88. Keyser). 1 Rthl 22 gr

Die Genfer Konvention i. Kriege v. 1870/71 von v. C. Karlsruhe 1871.

Konvention, die neue Genfer, vom J. 1906, s. a. Militär-Wochenblatt. 1907. 6. Beiheft.

Die neue Genfer **Konvention** vom Jahre 1906. Berlin: E. S. Mittler & Sohn (1907). (S. 209–223.) 8° [Umschlagt. F.]
— **Militär-Wochenblatt.** 1907. Beih. 6, [2.] [07. 8930

Germania-Loge No 79, f. & a. m. Sechste Konvention des Zirkels deutsch-amerikanischer Freimaurer-Logen. Goldenes Jubiläum der Germania-Loge, No 79, f. & a. m. Saginaw, Michigan. 22., 23. und 24. Juni 1904. [Saginaw 1904.] 31 S. 8°
Enth. Programm, 2 Festlieder ohne Noten, 1 Gedicht, Histor. üb. den Zirkel, Gesch. der Loge Germania zur Flamme im Walde, Verzeichn. der Mitgl. u. a. m.

Die Konvention vom 15. Sept. und die Encyklika vom 8. Dez. 1864.
—— Aus dem Französ. übersetzt von Sincerus. Mit einem Vorwort des Übersetzers. Wien, Mayer u. Co., 1865, gr. 8°, XIII, 143 S., 1,05 Mk.

Aktiengesellschaft der Eisen- und Stahlwerke von Georg Fischer in Schaffhausen. Konventionen für den Verkauf von Fittings. Bezirke: Ostschweiz — Basel — Centralschweiz. 15. März 1901. II + 20 S. 8. Schaffhausen, H. Meier & Cie.

Konversation zwischen einem Stotternden, einem Schwerhörenden und einem Schnofelnden über deutsche und italienische Oper, s. Theater-Repertoir, Wiener.

Konversationsblatt, frankfurter, (belletrist. Beilage z. Oberpostamts-Zeitung). Jahrg. 1846 u. 47. à 365 Bl. (½ B.) gr. 4. Frankfurt a. M. (Varrentrapp's Verl.) à J. *

Konversationsblatt, frankfurter. Belletrist. Beilage zur Ober-Postamtszeitung. Jahrg. 1848. 366 Nrn. (½ Bog.) gr. 4. Frankfurt a. M., (Varrentrapp's Verlag.) *

Medicinisches Conversationsblatt. Hrsg. v. (Karl) Hohnbaum u. (Ferdinand) Jahn. Jg. 1–3. gbd.

Hildburghausen: Kesselring 1830–32

JB 6.158

Wiener Konversationsblatt für alle Tagsbegebenheiten, für öffentliches Leben, Geselligkeit, für Industrie, Kunst, Handel, Kommunikationen, für Erfindungen aller Art, Musik, Mode und Luxus. (Vormals Theaterzeitung.) Herausgeber und Redakteur: Ad. Bäuerle. Druck von L. C. Zamarski. Fol. 3spaltig. Täglich, mit Ausnahme des Montags. 16 und 20 fl. jährlich. Wien 1855.

Konversations-Handbuch, kaufmännisches, englisch-deutsch und französisch-deutsch. Zum Gebrauch in Real-, Gewerbe- und Handelsschulen, insbesondere zum Selbstunterricht. 2. Kursus: Für Geübtere. 1. Abthl.: Englisch-deutsche Gespräche aus dem Geschäftsleben. Bearb. unter Mitwirkung von W. A. Nettleton von Rud. Thum. 2. verb. und verm. Aufl. gr. 8. (XIV, 192 S.) Leipzig 876, Spamer. *

Konversations-Handbuch, kaufmännisches. Französisch-deutsch. Zum Gebrauch in Real-, Gewerbe- und Handelsschulen, insbesondere zum Selbstunterricht. 1. Kurs.: Französisch-deutsche Konversationsschule. Kursus für Anfänger. Bearb. unter Mitwirkung von Jules Haupois durch Rud. Thum. 2. Aufl. 8. (VIII, 241 S.) Leipzig 883, Gloeckner. cart. *

Konversations-Lexikon, s. a. Brockhaus.

Konversations-Lexikon, s. a.: Conversations-Lexikon.

Konversations-Lexikon, s. a. Meyer. — Pierer. — Realencyklopädie, allgemeine.

Dennert's **Konversations-Lexikon.** Ein Nachschlage- u. Belehrungsbuch f. alle Fälle u. Lagen d. tägl. Lebens. Unter Mitw. von zahlr. Fachgelehrten hrsg. von Prof. Dr. phil. E[berhard] Dennert. Neue rev. Ausg. Bd. 1. 2. Berlin: Oestergaard (1909). 8°
1. A bis H. 2. J bis Z. [11. 3465

Herders **Konversations-Lexikon.** 3. Aufl. Reich ill. durch Textabb. Taf. u. Karten. Bd 1–8. Freiburg im Br.: Herder (1902–07). 8 Bde 8° [F.]
1. A bis Bonaparte. (1902.) 2. Bonar bis Eldorado. 1903.
3 Elea bis Gyulay. 1904. 4. H bis Kombattanten. 1905.
5. Kombination bis Mira. (1905.) 6. Mirabeau bis Pompeji. (1906.)
7. Pompejus bis Spinner. 1907. 8. Spinnerei bis Zz. (1907) [08. 17173

Konversations-Lexikon, illustrirtes. Vergleichendes Nachschlagebuch für den tägl. Gebrauch. Hausschatz für das deutsche Volk und „Orbis pictus" für die studirende Jugend. 167.—255., 257., 259., 261. und 263. Heft. Mit eingedr. Holzschn. und Holzschntaf. und Atlas von 34 chromolithogr. Karten und statist. Text. gr. 4. (6. Bd. Sp. 497—1679; 7. Bd. 1520 Sp.; 8. Bd. 1536 Sp. nebst Namen- und Sachregister 110 Sp.) Leipzig 876—79, Spamer. à Heft 50 Pf.; 6. und 7. Bd. à * geb. in Halbleinw. à * ℳ 19.; geb. in Halbfrzbd. à * 8. Bd. * ℳ 17,50.; geb. in Halbleinw. * geb. in Halbfrzbd. *
1.—5. Bd. Ebendas. 1869—76. à * ℳ 16.; geb. in Halbleinw. à * ℳ 19.; geb. in Halbfrzbd. à * ℳ 20.

—— dass. — 256., 258., 260., 262., 264.—299. Heft. gr. 4. (1. Ergänzungsbd. 1992 S. mit eingedr. Holzschn., Holzschntaf. und chromolithogr. Karten.) Ebendas. 879,80. à Heft 50 Pf. * geb. in Halbleinw. * ℳ 23.; geb. in Halbfrzbd. *

Konversations-Lexikon, illustrirtes. Nachschlagebuch f. den tägl. Gebrauch. Ein Hausschatz f. das Volk. „Orbis pictus" f. die studier. Jugend. 2., gänzlich umgearb. Aufl. 73.—162. Lfg. Lex.-8. (3. Bd. Sp. 1537—1632; 4. Bd. 1592 Sp.; 5. Bd. 1576 Sp.; 6. Bd. 1652 Sp.; 7. Bd. Sp. 1—768, m. eingedr. Holzschn.) Leipzig 887—890. Spamer. à n. — 50

— illustrirtes. Nachschlagebuch f. den tägl. Gebrauch. Ein Hausschatz f. das Volk. 2., gänzlich umgearb. Aufl. 163.—200. (Schluß-)Lfg. Lex.-8. (7. Bd. Sp. 769—1516, 8. Bd. 1672 Sp.) Leipzig 891. O. Spamer. à n. — 50; in Bdn. à n. 12. 50; geb. in Halbfrz. à n. 15. —

Konversations-Lexikon, illustriertes, der Frau. 2 Bde. Mit 45 farb., 35 schwarzen Taf., graph. Darstellgn. u. statist. Tab., rund 1000 Text-Illustr., e. Mitarbeiter-Verzeichn. u. e. Bezugsquellen-Nachweise. gr. 8. (831 u. 800 S.) Berlin 899. 900. M. Oldenbourg. à n. 10. —; geb. in Leinw. à n. 12.50; in Halbfrz. à n. 14. —
Erschien auch in 40 Lfgn. à n. — 50.

Ⓑ Konversations-Lexikon, illustr., d. Frau. 899, 900. (KBL 31.) Jetzt: Berlin, W. Vobach & Co. Erm. Pr. geb. 15. —

Illustriertes Konversations-Lexikon der Frau In 2 Bdn. Mit Taf., graph. Darstell u. statist. Tab., Text-Ill., e. Mitarb.-Verz. u. e. Bezugsquellen-Nachweise. Bd 1. 2. *Berlin: M. Oldenbourg 1900.* 2 Bde 4°(8°) [F.]
1 Aal – Kulturaufgabe d Frau 2 Kulturgesch – Zwölffingerdarm [00. 13270

Konversations-Lexikon, illustrirtes, der Gegenwart. Mit etwa 1500 Text-Abbildungen, 20—25 Extrabeigaben, Karten, Plänen ꝛc. In 2 Bdn. zu 79 Hftn. gr. 4. (1. Bd. 1992 u. 2. Bd. 1860 S.) Leipzig 881. 82. Spamer. à n. — 50

—— illustrirtes, der Gegenwart. Alphabetisch geordnetes Nachschlagebuch für Haus und Familie. Auskunfterteilung über die neuesten Zustände im Staat und Gesellschaft, in Handel und Wandel sowie über die Fortschritte auf allen Gebieten des Wissens im achten Jahrzehnt dieses Jahrhunderts. Mit über 1200 Text-Abbild., 15 Tonbildern und 6 Karten. 79 Hefte oder 2 Bde. gr. 4. (1992; 1860 Sp.) Leipzig 881,82, Spamer. à Heft * 50 Pf.; compl. * geb. in Leinw. *

— illustrirtes, für das Volk. Zugleich e. Orbis pictus für die Jugend. 1—27. Heft. Leipzig 869, 70. Spamer. gr. 4. (1. Bd. Sp. 1—1256 mit eingedr. Holzschn.) Jedes Heft n. 5 ngr.

Konversations-Lexikon, illustrirtes, f. das Volk. Zugleich e. Orbis piktus f. die Jugend. 28—184. Hft. gr. 4. (1. Bd. XVI u. Sp. 1257—1392. 2. Bd. 1484, 3. Bd. 1536, 4. Bd. 1589, 5. Bd. 1560 Sp. u. 6. Bd. Sp. 1—1264 m. eingedr. Holzschn.) Leipzig 870—76. Spamer. à n. — 50

— illustrirtes, für das Volk. Zugleich ein Orbis pictus für die Jugend. 185—380. (Schluß-)Hft. Nebst Atlas. 3—8. Gratishft. gr. 4. (6. Bd. Sp. 1265—1699, 7. Bd. 1520 u. 8. Bd. 1536, Register 110, Ergänzungsbd. 1. Thl. 1912 u. 2. Thl. 1860 Sp. mit eingedr. Holzschn., Holzschntaf. u. Atlas v. chromolith. Karten mit statistischem Text auf der Rückseite.) Ebend. 877—82. à n. — 50

—— dass. — Zugleich ein Orbis pictus für die studierende Jugend. 2. Aufl. (In ca. 200 Lfgn.) 1.—18. Lfg. Lex.-8. (1. Bd. Sp. 1—1152 mit eingedr. Holzschn., Holzschntaf. und 2 chromolithogr. Karten.) Ebendas. 884. à Lfg. * 50 Pf. *

Konversations-Lexikon, illustrirtes, für das Volk. Zugleich ein Orbis pictus für die studierende Jugend. 2. Aufl. (In ca. 200 Lfgn.; oder in 34 Abthlgn.; oder in 8 Bdn.) 19.—109. Lfg. Lex.-8. (1. Bd. Sp. 1153—1512; 2. Bd. 1512 Sp.; 3. Bd. 1632 Sp.; 4. Bd. 1592 Sp.; 5. Bd. Sp. 1—640 mit eingedr. Holzschn.) Leipzig 885—88, Spamer. à Lfg. * 50 Pf. * 45 50
à Abthl. * 3 —
à Bd. * ℳ 12.50.; geb. à * 15 —
1.—18. Lfg. Ebendas. 1884. à * 50 Pf.

(Franz) Krupkes (& Co.) Konversations-Lexikon der Borse und des Handels und Praktischer Fuhrer fur Kapitalisten. 5. ganzl neu bearb u. stark erw. Aufl. (1–5.) Berlin Krupke 1904–08. 8°
1 1904 2 1905 3. 1906–07 4 (Reg- u Erg-)Bd 1907–08
5 (Schlussbd) 1908–09 [09. 6521

KONVERSATIONSLEXIKON zur Kulturgeschichte der Liebe und Ehe. Herausgegeben von J. Kahlenberg. Berlin, Alfred H. Fried & Cie., 1892. Gr. 8°. 2 Teile in 1 Bde. 320 und 318 S. inkl. Register.

Konversations-Lexicon der gesammten Land- u. Hauswirthschaft nebst d. mit beiden in Verbindung stehenden Gewerben u. Hülfswissenschaften. Bearbeitet von einem Verein von Landwirthen u. Gelehrten, herausg. v. F. Kirchhof. Bd. 1—9. Glogau 1837—1842. gr. 8.

Konversations-Lexicon, Landwirthschaftliches, für Praktiker u. Laien. Herausg. von Alex. v. Lengerke. Bd. 1—4. Prag 1837—1838. gr. 8.

Konversations-Lexikon, Meyer's, s. Meyer's ...

Konversations-Lexicon, neues, ein Wörterbuch des allgemeinen Wissens. Unter der Redact. von H. Krause hrsg. von Herm. J. Meyer. 2., gänzlich umgearb. Aufl., mit geograph. Karten, wissenschaftl. und techn. Illustr. 16 Bde. in 326 Lfgn. Lex.-8. (1. und 2. Bd. 2250 S., 3. Bd. 1110 S., 4. Bd. 1116 S., 5. Bd. 1112 S., 6. Bd. 1064 S., 7. Bd. 1114 S., 8. Bd. 1116 S., 9. Bd. 1118 S., 10. Bd. 1116 S., 11. Bd. 1118 S., 12. Bd. 1116 S., 13. Bd. 1120 S., 14. Bd. 1164 S., 15. Bd. 1157 S., 16. Bd. 1099 S., mit eingedr. Holzschn., 50 ill. Karten in Fol., 125 Holzschntaf. und 38 Stahlst. in Lex.-8. und gr. 4.) Hildburghausen 862—68, Bibliographisches Institut. à Lfg. 3 Ngr.
geb. in Lnbd. 37 Thlr. 10 Ngr.; Halbfrzbd. Ruff. Lederbd.
Vgl.: Conversations-Lexikon. — Real-Encyklopädie.

— neues, e. Wörterbuch d. allgemeinen Wissens. Hrsg. v. Herm. J. Meyer. 2. gänzl. umgearb. Aufl. 17. Bd. Special-Suppl. f. 1870—1871. Von A. Niemann. 1—8. Hft. Lex.-8. (S. 1—614 m. eingedr. Holzschn. u. 17 chromolith. Karten in gr. 8., 4 u. qu. Fol.) Leipzig 872. 73. bibliograph. Institut. à — 75

—— neues, ein Wörterbuch des allgemeinen Wissens. Hrsg. von Herm. J. Meyer. 2. gänzlich umgearb. Aufl. 17. Bd. Special-Supplement für 1870—1872. Von A. Niemann. 8 Hefte. Lex.-8. (674 S. mit 17 chromolithogr. Karten.) Hildburghausen [Leipzig] 873, Bibliograph. Institut. à Lfg. 75 Pf. 6 —
geb. in Lnwd. ℳ 7.; in Halbfrz. ℳ 7,50.; in russ. Leder * 9 —

Konversations-Lexikon, neues, für alle Stände. In Verbindung mit Staatsmännern, Gelehrten, Künstlern u. Technikern u. unter der Red. der Herren L. Köhler u. Krause herausg. von H. J. Meyer. (In 15 Bdn. oder 300 Heften.) 1—158. Heft. Hildburghausen 857, 58. Bibliograph. Institut. Lex.-8. (1. Bd.: VII, 1276 S.; 2 Bd.: 2 Bl., 1296 S.; 3. Bd.: 1284 S.; 4. Bd.: 1276 S.; 5. Bd.: S. 1—768; 6. Bd.: 2 Bl., 1276 S.; 7. Bd.: 2 Bl., 1312 S.; 8. Bd.: 1152 S., mit 75 Stahlst. u. 75 Karten in Stahlst. in gr. 4.) Jedes Heft . n. 3 ngr.
Vgl.: Meyer's, (J.), Conversations-Lexikon.

Konversations-Lexikon, neues, für alle Stände. In Verbindung mit Staatsmännern, Gelehrten, Künstlern und Technikern u. unter der Red. der Herren L. Köhler u. Krause herausg. von H. J. Meyer. In 15 Bdn. 159—292. Heft. Hildburghausen 859, 60. Bibliograph. Institut. Lex.-8. (5. Bd.: S. 769—1398; 8. Bd.: S. 1153—1276; 9. Bd.: 1262 S.; 10. Bd.: 1260 S.; 11. Bd.: 1484 S.; 12. Bd.: 1268 S.; 13. Bd.: 1148 S.; 14. Bd.: XV, 1164 S.; 15. Bd.: 1024 S., mit 99 Stahlst. u. 48 color. Karten in Stahlst.) Jedes Heft n. 3 ngr.; complet n. 30 ℛ

— — Ergänzendes Wort- und Sach-Register dazu. Ein Nachweis aller nicht unter den eigenen Stichwörtern aufgenommenen Artikel u. Notizen in alphabetischer Ordnung. Ebend. 860. Lex.-8. (162 S.) n. 10 ngr.

Konversations-Lexicon, Svensk. 4 Delen. bueh 4. Stockholm 845—51. (Leipzig, Lorck.) n. n. 28 ℛ

Konversations-Schule, kroatisch-deutsche. Eine methodische Anleitung zur prakt. Erlernung der kroatischen und deutschen Umgangssprache. 16. (VIII, 428 S.) Agram 869, Hartman's Buchh. *
2. Aufl. s. Filipović, Ivan.

Konversazions-Taschenbuch der italienischen und deutschen Sprache. (Nach Bozzi.) 9. Aufl. von Alois Cäsar Pavišich. A. u. d. T.: Manuale di conversazione nelle due lingue italiana e tedesca. (Giusta il metodo di Bozzi, etc.) Wien 857. Lechner. 12. (X, 364 S. u. 1 Tab. in qu. Fol.) n. 20 ngr.

Konversations-Theil zur Machat'schen Sprachlehre. (Anhang.) Deutsch-französische und französisch-deutsche Uebersetzungs-Aufgaben in der neuester Zeit so beliebten Dialogform, über jene Lehrparagraphe, welche in den bisherigen acht und zwanzig Ausgaben dieser Grammatik und in den meisten andern Sprachlehren ohne Uebungsaufgaben geblieben sind. Von dem Verfasser der Geheimnisse der französischen Causerie. Wien, 1856. Gedruckt bei Anton Benko. Verlag von Rudolph Lechners k. k. Universitäts-Buchhandlung. (56 S. 8.)

Konversationsunterricht im Englischen. 1.—4. u. 6.—10. Hft. gr. 8. Giessen, E. Roth. à n. —40
1. I. Bd. Die vier Jahreszeiten f. d. englische Konversationsstunde nach Hölzels Bildertafeln bearb. Von E. Towers-Clark. 1. Der Frühling (spring). 4., verm. u. verb. Aufl. m. Zugabe des Textes in beschreib. Form. (27 S. m. Titelbild.) (902.)
2. Dasselbe. Der Sommer (summer). Mit Anh.: Beschreibg. des Bildes. 4. Aufl. (IV, 21 S.) 900.
3. Dasselbe. Der Herbst (autumn). 4. verm. u. verb. Aufl. (31 S.) 902.
4. Dasselbe. Der Winter (winter). 4. Aufl. Mit Anh.: Beschreibung des Bildes. (36 S. m. Titelbild.) (902.)
6. II. Bd. Übungen für die englische Konversationsstunde, nach Hölzels Bildertafeln bearb. Von E. Towers-Clark. Der Wald (forest). 2., verm. u. verb. Aufl. Mit Anh.: Beschreibung des Bildes. (31 S.) 902.
7. Dasselbe. Das Hochgebirge (mountain-range). 2., verm. u. verb. Aufl. Mit Anh.: Beschreibung des Bildes. (32 S. m. Titelbild.) 902.
8. Dasselbe. Der Bauernhof (farmyard). 2., verm. u. verb. Aufl. Mit Anh.: Beschreibung des Bildes. (24 S.) 902.
9. 10. The dwelling. Lessons in English conversation after Hölzel's picture. By K. Bowen and C. M. Schnell. (III, 61 S. m 1 Bild.) 899. n. —80; m. kolor. Bild n. 1.—

— dasselbe. 2. Bd. gr. 8. Ebd. n. 1.20; geb. n. 1.40
Übungen f. die englische Konversationsstunde nach Hölzels Bildertafeln: Stadt, Wald, Hochgebirge, Bauernhof. 2., verb. Aufl. Von E. Towers-Clark. (43, 31, 32 u. 24 S. m. 4 Bildern.) (902.)

Konversationsunterricht im Englischen. 1. u. 5. Heft. (Mit je 1 Titelbild.) 8. Giessen, E. Roth. à n. —40
1. I. Bd. Die vier Jahreszeiten f. die englische Konversationsstunde, nach Hölzels Bildertafeln bearb. Von E. Towers-Clark. 1. Der Frühling (the spring). 5., verm. u. verb. Aufl. Mit Anh.: Beschreibg. des Bildes. (31 S.) (904.)
5. II. Bd. Uebungen f. die englische Konversationsstunde, nach Hölzels Bildertafeln bearb. Von E. Towers-Clark. Die Stadt (the city). 3., verm. u. verb. Aufl. Mit Anh.: Beschreibung des Bildes. (44 S.) (904.)

Konversationsunterricht im Englischen. 1. Bd. 4. Heft. gr. 8. Giessen (910). E. Roth. · —40
Die vier Jahreszeiten f. die englische Konversationsstunde nach Hölzels Bildertafeln bearb. Von E. Towers Clark. 4. Der Winter (Winter). 6. Aufl. Mit Anh.: Beschreibung des Bildes. (36 S. m. Titelbild.)

— im Französischen. 1.—10. Hft. gr. 8. (Mit je 1 Titelbild.) Ebd. à n. — 40
1. I. Bd. Die vier Jahreszeiten, f. die französische Konversationsstunde nach Hölzels Bildertafeln bearb. Von L. Durand u. M. Delanghe. 1. Hft. Der Frühling (le printemps). 4., verm. u. verb. Aufl. Mit Anh.: Beschreibung des Bildes. (32 S.) (901.)
2. Dasselbe. 2. Hft. Der Sommer (l'été). 3., verm. u. verb. Aufl. Mit Anh.: Beschreibung des Bildes (IV, 20 S.) (900.)
3. Dasselbe. 3. Hft. Der Herbst (l'automne). 3., verm. u. verb. Aufl. Mit Anh.: Beschreibung d. Bildes. (32 S.) (901.)
4. Dasselbe. 4. Hft. Der Winter (l'hiver). 3., verm. u. verb. Aufl. Mit Anh.: Beschreibung des Bildes. (35 S.) (900.)
1—4 in 1 Bd. n. 1.20; geb. n.n. 1.40
5. II. Bd. Übungen f. die französische Konversationsstunde nach Hölzels Bildertafeln bearb. Von L. Durand u. M. Delanghe. 5. Die Stadt (la ville). 3., verb. Aufl. Mit Anh.: Beschreibung des Bildes. (40 S. m. Titelbild.) (902.)
6. Dasselbe. 6. Hft. Der Wald (la forêt). 2., verm. u. verb. Aufl. Mit Anh.: Beschreibung des Bildes. (35 S.) (901.)
7. Dasselbe. 7. Hft. Das Hochgebirge (la chaîne des alpes). 2., verm. u. verb. Aufl. Mit Anh.: Beschreibung d. Bildes. (31 S.) (901.)
8. Dasselbe. 8. Hft. Der Bauernhof (la ferme). 2., verm. u. verb. Aufl. Mit Anh.: Beschreibung des Bildes. (30 S.) (901.) 5—8 in 1 Bd. n. 1.20; geb. n.n. 1.40
9. 10. L'habitation. Leçon de conversation française d'après le tableau de Hölzel. Par Fernand Herbert. (Mit französ.-deutschem Wörterbuch.) (IV, 72 S. m. Titelbild.) 899. n. —80; m. grösserem kolor. Bild n. 1.—

— im Französischen. 1.—4. Heft. (Mit je 1 Titelbild.) 8. Ebd. 904. à n. —40; in 1 Bd. geb. n.n. 1.40
1. I. Bd. Die 4 Jahreszeiten, f. die französische Konversationsstunde nach Hölzels Bildertafeln. Von L. Durand u. M. Delanghe. 1. Hft. Der Frühling (Le printemps) 5, verm. u. verb. Aufl. Mit Anh.: Beschreibung des Bildes. (32 S.)
2. Dasselbe. 2. Heft. Der Sommer (L'été). 4. Aufl. Mit Anh.: Beschreibung des Bildes. (24 S.)
3. Dasselbe. 3. Hft. Der Herbst (L'automne). 4., verm. u. verb. Aufl. Mit Anh.: Beschreibg. des Bildes. (32 S.)
4. Dasselbe. 4. Hft. Der Winter (L'hiver). 4., verm. u. verb. Aufl. Mit Anh.: Beschreibg. des Bildes. (39 S.)

Konversazion, s. Konversation

Konvertitinn, die; Trspl. 8. Presburg 785. Mahler. 6 kr

Konwalt, Adolf [Magister der Pharmacie aus Vöslau b./Wien]: Ueber den Einfluss benachbarter Nitrogruppen auf orthoständige Chloratome im Benzolkern. Basel 1903. 46 S. 8°.
Basel. Phil. Diss. 1902/1903.

Konwalt, Adolf. Über den Einfluss benachbarter Nitrogruppen auf orthoständige Chloratome im Benzolkern. Diss. Phil. Basel. 46 S. 8. Basel, Walz & Miéville, 1903.

Konwiczka, Anna, physikalische Belustigungen, s.: Beyer's illustr. Beschäftigungs-Spiel- u. Sportbücherei.

— Gesellschafts- u. Pfänderspiele, s.: Beyer's illustr. Beschäftigungs-Spiel- u. Sportbücherei.

— Eine Kochkiste, s.: Wie baue ich mir selbst?

— Papier- u. Pappearbeiten, Papierspiele etc., s.: Beyer's illustr. Beschäftigungs-Spiel- u. Sportbücherei.

— Tennisspiel u. andere beliebte Ballspiele, s.: Beyer's illustr. Beschäftigungs-Spiel- u. Sportbücherei.

Konwiczka (A.). Das Tennisspiel und andere beliebte Ballspiele. Leipzig. 1910. 8°. 31 S. M. —.60

— Verwandlungsspiele, Rätselscherze u. Scherzfragen, s.: Beyer's illustr. Beschäftigungs-Spiel- u. Sportbücherei.

Konwiczka, Hans

— Chemische Apparate aus Glas. Anleitung zum Glasblasen, Bearbeitung v. Glas, nebst Anleitg. zum Löten, s.: Wie baue ich mir selbst?

— Apparate zu unterhaltenden Experimenten u. Zauberkunststücken, s.: Wie baue ich mir selbst?

— Galvanoplastische Apparate, nebst Anleitg. zum galvan. Verkupfern, Vernickeln, Versilbern u. Vergolden, s.: Wie baue ich mir selbst?

— Apparate zur Lehre vom Schall, s.: Wie baue ich mir selbst?

— Optische Apparate, s.: Wie baue ich mir selbst?

— Apparate zur Reibungselektrizität, s.: Wie baue ich mir selbst?

— Apparate zur Vervielfältigung v. Zeichnungen, Bildern u. Schriftstücken, s.: Wie baue ich mir selbst?

— Apparate zur Wärmelehre u. Wetterprognose, s.: Wie baue ich mir selbst?

— Aquarien, s.: Wie baue ich mir selbst?

Konwiczka, Hans, Aeroplan. Flugmaschine (System Farman), s.a Wie baue ich mir selbst?

Konwiczka (H). Aeroplan-Flugmaschine. (System Farman). Beitrag zur Förderung d. Handfertigkeit. (19 S. m. 17 Abb.) Leipzig. 1910. M. —.60

— Bahnhofsanlagen, s.: Wie baue ich mir selbst?

— Beschäftigungen f. Amateure, s.: Zeitvertreib u. Nebenverdienst, photographischer.

— Beschäftigungen im Zimmer. Nebst Anleitg. zur Selbstherstellg. e. Fernphotographen-Apparates, s.: Zeitvertreib u. Nebenverdienst, photographischer.

— s.: Bezugsquellen-Adressbuch, illustriertes, f. die Schule.

— Der junge Bildhauer. Anleitung zur Herrstellg. v. Natur- u. Kunstabgüssen aus Metallen u. Gips, sowie galvan. Abzüge, s.: Wie baue ich mir selbst?

— Chemie des täglichen Lebens, s.: Beyer's illustrierte Beschäftigungs-, Spiel- u. Sportbücher.

— Chemie des Photographen, s.: Wie baue ich mir selbst?

— Der praktische Chemiker. Chemie f. Jedermann. Unterrichtsbriefe zum Selbstunterricht in der Experimentalchemie f. Jung u. Alt m. 118 Abbildgn. u. Tab. (466 S.) Lex. 8. Leipzig (907). H. Beyer. 8.40; auch in 14 Lfgn. à — 60

— Dampfmaschine. Nebst e. Anleitg. zum Löten, s.: Wie baue ich mir selbst?

— Eisenbahnanlagen, s.: Wie baue ich mir selbst?

— Gartenhäuser u. Lauben. Nebst Anh.: Praktische Winke f. den Rosenfreund, s.: Wie baue ich mir selbst?

— Mikroskopische Geräte, s.: Wie baue ich mir selbst?

— Hausapothekenschrank, s.: Wie baue ich mir selbst?

— Heissluftmotor. s.: Wie baue ich mir selbst?

— Hochsee-Torpedoboot m. Dampfbetrieb. s.: Thalheim, J.

— Insekten-Etiketten f. den Schulgebrauch, s.: Wie baue ich mir selbst?

— 32 Kugel- u. Kegelspiele, s.: Beyer's illustr. Beschäftigungs-Spiel- u. Sportbücherei.

— Metall-, Holz- u. Pappearbeiten, s.: Wie baue ich mir selbst?

— Mineralienkästen. Sammelgeräte etc. Nebst Anleitg. zu Lötversuchen. s.: Wie baue ich mir selbst?

— Naturaufnahmen u. Fernphotographie, s.: Zeitvertreib u. Nebenverdienst, photographischer.

— Naturholzarbeiten, s.: Wie baue ich mir selbst?

— Phonographen-Apparat m. Hand- od. elektrischem Betrieb, s.: Wie baue ich mir selbst?

— Die Physik des täglichen Lebens, s.: Beyer's illustr. Beschäftigungs-Spiel- u. Sportbücherei.

— die Praxis des Pflanzensammlers, s.: Miniatur-Bibliothek.

— Projektionsapparat m. Anh.: Bromsilber-Vergrösserungen, s.: Wie baue ich mir selbst?

— Die besten Rezepte f. die Praxis, s.: Zeitvertreib u. Nebenverdienst, photographischer.

— Praktische Rezepte (Positiv-Prozess), s.: Zeitvertreib u. Nebenverdienst, photographischer.

— Röntgen-Apparat, s.: Wie baue ich mir selbst?

— Sammelgeräte, Kästen u. Schränke f. Naturaliensammlungen, s.: Wie baue ich mir selbst?

— Sammelgeräte f. Pflanzensammler, s.: Wie baue ich mir selbst?

— Sammlungskästen u. Schränke, s.: Wie baue ich mir selbst?

— Mathematische Scherze, Aufgaben u. Kurzweil, s.: Beyer's illustr. Beschäftigungs-Spiel- u. Sportbücherei.

— Scherzphotographien. Nebst Anh.: Vergrösserungsmethoden u. künstler. Bildaufmachg., s.: Zeitvertreib u. Nebenverdienst, photographischer.

— Elektrische Schwebebahn, s.: Wie baue ich mir selbst?

— Segel- u. Ruderboote, s.: Wie baue ich mir selbst?

— Spiele m. Naturkräften, s.: Beyer's illustr. Beschäftigungs-Spiel- u. Sportbücherei.

— Stereophotographen-Apparat. Nebst Herstellg. v. Stereoskopbildern, s.: Wie baue ich mir selbst?

— Eine elektrische Strassenbahn, s.: Wie baue ich mir selbst?

— Terrarien, s.: Wie baue ich mir selbst?

— Trockenelemente, galvanische Elemente u. Akkumulatoren. s.: Wie baue ich mir selbst?

— Turbinen, nebst Anh. üb. Anlage v. Springbrunnen u. sonstiger kleiner Apparate f. Wasserbetrieb, s.: Wie baue ich mir selbst?

— Vorpräparation u. Versendung v. Sammelobjekten. Ein unentbehrl. Ratgeber f. Lehrer, Forstleute, Lehrmittel-Sammelstellen u. Naturfreunde, nebst e. Anh.: Praktische Rezepte f. Sammler u. Präparatoren. (48 S.) 8. Leipzig (906). H. Beyer. n. — 60

— Vorpräparation u. Versendung v. Sammlungsobjekten, s.a. Wie baue ich mir selbst?

— Wasserräder, s.: Wie baue ich mir selbst?

— Wetterwarte, nebst Anleitung zum Gebrauch der Apparate, s.: Wie baue ich mir selbst?

Konwiczka, Hans, Wie baue ich mir Apparate zur Mechanik der festen Körper?, s.: Wie baue ich mir selbst?

— Wie baue ich mir Apparate zur Mechanik tropfbar flüssiger u. luftförmiger Körper?, s.: Wie baue ich mir selbst?

Konwiczka, Hans, wie baue ich mir physikalische Apparate m. den einfachsten Mitteln? (Umschlag: Wie baue ich mir selbst?) Beiträge zur Förderg. der Handfertigkeit in der Familie. 1.—9. Bd. 8. Leipzig 906. H. Beyer. à n. — 60

1. I. Elektromotore u. Trommelanker. — II. Ringankermotor. — III. Motor m. Siemens T-Anker. 2. Aufl. (39 S. m. 54 Abb.) — 2. I. Haustelegraph. — II. Telephon m. Mikrophon. (Telephon u. Haustelegraph.) 3. Aufl. (40 S. m. 47 Abb.) — 3. Elemente, Batterien, Akkumulatoren. 2. Aufl. (31 S. m. 17 Abb.) — 4. I. Glasscheiben-Elektrisiermaschine. — II. Influenz-Elektrisiermaschine (Elektrisiermaschinen.) 2. Aufl. (31 S. m. 32 Abb.) — 5. I. Induktionsapparat (u.) II. Funkeninduktor. 2. Aufl. (29 S. m. 29 Abb.) — 6. I. Morse-Telegraph. II. Wasserzersetzungs-Apparat. (Telegraphenapparat, nebst Anhang Wasserzersetzungsapparat.) 2. Aufl. (26 S. m. 21 Abb.) — 7. I. Magnet-Induktionsmaschine. — II. Dynamomaschine m. Ringanker. (Dynamomaschinen.) 2. Aufl. (32 S. m. 30 Abb.) — 8. I. Tangenten-Boussole. — II. Galvanometer. — III. Stromwender. (Messapparate f. elektr. Ströme.) 2. Aufl. (30 S. m. 33 Abb.) — 9. I. Camera obscura. — II. Stereoskop. (Optische Apparate.) 2. Aufl. 26 S. m. 21 Abb.)

10. Bd. u. d. T.:

Konwiczka, Hans, wie baue ich nützliche Apparate u. Geräte f. Schule u. Haus? 10. Bd. 8. Leipzig, H. Beyer. n. — 60

320 Rezepte v. Farben, Beizen, Lacken, Kitten etc. f. Metall-, Pappe- u. Holzarbeiten f. Dilettanten, Präparatoren u. Sammler. (Umschlag: 2. Aufl.) (48 S.) (906.)

— Windmotore u. Wärmeräder, s.: Wie baue ich mir selbst?

— Zeichenapparate nebst Anleitung zum Zeichnen u. Malen. I. Tl. Hilfsmittel zum Freihandzeichnen u. zur Perspektive, s.: Wie baue ich mir selbst?

Konwiczka, Hans, Zeichenapparate für das technische Zeichnen. Nebst Anh.: Das Kolorieren v. Plänen, s.: Wie baue ich mir selbst?

— Zeppelin III. Nebst Anh.: Ein schweb. Luftballon, s. a. Wie baue ich mir selbst?

Konwiczka (H.). Der Zeppelin III. **Modell eines lenkbaren Luftschiffes.** Nebst Anhang. Ein schwebender Luftballon. Beitrag z. Förderg. d. Handfertigkeit (21 S. m. 28 Abb) 1909. M. —.60.

— Elektrische Zimmerbeleuchtung, s.: Wie baue ich mir selbst?

Konxompax. Fragmente einer apokalyptischen Sibylle über apokalyptische Mysterien. O. O. 1779. V: *Hamann, Joh. Georg.* (Ky) (R-N)

Konya, Karl, praktische Anleitung zur Untersuchung des Harns f. Aerzte, Apotheker u. Chemiker. (VII, 92 S. m. 8 Abbildgn.) 8. Wien 906. Urban & Schwarzenberg. Geb. in Leinw. n. 2. —

Konya Karl Über Derivate des 2-Methyl-1, 3, 4, 5-Phentetrols S 109 Hb. 216 . . . vgr
Separatabdruck

Kónya, Sam., chemische Analyse der Ursprungsquelle in Baden bei Wien. [Aus: Sitzungsber. d. k. Akad. d. Wiss.] Wien 867. (Gerold's Sohn.) Lex.-8. (9 S.) n. 2 ngr.

— chemische Untersuchung der Mineralquellen zu Weilutza bei Jassy. [Aus: d. Sitzungsber. d. k. Akad. d. Wiss.] Ebend. 870. Lex.-8. (12 S.) 3 ngr.

Konynenburg, J., mémoire sur la liberté des cultes, adresse à la société de la morale chrétienne à Paris, en l'année 1825. gr. 8. Leipz. 830. (W. Vogel). 21 gr

Konynenburg, J., Untersuchung über d. Natur d. alttestamentl. Weissagungen auf d. Messias. Aus d. Holländ. übers. von A. F. G. Glaser. 8. Ling. 795. Jülicher. 16 gr

Könyöki, Alois Georg. Untersuchung des Methyleugenols. (Tübingen) Pressburg, 1879.

Magyar költők könyve. Második javított s bővített kiadás. Pest, 1857. Geibel Armin. Bécsben, 1856. Nyom. Manz Frigyesnél. (XII. 475 S. 8.) (Das Buch der ungarischen Dichter. 2te verbesserte und vermehrte Auflage. Pesth, 1857. Hermann Geibel. Wien, 1856. Druck von Fried. Manz.)

Könyves-Tóth, Mich., s. a. Tóth-Könyves, Mich.

Könyves-Tóth, M., der Durchschlag des St. Gotthard-Tunnels und seine Vollendung, s. a. Mittheilungen, technische, des schweizerischen Ingenieur- und Architekten-Vereins.

Könyves-Tóth, M. (Ingenieur). Der Durchschlag des St. Gotthardtunnels u. seine Vollendung. Eine vergleichende Studie über die bedeutenderen Tunnelbauten der Gegenwart. In-8°, VIII und 208 S. mit 3 lithogr. Tafeln. Zürich, Orell Füssli & Cie. 1880. 6 —

*** „Technische Mittheilungen d. Schweiz. Ingenieur- und Architectenvereins", 17. Heft.

— der Neubau des eingestürzten X. Ringes im Tunnel zu Csortanovce, s. Vorträge und Abhandlungen, technische.

Könyves-Toth, Mich., üb. Tunnelbau im Allgemeinen u. üb. die Ursachen der Deformationen bei Tunnelmauergn. u. Vorführg. e. neuen Tunnelbausystems. Vortrag geh. im österr. Ingenieur- u. Architekten-Vereine. [Aus: „Zeitschr. d. österr. Ing.- u. Archit.-Ver."] gr. 8. (IV, 71 S. m. 2 Tab. u. 3 Steintaf. in Fol.) Wien 875. Lehmann & Wentzel. n. 3. —

Konz, Peter: Der physikalische Unterricht in der Gymnasial-Sekunda. Düsseldorf, Buchdr. v. L. Schwann, 1890; S. 3—24; 4°
Bedburg, Rheinische RAk, P 1889 [statt 1890 (418)]

Konze, Felix: Die Stärke, Zusammensetzung und Verteilung der Wallensteinischen Armee während des Jahres 1633. Ein Beitrag zur Heeresgeschichte des 30jährigen Krieges. Frankfurt a. M. 1906: Mahlau & Waldschmidt. (118 S.) 8°
Bonn, Phil. Fak., Ref. Ritter, Diss. v. 21. Febr. 1906
[Geb. 10. April 82 Hünfeld; Wohnort: Frankfurt a. M.; Staatsangeh.: Preußen; Vorbildung: Goethe-Gymn. Frankfurt a. M. Reife O. 01; Studium: Heidelberg 2, Bonn 7 S.; Rig 19. Juli 05.]

Konze, Fel., die Stärke, Zusammensetzung u. Verteilung der Wallensteinischen Armee während d. J. 1633. Ein Beitrag zur Heeresgeschichte des 30jähr. Krieges. (VII, 119 S.) gr. 8. Bonn 906. H. Behrendt. n. 1. 50

Konze, Jos. accuramus igitur juvenes ad arma. Patriotisches Lied nach der bekannten Melodie „Gaudeamus igitur" aus dem Kriegsjahre 1870. gr. 8. (7 S.) Münster 872. Regensburg. n. — 30

Konze, Jos., Accurramus igitur juvenes ad arma. Patriot. Lied nach der bekannten Melodie Gaudeamus igitur aus dem Kriegsj. 1870. 1. und 2. Abdr., veranstaltet anlässlich der Enthüllungs-Festfeier des National-Denkmals auf dem Niederwalde am 28. Septbr. 1883. gr. 8. (7 S. mit 1 Holzschn.) Saarlouis 883, Stein.

Konze, J., De Lycophronis dictione. Diss. 1869. 41 S.
— — complett. 1870. 104 S.

—— de dictione Lycophronis Alexandrinae aetatis poëtae. Pars I. De Lycophroneae dictionis proprietate in universum ratione simul habita Homeri et tragicorum. gr. 8. (IV, 109 S.) Ebendas. 872. * 2 50

Konzelmann, Robert. med. pract. aus Zürich: Über den Einfluss exsudativer Pleuritiden auf den Verlauf der Lungentuberkulose. ⟨Aus der Zürcherischen Lungenheilstätte „Wald". Direktor: Dr. Staub.⟩ Würzburg 1908. 27 S. 8°. S.-A. aus den Beiträgen zur Klinik der Tuberkulose, hg. von Brauer, Marburg. Bd. 10. [20. X. 08.]
Zurich Med Diss 1908/09

Konzelmann, Robert. Über den Einfluss exsudativer Pleuritiden auf den Verlauf der Lungentuberkulose. Diss. Med. Univ. Zürich. ⟨Aus Beiträge zur Klinik der Tuberkulose, hrg. von Prof. [Ludolph] Brauer, Marburg, Band 10 [Heft 4].⟩ *Kopftitel:* Aus der Zürcherischen Lungenheilstätte «Wald» (**S. 1:* Züricher Heilstätte für Lungenkranke in W'), ⟨Direktor: Dr. [Heinrich] Staub⟩. II S. + S. 373–399 ⟨27 S.⟩. 8. Würzburg, Curt Kabitzsch, 1908.

Konzer: I. Caesar und Kaiser Napoleon. 10 S.–Stanislau, Progr. 1852

Konzer, Fr.: Ueber die Aussprache des Griechischen. 5 S.– Stanislau, Progr. 1851.

Mozart Männer-Chor, NY. Conzert z Feier d 50jhr Jubs ... 16. Okt 19 1904, im Lexington Opera House ... NY, 1904.

Konzert, das, d. Tiere. gr. 4. (8 farb. Taf. m. Text.) Stuttgart 897. F. Loewe. n. 1. —

Das wunderliche Konzert, oder: „Rom soll u. muß fallen." Das. 1887, kl 8°, 10 Bl (Bonif.-Broich Jahrg. 18, Heft 9.)

Konzertbegleiter, der. (I.) 8. Leipzig 892. F. Reinboth. n. — 40
Erläuterungen zu Max Bruch's das Lied v. der Glocke. [Gedicht v. Schiller.] Mit Notenbeispielen v. Aug. Jahn. (23 S.)

Konzert- u. Theatererinnerungen, allerlei. 1. Folge. Aus d. Tagebuche d. Verf. d. „Fortschrittsgedanken", „Studienfreuden" u. s. w. 8. (28 S.) Leipzig 898. Alwin Schmidt. n. — 40

Konzert-Handbuch. Lager v. Breitkopf & Härtel in Leipzig. I—VII. kl. 8. Leipzig, Breitkopf & Härtel. 6. —
I. Orchestermusik deutschen u. ausländ. Verlages. (IV, 163 S.) (902.) 1. —
II. Gesangmusik m. Orchester deutschen u. ausländischen Verlages. (IV, 147 S.) 897. 1. —
III. Chorwerke ohne Begleitung deutschen u. ausländischen Verlages. (IV, 148 S.) 897. 1. —
IV. Harmoniummusik deutschen u. ausländischen Verlages. Ein Verzeichnis der gesammten Harmonium-Litteratur. (IV, 201 S.) (902.) 1. —
V. VI. Militär-(Harmonie-)Musik deutschen u. ausländischen Verlags. (IV, 213 S.) 904. 1. —
VII. Kirchenmusik: Führer durch die kirchenmusikal. Literatur, nach den Festen des Kirchenjahres geordnet. Zusammengestellt v. Rich. Noatzsch. (IV, 104 S.) (903.) 1. —

* **Konzert-Kalender** f. die Saison 1908—1909. XIV. Jahrg. Hrsg. v. der Concert-Direction Herm. Wolff, Berlin W., Flottwell-Strasse 1. (147 S.) kl. 8. Berlin, Concert-Direktion H. Wolff. Geb. in Leinw. 1. 50
* Titel lautet in Wirklichkeit: Concert-Kalender.

Konzertprogramme der Gegenwart. Jahrg. 1910. ca. 20 Hefte. (à ca. 16 S.) gr. 8. Frankfurt a/M., H. Schlemüller. 8. —

Der **Konzertsaal.** [Jg. 1,] No. 1. Berlin: (N. Salter) 1907. 4° [o8. 1245

Konzertsaal, Leipziger, s. a. Künste, die redenden.

Konzertsaal, Leipziger- [Jahrg. I:] Oktober 1894–Aug. 1895. [Fortgesetzt als:] Die redenden Künste, Jahrg. II—VI, Heft 35. Leipzig 1894–1900.

Konzertsaal, Leipziger. Wochenschrift f. Musik u. Litteratur unter specieller Berücksicht. des Leipziger Musikwesens. Schriftleitg.: Frdr. Wild u. Paul Alex. Wolff. Winterhalbj. 1894/95. 80 Nrn. gr. 8. (772 S. m. Bildnissen.) Leipzig, C. Wild. n. 4. —

Konzert-Taschenbuch ... Mit Beiträgen von ... hrsg. von d. Konzert-Bureau Emil Gutmann, München. Jg. 1. München: Selbstverl. (1908). 8° [o8. 6830

Konzert-Zeitung, allgemeine. Fachblatt f. konzertier. Künstler u. Konzertveranstalter. Geleitet v. Rich. Batka. 1. Jahrg. Septbr. 1906—April 1907. 8 Nrn. (à ca. 20 S. m. Bildnissen.) Lex.-8. Prag, Verlag der allg. Konzert-Zeitg. n. 4. —

Konzession und Bericht über den Bau der Eisenbahn von Czernowitz bis Suczawa Wien Hof- u Staatsdruckerei 1867.

Drahtseilbahn von St. Moritz-Bad zum Hahnensee. Konzession. 8. [Bern, Stämpfli & Cie.]
Botschaft des Bundesrates. ⟨Vom 15. Dezember 1902.⟩ (11 S.) [1902.]
Bundesbeschluss. ⟨Vom 20. Dezember 1902.⟩ 7 S. 1902.

Netz der Rhätischen Bahn. Einheitliche Konzession. 8. 1902.
Botschaft des Bundesrates. ⟨Vom 29. September 1902.⟩ (28 S.) Bern, Stämpfli & Cie.
Bundesbeschluss. ⟨Vom 10. Oktober 1902.⟩ 10 S. [Bern, Stämpfli & Cie.]

(Regionalbahn Neuenburg-Cortaillod-Boudry.) Einheitliche Konzession einer Schmalspurbahn vom Bahnhof Neuenburg nach Cortaillod und Boudry. Botschaft des Bundesrates. ⟨Vom 25. März 1901.⟩ 11 S. 8. [Bern, Stämpfli & Cie.,] 1901.

Eisenbahn von Glovelier nach Undervelier. Konzession. 8. [Bern, Stämpfli & Cie.,] 1902.
Botschaft des Bundesrates. ⟨Vom 12. April 1902.⟩ 12 S.
Bundesbeschluss. ⟨Vom 25. Juni 1902.⟩ 8 S.

Eisenbahn von Meiringen nach Innertkirchen. Konzession. 8. [Bern, Stämpfli & Cie.]
Botschaft des Bundesrates. ⟨Vom 4. Februar 1902.⟩ 12 S. 1901.
Bundesbeschluss. ⟨Vom 24. April 1902.⟩ 8 S. 1902.

Eisenbahn von Pruntrut nach Damvant ⟨Grenze⟩. Konzession. 8. [Bern, Stämpfli & Cie.,] 1902.
Botschaft des Bundesrates. ⟨Vom 2. Mai 1902.⟩ 12 S.
Bundesbeschluss. ⟨Vom 28. Juni 1902.⟩ 8 S.

Schmalspurige Eisenbahn von Alpnachstad nach Altdorf. Konzession. 8. [Bern, Stämpfli & Cie.]
Botschaft des Bundesrates. ⟨Vom 21. Januar 1902.⟩ 16 S. 1901.
Bundesbeschluss. ⟨Vom 24. April 1902.⟩ 8 S. 1902.

Normalspurige Regionalbahn (*Bb.:* Eisenbahn) von Nyon ⟨Bahnhof⟩ nach Crassier ⟨Landesgrenze⟩. Konzession. 8. [Bern, Stämpfli & Cie.,] 1902.
Botschaft des Bundesrates. ⟨Vom 16. Juni 1902.⟩ 13 S.
Bundesbeschluss. ⟨Vom 28. Juni 1902.⟩ 8 S.

Elektrische Schmalspurbahn von Martigny... nach Châtelard ⟨Grenze⟩. Konzession. 8. [Bern, Stämpfli & Cie.,] 1901.
Botschaft des Bundesrates... über die Forclaz.... ⟨Vom 16. April 1901.⟩ 20 S.
Bundesbeschluss... über Salvan.... ⟨Vom 20. Dezember 1901.⟩ 9 S.

Schmalspurbahn ⟨teilweise Zahnradbahn⟩ von Visp nach Lalden. Konzession. 8. [Bern, Stämpfli & Cie.,] 1901.
Botschaft des Bundesrates. ⟨Vom 25. März 1901.⟩ 13 S.
Bundesbeschluss. ⟨Vom 11. Juni 1901.⟩ 8 S.

Elektrische Strassenbahn von Bözingen über Biel nach Nidau. Konzession. 8. [Bern, Stämpfli & Cie.,] 1901.
Botschaft des Bundesrates. ⟨Vom 24. Juni 1901.⟩ 9 S.
Bundesbeschluss. ⟨Vom 28. Juni 1901.⟩ 6 S.

(Kommission für eine Regionalbahn im Val-de-Ruz.) Konzession einer elektrischen Strassenbahn von Hauts-Geneveys nach Villiers. 8. [Bern, Stämpfli & Cie.,] 1901.
Botschaft des Bundesrates. ⟨Vom 6. Juni 1901.⟩ 9 S.
Bundesbeschluss. ⟨Vom 22. Juni 1901.⟩ 7 S.

Elektrische Strassenbahn von Neuhausen über Schleitheim nach (*Bb.:* nach Schleitheim-Oberwiesen. Konzession. 8. [Bern, Stämpfli & Cie.,] 1902.
Botschaft des Bundesrates. ⟨Vom 16. Juni 1902.⟩ 13 S.
Bundesbeschluss. ⟨Vom 28. Juni 1902.⟩ 7 S.

Elektrische Strassenbahn ⟨teilweise Zahnradbahn⟩ von St. Beatenberg nach Interlaken. Konzession. 8. [Bern, Stämpfli & Cie.,] 1901.
Botschaft des Bundesrates. ⟨Vom 10. Juni 1901.⟩ 17 S.
Bundesbeschluss. ⟨Vom 28. Juni 1901.⟩ 8 S.

(Tramwaygesellschaft Neuenburg.) Konzession elektrischer Strassenbahnen in Neuenburg und Umgebung. 8. [Bern, Stämpfli & Cie.,] 1901.
Botschaft des Bundesrates. ⟨Vom 18. Juni 1901.⟩ 11 S.
Bundesbeschluss. ⟨Vom 28. Juni 1901.⟩ 7 S.

Konzessionsakt für den Bau und Betrieb einer Eisenbahn von Herzogenbuchsee nach Lyss oder nach Aarberg (über Suberg). 19 Stn. 8.
Bern 1872.

Konzessionsakt zur Erstellung derjenigen Baustrecken der Gäubahn, welche auf bernischem Gebiet gelegen sind. 21 Stn. 8. Bern 1872.

Konzessions-Gesuch für eine Eisenbahn von Solothurn nach Burgdorf. 15 Stn. 8.
Bern 1871.

Das Konzil der Deutschkatholiken. Eine Komödie in 3 Aufzügen, gespielt zu Stuttgart vom 15.—17. Sept. 1845. (Kritische Noten eines Zuschauers.) Hist.-pol. Bl. Bd. 16 (1845). S. 697—717.

Das Konzil u. der Neugallikanismus. Das. 1870, gr. 8°, IV, 264 S., 1,60 Mk. (Heft 8.)

Das Konzil u. der Neujansenismus Freiburg, Herder, 1870, gr. 8°. 186 S., 1,20 Mk. (Heft 7 aus: Das ökum. Konzil. Stimmen a. M.-Laach. N. F. Das.)

Das ökumenische Konzil, seine Verehrer u. seine Gegner. Hist.-pol. Blätt. Bd. 64 (1869).
1. Die scheinbar besorgte Diplomatie. S. 159—68.

Konziliarbriefe. Eine österreichische Staats- u. Streitschrift. Wien, Friedr. Beck, 1870, 49 S., 8°.
Ökum. Konzil Heft 10, S. 86.

Konzilien-Lexikon, s. a. Alletz.

Konzilien-Lexikon, enthalt.: sämmtl. General-, National-, Provinzial- u. Partikular-Konzilien vom ersten Konzilium zu Jerusalem bis auf das Konzilium zu Paris 1811. Mit e. Sammlung der wichtigsten Canonen rc. Aus dem Französ. von Maurus Disch. 1. Bd. 4 Liefg. gr. 8. Augsburg 843, 44, Schlosser. (à 1/2 ₰) 2 ₰

Konzipienten-Zeitung, österreichische. Hrsg.: Thdr. Müller, Ernst Walth. Ulmann. Red.: Ernst Walth. Ulmann. 1. Jahrg. 1906. 12 Nrn. (à ca. 12. S) Lex.-8. Wien (M. Perles). 3.—

Konzipienten-Zeitung, österreichische. Hrsg.: Thdr. Müller, Ernst Walth. Ulmann. Red.: Ernst Walth. Ulmann. 2. Jahrg. 1907. 6 Nrn. (à 8 S.) Lex. 8. Wien, (M. Perles). 2.—
Erscheint nicht mehr.

FSC
www.fsc.org
MIX
Papier | Fördert gute Waldnutzung
FSC® C083411

Kolibri 360 GmbH
Ferdinand-Jühlke-Straße 7
99095 Erfurt, Deutschland
produktsicherheit@kolibri360.de